压力容器先进技术

——第九届全国压力容器学术会议

中国机械工程学会压力容器分会　合肥通用机械研究院　编

U0246933

合肥工业大学出版社

图书在版编目(CIP)数据

压力容器先进技术:第九届全国压力容器学术会议/中国机械工程学会压力容器分会,合肥通用机械研究院编 . —合肥:合肥工业大学出版社,2017.9
ISBN 978 - 7 - 5650 - 3559 - 3

Ⅰ.①压…　Ⅱ.①中…②合…　Ⅲ.①压力容器—学术会议—文集　Ⅳ.①TH49 - 53

中国版本图书馆 CIP 数据核字(2017)第 231195 号

压力容器先进技术

——第九届全国压力容器学术会议

中国机械工程学会压力容器分会　合肥通用机械研究院　编　　　　　责任编辑　张择瑞

出　版	合肥工业大学出版社	版　次	2017 年 9 月第 1 版
地　址	合肥市屯溪路 193 号	印　次	2017 年 10 月第 1 次印刷
邮　编	230009	开　本	889 毫米×1194 毫米　1/16
电　话	理工编辑部:0551 - 62903204	印　张	77.75
	市场营销部:0551 - 62903198	字　数	2408 千字
网　址	www.hfutpress.com.cn	印　刷	安徽联众印刷有限公司
E-mail	hfutpress@163.com	发　行	全国新华书店

ISBN 978 - 7 - 5650 - 3559 - 3　　　　　　　　定价:500.00 元
如果有影响阅读的印装质量问题,请与出版社市场营销部联系调换

前　言

在举国上下热烈庆祝党的十九大胜利召开之际，我们隆重集会举办第九届全国压力容器学术会议。此次会议是我国压力容器技术工作者传播先进技术、交流科技成果、引导学科发展、培养造就人才的一次盛会。

本次会议由中国机械工程学会压力容器分会及其挂靠单位合肥通用机械研究院共同主办，由中国特检院、华东理工大学、南京工业大学、浙江大学、江苏特检院、兰州兰石重型机械有限公司共同承办。

第九届全国压力容器学术会议定于 2017 年 11 月 19—22 日在安徽合肥举行。本次大会的论文征集工作从 2016 年 12 月发出征文通知至 2017 年 5 月 31 日截止共收到论文 300 余篇，学会在 6 月下旬和 7 月中旬组织专家进行了论文初审和复审，因受论文交流时间限制，会议共录用 182 篇在会上宣读。这些论文从各个方面反映了近年来我国压力容器技术发展的新动向和取得的成果，内容丰富，资料翔实，具有很强的实用性，它也必将对今后的压力容器技术创新和行业整体水平提高具有借鉴和指导意义。

第九届压力容器学术会议论文征集工作，得到了学会领导、第八届全体理事、材料、设计、制造、使用管理、换热器、管道、膨胀节等分委员会委员、广大团体会员单位、个人会员、全国压力容器工作者的积极响应和大力支持，尤其要指出的是广大青年压力容器工作者和高等院校在读学生表现出很高的积极性和热情，共撰写了近 170 篇论文。为了鼓励和表彰青年学者投身压力容器技术事业，本届会议继续设立"中国压力容器优秀青年论文奖"。通过专家初选评出 28 篇论文作为候选论文，再通过答辩，评选出 20 篇优秀青年论文，其中一等奖二篇、二等奖六篇、三等奖十二篇，并在第九届大会上向获奖者颁发证书和奖金。

本届大会设有主旨报告，报告者是国际、国内的专家，主旨报告反映了国内外压力容器技术最新进展和研究成果，也指出了压力容器技术的发展方向，这将对我国压力容器技术的发展具有促进引领作用。

本论文集出版得到了合肥工业大学出版社的积极配合和帮助，在此表示衷心的感谢！

编　者

2017 年 9 月

目　录

Ⓐ　材料、断裂力学、腐蚀

Ⓑ 设计、传热

Ⓒ 制造焊接

D 使用管理

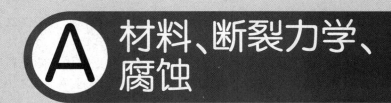

A 材料、断裂力学、腐蚀

大型原油及燃料油储罐用高强钢 12MnNiVR 的研制

丁庆丰[1,2]　　杨宏伟[1]

（1. 江阴兴澄特种钢铁有限公司，江阴　214429

2. 燕山大学亚稳材料国家重点实验室，秦皇岛　066004）

摘　要　介绍了兴澄特钢生产的大型原油及燃料油储罐用高强钢 12MnNiVR 的生产工艺、实物性能及气电立焊接头性能。研究结果表明，兴澄特钢生产的大型原油及燃料油储罐用 12MnNiVR 钢板集高强度、高韧性、高延性及优异的抗大线能量焊接性能为一体，完全满足 100000m³ 及以上大型原油及燃料油储罐用高强钢的技术要求，已成功应用于 110000m³ 大型原油及燃料油储罐建造。

关键词　气电立焊；大型储罐；高强度；高韧性

Development of 12MnNiVR High Strength Steel for Large Oil Storage Tanks

Ding Qingfeng [1,2]　　Yang Hongwei [1]

（1. Jiangyin Xingcheng Special Steel Works Co.，Ltd.，214429 Jiangyin

2. State Key Laboratory of Metastable Materials Science and Technology，

Yanshan University，066004 Qinhuangdao）

Abstract　Production process，mechanical properties of base metal and EGW of 12MnNiVR steel plate manufactured by Jiangyin Xingcheng special steel limited company have been introduced. The results show that the 12MnNiVR steel plate exhibited high strength，high impact toughness，high plasticity and excellent weldability with large heat input. The properties of 12MnNiVR steel plates satisfy the technical requirements for large crude oil and fuel oil storage tanks. The 12MnNiVR steel plates had been applied to the construction of the 110000 m³ crude oil and fuel oel storage tank.

Keywords　gas electro welding（EGW）；large oil storage tank；high strength；high impact toughness

1　前言

江阴兴澄特种钢铁有限公司（以下简称兴澄特钢）2010 年投产 3500mm 炉卷轧机、2011 年投产 4300mm 厚板轧机。经近 5 年的品种开发和市场推广，兴澄特钢中厚板产品品种和结构不断完善，中厚板市场中兴澄品牌影响力不断提高。

随着全球能源需求越来越大，对石油需求日趋扩大。据报道 2014 年我国石油对外依存度接近 60%，目前国内大型石化企业等均采用石油储备方式进行储油，建造 100000m³ 及以上大型原油及燃料油储罐是主要的储油方式[1-3]。为满足市场对大型原油及燃料油储罐用钢 12MnNiVR 的需求，

2013 年，兴澄特钢大型原油储罐及燃料油用钢 12MnNiVR 通过全国锅炉及压力容器标准化技术委员会主持的技术评审，经过近 2 年的努力，2015 年兴澄特钢中标舟山商业石油储运基地 10 台 80000～110000m³ 大型原油、燃料油储罐，迄今，兴澄特钢已生产 12MnNiVR/12MnNiVR - SR 钢板 7000 余吨。

本文介绍了兴澄特钢生产的大型原油储罐及燃料油用钢板的设计原理、生产工艺，统计了已供货 12～36mm 厚 12MnNiVR/12MnNiVR - SR 钢板化学成分、实物性能，分析了该钢气电立焊焊接接头性能及微观组织。

2 技术标准及设计原理

2.1 技术标准

2.1.1 化学成分及性能要求

供货技术条件中规定了 12MnNiVR 钢化学成分、力学性能，具体见表 1 和表 2。

表 1 12MnNiVR 钢化学成分要求（wt%）

C	Si	Mn	P	S	Ni	V	Pcm
≤ 0.15	0.15～0.40	1.20～1.60	≤ 0.015	≤ 0.005	0.15～0.40	0.02～0.06	≤ 0.24

注：Pcm＝C＋Si/30＋Mn/20＋Cr/20＋Cu/20＋Mo/15＋Ni/60＋V/10＋5B（%）

表 2 12MnNiVR 钢力学性能要求

厚度（mm）	R_{eL}（MPa）	R_m（MPa）	A（%）	横向－20℃ KV_2（J）
10～18	≥490	610～730	≥17	≥100
>18－22	≥490	610～730	≥18	≥100
>22－36	≥490	610～730	≥19	≥100

由表 1 和表 2 可见，12MnNiVR 钢对 P、S 含量、冲击韧性要求较高。

2.1.2 焊接要求

全部钢板经气电立焊（75～100kJ/cm）后，焊接接头热影响区的冲击功平均值不低于 47J（－15℃），试验方法按照 NB/T 47014—2011 的规定执行。冲击试样的取样位置从焊缝处上表面刨掉 1～2mm 作为冲击试样的上表面，冲击试样的缺口划线位置为断面浸蚀出熔合线（FL）中点向焊接热影响区方向外推 1mm，或紧靠熔合线（FL）最上方，最大限度的通过焊接热影响区。

2.2 设计原理

12MnNiVR 钢集高强度、高韧性、高延性和优异的抗大线能量焊接性能为一体，是目前低合金容器钢中强度、韧性要求最高的钢种之一，特别适合用于大线能量焊接，可明显提高大型原油和燃料油储罐的焊接效率和改善焊接环境。

结合 GB 19189—2011 和舟山商业石油储运基地大型原油及燃料油储罐对 12MnNiVR/12MnNiVR - SR 钢的特殊要求，兴澄特钢对该钢的成分设计、性能要求等提出了新的设计特点：利用先进的特殊洁净钢冶炼技术，严格控制杂质元素和残余元素的含量，要求 P≤0.010%，S≤0.004%，[H]≤0.0001%，是国内外同类钢种要求最高的；采用厚板坯轧制，增大道次压下量，提高钢板心部性能。板坯厚度为 350mm，是目前国内生产大型储罐用钢最厚规格坯料；综合考虑大型储罐不同部位用材的使用特点，提高钢板强度、韧性、塑性技术指标内控要求，强度下限值提高 10MPa，冲击韧性从 80J 提高到 120J，塑性最低值提高到 19% 以上，全面满足大型原油及燃料油储罐的技术要求。

3 12MnNiVR 钢生产工艺

12MnNiVR 钢在 GB 19189—2011 中明确规定是大线能量焊接用钢，且必须进行"淬火＋回火"处理。因此，根据兴澄特钢先进的冶金装备和特殊洁净钢冶炼技术，确定了该钢的生产工艺：高炉铁水→铁水脱硫→氧气转炉冶炼→钢包炉精炼→真空处理→连铸→铸坯切割、清理→铸坯加热→高压水除鳞→控轧控冷→精整→淬火→回火→检验→入库、发货。

12MnNiVR 钢经深脱磷、脱硫，可使杂质元素含量大大降低，其中实物可使 P≤0.009%，S≤

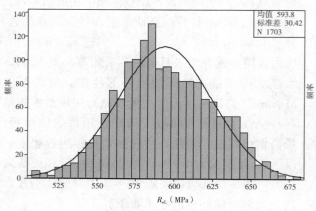

腐蚀

材料、断裂力学、

0.003%，[H]≤0.00008%。钢水经全程 Ar 保护浇注、电磁搅拌、轻压下等连铸技术浇注成350mm 厚连铸坯，连铸坯低倍达到 C，0.5～1.0级，中心疏松 0.5，无中心裂纹、无角裂纹。铸坯经大吨位、大压下量轧制及 ACC 控制冷却，充分保证了钢板心部晶粒细小、均匀。钢板再经离线"淬火＋回火"，板厚 1/4 处有优异的强韧性匹配，板厚 1/2 处也有优异的冲击韧性，满足－20℃下 KV_2 不低于 120J 的要求。钢板全程不采用钢丝绳而采用吸盘转运，使钢板表面不受二次损伤，保证了钢板具有优异的表面质量。

4 12MnNiVR 钢实物性能

兴澄特钢已供货 10 台 80000～110000m³ 大型原油及燃料油储罐用高强钢，总共约 7000 余吨，厚度为 12～36mm，一次性能合格率 99.6%。同时，对 36mm、23mm 厚钢进行了气电立焊焊接试验，并测试其焊接接头力学性能。

4.1 钢板力学性能统计

图 1～图 4 列出了兴澄特钢 12～36mm 厚12MnNiVR/12MnNiVR－SR 钢实物性能统计。

由图 1～图 4 可见，钢板的各项性能均满足国家标准 GB 19189—2011、供货技术条件要求，且具有高强度、高韧性和高延性的特点。

4.2 模拟焊后热处理试验

对 36mm 厚 12MnNiVR－SR 钢进行 585℃×190min 模拟焊后热处理试验，400℃以上控制升降温速度不超过 120℃/h，36mm 厚 12MnNiVR－SR钢母材及模拟焊后热处理试验后力学性能结果见表 3。

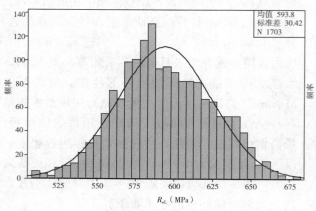

图 1　屈服强度 R_{eL} 统计

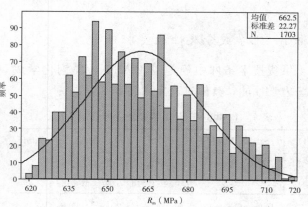

图 2　抗拉强度 R_m 统计

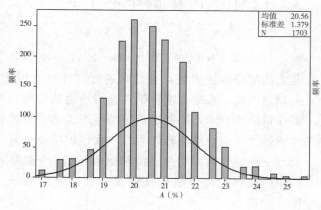

图 3　延伸率 A 统计

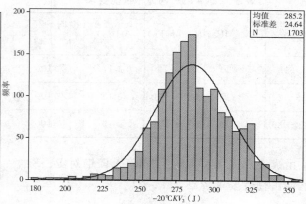

图 4　－20℃冲击功 KV_2 统计

表 3　12MnNiVR－SR 钢力学性能要求

状态	厚度（mm）	取样部位	R_{eL}（MPa）	R_m（MPa）	A（%）	$-20℃KV_2$（J）
母材	36	T/4	573 564	652 649	23.0 23.5	299 288 290
		T/2	556 562	645 647	21.5 22.5	276 259 266
SR 态	36	T/4	562 570	646 648	23.5 22.5	281 285 280
		T/2	549 563	639 640	22.0 21.0	270 251 259

由表 3 可见，36mm 厚 12MnNiVR－SR 钢经模拟焊后热处理后性能优异，具有优异的强韧性匹配，特别是钢板心部仍具有优异的冲击韧性，完全满足该项目工程供货技术条件和国家标准要求。

4.3　气电立焊性能

36mm、23mm 厚 12MnNiVR 钢板气电立焊焊接采用神户 ϕ1.6mmDW－S60G 焊丝，焊前不预热，焊接接头力学性能试验结果见表 4。

表 4　接头试验结果

试板厚度（mm）	坡口形式	线能量（kJ/cm）	拉伸试验 R_m（MPa）	断裂位置	$-15℃KV_2$（J）冲击试验 焊缝	HAZ
36	对称 X 形	80～86	640 645	焊缝	89 85 93	195 192 201
23	V 形	93～98	660 658	焊缝	78 101 95	186 198 191

由表 4 可见，36mm、23mm 厚钢板气电立焊接头均满足该项目工程供货技术条件和国家标准要求，并有较大富余量。

5　结论

兴澄特钢采用离线"淬火＋回火"工艺生产的

大型原油及燃料油储罐用高强钢 12MnNiVR 具有优异的强韧性匹配，经 100kJ/cm 及以下气电立焊焊接后，该钢焊接接头仍具有优异的强韧性。该钢集高强度、高韧性、高延性和优异的抗大线能量焊接为一体，完全满足 100000m³ 及以上大型原油及燃料油储罐用高强钢技术要求。兴澄特钢 12MnNiVR 钢成功应用舟山商业石油储运基地 110000m³ 大型原油及燃料油储罐，已生产 7000 余吨，积累了丰富的生产经验。

参 考 文 献

[1] 丁庆丰，刘静，袁桂莲，等.70MPa 级抗大线能量焊接压力容器用钢组织和性能研究 [C].2011 全国压力容器压力管道技术发展与使用暨新技术新产品交流会论文集，2011：33－36.

[2] 陈宇.探析我国石油储备的必要性及其发展 [J].化工管理，2014（18）：157－158.

[3] 陈颜堂，丁庆丰，等.大线能量焊接用钢模拟热影响区的组织和性能 [J].金属热处理，2005（9）：19－23.

作 者 简 介

丁庆丰，男，高级工程师，主要从事能源用钢研发。

通信地址：江苏省江阴市滨江东路 297 号兴澄特钢特板研究所，214429

手　机：13986136313

Email：xcdingqf@126.com

舞钢临氢 14Cr1MoR 钢板的研制开发

吴艳阳　赵文忠　李样兵　牛红星

（舞阳钢铁有限责任公司，平顶山市临氢钢重点实验室）

摘　要　舞钢通过长时间对 Cr–Mo 钢的基础性研究，通过采用"电炉＋炉外"精炼的方式冶炼出 P 含量不超过 0.005％ 的 14Cr1MoR 钢；采用"控轧＋热处理"的生产方式成功生产出 151mm 临氢 14Cr1MoR 钢板交货态、最小模焊态、最大模焊态的力学性能均满足技术条件要求，且有充足的富裕量。

关键词　14Cr1MoR；"控轧＋热处理"

Development of the 14Cr1MoR Plate for Hydrogen Service in Wugang

Wu Yanyang　Zhao Wenzhong　Li Yangbing　Niu Hongxing

（Wuyang Iron and Steel Co. , Ltd. , The Key Laboratory of Hydrogen steel in pingdingshan city）

Abstract　Wugang developed 14Cr1MoR steel plate with the max content of P 0.005％ by using the electric furnace refining and the application of out-of-furnace refining process technology. By using the combination technics of controlled rolling and heat treatment for pressure vessel steel，The mechanical properties of the plate not only conform to the standard，but also have Sufficient surplus .

Keywords　14Cr1MoR；Combination technics of controlled rolling and heat treatment

0　前言

低碳 Cr–Mo 钢具有较高的抗蠕变性能、优异的抗氧化性和氢脆性能、优良的加工工艺性能及经济性，已被广泛应用于石油裂解、煤气化、煤液化[1] 等能源深加工领域，14Cr1MoR 类钢属于 GB 713—2014 的钢种，同时也是 Cr–Mo 钢的一个代表性品种，是世界各国普遍使用的热强钢和抗氢用钢，被广泛用于制造火电设备、核电设备及与氢相接触的石油、化工、煤转化设备等大型装置。目前我国煤制油行业发展迅速，新的项目投产及设备改造项目较多，对此钢的需求量较大。由于该钢工作环境处于高温、高压、与氢接触，服役条件十分恶劣，因此设计技术条件一般要求该钢具有较高的强度、良好的塑性和韧性、优良的焊接性能和抗回火脆化性能。同时随着国内石化行业的发展，设备逐渐向大型化发展，因此开发大厚度的临氢 14Cr1MoR 钢板对国内石化、煤化工行业的发展具有较大的推进作用。舞钢作为国内首家宽厚板科研基地，依托多年 Cr–Mo 钢生产经验，积极进行了大厚度临氢 14Cr1MoR 钢板的研发。

结合国内某大型化工项目，进行了 151mm 临氢 14Cr1MoR 的试制，钢板尺寸为 151mm × 2320mm×8720mm。

结合目前国内设计院的设计要求，制定了大厚度临氢 14Cr1MoR 钢板的技术要求。钢的化学成分（熔炼分析）应符合表1、表2的规定，力学性能符合表3的规定。

表 1 化学成分（wt%）

项目	C	Si *	Mn *	P	S	Cr	Ni	Cu	Mo
熔炼分析	0.05～0.15	0.50～0.80	0.40～0.65	≤0.007	≤0.007	1.15～1.50	≤0.30	≤0.20	0.45～0.65
产品分析	0.04～0.15	0.46～0.84	0.35～0.73	≤0.007	≤0.007	1.15～1.50	≤0.30	≤0.20	0.45～0.70

表 2 化学成分（续）（wt%）

项目	H	As	Sn	Sb	J 系数	X 系数
熔炼分析	≤2ppm	≤0.010	≤0.010	≤0.0025	≤100	≤15ppm
产品分析	≤2ppm	≤0.010	≤0.010	≤0.0025	≤100	≤15ppm

注：1. X 系数 ＝（10P＋5Sb＋4Sn＋As）$\times 10^{-2} \leq 15 \times 10^{-6}$，式中元素以 $\times 10^{-6}$ 含量代入，如 0.01% 应以 100×10^{-6} 代入；

2. J 系数 ＝（Si＋Mn）×（P＋Sn）$\times 10^4 \leq 100$，式中元素以其百分含量代入，如 0.15% 应以 0.15 代入。

表 3 力学性能要求

拉伸试验（横向）					冲击试验（横向）	冷弯试验 180°
R_m（MPa）	R_{eL}（MPa）	A（%）	Z（%）	温度 ℃	冲击功（J） 不小于	
510～670	≥300	≥19	≥45	−20	68（均值） 48（单值）	$D=3a$

模拟焊后热处理工艺

试样的模拟焊后热处理制度按如下工艺执行：

最大模焊 Max PWHT：（690＋14－10）℃×（20＋0.5）h；

最小模焊 Min PWHT：（690＋14－10）℃×（6＋0.5）h；

350℃装出炉，模焊升降温速率按不超过 55℃/h 控制。

1 技术措施

1.1 相变点的测定

使用 DIL 805A/D 型全自动高温相变仪，按 YB/T 5127 标准膨胀法测定出该钢的临界点，其结果如下：Ac_1 766℃；Ar_{m} 643℃；Ac_3 863℃；Ar_3 782℃。根据相变点测定结果，结合多年 Cr-Mo 钢生产经验，确定 14Cr1MoR 钢板最佳的热处理范围 900～950℃。

考虑到 14Cr1MoR 交货态的组织是贝氏体组织，同时贝氏体组织是在贝氏体铁素体基体上分布着渗碳体、奥氏体、马氏体等相的复合组织[2]。而后期性能检验前需要对试样进行长时模焊热处理，因此贝氏体基体上的马奥岛组织会产生分解，如何保证钢板长时模焊处理后性能稳定性成为控制的重点，在组织上应确保经最大模焊处理后，钢板晶界处及晶内不产生长棒状或片状析出物为宜。因此在成分设计及工艺制定过程中应重点控制钢中 C 化物形成元素的含量及分布状态，确保在后续模焊处理过程中不形成粗大、片状的 C 化物影响钢板的冲击韧性[2-4]。

1.2 研发难点及工艺措施

针对大厚度临氢 14Cr1MoR 钢的生产难点确定了相应的工艺措施：

表面裂纹：Cr-Mo 钢合金元素含量高、该钢在冶炼及后续轧制过程中极易产生因温度不均、冷速过快而产生温度应力及组织应力，另外在轧制冷却过程中 AlN、Nb（CN）等质点易在奥氏体晶界沉淀，增加了晶界脆性及裂纹的敏感性，易使钢锭及钢板表面产生裂纹。因此在实际成分设计中，降低 Al、N、Nb 等易产生析出质点的元素含量。

保证长时模焊性能：14Cr1MoR 类钢对应的技术要求中一般要求长时模焊后的力学性能，如何保证钢板交货态、模焊态性能均符合技术要求是控制难点。同时，该钢要求冲击温度较低达到 -20℃，增加了难度。传统的低合金钢一般依靠加入 Nb、V 微合金化来通过细晶、析出强化的措施来提高钢板强度。但 Cr-Mo 钢本身合金元素含量较高，Cr、Mo 含量之和已经超过 2%，且 Cr、Mo 均为 C 化物形成元素，依靠现有成分体系中的合金元素保证钢板强度已经可以达到目的。如再加入 Nb、V 等强 C 化物形成元素，后续模焊过程中将会产生较多的 C 化物，影响钢板的冲击韧性。因此成分设计中重点控制 C 化物形成元素的含量，保证钢板最大模焊状态下的冲击韧性。

考虑到轧制过程对后续晶粒细化的促进作用，过程中加强道次压下量，加强厚度均匀性控制及良好的强韧性匹配。针对 14Cr1MoR 类的低碳 Cr-Mo 钢而言，实际使用过程中还需要较高的热稳定性，同时还需保证设备高温环境下的足够的强度。针对上述特点，钢板实际热处理过程中采用奥氏体化均匀性控制工艺、特厚板正火控冷控制工艺及特殊的亚温临界淬火工艺，在加热、快冷阶段均保证了钢板的性能均匀性。

1.3 研制钢板工艺路线

电炉炼钢→LF 炉精炼→VD 炉真空脱气→喂丝→模铸→锻造开坯→清理加热→轧板/开坯后轧板→探伤→正火（可加速冷却）→回火→钢板精整→取样→性能检验。

2 试验结果

2.1 钢板的实际成分控制水平

由图 1 可以看出，舞钢生产的 14Cr1MoR 钢板成分中有害元素 P、S、As、Sn、Sb 含量均控制在较低的范围之内，其中生产的 151mm 临氢 14Cr1MoR 钢板 P 元素含量控制在 0.004%～0.005% 范围，S 元素含量控制在 0.001%～

0.002% 范围，As 含量控制在 0.005%～0.007% 范围，Sn 含量控制在 0.002%～0.003% 范围，Sb 控制在 0.001%～0.002%，舞钢生产钢板的有害元素含量控制在较低的水平，达到国内先进水平。

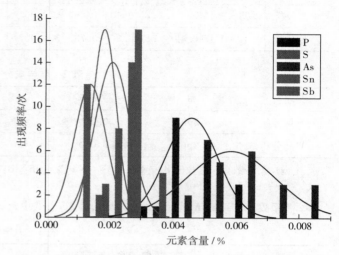

图 1　舞钢生产 151mm 临氢 14Cr1MoR 有害元素控制水平

2.2 151mm14Cr1MoR 钢板力学性能检验结果

根据图 2、图 3 可以看出，钢板交货态的抗拉强度主要在 630～670MPa 之间，屈服强度在 500～550MPa 之间分布。经过最小模焊处理后钢板的抗拉强度、屈服强度均有一定程度的下降。最小模焊状态下钢板的抗拉强度在 550～630MPa 之间分布，屈服强度主要在 420～470MPa 之间分布。钢板最大模焊处理后的抗拉强度及屈服相比最小模焊状态下的强度有小幅下降，其分布范围为 550～600MPa 之间，且与最小模焊状态下的抗拉强度有重合。最大模焊状态下的屈服强度为 400～450MPa。

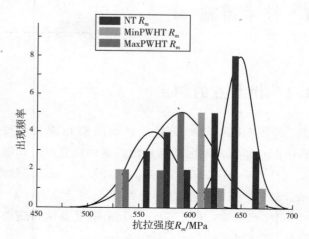

图 2　钢板不同状态下抗拉强度分布

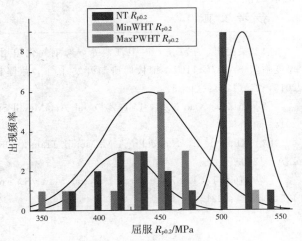

图 3　钢板不同状态下屈服强度分布

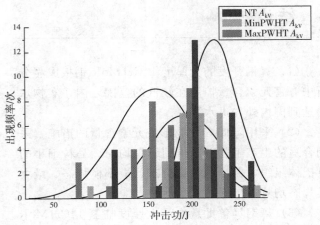

图 4　14Cr1MoR 钢板不同状态下冲击韧性分布

根据图 2、图 3 可以看出，舞钢生产的 151mm 临氢 14Cr1MoR 钢板交货态、最小模焊态、最大模焊态的抗拉强度均符合技术条件 520～680MPa 的要求，同时最小模焊态、最大模焊态的强度范围有一部分重合，印证了采用合适的生产工艺生产的钢板，最大模焊态的拉伸性能未出现明显的变化。

根据图 4 可以看出，钢板在交货态、最小模焊热处理状态、最大模焊热处理状态下的冲击功均满足技术要求，但通过曲线看出钢板交货态的冲击值在 200～250J 分布，最小模焊态下的冲击值在 150～225J 之间分布，最大模焊处理后冲击值在 120～200J 之间分布。钢板交货态的冲击韧性均值最高，最小模焊处理后试样的冲击均值有降低的趋势，并且分布范围增大；最大模焊处理后，试样冲击韧性进一步降低，这主要与模焊处理后合金碳化物的析出及形貌改变有关。

2.3　钢板组织检验结果

根据图 5 可以看出，钢板交货态、最小模焊

态、最大模焊态的组织均为粒状贝氏体组织，主要是由于该钢中含有较高的 Cr、Mo 等提高淬透性的元素，同时在正火过程中采用加速冷却的方式，保证了钢板在热处理过程中芯部未出现先共析铁素体等组织，从而使组织为均匀的贝氏体组织。钢板交货态的组织为铁素体基体和岛状组织，最小模焊态组织为铁素体基体和棒状、颗粒状碳化物析出相，未见岛状组织；最大模焊态组织为铁素体基体和棒状、颗粒状碳化物析出相。从组织形貌来看，钢板回火后仍有岛状相，但经过模焊处理后，岛状相基本消失，分解为碳化物和铁素体。从钢板组织来看，交货态、最小模焊态、最大模焊态的组织均匀，铁素体晶粒细小，保证了钢板具有良好的力学性能，验证了钢板在三种状态下的良好的力学性能。同时试验证明，针对合金元素含量较高的 Cr－Mo 系列钢种，不采用 Nb、V 微合金化，采用合适的成分设计及生产工艺亦可达到组织均匀、晶粒细小的贝氏体组织，同时可保证钢板交货态、最小模焊态、最大模焊态的力学性能。

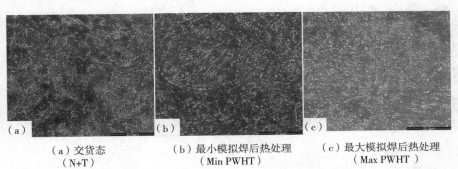

（a）交货态　　　　　　（b）最小模拟焊后热处理　　　　（c）最大模拟焊后热处理
　（N+T）　　　　　　　　（Min PWHT）　　　　　　　　（Max PWHT）

图 5　不同状态下钢板的 SEM 像

腐蚀、材料、断裂力学

3 结论

（1）舞钢开发的大厚度 14Cr1MoR 钢板成品分析中有害元素含量控制在较低的范围之内，实物水平达到国内外先进水平。

（2）采用降低 C 化物形成元素含量的措施，采用合适的生产工艺可以得到组织均匀、晶粒细小的贝氏体组织，保证钢板交货态、最小模焊态、最大模焊态均具有较好的力学性能。

（3）舞钢具备批量生产大厚度临氢 14Cr1MoR 钢板的能力。

参 考 文 献

［1］吴艳阳，牛红星，尹卫江，等．舞钢气化炉用大厚度临氢 SA387Gr11CL2 钢板的研制开发 ［J］．宽厚板，2016，22（127）：（1—5）．

［2］Li Z J，Xiao N M，Li D Z，et al. ActaMetall Sin，2014；50：777．

［3］Klueh R L，Nasreldin A M. Metall Trans，1987：18A：1279．

［4］Hu G L，Liu Z T，Wang P，et al. Mater Sci Eng，1991：A141：221．

290mm 超厚 Cr - Mo 钢板的开发

车金锋　庞辉勇

（舞阳钢铁有限责任公司，河南舞钢 462500）

摘　要　对舞钢 290mm 超厚规格 Cr - Mo 钢板的开发进行了详细的介绍。检验结果表明，该规格钢板具有优良的常规及模焊性能，完全满足技术要求，为舞钢大厚度临氢 Cr - Mo 钢板的开发积累了丰富的经验。

关键词　290mm；钢锭；热处理

Development of 290mm Thickness Extra Heavy Cr - Mo Steel Plate

Che Jinfeng　Pang Huiyong

（Wuyang Iron and Steel Co. , Ltd. Wugang，Henan462500）

Abstract　The article describes the development of 290mm thickness extra heavy Cr - Mo steel plate in Wugang. The test results show that the steel plate possesses excellent mechanical properties in conventional and simulated post welding heat treatment conditions, which fully satisfy the technical requirements and accumulate rich experience for the development of large thickness Cr - Mo steel plate under critical hydrogen environment in Wugang.

Keywords　290mm；ingot；heat treatment

0　前言

Cr - Mo 钢是目前世界上广泛使用的热强钢和抗氢钢。由于在低碳钢中加入了 Cr、Mo 等合金元素，大大提高了钢的综合性能。如具有良好的高温力学性能、抗高温氧化性能、抗腐蚀性能、良好的韧性、工艺性能和可焊性，故被广泛用于制造石油化工、煤转化、核电、汽轮机缸体、火电等使用条件苛刻、腐蚀介质复杂的大型设备。

舞钢从 20 世纪 80 年代开始进行系列 Cr - Mo 钢板的研制和生产。随着设备的改造和完善，主要是大型钢锭、电渣重熔冶炼以及热处理设备的扩建和改造，逐渐形成了 15CrMoR（1Cr - 0.5Mo、SA387Gr12CL2）、14Cr1MoR（1.25Cr - 0.5Mo、SA387Gr11CL2）、12Cr2Mo1R（2.25Cr - 1Mo、SA387Gr22CL2）、12Cr2Mo1VR（2.25Cr - 1Mo - 0.25V）等系列 Cr - Mo 钢板生产的稳定化，合同量逐年增加，目前稳定在每年数万吨。

在大单重、大厚度 Cr - Mo 钢开发方面，舞钢借助设计院所的力量，不断创新。2002 年研制 92mm、105mm 两个规格的特厚临氢 2.25Cr - 1Mo 钢板并在兰石厂进行了焊接性能评定；2006 年，与中石化洛阳工程公司、北京工程公司合作成功研制生产了 137mm 厚的板焊结构用 12Cr2Mo1R（H）钢板，从成分控制到性能检验达到了较高水平，产品成功应用于洛炼热高分项目；2008 年，结合北京设计院设计的克拉玛依加氢反应器项目，舞钢开发了 150mm 厚 12Cr2Mo1R（H）钢板，钢板在兰石厂进行焊接及工艺评定，综合性能优良。

为进一步加快 Cr－Mo 钢板研制进度，舞钢又对厚度达 290mm 的 12Cr2Mo1R 钢板进行了开发，最终获得了成功。

1 技术要求

1.1 化学成分

290mm 厚 12Cr2Mo1R 钢板的化学成分要求见表 1。

表 1 290mm 厚 12Cr2Mo1R 钢板化学成分要求（%）

元素	C	Si	Mn	P	S	Cr	Mo	As*	Sn*	Sb*
熔炼分析	0.05～0.15	≤0.50	0.30～0.60	≤0.035	≤0.035	2.00～2.50	0.90～1.10	≤0.015	≤0.025	≤0.003
成品分析	0.04～0.17	≤0.50	0.25～0.66	≤0.035	≤0.035	1.88～2.52	0.85～1.15	≤0.015	≤0.025	≤0.003

*注：As、Sn、Sb 含量只做记录。

1.2 交货状态

正火（允许加速冷却）＋回火。

1.3 力学性能

模拟焊后热处理后的横向力学性能应符合表 2 的规定。

表 2 290mm 厚 12Cr2Mo1R 钢板力学性能要求

$R_{p0.2}$（MPa）	R_m（MPa）	A_{50}（%）	ψ（%）	$-30℃$ KV_2（J）
≥310	515～690	≥22	≥45	≥54

注：模拟焊后热处理制度如下。

温度：675℃±10℃；保温时间：27 小时；

升温速度：300℃ 以下不限，300℃ 以上不超过 93℃/小时；

降温速度：300℃ 以下出炉空冷，300℃ 以上不超过 57℃/小时。

从供货的角度看，该钢板只要求模拟焊后热处理后的拉伸及冲击性能。为了给舞钢高附加值产品之一的临氢 Cr－Mo 钢板在大厚度方面积累经验，从成分设计、炼钢工艺控制、热处理工艺控制到性能检验均严格按临氢钢板的要求进行。

2 工艺流程

电炉炼钢→LF 炉精炼→VD 炉真空处理→模铸→钢锭清理加热→轧板→探伤→正火（加速冷却）→回火→钢板精整→取样检验→判定入库。

3 成分设计思路

化学成分对 Cr－Mo 钢的性能有很大的影响，主要是由 C、Si、Mn、Cr、Mo 及杂质元素控制。

3.1 碳

一般情况下，碳可以提高钢的强度，但降低钢的塑性、韧性以及工艺性能。对 290mm 厚的 12Cr2Mo1R 钢而言，考虑到强韧性匹配，含碳量控制在 0.13%～0.14%。

3.2 硅、锰

在低硅、低锰情况下通过降低磷含量或经适当处理可以获得高强度和低回火敏感性的铬钼钢。硅本身不会引起脆化，而是对磷的脆化起了促进作用，钢中硅含量降低的同时，回火脆化量成直线减少。硅和磷含量同时变化也影响脆化的程度，一般降低回火脆化的措施分成两个方法，即采取低硅化或高硅超低磷化。

锰和硅一样，对钢的回火脆化起了促进作用，它并不是自己单独引起脆化，而是促进磷的脆化作用[1]。

3.3 铬、钼

铬是高熔点合金元素，能提高钢的再结晶温度，强化 α 固溶体，改变碳化物析出形状和类型。作为有效的固溶强化元素，铬将提高晶界区域的强度，使钢具有较高的热强性和热稳性，同时也提高抗腐蚀能力及高温与常温强度。

钼能增加过冷奥氏体的稳定性，促进中温贝氏体转变，所产生的高位错密度贝氏体组织也有助于钢材获得良好的高温性能[2]。从钢的淬透性和强度方面考虑，铬钼按上限加入。

3.4 杂质元素

杂质元素（P、Sb、Sn、As 等）对钢板室温和高温性能以及回火脆性均有较大影响。增加杂质元素中的任何一种元素的含量都会使脆化量增大，其中磷的影响最为明显。一般用 J 系数来预测脆化敏感性，$J=(Si+Mn)\times(P+Sn)\times10^4$，工业用临氢设备对 J 系数提出的严格要求为 100 及以下，因此杂质元素含量应控制在较低水平。

根据以上成分设计思路，290mm 厚 12Cr2Mo1R 钢板的熔炼化学成分如表 3 所示。

表 3　290mm 厚 12Cr2Mo1R 钢板熔炼化学成分（%）

元素	C	Si	Mn	P	S	Cr	Mo	As	Sn	Sb
含量	0.13	0.07	0.55	0.007	0.003	2.42	0.97	0.009	0.004	0.001

4　工艺设计思路

4.1　钢的冶炼

精心配料，选用 Cu、Sb、Sn、As 有害元素含量少的原料；化学成分严格按目标值进行控制；加强电炉冶炼和精炼操作，有效控制钢中磷和硅含量；加强钢锭的清理和加热操作，保证钢板有较好的表面质量。

4.2　钢的轧制

轧制主要参数是加热温度，形变量和形变温度。由于 Cr－Mo 钢一般考核 1/2 板厚处的性能，故高温段采用低速大压下工艺，提高轧制渗透程度，改善钢板心部组织。通过控制终轧温度，可获得相对细小的晶粒组织。

4.3　钢的热处理

钢板获得良好综合性能的热处理方式为"正火 ＋回火"，另外正火时的奥氏体化温度和正火后冷却方式对性能影响也很大。

奥氏体化温度对钢的性能有很大的影响，奥氏体化温度越高，钢的回火脆化敏感性越大，其原因在于奥氏体化温度上升之后奥氏体晶粒粗大使偏析于单位面积晶界处的杂质元素量增加。因此奥氏体化温度不能过高。

文献表明[3-4]，对于 12Cr2Mo1R 钢而言，如果在正火热处理时达不到足够的冷却速度，会出现较多的铁素体组织，导致材料强度指标值、冲击韧性值大幅度下降。当冷速高于先析铁素体临界冷速时，钢中则无先析铁素体，其缺口韧性由显微组织中的贝氏体的细化程度支配，而细化程度又与实际冷却速度有关。

钢板在单体炉进行了热处理，采用的工艺为：正火温度 930℃，出炉后快速进入冷却水槽，入水槽时间不低于 30 分钟；回火温度 690℃，空冷。

5　产品实物性能

5.1　成品分析

290mm 厚 12Cr2Mo1R 钢板成品分析见表 4。

表 4　290mm 厚 12Cr2Mo1R 钢板成品分析（%）

	C	Si	Mn	P	S	Cr	Mo	Ni	As	Sn	Sb	J
头部	0.13	0.06	0.55	0.006	0.003	2.40	0.96	0.13	0.009	0.004	0.001	61
尾部	0.13	0.06	0.55	0.006	0.003	2.41	0.97	0.13	0.010	0.004	0.001	61

注：回火脆化敏感性系数 $J=(Si+Mn)\times(P+Sn)\times10^4$，元素以百分含量代入。

从上面数据看，合金元素及杂质含量控制均比较理想，尤其是回火脆化敏感性系数 J 远低于通常的最高的标准值 100。

5.2　夹杂物分析

290mm 厚 12Cr2Mo1R 钢板夹杂物水平见表 5。

表 5　290mm 厚 12Cr2Mo1R 钢板夹杂物级别

批号	规格	A		B		C		D		D_s
		粗	细	粗	细	粗	细	粗	细	
GCHA801595	290	0	0	0	0	0	0	0.5	0.5	0
GCHA801596	290	0	0	0	0	0	0	0.5	0.5	0

夹杂物评级按新标准进行，每类夹杂物分成粗系和细系，且又增加了单颗粒球状类（D_s 类）；A 类、B 类和 C 类夹杂物按长度之和进行评级；D 类夹杂物按颗粒数量进行评级；D_s 是按颗粒夹杂物直径的大小重新进行评级；D 类为球状氧化物夹杂，它的多少与钢中的氧含量高低有关。从实际结果来看钢板夹杂物含量非常低，未发现 A 类、B 类、C 类及 D_s 夹杂物，仅 D 类发现夹杂，而且等级为 0.5，说明钢板夹杂物控制达到较高水平。

5.3　金相组织

290mm 厚 12Cr2Mo1R 钢板金相组织见表 6 及图 1～图 4。

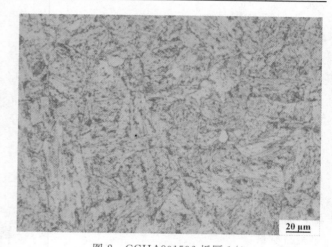

图 2　GCHA801596 板厚 1/4

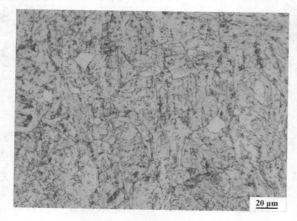

图 1　GCHA801595 板厚 1/4

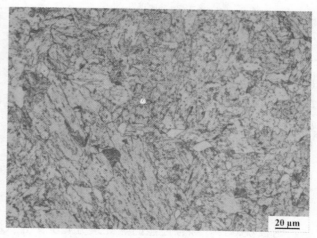

图 3　GCHA801595 板厚 1/2

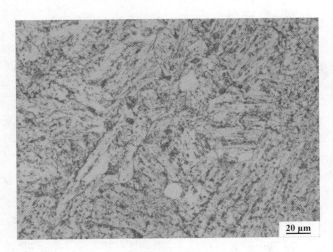

图 4　GCHA801596 板厚 1/2

表 6　290mm 厚 12Cr2Mo1R 钢板金相组织

批号	规格	金相组织	板厚位置
GCHA801595	290	回 S＋回 B	0～20mm
		回 B	20～40mm
		回 B＋F 少＋P 少	1/4
		回 B＋F 少＋P 少	1/2
		回 B＋F 少＋P 少	3/4
		回 B＋F 少	250～270mm
		回 S＋回 B	270～290mm
GCHA801596	290	回 S＋回 B	0～20mm
		回 B＋P 少	20～40mm
		回 B＋F 少＋P 少	1/4
		回 B＋F 少＋P 少	1/2
		回 B＋F 少＋P 少	3/4
		回 B	250～270mm
		回 S＋回 B	270～290mm

根据全厚度金相组织，钢板从表面一直到中心，均以回 B 为主，对钢板的性能稳定起到了重要作用。

5.4　常温拉伸性能

试样经模拟焊后热处理后常温拉伸性能见表 7。

表 7　模焊后拉伸性能

批号	规格（mm）	位置	$R_{p0.2}$（MPa）	R_m（MPa）	A_{50}（%）	Z（%）
GCHA801595	290	板厚 1/4	425	560	31	81.5
		板厚 1/2	440	575	30	77
GCHA801596	290	板厚 1/4	419	560	30	81
		板厚 1/2	435	570	30	76

5.5　低温冲击性能

试样模拟焊后状态下冲击试验结果见表 8。

表 8　模焊后低温冲击性能

批号	规格（mm）	位置	$-30℃$横向 KV_2（J）
GCHA801595	290	板厚 1/4	300 300 300
		板厚 1/2	300 300 300
GCHA801596	290	板厚 1/4	250 257 196
		板厚 1/2	271 250 264

由表 7、表 8 数据可看出钢板经模拟焊后热处理后，不同位置的力学性能差别很小，特别是板厚 1/2 处 $-30℃$横向冲击功都在 200J 以上。说明钢板性能均匀、不存在各向异性。

5.6　高温拉伸试验

试样模拟焊后状态下高温拉伸试验结果见表 9。

表 9　模焊后高温拉伸性能

批号	规格（mm）	位置	拉伸温度（℃）	$R_{p0.2}$（MPa）
GCHA801595	290	板厚 1/4	450	355
		板厚 1/2	450	340
GCHA801596	290	板厚 1/4	450	360
		板厚 1/2	450	387

根据 GB713 规定，12Cr2Mo1R 钢板在 450℃时的高温力学性能屈服强度应不小于 230MPa。由表 9 数据看，钢板 450℃高温拉伸的屈服强度有充足的富余量。

6 结论

（1）舞钢开发的 290mm 厚 12Cr2Mo1R 钢板各项力学性能指标均满足技术要求，并且具有较大的富裕量和优良的低温冲击韧性。

（2）舞钢开发的 290mm 厚 12Cr2Mo1R 钢板化学成分设计合理，控制严格，达到了国际先进水平。

（3）舞钢开发的 290mm 厚 12Cr2Mo1R 钢板厚度刷新了国内 Cr－Mo 钢板厚度纪录。

（4）290mm 厚 12Cr2Mo1R 钢板的成功开发，为舞钢 200mm 以上临氢 Cr－Mo 钢板的研发提供了大量的技术积累及生产经验。

参 考 文 献

[1] 杨宇峰，郭晓岚，刘金纯．Cr－Mo 钢高温反应器的回火脆性及控制 [J]．当代化工，2005，34（1）：65－66.

[2] 蒋善玉，夏茂森．济钢锅炉压力容器用 12Cr2MoR 钢板的开发与研究 [J]．宽厚板，2013，19（3）：14－16.

[3] 齐树柏，译．日本 2.25Cr1Mo 钢厚钢板评定试验结果 [M]．北京：中国石化出版社，1985.

[4] [美] 斯科特·T.E，等，著．2.25Cr1Mo 钢在厚壁压力容器中的应用 [M]．北京：中国石化出版社，1991.

作 者 简 介

车金锋，男，高级工程师，河南省舞钢市舞阳钢铁有限责任公司科技部，462500，13937526085，chejinfeng204@163.com。

核电承压边界压力容器用 Mn-Mo-Ni 钢板的开发

刘慧斌　张汉谦

（宝山钢铁股份有限公司 研究院，上海 201900）

摘　要　在宝钢工业产线试制了 114mm 厚 Mn-Mo-Ni 合金钢，并对其室温拉伸、高温拉伸、冲击、韧脆转变温度、Z 向性能、参考无塑性转变温度、厚度截面硬等各项性能进行了全面的评价。结果表明，宝钢开发并工业试制的 114mm 厚 Mn-Mo-Ni 钢板，兼具高强度和良好的低温韧性，并且在钢板的厚度截面上性能均匀一致，符合 ASEM 规范 SA533B 钢板和 RCCM 规范 16MND5/18MND5 钢板的技术要求，可以满足核电承压边界压力容器的制造。

关键词　Mn-Mo-Ni 合金钢；核压力边界；电强度；韧性

Development of Mn-Mo-Ni Steel Plate for Pressure Vessels Served as Nuclear Pressure Boundary

Liu Huibin　Zhang Hanqian

（Research Institute，Baoshan Iron & Steel Co.，Ltd.，Shanghai 201900，China）

Abstract　114mm-thick Mn-Mo-Ni alloyed steel plate was produced industrially in Baosteel. Comprehensive mechanical evaluation including room-temperature tensile, elevated-temperature tensile, Charpy impact, ductile-brittle transition temperature, Z-directional tensile, reference nil-ductility temperature, and hardness across thickness, has been conducted on this plate. The results show that 114mm-thick Mn-Mo-Ni alloyed steel plate developed by Baosteel exhibits combination of high strength and excellent toughness, with uniform properties across plate thickness. The mechanical properties comply with the requirements of SA533B steel in ASME and 16MND5/18MND5 steel in RCCM, and the steel plates can be used in fabrication of pressure vessels served as nuclear pressure boundary.

Keywords　Mn-Mo-Ni alloyed steel；nuclear pressure boundary；strength；toughness

从 20 世纪 60 年代开始，Mn-Mo-Ni 低合金钢板就广泛用于压水堆核电站的制造，其承压边界的压力容器、蒸发器、稳压器等均用到此类低合金钢。我国目前正在大规模建设的第三代核电机组，其中的安注箱、正常余热交换器、高压加热器、支撑件等也均采用了此类钢制造[1]。这些设备和部件都是核电站的关键组成部分，关系到核电站的有效工作和安全运行。随着核电站功率容量的提高，核级承压设备对特厚板的要求也越来越高。

这类钢在国际上采用比较多的标准是美国 ASME 规范[2]和法国 RCCM 规范[3]。每个标准下分别有 2 种牌号的 Mn-Mo-Ni 钢。按不同标准设计的不同的核电堆型设备，会选用不同的牌号，但相同点都是采用 Mn、Mo、Ni 为主要合金元素，钢板都经过调质热处理。不同点是化学成分和力学性能要求的范围有所差异，如表 1 和表 2 所示。不论哪种标准或规范，规定的 Mn-Mo-Ni 钢力学性能项目多、要求高。更为重要的是，在大厚度截面要求具有均匀一致的性能，满足核电站长期安全可靠服役的要求。

表 1　不同标准中 Mn-Mo-Ni 低合金钢板的化学成分要求（%）

标准	牌号	C	Si	Mn	P	S	Ni	Mo	V	Cu	Cr
ASME	SA533Ty. BCl. 1 SA533BTy. BCl. 2	≤0.25	0.15～0.40	1.15～1.50	≤0.012	≤0.015	0.40～0.70	0.45～0.60	≤0.03	≤0.10	—
RCCM	16MND5 18MND5	≤0.20	0.10～0.30	1.15～1.55	≤0.012	≤0.012	0.50～0.80	0.45～0.55	≤0.03	0.20	0.25

表 2　不同标准中 Mn-Mo-Ni 低合金钢板的力学性能要求

标准规范	牌号	屈服强度/MPa	抗拉强度/MPa	断后伸长率/%
ASME	SA533Ty. BCl. 1	≥345	550～690	≥18
	SA533Ty. BCl. 2	≥485	620～795	≥16
RCCM	16MND5	≥400	550～670	≥20
	18MND5	≥450	600～700	≥18

1　Mn-Mo-Ni 合金钢板的工业制造

在实验室研究 Mn-Mo-Ni 钢组织结构与性能的基础上，并经过了中试验证，通过设计合理的成分、工艺流程，在宝钢工业产线试制了 114mm 厚 Mn-Mo-Ni 钢板，制造工艺流程如图 1 所示。

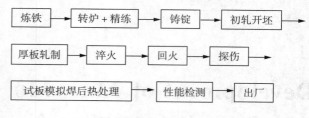

图 1　制造工艺流程图

试制钢的化学成分如表 3 所示。钢板的热处理工艺为淬火加回火：在 900℃保温 1 小时奥氏体化后，水冷至室温，再在 650℃温度进行保温回火。最终钢板交付用户的状态即调质态（HTMP）。

除调质态外，钢板还需在模拟焊后热处理状态（SSRHT）也需满足各项性能要求。模拟焊后热处理的工艺为：以小于 56℃/h 的速度升温到 615℃，保温 24h，再以小于 56℃/h 的速度降温。

表 3　114mm 厚 Mn-Mo-Ni 钢的化学成分（%）

C	Si	Mn	P	S	Ni	Mo	N	Cu	As	Sn
0.19	0.19	1.40	0.002	0.0017	0.60	0.48	0.005	0.01	0.002	0.001

2　Mn-Mo-Ni 合金钢板的性能评价

2.1　室温拉伸性能

拉伸试验采用直径为 10mm、标距为 50mm 的圆棒试样，在室温下按照标准 EN10002-1：2001 使用 10 吨 Instron 拉伸试验机进行了测试。测量的位移引伸计连接到试件的以测量拉伸应变。在钢板厚度 1/6t、1/4t、1/2t 处，分别加工交货状态（HTMP）和模拟焊后热处理状态（SSRHT）的室温拉伸试样，取样方向为横向（垂直于轧制方向）。钢板拉伸性能要求见表 2，拉伸试验结果见图 2～图 4。结果表明，模拟焊后热处理后强度比调质态略有降低，但由于钢板的抗回火软化性较好，强度降低并不明显。在不同厚度位置，无论屈服强度还是抗拉强度差别都不大，表明钢板在整个厚度截面上具有均匀的强度。

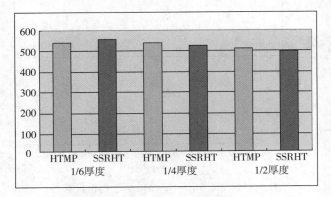

图 2　114mm 厚 Mn－Mo－Ni 钢板的屈服强度

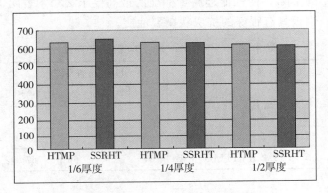

图 3　114mm 厚 Mn－Mo－Ni 钢板抗拉强度

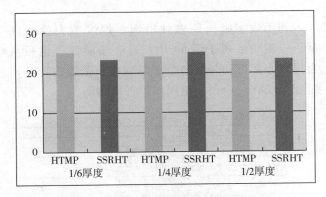

图 4　114mm 厚 Mn－Mo－Ni 钢板断后伸长率

2.2　高温拉伸性能

在钢板厚度 $1/6t$、$1/4t$、$1/2t$ 处，分别加工交货状态（HTMP）和模拟焊后热处理状态（SSRHT）的高温拉伸试样，取样方向为横向（垂直于轧制方向）。拉伸试样为直径 10mm、标距

50mm 的圆棒试样。按照标准 EN10002－5：1991，在 Zwick Z100 拉伸机上进行 360℃ 高温拉伸测试。不同厚度位置和状态钢板的 360℃ 高温强度见图 5 和图 6。无论屈服强度还是抗拉强度，不同厚度 Mn－Mo－Ni 和状态的差别都在 50MPa 以内，且相对标准要求有足够的富裕量。

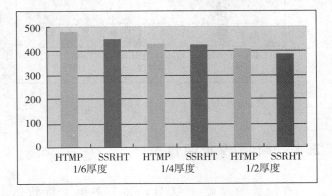

图 5　114mm 厚 Mn－Mo－Ni 钢板高温屈服强度

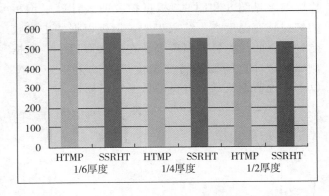

图 6　114mm 厚 Mn－Mo－Ni 钢板高温抗拉强度

2.3　冲击性能

在钢板厚度 $1/6t$、$1/4t$、$1/2t$ 处，分别加工交货状态（HTMP）和模拟焊后热处理状态（SSRHT）的冲击试样，取样方向为横向（垂直于轧制方向）。冲击试样为 10mm×10mm 截面、2mm V 型缺口的夏比冲击试样。按照标准 EN10045－1：1990，在 Zwick PSW750 冲击试验机上进行测试。－20℃下不同厚度位置和状态的冲击吸收能量见图 7。试验结果表明，整张钢板的不同位置都满足标准规范对冲击性能的要求。各厚度位置的冲击吸收能量都在 100J 以上，1/6 厚度的冲击吸收能量甚至达到 200J 以上。而且模拟焊后热处理后钢板的冲击韧性并没有受到明显影响。因此 114mm 厚 Mn－Mo－Ni 钢板具有整

体良好的冲击韧性。

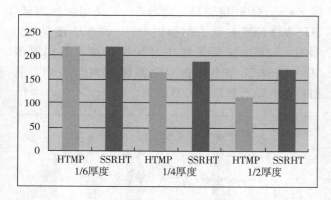

图7 114mm厚Mn-Mo-Ni钢板冲击吸收能量

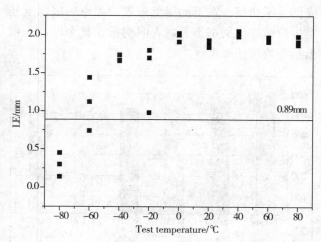

图9 114mm Mn-Ni-Mo合金钢钢板系列
温度冲击侧膨胀量

2.4 韧脆转变温度

在钢板的厚度$1/4t$处，加工多组交货状态（HTMP）冲击试样，进行$-80\sim80℃$下冲击试验。检验结果见图8和图9。根据拟合曲线计算了钢板的韧脆转变温度[4]，结果表明，钢板根据冲击吸收能量计算的韧脆转变温度T_{68J}在$-70℃$以下，根据侧膨胀量计算的韧脆转变温度$T_{0.89mm}$也在$-70℃$以下，说明钢板具有优良的低温冲击韧性。

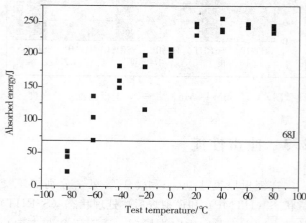

图8 114mm Mn-Ni-Mo合金钢钢板系列
温度冲击吸收能量

2.5 Z向性能

在钢板的头部和尾部，板宽的$1/2$处，分别加工了交货状态的Z向（厚度方向）拉伸试样。拉伸试样为直径10mm的圆棒试样。按照标准EN10164-5：2004，在Zwick Z250拉伸机上进行拉伸测试。检验结果见表4。试验结果表明，钢板

的实际Z向性能远高于标准的最高要求Z35，表明钢板具有很好的抗层状撕裂性能。

表4 114mm厚Mn-Mo-Ni钢板Z向性能

取样部位		状态	试验温度	114mm厚钢板			
板长	板宽			Z_1	Z_2	Z_3	Z平均
				%	%	%	%
头部	1/2处	HTMP	室温	66	65	66	66
尾部	1/2处	HTMP	室温	67	66	66	67

2.6 厚度截面硬度

利用数字维氏硬度计沿钢板厚度截面检测硬度。检测结果列于图10中。进一步验证了钢板从表层到心部再到表层的整个厚度截面范围内，其硬度变化仅在一个很小范围内，性能均匀。

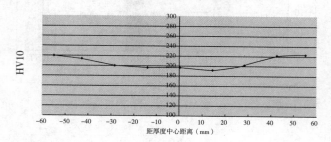

图10 114mm厚Mn-Mo-Ni钢厚度截面硬度

2.7 参考无塑性转变温度

为了测出钢板确切的参考无延性转变温度RT_{NDT}，在这钢板的头部和尾部，板厚$1/4t$处分别

加工模拟焊后热处理状态（SSRHT）的落锤试样和冲击试样，取样方向为横向（垂直于轧制方向）。落锤试样为 P3 型，尺寸为 16mm × 50mm × 130mm。按照标准 ASTM E208：1995，在新三思 ZJC2602 落锤试验机上进行不同温度的落锤试验。检验结果见表5，钢板不同位置的无塑性转变温度

T_{NDT} 为 −25℃。在 T_{NDT}＋33℃（即 8℃）下冲击试验结果满足：冲击功不低于 68J，侧向膨胀量不低于 0.9mm（见图8和图9）。根据标准规范[5]，钢板的参考无延性转变温度 RT_{NDT} 等于 T_{NDT}，即 −25℃，满足核容器用钢板的参考无延性转变温度 RT_{NDT} 不超过 −12℃ 的要求。

表5　114mm 和 119mm 厚 Mn－Ni－Mo 合金钢钢板落锤试验结果

| 板厚/mm | 取样部位 | | | 取样方向 | 状态 | 试验温度/℃ | | T_{NDT}/℃ |
	板长	板宽	板厚			−20	−25	
114	头部	1/4 处	1/4t	横向	SSRHT	○，○	×	−25
	尾部	1/4 处	1/4t	横向	SSRHT	○，○	×	−25

注：○表示未断，×表示断裂。

2.8　金相检验

利用 LEICA MEF4A 金相显微镜对 114mm 厚 Mn－Ni－Mo 合金钢钢板不同部位进行金相分析，使用光学显微镜（OM）检查经 4% 的硝酸酒精溶液腐蚀约 20～30s 的显微组织。调质态组织主要为贝氏体，金相照片见图11。

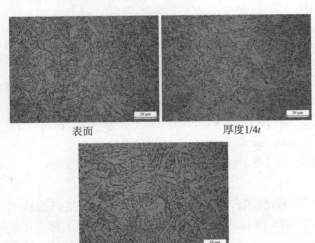

表面　　　　厚度1/4t

厚度1/2t

图 11　114mm 厚调质态 Mn－Ni－Mo 合金钢钢板不同部位金相组织

3　结语

（1）宝钢工业试制了 114mm 厚 Mn－Mo－Ni 合金钢板，制造工艺、化学成分和基本力学性能既能满足 ASME 规范 SA533B 钢板的要求，也能满足 RCCM 规范 16MND5/18MND5 钢板的要求。在不同厚度位置和状态下，具有均匀而优异的强度、断后伸长率、冲击韧性和其他力学性能，实现了大厚度均质核电钢板的制造。

（2）对钢板不同位置和状态下的各项力学性能评价试验表明，宝钢试制的 Mn－Mo－Ni 合金钢板兼具高强度和良好的低温韧性，并且在钢板的厚度截面上性能均匀一致，可以满足核电承压边界设备的设计和制造要求。

参考文献

[1] 林诚格．非能动安全先进核电厂 AP1000［M］．原子能出版社，2008．

[2] ASME. Boiler and Pressure Vessel Code. Section Ⅱ，Part A，SA-533/SA-533M Specification for pressure vessel plates，alloy steel，quenched and tempered，manganese-molybdenum and manganese-molybdenum-nickel. 2001，ASME.

[3] RCCM. Design and construction rules for mechanical components of PWR nuclear islands，Section Ⅱ，M2126 18MND5 Manganese-Nickel-Molybdenum alloy steel plates for pressurized water reactor pressure-retaining boundaries. 2000，RCCM.

[4] Tanguy B，et al. Ductile to brittle transition of an A508 steel characterized by Charpy impact test Part Ⅰ：Experimental results［J］. Engineering Fracture Mechanics，2005，72（1）：49－72.

[5] ASME. Boiler and Pressure Vessel Code. Section Ⅲ，Nuclear Power Plant Components，Division 1，Subsection NB. 2001，ASME.

武钢 630MPa 级移动压力容器钢 WH630E 的研制

刘文斌　王宪军　李书瑞

（武汉钢铁有限公司研究院 湖北 武汉 430080）

摘　要　本文介绍了武钢生产的 630MPa 级移动压力容器钢 WH630E 的技术要求和生产工艺。对不同厚度钢板进行了力学性能、系列温度冲击、落锤、SR 热处理后性能、焊接性能等分析检验，结果表明武钢开发的 WH630E 钢各项性能满足移动压力容器用钢要求，符合 EN 10028-3 和 ASME Code Cases 对应钢种标准要求，强度和低温韧性富裕量充足，综合性能优异。

关键词　移动压力容器用钢；WH630E（P460NL2）；低温韧性；SR 热处理；焊接性能

Development of the 630MPa Grade Steel Plate of Transportable Pressure Vessel of WISCO

Liu Wenbin　Wang Xianjun　Li Shurui

（Research and Development Center of Wuhan Iron and Steel（Group）Corp. Wuhan，Hubei430080）

Abstract　The paper introduced the technical requirements and production process of WH630E steel with transportable pressure vessel. By checking the mechanical properties，impact toughness in different temperature，drop-weight test，stress-relief heat treatment，welding properties of 11mm，18.5mm thick steel plates，it found that the performance of WH630E steel plates was conformed to transportable pressure vessel technical requirements and EN 10028-3，ASME Code Cases. It had rich enough properties in strength and low temperature toughness，and the comprehensive performance was excellent.

Keywords　transportable pressure vessel；WH630E；low temperature toughness；welding performance

1　前言

目前国内热处理高强度钢发展迅速，为了应对石油天然气等储存及运输用车辆需求快速增加，减小车重，提高装载量，因此急需开发高强度、低屈强比和良好低温韧性的移动压力容器钢种[1]。我国目前压力容器许用正火低合金高强度钢板中强度最高的钢是 Q420R（17MnNiVNbR）[2]，其强度 R_m 不低于 590MPa，与国外压力容器用正火高强度钢相比[3]，强度级别还存在较大的差距。国内 590MPa

级钢种已广泛应用于大型移动罐车，而更高强度的 630MPa 级移动压力容器钢种，国内基本上都采用进口材料，国产化市场潜力巨大。630MPa 级钢主要采用控制轧制和正火热处理工艺生产，生产规格为 8～30mm，主要用于制造液化石油气罐车、化肥行业液化气罐车等移动设备。该钢采用"铁素体＋珠光体"设计，通过 VN 微合金化形成的 V（CN）析出来保证钢板强度。设计 VN 微合金化使得钢的碳当量下降，能保证钢板强度、低温韧性和焊接性能[4-5]。

该钢企业牌号为 WH630E，国外 EN 标准中对应牌号为 P460NL1[6]，ASME 标准中对应牌号为 SA/BS 10028-3 Grade P460NL1[7] 和 SA/EN 10028-3 Grade P460NL1[8]。

2 研制钢板技术要求

武钢多年从事移动压力容器用钢的生产供货，已积累大量生产移动容器钢的经验。根据武钢的实际生产能力，完全可以满足厚度小于30mm、宽度小于4200mm的移动压力容器用钢的生产需求。结合 EN 10028 - 3、ASME CASE 2477、ASME CASE 2594 - 1 标准要求，武钢制定了移动压力容器用 WH630E 钢板企业标准。

2.1 化学成分

由表1可知，武钢 WH630E 钢板对成分控制严格，P、S 等杂质元素含量均在较低水平。

表1 WH630E 钢板化学成分（wt%）

	C	Si	Mn	P	S	Alt	N	Cu	Cr	Mo	Nb	Ni	Ti	V	CEV
熔炼	≤0.20	≤0.60	1.10～1.70	≤0.015	≤0.005	≤0.020	≤0.025	≤0.20	≤0.30	≤0.10	≤0.05	≤0.80	≤0.03	0.10～0.20	≤0.53

注：1) Nb＋V＋Ti≤0.22；2) CEV＝C＋Mn/6＋（Cr＋Mo＋V）/5＋（Ni＋Cu）/15。

2.2 钢板力学性能

钢板常规力学性能见表2。由表中性能要求可知，WH630E 钢板对屈强比、低温韧性和模拟焊后热处理后的性能要求较高。

表2 WH630E 钢板力学性能

规格（mm）	R_{eL}（MPa）	R_m（MPa）	R_{eL}/R_m	A（%）	$-40℃$ KV_2（J）
8～16	≥460	630～730	≤0.83	≥17	≥47
>16～30	≥445	630～720			

注：试样横向取样。钢板经过模拟焊后热处理后，各项性能均符合上表要求。

3 钢板生产工艺要求

3.1 工艺流程

工艺流程为：高炉铁水→转炉炼钢→吹氩→LHF→RH→连铸→铸坯检查、下送→铸坯验收→铸坯分切→铸坯加热→高压水除鳞→4300mm 轧机轧制→轧后冷却→矫直→超声波探伤→钢板表面检查→正火→性能检验、判定→入库→出厂。在冶炼过程中进行增氮和控氮，降低气体及夹杂物水平。钢水经大包、中包全过程保护浇注，采用弱冷慢拉速工艺，以生产无缺陷铸坯。

3.2 控制轧制和热处理工艺

根据 WH630E 钢性能特点，采用了三阶段控制轧制工艺。第一阶段，铸坯加热控制均匀，在第一阶段奥氏体再结晶区轧制，采用高温大压下工艺，控制道次压下量不低于 20mm；第二阶段，在精轧开轧前进行待温，当钢板温度下降到 1000℃ 时再开始轧制；第三阶段，进行四辊精轧控制，保证累计压下率大于 60%，控制合理的终轧温度，最后进行正火热处理。

4 钢板实物性能水平

4.1 钢板杂质元素和有害元素的控制

WH630E 钢中化学成分对钢板强度、韧性、延性及焊接性能有较大影响，特别是钢中的杂质元素和有害元素（P、S、As、Sn、Sb 等元素）。为使钢板获得良好的综合力学性能和焊接性能，需要将上述元素控制在合理范围内。表3为武钢 WH630E 钢杂质元素和有害元素实际含量。这些元素含量和来料铁水纯净度有关，因此，在生产时要严格控制铁水残余元素含量。

表3 WH630E 钢实际杂质元素和有害元素含量（wt%）

P	S	As	Sn	Sb	O
0.013	0.003	0.010	0.005	0.005	0.0020

4.2　钢板拉伸和低温冲击性能

对厚度为 11mm 和 18.5mm 的 WH630E 钢板进行横向、纵向拉伸和弯曲试验，拉伸试验按标准 GB/T 228《金属材料 室温拉伸试验方法》规定执行，弯曲试验按标准 GB/T 232《金属材料 弯曲试验方法》规定执行。试验结果见表 4。

表 4　WH630E 钢常温拉伸及冷弯试验结果

板厚（mm）	取样方向	取样部位	拉伸试验					冷弯试验
			R_{eL}	R_m（MPa）	R_{eL}/R_m	A（%）	Z（%）	180° $b=2a$
11	纵向	全厚	504 503	691 686	0.72 0.73	25.0 21.0	63 63	$D=3a$，合格
11	横向	全厚	502 501	682 679	0.74 0.74	25.5 26.0	72 70	$D=3a$，合格
18.5	纵向	全厚	502 496	681 672	0.74 0.74	25.0 21.0	63 63	$D=3a$，合格
18.5	横向	全厚	488 487	668 665	0.73 0.73	25.0 24.5	67 68	$D=3a$，合格

从表 4 可知，WH630E 钢不同厚度钢板纵向和横向性能对比差异较小，钢板强、塑性和屈强比指标均满足技术条件要求。

对厚度为 11mm、18.5mm 的 WH630E 钢板进行系列温度夏比（V 型缺口）冲击试验，冲击试样尺寸为 10mm×10mm×55mm，测定系列温度下的冲击吸收能量（KV_2）、纤维断面率（FA），以侧膨胀值（LE），试验分别按标准 GB/T 229—2007《金属材料 夏比摆锤冲击试验方法》规定执行。试验结果见图 1～图 6。

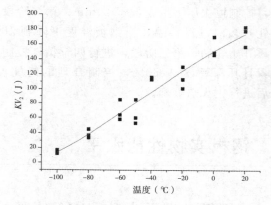

图 1　11mmWH630E 钢 KV_2-T 曲线

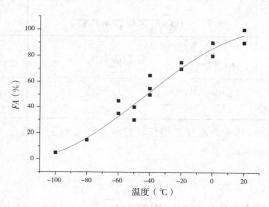

图 2　11mmWH630E 钢 $FA-T$ 曲线

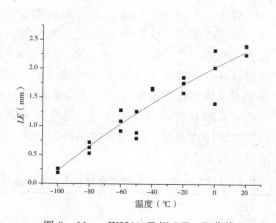

图 3　11mmWH630E 钢 $LE-T$ 曲线

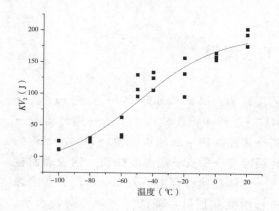

图 4　18.5mmWH630E 钢 KV_2-T 曲线

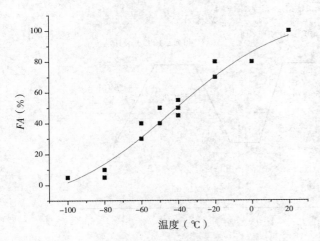

图5　18.5mmWH630E钢 $FA-T$ 曲线

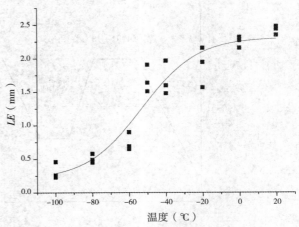

图6　18.5mmWH630E钢 $LE-T$ 曲线

按 KV_2-T 曲线及 $FA-T$ 曲线确定钢板的韧脆性转变温度，结果见表5。其中 VT_E 为50%上平台能所对应的温度，VT_S 为50%晶状断面率（剪切断面率）所对应的温度，$VT_{0.38}$ 为侧膨胀值为0.38mm时对应的温度。由图1~图6可知，钢板不同取样部位的-40℃冲击吸收能量均在100J以上，与标准要求的 KV_2（-40℃）不低于47J相比，该钢板的低温冲击吸收能量有较大富裕量；另外，在-50℃的温度下，钢板的冲击吸收能量出现快速下降。由表5可知，不同判据确定的钢板不同厚度的韧脆转变温度（VTE、VTS 和 $VT0.38$）均低于-40℃，武钢WH630E钢板具有优良的低温冲击韧性。

表5　钢板的韧性特征值

状态	厚度（mm）	VT_E（℃）	VT_S（℃）	$VT_{0.38}$（℃）	-40℃ KV_2（J）
正火	11	-44	-43	-93	114
	18.5	-48	-42	-88	122

4.3　钢板落锤性能

对18.5mm厚 WH630E 钢板进行落锤试验，试样横向取样。试验通过在试样上堆焊脆性焊道，在动载落锤冲击下，测定脆性裂纹起裂并传播到试样的一个端部时断裂对应的温度，它表征了材料在一定的温度下抵抗脆性裂纹传播的能力。

落锤试验按照GB/T 6803—2008《铁素体钢的无塑性转变温度落锤试验方法》进行，试验低温介质为液氮加分析纯酒精，试验时试样过冷度为1~2℃，保温时间为40min，保温仪器为3102-1低温仪，试样为P3型，试验时的打击能量为400J，落锤试验机型号为ZCJ2203。按照标准试验方法，落锤试样必须在钢板的轧制表面堆焊裂纹源。试验结果见表6。

表6　WH630E 钢板落锤试验结果（横向）

板厚（mm）	试样型号	试验温度（℃）			NDTT（℃）
		-35	-40	-45	
18.5	P3	O，O	O，×	O，×	-40

注：O 表示未断，× 表示断裂

上表的数据表明，18.5mm 厚钢板的无塑性转变温度为-40℃。

4.4　钢板 SR 热处理后力学性能

对厚度为 18.5mm 的 WH630E 钢板进行 SR 处理试验，以考察 SR 处理对力学性能的影响。试验在箱式电阻加热炉中进行，试板 400℃以上的升、降温速度均控制在 55℃/h，1次 SR 处理工艺为（540℃±10℃）×1h，三次 SR 处理曲线示意图见图7。SR 热处理的温度设定符合 ASME Code Case 2477 和 ASME Code Case 2594 的规定（530~560℃）[7,8]。

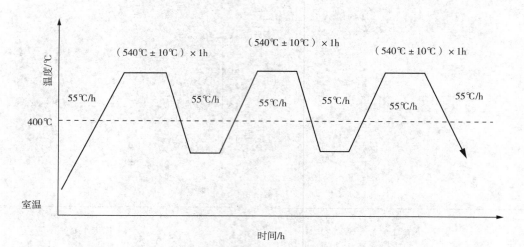

图 7　三次 SR 处理的工艺曲线示意图

从不同 SR 处理后 WH630E 钢板上分别取横向拉伸试样及横向冲击试样以进行力学性能试验，试验结果见表 7 和图 8～图 13。

从表 7，WH630E 钢板进行 540℃ SR 热处理后强度出现一定程度下降，但均满足技术要求。其中 1 次和 2 次 SR 处理后下降幅度较小，经过 3 次 SR 处理后钢板抗拉强度下降明显。SR 热处理后，钢板抗拉强度下降幅度大于屈服强度，因此屈强比值逐步提高，但仍低于技术要求（$R_{eL}/R_m \leqslant 0.83$）。钢板 SR 热处理后延伸率无明显变化。

表 7　18.5mm 厚 WH630E 钢板常温拉伸试验结果

对应状态	拉伸试验			
	R_{eL}（MPa）	R_m（MPa）	R_{eL}/R_m	A（%）
正火＋1 次 SR	512	690	0.74	26
	515	685	0.75	29
正火＋2 次 SR	510	670	0.76	25
	508	665	0.76	27
正火＋3 次 SR	490	650	0.75	27
	505	645	0.78	27

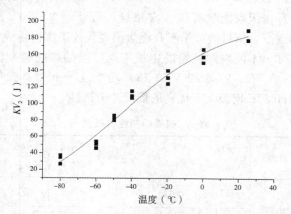

图 8　18.5mm WH630E 钢 1 次 SR KV_2-T 曲线

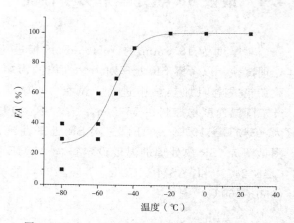

图 9　18.5mm WH630E 钢 1 次 SR FA-T 曲线

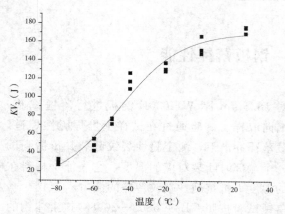

图 10　18.5mm WH630E 钢 2 次 SR KV_2-T 曲线

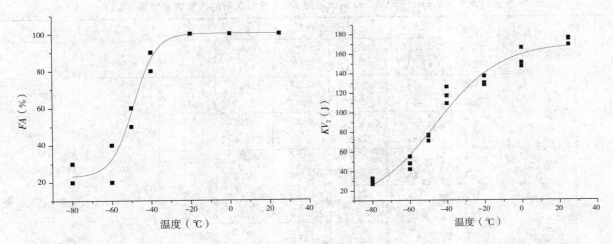

图 11 18.5mmWH630E 钢 2 次 SRKV_2-T 曲线

图 12 18.5mmWH630E 钢 3 次 SRKV_2-T 曲线

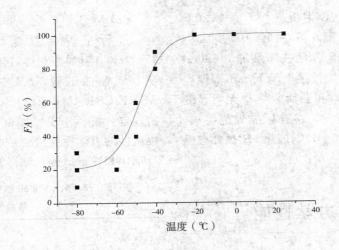

图 13 18.5mmWH630E 钢 3 次 SRKV_2-T 曲线

表 8 18.5mm 厚 WH630 钢板不同保温时间 SR 热处理韧脆转变温度

试样状态	规格 (mm)	VT_E (℃)	VT_S (℃)	−40℃KV_2 (J)
正火+1 次 SR 态	18.5	−45	−51	110
正火+2 次 SR 态	18.5	−40	−48	108
正火+3 次 SR 态	18.5	−40	−48	117

由图 8～图 13 可知，WH630E 钢板经过 540℃ SR 热处理后钢板韧性良好，−40℃KV_2 值均满足技术要求。其中，随着 SR 次数增加，钢板的韧转变温度提高，但仍满足−40℃要求。钢板不同保温时间 SR 热处理韧脆转变温度见表 8，不同判据确定的钢板韧脆转变温度（VT_E、VT_S）均低于−40℃，武钢 WH630E 钢板经过多次 SR 热处理后仍具有优良的低温冲击韧性。

为了确定 WH630E 合理的 SR 热处理温度范围，对厚度为 18.5mm 的钢板进行了不同温度下（500～620℃）的 SR 处理试验，以考察 SR 处理对力学性能的影响。试验在箱式电阻加热炉中进行，加热到 400℃以上升温速度控制为 50～70℃/h，400℃以上冷却速度控制为 50～60℃/h，400℃以下为空冷，保温时间为 2h。从 SR 处理后的试板上分别取横向拉伸试样及横向冲击试样以进行力学性能试验，试验结果见表 9。

表 9　18.5mm 厚 WH630 钢板不同 SR 工艺处理后的拉伸试验结果

厚度	1 次 SR 热处理温度	拉伸性能						冲击性能	
		$R_{p0.2}$ (MPa)	R_{eL} (MPa)	R_m (MPa)	R_{eL}/R_m	A (%)	Z (%)	温度（℃）	KV_2（J）
18.5	500℃	498	494	643	0.77	28.0	71	−40	201 205 211
		509	498	645	0.77	25.0	72		
	530℃	498	480	636	0.75	27.5	71		177 196 171
		492	482	639	0.75	26.0	72		
	560℃	507	488	639	0.76	26.0	71		197 210 209
		491	488	639	0.76	26.5	70		
	590℃	479	471	622	0.75	30.0	72		215 200 177
		475	470	624	0.75	30.0	72		
	620℃	460	449	601	0.75	29.5	72		154 108 176
		458	451	603	0.75	29.0	71		

备注：取样 1/4 板厚处，横向。

从表 9 可知，WH630E 钢板进行 500～620℃ SR 热处理后强度有所下降，其中 500～560℃ SR 热处理后，钢板拉伸性能满足技术要求，590～620℃ SR 热处理后，钢板抗拉强度偏低。不同温度 SR 热处理后，钢板延伸率和断面收缩率无明显变化，均满足技术要求。因此，结合标准规范要求，可以判定本次试验的 WH630E 钢理想 SR 热处理温度为 530～560℃。

5　钢板焊接接头力学性能

5.1　手工焊焊接接头力学性能

（1）焊接试验条件

对 18.5mm 厚的钢板进行手工焊，坡口为不对称 X 形，坡口型式按 GB 12337—1998 附录 C 的规定加工成不对称 X 形，示意图见图 14。

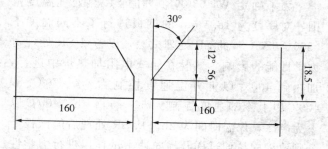

图 14　手工焊、埋弧焊坡口形式（18.5mm 钢板）

（2）手工焊试验结果

进行平焊位置施焊，焊接线能量 15～25kJ/cm。对焊态和焊后热处理态焊接接头进行各项力学性能试验，SR 热处理的温度设定符合 ASME Code Case 2477 和 ASME Code Case 2594 的规定。按 NB/T 47016—2011《承压设备产品焊接试件的力学性能检验》的要求对钢板焊接接头进行拉伸和冲击试验，试样横向取样。

表 10　18.5mmWH630 钢板手工焊焊接接头拉伸、弯曲性能

板厚 (mm)	试板状态	拉伸性能		弯曲试验
		R_m (MPa)	断裂位置	$b=2a$
18.5	手工焊态	635 651	焊缝 焊缝	侧弯 100°，$d=3a$，合格
	手工焊+SR 态	635 639	母材 母材	侧弯 100°，$d=3a$，合格

备注：18.5mm 焊板的 SR 热处理工艺：530～560℃×30min

表 11　18.5mmWH630E 钢板手工焊焊接接头冲击性能

板厚 (mm)	状态	缺口位置	试验温度（℃）	KV_2（J）
18.5	埋弧焊+SR 态	焊缝	−40	132 138 116
		热影响区	−40	156 162 153

试验结果表明：在手工焊焊态下，焊板拉伸、弯曲性能合格，焊缝和热影响区−40℃冲击功够满足 WH630E 钢技术条件要求，冲击功有较好的富裕量。

5.2 埋弧焊焊接接头力学性能

（1）焊接试验条件

对 18.5mm 厚的钢板进行埋弧自动焊，坡口为不对称 X 形，示意图见图 14。

（2）埋弧焊试验结果

进行平焊位置施焊，焊接线能量 25～35kJ/cm。

对焊态和焊后热处理态焊接接头进行各项力学性能试验，SR 热处理的温度设定符合 ASME Code Case 2477 和 ASME Code Case 2594 的规定。按 NB/T 47016—2011《承压设备产品焊接试件的力学性能检验》的要求对钢板焊接接头进行拉伸和冲击试验，试样横向取样。焊接接头不同部位组织见图15～图18。

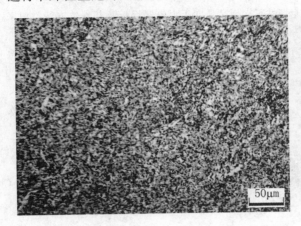

图 15　WM 部位的组织

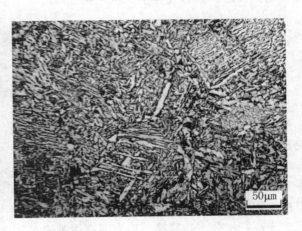

图 16　CGHAZ 部位的组织

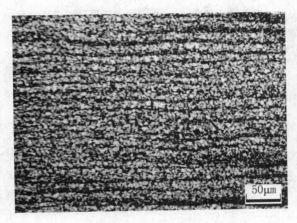

图 17　FGHAZ 部位的组织

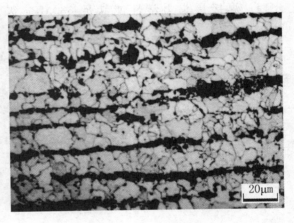

图 18　母材部位的组织

表 12　18.5mmWH630 钢板埋弧焊焊接接头拉伸、弯曲性能

板厚（mm）	试板状态	拉伸性能		弯曲试验	
		R_m（MPa）	断裂位置	$b=2a$	
18.5	埋弧焊态	660　665	母材	侧弯 100°，$d=3a$，合格	
	埋弧焊＋SR 处理	645　650	母材	侧弯 100°，$d=3a$，合格	

备注：18.5mm 焊板的 SR 热处理工艺：（530～560℃）×30min

表 13　18.5mmWH630E 钢板埋弧焊焊接接头冲击性能

板厚（mm）	状态	缺口位置	试验温度（℃）	KV_2（J）
18.5	埋弧焊＋SR 态	焊缝	－40	127　112　119
			－50	98　93　88
		热影响区	－40	118　122　106
			－50	86　92　99

试验结果表明：在埋弧焊焊态下，焊板拉伸、弯曲性能合格，焊缝和热影响区－40℃冲击功能够

满足 WH630E 钢技术条件要求，冲击功有较好的富裕量。

对埋弧焊接接头不同部位金相组织观察，由图15～图18可知，18.5mm 钢板焊接接头 WM 组织为针状铁素体，CGHAZ 组织为"贝氏体＋铁素体"，FGHAZ 组织为"铁素体＋珠光体"，母材组织为"铁素体＋珠光体"。FGHAZ 组织比母材组织更为均匀细小，且珠光体不完全带状分布。

6　结论

（1）武钢具有先进的冶炼、轧制设备及工艺优势，所制定的 WH630E 钢生产工艺要求合理，能够满足移动压力容器用钢生产要求。

（2）武钢 WH630E 钢板具有钢质纯净、力学性能稳定，具有高强度、低屈强比、低温韧性优异及焊接性能优良等特点，能够适用不同的 SR 热处理工艺规范，符合−40℃移动压力容器用钢要求。

（3）武钢 WH630E 钢板匹配焊接材料和焊接工艺合理，焊接接头力学性能满足 630MPa 级−40℃移动压力容器用钢要求。

参 考 文 献

［1］芮晓龙，习天辉，等．正火高强度压力容器用钢的研究进展［J］．武汉工程职业技术学院学报，2010，22（4）：4.

［2］GB 713—2014．锅炉和压力容器用钢板［S］.

［3］王国文，杨文荣，等．压力容器用 XG630DR 钢板的研制［J］．压力容器 2015，23（10）：8.

［4］武汉钢铁（集团）公司．具有良好的−50℃低温韧性正火型高强度压力容器钢板及其制造方法：中国，ZL 201510179185.1［P］．2015−04−15.

［5］武汉钢铁（集团）公司．具有良好的低温高韧性正火型高强度压力容器钢板及其制造方法：中国，ZL201510177632.X［P］．2015−04−15.

［6］EN 10028−3：2009，承压用扁平钢 第3部分：正火可焊接细晶粒钢［S］.

［7］2013 ASME Boiler and Pressure Vessel Code, CASE 2477［S］.

［8］2013 ASME Boiler and Pressure Vessel Code, CASE 2594−1［S］.

作 者 简 介

刘文斌（1981—），男，高级工程师。主要从事核电承压设备用钢、压力容器用钢、水电用钢和合金结构用钢的理论研究及工程应用工作。

通信地址：武汉市青山区冶金大道 28 号武汉钢铁有限公司研究院宽厚板所，430080

电话：027−86487657；

传真：027−86487640；

E-mail：liuwenbin2004@163.com

腐蚀、材料、断裂力学、

A

VN 微合金化压力容器用钢板 WH630E 的应变时效性能研究

王宪军　杜　涛　刘　冬

（武汉钢铁有限公司研究院，湖北武汉　430080）

摘　要　采用夏比冲击法对 10～20mm 厚的 WH630E 钢板进行应变时效性能研究。取 11mm、18.5mm 厚度的交货态钢板，进行 0%、2.5%、5.0%、7.5% 和 10% 的冷变形拉伸，对冷变形钢板分别进行 250℃ 的人工时效和 600℃ 消应力热处理。实验结果表明，钢板具有较低的应变时效敏感性。冷变形的钢板经过消应力热处理后，钢板的强度降低，且韧脆转变温度降低，消应力热处理提高了 0%～10% 冷变形钢板的综合力学性能。

关键词　应变时效；应变时效敏感性；消应力热处理

Research on Strain Aging for VN Micro—alloying WH630E Plate for Pressure Vessels

Wang Xianjun　Du Tao　Liu Dong

（Research and Development Center of Wuhan Iron and Steel Co. Ltd,

Wuhan，Hubei 430080，China）

Abstract　Strain aging of WH630E plate with thickness 10–20mm was investigated by Charpy impact methods. Cold tensile deformation with 0%，2.5%，5.0%，7.5%，10% were performed by delivered state WH630E with thickness of 11mm and 18.5mm，then the samples were heat treated with 250℃ artificial aging and 600℃ SR（Stress Relief）. The results were showed that，there was low strain aging sensitivity for the plate. When cold deformed plates were heat treated by SR，strength and temperature of ductile-brittle transition was decreased，mechanical properties of 0%–10% cold deformed plate can be improved by SR.

Keywords　strain aging；strain aging sensitivity；heat treatment for stress relief

1　引言

应变时效敏感性试验是一种测定材料应变时效后在冲击状态下对缺口破坏的敏感性的试验。在压力容器的制造过程中，钢板要经过各种加工、成形、装配等工艺过程。由于冷加工塑性变形使钢材强度与硬度升高而塑性与韧性下降的现象，称为应变时效。

WH630E 钢属于 VN 微合金化的低合金高强度钢，用于制造液化石油气罐车的筒体和封头，钢板屈服强度 R_{eL} 不低于 460MPa，抗拉强度 R_{m} 不低于 630MPa，屈强比要求不超过 0.83，用于筒体壁厚小于 20mm、筒体直径约 2470mm、体积容量 59m² 以上的罐车。根据 GB 150.4—2011[1]《压力容器第 4 部分：制造、检验和验收》中规定了低合金钢的冷成形变形率大于 5% 时，必须对成形受压元件进行恢复性能热处理，但目前国内压力容器制造标准和规范中无该类钢热处理的成熟规范。国外压力容器规范中一般均有关于压力容器筒体冷卷变形超过一定量后进行热处理的规定，而冷变形后消除应力处理的温度一般为 600～650℃[2]。国内 1980 年对 VN 微合金化的 15MnVN（Cu）钢进行应变时效[3]研究时，采用 U 型[4]冲击进行检验，随着压力容器制造技术和检验标准的发展，V 型冲击逐渐取代 U 型冲击缺

口试样，以往的研究数据对目前工程应用不能有效地进行指导和参考。

本文是在前人研究基础上，在冶金设备及冶金质量整体提升的前提下，利用新的技术标准和压力容器制造规范对 VN 微合金化 WH630E 钢板进行应变时效的研究。

2 试验材料及方法

试验钢种采用武钢炼钢厂转炉—连铸设备成坯，试验钢种的熔炼化学化学成分见表 1。经 4300mm 中厚板轧机轧制成 6～30mm 钢板，并经过正火热处理，交货态钢板的典型力学性能见表 2。

表 1 试验材料的熔炼化学成分（wt%）

牌号	C	Si	Mn	P	S	V	N	Cu
WH630E	0.19	0.29	1.64	0.010	0.003	0.10～0.20	≤0.025	<0.10

表 2 实验材料的力学性能

牌号	热处理状态	厚度（mm）	R_{eL}（MPa）	R_{m}（MPa）	A（%）	$-40℃KV_2$（J）
企业技术标准要求	正火	≤20	≥460	630～725	≥17	≥47
WH630E	正火	11	510 506	691 691	26.5 25.5（A_{200}）	156 176 166
		18.5	489 494	657 664	25.0 24.5（A_{200}）	178 168 180

11mm 钢板应变时效预拉伸毛坯样尺寸：11（厚）mm × 15（长）mm × 300（宽）mm，18.5mm 钢板应变时效预拉伸毛坯样尺寸：18.5（厚）mm × 15（长）mm × 300（宽）mm，取样方向为垂直于轧制方向，对于应变时效的拉伸、冲击毛坯试样的横截面尺寸，并不影响应变时效的敏感性客观评价[5]。应变时效热处理和消除应力热处理工艺分别对不同冷变形量的预拉伸应变毛坯样进行的热处理。应变时效热处理工艺为 250℃ × 1h，消除应力热处理工艺为 600℃ × 1h，热处理工艺采用武钢研究院中试工厂电阻式热处理炉控制和操作。

3 试验结果

3.1 冷变形后的应变时效拉伸性能

GB/T 4160—2004 钢的应变时效敏感性试验方法（夏比冲击法），对拉伸毛坯样进行 2.5%、5%、7.5%、10.0% 的不同冷变形量拉伸，并取预变形的均匀变形部分加工成拉伸试样，按照 GB 228.1《金属材料 拉伸试验 第 1 部分：室温试验方法》规定进行室温拉伸试验，试验结果见图 1 所示。

Slogistic1 函数进行拟合的曲线。

3.2　冷变形后的应变时效冲击性能

根据 GB/T 229《金属材料 夏比摆锤冲击试验方法》规定，对不同冷变形变形量和热处理工艺处理的 11mm 和 18.5mm 厚的 WH630E 钢进行了系列温度冲击性能检验，检验结果见图2和图3所示。图2（a）和图2（b）分别为 11mm 和 18.5mm 厚钢板在不同冷变形量后 250℃ 人工时效后的系列温度冲击性能；图3（a）和图3（b）分别为 11mm 和 18.5mm 厚钢板在不同冷变形量后 600℃×1h 热处理后的系列温度冲击性能。其中各图中的散点为各变形量和温度下的冲击功平均值，同一变形量下的系列温度冲击功曲线为采用 Origin 软件的

3.3　应变实效前后的金相组织

取原始未变形的 11mm 厚度的钢板、变形量 10％＋250℃ 时效热处理、变形量 10％＋600℃ 消应力热处理的钢板，分别对其进行金相组织观察，检验结果见图3和图4所示。未变形与冷变形经时效热处理及冷变形经消应力热处理的钢板金相组织均为"铁素体＋珠光体"组织，各状态下金相组织中均有偏析带状组织。从图4的不同状态下的金相组织分析可知，各状态下的金相组织无明显差别，均为"铁素体＋珠光体"组织，铁素体晶粒度在 11 级。

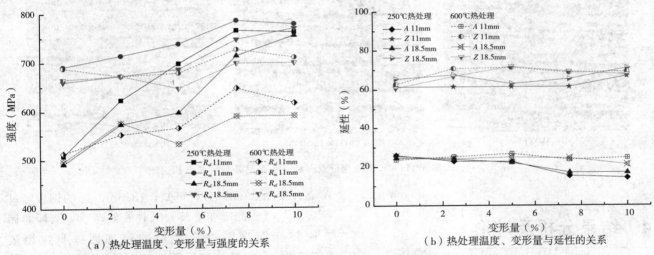

（a）热处理温度、变形量与强度的关系　　　（b）热处理温度、变形量与延性的关系

图1　250℃和600℃热处理前后、不同变形量的 WH630E 钢板拉伸性能

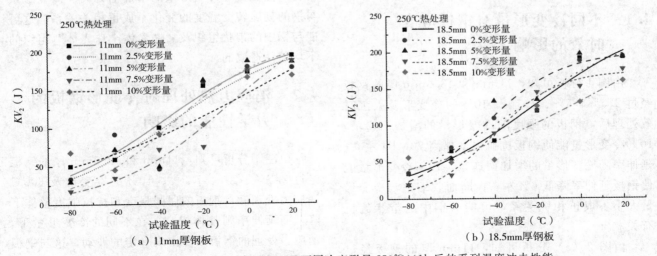

（a）11mm厚钢板　　　（b）18.5mm厚钢板

图2　11mm、18.5mm 厚 WH630E 不同冷变形量 250℃×1h 后的系列温度冲击性能

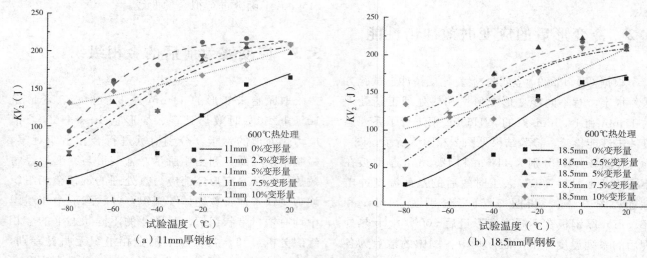

图3　11mm、18.5mm厚WH630E不同冷变形量600℃×1h后的系列温度冲击性能

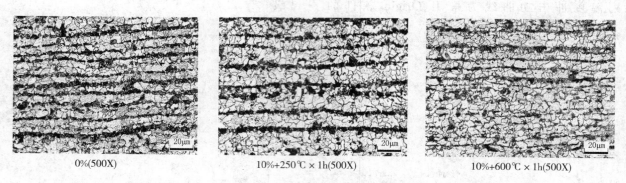

图4　11mm厚WH630E钢冷变形及前后及不同热处理后的金相组织

4　结果分析及讨论

4.1　不同冷变形量对钢板应变时效的影响

由图1分析可知，11mm和18.5mm厚的钢板经过2.5％、5％、7.5％、10％的冷变形及人工时效处理后，钢板的强度随冷变形量的增加而递增，10％冷变形量能使钢板抗拉强度提高70MPa左右；延伸率随冷变形量的增加而递减，10％冷变形量能使钢板延伸率降低6％左右；断面收缩率与冷变形量大小不成正相关关系，可能与钢中的带状偏析有关。

由图2（a）分析可知，11mm厚的钢板经过2.5％、5％、7.5％、10％的冷变形及人工时效处理后，钢板的韧脆转变温度随冷变形量的增加而升

高；由图2（b）分析可知，18.5mm厚的钢板经过2.5％、5％的冷变形及人工时效处理后，钢板的韧脆转变温度随冷变形量的增加而降低，经过7.5％、10％的冷变形及人工时效处理后，钢板的韧脆转变温度随冷变形量的增加而升高。冷变形量与钢的韧脆转变温度的变化不成正相关关系，这可能与钢中的带状组织及"铁素体＋珠光体"组织的不均匀性造成的。

4.2　消应力热处理对冷变形钢板的力学性能的影响

由图1分析可知，11mm和18.5mm厚的钢板经过2.5％、5％、7.5％、10％的冷变形及600℃消应力处理后，钢板的屈服强度和抗拉强度整体下降，而延伸率则整体提高。在不同的冷变形量下，消应力处理的钢板强度出现一定的波动，这与钢板的静态回复有关。

由图3（a）和图3（b）分析可知，11mm、

18.5mm 厚的钢板经过 2.5%、5%、7.5%、10% 的冷变形及消应力热处理后钢板较应变时效的钢板的韧脆转变温度降低，消应力热处理可以使钢板的强度适当降低，提高冷变形钢板的塑性和冲击性能。

4.3 不同冷变形量下时效热处理、消除应力热处理对钢金相组织的影响

试验中采用时效热处理为人工加速金属时效热处理，温度一般在 200～300℃ 范围，且变形量在 0%～10% 范围内，变形量较小，所以从金相组织上没有出现晶粒严重变形现象，金相组织无明显变化。

消除应力热处理，采用的是 600℃ 热处理温度，对比未变形金相和变形金相，并结合力学性能

的变化分析可知，600℃ 的消除应力热处理温度并没有使金属发生再结晶，降低了钢的强度，提高了冷变形金属的塑性和低温冲击韧性，所以，该温度下的热处理应为金属的回复热处理工艺[6]。

4.4 WH630E 钢的应变时效敏感性

根据 GB/T 4160—2004《钢的应变时效敏感性试验方法（夏比冲击法）》规定，计算上述各状态下的应变时效敏感性系数：$C = (\overline{A_K} - \overline{A_{KS}}) / \overline{A_K} \times 100\%$，其中 $\overline{A_K}$ 为未经应变时效的冲击吸收功的平均值，$\overline{A_{KS}}$ 为经规定应变并人工时效后冲击吸收功的平均值。采用上述公式对冷变形后时效热处理及消应力热处理的钢板应变时效敏感性进行评价，结果见图5和图6所示。

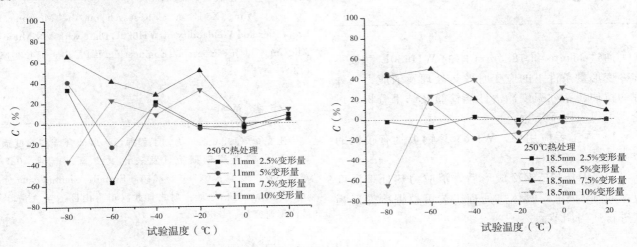

图5　11mm、18.5mm 厚 WH630E 不同冷变形量以及 250℃×1h 时效后的系列温度应变时效敏感性

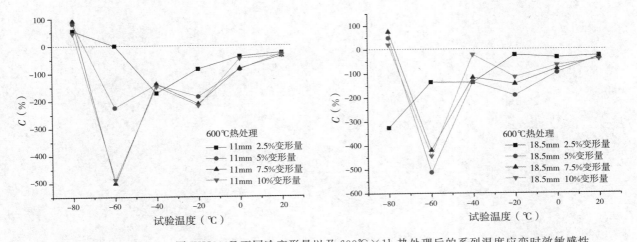

图6　11mm、18.5mm 厚 WH630E 不同冷变形量以及 600℃×1h 热处理后的系列温度应变时效敏感性

在工程应用中，钢板的冷成形最大变形量仅为

0.5% 左右，250℃ 时效后钢板的应变时效敏感性小

于 20%，具有较低的应变时效敏感性。在 600℃热处理后，钢板在−60~20℃范围内，应变敏感系数小于零，且相应温度下的冲击性能优于 250℃时效热处理的冲击值。该 WH630E 钢板用于液化石油气罐车罐体材料，钢板在弯板拼焊成筒体及整体组装后，对罐体进行整体消应力处理，消应力的热处理温度在 WH630E 钢的回复和再结晶温度以上时，钢板的应变时效敏感性很低，在最终使用时，认为应变时效敏感性对罐车安全使用没有主要影响。

WH630E 钢中采用 VN 微合金化，钢中的 C、N 原子在钢中以 V（CN）析出物[7]存在于钢中，降低了钢的应变时效作用。

5 结论

通过 11mm 和 18.5mm 厚的 WH630E 钢板不同冷变形量条件下的应变时效热处理及消应力热处理的拉伸、系列温度冲击性能检验及结果分析、讨论，可得出以下结论：

1）在工程应用中，WH630E 钢板具有较低的应变时效敏感性；

2）WH630E 钢冷成形后，消应力热处理温度应在 600℃以上，具体热处理工艺可根据冷变形程度进行适当调节。

参 考 文 献

［1］GB 150.4—2011.压力容器 第 4 部分：制造、检验和验收［S］.

［2］合肥通用机械研究所 .16Mn、15MnV 及 18MnMoNb 钢板应变时效性能的试验研究［J］.化工与通用机械 . 1976，（05）：29—38.

［3］武钢钢研所，合肥通用机械研究所 .15MnVN 钢板力学性能试验研究［J］.化工与通用机械 .1980（10）：11—23.

［4］武钢钢研所，合肥通用机械研究所 .15MnVN（Cu）钢板应变时效性能的试验研究［J］.化工与通用机械 . 1980（11）：19—24.

［5］徐卫星，等 .预拉伸样坯尺寸对应变时效敏感性试验结果的影响［J］.理化检验：物理分册 .2017，53（3）：185—187.

［6］毛卫民，等 .金属的再结晶与晶粒长大［M］.北京：冶金工业出版社，1994，29—36.

［7］Wang X J，et al. Research on the Mechanical Properties and Weldability of WH630E Plate with VN Micro-Alloying ［J］. Procedia Engineering. ICPVT − 14.2015（130）：475—486.

作 者 简 介

王宪军（1983—），男，工程师，从事低合金高强度锅炉及压力容器用钢研究，发表论文 9 篇。电话：027-86487657，传真：027-86487640，E-mail：xianjunwang @ aliyun. com。通信地址：湖北省武汉市青山区冶金大道 28 号武钢研究院，430080

钒氮微合金化高强韧性 P460NL1 钢板的开发与应用

高 雅　赵文忠　谷蒙森　张海军　徐腾飞　耿宽宽

（舞阳钢铁有限责任公司，河南舞阳　426500）

摘　要　P460NL1 是按欧标生产的 V、N 强化型压力容器用钢，主要设计应用于油气罐车的制造，在国内也被广泛采用。采用较高 V 和较高 N 的钒氮微合金化技术，通过对冶炼工艺调整和对轧制热处理工艺研究，成功开发了高强韧性的 P460NL1 钢板。钢板强度适中，有较低的屈强比，冲击功可稳定在 100J 以上。研究表明，V（C/N）的析出物在控轧控冷、正火和回火过程中以不同的形态存在，对冲击韧性起决定性作用，组织的细化程度及内部的偏析和带状组织也对韧性有不同程度影响。采用合适的控轧控冷和热处理工艺可使组织均匀细化，V（C/N）析出物弥散细小分布，韧性大幅提升。

关键词　P460NL1；冲击韧性；钒氮强化；析出

Development and Application of High Toughness P460NL1 Steel PlateBased on V – N Micro-alloyed

Gao Ya　Zhao Wenzhong　Gu Mengsen　Zhang Haijun　Xu Tengfei　Geng Kuankuan

（Wuyang iron and Steel Co., Ltd. Wuyang Henan，426500）

Abstract　P460NL1 is high strength pressure vessel steel designed with V and N intensified and produced by European standard. It is mainly designed to be used in the manufacture of oil and gas tank cars，and it is also widely used in china. High content of V and high N micro-alloyed technology was used in the developing of P460NL1，and steel plate with high impact toughness was successfully developed by adjusting parameters in the smelting，rolling heat treatment process. The steel plate has moderate strength and low yield ratio，and the impact energy can be stabilized over 100J. Research shows that V（C/N）precipitates in controlled rolling，controlled cooling，normalizing and tempering process in different form，plays a decisive role to the impact toughness. Microstructure refining，internal segregation and banded structure also have influence on toughness. The proper parameters of controlled rolling，controlled cooling and heat treatment processes can refine the microstructure，obtain refinement and Dispersion distribution of V（C/N）precipitates，and the toughness is greatly improved.

Keywords　P460NL1；impact toughness；strengthed by V and N；precipitates

1　前言

P460NL1 是欧标 EN10028 – 3 中的牌号，主要用于公路 LPG 罐车、船用集装箱、铁路罐车的制造。实际的设计使用中，为了减轻罐车的自重，大幅提升了钢板的强度水平，抗拉强度由标准的要求的 570MPa 提升到了 630MPa，并对钢板的屈强比提出了严格要求[1]。近几年，国内的罐车制造越来越多使用 P460NL1 钢板进行设计，此前，舞钢也已经针对钢板进行了开发和研究[2]，实现批量供货，并成功替代进口。随着用户对钢板使用性能和设备安全的要求越来越高，对冲击韧性和屈强比提出了新的技术指标，要求平均冲击功不低于 60J，屈强比不高于 0.82，迫切需要开发更高性能的 P460NL1 钢板。

P460NL1 采用 V 和 N 复合强化设计，正火或"正火＋回火"状态交货。关于高 V 和高 N 钢的设计开发，之前国内未见有报道，只有在 2000 年左右，东北大学针对宝钢开发的 P460NL1 钢板进行了焊接评定实验，但未见实际应用报道[3]。通过高的 V 和 N 设计，形成强烈的析出强化，以保证钢板在正火状态下有足够的强度，但也对冲击韧性提出了挑战，如何保证在如此多的析出物的条件下保证韧性是本文要解决的问题。初期采用高 V 低 N 的方案进行开发生产，强度余量只有 20MPa 左右，冲击功也只有平均 40J 左右。舞钢通过本研究，利用增氮的方法促进 VN 细化析出，并调整轧制和热处理工艺，成功使 P460NL1 钢板冲击功稳定在 100J 以上，且有良好的强度和屈强比，成功实现批量生产。

学性能要求，钢板为"正火＋回火"交货。

2 实验材料、研究方法和手段

实验用 P460NL1 材料全部在产线上生产，实物成分如表 3 所示。其冶炼过程控制为：最大程度降低杂质元素含量，特别是 S、P 含量，并采用 Ca 处理，改善夹杂形态；转炉和 VD 过程全程吹 N，VD 后期补吹 N，使得 N 含量达到 100ppm 以上；适当降低 Al 含量、控制连铸冷却工艺以尽可能改善坯料内部质量，为了达到较高的 N 含量，增氮工艺由吹氮气改为吹氮气并加入钒氮合金。

1 P460NL1 钢板技术要求

表 1 和表 2 分别是 P460NL1 的化学成分和力

表 1   P460NL1 钢板的成分要求（wt%）

C	Si	Mn	P	S	Ni	Cr	Cu	Al	Ti	Mo	V	Nb	N	Ceq
≤0.20	≤0.60	1.10~1.70	≤0.025	≤0.008	≤0.80	≤0.30	≥0.20	≥0.020	≤0.03	≤0.10	0.10~0.20	≤0.05	≤0.025	≤0.53

表 2   P460NL1 钢板的力学性能要求

R_{eH}	R_m	R_{eH}/R_m	延伸率 $A_{50}/\%$	−40℃（横向）KV_2/J
≥460	630~725	≤0.82	≥17	≥60J

表 3   P460NL1 钢板的实际成分（wt%）

C	Si	Mn	P	S	Ni	Nb	V	Al	Ti	Cu	Cr	Mo	N
0.17	0.32	1.60	0.006	0.001	适量		0.040	残余					0.010 0.020

本研究的开展基于舞钢前期对 P460NL1 钢板的开发和应用实践，主要是基于此前的成分设计进行成分和工艺改进。基于合同生产研究了不同的控轧控冷参数对析出物状态和性能的影响规律，进行了不同回火、正火、"正火＋回火"的热处理工艺对性能的影响实验。

3 实验结果和分析

3.1 不同终轧温度对组织和性能的影响

轧制后的钢板的厚度为 18.3mm。考虑到碳氮化物的充分回溶，板坯加热温度控制为 1220～

1240℃，并且要保证板坯加热均匀；设定一阶段开轧温度为 1100℃以上，保证足够道次大压下量，促进奥氏体再结晶细化。控制二阶段终轧温度 780～840℃，固定平均冷速在 3℃/s 左右，设定终冷温度为 650℃，研究不同的终轧温度对钢板性能的影响。

控制钢板的 Ⅱ 阶段终轧温度为 780℃、800℃、820℃和 840℃，对钢板的轧制态进行取样检验，其性能如表 4 所示，其金相组织如图 1 所示。由表 4 可以看出，随着终轧温度的降低，钢板屈服强度上升，延伸率提高，而屈强比则不断提升。特别是终轧温度到 780℃以下时，钢板屈服强度明显提升，而冲击功也有明显改善。从组织照片可以看出，钢板整体的带状组织比较严重，这主要是成分设计时加入了较多的易偏析元素，特别是 V 的含量，大大高于普通微合金钢中

V 的加入量。从组织照片可以看出，终轧到 780℃ 以下时，组织明显均匀细化，带状组织得到改善。主要是低的终轧温度促进了铁素体的形核细化，组织的细化提升了钢板的均匀性，铁素体在偏析带位置形核的增多有利于阻断偏析条带。

表4　P460NL1 钢板轧态力学性能

R_{eH} (MPa)	R_m (MPa)	R_{eH}/R_m	A (%)	−40℃（横向）KV_2（J）	实际终轧温度
490	722	0.69	19.5	29/26/30	843
494	695	0.71	20.3	32/31/30	824
508	703	0.72	20.5	45/44/36	799
529	685	0.77	22.7	60/66/59	774

3.2　轧制后回火处理对性能的影响

虽然钢板以正火或"正火＋回火"状态交货，但由于回火处理对高 V、N 钢的性能有重要影响，因此研究了轧制态钢板在不同温度回火处理后的性能变化。对上述终轧温度为 774℃ 的钢板取试样在试验室用小型试验炉进行回火试验，并研究不同回火温度后钢板组织和性能的变化情况。设定回火温度为 540℃、570℃、600℃、630℃ 和 660℃，回火保温时间为 40min。表5 是不同回火处理后钢板的性能情况，图2 是回火后组织的变化。

从表5可以看出，随着回火温度的升高，钢板的强度先上升后下降，屈强比整体上升明显，而冲击韧性则呈现连续的恶化趋势。从图2的组织对比看，随着回火温度升高，组织中的碳化物颗粒明显粗化，特别是在 600℃ 向更高温时，碳化物颗粒粗化明显。组织中碳化的变化是钢板性能变化的根本原因，540℃ 回火时，组织中已经有明显的析出，屈服强度较轧态有明显提升，到 630℃ 时，析出达到峰值，钢板强度达到最高值。630℃ 到 660℃ 时，析出物的增量减少，且粗化明显，强度开始下降。整个回火温度的提高过程中，析出物由增多到粗化，使钢板韧性变差。

表5　不同温度回火后力学性能

R_{eH} (MPa)	R_m (MPa)	R_{eH}/R_m	A %	−40℃（横向）KV_2（J）	回火温度 ℃
556	697	0.80	20.5	67/64/64	540
554	695	0.80	22.5	55/46/50	570
585	683	0.87	19.0	45/44/54	600
601	704	0.85	19.5	26/34/32	630
573	669	0.86	21.0	32/27/33	660

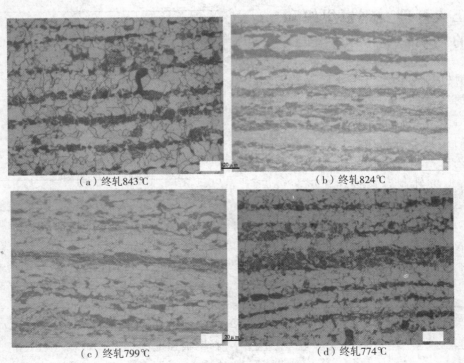

（a）终轧843℃　　　　　　（b）终轧824℃

（c）终轧799℃　　　　　　（d）终轧774℃

图1　不同终轧温度钢板的组织

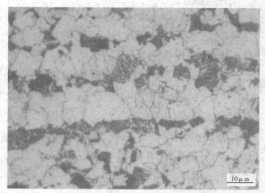
（a）回火温度570℃

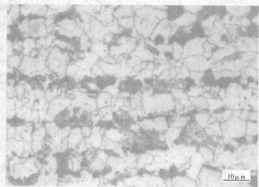
（b）回火温度600℃

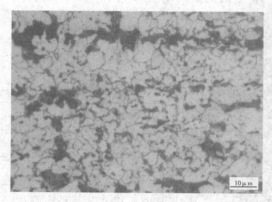
（c）回火温度630℃

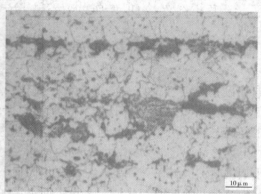
（d）回火温度660℃

图2　不同温度回火后钢板组织的变化

3.3　不同正火处理对钢板组织和性能的影响

正火能使钢板的成分均匀化并使晶粒均匀细化，提高材料的综合性能。常规正火往往会降低轧制态钢板的强度，在高 V、N 含量情况下，正火对性能的影响具有不可预测性，因此需要研究不同的正火工艺对材料性能的影响规律。同样取终轧温度为 774℃ 的轧制态钢板样在试验炉进行正火试验，设定的热处理温度为 850℃、870℃、890℃ 和 910℃，正火保温时间为 30min。正火后的钢板性能如表 6 所示，正火后的钢板组织如图 3 所示。

表6　不同温度正火后力学性能

R_{eH} (MPa)	R_m (MPa)	R_{eH}/R_m	A (%)	−40℃（横向）KV_2（J）	正火制度
525	647	0.81	23	144/181/142	850℃，30min

（续表）

R_{eH} (MPa)	R_m (MPa)	R_{eH}/R_m	A (%)	−40℃（横向）KV_2（J）	正火制度
526	658	0.80	22.5	75/99/108	870℃，30min
537	675	0.8	22.0	47/30/46	890℃，30min
553	688	0.81	20.0	30/22/39	910℃，30min

由表 6 可以看到，相对于轧制态性能，钢板正火后整体强度下降，910℃ 正火后强度略有提升。随着正火温度的提高，强度呈上升趋势，但冲击明显趋于降低，延伸也有不同程度降低。870℃ 正火冲击韧性最高，但整体抗拉强度余量较小。从图 3 可以看出，随着正火温度的升高，组织明显粗化，这与冲击韧性的和延伸率的恶化相对应，但不能解释钢板强度的提升。根据 V、N 析出的特性推测，随着正火温度升高强度的提升是由于正火温度高时，大颗粒 V（C/N）有较多回溶，合金固溶也充

分，会增加奥氏体稳定性，正火后形成的低温转变组织多，起到强化效果。同时由于正火温度高，正火后空冷到室温时间延长，有更多的合金碳化物析出，形成强化效果。

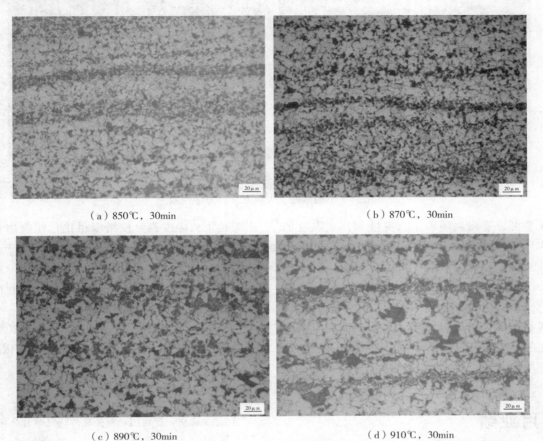

（a）850℃，30min

（b）870℃，30min

（c）890℃，30min

（d）910℃，30min

图 3 不同温度正火后钢板的组织

3.4 "正火＋回火"处理对钢板组织和性能的影响

由上分析，钢板的回火和正火对钢板的冲击韧性都有明显影响，随着回火温度升高，析出物增多且粗化，恶化冲击韧性；随着正火温度升高，组织粗化明显，也会增加碳氮化物析出量，对冲击韧性不利。在850℃正火条件下，可以得到良好的冲击韧性，但强度余量很小。为此考虑利用回火析出强化略微提升钢板的强度水平，利用850℃和870℃正火，570℃和600℃回火进行"正火＋回火"试验。不同工艺处理后钢板的性能如表7所示，组织如图4所示。

表 7 不同温度正火和回火后力学性能

R_{eH} (MPa)	R_m (MPa)	R_{eH}/R_m	A (%)	−40℃（横向）KV_2（J）	热处理制度
547	662	0.83	22.0	175/128/131	850℃/30min 正火＋570℃/60min 回火
568	675	0.84	21.5	68/49/97	870℃/30min 正火＋570℃/60min 回火
551	654	0.84	23.0	95/104/112	850℃/30min 正火＋600℃/60min 回火
577	669	0.86	19.0	45/29/58	870℃/30min 正火＋600℃/60min 回火

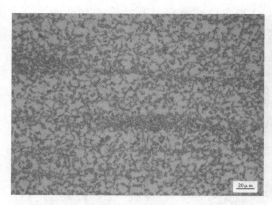

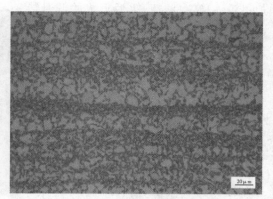

850℃/30min正火+570℃/60min回火　　　　　　　870℃/30min正火+570℃/60min回火

图 4　不同温度正火和回火后力学性能

由表 7 可以看出，随着正火温度和回火温度的提高，均导致钢板强度提高，屈强比提高，冲击下降，延伸变差。钢板经过"850℃/30min 正火＋570℃/60min 回火"后有最好的力学性能。从组织结果看，正火温度较低时，形成"铁素体＋索氏体"的两相组织，且均匀细小，正火温度高时组织变粗。高的回火温度下，析出物变多变粗，也导致钢板强度增加，冲击变差。

4　应用业绩

自 2013 年以来，杭州铭逸物资有限公司分 5 次从舞钢公司订货 2100t，供于浙江某石化设备制造公司，用于出口欧美发达国家的移动罐车的制造，用户使用效果良好。

5　结论

高 V 下增 N 促进强韧性的匹配，解决了高 V 低 N 时的强韧性不理想的问题，综合看，本研究主要得到以下结论：提高钢板的回火温度导致冲击变差，主要是 V（C/N）析出量增多和粗化导致。这种结论可以为钢板在焊接过程的回火消应力处理提供参考。

（1）提高钢板的正火温度导致冲击韧性变差，主要是正火温度提升使组织粗化且使析出物等硬相增多。

（2）降低终轧温度有利于使组织均匀细化，使冲击韧性提升，但提升空间有限，需要利用后续的热处理改善成分和组织均匀性。

P460NL1 合适的热处理工艺为：850℃进行正火，并适量回火，冲击功可稳定在 100J 以上。

参 考 文 献

［1］姜德刚，智建国，刘振成．钒氮微合金化提高高强乙字钢的低温冲击韧性［J］．包钢科技，2008，34（4）：52－55.

［2］刘丹，杨勇．优化罐车用钢板 P460NL1 冲击韧性的工艺实践［J］．宽厚板，2014，20（5）：10－13.

［3］李友，李强，王嘉麟．P460NL1 钢的焊接热影响区粗晶区组织和性能［J］．东北大学学报（自然科学版），2001，22（2）：150－153.

作 者 简 介

高雅，高级工程师，舞阳钢铁有限责任公司科技部，结构钢研究所所长。

通信地址：河南省舞钢市湖滨大道西段，462500

电　话：18317601079；E-mail：gy18317601079@163.com

张海军，高级工程师，舞阳钢铁有限责任公司科技部，二档主管工程师。

通信地址：河南省舞钢市湖滨大道西段，462500

电话：13939960570；E-mail：13939960570@163.com

低温压力容器用含氮奥氏体不锈钢304N
宽幅热轧卷板的开发

李　筱[1,2]　王志斌[1]　李国平[1]

（1. 山西太钢不锈钢股份有限公司，山西太原　030003；2. 太原理工大学，山西太原　030024）

摘　要　为适应节能减排的需求同时为进一步降低成本，轻量化已成为低温压力容器的发展趋势。含氮奥氏体不锈钢304N以其高的强度及优异的低温韧性可以满足用户对低温压力容器轻量化的要求，从而成为替代304的较为理想的材料之一。通过对成分设计、宽幅连铸及热轧等关键生产工艺技术的研究，成功开发出宽幅304N热轧卷板，产品在表面质量、机械性能等方面满足了用户的特殊要求。

关键词　低温压力容器；含氮奥氏体不锈钢；宽幅热轧卷板

Development of the Nitrogen Bearing Austenitic Stainless Steel 304N Broad Hot Rolled Coil Used in Low Temperature Pressure Vessel

Li Xiao[1,2]　Wang Zhibin[1]　Li Guoping[1]

（1. Shanxi Taigangstainless steel Co.，Ltd.，Taiyuan，Shanxi，030003；

2. Taiyuan university of technology，Taiyuan，Shanxi，030024）

Abstract　In order to meet the need of energy conservation and emission reduction and further reducing costs, lightweight has become a trend of low temperature pressure vessel. With the high strength and excellent low temperature toughness, nitrogen bearing austenitic stainless steel 304N can satisfy the requirement of lightweight of low temperature pressure vessel and makes it a promising substitute material for 304. By research of the key technologies such as chemical composition design, continuous casting of wide slab and hot rolling etc, 304N broad hot rolled coils was successfully developed，and the finish quality, mechanical properties etc met the special customer requirement.

Keywords　low temperature pressure vessel; nitrogen bearing austenitic stainless steel; broad hot rolled coil

1　低温压力容器及其对材料性能的要求

1.1　低温压力容器的定义

低温技术是19世纪末在液态空气工业上发展起来的，随着社会、经济的不断进步，低温技术在近30多年中获得了快速发展，液化气体的需求量得到大幅增涨，从而也使低温压力容器的用量不断提高。在我国GB 150—1988《钢制压力容器》附录C（标准的附录）中对低温压力容器的定义是：容器的设计温度低于或等于−20℃的压力容器[1]。

1.2　低温压力容器的主要失效形式及选材

低温压力容器的失效形式可分为强度失效、失稳失效和泄露失效，但以强度失效为主。强度失效是指材料承受的应力超过承载极限，进而发生断裂、屈服。强度失效主要包括脆性断裂、疲劳断裂等几种形式。对于绝大多数的低温压力容器来说，由于其处于低温环境中，会使塑、韧性变差，从而使韧脆转变温度高的材料转变为脆性材料，同时由于承压，极有可能发生断裂破坏，故而失效形式以脆性失效为主[2]。因此，低温压力容器在选材时要考虑钢材的低温韧性，在此前提下选择更高强度的钢材，才能确保低温压力容器的安全运行。根据使用温度可将低温用钢大致分为三大类：适用于 -40℃ 以上温度的低碳碳锰钢，适用于 -40 ~ -196℃ 的低碳钢、中镍钢以及适用于 -196 ~ -273℃ 的铬镍奥氏体不锈钢[1]。

1.3 轻量化对低温压力容器选材提出的新要求

在节能减排的大背景下，同时为进一步降低运输成本，轻量化已成为低温压力容器设计制造的主导方向[3]。据有关资料显示，当一辆车的自重降低一吨时，可节省 6% ~ 8% 的燃料。

304 不锈钢作为铬镍奥氏体不锈钢的代表钢种，以其优异的低温韧性和良好的加工性能被广泛用于制作低温压力容器内容器的筒体和封头。由于 304 的强度较低，且为亚稳定奥氏体组织，为满足轻量化要求，通常需要对其进行应变强化以提高屈服强度[3]，但同时易生成 α′ 马氏体，降低了材料的低温韧性[4]并增加了封头的开裂几率。

为解决上述问题，低温压力容器制造商开始考虑采用 304 的替代材料。304N 便是其中综合性能较好的一种。同时为降低低温压力容器因焊缝所导致的局部应力集中，以确保其使用安全并降低制造成本，因此设计者更倾向于使用宽度在 1500mm 以上的宽幅热轧卷板以降低焊缝数量[5]。

2 含氮奥氏体不锈钢概况及 304N 的研究现状

2.1 含氮奥氏体不锈钢概况

自 1938 年一位俄罗斯研究者首次报道了氮的

合金化作用之后，含氮不锈钢的研究在世界范围内引起了关注[6]。经过近一个世纪的发展，含氮奥氏体不锈钢已相对成熟。根据钢中氮的含量可将氮合金化奥氏体不锈钢分为如下三类：（1）控氮型奥氏体不锈钢。这类钢中氮含量为 0.05% 至 0.10%，合金体系为传统的 Cr-Ni 系，因其具有的高强度、优良的耐蚀性及较低的氮含量，可避免辐射脆化而被主要用于制作核电设备。（2）中氮奥氏体不锈钢。这类钢的氮含量为 0.10% 至 0.40%，合金体系除 Cr-Ni 系外还有一些 Cr-Ni-Mn-N 系超级奥氏体不锈钢，其典型钢种为 304N、316LN、200 系及 904L、254SMO 等。（3）高氮奥氏体不锈钢。这类钢的氮含量大于 0.40%，合金体系主要为 Cr-Mn（-Ni）-N 和 Cr-Ni-Mo-Mn-N。这类钢具有高强度、高耐蚀性能并且节镍，其代表钢种是 P550、18Cr-18Mn（P900）以及 654SMO 等。

2.2 氮对奥氏体不锈钢的作用

含氮奥氏体不锈钢具有高的强度、塑性及韧性、优异的耐腐蚀性能，并可减少晶界第二相的析出倾向，从而获得了用户的青睐。氮作为间隙原子可以通过固溶强化而大幅提高材料的强度。根据 Uggowitzer P J 和 Magdowski R 的研究结果[7]，当向奥氏体不锈钢中添加 1.2% 的氮后其屈服强度可从 240MPa 提高到 900MPa，而同时并不会恶化塑、韧性等其他机械性能。

氮可扩大奥氏体相区且其形成奥氏体的能力是镍的 30 倍。因此氮可以用于替代镍以降低材料的成本[4]。由于氮提高了奥氏体组织的稳定性，因此氮合金化奥氏体不锈钢可以在不形成或少形成形变诱发 α′ 马氏体的情况下通过冷加工来得到强化。另外适量的氮还可提高奥氏体不锈钢耐局部腐蚀的能力。

2.3 304N 的研究现状

304N 以其高的强度、优异的耐蚀性能和低温韧性而被广泛用于航天、航空及低温等领域。部分研究者对 304N 的热加工、退火等工艺进行了研究。杨钢等[8]研究了 0Cr19Ni9N 锻件的再结晶退火工艺。朱双春等[9]研究了不同的焊接工艺对 304N 焊接质量的影响，认为钨极氩弧焊工艺优于焊条电弧焊工艺。王长军等[10]研究了304N的热塑性，认为304N的热变形抗力及热激活能均高于304，并且确定了304N的最佳热塑性区间。王敏等[11]对321与304N进行了对比，结果表明304N的强度高于321，耐晶间腐蚀性能与321相当，因此可以替代321用于制作飞机和宇航器中的零部件。陈付时[12]介绍了一种用于线性电机牵引列车导轨用的304N，该材料与普通304相比，具有更为稳定的γ相、更高的强度且磁导率更低、耐蚀性更优。

2.4　304N在太钢的开发历程

太原钢铁（集团）有限公司（以下简称太钢）于2000年左右根据市场需求开始研发304N等含氮奥氏体不锈钢系列钢种，产品成功应用于三峡工程等领域。为满足低温压力容器等行业对304N宽幅热轧卷板的新需求，太钢决定以宽幅产线为依托开发宽幅304N热轧卷板，以填补国内在此领域的空白。

3　宽幅304N热轧卷板的开发

3.1　宽幅304N的试制难点及相应的工艺措施

3.1.1　成分设计

表1为不同标准中304N与304的成分。从中可以看出304氮含量上限为0.1%，而不同标准中304N的氮含量的下限的最低值为0.1%。另外日标和欧标中304N的氮含量上限分别达到了0.25%和0.22%，高于国标和美标中的0.16%。

表1　不同标准304N与304的成分（wt%）

牌　号	标　准	C	Si	Mn	P	S	Ni	Cr	N
06Cr19Ni10N	GB/T 4237	≤ 0.08	≤ 0.75	≤ 2.00	≤ 0.045	≤ 0.030	8.00～10.50	18.00～20.00	0.10～0.16
304N1	JIS 4304	≤ 0.08	≤ 1.00	≤ 2.50	≤ 0.045	≤ 0.030	7.00～10.50	18.00～20.00	0.10～0.25
X5CrNiN19-9 (1.4315)	EN10028-7	≤ 0.06	≤ 1.00	≤ 2.00	≤ 0.045	≤ 0.015	8.0～11.0	18.0～20.0	0.12～0.22
304N (S30451)	ASME SA-240/ SA-240M	≤ 0.08	≤ 0.75	≤ 2.00	≤ 0.045	≤ 0.030	8.0～10.5	18.0～20.0	0.16
304 (S30400)	ASME SA-240/ SA-240M	≤ 0.07	≤ 0.75	≤ 2.00	≤ 0.045	≤ 0.030	8.0～10.5	17.5～19.5	≤ 0.10

基于表1中的标准成分，对304N的成分进行了设计。如前所述，在进行304N的成分设计时，首先要考虑各元素对低温韧性的影响。铬是铁素体形成元素，会提高铁素体含量，因此铬对低温韧性不利。镍提高奥氏体组织的稳定性，从而提高钢的塑、韧性，因此镍有利于钢的低温韧性。碳的增加会增大碳在奥氏体和马氏体相中的过饱和度，提高马氏体晶格的扭曲度，从而降低韧性。氮的添加一方面降低了Ms点和Md点，从而降低马氏体相的形成倾向；另一方面氮可以形成并稳定奥氏体，且可在降低碳的情况下仍保持稳定的奥氏体组织，从而减轻马氏体对塑、韧性的影响。因此氮的添加有利于奥氏体不锈钢韧性的提高同时还可提高材料的强度。

由上述分析可知，为提高奥氏体不锈钢的低温韧性，应尽量降低铁素体含量，同时提高奥氏体组织的稳定性。但若奥氏体比例过高，Cr_{eq}/Ni_{eq}过低，铸坯易形成凝固裂纹。由图1可知，奥氏体不锈钢的凝固过程按照Cr_{eq}/Ni_{eq}从低到高可分为四种凝固模式。若Cr_{eq}/Ni_{eq}过低，不锈钢处于A或AF凝固模式，则由于初始凝固相为奥氏体组织而易使铸坯出现裂纹[13]。这些裂纹在随后的轧制过程当中被延伸拉长而最终形成表面裂纹。若将Cr_{eq}/Ni_{eq}控制得当而使不锈钢处于FA凝固模式，则不易出现凝固裂纹[13]，从而为避免热轧后的表面裂纹提供较好的基础。

综上所述，在对304N进行成分设计时，既要考虑到为提高低温韧性而适当增加奥氏体形成元素，同时也要使Cr_{eq}/Ni_{eq}控制得当以防止铸坯出现凝固裂纹。另外，为防止凝固裂纹的产生，降低低熔点元素（磷、硫等）的含量也是有效措施之一。基于此对304N的成分进行了设计，其相图见图2，从中可以看到其凝固模式为FA。

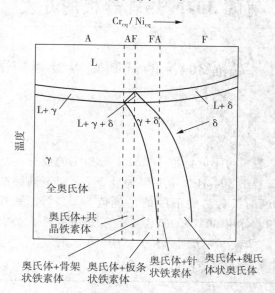

图1　奥氏体不锈钢的凝固模式[13]

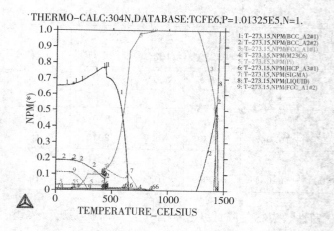

图2　采用Thermo-calc软件计算的304N相图

3.1.2　宽幅连铸难点及相应措施

由于用户的需求以宽幅热轧卷板为主，因此需开发304N的宽幅连铸技术。与窄幅连铸相比，宽幅连铸存在如下特点：由于通过结晶器的热流增大，增大了凝固坯壳与结晶器壁间的摩擦力，使裂纹产生的可能性能增大；钢水从水口中流出的速度加快，易加剧钢水液面的波动而造成卷渣；结晶器内初生坯壳的冷凝收缩力和弯曲应力加大，宽度越宽，越容易生成纵裂[14-15]。

为避免上述质量问题，采取了如下措施：采用

低拉速以降低热流及钢水流速；采用低过热度以降低铸坯的疏松、缩孔等缺陷；确保拉速稳定、控制液面波动等。

3.1.3　含氮奥氏体不锈钢热加工难点及相应措施

由于氮的加入使奥氏体不锈钢的热加工性能遭到恶化，这是因为氮会造成钢的开裂、脆化及变形困难。钢中氮含量的多少及其存在方式将在很大程度上影响含氮奥氏体不锈钢的热加工性能。Moon等人[16]的研究表明氮含量为0.6%的18Cr-18Mn不锈钢的最佳热加工温度范围非常窄，仅在1050至1100℃之间，Cr_2N的存在将恶化热塑性。热加工已成为高氮奥氏体不锈钢工程应用中重要一环。Wang changjun等人的研究表明与304相比，304N具有更大的变形抗力和变形激活能，其最佳热塑性区间为1150～1250℃[10,17]。参照相关资料和生产经验，结合太钢宽幅热连轧机组的能力，确定了304N宽幅热轧卷板的热轧工艺：高的铸坯加热温度和合理的过程工艺参数，确保了钢的热加工塑性同时避免热加工裂纹的产生。

3.2　304N的成品性能及其与传统304的对比

图3为304N宽幅热轧卷板酸洗后的表面。可以看出通过合理的成分设计、连铸及热轧工艺的设定，避免了表面裂纹缺陷。图4为304N和304固溶退火后的组织照片，表2列出了304N和304固溶退火态的相对磁导率和铁素体含量。从图4和表2可以看出，由于添加了氮，扩大并稳定了奥氏体组织，304N的组织中几乎观察不到铁素体，而304中可以看到条带状分布的铁素体，304N的铁素体含量和相对磁导率也均低于304。

图3　304N宽幅热轧卷板酸洗表面

表 3 对比了 304N 和 304 固溶退火态的力学性能。其中 304N 的 $R_{p1.0}$ 的规定下限值 357MPa 是用户为实现轻量化而提出的特殊要求。从表 3 中可以看出 304N 的 $R_{p0.2}$ 和 $R_{p1.0}$ 均较 304 有了较大的提高，从而相应地提高了材料的许用应力并实现了低温压力容器材料的薄化。另外满足该强度条件的

304N 在制作成贮罐后不需要再进行应变强化操作，从而一方面减少了由于形变诱发 α' 马氏体的出现而造成的韧性下降所带来的潜在风险，另一方面还可降低工序成本。304N 和 304 在抗拉强度、塑性及低温韧性等方面相差不大。

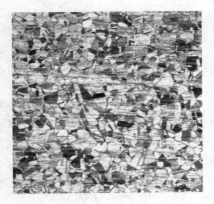

(a) 304N

(b) 304

图 4　304N（a）和 304（b）固溶退火态金相组织

表 2　304N 和 304 固溶退火态的相对磁导率和铁素体含量

钢号	规格（mm）	相对磁导率 μ_r（4000A/M）	铁素体含量（%）
304N	6.0	1.003	0.1
304	6.0	1.025	1.0

表 3　304N 和 304 固溶退火态典型力学性能及其标准规定值

钢号	产品规格（mm）	$R_{p0.2}$（MPa）	$R_{p1.0}$（MPa）	R_m（MPa）	A（%）	冲击功（J），−196℃，横向
304N	6.0	346	380	667	59	207
	ASME SA−240/SA−240M	≥240	≥357*	≥550	≥30	—
304	6.0	289	325	650	57.5	190
	ASME SA−240/SA−240M	≥205	—	515	≥40	—

注：* 该值是用户的特殊要求

3.3　304N 宽幅热轧卷板在低温压力容器中的应用

图 5 为采用太钢 304N 宽幅热轧卷板所制作的工业气体槽车的典型照片。目前太钢所开发的宽幅 304N 热轧卷板已通过了锅容标委的移动式压力容器认证，产品成功批量供应中集集团、查特深冷等低温压力容器制造领域的知名企业，并获得用户的高度认可。另外太钢还开发了超低温压力容器（核磁共振设备）用 304LN 热轧钢板，该产品在

−269℃冲击功、铁素体含量等指标上达到了用户的特殊要求，并通过了西门子认证。这些产品的成功开发扩大了太钢的低温用钢产品，同时也促进了国内低温压力容器行业的发展。

图 5　工业气体槽车

4 小结

（1）由于具有高的强度和优异的低温韧性，含氮奥氏体不锈钢304N可以满足低温压力容器轻量化的要求，从而成为替代传统304的理想材料之一。

（2）通过对成分设计、宽幅连铸及热轧等关键工艺技术的研究，成功开发出满足低温压力容器行业要求的304N宽幅热轧卷板。

（3）太钢开发的304N宽幅热轧卷板质量得到了低温压力容器行业的认可，并已在国内多家低温容器制造企业获得批量应用。

参考文献

[1] 刘克强，孙健，魏瑞．有关低温压力容器设计的探析［J］．中国石油和化工标准与质量，2013，（8）：75．

[2] 李俊林，王军，刘文彬．基于断裂力学与腐蚀机理的低温压力容器的选材研究［J］．化学工程师，2015，10：34－36．

[3] 黄泽，罗日萍，张志光．低温液体罐箱的发展趋势［J］．石化技术，2015，22（6）：40－41．

[4] 黄嘉琥．超低温压力容器用奥氏体不锈钢（1）[J]．不锈，2012，55（2）：3－10．

[5] 闵勇．低温压力容器设计中的关键问题［J］．化工管理，2015，（1），144．

[6] Rashev T. High Nitrogen Steels：Metallurgy under Pressure［M］．Publishing House of the Bulgarian，Sofia，1995．

[7] Uggowitzer P J，Magdowski R. MO Speidel. High nitrogen steels. Nickel free high nitrogen austenitic steels [J]．ISIJ International，1996，36（7）：901－908．

[8] 杨钢，刘正东，程世长，等．0Cr19Ni9N奥氏体不锈钢锻件的再结晶［J］．机械工程材料，2003，27（3）：16－41．

[9] 朱双春，王宝森，淮凯文，等．B304N奥氏体不锈钢焊条电弧焊与钨极氩弧焊焊接接头的冲击性能比较［J］．热加工工艺，2011，40（3）：178－182．

[10] 王长军，郑文杰，宋志刚．N对奥氏体不锈钢0Cr18Ni9N热塑性的影响［J］．特殊钢，2010，31（1）：66－68．

[11] 王敏，姚长贵，贾利星．关于航空航天用321与304N钢的对比分析［J］．材料热处理技术，2012，41（6）：57－59．

[12] 陈付时．线性电机牵引列车导轨用高强无磁不锈钢NSS304N的开发［J］．上海钢研，1996（4）：62－63．

[13] 孙咸．不锈钢焊缝金属的组织演变及其影响［J］．机械制造文摘：焊接分册，2012，（6）：6－10．

[14] 黄重，于爱民，魏保平等．宽板坯铸坯质量控制研究［J］．河南冶金，2006，14（S2）：70－104．

[15] 周有预，袁凡成．宽板坯高拉速连铸的特点及铸坯缺陷的预防［J］．钢铁研究，2003，31（6）：1－4．

[16] Steint G，Diehl V，Akdut N，et al. High Nitrogen Steels，2004，Grips Media GmbH，Germany，2004：421－426．

[17] Wang C J，Feng H，Zheng WJ. Dynamic recrystallization behavior and microstructure evolution of AISI304N stainless steel. Journal of iron and steel research international，2013，20（10）：107－112．

作者简介

李筱，男，出生于1981年，高级工程师。

通信地址：山西太原尖草坪区2号太钢技术中心，030003

手机：13753165002；传真：0351-2137664；邮箱：lixiao@tisco.com.cn

LNG 储罐用 06Ni9DR 钢板的开发及焊接试验研究

车金锋　庞辉勇

（河南舞钢科技部，河南舞钢 462500）

摘　要　通过对 LNG 储罐用 06Ni9DR 钢板进行理论研究分析，并采用实验室和工业试制相结合的形式，通过金相显微镜、扫描电镜断口分析等研究手段，开展了成分—组织—性能之间关系的研究。本研究开发的钢板最厚达 50mm，冶金质量优良、钢质纯净，金相组织均匀，拉伸、低温冲击性能优良，NDT、CTOD 试验结果理想。对钢板进行焊接试验和焊接接头力学性能试验，结果表明钢板具有优良的可焊性。

关键词　超低温钢；两相区热处理；低温冲击韧性；焊接试验

Development and Welding Test Research of 06Ni9DR Steel Plate for LNG Storage Tank

Che Jinfeng　Pang Huiyong

（Wuyang Iron and Steel Co.，Ltd. Wugang，Henan462500）

Abstract　By means of various research methods such as theoretical analysis，laboratory and industrial trial production，metallographic microscope and scanning electron microscope fracture observation，investigation on the correlation of composition，microstructure and properties is implemented. The developed steel plate up to 50mm thickness shows excellent metallurgical quality，clean steel，homogeneous metallographic structure，good low temperature impact toughness and，ideal NDT and CTOD test results. Welding test and weld joint mechanical test are carried out，of which the results prove that the steel plate is of excellent weldability.

Keywords　ultra-low temperature steel；dual-phase zone heat treatment；low temperature impact toughness；welding test

1　前言

06Ni9DR 钢亦被称为 9% Ni 钢，作为制造 −196℃级低温设备和容器最重要的结构材料，被广泛用于制造或建造液氮和液化天然气贮罐。9%

Ni 钢是 1944 年开发的 Ni 含量为 9% 的中合金钢，由美国国际镍公司的产品研究实验室研制成功，它是一种低碳调质钢，组织为马氏体加贝氏体。这种钢材在极低温度下具有良好的韧性和高强度，而且与奥氏体不锈钢和铝合金相比，热胀系数小，经济性好，使用温度最低可达 −196℃，自 1960 年通过研究证明不进行焊后消除应力热处理亦可安全使用以来，9%Ni 钢就成为用于制造大型 LNG 储罐的主要材料之一[1]。1965 年法国用 9%Ni 钢建造了第一艘 LNG 油轮，舱容 2.584 万 m³。日本大规模使用 9%Ni 钢始于 1969 年，1977 年将 9%Ni 钢列入 JIS 标准。1982 年以后，9%Ni 钢已经成为低温储罐主材，逐渐取代了 Ni-Cr 不锈钢。国内 9Ni 钢开发较晚，且长期没有专门的技术标准，2014 年才被列入 GB3531 标准，牌号为 06Ni9DR。

随着我国国民经济的持续发展、能源结构的调整，大量进口 LNG 清洁能源是必然发展趋势。可以预见，06Ni9DR 钢作为 LNG 储运设备的主要结构材料将被大量使用。

2 06Ni9DR 钢技术要求

06Ni9DR 钢化学成分要求见表 1，力学性能要求见表 2。

表 1 化学成分要求（%）

C	Si	Mn	P	S	Ni	Mo	V
≤ 0.08	0.15~0.35	0.3~0.8	≤ 0.008	≤ 0.004	8.5~10.0	≤ 0.10	≤ 0.01

表 2 力学性能要求

厚度/mm	屈服强度/MPa	抗拉强度/MPa	延伸率/%	冲击功（横向）/J	弯曲试验 180°，b=2a
5~30	≥560	680~820	≥18	−196℃ ≥100	D=3a
>30~50	≥550				

3 06Ni9DR 钢的工艺设计

3.1 化学成分设计

3.1.1 Ni 的作用

Ni 作为钢中最重要的、也是含量最高的合金元素，决定着钢的低温冲击韧性。镍使钢的等温转变曲线移向右下方，且随镍含量增加孕育期加长，相变速度减小，从而降低临界淬火速度，提高淬透性。

3.1.2 碳的作用

碳是钢中最重要的元素，对强度起着举足轻重的作用。但是当碳含量增加时，钢的脆性转变温度急剧上升，而且冲击韧性全面下降，故多把含碳量控制在 0.10% 以下。但含碳量的降低，势必带来强度的损失，这就要添加其他微合金元素，来弥补强度的降低。

3.1.3 P 与 S 的作用

P 和 S 的含量即使很小，也使脆性转变温度升高，这是由于 P 聚集于晶界，降低晶界表面能，产生沿晶脆性断裂，同时降低脆断应力，影响交叉滑移所致。而 S 增加夹杂物颗粒，减小夹杂物颗粒间距，这都使材料韧性下降。

3.1.4 硅的作用

有研究表明，降低钢中 Si 的含量，能显著提高钢的韧性，因此 Si 含量应控制在标准下限。

3.1.5 锰的作用

锰在钢中主要起固溶强化的作用，它可以弥补碳含量减少产生的强度的下降。Mn 可以同 S 结合形成 MnS，在相当大程度上消除 S 在钢中的有害影响。Mn 可以有效地降低脆性转变温度，有文献报道，钢中的 Mn/C 越大，韧性越好，所以降低含碳量，提高 Mn/C 比，可以得到较低的脆性转变温度。

3.2 冶炼及脱氧方法的影响

H 可以引起白点和氢脆，O 常以氧化物夹杂形势存在，这都使韧性明显降低。为了降低其含量，去除夹杂，提高钢水纯净度，采用炉外精炼和真空冶炼是必要的。为了达到低 Si 含量的目的，最好用 Al 脱氧，不用硅铁脱氧，可使钢中的 O 和氧化物夹杂最少。Al 除起到脱氧作用外，Al 和 N 结合所形成的弥散分布的 AlN 粒子能阻止奥氏体晶粒长大，细化晶粒，提高钢的韧性。

3.3 晶粒度的影响

细小的晶粒能提高钢的低温韧性，这是由于晶界是裂纹扩展的阻力；晶界前塞积的位错数减少，有利于降低应力集中；晶界总面积增加，使晶界上杂质浓度减少，避免产生沿晶脆性断裂。因此晶粒度控制在 9 级以上可有效提高钢的低温韧性。

3.4 控制轧制及控制冷却

主要是通过控制轧制工艺参数，细化变形奥氏体晶粒，经过奥氏体向铁素体和珠光体的相变，形成细化的铁素体晶粒和较为细小的珠光体球团，从而提高钢的强度、韧性和焊接性能。并且控制轧制过程中随温度逐渐下降而从奥氏体中析出的微合金元素的碳化物和氮化物能显著的细化晶粒，能进一步发挥微合金元素的细化晶粒和强化基体的作用，得到细小的晶粒尺寸和理想的组织，获得良好的强韧配合。

轧后快冷可进一步细化铁素体晶粒，避免从终轧到发生相变之间的停留时间内奥氏体晶粒长大。

3.5 06Ni9DR 钢的热处理

国内外对 06Ni9DR 钢的热处理工艺做了大量的研究，但热处理工艺对该钢低温韧性的影响的机理还一直存在着争议。国内的研究人员认为，回火前在 670℃ 左右增加一次 (α+γ) 两相区淬火能显著提高 06Ni9DR 钢的低温韧性。这是因为淬火后得到较细的马氏体组织，再经两相区处理使组织得到进一步细化。同时，由于两相区处理比通常的回火温度要高，因此，C、Mn、Ni 等元素容易扩散并聚集在奥氏体中，这种奥氏体由于水冷而转变成富集 C、Mn、Ni 的马氏体，经合适温度回火后，这种马氏体就转变成逆转变奥氏体，它继承了原来马氏体富集 C、Mn、Ni 的特点。普遍认为，在回火过程中，生成的在低温下稳定的逆转变奥氏体对低温韧性的提高起着主要作用，这种逆转变奥氏体起到了一种"中间净化剂"的作用，促进形成更洁净、更柔软的马氏体。

4 试验钢板的制备

钢在舞钢第二炼钢厂 120 吨超高功率电弧炉冶炼，经 LF 炉精炼、VD 真空处理后连铸成 300mm ×1800mm 的钢坯，其熔炼成分如表 3 所示。

表 3 试验钢实际熔炼成分（%）

C	Si	Mn	P	S	Ni	Mo	Ti	Al
0.05	0.12	0.72	0.005	0.002	9.50	0.008	0.012	0.032

钢坯经再加热后轧制成 10mm、20mm、35mm、50mm 厚的钢板。其中 10mm 与 20mm 的钢板采用开坯方式生产，开坯厚度 150mm，开坯后，表面采用砂轮清理、包铁皮。轧制时勤用高压水除磷，采用 II 型控轧，开轧温度 1050～1100℃；第 I 阶段抢温轧制，采用较大的单道次压下量，晾钢厚度 2 倍成品厚度以上，轧后快速入水冷却，终冷温度不超过 650℃。

轧制后对 10mm、20mm、35mm、50mm 的钢板分别进行了"淬火＋两相区淬火＋回火"处理，然后取样在实验室进行分析与研究。

5 钢板实物质量分析

5.1 成品分析

成品分析结果如表 4 所示，合金元素控制得较为理想，为钢板获得较好的低温韧性水平提供了材料基础。

表 4 成品分析（%）

规格	C	Si	Mn	P	S	Ni	Al
10mm	0.05	0.13	0.72	0.004	0.001	9.52	0.030
20mm	0.06	0.12	0.71	0.005	0.002	9.48	0.028
35mm	0.05	0.12	0.70	0.004	0.001	9.50	0.027
50mm	0.06	0.12	0.70	0.006	0.002	9.50	0.031

5.2 气体含量分析

气体含量分析结果如表 5 所示，钢中气体含量较低，N、O 分别控制在 45×10^{-6}、15×10^{-6} 以下。

表 5 气体含量分析（%）

规 格	N	O
10mm	0.0042	0.0013

（续表）

规格	N	O
20mm	0.0043	0.0011
35mm	0.0039	0.0010
50mm	0.0038	0.0012

金属夹杂物含量的测定：所示标准评级图显微检测法》的要求，对钢板进行夹杂物评级。粗系评级均为0级，细系的B类为1.5级，C类（硅酸盐类）和D类（球状氧化物）为0.5级，和日本及欧洲先进钢厂生产的9％Ni钢板的实物水平相当。

进一步对钢板的夹杂物进行定量分析，结果如表6所示。钢板的夹杂物以 Al_2O_3 和 SiO_2 氧化物为主，化合氧量约为 8×10^{-6}，说明该钢板较为纯净，冶金质量较好。

5.3 显微夹杂分析

按照现行国家标准 GB 10561—2005《钢中非

表6 夹杂物定量分析（%）

	Al_2O_3	MgO	SiO_2	TiO_2	CaO	FeO	MnO	NiO	总量
氧化物总量	6.4	2.3	6.2	0.7	0.7	0.6	0.1	<0.1	17
化合氧量	3.01	0.92	3.31	0.27	0.2	0.13	0.02	<0.02	8

5.4 酸浸低倍检验

按照 GB 226 对钢板进行了酸浸低倍检验，结果如表7和图1所示：

表7 酸浸低倍检验结果

规格	一般疏松	中心疏松	偏析	白点	中心硫偏析	点状偏析	其他缺陷
10mm	无	无	无	无	无	无	无
20mm	无	无	无	无	无	无	无
35mm	0.5	无	无	无	无	无	无
50mm	0.5	无	无	无	无	无	无

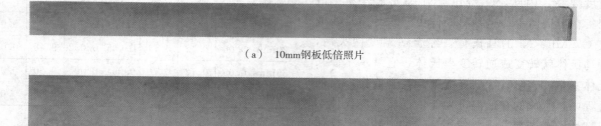

（a）10mm钢板低倍照片

（b）20mm钢板低倍照片

（c）35mm钢板低倍照片

（d） 50mm钢板低倍照片

图1 对钢板进行酸浸低倍检验的结果

由此可见，钢板的酸浸低倍组织致密，钢中无气泡、裂纹等宏观缺陷，疏松、偏析轻微，反映了钢板具有良好的内部质量。

5.5 钢板的剩磁

06Ni9DR 钢是一种容易磁化的钢材，由于焊接的要求，防止焊接时产生磁偏吹，钢板的剩磁也是交货时要检验的性能指标之一。一般规定交货时钢板的剩磁不得超过 50Gs。

采用 GM-2A 剩磁仪对钢板的剩磁进行了检验，结果如表8所示。

表8 钢板的剩磁

厚度（mm）	剩磁值（Gs）
10	3、5、7、5
20	4、4、5、8
35	5、2、4、8
50	6、5、3、7

表8数据表明，钢板的剩磁远远小于标准要求的50Gs，可满足现场施工的要求。

5.6 金相组织

钢板的组织细小均匀，晶粒度大约在 9～10 级，钢板的组织为"回火索氏体＋铁素体"。见图2～图5。

图2 10mm 钢板淬火＋回火状态（500×）
（回火索氏体＋铁素体）

图3 20mm 钢板淬火＋回火状态（500×）
（板厚1/4处、回火索氏体＋铁素体）

图 4　35mm 钢板淬火＋回火状态（500×）
（板厚 1/4 处、回火索氏体＋铁素体）

图 5　50mm 钢板淬火＋回火状态（500×）
（板厚 1/4 处、回火索氏体＋铁素体）

5.7　钢板性能分析

5.7.1　钢板拉伸试验结果（见表9）

表 9　06Ni9DR 钢板拉伸试验结果

厚度 t （mm）	交货状态	位置	方向	$R_{p0.2}$ MPa	R_m MPa	A %	Z %	备注
10	淬火＋回火	头部	横向	660	720	25	74	实测值
			纵向	660	725	24	75	
		尾部	横向	655	725	26	75	
			纵向	660	720	25	76	

（续表）

厚度 t （mm）	交货状态	位置	方向	$R_{p0.2}$ MPa	R_m MPa	A %	Z %	备注
20	淬火＋回火	头部	横向	640	715	24.5	77	
			纵向	645	720	24.5	75	
		尾部	横向	645	720	25	76	
			纵向	645	720	25	75	
35	淬火＋回火	头部	横向	635	725	27.5	80	
			纵向	635	720	25.5	79	
		尾部	横向	630	725	26	78	
			纵向	635	720	27	78	
50	淬火＋回火	头部	横向	630	715	26.5	78	
			纵向	630	720	26.5	78	
		尾部	横向	630	725	28	77	
			纵向	635	720	27	76	

结果显示，拉伸性能全部满足各类标准的要求，且具有 35～45MPa 的富余量。

5.7.2　冲击试验

对 10mm、20mm、35mm 和 50mm 厚钢板进行 −196℃冲击试验，试验结果见表 10。

表 10　06Ni9DR 钢板冲击试验结果

厚度 （mm）	交货状态	位置	方向	−196℃冲击功 KV_2 （J）	纤维断面率 （%）
10	淬火＋回火	头部	横向	165/178/170 (171)	95/100/100
		尾部	横向	176/177/157 (170)	100/100/95
20	淬火＋回火	头部	横向	214/226/220 (220)	95/95/95
		尾部	横向	222/240/252 (238)	90/95/100
35	淬火＋回火	头部	横向	215/217/232 (221)	95/95/100
		尾部	横向	212/217/215 (215)	95/95/95
50	淬火＋回火	头部	横向	211/221/216 (216)	95/100/100
		尾部	横向	217/218/225 (220)	95/100/100

注：10mm 钢板冲击试样为 B 型样

从上述试验结果可以看出，不同规格钢板在－196℃冲击功均满足对钢板的技术要求，并且有较大的富裕量，平均冲击功均在200J以上，纤维断面率在90％以上。并且钢板头部、尾部冲击功差别较小，显示出钢板性能的均匀性较好。

5.7.3 冲击断口形貌

用SEM观察了50mm厚06Ni9DR钢板的冲击试样断口形貌，结果如图6所示。对于冲击断口，主要分为裂纹起裂区，裂纹扩展区和尾部剪切区。而对于韧性断口，还出现较明显的侧边剪切唇。从图可知，几乎在整个冲击断口的所有部位都是韧性断裂方式，甚至在裂纹扩展区，也是以细小的韧窝状断口为主。

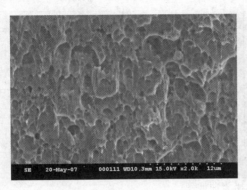

（a）起裂区

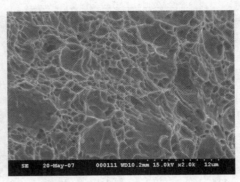

（b）中间扩展区

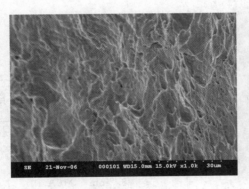

（c）尾部剪切区

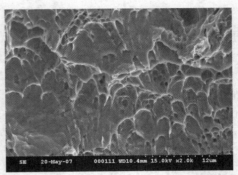

（d）侧面剪切唇

图6　冲击试样断口形貌

5.7.4 无塑性转变温度特性

为了考核试验钢的韧脆转变特性，试验通过在试样上堆焊脆性焊道，在动载落锤冲击下，当脆性裂纹起裂并传播到试样的一个端部时断裂对应的温度，它表征了材料在一定的温度下抵抗脆性裂纹传播的能力。

落锤试验按照GB/T 6803—2008《铁素体钢的无塑性转变温度落锤试验方法》进行。所有试样均为P2试样，试验时打击能量为400J。落锤试验结果见表11。结果表明，所有试样在－196℃均未出现脆性裂纹扩展，表明试验钢板NDT温度均低于－196℃。

表11　无塑性转变温度试验结果

厚　度	测试温度	测试结果	结　论
20（调质）	－196℃	○○	NDTT＜－196℃
35（调质）	－196℃	○○	NDTT＜－196℃
50（调质）	－196℃	○○	NDTT＜－196℃

5.7.5 特定温度下的起裂韧性

裂纹尖端张开位移CTOD是对韧性材料进行断裂力学分析（选材规定容限缺陷尺寸，决定应力水平及进行断裂事故分析）最有效的方法，它适用于带缺陷结构的裂纹起裂及慢稳态扩展。而对于压力容器用钢，其抵抗裂纹起裂和稳态扩展的能力是保证压力容器安全的重要标志。通常用 V 型缺口冲击试样来评价材料的缺口韧性，由于 charpy 冲击试验的局限性，所以现在对于一些韧性材料需要研究缓慢加载速率下材料开裂时的断裂韧性，目前对于新研制的压力容器用钢都要进行断裂韧性测定。

对厚度 20mm 和厚度 50mm 的钢板进行一163℃规定温度环境下的 CTOD 实验。试验采用直三点弯曲试样，试样尺寸为 $B \times W \times L = 20mm \times 40mm \times 180mm$ 和 $B \times W \times L = 25mm \times 50mm \times 220mm$。实验结果如图 7 所示。结果在指定温度下，裂纹扩展量为 0.2mm 时所对应的特征 CTOD 值 δ_i 分别约为 $0.33 \sim 0.36mm$，显示了本次试制的 9‰Ni 钢板普遍良好的断裂韧性水平。

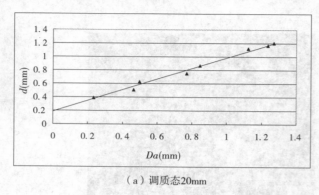

（a）调质态20mm

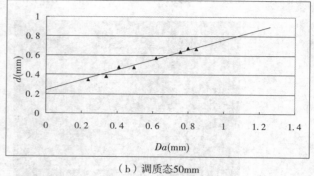

（b）调质态50mm

图 7　CTOD 阻力曲线图

6　焊接性试验

为了研究 06Ni9DR 钢的抗裂性和焊接接头的性能，采用国内外两种焊接材料对厚度为 20mm、50mm 的 06Ni9DR 钢进行了斜 Y 型坡口焊接冷裂纹试验及手工电弧焊焊接性能试验。

6.1　斜 Y 型坡口焊接冷裂纹试验

焊接规范如表 12 所示，试验结果如表 13 所示。

表 12　抗裂性试验焊接规范

焊接方法	焊接材料	规格	焊接电流	焊接电压	焊接速度
焊条电弧焊	OK92.55	φ3.2mm	110A	(24±1) V	(100±10) mm/min
焊条电弧焊	CHENiCrMo - 6	φ3.2mm	110A	(24±1) V	(100±10) mm/min

表 13　抗裂性试验结果

焊接方法	批号	焊接材料	试板编号	间隙（mm）	温度湿度	预热温度（℃）	抗裂性试验结果		
							表面裂纹率	根部裂纹率	断面裂纹率
手工焊	GZB001867 - 2 20mm	OK92.55	121 - 1	2.05	20℃ 67%	室温	0	0	—
			121 - 2	1.95			0	—	0
		CHENiCrMo - 6	122 - 1	1.90	22℃ 65%	50	0	0	—
			122 - 2	1.95			0	—	0
手工焊	GZHB000992 50mm	OK92.55	321 - 1	2.00	20℃ 67%	室温	0	0	—
			321 - 2	1.95			0	—	0
		CHENiCrMo - 6	322 - 1	1.90	22℃ 65%	50	0	0	—
			322 - 2	1.85			0	—	0

6.2 焊接接头工艺性能试验

6.2.1 焊接接头坡口形式（见图8、图9）

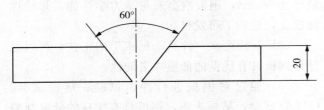

图8 焊接接头坡口示意图（20mm）

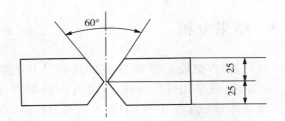

图9 焊接接头坡口示意图（50mm）

6.2.2 焊接工艺参数（见表14，未预热、环境温度20℃）

对于低温钢，粗大的组织不仅降低了材料的韧性，还使其韧—脆转变温度提高、材料在低温下使用的安全性降低，因此对于低温材料的焊接，必须制定合理的焊接工艺[2]。根据相关文献，制订了表14中所示的焊接工艺参数：

表14 焊接工艺参数

批 号	试板编号	焊接材料	规格（mm）	焊接电流（A）	焊接电压（V）	焊接速度（cm/min）	层间温度	线能量（kJ/cm）
GZB001867-2 20mm	111	OK92.55	ϕ3.2	110±10	23±1	10±1	<100℃	12~19
	112	CHENiCrMo-6						
GZHB000992 50mm	311	OK92.55						
	312	CHENiCrMo-6						

焊后试板经探伤检查，未发现裂纹等焊接缺陷。

6.2.3 焊接接头力学性能试验结果

按JB 4708—2000《钢制压力容器焊接工艺评定》的要求，对焊接接头进行相应的力学性能检验，结果见表15。

表15 焊接接头的力学性能

试板编号	R_m MPa	断裂位置	A_{kv}（横向，−196℃），J						侧弯（$d=4a$，180°）
			位置	焊缝中心	熔合线	线外1mm	线外2mm	最大程度通过热影响区	
111	716	焊缝	1/4	88, 105, 98	126, 143, 115	158, 109, 171	190, 1621, 141	254, 170, 192	合格
112	700	母材	1/4	136, 124, 123	196, 156, 165	194, 158, 179	197, 172, 216	168, 190, 189	合格
311	700	母材	1/4	79, 107, 85	137, 111, 123	141, 132, 139	214, 150, 170	250, 201, 89	合格
			1/2	75, 76, 74	87, 74, 94	80, 147, 190	124, 201, 85	128, 225, 80	
312	705	焊缝	1/4	115, 103, 111	177, 143, 157	163, 206, 124	201, 204, 297	252, 206, 223	合格
			1/2	117, 110, 108	98, 99, 102	136, 124, 127	212, 196, 206	233, 226, 215	

6.3 结果分析

（1）斜 Y 型坡口焊接冷裂纹试验结果表明，06Ni9DR 钢板采用 $\phi 3.2mm$ 的国内外两种焊条，在环境条件为 20℃×67%RH，不预热及预热 50℃ 的条件下，均无裂纹出现，说明 06Ni9DR 钢板具有很小的焊接冷裂纹敏感性，在实际应用中不预热即可进行焊接。

（2）06Ni9DR 钢板焊接接头拉伸试验结果表明，采用国内外两种焊条所焊的焊接接头均能满足技术条件的要求。

（3）06Ni9DR 钢板焊接接头侧弯试验结果表明，采用国内外两种焊条所焊的焊接接头侧弯在 $d=4a$，弯至 180°的情况下均合格，说明 06Ni9DR 钢板焊接接头具有良好的弯曲性能。

（4）06Ni9DR 钢板的焊接接头冲击试验结果表明，采用国内外两种焊条，焊缝中心、熔合线、线外 1mm、线外 2mm、最大程度通过热影响区等五个部位的冲击功，在 −196℃试验条件下结果均满足技术条件的要求，说明 06Ni9DR 钢板焊接接头具有优良的冲击韧性。

7 结论

（1）舞钢研制开发的 06Ni9DR（9%Ni）钢板，最厚达 50mm，钢板冶金质量、力学性能、焊接性能优良，达到了研发目标。

（2）采用两次"淬火＋回火"的工艺，可以保证厚钢板具有优良的低温冲击韧性。

（3）通过对钢板进行冲击试验、落锤试验、CTOD 试验，结果表明，钢板具有优良的低温断裂韧性。

（4）对 06Ni9DR 钢板进行了焊接接头力学性能试验，结果表明，钢板具有高强度、优良的低温韧性、良好的焊接性、满足焊接要求等特点。

参 考 文 献

[1] 黄维，高真凤，张志勤.Ni 系低温钢现状及发展方向 [J].鞍钢技术，2013（1）：10－14.

[2] 朱霞，董俊慧.低温钢的焊接性能及其应用 [J].铸造技术，2013，34（11）：1538－1540.

作 者 简 介

车金锋，男，高级工程师，河南省舞钢市舞阳钢铁有限责任公司科技部，462500，13937526085，chejinfeng204@163.com。

大厚度预脱甲烷塔和乙烯精馏塔用 08Ni3DR 钢板的研制开发

庞辉勇　车金锋　罗应明　龙　杰　赵文忠

（河钢舞钢科技部，河南舞钢　462500）

摘　要　通过对大厚度预脱甲烷塔和乙烯精馏塔用 08Ni3DR 钢板的成分设计、工艺设计进行分析研究，成功开发出实物质量优良的 08Ni3DR 钢板，钢板的拉伸性能、－100℃的低温冲击韧性都达到了国外同类钢板的实物水平。

关键词　预脱甲烷塔；乙烯精馏塔；08Ni3DR 钢板；低温冲击韧性

Research and Development of 08Ni3DR Steel Plate for Demethanizer and Ethylene Rectifying Tower

Pang Huiyong　Che Jinfeng　Luo Yingming　Long Jie　Zhao Wenzhong

（Wuyang Iron and Steel Co.，Ltd，Wugang，Henan462500）

Abstract　08Ni3DR steel plate for Demethanizer and Ethylene Rectifying Tower was developed successfully by analyzing and researching chemical composition and manufacturing technology of steel plate. The tensile property and low-temperature impact toughness at －100℃ of steel plate reach the advanced level of foreign products

Keywords　demethanizer；ethylene rectifying tower；08Ni3DR steel plate；low-temperature impact toughness

1　前言

中海油惠州炼化二期项目是在现有 1200 万吨/年炼油项目基础上，再增加 1000 万吨/年炼油和 100 万吨/年乙烯工程，使原油总加工能力提高到 2200 万吨/年，乙烯产能 100 万吨/年。中石化工程公司设计了该项目乙烯工程中的预脱甲烷塔和精馏乙烯塔。设备的主要参数如表 1。

表 1　预脱甲烷塔和精馏乙烯塔的设计参数

设备名称	直径/mm	塔高/mm	设计压力	设计温度	操作压力	操作温度	介　质
预脱甲烷塔	DN2800/5700	55100	4.55MPa	－70℃	3.27MPa	－36.4℃	氢、甲烷、C2、C3、C4 烃
乙烯精馏塔	DN6000	84900	1.2MPa	－75℃	0.64MPa	－60.6℃	乙烯、乙烷

由于设计温度低，必须使用 3.5Ni 钢或者不锈钢，且设计压力高，若使用不锈钢，厚度超过 100mm，必须进口。设计院经过综合考虑，并且调研考察国内 3.5Ni 钢的生产水平，决定使用 GB 3531—2014 中新纳标的 3.5Ni 钢 08Ni3DR，厚度达 90mm，并且将该项目作为中海油设备国产化项目的重要课题立项。

舞阳钢铁有限责任公司作为国内首家研发成功 3.5Ni 钢（150mm 厚 08Ni3DR 钢板于 2013 年通过全国锅炉与压力容器标准化技术委员会的评审）并有大量供货业绩的企业，承接了该项目 1400 吨 08Ni3DR 钢板的开发和生产。

2 主要技术要求

这是国内首次采用 90mm 厚 08Ni3DR 钢板制造低温塔器设备，因此对钢板的技术要求，尤其是 −100℃ 的低温冲击韧性的要求极为苛刻，要求钢板头尾取样检验，板厚 1/2 处交货态、最大模焊态、最小模焊态的 −100℃ 下的 KV_2 不低于 100J，此外，对钢板的 P、S、Al、N、H、O 的含量也都有更高的要求，具体如下：

2.1 化学成分应符合表 2 的规定

表 2 08Ni3DR 化学成分（熔炼分析）（wt%）

C	Si	Mn	P	S	Ni	Mo	V	Al_t
≤ 0.10	0.15 ~ 0.35	0.30 ~ 0.80	≤ 0.008	≤ 0.004	3.25 ~ 3.70	≤ 0.12	≤ 0.05	≤ 0.025

Cu	Cr	Nb	Ti	Nb +V +Ti	[N]	[O]	[H]
≤ 0.25	≤ 0.20	≤ 0.020	≤ 0.030	≤ 0.12	≤ 0.007	≤ 0.003	≤ 0.0002

2.2 力学性能

钢板两端交货态和试样经模拟焊后热处理后的力学性能应符合表 3 的规定。

表 3 08Ni3DR 钢板力学性能

拉伸试验（1/2 板厚）			冲击试验（1/2 板厚）		
R_{eL} (MPa)	R_m (MPa)	A (%)	试验温度 (℃)	KV_2 （J）	
				平均值	单个值
≥300	480~610	≥22	−100	≥100	≥70

试样模拟焊后热处理温度为 590℃±10℃；保温时间：最小模拟焊后（Min PWHT）5^1_0 h，最大模拟焊后（Max PWHT）20^1_0 h；试样装炉、出炉时炉温不超过 400℃，400℃ 以上时升温速度 55～61℃/h，降温速度 55～77℃/h。

2.3 落锤试验

每炉钢板做一组落锤试验，试验按 GB/T 6803—2008《铁素体钢的无塑性转变温度落锤试验方法》进行，采用 P－2 型试样，试验温度为 −100℃，两个试样两面不裂为合格。

3 成分和工艺设计原理

3.1 生产工艺流程

120 吨转炉冶炼→120 吨 LF 精炼→VD 真空处理→连铸→铸坯加热→轧板→探伤→正火→回火→性能检验

3.2 成分设计

这也是舞钢首次大批量生产厚度达 90mm 厚的 08Ni3DR 钢板，作为低温钢，很重要的一个技术指标就是低温冲击韧性。具有面心立方晶格的金属材料（奥氏体钢、铝、铜等）的冲击韧性与温度无关，一切体心立方晶格的金属材料均有低温转脆的现象，但可以通过细化晶粒、合金化和提高纯净度等措施来改善铁素体钢的低温韧性。

凡能促使晶粒细化的合金元素，当加入适量时，都能改善材料的韧性。合金元素镍加入钢中，只固溶于铁素体，不形成碳化物，能提高淬透性而改善钢的强韧性，尤其可以改善钢的低温性能和韧性，因此镍是低温钢中的一个重要元素。另外，微合金元素如 Nb、Ti 等元素，在钢中形成碳、氮化物颗粒，这些细小析出粒子一方面产生析出强化的效果，另一方面钉扎奥氏体晶界，阻止晶粒长大，从而产生强烈的细晶强化效果。

根据上述成分设计原则，舞钢针对要求板厚1/2处—100℃低温冲击韧性的08Ni3DR钢板设计的内控成分见表4所示。

表4 08Ni3DR钢板内控成分（wt%）

C	Si	Mn	P	S	Ni	Mo、Nb V、Ti	Al$_t$
≤0.09	0.20~0.30	0.40~0.70	≤0.007	≤0.003	3.25~3.70	适量	0.015~0.025

3.3 轧制及热处理工艺

在轧制过程中，钢坯的加热温度、保温时间、轧制温度等参数合理匹配是轧制的关键点，适当控制加热温度与时间可以在保证合金元素充分固溶的基础上，钢坯加热均匀并且防止晶粒粗化，且有助于改善高Ni钢板的表面质量。

合理的控制轧制工艺可以保证钢板的形变与相变紧密配合，可通过再结晶来细化晶粒，在轧制结束后得到均匀细小的奥氏体组织。

控制冷却的实质就是对未再结晶奥氏体进行快速冷却，从奥氏体晶界和变形带甚至形变奥氏体内形核，促使组织进一步细化，同时尽可能多的保留轧制过程中形成的位错和畸变，提高钢板的强韧性。

基于以上轧制工艺理论，舞钢将08Ni3DR钢坯的最高加热温度设定在1240℃，采用Ⅱ型控轧工艺和控冷工艺进行轧制和快速冷却，开轧温度1050~1100℃，第二阶段开轧温度不超过930℃，终轧温度不超过880℃，钢板轧后经过ACC快速冷却。

为了进一步细化晶粒，使微合金元素充分发挥作用，获得强韧性匹配良好的理想组织，对08Ni3DR钢板进行了正火＋回火处理。

4 钢板的实物性能

4.1 钢板的显微组织和晶粒度

钢板的晶粒度平均在8.0级，如图1所示。钢

板表面组织以回火索氏体为主，板厚1/4和1/2处以"回火贝氏体＋少量铁素体"为主，如图1~图3所示。

图1 表面组织：回火索氏体（500×）

图2 1/4处组织：回火贝氏体＋铁素体（500×）

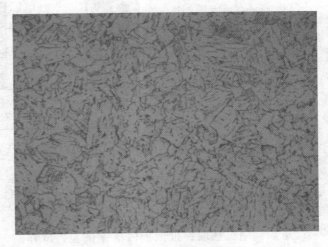

图3 1/2处组织：回火贝氏体＋铁素体（500×）

4.2 钢板的拉伸性能

技术条件要求逐成品张检验钢板头部、尾部板厚1/2处常温横向拉伸，状态分别为交货状态、最大模焊、最小模焊状态，检验结果见图4，屈服强度平均在470～477MPa，抗拉强度平均在554～574MPa，显示出较好的强度水平，并且，模拟焊后处理后，强度仅有小幅下降，说明钢板回火充分，性能稳定，对模焊时间不敏感。

4.3 钢板的低温冲击性能

技术条件要求逐成品张检验钢板头部、尾部板厚1/2处－100℃横向冲击，状态分别为交货态、最大模焊、最小模焊状态，试验低温介质为液氮加无水乙醇，试验温度为－100℃，试验时试样过冷度为1～2℃，保温时间为5～10min。

钢板交货态平均冲击功为241J，最小模焊态平均冲击功为230J，最大模焊态平均冲击功为233J，见图5。说明钢板低温冲击韧性优良，且进一步说明最大模焊处理对冲击韧性没有恶化的影响。

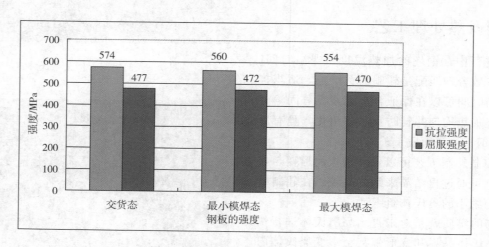

图4 最大、最小模焊抗拉强度比较

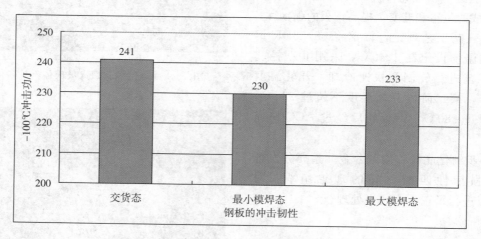

图5 钢板交货态、最大、最小模焊－100℃冲击功

4.5 钢板的落锤试验

每炉钢随机选取一批钢板做落锤试验，试样横向取样，试验通过在试样上堆焊脆性焊道，在动载落锤冲击下，测定脆性裂纹起裂并传播到试样的一个端部时断裂对应的温度，它表征了材料在一定的温度下抵抗脆性裂纹传播的能力。

落锤试验按照GB/T 6803—2008《铁素体钢的无塑性转变温度落锤试验方法》进行，试验低温介质为液氮加工业酒精，试验温度为－100℃，试验时试样过冷度为 1～2℃，保温时间为 40min，所有试样均为 P2 试样，试验时打击能量为 400J，试验后的试样见图 6。

图 6　试验后的落锤试样

试样均未断裂，说明钢板的韧脆转变温度不超过－100℃，钢板具有较低的无塑性转变温度。

5　塔器制造

1400 吨大厚度 08Ni3DR 钢板经过大连金州重型机器有限公司制造成预脱甲烷塔和乙烯精馏塔，并经过出厂检验和验收，发给用户，目前，该设备正在安装调试阶段。

图 7　预脱甲烷塔

图 8　乙烯精馏塔

6　国内外同类钢板实物质量对比

目前，国内批量生产 08Ni3DR 钢板且有大量供货业绩的有舞钢，国外的 Industeel、神钢生产的 3.5Ni 钢较多，通过调研国外钢板的质保书，对比力学性能如表 5 所示。

表 5　力学性能对比

产地	板厚（mm）	R_{eL}（MPa）	R_m（MPa）	延伸率（%）	－100℃ KV_2（J）
神钢	85	415	525	34	232、250、280（254）
Industeel	30	418	512	30	152、248、219（206）
Industeel	82	478	571	33	231、285、212（243）
舞钢	52	457	551	32	252、254、254（253）
舞钢	60	460	550	33	284、270、270（275）
舞钢	70	462	552	32	213、205、218（212）
舞钢	90	470	570	25	254、220、240（238）

由表 5 可知，舞钢生产的 08Ni3DR 钢板的强度和延伸率、－100℃ 的低温冲击韧性均达到国外同类钢板的实物水平。

7　结论

（1）舞钢采用连铸成材的方式，按已确定的工艺路线和工艺规程，研制开发的 90mm 厚 08Ni3DR 钢板完全满足中海油惠州炼化二期项目预脱甲烷塔和乙烯精馏塔用钢板的各项技术要求。

（2）生产的钢板钢质纯净、性能优良稳定，产品实物质量水平较高，板厚 1/2 处－100℃ 冲击功平均在 230J 以上，强度适中，低温冲击韧性优良，实物质量达到了国外同类产品的实物水平。

作 者 简 介

庞辉勇，男，高级工程师，主要从事低温压力容器用钢板的研制与开发工作

通信地址：河南省舞钢市舞钢公司科技部，462500

电话：0375－8110716，13461265173；

E-mail：phy0001@163.com

3.5%Ni 型低温厚壁大锻件研制

杜军毅　郑建能　贾新胜　鞠庆红

［二重集团（德阳）重型装备股份有限公司，四川德阳618013］

摘　要　为实现－100℃低温厚壁容器国产化，制造出满足－100℃低温工作条件下使用的大型、厚壁钢锻件，开发了 3.5%Ni 型低温大锻件用钢，针对大型筒体锻件的特点及理化性能要求，分析了冶炼、锻造、热处理等工序的难点，在进行大量的工艺试验的基础上，制定出并实施了制造工艺，经过筒体锻件的解剖及理化检验，证明所采用的工艺方法是非常有效的，完全满足－100℃低温厚壁容器的质量要求。

关键词　3.5%Ni；厚壁大锻件

R&D for 3.5% Ni Type Low Temperature Thick Wall Forgings

Du Junyi　Zheng Jianneng　Jia Xinsheng　Ju Qinhong

［Erzhong Group（Deyang）Heavy Equipment Co. Ltd，Deyang，Sichuan 618013］

Abstract　In order to realize －100℃ low temperature wall container localization，satisfy the manufacturing demands of using large，thick wall steel forgings at － 100℃ low temperature working conditions，3.5% Ni type low temperature steel has been developed for heavy forgings，Referring to the characteristic and the requirement of the mechanical properties of 3.5%Ni pure steel shell forging，this paper has analyzed the difficult points in the processes of melting，forging and heat treatment. Based on the material and process experiments，an practical manufacturing process has been worked out，passes through the cylinder forgings anatomical and physical and chemical inspection，which was approved very efficiency and has met the quality requirement of 3.5%Ni steel used for the －100℃ low temperature wall container.

Keywords　3.5%Ni；thick wall steel forgings

1　引言

近年来，随着大型乙烯、液化天然气、海洋装备等新型清洁能源产业的发展，低温容器成为压力容器容器行业重要分支，有力地推动了低温领域等和技术的进步。3.5%Ni 型钢因其在－120～－80℃具有良好的低温韧性，成为石油和空分制氧设备以及合成氨设备中的甲醇洗涤塔、H_2S 浓缩塔、CO_2 塔等大型乙烯装置低温压力容器的主要用钢。3.5% Ni 型、9%Ni 型低温压力容器钢由此得到快速发展，尤其是满足－101～－80℃使用范围大型乙烯装置、液化天然气储罐等低温装置用钢上。

3.5%Ni 钢属体心立方晶格铁素体型金属材料，能否均质、有效满足－100℃低温韧性 A_{kv} 指标的 3.5%Ni 制造的关键难题和低温容器安全使用的最为重要的指标。由于该类钢冶炼、轧制、锻造和热处理技术难度较高，且钢材需求量较小，长期以来，含镍低温钢的主要有日本、德国、美国等少数几个国家[1-2]。国产－100℃ 以下低温用钢制造领域，研发上相对缓慢，直至 2011 年后才得到了实际应用，目前，主要限制于 100mm 以下板焊容器制造[3-4]和 150mm 钢板开发阶段，大锻件研究属全新领域。

为适应国内外天然气、海洋等清洁能源产业的发展需要，掌握锻件关键制造技术，形成承制大型低温容器及关键部件能力，中国二重开始了高纯净 3.5Ni 钢大型、厚壁锻件用钢及其配套焊接材料与工艺研发。在完成材料特性、冶炼、锻造、热处理工艺参数研究工作的同时，2013 年 3 月研制了一个用 69t 钢锭锻制的内径 ϕ1520mm、壁厚 295nm、高度 2500mm、重量 33t 的 3.5%Ni 钢筒体锻件，经解剖、检验，该筒体锻件的各项性能都达到了锻件制造技术条件的要求，攻克了低温韧性、晶粒细化、厚壁钢均匀性等－100℃ 低温锻件用钢难题。2014 年 10 月，中国二重成功研制出 12 台低温涤气器全套大锻件。2016 年 2 月又采用相同规格的大锻件成功制造出 4 台注射气体压缩吸入洗涤器。

2　研制的主要技术条件

容器外壳钢种采用 SA－765M Grade.Ⅲ钢（即 3.5%Ni）制造。锻件具有高的低温韧性、适当强度及均质性要去，同时要求焊接性能良好。

2.1　化学成分

锻件化学成分应符合表 1 规定。

表 1　3.5%Ni 钢锻件化学成分（wt%）

	C	Mn	P	S	Si	Ni	V	Al
成分要求	≤0.20	≤0.90	≤0.020	≤0.020	0.15～0.35	3.3～3.8	≤0.05	≤0.05
成分要求	Cr	Mo	Cu	—	—	—	—	—
	≤0.20	≤0.06	≤0.020	—	—	—	—	—

2.2　力学性能

（1）经最大模拟焊后热处理后的试样拉伸性能应符合以下要求：1）室温抗拉强度 R_m 为 485～655MPa，室温屈服强度 $R_{p0.2}$ 不低于 260MPa，延伸率 A 不低于 22%，断面收缩率 Z 不低于 35%。

（2）经最大模拟焊后热处理后试样－100℃ 夏比（V 型缺口）冲击性能应符合以下要求：A_{kv} 不低于 48J（三个试样平均值），同时满足 A_{kv} 不低于 34J（一个试样最低值）。

（3）经最小模拟焊后热处理后试样硬度值不超过 237HBW。

（4）为考核母材锻件力学性能的均匀性，分别在水口端 $t×2t$、$t×2/4T$ 及冒口端距离筒体外表面 $T×1/4T$、$T×2/4T$、$T×2/4T$ 的部位两端相对 180°取样进行试验分别切取试环进行检验，其中：t 为热处理表面距离最大应力区的距离，本文为 20mm。$t×2t$ 即为试样的有效部分应距第一个热处理表面至少 $1t$ 距离，距距第一个热处理表面至少 $2t$ 距离；T 为锻件壁厚；本文为 300mm。

2.3　推荐的模拟焊后热处理制度

最大模拟焊后热处理（max PWHT）：（600±5）℃×12h；

最小模拟焊后热处理（min PWHT）：（600±5）℃×4h；

2.4　晶粒度

按 McQuaid－Ehn 法（E112 法）测定晶粒度，锻件原奥氏体晶粒度应为 5 级以上（含 5 级）。

2.5　夹杂物

按照 GB 10561 规定的 B 法进行非金属夹杂物评定，锻件的硫化物类（A 类）、氧化铝类（B

类）、硅酸盐类（C 类）及球状氧化物类（D 类）、单颗粒球状类（DS 类）均不得大于 1.5 级，且应满足 A＋C 不得大于 2.0，B＋D 不得大于 2.0，A＋B＋C＋D＋DS 不得大于 4.5 级。

3 研制过程

3.1 工艺流程

研制的 3.5％Ni 低温钢筒体锻件工艺流程如下：碱性电炉冶炼—钢包精炼—氩气保护、真空浇注—加热、锻造—锻后热处理—粗加工、超声检测—热处理参数确证—性能热处理—各种力学性能解剖、检验—加工后超声检测—完成研制工作。

3.2 冶炼工艺要点

研制用钢锭为 69t，为满足低温韧性要求，为了提高厚壁锻件的淬透性，保证锻件的力学性能，我们提出了采取了以下化学成分控制和冶炼工艺措施：

（1）化学元素控制：

碳以固溶强化和相变强化的形式提高钢的屈服强度和抗拉强度，但却极大地降低了钢的韧性，同时恶化钢的焊接性能[5]，这对于在韧性和焊接性能方面有很高要求的低温用钢来说是不能接受的。因此，C 含量必须控制在 0.12％以下。

3.5％Ni 钢除了添加 3.5％镍元素增加韧性外，为弥补降碳量引起的强度损失，可以通过适量提高钢中 Mn 含量[6]，和兼顾强度、韧性的微合金化[6] 来补偿。资料表明[7]：Ni、Mn、C 元素对 3.5％Ni 钢的强度将达到 308MPa。

为避免其对低温韧性的有害影响，尽可能降低 P、S 元素含量。

（2）冶炼工艺控制

精选炉料：为将 As、Sn、Sb 等微量有害元素控制在尽可能低的程度，采用小五害极低的优质生铁及大块优质废钢作为冶炼炉料。

钢水粗炼：在碱性电炉冶炼粗炼钢水，炉底配以适量的石灰，以利于早期形成高碱度高氧化铁的炉渣，为脱磷创造有利条件。粗炼钢水的主要任务是脱磷、脱 C、氧化沸腾与升温，通过大渣量并多次换渣操作，将磷降到 0.002％，为钢包精炼创造好条件。

钢包精炼：采用倒包方式兑入粗炼钢水钢包炉严禁带入粗炼渣，在兑入过程中加入高硅铁、铝块，添加造渣材料，以脱氧济粉料进行扩散脱氧，严格控制 C 粉用量。添加合金达到规格要求。钢水进行真空处理，在真空下，真空处理后视渣况继续扩散脱氧，加入方式以多批次、小批量撒入为宜，做好固渣操作（达到钢中的氧小于 20ppm）。利用良好的还原渣，在真空下将硫脱到极低的水平（0.0015％）。钢包精炼的最终目标是达到纯净钢水。真空完后，加入微合金化元素，进行 Al 调整，温度合适即可出钢。

真空铸锭：为了防止钢水的二次氧化，在浇注过程中，采取了严密的保护措施。避免了钢水的二次氧化。采用真空进行浇注，通过真空浇注，达到降低钢中氧含量、氢含量及夹杂的目的，使钢达到纯净钢的要求。

3.2 锻造工艺要点

（1）锻造工艺要点

钢的锻造温度为 800～1250℃。为减少微观偏析引起力学性能波动，钢锭应进行足够保温时间的高温扩散加热；空心冲子冲孔应力求对中，尽量充分地去除钢锭心部的偏析及夹杂物较富集部分。采取一次镦粗与拔长相结合的锻造工艺，可提高锻造比，改善钢的晶粒度，最大限度减少锻件的各向异性。

由于钢的高温塑性较差，需要不断清理锻造裂纹，影响了筒体的锻造外观质量和成品尺寸。因此，严格控制始锻、终锻温度和操作，保证筒体锻件获得均匀的细小晶粒组织，给后续热处理工艺创造良好的内部原始组织条件。

（2）锻造工序

重 69t 的 3.5％Ni 钢锭，加热到 1250℃ 左右，在 125MN 水压机上进行锻造，分五火完成。

第一火：①压钳口；②倒棱滚圆锭身；③切掉钢锭锭尾。

第二火：①镦粗；②宽砧拔长；③倒八方、滚圆、下料冲孔，空心冲子。

第三火：①镦粗；②冲孔，空心冲子。

第四火：①预扩孔；②芯棒拔长。

第五火：①马杠扩孔；②平整端面，出成品。

3.3 锻件的热处理和无损探伤

热处理是决定3.5％Ni低温钢筒体锻件质量的关键工序。为细化3.5％Ni钢锻件晶粒、改善热锻组织，进一步降低氢含量。锻后缓冷并使过冷奥氏体组织充分地完成转变。随后进行正火和回火处理。在950℃以下正火和650℃以下回火，回火后硬度不超过190HB。之后，3.5％Ni钢模拟筒体筒体锻件粗加工：内径φ1520mm×壁厚295nm×高度2500mm，按照ASME第八卷2分册及SA-388要求对整个锻件体积进行超声波纵波和横波检测，且对所有表面按ASME第二卷SA-275的要求采用湿式连续发进行磁粉检测。检验结果没有缺陷显示，因此，证明锻件的质量较好。

3.3.1 CCT连续冷却转变曲线测定

为掌握该材料的基本特性，利用锻件水口端试料，在LINSEIS L78热膨胀相变仪测定了3.5％Ni钢锻件相变点及连续冷却转变曲线，如图1所示。

由图1可见，该钢种的CCT曲线呈现以下特征：（1）奥氏体化开始温度（Ac₁）为680℃，奥氏体化终了温度（Ac₃）为815℃；（2）合金经860℃完全奥氏体化以后，冷却速度在10℃/s以下时，主要为"铁素体＋少量珠光体"转变，（电子）显微组织为"铁素体＋少量（残余奥氏体＋珠光体）"。这说明该钢的为铁素体型钢，其残余奥氏体转变将可能对材料的强韧性其主要作用。

3.3.2 钢的热处理参数工艺的确定

为确证3.5％Ni低温钢筒体调质热处理工艺参数，性能热处理前，在模拟筒节水口端切取试样，在MRⅡ模拟热处理炉中，进行不同的奥氏体化温度、淬火速度和不同的回火温度、时间下进行试验，其力学性能结果如图2~图6所示。

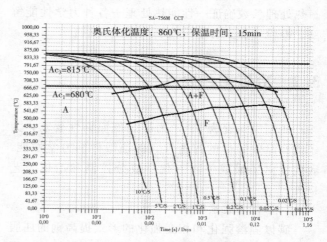

图1 3.5％Ni低温钢连续冷却转变曲线

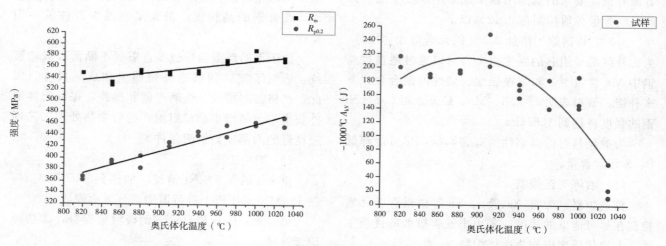

图2 同奥氏体化温度后以85℃/min冷却对钢的强度、韧性影响

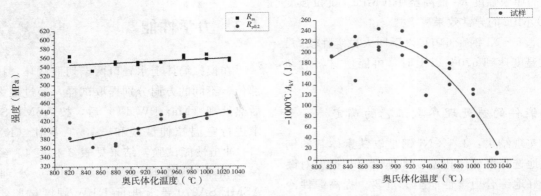

图3　同奥氏体化温度后以20℃/min冷却对钢的强度影响

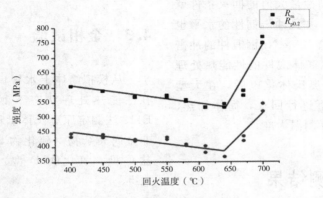

图4　同回火温度对钢的强度影响

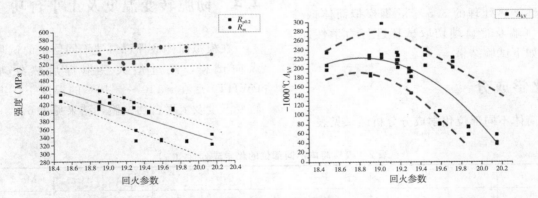

图5　同回火参数与强度的关系

由上图可见，热处理是提高3.5％Ni钢的强度和低温韧性的一种重要工艺方法。从820～1030℃奥氏体范围内，钢的强度随着淬火温度的提高呈线形提高，尤以室温屈服强度 R_{eL} 明显。材料的抗拉强度由520MPa上升至580MPa，而屈服强度则由320MPa上升至460MPa；而钢的韧性随着淬火温度的提高，钢的韧性呈抛物线变化，当正火温度从820℃升高到880℃时韧性有了大幅提高。当达到1000℃以后，随着淬火温度的提高，钢的韧性下降很快，A_{kv} 至20J以下。

同时，奥氏体温度、回火温度和时间，特别是奥氏体后的冷却速度对钢的组织和性能产生很大的影响。其强度、韧性变化规律不变，结合钢的晶粒度变化规律，3.5％Ni钢锻件淬火温度应当在840～910℃。

钢锻件不同回火温度对强度影响试验可以看出，在400～640℃回火温度范围内，随着回火温度的提高，钢的强度呈线形缓慢下降趋势变化；达到640℃以后，随着回火温度的进一步提高，钢的强度陡然提高。如果以回火参数 Larson - Miller 参数式 $P = T\,(20+\lg t)\times10^{-3}$ 来表述与强度、韧性的关系，其最佳 P 值为18.4～19.4。当回火温度达到670℃

时，材料的屈服强度 R_{eL} 提高至 440 MPa，抗拉强度提高至 600MPa 的异常效果。

说明 3.5%Ni 钢在 640℃以下回火稳定性较高。但当回火温度达到 670℃以上时，可能使材料的韧性恶化。

3.3.3 锻件的热处理参数工艺的确定

根据实现结果：3.5%Ni 钢是以铁素体基的钢种，合理地选择奥氏体化温度和淬火冷却速度对锻件获得良好地综合力学性能至关重要。提高锻件冷速可以使有限的强化产物组织转变，奥氏体化后的冷却速度越快，获得冲击韧性最大值的回火条件就向高温和长时间方向发展，并且冲击韧性的水平也提高。因此，为了确保厚壁 3.5%Ni 钢锻件的冲击韧性指标，3.5%Ni 钢模拟筒体锻件的性能热处理为 820～890℃保温至完全奥氏体化以后，在大型水槽中强冷后在 670℃以下进行回火，筒体加热、冷却均按工件上热电偶实际测温为准。

4 锻件的解剖检测结果

经过性能热处理的 3.5%Ni 钢模拟筒体锻件，分别在水口端及冒口端切取试环进行力学性能试验，得出如下试验结果。

4.1 化学成分

模拟筒体不同部位化学成分分析结果见表 2。

4.2 力学性能

在模拟筒体上水冒口两端切取试环，按不同的部位、不同的方向分别提取试样，经过最大模拟焊后热处理（Max PWHT）后，按 ASME SA370 要求进行室温拉伸试验和－100℃夏比（KV8 形缺口）冲击性能试验，结果见表 3 和表 4。经过最小模拟焊后热处理（Min PWHT）处理后，按 ASME SA370 要求进行 HBW 硬度试验，结果见表 4。

4.3 金相试验

从模拟筒体上水冒口两端不同部位制取试样，在性能热处理状态下测定显微组织、按 ASTM E112 法测定原奥氏体晶粒度及按 ASTM E45 测定非金属夹杂物（硫化物 A 型、氧化铝 B 型、硅酸盐 C 型、氧化物 D 型）等，其金相检验结果见表 5。

4.4 韧脆转变温度及上平台功

在模拟筒体锻件冒口端不同层位的试环上切取纵向试样，经过最大模拟焊后热处理（Max PWHT）后在－140～－40℃的温度下，进行韧脆转变温度及上平台功试验，结果见表 6。

表 2　模拟筒体不同部位的化学成分（wt%）

试样部位		C	Mn	Si	P	S	Ni	V	Al	Cr	Mo	Cu
标准值		≤0.20	≤0.90	0.15～0.35	≤0.015	≤0.010	3.3～3.8	≤0.05	≤0.05	≤0.20	≤0.06	≤0.35
水口端	$0°t×2t$	0.08	0.76	0.26	0.005	0.001	3.52	0.02	0.02	0.13	0.038	0.013
	$180°t×2/4\,T$	0.08	0.75	0.25	0.005	0.001	3.48	0.02	0.02	0.13	0.039	0.014
	$0°T×1/4\,T$	0.08	0.75	0.25	0.004	0.001	3.43	0.02	0.02	0.13	0.037	0.010
	$180°T×1/4\,T$	0.08	0.75	0.25	0.004	0.001	3.43	0.02	0.02	0.13	0.037	0.014
	$0°T×2/4\,T$	0.08	0.75	0.25	0.004	0.001	3.57	0.02	0.02	0.13	0.040	0.014
	$180°T×2/4\,T$	0.08	0.75	0.25	0.005	0.001	3.54	0.02	0.02	0.13	0.037	0.012
	$0°T×3/4\,T$	0.08	0.77	0.25	0.004	0.001	3.61	0.02	0.02	0.13	0.041	0.013
	$180°T×3/4\,T$	0.08	0.77	0.25	0.005	0.001	3.53	0.02	0.02	0.13	0.038	0.011

表 3 模拟筒体锻件的拉伸性能试验结果

试样部位		方向	温度	常温拉伸				硬度试验
				R_{eL}（MPa）	R_m（MPa）	A（%）	Z（%）	
标准值		—	室温	≥260	485~655	≥22	≥35	HBW
水口端	0°t×2t	纵向	室温	444	531	35	81	161，161，161
	180°t×2t	纵向	室温	428	530	36	80	
	0°t×2/4 T	纵向	室温	421	522	34.5	81	163，163，163
	180°t×2/4 T	纵向	室温	415	523	36	80	
冒口端	0°T×1/4 T	纵向	室温	367	519	35	78	158，158，154
		横向	室温	367	527	36	79	
	180°T×1/4 T	纵向	室温	381	520	39	81	162，162，162
		横向	室温	384	519	37	81	
	0°T×2T/4	纵向	室温	381	519	37	81	158，158，156
		横向	室温	381	521	39	81	
	180°T×2/4 T	纵向	室温	387	521	39	82	166，166，162
		横向	室温	392	520	37	81	
	0°T×3/4 T	纵向	室温	389	528	36	81	161，161，161
		横向	室温	390	533	37	80	
	180°T×3/4 T	纵向	室温	395	530	37	81	158，158，161
		横向	室温	390	520	36	80	

表 4 模拟筒体锻件的冲击试验结果

试样部位		方向	三个试样取值	−100℃ A_{kV}（J）	侧膨胀值（mm）	断口纤维百分比（%）
标准值			平均值	≥48	—	—
			最小值	≥34	—	—
水口端	0°t×2t	纵向	平均值最小值	235，227	2.70，2.74，2.74，2.73	60，65，65，63
	180°t×2t	纵向	平均值最小值	238，220	2.20，2.52，2.56，2.43	55，65，70，63
	0°t×T/2	纵向	平均值最小值	253，215	2.44，2.70，2.56，2.57	50，70，70，63
	180°t×T/2	纵向	平均值最小值	217，207	2.60，2.46，2.50，2.52	65，45，50，53
冒口端	0° T×1/4 T	纵向	平均值最小值	226，218	2.76，2.34，2.34，2.48	60，65，65，63
		横向	平均值最小值	221，214	2.36，2.44，2.56，2.45	55，60，65，60
	180° T×1/4 T	纵向	平均值最小值	204，201	2.34，2.34，2.35，2.34	50，50，50，50
		横向	平均值最小值	232，200	2.21，2.36，2.58，2.38	50，55，55，53
	0° T×2T/4	纵向	平均值最小值	204，200	2.38，2.37，2.38，2.38	50，50，50，50
		横向	平均值最小值	212，200	2.40，2.32，2.29，2.33	50，50，50，50
	180° T×2/4 T	纵向	平均值最小值	204，200	2.33，2.30，2.32，2.32	50，50，50，50
		横向	平均值最小值	238，201	2.34，2.40，2.70，2.48	50，55，80，62
	0° T×3/4 T	纵向	平均值最小值	228，214	2.42，2.30，2.50，2.41	60，55，60，57
		横向	平均值最小值	219，203	2.33，2.34，2.78，2.48	50，60，90，67
	180° T×3/4 T	纵向	平均值最小值	219，208	2.38，2.46，2.46，2.43	55，60，60，57
		横向	平均值最小值	227，225	2.22，2.50，2.52，2.42	55，65，70，63

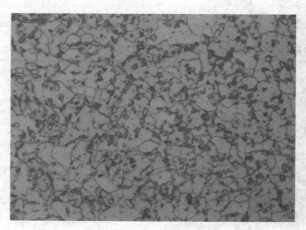

表5 模拟筒体不同部位的组织及夹杂物评级

试样部位		显微组织	晶粒度	夹杂物							
				A		B		C		Z	
				粗系	细系	粗系	细系	粗系	细系	粗系	细系
标准值			≥5	—	—	—	—	—	—	—	—
水口端	0°t×2t	铁素体	7.5	0.5	0.5	0.5	0.5	0.5	0.5	0.5	0.5
	180°t×2t	铁素体	7.5	0.5	0.5	0.5	0.5	0.5	0.5	0.5	0.5
	0°t×2/4 T	铁素体	7.5	0.5	0.5	0.5	0.5	0.5	0.5	0.5	0.5
	180°t×2/4 T	铁素体	7.5	0.5	0.5	0.5	0.5	0.5	0.5	0.5	0.5
冒口端	0°T×1/4 T	铁素体	7.0	0.5	0.5	1	0.5	0.5	0.5	0.5	0.5
	180°T×1/4 T	铁素体	7.5	0.5	0.5	0.5	0.5	0.5	0.5	0.5	0.5
	0°T×2T/4	铁素体	7.5	0.5	0.5	0.5	0.5	0.5	0.5	0.5	0.5
	180°T×2/4 T	铁素体	8.0	0.5	0.5	0.5	0.5	0.5	0.5	1	0.5
	0°T×3/4 T	铁素体	7.5	0.5	0.5	0.5	0.5	0.5	0.5	0.5	0.5
	180°T×3/4 T	铁素体	7.5	0.5	0.5	0.5	0.5	0.5	0.5	1	0.5

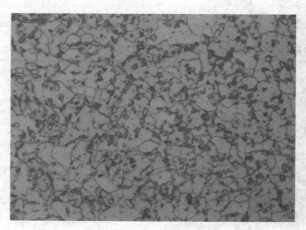
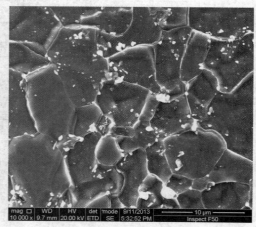

光学200×　　　　SEM 10000×

图6 3.5%Ni钢锻件调质后显微组织

表6 筒体锻件的上平台功及韧脆转变温度试验结果

试样部位		上平台功（J）	韧脆转变温度 $TK_{50\%}$（℃）
冒口端	0°T×1/4 T	261	−95
	0°T×2T/4	294	−102
	0°T×3/4 T	294	−92

5 结果分析与实际验证

5.1 结果分析

从表1～表6的结果来看，模拟筒体锻件的各项性能指标都满足锻件技术条件的要求。从表2的结果看，模拟筒体锻件上、下两端及内、外各部位的碳的分布非常均匀，各化学元素的偏差很小，钢中的磷、硫等有害元素含量极低，表明筒体锻件各部位的成分均匀，并且各化学元素的含量达到了较理想的值，从而为获得材质均匀的锻件提供了内在的条件。

从表3和表4的结果看，模拟筒体锻件各部位的力学性能大大高于锻件技术条件的要求，其中，$t \times 2t$ 与 $T \times 1/4T$ 部位 R_{eL} 最低值为 428MPa、367MPa，$t \times 2t$ 与 $T \times 1/4T$ 部位 R_m 最低值也有 530MPa、519MPa。不但钢的强度指标非常理想（如冒口 $T \times 1/4T$ 部位 R_{eL} 平均值为 384MPa，即使表层高、中心层低，偏差不超过平均值的 4% ～ 5%）。而且塑性、韧性指标也都非常好。同一截面上各部位的力学性能相近，上下及表里没有明显的差别，同一部位不同取向试样的性能差异较小。说明其均质性高，各向异性小。

从表4及图6的结果看，模拟筒体锻件的不同部位的硬度完全满足技术条件要求，其结果为

156HBW～166HBW，非常均匀。从表5的结果看，模拟筒体锻件上下及表里的金相组织相同，晶粒很细，按照 McQuaid-Ehn 法测定的原奥氏体晶粒度均为 7～8 级，且均匀。钢中非金属夹杂物没有明显局部偏高现象，表明模拟筒体锻件的均质性及纯洁性好。

从表6的结果看，模拟筒体锻件的上平台功达到 261J 以上，富裕量较大，保证了筒体锻件的安全使用，其韧脆转变温度在 -102～-92℃，与 -100℃ 测试结力学性能对比，其结果相互印证。

5.2　实际验证

2014年，二重出 12 台低温涤气器全套大锻件。该容器每台由两个封头和一件筒体组成，内部堆焊 E309+E316L，容器筒体图纸尺寸为：内径 ϕ1506mm×壁厚 δ245mm×长度 L3996mm，封头设计图纸尺寸为 SR808mm×最小厚度 δ135mm。2016年2月又采用相同规格的大锻件成功制造出 4 台注射气体压缩吸入洗涤器。

（a）

（b）

图 7　3.5%Ni 钢低温涤气器筒体、封头锻件

6　结论

以上试验研究表明，研究开发的 3.5%Ni 纯净钢筒体锻件的工艺是完全成功的。主要内容总结如下：

（1）首次按照目前 ASME-2010 标准和用户技术条件研制出开发出 -101～-80℃ 的 3.5%Ni 型低温压力容器钢及配套制造工艺参数，实现批量化制造；

（2）对新型的 3.5%Ni 钢进行大量的材料基础性试验研究，提出了合理的炼钢、锻造和热处理工艺方案；

（3）以重 69t 钢锭研制成功 1:1 厚度的模拟产品筒体件，顺利完成工业性生产试验，考核了冶炼、锻造、热处理等工艺的可行性；

（4）通过模拟件的全面解剖试验和大量数据证明，筒体锻件的各项考核性能均超过大纲规定指标，特别是韧性储备远远高于技术条件要求，表现出优良的综合性能；

（5）一个用 69t 钢锭锻制的内径 ϕ1520mm、

壁厚295nm、高度2500mm、重量33t的3.5％Ni钢筒体锻件，经解剖、检验，该筒体锻件的各项性能都达到了锻件制造技术条件的要求，攻克了低温韧性、晶粒细化、厚壁钢均匀性等－100℃低温锻件用钢难题。

参 考 文 献

[1] 张勇. 低温压力容器用钢的现状与发展概况 [J]. 压力容器, 2006, 23 (4)：31－33.

[2] 黄维, 高真凤, 张志勤. Ni系低温钢的现状及发展方向 [J]. 鞍钢技术, 2013, 50 (1)：10－14.

[3] 庞辉勇, 谢良法, 等. 提高3.5Ni厚钢板低温冲击韧性的研究 [J]. 压力容器, 2009, 26 (10)：5－11.

[4] 宋浩, 王志刚, 等. SA203E (3.5Ni) 钢母材热处理工艺性能 [J]. 石油化工设备, 2014, 43 (4)：65－68.

[5] 周千学, 李建华, 杨志婷. 碳元素对低温钢组织、性能的影响 [J]. 冶金分析 (增：物理分册), 2012, 32：182－186.

[6] 周千学, 黄海娥, 杨志婷. 3.5Ni低温钢中Mn元素的强韧性作用研究 [J]. 武汉科技大学学报, 2013, 36 (5)：379－382.

[7] 李建华, 方芳, 等. 微合金化3.5Ni钢的强化机理 [J]. 材料工程, 2010, 5：1－4.

[8] 李建华, 习天辉, 陈晓. 热处理对3.5Ni钢低温韧性的作用 [J]. 物理测试, 2008, 26 (6)：9－12.

作 者 简 介

杜军毅 (1965—), 男, 教授级高级工程师, 主要从事大型核电、重型压力容器锻件研发和制造工作。

通信地址：四川省德阳市二重集团 (德阳) 重型装备股份有限公司核电石化事业部, 618013

Mobile：13689623421；E-mail：djy65@126.com

正火温度对-70℃低温钢低温韧性及屈强比的影响

战国锋　刘文斌　李书瑞

（武汉钢铁有限公司研究院，湖北 武汉 430080）

摘　要　利用光学显微镜不同正火温度的试验钢的显微组织进行观察和分析，并研究了正火温度对钢板热轧态、正火态显微组织和力学性能的影响。试验结果表明，试验钢的金相组织为"铁素体＋珠光体"的复相组织，正火热处理可细化铁素体晶粒，并减轻珠光体的带状偏析。随着正火温度的升高，试验钢的晶粒粗化，试验钢中软相和硬相的强度差变大，屈强比降低，低温冲击性能下降。

关键词　低温钢；低屈强比；低温韧性；正火

Effect of Normalizing Temperature on the Cryogenic Toughness and Yield Ratio of-70℃ Low Temperature Steel

Zhan Guofeng　Liu Wenbin　Li Shurui

（Research & Development Center of WISCO，Wuhan 430080，Hubei，China）

Abstract　The microstructure of low temperature steel with different normalizing temperature was studied by using OM. The effect of normalizing temperature on the yield ratio and cryogenic toughness of steel plate in rolling and heat treatment state was investigated. The results show that the microstructure of the low temperature steel is ferrite and pearlite. The grain of ferrite is refined after the normalizing and the banded segregation of pearlite is reduced. With the increase of normalizing temperature the grains of the steel are coarsening which result in an increase of the strength difference between the soft phase and the hard phase. As a result，the yield ratio decrease and the cryogenic toughness become poor.

Keywords　low temperature steel；low yield ratio；cryogenic toughness；normalizing

屈强比（Yield Ratio，YR）是钢材屈服强度与抗拉强度的比值，其大小反映钢材塑性变形时抵抗应力集中的能力。屈强比越低，钢材的均匀伸长率即钢材断裂前产生稳定塑性变形的能力越高，钢材越能够将塑性变形均匀分布到较广的范围，作为结构部件也就越安全[1]。钢的屈强比是关系结构安全性的一个重要的力学性能指标。目前对屈强比要求较高的钢种主要是桥梁、建筑及管线用钢，服役条件多为常温，但随着社会日益进步，对结构材料的要求不断提高，不少低温压力容器用钢也对屈强比提出了更为严格的要求。目前-70℃使用的主要钢种为07MnNiDR，虽然具备较好低温冲击性能，但屈强比偏高，而 GB 3531—2014 中也并未对其屈强比提出明确要求，在实际使用中，由于低温韧性与屈强比匹配不佳，很多情况下不能正常使用。

针对低屈强比高层建筑用钢、海洋平台用钢及管线钢，已经有很多学者进行了研究，并取得了丰硕成果[2-8]，但针对-70℃低屈强比低温钢的研究则较少，本文利用光学显微镜对不同正火温度的低屈强比低温钢的显微组织进行了观察和分析，研究了正火温度对热轧态及热处理态试验钢微观组织及力学性能的影响。

1 试验方法

1.1 实验材料

试验用钢采用 50 kg 真空感应炉熔炼，浇铸成 50 kg 钢锭。将钢锭装入加热炉进行预热，均热温度为 1230℃，保温时间 240 min，预热完毕后在 800 mm 两辊轧机上进行轧制，采用两阶段控温轧制，开轧温度不超过 30℃；终轧温度不低于 880℃，轧后空冷。前 4 道次采用大压下，压下量为 20～30 mm，最后一道次待温轧制，压下率为 20%，轧制成厚为 15 mm 的钢板。其化学成分如表 1 所示。

表 1 实验用钢的化学成分（wt %）

C	Mn	Si	Ni	V	Als	Ti	P	S
0.138	1.43	0.30	0.49	0.045	0.023	0.020	0.0045	0.0026

热处理实验在箱式电阻炉中进行，实验采用了正火及"正火＋回火"的处理工艺。正火工艺参数：正火温度分别为 850℃、890℃、930℃，保温时间 60 min 后水冷。

试样经研磨、机械抛光后，用 6%～7% 的硝酸酒精溶液侵蚀，使用 OLYMPUS PME3 型光学显微镜观察微观组织。

成品钢板按照 GB/T 2975—1998《钢及钢产品力学性能试验取样位置及试样制备》标准取样用于力学性能测试。拉伸试验按照 GB/T 228—2002《金属材料室温拉伸试验方法》标准在岛津电液试验机（500kV）上进行拉伸试验，测定钢板的屈服强度、抗拉强度，及伸长率等。冲击试样为 10mm×10mm×55mm 的标准 V 型缺口试样，在 ZBC245 摆锤落槌冲击实验机（450J）上按照 GB/T 229—2007《金属夏比缺口冲击试验方法》标准进行冲击试验。采用 Image pro plus 软件对金相组织中铁素体的面积分数进行测量。

2 试验结果

2.1 热处理工艺对试验钢屈强比的影响

测试了不同热处理工艺的试验钢的力学性能及 −70℃ 低温冲击性能，其结果如图 1 及图 2 所示。

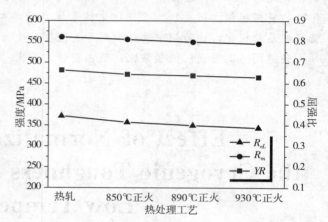

图 1 热处理工艺对试验用钢的拉伸性能的影响

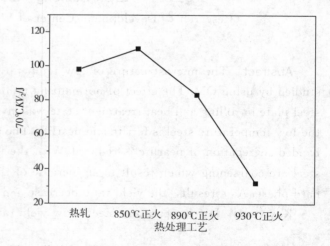

图 2 热处理工艺对试验用钢的 −70℃ 低温冲击性能的影响

从图 1 可以看出，四组试验钢的屈强比均低于 0.70，正火热处理对试验钢的强度影响比较明显。与热轧态钢板相比，经正火热处理后，试验钢的屈服强度和抗拉强度均有所下降。同时，随着正火温度的升高，试验钢的屈服强度呈下降趋势，而抗拉强度则是先升高后下降，在 890℃ 正火时抗拉强度最高，因此，屈强比在 890℃ 正火时最低，在此正火温度下，试验钢具有较高的强度和较低的屈强比，性能均衡。

从图 2 可以看出，热轧态试验钢低温冲击性能较好，在 -70℃ 下的低温冲击功已经接近 100J，而经 850℃ 正火热处理后，试验钢的 -70℃ 低温冲击功达到 110J 以上，已经超出 GB 3531—2014 对 -70℃ 用 07MnNiDR 钢的要求。但随着正火温度的提高，试验钢的低温冲击功呈下降趋势，在 930℃ 正火后，试验钢的低温冲击功已经低于 40J。

综合试验钢的屈强比及低温冲击性能，在 850℃ 及 890℃ 正火条件下的试验钢均具有较低的屈强比及较高的 -70℃ 低温冲击功，可根据需要选择使用。

2.2 热处理工艺对试验钢低温组织的影响

图 3 是热轧态不同正火温度的试验钢的金相组织。从图 3（a）可以看出，热轧态的试验钢金相组织主要为"铁素体＋珠光体"组织，珠光体呈带状集中分布形成了较为明显的带状组织。经正火热处理后，试验钢的金相组织如图 3（b）、（c）、（d）、所示，试验钢的铁素体晶粒细化，带状组织逐渐减轻，珠光体不再呈带状分布，而是呈团块分布。随着正火温度的升高，试验钢的铁素体晶粒发生明显粗化，并伴有少量贝氏体组织出现。

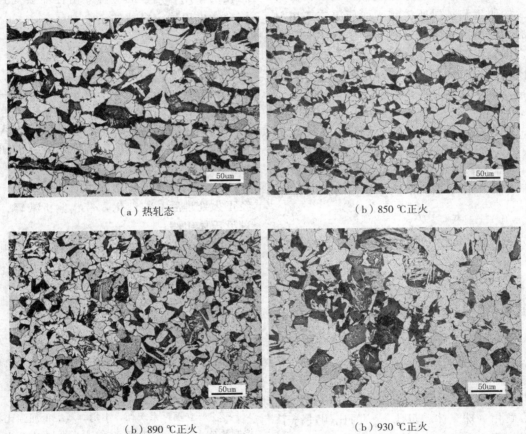

（a）热轧态 　　　　　　　　　　　　（b）850 ℃正火

（b）890 ℃正火 　　　　　　　　　　（b）930 ℃正火

图 3　热轧态及热处理态试验钢的金相组织

3　分析与讨论

正火过程会细化晶粒，细晶强化作用提高了试验钢的强度，但另一方面正火过程也是一个回复过程，在轧制中产生的大量位错在正火过程中被消除，造成试验钢中的位错密度大幅下降，从而造成使试验钢的强度降低，在两者相互作用下，相比热轧态钢板，正火态试验钢的强度明显下降，但低温冲击功增加。同时，在相同保温时间的条件下，当在较低温度正火时，由于奥氏体化温度较低，奥氏体化动力不足，而且 V、Al 等元素的 C、N 化物第二相粒子分布在奥氏体晶界上，阻止了晶粒长大，因此奥氏体转变为铁素体的晶粒也较细小，而当在较高温度下正火时，由于奥氏体化温度的升高，溶质扩散加速，晶界迁移速度加快，微合金元素的C、N化物第二相粒子的对晶界的钉扎作用减弱，晶粒开始长大，因此，随着正火温度的提高，发生铁素体晶粒粗化，造成低温冲击性能的下降。

试验钢的屈强比取决于钢材的屈服强度和抗拉强度。钢铁材料的屈服强度是表示材料中位错源开动且大量可动位错发生滑移从而使材料产生屈服现象或产生一定程度塑性变形时的强度，而材料的抗拉强度在很大程度上是一个综合了强度和塑性的指标[9]。大量的研究和试验结果表明，材料的断裂与屈服在微观机制上最明显的差异在于断裂主要由材料中微裂纹的萌生和扩展所控制，而屈服主要由材料中位错的大规模滑移所控。对于"铁素体+珠光体"组织，试验钢的屈服强度主要取决于其中的软相组织即铁素体，而抗拉强度则取决于两相各自的强度和体积分数，符合混合定律[10]：

$$R_m = fR_{mF} + (1-f)R_{mH} \quad (1)$$

其中，R_m 为试验钢的抗拉强度，f 为软相的体积分数，R_{mF} 为软相的强度，R_{mH} 为硬相的强度。

试验钢的屈服强度主要取决于软相的强度，即

$$R_{eL} = fR_{mF} \quad (2)$$

根据公式（1）、（2），即可得屈强比的表达式：

$$YR = \frac{fR_{mF}}{fR_{mF} + (1-f)R_{mH}} \quad (3)$$

将公式（3）进行变换，即可得：

$$YR = \frac{f}{f + (1-f)\dfrac{R_{mH}}{R_{mF}}} \quad (4)$$

采用 Image pro plus 图像处理软件使用面积法对试验钢中硬相（珠光体、贝氏体）的比例进行了统计，结果如图4所示，可以看出，在不同正火温度下，试验钢的硬相比例差别并不明显，考虑到软件本身的统计误差，可以认为硬相比例对试验钢的屈强比影响很小。

随着正火温度升高，铁素体晶粒粗化，造成钢中铁素体的强度降低，使铁素体（软相）与珠光体（硬相）之间的强度差变大。根据公式（4）可知，$\dfrac{R_{mH}}{R_{mF}}$ 的值变大，试验钢的屈强比变小。因此，正火温度提高，有利于降低钢板的屈强比，但由于晶粒

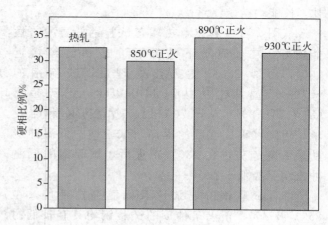

图4 不同正火温度下硬相比例

粗化的作用，钢板的低温冲击性能会受到影响，需综合考虑以确定合适的正火温度。

4 结论

（1）正火温度为850℃及890℃时试验钢均具有较佳的-70℃低温冲击性能及较低的屈强比，综合性能优良。

（2）热轧态试验钢的组织"铁素体+珠光体"，经正火处理后晶粒细化，带状偏析减轻，并出现少量贝氏体组织。

（3）正火温度提高，试验钢晶粒组织粗化，屈强比降低，但低温冲击性能下降，需综合考虑确定合适的正火温度。

参 考 文 献

[1] 唐帅，刘振宇，王国栋，等．高层建筑用钢板的生产现状及发展趋势［J］．钢铁研究学报，2010，22（10）：1-6．

[2] 曹立潮，余宏伟，卜勇，等．低屈强比特厚钢板的控制轧制和正火工艺研究［J］．热加工工艺，2014，43（13）：48-51．

[3] 狄国标，周砚磊，姜中行，等．轧后冷却工艺对海洋平台用钢组织性能的影响［J］．材料热处理学报，2011，32（10）：56-61．

[4] 李少坡，李家鼎，查春和，等．Nb-Ni系X70管线钢性能影响因素的研究［J］．首钢科技，2009（2）：11-14．

[5] 王庆敏．终轧后冷待对高层建筑用钢板屈强比的影响［J］．金属热处理，2011，36（4）：35-38．

[6] 宋欣，王根矾，王志勇，等．不同工艺对低碳钢钢

板力学性能及屈强比的影响 [J] . 轧钢，2014，31（3）：
9—12.

[7] 杨浩，曲锦波 . 热处理工艺对低屈强比高强度结构
钢组织与性能的影响 [J] . 金属热处理，2014，39（3）：
18—22.

[8] 于庆波，赵贤平，孙斌，等 . 高层建筑用钢板的屈
强比 [J] . 钢铁，2007，42（11）：74—78.

[9] 严翔，周桂峰，陈玮，等 . 两相区淬火温度对
HSLA100 钢显微组织及屈强比的影响 [J] . 机械工程材
料，2012，36（10）：34—37.

[10] 雍岐龙 . 钢铁结构材料中的第二相 [M] . 北京：
冶金工业出版社，2006，28—34.

作者简介

战国锋，男，1980 年出生，博士，工程师。

通信地址：湖北省武汉市青山区冶金大道 28 号武钢研
究院，430080

电话：18207105325；E-mail：zhanguofeng_neu@fox-mail.com

预疲劳载荷对 P92 钢蠕变性能的影响

张　威[1,2]　王小威[1,2,3]　巩建鸣[1,2]　姜　勇[1,2]　黄　鑫[1,2]

（1. 南京工业大学机械与动力工程学院，南京 211816；

2. 江苏省极端承压装备设计与制造重点实验室，南京 211816；

3. 比利时根特大学材料科学与工程学院，兹维纳尔德 B-9052)

摘　要　P92 钢因其在高温条件下具有优异的抗氧化性能、高温蠕变性能以及较低的热膨胀系数，而被广泛应用于超超临界发电厂的主蒸汽管道等厚壁部件。通过 130 MPa、650℃不同预疲劳周次条件下的高温蠕变试验以及运用扫描电子显微镜（SEM）、透射电子显微镜（TEM）等微观分析技术对预疲劳载荷对 P92 钢蠕变性能的影响进行了分析。试验结果表明：预疲劳载荷严重降低了 P92 钢的蠕变性能，并且这种降低趋势随着预疲劳周次的增加而逐渐趋于饱和。进一步地微观分析表明，预疲劳载荷过程中马氏体板条的回复是 P92 钢蠕变性能劣化的主要原因，马氏体板条的回复加速了蠕变过程中位错的运动，进而过早地发生蠕变断裂。另外，劣化趋势的饱和主要归因于马氏体板条的基本完全回复。

关键词　P92 钢；预疲劳载荷；蠕变；微观演化

The Damage Behavior of P92 Steel under Complex Subsequence Loadings

Zhang Wei[1,2]　Wang Xiaowei[1,2,3]　Gong Jianming[1,2]　Jiang Yong[1,2]　Huang Xin[1,2]

（1. School of Mechanical and Power Engineering，Nanjing Tech University，Nanjing 211816，China；

2. Jiangsu Key Lab of Design and Manufacture of Extreme Pressure Equipment，Nanjing 211816，China；

3. Department of Materials Science and Engineering，Ghent University，B-9052 Zwijnaarde，Belgium)

Abstract　ASME P92 steel was widely used in ultra-supercritical power plant due to its excellent oxidation resistance，good combination of creep strength in high temperature and low thermal expansion coefficient. Creep tests with prior cyclic loading exposure specimens were performed at 650℃ and 130 MPa. In order to clarify the influence of prior cyclic loading on creep behavior，Scanning Electron Microscope（SEM）and Transmission Electron Microscope（TEM）were used. Experimental results indicate that the prior cyclic loading degrades the creep strength significantly. However，the degradation tends to be saturated with further increase in prior cyclic loading. From the point view of microstructural evolution，the recovery of martensite laths takes place during prior cyclic loading exposure，which facilitates the dislocation movement during the following creep process. Therefore，premature rupture of creep test occurs. Furthermore，microstructural observations show that saturated behavior can be attributed to the almost completed recovery of martensite laths.

Keywords　P92 steel；prior fatigue loading；creep；microstructural evolution

基金项目　中国博士后科学基金资助项目（2016M600405）；江苏省普通高校研究生科研创新计划（ CXZZ13_0430）

为了减少能源的消耗、提高燃煤发电效率、减少 CO_2 气体排放，提高工作压力和温度是目前发电厂的主要发展趋势[1]。超超临界（USC）发电机组因为具有较高的热效率而被广泛发展。目前，USC 发电机组的压力和温度已经分别达到了 25～30MPa 和 600℃[2]。然而 USC 发电机组的极端服役工况，使结构部件长期处于高温、高压环境中，这种高温高压的极端环境，会使长期服役材料承受微观组织劣化、高温蠕变、高温氧化等损伤。另外，开停车过程以及复杂的调峰过程所导致温度梯度的变化会增加材料发生疲劳[3]、蠕变疲劳[4]以及蠕变疲劳氧化[5]等失效的概率。在这些复杂的调峰工况以及后续的稳定运行工况，材料承受顺序的疲劳损伤和蠕变损伤是不可避免的[6]。马氏体耐热钢 P92 钢，由于其良好的抗高温氧化特性、抗高温蠕变特性、更高的导热系数、更低的热膨胀系数以及较强的抗应力腐蚀开裂特性，被广泛地应用于超超临界发电厂的主蒸汽及再热蒸汽管道中。因此，研究复杂顺序载荷下 P92 钢的损伤行对确定部件的损伤机制及寿命评价非常重要。

目前已有一些学者对复杂顺序载荷下材料的损伤行为进行了研究。Joseph 等[7]研究了预疲劳载荷对 316H 不锈钢的蠕变性能的影响，发现随着预疲劳周次的增加，316H 不锈钢的最小蠕变速率减少。Mayama 等[8]在 304 不锈钢上也获得了近似的结果，而且他把这种损伤归结于预疲劳载荷过程中位错结构的演化。但是另有研究发现对于 12CrMoWV[6]、1CrMoV[9] 以及 9Cr‐1Mo[10] 钢，预疲劳载荷的损伤主要归因于亚晶粒的长大。对于这些材料，预疲劳载荷会增加最小蠕变速率、减少蠕变寿命。而且，预疲劳载荷的损伤大小与应变速率以及温度有关。尽管以上研究已经对预疲劳载荷对材料的蠕变性能进行了探索，但是对于 P92 钢的相关研究却鲜有报道。

本文在 650℃下对试样进行不同周次的预疲劳试验，然后对承受预疲劳载荷的试样进行 650℃、130MPa 下的高温蠕变试验，研究不同周次预疲劳载荷对 P92 钢高温蠕变性能的影响，并结合蠕变断裂后的断口形貌及微观组织演变规律分析预疲劳载荷的损伤机理。

1 试验

试验材料为外径 105 mm，壁厚 24 mm 的厚壁 P92 钢管，其热处理工艺为正火（1040 ℃，20 min）和回火（780 ℃，2h），组织为回火马氏体。试样标距为 25 mm，直径为 8 mm。其化学成分如表 1 所示。

表 1　P92 钢的化学成分（wt%）

C	Mn	Si	P	S	Cr	Mo	V	N	Ni	Al	Nb	W	B
0.106	0.36	0.235	0.017	0.008	9.2	0.368	0.182	0.061	0.108	0.0059	0.078	1.85	0.0022

试验主要分为三步进行：（1）采用 RPL‐100 型电子蠕变疲劳试验机在 650 ℃下对 P92 试样进行疲劳试验，温度控制精度在±2 ℃，在试验开始前保温 30 min 以确保标距范围内温度均匀。试验方式为应变控制，应变幅值为±0.4%，应变速率为 $1×10^{-3}$ s^{-1}。得到的 P92 钢疲劳循环软化曲线如图 1 所示，由此确定材料的疲劳寿命，N_f[11]；（2）在 650 ℃下对 P92 试样进行不同循环周次（0%、10%、20%、50% 以及 70%）的预疲劳试验；（3）在 650 ℃下对承受预疲劳载荷的试样进行 130 MPa 的蠕变试验。蠕变断裂后采用 JSM‐6360 型扫描电子显微镜以及 JEOL JEM‐2010 型透射电子显微镜观察 P92 钢的蠕变试样的断口形貌以及微观组织。

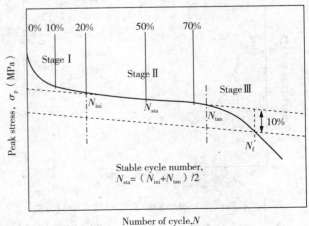

图 1　循环软化曲线以及不同预疲劳周次示意图

2　结果与讨论

2.1　蠕变性能

经过预疲劳载荷作用后的 P92 钢蠕变曲线如图

2 所示。经过疲劳载荷后的蠕变曲线仍分为明显的三个阶段：短暂的第一阶段，明显的稳态第二阶段以及加速阶段。图 2（a）也表明，不同预疲劳周次后的蠕变变形都主要由第三阶段主导。图 2（b）为不同预疲劳周次后的 P92 钢蠕变曲线第一阶段的放大图，图 2（b）表明，预疲劳载荷减少了蠕变曲线的第一阶段，即更快地进入蠕变第二阶段。

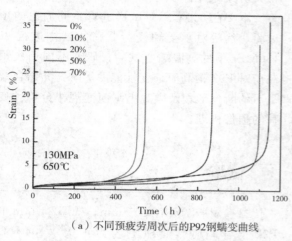

（a）不同预疲劳周次后的P92钢蠕变曲线

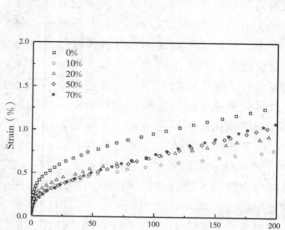

（b）蠕变第一阶段放大图

图 2　经过预疲劳载荷作用后的 P92 钢蠕变曲线

图 3 为 P92 钢蠕变断裂应变与不同预疲劳周次的关系图。从图 3 中可以明显看出，当预疲劳周次为 10％时，其断裂应变下降明显，下降了 5％左右。随着预疲劳周次的增加（10％～70％），P92钢蠕变断裂应变的下降速度逐渐减缓，在 50％的疲劳周次左右，下降逐渐趋于饱和。蠕变断裂应变的降低，表明材料蠕变韧性的下降。

130 MPa 下，其蠕变寿命约为 1137 小时。当预疲劳周次增加到 10％（循环软化曲线第一阶段），蠕变寿命出现小幅度下降，下降到 1095 小时。当预疲劳周次从 20％增加到 70％时（循环软化曲线第二阶段），蠕变寿命的下降较为明显，分别下降到 865 小时和 503 小时。然而，进一步增加预疲劳周次时，蠕变寿命并未出现明显下降。

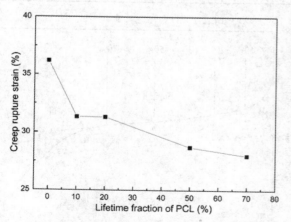

图 3　不同预疲劳周次后的 P92 钢蠕变断裂应变

图 4 为蠕变寿命以及寿命减少量与预疲劳周次的关系图。图 4 表明随着预疲劳周次的增加，蠕变寿命逐渐减少。未经过疲劳载荷的试样在 650 ℃、

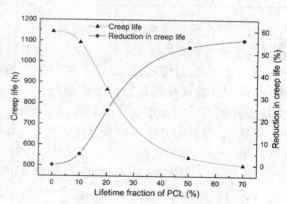

图 4　不同预疲劳周次后的 P92 钢蠕变寿命

图 5（a）为不同预疲劳周次后 P92 钢的蠕变速率曲线。从图中可以看出，在蠕变第二、第三阶段，蠕变速率差别较大，而在蠕变第一阶段，蠕变速率的变化不大。因为最小蠕变速率是衡量材料蠕

变性能的一个重要因素，顾有必要研究最小蠕变速率和预疲劳周次之间的关系。最小蠕变速率和预疲劳周次之间的关系如图 5（b）所示，图 5（b）表明随着预疲劳周次的增加，最小蠕变速率逐渐增加。在 20％到 50％预疲劳周次阶段，最小蠕变速率的增长较为显著，而在 0％到 10％预疲劳周次阶段，最小蠕变速率增长缓慢。值得注意的是当预疲劳周次超过 50％时，最小蠕变速率的增长也逐渐趋于饱和，这与蠕变寿命的变化趋势相类似。

2.2 断裂表面分析

图 6 为经过不同预疲劳周次后 P92 钢蠕变断口形貌的 SEM 图，图 6 表明不同预疲劳周次后的蠕变断口形貌有明显的差别。从图 6（a）纯蠕变试样断口中可以观察到明显的韧窝，表明 P92 钢的蠕变断裂方式为典型的韧性断裂[12]，穿晶裂纹导致了最终的失效并且裂纹起始于试样内部而不是表面。对于经过 10％～70％预疲劳周次的蠕变试样［图 6（b）～（e）］，在断口上仍可观察到明显韧窝。但是，韧窝的尺寸以及数量发生了明显的变化。随着预疲劳周次的增加，韧窝的深度逐渐变小，这表明经过预疲劳之后的 P92 钢，其蠕变韧性不断降低，对比图 6（d）和图 6（e）可以发现韧窝深度的变化并不明显，这表明预疲劳损伤对于蠕变韧性的影响在 50％左右基本达到饱和，这与蠕变断裂应变的演化趋势相吻合。

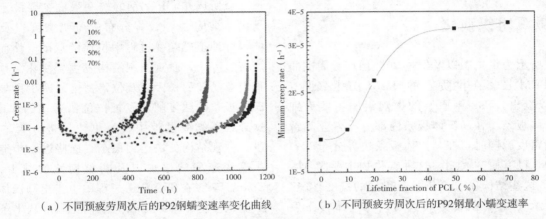

（a）不同预疲劳周次后的P92钢蠕变速率变化曲线　　　　（b）不同预疲劳周次后的P92钢最小蠕变速率

图 5　蠕变速率变化曲线与最小蠕变速率

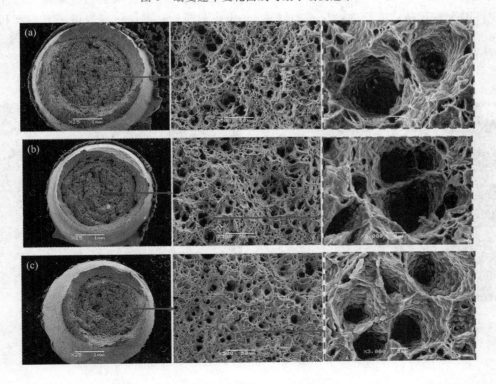

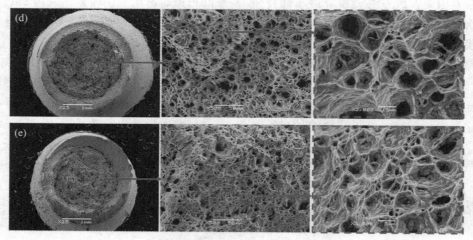

图 6 不同预疲劳周次后 P92 钢断口的 SEM 形貌
(a) 0％；(b) 10％；(c) 20％；(d) 50％；(e) 70％

2.3 微观组织演化

图 7 所示为供货态以及经过 20％预疲劳周次的 P92 钢 TEM 图。在供货态的 TEM 图中（图 7 (a)）可以看出，P92 钢原始的微观组织主要为细小的马氏体板条，在马氏体板条内部分布着亚晶粒以及位错密度。同时，在马氏体板条边界分布着一些碳化物，已有研究表明，这种碳化物主要为 $M_{23}C_6$[13-14]。这些结构使 P92 钢具有优异的蠕变性能。然而，当承受 20％预疲劳周次后，马氏体板条发生了明显的回复，如图 7 (b) 所示。另外，在马氏体板条内部可以看到亚晶粒的长大，位错向能量更低的结构（如胞状结构）转变[15]。但是，经过预疲劳载荷后，并没有看到明显的碳化物粗化现象。

众所周知，P92 钢的蠕变强度主要源于其回火马氏体结构[16]，较好分布的位错密度以及亚晶粒能很好地阻碍蠕变过程中位错的运动。然而，在预疲劳过程中，微观组织结构发生了变化。预疲劳过程中亚晶粒的长大以及位错密度的减少所导致的马氏体板条的回复削弱了抵抗位错运动的作用力[17]。这导致了蠕变过程中材料更快地进入第二蠕变阶段，微观结构更快达到稳态。这些进一步造成了最小蠕变速率的增加以及断裂韧性的减少。此外，Zhang 等[18]在研究疲劳过程中也指出马氏体板条的回复也会将一些缺陷如位错、孔洞带从半条内部带到板条边界。这些缺陷会造成蠕变过程中应力的集中，为蠕变孔洞的形成提供了更加有利的条件，从而导致 P92 钢更快地进入到第三阶段。由此可见，预疲劳过程中马氏体板条的回复是 P92 钢发生蠕变过早断裂的主要原因。

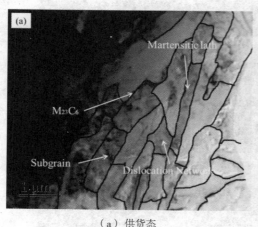
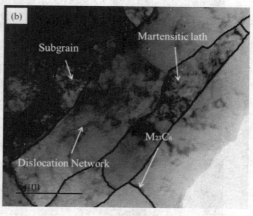

(a) 供货态   (b) 20％

图 7 不同预疲劳周次后 P92 钢 TEM 形貌

4 结论

(1) 预疲劳载荷削弱了 P92 钢的蠕变性能，对蠕变断裂形式并没有明显的影响，预疲劳载荷的损伤程度与预疲劳周次相关。

(2) 随着预疲劳周次从 0 增加到 50%，蠕变性能参数（蠕变寿命、蠕变断裂应变）逐渐减少，但是这种减少的趋势在预疲劳周次进一步从 50% 增加到 70% 时趋于饱和。

(3) 预疲劳过程中马氏体板条的回复是蠕变性能下降的主要原因，马氏体板条的过早回复削弱了材料内部抵抗位错运动的作用力。在预疲劳蠕变顺序载荷下，马氏体板条的回复对蠕变性能的减少起到了至关重要的作用。

参 考 文 献

［1］王小威，巩建鸣，郭晓峰，等. 超超临界发电厂中 P92 钢蠕变特性及断裂机制 ［J］. 南京工业大学学报（自然科学版），2014，36（3）：32－38.

［2］Ennis P J，Czyrska-Filemonowicz A. Recent advances in creep-resistant steels for power plant applications ［J］. Sadhana，2003，28（3）：709－730.

［3］Wang X，Gong J，Zhao Y，et al. Characterization of low cycle fatigue performance of new ferritic P92 steel at high temperature：Effect of strain amplitude ［J］. steel research international，2015，86（9）：1046－1055.

［4］Fournier B，Sauzay M，Caës C，et al. Creep-fatigue interactions in a 9 pct Cr-1 pct Mo martensitic steel：Part Ⅰ. Mechanical test results ［J］. Metallurgical and materials transactions A，2009，40（2）：321－329.

［5］Fournier B，Sauzay M，Caës C，et al. Creep-fatigue-oxidation interactions in a 9Cr-1Mo martensitic steel. Part Ⅰ：Effect of tensile holding period on fatigue lifetime ［J］. International Journal of Fatigue，2008，30（4）：649－662.

［6］Dubey J S，Chilukuru H，Chakravartty J K，et al. Effects of cyclic deformation on subgrain evolution and creep in 9%-12% Cr-steels ［J］. Materials Science and Engineering：A，2005，406（1）：152－159.

［7］Joseph T D，McLennon D，Spindler M W，et al. The effect of prior cyclic loading variables on the creep behaviour of ex-service Type 316H stainless steel ［J］. Materials at High Temperatures，2013，30（2）：156－160.

［8］Mayama T，Sasaki K. Investigation of subsequent viscoplastic deformation of austenitic stainless steel subjected to cyclic preloading ［J］. International Journal of Plasticity，2006，22（2）：374－390.

［9］Binda L，Holdsworth S R，Mazza E. Influence of prior cyclic deformation on creep properties of 1CrMoV ［J］. Materials at High Temperatures，2010，27（1）：21－27.

［10］Fournier B，Dalle F，Sauzay M，et al. Comparison of various 9%－12% Cr steels under fatigue and creep-fatigue loadings at high temperature ［J］. Materials Science and Engineering：A，2011，528（22）：6934－6945.

［11］Wang X，Jiang Y，Gong J，et al. Characterization of low cycle fatigue of ferritic-martensitic P92 steel：effect of temperature ［J］. steel research international，2016，87（6）：761－771.

［12］Lee J S，Armaki H G，Maruyama K，et al. Causes of breakdown of creep strength in 9Cr－1.8 W－0.5 Mo-VNb steel ［J］. Materials Science and Engineering：A，2006，428（1）：270－275.

［13］Kimura M，Yamaguchi K，Hayakawa M，et al. Microstructures of creep-fatigued 9%－12% Cr ferritic heat-resisting steels ［J］. International Journal of Fatigue，2006，28（3）：300－308.

［14］Fournier B，Sauzay M，Pineau A. Micromechanical model of the high temperature cyclic behavior of 9－12% Cr martensitic steels ［J］. International Journal of Plasticity，2011，27（11）：1803－1816.

［15］Golański G，Mroziński S. Low cycle fatigue and cyclic softening behaviour of martensitic cast steel ［J］. Engineering Failure Analysis，2013，35：692－702.

［16］Dudko V，Belyakov A，Kaibyshev R. Evolution of Lath Substructure and Internal Stresses in a 9% Cr Steel during Creep ［J］. ISIJ International，2017：ISIJINT－2016－334.

［17］Mikami M. Effects of Dislocation Substructure on Creep Deformation Behavior in 0.2% C－9% Cr Steel ［J］. ISIJ International，2016，56（10）：1840－1846.

［18］Zhang Z，Hu Z F，Schmauder S，et al. Low-Cycle Fatigue Properties of P92 Ferritic-Martensitic Steel at Elevated Temperature ［J］. Journal of Materials Engineering and Performance，2016，25（4）：1650－1662.

作 者 简 介

张威（1992），男，博士生。通信地址：江苏省南京市浦口区浦珠南路 30 号。电话：18251915483，传真：＋86 25 58139361，E-mail：hjzhw@njtech.edu.cn.

王小威，男，博士后。电话：15951662273；E-mail：xwwang@njtech.edu.cn.

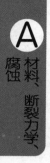

Q345R 钢不同应变过程磁记忆信号特征规律研究

杨 超 李晓阳 张亦良

（北京工业大学机械工程与应用电子技术学院，北京 100124）

摘 要 针对磁记忆研究中不同应变过程与磁信号的定量关系问题，本文进行了系统的实验研究。以压力容器常用材料 Q345R 为研究对象，采用平板大试件，在拉伸过程的典型变形阶段进行磁记忆检测，在磁信号的数学表征上提出了局部导数均值 $\overline{\mathrm{d}H/\mathrm{d}x}$ 法，有效排除了偶然因素的干扰，给出了试件各个变形阶段磁信号的变化规律。结果表明：磁记忆信号对于材料的初始屈服有特殊的敏感性，其重要特征是 $\overline{\mathrm{d}H/\mathrm{d}x}$ 产生较大波动而并不一定取得极大值，其机理是非均匀的塑性应变使金属材料内部自发磁场 H_p 发生变化；在弹性阶段 H_p 为斜直线，$\overline{\mathrm{d}H/\mathrm{d}x}$ 基本为常量，最终稳定在 4.27；在均匀大变形的强化阶段，H_p 逐渐呈现均匀化为水平直线，$\overline{\mathrm{d}H/\mathrm{d}x}$ 趋于零。

关键词 磁记忆；不同应变过程；拉伸试验；初始屈服；局部导数均值法

Study on the Characteristics of Magnetic Memory Signals in Different Strain Processes of Q345R Steel

Yang Chao Li Xiaoyang Zhang Yiliang

（College of Mechanical Engineering and Applied Electronics Technology,
Beijing University of Technology, Beijing, 100124）

Abstract A systematic experiments research is carried out on the study of magnetic memory, aiming at the problem of quantitative relationship between the strain varying process and the magnetic memory signals. The Q345R steel was used as the objectmaterial. A large plate specimen was used to perform the magnetic memory test at typical deformation stages of the stretching process. In this paper, amean local derivative ($\overline{\mathrm{d}H/\mathrm{d}x}$) methodis put forward in the mathematical characterization of magnetic signal, which can eliminate the interference of accidental factors effectively, and provide the variation pattern of the magnetic signal in different deformation stages. Results indicate that the magnetic memory signal has special sensitivity to the initial yielding stage of the material. The characteristic of this stage is that $\overline{\mathrm{d}H/\mathrm{d}x}$ experiences large fluctuation, whereas it does not necessarily get the maximum value. The mechanism of this phenomenon is that the non-uniform plastic strain changes the spontaneous magnetic field H_p inside the metal. In the elastic stage, H_p is linearly increasing with x, where $\overline{\mathrm{d}H/\mathrm{d}x}$is almost constant. In the strengthening stage with uniform large deformation, H_p gradually becomes stable and tends to zero.

Keywords magnetic memory; tensile process; initial yielding; mean local derivative.

1 引言

金属磁记忆检测技术是俄罗斯学者杜波夫率先提出的一种新型无损检测技术[1]，该技术在铁磁性材料设备的早期缺陷诊断上有着广泛的应用前景，近些年来逐渐从实验室走向了工程，特别是应用于压力容器的现场检测中。在大量研究中，磁信号与材料应力、应变关系一直是研究的重点。由于拉伸试验过程包含材料的弹性、屈服、强化三个典型变形阶段，且是一种均匀的应力状态，因此在研究磁信号与应力、应变关系时，拉伸试验成为最普遍的研究方法。以往研究的拉伸过程中，磁信号（磁场强度 H_p 与磁场强度导数 dH/dx）的两个基本参量与材料在各变形阶段中的关系多为定性表征[2]，由于诸多的影响因素，H_p 及 dH/dx 往往呈现随机性[3]。究竟是何种因素引起了磁信号的变化、以何种方法给予磁信号的定量表征，一直是磁记忆研究领域的难题。

国内外学者为此进行了大量的研究。Kolokolnikov、Mingxiu Xu、段振霞等通过宏微观的手段，表明金属材料内部的磁场分布变化与应变变化有关、磁场信号随着变形不均匀而产生磁场分布不均匀的变化[4-6]；李济民、张亦良等通过对材料拉伸性能与磁记忆之间的关系进行研究，表明磁记忆信号与应力集中有着明显的对应关系，从而验证了金属磁记忆检测方法的可行性[7-8]；Haihong Huang、于敏等研究发现磁记忆对屈服过程反应敏感，磁畸变是局部屈服发生的直接表征和独有现象，磁记忆对屈服具有独特的诊断功效[9-10]。综上以往的研究中，现象描述及定性分析较多，对引起磁记忆信号改变的本质及定量研究较少，因此有必要进一步探索磁记忆信号改变的根本原因和定量描述。

本文围绕着金属材料在不同应变过程中磁信号特征的核心问题，探究磁记忆中两个参量变化的根本影响因素，力图给出定量表征。采用大试件的拉伸方法，通过对拉伸过程分阶段地进行磁记忆信号分析，应用本文提出的局部导数方法，找出各阶段磁信号特征，旨在探究磁记忆信号改变的本质、定量分析磁场强度与磁场强度导数的关系。

2 实验

为研究磁信号与材料各变形阶段之间的关系，以 Q345R 钢为研究对象，进行拉伸试验。在拉伸过程的典型阶段进行磁记忆检测，通过对各阶段磁信号的处理分析来探究其变化机理与影响因素。

2.1 试验设备与试件

试验采用德国 Zwick/Roell Z100 及申克RAS-250 型电子万能材料试验机，对试件进行拉伸试验，其中 Zwick/Roell Z100 试验机可以对试件在屈服阶段的应变进行精确控制，便于得到准确的应变-磁记忆信号之间关系。由于试件所需要的断裂载荷较高，Zwick/Roell Z100 试验机的量程不足，故试件进入强化阶段后改用 RAS-250 试验机。

磁记忆测量采用俄罗斯产 TSC-1M-4 型应力集中检测仪，采用单通道传感器进行。

试验材料选用 Q345R 钢，试件共 2 个，为方便测量选用板状试件。考虑到测量数据的准确性及屈服点扑捉的合理性，同时需要有效去除夹持段、截面变化处的磁信号干扰，采用了较大尺寸试件，长度 350mm、厚度 6mm，尺寸如图 1 所示。

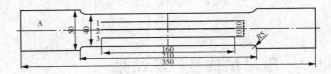

图 1　试件尺寸示意图

2.2 试验方案

围绕着探究磁信号变化影响因素的核心问题，在试件的拉伸过程中，重点关注弹性、屈服、强化三个阶段。有研究表明[7]屈服初始时的塑形变形是不均匀的，试件上的初始屈服点具有随机性，而磁记忆方法正是准确扑捉到该点的有力手段。定量给出应变与初始屈服点的对应关系，对于研究磁信号变化机理至关重要。

试验将每个试件分为 A、B 两面，每面有设 3 条检测线：分别为 1 号、2 号、3 号线，并规定好

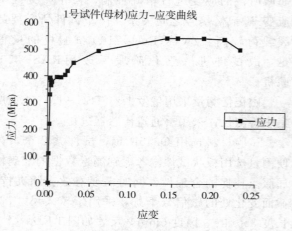

检测方向，如图1所示。

为排除试验机夹头对试件磁信号的影响，试验时采用停机卸载取下试件测量后再继续加载的方式，分别在拉伸过程的弹性、屈服、强化和颈缩阶段，多次停机卸载，卸下试件后进行磁记忆信号检测。在弹性阶段取应力为110MPa、220MPa、330MPa为停机点，屈服阶段按试件的应变约取5个点为停机点，强化阶段随机选取5～6个点为停机点，颈缩阶段测量1～2个点，试件断裂后测量1次。

为使试验结果更准确，需要去除地磁场影响，TSC-1M-4应力集中检测仪具有补偿地磁场功能，在试验前先选取一处没有电磁干扰区域作为磁记忆信号测量地点，用磁记忆设备多次测量各个区域的磁记忆信号后，再选取一处磁信号比较稳定的区域作为试验测量区。

3 试验结果

3.1 试件拉伸-磁记忆检测过程

Q345R材料的拉伸-磁记忆检测过程中，试件的应力-应变曲线如图2～图3所示，图上的每个点均为停机测量点。其中每个试件停机测量均为20次。

图2 1#试件应力-应变曲线

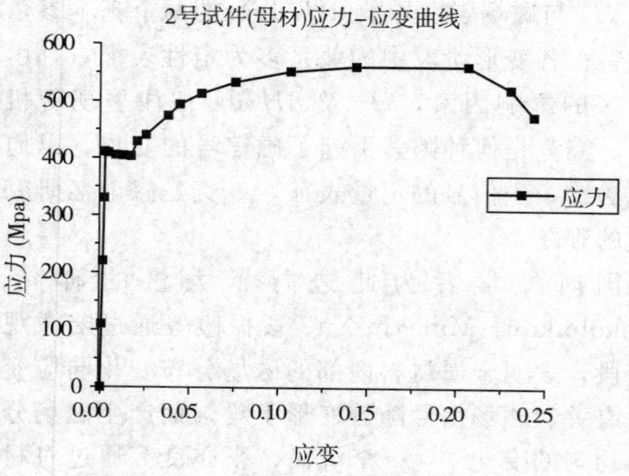

图3 2#试件应力-应变曲线

3.2 磁记忆信号检测结果

1、2号试件磁记忆信号的典型的检测结果如图4所示，其中横坐标为测量距离，纵坐标为磁场强度 H_p，单位为 A/m。

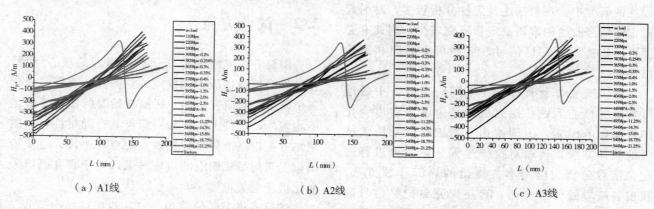

（a）A1线　　　　　　　　　（b）A2线　　　　　　　　　（c）A3线

图4 1#试件拉伸各阶段磁场强度检测结果

4 分析讨论

4.1 对磁信号的数据处理方法

典型的磁记忆信号测量结果如图 5 所示，此为 2 号试件 A 面的 3 条测量线在初始屈服时的 H_p 及 dH/dx 曲线。仔细分析图 5 曲线可知：3 条 H_p 曲线中只有 1 条线出现了较明显的微弯，对应的导数在该区域附近出现较大的值，但是该导数在其他区域也有个别极值出现，针对这样的原始图形，如何去掉偶然因素，判断是否屈服及屈服点的位置，显然难以给出清晰准确的结果，因此需要对原始检测数据进行处理，以期找到一种有效的评价方法。本文提出的数据处理原则为：（1）将多个导数值 dH/dx 进行归一处理，按照某个给定区域进行平均值计算，得到 $\overline{dH/dx}$；（2）考察导数在该区间的变

化程度，给出导数标准差的定量值；（3）按照平均值与标准差双因素的原则，给出试件整体磁场及导数的变化趋势。以便于更清晰地考察试件在变形各阶段的磁信号特征。

为使测量结果更加准确，在检测起始和终止处各去除 5cm 的磁信号数据。考虑到分析的便捷性，将检测线按检测距离分为 10 组。通过 H_p 得出 dH/dx，计算拉伸各个阶段时，整个检测线各个区间内 dH/dx 的平均值 $\overline{dH/dx}$ 及整体标准差 σ，其数学表达为：

$$\overline{dH_i/dx} = \frac{1}{n}\sum_{j=1}^{n}\frac{dH_j}{dx} \qquad (1)$$

其中 $\overline{dH_i/dx}$ 为第 i 个计算区间内 dH/dx 的平均值，dH_j/dx 为第 i 个计算区间内第 j 点的磁场导数值。

$$\sigma = \sqrt{\frac{1}{N}\sum_{i=1}^{n}\left(\overline{dH_i/dx} - \mu\right)^2} \qquad (2)$$

其中：σ 为 $\overline{dH/dx}$ 在整个检测线中的标准差，μ 为 $\overline{dH/dx}$ 的总平均值。

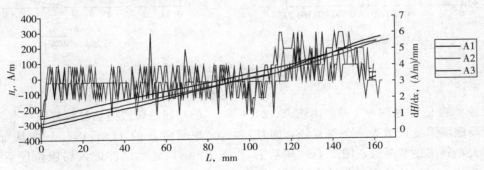

图 5 磁记忆信号原始测量结果

整体标准差 σ 表示 10 组平均值 $\overline{dH/dx}$ 的波动程度，σ 越大表明 $\overline{dH/dx}$ 波动越大，而 $\overline{dH/dx}$ 的数值波动表明试件的磁场强度曲线局部出现突变，说明在该组内试件存在非均匀塑性变形。检测线分组示意如图 6 所示。

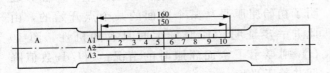

图 6 检测线磁场导数数据分组示意图

4.2 磁场导数的数据处理结果

试验中 2 个试件都进行过 20 次不同加载状态下的磁记忆检测，每个试件的 A、B 面上共有 6 条检测线，将每条检测线上的 20 个磁记忆导数数据，按照上述原则进行处理，并按照试件拉伸过程的 3 个阶段分别进行统计。典型结果如图 7 所示。

4.3 磁信号的分布规律

（1）原始状态的导数分布规律

未加载时 1♯ 与 2♯ 两个试件 A 面原始 H_p 及 dH/dx 测量结果如图 8（a），分段区间内 dH/dx

的均值$\overline{\overline{dH/dx}}$结果如图8（b）。由图8可以看出未加载时两个试件的H_p和$\overline{dH/dx}$值是完全不相同的，由此表明未加载时试件的磁场H_p非均匀，且具有随机性。

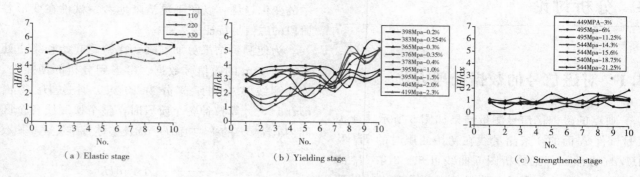

（a）Elastic stage　　　（b）Yielding stage　　　（c）Strengthened stage

图7　1♯试件拉伸各阶段的变化趋势

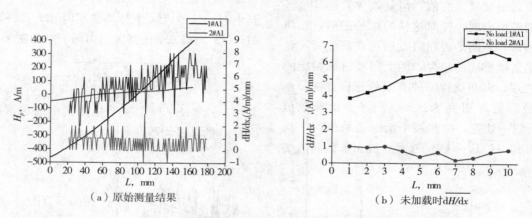

（a）原始测量结果　　　　　　（b）未加载时$\overline{dH/dx}$

图8　未加载时1♯、2♯两个试件的磁信号曲线

（2）弹性阶段

弹性阶段原始磁信号见图9（a），由图9（a）可知在弹性阶段磁场强度近似为一条斜直线，而且随着应力的增大，斜率逐渐降低，图7（a）显示了弹性阶段3个载荷下$\overline{dH/dx}$的测量与计算结果，由此看出同一个载荷下，$\overline{dH/dx}$近似为一常数，且不随测量长度的区间而变化。

计算弹性阶段整个测量距离所有的磁场强度的整体平均值$\overline{\overline{dH/dx}}$与标准差，结果见图9（b）及9（c）。由图9（b）可以看出：随着加载应力的增大，整体平均值$\overline{\overline{dH/dx}}$逐渐减小，表明磁场强度$H_p$的倾斜程度逐渐降低，与9（a）的结果一致，最后整体平均值$\overline{\overline{dH/dx}}$稳定在4.27左右；由弹性阶段的各加载应力时磁场导数的标准差［图9（c）］可以看出，在弹性阶段，随着加载应力的增大，磁场强度导数标准差逐渐降低，表明在施加应力后试件的磁场会逐渐变得均匀。总结受载后弹性阶段磁场的趋势为：（1）施加应力使磁场变得均匀；（2）$\overline{dH/dx}$随着加载应力的增大逐渐减小，H_p的斜率

随载荷增大而降低。

（3）屈服阶段磁场导数特征

屈服阶段的H_p及$\overline{dH/dx}$曲线如图10所示。图10（a）显示试件进入屈服阶段后，H_p曲线出现了局部变化；图10（b）显示$\overline{dH/dx}$出现了明显的局部变化，其中位置8处$\overline{dH/dx}$出现了明显降低，降低数值在1以上。综合图10（b）至10（e）可以看出，在整个屈服阶段，局部明显变化的位置具有移动性（应变0.2％时为位置8，应变1.5％时为位置2），完成了自右向左的移动过程，说明初始屈服是从局部某个截面开始的；再观察图5的磁记忆原始测量曲线，明显看出磁场强度H_p的3条测量线中，只有1条线发生了弯曲，表明了初始屈服是从某个截面的某个点开始的，由此进一步证明了屈服发生时具有随机性。图10（f）则显示了全面屈服时的情况，$\overline{dH/dx}$数值降低并趋于平稳。

在拉伸过程中，从宏观角度分析，试件各个横截面上的应力状态、应力值均相同，而从微观角度分析，在屈服初始，存在不均匀的塑性应变[11]，

而磁记忆检测手段恰恰能够扑捉到这种局部的变化。结果表明：屈服过程中不均匀的塑性应变发生 在 0.2% ~ 2.0% 之间。

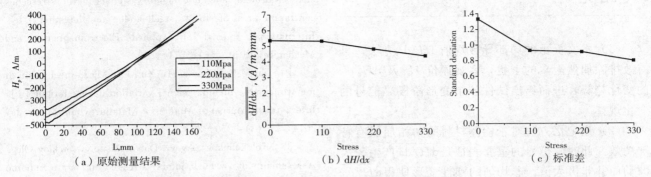

（a）原始测量结果　　　　　（b）dH/dx　　　　　（c）标准差

图 9　弹性阶段，不同加载时磁场强度导数变化趋势

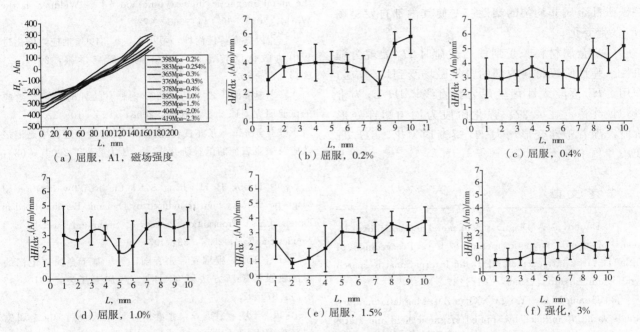

（a）屈服，A1，磁场强度　　　（b）屈服，0.2%　　　（c）屈服，0.4%

（d）屈服，1.0%　　　（e）屈服，1.5%　　　（f）强化，3%

图 10　屈服阶段，局部变化位置的移动趋势

（4）强化阶段

由图 8（d）可以看出试件进入强化阶段以后，随着应力的增大，试件的磁场导数又逐渐变得均匀，且 $\overline{dH/dx}$ 逐渐变小，仅在 0 ~ 2 之间，说明在试件大变形时，H_p 曲线基本趋于水平。

4.4　试件变形各阶段中标准差 σ 特征

标准差 σ 的数值，反映了 $\overline{dH/dx}$ 的变化程度。整体实验过程中 20 次检测结果的标准差如图 11 所示。从图 11 明显可见，未加载时 σ＝1.33，在弹性阶段 σ＜0.93，进入屈服阶段后 1.18＜σ＜1.30，进入强化阶段后 σ＜0.87。此结果清晰地说明：只

有在屈服阶段，才有 $\overline{dH/dx}$ 的较大变化，亦即在初始屈服时，H_p 的形状出现变化，dH/dx 表现出较大的突变。

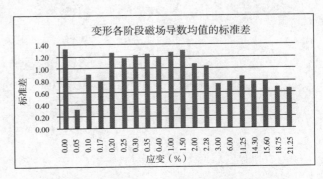

图 11　拉伸全过程中磁场强度导数标准差

5 结论

（1）本文提出的局部导数均值$\overline{\mathrm{d}H/\mathrm{d}x}$方法，可有效排除偶然因素的干扰，客观评价$H_\mathrm{p}$及$\mathrm{d}H/\mathrm{d}x$的变化趋势，进而给出试件各个变形阶段磁信号的变化规律。

（2）磁记忆方法对于检测材料的初始屈服有特殊功效，此时磁信号的重要表征是$\overline{\mathrm{d}H/\mathrm{d}x}$产生较大波动而并非极大值。非均匀的塑性变形使得$\overline{\mathrm{d}H/\mathrm{d}x}$出现局部变化，并随着应变增加发生移动。其机理是铁磁性金属非均匀的塑性应变使其内部自发磁场H_p发生变化。

（3）金属材料未受到任何载荷时H_p表现为随机性。弹性阶段材料内部的自发磁场受到均匀应力作用，H_p逐渐线性化呈现为斜直线，$\overline{\mathrm{d}H/\mathrm{d}x}$为常量，最终稳定在 4.27。强化阶段为均匀塑性变形阶段，随着塑性变形增大H_p逐渐均匀化，$\overline{\mathrm{d}H/\mathrm{d}x}$变小并趋于零。

参考文献

［1］Doubov A A. Diagnostics of metal and equipment by means of metal magnetic memory ［C］. Proceedings of ChSNDT 7th Conference on NDT and International Research Symposium. Shantou, 1999: 181—187.

［2］Huang H H, Yang C, Qian Z C. Magnetic memory signals variation induced by applied magnetic held and static tensile stress in ferromagnetic steel ［J］. Journal of Magnetism and Magnetic Materials, 2016（416）, 213—219.

［3］Su H, Chen M. Experimental and theoretical analysis ofmetal magnetic memory signals in the stressconcentration area of 45 ♯ steel under tensiletesting ［J］. International Journal of Applied Electromagnetics and Mechanics, 2014（46）, 271—280.

［4］Xu M X, Chen Z H, Xu M Q. Micro-mechanism of metal magnetic memory signal variation during fatigue ［J］. International Journal of Minerals, Metallurgy and Materials, 2014, 21（3）: 259—264.

［5］Kolokolnikov Sergey, Dubov Anatoly, Steklov Oleg. Assessment of welded joints stress-strain state inhomogeneity before and after post weld heat treatment based on the metal magnetic memory method ［J］. Welding in the World, 2016, 60（4）: 665—672.

［6］段振霞，任尚坤，习小文，等. 40Cr 钢应力磁化过程中的磁化反转特征 ［J］. 钢铁研究学报，2016，21（01）: 77—80.

［7］李济民，张亦良. Q235 钢材料拉伸时磁记忆效应的试验研究 ［J］. 压力容器，2008，（07）: 10—22.

［8］李济民，张亦良，沈功田. 拉伸变形过程中磁记忆效应及微观表征的试验研究 ［J］. 压力容器，2009，（08）: 15—20.

［9］Huang H H, Jiang S L, Liu R J. Investigation of Magnetic Memory Signals Induced by Dynamic Bending Load in Fatigue Crack Propagation Process of Structural Steel ［J］. J NondestructEval, 2014, 33: 407—412.

［10］于敏，猴瑞宾，张春雨，等. 基于金属磁记忆的局部屈服诊断新方法研究 ［J］. 热加工工艺，2014，43（17）: 87—92.

［11］于敏，猴瑞宾，张春雨，等. 低碳钢 20g 金属磁记忆信号屈服特性研究 ［J］. 热加工工艺，2015，44（02）: 69—72.

16MnDR 钢冲击功与断裂韧性经验关系式的研究

陈 增 潘建华

（合肥工业大学工业与装备技术研究院，安徽合肥 230009）

摘 要 将我国国产低温压力容器用 16MnDR 钢作为研究对象，收集整理了国际标准中广泛应用的断裂韧性经验关系式，结合其夏比冲击试验和断裂韧性试验数据，对用这些经验关系式预测 16MnDR 钢转变温度区断裂韧性的准确性进行了比较分析，并在此基础上修改得到适用于 16MnDR 钢的冲击功与断裂韧性经验关系式。

关键词 16MnDR；冲击功；断裂韧性；经验关系式

Study on Empirical Correlations between Impact Energy and Fracture Toughness for 16MnDR Steel

Chen Zeng Pan Jianhua

（Institute of Industry & Equipment Technology，HFUT，Hefei，Anhui 230009）

Abstract Collecting the widely used empirical correlations of fracture toughness in the international standards and combing with the Charpy impact test and Fracture toughness test data of the pressure vessel steel 16MnDR in China，the accuracy of these empirical correlations used to predict the fracture toughness in the transition temperature range of 16MnDR steel was analyzed. Then on this basis，the empirical correlations between impact energy and fracture toughness steel was modified to suit 16MnDR steel.

Keywords 16MnDR；impact energy；fracture toughness；empirical correlations

1 引言

在世界工业发展历史上，曾经发生过数次重大的脆性断裂事故，诸如二战期间，数以百计的焊接轮船突然出现灾难性的断裂事故，尤其是"自由号"轮船断裂事故，都极大地促进了断裂力学的发展[1]。当时压力容器的设计大多仅考虑材料的强度要求而未考虑韧性，许多高强度钢制压力容器发生了脆断，这些断裂事故大多是低应力脆性断裂，所

以断裂力学刚开始的研究对象是脆断，并由此发展了线弹性断裂力学，提出了断裂韧性的概念。然而在工程中会大量使用中、低强度钢等塑性较好的材料，为此又产生了弹塑性断裂研究方法——COD 法和 J 积分法，同时也建立起了测量材料断裂韧性的实验技术[1]。但是直接测量材料断裂韧性的实验会用到大量试样，所以实际生产中难以普遍采用，更多的会采用冲击试验。不过由于两个试验在试样的尺寸以及缺口的类型还有加载速率等方面的不同，尽管 Barsom 和 Sailors 等人进行了大量试验，并建立了冲击功与断裂韧性之间的经验关系式，但

目前仍然未能从理论上建立两者之间的关系[2]。

16MnDR 钢作为国内低温压力容器中使用量最大的钢种，常被压力容器设计单位使用于工作温度为－40℃的压力容器中[3]。然而在实际工程中，直接测量断裂韧性需要大量试样与经费，而冲击试验则会比较简单，因此常常会用冲击试验结果来估计断裂韧性。但是当今压力容器钢较与 20 世纪六七十年代的钢材，其性能有了极大的提高，在此基础上建立的经验公式会难以适用于 16MnDR 钢。所以本篇文章中，作者以 16MnDR 钢的夏比冲击试验与断裂韧性试验实测数据为基础，考察了那些经验公式的适用性，并给出了可用于 16MnDR 钢的冲击功与断裂韧性经验关系式。

2 冲击功与断裂韧性经验关系式

在断裂力学发展早期，Barsom 和 Rolfe 就开始研究冲击功和断裂韧性之间的关系。他们通过大量试验，初步建立了 A_{KV} 和 K_{IC} 之间的经验关系式，经过数十年的深入研究得到了很大的完善和广泛的应用[4]。之后在 Barsom 等人研究的基础上，Sailors、Roberts 等[6]又提出了更为保守的关系式，如表 1 中所示。

表 1 A_{KV} 与静态断裂韧性 K_{IC} 经验关系式

编号	关系式（MPa * m$^{1/2}$）	名称
（1）	$K_{IC}^2/E = 0.22 (A_{KV})^{1.5}$	Barsom - Rolfe
（2）	$K_{IC} = 14.6 (A_{KV})^{0.5}$	Sailors - Corten
（3）	$K_{IC} = 8.47 (A_{KV})^{0.63}$	WRC265

以上给出的经验关系式都是冲击功与静态断裂韧性之间的关系，但是由于考虑到加载速率的影响，试验得到的冲击功转变温度与静态断裂韧性转变温度不同[4]。所以为解决这一问题，Barsom 等[7]人分析了屈服强度在 250～965MPa 之间数种材料的 K_{Id} 和 K_{IC} 值，得到了移位公式，可以把动态冲击功换算得到的动态断裂韧性 K_{Id} 转换成 K_{IC}，移位公式如下，其中 σ_s 为材料的屈服强度，T 表示移位温度：

$$T = 119 - 0.12 \sigma_s \tag{8}$$

$$K_{IC} (T - T) = K_{Id} (T) \tag{9}$$

表 2 中给出了国际上应用广泛的 A_{KV} 和 K_{Id} 的经验关系式。

表 2 A_{KV} 与动态断裂韧性 K_{Id} 经验关系式

编号	关系式（MPa * m$^{1/2}$）	名称
（4）	$K_{Id} = \sqrt{640E}/1000$	Barsom - Rolfe
（5）	$K_{Id} = 15.5 (A_{KV})^{0.375}$	Sailors - Corten
（6）	$K_{Id} = 22.5 (A_{KV})^{0.17}$	WRC265
（7）	$K_{Id} = 19 (A_{KV})^{0.5}$	Marandet - Sanz

通过崔庆丰等[2]对以上经验关系式的对比分析，结果可知表 1 中的三个关系式计算得到的 K_{IC} 值由大到小依次是（1）（2）（3）。表 2 中的四个关系式得到的 K_{Id} 值由大到小依次为（7）（4）（5）（6）。

3 试验方法与试验数据

3.1 夏比冲击试验

冲击试验试样按照 GB/T 229—2007《金属材料夏比摆锤冲击试验方法》中的标准 V 型缺口夏比冲击式样，尺寸为 10mm×10mm×55mm，缺口深 2mm。试验在 JBD - 300A 型低温冲击试验机中进行，摆锤冲击能量 300J，冲击速度为 5m/s，冷却介质是"液氮＋无水乙醇"调配溶液，测试温度区间为－100～20℃。试验数据取自参考文献[3]所做研究，结果如图 1。

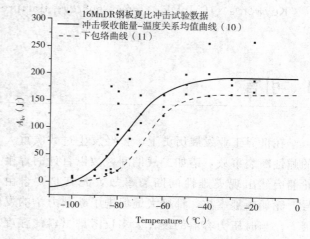

图 1 16MnDR 钢冲击功与温度关系曲线

运用 Oldfield[8] 提出的双曲正切函数拟合了均值曲线和下包络曲线。

均值曲线：

$$A_{KV}=80.955+114.304\tanh\left(\frac{T+80.474}{20.736}\right)$$

(3)

下包络线：

$$A_{KV}=81.799+82.322\tanh\left(\frac{T+67.815}{13.458}\right)$$

(4)

为保证结果的保守性，论文中后续计算将采取式（11）的结果作为输入值。

3.2 断裂韧性试验

试验采用的是标准三点弯曲 SE（B）试样，厚度 B 为 15mm，宽厚比 W/B 为 2，跨距与宽度比 S/W 为 4，初始裂纹长 a_0 在 0.45～0.55W 之间，其中含疲劳预制裂纹 2mm。

试验在 MTS809 型拉扭复合疲劳试验机上进行，冷却介质同样为"液氮＋无水乙醇"调配溶液。试验温度分别为 $-20℃$、$-40℃$、$-60℃$、$-70℃$、$-80℃$、$-100℃$。采用主曲线法处理试验数据，并按照单温度法和多温度法计算得到参考温度 T_0 分别为 $-78.8℃$ 和 $-85.4℃$。同样本文中为取得一个保守结果，后续计算统一采用 $-78.8℃$ 作为参考温度，其结果如图2。

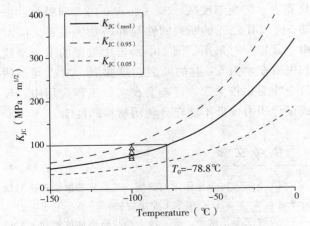

图 2 16MnDR 主曲线及 5%、95%失效概率曲线

主曲线：

$$K_{JC(med)}=30+70\exp[0.019(T+78.8)]$$ (5)

95%失效概率断裂韧性曲线：

$$K_{JC(0.95)}=34.47+101.30\exp[0.019(T+78.8)]$$

(6)

5%失效概率断裂韧性曲线：

$$K_{JC(0.05)}=25.23+36.64\exp[0.019(T+78.8)]$$

(7)

4 经验关系式适用性研究

4.1 经验关系式预测的准确性

根据之前的分析，此处将选择计算值最保守的关系式（3）、（6）和次要保守的（2）、（5）来进行比较。为验证这些经验关系式对 16MnDR 钢断裂韧性预测值的准确性，本文中将把式（4）的计算结果作为输入值代入选择出来的关系式，并将得到的预测值与式（5）的计算值比较，即可知这些经验关系式的准确性。选择式（7）的结果作为断裂韧性实测值的依据是 5%失效概率断裂韧性曲线是诸多国际主要结构完整性规范所推荐的同时又能确保试验实测值均处于曲线的上方而不会过高估计材料实际断裂韧性。式（4）的计算值代入经验关系式后与式（7）相比较的结果可见图3。

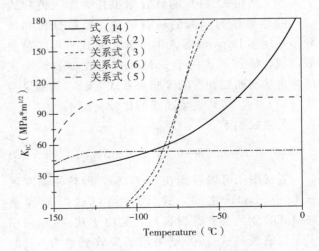

图 3 用 A_{KV} 预测 16MnDR 钢断裂韧性的
经验关系式的比较结果

由图3中的结果可以看到，关系式（2）、（3）、（5）、（6），并不能很好的预测 16MnDR 钢的断裂

韧性。在韧脆转变温度区间内，（2）、（3）的值在－90～－80℃时要低于式（7）的结果，即预测值显得过于安全，而－80～－70℃时则要高于式（7），即预测值较于实测值偏高，同样式（5）的预测值也远高于实测值。而式（6）的预测值与实测值相比较，虽然有点偏低，但比起其他关系式则要较为接近实测值。

预测值低于实测值，意味着关系式过于保守，以此预测值作为 16MnDR 钢实际断裂韧性制造的压力容器的设计压力会偏低，而造成浪费。预测值高于实测值，则意味着此关系式的结果偏危险，应用到实际工程中可能会造成重大的脆性断裂事故。

综上所述，这些经验关系式对 16MnDR 钢断裂韧性预测的准确性都较差。出现这种情况的原因主要有：（1）16MnDR 钢的性能比起这些关系式建立的年代间的钢种有了大幅的提升。（12）这些关系式是在大量不同种类钢材的试验数据的基础上建立起来的，表示冲击功与断裂韧性之间的数值关系的表达式。它们所预测的只是国际上广泛应用的材料的冲击功与断裂韧性关系的大致趋势，并不能针对某一材料的断裂韧性进行准确预测。因此，建立一个可以较为准确预测 16MnDR 钢断裂韧性的经验关系式有其必要性。

4.2 适用于 16MnDR 钢的经验关系式

本文使用式（4）的计算结果作为输入值和式（7）的结果作为实测的断裂韧性，经过分析和推导，采用和 Barsom 等人的经验关系式一样的幂函数，拟合得到了适用于 16MnDR 钢在韧脆转变区的冲击功与断裂韧性的经验关系式（8），其结果与式（4）与式（7）关系曲线的比较见图 4。

关系式如下：

$$K_{JC(0.05)} = 0.75 A_{KV}^{0.76} + 50.86 \qquad (8)$$

通过图 4 可以看到在 5～125J，即转变温度区－90～－60℃之间，式（8）可以较好地预测 16MnDR 钢的实测断裂韧性。又由于式（4）采用了下包络线，式（7）则采用了失效概率为 5% 的断裂韧性曲线，所以根据两式得到的冲击功与断裂韧性曲线的保守性是可以保证的。这也意味着可以较好预测此实测值的式（8）同样具有保守性，使其预测值可以作为 16MnDR 钢实际断裂韧性应用

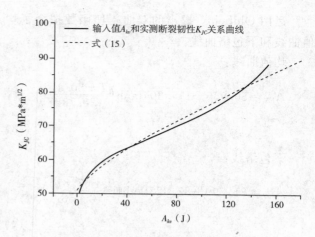

图 4　韧脆转变区 16MnDR 钢断裂韧性的实测值与式（8）的预测值的比较

于工程设计中。同时只要通过冲击功试验就可以得到断裂韧性，减少了试样数量与试验时间，大大降低了费用，也让式（8）具有了一定实用价值。

5　结论

（1）分析比较了国际上广泛应用的经验关系式对 16MnDR 钢断裂韧性预测的准确性，得出这些关系式的预测值与实测值有较大差距。

（2）结合式（4）和式（7）的计算结果，采用与上述经验关系式一样的幂函数进行拟合推导，得到可以较好适用于 16MnDR 钢的冲击功和断裂韧性经验关系式（8）。

（3）所得的关系式（8）有其局限性，首先它只能表示转变温度区－90～－60℃内，即吸收冲击功 5～125J 之间的断裂韧性与冲击功的关系。同时由于其拟合时采用了图 1 中冲击功数据的下包络线和失效概率为 5% 时的断裂韧度曲线，所以其预测值会相对比较保守，可能会在实际工程应用中，导致设计压力偏低不能充分利用材料的性能。

参 考 文 献

[1] 李志安，张建伟，吴剑华. 过程装备断裂理论与缺陷评定 [M]. 北京：化学工业出版社，2006：5-6.

[2] 崔庆丰，惠虎，等. 冲击功与断裂韧度经验关系式对 Q345R 钢的适用性 [J]. 机械工程材料，2015，39（12）：84-90.

[3] 姜恒. 压力容器用 16MnDR 钢低温脆断性能研究 [D]. 合肥：中国科学技术大学，2015.

［4］秦江阳，王印培，柳曾典，等．J_{IC} 和冲击功 A_{KV} 之间的关系研究 ［J］．压力容器，2001，18（2）：15—18.

［5］惠虎，王佳欢，王仙河，等．基于主曲线方法确定2.25Cr－1Mo钢韧脆转变区的断裂韧度 ［J］．机械工程材料，2015，39（1）：98—106.

［6］ROBERTS. R，NEWTON. C. Interpretivere porton small scale test correlations with K_{IC} data ［J］．WRC Bulletin，1981，265：1—18.

［7］BARSOM. J. M，ROLFE. S. T. Fracture and Fatigue Control in Structures：Application of the Fracture Mechanics ［M］．Third Edition．［s. l.］：ASTM，1999：119—120.

［8］Oldfield W. Curve Fitting Impact Test Data：A Statistical Procedure ［N］．ASTM Stand News，1975：24—29.

作 者 简 介

陈增，男，合肥工业大学工业与装备技术研究院研究生。合肥市包河区合肥工业大学屯溪洛校区，230009。

手机：17352916443；

E-mail：cz15105806392@163.com

铌对 12Cr2Mo1R 厚板组织和性能的影响

刘自立[1,2]　刘春明[1]　张汉谦[2]

（1. 东北大学 材料科学与工程学院，沈阳，辽宁，中国；

2. 宝山钢铁股份有限公司，上海，中国）

摘　要　为了提高 12Cr2Mo1R 钢板的强度，考察了 Nb 对 12Cr2Mo1R 钢板的微观组织及力学性能的影响。结果表明：12Cr2Mo1R 钢中添加 Nb 后，其强度和韧性都能够提高。Nb 元素并不是添加越多越好，Nb 元素的合理添加量为 0.02％。12Cr2Mo1R 钢中添加 Nb 元素后，其强度和韧性得到提升的机理是：在轧制过程中 12Cr2Mo1R 钢中的 Nb 以碳化铌的形式析出，细小的析出物在奥氏体晶界钉扎，阻止了奥氏体晶粒的长大。含 Nb 钢中细小的奥氏体晶粒是导致其强度和韧性提高的主要原因。

关键词　铌；12Cr2Mo1R 厚板；组织与性能

Effect of Nb on the Microstructure and Mechanical Properties of 12Cr2Mo1R Steel Plate

Liu Zili[1,2]　Liu Chunming[1]　Zhang Hanqian[2]

（1. Northeastern University，School of Material Science and Engineering，Shengyang，Liaoning，China；

2. Baoshan Iron&Steel Co.，Ltd，Shanghai，China）

Abstract　In order to improve the strength of 12Cr2Mo1R steel plate，Different Nb％ were added to the 12Cr2Mo1R steel plate，then the effect of Nb contents on the microstructure and property of 12Cr2Mo1R steel plate was studied. The results show that when Nb added in 12Cr2Mo1R，the strength and toughness were improved. The reasonable amount of Nb content is 0.02％. The mechanism of Nb addition for the improvement of the strength and toughness of 12Cr2Mo1R plate was that when plate was rolled the NbC were precipitated，the fine precipitate can pin in the grain boundary of the austenite to prevent the growth of the austenite，these fine austenite grains contribute for the better strength and toughness.

Keywords　Nb；12Cr2Mo1R heavy plate；microstructure and property

1　引言

　　Nb 是微合金钢中常用的微合金元素之一。Nb 的原子序数为 41，原子量为 92.90638，在元素周期表中属于 VB 族过渡金属元素，与其他过渡族金属元素一样，其电子层结构特征是最外层有电子，而内层却没有完全充满电子。这样的电子排布结构使得 Nb 容易与钢中的非金属元素形成各种碳化物、氮化物和碳氮化物，通过化学成分、轧制及热处理工艺的设计，适当的控制钢中 Nb 的碳化物、氮化物和碳氮化物的析出，可以产生沉淀强化的作用。关于 Nb 在微合金钢中的作用，国内外的学者进行了众多研究[1-6]。12Cr2Mo1R 是国标 GB 713—2014 标准中的压力容器用钢牌号，其力学性能要求见表 1，12Cr2Mo1R 钢对应美标牌号为 ASME SA387Gr. 22 或 ASTM A387Gr. 22[7]。12Cr2Mo1R 钢具有优良的高温强度、较高的抗氢腐蚀性能及优良的抗回火脆化性能而被广泛地应用于石油精炼及煤制油等相关行业的高温、高压和临氢设备上。但是随着生产效率的提升，设备的的工作参数不断提升，要求制造设备所用钢板的强度进一步提高。

本文的研究内容主要是在 12Cr2Mo1R 钢化学成分的基础上，通过添加不同含量的 Nb，考察 Nb 元素对 12Cr2Mo1R 钢的微观组织及力学性能的影响。并阐明 Nb 元素在 12Cr2Mo1R 钢中的强化、韧化机制。

表 1　12Cr2Mo1R 钢板的力学性能要求

牌号	拉伸性能			冲击性能	
	屈服强度 $R_{p0.2}$/MPa	抗拉强度 R_m/MPa	断后伸长率 A/%	试验温度 T/℃	冲击功 KV_2/J
12Cr2Mo1R	≥310	520～680	≥19	20	≥47

2　试验材料及方法

2.1　试验材料

试验用钢的合金成分设计：在 GB 713—2014 标准中 12Cr2Mo1R 合金成分基础上，添加不同含量的的 Nb 元素，提升钢板的强度。

采用 Inducttherm 公司 500Kg 真空冶炼炉进行冶炼，熔炼成分见表 2。钢锭的保温温度为 1200℃，保温一定时间后，采用中试轧机进行轧制，轧制成厚度为 20mm 钢板，终轧温度控制在 860℃以上。

轧制钢板，随后进行"正火＋加速冷却＋回火处理"。热处理试验所用正火热处理炉为温度精度为±10℃的 RX4-48-11 型高温箱式电阻炉，回火热处理炉为温度精度为±5℃的 RX4-45-7 箱式回火电阻炉。

表 2　试验用钢的熔炼成分（wt/%）

试样号	C	Mn	P	S	Cr	Mo	Al	Nb	As	Sn	Sb
0	0.13	0.55	0.01	0.002	2.45	1.0	0.019	0	0.002	<0.002	0.008
1	0.13	0.55	0.01	0.002	2.45	1.0	0.019	0.020	0.003	<0.002	0.008
2	0.13	0.57	0.01	0.002	2.45	1.0	0.019	0.040	0.003	<0.002	0.008
3	0.13	0.56	0.01	0.002	2.451	1.0	0.019	0.060	0.003	<0.002	0.008

2.2　试验方法

根据 GB/T 2975 要求，从轧制态、淬火态及"淬火＋回火态"钢板上制备拉伸试样，在"淬火＋回火态"钢板制取夏比冲击试样。按 GB/T 228.1—2010 标准进行拉伸试验，按 GB/T 229—2007 标准进行冲击试验。用 LEICA MEF4A 光学显微镜及扫描电镜（S-4200 场发射扫描电镜＋EDS）进行金相组织观察。

3　试验结果与讨论

3.1　轧制态钢板的常规拉伸性能

不同 Nb 含量轧制态钢板板厚 1/2 处的常规拉伸性能试验结果如表 3 和图 1 所示。随着 Nb 含量的提高，钢板的屈服强度及抗拉强度呈现先上升，后下降，再上升的变化趋势，而断后伸长率变化不明显。随着 Nb 含量的增加，轧态钢板的断面收缩率稍稍下降，但当 Nb 含量升高到 0.06％时，断面收缩率与 Nb 含量为 0％时相同，均为 53％。

对图1、表3进一步分析可知，随着 Nb 含量由 0 增加到 0.02％时，轧态钢板的屈服强度和抗拉强度均有很大的提升，其中，屈服强度上升了163MPa，抗拉强度上升了207MPa。但随着 Nb 含量进一步提升到 0.04％时，轧态钢板的屈服强度和抗拉强度比 Nb 含量为 0.02％时分别下降了73MPa 和41MPa，随着 Nb 含量增加到 0.06％时，轧态钢板的屈服的屈服强度和抗拉强度比 Nb 含量为 0.02％时稍有提升，分别提高了 10MPa和10MPa。

由不同 Nb 含量轧态钢板的常规拉伸性能结果，12Cr2Mo1R 钢中添加 Nb 后，轧制态钢板的屈服强度和抗拉强度均可得到提升，断后伸长率和断面收缩率变化较小。且随着 Nb 含量的增加，轧态钢板的强度呈现了先升高后降低再升高的过程。

3.2 淬火态钢板的常规拉伸性能

轧态钢板，经正火保温后水冷淬火，钢板的常规拉伸性能见表4和图2。随着 Nb 含量的增加淬火态钢板的屈服强度变化幅度较小，变化趋势是先增加后降低再增加，这与不同 Nb 含量轧制态钢板的屈服强度的变化趋势相同，但是 Nb 含量由 0％提升到 0.02％时钢板的屈服强度仅提高了 10MPa，而且随着 Nb 含量的继续升高，钢板的屈服强度反而下降，在 Nb 含量为 0.06％淬火态钢板的屈服强度与不含 Nb 钢板的屈服强度相同。淬火态钢板的抗拉强度随 Nb 含量增加呈现小幅度增加，Nb 含量由 0％增加到 0.02％时，钢板的抗拉强度增加了60MPa，随着 Nb 含量增加到 0.04％、0.06％，淬火态钢板的抗拉强度相同，比 Nb 含量 0.02％时，仅升高了 10MPa。

不同 Nb 含量淬火态钢板的常规拉伸性能的变化规律说明：Nb 元素的添加，并不能大大增加钢板的淬透性，所以随着 Nb 含量的提高，淬火态钢板的屈服及抗拉强度均没有明显的提高。

表3　不同 Nb 含量轧态钢板的常规拉伸性能

Nb/%	屈服强度 $R_{p0.2}$/MPa	抗拉强度 R_m/MPa	断后伸长率 A/%	断面收缩率 Z/%
0	565	803	14	53
0.02	728	1010	14	50
0.04	655	969	14	50
0.06	738	1020	15.5	53

表4　不同 Nb 含量淬火态钢板的常规拉伸性能

Nb/%	屈服强度 $R_{p0.2}$/MPa	抗拉强度 R_m/MPa	断后伸长率 A/%	断面收缩率 Z/%	屈强比
0	935	1160	15	63	0.806034483
0.02	945	1220	15	64	0.774590164
0.04	898	1230	15	64	0.730081301
0.06	936	1230	15.5	64	0.76097561

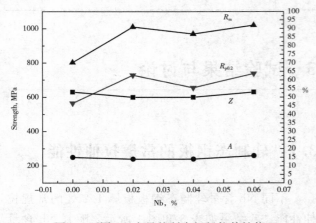

图1　不同 Nb 含量轧制态钢板拉伸性能

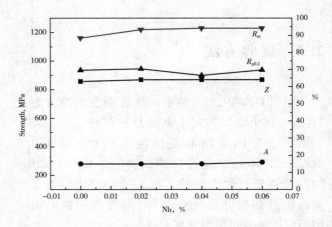

图2　不同 Nb 含量淬火态室温拉伸性能

3.3 回火态钢板的常规拉伸性能

回火态钢板的常规拉伸性能见表5和图3。随着 Nb 含量的增加，回火态钢板的屈服强度先增加后减小，含 Nb 量最高 0.06％时，回火态钢板的屈服强度为 518MPa，高于不含 Nb 钢，但低于含Nb0.02％和 0.04％时的屈服强度。回火态钢板的抗拉强度变化趋势与屈服强度相同，Nb 含量为0.06％时，钢板的抗拉强度高于不含 Nb 钢，但比含 Nb0.02％和 0.04％时低。含 Nb0.02％和含Nb0.04％时钢板的屈服强度和抗拉强度基本相当。钢板的断面收缩率和断后伸长率随钢中 Nb 含量的变化不大。

上述结果表明，少量添加 Nb 可提高钢板的屈服强度及抗拉强度。随着 Nb 含量的增加，回火态钢板的屈服强度和抗拉强度并不能继续增加。所以，在 12Cr2Mo1R 钢化学成分体系内，如果要通过添加 Nb 来提高钢板的强度，则 Nb 含量的合适范围在 0.02％左右。

表 5 不同 Nb 含量回火态钢板的常规拉伸性能

Nb/%	屈服强度 $R_{p0.2}$/MPa	抗拉强度 R_m/MPa	断后伸长率 A/%	断面收缩率 Z/%
0	489	603	24.5	81
0.02	534	636	23	79
0.04	540	640	21.5	81
0.06	518	627	22.5	82

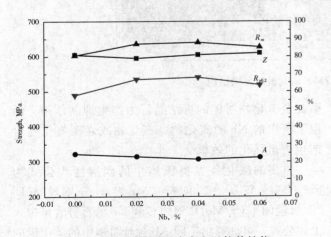

图 3 不同 Nb 含量回火态室温拉伸性能

3.4 回火态钢板的低温冲击性能

在 GB 713—2014 标准中，要求 12Cr2Mo1R 钢板的冲击试验温度为 20℃，而实际上，石化行业用户要求钢板的冲击试验温度一般为 −29℃。同时，根据已有的试验研究结果[8]，如果 12Cr2Mo1R 钢的 −60℃冲击功均值能大于 100J，单值不低于 70J 时，说明钢板具有较好的抗回火脆化能力。所以，在本试验研究中，选取 −60℃作为钢板的低温冲击试验温度。

不同 Nb 含量回火态钢板的 −60℃低温冲击性能见表6。Nb 的加入能够提高钢板的低温韧性，加入 0.02％Nb 回火态钢板的低温冲击韧性值增加了 76J，随着 Nb 含量增加到 0.04％，钢板的低温冲击性能保持与含 Nb0.02％时相同，Nb 增加到 0.06％时，钢板的低温冲击性能开始下降。

所以，适当添加 Nb 可以提升 12Cr2Mo1R 的低温冲击性能，但当 Nb 的添加量过多时，反而对钢板的低温冲击韧性不利。由试验结果知，添加 0.02％的 Nb，回火态钢板的 −60℃冲击韧性最好。

表 6 不同 Nb 含量钢板 −60℃冲击性能

Nb/%	板厚 1/2，KV_2/J 单值（平均值）
0	216，177，192（195）
0.02	269，279，264（271）
0.04	270，274，270（271）
0.06	249，255，288（262）

3.5 不同 Nb 含量 12Cr2Mo1R 钢的显微组织分析

不同 Nb 含量 12Cr2Mo1R 钢的淬火态微观组织的显微镜照片及扫描电镜照片见图4。由图4可知，淬火态钢板的显微组织均为马氏体组织。但是，原奥氏体晶粒尺寸明显不同。不含 Nb 钢的奥氏体晶粒尺寸明显大于含 Nb 钢的奥氏体晶粒尺寸。不含 Nb 钢的原奥氏体晶粒平均尺寸为 40～50μm，而含 Nb 量 0.02％钢的奥氏体平均晶粒尺寸为 25～30μm，含 Nb 量 0.04％钢的平均晶粒尺寸为 22～28μm，含 Nb 量 0.06％的钢的平均晶粒尺寸与含 Nb 量 0.04％的钢板的平均晶粒尺寸相当，约为 24～28μm。

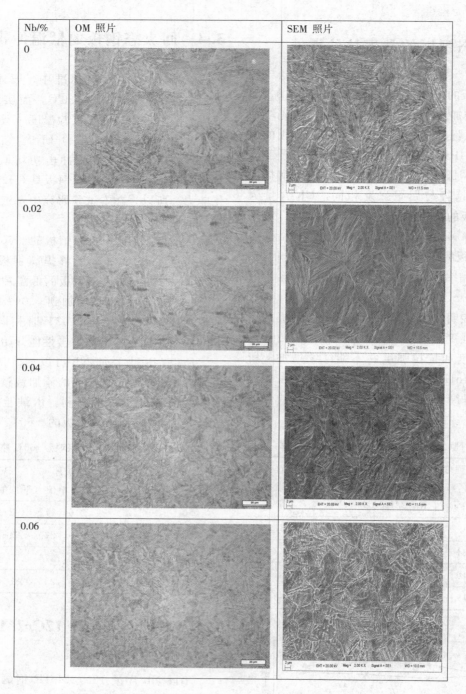

Nb/%	OM 照片	SEM 照片
0		
0.02		
0.04		
0.06		

图 4　不同 Nb 含量 12Cr2Mo1R 钢板的显微组织

3.5　不同 Nb 含量 12Cr2Mo1R 钢的显微组织与力学性能关系

通常，Nb 在微合金钢中的作用主要有[9-11]：高温时未溶解的碳化铌、氮化铌或者碳氮化铌可以阻止奥氏体晶粒的长大；在轧制过程中，未溶解的或者因应变诱导析出的碳氮化物阻止再结晶晶粒的长大；轧制过程中，固溶的 Nb 和应变诱导析出的微合金氮化物对钢的再结晶行为产生抑制作用。低温下析出的 Nb 的碳化物、氮化物或者碳氮化物可产生析出强化的效果。

常用的碳化铌在奥氏体中的固溶度积公式为 $\log (W_{Nb} \times W_C) = 2.96 - (7510/T)$，分别将不同 Nb 含量的 12Cr2Mo1R 钢的 C 和 Nb 的百分含量带入上述公式，可计算出不同 Nb 含量时钢中的碳化铌的全固溶温度（表 7）。由于钢板轧制前，板坯的加热温度为1200℃，可知，在板坯加热过程中即使是Nb含量最高为0.06%的钢中的碳化铌已经完全溶解了。在后续的轧制过程中，伴随着温度的降低，钢板中的碳化铌会逐渐析出，这些轧制过程中析出的细小的碳化物会阻止奥氏体晶粒的长大和再结晶晶粒的长大，从而起到细化晶粒，进而提高钢的强度和韧性的作用。从不同Nb含量的钢板的微观组织的奥氏体晶粒中（图4）中，可知Nb加入后的确细化了奥氏体晶粒，从而提升了钢板的强度（表3、表4、表5）和低温冲击韧性（表6）。

但是，不同的Nb含量对钢的组织和性能的影响不同，含Nb量0.02%时，12Cr2Mo1R钢板具有较好的强度和韧性。当Nb含量进一步提高时，钢板的强度和韧性并没有大幅度的提高，反而有所下降。其原因可能在于当钢中含有过多的Nb时，由于钢中缺少足够多的碳元素，而不能充分发挥多余Nb与C元素结合形成细小的碳化铌，从而钉扎于奥氏体晶界阻止奥氏体的长大。同时，过多的Nb容易使得钢中已经形成的碳化物析出相粗大化，粗大的碳化铌不但不能产生阻碍奥氏体晶粒长大的作用，反而会削弱碳化铌阻止奥氏体晶粒长大的作用。这也可以从不同Nb含量12Cr2Mo1R钢的显微组织中得到验证，钢的奥氏体晶粒并没有随着钢中Nb含量的增加而相应的变小，而是保持不变或者稍有增加。在钢的强度和韧性的表现上，就是随着含Nb量的增加，强度和韧性也保持不变或者稍有下降。

表7　不同Nb含量钢板碳化铌的全固溶温度

Nb/%	碳化铌的全固溶温度/℃
0	—
0.02	1080
0.04	1159
0.06	1208

4　结论

12Cr2Mo1R钢中添加适量的Nb，可以提高钢的强度及韧性。添加0.02%的Nb时，12Cr2Mo1R钢的屈服强度可以提升约50MPa，抗拉强度可以提升约30MPa，−60℃低温冲击韧性可以提高86J。

12Cr2Mo1R钢中添加Nb后，Nb对12Cr2Mo1R钢的强化和韧化机制主要是通过碳化铌等析出相对奥氏体的钉扎，细化奥氏体晶粒，使得钢的强度和韧性得到提高。

参考文献

[1] 聂雨青，康跃丰．铌氮微合金化及HRB400NbN钢筋开发[J]．金属材料与冶金工程，2011，39（1）：8－10.

[2] 侯自勇，许云波，王佳夫，等，一种高Nb-IF钢的组织和结构特征[J]．东北大学学报，2012，33（2）：203－208.

[3] 于庆波，孙莹，李子林，等．微量固溶Nb在钢中的作用[J]．钢铁，2006，41（2）：59－62.

[4] Lan L Y, Qiu C L, Zhao D W, et al. Dynamic and Static Recrystallization Behavior of Low Carbon High Niobium Micro-alloyed Steel [J]. Journal of Iron and Steel Research International，2011，18（1）：55－60.

[5] Yu Q B, Wang Z D, Liu X H, et al. Effect of microcontent Nb in solution on the strength of low carbon steels [J]. Material Science and Engineering A，2004，378：384－390.

[6] 苑少强，刘义，梁国俐．微量Nb在低碳微合金钢中的作用机理[J]．河北冶金，2008，1：9－11.

[7] Liu Z ;, Liu C M, Li X J, et al. Effect of Tempering Temperature on the Microst-ructure and Mechanical Properties of V Modified 12Cr2Mo1R Steel Plate. The 10th CSM Steel Congress & The 6th Baosteel Biennial Academic Conference [C]，2015.1202.

[8] 临氢设备用14Cr1MoR（SA387Gr11Cl.2）、12Cr2Mo1R（SA387Gr22Cl.2）厚钢板研制及焊接工艺试验研究报告。内部资料。

[9] DeArdo A J．铌在钢中物理冶金基本原理．铌科学与技术［M］．北京：冶金工业出版社，2003. DeArdo A J. Fundamental Metallurgy of Niobium in Steel. Niobium Science & Technology ［M］. Beijing：The Metallurgical Industry Press，2003.

[10] Senuma T. Present Status of Future Prospects for Precipitation Research in the Steel Industry [J]. ISIJ International，2002，42（1）：1－12.

[11] Sellars C M. Modelling Strain Induced Precipitation of Niobium Carbon nitride During Hot Rolling of Microalloyed Steel [J]. Materials Science Forum，1998，284－286：73－82.

作者简介

刘自立，男，高级工程师。通信地址：上海市宝山区富锦路889号钢研所3♯楼，201900。联系电话：021-26641024，E-mail：liuzili@baosteel.com。

CAP1400 项目核电高加用 TP439 铁素体
不锈钢焊接钢管的国产化试验研究

车鹏程[1]　颜　鹏[2]　谭舒平[1]

［1. 高效清洁燃煤电站锅炉国家重点实验室（哈尔滨锅炉厂有限责任公司）黑龙江省哈尔滨市 150046

2. 山东电力工程咨询院有限公司］

摘　要　为实现国核压水堆示范工程 CAP1400 核电项目高压加热器用 TP439 铁素体不锈钢焊接管的国产化，本文主要对国产和进口 TP439 产品进行对比试验研究。通过对国产和进口产品焊缝质量、力学性能、工艺性能的对比分析，对激光焊和无丝氩弧焊产品质量的对比，以及模拟核电厂高加产品的胀接、管端焊接试验并分析其结果，确定国产产品与进口产品质量相当，完全具备替代的能力甚至在某些方面优于进口，并最终实现了 TP439 管在核电领域方面的国产化应用，现已开始采购首批 TP439 焊管进行高加设备的生产，推动了国产材料的发展。

关键词　CAP1400；TP439；焊接钢管；激光焊接；氩弧焊接；国产化

Analysis of the Nationlization of TP439
Ferrite Stainless Steel Welded Tube for CAP 1400
Nuclear Project High-pressure Heater

Che Pengcheng[1]　Yan Peng[2]　Tan Shuping[1]

［1. State Key Laboratory of Efficient and Clean Coal-fired Utility Boilers

（Harbin Boiler Company Limited）Harbin 150046，Heilongjiang Province, China.

2. Shandong electric power engineering consulting institute co. , LTD］

Abstract　Aimming to achieve the nationalization of TP439 Ferrite stainless steel welded tube for SNPTC pressurized water reactor trial project CAP 1400 nuclear project high-pressure heater，we have done contrast experiments for domestic and foreign material. We mainly did contrast experiments with weld quality analysis，mechanical and process property between domestic and foreign material，quality between Laser welding and Argon-arc welding product，as well as expanding joint and welding analysis as a simulation of high-pressure heater product in nuclear power plant. We have confirmed the TP439 product quality of domestic material is equal to the foreign，even better than them in some ways and capable to replace them. Finally accomplish the nationalization use of TP439 in nuclear area，and first batch of TP439 product is being purchased，promoting the development of domestic material.

Keywords　CAP1400；TP439；welded tube；laser welding；argon-arc welding；nationalization

0　前言

国内核电项目用高压加热器不锈钢 U 形钢管经历了从无缝奥氏体不锈钢管到氩弧焊接奥氏体不锈钢管，再到氩弧焊接铁素体不锈钢管，最终使用激光焊接铁素体不锈钢焊接管的过程。焊接铁素体不锈钢管代替无缝奥氏体不锈钢管的过程，大大提升了生产效率和产品质量，同时也降低了供货周期和生产费用。但由于国内技术和供货业绩的限制，该铁素体产品此前未能实现国产化应用，核电项目一直采购德国和法国产品。

石岛湾核电站项目是国核 CAP1400 示范工程，国产化率是其考核指标之一，目前国内已建成和在建核电工程的高加全部采用进口 SA－803 TP439 铁素体 U 形不锈钢焊管。随着我国核电事业大力推进，核电高加管的国产化已经成为必然。本次由国家核电牵头，组织全国压力容器标准委员会、山东电力工程研究院和哈尔滨锅炉厂等单位，一同编制了《核电高压加热器用焊接铁素体不锈钢 U 形钢管试验验证规程》，以下简称《验证规程》。本文主要通过对不同厂家（国产 A 厂，进口 B、C、D 厂），不同焊接方式（激光焊、无丝氩弧焊）生产制造的核电高加管产品质量进行对比研究分析，也对国产 A 厂试制的激光焊接产品进行常规检测试验、高温试验和模拟产品分析，最终说明本次 CAP1400 示范工程项目高加管国产化的实现是完全建立在质量保证之上的。

1 奥氏体与铁素体焊管对比试验及 Ti 元素影响分析

1.1 奥氏体与铁素体焊管对比试验

国内核电厂高加 U 形换热管的材质主要使用 SA－688TP304、SA－213TP304L、SA－803TP439 等。其中以奥氏体不锈钢 SA－688TP304 和铁素体不锈钢 SA－803TP439 使用最为广泛。CAP1400 项目高加设计温度为 250℃，设计压力为 12.5MPa。

SA－803TP439 和 SA－688TP304 的化学成分、常温力学性能及物理性能对比参见表 1-1、1-2 和 1-3。

表 1-1 SA－803TP439 和 SA－688TP304
不锈钢化学成分对比

牌号	C	Si	Mn	P	S	Ni
TP439	≤0.07	≤1.00	≤1.00	≤0.040	≤0.030	≤0.5
TP304	≤0.08	≤0.75	≤2.00	≤0.045	≤0.030	8.0～11.0

（续表）

牌号	Cr	Ti	Al	N
TP439	17.0～19.0	0.2＋4(C＋N)～1.10	≤0.15	≤0.030
TP304	18.0～20.0	—	—	—

表 1-2 SA－803TP439 和 SA－688TP304
不锈钢常温力学性能参数对比

牌号	屈服强度/MPa	抗拉强度/MPa	断后伸长率/%	硬度/HV1
TP439	338	562	37.2	153
TP304	341	598	32.5	163

表 1-3 SA－803TP439 和 SA－688TP304
不锈钢物理性能对比[1]

牌号	TP439	TP304
弹性模量×10⁵（MPa）	2.00	1.98
比热容（J/kg·K）	458	502
密度（g/cm³）	7.76	7.93
导热系数（W/m·K）	26.3	15.8
平均热膨胀系数×10⁻⁶（mm/℃）	11.34	18.0

TP439 的导热系数明显高于 TP304 材料，更接近于管板采用的铁素体低合金材料，机组运行时温度大幅变化，可以更好地应对管子和管板之间热胀冷缩产生的热应力风险。

1.2 Ti 元素对 SA－803 TP439 铁素体不锈钢的影响分析

SA－803 TP439 铁素体不锈钢与奥氏体不锈钢相比，加入了 Ti 元素充当稳定化元素，改善其强度和焊接性能并且显著抑制晶粒长大。钛是一种易氧化、易氮化的元素，而 C、N 等间隙元素均为恶化铁素体不锈钢韧性和耐蚀性的主要元素，Ti 易与 C 和 N 元素形成碳氮化钛复合物 TiO 和 TiN，是从热力学角度比较稳定的成分，从而阻止碳化铬的形成，大大降低晶间腐蚀倾向，且能提升耐高温和耐腐蚀性。因此要控制铁素体不锈钢中［Ti］/［C＋N］的值，［Ti］/［C＋N］过高，则 Ti 元素剩余，材料韧脆转变温度上移，韧性降低，使用中容易产生冷裂纹；［Ti］/［C＋N］值过低，则 C＋N 剩余，仍存在晶间腐蚀裂纹的影响。因此必须控制好钢中［Ti］/［C＋N］的大小，且 Ti 元素含量控制在 0.5％ 以下比较合适[2]。铁素体不锈钢中［C＋N］、［Ti］含量与性能关系见图1，其中 K 为裂纹敏感系数，含钛不锈钢脆性温度变化情况见图2。

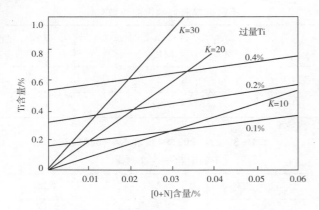

图 1　铁素体不锈钢中［C＋N］、［Ti］
含量与性能关系

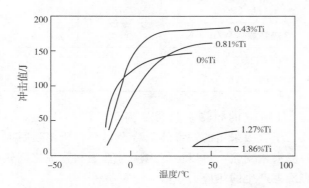

图 2　含钛不锈钢脆性温度变化情况[3]
国内外产品对比分析

2.1　国内外激光焊接产品对比试验分析

通过对比国内 A 厂激光焊产品和国外 B 厂激光焊产品的试验数据及产品价格，来说明 TP439 焊管国产化的可能性，对比试验数据见表2。可见，国内 A 厂产品在各方面性能指标都能和进口 B 厂产品相媲美。

表 2　国内 A 厂和国外 B 厂激光焊接
对比试验数据（平均值）

项目	国内样管	国外样管
母材晶粒度	4～8	5～7
热影响区晶粒度	6～7	3～4
焊缝晶粒度	4	4
抗拉强度	489MPa	492MPa
屈服强度	259MPa	248MPa
延伸率	46.0	45.4
焊缝维氏硬度	159HV	161 HV
母材维氏硬度	156 HV	155 HV
热影响区高度	与母材平齐	两侧均低于母材
焊缝加强高度	稍高于母材	稍高于母材
组织	铁素体（有少量夹杂物）	铁素体（有少量夹杂物）
焊缝宽度	507μm	453μm
融合线形貌	直线	直线
最大可通球直径	11.9mm	11.4mm
椭圆度	1.39％	2.96％
价格（同期报价）	5000 美元/吨	6900 美元/吨

2.2　国产激光焊接与氩弧焊接产品对比试验分析

激光焊接焊速较快，焊缝窄，粗晶区范围小，但易出现未焊透；无丝氩弧焊焊接速度较缓，焊缝宽，粗晶区域范围大，焊缝金属容易过烧，且受到重力作用出现焊缝下垂，粗晶区大大增加材料的低温脆性。因此通过控制使用相同钢带前提下，对比国内 A 厂的激光焊接产品和无丝氩弧焊产品试验数据及产品价格，来说明 TP439 焊管激光焊与无丝氩弧焊产品的各自优劣[4]。对比试验数据见表3，A 厂激光焊产品截面焊缝的 SEM 微观形貌见图3～图5，截面母材晶界的 SEM 微观形貌见图6，A 厂无丝氩弧焊接产品截面融合线微观形貌见图7和图8。

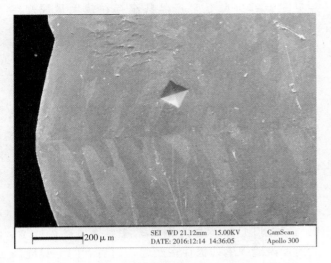

图 3　激光焊焊缝微观形貌（100 倍 SEM）

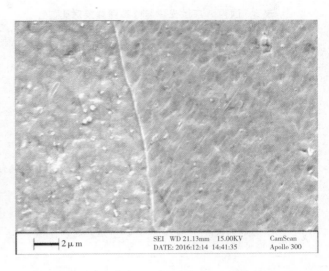

图 6　激光焊晶界微观形貌（5000 倍 SEM）

图 4　激光焊焊缝微观形貌（500 倍 SEM）

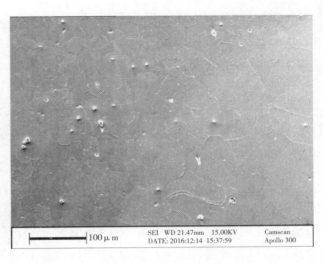

图 7　氩弧焊融合线微观形貌（226 倍 SEM）

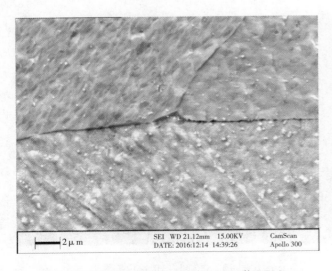

图 5　激光焊融合线微观形貌（5000 倍 SEM）

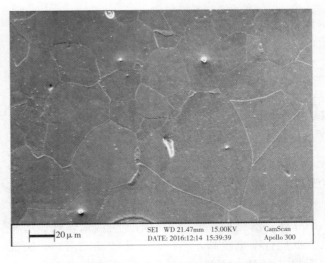

图 8　氩弧焊融合线微观形貌（500 倍 SEM）

表3　国内A厂激光焊与氩弧焊焊接对比
试验数据（平均值）[5]

项目	激光焊接	无丝氩弧焊接
制造方式	纵卷纵焊缝	纵卷纵焊缝＋冷拔
焊接速度	5m/min	1.5m/min
焊缝形貌	细条状	宽三角形
常温下焊缝/热影响区/母材维氏硬度（HV1，平均值）	≈160/161/158	≈156/159/153
焊缝晶粒度	4级	1级
焊缝加强高度	稍高于母材	与母材平齐（经冷拔）
焊缝宽度	内外壁507μm/中间壁厚382μm	内壁290μm/外壁2800μm
焊缝融合度（SEM）	5000倍下有轻微缝隙	融合度高，无缝隙
价格（同期报价）	5000美元/吨	7500美元/吨

　　由表3可见，激光焊和氩弧焊焊缝和母材硬度均较均匀，但激光焊的焊缝面积仅为氩弧焊的1/3.5，但焊速却是氩弧焊接的3倍以上，大大降低了粗晶区低温脆化面积并缩短生产周期。

　　通过对比图3～图8可见，焊缝和母材组织均融为一体，二者存在微量夹杂，对二者进行22MPa水压试验均无泄漏，说明均满足CAP1400项目高加使用要求。

2.3　国内外产品弯头处内壁焊缝宏观形貌对比分析

　　国产A厂产品采用激光焊接和无丝氩弧焊接，进口B、C厂产品均采用激光焊接，进口D厂采用无丝氩弧焊接后冷拔方式制造。弯头内壁焊缝宏观观察对比分析见图9～图13。

　　国产A厂激光焊接产品焊缝饱满，融合度高，且对弯头电阻加热退火时充惰性气体保护良好，几乎不存在氧化现象，没有错边、未融合、焊穿等缺陷存在，宏观形貌见图9；国产A厂氩弧焊接产品内壁融合度也较高，不存在氧化和缺陷问题，宏观形貌见图13；而进口B厂产品内壁焊缝氧化现象较严重，可能由于惰性气体保护不良造成，宏观形

貌见图10；进口C厂产品甚至存在较大量焊瘤飞溅和断续未焊透的现象，宏观形貌见图11；进口D厂氩弧焊后冷拔的产品焊缝相对前三者更为平整，焊缝几乎没有凹陷，与母材平齐，但也存在氧化现象，宏观形貌见图12。通过内壁焊缝形貌来判断焊接和热处理质量，国产A厂激光焊接产品已达到甚至超过进口激光焊接管样标准，但A厂氩弧焊接产品由于焊后未经冷拔处理，内壁焊缝平整度以及管子性能不及进口D厂，因此A厂已开始使用激光焊接逐步代替氩弧焊进行生产。

　　国产A厂氩弧焊产品为钢带纵卷焊接后直接成型，进口D厂产品为钢带纵卷焊接后冷拔成型，故前者内壁焊缝处仍存在凸起，而后者内壁焊缝与母材平齐。二者内壁焊缝宏观形貌见图12和图13，微观形貌见图17～图19。在使用性能上，进口D厂产品优于国产A厂氩弧焊产品。

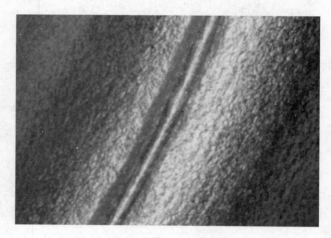

图9　国产A厂激光焊产品内壁焊缝

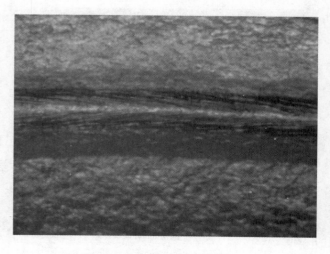

图10　进口B厂产品内壁焊缝

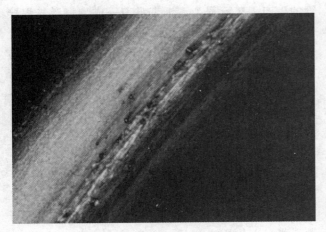

图 11 进口 C 厂产品内壁焊缝

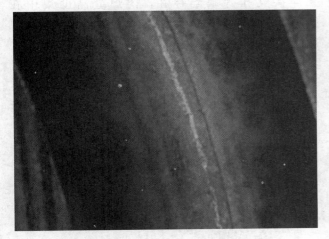

图 12 进口 D 厂产品内壁焊缝

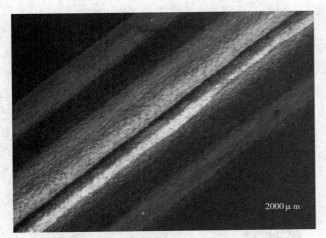

图 13 国产 A 厂氩弧焊产品内壁焊缝

2.4 内壁微观观察

在 50 倍光学显微镜下观察四家产品的焊缝微观组织形貌，见图 14～图 18，无丝氩弧焊融合线

微观组织形貌见图 19。金相组织均为铁素体，焊缝融合度均良好，没有微裂纹，但进口 B 厂家产品内壁热影响区相对凹陷，实际运行过程中会存在应力集中现象，进口 C 产品热影响区耐腐蚀性较差，腐蚀后该区域颜色与母材和焊缝明显不同，国产 A 厂和进口 D 厂产品相对较好，焊缝饱满，融合度高，耐腐蚀性较好。

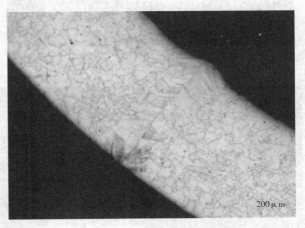

图 14 国产 A 厂产品激光焊焊缝微观组织形貌

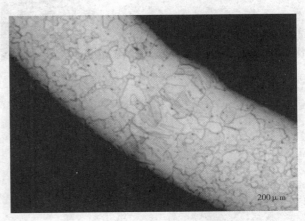

图 15 进口 B 厂产品激光焊焊缝微观组织形貌

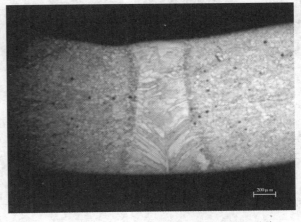

图 16 进口 C 厂产品激光焊焊缝微观组织形貌

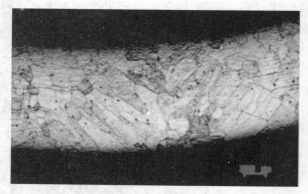

图 17 进口 D 厂产品氩弧焊焊缝微观组织形貌

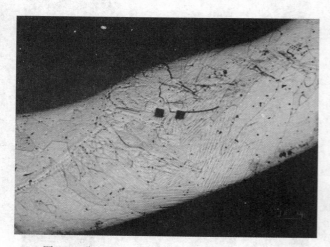

图 18 进口 A 厂产品氩弧焊焊缝微观组织形貌

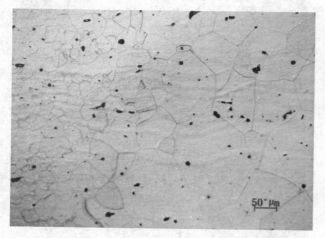

图 19 进口 A 厂产品氩弧焊热影响区微观组织形貌

3 国产 A 厂激光焊接产品分析结果

通过现场监制，国产 A 厂对该 TP439 激光焊

管的生产工艺流程为：钢带纵剪→成型→激光焊接→焊缝涡流检测→焊缝表面处理→在线光亮退火处理（热处理温度 900℃，快速冷却）→在线涡流检测→在线激光测径→离线涡流→超声波检测→弯管→弯头热处理（热处理温度 900℃，快速冷却）→水压试验→管腿定切→产品检测→清洁→包装。对国产 A 厂试制钢管进行取样分析。

3.1 焊缝余高测量（微观观察法）

在 50 倍光学显微镜下进行抽样观察，并进行微观测量。均无未焊透、无未熔合、无焊缝裂纹、无焊接气孔等缺陷存在，内焊缝高度集中在 0.057～0.074mm 之间，完全满足《验证规程》规定 0～+0.15mm 的要求和 CAP1400 项目的使用要求[6]。图 20～图 23 为测量的 20 组焊缝高度中随机挑选的四组。保证焊缝余高的尺寸，就能很大程度避免管段内壁在高温高压运行过程中应力集中的产生，保证了运行安全。

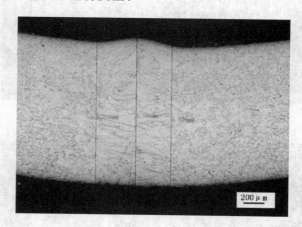

图 20 1♯样管 50 倍下焊缝微观组织

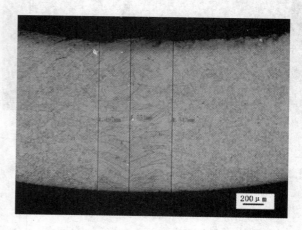

图 21 5♯样管 50 倍下焊缝微观组织

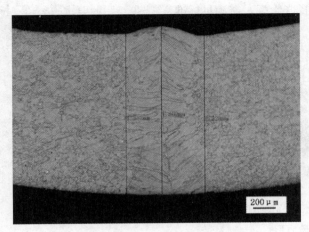

图 22　12♯样管 50 倍下焊缝微观组织

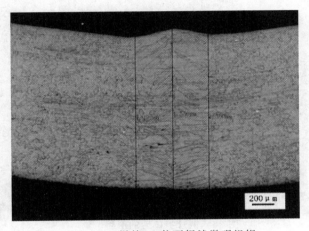

图 23　19♯样管 50 倍下焊缝微观组织

3.3　国产 A 厂试制钢管力学性能检测试验

3.3.1　室温力学性能

室温整管拉伸试验和截面硬度试验结果见表 4。通过硬度试验可见，钢管的母材、热影响区和焊缝的硬度值相当，不存在局部硬度偏高情况。

表 4　常温拉伸性能数据和硬度性能数据

项目	抗拉强度 R_m (MPa)	屈服点 $R_{p0.2}$ (MPa)	延伸率 A (%)	截面硬度 (HV1)
1♯	447	372	39.0	母材：161/152/158；热影响区：161/161；焊缝：166
《验证规程》	≥415	≥205	≥25.0	≤200HV1

3.3.2　高温力学性能（100 ～ 450℃）

由于高压加热器运行过程中，输水管段的温度大约在 200～300℃ 之间，因此对 100 ～ 450℃ 温度范围进行整管拉伸取样试验，试验结果见表 5。虽然高温下晶粒长大，但试验结果均能满足在相应温度下的性能要求，同时满足产品在高温下的使用需求。

表 5　100 ～ 450℃ 温度段高温拉伸性能试验结果

试验温度 (℃)	屈服强度 $R_{p0.2}$ (MPa)	抗拉强度 R_m (MPa)	断后伸长率 A (%)	ASME BPVC - II - Part D R_m (MPa)
100	300	430	37.0	≥413
150	287	413	33.5	≥399
200	284	407	31.5	≥389
250	270	405	30.5	R_m≥382，$R_{p0.2}$≥145
300	265	395	33.5	R_m≥374，$R_{p0.2}$≥142
350	240	385	29.0	≥364
400	225	370	29.5	≥349
450	225	355	29.0	≥328

3.4　工艺性试验（压扁试验、扩口试验、卷边试验、反向弯曲试验）

根据 ASME SA - 1016 对国产 A 厂试制样管进行工艺性实验，结果如下，均无裂纹出现，母材、焊缝塑韧性及延展性均良好。

3.5　胀管、拉脱力、渗透、管端焊接试验

对国产 A 厂产品进行液压胀管和管端焊接试验来模拟产品环境，测量胀接率并观察胀管后金相组织和管端焊接微观融合性。

选用堆焊 E308 和 E316 堆焊层的 20MnMo（IV）管板，胀接压力选用 12.6MPa（产品胀接力），胀接示意图见图 28。胀接过程管子变形过程分为 4 个阶段：管子弹性变形阶段，管子塑性变形消除胀接间隙阶段，管板弹性变形产生胀接力且胀接力胀管率逐渐增加阶段，管板弹性变形胀接力增加胀管率不

增加阶段。胀管率＝〔（管子胀后内径－管子胀前内径）－（管孔内径－胀前管子外径）〕/胀前管孔内

径胀管率，需满足标准 0％～0.5％的要求[7]。

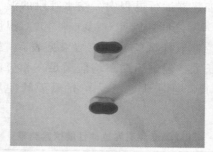  

（a）压扁延性试验 $H=9.3mm$　　　　　（b）压扁完整性试验　　　　　（c）$h=0mm$ 反向压扁后的形貌

图 24　压扁试验后形貌

图 25　钢管卷边后的形貌

图 26　钢管扩口后的形貌

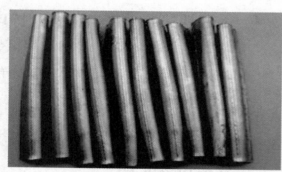

图 27　反向弯曲后的形貌

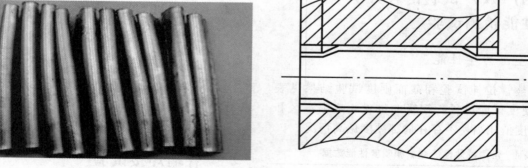

图 28　管子胀接示意图

管端焊接试验选用 E309LSi 焊丝。由于 TP439 母材、E316 堆焊层和 E309LSi 焊丝耐腐蚀程度不同，不能满足各区域同时腐蚀出清晰的微观组织，由图 30～32 可见，液压胀管后管子与管板、管端焊接后焊缝的融合处均结合紧密，完全符合使用要求，证明国产管材具备良好胀接性。

拉脱力试验使用压力机和传感器，编号 1～5

号试样均满足拉脱力 F 不低于 12000N。

对编号为 6～8 号样管进行剖开内壁渗透实验，在光亮下仔细观察其内壁，无红色裂纹状渗透产生，即胀管后无微裂纹形成，证明在保证胀接率的同时塑韧性也很优秀。

20MnMo 管板力学性能试验结果见表 6，胀管参数及胀管率见表 7，拉脱力和渗透试验结果见表

8。拉脱力试样见图 29（a），渗透试验结果见图 29（b），管端焊接焊缝见图 29（c），母材、管板和焊缝融合的宏观形貌见图 29（d），微观形貌见图 30～图 32，图中①区域为 E316 堆焊层，②区域为 TP439 母材，③区域为管端焊焊缝。

表 6　20MnMo（Ⅳ）管板力学性能试验结果

热处理状态	拉伸试验			冲击试验		硬度（HBW）
	σ_b（MPa）	σ_s（MPa）	A（%）	温度（℃）	KV_2（J）	
淬火＋回火	590	380	22	0	58	172

表 7　样管的规格及液压胀管率

编号	管子外径			管子胀前内径		管子胀接量	管孔内径	管子管板间隙	胀管率（%）
	一	二	三	一	二				
1	15.92	15.92	15.91	12.95	12.98	0.21	16.10	0.18	0.19

表 8　拉脱力试验及渗透试验结果

实验项目　样管编号	拉脱力/N	渗透试验内壁形貌
1#～5#	12000/12400/12500/12100/12100	—
6#～8#	—	良好，无裂纹产生

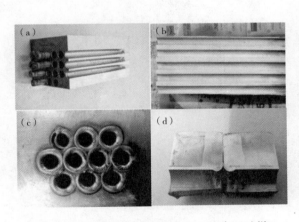

图 29　拉脱力、渗透、管端焊、熔合区试样

图 30　热影响区微观形貌-1

图 31　热影响区微观形貌-2

图 32　母材和堆焊层熔合区域的微观形貌

4 结论

　　通过对国产 A 厂激光焊接和无丝氩弧焊接产品的性能研究，并将国产 A 厂产品和多家进口产品进行对比试验，浅析了激光焊接和无丝氩弧焊接各自的优劣所在，确定了国产 A 厂试制的 SA-803 TP439 激光焊接铁素体不锈钢 U 形管各项检测指标均满足《验证规程》的要求，且完全能和进口产品的质量相媲美，完全具备替代的能力甚至在某些方面优于进口，并最终实现了 TP439 管在核电领域方面的国产化应用，推动了国产材料的发展。

参 考 文 献

　　[1] Huntz Anne-Marie. Comparative study of high temperature oxidation behavior in AISI 304 and AISI 439 stainless stells [J]. Materials Research, 2003 (2).

　　[2] 刘尔静. 铁素体 439 焊管在给水加热器中的应用 [J]. 电站辅机, 1672-0210 (2008) 03-0026-04.

　　[3] Alonso-Falleiros Neusa. Effect of niobium on corrosion resistance to sulfuric acid of 430 ferritic stainless steel [J]. Materials Research, 1998, 1 (1).

　　[4] Antonio Claret. Determination of oxygen diffusion coefficient in oxidation films of the Ferritic stainless steel [J]. Trans Tech Publications, 2012.

　　[5] 任一峰. 核电高压加热器用 TP439 焊管的评估 [J]. 发电设备, 1671-086X (2013) 01-0037-03.

　　[6] 李道明, 储莹, 等. 钛在铁素体不锈钢中的影响和控制 [C]. 第八届冶金工程科学论坛论文集, 2013.

　　[7] 李家鲁. 600MW 高压加热器液压胀管研究 [J]. 锅炉制造, CN23-1249 (2005) 02-0072-02.

作 者 简 介

车鹏程 (1990—), 男, 本科, 工程师。

通信地址：黑龙江省哈尔滨市香坊区三大动力路 309 号哈尔滨锅炉厂有限责任公司；150046。

电话：13654669623；E-mail：cpc1990cpc@163.com

A
腐蚀
材料、断裂力学、

外径 1422mm X80 管线钢管应用关键技术研究进展

赵新伟[1,2]　池　强[1,2]　张伟卫[1,2]　李丽锋[1,2]　齐丽华[1,2]　许春江[3]

(1. 中国石油集团石油管工程技术研究院，陕西西安 710077；

2. 石油管材及装备材料服役行为与结构安全国家重点实验室，陕西西安 710077；

3. 中国石油西部管道公司，新疆乌鲁木齐 830013)

摘　要　本文介绍了外径 1422mm X80 管线钢管应用关键技术的研究进展。在西气东输二线用 X80 管线钢管研究开发和建设经验的基础上，经过大量试验研究和计算分析，进一步优化了外径 1422mm X80 管线钢化学成分和机械性能试验方法，提出了外径 1422mm X80 焊管的关键性能指标，制定了中俄天然气管道工程用外径 1422mm X80 焊管的技术条件。从管道刺穿抗力、失效概率、个体风险等方面，计算并对比分析了外径 1422mm X80 和 1219mm X80 管道的风险水平，分析结果为中俄东线设计方案选择提供了决策参考。联合国内钢铁和制管企业，成功开发并试制了外径 1422mm X80 焊管产品，产品性能满足中俄东线天然气管道用钢管技术条件。

关键词　外径 1422mm X80 管线钢管；关键技术指标；管道风险水平；产品试制；中俄天然气管道工程

The Research Progress of the Key Application Technologies of OD1422mm X80 Line Pipe

Zhao Xinwei[1,2]　Chi Qiang[1,2]　Zhang Weiwei[1,2]

Li Lifeng[1,2]　Qi Lihua[1,2]　Xu Chunjiang[3]

(1. Tubular Goods Research Institute of CNPC, Xi'an 710077, Shaanxi, China;

2. State Key Laboratory of Performance and Structural Safety for Petroleum Tubular Goods and Equipment Materials, Xi'an 710065, Shaanxi, China;

3. Pertochina West Pipeline Company, Urumuqi 830013, Xinjiang, China)

Abstract　In this paper, the research progress of the key application technologies of OD1422mm X80 line pipe was introduced. Based on OD1219mm X80 line pipe research achievement and construction experience at the West-east Second Gas Pipeline, the chemical compositions and mechanical property test method of OD1422mm X80 steel line pipe have been further optimized, and it's key property indexes have been proposed. The product specifications of OD1422mm X80 line pipe were worked out for the China-Russia East Gas pipeline. Risk levels of OD1422mm X80 and OD1219mm X80 have been assessed and compared from several aspects of puncture resistance, failure probability, individual risk, etc. The risk assessment results have provided decision-making accordance for design plan option of the China-Russia Gas Pipeline. OD 1422mm X80 steel pipes were developed and trial-produced successfully by cooperation of the iron and steel companies and the pipe manufacturers, and properties of the trial-produced X80 steel pipe meet requirements of steel line pipe specification for the China-Russia Gas Pipeline.

Keywords　OD1422mm X80 grade Line pipe; key technical　index; pipeline risk; trial-produced X80 welded pipe; the China-Russia East Gas pipeline

1 前言

天然气管道设计和建设中，在不影响管道安全可靠性的前提下，如何最大限度地降低管道建设成本和提高管道输送效率，一直备受管道建设投资者和管道运营企业的关注。与 X70 钢管相比，在西气东输二线中采用的管径为 1219mm、压力为 12MPa 的 X80 钢管，节约了钢材 10%，降低了成本，但其经济输量范围为（250～300）×10^8 m³/a，最经济输量为 280×10^8 m³/a，最大输气量只能达到 330×10^8 m³/a，不能满足中俄东线天然气管道、西气东输四线及其五线等超大输量（超过 400×10^8 m³/a）管道的建设需求。通过技术经济综合分析，可采取三种主要技术方案提高管输效率和降低管道建设成本：一是管道设计系数和规格不变，采用 X90/X100 超高强度管线钢；二是设计系数和钢级不变，管径增至 1422mm；三是管道规格和钢级不变，设计系数由 0.72 提高到 0.8。为满足超大输量天然气管道建设需求，从"十二五"开始，中国石油天然气集团公司设立重大科技专项，组织开展了第三代大输量天然气管道工程关键技术的研究攻关，在上述 3 个技术方案的研究攻关上都取得了重要突破[1-7]。其中，通过管径 1422mm 的 X80 管线钢应用关键技术的攻关，制定了管径 1422mm 的 X80 管线钢板材、管材技术条件，成功开发试制了管径 1422mm 的 X80 焊管（包括 HSAW 和 LSAW）以及配套的弯管和管件，开展了 OD1422mmX80 管道安全可靠性和风险评估，为中俄东线天然气管道工程建设奠定了技术基础。本文介绍了外径 1422mmX80 管线钢管应用关键技术的主要研究进展。

2 外径 1422mmX80 管线钢管关键技术指标研究

在 Q/SY 1513.1—2012《油气输送管道用管材通用技术条件 第 1 部分：埋弧焊管》和西气东输二线 1219m X80 管道建设经验的基础上，借鉴了 API SPEC 5L—2012《管线管规范》的最新成果，结合中俄东线天然气管道工程的具体特点，对外径 1422mm X80 管线钢及钢管的各项关键技术指标进行研究，优化了 X80 化学成分和力学性能试样取样位置，计算并确定了钢管韧性指标 CVN 要求值，制定了中俄东线天然气管道工程用外径 1422mm X80 管材技术条件。此外，对管材和板材提出了更严格的检验程序和更科学合理的质量控制措施。如针对夏比冲击试验中普遍存在的断口分离问题，增加了夏比冲击试样断口分离程度分级方法，针对钢管管端非分层缺陷检测问题，增加了非分层缺陷的检测和验收方法等。

2.1 化学成分优化

在西气东输二线等重大管道工程建设的推动下，X80 管线钢得到了大量应用，国内各钢铁企业根据自身的特点，开发出了多种合金体系的 X80 管线钢，各钢铁企业的 X80 管线钢化学成分差异较大，甚至同一企业在不同阶段的管线钢化学成分也有很大差异[8]。这种化学成分上的较大差异，会降低焊接工艺和焊材的适用性，增加管线现场焊接的难度，加剧焊缝力学性能波动，并可能会给管道服役安全带来隐患。对于壁厚 20mm 以上 X80 管线钢，这一问题尤为突出。为了解决这一难题，在西二线 X80 管线钢应用经验的基础上，通过试验研究，进一步优化 X80 化学成分，缩小化学成分波动范围，从而稳定 X80 管线钢管质量和现场焊接工艺窗口，提高管线本质安全。

对外径 1422mm X80 管线钢采用低 C、Mn 的成分设计，并加入适量的 Mo、Ni、Nb、V、Ti、Cu、Cr 等元素。对西二线等天然气管道工程用 X80 钢管的化学成分及焊接结果进行研究分析发现，管线钢中 C、Mn、Nb 的剧烈波动（见图1～图3），对焊接性能影响具有较大的影响。在管线钢中 C 是增加钢强度的有效元素，但是它对钢的韧性、塑性和焊接性有负面影响[9]。降低 C 含量可以改善管线钢的韧脆转变温度和焊接性，但 C 含量过低则需要加入更多的其他合金元素来提高管线钢的强度，使冶炼成本提高[10]。综合考虑经济和技术因素，C 含量应控制在 0.05%～0.07% 之间。

为保证管线钢中低的 C 含量，避免引起其强度损失，需要在管线钢中加入适量的合金元素，如 Mn、Nb、Mo 等。Mn 的加入引起固溶强化，从而提高管线钢的强度。Mn 在提高强度的同时，还可以提高钢的韧性，但有研究表明 Mn 含量过高会加大控轧钢板的中心偏析，对管线钢的焊接性能造成不利影响[11]。因此，根据板厚和强度的不同要求，管线钢中锰的加入量一般是 1.1%～2.0%。

Nb 是管线钢中不可缺少的微合金元素，能通过晶粒细化、沉淀析出强化作用改善钢的强韧性。过低的 Nb 含量，在焊接热循环过程中不能有效抑制热影响区奥氏体晶粒长大，导致相变时产生大尺寸的块状 M/A 和粒状贝氏体产物，使韧性恶化。过高的 Nb 含量，在焊接热循环过程中会导致较大尺寸的沉淀析出，并使晶粒均匀性恶化，也会损害热影响区韧性[12-13]。研究表明，Nb 含量控制在 0.03%～0.075%比较合理。

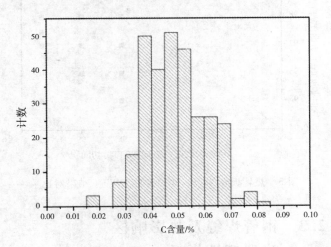

图 1　X80 钢管的 C 含量分布统计

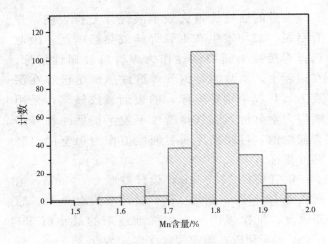

图 2　X80 钢管的 Mn 含量分布统计

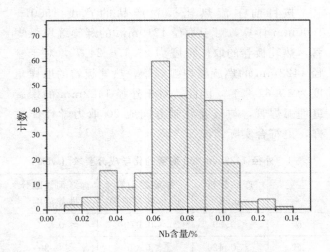

图 3　X80 钢管的 Nb 含量分布统计

通过试验研究，并组织冶金、材料和焊接专家讨论协商，对外径 1422mm X80 管材 C、Mn、Nb、Cr、Mo、Ni 的含量进行了约定。确定管线钢中 C 的含量目标值为 0.060%，Mn 的目标值为 1.75%，Nb 的目标值为 0.06%。直缝钢管中 Ni 目标值为 0.20%，必须加入适量的 Mo，且含量应大于 0.08%。螺旋缝钢管中 Cr、Ni、Mo 的目标值均为 0.20%。考虑到生产控制偏差、检测误差及经济性，外径 1422mm X80 管材技术条件中规定 C 含量不大于 0.070%，Mn 含量不大于 1.80%。直缝钢管 Nb 的含量范围为 0.04%～0.08%，Mo 的含量范围为 0.08%～0.30%，Ni 的含量范围为 0.10%～0.30%；螺旋缝钢管中 Nb 的含量范围为 0.05%～0.08%，Cr 的含量范围为 0.15%～0.30%，Mo 的含量范围为 0.12%～0.27%，Ni 的含量范围为 0.15%～0.25%。表 1 给出了外径 1422mm X80 管材技术条件确定的化学成分含量要求。

2.2　力学性能测试试样的取样位置

西气东输二线工程之前，油气管道用螺旋缝埋弧焊钢管的管径均小于 1219mm，为了取样方便，热轧板卷技术条件中力学性能取样位置均要求与板卷轧制方向成 30°取样。力学性能测试试样的取样角度与板宽和钢管管径的关系如公式（1）。

$$\sin\alpha = B/(\pi D) \tag{1}$$

式中，α 为螺旋角；B 为板宽；π 为圆周率；D 为钢管外径。

按目前主流热轧板卷产品的宽度 1500～1600mm 计算，对于管径 1219mm 的螺旋缝埋弧焊管，热轧板卷的取样角度为 23.1°～24.7°，对于管径 1422mm 的螺旋缝埋弧焊管，热轧板卷的取样角度为 19.6°～21°。因此，对于外径 1422mm 的螺旋缝埋弧焊管，与板卷轧制方向成 20°取力学性能试样，更符合实际情况。

表 1　外径 1422mm X80 钢管的化学成分要求（wt%）

元素	产品分析 max	螺旋缝钢管成分推荐范围	直缝钢管成分推荐范围
碳	≤0.09	≤0.070	≤0.070
硅	≤0.42	≤0.30	≤0.30
锰	≤1.85	≤1.80^c	≤1.80^c
磷	≤0.022	≤0.015	≤0.015
硫	≤0.005	≤0.005	≤0.005
铌^a	≤0.11	0.050～0.080^d	0.040～0.080^d
钒^a	≤0.06	≤0.03	≤0.030
钛^a	≤0.025	≤0.025	≤0.025
铝	≤0.06	≤0.06	≤0.06
氮	≤0.008	≤0.008	≤0.008
铜	≤0.30	≤0.30	≤0.30
铬	≤0.45	0.15～0.30	≤0.30
钼	≤0.35	0.12～0.27	0.08～0.30
镍	≤0.50	0.15～0.25	0.10～0.30
硼^b	≤0.0005	≤0.0005	≤0.0005
CE$_{Pcm}$	≤0.23	≤0.22	≤0.22

a. V+Nb+Ti≤0.15%；

b. 不得有意加入硼和稀土元素；

c. 碳含量比推荐最大含量每减少 0.01% 时，锰推荐最大含量可增加 0.05%，但锰含量不得超过 1.85%；

d. 碳含量比推荐最大含量每减少 0.01% 时，铌推荐最大含量可增加 0.005%，但铌含量不得超过 0.085%。

图 4 和图 5 给出了实际生产的热轧板卷在 20° 和 30° 位置取样测得的力学性能结果对比图。可以看出与轧制方向夹角 20° 位置的屈服强度、抗拉强度、DWTT 剪切面积高于 30° 位置，若按与轧制方向成 30° 位置取样，容易低估热轧板卷的力学性能，造成不必要的浪费。因此在中俄东线天然管道工程用热轧板卷技术条件中力学性能的检测取样位置更改为与轧制方向成 20° 位置。

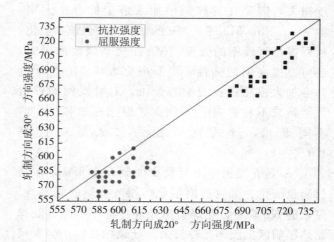

图 4　热轧板卷 20°和 30°位置的拉伸性能对比

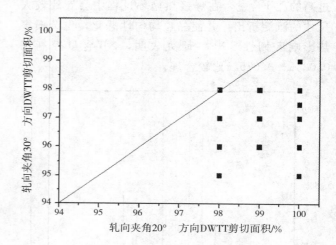

图 5　热轧板卷 20°和 30°位置的 DWTT 结果对比

2.3　钢管焊缝及热影响区启裂韧性指标

大量的油气管道失效事故统计分析表明，焊管启裂一般均发生在钢管焊缝或热影响区，因此选择焊接接头断裂韧性作为焊管启裂韧性指标。在国际上，通常假设钢管焊缝或热影响区存在深度为 $t/4$（t 为钢管壁厚）的表面裂纹缺陷，采用断裂力学分析方法获得裂纹不发生扩展的临界断裂韧性值，将此临界断裂韧性值作为焊管的启裂韧性指标。

钢管管径 1422 mm，设计壁厚 21.4 mm，输送压力 12 MPa，钢级 X80，设计系数取 0.72，屈服强度、抗拉强度分别取标准规定的最小值 555 MPa、625 MPa。假定裂纹深度 a 为 5.35 mm，将表面裂纹分为轴向半椭圆外表面裂纹、轴向半椭圆内表面裂纹、轴向外表面长裂纹、轴向内表面长裂纹4种类型，分析不同裂纹长度下焊接接头断裂韧性敏感性。由于断裂韧性测试费用高且周期长，为了便于工程应用，利用 API 579‐1‐2007/ASME FFS‐1‐2007：*Fitness for service* second edition 推荐的断裂韧性指标 K_C 与夏比冲击功 CVN 的经验关系式，将 K_C 指标转化为 CVN 指标。

分析发现在4种类型裂纹中，轴向内表面长裂纹最为苛刻，即在同样裂纹长度下，对材料断裂韧性的要求最高。为保守起见，基于轴向内表面长裂纹的敏感性分析结果（图6所示）来确定管径1422mm的X80焊管焊接接头断裂韧性指标。最终，根据分析结果，为了确保管道安全，钢管焊缝和热影响区启裂韧性取60J。上述计算分析是针对一类地区设计系数0.72的钢管，对二、三、四类地区钢管焊缝及热影响区也统一按上述指标控制，由于设计系数降低，这样处理更加保守，安全裕度更大。

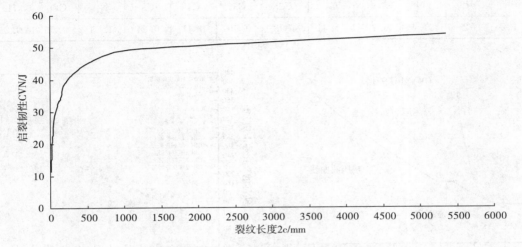

图6 不同裂纹长度下焊缝启裂韧性预测结果

2.4 钢管母材止裂韧性指标

为防止天然气管道开裂后发生延性裂纹的长程扩展，管材必须有足够的韧性以保证天然气管道一旦开裂能在一定长度范围内止裂。随着钢级、输送压力、管径及设计系数不断提高，管道的延性断裂止裂问题也更加突出，是高钢级管线钢管应用的瓶颈技术问题。针对中俄东线天然气管道工程，采用 Battelle 双曲线（BTC）方法，并引入修正系数，计算了一类地区管径1422mm的X80管道止裂的韧性需求，提出了焊管母材的止裂韧性指标。

API SPEC 5L—2012《管线管规范》推荐了4种钢管延性断裂止裂韧性的计算方法，包括 EPRG 准则、Battelle 简化公式、BTC 方法以及 AISI 方法。对比4种方法的适用范围（见表2）可见，对于设计压力12MPa、管径1422mm的X80的天然气管道，适宜采用 BTC 模型并引入修正系数的方法来计算止裂韧性。

表2 API SPEC 5L‐2013 推荐的天然气管道止裂韧性计算方法适用范围对比

方法	适用范围
EPRG	$P \leqslant 8\text{MPa}$；$D \leqslant 1\,430\text{mm}$；$t \leqslant 25.4\text{m}$；钢级 $\leqslant$ X80；输送介质为贫气
Battelle 简化公式	$P \leqslant 7\text{MPa}$；$40 < D/t < 115$；钢级 $\leqslant$ X80；输送介质为贫气；预测 CVN $>$ 100 J 需修正
BTC	$P \leqslant 12\text{MPa}$；$40 < D/t < 115$；钢级 $\leqslant$ X80；输送介质为贫气/富气；预测 CVN $>$ 100 J 需修正
AISI	$D \leqslant 1219\text{mm}$；$t \leqslant 18.3\text{mm}$；钢级 $\leqslant$ X70；输送介质为贫气；预测 CVN $>$ 100 J 需修正

将 BTC 方法应用于中俄东线气质组分（表3），计算温度取0℃，计算结果（图7）表明，中俄东线气质组分存在明显的减压波平台，止裂韧性 CVN 计算值为167.97 J。由于 BTC 方法止裂韧性计算值超过100 J，因此必须进行修正。其中修正

系数的确定来源于 X80 全尺寸爆破试验数据库。目前国际上通用的全尺寸爆破试验数据库如图 8 所示[14-15]，由此确定的中俄东线 1422mm X80 管道止裂韧性修正方法为 TGRC2，修正系数为 1.46。经过 1.46 倍的线性修正，将止裂韧性指标确定为 245 J。需要指出的是，计算并修正后得到的 245 J 是止裂概率为 100% 的单根钢管的韧性要求值。参考美国 DOT 49 CFR Part 192 的规定，裂纹能在 5~8 根止裂，对应的止裂概率达到 95% 和 99% 即可。按照这一原则，止裂韧性指标确定为 245 J 应该是偏于保守和安全的。

表 3　中俄东线天然气管道设计参数及其天然气组分

钢级	管径/mm	压力/MPa	壁厚/mm	设计系数	天然气组分/mol%								
					C1	C2	C3	C4	C5	N₂	CO₂	He	H₂
X80	1 422	12	21.4	0.72	91.41	4.93	0.96	0.41	0.24	1.63	0.06	0.29	0.07

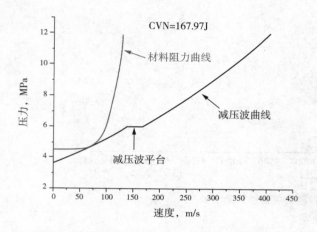

图 7　管道止裂韧性的 BTC 方法预测结果图

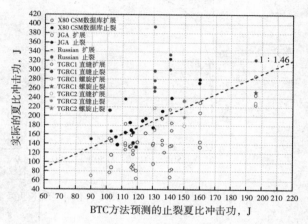

图 8　全尺寸气体爆破试验数据库图

在 OD 1422mm X80 管线钢管关键技术指标研究基础上，制定了中俄东线天然气管道用 OD 1422mm X80 板材和管材的技术条件，包括 Q/SY GJX - 146 - 2015《中俄东线天然气管道工程用外径 1422mm 的 X80 螺旋埋弧焊管用热轧板卷技术条件》、Q/SY GJX - 147 - 2015《中俄东线天然气管道工程用外径 1422mm 的 X80 螺旋埋弧焊管技术条件》、Q/SY GJX - 148 - 2015《中俄东线天然气管道工程用外径 1422mm 的 X80 直缝埋弧焊管用热轧钢板技术条件》和 Q/SY GJX - 149 - 2015《中俄东线天然气管道工程用外径 1422mm 的 X80 直缝埋弧焊管技术条件》。

3　外径 1422mm X80 管道风险水平研究

外径 1422mm X80 管线钢管作为第三代管线钢管首次在中俄天然气管道工程中应用，有必要对其风险水平做系统的分析和评估。从刺穿抗力、腐蚀和第三方破坏（设备撞击）失效概率、个体风险等方面分析了 OD 1422mm X80 管道的风险水平，并与已经大量应用的 OD 1219mm X80 管道的风险水平做了对比，分析结果为中俄管线采用 OD 1422mm X80 管线钢管的设计方案提供了重要决策依据。

3.1　管道刺穿抗力

采用 Driver 和 Playdon 提出的管道刺穿抗力的半经验估算模型[16]，计算了不同管径、不同设计系数下 X80 管道的刺穿抗力，结果如图 9 所示。从图 9 中可以看出，在相同操作压力和设计系数下，OD 1422mm 管道比 OD 1219mmX80 管道的刺穿抗力要大，主要因为管道壁厚的增加。以 0.72 的设计系数为例，OD 1422mm X80 与 OD 1219mm

X80 管道相比，刺穿抗力提高约 16.7%。在操作压力、外径相同的条件下，设计系数提高，管道刺穿抗力降低，这是因为，设计系数的提高将降低对管道壁厚的需求。

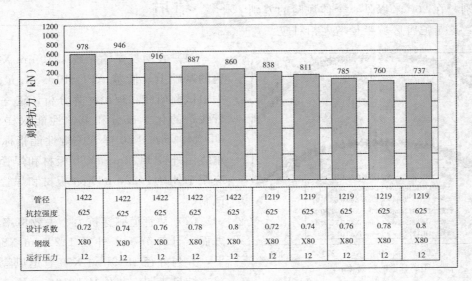

图 9   不同管径和设计系数下的钢管刺穿抗力

3.2   管道失效概率

计算了外腐蚀和设备撞击两种风险因素下的失效概率。其中，外腐蚀失效与时间相关，考虑了低腐蚀（0.02mm/a）和中等腐蚀（0.09mm/a）两种腐蚀速率，但未考虑定期检测、换管和维修对腐蚀失效概率的影响，结果如图 10 所示。从图 10 可知，两种腐蚀速率下，OD 1422mmX80 管道失效概率均低于 0.8 和 0.72 设计系数的 OD 1219mmX80 管道，这与壁厚较大相关。

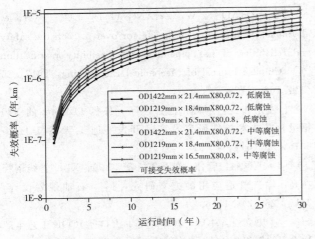

图 10   管道腐蚀失效概率计算结果

设备撞击是与时间无关的风险因素，失效概率不随时间变化，如图 11 所示。在第三方破坏预防

措施（地上和地下定位标记、寻呼系统、监视间隔和方法参照类似管线的设置）、第三方活动频率、挖掘设备参数相同的情况下，第三方设备冲击引起的管道失效概率与管道壁厚相关。0.72 设计系数 OD 1422mm X80 管道设备撞击失效概率最低。

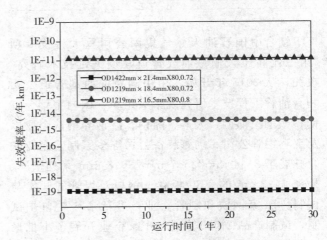

图 11   第三方设备撞击管道失效概率计算结果

3.3   管道风险

管道风险是失效概率与失效结果的乘积。OD 1422mm 管道相比 0.8 和 0.72 设计系数下的 OD 1219mm 管道，其刺穿抗力高，失效概率小，但其潜在危害半径大，综合计算和比较 OD 1422mm X80 和 OD 1219mm X80 风险，结果如图 12 所示。

从图 12 可见，在与管道中心距离 200m 以内，OD 1422 管道与两种设计系数下的 OD 1219 管道个体风险无明显差别，在 200 米以外，个体风险的差别有增大的趋势，这与危害区域半径增大相对应。

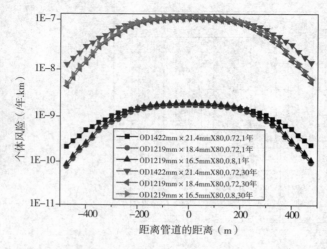

图 12　管道个体风险计算结果

4　外径 1422mm X80 管线钢管开发和试制情况

结合中国石油天然气集团公司重大科技专项"第三代高压大输量油气管道建设关键技术研究"攻关，从 2013 年开始，由中国石油西部管道公司和石油管工程技术研究院牵头组织，国内宝钢、首钢、鞍钢、邯钢、太钢、湘钢、沙钢等钢铁企业以及宝鸡钢管公司、渤海装备公司等多家制管企业联合开展了 21.4 mm/25.7 mm/30.8 mm 系列壁厚、外径 1422mm 的 X80 板卷、钢板及焊管的开发与试制。15 家钢铁和制管企业，进行了 3 轮单炉试制，试制产品 2 000 余吨。8 家企业开展了小批量试制（千吨级），试制产品 6 000 余吨。经检验评价，从试制产品的性能满足中俄东线天然气管道工程用外径 1422mm 的 X80 钢管技术条件要求。试制钢管的屈服强度为 595～668MPa，抗拉强度为 677～745MPa，母材 CVN 值为 324～486J，焊缝 CVN 值为 138～232J，热影响区 CVN 值为 172～354J。试制钢管经过环焊缝焊评试验，其环焊缝性能满足标准要求。小批量试制产品已用于中俄东线天然气管道试验段工程建设。

5　结语

（1）在西气东输二线 1219mm X80 管道建设经验的基础上，借鉴 API SPEC 5L 最新成果，经过大量试验研究和理论计算分析，进一步优化了 X80 管线钢的化学成分和力学性能取样位置，确定了 OD 1422mm X80 焊管关键性能指标，制定了中俄东线用外径 1422mm X80 板材和焊管技术条件，并应用于外径 1422mm X80 板材和焊管的产品开发与试制。

（2）从管道刺穿抗力、失效概率和个体风险等方面，计算分析了外径 1422mm X80 管道风险水平，并与外径 1219mm X80 管道风险水平进行了比较，结果表明，与外径 1219mm X80 管道相比，采用外径 1422mm X80 设计方案，风险水平并无明显提高。

（3）通过国内多家钢铁企业和制管企业的联合开发，成功试制了外径 1422mm X80 焊管产品，产品性能满足中俄东线用外径 1422mm X80 管材技术条件。小批量试制产品已应用于中俄东线天然气管道试验段工程建设。

参 考 文 献

[1] 赵新伟，罗金恒，张广利，等 . 0.8 设计系数下天然气管道用焊管关键性能指标 [J] . 油气储运，2013，32 (4)：355－359.

[2] ZHAO X W，ZHANG G L，LUO J H，et al. Impact of improving design factor over 0.72 on the safety and reliability of gas pipelines and feasibility justification [J]. Chinese Journal of Mechanical Engineering，2012，25 (1)：166－172.

[3] 张伟卫，李鹤，池强，等 . 外径 1422mm 的 X80 钢级管材技术条件研究及产品开发 [J] . 天然气工业，2016，36 (6)：84－91.

[4] 王国丽，管伟，韩景宽，等 . X90、X100 管线钢管在高压输气管道应用的方案研究 [J] . 石油规划设计，2015，26 (2)：1－6.

[5] 史立强，牛辉，杨军，等 . 大口径 JCOE 工艺生产 X90 管线钢组织与性能的研究 [J] . 热加工工艺，2015，44 (3)：226－229.

[6] 陈晓莉，霍春勇，李鹤等 . X90 直缝埋弧焊管加工硬化性能分析 [J] . 焊管，2015，38 (4)：11－20.

[7] 刘生，张志军，李玉卓，等．天然气输送管件三通用 X90 钢板的开发 [J]．宽厚板，2014，20（6）：1—5.

[8] 尚成嘉，王晓香，刘清友，等．低碳高铌 X80 管线钢焊接性及工程实践 [J]．焊管，2012，35（12）：11—18.

[9] Bai L，Tong L G，Ding H S，et al. The Influence of the Chemical Composition of Welding Material Used in Semi-Automatic Welding for Pipeline Steel on Mechanical Properties [C] //ASME 2008 International Manufacturing Science and Engineering Conference，7—10 October 2008，Evanston，Illinois，USA. DOI：10.1115/MSEC _ ICMP 2008−72110.

[10] 孙磊磊，郑磊，章传国．欧洲钢管集团管线管的发展和现状 [J]．世界钢铁，2014，（1）：45—53.

[11] 高惠临．管线钢与管线钢管 [M]．北京：中国石化出版社，2012：22—27.

[12] Wang B X，Liu X H，Wang G D. Correlation of microstructures and low temperature toughness in low carbon Mn-Mo-Nb pipeline steel [J]．Materials Science and Technology，2013，29（12）：1522 − 1528. DOI：10.1179/1743284713Y.0000000326.

[13] 缪成亮，尚成嘉，王学敏，等．高 Nb X80 管线钢焊接热影响区显微组织与韧性 [J]．金属学报，2010，46（5）：541−546.

[14] 霍春勇，李鹤林．西气东输二线延性断裂与止裂研究 [J]．金属热处理，2011，36（增刊）：4−9.

[15] 李鹤，王海涛，黄呈帅，等．高钢级管线焊管全尺寸气体爆破试验研究 [J]．压力容器，2013，30（8）：21−26.

[16] DRIVER R G，PLAYDON D K. Limit states design of pipelines for accidental outside force [R]．The National Energy Board，1997.

作者简介

赵新伟，男，博士，教授级高级工程师，石油管工程研究院副院长。

通信地址：陕西省西安市锦业二路 89 号石油管工程技术研究院；710077。

电话：029-81887566，13609265830；传真：029-88223416；E-mail：zhaoxinwei001@cnpc.com.cn

超长（300 米以上）无缝换热铝管国产化研制与应用

鹿来运[1] 陈 杰[1] 糜丽燕[2] 史俊强[2]

（1. 中海石油气电集团有限责任公司，北京 100027；2. 无锡海特铝业有限公司，无锡江苏 214121）

摘 要 超长（300 米以上）无缝换热铝管是大型 LNG 绕管换热器国产化的核心部件，长期以来，全球仅由极少数厂家垄断生产并定向供货，成为国产绕管换热器大型化的瓶颈。本项目研究首先对不同牌号铝合金进行试验筛选，优选采用 5049 合金，该合金属于 Al－Mg 系热处理型铝合金，具有良好的成型加工性能、抗腐蚀性和可焊性。基于 5049 铝合金材料，项目研发了超长无缝换热铝管的熔铸、挤压和拉拔等生产加工工艺，并首次开发了 300 米以上超长 5049 无缝换热铝合金管，成功应用于中国首套 FLNG 绕管换热器。结果表明，首次开发的国产 5049 无缝换热铝管性能优良，满足大型 LNG 绕管换热器关键材料国产化要求。

关键词 5049 铝合金；超长铝管；国产化；绕管换热器

Domestic Development and Application of Ultra-long (More Than 300 Meter) Seamless Aluminum Tube

Lu Laiyun[1] Chen Jie[1] Mi Liyan[2] Shi Junqiang[2]

（1. CNOOC Gas & Power Co., LTD, Beijing, China, 100027;

2. Wuxi Hatal Aluminum Co., LTD, Wuxi, Jiangsu Province, 214121）

Abstract As the core component of large-scale LNG coiled-wound heat exchanger, ultra-long seamless aluminum tube is monopolized by very few foreign manufacturers, which have already become the bottleneck of domestic researching and developing of coiled-wound heat exchanger. This paper first summarized and experimental research on performance of different brand aluminum alloy, 5049 hydronalium was adopted as high quality material. 5049 hydronalium belong to heat-treated aluminum alloy, which has good processing formation performance, corrosion resistance and weld ability. At the same time, the project developed new production and processing technologies of ultra-long seamless aluminium tube, such as molten casting, extrusion and hard-drawn. A kind of ultra-long (more than 300 meter) seamless 5049 hydronalium tube was developed, and successfully applied in FLNG coiled-wound heat exchanger, which is developed firstly in China. The research result shows that the general performance of new type 5049 hydronalium tube can meet the demands of critical material localization of large scale LNG coiled-wound heat exchanger.

Keywords 5049 hydronalium; ultra-long aluminum tube; domestication; coiled-wound heat exchanger

基金支持 本研究受工信部"大型 LNG 绕管式换热器研制"项目（工信部联装〔2013〕418 号）资助。

绕管换热器具有占地小、可靠性高、负荷弹性大等优点，对于单线产能 300 万吨/年 LNG 及以上的大型天然气液化工厂和 LNG - FPSO 装置，国外公司如 APCI、Linde 等大都采用绕管换热器作为主低温换热器[1,2]。不锈钢管和铝合金管是绕管换热器常用的两种管材，国内厂家采用全奥氏体不锈钢材料开展绕管换热器的设计和制造，主要应用领域为石化加氢裂化、低温甲醇洗和空分等[3]。由于大型 LNG 液化工厂负荷极大（数十乃至数百兆瓦级），特别是 FLNG - FPSO 装置对绕管换热器材料供货、设备尺寸和重量、制造成本等较为敏感。铝合金管材具有良好的低温性能，且质量轻、易加工、材料价格相对较低[4]，其在绕管换热器上的应用具有很大优势。本文主要介绍了一种适用于大型 LNG 绕管换热器的超长（300 米以上）无缝换热铝管国产化研制，包括铝管材料选型、超长无缝管加工工艺、工程化应用及经济性等。

1 大型绕管换热器用铝管选型

1.1 大型绕管换热器用铝管长度设计

大型绕管换热器管束体缠绕结构示意如图 1 所示[5]。

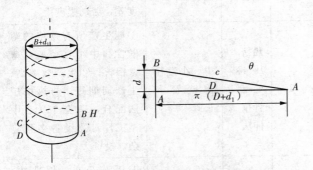

图 1 大型绕管换热器用铝管缠绕结构示意

单圈螺旋线长度：$l = \sqrt{[\pi(D+d_1)]^2 + d^2}$，$d = \pi(D+d_1) \times \tan\theta$

螺旋线总长度：$L = \dfrac{H}{d} \times l$

式中：D 为绕管束直径；H 为高度；θ 为螺旋角；d_1 为管径。

大型绕管换热器一般是由几段换热器拼焊而

成，单段换热器管束直径为 3～5m，高度为 10～15m，螺旋角为 3°～15°，单根铝管设计长度应为 250～380m。单根铝管加工长度，除了满足绕管换热器制造需求，还要综合考虑管材加工制造难度、产品成品率、生产成本等。经综合比较，确定单根铝管供货长度不低于 300m，成卷供货。

1.2 大型绕管换热器用铝管材料选择

铝是元素周期表中第三周期主族元素，密度 2.7 g/cm³，约为铜或钢的 1/3。以纯铝为基础，添加一种或多种合金元素，可生产强度更高、材料组织性能大大改善的铝合金[6-7]。铝合金材料具有良好的导热性和导电性、耐蚀性和耐候性、塑性和加工性能，特别是具有良好的耐低温性能，因而应用低温领域具有独特优势。

按照 GB/T 151—2014《热交换器》计算合金管许用应力不低于 40MPa，抗拉强度不低于 140MPa，筛选适用铝合金牌号如表 1 所示。

表 1 大型绕管换热器用铝管材料筛选

合金牌号	合金状态	最小抗拉强度	许用应力	执行标准
3003	H14	130	32.5	GB/T 6893—2010
5049	O	180	35.0	DIN EN 754 - 2 - 2008
	H34	240	60.0	DIN EN 754 - 2 - 2008
5052	O	170	42.5	DIN EN 754 - 2 - 2008
	H34	230	57.5	DIN EN 754 - 2 - 2008
6063	T83	227	56.8	ASTM B210 - 02

1.3 不同牌号铝合金管性能试验

根据绕管换热器热力设计方案，确定管材规格，生产一批 3 系、5 系、6 系直管样管进行相关性能试验，包括爆破试验、压扁试验、弯曲展平试验、拉脱试验等。性能试验研究用样管直管见图 2，部分测试结果见表 2。

图2　铝管测试用直管样管

表2　铝管样管爆破试验结果

序号	合金牌号	合金状态	抗拉强度（MPa）	屈服强度（MPa）	延伸率（%）	爆破压力（MPa）
1	3003	H14	150	145	8	46.7
2	5049	O	196	91	27.5	60.4
3	5049	H34	275	240	12.5	87.8
4	5052	O	215	109	27.5	61.5
5	5052	H34	305	270	12.5	93.1
6	6063	T83	250	215	22.5	81.4

研究结果表明：3系铝管力学性能稍差，5系和6系铝管均能满足耐压和应力要求；6系列铝管T83状态需要拉拔半成品淬火热处理，对于超长铝管拉拔半成品淬火热处理比较困难；5049及5052两种5系合金的O状态和H34状态机械性能相近，都能满足选型要求，但5052合金的可挤压性差，产品成品率低，生产加工成本较高。经综合比较，确定选用5049/O作为大型LNG绕管换热器用铝换热管的合金牌号和状态。

2　超长无缝换热铝管加工工艺

2.1　5049铝合金管化学成分

5049铝镁合金标准化学成分参照EN573－3：2007，详见表3。

表3　5049铝镁合金化学成分（wt%）

Fe	Si	Cu	Mg	Mn	Zn	Ti	Cr	其他		余量
								单个	合金	
<0.50	<0.40	<0.10	1.60~2.5	0.50~1.10	<0.20	<0.10	<0.30	<0.05	<0.15	Al

2.2　铝管加工工艺选择

现有铝合金管材加工方法包括：热挤压法、热挤压＋拉伸法、热挤压＋盘管拉伸法、连续挤压法、焊接法等[8-9]，其优缺点比较见表4。

表4　现有铝管加工方法比较

序号	工艺名称	适用范围	主要优缺点
1	热挤压法	厚壁管、复杂断面管、异型管等	①生产周期短、效率高，成品率高；②品种、规格范围广，可生产复杂断面异形管和变断面管；③管材的尺寸精度和内外表面品质都比较差
2	热挤压-拉伸法	直径较大、壁厚较厚的薄壁管	①设备和投资少，成品率高；②可生产所有规格薄壁管；③机械化程度差，劳动强度大
3	热挤压-冷轧-盘管拉伸法	中、小直径薄壁管和长管	①能生产所有规格的薄壁管和中小直径超长薄壁铝管；②生产效率高，生产周期短，与热挤压法配合，适合于大、中型工厂；③设备多且复杂、投资大
4	连续挤压法	小直径薄壁长管、软合金异形管	①工艺简单，周期短，效率高，成本低；②不需要加热设备，能耗低；③不适宜生产大规格异形管和硬合金的铝管
5	焊接法	中小直径薄壁管	①效率高、成本低；②适用于大、中规格产品；③有焊缝，内表面品质较低

目前常用的也是比较成熟的铝合金管热挤压生产方法包括：正向分流模挤压和反向穿孔挤压。正向分流模挤压采用焊合挤压法挤压，铸锭在强大的挤压压力下被模具上的分流桥分成几股金属流进入模腔，在模腔内高温高压条件下金属重新焊合起来流出模孔，形成空心管材。采用此方法得到的铝管尺寸精度高，但此方法只适用于一些挤压性好的软铝合金，如纯铝、3 系、6 系。5 系铝合金属于高镁合金，其挤压性不如 3 系、6 系合金，采用分流模挤压的铝管可能存在问题是：分流模具挤压的铝管上存在焊缝。虽然用肉眼直接观察看不到焊缝，但当挤压工艺参数条件不稳定时，焊缝处的强度会低于基体金属的强度，易导致铝管产生开裂、分层、耐压性差等缺点。对于 5049/O 超长铝管，确定采用"反向穿孔挤压＋盘管拉伸"的生产方法，即反向穿孔挤压得到 5049 无缝坯管，再通过盘拉工艺拉制出要求规格的超长铝管。

2.3　超长无缝换热铝管生产加工工艺

5049 合金属于热处理不可强化变形铝合金，该合金生产制造时主要存在裂纹、拉裂等缺陷。为了消除以上缺陷，提高产品成品率，生产厂家根据实际经验，确定如下加工工艺流程：铸棒熔铸→铸棒均匀化→切割短棒→短棒表面机加工去除氧化皮→短棒加热→挤压坯管→铝管盘拉→成品退火→检验包装入库，详见图 3 所示。

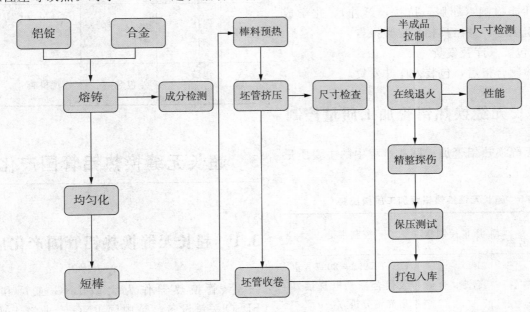

图 3　超长无缝换热铝管加工工艺流程图

（1）铸棒熔铸

采用倾翻式熔炼炉，利用天然气加热，将铝锭（Al99.70）熔化成铝水；按照 5049 成分要求添加其他合金，并用熔炉自带电磁搅拌装置将成分搅拌均匀；采用光谱仪对熔体合金成分取样分析，组分检验合格，采用陶瓷过滤箱对熔体进行过滤、净化，将熔体浇铸成铝棒。

（2）铸棒均匀化

将铸棒进行高温均质化处理，以改善铝棒的可挤压性。

（3）切割短棒

将长棒铝材按照要求切断成定尺短棒。

（4）机加工去除氧化皮

采用车床将短棒表面的氧化皮车削掉，避免挤压铝管时铸棒氧化皮挤入产生氧化皮夹杂。

（5）短棒加热

采用天然气棒料加热炉对铸棒进行预热，预热到挤压所需的温度。

（6）挤压坯管

采用反向穿孔挤压方法加工半成品坯管。

（7）铝管盘拉

按照设定工艺，在盘拉机上经过多次拉拔得到所需规格铝管。

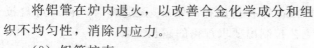

（8）退火

将铝管在炉内退火，以改善合金化学成分和组织不均匀性，消除内应力。

（9）铝管校直

利用自动校直机，对铝管热处理后发生的弯曲变形进行自动检测校直。

（10）在线涡流检测

利用自动涡流探伤仪，在线快速检测管材表面裂纹、暗缝、气孔、夹杂等缺陷。

（11）铝管收卷

利用精整设备，按要求尺寸和重量，对成品铝管收卷、宽扎包装。

（12）铝管质量检测

铝管质量检测内容包括：外观质量、气密性检测、机械性能检测（屈服，抗拉，延伸）、化学成分、显微组织等，并出具相关检验报告。

（13）包装入库及发货

铝管检测合格后，包装入库并发货。

2.4 超长无缝换热铝管加工质量控制

超长无缝换热铝管加工制造过程中的主要质量控制点如表 5 所示。

表 5　超长无缝换热铝管加工质量控制

序号	生产工序名称	质量控制点	控制举措
1	领料	铝锭、合金	GB/T 7999—2007《铝及铝合金光电直读发射光谱分析方法》
2	熔铸	成分低倍检测	GB/T 3246.2—2012《变形铝及铝合金制品组织检验方法 第2部分 低倍组织检测》
3	均匀化	温度、保温时间	测温仪表
4	短棒	尺寸、清洁度	GB/T 4436—2012《铝及铝合金管材外形尺寸及允许偏差》
5	棒料预热	温度	测温仪表
6	坯管挤压	尺寸	GB/T 4436—2012《铝及铝合金管材外形尺寸及允许偏差》

（续表）

序号	生产工序名称	质量控制点	控制举措
7	坯管收卷	表面质量	GB/T 4436—2012《铝及铝合金管材外形尺寸及允许偏差》
8	半成品拉制	尺寸	GB/T 4436—2012《铝及铝合金管材外形尺寸及允许偏差》
9	在线退火	温度	测温仪表
10	精整、探伤	探伤、精整尺寸	GB/T 4436—2012《铝及铝合金管材外形尺寸及允许偏差》
11	保压测试	压力、保压时间	ASTM - B210 - 02 标准 15.1.2，做泄露检查
12	包装发货	外包装	外观检查

3 超长无缝换热铝管国产化应用

3.1 超长无缝换热铝管国产化应用

绕管换热器作为大型 LNG 工厂和 LNG - FPSO 关键设备，是中国 LNG 产业链上亟待国产化的关键设备。LNG 绕管换热器的国产化研制与工程应用已列入国家发改委《中国制造 2025 能源装备实施方案》。近年来，中国海油依托工信部"大型 LNG 绕管式换热器研制"等多项国家级 LNG 科技项目，对 LNG 绕管换热器进行了卓有成效的持续技术攻关，攻克了级间耦合、层间传质、相变传热等一系列两相流动传热难题，形成了完整的适用于百万吨级大型 LNG 液化工厂和 LNG - FPSO 的大型 LNG 绕管换热器研究、设计、制造、检验、安装和开车调试技术体系。

其中，超长（300m 以上）无缝换热铝管是大型 LNG 绕管换热器国产化的核心部件，长期以来全球仅由极少数厂家垄断生产，并定向供货，成为国产绕管换热器大型化的瓶颈。中海油技术团队联合国内制造厂家，从铝合金牌号优选、超长无缝换热铝管加工工艺、铝合金焊接工艺评定等方面开展了一系列创新性研究；经过多年技术攻关首次实现了300m超长无缝换热铝管的国产化制造，并成功应用于国内首套FLNG绕管换热器样机，如图4所示。该样机规模为$30 \times 10^4 \ \text{Nm}^3/\text{d}$，全铝结构，设计温度为$-200 \sim 60\,℃$，设计压力为55bar；为适应我国南海天然气开发技术需要，首台LNG绕管换热器设计制造标准达到海上生产标准，不仅能适用于陆上LNG工厂，也可适应海上晃动工况。

3.2 超长无缝换热铝管工程应用经济性

同等规模绕管换热器，采用超长无缝换热铝管和不锈钢管（以304L为例），经济性对比如表6所示。可以看出，采用超长无缝换热铝管产品供货卷数大大减少，而设备重量（绕管束部分）约为采用不锈钢管的40%，同时采购成本降低约30%，工程应用经济性较突出。

图4　国内首套FLNG绕管换热器样机

表6　超长无缝换热铝管工程应用经济性比较

管材材质	许用应力（MPa）	设计压力（MPa）	换热管规格（mm）	供货长度（m）	材料重量（kg/m）	采购价格（万元/吨）
5049铝合金管	67	8.0	φ12×1.0	300~400	0.092	2.0~2.5
304L不锈钢管	137	8.0	φ12×0.8	60~100	0.22	3.0~3.5

4　结语

超长（300m以上）无缝换热铝管的研制成功，打破了国外厂商对LNG绕管换热器装备领域技术的长期垄断，填补了国内市场空白；同时，国内首套FLNG绕管换热器样机的国产化制造成功，填补了我国LNG绕管换热器设计及建造技术空白，标志着中国海油彻底打破国外技术垄断，全面掌握了大型天然气液化工艺及配套专用换热器设备核心技术，为提升我国能源装备水平、迈向制造强国之路打下了坚实基础。

参考文献

[1]浦晖，陈杰.绕管式换热器在大型天然气液化装置中的应用及国产化技术分析[J].制冷技术，2011（3）：24-27.

[2]尹丽艳.LNG绕管式换热器的研发[J].河南科技，2015，568（7）：31-32.

[3]魏继承，迟福全，赵忠义.5049铝合金熔铸工艺的改进[J].轻合金加工技术，2002，30（8）：16-17.

[4]张胜军.铝镁合金管道焊接工艺[J].焊接技术，2004，33（2）：48-49.

[5]郭士安.铝合金管材反向挤压技术[J].轻合金加工技术，1995，23（9）：20-27.

[6]徐贺年，雷正平.5083-O铝合金管材生产工艺研究[J].轻合金加工技术，2008，36（3）：37-38.

[7]曾阳阳，叶富兴.6082铝合金挤压管材与生产工艺的研究[J].南方金属，2016，213：38-40.

[8]吴俊.5052铝镁合金的焊接工艺分析[J].石油化工建设，2006，28（1）：50-52.

[9]王祝堂，田荣璋.铝合金及其加工手册[M].长沙：中南大学出版社，2005：575-577.

作 者 简 介

鹿来运（1985.02—），男，工程师，博士，从事天然气液化工艺及设备国产化研究

通信地址：北京市朝阳区太阳宫南街中海油大厦 C903 室，100028

电话：010-84524181；传真：010-84522226；手机：18911519097

电子邮件：luck07120@126.com

材料、断裂力学、腐蚀

A

高腐蚀性油气集输环境用双金属复合管

李发根

（中国石油集团石油管工程技术研究院，石油管材及装备材料
服役行为与结构安全国家重点实验室，西安 710077）

摘 要 本文主要从双金属复合管经济技术优势分析着手，阐述了使用双金属复合管是解决高含 H_2S/CO_2 油气集输管道腐蚀问题的一种相对安全和经济的途径，系统介绍了双金属复合管制备工艺、产品性能和应用现状，指出了双金属复合管进一步发展方向。

关键词 双金属复合管；高腐蚀环境；技术优势；经济优势

Bimetal Lined/Clad Pipe Used in Highly Corrosive Oil and GasGathering and Transferring Environments

Li Fagen

(CNPC Tubular Goods Research Institute, State Key Laboratory of
Performance and Structure Safety of Petroleum Tubular Goods
and Equipment Materials, Xi'an, 710077, China)

Abstract Technique advantages and economic advantages about bimetal lined/clad pipe was analyzed in this paper, the results showed that bimetallic lined/clad pipe, which was used as oil and gas gathering and transferring pipe in highly corrosive environments, might be a potential anticorrosion solution in terms of capital and operational expenditures and reliability. Bimetal lined/clad pipe's production process, performance requirement and application status was also introduced in this paper, and the further development direction was clearly indicated.

Keywords bimetal lined/clad pipe; highly corrosive environments; technolorical superiority; economic superiority

1 引 言

近年来，超深、高温、高压、高含 H_2S/CO_2 以及元素硫等油气田的相继出现，传统单一的防腐技术及材料已不能满足油气田发展的需要，尽管多年实践证实耐蚀合金管是能源行业理想的防腐蚀管道材料降，但是昂贵的价格制约了它在油气田的推广应用。

双金属复合管衬层采用薄壁耐蚀合金管材，可根据腐蚀环境不同，选用相应材料（不锈钢、镍基合金或其他耐蚀合金），保证良好的耐腐蚀性能；基管采用碳钢管或其他耐蚀合金钢管，保证优异的机械性能；价格仅为耐蚀合金纯材的 $1/5 \sim 1/2$ [1-3]。

本文主要从双金属复合管经济技术优势分析着手，阐述使用双金属复合管是解决高含 H_2S/CO_2 油气集输管道腐蚀问题的一种相对安全和经济的途径，系统介绍双金属复合管制备工艺、产品性能和

应用现状，指出双金属复合管进一步发展方向。

2　经济技术特性

双金属复合管的使用主要针对高腐蚀油气田，并依据材料的腐蚀速率选择使用，研究认为[4]：

①当腐蚀速率小于 5mm/a 时，并采取腐蚀监测措施时，支持使用碳钢加缓蚀剂，但要求缓蚀率和利用率均大于 95%（特殊情况下，需高于 97%）。在有些地段，当缓蚀率和利用率下降特别严重时，腐蚀裕量和使用寿命需重新核定。

②当腐蚀速率介于 5～10mm/a 时，使用碳钢加内涂层，同时添加缓蚀剂，没有涂层处和涂层破裂处，需要加强腐蚀监测。

③当腐蚀速率大于 10mm/a 时，出油管道的全部或关键部分可考虑使用耐蚀合金复合管。

④当腐蚀速率大于 12mm/a 时，基于使用周期内经济可行性，推荐使用耐蚀合金复合管。

高腐蚀性油气田环境恶劣，腐蚀速率高，采用双金属复合管，一方面为环境所迫，另一方面也有其自身独特的经济技术优势。

双金属复合管结合了基管的强度及内衬管的耐蚀性两大优点，较之其他防腐措施及管道材质具有一定的优越性。常规防腐措施中，缓蚀剂不够稳定，效果很难控制；内涂层防腐效果与涂层或镀层材料及工艺技术水平有关，一旦出现漏点还会加快腐蚀；耐蚀合金价格昂贵，成本太高。常用管道材质中，普通碳钢耐蚀性能不够；不锈钢管、特种耐蚀合金管价格昂贵；热塑性复合管，使用压力和温度低，而且还有老化现象；玻璃钢管，力学性能不足，使用温度也受限。

另外耐蚀合金品种众多，合金元素含量不同，价格差异较大，相应双金属复合管价格已差额较大（详见表1），需要针对具体腐蚀环境，在保证可靠性的前提下，筛选出经济适用的合金种类，经济性评价就显得至关重要。

表 1　部分双金属复合管价格[5]

耐蚀合金复合管	价格（美元/吨）	相对碳钢管价格比值
Bimetal lined 316L	6500	4.063
Clad 316L	10000	6.250

（续表）

耐蚀合金复合管	价格（美元/吨）	相对碳钢管价格比值
22%Cr Duplex	11000	6.875
25%Cr Duplex	21000	13.125
Bimetal Lined 904L	9000	5.625
Bimetal Lined 825	11000	6.875
Clad 825	17000	10.625
Bimetal lined 625	15000	9.375
Clad 625	25000	15.625

以徐深 1 集气站环境为基础，气井 CO_2 分压为 0.648MPa，对碳钢加腐蚀裕量、碳钢加缓蚀剂、耐蚀合金、双金属复合管四种防腐措施经济对比分析，结果表明，在气井开发年限中，腐蚀速率超过 0.45mm/a 时，316L 双金属复合管为最节约的防腐措施[5]（详见表2）。

表 2　四种防腐措施投入对比

序号	腐蚀速率/ mm·a⁻¹	四种防腐措施投入经济对比/万元				投入顺序
		A[1)	B[2)	C[3)	D[4)	
1	0.15	989.63	—	—	—	A
2	0.3	1068.75	1616.95	2321.43	1286.23	C>B>D>A
3	0.45	1375.48	1616.95	2321.43	1286.23	C>B>A>D
4	0.6	1691.41	1696.07	2321.43	1286.23	C>B>A>D
5	0.75	2041.38	1696.07	2321.43	1286.23	C>A>B>D
6	0.9	2186.49	1696.07	2321.43	1286.23	C>A>B>D
7	1.0	2334.02	1696.07	2321.43	1286.23	A>C>B>D
8	1.2	2423.02	1908.10	2321.43	1286.23	A>C>B>D
9	1.5	2925.40	2187.48	2321.43	1286.23	A>C>B>D
10	1.8	3446.50	2503.64	2321.43	1286.23	A>B>C>D
11	2.0	4049.10	3007.41	2321.43	1286.23	A>B>C>D

注：1）碳钢加腐蚀裕量；2）碳钢加缓蚀剂；3）含 Cr 不锈钢；4）双金属复合管

3 制备工艺

目前双金属复合管的制备已发展形成了多种工艺，包括冷成型法、复合板焊接法和热挤压法等，产品结合方式分为机械与冶金两种，见表3。每一种工艺方法都有自身技术特点及工艺限制。机械结合的方式，生产工艺简单，工序较少，生产成本低，但结合层存在很大的应力集中甚至宏观间隙，结合强度不高；冶金结合的方式，有较好的强度，但生产成本高，工艺复杂，制作难度大。因此，双金属复合管生产工艺的选择要视工程要求、经济效益、产品质量等多种因素。

表 3 典型复合管制备工艺

结合方式	工艺名称	工艺特点
衬里复合管（机械结合）	水压法	采用水压机对复合管坯扩径，形成机械复合，几何精度高，基管与衬管结合强度较低
	水下爆燃法	采用液压动力管爆炸技术、测控技术，定性定量对复合管坯精准扩径，不受管径限制，生产效率高，基管与衬管结合强度较低
	机械拉拔法	采用拉挤模对复合管坯拉拔成型，生产效率较高，基管与衬里结合强度低，易对衬里材料造成机械损伤或局部减薄
	机械旋压法	采用旋压模对复合管坯旋压成型，基管与衬里结合强度低，易对衬里或基管材料造成机械损伤
内覆复合管（冶金结合）	复合板（卷）成型焊接法	直缝或螺旋焊管，适合管径大于$\phi300\text{mm}$产品，界面及管体残余应力较大，异种钢焊接焊缝较长，质量控制难度较大
	热挤压法	双金属结合面产生"锻压焊接效应"，当内覆层为镍基合金时，易出现壁厚波动及内覆层中产生节状裂纹，适于8寸以下小口径复合管
	堆焊法	材料组合仅限于熔化焊下具有相容性的材料之间，结合强度高，但效率低，成本高，适宜管端或管件
	钎焊法	覆层和基管间放置钎焊料经连续感应加热复合而成，生产成本较低

4 性能要求

对于管线用双金属复合钢管，美国石油协会（API）制订了 API Spec 5LD：*Specification for CRA Clad or Lined Steel Pipe* 标准，该标准已于2015年发布了第4版，国内也于2012年修改采用 API Spec 5LD-2009 并发布了行业标准 SY/T 6623—2012《内覆或衬里耐腐蚀合金复合钢管规范》，这是目前石油天然气行业用双金属复合管两个纲领性标准。在满足标准要求同时，用户还对复合管性能提出了更高要求，主要体现在以下三个方面：

① 材质性能

对于基层材质选择，是以满足管道强韧性指标为原则，选材主要基于碳钢管材。对于耐蚀合金层材料选择，是以满足管道内腐蚀环境为目标。目前相关标准中对耐蚀合金层常规理化性能都有明确规定，对于晶间腐蚀性能也特别关注，但是对于耐蚀腐蚀材料适应性评估却提及不多，实践用户往往关注材料在腐蚀环境中的腐蚀性能，包括耐腐蚀环境局部腐蚀能力和耐腐蚀环境应力腐蚀开裂能力 SSC/SCC 等。

② 界面结合性能

界面结合性能是考量复合工艺重要指标，其中冶金复合管测试结合强度而机械复合管要求紧密度。对于冶金复合管标准规定了严格结合强度指标，评价方法也相对明确，但对于机械复合工艺，标准对于紧密度的要求没有明确指标，实践中由于工艺的控制不当，基管与衬管之间易残留水气等杂质，当复合管做外防腐或使用过程中，衬层极易形成塌陷现象（见图1），影响了后期焊接和清管作业等工作。为了降低塌陷问题，目前，用户一般不仅会提出结合性能评价指标，还会关注基管和衬管夹层间湿度性能，通过提高塌陷试验比例来达到控制管材界面结合性能的目的。

③ 焊接性能

为了便于运输和焊接，机械复合管出厂前都会对管端进行封焊或堆焊处理。但是封焊管端不适合在现场切割和打磨坡口，封焊后焊接难度仍然较大，另外封焊后还存在应力集中，易导致失效。若管端采用堆焊方式，可将管端原有机械结合变为冶金结合方式，可以在现场切割和打磨坡口，有助于现场焊接需要。由于较多耐蚀合金材料使用，不过堆焊管端复合管价格要高于封焊管端复合管，而且对于复合管尺寸精度也必要相应提高。表4是某国外公司对复合管尺寸精度要求，相比 API 5LD 标准都有一定程度提高。

表4 某国外技术规格书对复合管尺寸要求

外径（mm）	直径偏差（mm）		椭圆度（mm）		内表面局部椭圆度
	管体	管端	管体	管端	
≤323.9	外径公差范围：±0.5%，且最大不能超过±1.25mm	内径公差范围：±0.7mm	最大和最小外径偏差：≤1.5%规定外径，且最大不能超过10mm	≤1.5%规定内径，且最大不能超过1.5mm	≤0.5%规定外径，且最大不超过1.5 mm
>323.9 ≤610	外径公差范围：±0.75%，且最大不能超过±1.5mm	内径公差范围：±1.0mm		≤0.75%规定内径，且最大不能超过3.0mm	
>610		内径公差范围：±1.6mm		≤1%规定内径，且最大不能超过4mm	

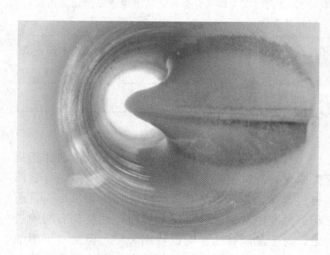

图1 复合管衬层鼓包形貌

5 应用现状及发展趋势

经过多年发展，双金属复合管产品已经逐渐得到我国油气田领域认可，累计应用近两千公里。用户涵盖了中石油、中石化及中海油多家油田单位；

应用领域已经从陆地石油、天然气管线发展到海底管线，从注水管线扩展到 H_2S/CO_2 集输管网；而产品规格也从中小直径逐步向大直径方向发展（见表5）。

表5 国内双金属复合管应用

使用单位	注水管线	污水管线	集输管线
中海油			○
中石化	○		○
长庆油田	○	○	○
青海油田	○		○
吐哈油田	○		
辽河油田			○
吉林油田			○
大庆油田	○		○
塔里木油田			○

虽然双金属复合管国内已逐渐开始规模应用，但仍有很多技术工作有待完善解决，主要体现在：

①产品制造：机械复合管产品有其自身的固有

问题，但也存在改善空间，比如文献[6]就提出了一种降低衬层塌陷比例复合管制造方法。同样生产厂家还应加大研发力度，开发廉价冶金复合管，彻底解决机械复合管衬层塌陷不易焊接等问题。

②性能检测：制造厂家普遍缺乏产品在线检测设备，对于产品结合性能控制不足，还不能满足针对不同使用环境下特定结合力要求，尽管一些厂家已开始尝试做些工作，比如建立模态检测技术数据库，但显然技术还不够成熟。

③配套产品：双金属复合管的应用还需要配套产品及技术支持，如复合弯头、三通、弯管及部分组件。近年来，虽然复合管产品制备技术上有了长足进步，但对于复合管件产品还跟不上步伐，相关制造技术有待加强。

④施工应用：复合管的焊接比普通钢管施工难度更大，技术性更强，目前技术虽然能够满足应用要求，但在技术成熟度和工作效率上还需进一步完善和提高[7-8]。

6 结语

双金属复合管耐蚀合金层防腐，基管保证强度，将耐蚀合金良好的抗腐蚀性能与碳钢优良的机械性能有机地结合起来，可达到与内衬层耐蚀合金管材相当的耐蚀性能，提高了管道安全级别，延长了管道寿命，而由于降低了耐蚀合金管材用量，油气开采成本显著降低。

双金属复合管生产工艺基本成熟，经济技术性优势明显，具备了在高腐蚀性油气田大规模应用的前提。虽然目前双金属复合管已在国内部分油气田使用，但是应用技术还不成熟，范围也较窄，要想更好应用于高腐蚀性油气田，还需要在产品制造、性能检测、配套产品及施工应用等方面不断突破深入，进而发挥双金属复合管更大的防腐作用。

参 考 文 献

[1] Spence M A，Roscoe C V. Bi-metal CRA-lined Pipe Employed for North Sea Field Development [J]. Oil & Gas Journal，1999，97（18）：80－88.

[2] Chen W C，Petersen C W. Corrosion Performance of Welded CRA-lined Pipes for Flowlines [J]. SPE Production Engineering，1992，7（4）：375－378.

[3] Russell D K，Wilhelm S M. Analysis of Bimetallic Pipe for Sour Service [J]. SPE Production Engineering，1991，6（3）：291－296.

[4] BinderSingh，Tom Folk，at. al. Engineering Pragmatic Solutions for CO2 Corrosion Problems [C]. Corrosion NACE，Houston，TX，2007：07310.

[5] 傅广海. 徐深气田 CO_2 防腐技术分析 [J]. 油气田地面工程，2008，27（4）：66－67.

[6] 周声结，等. 双金属复合管在海洋石油天然气工程中的应用 [J]. 中国石油和化工标准与质量，2011，（11）：115－116.

[7] 罗世勇，等. 机械复合管在海底管道中的应用 [J]. 管道技术与设备，2012，1：32－34.

[8] 李为卫，等. 新型双金属复合管及制造方法：中国，ZL200710118131 [P]. 2009－10－14.

作 者 简 介

李发根，男，1985 年出生，高级工程师。

通信地址：中国石油集团石油管工程技术研究院，陕西省西安市锦业二路 89 号，710077

电话：13572549226；E-mail：lifg@cnpc.com.cn

锅炉汽包用钢板冷卷开裂原因分析

侯　洪[1,2]　张汉谦[2]

（1. 东北大学　材料与冶金学院，辽宁沈阳 110004；2. 宝山钢铁股份有限公司　研究院，上海 201900）

摘　要　某锅炉厂对 92mm 厚锅炉汽包用钢板进行冷卷成形时发生开裂，并断成两块。在断裂钢板上取样，测试了钢板的室温、0℃、−10℃下的夏比冲击吸收能量，对钢板起裂处进行了宏观和微观检验。失效分析结果表明，由于钢板近表面存在微裂纹，加上钢板韧性富裕量不大，不能阻止裂纹扩展，最终导致钢板在冷卷时发生脆断。

关键词　锅炉汽包用钢板；微裂纹；韧性；脆断

Cause Analysis of Coldforming Cracking of Steel Plate for Boiler Steam Drum

Hou Hong[1,2]　Zhang Hanqian[2]

（1. School of Materials & Metallurgy, Northeastern University, Shenyang 110004, liaoning, China
2. Research Institute, Baoshan Iron & Steel Co., Ltd., Shanghai 201900, China）

Abstract　In a boiler plant, the cold forming of 92mm thick steel plate for boiler steam drum was carried out, crack occurred and the steel plate was broken into two pieces. The low temperature toughness of the steel plate was measured by the sampling of the fractured steel plate, and the crack initiation of the steel plate was examined macroscopically and microscopically. The results show that because of the micro crack near the surface of steel plate and the lack of toughness, the ability to prevent crack propagation is not enough, which eventually results in brittle fracture of the steel plate during cold forming.

Keywords　steel plate for boiler steam drum; small crack; toughness; brittle fracture

1　前言

目前国内常用的锅炉汽包用钢为德国 20 世纪 60 年代研制成功的、添加 Ni、Cr、Mo 和 Nb 等合金元素的低合金细晶粒易焊接贝氏体型耐热结构钢，其牌号有 DIWA353、BHW35 或 13MnNiMo54。该钢种具有较好的综合力学性能，较高的中温屈服强度、低裂纹敏感性、优异的抗断裂韧性、长期时效稳定性、抗低周疲劳，同时其焊接性和成型性良好，是一个比较成熟的钢种。我国电站锅炉行业长期进口使用，主要用于温度不超过 400℃ 的锅炉筒体和封头，使用钢板厚度为 16～150mm。我国在 GB 713—2014 中对应的牌号为 13MnNiMoR。[1-3]

某锅炉厂 92mm 厚的锅炉汽包用钢板，其供货状态为正火加回火，钢板标准要求及质保书的化学成分及力学性能见表 1 和表 2。在冷卷锅炉筒体的成型过程中发生断裂，一断为二，断裂后的钢板如图 1 所示。为了解钢板断裂原因，对钢板断口取样进行了化学成分、力学性能测试、宏观和微观断口分析。

表1 锅炉汽包用钢板成分要求及质保书提供的实际化学成分（%）

项目		C	Si	Mn	P	S	Cr	Ni	Mo	Nb	Al
锅炉汽包用钢板	要求值	≤0.15	0.10～0.50	1.00～1.60	≤0.020	≤0.003	0.20～0.40	0.60～1.00	0.20～0.40	≤0.020	≥0.015
	质保书	0.13	0.39	1.51	0.015	0.0007	0.36	0.62	0.36	0.010	0.041

表2 锅炉汽包用钢板性能要求及质保书中提供的实际力学性能

项 目		板厚/mm	R_{eH}/MPa	R_m/MPa	A_5/%	0℃ KV_2/J
锅炉汽包用钢板	要求值	50～100	≥390	570～740	≥18	≥31
	质保书	92	484	621	27	180、178、166

图1 断裂后的92mm厚锅炉汽包用钢板

2 断裂钢板的失效分析

对断裂的钢板取样进行研究，采用光电直读光谱仪 ARL－4460 对钢板厚度截面不同位置进行化学成分检测；在钢板表面和板厚 1/2 处取样，采用仪器化冲击试验机 SCL112，打击能量为 450J，进行系列温度夏比冲击试验；采用维氏硬度计 FV－700A 对钢板厚度截面不同位置进行硬度检测；在钢板的起裂端截取试样，进行宏观检查并用金相显微镜 DMRX 和电子显微镜 JSM－6460LV 进行微观检验。

3 检验结果及分析讨论

3.1 钢板化学成分分析

为了解92mm厚钢板厚度截面主要元素的成分

偏析情况，对钢板厚度截面不同位置取样进行光谱分析，检验结果如图2所示。钢板的下表面因脱碳层较厚，其碳含量低于 0.1%，下表面的其余元素以及钢板厚度截面其余位置的化学成分较为均匀，没有出现严重的成分偏析。

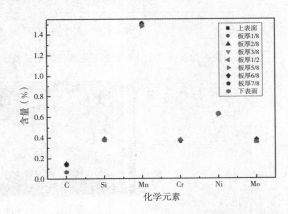

图2 钢板厚度截面不同位置化学元素分布情况

3.2 钢板系列温度夏比冲击试验

由于钢板厚度方向上不同位置的韧性水平高低，与钢板抗脆断能力直接相关，因此对钢板表面和板厚 1/2 处取样，进行系列温度夏比冲击试验，检测结果如图3所示。随着冲击试验温度的降低，钢板表面及板厚 1/2 处的冲击韧性也随之下降，尤其是钢板表面的韧性在 0℃～－10℃下降明显，钢板表面的韧脆转变温度在 0℃～－10℃。

3.3 钢板厚度截面硬度检验

对钢板厚度截面的不同位置进行维氏硬度检验，检测结果如图4所示。除了板厚 1/2 附近硬度略低外，其余部位硬度较为均匀，说明钢板厚度截面不同位置的组织均匀性良好。

3.4 断裂面的断口分析

3.4.1 宏观分析

沿着钢板断口扩展的反方向，找到钢板的起始断裂位置，取样进行宏观观察。实验室截取图5所示虚线处断口的另一半进行分析，断口及断口附近钢板侧部的宏观形貌如图6所示。在图5和图6的钢板起裂处可以观察到，钢板表面有剪切唇，断口附近钢板的侧部经显微镜放大后观察可见存在明显的细裂纹。

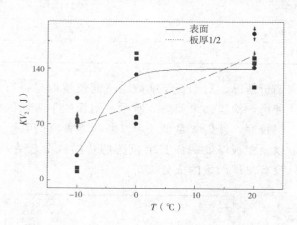

图3 钢板表面及板厚1/2处系列温度夏比冲击试验结果

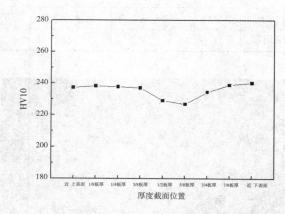

图4 钢板厚度截面不同位置硬度分布

图5 钢板启裂位置取样位置图

（a）　　　　　　　　　　（b）　　　　　　　　　　（c）

图6 断口及其附近钢板侧部的宏观裂纹形貌

3.4.2 微观分析

（1）金相检验及分析

对断口附近的金相组织进行观察，如图6、图7所示。断口附近的钢板表面由于受轻微脱碳的影响，组织中含有一些铁素体，距离表面2mm处的金相组织正常，为回火贝氏体。

（2）电镜分析

采用SEM扫描电镜，对断口形貌进行观察，如图9所示。在断口附近钢板表面剪切唇的位置，电镜下观察到有许多韧窝，说明钢板断裂前表面有过一定的塑性变形。次表面及之后的断口形貌为脆性的解理断裂。

对断口附近钢板侧部的微裂纹进行观察，如图9、图11所示，发现有一条细裂纹和两条粗裂纹，细裂纹被氧化物填充，粗裂纹前端有氧化物，能谱如图10、图12所示，粗裂纹的终止端并未有氧化物，其形状为圆钝状，如果粗裂纹是冷成形时产生的，其终止端形状应该是尖锐状，据此判断，粗裂纹在钢板冷成形前可能就已经存在。

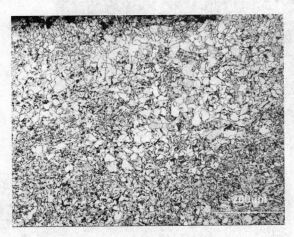

图 7　断口附近表面金相组织

图 8　断口附近距表面 2mm 处金相组织

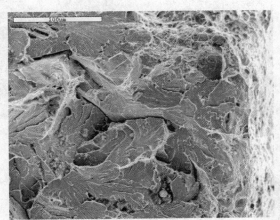

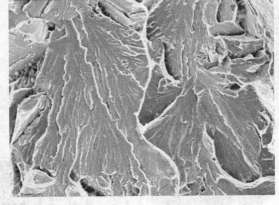

图 9　断口形貌

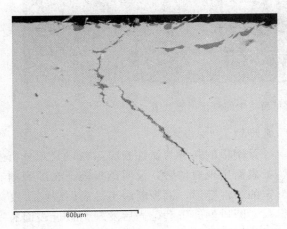

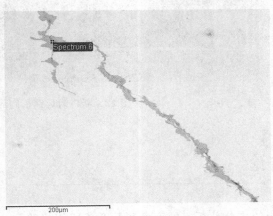

图 9　断口附近钢板侧部的裂纹

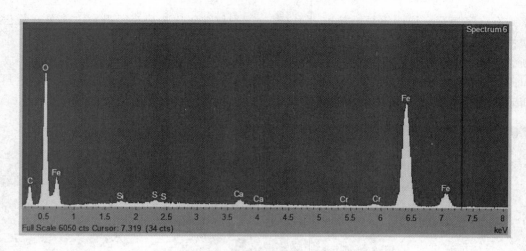

图10　断口附近钢板侧部细裂纹中的氧化物能谱图

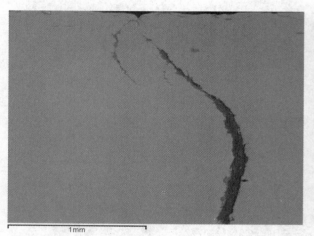

图11　断口附近钢板侧部的粗裂纹

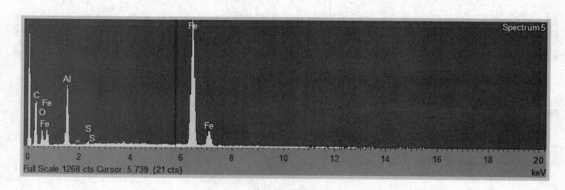

图12　断口附近钢板侧部粗裂纹中的氧化物能谱图

4　结论

　　钢板的成分分析、硬度检测及金相组织检验均未发现明显异常，钢板断裂不是成分偏析或组织异常导致。

　　钢板的断裂为脆性断裂，断口宏观分析发现钢板表面出现剪切唇，说明钢板表面在断裂前有过一定的塑性变形，钢板断裂不是表面裂纹所致。

　　断口侧部研磨抛光后发现钢板近表面有一条细裂纹和两条粗裂纹，经电镜观察，一条细裂纹完全被氧化物充满，两条粗裂纹的裂纹前端有氧化物，但裂纹终止端没有氧化物且为圆钝状。因此判断钢板冷卷前这些裂纹就存在，即钢板近表面存在裂纹源，再加上钢板表层金属的冲击韧性富裕量不足，韧脆转变温度较高，对裂纹的止裂能力差，最终导致钢板冷卷时发生脆性断裂。

参 考 文 献

[1] 温好仅 . BHW35 钢的标准变化情况 [J] . 锅炉制造，1994，152（2）：19—20.

[2] 周群英 . 13MnNiMoNbR 钢板在锅炉压力容器制造中的应用 [J] . 发电设备，2001，（2）：41.

[3] 杨华春，毛世勇，赖仙红，等 . 大型电站锅炉汽包钢板的应用及演变 [C] . 中国电机工程学会 . 中国电机工程学会金属材料专委会第一届学术年会论文集 . 2015：119—120.

作 者 简 介

侯洪，男，高级工程师。

通信地址：上海市宝山区富锦路 889 号，201900

联系电话：13331911862；传真 021-26647069；邮箱：houhong@baosteel.com

304 不锈钢不同应变路径下的循环行为研究

李亚晶　于敦吉　陈　旭

（天津大学化工学院　天津　300350）

摘　要　对 304 不锈钢进行了不同应变路径下的低周疲劳试验，对其循环行为进行研究。试验表明，304 不锈钢在不同应变路径下表现出了不同的循环特性，在非比例路径下材料表现出附加强化现象，同时路径的非比例度越高，循环硬化现象越明显。

关键词　304 不锈钢；应变控制；多轴疲劳；循环行为

Cyclic Behavior of 304 Stainless Steel under Various Strain Paths

Li Yajing　Yu Dunji　Chen Xu

(School of Chemical Engineering and Technology，Tianjin University，Tianjin 300350)

Abstract　A series of strain-controlled cyclic tests were conducted on 304 stainless steel under various strain paths to study the cyclic behavior. Present experiments have shown that different cyclic behaviors occurred on different loading paths. There is additional hardening under non-proportional cyclic loading and the degree of hardening is more obvious when the non-proportionality of strain path is larger.

Keywords　304 stainless steel；strain controlled；multiaxial fatigue；cyclic behavior

0　引言

304 不锈钢作为一种强度和塑性良好的不锈钢材料，广泛应用于化工、核电及航空航天领域。其在服役阶段，往往受到复杂得多轴载荷的作用，疲劳破坏成为其主要的失效形式。

许多学者[1-3]研究了不锈钢材料在不同应变路径下疲劳试验的循环行为。试验发现不锈钢在非比例路径下的循环硬化现象均高于单轴和比例路径下的循环硬化现象。Kanazawa 和 Miller[4]认为在非比例循环加载下由于应变主轴的连续旋转，导致多滑移系开动，阻碍了材料内部形成稳定的位错结构，从而产生非比例循环附加强化效应，极大地缩短了材料的疲劳寿命。因此 304 不锈钢在不同载荷路径下的疲劳试验的循环行为研究是非常重要的。

基金项目　国家自然科学基金项目（No.51435012）资助。

1 试验材料与试样制备

试验材料为经过冷拔和光亮退火处理的 304 不锈钢无缝管，其化学成分如表 1 所示。试验材料在不同方向上的金相结构见图 1，从图 1 中可以看出材料的晶粒尺寸为 $50\mu m$ 左右。经过切削、打磨、抛光等步骤，将不锈钢无缝管加工成外径为 12.5mm，壁厚为 1.25mm 的管状试样，如图 2。

2 单轴拉伸试验

对 304 不锈钢管状试样在室温下进行位移控制的单轴拉伸试验。试验设备为量程为 100kN 的力创拉压疲劳试验机，位移速率是 0.06mm/s。试验中进行了 2 组试验，对两次试验结果求平均值可得 304 不锈钢力学性能参数。试样在室温下的单轴拉伸曲线如图 3 所示，材料的力学性能见表 2。

从试验结果可以看出，304 不锈钢具有较高的强度和塑性，所以适用于制作要求良好力学性能的设备。

表 1　304 不锈钢试样化学成分（wt%）

C	Mn	P	S	Si	Cr	Ni
0.025	1.2	0.033	0.001	0.32	18.21	8.05

表 2　304 不锈钢单轴拉伸力学性能

序号	E（GPa）	σ_b（MPa）	σ_s（MPa）	δ（%）	φ（%）
1	194	654	270	81	56
2	192	630	248	75	55.5
平均值	193	642	259	78	55.75

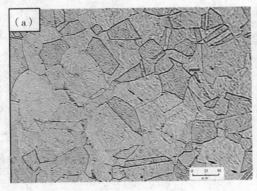
（a）垂直于试样轴线方向

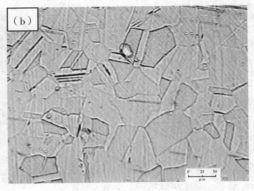
（b）平行于试样轴线方向

图 1　试样晶相结构

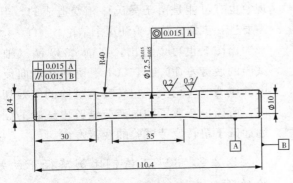

图 2　试样尺寸图

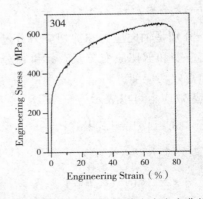

图 3　304 不锈钢单轴拉伸应力应变曲线

3　不同应变路径下的多轴疲劳试验

3.1　试验方案

在 MTS793 拉扭疲劳试验机上进行平均应变为 0, 等效应变幅值为 0.5% 的多种应变路径下的疲劳试验, 等效应变率为 0.5%/s。路径包括单轴路径、扭转路径、比例路径、方形路径、菱形路径、圆形路径, 参见图 4。将试样的轴向或者剪切应力值下降为相应最大应力值的 75% 作为失效判据。

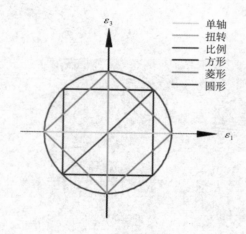

图 4　疲劳试验应变路径图

拉扭子空间按照 Ilyushin 五维偏矢量空间来定义:

$$\sigma_1 = \sigma, \quad \sigma_3 = \sqrt{3}\tau, \quad \varepsilon_1 = \varepsilon, \quad \varepsilon_3 = \gamma/\sqrt{3}$$

式中, σ 和 τ 分别是轴向应力和剪切应力分量, ε 和 γ 分别是轴向应变和剪切应变分量, σ_3 和 ε_3 分别是等效切应力和等效切应变。

Mises 等效应力可以表示为

$$\sigma_e = |\sigma| = [\sigma_1^2 + \sigma_3^2]^{1/2}$$

Mises 等效应力可以表示为

$$\varepsilon_e = |\varepsilon| = [\varepsilon_1^2 + \varepsilon_3^2]^{1/2}$$

不同应变路径下的多轴疲劳试验的方案及疲劳寿命如表 3 所示。

表 3　304 不锈钢不同路径下的疲劳试验方案与结果

编　号	路　径	疲劳寿命
1	单轴	4388
2	扭转	17320
3	比例	5064
4	方形	1964
5	菱形	1042
6	圆形	876

3.2　循环应力响应

3.2.1　304 不锈钢单轴和扭转疲劳试验的循环应力响应

第 1 组试验和第 2 组试验分别是单轴和扭转疲劳试验, 且轴向应变幅值和等效切应变幅值均为 0.5%。图 5 为这两组试验的轴向应力幅值和等效切应力幅值随循环圈数的变化曲线。由图 5 可以看出, 单轴和扭转循环试验具有一致的循环应力响应: 试样在前 10 圈之内发生循环硬化, 之后发生循环软化, 700 圈之后发生了一个明显的二次硬化。这是由于初始阶段, 试样中位错形成的速度大于位错消失的速度, 所以位错密度增加, 发生快速的循环硬化; 之后由于变形范围有限, 当位错密度足够大的时候, 位错的移动使得位错消失的速度大于位错形成的速度, 所以位错密度减少, 材料发生循环软化; 之后, 由于 304 不锈钢中的部分奥氏体转化成了马氏体, 材料内部结果发生了显著的变化, 于是发生了明显的二次硬化。对于 304 不锈钢在轴向疲劳试验中二次硬化现象的解释, 许多文献[5-9]已经进行了详细的研究。而对于扭转疲劳试验中的二次现象的解释, 目前还未见报道。但是分析试样在这两种条件下的变形机制, 可以初步认为扭转疲劳试验的二次硬化现象也有可能是由于马氏体相变造成的。当然, 还需要进一步的试验来验证这个结论。

由图 5 也可以看出, 在前 4388 圈 (轴向疲劳试验的疲劳寿命) 内, 304 不锈钢在轴向疲劳试验中的应力响应均大于扭转疲劳试验的等效切应力响应, 所以也造成了轴向疲劳试验中试验的疲劳寿命远远低于扭转疲劳试验的疲劳寿命。

3.2.2　304 不锈钢比例路径下的疲劳试验的循环应力响应

图 6 是 304 不锈钢比例路径下疲劳试验的轴向

应力幅值和等效切应力幅值响应图。由图6可以得出，比例路径疲劳试验在全寿命周期内，轴向应力幅值均大于等效切应力幅值。这表明即使轴向和切向的应变幅值都相同，也会产生不同的应力响应。

3.2.3 304不锈钢不同路径下的疲劳试验的循环应力响应

图7是304不锈钢在六种不同应变路径下的疲劳试验的轴向应力幅值和等效切应力幅值响应图。对于圆形和方形路径试验，试样先经过一个快速的循环硬化，接着进入循环稳定阶段，之后又进入明显的二次硬化阶段。而且从图7中可以看出扭转方

向相比于轴向方向，二次硬化现象更为明显。对于菱形路径试验，试样经历循环硬化——循环软化——二次硬化的发展趋势。对比不同路径下试样的应力响应，可以发现不同路径下的轴向应力响应从大到小依次为：圆形路径、菱形路径（方形路径）、单轴路径、比例路径。等效切应力响应从大到小依次为：圆形路径、菱形路径（方形路径）、扭转路径、比例路径。这一试验结果说明304不锈钢具有非比例强化现象，即虽然每组试验的等效应变幅值是一致的，但是试样在非比例路径（圆形路径、方形路径、菱形路径）下的循环硬化现象要高于比例路径和单轴路径下的循环硬化现象。并且路径的非比例度越大，材料的循环硬化现象越显著。

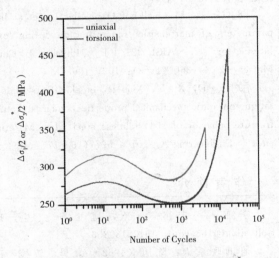

图5　单轴和扭转疲劳试验应力响应图

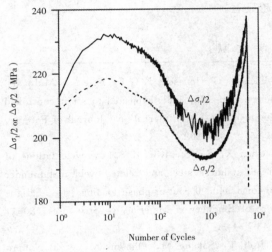

图6　比例路径下疲劳试验轴向应力幅值和等效切应力幅值响应图

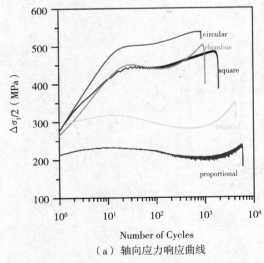

（a）轴向应力响应曲线

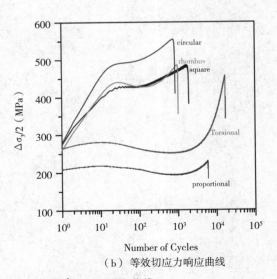

（b）等效切应力响应曲线

图7　304不锈钢不同应变路径疲劳试验的应力响应曲线

4 结论

本文给出了 304 不锈钢在室温下的单轴拉伸性能曲线和不同路径下的疲劳试验数据，得出以下结论：

（1）不同应变路径疲劳试验中，304 不锈钢基本表现出相同的循环行为：快速循环硬化阶段—循环软化阶段（或者循环稳定阶段）—二次硬化阶段。

（2）304 不锈钢存在显著的非比例附加强化现象，并且应变路径的非比例度越大，材料的附加强化现象越显著。

参 考 文 献

[1] Facheris G, Janssens K G F, Foletti S. Multiaxial fatigue behavior of AISI 316L subjected to strain-controlled and ratcheting paths [J]. International Journal of Fatigue, 2014, 68 (6): 195—208.

[2] Chen X, An K, Kim K S. Low-cycle fatigue of 1Cr-18Ni-9Ti stainless steel and related weld metal under axial, torsional and 90° out-of-phase loading [J]. Fatigue & Fracture of Engineering Materials & Structures, 2004, 27 (6): 439—448.

[3] Itoh T, Sakane M, Ohnami M, et al. Nonproportional low cycle fatigue criterion for type 304 stainless steel [J]. Journal of Engineering Materials and Technology, 1995, 117 (3): 285—292.

[4] Kanazawa K, Miller K J, Brown M W. Low-Cycle Fatigue Under Out-of-Phase Loading Conditions [J]. Journal of Engineering Materials & Technology, 1977, 99 (3): 222.

[5] 覃事品. 亚稳态奥氏体不锈钢中应变诱导马氏体相变演化及其本构模型 [D]. 北京：北京理工大学，2015.

[6] Smaga M, Walther F, Eifler D. Deformation-induced martensitic transformation in metastable austenitic steels [J]. Materials Science & Engineering A, 2008, 483—484 (1): 394—397.

[7] Wu Z, Huang Y. Mechanical Behavior and Fatigue Performance of Austenitic Stainless Steel under Consideration of Martensitic Phase Transformation [J]. Materials Science & Engineering A, 2017, 679: 249—257.

[8] Grosse M, Kalkhof D, Keller L, et al. Influence parameters of martensitic transformation during low cycle fatigue for steel AISI 321 [J]. Physica B Condensed Matter, 2004, 350 (1—3): 102—106.

[9] Ye D, Xu Y, Xiao L, et al. Effects of low-cycle fatigue on static mechanical properties, microstructures and fracture behavior of 304 stainless steel [J]. Materials Science & Engineering A, 2010, 527 (16—17): 4092—4102.

作 者 简 介

李亚晶（1996—），女，博士研究生，E-mail：tjuliyajing@163.com，15122139253

通讯联系人：陈旭（1962—），男，教授，E-mail：xchen@tju.edu.cn。

材料、断裂力学、腐蚀

Ⓐ

热老化对核级用钢 316LN 机械性能影响的试验研究

史丽婷　于敦吉　石守稳　张　喆　陈　旭

（天津大学化工学院，天津，300350）

摘　要　316LN 奥氏体不锈钢在 500℃长期热老化过程中，在晶界处产生了长条状的碳化产物。且随着老化时间的增长碳化物逐渐增多。之后从单拉性能及棘轮疲劳行为两方面研究了热老化对 316LN 不锈钢机械性能的影响，并从微观角度解释了热老化导致机械性能改变的原因。结果表明，热老化对 316LN 不锈钢的屈服强度和抗拉强度无影响，但是延伸率会随着老化时间的增长而降低。其次，由于老化后试样塑性降低且表面碳化物的增多，导致塑性应变累积增大，从而增大棘轮应变，降低棘轮疲劳寿命。

关键词　316LN；热老化；碳化物；机械性能；棘轮疲劳变形；

Experimental Study on the Effect of Thermal Aging on Mechanical Properties of Nuclear Grade Steel 316LN

Shi Liting　Shi Shouwen　Yu Dunji　Zhang Zhe　Chen Xu

(School of Chemical Engineering and Technology，Tianjin University，Tianjin 300350，China)

Abstract　During the 500 ℃ long-term aging process of 316LN austenitic stainless steel，long strip of carbide products were produced at the grain boundary. With the increase of aging time, the number of carbide products increased. After that，the effect of thermal aging on the mechanical properties of 316LN stainless steel was studied from two aspects of uniaxial tensile property and ratcheting fatigue behavior and the reasons for the change of mechanical properties caused by thermal aging were explained from the microscopic point of view. The results show that the thermal aging has no effect on the yield strength and tensile strength of 316LN stainless steel，but the elongation decreases with the increase of aging time. Secondly，due to the decrease of plasticity and increase of the carbide，the plastic strain increase which increases the ratcheting strain and reduces the fatigue life.

Keywords　316LN；thermal aging；oxidation；mechanical properties；ratcheting-fatigue deformation；

基金项目　国家自然科学基金项目（No.51435012）资助。

0 引言

由于 316LN 奥氏体不锈钢具有较好的耐蚀性和优良的机械性能,目前被广泛应用于核电站压水堆的一回路管道[1-3]。研究表明在长期服役过程中,由于受到高温高压作用,热老化和棘轮疲劳是必须正视的两个重要问题[4-11]。热老化与棘轮的共同作用会导致结构过早失效。因此研究热老化对 316LN 奥氏体不锈钢棘轮疲劳性能的影响十分重要。

研究表明热老化产生的沉淀相将显著影响不锈钢的机械性能[9,10,12-18]。对于双相不锈钢,热老化会降低双相不锈钢的冲击韧性和疲劳寿命,铁素体的硬度和模量升高[12-16]。对于奥氏体不锈钢,长期热老化材料中形成碳化物沉淀相及碳化产物,这些沉淀相及碳化产物会降低材料的屈服强度和延性[9],钝化裂纹尖端[10],降低断裂韧性[17],以及降低材料的棘轮疲劳寿命[18]。

综上所述,当前对热老化对材料的棘轮疲劳交互特性的影响研究甚少。本文主要研究了 316LN 奥氏体不锈钢在不同老化时间(未老化、5000 小时、10000 小时)下,氧化产物含量及其对棘轮变形行为与棘轮疲劳寿命的影响,并从微观角度解释了热老化导致棘轮疲劳寿命降低的原因。

1 试验材料与方法

1.1 试样准备

本文实验材料是锻造而成的奥氏体不锈钢。化学成分见表1。

表 1 试验中 316LN 材料的化学成分(wt%)

C	S	Si	Mn	P	Cr	Ni	Mo
0.018	0.010	0.22	1.42	0.023	17.20	12.95	2.19

从原材料上沿圆管轴线方向切取圆柱试样,将其放入箱式电阻老化炉(XSL-5-12)中,老化温度为 500℃,老化时间为 5000 小时和 10000 小时。之后,将未老化和老化后的材料加工为平板试样,试样尺寸如图 1 所示。对试样表面进行磨抛处理,进一步消除试样表面加工质量对实验结果的影响。最后采用质量分数为 10% 的草酸溶液对试样进行电解腐蚀,为之后的金相观察做准备。

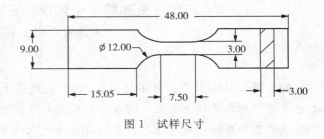

图 1 试样尺寸

1.2 力学测试系统

应力控制棘轮疲劳实验采用了由 CARE 测控有限公司研发的 5 kN 原位拉压疲劳测试系统。对于应变的测量,采用了非接触变形测试系统(NDDS 2100)。测试系统如图 2 所示。

图 2 棘轮疲劳测试系统

单拉试验采用位移控制,加载率为 0.03 mm/s。棘轮疲劳试验方案采用三角波形应力控制。选取应力幅值为 225 MPa,平均应力 75 MPa,加载率 250 MPa/s 的加载方式。对不同老化时间的试样按照以上方案分别进行了单拉和棘轮疲劳测试,得到力学性能及棘轮疲劳寿命。

2 试验结果与讨论

2.1 表面观测

对不同老化时间腐蚀后的试样表面进行金相观

测，如图 3 所示。由金相图可知，锻造后的奥氏体不锈钢晶粒分布均匀，晶粒平均尺寸为 $200\ \mu m$ 左右。除此之外，在未老化试样的表面观测到了圆形的"黑点"，然而对于老化 5000 小时和 10000 小时的试样，均发现表面"黑色组织"增多且沿着轴向方向变为长条状。其分布不仅在晶界处，还出现在了奥氏体相中。这些"黑色组织"是由于在 500℃ 温度下长期热老化导致。分析可知随着老化时间的

增长碳化物含量增加。为了进一步分析"黑色组织"的成分，利用扫描电镜对其进行观测，并进行能谱（EDS）分析，结果见表 2。可知黑色组织碳含量较未老化基体碳含量明显上升，因此由表 2 数据及 Downey 的研究结果[19]可知该黑色组织为碳化物 $M_{23}C_6$，$(Cr, Fe)_{23}C_6$，及少量氮化物 Cr_2N。对不同老化时间多个位置的碳化物进行面积分数计算，得到其量化结果如图 4 所示。

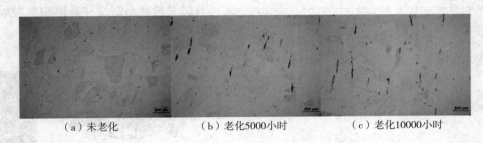

（a）未老化　　　　　（b）老化5000小时　　　　　（c）老化10000小时

图 3　金相图

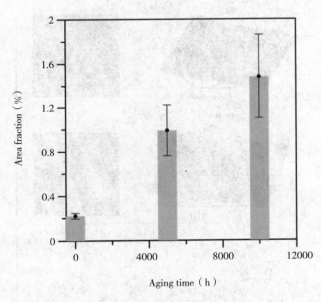

图 4　不同老化时间碳化物含量统计

表 2　"黑色组织"的化学成分（wt%）

C	N	S	Si	Mn	P	Cr	Ni	Mo
8.05	1.26	0	0.3	0.99	0.08	17.91	9.12	2.27

2.2　单轴拉伸数据分析

　　分别对未老化，老化 5000、10000 小时的试样进行了单轴拉伸测试，试验结果如图 5 所示。可知热老化对弹性模量，屈服强度和极限强度影响不

大，然而热老化对延伸率会产生明显影响。延伸率会随着老化时间的增长而降低。很显然材料的韧性在长时热老化之后下降，材料在老化过程中发生了脆化。

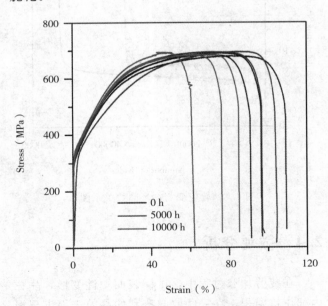

图 5　不同老化时间下的 316LN 单轴拉伸曲线

2.3　棘轮疲劳试验结果

　　不同老化时间，在相同应力幅值和平均应力的情况下，所测得的棘轮疲劳寿命见表 3。考虑到棘轮应变累积有可能是从第一圈拉开差距，因此去除第一圈的棘轮应变后，棘轮应变累积与循环圈数的

关系如图 6 所示。可知，随着热老化会降低材料的棘轮疲劳寿命。这是由于老化后的试样韧性下降，且表面会产生大量碳化产物，在碳化物附近产生局部塑性应变，导致在棘轮疲劳过程中疲劳损伤不断累积，从而加快了材料的失效。

表 3　不同老化时间棘轮疲劳寿命结果

老化时间（h）	平均应力（MPa）	应力幅值（MPa）	寿命
0	75	225	53142
5000	75	225	36349
			36144
			36296
10000	75	225	35955

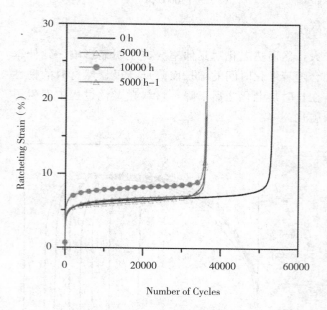

图 6　棘轮应变与循环圈数关系图

2.4　微观分析

在疲劳加载过程中，试样表面塑性变形，晶粒内部位错塞积，在一些取向有利的晶粒表面出现滑移带。这种循环形变的局部化是导致疲劳裂纹萌生的主要原因之一[20]。为了分析热老化使疲劳寿命降低的原因，选取试样标距段最中心位置，对碳化产物附近晶粒的表面进行原子力显微镜（AFM）探针扫描，得到表面的滑移带形貌图，如图 7 所示，由 AFM 图可知，对于老化和未老化试样，在近似棘轮应变下，均表现出相同规律，即随着塑性应变累积，表面均出现了包括挤出和挤入的滑移

带。裂纹的形核位置位于挤入与基体的交界线处[21]。不同老化时间的滑移带挤出和挤入高度在图 7（d）中列出。可以发现对于老化 10000 小时的试样，碳化物附近的滑移带的挤入深度明显比未老化试样的大，因此容易产生裂纹。这里需要说明的是，由于不同的晶粒取向生成滑移线的能力不同，因此不同晶粒表面的滑移带会有很大分散性。这里只是定性分析了产生的滑移带形貌及挤出、挤入高度。若想更精确判断滑移带形貌对裂纹起裂和扩展的影响则需要后期大量的统计分析。

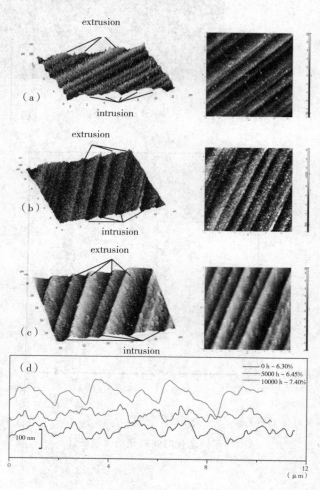

图 7　表面形貌及相应曲线

利用扫描电子显微镜（SEM）对未老化及老化后试样棘轮疲劳断口形貌进行观测。图 8 为不同老化时间试样断口扩展区的疲劳条纹形貌。疲劳条纹平均宽度分别为 $0.5\mu m$，$1\mu m$，$4\mu m$。可知，随着老化时间的增加，裂纹扩展速度增加，导致疲劳寿命降低。图 9 为不同老化时间下断口瞬断区。未老化试样韧性区出现了密集且深的韧窝，为韧性断裂。当老化时间为 5000 小时，韧窝变浅，韧性区

出现了短小的撕裂脊及少量微孔洞。当老化时间增加到10000小时，韧窝尺寸减小且变浅，在韧窝附近出现了长条撕裂脊及大量微孔洞，微裂纹。除此之外还出现了舌形花样和扇形花样。由此可知老化10000小时后的试样呈现准解理断裂方式。因此，随着老化时间的增长，试样塑性降低，奥氏体相由未老化时的韧性断裂逐渐向准解理断裂方式转变，从而降低疲劳性能。

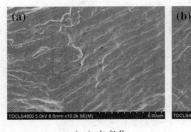 

（a）未老化　　　　　（b）老化5000小时　　　　　（c）老化10000小时

图8　不同老化时间下疲劳条纹形貌

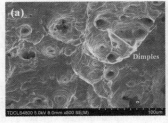 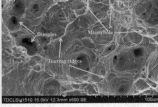 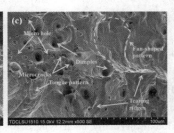

（a）未老化　　　　　（b）老化5000小时　　　　　（c）老化10000小时

图9　不同老化时间下韧性断裂区形貌

3　结论

本文给出了未老化及在500℃温度下老化5000小时，10000小时试样的碳化物观测结果，单拉及棘轮疲劳性能曲线，以及试样断口微观观察图。得到以下结论：

（1）由于内碳化的作用，在500℃温度下老化的试样表面出现了长条状的碳化产物。随着老化时间的增长，碳化产物含量逐渐增多。

（2）老化后的试样棘轮疲劳寿命较未老化试样寿命缩短。老化10000小时的试样棘轮应变累积比其他两者都高，且老化后的试样棘轮疲劳寿命明显缩短。主要原因是老化后的试样表面有大量碳化产物存在，导致局部塑性应变增大，棘轮应变累积增大，从而加快其疲劳失效。

（3）热老化对试样弹性模量，屈服强度和抗拉极限影响很小。然而，随着热老化时间的增长，试样塑性降低，脆性增强导致试样的延伸率明显降低且疲劳断口呈现准解理断裂方式，从而降低疲劳寿命。

参考文献

[1] Prasad Reddy G V，Kannan R，Mariappan K，et al. Effect of strain rate on low cycle fatigue of 316LN stainless steel with varying nitrogen content：Part-I cyclic deformation behavior [J]. International Journal of Fatigue，2015，81：299－308.

[2] Srinivasan V S，Valsan M，Bhanu K，et al. Low cycle fatigue and creep-fatigue interaction behavior of 316L（N）stainless steel and life prediction [J]. International Journal of Fatigue. 2003，25：1327－1338.

[3] Spence J，Nash D H. Milestones in pressure vessel technology [J]. International Journal of Pressure Vessels & Piping. 2004，81（2）：89－118.

[4] Weiss B，Stickler R. Phase instabilities during high temperature exposure of 316 austenitic stainless steel [J]. Metallurgical and Materials Transactions A，1972，3（4）：851－66.

[5] Parvathavarthini N，Dayal R. Influence of chemical composition，prior deformation and prolonged thermal aging on the sensitization characteristics of austenitic stainless

steels [J]. Journal of Nuclear Materials, 2002, 305 (2－3): 209－19.

[6] Hakmin L, Chungseok K. Microstructural Evolution of Austenitic Stainless Steel AISI304 and AISI316 Subjected to High-Temperature Thermal Aging [J]. Materials Science Forum, 2016, 857: 276－280.

[7] Hana K, Xina Y, Walsha R, et al. The effects of grain boundary precipitates on cryogenic properties of aged 316-type stainless steels [J]. Materials Science & Engineering A. 2009, 516 (1－2): 169－179.

[8] Stoter L P, Thermal ageing effects in AISI type 316 stainless steel [J]. Journal of Materials Science, 1981, 16 (4): 1039－1051.

[9] Shankar P, Shaikh H, Sivakumar S, et al. Effect of thermal aging on the room temperature tensile properties of AISI type316LN stainless steel [J]. Journal of Materials Science, 1999, 264 (1－2): 29－34.

[10] James L A, Effect of thermal aging upon the fatigue-crack propagation of austenitic stainless steels [J]. Metallurgical Transactions, 1974, 5 (4): 831－838.

[11] Michel D J, Smith H H. Accelerated creep-fatigue crack propagation inthermally aged type 316 stainless steel [J]. Acta Metallurgica, 1980, 28 (7): 999－1007.

[12] Li S L, Wang Y L, Li S X, et al. Microstructures and mechanical properties of cast austenite stainless steels after long-term thermal aging at low temperature [J]. Materials & Design, 2013, 886－892.

[13] Wang Z P, Zhang L L, Liu J N, et al. Thermal Aging Microstructures and Properties of Z3CN20-09 Cast Duplex Stainless Steel [J]. Journal of Xi´an Technological University, 2011, 01: 62－65.

[14] Kwon J, Park Y, Park J, et al. An investigation of the degradation characteristics for casting stainles steel CF8M, under high temperatures [J]. Nuclear Engineering and Design, 2002, 198 (3): 227－240.

[15] Kwon J, Woo S, Lee Y, et al. Effects of thermal aging on the low cycle fatigue behavior of austenitic-ferritic duplex cast stainless steel [J]. Nuclear Engineering and Design, 2001, 206 (1): 35－44.

[16] Iacoviello F, Boniardi M, LaVecchia G M, et al. Fatigue crack propagation in austeno-ferritic duplex stainless steel 22 Cr 5 Ni [J]. International Journal of Fatigue, 1999, 21 (9): 957－963.

[17] Nystrom M, Karlsson B, Fatigue of duplex stainless steel influence of discontinuous, spinodally decomposed ferrite [J]. Materials Science and Engineering A, 1996, 215 (1－2): 26－38.

[18] Liang T, Chen X, Cheng H C, et al. Thermal aging effect on the ratcheting-fatigue behavior of Z2CND18.12Nstainless steel [J]. International Journal of Fatigue, 2015, 72: 19－26.

[19] Downey S, Han K, Kalu P N, et al. A Study of Submicron Grain Boundary Precipitates in Ultralow Carbon 316LN Steels [J]. Metallurgical and Materials Transactions A, 2010, 41 (4): 881－887.

[20] Mana J, Valtr M, Petrenec M, et al. AFM and SEM-FEG study on fundamental mechanisms leading to fatigue crack initiation [J]. International Journal of Fatigue, 2015, 76: 11－18.

[21] Pola´k J, Man J, Obrtli´k K, AFM evidence of surface relief formation and models of fatigue crack nucleation [J]. International Journal of Fatigue, 2003, 25: 1027－1036.

作 者 简 介

史丽婷 (1989—), 女, 博士研究生, E-mail: litingshi@126.com, 15122140439

通讯联系人: 陈旭 (1962—) 男, 教授, E-mail: xchen@tju.edu.cn

大型 LNG 储罐用国产 9%Ni 钢板性能状况的抽样检测

姜　恒　陆戴丁　钱　兵　陈　涛　艾志斌

（合肥通用机械研究院，国家压力容器与管道安全工程技术研究中心，

安徽省压力容器与管道安全技术省级实验室，安徽合肥 230031）

摘　要　依托于国内 4 个大型 LNG 储罐建设项目，对国产 06Ni9DR 钢板开展了大批量实物性能检测工作，主要检测项目为化学成分、室温拉伸性能、冷弯性能和－196℃低温冲击性能。抽样检测的钢板来源于国内 3 家大型 9%Ni 钢生产企业，共计 7708 张，涉及厚度范围 6～28.5mm。统计结果表明，国产 9%Ni 钢板总体合格率在 95% 以上，其中厚度 6～8mm 薄板的性能波动幅度相对较大，成品合格率在 92% 左右，而厚度 8mm 以上钢板性能更为稳定，成品合格率 98% 以上。此外，对国产 9%Ni 钢板大规模生产中出现的几种性能异常现象进行了讨论，并对其产生原因作了简要分析。

关键词　LNG 储罐；9%Ni 钢板；力学性能；检测

Status of Sampling Testing of 9%Ni Steel Plates for LNG Tanks in China

Jiang Heng　Lu Daiding　Qian Bing　Chen Tao　Ai Zhibin

（Hefei General Machinery Research Institute. National Technology Research Center on
Pressure Vessel and Pipeline Safety Engineering, Anhui Provincial Laboratory for Safety
Technology of Pressure Vessels and Pipelines, Hefei, 230031, PR China）

Abstract　Based on 4 large LNG storage tanks construction projects in recent years in China, a large amount of actual product's performance tests were carried out on domestic plants produced 06Ni9DR steel plates, which included chemical composition tests, tensile tests at room temperature, bend tests and Charpy impact tests at −196℃. A total of 7708 sample plates, with thickness range of 6 – 28.5 mm, came from 3 large 9%Ni steel production enterprises in China. Statistical results showed that the total product qualification rate of domestic 9%Ni steel plate was above 95%. Especially, plates with thickness of 6 – 8mm had relatively lower qualification rate, which was about 92%. While, the steel plates with thickness above 8mm, of which the mechanical properties were more stable, had relatively higher qualification rate of 98% approximately. In addition, several abnormal phenomena appearing in the large-scale production of 9%Ni steel plates were summarized and their causes were analyzed briefly.

Keywords　LNG storage tank; 9%Ni steel plate; mechanical property; sample testing

设计标准的修订提供基础数据和有益参考。

1 引言

随着国内 LNG 产业的快速发展，众多大型 LNG 接收站以及 LNG 储罐的建设带动了国内 9% Ni 钢的需求。以前我国制造大型 LNG 储罐以及石化、化肥、空分等行业所需大量镍系低温用钢，主要依靠进口。2006 年合肥通用机械研究院与山西太钢不锈钢股份有限公司合作，首次进行了 9% Ni 钢板的国产化研制，通过了全国锅炉压力容器标准化技术委员会对该钢种的技术评审，并首先应用于国内 160000 m³ 大型 LNG 储罐的建造[19]。至此以来，合肥通用院已相继为国内众多钢铁企业的 9% Ni 钢新钢种开展了评审工作，在 9% Ni 钢性能评定方面积累了丰富经验。本文依托国内 4 个大型 LNG 储罐建设项目用 9% Ni 钢板的抽样检测工作，对国产 9% Ni 钢板大规模生产中的实物性能状况以及主要问题进行归纳总结，以期为将来相关材料及

2 LNG 储罐用 9% Ni 钢板的性能要求

LNG 储罐内罐用 9% Ni 钢板属于 −196℃ 级低温压力容器用钢，其工作环境下直接接触极低温度的液化天然气（−165℃ 左右），要求该钢种具有较高的强度、良好的塑性，尤其是优异的低温冲击韧性。

我国国家标准与美国 ASME 规范对于 9% Ni 钢化学成分、强度、塑性以及冲击韧性的要求，如表 1 及表 2 所示[1−2]。通过比较可以看出，GB 24510 比 ASME SA553 在钢板化学成分与力学性能的要求上更加详尽与严格。而当前国内大型 LNG 储罐建设项目，其对于 9% Ni 钢板原材料的订货技术要求更是高于国家标准的规定[3]。

表 1 9% Ni 钢板化学成分要求（熔炼分析）

标准系列	(wt%)											×10⁻⁶		
	C	Si	Mn	P	S	Cr	Ni	Mo	Cu	V	Al	O	N	H
GB 24510—2009[a]	≤0.10	≤0.35	0.30~0.80	≤0.010	≤0.005	≤0.25	8.50~10.0	≤0.10	≤0.35	≤0.01	(b)	—	(c)	—
ASME SA553-2010[d]	≤0.13	0.15~0.40	≤0.90	≤0.035	≤0.035	—	8.50~9.50	—	—	—	—	—	—	—
订货要求	≤0.07	0.15~0.30	0.50~0.80	≤0.005	≤0.003	≤0.25	8.50~10.0	≤0.08	≤0.25	≤0.01	≤0.025	≤14	≤60	≤2

备注：

a. 本文只摘录对 9Ni590B 的相关要求。

b. 当钢中含有 Al（Als≥0.015%）或其他固氮元素时，N≤0.012%，否则 N≤0.009%。

c. (Cr+Mo+Cu)≤0.50%。

d. 当钢种 Al≥0.030% 或 Als≥0.025% 时，允许 Si≤0.15%。

表 2 9% Ni 钢板力学性能要求

标准系列	钢板厚度	室温拉伸试验			−196℃ 夏比冲击试验		
	t（mm）	R_{eH}（MPa）	R_m（MPa）	A（%）	KV_2（J）	FA（%）	LE（mm）
GB 24510—2009[a]	$t≤30$	≥590	680~820	≥18	≥80	—	—
	$30<t≤50$	≥575	680~820	≥18	≥80	—	—
ASME SA553—2010	—	≥585[b]	690~825	≥20	≥27	—	—

A 腐蚀、材料、断裂力学、

（续表）

标准系列	钢板厚度 t （mm）	室温拉伸试验			$-196℃$夏比冲击试验		
		R_{eH} （MPa）	R_m （MPa）	A （%）	KV_2 （J）	FA （%）	LE （mm）
中石化订货要求[3]	$6 \leqslant t \leqslant 27$	$\geqslant585$	$680\sim820$	$\geqslant18$	$\geqslant120$	$\geqslant75$	$\geqslant0.64$
上海燃气	$5 \leqslant t \leqslant 27$	$\geqslant585$	$690\sim820$	$\geqslant20$	$\geqslant100$	$\geqslant75$	$\geqslant0.64$

备注：

a. 本文只摘录9Ni590B的相关要求。

b. 考核指标为规定非比例延伸强度 $R_{p0.2}$。

中国石化采购标准中，每张钢板均需进行$-196℃$夏比冲击试验，对于厚度 6mm～<8mm 和 8mm～<11mm 的钢板可分别取 5mm×10mm×55mm 和 7.5mm×10mm×55mm 的试样，此时冲击功值分别不小于规定值的 55% 和 80%。钢板的冲击试验结果按一组 3 个试样的算术平均值进行计算，允许其中有一个试验值低于规定值，但不应低于规定值的 75%。

3 国产9%Ni钢板性能状况分析

当前国内大型 LNG 储罐项目内罐用 9%Ni 钢板，厚度范围主要为 6～28.5mm，其中以规格 6mm 以下钢板用量最大。对各种厚度规格的 7708 张钢板，按照实际用量情况，分别取样进行性能测试，并将室温拉伸测试结果及$-196℃$冲击测试结果统计整理如图 1 所示。其中，厚度 10mm 以下钢板由于无法加工标准 10mm×10mm×55mm 冲击试样，相应冲击吸收能量合格指标已根据具体小尺寸试样进行了折算。

由图 1 可见，国产 9%钢的上屈服强度 R_{eH} 整

体合格，且距离 585MPa 的合格线仍有 25MPa 左右的余量。总体上来看，随着钢板厚度的逐渐增加，R_{eH} 的平均值呈逐渐递减的趋势。抗拉强度 R_m 指标基本合格，波动范围下限贴近 680MPa 下限，厚度 24mm 左右板出现少量强度不足的情况，6mm 板出现少数抗拉强度超标的现象。断后伸长率 A 指标除 6mm 板波动较大且出现少量不合格外，其余规格全部合格，且 12mm 以上钢板的塑性整体较好。冲击吸收能量 KV_2 指标方面，12mm 以上钢板同样表现较好，分散带下限高出合格线 50J 以上。而 6mm、8mm 薄板的 KV_2 性能较差，其中 6mm 板不仅数据分散度大，且出现较多不合格的情况。$-196℃$冲击试验的剪切断面率 FA 及侧膨胀值 LE 两项指标全部合格，即使在 KV_2 不合格时也能满足要求，6mm 板同样在这两项指标上较其他厚度板表现出较大的波动性。

通过上述分析可以看出，国产 9%钢板的强度、塑性及冲击韧性总体合格，厚度 12mm 以上板的性能较为稳定，6～8mm 板的性能波动较大且易出现性能不合格的情况。针对上述一些典型的钢板性能异常问题，本文后面部分将进行具体分析。

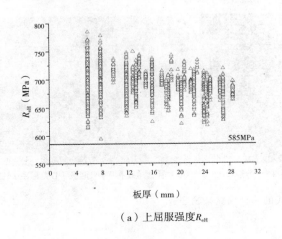

（a）上屈服强度R_{eH}

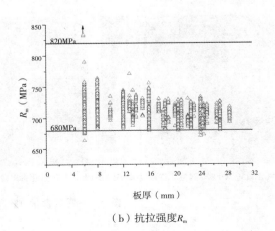

（b）抗拉强度R_m

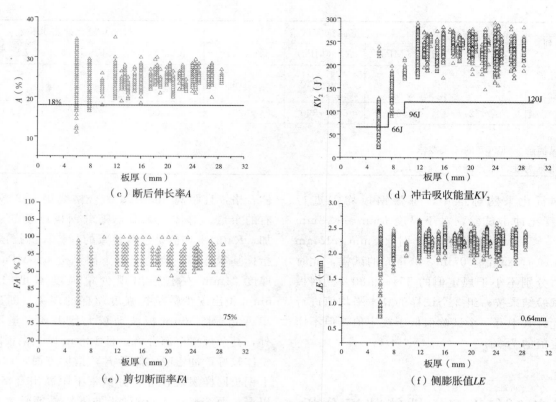

（c）断后伸长率A   （d）冲击吸收能量KV_2

（e）剪切断面率FA   （f）侧膨胀值LE

图1　国产9％Ni钢板拉伸与冲击性能统计分布图

4　典型力学性能异常情况

4.1　低温冲击韧性不足

在受检的9％Ni板中，存在部分钢板的室温拉伸性能满足合格指标，而低温冲击吸收能量KV_2仅达到合格指标一半以下的情况，其侧膨胀值仅高出标准值0.4mm左右，表现为低温冲击韧性严重不足。对该部分钢板取样进行化学成分分析，其氧含量高达$35×10^{-6}$，严重超出订货技术要求。

通常来说，氧元素固溶于钢中的含量极少，对钢性能的影响并不显著，但超出溶解度部分的氧会以各种夹杂物的形式存在，对钢的塑性及韧性不利，尤其是对于冲击韧性极为不利，会提高钢的韧脆转变温度[5-6]。将氧含量超标钢板与正常合格钢板分别取样，在100倍光学显微镜下进行非金属夹杂物分析，结果对比照片列于图2。冲击功合格且氧含量正常的钢板，其材质较为纯净，非金属夹杂物为D类细系0.5级。而氧含量超标钢板的非金属夹杂物较多，为DS类细系0.5级和D类粗系0.5级。

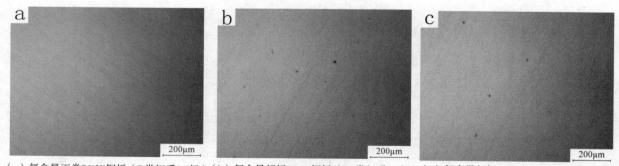

（a）氧含量正常9％Ni钢板（D类细系0.5级）（b）氧含量超标9％Ni钢板（DS类细系0.5级）（c）氧含量超标9％Ni钢板（D类粗系0.5级）

图2　不同氧含量9％Ni钢板的非金属夹杂物照片

据此分析,钢板在熔炼过程中脱氧不充分,可能是导致其低温韧性不足的重要原因。因此,在9%Ni钢的生产过程中应严格控制其氧含量,以保证其具有良好的低温冲击韧性。

4.2　室温拉伸强度异常超高

在9%Ni钢板室温拉伸性能检测中,出现少数钢板抗拉强度超过1000MPa,且规定非比例延伸强度 $R_{p0.2}$ 高于抗拉强度标准范围上限（820MPa）的情况。该类钢板在拉伸试验过程中屈服平台消失,仅在900MPa附近瞬间的载荷下降,材料塑性严重不足,试样断裂时呈现出较硬的状态,与正常强度钢板的拉伸曲线对比如图3所示。与此同时,其低温冲击性能降低,冲击吸收能量较正常水平下降约40J左右,且合格余量较小,侧膨胀值下降约0.8mm左右。

9%Ni钢板的性能与其生产过程的热处理息息相关,目前主要有三种热处理工艺,即二次正火加回火NNT、调质处理QT及临界淬火QLT。已有的研究表明[3-4],QT及QLT工艺相比NNT,可获得更好的低温韧度,在9%Ni钢的实际生产中也基本以这两种工艺为主。而QLT工艺相比QT工艺,由于增加了一道两相区热处理,使得逆转奥氏体的形核与长大更易于进行,分布亦更加弥散、均匀,可获得最佳的低温韧性。但QT工艺在生产成本上比QLT更为经济,在保证满足性能要求的前提下也基本优先采用QT工艺。本次性能测试所用9%Ni钢,厚度6mm板采用QLT（800℃±20℃淬火、670℃±20℃淬火、560℃±20℃回火）热处理,而厚度6mm以上板则采用QT（800℃±20℃淬火、560℃±20℃回火）工艺。

已有试验研究表明[7],调质热处理中淬火温度对9%Ni钢的强度和塑性无明显影响,而回火温度影响低温韧性的同时对于强度与塑性也具有重要作用。当回火温度达到620℃时,9%Ni钢的抗拉强度已超标准上限。因此,回火温度过高是导致拉伸强度超标的一种可能情况。

将拉伸强度超标与性能正常9%Ni钢板分别取样进行金相组织观察,其对比照片如图4所示。图4（a）为拉伸性能正常钢板的金相组织,在铁素体基体上分布着细小的碳化物颗粒,属于低合金钢经

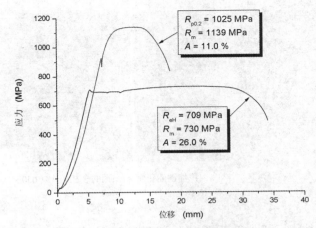

图3　室温拉伸性能曲线对比

淬火和高温回火后得到的均匀而细致的回火索氏体组织,具有强韧匹配的综合力学性能。图4（b）为强度超标钢板的金相照片,由其可观察到板条状马氏体形态的组织,该材料强度高而塑性差正是因为存在这种组织的结果。导致这种结果的原因可能是回火过程中局部温度偏低导致回火不够充分,淬火时形成的马氏体组织未得到完全转化而遗留下来的。

因此,在9%Ni钢的生产过程中应严格控制好回火的温度范围,以利于获得最佳的强度、塑性和韧性匹配,回火温度过高或过低都有可能导致拉伸强度超标且塑性不足。

4.3　拉伸性能屈服阶段的异常情况

国产9%Ni钢的全板厚室温拉伸曲线通常会包含明显的屈服平台,总体表现为强化阶段拉伸强度上升的空间较小,屈强比高达0.95以上。

在钢板的实物性能检测中会出现少量屈服平台消失的现象,此时室温拉伸各项性能满足合格指标,但断后伸长率比通常水平偏低约6%左右,塑性下降。虽然GB 24510—2009中允许在屈服现象不明显时以规定非比例延伸强度 $R_{p0.2}$ 代替上屈服强度 R_{eH} ,但这种情况仍属少数。

此外,还有少量钢板在实物性能上均能满足强度指标,但抗拉强度 R_m 低于上屈服强度 R_{eH} ,最大可降低30MPa左右,表现出屈服阶段后不再有强化阶段的现象。虽然相关标准及订货条件中没有指出该情况不符合要求,但从材料强度余量的角度来说,这种情况应该予以避免。

屈服现象主要和钢的组织有关,钢中的贝氏

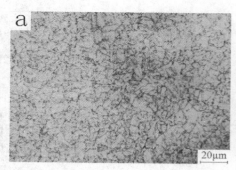
（a）拉伸性能正常9%Ni钢的金相组织（630×）

（b）拉伸强度超标9%Ni钢的金相组织（630×）

图4　金相组织对比

体、马氏体和索氏体的数量决定了是否有屈服平台，这实际上还是由调质工艺所决定的。上述屈服现象的异常情况，在钢板的实际生产中应得到关注和有效控制，应进一步从稳定和优化热处理工艺方面作出努力。

5　结语

（1）国产9%Ni钢板总体性能状况良好，弯曲性能优良，拉伸强度、塑性与低温冲击韧性均具有一定的合格余量。

（2）国产9%Ni钢厚度8mm以上板的力学性能较为稳定，产品合格率高，性能异常情况少；而6~8mm薄板的性能波动较大，出现不合格的情况相对较多。

（3）应重视对9%Ni钢生产熔炼过程中氧含量的控制，以利于获得良好的低温冲击韧性。

（4）今后需进一步提高国产9%Ni钢热处理工艺质量的稳定性，尽可能减少拉伸性能异常情况的发生。

参 考 文 献

[1] GB 24510—2009. 低温压力容器用9%Ni钢板［S］. 中国国家标准化管理委员会. 2009.

[2] ASME SA553/SA553M—2010. Specification for Pressure Vessel Plates, Alloy Steel, Quenched and Tempered, 8 and 9% Nickel［S］. ASME Boiler and Pressure Vessel Code. 2010：1013—1017.

[3] SPTS-ST08-Z001. 16万m^3全容式LNG储罐用06Ni9DR钢板（暂行）　［S］. 中国石油化工集团公司. 2013.

[4] 王国华，卫英慧，等. 06Ni9钢热处理工艺对组织性能的影响［J］. 山西冶金，2009（1）.

[5] 刘彦明，石凯，周勇，等. 9Ni钢的热处理及其低温韧性［J］. 热加工工艺，2007，36（16）：77—79，83.

[6] 杨秀利，刘文斌. 调质热处理对9Ni钢性能的影响［C］. 第八届全国压力容器学术会议论文集，2013：114—117.

[7] 朱莹光，敖列哥，等. 5%Ni钢热处理工艺探讨［C］. 第八届全国压力容器学术会议论文集，2013：122—126.

[8] 刘东风，杨秀利，侯利锋，等. 液化天然气储罐用超低温9Ni钢的研究及应用［J］. 钢铁研究学报，2009（9）.

[9] 苏航，赵希庆，潘涛，等. QLT处理9Ni钢低温拉伸性能的研究［J］. 钢铁，2012（7）.

[10] 马向峰，陈永东，解朝晖. LNG储罐用06Ni9钢板的质量控制［J］. 压力容器，2011，28（7）.

[11] 杨跃辉，蔡庆伍，等. 两相区热处理过程中回转奥氏体的形成规律及其对9Ni钢低温韧性的影响［J］. 金属学报，2009，45（3）：270—274.

[12] 雷鸣，郭蕴宜. 9%Ni钢中沉淀奥氏体的形成过程及其在深冷下的表现［J］. 金属学报，1989，25（1）：A13—A17.

[13] GB/T 228.1—2010. 金属材料 拉伸试验 第1部分：室温试验方法［S］. 中国国家标准化管理委员会. 2010.

[14] 王非，林英. 化工设备用钢［M］. 北京：化学工业出版社，2004：316—320.

[15] 孙洪涛，等. 金相检验［M］. 北京：机械工业出版社，2001：119—120.

[16] 李文钱，许荣昌，冯文义，等. 大型LNG储罐用9%Ni钢生产技术研究［J］. 莱钢科技，2012，（6）：33—36.

[17] 王冰，陈学东，王国平. 大型低温LNG储罐设计与建造技术的新进展［J］. 天然气工业，2010，30（5）：108—112.

[18] 陆淑娟，陈润泽. 低温容器用 9Ni 薄规格钢板生产工艺研究 [J]. 热加工工艺，2012，41（2）：69—70.

[19] 许荣昌，李文钱，冯文义. 国内外 LNG 储罐用钢的发展与标准体系探讨 [J]. 莱钢科技，2012（4）：4—7.

[20] 章小浒，段瑞，张国信. 压力容器用钢板在 GB 150.2 中的应用 [J]. 石油化工设备技术，2013，34（6）：48—51.

作 者 简 介

姜恒（1982—），男，工程师，主要从事承压设备用金属材料理化及力学性能的测试与研究工作。

通信地址：安徽省合肥市长江西路 888 号，E-mail：jianghengcn@163.com

不同应力状态及应变速率下 X90 钢断裂行为研究

杨锋平[1] 曹国飞[2] 邹 斌[3]

（1. 中国石油集团石油 管工程技术 研究院，西安，710065

2. 中国石油西气东输管道公司，上海，200122

3. 中国石油西部管道公司，乌鲁木齐，830012）

摘 要 为研究 X90 管线钢的断裂行为，在常规拉伸试验机上对 X90 管线钢进行 5 种不同圆棒缺口的拉伸试验和低应变速率拉伸试验，利用 hopkinson 拉杆试验装置进行高应变速率拉伸试验。试验发现：应力三轴度越高，断裂应变越低，断裂前损伤吸收能也越低。应力三轴度值增加 2.43 倍，断裂应变减少 29%，断裂前损伤吸收能降低 71%。应变速率对断裂应变的影响较小，准静态和高速状态下，差异不到 4%。

关键词 X90 应力三轴度；应变速率；断裂应变；损伤吸收能

Studies on Fracture Behavior of X90 in Different Stress States and Strain Rate

Yang Fengping[1] Cao Guofei[2] Zou Bin[3]

(1. Tubular Goods Research Institute of CNPC，Xi'an 710077，China

2. PetroChina West East Gas Pipeline Company，Shanghai 200122，China

3. PetroChina West Pipeline Company，Urumqi，830012，China)

Abstract In order to study the fracture strain and damage energy of X90，tensile tests with five kinds of sample which have different notch radius were conducted. Also，tests of different strain rate were conducted on universal tensile testing machine and Hopkinson bar test system. It is found that the fracture strain and energy after tensile peak both decrease while the stress triaxiality increases. When the value of stress triaxiality increases 2.43 times，the fracture strain decreases by 29% and the damage energy decreases by 71%. It is also found that the strain rate Almost has no effect on fracture strain. In situations of quasi-static state and high dynamic state，the difference of fracture stain is less than 4%.

Keywords X90 pipeline steel；strain rate；fracture strain；damage energy

0 引言

为满足国民经济发展对天然气日益增长的需求，天然气管道正朝着高钢级、大口径、高压力方向发展。2012 年底全线建成的西气东输二线，是世界上首条大规模使用 X80 钢的天然气管线。目前，世界范围内 X90/X100/X120 钢级的管线钢早已经研制成功，然而其止裂控制问题尚未完全解决，故世界范围内尚未得到大规模工业应用。

设计对输气管道性能的基本要求是起裂后能迅速止裂。以夏比冲击功（CVN）为指标的止裂设计是目前国际上普遍采用的方法，如 BATTLE 双曲线法（BTC）[1]、AISI、British Gas 等模型，其中BTC 模型应用最为广泛。研究显示，当钢级超过

X80、压力超过 10MPa 时，BTC 方法预测的准确性急剧下降[2]，需要加以修正[3-4]或重新建立公式，而目前缺少较为公认的预测公式。

上述模型的基本思想是比较气体减压波速度与裂纹扩展速度之间关系，若前者大于后者，则裂纹可以止住，反之，则不能止裂。随着数值模拟技术的发展，流固耦合问题（气体与管道）可以解决，输气管道止裂（起裂后能否在一定长度范围内止住）问题无须单独计算气体减压波速度和裂纹扩展速度，只需获得合理的管材断裂准则，由专用软件计算该断裂准则下，管道的裂纹扩展速度（或者是否会扩展）和气体减压波速度。早期，美国西南研究院开发了 PFRAC 专用软件包[5]，意大利 CSM 利用 CTOD 裂纹扩展准则，开发了 PICPRO 专用软件包[6]，两者均可实现流固耦合的管道裂纹扩展模拟。2012 年，挪威科技大学在通用有限元软件 LS-DYNA 上实现了流体、固体与断裂全耦合的计算[7]。

上述研究中，材料的断裂准则是计算能否得出合理结果的关键因素之一，本文针对国内小批量试制刚刚研制成功的 X90 管线钢，通过不同应力状态的圆棒拉伸试验和不同应变速率的 hopkinson 拉杆试验，得到该等级钢的断裂行为，并基于损伤断裂能量吸收准则，初步建立了 X90 管线钢的断裂判据。

1　材料基本力学性能

试验材料取自 1219mm×16.3mm 钢管，横向取样。钢管化学成分设计采用低 C、高 Mn、Nb 微合金化和 Cr、Mo 合金化的成分设计。其基本力学性能指标情况见表 1。

表 1　X90 棒材小试样拉伸试验结果
（直径×标距＝8.9mm×35 mm）

取样位置	抗拉强度（MPa）	屈服强度（MPa）	断后伸长率（%）	均匀延伸率 UEL（%）	断面收缩率（%）
横向	783	732	28	5.3	82.66
横向	776	696	28	5.2	81.66
横向	770	691	26	5.6	79.67
均值	776	706	27.3	5.37	81.33

2　不同应力状态圆棒拉伸试验

X90 高钢级输气管道通常采用大口径（1219mm），其服役时的应力状态以环向应力 σ_h 为主，同时存 $0.3\sigma_h \sim 0.5\sigma_h$ 的轴向应力，与小试样（横向）拉伸时的应力状态基本一致。但是一旦管道出现轴向裂纹，裂纹尖端的应力状态与小试样拉伸时的应力状态差异明显。故需要通过试验预先研究不同应力状态下材料的断裂行为，为预测实际管道材料失效提供数据支持。应力状态以 6 个应力分量表示，研究发现，应力三轴度（平均应力/等效应力）对金属材料的断裂影响显著。为揭示应力三轴度与 X90 钢断裂行为的关系，研究设计了如图 1 所示的带缺口圆棒试样。

图 1　5 种不同半径缺口圆棒试样

对几种试验进行有限元数值模拟，计算缺口中心处的应力三轴度，可得应力三轴度与断裂应变、材料损伤吸收能 G（最大载荷之后、断裂之前吸收的能量）及单位面积材料损伤吸收能 G_{sc} 的关系见表 2 和如图 2、图 3 所示。本文试验范围内应力三轴度最高 0.803，最低 0.33，对应的断裂应变变化为 29%，对应的损伤吸收能变化超过 100%。拟合可得，断裂应变与应力三轴度的关系为：

$$\varepsilon_f = -0.523\ln\eta + 1.014 \qquad (1)$$

式中，ε_f 为断裂应变，η 为应力三轴度；单位面积材料损伤吸收能 G_{sc} 与应力三轴度 η 的关系为：

$$G_{sc} = -1.864\ln\eta + 0.065 \qquad (2)$$

其中应力三轴度计算采用 Bridgeman[8] 提出的公式：

$$\eta = \frac{1}{3} + \ln\left(1 + \frac{r}{2R}\right) \qquad (3)$$

式中，R 表示圆棒缺口处的半径，r 表示圆棒的半径。

表 2　不同缺口圆棒拉伸试验结果表

缺口半径 R（mm）	试样半径 r（mm）	应力三轴度 η	断裂应变 ε_f	损伤吸收能量 G（J）	单位面积吸收能 G_{sc}（J/mm²）
2	4.5	0.803	1.115	12.416	0.7540
4.5	4.5	0.539	1.363	17.745	1.0824
7	4.5	0.463	1.396	19.813	1.1980
10	4.5	0.420	1.492	22.219	1.3435
∞	8.9	0.33	1.576	161.717	2.6243

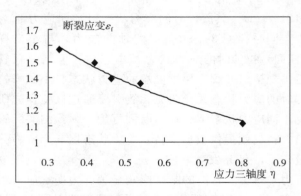

图 2　断裂应变与应力三轴度关系图

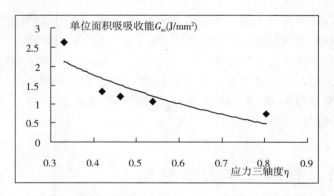

图 3　损伤吸收能与应力三轴度关系

3　不同应变速率材料拉伸试验

在常规材料拉伸试验机（instron）上进行 $0.0002s^{-1}$、$0.002s^{-1}$、$0.01s^{-1}$ 等三个应变速率的拉伸试验，并用 hopkinson 拉杆试验进行 $2300s^{-1}$

速率的拉伸试验，以此研究应变速率与断裂应变的关系，断裂应变以截面收缩率计算为准。试验结果见表 3，断后试样如图 4 所示，由此可知，各个应变速率下，材料的断裂应变变化不大，其中准静态（$0.0002s^{-1}$）与高应变速率（$2300s^{-1}$）情况下，断裂应变的变化不超过 4%，说明应变速率对断裂应变的影响很小。

表 3　不同应变速率下的 X90 断裂应变值

应变速率（s⁻¹）	初始直径（mm）	两个方向断后直径（mm）		断裂应变（真实）
		a	b	
0.0002	8.86	4.52	3.7	1.546

（续表）

应变速率（s⁻¹）	初始直径（mm）	两个方向断后直径（mm）		断裂应变（真实）
		a	b	
0.002	8.9	4.42	3.54	1.59
	8.84	4.5	3.6	
	8.84	4.5	3.6	
0.01	8.9	4.4	3.6	1.593
	8.84	4.56	3.54	
2300	2.06	1.06	0.82	1.6075
	2.02	1.00	0.80	

 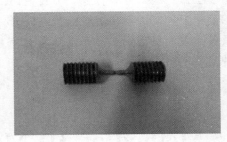

（a）应变率2300s⁻¹　　　　　　（b）应变率800s⁻¹

图4　Hopkinson拉杆试验断后残样

4　结论

（1）光滑圆棒和不同半径缺口试样的拉伸试验和计算表明，随着缺口半径的增大，应力三轴度减小，试样断裂应变增大；应力三轴度值增加2.43倍，断裂应变减少29%。

（2）不同应变率下光滑圆棒的拉伸试验表明，随着应变率的增加，断裂应变增加，但高应变率和低应变率下，断裂应变不超过10%，X90钢管材断裂应变率效应不明显。

参 考 文 献

［1］Maxey W A. Fracture initiation, pro pagation and arrest ［R］.5th Symposium on Line Pipe Research, American Gas Associatio n, 1974.

［2］Mannucci G, Demofonti G. Control of ductile facture propagation in X80 gas line pipe ［C］. Pipeline Technology Conference, Ostend, 2009：12－14.

［3］Pokutylowicz N, Luton M J, Petkovic R A, et al. Simulation of dynamic ductile failure in pipelines ［R］. Proceedings of ASME IPC, 2000.

［4］Leis B, Eiber R, Carson L, et al. Relationship between apparent（total）Charpy vee-notch toughness and corresponding dynamic crack-propagation resistance ［R］. Proc Int Pipeline Conf Calgary, 1998.

［5］O. Donoghue P E, Kanninen M F, Leung CP, et al. The development and validation o f a dynamic fracture propagation model fo r gas transmission pipelines ［J］. Int J Pres Ves Piping, 1997, 70：11－25.

［6］Berardo G, Salvini P, et al. On longitudinal propagation of a duct ile fracture in a buried gas pipeline：numerical and experimental analysis ［R］. Proceedings of ASME IPC, 2000.

［7］Nordhagen HO, Kragset S, Berstad T, et al. A new coupled fluid-structure modeling methodology for running ductile fracture ［J］, Computers and Structures, 2012, 94－95：13－21.

［8］Bridgman, P. W. Studies in large plastic flow and fracture ［M］. New York：McGraw-Hill, 1952.

作 者 简 介

杨锋平，高级工程师。

电话：15389028273, 0298－1887683；E-mail：yyffpp@163.com

基于 Voronoi 图金属微观多晶体三维建模方法与拉伸模拟

史君林[1,2]　赵建平[1]

（1. 南京工业大学机械与动力工程学院，江苏南京 211816；

2. 四川理工学院 机械工程学院，四川自贡 643000）

摘　要　对于在役压力容器的安全问题一直是一个值得关注的问题，使用数值模拟的手段研究微观机理是一个重要的研究手段，其中建立多微观晶体的有限元模型是研究多微观结构的力学性能的前提与基础。本文总结了三维晶粒的建模方式，并前人的工作基础上，对三维多晶体建模方式进行了优化改进。基于 Voronoi 图利用 Python 脚本编程在 ABAQUS 软件中建立三维多晶模型，文中建立了精确模型、粗糙简化模型以及精细简化模型，并利用晶体塑性有限元编写的用户子程序，模拟了面心立方多晶体金属在单轴单向拉伸过程中的应力-应变响应。

关键词　多晶体；Voronoi；Python 脚本；晶体塑性有限元

The Method of 3D Modeling of Microscopic Polycrystalline Metalbased on Voronoi Diagram and Uniaxialtension Simulation

Shi Junlin[1,2]　Zhao Jianping[1]

（1. School of Mechanical and Power Engineering，Nanjing Tech University，

Jiangsu Nanjing 211816，China；2. College of Mechanical Engineering，

Sichuan University of Science & Engineering，Zigong，Sichuan 643000，China）

Abstract　For the in-service pressure vessel，the safety problem has always been a problem worthy of attention. It is an important method to study microcosmic mechanismby numerical simulation. The establishment of the finite element model of microscopic polycrystalline metal is the premise and basis for studying the mechanical properties of polycrystalline metal. In this paper，the modeling methods of 3D grain are summarized. Based on the previous work，A new method for the optimization and improvement of the 3D Voronoipolycrystal modeling was presented. Accurate model，rough simplified model and fine simplified model were established by Python script in ABAQUS soft based on Voronoidiagram. The stress-strain response of FCC polycrystalline metals under uniaxial tensile process. using the crystal plasticity finite element subroutine.

Keywords　polycrystal；Voronoi；Python script；crystal plasticity finite element

国家重点研发计划项目（2016YFC0801905）资助。

0 引言

金属材料在恶劣条件如高温下长期服役后，发生材料的老化与性能劣化，通过金相显微技术，发现在微观组织上呈现如碳化物的石墨化、珠光体分散、碳化物球化、聚集长大、合金元素重新分配、微孔洞微裂纹产生等现象[2,3]，对于材料的微观断裂机理等问题发展不是很完善，需要进行深入研究，而通过数值计算的方法来研究材料微观结构的组织结构力学性能，第一步也是最关键的一步就是要建立金属材料微观的模型，采用一些数字技术如X射线显微层析（X-ray diffractioncontrast tomography, DCT）[4,5]，获得实际的晶粒模型代价巨大，通常使用数字模型如Voronoi图来模拟晶粒，因此本文针对金属微观多晶体三维建模方法进行了探讨和研究。

1 传统三维多晶体的建模方法

近年来国外学者对于微观晶体的建模做了大量的工作，在外公开的文献中使用最多的是一些公开的开源软件，如法国QueyR团队开发的Neper[6]软件，它可以生成2维和3维多晶模型，然而它只能在Linux操作系统下运行，整个软件使用C语言进行开发编写的，借用了开源软件库函数如GSL，libmatheval，使用免费软件Gmsh进行网格划分，POV-Ray进行后处理显示，然而对于大部分用户来说习惯了Windows操作，Linux软件使用很不习惯。在国内兰州理工大学李旭东[7-9]团队使用C++、Python语言，基于voronoi算法自主开发了ProDesign、TransMesh软件，实现对材料微观组织结构的有限元建模、网格划分等过程。许多学者在研究课题中也先后做了大量的工作，如，张丰果[10]、伊兴华[11]、汪凯[12]、郑战光[13]等，但都有一些局限性和使用的复杂性。基于Voronoi图的多晶体有限元建模常大体采用如下两类方法：

（1）精确型，根据Voronoi算法生成Voronoi晶粒的几何拓扑信息，将其按一定规律存为数据文件，编写程序将数据转换为实体模型，然后处理生成Voronoi多晶体微观有限元模型，如Neper软件[6]，学者张丰果[14]将此类模型成为光滑模型，使用C++编写动态链接库Voronoi.dll将MATLAB生成的Voronoi几何拓扑信息传到ABAQUS/CAE中，利用Python语言完成后续建模工作；任淮辉[15]用VC++开发了ProDesign的三维建模软件，其建立模型的思路如下，对于每个晶粒，根据数据点连成直线，生成面，成为属性为Shell的part部件，将其实体化，最后组装生成体。在汪凯[12]的学位论文中给出了详细的介绍，先用WirePloyline命令生成晶粒每个面的边，然后用AddFace将边组成面，每个面都是单独的part，将一个晶粒的所有面组装成一个空心的壳，最后用AddCell将晶体变为实体，以此完成所有晶粒，最后在assembly模块组装成完整的一个多晶体。

（2）简化型，利用珊格的方法，将其离散化。首先生成规整的有限元的单元与网格，再根据获得的Voronoi几何信息及其原理，结合节点和单元的坐标信息，添加到不同的集合，给其赋予不同的参数，得到有限元模型[16]。

（a）精确型

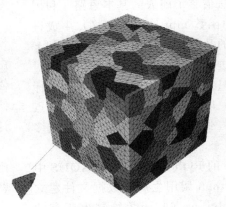

（b）简化型

图1 两种不同的基于voronoi有限元模型

2 改进的三维多晶模型的建立

2.1 基于 Voronoi 精确型多晶体有限元模型

关于 voronoi 的算法，目前发展得相当成熟，公开了很多源代码，如在商用数学软件 MATLAB 中供的一个专用工具箱 Multi - Parametric Toolbox，MPT）用以生成三维 Voronoi 图的几何拓扑信息，如图 2 即为 MATLAB 软件生成的一个 Voronoi 图。怎么把 MATLAB 软件生成的三维 Voronoi 图几何拓扑信息更加高效地转换为有限元模型是研究的一个重点。

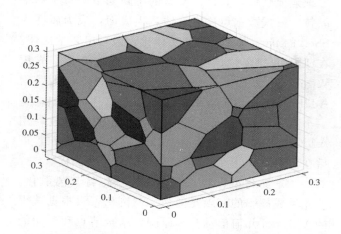

图 2　MATLAB 中生成的三维 Voronoi 多晶体几何图

本文建模的方法借鉴了前人的基本思路，利用 MPT 工具箱提供的函数 mpt_voronoi（）生成进行三维 Voronoi 图的几何拓扑信息，并在此基础上进行了一些优化改进。在几何拓扑信息阶段，针对生成的几何信息中只有每个晶粒多面体的顶点坐标信息，对其取交集，以此所有晶粒获得面、线、点的信息并分开存储，非传统方式存储每一个晶粒多面体的信息。

通过 ABAQUS 的 Python 脚本在 ABAQUS 中创建模型，利用 Python 调用生成的数据文件建立模型，使用 WirePolyLine（）函数绘制出所有的边，利用 CoverEdges（）函数生成所有的面，利用 abaqus 内置的装配部件的函数 InstanceFrom-

BooleanCut（），布尔运算从整体模型中切分得到一个具有 Voronoi 多面体形状的多晶模型。

如图 3 所示的为在 $300\mu m \times 300\mu m \times 300\mu m$ 的区域内，随机布置了 100 个种子点产生的有限元模型，从图 3 中可以看出，基于 Voronoi 算法生成的多面体能够模拟多晶体的晶粒。

图 3　Voronoi 精确多晶有限元模型

本文的算法相对于传统的算法做了如下改进，本文在拓扑信息的阶段，优化处理了原始数据，对于点线面的数据做到了最少，比传统的方式节约了一半以上的时间，直接通过实体壳进行了切分，省去了由面转换实体之一过程，以及最后的组装这一复杂过程，其过程中所有的点线面都只创立了一次，对于一些小面短边则避免了传统方式中可能会因数据的精度而致使部分几何信息丢失。

2.2 基于 Voronoi 简化型多晶体有限元模型

基于 Voronoi 算法建立的精确型多晶体有限元模型，虽然每个晶体的形状可以完美地展示，然而由于其晶粒的形状复杂，划分网格时只能采用四面体单元，为了使模型的计算结果准确可靠，通常需使用二次单元，带来的问题是计算时占用内存大，计算时间长。

相对于精确型模型，多晶模型的简化模型相对比较简单，对于不考虑晶界的情况下，可以栅格的思想，建立简化的多晶模型，单元的 set 集合代表一个晶粒，建立不同的 set 代表不同的晶粒，利用 Voronoi 图的定义，本文在前人的基础上，直接通过 Python 语言可以编程实现，将模型中的每个单元，计算形心到种子点的距离，将其最近种子点所在的集合。实现多晶模型的建立。

图 4 所示的为在 $300\mu m \times 300\mu m \times 300\mu m$ 的区域内布置了 100 个晶粒，其中单元的大小分别取了 $6\mu m$，共 125000 个单元以及单元大小为 $12\mu m$，共 15625 个单元，简化的 Voronoi 有限元模型虽然不是完全和标准的 Voronoi 多面体一样，但随着网格数量的增加，其模型几乎可以和真实结构相近

似，有限元本身就是一个近似的过程，把连续的体转换为节点单元，同时模型中的单元全部是六面体标准单元，计算精度高，能够满足模拟的需求，如在文献［17］指出的为了计算结果的准确，平均每个晶粒的单元数目应至少为 5 个，选取 10 个单元比较合适，这里每个晶粒的单元远高于文献中的数目。

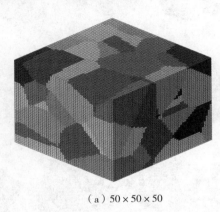

（a）$50 \times 50 \times 50$　　　　　（b）$25 \times 25 \times 25$

图 4　Voronoi 简化多晶有限元模型

3　三维模型的模拟结果

使用晶体塑性有限元（Crystal Plasticity Finite Element Method，简称 CPFEM）开发了用户材料子程序（User - defined Material Mechanical Behavior，UMAT），并将其应用到有限元软件 ABAQUS 中，每个晶粒相当于一个单晶体，随机赋予一个初始的取向，每一个晶粒定义为一个新的材料，Umat 子程序的材料参数按文献［18］弹性常数为 $C_{11} = 168400MPa$，$C_{12} = 121400MPa$，$C_{44} = 754000$，滑移参量设置为 $H_0 = 541.5MPa$，$\tau_s = 109.5MPa$，$\tau_0 = 60.8MPa$，$\dot{\alpha} = 1 \times 10^3 \cdot s^{-1}$，$q = 1$，$n = 10$。

这里对比研究，晶粒模型的大小选取 $300\mu m \times 300\mu m \times 300\mu m$，在其区域内随机布置了 100 个晶粒，使用上文表述的方式建立了三种模型：精确模型、$25 \times 25 \times 25$ 网格的粗糙简化模型，$50 \times 50 \times 50$ 网格的精细简化模型。加载为固定一个方向，在另一个方向施加 2% 的位移即 $6\mu m$ 的水平位移载

荷，使用相同的设置进行了计算，并对结果进行分析对比研究。

图 5 为三组模型的计算结果以及提取的部分晶粒的计算结果，从图 5 中可以看出，整体上三组模型的变形趋势相同，晶粒与晶粒间呈现出应力不均匀，在三晶交应力值较大。对比简化模型和精确模型可以看出，简化模型的结果是合理，模型网格数目越多越能更好地反映多晶模型的形状不规则性，能准确地描述晶间和晶内应力与变形的不均匀性。

为了反映多晶体在整个载荷作用过程中，模型中的应力应变的情况，由于模型中晶粒的取向各不同，各个晶体的计算结果变化较大，对每一个计算时间点，每一帧模型中输出变量场的取一个平均值，提取三个计算模型的平均应力、应变，绘制了三模型的应力应变曲线，如图 6 所示。从应力应变曲线可以看出，精确模型一和简化的粗糙模型二的结果没有太大的差别，曲线几何重叠在一起，对于简化模型可以用来模拟无晶界情况下的多晶体的力学响应，随着简化模型中网格数量的增加，计算的精度相对增加，晶粒间的堵塞有所缓解。随网格细化，单元数目的增加，晶粒间的滑移变得容易，多晶集合体在相同应变下的应力值降低，这与文献［19］所得出的结论相一致。

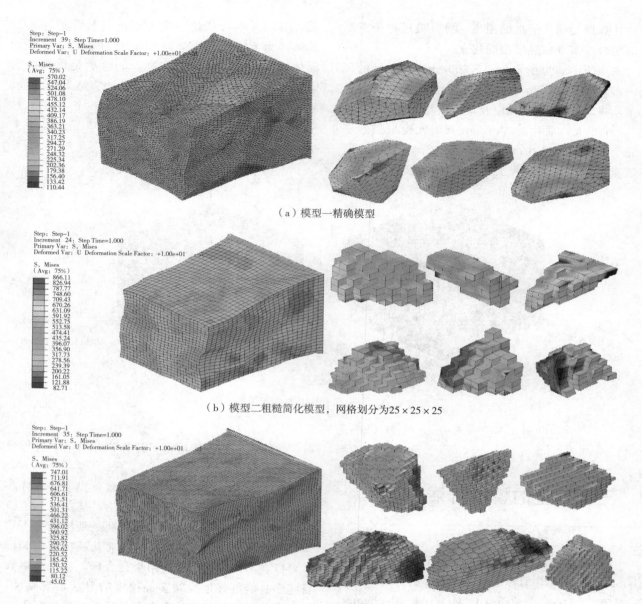

（a）模型一精确模型

（b）模型二粗糙简化模型，网格划分为$25 \times 25 \times 25$

（c）模型三精细简化模型，网格划分为$50 \times 50 \times 50$

图5　三组不同的模型的计算结果图

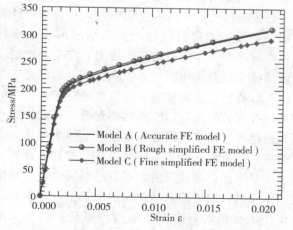

图6　三种模型基于晶体塑性理论单轴拉伸的应力应变曲线

4　总结

（1）对三维多晶体建模方式进行了全面总结，并在优化改进，本文预处理了原始几何拓扑数据，减少数据的存储量，省略了重复的建立点线面过程，直接通过面进行布尔运算，把一个实体切分成为多个多晶体，传统方法是由点到线转换为面，多个面实体化多面体，多个体装配成一个模型。本文方法简单高效，出错率低。

（2）建立了具有随机晶粒形状的精确模型、粗糙简化模型以及精细简化模型，并赋予每个晶粒相应的取向，利用晶体塑性有限元，在 ABAQUS 软件中模拟面心立方多晶体金属在单轴单向拉伸过程中的应力—应变响应，结果表明，三种模型计算结果差异不大，在不考虑晶界的情况下，简化模型能够用来模拟多晶体微观结构，具有模拟的效率高，计算代价小的优点。简化模型中随着网格数量的增加，在相同应变下的应力值降低。

参考文献

[1] 陈学东，崔军，章小浒，等. 我国压力容器设计、制造和维护十年回顾与展望 [J]. 压力容器，2012 (12)：1−23.

[2] 李益民. 大型火电机组用新型耐热钢 [M]. 北京：中国电力出版社，2013.

[3] 国家电力公司热工研究院材料研究所编. 火电厂关键部件失效分析及全过程寿命管理论文集 [M]. 北京：中国电力出版社，2000.

[4] King A, Johnson G, Engelberg D, et al. Observations of Intergranular Stress Corrosion Cracking in a Grain-Mapped Polycrystal [J]. Science，2008，321 (5887)：382−385.

[5] Simonovski I, Cizelj L, Garrido O C. The influence of the grain boundary strength on the macroscopic properties of a polycrystalline aggregate [J]. Nuclear Engineering and Design，2013，261：362−370.

[6] Quey R, Dawson P R, Barbe F. Large-scale 3D random polycrystals for the finite element method: Generation, meshing and remeshing [J]. COMPUTER METHODS IN APPLIED MECHANICS AND ENGINEERING，2011，200 (17−20)：1729−1745.

[7] 倪黎，李旭东. 应用 TransMesh 进行微观组织结构的有限元网格划分 [J]. 兰州理工大学学报，2005 (02)：24−28.

[8] 王国梁，李旭东，何凤兰，等. GUI 在多晶体材料微结构设计中的应用 [J]. 甘肃科技，2009 (11)：6−9.

[9] 任淮辉，李旭东. 三维材料微结构设计与数值模拟 [J]. 物理学报，2009 (06)：4041−4052.

[10] 张丰果，董湘怀. 微塑性成形模拟材料细观建模 [J]. 模具技术，2011 (03)：16−19.

[11] 伊兴华. 面心立方多晶体塑性变形有限元模拟 [D]. 哈尔滨：哈尔滨工业大学，2007.

[12] 汪凯. 多晶体材料加工的细观塑性有限元模拟 [D]. 昆明：昆明理工大学，2013.

[13] 郑战光，汪兆亮，冯强，等. 一种基于 Voronoi 图的多晶体有限元建模方法 [J]. 广西大学学报（自然科学版），2016 (02)：460−469.

[14] 张丰果. 基于多晶体塑性模型的微镦粗过程数值模拟 [D]. 上海：上海交通大学，2011.

[15] 任淮辉. 复合材料微观组织结构的计算机设计 [D]. 兰州：兰州理工大学，2009.

[16] 司良英. FCC 金属冷加工织构演变的晶体塑性有限元模拟 [D]. 沈阳：东北大学，2009.

[17] Lv L X, Zhen L. Crystal plasticity simulation of polycrystalline aluminium and the effect of mesh refinement on mechanical responses [J]. Materials Science and Engineering：A，2011，528 (22−23)：6673−6679.

[18] Huang Y. A User-Material Subroutine Incorporating Single Crystal Plasticity in the ABAQUS Finite Element Program [D]. Cambridge：Harvard University，1991.

[19] 谢韶，唐斌，韩逢博，等. 材料微结构三维建模及其晶体塑性有限元模拟 [J]. 塑性工程学报，2014，21 (1)：65−70.

作者简介

史君林（1992—），男，四川巴中人，硕士研究生，主要研究方向为过程装备的可靠性与风险评估。

通讯作者（导师）：赵建平教授，通信地址：211816 江苏省南京市南京工业大学机械与动力工程学院，E-mail：jpzhao71@163.com

微载荷球压痕法测量含短屈服平台
金属材料应力应变关系的有限元模拟

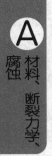

金　桩　王占宇　赵建平

（南京工业大学机械与动力工程学院，南京 211816）

摘　要　采用球压痕法测量金属材料力学性能成为近些年的热点，但该方法主要对于不含屈服平台的金属材料进行研究。本文采用微载荷球压痕法对含有短屈服平台的金属材料展开研究，通过量纲分析法建立了载荷位移曲线与材料的屈服强度、应变硬化指数和比值参数的无量纲函数，并对压痕试验进行有限元仿真模拟，对模拟实验结果进行数值分析，给出了无量函数的具体表达形式。最后通过模拟试验对无量纲函数的有效性进行了验证。

关键词　球压痕法；屈服平台；有限元分析；屈服强度；应变硬化指数

中图分类号　TH142.1

Finite Element Mondeling for Measuring the Stress Strain Curve of Metal Material with Yeild Plateau by Micro Load Dall Indentation Test

Jin Zhuang　Wang Zhanyu　Zhao Jianping

（School of Mechanical and Power Engineering，Nanjing Tech University，Nanjing 211816）

Abstract　Measuring themetal material mechanicalproperties by ball indentation test has become a focus in recent years，but this method is mainly used for metal materials without yield plateau. How to measure the metal materials with yield plateau wasresearched by the micro load ball indentation test in this paper. The dimensionless function related load-depth curve with yield strength，strain hardening exponent and the ratio parameter was built by dimensional analysis. The function expression was acquired by simulating the indentation test and analyzing the simulation results. The effectiveness of the function was verified by simulation test.

Keywords　spherical indentation；yield plateau；FEA；yield strength；strain hardening exponent

项目基金　科技部国家重点研发计划项目（2016YFC0801903）

0 引言

承压设备被广泛应用于化工、石化、能源、核电等流程工业，国内压力容器及管道数量众多，在役设备的安全问题已越来越受到关注[1]。这些设备大都在高温高压的环境下工作，且工作环境中有时存在腐蚀介质，因此对承压设备提出了极高的要求。单轴拉伸试验等传统的力学试验方法和以小冲杆试验为代表的微试样试验方法都需要从在役设备上取样，故在实际用中也受到制约[2]。球压痕法作为一种微试样测试方法，测试时几乎不会对设备造成任何伤害，非常适合用于检测在役设备材料力学性能。因此球压痕法近些年得到越来越多的关注[3]。

1970 年，H. A. Francis[4]、P. Au[5] 等人对球形压头压痕试验法展开探索，研究了载荷-深度曲线与材料应力-应变曲线的转化关联方法。美国橡树岭国家实验室的 F. M. Haggag 等人以及 G. E. Lucas 等研究人员[6] 于 20 世纪 80 年代初对硬度的衍生试验进行了进一步研究。他们对传统的硬度和显微硬度测试方法稍加改变，并基于研究吕德斯应变和金属流动性能理论，进行了大量的球形压头压痕试验。他们将压痕试验法计算获得的应力应变数据与传统拉伸试验获得的应力应变数据进行了比较，两种方法得到的结果较吻合。21 世纪初，韩国的 Hyungyil Lee[7] 等人基于大几何变化的递增塑性理论，开始采用有限元模拟分析方法对不同的材料进行了大量压痕模拟试验，通过分析压头附近的应力和变形，以及连续测量压痕试验过程中的载荷和深度，分析提取的载荷-深度曲线获得载荷-深度曲线与应力-应变曲线关联方法。

Cao[8] 将有限元分析与量纲分析法相结合，并将 Dao[9] 在锥形压头压痕法中提出的表观应变概念引入到了球形压头压痕法中，提出了新的分析框架，并通过对 24 种已知性能参数的材料进行压痕实验模拟，根据分析获得的载荷压痕深度数据，得出给定压入深度下不随应变硬化指数改变的无量纲函数及对应的表观应变。最后根据实验获得两次压入深度的载荷值带入无量纲函数来计算材料的屈服强度和应变硬化指数。崔航[10] 等人在 Cao 的研究结果上，采用同样的方法补充了屈服应变在

0.00769～0.04 内的金属材料的计算公式。Lee 和 Cao 的方法在有限元分析中均采用的金属材料模型均为忽略屈服平台的金属材料模型，因此本文将采用有限元与量纲分析结合的分析方法对含有短屈服平台的金属材料进行分析，并给出评价其应力应变关系的方法。

1 力学模型及数学模型

1.1 金属材料的力学模型

低碳钢及低强度合金钢发生屈服后，一定时间内应力几乎不会随应变立刻升高，不发生强化行为，而存在一段屈服平台，在超过屈服平台之后材料才开始表现出强化行为。其应力应变曲线如图 1 所示。假设发生屈服至开始发生应变强化的这一阶段，应力始终等于屈服强度且完全不随应变增加，式（1）为图中曲线的数学表达式。

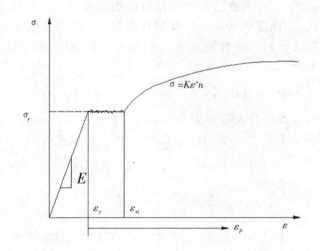

图 1 考虑屈服平台的金属材料应力应变曲线模型

$$\sigma=\begin{cases} E\varepsilon & (\varepsilon\leqslant\varepsilon_y) \\ \sigma_y & (\varepsilon_y<\varepsilon<\varepsilon_{st}) \\ K\varepsilon^n & (\varepsilon\geqslant\varepsilon_{st}) \end{cases} \quad (1)$$

式中：E 为弹性模量；σ 为总应力；ε 为总应变；σ_y 为屈服强度；ε_y 为初始屈服应变；ε_{st} 为材料开始进入强化阶段对应的应变值；K 为强度系数；n 为应变硬化率。

这里引入一个比值参数 α[11]，如式（2）。将比值参数 α 引入式（1）中，计算式可转化为式（3）。

$$\alpha = \frac{\varepsilon_{st}}{\varepsilon_y} \qquad (2)$$

$$\sigma = \begin{cases} E\varepsilon & (\varepsilon \leqslant \varepsilon_y) \\ \sigma_y & (\varepsilon_y < \varepsilon < \varepsilon_{st}) \\ \sigma_y \left[1 + E(\varepsilon - \varepsilon_{st}) / (\alpha\sigma_y) \right] n & (\varepsilon \geqslant \varepsilon_{st}) \end{cases} \qquad (3)$$

1.2 量纲分析及数学模型

量纲分析法是研究球形压头压痕试验中经常使用的一种方法。Cheng 等人[12]在通过分析有限元模拟方法获得的数据后，建立了许多无量纲统一函数。在 Cao 的研究和崔航[10]等人的研究中也均采用量纲分析与有限元分析结合的方法来获取材料力学性能。作者也采用基于无量纲函数和有限元分析结合的方法进行研究。

在球形压头进行压痕实验时，压头加载下压过程中，压入载荷 P 可以通过以下几个相关参数的函数式（4）来表达：被测材料的杨氏模量 E，泊松比 ν，屈服强度 σ_y，应变硬化指数 n，比值参数 α，压头材料的弹性模量 E_i，压头的泊松比 ν_i 和压头半径 R。

$$P = f(E, \nu, E_i, \nu_i, \sigma_y, n, h, R, \alpha) \qquad (4)$$

通过引入有效弹性模量 E^r（reduced Young's modulus）[13]，式（6），式（4）可以写成式（5）：

$$P = f(E^r, \sigma_y, n, h, R, \alpha) \qquad (5)$$

$$\frac{1}{E^r} = \frac{1 - \nu^2}{E} + \frac{1 - \nu_i^2}{E_i} \qquad (6)$$

Π 定理作为量纲分析的核心理论，它能给出它可以提供在不知道等式具体形式的情况下由所给变量计算无量纲参数的方法。以屈服强度 σ_y 和压痕深度 h 为基本物理量，根据 Π 定理给出式（7）：

$$P = \sigma_y h^2 \Pi_2 \left(\frac{E^r}{\sigma_y}, n, \frac{R}{h}, \alpha \right) \qquad (7)$$

由于压痕深度 h_g 和压头半径 R 已给定，式（7）可转变为式（8）：

$$P = \sigma_y h^2 \Pi_2 \left(\frac{E^r}{\sigma_y}, n, \alpha \right) \qquad (8)$$

式中：无量纲函数 Π_2 为压痕性能的表征量。

2 有限元模型的建立

2.1 材料模型

对于含短屈服平台的金属材料的应力应变曲线模型，采用图 1 所示的金属材料的应力应变曲线数学模型，使用 E，σ_y，n，α 等四个参数就可完整描述金属材料的应力-应变曲线。在仿真分析中，为了获得比较全面的结论，本文选用了 195 种工程中常用的金属材料。弹性模量 E 为 190GPa 至 210GPa；泊松比 ν 设为 0.3；屈服强度 σ_y 从 235MPa 至 435MPa；应变硬化指数 n 分别为 0 至 0.4。Kato[14]研究发现，大部分具有短屈服平台的工程材料，参数比值 α 在 7 到 23 之间，所用材料参数具体见表 1。

表 1　模拟中使用的含短屈服平台的金属材料的力学参数

材料性能	用于分析的数值
杨氏模量 E/GPa	190，200，210
屈服强度 σ_y/MPa	235，285，335，385，435
应变硬化指数 n	0，0.1，0.2，0.3，0.4
比值参数 α	7，16，23

2.2 计算模型

使用 ABAQUS 有限元仿真软件进行压痕实验模拟，考虑结构和载荷的对称性，建立简化的二维轴对称模型。根据圣维南原理，远离压痕区域处的应力和应变趋近于零，且实际试件尺寸远大于压痕区域尺寸，为减少模型的单元数目，节约计算成本，所以只需建立局部材料模型，即模型尺寸远小于实际试件尺寸。计算模型如图 2，模型中球形压头半径为 0.5mm，试样尺寸为 5mm×5mm。

压痕实验模拟中，变形主要集中在压头与试样接触区域，因此采用类似文献[7]中的过渡网格来划分模型单元，如图 3。网格细分程度兼顾计算精度与效率，在靠近压头的区域网格较密，反之稀疏，从模型接触区到边界，单元尺寸逐渐增大。整个模型网格包括 2280 个单元，单元类型为 CAX4R，单

元最小尺寸为 0.0128mm×0.0128mm。边界条件采用底面固定，对压头参考点施加载荷。通过控制

位移方式实现加载，最大位移为 0.05mm，加载过程为准静态过程。

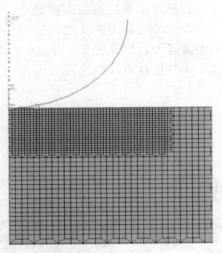

图 2　有限元模型示意图

压头材料为类金刚石材料，其硬度非常高，远大于被测材料的硬度，在压头模型中，球形压头视为理想刚体，选用解析刚体对球形压头进行建模[7-10]。材料模型遵循 Von Mises 屈服准则和各向同性强化准则以及大变形准则。

3　模拟结果与分析

3.1　网格密度对结果的影响分析

为观察网格密度对计算结果的影响，将压头与

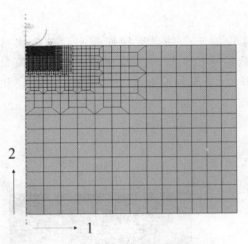

图 3　压头附近网格模型示意图

试样接触区域网格加密，从而进行压痕试验模拟。加密后接触区域网格如图 4，网格最小尺寸为 0.002mm×0.002mm。模型共计 5080 个网格，相比于原来的网格数 2208 多了 2.3 倍。

以弹性模量为 195GPa，屈服强度为 250MPa，应变硬化率 n 为 0.2 的材料为例，分别采用加密网格模型和普通网格模型进行压痕试验模拟，提取的载荷深度曲线如图 5。可以看到，虽然模型的网格密度有很大差别，但是所得结果基本相同，最大数据误差约为 2.7%，能够满足工程要求。

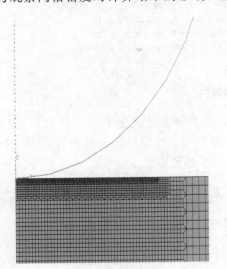

图 4　压头附近网格加密模型示意图

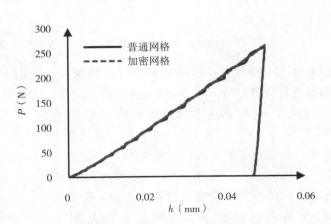

图 5　两种模型所提取载荷深度曲线对比

3.2　无量纲函数的确定

　　对表 1 中的 195 种含有短屈服平台的金属材料进行微载荷球压头压痕实验模拟。以弹性模量 E 为 190GPa，屈服强度 σ_y 为 235MPa，应变硬化率 n 为 0.2，比值参数 α 为 23 的金属材料的仿真实验结果为例，结果如图 6 和图 7。可以观察到，压头和被材料接触区域的距离越小，材料所受应力越大，变形也越大；反之，压头和被材料接触区域距离越大，材料所受应力越小，变形也越小；远离压头与被材料接触区域处的应力和应变趋近于零。

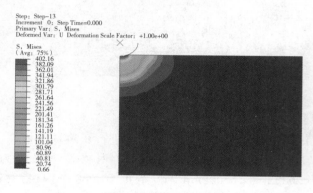

图 6　仿真模拟结果

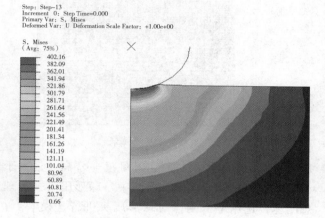

图 7　压头附近应力云图

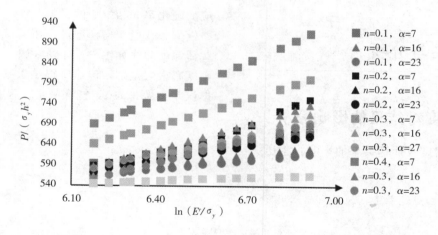

图 8　$h_g=0.02$ 时，各点分布情况

　　提取对 195 种材料压痕模拟实验后的载荷-深度数据并进行数值分析。对离散点进行拟合，可得到无量纲函数 Π_2 的表达形式。图 8 给出了 $h_g=0.02$ 时 $P_g/(\sigma_{y*}h_g^2)$ 与 E^r/σ_y 的关系。通过图 8 可以发现，在比值参数 α 与应变硬化率 n 一定的情况下，$P_g/(\sigma_{y*}h_g^2)$ 随 $\ln(E^r/\sigma_y)$ 的增加而增大。参考 Pham[11] 对数据模型的表达方法，采用式（9）对各离散点进行拟合，相关系数分别为 0.9929，0.9949 和 0.9949。因此，式（9）中的无量纲函数 Π_2 的具体表达式如下，式中 $f_{ij}(\alpha)$ 是 α 的函数，当 α 为 7、16 和 23 时，函数 Π_1 形式如图 9。式（9）的具体参数见表 2。

$$\Pi_2\left(\frac{E^r}{\sigma_y},\ n,\ \alpha\right)=\sum_{j=0}^{3}\sum_{i=0}^{3}f_{ij}(\alpha)\left(\ln\frac{E^r}{\sigma_y}\right)^i n^j$$

$$f_{ij}(\alpha)=\sum_{k=0}^{2}b_{ijk}\alpha^k \tag{9}$$

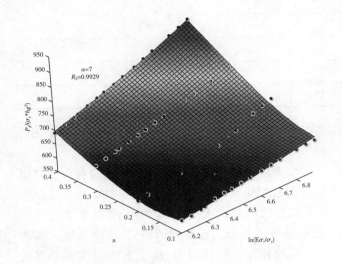

（a）α=7时，函数Π_1值的分布形式

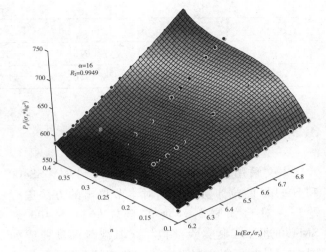

（b）α=16时，函数Π_1值的分布形式

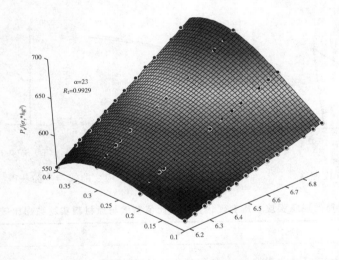

（c）α=23时，函数Π_2值的分布形式

图9 α为7、16和23时，函数Π_1的值的分布形式

表2 公式（9）系数

	i=0			i=1		
	k=2	k=1	k=0	k=2	k=1	k=0
j=3	−245.82	7401.6	−44186	0	0	0
j=2	72.611	−2570.8	24488	17.718	−497.96	1796.5
j=1	−95.22	2854.7	−17860	25.475	−716.26	3274.4
j=0	−218.55	5660.9	−27420	103.6	−2716.3	13731
	i=2			i=3		
	k=2	k=1	k=0	k=2	k=1	k=0
j=3	0	0	0	0	0	0

（续表）

	i=2			i=3		
j=2	0	0	0	0	0	0
j=1	−2.622	72.618	−265.55	0	0	0
j=0	−16.312	431.96	−2223.4	0.8624	−23.078	121.01

3.3 无量纲函数实验验证

本文采用金属材料（来自文献［11］）SS400和SM490的拉伸实验数据对本节提出的方法进行验证。对已知材料性能的金属材料 SS400 和 SM490 进行压痕实验模拟，获取载荷深度曲线如图10。计算所得屈服强度 σ_y、应变硬化指数 n、比值参数 α 以及误差 e 列于表3。从表中可以看出，屈服强度值误差为 3.7% 和 1.84%；应变硬化指数

值误差为 1.96% 和 4.14%；比值参数误差为 6% 和 4.48%。

将金属材料的弹性模量和通过实验获得的屈服强度 σ_y、应变硬化指数 n 和比值参数 α 与通过计算获取的参数分别代入式（1）中，对比计算获取的应力-应变曲线与实验获得的应力-应变曲线，如图11。发现计算获取的应力-应变曲线与实验获得的应力-应变曲线基本吻合。由此可见，使用本文提出的计算方法可以获得较准确的结果。

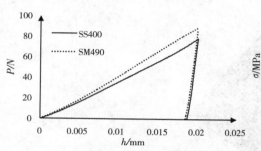

图 10　两种材料的载荷-深度曲线

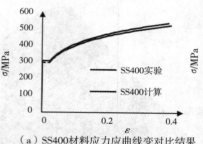

（a）SS400材料应力应变曲线变对比结果

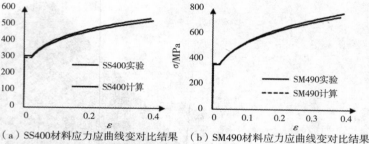

（b）SM490材料应力应变曲线变对比结果

图 11　计算获取的应力-应变曲线与实验获得的应力-应变曲线对比

表 3　计算的屈服强度、应变硬化指数和比值参数与原材料实验数据比较

材料	SS400			SM490		
	屈服强度 σ_y/MPa	应变硬化指数 n	比值参数 α	屈服强度 σ_y/MPa	应变硬化指数 n	比值参数 α
原始数据	306.6	0.204	18.1	353.5	0.266	13.4
计算数据	295	0.2	17	360	0.255	14
误差 e	3.7%	1.96%	6%	1.84%	4.14%	4.48%

4　结论

以球形压痕理论为基础，采用无量纲分析和有限元分析方法对微载荷压痕法测量含屈服平台金属材料进行了分析，将压痕试验获取的载荷深度曲线与金属材料应力应变曲线相关联，并给建立了压痕深度为 0.02mm 时对应的载荷值计算金属材料屈服强度，应变硬化指数以及比值参数的公式。通过所得的屈服强度，应变硬化指数，以及比值参数可绘制应力应变曲线。使其他文献中的材料进行验证性试验，所得计算结果与材料实际参数相比，最大误差为 6%，最小误差为 1.84%。本文提出的外载荷球压痕法方法适用于计算弹性模量 E 在 190GPa 至 210GPa 间，屈服强度 σ_y 在 235MPa 至 435MPa 间，应变硬化指数 n 在 0 至 0.4 间的含有屈服平台的金属材料的力学性能。

参 考 文 献

[1] 李晓. 化工设备腐蚀机理研究及腐蚀监测管理系统的开发 [J]. 现代制造技术与装备, 2016, (11): 76-77.

[2] 关凯书, 邹镔, 伍声宝. 连续球压痕法评价钢的塑性 [J]. 机械工程材料, 2016, 40 (9): 18-21.

[3] 伍声宝, 徐彤, 喻灿, 等. 采用球压痕法测16MnR 钢的拉伸性能 [J]. 机械工程材料, 2015, 39 (1): 82-85.

[4] Francis H A. Phenomenological Analysis of Plastic Spherical Indentation [J]. Journal of Engineering Materials & Technology Transactions of the Asme, 1976, 98 (3): 272-281.

[5] Haggag F M, Lucas G E. Determination of lüders strains and flow properties in steels from hardness/microhardness tests [J]. Metallurgical and Materials Transactions A, 1983, 14 (8): 1607-1613.

[6] Loubet J L, Gerorges J M, Marchesini O, et al. Vickers indentation curves of magnesium oxide (MgO). J. Tribol. Trans. ASME 106, 43 - 48 [J]. Journal of Tribology, 1984, 106 (1): 43.

[7] Lee H, Jin H L, Pharr G M. A numerical approach to spherical indentation techniques for material property evaluation [J]. Journal of the Mechanics & Physics of Solids, 2005, 53 (9): 2037-2069.

[8] Cao Y P, Lu J. A new method to extract the plastic properties of metal materials from an instrumented spherical indentation loading curve [J]. Acta Mater. 2004, 52: 4023-4032.

[9] M Dao, N. Chollacoop, K J Van Vliet, T A Venkatesh, S Suresh. Computational modeling of the forward and reverse problems in instrumented sharp indentation [J]. Acta Mater. 2001; 49 (19): 3899-3918.

[10] 崔航, 陈怀宁, 陈静, 等. 球形压痕法评价材料屈服强度和应变硬化指数的有限元分析 [J]. 金属学报, 2009, 45 (2): 189-194.

[11] Pham T H, Kim J J, Kim S E. Estimating constitu tive equation of structural steel using indentation [J]. International Journal of Mechanical Sciences, 2014, 90: 151-161.

[12] Cheng Y T, Cheng C M. Can stress-strain relationships be obtained from indentation curves using conical and pyramidal indenters [J]. Journal of Materials Research, 1999, 14 (09): 3493-3496.

[13] Zhuang Jin, Jian-ping Zhao. A New Method to Extract the Plastic Properties of Metal Materials from A Continuous Spherical Indentation Test [J]. Key Engineering Materials. 2017. 734: 206-211

[14] Kato B, Aoki H, Yamanouchi H. Standardized mathematical expression for stress-strain relations of structural steel under monotonic and uniaxial tensile loading. MaterStruct1990; 23: 47-58.

作 者 简 介

金桩 (1991-), 男, 内蒙古呼伦贝尔人, 硕士研究生, 研究方向: 过程装备可靠性与风险评估

王占宇 (1994-), 男, 吉林辽源市人硕士研究生, 研究方向: 过程装备可靠性与风险评估

通讯作者 (导师): 赵建平教授, 通信地址: 211816 江苏省南京市南京工业大学机械与动力工程学院,
E-mail: jpzhao71@163.com

材料断裂韧度的压入试验确定方法研究

王　尚[1,2,3]　张国新[1,2,3]　王威强[1,2,3]

（1. 山东大学机械工程学院，济南，250061；

2. 山东省特种设备安全工程技术研究中心，济南，250061；

3. 山东大学特种设备安全保障与评价中心，济南，250061）

摘　要　压入试验以其微损的特性广泛应用于材料力学性能的获取，其中断裂韧度的获取一直是研究的热点。本文作者针对核设备用 SA508 - 3 钢，深入探讨了广泛应用的临界压入能模型（CIE 模型），该模型中有效弹性模量的计算公式基于刚性压头压入弹性半空间求得，与实际情况有所偏差，因此本文针对弹塑性材料在大压痕深度下的实际变形情况，考虑卸载前材料的塑性变形，应用新的弹性模量计算模型。随着压入深度的增加，有效弹性模量降低，利用临界弹性模量获得临界压入深度，最终获得材料的断裂韧度。修正后的结果与传统断裂韧度试验结果偏差进一步减小，使球压头压入试验测试材料断裂韧度在理论上更趋完善。此外，作者采用扫描电镜观察残余压痕截面，在该截面上，压头下方存在一定量的微孔洞，微孔洞沿剪应力方向，因此，引入连续损伤力学求解临界压入深度是可行的。

关键词　压入试验；球压头；连续损伤力学；断裂韧度

Research on the Method to Obtain the Material Fracture Toughness by the Indentation Test

Wang Shang[1,2,3]　　Zhang Guoxin[1,2,3]　　Wang Weiqiang[1,2,3]

（1. School of Mechanical Engineering of Shandong University，Jinan，250061；

2. Engineering and Technology Research Centre for Special Equipment
Safety of Shandong Province，Jinan，250061；

3. Research Centre of Safety Guarantee and Assessment to Special
Equipment of Shandong University，Jinan，250061）

Abstract　The indentation tests are widely applied to the acquisition of the material mechanical properties because of its nearly non-destructive characteristic，and the acquisition of fracture toughness has been the hot topic of research. This paper discussed deeply the CIE（Critical Indentation Energy）model，the formula of effective elastic modulus was deduced based on the rigid indenter pressed into the elastic half-space in this model. But there is deviation from the actual situation，so this paper calculated the effective elastic modulus in the case of the plastic deformation before unloading was considered for the deep depth of the elastic-plastic materials，the effective elastic modulus decreases as the depth of indentation increases，the critical indentation depth can be obtained from the critical elastic modulus，and the fracture toughness was obtained finally. The deviation of fracture toughness acquired by the corrected method and normal value acquired by the traditional fracture toughness test was further reduced，and the theory of material fracture toughness measured by the ball indentation tests is improved. In addition，the cross sections of residual indentation were observed by scanning electron microscope，as the depth of the indentation increases, the micro-pores increases under the ball indenter, and the direction of the micro-pores along shear stress. Therefore, In order to acquire the critical indentation depth, it is feasible to introduce the continuous damage mechanics.

Keywords The indentation tests; The ball indenter; The continuous damage mechanics; Fracture toughness

1 介绍

随着工业装备日趋于大型化，运行工艺条件日趋苛刻，对大型设备，尤其是压力容器以及核电设备的安全运行提出了越来越高的要求。适用于压力容器的结构完整性分析以及风险评估技术应用而生，该种技术可在设备运行过程中提出针对性的维护检修策略，但此技术推广的难点之一在于在役设备力学性能包括抗拉强度、屈服强度、断裂韧度等的获取。

1951 年，Tabor[1] 最早引入压入法的概念，并提出采用压入法来表征被测材料除压痕硬度以外其他力学性能的想法。在 Hertz 使用压入试验确定材料硬度算法的基础上，Meyer 发现了压入载荷与球压头直径之间的关系，此后他在大量系统试验的基础上提出了 Meyer 定律[2]。此后，Tabor 发现通过压入试验中压头直径以及残余压痕直径，可以得到金属材料的表征塑性应变[1]。基于前人工作，Haggag 提出使用球压头压入试验的载荷-压入深度曲线获取材料的力学性质，并研发了一系列试验设备[3-6]。随后，压入试验以其近乎无损的特性逐渐被世界各国学者重视。

断裂韧度是材料抵抗裂纹扩展的能力，传统方法是采用预制疲劳裂纹的紧凑拉伸试样或三点弯曲试样通过破坏性断裂试验测得。1975 年，Lawn 和 Swain[7] 采用传统的维氏硬度尖压头测得了脆性材料断裂韧度。1998 年，Byun 等人[8] 提出了压入断裂能的概念，将压入变形能与传统断裂试样的断裂能联系起来，测得处于韧脆转变区材料的断裂韧度。利用该概念，Haggag 提出了 Haggag Toughness Method[6]，并将计算程序内嵌到试验机中，推动了该法在工程上的应用。对于韧性材料断裂韧度的求解，Lee 等人[9] 在 2006 年引入连续损伤力学，认为当材料孔洞率达到临界孔洞率 0.25 时，压入深度达到临界压入深度，根据压入变形能推得材料的断裂韧度，即 CIE（Critical Indentation Energy）模型。本文作者针对弹塑性材料大压痕深度下的实际变形情况，考虑了卸载前材料的塑性变形，最终获得材料的断裂韧度。

2 理论模型

2.1 压入法求解断裂韧度

对于含有长度为 2c 穿透型裂纹的无限大平板，在垂直于裂纹表面方向上受到无穷远处的均匀拉伸力作用时，根据 Griffith 理论，其断裂韧度可表示为下式

$$K_{IC} = \sqrt{2EW_f} \tag{1}$$

其中，E 是材料的弹性模量，GPa；W_f 为断裂能，N·mm^{-1}。

因此，要想通过球压头压入法测得材料的断裂韧度，必须通过压入试验参数确定材料的断裂能 W_f。由前期有限元模拟可知，压入试验中试样单位变形接触面积吸收的能量与材料断裂所需的能量相似，若在压入试验过程中，存在一个临界压入深度，在该深度下，压痕试样在整个过程中变形所吸收的能量，即压痕变形能，正好对应于裂纹起裂所需的断裂能。通过压入试验得到的载荷-压入深度曲线，我们可以使用式得到临界压入能，即对应于材料断裂能时试样变形所吸收的能量。

$$2W_f = \lim_{h \to h^*} \int_0^h \frac{4F}{\pi d^2} dh \tag{2}$$

$$d = 2\sqrt{Dh - h^2} \tag{3}$$

$$F = Sh \tag{4}$$

其中，F 是所施加的压入载荷，KN；h 为压入深度，mm；d 为压头投影直径，mm；D 为压头直径，mm；S 为压入载荷-深度加载曲线的斜

率，$KN \cdot mm^{-1}$；h^* 为临界压入深度，mm；$2W_f$ 为形成两个裂纹面所需的能量，$N \cdot mm^{-1}$。将式~式联立积分带入式可得

$$K_{JC} = \sqrt{\frac{Es}{\pi} \ln\left(\frac{D}{D-h^*}\right)} \tag{5}$$

2.2 CIE 模型及其修正

2006 年，Lee 等人[9]引入连续损伤力学，获取材料的临界压入深度。假设随着压入深度的增加，压头下方材料产生的损伤也会增加，其有效弹性模量 E_D 可采用压入试验参数获得[10]，如式所示。

$$E_D = \frac{1-\nu^2}{\frac{1}{E_r} - \frac{1-\nu_i^2}{E_i}} = \frac{1-\nu^2}{\frac{d}{S} - \frac{1-\nu_i^2}{E_i}} \tag{6}$$

其中，ν 和 ν_i 分别表示材料和压头的泊松比（研究表明材料泊松比不会受损伤的积累影响）；E_i 为压头的弹性模量，GPa。

式（6）基于刚性压头压入弹性半空间推导得到，在该假设下，再加载时，上次卸载时残余的塑性凹坑忽略不计。实际上，当压入载荷达到一定值时，压头下方材料进入全塑性状态，卸载后凹坑少量回弹，残余凹坑不可忽略。因此，采用基于刚性压头压入弹塑性半空间推导得到的有效弹性模量计算公式修正 CIE 模型[11]：

$$E_D = \frac{1-\nu^2}{\frac{1}{E_r} - \frac{1-\nu_i^2}{E_i}} = \frac{1-\nu^2}{\frac{d_e}{S} - \frac{1-\nu_i^2}{E_i}} \tag{7}$$

其中，d_e 为等效接触直径，mm，可通过等效压头半径及残余凹坑半径获得。

连续球压头压入试验中，每次加卸载中都可以得到相应的有效弹性模量 E_D，而且，$\ln E_D$ 和 $\ln h$ 之间具有非常好的线性关系，只要得到材料的临界有效弹性模量 E_D^*，即可通过 $\ln E_D$-$\ln h$ 线性拟合关系求得材料的临界压入深度 h^*。

由 Lemaitre[12]的等效应变原理可知，将损伤变量 D 与弹性模量 E 之间的关系如下式所示。

$$E_D = E(1-D) \tag{8}$$

其中，E 是未损伤材料的弹性模量，GPa；E_D 是损伤后材料的有效弹性模量，GPa。临界损伤弹性模量 E_D^* 可由临界损伤变量 D^* 通过式获得。

假定材料由于损伤产生的孔洞均匀分布，损伤变量和孔洞率之间的关系为：

$$D = \frac{\pi}{\left(\frac{4}{3}\pi\right)^{\frac{2}{3}}} f^{\frac{2}{3}} \tag{9}$$

对于临界孔洞率的计算，CIE 模型采用 Andersson[13]通过有限元模拟材料裂纹稳定扩展时对应的临界孔洞率，$f^* = 0.25$。根据式可求得临界损伤参数 D^*，进而求得临界下压深度 h^*，将其带入式即可求得材料断裂韧度。对所有材料采用同一临界孔洞率势必会产生一定的误差，因此采用加卸载拉伸试验获取材料实际的临界孔洞率。

3 试验材料及方法

选用核电设备常用钢 SA508-3 作为试验材料，交货状态为正火状态，锻件，测得材料成分如表 1 所示，其化学成分含量满足标准要求。

表 1　SA508-3 化学成分分析结果（质量分数，wt%）

SA508-3	C	Si	Mn	Cr	Mo	Ni	P	S
测量值	0.226	0.194	1.475	0.227	0.469	0.956	0.0066	0.0012
ASME 标准值	≤0.25	≤0.40	1.20-1.50	≤0.25	0.45-0.60	0.40-1.00	≤0.025	≤0.025

反复加卸载试验选用标准棒状拉伸试样，其标距段直径为 10mm，长度为 50mm，加载速率和卸载速率都控制为 1mm/min。

采用单试样卸载柔度法测定材料的断裂韧度，试样选用标准台阶型缺口紧凑拉伸试样，加工 3 个试样。试样厚度选用 25mm，采用标准试样，通过机械加工产生 V 形缺口。采用恒 K 法，应力比为 0.1，频率为 15Hz 预制疲劳裂纹，疲劳裂纹预制完成对试样两侧加工深度为 2mm，夹角为 90°的侧槽。

压入试样尺寸为 10mm×10mm×50mm，上下表面分别采用 320、400、600、800 的金相砂纸依次打磨，后进行机械抛光。采用美国 ATC 公司生产的应力应变显微探针系统 SSM-B4000TM System 进行自动球压头压入试验，选用直径为 0.76mm 的碳化钨硬质合金球压头，加卸载循环次数设定为 8 次，每次部分卸载比为每周期加载最大载荷的 40%，最后一次加载完成后完全卸载。压

入试验速度设定为 0.13mm/min，最大压入深度设为压头半径的 24%（0.091mm），每个试样压入 3 个点，每两点之间的间距尽可能大。

4　试验结果及分析

反复加卸载试验得到的工程应力-工程应变曲线如图 1 所示，在紧缩前，拉伸过程中试样标距段均匀变形，利用体积不变原理，将紧缩前五个循环的工程应力应变曲线转化为真应力-真应变曲线，利用真应力-真应变曲线计算材料的有效弹性模量。如图 2 所示，随着应变增加，有效弹性模量降低，损伤度增加随应变的增加而增加，后逐渐趋于定值，采用指数函数拟合可得二者之间的变化关系如式所示，得到 SA508-3 的临界损伤度 $D^* = 0.21$。

$$D = 0.21 - 0.27 e^{-98.5\varepsilon_t} \tag{10}$$

在单试样卸载柔度法测定材料断裂韧度试验中，通过引伸计测得的加载线位移和试样柔度可以确定裂纹长度 a，通过迭代法可获得每循环中的裂纹扩展阻力 J，试样每卸载一次就会得到一个裂纹扩展量和对应的 J 值，将二者通过式进行拟合，便可以得到 SA508-3 的 J_R 阻力曲线，如图 3 所示，根据 GB/T 21143 标准中画出该材料的 0.2mm 钝化偏置线，求得其 J_{IC}，后通过式转化为断裂韧度值，传统断裂韧度值如表 2 所示。值得一提的是，2 号试样 0.2mm 的钝化偏置线与 J_R 阻力曲线无交点，没能得到有效的断裂韧度值。

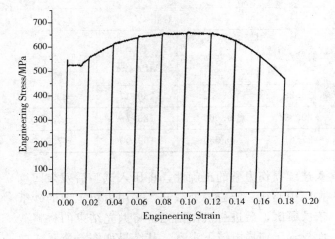

图 1　加卸载工程应力-应变曲线

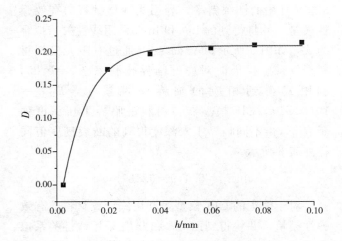

图 2　损伤度随应变变化趋势

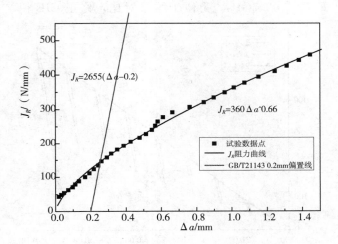

图 3　SA508-3 的 J_R 阻力曲线

$$J = \alpha + \beta \Delta a^{\gamma} \tag{11}$$

其中，α、β 和 γ 为拟合出的常数，且 α 和 $\beta \geqslant 0$，$0 \leqslant \gamma \leqslant 1$。

$$K_{JC} = \sqrt{\frac{E J_{IC}}{1 - \nu^2}} \tag{12}$$

表 2　SA508-3 的传统断裂韧度试验所得值

材料	编号	J_{IC}（N/mm）		K_{JC}（MPa$\sqrt{m}$）	
		国标	平均值	国标	平均值
SA508-3	1	146		183.6	
	2	—	148.5	—	184.5
	3	149		185.4	

利用自动球压头压入试验机获得材料的载荷-压入深度曲线如图 4 所示，三条曲线的一致性很好，说明试验的重复性较高。在 CIE 模型中，对于

8次循环中的卸载斜率,利用式计算材料的有效弹性模量,并将得到的 $\ln h$ 和 $\ln E_D$ 采用线性关系拟合为式,如图5所示。Andersson通过有限元模拟材料裂纹稳定扩展时对应的临界孔洞率 $f^* = 0.25$,利用式得到相应的临界弹性模量,$E_D^* = 107.2\text{GPa}$。CIE模型获得材料的临界下压深度列于表3,由不同临界压入深度得到的断裂韧度值同样如表3所示。

$$\ln E_D = 5.419 - 0.187\ln h \qquad (13)$$

对于修正的CIE模型,利用式计算材料的有效弹性模量,并将得到的 $\ln h$ 和 $\ln E_D$ 采用线性关系拟合为式,如图5所示。由上述加卸载拉伸试验得到的临界损伤度 $D^* = 0.21$ 可知,其临界弹性模量为 $E_D^* = 162.7\text{GPa}$。为便于结果对比,修正CIE模型得到的临界压入深度及断裂韧度值也列入表3。

$$\ln E_D = 6.083 - 0.272\ln h \qquad (14)$$

由表3中可明显看出,修正后CIE模型得到断裂韧度 K_{JC} 三次结果相当接近,与常规断裂试验得到的断裂韧度值偏差在10%之内,远小于CIE模型测算结果的偏差。其偏差可能来自于以下几个方面:1. 由于 J 积分试验受裂纹预制情况的影响很大,J 积分试验获得的 K_{JC} 本身就存在一定的偏差。2. 自动球压头压入试验过程中,试验因素如压头直径、压入深度对测得的载荷-压入深度曲线具有一定的影响,进而影响测得的断裂韧度值。3. 临界压入深度的求解过程中,$\ln E_D$ 和 $\ln h$ 之间线性拟合会引入一定的偏差。

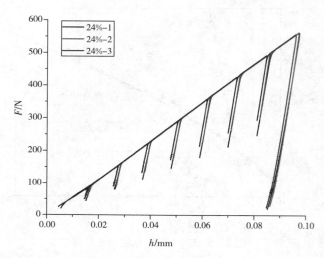

图4 载荷-压入深度曲线

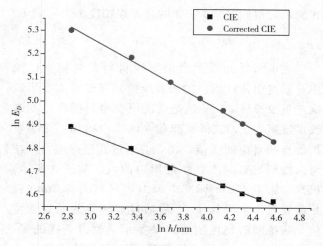

图5 有效弹性模量与压入深度之间的关系

表3 不同模型测得的断裂韧度值及其偏差

编号	常规断裂试验 K_{JC} MPa$\sqrt{m}$	CIE模型			修正CIE模型		
		临界压入深度 h^* mm	K_{JC} MPa$\sqrt{m}$	偏差/%	临界压入深度 h^* mm	K_{JC} MPa$\sqrt{m}$	偏差/%
1	184.5	0.098	231.14	25.28	0.052	166.17	-9.93
2		0.092	223.04	20.89	0.062	180.76	-2.02
3		0.101	235.45	27.61	0.055	169.90	-7.91

5 微观尺度观测

为了验证压入试验测算材料断裂韧度过程中引入连续损伤力学的正确性,将压入试验后残余凹坑在距中心线一定位置处截开,采用由粗至细的砂纸依次研磨,后进行机械抛光。将抛光结束的材料截面放置于扫描电镜下观察,其结果如图6所示。微孔洞主要分布在压痕凹坑正下方和左右下角区域,

放大 2000 倍时,可以清楚看到连续的孔洞,孔洞直径从几微米到十几微米都有,并且呈带状分布,

在压痕凹坑的左右下角,剪切应力集中区域,孔洞分布最为密集,且微小楔形裂纹沿剪应力方向。

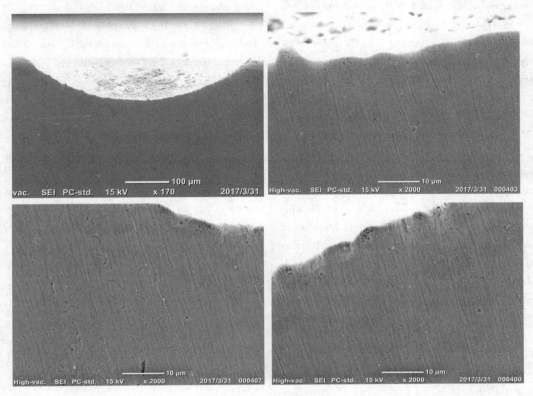

图 6   残余压痕截面形貌及微孔洞

在自动球压头压入试验过程中,压头下方孔洞萌生可由 Zener 提出的位错塞积理论[14]以及 Dyskin 提出的斜向裂纹生长机制[15]解释。随着压入载荷的增加,压头下方材料剪应力增加,当某滑移系上剪应力达到一定数值时,位错源启动并放出一定的位错,位错在切应力作用下向前运动并积塞于晶界、第二相粒子等障碍物上。在位错塞积群中,位错并非均匀分布,位错密度高的局部区域,受到剪切应力和其他位错的作用,造成很大的应力集中。当该区域位错所受的应力达到材料的理论临界剪应力时,位错被挤压的足够近并产生楔形裂纹或腔状位错,这些楔形裂纹或腔形位错在延性材料中不会立即扩展,故可视为孔洞。

6   结论

(1)对核容器常用材料 SA508 进行了加卸载拉伸试验,结果表明,随着材料的真应变增加,其有效弹性模量降低,损伤度增加,其临界损伤度为

$D^* = 0.21$。

(2)考虑到球压头压入试样将产生一定量不可回复的塑性变形,采用了基于刚性压头压入弹塑性半空间推导得到的有效弹性模量计算公式,并结合 SA508 - 3 的临界损伤度,从两方面对 CIE 模型进行了修正。修正后 CIE 模型测算得到材料的断裂韧度与传统断裂韧度试验测定值之间的偏差小于10%,较 CIE 模型的精度大大提高。

(2)利用扫描电镜对压痕残余凹坑截面观测发现,由于位错积塞,在压头下方及左右下角区域出现了连续分布的微孔洞,从微观角度验证了在球压头压入试验中引入连续损伤力学求解临界压入深度的可行性,证明了使用自动球压头压入试验测算材料断裂韧度的有效性。

参 考 文 献

[1] Tabor D. The hardness of metals [M]. Oxford university press,2000.

[2] Meyer E, Ver Z. Contribution to the knowledge of hardness and hardness testing [J]. Zeitschrift Des Vereines-

DeutscherIngenieure, 1908, 52: 740—835.

[3] Haggag F M. In-situ measurements of mechanical properties using novel automated ball indentation system [M] //Small specimen test techniques applied to nuclear reactor vessel thermal annealing and plant life extension. ASTM International, 1993.

[4] Haggag F M, Nanstad R K, Hutton J T, et al. Use of automated ball indentation testing to measure flow properties and estimate fracture toughness in metallic materials [M] //Applications of automation technology to fatigue and fracture testing. ASTM International, 1990.

[5] Haggag F M, Wang J A, Sokolov M A, et al. Use of Portable/In Situ Stress-Strain Microprobe System to Measure Stress-Strain Behavior and Damage in Metallic Materials and Structures [M] //Nontraditional Methods of Sensing Stress, Strain, and Damage in Materials and Structures. ASTM International, 1997.

[6] Haggag F M, Byun T S, Hong J H, et al. Indentation-energy-to-fracture (IEF) parameter for characterization of DBTT in carbon steels using nondestructive automated ball indentation (ABI) technique [J] . ScriptaMaterialia, 1998, 38 (4): 645—651.

[7] Lawn B R, Swain M V. Microfracture beneath point indentations in brittle solids [J] . Journal of materials science, 1975, 10 (1): 113—122.

[8] Byun T S, Kim J W, Hong J H. A theoretical model for determination of fracture toughness of reactor pressure vessel steels in the transition region from automated ball indentation test [J] . Journal of Nuclear Materials, 1998, 252 (3): 187—194.

[9] Lee J S, Jang J, Lee B W, et al. An instrumented indentation technique for estimating fracture toughness of ductile materials: A critical indentation energy model based on continuum damage mechanics [J] . Actamaterialia, 2006, 54 (4): 1101—1109.

[10] Oliver W C, Pharr G M. Measurement of hardness and elastic modulus by instrumented indentation: Advances in understanding and refinements to methodology [J]. Journal of materials research, 2004, 19 (01): 3—20.

[11] Tairui Zhang, Weiqiang Wang, Shang Wang. A study on the ball indentation test for linear hardening metals-revised [C] . ASME 2017 PVP.

[12] Lemaitre J. A continuous damage mechanics model for ductile fracture [J] . Transactions of the ASME. Journal of Engineering Materials and Technology, 1985, 107 (1): 83—89.

[13] Andersson H. Analysis of a model for void growth and coalescence ahead of a moving crack tip [J] . Journal of the Mechanics and Physics of Solids, 1977, 25 (3): 217—233.

[14] Zener C. Fracturing of metals [M] . Cleveland OH: American Society of Metals, 1948: 3—31.

[15] Dyskin A V, Jewell R J, Joer H, et al. Experiments on 3-D crack growth in uniaxial compression [J] . International journal of fracture, 1994, 65 (4): 77—83.

作者简介

王尚，女，硕士在读，研究方向为失效分析与安全服役技术研究，通讯地址：山东省济南市历下区经十路17923号山东大学千佛山校区，邮编：250061，电话：17862993686，邮箱：1158302650@qq.com

三种离心铸造奥氏体耐热合金材料性能对比

贾献凯[1]　唐建群[1,2]　巩建鸣[1,2]　郭晓峰[1]　沈利民[3]

（1. 南京工业大学机械与动力工程学院，南京 211816；

2. 江苏省极端承压装备设计与制造重点实验室，南京 211816；

3. 中国矿业大学，徐州，221116）

摘　要　采用光学显微镜、扫描电子显微镜和 X 射线能谱分析等手段研究了服役前后 25Cr35NiNb、35Cr45NiNb 和 20Cr32Ni1Nb 合金微观组织演化规律，并对三种材料的机械性能、冲击韧性、抗蠕变性能和抗氧化性能等进行了对比分析。结果表明：由于三种合金中 Nb/C 比率不同，材料的原始铸态组织存在明显差异。三种未服役材料均具有良好的室温拉伸强度、冲击韧性和抗蠕变性能。在服役过程中，由于 20Cr32Ni1Nb 合金中 G 相大量析出，导致材料出现了明显的脆化倾向。但长期服役后 25Cr35NiNb 和 35Cr45NiNb 合金仍具有较高的冲击韧性值。

关键词　炉管；微观组织；蠕变

Propertise Comparison of Three Kinds of Cast Austenitic Heat-resistant Alloy

Jia Xiankai　Tang Jianqun　Gong Jianming　Guo Xiaofeng　Shen Limin

（1. College of Mechanical and Power Engineering, Nanjing Tech University, Nanjing 211816, China;

2. Key Lab of Design and Manufacture of Extreme Pressure Equipment, Jiangsu Province, Nanjing 211816, china;

3. China University of Mining and Technology, Xuzhou 221116, china)

Abstract　The microstructural evolution of 25Cr35NiNb, 35Cr45NiNb and 20Cr32Ni1Nb alloys was investigated by means of optical microscopy, scanning electron microscopy and X-ray energy dispersive spectroscopy. The mechanical properties, impact toughness, creep resistance and oxidation resistance of the three materials were compared. The results show that there are significant differences in the original as-cast structure of the materials due to the different Nb/C ratios in the three alloys. Three non-service materials have good tensile strength at room temperature, impact toughness and creep resistance. During the course of service, due to the large amount of G phase in 20Cr32Ni1Nb alloy, the material tends to have obvious embrittlement tendency. But after long service 25Cr35NiNb and 35Cr45NiNb alloy still has a high impact toughness value.

Keywords　Furnace tube; microstructure; creep

1 引言

蒸汽转化炉是石化工业生产甲醇、氨和乙烯等化工原料的重要装置，而转化炉管是其核心部件。一般而言，典型的转化炉是由炉膛内一系列垂直排放的炉管组成的，根据转化炉尺寸大小的不同，炉内炉管数量存在差异。目前，最小规模的转化炉由十几根炉管构成，而最大规模的转化炉可以容纳700多根炉管。在转化炉运行过程中，炉管内通有原料气体和催化剂，物料先从炉管顶部进入，再由下端流出，所有炉管内的合成气体最后在转化炉底部由集气管构件收集。由于炉管工作环境极其苛刻，这要求炉管材料不仅能够承受超高的工作温度，而且需要材料具有良好的抗氧化、抗蠕变和抗渗碳性能。在过去的几十年间，炉管材料一般选用高 Cr、Ni 合金，例如，20 世纪 60 年代采用的 HK40（25Cr20Ni）、HP40（25Cr35Ni）到 80 年代选用改进的 HP40Nb（25Cr35Ni），以及到 90 年代以后进一步提高 Cr 和 Ni 的含量，选用微合金化的 35Cr45NiNb 合金。对于集气管构件，由于其服役温度相比炉管更低，过去一般优先采用 800 或 800H（800HT）合金制造。近年来，凭借良好的抗蠕变性能和抗氧化性能，20Cr32Ni1Nb 合金逐渐成为集气管构件的理想用钢[1-3]。

目前，国内外学者针对离心铸造 HK 和 HP 系列合金主要从材料失效机理[4-7]、材质劣化分析[8-10]和剩余寿命评价[11-12]等方面进行了初步研究。但是针对高温耐热合金，尤其是 35Cr45NiNb 和 20Cr32Ni1Nb 合金性能的研究却鲜见报道。此外，随着新型高温合金在蒸汽转化炉上的广泛使用，目前国内尚缺乏对相关材料原始试验数据的积累以及与传统高温合金材料性能的对比。基于此，文中对国内常用的 3 种离心铸造高温耐热合金进行了性能对比分析，旨在为高温耐热合金的研究以及蒸汽转化炉的安全运行提供必要的理论依据。

2 试验材料及方法

三种试验材料均取自商用离心铸造奥氏体耐热钢管，化学成分如表 1 所示。分别对三种材料原始试样从微观组织、拉伸性能、冲击吸收能、硬度和蠕变性能等方面展开试验研究和分析。拉伸试验、冲击试验和蠕变试验分别参照 GB/T 228—2010《金属材料拉伸试验》、GB/T 229—2007《金属材料夏比摆锤冲击试验方法》、GB/T 2039—2012《金属材料单轴拉伸蠕变试验方法》等标准进行。采用光学显微镜（OM）、扫描电子显微镜（SEM）和 X 射线能谱分析（EDS）观察材料的微观组织结构及成分。金相试样制备采用取样、磨制、抛光、电解腐蚀等标准金相制样方法，腐蚀液为饱和草酸溶液。金相组织采用蔡司 AXIO Imager. A1m 光学显微镜观察，然后利用 Zeiss Ultra 55 场发射扫描电镜（FE-SEM）对金相试样进行背散射电子相分析。

表 1　25Cr35NiNb、35Cr45NiNb 和 20Cr32Ni1Nb 合金的化学成分

Material	C	Si	Mn	P	S	Cr	Ni	Nb	Ti	Mo	Al	Fe
25Cr35NiNb	0.51	1.54	0.8	0.011	0.008	24.69	34.90	0.6	0.05	—	—	Bal.
35Cr45NiNb	0.44	1.72	0.94	0.009	0.005	31.69	42.51	0.71	0.05	0.01	0.02	Bal.
20Cr32Ni1Nb	0.098	0.84	0.81	0.041	0.013	20.14	31.61	1.13	0.016	0.017	0.0052	Bal.

3 结果与讨论

3.1 化学成分对比

在离心铸造奥氏体耐热合金中，Ni 是形成和稳定奥氏体的主要合金元素。Cr 元素的加入可以有助于材料在晶界形成碳化物颗粒从而提高材料的机械性能，同时使材料具有良好的高温抗氧化、抗腐蚀和抗渗碳性能。Nb 和 Ti 是奥氏体耐热合金中最重要的合金元素，同时也是晶粒细化、稳定微观结构的重要手段。由于 Nb 和 Ti 是强碳化物形成元素，在固溶过程中其在晶界上析出细小的 NbC、TiC 碳化物，这对于材料蠕变强度的提高至关重

要。此外，离心铸造奥氏体耐热合金中 Si 元素的含量相对较多。工业生产中经常加入 Si 来提高熔融金属的流动性，虽然加入 Si 元素可以改善钢的抗氧化性能以及耐高温腐蚀性，但是过度加入可能在服役过程中由于析出 G 相或 η 相导致一次碳化物的消耗，从而引起蠕变脆裂和粗糙度降低。从表 1 可以看出，与 20Cr32Ni1Nb 合金中 C 含量相比，25Cr35NiNb 和 35Cr45NiNb 合金中碳含量相对较高，合金中 C 与 Nb、Ti、Cr 等元素结合析出形成一次碳化物，在材料变形过程中阻碍位错的运动，从而增加合金蠕变破断强度。但是在高温服役过程中，析出的一次碳化物和二次碳化物容易聚集、粗化，导致蠕变强度降低。值得注意的是，20Cr32Ni1Nb 合金中 Nb/C 比率相对较高，而25Cr35NiNb 和 35Cr45NiNb 合金中 Nb/C 比率较低，这种成分差异会导致三种合金原始铸态微观组织存在明显的差异。

3.2 组织稳定性对比

25Cr35NiNb、35Cr45NiNb 和 20Cr32Ni1Nb 合金的原始铸态组织如图 1 所示。从图中可以看到，三种材料的原始铸态组织均为奥氏体基体和沿晶界分布的骨架状共晶碳化物。与 25Cr35NiNb 和 35Cr45NiNb 合金成分相比，20Cr32Ni1Nb 合金中含碳量相对较低，且 Nb/C 比率较高，原始铸态下20Cr32Ni1Nb 合金中的碳化物主要包括为 NbC 和少量 $M_{23}C_6$ 碳化物。但在 25Cr35NiNb 和35Cr45NiNb 合金中，由于含碳量相对较高，且Nb/C 比率较低，原始铸态下除了在晶界处析出少量 Nb 富集 MX 碳化物外，还会大量析出 Cr 富集

碳化物。XRD 分析表明，Cr 富集碳化物主要为M_7C_3 和 $M_{23}C_6$ 碳化物[13]。如图 1 所示，这些碳化物在晶界处呈现出连续骨架状结构。这种骨架状结构在晶内塑性良好的情况下，能有效地阻止裂纹扩展和晶界滑移，可以提高材料的高温蠕变和持久强度。

但是随着服役时间的延长，材料微观组织会发生明显的变化。如上所述，由于原始铸态下三种材料微观组织存在明显不同，服役状态下25Cr35NiNb、35Cr45NiNb 与 20Cr32Ni1Nb 合金微观组织的演化过程也存在显著的差异。对于25Cr35NiNb、35Cr45NiNb 合金而言，服役初期材料在晶内会大量析出二次 Cr 富集 $M_{23}C_6$ 碳化物，并且晶界上分布的 Cr 富集碳化物会不断粗化。随着服役时间的延长，晶界粗化程度不断增加，如图2 所示。此外，研究表明晶界上初始析出的 M_7C_3碳化物会转变为更稳定的 $M_{23}C_6$ 碳化物，而高温下另一种不稳定的 NbC 粒子也会向 G 相转变。长期服役后，晶内和晶界上的碳化物粗化严重，并且在晶界上还存在少量的粗大 G 相[14]。与 25Cr35NiNb和 35Cr45NiNb 合金不同，由于原始铸态下20Cr32Ni1Nb 合金中的碳化物主要为 Nb 富集碳化物，服役过程中晶界上不稳定的 NbC 会不断向 G相转变，如图 3 所示。同时，由于 G 相主要由 Ni、Nb 和 Si 元素组成，并不包含 C 元素，因此在 NbC向 G 相转变时会向晶界释放 C 元素，造成晶界上 C浓度较高。这些释放的 C 元素会在晶界上与 Cr 元素结合，在晶界形成 Cr 富集 $M_{23}C_6$ 碳化物[15]。服役过程中，Cr 富集碳化物在晶界连续粗化、长大，降低了材料的性能。此外，时效初期会在晶内析出Cr 富集 $M_{23}C_6$ 碳化物，并且随着时效时间的延长，晶内碳化物不断粗化。

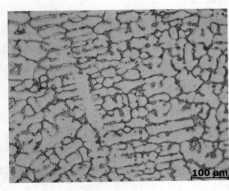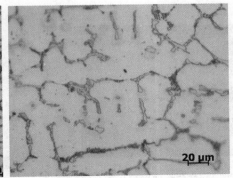

（a）25Cr35NiNb

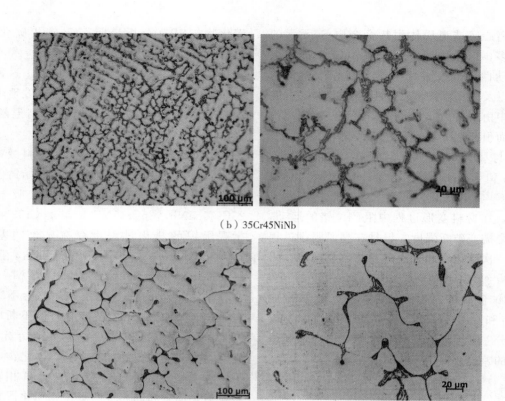

（b）35Cr45NiNb

（c）20Cr32Ni1Nb

图1　三种奥氏体耐热合金原始铸态显微组织

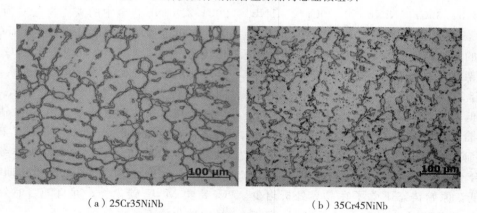

（a）25Cr35NiNb　　　　　　　　　　（b）35Cr45NiNb

图2　两种炉管材料1200℃下时效284.8h后微观组织发展

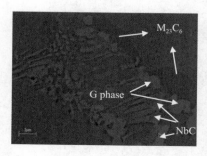

图3　20Cr32Ni1Nb合金长期服役后微观组织变化

综上所述，三种耐热合金成分的差异不仅会导致原

始铸态材料内部微观结构的不同，而且在服役过程中合金微观组织的演化也会出现明显的差异。这种微观组织差异必然会对服役材料性能产生显著的影响。

3.3　机械性能对比

表2为三种离心铸造奥氏体耐热合金室温机械性能对比结果。试验结果表明，室温下25Cr35NiNb和35Cr45NiNb合金的抗拉强度和屈

服强度均高于 20Cr32Ni1Nb 合金的强度值，但 20Cr32Ni1Nb 合金的延伸率明显高于 25Cr35NiNb 和 35Cr45NiNb 合金。与 25Cr35NiNb 合金成分相比，35Cr45NiNb 合金含有更多的 Cr、Ni 等强化元素，因此 35Cr45NiNb 合金比 25Cr35NiNb 合金强度更高，但延伸率略有降低。25Cr35NiNb、35Cr45NiNb 与 20Cr32Ni1Nb 合金原始试样维氏硬度值分别为 190 HV、205 HV 和 175 HV。此外，三种材料的室温冲击韧性值都相对较高，这表明三种材料的室温冲击性能良好。

表 2　25Cr35NNb，35Cr45NiNb 和 20Cr32Ni1Nb 合金常温力学性能

Condition	Temperature (℃)	0.2% proof stress, σ_{ys} (MPa)	Ultimate tensile strength, σ_{ult} (MPa)	Elongation, δ (%)	Charpy impact toughness (J/cm²)	Vickers Hardness (HV)
25Cr35NiNb	20	275	513	16.5	123.5	190
35Cr45NiNb	20	282	547	15.6	105	205
20Cr32NiNb	20	208	506	41	86	175

3.4　韧性

原始铸态下，25Cr35NiNb 和 35Cr45NiNb 合金室温冲击韧性分别为 123.5 和 105 J/cm²，这表明材料具有良好的冲击韧性。服役过程中，25Cr35NiNb 和 35Cr45NiNb 合金微观组织演化主要表现为晶内二次 Cr 富集碳化物的析出和晶界 $M_{23}C_6$ 碳化物的粗化，这使得材料冲击韧性会出现一定的下降。试验研究表明，不同服役时间下 25Cr35NiNb 和 35Cr45NiNb 合金的冲击韧性会呈现一定的下降趋势，但变化幅度不大。长期服役后冲击韧性值保持在 50 J/cm² 左右。这说明长期服役后材料依然具有较高的冲击韧性。与服役情况下 25Cr35NiNb 和 35Cr45NiNb 合金微观组织演化规律不同，服役情况下 20Cr32Ni1Nb 合金中原始铸态下析出的 NbC 碳化物会大量转变为 G 相。近年来，研究指出 G 相的形成会导致奥氏体耐热合金会出现严重的服役脆化[16]。图 4 是 890℃下服役约 20 个月的 20Cr32Ni1Nb 合金不同温度下的冲击试验

结果。与原始试样相比，服役试样的冲击吸收能出现了急剧下降。20℃ 时，最小冲击吸收能仅为 9 J/cm²。为进一步研究材料的高温脆化，对服役试样进行了全服役温度段内的冲击试验。结果表明，随着试验时间的提高，材料冲击韧性逐渐增加。但在 890℃ 下，与原始试样的冲击吸收能相比，服役材料表现出明显的脆化倾向。

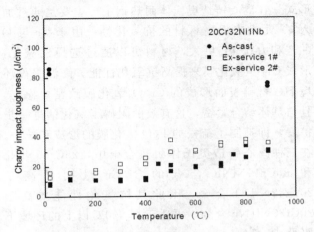

图 4　20Cr32Ni1Nb 合金长期服役后冲击韧性随温度的变化

3.5　蠕变性能对比

图 5 为三种离心铸造奥氏体耐热合金试验应力与蠕变破断时间关系曲线。从图中可以看到，三种合金在高温下均具有良好的抗蠕变性能。在 900℃ 下，25Cr35NiNb 和 20Cr32Ni1Nb 钢的蠕变破断强度相当。但在 950℃ 下，25Cr35NiNb 合金的蠕变破断强度明显要高于 20Cr32Ni1Nb 合金。这一结果表明：与 20Cr32Ni1Nb 合金相比，炉管材料 25Cr35NiNb 合金具有更良好的耐高温性能。

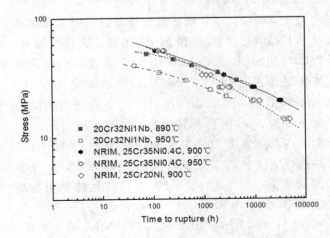

图 5　三种离心铸造奥氏体耐热合金的应力与破断时间关系

3.6　抗氧化性

离心铸造高温耐热合金在高温、高传热强度等极端条件下工作，常承受高温复杂环境所引起的各种高温损伤。一般而言，除了蠕变损伤、渗碳损伤和弯曲变形外，高温氧化损伤也是一种常见的损伤形式。在离心铸造奥氏体耐热钢中，主要是通过加入 Cr 元素来提高材料的抗氧化性。由于 Cr 与 O 的亲和力比 Fe 更大，材料可以通过选择性氧化，形成 Cr_2O_3 氧化膜来提高抗氧化性能。高温服役环境下，材料表面形成的 Cr_2O_3 氧化膜致密、稳定，且与基体结合紧密，这有效的阻碍了氧化的进一步扩展，即抑制了疏松的 FeO 氧化膜的形成和长大。在三种离心铸造奥氏体耐热合金中，25Cr35NiNb 和 35Cr45NiNb 合金的含 Cr 量明显高于 20Cr32Ni1Nb 合金，因此其抗氧化性能要高于 20Cr32Ni1Nb 合金，更适于在 900℃ 以上的环境下服役。

4　结论

本研究主要从化学成分、组织稳定性、机械性能以及蠕变特性等方面对 25Cr35NiNb、35Cr45NiNb 和 20Cr32Ni1Nb 等三种常用奥氏体耐热合金进行了相关性能的对比，所得试验结论如下：

（1）25Cr35NiNb 和 35Cr45NiNb 合金中 Nb/C 比率较高，原始铸态组织由奥氏体基体和共晶碳化物 M_7C_3、$M_{23}C_6$ 和 NbC 等组成；而 20Cr32Ni1Nb 合金中 Nb/C 比率较低，原始铸态组织由奥氏体基体和共晶碳化物 NbC 和 $M_{23}C_6$ 组成。服役过程中，25Cr35NiNb 和 35Cr45NiNb 合金微观组织的演化主要是晶界上 M_7C_3 向 $M_{23}C_6$ 碳化物转变及 $M_{23}C_6$ 的不断粗化，而 20Cr32Ni1Nb 合金微观组织的演化主要为 NbC 向 G 相转变及 G 相的不断粗化。

（2）室温下 25Cr35NiNb 和 35Cr45NiNb 合金的抗拉强度和屈服强度均高于 20Cr32Ni1Nb 合金的强度值，但 20Cr32Ni1Nb 合金的延伸率明显高于 25Cr35NiNb 和 35Cr45NiNb 合金。

（3）与 25Cr35NiNb 和 35Cr45NiNb 合金相比，长期服役条件下 20Cr32Ni1Nb 合金会出现明显的

脆化倾向，这一现象与服役过程中 G 相的大量析出有关。

（4）25Cr35NiNb 和 20Cr32Ni1Nb 合金在高温下均具有良好的抗蠕变性能。在 950℃ 下，25Cr35NiNb 钢的蠕变强度明显高于 20Cr32Ni1Nb 合金。

参 考 文 献

［1］Bonaccorsi L，Guglielmino E，Pino R，et al. Damage analysis in Fe-Cr-Ni centrifugally cast alloy tubes for reforming furnaces［J］. Engineering Failure Analysis，2014，36（1）：65—74.

［2］Yan J，Gu Y，Dang Y，et al. Effect of carbon on the microstructure evolution and mechanical properties of low Si-containing centrifugal casting 20Cr32Ni1Nb alloy［J］. Materials Chemistry & Physics，2016，175：107—117.

［3］Spyrou L A，Sarafoglou P I，Aravas N，et al. Evaluation of creep damage of INCOLOY 800HT pigtails in a refinery steam reformer unit［J］. Engineering Failure Analysis，2014，45（1）：456—469.

［4］Almeida L H D，Ribeiro A F，May I L. Microstructural characterization of modified 25Cr-35Ni centrifugally cast steel furnace tubes［J］. Materials Characterization，2002，49（3）：219—229.

［5］Swaminathan J，Guguloth K，Gunjan M，et al. Failure analysis and remaining life assessment of service exposed primary reformer heater tubes［J］. Engineering Failure Analysis，2008，15（4）：311—331.

［6］Mostafaei M，Shamanian M，Purmohamad H，et al. Microstructural degradation of two cast heat resistant reformer tubes after long term service exposure［J］. Engineering Failure Analysis，2011，18（1）：164—171.

［7］Liu C J，Chen Y. Variations of the microstructure and mechanical properties of HP40Nb hydrogen reformer tube with time at elevated temperature［J］. Materials & Design，2011，32（4）：2507—2512.

［8］Kenik E A，Maziasz P J，Swindeman R W，et al. Structure and phase stability in a cast modified-HP austenite after long-term ageing［J］. Scripta Materialia，2003，49（2）：117—122.

［9］Guan K，Xu H，Wang Z. Quantitative study of creep cavity area of HP40 furnace tubes［J］. Nuclear Engineering & Design，2005，235（14）：1447—1456.

［10］Wahab A A，Kral M V. 3D analysis of creep voids in hydrogen reformer tubes［J］. Materials Science & Engineering A，2005，412（1—2）：222—229.

A　腐蚀　材料、断裂力学、

［11］Thomas C W, Borshevsky M, Marshall A N. Assessment of thermal history of niobium modified HP50 reformer tubes by microstructural methods ［J］. Materials Science and Technology，1992，8（10）：855－861.

［12］Bell D C, Richard A J, Feltz L C, et al. Criteria for the evaluation of damage and remaining life in reformer furnace tubes ［J］. International Journal of Pressure Vessels & Piping，1996，66（1－3）：233－241.

［13］Shen L. Damage analysis and life prediction of ethylene cracking furnace tube based on the coupled multifactor effects ［D］. Nanjing: Nanjing Tech University，2012.

［14］X. F. Guo, J. M. Gong, L. Y. Geng. The formation of G phase and in-service embrittlement of the centrifugally cast 20Cr32Ni1Nb alloy ［C］//9th China-Japan Bilateral Symposium. Changsha 2016：121－127.

［15］Shi S, Lippold J C. Microstructure evolution during service exposure of two cast, heat-resisting stainless steels — HP-Nb modified and 20－32Nb ［J］. Materials Characterization，2008，59（8）：1029－1040.

［16］Knowles D M, Thomas C W, Keen D J, et al. In service embrittlement of cast 20Cr32Ni1Nb components used in steam reformer applications ［J］. International Journal of Pressure Vessels & Piping，2004，81（6）：499－506.

作者简介

贾献凯（1993—），男，硕士研究生，通讯地址：江苏省南京市浦口区浦珠南路 30 号，电话（Tel.）：15951667813，传真（fax）：＋86 25 58139361，E-mail：137051158@njtech. edu. cn

改进型的 9Cr-1Mo 马氏体耐热钢高温蠕变行为研究

任发才 汤晓英

（上海市特种设备监督检验技术研究院，上海市 200062）

摘　要　通过高温拉伸蠕变试验，获得了改进型的 9Cr-1Mo 耐热钢在温度为 565℃、应力范围 200～250MPa 条件下的蠕变应变-时间曲线，并研究了其蠕变变形及断裂行为。蠕变试验数据分析结果表明，最小蠕变速率与应力之间呈幂律关系，最小蠕变速率和断裂时间之间遵循 Monkman-Grant 和修正的 Monkman-Grant 关系式。通过拟合计算可得，C_{MG} 和 C_{MMG} 的值分别为 0.08 和 0.78。借助 OM、SEM 等手段对耐热钢蠕变前后的微观组织及蠕变后的断口进行了观察和分析，结果表明，改进型的 9Cr-1Mo 钢的微观断口具有明显的韧窝断裂特性，宏观断口表现出良好的高温塑性。

关键词　马氏体耐热钢；蠕变行为；最小蠕变速率；微观组织

Investigation on Creep Behavior of Modified 9Cr-1Mo Martensitic Heat-resistant Steel at Elevated Temperatures

Ren Facai　Tang Xiaoying

(Shanghai Institute of Special Equipment Inspection and Technical Research，Shanghai 200062，China)

Abstract　Through the tensile creep experiments conducted at 565℃ and stresses ranging from 200 to 250MPa，the modified 9Cr-1Mo heat-resistant steel creep strain-time curves were obtained. The analysis showed that the stress dependence of minimum creep rate obeyed Norton's power law and the stress dependence of rupture life obeyed Monkman-Grant relation and modified Monkman-Grant relation. The values of C_{MG} and C_{MMG} are 0.08 and 0.78，respectively. Microstructures of the steel before and after creep and fractographs were analyzed by OM and SEM. The results show that the fractures of modified 9Cr-1Mo steel have obvious dimple fracture characteristics，which exhibits good high temperature ductility.

Keywords　martensitic heat-resistant steel；creep behavior；minimum creep rate；microstructure.

0　引言

在 20 世纪 60 年代，含 Cr 量为 9%～12% 的铁素体-马氏体钢的开发主要用来制造化石燃料发电厂的重要零部件，后来用作改进型气冷堆的锅炉管材料[1]。随着材料中合金成分的不断优化，铁素体-马氏体钢的蠕变强度得到了明显的增强。通过添加 V、Nb 或者其他元素，铁素体-马氏体钢具有优良的热物理性能和抗应力腐蚀性能[2]。在奥氏体化过程中，元素的添加可以抑制晶界滑移和使组织保持较为细小的晶粒，从而改善材料的蠕变强度[3]。在含 Cr 量为 9%～12% 的耐热钢微观组织中，含有较多的第二相粒子，对于高温蠕变性能也有明显的影响[4]。

基金项目　上海市质量技术监督局资助项目（2016-40）

蠕变是高温强度设计中的一个核心问题，关于蠕变的相关研究已经开展了半个多世纪，但由于材料的多样性以及组织演变的复杂性，目前针对高温承压设备所用材料的高温蠕变行为的研究仍然是一个热点。本文对改进型的 9Cr-1Mo 耐热钢进行了高温蠕变试验，采用 Norton's 幂律关系式、Monkman-Grant 关系式以及修正的 Monkman-Grant 关系式等对蠕变试验数据进行分析计算，利用 OM、SEM 对断口形貌和微观组织进行观察分析，研究结果可以为高温承压设备的设计和使用提供重要依据。

1 试验材料及方法

试验材料采用安赛乐米塔尔（ArcelorMittal）公司生产的 SA387Gr91Cl2 耐热钢热轧板，其化学成分如表 1 所示。热轧钢板的规格为 6720mm×2400mm×85mm，其供货态的热处理方式为正火＋高温回火。按照中国标准 GB/T 2039—2002《金属拉伸蠕变及持久试验方法》，从热轧钢板上沿轧制方向制取标准蠕变圆棒试样，在 GWT2504 高温蠕变持久强度试验机上进行高温蠕变试验，温度为 565℃，应力区间为 200～250MPa。蠕变试样尺寸如图 1 所示。

表 1　SA387Gr91Cl2 钢化学成分（质量分数/%）

化学成分	C	Mn	Si	Ni	Cr	Mo	Cu	Al	S	P	Sn
质量分数	0.10	0.40	0.23	0.13	8.34	0.98	0.06	0.009	0.002	0.0101	0.005
化学成分	V	Nb	N	Ti	Zr	N/Al					
质量分数	0.229	0.079	0.044	0.002	0.001	4.9					

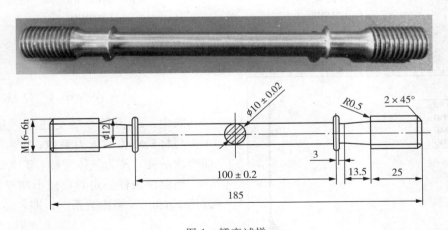

图 1　蠕变试样

2 结果分析与讨论

2.1 蠕变试验数据分析

根据蠕变试验数据绘制的蠕变应变-时间曲线如图 2 所示。从图中可以看出，本试验条件下，改进型的 9Cr-1Mo 钢的蠕变曲线可以分为典型的三个阶段，即蠕变减速、稳态及加速阶段。在同一温度条件下，随着应力水平的减小，蠕变时间相应的延长。

图 3 所示为改进型的 9Cr-1Mo 钢在温度为 565℃时不同应力条件下的蠕变应变速率时间归一化曲线。从图中可以看出，各个应力条件下，蠕变减速和加速阶段时间均相对较短，而稳态蠕变阶段

则占据了蠕变断裂寿命的大部分时间。在同一温度下，随着应力水平的减小，蠕变的加速阶段在整个蠕变过程中所占的比例也随之减小。

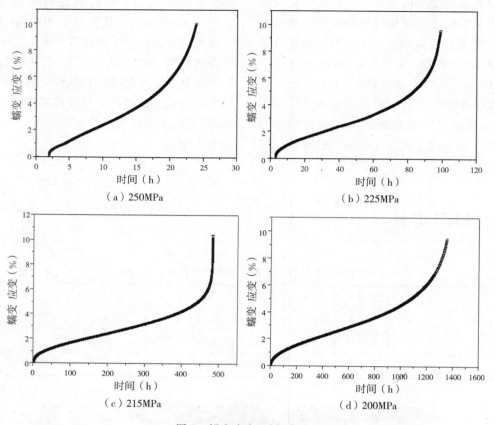

（a）250MPa

（b）225MPa

（c）215MPa

（d）200MPa

图2　蠕变应变-时间曲线

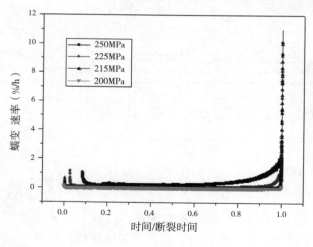

图3　蠕变速率曲线

2.2　最小蠕变速率

金属材料在高温条件下的性能受温度和应力的影响比较显著，最小蠕变速率与温度、应力之间的关系式为[5]：

$$\dot{\varepsilon}_m = A\sigma^n \exp(-Q_c/RT) \qquad (1)$$

式中：$\dot{\varepsilon}_m$ 为最小蠕变速率（稳态蠕变速率）；A 为与材料相关的应力系数；n 为应力指数；Q_c 为蠕变激活能；R 为气体常数；T 为绝对温度。

当温度条件一定时，最小蠕变速率与应力之间遵循 Norton's 幂律关系[6]，即：

$$\dot{\varepsilon}_m = A\sigma^n \qquad (2)$$

在温度为 565℃ 时，改进型的 9Cr-1Mo 钢的最小蠕变速率与应力之间的双对数关系如图4所示。从图中可以看出，最小蠕变速率随着应力的增加而增大。通过线性拟合可以得出应力系数 A 和应力指数 n 的值分别为 2.41×10^{-51} 和 20.02。文献指出，当施加应力值大于 130MPa 时，应力指数 n 的值在 7 到 40 之间，此时位错将按照 Orowan 机制绕过第二相粒子。应力指数 n 的值很高，主要与析出强化有关，大量的析出相对位错运动构成障碍，从而影响材料的蠕变行为，同时也与晶界性质等有一定关系[7]。

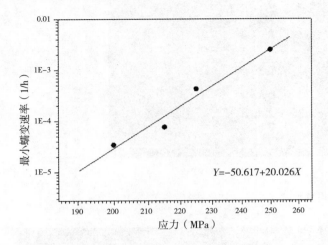

图4 最小蠕变速率与应力的关系

蠕变断裂时间可以反映材料的持久性能。Monkman-Grant 关系式通常用来描述最小蠕变速率与蠕变断裂时间之间的关系，其基本表达式为[8]：

$$\dot{\varepsilon}_m t_r = C_{MG} \qquad (3)$$

式中，t_r 为蠕变断裂时间；C_{MG} 为 Monkman-Grant 常数。改进型的 9Cr-1Mo 钢在 565℃ 条件下，断裂时间与最小蠕变速率之间的线性拟合结果如图5所示。通过计算可得 C_{MG} 的值为 0.08。通过 Monkman-Grant 关系式，可以基于短时蠕变试验结果来预测材料的长时蠕变寿命。

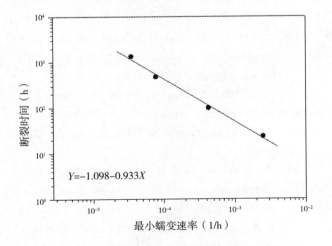

图5 最小蠕变速率与断裂时间的关系

修正的 Monkman-Grant 关系式也通常用来描述最小蠕变速率与蠕变断裂时间之间的关系，其表达式为[9]：

$$\dot{\varepsilon}_m \frac{t_r}{\varepsilon_r} = C_{MMG} \qquad (4)$$

式中，ε_r 为失效应变；C_{MMG} 为修正的 Monkman-Grant 常数。线性拟合结果如图6所示，通过计算可得 C_{MMG} 的值为 0.78。

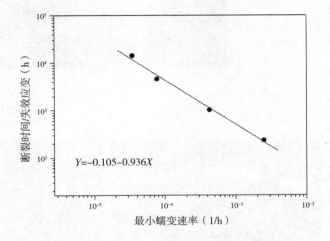

图6 最小蠕变速率与断裂时间/失效应变的关系

2.3 断口形貌及微观组织分析

图7所示为该钢在 565℃ 条件下蠕变断裂试样的断口微观形貌。从图中可以看出，所有的断口呈现韧性断裂，断口韧窝随着应力水平的增加而变深，部分韧窝底部存在第二相粒子，粒子直径相对较小。当蠕变进入到加速阶段以后，蠕变速率逐渐增加直至最终发生断裂。当应力水平较高时，形成的楔形裂纹会导致局部的晶界分离，裂纹相互作用并连接从而导致最终的断裂。而当应力水平较低时，主要是晶界空洞的形核，进而长大并最终导致断裂。

图8所示为改进型的 9Cr-1Mo 钢蠕变前的原始组织和 565℃ 时 250MPa、200MPa 条件下试样蠕变断裂后的微观组织形貌。图8（a）所示的原始组织呈现出典型的马氏体形貌，碳化物分布较为均匀，能够使得该钢具有良好的抗高温蠕变性能。从图8（b）和（c）中可以看出，蠕变后仍然为典型的马氏体板条状组织，沿晶界和板条有大量的析出物析出，在基体中的分布较为均匀。析出强化是改进型的 9Cr-1Mo 钢的主要强化机制之一。C、N、V、Nb、Cr 以及 Mo 等合金元素能够促进富 Cr 型 $M_{23}C_6$ 及富 Nb 或者 V 型 MX 粒子的形成（M 代表金属，如 Cr、Mo、Nb 或者 V）。

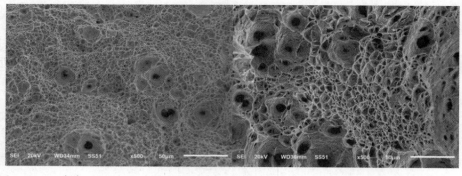

（a）200MPa　　　　　　　　　　　（b）250MPa

图 7　断口 SEM 照片

（a）蠕变前　　　　　　　（b）250MPa　　　　　　　（c）200MPa

图 8　改进型的 9Cr－1Mo 钢蠕变前后 OM 照片

3　结论

（1）改进型的 9Cr－1Mo 钢在温度为 565℃、应力区间为 200～250MPa 条件下的蠕变应变-时间曲线分为典型的减速蠕变阶段、稳态蠕变阶段及加速蠕变 3 个阶段。

（2）最小蠕变速率与应力之间呈幂律关系，最小蠕变速率和断裂时间遵循 Monkman－Grant 和修正的 Monkman－Grant 关系式。

（3）改进型的 9Cr－1Mo 钢在本文试验条件下的宏观断口表现出良好的高温塑性，微观断口具有明显的韧窝断裂特性。

参考文献

［1］　E. Barker，G. J. Lloyd，R. Pikington. Creep fracture of a 9Cr-1Mo steel［J］. Materials Science Engineering，1986，84：49－64.

［2］K. Laha，K. S. Chandravathi，P. Paramsewaran，et al. Characterization of microstruct-ures across the heat-affected zone of the modified 9Cr-1Mo weld joint to understand its role in promoting type Ⅳ cracking［J］. Metallurgical and Materials Transactions A，2007，38：58－68.

［3］T. Shrestha，M. Basirat，I. Charit，et al. Creep deformation mechanisms in modified 9Cr-1Mo steel［J］. Journal of Nuclear Materials，2012，423：110－119.

［4］Y. X. Chen，W. Yan，W. Wang，et al. Constitutive equations of the minimum creep rate for 9% Cr heat resistant steels［J］. Materials Science and Engineering A，2012，534：649－653.

［5］M. F. Ashby，D. R. H. Jones. Engineering Materials 1-An Introduction to their Properties and Applications，2nd edition，Butterworth-Heinemann，Oxford，1996，174.

［6］B. K. Choudhary，E. I. Samuel. Creep behaviour of modified 9Cr-1Mo ferritic steel［J］. Journal of Nuclear Materials，2011，412：82－89.

［7］G. Dimmler，P. Weinert，H. Cerjak. Extrapolation of short-term creep rupture data-The potential risk of overestimation［J］. International Journal of Pressure Vessels and Piping，2008，85：55－62.

［8］ S. H. Song，J. Wu，X. J. Wei，D. Kumar，S. J. Liu，L. Q. Weng. Creep property evaluation of a 2. 25Cr-1Mo low alloy steel ［J］. Materials Science and Engineering A，2010，527：2398－2403.

［9］ F. Dobes，K. Milicka. The relation between minimum creep rate and time to fracture ［J］. Metal Science，1976，10：382－384.

作 者 简 介

任发才，男，博士，主要从事高温结构完整性研究工作，上海市普陀区金沙江路 915 号 1304 室，200062，13671643210，Email：caifaren@163.com。

固支直杆弯曲小试样蠕变变形理论研究

秦宏宇　周帼彦　涂善东

（华东理工大学 机械与动力工程学院，上海 200237）

摘　要　小试样是测量在役设备蠕变力学性能的重要方法。固支直杆弯曲小试样因受力简单，能够得到断裂数据，具有较大的研究价值。然而对于其基础理论还不统一，使其应用受到一定的局限。本文基于梁弯曲理论，对已有的固支直杆蠕变变形公式进行修正，进而引入全局变形理论，建立固支直杆位移应变转换公式，并结合单轴拉伸试验数据，比较两种理论的可用性与准确性，在此基础上，对固支直杆小试样蠕变变形过程进行详细分析。研究结果表明，修正后的蠕变变形公式与单轴蠕变关联度更好；全局变形理论适合研究蠕变第一、第二阶段，梁弯曲理论适合研究蠕变第三阶段；350℃下 A7N01 材料的蠕变位移三阶段与材料应变三阶段不匹配，随着蠕变位移的增长，固支直杆从梁弯曲过渡到以拉伸为主的受力状态，导致试样内部应力水平降低。

关键词　梁弯曲；全局变形；固支直杆；小试样；蠕变变形

Research on the Creep Deformation Theory of Small Beam Specimen with Fixed Constraints

Qin Hongyu　Zhou Guoyan　Tu Shandong

（School of Mechanical Engineering，East China University of
Science and Technology，Shanghai，200237，China）

Abstract　Small specimen creep test is an important method of measuring the creep properties of in-service equipment. Small beam specimen with fixed constraints has a considerate research value because of its simple stress and being able to achieve rupture data. But for its basic theory is not unified，its application is subject to a certain limit. This article modified the existing creep deformation formula of the small beam specimen with fixed constraints on the basis of the beam bending theory and then introduced the global deformation theory into the small beam specimen. The equation of displacement-strain transformation was built. The availability and accuracy of the two theories were compared with the uniaxial tensile test data. On the basis of the two theories, the process of creep deformation of small beam specimen with fixed constraints was analyzed. The result shows that the modified formula correlates better with the conventional standard tensile creep test and the global deformation theory is suitable to study the primary and second stage of creep deformation，and the beam bending theory is suitable to study the third

基金项目：国家自然科学基金（51675181）、上海市浦江人才计划（14PJD015）资助项目

stage. The three states of displacement of A7N01 at 350℃ was found mismatching the three states of strain, especially at the primary state. With the increase of displacement, the stress state of small beam specimen transits from the beam bending state to the stretch oriented state, resulting in the reduction of stress level.

Keywords beam bending theory; global deformation; fixed constraints; small specimen; creep deformation

1 引言

在役设备的高温蠕变性能是压力容器剩余寿命预测的重要参数。传统的单轴蠕变试验方法因为试样体积大,对构件造成较大的损伤,不适合测试在役设备的蠕变性能。随着表面取样技术的成熟,小尺寸单轴拉伸、压痕蠕变、小冲杆、三点弯曲、悬臂梁等[1]多种小试样蠕变测试方法逐渐涌现出来。然而,这些方法尚不完善,如,小尺寸单轴拉伸试样制造工艺复杂,尺寸效应显著,安装时容易产生偏差;压痕蠕变尚未得到蠕变第三阶段,无法测量拉应力下试样的蠕变性能;小冲杆受力复杂,蠕变第三阶段短暂,与单轴蠕变关联度不高;三点弯与悬臂梁约束小,无法得到韧性材料的断裂数据[2]。庄法坤等[3]提出的固支直杆弯曲小试样受力简单,且能得到断裂数据,在微小结构或设备高温力学性能的测量方面具有潜在的应用前景。

目前,对于固支直杆蠕变变形本构多采用梁弯曲理论。Xu等人[4]率先使用梁弯曲理论推导悬臂梁的蠕变变形公式。马渊睿等人[5]将梁弯曲理论推广到三点弯蠕变中,得到三点弯蠕变变形本构。庄法坤对马渊睿的工作进行补充后,利用有效跨距理论将三点弯曲蠕变运用到固支直杆弯曲中得到了固支直杆蠕变变形本构,但是忽略了固定端到有效跨距间的弯矩作用对位移的影响[3,6,7]。白钰通过有限元模拟对庄法坤提出的本构进行了修正,加入了系数λ,并且通过拟合得到λ取值为4,但是缺少必要的理论推导[8]。因此,目前对于蠕变变形本构尚未统一,缺少完整的理论解析过程。

本研究在梁弯曲理论基础上,推导固支直杆的蠕变变形本构,将全局变形理论应用于固支直杆,提出整体应变概念,对固支直杆蠕变位移三阶段曲线进行分析。

2 固支直杆弯曲小试样蠕变试验方法

固支直杆弯曲小试样蠕变试验示意图如图1a所示,试样两端受到上模与下模的夹持,产生固支效应。试样与夹具放置在高温炉中,通过对压头施加恒定载荷将力传递到试样上,使试样产生蠕变。试样采用矩形试样,尺寸为 19.8mm×1.90mm×1mm。试样两端固定端长度为3.9mm,中间跨距为12mm,压头作用在跨距中心处。

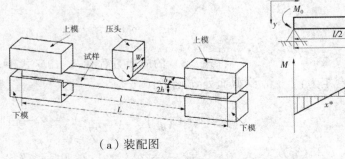

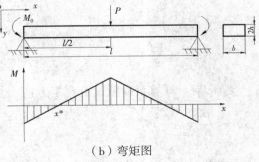

（a）装配图　　　　　　　　　　（b）弯矩图

图1　固支直杆弯曲小试样示意图[3]

本文实验数据采用文献 3 所做的 350℃下 A7N01 铝合金固支直杆蠕变试验，如图 2 所示，350℃下材料的 Norton 参数为 $n=5.654$，$B=4.222\mathrm{E}-13$。固支直杆蠕变试验得到的位移曲线同单轴蠕变曲线十分相似，具有比较明显的蠕变第一、第二和第三阶段。但与图 2a 所示的单轴蠕变

不同的是，试样在固支直杆蠕变位移第一阶段结束时，产生较大的位移，占到整体蠕变位移的 40% 左右，导致试样的位移曲线与材料的单轴应变曲线之间存在明显的不匹配现象。这需要建立准确的固支直杆蠕变变形理论来研究固支直杆蠕变位移与应变的关系。

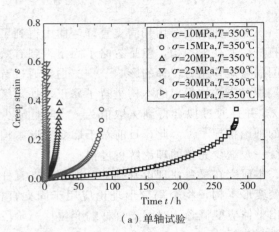

（a）单轴试验

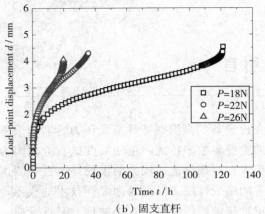

（b）固支直杆

图 2　350℃ A7N01 材料的蠕变试验曲线

3　固支直杆测量蠕变变形理论

3.1　基于梁弯曲理论的固支直杆蠕变变形公式修正

将固支直杆弯曲小试样简化为两端受弯矩作用的简支梁模型，假设固支直杆满足弯曲平面假设和纵向纤维间无正应力假设。忽略梁横截面上的剪应力作用，将横力弯曲问题简化为纯弯曲问题，弯矩图如图 1b 所示。

文献 3 运用应变余能定理，得到有效跨距点 x^* 和固定端处弯矩 M_0 为：

$$x^* = l/4 \tag{1}$$

$$M_0 = -\frac{Pl}{8} \tag{2}$$

知道 x^* 与 M_0 后，计算梁横截面上弯矩为：

$$M(x) = \frac{P}{8}(4x - l)$$

$$= \int_A y\sigma(x, y)\,\mathrm{d}A, \quad 0 \leqslant x < l/2 \tag{3a}$$

$$M(x) = \frac{P}{8}(3l - 4x)$$

$$= \int_A y\sigma(x, y)\,\mathrm{d}A, \quad l/2 \leqslant x \leqslant l \tag{3b}$$

假设材料符合 Norton 本构方程：

$$\dot{\varepsilon} = B\sigma^n \tag{4}$$

当梁弯曲处于小变形时，由几何关系得：

$$\varepsilon = \frac{y}{\rho} \tag{5}$$

$$\frac{1}{\rho} = d'' \tag{6}$$

联立式（4）、5）、6），得：

$$\dot{\varepsilon} = \frac{\mathrm{d}}{\mathrm{d}t}(d''y) = \dot{d}''y = B\sigma^n \tag{7}$$

整理得到应力与蠕变位移速率之间的关系：

$$\sigma = \left(\frac{\dot{d}''y}{B}\right)^{1/n} \tag{8}$$

将式（8）的应力方程代入（3）式中，积分得到截面处 $\dot{d}''$ 函数：

$$\dot{d}'' = B\left(\frac{1}{h}\right)^{2n+1}\left(\frac{2n+1}{2bn}\right)^n\frac{p^n}{8^n}|l - 4x|^n$$

$$\mathrm{sgn}\,(l - 4x), \quad 0 \leqslant x < l/2 \tag{9a}$$

$$\dot{d}'' = B\left(\frac{1}{h}\right)^{2n+1}\left(\frac{2n+1}{2bn}\right)^n\frac{p^n}{8^n}|3l - 4x|^n$$

$$\text{sgn}(3l-4x),\quad l/2 \leqslant x \leqslant l \qquad (9b)$$

对式（9）进行二次积分，并将边界条件（10）代入：

$$\dot{d}(0,t)=\dot{d}(l,t)=0\quad \dot{d}'(0,t)=\dot{d}'(l,t)=0 \qquad (10a)$$

$$\dot{d}(l^{+}/2,t)=\dot{d}(l^{-}/2,t)\quad \dot{d}'(l^{+}/2,t)$$
$$=\dot{d}'(l^{-}/2,t) \qquad (10b)$$

当 $x=l/2$ 时，得试样中心位移速率同载荷之间关系为：

$$\dot{d}(l/2,t)=2\left(\frac{2n+1}{2bn}\right)^{n}$$
$$\frac{B(l/2)^{n+2}P^{n}}{4^{n+1}(n+2)h^{2n+1}} \qquad (11)$$

将式（11）与 Norton 本构对照，整理得到固支直杆与单轴蠕变的等效应力和等效应变速率：

$$\sigma_{u,eq}=\frac{2n+1}{2n}\frac{Pl}{8bh^{2}} \qquad (12)$$

$$\dot{\varepsilon}_{u,eq}=\frac{\dot{d}_{ss}}{\dfrac{1}{n+2}\dfrac{l^{2}}{8h}} \qquad (13)$$

式（13）对时间进行积分，得到等效应变与试样位移之间的关系：

$$\varepsilon_{u,eq}=\frac{d}{\dfrac{1}{n+2}\dfrac{l^{2}}{8h}} \qquad (14)$$

3.2 全局变形理论

全局变形理论最初使用在小冲杆蠕变过程中[9]，假设小冲杆试样在蠕变过程中的厚度变化一致。本文将全局变形理论引入固支直杆蠕变过程中，假设固支直杆蠕变过程中试样的厚度变化也一致。从图1（b）弯矩图可以发现，试样在 $0\sim l/2$ 段的弯矩关于 $x=l/4$ 对称，根据材料力学，可以推导得到在试样 $0\sim l/2$ 段中，试样的变形也是关于 $x=l/4$ 对称的，如图3所示。

固支直杆蠕变试验压头半径为 R，试样的原始厚度为 $2h$，压头与试样之间的最大接触角为 θ_0，因为位移对称，得到压头位移 d 关于接触角 θ_0 的

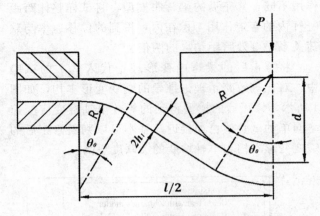

图3　固支直杆全局变形理论示意图

函数为：

$$d=2R(1-\cos\theta_0)+(l/2-2R\sin\theta_0)\tan\theta_0 \qquad (15)$$

化简得：

$$d=2R(1-\sec\theta_0)+\frac{l}{2}\cdot\tan\theta_0 \qquad (16)$$

试样的整体应变为：

$$\varepsilon=\frac{2R\theta_0+(l/2-2R\sin\theta_0)\sec\theta_0-l/2}{l/2}$$
$$=\frac{2R}{l/2}(\theta_0-\tan\theta_0)+\sec\theta_0-1 \qquad (17)$$

根据试样变形前后体积不变假设，得：

$$b\cdot 2h\cdot l/2=b\cdot 2h_1\cdot$$
$$[2R\theta_0+(l/2-2R\sin\theta_0)\sec\theta_0] \qquad (18)$$

整理得试样厚度为：

$$h_1=\frac{h\cdot l/2}{2R\theta+(l/2-2R\sin\theta)\sec\theta}=\frac{h}{1+\varepsilon} \qquad (19)$$

4 固支直杆蠕变变形过程分析

4.1 梁弯曲理论与全局变形理论比较

4.1.1 修正后的梁弯曲变形理论

与有效跨距理论只考虑 $l/4$ 至 $3l/4$ 之间的弯矩

作用不同，修正后的梁弯曲模型，将试样整体跨距0—1内的弯矩作用考虑在内，得到的位移速率与载荷关系是等效跨距结果的两倍。

将修正后的梁弯曲变形理论代入2.1的试验中，对比等效跨距理论推导的蠕变变形本构，如图4所示。修正后的模型得到的等效单轴蠕变应变速率同单轴试验值更加接近。基本可以判断修正后的蠕变变形本构与单轴蠕变的关联度更高。

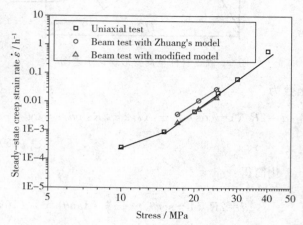

图4　固支直杆与单轴蠕变试验关于稳态蠕变
应变速率同应力关系的比较

4.1.2　基于两种理论的计算结果比较

选取 $P = 26N$ 的固支直杆蠕变试验与 $P = 20MPa$ 的单轴蠕变试验进行分析。两次实验断裂时间接近，固支直杆蠕变断裂时间为 19.72h，单轴蠕变断裂时间为 22.58h。采用修正后的梁弯曲理论和全局变形理论分析固支直杆蠕变试验，与单轴蠕变应变曲线进行比较，并对时间进行归一化处理，如图5所示。

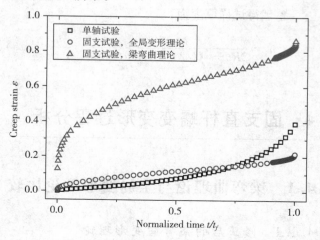

图5　固支直杆与单轴蠕变试验时间
归一化下的应变曲线比较

三条曲线都出现了蠕变三阶段。第一阶段时，全局变形理论得到的应变小于梁弯曲理论，与单轴蠕变接近；第二阶段时，全局变形理论得到的蠕变应变速率与单轴蠕变结果接近，小于梁弯曲理论；第三阶段时，梁弯曲理论的第三阶段比全局变形理论明显，不过，梁弯曲理论得到的断裂应变远超全局变形理论，大于单轴蠕变的断裂应变。

上述现象可以用两种模型的物理含义来解释：全局变形理论与单轴拉伸蠕变类似，代表了试样的整体应变结果；而梁弯曲理论注重试样中心截面处的应变变化。在蠕变第一、第二阶段中，试样以整体变形为主，然而固支直杆蠕变断裂多发生在试样中心截面附近，因此进入蠕变第三阶段后，梁弯曲理论比全局变形理论更好地显示此时试样的力学情况。可以认为，全局变形理论适用于蠕变第一、第二阶段，而梁弯曲理论更加适用于蠕变的第三阶段中。

4.2　蠕变变形过程分析

固支直杆的位移曲线与单轴应变曲线之间存在明显的不匹配现象。通过分析固支直杆应变变化规律，可以对固支直杆的蠕变变形过程有初步了解。

蠕变应变第一阶段中，蠕变应变速率不断减小。第一阶段结束时，单轴蠕变试验应变不足2%；梁弯曲理论得到的固支试样中心截面蠕变应变达到40%；全局变形理论下试样的全局应变也达到了5%。由单轴蠕变曲线得，350℃下 A7N01 应变达到2%时，进入蠕变第二阶段，当应变达到10%时，材料进入蠕变第三阶段。对于固支直杆蠕变，从图5可以看出，当试样处于位移第一阶段时，试样部分位置的应变水平已经远远超过蠕变第一阶段，试样中心截面的应变达到了蠕变第三阶段。全局应变是试样整体蠕变应变的表现，这个值达到5%，代表此时试样整体的平均应变水平处于蠕变第二阶段，然而，此时对应的固支直杆位移仍处在第一阶段中。可以认为，固支直杆的蠕变位移第一阶段并非是应变第一阶段的产物，它是试样内部不同应变水平共同作用的结果。

蠕变应变第二阶段中，固支试样的蠕变应变速率进入稳定阶段，这与蠕变位移曲线相似。此时试样内部应变分布不均匀，应变大的地方处于第三阶段，应变小处进入第二阶段。两种应变水平的联合作用，使试样的蠕变速率不断增长。然而这与实际的稳定蠕变应变速率不符。笔者认为，固支直杆受力方式与三点弯曲类似，如图6所示，在蠕变初始阶段，试样受力符合梁弯曲模型，此时试样内部的应力水平最高；随着蠕变位移的增加，试样内部的应力发生重新分布，高应力处应力水平降低，低应力处应力逐渐稳定，最终在y轴方向上，应力分布近似均匀，试样表现为整体截面受拉伸作用。此时试样由弯曲主导的受力状态过渡到以拉伸为主弯曲为副作用的受力模型。这种过渡降低了试样的应力水平，使蠕变应变速率减小。在固支应变第二阶段中，上述的应变速率增加效应与减小效应相互平衡，导致固支直杆蠕变应变速率在第二阶段中处于恒定。

在蠕变进入第三阶段后，固支蠕变应变速率开始不断增长，直至发生断裂。这主要是由试样内部损伤积累和颈缩引起的。

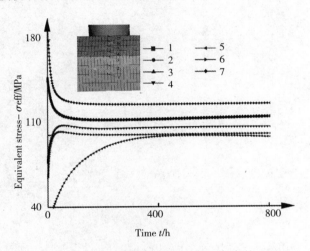

图6 三点弯蠕变试样中心截面各点的
等效应力与时间变化关系[5]

5 结论

本文基于梁弯曲理论，对固支直杆蠕变变形本构进行修正，引入全局变形理论分析固支直杆蠕变变形，系统地研究了固支直杆蠕变的变形过程，初步得到如下结论。

（1）基于梁弯曲理论修正了固支直杆蠕变变形本构，修正后的本构与单轴蠕变之间关联度更好；

（2）引入全局变形理论研究固支直杆蠕变变形过程，得到的蠕变整体应变曲线具有蠕变三阶段特性；

（3）比较了梁弯曲理论和全局变形理论，发现全局变形理论适合研究蠕变第一、第二阶段，梁弯曲理论适合用于蠕变第三阶段。

（4）发现固支直杆蠕变变形过程的位移三阶段与材料的应变三阶段并非对应关系，在位移第一阶段中试样部分位置已处于应变第三阶段，位移第一阶段是试样内部多种应变水平综合作用的结果。

（5）随着蠕变位移增大，试样逐步从梁弯曲模型过渡到拉伸为主弯曲为副作用的受力状态。受力形式的转变降低了试样内部的应力强度，使试样应变速率降低。

参 考 文 献

［1］Hyde TH，Hyde CJ and Sun W. A basis for selecting the most appropriate small specimen creep test type. J Press Vess：T ASME 2014；136（2）：024502.

［2］庄法坤，涂善东，周帼彦．不同小试样测量蠕变性能的比较研究［J］．机械工程学报，2015，51（6）：9－18.

［3］庄法坤．基于梁弯曲理论的小试样蠕变试验方法研究［D］．华东理工大学，2014.

［4］Xu B X，Yue Z F，Eggeler G. A numerical procedure for retrieving material creep properties from bending creep tests［J］．Acta Materialia，2007，55（18）：6275－6283.

［5］马渊睿，周帼彦，涂善东．基于三点弯小试样测量蠕变参数的理论分析［J］．压力容器，2010，27（6）：21－27.

［6］Tu S T，Zhuang F K，Zhou G Y. Effect of large deformation on creep property evaluation by small specimen bending tests［J］．International Journal of Pressure Vessels and Piping，2016，139－140：194－203.

［7］Zhuang F K，Tu S T，Zhou G Y. Assessment of creep constitutive properties from three－point bending creep test with miniaturized specimens［J］．Journal of Strain Analysis for Engineering Design，2014，Vol. 49（7），482－491.

［8］白钰．应力水平对小试样测量蠕变速率的影响［D］．华东理工大学，2016.

［9］Hyde TH，Stoyanov M，Sun W. On the interpretation of results from small punch creep tests［J］．The Journal of Strain Analysis for Engineering Design，2010，45：141－164

作 者 简 介

秦宏宇（1993—），男，硕士研究生在读，现主要从事小试样研究材料高温蠕变性能工作。

通讯地址：上海市徐汇区梅陇路 130 号，华东理工大学。

邮编：200237

联系电话：18752534569

Email：1248808362@qq.com

电沉积纳米晶体镍涂层的损伤与断裂实验研究

赵彦杰[1]　周剑秋[1,2]

（1. 南京工业大学机械与动力工程学院，南京 211800；2. 武汉工程大学机电工程学院，武汉 430205）

摘　要　纳米晶体材料由于其特殊的微观结构使得其具有常规粗晶材料所不具备的一系列优异的力学性能，如较高的屈服强度、硬度及良好的耐磨性能。然而其特殊的微观结构和变形机理也使得材料内部的损伤演化过程与常规粗晶材料有很大不同。本文在充分理解常规粗晶材料中损伤演化过程以及纳米晶体材料变形机理的基础上以铜基纳米晶镍涂层为研究对象，在室温下对涂层进行了拉伸力学性能测试及划痕测试，利用 3D 数字图像相关法及场发射扫描电镜分析了纳米晶镍涂层试样拉伸过程中涂层的断裂机理及涂层和基体界面失效的情况。研究结果表明：随应变率的增加，试样的延伸率和强度增大。纳米晶镍涂层的断裂主要是由于纳米晶镍涂层中位于界面附近的纳米尺度的晶界裂纹的萌生，并沿着晶界不断地向涂层表面扩展引起的。此外，通过划痕测试得到了纳米晶镍涂层和基体发生失效时的临界应力及失效方式。

关键词　纳晶材料；损伤演化；应变速率；裂纹

Experimental Study on the Damage and Fracture of Electrodeposited Nanocrystalline Nickel Coatings

Zhao Yanjie[1]　Zhou Jianqiu[1,2]

（1. Department of Mechanical and Power Engineering, Nanjing Tech University,
Nanjing 211800;

2. Department of Mechanical and Power Engineering,
Nanjing Tech University, Nanjing 211800; Wuhan Institute of Technology,
School of Mechanical and Electrical Engineering, Wuhan 430205）

Abstract　Nanocrystalline materials show ultra-high yield strengths, superior wear resistance, and enhanced hardness due to their unique microstructure. However, the unique microstructure and plastic deformation mechanism in nanocrystalline materials lead to the different damage evolution process between nanocrystalline materials and coarse-grained materials. On the basis of completely understanding on the damage evolution process in coarse-grained materials as well as the unique deformation mechanism of nanocrystalline materials. The nanocrystalline Ni coating is characterized under the uniaxial tensile tests, the evolution of strain, nucleation and propagation of crack, fracture process and failure of interface between coating and substrate were studied using the 3D digital image correlation (DIC) as well as the field emission scanning electron microscope (FESEM). The results show that strain rate has an effect on the ductility and strength of the sample at room temperature, and the ductility and strength increase with increasing strain rate. The fracture of coating is caused by the nucleation and propagation of intergranular nano-sized cracks near the interface. Also, the interface failure between coating and substrate was studied using scratch test.

Keywords Nanocrystalline materials；Damage evolution；Strain rate；Crack

1 引言

与传统粗晶材料相比，纳米晶体材料具有一系列的优异的力学性能，如较高的屈服强度、硬度以及良好的耐磨性能等，同时也表现出很低的延性[1-5]。通过一定的方法在传统粗晶基体上制备出纳米晶涂层，既可以使材料表面表现出纳米晶体材料的高强度、高硬度及良好的耐磨性能，同时又具有粗晶材料良好的延性，因而受到了广泛的关注。由于镍具有良好的强度和延展性、耐高温及抗腐蚀性能，因而电沉积纳米晶体镍涂层近年来得到广泛的研究和应用[6-8]。目前关于电沉积纳米晶体镍涂层力学性能的研究主要集中在硬度及耐磨性能的研究，很少有研究涉及拉伸载荷时的断裂失效研究。

本文中，我们将以电沉积纳米晶体镍涂层为研究对象，通过拉伸测试和划痕测试，并结合数字图像相关法（Digital Image Correlation）及场发射扫描电镜研究了纳米晶镍涂层的拉伸力学性能及涂层失效的过程，同时对纳米晶 Ni 涂层的断裂失效机理做了相关讨论。

2 实验过程

本实验所用到的电沉积纳米晶体镍涂层是从 Goodfellow 公司所购买的，基体材料为粗晶纯铜，所购买的的涂层薄片如图 1a 所示。薄片尺寸为 24 mm × 24 mm × 0.5 mm，其中涂层厚度约为 20 μm。涂层中纳米晶体镍的平均晶粒尺寸为 20 nm，纯度 99.9%。将拉伸试样加工成狗骨形状，具体尺寸和形状见图 1b。

室温单轴拉伸实验在 Instron 3367 拉伸试验机上进行，其加载方式为位移控制加载。为比较应变率的影响，我们采用了三种不同的拉伸应变率，分别为 1×10^{-4}、5×10^{-4} 和 1×10^{-3} s^{-1}。为了分析涂层表面变形及断裂失效的演化情况，我们采用两个高速高分辨率的 CCD 摄像机（分辨率为：2048 × 2048 pixels，图像采集频率：2Hz，）实时拍摄并记录试样表面在试样拉伸的过程中图像，图像采集及拉伸装置如图 2a 所示。

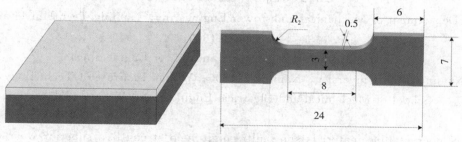

（a）电沉积纳米晶镍涂层示意图，基体为粗晶铜　（b）拉伸试样的形貌与尺寸

图 1

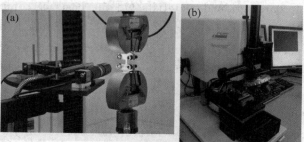

（a）单轴拉伸实验及数字图像采集装置　（b）划痕实验装置

图 2

划痕实验在 CSM Revetest 划痕仪上进行（图2b），压头为圆锥形 Rockwell 金刚石压头，其顶角为 120°，顶圆角半径为 200 μm。本文研究中，划痕测试加载方式为渐进式加载，加载的最大载荷为180N，划痕长度为 3 mm，加载速度分别为 3 mm/min。

在拉伸测试及划痕测试结束后，利用场发射扫描电镜（SU8010 Semi-In-Lens）对拉伸试样的表面、断口以及划痕的表面进行观察分析。同时，利用数字图像相关法（DIC）分析处理拉伸过程中试样的变形情况，从而得到试样表面的应变场。

3 实验结果分析和讨论

3.1 拉伸曲线

图 3 所示为纳米晶镍涂层室温下三种不同应变率下得到的拉伸应力-应变曲线。随着应变速率由 1×$10^{-4}s^{-1}$ 提高到 1×$10^{-3}s^{-1}$，试样的抗拉强度由 293 MPa 提高到 310 MPa，这说明试样具有很高的应变速率敏感性。当应变率为 1×$10^{-4}s^{-1}$ 时，试样断裂延伸率仅为 15%；而当应变速率提高到 1×$10^{-3}s^{-1}$ 时，试样的断裂延伸率则高达 22%。而相关实验研究表明[9]，粗晶 Cu 的应变速率敏感性很低，应变速率的提高对粗晶 Cu 的强度和延伸率几乎没有影响。而对于纳米晶 Ni，Dalla Torre[10] 等人的研究发现当应变速率从 5.5×$10^{-5}s^{-1}$ 增加到 5.5×$10^{-2}s^{-1}$ 时，其延伸率是逐渐降低的，拉伸强度基本无变化。但是 Shen[11] 等人的研究却发现，随着应变率从 1.35×$10^{-6}s^{-1}$ 增加到 1.35s^{-1} 时，拉伸强度是逐渐增加的，但是伸长率却是下降的。本文研究中，由于粗晶铜基本对应变速率不敏感，所以我们可以认为应变速率对试样的拉伸性能的影响主要是受纳米晶 Ni 涂层的影响。

3.2 裂纹演化

为了研究纳米晶镍涂层在拉伸变形过程中的变形及表面孔洞及裂纹的萌生和演化情况，我们利用高速摄像机对试样在应变率为 1×10^{-4} 的拉伸过程

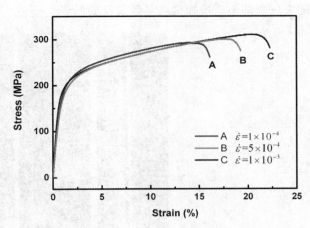

图 3　纳米晶镍涂层室温下三种应变速率（1×$10^{-4}s^{-1}$、5×$10^{-4}s^{-1}$、1×$10^{-3}s^{-1}$）的应力-应变曲线

进行了全程的拍摄得到了拉伸过程中试样表面全场应变场。不考虑弹性变形阶段，我们在塑性变形阶段取 8 个时间段分别对应图 4 中应力应变曲线上的 A－H 8 个点来分析表面裂纹的萌生演化情况。其中，G 点为应力应变曲线的最高点。

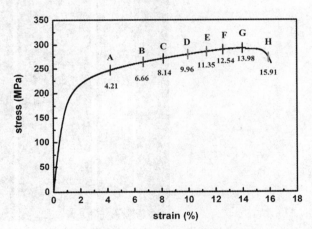

图 4　纳米晶 Ni 涂层在应变率为
1×10^{-4} 时的拉伸应力-应变曲线以及 DIC 分析选择
的应变点（曲线下的数字代表应变数值）

图 5 所示为不同的拉伸应变下，试样表面沿拉伸方向上的全场应变分布情况。当塑性应变达到4.21% 时，整个试样表面的应变场基本呈均匀分布的。这说明尽管粗晶铜基体和纳米晶镍涂层的力学性能有很大的差异，但是当应变不太大时，它们可以通过相互协调一起均匀变形的。但是通过文献研究[4,5,9,10] 我们知道，纳米晶镍的延伸率是非常差的，一般来说都不超过 10%，而粗晶铜的延伸率则可以达到 40% 左右。因而，随着拉伸应变的逐步增大，基体和涂层之间的塑性变形越来越不匹配，最终会导致涂层材料中的不均匀塑性变形，并

随着应变的不断增加最终导致裂纹的萌生。

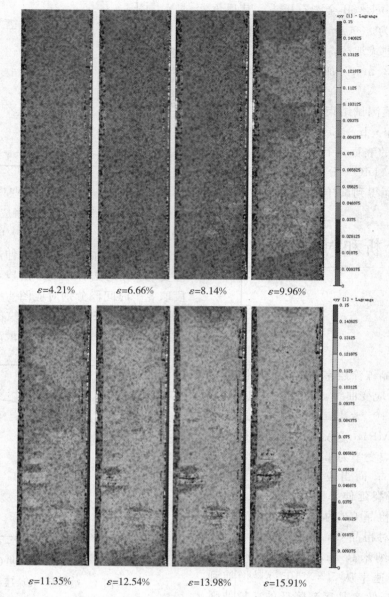

$\varepsilon=4.21\%$ $\varepsilon=6.66\%$ $\varepsilon=8.14\%$ $\varepsilon=9.96\%$

$\varepsilon=11.35\%$ $\varepsilon=12.54\%$ $\varepsilon=13.98\%$ $\varepsilon=15.91\%$

图 5　纳米晶 Ni 涂层在单轴拉伸过程中不同拉伸
应变下涂层表面的应变分布图

3.3　断裂机理

　　为了更好地研究试样断裂失效的机理以及对 DIC 分析结果进行验证,我们利用 SEM 对拉伸断裂后的试样表面进行观察。图 6 分别为应变率 $1\times10^{-4}\,s^{-1}$ 和 $1\times10^{-3}\,s^{-1}$ 时,拉伸试样断口附近的宏观形貌。对比两个图,我们可以看到两种应变率下,试样的断口均有一 15° 左右的倾斜,试样断口处有轻微的颈缩现象。纳米晶 Ni 涂层的断口处有许多微小的台阶。而断口附近表面有大量的裂纹,

这些裂纹都是与载荷的加载方向相垂直的。这些裂纹既有从试样边缘处开裂的,同时也有大量的裂纹是从试样表面中间萌生并扩展的。这些裂纹的扩展不是平直向前的,而是呈现 Z 字形,也就是说这些宏观的 Z 字形裂纹是由于大量的微裂纹相合并造成的。

　　对断口附近裂纹扩展路径的进一步分析发现,裂纹之间的合并是由于局部剪切造成的,如图 7a 所示。从图中可以看到,两个裂纹分别平行,当扩展到很接近时,就会由于局部剪切进而合并。从图中区域 1 和区域 2 我们可以很明显的观察到局部剪

切。正是由于这些剪切的作用，所以才使得裂纹在扩展过程中呈现 Z 字形，而不是平直裂纹。在试样的拉伸过程中，随着应变的增加，试样表面大量的微裂纹萌生并不断扩展。当这些宏观裂纹扩展到一定长度时，就会造成材料的断裂。如图 7b 所示。这些变形带与断口附近宏观裂纹一样，也都是相互平行且垂直于拉伸方向的。

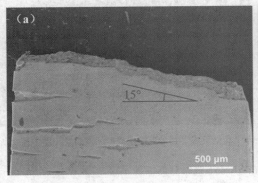

(a) $\varepsilon=1\times10^{-4}\mathrm{s}^{-1}$　　　　　(b) $\varepsilon=1\times10^{-3}\mathrm{s}^{-1}$

图 6　两种不同的拉伸速率下纳米晶 Ni 涂层断口的宏观形貌

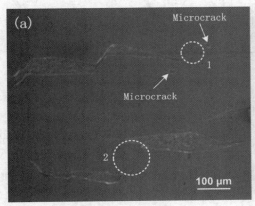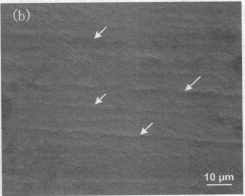

（a）断口附近观察到大量的裂纹，这些裂纹的扩展　　　（b）远离断口的表面出现大量的变形带
是由许多微裂纹剪切合并造成的　　　　　　　　　（图中箭头所示）

图 7　纳米晶 Ni 涂层拉伸断裂后表面的扫描电镜图

图 8a 和图 8b 分别为纳米晶 Ni 涂层断口在低倍和高倍下 SEM 观察。从图 8a 可以看到，纳米晶 Ni 涂层的断口较为齐整，而且断口出现了比较明显的裂纹，这说明纳米晶 Ni 涂层的断裂是由于裂纹的扩展导致的。当这些纳米尺度的裂纹扩展为微裂纹后，它们的裂尖塑性区就到达表面并在表面形成变形带（图 8b 所示）。随着拉伸应变的不断增加，这些微裂纹就会贯穿到表面形成表面裂纹。

图 9 所示为纳米晶 Ni 涂层的损伤演化及断裂失效机理的示意图。由于粗晶 Cu 基体和纳米晶 Ni 涂层之间的力学性能的差异，当这两种材料一起受到拉伸变形时，就会在这两种材料之间形成协调变形。在纳米晶体材料中，当晶粒尺寸越小晶界滑移在塑形变形中就越占主导地位。因此，涂层与基体的界面处的纳米晶 Ni 会有很明显的晶界滑移，从而使得在晶界或者三晶交处萌生纳米尺度的微裂纹，如图 9a。这些微裂纹沿着晶界向表面扩展或者相互直接合并，从而形成微裂纹，这些微裂纹的裂尖塑性区到达涂层表面时就会在涂层表面形成变形带，如图 9b。随着整个试样拉伸应变的增加，微裂纹最终贯穿到表面，形成表面微裂纹，如图 9c。这些相互平行的表面微裂纹不断的扩展，当彼此很接近时就会由于剪切从而合并成宏观的 Z 字形裂纹并最终导致试样的断裂，如图 9d。

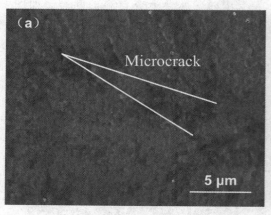

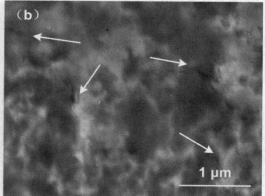

（a）在低倍下，断口出现较明显的微裂纹　　　　　（b）高倍下观察到接近纳米尺度的微裂纹（图中箭头所示）

图 8　纳米晶 Ni 涂层在 SEM 下观察到的断貌

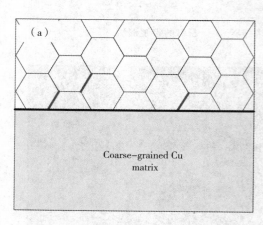

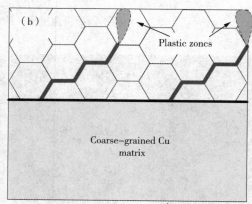

（a）纳米尺度的晶间裂纹在涂层基体界面处萌生　　（b）纳米尺度的晶界裂纹沿晶扩展到达涂层表面时在表面形成变形带

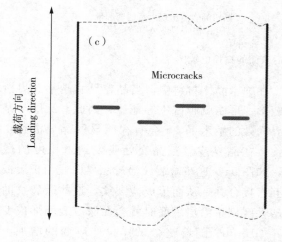

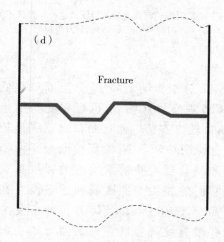

（c）涂层内部的沿晶裂纹扩展到涂层表面形成稳定的微裂纹　　（d）涂层表面微裂纹扩展并合并最终导致材料断裂
　　　　　　　　　　　　　　　　　　　　　　　　　　　图中红线表示裂纹

图 9　实验观察得到的纳米晶 Ni 涂层的断裂失效过程示意图

3.4 界面结合分析

由于粗晶 Cu 基体与纳晶 Ni 涂层这两种材料的力学性能的差异,在发生塑形变形时会在两者之间的结合面产生很大的变形协调。利用划痕实验过程中记录下来的法向力、摩擦力、摩擦系数、穿透深度、残余深度、声发射数据,同时结合划痕结束后的 SEM 图像可以综合判断涂层与基体的结合情况。

图 10 为划痕过程中的摩擦力和摩擦系数随划痕长度之间的变化关系,从图中明显可以看出两条曲线均可以分为三个部分。在曲线的第一个部分,由于法向力的数值很小,此时涂层和基体仅仅产生了弹性变形;而随着法向力的增加,涂层和基体开始产生塑性变形;当曲线到达第三个阶段时,曲线出现了明显的波动,这说明涂层发生了破坏,产生了很多的裂纹。在图 11 中,两条深度的曲线也大致可以分为三个阶段。在第一个阶段中,穿透深度随划痕长度明显的增加,而残余深度的变化却不明显,很明显这是由于在这一阶段主要发生的是弹性变形。而在第二阶段,两条曲线越来越接近,这说明试样逐步在发生不可逆的塑性变形。在第三阶段,两条曲线类似图 10 中的曲线,也出现了明显的波动,说明此时划痕表面出现了大量的裂纹。

图 12 为测试结束后的划痕 SEM 表征结果。随着划痕长度的不断增加,划痕表面会逐渐出现细小的微裂纹,这些裂纹的开裂表面是与试样的表面向垂直的,也就是说裂纹的扩展基本是一种张开的方式,即 I 型裂纹。随着划痕长度的继续增加,对这一区域的裂纹放大观察可以看到,这些大裂纹的开裂表面与试样表面有一定的倾斜,裂纹的开裂方式逐渐变为撕裂方式,即,III 型裂纹扩展方式。值得注意的是,在整个的划痕测试中,并未接收到明显的声发射信号,这说明在整个的划痕测试中,没有明显的涂层剥落。综合图 10、11 和 12,我们得到涂层开裂破坏的临界力约为 91.5 N。

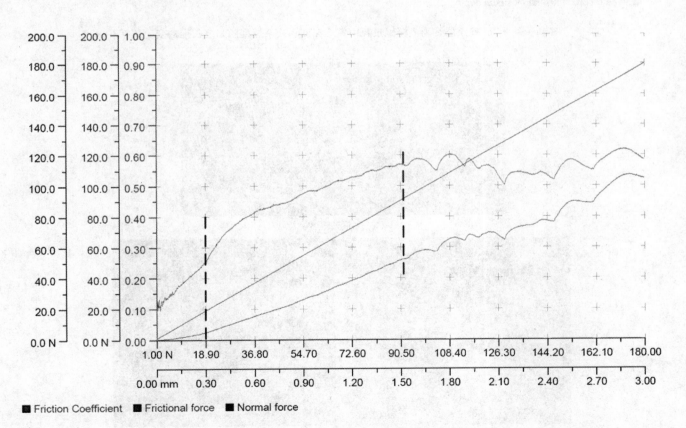

图 10　纳米晶 Ni 涂层在划痕测试过程中摩擦力和摩擦系数随划痕长度的变化关系

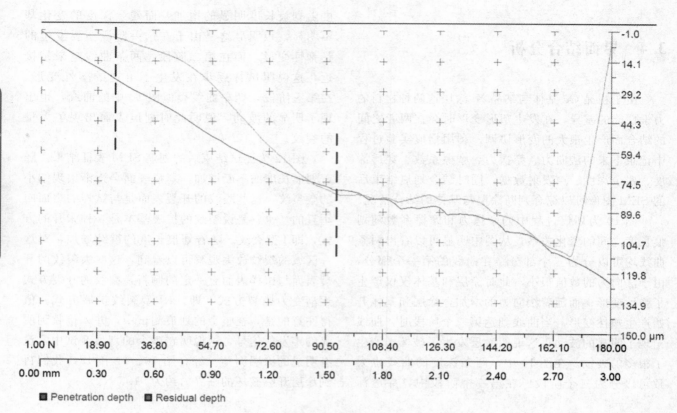

图 11　纳米晶 Ni 涂层在划痕测试过程中穿透深度和残余深度随划痕长度的变化关系

（a）划痕整体形貌

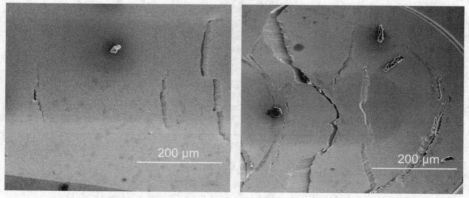

（b）涂层刚开始破坏时表面裂纹形状　　　（c）涂层严重破坏后表面裂纹形状

图 12　20 μm 厚的电沉积纳米晶 Ni 涂层的划痕表面形貌

4 结论

本文以铜基纳米晶镍涂层为研究对象，在室温下对涂层进行了拉伸力学性能测试及划痕测试，利用 3D 数字图像相关法及场发射扫描电镜分析了纳米晶镍涂层试样拉伸过程中的表面应变的演化、裂纹的萌生及扩展、涂层的断裂机理及涂层和基体界面失效的情况，得出以下主要的结论：

（1）室温条件下随应变率的增加，试样的延伸率和强度明显增大，而试样的断裂情况基本不随应变率的变化而变化。

（2）纳米晶镍涂层的断裂主要是由于涂层中裂纹的萌生及扩展引起的。进一步的分析表明，试样中的裂纹最初萌生于纳米晶镍涂层中位于界面附近的晶界处，并沿着晶界不断地向涂层表面扩展产生表面相互平行的微裂纹。这些微裂纹扩展到彼此很接近时就会由于剪切作用合并成宏观裂纹，并最终导致涂层断裂。

（3）划痕测试结果表明纳米晶镍涂层与粗晶铜基体界面失效的临界力约为 91.5 N。在涂层刚开始失效时，涂层中的裂纹主要是张开形裂纹，随着载荷的增大，裂纹的开裂方式逐渐变为撕裂形。

参 考 文 献

［1］Benkassem S, Capolungo L, Cherkaoui M. Mechanical properties and multiscale modeling of nanocrystalline materials [J]. Acta Mater, 2007, (55): 3563—3572.

［2］Kumar K S, Suresh S, VanSwygenhoven H. Mechanical behavior of nanocrystalline metals and alloys [J]. Acta Mater, 2003, (51): 5743—5774.

［3］Meyers M A, Mishra A, Benson D J. Mechanical properties ofnanocrystalline materials [J]. Prog Mater Sci, 2006, (51): 427—556.

［4］Dao M, Lu L, Asaro R J, et al. Toward a quantitative understanding of mechanical behavior of nanocrystalline metals [J]. Acta Mater, 2007, (55): 4041—4065.

［5］Koch CC. Structural nanocrystalline materials: an overview [J]. J Mater Sci, 2007, (42): 1403—1414.

［6］朴楠，陈吉，孙彦伟，等. 脉冲电流密度对纳米晶镍镀层结构及性能的影响 [J]. 电镀与环保，2016, (36): 4—7.

［7］Ryan E. Daugherty, Madeline M. Zumbach, Teresa D. The influence of an aqueous-butanol plating bath on the microstructure and corrosion resistance of electrodeposited nickel coatings [J]. J Appl Electrochem, 2017, (47): 467—477.

［8］Nitin P. Wasekar, Prathap Haridoss, S. K. Seshadri, et al. Influence of mode of electrodeposition, current density and saccharin on the microstructure and hardness of electrodeposited nanocrystalline nickel coatings [J]. Surface & Coatings Technology, 2016, (291): 130—140.

［9］Zhang H, Jiang Z, Lian J, et al. Strain rate dependence of tensile ductility in an electrodeposited Cu with ultrafine grain size [J]. Mater Sci Eng A, 2008, (479): 136—141.

［10］Dalla Torre F, Van Swygenhoven H, Victoria M. Nanocrystalline electrodeposited Ni: microstructure and tensile properties [J]. Acta Mater, 2002, (50): 3957—3970.

［11］Shen X, Lian J, Jiang Z, et al. High strength and high ductility of electrodeposited nanocrystalline Ni with a broad grain size distribution [J]. Mater Sci Eng A, 2008, (487): 410—416.

作 者 简 介

赵彦杰，女，硕士研究生，南京工业大学机械与动力工程学院，211800，15062280703，929180569 @ njtech. edu. cn

考虑高阶项影响的纯Ⅱ型蠕变裂纹修正 TDFAD 研究

代岩伟　刘应华*

（清华大学工程力学系应用力学教育部重点实验室，北京 100084）

摘　要　本文提出了纯Ⅱ型幂律蠕变裂纹尖端场的高阶渐进分析方法，并使用数值方法求解不同蠕变指数下的了纯Ⅱ型幂律蠕变裂纹前三阶解答，给出了纯Ⅱ型蠕变裂纹尖端高阶应力指数，分析了纯Ⅱ型幂律蠕变裂纹尖端场高阶渐进解的结构。基于给出的纯Ⅱ型幂律蠕变裂纹高阶渐进解及应力损伤模型，提出了考虑高阶项影响修正的针对含纯Ⅱ型幂律蠕变裂纹结构时间相关失效评定曲线图（Time-dependent failure assessment diagram）评估方法。

关键词　Ⅱ型蠕变裂纹；高阶项；渐进分析；拘束效应；时间相关失效评定

Study on Modified TDFAD by Considering High Order Term Effect of Mode Ⅱ Creep Crack in Power-Law Materials

Dai Yanwei　Liu Yinghua*

(Department of Engineering Mechanics, Applied Mechanics Laboratory, Tsinghua University, Beijing 100084)

Abstract　The high order term asymptotic solution for mode Ⅱ creep crack in a power law creeping material is presented in this paper. The three order term solutions of the mode Ⅱ creep crack are solved by using shooting method. The angular distribution functions, power exponent and solution structures are also given. Compared with the full field finite element results, the three order term solutions of mode Ⅱ creep crack can characterize the full field quite reasonably and accurately. Based on the high order asymptotic solutions and the stress based damage model, a modified time-dependent failure assessment diagram (TDFAD) for mode Ⅱ creep crack is proposed.

Keywords　mode Ⅱ creep crack; high order term; asymptotic analysis; constraint effect; TDFAD

1　引言

20 世纪 60 年代，HRR 场理论[1,2]和 J-积分[3]的提出奠定了非线性幂硬化弹塑性材料断裂力学的理论基础。这两项理论和其他的经典的弹塑性断裂力学理论，如 COD 理论[4]等，一起构筑了常温条件下含裂纹压力容器结构安全评估方法中弹塑性断裂力学理论的基础。20 世纪 80 年代以后，随着研究的深入，李尧臣和王自强[5]率先提出幂硬化弹塑性高阶渐进解答，使人们意识到高阶项在裂纹尖端场中所起到的重要作用并且证实 HRR 场只是高阶渐进解中的一阶项解。在有些情况下，单参数的断裂准则及断裂韧性不足以表征实际结构的全场解，这会带来评估上保守与否的问题。后期人们把这种高阶效应对于裂纹尖端断裂韧度、断裂准则的影响归结为"约束效应"（Constraint effect）。此后，有关弹塑性材料裂纹尖端高阶渐进解的研究竞相出现，如 Aravas 和 Blazo[6] 提出的反平面Ⅲ型幂硬化材料裂纹尖端高阶渐进解。此外，Shih 和他的和作者们构建了针对Ⅰ型裂纹尖端高阶场的经典 J－Q 双参数理论[7,8]，并在工程中得到了相当广泛的应用。Chao 和其合作者[9－11] 也开展了大量的工作，提出并发展了分别针对Ⅰ型和Ⅱ型幂硬化弹塑性裂尖场的 J－A_2 理论。郭万林考虑面外拘束效应，针对三维裂纹提出了考虑面外拘束效应的弹塑性解答，见文献 [12－14]。

新世纪以来，由于工业及政府部门对于节能减排需求的提高，核能、石化等工业设备中，特别是这些设备中压力容器和管道等高温承压部件所面临的服役环境越来越趋于复杂、苛刻，使得人们对于高温压力容器和管道结构的安全评估问题逐渐的重视起来。高温部件中较为突出的一个问题是含蠕变裂纹结构的安全评估问题。由于蠕变裂纹尖端场依赖于蠕变时间，为了解决评估中的这个问题，Ainsworth 等人[15] 提出了时间相关的失效评定曲线图（Time－dependent Failure Assessment Diagram，TDFAD）。由于评估过程中需要用到蠕变材料的断裂韧度，然而早期弹塑性裂纹尖端场的研究已经启示[16]：断裂韧度依赖于试样几何尺寸、裂纹深度、加载模式，乃至材料性质，因此有必要对于高温蠕变条件下裂纹尖端场的高阶项的作用或者所谓"约束效应"的问题加以研究。根据早期 Hoff[17] 的研究，幂律弹性蠕变（即 Norton 蠕变律）解的结构与幂律弹塑性解的结构非常类似，该结论为称之为 Hoff 类似。

虽然，在 20 世纪早期，Hoff 的有关理论就已经提出，但其在高阶渐进场中的应用只到新世纪才得以展现。Chao 等人[18] 将其 J－A_2 理论推广到幂律蠕变裂纹尖端场并提出了 $C(t)$－$A_2(t)$ 理论。Nguyen 等人[19] 采用了类似的方法得到了与 Chao 等人[18] 相同的结果。最近，国内外一些研究者从不同的方面研究了蠕变裂纹的约束效应问题，比如 Wang 及其合作者[20－22] 考虑到蠕变裂纹钝化及大变形因素的影响提出了 R 等一系列的参数。此外，

Xiang 及其合作者[23,24] 提出了三维蠕变裂纹面外表征参数。有关蠕变裂纹约束效应的研究还可以见文献 [25－29]。

需要指出的是目前对于蠕变裂纹拘束效应的研究多针对Ⅰ型蠕变裂纹，尚未见到有关Ⅱ型蠕变裂纹高阶渐进分析的公开报道。此外，部分研究者[30] 发现纯Ⅱ型蠕变裂纹的扩展速度要比纯Ⅰ型要快，那么可以想象这种纯Ⅱ型蠕变裂纹一旦在压力容器等结构中扩展将会对整个结构的安全极为不利。综上，对于纯Ⅱ型蠕变裂纹尖端高阶渐进解的结构和特性进行深入的研究既非常必要也非常具有实际工程意义。特别地，在掌握了纯Ⅱ型蠕变裂纹高阶渐进解的基础上，研究针对纯Ⅱ型蠕变裂纹的、考虑高阶项影响的 TDFAD 评估方法具有重要的潜在应用价值。

基于以上研究背景和现状，本文将针对纯Ⅱ型蠕变裂纹开展以下研究工作：（1）对本文作者及合作者近期所提出并发展的纯Ⅱ型蠕变裂纹高阶渐进解进行阐释与回顾；（2）基于所提出的纯Ⅱ型蠕变裂纹高阶渐进解，考虑基于应力的损伤模型，提出针对纯Ⅱ型蠕变裂纹的修正的时间相关失效评定曲线图方法。最后，对本文的工作进行总结和说明。

2 纯Ⅱ型蠕变裂纹高阶渐进解

2.1 基本方程

本文所采用的本构为幂律本构（Power－law），也即为所谓的 Norton 本构，其多轴状态下的张量记号表达式如下：

$$\dot{\varepsilon}_{ij} = \frac{1+v}{E}S_{ij} + \frac{1-2v}{3E}\sigma_{kk}\delta_{ij} + \frac{3}{2}\dot{\varepsilon}_0\left(\frac{\sigma_e}{\sigma_0}\right)^{n-1}\frac{S_{ij}}{\sigma_0} \quad (1)$$

式中，E，n，$\dot{\sigma}$，$\dot{\varepsilon}_0$ 和 σ_0 分别为弹性模量、蠕变指数、应力率、参考应变率和参考应力。通常，把 $B = \dot{\varepsilon}_0/\sigma_0^n$ 记作蠕变系数或蠕变常数。式中偏应力分量及 Mises 等效应力分别为如下形式：

$$S_{ij} = \sigma_{ij} - \sigma_{kk}\delta_{ij}/3 \quad (2)$$

$$\sigma_e^2 = \frac{3}{2}S_{ij}S_{ij} \quad (3)$$

其中下标 i，j 在极坐标下分别对应 r，θ（见图1）。

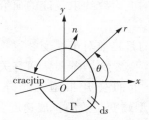

图1　裂纹尖端示意

　　和纯Ⅰ型蠕变裂纹相比，纯Ⅱ型蠕变裂纹尖端场的平衡方程、几何方程一致。唯一表现出与纯Ⅰ型不同的是边界条件，对于纯Ⅱ型蠕变裂纹，其边界条件的提法可以见文献［31］。

2.2　纯Ⅱ型蠕变裂纹高阶渐进解

　　假设蠕变裂纹尖端应力场的渐进表达式如下：

$$\frac{\sigma_{ij}(r,\theta,t)}{\sigma_0}=A_1(t)\overline{r}^{s_1}\tilde{\sigma}_{ij}^{(1)}(\theta)+$$

$$A_2(t)\overline{r}^{s_2}\tilde{\sigma}_{ij}^{(2)}(\theta)+A_3(t)\overline{r}^{s_3}\tilde{\sigma}_{ij}^{(3)}(\theta)+\cdots \quad (4)$$

　　其中 $A_i(t)$（$i=1$，2，3…）表示第 i 个尚未确定的常数，在蠕变条件下这些常数均与蠕变时间相关联。$\tilde{\sigma}_{ij}^{(i)}(\theta)$ 为第 i 个无量纲环向分布函数，s_i 为第 i 项的指数，也被认为是特征值，无量纲的距离 $\overline{r}=r/L$。需要指出的是 L 这里表示特征长度，特征长度只是为了归一化和无量纲化的需要，并没有实际的物理意义，因此其具体值可以为任意的有长度量纲的实数，如裂纹长度、最小单元尺寸等等。将式带入平衡方程可以得到关于角分布函数和特征值的方程如下：

$$\begin{cases} (s_m+1)\,\tilde{\sigma}_{rr}^{(m)}-\tilde{\sigma}_{\theta\theta}^{(m)}+\dfrac{\partial\tilde{\sigma}_{r\theta}^{(m)}}{\partial\theta}=0 \\ \dfrac{\partial\tilde{\sigma}_{\theta\theta}^{(m)}}{\partial\theta}+(s_m+2)\,\tilde{\sigma}_{r\theta}^{(m)}=0 \end{cases} \quad (5)$$

　　式中 m 取相应的项数（1，2，3）。利用应力的表达式得到 Mises 等效应力并将其带入到本构方程中，可以得到应变率的表达式，进而进行一次积分可以得到位移的表达式。利用蠕变条件下的几何方程可以得到每个阶数的几何方程。联立几何方程和平衡方程，可以得到每阶所对应的方程组。方程组的具体形式如下：

$$\begin{cases} (s_1+1)\,\tilde{\sigma}_{rr}^{(1)}-\tilde{\sigma}_{\theta\theta}^{(1)}+\tilde{\sigma}_{r\theta,\theta}^{(1)}=0 \\ \tilde{\sigma}_{\theta\theta,\theta}^{(1)}+(s_1+2)\,\tilde{\sigma}_{r\theta}^{(1)}=0 \\ \tilde{\varepsilon}_{rr}^{(1)}-(ns_1+1)\tilde{u}_r^{(1)}=0 \\ \tilde{\varepsilon}_{\theta\theta}^{(1)}-\tilde{u}_r^{(1)}-\tilde{u}_{\theta,\theta}^{(1)}=0 \\ 2\tilde{\varepsilon}_{r\theta}^{(1)}-\tilde{u}_{r,\theta}^{(1)}-ns_1\tilde{u}_\theta^{(1)}=0 \end{cases} \quad (6)$$

$$\begin{cases} (s_2+1)\,\tilde{\sigma}_{rr}^{(2)}-\tilde{\sigma}_{\theta\theta}^{(2)}+\tilde{\sigma}_{r\theta,\theta}^{(2)}=0 \\ \tilde{\sigma}_{\theta\theta,\theta}^{(2)}+(s_2+2)\,\tilde{\sigma}_{r\theta}^{(2)}=0 \\ \tilde{\varepsilon}_{rr}^{(2)}-[(n-1)s_1+s_2+1]\tilde{u}_r^{(2)}=0 \\ \tilde{\varepsilon}_{\theta\theta}^{(2)}-\tilde{u}_r^{(2)}-\tilde{u}_{\theta,\theta}^{(2)}=0 \\ 2\tilde{\varepsilon}_{r\theta}^{(2)}-\tilde{u}_{r,\theta}^{(2)}-[(n-1)s_1+s_2]\tilde{u}_\theta^{(2)}=0 \end{cases} \quad (7)$$

$$\begin{cases} (s_3+1)\,\tilde{\sigma}_{rr}^{(3)}-\tilde{\sigma}_{\theta\theta}^{(3)}+\tilde{\sigma}_{r\theta,\theta}^{(3)}=0 \\ \tilde{\sigma}_{\theta\theta,\theta}^{(3)}+(s_3+2)\,\tilde{\sigma}_{r\theta}^{(3)}=0 \\ \tilde{\varepsilon}_{rr}^{(3)}-[(n-1)s_1+s_3+1]\tilde{u}_r^{(3)}=0 \\ \tilde{\varepsilon}_{\theta\theta}^{(3)}-\tilde{u}_r^{(3)}-\tilde{u}_{\theta,\theta}^{(3)}=0 \\ 2(\tilde{\varepsilon}_{r\theta}^{(3)}+\tilde{\zeta}_{ij}^{(1)})-\tilde{u}_{r,\theta}^{(3)}-[(n-1)s_1+s_3]\tilde{u}_\theta^{(3)}=0 \end{cases}$$

$$(8)$$

　　式（6）、（7）、（8）即为Ⅱ型蠕变裂纹尖端所对应的前三阶的本征方程的表达式，其本质为四阶非线性常微分方程。打靶法是求解该类问题的经典方法，本文也是采用打靶法进行求解。在进行打靶法时需要顺次求解方程及其特征值 s_i，具体的过程可以参见文献［9,10］。限于篇幅，本文这里只列出部分指数下的前三阶不同蠕变指数下的特征值。

表1　纯Ⅱ型蠕变裂纹部分蠕变指数下前三阶特征值

n	s_1	s_2	s_3
3	-0.2500	0.2500	0.5419
4	-0.2000	0.4000	0.5171
5	-0.1667	0.4949	0.5000
6	-0.1429	0.4742	0.5714

　　对于分布函数，限于篇幅本文仅给出 $n=3$ 的结果（见图2），其他不同蠕变指数下的分布函数详见文献［31］。需要指出，本文图2中一阶解答与 Symington 等人[32] 给出幂律弹塑性纯Ⅱ型裂纹的解答一致。而本文呈现的高阶解，即二阶和三阶

角分布函数与 Chao 等人[10]的结果一致。

需要指出的是表 1 中的特征值的范围决定着高阶常数 $A_i(t)$ $(i=2，3)$ 与一阶常数 $A_i(t)$ $(i=2，3)$ 的关系，比如当 $n=3$ 时，由于真实求出来的特征值 $s_2 > (n-2)s_1$，所以必须有 $s_2 =$

$(n-2)s_1$，那么可以得出 $A_2(t)=A_1^{-1}(t)$，以此类推，可以分别分阶分析得到每一个常数 $A_i(t)$ $(i=2，3)$ 与前一阶常数的关系，具体的分析过程和结果可以见文献 [31]，这里不再赘述。

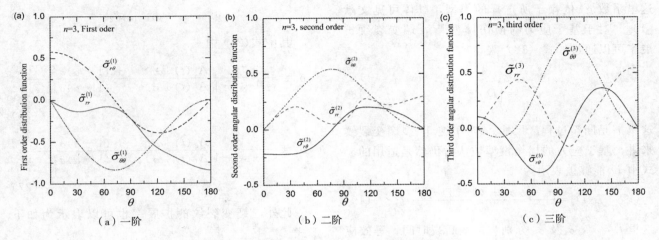

（a）一阶　　　　　（b）二阶　　　　　（c）三阶

图 2　$n=3$ 条件下的不同阶的无量纲角分布函数

3　Ⅱ 型蠕变裂纹考虑高阶渐进解的修正 TDFAD

3.1　TDFAD 及应力损伤模型

在不考虑二次应力的条件下，失效评定曲线图（FAD）包含 K_r 和 L_r 两个坐标轴，分别表示为如下：

$$K_r=\frac{K}{K_{IC}} \qquad (9)$$

$$L_r=\frac{P}{P_L} \qquad (10)$$

式中（9）、（10）K 为应力强度因子，P 为施加的载荷，P_L 是结构的极限载荷。时间相关失效评定曲线图（TDFAD）是在（FAD）的基础上发展而来，TDFAD 考虑了蠕变时间以及高温蠕变损伤材料性质的影响，因而使得整个的评估更为适用高温环境。TDFAD 与 FAD 相似，也是由两个坐

标轴组成，其表达式为：

$$K_r=\frac{K}{K_{mat}^c} \qquad (11)$$

这里 K_{mat}^c 可以表示为[15]

$$K_{mat}^c=\left[K^2+\frac{n}{n+1}\frac{EP\Delta_c}{B_n(W-a)}\eta\right]^{1/2} \qquad (12)$$

其中 Δ_c 为裂纹扩展 Δa 对应加载线对应的位移，B_n 为试样的厚度，W 为试样的宽度，η 是 ASTM 1457－13[33]所给定的函数。TDFAD 中的 L_r 能够可以表达为如下形式：

$$L_r=\frac{\sigma_{ref}}{\bar{\sigma}_{0.2}} \qquad (13)$$

这里 $\bar{\sigma}_{0.2}$ 是所谓的 0.2% 的蠕变强度，这里 $\bar{\sigma}_{0.2}$ 可以由固定温度下的等时应力应变曲线来获得。由此固定温度下某一蠕变时间并考虑到截至线的 TDFAD 图可以由下式表示：

$$K_r=\left[\frac{E\varepsilon_{ref}}{L_r\bar{\sigma}_{0.2}}+\frac{L_r^3\bar{\sigma}_{0.2}}{2E\varepsilon_{ref}}\right]^{-1/2}\ (L_r\leqslant L_r^{max}) \qquad (14)$$

$$K_r=0\ (L_r>L_r^{max}) \qquad (15)$$

这里 L_r^{max} 表示为：

$$L_r^{max}=\frac{\sigma_f}{\sigma_{0.2}} \qquad (16)$$

这里 σ_f 是蠕变断裂应力。总的来说，TDFAD

能够综合反映线弹性断裂、塑性垮塌及蠕变失效等情况下的机制。

假设在纯 II 型蠕变裂纹条件下，其扩展速率的表达式为如下形式：

$$\dot{a} = \dot{a}_0 g^* \qquad (17)$$

这里系数 g^* 依赖于所选择的模型，具体可见文献 [16]。对于基于应力的损伤模型[34]，蠕变裂纹扩展率可以通过如式（18）表达：

$$\dot{a} = \int_0^{r_c} \dot{D}_c \, \mathrm{d}r \qquad (18)$$

这里 r_c 是断裂过程区尺寸。对于纯 II 型蠕变裂纹来讲，基于应力的损伤模型被认为仍然是适用的。式中 $\dot{D}_c$ 能够被表示为[16]

$$\dot{D}_c = \frac{\sigma_0^{-v} \left[\alpha \sigma_e + (1-\alpha)\sigma_1\right]^v}{t_r^0} \qquad (19)$$

这里 t_r^0，σ_e，σ_1 及 σ_0 分别为蠕变断裂时间、等效应力、主应力及单轴状态下的参考应力。

3.2 考虑高阶项的修正 TDFAD

根据本文第 2 部分给出的渐进分析，纯 II 型蠕变裂纹尖端的等效应力和张开应力能够表示为：

$$\frac{\sigma_e}{\sigma_0} = A_1(t) r^{s_1} \tilde{\sigma}_e^{(1)} + A_2(t) r^{s_2} \tilde{\sigma}_e^{(2)} + A_3(t) r^{s_3} \tilde{\sigma}_e^{(3)} \qquad (20)$$

$$\frac{\sigma_{22}}{\sigma_0} = A_1(t) r^{s_1} \tilde{\sigma}_{22}^{(1)} + A_2(t) r^{s_2} \tilde{\sigma}_{22}^{(2)} + A_3(t) r^{s_3} \tilde{\sigma}_{22}^{(3)} \qquad (21)$$

这里 s_1，s_2，s_3 分别为第二部分所阐述的相关指数。将方程（20）、（21）带入方程（19），$\dot{a}$ 可以表示为：

$$\dot{a} = \int_0^{r_c} A_1^v(t) r^{vs_1} \left[\alpha \tilde{\sigma}_e^{(1)} + (1-\alpha)\tilde{\sigma}_{22}^{(1)}\right]^v \{1+\beta\}^v \mathrm{d}r \qquad (22)$$

$$\beta = r^{s_2-s_1} \frac{A_2(t)\left[\alpha\tilde{\sigma}_e^{(2)} + (1-\alpha)\tilde{\sigma}_{22}^{(2)}\right]}{A_1(t)\left[\alpha\tilde{\sigma}_e^{(1)} + (1-\alpha)\tilde{\sigma}_{22}^{(1)}\right]}$$
$$+ r^{s_3-s_1} \frac{A_3(t)\left[\alpha\tilde{\sigma}_e^{(3)} + (1-\alpha)\tilde{\sigma}_{22}^{(3)}\right]}{A_1(t)\left[\alpha\tilde{\sigma}_e^{(1)} + (1-\alpha)\tilde{\sigma}_{22}^{(1)}\right]} \qquad (23)$$

由于高阶项的影响相对于一阶项而言其显著性

要差很多，因此式 $\{1+\beta\}^v$ 可以能够用 $1+v\beta$ 来代替。因此，这个蠕变扩展率能够被表示为：

$$\dot{a} = A_1^v(t) \frac{r_c^{vs_1+1}}{vs_1+1} \left[\alpha\tilde{\sigma}_e^{(1)} + (1-\alpha)\tilde{\sigma}_{22}^{(1)}\right]^v g^* \qquad (24)$$

$$g^* = 1 + v\delta_1 + v\delta_2 \qquad (25)$$

其中式（25）中

$$\delta_1 = \frac{r_c^{s_2-s_1}}{s_2-s_1+1} \frac{A_2(t)\left[\alpha\tilde{\sigma}_e^{(2)} + (1-\alpha)\tilde{\sigma}_{22}^{(2)}\right]}{A_1(t)\left[\alpha\tilde{\sigma}_e^{(1)} + (1-\alpha)\tilde{\sigma}_{22}^{(1)}\right]} \qquad (26)$$

$$\delta_2 = \frac{r_c^{s_3-s_1}}{s_3-s_1+1} \frac{A_3(t)\left[\alpha\tilde{\sigma}_e^{(3)} + (1-\alpha)\tilde{\sigma}_{22}^{(3)}\right]}{A_1(t)\left[\alpha\tilde{\sigma}_e^{(1)} + (1-\alpha)\tilde{\sigma}_{22}^{(1)}\right]} \qquad (27)$$

此外，蠕变裂纹的扩展率也可以表示为如下形式：

$$\dot{a}_0 = \chi (C^*)^q \qquad (28)$$

通过比较裂纹的扩展，修正的蠕变韧度或蠕变断裂韧度（creep toughness）能够被表示为：

$$K_{mat}^c = \left[E(\Delta a/\chi g^*)^{1/q} t^{1-1/q}\right]^{1/2} \qquad (29)$$

根据上式的结果，那么可以很容易地得到修正的 TDFAD 曲线表达式：

$$\overline{f}(L_r) = f(L_r)(g^*)^{-1/2q} \qquad (30)$$

需要指出的是为了保证评估曲线具有一定的保守性，当修正系数 $g^* > 1$ 时，可以不用考虑约束效应的修正；只有当 $g^* < 1$ 时，约束效应才应该被考虑。具体 g^* 对 TDFAD 的影响可以在图 3 中清晰地揭示。需要强调的是，由于 L_r 的截止线由其塑性极限载荷确定，因此这部分本文沿用 R6 option 1 中的规定，不给予考虑修正。

4 结论

本文以蠕变条件下纯 II 型蠕变裂纹尖端场的高阶影响为研究对象，研究了纯 II 型蠕变裂纹尖端场及其安全评估的一些问题，具体说来主要有以下几点：

1）本文提出了针对幂律蠕变材料中纯 II 型蠕变裂纹尖端场的高阶分析和求解方法。得到了纯 II

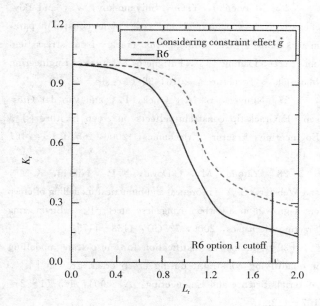

图 3　修正系数对评估曲线的影响示意图

型蠕变裂纹尖端场在不同蠕变指数下不同阶次的无量纲应力分布函数、应力指数以及不同阶次常数之间的关系。证明了纯Ⅱ型蠕变裂纹尖端场条件下，高阶项依赖于第一阶项，该结论不同于纯Ⅰ型幂律蠕变裂纹。

2）基于应力损伤模型，考虑纯Ⅱ型蠕变裂纹尖端场的高阶效应影响，建立了针对纯Ⅱ型蠕变裂纹修正 TDFAD。需要说明的是，本文的修正方法是假设应力损伤模型仍然适用于纯Ⅱ型蠕变裂纹的基础上，作为一种损伤模型，往往是基于局部断裂准则，这种局部开裂的准则对于不同的裂纹类型应当仍然是适用的。

相对于Ⅰ型蠕变裂纹而言，纯Ⅱ型蠕变裂纹尖端场的高阶解的结构更为复杂。而且纯Ⅱ型蠕变裂纹尖端场高阶项的独立性与纯Ⅰ型相比有着本质的区别。本文所使用的基于应力的损伤方法只是给出了一种考虑纯Ⅱ型蠕变裂纹尖端场高阶项影响的对 TDFAD 进行修正的方法，但是其思路同样可以推广适用到其他类型的损伤模型。

参 考 文 献

［1］Hutchinson, J. Singular behaviour at the end of a tensile crack in a hardening material［J］. Journal of the Mechanics and Physics of Solids，1968，16（1）：13－31.

［2］Rice, J., Rosengren, G. Plane strain deformation near a crack tip in a power-law hardening material［J］. Journal of the Mechanics and Physics of Solids，1968，16

（1）：1－12.

［3］Rice, J. R., A path independent integral and the approximate analysis of strain concentration by notches and cracks［J］. Journal of Applied Mechanics，1968，35（2）：379－386.

［4］Burdekin, F. M., Stone, D. The crack opening displacement approach to fracture mechanics in yielding materials［J］. The Journal of Strain Analysis for Engineering Design，1966，1（2）：145－153.

［5］Li, Y., Wang, Z. High-order asymptotic field of tensile plane-strain nonlinear crack problems［J］. Scientia Sinica Series A-Mathematical Physical Astronomical & Technical Sciences，1986，29（9）：941－955.

［6］Aravas, N., Blazo, D. A. Higher order terms in asymptotic elastoplastic mode-III crack tip solutions［J］. Acta Mech，1991，90（1）：139－153.

［7］O'dowd, N., Shih, C. F. Family of crack-tip fields characterized by a triaxiality parameter—I. Structure of fields［J］. Journal of the Mechanics and Physics of Solids，1991，39（8）：989－1015.

［8］O'dowd, N., Shih, C. F. Family of crack-tip fields characterized by a triaxiality parameter—II. Fracture applications［J］. Journal of the Mechanics and Physics of Solids，1992，40（5）：939－963.

［9］Yang, S., Chao, Y. J., Sutton, M. A. Complete theoretical analysis for higher order asymptotic terms and the HRR zone at a crack tip for Mode I and Mode II loading of a hardening material［J］. Acta Mech，1993，98（1－4）：79－98.

［10］Chao, Y. J., Yang, S. Higher order crack tip fields and its implication for fracture of solids under mode II conditions［J］. Engineering Fracture Mechanics，1996，55（5）：777－794.

［11］Chao, Y. J., Zhu, X. JA 2 characterization of crack-tip fields: extent of JA 2 dominance and size requirements［J］. International Journal of Fracture，1998，89（3）：285－307.

［12］Guo, W. Elastoplastic three dimensional crack border field—I. Singular structure of thefield［J］. Engineering Fracture Mechanics，1993，46（1）：93－104.

［13］Guo, W. Elastoplastic three dimensional crack border field—II. Asymptotic solution for the field［J］. Engineering Fracture Mechanics，1993，46（1）：105－113.

［14］Wanlin, G. Elasto-plastic three-dimensional crack border field—III. Fracture parameters［J］. Engineering Fracture Mechanics，1995，51（1）：51－71.

［15］Ainsworth, R. A., Hooton, D. G., and Green, D. Failure assessment diagrams for high temperature defect assessment [J]. Engineering Fracture Mechanics, 1999, 62 (1): 95—109.

[16] Budden, P., and Ainsworth, R. The effect of constraint on creep fracture assessments [J]. International Journal of Fracture, 1997, 87 (2): 139—149.

[17] Hoff, N. Approximate analysis of structures in the presence of moderately large creep deformations [J]. Quarterly of Applied Mathematics, 1954, 12 (1): 49.

[18] Chao, Y., Zhu, X., and Zhang, L. Higher-order asymptotic crack-tip fields in a power-law creeping material [J]. International Journal of Solids and Structures, 2001, 38 (21): 3853—3875.

[19] Nguyen, B., Onck, P., and Van Der Giessen, E. On higher-order crack-tip fields in creeping solids [J]. Journal of Applied Mechanics, 2000, 67 (2): 372—382.

[20] Wang, G. Z., Liu, X. L., Xuan, F. Z., and Tu, S. T. Effect of constraint induced by crack depth on creep crack-tip stress field in CT specimens [J]. International Journal of Solids and Structures, 2010, 47 (1): 51—57.

[21] Tan, J. P., Wang, G. Z., Tu, S. T., and Xuan, F. Z. Load-independent creep constraint parameter and its application [J]. Engineering Fracture Mechanics, 2014, 116 (0): 41—57.

[22] Ma, H. S., Wang, G. Z., Liu, S., Tu, S. T., and Xuan, F. Z. In-plane and out-of-plane unified constraint-dependent creep crack growth rate of 316H steel [J]. Engineering Fracture Mechanics, 2016, 155: 88—101.

[23] Xiang, M., Yu, Z., and Guo, W. Char-acterization of three-dimensional crack border fields in creeping solids [J]. International Journal of Solids and Structures, 2011, 48 (19): 2695—2705.

[24] Xiang, M., and Guo, W. Formulation of the stress fields in power law solids ahead of three-dimensional tensile cracks [J]. International Journal of Solids and Structures, 2013, 50 (20): 3067—3088.

[25] Shlyannikov, V. N., Tumanov, A. V., and Boychenko, N. V. A creep stress intensity factor approach to creep-fatigue crack growth [J]. Engineering Fracture Mechanics, 2015, 142: 201—219.

[26] Matvienko, Y. G., Shlyannikov, V., and Boy-chenko, N. In—plane and out—of—plane constraint para-meters along a three—dimensional crack—front stress field under creep loading [J]. Fatigue & Fracture of Engineering Materials & Structures, 2013, 36 (1): 14—24.

[27] Nguyen, B.-N., Onck, P., and van der Gies-sen, E. Crack-tip constraint effects on creep fracture [J]. Engineering Fracture Mechanics, 2000, 65 (4): 467—490.

[28] Yatomi, M., O'Dowd, N. P., Nikbin, K. M., and Webster, G. A. Theoretical and numerical modelling of creep crack growth in a carbon-manganese steel [J]. Engineering Fracture Mechanics, 2006, 73 (9): 1158—1175.

[29] Nikbin, K. Justification for meso-scale modelling in quantifying constraint during creep crack growth [J]. Materials Science and Engineering: A, 2004, 365 (1—2): 107—113.

[30] Brockenbrough, J., Shih, C., and Suresh, S. Transient crack-tip fields for mixed-mode power law creep [J]. International Journal of Fracture, 1991, 49 (3): 177—202.

[31] Dai, Y., Liu, Y., and Chao, Y. J. High Order Asymptotic Analysis of Crack Tip Fields under Mode II Creeping Conditions [J]. To be submitted. 2017.

[32] Symington, M. F., Shih, C. F., and Ortiz, M., 1988, Tables of plane strain mixed-mode plastic crack tip fields, Brown University Division of Engineering.

[33] ASTM, E1457-13: Standard Test Method for Measurement of Creep Crack Growth Times and Rates in Metals [J]. 2013.

[34] Hayhurst, D. Creep rupture under multi-axial states of stress [J]. Journal of the Mechanics and Physics of Solids, 1972, 20 (6): 381—382.

作者简介

代岩伟，男，清华大学航天航空学院博士研究生。

通信地址：北京市海淀区清华大学蒙民伟科技大楼 N610A，100084

电话：18810660252；邮箱：yansky45@126.com

结构内局部高应力区对裂纹扩展路径的影响

吕　斐　缪新婷　周昌玉

（南京工业大学 机械与动力工程学院，江苏省南京市 211800）

摘　要　结构内局部高应力区对裂纹扩展路径产生"吸引"作用。在单边裂纹板内开孔，引入应力集中区，采用扩展有限元法研究发现板内裂纹扩展路径会受到孔洞边缘处高应力区的"吸引"作用而偏离原来直线方向。提出的应力影响系数可表示孔洞边缘处高应力对裂纹扩展路径"吸引"作用的强弱，结果显示在同一单边裂纹板模型中应力影响系数和裂纹扩展路径偏转角的变化趋势一致。中心裂纹板内 I-II 复合型裂纹的扩展研究再一次证明了裂纹会受到其扩展前方高应力区的"吸引"作用而发生偏转。三维法兰内穿透裂纹扩展的研究发现裂纹扩展路径同样会受到其前方高应力区的"吸引"作用而发生偏转。研究表明，含裂纹结构内高应力区的位置可判断裂纹的扩展路径。

关键词　高应力区；扩展有限元法；应力影响系数；裂纹扩展路径；偏转角

中图分类号　O346.1；文献标志码：A

Influence of Local High Stress Region on the Crack Propagation Path

Lv Fei　Miao Xinting　Zhou Changyu

（College of Mechanical and Power Engineering，Nanjing Tech University，Nanjing 211800，China）

Abstract　The local high stress region in the structure has an attraction effect on the crack propagation path. The stress concentration area can be produced by the hole in the single edge-cracked plate. By using the extended finite element method，it is found that the crack propagation path in the plate will deviate from the original linear direction by the attraction of the high stress region at the edge of the hole. And the stress influence coefficient is introduced to characterize the strength of "attraction" on the crack propagation path. The result shows that the variation tendency of the stress influence coefficient and the variation trend of deflection angle of the crack propagation path are consistent in the same model. Through the study of the I-II mixed mode crack expansion in the central cracked plate，it is proved that the crack will be attracted by the high stress area in front of the crack propagation path and deflect. It is found that the crack propagation path will also be deflected by the attraction of the high stress region in three-dimensional flange. The crack propagation path can be determined by judging the position of

基金项目　国家自然科学基金资助项目（51475223，51675260）。

the high stress area in the cracked structure.

Keywords　　　high stress area; XFEM; stress influence coefficient; crack propagation path; deflection angle

在实际工程结构中，因各种原因可造成高应力区的存在，其中裂纹的扩展会受到其影响，而呈现多种形式的扩展。如在焊接结构中，焊缝内的微裂纹扩展会受到其中由气孔、夹渣等缺陷所造成的应力集中的影响。早在 1993 年 Hu 等[1]就用解析的方法研究了无限大平板中裂纹与孔洞附近高应力之间的关系。研究结果表明当裂尖和孔洞非常接近时，孔洞附近的高应力会对裂尖的应力强度因子产生非常明显的影响。Paul O. Judt 等[2]通过对含孔洞的单边裂纹板拉伸试验研究发现裂纹在扩展过程中会逐渐偏向于孔洞。刘淑红、齐月芹等[3]对含椭圆孔单边裂纹板进行了研究，发现孔边应力分布和裂纹之间存在相互作用，当裂纹靠近孔洞时，椭圆孔口和裂尖附近的应力会增大，并比较了裂尖应力强度因子和孔边应力分布的解析解和数值解，发现它们吻合较好。

在对裂纹扩展模拟的研究上，Belyschko 和 Black[4]于 1999 年提出采用不依赖于网格划分的有限元思想来处理裂纹的扩展问题。在常规有限单元法的基础上，采用裂纹近场的位移解对裂尖和裂纹面附近的单元节点进行增强，对裂纹的出现进行解释；并在裂纹面的描述上引入水平集方法，跟踪裂纹的扩展。随后，Moes 等[5]引入了阶跃函数和裂尖函数两种扩充形函数分别对裂纹面和裂尖进行描述，并把该方法称为"扩展有限元法"（XFEM）。该法为裂纹的扩展研究带来极大的方便。

近年来许多学者运用 XFEM 对裂纹扩展问题进行了一系列研究。Belyschko[6]在 XFEM 中引入了双曲性缺失判据来对裂纹的扩展速度和路径进行判断。Sukumar[7]基于 XFEM 采用水平集函数对含孔洞和夹杂的模型进行了描述。Duan[8]在 XFEM 中引入单元水平集法对裂纹面进行描述。刘金祥等[9]基于 XFEM 研究了加载方向对紧凑拉剪试件复合型裂纹扩展的影响。在带孔洞平板的裂纹扩展问题上，庄苗等[10]运用 XFEM 模拟了裂纹和孔洞之间的相互作用，发现在含孔洞平板内，裂纹的扩展路径会偏离原来的直线方向，表明裂纹的扩展路径会受到孔洞附近局部应力的"吸引"作用。Sachin Kumar 等[11]采用虚拟节点 XFEM 研究了含

孔洞平板内裂纹的扩展情况，研究结果表明裂纹会受到孔洞附近高应力的"吸引"作用而偏转，并将该法与 XFEM 进行了比较，发现两者结果非常接近。刘剑等[12]采用 XFEM 对含孔洞平板内多裂纹的扩展问题进行了研究，发现因平板内孔洞的存在导致了应力集中从而影响了裂纹的扩展路径。

前人的研究已表明平板内裂纹的扩展路径会受到孔洞边缘附近高应力的影响而产生偏转，但并没有详细研究单边裂纹板内孔洞附近高应力与裂纹偏转之间的具体关系。少有研究平板内高应力对裂纹扩展"吸引"作用的规律。而且前人的研究也大都限于二维问题。本文在前人研究的基础上，首先运用 XFEM 研究含孔洞单边裂纹板内孔洞附近高应力对裂纹路径"吸引"作用的规律，并引入应力集中系数描述孔洞边缘处高应力对裂纹扩展路径"吸引"作用的强弱；然后对中心裂纹板内高应力区与裂纹扩展之间的关系进行了研究；最后由二维问题推广到三维问题，研究含裂纹法兰结构中裂纹的扩展规律。

1 计算模型

本文的计算模型共有三种。所用的材料参数弹性模量 $E=210000$ MPa，泊松比 $v=0.3$，最大主应力 Maps$=84.4$ MPa；进行扩展有限元计算时采用最大主应力断裂准则作为损伤起始判据，并采用基于能量、线性软化、混合模式的指数损伤演化准则，断裂能 $G_{1C}=G_{2C}=G_{3C}=42200$ N/m；黏聚力系数为 $5e-5$[13]。第一个模型是含孔洞的单边裂纹板。其长 $H=400$ mm，宽 $W=300$ mm，单边裂纹长 80 mm，其模型如图 1（a）所示。

网格单元选用四节点的平面应力单元，对该模型采用 Advancing front[14]方法划分网格，该方法可以避免裂纹扩展区的网格发生扭曲偏转，且可以精确地匹配种子数，划分的网格大小均匀，有利于收敛。网格单元选用四节点的平面应力单元，经过网格验证，当划分的网格单元数为 8264 时比较合理。

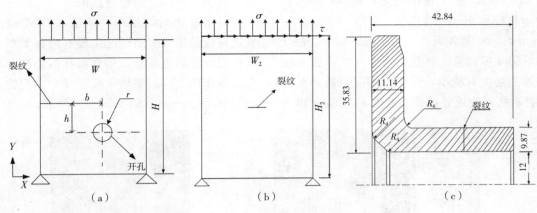

图 1 计算模型

第二个模型是尺寸 $W_2 = 400$ mm，$H_2 = 300$ mm，中心裂纹长 50 mm。如图 1（b）所示。采用同样的网格划分技术，划分的网格单元数为 7500。

第三个模型是三维的法兰结构，法兰截面如图 1（c）所示，法兰的内孔直径为 24mm，图上未标示的倒角半径皆为 2 mm，划分的网格单元数为 6810。

2 平板内应力集中对裂纹扩展的影响

2.1 单孔洞引起的应力集中对裂纹扩展的影响

本节着重研究平板内由单孔洞引起的应力集中对裂纹扩展路径的影响。研究模型如图 1 所示，孔洞的半径 $r = 30$ mm。通过改变孔洞的位置，研究不同的应力集中程度与裂纹扩展之间的规律。先对平板施加拉伸载荷，大小为 $\sigma = 58$MPa，研究此时孔洞边缘处高应力对裂纹扩展路径的影响；然后继续加大载荷，研究裂纹后续的扩展情况。

2.1.1 孔洞与裂纹面之间垂直距离对裂纹扩展的影响

保持原始裂纹尖端与孔洞圆心之间的水平距离 $b = 80$ mm，对孔洞圆心与裂纹面之间的垂直距离 h 分别为 80mm，60mm，50mm，40mm，30mm，20mm，15mm，10mm，0mm 时平板内应力集中

及裂纹的扩展情况进行研究。平板内裂纹的扩展情况如图 2 所示。

观察图 2，可以发现，裂纹扩展路径受到孔洞左端局部高应力的"吸引"作用而偏离原来的直线方向。为了对孔洞边缘处高应力对裂纹扩展路径"吸引"作用的强弱进行量化研究，引入应力影响系数 f。

$$f = \sigma_1 / l \qquad (2-1)$$

式中，σ_1 是孔洞边缘处对裂纹扩展路径产生最大影响的 Mises 应力，单位 MPa，本模型为孔洞左边缘处最大的局部应力。l 为孔洞边缘处的应力影响距离，单位 mm。由模拟结果可知，孔洞边缘处高应力从裂纹起裂时就对其扩展路径产生"吸引"作用；且从图 2 可以发现，应力对裂纹扩展的"吸引"作用分布于整个新形成的裂纹面上。取孔洞左边缘的最大应力点、初始裂尖和扩展后裂尖这三个点作三角形 ABC，定义 l 为 BC 边上中线 AD 的长度［图 2（a）］。α 为此时裂纹的偏转角，规定顺时针方向为正。σ_1、l、f 和 α 随 h 变化的趋势见图 3。

图 3（a）是孔洞左边缘最大的局部应力 σ_1 和孔洞边缘处的应力影响距离 l 随孔洞与裂纹面之间垂直距离 h 的改变的变化趋势。从中可以看出，随着 h 的增加，σ_1 是先增大后减小。在 h 较小时，裂纹会扩展到孔洞边缘处，如图 2（b）所示，这会导致平板内应力松弛，故 σ_1 较小；而当 h 逐渐增加时，应力松弛逐渐现象逐渐减弱，故 σ_1 逐渐增加；但是当 h 继续增大时，裂纹尖端的应力对孔洞边缘处应力的干涉作用逐渐减弱，所以 σ_1 逐渐减小。应力影响距离 l 随着 h 的增加逐渐增大。图 3（b）绘制了应力影响系数 f 和裂纹偏转角 α 随垂直距离 h 增大的变化趋势。在 h≤20mm 时，σ_1 增长

幅度大于 l 的增长，故 f 逐渐增加，在 $h=30$ mm 时，σ_1 的增长幅度小于 l 的增长，故 f 下降；当 h 大于 30 mm 时，σ_1 逐渐减小，而 l 逐渐增大，故 f 逐渐减小，裂纹偏转角 α 的变化趋势与 f 一致，也随着 h 增加先增大后减小，说明采用应力影响系数 f 来量化表示孔洞边缘处局部高应力 σ_1 对裂纹扩展

的"吸引"作用强弱是合适的。

对于单边裂纹板内，通过 XFEM 模拟，可以发现裂纹的最终扩展情况主要有两种类型。一是裂纹扩展到孔洞边缘处，从而被孔洞止裂；二是裂纹在载荷作用下，沿整块平板断开。它们的具体形式如图（$h=20$mm，$h=50$mm）所示。

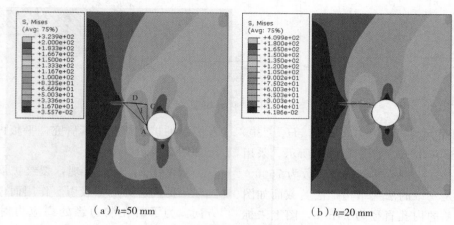

（a）h=50 mm   （b）h=20 mm

图 2　应力影响距离及裂纹扩展

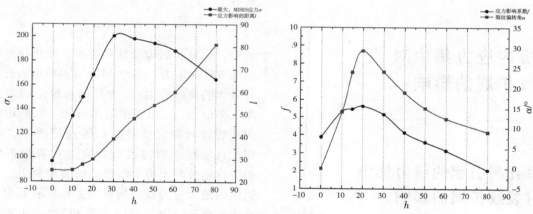

图 3　不同 h 时裂纹的扩展数据变化

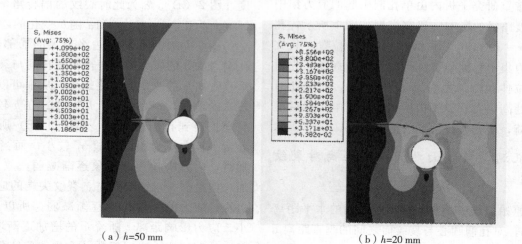

（a）h=50 mm   （b）h=20 mm

图 4　裂纹最终扩展（h 改变）

通过研究可以发现当孔洞与裂纹面接近时，此处是在 h 为 30mm，20mm，15mm，10mm，0mm 时，裂纹会止裂于孔洞的左边缘；而在孔洞与裂纹面的距离较远时，此处是在 h 为 40mm，50mm，60mm，80mm 时，裂纹在足够大的载荷作用下，在扩展到孔洞圆心上方时会发生偏转，沿原来的直线方向扩展，最终沿整块板断开。通过观察平板内应力云图可以发现，在裂纹偏转方向的应力普遍较高，显然高应力对裂纹的扩展存在"吸引"吸引。而当裂纹扩展越过孔洞后，平板内裂纹上下两边的应力分布基本平衡，故裂纹基本不发生偏转，沿直线扩展。

2.1.2 孔洞与初始裂尖之间水平距离对裂纹扩展的影响

保持孔洞圆心与裂纹面之间的垂直距离 h 为 60 mm，对 b 分别为 −40mm，0mm，20mm，40mm，60mm，80mm，100mm，120mm 时平板内裂纹的扩展情况进行研究。图 5 为 b 分别为 0 mm 和 60 mm 时的裂纹扩展应力云图。

由图 5（a）可以看出，当在 b 小于等于 0mm 时，裂纹扩展路径受到孔洞右边缘高应力的"吸引"作用；由图 5（b）可看出，当 b 大于 0mm 时，主要是孔洞左边缘的高应力对其产生"吸引"作用。σ_1、l、f 和 α 随 h 变化的趋势见图 6。

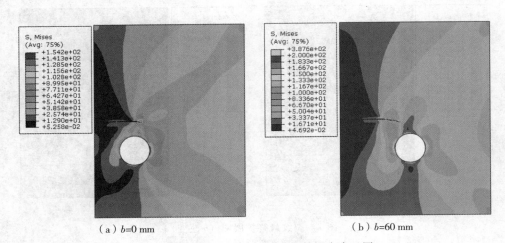

（a）$b=0$ mm   （b）$b=60$ mm

图 5　不同水平距离 b 下的裂纹扩展应力云图

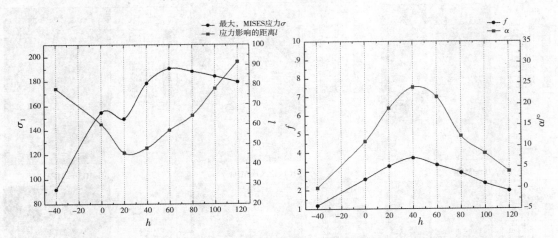

图 6　不同 b 时裂纹的扩展数据

观察图 6 可以发现，应力影响系数 f 和裂纹偏转角 α 随着水平距离 b 的增加，呈现出先增大后减小的趋势，两者变化趋势一致。在 $b = -40$ mm 时，因为孔洞边缘处的高应力 σ_1 接近于裂尖应力，所以其对裂纹扩展路径的"吸引"作用极小，故裂

纹偏转角 α 近乎 0。在 $b = 40$ mm 时应力影响系数 f 达到最大，裂纹扩展受到孔洞边缘处高应力的"吸引"作用最强，裂纹扩展路径的偏转角 α 最大。本节研究进一步证明了采用应力影响系数来量化表示孔洞边缘处高应力对裂纹扩展路径的"吸引"作

用强弱是合适的。

需要特别注意的是，应力影响系数只能在同一变量模型之间进行数值上的比较，不同模型之间不能进行比较。且应力影响系数 f 只是对孔洞边缘处高应力对裂纹扩展路径"吸引"作用强弱的一种简单量化，仅表示出一种简单的变化趋势。

且通过研究发现，对于 $h=60$ mm，在 b 发生改变时，裂纹在一定载荷下都会沿着整个平板最终扩展开来。裂纹的最终扩展图如图7所示（$h=20$ mm 和 $h=60$ mm）。

从图7可以看出，当裂纹扩展离孔洞一定距离后，在裂纹扩展前方已经不存在明显的应力集中区

时，裂纹就会偏转回来沿直线扩展，与仅改变 h 时的现象一致。

2.2 Ⅰ-Ⅱ复合型裂纹扩展过程中平板内高应力区的作用

中心裂纹板模型如图1（b）所示。中心裂纹板下端固定，上端所承受的剪切载荷 $\tau=420$ MPa，分别对平板施加 σ 大小为 0MPa，52.5MPa，105MPa，157.5MPa，210MPa，262.5 MPa 的拉伸载荷。裂纹最终扩展的应力云图如图8所示。

中心裂纹板内Ⅰ-Ⅱ复合型裂纹扩展的偏转角随拉伸载荷增大的变化趋势如图9所示。

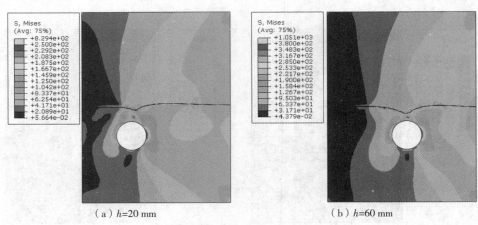

（a）$h=20$ mm   （b）$h=60$ mm

图7   裂纹最终扩展图（b改变）

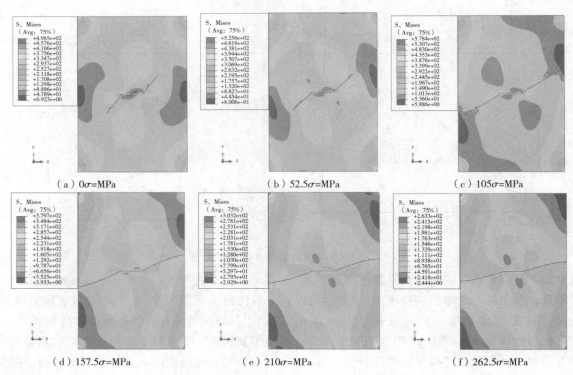

（a）$0\sigma=$MPa   （b）$52.5\sigma=$MPa   （c）$105\sigma=$MPa

（d）$157.5\sigma=$MPa   （e）$210\sigma=$MPa   （f）$262.5\sigma=$MPa

图8   中心裂纹板内Ⅰ-Ⅱ复合型裂纹扩展应力分布情况

材料、断裂力学、腐蚀 A

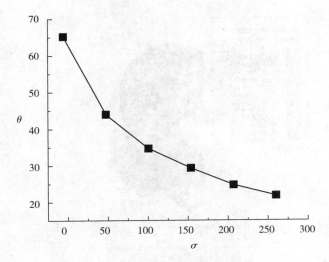

图 9　Ⅰ-Ⅱ复合型裂纹偏转角变化趋势

图 8 描述了保持剪切载荷不变，增加拉伸载荷时，Ⅰ-Ⅱ复合型裂纹的扩展路径及平板内的应力分布情况。图 9 是在不同拉伸载荷 σ 下的Ⅰ-Ⅱ复合型裂纹的偏转角 $|\theta|$ 的变化趋势。

通过观察图 8 和图 9 可以发现，当只施加剪切载荷时（纯Ⅱ型），外力不平衡，平板内的应力区呈反对称分布，在裂纹面的上下区域存在较大范围的高应力区［图 8（a）］，故裂纹受它们的"吸引"发生较大的偏转，起裂角大小为 65.3°，与理论解比较接近。而当施加一个拉伸载荷时，平板的左上部分和右下部分相对于整块平板内应力区而言，开始产生较大范围的应力集中区，它们对裂纹的扩展路径产生了一定的"吸引"作用，使得裂纹的起裂角相对于只施加剪切载荷的情况（纯Ⅱ型）变小。且随着拉伸载荷的增加，拉伸载荷与剪切载荷之比逐渐增加，高应力区的面积占平板面积的比例逐渐

增大，这种"吸引"作用越来越强，裂纹扩展的起裂角也就越来越小，裂纹逐渐趋向于Ⅰ型扩展。

3　三维法兰结构内高应力对裂纹扩展的影响

通过以上对平板内裂纹扩展的研究，发现二维中裂纹扩展区域内局部高应力区对裂纹扩展有着明显的"吸引"作用。只要在裂纹扩展前方存在高应力，裂纹就会受其"吸引"而向其偏转。为了研究该规律的适用性，本节通过对法兰中的三维裂纹扩展进行数值模拟，研究其中局部高应力对裂纹扩展的影响。

法兰和裂纹的截面图如图 1（c）。有限元网格模型如图 10（b），法兰内有一环向穿透裂纹，其圆心角为 30°，如图 10（a）所示。法兰的边界条件见图 10（c），在法兰的端面上施加竖直向下的剪切面力，大小为 120 N/mm²。

此时裂纹的扩展如图 11 所示。

从图中可以发现裂纹外面明显受到法兰面上局部高应力区的"吸引"作用，产生一个明显的偏转，说明二维平板中所得的结论在三维结构中依旧适用。

对法兰表面弯曲处进行局部的热处理，热处理的温度为 300℃，材料的热膨胀系数为 1.35e-5。热处理在法兰弯曲处造成残余压应力，其残余热应力如图 12 所示。

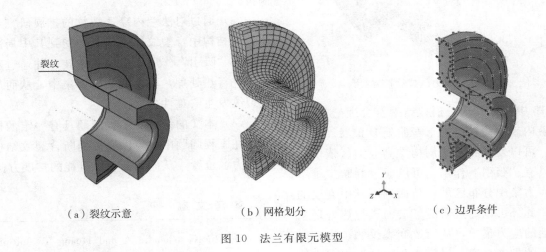

（a）裂纹示意　　　　　（b）网格划分　　　　　（c）边界条件

图 10　法兰有限元模型

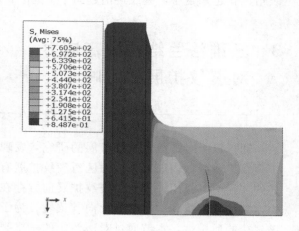

图11 裂纹扩展

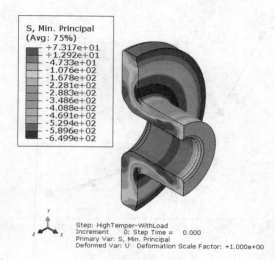

Step: HighTemper-WithLoad
Increment   0: Step Time =   0.000
Primary Var: S, Min. Principal
Deformed Var: U   Deformation Scale Factor: +1.000e+00

图12 残余热应力

根据残余热应力图及法兰的受力形式可知，法兰的内表面及法兰下弯曲处（图12中 B 点）应力会得到增加；而法兰的外表面及法兰的上弯曲处（图12中 A 点）应力会得到缓解。所以理论上裂纹会沿着内表面向法兰的下弯曲处（B 点）扩展，其有限元结果如图13。

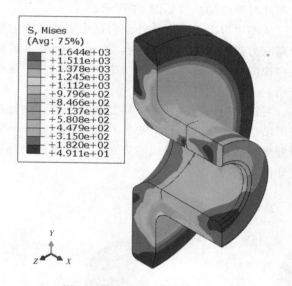

图13 带有热应力的裂纹扩展

从图13中可以发现，模拟结果符合理论猜想，裂纹会沿着内表面向法兰的下弯曲处 B 扩展。通过本节模拟，可以发现在三维结构中高应力区依旧对裂纹扩展具有"吸引"作用，可以通过判断三维结构件中的应力集中分布区域，从而判断其中裂纹的扩展方向。此外可以通过对法兰表面进行热处理从而缓解表面的应力集中，从而改变裂纹的扩展方向并增加裂纹的扩展难度，尽量避免裂纹发生灾难性

扩展。

4 结语

（1）通过在平板内开孔生成局部高应力区，研究局部高应力区对裂纹扩展路径的影响。并引入了应力影响系数 f 量化表示孔洞边缘处高应力对裂纹扩展路径"吸引"作用的强弱。通过研究证明采用应力影响系数的变化趋势表示单边裂纹板内孔洞边缘处应力对裂纹扩展路径"吸引"作用强弱及裂纹偏转角的变化趋势是合理的。

（2）通过对中心裂纹板内Ⅰ-Ⅱ复合型裂纹的扩展模拟，从另一个角度再次证明了裂纹会受到其扩展前方局部高应力区的"吸引"作用，从而发生偏转。

（3）通过对法兰内穿透裂纹的扩展研究，发现在三维结构中，裂纹扩展依旧会受到其中局部高应力区的"吸引"作用，而向其偏转。并通过对法兰表面进行热处理，可以缓解应力集中，从而尽量避免裂纹发生灾难性扩展。

（4）本文的结论对工程问题具有一定的指导作用。在工程问题中，可以通过判断含裂纹结构中的高应力区位置，从而判断裂纹可能的扩展方向。

参 考 文 献

［1］Hu K, Chandra A and Huang Y. Multiple void-crack interaction［J］. International Journal of Solids and

Structures，1993，30（11）：1473－1489.

［2］ Judt PO, Ricoeur A, Linek G. Crack Paths at Multiple-crack Systems in Anisotropic Structures：Simulation and Experiment［J］. Procedia Materials Science. 2014，3：2122－2127.

［3］刘淑红，齐月芹，冯得得，等. 含椭圆孔单边裂纹板的数值分析［J］. 机械工程学报，2012，48（20）：83－87.

［4］ Belytschko T, Black T. Elastic crack growth in finite element with minimal re-meshing［J］. International Journal for Numerical Methods in Engineering，1999，45（5）：601－620.

［5］ Moes N, Dolbow J and Belytschko T. A Finite Element Method for crack growth without re-meshing［J］. International Journal for Numerical Methods in Engineering，1999，46（1）：131－150.

［6］ Belytschko T, et al. Dynamic crack propagation based on loss of hyperbolicity and a new discontinuous enrichment［J］. International Journal of Numerical Methods in Engineering，2003，58：1873－1905.

［7］ Sukumar N, et al. Modeling holes and inclusions by level sets in the extended finite-element method［J］. Computer Methods in Applied Mechanics and Engineering，2001，190（46－47）：6183－6200.

［8］ Duan Q, et al. Element-local level set method for three-dimension dynamic crack growth［J］. International Journal for Numerical Methods in Engineering，2009，80（12）：1520－1543.

［9］刘金祥，张华阳，李军. 基于扩展有限元法的Ⅰ－Ⅱ复合型裂纹扩展研究［J］. 北京理工大学学报，2015，35（9）：881－885.

［10］庄茁，柳占立，成斌斌，等. 扩展有限单元法［M］. 北京：清华大学出版社，2012：52－54.

［11］ Kumar S, Singh I, Mishra B. Modeling and simulation of kinked cracks by virtual node XFEM［J］. Computer methods in applied mechanics and engineering，2014，283（2015）：1425－1466.

［12］刘剑，刘晓波，冯发强. 基于扩展有限元法对含孔洞平板多裂纹扩展模拟研究［J］. 失效分析与预防，2013，8（6）：326－330.

［13］刘展，钱英莉. ABAQUS有限元分析从入门到精通［M］. 北京：人民邮电出版社，2015：221－225.

［14］江丙云，孔祥宏，罗元元. ABAQUS工程实例详解［M］. 北京：人民邮电出版社，2014：58－63.

作者简介

吕斐（1993.09－），男，硕士，通讯地址：江苏省南京市浦口区珠江路30号南京工业大学机械与动力工程学院，邮编：211800，手机：15950592189，E-mail：1921592195@qq.com。

平面缺陷简化评定与常规评定反转现象的分析与讨论

史君林[1,2]　赵建平[1]

（1. 南京工业大学 机械与动力工程学院，江苏 南京 211816；

2. 四川理工学院 机械工程学院，四川 自贡 643000）

摘　要　按 GB/T 19624—2004《在用含缺陷压力容器安全评定》评价某一埋藏缺陷过程中，发现了简化评定能通过而常规评定不通过的反转现象。本文针对这一现象，从评定过程分析了反转现象出现的原因，并通过 Matlab 软件模拟计算了大量反转现象的实例。分析表明，常规评定产生反转的原因，一是近表的短长埋藏裂纹评定结果过于保守，二是常规评定中一次应力的分安全系数过大。为此提出了把裂纹至表面的最小距离与壁厚的关系引入裂纹表征中，运用此关系对近表裂纹重新表征，并适当降低一次应力的分安全系数，严重后果时取 1.25。计算结果表明，修正后反转现象消失。

关键词　反转现象；埋藏缺陷；简化评定；常规评定；分安全系数

Simplified Assessment and Routine Assessment of Planar Defects Reversal Phenomenon Analysis and Discussion

Shi JunLin [1,2]　Zhao JianPing[1]

（1. School of Mechanical and Power Engineering, Nanjing Tech University,
Jiangsu Nanjing 211816, China;

2. College of Mechanical Engineering, Sichuan University of Science &
Engineering, Zigong, Sichuan 643000, China）

Abstract　During use the fracture assessment method in the national standard, safety assessment of the in-service pressure vessels with defects (GB/T 19624—2004), has appeared the reversal phenomenon, which the flaw is tolerable using the level 1 (simplified assessment) method while is not acceptable using the level 2 (routine assessment). in this paper, aiming at this point, analyzed the reasons which maybe cause the reversal phenomenon, and given a large number cases of inversion phenomenon through computer simulation. The results showed that some near-surface short-long embedded flaw in the assessment may be overly conservative and the value of the primary stress partial safety factors too large. In the last section of this paper, correction scheme is given, add the relationship the thickness and the shortest distance form material surface to embedded flaw in flaw characterization, and the primary stress partial safety factors value reduce to 1.25 when failure consequence is serious. After modified, it was not found the reversal phenomenon in all case.

Keywords　reversal phenomenon; embedded flaw; simplified assessment; routine assessment; the partial safety factors

0　引言

　　按 GB/T 19624—2004《在用含缺陷压力容器安全评定》规范对平面缺陷进行简化评定、常规评定，以前大量的实际或模拟案例的评定结果的比较，均未发现简化评定通过而常规评定不通过的情况，然而在纪熙[1]在对某化工厂含缺陷球罐的埋藏缺陷分别开展简化评定与常规评定时，发现两处缺陷出现了简化评定能通过而常规评定不通过的反转现象，本文就其原因分析并提出解决方案。

1　反转现象分析

　　GB/T 19624—2004《在用含缺陷压力容器安全评定》中的简化评定，它是以 COD 理论为基础，将 COD 设计曲线转换为失效评定图的形式，与 BSI - PD6493 - 91 是一致的：采用以 $\sqrt{\delta/\delta_c}$ 为纵坐标，并用符号 $\sqrt{\delta_r}$ 表示的简化失效评定图；考虑安全系数为 2，即以 $\delta = \delta_c/2$ 为临界条件，$\sqrt{\delta} = \sqrt{\delta/\delta_c} = 0.7$，横坐标用 $S_r(S_r = L_r(\sigma_s + \sigma_b)/2\sigma_s)$ 表示，并限制 $S_r = 0.8$，即以 $S_r = 0.8$ 为截止线，则简化失效评定图是矩形状[2]，而常规评定是以 J 积分作为平面断裂参量，采用 R6 第三版的通用失效评定曲线的方法，尽管两种方法计算上有所差别，但其实质一样。下面从评定的过程分析出现反转的可能。

1.1　缺陷表征(等效尺寸)

　　根据缺陷的实际情况、形状尺寸，按规定进行缺陷规则化，埋藏裂纹的规则化条件是：当 $0.4h \leqslant p_1 \leqslant p_2$，$h < l$ 时，规则化为 $2c = l$，$2a = h$ 的埋藏裂纹，对于一部分近表的短长裂纹属于韧带失效，按埋藏裂纹计算，可能过高估计了塑性对裂纹驱动力的影响，从而导致评价点落在失效评估图外，因此常规评定的结果则过于保守，将出现发转现象。

　　简化评定计算了等效尺寸 $\bar{a}$，$\bar{a} = \Omega a$。常规评定乘上缺陷表征尺寸分安全系数，作为计算用的表征裂纹尺寸 a、c 值，一般失效后果，分安全系数

为 1，严重失效后果，分安全系数为 1.1。

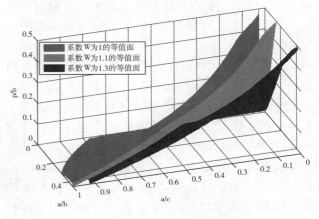

图 1　等效裂纹系数 Ω 等值面

　　从图 1 等效裂纹系数 Ω 等值面可以看出，存在一部分裂纹，简化评定的系数 Ω 在 1～1.1，比常规评定的分安全系数 1.1 小，这一部分尺寸的裂纹容易出现反转现象。

1.2　应力的确定

　　简化评定计算当量总应力 σ_Σ，并保守地假设当量应力均匀地分布在主应力平面上，
$$\sigma_\Sigma = \sigma_{\Sigma 1} + \sigma_{\Sigma 2} + \sigma_{\Sigma 3} = K_t P_m + X_b P_b + X_r Q，P_m$$
为一次薄膜应力，P_b 为一次弯曲应力，Q 为热应力最大值与焊接残余应力最大值的代数和，K_t 为焊接接头局部应力集中系数，X_b 为弯曲应力折合系数，X_r 为焊接残余应力折合系数。

　　常规评定按规定确定的一次应力 P_m、P_b，二次应力分量 Q_m、Q_b，再分别乘以规定的分安全系数，对于严重失效后果，一次应力、二次应力分安全系数分别为 1.5 和 1。

　　由角变形及错边量而引起的弯曲应力，在简化评定中用一次薄膜应力 P_m 乘焊接接头局部应力集中系数 K_t，常规评定是按照二次弯曲应力处理。

　　两种方法的处理方式略有不同，从数值的大小上看，常规评定计算中特别是对于严重失效后果，在常规评定中一次应力乘上了 1.5 的安全系数，导致数值严重偏大，这将是引起产生反转现象的一个最主要的原因。

1.3　横坐标载荷比 $S_r L_r$

　　在简化评定和常规评定中，都是按照 GB/T 19624 附录 C 的方法，相同的公式计算的 L_r，不同

的是简化评定中，载荷应力不考虑安全系数，而常规评定需要乘上安全系数，失效后果为一般时一次应力分安全系数为1.2，严重后果时一次应力分安全系数为1.5。

在简化评定中横坐标 $S_r = L_r / L_r^{\max}$，$L_r^{\max}$ 取 $\min$（1.2，$(\sigma_s + \sigma_b)/2\sigma_s$），$L_r^{\max}$ 通常取1.2。

在常规评定计算横坐标时，由于一次应力乘上了分安全系数1.5，导致其值偏大，假定简化评定使用的等效裂纹尺寸，与常规评定中的计算尺寸数值大小相当，则 L_r 和 S_r 的数值大小的关系为1.5×1.2＝1.8倍，导致横坐标载荷比的数值严重偏大，使常规评定的评定点落在曲线以外，出现反转

现象。

1.4 纵坐标断裂比 $K_r \sqrt{\delta_r}$

简化评定，它是以 COD 理论为基础，将 COD 设计曲线转换为失效评定图的形式，常规评定是以 J 积分作为平面断裂参量，尽管两种方法计算上有所差别，但其实质一样，由于横坐标一个是采用的断裂韧度 K_c，一个是 CTOD 断裂韧度 δ_c，它们的关系为 $K_c = \sqrt{1.5\sigma_s \delta_c E / (1 - \nu^2)}$，把两种方法按相同的方式表达。

简化评定中，对于当量总应力大于材料的屈服强度情况有：

$$\sqrt{\delta_r} = \sqrt{\delta / \delta_c} = \sqrt{(0.5\pi a \sigma_s (\sigma_\sum / \sigma_s + 1) Mg^2 / E) / \delta_c}$$

$$= \sqrt{(0.5\pi a \sigma_s (\sigma_\sum / \sigma_s + 1) Mg^2 / E) / (K_c^2 (1 - \nu^2) / 1.5\sigma_s E)}$$

$$= \left(\sqrt{\frac{3}{4(1 - \nu^2)}} \cdot Mg \cdot \sqrt{\pi a} \sigma_s \sqrt{\sigma_\sum / \sigma_s + 1} \right) / K_c$$

$$= \sqrt{\frac{3}{4(1 - \nu^2)}} \cdot Mg \cdot \sqrt{\pi a} \cdot \sigma_s \cdot \sqrt{(K_t P_m + X_b P_b + X_r Q) / \sigma_s + 1} / K_c \tag{1}$$

在常规评定中，失效后果为严重时，代入分安全系数，则韧性比为：

$$K_r = G(K_I^P + K_I^S) / K_p + \rho$$

$$= 1.2\sqrt{\pi a} (1.5 P_m f_m + 1.5 P_b f_b + Q_m f_m + Q_b f_b) / (K_C) + \rho \tag{2}$$

一次薄膜应力 P_m 最大为材料的许用应力 KS_m，假定一次薄膜应力 P_m 取值为 $\frac{\sigma_s}{1.5}$，一次弯曲应力 P_b 取值为0，焊接残余应力引起的二次薄膜应力 $Q_m = 0.3\sigma_R^{\max} = 0.3\sigma_s$，二次弯曲应力 Q_b 为0。

简化评定中，假定 $\bar{a} = \Omega a = 1.1a$，焊接接头局部应力集中系数 K_t 取1.5，弯曲应力折合系数 X_b

取0.25，为焊接残余应力折合系数 X_r 取0.2，设臌胀效应系数 M_g 取值为1，塑性修正因子 ρ 取值为0。

裂纹长度 $2c$ 大于自身高度 $2a$，其应力强度因子出现在高度方向，因此，此处只有椭圆埋藏裂纹的 f_m^a。

代入上面的数据，则有

$$\frac{K_r}{\sqrt{\delta_r}} = \frac{1.2\sqrt{\pi a}(1.5 P_m f_m + 1.5 P_b f_b + Q_m f_m + Q_b f_b)/(K_C) + \rho}{0.9078 \cdot Mg \cdot \sqrt{\pi a} \cdot \sigma_s \cdot \sqrt{(K_t P_m + X_b P_b + X_r Q)/\sigma_s + 1} / K_c}$$

$$= \frac{1.2(1.5 P_m f_m^a + 1.5 P_b f_b^a + Q_m f_m^a + Q_b f_b^a)}{0.9078 \cdot 1 \cdot \sigma_s \sqrt{(K_t P_m + X_b P_b + X_r Q)/\sigma_s + 1}}$$

$$= \frac{1.2 \times (\sigma_s + 0.3\sigma_s) \times f_m^a}{0.9078 \cdot \sigma_s \sqrt{(\sigma_s + 0.2 \times 0.3\sigma_s)/\sigma_s + 1}}$$

$$= 1.197 f_m^a \tag{3}$$

对于近表是短长埋藏裂纹的 f_m^a 的取值范围为 $0.936 \sim 1.906$，常规评定的断裂韧性比 K_r 与常规

评定的 $\sqrt{\delta_r}$ 的比值的范围为 $1.12 \sim 2.28$，埋藏裂纹的 f_m^a 对比值影响较大，如当 $a/B = 0.25$，p_1/B

＝0.05 时，取值为 1.906，对于这些近表短长埋藏裂纹计算的 K_r 的偏大，将出现反转现象。

分析其原因主要有两个，一是一次应力分安全系数 1.5，数值太大，二是短长埋藏裂纹的 f_m^a 为取值偏大大。致使两评定方法计算纵坐标的比值为过大。是产生反转现象的主要原因。

2　案例模拟计算分析

案例具有特殊性，使用文献 1 中的设备一些参数，具体如下：

计算壁厚为 22.8mm，内径为 7100mm；简化评定的当量总应力为 $\sigma_\Sigma = 387.92$ MPa，材料的屈服强度 $\sigma_s = 325$ MPa，弹性模量 $E = 205$ GPa，断裂韧性为 $\delta_c = 0.045$ mm；常规评定中一次应力和二次应力分别为 $P_m = 161.67$ MPa，$P_b = 0$，$Q_m = 68.25$ MPa，$Q_b = 266.76$ MPa，断裂韧性为 $Kc = 2435$ N/mm$^{3/2}$。

根据 GB/T 19624—2004 中的规定，分别使用简化评定和常规评定方法，通过 MATLAB 编写程序来完成该评定过程，本次计算通过计算机多次模拟，埋藏裂纹的尺寸的范围如表 1 所示。

表 1　计算缺陷尺寸范围

类型	初始尺寸	间隔尺寸	最终尺寸
埋藏深度 H（mm）	12	1	24
高度 a（mm）	0.5	0.5	10
长度 $2c$（mm）	20	1	100

按标准规定，用简化评定和常规评定方法分别对这 5346 组不同尺寸的埋藏裂纹评估，当失效后果严重时，出现了 1187 组反转的情况，其评定的点分布如图 2 所示。

从图 2 可以看出常规评定中有部分评定点坐标远偏离其他评定点，这一部分的裂纹是近表的埋藏裂纹，其评定结果太过保守，属于韧带失效，需要重新进行表征，在 GB/T 19624 中规定，只有当裂纹至表面的最小距离 p_1 小于 0.4 倍缺陷高度，即 $p_1 < 0.4h \leqslant p_2$，埋藏裂纹重新表征为表面裂纹。在 API579 [4] 中的规定，裂纹至表面的最小距离 p_1 小于 0.2 倍的壁厚即 $p_1 < 0.2t$，深埋裂纹重新归类

为表面裂纹。

如在本次计算的案例中，壁厚 $t = 22.8$ mm，当 $p_1 < 0.2t = 4.56$ mm，并且 $p_1 \geqslant 0.4h$ 的缺陷存在很多，这些近表的短长埋藏裂纹，如果按埋藏裂纹计算，则计算的韧性比过大，从而导致评价点落在失效评价图外，产生反转现象。

本案例中只有一次薄膜应力没有弯曲应力，由于一次应力乘上了分安全系数 1.5，由前文分析和图 3 可以看出，简化评定中等效裂纹尺寸的系数一部分小于 1.1，而大部分在 1.1 附近，它与常规评定中的计算尺寸数值大小相当，L_r 和 S_r 的关系高达 $1.5 \times 1.2 = 1.8$ 倍左右，这将会产生反转现象，一次应力分安全系数过大则是其主要原因。

3　方法改进与建议

3.1　改进缺陷表征准则

GB/T 19624—2004 中缺陷的表征只考虑了缺陷的高度与裂纹至表面的最小距离，忽略了它与壁厚的关系，导致及计算结果过于保守，新的缺陷的表征，在原有的基础上，加上当裂纹至表面的最小距离 p_1 小于 0.2 倍的壁厚（$p_1 < 0.2t$），将深埋裂纹或近表裂纹重新归类为表面裂纹。

按此方法对裂纹进行重新表征，对满足要求的 3402 组埋藏裂纹进行计算，出现了 405 组反转现象，如图 3 所示，同图 2 比，出现反转的裂纹尺寸明显减少，评定点的位置分布也更加合理。

3.2　减小分安全系数

简化评定是根据 COD 理论，在国内经过了 20 多年的运用，评定结果是安全的，对于出现的反转现象，是常规评定太过保守，在常规评定中，应力分安全系数严重的影响评定的结果，直接影响到载荷比 L_r 的大小，失效后果严重时，一次应力分安全系数 1.5，此时则 L_r 和 S_r 的关系在 1.8 倍，必须减少其安全裕量。

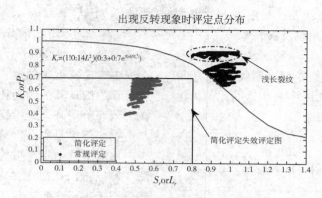

图 2　简化评定与常规评定失效后果严重时出现反转现象的计算点分布

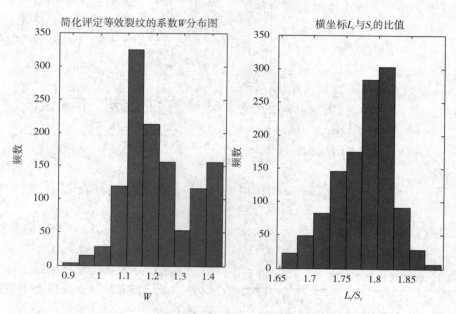

图 3　系数频率分布直方图

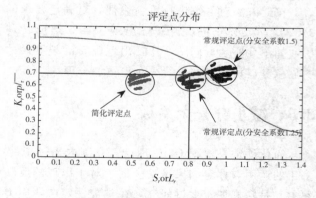

图 4　调整后的计算点分布

简化评定与常规评定都是使用相同的公式计算的载荷比 L_r，简化评定的横坐标 $S_r = L_r / L_r^{\max}$，简化评定的评定图中以 $S_r = 0.8$ 为截止线，其中 $L_r^{\max} = 1.2$，则在简化评定中允许的载荷比的最大值为 $L_r = S_r \times L_r^{\max} = 0.8 \times 1.2 = 0.96$。

假设常规评定中的截至线为 $L_r^{\max} = 1.2$，则常规评定与简化评定的载荷比的比值最大可以为 $R = 1.2 / 0.96 = 1.25$，因此可以把其作为一次应力的分安全系数，即 1.25，按照此安全系数重新模拟计算，没有再出现反转现象。

4　结论

通过上文分析，可以得到如下结论

（1）对于近表面或深埋的埋藏裂纹的计算结果数值偏大。

（2）在常规评定中，失效后果为严重时的应力分安全系数 1.5，取值太大。

（3）对于近表埋藏裂纹，两种方法评定的横坐标比值在 1.8 倍左右，而纵坐标的比值为 1.12～

腐蚀　材料、断裂力学、

A

234

2.28 倍。

对于前文的分析,可以进行如下的修正:

(1) 缺陷规则化中,引入裂纹至表面的最小距离与壁厚的关系,推荐使用 API579 中的规定 $p_1 < 0.2t$,把近表面的短长深埋裂纹归为表面裂纹,避免常规评定的结果太过保守。

(2) 降低一次应力的分安全系数,失效后果严重时取 1.25。

经过修正后所有的计算结果,均未发现反转现象。

参 考 文 献

[1] 纪熙,魏安安. 含缺陷球形压力容器的简化、常规评定 [J]. 化工机械,2011,38 (4):396—399.

[2] 钟群鹏,李培宁,李学仁,等. 国家标准《在用含缺陷压力容器安全评定》的特色和创新点综述 [J]. 管道技术与设备,2006,(1):1—5.

[3] GB/T19624—2004. 在用含缺陷压力容器安全评定 [S]. 北京:国家质量监督检验检疫研究总局,2005.

[4] API579 — 1/ASME:Fitness-For-Service [S]. USA:American Society of Mechanical Engineers,2007.

作 者 简 介

史君林 (1992—),男,四川巴中人,硕士研究生,主要研究方向为过程装备的可靠性与风险评估。

通讯作者 (导师):赵建平教授。通信地址:211816 江苏省南京市南京工业大学机械与动力工程学院,E-mail:jpzhao71@163.com

Ⅰ-Ⅱ复合型裂纹 CCP 和 CTS 试样极限载荷研究

王远哲　缪新婷　周昌玉

（南京工业大学 机械与动力工程学院，江苏省 南京市 211800）

摘　要　为了探究Ⅰ型载荷分量对复合裂纹载荷位移曲线和极限载荷的影响，分别采用CCP（中心裂纹板）和CTS（紧凑拉伸剪切试样）模型进行模拟，取 15°、30°、60°、75° 裂纹倾角，通过有限元计算，得到裂纹尺寸 $a/w=0.3$、0.5、0.7 时的载荷位移曲线，并针对CCP与CTS模拟结果的差异做出分析。随着裂纹倾角的增加，CCP试样极限载荷呈下降趋势，即Ⅰ型裂纹具有更高的危险性；而CTS试样由于载荷的作用，当裂纹尺寸 $a/w<0.5$ 时，裂尖产生闭合效应，极限载荷随Ⅰ型载荷分量的增加呈上升趋势；当 $a/w>0.5$ 时，裂尖产生张开效应，极限载荷随Ⅰ型载荷分量的增加而逐渐下降。结果表明，随载荷中Ⅰ型载荷分量的增大，不同试样模拟得到的极限载荷变化规律存在显著差异。

关键词　Ⅰ-Ⅱ复合型裂纹；CCP；CTS；载荷位移曲线；极限载荷

Limit Load of CCP and CTS with Ⅰ-Ⅱ Composite Crack

Wang Yuanzhe　Miao Xinting　Zhou Changyu

（College of Mechanical and Power Engineering，Nanjing Tech University，Nanjing 211800，China）

Abstract　In order to investigate the effect of type Ⅰ load on composite crack load displacement curve and limit load，the finite element models for CCP (center crack plate) and CTS (compact tensile shear specimen) were simulated respectively with 15°，30°，60° and 75°crack angle. The load displacement curves of $a/w = 0.3$，0.5，and 0.7 were obtained by finite element method，and the difference between CCP and CTS results was analyzed. With the increase of crack inclination，the limit loads of CCP decrease，where the crack of type Ⅰ is of higher risk. Due to the applied load on CTS when crack size $a/w<0.5$，the crack tip closes and the limit load increases with type Ⅰ load component. When $a/w>0.5$，the crack tip produces the opening effect，and the limit load decreases with type Ⅰ load component. The results show that there are significant differences between variation trends of the limit loads for different samples with the increase of type Ⅰ load.

Keywords　Ⅰ-Ⅱ composite crack；CCP；CTS；load displacement curve；limit load

1　引言

在工程应用当中，裂纹常以复合形式出现[1]，复杂的受力情况使得裂纹结构具有较高的危险性，尤其是Ⅰ-Ⅱ复合型裂纹[2]，其构件的强度研究具有十分重要的意义。近年来数值分析方法展现出其特有的优势，复合型裂纹研究也取得了较大

基金项目　国家自然科学基金资助项目（51475223，51675260）。

进展[3]。

设备的生产制造及使用过程，缺陷在所难免[4]。因此，设备极限载荷的计算以及缺陷评定是确保设备 正常运行的重要保障。围绕含裂纹结构的强度分析以及安全评估，国内外学者开展了许多相关的研究：Y. Ji[5]研究了高温下焊接结构的疲劳裂纹的扩展特性。L. Maliková[6]通过多参数断裂准则对复合型裂纹的扩展方向进行预测。Zhenyu Ding[7]通过建立 CTS 模型研究了Ⅰ-Ⅱ复合型裂纹的起裂和扩展行为。代巧[8]通过引入非概率缺陷评定方法，对钛管在室温蠕变情况下的轴向表面裂纹失效评定展开研究；杨绍坤[9]对含裂纹的 T 型板展开安全评定分析，在不同的裂纹尺寸情况下进行 T 型板的失效评定；国外的学者在缺陷评定方面开展的工作时间较早，Yu. G. Matvienko[10]探究了含裂纹结构在单轴拉伸和双轴拉伸作用下的失效评定曲线；R. A. Ainsworth[11]对大尺寸的管径进行研究，在不同的管径尺寸和裂纹长度研究中发现，裂纹扩展的理论极限载荷要低于实验值。这些研究都促进了缺陷评定方法在工程领域的应用。

极限载荷是缺陷评定中的关键参数，本文以 CCP、CTS 模型为研究对象，对不同加载角度的载荷位移曲线进行研究，探究Ⅰ型载荷分量对极限载荷大小的影响。

2 CCP 和 CTS 试样的有限元模拟

2.1 CCP 试样的有限元模拟

为探究 CCP 模型在不同Ⅰ型载荷分量下的载荷位移曲线，对裂纹倾角 $\beta=15°$、$30°$、$60°$、$75°$的情况进行模拟。

图 1 为 CCP 模型尺寸示意图，裂纹尺寸 $a/w=0.3$，$a/w=0.5$，$a/w=0.7$，$2W=2H=200mm$，单向拉伸载荷 P。材料选取工业纯钛 TA2，材料性质为弹塑性，弹性模量为 118GPa，泊松比 0.34。

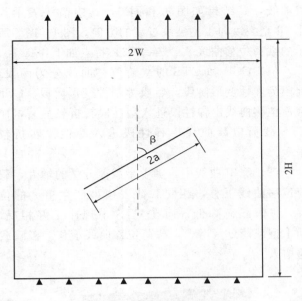

图 1 CCP 试样示意图

如图 2 所示，（a）（b）分别为中心裂纹模型的网格划分与边界条件。为提高计算精度，网格划分时将模型切分为 3 个区域，小圆区域内部单元类型为 C3D6R，单元控制选择 Hex，sweep 类型；大圆区域单元类型为 C3D8R，单元控制选择 Hex，structured 类型；其他区域皆选择 C3D8R 单元类型，划分方式为 Hex，Sweep。

2.2 CTS 试样的有限元模拟

在复合型裂纹的研究方面，由 Richard 和 Benitz[12]设计的复合裂纹加载装置广泛受到学者的认可。为了给实验结果提供理论分析数据，本文同时采用 CTS 模型进行有限元模拟，选择同样的裂纹倾角，材料参数与 CCP 模型一致。

图 5 所示为 CTS 模型，$a/w=0.3$，$a/w=0.5$，$a/w=0.7$，$W=100mm$，将图中特定 β 角对应的加载孔耦合到其几何中心点上，然后在耦合点处施加单向载荷 P。网格划分情况如图 3 所示。

3 CCP、CTS 试样载荷位移曲线分析

在计算结果中，分别提取 CCP、CTS 模型沿加载方向的位移，与载荷大小相对应绘制出载荷位

移曲线，其结果如图 4 和图 5，其中箭头表示为 I-II 型裂纹向 I 型裂纹过渡的方向。图 4、图 5 所示的载荷位移曲线（$a/w=0.3$）特点如下：

（1）CCP 和 CTS 的载荷位移曲线分为两段，前段为弹性变形阶段，后段为塑性变形阶段。CCP 载荷位移曲线由弹性段进入塑性段转折较显著，而 CTS 载荷位移曲线由弹性段进入塑性段转折较平缓。

（2）CCP 曲线中，随 I 型载荷分量的增大，载荷位移曲线下移，相同载荷下模型产生更大的位移，极限载荷降低；而在 CTS 中规律正好相反，随 I 型载荷分量增大，载荷位移曲线上移，极限载荷增大。

考虑到双边裂纹与单边裂纹加载情况的差异，对两个模型受力进行分解，以此分析载荷位移曲线的变化规律。

如图 6 所示，将 CCP 模型的外力等效为垂直于裂纹方向和平行于裂纹方向的作用力。其中，垂直于裂纹方向的作用力大小为 $P_\perp = P\sin\beta$。在 $0°\sim90°$ 内，随着 β 增大 $P_\perp$ 也逐渐增大，I 型载荷分量增加，相同载荷 P 作用下裂纹张开位移也增加。因此，当裂纹倾角从 $15°$ 增大到 $75°$，位移相同时，作用载荷 P 则由大减小，即载荷位移曲线逐渐下移。此分析与 CCP 模型的有限元模拟结果一致。

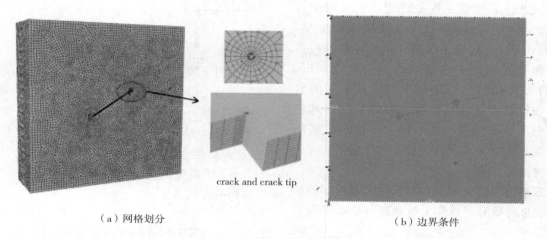

crack and crack tip

（a）网格划分　　　　　　　　　（b）边界条件

图 2　中心裂纹板模型

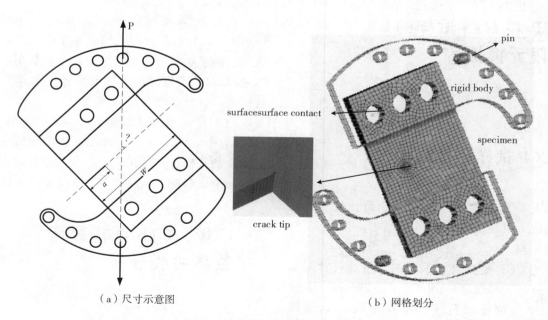

pin

rigid body

surfacesurface contact

specimen

crack tip

（a）尺寸示意图　　　　　　　　　（b）网格划分

图 3　CTS 试样示意图和网格划分

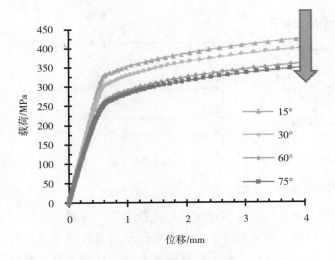

图 4　不同加载角 CCP 试样载荷位移曲线（$a/w=0.3$）

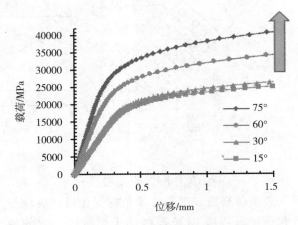

图 5　不同加载角 CTS 试样载荷位移曲线（$a/w=0.3$）

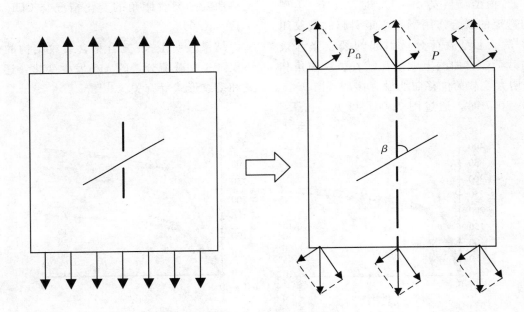

图 6　CCP 试样受力分解

　　同样对 CTS 模型受力进行分解。CTS 模型的外力等效为垂直于裂纹方向和平行于裂纹方向的作用力。其中，垂直于裂纹方向的作用力大小为 $P_\perp=P\sin\beta$。在 $0°\sim90°$ 内，随着 β 增大 $P_\perp$ 也逐渐增大，Ⅰ型载荷分量增加，相同载荷 P 作用下裂纹张开位移增加。

　　与此同时，由于外载荷 P 的偏心作用，导致裂纹尖端同时承受了 $P_\perp$ 引用的弯矩作用。弯矩为 $M\propto P_\perp(w-a)\propto P\sin\beta(w-a)$。

　　在图 7（b）中，当裂纹尺寸 $a/w=0.3$ 时，受力分解后垂直于裂纹方向的作用力 $P_\perp$ 表现为Ⅰ型载荷分量及其等效弯矩作用。Ⅰ型载荷分量引起裂纹的张开效应，而弯矩则对裂纹前端产生压迫作用，产生闭合效应。根据图 7（b）中几何关系，弯矩 $M\propto P_\perp(w-a)\propto P\sin\beta(w-a)$，在 $0°\sim90°$ 内，裂纹倾角越大，$(w-a)$ 越大，弯矩作用引起的裂纹闭合效应越显著，导致位移的减小越显著，相同载荷下位移值降低。在 $P_\perp$ Ⅰ型载荷分量与弯矩的联合作用下，弯矩引起的裂纹闭合效应大于Ⅰ型载荷分量引起的裂纹张开效应，表现在载荷位移曲线上就是：随着裂纹倾角和（$w-a$）的增大，载荷位移曲线上移，与图中有限元模拟得到载荷位移曲线变化规律一致。

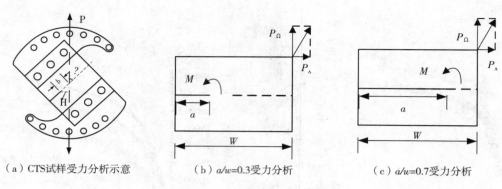

（a）CTS试样受力分析示意　　　（b）a/w=0.3受力分析　　　（c）a/w=0.7受力分析

图7　紧凑拉伸剪切试样受力分解

由此推断，当 CCP 模型改变裂纹尺寸 a/w 时，得到的载荷位移曲线随裂纹倾角的变化规律应该与图4保持一致，即 CCP 模型随 I 型载荷分量的增大，载荷位移曲线下移（图8）。

对于 CTS 模型，当 $a/w=0.5$ 时，在 $P_\perp$ I 型载荷分量与弯矩的联合作用下，弯矩引起的裂纹闭合效应几乎等于 I 型载荷分量引起的裂纹张开效应，表现在载荷位移曲线上就是：随着裂纹倾角和 $(w-a)$ 的增大，载荷位移曲线没有移动（图9）。

当 $a/w=0.7$ 时，通过图7（c）可见，在 $P_\perp$

I 型载荷分量与弯矩的联合作用下，弯矩引起的裂纹闭合效应显著小于 I 型载荷分量引起的裂纹张开效应，表现在载荷位移曲线上就是：随着裂纹倾角和 $(w-a)$ 的增大，载荷位移曲线下移，其载荷位移曲线随裂纹倾角的变化情况与 CCP 模型保持一致（图9）。

结果表明 I-II 复合型含裂纹结构的极限载荷不仅随 I 型载荷分量的大小发生变化，还与加载方式和裂纹形式等有关。

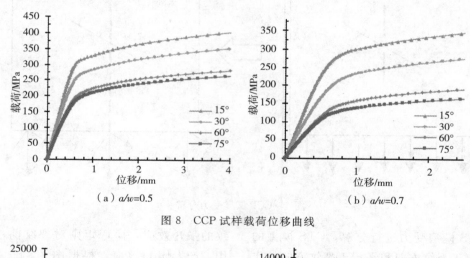

（a）a/w=0.5　　　　　（b）a/w=0.7

图8　CCP 试样载荷位移曲线

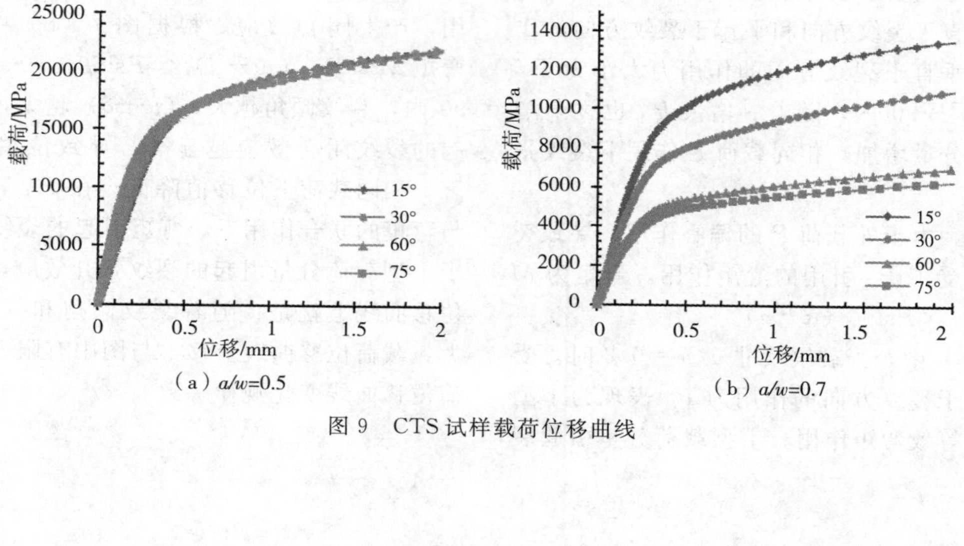

（a）a/w=0.5　　　　　（b）a/w=0.7

图9　CTS 试样载荷位移曲线

4　CCP 和 CTS 试样的极限载荷结果

根据载荷位移曲线可得到 CCP 试样和 CTS 试样的极限载荷变化情况。

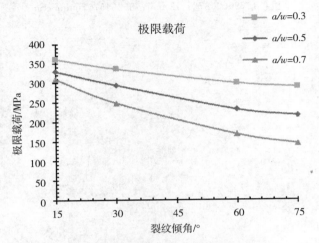

图 10　CCP 试样极限载荷随裂纹倾角的变化

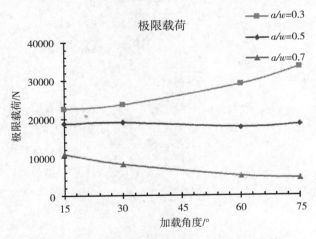

图 11　CTS 试样极限载荷随裂纹倾角的变化

由图 10 和图 11 可见，不同模型有限元模拟得到的极限载荷变化规律存在较大差异。CCP 模型各尺寸试样的极限载荷均随Ⅰ型载荷分量的增大而逐渐下降。CTS 模型不同尺寸下极限载荷的变化各不相同：a/w 为 0.3 时，极限载荷主要由Ⅰ型载荷分量引起的弯矩控制，随Ⅰ型载荷分量的增加，极限载荷逐渐增大；a/w 为 0.5 时，极限载荷由Ⅰ型载荷分量及其引起的弯矩共同控制，各个裂纹倾角下的极限载荷基本相同；而 a/w 为 0.7 时，极限载荷主要是由Ⅰ型载荷分量控制，极限载荷随裂纹倾角的增大逐步减小。

5　结论

通过 CCP 试样和 CTS 试样有限元模拟得到的极限载荷可知，随着Ⅰ型载荷分量的增加，在 CCP 试样中极限载荷呈下降趋势，即Ⅰ型裂纹具有更高的危险性；而单边裂纹 CTS 试样由于载荷的作用形式，Ⅰ型载荷分量产生裂纹的张开效应，Ⅰ型载荷分量引起的弯矩则产生裂纹的闭合效应。当裂纹尺寸 a/w 小于 0.5 时，极限载荷主要由Ⅰ型载荷分量引起的弯矩控制，极限载荷随Ⅰ型载荷分量的增加呈上升趋势；当 a/w 大于 0.5 时，极限载荷主要是由Ⅰ型载荷分量控制，极限载荷随Ⅰ型载荷分量的增加而逐渐下降。由此可见，CCP 试样和 CTS 试样载荷作用性质的不同，导致有限元模拟结果中极限载荷随随裂纹倾角的变化规律有很大差异。

参考文献

［1］任利，朱哲明，谢凌志，等．复合型裂纹断裂的新准则［J］．固体力学学报，2013，（01）：31－37.

［2］徐慧，伍晓赟，程仕平，等．复合裂纹的应力强度因子有限元分析［J］．中南大学学报（自然科学版），2007，（01）：79－83.

［3］李丽丹，磨季云．基于扩展有限元的Ⅰ-Ⅱ复合型裂纹开裂角分析［J］．武汉科技大学学报，2014，（02）：152－155.

［4］徐勇．贮氢压力系统结构安全评定研究［D］．成都：西南交通大学，2011.

［5］ Y. Ji, S. Wu, G. Yu. Fatigue crack growth characteristics of inertia friction welded Ti17 alloy［J］. Fatigue Fract Engng Mater Struct，2014，37（1）.

［6］ L. Malíková，V. Vesely，S. Seitl. Crack propagation direction in a mixed mode geometry estimated via multi-parameter fracture criteria［J］. International Journal of Fatigue，2016.

［7］ Zhenyu Ding，Zengliang Gao，Chenchen Ma，Xiaogui Wang. Modeling of Ⅰ＋Ⅱ mixed mode crack initiation and growth from the notch［J］. Theoretical and Applied Fracture Mechanics，2016.

［8］代巧，周昌玉，彭剑，等．室温蠕变下含轴向内表面裂纹钛管的失效评定［J］．南京工业大学学报（自然科学版），2015，（03）：56－60.

［9］杨绍坤. 含裂纹 T 型板安全性评估与疲劳寿命估算［D］. 大连：大连理工大学，2015.

［10］Yu. G. Matvienko, O. A. Priymak. Failure Assessment Diagrams for a Solid with a Crack or Notch under Uniaxial and Biaxial Loading［J］. Key Engineering Materials, 2007, 70 (345).

［11］R. A. Ainsworth, M. Gintalas, M. K. Sahu, J. Chattopadhyay, B. K. Dutta. Application of failure assessment diagram methods to cracked straight pipes and elbows［J］. International Journal of Pressure Vessels and Piping, 2016.

［12］Richard H A, Benitz K. A loading device for the creation of mixed mode in fracture mechanics. Int J Fract, 1982, 22 (2): R55-R58.

作 者 简 介

王远哲（1996—），男。

通信地址：江苏省南京市浦口区珠江路 30 号南京工业大学机械与动力工程学院，211800

手机：15720600872；E-mail：862845707@qq.com

面内和面外约束效应对 3D 紧凑拉伸试样的影响

刘 争 孙少南 王 昕 陈 旭

（天津大学化工学院 天津 300354）

摘 要 紧凑拉伸试样是最常用的系统分析约束效应对断裂韧性影响的试样之一，在此文章中，对三维紧凑拉伸试样进行广泛的线弹性和弹塑性分析，考虑大范围变化的裂纹深度和试样厚度，得到 J，应力强度因子（K）和面内、面外 T 应力（T_{11}、T_{33}）。结果表明：裂纹深度和试样厚度对 T_{11} 的影响很大，同时 T_{33} 作为衡量面外约束效应参数不仅受到试样厚度的影响，也受到裂纹深度的影响；断裂韧性 J 随着 T_{11} 的增大而增大，随着 T_{33} 增大而减小。基于以上分析，用 T_{11} 和 T_{33} 修正断裂韧性 J，这些结果对包含面内、面外约束效应的结构完整性分析具有重要意义。

关键词 断裂韧性；面内约束；面外约束；三维有限元分析；紧凑拉伸试样

Analysis of In-plane and Out-of-plane Constraint Effects on Three-dimensional Compact tension Specimens

Liu Zheng   Sun Shaonan   Wang Xin   Chen Xu

（School of Chemical Engineering andTechnology，Tianjin University，Tianjin 300354）

Abstract In The present paper，extensive linear elastic and elastic-plastic Three-dimensional finite element analyses are conducted for compact Tension（CT）specimens，which is one of The most widely used specimen for The systematic investigation of The influence of constraint effects on the fracture toughness. Complete solutions of J，stress intensity factor（K），in-plane and out-of-plane t-stresses（T_{11} and T_{33}）are obtained. A wide range of geometrical parameters variations are considered including in-plane crack depth to width ratio（a/W）and out-of-plane thickness to width ratio（B/W）. the results show that t_{11} at the specimen mid-plane are affected by crack length and specimen thickness，meanwhile，crack length and specimen thickness have a significant impact on t_{33}. In addition，it is observed that J is a monotonously increasing function of T_{11} for all crack depth，and decrease linearly with the increase in T_{33}. Based on the present finite element calculations for J，in-plane and out-of-plane T-stresses，empirical expressions for the in-plane and out-of-plane T-stresses effects on the fracture toughness are proposed. Solutions obtained will be very useful for structural integrity assessments by the failure assessment diagram（FAD）methodology，which incorporates both in-plane and out-of-plane constraint effects.

Keywords fracture toughness; in-plane constraint; out-of-plane constraint; 3D finite element analysis; compact tension specimen

1 引言

从实验室小尺寸得到的断裂韧性如何应用于工程上全尺寸的裂纹结构一直是结构完整性评估中的一个关键问题[1]，因为裂纹尖端的约束对断裂韧性的测量有很大的影响。传统的断裂力学假设裂纹阶段的应力应变场被一个单独变量控制，但是对于一些低约束的结构测量结果会极其保守。因此，需要考虑约束效应以增强结构完整性评估的真实性和可靠性。

为了更好地描述裂纹尖端的应力应变场，更加准确的两参数断裂力学，如：$J - T_{11}$[2-4]，$J - A_2$[5,6]，$J - Q$[7,8] 被提出。面内 T 应力（T_{11}）表示平行于裂纹平面、垂直于裂纹前沿的应力，T_{11} 可以通过改变裂纹尖端的应力三轴度，从而影响裂纹尖端的约束状态，负的 T 应力表示较小的约束效应，意味更多的塑性变形；正的 T 应力表示较高的约束，从而限制了塑性变形[9]。Q 应力是由 O'Dowd and Shih[7] 提出，用来描述裂纹尖端某一位置的张开应力与由 HRR 场得到的张开应力的差值。另外，Chao[6] 等人用应力分布的高阶项，如应力分布的第二项，第三项可以与第一项相关联，提出参数 A_2。这些两参数断裂力学已广泛应用在结构失效评估体系[9,10]。

然而，以上这些参数只能用来衡量面内约束效应，Toshiyuki[11,12] 发现即使很小的厚度变化，可以引起显著的断裂韧性的改变，而 T_{11} 保持相对稳定。因此，仅仅用 T_{11}、Q、A_2 不能很好地描述面外约束效应。为了研究结构的面外约束效应，Brocks 等人提出参数 h，h 表示静水压力与 Mises 等效应力的比值；同时，郭万林等[13] 人提出另外一个参数 T_z 去描述裂纹尖端应力场，表征面外应力与面内应力的比值。近来，Gao 等人[14] 提出了参数 T_{33} 来描述面外约束效应，T_{33} 作为 Williams 展示式中的厚度方向的第二项，具有明确的物理意义，已广泛应用于描述面外约束效应。

为了更好地描述面内、面外综合约束效应，对实验和数值分析提出了更高的要求，由于三维数值分析的复杂性，之前的断裂力学的发展，多考虑二维的平面应力或平面应变状态，因此，在接下来的工作中，参考 Shlyannikov 等人[15] 关于不同面内、

面外约束效应的实验研究，对三维紧凑拉伸试样进行广泛的线弹性和弹塑性分析，考虑大范围变化的裂纹深度和试样厚度，得到 J，应力强度因子（K）和面内、面外 T - stress（T_{11}、T_{33}）。基于以上分析，用 T_{11} 和 T_{33} 修正断裂韧性 J，这些结果对包含面内、面外约束效应的结构完整性分析具有重要意义。

2 3D 紧凑拉伸试样数值分析

2.1 紧凑拉伸试样的实验

为了研究约束参数 T_{11}、T_{33} 描述裂纹尖端面内和面外约束，Shlyannikov 关于紧凑拉伸试样的实验被参考，接下来将简要介绍实验过程和结果：

实验材料是汽轮机用钢 34XH3MA，表 1 列出了主要的力学参数。实验试样设计和实验操作按照 ASTM E399[16]。

表 1 主要力学参数

弹性模量 E（MPa）	泊松比 υ	屈服应力 σ_0（MPa）	应变硬化指数 n	应变硬化系数 α
192517	0.3	790	8.82	1.80

紧凑拉伸试样的几何结构和坐标系设置参看图 1。三种不同厚度的试样（$B/W = 0.125$，0.25，0.5），裂纹深度 a/W：$0.35 \sim 0.625$，其中试样宽度 W 为 40mm，一共 12 组不同的紧凑拉伸试样在室温下进行疲劳预制裂纹。P_Q 由载荷-加载线位移曲线得到，结果发现，所有的试样结构，均满足 $P_{max}/P_Q < 1.1$，因此弹性下的应力强度因子 K 可以表示材料平面应变下的断裂韧性。在本文中，我们仅参考一部分实验，具体的实验数据列于表 2 中，表中的 K_{max} 由 ASTM E399 中的公式（1）计算得到：

$$K_{max} = \frac{P_{max}}{\sqrt{BB_N W}} f\left(\frac{a}{W}\right) \quad (1)$$

其中，B_N 是试样净厚度（本文中无侧槽，$B_N = B$），f 是关于 a/W 的形状函数，具体表达式参考 ASTM E399。

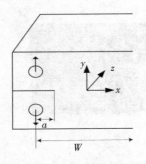

图1 紧凑拉伸试样的几何结构和坐标系

对于所有试样均满足小范围屈服状态，因此断裂韧性 J_c 主要是弹性部分，因此表2中的 J_c 由公式（2）计算得到：

$$J_{c,\max}=K_{\max}^2\frac{1-\nu^2}{E} \qquad (2)$$

表2 试样尺寸和实验断裂韧性结果

W (mm)	B (mm)	a/W	$P_{\max}$ (KN)	$K_{\max}$ ($MPa \cdot m^{1/2}$)	$J_{c,max}$ (N/mm)
40	20	0.35	39.64	62.12	17.88
	20	0.35	41.31	64.73	19.42
	20	0.625	16.60	61.50	17.53
	10	0.425	20.30	77.46	27.81
	10	0.49	16.30	74.32	25.60

基于实验结果，参考 Toshiyu 等人[11,12]中的方法，B/W 对 K_s 无影响，因此 K_s 取平面应变下的应力强度因子，因此，对于任一厚度的试样，与 $K_{\max}$ 对应的载荷由公式（1）得到，具体的试样尺寸列于表3。

表3 试样结构和载荷

W (mm)	a/W	B (mm)	$P_{\max}$ (kN)
40	0.35	5	10.12
		10	20.24
		20	40.48
		40	80.95
		60	121.43
		80	161.90
	0.425	5	10.15
		10	20.30
		20	40.60

（续表）

W（mm）	a/W	B（mm）	$P_{\max}$ （kN）
		40	81.20
		60	121.80
		80	162.40
	0.49	5	8.15
		10	16.30
		20	32.60
		40	65.20
		60	97.80
		80	130.40
	0.625	5	4.15
		10	8.30
		20	16.60
		40	33.20
		60	49.80
		80	66.40

2.2 三维紧凑拉伸试样有限元分析

2.2.1 三维有限元分析模型

使用有限元分析软件 ABAQUS 建立四分之一模型，裂纹深度 a/W：0.35，0.425，0.49，0.625，对于每一个裂纹深度，试样厚度 B/W 分别为 0.125，0.25，0.5，1.0，1.5，2.0。一共24种试样结构，不同的厚度的浅裂纹到深裂纹的变化。载荷以集中力的形式施加在销孔上，具体载荷幅值参看表3。相关的对称边界条件施加在网格单元节点上。对于线弹性分析，使用 C3D20R 单元，典型的网格结构如图2（a）所示。对于弹塑性分析，使用 C3D8R 单元，为了模拟大的应变变形，裂纹尖端有一个 $r=0.02mm$ 的孔洞，材料的本构使用表格2中所列的 Ramberg-Osgood 参数

$$\frac{\varepsilon}{\varepsilon_0}=\frac{\sigma}{\sigma_0}+\alpha\left(\frac{\sigma}{\sigma_0}\right)^n \qquad (3)$$

J 由域积分得到，考虑到断裂主要是弹性部分，K_{FEA} 由公式（4）计算得到：

$$K_{FEA}=\sqrt{\frac{EJ}{1-\nu^2}} \qquad (4)$$

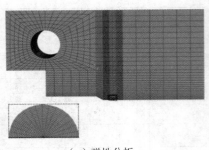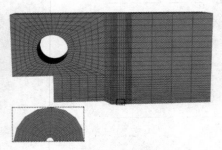

（a）弹性分析　　　　　　　　　（b）弹塑性分析

图 2　有限元网格

2.2.2　T_{11}、T_{33} 的提取

裂纹尖端的 T_{11} 与能量交互积分 $I(s)$ 关联，具体的表达由公式（5）得到：

$$T_{11}=\frac{E}{1-\nu^2}\left[\frac{I(s)}{f}+\nu\varepsilon_{33}\right] \quad (5)$$

其中 ε_{33} 为沿着裂纹前沿切向处的应变，一旦 T_{11} 求取之后，T_{33} 可以从公式（6）获得：

$$T_{33}=\nu T_{11}+E\varepsilon_{33} \quad (6)$$

2.2.3　验证有限元模型

为了验证紧凑拉伸试样线弹性分析的准确性，

使用模型 $a/W=0.49$，$B/W=0.25$ 作对比，T_{11} 用名义应力 σ（$\sigma=P/BW$）做归一化处理，$z/B=0.5$ 是对称面，图 3a 表明模型是准确的。下一步，为了验证弹塑性分析的准确性，以 $a/W=0.425$，$B/W=0.25$ 为例，T_z 沿着裂纹前沿的变化如图 3b 所示，$z/B=0$ 为对称面，结果与文献 17 中的结果很好的吻合。经过这些计算，验证了本模型计算 J，T_{11}、T_{33} 是可行的。

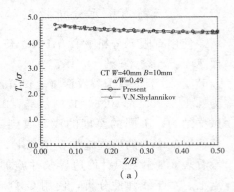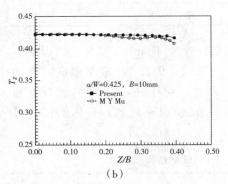

（a）　　　　　　　　　　　（b）

图 3　模型验证：（a）T_{11} 与参考文献 15 对比　（b）T_z 与参考文献 17 对比

3　数值分析结果

对于紧凑拉伸试样，我们都知道启裂点经常发生在对称面[11]，因此在对称面处的 T 应力被提取出来，得到的 T 应力作如下归一化处理：

$$V_{11}=\frac{T_{11}}{\sigma} \quad (7a)$$

$$V_{33}=\frac{T_{33}}{\sigma} \quad (7b)$$

结果总结在表 4 和图 4～图 7。

如图 4 所示，V_{11} 表现出了 3D 效应，随着 B/W 的增大单调递减，虽然这个变化小于 25%；另外，V_{11} 与 a/W 正相关，不管 B/W 如何变化。V_{11} 对于

所有的 a/W，B/W 均是正值。图 5 展示对于不同的裂纹深度和试样厚度 V_{33} 的变化，V_{33} 是关于 B/W 的单调增函数，当 $B/W \geqslant 1$ 时，对于任意的 a/W，V_{33} 均接近于 $v V_{11}$。更为重要的是，发现对于较薄和一般厚度的试样（$B/W = 0.125$、0.25、0.5），V_{33} 随着裂纹深度的增大而降低，而当试样较大厚度时，V_{33} 关于裂纹深度的变化不明显。另外一个发现是 V_{33} 均是负值，除了几个较大厚度的

裂纹结构。

基于以上分析，对所有模型做弹塑性分析，结果如图 6。首先，得到的 K_{FEA} 与实验结果对比，可以看到与实验得到的断裂韧性很好的切合。发现 K_{FEA} 与 J_{FEA} 是关于 B/W 单调降低，虽然变化很小，主要原因是所有试样结构满足小范围屈服条件。另外，结果发现对于所有的裂纹深度，J_{FEA} 是 V_{11} 的单调递增函数，且随着 V_{33} 的增大线性降低。

表 4　归一化的 T_{11}、T_{33}（V_{11}、V_{33}）在对称面处的结果

B/W	$a/W=0.35$		$a/W=0.425$		$a/W=0.49$		$a/W=0.625$	
	V_{11}	V_{33}	V_{11}	V_{33}	V_{11}	V_{33}	V_{11}	V_{33}
0.125	3.294	-6.014	4.702	-8.934	4.708	-8.531	7.679	-13.44
0.25	3.131	-3.843	4.387	-5.889	4.438	-5.511	7.376	-8.249
0.5	2.984	-2.176	4.140	-3.548	4.227	-3.214	7.240	-4.054
1.0	2.770	-0.853	3.925	-1.301	4.014	-1.010	6.671	-0.558
1.5	2.691	-0.123	3.814	-0.139	3.869	0.071	6.278	0.747
2.0	2.680	0.288	3.645	1.443	3.838	0.624	6.190	1.328

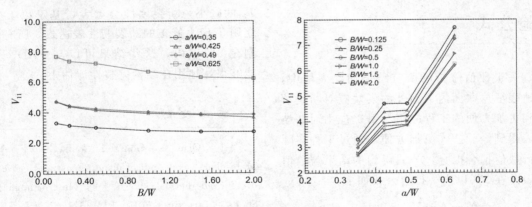

图 4　裂纹深度和试样厚度对 V_{11} 的影响

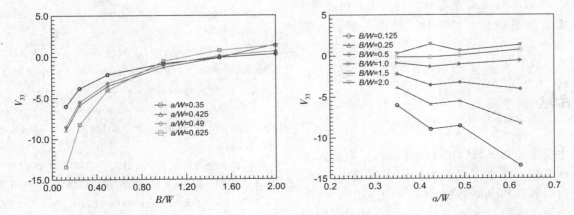

图 5　裂纹深度和试样厚度对 V_{33} 的影响

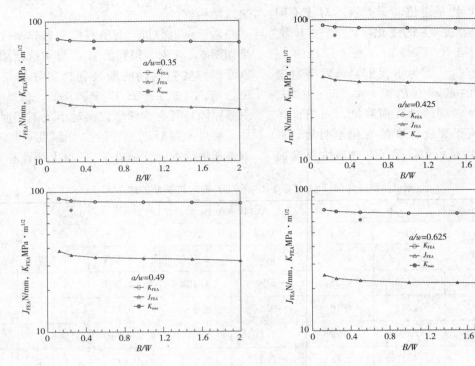

图6 弹塑性分析结果 K_{FEA}，J_{FEA}

也受到裂纹深度的影响。观察到随着 T_{11} 的增大，T_{33} 的减小，断裂韧性会增大，基于以上分析，建立用 T 应力修正的断裂韧性表达式，所有的误差控制在 2% 以内。这些结果可以与 FAD 一起使用，能够很好地用在结构完整性评估中。

4 经验公式

最后，关于数值分析的所有结果均在表格中，为了更好地表征这些面内、面外约束效应对断裂韧性的影响和更加方便的工程应用，用 T 应力对断裂韧性拟合，得到经验公式更加方便，通过工程实际的判断进行数值拟合拟合，公式得到的结果与数值分析结果误差在 2% 以内，拟合公式如下：

$$J_{FEA} = A_0 + A_1 \ln V_{11} + A_2 V_{33}$$

其中，A_0、A_1、A_2 是常数，列于表6中。图7是公式拟合与数值分析的对比，验证了拟合的准确性。

5 结论

在本文中，对于紧凑拉伸试样进行三维线弹性和弹塑性分析，考虑不同的裂纹深度和试样厚度。通过数值分析，得到断裂韧性 J、T_{11}、T_{33}，结果表明裂纹深度和试样厚度对 T_{11} 的影响很大，同时 T_{33} 作为面外约束效应不仅受到试样厚度的影响，

参 考 文 献

[1] Qian G, Gonzalez-Albuixech VF, Niffenegger M. In-plane and out-of-plane constraint effects under pressurized thermal shocks [J]. International Journal of Solids & Structures. 2014；51：1311—22.

[2] Williams ML. On the Stress Distribution at the Base of a Stationary Crack [J]. Asme Journal of Applied Mechanics. 1957；24：109—14.

[3] Betegón C, Hancock JW. Two-Parameter Characterization of Elastic-Plastic Crack-Tip Fields [J]. Journal of Applied Mechanics. 1991；58：104.

[4] Wang YY. On the two-parameter characterization of elastic-plastic crack-front fields in surface-cracked plates. 1993.

[5] 李尧臣，王自强. HIGH-ORDER ASYMPTOTIC FIELD OF TENSILE PLANE-STRAIN NONLINEAR CRACK PROBLEMS. Science in China Ser A. 1986；29：941—55.

[6] Chao YJ, Yang S, Sutton MA. On the fracture of

solids characterized by one or two parameters: Theory and practice [J]. Journal of the Mechanics & Physics of Solids. 1994, 42: 629—47.

[7] O'Dowd NP, Shih CF. Family of crack-tip fields characterized by a triaxiality parameter—I. Structure of fields [J]. Journal of the Mechanics & Physics of Solids. 1991, 39: 989—1015.

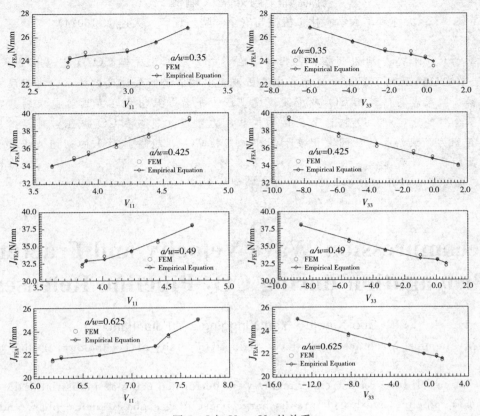

图7 J 与 V₁₁，V₃₃ 的关系

[8] O'Dowd NP, Shih CF. Family of crack-tip fields characterized by a triaxiality parameter—II. Fracture applications [J]. Journal of the Mechanics & Physics of Solids. 1992, 40: 939—63.

[9] Ainsworth RA. Constraint in the failure assessment diagram approach for fracture assessment [J]. Journal of Pressure Vessel Technology. 1995, 117: 260—7.

[10] Ainsworth RA, Sattari-Far I, Sherry AH, et al. Methods for including constraint effects within the SINTAP procedures [J]. Engineering Fracture Mechanics. 2000, 67: 563—71.

[11] Meshii T, Tanaka T. Experimental T 33-stress formulation of test specimen thickness effect on fracture toughness in the transition temperature region [J]. Engineering Fracture Mechanics. 2010, 77: 867—77.

[12] Meshii T, Lu K, Takamura R. A failure criterion to explain the test specimen thickness effect on fracture toughness in the transition temperature region [J]. Engineering Fracture Mechanics. 2013, 104: 184—97.

[13] Guo W. Elastoplastic three dimensional crack border field—I. Singular structure of the field [J]. Engineering Fracture Mechanics. 1993, 46: 93—104.

[14] Gao H. Variation of elastic T-stresses along slightly wavy 3D crack fronts [J]. International Journal of Fracture. 1992, 58: 241—57.

[15] Shlyannikov VN, Boychenko NV, Tumanov AV, et al. The elastic and plastic constraint parameters for three-dimensional problems [J]. Engineering Fracture Mech-anics. 2014, 127: 83—96.

[16] Fixtures L. ASTM Standard E399, "Standard Test Method for Linear-Elastic Plane-Strain Fracture Toughness K1C of Metallic Materials. 2012.

[17] Mu MY, Wang GZ, Tu ST, et al. Three-dimensional analyses of in-plane and out-of-plane crack-tip constraint characterization for fracture specimens [J]. Fatigue & Fracture of Engineering Materials & Structures. 2016, 39: 1461—76.

CO₂管道泄漏中减压波速度和断裂控制研究

郭晓璐　闫兴清　喻健良

（大连理工大学　化工机械与安全学院，辽宁　大连　116024）

摘　要　基于CO_2相态分别为气相、密相和超临界的三组工业规模CO_2管道（长 258 m，内径 233 mm）全口径泄放实验，研究了CO_2管道断裂中减压波速度和管道断裂速度的关系，提出了关于CO_2管道的断裂扩展判据。结果表明：气相CO_2减压波速度"压力平台"只出现在靠近管道末端。密相CO_2减压波速度"压力平台"处于密相CO_2快速降压后的饱和压力附近。超临界CO_2减压波速度"压力平台"处于超临界CO_2转变为气液两相的区间。相较于气相和密相CO_2，超临界CO_2的初始减压波速度最小；且对管道安全系数的要求最高。

关键词　CO_2管道；减压波速度；断裂速度；断裂控制

Decompression Wave Velocity and Fracture Propagation during CO₂ Pipeline Releases

Guo Xiaolu　Yan Xingqing　Yu Jianliang

（School of Chemical Machinery andSafety，Dalian University of Technology，Dalian 116024）

Abstract　Three full bore release experiments were performed using an industrial scale (258 m long, 233 mm i. d.) CO_2 pipeline，with CO_2 pre-discharge phase of gas phase, dense phase and supercritical phase，respectively. The relation between the decompression velocity and the pipeline fracture velocity was analyzed in the process of CO_2 pipeline release. The fracture propagation criterion of CO_2 pipeline was established. The results showed as follow：For the gaseous CO_2 release, the pressure platform of decompression wave velocity only appeared near the close end of pipe. For the dense CO_2 release, the pressure platform of decompression wave velocity was observed near the saturation pressure after rapid decompression. For the supercritical CO_2 release, the pressure platform of decompression wave velocity appeared on the stage when the supercritical CO_2 transformed into the gas-liquid two-phase. Due to the minimum decompression speed of the supercritical CO_2 release there was a higher safety coefficient than that of gaseous and dense CO_2 releases.

Keywords　CO_2 pipeline；decompression wave velocity；fracture velocity；fracture control

1　引言

对于CO_2管道断裂，一方面释放的大量CO_2导致的危险浓度区域相当大，另一方面对管道本身的损害也很大。而CO_2管道断裂中，由于焦耳-汤姆逊效应，破裂口附近温度将会急剧降低，极有可能引起脆性断裂。由于通常的管道断裂是由泄漏引起的，因此需要评估在CO_2管道泄漏中管道断裂扩展发生的条件以及控制方案[1]。

关于压力管道断裂扩展的研究很早已开始。1974 年，Maxey[2]基于 Battelle 哥伦布实验室的数据，提出了预测天然气管线延性断裂止裂韧性的方法，即 Battelle 双曲线方法。1997 年 Leis 等人[3]在全尺寸实验基础上对双曲线模型进行了修正。

Battelle 双曲线判据由减压波速度和断裂速度组成。断裂速度通常可根据小尺寸断裂实验所得冲击功的半经验关系式得到；由于受到各种因素影响，小尺寸实验并不能准确地反映断裂扩展[4]；全尺寸实验得到的数据最为可靠，但数量很少。以往全尺寸实验的介质大多为空气或天然气，用于 CO_2 管道的全尺寸实验数量极少。英国国家电网开展了三次密相 CO_2 管道全尺寸断裂实验，实验发现 CO_2 与天然气等介质的减压波曲线截然不同，适用于烃类介质管道的 Battellle 双曲线判据不能够直接应用于 CO_2 管道的断裂扩展[5]。对于 CO_2 管道断裂的数值模拟研究也一直在进行。Kanninen 等人[6]首先提出了一维输气管道裂纹动态扩展模型，研究得到裂纹扩展的极限裂纹扩展速度。O'Donoghue 和 Kanninen 等[7]首次考虑了流固耦合作用，利用有限元方法模拟了裂纹扩展过程。Mahgerefeh[8]提出了一种压力管道脆性断裂扩展模型，得到 CO_2 管道温度和压力变化，以及裂纹的脆性断裂过程。目前以上模型没有或较少得到实验验证，准确性有待提高。

由以上分析可知，目前通过实验研究相对数值模拟来说是较为可靠地研究方法。基于此，本文通过工业规模 CO_2 管道（长 258 m，内径 233 mm）

泄放实验得到 CO_2 减压波速度，结合由温降决定的断裂韧性范围和理论公式得到的断裂速度变化规律，由此建立 CO_2 管道断裂扩展的双曲线判据，为管道的材质选择、尺寸选择、结构选择等提供依据。

2 实验装置

工业规模 CO_2 管道泄放装置总长为 258 m，主要由 257 m 主体管道和 1 m 双膜爆破装置两部分组成，管道规格为 $\phi273mm \times 20\ mm$，分别采用了低温用钢材 16MnD 和 304 不锈钢。管道设计压力为 16 MPa。图 1 是实验装置流程和现场图。该装置结构由主体管道、双膜爆破装置、加热装置、气液相进口、以及数据采集系统等组成。管道主体采用厚度约 60 mm 岩棉进行保温。实验开始前，由 CO_2 槽车在排空后向主管道内注入液态 CO_2；待充装量达到要求后，开启加热装置对管道加热；达到实验压力和温度条件时，通过可控的双膜爆破装置使 CO_2 经泄放口释放出去，同时通过数据采集系统记录管道内介质压力和温度变化。

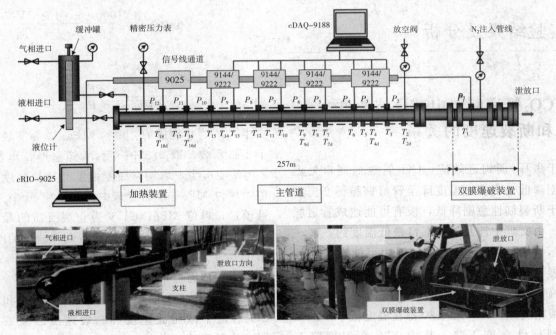

图 1　实验装置流程和现场图

减压波速度通过高频压力传感器测量管内介质压力变化来得到，由 NI cDAQ 9188 测试系统来采集。该系统中使用采集模块 NI 9222 的采样率可达

到 500 kS/s，分辨率为 16 位。高频压力传感器采用了中国长沙平川电子科技有限公司的产品，型号为 PPM－S116B－0EM，量程为 0～16 MPa，响应

频率为 100 kHz，精确度为 0.25%FS，使用温度 −100~50℃。表 1 是采用的主管道测量点位置。

表 1　主管道上的测量点分布

压力测点	P_2	P_3	P_4	P_5	P_9
距离泄放口位置（m）	10.4	13.5	22.3	54.2	162.0

本文选取了三组初始相态分别为气相、气液两相、超临界相态的全口径（FBR）泄放实验来分析。表 2 是实验初始条件。

表 2　实验初始条件

序号	CO_2 纯度 (V/V)	相态	泄放口径 (mm)	初始压力 (MPa)	初始温度 (℃)	装入量 (t)
Test1	100% CO_2	气相	FBR	3.6	32.7	0.84
Test2	100% CO_2	密相	FBR	9.1	21.6	9.11
Test3	100% CO_2	超临界	FBR	8.0	36.9	3.59

3　实验结果及分析

3.1　CO_2 管道断裂中减压波速度和断裂速度的关系

由于焦耳-汤姆逊效应，CO_2 管道泄漏口处温度会急剧降低；当管壁温度降至管材韧脆转变温度时，由于断裂韧性急剧降低，极有可能造成管道脆性断裂。由文献中涉及的泄漏口最低温度约 −80~ −100℃，说明 CO_2 管道泄漏过程中可能发生脆性断裂扩展[9,10]。本文选用三种管线钢 X70、X80 和 X100 来研究管道断裂时减压波速度和断裂速度的关系。根据文献，X70 和 X80 都在温度低于 −20℃时，断裂韧性急剧下降；其中 X70 在温度降至 −60℃时，管材断口几乎全部为脆性断裂，而 X80 的韧脆转变温度略高于 X70。X100 的韧脆转变温度范围在 −60~ −80℃之间。管线钢断裂韧性通常用 CVN 能量冲击功来表征[11,12]。根据分析，本文

选用 X70、X80 和 X100 对应韧脆转变温度的 CVN 能量冲击功范围分别为 40~140 J、80~180 J 和 120~260 J。

由于相同的安全系数下，管道断裂速度与管道外径关系不大，因此选用一种管道外径 0.273 m，三种安全系数分别为 1.5、2 和 2.5。根据常规设计标准，对应气相、密相和超临界 CO_2 泄放实验中的初始压力，管道设计压力分别取 4.5 MPa、9 MPa 和 10 MPa。管道壁厚按式（1）计算：

$$t = \frac{P_o \cdot D_o}{2 \cdot \frac{\sigma_s}{n} \cdot \varphi - P_o} \tag{1}$$

式中，t 为管道壁厚，单位 mm；P_o 为设计压力，单位 MPa；D_o 为管道外径，单位 mm；σ_s 为屈服强度，单位 MPa；φ 为焊接系数，取 0.95；n 为安全系数。

非埋地工况下的 CO_2 管道裂纹扩展速度则采用 Battelle 实验室建立的止裂韧性与 CVN 冲击功的经验公式（2），以及裂纹扩展速度与管道压力的关系式（3）：

$$P_a = \frac{2 \cdot t \cdot \sigma_f}{3.33 \cdot \pi \cdot R} \cos^{-1} \left[\exp \left(-\frac{1000 \cdot \pi \cdot E \cdot CVN/A_c}{24 \cdot \sigma_f^2 \cdot \sqrt{Rt}} \right) \right] \tag{2}$$

$$V_f = \alpha \cdot \frac{\sigma_f}{\sqrt{CVN/A_C}} \left[\frac{P_d}{P_a} - 1 \right]^{1/6} \tag{3}$$

式中，P_a 为止裂压力，单位 MPa；α 为非埋地工况下实验系数，取 0.379；t 为管道壁厚，单位 mm；σ_f 为流变应力，取钢材屈服强度和抗拉强度的平均值，单位 MPa；R 为管道中径，单位 mm；E 为弹性模量，单位 MPa；CVN 为止裂所需的最低夏比冲击功，单位 J；A_c 为夏比冲击试样缺口的净面积，单位 mm^2；V_f 为裂纹扩展速度，单位 m/s；P_d 为裂纹尖端压力，单位 MPa。

图 2、图 3 和图 4 分别为气相、密相和超临界 CO_2 管道中减压波速度和断裂速度的关系。图中 FPS 为断裂速度曲线，DS 为减压波速度曲线；减压波速度计算采用了 P_2-P_3、P_3-P_4、P_4-P_5 和 P_2-P_9 四段不同距离与对应传播时间的比值。减压波速度曲线与断裂速度曲线相交表示会失稳扩展；相切表示缓慢止裂；相离表示可迅速止裂。

由图 2 可知，气相 CO_2 的初始减压波速度在 240 m/s 附近；P_2—P_3、P_3—P_4 和 P_4—P_5 处减压波速度随压力减小而逐渐下降，没有出现"压力平台"；P_2—P_9 处减压波速度在压力 2.8～3.0 MPa，对应减压波速度 115.1～177.6 m/s 出现倾斜"压力平台"，这是由于远离泄放端的介质温度下降较低而产生了气液两相。对于 X70 管线和安全系数为 1.5 时，管道断裂速度随着管内压力下降而逐渐减小，在压力降至止裂压力约 2.4 MPa 时急剧降至零；随着 CVN 冲击功变小，所有断裂速度曲线与 P_2—P_9 处减压波速度曲线相交，且 CVN 冲击功小于 80 J 的断裂速度曲线与 P_2—P_3、P_3—P_4 和 P_4—P_5 处减压波速度曲线相交，这说明断裂韧性下降

时，该条件下管道容易发生失稳断裂。对于 X80 和 X100 管线、安全系数为 1.5 时，止裂压力变化不大，且断裂速度曲线与减压波速度曲线仍然相交，这说明该条件下的管道也易于发生断裂扩展；但随着管段等级升高，相同压力下的断裂速度将变小，这使断裂扩展易于止裂。对于安全系数为 2 的三种管线钢，止裂压力升至约 3.1 MPa，且所有断裂速度曲线与减压波速度曲线均没有相交，这说明当安全系数变大时，三种管线钢都不会发生失稳扩展；随着管段等级升高，断裂速度曲线偏离减压波速度曲线更远，这说明管道强度等级的升高使得管道运行更加安全。

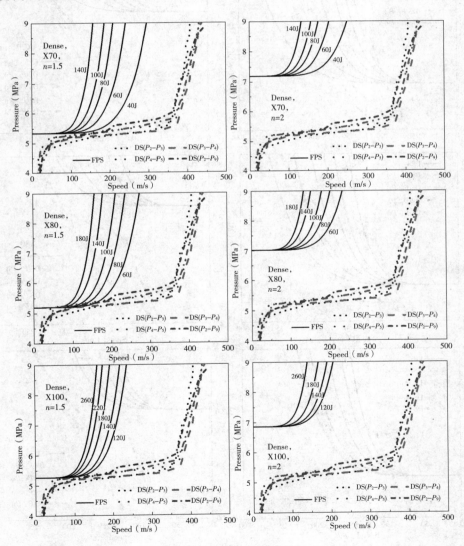

图 2　Test1 中减压波速度和断裂速度的关系

由图 3 可知，密相 CO_2 的初始减压波速度在 430 m/s 附近；当压力快速下降至饱和压力时，减

压波速度变化并不大；P_2—P_3、P_3—P_4、P_4—P_5 和 P_2—P_9 处减压波速度在压力 5～6 MPa，对应减

压波速度 35～362m/s 出现倾斜的"压力平台"，该区间处于饱和压力和温度周围；在该"压力平台"区间减压波速度急剧降低。随着 CVN 冲击功变小，断裂速度曲线与减压波速度曲线相交越多，使管线易于发生失稳断裂扩展。对于安全系数为 1.5 的三种管线钢，止裂压力约 5.2 MPa，且所有断裂速度曲线与减压波速度曲线的相交位置均处于"压力平台"，管线钢强度等级对两条曲线相交位置的影响不大，这说明密相 CO_2 管道断裂中的压力应处于"压力平台"区间，管线钢强度等级对是否发生失稳扩展的影响较小。对于安全系数为 2 的三种管线钢，止裂压力约 7.0 MPa，且所有断裂速度曲线均向上远离减压波速度曲线，这说明安全系数升高时，三种管线钢都不会发生断裂扩展。根据以上分析，对于密相 CO_2 管道是否发生失稳断裂，取决于断裂韧性、"压力平台"和安全系数的大小。断裂韧性由管线钢等级和下降温度决定；而密相 CO_2 减压过程中出现的"压力平台"的高低由管道内介质初始温度决定。

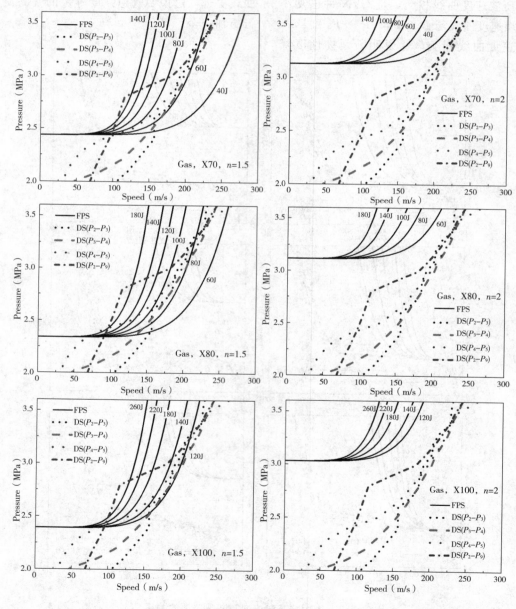

图 3　Test2 中减压波速度和断裂速度的关系

由图 4 可知，超临界 CO_2 的初始减压波速度在 190 m/s 附近；P_2—P_3、P_3—P_4、P_4—P_5 和 P_2— P_9 处减压波速度在压力 6.8～7.3 MPa，对应减压波速度 112～170m/s 出现倾斜的"压力平台"，该

区间内超临界CO_2转变为气液两相。随着 CVN 冲击功变小，断裂速度曲线向右偏移，使管线易于发生失稳断裂。在相同安全系数下，止裂压力变化不大，对于三种安全系数 1.5、2 和 2.5 的三种管线钢，止裂压力分别约为 4.8 MPa、6.2 MPa 和 7.8 MPa。管道安全系数越小，断裂速度曲线越低于减压波速度曲线，使管线易于发生失稳断裂。但管段等级升高时，相同压力下的断裂速度变小，使断裂扩展易于止裂。相较于气相和密相CO_2管道断裂，超临界CO_2的初始减压波速度最小；且当安全系数为 2 时，所有等级管线钢的断裂速度曲线才向上偏离减压波曲线，这说明超临界CO_2对管道安全系数的要求更高。

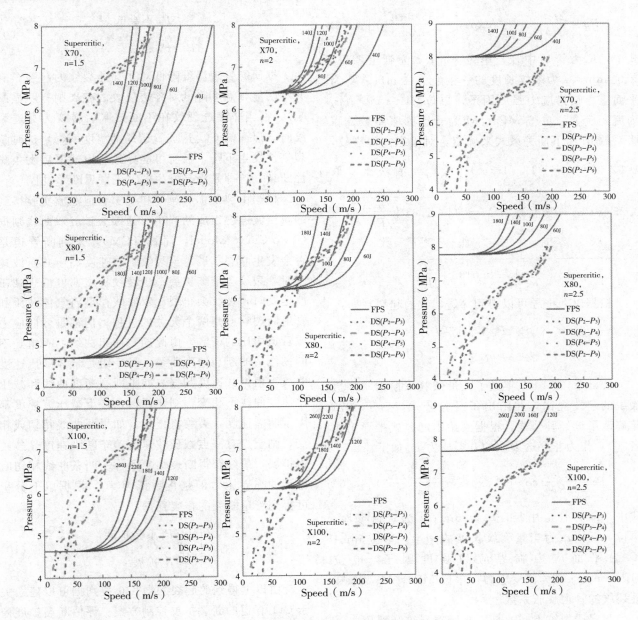

图 4　Test3 中减压波速度和断裂速度的关系

　　需要指出本文的实验条件是管道一端全部打开，CO_2从整个管道截面泄放；但实际的断裂是由裂纹起裂开始，并不断扩展，当扩展到整个泄放通道与管道截面相当时（大约扩展到 9 m），减压波的变化过程才与本文实验条件相同。

3.2　断裂判据及断裂控制方案

　　基于 Dugdale（1960）建立的 D－M 模型：应

用 Muskhelishvili 应力函数在平面应力状态下无限大平薄板中心穿透直裂纹的弹塑性应力场，结合环向应力和膨胀系数推导出预制穿透裂纹的开裂压力 P_{tf}。根据矢岛浩（1982）在裂纹尖锐度对断裂韧性 K_c 的影响研究基础上，提出对断裂韧性 K_c 的修正系数 0.66，因此最终修正得到的穿透裂纹开裂压力 P_{tf} 如下：

$$P_{tf} = \frac{2t\sigma_f}{\pi RM} \cos^{-1} \left[\exp \left(-\frac{435.6\pi K_c^2}{8a\sigma_f^2} \right) \right] \quad (4)$$

式中，R 为管道中径，单位 mm；t 为管道壁厚，单位 mm；a 为裂纹长度的一半，单位 mm；K_c 为平面应力临界应力强度因子，单位 MPa·m$^{1/2}$；σ_f 为流变应力，单位 MPa；M 为管道膨胀系数。膨胀系数 M 由下面关系式来确定：对于纵向短裂纹，$\lambda < 2$ 时（$\lambda = \sqrt[4]{12(1-\upsilon^2)} \left(\frac{a}{\sqrt{Rt}} \right)$，泊松比 υ 取 0.25～0.3），膨胀系数 $M = \sqrt{1 + 1.61 \left(\frac{a}{\sqrt{Rt}} \right)^2}$；$\lambda < 8$ 时，膨胀系数 $M = \sqrt{1 + 1.255 \left(\frac{a}{\sqrt{Rt}} \right)^2 - 0.0135 \left(\frac{a}{\sqrt{Rt}} \right)^4}$。

根据以上推导可以得到穿透裂纹的起裂判据：

$$\begin{cases} P < P_{tf} \text{ 不会起裂} \\ P \geqslant P_{tf} \text{ 起裂} \end{cases} \quad (5)$$

Kiefner 在 1969 年做了大量试验来摸索非穿透裂纹的起裂规律，并给出了经验公式，后于 1971 年修改了该经验公式。根据其给出的公式推导出式（7.6），作为非穿透裂纹的开裂压力 P_{sf} 如下：

$$P_{sf} = \frac{2t\sigma_f}{\pi RM_p} \cos^{-1} \left[\exp \left(-\frac{435.6\pi K_c^2}{8a_{eq}\sigma_f^2} \right) \right] \quad (6)$$

式中，R 为管道中径，单位 mm；t 为管道壁厚，单位 mm；a_{eq} 为当量裂纹长度的一半，单位 mm；K_c 为平面应力临界应力强度因子，单位 MPa·m$^{1/2}$；σ_f 为流变应力，单位 MPa；M_p 为未穿透裂纹的管道膨胀系数。

与穿透裂纹不同的是，非穿透裂纹开裂压力公式（7.6）用 M_p 代替原来的膨胀系数 M；用 a_{eq} 代替原来的裂纹长度 a，如式（7.7）表示：

$$M_p = \frac{1 - d/Mt}{1 - d/t} \quad (7)$$

$$2a_{eq} = A/d \quad (8)$$

式中，d 为未穿透裂纹的深度，单位 mm；M 为膨胀系数；A 为缺陷面积，即管壁缺掉的面积，单位 mm^2。

根据 Kiefner 的研究表明非穿透裂纹开裂压力 P_{sf} 计算式（6）与试验数据十分接近，试验值与计算值之比平均为 1.095。可以用来作为非穿透裂纹的起裂判据：

$$\begin{cases} P < P_{sf} \text{ 不会起裂} \\ P \geqslant P_{sf} \text{ 起裂} \end{cases} \quad (9)$$

据研究发现温度降低对非穿透裂纹的起裂影响并不明显（温度降低对穿透裂纹的起裂则有明显影响），而当非穿透裂纹在不断鼓胀后转变为穿透裂纹时，泄漏的 CO_2 造成管道局部温度下降，这时断裂韧性发生下降，极有可能导致管道泄漏后发生脆性断裂，这即是极易发生的"先漏后断"过程。

根据由裂纹扩展速度和 CO_2 管道泄放实验得到的减压波速度组成的 CO_2 管道断裂扩展双曲线判据（Two Curve Model，简称 TCM），来判断管道是否会发生断裂扩展。当裂纹扩展速度高于减压波速度时，裂纹会继续扩展；当裂纹扩展速度低于减压波速度时，裂纹会止裂。双曲线模型将气体减压和管道断裂看成是两个无关的过程，但都是环向应力或管道内压的函数。由此确定两组曲线：一组是不同韧性下的断裂速度曲线；另一组是气体减压速度曲线。根据其速度判据，如果断裂速度曲线和减压比速度曲线不相交，则在任何条件下减压波速度都大于断裂速度，裂纹将止裂。如果两曲线相切或相交，则至少有一点减压波速度等于断裂速度，裂纹将扩展，最终获得断裂临界条件。两条曲线相切时得到的临界压力即是止裂压力 P_a。根据以上分析可得到管道断裂的止裂判据：

$$\begin{cases} P < P_a \text{ 不会扩展} \\ P \geqslant P_a \text{ 扩展} \end{cases} \quad (10)$$

由以上得到的起裂判据和止裂判据可以建立关于 CO_2 管道的断裂扩展控制方案。评估断裂扩展控制的步骤如下：（a）基于管道外径、壁厚和材料，根据穿透裂纹和非穿透裂纹的起裂公式确定起裂压力 P_{tf} 和 P_{sf}，见式（4）和（6）。（b）基于穿透裂纹和非穿透裂纹的起裂判据确定裂纹是否会发生起裂，见式（5）和（9）。（c）基于管道外径、壁厚和材料，以及减压波速度和断裂速度的关系确定止

裂压力 P_a，来判断是否会发生断裂扩展。图 5 为 CO_2 管道断裂控制方案流程图。

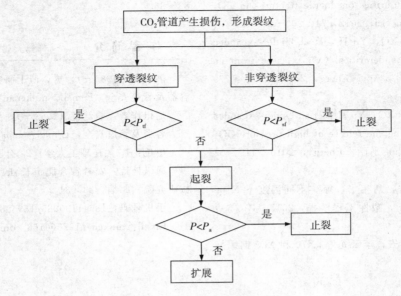

图 5　断裂控制方案

4　结论

本文基于工业规模泄放实验，研究了三种相态下 CO_2 管道泄漏过程中的减压波速度变化特征，结合理论管道断裂速度提出断裂判据及控制方案。主要结论如下：

（1）气相 CO_2 的减压波速度随着压力减小而逐渐下降，靠近泄放端的压力没有出现"压力平台"；靠近管道末端的减压波速度变化过程出现了倾斜的"压力平台"，这是由于靠近管道末端的介质温度下降更低，产生了气液两相。

（2）密相 CO_2 的减压波速度"压力平台"处于密相 CO_2 减压过程中的饱和压力和温度周围，在该"压力平台"区间减压波速度急剧降低。管线钢强度等级对是否发生失稳扩展的影响较小。密相 CO_2 管道是否发生失稳断裂，取决于断裂韧性、"压力平台"和安全系数的高低。

（3）超临界 CO_2 的减压波速度"压力平台"处于超临界 CO_2 转变为气液两相的区间。相较于气相和密相 CO_2 管道断裂，超临界 CO_2 的初始减压波速度最小；且当安全系数提高为 2 时，所有等级管线钢的断裂速度曲线才向上偏离减压波曲线，这说明超临界 CO_2 对管道安全系数的要求最高。

（4）由穿透裂纹和非穿透裂纹的起裂判据，以及 CO_2 管道断裂扩展速度和减压波速度组成的断裂扩展判据，建立了关于 CO_2 管道断裂控制方案。

参 考 文 献

［1］喻健良，郭晓璐，闫兴清，等．工业规模 CO_2 管道泄放过程中的压力响应及相态变化［J］．化工学报，2015，66（11）：4327－4334．

［2］Maxey WA. Fracture initiation，propagation and arrest［C］. In：Proceedings of the 5th symposium in Line Pressure Research. Houston，1974.

［3］Leis B. Relationship between Charpy Vee-notch toughness and dynamic propagation resistance［R］. Energy Board，1997.

［4］API 579 － 1. ASME FFS － 1. Fitness for Service. Second Edition［S］. 2007.

［5］Maxey WA，Kiefner JF，Eiber RJ. Ductile fracture arrest in gas pipelines［R］. American Gas Association Catalog NO. L32176. NG-18 Report 100，1975.

［6］Kanninen MF，Sampath SG，Popelar C. Steady state crack propagation in pressurized pipelines without backfill［J］. ASME J Pres Ves Tech，1976，98.

［7］O'Donoghue PE，Green ST，Kanninen MF，et al. The development of fluid/structure interaction model for flawed fluid containment boundaries with application to gas transmission and distribution piping［J］. Computers & Structures，1991，38（5/6）.

[8] Mahgerefteh H，Brown S，Denton G. Modelling the impact of stream impurities on ductile fractures in CO_2 pipelines [J]. Chem Eng Sci，2012，74：200−210.

[9] Guo XL，Yan XQ，Yu JL，et al. Under-expanded jets and dispersions in supercritical CO_2 releases from an large-scale pipeline [J]. Appl Energ，2016，183：1279−1291.

[10] Guo XL，Yan XQ，Yu JL，et al. Under-expanded jets and dispersions during the release of high pressure CO_2 from a large-scale pipeline [J]. Energy，2016，119：53−66.

[11] 周民，杜林秀，刘相华，等. 不同温度下 X100 管线钢的冲击韧性 [J]. 塑性工程学报，2010，17（5）：108−115.

[12] 吴金辉，王长安，李云龙等. X70 和 X80 钢螺旋焊管母材的低温韧性 [J]. 机械工程材料，2011，35（8）：83−86.

作 者 简 介

郭晓璐（1985—），男，博士研究生，研究方向为压力容器及管道安全，E-mail：mukenan1985@163.com。

通讯作者：喻健良（1963—），男，博士，研究方向为压力容器及管道安全，E-mail：yujianliang@dlut.edu.cn。

单位：1. 大连理工大学；2. 合肥通用机械研究院

通讯地址：安徽省合肥市长江西路 888 号合肥通用机械研究院　邮编：230031

手机号码：18641190085/18949893321

Email：mukenan1985@163.com

基于失效评定图的含周向缺陷管道简化评定方法

胡靖东　刘长军　轩福贞

（华东理工大学承压系统与安全教育部重点实验室　上海　200237）

摘　要　工业管道不可避免地存在着原始或使用中产生的超标缺陷，将这些含超标缺陷的管道全部修复或替换是既不可能也不必要的。GB/T 19624—2004 附录 G 方法是以失效评定图方法为基础的简便评定方法，然而这一方法在确定起裂载荷比时涉及的查表插值过程过于烦琐，给工程应用带来不便。针对上述问题，本文提出了确定起裂载荷比的四系数法。经对比，四系数法与由失效评定曲线计算出的理论值差异较小，且与附录 G 方法的预测结果基本一致。

关键词　管道；周向缺陷；失效评定；四系数法

A Simplified Assessmentapproach for Pipes Containing Radial Defects Based on Failure Assessment Diagram

Hu Jingdong　Liu Changjun　Xuan Fuzhen

（Key Laboratory of Pressure Systems and Safety（MOE），School of Mechanical and Power Engineering，East China University of Science and Technology　Shanghai 200237）

Abstract　The inevitable excessive defects are always found in industry pipelines due to manufactural problems or damages in service. It is impossible and unnecessary to repair（or replace）all the pipelines containing excessive defects. The method in appendix G of GB/T 19624—2004 is a simplified assessment method based on Failure Assessment Diagram method. However，too much reference tables are used when this approach trying to evaluate the crack initiation load ratio，which troubles engineers a lot. In order to solve this problem，this article proposes the 4-parameter approach for evaluating the crack initiation load ratio. The proposed approach has a small different with the theoretical approach and has the same accuracy with appendix G simplified approach.

Keywords　Pipeline；Radial defects；failure assessment；4-parameter approach

1　引言

含缺陷承压结构完整性问题始终是国内外关注的热点之一。根据"合乎使用"的原则，国内外已制定多个适用于含缺陷结构完整性评价的标准或规范，例如 R6、API 579 - 1ASME FFS - 1、GB/T 19624—2004[1]等。这些标准或方法同样也适用于含缺陷压力管道。我国 GB/T 19624—2004《在用含缺陷压力容器安全评定》附录 G 提供了一种适用于含周向面型缺陷直管的安全性评价方法——压力管道直管段平面缺陷安全评定方法。该方法是以华东理工大学"九五"期间提出的一种 U 因子法[2]为基础发展起来的。

附录 G 方法是一种简洁工程评定方法。该方法只需四个步骤，且多为查表确定参数，计算量很少。其核心步骤是通过查表确定不同缺陷尺寸、不同材料及工况下的起裂载荷比（L_r^F）。附录 G 方法在获取起裂载荷比时需要对涉及缺陷尺寸的两个参数进行烦琐的表内和表间双插值，而这给工程应用带来了较大不便。

本文在简要回顾附录 G 方法的建立过程后，通过数值分析方法发现了确定起裂载荷比参数之间内在联系，制订了新的确定起裂载荷比的四系数法。并通过与失效评定曲线的理论值和附录 G 方法的估算值相比，评估了四系数法的精度。

2 附录 G 简化评定方法

失效评定图（FAD）法[3]是国际上公认的可用于含缺陷压力容器安全评定的方法，其中以 R6 的 FAD 最为著名。组成失效评定图的重要部分即是失效评定曲线（FAC）。FAC 是含缺陷结构在一系列指定载荷比下使得裂纹发生扩展的临界断裂比值所构成的曲线。R6 给出了三种 FAC，选择 1（R6 op.1）、选择 2（R6 op.2）、选择 3（R6 op.3）。R6 op.3 FAC 是由严格的 J 积分定义推导而出且与缺陷的几何尺寸、材料、载荷形式相关的曲线；R6 op.2 FAC 是在 Ainsworth[4] 工作基础上，得到的一条与缺陷几何尺寸无关，仅与材料、载荷形式相关的曲线；R6 op.1 则是 R6 op.2 FAC 的再简化，即一条与任何参数都无关的固定曲线。刘长军等[5]则认为，对于如图 1 所示的管道周向平面缺陷，建立类似 R6 op.2 的 FAC 是可以保留其缺陷几何因素的，并以其为基础推导出与材料无关但与缺陷尺寸相关的 FAC 曲线族方法。该曲线的解析式如下：

$$f(L_r) = \begin{cases} \left[1 + \dfrac{L_r^2}{2(1+L_r^2)}\right]^{-1/2}, & L_r < 0.55 \\[4mm] \left[1 + \dfrac{L_r^2}{2(1+L_r^2)} + A\left\{\left[(1-0.14L_r^2)\right.\right.\right. \\ (0.3+0.7\exp(-0.65L_r^6))\right]^{-2} - \\ \left.\left.\dfrac{L_r^2}{2(1+L_r^2)} - 1\right\}\right]^{-1/2}, & L_r \geqslant 0.55 \end{cases}$$

其中，L_r 为载荷比，即所评定的受载条件与引

起结构塑性屈服的载荷之间的比值，是有裂纹结构接近塑性屈服程度的度量[6]。一般而言，L_r 的上限值在 1.0～1.8 之间。A 是缺陷几何系数，由缺陷深度与管道壁厚比 a/t、缺陷周向占比 θ/π 确定。FAD 图上的另一个重要参量是断裂比 K_r，即线弹性应力强度因子与断裂韧性之比，是线弹性断裂程度的度量。

典型的失效评定图是 FAC 与 L_r^{max} 在以载荷比 L_r 为横轴，以断裂比 K_r 为纵轴的直角坐标系中构成的图表。利用失效评定图评定含缺陷结构的典型方法是以评定点（L_r，K_r）在 FAD 中的位置判断含缺陷结构是否安全。若在 FAC 曲线、L_r 上限值及两坐标轴包围而成的区域内，则含缺陷结构是安全的；反之，不安全。

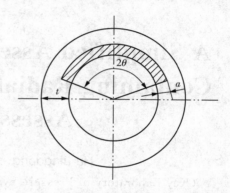

图 1 含周向面型缺陷管道示意图[9]

然而，由实际工况获得评定点的 L_r、K_r 值是不容易的。由此，产生了基于失效评定图的简化因子评定方法。所谓简化因子评定方法，即是将弹塑性断裂失效转化为用塑性极限载荷控制的简单表格进行评定的方法[7,8]。刘长军[9]结合 ASME Z 因子、徐宏的 U 因子方法的简化思想，将 U 因子方法推广到适用于所有材料，最终形成了附录 G 方法。

附录 G 方法的理论推导过程如图 2 所示。图 1 中的 FAC 是式某一特定 A 时的一条 FAC 示意图，当 A 变化时，FAC 也变化。在一次应力作用条件下，若把待评定点（L_r，K_r）和原点连接作一条射线交 FAC 曲线于点（L_r^F，K_r^F）。定义材料的塑性极限载荷比为 L_r^{max}，延长射线交 $L_r = L_r^{max}$ 的直线于一假想点（L_r^{max}，K_r^{max}）。由图 2 可知这条射线的斜率 k：

$$k = \frac{K_r}{L_r} = \frac{K_r^F}{L_r^F} = \frac{K_r^{max}}{L_r^{max}}$$

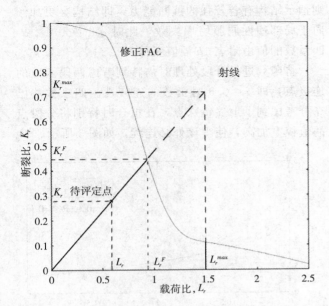

图 2 基于文献 [5] FAC 的失效评定图

K_r、K_r^F、K_r^{max} 可由延性断裂手册[10]等提供的公式再经简化得到：

$$K_r = \frac{(\sigma_m + \sigma_b) f_m \sqrt{t} \sqrt{\pi a/t}}{K_{IC}}$$

$$K_r^F = \frac{(\sigma_m + \sigma_b)_F f_m \sqrt{t} \sqrt{\pi a/t}}{K_{IC}}$$

$$K_r^{max} = \frac{(\sigma_m + \sigma_b)_{max} f_m \sqrt{t} \sqrt{\pi a/t}}{K_{IC}}$$

其中，σ_m 是一次薄膜应力；σ_b 是一次弯曲应力；$(\sigma_m + \sigma_b)$ 是评价点管道一次应力的总和，$(\sigma_m + \sigma_b)_F$ 是断裂点对应的一次应力总和，$(\sigma_m + \sigma_b)_{max}$ 是含缺陷结构达到塑性极限时的一次应力总和；t 是管道壁厚；a 是裂纹深度；K_{IC} 是材料的一类断裂韧度；f_m 如下式：

$$f_m = 1.1 + \frac{a}{t} \left[0.15241 + 16.772 \left(\frac{a}{t} \frac{\theta}{\pi} \right)^{0.855} - 14.944 \frac{a}{t} \frac{\theta}{\pi} \right]$$

θ 是缺陷所占管道的周向弧度。需要注意的是，在附录 G 评定中，当 $a/t < 0.1$ 时，$a/t = 0.1$；当 $a/t > 0.7$，不予评定，缺陷按穿透裂纹处理；当 $\theta/\pi < 0.1$ 时，$\theta/\pi = 0.1$；当 $\theta/\pi > 0.7$ 时，$\theta/\pi = 0.7$。

根据材料塑性流动垮塌条件和材料屈服极限的对应关系，可得：

$$L_r^{max} = \frac{\sigma_f}{\sigma_y}$$

可得：

$$\frac{L_r^{max}}{L_r^F} = \frac{(\sigma_m + \sigma_b)_{max}}{(\sigma_m + \sigma_b)_F}$$

其中，σ_y 是材料的屈服极限；σ_f 是材料的流变应力。定义含缺陷结构的许可流变应力比 $\bar{\sigma}$：

$$\bar{\sigma} = \frac{(\sigma_m + \sigma_b)_{max}}{\sigma_f}$$

其值可通过 GB/T 19624—2004 附录 G 表 G.2 插值获得，该表的变量为缺陷尺寸参数 a/t、θ/π。根据式，可算得射线的斜率 k：

$$k = \frac{K_r^F}{L_r^F} = \frac{\sigma_y \sqrt{t}}{K_{IC}} \sigma f_m \sqrt{\pi a/t}$$

则起裂载荷比 L_r^F 的值可由过原点，斜率为式的射线与 FAC 相交获得。观察式可知，起裂载荷比由材料和管道、载荷的综合因素 $\sigma_y \sqrt{t}/K_{IC}$，缺陷尺寸因素 a/t、θ/π 所决定。得到 L_r^F 起裂载荷比后，可根据 U 因子的定义及式可得：

$$U = \frac{(\sigma_m + \sigma_b)_{max}}{(\sigma_m + \sigma_b)_F} = \frac{L_r^{max}}{L_r^F}$$

显然，当 $U > 1$ 时，射线先与 FAC 相交，为线弹性断裂控制的失效模式；当 $U \leqslant 1$ 时，射线先与 $L_r = L_r^{max}$ 的直线相交，为塑性极限载荷控制的失效模式，无须考虑断裂失效，U 因子将无使用价值，取 $U = 1$。

将计算出的 U 因子代入下列不等式中：

$$\frac{\sigma_m + \sigma_b}{\sigma_f} U \cdot n_p \leqslant \bar{\sigma}$$

其中，n_p 为安全系数。若不等式得到满足，待评定点评定结果为安全；否则，则为不安全。

根据上述推导过程，可以得出附录 G 方法评定含周向缺陷管道的四个步骤：

步骤一：参数确定。确定 θ/π、$\sigma_y \sqrt{t}/K_{IC}$、L_r^{max}；

步骤二：查表得到起裂载荷比 L_r^F 及流变应力比 $\bar{\sigma}$。查询 $\bar{\sigma}$ 的表格为参考文献 [1] 中表 G.2；查询 L_r^F 的表格则参考文献 [1] 中表 G.1a～g，共 7 张；

步骤三：计算 U 因子；

步骤四：代入不等式。若不等式被满足，缺陷评定结果安全；若不满足，则为不安全。

从上述介绍中可知得到起裂载荷比 L_r^F 的过程

是附录 G 方法中最为关键的一步。附录 G 方法以 $\sigma_y\sqrt{t}/K_{IC}$、a/t 为表内变量，以 θ/π 为表间变量。在实际使用中，这样的设置将不可避免的需要进行大量的表间插值工作。

3 确定起裂载荷比的四系数法

3.1 四系数法简述

在附录 G 方法中，完成一次 L_r^F 的查表涉及三个变量，即两个缺陷尺寸相关变量 a/t、θ/π，和一个材料、载荷相关变量 $\sigma_y\sqrt{t}/K_{IC}$。在给定的一段管道上，一般认为管道的材料、管道尺寸是一致的，而不同缺陷的尺寸却是不同的，即在评定同一管道上的多处缺陷时，$\sigma_y\sqrt{t}/K_{IC}$ 是一般是变化不大的，而 a/t、θ/π 值随缺陷不同而不断变化。根据这一特点，若能将 a/t、θ/π 作为表内变量，而将 $\sigma_y\sqrt{t}/K_{IC}$ 的值作为一个表间变量处理，那么所有缺陷的评定均可在至多两张表内完成。如若可以进一步确定 $\sigma_y\sqrt{t}/K_{IC}$ 值与起裂载荷比之间的函数关系，则评定过程会简化至一张表内。

利用失效评定曲线法可得到理论的起裂载荷比值与 a/t、θ/π 和 $\sigma_y\sqrt{t}/K_{IC}$ 之间的关系。经数值分析发现，$\sigma_y\sqrt{t}/K_{IC}$ 与 L_r^F 两者存在近似指数函数关系，可用如下包含四系数的函数 f 确定：

$$L_r^F = f(x) = a\exp(bx) + c\exp(dx)$$

式中，未知数 x 的值即 $\sigma_y\sqrt{t}/K_{IC}$ 的值，a，b，c，d 即为确定函数 f 所需要的四系数。上述四系数分别与 a/t、θ/π 存在近似线性的关系，可采用列表插值的方法确定函数系数。为了使上述函数 f 能更好地拟合失效评定曲线得出的真实值，本文建议函数应根据 $\sigma_y\sqrt{t}/K_{IC}$ 的值，即未知数 x 的值进行分段：

$$f(x) = \begin{cases} a_1\exp(b_1 x) + c_1\exp(d_1 x), & x > 0.5 \\ a_2\exp(b_2 x) + c_2\exp(d_2 x), & x \leqslant 0.5 \end{cases}$$

在 $\sigma_y\sqrt{t}/K_{IC} > 0.5$ 时，预示着结构的抗断能力较弱，即结构会更加倾向于发生线弹性断裂失效，此时 a_1，b_1，c_1，d_1 四系数的值可从由 a/t、θ/π 构成的附表 1a 中插值获得；在 $\sigma_y\sqrt{t}/K_{IC} \leqslant 0.5$ 时，

则预示结构有着较强的抗断能力，即结构会更加倾向于局部塑性屈服垮塌失效，此时 a_2、b_2、c_2、d_2 四系数的值由附表 1b 插值获得。

将函数进行分段处理时需特别考虑两段函数的连接点，即 $x = 0.5$ 时函数的连续性。四系数法已充分考虑到了上述特殊点，在拟合时特别将分段点的值权重加高，使得该处必连续，如图 3 所示。

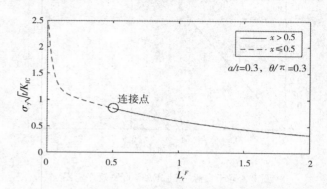

图 3 式在连接点处的连续性问题

3.2 准确性验证

为验证四系数法的准确性，利用 a/t、θ/π 及 $\sigma_y\sqrt{t}/K_{IC}$ 分别在区间 [0.1，0.7]、[0.1，0.7] 及 [0.1，1] 内离散点的取值，计算四系数法简化预测的起裂载荷比与附录 G 方法简化预测的预测起裂载荷比的比值，如图 4 所示。结果显示，在上述区间内，四系数法与附录 G 方法相差在 ±6% 之内，两种简化方法的预测结果是相近的。

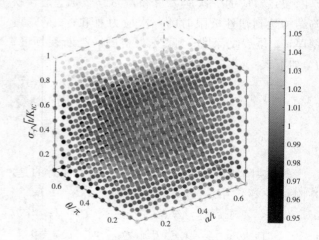

图 4 四系数法与附录 G 方法准确性比较

利用第 2 节中所述 FAC 曲线与射线相交的标准解法可获得起裂载荷比的理论解。将获得的理论

解与四系数法比较，如图5所示。图中离散取值点分布在 $a/t \in [0.1, 0.7]$、$\theta/\pi \in [0.1, 0.7]$ 及 $\sigma_y\sqrt{t}/K_{IC} \in [0.01, 25]$ 内。其中，纵轴以预测值 $(L_r^F)_{\text{predict}}$ 与理论值 $(L_r^F)_{\text{true}}$ 的绝对误差作为参数，横轴以理论值作为参数；当前绝对误差是指 $((L_r^F)_{\text{true}}-0.01, (L_r^F)_{\text{true}}]$ 这一区间内的绝对误差值，累积绝对误差是指 $(0, (L_r^F)_{\text{true}}]$ 这一区间内的绝对误差值。由图可知，四系数法得到的简化起裂载荷比与理论值在上述讨论范围内的绝对误差 $-0.06 \sim 0.06$ 之间。

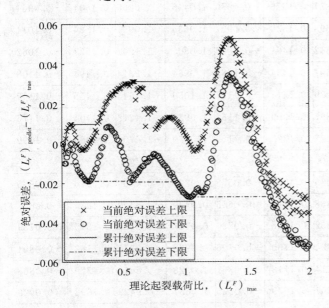

图5 四系数法简化预测的起裂载荷比与
理论起裂载荷比的绝对误差

3.3 四系数法使用步骤

四系数法在附录G方法中，取代的是查表获得起裂载荷比 L_r^F 的过程。其具体步骤如下：

步骤一：根据 $\sigma_y\sqrt{t}/K_{IC}$ 的值，判断所需要使用的是附表1a或是附表1b；

步骤二：根据 a/t、θ/π 的值，在表中插值得到四系数 a，b，c，d 的值；

步骤三：将 a，b，c，d 以及的 $\sigma_y\sqrt{t}/K_{IC}$ 值代入式，计算得到起裂载荷比 L_r^F。

由此可知，表间插值这一步骤在四系数法中被舍去了。但是，表内插值这一过程被保留了下来。在工程应用中，通常会为了省去插值步骤而采用直接读取表内相近值的方法进行下一步计算。考虑到以上做法，可以根据工程精度的不同需求，将表格的取值间隔设

置更细或更粗，例如 0.1、0.05、0.025 等。目前本文附表内设置的取值间隔为 0.05，如按直接取值法所得的误差与理论值相比约为 $\pm 5\%$。

4 结论

本文在简单介绍了基于失效评定图和 U 因子简化评定方法的含周向缺陷管道的附录G方法后，为简化确定起裂载荷比的步骤提出了基于数值分析结果的四系数法。四系数法与理论值相近，与附录G方法拥有相似的精度，且在恰当细分的参考表格下，四系数法可在满足精度需要的前提下通过直接读取相近值的方法省略表内插值步骤，进一步简化评定过程。

参 考 文 献

[1] GB/T19624—2004. 在用含缺陷压力容器安全评定 [S] . 2004：86—94.

[2] 徐宏 . 压力管道缺陷评定工程方法 [D] . 上海：华东理工大学，1995.

[3] Dowling A R, Townley C H A. The effect of defects on structural failure：a two-criteria approach [J]. International Journal of Pressure Vessels and Piping, 1975, 3 (2)：77—107.

[4] Ainsworth R A. The assessment of defects in structures of strain hardening material [J]. Engineer-ing Fracture Mechanics, 1984, 19 (4)：633—642.

[5] 刘长军，李培宁，孙亮，等 . 含周向面型缺陷管道的失效评定曲线 [J] . 压力容器，2000 (1)：22—33.

[6] R/H/R6—第3版 . 有缺陷结构完整性的评定标准 [S] . 华东化工学院化工机械研究所，译 . 1988：23.

[7] 李倩倩，张巨伟 . 含缺陷压力管道简化因子评定方法的研究 [J] . 当代化工，2011，40 (9)：978—981.

[8] 祁凡 . 含缺陷压力管道工程评定方法研究 [D] . 上海：华东理工大学，2016.

[9] 刘长军 . 含周向面型缺陷管道的安全评定方法研究 [D] . 上海：华东理工大学，1999.

[10] Zahoor A. Ductile fracture handbook [M]. Electric Power Research Institute, 1989.

作 者 简 介

胡靖东，男，1993年出生，华东理工大学机动学院博士研究生。E-mail：ecusthjd@163.com

附表 1a 四系数法确定起裂载荷比 （$x > 0.5$）

θ/π	0.10				0.15				0.20			
a/t	a_1	b_1	c_1	d_1	a_1	b_1	c_1	d_1	a_1	b_1	c_1	d_1
0.10	0.9333	−0.4501	0.2027	−0.0584	0.9296	−0.4474	0.2021	−0.0581	0.9260	−0.4446	0.2015	−0.0578
0.15	0.9426	−0.5443	0.1883	−0.0661	0.9423	−0.5436	0.1883	−0.0661	0.9419	−0.5423	0.1884	−0.0660
0.20	0.9558	−0.6325	0.1791	−0.0728	0.9603	−0.6358	0.1798	−0.0730	0.9649	−0.6379	0.1807	−0.0732
0.25	0.9665	−0.7148	0.1717	−0.0785	0.9728	−0.7212	0.1725	−0.0789	0.9793	−0.7255	0.1735	−0.0792
0.30	0.9788	−0.7972	0.1660	−0.0838	0.9872	−0.8075	0.1668	−0.0845	0.9959	−0.8145	0.1679	−0.0850
0.35	0.9877	−0.8764	0.1605	−0.0887	1.0026	−0.8944	0.1619	−0.0898	1.0191	−0.9087	0.1638	−0.0907
0.40	0.9968	−0.9560	0.1556	−0.0934	1.0188	−0.9831	0.1576	−0.0950	1.0446	−1.0066	0.1604	−0.0964
0.45	1.0056	−1.0353	0.1512	−0.0978	1.0317	−1.0693	0.1533	−0.0997	1.0635	−1.0991	0.1566	−0.1014
0.50	1.0136	−1.1147	0.1470	−0.1021	1.0429	−1.1542	0.1491	−0.1042	1.0805	−1.1901	0.1527	−0.1062
0.55	1.0220	−1.1951	0.1431	−0.1063	1.0538	−1.2407	0.1454	−0.1087	1.0964	−1.2814	0.1494	−0.1108
0.60	1.0274	−1.2726	0.1393	−0.1103	1.0599	−1.3209	0.1414	−0.1127	1.1059	−1.3643	0.1455	−0.1149
0.65	1.0297	−1.3481	0.1355	−0.1140	1.0556	−1.3897	0.1369	−0.1161	1.0935	−1.4218	0.1404	−0.1176
0.70	1.0267	−1.4166	0.1313	−0.1173	1.0455	−1.4497	0.1322	−0.1189	1.0759	−1.4702	0.1353	−0.1199
—	0.25				0.30				0.35			
0.10	0.9216	−0.4416	0.2007	−0.0575	0.9173	−0.4385	0.1999	−0.0572	0.9221	−0.4409	0.2010	−0.0575
0.15	0.9388	−0.5397	0.1879	−0.0657	0.9358	−0.5368	0.1875	−0.0655	0.9409	−0.5400	0.1885	−0.0658
0.20	0.9641	−0.6369	0.1806	−0.0731	0.9633	−0.6352	0.1806	−0.0730	0.9687	−0.6393	0.1815	−0.0733
0.25	0.9838	−0.7286	0.1742	−0.0795	0.9884	−0.7304	0.1750	−0.0796	0.9968	−0.7370	0.1762	−0.0801
0.30	1.0075	−0.8236	0.1695	−0.0856	1.0200	−0.8314	0.1713	−0.0861	1.0328	−0.8416	0.1729	−0.0868
0.35	1.0337	−0.9204	0.1656	−0.0915	1.0499	−0.9307	0.1679	−0.0921	1.0657	−0.9429	0.1698	−0.0929
0.40	1.0630	−1.0215	0.1625	−0.0972	1.0842	−1.0346	0.1653	−0.0980	1.1040	−1.0493	0.1675	−0.0989
0.45	1.0881	−1.1189	0.1593	−0.1025	1.1183	−1.1378	0.1629	−0.1036	1.1396	−1.1514	0.1653	−0.1043
0.50	1.1124	−1.2162	0.1562	−0.1076	1.1546	−1.2437	0.1610	−0.1090	1.1783	−1.2557	0.1638	−0.1097
0.55	1.1236	−1.2990	0.1523	−0.1117	1.1595	−1.3155	0.1566	−0.1126	1.1855	−1.3244	0.1599	−0.1130
0.60	1.1285	−1.3732	0.1483	−0.1153	1.1589	−1.3783	0.1524	−0.1156	1.1881	−1.3840	0.1562	−0.1159
0.65	1.1176	−1.4267	0.1435	−0.1179	1.1525	−1.4288	0.1482	−0.1180	1.1828	−1.4275	0.1526	−0.1180
0.70	1.1020	−1.4711	0.1388	−0.1199	1.1423	−1.4710	0.1444	−0.1200	1.1758	−1.4632	0.1495	−0.1197
—	0.40				0.45				0.50			
0.10	0.9270	−0.4434	0.2021	−0.0577	0.9312	−0.4460	0.2029	−0.0580	0.9355	−0.4487	0.2037	−0.0583
0.15	0.9463	−0.5431	0.1895	−0.0661	0.9500	−0.5465	0.1900	−0.0664	0.9539	−0.5498	0.1906	−0.0666
0.20	0.9744	−0.6431	0.1824	−0.0736	0.9773	−0.6469	0.1826	−0.0739	0.9802	−0.6505	0.1829	−0.0742
0.25	1.0058	−0.7431	0.1775	−0.0805	1.0090	−0.7478	0.1777	−0.0808	1.0123	−0.7519	0.1780	−0.0811
0.30	1.0469	−0.8513	0.1748	−0.0874	1.0504	−0.8566	0.1750	−0.0878	1.0540	−0.8609	0.1753	−0.0880
0.35	1.0833	−0.9547	0.1721	−0.0936	1.0891	−0.9611	0.1726	−0.0940	1.0949	−0.9663	0.1732	−0.0943
0.40	1.1269	−1.0639	0.1704	−0.0997	1.1361	−1.0719	0.1713	−0.1001	1.1458	−1.0786	0.1724	−0.1005
0.45	1.1650	−1.1649	0.1686	−0.1051	1.1795	−1.1747	0.1702	−0.1056	1.1959	−1.1837	0.1722	−0.1061
0.50	1.2074	−1.2675	0.1674	−0.1103	1.2310	−1.2814	0.1700	−0.1110	1.2595	−1.2961	0.1733	−0.1117

A
腐蚀 材料、断裂力学、

θ/π a/t	0.10				0.15				0.20			
	a_1	b_1	c_1	d_1	a_1	b_1	c_1	d_1	a_1	b_1	c_1	d_1
0.55	1.2187	−1.3335	0.1642	−0.1135	1.2415	−1.3412	0.1671	−0.1139	1.2693	−1.3489	0.1707	−0.1143
0.60	1.2270	−1.3907	0.1614	−0.1163	1.2503	−1.3915	0.1647	−0.1163	1.2789	−1.3917	0.1689	−0.1163
0.65	1.2238	−1.4264	0.1585	−0.1179	1.2507	−1.4207	0.1627	−0.1177	1.2839	−1.4137	0.1680	−0.1174
0.70	1.2212	−1.4549	0.1564	−0.1193	1.2541	−1.4430	0.1618	−0.1188	1.2942	−1.4287	0.1685	−0.1181
—	0.55				0.60				0.65			
0.10	0.9377	−0.4509	0.2040	−0.0585	0.9400	−0.4532	0.2042	−0.0587	0.9412	−0.4548	0.2042	−0.0589
0.15	0.9554	−0.5529	0.1905	−0.0669	0.9569	−0.5559	0.1904	−0.0671	0.9576	−0.5586	0.1902	−0.0673
0.20	0.9804	−0.6543	0.1824	−0.0745	0.9806	−0.6579	0.1820	−0.0747	0.9808	−0.6618	0.1816	−0.0750
0.25	1.0129	−0.7573	0.1776	−0.0815	1.0134	−0.7622	0.1772	−0.0818	1.0140	−0.7681	0.1766	−0.0822
0.30	1.0551	−0.8678	0.1748	−0.0885	1.0562	−0.8740	0.1744	−0.0888	1.0571	−0.8820	0.1738	−0.0893
0.35	1.0958	−0.9733	0.1727	−0.0947	1.0966	−0.9792	0.1723	−0.0950	1.0974	−0.9890	0.1716	−0.0955
0.40	1.1460	−1.0846	0.1719	−0.1008	1.1461	−1.0895	0.1715	−0.1011	1.1464	−1.1005	0.1707	−0.1017
0.45	1.1956	−1.1874	0.1718	−0.1063	1.1955	−1.1897	0.1716	−0.1064	1.1953	−1.2005	0.1707	−0.1069
0.50	1.2593	−1.2970	0.1732	−0.1118	1.2595	−1.2963	0.1733	−0.1117	1.2586	−1.3058	0.1724	−0.1122
0.55	1.2706	−1.3456	0.1711	−0.1141	1.2724	−1.3404	0.1718	−0.1139	1.2711	−1.3462	0.1712	−0.1142
0.60	1.2830	−1.3843	0.1701	−0.1160	1.2880	−1.3746	0.1715	−0.1155	1.2871	−1.3764	0.1713	−0.1156
0.65	1.2973	−1.4059	0.1705	−0.1170	1.3128	−1.3959	0.1735	−0.1166	1.3153	−1.3936	0.1741	−0.1164
0.70	1.3199	−1.4210	0.1728	−0.1178	1.3498	−1.4118	0.1779	−0.1174	1.3580	−1.4051	0.1796	−0.1171
—	0.70											
0.10	0.9423	−0.4564	0.2043	−0.0590								
0.15	0.9584	−0.5612	0.1900	−0.0676								
0.20	0.9810	−0.6655	0.1812	−0.0752								
0.25	1.0145	−0.7737	0.1762	−0.0825								
0.30	1.0580	−0.8895	0.1732	−0.0897								
0.35	1.0981	−0.9980	0.1709	−0.0960								
0.40	1.1466	−1.1105	0.1698	−0.1022								
0.45	1.1952	−1.2102	0.1699	−0.1074								
0.50	1.2578	−1.3141	0.1716	−0.1126								
0.55	1.2701	−1.3508	0.1707	−0.1144								
0.60	1.2868	−1.3770	0.1712	−0.1156								
0.65	1.3188	−1.3898	0.1749	−0.1163								
0.70	1.3672	−1.3964	0.1816	−0.1167								

$$L_r{}^F = a_1 \times \exp(b_1 \times x) + c_1 \times \exp(d_1 \times x)$$

$$\text{其中，} \quad x = \frac{\sigma_y \sqrt{t}}{K_{IC}} > 0.5$$

* 该表仅作研究初期讨论使用，可根据实际情况再作 θ/π、a/t 取值点的增减。

附表1b 四系数法确定起裂载荷比 (x≤0.5)

θ/π a/t	0.10				0.15				0.20			
	a_2	b_2	c_2	d_2	a_2	b_2	c_2	d_2	a_2	b_2	c_2	d_2
0.10	1.5787	−19.8015	1.2193	−0.5160	1.5800	−20.0823	1.2185	−0.5202	1.5812	−20.3421	1.2177	−0.5239
0.15	1.5919	−23.5805	1.2126	−0.5959	1.5919	−23.5841	1.2125	−0.5957	1.5918	−23.5561	1.2125	−0.5950
0.20	1.6013	−26.4217	1.2065	−0.6553	1.5995	−26.0402	1.2084	−0.6522	1.5973	−25.5902	1.2106	−0.6479
0.25	1.6101	−29.1816	1.2000	−0.7104	1.6078	−28.6997	1.2028	−0.7082	1.6049	−28.1014	1.2060	−0.7041
0.30	1.6170	−31.6437	1.1950	−0.7624	1.6141	−31.0505	1.1989	−0.7618	1.6105	−30.2754	1.2035	−0.7582
0.35	1.6241	−34.3418	1.1890	−0.8157	1.6191	−33.2102	1.1968	−0.8160	1.6123	−31.7467	1.2060	−0.8119
0.40	1.6300	−36.9597	1.1841	−0.8695	1.6230	−35.2048	1.1967	−0.8730	1.6119	−32.8740	1.2122	−0.8706
0.45	1.6353	−39.5374	1.1802	−0.9250	1.6272	−37.3607	1.1968	−0.9340	1.6128	−34.3502	1.2180	−0.9363
0.50	1.6399	−42.1022	1.1774	−0.9831	1.6312	−39.4745	1.1988	−1.0000	1.6121	−35.6328	1.2273	−1.0098
0.55	1.6436	−44.4584	1.1772	−1.0454	1.6342	−41.3356	1.2044	−1.0727	1.6077	−36.4700	1.2426	−1.0940
0.60	1.6477	−46.8538	1.1784	−1.1129	1.6370	−43.1358	1.2126	−1.1535	1.5988	−36.9464	1.2638	−1.1919
0.65	1.6527	−49.3275	1.1811	−1.1861	1.6430	−45.6259	1.2168	−1.2354	1.6038	−39.2397	1.2696	−1.2800
0.70	1.6591	−51.8955	1.1852	−1.2655	1.6494	−48.1490	1.2221	−1.3221	1.6088	−41.5139	1.2758	−1.3696
—	0.25				0.30				0.35			
0.10	1.5828	−20.6957	1.2166	−0.5289	1.5843	−21.0266	1.2155	−0.5335	1.5824	−20.6012	1.2168	−0.5273
0.15	1.5930	−23.7959	1.2114	−0.5974	1.5941	−24.0126	1.2104	−0.5993	1.5920	−23.5633	1.2124	−0.5945
0.20	1.5976	−25.6386	1.2103	−0.6481	1.5977	−25.6540	1.2101	−0.6478	1.5954	−25.2058	1.2123	−0.6440
0.25	1.6029	−27.6958	1.2082	−0.7012	1.6007	−27.2281	1.2105	−0.6973	1.5971	−26.5417	1.2143	−0.6926
0.30	1.6055	−29.2720	1.2093	−0.7533	1.5997	−28.1286	1.2157	−0.7462	1.5940	−27.1039	1.2218	−0.7406
0.35	1.6058	−30.4653	1.2139	−0.8076	1.5978	−28.9775	1.2227	−0.8000	1.5902	−27.7029	1.2307	−0.7947
0.40	1.6029	−31.2277	1.2231	−0.8674	1.5914	−29.2797	1.2354	−0.8598	1.5806	−27.6622	1.2463	−0.8550
0.45	1.5992	−32.0378	1.2342	−0.9353	1.5806	−29.2293	1.2535	−0.9290	1.5669	−27.3878	1.2665	−0.9244
0.50	1.5913	−32.4505	1.2511	−1.0138	1.5600	−28.4319	1.2818	−1.0131	1.5415	−26.2953	1.2982	−1.0087
0.55	1.5856	−33.3449	1.2665	−1.0993	1.5533	−29.4226	1.2965	−1.0981	1.5296	−26.8193	1.3169	−1.0928
0.60	1.5756	−33.9242	1.2866	−1.1949	1.5439	−30.1889	1.3143	−1.1881	1.5128	−26.9858	1.3395	−1.1810
0.65	1.5743	−35.4500	1.2978	−1.2842	1.5319	−30.7024	1.3336	−1.2781	1.4978	−27.2130	1.3599	−1.2628
0.70	1.5718	−36.8127	1.3100	−1.3745	1.5157	−30.8625	1.3559	−1.3701	1.4784	−27.0578	1.3827	−1.3427
—	0.40				0.45				0.50			
0.10	1.5804	−20.1563	1.2181	−0.5205	1.5790	−19.8251	1.2191	−0.5155	1.5775	−19.4805	1.2199	−0.5101
0.15	1.5896	−23.0886	1.2144	−0.5891	1.5883	−22.8215	1.2156	−0.5865	1.5868	−22.5386	1.2169	−0.5835
0.20	1.5930	−24.7223	1.2147	−0.6395	1.5921	−24.5721	1.2156	−0.6390	1.5911	−24.4035	1.2166	−0.6381
0.25	1.5931	−25.7903	1.2183	−0.6868	1.5921	−25.6378	1.2194	−0.6869	1.5910	−25.4584	1.2206	−0.6864
0.30	1.5875	−25.9629	1.2282	−0.7331	1.5862	−25.8003	1.2296	−0.7338	1.5849	−25.6013	1.2310	−0.7336
0.35	1.5812	−26.2629	1.2394	−0.7868	1.5787	−25.9121	1.2420	−0.7866	1.5758	−25.5068	1.2447	−0.7851
0.40	1.5676	−25.8059	1.2584	−0.8467	1.5626	−25.1707	1.2631	−0.8455	1.5571	−24.4563	1.2680	−0.8424
0.45	1.5501	−25.2590	1.2812	−0.9156	1.5407	−24.1721	1.2895	−0.9128	1.5301	−22.9491	1.2982	−0.9069
0.50	1.5188	−23.8176	1.3168	−0.9990	1.5000	−22.0172	1.3319	−0.9959	1.4781	−19.9624	1.3486	−0.9887

A 材料、断裂力学、腐蚀

266

θ/π a/t	0.10				0.15				0.20			
	a_2	b_2	c_2	d_2	a_2	b_2	c_2	d_2	a_2	b_2	c_2	d_2
0.55	1.4996	−23.7668	1.3407	−1.0812	1.4793	−21.8647	1.3562	−1.0738	1.4561	−19.7066	1.3727	−1.0605
0.60	1.4728	−23.2313	1.3704	−1.1674	1.4517	−21.2412	1.3854	−1.1517	1.4287	−19.0064	1.4005	−1.1276
0.65	1.4545	−23.1631	1.3915	−1.2384	1.4327	−20.9248	1.4055	−1.2085	1.4101	−18.4370	1.4179	−1.1662
0.70	1.4325	−22.7208	1.4144	−1.3029	1.4108	−20.2200	1.4263	−1.2539	1.3908	−17.4740	1.4340	−1.1869
—	0.55				0.60				0.65			
0.10	1.5769	−19.3525	1.2203	−0.5083	1.5763	−19.2187	1.2207	−0.5064	1.5761	−19.1763	1.2209	−0.5060
0.15	1.5866	−22.5263	1.2171	−0.5842	1.5864	−22.5066	1.2174	−0.5848	1.5865	−22.5503	1.2174	−0.5862
0.20	1.5917	−24.5604	1.2162	−0.6412	1.5922	−24.7073	1.2159	−0.6442	1.5928	−24.8663	1.2155	−0.6473
0.25	1.5916	−25.6287	1.2203	−0.6904	1.5921	−25.7835	1.2200	−0.6940	1.5927	−25.9858	1.2196	−0.6985
0.30	1.5853	−25.7654	1.2310	−0.7385	1.5856	−25.9078	1.2311	−0.7429	1.5862	−26.1418	1.2309	−0.7492
0.35	1.5762	−25.6813	1.2448	−0.7908	1.5765	−25.8271	1.2450	−0.7956	1.5773	−26.111	1.2450	−0.8041
0.40	1.5575	−24.6334	1.2682	−0.8485	1.5578	−24.7750	1.2683	−0.8533	1.5585	−25.1009	1.2687	−0.8645
0.45	1.5301	−23.0620	1.2986	−0.9116	1.5302	−23.1308	1.2988	−0.9145	1.5302	−23.4124	1.3000	−0.9273
0.50	1.4780	−19.9901	1.3489	−0.9902	1.4781	−19.9667	1.3487	−0.9889	1.4765	−20.1583	1.3515	−1.0039
0.55	1.4565	−19.5985	1.3718	−1.0539	1.4572	−19.4291	1.3702	−1.0435	1.4559	−19.5623	1.3723	−1.0544
0.60	1.4301	−18.7259	1.3974	−1.1092	1.4320	−18.3879	1.3936	−1.0863	1.4317	−18.4524	1.3944	−1.0907
0.65	1.4064	−17.5518	1.4175	−1.1367	1.4044	−16.5828	1.4148	−1.0992	1.4047	−16.4261	1.4138	−1.0915
0.70	1.3820	−15.8491	1.4351	−1.1415	1.3796	−14.0724	1.4284	−1.0788	1.3838	−13.6586	1.4218	−1.0513
—	0.70											
0.10	1.5759	−19.1309	1.2210	−0.5056								
0.15	1.5866	−22.5888	1.2174	−0.5874								
0.20	1.5933	−25.0174	1.2151	−0.6503								
0.25	1.5934	−26.1761	1.2193	−0.7027								
0.30	1.5869	−26.3596	1.2307	−0.7550								
0.35	1.5780	−26.3750	1.2450	−0.8119								
0.40	1.5591	−25.4030	1.2690	−0.8748								
0.45	1.5303	−23.6647	1.3011	−0.9390								
0.50	1.4750	−20.3160	1.3540	−1.0171								
0.55	1.4548	−19.6557	1.3740	−1.0629								
0.60	1.4316	−18.4719	1.3946	−1.0920								
0.65	1.4054	−16.2282	1.4121	−1.0802								
0.70	1.3903	−13.1835	1.4124	−1.0167								

$$L_r^F = a_2 \times \exp(b_2 \times x) + c_2 \times \exp(d_2 \times x)$$

其中，$x = \dfrac{\sigma_y \sqrt{t}}{K_{IC}} \leqslant 0.5$

* 该表仅作研究初期讨论使用，可根据实际情况再作 θ/π、a/t 取值点的增减。

高温失效评定图技术（TDFAD）的应用改进

肖启迪 刘应华 沈 鋆

（清华大学机械工程学院，中国北京，100084）

摘 要 TDFAD（高温失效评定图技术）是常温下基于应力的 FAD Option 2（FAD 评定图技术的第二种方法曲线）在高温领域的拓展应用。而常温下基于应力的 FAD 在一定程度上自带的不保守性以及大范围塑性时应力的不敏感问题会在高温领域显得很突出。本文从基础理论出发，引进能反映裂纹相对于系统的几何尺寸关系以及材料硬化特性的修正参数，改进了 FAD Option 2，使其趋于保守；进而将改进的方法拓展应用于高温蠕变领域的 TDFAD。这种引进修正参数改进的 TDFAD 在应用于不同温度时间下的不同应变硬化指数以及不同系统裂纹工况，进行失效评估或寿命评估时都能取得更保守更可靠的评价结果。

关键词 TDFAD；FAD Option 2；修正参数；寿命评估；保守性

Developments of TDFAD applications

Qi Dixiao Ying Hualiu Jun Shen

(Department of Engineering Mechanics, AML,
Tsinghua University, Beijing 100084, China.)

Abstract TDFAD (time dependent failure assessment diagram) method is extended from the stress-based FAD Option 2 (one important FAD assessing curve) applicable at room temperature to the field of high temperature. However, the stress-based FAD is not conservative to a certain extent, and the insensitivity of stress in the large range of plastic zone will be serious, especially in the field of high temperature. Derived from the J-integral theory foundation, the modification parameter with a physical meaning of reflecting defect size, system geometry and constitutive properties is introduced to improve the FAD Option 2 and makes the assessment method conservative and safe. Then the improved FAD Option 2 which tends to be conservative, is extended to TDFAD applied in high temperature. For some typical crack models in engineering, the modification parameter query charts are presented for application convenience. With the modification parameter, the improved TDFAD can achieve a more conservative and more reliable assessment results of failure assessment or life evaluation in the creep field where strain hardening property can vary in a wide range in different time or different high temperature.

Keywords TDFAD; FAD Option2; modification parameter; life evaluation; conservatism

1 引言

随着以能源、核电和石油化工为代表的工业向高温、高压等高参数的快速发展，促使人们重视并研究高温环境下结构的设计和完整性评定性技术，用以提高生产安全性和延长设备的使用寿命。至今已经颁布的几部在世界上颇有影响的评定规范或指导性文件，主要有英国的 R5 规程[1]、法国 RCC-MR 附录 A16 以及 BS7910 等评定方法[2]。对于我国高温含缺陷压力容器完整性评定方法，国内的一些学者建议：以时间相关失效评定图（TDFAD）方法为技术核心[2]。

TDFAD 是常温下基于应力的 FAD Option 2 在高温领域的拓展应用[3,4]。常温下基于应力的 FAD Option 2 评定曲线是能反映部分材料特性的评定曲线，是失效评定图方法中最为有效实用的一种；但也存在缺陷，对于不同工况下的裂纹以及不同应变硬化特性的材料其评定结果的保守性参差不一，尤其对于较大裂纹或较大应变硬化指数的情况保守性会比较差[5]。TDFAD 也即存在 FAD Option 2 的这种不保守性。在 TDFAD 评价中，材料应变硬化性质随着温度和时间的变化而变化[1,3]，有时变化甚至很大，这就使得 TDFAD 在用于失效评估尤其是评估时间寿命时得不到好的评价结果；再者，各个评价参量如蠕变断裂韧性以及参考应力的选取，都需考虑温度和时间的影响，和常温 FAD相比问题完全复杂化，需要做大量工作，而TDFAD 理论本身存在的不保守性就使得所做的大量工作失去了很大意义，特别是对于一些对时间不敏感的材料。所以说，高温失效评定图方法（TDFAD）的改进，使其趋于保守和有效性，具有重要意义。

2 理论背景

2.1 常温的基于应力的 FAD

常温下的基于应力的 FAD（如 R6 中）[6]，被广泛应用于含缺陷结构的完整性评定。这一方法便于工程应用：无论是由弹性响应控制还是塑性极限载荷控制或者是介于弹塑性之间的失效模式，它不需要弄清楚断裂机制，即可进行失效评定[7]。失效是由两个参量度量的，即：表征接近塑性垮塌的横坐标 L_r 和表征接近断裂程度的纵坐标 K_r。

$$L_r = P/P_L\,(a,\,\sigma_y) = \sigma_{ref}^{p}/\sigma_y \qquad (1)$$

$$K_r = \frac{K}{K_{mat}} \qquad (2)$$

其中，P 是施加的荷载，$P_L\,(a,\,\sigma_y)$ 指对应于 0.2% 屈服应力 σ_y 和缺陷尺寸 a 的塑性极限荷载；初次参考应力 σ_{ref}^{p}，由 P/P_L 也能够相应地得出。K_r 为应力强度因子 K 与材料的断裂韧性 K_{mat} 之比；若存在温度应力或焊接残余应力，应考虑二次应力对 K 的影响。

根据评定点（L_r, K_r）位于失效评定曲线及截止线之间的位置，判断结构是否安全。失效评定曲线方程 $f\,(L_r)$ 以及 FAD[6] 的评定示意图分别如下：

$$\text{Option 1，} f\,(L_r) = (1+0.5L_r^{2})^{-1/2}$$
$$[0.3+0.7\exp\,(-0.6L_r^{6})] \qquad (3)$$

$$\text{Option 2，} f\,(L_r) = \left[\frac{E\varepsilon_{ref}}{L_r\sigma_y} + \frac{L_r^{3}\sigma_y}{2E\varepsilon_{ref}}\right]^{-1/2} \qquad (4)$$

$$\text{Option3，} f\,(L_r) = (J^{e}/J)^{1/2} \qquad (5)$$

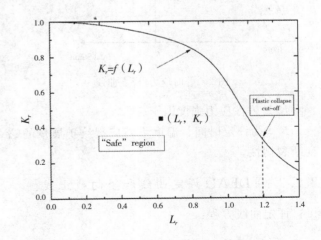

图 1 FAD 图：其中 $f\,(L_r)$ 可选用 Option 1，2 或 3；包含竖向截止线

如果点（L_r, K_r）位于评定曲线 $f\,(L_r)$ 和截止线包围的区域内，评定结构是安全的。其中竖向截止线为 $L_r^{max} = \sigma_f/\sigma_y$；$\sigma_f$ 为流动应力，在 R6 中常

被定义为 $(\sigma_{0.2}+\sigma_u)/2$。

2.2 TDFAD

TDFAD 是常温下基于应力的 FAD Option 2 在高温领域的拓展应用，TDFAD 中用 $\sigma_{0.2}^c$ 等效代替了常温的 σ_y，用蠕变断裂韧性 K_{mat}^c 代替了传统的断裂韧性 K_{mat}，评定中所采用的材料、力学参量都与时间和温度相关。因此，评价参量 L_r、K_r 以及评价曲线都因材料的力学性质随时间和温度的变化而变化。

2.2.1 参量 L_r 和 K_r

定义如下：

$$L_r = \frac{\sigma_{ref}}{\sigma_{0.2}^c} \tag{6}$$

$$K_r = \frac{K}{K_{mat}^c} \tag{7}$$

$\sigma_{0.2}^c$ 为等时应力-应变曲线上对应 0.2% 非弹性应变的应力，也称 0.2% 蠕变强度（图 2）。

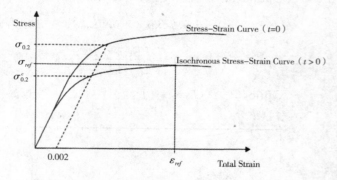

图 2　等时应力-应变曲线

K 是弹性应力强度因子。

K_{mat}^c 为评定时间、温度下对应裂纹扩展量的蠕变断裂韧性。

2.2.2 TDFAD 评定曲线和竖向截止线：

评定曲线方程：

$$K_r = \left[\frac{E\varepsilon_{ref}}{L_r\sigma_{0.2}^c} + \frac{L_r^3\sigma_{0.2}^c}{2E\varepsilon_{ref}} \right]^{-1/2}, \quad L_r \leqslant L_r^{max} \tag{8}$$

竖向截止线：

$$L_r^{max} = \sigma_r/\sigma_{0.2}^c \tag{9}$$

σ_r 是评定温度和时间下的蠕变垮塌极限应力；

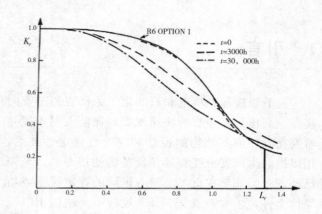

图 3　奥氏体钢在 600 ℃时的 TDFAD 失效评定曲线示意图

与 R6 保持一致，要求 $L_r^{max} \leqslant \sigma_f/\sigma_y$。

3　TDFAD 的应用改进

TDFAD 是常温下基于应力的 FAD Option 2 在高温领域的拓展应用[3]，常温下基于应力的 FAD Option 2 对于不同工况下的裂纹以及不同应变硬化特性的材料其评定的保守性参差不一，TDFAD 也即存在 FAD Option 2 的这种不保守性。下面从理论的根源 FAD Option 2 出发，对高温失效评定图方法（TDFAD）进行改进，使其趋于保守，使其评估时间寿命更具有意义。

TDFAD 理论改进的推导过程：

从 V. Kumar 等人早起提出的很有影响力 J 积分理论基础《弹塑性断裂分析工程手册》[8] 出发，有如下 J 积分理论公式：

$$J = J_e(a_e) + J^p(a) J^p(a)$$
$$= \alpha\sigma_0\varepsilon_0 a h_1(a/b, n)(p/p_0)^{n+1} \tag{10}$$

其中，J^p，J_e 分别是对应由材料塑性部分和弹性部分而产生的 J 积分；a_e 为塑性修正有效裂纹尺寸，等于原始裂纹尺寸 a 加上一个小的塑性修正量 a_r；$h_1(a/b, n)$ 是 a/b 和 n 的函数。α 是材料补偿常数，$\varepsilon_0 = \varepsilon_y$，$\sigma_0 = \sigma_y$，$n$ 是应变硬化指数，分别对应于如下 Ramberg-Osgood 塑性本构方程中的相应各系数：

$$\frac{\varepsilon}{\varepsilon_0} = \frac{\sigma}{\sigma_0} + \alpha\left(\frac{\sigma}{\sigma_0}\right)^n \tag{11}$$

应力强度因子 K 的计算理论公式是非常丰富

A 腐蚀、材料、断裂力学、

的，其中根据 ASTM 的一般公式 $K=Y_\sigma\sqrt{a}^{[9]}$，以及 BS7910 的 $K=Mf_wM_m\sigma_0\sqrt{\pi a}^{[10]}$ 两者出发，结合关系式 $J_e(a)=K_I^2/E'$，都能得出：

$$J_e=h'_1\ (a/b)\ \sigma_0\varepsilon_0 a\ (p/p_0)^2 \qquad (12)$$

结合上面的四个公式，推导得出 Option 2 的函数表达式 $f\ (L_r)$ 如下：

$$[f\ (L_r)]^{-2}=\frac{J}{J_e\ (a)}=\frac{J_e\ (a_e)}{J_e\ (a)}+$$

$$\frac{\alpha\sigma_0\varepsilon_0 ah_1\ (a/b,\ n)\ (p/p_0)^{n+1}}{\sigma_0\varepsilon_0 ah'_1\ (a/b)\ (p/p_0)^2}$$

$$=\left(\frac{J^e\ (a_e)}{J_e}-1\right)+1+\left(\lambda\frac{D_r}{\sigma_{ref}/\sigma_y}-\lambda\right),$$

$$\lambda=\frac{h_1\ (a/b,\ n)}{h'_1\ (a/b)} \qquad (13)$$

在上面的公式中，对于塑性区域，第二个括号内的值远大于前者，第二个括号内的量起绝对作用。第一个括号内的量是个小的弹性修正量，这里保持与原来的 Option 2（方程）相对应弹性修正量部分的形式不变。那么最终得到如下改进的 FAD Option 2：

$$f\ (L_r)=\left[\lambda\frac{D_r}{\sigma_{ref}/\sigma_y}-\lambda+1+\frac{(\sigma_{ref}/\sigma_y)^3}{2D_r}\right]^{-1/2},$$

$$\lambda=H_1\ (a/b,\ n) \qquad (14)$$

这里引进的修正参数 λ 具有能反映裂纹相对系统几何的尺寸关系以及材料硬化指数的物理含义。这里值得一提的是，当式（14）中的 λ 取值为 1 时，即简化为原来的 Option 2（方程）。

相应地，TDFAD 即引入此能反映具体工况下特定的裂纹系统几何关系以及材料硬化特性的修正参数进行改进，修正参数 $\lambda=H_1\ (a/b,\ n)$ 能很好地保证 TDFAD 在考虑时间和温度影响下的失效评定结果的保守性和寿命评估时的有效性。改进的 TDFAD 评定曲线如下：

$$K_r=\left[\lambda\frac{E\varepsilon_{ref}}{L_r\sigma_{0.2}^c}-\lambda+1+\frac{L_r^3\sigma_{0.2}^c}{2E\varepsilon_{ref}}\right]^{-1/2}$$

$$L_r\leqslant L_r^{max} \qquad (15)$$

至此，TDFAD 的应用改进在理论上得到了建立，下面进行数值模拟验证和运用改进的 TDFAD 进行失效评估实例应用。

4　数值模拟验证改进的 TDFAD

4.1　从数值验证改进的 FAD Option 2 出发验证改进的 TDFAD

引入修正参数 $\lambda=H_1\ (a/b,\ n)$ 改进的 TDFAD 是从 FAD Option 2 的相应改进引申得来，这里首先建立了一些典型的力学模型对引入 λ 改进的 FAD Option 2 的评价结果进行验证。图 4 是平面应力中心裂纹拉伸（CCT）试验的有限元模拟结果，其中，中心裂纹板试样的裂纹尺寸 $2a$ 与板宽 $2b$ 的比值为 0.05，材料（奥氏体钢）的应变硬化指数是 11.83。

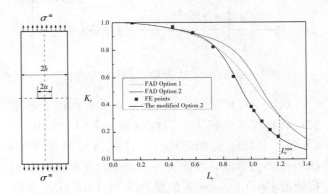

图 4　远场均匀拉力下 CCT 实验的示意图和有限元结果

图中，Option 3 红色闪点线（即 FE points 曲线）是由一系列 $(D_r,\ (J^e/J)^{1/2})$ 点组成，可作为失效的临界曲线。而 FAD Option 1 和 2 曲线都明显在 Option 3 评定线上，尤其对于塑性区；显然这里两者评估结果都很不保守。TDFAD 也即存在 FAD Option 2 的这种不保守性。在 TDFAD 评价中，各个评价参量考虑了温度和时间的影响，评定曲线也随着温度和时间的变化而相应变化，而这时由于这个本身存在的不保守性就会使所做的工作失去了很大意义，尤其 TDFAD 在用于评估时间寿命时就得不到好的结果。而对比之下，引进 λ 改进的 FAD Option 2 能贴近临界线，能给出很好的评估结果。因此对于由 FAD Option 2 拓展而来的 TDFAD，本文建议采用引进 λ 改进的 TDFAD 形式（方程）来进行高温领域的失效评定。

根据方程，参数 λ 可由若干荷载值点的数据由以下公式拟合得到：

$$\frac{J}{J_e}-1=\lambda\left(\frac{E\varepsilon_{ref}}{\sigma_{ref}}-1\right)$$

对于该工况下的 CCT 实验，λ 计算的值为 4.64。

为了便于工程应用，这里给出 CCT 工况下 $\lambda = H_1(a/b, n)$ 随着 a/b 和 n 变化的取值图（图5）。

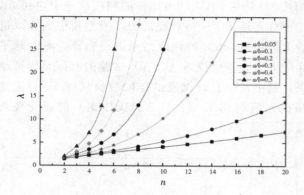

图 5 远场均匀拉力下 CCT 的 λ 取值参照图

从图中可以看出，λ 随着 a/b 和 n 的增大而增大，而且可能会很大。因此改进的 FAD Option 2（方程）中的 λ 值固定为 1，即取得传统的 FAD Option 2 的形式，可能会很不合理，尤其是对于由传统的 FAD Option 2 拓展而来的 TDFAD，使得考虑时间和温度的影响的复杂工作失去了一些意义，尤其对评估时间寿命问题的准确性有很负面的影响。

因此，引进 λ 的改进的 TDFAD 对于高温领域的失效评定具有重要实际意义。

4.2 改进的 TDFAD 中的修正参数 λ 的实际工程应用参照表

建立了一些其他典型的力学模型也同样验证了引进 λ 改进的 FAD Option 2 评价的保守性，即也说明引进 λ 改进的 TDFAD 的重要意义，这里不再一一列出。这里将给出三点弯工况以及圆筒受内压轴向裂纹工况下的 λ 取值参照表，便于改进的 TDFAD 在工程上的应用。

如以上图 6 和图 7 所示，对于二维裂纹的 $\lambda = H_1(a/b, n)$ 表达式，b 代表的是与裂纹张开方向

相对应的系统几何维度上的尺寸，而系统几何其他维度方向的尺寸对 λ 影响较小。以图 6 三点弯实验为例，系统梁的宽对应着裂纹张开的方向，远比系统梁的长对 λ 的影响大，这是因为当输入 FAD 的横坐标参考应力相同时，裂纹附近的应力场主要授予裂纹张开方向相对应的系统维度上的尺寸的影响。

对于三维裂纹，这里的 λ 应更新为 $\lambda = H_1(a/t, a/c, n)$；即对三维裂纹，λ 的含义是反映裂纹的深度，裂纹的宽度和系统几何尺寸之间的相对关系以及材料的硬化特性。

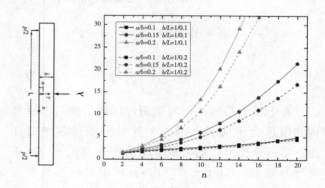

图 6 平面应力三点弯的示意图以及该工况下 λ 的取值参照图

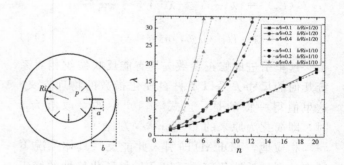

图 7 平面应变圆筒受内压轴向裂纹的示意图以及该工况下 λ 的取值参照图

5 运用改进的 TDFAD 进行失效评定实例

下面以一个恒载荷下发生蠕变裂纹扩展的 CT 试样为例，进一步说明改进 TDFAD 评定方法在工程中的应用效果。CT 试件材料为国内热电厂高温

蒸汽管道广泛采用的 10CrMo910 钢，实验时的温度为 550℃[11]。下面采用 TDFAD 方法来预测这个 CT 试样在 500h 内的蠕变裂纹扩展量是否会超过 0.2mm 或 1.0mm（图8）；具体的尺寸、材料性能和数据将在下面的表1中一同列出。

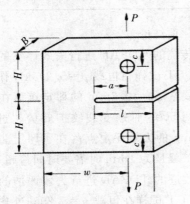

图 8　紧凑拉伸实验 CT 试样

5.1　等时应力-应变曲线

根据高温蠕变拉伸试验得到 550℃ 下 10CrMo910 钢的等时应力-应变曲线[12]为：

$$\varepsilon = 5.81 \times 10^{-6} \sigma + 1.5 \times 10^{-9}$$
$$\times t^{0.39} \sigma^{2.1} + 8.56 \times 10^{-34} \sigma^{11.99}$$

式中，时间 t 的单位是 h，该工程评估中 t 为 500h。

进而得到 550℃ 和服役时间为 500h 情况下 10CrMo910 钢的 $\sigma_{0.2}^c = 255\text{MPa}$，$E = 1.721 \times 10^5 \text{MPa}$，蠕变垮塌极限应力 $\sigma_r = 343\text{MPa}$。在 $\sigma < \sigma_r$ 时，本构（方程）中的第三项远小于第二项的值，认为应变硬化指数 $n = 2.1$。

5.2　蠕变断裂韧性 K_{mat}^c

采用时间相关失效评定图（TDFAD）方法进行蠕变失效评定时，需要预先给定评定寿命内的裂纹允许扩展量 Δa[13]，也即给定判定裂纹起裂的标准。例如工程中一般取 $\Delta a = 0.2\text{mm}$，相对实际裂纹很小；如果安全性允许，还可以取得大一点。

蠕变断裂韧性 K_{mat}^c 可由蠕变裂纹扩展公式中的参数进行理论计算或进行蠕变裂纹扩展实验测定[13,14]。

（1）利用现有蠕变裂纹扩展公式常用参数进行计算

$$K_{mat}^c = \left[\frac{E'(B + \Delta a/A)^{1/q}}{t^{(1/q-1)}}\right]^{1/2}, \quad t_i$$
$$C^{*q} = B', \quad \dot{a} = AC^{*q} \qquad (16)$$

式中 A、B 和 q 为由蠕变裂纹扩展速率与 C^* 参量拟合得到的材料常数，分别对应于蠕变裂纹稳态扩展 $\dot{a} = AC^{*q}$ 和起裂扩展阶段 $t_i C^{*q} = B$ 的公式中的参量。t 为对应于蠕变裂纹扩展量 Δa 的时间，即蠕变裂纹起裂时间。

（2）材料的蠕变断裂韧性也可以由试验确定：

$$K_{mat}^c = \sqrt{E'J_T}, \quad J_T = \frac{\eta U_T}{B_n(W-a)} \qquad (17)$$

根据 ASTM E1820，式中 B_n 为试件的净厚度；W 为试件宽度；η 为试样几何尺寸的校准因子，对于 CT 试样有 $\eta = 2 + 0.522(1-a/W)$。

U_T 为 CT 试件在评定的温度和时间下荷载-位移曲线图中对应于裂纹扩展量 Δa 时曲线下的面积，值为 $U_T = U_p + U_e + U_c$，如图9所示。

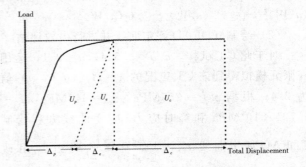

图 9　恒定荷载下蠕变裂纹扩展的荷载-位移曲线

实验得到该评定试样材料 10CrMo910 钢在 550℃ 和服役时间为 500h 情况下的蠕变断裂韧性为 $K_{mat}^c = 44.1\text{MPa} \cdot \text{m}^{1/2}$（对应于 $\Delta a = 0.2\text{mm}$），或 $K_{mat}^c = 51.0\text{MPa} \cdot \text{m}^{1/2}$（对应于 $\Delta a = 1\text{mm}$）[11]。

5.3　运用改进的 TDFAD 进行失效评定

根据评定点 (L_r, K_r) 位于 TDFAD 失效评定曲线及截止线之间的位置，判断结构是否安全。

（1）蠕变评定 CT 试件的尺寸[11]和 (L_r, K_r) 数据

表 1 蠕变评定 CT 试件的尺寸和（L_r，K_r）数据

参数/单位	W/mm	B/mm	B_n/mm	a/mm	P/kN	P_L/kN	L_r	K_{mat}^c MPa·m$^{1/2}$	K_I MPa·m$^{1/2}$	K_r
$\Delta a=0.2$mm	25.49	12.53	8.83	13.09	5.295	7.168	0.738	44.1	31.77	0.720
$\Delta a=1$mm	同上	同上	同上	同上	同上	同上	0.738	51	同上	0.623

表 1 中，CT 试样极限荷载 P_L 和弹性应力强度因子 K_I 的计算参照以下规范：

根据相关规范 "A French Approach"[15]，CT 试样极限荷载 P_L 的计算公式有：

$$P_L = \sigma_{0.2}^c W \sqrt{BB_n}$$
$$\left\{ \left[2.702 + 4.599 \left(\frac{a}{W} \right)^2 \right]^{0.5} - 1.702 \left(\frac{a}{W} \right) - 1 \right\}$$

根据相关 ASTM 标准[9]，CT 试样的弹性应力强度因子 K_I 计算公式有：

$$K_I = \frac{P}{\sqrt{BB_n} W^{1/2}} \frac{2+a/W}{(1-a/W)^{3/2}} f(a/w)$$

式中，$f(a/w) = 0.886 + 4.64(a/W) - 13.32(a/W)^2 + 14.72(a/W)^3 - 5.6(a/W)^4$

（2）绘制 TDFAD 评定曲线并进行失效评估

对于此 CT 试样，$a/b=0.514$，$n=2.1$，运用有限元模拟得到该 CT 工况的 $\lambda = H_1(a/b, n)$ 值为 2.4。根据 $\sigma_{0.2}=255$MPa，$\sigma_r=343$MPa，$E=1.721\times10^5$MPa 和等时应力-应变曲线方程绘制 TDFAD 评定曲线 $K_r = \left[\frac{E\varepsilon_{ref}}{L_r\sigma_{0.2}^c} + \frac{L_r^3\sigma_{0.2}^c}{2E\varepsilon_{ref}} \right]^{-1/2}$ 和改进的 TDFAD 评定曲线 $K_r = \left[\lambda\frac{E\varepsilon_{ref}}{L_r\sigma_{0.2}^c} - \lambda + 1 + \frac{L_r^3\sigma_{0.2}^c}{2E\varepsilon_{ref}} \right]^{-1/2}$，以及截止线 $L_r \leq L_r^{max}$；进而对评定点（L_r，K_r）进行失效评估如图 10 所示：

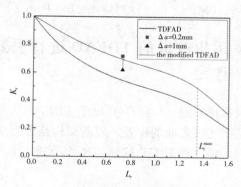

图 10 TDFAD 评定图和该 CT 实验的评定点

（3）评估结论

运用传统的 TDFAD 进行失效评估的结论：在 550℃下该 CT 试样在恒载 $p=5.295$kN 作用下，允许裂纹扩展量 $\Delta a=0.2$mm 的评定点落在了非安全区域，表明 500h 时蠕变裂纹扩展量超过 0.2mm；而 $\Delta a=1$mm 的失效评定点落在了评定曲线内，说明其裂纹扩展量为 1mm 时需要时间将超过 500h。

运用改进的 TDFAD 进行失效评估的结论：在 550℃下该 CT 试样在恒载 $p=5.295$kN 作用下，允许裂纹扩展量 $\Delta a=0.2$mm，或 $\Delta a=1$mm 的评定点都落在了非安全区域，表明 500h 时蠕变裂纹扩展量超过了 1mm。

6 讨论

1）引进了能反映裂纹系统几何尺寸关系以及材料硬化系数的修正参数来修正 TDFAD 评估曲线，该参数 $\lambda = H_1(a/b, n)$ 能根据具体的工况进行自我调整来保证失效评估曲线的有效性和保守性。

2）引进修正参数 λ 的改进的 TDFAD 是从引进 λ 改进的 FAD Option 2 发展而来的。从数值验证图 4 可以看出，改进的 FAD Option 2 确实有很好的保守性，本文中没有建议推广此改进的 FAD Option 2，因为对于一些大塑性情况，事实上会有应力松弛效应发生，这有助于传统的 FAD 的评估保守性[16]。而对于高温领域，用于考虑温度和时间效应影响的失效评估时以及用于评估时间寿命问题时，运用引进修正参数 λ 改进的 TDFAD 才能更好地得到有效保守的结果。

3）该改进的 TDFAD 若经过工程界的考验和认同，并受到广泛的推广，可以建立各种工况下的 $\lambda = H_1(a/b, n)$ 参考表格，便于工程人员运用此改进的 TDFAD 在高温领域工程上的大量使用。

7 结论和总结

本文引进了能反映裂纹系统几何尺寸关系以及材料硬化特性的参数来修正原始的 TDFAD 评价曲线，得到了改进的 TDFAD。TDFAD 是从 FAD Option 2 拓展到蠕变领域得来，这种改进的 TDFAD 也是基于 FAD Option 2 的改进为基础的，是从 J 积分理论根源出发推导而来；从数值验证图 4 可以看出，这种引进修正参数改进的 FAD Option 2 确实有很好的保守适应性，因此把此修正参数引进拓展到高温的 TDFAD。这个引进的修正参数 $\lambda=H_1$ $(a/b, n)$ 能保证改进的 TDFAD 进行高温蠕变领域的失效评定时，对不同的工程应用都能有很好的保守性和有效性。从改进的 TDFAD 的应用实例结果图 8 可以看出，运用改进的 TDFAD 确实能得到保守的评估结果。

改进的 TDFAD 使得失效评定图技术应用于需考虑温度和时间影响的高温蠕变领域的失效评估以及寿命评估问题更具有实际意义。

参 考 文 献

[1] Ainsworth R. R5：Assessment procedure for the high temperature response of structures. British Energy Generation Ltd. 2003；3.

[2] 涂善东. 高温结构完整性原理：北京：科学出版社，2003.

[3] Dean DW，Ainsworth RA，Booth SE. Development and use of the R5 procedures for the assessment of defects in high temperature plant [J]. International Journal of Pressure Vessels and Piping. 2001；78：963—76.

[4] Ainsworth R，Hooton D. R6 and R5 procedures：The way forward [J]. International Journal of Pressure Vessels and Piping，2008；85：175—82.

[5] Ainsworth RA. Failure assessment diagrams for use in R6 assessments for austenitic components [J]. International journal of pressure vessels and piping，1996；65：303—9.

[6] R6：assessment of the integrity of structures containing defects，Revision 4 (2001). UK：British Energy Generation Ltd. 2001.

[7] Ainsworth RA. Flaw assessment methods using failure assessment diagrams. ECF10，Berlin 19942013.

[8] Kumar V，German MD，Shih CF. An Engineering Approach for Elastic-Plastic Fracture Analysis General Electric Co.，Schenectady，NY （USA）. Corporate Research and Development Dept.；1981.

[9] ASTM E1457 − 13：Standard Test Methods for Measurement of Creep Crack Growth Times and Rates in Metals. 2013.

[10] BS 7910：2013 Guide to methods for assessing the acceptability of flaws in metallic structures，British Standard Institution. 2013.

[11] 轩福贞，涂善东，王正东. 基于 TDFAD 的高温缺陷"三级"评定方法 [J]. 中国电机工程学报. 2004，24：222−6.

[12] 轩福贞，涂善东，王正东，等. 10CrMo910 和 316 不锈钢的时间相关失效评定曲线 [J]. 核动力工程. 2004，25：505−8.

[13] Davies CM，O´Dowd NP，Dean DW，et al. Failure assessment diagram analysis of creep crack initiation in 316H stainless steel [J]. International Journal of Pressure Vessels and Piping. 2003，80：541−51.

[14] Ainsworth RA，Hooton DG，Green D. Failure assessment diagrams for high temperature defect assessment [J]. Engineering Fracture Mechanics. 1999；62：95−109.

[15] Drubay B，Moulin D，Faidy C，et al. Defect assessment procedure：a French approach for fast breeder reactors. Creep，fatigue，flaw evaluation，and leak-before-break assessment1993.

[16] Budden PJ，Smith MC. Numerical validation of a strain-based failure assessment diagram approach to fracture. ASME 2009 Pressure Vessels and Piping Conference：American Society of Mechanical Engineers；2009. p. 1797−806.

作 者 简 介

中国，100084，清华大学，工程力学系

邮箱：xqd15@mails.tsinghua.edu.cn（肖） yhliu@mail.tsinghua.edu.cn（刘）

kennyshen@vip.163.com（沈）.

命名	含义
λ	修正参数
a	裂纹半宽或裂纹深度
a_e，a_r	塑性修正有效裂纹长度，小的塑性修正量
b，t	系统的宽，厚度
c	三维裂纹的半宽

命名	含义
D	外径
E, ν	杨氏模量，泊松比
E'	$E'=E$：平面应力，或者 $E'=E/(1-\nu^2)$：平面应变
J, J^e	J 积分，弹性材料部分的 J 积分
J^p, J_e	材料塑性部分、弹性部分的 J 积分函数
K_r	FAD 或 TDFAD 的纵坐标
K, K_I	应力强度因子，I 型裂纹应力强度因子
K_{mat}	断裂韧性
L_r	FAD 或 TDFAD 的横坐标
n	应变硬化指数
P, P_0	初次荷载，名义荷载
P_L	塑性极限荷载
α	材料补偿系数
ε, ε_y, ε_0	应变，屈服应变，名义应变
ε_{ref}	参考应变
h_1, h'_1, H_1	函数符号
M, M_m, f_w, Y	比例修正系数
σ, σ_0	应力，名义应力
σ_{ref}, σ_{ref}^p	参考应力，初次参考应力
σ_y, σ_u	屈服应力，极限强度
f	FAD 的函数符号
$\sigma_{0.2}^c$	0.2% 蠕变强度
K_{mat}^c	蠕变断裂韧性
TDFAD	高温失效评定图
CCT	中心裂纹板拉伸试验
FE，FEM	有限元，有限元方法

材料、断裂力学、腐蚀

A

体积型腐蚀缺陷压力管道爆破概率的失效窗口法

陈占锋　沈小丽　金志江

（浙江大学，能源学院　化工机械研究所　杭州　310027）

摘　要　压力管道作为输运流体介质的特种设备，广泛应用于石油化工、冶金、电力等行业生产以及城市燃气和供热系统等公众生活之中。因为腐蚀等原因，压力管道经常出现体积型缺陷。本文将双圆弧模型作为体积型腐蚀缺陷压力管道的计算模型，根据弹塑性力学基本原理，原创性地提出了体积型腐蚀缺陷压力管道的失效窗口法。该方法构建了体积型腐蚀缺陷管道爆破的压力区间，克服了依托数值模拟结果和实验数据拟合体积型腐蚀缺陷管道爆破压力方程的局限，突破了依据爆破压力方程评判管道爆破与否的"瓶颈"，可对体积型腐蚀缺陷压力管道的爆破概率进行近似地评估。结果表明：体积型缺陷压力管道的失效窗口中包含高爆破概率区间和低爆破概率区间；随腐蚀率的增加，两区间变窄、变小。研究结果将大大丰富我们对体积型腐蚀缺陷管道爆破问题的认识，同时，也为构建更加科学有效的压力管道爆破概率评价方法，提供一个全新的方法和思路。

关键词　体积型腐蚀缺陷；压力管道；爆破概率；失效窗口法

Failure Window Method of Burst Probability for the Pressure Pipelines with Volumetric Corrosion Defects

Chen Zhanfeng　Shen Xiaoli　Jin Zhijiang

（Institute of Process Equipment，College of Energy Engineering，Zhejiang University，Hangzhou 310027）

Abstract　As a special equipment of transporting the fluid media，pressure pipelines are widely used in the productive industry，such as petrochemical industry，metallurgy，electric power et al，and public life，such as city fuel gas and heating supply system. Because of the corrosion，the pressure pipelines usually have the volumetric corrosion defects. In this paper，the double circular arc model are regarded as the calculated model of the pressure pipelines with the volumetric corrosion defects. According to the basal principle of the elastic plastic mechanics，the failure window method of the pressure pipelines with the volumetric corrosion defects is originally presented. This method confirms a range of the burst pressure，overcomes the limitation of fitting the equation by using the numeral calculation and test data，and breaks through the bottleneck of assessing the pipe burst by using the burst pressure equations. The burst probability of the pressure pipelines with volumetric corrosion defects can be assessed. The results implied that the failure window of the pressure pipelines with volumetric corrosion defects contain a range with high burst probability and a range with low burst probability. With the growing of the corrosion ratio，the two ranges aforementioned will be narrow and small. The results will greatly enrich our understanding of corroded submarine pipeline burst problems and provide a new method and idea to establish more scientific and effective method to evaluate the burst probability of the pressure pipelines.

Keywords　volumetric defect；pressure pipeline；burst probability；failure window method

压力管道在生产和生活中具有广泛地应用。服役阶段的压力管道经常出现体积型腐蚀缺陷，体积型腐蚀缺陷对压力管道的安全使用，构成了潜在的威胁，造成压力管道产生体积型腐蚀缺陷的主要原因主要是环境及输运流体中含有的腐蚀性介质[1-3]。体积型腐蚀缺陷可导致压力管道的壁厚减薄，进而降低管道的承载能力，引发漏油、漏气，甚至爆破等严重事故，对国民经济建设和社会发展造成严重后果。因而，压力管道的安全性越来越受到国内外的关注[4-5]。为了保证压力管道在规定压力下正常运行，需对体积型腐蚀缺陷压力管道的爆破行为进行科学地评价。其中，体积型腐蚀缺陷金属管道爆破行地的评价是管道完整性评价的重要组成部分，它是在缺陷检测的基础上，通过严格的理论分析和计算，确定管道爆破的可能性，为缺陷金属压力管道的维修、更换及升降压提供判断依据。

对于体积型腐蚀缺陷压力管道的爆破行为，国内外学者们做了大量工作，提出了许多评价标准。其中具有代表性评价标准有：ASME B31G[6]，修正的 ASME B31G[7]、CSA 模型[8]、DNV RP F101[9]、PCORRC[10]、SHELL92[11]等。

ASME B31G 的表达式如下：

$$P_{b1} = \begin{cases} \dfrac{2t(1.1\sigma_y)}{D}\dfrac{1-\dfrac{2d_{\max}}{3t}}{1-\dfrac{2d_{\max}}{3tM_1}}, & \dfrac{d_{\max}}{t}\leqslant0.8,\ \dfrac{L^2}{Dt}\leqslant20 \\[4mm] \dfrac{2t(1.1\sigma_y)}{D}\left(1-\dfrac{d_{\max}}{t}\right), & \dfrac{d_{\max}}{t}\leqslant0.8,\ \dfrac{L^2}{Dt}>20 \end{cases}$$

$$(1)$$

修正的 B31G 公式为

$$P_{b2} = \frac{2t(\sigma_y+68.95)}{D}\frac{1-\dfrac{0.85d_{\max}}{t}}{1-\dfrac{0.85d_{\max}}{tM_2}},\quad \frac{d_{\max}}{t}\leqslant0.8 \quad (2)$$

CSA 模型为

$$P_{b3} = \frac{2t\sigma_f}{D}\frac{1-\dfrac{d_{ave}}{t}}{1-\dfrac{d_{ave}}{tM_2}},\quad \sigma_f = \begin{cases} 1.15\sigma_y, & \sigma_y\leqslant241\text{MPa} \\ 0.9\sigma_b, & \sigma_y\leqslant241\text{MPa} \end{cases}$$

$$(3)$$

DNV RP F101 为

$$P_{b4} = \frac{2t\sigma_b}{D-t}\frac{1-\dfrac{d_{\max}}{t}}{1-\dfrac{d_{\max}}{tM_3}},\quad \frac{d_{\max}}{t}\leqslant0.85 \quad (4)$$

PCORRC 为

$$P_{b5} = \frac{2t\sigma_b}{D}\left[1-\frac{d_{\max}}{t}\left[1-\exp\left[\frac{-0.157L}{\sqrt{\dfrac{D(t-d_{\max})}{2}}}\right]\right]\right]$$

$$(5)$$

其中 $L\leqslant2D$，$\dfrac{d_{\max}}{t}\leqslant0.8$

SHELL92 为

$$P_{b6} = \frac{2t(0.9\sigma_b)}{D}\frac{1-\dfrac{d_{\max}}{t}}{1-\dfrac{d_{\max}}{tM_1}},\quad \frac{d_{\max}}{t}\leqslant0.85 \quad (6)$$

式中，$M_1 = \sqrt{1+\dfrac{0.8L^2}{Dt}}$；

$$M_2 = \begin{cases} \sqrt{1+0.6275\dfrac{L^2}{Dt}-0.003375\dfrac{L^4}{(Dt)^2}}, & \dfrac{L^2}{Dt}\leqslant50 \\[3mm] 3.3+0.032\dfrac{L^2}{Dt}, & \dfrac{L^2}{Dt}>50 \end{cases}$$

$M_3 = \sqrt{1+\dfrac{0.31L^2}{Dt}}$；$t$ 为管道壁厚；D 为管道外径；L 为体积缺陷长度；$d_{\max}$ 为体积缺陷最大深度；σ_y 为屈服强度；σ_b 为强度极限；

上述评价标准在体积型腐蚀缺陷压力管道爆破压力预测方面，取得了广泛地应用，目前国内外多采用上述标准进行压力管道的设计和校核。但上述标准存在如下问题，学者们试图构建一个理想的爆破压力方程，判断体积型腐蚀缺陷压力管道的爆破与否。该理想的爆破压力方程，不论来源于理论推导，还是数值计算结果或实验数据的拟合，均为一条理想的曲线［如式（1）～（6）］。管道实际压力若高于该曲线，管道爆破；反之，则管道安全。实际上，由于边界条件、缺陷形貌、材料性能的差异，很难得到统一的爆破压力方程。管道的真实爆破压力，介于某个范围之内，如图 2 所示。对此，本文扬弃前人的求解思路，不再追求完美的爆破压力方程（曲线），另辟蹊径，提出了体积型腐蚀缺陷压力管道爆破概率的失效窗口法，尝试采用爆破压力窗口预测压力管道的爆破概率。与前人相比，本文最大的不同是采用一个爆破压力范围（失效窗口），而不是一条爆破压力曲线（方程）预测体积型腐蚀缺陷压力管道的爆破行为。

1 体积型腐蚀缺陷压力管道的几何模型

体积型腐蚀缺陷压力管道产生的原因主要是腐蚀。根据横截面的形状，体积型腐蚀缺陷模型有两种常见类型：槽型模型和双圆弧模型（图1）。文献调研可知，学者们探讨体积型腐蚀缺陷压力管道的爆破问题，以槽型模型为主[12]。双圆弧模型是笔者提出的体积型腐蚀缺陷模型，其横截面由半径不同的两个偏心圆弧构成。相比槽型模型，双圆弧模型的结构更加简洁，无明显的应力集中现象，其几何形状易采用数学方程加以描述，并可用理论分析的方法，得到其应力解析解。

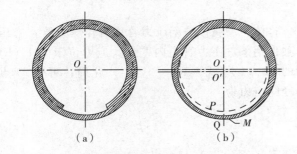

图 1　体积型腐蚀缺陷压力管道横截面示意图
（a）槽型模型　（b）双圆弧模型

双圆弧模型通常看作平面应变问题进行求解，其偏心率为

$$\eta = (t_{max} - t_{min}) / (t_{max} + t_{min}) \tag{7}$$

或

$$\eta = \delta / t, \quad t = (t_{max} + t_{min}) / 2 \tag{8}$$

式中 t_{max} 为体积型缺陷压力管道的最大壁厚；t_{min} 为体积型缺陷压力管道的最小壁厚；δ 为两圆弧的偏心距 $\delta = OO'$；t 为体积型缺陷压力管道的平均壁厚。

体积型腐蚀缺陷压力管道的腐蚀率为

$$\xi = \frac{PM}{PQ} = \frac{2\delta}{t} = 2\eta \tag{9}$$

2 体积型腐蚀缺陷压力管道的应力解析解

采用双极坐标系和应力函数法可对基于双圆弧模型的体积型腐蚀缺陷压力管道的应力进行求解，具体推导过程见文献 [13－15]。内外压共同作用下，体积型腐蚀缺陷压力管道的应力表达式如下：

径向应力为：

$$\sigma_\alpha = \frac{1}{2 - \cosh 2\alpha_i - \cosh 2\alpha_o} \{ 2p_o \sinh^2 \alpha_i + 2p_i \sinh^2 \alpha_o + 2(p_o - p_i)(\cos\beta - \cosh\alpha) \operatorname{csch}(\alpha_i - \alpha_o) \sinh\alpha_i \sinh\alpha_o \sinh\alpha + (p_o - p_i) \operatorname{csch}(\alpha_i - \alpha_o)$$

$$[\sinh(\alpha_i + \alpha_o) - \sinh(\alpha_i + \alpha_o)\cos\beta\cos\alpha - \sinh(\alpha_i + \alpha_o)\cosh 2\alpha + \sinh(\alpha_i + \alpha_o)\cos\beta\cosh 3\alpha + 6\cosh\alpha_i\cosh\alpha_o\cos\beta\sinh\alpha - 6\cosh\alpha_i\cosh\alpha_o\cosh\alpha\sinh\alpha - 4\cosh(\alpha_i + \alpha_o)\sinh\alpha\cos\beta - 2\cosh(\alpha_i + \alpha_o)\sinh\alpha\cosh 2\alpha\cos\beta + 3\cosh(\alpha_i + \alpha_o)\sinh 2\alpha]\} \tag{10}$$

环向应力为：

$$\sigma_\beta = \frac{1}{2 - \cosh 2\alpha_i - \cosh 2\alpha_o} \{ 2p_o \sinh^2 \alpha_i + 2p_i \sinh^2 \alpha_o - 2(p_o - p_i)(\cos\beta - \cosh\alpha) \operatorname{csch}(\alpha_i - \alpha_o) \sinh\alpha_i \sinh\alpha_o \sinh\alpha + (p_o - p_i) \operatorname{csch}(\alpha_i - \alpha_o)$$

$$[\sinh(\alpha_i + \alpha_o) - 3\sinh(\alpha_i + \alpha_o)\cos\alpha\cos\beta + \sinh(\alpha_i + \alpha_o)\cosh 2\alpha + 2\sinh(\alpha_i + \alpha_o)\cosh 2\alpha\cos 2\beta - \sinh(\alpha_i + \alpha_o)\cosh 3\alpha\cos\beta - 6\cosh\alpha_i\cosh\alpha_o\sinh\alpha\cos\beta + 6\cosh\alpha_i\cosh\alpha_o\sinh\alpha\cos\alpha + 8\cosh(\alpha_i + \alpha_o)\sinh\alpha\cos\beta + 2\cosh(\alpha_i + \alpha_o)\sinh\alpha\cosh 2\alpha\cos\beta - 3\cosh(\alpha_i + \alpha_o)\sinh 2\alpha - 2\cosh(\alpha_i + \alpha_o)\sinh 2\alpha\cos 2\beta]\} \tag{11}$$

剪切应力为：

$$\tau_{\alpha\beta}=\frac{4\ (p_o-p_i)\ \mathrm{csch}\ (\alpha_i-\alpha_o)\ \mathrm{sinh}\ (\alpha_i-\alpha)\ \mathrm{sinh}\ (\alpha_o-\alpha)\ (\cosh\alpha-\cos\beta)\ \sin\beta}{2-\cosh2\alpha_i-\cosh2\alpha_o} \tag{12}$$

其中 $\alpha_o=\sinh-1\ (\frac{c}{R_o})$；$\alpha_i=\sinh-1\ (\frac{c}{R_i})$；$R_o$ 为压力管道外半径；R_i 为压力管道内半径；δ 为体积型腐蚀缺陷压力管道的偏心距；$c=\dfrac{\sqrt{R_i^4+R_o^4-2R_o^2R_i^2-2\delta^2R_i^2-2\delta^2R_o^2+\delta^4}}{2\delta}$

3 压力管道失效窗口的提出

    内压作用下，体积型腐蚀缺陷压力管道爆破行为属于弹塑性大变形问题。爆破过程较为复杂，首先，管道内壁最薄位置发生屈服，并逐渐向外壁扩展，最后屈服面贯穿整个壁厚，爆破发生。其中压力管道内壁最大应力点达到屈服强度，是爆破过程的起点，此时管道的内压记为 p_1，压力管道外壁最大应力点达到强度极限，管道迅速爆破，可作为爆破过程的终点，此时管道的内压记为 p_2。整个爆破过程中，由于材料特性、几何构形的不同，压力管道的实际爆破压力将介于 p_1 和 p_2 之间。假设压力管道的内压为 p，则

    （1）当 $p\leqslant p_1$ 时，压力管道不会爆破；

    （2）当 $p_1<p\leqslant p_2$ 时，压力管道可能会爆破；

    （3）当 $p>p_2$ 时，压力管道早已爆破。

    可见，内压 p 达到 p_1 是压力管道爆破的可能条件，内压 p 达到 p_2 是压力管道爆破的必然条件。压力管道内壁应力达到屈服强度和压力管道外壁应力达到强度极限，对管道爆破而言，具有特别的意义。在理论分析和实验数据的基础上，我们提出了体积型腐蚀缺陷压力管道爆破的失效窗口（图2），失效窗口由上边界和下边界构成，上边界为压力管道外壁最大应力值达到强度极限对应的内压；下边界为压力管道内壁最大应力值达到屈服极限对应的内压。上下边界之间的区域为压力管道可能爆破的区域，即压力管道的"失效窗口"。文献［16］中的实验数据全部位于压力管道的失效窗口中，证实了本文假设的正确性。另外，本文所讨论的压力管道主要指厚径比 $\lambda\leqslant0.1$ 的管道。实际上，如图2中个别管道的厚径比 $\lambda>0.1$，其爆破压力也会在失效窗口中。图2主要为了说明，压力管道的失效窗口确实客观存在。

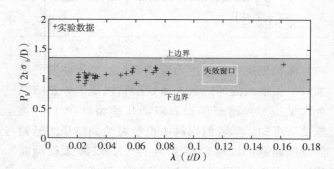

图 2 压力管道的失效窗口，实验数据来源与文献［16］

4 压力管道失效窗口的确定

    将体积型腐蚀缺陷压力管道看作厚壁管，内压单独作用下，压力管道内壁最大应力位于图1（b）中的 M 点。将式（10）和（11）化简，可得 M 点的径向应力为

$$\sigma_\alpha^M=p \tag{13}$$

M 点的环向应力为

$$\sigma_\beta^M=\frac{c_0+c_1\xi+c_2\xi^2}{f_0+f_1\xi+f_2\xi^2}p \tag{14}$$

其中 $\xi=2\eta=2\delta/t$；$\lambda=t/D$；
$f_0=2\lambda-6\lambda^2+8\lambda^3-4\lambda^4$；
$f_1=-2\lambda+8\lambda^2-12\lambda^3+8\lambda^4$；
$f_2=-2\lambda^2+4\lambda^3-4\lambda^4$；
$c_0=1-4\lambda+8\lambda^2-8\lambda^3+4\lambda^4$；
$c_1=-4\lambda^2+12\lambda^3-8\lambda^4$；
$c_2=-4\lambda^3+4\lambda^4$.

由胡克定律可得，M 点的轴向应力为

$$\sigma_z^M=\mu(\sigma_\alpha^M+\sigma_\beta^M) \tag{15}$$

    内压单独作用下，体积型缺陷压力管道外壁最大应力位于图 1（b）中的 Q 点。将式（10）和

（11）化简，可得 Q 点的径向应力为

$$\sigma_\alpha^Q = 0 \qquad (16)$$

Q 的环向应力为

$$\sigma_\beta^Q = -\frac{2(1-2\lambda)^2[1+(1-2\lambda)^2+4\xi\lambda-4\xi^2\lambda^2]}{[1+(1-2\lambda)^2][(1-2\lambda)^2-(2\xi\lambda-1)^2]}p \qquad (17)$$

由胡克定律可得，Q 点的轴向应力为

$$\sigma_z^Q = \mu(\sigma_\alpha^Q + \sigma_\beta^Q) \qquad (18)$$

压力管道爆破过程中，环向应力远大于径向和轴向应力，起决定性作用。在此，本文假设压力管道内壁环向应力达到屈服强度后，开始屈服；外壁环向应力达到强度极限后马上爆破。因此，体积型腐蚀缺陷压力管道爆破的可能条件为

$$\sigma_\beta^M = \frac{c_0+c_1\xi+c_2\xi^2}{f_0+f_1\xi+f_2\xi^2}p = \sigma_y \qquad (19)$$

整理后，可得失效窗口的下边界为

$$p_1 = \frac{f_0+f_1\xi+f_2\xi^2}{c_0+c_1\xi+c_2\xi^2}\sigma_y \qquad (20)$$

同理，可得失效窗口的上边界为

$$p_2 = -\frac{[1+(1-2\lambda)^2][(1-2\lambda)^2-(2\xi\lambda-1)^2]}{2(1-2\lambda)^2[1+(1-2\lambda)^2+4\xi\lambda-4\xi^2\lambda^2]}\sigma_b \qquad (21)$$

压力管道内壁最大环向应力超过屈服强度，管道出现爆破的可能；压力管道内壁最大环向应力达到强度极限后，任何微小的缺陷或扰动，都可能直接导致管道的迅速爆破，其爆破的可能性大幅提高。薄壁管道中，内外壁环向应力相同，可认为内壁达到强度极限时，管道已经爆破；厚壁管中，管道内外壁环向应力不同，即使内壁环向应力达到强度极限，外壁环向应力也有可能未达到强度极限，即管道尚未爆破。总之，不管是薄壁管还是厚壁管，不管是腐蚀缺陷管道还是理想管道，一旦管道内壁环向应力达到强度极限，管道距离爆破已为时不远，需要引起格外地关注。据此，本文将失效窗口细分为两个区间：高爆破概率区间和低爆破概率区间。两区间的分界线，不妨称之为失效窗口的中心线，其表达式为

$$\sigma_\beta^M = \frac{c_0+c_1\xi+c_2\xi^2}{f_0+f_1\xi+f_2\xi^2}p = \sigma_b \qquad (22)$$

化简得，

$$p_3 = \frac{f_0+f_1\xi+f_2\xi^2}{c_0+c_1\xi+c_2\xi^2}\sigma_b \qquad (23)$$

需要说明的是，体积型腐蚀缺陷压力管道失效窗口的上下边界和中心线由双圆弧模型的理论解化简得到，可用于厚径比 λ 不超过 0.1 的金属压力管道，该范围涵盖了所有薄壁管和部分厚壁管，具有广泛的应用范围。

为直观地表述体积型缺陷压力管道的失效窗口，本文以文献［16］中的压力管道为例加以描述。其中压力管道的直径 D 为 762.40mm，壁厚 t 为 20.00mm，屈服强度 σ_y 为 531.5MPa，强度极限 σ_b 为 608.0MPa，该压力管道的失效窗口如图3所示。图3中，横坐标为压力管道的厚径比，纵坐标为压力管道的爆破压力，红色区域为高爆破概率区间，绿色区域为低爆破概率区间，三条曲线从上到下依次为失效窗口的上边界、中心线和下边界。如果压力管道的内压位于失效窗口中，该压力管道就会有爆破的可能性，内压位于低爆破概率区间，压力管道具有较小的爆破可能性，内压位于高爆破区间，压力管道具有较大的爆破可能性。因此，可用本文提出的方法，近似评估体积型缺陷压力管道的爆破概率。

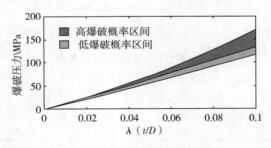

图3　某压力管道的失效窗口

5　腐蚀率对失效窗口的影响

体积型缺陷压力管道的失效窗口随腐蚀率的变化呈现不同的特征，失效窗口的变化如图4所示。图4中的压力管道为文献［16］中的某压力管道，其中压力管道的直径 D 为 762.40mm，壁厚 t 为 20.00mm，屈服强度 σ_y 为 531.5MPa，强度极限 σ_b 为 608.0MPa，从图中可以看出：随着腐蚀率的增加，失效窗口的绝对数值减小；同时，随腐蚀率的

增加，失效窗口的宽度也会减小。另外，还可以发现，失效窗口的中心线并不位于失效窗口的中心位置，而是随腐蚀率的改变而变化，具体地说，中心线随腐蚀率的增加，逐渐靠近失效窗口的上边界。

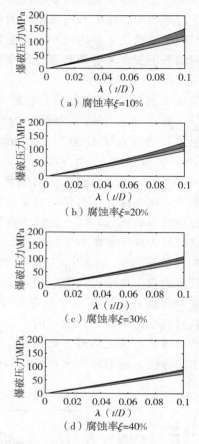

图 4 腐蚀率对失效窗口的影响

6. 结论

本文原创性地提出了一种体积型腐蚀缺陷压力管道爆破概率的近似评估方法——失效窗口法，并基于双圆弧模型和弹塑性力学的基本原理，初步得到了失效窗口的上下边界和中心线。其中，失效窗口又可细分为高概率爆破区间和低概率爆破区间，两区间具有显著的物理意义。与前人采用数值模拟结果和实验数据拟合压力管道爆破压力方程不同，本文采用压力区间判断压力管道的爆破行为，具有广泛的适用范围。本文得到的主要结论如下：

（1）本文提出了体积型缺陷压力管道存在爆破的可能条件和必然条件：内壁最大应力达到屈服强度，是压力管道爆破的可能条件；压力管道外壁最大应力达到强度极限，是压力管道爆破的必然条件。

（2）与爆破压力方程相比，本文提出的失效窗口法能够更加科学有效地评估体积型缺陷压力管道的爆破行为。虽然不能给出爆破压力的大小，但给出了压力管道的高爆破概率区间和低爆破概率区间。

（3）失效窗口随腐蚀率的增加，逐渐变窄、变小；中心线随腐蚀率的增加，逐渐靠近压力管道失效窗口的上边界。

参 考 文 献

［1］Bony M, Alamilla J L, Vai R, et al. Failure pressure in corroded pipelines based on equivalent solutions for undamaged pipe［J］. Journal of Pressure Vessel Technology, 2010, 132（5）: 051001.

［2］Zhou W, Huang G X. Model error assessments of burst capacity models for corroded pipelines［J］. International Journal of Pressure Vessels and Piping, 2012, 99: 1—8.

［3］Keshtegar B, Miri M. Reliability analysis of corroded pipes using conjugate HL - RF algorithm based on average shear stress yield criterion［J］. Engineering Failure Analysis, 2014, 46: 104—117.

［4］Yeom K J, Lee Y K, Oh K H, et al. Integrity assessment of a corroded API X70 pipe with a single defect by burst pressure analysis［J］. Engineering Failure Analysis, 2015, 57: 553—561.

［5］Belachew C T, Ismail M C, Karuppanan S. Burst strength analysis of corroded pipelines by finite element method［J］. Journal of Applied Sciences, 2011, 11（10）: 1845—1850.

［6］ASME B31G（1991），"Manual for Determining the Remaining Strength of Corroded Pipelines", ASME B31G－1991, New York, 1991.

［7］Kiefner JF, Vieth PH. A modified criterion for evaluating the remaining strength of corroded pipe. Report Prepared for American Gas Association, PR 3 － 805; December 1989.

［8］CSA. Oil and gas pipeline systems, CSA standard Z662 － 07. Mississauga, Ontario, Canada: Canadian Standard Association; 2007

［9］DNV. DNV RP － F101, corroded pipelines. DNV recommended Practice. Hovik, Norway: Det Norske Veritas; 1999

［10］Leis BN and Stephens DR. An alternative approach

to assess the integrity of corroded line pipee part I: current status; part II: alternative criterion. In: Proc. of the 7th Int. offshore and polar engineering conference, ISOPE, 4: 1997. p. 624−41.

[11] Ritchie D and Last S. Burst criteria of corroded pipelines − defect acceptance criteria, In: Proc. of the EPRG/RPC 10th Biennial Joint Technical Meeting on line pipe research. Cambridge, UK, Paper 32: 1995. p. 1−11.

[12] Netto T A, Ferraz U S, Estefen S F. The effect of corrosion defects on the burst pressure of pipelines [J]. Journal of constructional steel research, 2005, 61 (8): 1185−1204.

[13] 陈占锋，朱卫平，狄勤丰. 磨损套管抗内压强度的通用计算模型 [J]. 应用力学学报. 2015, 32 (6): 967−972.

[14] Chen Z., Zhu W., Di Q., et al. Prediction of burst pressure of pipes with geometric eccentricity [J]. Journal of Pressure Vessel Technology, 2015, 137

(6): 061201.

[15] Chen Z., Zhu W., Di Q., et al. Burst pressure analysis of pipes with geometric eccentricity and small thickness − to − diameter ratio [J]. Journal of Petroleum Science and Engineering, 2015, 127: 452−458.

[16] Huang X, Chen Y, Lin K, et al. Burst strength analysis of casing with geometrical imperfections [J]. Journal of pressure vessel technology, 2007, 129 (4): 763−770.

作者简介

陈占锋，男，助理研究员。

通信地址：浙江省杭州市西湖区浙大路 38 号浙江大学玉泉校区教四 114

电话：0571−87951216；E−mail：czf@zju.edu.cn

通信作者：金志江（1966—），男，教授、博士生导师，博士，E−mail：jzj@zju.edu.cn

深海潜水器耐压壳体观察窗的力学性能和损伤分析

李晓康[1]　刘鹏飞[1,2,3]

（1. 浙江大学化工机械研究所　浙江杭州　310027；2. 南京大学机械结构力学及控制国家重点实验室　江苏南京　210016；3. 西安交通大学机械结构强度与振动国家重点实验室　陕西西安　710049；）

摘　要　深海潜水器的耐压壳体结构是保证潜水器和人员安全的重要部件，其是由钛合金壳体和有机玻璃（PMMA）观察窗通过摩擦接触设计制备的。其中，钛合金性能稳定，但有机玻璃的微观失效机理复杂，目前国内外仍缺乏一套成熟的数值分析和设计计算方法，来充分考虑 PMMA 微观失效机理对观察窗宏观损伤演化特性和后屈曲阶段强度承载能力的影响。本文以"蛟龙号"耐压球壳体为例，利用 Gurson 模型在观察窗中引入孔洞演化影响，探讨观察窗与窗座间摩擦系数、观察窗厚度等因素对观察窗力学性能和损伤演化的影响规律，为制定 PMMA 观察窗的设计计算方法和安全性能评估方法提供理论和技术支撑。

关键词　PMMA 观察窗；Gurson 模型；应力分布；孔洞演化

Themechanical Property and Damage Analysis for Inspection Window of Deep-sea Submersible Pressure Shell

Li Xiaokang[1]　Liu Pengfei[1,2,3]

（1. Institute of Chemical Machinery and Process Equipment，School of Energy Engineering，Zhejiang University，Hangzhou 310027，China；2. State Key Laboratory of Mechanics and Control of Mechanical Structures，Nanjing University of Aeronautics and Astronautics，Nanjing 210016，China；3. State Key Laboratory of Strength and Vibration of Mechanical Structures，Xi'an Jiaotong University，Xi'an 710049，China）

Abstract　The pressure shell is an important component to ensure the safety of deep-sea submersible and staff. It is composed of Ti alloy shell and PMMA inspection window. The property of Ti alloy is stable，but the failure mechanism of PMMA is complex. There is lack of mature numerical analysis and design method to consider the influence of PMMA failure mechanism on the damage evolution and post-buckling carrying capacity. In this paper，Gurson model is introduced into the inspection window to consider the influence of void evolution. The influence of friction coefficient and window thickness on the mechanical property and damage evolution is discussed.

Keywords　PMMA inspection window；Gurson model；stress distribution；damage evolution

1　引言

我国海岸线长，海洋资源丰富。为了更好地开发和利用海洋资源，我国迫切需要研制出性能优良的潜水器，能够下潜到深海领域并在海底长时间安全可靠地完成各种科学研究、考察和废料搜索等工作。

"蛟龙号"潜水器研制成功后，标志着我国在深海潜水领域已进入世界前列[1,2]。图1为"蛟龙号"潜水器结构框架示意图，其中的耐压壳体结构是决定潜水器能否承受深水高压，保障潜水器总体性能的重要部件[3]。因此，耐压壳体必须具有足够的结构强度和密封性，其通常采用高强度金属材料如高强钛合金钢、高强铝合金钢等。目前主要规范如中国船级社 CCS 规范和德国 GL 潜水器规范，通常基于非线性有限元分析求解后屈曲变形历史。

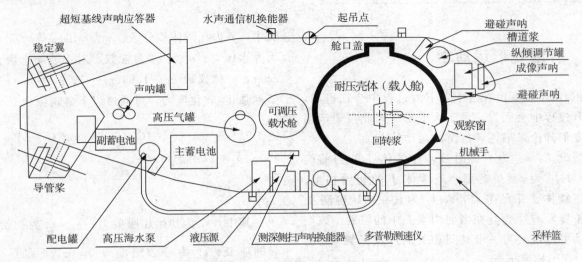

图 1 "蛟龙号"潜水器结构框架示意图

为了方便科研人员在耐压壳内对外进行观察，耐压壳体上通常会开有观察窗。近年来，有机玻璃由于具有良好的透明性、化学稳定性和塑性延展性等优点，已被应用于制备潜水器的观察窗结构。目前，已有一些学者开展了 PMMA 观察窗的强度和计算方法研究。20 世纪 80 年代，徐秉汉等[4]采用边界系数法和近似假定法计算了球壳观察窗的结构应力。刘道启等[5]结合有限元分析和实验，对 PMMA 观察窗的蠕变强度进行了分析。田长禄[6]等从理论方面给出了 PMMA 球壳观察窗的变形计算公式以及蠕变变形计算方法。宗宇显[7]基于弹性板空间理论对 PMMA 观察窗进行了应力分析。但是，PMMA 材料的微观失效机理较为复杂，会对观察窗的宏观损伤演化特性和后屈曲阶段承载能力产生影响，这些研究并没有考虑 PMMA 观察窗的微观损伤演化特性。

PMMA 材料的微观失效机理包括微孔洞（Void）演化、微龟裂（Crazing）增长和分子链破裂等，宏观上表现为模量下降和塑性损伤等特征[8]。图 2 为单轴加载下，玻璃态转变温度附近的 PMMA 材料典型应力-应变曲线，可分为几个阶段：首先为线弹性阶段，应力-应变成线性关系；之后，非线性变形出现在塑性阶段前，微观上表征为大分子运动；进入塑性阶段后，应力随应变的增加而减小，且严重受到温度和应变率的影响，即所谓的塑性应变软化，其产生的物理原因目前还没有

统一结论，但一般认为是与剪切带内的微孔洞成核、增长和凝聚有关；在大变形阶段，软化达到饱和后，出现塑性应变强化现象，通常认为是由大分子链取向导致；最后，宏观裂纹形成，试样发生失效。

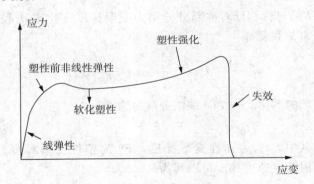

图 2 PMMA 材料应力-应变曲线

目前，针对大深度潜水器观察窗结构，采用 PMMA 进行设计和制备时，仍缺乏一套成熟的稳定性和强度数值分析方法以及设计计算方法，能够充分考虑到材料的微观失效机理对宏观结构损伤演化特性、后屈曲阶段强度承载能力的影响。本文以"蛟龙"号深海载人潜水器为例，采用 Gurson 模型在 PMMA 观察窗中引入孔洞演化的影响，探讨观察窗与窗座间摩擦系数、观察窗厚度等因素对观察窗力学性能和损伤演化的影响规律，为制定 PMMA 耐压壳体的设计计算方法和安全性能评估方法提供理论和技术支撑。

2 理论模型

2.1 有限变形运动学

PMMA 观察窗在潜水器下潜过程中会往里凹，在上升过程中会回弹，属于大变形。因此需要运用有限变形理论来描述观察窗的运动状态。

假设 $J_t \subset \mathbb{R}^3$ 为 $t \in \mathbb{R}$ 时刻，连续体 J 的当前构型。$J_0 \subset \mathbb{R}^3$ 为 $t=0$ 时刻，连续体 J 的初始构型。对于连续体 J 中的某点，$X \in J_0$ 为其在初始构型 ϑ_0 中的位置，$x \in J_t$ 为其在当前构型 J 中的位置。该点的移动可以定义为一个时间相关的连续函数 $x = \varphi_t(X)$。变形梯度 F 定义为：

$$F = \nabla_X \varphi_t(X) = \frac{\partial x}{\partial X} \quad (1)$$

速度梯度 l 通过速度 v 的空间导数得到

$$l = \nabla_x v = \frac{\partial v(x)}{\partial x} = \dot{F} F^{-1} \quad (2)$$

l 的对称和反对称部分分别为变形梯度变化率 d 和自旋张量 w

$$d = \frac{1}{2}(l + l^T), \quad w = \frac{1}{2}(l - l^T) \quad (3)$$

F 的 Kröner – Lee 乘法分解写为[9,10]

$$F = F^e F^p \quad (4)$$

其中，F^e 为弹性变形梯度，F^p 为塑性变形梯度。因此，速度梯度可以写为

$$l = \dot{F} F^{-1} = l^e + F^e l^p F e^{-1} \quad (5)$$

其中，l^e 和 l^p 分别为弹性和塑性速度梯度

$$l^e = \dot{F}^e F e^{-1}, \quad l^p = \dot{F}^p F p^{-1} \quad (6)$$

如果弹性应变相比塑性应变非常小，d 可以写为

$$d = d^e + d^p \quad (7)$$

2.2 GURSON 模型

在 Gurson 模型中，损伤归因于塑性变形阶段的孔洞增长。Gurson 将真实孔洞分布理想化为含有球形孔洞的单元进行分析，屈服函数如下[11]：

$$\varphi(q, p, \sigma_0, f) = 2 f q_1 \cosh\left(\frac{3 q_2}{2} \frac{p}{\sigma_0}\right)$$
$$+ \left(\frac{q}{\sigma_0}\right)^2 - (1 + q_1 f^2) \quad (8)$$

其中，f 为孔洞体积分数；q 为 Mises 等效应力；p 为静水压力；q_1 和 q_2 为常数，对于玻璃态聚合物，Zhang[12] 建议取 $q_1 = 1.5$，$q_2 = 1$；$\sigma_0 = \sigma_0(\bar{\varepsilon}^p)$ 为塑性强化/软化应力，可通过以下公式拟合[13]：

$$\sigma_0 = \left(1 + \frac{\alpha}{3}\right) \sigma_y \left[\begin{array}{c} C_1 \left(\frac{\bar{\varepsilon}^p}{\varepsilon_y}\right) N_1 \log\left(C_2 \frac{\bar{\varepsilon}^p}{\varepsilon_y}\right) \\ + \left(\frac{\bar{\varepsilon}^p}{\varepsilon_y} + 1\right)^N \end{array} \right] \quad (9)$$

其中，s_y 为初始屈服应力；$e_y = \frac{s_y}{E}$ 为初始屈服时的应变；$\bar{e}^p$ 为等效塑性应变；α、C_1、C_2、N、N_1 为常数。目前，GTN 模型的参数标定并没有统一的方法。一般是基于试验数据，在数值模拟过程中调整 GTN 模型的参数，将最符合试验结果的参数标定为 GTN 模型参数（optimization methods）。参考谢中秋等的试验曲线[14]，拟合得到 $\sigma_y = 68.95\text{MPa}$，$\alpha = 0.225$，$C_1 = -0.264$，$C_2 = 0.294$，$N = 0.3$，$N_1 = 1.3$。

在 Gurson 模型中，孔洞体积分数变化率 $\dot{f}$ 可以分为成核（Nucleation）和增长（Growth）两部分：

$$\begin{cases} \dot{f} = \dot{f}_{\text{growth}} + \dot{f}_{\text{nucleation}}, \\ \dot{f}_{\text{growth}} = (1 - f) d^p : 1, \\ \dot{f}_{\text{nucleation}} = A \dot{\bar{\varepsilon}}^p, \\ A = \frac{f_N}{s_N \sqrt{2\pi}} \exp\left[-\frac{1}{2}\left(\frac{\bar{\varepsilon}^p - \varepsilon_N}{s_N}\right)^2\right] \end{cases} \quad (10)$$

其中，f_N 为成核孔洞体积分数；s_N 为成核平均应变；ε_N 为对应的标准差。参考 Zhang 的研究[12]，本文分别取 $f_N = 0.003$，$\varepsilon_N = 0.3$，$s_N = 0.1$。

假设等效塑性应变率 $\dot{\bar{\varepsilon}}^p$ 随着等效塑性功变化，等效塑性应变率可由以下关联流动法则得到：

$$(1 - f) \sigma_0 \dot{\bar{\varepsilon}}^p = \sigma : d^p$$
$$d^p = \dot{\lambda} \frac{\partial \Phi}{\partial \sigma} \quad (11)$$

其中，$\dot{\lambda}$ 为塑性一致因子。

塑性变形梯度变化率d^p可以分为偏量和球量部分，

$$d^p = \dot{\lambda}\left(-\frac{1}{3}\frac{\partial \varphi}{\partial p}1 + \frac{\partial \varphi}{\partial q}n\right)$$

(12)

$$n = \frac{3}{2}\frac{s}{q}$$

其中，n为应力偏量空间的单位矢量。

3. 数值分析

3.1 有限元模型

"蛟龙号"潜水器耐压球壳的外半径为 1.05m，厚度为 100mm。壳体上的主观察窗采用 45 度角的锥形台结构，小端半径为 110mm，厚度为 220mm。壳体上还有舱口、次观察窗等孔洞结构，为了简化，本文假设壳体上只有主观察窗一个开口，建立的 2D 轴对称模型如图 3（a）所示。

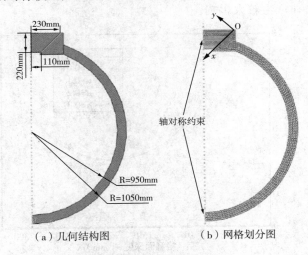

（a）几何结构图 　　（b）网格划分图

图 3 "蛟龙号"耐压壳体

本文采用 Abaqus 软件进行有限元分析，网格划分如图 3（b）所示，采用轴对称 CAX4R 单元。在模型对称轴处施加轴对称约束，壳体外围施加 71.6MPa 的压力边界条件，此压力为"蛟龙号"目前最深的潜水压力。

观察窗的材料为有机玻璃，材料参数见表 1[12]，屈服应力-等效塑性应变关系见 2.2 节中的拟合曲线。壳体材料采用近 α 钛合金，其在加载过程中始终为弹性变形，材料参数见表 1[15]。窗座与观察窗间的接触属于刚体-柔体接触，因此把窗座设

为主面，观察窗设为从面。接触面的法向采用硬接触，切向采用罚函数（penalty function），摩擦系数在 0.001～0.3 间变化。

表 1 PMMA 和钛合金材料参数[12,15]

材料	E（MPa）	υ	f_0	f_N	ε_N	s_N	q_1	q_2
PMMA	2000	0.38	0.001	0.003	0.3	0.1	1.5	1
钛合金	100740	0.3	—	—	—	—	—	—

Abaqus 中的分析过程可分为三步：首先，通过屈曲分析（Buckle），得到壳体屈曲后的一阶模态位移；之后，将一阶模态位移乘以一个很小的数，作为非线性后屈曲的缺陷引入；最后，开展大变形后屈曲有限元分析。

3.2 摩擦系数影响

深海载人潜水器观察窗的安装方式主要有两种，一种是不加硅脂直接安装，与窗座的摩擦系数为 0.3[16]，另一种是加硅脂润滑安装，摩擦系数可在 0.001～0.3 内调节。本节分别取摩擦系数 $\mu =$ 0.001、0.01、0.1、0.2 和 0.3，探讨摩擦系数对观察窗力学性能和损伤演化的影响。

图 4 为不同摩擦系数下，观察窗的应力云图。如图 4 所示，高应力区域主要集中在观察窗下部，应力的最大值出现在观察窗右下角，这说明主要是下半部分的窗座对观察窗进行承载。随着摩擦系数的增加，观察窗中的 Mises 应力最大值有减小的趋势，高应力区域逐渐向观察窗和窗座间的接触面移动，这是由于接触面处越来越高的摩擦力导致的。

为了分析接触面情况，以 O 点为原点，接触面为 x 轴建立坐标系，如图 3（b）所示。图 5 为不同摩擦系数下，接触面滑移位移 u-接触面深度 x 曲线。可以看到，随着摩擦系数的增加，接触面滑移位移总体上有减小的趋势。当摩擦系数较小时（$\mu =$0.001、0.01），随着接触面深度的增加，滑移位移轻微增加，达到一个临界值后快速减小。摩擦系数加大后（$\mu =$0.1、0.2），随着接触面深度的增加，滑移位移一直减小，不会出现增大的情况。当摩擦系数最大时（$\mu =$0.3），随着接触面深度的增加，滑移位移在开始时呈减小趋势，达到一个临界值后反而增加，与摩擦系数较小时的情况正好相反。这说明摩擦系数的不同会对接触面滑移位移-深度曲线的变化规律产生较大影响。

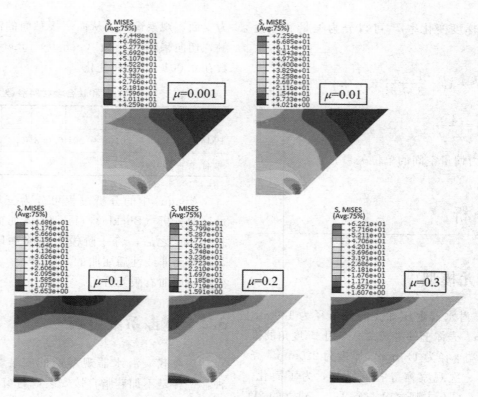

图 4 不同摩擦系数下，观察窗应力分布云图

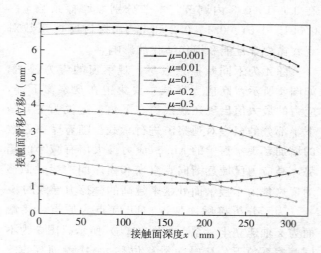

图 5 不同摩擦系数下，接触面滑移位移 u-深度 x 曲线

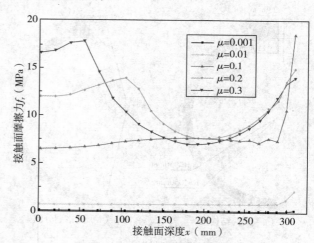

图 6 不同摩擦系数下，接触面摩擦力 f_μ-深度 x 曲线

律产生较大影响。

图 6 为不同摩擦系数下，接触面摩擦力 f_μ-接触面深度 x 曲线。如图所示，随着摩擦系数增加，摩擦力总体上有增大的趋势。当摩擦系数较小时（$\mu=0.001$、0.01、0.1），随着接触面深度的增加，摩擦力的变化较小，直到深度达到 290mm 后，摩擦力开始上升，并且摩擦系数越大上升得越显著。当摩擦系数较大时（$\mu=0.2$、0.3），随着深度的增加，摩擦力在开始时上升，达到一个临界值后突然下降，达到最低点后又开始回升。这说明不同摩擦系数也会对接触面摩擦力 f_μ-深度 x 曲线的变化规

图 7 和图 8 分别为不同摩擦系数下，观察窗的等效塑性应变和孔洞体积分数云图。如图所示，观察窗已经出现了塑性变形和孔洞演化，说明有必要引入 Gurson 模型来更真实地反应观察窗在下潜过程中的行为。不过其数值比较小，远没达到实际后屈曲承载历程，说明还能进行一些优化工作。如图 7 所示，塑性应变集中在观察窗右下角较小的区域，这是由于此位置应力最集中导致的。随着摩擦系数的增加，等效塑性应变的最大值和

分布范围逐渐减小，这是由于 Mises 应力最大值的减小导致的。由于孔洞体积分数和等效塑性应变是耦合关系，所以孔洞体积分数的变化区域也出现在观察窗右下角。随着摩擦系数的增加，孔洞体积分数的分布范围和变化量不断缩小。图 9 为仅仅考虑塑性，不考虑孔洞演化时的等效塑性应变云图。可以看到，等效塑性应变分布基本一致，但其最大值更小。这说明孔洞演化会导致更大的塑性变形，因此在观察窗设计时有必要考虑孔洞影响来确保安全。

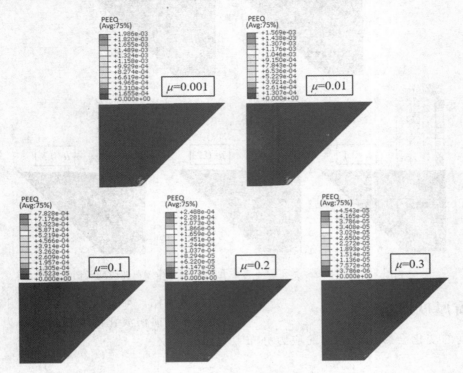

图 7　不同摩擦系数下，观察窗等效塑性应变云图

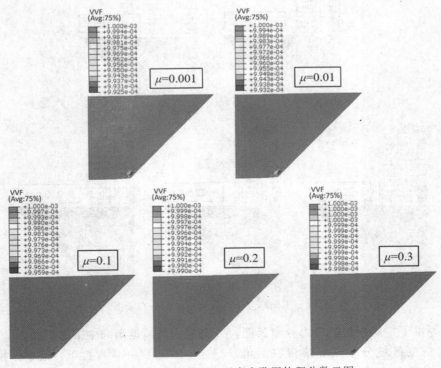

图 8　不同摩擦系数下，观察窗孔洞体积分数云图

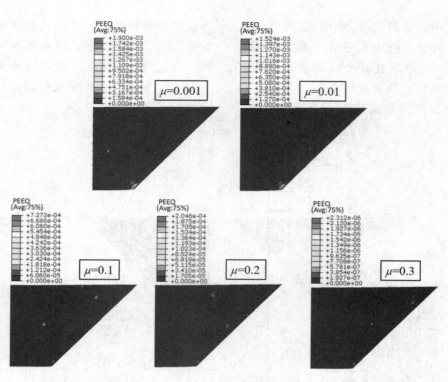

图 9 不同摩擦系数下，不考虑孔洞演化的等效塑性应变云图

3.3 观察窗厚度影响

观察窗厚度的变化会影响观察窗的应力分布和损伤演化。本节探讨不同厚度下，观察窗的应力分布和损伤演化的变化情况，为结构设计提供指导。

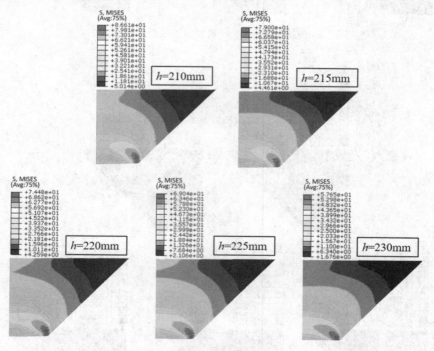

图 10 不同厚度下，观察窗应力分布云图

图 10 为不同厚度下，观察窗的应力分布云图。如图 10 所示，高应变区域分布在观察窗右下角。随着厚度的增加，应力最大值有减小的趋势，并且高应力区域逐渐向中下部扩展。

图 11 为不同厚度下，观察窗接触面滑移位移 u -接触面深度 x 曲线。可以看到，当 $h = 210\mathrm{mm}$、

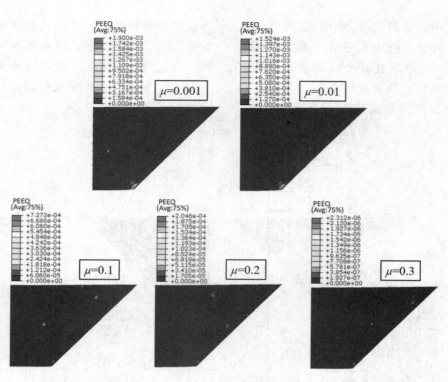
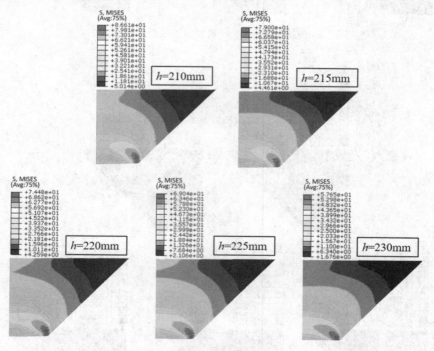

215mm、220mm 时，三条曲线相差不大。随着接触面深度的增加，滑移位移轻微增加，达到一个临界值后快速减小。厚度增加到 $h=225$mm 时，滑移位移相比前三条曲线减小较大，但曲线变化规律相同。当厚度达到 $h=225$mm 时，随着接触面深度的增加，滑移位移在刚开始时呈减小趋势，达到一个临界值后反而增加。这与其他曲线的变化规律正好相反，说明观察窗厚度的不同会对滑移位移 u-深度 x 曲线的变化规律产生较大影响。

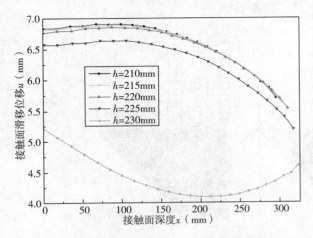

图 11　不同厚度下，接触面滑移位移 u-深度 x 曲线

图 12 为不同厚度下，观察窗接触面摩擦力 f_μ-深度 x 曲线。随着观察窗厚度的增加，接触面摩擦力变小，$h=230$mm 时减小得最为明显。当接触面深度较小时，随着深度的增加，摩擦力较小，直到

深度达到 275mm 后，摩擦力开始显著增加。

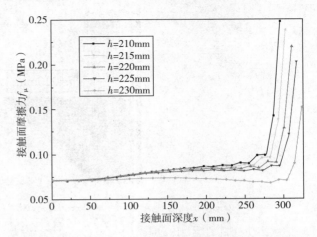

图 12　不同厚度下，接触面摩擦力 f_μ-深度 x 曲线

图 13 和图 14 分别不同厚度下，观察窗的等效塑性应变和孔洞体积分数云图。由于观察窗右下角应力集中，孔洞体积分数变化和等效塑性应变都出现在此位置。随着厚度的增加，等效塑性应变的最大值和分布范围逐渐减小，$h=230$mm 时甚至没有出现等效塑性应变。对于孔洞体积分数，由于观察窗右下角为压应力，此位置的孔洞体积分数变小。随着厚度的增加，孔洞体积分数的变化量和分布范围逐渐减小。图 15 为仅仅考虑塑性，不考虑孔洞演化时的等效塑性应变云图。同样，等效塑性应变分布基本一致，但其最大值更小。

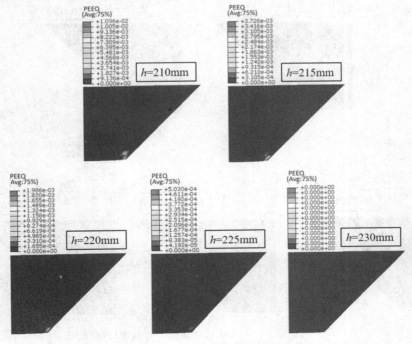

图 13　不同厚度下，观察窗等效塑性应变云图

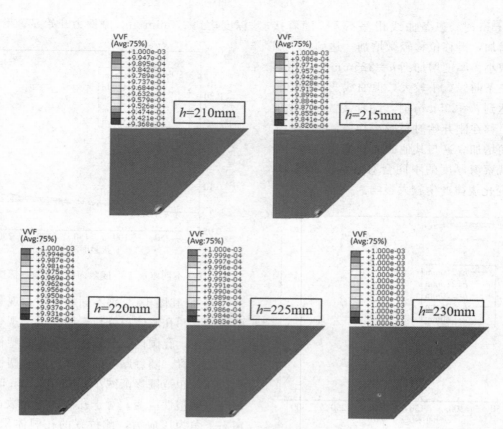

图 14　不同厚度下，观察窗孔洞体积分数云图

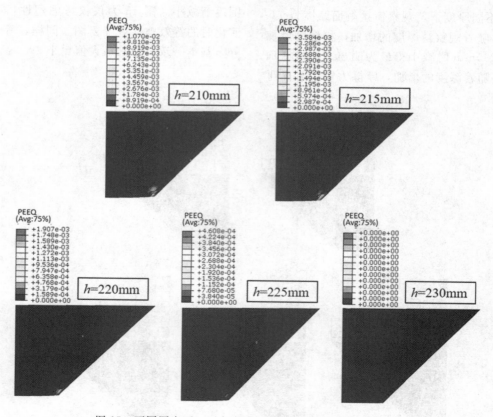

图 15　不同厚度下，不考虑孔洞演化的等效塑性应变云图

4. 结论

PMMA 观察窗的微观失效机理较为复杂，本文通过 Gurson 模型在观察窗中引入孔洞演化影响，发现：

（1）观察窗高应力区集中在右下角。随着接触面摩擦系数增加，高应力区域逐渐向接触面移动，其最大值有减小趋势。随着观察窗厚度增加，高应力区域逐渐向中下部扩展，其最大值有减小的趋势。

（2）等效塑性应变和孔洞体积分数变化出现在观察窗右下角，其在数值上比较小，远没达到实际后屈曲承载历程，还能进行一些优化工作。随着接触面摩擦系数和观察窗厚度的增加，等效塑性应变最大值和孔洞体积分数变化量逐渐减小，它们的分布范围也逐渐缩小。

孔洞演化的引入会使观察窗的塑性变形增大，因此在设计过程中有必要考虑孔洞演化的影响以确保安全。

参 考 文 献

[1] 林景高，张文明，冯雅丽，等．载人潜水器观察窗研究综述［J］．船舶工程，2013，03：1－5．

[2] Elliott，John T. Preliminary design considerations of pressure vessels for a deep diving submersible［D］．Massachusetts Institute of Technology，1974．

[3] 刘涛．大深度潜水器结构分析与设计研究［D］．无锡：中国船舶科学研究中心，2001．

[4] 徐秉汉，裴俊厚，朱邦俊．壳体开孔的理论与实验［M］．北京：国防工业出版社，1987．

[5] 刘道启，胡勇，王芳，等．深海载人潜水器观察窗的蠕变特性［C］．2009 年船舶结构力学会议暨中国船舶学术界进入 ISSC30 周年纪念会论文集，2009：50－59．

[6] 田常禄，胡勇，刘道启，等．深海耐压结构观察窗蠕变变形分析［J］．船舶力学，2010，14（5）：526：532．

[7] 宗宇显，刘道启．基于弹性半空间理论的深潜器观察窗应力分析［J］．船舰科学技术，2013，35（2）：60－62．

[8] Anand L，Gearing B P. On modeling the deformation and fracture response of glassy polymers due to shear-yielding and crazing［J］．Inter J Solids Struct，2004，41（11－12）：3125－3150．

[9] Kröner E，Seeger A. Nicht－lineare elastizitatstheorie der versetzungen und eigenspannungen［J］．Arch Rational Mech Analy，1959，3（2）：97－119．

[10] Lee EH. Elastic-plastic deformation at finite strains［J］．J Appl Mech，1969，36（1）：1－6．

[11] Gurson AL. Continuum theory of ductile rupture by void nucleation and growth. 1. Yield criteria and flow rules for porous ductile media［J］．ASME J Eng Mater Technol，1977，99（1）：2－15．

[12] Zhang ZL. A sensitivity analysis of material parameters for the Gurson constitutive model［J］．Fatigue Fract Eng M，1996，5：561－70．

[13] Canal LP，Segurado J，Lorca J. Failure surface of epoxy-modified fiber-reinforced composites under transverse tension and out-of-plane shear. Inter J Solids Struct，2009，46（11－12）：2265－2274．

[14] 谢中秋，张蓬蓬．Pmma 材料的动态压缩力学特性及应变率相关本构模型研究．实验力学，2013，02：220－6．

[15] 杨雷，王宝雨，刘钢，等．基于内变量的 ta15 板材室温拉伸力学性能预测模型．中国有色金属学报，2015，03：652－61．

[16] 胡勇．7000m 载人潜水器水密门、有机玻璃观察窗与钛合金球壳的不同材质接触面的变形协调与水密设计研究［R］．中船重工集团 702 所，2007．

作 者 简 介

李晓康，男，1992 年出生，硕士研究生，从事复合材料领域研究。通讯地址：浙江省杭州市浙大路 38 号浙江大学化工机械研究所，310027。联系电话：18768186199；E－mail：21528018@zju.edu.cn。

基于损伤力学的蒸汽转化炉热壁
集气管蠕变损伤有限元分析

郭晓峰　巩建鸣　杨新宇　耿鲁阳　贾献凯

（南京工业大学机械与动力工程学院，江苏省南京市　211816）

摘　要　石化企业蒸汽转化炉热壁集气管在长期高温条件下会发生损伤，进行其蠕变损伤分析至关重要。本文基于改进的 Liu - Murakami 本构模型，编制了三维单元的用户子程序，并且与 ABAQUS 有限元分析软件耦合。通过 890℃ 下 20Cr32Ni1Nb 钢的蠕变试验，得到了蠕变损伤力学本构方程中的材料参数，对蒸汽转化炉热壁集气管的蠕变损伤进行模拟计算，获得了服役 10^5 h 后构件的损伤分布及最大损伤部位。

关键词　集气管；20Cr32Ni1Nb 钢；蠕变损伤；有限元模拟

Finiteelement Analysis on Creep Damage for
Hot Outlet Manifold in Steam Reform Furnace

Guo Xiaofeng　Gong jianming　Yang Xinyu　Geng Luyang　Jia Xiankai

（School of Mechanical and Power Engineering, Nanjing Tech University,
Nanjing 211816, Jiangsu Province, China）

Abstract　Damage will occur in steam reform furnaces subjected to high temperature in the period of long-term service. Therefore, it is important to predict the damage of the furnaces. Based on the modified Liu-Murakami constitutive equation, the user subroutines computing the damage of the reform furnaces and 3D solid element were compiled and coupled with ABAQUS finite element code. Creep tests were performed at serviced at 890℃ for 20Cr 32Ni1Nb steel, and the creep material constants in the modified creep damage constitutive equations were obtained by fitting the creep test data. On the basis of this, the creep damage prediction was carried out for the manifold component serviced at high temperature in steam reform furnace. The damage distribution and maximum damage location of the manifold were obtained.

Keywords　manifold; 20Cr32Ni1Nb steel; creep damage; finite element simulation

1　引言

蒸汽转化炉集气管的工作环境非常苛刻，管内介质温度高达 890℃ 左右，同时由于受到重力、内压、温差热应力及管系的各种约束，整个转化炉管系受力极其复杂，容易引起局部管线变形过大，加上集气管材料经长期高温服役后材料劣化，造成其管系关键部件易出现弯曲、鼓胀、蠕变开裂等问题。在过去的 30 年间，为了保证转化炉关键高温构件的可靠安全运行，国内外学者从温度、时间和应力状态等复杂条件下进行了蠕变损伤分析及寿命评估研究[1]。传统上，高温构件的寿命评估与预测主要是采用参数外推法（如 Larson - Miller 法[2]，

Manson - Haford 法[3] 等）。此后，相继出现了 θ 法、晶粒变形法、蠕变裂纹扩展评估法和基于损伤力学的蠕变损伤分析和寿命评估法[4-6]。这些损伤和寿命评估方法各具特点，而基于连续损伤力学的蠕变分析以及寿命评估，不仅考虑了时间相关性，同时也涉及多轴应力效应[7]，而且可以针对结构不连续以及冶金不连续问题[8]，研究高温构件的损伤分布和发展。近 10 年来，以蠕变损伤力学为基础的损伤及寿命评估方法在工程问题中得到了越来越广泛的应用。

本文针对尚未服役的国产 20Cr32Ni1Nb 热壁集气管，尺寸 φ212mm × 31mm，工作压力 3.5MPa，工作温度 890℃。通过在 ABAQUS 有限元分析软件中引入损伤力学本构方程，对实际工况下的集气管进行了模拟计算，得到了集气管运行 10^5h 后的损伤分布，并确定了损伤最大的部位，从而为集气管的维修检验提供技术支持，也为管线的安全评估提供科学依据。

2 损伤力学本构方程及材料参数确定

2.1 本构方程

考虑到长期高温服役过程中析出相粗化对蠕变损伤的影响[9]及应力的多轴性[10]，采用改进的 Liu - Murakami 本构方程，可表示为：

$$\dot{\varepsilon}_{ij} = \frac{3}{2} B \sigma_{eq} n - 1 s_{ij} \exp \left[D_1 + \frac{2(n+1)}{\pi \sqrt{1 + \frac{3}{n}}} \left(\frac{\sigma_1}{\sigma_{eq}} \right) 2D \frac{3}{2}_2 \right]$$

$$\tag{1}$$

$$\dot{D} = \frac{K_c}{3} (1 - D_1) 4 \tag{2}$$

$$\dot{D}_2 = \frac{A [1 - \exp(-q)]}{q} (\sigma_r) p \exp(q D_2) \tag{3}$$

$$\sigma_r = \alpha \sigma_1 + (1 - \alpha) \sigma_{eq} \tag{4}$$

式中 $\dot{\varepsilon}_{ij}$ 为蠕变应变张量，S_{ij} 为应力偏张量，σ_1 为最大主应力，σ_{eq} 为 von - Mises 应力；D_1 和 D_2 为损伤变量，α（$0 \leqslant \alpha \leqslant 1$）为表征多轴破断准则的材料常数。$B$，$n$，$A$，$p$，$q$ 均为与最小蠕变应变速率和蠕变断裂有关的材料常数，K_c 为考虑析出相粗化的材料常数。

2.1 2 参数确定

对尚未服役的 20Cr32Ni1Nb 钢进行不同应力水平下恒载荷蠕变试验，试验温度为 890℃，所得到的 30MPa，35MPa，40MPa，45MPa，50MPa 蠕变曲线如图 1 所示。根据蠕变试验数据拟合得到材料常数 B，n，A，p，q。采用非线性最小二乘法寻优求得参数 K_c，E 为弹性模量，μ 为泊松比。各材料参数列于表 1 中，表征多轴应力的 α 值选取见参考文献[11]。

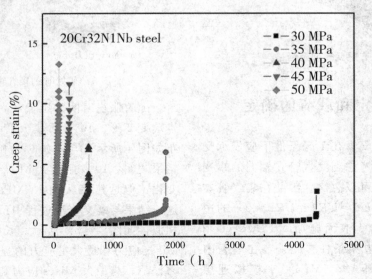

图 1 890℃下不同应力水平的蠕变曲线

表 1   20Cr32Ni1Nb 钢在 890℃ 下的材料参数

E/MPa	ν	B	n	A	p	q	K_c	α
85660	0.369	1.698×10^{-33}	17.43	8.305×10^{-18}	8.93	3.92	7.9×10^{-3}	0.15

3   有限元分析模型建立

3.1   有限元分析模型及单元划分

集气管蠕变开裂主要集中于猪尾管与集气管的交界处,基于此对模型进行了简化,有限单元重点关注于交界处。实际中,集气管与猪尾管是通过焊接的方式连接的,由于焊材与母材十分接近,模拟计算中假设管件为同种材料。针对集气管构件,所建 3D 单元模型如图 2 所示,模型中共 212487 个节点,187365 个单元,单元类型为 C3D4。为避免由于网格划分的不同而带来计算精度的问题,本文网格尺寸较小,网格密度满足分析需要。

图 2   集气管有限元模型及网格

3.2   边界条件设定和载荷的确定

在理想状态下,集气管在工况条件下应仅承受内压而无外载荷作用。考虑到集气管在轴向的蠕变变形较小且相对于管长可以忽略,因此在集气管左右表面施加 ZSYMM（$U3=UR1=UR2=0$）的边界条件,同时在猪尾管上表面施加 YSYMM（$U2=UR1=UR3=0$）的边界条件。此外,在模型内部施加均布的工作内压（3.5MPa）来模拟理想工况。

4   计算结果与分析

本文采用改进的 Liu‒Murakami 蠕变损伤模型,开发三维单元的子程序,实现了 ABAQUS 与损伤的耦合,模拟得到集气管 10^5 h 后的应力与损伤分布。

图 3 是初始时刻集气管构件的应力分布图,从图中可以看出,当蠕变尚未影响应力分布时,最大 Mises 应力和最大主应力分别为 30.0MPa 和 26.95MPa,出现在猪尾管和集气管相交界的 A 区域。由于最大主应力和最大 Mises 应力值远小于材料的屈服强度,因此集气管的强度满足设计标准。此外,猪尾管和集气管交界处 A 区域的应力值明显高于直管段,因此 A 区域是应力集中区域和最危险的部位。

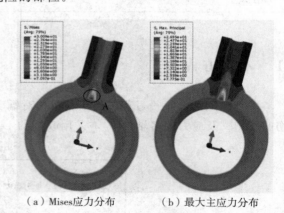

（a）Mises应力分布　　　（b）最大主应力分布

图 3   初始时刻集气管的应力分布

随着服役时间的延长,高温作用下集气管会发生蠕变变形。10^5 h 后集气管的应力分布和损伤分布如图 4 所示。与初始时刻相比（图 3）,图 4（a）结果表明:10^5 h 后最大 Mises 应力区域并没有发生变化,但是其值从 30.0 MPa 下降到 18.21 MPa。这一结果与蠕变变形过程中最大主应力的变化规律相似,如图 4（b）所示。长期蠕变过程中,最大 Mises 应力和最大主应力的显著减小主要归因于应力松弛。与最大 Mises 应力和最大主应力的位置类似,10^5 h 后集气管最大损伤位置同样出现在 A 区域，这一阶段 A 区域的最大损伤值仅为 0.073，而整个外表面的损伤更小。

由于 A 区域是最严重的损伤区域，图 5 为服役过程中 A 区域的 Mises 应力、最大主应力和损伤累积随时间变化曲线。如图 5 所示，在初始服役阶段，A 区域的 Mises 应力和最大主应力迅速下降，但随着蠕变时间的增加，Mises 应力和最大主应力值的变化趋于稳定。此外，随着服役时间的延长，集气管构件损伤逐渐增加，但由于理想条件下

Mises 应力和最大主应力较小，集气管损伤的发展很慢。在服役 10^5 h 后，集气管最大损伤位置（A处）的损伤值仅为 0.073，即服役寿命只占总寿命的 7.3%。这一结果表明，在理想状态下，20Cr32Ni1Nb 热壁集气管完全满足 10^5 h 的设计寿命。但是值得注意的是：由于模拟过程中没有考虑集气管焊接接头处复杂的微观组织状态及热影响区域残余应力对集气管寿命的影响，因此理想状态下计算出的损伤值偏小。

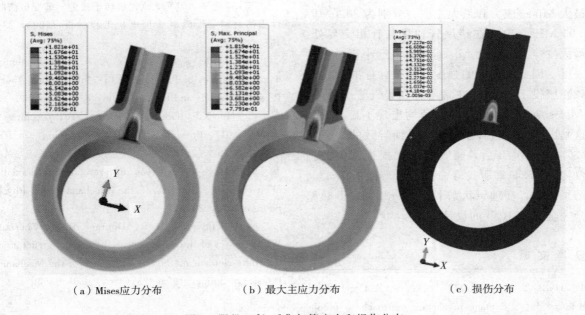

（a）Mises 应力分布　　　（b）最大主应力分布　　　（c）损伤分布

图 4　服役 10^5 h 后集气管应力和损伤分布

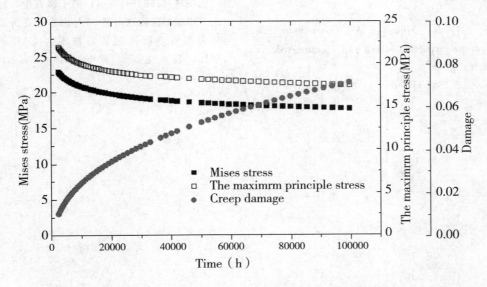

图 5　Mises 应力、最大主应力和蠕变损伤随服役时间的变化曲线

5 结论

基于改进的 Liu - Murakami 蠕变损伤力学本构模型，通过编写的损伤子程序与 ABAQUS 软件连接，结合实际工况，模拟分析了蒸汽转化炉集气管在 890℃，3.5 MPa 条件下的应力分布，得到以下结论：

（1）服役初始时刻，当蠕变尚未影响应力分布时，最大 Mises 应力和最大主应力分别为 30.0MPa 和 26.95 MPa，出现在猪尾管和集气管相交界处。由于最大主应力和最大 Mises 应力值远小于材料的屈服强度，因此集气管的强度满足设计标准。

（2）服役 10^5 h 后，在猪尾管和集气管交界处，最大 Mises 应力和最大主应力值均出现了显著的减小，这是由于蠕变过程中应力松弛所导致的。

（3）服役 10^5 h 后，集气管最大损伤部位的损伤值仅为 0.073，即服役寿命只占总寿命的 7.3%。这一结果表明，在理想状态下，20Cr32Ni1Nb 热壁集气管完全满足 10^5 h 的设计寿命。

参 考 文 献

[1] Hyde T H, Sun W, Becker A A. Creep crack growth in welds: a damage mechanics approach to predict the initiation and growth of circumferential cracks [J]. International Journal of Pressure Vessels and Piping, 2001, 78: 765—771.

[2] Larson F R, Miller J. A time-temperature relationship for rupture and creep stress [J]. Trans ASME, 1952, 74: 765—771.

[3] Manson S S, Haferd A M. A linear time-temperature-stress relations for extrapolation of creep and stress-rupture data [J]. NACA TN 2890, 1953.

[4] Evans M. The θ projection method and small creep strain interpolations in a commercial Titanium alloy [J]. Journal of Material Science, 2001, 36 (12): 2875—2884.

[5] 涂善东. 高温结构完整性原理 [M]. 北京: 科学出版社, 2003.

[6] Becker A A, Hyde T H, Sun W, et al. Benchmarks for finite element analysis of creep continuum damage mechanics [J]. Computational Materials Science, 2002, 25 (1—2): 34—41.

[7] 荆建平, 孟光. 汽轮机转子疲劳 - 蠕变损伤的非线性损伤力学分 [J]. 中国电机工程学报, 2003, 23 (9): 167—172.

[8] Hyde T H, Becker A A. Finite-element creep damage analyses of P91 pipes [J]. International Journal of Pressure Vessels and Piping, 2006, 83: 853—863.

[9] Guo X F, Gong J M, Geng L Y. Proceedings of the ASME 2017 Pressure Vessels and Piping Conference, Hawaii, USA, 2017.

[10] Hayhurst D. Creep rupture under multi-axial states of stress [J]. Journal of the Mechanics and Physics of Solids, 1972, 20: 381—382.

[11] Hayhurst D R, Dimmer P R, Chernuka M W. Estimates of the creep rupture lifetime of structures using the finite element method [J]. Journal of the Mechanics and Physics of Solids, 1975, 23 (4—5): 335—350.

作 者 简 介

郭晓峰（1986—），男，博士研究生，通信地址：江苏省南京市浦口区浦珠南路 30 号南京工业大学江浦校区机械与动力工程学院高温装备技术与 CAE 研究室，邮编：211816，联系电话：13701472348，E-mail：xiaofengzidane@gmail.com。

基于多尺度模型的复合材料气瓶低速冲击渐进失效分析方法

廖斌斌[1]　郑津洋[1,2]　顾超华[1]

（1. 浙江大学化工机械研究所，浙江杭州 310027；

2. 浙江大学流体动力与机电系统国家重点实验室，浙江杭州　310027）

摘　要　为了研究复合材料气瓶在低速冲击载荷作用下的复杂渐进失效力学行为，通过对子层的刚度等效和应力应变分解建立一种多尺度分析模型，实现了冲击载荷下的复合材料气瓶基于子层的有限元计算和基于单层的失效判断。采用 FORTRAN 语言编写了适用于 ABAQUS/Explicit 求解器的 VUMAT 子程序，用于模拟复合材料气瓶在冲击载荷下的纤维和基体的损伤演化行为，采用内聚力模型来模拟子层之间的分层损伤。数值结果与试验结果进行了对比，分析结果表明：该多尺度分析模型可以准确、高效的预测复合材料气瓶在冲击载荷下的力学性能。

关键词　复合材料气瓶；多尺度模型；损伤演化

Progressive Failure Analysis Method of a Composite Pressure Vessel Bymulti-scale Model Under low Velocity Impact

Liao Binbin[1]　Zheng Jinyang[1,2]　Gu Chaohua[1]

(1. Institute of Process Equipment，Zhejiang University，Hangzhou 310027，China；2. State Key Laboratory of Fluid Power and Mechatronic Systems，Zhejiang University，Hangzhou 310027，China)

Abstract　In order to study the complex progressive failure behaviors of a composite pressure vessel under low velocity impact，a multi-scale model based on sub-laminate stiffness homogenization and stress and strain decomposition isestablished. In this way，the composite pressure vessel could be calculated at a sub-laminate level and the failure could be predicted at a ply level. Intralaminar damage modelfor composite layers are implemented by developing finite element codes using ABAQUS-VUMAT（user dynamic material subroutine），the interface delamination is simulated by bilinear cohesive model in ABAQUS. By comparison with the experimental results，the multi-scale model can predict the mechanical properties of composite pressure vessel under low velocity impact accurately and efficiently.

Keywords　composite pressure vessel；multi-scale model；damage evolution

0　引言

碳纤维复合材料气瓶因其安全、经济和高效在氢能储运领域发挥重要作用，是复合材料重要的应用方面。复合材料气瓶采用的缠绕结构可通过铺设不同厚度和不同纤维角度的复合材料层来实现气瓶结构的高强度和高刚度，以便适用气瓶的各种工作环境。然而，复合材料气瓶对冲击载荷十分敏感，如在生产和服役过程中受工具敲击、碎石冲击以及气瓶跌落等，往往外表看似完好，但内部已出现损伤，这严重影响了气瓶的结构完整性，因此，十分有必要研究复合材料气瓶在低速冲击载荷下的渐进失效行为。

复合材料气瓶往往缠绕多层，相对跨厚度比比较小，面外效应明显，已经超越了薄板/壳理论的适用范畴，因此，在求解复合材料气瓶问题时，需要采用三维实体建模的方式以及三维的失效理论。现有的商业有限元软件虽然都集成了复合材料结构的分析模块，但多数都基于经典的二维层合板理论，在多层复合材料气瓶问题的分析中都有一定的局限性。如非线性有限元软件 ABAQUS 中内嵌了二维 Hashin 失效判据以及基于断裂韧性的损伤退化模型，但仅适用于薄板/壁结构，其三维正交各向异性材料以及完全各向异性材料模型都缺乏相应的三维失效判据[1]；LS＿DYNA 和 MSC.Dytran 中虽然内嵌了三维材料模型以及 Chang－Chang 三维失效判据，但仅限于正交各向异性材料，因此需要采用逐层分析的方式进行建模[2−3]。而对于多层复合材料气瓶结构，需要沿厚度方向划分很多的网格，且复合材料的显示冲击计算效率与单元的特征长度密切相关。所以这种逐层分析的方式不仅使得建模工作异常复杂，而且使复合材料气瓶冲击计算效率极其低下。

鉴于多层复合材料数值计算的上述问题，Chou 等人[4]提出了一种复合材料层压板子层的三维等效弹性常数计算方法，根据单层板的弹性常数以及铺层信息计算出子层的三维等效弹性常数。基于 Chou 等人[4]的等效刚度理论，Bogetti 等人基于子层刚度等效、铺层应力应变分解以及三维最大应变失效准则提出一种多尺度理论[5−6]，将整个层压板沿厚度方向划分为多个子层，每个子层内有多个铺层，对每个子层进行三维刚度等效。其优点在于厚度方向不需要逐层的对每一个单层建立单元，这样有效地减少了厚度方向单元的数量，可适用于复合材料厚板/厚壁结构的强度计算。Staniszewski[7]等人在上述多尺度理论的基础上编写了适用于 ABAQUS 软件的子程序，实现了对复杂复合材料结构的静强度预测。

本文针对复合材料气瓶的冲击问题，对上述的多尺度方法上进行了改进，基于 Chou[4]的等效刚度理论对各子层进行三维刚度等效，并考虑多层复合材料结构的面外效应，采用基于应力的三维 Hashin 失效准则和参数退化方式研究纤维和基体的渐进损伤，同时采用内聚力模型来模拟子层之间的分层损伤。编写了 ABAQUS－VUMAT 的显示用户子程序，为复合材料气瓶在冲击载荷下的渐进失效行为提供一种准确、高效的分析方法。

1 多尺度分析方法

1.1 三维刚度等效

根据 Chou[4] 的三维刚度等效理论，对包含任意铺层角度的复合材料子层进行三维刚度等效，其等效刚度矩阵 $[\bar{C}_{ij}^*]$ 为如下形式：

$$[\bar{C}_{ij}^*] = \begin{bmatrix} \bar{C}_{11}^* & \bar{C}_{12}^* & \bar{C}_{13}^* & 0 & 0 & \bar{C}_{16}^* \\ & \bar{C}_{22}^* & \bar{C}_{23}^* & 0 & 0 & \bar{C}_{26}^* \\ & & \bar{C}_{33}^* & 0 & 0 & \bar{C}_{36}^* \\ & & & \bar{C}_{44}^* & \bar{C}_{45}^* & 0 \\ & sym & & & \bar{C}_{55}^* & 0 \\ & & & & & \bar{C}_{66}^* \end{bmatrix} \quad (1)$$

其中，"＊"表示子层的等效值，上划线"－"表示在整体坐标系下的数值。子层的等效应力应变关系为：

$$[\bar{\sigma}^*] = [\bar{C}_{ij}^*][\bar{\varepsilon}^*] \quad (2)$$

其中，

$$[\bar{\sigma}^*] = [\bar{\sigma}_1^* \ \bar{\sigma}_2^* \ \bar{\sigma}_3^* \ \bar{\sigma}_4^* \ \bar{\sigma}_5^* \ \bar{\sigma}_6^*]^T \quad (3)$$

$$[\bar{\varepsilon}^*] = [\bar{\varepsilon}_1^* \ \bar{\varepsilon}_2^* \ \bar{\varepsilon}_3^* \ \bar{\varepsilon}_4^* \ \bar{\varepsilon}_5^* \ \bar{\varepsilon}_6^*]^T \quad (4)$$

子层的等效刚度系数 $\bar{C}_{ij}^*$ 表示如下：

$$\bar{C}_{ij}^* = \sum_{k=1}^{n} V^k \left[\bar{C}_{ij}^k - \frac{\bar{C}_{i3}^k \bar{C}_{3j}^k}{\bar{C}_{33}^k} + \frac{\bar{C}_{i3}^k \sum_{l=1}^{n} \frac{V^l \bar{C}_{3j}^k}{\bar{C}_{33}^k}}{\bar{C}_{33}^k \sum_{l=1}^{n} \frac{V^l}{\bar{C}_{33}^k}} \right]$$

$$(i, j = 1, 2, 3, 6) \quad (5)$$

$$\bar{C}_{ij}^* = \bar{C}_{ji}^* = 0 \ (i = 1, 2, 3, 6; \ j = 4, 5) \quad (6)$$

$$\overline{C}_{ij}^{*} = \frac{\sum\limits_{k=1}^{n}\dfrac{V^{k}}{\Delta_{k}}\overline{C}_{ij}^{k}}{\sum\limits_{k=1}^{n}\sum\limits_{l}^{n}\dfrac{V^{k}V^{l}}{\Delta_{k}\Delta_{l}}(\overline{C}_{44}^{k}\overline{C}_{55}^{l}-\overline{C}_{45}^{k}\overline{C}_{54}^{l})}$$

$$(i,\ j=4,\ 5) \quad (7)$$

$$\Delta_{k}=\overline{C}_{44}^{k}\overline{C}_{55}^{k}-\overline{C}_{45}^{k}\overline{C}_{54}^{k} \quad (8)$$

其中，$\overline{C}_{ij}^{k}$ 表示子层中第 k 个铺层在整体坐标系下的刚度系数，可由单层板材料坐标系下的刚度矩阵以及坐标转换得到[6]；n 为子层所包含的铺层数；V^{k} 是第 k 个单层的厚度与子层总厚度的比值[6]。

1.2 铺层应力应变分解

依据上述的子层等效刚度，可以求解出各子层在整体坐标系下的等效应力 $[\overline{\sigma}^{*}]$ 和等效应变 $[\overline{\varepsilon}^{*}]$。为了进一步分解出子层内单个铺层的应力应变，假定整体坐标系下的单个铺层面内应变和面外应力分量等于子层的面内等效应变和面外等效应力分量[5,6]：

$$\overline{\varepsilon}_{i}^{k}=\overline{\varepsilon}_{i}^{*} \quad (i=1,\ 2,\ 6;\ k=1,\ 2,\ \cdots,\ n) \quad (9)$$

$$\overline{\sigma}_{i}^{k}=\overline{\sigma}_{i}^{*} \quad (i=3,\ 4,\ 5;\ k=1,\ 2,\ \cdots,\ n) \quad (10)$$

其中，$\overline{\sigma}_{i}^{k}$ 和 $\overline{\varepsilon}_{i}^{k}$ 分别为第 k 个铺层在整体坐标系下的应力和应变，$\overline{\sigma}_{i}^{*}$ 和 $\overline{\varepsilon}_{i}^{*}$ 分别为子层在整体坐标系下的等效应力分量和等效应变分量。此外，铺层的面外应变及面内应力分量由以下公式求得：

$$\begin{bmatrix}\overline{\varepsilon}_{3}^{k}\\[2pt]\overline{\varepsilon}_{4}^{k}\\[2pt]\overline{\varepsilon}_{5}^{k}\end{bmatrix}=\begin{bmatrix}\overline{C}_{33}^{k}&\overline{C}_{34}^{k}&\overline{C}_{35}^{k}\\[2pt]\overline{C}_{43}^{k}&\overline{C}_{44}^{k}&\overline{C}_{45}^{k}\\[2pt]\overline{C}_{53}^{k}&\overline{C}_{54}^{k}&\overline{C}_{55}^{k}\end{bmatrix}-1$$

$$\begin{bmatrix}\overline{\sigma}_{3}^{k}\\[2pt]\overline{\sigma}_{4}^{k}\\[2pt]\overline{\sigma}_{5}^{k}\end{bmatrix}-\begin{bmatrix}\overline{C}_{31}^{k}&\overline{C}_{32}^{k}&\overline{C}_{36}^{k}\\[2pt]\overline{C}_{41}^{k}&\overline{C}_{42}^{k}&\overline{C}_{46}^{k}\\[2pt]\overline{C}_{51}^{k}&\overline{C}_{52}^{k}&\overline{C}_{56}^{k}\end{bmatrix}\begin{bmatrix}\overline{\varepsilon}_{1}^{k}\\[2pt]\overline{\varepsilon}_{2}^{k}\\[2pt]\overline{\varepsilon}_{6}^{k}\end{bmatrix}$$

$$(k=1,\ 2,\ \cdots,\ n) \quad (11)$$

$$\begin{bmatrix}\overline{\sigma}_{1}^{k}\\[2pt]\overline{\sigma}_{2}^{k}\\[2pt]\overline{\sigma}_{6}^{k}\end{bmatrix}=\begin{bmatrix}\overline{C}_{11}^{k}&\overline{C}_{12}^{k}&\overline{C}_{13}^{k}&\overline{C}_{14}^{k}&\overline{C}_{15}^{k}&\overline{C}_{16}^{k}\\[2pt]\overline{C}_{21}^{k}&\overline{C}_{22}^{k}&\overline{C}_{23}^{k}&\overline{C}_{24}^{k}&\overline{C}_{25}^{k}&\overline{C}_{26}^{k}\\[2pt]\overline{C}_{61}^{k}&\overline{C}_{62}^{k}&\overline{C}_{63}^{k}&\overline{C}_{64}^{k}&\overline{C}_{65}^{k}&\overline{C}_{66}^{k}\end{bmatrix}\begin{bmatrix}\overline{\varepsilon}_{1}^{k}\\[2pt]\overline{\varepsilon}_{2}^{k}\\[2pt]\overline{\varepsilon}_{3}^{k}\\[2pt]\overline{\varepsilon}_{4}^{k}\\[2pt]\overline{\varepsilon}_{5}^{k}\\[2pt]\overline{\varepsilon}_{6}^{k}\end{bmatrix}$$

$$(k=1,\ 2,\ \cdots,\ n) \quad (12)$$

根据所得到的各铺层在整体坐标系下的应力和应变，通过坐标转换得到在材料坐标系下各铺层的应力和应变。

2 渐进失效模型

2.1 复合材料失效判据及刚度退化

复合材料面内纤维拉伸、纤维压缩失效以及基体拉伸和压缩失效采用三维 Hashin 失效准则[8,9]，具体描述如下：

(1) 纤维拉伸模式（$\sigma_{11}\geqslant 0$）

$$F_{ft}=\frac{\sigma_{11}}{X_{T}}\geqslant 1 \quad (13)$$

(2) 纤维压缩模式（$\sigma_{11}<0$）

$$F_{fc}=-\frac{\sigma_{11}}{X_{C}}\geqslant 1 \quad (14)$$

(3) 基体拉伸模式（$\sigma_{22}+\sigma_{33}\geqslant 0$）

$$F_{mt}=\left(\frac{\sigma_{22}+\sigma_{33}}{Y_{T}}\right)^{2}+\frac{\sigma_{23}^{2}-\sigma_{22}\sigma_{33}}{S_{T}^{2}}+\frac{\sigma_{12}^{2}+\sigma_{13}^{2}}{S_{L}^{2}}\geqslant 1$$

$$(15)$$

(4) 基体压缩模式（$\sigma_{22}+\sigma_{33}<0$）

$$F_{mc} = \left[\left(\frac{Y_C}{2S_T} \right)^2 - 1 \right] \frac{\sigma_{22} + \sigma_{33}}{Y_C} + \left(\frac{\sigma_{22} + \sigma_{33}}{2S_T} \right)^2 +$$

$$\frac{\sigma_{23}^2 - \sigma_{22}\sigma_{33}}{(S_T)^2} + \frac{\sigma_{12}^2 + \sigma_{13}^2}{(S_L)^2} \geqslant 1$$

$$(16)$$

其中，F_{ft}、F_{fc}、F_{mt} 和 F_{mc} 为失效因子，X_T 为纤维方向拉伸强度，X_C 为纤维方向压缩强度，Y_T 为基体方向拉伸强度，Y_C 为基体方向压缩强度，S_L 为面内剪切强度，S_T 为面外剪切强度。

当子层内任意铺层出现损伤时，根据表 1 所示的参数退化模式进行弹性常数的退化[10]，并重新计算子层的等效刚度矩阵。

表 1 铺层刚度退化表

失效模式	刚度退化准则
基体拉伸	$E_2^d = 0.2E_2$，$G_{12}^d = 0.2G_{12}$，$G_{23}^d = 0.2G_{23}$
基体压缩	$E_2^d = 0.4E_2$，$G_{12}^d = 0.4G_{12}$，$G_{23}^d = 0.4G_{23}$
纤维拉伸	$E_1^d = 0.07E_1$
纤维压缩	$E_1^d = 0.14E_1$

复合材料厚板多尺度分析方法中，每个子层内含有多个铺层，逐一存储每个铺层的损伤状态将会占用很大的计算量和存储空间，为了提高程序计算效率，Bogetti[5,6] 等人在对复合材料厚板进行分析时引入了刚度比的概念。刚度比指的是当前增量步结束时，子层的当前刚度系数与初始无损伤时的刚度系数的比值，具体表示如下：

$$R_{ij} = \frac{\bar{C}_{ij}^c}{\bar{C}_{ij}^0} \quad (i, j = 1, 6) \qquad (17)$$

其中，$\bar{C}_{ij}^0$ 为整体坐标系下，初始无损状态时的刚度系数；$\bar{C}_{ij}^c$ 为当前的刚度系数，由式（5）～式（8）求得，R_{ij} 即为刚度比。刚度比的取值介于 0 和 1 之间，1 代表刚度没有退化，0 代表刚度完全退化，为了保证刚度退化的不可逆性，刚度比的取值应选择整个时间历程中的最小值，表示如下：

$$R_{ij}(t) = \min_{t' \leqslant t} \{ R_{ij}(t') \} \qquad (18)$$

刚度比将作为独立变量进行存储，在每个载荷增量步开始之前，先根据存储的刚度比更新当前刚度，更新方式如下：

$$\bar{C}_{ij}^c = R_{ij} \bar{C}_{ij}^0 \quad (i, j = 1, 6) \qquad (19)$$

2.2 层间失效模型

内聚力模型是模拟复合材料界面分层失效的一种有效方法。本文层间损伤起始判据选择二次应力准则[11]。损伤起始变量 $F_{in} = 1$ 表示分层损伤产生。

$$F_{in} = \left[\frac{\langle \sigma_n \rangle}{N_{max}} \right]^2 + \left[\frac{\sigma_t}{T_{max}} \right]^2 + \left[\frac{\sigma_s}{S_{max}} \right]^2 \qquad (20)$$

式中：σ_n，σ_s，σ_t 分别为层间正应力和两个方向的剪切应力；N_{max}、T_{max}、S_{max} 分别对应层间拉伸和剪切的强度；$\langle \sigma_n \rangle = \begin{cases} \sigma_n, & \sigma_n > 0 \\ 0, & \sigma_n < 0 \end{cases}$，即受压时不产生损伤。

界面损伤演化采用基于断裂韧性的 B-K 准则[12]，如下：

$$D = \frac{(G_I + G_{II} + G_{III})}{G_{IC} + (G_{IIC} - G_{IC})\left[(G_{II} + G_{III}) / (G_I + G_{II} + G_{III}) \right]^\eta}$$

$$(21)$$

式中：G_I，G_{II}，G_{III} 分别为Ⅰ型、Ⅱ＝2〔ROMAN 型、Ⅲ＝3〔ROMAN 型裂纹对应的应变能释放率；G_{IC}，G_{IIC} 分别为Ⅰ型、Ⅱ型裂纹对应的临界应变能释放率；η 为 B-K 准则中定义的混合比常数，碳纤维复合材料通常取值 1.45；D 为损伤演化变量，当 $D = 1$ 时，材料完全失效。

2.3 多尺度模型计算流程

本文将多层复合材料结构沿厚度方向划分为多个子层，每个子层内均有若干单层。在单个子层内，首先根据所包含的铺层材料参数和铺层角度等信息计算出子层的等效刚度矩阵，并计算结构的宏观整体响应和整体坐标系下的子层的应力应变。然后通过应力应变分解方法以及坐标转换将整体应力和应变分解为每个铺层的应力应变。最后依据单层的应力进行失效判断、相应的刚度折减和刚度比计算。图 1 所示为多尺度模型的流程图。

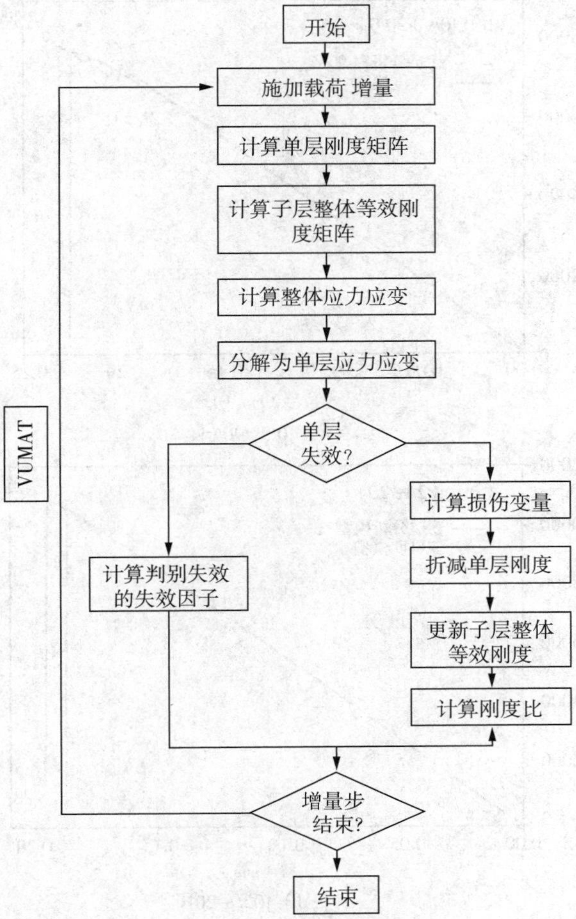

图1 多尺度模型流程图

流程图文字：
开始 → 施加载荷 增量 → 计算单层刚度矩阵 → 计算子层整体等效刚度矩阵 → 计算整体应力应变 → 分解为单层应力应变 → 单层失效？

单层失效？（否）→ 计算判别失效的失效因子

单层失效？（是）→ 计算损伤变量 → 折减单层刚度 → 更新子层整体等效刚度 → 计算刚度比

→ 增量步结束？ → 结束

VUMAT

3　试验与仿真分析

3.1　多尺度分析方法数值验证

用 4 种铺层顺序（$[0_8]$、$[0/90/90/0]_s$、$[0/+45/-45/0]_s$、$[0_2/\pm20]_s$）的复合材料平板拉伸试件用于检验多尺度模型的计算精度及效率。层合板的材料体系为 T700/Epon826，面内尺寸为 $20\text{mm}\times10\text{mm}$，单层厚度为 0.125mm。其层内复合材料的力学性能见表 2[13]，内聚力单元参数见表 3[13,14]，图 2 为单轴拉伸试件的有限元模型。

图2　单轴拉伸有限元模型图

表2　T700/Epon826 单层板力学性能

E_1 /MPa	E_2 /MPa	E_3 /MPa	υ_{12}	υ_{13}	υ_{23}	G_{12}/MPa	G_{13} /MPa	G_{23} /MPa	X_T /MPa	X_C /MPa	Y_T /MPa	Y_C /MPa	S_L /MPa	S_T /MPa
134600	7650	7650	0.3	0.3	0.52	3680	3680	3200	2480	951	32	137.7	77.5	68.6

表3　内聚力模型力学性能

E /MPa	G /MPa	N_0 /MPa	S_0 /MPa	T_0 /MPa	$G_{\text{I}C}$ / (N/mm)	$G_{\text{II}C}$ / (N/mm)	$G_{\text{III}C}$ / (N/mm)
1200	430	32.4	68.6	68.6	0.425	1.03	1.03

分别采用多尺度模型以及逐层分析模型对 4 种铺层顺序的层压板进行分析。两种模型面内网格尺寸一致，区别在于逐层分析模型中，沿厚度方向单元数量与铺层数量一致，而多尺度模型中，沿厚度方向每 4 个铺层划分 1 个单元。

图 3 所示为针对 4 种不同铺层顺序的层压板。分别采用两种分析模型得到的载荷位移曲线。可以看出，多尺度模型所得到曲线与逐层分析模型十分接近，所预测的峰值载荷偏差很小。表 4 列出了两种分析模型的峰值载荷和稳定时间增量。两种模型使用相同的硬件设备以及相同的 CPU 数量，多尺度的稳定时间增量要远高于逐层分析模型，且多尺度的单元数量较少，计算效率更高。

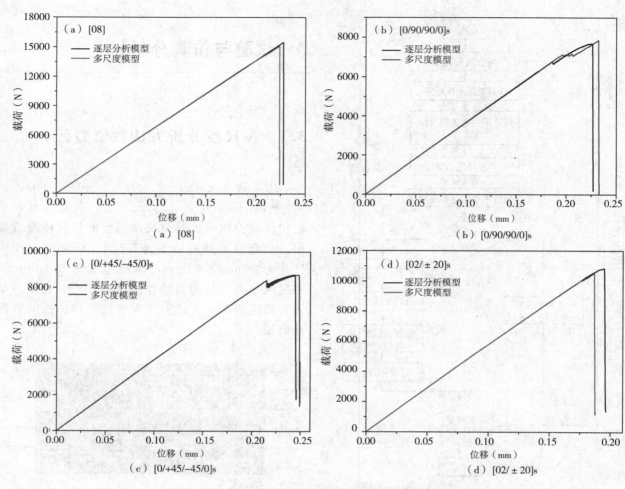

图3　四种铺层顺序下的单轴拉伸载荷-位移曲线对比图

表4　T700/Epon826 层压板单轴拉伸模型两种
分析方法的计算精度与效率对比

铺层顺序	模拟方法	峰值载荷/N	稳定时间增量
$[0_8]$	多尺度模型	15115	8.11e−08
	逐层分析模型	15481	1.58e−08
$[0/90/90/0]_s$	多尺度模型	7861	8.11e−08
	逐层分析模型	7689	1.84e−08
$[0/+45/−45/0]_s$	多尺度模型	8726	8.11e−08
	逐层分析模型	8723	1.58e−08
$[0_2/\pm20]_s$	多尺度模型	10510	8.11e−08
	逐层分析模型	10840	1.64e−08

3.2　复合材料气瓶的冲击数值分析

复合材料气瓶采用 T700/Epon826 的材料体系缠绕而成[13]，材料参数见表2和表3。圆筒部分由环向层、螺旋层以及橡胶内衬（EPDM）组成，平均厚度分别为 1.3mm，1.9mm，1.8mm[13]。气瓶筒体铺层方式为 $[90_4^\circ/(20^\circ/-20^\circ)_4/\mathrm{EPDM}]_T$，缠绕角为与气瓶轴向方向的夹角。圆筒的内径为 157mm，在长度方向间隔 100mm 采用两个铝合金夹具夹紧圆筒，使得夹具与圆筒之间无间隙。冲锤的直径为 12.7mm，重量为 7.5Kg。冲击能量分别为 3J 和 30J。图4为复合材料气瓶的圆筒部分的有限元模型，根据多尺度理论将环向层每两个铺层划分一个单元，螺旋层每四个铺层划分一个单元，并在每两个子层之间以及子层和内衬之间添加内聚力单元层。具体的划分单元如下： $[90_2^\circ/c/90_2^\circ/c/$

$(20°/-20°)_2/c/(20°/-20°)_2/c/EPDM]_T$，其中 c 表示为内聚力单元层。

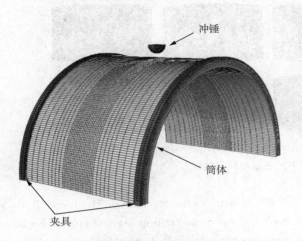

图 4　复合材料气瓶冲击有限元分析模型图

图 5（a）对试验[13]得到的冲击力-时间曲线和多尺度模型计算得到的冲击力-时间曲线进行了对比，可以看出多尺度模型预测的结果与试验结果吻合很好，冲击接触时间基本一致，峰值冲击力与试验值相比误差在 8％以内。图 5（b）为试验[13]和多尺度模型得到的冲击力-位移曲线对比结果，可以看出多尺度模型预测的最大中心位移与试验值稍有偏差，永久中心位移基本一致。

图 6 为达到损伤初始判据后的最大失效因子对应的失效模式云图。云图中的数值 1～4 分别对应纤维拉伸损伤、纤维压缩损伤、基体拉伸损伤和基体压缩损伤失效模式。从图 6 中可以看出在非冲击面的基体拉伸损伤较为严重，在 30J 冲击能量下冲击面出现了基体压缩损伤，同时在 30J 冲击能量下纤维损伤也较为严重，且主要以拉伸损伤出现。

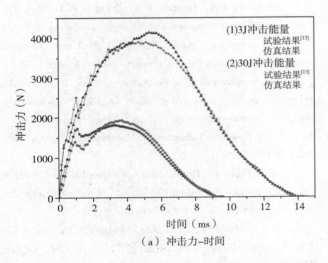

（a）冲击力-时间

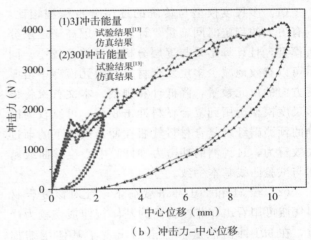

（b）冲击力-中心位移

图 5　在 3J 和 30J 冲击能量下的冲击力-时间/中心位移曲线图

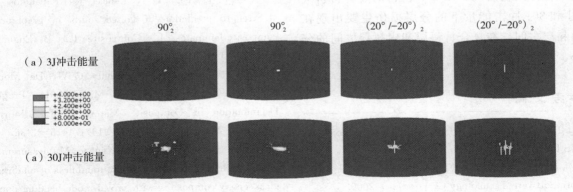

图 6　达到损伤初始判据后的最大失效因子对应的失效模式云图

图 7 为 3J 和 30J 冲击能量下的分层损伤云图。从图 7 中可以看出分层主要出现在复合材料层之间，在复合材料层和内衬层之间的分层较小，这主

要是由于采用 EPDM 的橡胶内衬具有较大的弹性，可随着复合材料的变形而变形。

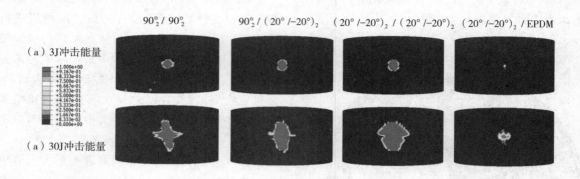

90°₂ / 90°₂   90°₂ / (20° /−20°)₂   (20° /−20°)₂ / (20° /−20°)₂   (20° /−20°)₂ / EPDM

图 7　3J 和 30J 冲击能量下的分层损伤云图

4　结论

（1）多尺度模型与传统的逐层分析模型相比，具有更大的稳定时间增量，计算效率远高于逐层分析模型，且计算结果与逐层分析模型偏差较小。同时可以有效地减少多层复合材料有限元模型中沿厚度方向的单元数量，降低计算规模。本文首次将该多尺度模型运用到复合材料冲击领域，可以较为准确的预测碳纤维复合材料气瓶在冲击载荷下的渐进失效行为，且预测的冲击力−时间/中心位移曲线基本与试验曲线基本一致。

（2）在 3J 和 30J 冲击载荷下，针对该复合材料气瓶可用看出在非冲击面的基体拉伸损伤较为严重，在 30J 冲击能量下冲击面出现了基体压缩损伤，同时在 30J 冲击能量下纤维损伤也较为严重，且主要以拉伸损伤出现。EPDM 内衬的复合材料气瓶在 3J 和 30J 冲击能量下的分层损伤主要出现在复合材料层之间，在复合材料层和内衬层之间的分层较小。

参 考 文 献

［1］DS SIMULIA. ABAQUS user manual. Version6.10, ABAQUS Inc., Providence, RI, USA, 2010.

［2］Hallquist J O. LS-DYNA theory manual ［J］. Livermore Software Technology Corporation, 2006.

［3］Dytran MSC. Theory manual ［J］. Wydawnictwo MSC, 2013.

［4］Chou P C, Carleone J, Hsu C M. Elastic constants of layered media ［J］. Journal of CompositeMaterial, 1972, 6 (1): 80−93.

［5］Bogetti T A, Staniszewski J, Burns B P, et al. Predicting the nonlinear response and progressive failure of composite laminates under tri-axial loading ［J］. Journal of Composite Materials, 2012, 46 (9): 2443 − 2459.

［6］Bogetti T A, HoppelC P R, Drysdale W H. Three-Dimensional effective property and strength prediction of thick laminated composite media ［R］. U.S. Army Research Laboratory: Aberdeen Proving Ground, MD, October 1995.

［7］Staniszewski J M, Bogetti T A, Keefe M. An improved design methodology for modeling thick-Section composite structures using a multiscale approach ［R］. U.S. Army Research Laboratory: Aberdeen Proving Ground, MD, 2012.

［8］Hashin, Z, Rotem, A. A Fatigue Failure Criterion for Fiber Reinforced Materials ［J］. Journal of Composite Materials, 1973, 7 (4): 448−464.

［9］Hashin, Z. Fatigue Failure Criteria for Unidirectional Fiber Composites ［J］. Journal of Applied Mechanics, 1980, 47 (2): 329−334.

［10］Tserpes K I, Labeas G, Papanikos P, et al. Strength prediction of bolted joints in graphite/epoxy composite laminates ［J］. Composites Part B: Engineering, 2002, 33 (7): 521−529.

［11］Camanho P P, Davila C G, De Moura M F. Numerical Simulation of Mixed-Mode Progressive Delamination in Composite Materials ［J］. Journal of Composite Materials, 2003, 37 (16): 1415−1438.

［12］Benzeggagh M L, Kenane M. Measurement of mixed-mode delamination fracture toughness of unidirectional glass/epoxy composites with mixed-mode bending apparatus ［J］. Composites Science & Technology, 1996, 56 (4): 439−449.

［13］Kim E H, Lee I, Hwang T K. Low-Velocity Impact and Residual Burst-Pressure Analysis of Cylindrical Composite Pressure Vessels ［J］. Aiaa Journal, 2015, 50

(10)：2180—2193.

[14] Tan W，Falzon B G，Chiu L N S，et al. Predicting low velocity impact damage and Compression-After-Impact（CAI）behaviour of composite laminates [J] . Composites Part A Applied Science & Manufacturing，2015，71：212—226.

作 者 简 介

廖斌斌（1992—），男，博士研究生，主要从事高压储氢气瓶的损伤分析和损伤检测研究工作，通信地址：310027 浙江省杭州市浙大路 38 号浙江大学玉泉校区教 4—101 室，E—mial：hjslbb@126.com

压力边界拓展对高压气瓶内表裂纹应力强度因子的影响

聂德福　陈学东　范志超　吴乔国　薛吉林

（合肥通用机械研究院　安徽合肥　230031）

摘　要　应力强度因子（K）是对加氢站高压储氢气瓶进行破前漏分析和安全评定的重要参量，而BS 7910 和 GB/T 19624 等标准中的计算公式均未考虑压力边界拓展的影响。鉴于采用通用有限元软件分析存在收敛性等问题，本文基于专业的 3D 断裂力学分析软件 ZENCRACK，研究了不同设计压力、壁厚（B）、以及裂纹类型、前缘形状（a/c）、深度（a）、角度（θ）等条件下压力边界拓展对 K 的影响，结果显示：K 随着设计压力、B 和 a/B 的增大，以及 a/c 的减小而明显增大；在相同条件下，环向裂纹较轴向裂纹的 K 明显减小；a/c 较小时，随 θ 的增加轴向裂纹的 K 不断增大，环向裂纹的先减小后增大，a/c 较大时，K 均随 θ 的增加而减小；设计压力为 20MPa、45MPa 和 90MPa 的高压储氢气瓶，考虑压力边界拓展时，裂纹面上施加 50% 设计压力的轴向裂纹 K 的增幅分别为 0%～5%、5%～10% 和 10%～20%，环向裂纹的分别为 0%～10%、10%～20% 和 20%～50%，裂纹面上施加 100% 设计压力的 K 增幅约为上述范围的 2 倍。本研究可为高压储氢气瓶安全保障技术研究提供参考。

关键词　压力边界；高压气瓶；内表裂纹；应力强度因子

Effect of Pressure Boundary Expansion on Stress Intensity Factors of Inner Surface Cracks in High Pressure Gas Cylinders

Nie Defu　Chen Xuedong　Fan Zhichao　Wu Qiaoguo　Xue Jilin

（Hefei General Machinery Research Institute，Hefei，230031，China）

Abstract　Stress intensity factor（K）is an important parameter for leak before break and safety assessment of high pressure gas cylinders used in hydrogen refueling stations. However，all solutions of K exclude effect of pressure boundary expansion in BS7910 and GB/T19624 standards. To avoid poor convergence of general finite element analysis software for solving such problems，a professional 3D fracture mechanics analysis software ZEN-CRACK is used to simulate effect of pressure boundary expansion on K under different design pressure，thickness（B），crack type，front shape（a/c），crack length，parametric angle（θ）. It is found that K significantly increases with increasing design pressure，B and a/B but decreasing a/c. For small a/c，K of axial crack gradually increases while K of circumferential crack increases after initial decreasing with increasing θ；for large a/c，K always decreasing with increasing θ. As for 20MPa、45MPa and 90MPa high pressure gas cylinders，K increments of axial cracks are 0%～5%、5%～10% and 10%～20% respectively，and ones of circumferential cracks are 0%～10%、10%～20% and 20%～50% respectively when 50% of the internal pressure is applied to

资助项目：国家科技部院所基金项目（2012EG219272）、安徽省自然科学基金项目（1608085ME111）和安徽省科技攻关项目（1604A0902163）对本研究的资助。

the crack face, while K increments are twice the above ranges when 100% of the internal pressure is applied. This study is useful to develop security technologies for high pressure hydrogen cylinders.

Keywords pressure boundary; high pressure gas cylinder; inner surface crack; stress intensity factor

0 引言

气瓶是我国在用数量最多的承压设备,在工业、国防、医疗和科研等领域应用广泛[1-3]。气瓶按其工作压力可划分为低压气瓶(<10MPa)和高压气瓶(≥10MPa),按公称容积可分为小容积(≤12L)、中容积(<12~150L)、大容积气瓶(>150L)[4]。近年来为应对城市空气污染、CO_2排放和全球气候变化,日本、美国、欧洲等发达国家倡导发展氢能社会,加大了加氢站的建设力度,其中日本加氢站数量最多,建设了83座商用加氢站(76座已落成),并计划2020年增至160座,2025年总量达320座[5]。大规模的加氢站建设增加了对高压大容积气瓶的需求,1座储氢量16200L的加氢站需要公称容积300L的气瓶54只,320座加氢站约需气瓶近20000只。虽然我国现有加氢站数量较少,但《能源技术革命创新行动计划(2016—2030)》[6]和《能源技术革命重点创新行动路线图》[7]等已将氢能利用列入重点任务,将加速氢能产业基础设施建设,对高压大容积气瓶需求也不断增长。

加氢站用高压气瓶对减重要求不如车载移动气瓶苛刻,考虑复合材料气瓶在充气过程中的温升对可靠性的不利影响,目前仍以钢制厚壁气瓶为主[8,9]。我国相关基础仍较薄弱,TSGR0006—2014[4]压力范围为0.2~35MPa,GB5099—1994[10]压力范围为8~30MPa,公称容积仅为0.4~80L。而日本最初为35MPa和70MPa级车载气瓶充氢的加氢站气瓶压力分别为40MPa和80MPa,日本製鋼所(JSW)、サムテック株式会社(SAMTECH)等企业正在研发压力分为45MPa和90MPa加氢站用更大容积的高压储氢钢瓶[11]。表1比较了采用不同材料(SUS316L、SCM435、SNCM439)制造各种压力级别气瓶的壁厚情况,可见随着压力增大壁厚显著增加,加工制造愈发困难[11]。同时,随着气瓶压力和容积的增加,危险性也不断增大,而且氢气易燃易爆,亟须针对新制和在用高压气瓶开展破前漏分析(LBB)和缺陷评定等安全保障技术研究。

表1 内径为300mm的高压气瓶壁厚(单位:mm)[11]

材料 设计加压	SUS316L $R_m \geq 480MPa$ $[s] = 100MPa$	SCM435 $R_m \geq 930MPa$ $[s] = 232MPa$	SNCM439 $R_m \geq 980MPa$ $[s] = 245MPa$
20MPa	34	14	13
40MPa	80	29	27
45MPa	94	33	31
80MPa	300	65	61
90MPa	504	76	71

注:灰色表示制造困难。

应力强度因子是进行破前漏(LBB)分析和缺陷评定时的重要参量,BS 7910—2005指出对于壁厚大于内半径20%的厚壁容器,LBB分析时应力强度因子计算须计及压力边界拓展的影响,而其附录M和GB/T 19624—2004附录D中应力强度因子的计算公式均未予考虑[12,13]。如直接采用ABAQUS等大型通用有限元软件分析,易出现收敛性等问题[14,15]。为此,本文基于专业的3D断裂力学分析软件ZENCRACK,研究不了同设计压力、壁厚以及裂纹类型、前缘形状、深度、角度等条件下压力边界拓展对应力强度因子的影响规律,为加氢站高压储氢气瓶的LBB分析和缺陷评定等安全保障技术研究奠定了基础,也可为其他高压厚壁承压设备的相关工作提供参考。

1 有限元模型

本研究基于专业的3D断裂力学分析软件ZENCRACK,以加氢站用高压储氢钢瓶为例开展有限元模拟分析,研究压力边界拓展对高压气瓶内表裂纹应力强度因子的影响,主要参数依据表1确定。材料选用SNCM439钢,弹性模量为210GPa,泊松比为0.3。气瓶内径为300mm,设计压力选取

20MPa、45MPa 和 90MPa，壁厚（B）分别为 13mm、31mm 和 71mm，相应的径比为 1.087、1.207、1.473。内表裂纹类型包括轴向裂纹和环向裂纹，裂纹前缘形状为半椭圆形、考虑了深度方向

半轴长度（a）与表面方向半轴长度（c）之比（即 a/c）分别为 0.5、1 和 2 共 3 种典型形式，详见示意图 1，分析了 a/B 分别为 0.1、0.3、0.5 和 0.8 共 4 种情况，具体的裂纹参数列于表 2。

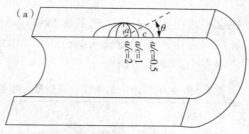 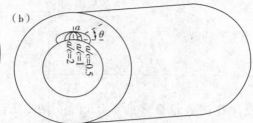

图 1 内表面裂纹示意图
（a）轴向裂纹；（b）环向裂纹

表 2 不同壁厚下的半椭圆表面裂纹尺寸（单位：mm）

厚度（B）		a/B	0.1	0.3	0.5	0.8
13mm		a	1.3	3.9	6.5	10.4
	c	$a/c=0.5$	0.65	1.95	3.25	5.2
		$a/c=1$	1.3	3.9	6.5	10.4
		$a/c=2$	2.6	7.8	13	20.8
31mm		a	3.1	9.3	15.5	24.8
	c	$a/c=0.5$	1.55	4.65	7.75	12.4
		$a/c=1$	3.1	9.3	15.5	24.8
		$a/c=2$	6.2	18.6	31	49.6
71mm		a	7.1	21.3	35.5	56.8
	c	$a/c=0.5$	3.55	10.65	17.75	28.4
		$a/c=1$	7.1	21.3	35.5	56.8
		$a/c=2$	14.2	42.6	71	113.6

本文中的加氢站用高压储氢钢瓶容积为 300L，长度约为 4.2m，为了提高计算效率，将模型简化为管段，并考虑对称性，采用 1/4 模型进行仿真分析，模型长度设为 300mm。对于含轴向表面裂纹的模型，内壁施加相应的设计压力，纵截面（除裂纹面外）施加对称边界条件，靠近裂纹一侧的横截面施加对称边界条件、另一侧横截面施加轴向应力，如图 2 所示；对于含环向表面裂纹的模型，内壁施加相应的设计压力，纵截面施加对称边界条件，含裂纹的横截面（除裂纹面外）施加对称边界条件、另一侧横截面施加轴向应力。轴向应力根据 Lamé 公式计算[16]，内压 20MPa、45MPa 和 90MPa 所对应的值分别为 111MPa、99MPa 和

77MPa，模拟压力边界拓展的影响时，在裂纹面上施加 50% 设计压力[17]，为了进行对比分析，还计算了 100% 设计压力下的情况。本研究共建立有限元模型 216 个，含内表轴向裂纹和环向裂纹的模型各 108 个，均采用 s03_t23X1 型 Crack-block 生成裂纹网格。

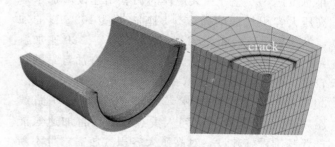

图 2 含内表面裂纹的有限元模型

2 计算结果与讨论

2.1 轴向裂纹

设计上一般将径比小于 1.2 的认为薄壁容器，反之为厚壁容器[18]。上述有限元分析模型包括 3 种径比（1.087、1.207、1.473），涵盖了从薄壁到厚壁的情况。图 3～图 5 给出了不同设计压力、壁厚、a/B、a/c 等参数组合条件下轴向裂纹的应力强度因子有限元分析结果。可见总体上，随着设计压力、壁厚和 a/B 的增大、a/c 的减小，应力强度因子明显增大。图 3 是径比为 1.087 的（壁厚

13mm、设计压力 20MPa）轴向裂纹应力强度因子计算结果，其中图 3（a）显示当 $a/c=0.5$ 时，表面应力强度因子最小，随着与 c 轴方向夹角（θ）的增大，应力强度因子增大；$a/c=1$ 时，表面应力强度因子最大，随着 θ 的增大，应力强度因子减小，见图 3（b）；$a/c=2$ 时的变化规律与 $a/c=1$ 时的相似，见图 3（c）。考虑压力边界拓展时，应力强度因子略有增加，50％设计压力下最大增幅为 4.2％，100％设计压力下最大增幅为 7.7％。

图 4 显示了径比为 1.207 的（壁厚 31mm、设计压力 45MPa）轴向裂纹应力强度因子计算结果，

可见应力强度因子随着 θ 的变化规律与图 3 中的基本相似。计及压力边界拓展时，应力强度因子明显增加，且随着 a/B 的增加其增幅加大，50％设计压力下最大增幅为 8.8％，100％设计压力下最大增幅为 17.5％，但 a/c 和 θ 对增幅影响不大。图 5 示出了径比为 1.473 的（壁厚 71mm、设计压力 90MPa）轴向裂纹应力强度因子计算结果，整体规律与图 3 和图 4 中的相似，只是压力边界拓展对应力强度因子的增加作用更为显著，50％设计压力下最大增幅为 20.4％，100％设计压力下最大增幅为 40.4％。

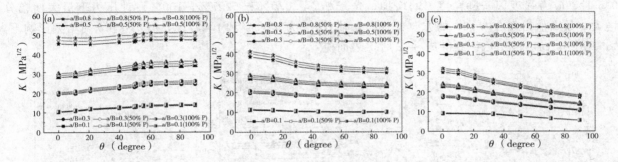

图 3　壁厚 13mm 压力 20MPa 下轴向裂纹的应力强度因子
（a）$a/c=0.5$；（b）$a/c=1$；（c）$a/c=2$

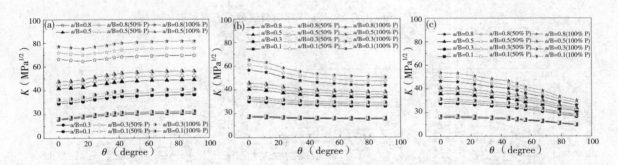

图 4　壁厚 31mm 压力 45MPa 下轴向裂纹的应力强度因子
（a）$a/c=0.5$；（b）$a/c=1$；（c）$a/c=2$

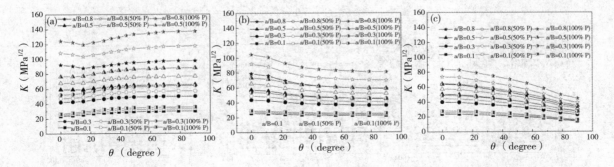

图 5　壁厚 71mm 压力 90MPa 下轴向裂纹的应力强度因子
（a）$a/c=0.5$；（b）$a/c=1$；（c）$a/c=2$

2.2 环向裂纹

图 6～图 8 给出了不同设计压力、壁厚、a/B、a/c 等参数组合条件下环向裂纹的断裂力学模拟分析结果，可以看出在相同条件下，高压气瓶环向裂纹较轴向裂纹的应力强度因子明显减小，但变化规律大体相似，仍然随着设计压力、壁厚和 a/B 的增大、a/c 的减小，应力强度因子明显增大。图 6 显示了径比为 1.087 的（壁厚 13mm、设计压力 20MPa）环向裂纹应力强度因子变化情况，当 $a/c=0.5$ 时，应力强度因子随角度 θ 的增加，先减小后增大，最大值出现在 $\theta=90°$ 的方向上（即 a 轴方向），见图 6（a）；当 $a/c=1$ 和 $a/c=2$ 时，表面应

力强度因子最大，并随着 θ 的增加而不断减小，见图 6（b）和图 6（c）。考虑压力边界拓展时，环向裂纹较轴向裂纹的应力强度因子增加更为明显，50% 设计压力下最大增幅为 7.9%，100% 设计压力下最大增幅为 15.8%。

图 7 和图 8 是径比分别为 1.207（壁厚 31mm、设计压力 45MPa）和 1.473（壁厚 71mm、设计压力 90MPa）的环向裂纹应力强度因子计算结果。可见整体规律与图 6 中的相似，计及压力边界拓展时，随着设计压力、壁厚和 a/B 的增加，应力强度因子增幅加大，50% 设计压力下最大增幅分别为 20.0% 和 52.7%，100% 设计压力下最大增幅分别为 39.3% 和 104.7%，但 a/c 和 θ 对增幅影响不大。

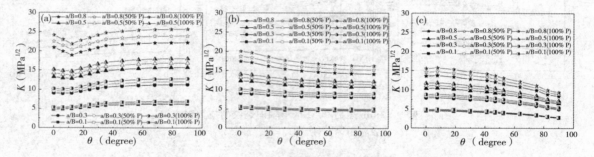

图 6 厚 13mm 压力 20MPa 下环向裂纹的应力强度因子
（a）$a/c=0.5$；（b）$a/c=1$；（c）$a/c=2$

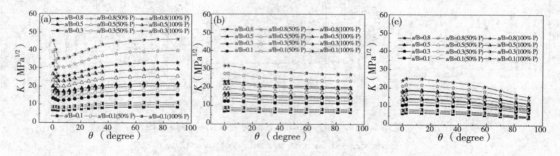

图 7 壁厚 31mm 压力 45MPa 下环向裂纹的应力强度因子
（a）$a/c=0.5$；（b）$a/c=1$；（c）$a/c=2$

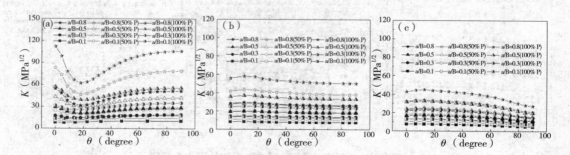

图 8 壁厚 71mm 压力 90MPa 下环向裂纹的应力强度因子
（a）$a/c=0.5$；（b）$a/c=1$；（c）$a/c=2$

2.3 讨论

BS 7910—2005 和 GB/T 19624—2004 等标准文献中给出了一些典型结构表面裂纹的应力强度因子计算公式，尽管未计及压力边界拓展的影响，但仍可为相关研究提供有益的参考[12,13]。对于含半椭圆表面裂纹（$a×2c$）的板壳（板宽 $2W$、板长 $2L$、板厚 B），在薄膜应力（σ_m）的作用下，应力强度因子（K）可表示为[13]：

$$K=\sigma_m f_m \sqrt{\pi a} \tag{1}$$

$$f_m^A=\frac{1}{\left[1+1.464\left(\frac{a}{c}\right)1.65\right]0.5}\left\{1.13-0.09\frac{a}{c}+\left(-0.54+\frac{0.89}{0.2+\frac{a}{c}}\right)\left(\frac{a}{B}\right)^2+\left[0.5-\frac{1}{0.65+\frac{a}{c}}+14\left(1-\frac{a}{c}\right)24\right]\left(\frac{a}{B}\right)^4\right\} \tag{2}$$

$$f_m^B=\left\{\left[1.1+0.35\left(\frac{a}{B}\right)^2\right]\left(\frac{a}{c}\right)0.5\right\}f_m^A \tag{3}$$

其中 f_m^A、f_m^B 是 f_m 分别沿着深度方向（a 轴）和表面方向（c 轴）的系数，上述关系式的适用范围：$a/B\leqslant0.8$，$a/c\leqslant1.0$，$c/L\leqslant0.15$，$c/W\leqslant0.15$。

如将关系式（3）进行简单变化，便可计算出 f_m^B/f_m^A 随着 a/B、a/c 的变化情况，部分结果列于表3，显然随着 a/B 和 a/c 的增加，f_m^B/f_m^A 逐渐增加。根据关系式（1）可知，当 $f_m^B/f_m^A<1$ 时，沿裂纹深度方向的 K 较沿表面方向的大；当 $f_m^B/f_m^A=1$ 时，沿深度和表面方向的 K 相等；当 $f_m^B/f_m^A>1$ 时，沿深度方向的 K 较沿表面方向的小。据此可分析裂纹前缘形状在疲劳扩展过程中的演化规律，如不考虑裂纹扩展方向对速率的影响，$f_m^B/f_m^A<1$ 的裂纹在扩展过程 a/c 将不断增大，而 $f_m^B/f_m^A>1$ 的裂纹在扩展过程 a/c 将不断减小，并逐渐趋向 $f_m^B/f_m^A=1$ 的稳定形状。当考虑不同方向裂纹扩展速率存在差异时，以 GB/T 19624—2004 中的疲劳裂纹扩展量关系式为例[13]：

$$a_i=a_{i-1}+A\left(\Delta K_a\right)_{i-1}^m \tag{4}$$

$$c_i=c_{i-1}+A\left(0.9\Delta K_c\right)_{i-1}^m \tag{5}$$

式中 ΔK_a、ΔK_c 分别为深度和表面方向裂纹尖端的应力强度因子范围，A、m 分别为疲劳裂纹扩展系数和指数。此时，$f_m^B/f_m^A=1.1$ 裂纹前缘形状趋于稳定。裂纹前缘趋于稳定时的 a/c 和 a/B 关系如图9所示，可见随着 a/B 的增加，a/c 不断降低。

虽然加氢站用高压气瓶内表裂纹应力强度因子分布更为复杂，但裂纹前缘形状演化规律是相似的，均存在稳定的前缘形状，当深度方向较表面方向的应力强度因子大时，a/c 将不断增大，反之，a/c 将逐渐较小，以减少不同方向上应力强度因子之间的差距。上述结果可为深入开展基于疲劳辉纹的寿命分析等研究提供参考。

表3 不同 a/B、a/c 下的 f_m^B/f_m^A

a/B \ a/c	0.5	0.55	0.6	0.65	0.7	0.75	0.8	0.85	0.9	0.95	1
0.1	0.780	0.818	0.855	0.890	0.923	0.956	0.987	1.017	1.047	1.076	1.104
0.2	0.788	0.826	0.863	0.898	0.932	0.965	0.996	1.027	1.057	1.086	1.114
0.3	0.800	0.839	0.876	0.912	0.947	0.980	1.012	1.043	1.073	1.103	1.132
0.4	0.817	0.857	0.895	0.932	0.967	1.001	1.034	1.066	1.097	1.127	1.156
0.5	0.840	0.881	0.920	0.957	0.994	1.028	1.062	1.095	1.127	1.157	1.188
0.6	0.867	0.909	0.950	0.988	1.026	1.062	1.097	1.130	1.163	1.195	1.226
0.7	0.899	0.943	0.985	1.025	1.064	1.101	1.137	1.172	1.206	1.239	1.272
0.8	0.936	0.982	1.026	1.067	1.108	1.147	1.184	1.221	1.256	1.290	1.324

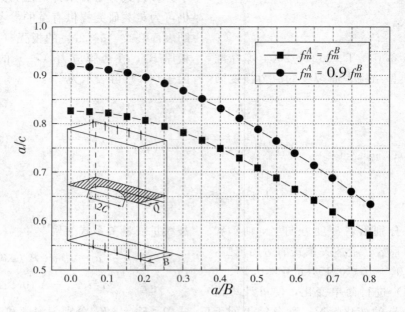

图 9   表面裂纹前缘形状趋于稳定时的 a/c 与 a/B 关系

图 10 统计了不同设计压力、壁厚、裂纹类型、前缘形状、深度、角度等条件下，压力边界拓展引起的应力强度因子增加情况。可以看出，设计压力、壁厚和裂纹类型对应力强度因子增幅的影响最为显著。图 10（a）为裂纹面上施加 50％设计压力时轴向裂纹的统计结果，可以看出设计压力 20MPa（壁厚 13mm）储氢气瓶的应力强度因子增幅小于 5％；设计压力 45MPa（壁厚 31mm）储氢气瓶的应力强度因子增幅在 5％～10％（除少量数据点）；设计压力 90MPa（壁厚 71mm）储氢气瓶的应力强度因子增幅在 10％～20％（除少量数据点）。图 10（b）为裂纹面上施加 50％设计压力时环向裂纹的统计结果，可见压力边界拓展对环向裂纹应力强度

因子的影响更加显著，设计压力 20MPa（壁厚 13mm）储氢气瓶的应力强度因子增幅小于 10％；设计压力 45MPa（壁厚 31mm）储氢气瓶的应力强度因子增幅在 10％～20％（除少量数据点）；设计压力 90MPa（壁厚 71mm）储氢气瓶的应力强度因子增幅在 20％～50％（除少量数据点）。图 10（c）和图 10（d）为裂纹面上施加 100％设计压力时轴向裂纹和环向裂纹的统计结果，不同条件下应力强度因子增幅的约为裂纹面上施加 50％设计压力时的 2 倍。

总体上，压力边界拓展对高压厚壁气瓶的影响较为显著，但高压薄壁气瓶内表含环向裂纹时其影响也不容忽视。

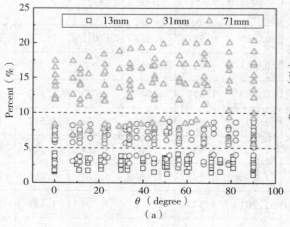

（a）

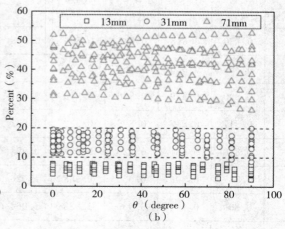

（b）

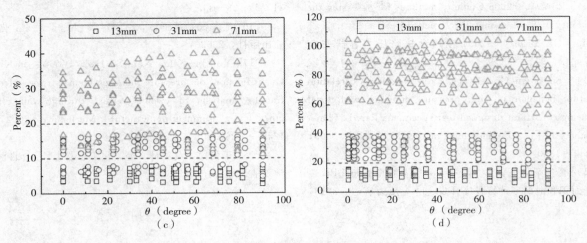

图 10　内压引起的应力强度因子增幅
（a）轴向裂纹－50％设计压力；（b）环向裂纹－50％设计压力；
（c）轴向裂纹－100％设计压力；（d）环向裂纹－100％设计压力

3　结论

（1）加氢站高压储氢气瓶内表裂纹应力强度因子，随着设计压力、壁厚和 a/B 的增大、a/c 的减小而明显增大；在相同条件下，环向裂纹较轴向裂纹的应力强度因子明显减小。

（2）a/c 较小时，轴向裂纹的应力强度因子随着 θ 的增加而增大，环向裂纹的应力强度因子随着 θ 的增加，先减小后增大；a/c 较大时，轴向和环向裂纹的应力强度因子均随着 θ 的增加而减小。

（3）高压气瓶内表裂纹在疲劳扩展过程中存在稳定的前缘形状，当深度方向较表面方向的应力强度因子大时，a/c 将不断增大，反之，a/c 将逐渐较小，以减少不同方向上应力强度因子之间的差距。

（4）计及压力边界拓展效应时，应力强度因子增幅随设计压力、壁厚和 a/B 的增大而明显增大，而 a/c 和 θ 对增幅的影响不大；环向较轴向裂纹应力强度因子受压力边界拓展的影响更加显著，设计压力为 20MPa、45MPa 和 90MPa 的高压储氢气瓶，考虑压力边界拓展时，裂纹面上施加 50％设计压力的轴向裂纹应力强度因子的增幅分别为 0％～5％、5％～10％ 和 10％～20％，环向裂纹的分别为 0％～10％、10％～20％ 和 20％～50％，裂纹面上施加 100％设计压力的应力强度因子增幅约为上述范围的 2 倍。

参 考 文 献

［1］由宏新，韩冰，刘润杰，等．气瓶水压爆破试验装置关键硬件的选择［J］．压力容器，2013，30（5）：13－17.

［2］尹谢平，陆明和，徐淑芳，等．高压气瓶用 34CrM$_{o4}$－H 高强度钢的研究［J］．压力容器，2014，31（10）：1－8.

［3］Kiyoaki Onoue, Yukitaka Murakami, Petros Sofronis. Japan's energy supply：Mid-to-long-term scenario-A proposal for a new energy supply system in the aftermath of the March 11 earthquake［J］．International Journal of Hydrogen Energy, 2012, 37：8123－8132.

［4］TSGR0006－2014 气瓶安全技术监察规程［s］.

［5］Yasuyuki Takata. International Institute for Carbon-Neutral Energy Research［C］. The 19th East Asia Round Table Meeting of Academies of Engineering, 2016, August31, Fukuoka, Japan.

［6］能源技术革命创新行动计划（2016－2030）.

［7］能源技术革命重点创新行动路线图.

［8］Dickena CJB, Mérida W. Measured effects of filling time and initial mass on the temperature distribution within a hydrogen cylinder during refueling［J］. Journal of Power Sources, 2007, 165 (1)：324－336.

［9］孙引朝，石成英，孙耀辉．高压气瓶充气过程温升规律研究［J］．安全与环境学报，2013，13（3）：191－194.

［10］GB 5099－1994 钢质无缝气瓶［s］.

［11］和田洋流，荒岛裕信．水素ステーション蓄圧器の開発と安全性評価［J］．日本製鋼所技報，2014，65（10）：36－45.

[12] BS 7910—2005 Guide to methods for assessing the acceptability of flaws in metallic structures [s].

[13] GB/T19624—2004 在用含缺陷压力容器安全评定 [s].

[14] Sebastian Cravero, Claudio Ruggieri. Correlation of fracture behavior in high pressure pipelines with axial flaws using constraint designed test specimens Part I: Plane-strain analyses [J]. Engineering Fracture Mechanics, 2005, 72: 1344—1360.

[15] 陈宇砾，王国珍，轩福贞，等. 核电管道 LBB 裂纹张开面积和泄漏率计算程序开发 [J]. 压力容器，2013，31（6）：28—33.

[16] 丁伯民，黄正林. 高压容器 [M]. 北京：化学工业出版社，2002.

[17] Yun Jae Kim, Nam Su Huh, Young Jin Kim. Quantification of pressure-induced hoop stress effect on fracture analysis of circumferential through-wall cracked pipes [J]. Engineering Fracture Mechanics, 2002, 69: 1249 - 1267.

[18] 丁伯民，黄正林，等. 化工容器 [M]. 北京：化学工业出版社，2002.

PE 管材热熔对接接头蠕变裂纹增长规律的研究

高炳军[1]　杜招鑫[1]　董俊华[1]　富　阳[2]

（1. 河北工业大学化工学院　天津　300130；

2. 广东省特种设备检测研究院中山检测院　广东　中山　528400）

摘　要　PE 管材热熔对接时会在对接面产生片状缺陷，影响 PE 管材的使用寿命。利用 CRB 试件对 PE100 热熔接头在不同应力比下进行了疲劳裂纹扩展试验，并外推得到静载下的蠕变裂纹增长规律。基于线弹性断裂力学，对含内壁环向半椭圆裂纹的 PE100 管材热熔对接接头进行了寿命预测，得到了使用寿命 50 年允许的最大裂纹深度。

关键词　PE；蠕变裂纹增长；应力比；寿命；热熔接头

Study on the Creep Crack Growth Behavior of Butt Fusion Joint of PE Pipes

Gao Bingjun[1]　Du Zhaoxin[1]　Dong Junhua[1]　Fu Yang[2]

（1. School of Chemical Engineering and Technology, Hebei University of Technology, Tianjin 300130, China; 2 . The Special Equipment Inspection Institute of Zhongshan City, Zhongshan 528400, China）

Abstract　Flaked defects would be produced during the butt fusion of PE pipes, which has negative effects on the service life of PE pipes. Fatigue tests of butt fusion joint of PE100 were conducted at different stress ratios using cracked round bar (CRB) specimens, and the creep crack growth behavior under static loading was obtained by extrapolation. Based on the linear elastic fracture mechanics, maximum crack depth for butt fusion joint of PE pipes with internal circumferential elliptical crack was determined under service life 50 years.

Keywords　polyethylene; creep crack growth; stress ratios; lifetime; butt fusion joint

1　前言

聚乙烯（PE）管广泛应用于燃气输送、生活供水、排污等领域，与人们的日常生活息息相关[1]。一旦 PE 管材发生泄漏，将会对人们的日常生活造成极大的影响，甚至会对人们的生命和财产安全构成极大的威胁[2]。研究表明，PE 管材的失效大多数是由于管材在长期内压作用下发生裂纹扩展造成的，其中蠕变裂纹增长（CCG）是失效后果最为严重的一种[3-5]。热熔对接接头的层片状缺陷是造成慢速裂纹扩展的主要因素之一。研究 PE 管材热熔接头的 CCG 行为并预测管道的寿命有助于 PE 管材的安全使用。

预制裂纹圆棒（Cracked Round Bar, CRB）试验是一种基于线弹性断裂力学的加速试验方法[6]。该方法采用 CRB 试件进行疲劳裂纹扩展（FCG）试验，再将 FCG 试验结果外推，得到静载条件下（R＝1）材料的蠕变裂纹扩展（CCG）规律，该方法大大降低了 PE100 等高性能管材 CCG 行为试验耗时，且外推结果具有较高的可靠性[7]。本文采用 CRB 试验法得到 PE100 材料的蠕变裂纹增长规律，对含内壁环向半椭圆裂纹的 PE100 管材的热熔对接焊缝进行寿命计算，进而确定在保证 50 年使用寿命的前提下，PE100 管材热熔对接焊缝允许最大裂纹的深度。

2 CCG 行为研究

2.1 FCG 试验

试验材料为 PE100 管材，牌号 XS10，标准尺寸比 $SDR=11$，管材外径 $D=250$ mm，利用 ABF2/GATOR250 全自动热熔对接焊机在 26.5℃的环境温度下焊接。沿管材轴向切取焊缝居中的坯料，通过车床车制成圆棒试件，试件直径 $d=14$ mm，长 $l=100$ mm。在圆棒试件中间位置刻制深度 $a_{ini}=1.5$ mm 的环向预制裂纹，制成 CRB 试件，预制裂纹位于热熔对接面。CRB 试件几何尺寸如图 1 所示。

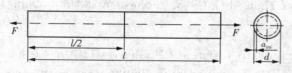

图 1   CRB 试件几何尺寸

实验温度 $T=23$ ℃，频率 $f=2.5$ Hz，应力比 R 分别为 0.1、0.2 和 0.3，正弦波加载。试验在 EUM-25K20 型电子万能疲劳试验机上进行，裂纹张口位移由凯尔测控非接触式测量系统 NSDS 2100 测量。试验载荷见表 1。

CRB 试件的应力强度因子 K 的计算公式为

$$K_{I,max} = \frac{F_{max}}{\pi \cdot b^2} \cdot \sqrt{\frac{\pi \cdot a_{ini} \cdot b}{r}} \cdot f\left(\frac{b}{r}\right) \quad (1)$$

$$r = d/2 \quad (2)$$

$$b = r - a_{ini} \quad (3)$$

$$f\left(\frac{b}{r}\right) = \frac{1}{2} \cdot \left[1 + \frac{1}{2} \cdot \left(\frac{b}{r}\right) + \frac{3}{8}\left(\frac{b}{r}\right)^2 \right.$$
$$\left. + 0.363 \cdot \left(\frac{b}{r}\right)3 - 0.731 \cdot \left(\frac{b}{r}\right)^4\right] \quad (4)$$

式中，$K_{I,max}$ 是最大应力强度因子，MPa·m$^{0.5}$；F_{max} 是最大施加载荷，kN；b 是剩余截面半径，mm；a_{ini} 为初始裂纹深度，mm；r 是试件半径，mm；f 为裂纹形状因子。

以 $R=0.2$、$F_{max}=1.425$ kN（$K_{I,max}=0.788$ MPa·m$^{0.5}$）的载荷条件为例，裂纹张口位移幅值 DCOD（记做 d'）随实验时间的变化规律如图 2 所示，d' 的增长速率经历了初始逐渐降低、趋于恒定再到急剧增大直至断裂的过程。

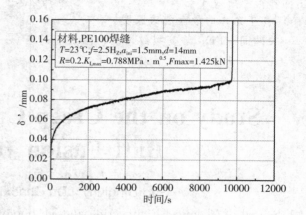

图 2   PE100 d' 随试验时间的变化规律

2.2 柔度标定试验及疲劳裂纹增长速率

由于 PE 材料的 CRB 试件很难直接测量其裂纹扩展速率，故采用柔度标定法对裂纹扩展速率进行间接测量。CRB 试件的柔度 D_C 定义为

$$D_C = \frac{d'}{D_F} \quad (5)$$

式中，d' 为裂纹张口位移幅值，mm；D_F 为施加载荷幅值，kN；D_C 为试件柔度，mm/kN。

在不同初始裂纹深度下对 PE100 焊缝的 CRB 试件进行柔度标定，标定结果用于间接计算疲劳试验过程中的裂纹深度，从而得到裂纹扩展速率。对于 CRB 试件，其柔度 D_C 仅与裂纹深度 a 有关，与应力比 R 无关[8]，故仅在 $R=0.2$ 的载荷下进行柔度标定。柔度标定所用载荷见表 2。

CRB 试件的柔度标定结果如图 3 所示，拟合得到柔度 D_C 与裂纹深度 a 之间的关系。

表 1	CRB 试验载荷参数										
R	0.1	0.1	0.1	0.2	0.2	0.2	0.2	0.3	0.3	0.3	0.3
F_{max}	1.161	1.214	1.266	1.266	1.306	1.366	1.425	1.266	1.425	1.492	1.559
$K_{1\,max}$ MPa·m$^{0.5}$	0.642	0.671	0.700	0.700	0.722	0.755	0.788	0.700	0.788	0.825	0.862

表 2	柔度标定载荷参数				
a_{ini}/mm	0.5	1.0	1.5	2.0	2.5	3.0
F_{max}/kN	1.85	1.58	1.32	1.10	0.89	0.70

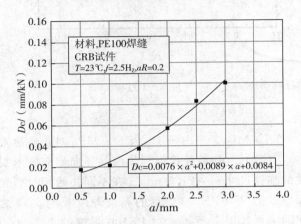

图 3　D_C-a 曲线标定结果

2.3　FCG 的外推与 CCG 获取

利用公式（5）和图 3 所示柔度标定曲线，可将图 2 所示 d' 与时间的关系转化为裂纹深度 a 与时间的关系，如图 4 所示。裂纹扩展速率 da/dt 即根据的裂纹稳定扩展段确定，且试验表明裂纹稳定扩展的 da/dt 符合 Paris 幂率关系，可以用公式（6）来描述，相应的 $K_{I,max}$ 通过公式（1）计算得到，此时取 $F_{max}=1.425$ kN，$a_{ini}=(a_t+da/2)$ mm，便可得到图 5（a）当中 $R=0.2$ 中 $K_{I,max}=0.853$ 的一个数据点（0.853，1.6E-5）。

$$da/dt = A \cdot K_{I,max}^{m} \qquad (6)$$

将所有的 FCG 试验结果按上述方法进行处理，得到了 PE100 焊缝在 $R=0.1$、0.2 和 0.3 时的 da/dt 与 $K_{I,max}$ 之间的关系，如图 5（a）所示。根据外推法，选择三个恒定裂纹扩展速率值，得到不同 R 下的 $K_{I,max}$ 值，将这些数据点描绘在图 5（b）中，并对不同裂纹扩展速率下的数据进行曲线拟合，再用拟合公式算得 $R=1$ 下的 $K_{I,max}$ 值，将之描绘在图 5（a）中，便可得到 $R=1$，即蠕变条件下的裂纹扩展速率与 K_I 之间的关系，其拟合方程为

$$da/dt = 3.34 \times 10-5(K_I) \ 7.81 \qquad (7)$$

采用同样的方法，得到 PE100 母材蠕变条件下的裂纹扩展速率与 K_I 之间的关系式：

$$da/dt = 2.06 \times 10-5(K_I) \ 7.84 \qquad (8)$$

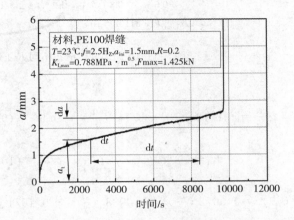

图 4　裂纹深度 a 随试验时间的变化规律

3　含内壁环向半椭圆裂纹管件剩余寿命评价

含内壁环向半椭圆裂纹管件的结构示意图如图 6 所示。对文献[9]中数据进行拟合，得到式（9）、（10）和（11）。式（9）用于描述具有近似相同应力强度因子的裂纹形状 a/c 随裂纹深度 a/t 的变化规律，式（10）和（11）用于计算该结构的应力强度因子。

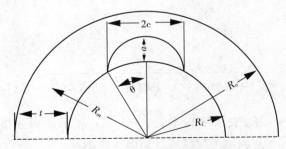

图 6　含内壁环向半椭圆裂纹管件结构示意图

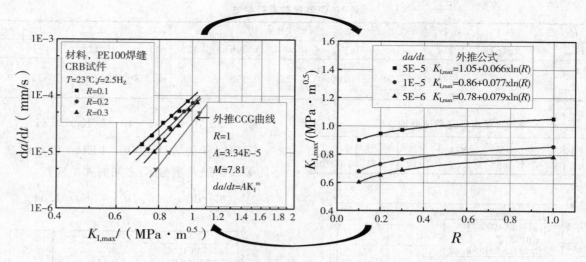

图 5　（a）PE100 焊缝在不同 R 下的疲劳裂纹扩展速率；（b）外推 $R=1$ 过程

$$\frac{a}{c} = -1.12 \left(\frac{a}{t}\right)^2 + 0.84 \left(\frac{a}{t}\right) + 0.66 \quad (9)$$

$$K_{\mathrm{I}} = \frac{2 P_{\mathrm{int}} R_{\mathrm{O}}}{t} \sqrt{\pi a} f\left(\frac{a}{t}\right) \quad (10)$$

$$f\left(\frac{a}{t}\right) = 0.0672\left(\frac{a}{t}\right)^2 + 0.0038\left(\frac{a}{t}\right) + 0.1571 \quad (11)$$

式中，a 表示裂纹深度，mm；t 表示管材壁厚，mm；$2R_O$ 表示外径，mm；P_{int} 表示内压，MPa。

对公式（6）进行积分计算，可以得到含裂纹管件的剩余寿命：

$$L_{\mathrm{t}} = \int_{a_0}^{a_c} \frac{\mathrm{d}a}{A \cdot \left[K_{\mathrm{I}}\left(P_{\mathrm{int}}, a, c, t\right)\right]^m} \quad (12)$$

式中，a_0 表示初始裂纹尺寸，mm；a_c 表示在 P_{int} 下发生局部塑性垮塌时的临界裂纹尺寸，mm。

管件中的内壁环向半椭圆形裂纹的临界尺寸 a_c 可以通过公式（13）计算[10]。

$$\frac{1}{2}\left(\frac{P_{\mathrm{int}} R_m}{\sigma_y t}\right) = \frac{1 - a_c/t}{1 - \dfrac{a_c/t}{M_0}} \quad (13)$$

其中，

$$M_0 = \sqrt{1 + 0.26\left(\frac{\theta}{\pi}\right) + 47\left(\frac{\theta}{\pi}\right)^2 - 59\left(\frac{\theta}{\pi}\right)^3} \quad (14)$$

式中，R_m 表示平均半径，mm；s_y 表示屈服强度，MPa；q 表示半裂纹角（如图 6 所示）。

对于所研究的 PE100 管材，焊缝的屈服强度

$s_y = 22.0$ MPa，当内压 P_{int} 为 1.6 MPa 时，通过式（9）、（13）、（14）计算得到其内部环向半椭圆形裂纹的临界尺寸 $a_c = 21.3$ mm。在不同初始相对裂纹深度 a_0/t 下，PE100 焊缝的剩余寿命 L_t 与 a_0/t 之间的关系如图 7 所示。对 PE100 焊缝的 L_t 与 a_0/t 之间的关系进行拟合，得到公式（15）。采用同样的方法，得到 PE100 母材的 L_t 与 a_0/t 之间的关系表达式（16）。

$$L_{\mathrm{t}} = 0.058 \times \left(\frac{a_0}{t}\right) - 3.0 \quad (15)$$

$$L_{\mathrm{t}} = 0.08 \times \left(\frac{a_0}{t}\right) - 3.08 \quad (16)$$

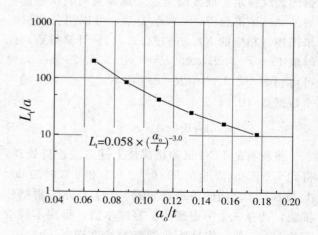

图 7　L_t 随 a_0/t 的变化规律

用式（15）、（16）进行计算，在保证 50 年剩余寿命，内压 1.6 MPa 的条件下，PE100 焊缝的最大允许相对裂纹深度为 0.105，PE100 母材的最

A

大允许相对裂纹深度为 0.124。热熔焊接使该 PE 管材对内壁环向裂纹的最大允许裂纹深度降低了 16.7%。

4 结论

(1) 对 PE100 热熔对接焊缝的 CRB 试件在不同的应力比下进行了 FCG 试验并外推获得了 CCG 规律。

(2) 基于线弹性断裂力学，对于含内壁环向半椭圆裂纹的 PE100 管材热熔对接接头进行了寿命预测，得到了使用为寿命 50 年的允许最大裂纹深度，内压 1.6 MPa 的条件下，PE100 焊缝的最大允许相对裂纹深度为 0.105，而 PE100 母材的最大允许相对裂纹深度为 0.124。热熔焊接使该 PE 管材对内壁环向裂纹的最大允许裂纹深度降低了 16.7%。

参考文献

[1] 张一兵，金燕凤. 聚乙烯（PE）管的研究、生产及应用之进展 [J]. 上饶师范学院学报，2012，32（6）：43−47.

[2] Choi ByoungHo, Balika W, Chudnovsky A, et al. The use of crack layer theory to predict the lifetime of the fatigue crack growth of high density polyethylene. [J]. Polymer Engineering & Science, 2009, 49 (7): 1421−1428.

[3] Choi ByoungHo, Balika W, Chudnovsky A, et al. The use of crack layer theory to predict the lifetime of the fatigue crack growth of high density polyethylene. [J]. Polymer Engineering & Science, 2009, 49 (7): 1421−1428.

[4] Barker M B, Bowman J, Bevis M. The performance and causes of failure of polyethylene pipes subjected to constant and fluctuating internal pressure loadings [J]. Journal of Materials Science, 1983, 18 (4): 1095−1118.

[5] Brown N, Lu X, Huang Y, et al. The fundamental material parameters that govern slow crack growth in linearpolyethylenes [J]. Plastics Rubber & Composites Processing & Applications, 1992, 17 (4): 255−258.

[6] ISO 18489−2015. Polyethylene (PE) Materials for Piping Systems-determination of Resistance to Slow Crack Growth Under Cyclic Loading-cracked Round Bar Test Method [S]. 2015.

[7] Frank A, Pinter G, Lang R W. Prediction of the remaining lifetime of polyethylene pipes after up to 30 years in use [J]. Polymer Testing, 2009, 28 (7): 737−745.

[8] Frank A, Freimann W, Pinter G, et al. A fracture mechanics concept for the accelerated characterization of creep crack growth in PE-HD pipe grades [J]. Engineering Fracture Mechanics, 2009, 76 (18): 2780−2787.

[9] Shahani A R, Kheirikhah M M. Stress intensity factor calculation of steel-lined hoop-wrapped cylinders with internal semi-elliptical circumferential crack [J]. Engineering Fracture Mechanics, 2007, 74 (13): 2004−2013.

[10] Kim Y J, Shim D J, Huh N S, et al. Plastic limit pressures for cracked pipes using finite element limit analyses [J]. International Journal of Pressure Vessels & Piping, 2002, 79 (5): 321−330.

作者简介

高炳军，男，1966 年出生，河北省沧县人，汉族，教授，博士。主要研究方向为过程及装备 CAE。

通讯地址：天津市红桥区光荣道 8 号河北工业大学化工学院。

E−mail：gbj_hebut@163.com

ASME 规范案例 2605－2 在四种温标下的算法转换及工程应用

沈 鋆 刘应华

（清华大学 工程力学系 北京 100084）

摘 要 ASME 规范案例 2605 是在 ASME VIII－2 的基础上将 2.25Cr－1Mo－V 钢的疲劳设计温度由 371℃ 扩展为 454℃。该案例于 2010 年 1 月进行第一次修订，即 ASME 规范案例 2605－1，于 2015 年 6 月进行第二次修订，即 ASME 规范案例 2605－2。目前最新版中除了将温度上限从 454℃（850 ℉）提高到了 482℃（900 ℉）、在蠕变棘轮的校核中引入了弹性分析来代替非弹性分析之外，还对上版中温度单位和相关的公式在表 1 和表 1M 中进行了修正。本文将对 ASME 规范案例 2605－2 中的温标修订的相关表格和公式进行解读和探讨，为国内工程设计人员更好的理解规范案例提供参考。

关键词 Code Case 2605；蠕变疲劳；兰氏温度；分析设计

Algorithmic Conversion Between the Four Temperature Unitsin ASME Code Case 2605－2 and its Engineering Application

Shen Jun Liu Yinghua

（Department of Engineering Mechanics，Tsinghua University，Beijing 100084，China）

Abstract ASMECode Case 2605，as an extension of ASME VIII-2，was extended the design temperature of 2.25Cr-1Mo-V steelfrom 371℃ to 454℃ in the fatigue design. This Code Case was revised for the first time in January 2010，that is，ASME Code Case 2605-1. The latest version is ASME Code Case 2605-2 which was revised in June 2015. In the latest version，some items are updated and revised，such as the highest applicable temperature from 454℃（850 ℉）to 482℃（900 ℉）and the elastic analysis instead of inelastic analysis for the creep ratchet checking，but the most important revisions are the temperature units in Table 1 and Table 1M. In this paper，the revision of some incorrect parameters，the temperature unitsand their corresponding formulas in Code Case2605-2 and the implementation of the algorithm are presented and discussed，which can provide helpful references for domestic engineering application.

Keywords Code Case 2605，Creep-fatigue，Rankinetemperature，Design by analysis

0 引言

在高温环境下服役的承压设备，通常会产生蠕变损伤，从而危及设备的安全运行，如果还存在蠕变疲劳的交互作用，设备的损伤程度远大于两者单独作用。为满足石化行业对 Cr－Mo 钢设备蠕变疲劳寿命评定的迫切需求，ASME 规范案例 2605[1]（下文简称 CC2605）于 2008 年颁布。该案例基于

Omega 方法的损伤模型，于 2010 年 1 月进行第一次修订，即 ASME 规范案例 2605-1[2]（下文简称 CC2605-1），于 2015 年 6 月进行第二次修订，即 ASME 规范案例 2605-2[3]（下文简称 CC2605-2）。规范案例 2605 颁布至今，引起了国内诸多专家学者的关注，对该规范的使用及工程应用等方面都开展了有益的探讨[4-6]。

CC2605-1 给出了温度处于 317~454℃ 范围内的 2.25Cr-1Mo-V 钢的蠕变棘轮和疲劳评定准则，并提供了两种方法。其中，Option 1 是一种近似的棘轮分析方法，至少需分析两个完整的循环，并证实结构所有点处于弹性安定。如果满足 Option 1 的准则，则可以使用 Ⅷ-2 中的第 5.5.2.4 节的疲劳筛分准则。Option 2 为完整的非弹性分析方法，需针对所有操作循环及其相关的保载时间进行分析。如果使用 Option 2，必须按 Ⅷ-2 中的第 5.5.4 节（基于弹塑性应力分析和当量应变的疲劳评定方法）进行疲劳分析。采用这个分析方法时，如果存在大量的全压力循环时，对所有加载历史都需要进行完整的非弹性分析。而 CC2605-2 除将适用温度的上限提高至 482℃（900℉），还在蠕变棘轮的校核中引入了弹性分析来代替非弹性分析，为防止蠕变棘轮失效提供了新方法。

规范案例 2605 中一直都是 SI 单位制和美国习惯单位制并存。常用的四种温标分别为摄氏温度（℃）、开尔文温度（K）、华氏温度（℉）和兰氏温度（°R），其 "0" 基准点为不同的实际温度，而不同的温标之间存在相应的转换关系。在 CC2605-2 的修订中，有一个重要的变化就是：除了对表 1（表 1M）中某些有误的应变率参数 A 和 Omega 参数 B 进行了更正外，还对温标及相应的公式进行了修正。CC2605-2 不论 SI 单位制还是美国习惯单位制都采用绝对温度。本文将对 CC2605-2 中的温标修订的相关表格和公式进行解读和探讨，为国内工程设计人员更好的理解规范案例提供参考。

1 温度单位的修订

CC2605-2 中表 1 中的温度单位改为 °R，表 1M 的温度单位改为 °K，规范前后的温标变化如表 1 所示。

表 1 温标的修订对比

	表 1		表 1M	
	CC2605-1	CC2605-2	CC2605-1	CC2605-2
压力单位	ksi	ksi	MPa	MPa
温度单位	℉	°R	℃	°K

2 温度相关公式的修订

CC2605-1 中有三个涉及温度的公式，见式 (1)~(3)，对应的压力单位和温度单位分别是 ksi 和 ℉（或 MPa 和 ℃）。

$$\log_{10}\dot{\varepsilon}_{0c} = -\left\{A_0 + \left(\frac{A_1 + A_2 \cdot S_l + A_3 \cdot S_l^2 + A_4 \cdot S_l^3}{460 + T}\right)\right\} \quad (1)$$

$$\log_{10}\Omega = B_0 + \left(\frac{B_1 + B_2 \cdot S_l + B_3 \cdot S_l^2 + B_4 \cdot S_l^3}{460 + T}\right) \quad (2)$$

$$n = -\left(\frac{A_2 + 2 \cdot A_3 \cdot S_l + 3 \cdot A_4 \cdot S_l^2}{460 + T}\right) \quad (3)$$

因温度转换存在错误，CC2605-2 中将这三式修订为式 (4)~(6)，压力单位和温度单位分别是 ksi 和 °R（或 MPa 或 K）。

$$\log_{10}\dot{\varepsilon}_{0c} = -\left\{A_0 + \left(\frac{A_1 + A_2 \cdot S_l + A_3 \cdot S_l^2 + A_4 \cdot S_l^3}{T}\right)\right\} \quad (4)$$

$$\log_{10}\Omega = B_0 + \left(\frac{B_1 + B_2 \cdot S_l + B_3 \cdot S_l^2 + B_4 \cdot S_l^3}{T}\right) \quad (5)$$

$$n = -\left(\frac{A_2 + 2 \cdot A_3 \cdot S_l + 3 \cdot A_4 \cdot S_l^2}{T}\right) \quad (6)$$

3 温标修正的讨论

ASME 规范中 SI 单位制和美国习惯单位制同等有效，可以并存，规范案例 2605 也是如此。SI 单位制中的相对温度的单位为摄氏温度（℃），绝对温度的单位为开尔文温度（°K），美国习惯单位制中，相对温度的单位为华氏温度（℉），绝对温度的单位为兰氏温度（°R）。CC2605-2在此次修订中将SI单位制和美国习惯单位制都选用绝对温度，这样以相同的实际温度为基准点来进行温度的转换中就不容易出错。

CC2605-1中温度相关的三式［即本文的式（1～3）］，与表1的华氏温度（℉）搭配，计算结果是正确的，这是按美国习惯单位制及相对温度来计算。CC2605-2将此三式的分母T+460改为T，对应地将表1中的华氏温度（℉）改为兰氏温度（°R）。由于华氏度（℉）加上460即为兰氏温度（°R），所以该修订是一种等价变化，即把原来基于美国习惯单位制的计算从相对温度改为绝对温度。

因在将美国习惯单位制转换为SI单位制时出现了错误，CC2605-1中温度相关的三式［即本文的式（1）～（3）］，与表1M的摄氏温度（℃）搭配，进行计算是错误的。CC2605-2给出了如下修改方案：将相关公式的分母T+460改为T，即把美国习惯单位制中的相对温度（℉），改为绝对温度（°R）。如果直接把CC2605-1中表1M摄氏温度（℃）改为开尔文温度（°K）就实现了美国习惯单位制向SI单位制的转换，此时相应的压力单位也应从ksi改为MPa。

如果仍想沿用摄氏温度（℃），只要把温度相关公式的分母T改为273+T即可，如式（7）～（9）所示，因为开尔文温度（K）加上273即为摄氏温度（℃）[7]。

$$\log_{10}\dot{\varepsilon}_{0c} = -\left\{A_0 + \left(\frac{A_1 + A_2 \cdot S_l + A_3 \cdot S_l^2 + A_4 \cdot S_l^3}{273 + T}\right)\right\}$$

$$(7)$$

$$\log_{10}\Omega = B_0 + \left(\frac{B_1 + B_2 \cdot S_l + B_3 \cdot S_l^2 + B_4 \cdot S_l^3}{273 + T}\right)$$

$$(8)$$

$$n = -\left(\frac{A_2 + 2 \cdot A_3 \cdot S_l + 3 \cdot A_4 \cdot S_l^2}{273 + T}\right) \quad (9)$$

在使用CC2605-2的过程中，可根据两种单位制下的不同的温标来选择对应的计算公式。值得注意的是，不同温标下，温度的转换需要调整基准点。如果是温差的转换，则不需要调整基准点。

4 算法的实现与验证

ANSYS或ABAQUS等通用有限元软件并未包含CC2605-2给出的蠕变损伤本构模型。因此，如果要进行基于CC2605-2的蠕变疲劳分析，必须在当前通用有限元软件的基础上进行二次开发。笔者基于目前国内压力容器分析设计常用的ANSYS Workbench平台，运用ANSYS UPFs和Fortran语言，将CC2605-2中式（3）～（14）给出的蠕变损伤本构模型嵌入ANSYS求解过程，温度单位为℃，压力单位为MPa。本插件程序的正确性验证将另拟文介绍。本文以某反应容器中球形封头上的接管模型为例，进行蠕变损伤计算。该设备操作压力16MPa，操作温度440℃，分析计算时间为33万小时。33万小时后的蠕变应变最大值为0.0020463，如图1所示，蠕变损伤为0.54804，如图2所示。

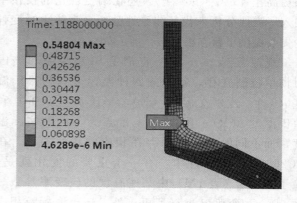

图1 33万小时后的蠕变应变云图

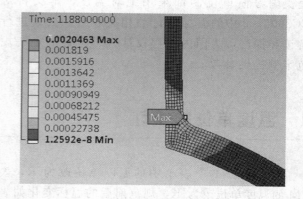

图2 33万小时后的蠕变损伤云图

5 总结

正确的理解 CC2605-2 及各种公式的含义及其在各种温标下的表达和转换，才能进行正确的蠕变疲劳分析计算。因国内暂无关于蠕变疲劳的设计规范，使用 ASME 规范案例 2605 来解决压力容器行业中的蠕变疲劳问题依然是重要的解决方案之一。该规范仍在不断的完善及修订，其适用的温度一直在不断地提高，虽然目前只能用于 2.25Cr-1Mo-V 钢，未来如果能推广至更多种材料，将更大地满足石化行业高温设备蠕变疲劳寿命的分析需要。本文对该规范案例的温标修订及相应的公式进行了解读和探讨，并以此为基础，利用 ANSYS Workbench 开发了基于国际单位制的损伤本构分析程序，为实际工程应用奠定了基础。

参考文献

[1] ASME Boiler and Pressure Vessel Code Case 2605 [S]. 2008.

[2] ASME Boiler and Pressure Vessel Code Case 2605-1 [S]. 2010.

[3] ASME Boiler and Pressure Vessel Code Case 2605-2 [S]. 2015.

[4] 孙海生，徐彤，关凯书. Omega 蠕变寿命评估方法及应用 [J]. 压力容器，2012，29 (9)：19-23.

[5] 章骁程，关凯书. ASME 规范案例 2605-1 在承压设备高温疲劳寿命设计方面的应用 [J]. 压力容器，2013，30 (6)：22-26.

[6] 赵景玉，卢峰. 基于 ASME 规范案例 2605-1 高温蠕变疲劳评定方法 [J]. 一重技术，2015，2：1-4.

[7] Francesco Vivio, Luca Gaetani. Detail in investigation of Omega method for creep analysis of pressure vessel components [C] ASME PVP2013-97470.

作 者 简 介

沈鋆 (1980—)，男，高级工程师，主要从事压力容器分析设计工作，通信地址：100084 北京市清华大学工程力学系，E-mail：KennyShen@ vip.163.com.

通讯作者：刘应华 (1968—)，男，教授，主要从事承压装备完整性研究工作，通信地址：100084 北京市清华大学工程力学系，E-mail：yhliu@ mail.tsinghua.edu.cn

Code Case 2605 用于加氢反应器高温强度评价的案例研究与影响因素分析

刘　芳　宫建国　轩福贞

（华东理工大学 机械与动力工程学院　上海　200237）

摘　要　加氢反应器在服役过程中会受到高温和循环载荷的共同作用，设计时必须同时考虑蠕变和疲劳的影响。ASME 规范案例 2605 提供了一种用于加氢设备的蠕变疲劳寿命设计方法。本文借助有限元分析软件 ABAQUS，以加氢设备的接管部位为例，基于新版案例 2605 中的方法，对新型加氢反应设备进行蠕变疲劳寿命校核。同时，分析了疲劳设计曲线的生成方法、超标准循环次数的设计、设计参数对蠕变疲劳寿命的影响以及最小应力限制等问题。

关键词　案例 2605；加氢反应器；蠕变疲劳

Case Study and Design Factor Analysis for High Temperature Strength Evaluation of Hydrogenation Reactor Based on Code Case 2605

Liu Fang　Gong Jianguo　Xuan Fuzhen

（School of mechanical engineering，East China University of Science & Technology，Shanghai 200237）

Abstract　Hydrogenation reactor suffers from the high temperature and cyclic loads in the service，and the effects of creep and fatigue should be taken into account in the design stage. ASME code case 2605 provides a creep fatigue design method for hydrogenation equipment. With the aid of finite element analysis software ABAQUS，a case study of the joint of cylinder and nozzle of a hydrogenation reactor is introduced to conduct creep fatigue design evaluation based on the new edition code case 2605. Some key issues are investigated，such as the method for generating fatigue design curve，the design of reactors that exceed standard cycle times，the effects of design factors and the limit of minimum stress.

Keywords　Code Case 2605；hydrogenation reactor；creep-fatigue.

0　前言

随着石油化工和煤化工行业快速发展，加氢裂化和加氢脱硫等工艺取得了巨大进步，人们对加氢反应设备有了越来越高的要求。2.25CrMoV 钢在高温高压的临氢环境中具有优良的抗高温蠕变、回火脆化、氢腐蚀和氢脆的性能[1]，因此广泛地用于制造炼油加氢工艺中的设备。加氢反应器长期处在高温、高压及交变载荷条件下工作，疲劳和蠕变交互作用是结构的重要失效模式[2]。现有压力容器常规设计规范基本没有考虑该种失效模式，尽管部分核电设计规范[3-5]中有相关的准则，但直接用于压力容器的设计有所不妥。

为此 ASME 于 2010 年 1 月发布了规范案例

资助项目：国家重点研发计划项目（2016YFC0801905）；国家自然科学基金项目（51605165）

2605[6]，提供了对 2.25CrMoV 钢在 371℃ 至 454℃ 温度范围内进行蠕变疲劳交互作用的寿命预测方法，在最新版（2015 版）[7]规范案例中，温度上限提高到 482℃。案例 2605 中主要考虑了塑性垮塌、蠕变、蠕变棘轮和蠕变疲劳这四种失效模式，其蠕变疲劳校核流程如图 1。针对蠕变疲劳失效，该设计方法的本质是建立不同蠕变损伤下的疲劳寿命设计曲线，设计曲线不仅是应力幅的函数，还包含蠕变损伤的影响。已有学者对该案例做了研究。例如，章骁程等[8]以炼油加氢工艺中的接管部位为例，详细阐述了案例的校核思路；武欣宇等[9]参照案例 2605 对加氢反应设备进行强度校核和蠕变疲劳交互作用下的寿命设计；VIVIO 等[10]对案例 2605 采用的 Omega 蠕变方法及有限元实现进行了详细的研究。上述的研究都是针对传统加氢反应器，对于新型柴油加氢反应器，其疲劳寿命远超过传统加氢反应器，本文探究如何按照案例 2605 对新型加氢反应器进行蠕变疲劳寿命设计，并讨论疲劳设计曲线的生成方法、超标准循环次数的设计、设计参数对蠕变疲劳寿命的影响以及最小应力限制等问题。

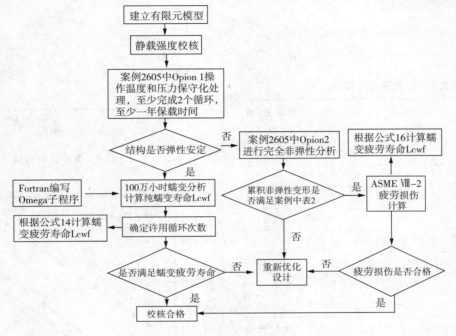

图 1　案例 2605 校核流程

1.1　设计参数及模型

本文以加氢反应器接管部位为例，材料为 $2\frac{1}{4}$ Cr-1Mo-$\frac{1}{4}$V 钢锻件。筒体内径为 2200mm，壁厚 190mm，接管内径为 80mm，壁厚为 170mm，接管长度为 230mm，接管与筒体连接处的外部焊接过渡圆角半径为 110mm，内部焊接过渡圆角半径为 90mm。设计压力为 20.71MPa，设计温度为 468℃，最高操作压力为 19.72MPa，操作温度为 437℃，设计寿命为 30 年，设计疲劳寿命为 21000 次。

根据筒体和接管的对称性，采用有限元分析软件 ABAQUS6.10 进行 1/4 建模，采用单元 C3D8R 进行网格划分，如图 2 所示，共生成 40718 个单元。

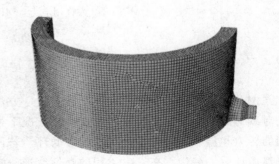

图 2　筒体接管结构网格模型

1.2　静载强度校核

按照 ASME Ⅷ-2[11]对接管和筒体进行内压为 20.71MPa，温度为 468℃下的线弹性强度校核。建立了 4 条应力评定线，如图 3 所示。对应路径的应力评定结果总结于表 1，结果表明，该部件的静强度符合要求。

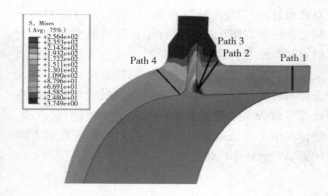

图 3　线弹性分析筒体接管结构应力分布

表 1　应力评定结果

路径	应力类型	计算值 /MPa	许用值 /MPa	计算值/许用值/%
1	$S_I = P_m$	112.40	$S_m = 183.24$	61.34
	$S_{III} = P_L + P_b$	127.60	$1.5S_m = 274.86$	46.42
2	$S_{II} = P_l$	107.15	$1.5S_m = 274.86$	38.98
	$S_{IV} = P_l + P_b + Q$	183.82	$3S_m = 549.72$	33.44
3	$S_{II} = P_l$	80.41	$1.5S_m = 274.86$	29.25
	$S_{IV} = P_l + P_b + Q$	183.93	$3S_m = 549.72$	33.46
4	$S_{II} = P_l$	101.57	$1.5S_m = 274.86$	36.95
	$S_{IV} = P_l + P_b + Q$	107.03	$3S_m = 549.72$	19.47

注：$S_I \sim S_{IV}$ 为应力组合，MPa，P_{mN} 总体一次薄膜应力，MPa；P_L 为局部一次薄膜应力，MPa；P_{bN} 为一次弯曲应力，MPa；Q 为二次应力/MPa；S_m 为许用应力，MPa

1.3　安定性校核

案例 2605 中提供两种安定性校核方法，方法一是对载荷曲线保守简化处理，考虑操作工况下最极端的压力和温度，只需计算 3～4 个循环。若两个完整循环后，结构不在发生累积的塑性变形，则满足安定性要求，该方法简单、计算量小。当方法一校核不通过时，应采用方法二，对设备的实际载荷曲线进行安定性校核，最终累积的非弹性应变不超过标准中规定的值，则满足安定性要求。在本例中，采用方法一中的处理方法对该部件进行安定性考核。

在操作温度 437℃、操作压力 19.72MPa 下，

完成 3 个如图 4 所示的加载循环，每个循环之间有 9000 小时（大于一年）的保载时间，采用理想弹塑性模型，同时嵌入蠕变模型。得到应力-应变的时间历程曲线如图 5。可以看出，经过 3 个循环周次后，部件的应力应变响应是弹性，设备满足安定条件。

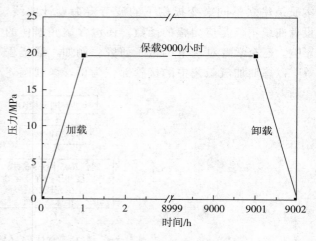

图 4　循环载荷曲线

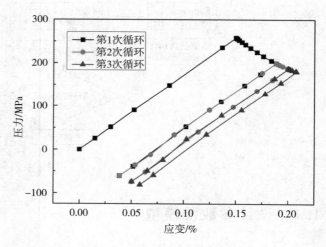

图 5　安定性分析应力应变关系

1.4　蠕变寿命计算

按照最恶劣的工况组合（20.71MPa，468℃）进行蠕变寿命计算，案例 2605 中规定当最大蠕变损伤值达到 0.95～1.0 时，此时的蠕变时间便是结构的纯蠕变寿命，如果蠕变时间达到 100 万小时结构损伤仍小于蠕变极限值时，则以 100 万小时作为纯蠕变寿命。将 Omega 蠕变损伤模型嵌入 ABAQUS 中，当蠕变时间达到 100 万小时，结构的蠕变损伤分布如图 6 所示。可以看出，结构的蠕

变损伤最大点位于危险点上方 50mm 处，其最大损伤值为 0.29，小于 0.95，因此该结构的纯蠕变寿命为 100 万小时。

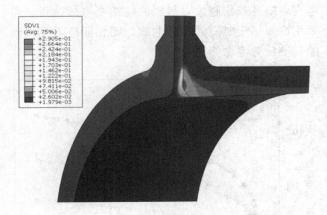

图 6　蠕变损伤分布

1.5　蠕变疲劳校核

根据弹性分析可得，结构危险点的疲劳应力幅为 $S_a = 128.2$MPa，蠕变寿命 100 万小时，通过将案例 2605 中的表 3M 可知，许用疲劳寿命为 24870 次，大于设计寿命 21000 次，满足要求。考虑疲劳影响的蠕变寿命，通过式（1）～（2）对纯蠕变寿命进行修正

$$L_{cwf} = L_{caf} \cdot \left(\frac{\beta_{cf} \cdot \Delta\varepsilon_{peq} \cdot N}{\exp[\beta_{cf} \cdot \Delta\varepsilon_{peq} \cdot N] - 1} \right), \quad \Delta\varepsilon_{peq} > 0 \quad (1)$$

$$L_{cwf} = L_{caf}, \quad \Delta\varepsilon_{peq} = 0 \quad (2)$$

式中：L_{cwf} 考虑疲劳的蠕变寿命，h；L_{caf} 纯蠕变寿命，h；β_{cf} 蠕变疲劳损伤参数；$\Delta\beta_{peq}$ 等效塑性应变幅；N 疲劳寿命。

因应力幅 $S_a < 207$MPa，等效塑性应变幅取 0，所以应按照（2）式进行计算，得到考虑疲劳的蠕变寿命为 100 万小时，大于 30 年设计寿命，校核合格。

2　影响因素讨论

2.1　疲劳设计曲线的生成

案例 2605 中提供了 30 万到 100 万小时不同纯蠕变寿命下的疲劳设计曲线，由设计曲线可知，结构的纯蠕变寿命越短，说明结构的蠕变损伤累积越快，蠕变损伤对结构的影响越大，所以在相同的疲劳应力幅下，许用循环周次越少；当应力水平较大时，蠕变疲劳交互作用更加强烈，会造成设计寿命快速下降。对于疲劳设计曲线的生成，其通过 Omega 方程描述蠕变第三阶段［如（3）式所示］。并引入 $e^{\beta\varepsilon_p N'T}$ 描述疲劳对蠕变变形的加速作用（（4）式）。最终得到规范案例中疲劳设计曲线的理论公式［（5）式］。可以看出，疲劳对蠕变加速作用方程是影响疲劳设计曲线的核心因素。

$$\dot{\varepsilon} = \dot{\varepsilon}_0 e^{\Omega\varepsilon_c} \quad (3)$$

$$\dot{\varepsilon} = \dot{\varepsilon}_0 e^{\Omega\varepsilon_c} e^{\beta\varepsilon_p N'T} \quad (4)$$

$$N_{design} = N'T_{cf} = \ln(\beta\varepsilon_p N'T_r + 1)/\beta\varepsilon_p \quad (5)$$

为了得到疲劳设计曲线，还要确定（5）式中参量 N' 和 ε_p，根据 Extend low chrome steel fatigue rules 中关于循环频率［（6）式］、虚拟应力与塑性应变关系［（7）式］、常数 β 的规定与相关结果，即可得到规范案例中疲劳设计曲线。需要说明，循环频率参数的确定缺乏理论依据，该参数是影响疲劳设计曲线的重要因素。

$$N' = \frac{1}{15000 \times \left(\frac{\varepsilon_p}{2.0\%} \right) 1/3} \quad (6)$$

$$\sigma = E \left(\frac{6.894 \times 70.46 \times \varepsilon_p \, 0.0618}{E} + \varepsilon_p \right) \quad (7)$$

式中：$\dot{\varepsilon}$ 为应变率；$\dot{\varepsilon}_0$ 为初始应变率；ε_c 为蠕变应变；β 为 Omega 参数；Ω 为单轴损伤参数；ε_p 为塑性应变；N' 为循环频率；ε_f 为断裂应变；T_{cf} 为蠕变疲劳断裂时间，h；T_r 为纯蠕变断裂时间，h；N_{design} 为设计循环次数；E 为弹性模量，MPa；σ 为等效应力，MPa。

2.2　超标准循环次数的设计处理

新型加氢反应器的设计寿命大于传统的加氢反应器，并且随着加氢工艺的发展，对加氢设备的要求也越来越高。目前，规范案例中 100 万小时的最高循环次数为 67854，且明确规定不能采取数据外推，对于超标准循环次数的蠕变疲劳设计问题，案例中缺少相关的数据。初步分析表明，案例中疲劳设计曲线的上限次数对应的塑性应变非常小，仅为 2.0×10^{-11}。若进一步降低塑性应变，可以实现疲劳设计曲线中许用周次上限的提高，但需要实验数据的进一步验证。

2.3　操作温度及压力的影响

采用上述有限元模型，讨论温度与压力对蠕变-疲劳强度的校核结果。分别考虑计算压力为 18MPa 和 20.71MPa 以及温度为 440℃ 和 468℃ 下的组合案例（共 4 个）分析。针对上述 4 个案例，得到不同工况下危险点的应力-时间关系曲线如图 7 所示。可以发现，压力一定时，蠕变温度越高，蠕变的松弛作用越显著，危险点处的应力下降更快；温度相同时，设备承载的压力越高，其应力松弛的速率越快。

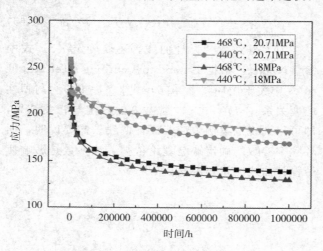

图 7　危险点变化曲线

不同工况下危险点的蠕变损伤-时间关系如图 8，危险点的蠕变损伤与应力水平和蠕变温度有关，应力越大、温度越高，蠕变损伤速率越大。另外，对于图中 440℃、20.71MPa 和 468℃、18MPa 两种工况，其蠕变损伤的相对大小随蠕变的进行而发生变化。蠕变开始阶段，468℃、18MPa 下蠕变损伤累积较快，这是由于此时温度占主导地位。随着蠕变过程的进行，结构产生较大的蠕变变形，造成应力下降，由图 7 可知，440℃、20.71MPa 时应力下降相对缓慢，应力值明显高于 468℃、18MPa 工况下的应力，此时应力占主导地位，所以 440℃、20.71MP 下损伤累积速率较大。

表 2 为不同工况下结构的最大损伤值及蠕变疲劳寿命。从表中可以看出，蠕变疲劳寿命只与操作压力有关，而与操作温度无关。这是由于结构危险点应力主要为峰值应力，随着蠕变进行，应力快速下降，损伤累积较慢，当蠕变到达 100 万小时后，

四种工况下损伤值均小于 0.95，所以均要采用 100 万纯蠕变寿命的曲线，故结构的寿命与温度无关。假设结构损伤均累积到 0.95，则相同应力下温度越高，蠕变损伤越大，得到的纯蠕变寿命越短，需采用更短蠕变时间的寿命曲线，则相同应力下得到的蠕变疲劳寿命将变小。

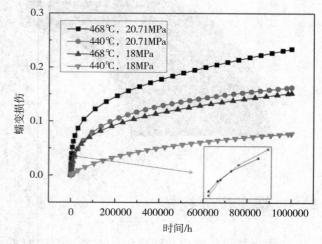

图 8　蠕变损伤变化曲线

表 2　不同工况下最大损伤值及寿命

工况	最大损伤值	应力幅 /MPa	蠕变疲劳 寿命/次
468℃、20.71MPa	0.291	128.2	24870
440℃、20.71MPa	0.183	128.2	24870
468℃、18MPa	0.179	111.4	45417
440℃、18MPa	0.082	111.4	45417

2.4　最小应力限制

利用 Omega 蠕变损伤模型计算蠕变寿命时，损伤参数是影响蠕变损伤的重要因素，修正后的单轴损伤参数表达式如（10）式，其与 Omega 参数［（8）式］和单轴损伤参数［（9）式］密切相关。修正后的损伤参数与应力的关系如图 9，发现修正后的单轴损伤参数随着应力的变化呈先减小后增加的趋势，损伤参数降到最小值时，各个温度下对应的应力为 180MPa（350℃、400℃）和 220MPa（450℃、500℃、550℃），可以看出，随着温度的增加，损伤最小值对应的应力逐渐增加。观察图 9 可知，当应力很小时，损伤参数却很大，这样会造成计算错误。这主要是因为多项式拟合公式在外推单轴损伤参数时，带来的数据不确定问题。针对这

一问题，API 579 中规定了 Omega 蠕变损伤模型的最小应力限制为 138MPa，由图9可知，在该应力上限以上，修正的单轴损伤参数基本从最小值开始增长，满足单调增大关系。而目前案例 2605 中还未有关于最小应力的限制。实际计算表明，如果不在子程序中设置应力最小值，则应力较小的接管上可能产生最大蠕变损伤，这与实际情况不符。因此，案例 2605 应该考虑加入最小应力的规定。

$$n=-\left(\frac{A_2+2A_3S_l+3A_4S_l^2}{T}\right) \quad (8)$$

$$\log_{10}\Omega=B_0+\left(\frac{B_1+B_2S_l+B_3S_l^2+B_4S_l^3}{T}\right) \quad (9)$$

$$\Omega_n=\max.\left[(\Omega-n),\ 3.0\right] \quad (10)$$

式中：n 为 Omega 参数；Ω_n 为修正的单轴损伤参数；$A_2\sim A_4$、$B_0\sim B_4$ 为材料参数；T 为温度，℃。

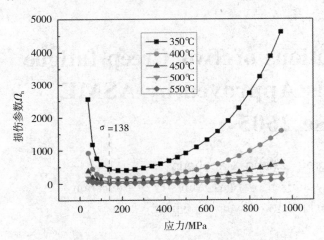

图9　损伤参数随应力的变化曲线

3　结论

本文借助有限元分析软件 ABAQUS，按照案例 2605 对新型加氢反应器进行蠕变疲劳寿命校核，结果表明，其高温疲劳强度满足要求。同时，讨论了疲劳设计曲线的生成方法、超标准循环次数的设计、设计参数对蠕变疲劳寿命的影响以及最小应力限制等问题。结果表明：疲劳对蠕变变形的加速方程是影响案例中疲劳设计曲线的核心因素，且循环频率等参数对疲劳设计曲线的影响较大；对于超标准循环周次的蠕变疲劳设计，案例中还需完善相关设计数据；结构的蠕变疲劳寿命与温度、压力均密切相关：温度越高、压力越大，蠕变损伤累积越快、蠕变疲劳寿命越小；另外，建议案例 2605 中加入最小应力限制。

参 考 文 献

[1] SUSUMU T. Applications of Code Case 2605 for Fa-tigue Evaluation of Vessels Made in 2.25 Cr-1Mo-0.25 V Steels Slightly into Creep Range [C]//PVP Conference. Washington：ASME. 2010.

[2] 陈学东，范志超，江慧丰，等. 复杂加载条件下压力容器典型用钢疲劳蠕变寿命预测方法 [J]. 机械工程学报，2009，45（2）：81-87.

[3] ASME Ⅲ-1 2015，ASME Boiler and Pressure Vessel Code Section III Division 1 Subsection NH [S].

[4] RCC-MR 2007，Design and Construction Rules for Mechanical Components for FBR Nuclear Islands and High Temperature Applications [S].

[5] R5 2003，Assessment Procedure for the High Temperature Response of Structures [S].

[6] Code Case 2605-1 2010，ASME Boiler and Pressure Vessel Code Case 2605-1 [S].

[7] Code Case 2605-2 2015，ASME Boiler and Pressure Vessel Code Case 2605-2 [S].

[8] 章骁程，关凯书. ASME 规范案例 2605-1 在承压设备高温疲劳寿命设计方面的应用 [J]. 压力容器，2013，30（6）：22-26.

[9] 武欣宇，赵姿贞，陈旭. 一种 2.25 Cr1MoV 钢加氢反应设备蠕变疲劳寿命设计方法 [J]. 机械工程学报，2015，51（6）：51-57.

[10] Vivio F, Gaetani L, Ferracci M, et al. Detail investigation of Omega method for creep analysis of pressure vessel components [C]//ASME 2013 Pressure Vessels and Piping Conference. American Society of Mechanical Engineers，2013：V003T03A108-V003T03A108.

[11] ASME VIII-2 2015，ASME Boiler and Pressure Vessel Code Section VIII Division 2 [S].

作 者 简 介

刘芳（1991—），女，在读博士研究生
通讯地址：上海市梅陇路 130 号 华东理工大学
邮编：200237　　联系电话：15900807312
邮箱：1107937101@qq.com
通讯作者：轩福贞
通讯地址：上海市梅陇路 130 号 华东理工大学 402
邮编：200237　　电话：021-64252311

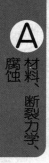

ASME 规范案例 2605 中的两种蠕变疲劳寿命评估方法的应用和比较

关凯书　周腾飞　章骁程

（华东理工大学　承压系统与安全教育部重点实验室　上海　200237）

摘　要　随着环境问题的日益凸显以及原油质量日益下降，加氢装置被广泛地用于石油化工行业。由于相关工艺的要求，在服役过程中加氢设备需要承受高温高压和循环载荷，在评估加氢设备的寿命时必须同时考虑蠕变和疲劳对设备的影响。规范案例 2605（Code Case 2605）中提供了两种评估 2.25Cr1MoV 钢制承压设备蠕变疲劳寿命的方法。利用大型有限元商业软件 ANSYS 按照规范案例 2605 中的两种方法分别计算了设备的蠕变疲劳寿命，并将两种方法的结果进行了比较。结算结果表明，两种方法计算出的设备的蠕变疲劳寿命基本相同，方法 1 作为一种简化后的方法可以用来评估 2.25Cr1MoV 钢制承压设备的蠕变疲劳寿命。最后根据计算结果提出了一些提高设备蠕变疲劳寿命的建议。

关键词　2.25Cr1MoV；蠕变疲劳寿命；加氢设备；规范案例 2605

Comparison between Applications of Two Creep-fatigue Life Evaluating Methods Approved by ASME Code Case 2605

Guan Kaishu　Zhou Tengfei　Zhang Xiaocheng

（The Key Laboratory of Safety Science of Pressurized System，Ministry of Education，East China University of Science and Technology，Shanghai 200237，China）

Abstract　With the increasing demand for petroleum and decreasing in the quality of crude oil，hydrogenation units is extensively used in the petroleum and refining industry and operated in critical environment. 2.25Cr1MoV steel is a widely used material for hydrogenation reactors，which has excellent properties in mechanicsat high temperature and ability of resistance against hydrogen embrittlement and temper embrittlement. In order to satisfy the process requirement，the effect of coupled creep and cyclic load should be taken into account when life evaluation for pressure vessel is performed. Code Case 2605 provides two options to evaluate the creep-fatigue life of reactors constructed with 2.25Cr1MoV. This paper compared the difference in results obtained from ratcheting analysis and calculations of L_{cwf} on a typical structure by ANSYS according，respectively，to both option 1 and option 2. The result shows that creep-fatigue lives derived from the two options are nearly equal，so the simplified option 1 shall be a priority option to evaluate the creep-fatigue life. Also，some recommendation is proposed for extending of the creep-fatigue life.

Keywords　2.25Cr1MoV；creep-fatigue life；hydrogenation reactors；Code Case 2605

0 引言

随着人们对石油和相关其他产品的需求日益增长，以及资源短缺和环境污染问题的日益凸显，加氢装置中相关设备的规格越来越大，所处操作环境也越来越苛刻，因此对设备安全性的要求越来越高，同时也使得设备的设计难度越来越大[1-3]。根据加氢工艺的要求，加氢装置中的相关设备必须承受高温高压和循环载荷。所以，在设备设计时必须考虑蠕变疲劳交互作用对寿命的影响。目前，对于碳钢和低合金钢，国内关于承受交变载荷的设备设计温度上限为371℃，远远低于加氢装置中高温高压临氢设备的操作温度。国外已有关于蠕变疲劳的设计方法，主要有 ASME Ⅲ-NH、RCC-MR 和 R5 规程，但是由于以上这些标准都是基于核电设备的设计，设计和评定方法比较复杂和烦琐，难以直接将其应用到石化行业的压力容器设计[4]。

为了解决上述问题，ASME 于 2008 年出版了规范案例 2605[5]（Code Case 2605，以下简称 CC2605），该规范案例基于美国石油化工学会（American Petroleum Institute）于 20 世纪 80 年代提出的 Omega 模型，对 2.25Cr1MoV 钢制承压设备在操作过程中可能出现的几种失效模式进行了校核[6]。CC2605 中提出了两种方法来进行安定性校核，其中方法 1 使用简化载荷循环，需要计算 2～4 个载荷循环；方法 2 使用真实载荷循环，需要计算服役周期内所有的载荷循环。方法 1 相对于方法 2 具有计算量小，耗时短的特点，因此在设计过程中应优先采用。由于 CC2605 只给出了方法 1 载荷谱的简化方法（至少包含 2 个完整循环，每个循环中包含至少 1 年的蠕变保载时间），而没有说明简化原因，所以方法 1 和方法 2 的区别无从知晓。本文按照 CC2605 中提供的两种方法，以加氢装置中某设备为例，进行蠕变疲劳寿命校核，比较了两种方法的结果，并且根据计算结果提出了一些延长设备蠕变疲劳寿命的措施。

1 设计实例

1.1 几何和设计参数

对于压力容器而言，接管导致结构出现不连续，而且存在焊接结构，因此接管部位是比较危险的部位，本文对某加氢工艺中的设备的上封头接管进行蠕变疲劳校核，该部位结构尺寸如图 1 所示。加氢反应器的设计寿命为 20 年（175，200 小时），总循环次数为 3650 次（两天一次）。操作温度恒定为 450℃，操作压力在 0～20MPa 范围内波动，第一次循环的压力波动如图 2 所示。接管和封头的材料都为 2.25Cr1MoV 锻件，操作温度下材料的力学性能参数如表 1 所示。为了减少计算量，采用 2D 轴对称单元进行有限元分析，有限元模型如图 3 所示。该模型共有 3108 个节点以及 942 个单元。

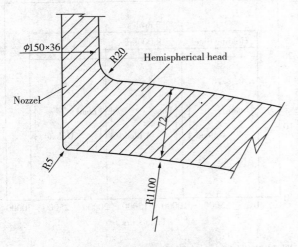

图 1　模型结构尺寸图

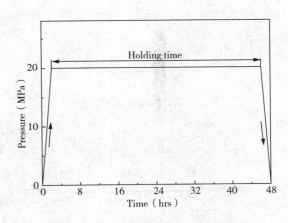

图 2　第一次循环操作压力波动图

表1 450℃时2.25Cr1MoV的力学性能

杨氏模量 （MPa）	屈服强度 （MPa）	拉伸强度 （MPa）	许用应力 （MPa）
180000	339	485	145

表2 应力评定结果

路径编号	应力分类/MPa	应力评定结果/MPa
1	$PL = 201.1$	$\leqslant 1.5Sm = 219$
	$PL + Pb + Q = 188.5$	$\leqslant 3.0Sm = 435$
2	$PL + Pb + Q = 356.2$	$\leqslant 3.0Sm = 435$
3	$PL = 121.2$	$\leqslant 1.5Sm = 219$
	$PL + Pb + Q = 163.8$	$\leqslant 3.0Sm = 435$
4	$Pm = 51.26$	$\leqslant 1.5Sm = 219$
	$Pm + Pb + Q = 81.59$	$\leqslant 3.0Sm = 435$

1.2 静载下的强度校核

为了确定结构的强度是否满足设计标准要求，同时为了选出经历最苛刻工况的位置，对接管部位进行静载下的强度校核。结构在静载下的等效应力云图如图4所示，从图中可以看出，接管的内倒角部位已经出现局部屈服，等效应力最大的点为节点2397，在后续的计算中将此节点看作经历最危险工况的部位。因为结构出现局部屈服，因此对结构进行应力分类评定，应力路径及评定结果分别如图4、表2所示。

1.3 棘轮校核（两种方法）

CC2605中提供的两种棘轮校核方法的主要区别在于：方法1采取简化的载荷曲线，只需要计算2～4个循环，每个循环中保证存在至少1年的保载时间，方法1的载荷循环图谱如图5所示；方法2需要计算所有的载荷循环，耗时较长。现按照两种方法对结构进行棘轮校核，以确保整个结构在操作过程中不会因为产生过量的塑性变形而导致设备失效。CC2605中对不同部位的总累积非弹性变形量的限制如表3所示。在校核过程中，采用理想弹塑性模型作为材料的本构模型，蠕变损伤模型将CC2605中提供的式（3）～（14）用FORTRAN语言编写成子程序的形式，并在ANSYS软件中使用TB、CREEP、100命令激活[7]。

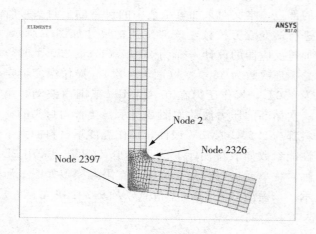

图3 有限元模型图

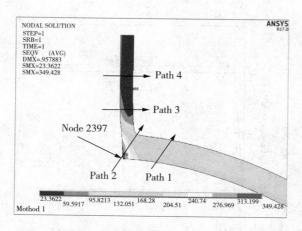

图4 静载下等效应力分布云图及应力评定路径

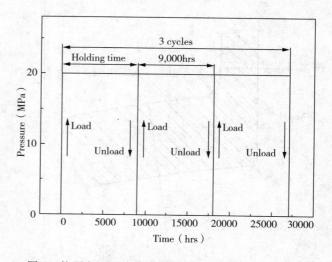

图5 按照方法1计算时的简化载荷图谱（450℃下）

1.3.1　方法 1 棘轮校核结果

图 6 和图 7 是分别按照方法 1 和方法 2 对经历最恶劣工况节点 2397 进行棘轮校核的结果。从图 6（a）中可以看出，节点 2397 的等效应力在每次卸载之后都能回到之前的大小，说明在卸载和加载的过程中没有发生塑性变形。此外，在保载过程中节点 2397 的等效应力不断下降，充分体现了蠕变松弛的作用。图 6（b）显示，在校核过程中总应变最大为 0.227%，远小于表 4 中规定的数值，因此按照方法 1 进行的棘轮校核通过。

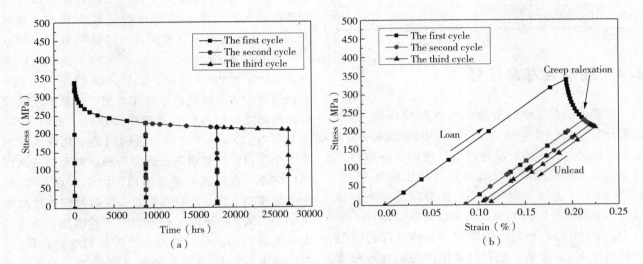

图 6　节点 2397 按照方法 1 进行棘轮校核的结果

1.3.2　方法 2 棘轮校核结果

图 7（a）和图 7（b）是前 3 个循环和最后 3 个循环节点 2397 的等效应力随时间的变化，图 7（c）和图 7（b）是前 3 个循环和最后 3 个循环节点 2397 等效应力应变曲线。从图 7（a）和图 7（b）可以看出，因为存在蠕变的影响，所以每次循环的最大等效应力在减小，而泄压后的残余应力不断增大。同样的，按照方法 2 计算出来的应变也远小于限制值。对比图 6（b）和图 7（b）可以发现，方法 2 计算出来的应变大于方法 1 的，这是由于在方法 1 中选取了 CC2605 中所要求的最短的保载时间，总时间远远小于真实的时间，因此蠕变应变小于方法 2 的蠕变应变。

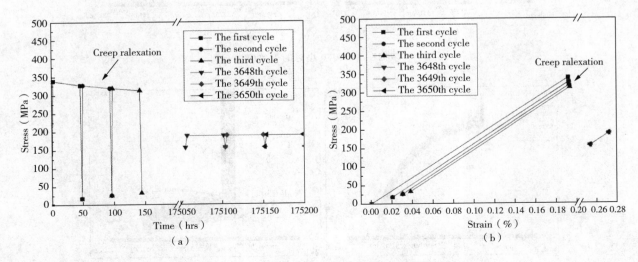

图 7　节点 2397 按照方法 2 进行棘轮校核的结果

表3 总累积非弹性应变限制

应力类型	总累积等效非弹性应变	
	焊缝和热影响区	其他部位
薄膜应力	0.5%	1.0%
薄膜应力加弯曲应力	1.25%	2.5%
局部应力（所有点）	2.5%	5.0%

1.4 纯蠕变寿命计算

按照 CC2605 中的步骤，当棘轮校核通过后，需要计算结构的纯蠕变寿命 L_{caf}。不管选择方法 1 还是方法 2，这一部分没有区别。纯蠕变寿命的计算方法是选择最极端的工况组合（此处选择 450℃ 和 20MPa），进行 1000000 小时的纯蠕变分析。如果在 1000000 小时内蠕变损伤未达到上限 0.95，那么 L_{caf} 为 1000000 小时，否则取达到蠕变损伤上限的时间为 L_{caf}。最后，根据计算出的纯蠕变寿命选择最后的蠕变疲劳设计曲线。

图 8 和图 9 分别是结构的 1000000 小时的应力云图和蠕变损伤云图，图 10 和图 11 则是三个不同节点的等效应力和蠕变损伤随时间变化的曲线。从图 8～图 12 可以看到，经过 1000000 小时的蠕变之后，接管根部内倒角局部屈服的应力已经松弛，接管根部的应力分布更加均匀。值得注意的是，节点 2397 接管外倒角的部位（节点 2326）蠕变损伤值损伤值最大，而不是最初局部屈服的节点（节点 2397）。从图 9 还可以看到，在计算结束时，节点 2326 的蠕变损伤为 0.71，小于 0.95，因此纯蠕变寿命 L_{caf} 为 1000000 小时。此外，图 11 显示节点 2 和的等效应力随时间的增加而增加，这是由于随着时间的增加，结构的应力集中部位应力重新分布。而且节点 2326 的等效应力随时间的变化曲线呈现出 3 个阶段，这是由于变形协调和应力松弛共同作用的结果，在蠕变的开始阶段，由于节点 2326 处于外倒角的下部，所以在很短一段时间内产生变形协调，等效应力下降；而随着时间的增加，蠕变的影响逐渐增加，所以等效应力短暂的增加；最后，蠕变松弛使结构的变形协调逐渐消失，等效应力下降。

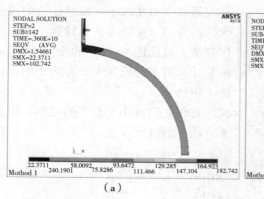
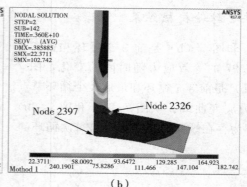

图 8 结构在 1000000 小时的等效应力云图

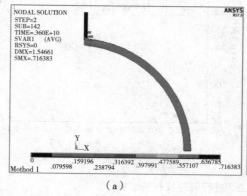
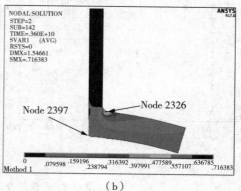

图 9 结构在 1000000 小时的蠕变损伤云图

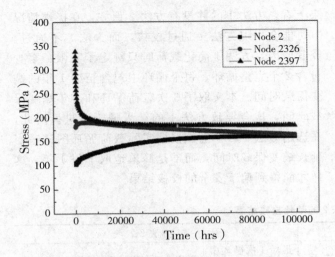

图10 不同节点等效应力随时间变化曲线

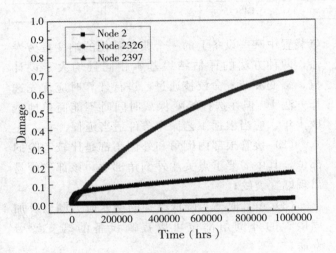

图11 不同节点蠕变损伤随时间变化曲线

1.5 蠕变疲劳寿命计算

CC2605 中选择方法 1 和方法 2 进行计算的另一个区别是计算结构的蠕变疲劳寿命时所依照的公式不同。如果选择方法 1，则需要根据等效塑性应变幅按照式（1）和式（2）进行计算；如果选择方法 2，则需要根据等效塑性应变幅按照式（3）和式（4）进行计算。

$$L_{cwf} = L_{caf} \left(\frac{\beta_{cf} \cdot \Delta\varepsilon_{peq} \cdot N}{\exp\left[\beta_{cf} \cdot \Delta\varepsilon_{peq} \cdot N\right] - 1} \right), \quad \Delta\varepsilon_{peq} > 0 \tag{1}$$

$$L_{cwf} = L_{caf}, \quad \Delta\varepsilon_{peq} = 0 \tag{2}$$

$$L_{cwf} = L_{caf} \left(\frac{\beta_{cf} \cdot \sum_{i=1}^{k} \Delta\varepsilon_{peq, k}}{\exp\left[\beta_{cf} \cdot \sum_{i=1}^{k} \Delta\varepsilon_{peq, k}\right] - 1} \right), \quad \Delta\varepsilon_{peq} > 0 \tag{3}$$

$$L_{cwf} = L_{caf}, \quad \Delta\varepsilon_{peq} = 0 \tag{4}$$

式中，L_{cwf} 为蠕变疲劳寿命；L_{caf} 为纯蠕变寿命；β_{cf} 为 Omega 参数，取 2.0；$\Delta\varepsilon_{peq, k}$ 为第 k 个载荷条件或循环的等效塑性应变幅，$\Delta\varepsilon_{peq}$ 为等效塑性应变幅（按 CC2605 中的 Table 4，由等效应力幅确定）；N 为允许的疲劳次数。

按照方法 1 计算过程如下：由强度校核部分结果可知，结构首次加载和卸载的应力幅为 175MPa，根据等效应力幅值和纯蠕变寿命查 CC2605 中表 3M 可得允许疲劳次数 N 为 4514＞3650。此外，根据 CC2605 中 Table4 可知，对应的等效塑性应变幅 $\Delta\varepsilon_{peq}$ 为 0。因此，将计算得到的 L_{caf} 以及 $\Delta\varepsilon_{peq}$ 代入式（2）可得蠕变疲劳寿命 L_{cwf} 为 1000000 小时，小于 175200 小时，蠕变疲劳寿命校核通过。

如果选择方法 2，则需要按照 ASME 第Ⅷ卷第 2 册中第 5 部分 5.5.4.2 [8] 进行疲劳损伤校核。校核结果如表 4 所示，根据表 4 可得总疲劳损伤满足标准要求，因此疲劳校核通过。将计算得到的代入式（3）可得蠕变疲劳寿命 L_{cwf} 为 998670 小时，大于 175200 小时，蠕变疲劳寿命校核通过。

表 4 疲劳损伤分析结果

循环	$\Delta\varepsilon_{peq}$	ΔS_P/MPa	$\Delta\varepsilon_{eff}$	S_{alt}/MPa	N	$1/N$	D_f
1	3.76E−05	340	9.8E−04	173.38	4752	0.00024	0.00024
2～3650	0	340	0.00194	170	5150	0.00019	0.70854

2 讨论

在棘轮校核过程中发现：方法1和方法2都能通过校核，在最后1次循环中，两种方法得出的最大 Mises 应力和累积非弹性应变差别不大，残余应力有较大差别（表5）。由于方法1被优先选用，应该认为是简便并且保守的评定方法。但从表5的结果上看，方法1的并没有方法2保守，在极端情况下可能会出现方法1通过校核，而方法2不通过。究其原因，方法1简化载荷时只规定了下限：至少包含2个完整循环，每个循环中包含至少1年的蠕变保载时间。本文取了3次载荷循环和1年蠕变保载时间，这会导致方法1的结果偏于冒进。因此，在选用方法1时，应该根据实际载荷循环图谱适当延长蠕变保载时间，而不是简单地取下限1年。这样才能得到偏于安全的校核结果。

表5 方法1和方法2的棘轮校核结果

	方法1			方法2		
	最后1次循环中最大等效应力（MPa）	累积非弹性应变（%）	最终残余应力（MPa）	最后1次循环中最大等效应力（MPa）	累积非弹性应变（%）	最终残余应力（MPa）
棘轮校核	225	0.227	8	198	0.272	151

在蠕变疲劳寿命校核过程中发现：方法1和方法2的寿命校核均大于设计值，校核通过。且方法1和方法2的蠕变疲劳寿命基本相同，方法2的蠕变疲劳寿命略小一些是因为考虑了塑性应变，而方法1中由于等效应力幅太小，根据 CC2605 中 Table4 则忽略了这一部分应变，导致结果稍有差别。从以上结果来看，方法1和方法2的计算结果基本相同，但方法1的计算量更小，在进行设计时应优先选用方法1。

通过对比 CC2605 中 Figure 1M 和 Table 3M 中的疲劳设计曲线可以发现，允许疲劳次数受对效交变应力幅值十分敏感，因此在设计过程中必须尽量减小结构的交变应力幅，尽可能地避免出现局部屈服，提高设备寿命。此外，Zhao[9] 的研究指出，在设备运行过程中，如果操作温度和压力稍微偏离正常值，设备的蠕变疲劳就会大幅降低，因此设备运行过程中也要时刻监控操作压力和温度的变化。从图9和图11可以看出，接管外倒角靠下部位蠕变损伤值增加较快且最终达到最大值，这说明节点2326处积累的塑性应变能最大，最有可能出现蠕变裂纹[10]。在设备服役过程中应重点关注此部位。为了增加设备的蠕变疲劳寿命，可以适当地加固蠕变损伤比较大的部位，如增大倒角直径等。

3 结论

（1）按照 CC2605 中提供的两种方法评估了加氢装置中某一设备上的一个典型部位的蠕变疲劳寿命，两种方法的评估结果基本相同且均大于设计值，蠕变疲劳寿命校核通过，进行计算时应优先选择方法1，但在选择蠕变保载时间时不能简单地选取1年，应当根据工艺操作条件适当延长；

（2）接管根部内倒角和外倒角都是比较危险的部位，其中需要重点关注外倒角部位，该部位较易出现蠕变裂纹；

（3）设计时适当降低结构的交变应力幅以及加固接管的外倒角部位可以提高设备的蠕变疲劳寿命。

References:

参 考 文 献

[1] 林建鸿，柳曾典，吴东棣．热壁加氢反应器运行过程中的材质劣化问题 [J]．石油化工设备技术，1997（5）：4－9.

[2] 章骁程，关凯书，王志文，等．2.25Cr－1Mo－V 钢制承压设备按 ASME 案例 2605－1 的蠕变-疲劳设计方法 [J]．压力容器，2014（3）：28－33.

[3] Stefanovic R，Avery A，Bardia K，et al. User's Design Specification Preparation for 21/4Cr－1Mo－1/4V Reactors in Accordance With ASME Section Ⅷ，Division 2 Code and Code Case 2605 [C] //ASME 2013 Pressure Vessels and Piping Conference. American Society of Mechanical Engineers，2013：V003T03A110－V003T03A110.

[4] 章骁程，关凯书．ASME 规范案例 2605－1 在承压设备高温疲劳寿命设计方面的应用 [J]．压力容器，2013（6）：22－26.

［5］Code Case 2605－2，2015，ASME Boiler and PressureVessel Code Case 2605－2 ［S］.

［6］Prager M. Development of the MPC omega method for life assessment in the creep range ［J］. TRANSACTIONS-AMERICAN SOCIETY OF MECHANICAL ENGINEERS JOURNAL OF PRESSURE VESSEL TECHNOLOGY, 1995, 117: 95－103.

［7］Panwala M S M, Desai D H, Mehta S L. An Approach Based on Code Case 2605 for Fatigue Evaluation of Vanadium Modified Materials Reactor ［C］//ASME 2010 Pressure Vessels and Piping Division/K-PVP Conference. American Society of Mechanical Engineers, 2010: 661－666.

［8］ASME Ⅷ－2 2015, ASME Boiler and Pressure VesselCode Section Ⅷ Division 2 ［S］.

［9］Zhao M. Coupled creep fatigue analysis on 2－1/4 Cr－1Mo－V pressure components per Code Case 2605 ［C］//ASME 2010 Pressure Vessels and Piping Division/K-PVP Conference. American Society of Mechanical Engineers, 2010: 687－691.

［10］Henry B S, Luxmoore A R. The stress triaxiality constraint and the Q-value as a ductile fracture parameter ［J］. Engineering Fracture Mechanics, 1997, 57 (4): 375－390.

作 者 简 介

关凯书教授　邮箱：guankaishu@ecust.edu.cn

疲劳寿命评定的结构几何形状相关性研究

杜彦楠[1]　汤晓英[1]　朱明亮[2]　轩福贞[2]

（1. 上海市特种设备监督检验技术研究院　上海　200062；

2. 华东理工大学机械与动力工程学院　上海　200237）

摘　要　损伤容限设计方法作为结构的重要设计方法广受重视，疲劳裂纹扩展曲线作为疲劳寿命评定标准直接关系到寿命评定的安全性和可靠性。为研究疲劳寿命评定中的结构几何形状相关性，本文主要采用CT、SENB3和SENT三种标准试样，通过低应力比下试样几何形状对疲劳裂纹扩展行为的研究，进一步优化疲劳寿命评定。试验结果表明，试样几何形状主要对近门槛值区的疲劳裂纹扩展影响较大；CT试样和SENB3的结果相近，结果相对保守，SENT试样扩展最慢；裂纹闭合是试样几何形状影响的主要因素，CT和SENB3试样适用于高拘束结构的疲劳寿命评定，SENT试样适用于低拘束结构的疲劳寿命评定。

关键词　损伤容限；疲劳门槛值；裂纹闭合；拘束

Structural Geometry Dependence of Fatigue Life Assessment

Du Yannan[1]　Tang Xiaoying[1]　Zhu Mingliang[2]　Xuan Fuzhen[2]

（1. Shanghai Institute of Special Equipment Inspection and Technical Research，Shanghai 200062；

2. East China University of Science & Technology，Shanghai 200237，China）

Abstract　The application of the damage tolerance analysis method for structural design has long attracted great attention. The fatigue crack growth curve is directly related to the safety and reliability of the fatigue life evaluation. In this paper，three kinds of the specimen were used to study the effect of specimen geometry on fatigue crack growth behavior in low stress ratio，which is beneficial to optimize the fatigue life evaluation. It was shown that the effect of specimen geometry was in the near-threshold regime. The results were similar between CT and SENB3，which were more conservative than those of SENT. Crack closure is the main factor of the effect of specimen geometry. CT and SENB3 were appropriate for the fatigue life evaluation of the structure with high constraint，and SENT was suitable for the low-constraint structures.

Keywords　damage tolerance，fatigue threshold，crack closure，constraint

1　引言

大型工业装备的超长寿命设计需求，使长寿命设计成为新课题，能否把传统损伤容限的设计方法推广至长寿命服役结构还不清楚。疲劳裂纹扩展曲线直接影响损伤容限设计方法的可靠性。为了能够更好地预测和评估结构寿命，研究材料的疲劳裂纹扩展曲线、疲劳门槛值以及应力比对疲劳裂纹扩展的影响至关重要 ADDINEN. CITE. DATA[1-3]。结构安全迫切需要进行抗疲劳设计，常用的设计规范有 ASME XI、JSME、FKM guideline、WES 2805、BS7910 等中均提供了用于疲劳寿命评估曲

本文受国家自然科学基金项目（51575182）和上海市领军人才项目资助。

线。疲劳门槛值作为判断裂纹扩展的关键参量,其决定了寿命评估的可靠性和经济性[4]现有的疲劳裂纹扩展曲线大都是在实验室采用标准试样获得,相同应力水平下,实际工况与实验室条件往往不一致[5,6]不同形状试样获得的疲劳裂纹扩展曲线也会存在差别 ADDINEN. CITE. DATA[7-10]。试样几何形状对疲劳裂纹扩展的影响范围尚未统一ADDINEN. CITE. DATA[11-13],直接影响评估结果的可靠性和经济性。试样几何形状对疲劳裂纹扩展行为影响的研究,有助于进一步提高疲劳评定的安全性和合理性。

本文以 NiCrMoV 钢为研究对象,通过开展三种不同形状的标准试样的疲劳裂纹扩展试验,重点研究低应力比下试样几何形状对近门槛值区疲劳裂纹扩展行为及疲劳门槛值的影响,探究疲劳寿命评定方法中的试样几何相关性。

2 近门槛值区疲劳裂纹扩展试样与试验方法

2.1 试验材料与试样形状

研究材料为 NiCrMoV 钢,参照 ISO 12108:2002,采用 CT、SENT 和 SENB3 三种几何形状的试样进行疲劳裂纹扩展试验,每种形状的试样数量为 2 个。本文暂不考虑试样厚度的影响,试样厚度 B 统一为 12.5mm,试样形状和尺寸如图 1 所示。

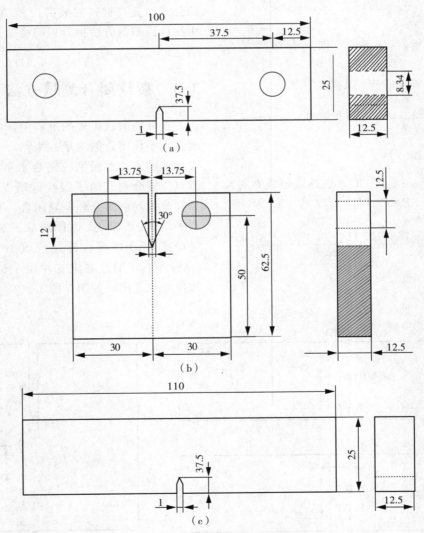

图 1　不同试样的几何尺寸和形状
(a) SENT；(b) CT；(c) SENB3

2.2 疲劳裂纹扩展实验方法

本文参照 ISO 12108—2002 选用了不同几何形状的标准试样，应力强度因子范围 ΔK 的计算公式，如式 1 所示：

$$K = \frac{F}{BW^{\frac{1}{2}}} g\left(\frac{a}{W}\right) \quad (1)$$

其中，$g(a/W)$ 为应力强度因子几何函数。

不同几何形状试样 $g(a/W)$ 的计算方法如下：

紧凑拉伸 CT 试样：

$$g\left(\frac{a}{W}\right) = \frac{(2+\alpha) \times (0.886 + 4.64\alpha - 13.32\alpha^2 + 14.72\alpha^3 - 5.6\alpha^4)}{(1-\alpha)^{1.5}}$$

$$(2)$$

其中，$\alpha = a/W$，$0.2 \leqslant \alpha \leqslant 1.0$ 时，表达式是成立的。

单边缺口三点弯 SENB3 试样：

$$g\left(\frac{a}{W}\right) = \frac{6\alpha^{\frac{1}{2}}}{(1+2\alpha)(1-\alpha)^{\frac{3}{2}}} [1.99 - \alpha(1-\alpha)$$

$$(2.15 - 3.99\alpha + 2.7\alpha^2)] \quad (3)$$

其中，$\alpha = a/W$，$0 \leqslant \alpha \leqslant 1.0$ 时，表达式是成立的。

单边缺口拉伸 SENT 试样：

$$g\left(\frac{a}{W}\right) = \sqrt{2\tan\theta} \left(\frac{0.752 + 2.02\alpha + 0.37(1-\sin\theta)^3}{\cos\theta}\right)$$

$$(4)$$

其中，$\theta = \pi a / 2W$，$0 \leqslant a/W \leqslant 1.0$ 时，表达式是成立的。

本研究的疲劳裂纹扩展试验参照 ISO 12108：2002、GB/T 6398—2000 和 ASTM E647-08 完成，采用 GPS50 高频疲劳试验机来完成疲劳试验，裂纹尺寸采用精度为 0.01 mm 的工具显微镜测量。试验前，疲劳裂纹需预制 3mm，应力比为 0.1。疲劳裂纹扩展试验采用逐级降载法在室温环境下完成。低应力下裂纹闭合影响比较明显，选用应力比为 0.1。采用正弦波加载，频率为 100Hz 左右。实验过程中，载荷逐级下降 5%，直到在裂纹扩展速率低于 10^{-6} mm/cyc 区间至少获得 5 组数据，实验终止。在实验过程中，为了防止载荷历史的瞬变效应，每一级的裂纹扩展量应保持为上一级塑性区尺寸的 4～6 倍。应力强度因子范围 ΔK 采用标准中的公式计算，材料的疲劳门槛值通过在双对数下，用线性回归的方法拟合近门槛值区至少 5 组数据来确定。

2.3 裂纹闭合测量方法

在疲劳裂纹扩展的过程中，需要进行裂纹闭合测量。裂纹闭合的测量方法[14,15]有很多，本文采用应变片的方法测量裂纹闭合水平。CT 和 SENT 的测点位置分别选取了裂纹近端以及远端两个位置，分别测量局部闭合和全局闭合，裂纹闭合系数取两者平均值。SENB3 试样选取了裂纹近端位置，测量局部闭合情况。近端应变片置于裂纹尖端前3mm 左右，而远端应变片位于试样的背面，应变片位置示意图，如图 2 所示。

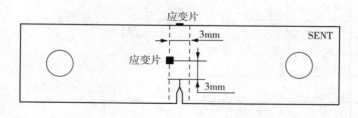
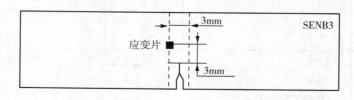
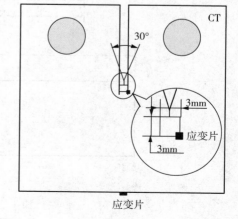

图 2 应变片位置示意图

裂纹闭合的测量采用高频疲劳试验机 GPS/50 和动态应变仪来完成。动态应变仪采集加载和降载过程中应变，其对应的应力通过疲劳试验机采集。测量位置选用该级扩展结束时的位置，把加载和降载过程从最大到最小等间隔分成几个部分，然后分步测量每一步的应变和应力。通过应力-应变关系曲线确定裂纹张开和闭合时的应力水平 u，最后根据公式（5）和（6）计算裂纹的张开系数和闭合系数。

$$u = \frac{\sigma}{\sigma_{max}} \qquad (5)$$

$$U = \frac{\Delta K_{eff}}{\Delta K} = \frac{1-u}{1-R} \qquad (6)$$

其中，u 为裂纹张开和闭合时的应力水平，而 U 为裂纹张开和闭合系数。

3 疲劳裂纹扩展试验结果

不同几何形状试样获得的疲劳裂纹扩展速率 da/dN 与应力强度因子范围 ΔK 的关系曲线，如图 3 所示。可以看出，试验结果的重复性很好，不同几何形状的疲劳裂纹扩展曲线的两个试样的结果几乎重合在一起，因此每种试样形状只选取一个试样进行分析。随着应力强度因子范围 ΔK 的降低，裂纹扩展速率逐渐下降。裂纹扩展曲线由近门槛值区过渡到 Paris 区时，裂纹扩展速率明显加快。在虚线上方不同标准试样的疲劳裂纹扩展曲线几乎重合；而在虚线下方，存在一定差别，其中 SENT 试

样的裂纹扩展速率明显低于另外两种试样，SENB3 的结果与 CT 试样的结果相近，差别不明显，表明试样几何形状的影响主要在近门槛值区。CT、SENB3 和 SENT 试样的疲劳门槛值分别为 6.668 MPa·m$^{\frac{1}{2}}$、6.821 MPa·m$^{\frac{1}{2}}$ 和 7.636 MPa·m$^{\frac{1}{2}}$。其中，SENT 试样的疲劳门槛值最高，CT 和 SENB3 试样的值相近，结果相对保守。

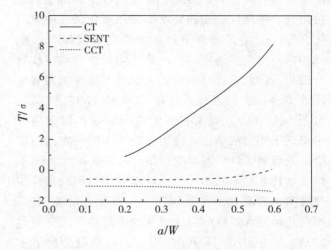

图 3　不同试样形状裂纹扩展速率同应力强度因子关系

不同几何试样不同扩展区域的裂纹闭合测量结果如表 1 所示，测试结果与 Regazzi[14] 的结果规律一致。CT 试样和 SENB3 试样 Paris 区和近门槛值区的闭合系数相近，CT 试样的略高，说明 CT 试样的闭合程度略低于 SENB3 试样，但差别不大。而 SENT 试样始终要低于 CT 和 SENB3 试样的闭合系数，特别是近门槛值区出现明显的下降，说明近门槛值区 SENT 试样受裂纹闭合影响更大。

表 1　不同几何形状试样的试验结果

试样形状	ΔK	a/W	da/dN (mm/cyc)	U	疲劳门槛值 （MPa·m$^{\frac{1}{2}}$）	有效疲劳门槛值 （MPa·m$^{\frac{1}{2}}$）
CT	7.21	0.36	1.2×10^{-6}	0.7351	6.668	4.632
	6.58	0.3654	1.27×10^{-7}	0.6947		
SENB3	7.74	0.4568	1.14743×10^{-6}	0.7347	6.821	4.536
	6.89	0.4692	1.49948×10^{-7}	0.6650		
SENT	8.17	0.6044	1.358×10^{-6}	0.6229	7.636	3.296
	7.74	0.7076	3.611×10^{-7}	0.4316		

4 试样几何形状影响机理分析

裂纹闭合的理论常被用来解释试样几何形状对近门槛值区疲劳裂纹扩展的影响[16]，近门槛值区的裂纹闭合存在多种形式，常见的有塑形诱发的裂纹闭合、粗糙度诱发的裂纹闭合和氧化诱发的裂纹闭合等[17]。室温条件下，氧化诱发裂纹闭合影响较小，平面应变为主时，一般认为塑性诱发裂纹闭合很小。因此，近门槛值区主要受粗糙度诱发裂纹闭合影响为主。Zhu[18]在相近的环境下采用SENB3试样研究同类材料的疲劳裂纹扩展行为时也得到了相同的结论。应力比为0.1时，在近门槛值区的疲劳裂纹扩展受裂纹闭合的影响很大。Paris区受试样几何形状影响很小，不同几何形状试样的裂纹闭合的测量结果差别不大。而在近门槛值区，不同几何形状试样的裂纹闭合的测量结果出现明显差别。研究表明CT和SENB3试样低应力比下主要受粗糙度诱发裂纹闭合影响[18,19]。从表2中可知，两者的裂纹闭合程度相近，而SENT试样近门槛值区的裂纹闭合的测量结果要高于CT和SENB3试样。可见，在近门槛值区，CT试样和SENB3试样均以粗糙度诱发裂纹闭合为主，而SENT在近门槛值区除受粗糙度诱发裂纹闭合的影响外，还受其他闭合机制的影响。

不同几何形状试样的裂纹闭合的测量结果的差异性与拘束效应有关 ADDINEN. CITE. DATA[7-9,11,12]。拘束可以用T应力表征。CT试样与SENB3试样的拘束大小比较相近[20]，并且两者疲劳裂纹扩展曲线差别很小。Tong[21]给出了SENT试样和CT试样的T应力随裂纹长度的关系曲线，如图4所示。SENT试样的T应力始终为负值，并且基本保持不变，而CT试样的T应力始终为正值，随裂纹尺寸的增大而增大。在小范围屈服的条件下，T应力会影响裂纹尖端的张开力和塑性区尺寸，正的应力会降低裂纹尖端的塑性区，反之，负的T应力会增大裂纹尖端的塑性区[22]。在近门槛值区，相同应力水平下，T应力越大，塑性区尺寸越小，越容易受微观组织影响，裂纹面越粗糙，剪切裂纹扩展加剧，裂纹的张开应力水平越高，粗糙度诱发裂纹闭合水平越高[10]；反之T应力为负，塑性区尺寸相对较大，相比更不容易受微观组织影响，疲劳

裂纹更容易延续Paris区的趋势扩展，裂纹面相对更平整[13]。因此，SENT试样表面粗糙度应略低于CT和SENB3试样。

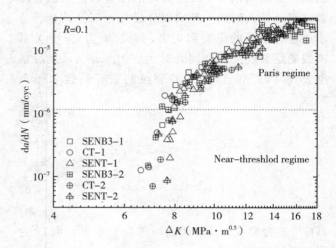

图4 T应力与裂纹尺寸的关系[21]

一般认为，满足公式（7）条件，裂纹尖端应力状态处于平面应变为主的情况。

$$t \geqslant 2.5 \cdot \left(\frac{K_{max}}{\sigma_y} \right) \qquad (7)$$

其中，t为试样厚度，K_{max}为裂纹尖端的最大应力强度因子，σ_y为屈服强度。

在平面应变主导的情况下，一般认为，塑性诱发裂纹闭合即使存在，但其对疲劳裂纹扩展的影响也可忽略 ADDINEN. CITE. DATA[23,24]。而近门槛值区，SENT试样近门槛值区的粗糙度诱发裂纹闭合低，但裂纹闭合系数高。因为，裂纹尖端的应力场受拘束效应的影响，SENT试样裂纹尖端的塑性区尺寸要高于CT试样。因此，平面应变主导的条件可能不再满足，平面应力主要作用于试样表面，引起表面塑性诱发裂纹闭合。有学者[16]通过模拟计算发现，低T应力下，塑性诱发裂纹闭合要明显大于高T应力下的测量结果。因此，T应力通过影响裂纹尖端的塑性区尺寸和形状，使SENT试样在近门槛值区受塑性诱发裂纹闭合的影响。因此，裂纹闭合是试样几何形状影响的主要因素，拘束通过改变裂纹尖端的塑性区尺寸和形状影响疲劳裂纹扩展。CT和SENB3试样适用于高拘束结构的疲劳寿命评定，SENT试样适用于低拘束结构的疲劳寿命评定。

4 结论

(1) 试样几何形状主要对近门槛值区的疲劳裂纹扩展有影响。SENB3 和 CT 试样疲劳裂纹扩展曲线差别不大，SENT 试样扩展速率更低，具有较高的疲劳门槛值。

(2) 不同几何形状试样的裂纹闭合测量结果在 Paris 区差别不大，在近门槛值区存在明显差异性。SENT 受裂纹闭合影响最大，CT 和 SENB3 试样比较接近。裂纹闭合是试样几何形状影响的主要因素。

(3) CT 和 SENB3 试样适用于高拘束结构的疲劳寿命评定，SENT 试样适用于低拘束结构的疲劳寿命评定。

参 考 文 献

[1] Gänser H－P, Maierhofer J, Tichy R, et al. Damage tolerance of railway axles - the issue of transferability revisited [J]. International Journal of Fatigue, 2015.

[2] 李贵军，王乐勤. 2.25Cr1 Mo 钢的中温疲劳裂纹扩展行为研究和加氢反应器的安全分析 [J]. 压力容器, 2004, 21 (7): 18－22.

[3] 倪向贵，李新亮，王秀喜. 疲劳裂纹扩展规律 Paris 公式的一般修正及应用 [J]. 压力容器, 2006, 23 (12): 8－15.

[4] Du Y N, Zhu M L, Xuan F Z, et al. Evaluation of Fatigue Crack Growth Curves in Existing Codes and a Proposed Modification Based on Experimental Data of Cr-Ni-Mo-V Steel Welded Joints [J]. in: ASME 2016 Pressure Vessels and Piping Conference, 2016, pp. V01AT01A041.

[5] Lütkepohl K, Esderts A, Luke M, et al. Sicherer und wirtschaftlicher Betrieb von Eisenbahnfahrwerken [J]. Final report BMWi project, 2009, 19: 4021.

[6] Luke M, Varfolomeev I, Lütkepohl K, et al. Fatigue crack growth in railway axles: assessment concept and validation tests [J]. Engineering Fracture Mechanics, 2011, 78 (5): 714－730.

[7] Kujawski D. Environmental crack growth behavior affected by thickness/geometry constraint [J]. Metallurgical and Materials Transactions A, 2013, 44 (3): 1340－1352.

[8] Varfolomeev I, Luke M, Burdack M. Effect of specimen geometry on fatigue crack growth rates for the railway axle material EA4T [J]. Engineering Fracture Mechanics, 2011, 78 (5): 742－753.

[9] Hutař P, Seitl S, Knésl Z. Quantification of the effect of specimen geometry on the fatigue crack growth response by two-parameter fracture mechanics [J]. Materials Science and Engineering: A, 2004, 387－389, 491－494.

[10] Liknes H O, Stephens R R. Effect of geometry and load history on fatigue crack growth in Ti-62222 [J]. ASTM Special Technical Publication, 2000: 17 5－191.

[11] Hutař P, Seitl S, Knésl Z. Effect of constraint on fatigue crack propagation near threshold in medium carbon steel [J]. Computational Materials Science, 2006, 37 (1－2): 51－57.

[12] Seitl S, Hutař P. Fatigue-crack propagation near a threshold region in the framework of two-parameter fracture mechanics [J]. Materiali in tehnologije, 2007, 41 (3): 135－138.

[13] Hutař P, Seitl S, Kruml T, Effect of Specimen Geometry on Fatigue Crack Propagation in Threshold Region [J]. in: ICF12, Ottawa 2009.

[14] Regazzi D, Varfolomeev I, Moroz S, et al. Experimental and numerical investigations of fatigue crack closure in standard specimens [J]. DVM, 45: 19－20.

[15] Riddell W, Piascik R, Sutton M, et al. Determining fatigue crack opening loads from near-crack tip displacement measurements [J]. ASTM Special Technical Publication, 1999, 1343: 157－174.

[16] Hutař P, Seitl S, Kruml T, Effect of specimen geometry on fatigue crack propagation in threshold region, in: Proceedings international conference on fracture [J]. Ottawa, 2009.

[17] Suresh S. Fatigue of materials [M]. Cambridge university press, 1998.

[18] Zhu M L, Xuan F Z, Wang G Z. Effect of microstructure on fatigue crack propagation behavior in a steam turbine rotor steel [J]. Materials Science and Engineering: A, 2009, 515 (1): 85－92.

[19] Du Y N, Zhu M L, Xuan F Z. Transitional behavior of fatigue crack growth in welded joint of 25Cr2Ni2MoV steel [J]. Engineering Fracture Mechanics, 2015, 144: 1－15.

[20] Yang J, Wang G, Xuan F, et al. Unified correlation of in - plane and out - of - plane constraints with fracture toughness [J]. Fatigue & Fracture of Engineering Materials & Structures, 2014, 37 (2): 13 2－145.

[21] Tong J. T-stress and its implications for crack growth [J]. Engineering Fracture Mechanics, 2002, 69 (12): 1325—1337.

[22] Rice J R. Limitations to the small scale yielding approximation for crack tip plasticity [J]. Journal of the Mechanics and Physics of Solids, 1974, 22 (1): 17—26.

[23] Wei L W, James M N. A study of fatigue crack closure in polycarbonate CT specimens [J]. Engineering Fracture Mechanics, 2000, 66 (3): 223—242.

[24] Antunes F V, Chegini A G, Branco R, et al. A numerical study of plasticity induced crack closure under plane strain conditions [J]. International Journal of Fatigue, 2015, 71: 75—86.

ADDINEN. REFLIST

作者简介

杜彦楠（1987—），男，博士，上海市普陀区金沙江路915号1号楼1307室，021—32584728。Email：ynduzgz@163.com

通讯作者：朱明亮（1984—），男，副教授，上海市徐汇区梅陇路130号实验17楼325室，021—64253776。Email：mlzhu@ecust.edu.cn

XFEM 在压力容器疲劳裂纹扩展分析中的应用研究

王琦玮　涂思浩　周明珏　李曰兵

（浙江工业大学化工过程机械研究所　杭州　310032）

摘　要　针对压力容器表面裂纹的疲劳扩展问题，采用有限元方法和公式推算方法，结合 Paris 公式，比较了不同初始裂纹特征状态下，裂纹扩展的特点。分析结果表明，含椭圆表面裂纹的压力容器，随着疲劳裂纹的扩展，其形貌逐渐趋向于圆形；同时，随着疲劳裂纹的不断扩展，有限元模拟计算的扩展速率与公式推算的扩展速率差距逐渐变大，公式推算方法偏保守。

关键词　扩展有限元；疲劳裂纹扩展；压力容器；表面裂纹

Application of XFEM in Fatigue Crack Propagation Analysis for Pressure Vessel

Wang Qiwei　Tu Sihao　Zhou Mingjue　Li Yuebing

（Institute of Process Equipment & Control Engineering,
Zhejiang University of Technology, Hangzhou 310032）

Abstract　Fatigue crack propagation is one of the main failure mechanisms for pressure vessels under cyclic loading. Extended finite element method (XFEM), which is developed to simulate the behavior of crack propagation, is applied in pressure vessels with surface crack. The results are compared with conventional calculation method based on the Paris formula, and show that the difference between the conventional method and XFEM calculation becomes large with cycles increase. The finial crack length with conventional method is larger, which can give a conservative estimation. Meanwhile, different initial surface crack shapes are investigated and the results show that the initial elliptical surface crack tends to be circle crack with cycles increase.

Keywords　XFEM, fatigue crack propagation, pressure vessel, surface crack

0　引言

压力容器的疲劳破坏给生产和生活带来了巨大的威胁。预测疲劳寿命的方法一直处在发展阶段。近几十年，扩展有限单元法（XFEM）逐渐发展了起来，是一种可以不重画网格的情况下，进行裂纹扩展模拟的方法，极大地减小了网格重划带来的工作量。通过有限元方法分析，三维疲劳裂纹扩展裂纹前沿形貌的变化，同时与传统的公式推算方法进行比较，是一项十分具有意义的课题。疲劳裂纹的分析方法经过长期发展，最初在 Paris 等[1,2]在疲劳裂纹扩展速率的分析研究中引入应力强度因子差值 ΔK 的概念。Forman 等[3]通过对 Paris 公式中系数和指数对扩展速率的影响的研究，提出了使用条件和适用范围更广的公式用来表达疲劳裂纹扩展速率。

1 含表面缺陷裂纹的圆筒体疲劳扩展计算公式

圆筒体表面缺陷规则化后如图 1 所示。

GB/T 19624—2004 中介绍了含缺陷压力容器疲劳扩展后 A 点和 B 点的最终尺寸，方法如下：

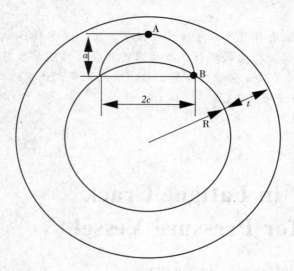

图 1　内表面含椭圆裂纹的圆筒体截面

假定初始时的 a_0 和 c_0。根据第 $i-1$ 次 a_{i-1} 和 c_{i-1}，分别按 A 点和 B 点的薄膜应力和弯曲应力计算 A 点和 B 点的应力强度因子差值 $(\Delta K_a)_{i-1}$ 和 $(\Delta K_b)_{i-1}$，之后根据 Paris 公式计算第 i 次循环后的尺寸

$$\begin{cases} a_i = a_{i-1} + C\,(\Delta K_a)_{i-1}^m \\ c_i = c_{i-1} + C\,(\Delta K_b)_{i-1}^m \end{cases} \tag{1}$$

其中，C 和 m 是材料参数。

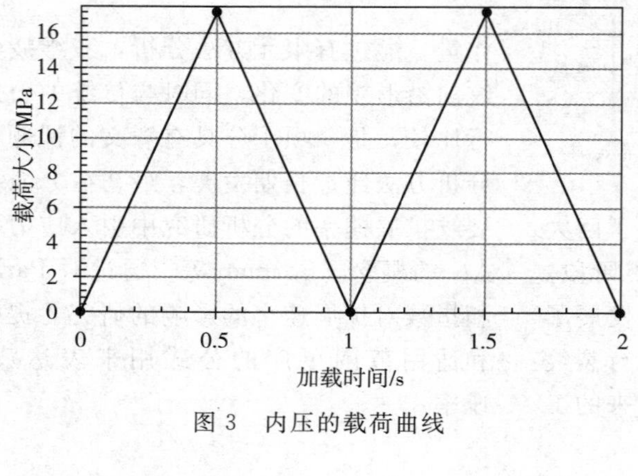

图 2　圆筒体模型

2 有限元计算模型

如图 1 所示为圆筒体的横截面尺寸图，其中 $R=1994.5$ mm，$t=204$ mm。本文将建立 8 种尺寸的初始椭圆裂纹，8 种尺寸的裂纹 a/c 分别为 1/3、1/1，而 a/t 分别为 0.05、0.1、0.2、0.25。圆筒体的高为 8000mm。

如图 2 所示为商业有限元软件 ABAQUS 建立的圆筒体模型。其中杨氏模量 $E=50$ GPa，泊松比 $\upsilon=0.3$。根据 GB/T 19624—2004，对于 16MnR 钢，$\dfrac{\mathrm{d}a}{\mathrm{d}N}=C\Delta G^m$ 中 $C=3.56966\times10-7$（为增加计算速率已将此系数放大 1000 倍），$m=1.675$。

圆筒体受到最大值为 17.23MPa 的内压作用，并且与之相对应的薄膜应力

$$\sigma_m = A_P \times \pi r^2 / \pi(R^2 - r^2) = 80.13\text{MPa}$$

其中 A_P 为内压。图 3 所示为单次疲劳加载内压的载荷曲线。

图 4 和图 5 所示为部分模型网格示意图，网格类型为 C3D8R。

图 4　圆筒体网格模型

图 3　内压的载荷曲线

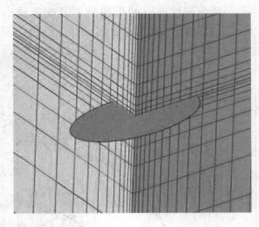

图 5 部分裂纹尺寸附近的网格示意图

在 ABAQUS 的扩展有限元分析中，一般采用 J 积分来计算应力强度因子。而本节的例子也可用 ASME 标准来估算 A、B 两点的应力强度因子。

根据 ASME 准则，表面裂纹的应力强度因子由式（2）得到：

$$K_I = [(A_0 + A_P)G_0 + A_1 G_1 + A_2 G_2 + A_3 G_3] \sqrt{\pi a / Q} \quad (2)$$

其中，a 为裂纹深度；A_P 为管内压力；G_0、G_1、G_2、G_3 为自由表面的校正因子，该校正因子由 ASME 准则提供，见表 1。

Q 由式（3）得到：

$$Q = 1 + 4.593 (a/l)1.65 - q_y \quad (3)$$

其中，l 为裂纹的主轴长，而 $0 \leqslant a/l \leqslant 0.5$，其中 q_y 由式（4）算得：

$$q_y = [(\sigma_m M_m + \sigma_b M_b)/\sigma_{ys}]^2/6 \quad (4)$$

表 1　A、B 点 G_0

a/t	A 点 a/c		B 点 a/c	
	1/3	1/1	1/3	1/1
0.05	1.0919	1.0373	0.6871	1.1427
0.1	1.1033	1.0396	0.6961	1.1473
0.2	1.1388	1.0482	0.7239	1.1641
0.25	1.1656	1.0543	0.743	1.1763

由此可计算形状参数 Q，如表 2 所示。最后计算应力强度因子与模拟所得进行对比，如表 3 所示。

表 2　A、B 点 Q

a/t	A 点		B 点	
	a/c=1/3	a/c=1/1	a/c=1/3	a/c=1/1
0.05	1.1893	2.4150	1.2192	2.4046
0.1	1.1883	2.4147	1.2187	2.4041
0.2	1.1850	2.4139	1.2171	2.4024
0.25	1.1824	2.4134	1.2159	2.4011

表 3　A、B 点 K_I（单位：MPa·mm$^{1/2}$）

a/t	A 点		B 点	
	a/c=1/3	a/c=1/1	a/c=1/3	a/c=1/1
0.05	551.8175	383.2681	342.9174	423.1128
0.1	788.8934	543.2793	491.4496	601.149
0.2	1153.125	775.0743	723.2445	862.6693
0.25	1321.01	871.5237	830.3509	974.9302

图 4 和图 5 所示为部分模型网格示意图，网格类型为 C3D8R。

3　结果分析

图 6 所示为 a/c 为 1/3 且 a/t 分别为 0.05、0.1、0.2、0.25 的初始裂纹在一定循环加载次数下的疲劳裂纹前沿共 21 个点（取自裂纹扩展前沿网格边缘，而后将 21 个点用圆滑的曲线连接）的坐标变化，以及根据 GB/T 19624—2004 中计算 A、B 两点最终尺寸而得出裂纹形貌示意图的对比（假设扩展裂纹形貌依旧为椭圆）。

由图 6 所示形貌图可直观地看出，（1）保持初始 a/c 不变，当初始 a/t 较小时，随着循环加载数的增加，裂纹前沿形貌逐渐变为圆形；而初始当 a/t 较大时，由于疲劳裂纹扩展速率较快，在一定的循环

加载次数下，疲劳裂纹前沿的形貌来不及变为圆形，依旧保持椭圆。同时与 GB/T 19624—2004 所推算的

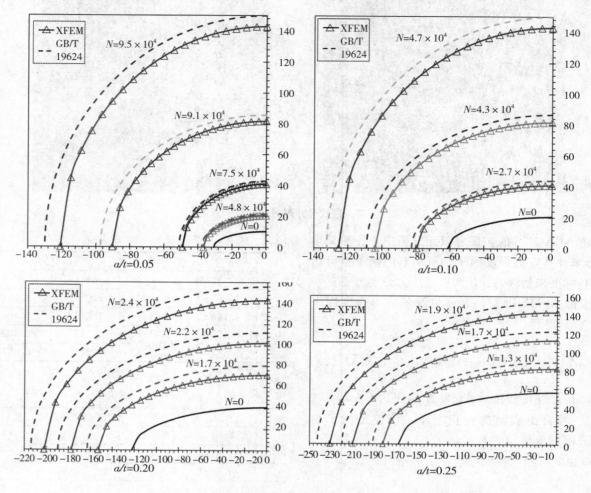

图 6　初始裂纹尺寸 $a/c=1/3$ 的裂纹形貌图

结果相比，模拟所得的疲劳裂纹扩展形貌的形状接近椭圆。但随着疲劳裂纹的不断扩展，其扩展量与 GB/T 19624 所推算的扩展量差距越来越大。

图 7 所示为 $a/c=1/1$ 且 a/t 分别为 0.05、0.1、0.2、0.25 的初始裂纹尺寸在一定循环加载

次数下的疲劳裂纹前沿共 21 个点（取自裂纹扩展前沿网格边缘，而后将 21 个点用光滑曲线连接）的坐标变化以及根据 GB/T 19624—2004 中计算 A、B 两点最终尺寸而得出裂纹形貌示意图的对比（假设扩展裂纹形貌依旧为椭圆）。

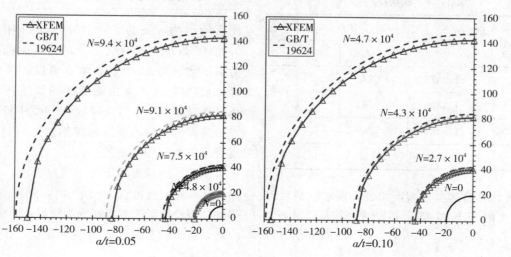

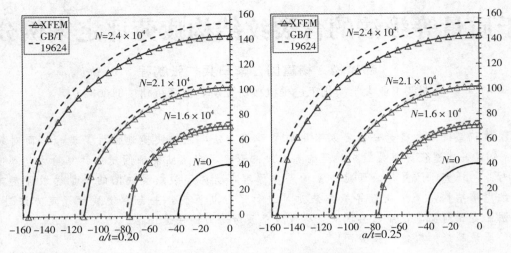

图 7　初始裂纹尺寸 $a/c=1/1$ 的裂纹形貌图

由图 7 所示形貌图可直观地看出，在 a/c 不变的情况下，随着 a/t 的逐渐增加，A 点和 B 点的扩展速度较为接近，疲劳裂纹前沿的形貌基本上维持在圆形的状态。同时与 GB/T 19624—2004 所推算的结果相比，模拟所得的疲劳裂纹扩展形貌的形状较为接近。同样地，随着疲劳裂纹的不断扩展，其扩展量与 GB/T 19624 所推算的扩展量差距越来越大。

同时以上 8 组形貌图，不难发现以下结论：

① 在相同的 a/t 下，当 a/c 为 1/1 时，A、B 两点扩展速率较为相近，且裂纹前沿的形貌基本保持在圆形的状态；当 a/c 为 1/3 时，A 点的扩展速率大于 B 点，此时疲劳裂纹前沿形貌逐渐地变为圆形；

② 对于 8 初始裂纹尺寸，在循环加载次数比较小的时候，相同的循环加载次数下，XFEM 模拟所得扩展量与 GB/T 19624—2004 推算结果基本一致，但随着循环加载次数的增加，两者偏差越来越大；

4　总结

本文模拟了三维情况下压力容器中 8 种不同初始尺寸的椭圆形疲劳裂纹径向与周向扩展问题，并与 GB/T 19624—2004 推算出的裂纹最终尺寸进行比较。结果表明，含椭圆表面裂纹的压力容器，随着疲劳裂纹的扩展，其形貌逐渐趋向于圆形；同时，随着疲劳裂纹的不断扩展，模拟所得的扩展量与 GB/T 19624—2004 推算所得的扩展量的差距逐渐变大。

参 考 文 献

［1］Paris P C，Erdogan F. A critical analysis of crack propagation laws.［J］. Journal of Basic Engineering - Transactions of the ASME，1965，85：528—534.

［2］Paris P C，Gomez M P，Anderson W P. A rational analytic theory of fatigue［J］. The Trend in Engeering，1961，13：9—14.

［3］Forman R G，Kearney VR，Engle R M. Numerical analysis of crack propagation in cyclic - loaded structures［J］. Journal of Basic Engineering - Transactions of the ASME，1967，89，459—464.

基于质量等级法的含裂纹结构疲劳评定案例分析

郝建松　杨建国　李曰兵　张鹏程

（浙江工业大学　化工过程机械研究所，浙江杭州　310032）

摘　要　体积型缺陷的疲劳分析可以采用质量等级方法，能够便捷地估计其寿命。而对裂纹型缺陷仍依据 Paris 公式多次迭代计算裂纹扩展至临界裂纹的寿命，在某些复杂问题中计算量大，不便于工程的快速决策。对此，探究了质量等级评定方法的基本原理，研究了裂纹类缺陷的质量等级评定方法，针对一含埋藏裂纹焊接结构，采用质量等级方法对其进行了分析评定，并与常规疲劳评定方法进行了比较。质量等级方法评定相对简单，能够实现对含裂纹设备疲劳寿命的快速评估。

关键词　质量等级；裂纹；疲劳评定

Case Study on Fatigue Assessment of Structure with Crack Based on the Quality Category Approach

Hao Jiansong　Yang Jianguo　Li Yuebing　Zhang Pengcheng

Abstract　Quality category approach has been widely used to evaluate the fatigue life for non-planar flaws. As for planar flaws, especially for cracks, fatigue life is still calculated by multiple iterations based on Paris law, which will take a lot of time due to the large computation and affect policymaking. Therefore, the quality category approach for cracks is investigated. With a case on a weld structure with embed crack, quality category is evaluated for fatigue life, which is compared with the conventional fatigue assessment method. The result shows that the quality category approach could accomplish quick and simple assessment for fatigue life of structure with flaws.

Keywords　Quality category；Cracks；Fatigue assessment

0　引言

焊接是压力容器必不可少的技术环节，而焊接在拥有许多突出优点的同时必然存在焊接缺陷，在一定的环境和力学条件下这些缺陷成为裂纹的发源地严重影响压力容器的安全。焊接结构经常发生断裂事故，其中疲劳破坏占 90%[1]。问题的根源在于疲劳失效多发生在焊接接头处，因为焊接接头一般是这些结构发生疲劳破坏最薄弱的部位。事实上，

在焊接结构中可以允许一定尺寸的缺陷存在，在采用"合于使用"[2-4]原则下，对压力容器的制造或使用过程中出现的缺陷裂纹进行安全评定，这与对焊缝进行局部修补而造成加速材料劣化和不必要的返修和报废造成更大经济损失相比，采用"合于使用"原则的方法通常更为可取，该原则对设计、制造人员的要求很高。

国内外对含缺陷承压设备采用"合于使用"安全评定的代表性标准主要有 GB/T 19624、API 579、BS 7910、FITNET FFS 等[5-8]。随着在线检验技术的提高，对检出缺陷的评价也提出了更高的

要求。在某些紧急情况下，往往需要对检出缺陷做出快速决策。而断裂力学分析方法需要大量的分析计算，不便于迅速得到分析结果，难以决策。而应用于体积型缺陷的质量等级法，能够方便快捷地判断其是否合于使用。它无须进行应力强度因子的计算、疲劳裂纹扩展分析等具体工作，对现场检出缺陷可以做出快速决策。英国焊接结构评定标准 BS 7910 中给出了基于质量等级的裂纹型缺陷简化评定方法。对此，本文针对裂纹类缺陷的疲劳问题，简要介绍了质量等级法的理论基础，并以工程案例进行了分析。研究结果可为质量等级方法的推广应用提供参考，对实现含缺陷设备疲劳寿命的快速评估具有重要意义。

1 质量等级法概述

疲劳评定主要用来评定设备服役过程中由于交变载荷的作用下缺陷是否发生扩展，缺陷尺寸是否会扩展到发生断裂破坏。通常，可将缺陷分为面型缺陷（即裂纹类缺陷）和体积缺陷。断裂力学方法可以用来描述裂纹类缺陷扩展行为，常采用 Paris[9] 公式计算疲劳裂纹扩展速率，如式（1）所示。

$$da/dN = A(\Delta K_1)^m \tag{1}$$

式中，ΔK_1 为应力强度因子幅度，A 和 m 为材料常数，由实验得得。当 ΔK_1 小于门槛应力强度因子幅度 ΔK_0 时，裂纹不会发生疲劳扩展。裂纹扩展速率会受载荷历史、应力比、温度等有关系。裂纹扩展量可通过式（1）积分计算得到，或 cycle - by - cycle[10] 计算出来。

对于体积型缺陷的疲劳评定按断裂力学的方法进行评定是保守的，可以按质量等级评定方法进行评定。质量等级法是以实验所得的 $S-N$ 曲线数据为基础的，一般将质量等级分为 1～10 级，Q1 到

Q10，即 10 个质量等级。其中 Q1 质量等级最高，Q10 质量等级最低。根据所评定结构部位的应力幅和服役寿命计算出相应的评定值，查对照表确定结构相应部位所需的质量等级。如果实际质量等级优于或等于所需的质量等级，则结构中的缺陷能够接受。

2 质量等级法基本原理

2.1 所需质量等级的确定方法

质量等级方法根据 $S-N$ 曲线的描述形式，可由式（2）来表示。不同的常数表示不同的质量等级，评定标准中会给出相应的对照表。表 1 给出了一系列不同质量等级在疲劳寿命 $N=2\times10^6$ 时所对应的等效应力范围 S。

$$\Delta\sigma^3 N = 常数 \tag{2}$$

所需质量等级是根据含缺陷构件服役条件确定，由结构所受的疲劳载荷与预期的循环寿命来决定。根据所评定结构部位的应力幅 $\Delta\sigma$ 和服役寿命 N 按上式左边计算出相应的值，查对照表确定结构相应部位所需的质量等级。

对于常幅载荷，所需的 $S-N$ 曲线质量等级则可直接在坐标系中由所受应力强度范围和疲劳寿命标出的点确定。而对变幅载荷，可将疲劳载荷分解成 k 个载荷块，应力范围 $\Delta\sigma_1$ 对应 n_1 次循环，应力范围 $\Delta\sigma_2$ 对 n_2 次循环，以此类推。根据 Miner 准则，2×10^6 次循环的当量应力范围 S 由下式计算出来：

$$S = \left[\frac{\sum_{j=1}^{j=k}\Delta\sigma_j^3 n_j}{2\times10^6}\right]1/3 \tag{3}$$

表 1 基于 $S-N$ 曲线的质量等级分类

质量等级	$\Delta\sigma^3 N=$常数中的常数值（钢材）	等效 BS 7608 设计分类	2×10^6对应的应力范围 S	
			钢（MPa）	铝合金（MPa）
Q1	1.52×10^{12}	D	91	30
Q2	1.04×10^{12}	E	80	27
Q3	6.33×10^{11}	F	68	23

（续表）

质量等级	$\Delta\sigma^3 N$＝常数中的常数值（钢材）	等效 BS 7608 设计分类	2×10^6 对应的应力范围 S	
			钢（MPa）	铝合金（MPa）
Q4	4.31×10^{11}	F2	60	20
Q5	2.50×10^{11}	G	50	17
Q6	1.58×10^{11}	G2	43	14
Q7	1.00×10^{11}	——	37	12
Q8	6.14×10^{10}	——	32	10
Q9	3.89×10^{10}	——	27	9
Q10	2.38×10^{10}	——	23	8

2.2　实际质量等级的确定方法

　　实际的质量等级确定是基于已完成的断裂力学计算结果并将之绘制成的相应图表，根据平面缺陷的缺陷类型、位置、焊缝裂纹形状和载荷情况选择使用不同的图表。根据初始裂纹实际尺寸，将裂纹深度尺寸 a 转换成对应于直前沿裂纹（无限长裂纹）的有效初始裂纹 $\bar{a}_i$。然后，根据要求确定最大允许尺寸 $\bar{a}_{\max}$。缺陷相应的质量分类等级可以按下面方法求出：根据 $\bar{a}_{\max}$ 和厚度 B 在图中取与之接近且靠上的等级并读出相应的 S_m 值，再根据 $\bar{a}_i$ 和厚度 B 同样在图中取与之接近且靠上的等级并读出相应 S_i 的值，根据读出的 S_m 和 S_i 两个值，代入公式（4）求出等效应力强度，即可确定缺陷实际质量分类等级。

$$S = (S_i^3 - S_m^3)1/3 \qquad (4)$$

如果 $\bar{a}_{\max}\gg\bar{a}_i$，则 $S=S_i$。待评定缺陷的实际质量等级就是表 1 中与之接近且小于它的那个 S 值。

3　质量等级法的案例应用

　　某厂的一台在役不锈钢设备上的焊缝由于受到往复脉动拉压作用，焊缝内部出现一条裂纹，尺寸如图 1。该设备所受到的载荷应力范围为 80MPa，根据断裂评估表明该设备若无限长裂纹深度超过 10mm 将发生失效危险。现用质量等级法快速评估该设备能否在 $N=200000$ 循环后进行修复。

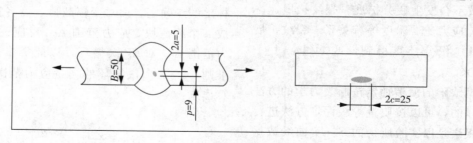

图 1　缺陷结构尺寸图

　　（1）首先确定所需质量等级：根据该设备所受的实际工况可得所需求的质量等级曲线为 $\Delta\sigma=$ 80MPa 和 $N=2\times10^5$ 所对应的坐标点之上的最近一条曲线，如图 2。其质量等级为 Q7，参照表 1 参考应力范围 $S=37$ MPa。

　　（2）确定实际的质量等级：根据结构的相关尺寸 $2a=5$mm，$p=9$mm 得 $B'=2a+2p=23$mm。根据另一尺寸 $2c=25$mm，可得 $2a/B'=0.217$，$a/2c=$ 0.1。参照图 3，可确定出有效的 $2\bar{a}/B'=0.12$，即 $2\bar{a}=2.76$mm。参照图 4，根据所对应的坐标可确定相关的质量等级为 Q5，参考应力范围 $S_i=50$MPa。结构允许的无限长裂纹最大深度为 $2\bar{a}_{\max}=10$mm。同样参照图 4，可得相关质量等级为 Q7，参考应力范围 $S_m=37$MPa。将 S_i 和 S_m 两值代入公式（4）可确定出实际质量等级 $S=42.05$MPa。参照表 1，取下面相邻的质量等级，即 Q7。

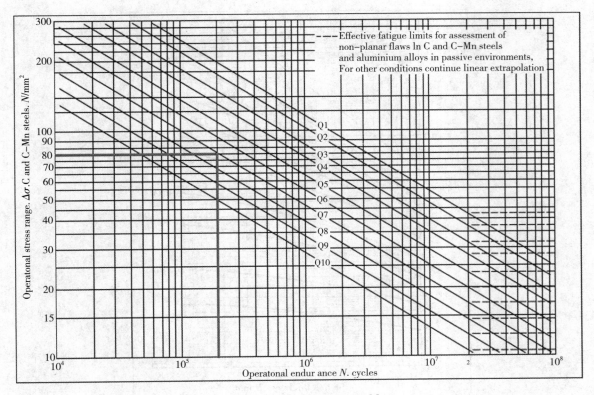

图 2　S-N 曲线质量等级图[7]

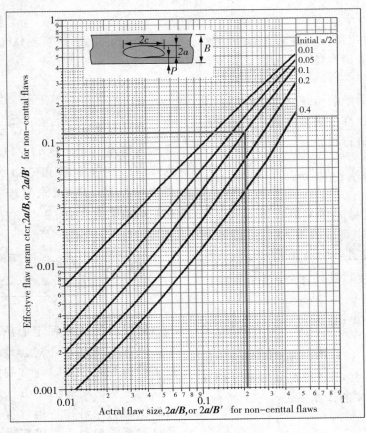

图 3　表面缺陷尺寸等效图[7]

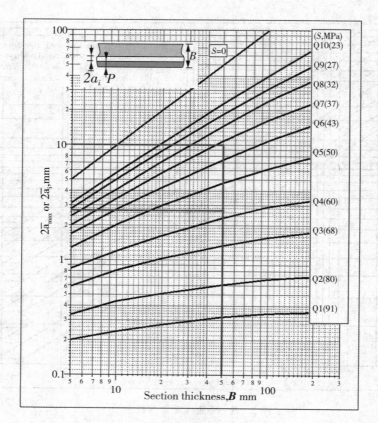

图 4 质量等级图[7]

（3）通过比较可得出结论：实际的质量等级（Q7）等于所需的质量等级（Q7），则该设备缺陷裂纹能够接受。

若采用传统的断裂力学疲劳评估方法计算，其过程主要基于裂纹扩展速率公式且对其从初始裂纹尺寸到所允许裂纹尺寸进行积分。

$$da/dN = A(\Delta K_I)^m \qquad (5)$$

式中，A 和 m 为材料常数，由实验测得。本文依据 BS7910 标准中钢在非腐蚀性环境且温度不到 100℃ 条件下的推荐值取 $A = 5.21 \times 10^{-13}$，$m = 3$。ΔK_I 为应力强度因子幅度，其计算公式为：

$$\Delta K_I = Y(\Delta \sigma)\sqrt{(\pi a)} \qquad (6)$$

将式（6）代入到式（5）中，并对其从初始裂纹尺寸 a_i 到临界裂纹尺寸 a_f 进行积分，可得到有关裂纹扩展的疲劳寿命 N 的计算公式：

$$\int_{a_i}^{a_f} \frac{da}{Y^m (\pi a)^{m/2}} = A(\Delta \sigma)^m N \qquad (7)$$

因此，对式（7）积分可得寿命 N

$$N = \frac{2}{A(Y\Delta\sigma)^m (m-2)} \left(\frac{1}{a_i^{\frac{m-2}{2}}} - \frac{1}{a_f^{\frac{m-2}{2}}} \right) \qquad (8)$$

初始尺寸 $a_i = 2.5mm$，记初始裂纹将邻近表面穿透为临界尺寸，即 $a_f = 11.5mm$。将各参数量代入式（8）中，计算得寿命 $N = 2.5 \times 10^6$。计算所得实际寿命大于所要求的寿命 $N = 2 \times 10^5$，所以该初始缺陷能够接受。

4 结论

针对裂纹疲劳评定的质量等级方法，简要介绍了其基本原理，并对含埋藏裂纹焊接结构，进行了质量等级分析，与常规疲劳评定方法进行了比较。常规的断裂力学方法能够比较准确地计算出裂纹的剩余寿命，但计算量大。质量等级法评定过程相对简单，可以实现对在线检出裂纹进行快速评估。

参考文献

[1] 霍立兴，王东坡，王文先. 提高焊接接头疲劳性能的研究进展和最新技术 [C] // 中国机械工程学会焊接学会四十周年、中国焊接协会十五周年纪念. 2002.

[2] 侯荣昌. "合于使用原则"的概念及其应用兼谈对我国压力容器技术发展的几点看法 [J]. 化工设备与管道，1985 (4)：55—63.

[3] 陈国华. 结构完整性评估 [M]. 北京：科学出版社，2002.

[4] Isabel Hadley. BS7910: History and future developments [J]. Proceedings of the ASME 2009 Pressure Vessel and Piping Division Conference, Prague, Czech Republic, 2009：555—563.

[5] GB/T 19624—2004. 在用含缺陷压力容器安全评定 [S]. 2004.

[6] American Society of Mechanical Engineers. ANSI/API 579/ ASMEFFS Fitness - For-Service [S]. Washington DC：API, 2007.

[7] BS7910: Guide to methods for assessing the acceptability of flaws in metallic structres [S]. 2013.

[8] Kocak M. FITNET fitness - for-service procedure：an overview [J]. Welding in the World, 2007, 51 (5/6)：94—105.

[9] Paris P C, Erdogan F. A critical analysis of crack propagation laws [J]. Journal of Basic Engineering, 1963, 85 (4)：528—533.

[10] 刘洪伟. 基于 BS7910 的 X65 钢焊接管线疲劳评定 [D]. 天津大学，2004.

高温下结构疲劳强度考核的简化方法研究

张伟昌　朱明亮　轩福贞

（华东理工大学　机械与动力工程学院　上海　200237）

摘　要　平均应力是影响结构疲劳强度的重要因素，以 Goodman 曲线为特征的 Haigh 图是疲劳强度考核的常用方法。研究以 9%Cr 钢及其结构为研究对象，首先论证了传统 Goodman 曲线方法应用于高温高周疲劳强度考核的适用性，发现其不适用于高温长寿命条件。进一步构建了同时考虑疲劳强度和蠕变持久强度的新 Haigh 图，基于有限元分析方法，对结构关键部位的高温高周疲劳强度进行考核，表明了新构建的 Haigh 图的可行性和便捷性。

关键词　平均应力；高周疲劳；疲劳强度；Haigh 图

Simplified Method for Assessment of Fatigue Strength of Structure at High Temperature

Zhang Weichang　Zhu Mingliang　Xuan Fuzhen

(School of Mechanical and Power Engineering, East China University of Science & Technology, Shanghai, 200237, China)

Abstract　Haigh diagram characterized by Goodman curve considering the effect of mean stress on fatigue strength based on the consensus that fatigue strength is highly affected by mean stress is a common method for fatigue strength assessment. Here, based on 9%Cr steel and its structure, the applicability of Goodman curve is firstly verified and inapplicability of Goodman curve is demonstrated; then a new Haigh diagram considering fatigue strength and creep rupture strength simultaneously is constructed; finally, high cycle fatigue strength of key positions of structure is assessed based on newly constructed Haigh diagram and finite element method, feasibility and convenience of newly constructed Haigh diagram is indicated.

Keywords　mean stress; high cycle fatigue; fatigue strength; Haigh diagram

1　引言

现代工程装备呈现出更高温度、更大压力、更长服役时间的发展趋势，如超超临界电站单机组的功率已达 1000MW 以上，工作参数 600～650℃/32～35MPa，设计寿命达 30 年；先进航空发动机涡轮前进口温度高达 1980～2080℃，推重比达到 15～20 以上，最长寿命超过 4 万小时；而 700℃ 火电、第 4 代核电技术也均是基于高温高压参数和长寿命设计要求。这类高温旋转构件服役过程中，因离心力引起较高的平均应力，自重产生较大交变应力，高应力比下的高周、超高周疲劳和蠕变是主要的设计考核形式。

现有研究中，Kobayashi 等人[1]研究了 2.25Cr-1Mo 钢的高温疲劳性能及断裂机理；Luka's 等人[2]研究了单晶镍基合金在高温高平均应力下的超高周疲劳行为；Lü 等人[3]研究了应力比对 2CrMo 和 9CrCo 合金钢在高温下的高周疲劳性能的影响；

Wan 等人[4]提出了考虑应力比影响的高周疲劳行为的修正模型；Zhu 等人[5]研究了高温下转子钢焊接接头的超高周疲劳和断裂机制；谢少雄等人[6]开展了转子钢高温高周疲劳行为的研究。可以看出，现有的高温高周疲劳问题主要关注断裂机理，而应力比的影响研究未得到足够重视。

目前，高温结构的疲劳考核主要基于 Goodman 理论的等寿命图，包括获取工况和材料参数对高温旋转构件进行受力分析、利用 Goodman 公式进行高周疲劳损伤和寿命的计算，最后进行高温旋转构件的高周疲劳强度考核。然而，Goodman 曲线的横坐标截止点是材料的抗拉强度，而高温下材料面临蠕变问题，因此 Goodman 曲线在高温下的适用性有待商榷。此外，Goodman 曲线处理平均应力对疲劳性能影响的方法偏于保守[7]，不能充分利用材料的潜能，需要提出新的能更好地兼顾安全与经济性的设计方法。

本文以 9%Cr 钢为研究对象，依据现有的疲劳试验数据和蠕变持久强度数据，首先论证基于 Goodman 曲线的高温疲劳强度考核在长寿命服役阶段的可行性，进而提出一种构建高温结构 Haigh 图的新方法，并给出了应用实例。

2 基于传统 Goodman 曲线的疲劳设计

平均应力对高周疲劳性能的影响，理论上大都具有如下的形式[8]：

$$\sigma_a = \sigma_{-1}\left[1-\left(\frac{\sigma_m}{\sigma_L}\right)^n\right] \qquad (1)$$

式（1）中，σ_a 是某一平均应力下的应力幅，σ_{-1} 是平均应力为零时的应力幅，σ_m 是平均应力，σ_L 是疲劳极限应力，取屈服极限或者抗拉强度，n 是相应的指数，其值的大小表明了平均应力对疲劳强度影响的程度，n 值越大，表明对平均应力的敏感性越低。当 σ_L 和 n 取不同的值时即对应不同的经验公式。当式（1）中 $n=1$，σ_L 取抗拉强度 σ_b，即为常用的 Goodman 经验公式。

以 9%Cr 钢为对象，构建其在 450℃、600℃、630℃ 下的 Goodman 曲线表示的 Haigh 图。构建过程中所需的材料数据如表 1 所示。

表 1　9%Cr 钢高温高周疲劳数据

| 温度/℃ | 抗拉强度/MPa | 疲劳强度（$N=2\times10^{10}$）/MPa | | 持久强度（10^5 小时）/MPa |
		$R=-1$	$R=0$	
450	660	110	98	420
600	480	63	55	96
630	410	51	45	60

图 1 为不同温度下用 Goodman 曲线表示的 Haigh 图。可以看出，长寿命条件下，随着应力幅的下降，平均应力增加，并与蠕变持久强度线存在交点，表明平均应力受到蠕变持久强度的限制，不

能增加至材料的抗拉强度。随着温度的升高，疲劳主导的区域减小，表明用 Goodman 曲线表示的 Haigh 图不适用于高温服役结构的设计与考核，需要考虑蠕变效应。

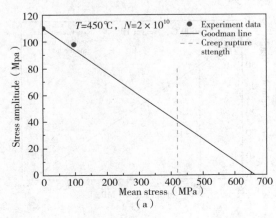

（a）

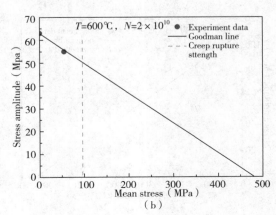

（b）

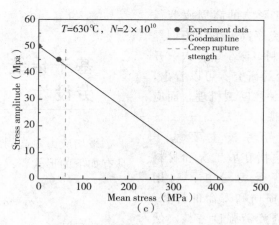

图1 不同温度下用 Goodman 曲线表示的 Haigh 图
(a) 450℃；(b) 600℃；(c) 630℃

3　高温下 Haigh 图构建

　　高温下平均应力值高于蠕变持久强度时，根据 Goodman 曲线的评价方法会得到非保守的结论。为此，本文在文献［7］的基础上，给出该型材料高温条件下新的 Haigh 图构建方法。其具体过程如下：在以平均应力为横坐标，应力幅为纵坐标的坐标系中，给出应力比 $R=-1$ 以及 $R=0$ 的应力点，以两点的连线表示平均应力对高周疲劳强度的影响，两点连线的斜率代表了平均应力对高周疲劳强度的影响程度，其对应的表达式为式（2）。考虑到高温下材料蠕变持久强度远小于材料的抗拉强度或屈服强度，取对应寿命的蠕变持久强度作为平均应力的截止线，其对应的表达式如式（3）所示。图2给出了高温下相同寿命不同温度的 Haigh 图构建方法示意图。

$$\sigma_a' = \frac{\sigma_0 - \sigma_{-1}}{\sigma_0}\sigma_m + \sigma_{-1} \tag{2}$$

$$\sigma_m = \sigma_t^T \tag{3}$$

　　图3比较了新构建的 Haigh 图与传统 Goodman 曲线表示的 Haigh 图。可见，新构建的 Haigh 图比 Goodman 曲线表示的 Haigh 图能更好地表征高温下平均应力对疲劳强度的影响，且过程简单。

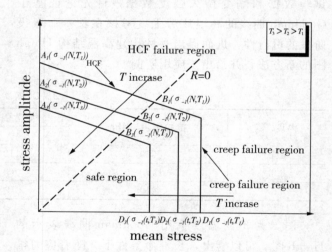

图2　高温下相同寿命不同温度 Haigh 图示意图

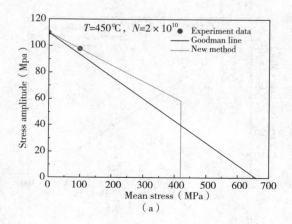

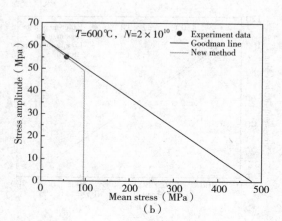

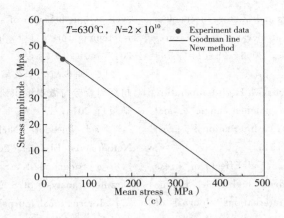

图 3　新构建的 Haigh 图与 Goodman 曲线表示的 Haigh 图比较
(a) 450℃；(b) 600℃；(c) 630℃

4　高周疲劳强度考核

　　应用 Haigh 图可方便地考核构件的高周疲劳强度。例如，计算出关键结构部位的平均应力和应力幅点，若落入 Haigh 图中的安全区域内时，认为构件的高周疲劳强度满足相应的设计要求，否则，需重新设计以满足高周疲劳强度要求。

　　以某大型结构（9%Cr 钢）为研究对象，首先利用有限元分析软件 ABAQUS 计算出了该结构的温度，平均应力和应力幅。图 4 给出了在温度区间 600～610℃内，所选几条路径的平均应力与应力幅分布规律。可见，该型结构的受力特点是平均应力高，应力幅低。图 5 给出了考核的具体结果（由于应力点较多，因此图中应力点分布较为致密）。从结果中可以看出，在该温度区间内，所有的应力点都落在 Haigh 图的安全区域内，故该部位的高周疲劳强度满足设计要求。

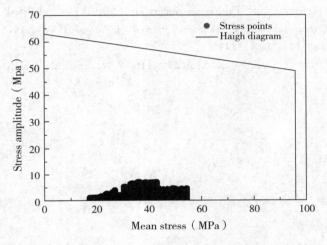

图 5　600～610℃温度区间结构高周疲劳考核结果图

5　结论

　　以 9%Cr 材料及其结构为对象，研究长寿命服役时基于 Haigh 图的高温结构疲劳强度考核问题，结论如下：（1）传统基于 Goodman 曲线的方法没有考虑蠕变效应，引起非保守的结论，不适用于长寿命高温服役结构的疲劳设计与考核；（2）针对高温服役条件下的结构强度考核，提出了一种新的构建 Haigh 图的简化方法，很好地区分了蠕变与疲劳断裂特征，并基于有限元进行案例分析，表明新构建的 Haigh 图考核高周疲劳强度更便捷。

参 考 文 献

[1]　Kobayashi H，Todoroki A，Oomura T，et

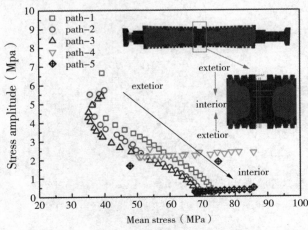

图 4　平均应力和应力幅分布规律图

al. Ultra-high-cycle fatigue properties and fracture mechanism of modified 2. 25 Cr - 1Mo steel at elevated temperatures [J]. International journal of fatigue, 2006, 28 (11): 1633—1639.

[2] Lukáš P, Kunz L, Svoboda M. High-temperature ultra-high cycle fatigue damage of notched single crystal superalloys at high mean stresses [J]. International journal of fatigue, 2005, 27 (10): 1535—1540.

[3] Lü Z, Wan A, Xiong J, et al. Effects of stress ratio on the temperature-dependent high-cycle fatigue properties of alloy steels [J]. International Journal of Minerals, Metallurgy, and Materials, 2016, 23 (12): 1387—1396.

[4] Wan A, Xiong J, Lyu Z, et al. High-cycle fatigue behavior of Co-based superalloy 9CrCo at elevated temperatures [J]. Chinese Journal of Aeronautics, 2016, 29 (5): 1405—1413.

[5] Zhu M L, Xuan F Z, Du Y N, et al. Very high cycle fatigue behavior of a low strength welded joint at moderatetemperature [J]. International Journal of Fatigue, 2012, 40: 74—83.

[6] 谢少雄，李久楷，侯方，等. CrMoW 转子钢高温超高周疲劳与微观组织研究 [J]. 四川大学学报（工程科学版），2016, 1.

[7] Theodore Nicholas. High cycle fatigue [M]. Netherlands: Elsevier, 2006.

[8] Sadananda K, Sarkar S, Kujawski D, et al. A two-parameter analysis of S - N fatigue life using $\Delta\sigma$ and σ_{max} [J]. International Journal of Fatigue, 2009, 31 (11): 1648—1659.

作者简介

张伟昌（1991.1—），男，硕士研究生，通信地址：200237，上海市徐汇区梅陇路 130 号，联系电话：18817337775，email：zhangweichang_1@163.com。

气相反应器整体应力强度及疲劳分析

陈孙艺　卢学培

（茂名重力石化装备股份公司，广东　茂名　525024）

摘　要　为了评定聚烯烃气相反应器在内压作用下的应力强度和管道循环推力作用下的疲劳强度，针对该类反应器局部模型应力分析存在的问题，采用有限元法建立二分之一面对称整体模型进行应力分析。选取模型的出料口、出料回流口、封头大开口、无折边锥体与圆筒体的连接处、下封头与裙座连接等结构不连续处以及各具有应力集中的危险截面共27条路径进行全面的应力评定，对气相反应器两种循环载荷工况进行了疲劳分析，并对下封头与裙座连接的两种不同结构进行了强度比较和选优设计。分析中比较了设备自重的影响。

关键词　气相反应器；有限元方法；应力强度；疲劳分析；优化设计

中图分类号：TH6；TE08

Stress Intensity and Fatigue Analysisof Integral model for Gas Phase Reactor

Chen Sunyi　Lu Xuepei

（The Challenge Petrochemical Machinery Corporation of Maoming，Maoming，Guangdong 525024，China）

Abstract　In order to assess the stress strength and fatigue strength of gas phase reactor in polyolefin unit under inside pressure and pipe cyclical thrust respectively，considering the problems lying in reactor local model stress analysis，stress analysis is carried out by FEA with integral model of half face symmetry structure. Overall stress assess is carried out for total 27 stress paths for the structures discontinuous and the surfaces with stress concentrated of outlet，reflux let，large opening in the head，joint between cone and cylinder and joint between skirt and head and fatigue analysis for overall reactor was carried out under two cyclical operation conditions. 2 kinds of different structure between skirt and head were compared on strength and design optimization. Dead load was compared during analysis.

Keywords　gas phase reactor；finite element method；stress intensity；fatigue analysis；design optimize

0　前言

气相反应器是化工中气相法生产聚乙烯或聚丙烯的流化床反应器，有别于炼油工艺中的高温高压临氢反应器，某气相反应器的设计参数见表1，主体结构见图1。筒体 ϕ4200mm（内径）×18135mm（切线长度）×（96/72）（上段和下段壁厚），顶部及底部均采用半球形封头，圆筒体与上球封头之间由一大型圆锥段连接，筒体及封头材料为Q345R（正火板材），裙座支撑结构，共有各种管口63个。其中，粒状反应物间断地从圆筒体下端靠近下封头的C1、C2出料口移出反应器，少量的循环反应物从圆筒体上端靠近大锥段小端口的 C3、C4 回流口进入反应器。为了使物料进出口流态顺畅、反应均匀、自排净无残留以及易清洗等，反应物出口和回流口的内角由传统的直角接管设计成锥形扩大口凸缘，对开孔强度有进一步的削弱，且又直接承受来自管线的循环推力作用，需要进行疲劳分析。其中位于同一高度的产品出料口 C1 和 C2 凸缘、出料回流口 C3 和 C4 凸缘的结构均两两相同，且出料口 C1 和回流口 C3、出料口 C2 和回流口 C4 分别位于壳体横截面的同一圆周角上，两组开口在图 1 反应器结构图中以过设备中心线切垂直于纸面的面具有面对称，但是两组管口的结构尺寸略有不同。

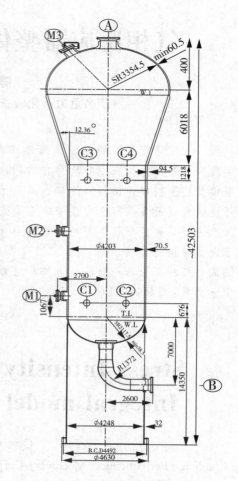

图 1　反应器结构图

表 1　设计参数

参数类别	数据名称	数值
设计	设计压力/MPa（G）	4.5
	设计温度/℃	190
载荷Ⅰ	工作压力/MPa（G）	3.41
	工作温度/℃	63
	附加管道力/N	0
载荷Ⅱ	工作压力/MPa（G）	3.41
	工作温度/℃	63
	附加管道力/N	8634
载荷Ⅲ	工作压力/MPa（G）	3.41
	工作温度/℃	63
	附加管道力/N	108910
载荷波动	Ⅰ、Ⅱ之间的循环次数	7358400
	Ⅰ、Ⅲ之间的循环次数	1000
	工作压力和温度显著波动	没有

文献［1］主要从气相反应器的设计条件、材料选择、设计计算、结构设计、内壁处理技术要求这几方面对气相反应器的整个设计过程进行了论述，强调了出口凸缘、裙座与下封头焊接结构防疲劳设计的必要性，但是未介绍具体的分析过程；文献［2］介绍了某工程设计时采用 ANSYS 软件对包含气相反应器出料口的应力分析，未作整体模型疲劳分析；文献［3，4］以设计实例阐述气相反应器的工艺技术、壳体及内件的设计特点、制造中的控制点和热处理方法，也未进行应力分析。

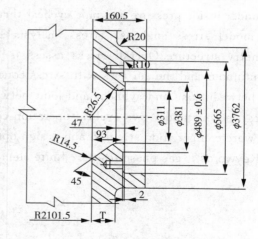

图 2　凸缘 C1、C3

分析已有的研究，反应器疲劳设计中忽略了本应考虑的如下 5 个因素：除出料口和回流口两者承受表 1 所列出来自管道的循环载荷外，由于出料口与回流口分别位于圆筒体的下端和上端，且反应器整体上是下部结构较小且裙座底面固定、上部结构较大且相对自由的棒槌类悬臂结构，使得裙座部位同时受到出料口和回流口的管道推力而引起的循环弯矩的交互作用；下面的出料口还受到上面回流口因管道推力而引起的循环弯矩的交互作用；出料口、回流口两组开口在图1中并非是轴对称，有限元分析中不宜采用的轴对称模型；裙座与下封头堆焊连接结构的材料与壳体材料有区别，且属于应力严重集中结构，疲劳分析不宜忽略；结构自重对出料口及裙座的应力分布具有影响。

综合分析表明，气相反应器已有的分析设计尚有很大欠缺，除了模型应由轴对称改正为面对称外，可以循着两条路径改善：一是以整体结构建模才能进行准确的应力分析；二是仍以局部结构模型分析，但是在模型上增补自重和回流口对出料口的弯矩作用，近似模拟工程实际。考虑到上部球形封头顶部的开口接管属非标结构以及裙座分析的需要，这里选择整体结构建模分析。

1 结构模型及载荷分析

1.1 结构及载荷

根据反应器具体结构，部件之间的连接或者因为形状改变、或者因为壁厚改变引起应力水平的变化，应成为应力分析的关注点。在诸多管口中，选取图2反应物出口 C1（开口处筒节有效厚度 $T=70.5\text{mm}$）、反应物回流口 C3（开口处筒节有效厚度 $T=94.5\text{mm}$）和直径较大的上封头最顶部管口（内径 $\phi879\text{mm}$）、下封头最低部管口（内径 $\phi713\text{mm}$）进行分析，人孔和其他结构尺寸较小的开口接管，建模时被忽略。

大型反应器裙座与下封头连接结构有多种形式，这里分别采取离间的图3倒J形和图4的传统对接两种典型结构形式进行建模对比分析，前者是后者的改进，主要用于高温高压反应器。以设备中心轴为对称轴，建立回转180°的面对称的三维结构模型。模型施加的载荷除表1所列外，还考虑结构自重的影响。

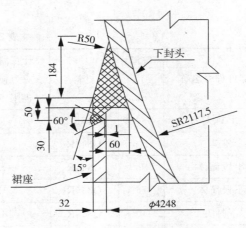

图 3 倒 J 形连接

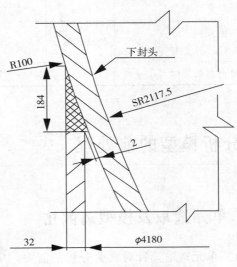

图 4 传统连接

1.2 材料

反应器的主要材料力学性能见表2，表中 Q345R 的设计应力强度按 JB/T 4732—1995（2005年确认）[5] 表 6-2 中的 16MnR 的数据插值计算而得，16Mn 和 20MnMo 锻件的设计应力强度按表2的数据插值计算而得，上述三种材料的弹性模量按 JB/T 4732—1995（2005 年确认）表 G-5 中的碳锰钢的数据插值计算而得。

裙座与封头的堆焊焊缝设计应力强度及其弹性模量是根据上述标准的母材力学性能，结合笔者所在公司多年来所做焊接评定试验结果确定，堆焊焊缝的设计应力强度及其弹性模量一般比母材高一点，但是针对疲劳工况需要控制焊接接头的材料力学性能差异，经综合分析，其值分别为母材设计应力强度和弹性模量的 1.075 倍。

表2　主体材料力学性能

零部件件号名称	壁厚 δ_n /mm	材料	计算温度下的应力强度许用极限 S_m^t/MPa	计算温度下的弹性模量 $E^t/\times 10^5$ MPa	常温（20℃）下的应力强度许用极限 S_m^{20}/MPa	常温（20℃）下的弹性模量 $E^{20}/\times 10^5$ MPa
上封头	62	Q345R[6]	152	1.968	177	2.06
锥体	116	Q345R	149	1.968	173	2.06
上段筒体	96	Q345R	152	1.968	177	2.06
下段筒体	76	Q345R	152	1.968	177	2.06
下封头	40	Q345R	162.6	1.968	181	2.06
裙座筒体	32	Q345R	175.2	1.968	188	2.06
封头开口开口锻件	/	16Mn[7]	145.8	1.968	173	2.06
筒体开口 C1/C2/C3/C4 锻件	/	20MnMo[7]	193.6	1.984	204	2.06
裙座与下封头焊缝	/	/	174.8	2.116	194.5	2.214

2　分析模型的前处理

2.1　单元选取及模型离散化

（1）单元选取。针对疲劳分析的需要，应尽量找到结构中的最大应力值，在凸缘局部结构不连续处使用8节点单元时可能精度不够，计算结果不可靠。经构建的三维实体模型和计算能力试算，选用三维20节点实体单元 Solid 186 进行网格划分。

（2）网格划分。网格划分时根据初步分析采取了尺寸控制，在模型经向方向，上封头划分85等份，锥壳划分40等分，厚度96mm段筒节划分24等份，厚度72mm段筒节划分86等份，下封头划分48等份，裙座筒节划分60等份。考虑到管线推力在壳体引起弯矩而在厚度方向划分4层，对各开孔处、封头与筒节、不同厚度筒节及裙座与封头连接过渡部位的网格进行了加密。网格划分结果为单元数量261019，节点总数为1173158。

2.2　边界及载荷条件

根据工程实际，在裙座底面施加固定约束，即在底截面上 x、y、z 轴方向的位移全部限定为0，在模型对称截面施加轴对称面位移约束，即在对称面上限定其 z 轴方向为零，x、y 轴方向为自由变形。具体载荷：

（1）反应器内壁压力4.5MPa。

（2）上封头管口 $\phi879\text{mm}\times 98.5\text{mm}$ 横截面上作用着由工作压力产生的等效轴向向上的拉应力 $P_s = 9.03\text{MPa}$。同理，下封头管口 $\phi713\text{mm}\times 73.5\text{mm}$ 横截面上作用着由工作压力产生的等效轴向向下的拉应力 $P_s = 9.89\text{MPa}$。

（3）内压和垫片作用在 C1/C3 凸缘管口的载荷。内压 $P_s = 4.5\text{MPa}$ 施加在图2凸缘密封面上垫片未能有效密封的 $\phi311\text{mm}$ 到 $\phi352.3\text{mm}$ 之间的环形面上。凸缘采用外直径374.7mm、内直径339.9mm的缠绕垫片密封，根据 JB/T4732—1995（2005年确认）附录D计算得预紧状态需要的最小螺栓载荷 $W_a = 581506.5\text{ N}$，需要的最小螺栓面积 $A_a = 2550.5\text{mm}^2$，操作状态需要的最小螺栓载荷 $W_p = 684798.7\text{ N}$，需要的最小螺栓面积 $A_p = 3483.2\text{mm}^2$，因而所需螺栓面积取两者较大者，即 $A_m = 3483.2\text{mm}^2$。

而实际螺栓面积：

$$A_b = \frac{16\pi d_3^2}{4} = \frac{16\times 3.14\times 26.3^2}{4} = 8633.3\text{mm}^2 \quad (1)$$

则预紧状态下螺栓设计载荷：

$$W = \frac{A_m + A_b}{2}[\sigma]_b = \frac{3483.2 + 8633.3}{2} \times 228$$

$$= 138128\text{N} > W_p \qquad (2)$$

故螺栓设计载荷取 $W = 1381281\text{N}$，垫片密封面上单位面积压紧力：

$$P_p = \frac{4W - 3.14P_cD_i^2}{3.14\left[(D_G + b)^2 - (D_G - b)^2\right]} = 115.5\text{MPa}$$

$$(3)$$

（4）操作状态下螺栓作用在 C1/C3 凸缘管口的载荷。把螺栓载荷 W 作用力简化为作用在 C1、C3 凸缘螺栓中心圆环截面上的外力载荷，应与管道外载荷叠加，当设计载荷不卸载时管道外载荷为 0。C1、C3 凸缘螺栓中心圆环截面面积 A_d 为：

$$A_d = 3.14 \times (484^2 - 418^2)/4 = 46756.3\text{mm}^2$$

$$(4)$$

螺栓中心圆环截面载荷 P_w：

$$P_w = \frac{W}{A_d} = 1381281/46756.3 = 29.5 \text{ MPa} \qquad (5)$$

（5）设备自重。设备自重属于惯性力，通过设置材料密度和施加标准地球重力加速度来模拟。

模型的整体边界条件和载荷条件图见图 5。

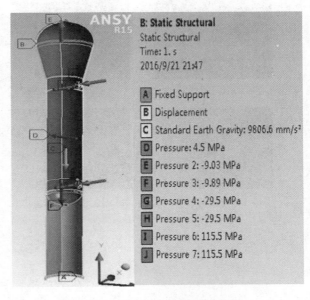

图 5　整体模型边界条件

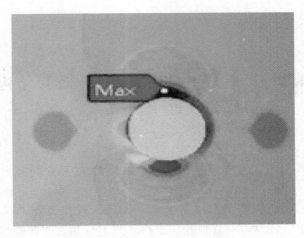

图 6　C1 口应力云图

3　应力分析及评定

从整体模型的应力强度云图可知最大应力强度在凸缘 C1 开口处，其值为 349.6MPa，其内侧放大见图 6，凸缘 C3 内侧应力强度云图放大见图 7，假如不考虑设备自重，最大应力强度还是在凸缘 C1 开口处，但是其值为 356.55MPa，两者相差 2%。

结合本案和 JB/T 4732－1997（2005 年确定）标准中表 4－1 所列典型情况，对图 5 共确定 27 条应力分析评定路径，见图 8 所示。对各路径局部薄膜应力强度、一次应力加二次应力强度的应力分析评定均获得通过，结构强度是安全的。

图 7　C2 口应力云图

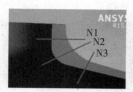
（a）上封头开口

（b）上封头与锥体连接

（c）锥体下段与筒节连接

（d）凸缘C3开口

（e）凸缘C1开口

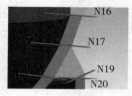
（f）封头裙座倒J形连接

（g）封头裙座传统对接结构

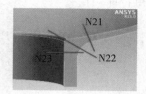
（h）下封头开口

图8　应力线性化路径

4　疲劳分析评定

4.1　裙座与下封头为倒 J 形连接结构的疲劳分析

4.1.1　工作载荷Ⅰ～Ⅱ之间的疲劳分析

反应器在工作内压 3.41MPa、操作温度 63℃ 下，C1 与 C3 管口受到工作载荷Ⅰ～Ⅱ之间即管道附加力在 0～8364N 之间变化，循环次数 $n_1 = 7.3584 \times 10^6$ 次作用下的疲劳分析计算。

载荷步 1：即工作载荷Ⅰ，工作内压 $P = 3.41$MPa，管道附加力为 0；载荷步 2：即工作载荷Ⅱ，工作内压 $P = 3.41$MPa，管道附加力为 8364N。疲劳分析是以应力强度幅值为依据，采用工作载荷Ⅱ减去工作载荷Ⅰ得到对应的工作载荷Ⅰ～Ⅱ工况的应力强度幅云图，见图 9。最大应力强度幅 $S_r^{\sim}$ 发生在裙座与下封头连接焊缝外表面处，而交变应力强度幅：

$$S_{alt}^{\sim} = 0.5 S_r^{\sim} = 0.5 \times 2.6688 = 1.3344 \text{MPa} \quad (6)$$

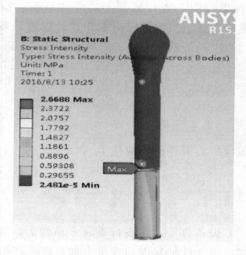
图9　载荷Ⅰ～Ⅱ工况的应力强度

在疲劳分析计算中，考虑设计温度的影响按下列式求得 $S_{alt}^{\sim}$ 的修正值，最大交变应力强度幅：

$$S_{alt1} = S_{alt}^{\sim} \times E/E_t = 1.3344 \times$$
$$(2.214 \times 10^5 / 2.124 \times 10^5) = 1.39 \text{MPa} \quad (7)$$

因为 JB/T 4732—1995（2005 年确认）中没有在 $N \geqslant 10^6$ 下对应的碳钢、低合金钢的 $S-N$ 疲劳设计曲线，采用 2010 年版 ASME Ⅷ-2[8] 表 3.F.10 符合 JB/T 4732—1995 疲劳分析的基本安全要求，因后者的疲劳曲线是等效引用前者的疲劳曲线。

经对照 ASME Ⅷ-2 表 3.F.10（在 $N \geqslant 10^6$）的碳钢、低合金钢的 $S-N$ 疲劳设计曲线，查得对应 $S_{alt1} = 1.39$MPa 的许用循环次数为 $N_1 = 1 \times 10^{11}$ 次。实际循环次数 $n_1 = 7.3584 \times 10^6 < N_1$，所以该工况的疲劳分析评定通过。

材料、断裂力学、腐蚀

4.1.2 反应器在工作载荷Ⅰ～Ⅲ的疲劳分析

反应器在工作内压 3.41MPa、操作温度 63℃下，C1 与 C3 管口受到工作载荷Ⅰ～Ⅲ即管道附加力在 0～108910N 变化，循环次数 $n_2 = 1.0 \times 10^3$ 次作用下的疲劳分析计算。

载荷步 1：即工作载荷Ⅰ，工作内压 $P = 3.41MPa$，管道附加力为 0；载荷步 2：即工作载荷Ⅲ，工作内压 $P = 3.41MPa$，管道附加力为 108910N。疲劳分析有限元模型在工作载荷Ⅰ～Ⅲ工况的最大应力强度幅云图见图 10。

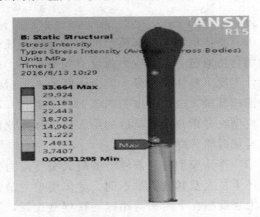

图 10　载荷Ⅰ～Ⅲ工况的应力强

最大应力强度幅 $S_r^{\sim}$ 发生在裙座与下封头连接焊缝外表面处，而交变应力强度幅：

$$S_{alt}^{\sim} = 0.5 S_r^{\sim} = 0.5 \times 33.664 = 16.832MPa \quad (8)$$

考虑设计温度的影响按下列式求得 $S_{alt}^{\sim}$ 的修正值，修正后的最大交变应力强度幅：

$$S_{alt2} = S_{alt}^{\sim} \times E/E_t = 16.832 \times$$

$$(2.214 \times 10^5 / 2.124 \times 10^5) = 17.55MPa \quad (9)$$

采用 JB/T 4732−1995（2005 年确认）图 $C-1$ 的碳钢、低合金钢的 $S-N$ 疲劳设计曲线，对应查得许用循环次数 $N_2 = 1 \times 10^6$ 次。实际循环次数 $n_2 = 1.0 \times 10^3 < N_2$，所以该工况的疲劳分析评定通过。累积损伤使用系数：

$$U = n_1/N_1 + n_2/N_2 = 7.3584 \times 10^6 / (1 \times 10^{11})$$

$$+ 1000 / (1 \times 10^6) = 1.074 \times 10^{-4} < 1 \quad (10)$$

4.2　裙座与下封头为传统对接结构的疲劳分析

同上文 4.1 节所述，下封头与裙座连接为传统对接结构时，反应器在工作载荷Ⅰ～Ⅱ工况的最大应力强度幅云图见图 11；反应器在工作载荷Ⅰ～Ⅲ工况的最大应力强度幅云图见图 12；

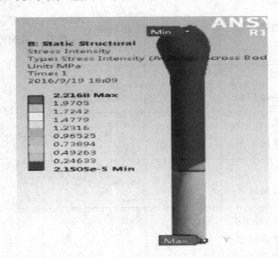

图 11　载荷Ⅰ～Ⅱ工况的应力强度幅

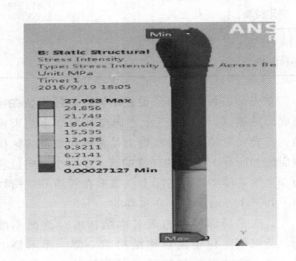

图 12　载荷Ⅰ～Ⅲ工况的应力强度幅

裙座与下封头两种连接结构的材料相同，根据设计疲劳曲线，同种材料的设计应力强度幅越小，其许用循环次数越大。由图 11 和图 12 可知，下封头与裙座为传统对接结构时，反应器在载荷Ⅰ～Ⅱ工况的最大应力强度幅为 2.2168MPa，在载荷Ⅰ～Ⅲ工况的最大应力强度幅为 27.963MPa，其交变应力强度幅均比下封头与裙座连接为倒 J 形结构时小，因此，疲劳分析评定通过。

4.3 最大交变应力的比较分析

把最大交变应力强度幅的计算结果列于表 3，两种循环工况下整体模型与局部模型的最大交变应力幅相差较大，分析原因：

表 3 最大交变应力强度幅比较表

模型工况	应力强度幅所在处	交变应力强度幅 /MPa	结构因素相差	模型因素相差
Ⅰ～Ⅱ工况 整体模型	裙座倒 J 形连接	1.39	14.9%	407.9%
Ⅰ～Ⅱ工况 整体模型	裙座对接连接	1.21		
Ⅰ～Ⅱ工况 局部模型	出料口凸缘	7.06[9]	\	
Ⅰ～Ⅲ工况 整体模型	裙座倒 J 形连接	17.55	20.5%	418.5%
Ⅰ～Ⅲ工况 整体模型	裙座对接连接	14.57		
Ⅰ～Ⅲ工况 局部模型	出料口凸缘	90.99[9]	\	

首先是边界约束条件设置不同，整体模型在裙座底部施加 X、Y、Z 三个方向位移为 0 来约束模型，符合实际情况。局部模型是在模型底部筒体横截面施加所有 Y 方向和局部的 X、Z 两个方向位移为 0 来约束模型，而实际上该截面在管道外载荷作用下其三个方向上是存在位移的。

其次是局部模型的面对称结构的对称面不准确，凸缘实际位于面对称结构的一侧，而不是中间。轴对称的结构肯定是面对称的结构，但是面对称的结构不一定是轴对称的结构。

最后，在构建设备的有限元分析局部模型时，要注意远程载荷或局部集中载荷的关系。不仅要分析分界面的边届位移和边界载荷，还要关注远离分界面的其他载荷的影响。对于复杂的载荷状况，需要构建整体分析模型才能得到准确结果。气相反应器顺利制造、安装已运行了 5 年，其运输见图 13。

图 13 气相反应器运输

5 结论

分析总结如下：

（1）整体模型与局部模型的应力分析和疲劳分析均能合格通过，但是应力强度有明显差异。在同一设计工况下整体模型最大应力强度为 349.6MPa，比局部模型最大应力强度为 337.1MPa 高出 3.7%。整体模型在考虑自重载荷后的最大应力强度比没有考虑自重时略为降低 2%。

（2）整体模型与局部模型的最大交变应力强度幅的产生位置及其数值都不同。整体模型的最大交变应力强度幅在下封头与裙座连接焊缝位置，局部模型的最大交变应力强度幅在凸缘开口位置。这是因为整体模型中，作用在上回流口 C3 和下出料口 C1 的管道横向推力作用在裙座与封头连接焊缝处产生弯矩作用，而局部模型中忽视了该作用。整体模型的最大交变应力强度幅明显小于局部模型的最大交变应力强度幅。整体建模分析更合理。

（3）裙座与下封头连接设计为倒 J 形结构时，反应器最大应力幅出现在下封头与裙座连接焊缝部位；裙座与下封头为传统对接结构时，反应器最大应力幅出现在靠近裙座上基础环部位，且其最大应力强度幅较小，许用疲劳次数更大。由于在制造上，裙座与下封头连接倒 J 形结构比传统对接结构需进行大量堆焊工作，增加了制造成本。

与炼油的高温高压反应器不同，聚烯烃气相反应器下封头与裙座的传统对接结构是才是更优的设计。

参 考 文 献

[1] 冯成红. 聚丙烯装置中气相反应器的设计 [J]. 化工设备与管道，2010，47（6）：29－32.

[2] 王秀英，黄嗣罗，雷小娣. 聚丙烯反应器产品出料

口应力分析 [J] . 炼油技术与工程，2014，(6)：45—48.

[3] 张唯玮，陆亚东 . 聚乙烯反应器的设计与制造 [J]，化工设备与管道，2011，48 (4)：19—22.

[4] 张天林，宋少华 . 大型气相反应器的研制 [J]，化工装备技术，2003，24 (1)：36—39.

[5] JB/T 4732—1995. 钢制压力容器－分析设计标准 (2005 年确认) [S] .

[6] GB 713—2014，锅炉和压力容器用钢板 [S] .

[7] NB/T 47008—2010，承压设备用碳素钢和低合金钢用锻件 [S] .

[8] ASME Ⅷ－2 2010 版，压力容器建造另一规则 [S] .

[9] 陈孙艺 . 气相反应器凸缘结构疲劳分析及结构优化 [J]，压力容器，2015，32 (11)：12—19.

作 者 简 介

陈孙艺，男，1965 年出生，工学博士，教授级高级工程师，电话：0668－2246424，E－mail：sunyi_chen@sohu.com

低温气体渗碳对 304 奥氏体不锈钢应力腐蚀开裂行为的影响

彭亚伟[1,2]　陈超鸣[1,2]　李宣逸[1,2]　巩建鸣[1,2]　姜勇[1,2]　刘喆[1,2]

（1. 南京工业大学 机械与动力工程学院　江苏　南京　211816；

2. 江苏省极端承压装备设计与制造重点实验室　江苏　南京　211816）

摘　要　针对 304 奥氏体不锈钢进行低温气体渗碳处理，研究试样于饱和氯化镁（$MgCl_2$）介质内的应力腐蚀（SCC）敏感性。分别对渗碳与未渗碳的试样进行四点弯应力腐蚀试验，将试样分别加载四个水平的挠度（0.2 mm、0.35 mm、0.45 mm 和 0.6mm）。利用残余应力分析仪（IXRD）分析加载后试样的表面应力，利用 25 倍的光学显微镜（OM）记录试样产生第一条宏观裂纹的时间，利用扫描电镜（SEM）观察试样表面与横截面形貌。结果表明：未渗碳 304 奥氏体不锈钢表面拉应力的存在以及在应力腐蚀试验中出现的点蚀坑对材料的抗应力腐蚀性能有不利影响。由于渗后试样表面压缩残余应力的存在与抗点蚀能力的提高，低温气体渗碳显著提高了 304 奥氏体不锈钢抗应力腐蚀开裂性能；

关键词　低温气体渗碳；304 奥氏体不锈钢；应力腐蚀开裂；四点弯加载

The Influence of Low-temperature Gaseous Carburization on SCC Behaviour of 304 Austenitic Stainless Steel

Peng Yawei[1,2]　Chen Chaoming[1,2]　Li Xuanyi[1,2]

Gong Jianming[1,2]　Jiang Yong[1,2]　Liu Zhe[1,2]

（1. School of Mechanical and Power Engineering，Nanjing Tech University，Nanjing 211816，China；

2. Jiangsu Key Lab of Design and Manufacture of Extreme Pressure Equipment，Nanjing 211816，China）

Abstract　Four-point bend loaded specimens were treated by low-temperature gaseous carburization process. The effect of low-temperature gaseous carburization on the stress corrosion cracking （SCC） behavior of 304 austenitic stainless steel in boiling magnesium chloride （$MgCl_2$） was investigated. The SCC tests were carried out with untreated and carburized 304ASS with varying four-point bend loading. In order to assess SCC susceptibility, the specimens were applied with different level of maximum deflection （0.2，0.35，0.45 and 0.6 mm）. The surface stresses parallel to the loading direction of the four-point bend loaded specimens were determined by residual stress analyzer （IXRD）. The crack initiation time is defined in this work as when cracks first appear and can be observed by optical microscope （OM） at magnifications up to 25×. The surface morphologies and microstructures of the untreated and carburized specimen were analyzed by scanning electron microscopy （SEM）. The results show that the tensile stress on the surface of untreated four-point bend loaded AISI 304 and the occurrence of pits during SCC tests have bad influence on the SCC resistance. The SCC resistance can be significantly improved by low-

* **基金项目**：国家自然科学基金项目（51475224）；江苏省高校自然科学研究项目（14KJA470002）；江苏省普通高校学术学位研究生科研创新计划项目（KYZZ16_0234）

temperature gaseous carburization process due to the improved pitting corrosion resistance and the compressive residual stress.

Keywords　Low-temperature gaseous carburization，304 austenitic stainless steel，stress corrosion cracking，four-point bend loading

近十多年来，美国、德国以及日本等一些西方发达国家致力于研究开发一种新型的不锈钢表面强化方法，即低温气体渗碳[1-4]。该方法在 Cr 的碳化物理论形成温度（520～550 ℃）以下对奥氏体不锈钢进行低温渗碳，渗碳处理后将在奥氏体不锈钢表层形成一层具有高浓度 C 而无 Cr 的碳化物析出的渗碳层，该层组织被命名为碳的 S 相或扩张奥氏体（γC）[5]，并拥有高硬度、良好的耐磨性和韧性的同时保留着出色的抗腐蚀性能，得以实现表面强化与耐腐蚀性能的共存。

目前，应力腐蚀开裂是核能源、海洋船舶和石油化工等行业中一种常见的失效形式，敏感材料、特定腐蚀性环境和承受拉应力是发生应力腐蚀开裂的三要素，应力腐蚀裂纹往往于应力作用下（尤其为拉应力）生成[6,7]。虽然低温气体渗碳强化后的奥氏体不锈钢已经应用于上述领域[5,8,9]，然而，关于低温气体渗碳表面强化对奥氏体不锈钢应力腐蚀开裂的影响研究甚少。Ghosh 等[10]指出，工业生产过程中引起的表面拉伸残余应力，可诱发应力腐蚀开裂；Zhou 等[11]研究了表面研磨处理对氯化物诱导的 304 应力腐蚀开裂的影响，发现表面研磨后产生的拉伸残余应力会导致试样表面微裂纹生成。微裂纹处易产生点蚀，进而发展成为宏观裂纹；Lu 等[12]研究了激光喷丸对 304 奥氏体不锈钢的 SCC 的影响，发现较高的压缩残余应力和激光喷丸加工所带来的晶粒细化可以使 304 奥氏体不锈钢的抗应力腐蚀性能得到加强。事实上，低温气体渗碳也可在材料表层产生很大的压缩残余应力[13-15]。此外，在渗碳层表面形成的钝化膜具有优异的稳定性，可抑制点蚀，并阻碍材料在氯化物溶液中点蚀坑的形核[16]。压缩残余应力和改善的抗点蚀能力都可增加材料的抗应力腐蚀性能。然而，渗碳层很薄（几十微米），并且材料的压缩残余应力沿着深度方向一直减小[13-15]，这些因素都可能影响奥氏体不锈钢的抗 SCC 性能。然而，国内外对奥氏体不锈钢经低温气体渗碳处理后的抗应力腐蚀性能尚未有系统性地研究。

因此，本文对 304 奥氏体不锈钢进行低温气体渗碳试验，并选用四点弯加载方式，研究低温气体渗碳对 304 奥氏体不锈钢在沸腾的饱和 $MgCl_2$ 中应力腐蚀开裂的影响。

1　实验方法

实验材料为 304 奥氏体不锈钢，其化学成分（质量分数，%）为：C 0.035，Cr 18.64，Ni 8.01，Mo 0.047，Mn 1.10，Si 0.436，Fe 余量。材料部分力学性能如表 1 所示。试样尺寸为 69 mm × 15 mm × 3 mm，沿着钢板轧制方向取样，用砂纸（从 400 ♯～1200 ♯）将试样表面打磨后再用丙酮溶液清洗并吹干待用。低温气体渗碳处理基本过程如下：首先将试样置于渗碳炉中，抽取真空并通入 N_2 反复多次置换炉内空气，接着将渗碳炉温度升至活化温度 200～300 ℃，通入活化气体（HCl 和 N_2 的混合气体）对试样进行表面活化，以去除表面钝化层，时间为 4 h。活化结束后停止通入 HCl 气体，将温度升至渗碳温度 470 ℃，通入渗碳气体（CO，H_2，N_2 混合气体），渗碳时间分别为 30 h。渗碳结束后，用 1200 ♯砂纸将渗碳后试样表面炭黑去除。

表 1　304 奥氏体不锈钢的机械性能

0.2%屈服强度（MPa）	拉伸强度（MPa）	弹性模量（GPa）	硬度（HV）
282	641	195	204

试验采用四点弯应力腐蚀试样来分析材料抗应力腐蚀能力。根据 ASTM－G39－99 试样加载后表面的应力可以根据以下公式计算关系[17]。

$$\sigma = 12Ety/(3H^2 - 4A^2)$$

图 1 所示为加载应力示意图，其中 σ 是载荷应力（试样中间部分的表面应力），y 是最大偏转（挠度），E 是弹性模量，t 是试样厚度，外支撑件之间的距离 H = 60 mm，内支撑和外支撑之间的支点距离 A = 15 mm。

为了评估 304 抗应力腐蚀开裂敏感性，将试样分别加载四个水平的挠度（0.2mm、0.35mm、0.45mm 和 0.6mm）。根据公式计算加载应力分别为 142MPa、248MPa、319MPa 和 425MPa。由 ASTM－G39－99 可知，公式仅适用于均质材料以及变形处于弹性极限以内，为了确定加载后试样表面真实的应力大小，采用 Proto－IXRD 残余应力分析仪（IXRD）对加载后的试样表面进行测量。

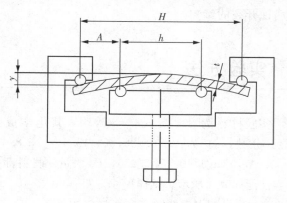

图 1　四点弯试样加载应力示意图

将加载好挠度的试样放入装有饱和沸腾 MgCl₂ 溶液（155℃±1℃）[18]的锥形烧瓶中，并将试验装置放在通风橱内进行试验。根据试样的挠度加载情况，设定各个试样每次观察的间隔时间，并在 25 倍的光

学显微镜（AXIO Imager. Alm）下观看四点弯试样表面有无裂纹生成，以便及时发现裂纹。定期更换 MgCl₂ 溶液，溶液使用时间不得超过一周。

在 SCC 测试之前，通过 phenom prox 型扫描电子显微镜（SEM）观察试样的表面形貌和微观结构（利用草酸电解侵蚀）；在 SCC 测试之后，采用 SEM 观察试样的表面形貌和横截面的结构。

2　实验结果与讨论

2.1　未加载应力时试样表面显微结构

利用 SEM 扫描电镜来分析试样渗碳前后的表面微观结构。从图 2 可以看出，经过草酸电解后，渗碳与未渗碳试样的微观结构存在明显区别。未渗碳试样材料包含典型的奥氏体显微组织，并存在明显的退火孪晶。而渗碳试样材料表面呈现出具有大量由于变形而产生滑移带的微观结构，这个结果与 Gallo 等[19]人研究低温等离子渗碳对奥氏体不锈钢显微结构影响的结果一致。

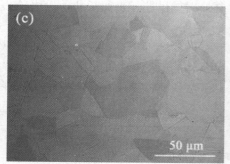
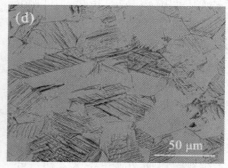

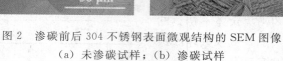

图 2　渗碳前后 304 不锈钢表面微观结构的 SEM 图像
（a）未渗碳试样；（b）渗碳试样

2.2　四点弯试样加载扰度后的表面应力

渗碳与未渗碳试样加载的挠度分别为 0.2mm、0.35mm、0.45mm 和 0.6mm，加载挠度后，材料的表面受力状态如图 3 所示。从图 3 可以看出，由于试样表面压缩残余应力的存在，实际测量得到的表面应力与计算获得的加载应力存在明显区别，尤

其是渗碳处理后的试样差异很大。从图中可以看出，加载后测量得到的未渗碳的四点弯曲加载试样表面应力都呈拉伸应力状态并随着扰度的增加而增加，当加载应力超过试样屈服强度后，实测的表面应力增加缓慢。和加载后未渗碳四点弯试样截然不同的是，渗碳处理后的四点弯曲加载试样的表面应力仍呈现出很高水平的压应力，这种结果归因于低温气体渗碳表面强化在试样表面引起的巨大的压缩残余应力。值得注意的是渗碳处理后的四点弯曲加载试样的表面实测的应力大小在整个加载范围内呈

现出线性增长的趋势，这表明低温气体渗碳表面强化显著提高了 304 奥氏体不锈钢的屈服强度。

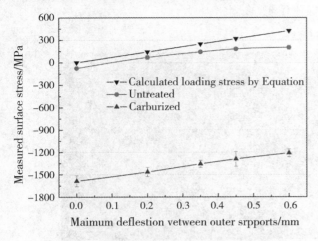

图3　四点弯曲载荷下的表面应力测量值

2.3　起裂时间

根据裂纹（在 25 倍的光学显微镜下观察试样起裂情况）第一次出现的时间来评价试样的应力腐蚀敏感性，依据裂纹起始时间来分析试验中不同的加载挠度对试样应力腐蚀敏感性的作用规律。试验中 304 奥氏体不锈钢的裂纹起裂时间在表 2 中给出。未渗碳的四点弯曲加载试样全部出现了应力腐蚀开裂裂纹，且裂纹起始时间随着挠度的增加而缩短，这表明拉应力会降低材料的抗应力腐蚀开裂性

能。相反，渗碳后的四点弯曲加载试样在长达 720 小时的浸泡时间里未发现裂纹。这个结果表明低温气体渗碳表面强化能有效地增强 304 不锈钢材料的抗应力腐蚀开裂性能。

表 2　四点弯曲加载试样的裂纹开始时间

试样	施加的挠度（mm）	实测表面应力（MP）	试样个数	裂纹平均起裂时间
未渗碳试样	0.2	70	2	168
	0.35	143	2	108
	0.45	182	2	36
	0.6	202	3	24
渗碳试样	0.2	−1464	2	＞720
	0.35	−1356	2	＞720
	0.45	−1291	2	＞720
	0.6	−1211	3	＞720

2.4　应力腐蚀试样表面显微形貌研究

从图 4 可观察到所有未渗碳的四点弯曲加载试样上所出现的裂纹都垂直于外载荷的加载方向。在所有未渗碳的四点弯加载试样的表面均发现了众多点蚀，点蚀的出现能为裂纹的起裂源。特别是当加载挠度小于 0.35 mm（加载应力小于 248 MPa）时，裂纹总是呈现出从点蚀萌生的特点。然而，当施加的载荷应力高得多时，裂纹总可能直接从材料表面缺陷处起裂，然后在应力的持续作用下不断长大和扩展。

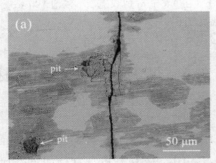
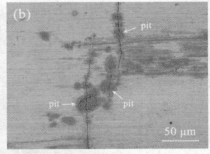

图 4　未渗碳四点弯曲试样应力腐蚀试验后的显微形貌
（a）在 0.2 mm 加载挠度下；（b）在 0.6 mm 加载挠度下；
（c）在 0.6 mm 加载挠度下，起裂与点蚀坑无关

从图 5 可知，由于在沸腾 $MgCl_2$ 溶液中浸泡了 720 小时，渗碳试样表面上覆盖有大量的腐蚀产物，但却并没有裂纹产生。从图 5（c）可以看出，在 0.6 mm 加载挠度下，渗碳样在溶液中试验 24

小时后也没有观察到点蚀。此外，渗碳后四点弯曲加载试样表面发生了均匀腐蚀，在滑移线的地方腐蚀比较明显。

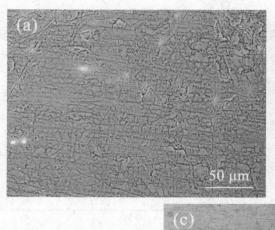
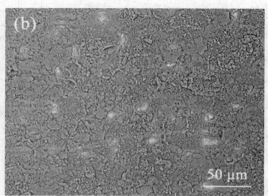
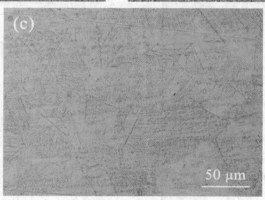

图 5　渗碳处理的四点弯曲试样应力腐蚀试验后的显微形貌
（a）在 0.2 mm 加载挠度下浸泡 720 h；（b）在 0.6 mm 加载挠度下浸泡 720 h；
（c）在 0.6 mm 加载挠度下浸泡 24 h

2.5　试样横截面的显微结构研究

应力腐蚀试验结束后，观察所有试样平行于应力加载方向的横截面的显微结构，如图 6 所示，所有未渗碳四点弯加载试样的裂纹均表现为穿晶型，裂纹存在分叉，表现典型应力腐蚀开裂的形貌特征。从图 6（a）中还可以看出，试样在 0.2 mm 加载挠度下，裂纹从点蚀坑处起裂。在 0.6 mm 加载挠度下（如图 6（b）所示），裂纹直接起裂。渗碳后四点弯加载试样的横截面并没有观察到宏观裂纹与点蚀坑的产生，然而，在表面上观察到微裂纹的存在，但是，裂纹扩展的深度较浅，几乎所有微裂纹深度不大于 10 μm。

2.6　低温气体渗碳提高材料抗应力腐蚀开裂的机理

与未渗碳四点弯加载试样较低的抗应力腐蚀性能相比，经过渗碳处理的四点弯加载试样在沸腾的饱和 $MgCl_2$（155℃±1℃）介质中表现出优良的抗应力腐蚀开裂性能。图 7 为渗碳前后四点弯加载试样的应力腐蚀开裂过程示意图。加载应力后的未渗碳四点弯曲试样，其上表面为拉伸应力。当上表面的拉伸应力相对较低时，试样表面的钝化膜会在缺陷处破裂，并导致点蚀坑的产生，而点蚀坑的存在会引起应力集中进而导致应力腐蚀的开裂［如图 7（a）所示］。然而，当上表面的拉伸应力足够大时，应力腐蚀开裂可能会直接从钝化膜破损的位置发展［如图 7（b）所示］。

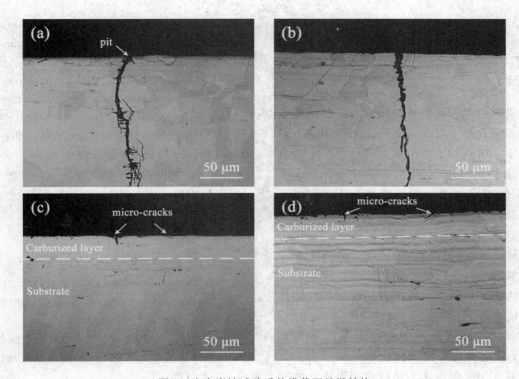

图 6　应力腐蚀试验后的横截面显微结构

(a) 在 0.2 mm 加载挠度下，未渗碳；(b) 在 0.6 mm 加载挠度下，未渗碳；

(c) 在 0.2 mm 加载挠度下，渗碳；(d) 在 0.6 mm 加载挠度下，渗碳

　　而对于渗碳后加载载荷的四点弯曲试样，即使加载了外载荷，但试样表面在试验过程中仍处于压应力状态。尽管低温气体渗碳后，304 奥氏体不锈钢表层产生了很多的滑移带，但钝化膜往往会在滑移带处破裂，并形成微裂纹。然而，由于试样在渗碳处理后表面会得到很高的压缩残余应力，滑移处形成的这些微裂纹，在压应力的作用不会扩展，故其不会长大发展成宏观裂纹。而且，压应力的存

在，使得应力腐蚀开裂的应力因素缺失，不会导致 SCC 的发生；另外，渗碳后，表层相结构的改变，可在一定程度上提高材料的抗点蚀能力，故没有在渗碳试样表面发现有点蚀坑的存在，也缺少应力集中的物理条件。因此，低温气体渗碳可以显著提高 304 奥氏体不锈钢在氯化物环境中的抗应力腐蚀能力和抗点蚀能力。

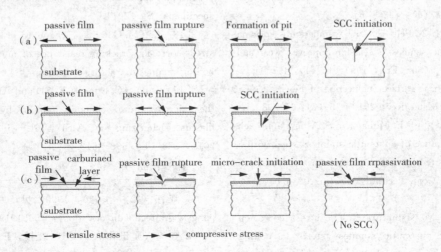

图 7　四点弯曲试样应力腐蚀开裂原理示意图

(a) 较低外载应力下未渗碳试样；(b) 较高外载应力下未渗碳试样；(c) 渗碳试样

3 结论

通过四点弯曲应力腐蚀开裂试验，分析了低温气体渗碳表面强化技术对 304 奥氏体不锈钢应力腐蚀开裂的影响，得到如下结论：

（1）在沸腾的 $MgCl_2$ 饱和溶液中（155 ± 1 ℃），未渗碳的四点弯曲加载试样都在 168 h 内开裂，而渗碳的四点弯曲加载试样在 720 h 的试验时间内并无裂纹产生，表明低温气体渗碳表面强化技术可显著提高 304 奥氏体不锈钢抗应力腐蚀性能。

（2）未渗碳 304 奥氏体不锈钢表面拉应力的存在以及在应力腐蚀试验中出现的点蚀坑对材料的抗应力腐蚀性能有不利影响。

（3）低温气体渗碳表面强化技术能显著提高 304 奥氏体不锈钢抗应力腐蚀性能，主要归功于低温气体渗碳能在 304 奥氏体不锈钢表面形成巨大的压缩残余应力和提高其抗点蚀能力。

参 考 文 献

[1] Kolster B H. Development of a stainless and wear-resistant steel [J]. Materialen, 1987, 8: 1—12.

[2] Michal G M. Ernst F. Cao Y. et al. Carbon supersaturation due to paraequilibrium carburization: Stainless steels with greatly improved mechanical properties [J]. Metall. Mater. Trans. A, 2006, 54 (6): 1597—1606.

[3] Aoki K. Kitano K. Surface hardening for austenitic stainless steels based on carbon solid solution [J]. Surf. Eng, 2002, 18 (6): 462—464.

[4] Sun Y. Li X. Bell T. Low temperature plasma carburising of austenitic stainless steels for improved wear and corrosion resistance [J]. Surf. Eng, 1999, 15 (1): 49—54.

[5] Dong H. S-phase surface engineering of Fe-Cr, Co-Cr and Ni-Cr alloys, Int. Mater. Rev, 2010, 55 (2): 65—98.

[6] Tillmann W. Vogli E. Mohapatra S. A new approach to improve SCC resistance of austenitic stainless steel with a thin CrN film, deposited by cathodic vaccum arc deposition technique [J]. Surf. Coat. Technol, 2007, 202 (4): 750—754.

[7] Alyousif O M. Nishimura R. The stress corrosion cracking behavior of austenitic stainless steels in boiling magnesium chloride solutions [J]. Corros. Sci, 2007, 49 (7): 3040—3051.

[8] Jones J L. Koul M G. SChubbe J J. An Evalution of the corrosion and mechanical performance of interstitially surface-hardened stainless steel [J]. Mater. Eng. Perform. 23 (2014) 2055—2066.

[9] Buhagiar J. Dong H. Corrosion properties of S-phase layers formed on medical grade austenitic stainless steel [J]. J. Mater. Sci. - Mater. M, 2012, 23 (2): 271—281.

[10] Ghosh S. Rana V P S. KainV. et al. Role of residual stresses induced by industrial fabrication on stress corrosion cracking susceptibility of austenitic stainless steel [J]. Mater. Design, 2011, 32 (7): 3823—3831.

[11] Zhou N. PettersonR. PengR L. et al. Effect of surface grinding on chloride induced SCC of 304L [J]. Mater. Sci. Eng. A, 2016, 658: 50—59.

[12] Lu J Z. Luo K Y. Yang D K. et al. Effects of laser peening on stress corrosion cracking (SCC) of ANSI 304 austenitic stainless steel [J]. Corros. Sci, 2012, 60 (3): 145—152.

[13] 高峰，巩建鸣，姜勇，等. 316L 奥氏体不锈钢低温气体渗碳后的表面特性 [J]. 金属热处理，2014，39 (12): 102—106.

[14] Rong D. Jiang Y. Gong J. Residual stress in low temperature carburised layer of austenitic stainless steel [J]. Mate. Sci. Tech-lond, 2016: 1—8.

[15] Christiansen T L, Somers M A J. Stress and composition of carbon stabilized expanded austenite on stainless steel [J]. Metall. Mater. Trans, 2009, 40 (8): 1791—1798.

[16] Sun Y. Corrosion behaviour of low temperature plasma carburized 316L stainless steel in chloride containing solutions [J] Corros. Sci, 2010, 52 (8): 2661—2670.

[17] ASTM. G39 — 99, Standard practice for preparation and use of bent-beam stress-corrosion test specimens [S]. 2011.

[18] ASTM. G36—94, Standard practice for evaluating stress-corrosion-cracking resistance of metals and alloys in a boiling magnesium chloride solution [S]. 2013.

[19] Gallo S C. DongH. EBSD and AFM observations of the microstructural changes induced by low temperature plasma carburizing on AISI 316L [J]. Appl. Surf. Sci, 2011, 258 (1): 608—613.

作 者 简 介

彭亚伟（第一作者），1990，男，博士生，E－mail：pengyw@njtech. edu. cn，电话：15651919753；

巩建鸣（通讯作者），男，教授，E－mail：gongjm@njtech. edu. cn，电话：13770923030

通讯地址：江苏省南京市浦口区浦珠南路 30 号，211816；传真：(025) 58139361

不同微观结构对抗氢性能影响的试验研究

李文博 王 晶

（北京工业大学 机械工程与应用电子技术学院 北京 100022）

摘 要 研究了不同的微观结构对材料抗氢性能的影响。针对 45 钢材料，采用 4 种热处理工艺，获取了 4 种典型微观结构。通过维氏硬度测试及试件内部残余应力测试，得到了不同微观结构材料的力学特性。应用剥层法，对经饱和 H_2S 浸泡 48 小时的试件进行逐层显微硬度测试，获取 4 种微观结构试件的硬度-层深分布规律，得到了不同微观结构的静态抗氢性能。结果表明，不同微观结构的 H_2S 腐蚀层深基本一致，而氢脆影响层的深度和硬度分布有较大区别。珠光体含量较高，则抗氢渗透能力较差；调质后的回火索氏体抗氢性能优于铁素体＋珠光体组织，马氏体组织具有很好的抗氢渗透性能。最终，拟合得到了不同微观结构的氢脆影响层的硬度-层深分布规律。

关键词 微观结构；抗氢性能；显微硬度

Experimental Research on Hydrogen Resistance Performance of Different Microstructure

Li Wenbo Wang Jing

(College of Mechanical Engineering and Applied Electronics Technology
Beijing University of Technology，Beijing 100022 China)

Abstract The paper studies the effects of different microstructures on the hydrogen resistance properties. Four kinds of microstructures were obtained by using four kinds of heat treatment processes for 45 steel materials. The mechanical properties of different microstructure materials were obtained by Vickers hardness test and internal residual stress test. The relationships between hardness and depth of four kinds of microstructures were obtained by stratified microhardness test. Static hydrogen resistance property of different microstructures was obtained by using the stripping method. Results show that the H_2S corrosion layer of different microstructures is basically the same，and the depth and hardness distribution of the hydrogen embrittlement layer are quite different. More pearlite，lead to the weakness of hydrogen resistance property；quenched and tempered sorbite after the hydrogen corrosion is better than ferrite ＋ pearlite structure，martensite has a good resistance to hydrogen permeability. Finally，the relationships between microhardness and depth of the hydrogen embrittlement layer with different microstructures were fitted.

Keywords Microstructure；hydrogen resistance property；microhardness

1 引言

在工业上，常使用热处理、冷轧、热轧等工艺，通过改良金属的微观结构来优化钢铁的性能[1]。不同微观结构的钢材力学性能差异是显著的，机械零件工作时承受拉伸、压缩、剪切、扭转、冲击、振动、摩擦等多种载荷，对于不同用途的构件需经过不同的热处理才能获得良好的适用

资助项目：国家自然基金青年基金（11302007）及国家重点研发计划（2016YFC0801905－16）。

性。然而，金属在腐蚀环境下的服役，是一个复杂的综合过程，然而金属具有良好的力学性能，并不代表具有良好的抗腐蚀性能。

氢对不同微观结构的金属影响程度有所不同。N. Nanninga[2]等人，通过控制回火温度得到不同微观组织，研究了碳含量相同而其他成分不同的钢材的抗氢脆性能，结果表明：在金属中添加的化学成分对钢氢脆程度的影响很小；微观结构的改变对钢的抗氢脆性能影响较大。Swieczko - Zurek B[3]的研究发现，在硫化氢腐蚀过的金属中，材料表层的硬度要高于内部的硬度。赵敬伟[4]，H. W Xiao[5]等的研究成果也显示了氢含量与硬度存在一定关系，并针对不同材料给出了经验公式。

本文以工程常见材料 45 钢为研究对象，通过试验手段，研究中低碳钢不同微观结构的静态抗氢腐蚀能力。获取 4 种不同微观结构，研究硬度和残余应力与微观结构之间的关系；以逐层显微硬度法为手段，以氢脆影响层厚度和显微维氏硬度 HV0.2 增量为参数，分析微观结构对材料抗氢渗透能力的影响。

2 实验研究

首先进行的是 45 号钢的材料特性研究。不同热处理工艺下，材料的微观结构及力学性能各不相同，为研究不同微观结构与材料特性参数之间的关系，本文对不同微观结构的试件进行金相观测、硬度试验，并用 X 射线衍射法测量了试件内部的残余应力。其次，为评估不同微观结构 45 钢的抗氢腐蚀性能，利用剥层法进行逐层显微硬度试验。

2.1　45 号钢的材料特性研究

2.1.1　热处理工艺选取

45 钢是一种相变规律典型优质结构钢，其热处理后的微观结构变化较为明显。因而采用了完全退火、正火、调质和淬火 4 种典型的热处理加工工艺的 45 钢作为试样。

本试验研究设计热处理流程见表 1。

表 1　45 号钢的热处理工艺

工艺名称	加热温度 ℃	冷却方式	硬度检验指标	R_m MPa	R_{el} MPa	预测金相
退火	870	随炉冷却	≤207HBW ≤220HV	≥600	≥300	铁素体＋珠光体
正火	870	空冷	170～229HBW 180～240HV	≥600	≥300	铁素体＋珠光体
调质	870℃淬火后， 650℃回火	淬火水冷 回火空冷	≤227HBW ≤240HV	647	559	回火索氏体
淬火	870	水冷	≥50HRC ≥520HV	—	—	马氏体＋沿晶界析 出淬火托氏体

2.1.2 试验方法

1) 微观结构观测

使用金相磨抛机对试件表面进行处理，选用 400、600、800、1200 目的砂纸依次对试件逐次进行水磨，再使用抛光布和金属研磨膏对试件进行抛光处理，经抛光后金属表面呈镜面效果，此时，使用 3％HNO₃ 酒精对金属表面进行腐蚀处理。用 VHX - 500K 型电子显微镜（图 1）对热处理后的 45 钢进行金相观测。

图 1　VHX - 500K 显微镜

2）硬度测试

对 4 种热处理后的 45 钢进行硬度测试，每种热处理状态选取 3 个试件，每个试件在不同位置测量 5 个点，以总体的平均值作为这一钢材某一热处理状态的硬度值。试验所用设备为 Zwick ZHU 2.5 硬度仪（图 2），为避免因金属表面加工导致的测量误差，本次试验采用维氏硬度 HV10 测量方法。

图 2　Zwick ZHU 2.5 硬度仪

3）内部残余应力测试

对试件进行了电解抛光处理，去除试件表面加工应力。基于 X 射线衍射法，应用 MSF-2M 型应力仪（图 3），测量 45 钢在不同热处理状态下的内部残余应力。

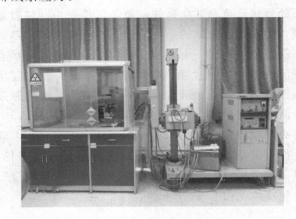

图 3　X 射线应力仪

2.1.3　试验结果

45 钢不同热处理状态的组织图见图 4。45 钢完全退火组织以铁素体为主，其间掺杂部分珠光体，组织分布比较均匀，珠光体组织成分在 40% 左右；正火后的金相组织为铁素体和珠光体的混合状态，其组织较细，分布更加均匀，晶格更加明显，珠光体含量在 70% 左右；调质后的组织以回火索氏体为主，其分布均匀，呈松针状分布；淬火后的金相组织以马氏体为主，其组织形态呈板条状和针状分布。

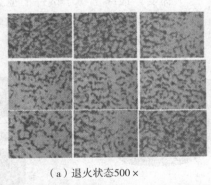

（a）退火状态500×

（b）退火状态500×

（c）调质状态2000×

（d）淬火状态500×

图 4　45 钢不同热处理状态组织图

对 4 种热处理后的 45 钢进行硬度测试，每种热处理状态选取 3 个试件，每个试件在不同位置测量 5 个点，以总体的平均值作为这一钢材某一热处理状态的硬度值。试验结果显示，45 钢退火状态硬度值最小，硬度值约 143HV10，正火后硬度值大于退火状态，硬度值约 190HV10。调质状态硬度略大于正火状态，调质后硬度值约 203HV10。淬火硬度值最大，可以达到 700HV10 左右。以硬度作为参量，对 4 种热处理状态排序形成横坐标，以呈现金相组织与硬度的关系，金相组织与硬度的变化规律见图 5。

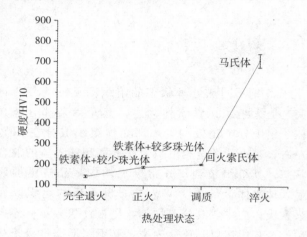

图 5　金相组织与硬度的变化规律

对 45 钢进行热处理的过程中，经历了完全奥氏体化状态，这将使试件的加工应力消失。经残余应力检测可知，热处理后试件重新产生了残余应力。图 6 反映了残余应力的变化规律。由图可知，残余应力绝对值的变化规律与硬度变化规律呈现出正相关性，即热处理后试件的硬度值越大则其残余应力绝对值也越大。残余应力排序为退火（60%铁素体＋40%珠光体，−11.43MPa）＜正火（30%铁素体＋70%珠光体，−27.03 MPa）＜调质（回火索氏体，−43.56 MPa）＜淬火（马氏体，−231.53 MPa）。

2.2　不同微观结构 45 钢的静态抗氢腐蚀性能研究

2.2.1　试样

试验选用同样选用完全退火、正火、调质和淬火 4 种典型的热处理加工工艺的 45 钢作为材料，

考虑到试验数据不能受实验台的影响及每个试样的试验次数，最终选用圆柱试样，圆柱高 12mm，直径 18mm。

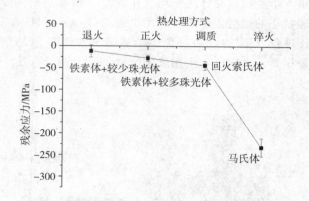

图 6　45 钢热处理后残余应力变化规律

2.2.2　试验原理

材料经腐蚀后会产生三个分层，最外层是材料受硫化氢腐蚀后的 H_2S 腐蚀层（产生了化学反应，表层有 FeS 等腐蚀产物），第二层是电化学反应产生的氢原子所引起的氢脆影响层（即：只有氢渗透作用，无腐蚀产物），最后一层则是金属材料未受影响的基体部分。金属经硫化氢浸泡腐蚀后，其硬度应当自最外层向内发生变化，硬度数值逐次出现三个梯度，最终平稳于试件的原始硬度。根据这一现象设计了剥层法[6]硬度腐蚀试验。其试验原理示意图见图 7。

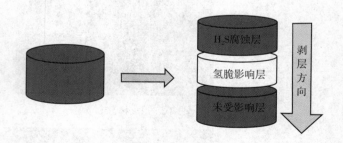

图 7　材料受 H_2S 腐蚀后的分层示意图

2.2.3　试验方法

试验腐蚀环境所采用的溶液为美国腐蚀工程师协会 NACE[7] 规定的 A 类标准溶液，将不同微观结构的 45 钢圆柱（每组 3 个试样）试样浸泡在饱和硫化氢溶液中（H_2S 浓度 2300ppm）。根据翟建明的相关研究[6]，试样在浸泡 48h 后的氢脆影响层

达到最大值，故本文将浸泡时长设定为48h。硬度的试验过程中不可避免的会对试件造成压痕，试验时施加的载荷不同会造成压痕深度的不同，载荷越大压痕深度越大，并且在压头压入试件的过程中会造成局部的加工硬化。文献［6］显示氢脆影响层的最大深度约为400μm，为了在有限深度内将测点布置的足够多，选择影响深度为6μm左右的显微维氏硬度HV0.2为测试参量。首先应用磨削法进行剥层处理，每层的剥层深度约为20μm；之后根据GB/T4340.1－1999《金属维氏硬度试验 第1部分：试验方法》[8]进行测试，记录每个测试平面的硬度值和该平面所对应的剥层深度并绘制曲线。

2.2.4 试验结果

45钢不同热处理状态经饱和H$_2$S浸泡48h后的逐层显微硬度试验结果见图8。

3 分析讨论

3.1 45号钢的材料特性研究

测量硬度的标准差体现了组织的均匀度，淬火后金相组织的不均匀导致了其硬度标准差较大。试件在冷却过程中，表层和心部的冷却速度和时间的不一致，导致组织收缩膨胀不均匀，产生残余应力。残余应力的大小主要取决于冷却速度。退火工艺为随炉冷却，其冷却速度缓慢，温度变化梯度小，所以残余应力最小。而正火工艺为空气中冷却，其冷却速度稍大，残余应力也略大于退火。淬火冷却方式为水冷，冷却温度梯度很大，产生的残余应力也最大。调质是淬火后高温回火，其冷却速度与正火接近，但是由于其回火温度未达到完全奥氏体化温度，未能完全消除淬火过程产生的应力，故其残余应力大于正火状态。

3.2 不同微观结构45钢的静态抗氢腐蚀性能研究

3.2.1 硬度的分布情况

由图8可知，四种微观结构经饱和硫化氢浸泡48小时后，都出现了H$_2$S腐蚀层，退火、正火、调质状态的试件均有明显的氢脆影响层，硬度随层深出现先上升后下降的趋势，最终平稳于试件的原始硬度。淬火状态的试件不同于其他热处理，逐层显微硬度试验结果没有测量出明显的氢脆影响层，除二号试件的一个测量点略大于原始硬度外，淬火后试件硬度变化随层深达到最大值后即趋于平稳。综合三个试件的试验结果，可以认为淬火状态的试件氢脆影响层深度、硬度增量ΔHV均为0。这一现象表明马氏体的抗氢渗透能力很强。

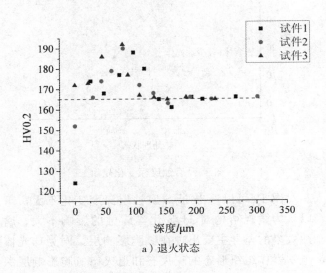

a）退火状态

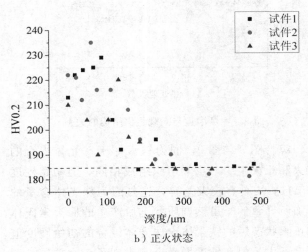

b）正火状态

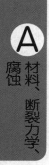

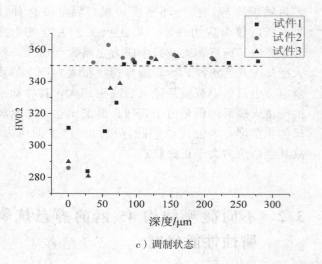

c）调制状态

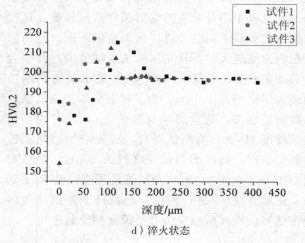

d）淬火状态

图 8　H₂S 腐蚀后不同微观结构 45 钢硬度-层深关系

3.2.2　微观结构对氢致硬度增量的影响

4 种不同热处理下的 45 钢硫化氢浸泡 48h 后，试件硬度发生了变化，氢腐蚀对 4 种金相组织的硬度影响增量并不相同。取氢脆影响层内硬度最大值与试件的原始硬度之差为氢致硬度增量 ΔHV，考察不同围观结构对氢致硬度增量 ΔHV 的影响。沿硬度增长方向的微观结构相变坐标，ΔHV 数值呈现先上升后下降的趋势，正火后达到最大值，见图 9。

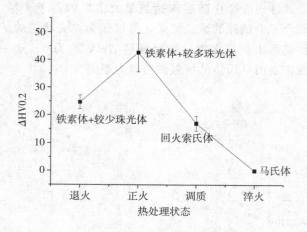

图 9　硬度增量与微观组织结构的关系

综合图 8 与图 9，同为铁素体＋珠光体组合的退火和正火组织，虽然组织组成相同，但初始硬度和 ΔHV 均具有较大差异，这是因为珠光体含量的增加所导致的。虽然调质状态后产生的回火索氏体和正火状态后的铁素体＋珠光体组合的初始硬度值相差不大，但在硬度增量上却出现了较大差异，调质状态的硬度增量为 17HV0.2 左右，而正火状态

的硬度增量达到了 40HV0.2 以上，二者相差约 23HV0.2 倍。淬火后的马氏体组织，在逐层显微硬度试验中没有检测出明显的硬度增长。腐蚀后，硬度-层深变化曲线与氢含量曲线具有一致性，说明硬度改变量与氢含量有关，硬度增量大表明氢经过渗透作用进入金属的量大，即该金属的抗氢渗透性能差。

3.2.3　腐蚀层深的变化规律

4 种不同热处理状态的 45 钢经 H₂S 腐蚀后，各类腐蚀影响层深度不同。图 10 是三种腐蚀层深的变化规律。

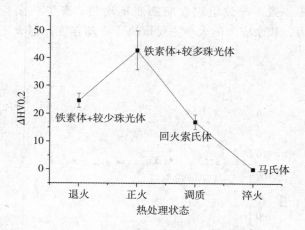

图 10　腐蚀层深变化规律

图 10 可以看出 H₂S 腐蚀层深度变化不大，可以认为微观结构对 H₂S 化学腐蚀的影响不大，腐蚀效果的差异主要出现在氢脆影响层。同为珠光体＋铁素体组织形态的正火态和退火态氢脆影响层深度较大，其中，珠光体含量较高的正火试件氢脆影

响层最大，退火状态次之，这说明了珠光体对氢抗性较差。相比之下，回火索氏体组织的氢脆影响层较铁素体＋珠光体的组织小。对淬火试件的逐层显微硬度试验没有测得明显的氢脆影响层。按照硬度增长方向的微观结构相变坐标，氢脆影响层深度和腐蚀总深度均呈现先上升后下降的趋势，在正火状态达到最大值。

3.2.4 氢脆层硬度分布函数

李志林[9]等通过显微硬度分布法研究发现，随

着氢在不锈钢材料中的扩散，不同的氢含量造成了硬度的改变：由表面至内部，显微硬度呈 e 指数分布，最终趋于一个水平线。该硬度分布结果与氢扩散过程中金属内部浓度分布相吻合，如图 11 所示[1]。

为了进一步分析氢脆影响层的分布规律，使用 oringin 对试验数据进行拟合，更为精确的描述硬度-层深分布规律。函数拟合曲线见图 12。

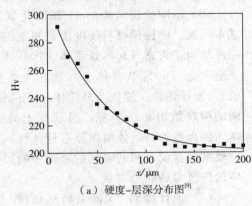

（a）硬度-层深分布图[9]

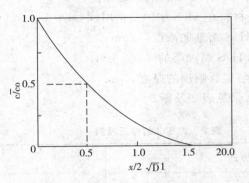

（b）氢扩散后金属内氢浓度分布[10]

图 11　硬度与氢浓度分布比较图

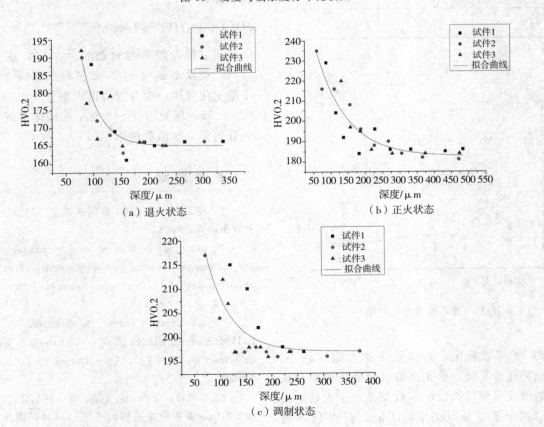

（a）退火状态

（b）正火状态

（c）调制状态

图 12　硬度-层深关系的拟合曲线

不同热处理后的 45 钢试件的氢脆影响层的硬度分布规律均与氢扩散后的金属内部氢浓度分布相吻合，即呈指数分布特征，但氢致影响层厚度和氢致硬度增量各不相同。参照文献 [6] 中的拟合函数，并考虑到试验中浓溶液度（2300ppm）和浸泡时间（48h）相同，硬度与层深关系可用 e 指数的形式进行拟合：

$$HV(h)=HV_0+\alpha T\times e^{\beta[(1.2623\times10-6\times c-0.01144)\times(h_0+h)]} \quad (3)$$

式中，HV_0——材料的原始硬度；

T——材料在 H_2S 中的浸泡时间，h；

c——H_2S 溶液的浓度，ppm；

h_0——H_2S 腐蚀层的厚度，μm；

h——氢脆影响层的厚度，μm

拟合结果见表 2 及图 9。

表 2　式 3.3 的修正系数

热处理方式	α	β
退火	6.81	3.78
正火	2.31	1.55
调质	2.02	2.52

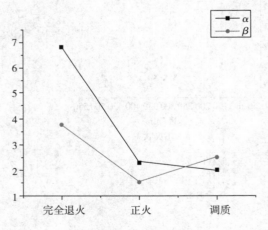

图 13　修正系数变化规律

由图 13 可以看出，初始硬度越大则 α 越小，且变化趋势逐步平缓。修正系数 β 的变化规律与试件的原始硬度呈现出类二次函数关系，正火状态最小。α，β 揭示了微观组织结构不同，会使 H_2S 腐蚀后的 45 钢硬度-层深分布发生变化。

4　结论

（1）不同微观组织残余应力绝对值排序为退火（60%铁素体＋40%珠光体，－11.43MPa）＜正火（30%铁素体＋70%珠光体，－27.03MPa）＜调质（回火索氏体，－43.56MPa）＜淬火（马氏体，－231.53MPa）。残余应力绝对值的变化规律与硬度和微观组织结构之间的关系具有正相关性。

（2）不同微观结构的 45 钢硫化氢腐蚀层厚度基本一致。腐蚀后材料硬度增量和氢脆影响层深度顺序均为正火态（30%铁素体＋70%珠光体）材料＞退火态（60%铁素体＋40%珠光体）＞调质态（回火索氏体）＞淬火（马氏体），按照硬度增大方向的微观组织相变坐标，呈现先上升后下降的规律。淬火后的马氏体组织具有特殊性，通过逐层显微硬度试验没有测到明显的氢脆影响层，说明马氏体的抗氢渗透能力很强。

（3）拟合得到 45 钢氢脆层硬度-层深分布函数，即：

$$HV(h)=HV_0+\alpha T\times e^{\beta[(1.2623\times10-6\times c-0.01144)\times(h_0+h)]}$$

通过拟合解得退火态 $\alpha_1=6.81$，正火态 $\alpha_2=2.31$，调质态 $\alpha_3=2.02$，α 呈现逐渐减小并趋于水平的变化规律；拟合求得退火态 $\beta_1=3.78$，正火态 $\beta_2=1.55$，调质态 $\beta_3=2.52$，β 总体呈现先下降后上升的类二次函数规律。

参 考 文 献

[1] 邓文英，郭晓鹏．金属工艺学 [M]，北京：高等教育出版社，2008．

[2] Nanninga N. Role of microstructure, composition and hardness in resisting hydrogen embrittlement of fastener grade steels [J]．Corrosion Science, 2010（4）：1237－1246．

[3] Swieczko Zurek B, Zielinski A, Lunarska E. Hydrogen degradation of structural steels in technical hydrocarbon liquids [J]．Mater Corros. 2008；59（4）：289－295．

[4] 赵敬伟，丁桦，赵文娟，等．热氢处理对 Ti600 合金的组织演变和硬度的影响 [J]．材料研究学报，2008，22（3）：262－268．

[5] Xiao H W, Zhao J W, Zhao W J, et al. Influence of

Hydrogenation on Microstructure and Hardness of Ti6Al4V Alloy [J] . RARE METAL MATERIALS AND ENGINEERING , 2008, 37 (10): 1795-1799.

[6] 翟建明. 金属材料经硫化氢腐蚀后的疲劳可靠性研究 [D] . 北京工业大学机械工程与应用电子技术学院, 2013.

[7] NACE TM0177-96. Laboratory Testing of Metals for Resistance to Sulfide Stress Cracking and Stress Corrosion Cracking in H_2S Environments.

[8] 中华人民共和国国家质量监督检验检疫局, 中国国家标准化管理委员会. GB/T4340.1-1999 [S] 金属维氏硬度试验 第1部分: 试验方法. GB/T4340.1-1999. 全国钢标准化技术委员会, 北京, 1999.

[9] 李志林, 陈涛, 曾致羣. 不锈钢电化学诱导退火过程中的氢及其扩散系数测定 [J] . 北京化工大学学报 (自然科学版) . 2005, 32 (05): 60-63.

[10] 褚武扬. 氢损伤和滞后断裂 [M] . 北京: 冶金工业出版社, 1988 年, 第一版.

作 者 简 介

李文博, 男, 1992 年出生, 硕士研究生, 北京工业大学, 主要研究方向为氢腐蚀及腐蚀疲劳, 电话: 15609410676, 邮箱: leewb01008@163.com

Zare 涂层防腐技术有效解决液化石油气球罐低温湿硫化氢应力腐蚀

刘 博 张树全

（大庆石化公司炼油厂气体原料车间 黑龙江大庆 163711）

摘 要 用 16MnR 钢制造的液化石油气球罐在低温湿 H_2S 环境中，易发生应力腐蚀开裂，进一步剖析裂纹产生的机理和原因，合理消除裂纹后采用四新技术，对罐体内部进行热喷涂，涂层起到屏蔽和电化学防护作用，是防止 H_2S 应力腐蚀开裂的最有效办法。

关键词 液化石油气球罐；硫化氢；应力腐蚀；Zare 涂层技术防护

Zarecoating Anticorrosion Technology to Solve low Temperature Wet Hydrogen Sulfide Stress Corrosion of the LPG Spherical Tank

Liu Bo Zhang Shuquan

（Refinery of Daqing Petrochemical Company，Daqing，Heilongjiang 163711）

Abstract Inlow temperature wet H_2S environment ，LPG spherical tank made of 16MnR steel is prone to stress corrosion ，cracking. By means of analysis of the mechanism and causes of crack，"，four new" technologies are adopted to carry out thermal spraying on the tank body after reasonable elimination of cracks. Coating plays a role in shielding and electrochemical protection and is the most effective way to prevent H_2S stress corrosion cracking.

Keywords LPG spherical tank；hydrogen sulfide；stress corrosion；zare coating technology protection

1 前言

液化石油气储罐是具有较高风险的储存容器，一旦出现事故，将给人民的生命和财产带来不可估量的损失。吉林、西安等地液化石油气储罐事故留给人们的印象是深刻的，教训是惨痛的。虽然国家三令五申对液化石油气的生产、储存、运输及技术管理有严格的规定，但由于种种原因，各种不同程度的隐患仍然存在。比较典型且具有较大危害性的液化石油气储罐在低温湿 H_2S 环境下的应力腐蚀开裂问题普遍存在，生产企业必须高度重视，采取有效的防腐技术解决实际问题，确保液化石油气储罐的安全运行。

2 设备概况

大庆石化公司炼油厂烷基化罐区现有 400m³ 液化石油气球罐六台，是烷基化装置的配套储罐，建于 1987 年 7 月，由大庆石油化工设计院设计、金州重型机械厂生产、辽宁工业安装公司安装的，早期一直没有使用。QW－1 球罐于 1989 年投用 180

388

天后停用 5 年，于 1995 年又开始使用。QW－2、QW－3、QW－6 球罐于 1987 年 8 月投用，1991 年后停用 4 年，于 1995 年又开始使用。QW－4 球罐于 1987 年 8 月投用，1992 年后停用 3 年，于 1995 年又开始使用。QW－5 球罐直到 1994 年 12 月投用。六台球罐均用于储装重油催化装置生产的碳四。至今都已服役 20 年以上。（如表 1 所示）

表 1　六台球罐的技术参数

设备位号	设计温度 ℃	设计压力 MPa	操作温度 ℃	操作压力 MPa	设计介质	操作介质	容器规格	主体材质
QW－1～4	－25.1/＋50	1.4	30	1.0	轻重碳四	碳四	φ9200×30mm	16MnR
QW－5～6	－20/＋50	1.4	30	1.0	正异丁烷	碳四	φ9200×30mm	16MnR

3　设备历年检验情况

1996 年 6 月、2000 年 8 月、2004 年 9 月，由石化总厂检测公司进行全面检验，对球罐进行了测厚、100％超声波探伤、100％磁粉探伤、硬度测定、金相分析及安全附件检查，检验报告的结论是未发现缺陷，安全状况等级评定为 1 级，并确定下次检验时间为 2010 年 10 月。

为了确保设备的安全使用，分厂安排对使用超过 20 年的在用压力容器进行强制检验。2007 年对 QW－1、QW－5 进行抽检，理化检验打开后内壁锈蚀非常严重，对罐壁进行清洗，清洗出大量铁锈。理化检测时两台罐发现裂纹，于是又增加对 QW－2、QW－3、QW－4、QW－6 进行检验，发现裂纹情况是：QW－1 球罐内壁对接焊缝沿焊缝热影响区出现共计 13 条裂纹（最长为 255mm，最深为 5mm）；QW－2 球罐内壁对接焊缝沿焊缝热影响区出现共计 5 条裂纹（最长为 970mm，最深为 4mm）；QW－5 球罐内壁对接焊缝沿焊缝热影响区出现共计 3 条裂纹（最长为 750mm，最深为 3.5mm）；QW－6 球罐内壁对接焊缝沿焊缝热影响区出现共计 15 条裂纹（最长为 670mm，最深为 4mm）。所有裂纹经专业队伍打磨消除，检测报告要求缩短下次检测周期，可以继续投入使用。2009 年 6 月对 QW－2 进行检验，在环缝焊缝热影响区又发现裂纹 14 处（最长为 1040mm，最深为 5mm），裂纹程度较 2007 年严重，裂纹经打磨后消除。QW－5 球罐的检验结果是，在 4 条环焊缝热影响区都出现了数量众多的断续裂纹（最长为 4300mm，最深为 5mm）。2009 年 12 月对 QW－6 球罐进行全面检验，内壁对接焊缝荧光磁粉检测发现 37 处表面裂纹（裂纹最长为 760mm，最深为 4.5mm）），此三台罐裂纹数量较 2007 年剧增说明这三台球罐内壁存在较严重的腐蚀开裂现象，存在较严重的安全隐患。（如图 1、图 2 所示）

图 1　在焊缝处发现裂纹图片

图 2　在焊缝处发现裂纹图片

4 裂纹原因分析

在我们国内，绝对多数液化石油气储罐均采用 16MnR 钢制造，罐内储存的介质是催化裂化装置生产的液态烃及其加工后的碳四产品，其中常含有一定量的水分、硫化氢以及微量的氰化物。这些物质的共同存在，形成了钢材裂纹对其极为敏感的湿硫化氢腐蚀环境。其湿硫化氢环境的含义是：

(1) 温度是 0~65℃；

(2) 硫化氢分压≥350Pa，相当于水中硫化氢溶解度≥10mg/L；

(3) 介质中含液相游离态水或处于水的露点以下；

(4) pH 值<9 或者有氰化物存在。

根据这个含义，可以判断有相当一部分液化石油气储罐是服役于湿硫化氢腐蚀环境之下。大量试验表明，16MnR 钢在湿硫化氢腐蚀环境中具有较强的应力腐蚀敏感性，其主要表现形态就是硫化氢应力腐蚀开裂。

应力腐蚀开裂是一种较为常见的设备破坏现象，对于球罐来说，容易发生在焊道周边等应力集中处，是石油化工等生产领域危害极大的一种设备失效形式。

应力腐蚀是在拉应力和腐蚀介质同时存在时发生。应力可以是母材施工焊接中的残余应力，也可以是其他外部应力。而腐蚀介质的组合环境对硫化氢的腐蚀形态具有重要作用。

硫化氢是一种容易水解的弱酸性物质，它对钢材的腐蚀最初表现为较轻的均匀腐蚀，与铁元素反应生成硫化亚铁，其反应形式为：

水解反应：$H_2S \longrightarrow H^+ + HS^-$

腐蚀反应：$HS^- + Fe^{2+} \longrightarrow FeS\downarrow + H^+$

硫化亚铁是一种保护膜，这使得其形成后的一段时间母材腐蚀速度减慢。由于在 pH 值不同的介质中，母材的表面状态也不相同，因而在后来所表现的腐蚀形态和速度上有较大的差异。具体表现表现是：在中性或碱性溶液中以阳极溶解型裂纹为主；在酸性溶液中以氢致开裂裂纹为主。

4.1 阳极溶解型裂纹

产生阳极溶解型裂纹所必须具备的条件是：(1) 材料表面为硫化亚铁膜覆盖的钝性状态；(2) 介质中含有少量能够溶解硫化亚铁膜的活化阴离子；(3) 有点蚀源或裂纹源。存在阳极溶解型裂纹的形态为：裂纹在设备母材表面呈直线状开裂，主要是从点蚀坑底部开始形核，裂纹的扩展是以穿晶断裂为主，只有主裂纹，没有二次裂纹（图 1）。这种裂纹形态的产生是在中性或碱性介质中由于存在某些活化阴离子如 CN^-、Cl^- 等，它们对设备母材的表面膜具有极强的穿透、侵蚀作用，能够溶解覆盖在设备母材表面的硫化亚铁保护膜，使设备母材产生点蚀。点蚀形核后形成了一闭塞电池，在这个电池中，裂纹尖端成为小面积、低电位的阳极，裂纹侧面及裂纹外侧成为大面积、高电位的阴极，这样的小阳极、大阴极的活化——钝化局部腐蚀电池系统，使裂纹尖端作为阳极快速溶解。在应力的作用下，裂纹由此迅速扩展。因此 16MnR 在有 CN^-、Cl^- 存在的湿硫化氢腐蚀环境下，具有极高的应力腐蚀开裂敏感性。当设备母料本身有表面微裂纹存在时，其裂纹的扩展过程与点蚀源的扩展过程及其相同。

4.2 氢致开裂裂纹

产生氢致开裂型裂纹所必须具备的条件是：(1) 设备母材内部存在夹杂、夹层或微裂纹缺陷；(2) 介质中水和硫化氢同时存在，且硫化氢含量较高（反应后能产生足够多的氢原子）；(3) 设备母材表面为活性状态。氢致开裂型裂纹的形态为：在设备母材表现呈圆形鼓起，内部裂纹呈台阶状扩展（图 2）。裂纹的台阶部分接近于平行钢板的轧制方向，与主裂纹垂直。这种裂纹主要是氢渗入设备母材后聚集在沿轧制方向伸长的非金属夹杂物与基体之间的界面分离处或设备母材本身存在缺陷中，并形成沿母材轧制方向的微裂纹。氢鼓泡是氢致开裂型腐蚀的表现形态之一。当介质中 pH 值呈酸性时，由于大量负离子存在，硫化亚铁保护膜被缓慢溶解，设备母材表面处于活性溶解状态，有利于反应中产生氢原子及氢原子向母材内部渗透。这些氢原子渗入设备母材内部后向母材的薄弱部位如孔穴、非金属夹杂物处聚集，结合形成氢分子。随着聚集过程的不断进行，在某些部位氢气压力可达几十兆帕甚至几百兆帕。此外，氢原子还能与母材中夹杂的渗碳铁反应生成甲烷气体，同样产生气体聚集。气体聚集所产生的压力，在母材中形成极高的内应力，以致使设备母材较薄弱面发生塑性变形，造成钢板夹层鼓起，又称为氢鼓泡。这在液化石油气储罐的检测中常常被发现，有时还发现包内存有可燃烧气体，可判定是氢和甲烷。如果氢气聚集处有微裂纹存在，由气体聚集形成的应力促使微裂纹继续扩展以致开裂。对于氢致开裂型裂纹的形成，介质中的氢离子浓度是外因，设备母材组织结构存在的缺陷才是内因。

在生产实际应用中，由于阳极溶解型裂纹和氢致开裂裂纹产生的机理不同，其产生和发展随设备母材所处的环境也会互相转化。条件适合时可以同时产生和存在。在众多液化石油气储罐的开罐检查过程中，一台罐内两种应力腐蚀方式同时存在的情况很多，特别是储存介质各种条件不稳定，未按规定检验周期进行检查的设备更是如此。某单位的液化石油气储罐在投入使用最初几年进行开罐检查时尚未发现问题，经过十多年使用以后进行检查时，发现了大面积的鼓包和裂纹。这些鼓包和裂纹既有阳极溶解型裂纹，氢致开裂型裂纹同时存在。在当前储存使用的液化石油气中，从其来源和加工工艺看，大部分应为中性，因此可推断在液化石油气储罐中硫化氢应力腐蚀开裂形态以阳极溶解型裂纹居多。这种腐蚀形态形成和发展的速度很快，能够在较短时间有所表现。与此同时也伴有轻微的氢渗透腐蚀过程，只是因为氢渗透量少，短时期不能形成较明显的氢致开裂裂纹。从以上分析中可以看出，设备母材本身存在的缺陷，如微裂纹、夹渣、夹杂、分层等，无论在哪一种腐蚀形态下都起关键性的作用。

5 裂纹处理及厚度评定

5.1 裂纹处理

纵观所有表面裂纹的位置，大多集中出现在下极板环焊缝周围及热影响区范围内，有少数几条出现在纵焊缝周围。对以上三台球罐检测出的所有表面裂纹，由专业权威的技术人员进行打磨消除（最深 5.0mm），打磨消除裂纹后进行圆滑过渡，共留下几十处凹坑，再次进行荧光磁粉检测，未发现缺

陷磁痕显示。

5.2 厚度评定

积于球罐内壁焊缝（包括原打磨凹坑处）多次检验中均发现表面裂纹，从偏于安全考虑，对本次检测消除裂纹留下的处凹坑均按平面缺陷进行评定。根据 GB 12337—1998《钢制球形储罐》计算球壳所需壁厚

$$\delta = pD_i / (4[\sigma]_t \Phi - p) + C_2 = 1.34 \times 9200 / (4 \times 163 \times 1.0 - 1.34) + 1.5 = 20.4mm$$

式中：$p = p_z + h\rho g 10^{-9} = 1.3 + 6954 \times 600 \times 9.81 \times 10^{-9} = 1.34MPa$（计算压力）

$p_z = 1.3$ MPa（安全阀开启压力）

$h = 6954mm$（物料液柱高度）

$\rho = 600kg/m^3$（物料密度）

$g = 9.81m/s^2$（重力加速度）

$D_i = 9200mm$（球壳内直径）

$[\sigma]_t = 163$ MPa（设计温度下球壳材料许用应力）

$\Phi = 1.0$（焊缝系数）

$C_2 = 1.5mm$（至下次检验期的腐蚀量）

本次检测实测凹坑附近球壳最小厚度为 29.8mm（凹坑处最大深度 5.0mm），则剩余壁厚为 29.8 - 5.0 = 24.8mm，大于计算所需壁厚 $\delta = 20.4mm$。厚度满足生产工艺要求，评定是安全的。

6 设备防护

根据设备评定状况和现有工艺生产条件，为了保证球罐的使用安全，延长设备的使用寿命，决定对球罐内壁进行特殊的 Zare（Zn、Al）涂层防腐。为了隔断硫化氢与罐内壁的接触，对发现裂纹的球罐进行合金热喷涂，再涂刷封闭剂的方法。与同类技术相比，合金层除了起到屏蔽的作用，它也充当了电化学腐蚀的阳极，起到了阴极保护的作用，当封闭剂有破损的情况下，合金层的消耗对球罐内壁起到了牺牲阳极的保护作用。

6.1 罐壁处理技术要求

罐体表面裂纹消除后，内壁处理应达到国家标

准，喷涂前用钢丝刷清除表面附锈和杂质，然后用机械喷砂方法去除金属表面锈蚀和垢蚀，除锈等级参照钢材表面除锈等级为国家标准《涂装前钢材表面锈蚀等级和除锈等级》GB 8923—88 中第 3.2.3 条，达到 Sa3.0 级（一级），即："钢材表面应无可见的油脂、污垢、氧化皮、铁锈和油漆涂层等附着物，该表面应显示均匀的银白色金属色泽。同时表面应达到 50～70μm 的粗糙度。"

6.2 喷涂工艺技术指标

本工艺采用电弧电压为 28～30V，电弧工作电流为 100～200A，雾化压缩空气压力为 0.4～0.5MPa，喷涂距离为 100～200mm。电弧喷涂的喷涂角度（喷枪轴线与工件表面法线之间的夹角）应小于 45°。涂层厚度：本体 200～250μm，焊道及热影响区（300mm 宽）达到 300～350μm，理论涂布率，0.8m²/kg（以干膜 70μm 厚度计算）。封闭剂厚度 80～100μm。表面无杂质、气泡、孔洞、裂纹、脱皮、漏涂等现象；质量检测要用专业测厚仪测定厚度，外观涂层平整光滑、颜色一致。

6.3 施工要点

要选用优质稀土合金丝（φ3.0mm Zi 84%，Al15%，稀土 1%）和专用树脂封闭剂。Zare（Zn、Al）涂层工艺较为专业，一般采用专用设备喷涂三道，焊缝及热影响区（300mm 宽）喷涂四道。第一道喷涂速度较慢，厚度为 90～110μm，第二道、第三道喷涂速度较快，在第一道涂层的基础上，增加厚度，均匀找平，厚度为 60～80μm，焊缝及热影响区喷涂增加一道，这样板材均匀喷涂合格后的总厚度应在 200～250μm，板材边缘即焊缝及热影响区部位厚度可达 300～350μm。喷涂结束后，还要再刷两道专用封闭剂（环氧有机硅高温防腐涂料），厚度达到 80～100μm。第二道封闭剂要等到第一道全干后再涂刷。两道封闭剂上去后要自然通风阴干一周，等到完全固化后才能验收。

6.4 涂层技术性能优点

Zare（Zn、Al）涂层是铝锌稀土合金丝经过热喷涂的方法，技术就是通过专用电源，使带电的耐

腐蚀金属丝材产生电弧熔化，在 1/1000～1/10000 s 内，熔融金属的高温液滴被压缩空气喷吹、雾化、喷涂至预先喷砂除锈合格的母材表面；形成纯度高、结合力强的机械、冶金结合喷涂层。该涂层特点为：涂层致密、孔隙率低、耐蚀、耐磨、极化程度高、易产生阴极保护电子。目前电弧喷涂长效防腐涂层体系自身的耐蚀寿命是重防腐油漆的 4～5 倍；加热丝材方式为电弧加热，丝材融化温度高，融化均匀，喷涂致密，涂层质量稳定，对罐体的热应力没有影响；电弧喷涂层与基体以机械热镶嵌和微冶金结合共同作用，涂层表现出较高的结合力，在所有防腐涂层里结合力最高；另外，电弧喷涂技术可以进行修复，保证了防腐体系的完整性和有效性。

在该喷涂层上均匀涂敷具有抑制腐蚀作用的专用封闭剂，它不仅能进一步隔绝腐蚀介质侵蚀基体钢铁，同时使电弧喷涂金属层与封闭涂层界面阻抗增大，耐腐蚀性能大为增强。

6.5 涂层防护原理

Zare（Zn、Al）涂层技术喷在金属表面，原理为阴极保护和机械屏蔽对金属基体起到联合保护作用。喷涂 Zare 合金（Zn、Al）涂层和特殊的封闭处理可以有效地阻止和抑制球罐的硫化氢应力腐蚀开裂，由于稀土元素的加入大大提高金属合金的活性，从而有效地防止阳极溶解性或阴极脆性应力腐蚀开裂。

用含湿硫化氢（H_2S）球罐内表面先喷涂稀土元素锌铝合金层后涂刷封闭层的方法，将腐蚀源与球罐金属表面完全隔离开，使其失去产生应力腐蚀的环境，从而避免形成表面裂纹，当腐蚀介质存在时，金属喷涂层能够牺牲自己，保护罐体母材不发生腐蚀，特别是对于容易产生应力腐蚀表面开裂的焊缝及热影响区部位效果更佳。

6.6 防护效果

2010 年 4 月为了确认球罐的防腐效果，进行了开罐检查。从表面防腐层可以看出表面没有任何变化，涂层完好，无脱落、起层。2013 年再次对球罐进行全面检测，重点检查出现过裂纹的焊道和热影响区，未发现新的裂纹。（如图 3 所示）为了

进一步验证保护层的效果，对有裂纹缺陷的焊道热影响区进行了打磨检查，通过打磨可以看出涂层附着力很好，露出的焊道也没有发现裂纹。（如图4所示）说明该罐的应力腐蚀已经得到控制。从开罐检验的照片看到在焊道处，合金层被消耗，而罐体却没有什么变化。证明了稀土合金层充当了阳极，对罐体起到了保护作用。

图3　图中是球罐内壁进行热喷涂后，开罐检验时发现在焊道应力集中的地方，合金层消耗，而罐体却没有什么变化

图4　焊道打磨过进行检测，没有发现新的裂纹

7　结束语

随着科学技术的进步和石油化工企业的发展，有越来越多的新设备不断投入生产，前期服役的设备在不断更新老化，尤其是当今时代安全和环保以法律的层面规范企业管理。对于贮存易燃易爆的液化石油气的压力设备更要率先垂范，正确使用、精心维护、科学检修、规范管理等每个环节都至关重要。为此，采用新技术、新工艺、新材料对已服役多年的旧设备加以防护，不但有效地克服了应力腐蚀开裂，消除了安全隐患防止发生事故，而且减少了球罐多次检修所产生的费用和风险，延长设备的有效使用寿命，更重要的是保证了设备的安全使用，收到了良好的经济效益和社会效益。

参 考 文 献

[1] 秦国治，王顺，田志明．防腐蚀涂料技术及设备应用手册［M］．北京：中国石化出版社：2004

[2] 张宝宏，丛文博，杨萍．金属电化学腐蚀与防护［M］．北京：化学工业出版社：2005

[3] 赵志农．腐蚀失效分析案例［M］．化学工业出版社，2008：111～140

作 者 简 介

刘博，男，大庆石油学院本科毕业，现在大庆石化公司炼油厂气体原料车间从事设备管理工作，设备工程师。邮编：163711 电话：18646656326 电子邮箱：lblms1314@126.com

作者的个人简历：张树全，男，大庆石油学院本科毕业，现在大庆石化公司炼油厂从事设备管理工作，设备工程师。

金属热喷涂在中高压容器上应用的防腐技术研究

雒定明[1] 张庆春[2] 刘 刚[1] 常泽亮[2] 施辉明[1]

(1. 中国石油工程建设有限公司西南分公司 四川 成都 610041;

2. 塔里木油田分公司 新疆 库尔勒 841000)

摘 要 针对国内外高含 H_2S、CO_2、Cl^- 等恶劣腐蚀工况下压力容器的防腐要求,制定了满足中高压容器使用的金属涂层性能参数;通过大量实验研究,解决了现有金属热喷涂涂层与基体结合强度低(小于 80MPa)、涂层孔隙率高(大于 1%)等技术难题,开发出适用于恶劣腐蚀工况下在中高压容器使用的新型金属涂层材料和喷涂成型工艺的专有技术,为解决高腐蚀工况下压力容器的防腐难题提高参考。

关键词 金属喷涂;压力容器;设备防腐;技术研究

The Research of Corrosion Protection Technology on Metal Spraying Applied on the Medium and High Pressure Vessels

Luo Dingming[1] Zhang Qinchun[2] Liu Gang[1] Chang Zeliang[2] Shi Huiming[1]

(1. China Petroleum Engineering & Construction Corporation

Southwest Company, Chengdu Sichuan, 610041, China;

2. Talimu Oil Field Branch, Korla Xinjiang, 841000, China)

Abstract In order to meet the corrosion requirements of pressure vessels at high H_2S, CO_2 and Cl^- in view of the domestic and foreign, the metal coating performance parameters are developed; A large number of experimental studies have been carried out to solve the technical problems on Metal Spraying such as low bonding strength (less than 80MPa) and high coating porosity (greater than 1%); The technology of the new metal coating materials and spraying molding process used in the medium and high pressure vessel is developed, In order to solve the corrosion problem of pressure vessel under high corrosion condition。

Keywords metal spraying; pressure vessel; equipment anticorrosion; technical research

1 前言

新疆某气田由于地质情况复杂,气田各井口流出物具有高压、高温、含 CO_2 及高盐腐蚀等特征。这种高腐蚀性给油气生产装置中各类设备的安全运行带来严重挑战,威胁着油田的安全生产,尤其是危险性较大的众多中高压压力容器的防腐,一旦设备发生腐蚀穿孔或破裂,将造成重大安全事故和巨大的经济损失,同时影响长输管道的正常进行。

国内外油气田对 H_2S、CO_2、Cl^- 等腐蚀的影响因素、腐蚀机理和规律及防护技术的研究虽然已经取得了大量研究成果,但腐蚀问题始终未能得到彻底解决。油气田处理设备常用的腐蚀控制措施主要包括:

(1) 加注缓蚀剂:比较经济,适用于输送液相介质的管线防腐,对于气相介质或含气相的大型容器由于难于均匀分布，导致防护效果降低；

（2）牺牲阳极＋防腐涂层：常用环氧酚醛类涂料或聚酰胺固化环氧涂料常温喷涂在容器内壁上，具有较好的耐蚀性和附着性，但对施工过程要求苛刻，易老化，接头部位难处理，一般常用于低压容器；

（3）采用耐蚀合金钢：就耐蚀性而言，耐蚀合金钢有良好的耐蚀性；但对中高压厚壁容器，不仅价格昂贵，而且采购困难，因此，应寻求技术经济性更好的方案。

（4）采用耐蚀合金钢复合钢板：以碳素钢或低合金钢为基层、耐蚀合金为复层的复合材料具有良好的耐蚀性，相对耐蚀合金钢有一定的经济优势，但由于厚壁复合钢板的热处理存在技术难题，尚需进一步完善。

非金属涂层国外公司，如 SHELL、TOTAL 等一般使用在常压容器防腐上；国内针对中高压容器内壁耐蚀涂层的研究报道少，一般主要针对低压 H_2S、CO_2 腐蚀环境进行了开发，只适用于 1.6MPa 以下的低压容器。

金属热喷涂技术近年来得到广泛应用，具有以下优点：（1）适用面宽，几乎所有的工程材料都可以作为被喷涂零件的基材；（2）涂层材料种类广，可以是金属及其合金，喷涂材料形态可以是粉末、丝材或者棒料等；（3）工艺灵活，喷涂的工件不受尺寸和形状的约束，既可以整体喷涂，又能够局部喷涂；（4）成分、厚度可调，涂层的化学组成及厚度可以根据零件性能与应用的需求进行调整，能方便地获得所需要成分和性能的涂层；（4）零件变形小，在大多数热喷涂过程中，零件基体受热温度一般不超过 250℃，基体受热影响小，组织和性能基本不会发生变化，零件在加工过程中几乎不会发生变形；（5）生产效率高，甚至可超过 50kg/h；（6）节约贵金属，在满足零件使用性能的前提下，降低了贵金属的用量，节约了成本。但由于其涂层存在较大的孔隙率（一般在 1% 以上）、与基体金属结合强度低（一般在 80MPa 以下）等缺点而限制了在压力容器上推广应用。而在高含盐和湿硫化氢等极端恶劣腐蚀工况下，中厚壁压力容器使用耐蚀性能较好、价格昂贵的复合板材料或纯材受到了制造工艺和经济性的限制，因此，亟须研究出既耐强腐蚀工况、又能在压力容器上推广使用的新型热喷涂材料及制备方法。

2 模拟工况条件

新疆某气田所用压力容器的工作压力 13MPa，工作温度 0～100℃；工作介质中含 Cl^- 15×10^4 ppm，CO_2 含 10%，H_2S 含 8%，设备基层壳体采用 Q345R。该压力容器工作介质为高温、高压、高含盐恶劣腐蚀环境；对压力容器承压部件要求既要具有良好的耐蚀性能，又要具有良好的韧性和抗压能力。因此，要求金属涂层应具有良好的耐蚀性和优异的力学性能。

3 金属涂层性能要求

3.1 涂层微观组织要求

借助光学显微镜、电子显微镜等观察技术手段，观察、辨认和分析涂层材料的微观组织状态、组织结构和分布情况。它是评价涂层质量的重要手段，通过金相检测可直接观察道涂层的组织结构，涂层与基体的结合情况，以及涂层中的微观缺陷，如孔洞、裂纹、夹杂等，从而可以鉴定涂层的质量。因此，要求压力容器防腐金属涂层无肉眼可见的孔洞、裂纹、夹杂、涂层的孔隙率小于 0.5%。只有涂层微观组织合格的试样才能进行力学性能测试。

3.2 涂层材料主要力学性能要求

（1）结合强度：从金属热喷涂层的特点考虑，需要对涂层进行各项力学性能检测，如设备运输、运行过程中存在冲击、拉伸收缩等变形，要求涂层与基体应具有一定的结合强度。参考 API 5LD 标准规定，冶金结合的耐蚀层与基层材料的结合强度能达到 138 MPa 以上。冶金结合的复合材料（结合强度达到 138 MPa 以上）能满足压力容器、压力管道的卷制、弯制、冲压等加工性能要求，不会产生脱落、分层等风险。考虑到热喷涂成型的耐蚀涂层是在设备成型后喷涂成型，涂层经受的加工变形量不大，综合考虑金属热喷涂成型性能，将压力容器涂层的结合强度要求定为≥100MPa，以保证涂层与基体金属结合牢固，不会发生脱落，同时具有经济技术可行性。

（2）抗拉强度：抗拉强度是指涂层单位面积承受法向方向拉伸应力的极限能力，反应涂层颗粒之间内聚力。热喷涂压力容器的设计遵循，基层承压、涂层耐蚀的原则，涂层材料不考虑承压，但需要具有一定的抗拉强度，保证涂层内部能承受一定的剪切力。剪切力主要来自涂层与基层材料热膨胀系数差。经计算将压力容器涂层的抗拉强度要求定为≥100MPa。

（3）疲劳强度：为保证金属涂层在一定载荷下循环作用不发生脱落，涂层材料还应具有一定的疲劳强度。按设备生命周期30年，每年2次开停工操作，要求设备在设计载荷下60次循环作用不脱落。

（4）涂层的硬度是涂层非常重要的力学性能指标，关系到涂层的耐磨性、强度及涂层使用寿命等多种功能。硬度是控制钢材发生SSC的重要指标。钢材硬度（强度）越高，开裂所需的时间越短，说明SSC敏感性越高。因此，在NACE MR0175中规定的所有抗SSC材料均有硬度要求。例如要是碳钢和低合金钢不发生SSC，就必须控制其硬度小于或等于HRC22。在此，从安全性考虑，也将硬度HRC<22作为考核指标。

（5）冲击韧性保证金属涂层应有一定的韧性，保证应力开裂敏感性低，抗低温脆性开裂。要求涂层韧性性能与基层材料一致，本研究基体材料采用Q345R，涂层的冲击功值要求应不小于基体的35J。只有涂层微观组织和力学性能合格的试样才能进行相关腐蚀试验。

3.3　涂层材料耐蚀性能要求

现有涂层材料需要在含H_2S、CO_2、Cl^-恶劣腐蚀介质的中高压大型容器上运行，对一般金属材料将会产生强烈的均匀腐蚀、点蚀、硫化物应力开裂（SSC）和氢诱发裂纹（HIC）等。因此，要求

金属涂层具有良好的抗均匀腐蚀、抗点蚀、抗应力腐蚀性能。

4　喷涂工艺选择

4.1　筛选原则

中高压力容器因要盛装气体或者液体，并且还要承载一定压力，故压力容器涂层一般要求与基体结合优良，不能出现使用过程中涂层脱落、裂纹等缺陷，故选择的工艺方法要成熟、涂层质量好；另外，压力容器体积较大，一般要求现场施工，故所选工艺方法要操作方便，现场操作对设备稳定性影响不大；设备成本和材料成本适中。

4.2　工艺比选

（1）在高速电弧、超音速火焰、火焰喷涂、等离子喷涂、等离子喷焊、激光熔覆、PVD等众多的表面喷涂技术中，超音速火焰喷涂（HVOF），因其设备简单、喷涂粒子速度高、涂层质量好、可以现场喷涂、使用气源较广等优点被广泛应用；

（2）高速电弧喷涂技术其生产效率高、能源利用率高、操作简单、喷涂粒子的速度、粒子的雾化效果、涂层与基体的结合强度、涂层孔隙率等性能指标优良，该技术在表面防腐、耐磨、特种功能涂层和装饰等方面有着广阔的应用前景；

（3）火焰重熔喷焊最终沉积物是致密的金属结晶组织并与基体形成约0.05～0.1mm的冶金结合层，其结合强度200MPa以上，抗冲击性能较好、耐磨、耐腐蚀，外观呈镜面。

（4）激光熔覆、PVD和等离子喷涂工艺不能实现现场操作而被淘汰，等离子熔覆因其对基体影响大也不宜采用。

结合公司现有热喷涂设备及委托施工要求，通过试喷涂，筛选出外观质量较差的试样，最终推荐较成熟的电弧喷涂、超音速火焰喷（HVOF）、氧乙炔喷焊这三种喷涂工艺方法作为试验工艺。

5 涂层材料选择

5.1 筛选原则

中高压容器在含 H_2S、CO_2、Cl^- 环境等恶劣腐蚀工况下腐蚀严重，还要承受一定的压力、温度，这就要求涂层材料除满足一般喷涂材料的性能外，还要有良好的耐腐蚀性、一定强度、韧性和热冲击性等，同时作为热喷涂材料大面积推广使用，且还要求价格适中，具有良好的经济性。

5.2 材料比选

(1) 316L 不锈钢钼含量略高于 316 不锈钢。由于钢中钼含量高，该钢种有着良好的耐酸性能，且具有良好的而氯化物侵蚀的性能，所以通常用于恶劣腐蚀环境。316L 不锈钢的碳含量低，碳化物析出的性能低，在一定温度范围下使用，具有良好的耐氧化性能和耐热性。因此，选用 $00Cr_{17}Ni_{12}Mo_2$ 作为压力容器金属涂层试验用材料。

(2) 镍铬铝合金粉末是在镍铬耐热合金粉末的基础上发展起来的自粘性抗高温氧化的合金粉末。镍基耐蚀合金是以镍为基并加入 Cu、Cr、Mo、W、Si 等合金元素，它们既保留了镍的良好特性，又兼有合金化组分的良好性能，是一类重要的耐蚀金属材料，一般规定镍含量不低于 50%。介于不锈钢与镍基耐蚀合金之间，一般规定含镍量不低于 30%、含镍＋铁量不低于 50% 的合金称为铁镍基耐蚀合金。镍基和铁镍基耐蚀合金统称为高镍耐蚀合金[2]。其中在石油天然气开采中应用的主要有 IncoloyC - 276、Incoloy 825、Incoloy 625、Incoloy725、Incoloy 925、Incoloy 945、Incoloy 718、Incoloy G - 3 等。有资料表明[2]，Incoloy 825、Incoloy 925、Incoloy 718 用于中等酸性环境，其耐蚀性依次减弱；IncoloyC - 276、Incoloy725、Incoloy G - 3 用于强酸性环境，其抗腐蚀性依次减弱。CO_2、H_2S 和不同温度 IncoloyC - 276 合金抗腐蚀的影响见图 1。结合现有热喷涂材料种类和耐腐性能，镍基合金中选用了 IncoloyC - 276 和镍铬铝合金粉末两种作为试验用压力容器金属涂层。

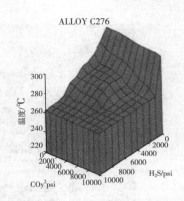

图 1　不同温度下 IncoloyC - 276 合金抗腐蚀影响图

(3) 铁铬铝有优越的耐热性、抗氧化性能、抗硫性，且具有比重轻，使用温度高和使用寿命长等特点，尤其适合在含有硫和硫化物气氛中使用。

(4) 铝硅合金含硅量超过 Al - Si 共晶点的铝硅合金中，硅的颗粒可明显提高合金的耐磨性，组成一类用途很广的耐磨合金。实验表明，铝涂层具有较强的抗应力腐蚀能力，更适用于抗 H_2S 应力腐蚀。在化肥生产中，对半水煤气介质中 CO_2、H_2S 的腐蚀防护采用喷涂铝涂层效果良好。

(5) 哈氏 C - 276 合金是一种 Ni - Mo - Cr - Fe - W 合金，是当前最具抗腐蚀能力的合金，高钼成分赋予合金抵抗局部腐蚀的特性，钨元素进一步提高了耐蚀性。哈氏合金具有良好的耐高温性能和适度的耐氧化能力，是仅有的几种耐潮湿氯气、次氯酸盐及二氧化氯溶液腐蚀的材料之一，对高浓度的氯化盐溶液如氯化铁和氯化铜有显著的耐蚀性。

最终选用哈氏合金、铁铬铝、镍铬铝、316L、铝硅合金作为耐腐涂层试验材料。通过腐蚀、力学、化学成分及组织结构等试验对比，最终找出适用于高压容器金属最佳的防腐涂层种类以及与之相对应的热喷涂工艺，

6 涂层性能实验测试

6.1 实验方案

经工艺和材料比选，最终将选定的 3 种工艺与 5 种材料组合得到 15 种试验方案，按计划制作了近 1000 块试样，图 2 为部分基体金属机加工实验试样；涂层材料为 5 种超音速火焰喷涂粉末、5 种火焰喷涂粉末和 5 种电弧喷涂丝材。

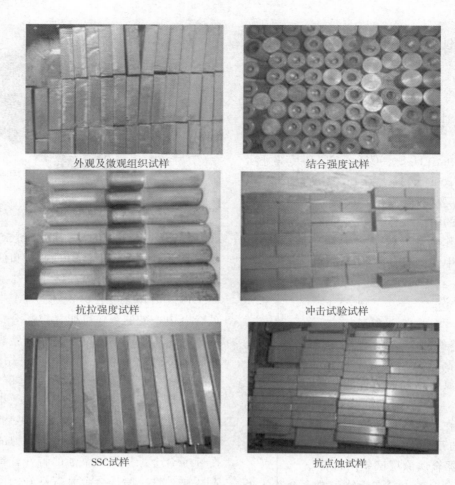

外观及微观组织试样　　　　　　　　结合强度试样

抗拉强度试样　　　　　　　　　　冲击试验试样

SSC试样　　　　　　　　　　　抗点蚀试样

图2　5种材料＋3种喷涂方法金属涂层实验基体加工试样

6.2　喷涂工艺筛选实验

（1）按 JB/T 7509 采用肉眼加电子显微镜相结合的方法，对涂层的微观组织进行评价，看试样表面是否平整、致密、有无裂纹或涂层脱落等明显缺陷，无上述缺陷者为合格试样。见图3。其中采用超音速火焰和高速电弧喷涂，哈氏合金、铁铬铝、316L、镍铬铝铝硅合金、涂层较致密，无通达基体的孔隙。

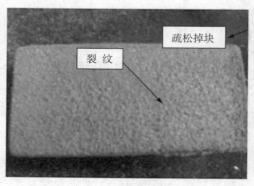

不合格试样　　　　　　　　　　合格试样

图3　涂层筛选中微观组织不合格试样与合格试样

（2）涂层结合强度测定按 GB/T 8642，涂层抗拉强度测定按 GB/T 8641，涂层硬度测定 按 GB/T 8640，涂层结合强度和抗拉强度要求大于 100MPa、硬度 HRC＜22；

实测结果见图4、图5、图6。

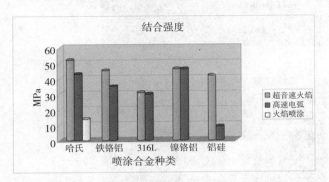

图4　5种材料＋3种喷涂方法金属涂层结合强度柱状图

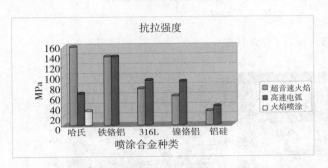

图5　5种材料＋3种喷涂方法金属涂层抗拉强度柱状图

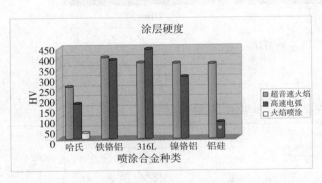

图6　5种材料＋3种喷涂方法金属涂层硬度柱状图

从上面工艺喷涂试验主要力学性能测试结果看，涂层与压力容器基体的结合强度值均低于 100MPa；涂层硬度值偏高，普遍大于 HRC22。由此可知，无法满足中高压容器金属涂层使用力学性能要求，其耐腐蚀性更无从谈起。

6.3　喷涂工艺改进实验

6.3.1　改进涂层材料配方与匹配的喷涂工艺

分析研究涂层的力学性能指标，需要改善涂层材料配方，改进配套的喷涂工艺方法才能改善涂层微的观组织，提高相应力学性能指标。开发出新的涂层材料 80 - R200，主要成分为 Ni、B、Si、Cr、Mo、W 等，其中 B、Si 是很好的自熔元素和脱氧元素，能还原镍、铁的氧化物生成氧化硼和氧化硅，氧化硅和氧化硼又可以反应生成黏度较小的硅酸硼熔剂，再与其他氧化物一起形成硼硅酸盐熔渣浮出喷熔层，起到脱氧造渣的作用，故涂层孔隙率几乎为零。高镍含量使涂层具有很好的耐 H_2S 和 CO_2 腐蚀性能。Cr、Mo 含量使合金能够耐氯离子腐蚀，W 元素进一步提高了耐蚀性。硬度在 HRC20 左右，有较好的断裂韧性；配合超音速火焰喷涂（HVOF）＋感应钎料重熔的工艺方法，确保金属涂层在高含盐和湿硫化氢工况下的腐蚀要求，又保证金属涂层在使用的过程中与基体结合牢固，不会发生脱落现象。

6.3.2　改进试样测试数据

（1）试样制备：按改进得涂层材料和成型工艺方法，重新制备了 152 块试样。其中 88 块送至武汉材料保护研究所做微观组织和力学性能检测，24 块送至中国石油防腐重点实验室全套腐蚀试验。喷涂测试试样详见图7、图8。

微观组织试样

抗拉强度试样

结合强度试样 弯曲试验试样

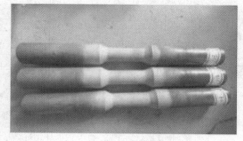

冲击韧性试样 抗疲劳试样

图 7 改进涂层微观组织和力学性能试样

均匀腐蚀及点腐蚀试样 SSC试样 HIC试样

图 8 改进涂层腐蚀试验试样

（2）试验结果汇总见表 1

表 1 超音速火焰喷涂（HVOF）＋钎料重熔 80－R200 涂层性能试验结果

类别	试验项目	试验结果	合格指标	结论
微观组织	微观组织检测	孔隙率为 0.2% （表面孔隙率非通达基体通孔数量）	孔隙率≤0.5% 无裂纹、夹杂	合格
力学性能测试	涂层结合强度	200/200/200MPa 平均 200MPa	100MPa	合格
	涂层抗拉强度	85/128/128 MPa 平均 113 MPa	100 MPa	合格
	冲击试验	125/130/81J 平均 112J	41J （与基体材料一致）	合格
	涂层硬度	HV 245、238、240、241、243 平均 HV 242	HRC≤22 （HRC22＝ HV 250）	合格
	疲劳试验	60 次不脱落	60 次不脱落	合格

类别	试验项目	试验结果	合格指标	结论
腐蚀试验	HIC 试验	无鼓泡	NACE TM 0284 A 溶液浸泡 96 小时 无鼓泡	合格
	SCC＋点蚀试验	未见开裂未见点蚀现象	GB/T15970，2 四点弯曲法	合格
	点蚀	涂层表面无点蚀	ASTM G48 A 法	合格
	均匀腐蚀	最大 0.0354mm/a	≤0.05mm/a	合格

从上面改进的工艺喷涂试验和测试结果看，涂层微观组织满足要求，与压力容器基体的结合强度值均大于 200MPa，各项力学性能指标和腐蚀试验合格，远远满足中高压容器防腐要求，涂层性能安全可靠。

7 结论

（1）本文通过对现有各种压力容器的防腐方法进行分析对比研究，首次提出将金属热喷涂技术应用在中高压容器上，并针对国内外高含 H_2S、CO_2、Cl^- 等恶劣腐蚀工况下和压力容器的特殊要求，制定了满足中高压容器使用的金属涂层性能参数，为金属涂层的检测验收提供了依据。

（2）针对介质工作温度不低于 1000℃、Cl^- 15×10^4 ppm、CO_2 含 10%、H_2S 含 8%（体积分数）的高含盐天然气腐蚀工况，研制出一种压力容器金属涂层材料 80－R200，及配套的超音速喷涂（HVOF）加感应料重熔的新型工艺方法，既满足高含盐和湿硫化氢湿天然气环境的腐蚀要求，又能极大地提高了涂层与基体之间的结合强度（一般可达 200MPa）、降低涂层的孔隙率（一般小于 0.5%），是一种能既耐强腐蚀工况、又能在压力容器上推广使用的经济型新型耐蚀材料。

参 考 文 献

[1] 卢绮敏 . 石油工业中的腐蚀与防护 ［M］. 北京：化学工业出版社，2001.

[2] 天华化工机械及自动化研究设计院 . 腐蚀与防护手册（第 2 卷）工业装置的腐蚀与控制 ［M］. 北京：化学工业出版社，2006.

[3] 冶军 . 美国镍基高温合金 ［M］. 北京：科学出版社，1978：202.

[4] 郭建亭 . 高温合金材料学（下册）［M］. 北京：科学出版社，2010.

[5] 朱润生 . 自熔合金粉末的研究 ［R/OL］. 中国机床网，2008.

作 者 简 介

雒定明（1965－），男，教授级高级工程师，单位副总工程师，长期从事压力容器规则设计和分析设计工作，通讯地址：四川省成都市高新区升华路 6 号，中国石油工程建设有限公司西南分公司，邮编：610041，联系电话：028－82978955，13981985939，传真号码：028－82978955，电子邮箱：738916591@qq.com.

化工过程设备流动腐蚀预测及智能防控技术研究

偶国富[1,2]　金浩哲[1]　吕文超[1]　何昌春[2]　王宽心[2]

（1. 浙江理工大学　机械与自动控制学院多相流沉积-冲蚀实验室　浙江　杭州　310018；

2. 杭州富如德科技有限公司　浙江　杭州　310018）

摘　要　针对石油化工、煤化工等流程型工业普遍存在的流动腐蚀失效现象，研究分析传热设备及管道阀门类设备的铵盐结晶沉积、冲刷腐蚀、流动磨损和空化气蚀等流动腐蚀失效机理；基于模拟实验，建立流动腐蚀特性数据库，指导化工过程设备的设计选材；构建化工过程设备流动腐蚀大数据平台，结合失效表征参数群的自主编程建模，设计开发集流动腐蚀状态监测、预测预警、风险评估等功能模块为一体的专家诊断监管平台，指导基于流动腐蚀失效模式的预测评估和基于风险校核的在役检验，全面推进设备耐流动腐蚀设计、制造、运行、检验等全寿命周期的安全科学管理。

关键词　化工过程设备；流动腐蚀；表征预测；智能防控；全寿命周期管理

Research on Flow Corrosion Prediction and Intelligent Control Technology of Chemical Process Equipment

Ou Guofu[1,2]　Jin Haozhe[1]　Lv Wenchao[1]　He Changchun[2]　Wang Kuanxin[2]

（1. The Institute of Flow Induced Corrosion，Zhejiang Sci – Tech University，Hangzhou 310018，China；

2. Hangzhou Fluid Technology Co，Ltd，Hangzhou 310018，China）

Abstract　In this paper，for the flow corrosion failure phenomena prevalent in petrochemical and coal chemical industry，The mechanism of flow corrosion failure of ammonium salt crystallization，erosion corrosion，flow wear and cavitation of heat transfer equipment and pipeline valve equipment were studied and analyzed. Based on the simulation experiment，the database of flow corrosion characteristics is established to guide the design and material selection of chemical process equipment. The large-scale platform of flow corrosion of chemical process equipment is constructed，and the independent programming modeling of failure parameter group is designed. Design and development the expert diagnosis and monitoring platform including state monitoring，forecasting and early warning to guide the flow corrosion failure model based on the assessment and the service testing based on risk checking. Comprehensively promote the design，manufacture，operation，inspection and other life cycle management of equipment resistance flow corrosion.

Keywords　chemical process equipment；flow corrosion；characterization prediction；intelligent prevention and control；life cycle management

基金项目　国家自然科学基金委员会/神华集团有限公司煤炭联合基金（U1361107）、浙江省自然科学基金（LY17E060008）和浙江省公益技术应用研究计划项目（2015C31013）资助。

1　引言

石油化工、煤化工、核电等流程型工业是国民经济发展的支柱产业，是经济、社会发展的重要基础。该类流程型工业的共性特点是：介质易燃、易爆，且伴随着复杂的流动、传热、相变过程，运行过程中的流动腐蚀风险极大，且失效形式具有明显的局部性、突发性和风险性[1-2]。21世纪初期，化工设备系统包括加氢反应流出物空冷器、换热器等普遍经历了装置大型化、运行工况苛刻化和原料油劣质化的过程，继而引发了多起传热管束类设备的结晶堵塞和压力管道的冲蚀减薄失效事故。例如2013年5月，扬子石化、武汉石化、安庆石化等10家劣质油加工企业因高氯油的影响，导致30套加氢装置一月内因铵盐结晶和管束泄漏爆管引发非计划停工四十余次，不仅严重影响企业的生产计划、成本与效益，而且还严重威胁着环保和安全。

随着我国石油资源的对外依存度逐年提高，发展煤化工成为考虑未来国家能源战略安全的重要举措之一。煤化工和石油化工均具有工艺复杂、工况苛刻、安全风险大的特点，但相对石油化工而言，煤化工的全过程存在煤粉、矿物质、催化剂，甚至是腐蚀产生的腐蚀相等固体颗粒，在涉及多相流动、传热传质、节流相变的工况中，压力管道及阀门类的磨损和空化气蚀失效事故屡见不鲜[3-4]。该类压力管道和调节阀的适应性差、可靠性低，运行风险高，是制约装置长周期生产的重要瓶颈。

传热设备、压力管道、阀门等化工过程设备是石油化工、煤化工企业安全生产的物质基础，介质有毒有害、易燃易爆，工况高温高压、极端苛刻。通常石油化工、煤化工等流程型工业是连续性生产的特大型企业，长周期安全运行是企业实现盈利的基本条件，例如我国石化行业就提出"四年一修"的战略目标。在原料劣质化、工况苛刻化、规模大型化的发展过程中，化工过程设备普遍面临强腐蚀、拼设备的重大隐患。尤其是原料劣质化、多变化引发的化工过程设备流动腐蚀的复杂性，失效的风险性及预测防控的难度均已超越国际同行。针对化工企业安全生产的严峻形势，我国相继颁布了《特种设备安全监察条例》《特种设备安全法》和《安全生产法》，采用行政手段加强管理。现实中，亟须对化工过程设备的流动腐蚀机理、失效规律、预测方法、防控技术通过基础理论的突破与关键技术的创新，才能从本质上实现科学有效的智能防控管理。

2　流动腐蚀机理及表征预测方法

2.1　铵盐结晶沉积及垢下腐蚀

铵盐（NH_4Cl、NH_4HS）结晶沉积引起的堵管、爆管以及在液态水量较少时形成的垢下腐蚀是换热器、空冷器等典型化工过程设备典型的流动腐蚀失效形式之一[5]。某石化企业换热器及空冷器管束的铵盐结晶形貌分别如图1、图2所示。

图1　换热器管板铵盐结晶沉积形貌

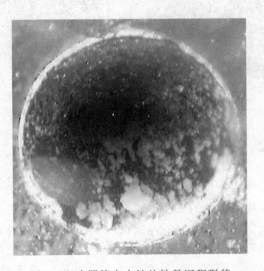

图2　空冷器管束内铵盐结晶沉积形貌

铵盐主要是由原油所含的 S、N、Cl 等杂质的化合物，在加氢反应过程中，与 H_2 反应生成 NH_3、HCl、H_2S 等腐蚀性易结晶组分发生反应产生的。反应流出物进入冷换设备后，随着温度的降低气相中的 NH_3 会与 HCl、H_2S 反应生成 NH_4Cl、NH_4HS 晶体[6]。为了避免铵盐结晶堵塞换热器或空冷器管束，通常在换热器和空冷器的上游予以注水以洗涤结晶沉积的铵盐，但当注水量或液态水量不足，或在管束内分配不平衡时，管束内缺少液态水便会出现铵盐结晶沉积堵塞管束现象。此外，结晶沉积的铵盐具有吸湿性，且极易潮解，在无明显液态水存在时亦会吸收气相中水分形成垢下腐蚀（图3）。

管束壁面冲蚀减薄穿孔（图4）。

在反应流出物的流动过程中，由于存在 NH_3、H_2S、HCl 等腐蚀性易结晶组分，特别是在液态水溶解洗涤铵盐的过程中会形成具有腐蚀特性的碱性水溶液（酸性水溶液）。通常酸性水溶液具有一定的腐蚀性，会与碳钢管道/管束内表面腐蚀形成一层腐蚀产物保护膜 Fe_xS_y，从而阻止腐蚀的进一步发生。但当工况苛刻时，局部的腐蚀产物保护膜会被流体冲破，管束基体暴露于腐蚀性多相流介质中再次形成腐蚀产物保护膜，受限于局部结构的突变，流体局部的湍流扰动更易触发管壁冲蚀减薄[8-9]。

图 3　管束内铵盐垢下腐蚀现象

图 5　小直径冲洗油管道磨损形貌

图 4　管道/管束冲蚀减薄穿孔泄漏

2.2　多相流动冲刷腐蚀

冲蚀是金属表面与腐蚀性流体介质之间由于相对运动而引发的金属材质损坏现象，是流动与腐蚀耦合作用的结果[7]。冲蚀在化工过程设备，特别是压力管道中普遍存在，腐蚀与流动相互促进，既存在冲刷加剧腐蚀，又有腐蚀加速冲刷，直至管道/

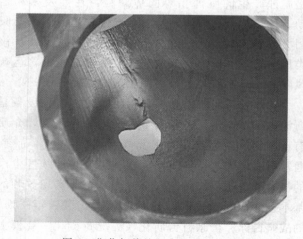

图 6　焦化加热炉回弯头磨损形貌

2.3　固相漂移及流动磨损

含固相多相流的流动过程中，颗粒相在管道中的运动特性受管道内速度、压力等影响较大。若流速较高，固相颗粒与金属壁面发生碰撞形成气固、液固或气液固三相并存的流动磨损失效；若流速较低，则又会出现固体颗粒相的漂移沉积堵塞管束现象。图5、图6分别为 Mogas 球阀小直径冲洗油管道的冲蚀磨损形貌、焦化加热炉回弯头的流动磨损形貌。

管道磨损失效受物流特性（颗粒类型、密度、硬度等）、材质特性及结构影响显著。特别是对于弯头，受曲率半径影响，磨损率随半径曲率增加而减小[10-11]；考虑到颗粒惯性以及管内二次流的影响，弯头中间的外壁区域磨损较为严重，工程实际中应针对该区域进行优化设计并进行测厚监控。

2.4 节流过程中空化气蚀

图7为某煤液化装置实际使用的高压差液控调节阀阀芯损伤形貌，阀芯多次发生空化气蚀失效。

图7 煤液化高压差调节阀阀芯空蚀失效形貌

研究结果表明：流体通过阀芯节流区域时压力急剧下降，流速升高，当压力低于流体的饱和蒸汽压时发生空化，空化泡在阀芯顶部壁面附近溃灭，溃灭过程中产生高速的微射流、激波和高温区域，导致阀芯顶部的材料呈现明显的针孔状和蜂窝状空蚀形貌[12-13]。当硬质合金涂层被空蚀所破坏以后，阀芯在空蚀和冲蚀磨损的联合作用下将会加速失效。

3 流动腐蚀临界特性数据库构建

3.1 铵盐结晶沉积数据库构建

设计搭建的铵盐结晶、流动沉积特性试验装置如图8所示。针对高氮、高硫原料油工况，在空冷器入口取样，测试 NH_4HS 结晶与流动沉积特性；针对高氮、高氯工况，在高压换热器入口管道取样，测试 NH_4Cl 结晶与流动沉积特性。结晶特性的测试是在高温条件下通过反应流出物的冷却过程在高压视镜上捕捉铵盐结晶的状态，得到铵盐的结晶点，验证多相流化学平衡、离子平衡及吉布斯自由能理论得到的结晶条件。铵盐流动沉积测试是在不同流量下测试上述体系的冷却过程，通过高压视镜捕捉铵盐流动沉积的状态，来验证不同流动条件下仿真计算获得的铵盐流动沉积特性，最终建立多相流体系温度、浓度、流动等多场耦合作用下的铵盐结晶、流动沉积特性数据库。

图8 现场跨线式铵盐结晶沉积特性实验装置及 NH_4Cl 盐结晶形貌

3.2 多相流冲蚀数据库构建

搭建的油、气、水多相流环道式冲蚀加速实验装置，实验过程中通过调节油、气、水三相介质的比例以实现两相或三相流的冲蚀特性测试。通过控制单变量法，结合加速实验原理，分析压力、温度、介质流速、介质浓度对试验管件冲蚀特性的影响规律。实验过程中，将多个试验管件，弯头、直管、异径管等通过法兰同时连接于试验段部位。设定实验周期步长，每经过一个时间步长，则置换下一个试验段，并标记为该试验周期内的冲蚀特性数据，直至某试验段发生冲蚀穿孔泄漏，统计实验时间即为冲蚀失效全寿命周期。对该周期内的试验段进行工况、流动参数分析，获得试验关键全寿命周期内的冲蚀特性规律。

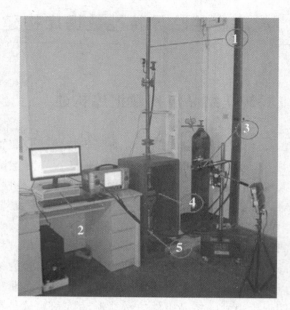

图 9　激波式气固两相流磨损特性测试

图 10　液固两相流磨损特性测试

3.3　多相流磨损特性数据库构建

设计搭建气固、液固、气液固多相流体系的磨损特性测试系统，图 9 为激波脉冲式气固两相流磨损特性测试系统，其测试原理为：图中①激波发生装置，②数据采集处理及显示系统，③高速摄影系统，④加热系统，⑤压力信号采集系统。连续向高压管段内充气，高压段内压力值逐渐上升至隔膜片破裂压力；高压段气体冲破隔膜片时产生激波，驱动颗粒群冲击待测试块，采用高速摄影仪对单颗粒或颗粒群冲击待测试块的过程进行可视化观察，建立气-固/液-固环境颗粒冲击壁面时，材质磨损特性数据库。

设计搭建的旋转式液固两相流磨损实验装置如图 10 所示。该装置的转速范围：0～1450r/min，可连续调速；最大冲击速度：28m/s，每次可安装 8 个待测试件，可实现试样多种冲击角的同时测试，浆体浓度分布均匀，适用于多种浆体与各种材料的耐磨性能测试。

3.4　空化气蚀特性数据库构建

图 11 为水洞式空化实验装置。实验水循环通过离心泵实现，水泵扬程为 100m，实验额定工作压力最高达 1MPa。实验流量通过回流调节阀 1 的开闭程度调整，流量范围为 3～12m³/h。实验为循环水路，在没有外部热源的情况下，连续运行会导致管内水温逐渐升高，因此在管路中加入冷却器和加热器来维持实验的恒定温度。实验通过两个调节阀来改变试验段来流速度和上下游压力，增大调节阀 1 的开度能够减少试验段所在主回路的流量，达到降低来流速度的目的；减小调节阀 2 的开度能够增大试验段下游压力，从而获得不同形态的空化现象。

空化气蚀试验段内部变换为方形腔，观测段前有长 10DN 方管转换段，以保证观测段获得稳定的来流。在观测段，阀芯模型和阀座模型的结构组成了具有对称收缩扩张结构的节流段。阀芯和阀座均为可拆卸结构，能够任意调整节流段尺寸进行不同实验。观测段两侧为透明有机玻璃视窗，便于观察空化流动现象，基于平行试验测试，建立不同工况、不同材质的空化气蚀特性数据库。

图 11　空化水洞式实验装置流程图

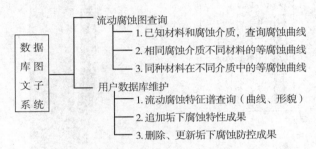

图 12　流动腐蚀特性数据库构建思想

3.5　流动腐蚀特性数据构建思想

基于化工过程设备的典型流动腐蚀失效模式，开展变工况环境下的铵盐结晶沉积、多相流冲蚀、流动磨损和空化气蚀实验，建立流动腐蚀临界特性与设备结构、材质、运行工况（温度、压力、流量）及腐蚀性介质特性（粘度、湿度、浓度、密度等）之间的函数对应关系，建立基于流动腐蚀模拟实验测试获得的流动腐蚀临界特性图文子系统（图12）。

4　基于大数据的智能化防控平台

以不同失效类型的关联历史数据为基础构建流动腐蚀状态监测和诊断预警模型，通过采集实时操作数据、在线化验分析数据、流动腐蚀表征参数数据与历史故障运行数据，建立基于深度学习的神经网络分类器，实现流动腐蚀表征参数变化规律的预测，结合流动腐蚀临界特性数据库进行流动腐蚀状态参数点的自动边界匹配，构建能够适应流动腐蚀状态输出的参数监测及预警模型。以不同流动腐蚀失效模式的关联历史数据、状态数据为基础深化流动腐蚀预测模型，以流动腐蚀状态参数数据库为核心，采用数据驱动建模方法确定流动腐蚀表征参数群各因素的独立性和相互依赖关系，建立各影响因素间的关联规则，实现数据驱动的流动腐蚀监管防控，并通过界面展示出来。将流动腐蚀状态监测、流动腐蚀预测、流动腐蚀临界特性数据库相结合，采用标准通讯协议进行数据集成与传输，基于 B/S 模式进行平台化构架，开发流动腐蚀专家诊断监管平台（图13），主要功能包括流动腐蚀状态诊断、运行评估和安全预警，从而实现流动腐蚀失效模式的自动识别、远程智能诊断监管、操作参数优化、防护措施优化。

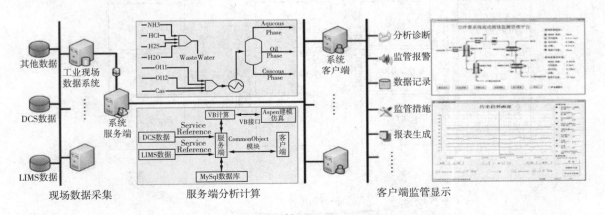

图 13　流动腐蚀专家诊断监管及智能防控平台

5 流动腐蚀全寿命周期安全管理

5.1 基于流动腐蚀预测校核的优化设计

常规的标准设计通常采用提高腐蚀裕量、安全系数来增强化工过程设备的抗流动腐蚀能力。但随之而来的问题则是耗材多、成本高，且不能从根本上解决设备的流动腐蚀难题。基于流动腐蚀预测校核的优化设计是根据预测获得的临界特性为准则进行优化设计，局部加强，提升耐蚀性能。

5.2 流动腐蚀预测校核评估基础上的优化选材

根据流动腐蚀关键影响因素，例如腐蚀介质浓度、剪切应力、相分率、结晶温度、冲蚀磨损率、气蚀强度等，运用流动腐蚀试验装置测试获得变工况条件下的流动腐蚀临界特性，明确流动腐蚀特性的临界门槛值，在流动腐蚀数据库综合评价的基础上，指导设备管道的耐流动腐蚀选材优化。

5.3 耐流动腐蚀的换热复合管束的优化制造

根据弹塑性力学和有限元方法对复合管束的应力场和极限载荷工况进行分析（见图 14），使复合管束在保证换热效率的同时，能够满足强度、刚度和耐腐蚀性能要求。使用证明，复合管束能有效减缓局部冲蚀及垢下腐蚀，延长管束类设备的使用寿命。

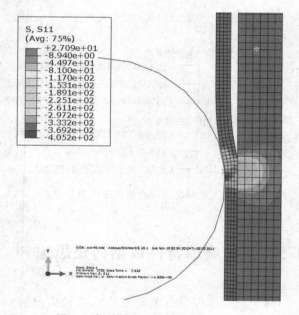

图 14　拉拔成型过程径向应力云图

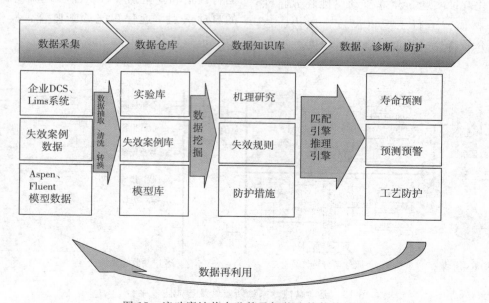

图 15　流动腐蚀状态监管及智能防控软件平台

5.4　设备运行过程流动腐蚀状态监管

流动腐蚀实时专家诊断监管系统的总体架构如图 15 所示,系统通过对现场 LIMS(化验分析数据库)、DCS 及手动其他数据的实时采集,通过实时专家诊断诊断监管系统服务端建立本地流动腐蚀数据库;再通过工艺仿真软件进行物性参数仿真及失效控制参数的自主编程建模(软测量和硬测量相结合),在实时专家诊断监管系统客户端进行失效控制参数的实时显示和监控;失效控制参数的专家(分析)诊断、历史数据、报警记录、监管措施等,通过对后台 MySQL 数据库的访问操作,完成用户与系统数据交互。实时专家诊断监管系统服务端的流动腐蚀失效控制参数相关信息还可通过 PC 客户端和移动客户端(APP)进行收发。

5.5　基于流动腐蚀预测的风险检验

根据建立的流动腐蚀大数据平台,寻找相应的匹配算法,将流动腐蚀状态参数组成的多维空间匹配下降到一维的线性空间,即将某一状态参数与临界特性数据边界条件进行匹配,进行风险评价(图16),指导过程设备的风险检验。

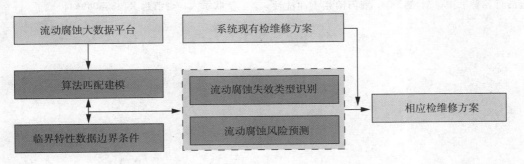

图 16　基于数据驱动的预防性风险检验

6　结论

换热设备及管道阀门类设备作为典型的高风险设备,其失效机理涉及流动、传热、相变等多过程的关联作用,国际上依据失效案例统计分析形成的经验性的相关标准规范,某种程度上已经不适用于我国原油劣质化、油品多变化、工况苛刻化的发展过程;沿用该标准存在严重的局限性。仅仅依靠材质升级、不提升防腐技术水平,并不能从根本上解决设备的流动腐蚀失效问题。

本文深入分析化工过程设备铵盐结晶沉积、多相流冲蚀、流动磨损和空化气蚀机理,阐述了以模拟实验为基础的流动腐蚀临界特性数据库建设方法;结合当前我国信息化和工业化高度融合(两化融合)的整体技术需求,提出建设以流动腐蚀预测防控为目标导向的流动腐蚀大数据平台,实现流动腐蚀状态的在线监测、诊断预警、失效模式识别、工艺防护等综合监管;最后,提出了以流动腐蚀智能主动式防控为核心的化工过程设备优化设计、优化选材、优化制造、优化运行和优化检验等全寿命周期的闭环管理方法,有望从本质上提升设备的耐流动腐蚀防控整体技术水平,推荐我国过程设备技术的整体技术升级,并有效地提升大型化工园区关键高风险设备的信息化、智能化程度。

参 考 文 献

[1] 偶国富,金浩哲,包金哲.加工高硫原油加氢空冷系统失效分析及防护措施[J].石油化工设备技术,2007,28(6):17—24.

[2] 李立权.提高我国加氢裂化工程技术的对策思考[J].石油学报(石油加工),2010,26(S1):51—57.

[3] Zheng Zhijian, Ou Guofu, Yi Yuwei, et al. A combined numerical-experiment investigation on the failure of a pressure relief valve in coal liquefaction [J]. Engineering Failure Analysis, 2016, 60:326—340.

[4] Haozhe Jin, Zhijian Zheng, Guofu Ou, et al. Failure analysis of a high pressure differential regulating valve in coal liquefaction [J], Engineering Failure Analysis, 2015, 55:115—130.

[5] Harvey C, Singh A. Mitigate Failures for Reactor Effluent Air Coolers [J]. Hydrocarbon Processing. 1999, 10:59—72.

［6］Design，Materials，Fabrication，Operation，and Inspection Guidelines for Corrosion Control in Hydroprocessing Reactor Effluent Air Cooler Systems ［J］. API RECOMMENDED PRACTICE 932－B，2004，10.

［7］偶国富，朱祖超，杨健，等．加氢反应流出物空冷器系统的腐蚀机理 ［J］．中国腐蚀与防护学报，2005，25 (1)：61－63.

［8］Kane R D，Hqrwath R J，Cayard M S. Major improvements in reactor effluent air cooler reliability ［J］. Hydrocarbon Process，2006，85 (9)：99－111.

［9］偶国富，裘杰，王艳萍，等．异径管多相流冲蚀失效的流固耦合数值模拟 ［J］．力学学报，2010，42 (2)：197－204.

［10］金浩哲，易玉微，刘旭，等．液固两相流冲洗油管道的冲蚀磨损特性数值模拟及分析 ［J］，摩擦学学报，2016，06：695－702.

［11］偶国富，刘旭，金浩哲，等．液固两相流对 A182F347 不锈钢材料的磨损特性 ［J］，煤炭学报，2016，41 (11)：2883－2888.

［12］偶国富，饶杰，章利特，等．煤液化高压差调节阀空蚀/冲蚀磨损预测 ［J］，摩擦学学报，2013，33 (2)：155－161.

作者简介

偶国富，教授，博导，主要从事石油化工设备系统流动腐蚀预测及安全保障技术研究；Email：ougf@163.com

联系人：金浩哲 (13858069641)

腐蚀 材料、断裂力学、

A

光热电系统高温熔融盐对金属的腐蚀行为与选材对策

霍中雪　陈永东　吴晓红

（合肥通用机械研究院　安徽　合肥　230088）

摘　要　光热电系统熔融盐在高温时对金属部件有一定的腐蚀性。本文分析了熔融盐在390℃和550℃对不同金属材料的腐蚀行为，碳钢、低合金钢在390℃熔融盐中具有较好的耐腐蚀性，而在550℃熔融盐中不耐腐蚀；不锈钢和镍基合金在550℃以上熔融盐中仍具有较强的耐腐蚀性。熔融盐中杂质含量低，对金属腐蚀的影响不显著。从耐腐蚀性和经济性方面综合考虑，对光热电系统主要部件在不同工作温度的选材提出了建议。

关键词　光热电；熔融盐；金属；耐腐蚀性

Metal Corrosion Behavior in High Temperature Molten Salts and Material Selection Countermeasures in Solar Thermal Power System

Huo Zhongxue　Chen Yongdong　Wu Xiaohong

（Hefei General Machinery Research Institute，Hefei 230088，China）

Abstract　Molten salt of solar thermal power system is corrosive to metal parts at high temperature. Corrosion behavior of different metal materials in molten salt at 390℃ and 550℃ is analyzed in the paper. Carbon steel and low alloy steel have good corrosion resistance in molten salts at 390℃, but no corrosion resistance at 550℃, while stainless steel and nickel base alloy still have strong corrosion resistance in molten salts at 550℃ above. The low content of impurities in molten salts is not significant for metal corrosion. Corrosion resistance and economics are taken into comprehensive consideration. Material selection for main components of solar thermal power system at different working is proposed.

Keywords　solar thermal power；molten salt；metal；corrosion resistance

随着社会经济的发展，环境污染和资源枯竭问题日益严峻，全球对可再生能源愈加重视。太阳能是清洁性可再生能源，利用太阳能发电（即光热发电）解决了传统发电形式高能耗、高污染的弊端。光热发电很早在国外兴起，但在我国依然处于技术创新与改进阶段，"十三五"期间将成为中国光热发电产业破局的关键五年，国家能源局公布了首批20个光热发电示范项目，光热发电产业正迈出实质性步伐，发展势头十分迅猛，并将在"十三五"时期走向成熟、实现产业化。

1　光热发电简述

光热发电是通过聚光装置将太阳光汇聚到吸热装置，并经传热换热产生高温气体或流体，再通过机械做功直接转化为三相交流电的发电形式。光热发电应用最广的是槽式光热发电系统和塔式光热发电系统，其中槽式光热电系统运行温度最高达390℃，塔式光热电系统运行温度最高达550℃。

硝酸熔融盐具有热稳定性良好、蒸汽压低、热容量大、粘度低、成本低等优势，是光热发电系统应用最广泛的传热蓄热介质，其中 $60\% NaNO_3 + 40\% KNO_3$ 被称为太阳盐。但是，光热电系统工作温度在 $200 \sim 600 ℃$ 下，高温熔融盐对金属材料具有一定的腐蚀性，高温熔融盐对传热蓄热部件的腐蚀可能会造成容器或部件的减薄破裂、介质泄漏和系统短路，因此掌握高温熔融盐对金属材料的腐蚀性十分重要。

2　熔融盐对金属材料的腐蚀机理

熔融盐对金属的腐蚀过程主要是高温时合金元素的溶解和低温冷却时合金元素的沉积，腐蚀程度

取决于温度和熔融盐的流速，腐蚀的形式表现为均匀腐蚀、点蚀或晶间腐蚀等。图 1 显示了熔融盐对金属的腐蚀过程。系统温度降低时，熔融盐凝结沉积在金属表面，腐蚀过程减慢；系统温度升高，熔融盐受热熔化，高温时形成稳定的电解液，促进熔融盐中氧化物溶解扩散到金属中，同时金属离子扩散到熔融盐中，促使金属表面保护层溶解，最终形成腐蚀产物。

腐蚀反应主要是氧化反应，熔融盐的腐蚀效应以式（1）为基础，从金属扩散的 Fe 原子被氧化，发生式（2）、式（3）化学反应：

$$NO_3^- + 2e^- \rightleftharpoons NO_2^- + O^{2-} \tag{1}$$

$$Fe + O^{2-} \rightleftharpoons FeO + 2e^- \tag{2}$$

$$3FeO + O^{2-} \rightleftharpoons Fe_3O_4 + 2e^- \tag{3}$$

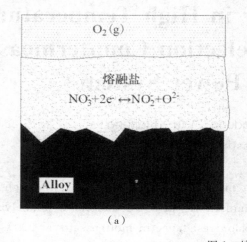 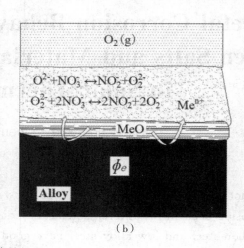

图 1　熔融盐腐蚀机理

熔融盐中不稳定氧化物离子发生式（4）、式（5）化学反应，形成 O^{2-}、O_2^{2-}、O_2^-：

$$O^{2-} + NO_3^- \rightleftharpoons NO_2^- + O_2^{2-} \tag{4}$$

$$O_2^{2-} + 2NO_3^- \rightleftharpoons 2NO_2^- + 2O_2^- \tag{5}$$

伴随腐蚀过程进行，熔融盐中 K^+、Na^+ 对式（1）、式（5）形成的氧离子有不同的结合力，发生的反应为式（6）、式（7），生成 Na_2O 和 K_2O，这些氧化物的形成减少了阴极反应所需的运动电子，减小了熔融盐的腐蚀。

$$2Na^+ + O^{2-} \longrightarrow Na_2O \tag{6}$$

$$2K^+ + 2O_2^- \longrightarrow 2KO_2 \tag{7}$$

同时，水在腐蚀过程中也参加反应，如式（8）、式（9），生成中间产物 $HONO_2$，式（8）、

式（9）合并为式（10）：

$$H_2O + NO_3^- \longrightarrow HONO_2 + OH^- \tag{8}$$

$$HONO_2 + 2e^- \longrightarrow NO_2^- + OH^- \tag{9}$$

$$H_2O + NO_3^- + 2e^- \longrightarrow NO_2^- + 2OH^- \tag{10}$$

3　金属材料对不同温度熔融盐的耐腐蚀性

美国可再生能源实验室对不同金属材料在混合硝酸钠和硝酸钾熔融盐中的腐蚀行为进行了大量实验，研究了碳钢、低合金钢、不锈钢及镍基合金在

不同温度熔融盐中的耐腐蚀性。实验将材料经切割、打磨、清洗、称量后浸泡于熔融硝酸盐腐蚀介质中，保持在特定温度，间隔一定时间取出样品，清洗去除表面腐蚀产物后称重，腐蚀速率由样品表面失重率换算得出，比较不同材料的耐高温腐蚀性能，以下对槽式系统最高温度390℃、塔式系统最高温度550℃下的金属耐腐蚀性进行分析。

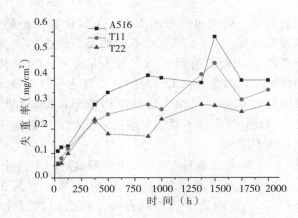

图 2　熔融盐 390℃下对碳钢、低合金钢的腐蚀失重率

3.1　金属材料对 390℃熔融盐的耐腐蚀性

（1）碳钢、低合金钢对 390℃熔融盐的耐腐蚀性

对 ASTM 常用的碳钢 A516、低合金钢 T11 和 T22 浸泡于 390℃混合熔融盐中，熔融盐成分为 $10\%LiNO_3+10\%Ca(NO_3)_2+20\%NaNO_3+60\%KNO_3$，测量试样增加的重量，计算腐蚀速率，三种金属的合金成分见表1。

表 1　A516、T11、T22 的合金成分（%）

材料名称	Si	Mn	Cr	P	Mo	C	S
A516	0.1	0.93	-	0.035	-	0.27	0.035
T11	0.79	0.44	1.2	0.008	0.5	0.1	0.002
T22	0.3	0.4	2.25	0.3	1	0.12	0.3

（2）不锈钢对 390℃熔融盐的耐腐蚀性

表 2　T22、TP304、TP430 的合金成分（%）

材料名称	Si	Mn	Ni	Cu	Cr	P	Mo	Co	C	S	Nb
T22	<0.5	0.3~0.6	—	—	1.9~2.6	0.3	0.87~1.13	<0.15	0.3		
TP304	0.41	1.76	8.04	0.32	18.28	0.029	0.27	0.14	0.055	0.001	0.008
TP430	0.4	0.2	0.18	0.03	16.21	0.018	0.01	0.02	0.044	0.002	0.003

常用不锈钢 TP304、TP430 和 T22 在 390℃熔融盐中腐蚀失重率如图 3 所示，熔融盐成分为 $60\%NaNO_3+40\%KNO_3$。与低合金钢相比，不锈钢的含 Cr 量更高，不锈钢在 390℃熔融盐中腐蚀失重率极小，表现出更优异的耐腐蚀性。

3.2 金属材料对 550℃以上熔融盐的耐腐蚀性

（1）低合金钢、不锈钢对 550℃以上熔融盐的耐腐蚀性。

三种金属的腐蚀失重率如图 2，低合金钢的失重率略低于碳钢，三种金属浸泡 2000h 后的失重率都在 $0.3mg/cm^2$ 左右，A516 失重率最大，T11 次之，T22 最小。通过扫描电镜（SEM）和 X 射线衍射（XRD）观察碳钢 A516 腐蚀产物为大量的 Fe_3O_4 和少量的 Fe_2O_3；低合金钢的腐蚀产物除了 Fe_3O_4 和 Fe_2O_3 外，还有一层很薄的含 Cr 的氧化物，这层氧化物起保护作用，阻止金属腐蚀反应。

碳钢和低合金钢在 390℃熔融盐中都表现出较好的耐腐蚀性，低合金钢比碳钢耐腐蚀性略强，且 T22（2.25%Cr）比 T11（1.2%Cr）的耐腐蚀性略强。可见，在碳钢中增加 1%~2% 的 Cr 可提高熔融盐耐腐蚀性，且随着 Cr 含量增加，耐腐蚀性增强。

对 T22、TP304、TP430 在 550℃熔融盐中进行腐蚀实验，熔融盐成分为 $60\%NaNO_3+40\%KNO_3$，获得的腐蚀失重率曲线如图 4 所示。图中未显示 T22 的腐蚀曲线，因为 T22 在 550℃熔融盐中遭受破坏性腐蚀，超过 800h 试验不能继续进行，由此说明碳钢和低合金钢不能抵抗 550℃熔融盐腐蚀。

从图 4 看出，奥氏体不锈钢 TP304 的腐蚀失重率小于铁素体不锈钢 TP430，TP304 和 TP430 含 Cr 量相近，但在 550℃表现出的耐腐蚀性差别较大。在熔融盐腐蚀过程中，奥氏体不锈钢 TP304

表面形成一层均匀致密的 $FeCr_2O_4$ 氧化物保护层,阻止腐蚀反应;与 TP304 不同的是,铁素体不锈钢 TP430 表面没有形成均匀致密的 $FeCr_2O_4$ 氧化物保护层,而是由贫 Cr、富 Cr 铁氧化合物交替形成的层片状多孔组织,这种结构脆弱,保护作用差。因此,奥氏体不锈钢对熔融盐的耐腐蚀性优于铁素体不锈钢。

(2) 镍基合金对 550℃ 以上熔融盐的耐腐蚀性

镍基合金因高含量的 Cr 和 Ni 元素,使其在 550℃ 以上熔融盐中仍然具有非常强的耐腐蚀性,

Cr 和 Ni 在金属表面形成均匀致密并且具有一定自我修复能力的钝化膜来抵御腐蚀。以镍基合金 Inconel 625 为例,与常见的几种低合金钢、不锈钢在 600℃ 熔融盐中的耐腐蚀性进行对比,熔融盐成分为 $60\%NaNO_3 + 40\% KNO_3$。

由图 5 可见,镍基合金 Inconel 625 在 600℃ 熔融盐中的腐蚀失重率极小,与不锈钢、低合金钢相比,其耐腐蚀性远高于奥氏体不锈钢,但是镍基合金昂贵,价格远高于不锈钢,因此选材上要综合考虑。

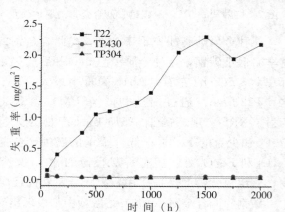

图 3　熔融盐 390℃ 下对不锈钢、低合金钢的腐蚀失重率

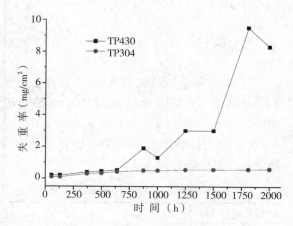

图 4　熔融盐 550℃ 下对不锈钢的腐蚀失重率

表 3　P91、X20CrMoV、SS347H、SS316、IN625 的合金成分（%）

材料名称	C	Si	Mn	P	S	Cr	Ni	Mo	Ti	V	Nb
P91	0.102	0.356	0.412	0.014	0.01	8.75	0.17	0.944	0.002	0.203	0.08
X20CrMoV	0.208	0.274	0.58	0.022	0.005	10.37	0.693	0.852	0.001	0.247	<0.004
TP347	0.05	0.35	1.24	0.034	0.004	17.06	9.84	0.341	0.009	0.041	0.523
TP316	0.253	0.485	1.79	0.031	0.004	17.05	12.03	2.37	0.008	0.083	0.015
Inconel 625	0.396	0.176	0.089	<0.001	0.003	22.85	59.7	8.6	0.288	0.055	4.07

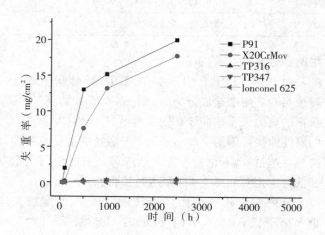

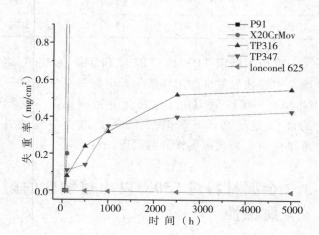

图 5　熔融盐 600℃ 下对镍基合金、不锈钢、低合金钢的腐蚀失重率对比

(注:b 为 a 的部分放大)

4 熔融盐中杂质对腐蚀的影响

用于光热电系统的硝酸熔融盐中不能完全杜绝氯化物的存在，而氯化物中所含的氯离子对金属具有腐蚀作用。氯离子对金属腐蚀的影响表现为降低材料表面钝化膜的形成或加速钝化膜的破坏，从而促进局部腐蚀。也有学者提出熔融盐中混入的硫酸盐、碳酸盐也会增加对金属的腐蚀，这类杂质的影响还有待于更深入的研究。

表 4 TP304、A516 在三种熔融盐 7000h
腐蚀失重率（mg/cm^2）

材料名称	试验温度	1# 熔盐	2# 熔盐	3# 熔盐
TP304	550℃	4.86	7.31	9.76
A516	390℃	2.32	3.14	2.05

注：1# 为 60% NaNO$_3$ + 40% KNO$_3$；2# 为 60% NaNO$_3$ + 40% KNO$_3$ + 1.0wt.% NaCl；3# 为 60% NaNO$_3$ + 40% KNO$_3$ + 1.3wt.% NaCl

对 TP304、A516 在三种不同氯化物含量的熔融盐中腐蚀 7000h，比较熔盐中氯化物对不锈钢和碳钢腐蚀的影响，如表 4 所示。熔盐中添加氯化物对碳钢腐蚀的影响不显著；虽然随着熔盐中氯化物含量的增加，不锈钢腐蚀失重率随之增加，但是仍然保持在很低水平。添加 1.3% NaCl 的熔盐已超出了工业熔盐最高氯化物含量的 30%，不锈钢在这种熔盐中的腐蚀失重率仍然保持在 10 mg/cm^2 以下，说明氯化物含量对不锈钢腐蚀的影响不大。

优等品工业硝酸钠中氯化物含量≤0.25%，优等品工业硝酸钾中氯化物含量≤0.01%。由此可见，工业熔融盐产品的氯化物含量已经控制在很低水平，因而氯化物对不锈钢腐蚀的影响并不显著，不影响不锈钢的工业应用。

5 金属材料的年腐蚀速率

国内丁柳柳、廖文俊等人研究了 316L 奥氏体不锈钢、321 奥氏体不锈钢、2304 双相不锈钢、P91 合金管道钢、X80 管线钢在 200℃、350℃、530℃ 的几种硝酸熔融盐介质中的腐蚀行为。由失重率推算出 X80 在 350℃ 的年腐蚀厚度在 0.002～0.005mm，316L 在此条件下的年腐蚀厚度约为 0.0002mm；530℃ 下 316L、321、2304 的年腐蚀厚度大多在 0.001～0.008mm，2304（23% Cr）耐腐蚀性略强于 316L、321，而 P91 在此条件下的年腐蚀厚度介于 0.1～1mm[1]。

国外 Kirst 等人研究提出碳钢和低合金钢在 455℃ 硝酸熔融盐的年腐蚀厚度为 0.09mm[5]。S. H. Goods，R. W. Bradshaw 等人研究了 A516、T11、T22、TP304、TP316 在四种硝酸熔融盐中浸泡若干时间的腐蚀行为，得出碳钢 A516 和低合金钢 T11、T22 在 390℃ 硝酸熔融盐中的年腐蚀厚度约为 0.005～0.013mm；TP304、TP316 不锈钢在 550℃ 硝酸熔融盐中的年腐蚀厚度约为 0.006～0.015mm[6-9]。

光热电系统工作温度在 400℃ 以下采用碳钢或低合金钢材料，除换热管外，设计时要考虑设备材料的腐蚀裕量，以设备使用寿命 30 年为例，腐蚀裕量可控制在 3mm 以内。系统工作温度在 500℃ 以上采用不锈钢材料可不考虑腐蚀裕量。

6 选材对策与建议

对光热电系统的设备选材，可从经济性和耐腐蚀性两方面综合考虑。槽式光热系统运行温度一般在 400℃ 以内，选择碳钢或低合金钢比较经济；而塔式光热系统运行温度高达 500℃ 以上，采用不锈钢或特殊合金钢更为稳妥。

硝酸钾和硝酸钠的混合盐对常见的不锈钢和钢材腐蚀性较小，已经成功地运用于美国 Solar Two 等太阳能热发电站中，参照 Solar Two 等熔融盐项目的大量数据，笔者对光热电系统主要部件不同工作温度的选材进行了总结，如表 5 所示，为国内光热电系统的选材提供参考。

表 5 光热电系统主要部件的选材建议

最高工作温度	基体材料	管材	配件	法兰
400℃	碳钢	A106Gr B	A234Gr WPA/WPB	A105
450℃	铁素体钢	A335Gr P22	A234Gr WP22	A182Gr F22

（续表）

最高工作温度	基体材料	管材	配件	法兰
500℃	铁素体钢	A335Gr P91	A234Gr WP91	A182 Gr F91
550℃	奥氏体不锈钢	A312 TP 321/347	A403 TP 321/347	A182Gr F321/347

最高工作温度	阀门	换热管	板材
400℃	A216Gr WCB	A192	A516Gr 70
450℃	A217Gr WP22	A213Gr T22	A387Gr 22
500℃	A217Gr WP91	A213Gr T91	A387Gr 91
550℃	A351 Gr CF8C	A249 TP 321/347	A240 TP 321/347

注：（1）表中材料均为 ASTM 材料；（2）换热管指蒸汽发生装置和熔盐换热器用换热管；（3）板材指熔盐储罐和换热器壳体用板材。

表 6　国内某槽式光热项目蒸汽发生装置和熔盐换热器的运行工况

设备名称	最高工作压力	最高工作温度	介质	
			壳程	管程
预热器	壳程 12MPa/管程 3MPa	390℃	水	导热油
蒸发器	壳程 12MPa/管程 3MPa	390℃	导热油	水
过热器	壳程 12MPa/管程 3MPa	390℃	蒸汽	导热油
再热器	壳程 2.4MPa/管程 3MPa	390℃	蒸汽	导热油
熔盐换热器	壳程 0.8MPa/管程 4MPa	390℃	熔盐	导热油

注：（1）熔盐成分为 $60\%NaNO_3+40\%KNO_3$；（2）蒸汽发生装置包括预热器、蒸发器、过热器和再热器。

对国内某槽式光热电项目蒸汽发生装置和熔盐换热器的设计进行了研究，此光热电项目的运行工况如表 6 所示。该项目的换热设备均采用 U 型管式换热器结构，蒸汽发生装置壳程最大压力大多在 12MPa，国产碳钢 Q245R 在 400℃的高温抗蠕变性能较差，不适用于该项目的壳体设计，该项目的壳体大多采用低合金钢 Q345R。蒸汽发生装置和熔盐换热器管程压力小，熔融盐对碳钢腐蚀性较小，导热油没有腐蚀性，换热管可采用 20 钢管。该槽式光热项目蒸汽发生装置和熔盐换热器主要部件的选材如表 7 所示。

表 7　国内某槽式光热项目蒸汽发生装置和熔盐换热器主要部件的选材

设备名称	板材		管板	接管、法兰	换热管
	筒体、筒体封头	管箱筒体、管箱封头			
预热器	Q345R	13MnNiMoR	20MnMo	20MnMo	20
蒸发器	Q345R	13MnNiMoR	20MnMo	20MnMo、16Mn	20
过热器	Q345R	18MnMoNbR	20MnMoNb	20MnMo、20MnMoNb	20
再热器	Q345R		20MnMo、16Mn	16Mn	20
熔盐换热器	Q345R		20MnMo	20MnMo	20

7　结论

熔融盐对装备及管道的腐蚀性是客观存在的，虽然研究数据证明熔融盐的腐蚀性问题并不算严重，但尽可能将该问题的影响降到最低限度仍是光热发电行业从业者应该考虑的问题。为保证光热电系统的安全运行，要注意以下几方面：

（1）根据运行温度和工艺条件，对设备和管道进行合理选材，系统运行中设备应控制在合理的温度范围。

（2）400℃以下选用碳钢或低合金钢，除换热管外，要考虑腐蚀裕量，腐蚀裕量控制在3mm以内；500℃以上选用不锈钢不需考虑腐蚀裕量。

（3）控制熔融盐的杂质成分，如控制氯化物、硫酸盐、碳酸盐的含量等。

参 考 文 献

[1] 丁柳柳，廖文俊. 熔融盐对蓄热系统部件材料腐蚀行为的研究 [J]. 装备机械，2015，42（1）：41—46.

[2] 刘义林，陈素清. 硝酸熔融盐对不锈钢材料腐蚀行为的研究 [J]. 广州化工，2016，44（2）：14—16.

[3] 孙李平. 太阳能高温熔融盐优选及腐蚀特性实验研究 [D]. 北京：北京工业大学，2007.

[4] 翟伟. 太阳能热发电用熔融盐优化及熔融盐中材料的腐蚀行为研究 [D]. 南昌：南昌航空大学，2015.

[5] Kirst W E. A New Heat Transfer Medium for High Temperatures [R]. JACS Meeting, May 1940.

[6] Fernandez A G. Galleguillos H F J. Perez. Corrosion Ability of a Novel Heat Transfer Fluid for Energy Storage in CSP Plants [J]. Oxid Met, 2014, 82: 331—345.

[7] Fernandez A G. Lasanta M I. Perez F J. Molten Salt Corrosion of Stainless Steels and Low-Cr Steel in CSP Plants [J]. Oxid Met, 2012, 78: 329—348.

[8] Goods S H. Bradshaw R W. Prairie M R. Chavez J M. Corrosion of Stainless and Carbon Steels in Molten Mixtures of Industrial Nitrates [D]. Albuquerque: Sandia National Laboratories. 1994.

[9] Bradshaw R W. GoodsS H. Corrosion Resistance of Stainless Steels During Thermal Cycling in Alkali Nitrate Molten Salts [D]. Albuquerque: Sandia National Laboratories. 2001.

[10] AliSoleimani Dorcheh, Rick N. Durham, Mathias C. Galetz. Corrosion behavior of stainless and low-chromium steels and IN625 in molten nitrate salts at 600℃ [J]. Solar Energy Materials & Solar Cells, 2016, 144: 109—116.

[11] D. Kearney. Assessment of a Molten Salt Heat Transfer Fluid in a Parabolic Trough Solar Field [J]. Journal of Solar Energy Engineering, 2003, 125: 170—176.

[12] Hugh E. Reilly Gregory J. Kolb. An Evaluation of Molten-Salt Power Towers Including Results of the Solar Two Project [D]. Albuquerque: Sandia National Laboratories. 2001.

[13] Alexis B. Zavoico Nexant. Solar Power Tower Design Basis Document Revision [D]. Albuquerque: Sandia National Laboratories. 2001.

[14] Nexant Inc. Thermal Storage Oil-to-Salt Heat Exchanger Design and Safety Analysis [J]. A Bechtel Technology & Consulting Company, 2000.

作 者 简 介

霍中雪（1986－），女，工程师。　邮箱：zhongxuehuo@163.com

通讯地址：合肥市蜀山区长江西路888号

邮编：230088

联系电话：0551—65335817；15955191707

传真号码：0551—65335817

微区电化学分析技术在管道腐蚀研究中的应用进展

封辉[1,2] 丁皓[1]

(1. 中国石油集团石油管工程技术研究院 陕西 西安 710077；

2. 石油管材及装备材料服役行为与结构安全国家重点实验室 陕西 西安 710077)

摘 要 管道腐蚀问题一直是油气输送管道安全运行的重大隐患，有关油气输送管道的腐蚀行为及机理已有诸多报道。近年来，微区电化学分析技术已经逐渐成为金属腐蚀领域的重要研究手段，本文主要介绍局部电化学阻抗谱和扫描振动电极两种微区分析技术的基本原理，并着重阐述其在油气输送管道腐蚀研究领域的应用进展。

关键词 管道；腐蚀；局部电化学阻抗谱；扫描振动电极技术；电化学分析

Advance and Application of Micro-zone Electrochemical Technology in Pipeline Corrosion Research

Feng Hui [1,2]　Ding Hao [1]

(1. Tubular Goods Research Institute of China National Petroleum Corporation，Xian 710077，China；

2. State Key Laboratory for Performance and Structural Safety of Oil Industry Equipment Materials，Xi'an，710077，China)

Abstract The corrosion problems of pipeline may cause major risk of safe operation of oil and gas transport pipeline，and lots of research has been done on the corrosion behavior and mechanism of pipeline steel. During the recent years，micro-zone electrochemical technologies have been important measurement methods that can be widely used in metal corrosion area. In this paper，the principles of Local Electrochemical Impedance Spectroscopy (LEIS) and Scanning Vibrating Electrode Technique (SVET) were reviewed，while the applications in the field of corrosion research and the characteristics of this method were also discussed.

Keywords pipeline；corrosion；local electrochemical Impedance spectroscopy (LEIS)；scanning vibrating electrode technique (SVET)；electrochemical analysis

0 前言

随着我国石油天然气工业的不断发展，油气输送管道的腐蚀问题越来越多地引起人们的关注。腐蚀是管道材料本身和外部环境反应造成的损伤 ADDINEN. CITE. DATA[1-3]，腐蚀失效是管道失效的主要形式 ADDINEN. CITE. DATA[3-5]。我国油气管道里程较长，运行工况复杂多变，沿途地质环境各异，因而常规条件下管道腐蚀防护措施的有效性在特殊地域或环境中难以得到保证，进而导致事故发生。因此，研究管线钢的腐蚀机理、影响因素及防护措施对预防油气管道失效事故、保障管网安全运行具有重要意义。

近年来，管线钢腐蚀机理的电化学表征技术，如极化曲线、交流阻抗和振动电极等ADDINEN. CITE. DATA[6-9]，取得了长足的进展，其测试方法不仅局限于表征整个样品的宏观性能，进而反映腐蚀过程中管线钢材料与环境的作用机理，而且能够更加深入地研究夹杂、裂纹等微米级区域的局部腐蚀过程，从而能够原位和在更小的尺度上研究管线钢材料的腐蚀行为及机理。本文主要介绍局部电化学阻抗谱（LEIS）和扫描振动电极（SVET）两种微区电化学分析技术的基本原理及其在管线钢腐蚀研究中的应用。

1　管线钢的腐蚀及研究现状

管道输送石油、天然气具有便于管理、输量大等优势，成为当今世界上油气输送的主要方式。然而油气管道输送的介质多含有腐蚀性成分，并且所处环境复杂多变，致使管道内外壁受到腐蚀破坏，腐蚀会导致管壁变薄，甚至穿孔泄漏，最终使管道失效。

为应对油气管道腐蚀问题，一方面采用相应的腐蚀防护措施，如改良防腐涂层、进行阴极保护、加注缓蚀剂、采用合金内衬等，以使材料结构的寿命达到期望值；另一方面，对管线钢材料的腐蚀行为、影响因素及机理进行深入研究，从而改善管线钢材料本身或者改进腐蚀防护措施。

目前管线钢的腐蚀研究主要集中在实验室加速腐蚀、腐蚀实时监测技术和电化学分析技术等方面ADDINEN. CITE. DATA[3,10,11]。其中电化学分析技术对于探讨管线钢材料腐蚀机理、深入了解其腐蚀规律尤为重要，科研人员对此做了大量探索，使用较多的有极化曲线测量、阻抗谱测量等ADDINEN. CITE. DATA[9,12-14]。伴随管线钢腐蚀研究技术的进一步发展，建立在腐蚀宏观电化学测量技术之上的微区电化学分析技术是未来的发展方向，在管线钢点蚀等局部腐蚀的扫描、探测及机理的研究中取得了明显的进展。

2　扫描振动电极技术（SVET）

扫描振动电极测量技术是指使用扫描振动探针，在不接触待测样品表面的情况下，测量局部电流或电位随与被测电极表面位置的变化，从而检定样品在介质中局部腐蚀电位的一种先进技术。扫描振动探针系统具有高灵敏度、非破坏性、可进行电化学活性测量的特点，最早应用于细胞外电流及生物系统离子流量的测量，直到20世纪70年代被引入金属材料腐蚀科学的研究中[15,16]金属腐蚀微区电化学研究进展扫描振动电极技术。

扫描振动电极测试系统由计算机控制数据获取系统、信号放大器、振动探针、探针位移控制系统和试样槽等组成，部分试样槽还可以对试样进行加载以实现复杂环境中材料腐蚀电位的测量，如图1所示[17]。扫描振动电极测试系统的测量原理是：当金属电极浸入腐蚀性溶液中时，金属材料由于表面存在局部氧化还原反应而在电解液中形成离子电流，进而在电极表面形成电位差，通过测量表面电位梯度和离子电流来表征金属的局部腐蚀性能。扫描振动电极的关键部分为扫描探针，通常采用铂电极，可沿 X、Y 轴移动，并且由压电陶瓷振动发射器控制在 Z 轴方向微米级范围内振动。扫描振动电极系统是利用振动电极和信号放大器消除微区扫描中的噪声干扰，提高测量精度。

假设电解液浓度均匀且为电中性，反应电流密度 i 由下式求得：

$$i = \frac{\Delta E}{R_\Omega + R_a + R_c}$$

式中：ΔE 为阴阳极电位差，R_Ω 为电解液的电阻，R_a 和 R_c 分别为阳极和阴极的反应电阻。振动电极探测到的交流电压与平行于振动方向的电位梯度成正比，因此探测电压与振动方向的电流密度成正比[18]。

Zhang 等[17]采用扫描振动电极技术研究了 X70 管线钢焊接接头组织在近中性腐蚀介质（NS4）中的腐蚀行为，如图2所示。发现电流峰值出现在热影响区（HAZ），而基体的电流值最小。作者认为焊接过程中 HAZ 形成的低温相变产物如贝氏体和马氏体/奥氏体（M/A）岛为硬相组织，在腐蚀介质中具有更高的腐蚀速率，并且由于 HAZ 焊接过程中冷却速率高，导致高密度的晶格缺陷和较大的残余应力，这都会进一步加速 HAZ 的腐蚀速率。扫描振动电极的测试结果正好佐证了上述理论。王力伟等[19,20]对 X70 焊接接头在土壤模拟溶液中的局部腐蚀行为，发现了类似的试验结果。

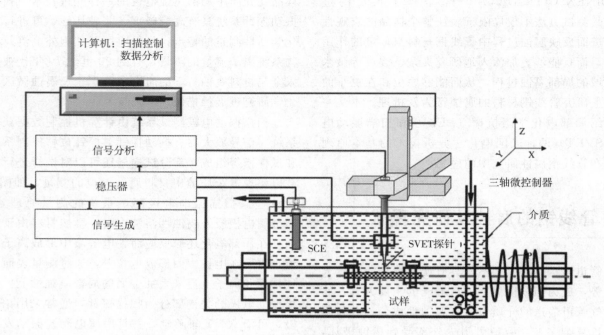

图 1   扫描振动电极测试装置示意图

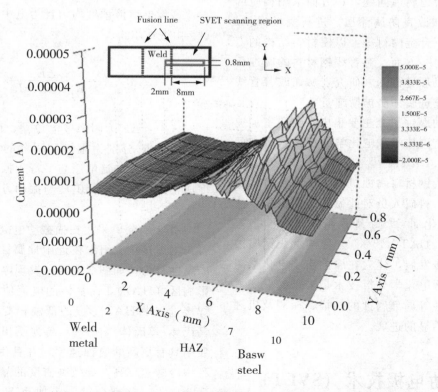

图 2   X70 管线钢焊缝、热影响区及基体在 NS4 溶液中的 SVET 测试结果

毕宗岳等[21]研究发现焊缝区电流密度明显大于母材与热影响区电流密度，如图 3 所示。其中在焊缝区域为 $0\sim200\mu m$，电流密度最大，表明该区域腐蚀速率大于母材与热影响区。该试验结果与上

图所示电流峰值出现在热影响区不同，分析可能由于焊缝组织及腐蚀介质差异的影响。另外，即使在焊缝区电流密度也不完全一样，表明在焊缝区腐蚀速率也并不一致，导致焊缝腐蚀沟槽中会出现忽深忽浅的现象。

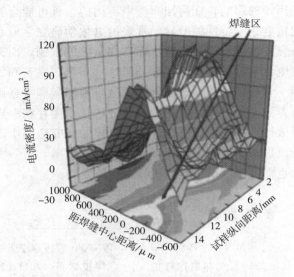

图 3　焊缝与基体 SVET 测试结果表征电流密度分布

扫描振动电极技术是一种可原位检测样品微区电化学特征的测试技术，具有非接触测量、不干扰测定体系、具有测量精度高、对界面区域变化敏感等特点，可以对材料腐蚀反应进行直观精确的表征，深入揭示腐蚀反应的机理机制。

3　局部电化学阻抗技术 (LEIS)

局部电化学阻抗技术也是一种微区电化学分析测试技术，与扫描振动电极技术类似，局部电化学阻抗谱的测量同样需要三维精密移动平台和微电极探针，所不同的是，SVET 采用振动微电极测量溶液中金属表面电流分布，而 LEIS 则采用双电极技术测量金属表面阻抗分布。

局部电化学阻抗谱技术的基本原理就是对被测电极施加微扰电压，从而感应出交变电流，通过使用两个铂微电极确定金属表面上局部溶液交流电流密度来测量局部阻抗，如图 4 所示[22]。通过测量两个铂微电极之间的电压，由 Ohm 定律可求得局部交流电流密度：

$$I_{local} = \frac{k \cdot V_{probe}}{d}$$

再通过测定工作电极和参比电极之间的电压，得到局部电化学阻抗：

$$Z_{local} = \frac{\Delta V_{applied}}{I_{local}}$$

式中，k 为电解溶液导电率，d 为两个铂微电极之间的距离，$V_{applied}$ 为施加的扰动电压。

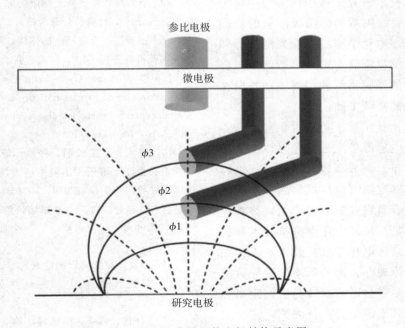

图 4　局部电化学阻抗电极结构示意图

Jin 等[23]采用局部电化学阻抗谱技术研究了 X100 管线钢中不同类型夹杂的电化学行为，发现富 Si 夹杂（图 5A）局部阻抗值低于管线钢基体，而碳化物夹杂（图 5C）的局部阻抗值高于管线钢基体。夹杂与基体电化学特性的差异导致选择性腐蚀，其中富 Si 夹杂阻抗低，腐蚀过程中作为阳极，最终形成图 5B 所示的腐蚀坑。

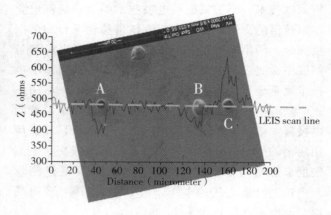

图 5　X100 管线钢不同微观缺陷的 LEIS 测量结果

此外，局部电化学阻抗谱技术在应力腐蚀、腐蚀机理等领域的研究中得到应用。Li 等[24]研究了 X70 管线钢在高 pH 值条件下应力条件对腐蚀行为的影响，发现拉应力和压应力对点蚀的抑制有相同效果，但是拉应力比压应力更为明显，能产生更多的碳酸盐产物，导致高的局部阻抗。Tang 等[25]利用局部电化学阻抗谱技术研究了近中性溶液中应力和 H 对 X70 管线钢裂纹尖端局部阳极溶解的协同作用。结果表明：局部电化学阻抗谱在光滑试样和预裂纹试样上的测量结果都含有两个半圆，即与界面电荷转移反应有关的低频半圆和与腐蚀产物层在电极表面的沉积有关的高频半圆。

局部电化学阻抗谱技术除了可以提供与测试界面相关的局部电阻、电感等信息外，还可以给出局部电流和电位的线分布、面分布以及二维、三维彩色阻抗图像，能精确确定测试试样局部区域的阻抗行为，完善和发展了金属腐蚀的研究方法，弥补传统电化学阻抗谱的不足。局部电化学阻抗技术和扫描振动电极技术作为微区电化学分析技术，尚存在一定的局限性，主要体现在：溶液不均匀易导致测量偏差；试样表面平整度会影响探针与表面距离和阻抗的垂直分辨率；对指定位置进行测试时需要采取辅助定位设备和技术等。因而需要不断完善试验参数及设备仪器以提高测试结果的准确性。

4　结语

由于管道材料本身的性质及其在制造过程中多种因素的影响，在腐蚀介质中不同的位置可能会表现出电化学特性的差异。常规的电化学研究手段在研究其腐蚀行为和机理方面存在一定的限制，而微区电化学分析技术正好弥补了这一不足，完善和发展了管线钢电化学腐蚀研究领域多种测量和数据解析方法。同时微区电化学腐蚀分析技术尚存在一定局限性，需在金属腐蚀现象和机理的研究应用中不断改进，一方面不断积累电化学分析数据，另一方面也促进微区电化学分析技术快速发展。

参 考 文 献

[1]周贤良，李晖榕，华小珍，等.X80 管线钢埋弧焊焊接接头的组织和腐蚀性能 [J].焊接学报，2011，32 (1)：37.

[2]朱敏，刘智勇，杜翠薇，等.X65 和 X80 管线钢在高 pH 值溶液中的应力腐蚀开裂行为及机理 [J].金属学报，2013，49 (12)：1590.

[3]赵博，杜翠薇，刘智勇，等.剥离涂层下的 X80 钢在鹰潭土壤模拟溶液中的腐蚀行为 [J].金属学报，2012，48 (12)：1530.

[4]赵鹏翔，左秀荣，陈康，等.X80 大变形管线钢的腐蚀行为 [J].材料热处理学报，2013，334：221.

[5]王新江，李晓刚，杨体绍，等.X70 管线钢表面点蚀成因及机理分析 [J].钢铁研究学报，2010，(6)：26.

[6] Zhang G，Cheng Y. Micro-electrochemical characterization of corrosion of pre-cracked X70 pipeline steel in a concentrated carbonate/bicarbonate solution [J].Corros Sci，2010，52 (3)：960.

[7]梅华生，王长朋，张帷，等.电化学充氢对 X80 管线钢在鹰潭土壤模拟溶液中应力腐蚀行为的影响 [J].中国腐蚀与防护学报，2013，33 (5)：388.

[8]赵志超，贺三，袁宗明，等.温度对 X52 管线钢 CO2 腐蚀电化学行为影响 [J].全面腐蚀控制，2013，26 (11)：45.

[9]李红英，康巍，胡继东，等.X70 和 X80 管线钢的电化学腐蚀行为 [J].材料热处理学报，2011，32 (10)：151.

[10]汪俊，韩薇，李洪锡，等.大气腐蚀电化学研究方法现状 [J].腐蚀科学与防护技术，2002，14 (6)：333.

[11] Peng X, Liang G, Jin T, et al. Correlation of initiation of corrosion pits and metallurgical features of X100 pipeline steel [J]. Can Metall Q, 2013, 52 (4): 484.

[12] Xue H, Cheng Y. Hydrogen permeation and electrochemical corrosion behavior of the X80 pipeline steel weld [J]. J Mater Eng Perform, 2013, 22 (1): 170.

[13] 梁平, 李晓刚, 杜翠薇, 等. X80 和 X70 管线钢在 NaHCO3 溶液中钝化膜的电化学性能 [J]. 石油化工高等学校学报, 2008, 21 (2): 1.

[14] 宋庆伟, 刘云, 陈秀玲, 等. pH 值对 X80 管线钢土壤腐蚀行为的影响 [J]. 全面腐蚀控制, 2008, 22 (4): 63.

[15] Bastos A, Simões A, Ferreira M, el at. Corrosion of electrogalvanized steel in 0.1 M NaCl studied by SVET [J]. Portugaliae Electrochimica Acta, 2003, 21 (4): 371.

[16] 骆鸿, 董超芳, 肖葵, 等. 金属腐蚀微区电化学研究进展 (3) 扫描振动电极技术 [J]. 腐蚀与防护, 2009, 30 (9): 631.

[17] Zhang G, Cheng Y. Micro-electrochemical characterization of corrosion of welded X70 pipeline steel in near-neutral pH solution [J]. Corros Sci, 2009, 51 (8): 1714.

[18] 续冉, 王佳, 王燕华, 等. 扫描振动电极技术在腐蚀研究中的应用 [J]. 腐蚀科学与防护技术, 2015, 27 (4): 375.

[19] 王力伟, 李晓刚, 杜翠薇, 等. 微区电化学测量技术进展及在腐蚀领域的应用 [J]. 中国腐蚀与防护学报, 2010, 30 (6): 498.

[20] 王力伟, 杜翠薇, 刘智勇, 等. X70 钢焊接接头在酸性溶液中的局部腐蚀 SVET 研究 [J]. 腐蚀与防护, 2012, 33 (11): 935.

[21] 毕宗岳, 任永峰, 井晓天, 等. 微电极扫描法对 HFW 焊缝沟槽腐蚀敏感性研究 [J]. 焊管, 2011, 34 (10): 5.

[22] 续冉, 王佳. 局部电化学阻抗方法在腐蚀研究中的应用 [J]. 中国腐蚀与防护学报, 2015, 35 (4): 287.

[23] Jin T, Liu Z, Cheng Y, et al. Effect of nonmetallic inclusions on hydrogen-induced cracking of API5L X100 steel [J]. Int J Hydrogen Energy, 2010, 35 (15): 8014.

[24] Li M, Cheng Y. Corrosion of the stressed pipe steel in carbonate - bicarbonate solution studied by scanning localized electrochemical impedance spectroscopy [J]. Electrochim Acta, 2008, 53 (6): 2831.

[25] Tang X, Cheng Y. Quantitative characterization by micro-electrochemical measurements of the synergism of hydrogen, stress and dissolution on near-neutral pH stress corrosion cracking of pipelines [J]. Corros Sci, 2011, 53 (9): 2927.

作者简介

封辉, 通讯作者, 男, 1985 年生, 博士, 主要从事管线钢组织与性能表征方向研究, E－mail: fengh01@cnpc.com.cn, Tel: 029－81887982

环烷酸腐蚀关键影响因素与案例解析

梁春雷　陈学东　艾志斌　吕运容　王　刚

（合肥通用机械研究院　国家压力容器与管道安全工程技术研究中心
安徽省压力容器与管道安全技术省级实验室　安徽　合肥　230031）

摘　要　列举了近年来出现的典型环烷酸腐蚀案例，通过这些案例分析研究了环烷酸腐蚀的关键影响因素，如温度和材质、流态、硫含量等。实践证明，合理选材是控制环烷酸腐蚀的重要方法。随着操作温度地升高环烷酸腐蚀显著加重。处于冷凝状态的减压塔尤其是减三线部位，即使使用 316L、317L 材质也会发生严重腐蚀。处于汽化状态的减压炉炉管和转油线易发生环烷酸冲刷腐蚀，案例表明碳钢和 Cr5Mo 材质的减压炉炉管扩径后的腐蚀速率会成数量级增加。对于碳钢和 Cr－Mo 钢而言，一定范围内的硫含量可以减缓环烷酸腐蚀。但对于不锈钢材质，硫含量增加会促进环烷酸腐蚀。

关键词　环烷酸腐蚀；高酸原油；常减压装置；腐蚀

Key Influencing Factors and Cases Analysis of Naphthenic Acid Corrosion

Liang Chunlei　Chen Xuedong　Ai Zhibin　Lv Yunrong　Wang gang

(Hefei General Machinery Research Institute, National Technical Research Center on
Safety Engineering of Pressure Vessels and Pipelines, Anhui Provincial Laboratory of
Safety Technology for Pressure Vessel and Piping, Hefei 230031)

Abstract　This paper lists the typical cases of naphthenic acid corrosion in recent years. Through these cases, the key influencing factors of naphthenic acid corrosion, such as temperature and material, flow regime, sulfur content and so on, are studied. Practices have proved that reasonable material selection is an important method to control naphthenic acid corrosion. Naphthenic acid corrosion increased with the increasing of operating temperature. A vacuum column in condensation, especially side cut 3, will corrode severely even if the 316L or 317L is used. The vacuum furnace tubes and oil transfer line in the evaporating state tend to occurring naphthenic acid erosion corrosion. The cases show that the corrosion rate of carbon steel and Cr5Mo can be increased in magnitude. For carbon steel and Cr－Mo steel, a certain range of sulfur content can slow down naphthenic acid corrosion. But for stainless steel, the increase in sulfur content will promote naphthenic acid corrosion.

Keywords　naphthenic acid corrosion, high－acid crude oil, atmospheric and vacuum distillation unit

1　引言

近年来，国内高酸原油的加工能力迅速增加。至 2009 年，仅中国石化就有 20 多家炼油厂加工过高酸值原油，2009 年其高酸油加工量已经占到加工总量的 21%，若加上含酸油将占到加工量的 40% 以上[1]。在加工高酸原油过程中，无论是中国石化、中国石油，都出现过较多腐蚀问题。近年来虽然通过材质升级解决了大部分的高温环烷酸腐蚀问题，但关键易腐蚀部位的高温环烷酸腐蚀仍然在不断发生。

目前，在环烷酸腐蚀机理研究及其腐蚀防护方面取得了一定的成效[2-6]。但腐蚀问题始终没有得到彻底解决，某些特殊部位即使使用高等级材质也出现了一些异常腐蚀现象。

合肥通用机械研究院进行年来做了大量的高酸原油腐蚀方面的研究，包括试验研究、腐蚀监测、腐蚀调查等，掌握了大量的试验数据和炼厂实际腐蚀案例。本文以腐蚀案例佐证的形式分析研究了影响环烷酸腐蚀的关键因素，如温度和材质、流态、硫含量等，为环烷酸腐蚀预测和设备管道选材提供依据。

2 关键控制因素研究与案例分析

2.1 温度和材质

一般认为环烷酸腐蚀的温度区间为 220～400℃，温度更高时环烷酸将发生分解，温度更低时基本不发生腐蚀。国内有较多的文献认为环烷酸腐蚀有两个峰值温度，分别为 270～280℃和 350～400℃。但实际腐蚀案例研究发现环烷酸腐蚀是随温度升高而加重的，比如多个企业的加工经验表明，常减压装置腐蚀最严重的是减三线部位，此处操作温度一般在 300～330℃。环烷酸腐蚀速率评估常用的 API 581 数据库也是认为环烷酸腐蚀随温度升高腐蚀速率增大。另外，国内石化标准 SH/T 3129－2012《高酸原油加工装置设备和管道设计选材导则》中材料选用也是随温度升高而选材等级增加，而且以 288℃为界，温度在这之下一般选用 304/304L，而在这之上则一般选用 316L。

2012 年对中石油某加工辽河高酸油的企业（A企业）进行腐蚀检查时发现，在减压系统，当温度超过 280℃时 304SS 材质的管束发生了严重腐蚀，如图 1 所示（介质为减三中油、操作温度在 290℃左右）。而换热降温后紧接着下一台管束则腐蚀轻微。这也说明了温度对 304SS 管束腐蚀影响的重要性。中石化华东某企业（B 企业）加工多种进口高酸油，减压塔第五段填料分布管，一小短节错用 321 材质，

整体已薄如纸片，多处大面积腐蚀穿透，而相邻 316L 接管则完好无损。加工高酸原油时不含 Mo 不锈钢也不适用于转油线等高流速冲刷腐蚀部位，如中石化华南某企业（C 企业）321SS 材质的常压高速转油线在线测厚监测到 0.3mm/y 的腐蚀速率，之后升级到 316L 材质。中海油华南某企业（D 企业）减压转油线防冲板有一块错用不含 Mo 不锈钢，结果运行一个周期后被大片腐蚀殆尽。

对于碳钢材质而言，220℃以上即可发生明显腐蚀。在 A 企业，数台操作温度在 220～240℃的碳钢材质管箱发生了典型的冲刷腐蚀，典型案例如图 2 所示。最严重腐蚀发生在存在冲刷的部位，如某换热器管箱热流入口接管所在四分之一封头减薄程度远大于其他部位。另一台温度为 260℃的换热器冲刷减薄尤为严重，热流入口端管箱封头厚度减薄至 4.2mm，而出口端则为 12.3mm。B 企业的闪蒸塔也处于 220～240℃的操作温度范围，进料段碳钢衬板焊缝多处腐蚀穿透；受液槽受进料冲刷的一侧腐蚀减薄严重，最薄处已不足 1mm。

2.2 流态

流态的变化对环烷酸腐蚀影响巨大，典型的有减压塔内的汽液两相和冷凝，炉管和转油线内物料的汽化和高流速汽液两相冲刷。

2.2.1 减压塔的腐蚀

减压塔处于汽液两相和汽相冷凝状态，在冷凝区域环烷酸局部浓缩会大大加速腐蚀。国外有研究表明[7]，冷凝相区的腐蚀速率远远高于纯液相区，且冷凝相的腐蚀速率随温度的升高而增大，如图 3 所示。

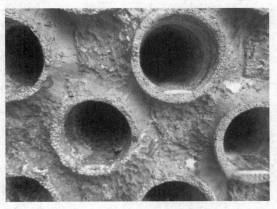

图 1　304 材质减三线换热器管束腐蚀

图2 碳钢管箱法兰与隔板交界处冲刷腐蚀

316L材质用在一般设备、管道上防腐蚀性能较好，但当用作减压塔内衬里、规整填料及其他内构件时各企业都遇到过严重的腐蚀问题，即使是317L填料也腐蚀严重。加工多种进口高酸油的B企业，2009年11月份升级改造后投产，2011年、2012年、2015年连续3次对其进行了腐蚀检查，减三线及下返塔部位均出现了严重腐蚀问题，如表1所示。该部位塔壁、填料及其他内构件均为316L材质。三次检查均发现填料腐蚀严重，甚至出现填料散落、坍塌，317L填料也不能坚持3年的运行周期。2012年和2015年均出现上述部位塔壁及内构件坑蚀严重，2015年液体分布器、集油箱更是大面积腐蚀穿透，如图4～7所示。

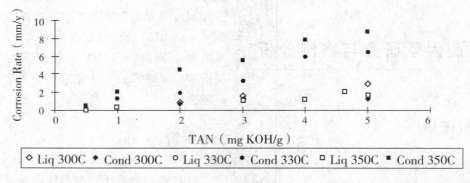

图3 碳钢腐蚀速率随温度、TAN和汽/液相的变化（Liq液相，Cond冷凝相）

Gutzeit[2]的现场调查表明，蒸汽在金属表面凝结成液体的露点温度环烷酸腐蚀最为严重；Scattergood等[2]报道在汽液两相界面处，蒸汽在金属表面冷凝成一层液体膜，此时观察到的腐蚀最为严重；Blanco[2]也指出，当环烷酸的物理状态发生变化时腐蚀将变得更为严重，比如转油线处于汽化状态或者减压塔处于冷凝状态时。大量的腐蚀事例表明，在减压环境下最严重的腐蚀通常发生在减三线部位，原因是环烷酸在该温度范围内的物流中容易浓缩。实际馏分油采样分析也表明减三线部位酸值最高，而在局部冷凝的液膜部位酸值可能比采样分析的数值高出数倍。

表1 B企业减压塔腐蚀情况汇总

部位	2011年6月检查情况	2012年8月检查情况	2015年9月检查情况
减压塔塔壁	减二及以下高温部位塔壁完好	减三及下返塔部位腐蚀严重，蚀坑深约1～1.5mm，腐蚀严重部位用317L衬板补焊	减三线及下返塔部位再次发生连片点蚀，下返塔部位上次检修重新贴焊的衬板也发生了大面积点蚀
减压塔填料	减三线及下返塔部位填料腐蚀严重，大面积散落。对下返塔部位填料进行了整体更换并升级材质为317L，厚度由0.2mm改为0.25mm，减三线部位填料进行了修补	减三线填料腐蚀严重，大面积散落，高度200～600mm不等。本次检修减三线填料整体更换为317L。减三线下返塔部位填料基本完好，局部有腐蚀	减三线填料再次发生严重腐蚀，局部散落。减三线下返塔部位填料腐蚀严重，散落、坍塌

部位	2011年6月检查情况	2012年8月检查情况	2015年9月检查情况
减压塔内构件	填料支撑、液体分布器等内构件完好。减三线下返塔分布管一小短节错用321材质，大面积腐蚀穿透	填料支撑、液体分布器、浮球液位计、固定螺栓等内构件表面坑蚀严重，减三下返塔分布管角焊缝多处腐蚀穿透，液体分布器固定用U形角钢大面积腐蚀穿透	填料支撑梁腐蚀进一步加深。液体分布器、集油箱更是大面积腐蚀穿透。液体分布器固定用U形角钢大面积腐蚀穿透

图4 2012年减三线下返塔部位塔壁点蚀

图7 2015年减三线下返塔部位317L填料腐蚀

2.2.2 炉管和转油线的腐蚀

炉管和转油线内的物料处于不断汽化和高流速汽液两相冲刷的状态，容易造成冲刷腐蚀。

常压炉炉管、减压炉对流室炉管和辐射室变径前炉管发生腐蚀的案例较少，即使使用低等级材料的炉管有时也能满足使用要求，如A企业Cr5Mo材质的常减压炉对流室和辐射室炉管、减压炉变径前炉管使用一个周期后未见明显减薄，又如C企业2008年底更换下来的Cr5Mo常压炉对流段炉管和321SS常压炉辐射段炉管均未见明显腐蚀减薄。

减压炉辐射室扩径后的炉管则腐蚀明显加快。加工高酸值原油的克拉玛依石化[8]的运行数据表明，碳钢材质的减压炉炉管变径前腐蚀速率小于0.5mm/y，但变径后的炉管腐蚀速率可达到10mm/y。2004年锦州石化[9]Cr5Mo材质的减压炉辐射室炉管泄漏着火，泄漏的炉管为一级扩径的第一、二根炉管。减压炉为四路进料，其中第二、三、四路均发生泄漏，第一路也减薄。

图5 2015年减三线下返塔部位贴焊处点蚀

B企业连续两个周期的运行经验表明316L材质用在常减压转油线总体上明显好于减压塔。2015年大修时发现减压转油线整体较好，但在焊缝处有两处泄漏点，位于高速转油线弯头环缝处。2014

图6 2015年减三线316L液体分布器蚀穿

年中海油惠州炼化[10]检修时发现 316L 和 317 复合板材质的减压转油线有 11 处泄漏点，也位于弯头环缝处。上述两家转油线腐蚀的主要原因是内部复合板环缝存在焊接缺陷导致管道母材焊缝被环烷酸腐蚀穿透。中石油锦西石化[11] 2010 年检修时发现 321 材质的减压转油线过渡段弯头处冲蚀减薄严重，使用 5 年后从 14mm 减薄至 6mm。

分析原因是由于高温环烷酸腐蚀的动力学受到环烷酸分子活化、环烷酸分子在金属表面吸附、冲刷腐蚀等主要因素的影响。加热炉炉管内介质由于不断吸收热量、不断汽化，使得环烷酸分子在金属表面吸附的过程受到抑制，进而腐蚀较轻。而减压炉炉管扩径后和减压转油线（尤其是过渡段）内的介质则处于汽化率突然增加、流速突变的状态，高温硫腐蚀和环烷酸的冲刷腐蚀作用大大增强。

2.3 硫含量

环烷酸腐蚀和硫腐蚀是同时进行的，它们之间的相互作用十分复杂，硫化物既可增强也可降低原油的腐蚀性。部分观点认为硫化物的存在会在金属表面生成一层硫化物保护膜起到抑制环烷酸腐蚀的作用，但这并不完全正确。Kane R. D[4] 的系统研究表明当 H_2S 含量在一个适度的范围内时才可明显抑制环烷酸冲刷腐蚀，而当 H_2S 浓度超过一定值时高流速可去除保护性硫化物膜，形成硫冲刷腐蚀，并且环烷酸的存在起到加速作用，使其腐蚀速率甚至高出环烷酸冲刷腐蚀，如图 8 所示。

可见，除酸值的影响以外，硫含量对环烷酸腐蚀有着重要的影响。数个企业减压塔的腐蚀案例表明，减压塔的腐蚀除与加工油种、酸值有关外，还与硫含量关系密切。B 企业运行一个周期后便腐蚀惊人，惠州炼油厂加工酸值更高的蓬莱原油（酸值 3.46mg KOH/g，硫含量 0.29%），经过一个运行周期装置状况良好，仅减三线部位填料局部有少许腐蚀[12]。A 企业加工高酸低硫的辽河原油腐蚀情况也好于 B 企业。中国石油锦西石化[13,14]和锦州石化[9,15]加工辽河原油经验也表明 316L 材质应用状况良好。

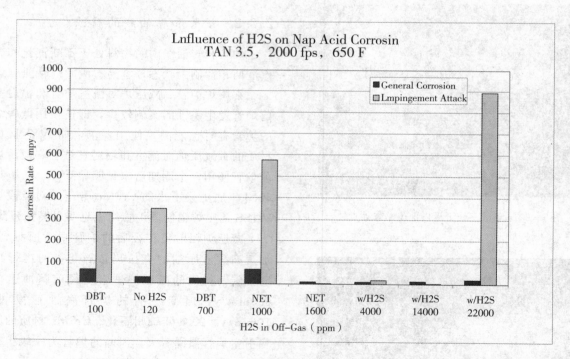

图 8 硫对环烷酸腐蚀的影响，9Cr 钢

从 B 企业加工原油性质变化和三次腐蚀检查对比情况看，硫含量的增加加剧了不锈钢的高温环烷酸腐蚀。运行一年半以后进行腐蚀检查未发现塔壁明显腐蚀，再运行 14 个月后发现减压塔 316L 复合板环烷酸腐蚀严重，被迫重新贴焊 317L，再运行三年后 317L 塔壁同样发生严重点蚀，316L 的液体分布器、集油箱等内构件更是大面积腐蚀穿透，317L 的规整填料也不能满足三年一个周期的运行

需要。与之对应的是 B 企业的原料硫含量均值从起初的 0.5% 增加至 2012 年检查前的 0.79%，2015 年分析硫含量平均值也达到 0.7%（最大值为 0.96%）。API 581 数据库也认为随着硫含量的增加环烷酸腐蚀速率增大。

Kane R.D[4] 通过对预制硫化物膜的试样进行高温环烷酸腐蚀试验研究证明了环烷酸对硫化物膜的溶解性，且 Cr 含量越高，溶解越快。对于 12Cr 和 18Cr－8Ni 材质，有硫化物膜比没有硫化物膜时腐蚀失重率更高。0Cr 和 5Cr 表现出同样的规律，但程度要轻，并且数据分散性大。

结合腐蚀案例和 Kane R.D 的研究结果，也许可以推断：对碳钢和 Cr－Mo 钢而言，一定含量的硫化物可以减缓环烷酸腐蚀；但对于不锈钢，硫化物的存在起到促进高温环烷酸腐蚀的作用。

2.4 其他

环烷酸腐蚀还和其他一些影响因素密切相关[16]，如环烷酸种类、流速、冲刷角度等，本文不再一一赘述。

3 结论

（1）合理选材是控制环烷酸腐蚀的重要方法，选材得当会显著降低加工高酸原油装置设备和管道的腐蚀风险。

（2）随操作温度升高环烷酸腐蚀显著加重。220℃以上便不再适合使用碳钢。288℃以上 304/321 不锈钢出现过严重的腐蚀案例，尤其是用在减压系统。

（3）处于冷凝状态的减压塔和处于汽化状态的减压炉炉管和转油线易发生环烷酸腐蚀。案例表明，减三线部位即使使用 316L、317L 材质也会发生严重腐蚀；碳钢和 Cr5Mo 材质的减压炉炉管扩径后的腐蚀速率会成数量级增加。

（4）对于碳钢和 Cr－Mo 钢而言，一定范围内的硫含量可以减缓环烷酸腐蚀；但对于不锈钢材质，硫含量增加会促进环烷酸腐蚀。

参 考 文 献

[1] 任刚. 炼油企业高酸油加工腐蚀及防护 [J]. 石油化工设备技术，2010，31（4）：54－57.

[2] Slavcheva E, Shone B, Turnbull A. Review of Naphthenic Acid Corrosion in Oil Refining [J]. British Corrosion Journal, 1999, 34（2）：125－131.

[3] Tebba S, Kane RD. Assessment of crude oil Corrosivity [C]. Corrosion 98, NACE International, Houston, 1998, Paper No. 578.

[4] Kane RD, Cayard M S. A Comprehensive Study on Naphthenic Acid Corrosion [C]. Corrosion 2002, NACE International, Houston, 2002, Paper No. 02555.

[5] Groysman A, Brodsky B, Pener J, et al. Low Temperature Naphthenic Acid Corrosion Study [C]. Corrosion 2007, Houston, NACE International, 2007. Paper No. 07569.

[6] Dettman HD, Li N, LuoJ. Refinery Corrosion, Organic Acid Structure, and Athabas Bitumen [C]. Corrosion 2009, NACE International, Houston, 2009, Paper No. 09336.

[7] Heather D Dettman, Nana Li, Jingli Luo. Refinery Corrosion, Organic Acid Structure, and Athabas Bitumen [C]. NACE, Corrosion 2009, Paper No. 09336.

[8] 左慧君，金文房，彭桂林，等. 稠油加工装置加热炉炉管腐蚀研究及控制 [J]. 全面腐蚀控制，2007，21（3）：40－42.

[9] 徐磊. 含酸原油加工探讨 [J]. 石油化工腐蚀与防护，2008，25（6）：21－25.

[10] 郭飞. 减压塔转油线焊缝泄漏分析及修复 [J]. 石油化工设备，2015，44（6）：99－103.

[11] 姜元庆. 减压转油线腐蚀原因分析与对策 [J]. 石油化工设备技术，2013，34（3）：54－55，60.

[12] 孙亮，郑光明，张继锋. 蓬莱 19－3 原油的环烷酸腐蚀研究 [J]. 石油化工腐蚀与防护，2012，29（6）：8－10.

[13] 赵岩，安辉. 蒸馏与减粘热联合装置的设备腐蚀与防护 [J]. 石油化工腐蚀与防护，2002，19（4）：12－17.

[14] 姜元庆. 蒸馏装置的防腐经验总结与探讨 [J]. 石油化工设备技术，2011，32（1）：22－24.

[15] 司兆平，陈文有. 316L 钢在减压塔中的应用 [J]. 石油化工腐蚀与防护，2000，17（4）：29－33.

[16] 梁春雷，陈学东，艾志斌，等. 环烷酸腐蚀机理及其影响因素研究综述 [J]. 压力容器，2008，25（5）：30－36.

B 设计、传热

高温下闸阀螺栓载荷变化规律研究

张 阳[1] 闫兴清[1] 喻健良[1]

（1. 大连理工大学 化工机械与安全学院 辽宁 大连 116024）

摘 要 针对核工业中常见的高温闸阀中法兰螺栓垫片密封问题，搭建了相应的试验装置，并研究了特定预紧载荷、不同加载方案及不同温度下螺栓载荷变化情况。试验结果表明，基于 ASME PCC-1 与 JIS B 2251 优化加载方案常温预紧得到的螺栓载荷足量度与均匀性较为接近。采用烘箱进行指定温度外部加热，升温初期，各个螺栓载荷下降速度明显；到573K后，螺栓载荷下降速度减缓并趋于一致。升温到723K 时，螺栓平均载荷下降至初始目标载荷的 45% 左右。研究指出高温下垫片性能的改变使螺栓载荷发生变化，继而影响法兰组密封性能。

关键词 闸阀；加载方案；高温；螺栓载荷

Changes of Bolt Load in Gate Valve under High Temperature

Zhang Yang[1] Yan Xingqing[1] Yu Jianliang[1]

(School of Chemical Machinery and safety, Dalian University of Technology, Dalian 116024, China)

Abstract Aiming at the common high temperature sealing problems of gate valve middle flange in nuclear industry, a corresponding test apparatus was set up to observe the changes of bolt load under specific preload, different loading schemes and temperatures. The test results show that the sufficiency and uniformity of bolt load were relatively close based on ASME PCC-1 and JIS B 2251 optimized loading schemes. Using the oven to externally heat, the bolt load fell fast in the early stage. After 573 K, the bolt load dropped more slowly and tended to be consistent. When the temperature reached 723 K, the average bolt load dropped to approximately 45% of the initial target one. This study indicated that the change of performance of gasket in high temperature resulted in the change of the bolt load, and then affected the sealing performance of flange.

Keywords gate valve; loading scheme; high temperature; bolt load

1 引言

稳定的垫片性能是法兰有效密封的关键。常温下，经过计算得到的螺栓载荷可以充分地保证垫片应力的大小，防止失效的发生。但在高温下，由于螺栓、法兰、垫片材料性能的变化，势必会对螺栓载荷与垫片性能产生影响，继而改变密封性能。因此，有必要对不同温度下螺栓载荷状态进行研究。

Sawa 等[1]结合试验与模拟方法研究了不同类型垫片法兰组在循环热载作用下的强度与应力变化，并总结了垫片、螺栓、法兰三者的热膨胀因子变化规律。Omiya 等[2]指出垫片性能的变化是在高温工况中影响螺栓载荷下降的主要因素。Roy 等[3]进一步指出材料的热膨胀系数是影响螺栓载荷在不同温度下明显变化的最重要参数。Abid 等[4]基于标准大口径管法兰，引进泄漏率准则，将垫片应力与螺栓载荷联系在一起，从而评价法兰组在不同温度下的密封性能。Sato 等[5]以新型 PTEF 垫片为试验对象，测量了 673K 温度下、120 小时试验时间内螺栓载荷的下降情况，载荷的下降与垫片压缩回弹曲线的改变对应。国内，顾伯勤[6]等通过建立高温垫片性能测试装置，试验研究了多种垫片的压缩回弹性能，并给出了石墨金属垫片在不同温度下的压缩回弹关系式。蔡仁良[7]等进一步分析了金属与金属接触型石墨垫片法兰组在稳定温度下的垫片应力与螺栓载荷变化情况，与 Sawa 试验结果较为接近。喻健良等[8]基于 DN 200 法兰系统，采用了多种加载方案，研究了预紧到 673K 温度过程中螺栓载荷的变化情况，并与模拟进行了比较，结果良好。

上述众多的研究为高温下法兰密封性能的研究提供了参考，但已有研究大多集中于简单的标准管法兰试验件，对非标准法兰或复杂装置法兰连接结构等研究还远远不够。目前法兰组的加热大多采用法兰内部电阻丝加热，螺栓的温度不均匀且难以精确控制，内部加热温度也大多集中于 673K 以内，对更高温度下螺栓载荷的研究仍尚处空白。鉴于此，本文建立了高温闸阀试验装置，利用烘箱进行外部加热，研究了特定加载方式、特定预紧载荷下各个螺栓载荷随温度的变化规律，从而为工业热紧提供参考。

2 试验装置

图 1 为闸阀中法兰常温预紧试验装置。其中，试验闸阀规格为 4Z6AA22P（S），材料选用 ASTM A351 CF8，为美标铸造 304 不锈钢，选用 10 个规格为 7/8 - 9 × 140UNC 的双头螺柱，材料为 ASTM A193 B8，为美标高温高压专用螺栓，螺母代号为 ASTM A194 8，与螺栓相配，规格为 7/8 - 9UNC。查阅手册[9-10]，其不同温度下的材料力学性能如表 1、表 2 所示，螺栓、螺母编号如图 1 所示。垫片选用 4Z6 型石墨金属缠绕式垫片，通过 TG 120 - 3AA800 - YF50 型高温应变片与 DH - 3815N 型静态电阻应变仪测量螺栓载荷。图 2 为闸

阀高温加热系统，闸阀加热由 HOC - GWX120CF 型高温烘箱控制，将热电偶与螺栓、螺母外表面接触，并通过温控表实时测量升温过程中螺栓外表面温度。

表 1 不同温度下阀体材料力学性能

温度（K）	抗拉强度（MPa）	屈服强度（MPa）	伸长率（%）	端面收缩率（%）	硬度（HB）
288K	≥520	≥205	≥40	≥60	≤187
473K	475	160	48	72	—
673K	410	110	45	69	—

表 2 不同温度下螺栓螺母材料力学性能

温度（K）	抗拉强度（MPa）	屈服强度（MPa）	伸长率（%）	端面收缩率（%）	硬度（HB）
288K	≥515	≥205	≥30	≥50	≤223
473K	467	157	47	71	—
673K	405	112	44	67	—

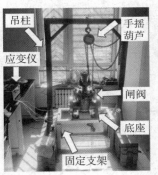 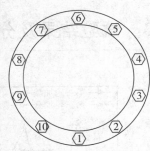

图 1 闸阀中法兰常温预紧试验装置及螺栓编号顺序

图 2 闸阀高温加热装置

分别采用基于 ASME PCC - 1（LEGACY 法）[11]、JIS B 2251[12]的优化加载方案对螺栓进行四轮预紧，目标载荷即为所施加的预紧力，具体的加载方法与目标载荷如表 3、表 4 所示。升温过程

中，通过高温烘箱分别提高螺栓、螺母外表面温度至 373K、473K、573K、673K、723K，并在对应温度下保温 45 分钟，确保螺栓内外温度与对应温度梯度一致。

表 3　基于 ASME PCC - 1 优化加载方案

加载轮次	目标载荷	加载方法	次序
第一轮	19.5 kN	对角交叉	①→⑥→⑧→⑤→⑩→②→⑦→④→⑨
第二轮	39.0 kN	对角交叉	①→⑥→⑧→⑤→⑩→②→⑦→④→⑨
第三轮	58.5 kN	对角交叉	①→⑥→⑧→⑤→⑩→②→⑦→④→⑨
第四轮	58.5 kN	顺次	①→②→③→④→⑤→⑥→⑦→⑧→⑨→⑩

表 4　基于 JIS B 2251 优化加载方案

加载轮次	目标载荷	加载方法	次序
第一轮	58.5 kN	对角交叉	①→⑥→③→⑧
第二轮	58.5 kN	顺次	①→②→③→④→⑤→⑥→⑦→⑧→⑨→⑩
第三轮	58.5 kN	顺次	①→②→③→④→⑤→⑥→⑦→⑧→⑨→⑩
V第四轮	58.5 kN	顺次	①→②→③→④→⑤→⑥→⑦→⑧→⑨→⑩

3　试验结果及分析

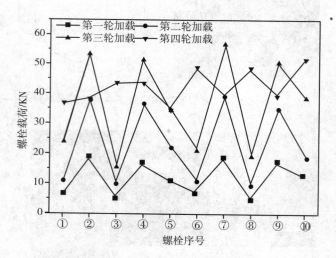

图 3　ASME PCC - 1 优化加载方案时四轮预紧后螺栓载荷的变化情况

3.1　螺栓常温预紧载荷变化规律

图 3 为基于 ASME PCC - 1 优化加载方案、四轮预紧后螺栓载荷的变化情况。表 5 为每一轮加载后螺栓载荷的均匀性情况。由表 5、图 3 可知，第一轮交叉加载后，10 个螺栓的载荷分布差异较大，最大载荷与最小载荷的极差达到了 14.6 kN，所有螺栓载荷均低于目标载荷 19.5 kN，平均载荷 12.2 kN，为目标载荷的 62.6%，最小载荷只有目标载荷的 24.6%，载荷的不足量性与不均匀性已有体现。第二轮、第三轮加载后，螺栓载荷的变化分布与第一轮存在相似情况。几乎所有螺栓载荷都低于相应的目标载荷，平均载荷分别为 22.9 kN、36.5 kN，分别为目标载荷的 58.7%、62.4%，同时最小载荷分别只有目标载荷的 24.1%、26.5%。可以看出，前三轮交叉加载平均载荷稳定在目标载荷的 60% 左右，最小载荷也稳定在目标载荷的 25% 左右，说明载荷的不足量幅度几乎相同。而载荷间标准差的大幅增加说明各个螺栓载荷分布非常不均匀，载荷间的离散性较高。第四轮加载为顺次找平轮次，该轮次下平均载荷 42.4 kN，增加至目标载荷的 72.5%，最小载荷也大幅增加至目标载荷的 58.6%，相比于前三轮，载荷的不足量幅度有明显的改善，与此同时，载荷间标准差大幅下降，螺栓载荷间的不均匀程度明显降低。

表5 ASME PCC-1优化加载方案预紧后螺栓载荷的均匀性情况

加载轮次	最大值 F_{max}/kN	最小值 F_{min}/kN	平均值 F/kN	标准差 S
第一轮	19.4	4.8	12.2	5.9
第二轮	39.1	9.4	22.9	12.9
第三轮	56.9	15.5	36.5	15.9
第四轮	51.6	34.3	42.4	5.8

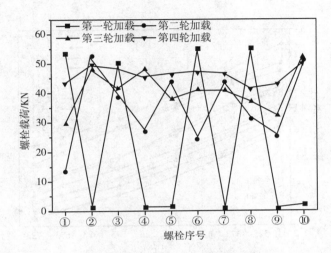

图4 JIS B 2251优化加载方案时四轮预紧后
螺栓载荷的变化情况

图4为基于JIS B 2251优化加载方案、四轮预紧后螺栓载荷的变化情况。表6为该方案下每一轮加载后螺栓载荷的均匀性情况。由表6、图4可知，与ASME优化加载方案不同，基于JIS B的优化方案第一轮只需对角加载4颗螺栓，施加最大目标载荷，从而将法兰盘固定，防止之后轮次加载法兰盘一端发生翘曲现象，由于弹性交互作用，其余6颗螺栓部分螺栓有所上紧，部分螺栓发生松动。第二、三、四轮均为顺次加载，施加相同目标载荷，三轮加载中，平均载荷与最小载荷不断增大，平均载荷分别提升至目标载荷的59.8%、69.7%、78.5%，最小载荷分别提升至目标载荷的21.7%、50.6%、69.9%，这说明四轮加载后螺栓载荷的足量程度大幅提高，与此同时，载荷间的标准差不断减小，说明各个螺栓间载荷趋于均匀。

比较图3、图4、表5、表6可知，两种加载方案四轮预紧后平均载荷基本在目标载荷的75%左右，螺栓间载荷的均匀性也较为接近，但基于JIS B的优化方案下的螺栓载荷与均匀度稍高一些，且

加载轮次更少一些。基于ASME优化加载方案下所施加的目标载荷更小，长期工作省力明显。

表6 JIS B 2251优化加载方案预紧后
螺栓载荷的均匀性情况

加载轮次	最大值 F_{max}/kN	最小值 F_{min}/kN	平均值 F/kN	标准差 S
第一轮	55	0	21.9	27.1
第二轮	52.4	12.7	35.0	13.2
第三轮	53.1	29.6	40.8	7.3
第四轮	50.8	40.9	45.9	3.1

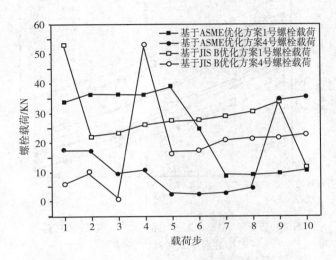

图5 1号、4号螺栓两种加载方式下第二轮加载过程中
载荷具体变化情况

图5为1号、4号螺栓两种加载方式下第二轮加载过程中载荷具体变化情况。由图5可知，在基于ASME PCC-1优化加载方案下，当对螺栓预紧时，预紧螺栓达到目标载荷附近，如第一步对1号螺栓预紧、第九步对4号螺栓预紧，1号、4号螺栓在对应加载步都达到目标载荷附近；由于弹性交互作用影响，当对目标螺栓相邻两侧螺栓进行加载时，目标螺栓的载荷会明显下降，如目标螺栓为1号螺栓时，第六步、第七步分别加载10号螺栓、2号螺栓，加载相邻螺栓产生的弹性交互负作用使1号螺栓载荷（第七步时载荷）仅有初始预紧后的26%，当加载的螺栓与目标螺栓不相邻时，如第二步、第五步分别加载6号螺栓、5号螺栓，此时产生的弹性交互正作用使1号螺栓的载荷有所增加。这一变化现象在4号螺栓乃至其他螺栓加载过程中同样存在。在基于JIS B 2251优化加载方案下，螺

栓间的弹性交互正、负作用影响机理相同，如此时1号螺栓，第二步、第十步分别加载2号螺栓、10号螺栓，由于相邻螺栓负作用影响，螺栓载荷大幅降低；第三步到第九步对应加载3号至9号螺栓，此时不相邻螺栓正作用影响使1号螺栓载荷在加载过程中不断增加。4号螺栓载荷变化趋势同样受弹性交互正、负作用影响。值得注意的是，基于JIS B 2251优化加载方案所施加的目标载荷更大，这就造成正、负作用强度更强，载荷下降、增加幅度更加明显。

表7　373K、473K、573K、673K、723K温度下螺栓载荷均匀性情况

温度 T/K	最大值 $F_{\max}$/kN	最小值 $F_{\min}$/kN	平均值 F/kN	标准差 S
373K	47.7	31.4	38.9	5.7
473K	42.9	26.9	34.4	5.5
573K	38	23.4	30.2	5.1
673K	34.7	20.5	27	4.8
723K	32.8	19.1	25	4.6

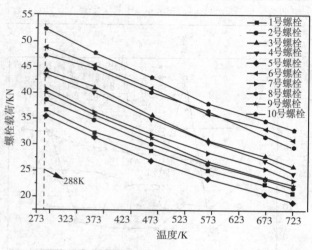

图6　基于ASME PCC-1优化加载预紧后升温到723K过程中载荷具体变化情况

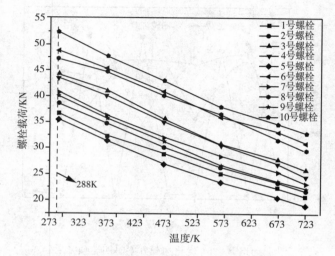

图7　基于JIS B 2251优化加载预紧后升温到723K过程中载荷具体变化情况

3.2　螺栓升温过程载荷变化规律

图6为基于ASME PCC-1优化加载方案下螺栓预紧后升温到723K过程中载荷具体变化情况。表7为373K、473K、573K、673K、723K温度下螺栓载荷均匀性情况。总体上来说，螺栓载荷随着温度的均匀升高而持续下降。由表7、图6可知，在373K、473K、573K、673K、723K温度下，平均载荷分别为目标载荷的66.5%、58.8%、51.6%、46.1%、42.7%。最小载荷分别只有目标载荷的53.7%、46.0%、40.0%、35.0%、32.6%。垫片材料相比于法兰、螺栓材料，其性质受温度影响较大，升温过程造成螺栓力不断下降，螺栓载荷的不足量程度进一步增大。与此同时，升温过程中载荷间标准差略有降低，说明升温过程使螺栓的不均匀程度有所改善。

图7为基于JIS B 2251优化加载方案下螺栓预紧后升温到723K过程中载荷具体变化情况。表8为此方案下373K、473K、573K、673K、723K温度时螺栓载荷均匀性情况。与ASME优化加载相似的是，总体螺栓载荷随着温度的升高而稳定下降，与ASME优化加载不同的是，JIS B优化加载方案下载荷离散不均匀程度较小，升温过程中，各温度下最大载荷与最小载荷间的极差远低于同工况ASME优化加载，这就造成图7所示升温过程载荷分布较为密集。由表8、图7可知，在373K、473K、573K、673K、723K温度下，此时平均载荷分别为目标载荷的71.6%、63.6%、55.4%、49.4%、46.0%。最小载荷分别只有目标载荷的63.8%、56.6%、48.4%、41.9%、39.1%。虽然螺栓间载荷较为均匀，但升温过程依然会造成螺栓力不断下降，螺栓载荷的不足量程度的扩大。值得注意的是，升温过程中载荷间标准差基本不变，说明此时升温过程并不会使螺栓的均匀性进一步加强。

B
设计、传热

表 8　373K、473K、573K、673K、723K
温度下螺栓载荷均匀性情况

温度 T/K	最大值 F_{max}/kN	最小值 F_{min}/kN	平均值 F/kN	标准差 S
373K	47.1	37.3	41.9	3.1
473K	42.3	33.1	37.2	3
573K	37.4	28.3	32.4	3
673K	33.9	24.5	28.9	3.1
723K	31.8	22.9	26.9	3

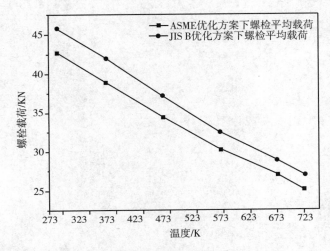

图 8　两种加载方案下各号螺栓预紧及升温时
平均载荷的变化情况

图 8 为两种加载方案下各号螺栓预紧及升温时平均载荷的变化情况。由图 8 可知，常温预紧后，二者载荷相差 3.5 kN，较为接近；随着温度的升高，二者间的载荷差值逐渐减小，至 723K 时，二者仅相差 1.9 kN，说明升温过程中二者载荷的变化无明显差异，加载方式对常温预紧影响明显，但不会影响升温过程载荷变化。比较图 6~8，表 7、8 的载荷分布可知，随着温度的增加，各螺栓载荷下降速度无剧烈波动。但是，在初始升温阶段，载荷下降速度较快，这一现象在 JIS B 2251 优化加载方案下尤其明显，但在升温至 573K 后，两种方案下各号螺栓载荷下降速度都有所降低，说明初始升温过程对螺栓载荷影响更为显著。

4　结论

通过搭建闸阀常温预紧、高温加热试验装置，

研究了中法兰螺栓在不同加载方案预紧后及升温过程中载荷变化规律，得到结论如下：

（1）基于 ASME PCC－1 优化加载方案与基于 JIS B 2251 优化加载方案四轮预紧后平均载荷基本接近，JIS B 2251 优化加载方案下载荷均匀性更高，加载轮次更少，但明显费力。

（2）两种加载方案、升温时，螺栓载荷总体不断下降，载荷间不均匀性有所改善。至 723K 时，平均载荷下降至目标载荷的 45% 左右。

（3）升温初始阶段，加载方案对螺栓载荷有所影响，各号螺栓载荷下降比较明显，升温至 573K 以后，载荷下降速度减缓，各号螺栓载荷下降速度趋于一致。

（4）垫片性能参数如压缩回弹性能、热膨胀性能是影响高温闸阀中法兰密封的关键，关于这方面的研究有必要进一步展开。

参 考 文 献

［1］Omiya Y, Sawa T. Sealing performance evaluation of pipe flange connections with spiral wound gasket under cyclic thermal condition ［J］. Int J Mech Syst Eng, 2013, 3：105－110

［2］Omiya Y, 沢俊行, 高木愛夫, et al. FEM Stress Analysis and Sealing Performance Evaluation of Pipe Flange Connection under Cyclic Internal Pressure and Thermal Changes ［J］. Transactions of the Japan Society of Mechanical Engineers, 2013, 79 (798)：142－152.

［3］Abid M, Awan A W, Nash D H. Determination of load capacity of a non-gasketed flange joint under combined internal pressure, axial and bending loading for safe strength and sealing ［J］. Journal of the Brazilian Society of Mechanical Sciences and Engineering, 2014, 36 (3)：477－490.

［4］Roy C K, Bhavnani S, Hamilton M C, et al. Thermal performance of low melting temperature alloys at the interface between dissimilar materials ［J］. Applied Thermal Engineering, 2016, 99：72－79.

［5］Sato K, Kurokawa S, Sawa T, et al. Visco-Elastic FEM Stress Analysis of Bolted Flange Connections With PTFE-Blended Gaskets Under Elevated Temperature ［J］. ASME 2012 Pressure Vessels and Piping Conference, 2012, 2：205－211.

［6］顾伯勤, 陈晔. 高温螺栓法兰连接的紧密性评价方法 ［J］. 润滑与密封, 2006 (6)：39－41.

［7］范淑玲, 章兰珠, 林剑红, 等. 金属与金属接触型石墨密封垫片高温力学性能的试验研究 ［J］. 压力容器,

2013，30（4）：1—7.

［8］喻健良，闫兴清，罗从仁．高温下法兰系统温度分布及螺栓载荷变化［J］．压力容器，2013（11）：1—7.

［9］ASME 锅炉及压力容器委员会材料分委员会．ASME 锅炉及压力容器规范：2013 版．第 2 卷，材料．A 篇．铁基材料［M］．北京：中国石化出版社，2014.

［10］ASME 锅炉及压力容器委员会材料分委员会．ASME 锅炉及压力容器规范：2013 版．第 2 卷，材料．D 篇．性能（公制）［M］．中国石化出版社，2014.

［11］ASME PCC－1－2010，Guidelines for Pressure Boundary Bolted Flange Joint Assembly［S］.

［12］JIS B 2251：2008，Bolt Tightening Procedure for Pressure Boundary Flanged Joint Assembly［S］.

作者简介

张阳（1993—），男，辽宁大连，硕士研究生，主要研究方向为压力容器及管道安全，E－mail：597834885@qq.com。

通讯作者简介：喻健良（1963—），男，辽宁大连，博导，教授，主要研究方向为化工机械装备控制与管道安全，E－mail：yujianliang@dlut.edu.cn。

B 设计、传热

国内外常用法兰连接设计方法的对比研究

王爱民[1] 王 雅[2] 姜 峰[2]

（1. 兰州石油化工维达公司 甘肃 兰州 730050；

2. 兰州理工大学 石油化工学院 甘肃 兰州 730050）

摘 要 将国内外法兰连接设计常用方法特点进行简要介绍，并利用有限元软件对法兰接头进行稳态温度场分析及热-结构耦合分析，分析法兰接头的温度分布情况，以及螺栓和垫片应力的分布。探讨不同法兰设计方法对法兰接头的应力分布的影响。结果表明，温度分析中法兰、螺栓、垫片沿径向方向有明显的温度梯度；热-结构耦合分析中，与 EN 法相比，ASME 法计算出的螺栓载荷作用下的垫片沿径向应力差值较大，这表明采用 ASME 计算得到的螺栓预紧力下，法兰密封面压紧不均匀。

关键词 法兰连接；有限元；密封性；热及结构分析

中图分类号 TQ 050.2 **文献标识码** A

Comparative Studyon the Common Design Methods of Flange Joints

Wang Aimin[1] Wang Ya[2] Jiang Feng[2]

（1. Lanzhou Petrochemical Weida Company，Lanzhou 730050，China；

2. College of Petrochemical Engineering，Lanzhou Univ. of Tech，Lanzhou 730050，China）

Abstract Characteristics of commonly used flange joints design methods are briefly introduced here. Temperature field and thermo-structural coupling of the flange joints were analyzed using the finite element software ，and then temperature distribution and stress distribution of bolt and gasket were attained. The stress distribution of flange joints was discussed adopting different flange design methods. The results indicate that there are obvious temperature gradients in the radial direction of the flange，bolt and gasket during the temperature analysis. The radial stress difference of the gasket under the bolt load calculated by ASME method is larger than that of by EN method in the thermo-structural coupling analysis. This indicates that the flange sealing surface depression is not uniform when bolt preload was got from ASME method.

Keywords flange joint；the finite element；tightness；the thermal and structural analysis

0 引言

螺栓法兰连接是承压设备和管道连接中的主要密封连接形式，由于其拆装方便、结构简单在现代化工行业中的应用越来越广泛[1-3]。螺栓法兰连接系统主要由法兰、垫片和螺栓组成，通过对螺栓施加一定的预紧力使垫片和法兰密封面间产生足够的压紧力，以达到设备法兰环间的连接和密封的目的。经大量研究表明，法兰接头发生泄漏多数是由密封失效造成的，因强度失效引起的占少数。法兰接头一旦失效将直接对经济、环境以及人身安全造成影响。因此，提高法兰接头的密封性能具有十分重要社会和经济意义。

近年来，对法兰连接结构的研究越来越被重视，蔡暖姝[4]等人就 EN1591 和华脱尔斯法进行了对比研究，结果表明 EN1591 方法比华脱尔斯法考虑的更加全面，更能反映法兰接头的力学特性和密封性能。喻建良[5]等人就利用有限元软件对高温下的法兰螺栓连接系统进行了密封性分析，研究温度和压力对法兰连接系统的影响。王明伍[6]利用有限元软件对高温下的法兰接头进行分析，并提出一种新的检测管道法兰泄漏率的检测装置。

综上所述，采用有限元方法，利用 ANSYS 软件对法兰连接结构进行数值模拟，探讨温度和压力作用下法兰接头各组件的温度和应力分布。

1 法兰设计规范

目前，国内外常用的法兰设计规范有我国的 GB150-2011《压力容器》[7]、日本的 JIS B2205《管法兰计算方法》[8]以及欧盟的 13445 Clause11[9] 这些都等效采用了 ASME VIII-1[10]附录 2 具有环形垫片的螺栓法兰连接的计算规则，但欧盟的法兰设计方法 EN13445 附录 G 是有别于 ASME 的一种法兰设计规范。现将 ASME VIII-1 和 EN13445 附录 G 作简要介绍。

ASME VIII-1 法兰设计规范基于 Taylor-Forge 法，法兰连接设计计算主要基于两个垫片系数 m 和 y，而这两个垫片系数是出自 1942 年 Rossheim 和 Mark 发表的论文[11]，这些垫片系数仅与垫片的材料和类型有关，与泄漏率无关且是一种经验值并无实验基础。Taylor 法以强度为设计条件来保证法兰接头的强度和密封性，但实践表明，这种设计仅能保证法兰结构的强度并不能较好的保证密封性能。

如下所示 ASMEVIII-1 中法兰设计螺栓载荷计算式：

预紧工况：

$$W_2 = \frac{A_m + A_b}{2} S_a \qquad (1)$$

操作工况：

$$W_2 = W_{m1} \qquad (2)$$

第 3 章中 ASME 螺栓预紧载荷即为 ASME 预紧工况法兰设计螺栓载荷。

欧盟法兰设计规范 EN13445 将 EN1591-1 和 EN1591-2 收录作为附录 G，EN13445 附录 G（以下简称附录 G）以密封性为准则来保证法兰接头的强度和密封性能。附录 G 中有 6 个垫片系数，其中包括密封特性参数和变形特性参数，这些垫片系数还与泄漏率建立了定量关系。附录 G 在设计计算时，综合考虑了法兰接头的力学变形、温差载荷和蠕变松弛等因素，对每种工况（预紧、操作、试验、停开车等）进行密封性计算，并确定螺栓安装所需要的预紧力和预紧力矩。显然，附录 G 比 ASME 法兰设计规范考虑的更加全面，更好的反映了法兰接头的实际行为。

2 稳态温度场分析

分别运用 ASME VIII-1（以下简称 ASME 法）和 EN13445 附录 G 两种法兰连接设计方法计算螺栓载荷，并利用有限元软件 ANSYS Workbench 对法兰接头进行稳态热分析及热-结构耦合分析，研究两种设计方法对法兰接头的应力分布的影响。

2.1 有限元模型

选取 DN250 PN63 的带颈对焊法兰与整体法兰相配对装置（HG20592-2009）[12]，材料 15CrMoIII，双头螺柱 M33×190（HG20613-2009），螺栓数量为 12 个，材料 35CrMoA，螺母材料为 30CrMo。垫片采用带内环的柔性石墨金属缠绕垫 B250-63（HG20610-2009）。

考虑法兰螺栓连接结构具有周期对称性，故选取整体结构的 1/12 建立模型进行分析，本文选用整体法兰和带颈对焊法兰配对的模型，整体法兰与设备筒体相连，带颈对焊法兰与管道相连，根据圣维南定理，与法兰相连接的管道，只需要考虑长度为 $L = 2.5\sqrt{Rt}$（R 是筒体的平均半径，t 是该筒体的厚度）可消除管道边缘处轴向应力分布对法兰应力分布的影响[13]如图 1 所示。

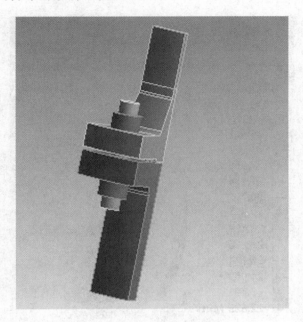

图 1 有限元模型

2.2 参数定义

在法兰内表面施加 100℃温度载荷，考虑螺栓与螺栓孔空气层的传热和法兰外表面的对流换热对法兰系统温度分布的影响。法兰、螺栓、螺母等与周围空气接触的表面施加的当量对流换热系数 30W/m²℃，螺栓孔空气层的导热系数取 0.0436 W/（m·℃）[14,15]。法兰接头各材料参数如表 1 所示。

表 1 法兰、螺栓和垫片的导热系数

组件	不同温度下的导热系数/〔W/（m·K）〕					
	室温	373	473	573	673	773
法兰	—	44.4	46.1	43.5	40.6	38.1
螺栓	—	47.7	47.7	44.0	41.0	38.1
螺母	—	46.05	41.87	41.87	38.94	37.26
垫片	16.7	—	—	—	—	22.2

2.3 结果分析

图 2 和图 3 分别为上、下法兰的温度分布示意图。

由 2 和图 3 可知，法兰温度沿径向方向由内壁

向外壁逐渐降低，上下法兰温度呈对称分布，温度梯度较为明显。最高温度位于法兰内壁面处，最低温度位于法兰环外壁面处。

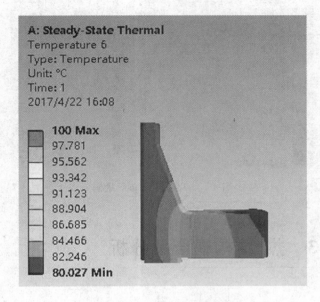

图 2 上法兰温度分布示意图

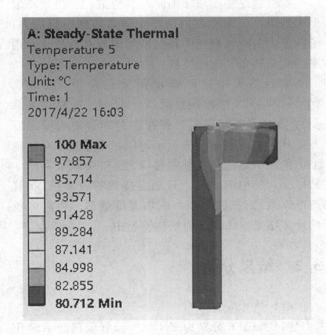

图 3 下法兰温度分布示意图

图 4 为垫片温度分布图，由图 4 可知垫片温度沿径向有较明显梯度分布，由内向外逐渐减小，内径温度最高 100℃，外径温度最低 94.9℃，沿周向分布较为均匀温度波动不大。

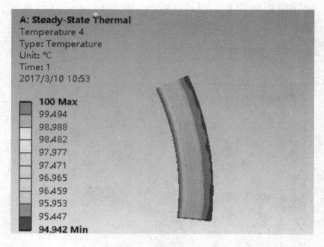

图 4　垫片温度分布示意图

3　热-结构耦合场分析

3.1　载荷及边界条件

对管道底端面施加轴向位移约束；上法兰环端面无约束，仅施加由内压产生的等效轴向拉应力；沿圆周方向对模型两侧截面施加周期对称约束，用来约束其转角及法向位移。

第一载荷步施加螺栓预紧载荷为 42614N、100247N（EN 螺栓预紧载荷、ASME 螺栓预紧载荷）；第二载荷步锁紧，并在法兰和管道内壁面以及垫片内表面施加内压 4.55MPa，在管道底端面施加由内压引起的等效轴向拉应力 23.88MPa（$P_1 = PR/2t$，其中 P 内压，R 相连接的管道半径，t 管道壁厚）；第三载荷步，施加温度载荷，将温度场的计算结果导入到当前结构模型中。

3.2　结果分析

（1）垫片应力分布

图 5 和图 6 分别为 EN 螺栓预紧载荷和 ASME 螺栓预紧载荷作用下垫片的应力分布。

由图 5 和图 6 垫片应力分布图可知，垫片在受内压、轴向拉应力和温度载荷后，垫片应力沿着径向方向由内向外先减小后增大，垫片周向应力分布较为均匀。这主要是因为法兰、垫片和螺栓受热受压后的变形量不同导致的，垫片与法兰面压紧不

均匀。

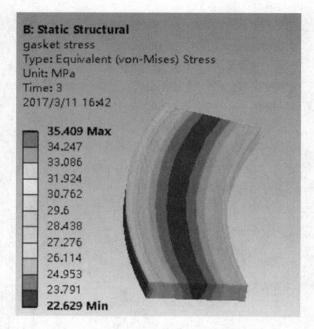

图 5　EN 法垫片应力分布示意图

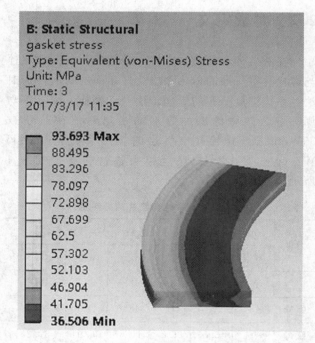

图 6　ASME 法垫片应力分布示意图

由图 7 可以看出，EN 垫片应力要小于 ASME 垫片应力，这是由于两种方法载荷计算依据不同，ASME 法计算螺栓载荷依据螺栓常温下的许用应力与所需螺栓面积的乘积，而 EN 法计算螺栓预紧载荷时综合考虑了内压、外力、温差以及各组件间的变形协调。EN 螺栓预紧载荷作用下垫片沿径向应力

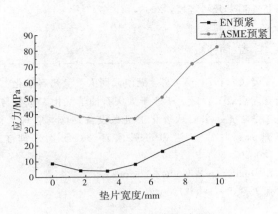

图 7 垫片应力沿径向分布比较

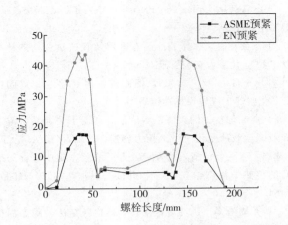

图 9 螺栓应力沿长度方向外侧应力分布比较

分布差值较小，而 ASME 螺栓载荷作用下垫片沿径向应力差值较大，这表明垫片与法兰密封面压紧不均匀，压紧越不均匀越将会导致法兰接头发生泄漏。

（2）螺栓应力分布

螺栓应力分布图，由图 7 和图 8 可知，螺栓最大应力发生在螺栓内侧，与上下法兰接触处附近，两端应力较小。螺栓内侧受拉外侧受压，螺栓外侧应力较小，螺栓两端应力最小。

由图 7 和图 8 可知看出，ASME 螺栓预紧载荷作用下螺栓内外侧应力要大于 EN 螺栓预紧载荷作用下的螺栓应力值，且 ASME 螺栓载荷作用下螺栓内外侧应力差较大，ASME 螺栓应力最大值超过螺栓材料在 100℃ 下的许用应力，长期在这种状态下工作将影响螺栓的使用寿命。

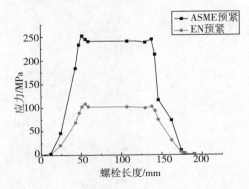

图 8 螺栓应力沿长度方向内侧应力分布比较

4 结语

利用有限元软件对法兰接头进行稳态热分析及热-结构耦合分析，研究了不同方法计算所得螺栓载荷作用于法兰接头，法兰、螺栓和垫片的温度分布和应力变化。结果表明，法兰、螺栓和垫片的温度分布沿径向方向有着较明显的温度梯度，并且是沿着径向方向由内向外逐渐减小。热结构耦合分析中发现，EN 螺栓载荷作用下垫片沿径向应力差值较小，而 ASME 螺栓载荷作用下垫片沿径向应力差值较大，这将会是的垫片与法兰密封面压紧不均匀，将易导致法兰接头密封失效。

综上所述，EN 法在计算螺栓载荷时考虑了法兰接头的全程行为，更能满足有特殊泄漏率要求的法兰连接结构。而 ASME 法并没有给出螺栓预紧载荷的精确计算，其螺栓载荷的计算只是为了校核法兰环强度。

参 考 文 献

[1] 沈铁，陆晓峰. 高温法兰连接系统的失效分析 [J]. 润滑与密封，2006，(4)：164—166.

[2] 张琼. 高温螺栓法兰连接系统的密封性 [J]. 中国特种设备安全，2013，(04)：1—3.

[3] 高旭，曾国英. 螺栓法兰连接结构有限元建模及动力学分析 [J]. 润滑与密封，2010，(04)：68—71.

[4] 蔡暖姝. 法兰计算方法和垫片性能参数 [J]. 石油化工设备技术，2014，35 (2)：57—61.

[5] 喻健良，张忠华，闫兴清，等. 高温下螺栓-法兰-垫片系统密封性能研究 [J]. 压力容器，2012，(05)：5—9.

[6] 王明伍. 高温法兰连接系统的紧密性及评价方法研究 [D]. 武汉工程大学，2015.

[7] GB150—2011，压力容器 [S].

[8] JIS B8265，压力容器的建造——一般规则 [S]，2000.

[9] BS EN13445 - 3：Unfired Pressure Vessels [S]，2009.

[10] ASME Boiler and Pressure Vessel Codes, Section VIII Division 1 [S]，2010.

[11] 蔡仁良，张娅莉. 压力容器及管道法兰新的计算方法 [J]. 化工设备与管道，2002，(05)：5—9.

[12] HG20592-20635，钢制管法兰、垫片、紧固件 [S]. 化工部工程建设标准编辑中心，2009.

[13] 喻健良，闫兴清，罗从仁. 高温下法兰系统温度分布及螺栓载荷变化 [J]. 压力容器，2013，(11)：1—7.

[14] 张兵，汪清，仇性启，等. 法兰密封中螺栓与螺栓孔的传热学模型建立 [J]. 机械工程师，2006，(04)：62—64.

[15] 周先军，仇性启，张兵. 螺栓联结法兰瞬态温度场分析 [J]. 压力容器，2007，24 (7)：8—11.

作者简介

王爱民 (1973—)，男，湖南武冈人，兰州石油化工维达公司，高级工程师。毕业于大庆石油学院化工机械与设备，工学学士，主要从事化工机械设备维修与管理工作。通讯地址：甘肃省兰州市彭家坪 36 号兰州理工大学，730050

E—mail：wy617600@163.com

通讯方式：18893790047

高压容器新型浮动卡箍连接式快开结构的设计

张 杰 朱永有 何治文 王志峰 陈 健 卢 山

（二重集团（德阳）重型装备股份有限公司 四川 德阳 618013）

摘 要 卧式安装的自动启闭高压容器具有典型的应用特点，对结构设计提出了相当高的要求。本文设计了一种高压容器新型浮动卡箍连接式快开结构。采用轴向密封结构、浮动式卡箍结构系统、卡箍启闭机构和端盖自动移动机构等关键结构，并通过详细设计和验证，解决了该类设备的局限问题，明显提高了设备系统的工作效率。

关键词 卧式高压容器；轴向密封；浮动式卡箍；卡箍启闭机构；端盖自动移动机构

Design for New Type of Quick-Opening with Float Clamp Connecting for High Pressure Vessel

Zhang jie Zhu yongyou He zhiwen Wang zhifeng, Chenjian

（China Erzhong Group（Deyang）Heavy Industries Co，Ltd. Sichuan Province，Deyang City 618013）

Abstract Horizontal mounting high pressure vessel with automatic open and closed mechanism has typical characteristics. Thus, rather high requirements have been put forward for its structural design. A new type of quick-opening structure with floating clamp connecting for high pressure vessel is designed in this paper. The key structures, such as axial sealing structure, floating clamp structure, open-closed mechanism for clamps and auto-moving mechanism for head, have been applied. After their detailed design and demonstration, limitations of this type of equipment have been resolved, and the work efficiency of the equipment system has been improved obviously.

Key Words Horizontal high pressure vessel；Axial seal；Floating clamps；Open-closed mechanism for clamps；Auto-moving mechanism for head

1 引言

近年来，世界经济的高速发展使能源和资源问题日益突出，陆地和近海油气资源逐渐减少甚至枯竭。不断增长的能源需求和原油价格的高涨催生了油气资源十分丰富的深海和超深海开发已进入蓬勃开展。各种形式的研究试验配套设备亟待解决，以适应如火如荼的海洋承压设备的研究开发。自动启闭高压容器就是其中的典型，该类设备具有以下特点：

（1）工作压力高；

（2）需要经常启闭；

（3）操作自动化程度和稳定性要求高。

卧式安装的设备的内部空间为水平方向，空间利用率高，内部操作动作方便，工作效率高，但存在以下几个明显缺点：（1）存在偏心载荷，不便于端盖的安装和拆卸；（2）水平方向不便于密封元件的装配；(3) 辅助机构冗杂等。在保证设备结构紧凑性和制造成本经济性的前提下，为满足和实现功能要求，采用了自紧式 O 形圈密封结构，分体卡箍连接结构，自动移动端盖的配套系统等，设计了一种高压容器的新型浮动卡箍连接式快开结构。

2 密封设计

由于 O 形圈密封是一种自密封结构，所以只要对 O 形圈有预压缩，即可达到密封效果，并且随压力升高密封效果越好。由于 O 形圈是圆形截面，所以在其任何方向压缩均可实现密封。但是，不同的密封方向在进行密封结构设计时确是有着天壤之别。若采用常规的 O 形圈径向密封（为确保安全性，通常需设置为两圈），两侧部件强行靠拢，将 O 型圈和配套挡圈预压缩变形。如图 1 所示。这种方式存在两个局限难点：①将两侧部件装配到指定位置，需要克服 O 形圈和配套挡圈的反作用力，增加额外的驱动装置才能实现。驱动装置又是一套冗杂的系统，须包括能源动力、牵引缓冲、定位固定、框架支撑等等；②O 形圈事先放置在比起截面直径浅的槽内，装入较麻烦，在启闭端盖时脱落的概率较大。

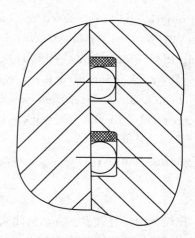

图 1   O 形圈径向密封示意图

鉴于以上问题，在进行密封设计时摒弃径向密封方向，采用轴向密封结构。其结构如图 2。O 形密封组件：包括 O 形圈、配套挡圈和挡板。通过 O 形圈的预压缩回弹能力和受压自紧能力，密封区为图示 O 形圈的上下侧，实现非强制密封，节约能源和空间；挡圈起到定位 O 形圈和缓冲作用。该结构可避免上述问题，圆满实现密封功能：两侧

端盖自由靠近，无须额外驱动力；利用 O 形圈的弹性，装入凸出端时略箍住凸出端，挡板则保证在装入 O 形圈后防止其脱出。参照 GB 3452.1[1] 和 GB/T 3452.3[2]，根据实际设备情况进行设计 O 形圈和密封圈沟槽的尺寸。

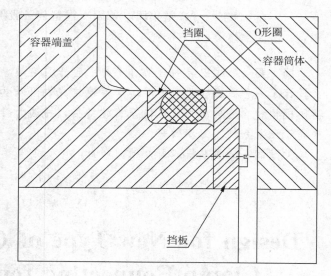

图 2   O 形密封组件结构图

3 卡箍连接部位的设计

3.1 浮动式卡箍设计

卡箍及其系统可实现自动快速启闭设备[3-4]。一方面要保证其强度和疲劳安全设计的要求，另一方面又要结构紧凑、操作简便[5]。二者是矛盾关系。如前文所述，常规的 O 形圈径向密封，将两侧部件装配到指定位置，将产生 O 形圈和配套挡圈的反作用力，直接加之与卡箍上，这就造成卡箍受力将增大许多，为保证强度和疲劳安全，卡箍将设计得相当厚。结合密封结构的优化考虑，采用轴向密封以后，装入时附加反作用力没有了，如此设计的卡箍紧凑得多，材料成本降低。另外，在装配时，轴向方向预留了间隙距离，这就保证了卡箍在装入时是不受力的，当实际工作压力升起时方才受力，是"浮动的"，这样又实现了灵活装配，配套装置得以简化。

按照 JB4732[6] 确定各类应力强度的许用极限值，并进行设计。根据结构和载荷的对称性，计算中取结构的 1/32 模型，有限元模型见图 3。

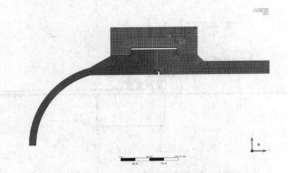

图3 卡箍连接部位有限元模型

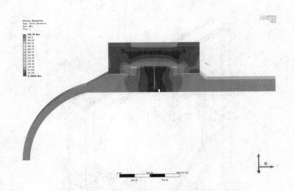

图5 设计工况下卡箍连接部位有限元分析
应力分布图

设计工况下计算得出的位移情况和应力分布情况图4中可以看出，O形圈槽处径向方向的相对位移为0.1mm左右，即密封槽深度仅扩大了0.1mm，不会影响O形圈的密封效果。从图5可以看出最大应力出现在卡箍拐角处。

对结构的危险部位作应力线性化处理，并经过计算评定，设备结构满足强度和疲劳要求，符合JB4732的设计规定，满足设备使用要求。

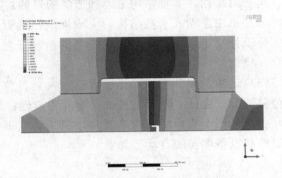

图4 设计工况下卡箍连接部位施加载荷后位移
情况（Y方向）

4 卡箍启闭机构设计

卡箍剖分为4等份，每等份卡箍由两个液压油缸驱动。整个启闭机构安装在启闭机构承载框架上。开启卡箍时，油缸向外运动；关闭卡箍时，油缸按照与开启相反的顺序运动。示意图如下：

卡箍启闭机构由框架、吊装小车、油缸组成。上、下卡箍通过油缸固定于框架上，左、右卡箍通过吊装小车安装于框架内侧，油缸动作驱动卡箍卡紧、放松。卡箍框架示意图如图7。所有机构的动作均由自动控制面板来操作实现。

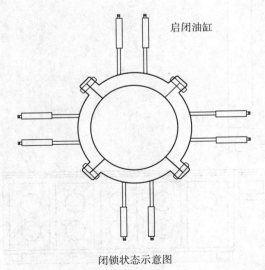

闭锁状态示意图　　　　　开启状态示意图

图6 卡箍启闭示意图

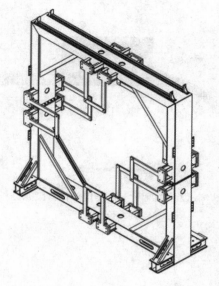

图 7　卡箍框架示意图

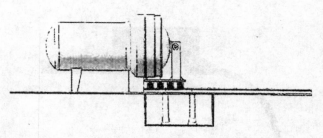

图 8　端盖移动机构示意图

端盖移动小车为容器端盖牵引机构，主要由导轨、滑动底座、托架、传动机构、润滑系统等组成，见图 9。

5　端盖移动机构设计

端盖移动机构实现容器打开时端盖的自动平稳移动。主要由以下部件组成：连接部件、小车及轨道和小车传动机构等。在卡箍结构脱离后，端盖采用小车牵引方式自动开启。移动机构工作示意图见图 8。

6　设计的主要创新点和实用性

设计具有以下创新点和实用性：

（1）摒弃传统油缸强力装卸结构，采用带止口的轴向密封结构，实现结构紧凑和节能的目的；

（2）采用浮动式卡箍结构，完成强度结构设计和疲劳设计结构紧凑灵活，实现设备的自动开启和闭合，操作顺畅；

（3）运用模拟分析，计算受载前后密封件位置的位移情况，验证了密封结构的安全和稳定性；

（4）采用卡箍启闭机构端盖移动机构，实现卡箍组件和设备端盖的自动装卸。

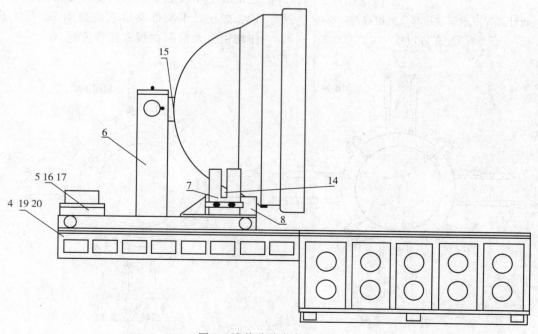

图 9　端盖移动小车示意图

7 结束语

采用轴向 O 形圈密封结构、浮动式卡箍结构、卡箍启闭机构和端盖移动机构，设计的高压容器新型浮动卡箍连接式快开结构，简化了冗杂的结构和配套装置，克服了卧式安装形式的一系列局限问题，实现了自动化操作装卸。该设计结构新颖，紧凑，经济性好，自动化功能强，密封安全可靠，在需要经常开启的高压容器中具有广阔的应用前景。

参 考 文 献

[1] 液压气动用 O 形橡胶密封圈第 1 部分：尺寸系列公差：GB/T3452.1－2005 [S]．北京：中国标准出版社，2005：7.

[2] 液压气动用 O 形橡胶密封圈沟槽尺寸：GB/T3452.1－2005 [S]．北京：中国标准出版社，2005：9.

[3] 湛波，王保军，邹南棠．齿啮式卡箍锁紧结构快开压力容器的设计与研制 [J]．压力容器，1997，14（2）：67－70.

[4] 阮春田，张嘉林．卡箍连接的应用及设计探讨 [J]．化工设备与管道，2003，40（5）：21－23.

[5] 史战新，甘霖．卡箍式快开对接法兰结构分析 [J]．舰船科学技术，2012，34（11）：75－81.

[6] 钢制压力容器－分析设计标准：JB/T4732－95 [S]．北京：中国标准出版社，1995：3.

作 者 简 介

张杰，男，高级工程师，2008 年 6 月毕业于四川大学化工过程机械专业，工学博士。目前在二重集团（德阳）重型装备股份有限公司重型压力容器与核电技术研究所工作，主要从事压力容器设计研究工作。通讯地址：四川省德阳市珠江西路 460 号二重核容所；邮编：618013；联系电话：18908203224；电子邮箱：zhj513@126.com.

超高压氢气组合密封的仿真研究

周池楼[1,2]　陈国华[1]

（1. 华南理工大学 机械与汽车工程学院，广州 510641；2 浙江大学 化工机械研究所，杭州 310027）

摘　要　橡胶 O 形圈广泛用作高压储氢系统的密封部件，探明其在高压氢环境下的密封性能具有重要意义。建立了考虑吸氢膨胀效应的有限元模型，用于研究由橡胶 O 形圈和楔形环构成的组合密封结构在超高压氢气（140 MPa）中的密封特性。结果表明，楔形环在防止橡胶 O 形圈挤出失效的同时起到密封部件的功能。并且，该组合密封结构可随着氢气压力的升高而自动增强密封能力。

关键词　高压氢；密封；橡胶 O 形圈；吸氢膨胀

Simulation Study on Combined Seals
Under Ultrahigh Pressure Hydrogen

Zhou Chilou [1,2]　Chen Guohua [1]

（1. School of Mechanical and Automotive Engineering,

South China University of Technology, Guangzhou, 510640, China;

2. Institute of Applied Mechanics, Zhejiang University, Hangzhou 310027, China）

Abstract　Rubber O-ring seals have been extensively used in high-pressure hydrogen storage systems for preventing gas leakage. It is important for the design of rubber O-ring seals to clarify the sealing characteristics of the rubber O-ring under high-pressure gaseous hydrogen. In this paper, a finite element analysis model accounting for swelling due to dissolved hydrogen was developed to investigate the sealing performance of the combined seal structure constructed of a rubber O-ring and a wedge-ring under ultrahigh pressure gaseous hydrogen（140 MPa）. Results show that the wedge-ring plays a role as the sealing element in addition to preventing the O-ring from extruding, and the combined seal structure can enhance automatically the sealing capacity with increasing hydrogen pressure.

Keywords　high-pressure hydrogen; seal; rubber O-ring; swelling

1　引言

氢能以其来源广泛、转化效率高、燃烧产物洁净、易于低成本储输及用途多样化等特点，被认为是新世纪重要的清洁能源，备受各国重视[1]。高压储氢具有设备结构简单、压缩氢气制备能耗低、充装和排放速度快等优点，是现阶段主要的氢能储运方式[2]。其中，橡胶 O 形圈常用作高压氢系统的密封部件，是高压氢系统极其重要的关键部分，却往往又是薄弱环节，其长期工作在高压、高纯氢气环境中，通常会出现吸氢膨胀现象从而加剧密封性能劣化[3]。然而，国际上至今仍鲜有关于高压氢气下橡胶吸氢膨胀方面的研究，相关数据也非常少[4]。从已有研究[5-9]看，吸氢膨胀与氢气压力、

资助项目：感谢中国博士后科学基金（No. 2016M602467）；中央高校基本科研业务费专项资金（No. 2017BQ074）等。

温度以及橡胶填充物的种类（如炭黑、硅）等因素有关。根据 Henry 定律[10]，氢在橡胶材料中的溶解度与氢压成正比。Yamabe 等[6,11]人的试验结果（0.7～100MPa 氢压）也表明，丁腈橡胶的吸氢膨胀与氢压或吸氢浓度成正比。因而，随着氢气压力的升高，O 形圈的吸氢膨胀愈明显，其对密封性能（尤其是密封面接触压力及 O 形圈应力分布）的影响如何，目前仍鲜有报道。通过有限元分析研究 O 形圈密封性能，可直观地模拟、预测 O 形圈密封性能，目前已成为 O 形圈密封性能研究中最为广泛使用的研究方法。随着密封介质压力的提高，由于橡胶大变形的复杂非线性和接触问题的存在，有限元软件的计算很难实现收敛。因而，目前国内外关于 O 形圈密封的数值模拟研究主要针对中、低压密封介质情况，对于密封介质压力为超高压（100 MPa 或以上）且密封介质为氢气的研究则鲜有报道，仅有日本九州大学 Yamabe 等[12]学者于 2011 进行了年基于 Ansys 有限元软件进行的 100 MPa 高压氢气下单个橡胶 O 形圈密封的数值研究，但该学者仅研究了高压氢气作用前后 O 形圈的应力应变场分布，对于更为重要的影响密封性能的接触压力分布则尚未涉及。

本文解决了超高压工况下面临的几何非线性、材料非线性和接触非线性等高度非线性问题，建立了考虑吸氢膨胀效应的超高压（140 MPa）氢气条件下橡胶 O 形圈组合密封的数值模型，并对模型进行了验证，同时基于该数值模型研究了超高压氢气组合密封结构的密封性能。

2 数学方程

2.1 氢扩散方程

根据 Fick 第二定律，氢在橡胶材料中的扩散控制方程为[10]：

$$\frac{\partial c_H}{\partial \tau} = D_H \left(\frac{\partial^2 c_H}{\partial x^2} + \frac{\partial^2 c_H}{\partial y^2} + \frac{\partial^2 c_H}{\partial z^2} \right) \qquad (1)$$

式中，$\alpha_H \partial / \partial \tau$ 为时间微分，c_H 为氢浓度，D_H 为氢扩散系数。

2.2 本构方程

橡胶材料近似为不可压缩超弹性材料，其本构关系可用应变能密度函数来表达，应变能密度函数的一般形式可表示为：

$$W = \sum_{i+j=1}^{N} C_{ij} (I_1 - 3)^i (I_2 - 3)^j \qquad (2)$$

式中，C_{ij} 为材料常数，由实验测定；I_1、I_2 为第一、第二应变张量不变量。对上式取不同的 N 值，即可得到不同的应变能密度函数模型。

高压氢气密封结构中的橡胶 O 形圈直接与高压氢气接触，此过程将会发生氢的吸附、侵入、溶解和扩散，溶解在橡胶 O 形圈内部的氢气将会导致其体积发生明显增加造成橡胶的溶胀现象，此为橡胶的吸氢膨胀效应。吸氢膨胀效应将会引起橡胶产生膨胀应变，其在氢浓度场和结构应力场共同作用下的总应变是：

$$\varepsilon_{ij} = \varepsilon_{ij}^e + \varepsilon_{ij}^H \qquad (3)$$

式中，从左到右分别表示总应变、超弹性应变和氢膨胀应变。由于吸氢膨胀导致的体积增加与吸氢浓度成正比[6]，因而氢膨胀应变可由下式获得：

$$\varepsilon_{ij}^H = \alpha_H \Delta c_H \delta_{ij} \qquad (4)$$

式中，α_H 是线性比例系数，Δc_H 是氢浓度变化，δ_{ij} 是 Kronecker 符号。

3 有限元模型

为避免 O 形圈（尤其是在高压工况下）出现挤出失效，本文采用了橡胶 O 形圈组合密封结构，如图 1 所示。该密封结构开设在筒体与底座间沿径向的接触方向，由橡胶 O 形圈、楔形环和密封沟槽组成。其中，密封沟槽不同于传统的矩形凹槽式的结构形式，此处将其优化为由压盖、筒体和底座三部分构成。在高压尤其是超高压工作状态下，高压气体压缩 O 形圈产生较大变形，O 形圈极易挤入筒体与底座密封槽之间的间隙中，甚至被挤出。由于楔形环的存在，在接下来的数值模拟中将会发现，即便楔形环在初始状态与筒体之间也存在径向间隙，但 O 形圈上侧所受到的高压气体作用力将传递到 O 形圈下侧的楔形环，使得楔形环也受到挤压，此时楔形环将沿着底座凹槽的斜边向外侧下方滑移，同时沿着径向变形膨胀，迫使楔形环与筒体之间的密封贴合面更加紧密，最终消除了楔形环与筒体之间的径向间隙，避免O形圈发生挤出失效。

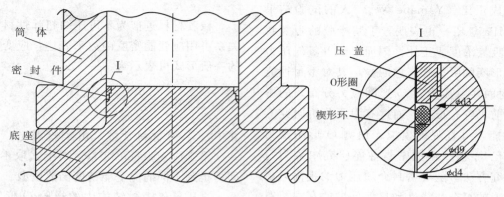

图1 高压氢气组合密封结构

3.1 模型假设

为简化模型、提高模型收敛性及计算精度，在建立高压氢气组合密封数值模型时，做出以下合理假设：

（1）忽略密封结构的重量，认为密封结构符合轴对称要求，采用二维轴对称模型。

（2）金属的弹性模量一般在210GPa左右，而橡胶O形圈的弹性模量仅为1～20MPa，二者相差接近十万倍。因此不考虑金属部件的变形，将其视为不可变形的刚体。

（3）橡胶O形圈为各向同性、均匀连续的材料。忽略橡胶材料的蠕变特性和应力松弛特性。

3.2 模型建立

3.2.1 网格划分

由于筒体和底座均设置为解析刚体，故只需对橡胶O形圈和楔形环划分网格。网格调整对确保大变形材料计算结果的收敛性具有重要意义。因此，需要合理设置网格布局和网格形状，使得网格形状不仅仅是在分析的开始阶段而且在整个分析过程中都是合理的，从而减少甚至消除网格畸变的发生，实现有限元分析的计算收敛。此外，为进一步消除网格畸变发生的可能性以提高计算结果的精度，在网格变形较大的区域采用了自适应网格（ALE adaptive mesh）重划技术，允许单元网格在大变形分析过程中独立于材料移动从而在整个分析过程中也能始终确保高质量的网格。经反复调整测

试以及网格敏感性分析，本文最终的高压氢气密封结构的网格划分如图2所示。综合考虑材料不可压缩性和接触问题，本文所建立的数值模型中橡胶O形圈采用细划网格的一阶四边形轴对称杂交单元CAX4H，三角形网格自动退化为CAX3H单元，单元总数为3314个。对于楔形环则采用细划网格的一阶四边形轴对称非协调单元CAX4I，三角形网格自动退化为CAX3单元，单元总数为1514个。

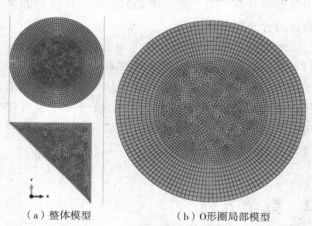

（a）整体模型　　（b）O形圈局部模型

图2 有限元模型

3.2.2 材料属性

本文采用了具有较好抗氢脆性能的丁腈橡胶（NBR）O形圈，且已有研究表明[13]此类橡胶材料虽然会发生吸氢膨胀现象，但其在高压氢环境拉伸试验中的应力应变曲线几乎不受高压氢气的影响。其拉伸性能参考日本学者的拉伸试验中应力应变实测数据[12]，见图3中以三角形符号表示的试验数据。分别用2和3参数Mooney—Rivlin模型、

B 设计、传热

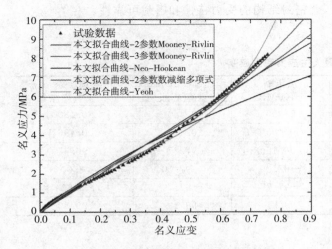

图 3　橡胶材料应力应变曲线

Neo-Hookean 模型、2 参数减缩多项式模型以及 Yeoh 模型对上述试验数据进行拟合，相应的拟合曲线如图 3 所示。从图中可以直观看出，Neo—Hookean 模型的拟合度最差；3 参数 Mooney—Rivlin 模型的拟合度最高，其在数值大小及趋势上均与试验数据最为吻合。因此采用 3 参数 Mooney—Rivlin 模型作为本文数值模型中橡胶 O 形圈的本构方程。

对于楔形环，选用 PEEK 材料，其弹性模量为 2.8 GPa，泊松比为 0.45，数值模拟中采用该材料的真实应力应变曲线[14]进行弹塑性分析。

3.2.3　边界条件与加载

高压氢气密封结构涉及多个部件之间的接触，针对分析过程中可能发生接触的表面分别建立了五个接触对，即：O 形圈与筒体、O 形圈与底座、O 形圈与楔形环、楔形环与筒体及楔形环与底座之间，并采用罚函数（Penalty）接触算法。其中沟槽与 O 形圈间的摩擦系数为 0.1[15]，楔形环与沟槽间的摩擦系数为 0.04[16]，O 形圈与楔形环间的摩擦系数为 0.02[15]。

高压氢气密封的有限元模拟过程通过 4 个加载步来实现。

第 1 步：橡胶 O 形圈的预压缩安装。首先对底座施加固定边界约束，然后利用刚体的强制位移，对筒体施加沿 X 轴负方向的位移使其缓慢线性移动到预期安装位置实现对 O 形圈的预压缩从而模拟橡胶 O 形圈的安装过程。

第 2 步：加压过程。在 O 形圈的上侧未与密封沟槽接触的表面逐步施加密封介质压力，模拟 O

形圈在高压氢气作用下首先从沟槽中间位置滑移到楔形环一侧，然后密封压力继续增加直至达到最终工作压力。

第 3 步：氢稳态扩散分析。O 形圈高压侧（即与氢气直接接触之处）的氢浓度 C_{H1} 设置为 1，O 形圈无介质压力侧（即与楔形环接触之处）的氢浓度 C_{H0} 设为 0，从而获得稳态时氢浓度分布。

第 4 步：耦合分析。结合步骤 3 的氢浓度场进行氢—力耦合分析，进而获得密封结构吸氢膨胀后的应力应变场。此外，已有试验表明[6]，NBR 橡胶块浸泡在 100 MPa 氢气中达饱和状态后其长度增加 5%，根据步骤 3 设置的边界条件可得在 100MPa 工况下 α_H 为 0.05。由于橡胶材料中氢浓度与氢压成正比[10]，因此对于 140 MPa 氢压工况，上述线性系数可保持不变，只需把氢浓度边界 C_{H1} 正比例提高至 1.4。

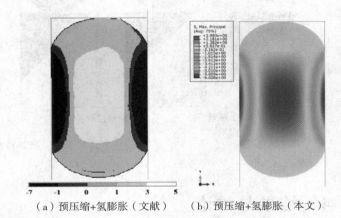

（a）预压缩+氢膨胀（文献）　　（b）预压缩+氢膨胀（本文）

图 4　O 形圈最大主应力分布

3.3　模型验证

日本学者 Yamabe 曾对 100 MPa 氢气环境下单个橡胶 O 形圈密封结构在吸氢膨胀下的受力情况进行了数值分析[12]。为验证本模型的准确性，尤其是吸氢膨胀效应分析结果的准确性，利用本文建立的数值模型对文献中同一密封结构进行有限元分析，并将其与日本学者 Yamabe 的计算结果（以下简称为文献结果）进行对比（见表 1）。从表中可以看出，利用本文模型计算得到的 O 形圈中心处的最大主应力和最大主应变与文献的计算结果几乎吻合。此外，对于 O 形圈整体的最大主应力分布情况，本文计算得到的最大主应力云图与文献结果也具有较好的一致性（见图 4）。因此，本文建立的考虑吸氢膨胀效应的高压氢气密封数值模型有较高的准确性和可靠性，可以运用于研究高压氢气组合密封结构的受力特性和密封可靠性。

表 1 O 形圈中心点最大主应力和主应变

工况		预压缩	预压缩 +100MPa	预压缩+100MPa +氢膨胀	预压缩 +氢膨胀
最大主应变	文献结果	0.420	0.390	0.440	0.480
	本文结果	0.422	0.405	0.452	0.496
	吻合度/%	99.52	96.15	97.27	96.67
最大主应力	文献结果/ MPa	2.50	−97.00	−97.00	3.00
	本文结果/ MPa	2.45	−97.77	−97.79	2.98
	吻合度/%	98.00	99.21	99.19	99.33

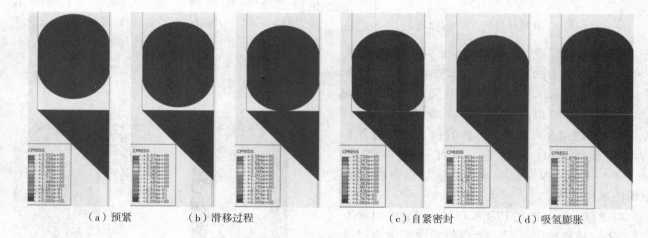

（a）预紧　　　（b）滑移过程　　　　　　　（c）自紧密封　　　（d）吸氢膨胀

图 5　密封过程四个阶段

4　结果与讨论

4.1　密封机理分析

超高压氢气组合密封结构的密封过程主要包括四个阶段：预紧密封、滑移过程、自紧密封和吸氢膨胀，见图 5。

预紧密封，是指橡胶 O 形圈安装后受到预压缩载荷作用，在与密封沟槽之间构成的接触面上产生接触压力从而形成初始封闭密封面的状态，实现预紧密封，见图 5（a）。该过程是滑移过程和自紧密封的前提。当作用在 O 形圈上的密封介质压力从零开始增加时，O 形圈与密封沟槽之间构成的两接触面上产生摩擦力 F_P，该摩擦力能使 O 形圈产生一定的稳定性来抵抗作用在其上面的被密封介质的压力。

此过程要实现可靠密封，必须保证预压缩载荷作用下接触面上的最大接触压力不小于介质压力。然而，只有当密封介质压力在临界值 P_{th} 以下时，也就是介质压力对 O 形圈产生的轴向力不大于摩擦力时，O 形圈方可依靠摩擦力一直维持在该位置上。

滑移过程，是指预紧密封中随着介质压力的增大并达到临界值 P_{th} 时，O 形圈所受轴向力大于接触面上的摩擦力，密封介质将会克服密封面上的阻力，使 O 形圈顺着压力作用的方向发生滑移的过程，见图 5（b）。

自紧密封过程，是指当 O 形圈滑移到密封沟槽的下侧（无介质压力一侧）时，O 形圈开始与楔形环建立接触，楔形环将对 O 形圈产生反作用力，当该反作用力与摩擦力之和不小于介质压力对 O 形圈的轴向力时结束滑移过程，自封效应随即产生，密封面上的接触压力随之迅速增加；随着氢气压力的增加，在接触压力不断自动增强的同时 O 形圈也逐渐填充甚至填满密封沟槽下侧的角落空间，直至与楔形环上侧实现无缝接触，见图 5（c）。

并且，此过程中随着 O 形圈不断将介质压力传递给楔形环，在楔紧效应下，楔形环沿着斜边下滑逐渐将其与筒体之间的间隙填满，自身也因此与筒体及底座之间产生随介质压力升高而不断增加的接触压力，进一步使得密封结构的自封效应额外增强，见图 6，这就是楔形环可以避免 O 形圈发生挤出失效并能起到密封部件功能的依据所在。

吸氢膨胀过程，是指自紧密封实现后由于高压氢气不断侵入并溶解到 O 形圈内部，导致 O 形圈体积增加，产生膨胀应变，由于膨胀应变受到边界的约束从而产生约束应力，进而改变密封件的应力应变场，见图 5（d）。

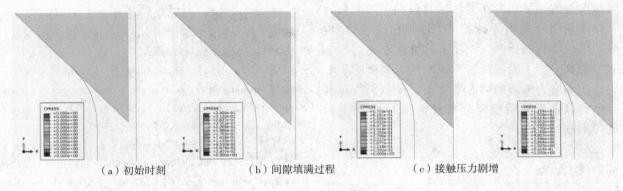

（a）初始时刻　　　　（b）间隙填满过程　　　　（c）接触压力剧增

图 6　楔形环演变过程

4.2　接触压力演化分析

图 7 所示为超高压氢气组合密封结构在整个密封过程中 O 形圈、楔形环斜边及其右侧的最大接触压力随加载载荷（即密封介质压力）变化的演变过程数值分析结果。由于 O 形圈左右两接触面的接触压力是几乎对称的，因此只讨论左边接触面情况。为提高求解收敛性，模型最终的氢气工作压力 140 MPa 是通过增量法逐渐施加的，因此横坐标显示的是增量步，分为三个阶段：预压缩、加压和氢膨胀。由于最终压力为超高压，故在加压阶段采用更多的增量步以提高计算收敛性。四条曲线分别表示各增量步下对应的加载压力（氢气压力）、O 形圈、楔形环斜边及其右侧的最大接触压力的响应。

从该图可以看出，在加压过程中，代表 O 形圈最大接触压力的红色曲线始终在代表介质压力的蓝色曲线上，因此密封结构始终保证可靠密封。在 140 MPa 压力作用下 O 形圈最大接触压力达 143.46 MPa，压力传递系数 k 高达 0.9993。此外，代表楔形环斜边及右侧最大接触压力的绿色和灰色曲线在加压后期迅速增加，且均比 O 形圈最大接触压力曲线和氢气压力曲线高，可见楔形环在加压后期产生明显的楔紧作用，显著提高密封结构的自封效应。在加压到 140 MPa 时，楔形环斜边和右侧的最大接触压力分别为 185.33 和 160.80 MPa。在加压完成后，随着氢气侵入并溶解到橡胶 O 形

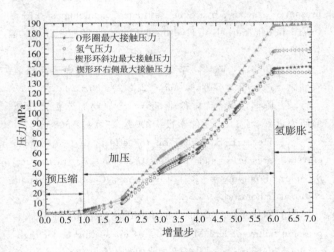

图 7　密封过程中接触压力演化

圈内部，进而引起 O 形圈体积增加产生膨胀应变。该吸氢膨胀效应使 O 形圈及楔形环与接触面间的接触压力进一步提高，分别升至 146.19、187.85 和 162.98 MPa，均大于密封介质压力，满足实现可靠密封条件。综合上述分析结果可知，本文所提出的橡胶 O 形圈组合密封结构有效地实现了超高压氢气环境下的可靠密封。

5　结论

本文建立了考虑吸氢膨胀效应的超高压氢气组

合密封仿真模型；并且与已有文献结果对比，表明该模型具有较高的准确性和可靠性。基于该数值模型，分析了 140 MPa 超高压氢气组合密封结构的四个密封阶段及其特征，结果表明楔形环既可以防止 O 形圈发生挤出失效并能起到密封部件功能。此外，基于该模型动态表征了橡胶 O 形圈及楔形环密封面上的接触压力在整个密封过程中的演化特性，结果表明所提出的橡胶 O 形圈组合密封结构有效地实现了超高压氢气环境下的可靠密封。

本文仅分析了吸氢膨胀对接触压力的影响，对密封件内部应力的影响则尚未涉及，今后仍需对其进行研究以全面阐明吸氢膨胀对橡胶 O 形圈密封性能的影响。

参 考 文 献

[1] Zheng J，Liu X，Xu P，et al. Development of high pressure gaseous hydrogen storage technologies [J]. International Journal of Hydrogen Energy，2012，37 (1)：1048－1057.

[2] 郑津洋，陈瑞，李磊，等. 多功能全多层高压氢气储罐 [J]. 压力容器，2005，22 (12)：25－28.

[3] 陈瑞，郑津洋，徐平，等. 金属材料常温高压氢脆研究进展 [J]. 太阳能学报，2008，29 (4)：502－507.

[4] Hecht E S. Review on the effects of hydrogen at extreme pressures and temperatures on the mechanical behavior of polymers [R]. Livermore, California：Sandia National Laboratories，2013.

[5] Yamabe J. Estimation of critical pressure of decompression failure of EPDM composites for sealing under high-pressure hydrogen gas [A]. 18th European Conference on Fracture [C]，2005.

[6] Yamabe J，Koga A，Nishimura S. Failure behavior of rubber O-ring under cyclic exposure to high-pressure hydrogen gas [J]. Engineering Failure Analysis，2013，35 (0)：193－205.

[7] Yamabe J，Nakao M，Fujiwara H，et al. Influence of fillers on hydrogen penetration properties and blister fracture of epdm comosites exposed to 10 MPa hydrogen gas [J]. Transactions of the Japan Society of Mechanical Engineers Series A，2008，74 (743)：971－981.

[8] Yamabe J，Nishimura S. Influence of fillers on hydrogen penetration properties and blister fracture of rubber composites for O-ring exposed to high-pressure hydrogen gas [J]. International Journal of Hydrogen Energy，2009，34 (4)：1977－1989.

[9] Yamabe J，Nishimura S，Koga A. A study on sealing behavior of rubber O-ring in high pressure hydrogen gas [J]. SAE Int J Mater Manuf，2009，2 (1)：452－460.

[10] Barth R R，Simmons K L，Marchi C S. Polymers for hydrogen infrastructure and vehicle fuel systems：applications，properties，and gap analysis [R]. Livermore, California：Sandia National Laboratories，2013.

[11] Yamabe J，Nishimura S. Tensile properties and swelling behavior of sealing rubber materials exposed to high-pressure hydrogen gas [J]. Journal of Solid Mechanics and Materials Engineering，2012，6 (6)：466－477.

[12] Yamabe J，Fujiwara H，Nishimura S. Fracture analysis of rubber sealing material for high pressure hydrogen vessel [J]. Journal of Environment and Engineering，2011，6 (1)：53－68.

[13] Nakao M，Fujiwara H，Yamabe J，et al. Effect of high pressure hydrogen gas exposure on mechanical properties of rubber for O-ring [M]. The Japan Society of Mechanical Engineers，Material & Mechanics Conference，2008.

[14] 刘煦. 碳纤维/PEEK 及 PTFE/POM 复合材料的力学性质研究 [D]：西南交通大学，2012.

[15] 广廷洪，汪德涛. 密封件使用手册 [M]. 北京：机械工业出版社，1994.

[16] 李敏. 无油润滑 CNG 压缩机用聚醚醚酮材料的配方与性能研究 [D]：华东理工大学，2012.

作 者 简 介

周池楼 (1987—)，男，博士后，主要从事高压临氢设备研究，通讯地址：广州市天河区五山路 381 号，510641，TEL/Fax：020－22236321，E-mail：mezcl@scut.edu.cn

长管拖车气瓶组合泄放装置的研究

于庆伟　惠　虎　宫建国

（华东理工大学 机械与动力工程学院　上海　200237）

摘　要　安全泄放装置长管拖车用气瓶的安全附件，其安全性至关重要。针对实际使用的爆破片和易熔塞组合泄放装置进行分析，爆破片和易熔塞组合泄放装置存在安全隐患，应当避免使用此种设计。针对爆破片和易熔塞组合泄放装置存在的问题，提出双爆破片组合泄放装置，分别从爆破片选型、夹持器、检测端对其进行设计并进行性能测试，测试结果表明，所设计双爆破片组合泄放装置符合爆破性能要求。

关键词　长管拖车气瓶；组合安全泄放装置；易熔塞；双爆破片

The Study of the Safety Relief Device of Long Tube trailers

Yu Qingwei　Hui Hu　Gong Jianguo

(School of Mechanical and Power Engineering,

East China University of Science and Technology, Shanghai 200237, China)

Abstract　Safety relief device is one of the safety accessories, the security of which is vital. The existing bursting disc cascaded with fusible plug device was analyzed, which has o potential risk and should be avoided being used. Double-disc rupture device was given for the existing problems, designed from the selection of the rupture disc, the holder and detection system. After the performance test, the results showed that the double-disc device met the requirements of bursting.

Keywords　long tube trailer; safety relief device; fusible plug; double-disc

1　引言

随着压缩天然气（CNG）等气体日益广泛使用，气体跨距离运输变得越来越重要。为保证长管拖车气瓶在运输和存储过程中的安全，安全泄放装置常配置于气瓶上。其主要作用为防止容器在超压的情况，及时泄压保障使用安全，其安全性至关重要。

爆破片和易熔塞组合泄放装置，与单层爆破片相比，兼具有爆破片和易熔塞的优点，具有双重密封，较难发生误动作等优点，被广泛使用于大容积

气瓶。石家庄安瑞科气体机械有限公司的刘玉红[1]和潘晓娥[2]分析安全泄放装置存水或冰堵产生的原因，对现有单层爆破片安全泄放装置进行改进，在单爆破片安全装置的基础上加装了易熔塞合金背称，提出了爆破片一易熔塞组合安全泄压装置。福建省锅炉压力容器检验研究院洪万亿[3]为了提高长管拖车的安全运行状况，对不同结构的爆破片装置的泄压原理以及长管拖车使用工况下的优缺点分析，得出了长管拖车用爆破片装置在结构上的选型方法。华东理工大学的汤俊雄[4]通过模拟长管拖车火灾情况下气瓶的热响应，来对爆破片易熔塞组合泄放装置进行适用性和安全性的研究。美国的 Bill Barlen 领导他的团队进行对氢气长管进行了火烧模

拟试验，结果显示易熔塞爆破片装置并不是在所有火灾情况下都会动作，易熔塞爆破片组合泄放装置的适用性值得讨论。

本文通过对国内现有的爆破片和易熔塞组合泄放装置进行分析，发现其存在的安全隐患。针对现有的组合泄放装置存在的问题，提出双爆破片组合结构，并进行了组合双爆破片组合装置结构设计。

2 爆破片和易熔塞组合泄放装置分析

爆破片和易熔塞组合泄放装置的两个基本要求。首先，不论超压是由什么引起的，不论易熔塞是否熔化，超压时组合泄放装置应能正常爆破，以确保气瓶安全；如果没有超压，不管易熔塞是否能够熔化，组合泄放装置不能动作，大量气体的释放可能会造成更大的危害。目前国内市场上常用的组合泄放装置分别为两种，平板型爆破片和易熔塞组合泄放装置与正拱形爆破片和易熔塞组合泄放装置。

2.1 平板型爆破片和易熔塞组合泄放装置

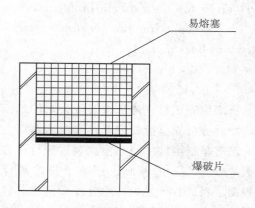

易熔塞

爆破片

图 1 平板型爆破片和易熔塞组合泄放装置结构示意图

平板型爆破片和易熔塞组合泄放装置是比较常见的结构，用于长管拖车气瓶的安全泄放装置，如图 1 所示。其爆破压力由爆破片材料的抗拉强度和厚度决定。工作时，当被保护设备超压时，爆破片被双向拉伸，发生塑性变形，壁厚减薄，最终在设定压力下破裂。它的特点是耐高压，可承受爆破片压力的 70%，适用于高温、高压下的气、液两种

介质工况[5]。

平板普通型爆破片受压后会变拱形，在循环压力载荷工况下，爆破片抗疲劳强度会降低，易导致爆破片的提前起爆，缩短其使用寿命。为了提高其疲劳寿命，易熔塞与爆破片直接接触，爆破片受压后被易熔塞顶住，阻碍了其变形，防止了爆破片因疲劳而提前爆破。只有当温度超过易熔塞的熔化温度 $73.8\pm5℃$，易熔塞熔化，气瓶内压力升高到 33.4MPa 情况下，组合泄放装置才会开启。这种"双保险"的设计，要求安全泄放装置必须在温度、压力都达到泄放条件才会泄放，存在着安全隐患。

为了研究现有爆破片和易熔塞装置的安全性，中国特种设备探测研究院进行了相关火烧气瓶实验。气瓶为碳纤维缠绕钢瓶，长度为 3m，两端设有平板型爆破片和和易熔塞组合泄放装置。为了模拟火灾工况，气瓶下部设置有均布开孔的火烧装置。气瓶两段部设置有防火板，防止直火高温对安全泄放装置的影响，如图 2 所示。气瓶开始实验后 10min，发生爆炸，爆炸后如图 3 所示。碳纤维层撕裂，气瓶内胆爆炸，两端部的组合安全泄放装置未能及时泄放。

图 2 气瓶火烧实验装置

实验结果证明了平板爆破片和易熔塞组合泄放装置存在着使用的安全隐患，在组合泄放装置非直火条件下易熔塞不能熔化而导致不能及时泄放。TSG R0005－2011《移动式压力容器安全技术监察规程》附录 E3.4.1.3 规定了易熔塞装置不得妨碍和影响爆破片装置的正常泄放功能[6]。平板型爆破片和易熔塞组合泄放装置不符合移动规的要求，存在着安全隐患。

图 3 气瓶爆炸后内胆

2.2 正拱形爆破片和易熔塞组合泄放装置

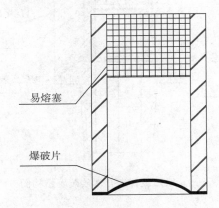

图 4 正拱形爆破片和易熔塞组合泄放装置结构示意图

正拱形爆破片和易熔塞组合泄放装置在平板型爆破片和易熔塞组合泄放装置的基础上，将平板型爆破片改为正拱形爆破片，如图4所示。这种设计在爆破片与易熔塞之间留有间距，这样在爆破片受压起拱变形过程中，能够自由变形，避免在超压工况下因温度未达到易熔塞的融化温度而造成爆破片不能及时爆破，而阻碍组合泄放装置的安全泄放。

在实际运输充装过程中，组合泄放装置泄放原因可以分成两种，一种是正常泄放，另一种是非正常泄放。正常泄放主要是由过度充装超压（物理超压）和火灾情况下超压导致的。而非正常超压的原因非常复杂，主要是由于冰冻、腐蚀、污泥结垢挤压、快速充装的冲蚀、反复充装导致疲劳失效、密封失效泄漏等原因。对于长管拖车这种大型气瓶，

由于气瓶长度较长，很多都达到 12m 或更长，安全装置又都安装在气瓶两侧，气瓶在局部火烘烤下，瓶内压力升高爆破片爆破，而易熔塞又由于远离火源未达到熔化温度，未能实现完全功能泄放。尽管部分厂家设计易熔塞可在爆破片爆破后被挤出，但易熔塞的设置不仅未达到应有温度控制功能，增加了组合泄放装置使用的风险（即易熔塞未能及时被挤出）。

此外，相关厂家为了防止内层片由于复杂情况下的非正常爆破，防止易熔塞被挤出，在内层爆破片与易熔塞之间增加了一层限流片。在限流片的作用下，在内层爆破片非正常破裂情况下，易熔塞不会挤出。但此种爆破片和易熔塞组合泄放装置，当内层片提前爆破时，无法得知，只能靠定期的检查更换装置来保障安全泄放装置的正常使用。

综合以上分析，现有的爆破片和易熔塞组合泄放装置存在问题，易熔塞的作用不仅有限，并且存在着阻碍安全泄放装置正常泄放的安全隐患，在实际长管拖车安全泄放装置应避免使用。

3 双爆破片组合泄放装置

针对易熔塞和爆破片组合泄放装置的问题，笔者提出双爆破片组合泄放装置。其设计要求为在气瓶超过设定爆破压力工况下，双爆破片组合泄放装置能够及时泄放；在气瓶未超过设定爆破压力工况下，双爆破片组合泄放装置不能产生误动作。双爆破片组合泄放装置由两层爆破片串联组成，与传统易熔塞和爆破片组合泄放装置相比，耐疲劳，安全泄放装置安全性更高[7]。其装置结构示意图如图5所示。

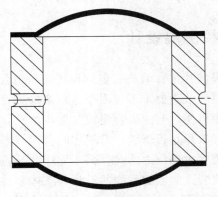

图 5 双爆破片组合泄放装置结构示意图

3.1 爆破片选型

爆破片的形式主要有正拱形、反拱形、平板型和石墨型四种[8]。反拱刻槽型爆破片是在反拱形爆破片上加工有减弱十字槽。工作时，拱面受压超过其失稳压力，爆破片失稳反转并沿着十字槽打开。其主要特点：最大工作压力可以不超过最小爆破压力的0.9倍；爆破时沿减弱槽破裂，无碎片，耐疲劳性能好；适用于气相介质。针对长管拖车气瓶使用工况，内层爆破片宜采用爆破后无碎片的反拱刻槽型爆破片（YC型）。

由于反拱刻槽型爆破片制造难度较一般爆破片较高，考虑到其成本，外层爆破片宜选用普通正拱爆破片（LP型）。根据其长管拖车气瓶规范，规定其爆破片泄放口径为φ20mm，爆破压力为33.4MPa。内层爆破片和外层爆破片泄放口径为φ20mm，爆破压力设为33.4MPa。

3.2 夹持器结构设计

针对双爆破片组合泄放装置设计要求，双爆破片组合泄放装置结构图如图6所示。为保证两层爆破片的动作互不干扰，两层爆破片之间的压环高度应大于内层爆破片开启后高度。防止内层爆破片开启后碰伤外层爆破片内拱面，降低外层爆破片的爆破压力。

当内层爆破片在非正常工况下提前爆破，从外部观察组合泄放装置无法判断内层爆破片情况。在中间夹持环开设泄压孔，通过外部设置的压力传感器检测组合泄放装置内压力，以判断内层爆破片是否爆破。考虑到泄压孔装配对中问题，沿小孔位置开环形槽，保障能够检测其内部压力。

3.3 检测端设计

双爆破片组合泄放装置的检测端是组合泄放装置的关键环节，要求不仅限于近距离检查，还能够进行远距离实时监测组合泄放装置内情况，及时判断内层爆破片是否爆破。为了实时监测双爆破片组合泄放装置内部压力情况，采用无线蓝牙技术进行组合泄放装置的监测系统的设计，整体系统结构框图如图7所示。整个系统包括了压力检测端和监控

显示端，压力检测端主要包含了压力传感器 MIK－P300、单片机 STC12C5A60S2、液晶显示 LCD12864，无线蓝牙模块 HC－05 发射端及其外围电路等，监控显示端包含了无线蓝牙模块 HC－05 接收端、单片机 STC12C5A60S2 和液晶显示 LCD12864。

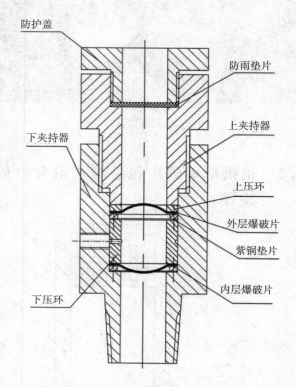

图6 双爆破片组合泄放装置结构图

压力传感器将实时检测的压力信号模拟量传输至单片机，单片机经过 AD 转换为数字量，经处理后显示于液晶显示屏 LCD12864 并通过蓝牙模块 HC－05 发射端发送至接收端。再经由单片机 STC12C5A60S2 处理后，显示于监控显示端的液晶显示 LCD12864 上，超压及时报警并提示及时更换组合泄放装置的爆破片。

3.4 实验测试

为测试其无线蓝牙模块数据传输性能，对其有效传输距离进行测试。打开检测端，尝试不同距离进行连接，检测其蓝牙模块实际有效传输距离。结果如表1所示，距离越远蓝牙传输的稳定性越差，对比实际蓝牙有效连接距离为10m，实验结果较为吻合。其稳定连接有效传输距离为8m。

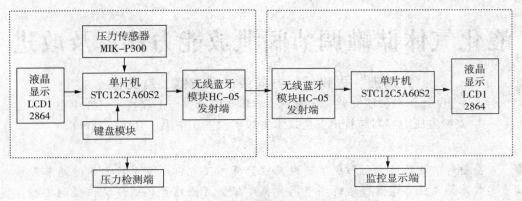

图 7　检测端系统整体结构框图

测试双爆破片组合泄放装置的泄放性能，根据 GB567.4－2012《爆破片安全装置 第四部分：型式试验》爆破试验要求[8]，对组合泄放装置的进行爆破试验。试验温度为常温，试验介质为液压油。其试验结果如下表 2 所示。根据其试验结果看出，组合泄放装置的爆破压力在 31.5～33.2MPa 范围内，满足其允差要求－10～0%，符合安全泄放装置的爆破性能要求。同时，检测端显示偏差在－0.95～－1.50% 范围内，满足设计要求。

表 1　蓝牙模块性能测试结果

测试距离/m	测试结果
＜3.0	连接稳定
6.0	连接稳定
8.0	连接较稳定
10.0	连接极不稳定
11.0	无法连接

表 2　双爆破片组合泄放装置爆破试验结果

试样编号	爆破片爆破压力/MPa	监测端显示爆破压力/MPa	爆破压偏差/%	检测端偏差/%
1	33.0	32.5	－1.20	－1.50
2	33.2	32.8	－0.60	－1.20
3	31.5	31.2	－5.69	－0.95

4　结论

根据对现有的爆破片和易熔塞组合泄放装置的分析，易熔塞的作用有限，并且存在着安全隐患，在长管拖车安全泄放装置的实际使用中应避免使用。

针对现有的爆破片和易熔塞组合泄放装置的问题，提出了双爆破片组合泄放装置，分别从爆破片选型、夹持器结构、检测端并对其进行装置设计，并对其进行试验测试。结果表明双爆破片组合泄放装置性能良好，满足组合泄放装置爆破性能要求。

参考文献

[1] 刘玉红，张志辉. 长管拖车安全泄放装置结构改进[J]. 专用汽车，2007，(4)：32.

[2] 潘晓娥. 关于 CNG 长管拖车安全泄压装置的分析与改进[J]. 中国特种设备安全，2009，(3)：30－31.

[3] 洪万亿. 浅议长管拖车用爆破片装置的选型方法[J]. 福建农机，2016，(2)：31－33＋37.

[4] 汤俊雄，惠虎，爆破片与易熔塞组合泄放装置在气瓶上的适用性探讨[J]. 机械设计与制造，2015，(11)：34－37.

[5] 卢川川. 长管拖车气瓶用爆破片装置的设计与开发[J]. 石油和化工设备，2014，(11)：72－74.

[6] TSG R0005－2011. 移动式压力容器安全技术监察规程[S].

[7] API520－2008. Sizing, Selection, and Installation of Pressure-relieving Devices in Refineries Part1-Sizing and Selection [S].

[8] GB 567－2012. 爆破片与爆破片装置[S].

作者简介

于庆伟（1992－），男，硕士研究生，主要研究方向：压力容器结构强度与安全保障技术，通信地址：上海市徐汇区梅陇路 130 号华东理工大学 200237，联系电话：15800656290，E－mail：yqingwei@163.com

液化气体储罐调节阀泄放能力计算及改进

亢海洲　朱建新　方向荣　庄力健　袁文彬

（合肥通用机械研究院　国家压力容器与管道安全工程技术研究中心

安徽省压力容器与管道安全技术省级实验室　中国　合肥　230088）

摘　要　安全附件的泄放能力已形成了较成熟的计算方法，但流量系数未知时调节阀泄放能力的研究较少。以液化气体储罐压力调节回路的调节阀为例，根据可压缩流体的广义伯努利方程，提出了流量系数未知时调节阀泄放能力的计算方法。根据计算结果，对容器超压联锁回路进行了适当改进，提高了装置运行的经济效益，降低了容器超压的风险等级。

关键词　液化气体储罐；泄放能力；调节阀；压力调节

Calculation and Improvement for a Control Valve's Relief Capacity On Liquefied gas Storage

Kang Haizhou　Zhu jianxin　Fang Xiangrong　Zhuang Lijian　Yuan Wenbin

（Hefei General Machinery Research Institute，Hefei 230088，China）

National Safety Engineering Technology Research Center for Pressure Vessels and Pipeline of ChinaGeneral Machinery Research Institute，Anhui provincial laboratory for safety technology of pressure vessels and pipelines

Abstract　There is a mature method of relief capacity calculation for safety accessories. However，there is less research on calculation of relief capacity to a control valve especially when its coefficient is unknown. Based on Bernoulli's equation for idea compressible flow，liquefied gas storage pressure-regulating loop control valve，for example，a calculation method on relief capacity of a control valve is carried out when the flow coefficient is unknown. According to the calculation results，some appropriate improvements of container overpressure interlock loop were conducted to enhance the economic efficiency of the equipment and decreased its overpressure risk level.

Keywords　liquefied gas storage；relief capacity；control valve；pressure-regulating

0　引言

近年来新建了大量的液化气体储罐系统，如乙烯、丙烯球罐、二氧化碳储罐和液氧液氮罐等等，为了防止超压保证容器安全，其中一些储罐系统包含了储罐压力调节回路，甚至有些设置了压力联锁回路。

关于容器上的安全附件如安全阀、爆破片的泄放能力有较多研究[1-2]，国内 GB 150—2011 等标准已有比较成熟的计算方法，可供设计人员参考。对于存储压缩气体的气瓶，其泄放也有诸多研究[3]。当存储气体危害等级较高时，为确保安全还可以增加自动调节阀或者压力联锁保护回路。但当这些阀门的流量系数未知时，其泄压能力问题却研究的较少。

尤其是液化气体储罐系统有其独特性，当容器内盛装液化气体时，打开调节阀或联锁阀开始泄放气体，则容器内液化气体将不同程度汽化，调节阀或联锁阀的泄放能力将会减弱，比其他容器而言将开启泄放更长时间。

本文拟用可压缩流体的伯努利方程结合理想气体绝热等熵过程方程计算泄放阀出口气体流速，最终计算得到其泄放能力，以求解决容器超压后能否保证安全的问题。

1 问题背景

某液态二氧化碳储罐由 10 台子罐外加母罐构成的子母罐系统。其罐顶压力联锁回路构成为：2 个取自罐顶部气相的压力信号 PT2131 和 PT2132 检测到罐内压力高高（联锁预设值 2.3MPa，传感器逻辑 2 取 2），将信号远传送给 DCS 经运算后打开顶部放空调节阀 PV2106（故障预设值 FC）、切断底部进料阀 PV2101（故障预设值 FC）。该联锁是由 DCS 构成的联锁，联锁回路构如图 1 所示。

液态二氧化碳储罐压力联锁回路的 P&ID 经简化后如图 2 所示。罐内压力过高时，切断底部液相进料阀 PV2101，且罐顶有 2 路 DN100 安全阀防止超压。PV2106 和安全阀泄放后的气体都在合适高度放空。联锁回路相关设备的设计参数如表 1 所示。

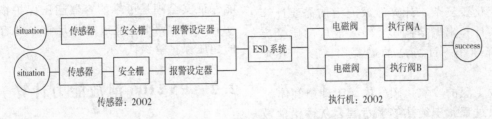

图 1 塔顶压力高高 SIF 构成示意图

当发生极端情况导致安全阀无法进行正常泄压或泄压能力不足时（如重大火灾或紧急排放时泄压口结冰堵塞），若调节阀排放能力不足仍可能导致罐体超压事故。

表 1 储罐系统设计参数

参　数	数值	参　数	数值
设计温度	−30℃	设计压力	2.3MPa
操作温度	−20℃	操作压力	2.0MPa
安全阀整定压力	2.2MPa	充装系数	0.91
每台子罐有效容积	289m³	储罐充装后气相总容积	261.9m³

分析图 2 阀门 PV2106 的动作压力则会发现下面几个问题：

（1）调节阀开启压力高于安全阀整定压力，与容器设计压力相等。如果发生容器压力过高，则安全阀先于调节阀起跳开始紧急泄压，压力高高联锁无法发挥紧急泄压功能。一般来说，联锁作为装置风险主动防御的最后一道屏障，要先于安全阀动作才有实际意义；

（2）PV2106 在很宽的压力范围内长时间放空（凭借 PV2106 将压力从 2.2MPa 降低到 2.0MPa，能否满足安全且及时降压的要求需要详细计算）。

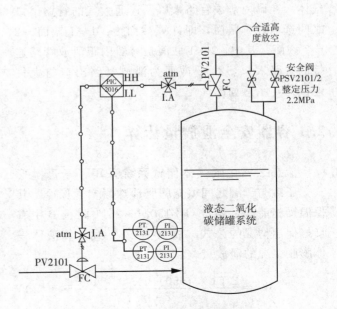

图 2 联锁回路示意图

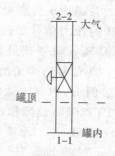

图 3　计算截面示意图

左栏图标注：2-2 大气，罐顶，1-1 罐内

2　调节阀 PV2106 泄放能力计算

为了计算 PV2106 的泄放能力，首先要计算容器的安全泄放量，以保证容器安全；其次，由于泄放过程压力变化较复杂，计算泄放能力前需要计算流速；最后，计算出调节阀 PV2106 泄放的质量流量和容器压降速率。计算之前需要引入以下几个假设：

（1）泄放工况的二氧化碳气体属于理想气体；

（2）泄放过程属于绝热等熵过程，气体沿泄放管路的流动属于一维定常流动。

由于液态二氧化储罐容量很大（2400m³），泄放管路直径较小（DN25），泄放速率较大，气体泄放时与外界无热量交换，且不考虑气体与管路摩擦，可认为泄放过程近似为等熵过程，气体为理想气体。在罐内泄放管路入口及连通大气的管路出口之间选取计算截面，即计算截面为：1—1 截面～2—2 截面。其中，1—1 截面是容器内跟泄放管路连接的管路入口，2—2 截面为泄放管路出口与大气连通处，示意如图 3。

2.1　容器安全泄放量计算

液态二氧化碳气体储罐系统采用了子母罐形式，子罐与母罐之间填充膨胀珍珠岩实现保冷。其保温措施能很好满足 GB 150.1—2011 附录 B 中有良好保温情况的公式。故根据（1）式计算液体气体膨胀工况的泄放量[4]：

$$W_s = \frac{2.61 \times (650 - t) \cdot \lambda \cdot A^{0.82}}{\delta \cdot q} \quad (1)$$

式中各参量的含义见标准附录 B。

泄放压力 2.2MPa，对应饱和温度 −16℃，此

温度下汽化潜热 283.63kJ/kg，膨胀珍珠岩的导热系数取 0.025 kJ/（m·h·℃），保温层平均厚度取 0.75m（注：子罐与外罐之间 1.2m，子罐之间南北向距离为 0.4m，东西之间距离为 0.2m。按照 0.5、0.25、0.25 的占比进行加权平均计算保温层厚度）。

根据子母罐结构特性，按照如上公式先按照单台子罐计算泄放流量，然后乘以 10 计算总泄放流量。将各个参数代入公式整套设备的安全泄放量为 231.32kg/h，即 0.06kg/s。由此可见，子母罐形式的二氧化碳储罐系统具有良好的保冷效果，其所需的安全泄放量与其储量相比一般很小。

如果设备顶部压力达到 2.2MPa，设备本身有 2 只 DN100 的安全阀将起跳，根据 GB 150.1—2011 的方法，经计算完全可以满足泄放要求。这能保证安全阀是可靠的容器超压保护措施。如果自动调节阀 PV2106 泄放能力足够，则容器就有较高的超压保护等级。

2.2　PV2106 泄放能力计算

2.2.1 泄放出口流速计算

根据热力学第一定律，从绝热过程可以推导出适用于可压缩流体的广义伯努利方程[5]如下：

$$\frac{\mathrm{d}p}{\rho} + \mathrm{d}\left(\frac{v^2}{2}\right) + \mathrm{d}\varphi = 0 \quad (2)$$

φ 为流体单位质量的势函数。由于泄放管路从罐顶到大气高度很小，故不考虑气体势能变化，第三项可略去。由于泄放过程是等熵过程，利用泊松方程及理想气体状态方程[6]

$$pV^\gamma = C \quad (3)$$

代入方程（2）最后推导出气体流速公式为：

$$v_e = \sqrt{\frac{2}{\gamma - 1}\left[\left(\frac{p}{p_e}\right)^{\frac{\gamma-1}{\gamma}} - 1\right] \cdot c_e} \quad (4)$$

$$c_e = \sqrt{\frac{\gamma p_e}{\rho_e}} \quad (5)$$

式中，v_e 为泄放管路出口流速，γ 为气体比热容，p 为容器内压力，p_e 为泄放出口压力，c_e 为泄放出口声速。

调节阀为气动直通球阀，且泄放管路无其他影响截面积变化的管件，则泄放管路中气体流速不会

B 设计、传热

大于局部声速。临界状态时，气体泄放速率等于相应压力下声速，即 $v_e = c_e$，对应此时管道内临界压力为 p_c，代入方程（4），令 $\left(\dfrac{p_c}{p_e}\right) = \xi$，则：

$$\xi^{\frac{\gamma-1}{\gamma}} = \frac{\gamma+1}{2} \tag{6}$$

查询气体手册[7]，将二氧化碳气体比热容 1.295 代入方程（6），得到 $\xi_c = 1.83$。

泄放出口直通大气，即 $p_e = 0.1\text{MPa}$（绝压）。泄放阀开启压力为 2.3MPa，则实际比值 ξ 为 23，远大于临界值，即泄放属于临界状态。泄放气体流速为标况下二氧化碳气体中的声速 c_a，代入二氧化碳气体参数到方程（5），得 $c_a = 255.94\text{m/s}$，则计算出泄放气体出口流速为 255.94m/s。

2.2.2 泄放质量流量计算

虽然泄放出口流速知道，但泄放管路中的体积流量和泄放到大气的体积流量不一定相同，但因为是定常流动，其质量流量相等。S_e 为泄放管路截面积，由方程（3）得到泄放管路出口气体密度为：

$$\rho_e = \rho_a \frac{p_e}{p_a} \; , \; q_e = \rho_e v_e S_e \tag{7}$$

代入数据 $\rho_a = 1.977\text{kg/m}^3$，泄放管路截面积 $S_e = 4.9087 \times 10^{-4}\text{m}^2$，计算后得到，$q_e = 0.25\text{kg/s}$，即 894.15kg/h。

2.2.3 超压泄放时容器内压降计算

根据理想气体状态方程，将第 2.2.2 部分计算出的质量流量，折算为容器内泄放压力（绝压）下的气体体积 Δv 为 54.12m³。选取泄放 1h 前后的那部分质量的气体为对象，代入方程（3）有：

$$P_1 (V_1 - \Delta v)^\gamma = (P_1 - \Delta p) V_1^\gamma \tag{8}$$

按照二氧化碳储罐系统充装系数 0.91 计算，顶部气相空间 V_1 为 216.9m³，Δv 为已经泄放 1h 的那部分气体当量体积，绝热指数取 1.295，代入各项数据计算：$\Delta p = 0.68\text{MPa}$。即容器压降速度 v_p 为 0.68MPa/h。

3　结果分析

根据 2.2 中计算结果，PV2106 的泄放流量为

894.15kg/h，大于 2.1 计算的容器安全泄放量 231.32kg/h。当容器发生超压，PV2106 作为压力高高联锁执行泄放功能，短时间内无热量传入罐内的情况下，可以满足储罐系统安全的要求。

除此之外，根据文献 6 引入的平衡速率方程[7]，重新核定该液态二氧化碳储罐系统的泄放能力为 551.24kg/（m²·s），根据 PV2106 阀门 DN25 的截面积，可计算出调节阀 PV2106 的质量流量为 0.27kg/s。与本文计算的结果 0.25 较为接近。故认为计算结果基本可接受。

3.1　储罐系统降压时间计算

虽然 PV2106 的泄放能力满足安全要求，但作为超压保护的联锁阀，联锁要求，

根据 2.2.2 的计算，如果容器发生压力高高，则调节阀 PV2106 打开泄放，使得容器压力降低的能力为 0.68MPa/h，则依靠 PV2106 泄放，将容器压力从 2.2MPa 降低到工作压力 2.0MPa，所需时间为：

$$t = \Delta p / v_p \tag{9}$$

代入数据，计算 $t = 0.29\text{h}$，即 17min。

调节阀作为执行联锁功能的动作时间一般要求在秒级，如果阀门口径太大，则动作时间可放宽到 2~3 分钟[8-9]；但 PV2106 作为容器压力高高的联锁阀，超压后将容器压力降到正常水平，需要花去 17min。

如果取消此压力高高联锁改为报警，并由操作工处理。操作工接到压力高报警，并从操作室手动打开 DN100 泄压管线一般会在 10min 内正确处理完毕。故 PV2106 如果作为压力过高的联锁泄放装置，其作用不甚明显。如果容器发生超压，调节阀 PV2106 将长期处于打开泄放状态。虽然能保证容器本体安全，但会造成长期泄放的噪音污染和物料浪费，更不利的是，长期泄放将导致二氧化碳结冰，并冻结、堵死泄放管路进而可能引发超压后安全阀起跳的事故。

3.2　压力高高联锁回路改进措施

针对 3.1 分析，作为压力高高联锁功能的调节阀 PV2106，建议做以下改进[10]，以提高装置运行效益并降低风险：

（1）压力高高联锁具备改为独立报警＋操作工处理的条件。

由于 PV2106 调节阀泄压能力有限，操作工有足够的时间正确处理，基于此，建议为压力高提供独立报警，并可根据储罐温度变化，设置操作工处理措施，并写入操作规程。一旦超压，可由操作工手动打开自动泄放管路并线，其管径公称尺寸为 DN100，根据 2.2 计算结果，其泄压能力将为 PV2106 的 16 倍。如果从 2.2MPa 泄压到 2.0MPa，只需要约 1min。

（2）监控上游液态二氧化碳进料温度。

根据二氧化碳饱和蒸汽压对照表，二氧化碳储罐系统操作温度 −20℃，且此时饱和蒸汽压为 1.97MPa，距离设定压力高高联锁动作压力 2.15MPa 有足够操作空间；同时，将上游丙烷制冷单元出口液态二氧化碳进料温度设报警，操作规程里规定其温度不得高于 −20℃。从而确保储罐系统不发生超压事故。

4 结束语

针对流量系数值未知时，液化气体储罐系统泄放管路的泄放能力进行了计算，并根据计算结果，对现场实际问题提出了有效的改进意见。该储罐系统从改进至今，已安全、平稳运行 4 年，证明改进是有效的。

参 考 文 献

[1] 郭崇志，朱寿林．安全阀超压泄放瞬态动力学数值模拟研究 [J]．流体机械，2012，40（2）：30−35.

[2] 詹世平．化工装置紧急排放系统分析 [J]．化学工业与工程技术，2000，21（2）：6−8.

[3] 喻健良，闫兴清．气瓶安全泄放量计算方法探讨 [J]．压力容器，2011，28（11）：36−40.

[4] GB 150.1−2011．钢制压力容器 [S]．北京：中国标准出版社，2011.

[5] 张也影．流体力学（第二版）[M]．北京：高等教育出版社，1998.

[6] 高光华，童景山．化工热力学 [M]．北京：清华大学出版社，2007.

[7] 邓吉平，孙欣．甲醇－乙酸酐体系的热分解特性及安全泄放 [J]．化工学报，2014，65（4）：1537−1543.

[8] 朱建新，陈学东．LDPE 管式反应器紧急泄压装置可靠性分析 [J]．化工自动化及仪表，2010，37（5）：35−40.

[9] 范咏峰，陈争荣．调节阀在石油化工装置紧急泄压中的应用 [J]．石油化工自动化，2011，47（2）：19−22.

[10] 亢海洲，朱建新．液态气体储罐系统压力联锁回路的改进 [J]．化工自动化及仪表，2015，42（5）：1147−1149.

线性黏滞阻尼器在侧部框架塔中的应用研究

杜怡安　谭　蔚　陈晓宇　樊显涛

（天津大学 化工学院，天津 300350）

摘　要　针对框架与塔体之间增设线性黏滞阻尼器的侧部框架塔的抗振性能进行了研究。通过建立小试实验模型，测试了框架塔的模态参数，结合数值模拟研究了阻尼器不同布置形式、位置及参数对侧部框架塔的影响。研究结果表明：阻尼器在某一方向的减振效果仅与该方向的阻尼系数之和有关，而与数量无关；阻尼器安装位置越高、阻尼系数越大，减振效果越好。在达到相同减振效果时，安装阻尼器可使框架高度降低33%以上，减小了框架制造成本。本文的研究结果可为黏滞阻尼器在侧部框架塔中的应用提供参考和工程指导。

关键词　侧部框架塔；黏滞流体阻尼器；风致振动；阻尼系数；附加阻尼

Application of Linear Viscous Dampers in Side Frame Towers

Du Yian　Tan Wei　Chen Xiaoyu　Fan Xiantao

（School of Chemical Engineering and Technology，Tianjin University，Tianjin 300072，China）

Abstract　In this paper, the vibration control performance is studied on a side frame tower with a linear viscous damper between the frame and the tower. The effects of the damper with different layout form、location and parameters on the side frame tower is studied by numerical simulation，based on a small scale experimental model used to measure the modal parameters of the side frame tower. Results are shown as follows：the damping effect of a damper in one direction is only related to the sum of the damping coefficient in that direction，but is independent of the quantity；The higher the installation position of the damper is and the greater the damping coefficient C is，the better the damping effect is；When the same vibration reduction effect is achieved，the frame height can be reduced by more than 33% and the cost of frame manufacture can be reduced after installing the damper. The results of this paper can provide references and engineering guidance for the application of viscous dampers in side frame towers.

Key words　Side frame tower；viscous fluid damper；wind-induced vibration；damping coefficient；additional damping

1　引言

近年来，随着设备向着高参数、大型化的趋势发展，出现了越来越多高径比较大的塔器，使其结构越来越柔，在风载荷条件下极易产生振动[1]。为了减少塔器的振动，工程上常通过增设侧部框架来增加塔的刚度进而控制塔顶的挠度，称之为框架塔。

对于侧部框架塔，由于框架和塔之间的耦合作用很难确定，从而使框架塔的动力学特性研究较为困难[2]。叶日新[3]曾建议将框架塔简化为带有弹性约束的悬臂梁结构，但塔的自振频率受框架弹性系数的影响很大。谭蔚等人[4]将侧部框架和塔的连接简化为一个弹性支撑系统，提出了求解框架塔自振频率的理论公式，并对刚度比与相对高度对侧部框架塔的影响进行了探讨。段振亚等人[5]通过建立小试实验模型进行实验研究，结果表明随着支撑点高度的增加，框架塔的一阶频率略有增加，而塔顶振幅、阻尼比均出现了较大幅度的下降。

消能减振技术作为一种被动控制方法，通过在结构的某些部位增设阻尼器来增加耗能从而减轻结构动力反应。由于其具有效果显著、安全可靠等优点，近年来已形成了一系列较为成熟的消能产品，如黏滞阻尼器、黏弹性阻尼器、摩擦阻尼器等。其中，黏滞阻尼器依据流体运动产生黏滞阻力的原理，是一种无刚度、速度相关型阻尼器，由于对温度不敏感、产生的阻尼力与位移异相等优点，广泛应用于抗风减振、抗震、结构加固及震后修复中[6]。黏滞阻尼器的研究主要集中在建筑工程领域，包括阻尼器支撑类型的选取，阻尼器数量的分配和优化等[7-8]，但在化工设备领域应用较少，尚未见到公开的研究成果。

本文将黏滞阻尼器应用到侧部框架上，由于其自身质量小，避免了质量阻尼器和液体阻尼器的附加质量问题，且方便工程安装、维修和拆卸。研究为塔器防振设计提供了新思路，可为黏滞阻尼器在塔器上的应用提供理论基础和工程指导。

2 计算模型

2.1 横风向载荷计算模型

塔器横风向的振动是由于在风载荷的作用下，空气流过塔器表面形成卡曼涡街，漩涡周期性脱落，从而引起塔器发生振动。由于卡曼涡街的影响，横风向振动非常复杂，并没有模型可以完全描述该情况，其中简谐力模型是对横风向载荷的一种简化模型，当结构受到横风向载荷而发生共振时，此时载荷的大小为：

$$F_c(t) = \frac{1}{2}\rho v_c^2 d C_L \cos(\omega_c t) \tag{1}$$

$$v_c = f_c d / St \tag{2}$$

式中：C_L 为升力系数均方根值；d 为塔器直径，

m；v_c 为临界风速，m/s；f_c 为结构的固有频率，Hz；St 为斯特罗哈数。

对于自然环境下的塔器，当发生横风向共振时，雷诺数处于超临界区域，在此区域中 St 和 C_L 基本不会发生变化。因此横风向的载荷与固有频率的平方成正比，即：

$$F_1(t) / F_2(t) = f_{c1}^2 / f_{c2}^2 \tag{3}$$

工程塔器发生共振时，振幅最大可达到塔体总高的 1/200 以上[11-12]，因此本文取使塔顶振幅大于 $H/200$（H 为塔器总高）时的横风向载荷，进行黏滞阻尼器的应用研究。

2.2 黏滞阻尼器计算模型

对于黏滞阻尼器的数学计算模型，国内外相关学者提出了线性模型、Kelvin 模型、Maxwell 模型等。本文采用线性计算模型，利用 ANSYS 软件中的 COMBIN14 单元进行分析，单元模型示意如图 1 所示。

在黏滞阻尼器线性模型中，阻尼力 $F_d(t)$ 仅与速度 $\dot{u}(t)$ 有关，可表示如下：

$$F_d(t) = C\dot{u}(t) \tag{4}$$

式中：C 为线性黏滞阻尼器的阻尼系数；$\dot{u}(t)$ 为运动速度。

设该线性阻尼器受到正弦简谐波的作用，即：

$$u(t) = u_0 \sin(\omega t) \tag{5}$$

式中：u_0 为波幅，m；ω 为圆频率，rad/s；t 为时间，s。

将式（5）带入式（4）得到力和位移的关系如下：

$$F_d(t) = Cu_0\omega\cos(\omega t) \tag{6}$$

将式（5）和式（6）联立得到力和位移的椭圆关系式如下：

$$\left(\frac{F_d}{Cu_0\omega}\right)^2 + \left(\frac{u}{u_0}\right)^2 = 1 \tag{7}$$

该椭圆对应的模型如下图 2 所示，则阻尼器做一循环所消耗的能量为：

$$W_d = \pi Cu_0^2\omega \tag{8}$$

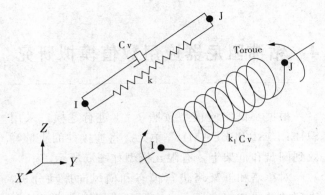

图 1 COMBIN14 阻尼单元理论模型

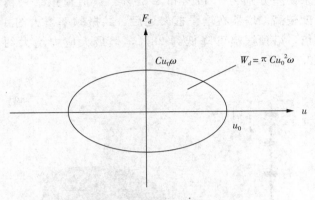

图 2 阻尼力与位移关系曲线

3 实验设计及结果分析

3.1 实验模型设计

本文以某侧部框架塔为原型，依据弹性设计准则，对实际框架塔进行等比例缩放，小试模型与实际塔器的几何尺寸及模态参数如表 1 所示。

表 1 小试模型与实际模型几何尺寸、模态参数对比

参数	小试模型	实际模型	比值
塔高/m	1.2	100.95	1/84.1
框架高/m	0.72	64.3	1/89.3
框架宽/m	0.14	12	1/85.7
单塔一阶固有频率/Hz	1.172	0.319	3.67
框架塔一阶固有频率/Hz	4.395	1.857	3.71
框架与塔体刚度比	19.54	24.5	—

如图 3 所示，小试模型由塔体、框架两部分构

成，材料均为 304 不锈钢，其中塔体由螺纹杆（M8）、塔盘（直径为 50mm，厚度 10mm）和连接件构成；框架由螺纹杆（M4）、铝制框架及相关连

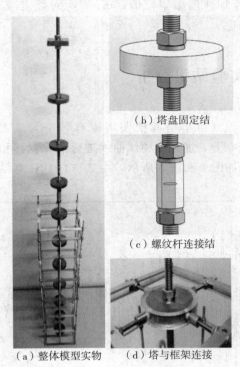

（b）塔盘固定结

（c）螺纹杆连接结

（a）整体模型实物　（d）塔与框架连接

图 3 小试模型实物图

接件构成，框架与塔体之间连接如图 3（d）所示。

3.2 实验仪器

本实验采用了东华 DH5908 动态采集分析系统。该系统中的数据通信模块采用标准 2.4 G 无线 Wi-Fi 通信技术实现系统与计算机的数据传输和操作控制；数据采集模块中各通道配备独立的电压放大器和 24 位 A/D 转换器。加速度传感器采用的是型号为 1B105 压阻式加速度传感器。

3.3 实验方法

阻尼比是线性黏性阻尼系数和临界阻尼的比值，一般情况下是通过结构的自由振动实验来获得结构的阻尼比 ζ[13]。对于小阻尼来说，近似有 $\sqrt{1-\zeta^2}\approx1$，对数衰减率表示为：

$$\delta=\ln(u_i/u_{i+m})=2\pi m\zeta/\sqrt{1-\zeta^2}\approx2\pi m\zeta \quad (9)$$

在现场实测中往往采用加速度传感器，可以直接用加速度振幅计算阻尼比：

$$\zeta = \ln(\bar{u}_i/\bar{u}_{i+m})/2\pi m \qquad (10)$$

式中：$\bar{u}_i$ 为第 n 个加速度振幅幅值，m；$\bar{u}_{i+m}$ 为第 $n+m$ 个加速度振幅幅值，m；δ 为对数衰减率；ζ 为阻尼比。

2.4 实验结果分析

实验测得单塔和框架塔固有频率为 1.172 Hz 和 4.395 Hz，加速度测试曲线进行消除飘移和滤波处理后如图 4 和图 5 所示，由式（10）计算得到的

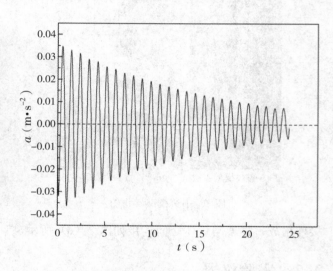

图 4　单塔塔顶加速度衰减曲线

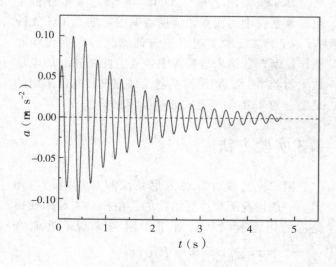

图 5　框架塔塔顶加速度衰减曲线

单塔的阻尼比为 0.01007，框架塔的阻尼比为 0.02382。

4　粘滞阻尼器应用数值模拟研究

根据小试实验模型按照 1:1 进行建模，采用 SHELL181 和 BEAM188 单元。将连接件的质量等效到圆盘和框架上，有限元模型如图 6 所示。

对单塔和框架塔进行模态和横风向振动分析，得到的结果如表 2 所示，实测和模拟固有频率的结果误差分别为 1.11% 和 3.36%，数值模拟结果精度较高。塔器在增设框架之后，共振频率增大约 4 倍，塔顶振幅可降低约 28%，但最大应力增大约 2.52 倍。

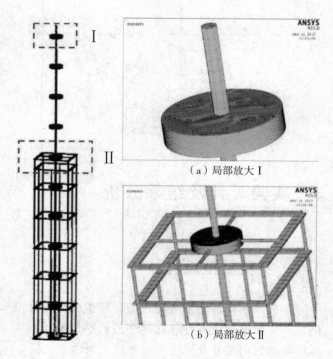

（a）局部放大 I

（b）局部放大 II

图 6　框架塔有限元模型

表 2　模态和横风向振动分析结果

类型	模态分析			横风向振动	
	实验/Hz	模拟/Hz	误差/%	塔顶振幅 /mm	最大应力 /MPa
单塔	1.172	1.185	1.11	7.25	10.9
框架塔	4.395	4.529	3.36	5.19	38.4

4.1　阻尼器不同安装形式的影响

为探究同一高度下，不同的阻尼器排布方式、数量对塔器的影响，在框架顶层设计了如图7所示的四种布置形式。

阻尼器在不同布置形式和参数下的共振频率及塔顶振幅如图8所示，从图8（a）中可以看出框架塔在增设阻尼器后，共振频率有所降低，且随着阻尼系数增大，共振频率降低速度加快。另外，对称排布的两阻尼与四阻尼、单阻尼与相邻两阻尼的效果一致，表明垂直于振动方向的阻尼器几乎不发挥作用，并且共振频率及塔顶振幅仅与总阻尼系数有关，与阻尼器数量无关。从图8（b）中可以看出，在振动方向设置阻尼系数C为1N/sm时，可使塔顶振幅降低70%，且随着阻尼系数增大，振幅趋于更小。

在自然条件下，风向是随机变化的，因此后文中采取四阻尼器布置形式，探究不同阻尼系数下的减振效果，提取各系数下塔顶位移、振型及最大应力，如图9所示。由图9（a）和（b）中可以看出，框架塔振型在框架支撑处有明显的拐点，而增设阻尼器后的振型与单塔相似，整体更为平缓；从图9（c）可以看出，阻尼器的可明显改善塔体的应力，阻尼系数为1N/sm时，塔底应力可降低80%左右；从图9（d）可以看出系统阻尼比随着阻尼器系数的增大而增大，近似呈线性关系，阻尼系数为1N/sm时，系统阻尼比为0.0546，相当于单塔阻尼比的5.46倍。

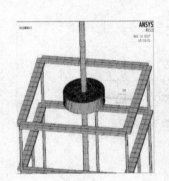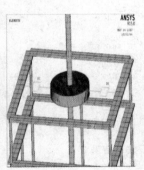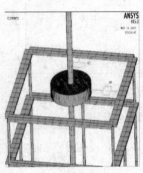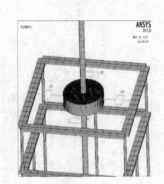

图7　阻尼器不同布置形式

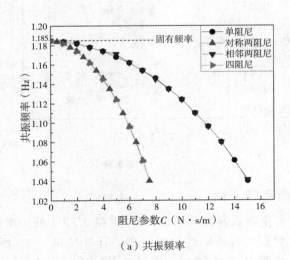

（a）共振频率

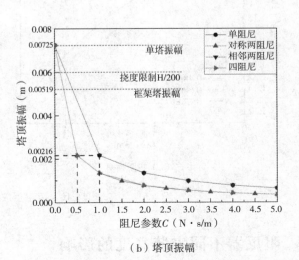

（b）塔顶振幅

图8　不同排布形式下共振频率和振幅随阻尼系数C的变化

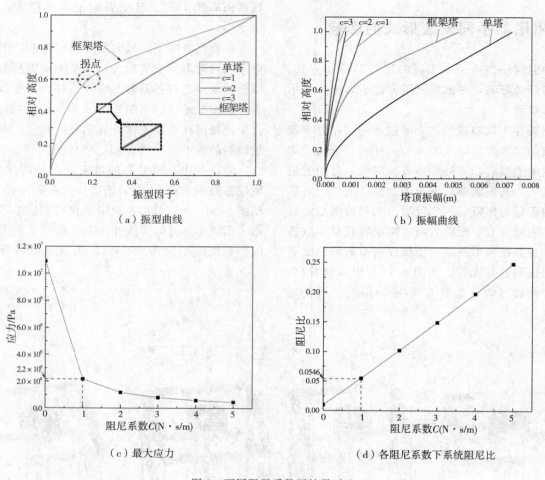

（a）振型曲线 （b）振幅曲线

图 9 不同阻尼系数下结果对比

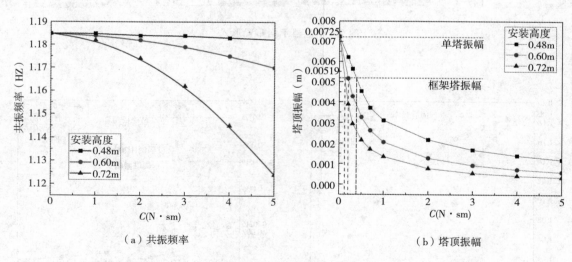

（a）共振频率 （b）塔顶振幅

图 10 阻尼器安装高度的影响

4.2 阻尼器不同安装高度的影响

为探究阻尼器安装高度对侧部框架塔的影响，分别在高度为 0.48m、0.6m 和 0.72m 处，增设布置形式为四阻尼的阻尼器，计算结果图 10 所示。由图 10（a）可知，阻尼器安装高度越高共振频率受阻尼系数的影响越大；由图 10（b）可知，增设阻尼器后，当塔顶振幅与原始框架塔一致时，可使框架高度由 0.72m 降至 0.48m，降幅为 33%，进而减小了框架成本。

5. 结语

本文对在框架与塔体之间增设线性粘滞阻尼器的侧部框架塔的振动特性进行了研究，探讨了阻尼器安装形式、位置及阻尼器参数对减振效果的影响，为线性粘滞阻尼器在塔器设计中的应用提供了参考。得出的主要结论：

（1）在框架与塔体之间增设阻尼器后，共振频率和塔顶振幅均随阻尼系数增加而降低，且仅与该方向上总阻尼系数有关，与阻尼器数量无关。

（2）框架塔振型在框架支撑处有明显的拐点，而增设阻尼器后的振型与单塔相似，整体更为平缓；阻尼器可明显改善塔体的应力，针对本文研究的侧部框架塔，当阻尼系数为 $1N/s \cdot m$ 时，塔底应力可降低 80% 左右，系统阻尼比增大 4.46 倍。

（3）阻尼器安装高度越高，共振频率受阻尼系数的影响越大；增设阻尼器后，当塔顶振幅与原始框架塔一致时，可使框架高度降低 33%，进而减小了框架制造成本。

参 考 文 献

[1] 谭蔚, 段振亚, 王卫国. 直立塔设备自振周期的计算方法 [J]. 化工机械, 2002, 29 (6)：355－358.

[2] 何国富, 姜颜宁, 沈江涛, 等. 耦合约束布置对框架式高塔动力特性的影响 [J]. 化工设备与管道, 2016, 53 (3)：24－27.

[3] 曲文海. 化工容器与化工设备实用手册（下册）[M]. 北京：化学工业出版社, 2000.

[4] 段振亚, 谭蔚. 框架塔动力特性的有限单元法研究 [J]. 化工机械, 2004, 31 (10)：281－284.

[5] 段振亚, 李鹏飞, 高攀. 框架塔动力特性实验研究 [J]. 石油化工设备, 2012, 41 (3)：1－4.

[6] Libin Z, Fan J, Yangyu W, et al. Measurement and analysis of vibration of small agricultural machinery based on LMS Test Lab [J]. Transactions of the Chinese Society of Agricultural Engineering, 2008 (5).

[7] Wong K K F. Seismic energy analysis of structures with nonlinear fluid viscous dampers-algorithm and numerical verification [J]. The Structural Design of Tall and Special Buildings, 2011, 20 (4)：482－496.

[8] 翁大根, 张超, 吕西林, 等. 附加黏滞阻尼器减震结构实用设计方法研究 [J]. 振动与冲击, 2012, 31 (21)：80－88.

[9] Rodriguez I, Lehmkuhl O, Chiva J, et al. On the flow past a circular cylinder from critical to super-critical Reynolds numbers：Wake topology and vortex shedding [J]. International Journal of Heat and Fluid Flow, 2015, 55：91－103.

[10] Van Hinsberg N P. The Reynolds number dependency of the steady and unsteady loading on a slightly rough circular cylinder：From subcritical up to high transcritical flow state [J]. Journal of Fluids and Structures, 2015, 55：526－539.

[11] 聂清德, 谭蔚, 周仕奎, 等. 乙烯精馏塔的振动分析 [J]. 压力容器, 1999 (4)：32－37.

[12] 元少昀, 段瑞. 烟囱等高耸结构风诱导共振的判定准则及振动分析的相关问题 [J]. 石油化工设备技术, 2010, 31 (1)：13－18.

[13] 胡哲, 宋显辉. 振动法测量材料弹性模量与阻尼比 [J]. 固体力学学报, 2008, 29：155－157.

[14] 谭蔚, 徐乐, 杜怡安, 等. 基于环境激励的塔器模态参数识别研究 [J]. 压力容器, 2016 (2)：17－24.

作 者 简 介

杜怡安（1991—），男，硕士研究生。

通信地址：天津市津南区海河教育园区雅观路 135 号天津大学北洋园校区化工学院, 300350

联系电话：13207691657；E － mail：tju _ duyian@163.com。

抛物线方程在重整反应器中锥体对接马鞍形接管法兰高度计算中的应用

郑红果　魏剑平　杨生元　赵志琦

（新疆兰石重装能源工程有限公司　新疆 哈密　839000）

摘　要　通过数学中抛物线方程的演算推导出机械制造中零件的高度计算公式，简化了制造难度，缩短了技术准备周期，并为后续生产加工提供了精确的数据保障。

关键词　抛物线方程；对接；马鞍形接管法兰；计算

Application of Parabolic Equation in the Height Calculation of Nozzle Flange Butt－Jointed with the Reforming Reactor Cone Docking Saddle

Zheng HongGuo　Wei JianPing　Yang ShengYuan　Zhao ZhiQi

（Xinjiang LS Heavy Equipment & Energy Engineering Co. Ltd，Hami 83900，China）

Abstract　In this paper，through mathematical hyperbolic function in the calculus deduces the formulas for the height of the parts in machinery manufacturing，Simplify the manufacturing difficulty，Shorten the technical preparation period，And providing accurate data for subsequent processing.

Keywords　the hyperbolic function；docking；saddle nozzle flange；calculate

1　引言

在石化生产中，催化重整装置是生产高辛烷值汽油、芳烃和廉价氢气的原油二次加工过程[1]，而连续重整反应器是催化重整装置中的主要设备，其结构形式有美国 UOP 技术中"四合一"（如图 1 所示）、"二合一"及法国技术"单体"重整反应器。"四合一"为 4 台反应器径向重叠布置[2]；"二合一"为 2 台反应器径向重叠布置，然后两组并列布置；"单体"重整反应器为 4 台反应器并列布置。由于"四合一"反应器直径大，直立后较高，因此为了设备结构稳定性考虑，一般直径设计为上小下大的形式，因此壳体设计时都存在加强锥体，并且反应器进、出口均设置马鞍形接管法兰。

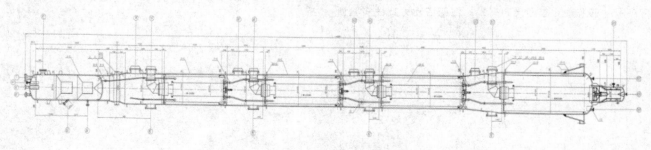

图 1　连续重整反应器结构简图

重整反应器在制造中锥体上马鞍形接管法兰高度尺寸的确定一直是冷加工关注的焦点，法兰高度尺寸的精确与否直接影响其安装尺寸的准确度[3]。目前，对于传统机加工设备和高精度的数控加工机床而言，零件的加工尺寸都是提前设定的，机床只是按照既定尺寸进行加工，那么尺寸的准确性直接影响零件的合格率。对于筒体上装配的马鞍形接管法兰（如图2）其与筒体对接的相贯曲线为对称形状[4]，其具体尺寸可以通过计算或1∶1放样来快速确定。然而锥体上对接的马鞍形接管（如图3）由于其与锥体相接的相贯曲面为斜面，其相贯曲线在锥体上的每个偏移位置对应的直径是变化的，这样导致了接管法兰高度也是一个变值。制造厂为了订料必须确定接管法兰的最大高度，为了完成零件加工必须给出准确的加工尺寸，那么就必须得到这个关键尺寸。多年来采用较多的有二维放样法、三维立体模型法、估算法，这些方法的应用有的烦琐，有的位置捕捉不准确、有的更是偏差太大，都不能迅速、准确地给出精确尺寸。抛物线方程演算法为此提供了一种简捷算法，可以快速定位接管最大高度处偏移接管中心的位置，从而算的最大高度尺寸。

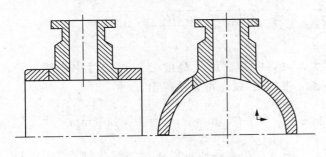

图2 筒体上马鞍形接管

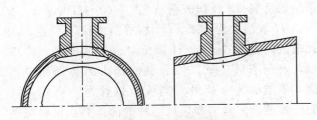

图3 锥体上马鞍形接管

2 演算过程

抛物线方程演算法也是在理论推算过程中总结的一种计算方法，下面介绍一下其演算过程。如图4所示，已知锥体和接管法兰的相关尺寸如下：

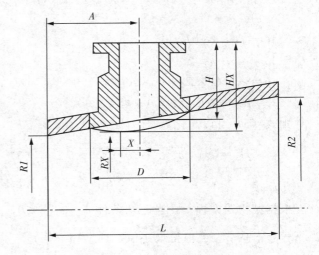

图4 锥体上马鞍形接管

图中参数：

R_1：锥体小端内半径；

R_2：锥体大端内半径；

L：锥体长度

A：接管法兰中心距离锥体小端距离；

D：接管与锥体相接直径；

H：接管法兰中心距离密封面高度；

X：接管法兰偏移中心的距离；

H_x：接管法兰偏移 X 位置处法兰高度；

R_x：接管法兰偏移 X 位置处锥体内径。

对于图4中锥体，设定锥角为 θ，那么系数 k 则为：

$$k=\tan\theta=\frac{R_2-R_1}{L} \qquad (1)$$

接管法兰偏移中心 x 位置处对应的锥体内径为 R_x，则有：

$$R_x=R_1+k\times（A-X） \qquad (2)$$

接管法兰偏移中心 x 位置处接管法兰与锥体内壁母线相交点与法兰密封面的距离为 hx，则有：

$$h_x=H+\tan\theta\times X \qquad (3)$$

接管法兰偏移中心 x 位置处接管法兰与锥体曲面相接处法兰高度为：

$$H_x=h_x+R_x-\sqrt{R_x{}^2-（\sqrt{（\frac{D}{2}）^2-X^2}）} \qquad (4)$$

式（4）整理得出：

$$H_x = H + R_1 + k \times A - \sqrt{(1+k)^2 \times X^2 - 2(R_1 \times k + k^2 \times A) \times X + \left[R_1{}^2 + 2R_1 \times k \times A + k^2 A^2 - \left(\frac{D}{2}\right)^2\right]} \quad (5)$$

令
$$\begin{cases} Q = H + R_1 + k \times A \\ a = (1+k)^2 \\ b = -2(k \times R_1 + k^2 \times A) \\ c = R_1{}^2 + 2R_1 \times k \times A + k^2 A^2 - \left(\frac{D}{2}\right)^2 \end{cases}$$

则式（5）可以简化为

$$H_x = Q - \sqrt{a \times X^2 + b \times X + c} \quad (6)$$

$$令 \quad y = a \times X^2 + b \times X + c \quad (7)$$

根据抛物线方程[5]，当已知条件 $a > 0$，$b < 0$，当 $X = -\dfrac{b}{2a}$ 时，y 会取得最小值，且 $y = c - \dfrac{b^2}{4a}$。[6]

在式（6）中当 y 取得最小值时，则 H_x 为最大，则有

$$H_x = Q - \sqrt{c - \frac{b^2}{4a}} \quad (8)$$

由此可得出：

当 $X = -\dfrac{b}{2a}$ 时，接管法兰的最大高度为：$H_x = Q - \sqrt{c - \dfrac{b^2}{4a}}$。

带入已知条件，整理可得接管法兰在最大高度位置偏移接管法兰中心 X、H_x 分别为：

$$\begin{cases} k = \dfrac{R_2 - R_1}{L} \\ X = \dfrac{k \times R_1 + k^2 \times A}{1 + k^2} \\ H_x = H + R_1 + k \times A - \sqrt{R_1{}^2 + 2k \times R_1 \times A + k^2 A^2 - \left(\dfrac{D}{2}\right)^2 - \left(\dfrac{k \times R_1 + k^2 \times A}{1 + k}\right)^2} \end{cases} \quad (9)$$

以上方程并非标准的抛物线参数方程，但属于曲线系方程[7]。

3 数据验证

下面对公式（9）举例进行数据验证。为某化工厂制造的连续重整装置中连续重整反应器的第三反应器中，已知锥体小端内半径 $R_1 = 800$mm，大端内半径 $R_2 = 100$mm，锥体长度 $L = 1600$mm，接管法兰中心距离锥体小端 $A = 775$mm，接管法兰与锥体相接直径 $D = 560$mm，接管法兰中心内侧距离密封面高度 $H = 450$mm。现在要确定接管法兰最大高度，以及在最大高度处偏移法兰中心线的距离。根据式（9）可直接得出：

$$X = 110\text{mm} \quad H_x = 502.1207\text{mm}$$

对此结果，我们可以通过二维分割法[8-9]进行验证，在 110mm 附近对 10 个数值点进行放样，测量结果见表 1。数据表明 X 在（100～120）mm 范围内 H 取值均为 502mm，相贯曲线接近平直。在此范围内根据式（9）计算所对应的数据如表 2 所示，对照结果显示二维分割法得出的数据精度不够，不能准确定位最大高度及偏移量，而式（9）的演算推理非常准确，且能精确的计算出接管法兰的高度，为后续加工提供精确的数据保障。

表 1 二维分割法测量数据

序号	1	2	3	4	5	6	7	8	9	10
X	80	85	90	95	100	105	106	107	108	109
H_x	495	498	500	501	502	502	502	502	502	

序号	11	12	13	14	15	16	17	18	19	20
X	110	111	112	113	114	115	120	125	130	135
H_x	502	502	502	502	502	502	502	502	502	501

表 2　抛物线方程法计算数据

序号	1	2	3	4	5	6	7	8	9	10
X	80	85	90	95	100	105	106	107	108	109
H_x	501.5660	501.7336	501.8711	501.9786	502.056	502.1034	502.1093	502.1139	502.1174	502.1197
序号	11	12	13	14	15	16	17	18	19	20
X	110	111	112	113	114	115	120	125	130	135
H_x	502.1207	502.1206	502.1193	502.1167	502.113	502.108	502.0652	501.9924	501.8896	501.7567

由表 2 可以生成式（7）和式（8）的函数曲线图（图 5 和图 6），由此可见抛物线方程法的应用大大提高了工作效率和数据的准确度。

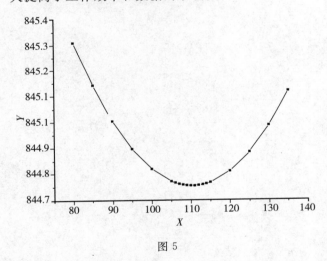

图 5

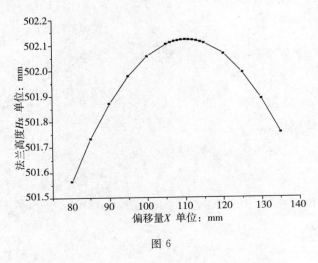

图 6

4　结论

连续重整反应器是炼油化工装置中的核心设备，主要工作在高温、临氢环境下，如此苛刻的工作环境，不仅对反应器的材料性能要求高，而且对零件的加工精度也提出高要求[10]。根据以往实际操作经验，采用二维分割放样的方法确定尺寸，过程非常烦琐，并且结果会出现较大误差；随着计算机技术的快速发展，三维建模已经得到广泛应用[11]，本实例采用三维实体放样的方式，接管法兰能非常形象具体的成像，但是要直接量取高度尺寸时，最低点却很难准确捕捉，只能给出模糊数据；还有最原始的估算法，一般给出的余量高达 20~30mm，这样无形中增加了制造成本。采用双曲线函数的演算方法，虽然演算过程比较烦琐，但是结果可以直接应用，对于接管法兰的尺寸确定非常简便。抛物线方程法具有一定的理论依据，为同类零件的制造提供了一种简便的方法。

参 考 文 献

[1] 赵志海，刘耀芳．UOP 连续重整技术的演化［J］．石油化工动态，2000（2）：35—40．

[2] 孙守峰，蓝兴英等．催化重整固定床径向反应器结构的优化研究［J］．高校化学工程学报，2008（4）：252—258．

[3] 张红光．600kt/a 连续重整反应器试制简介［J］．

化工机械，2005 (1)：39—41.

[4] 王维光. 接管在筒体上插入深度表和相贯线的简便画法 [J]. 化工设备设计，1989 (2)：59—61.

[5] 臧龙光. 抛物线参数方程的推导和应用 [J]. 数学通报，1982 (4)：14—16.

[6] 郑庆安. 抛物线参数方程的几何意义和应用浅谈 [J]. 南都学坛，1998 (3)：105—107

[7] 铁军先. 曲线系方程的应用策略 [J]. 新高考 (高一版)，2008 (1)：32—34.

[8] 张大明. 基于图理论的图像分割和分类算法研究 [D]. 安徽大学，2011：19—22.

[9] 张书真，向晓燕等. 基于二维直方图的曲线分割法 [J]. 微电子学与计算机，2010 (9)：20—28.

[10] 芦富仓. 连续重整反应器的制造和检验 [J]，机械研究与应用，2013 (5)：174—179.

[11] 张敬东，文广. 三维特征建模在机械设计与制造中的应用 [J]. 攀枝花学院学报，2004 (1)：86—94.

作 者 简 介

郑红果 (1978—)，女，高级工程师，主要从事压力容器设计和制造工作。

通信地址：新疆哈密市广东工业园区新疆兰石重装能源工程有限公司

E—mail：zhenghongguo@lshec.com

B
设计、传热

基于三维激光扫描的应变强化压力容器形状变化试验研究

江城伟[1] 郑津洋[1,2,3] 惠培子[1]

（1. 浙江大学 化工机械研究所 浙江 杭州 310027；2. 高压过程装备与安全教育部工程研究中心，
浙江 杭州 310027；3. 浙江大学 流体动力与机电系统国家重点实验室 浙江 杭州 310027）

摘　要　压力容器在应变强化过程中的形状变化与其安全性能密切相关，而传统测量方式存在测量范围有限、精度不高等局限性，利用三维（3D）激光扫描技术能非接触高精度的获取容器表面的三维数字信息特点，对应变强化容器的几何形状进行非接触、全方位地测量，并通过后处理建立容器的三维模型。将应变强化前后容器的几何模型进行对比，可得到容器的 3D 形状偏差、最大周向平均应变、不圆度等重要物理量。研究表明：三维激光扫描技术可以快速、高效、全面地测得应变强化容器几何形状变化，比传统检测方法具有更高的精度和更广的测量范围。

关键词　三维激光扫描；应变强化；压力容器；形状变化检测

Experimental Study on Shape Change of Strain Hardeningpressure Vessel Based on Three-dimensional Laser Scanning

Jiang Chengwei[1] Zheng Jinyang[1,2,3] Hui Peizi[1]

（1. Institute of Process Equipment Engineering, Zhejiang University, Hangzhou 310027, China；2. High-pressure Process Equipment and Safety Engineering Research Center of Ministry of Education, Hangzhou 310027, China；3. State Key Laboratory of Fluid Power & Mechatronic Systems, Hangzhou 310027, China）

Abstract　The shape change of pressure vessel in the strain hardening process and its safety performance is closely related, while the traditional measurement methods exist limited measurement range, low accuracy and other limitations, In this paper, three-dimensional laser scanning technology is used to measure geometrical shape of the strain hardening pressure vessel by non-contact and all-round based on its characteristics that it can use non-contact and high-precision method to obtain the three-dimensional digital information of surface, and through the post-processing to establish a three-dimensional model of the container. Comparing the geometric model of the container before and after the strain hardening, the 3D shape deviation of the container, the maximum circumferential average strain, the non-roundness and other important physical quantities can be gotten. The results show that the 3D laser scanning technique can measure the geometrical shape of the strain hardening vessel quickly, efficiently and comprehensively, and it has higher precision and wider measurement range than the traditional detection method.

Keyword　three-dimensional laser scanning, strain hardening, pressure vessel, shape change detection

1 引言

应变强化压力容器在确保安全的前提下能够实现轻型化和节能减耗[1]，所以其在工业、民用等领域地应用十分广泛。但是压力容器在应变强化过程中的形状变化对压力容器的安全性能和使用都有重要的影响。为了确保应变强化容器的安全可靠，需对其形状的变化进行测量。比如应变强化后压力容器的周向平均应变、形状偏差等。但是无论是通过挂尺来测量容器的周向平均应变还是通过样板来测量应变强化前后容器不圆度的变化，传统的方法都具有测量精度不高，使用范围有限，整体效率偏低等缺点。[2]

随着数字化技术的快速发展，以激光为基础的三维激光扫描技术由于具有采样速率快、高精度、非接触测量等优点，被广泛地应用到工程测绘和地形监测等领域中。比如张国辉[3]应用三维激光扫描仪对地形的变化进行监测，实验表明三维激光扫描具有很高的精度和分辨率。

本文结合相位式三维激光扫描能够高精度构建实体的表面几何特征的特点，对压力容器在应变强化前后的形状变化进行了非接触测量，并讨论分析三维激光扫描在周向平均应变测量、3D形状偏差比较、不圆度变化测量等方面的应用，从而为应变强化压力容器的安全性能评估提供依据。

2 工作原理

三维激光扫描仪可以记录被测物体表面大量密集点的空间位置信息和反射率信息，快速建立物体的三维模型以及线、面、体等图元数据，并可把三维点云数据用于后处理。其工作原理如下：

相位式三维激光扫描仪[4-8]通过内部的激光器发出一束连续的整数波长激光，通过测距系统计算从物体表面反射回来的激光的相位差，来计算被测物体的距离 S，再通过测角系统测量扫描仪至待测物体的水平观测角 α 和纵向观测值 β，来计算出基于仪器内部坐标系的三维激光点坐标。其计算公式如下：

$$X = S\cos\beta\sin\alpha$$
$$Y = S\cos\beta\cos\alpha \qquad (1)$$
$$Z = S\sin\beta$$

在同一个位置，利用高速率旋转的光学装置和扫描仪上部围绕垂直轴以小角度按顺时针或逆时针旋转对物体进行全方位扫描，通过在多个位置对物体进行扫描，从而获得被测物体完整的表面信息。图1为相位式扫描仪测距原理图，图2为激光扫描原理图。

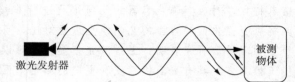

图 1　相位式扫描仪测距原理图

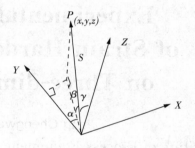

图 2　激光扫描原理图

3 试验研究

3.1 压力容器参数

某公司对有效容积为 9.3 m³ 的压力容器进行了应变强化型式试验，其结构尺寸如图3所示，容器内径为 1800 mm，筒体由长度为 1500 mm 的两个筒节组焊而成，封头为标准椭圆形封头，筒体名义厚度为 8 mm，封头名义厚度为 10 mm，容器总体长度为 3970 mm。该容器的材料采用 S30408 奥氏体不锈钢，图4为压力容器实物图。

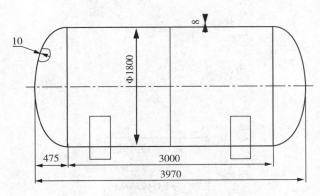

图 3 压力容器结构示意图

图 5 大空间三维激光扫描仪

图 4 压力容器实物图

3.2 测量方案

本文采用相位式三维激光扫描仪对该压力容器进行了应变强化前后的三维扫描。该扫描仪的型号为 Z+F IMAGER5010C，量程为 0.3~187.3 m，分辨率为 0.1 mm，数据获取速率可达 100 万点/秒，线性误差不超过 1 mm。如图 5 为相位式三维激光扫描仪的实物图。

在进行正式扫描之前，需要对压力容器所处的周边环境进行观察，确定合适的标点放置位置和扫描站点的布置，以便准确、完整地获取压力容器的三维信息。为了满足多站点扫描的模型的拼接精度，每一处站点扫描到的标点数不能少于 3 个，且标点的放置位置应满足不在一条直线上。

本次实验总共布置了 6 个标点、10 个站点，其中 4 个站点高于压力容器，6 个站点位于地面上。如图 6 为现场标点、站点布置图，图 7 为标点、站点放置位置的示意图。

图 6 三维激光扫描现场图

3.3 模型建立

完成 10 个站点的扫描，全方位获取压力容器的表面点云数据和照片信息之后，先通过服务站的 Z+F Laser Control 软件对点云数据进点云降噪、拼接等操作，生成压力容器的点云图，然后把处理过的压力容器点云图导入 Geomagic Control 质量检测软件中，通过降噪、封装、网格修补等功能建立压力容器应变强化前后的三维模型。如图 8、9 分别为应变强化前和应变强化后的压力容器的三维模型。从图 8、图 9 不难看出，相比于强化前，强化后的容器发生了明显的膨胀。

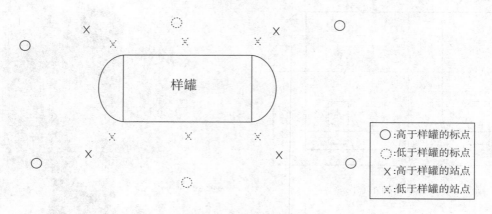

图 7　标点、站点的放置示意图

○:高于样罐的标点
⊙:低于样罐的标点
✕:高于样罐的站点
✗:低于样罐的站点

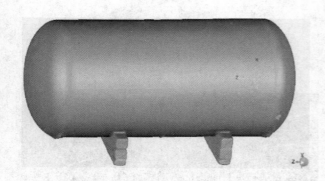

图 8　应变强化前三维模型图

图 9　应变强化后三维模型图

4　结果分析

4.1　周向平均应变测量

在压力容器的应变强化过程中，测量压力容器形状变形的通常做法是在预计可能出现最大变形截面处悬挂卷尺，通过定时记录尺子的测量结果，来计算容器周向的变化速率和强化前后容器周向的最大应变。如图 10 所示，在筒体的左筒节和右筒节中心通过挂尺来测量筒体的周向平均应变。

图 10　压力容器周向平均应变测量图

E:左2　G:左1　C:对称面　H:右1　D:右2

图 11　压力容器截面选取示意图

而通过三维模型测量应变强化后容器的周向平均应变的方法是：令坐标原点与筒体中心重合，且 Z 轴与筒体旋转轴平行，在容器筒体中部选取五个垂直于 Z 轴的截面（Z 轴坐标分别为 -0.75 m、-0.375 m、0 m、0.375 m、0.75 m），如图 11 所示。测量五个截面位置处应变强化后的周向平均应变，并与挂尺测量所得的实际周向平均应变进行对比，如表 1、表 2 所示。

表 1　周向平均应变对比

截面位置	拟合周长（mm）		拟合周向平均应变	实际周长（mm）		实际周向平均应变	误差
	强化前	强化后		强化前	强化后		
左 2	5701.3	5924.2	3.91%	5709	5937	3.99%	2.0%
右 2	5701.9	5891.8	3.33%	5708	5901	3.38%	1.48%

注：拟合周长为三维模型所测；实际周长为挂尺所测。

表 2　应变强化前后筒体各截面处周向平均应变

截面位置	拟合周长（mm）		拟合周向平均应变
	强化前	强化后	
左 2	5701.3	5924.2	3.91%
左 1	5705.4	5939.6	4.11%
对称面	5700.1	5926.1	3.97%
右 1	5706.6	5912.9	3.62%
右 2	5701.9	5891.8	3.33%

从表 1 中可以得出：激光扫描的测量精度更高，准确性好。比较在左筒节、右筒节中心处测得的实际周向平均应变与通过三维模型所测的拟合周向平均应变，可以发现两者的误差分别为 2.0% 和 1.48%，由此证明通过三维激光扫描所得的压力容器模型更具精确性。

由表 2 中可以得出：应变强化结束后，五个截面处筒体的最大平均周向应变为 4.11%，出现在左 1 截面处，并没有出现在预计的左筒节中心（左 2）或者右筒节（右 2）中心，这证明了通过预估的方法来确定的可能出现最大变形的截面，不一定就是实际容器的出现最大变形的截面。并且通过挂尺只能测量某一固定截面的平均周向应变，而通过压力容器的三维模型，则能够测量应变强化前后筒体任一截面处的平均周向应变。

4.2　3D 形状偏差对比

将应变强化前后的压力容器同时导入 Geometric Control 质量检测软件中，把应变强化前的压力容器作为参考体，利用最小二乘法将二者进行最佳拟合对齐，并进行 3D 比较，得到两者的形状偏差图。图 12、图 13 为应变强化后压力容器的 3D 形状偏差前后视图。从图 12、图 13 可以较为直观地看出，应变强化后容器的形状变形主要出现在筒体上，且筒体上部的变形稍大于下部，这是因为

底部的鞍座对于容器的下部变形有一定的约束作用；相较于筒体，应变强化过程中封头的变形较小，通过 3D 形状偏差图，可以较为方便的找出筒体上出现较大变形的区域。

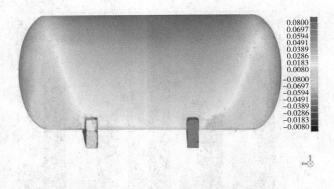

图 12　应变强化后压力容器 3D 形状偏差前视图（m）

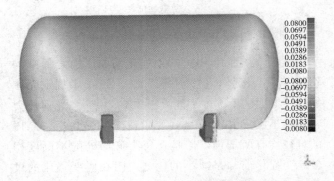

图 13　应变强化后压力容器 3D 形状偏差后视图（m）

4.3 不圆度变化

压力容器的形状偏差包括直线度、错边量、不圆度等，但是压力容器筒体的不圆度更易于表征，所以本章选择不圆度作为研究对象，主要研究应变强化过程对压力容器不圆度的影响。

根据图 11 所示的筒体截面选取位置，测量容器五个截面位置处的最大直径和最小直径，从而求出每个截面的不圆度，不圆度的计算公式如下：

$$Y = (d_{max} - d_{min}) / d_{nom} \times 100\% \qquad (2)$$

式中：Y—不圆度，%；

d_{max}——最大直径，mm；

d_{min}——最小直径，mm；

d_{nom}——标称直径，mm。

应变强化前后压力容器的不圆度变化如表 3、图 14 所示。

表 3 应变强化前后试验罐的不圆度

截面位置	强化前的直径/mm		强化前不圆度	强化后的直径/mm		强化后不圆度	不圆度改善率
	最大直径	最小直径		最大直径	最小直径		
左 2	1822.1	1795.3	1.49%	1893	1879.3	0.73%	50.67%
左 1	1824.6	1806.8	0.99%	1894.5	1887	0.40%	59.54%
对称面	1833	1797.9	1.93%	1904.5	1880.3	1.28%	33.86%
右 1	1823.7	1804.9	1.04%	1886.2	1879.2	0.37%	64.12%
右 2	1821.4	1797.1	1.34%	1881.9	1871.7	0.54%	59.54%
平均值	1825	1800.4	1.35%	1892	1879.5	0.66%	53.61%

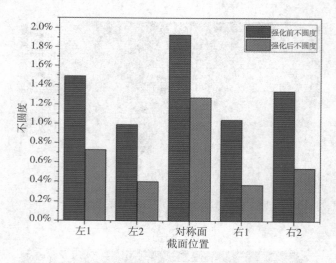

图 14 应变强化前后压力容器不圆度的变化

从表 3、图 14 中可知：强化前的压力容器平均不圆度为 1.35%，但是 GB150.4－2011 中规定壳体的同一截面的不圆度不能大于 1%，说明强化前压力容器的不圆度并没有达到要求。应变强化后，筒体的直径均有所增加，但是在每个截面处的不圆度相较应变强化前却是减小的，这说明在应变强化的过程中，筒体逐渐膨胀并趋圆。同时，应变强化前五个截面处的平均不圆度为 1.35%，而应变强化后五个截面处的平均不圆度为 0.66%，不仅不圆度平均改善率达到 53.61%，同时强化后压力容器的不圆度满足 GB150.4－2011 中对不圆度的规定要求，这证明了应变强化能够起到改善压力容器不圆度的作用。

5 结论

三维激光扫描技术由于具有高精度、采样速率快、非接触获取容器表面的三维数字信息特点。把三维激光扫描技术用于对应变强化压力容器形状变化的非接触测量，我们发现：

（1）在测量应变强化引起的压力容器的周向平均应变时，相较于传统的挂尺测量方法，三维激光扫描的测量精度更高，范围也更广，能够准确地测量压力容器任何一个截面的周向平均应变。

（2）通过应变强化前后压力容器的 3D 形状偏差比较，可以发现容器的形状变形主要出现在筒体上，且筒体上部的变形稍大于下部的变形；同时，通过 3D 比较图，也能准确地找出筒体上出现较大变形的区域。

（3）三维激光扫描能够精确、快速地测量焊接

B 设计、传热

成形后的压力容器的不圆度，并且应变强化对压力容器的不圆度具有改善作用，平均改善率能够达到53.61%。

参 考 文 献

[1] 郑津洋，缪存坚，寿比南. 轻型化——压力容器的发展方向 [J]. 压力容器，2009，26（9）：42－48.

[2] 国家质检总局. 压力容器 [S]. 北京：中国标准出版社，2012.

[3] 张国辉. 基于三维激光扫描仪的地形变化监测 [J]. 仪器仪表学报，2006（z1）：96－97.

[4] Yin H，Yang X，Tian R，et al. The Application of 3D Laser Scanning Method in Monitoring the Quality of Pressure Vessel [C] // International Conference on Energy, Power and Electrical Engineering. 2016.

[5] 王勖. 基于三维激光扫描的桥面变形检测技术应用研究 [D]. 重庆交通大学，2015.

[6] 张会霞，朱文博. 三维激光扫描数据处理理论及应用 [M]. 北京：电子工业出版社，2012.

[7] 赵庆阳. 三维激光扫描仪数据采集系统研制 [D]. 西安科技大学，2008.

[8] 焦明东. 三维激光扫描技术在工业检测中的应用研究 [D]. 山东科技大学，2010.

[9] Allard P H，Fraser J S. Application of 3D Laser Method for Corrosion Assessment on a. Spherical Pressure Vessel [J].

[10] 李泉，程效军. 自定位手持式三维激光扫描仪精度测试与分析 [J]. 测绘通报，2016，（10）：65－68.

作 者 简 介

江城伟，男，1992年出生，硕士研究生，主要从事先进能源承压设备、极端承压设备等方面的研究，通讯地址：浙江省杭州市浙大路38号浙江大学化工机械研究所，邮编：310027，联系电话：15267020711，E－mail：jiangCW_2000@163.com。

郑津洋（通讯作者），男，1964年出生，博士，教授，博士研究生导师，主要从事先进能源承压设备、极端承压设备等方面的研究。通讯地址：浙江省杭州市浙大路38号浙江大学化工机械研究所，邮编：310027，传真：0571－87953393，E－mail：jyzh@zju.edu.cn。

基于中厚板的多层大型高压容器设计建造方法的探讨

王志文　王学生　惠　虎　周忠强

（承压系统及安全教育部重点实验室　华东理工大学　上海　200237）

摘　要　回顾了高压容器建造的历史，分析评述了目前高压容器制造方式存在的主要问题，提出基于高强度中厚板建造大型多层复合式的高压容器的制造方法，该方法可将纵环焊缝进行三维离散化处理，有效避免深厚焊缝的脆断。进一步分析了该制造方法的技术问题，提出了仍需解决的学术问题。

关键词　高压容器；设计；制造；中厚板

The Investigation of Construction ofMultilayer and High Pressure Vessel Based on Medium Steel Plate

Wang Zhiwen　Wang Xuesheng　Hui Hu　Zhou Zhongqiang

（Key Laboratory of Pressure System and Safety，Minisry of Education，East China University of Science and Technology，Shanghai，200237，China）

Abstract　The history of construction ofhigh pressure vessels is reviewed and the main manufacture problem is analyzed in this paper. The new manufacture method of mutilayer high pressure vessels based on heavy and medium plate with high strength is proposed ，in which circumferential and longitudinal weld can be discreted in three dimension in order to avoid brittle fracture of deep weld. Meanwhile the technology problem of the manufature method is analyzed and the scientific problem of it is also proposed.

Keyword　high pressure vessel；design；construction；heavy and medium plate

1　高压容器的建造历史回顾

最初合成氨工业开始了工业高压容器的设计制造历史，起步时采用了类似炮筒的设计制造技术[1]。

整体锻造是第一台合成氨300大气压合成反应器别无选择的建造方法。这不但需要优质的高强度钢材，而且还需要大型锻压机械。

为了摆脱整体锻造大型制造装备，20世纪40—50年代开发出了多层包扎式厚壁高压容器，以及发展了槽型绕带组合厚壁高压容器和绕板式高压容器，多层包扎由于方法简单且安全性高，曾成

为高压容器的主流技术。但超高压容器必须采用超高强度钢，无法焊接，仍采用整体锻造技术，因体积不大，整体锻造技术仍被沿用至今。

在核反应堆压力容器中，由于中子辐照会使材料脆化，所以核电反应堆壳体堆芯区仍采用大型锻造筒节，既无纵缝也无环缝[2]。核反应堆压力容器的其他区域辐照强度低，可以允许用环缝再连接其他锻造筒节。锻焊式结构的建造技术，于20世纪60年代开始一直沿用至今[3-4]。

石化工业中的高温高压加氢反应器一开始就沿用锻焊结构。体积大，锻造筒节上没有纵焊缝，只允许用环焊缝。当今大型高压容器的壳体的主流建造结构就是锻焊结构。

多层包扎是我国中型高压容器的主流结构，而

大型高压容器的主流结构到目前为止仍然是锻焊式结构，不管核电还是石化、煤化皆如此。其中偶尔也采用过非过盈配合的三层热套结构制造国产 30 万吨氨合成塔。

2 锻焊式高压容器评价

锻焊式结构高压容器是当今国内外高压容器的主流建造方式，虽可以建造大型的大壁厚的高压容器，消除纵向的焊缝从而规避了由其带来的纵焊缝焊接质量问题的安全风险。但当前应客观地评价锻焊结构所含缺点、失效模式及安全隐患。

2.1 制造工序长

由于核反应器、加氢反应器所用高压容器主体材料的特殊性[5-7]，锻坯钢材需要由制造厂自行冶炼、自行精炼、自行铸模成锻坯。这必然使得生产链较长，制造厂必须具备冶金炼钢炉及大型精炼炉，锻造时必须具备加热炉及 1.2 万～1.5 万吨的大型水压锻压机。锻压成型后超大切削机床必须具备，并配有大型热处理装置及内壁堆焊设备。对焊层检验合格后进行筒节之间，及与上、下封头的组装常采用贯穿性的深厚环焊缝。凸型封头也必须由制造厂从冶炼、锻压、冲压成型、切削加工及内表面堆焊。以上超长的工序非一般大型压力容器制造厂所能承担。

2.2 成材率低，切削量大，材料利用率低

大型筒节锻件的成材率低，通常每 3～4 个筒节锻件中会有一件因铸造缺陷或锻造缺陷而报废。核电所用筒节的数据是：150 吨中的成品筒节，其原始锻坯需要 400 吨；而 200 吨的成品筒节，原始锻坯需要 600 吨重。其中除内外壁均需大量切削；同时部分筒节长度余留给取样检验；还需预留若干长度备用作见证件及预置在反应堆内的辐照脆化检测件。

报废率高、切削量大、预留件多，导致材料利用率很低是其存在问题。

2.3 环形焊缝仍存在失效风险

锻造筒节固然避免了纵向深厚焊缝的失效风险，但筒节间的环缝仍是贯穿壁厚的深厚焊缝[8]，即使采用的窄间隙坡口，但施焊仍然会选择较大输入线能量的焊接参数。因此，焊缝接头，尤其是熔合区和热影响区的粗晶区仍然是脆化区，是焊接结构最薄弱的环节。此区域内材料的粗晶区淬硬是最易形成焊接裂纹的危险区域，断裂韧性最低。无损检测可以检测出明显的焊缝缺陷，检出超标缺陷可以设法消除，但仍有漏检的风险和检测不出的微小缺陷。但材料因焊接而发生脆化的相变组织却无法消除，尤其可怕的是这种焊缝脆化区在对接接头沿厚度方向是呈贯穿性的，一旦开裂则会沿厚度方向裂穿，轻者泄露，重则爆炸。

我国近年来大型锻焊式高压容器建造完成之后水压试验时，将近有十台容器发生了破裂泄漏失效。这种失效不是无损检测更为周密就可解决的，因为焊缝的焊接脆化区是无法避免的，特别又是沿壁厚贯穿性分布时。

2.4 制造厂的环境存在重大缺失

制造厂的冶炼、多重反复热处理都存在排放废气的严重的问题，在当今严格提倡绿色制造情况下很难通过检测。然而增加减排设施，使得投资更大，生产成本更高。

综上所述，大型锻焊结构高压容器的建造过程存在着以下问题：

成本高、高耗能、材料高消耗、不环保，和可靠性仍存在较大风险。

在大型高压容器建造技术上，应该反思开发出中国再制造的新思路。

3 优质高强度中厚板——建造多层复合大型高压容器的重要平台

较高强度压力容器用钢板均需通过正火＋回火甚至淬火＋回火的热处理，才能显现低合金钢强度

一塑性及韧性—焊接性能的综合优化。即使钢板中已含有一定的提高淬透性的元素，但钢板沿厚度方向的性能仍受制于板材的厚度。以 60mm 及以下厚度的中厚板可以体现沿厚度方向性能的均匀性。我国 GB 19189—2011《压力容器用调质高强度钢板》是一个未被行业重视的新平台。表 1 是该标准中列出的 4 个高强度调质钢板的力学性能。是压力容器行业与冶金行业多年共同研制和开发的成果，化学成分均有严格的上、下限控制要求（本文从略），P、S 元素控制严格，实际产品更纯。特别是规定温度下的冲击韧度 KV_2 均大于等于 80J。[9]

表 1　GB19189 中列出的调质钢板钢号的力学性能指标

钢号	厚度/mm	R_{el}/MPa	R_m/MPa	A/%	温度/℃	KV_2/J
07MnMoVR	10～60	≥490	610～730	610～730	−20	≥80
07MnNiVR					−40	
07MnNiMoDR					−50	
12MnNiVR					−20	

C、Si、Mn、Mo、V、B 全部给出较窄的质量分数范围，P_{cm}≤0.20%～0.25%、P≤0.020%、S≤0.010%、Cu≤0.25%；Ni、Cr、Mo 均给出上限。其他还有 GB713 中的正火钢板可选[10]。

4　多层复合大型高压容器的创新开发

基于锻焊式大型高压容器尚存在诸多先天不足，且又无法避免贯穿性环焊缝脆断风险，而优质中高强度钢板已形成了生产力，尚未得到充分利用。因此设想充分利用现已形成的优质中厚板平台，再将贯穿壁厚的环焊缝，甚至包括因采用中厚板所出现的纵向对接焊缝都设法进行三维离散化处理，则可构建成基于中厚板（60mm 厚及以下）的多层组合式高压容器，使其不存在贯穿壁厚的深厚焊缝，这种容器的本质安全性更好。这是一个新的总体构想。

4.1　总体结构的构想

这种新型的基于中厚钢板多层组合并将焊缝三维离散化的高压容器设想中的构型如图 2 所示。

4.2　结构设计中的几个问题

（1）凸形封头的结构，总体上应采用半球形封头。但是采用单层结构封头还是多层结构则各有优

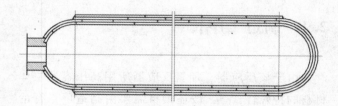

图 2　新型多层组合大型厚壁高压容器结构构想图

缺点。单层半球形压制封头可能简单，但应避免与筒体相接的环焊缝成为贯穿性的深厚焊缝，使安全性下降；若采用多层组合结构的球形封头，又企图将与筒体的环焊缝实施三维离散，就需要借助部分筒体层在端部延伸段采用冷热璇压塑性变形加工，使其与球面贴合，增加了加工难度。需要经过深化研究解决。

（2）接管锻件结构设计的难度不在于锻件结构本身，而在于筒体或封头相接处对接焊缝如何实现三维离散化。与筒体上整圈环焊缝相比，接管锻件与筒身相连焊缝不是整圈的而影响较小，仅是局部性的贯穿焊缝，发生整体性脆断失效的风险小许多。这也应该通过深入研究解决。

（3）分层建造时，层间间隙的控制必然是制造工艺中必须解决的技术难题。不像多层包扎式高压容器只是对筒节做层层包扎，并且所用 8～12mm 厚的较薄钢板，刚性较小，容易捆扎压紧压实，层间间隙一般可控。现在是在已组装好的内筒外壁逐层叠加。由于原材料板的厚度公差、圆度公差、组配时同心度及直线度的公差，综合起来将从第 2 层开始出现外层与内层之间无法消除的不均匀间隙。企图用高内压迫使各层壳体向外鼓胀塑性胀合，即

使母材及焊缝接头的塑性与韧性足够，但也不太容易实现。初步计算表明实现胀合和消除间隙的内压达到设计压力的 2.4 倍左右。

如果制造时可以减少间隙，最终不致力于全部消除间隙，或在水压试验时适当提高些试验压力以部分消除近内层的间隙，还保留一些近外层的间隙，这在设计观念上是否能够接受，在动载荷下是否有疲劳失效的危害性，均需进一步深入研究。

5 多层组合焊缝离散结构大型高压容器的优势分析

与锻焊式高压容器相比，基于中厚板多层组合焊缝离散结构总体上会显示如下优势。

5.1 建造过程成本大大降低

对制造厂来说将告别冶炼、精炼、铸坯等大型冶金装置，也无须大型重型锻压设备和自备大型高温热处理（正火或淬火＋回火）的加热炉。生产流程大大缩短，只需向宽厚板钢厂协议订货，严控订货协议，加强验收。中厚钢板的下料剪板、捲圆（通常冷卷即可）各大制造厂都能具备。只需焊后热处理（消氢及消残余应力），且局部区域进行，无须大型高温热处理装备。高温热处理过程的加热与排放能耗和环境问题压力大减。投料量大大降低，正品率大大提高，切削量及材料消耗大大减少。

综合来看，具有成本低、省资源、少排放的巨大优势，将告别傻大粗笨的状态。

5.2 大大提高本质安全性

由于中厚钢板具有优良的淬透性，可以实现较优良的强度、塑性及韧性等力学性能，并优于大型锻体。中厚钢板所形成的焊缝再经三维离散化处理，基本消除总体结构上的贯穿壁厚的深厚焊缝，融合线及热影响区的脆化区均被分散，中厚板焊缝内的缺陷即使存在也更局部，一旦裂纹扩展绝不会殃及相邻层板，因此本质安全性无疑更高。

5.3 可能的失效模式及风险的分析

（1）多层复合高压容器内的中厚钢板母材失效的风险较小。一般均在足够的超载之后筒体在发生塑性鼓胀大变形之后再以爆破模式最终失效，这是正常的可控失效模式。

（2）中厚板组成筒体及封头中的对接焊缝因离散化因焊接缺陷或因融合区和热影响区中粗晶区脆化所引起的两种脆断失效风险将会大大降低。即使某层焊缝发生脆断，裂纹扩展时不会延续到相邻层的母材。基本上可以杜绝脆断失效事故。若确能消除贯穿壁厚的深厚焊缝，全厚度的裂纹扩展和脆断失效就不可能发生，风险大大降低。

（3）原锻焊结构时的内壁靠堆焊层作防腐蚀层；多层胀合则代之以内筒采用含耐腐蚀金属层的复合钢板。既简化施工又避开了堆焊层的焊接缺陷及由于焊接热循环导致防腐蚀金属耐蚀能力的下降，将明显提高结构抗腐蚀失效风险的能力。

（4）至于极端超压情况下的失效模式只会是超压鼓胀后的爆破失效。物理性超压难于出现这种情况，只有化学大爆炸发生时才会出现这种失效。须知任何设计都不可能在化学爆炸时仍能确保压力容器安全无恙而幸免于难。

所以在一般服役情况下，只要不发生极端超压，这种基于中厚板多层复合且已将焊缝三维离散处理的高压容器是不会破坏的，也不会产生低应力脆断，其本质安全性更高。

6 待开发研究的重大学术与技术难题

6.1 几个重要学术问题尚待研究

（1）关于层间间隙的影响。板材的公差、组装时公差、必然造成层间接触的不均匀。即使在制造工艺中想尽办法使层间贴紧，但总是在层间存在一系列消除不了的积累间隙。这种间隙会使各层的薄膜应力分布不均，形成局部应力。局部应力的存在范围，对承载能力的影响。还需要进行弹塑性的理论分析和数值分析，甚至实验测试研究，关于安全

承载能力的客观评价，以及制造公差的合理规范，均需研究

（2）间隙对疲劳寿命的影响。层间局部存在的情况下可能在交变载荷下会使局部塑性区形成较大应力幅或应变幅，会对结构的疲劳损伤产生什么影响，是否有可能产生疲劳棘轮效应，均需深入研究。

（3）封头结构的结构选型与设计方法。首先，若采用多层胀合封头，又要使半球封头与筒体端部环焊缝实现三维离散化，则势必首先使各层环向焊缝要沿轴向离散。是否可以对其中几层圆筒端部超长或略短。超长的圆筒端能否在现场实现热璇压收拢而贴紧背后的球封头。热璇压的加热温度范围也应予以规定，既不能过高，也应作下限温度规定。

最终能得到封头的结构设计原则和设计方法。

（4）多层壳体（包括筒体与封头、接管区）设计准则的探讨。靠近内壁的几层层板在投用前的累计塑性变形是明显的、传统多层容器设计法是弹性设计，不考虑发生的塑性变形历史。但高压容器更偏向采用高强钢，应该考虑材料在投入使用前的塑性变形史和塑性变形损伤。设计时的应力强度不应仅仅考虑弹性应力和弹性失效设计准则，而应考虑已发生的塑性应变累计量和承载后的弹性应变量，以及局部应力区或应力集中区的塑性应变增量。然后在采用合适的塑性准则及安全裕量。这种新的设计思想更合理更科学，也许总体壁厚还会下降，但一定会更加安全合理。

7　制造工艺与检验检测方法的专项研究

有以下一系列需要解决的实际技术问题：

层间间隙的消除不能再沿用多层包扎筒节制造中的钢丝绳扎紧法，但须将中厚钢板层间间隙最大限度地减小，需要研究新的压紧工艺。

层间逐层建造时残余间隙的的定量测试方法。

容器组装过程中的各种制造公差掌控工艺及相应测量方法，工艺规程及控制标准。

更严格的焊接工艺规程、执行规程；消氢及消

应力焊后热处理过程及工艺规程。

产品的检验与检测规程。

研制过程中一定会形成很多专利技术。

8　展望

这一研发必须在"中国制造2025"的精神引领下进行，融入"智能化"制造概念，有巨大研究空间。这一创新成果必将诞生一系列中国制造、中国规范，将体现其中的智能化、绿色环保、高附加值。

参 考 文 献

[1] Nichals R W. Pressure vessel engineering technology. 1971.

[2] ASME Boiler and Pressure Vessel Code，Section Ⅲ，Rules for Construction of Nuclear Power Plant compents，2007，2015.

[3] Waston E H. Weld Pressure Vessel for Forged Pieces，pt. Ⅰ，Met. Const. & Brit. Weld. J，1971（1）.

[4] Waston E H. Weld Pressure Vessle for Forged Pieces，pt. Ⅱ，Met. Const. & Brit. Weld. J，1971（2）.

[5] ASME Boiler and Pressure Vessel Code，Section Ⅷ Division 3：Alternative Rules for Construction of High pressure Vessles，（2007—2015）.

[6] ASME Boiler and Pressure Vessel Code，Section Ⅷ Divisions 1，Rules for construction of Pressure Vessels，2007—2015.

[7] ASME Boiler and Pressure Vessel Code，Section Ⅷ Division 2，Alternative Rules，2007—2015.

[8] 赵斌义. 无深环焊缝多层包扎容器的结构特点[J]. 石油化工设备技术，2008，29（2）.

[9] GB 19189—2011 压力容器用调质高强度钢板.

[10] GB 713—2014 锅炉和压力容器用钢.

作 者 简 介

王志文，男，教授。通信地址：上海市华东理工大学机械与动力工程学院，200237

Tel：13641777445；Email：wangzw@ecust. edu. cn

大型金属壁全容式 LNG 储罐结构对比

范海俊[1,2]　朱金花[1,2]　张新建[1,2]

（1. 合肥通用机械研究院　安徽 合肥　230031；

2. 国家压力容器与管道安全工程技术研究中心　安徽 合肥　230031）

摘　要　GB 50183－2015《石油天然气工程设计防火规范》对大型 LNG 储罐的防火间距提出了更高的要求，基于安全防护、投资规模等诸多因素的考虑，全容式 LNG 储罐逐步代替单容式 LNG 储罐成为发展的主流。结合 EN 14620 等国内外相关标准，近几年国内相继开发出了双金属壁全容式 LNG 储罐以及三金属壁全容式 LNG 储罐。通过对这两种金属壁全容式 LNG 储罐的结构形式、绝热性能、施工工艺、建造周期及费用等方面进行对比分析，得出两种结构的优缺点，分析结果可为大型全容式 LNG 储罐的设计建造提供参考。

关键词　LNG 储罐；全容式；金属壁；结构

Structural Comparison of Large Metal Shell Full-containment LNG Tank

Fan Haijun[1,2]　Zhu Jinhua[1,2]　Zhang Xinjian[1,2]

(1. Hefei General Machinery Research Institute , Hefei 230031 , China; 2. National Technical Research Center on Safety Engineering of Pressure Vessel and Pipelines , Hefei 230031，China)

Absract　With the release of GB 50183－2015： *Code for Fire Protection Design of Petroleum and Natural Gas Engineering* ，more strict requirements are put forward on fire protection distance of large LNG tank. Based on the security protection，investment scale and many other factors，full-containment LNG tank gradually replaces single-containment LNG tank and becomes the mainstream. In recent years，Refer to EN 14620 and other related standards，dual metal shell full-containment LNG tank and three metal shell full-containment LNG tank have been developed in China. In this paper，the structure, thermal insulation performance，construction technology，time limit and cost of the two different full-containment LNG tanks are analyzed and compared. The result can reflect advantages and disadvantages of the two kinds of tanks and provide reference for the design and construction of large full-containment LNG tank.

1　前言

随着清洁能源的需求日益增大，天然气产业作为朝阳产业迅速发展。在过去的 13 年里，我国的天然气利用量增长了近 10 倍，达到 2058 亿立方米。液化天然气（LNG）作为天然气的重要存储形式，其沸点为－161.49℃，同等体积下所储存的天然气为标准状态下的 600 倍，且储存状态为常压，储运的便利性以及安全性均得到极大的提高。

作为存储 LNG 的设备，LNG 储罐从结构形式上可分为单容式、双容式和全容式。单容罐是由内罐和外罐组成，只有内罐可以存储低温介质，因此在储罐周围需要设置围堰；双容罐是在单容罐外罐的外侧设置一个敞口的容器用于代替围堰，盛装泄露状态下低温介质，一般采用混凝土；全容罐由内外罐组成，两个罐体均可以盛装低温介质。实际的工程项目中，单容罐和全容罐是建设方的主要选择。随着新版 GB 50183 的发布（后又暂停实施，但有一定的参考意义），对大型 LNG 储罐防火间距提出了更高的要求，由于全容罐无须设置围堰，占地面积大大减少，安全性也得到大幅提高，近几年发展迅速。考虑到大型 LNG 接收站中以混凝土为外罐的全容式 LNG 储罐造价过高、制造安装工艺复杂，针对城市调峰和液化厂项目中公称容积 5 万立方以下的 LNG 储罐，根据 GB/T 26978－2011（翻译自 EN 14620）等标准规范的要求开发了性价比更高的金属壁全容式 LNG 储罐。虽然标准中对金属壁全容罐有所定义，但是由于此种储罐国外尚未有先例，国内对提出的双金属壁式和三金属壁式的方案都有争议。本文以某地在建的 1 台 25000m³ LNG 储罐作为分析对象，从结构形式、绝热性能、施工工艺等方面分析两种结构的优缺点。

2 设计参数

25000m³ LNG 储罐设计参数见表 1：

表 1   25000m³ LNG 储罐的主要设计参数

项目	参数	项目	参数
设计压力	25kPa	地震设防烈度	8 度
设计温度	−168℃	设计基本地震加速度	0.20g
内罐公称直径	38.4m	地震动反应谱特征周期（10%）	0.47（10%）
液位高度	23.0m	基本风压	350Pa
内罐材料	S30408	基本雪压	250Pa
基础类型	混凝土承台	设计寿命	30 年

3 结构形式

全容式 LNG 储罐包含一个主容器和一个次容器。主容器是一个可以盛装低温介质的自支撑式、钢质单壁罐；次容器是一个自支撑式钢质或混凝土

带有拱顶的储罐[1]。正常操作工况下，次容器作为储罐的主要蒸发气容器，并支撑主容器的绝热层；在主容器泄露的情况下，次容器必须具有装存全部低温介质并在结构上保持气密性的能力。本文主要比较的是次容器为金属壁的储罐，其主要结构形式如图 1。

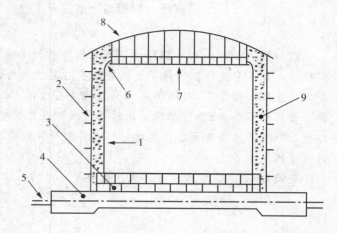

图 1   全容式金属壁 LNG 储罐的结构形式
1—主容器（钢质）；2—次容器（钢质）；3—底部绝热层；
4—基础；5—基础加热系统；6—吊顶密封保冷；
7—顶部绝热层；8—拱顶（钢质）；9—环形空间绝热

由于在充注过量、地震作用下储液晃动或者内罐破损时，全容罐的次容器需要储存部分甚至全部的低温介质。此时，如果没有相应的保护措施，次容器会因急剧降温产生巨大的温差应力，从而发生破坏。为了满足全容罐的要求，必须在主容器和次容器之间加入保护措施。目前国内主要有双金属壁和三金属壁两种方案，下面分别对其结构形式进行分析对比。

3.1   双金属壁全容式 LNG 储罐

双金属壁全容式 LNG 储罐[2]的保护措施是在内罐（作为主容器）与外罐（作为次容器）之间的夹层底部设置热防护系统（TPS）[3]，同时在外罐外壁设置 PIR 或泡沫玻璃保冷。内罐、外罐（罐壁和底板）、第二底板以及热角防护的钢质材料均为 S30408 不锈钢，拱顶和压缩环由于不接触低温介质选用碳钢（本次设计选用 Q345R），热角防护系统保温材料采用 HLB800 型泡沫玻璃砖和低温密封胶，外罐外壁保温采用 HLB800 型泡沫玻璃。图 2、图 3 分别是其底部保冷结构和顶部保冷结构的详图。

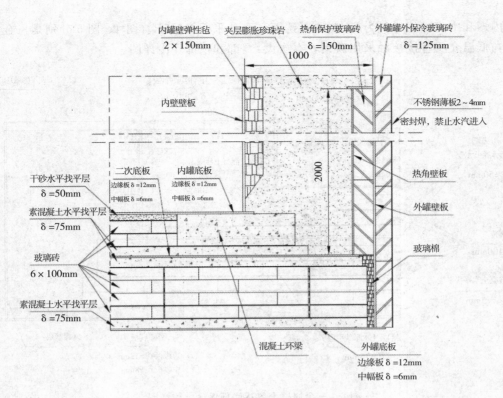

图 2　双金属壁全容罐底部保冷结构详图

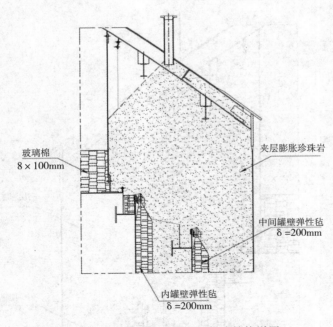

图 3　双金属壁全容罐顶部保冷结构详图

　　在外罐内侧底角处设置的热角防护系统可以有效地减少事故工况下罐底角处的热量传递，并且最大程度减小外罐急剧降温后所产生的温差应力。同时，在外罐外侧设置有泡沫玻璃砖的保温层，使储罐在事故工况下的蒸发率大大降低，压力控制得到有效的保障，确保储罐在一定的时间内安全运行。

3.2　三金属壁全容式 LNG 储罐

　　三金属壁全容式 LNG 储罐[4] 含有三个容器，内罐作为主容器，中间罐作为次容器，外罐装存蒸发气和保温材料。中间罐可以完全盛装内罐所有的低温介质。内罐和中间罐的材料为 S30408 不锈钢，外罐由于不与低温介质直接接触采用碳钢，本次设计采用 Q345R。图 4、图 5 分别是三金属壁储罐底部和顶部保冷详图。

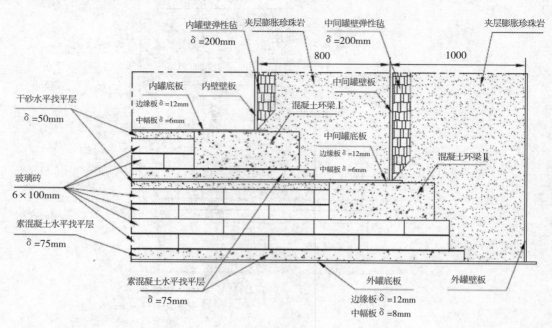

图 4　三金属壁全容罐底部保冷结构详图

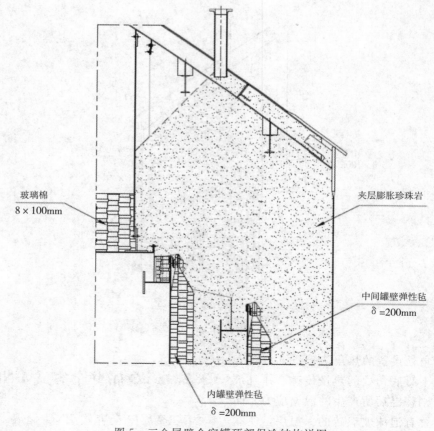

图 5　三金属壁全容罐顶部保冷结构详图

通过对两种储罐的结构形式的对比，初步给出 25000m³ LNG 储罐两种方案的设计参数，详见表 2

和表3。

表2　25000m³双金属壁全容式LNG储罐设计参数

项目	内罐	外罐
材质	S30408	S30408+Q345R
公称直径	38.4m	40.4m
罐壁高度	24.6m	27m
有效容积	25000m³	25000m³

表3　25000m³三金属壁全容式LNG储罐设计参数

项目	内罐	中间罐	外罐
材质	S30408	S30408	Q345R
公称直径	38.4m	40m	42m
罐壁高度	24.6m	23.5m	27m
有效容积	25000m³	25000m³	—

根据表2和表3的设计参数对两种结构形式的储罐进行初步计算后统计其材料用量占地面积[5]以及施工工期，为了方便对比，将25000m³单容式LNG储罐也纳入比较，详见表4。

表4　两种结构形式全容罐和同体积单容罐本体的材料用量和占地面积

项目	双金属壁全容式LNG储罐	三金属壁全容式LNG储罐	单容式LNG储罐
S30408/吨	1034	842	479
Q345R/吨	222	725	688
保冷材料/万元	940	890	670
占地面积/m²	1480	1590	8210
施工工期/月	12	13	11
总造价/万元	3542	3552	2460

从表4中可以得出，双金属壁储罐和三金属壁储罐的总造价分别比单容式储罐高出44.0%和44.4%，但是占地面积却分别只有单容罐的18.1%和19.4%，因此建设全容罐是一个趋势。同时，双金属壁储罐的造价与三金属壁储罐相差无几，说明双金属壁储罐虽然少了一层罐体，但是由于其外罐需要采用S30408材质，在造价上也不具有优势。

4　绝热性能

LNG储罐的存储的方式为常压存储，为了维持-162℃的低温和尽可能低的日蒸发率，储罐的绝热性能十分重要。

日蒸发率是评价大型LNG储罐绝热性能的重要技术参数，同时也是一项竞争性经济指标。对于大型的LNG储罐，通常对其日蒸发率的控制要求如表5。

表5　大型LNG储罐日蒸发率指标

储罐公称容积/m³	日蒸发率 η 峰值/%
$V<10000$	0.10
$10000 \leqslant V<50000$	0.08
$V \geqslant 50000$	0.05

日蒸发率的计算方法以稳态传热过程为基础，环境条件恒定，通过计算顶部保冷、夹层保冷以及底部保冷的日漏热量得出储罐日总漏热量Q，再计算日蒸发率[6]，其表达式如下：

$$\eta = \frac{Q}{\gamma \rho V} \times 100\% \qquad (1)$$

式中：ρ，LNG密度，kg/m³；

γ，LNG的汽化潜热，kJ/kg；

Q，储罐日漏热量，kJ/d；

V，储罐的有效容积，m³。

为方便计算，将储罐底部和顶部传热简化成多层平壁的稳定热传导，将储罐侧面传热看成多层圆筒壁的稳定热传导，计算公式分别如下：

多层平壁热传导：$Q = \dfrac{T_1 - T_{n+1}}{\displaystyle\sum_{i=1}^{n} \dfrac{b_i}{\lambda_i A}}$ （2）

多层圆筒壁热传导：$Q = \dfrac{2\pi(T_1 - T_{n+1})}{\displaystyle\sum_{i=1}^{n} \dfrac{1}{\lambda_i} \ln \dfrac{r_{i+1}}{r_i}} \times H$

（3）

式中：T_1，介质温度，℃；

T_{n+1}，第 n 层保冷材料外侧温度，℃；

b_i，第 i 层保冷材料厚度，m；

λ_i，第 i 层保冷材料导热系数，W/（m·℃）；

A，导热面积，m²；

r_{i+1} 和 r_i，第 i 层保冷材料的外径和内径，m；

H，罐壁高度，m。

不考虑日照的影响，在假定环境温度为20℃的情况下，分别计算出在操作工况和全液位泄露工况下两种结构形式LNG储罐的日蒸发率结果，详见表6。

表6 两种结构形式LNG储罐的日蒸发率

日蒸发率 η /%	双金属壁全容式 LNG储罐	三金属壁全容式 LNG储罐
操作工况	0.055	0.046
全液位泄露工况	0.2823	0.071

可以看出：

（1）在正常操作工况下两种结构形式储罐的日蒸发率都维持在一个较低的水平上，双金属壁的日蒸发率比三金属的高出0.009%，而每天回收液化这些蒸发气所需消耗的能量大约为152.9kW·h（不计液化过程中能量损耗）。因此，三金属壁储罐更符合当前节能减排的理念；

（2）全液位泄露工况下，双金属壁储罐日蒸发率过高，需要安全泄放系统以及BOG压缩机高负荷运行才能做到安全有序地进行排放；由于三金属壁全容罐的中间罐和外罐之间还有一个完好的夹层保冷，形成一个单容罐结构，使得其可以维持较低的日蒸发率，其工艺系统依旧可以平稳运行，不需要采取安全泄放等措施。

5 施工难点

25000m³全容罐的施工顺序是外罐、中间罐或热防护系统、内罐，各层罐体均采用"倒装法"。外罐施工完成后，在底部留有门洞方便之后的施工。

双金属壁储罐在施工过程中存在2个难点：

（1）根据GB/T 26978.5—2011中规定，全容罐的钢质次容器需要进行水压试验，因此双金属壁储罐的外罐需要进水压试验。但是，由于外罐水压试验后内罐、保冷系统等需要施工，还要将外罐底部割出两个门洞，破坏了外罐，水压试验的意义大打折扣；

（2）内罐焊接完成后，需进入夹层完成热防护系统的焊接，其中在热防护系统圈板与底板、圈板

与盖板的大角缝位置，由于只能进行单面的表面检测，无法100%确保焊接质量。

相比之下，三金属壁储罐由于在外罐内需要进行两层罐体的施工，周期会变长，但是却避免了双金属壁储罐的第二个施工难点，焊接质量可以得到更好的保障。

6 结语

本文通过对双金属壁和三金属壁全容式LNG储罐结构形式、绝热性能、施工难点等方面的分析，得出结论如下：

（1）两种结构形式的储罐在各方面指标均可以达到标准规范中金属壁全容罐的要求；

（2）在占地面积、工程造价以及施工工期方面二者无明显的差异；

（3）三金属壁储罐在绝热性能以及施工工艺方面比双金属壁储罐均具有一定优势，相对而言更加安全可靠，同时达到节能减排的目的。

参 考 文 献

[1] GB/T 26978—2011.现场组装立式圆筒平底钢质液化天然气储罐的设计与建造[S].

[2] 曹岩.双金属壁全包容式低温储罐[P].中国专利：104806873A，2015—07—29.

[3] 刘明.LNG全容罐热角保护结构有限元分析[J].压力容器，2013，30（12）：38—43.

[4] 郭旭，罗晓钟，何江山.带有次容器保护层的金属全容式储罐[P].中国专利：106641692A，2015—05—10.

[5] GB 50183—2004.石油天然气工程设计防火规范，[S].

[6] 张新建，陈美全，姚佐权.大型LNG单容罐保冷结构设计及绝热验算[J].化工设备与管道，2012，49（3）：30—34.

B 设计、传热

船用 LNG 燃料罐传热与结构强度分析

毛红威　陈叔平

（兰州理工大学石油化工学院　甘肃兰州　730050）

摘　要　为了解船用 LNG 燃料罐的传热以及在内压和内部液体惯性载荷作用下的响应，建立了燃料罐有限元模型，分析了储罐的温度场分布和漏热。通过结构分析得到了储罐的应力场分布状况，比较了内压和惯性载荷对燃料罐的影响，对燃料罐的内罐、外罐及鞍式支座进行了强度校核，并用 Tsai–Hill 强度理论对玻璃钢管支撑进行了强度分析。分析结果得到：LNG 燃料罐的总漏热量为 44.38W，高真空多层绝热层漏热占整个储罐漏热较大部分；储罐的结构强度满足要求，内压是影响内罐应力的主要因素，惯性载荷对内罐的应力影响较小；制动工况中，固定端下部玻璃钢管支撑危险系数最高，面内剪应力对其强度有决定性影响。

关键词　LNG 燃料罐；惯性力载荷；传热；应力；有限元方法

Analysis of the Heat Transfer and Structure of Ship LNG Fuel Storage Tank

Mao Hongwei　Chen Shuping

（Lanzhou University of Technology，Lanzhou 730050，China）

Abstract　In order to analysis heat transfer and structure response of ship LNG fuel storage tank under the effect of internal pressure and inertial load，the FE model of the tank was established，the tank temperature distribution and heat leakage were analyzed. Stress field of the tank was obtained through structure analysis and the impact of internal pressure and inertial load on the fuel tank was compared. Strength of inner tank，outer tank and saddle support was checked and the strength of glass reinforced plastic pipe support was analyzed basing on Tsai–Hill strength theory. The following conclusions were obtained：The total heat leakage of the LNG fuel tank is 44.38W，and the heat leakage of high vacuum multilayer insulation accounts for most parts of the total heat leakage. The tank structure can meet strength demand. Internal pressure is the main factor to cause the inner tank stress and the impact of inertial load on the inner tank stress is relatively small. In the ship braking condition，the glass reinforced plastic pipe support at the bottom of fixed end is more dangerous than other supports，and the shear stress in plane of lamina has a decisive effect on the glass reinforced plastic pipe supports.

Key words　LNG fuel tank；inertial load；heat transfer；stress；FEM

1　前言

随着国民经济的快速增长，我国能源消耗量越来越大。在推进低碳经济的政策引导下，国家大力发展节能环保产业，船舶界也越来越关注绿色船舶的发展。内河水运以柴油为主，对环保造成了巨大压力。目前有效的减排措施为动力改造，将柴油动力船改造为混合动力或 LNG 单燃料船，即在原有柴油机结构和燃烧方式不变的前提下，增加 1 套 LNG 供气系统和柴油 - LNG 双燃料电控喷射系统[1]。LNG 供气系统主要由 LNG 燃料罐和附属管道组成。由于工作在深冷环境，LNG 燃料罐同时承受内部气体、液体压力及温度载荷。此外，在船舶行驶过程中会出现急停、加速、颠簸和转弯等状况，此时加速度的作用会使 LNG 燃料罐额外承受内部液体晃动引起的惯性力载荷，增加储罐的运行风险。因此，针对船舶行驶各工况，对 LNG 燃料罐进行受力分析，确保其安全性能具有重要意义。

国内外有较多学者针对船用燃料罐或是移动式容器内部液体晃动做了相应研究。如朱星榜[2]等探讨了液化天然气介质惯性力的几种加载方式，利用 ANSYS 对船用双层 C 型液化天然气燃料罐，在不同工况下进行强度分析计算得出，内、外罐及支撑的应力大小及分布状态主要由内压决定；内罐是最危险部件。伊群[3]等利用 Neptune 软件，对一典型柴油 - LNG 双燃料内河散货船 LNG 储罐发生天然气泄漏及火灾风险进行了研究。计算了火灾发生概率，以及火灾事故的损害半径。刘雪梅[4]等采用数值方法模拟了罐式集装箱罐体内液体的晃动过程，考察了冲击力、压强、雷诺数等物理量的变化。结果发现，重装率为 0.5 时，晃动最剧烈。Kang[5]等采用 VOF 模型对刹车和转弯时罐车罐体内防波板位置影响液体晃动的状态及动力学特性进行了数值研究。Eswaran[6]等基于任意拉格朗日-欧拉公式，分别对带有和不带防波板的方形罐体内液体晃动进行了数值分析，并在设计实验方案下进行了有效性验证。孙丽娜等[7]用 FLUENT 模拟罐车在制动过程中罐内液体水击产生过程，得出液体晃动水击内壁压力随着液体密度的增加而增大，随着液体黏度的增加而减小。刘小民等[8]对运动罐体内液体晃动进行了双向流固耦合数值分析，得出罐体端面受力随着充液比的增加而增大，当充液比为 0.8 时，罐体的总体受力最大。上述研究重点关注储罐内液体晃动的特性和规律，以及液体晃动对罐体的影响，而液体惯性力载荷对真空容器的内外罐以及玻璃钢支撑影响的报道还较为少见。因此，本文拟对某型号船用 LNG 燃料罐进行传热及结构分析，校核燃料罐安全性能，并分析各载荷对储罐结构的影响，以期为船用 LNG 燃料罐的设计及使用提供理论参考。

B
设计、传热

2 LNG 燃料罐结构及有限元模型

2.1 结构

分析的某型号船用 LNG 燃料罐采用高真空多层绝热的绝热方式，主要部件为内罐、外罐、支撑、鞍式支座及高真空多层绝热层。燃料罐的结构如图 1 所示，外罐内表面焊接有角钢加强筋，保证外罐在外压下的刚度。内容器左、右两端各通过 4 个玻璃钢管支撑在外容器中，右侧 4 个支撑被固定在套筒中，限制了内罐各方向的位移，称该侧的支撑为固定端支撑。左侧 4 个支撑仅约束内罐的径向位移，可在轴向上滑动，称该侧的支撑为滑动端支撑。通过 8 个支撑的共同作用既维持了内、外罐的同轴度，又可以满足内罐在低温下的自由变形，降低热应力。左侧鞍式支座固定，右侧鞍式支座端可滑动以满足外罐在环境温差作用下的变形。高真空多层绝热层包覆于内罐外表面，内、外罐夹层抽真空以实现绝热效果。

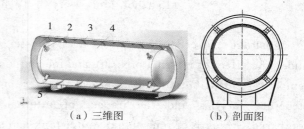

图 1　船用 LNG 燃料罐模型图
1. 外罐　2. 支撑　3. 加强筋　4. 内罐　5. 鞍式支座

LNG 燃料罐中内罐、外罐、加强筋及鞍式支座的材料均为 S30408 不锈钢，支撑为玻璃钢。S30408 材料性能参数见表 1[9]。

表 1　S30408 不锈钢不同温度下的热力性能

温度 /K	弹性模量 /GPa	泊松比	导热系数 /W·m⁻¹·K⁻¹	线膨胀系数 /10⁻⁶K⁻¹
295	200	0.29	14.87	16.5
220	204.82	0.286	12.87	15.66
180	207.39	0.284	11.8	15.11
140	209.95	0.281	10.62	14.49
110	211.88	0.28	9.35	13.98
90	213.17	0.279	8.56	13.61
77	214	0.278	7.93	13.37

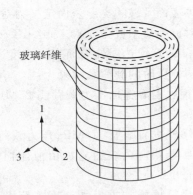

玻璃纤维

1
3　　2

图 3　玻璃钢管结构

玻璃钢是典型的各向异性材料,分析时为玻璃钢管建立柱坐标系来定义其性能。如图 3 所示,1 轴为玻璃钢管经向,2 轴为纬向,3 轴为垂向,此三轴也是玻璃纤维的主轴方向。玻璃钢管材料性能及强度指标需要根据实验数据来确定,参照各文献中的实验数据,本文中玻璃钢管材料的各项性能参数如表 2、表 3 所示[10][11]。

表 2　玻璃钢材料热力学性能参数

	弹性模量/Gpa	泊松比	剪切弹性模量/Gpa	热导率	热膨胀系数
垂向	20.5	0.212	8.5	0.28	38.5
经向	35.8	0.326	13.5	0.35	16.63
纬向	29.6	0.479	10	0.35	16.63

表 3　玻璃钢材料的强度极限

拉伸强度极限/Mpa			压缩强度极限/Mpa			剪切强度极限/Mpa		
垂向	经向	纬向	垂向	经向	纬向	层间经向	层间纬向	面内
424	358	255	424	312	220	38.5	38.5	50

各向异性材料常用的强度理论中 Tsai-Hill、Hoffman 及 Tasi-Wu 理论与实验有良好的一致性,故本文采用 Tsai-Hill 强度理论对玻璃钢管进行强度校核。Tsai-Hill 理论基于 Von-Mises 各项同性材料变形能屈服准则,三维应力状态下的表达式如式 1[11]。

$$\frac{\sigma_1^2}{X_1^2}+\frac{\sigma_2^2}{Y_1^2}+\frac{\sigma_3^2}{Z_1^2}-\left(\frac{1}{X_2^2}+\frac{1}{Y_2^2}-\frac{1}{Z_2^2}\right)\sigma_1\sigma_2-$$

$$\left(\frac{1}{X_3^2}+\frac{1}{Z_3^2}-\frac{1}{Y_3^2}\right)\sigma_1\sigma_3-\left(\frac{1}{Y_4^2}+\frac{1}{Z_4^2}-\frac{1}{X_4^2}\right)\sigma_2\sigma_3$$

$$+\frac{\tau_{31}^2}{S^2}+\frac{\tau_{32}^2}{S'^2}+\frac{\tau_{12}^2}{S''^2}<1 \qquad (1)$$

用 X_T、X_C、Y_T、Y_C、Z_T、Z_C、S、S' 及 S'' 分别表示玻璃刚管的经向拉伸强度、经向压缩强度、纬向拉伸强度、纬向压缩强度、垂向拉伸强度、垂向压缩强度、层间经向剪切强度、层间纬向剪切强度及面内剪切强度。其中,当 $\sigma_1>0$ 时,$X_1=X_T$,$\sigma_1<0$ 时,$X_1=X_C$。当 $\sigma_2>0$ 时 $X_2=X_T$,$Y_1=Y_2=Y_T$,$Z_2=Z_T$;$\sigma_2<0$ 时 $X_2=X_C$,$Y_1=Y_2=Y_C$,$Z_2=Z_C$。当 $\sigma_3>0$ 时 $X_3=X_T$,$Y_3=Y_T$,$Z_1=Z_3=Z_T$;$\sigma_3<0$ 时 $X_3=X_C$,$Y_3=Y_C$,$Z_1=Z_3=Z_C$。当 $\sigma_2<0$ 或 $\sigma_3<0$ 时 $X_4=X_C$,$Y_4=Y_C$,$Z_4=Z_C$,否则 $X_4=X_T$,$Y_4=Y_T$,$Z_4=Z_T$。若式 1 不等式成立,则玻璃钢管强度满足要求,若不成立则会发生破坏。不等式左端的应力组合计算值越接近 1,说明玻璃钢管的应力状态越危险。

2.2　惯性力载荷

LNG 燃料罐在正常工作时,内罐受内压载荷,取 1.25MPa;外罐受外压载荷,0.1MPa。在承受上述载荷的同时,内罐体还将承受由于船舶加速、制动、转弯及颠簸而引起的惯性力载荷。通过等效压力的方法将不同行驶工况惯性力载荷施加在内罐的相应内表面上,即将某工况下惯性加速度乘以介质最大额定质量作为压力载荷作用到相应的受载表面上[12]。根据《天然气燃料动力船舶规范》规定,确定船舶运动引起的载荷时,可使用以下计算工况的运动惯性力(R 为介质最大额定质量;g 取 9.81m/s²):

(1)运动方向:最大额定质量乘以 2 倍的重力加速度($2Rg$);

(2)同运动方向成直角的水平方向:对于内河船舶,最大额定质量乘以重力加速度(Rg),对于海船,则为最大额定质量乘以 1.5 倍的重力加速度($1.5Rg$);

(3)垂直向上:最大额定质量乘以重力加速度(Rg);

(4)垂直向下:最大额定质量(总载荷包括重力作用)乘以 2 倍的重力加速度($2Rg$)

通过计算,上述 4 中情况应分别施加在相应面上的压力为:46kPa、6.7kPa、4.5kPa、9kPa、

2.3　有限元模型

采用实体单元对几何模型进行网格划分得到有限

元模型。对玻璃钢管,以及玻璃钢管与内罐、外罐接触处的网格进行加密,以提高计算精度。最终划分网格单元 808 362 个,节点 1 473 200 个,有限元模型如图 4 所示。单独为各玻璃钢管支撑建立柱坐标系如图 5 所示,X 为垂向,Y 为纬向,Z 为经向。

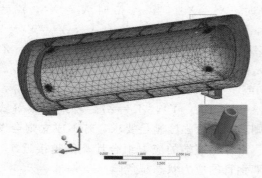

图 4 LNG 燃料罐有限元模型图

5 玻璃钢管柱坐标系示意图

2.4 边界条件[9]

传热分析时的边界条件为:

(1) 内罐内表面定义为温度边界条件,$-163℃$;

(2) 外罐外表面及鞍式支座表面定义为对流换热边界条件,对流换热系数为 5W/(m²·K),环境温度为 20℃;(3) 绝热层外表面定义温度边界条件,20℃;结构分析时的载荷及约束为:

① 内罐内表面施加压力载荷 1.25MPa 以及液体静水压;

② 外罐外表面施加 0.1MPa 压力载荷;

③ 内容器相应内表面施加由液体惯性载荷计算得到的压力载荷;

④ 储罐整体施加重力加速度载荷以及不同工况下的加速度载荷;

3 计算结果及分析

3.1 传热计算结果

通过传热计算得到 LNG 燃料罐的温度场分布情况,图 6、图 7、图 8 分别为储罐内罐、玻璃钢管支撑以及外罐的温度场分布云图。由分析结果得,内罐处于低温状态,外罐和鞍式支座处于高温状态,高真空多层绝热层和玻璃钢管上存在较大的温度梯度。由此可知,外界热量主要通过高真空多层绝热和玻璃钢管支撑漏入内罐。对数据进行处理得到该储罐的总漏热量为 44.38W,其中,通过玻璃钢管支撑的漏热量为 19.47W,通过高真空多层绝热层的漏热量为 24.91W,高真空多层绝热层占整个储罐的漏热较大部分。分析原因为,虽然高真空多层绝热层导热系数小,但由于传热面积大,因此整体漏热量较大。

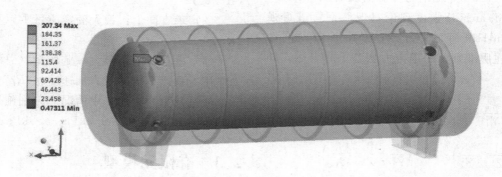

图 6 内罐温度云图

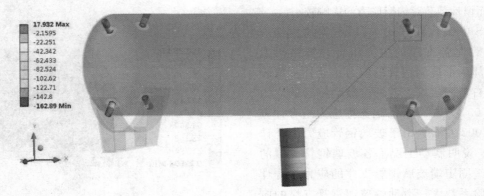

图 7 支撑温度云图

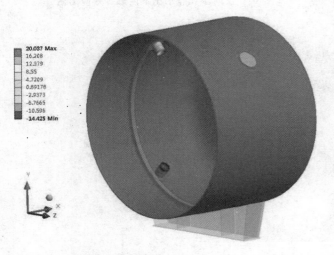

图 8 外罐温度云图

3.2 强度计算结果

由于玻璃钢管支撑存在滑动端,并且支撑与内

外筒体的连接是非固定式,内筒体遇冷收缩的变形可以得到满足,热应力较小,因此在进行结构分析时忽略温度载荷的影响,仅考虑机械载荷。删除模型中的绝热层部分,施加上文所述的载荷与约束,对不同船舶行驶工况下的 LNG 燃料罐进行结构分析。

在分析的四种行驶工况中,LNG 燃料罐的应力分布情况大致相同,其中制动工况的内罐等效应力最大。相同工况下,相比于 LNG 燃料罐的其他部件,内罐的等效应力最大。制动工况下的内罐等效应力分布如图 9 所示,由于结构不连续存在应力集中的现象,最大等效应力出现在内罐与玻璃钢管加强圈的连接处,同时,封头与筒体连接处的等效应力也相对较大。对此两处的应力进行线性化,采用压力容器分析设计标准中的应力分类校核方法校核得出,应力满足强度要求。在远离结构不连续处的筒体以及封头上,等效应力均小于 S30408 材料的许用应力,同时外罐以及鞍式支座上的应力也满足强度要求。因此可得出,该船用 LNG 燃料罐的内罐、外罐及鞍式支座满足强度要求。

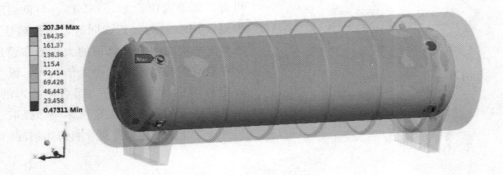

图 9 制动工况内罐等效应力图

为比较内压和液体惯性载荷对内罐应力的影响,对内罐仅施加内压载荷和静水压,其他结构上的载荷和约束不变,求解得到内罐的等效应力,如图 10 所

示。分析结果发现,内罐最大等效应力略有减小,位置仍在内罐结构不连续处,内罐结构连续处的应力分布状况几乎不变。由此可见,内罐内压是影响其应力

的主要因素，而惯性载荷对内罐应力的影响较小。

　　在 ANSYS 中编程计算式（1）不等式左端应力组合的值，对比各支撑的应力组合计算结果发现，固定端下部两个玻璃钢管的应力组合计算值较大，在 0.3 左右，固定端上部两个玻璃钢管的应力组合计算值在 0.1 左右；滑动端支撑应力组合计算值较小，在 0.002 左右。由于玻璃钢管应力组合计算值均小于 1，说明制动工况下各玻璃钢管支撑的强度满足要求。固定端玻璃钢管支撑的应力组合计算值较大，危险系数大；滑动端玻璃钢管支撑的应力组合计算值较小，更为安全。

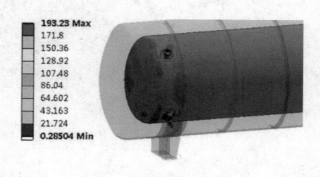

图 10　仅内压和静水压下内罐等效应力图

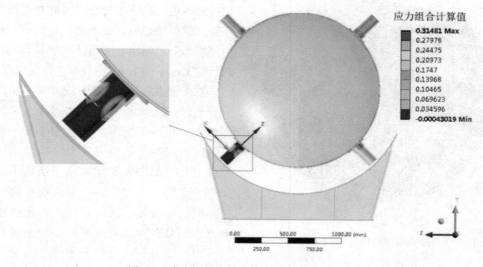

图 11　玻璃钢管支撑应力组合计算值示意图

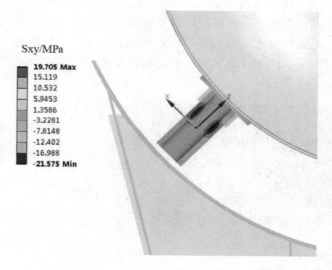

图 12　玻璃钢管支撑剪应力 Sxy 分布图

　　图 11 为应力组合计算值最大支撑（固定端下部）的应力组合计算值示意图，从图中可知，该玻璃钢管支撑的危险点在玻璃钢管中部内壁面附近。

　　为分析引起支撑不安全因素的原因，分别提取该支撑的各正应力及剪应力。通过分析发现，支撑中存在的各向正应力及层间剪应力均较小，而面内剪应力 S_{xy} 较大。图 12 为面内剪应力 S_{xy} 的分布图，由图可得，其最大值为 21.575MPa，与该类应力的强度极限 50MPa 较为接近；同时，面内剪应力 S_{xy} 的分布情况与应力组合计算值的大小分布情况相同，同样在玻璃钢管中部内壁面处值较大，说明该应力在评定玻璃钢管强度的应力组合中所占的比重较大，对玻璃钢管的强度有决定性影响。提取固定端下部另外一个支撑的应力数据，可得出同样的结论。

4　结论

　　通过对船用 LNG 燃料罐进行传热及结构有限元分析得到如下结论：

（1）LNG 燃料罐的总漏热量为 44.38W，其中高真空多层绝热层的漏热量为 24.91W，占整个储罐的漏热较大部分；

（2）通过对 LNG 燃料罐各部分进行强度校核得出，各部分的应力均在规定范围内，LNG 燃料罐满足强度要求。内压是影响内罐应力的主要因素，惯性载荷对内罐的应力影响较小；

（3）制动工况下，固定端下部玻璃钢管支撑的 Tsai-Hill 应力组合计算值最大，危险系数最高。面内剪应力对玻璃钢管支撑的强度有决定性影响。

参 考 文 献

［1］耿杰哲，吴婧．我国 LNG 燃料船及水上加注发展现状研究［J］．中国水运，2016，16（12）：14－16．

［2］朱星榜，董金善，姚扬，等．双层 C 型船用液化天然气燃料罐强度分析探讨［J］．压力容器，2016，（01）：50－56．

［3］伊群，杜亚南，张健．柴油－LNG 双燃料船储罐附管天然气泄漏后果分析［J］．舰船科学技术，2012，34（6）：117－120．

［4］刘雪梅，钱才富．移动式容器中液体的晃动及其影响因素的研究［J］．压力容器，2011，（08）：22－26．

［5］KANG Ning，LIU Kui. Influence of baffle position on liquid sloshing during braking and turning of a tank truck［J］. Journal of Zhejiang University：Applied Physics and Engineering，2010，11（5）：317－324．

［6］ESWARAN M，SAHA U K，MAITY D. Effect of baffles on a partially filled cubic tank：numerical simulation and experiment validation［J］. Computer and structures，2009，87（3）：198－205．

［7］孙丽娜，周国发．罐式集装箱液体晃动过程数值模拟研究［J］．振动与冲击，2012，（22）：147－150．

［8］刘小民，王星，许运宾．运动罐体内液体晃动的双向流固耦合数值分析［J］．西安交通大学学报，2012，（05）：120－126．

［9］陈叔平，毛红威，杨佳卉，等．L 形高真空多层绝热低温管道热－结构耦合分析［J］．天然气工业，2017，37（3）：95－103．

［10］王耀先．复合材料力学与结构设计［M］．上海：华东理工大学出版社，2012．

［11］刘康．纤维复合材料低温强冲击适用性研究［D］．上海交通大学，2007．

［12］徐鹍鹏，惠虎．基于 Tsai-Hill 理论环氧玻璃钢管的强度分析［J］．化工进展，2016，（12）：3799－3806．

作 者 简 介

毛红威，男，硕士研究生。

通信地址：甘肃省兰州市兰州理工大学西校区，730050

电话：18893494817；邮箱：mao_cryogenic@163.com

基于检测数据的在役储罐地基沉降曲线拟合方法

苏文强　唐小雨　范海贵　陈志平

（浙江大学化工机械研究所　浙江　杭州　310027）

摘　要　地基沉降会对在役储罐的结构和力学性能产生很大的影响，造成储罐的屈曲失稳，严重危害石油储备库的安全。采用现场测量和理论推导等方法，研究在役储罐基于实测地基沉降数据的沉降曲线拟合方法。采用水准观测法，对某在役储罐的地基沉降进行了实地测量。提出一种基于实测沉降数据的地基沉降曲线拟合方法。针对沉降观测点数量为奇数和偶数两种不同情况，采用离散傅里叶变换方法，推导沿罐壁底部圆周方向连续分布的傅里叶级数形式理论表达式。通过与已有文献中的方法进行对比，验证了该方法的准确性，并将该方法应用于处理实测地基沉降数据，可准确地反映罐壁底部的实际沉降情况。

关键词　在役储罐；实测沉降；傅里叶级数；沉降曲线拟合

Foundation Settlement Curve Fitting Method Based on Measured Settlements of In-service Tanks

Su Wenqiang　Tang Xiaoyu　Fan Haigui　Chen Zhiping

(Institute of Chemical Process Machinery，Zhejiang University，Hangzhou 310027，China)

Abstract　Settlement of foundation will have a great influence on the structure and mechanical properties of in-service tanks. It could cause buckling of tanks and endanger safety of petroleum reserves. Field measurement and theoretical derivation methods are used to research the settlement curve fitting method based on measured settlements of in-service tanks. Foundation settlements of an in-service tank is measured in site by the leveling method. A settlement curve fitting method based on measured settlements is presented. For two different cases when the number of measurement points is odd and even, discrete Fourier transform is applied to derive the settlement theoretical expression in the form of Fourier series that distributed continuously in the circumferential direction beneath the tank wall. The accuracy of the presented method is verified by comparing the methods in the existing literature. The foundation settlements are manipulated by the presented method and the actual settlement condition beneath the tank wall is accurately reflected.

Keywords　in-service tank；measured settlement；Fourier series；settlement curve fitting；

1　前言

我国战略石油储备基地通常建造在沿海回填地块和西部黄土地区。这些地区的土壤容易在外力作用下，引发地基的变形和沉降[1]。地基的沉降会对在役储罐的结构和力学性能产生很大的影响，并且随着沉降的增大，储罐可能发生屈曲失稳，甚至造成垮塌和破坏，严重危害石油储备库的安全[2-3]。

受测量条件限制，工程测量时不能沿罐周连续测量地基的沉降值，只能通过沿罐壁底部圆周方向布置若干个地基沉降观测点，来获得地基沉降数据。因此，如何有效地利用实测得到的有限个地基沉降数据，推导沿罐壁底部圆周方向连续分布的沉降表达式，得到沉降拟合曲线，是沉降作用下储罐安全评定分析过程中至关重要的一步，为此，研究人员对地基沉降曲线的拟合提出了不同方法。DeBeer[4]最初提出了通过手绘图解法获得罐壁底部沉降曲线，但是该方法精度不高，且在地基沉降集中分布时得到的沉降曲线并不理想。Malik等人[5]提出采用傅里叶变换的方法，基于罐壁底部各点沉降测量值，推导得到傅里叶级数形式的沉降表达式。在此基础上，Palmer[6]、陈凌志和赵阳[7]、张兴[8]、Zhao等人[9]均采用了傅里叶级数方法处理储罐底部的沉降数据。然而以往在对实测沉降数据进行傅里叶变换时，默认将沉降表达式的最高阶数定为$k=[(N-1)/2]$，其中N为沉降观测点个数。但实际上，当N为奇数时，最高阶数与默认的最高阶数相吻合；当N为偶数时，傅里叶级数表达式最高阶数应为$N/2$。由于最高阶数选取不合理，导致采用已有方法处理得到的沉降曲线与实测沉降数据之间存在一定偏差，不足以准确反映罐壁底部的实际沉降情况。

为了得到更准确的地基沉降曲线，本文采用水准观测法，对某在役储罐罐壁底部地基沉降进行现场测量，并基于实测沉降数据，提出一种沉降曲线拟合方法，可精确反映罐壁底部的实际沉降情况。

2 在役储罐地基沉降数据现场测量

图1所示为建于2008年12月的某地G1307号在役储罐，该储罐为固定顶结构，公称容积20000m³，公称直径37m，储罐高度25.5m，罐壁底部共设置12个沉降观测点。2016年11月，应用全国统一的高程控制网[10]对其罐壁底部沉降情况进行了实地测量，测量方法采用水准观测法。针对G1307号在役储罐底部的12个沉降观测点，设置了6个观测站，每个观测站测量相邻三个观测点的沉降值，图2为测量原理图。

通过水准观测法，基于图2所示的测量原理图，以①号观测站中的1号沉降观测点作为起始点，依次测量得到每一个沉降观测点的高程数值，

如图3所示。

图1　G1307号储罐地基沉降测量

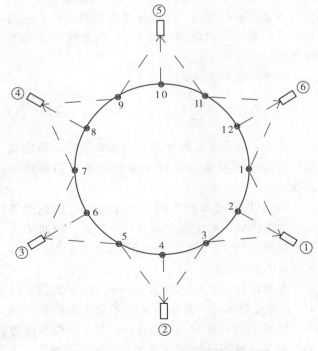

图2　G1307号储罐地基沉降测量原理图

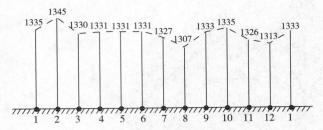

图 3　G1307 号储罐沉降观测点高程示意图（mm）

由于历史原因，G1307 号储罐最原始地基高程数据已无法查找得到。为此，本文假设该储罐各观测点的原始地基高程为零，测量得到的高程数据即为该储罐地基沉降值。该沉降值将在后文中用于推导罐壁底部的沉降理论表达式。

3　地基沉降曲线拟合方法

针对储罐底部观测点数量是奇数和偶数这两种不同情况，分别采用离散傅里叶变换方法，推导傅里叶级数形式的沉降表达式。

对于时程函数 $f(t)$，当已知时刻点 $t = m\Delta t$（$m = 0, 1, 2, \cdots, N-1$）时的 N 个离散值 $f(m\Delta t)$，则可采用傅里叶变换方法得到拟合曲线，近似表达该时程函数 $f(t)$。对应于在役储罐底部的沉降，函数 $f(t)$ 表示沿圆周方向地基沉降的连续分布情况，时刻点 t 表示各沉降观测点所在的周向坐标，对应的离散值 $f(m\Delta t)$ 表示实测地基沉降值。

傅里叶级数表达式

$$f(t) = \frac{a_0}{2} + \sum_{n=1}^{\infty} (a_n \cos nwt + b_n \sin nwt) \quad (1)$$

式中，时程 t 是连续的。当 t 离散时，则需要进行离散傅里叶变换获得一条曲线来近似描述该函数。

首先以 N 是偶数为例，推导傅里叶级数及各参数的表达式。对于各个离散沉降数据，周期 T 为整个时程，即 $T = N\Delta t$，$w = 2\pi/T = 2\pi/N\Delta t$，各离散点为 $t = m\Delta t$。

在理论公式（1）中，$n \longrightarrow \infty$。但在工程实际中，n 存在最大值，并且当 n 等于最小值和最大值时，幅值 a_n 和 b_n 须乘以系数 $1/2$。对于一个长度为 N 的信号，最多只能有 $N/2+1$ 个频率，因此，N 个离散值可以分解为 $N/2+1$ 个正弦波和 $N/2+1$ 个余弦波，共产生 N 个待定系数。

将各参数代入式（1），可以得到

$$f(m\Delta t) = \frac{a_0}{2} + \sum_{n=1}^{N/2-1} \left\{ \begin{array}{l} a_n \cos \dfrac{2\pi nm\Delta t}{N\Delta t} + \\ b_n \sin \dfrac{2\pi nm\Delta t}{N\Delta t} \end{array} \right\}$$

$$+ \frac{a_{N/2}}{2} \cos \frac{2\pi(N/2)m\Delta t}{N\Delta t} = \frac{a_0}{2} + \quad (2)$$

$$\sum_{n=1}^{N/2-1} \left(a_n \cos \frac{2\pi nm}{N} + b_n \sin \frac{2\pi nm}{N} \right)$$

$$+ \frac{a_{N/2}}{2} \cos \frac{2\pi(N/2)m}{N}$$

式（2）中包括：a_0，a_1，$a_2 \cdots a_{N/2}$，b_1，$b_2 \cdots b_{N/2-1}$ 共 N 个待定系数，而已知的沉降数据点共 N 个，则 N 个待定系数可以根据这些已知数据求得。

待定系数通过式（3）求得。

$$\begin{cases} a_n = \dfrac{2}{N} \sum_{m=0}^{N-1} f(m\Delta t) \cos \dfrac{2\pi nm}{N} \quad n = 0, 1, 2, \cdots, N/2 \\[3mm] b_n = \dfrac{2}{N} \sum_{m=0}^{N-1} f(m\Delta t) \sin \dfrac{2\pi nm}{N} \quad n = 1, 2, \cdots, N/2-1 \end{cases}$$

$$(3)$$

求得各待定系数后代入式（2），即可得到离散傅里叶级数的表达式。

$$\bar{f}(t) = \frac{a_0}{2} + \sum_{n=1}^{N/2-1} \left(a_n \cos \frac{2\pi nt}{N\Delta t} + b_n \sin \frac{2\pi nt}{N\Delta t} \right)$$

$$+ \frac{a_{N/2}}{2} \cos \frac{2\pi(N/2)t}{N\Delta t} \quad (4)$$

对应于在役储罐，将时间 t 替换为周向坐标 θ，单位为弧度，并且 $N\Delta t = 2\pi$，式（4）可转化为：

$$\bar{f}(\theta) = \frac{a_0}{2} + \sum_{n=1}^{N/2-1} (a_n \cos n\theta + b_n \sin n\theta)$$

$$+ \frac{a_{N/2}}{2} \cos \frac{N}{2}\theta \quad (5)$$

式（5）表示沿罐壁底部周向连续分布的沉降表达式，其中的各待定系数可以通过已知的沉降数据，由式（3）求得。

而对于 N 为奇数的情况，采用与偶数时相同的分析方法，得到沿圆周方向连续分布的沉降表达式：

B 设计、传热

$$\overline{f}(\theta) = \frac{a_0}{2} + \sum_{n=1}^{(N-3)/2}(a_n\cos n\theta + b_n\sin n\theta)$$

$$+ \frac{a_{(N-1)/2}}{2}\cos\frac{N-1}{2}\theta + \frac{b_{(N-1)/2}}{2}\sin\frac{N-1}{2}\theta \tag{6}$$

待定系数通过式（7）求得。

$$\begin{cases} a_n = \dfrac{2}{N}\sum_{m=0}^{N-1}f(m\Delta t)\cos\dfrac{2\pi nm}{N} \quad n=0,1,2\ldots \\[2mm] (N-1)/2 \\[2mm] b_n = \dfrac{2}{N}\sum_{m=0}^{N-1}f(m\Delta t)\sin\dfrac{2\pi nm}{N} \quad n=1,2\ldots \\[2mm] (N-1)/2 \end{cases} \tag{7}$$

4 实测地基沉降数据的处理与分析

4.1 验证分析

在文献［9］中，Zhao 等人采用传统方法，对 8 个在役储罐的实测地基沉降数据进行了处理，以 G8 号在役储罐为例，实测沉降数据如图 4 所示。采用本文提出的方法，基于图 4 所示的实测沉降数据，推导罐壁底部的地基沉降理论表达式，得到沉降拟合曲线，并与文献［9］中的处理结果进行对比分析。

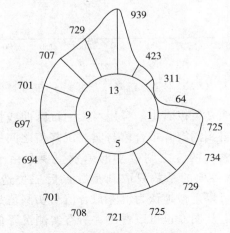

图 4 G8 号储罐实测沉降数据示意图（mm）

文献［9］给出的 G8 号在役储罐罐壁底部沉降表达式如式（8）所示[9]。可以看出，表达式的最高阶数为 $k = [(16-1)/2] = 7$。

$$S = 691.25 + 77.02\cos(\theta + 4.5) + 150.79\cos$$
$$(2\theta + 4.98) + 169.14\cos(3\theta + 5.38) + 159.35\cos$$
$$(4\theta + 5.76) + 123.26\cos(5\theta + 6.28) + 77.84\cos$$
$$(6\theta + 0.37) + 36.47\cos(7\theta + 0.9) \tag{8}$$

采用本文方法得到的 G8 号在役储罐罐壁地基沉降表达式如式（9）所示。其中表达式的最高阶数为 $k = 16/2 = 8$。

$$S = 644.25 - 111.8\cos(\theta) + 73.33\sin(\theta) - 64.4\cos(2\theta)$$
$$+ 141.39\sin(2\theta) + 40.84\cos(3\theta) + 126.79\sin(3\theta)$$
$$+ 79.25\cos(4\theta) + 44.25\sin(4\theta) + 31.21\cos(5\theta)$$
$$- 0.54\sin(5\theta) + 4.9\cos(6\theta) + 35.39\sin(6\theta) +$$
$$53.74\cos(7\theta) + 55\sin(7\theta) + 47\cos(8\theta) \tag{9}$$

将采用两种方法得到的 G8 号储罐沉降曲线以及图 4 所示的实测地基沉降数据绘制于图 5 中，纵坐标 S 表示沉降值，横坐标 $\varphi = \theta \times 180/\pi$ 表示周向角度。同时，采用式（9）和式（8）分别计算 G8 号储罐在罐壁底部各个沉降观测点处的地基沉降拟合值，并与实测沉降值进行对比，结果列于表 1 中。

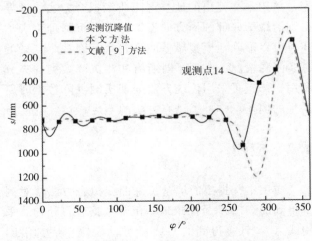

图 5 G8 号储罐沉降拟合曲线与实测沉降值

表1　G8 号储罐观测点处的沉降值比较（mm）

观测点	1	2	3	4
实测值	725	734	729	725
本文方法	724.99	734.00	729.00	725.01
文献[9]	721.12	745.41	723.25	716.36
观测点	5	6	7	8
实测值	721	708	701	694
本文方法	721.00	707.99	701.00	694.00
文献[9]	732.75	707.32	689.58	703.38
观测点	9	10	11	12
实测值	697	701	707	729
本文方法	697.01	701.00	707.00	729.00
文献[9]	701.01	688.26	712.11	737.22
观测点	13	14	15	16
实测值	939	423	311	64
本文方法	939.00	423.01	311.00	63.99
文献[9]	928.59	1176.14	321.59	55.91

从图 5 和表 1 中可以看出，在 14 号沉降观测点以外各点，实测沉降值与采用文献[9]中方法得到的沉降拟合值之间的最大误差为 1.82%。然而，在 14 号沉降观测点处，文献[9]的沉降曲线拟合值与实测沉降值之间的误差达到了 178%，远远大于其余各沉降观测点。而采用本文提出的方法处理沉降数据，得到的地基沉降曲线在各个沉降观测点处均与实测沉降值实现了很好的吻合，最大误差仅为 0.016%。

分析表明，基于在役储罐的实测地基沉降数据，采用本文提出的地基沉降曲线拟合方法，推导得到沿罐壁底部圆周方向连续分布的沉降理论表达式，可以准确地模拟罐壁底部各个沉降观测点处的真实沉降情况。实现了对所有实测沉降数据的充分利用，修正了采用传统方法处理实测沉降数据时所产生的偏差，弥补了已有方法的不足。

4.2　应用

应用本文提出的地基沉降曲线拟合方法，对测量得到的 G1307 号储罐地基沉降数据进行处理。采用式（5）计算得到的 G1307 号储罐罐壁底部沿圆周方向分布的沉降理论表达式如式（10）所示。

$$S = 1328.667 + 3.553\cos(\theta) + 4.289\sin(\theta)$$
$$- 2.667\cos(2\theta) + 2.021\sin(2\theta) + 2.667\cos(3\theta)$$
$$+ 10.001\sin(3\theta) + 3.333\cos(4\theta) + 0.289\sin(4\theta)$$
$$- 2.221\cos(5\theta) + 3.711\sin(5\theta) + 1.667\cos(6\theta)$$

$$(10)$$

将 G1307 号储罐各个沉降观测点对应的周向坐标代入式（10）中，计算得到的沉降拟合值与图 3 中的实测沉降值列入表 2 中，同时将实测离散沉降值与沉降拟合曲线绘制于图 6 中。

表2　G1307 号储罐沉降拟合值和实测值（mm）

观测点	1	2	3	4
拟合值	1334.999	1345.002	1330.001	1330.999
实测值	1335	1345	1330	1331
观测点	5	6	7	8
拟合值	1331.003	1331	1327.001	1306.999
实测值	1331	1331	1327	1307
观测点	9	10	11	12
拟合值	1333.001	1335.001	1326	1312.999
实测值	1333	1335	1326	1313

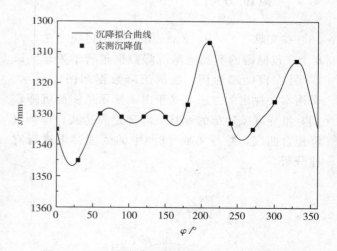

图 6　G1307 号储罐沉降拟合曲线与实测沉降值

从表 2 可以看出，采用本文的沉降曲线拟合方法计算得到的沉降拟合值与实测沉降值之间的差值微乎其微，两者之间微小的差别主要是由于公式（10）中各项的系数只取到小数点后三位造成的。因此，可以近似地认为沉降拟合值与实测值是完全一致的。从图 6 也可以看出，所有实测沉降值全部与拟合曲线实现了很好的吻合，表明沉降表达式

（10）可以准确地反映 G1307 号罐壁底部各观测点的实测沉降数据。

5 总结

本文采用水准测量法对某在役储罐的地基沉降进行了实地测量，基于实测地基沉降数据，针对罐壁底部沉降观测点数量为奇数和偶数两种不同情况，采用离散傅里叶变换，提出了一种沉降曲线拟合方法，推导得到沿罐壁底部圆周方向连续分布的沉降理论表达式，实现了对所有实测沉降数据的充分利用，能够准确地反映罐壁底部各个观测点的沉降值，弥补了已有方法的不足，并且为在役储罐在沉降下的结构响应、屈曲分析和安全评定奠定了基础。

参 考 文 献

[1] 鞠可一，李银涯. 战略石油储备体系构建：国际经验及中国策略 [J]. 油气储运，2015，34（11）：1147-1153.

[2] 康杰，徐晓红，郭寥廓. 软土地基储罐群产生不均匀沉降原因及纠偏 [J]. 炼油技术与工程，2010（10）：57-60.

[3] Wang S，Yu R G，Zhang Y M，et al. Research on Settlement Characteristics of Storage Tank Group on Non-Composite Foundation [C]//Advanced Materials Research. Trans Tech Publications，2012，569：585-588.

[4] De Beer E E. Foundation Problems of petroleum tanks [J]. Annales de L' Institut Belge du Petrole，1969，6：25-40.

[5] Malik Z，Morton J，Ruiz C. Ovalization of cylindrical tanks as a result of foundation settlement [J]. The Journal of Strain Analysis for Engineering Design，1977，12（4）：339-348.

[6] Palmer S C. Stresses in storage tanks caused by differential settlement [J]. Proceedings of the Institution of Mechanical Engineers，Part E：Journal of Process Mechanical Engineering，1994，208（1）：5-16.

[7] 陈凌志，赵阳. 不均匀沉降下的大型钢储罐结构 [J]. 空间结构，2003，9（3）：50-54.

[8] 张兴. 钢储罐在实测不均匀沉降下的结构性能 [D]. 浙江大学，2006.

[9] Zhao Y，Lei X，Wang Z，et al. Buckling behavior of floating-roof steel tanks under measured differential settlement [J]. Thin-Walled Structures，2013，70：70-80.

[10] 孔祥元，郭际明. 控制测量学 [M]. 武汉：武汉大学出版社，2015.

作 者 简 介

苏文强（1993—），男，研究方向为大型储油罐结构安全性研究，通信地址：310027 浙江省杭州市西湖区浙大路38 号浙江大学化工机械研究所，E-mail：799989344@qq.com。

大型储罐抗风圈设计的改进模型

张维东[1]　王光龙[2]　罗　倩[2]

(1. 中国寰球工程公司　北京　100012；

2. 中国石油四川石化有限责任公司　四川　成都　611930)

摘　要　抗风圈是大型储罐的重要结构，用于保持风载荷作用下罐壁上部的圆度。各国标准均提出了抗风圈的设计方法。基于 GB 50341 与 API 650 中抗风圈最小截面模量设计的简化力学模型，推导出最大弯矩与设计风速的关系。根据标准中对风载荷分布形式与范围不充分的现象；通过有限元法拟合得到风载荷的分布函数，并提出了基于风载荷真实分布的改进模型。设计风速相同时，该模型中最大弯矩的出现位置与 GB 50341 与 API 650 相同，但弯矩值小于以上两个标准的规定值。

关键词　化工过程机械；大型储罐；抗风圈；最小截面模量；改进力学模型

Improved Model of Wind Girder Design of Large Storage Tank

Zhang Weidong[1]　Wang Guanglong[2]　Luo Qian[2]

(1. China Huanqiu Contracting & Engineering Corp. , Beijing 100012, China

2. Petrochina Sichuan Petrochemical Co. , LTD. , Chengdu 611930, Sichuan province, China)

Abstract　Wind girder is an important structure of large storage tank and is used to maintain the roundness of the upper part of tank under wind load. The design methods of wind girders are put forward in codes. The maximum bending moment varying with the designed wind speed was derived based on the simplified mechanical models for the minimum section modulus in GB 50341and API 650. Given the insufficiently consideration on the distribution form and scope of the wind load in codes, the real wind load distribution was calculated and fitted by the finite element method and an improved mechanical model was proposed. Compared with the models in codes, the location of maximum bending moment in this model does not change; however, the magnitude of maximum bending moment reduces with the same designed wind speed.

Keywords　chemical process machinery; large storage tank; wind girder; minimum section modulus; improved mechanical model

符　号　说　明

C　Roark 圆环案例的系数

c_m　傅立叶级数各项的系数

D　储罐直径，m

E　材料弹性模量 MPa

H　罐壁总高度，m

I　抗风圈截面的惯性矩

M　总弯矩，N·m

M_c 约束反力产生的弯矩，N·m

M_{F0} F_0 产生的弯矩，N·m

M_{M0} M_0 产生的弯矩，N·m

M_{max} 最大弯矩，N·m

M_w 风载荷产生的弯矩，N·m

p 单位弧长的风载荷，Pa·m

p_0 驻点位置单位弧长的风载荷，Pa·m

P_c 单位弧长的约束反力，Pa·m

R 储罐半径，m

V 设计风速，m/s

W_{zk} 最小截面模量，m³

ω_0 基本风压，Pa

γ 空气密度，kg/m³

β_h 风振系数

μ_h 高度变化因数

μ_s 风载荷体形系数

φ 到驻点的环向距离，rad

δ_0 驻点位置的位移，mV

θ_0 驻点位置的转角，rad

λ_c 最大约束反力

大型储罐在石油及化工领域的应用越来越广。风载荷下罐壁的稳定性与刚度破坏是大型储罐的主要失效形式。因此需通过抗风圈等结构对罐壁进行加强。对于抗风圈的设计，标准中已给出了一些工程设计方法，前人也做了关于风载荷分布与简化等方面的大量研究。

API 650 中规定敞口储罐应设置抗风圈以保证风载荷下罐壁的刚度，抗风圈应设置在罐壁上沿的外侧[1]。Gong 等对风载荷下的大型储罐进行了分析，并指出抗风圈应设置在储罐的上方，即静态风载荷下储罐变形处[2]。Uematsu 通过一系列关于大型储罐的风洞试验发现储罐的失效主要由于迎风侧表现为压力的风载荷引起。此外，他认为风压的静态分布较其瞬态分布更易测得且具有足够精度，可用于抗风圈的设计[3]。基于湍流动能耗散率，Li 和 Tse 提出了风载荷下储罐周围湍流程度的评判方法。根据这一方法，可以精确测量地面 10m 以上位置强风产生的压力[4]。通过对储罐模型的风洞试验，Holroyd 得到了罐壁周围的风压分布特征，提出了改善其分布的一些方法，并对破坏载荷的计算的进行了讨论[5,6]。通过带有抗风圈模型的风洞试验，Lupi 等发现了储罐周围存在一种由抗风圈引起的双稳态流[7]。Chen 和 Rotter 借助板壳线性弯曲应力对抗风圈的应力进行了推导。他们提出一种非轴对称抗风圈的薄膜与弯曲应力的计算方法[8]。Gong 等对敞口储罐进行了有限元分析。分析结果表明抗风圈的结构参数，尤其是其宽度与厚度对储罐的失效具有很大影响[9]。Briassoulis 和 Pecknoid 对风载荷下三个不同高度的设有抗风圈的储罐进行了分析。他们指出，过度增大抗风圈的尺寸并无意义，这反而可能导致抗风圈与罐壁连接处应力的增大[10]。

1 抗风圈的设计方法

大型储罐通常需设置抗风圈与加强圈以保证风载荷作用下罐体的稳定性与刚度。截面模量的计算是抗风圈与加强圈设计的重要环节。GB 50341（SH 3046）与 API 650 均给出了抗风圈与加强圈截面模量的计算方法。风载荷作用下罐壁应力以环向弯曲应力为主，其他应力分量可以忽略。两标准规定最大环向弯曲应力不应超过材料的许用值，并以此确定抗风圈的最小截面模量（最小模量），如表 1 所示。加强圈截面模量的设计与抗风圈类似，仅需将公式中罐壁总高度改为加强圈间距。GB 50341 采用基本风压表示风载荷大小，API 650 采用设计风速表示风载荷大小。这两者并无本质区别，其转换方式为：

$$\omega_0 = \frac{1}{2}\gamma V^2 \qquad (1)$$

通常对于同一储罐，GB 50341 规定的最小模量约为 API 650 规定的最小模量的 1.22 倍。这一差异的产生主要由于以下五点原因：（1）设计风速（最大风载荷）取值不同；（2）高度方向承载范围不同；（3）材料的许的用应力不同；（4）风载荷分布系数取值；（5）风载荷作用下罐壁的简化力学模型不同。如 GB 50341 中设计风速采用离地 10m 高度处统计所得的 50 年一遇 10min 最大平均风速，而 API 650 中设计风速采用离地 10m 高度处统计所得的 50 年一遇 3s 最大平均风速，即 API650 取值大于 GB 50341 取值，约为其 1.44 倍。前三点原因与安全性要求与制造加工工艺等因素有关。后两点原因体现设计风速已定时，罐壁周围风压的分布情况。本文将重点关注两标准中后两点原因的差异与合理性。

表 1   抗风圈的最小截面模量

标准	最小截面模量
GB 50341	$W_{zk} = 8.3 \times 10^{-11} D^2 H \omega_0$ [11]
API 650	$W_{zk} = 5.882 \times 10^{-8} D^2 H (\frac{V}{52.8})^2$ [1]

2   简化力学模型

两标准中，最小模量的设计均基于两点假设：（1）风载荷在高度方向为定值，仅在环向发生变化；（2）储罐刚度很小，罐底对上部罐壁变形的限制作用可以忽略；（3）抗风圈能独立承担一定高度范围内的风载荷（见表 2）。基于此三点，最小模量的求解可转化为平面问题。因此为降低计算难度，两标准中最小模量的设计均采用平面模型。

下文分别采用两标准的力学模型求解同一储罐的最大弯矩，即在设计风速、高度承载范围与许用应力相同的情况下，考察罐壁上部的风载荷分布与最大弯矩的差异。假定该储罐半径为 R，设计风速为 V，空气密度取 $1.29 \mathrm{kg/m^3}$。两标准中风载荷分布系数的取值如表 2 所示。

表 2   标准中风载荷相关系数

名称	GB50341	API650
风振系数	1.5[12]	1
高度变化因数	1.15[12]	1
风载荷体形系数	0.64[13]	0.6[14,15]

2.1   GB 50341 中简化力学模型

GB 50341 中抗风圈设计的简化力学模型如图 1 所示。罐壁仅在迎风侧以驻点为中心的 $60°$ 区域（风区）内受风载荷作用，风载荷按余弦函数分布，并在驻点位置达到最大值 P_0。驻点风压为：

$$p_0 = \beta_h \mu_h \mu_s \omega_0 = \frac{1}{2} \beta_h \mu_h \mu_s \gamma V^2 \qquad (2)$$

各位置风载荷均沿该位置罐壁的法线方向作用于罐壁。风载荷分布函数为：

$$p = p_0 \cos 3\varphi \qquad (3)$$

在其他 $300°$ 范围（无风区）内罐壁不受风载荷作用。模型中忽略无风载荷区域，如此抗风圈成为受横向载荷作用的弧形梁结构。弧形梁左端为固定铰支座，右端为滑动铰支座，以体现无风区对风区的限制作用。如此梁两端风载荷方向的位移为零，而其他方向位移与转角不受限制。GB 50341 采用中国科学院力学研究所的推导结果，认为弯矩在驻点位置达到最大，其值为[16]：

$$M_{\max} = 0.125 p_0 R^2 = 0.08901 V^2 R^2 \qquad (4)$$

必须指出，无风载荷区域对弧形梁的限制作用十分复杂，弧形梁两端各方向的移动与转动均受限制，但限制程度难以确定，难以采用单一形式的约束完整体现无风载荷作用区域的限制作用。模型中仅约束风载荷方向的位移，是因为在此约束条件下模型所受弯矩最大，所得抗风圈截面模量最保守。各约束条件下弧形梁所受最大弯矩值及其产生位置如表 3 所示[17]。

表 3   不同约束条件下弧形梁的最大弯矩值及位置

约束方式	最大弯矩	出现位置
	$0.125 P_0 R^2$	驻点
	$0.025 P_0 R^2$	驻点
	$0.0036 P_0 R^2$	驻点
	$0.012 P_0 R^2$	驻点
	$0.0056 P_0 R^2$	端点

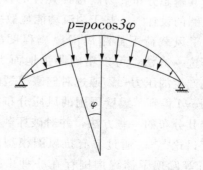

图 1   GB50341 中简化力学模型

2.2　API 650 中简化力学模型

API 650 中抗风圈设计的简化力学模型如图 2 所示。罐壁在迎风侧 180°区域内有风载荷作用，风载荷按余弦函数分布，并在驻点位置达到最大值 P_0。驻点风压可通过式（2）计算。与 GB 50341 不同，API 650 认为风载荷沿驻点位置罐壁的法线方向作用，而非沿作用点罐壁的法线方向。风载荷在其垂直方向直径上的投影成大小为 P_0 的均布压力。风载荷分布函数为：

$$p = p_0 \cos\varphi \tag{5}$$

API 650 未忽略背风侧的罐壁，并认为罐壁的约束不仅局限于一点，而体现于整圈罐壁。约束反力与罐壁相切，其大小成关于驻点对称的正弦函数，在 90°与 270°位置达到最大值。该模型是 Roark 圆环案例中案例 1、案例 8 与案例 18 的加权组合，并可据此求解[18]，如图 3 所示。以英制单位，最大弯矩应为：

$$M_{max} = C p_0 R^2 \tag{6}$$

由表 4 可知，最大弯矩出现于驻点位置，采用公制单位其值应为：

$$M_{max} = 0.1159 V^2 R^2 \tag{7}$$

表 4　Roark 圆环案例的系数

φ	Case 1	Case 8	Case 18	the model
0	0.6366	−0.3372	0.1592	0.1403
15	0.3778	−0.1155	0.1430	0.1193
30	0.1366	0.0236	0.0971	0.0631
45	−0.0705	0.0888	0.0290	−0.0107
60	−0.2294	0.1008	−0.0499	−0.0787
75	−0.3293	0.0836	−0.1254	−0.1204
90	−0.3634	0.0567	−0.1817	−0.1250
105	−0.3293	0.0292	−0.2040	−0.0961
120	−0.2294	0.0036	−0.1795	−0.0463
135	−0.0705	−0.0183	−0.0995	0.0107
150	0.1366	−0.0352	0.0395	0.0619
165	0.3778	−0.0458	0.2348	0.0972
180	0.6366	−0.0494	0.4775	0.1097

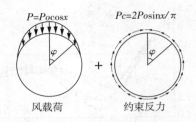

图 2　API650 中简化力学模型

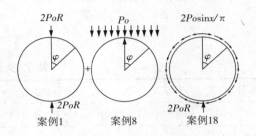

图 3　Roark 圆环案例的加权组合

3　风载荷分布

3.1　载荷的基本分布形式

关于风载荷作用下立式圆筒形储罐周围的压力分布形式，前人已做了大量研究。根据风洞试验，高度方向的压力变化微弱，可以忽略。风压关于驻点对称并作用于整圈罐壁，而非仅作用于迎风侧。其分布形式很难通过简单函数表示，通常采用傅里叶级数表示[19]。取前 6 或 7 项，风压可表示为：

$$p = \sum_{m=0}^{6} p_0 c_m \cos(m\varphi) \tag{8}$$

各文献中 c_m 的取值如表 5 所示，风压的具体环向分布见图 4。风载荷关于驻点对称，在大约 0°～30°（压力区）内表现为压力，在 30°～180°（拉力区）内表现为拉力。最大压力出现在驻点位置，之后其值逐渐降低，并在 30°左右位置变为拉力。其后拉力持续增大，在大约在 80°位置达到最大值，该值可能超过最大压力值。随后拉力缓慢降低，达到 120°位置后趋于平稳。

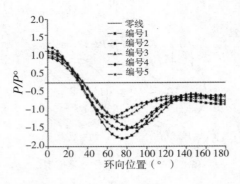

图 4 文献中风载荷的环向分布形式

3.2 风载荷分布函数

各文献所得风压的总体分布形式相同，但仍存在较小差异，这主要是因为各文献中储罐尺寸、设计风速不同。风载荷分布函数可能因这些参数取值不同而发生变化，但通常而言该变化十分微弱，可以忽略。本文通过有限元法模拟得到一系列储罐的风载荷分布，并通过 MATLAB 软件拟合出风载荷的分布函数。储罐直径由 40m 逐渐增加至 110m，单次增量为 10m。设计风速由 40m/s 逐渐增大至 90 m/s，单次增量为 10m/s。

表 5 文献中风载荷的傅立叶系数

编号	作者	c_0	c_1	c_2	c_3	c_4	c_5	c_6
1	Rish[20,21]	−0.387	0.338	0.533	0.471	0.166	0.066	−0.055
2	Greiner[22]	−0.65	0.37	0.84	0.54	−0.03	−0.07	0
3	Pircher[23]	−0.5	0.4	0.8	0.3	−0.1	0.05	0
4	Kwok[24]	−0.55	0.25	0.75	0.4	0	−0.05	0
5	Briassoulis[10]	−0.264	0.342	0.542	0.387	0.053	−0.077	−0.004

风载荷的分布形式如图 5 所示，风载荷关于驻点对称，其基本分布与前人研究成果吻合。拟合所得分布函数各项的系数如表 6 所示。此外，本文通过有限元法得到了该种形式风载荷作用下平面模型约束反力的分布形式，如图 6 所示。模型的约束反力关于驻点位置对称，并成正弦函数形式分布，这与 API 650 假定的分布形式相同。

表 6 风载荷傅立叶系数的拟合值

系数	p_0	c_0	c_1	c_2	c_3	c_4	c_5	c_6
取值	$0.381V^2$	−0.615	0.177	1.05	0.426	0.159	0.035	−0.065

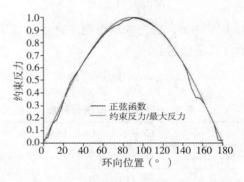

图 6 模拟所得约束反力的环向分布形式

4 改进力学模型

基于上文风载荷与约束反力的真实分布形式，本文建立起抗风圈设计的改进力学模型，如图 7 所示。下文将根据此力学模型推导抗风圈承受的最大弯矩。该模型在驻点与 $\varphi = \pi$ 位置为对称约束，为二次超静定结构，需要建立变形协调方程进行求解。以 F_0 与 M_0 代替驻点位置的约束，将模型变为静定结构。

首先可通过 X 方向的受力平衡方程确定 λ_c

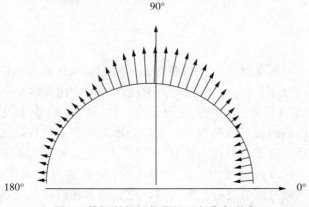

图 5 模拟所得风载荷的环向分布形式

的值：

$$\int_0^\pi \sum_{m=0}^6 p_0 R c_m \cos m\varphi \cos\varphi \, \mathrm{d}\varphi = \int_0^\pi \lambda_c R \sin^2\varphi \, \mathrm{d}\varphi \quad (8)$$

由式（8）可得 $\lambda_c = c_1 p_0$。由卡氏定理可知，驻点位置 Y 轴方向位移与转角的变形协调方程为：

$$\delta_0 = \int_0^\pi \frac{M(\varphi)}{EI} \frac{\partial M(\varphi)}{\partial F_0} R \, \mathrm{d}\varphi = 0$$
$$\theta_0 = \int_0^\pi \frac{M(\varphi)}{EI} \frac{\partial M(\varphi)}{\partial M_0} R \, \mathrm{d}\varphi = 0 \quad (9)$$

其中 $M = M_{F0} + M_{M0} + M_w + M_c$

$$M_{F0} = F_0 R(1 - \cos\varphi)$$
$$M_{M0} = M_0$$
$$M_w = \int_0^\varphi \sum_{m=0}^6 p_0 R c_m \cos m\varphi R^2 \sin(\varphi - \alpha) \, \mathrm{d}\alpha \quad (10)$$
$$M_c = \int_0^\varphi \lambda_c R^2 \sin\varphi \, \mathrm{d}\varphi = \lambda_c R^2 (1 - \cos\varphi)$$

将式（10）代入式（9），可得 F_0 与 M_0，进而可知模型在驻点位置出现最大弯矩：

$$M_{\max} = 0.202 p_0 R^2 = 0.0773 V^2 R^2 \quad (11)$$

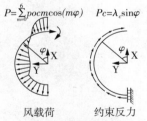

图 7　基于风载荷真实分布的
改进力学模型

5　比较与结论

（1）本文揭示了 GB 50341 与 API 650 中抗风圈最小模量设计的简化力学模型，并得到两模型中最大弯矩与设计风速的关系。本文指出两力学模型在风载荷分布形式与作用区域等方面与前人研究成果存在很大差异。

（2）本文借助有限元法拟合出大型储罐的风载荷与约束反力的分布形式，建立了最小模量设计的改进模型，并推导得出该模型中最大弯矩与设计风速的关系。

（3）按改进模型得到的最大弯矩出现于驻点位置，与两标准一致。但设计风速相同时，改进模型的最大弯矩仅有 GB 50341 的 86.8%，API 650 的 66.6%。可见标准规定的抗风圈截面模量偏于保守。

（4）目前标准中抗风圈的设计均基于平面模型，未充分考虑罐底作用，结果可能过于保守。但三维模型计算难度极大，目前尚无法得到解析解，这需要一系列后续研究。

参 考 文 献

[1] API 650－2007. Welded steel tanks for oil storage ［S］. Washington, DC: American Petroleum Institute, 2007.

[2] 宫建国，刘迎圆，蒋力，等. 大型石油储罐的风载荷响应分析 [J]. 压力容器，2013，30（5）：34－38.

[3] Uematsu Y, Koo C, Yasunaga J. Design wind force coefficients for open-topped oil storage tanks focusing on the wind-induced buckling [J]. Journal of Wind Engineering and Industrial Aerodynamics, 2014, 130: 16－29.

[4] Li S W, Tse K T, Weerasuriya A U, et al. Estimation of turbulence intensities under strong wind conditions via turbulent kinetic energy dissipation rates [J]. Journal of Wind Engineering and Industrial Aerodynamics, 2014, 131: 1－11.

[5] Holroyd R J. On thebehaviour of open-topped oil storage tanks in high winds. Part I. Aerodynamic aspects [J]. Journal of wind engineering and industrial aerodynamics, 1983, 12 (3): 329－352.

[6] Holroyd R J. On thebehaviour of open-topped oil storage tanks in high winds. Part II. Structural aspects [J]. Journal of wind engineering and industrial aerodynamics, 1985, 18 (1): 53－73.

[7] Lupi F, Borri C, Facchini L, et al. A new type of bistable flow around circular cylinders with spanwise stiffening rings [J]. Journal of Wind Engineering and Industrial Aerodynamics, 2013, 123: 281－290.

[8] Chen J F, Rotter J M. Effective cross sections of asymmetric rings on cylindrical shells [J]. Journal of Structural Engineering, 1998, 124 (9): 1074－1080.

[9] Gong J, Tao J, Zhao J, et al. Effect of top stiffening rings of open top tanks on critical harmonic settlement [J]. Thin-Walled Structures, 2013, 65: 62－71.

[10] Briassoulis D, Pecknold D A. Behaviour of empty steel grain silos under wind loading: part 1: the stiffened cylindrical shell [J]. Engineering Structures, 1986, 8 (4):

260-275.

[11] GB50341-2003, 立式圆筒型钢制焊接油罐设计规范 [S]. 北京：中国石油天然气集团公司，2003.

[12] 李玉坤，孙文红，梁军会. 大型储罐抗风圈与加强圈设计计算 [J]. 油气储运，2013，32（2）：125-130.

[13] 李宏斌. 超大型油罐抗风结构的合理设计 [J]. 石油化工设备技术，2002，23（6）：7-8.

[14] 徐英，杨一凡，朱萍. 球罐和大型储罐 [M]. 北京：化学工业出版社，2005.

[15] Adams J H. A study of wind girder requirements for large API 650 floating roof tank [C] //Pressure Vessels and Tanks, Swissair and Olympic，1975.

[16] 李国琛. 浮顶油罐的强度和稳定性的计算公式 [J]. 力学与实践，1982，4（2）：36-39.

[17] 陈世一. 浮顶油罐抗风圈最大弯矩分析 [J]. 油气储运，1987，1：012.

[18] 罗克，王一麟. 应力应变公式 [M]. 北京：中国建筑工业出版社，1985.

[19] 周平槐，赵阳，黄业飞. 风荷载作用下柱支承钢筒仓的受力性能 [J]. 工程设计学报，2005，12（4）：243-246.

[20] Godoy L A, Flores F G. Imperfection sensitivity to elastic buckling of wind loaded open cylindrical tanks [J]. Structural Engineering and Mechanics，2002，13（5）：533-542.

[21] Rish R F. Forces in cylindrical chimneys due to wind [C] //ICE Proceedings. Thomas Telford，1967，36（4）：791-803.

[22] Greiner R, Derler P. Effect of imperfections on wind-loaded cylindrical shells [J]. Thin-Walled Structures，1995，23（1）：271-281.

[23] Pircher M, Bridge R Q, Greiner R. Case study of a medium-length silo under wind loading [J]. Advances in Steel Structures，2002，2：667-674.

[24] Macdonald P A, Kwok K C S, Holmes J D. Wind loads on circular storage bins, silos and tanks：I. Point pressure measurements on isolated structures [J]. Journal of Wind Engineering and Industrial Aerodynamics，1988，31（2）：165-187.

作者简介

姓名：张维东

性别：男

年龄：31 周岁

职称：工程师

通讯地址：北京市朝阳区来广营高科技产业园创达二路 1 号 E 座 3 区 3601 房间

邮编：100012

联系电话：18515030517

传真号码：（86-10）58676055

电子邮箱：zhangweidong@hqcec.com

考虑结构与载荷关联性时大型储油罐拱顶稳定性分析

高健富　靳　达　高炳军

（河北工业大学 化工学院　天津　300130）

摘　要　自支撑大型储油罐拱顶稳定性影响因素多，分析计算复杂。以某1000 m³油罐为例，探讨了拱顶临界载荷的结构关联性与载荷关联性，提出了一种计算拱顶临界载荷合理的建模与计算方法，即拱顶稳定性分析应以包含筒体的全模型为基础，施加拱顶载荷进行特征值屈曲分析获取屈曲模态并据此设定拱顶缺陷，非线性屈曲分析时首先施加罐体实际载荷然后再施加足够大的拱顶载荷，进而确定拱顶的临界载荷。

关键词　储罐；拱顶；屈曲分析；关联性分析

Buckling Analysis of Doom Roof oil Tank With Consideration of Structure and Load Relevance

Gao Jianfu　Jin Da　Gao Bingjun

（School of Chemical Engineering and Technology,
Hebei University of Technology，Tianjin 300130，China）

Abstract　Buckling analysis is complex for various influences on the stability of the doom roof for the large self-supporting oil tank. Taking a 1000 m³ oils tank as example，both the structure and load relevance of the doom roof stability have been discussed. A feasible modeling and calculating methodology was proposed to determine the critical load of such kind of doom roof. Based on the integral finite element model including the tang cylinder，the eigenvalue bucking analysis should be used first with roof load applied only to determine the buckling mode for roof defect construction. In the nonlinear buckling analysis，real cylinder load should be applied in the first load step，and roof load multiplied with a high enough factor should be applied in the second load step to acquire the roof critical load.

Keywords　storage tank；doom roof；bucking analysis；relevance analysis

1　前言

油气资源作为工业生产中的重要能源在国民生产中占有重要地位。在油气产业中，油气存储技术又是重要一环。如今储液罐容积日趋大型化。储罐拱顶具有跨度大、壳体厚度薄、承受外载荷作用大的特点，因此其稳定性问题尤为突出。针对这一问题不同学者从不同方面对其进行了研究。任永平[1]研究了LNG储罐拱顶在非对称非均布载荷做作用下的稳定性问题，提出对拱顶进行稳定性分析时须考虑局部载荷对拱顶抗失稳能力的影响。翟希梅[2]综合分析了初始缺陷、矢跨比及拱顶蒙皮对 LNG 储罐拱顶稳定性的影响。何旺[3]进行了油罐拱顶与罐壁结构关联性分析，考虑了约束位置及拱顶载荷与罐体载荷同时作用时，对储罐整体稳定性的影响。黄斌[4]分析了铺板厚度、梁截面尺寸和矢跨比对网壳结构稳定性的影响。曹正罡[5]研究了杆件截面配置，初始缺陷，载荷不对称作用，支撑条件，材料非线性对网壳结构稳定性的影响。曹力慧[6]根据 LNG 储罐不同施工阶段所受载荷的不同特点对拱顶稳定性进行评价。黄旋[7]采用微分求积法研究了球—环—锥组合壳球壳部分外压稳定性问题。

对现有文献分析发现，对于储罐拱顶稳定性的研究多集中于拱顶自身结构及拱顶载荷对其稳定性的影响，或者是储罐整体受载时较薄弱部位的稳定性。对于与拱顶相连的罐体及罐体载荷对拱顶稳定性的影响的研究还较少。因此本文拟建立某油罐拱顶及罐壁的完整有限元模型，讨论罐体及其载荷对拱顶稳定性的影响。

2 有限元模型及计算方案

2.1 计算方案

由于大型储罐为弱顶结构，且罐体载荷较大，因此罐体及其载荷会对拱顶稳定性产生较大影响。因此提出如下计算方法：

（1）建立拱顶及筒体完整有限元模型，约束罐底；

（2）施加拱顶载荷进行特征值屈曲分析，获取一阶屈曲模态；

（3）拱顶最大初始缺陷根据其屈曲模态按跨距的 1/300 设定；

（4）进行非线性屈曲分析，首先施加罐体载荷（真实载荷）求得储罐因罐体载荷产生的变形，然后施加拱顶载荷（乘足够大的载荷系数）进行拱顶稳定性计算，确定拱顶临界载荷。

3 算例分析

以某 1000 m³ 储罐为研究对象，分别对储罐进行结构关联性分析与载荷关联性分析。讨论罐体及罐体载荷对拱顶稳定性产生的影响。

3.1 有限元模型及计算方案

1000 m³ 储罐基本数据：罐体直径 11500mm；总高度 11960 mm；拱顶曲率半径 13800 mm；拱顶厚度 6mm；罐体厚度 7mm；材料 16MnDR，弹性模量 $E=2.06\times10^5$ MPa，泊松比 $\mu=0.3$，密度 7810 kg/m³，地震载荷计算时，液体质量当量到罐壁，当量密度为 287 500 kg/m³。建模时拱顶及罐壁采用 shell181 单元模拟，拱顶以内壳为基准建模，罐壁以中径为基准建模。储罐完整有限元模型如图 1（c）所示。

拱顶临界载荷计算采用 ANSYS 特征值屈曲分析与非线性屈曲分析[8]，非线屈曲分析采用弧长法[9]求解，并设置达到第一个极值点时停止计算。拱顶载荷等效处理为拱顶球面的外压力，特征值屈曲分析时施加单位外压 1 Pa；非线性屈曲分析时施加足够大的外压。

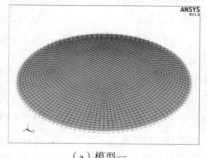
（a）模型一

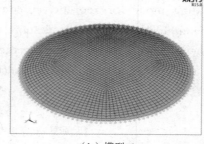
（b）模型二

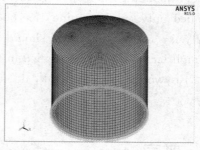
（c）模型三

图 1 1000 m³ 储罐有限元模型

（1）为了考察罐体结构关联性，分别对仅含拱顶结构的有限元模型以及含罐体的完整结构有限元模型（记为模型三）进行计算。其中仅含拱顶结构的约束有两种，一种仅约束拱顶周边的环向与轴向位移（记为模型一），另一种拱顶周边施加三个方向的位移约束（记为模型二）；含罐体的完整结构有限元模型在罐底周边施加环向与轴向位移约束。三种结构有限元模型如图1所示。

（3）为了考察罐体载荷的关联性，以完整结构有限元模型为研究对象，选择了三种载荷工况。分别计算罐体载荷为风载荷（关联载荷一）、25％风载荷＋地震载荷1.57 m/s²（关联载荷二）、25％风载荷＋地震载荷2.35 m/s²（关联载荷三）。储罐载荷汇总见表1。

表 1　载荷汇总

载荷	作用位置	方向	大小
风载荷	罐体外表面（90°～270°）	X轴正向	400 Pa
地震加速度*	单元质心	X轴负向	1.57 m/s²
地震加速度**	单元质心	X轴负向	2.35 m/s²

注：地震载荷简化处理为加速度载荷，＊对应地震烈度7级，＊＊对应地震烈度8级。

3.2　计算结果与分析

3.2.1　结构关联性分析结果

三种结构的特征值屈曲分析结果与非线性屈曲分析结果见表2，结构的屈曲位移云图如图2所示，最大位移节点的载荷系数与位移关系如图3所示。

表 2　约束对拱顶临界载荷的影响

临界载荷	模型一	模型二	模型三
特征值临界载荷/Pa	19698	47810	39437
非线性临界载荷/Pa	6681	13548	13015

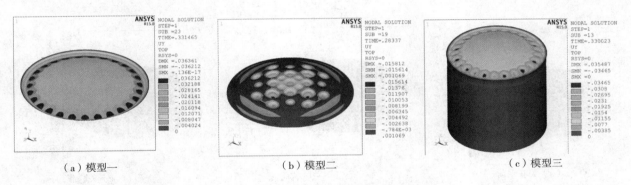

（a）模型一　　　　　　（b）模型二　　　　　　（c）模型三

图 2　非线性屈曲轴向位移云图

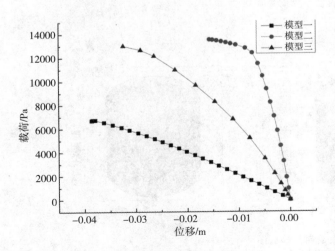

图 3　载荷—位移曲线

由表2可见模型三的特征值屈曲分析的临界失

稳载荷系数介于模型一和模型二的结果之间，可见模型一忽略罐壁对拱顶的径向约束作用使计算结果偏于保守；而模型二施加的三个方向的约束强于罐壁对拱顶的实际约束，造成过度约束，屈曲载荷系数最大，欠保守。由非线性计算结果可以发现模型三的临界载荷为13015 Pa，比模型一的载荷升高了94.81％，比模型二降低了3.94％。由此可见改变约束形式将对计算结果产生较大影响。由图2可以发现约束形式变化对失稳波形产生较大影响；对拱顶的约束越强临界失稳的最大位移越小。相较于真实约束模型一失稳时拱顶的整体位移偏大，模型二失稳时拱顶的整体位移偏小。通过比较模型一和模型二的载荷系数位移曲线（图3）可以发现对拱顶的约束作用越强曲线的斜率越大，真实约束的斜率介于轴向环向约束与全位移约束之间；真实约束的临界失稳载荷也介于二者之间。由此可见模型一、二的约束形式与拱顶真实约束之间存在较大差异。

3.2.2 载荷关联性分析结果

三种关联载荷的特征值屈曲分析计算结果与非线性屈曲分析计算见表3，罐体载荷作用下的拱顶轴向位移云图如图4所示，结构的屈曲位移云图如图5所示，最大位移节点的载荷系数与垂直方向位移关系如图6所示。

表3　罐体载荷对拱顶临界载荷的影响

临界载荷	关联载荷一	关联载荷二	关联载荷三
特征值临界载荷/Pa	39437	39437	39437
非线性临界载荷/Pa	12742	12487	12023

由表3可见特征值屈曲分析的临界失稳载荷系数相同，这是因为特征值屈曲分析仅施加了拱顶载荷。比较非线性计算结果可以发现随着罐体载荷的增大拱顶的临界载荷逐渐降低，关联载荷一、二、三的拱顶临界载荷，比前述模型三计算结果分别降低了约2.1%、4.1%、7.62%，可见罐体载荷对拱顶稳定性存在较大影响。由图4可见作用于罐体的载荷也会引起拱顶轴向位移，且拱顶为不均匀变形，相当于增加了拱顶的缺陷。因此罐体载荷的作用降低了拱顶的稳定性。由图5可见拱顶的失稳波形变化较小，因此罐体载荷引起的拱顶变形小于初始缺陷下的拱顶变形，拱顶的失稳波形仍然以一阶屈曲波形为主。由图6可以发现达到临界失稳点前曲线基本平行，说明罐体载荷变化对拱顶刚度影响较小。曲线的初始位移不为零，说明施加罐体载荷时拱顶即产生了轴向位移，且随载荷的增大引起的轴向位移也逐渐增大。

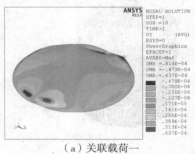 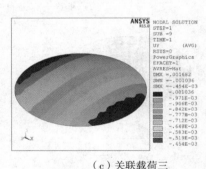

（a）关联载荷一　　　　　　（b）关联载荷二　　　　　　（c）关联载荷三

图4　罐体载荷作用下拱顶轴向位移云图

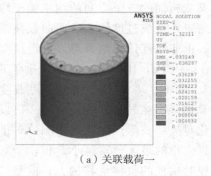 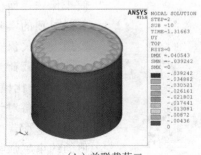 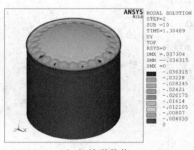

（a）关联载荷一　　　　　　（b）关联载荷二　　　　　　（c）关联载荷三

图5　非线性屈曲轴向位移云图

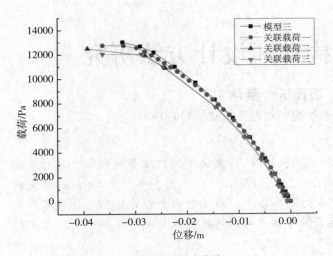

图6 载荷-位移曲线

4 结论

对于大型储油罐拱顶稳定性分析，提出一种合理的建模与分析计算方法，即建立含储罐筒体的完整有限元模型并对储罐施加真实约束，对拱顶施加真实载荷进行特征值屈曲分析获取屈曲模态并据此设定拱顶缺陷；非线性计算时首先施加罐体实际载荷求得因罐体载荷产生的变形（含拱顶变形），然后施加足够大的拱顶载荷计算其临界失稳载荷。

参 考 文 献

[1] SCURLOCK R G. Development of low-loss storage of Cryogenic liquids over the Past 50 Years [J] . Kryos Cryogenic Engineering，2004 (7)：134－145.

[2] 任永平，任金平，刘福录，等 . 大型 LNG 单容罐罐顶网壳结构有限元分析 [J] . 油气储运，2011，34 (6)：636－640.

[3] 翟希梅，王恒 . LNG 储罐穹顶带钢板网壳施工全过程稳定性分析 [J] . 哈尔滨工业大学学报，2015，47 (4)：31－36.

[4] 何旺，徐璐明，杨金林，等 . 基于 ANSYS 的油罐拱顶与罐壁关联性分析 [J] . 后勤工程学院学报，2015，31 (3)：54－57.

[5] 黄斌，毛文筠 . 铺钢板肋环型网壳的稳定性研究 [J] . 空间结构，2007，13 (4)：7－10.

[6] 曹正罡，范峰，沈世钊 . 单层球面网壳结构弹塑性稳定性能研究 [J] . 工程力学，2007，24 (5)：17－23.

[7] 曹力慧，宋延杰，郑建华，等 . LNG 储罐罐顶施工全过程分析的网壳结构优化设计 [J] . 化工设计，2012，22 (5)：37－40.

[8] 黄旎 . 球-环-锥旋转组合壳强度和稳定性研究 [D] . 北京：中国舰船研究院，2012：47－90.

[9] 余伟炜，高炳军 . ANSYS 在机械与化工装备中的应用 [M] . 北京：水利水电出版社，2007：83－108.

[10] 汪优，徐智棋，黄靓 . 结构屈曲分析中的改进弧长控制法 [J] . 中外建筑，2007，24 (1)：170－171.

作 者 简 介

高健富（1992.3—），男，河北省唐山市人，河北工业大学硕士研究生，研究方向：过程与装备 CAE。

电话及邮箱：15202203823，1652240658@qq.com

通讯作者：高炳军（1966.9—），男，河北沧县人，河北工业大学教授，研究方向：过程与装备 CAE。gbj_hebut@163.com

正交各向异性锥壳结构外压设计方法研究

胡嘉琦　贺小华　周昌玉　夏伟韦

（南京工业大学　机械与动力工程学院　江苏　南京　211816）

摘　要　采用有限元非线性分析法对正交各向异性锥壳及圆柱壳-锥壳结构的临界失稳压力进行系统研究，提出正交各向异性锥壳及圆柱壳-锥壳结构的设计方法。结果表明，锥壳在半顶角 30°附近抗失稳能力最强；正交各向异性锥壳的抗失稳能力普遍高于各向同性锥壳；圆柱壳的长径比达到一定值后，圆柱壳-锥壳结构的临界失稳压力的变化主要取决于圆柱壳的结构参数；所提出的正交各向异性外压锥壳结构设计方法具有可靠和保守性。

关键词　正交各向异性；锥壳；圆柱壳-锥壳；外压；临界失稳压力

Stoudy on Design Method of Orthotropic Conical Shell Structre Under External Pressure

Hu Jiaqi　He Xiaohua　Zhou Changyu　Xia Weiwei

(School of Mechanical and Power Engineering,
Nanjing Tech University, Jiangsu Nanjing 211816, China)

Abstract　The buckling stability of orthotropic conical shell and cylindrical-conical shell were investigated through finite element nonlinear analysis, and the design method of orthotropic conical shell and cylindrical-conical shell structure were proposed. The results show that the conical shell has better stability when semi-vertex angle is about 30°. The stability of orthotropic conical shell is better than that of isotropic one. The critical buckling pressure of cylindrical-conical shell mainly depend on cylindrical shell's structure parameters when the length to diameter ratio reaches a certain value. Finally, the design method of orthotropic conical shell and cylindrical-conical shell structure are available and conservative.

Key words　orthotropic; conical shell; cylindrical-conical shell; external pressure; critical buckling pressure

1　前言

金属钛具有密度小、比强度高、耐腐蚀性强等特点，广泛应用于压力容器。钛材是典型的正交各向异性材料[1]。目前，国内外标准[2,3]中将钛材视为各向同性材料进行处理，该处理方式虽便于工程应用，但会给压力容器设计带来一定的不确定性。

外压锥壳结构常用于航空航天、石油化工等领域，失稳是外压锥壳失效的主要形式。文献［4－6］分别对外压作用下的锥壳和圆柱壳-锥壳结构失稳进行了实验研究，测得实验值与理论公式计算值、标准解差异较大，而有限元计算中考虑了实验结构的初始缺陷，故计算结果与实验值较为接近。

文献［7，8］对正交各向异性薄壁圆筒临界失稳进行有限元分析，比较了有限元解与解析解、标准解的不同，并对比分析了正交各向异性与各向同性外压圆筒的差异，同时提出了正交各向异性外压圆筒的设计方法。目前鲜有文献对正交各向异性锥壳结构外压失稳进行系统研究，关于正交各向异性和各向同性锥壳结构的差异性也未进行讨论分析。本文采用有限元非线性法对正交各向异性锥壳结构进行外压失稳模拟计算，系统研究几何参数对临界失稳压力 P_σ 的影响，对比分析正交各向异性与各向同性锥壳结构的差异，提出正交各向异性外压锥壳结构的设计方法。

2　正交各向异性外压锥壳研究

2.1　有限元分析

锥壳材料为工业纯钛 TA2。通过实验测定 TA2 的材料参数[9]，实验数据见表1。其中 x 方向为板材轧制方向，y 方向板材宽度方向，z 为板材厚度方向。

表 1　TA2 材料参数

E_x /GPa	E_y /GPa	E_z /GPa	ν_{xy}	ν_{yz}	ν_{xz}	G_{xy} /GPa	G_{yz} /GPa	G_{xz} /GPa
109.86	134.28	122.07	0.337	0.259	0.311	41.988	54.760	44.892

为研究结构几何参数对正交各向异性锥壳临界失稳压力的影响，保持锥壳大端外直径 D_L 不变，通过改变半顶角 α 以及径厚比 D_L/T 来建立模型进行模拟分析。计算方案中 $D_L=3000$mm，径厚比 D_L/T 值为 80、100、150、250，锥形比 λ（$\lambda=D_s/D_L$）值为 0.35、0.5、0.65，半顶角 α 取值范围为 5°~60°。

模型见图1，采用 shell181[8] 单元对模型进行网格划分，并进行网格无关性验证。锥壳大小端边界条件均采用简支约束，大小两端均约束环向位移，小端同时约束轴向位移[10]，锥壳外表面施加压力。模拟过程中将标准[2]所规定的最大允许偏差通过"一致缺陷模态法"施加于模型上。

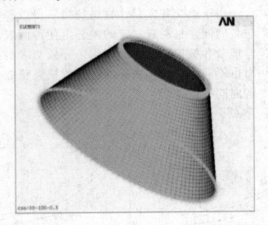
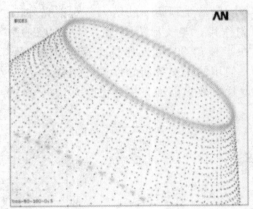

图 1　模型网格和约束图

2.2　几何参数对正交各向异性外压锥壳失稳的影响

选取锥形比 $\lambda=0.5$ 的锥壳为研究对象，模拟所得不同几何参数下的正交各向异性锥壳临界失稳压力值 P_σ 见图2。进一步选取径厚比 $D_L/T=100$，锥形比 λ 为 0.35、0.65 的正交各向异性锥壳进行模拟计算，模拟计算结果，见图3。

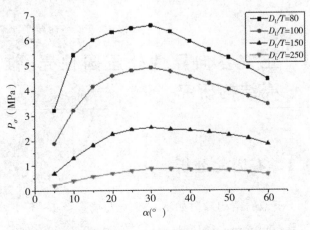

图 2　正交各向异性锥壳临界失稳压力

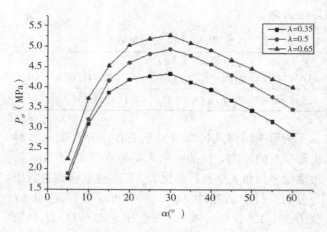

图3 不同锥形比正交各向异性锥壳临界失稳压力

2.3 正交各向异性与各向同性锥壳临界失稳压力的比较

现行标准中将钛材视为各向同性材料，其应力—应变曲线是按钛材轧制方向拉伸绘制的，泊松比取 0.32。

利用有限元非线性分析法对各向同性锥壳临界失稳压力进行模拟计算，为了便于分析正交各向异性与各向同性锥壳的差异性，计算正交各向异性与各向同性锥壳临界失稳压力 P_{cr} 比值 P_1/P_2，P_1 为正交各向异性锥壳临界失稳压力值，P_2 为各向同性锥壳临界失稳压力值，结果如图4所示。

由图2、图3中可知，随着半顶角 α 的增大，正交各向异性锥壳的临界失稳压力值 P_{cr} 先增大后逐渐减小。分析认为，在其他结构参数不变时，锥壳轴向长度的缩短对 P_{cr} 有着两种不同的作用。一方面，随着锥壳轴向长度的缩短，锥壳受大小端支撑线的边缘效应作用逐渐加强，有助提高外压稳定性；另一方面，随着半顶角 α 的增大，对锥壳外压稳定性有抑制作用，与文献[10]结论一致。从图中可得，锥壳在半顶角 30° 附近的抗失稳能力最强。同时对于单一使用的正交各向异性锥壳结构，还可通过改变径厚比有效提高锥壳抗失稳能力。

从图4中可知，P_1/P_2 值均大于1；随着半顶角 α、径厚比 D_L/T 的增大，P_1/P_2 值逐渐减小；随着锥形比 λ 的增大，P_1/P_2 值逐渐增大。相同参数下，正交各向异性锥壳临界失稳压力值 P_{cr} 普遍高于各向同性锥壳 15%～23%。

由于正交各向异性材料的力学参数和本构关系与各向同性材料有一定的差异，使得两者之间的抗弯模量和抗扭刚度有所不同，导致两者的抗失稳能力也不同，正交各向异性锥壳的抗失稳能力要强于各向同性锥壳。

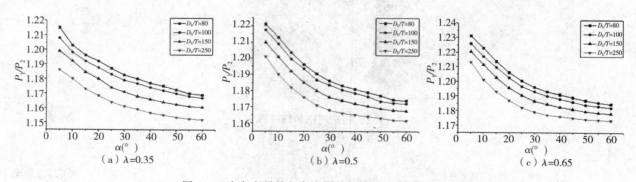

（a）$\lambda=0.35$ （b）$\lambda=0.5$ （c）$\lambda=0.65$

图4 正交各向异性与各向同性锥壳临界失稳压力比

3 正交各向异性外压圆柱壳-锥壳结构研究

3.1 有限元分析

模型的结构参数如下，锥壳大端直径 D_L 不变，$D_L=3000\text{mm}$；径厚比 D_L/T 值为 80、100、150、250；锥形比 λ 值为 0.3～0.7；半顶角 α 取值范围为 10°～50°；所连圆柱壳的长径比 L_T/D_L 范围为 0.35～6。

模型图见图5，采用 shell181 单元对模型进行网格划分，并进行网格无关性验证。约束圆锥壳端面环向位移，约束锥壳小端环向位移和轴向位移，锥壳外表面施加压力。模拟过程中将标准[2]所规定的最大允许偏差通过"一致缺陷模态法"施加于模型上。

设计、传热

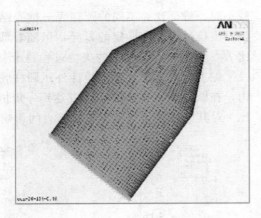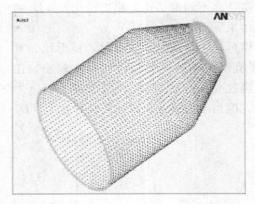

图5　模型网格和约束图

3.2　几何参数对正交各向异性外压圆柱壳-锥壳的影响

文献[11]计算表明，过渡折边的设置对于正交各向异性圆柱壳-锥壳结构临界失稳压力的影响并不显著，故以下计算模型中均未设置过渡折边。

3.2.1　半顶角

选取径厚比 $D_L/T=150$，锥形比 $\lambda=0.5$ 的正交各向异性外压圆柱壳-锥壳结构为例，分别模拟计算不同半顶角 α 和长径比 L_T/D_L 的模型，模拟结果见图6，部分结构失稳模态见图7。

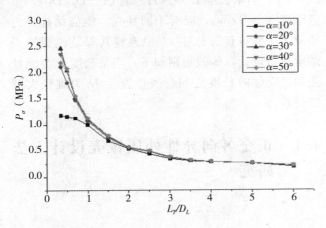

图6　同半顶角的正交各向异性圆柱壳-锥壳临界失稳压力

由图6中可知，不同半顶角 α 的正交各向异性外压圆柱壳-锥壳结构临界失稳压力变化规律相同，随着圆柱壳长径比 L_T/D_L 增大，结构临界失稳压力值 P_σ 不断减小并趋于一定值。

当圆柱壳长径比 L_T/D_L 较小时，不同半顶角 α 的圆柱壳-锥壳结构临界失稳压力值 P_σ 有所差异

性。在圆柱壳的长径比 L_T/D_L 较小时，锥壳半顶角 α 较小的圆柱壳-锥壳结构外压失稳部位与半顶角 α 较大结构的有所不同，半顶角 α 较小时结构失稳部位发生在锥壳上，而半顶角 α 较大时结构失稳部位发生在圆柱壳上。同时，随着圆柱壳的长径比 L_T/D_L 的增大，圆柱壳－锥壳结构的外压失稳模态基本相同，失稳部位均发生在圆柱壳上，并当 L_T/D_L 达到一定值后，圆柱壳的失稳波数都相同。

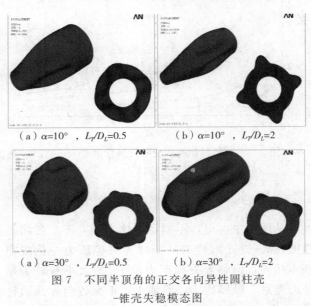

(a) $\alpha=10°$，$L_T/D_L=0.5$　　(b) $\alpha=10°$，$L_T/D_L=2$

(a) $\alpha=30°$，$L_T/D_L=0.5$　　(b) $\alpha=30°$，$L_T/D_L=2$

图7　不同半顶角的正交各向异性圆柱壳
-锥壳失稳模态图

综上，对于正交各向异性外压圆柱壳-锥壳结构，当圆柱壳的长径比 L_T/D_L 达到一定值后，结构的失稳状态与临界失稳压力，受半顶角 α 的影响较小，其主要受圆柱壳的长径比 L_T/D_L 控制。

3.2.2　锥形比

选取径厚比 $D_L/T=150$，半顶角 α 为 10°、30°、50° 的正交各向异性外压圆柱壳-锥壳结构为

例，分别模拟计算不同锥形比 λ 和长径比 L_T/D_L 的模型，模拟结果见图 8。

从图 8 中可知，半顶角 α 较大时，锥形比 λ 对于圆柱壳-锥壳结构的外压失稳过程影响较小，正交各向异性圆柱壳-锥壳结构的外压临界失稳压力值基本相同。但当半顶角 α 和圆柱壳长径比 L_T/D_L

较小时，锥形比 λ 不同的圆柱壳-锥壳结构的外压临界失稳压力值有一定的差异，但随着圆柱壳长径比 L_T/D_L 的增大，结构的失稳过程趋于一致。

综上，对于正交各向异性外压圆柱壳-锥壳结构，在圆柱壳的长径比 L_T/D_L 达到一定值时，锥形比 λ 对其失稳状态与临界失稳压力的影响较小。

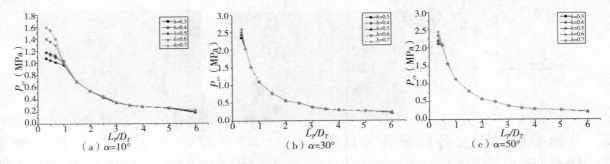

图 8　不同锥形比的正交各向异性圆柱壳-锥壳临界失稳压力

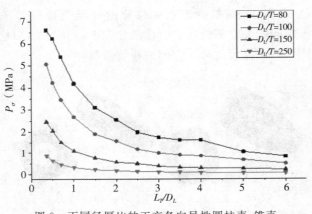

图 9　不同径厚比的正交各向异性圆柱壳-锥壳
临界失稳压力

3.2.3 径厚比

从图 9 中可得，不同径厚比 D_L/T 正交各向异性圆柱壳-锥壳结构的外压临界失稳压力变化规律基本相同，但临界失稳压力值 P_{cr} 的大小有较为显著的差别，径厚比 D_L/T 越小，正交各向异性圆柱壳-锥壳结构的外压抗失稳性越强。

4　正交各向异性外压圆锥壳结构设计方法研究

借鉴文献[8]关于正交各向异性外压圆筒的设计思路，即计算正交各向异性与各向同性外压锥壳

及圆柱壳-锥壳结构的临界失稳压力比值 K，并通过绘制和修正获得比值曲线图。在现行标准[2,3]中对于各向同性外压锥壳及圆柱壳-锥壳结构的设计基础上，经比值曲线的修正，提出适用于实际工程中的正交各向异性外压锥壳及圆柱壳-锥壳结构设计方法。

相关研究表明，锥壳外压失稳过程与等效圆柱壳相似，故标准[2,3]中常将外压锥壳等效成圆柱壳进行设计，其等效规则为：等效圆柱壳的当量直径 $D_e = D_L$，当量长度 $L_e = (H/2)(1 + D_S/D_L)$，当量厚度 $T_e = T\cos\alpha$。而对于圆柱壳-锥壳结构，为了便于工程设计，标注[2,3]中也将其等效成圆柱壳结构进行设计，等效规则如下：当量长度 L_e 为圆柱壳和锥壳轴向长度之和，当量直径 D_e 为锥壳大端直径 D_L。

4.1　正交各向异性外压锥壳设计方法研究

4.1.1　正交各向异性与各向同性外压锥壳临界失稳压力比值曲线

利用有限元非线性法计算不同结构参数的正交各向异性外压锥壳临界失稳压力值 P_{cr_o}，计算过程中，利用"一致缺陷模态法"对模型施加标准[2]中所规定的最大缺陷值。同时，利用标准[2]中的图算法计算不同结构参数的各向同性外压锥壳临界失

稳压力值 P_{σ_1}。将 P_{σ_0} 与 P_{σ_1} 进行比值处理，获得比值 K（$K = P_{\sigma\_0}/P_{\sigma\_1}$）。选取 $\lambda = 0.5$ 的外压锥壳为例，计算所得 K 值如图 10 所示。

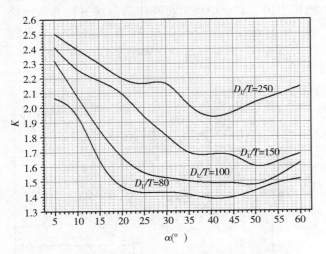

图 10　正交各向异性与各向同性外压锥壳临界
失稳压力比值 K

4.1.2　正交各向异性与各向同性外压锥壳临界失稳压力比值曲线的修正

　　从图 10 中可知，比值曲线的变化并不规则。由于正交各向异性外压锥壳与图算法中各向同性外压锥壳所等效圆柱壳的失稳波数变化有所不同，结构在失稳波数突变时，临界失稳压力值会发生较大的变化，导致比值曲线产生波动，出现波峰波谷的特征。而半顶角 α 的较大时，锥壳轴向长度较短，边界约束条件对结构的外压稳定性有所增强，导致比值 K 的增大。

　　为了便于对比值 K 的查询，需对比值曲线进行适当的修正。为了消除波峰波谷以及边界条件作用而形成的奇异曲线形态，将比值曲线均修正于波谷之下，并将半顶角较大处的比值曲线修正为直线，该修正方法较为保守，但便于绘制出较为规则的比值曲线。选取 $D_L/T = 80$ 曲线为例，具体的修正过程与结果见图 11。

4.1.3　正交各向异性外压锥壳设计方法

　　根据上述相关研究，正交各向异性外压锥壳临界失稳压力值，可利用各向同性外压锥壳设计方法计算，并通过正交各向异性与各向同性外压锥壳临界失稳压力的比值 K 修正，获得正交各向异性外压锥壳的临界失稳压力值。对于中间值可利用插值

法进行查询比值 K，正交各向异性外压锥壳许用临界失稳压力值 $[P]$ 的计算过程中安全系数 m 取 3。

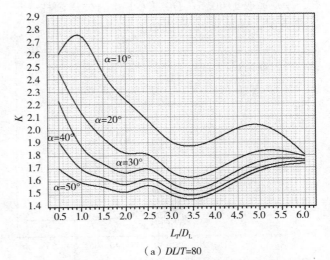

（a）$DL/T = 80$

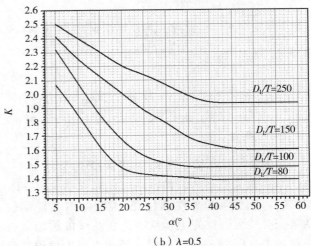

（b）$\lambda = 0.5$

图 11　修正后正交各向异性与各向同性外压锥壳临界
失稳压力比值 K

4.2　正交各向异性外压圆柱壳-锥壳设计方法研究

4.2.1　交各向异性与各向同性外压圆柱壳-锥壳临界失稳压力比值曲线

　　利用有限元非线性法计算不同结构参数的正交各向异性外压圆柱壳-锥壳结构临界失稳压力值 P_{σ_0}，计算过程中，利用"一致缺陷模态法"对模型施加标准[2]中所规定的最大缺陷值。同时，利用标准[2]中的图算法计算不同结构参数的各向同性

外压圆柱壳—锥壳临界失稳压力值 P_{σ_1}。将 P_{σ_o} 与 P_{σ_1} 进行比值处理，获得比值 K（$K=P_{\sigma\_o}/P_{\sigma\_1}$）。选取 $\lambda=0.5$、$D_L/T=150$ 的外压圆柱壳—锥壳为例，计算所得 K 值如图12所示。

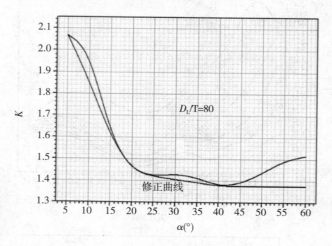

图12 正交各向异性与各向同性外压圆柱壳-锥壳临界失稳压力比值 K

4.2.2 正交各向异性与各向同性外压圆柱壳-锥壳临界失稳压力比值曲线的修正

从图12中可知，比值曲线的变化呈波动状。对于半顶角 α 较小的结构，在圆柱壳长径比 L_T/D_L 较小时，正交各向异性圆柱壳-锥壳结构失稳部位从锥壳突变到圆柱壳上，从而造成曲线的波动。当长径比 L_T/D_L 达到一定值时，结构失稳部位均发生在圆柱壳上，而正交各向异性圆柱壳-锥壳结构与图算法中各向同性外压圆柱壳—锥壳结构所等效圆柱壳的失稳波数变化有所不同，并且图算法中计算结构临界失稳压力值所用失稳波数并非整数[8]，所以结构在失稳波数突变时，临界失稳压力比值会发生较大变化，导致比值曲线产生波动，出现波峰波谷的形态。

为了便于对比值 K 的查询，需对比值曲线进行适当的修正。为了消除波峰波谷等奇异曲线形态，将比值曲线均修正于波谷之下，该修正方法较为保守，但便于绘制出较为规则的比值曲线。选取 $\alpha=20°$ 曲线为例，具体的修正过程与结果见图13。

4.2.3 正交各向异性外压锥壳设计方法

根据上述相关研究，正交各向异性外压圆柱壳-锥壳临界失稳压力值，可利用各向同性外压圆柱壳-锥壳设计方法计算，并通过正交各向异性与各向同性外压圆柱壳-锥壳临界失稳压力的比值 K 修正，获得正交各向异性外压圆柱壳-锥壳的临界失稳压力值。对于中间值可利用插值法进行查询比值 K，正交各向异性外压圆柱壳-锥壳许用临界失稳压力值 $[P]$ 的计算过程中安全系数 m 取3。

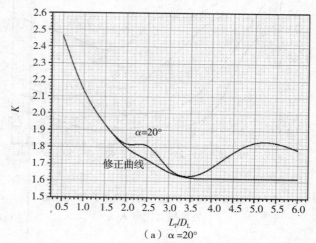

（a）$\alpha=20°$

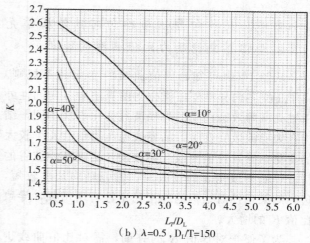

（b）$\lambda=0.5$，$D_L/T=150$

图13 修正后正交各向异性与各向同性外压圆柱壳-锥壳临界失稳压力比值 K

文献[11]已对上述设计方法进行可靠性验证，相对误差在 -10% 以内，可用于工程设计中。

5 结论

利用有限元非线性分析法，对不同几何参数下的正交各向异性锥壳及圆柱壳-锥壳结构临界失稳压力进行系统研究，比较了正交各向异性与各向同性锥壳的差异，并对正交各向异性外压锥壳及圆柱

B
设计、传热

壳-锥壳结构的设计方法进行研究，得出以下结论：

（1）锥壳半顶角在 30°附近时，正交各向异性锥壳外压抗失稳能力最强。

（2）正交各向异性锥壳临界失稳压力值普遍高于各向同性锥壳 15％～23％。

（3）对于正交各向异性外压圆柱壳-锥壳结构，当圆柱壳的长径比达到一定值时，锥壳的结构参数对整体结构的外压失稳影响较小，而圆柱壳的结构参数对整体结构的外压稳定性起重要作用。

（4）本文提出的正交各向异性外压锥壳结构设计方法具有可靠和保守性。

参 考 文 献

［1］郭彦洪．正交各向异性钛制承压结构应力分析与设计［D］．南京：南京工业大学，2014.

［2］GB150—2011．压力容器［S］．

［3］ASME Boiler & Pressure Vessel Code VIII Division 1，Alternative Rules-Rules for Construction of Pressure Vessels 2015［S］．

［4］Bachut J，Ifayefunmi O，Corfa M. Collapse and Buckling of Conical Shells［C］．Hawaii：ISOPE，2011.

［5］Ifayefunmi O，Bachut J. Combined stability of unstiffened cones - theory，experiments and design codes ［J］．International Journal of Pressure Vessels and Piping，2012，93：57—68.

［6］Ghazijahani T G，Showkati H. Experiments on conical shell reducers under uniform external pressure［J］．Journal of Constructional Steel Research，2011，67（10）：1506—1515.

［7］孔凡胜，贺小华，周昌玉．正交各向异性外压薄壁圆筒临界失稳压力研究［J］．机械设计与制造．2015，（2）：15—18.

［8］孔凡胜．正交各向异性钛制外压圆筒设计方法研究［D］．南京：南京工业大学，2015.

［9］刘晓宝．工业纯钛正交各向异性力学性能研究［D］．南京：南京工业大学，2015.

［10］叶增荣．外压无折边直斜锥壳容器屈曲模拟计算与研究［J］．压力容器．2015，（7）：16—24.

［11］胡嘉琦．正交各向异性钛制外压锥壳结构设计方法研究［D］．南京：南京工业大学，2017.

作者简介

胡嘉琦（1993—07），男，南京工业大学硕士研究生，主要从事过程装备结构强度分析。通信地址：江苏省南京工业大学江浦校区机械与动力工程学院 211816

E—mail：1556781302@qq.com，

联系电话：18260022622

应变强化圆筒容器外压屈曲试验研究

张泽坤[1]　惠培子[1]　郑津洋[1,2,3]

（1. 浙江大学化工机械研究所　浙江　杭州　310027

2. 高压过程装备与安全教育部工程研究中心　浙江　杭州　310027

3. 浙江大学 流体动力与机电系统国家重点实验室　浙江　杭州　310027）

摘　要　应变强化技术是实现深冷容器轻量化的重要手段，为探究应变强化对圆筒容器外压稳定性的影响，设计并开展了三组不同不圆度的应变强化容器和未经强化容器的外压屈曲试验，涵盖长圆筒和短圆筒两种规格。结果表明：应变强化后，长圆筒和短圆筒不圆度分别平均降低 26.31％ 和 51.09％，外压屈曲压力平均提高 7.1％ 和 34.6％。应变强化使容器鼓胀趋圆，从而提升了容器的外压稳定性。

关键词　试验研究；应变强化；外压稳定性；形状偏差

Experimental Investigation of Buckling of Cold－Stretched Cylindrical Vessels under External Pressure

Zhang Zekun[1]　Hui Peizi[1]　Zheng Jinyang[1,2,3]

（1. Institute of Process Equipment, Zhejiang University, Hangzhou 310027, China

2. Engineering Research Center of High Pressure Process Equipment and Safety,
MOE, Zhejiang University, Hangzhou 310027, China

3. The State Key Laboratory of Fluid Power & Mechatronic Systems,
Zhejiang University, Hangzhou 310027, China）

Abstract　Cryogenic vessel cold stretching technique can make the vessels lighter. In order to research the influence of cold-stretching on external pressure stability, long and short cylinders in three groups with three levels out-of-roundnesses were designed, and cold-stretching and external pressure buckling experiment were carried out. The results show that after cold-stretching, out-of-roundnesses of long and short cylinders decrease about 26.31％ and 51.09％ respectively on average, and buckling pressures increase about 7.1％ and 34.6％. After cold-stretching, cylindrical vessels are extended smoother, and stability of vessels under external pressure is improved.

Keywords　experimental investigation; cold-stretching; stability under external pressure; shape deviation

1　前言

应变强化深冷容器广泛应用于存储液氧、液氮和液化天然气等介质。应变强化深冷容器除了承受内压载荷，还可能受到外压载荷，如：应变强化深冷容器的绝热夹层空间在填充绝热材料的过程中，需要通入压力约为 0.05～0.1MPa 的氮气置换绝热夹层中的水气。在压力作用下，容器内层可能发生屈曲失效，造成极为严重的后果。故有必要对其进行外压设计。

应变强化对外压稳定性的影响尚不明确。应变强化工艺处理后，一方面，容器径厚比增大，外压稳定性降低。另一方面，容器形状可能改善，外压稳定性提高。因此，研究应变强化对外压稳定性的影响非常必要。

陈希建立了全面考虑应变强化影响的非线性屈曲分析方法，研究表明含初始不圆度的容器强化后的屈曲压力提高，但缺乏有效的试验验证，本文设计并开展了三组不同不圆度的应变强化容器和未经强化容器的外压屈曲试验，研究应变强化对长圆筒容器和短圆筒容器外压稳定性的影响。

2 试验方法

2.1 试验试件

本文设计制造六个长圆筒和短圆筒试验试件，由 S30408 制成，见图 1。

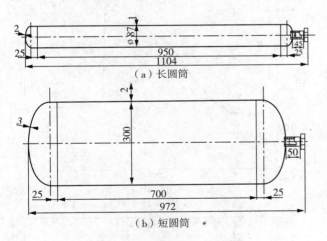

（a）长圆筒

（b）短圆筒

图 1 试验试件示意图

长圆筒长度为 950 mm，厚度为 1 mm。短圆筒长度为 700 mm，厚度为 2 mm。两端封头比筒体厚，使屈曲发生在筒体而非封头。一侧封头带有接管，为进行内压应变强化处理时加压接口。

2.2 试验设备及过程

将长圆筒和短圆筒都分为 G1、G2 和 G3 三组，不圆度依次增大，每组包含两个初始不圆度接近的圆筒（如 L11 和 L12），一个进行应变强化（如

L11），另一个不进行应变强化（如 L12），然后都进行外压屈曲试验。

首先采用三维激光扫描仪获得实测形状。然后，对强化容器进行应变强化，再次测量形状后进行屈曲试验，对不需强化容器直接进行屈曲试验。

2.2.1 三维激光扫描仪

采用三维激光扫描仪扫描试验试件原始外形，以及应变强化后容器外形，获得原始点云数据。

扫描时，设置三维激光扫描仪分辨率为 0.3 mm。对于测得的原始点云数据，进行删除无效点云数据、噪声数据，使用有效点云数据进行光顺处理、空洞修补、边界调整、调整坐标，获得实测三维形状，用于测量圆筒直径和不圆度。

2.2.2 应变强化试验设备及过程

应变强化试验设备包括装置支架、试验试件、位移传感器（精度 0.1 mm）、无纸记录仪、压力表（量程 5 MPa，精度 0.4 级）以及液压泵等，如图 2 所示。位移传感器和压力表用于控制加压速率。为避免位移传感器拉线偏移，在拉线两侧筒体上固定导向槽。

应变强化试验过程如下：

（1）将试验试件注满水，连接加压管路，将试验试件和位移传感器固定在装置支架上。

（2）记录初始位移和压力，采用液压泵加压，根据压力和位移控制加压速率。

2.2.3 屈曲试验设备及过程

外压屈曲试验设备包括试验试件、快开门容器（最大允许工作压力为 2.2 MPa，容积 0.35 m³）、高压氮气、应变片（型号 BE120-3AA 和 BE120-3BA）、静态应变仪（日本共和应变仪，型号 UCAM-60）、压力传感器（量程 5 MPa，精度 1 KPa）、无纸记录仪、液压泵（流量 22 mL/次）等，如图 3 所示。试验试件的圆筒与封头焊缝附近套两个加高圈，用于防止应变片被破坏。对于短圆筒，测量圆筒中部环向间隔60°的六个点的环向应变。对于长圆筒，测量圆筒中部环向间隔120°的三个点的环向应变。

屈曲试验过程如下：

（1）应变和压力测量仪表连线，加压管路连接。

图 2　应变强化试验设备

图 3　外压屈曲试验设备

（2）将试验试件放入快开门容器，并将快开门容器内注满水。

（3）调整阀门 V5 保证压力表 P2 比压力传感器测得的压力高 200 kPa 左右，加压过程保持此压力差，用于快开门容器密封。采用液压泵加压，连续测量并记录压力和应变变化。

（4）当屈曲波纹波谷形成时，会出现压力降，并且屈曲波纹附近的应变发生突变。

（5）继续加压，到屈曲波纹全部形成为止。保压 5 分钟后，卸压。

3　结果与讨论

3.1　屈曲行为

根据压力和应变的变化，以 L11 为代表分析长圆筒屈曲过程。开始加压后压力增大，达到 415 kPa 后突然下降到 170 kPa，如图 4 所示，伴随有响声。

同时，应变突然变化，120°屈曲波纹波峰位置应变为正值，0°和 240°波谷附近位置应变为负值，如图 5 所示，两个屈曲波纹的波峰和波谷同时形成，保压后卸压。长圆筒屈曲后照片见图 6。

以 S12 为代表分析短圆筒屈曲过程。试验过程中，圆筒上形成三个屈曲波纹的波峰和波谷，发生三次压力降。第一次压力降：第 388 秒，压力达到 485 kPa 后开始下降（见图 4），第 436 秒，90°位置应变突然达到 $-16709\mu\varepsilon$（见图 5），屈曲波纹的波谷形成，同时 30°和 150°位置应变慢慢增大，两个位置形成屈曲波纹的波峰；第 516 秒压力降到 206kPa 后开始增大。第二次压力降：第 1000 秒，压力从 236 kPa 开始下降，第 1292 秒，210°位置应变达到 $-7080\mu\varepsilon$，屈曲波纹的第二个波谷形成；第 1456 秒，压力重新增大。第三次压力降：第 1680 秒，2 秒压力下降 28 kPa，330°位置应变突然达到 $-11535\mu\varepsilon$，屈曲波纹的第三个波谷形成，270°位置应变由负变正并增大，第 1870 秒达到 $10188\mu\varepsilon$。继续加压保压后，卸压。短圆筒屈曲后照片见图 6。

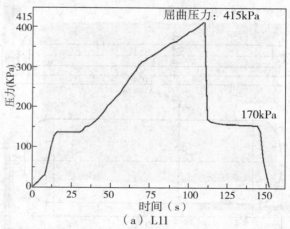

（a）L11

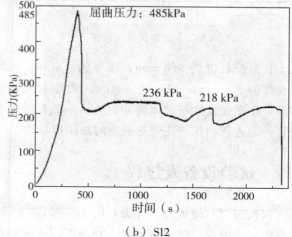

（b）S12

图 4　压力-时间曲线

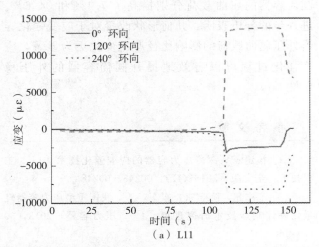

(a) L11

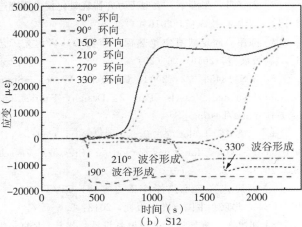

(b) S12

图 5 应变-时间曲线

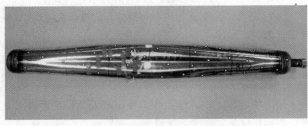

(a) 长圆筒

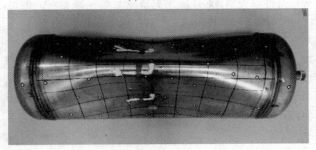

(b) 短圆筒

图 6 长圆筒和短圆筒屈曲后照片

3.2 应变强化对屈曲压力的影响

应变强化未影响屈曲行为，但对不圆度和屈曲压力有较大影响。长圆筒与短圆筒的不圆度和屈曲压力分别见表1和表2。

表 1 应变强化前后长圆筒和短圆筒容器的不圆度

类别	编号	强化前不圆度/%	强化后不圆度/%	不圆度改善率/%
长圆筒容器	L12	1.13	0.89	21.24
	L22	1.78	1.34	24.72
	L32	2.52	1.69	32.96
短圆筒容器	S12	1.18	0.62	47.46
	S22	1.50	0.99	34.00
	S32	2.98	0.84	71.81

表 2 长圆筒和短圆筒的屈曲压力

类别	组别	编号	初始不圆度/%	是否强化	屈曲载荷/MPa	载荷变化率/%
长圆筒容器	G1	L11	1.07	否	0.415	−6.5
		L12	1.13	是	0.388	
	G2	L21	1.85	否	0.352	10.8
		L22	1.78	是	0.390	
	G3	L31	2.19	否	0.326	16.9
		L32	2.52	是	0.381	
短圆筒容器	G1	S11	1.15	否	0.480	1.0
		S12	1.18	是	0.485	
	G2	S21	1.59	否	0.413	13.6
		S22	1.50	是	0.469	
	G3	S31	2.75	否	0.244	89.3
		S32	2.98	是	0.462	

不应变强化时，长圆筒和短圆筒随着不圆度的增大，屈曲压力降低。下文从厚度、直径和不圆度三方面分析应变强化后屈曲压力变化的原因。

利用超声测厚仪检测圆筒容器在应变强化前后的壁厚，测厚仪型号为 WT630（精度 0.01 mm）。由于长圆筒容器有效厚度小于 1 mm，而且曲率较大，厚度难以测量，故仅分析短圆筒厚度变化。应变强化对圆筒厚度影响甚微，厚度变化小于 0.1 mm，如 S22 应变强化前后厚度变化为 0.02 mm。

因此应变强化后屈曲压力变化与厚度变化关系不大。

根据三维激光扫描仪测得的应变强化前后的实际形状，采用 Geomagic 软件测量圆筒中部的直径。应变强化后，短圆筒直径平均提高 0.35%，长圆筒直径平均降低 0.19%，见表 3。本次试验中应变强化后圆筒直径变化甚微。结合应变强化前后，短圆筒厚度变化较小的结果，可知，径厚比变化对外压稳定性的影响较小。

表 3   应变强化前后圆筒直径

编号	直径/mm		直径变化率%
	强化前	强化后	
S12	304.95	306.30	0.44
S22	305.07	306.08	0.33
S32	305.07	305.93	0.28
L12	88.70	88.58	−0.14
L22	88.87	88.63	−0.27
L32	88.76	88.60	−0.17

应变强化后，G3 组长圆筒和短圆筒不圆度分别降低 32.96% 和 71.81%，屈曲压力分别提高 16.9% 和 89.3%。应变强化后，长圆筒和短圆筒不圆度分别平均降低 26.31% 和 51.09%，屈曲压力分别平均提高 7.1% 和 34.6%。

综上所述，由于屈曲压力对不圆度非常敏感，因此应变强化后，圆筒鼓胀趋圆，圆筒的抗屈曲能力在较大程度上得到提高。

4   结论

本文设计并开展了三组应变强化容器和未经强化容器的外压屈曲试验，研究应变强化对圆筒外压屈曲压力的影响，得出如下结论：

（1）经应变强化处理后，长圆筒和短圆筒容器的不圆度平均降低了 26.31% 和 51.09%，表明应变强化过程能够较好地改善圆筒容器的几何形状。

（2）相比未经强化容器，应变强化长圆筒和短圆筒容器的屈曲载荷分别提高了 7.1% 和 34.6%。进一步的分析表明：几何形状改善对于应变强化容器外压屈曲载荷的影响比径厚比变化更为显著，应变强化过程可以有效地提升圆筒容器的外压稳定性。

参 考 文 献

［1］祁建峰. 深冷压力容器的应变强化技术［J］. 工程技术：全文版，2016（12）：00248−00248.

［2］范志超，陈学东，崔军，等. 我国重型压力容器轻量化设计制造技术研究进展［J］. 压力容器，2013，30（2）：59−65.

［3］朱晓霞，张春宇. 重型压力容器轻量化技术研究进展［J］. 中国科技纵横，2016（4）.

［4］高伟. 固定式真空绝热深冷容器珍珠岩填充工艺［J］. 科技展望，2016，26（29）.

［5］EN 13458−2：2002，Cryogenic Vessels—Static Vacuum Insulated Vessels—Part 2：Design，Fabrication，Inspection and Testing［S］.

［6］ASME Boiler ＆ Pressure Vessel Code，VIII Division 1：Rules for Construction of Pressure Vessels［S］. 2013.

［7］固定式真空绝热深冷压力容器：GB/T 18442—2011［S］. 北京：中国标准出版社，2012：5.

［8］郑津洋，桑芝富. 过程设备设计［M］. 北京：化学工业出版社，2015.

［9］陈希，郑津洋，缪存坚，等. 应变强化后容器的外压屈曲分析［J］. 压力容器，2015（8）：14−20.

［10］刘凡. 应变强化压力容器的稳定性研究［D］. 华南理工大学，2012.

作 者 简 介

张泽坤，男，1988 年出生，博士研究生，主要研究先进能源承压设备、极端承压设备。通讯地址：310027 浙江省杭州市浙大路 38 号浙江大学化工机械研究所，传真：0571−87953393，E-mail：37zk@163.com.

郑津洋（通讯作者），男，1964 年出生，博士，教授，博士研究生导师，主要研究先进能源承压设备、极端承压设备。通讯地址：310027 浙江省杭州市浙大路 38 号浙江大学化工机械研究所，传真：0571−87953393，E-mail：jyzh@zju.edu.cn.

B 设计、传热

薄壁圆柱壳轴压屈曲研究技术进展

陈志平　唐小雨　苏文强　焦　鹏　范海贵

（浙江大学化工机械研究所　浙江　杭州　310027）

摘　要　薄壁圆柱壳结构广泛应用于土木、航天、化工和船舶等工程领域，在轴压作用下极易发生屈曲失稳。论文从理论分析、实验研究和数值模拟等方面，扼要介绍了薄壁圆柱壳轴压屈曲研究技术进展。总结了等壁厚和不同类型变壁厚圆柱壳轴压屈曲临界载荷求解方法的研究进展；介绍了几种典型的圆柱壳轴压屈曲试验平台，以及利用这些平台所进行的轴压屈曲实验研究；针对焊缝及焊接残余应力、开孔和补强、纵向加筋等对薄壁圆柱壳轴压屈曲的影响，介绍了数值模拟方法在圆柱壳轴压屈曲研究中的应用情况，总结了不同因素对薄壁圆柱壳轴压屈曲失稳的影响规律。

关键词　薄壁圆柱壳；轴压；屈曲；研究进展

Research Progress inBuckling of Thin-walled Cylindrical Shell under Axial Compression

Chen Zhiping　Tang Xiaoyu　Su Wenqiang　Jiao Peng　Fan Haigui

(Institute of Chemical Process Machinery, Zhejiang University, Hangzhou 310027, China)

Abstract　Thin-walled cylindrical shells are widely used in civil engineering, aerospace, chemical and ship industries. They are easily to be subjected to buckling under axial compression. The paper briefly introduces research progress in buckling of thin-walled cylindrical shell under axial compression according to theoretical analysis, experimental research and numerical simulation. Critical buckling load solution progress of cylindrical shells with constant thickness and variable thickness under axial compression is summarized. Several typical test platforms and experimental researches for buckling of cylindrical shells under axial compression are introduced. According to the effects of welding seam and welding residual stress, opening and reinforcement, longitudinal stiffener on buckling of thin-walled cylindrical shells under axial compression, application of numerical simulation method on cylindrical shells' buckling research is presented. Effects of different factors on the buckling behavior of thin-walled cylindrical shell under axial compression are summarized.

Keywords　thin-walled cylindrical shell; axial compression; buckling behavior; research progress

1　引言

薄壁圆柱壳作为一种基本结构单元，在土木、航天、化工和船舶等工程领域具有非常广泛的应用，如农业筒仓、存储原油的大型储罐、火箭的固体燃料箱、核安全壳以及水塔和烟囱等。图1所示为工程中典型的圆柱壳结构。

（a）原油储罐

（b）钢制筒仓

（c）核安全壳

图 1 薄壁圆柱壳结构

　　这类结构的共同特点是径厚比大，在承受轴向载荷时，例如结构本身的自重、储液装卸过程形成的真空效应以及地震产生的提离作用力等，容易发生屈曲失稳[1-3]，如图 2 所示。圆柱壳的屈曲失稳

可能导致结构破坏并引发储液泄漏，造成巨大的经济损失和环境污染，因此，研究薄壁圆柱壳在轴压作用下的屈曲稳定性，具有非常重要的工程意义。本文从理论分析、实验研究和数值模拟等方面，系统介绍近年来薄壁圆柱壳轴压屈曲研究技术进展。

（a）筒仓的轴压屈曲失效

（b）原油储罐"象足屈曲"失效

图 2 轴压屈曲失稳圆柱壳

2 理论分析

2.1 等壁厚圆柱壳

圆柱壳轴压屈曲研究起源于等壁厚圆柱壳在轴压作用下发生屈曲时的临界载荷理论研究。1961年，Timoshenko 和 Gere[4] 采用经典线性薄膜理论，推导了等壁厚圆柱壳轴压屈曲临界载荷理论表达式，如式（1）所示。

$$\sigma_{cr} = 1.21 \frac{Eh}{D} \tag{1}$$

式中：E 表示圆柱壳材料的弹性模量，MPa；h 表示圆柱壳厚度，mm；D 表示圆柱壳直径，mm。

在此基础上，Stein[5,6]、Hoff[7,8] 和 Almroth[9] 等人相继研究了弯曲应力和边界条件对圆柱壳轴压屈曲临界载荷的影响，发现圆柱壳在轴压作用下发生屈曲时的临界载荷与理论值之间存在较大的偏差。Donnell[10] 和 Koiter[11] 等人对这一偏差进行了深入的研究，认为圆柱壳的初始几何缺陷导致其厚度不均匀，是造成其轴压屈曲临界载荷小于理论解的最主要因素。

随着非等壁厚圆柱壳结构在石油、核电以及航空航天领域越来越广泛的应用，变壁厚圆柱壳轴压屈曲研究近年来逐渐成为热点。

2.2 变壁厚圆柱壳

1994 年，Koiter 等人[12] 首次开展了变壁厚薄壁圆柱壳轴压屈曲理论研究。基于圆柱壳的物理方程和变形协调方程，推导得到非均匀壁厚圆柱壳在轴压作用下的控制微分方程，如式（2a）和式（2b）所示。

$$h^2 \nabla^2 \nabla^2 F + 2\left(\frac{dh}{dx}\right)^2 \left(\frac{\partial^2 F}{\partial x^2} - v\frac{\partial^2 F}{\partial y^2}\right)$$

$$- h\frac{d^2 h}{dx^2}\left(\frac{\partial^2 F}{\partial x^2} - v\frac{\partial^2 F}{\partial y^2}\right) - 2h\frac{dh}{dx}\left[\begin{array}{c}\dfrac{\partial^3 F}{\partial x^3} \\ - v\dfrac{\partial^3 F}{\partial x \partial y^2}\end{array}\right]$$

$$- 2(1+v)h\frac{dh}{dx}\frac{\partial^3 F}{\partial x \partial y^2} = \frac{Eh^3}{R}\frac{\partial^2 W}{\partial x^2} \tag{2a}$$

$$\frac{Eh^3}{12(1-v^2)}\nabla^2\nabla^2 W + \frac{3Eh^2}{12(1-v^2)}\frac{dh}{dx}\nabla^2 W$$

$$+ \frac{3Eh^2}{12(1+v)}\frac{dh}{dx}\frac{\partial^3 W}{\partial x \partial y^2} + \frac{3Eh^2}{12(1-v^2)}$$

$$\left(\frac{\partial^3 W}{\partial x^3} + v\frac{\partial^3 W}{\partial x \partial y^2}\right)\frac{dh}{dx} + \frac{3Eh^2}{12(1-v^2)}$$

$$\left(\frac{\partial^2 W}{\partial x^2} + v\frac{\partial^2 W}{\partial y^2}\right)\frac{\partial^2 h}{\partial x^2} + \frac{6Eh}{12(1-v^2)}$$

$$\left(\frac{dh}{dx}\right)^2\left(\frac{\partial^2 W}{\partial x^2} + v\frac{\partial^2 W}{\partial y^2}\right) + \frac{1}{R}\frac{\partial^2 F}{\partial x^2}$$

$$+ P\frac{\partial^2 W}{\partial x^2} = 0 \tag{2b}$$

式中：∇ 表示二阶微分算子；F 表示 Airy 应力函数；W 表示圆柱壳的径向位移；v 为泊松比；E 为弹性模量；P 表示圆柱壳承受的均匀轴向载荷；h 表示圆柱壳厚度，假设其仅沿轴向变化；R 表示圆柱壳半径；x 表示轴向坐标。

假设圆柱壳的壁厚沿轴向按三角函数形式变化，如式（3）所示。

$$h(x) = h_0\left(1 - \varepsilon\cos\frac{2px}{R}\right) \tag{3}$$

式中：h_0 表示圆柱壳名义厚度；ε 表示壁厚变化幅值；p 表示壁厚变化波数。

分别采用摄动－加权余量法、有限差分法和 Godunov-Conte 打靶法，求解对应于该变壁厚圆柱壳的控制微分方程。结果表明，采用不同方法求解得到的式（3）所示变壁厚圆柱壳轴压屈曲临界载荷非常接近，尽管圆柱壳厚度变化幅值很小，但与壁厚为 h_0 的等壁厚圆柱壳相比，其轴压屈曲临界载荷出现了大幅度的降低。

2012 年，在式（2a）和式（2b）的基础上，陈志平等人[13] 推导了任意轴对称变壁厚圆柱壳轴压屈曲临界载荷理论解析式。采用小参数摄动法，将圆柱壳的壁厚表示为如下形式。

$$h(x) = h_0 + \varepsilon h_1(x) + \varepsilon^2 h_2(x) + \dots$$

$$= h_0 + \sum_{n=1}^{\infty}\varepsilon^n h_n(x) \tag{4}$$

式中：$h_n(x)$ 表示壁厚变化方程。

将式（4）代入式（2a）和式（2b）中，并引入无量纲参数，推导得到无量纲形式的任意轴对称变壁厚圆柱壳在轴压作用下的偏微分方程组。

$$H^2 \nabla^2 \nabla^2 f + 2\left(\frac{\mathrm{d}H}{\mathrm{d}\xi}\right)^2\left(\frac{\partial^2 f}{\partial \xi^2} - v\frac{\partial^2 f}{\partial \eta^2}\right)$$

$$- H\frac{\mathrm{d}^2 H}{\mathrm{d}\xi^2}\left(\frac{\partial^2 f}{\partial \xi^2} - v\frac{\partial^2 f}{\partial \eta^2}\right)$$

$$- 2H\frac{\mathrm{d}H}{\mathrm{d}\xi}\left(\frac{\partial^3 f}{\partial \xi^3} - v\frac{\partial^3 f}{\partial \xi \partial \eta^2}\right)$$

$$- 2(1+v)H\frac{\mathrm{d}H}{\mathrm{d}\xi}\frac{\partial^3 f}{\partial \xi \partial \eta^2}$$

$$= \frac{12(1-v^2)L^2}{Rh_0}H^3\frac{\partial^2 w}{\partial \xi^2} \qquad (5\text{a})$$

$$H^3 \nabla^2 \nabla^2 w + 6H^2\frac{\mathrm{d}H}{\mathrm{d}\xi}\frac{\partial}{\partial \xi}(\nabla^2 w)$$

$$+ 3H^2\frac{\mathrm{d}^2 H}{\mathrm{d}\xi^2}\left(\frac{\partial^2 w}{\partial \xi^2} + v\frac{\partial^2 w}{\partial \eta^2}\right) + 6H\left(\frac{\mathrm{d}H}{\mathrm{d}\xi}\right)^2$$

$$\left(\frac{\partial^2 w}{\partial \xi^2} + v\frac{\partial^2 w}{\partial \eta^2}\right) + \frac{L^2}{Rh_0}\frac{\partial^2 f}{\partial \xi^2} + \frac{PL^2}{D_0}\frac{\partial^2 w}{\partial \xi^2} = 0$$

$$(5\text{b})$$

式中：L 表示圆柱壳高度；D_0 表示圆柱壳壁厚为 h_0 时的弯曲刚度；ξ、η、f、w、H 均表示无量纲参数。

与厚度表达式相对应，将圆柱壳承受的轴向载荷表示为如下形式。

$$P = P_0 + \varepsilon P_1 + \varepsilon^2 P_2 + \dots$$

$$= P_0 + \sum_{n=1}^{\infty}\varepsilon^n P_n \qquad (6)$$

式中：P_0 表示圆柱壳为等壁厚 h_0 时的轴压屈曲临界载荷；P_n 表示由于壁厚变化而引起的屈曲临界载荷的修正项。

将式（4）代入式（5a）和式（5b）中，采用分离变量法和傅里叶级数展开，推导得到屈曲临界载荷修正项理论解析表达式。

$$\frac{P_n L^2}{D_0} = -\frac{2r^2\int_{-1/2}^{1/2}T_n\cos\alpha_q\xi\mathrm{d}\xi}{(\alpha_q^2 + N^2)^2 A_{0q}}$$

$$- \frac{2\int_{-1/2}^{1/2}Q_n\cos\alpha_q\xi\mathrm{d}\xi}{\alpha_q^2 A_{0q}} \qquad (7)$$

式中各未知参数均可在推导过程中求得，将式（7）代入式（6）后，得到了任意轴对称变壁厚圆柱壳轴压屈曲临界载荷理论解析公式。

针对两种典型的变壁厚形式，采用该理论公式

计算得到的屈曲临界载荷与已有的研究结果实现了很好的吻合，表明了该解析公式的准确性。

在此基础上，曹国伟等人[14]进一步将圆柱壳壁厚形式推广到沿轴向和环向均任意变化，如式（8）所示。

$$h(x, y) = h_0 + \varepsilon h_1(x, y) + \varepsilon^2 h_2(x, y)$$

$$+ \dots = h_0 + \sum_{n=1}^{\infty}\varepsilon^n h_n(x, y) \qquad (8)$$

式中：x 表示轴向坐标；y 表示环向坐标。

采用与文献 [13] 类似的方法，推导壁厚沿轴向和环向均任意变化的圆柱壳在轴向作用下的偏微分方程组，并结合小参数摄动法、分离变量法和傅里叶级数展开，得到任意变壁厚圆柱壳轴压屈曲临界载荷修正项理论解析式。

$$\frac{P_n L^2}{D_0} = -\frac{2r^2\int_{-1/2}^{1/2}\int_0^{2\pi}T_n\cos\alpha_p\xi\cos q\theta\mathrm{d}\xi\mathrm{d}\theta}{\pi(\alpha_p^2 + N_q^2)^2 A_{0pq}}$$

$$- \frac{2\int_{-1/2}^{1/2}\int_0^{2\pi}Q_n\cos\alpha_p\xi\cos q\theta\mathrm{d}\xi\mathrm{d}\theta}{\pi\alpha_p^2 A_{0pq}} \qquad (9)$$

将式（9）代入式（6）后，即可得到任意变壁厚圆柱壳轴压屈曲临界载荷理论解析公式。

针对类似于工程中大型石油储罐的阶梯状变壁厚圆柱壳，如图 3 所示，范海贵等人[15]引入如式（10）所示的反正切函数，精确地描述了阶梯状变壁厚圆柱壳的厚度变化形式，使其沿轴向坐标连续分布。

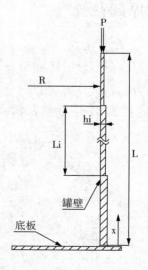

图 3 阶梯状变壁厚圆柱壳示意图

设计、传热

$$h(x) = \frac{h_1 + h_n}{2} - \frac{2}{\pi}$$

$$\sum_{i=1}^{n-1} \frac{h_i - h_{i+1}}{2} \tan^{-1} K_i \left(x - \sum_{j=1}^{i} L_j \right) \quad (10)$$

式中：$L_i (1 \leq i \leq n)$ 表示第 i 层壁板的高度；h_i 表示第 i 层壁板的厚度。

基于变壁厚圆柱壳在轴压下的偏微分方程组，采用小参数摄动法，推导得到了如式（11）所示的轴对称阶梯状变壁厚圆柱壳轴压屈曲临界载荷理论解析式，并分析了每层壁板的高度和厚度对屈曲临界载荷的影响。

$$P_{cr} = \frac{E(h_1 + h_n)^2}{4\sqrt{3(1-v^2)}R}$$

$$- \frac{E(h_1^2 - h_n^2)}{2\sqrt{3(1-v^2)}R} \sum_{i=1}^{n-1} \frac{h_i - h_{i+1}}{h_1 - h_n} \quad (11)$$

$$\left[1 - \frac{2\sum_{j=1}^{i} L_j}{L} + \frac{\sin\left(2\pi \dfrac{\sum_{j=1}^{i} L_j}{L} \right)}{\pi} \right]$$

随着变壁厚圆柱壳结构在航空航天领域得到越来越广泛的应用，范海贵等人[16]对动态轴压作用下的变壁厚圆柱壳屈曲临界载荷开展了研究，圆柱壳承受的动态轴向载荷如式（12）所示。

$$P = P_0 t^\alpha \quad (12)$$

式中：P_0 表示加载速率；t 表示时间；α 表示时间级数。

基于 Donnell 简化原理，推导了薄壁圆柱壳在动态轴压作用下的控制微分方程，如式（13a）和式（13b）所示。

$$h^2 \nabla^2 \nabla^2 F + \left[2\left(\frac{dh}{dx}\right)^2 - h\frac{d^2 h}{dx^2} \right]$$

$$\left(\frac{\partial^2 F}{\partial x^2} - v\frac{\partial^2 F}{\partial y^2} \right) + \frac{Eh^3}{R}\frac{\partial^2 W}{\partial x^2} - 2h \quad (13a)$$

$$\frac{dh}{dx}\left(\frac{\partial^3 F}{\partial x^3} - v\frac{\partial^3 F}{\partial x \partial y^2} \right) - 2(1+v)$$

$$h\frac{dh}{dx}\frac{\partial^3 F}{\partial x \partial y^2} = 0$$

$$\frac{Eh^3}{12(1-v^2)}\nabla^2\nabla^2 W + \frac{6Eh^2}{12(1-v^2)}\frac{dh}{dx}$$

$$\left(\frac{\partial^3 W}{\partial x^3} + \frac{\partial^3 W}{\partial x \partial y^2} \right) - \frac{1}{R}\frac{\partial^2 F}{\partial x^2}$$

$$+ \frac{E}{12(1-v^2)}\left[6h\left(\frac{dh}{dx}\right)^2 + 3h^2\frac{\partial^2 h}{\partial x^2} \right]$$

$$\left(\frac{\partial^2 W}{\partial x^2} + v\frac{\partial^2 W}{\partial y^2} \right) + P_0 t^\alpha h\frac{\partial^2 W}{\partial x^2}$$

$$+ \rho h\frac{\partial^2 W}{\partial t^2} = 0 \quad (13b)$$

引入无量纲参数，联合分离变量法、傅里叶级数展开以及正则摄动法，并应用 Sachenkov - Baktieva 方法，得到任意轴对称变壁厚薄壁圆柱壳在式（12）所示轴压作用下的屈曲临界载荷理论解析式。

$$P_{cr} = P_0 T_0 + \sum_{n=1}^{\infty} P_0 T_n \varepsilon^n = \frac{2D_0 J_0 (m\pi)^2}{h_0 L^2}$$

$$+ \frac{2D_0}{h_0 (m\pi)^2 \tau^\alpha B_m(\tau)}$$

$$\sum_{n=1}^{\infty} \left[\frac{\dfrac{1}{L^2}}{\displaystyle\int_0^1 Q_n \sin m\pi\xi\, d\xi - \frac{1}{Rh_0 (m\pi)^2}} \right] \varepsilon^n \quad (14)$$

$$\int_0^1 I_n \sin m\pi\xi\, d\xi$$

基于该理论解析式，得到了经典余弦形式变壁厚薄壁圆柱壳的轴压屈曲临界载荷，并讨论了加载速率和时间级数对其临界载荷的影响。

3　实验研究

理论分析一般忽略圆柱壳制作和安装过程产生的尺寸偏差，分析结果可能与工程圆柱壳实际的轴压屈曲响应过程存在一定差异。为了弥补理论分析的不足，研究人员搭建了功能不尽相同的试验平台，并制作圆柱壳试件，采用实验方法研究圆柱壳的轴压屈曲失稳。

3.1　试验平台

Tennyson[17]、Starnes[18,19]、Toda[20,21] 和 Almroth[22] 等人相继搭建了简易试验装置，开展了开孔和局部补强圆柱壳轴压屈曲失稳的相关实验研究。随着初始几何缺陷对圆柱壳轴压屈曲失稳的影响研究越来越受重视，逐渐研发出兼具初始几何形貌测量和轴向压缩作用的圆柱壳轴压屈曲失稳试验平台。

2004 年，印度甘地原子能研究中心的 Athiannan[23] 等人研制了一台薄壁圆柱壳轴压屈曲试验平台，如图 4 所示。采用 4 个在轴向和环向错开一定距离和角度的直线位移传感器，组成位移测量单元，用于测量圆柱壳的初始几何形貌，并通过顶部液压装置对试件实施轴向压缩，直至圆柱壳发生屈曲失稳。但该装置的位移传感器轴向运动需要人工调整，未能实现几何形貌测量的自动化，工作效率和精度受到了一定影响。

图 5 文献［24］中的轴压屈曲试验平台

了一种新型圆柱壳轴压屈曲试验平台，如图 6 所示，主要包括支撑框架、加载系统和几何形貌测量系统。该平台能够满足不同尺寸圆柱壳轴压屈曲实验要求，采用步进电机带动位移传感器结构，对圆柱壳初始几何缺陷进行全自动精确测量，利用称重传感器测量圆柱壳轴向压力载荷并捕捉屈曲临界载荷。同时开发试验平台控制系统，统一控制加载系统和几何测量系统，实现平台的机电一体化控制。

图 4 文献［23］中的轴压屈曲试验平台

Teng[24] 等人研制了一台测量精度和自动化程度较高的圆柱壳轴压屈曲试验平台，如图 5 所示。该平台采用激光位移传感器作为初始几何缺陷测量元件，利用两个步进电机实现激光位移传感器的轴向运动和周向运动，利用外置 MTS 液压机对试件进行轴向加载。尽管该实验平台在试件几何缺陷的测量精度和效率方面得到了大幅度提升，但受MTS 液压机公称压力的限制，使得该平台仅适用于研究屈曲临界载荷较低的小型圆柱壳。

2011 年，孙博[25] 在总结前人经验的基础上，综合力学、机械、电子和控制等学科知识，研制

图 6 文献［25］中的轴压屈曲试验平台

2015 年，曹国伟[26] 又在孙博[25] 研制的轴压屈曲试验平台基础上，从增大工作台面尺寸、降低压头与工作台面的距离、加大液压缸行程、在工作台面增加对中用的同心圆环和实现轴向载荷与应变数据的同步采集等方面，对试验平台进行了全面升级，提升了平台的测量范围以及测量数据的准确性和可靠性。升级改造后的轴压屈曲试验平台外观和主要性能指标分别如图 7 和表 1 所示。

图 7　文献［26］中的轴压屈曲试验平台

表 1　文献［26］中的轴压屈曲试验平台主要性能指标

性能指标	参数
最大轴向压力/t	100
上下压头最大距离/mm	645
压头行程/mm	300
试件的最大直径/mm	Φ1000

3.2　实验研究

基于不同类型的轴压屈曲试验平台，国内外学者对不同结构、不同尺寸的圆柱壳试件轴压屈曲失稳开展了一系列实验研究。

Tennyson[17]研究了弹性范围内轴压作用下圆柱壳的薄膜应力分布问题和屈曲失稳问题，指出在轴压作用下，圆柱壳的轴压屈曲失稳对其自身的开孔极为敏感。

Starnes 等人[18,19]对轴压作用下含有单个圆孔、$0 < r_0/R < 0.05$、$400 \leqslant R/h \leqslant 960$ 的聚酯薄壁圆柱壳进行了实验研究，认为开孔壳体的屈曲特性更依赖于开孔参数 $a = r_0/\sqrt{Rh}$，式中 r_0 为圆孔半径，R 和 h 分别为壳体半径和壁厚。

Toda[20,21]同样利用聚酯薄膜材料制成了一批小型开孔圆柱壳试件，并对试件进行了轴压屈曲实验研究，分析了含两个圆形开孔的圆柱壳 a 值与 P_{cr} 之间的对应关系，P_{cr} 表示轴压屈曲临界载荷值。结果表明，当 a 小于 1 时，开孔对 P_{cr} 没有显著的影响；当 a 介于 1 和 2 之间时，随着 a 的增加 P_{cr} 急剧下降；当 a 大于 2 时，P_{cr} 随着 a 的增大而平缓

减小。

Almroth 等人[22]研究了 11 个含有矩形开孔的圆柱壳试件，利用布置加强板的方式，对其中 7 个试件的开孔部位进行了不同程度的补强，并对补强前后的实验结果进行了对比分析。指出对于小开孔而言，补强几乎不起作用，同时探讨了加强板的形状和布置位置对结果的影响。

利用图 6 所示的圆柱壳轴压屈曲实验平台，2012 年，余雏麟等人[27-29]开展了带焊缝余高的钢制焊接圆柱壳试件在轴压作用下的弹性和塑性屈曲失稳研究，分析试件轴压屈曲临界载荷与环焊缝余高凸起值和环焊缝数量之间的关系。结果表明，试件的轴压塑性屈曲临界载荷随着环焊缝余高凸起值的增大而减小，环焊缝数量的增多会在一定程度上降低轴压圆柱壳的塑性屈曲临界载荷。王季等人[30]利用该实验平台，研究了焊后热处理对焊接圆柱壳轴压塑性屈曲的影响，指出焊后热处理能使圆柱壳的轴压塑性屈曲临界载荷提高 1.5% 到 6%。

利用升级改造后的轴压屈曲实验平台，2016 年，曹国伟[26]对 3 个仅开孔圆柱壳试件和 6 个含贯穿件接管的开孔圆柱壳试件开展了轴压屈曲实验研究，如图 8 所示。实验结果表明，贯穿件的存在能够提高开孔圆柱壳的轴压屈曲临界载荷。

万福腾[31]基于升级改造后的轴压屈曲实验平台，开展了 3 种纵向筋条数量不同的薄壁圆柱壳轴压屈曲实验研究，如图 9 所示。实验结果表明，纵向加强筋对薄壁圆柱壳的轴压屈曲承载力有一定增强作用，并且试件的屈曲临界载荷随纵向筋条数量的增加而增大。

图 8　中圆柱壳试件轴压屈曲照片

图 9　中圆柱壳试件轴压屈曲照片

圆柱壳轴压屈曲实验研究工作量大，成本高，通过实验得到普适性的规律需要耗费大量人力和财力。随着计算机技术的不断发展和完善，实验研究结果通常被用来验证数值分析模型的准确性，而对圆柱壳轴压屈曲的深入研究则更多地依赖于数值模拟方法。

4　数值模拟

数值模拟方法能够准确地模拟不同结构和尺寸的圆柱壳在轴压作用下的屈曲响应过程，便于分析不同因素对圆柱壳轴压屈曲失稳的影响，有效地弥补实验研究工作量大、成本高等方面的不足，在圆柱壳轴压屈曲研究中得到了越来越广泛的应用。迄今为止，数值模拟分析主要包括焊缝及焊接残余应力、开孔和补强、纵向加筋等几方面对圆柱壳轴压屈曲失稳的影响。

4.1　焊缝及焊接残余应力

大型石油储罐、筒仓以及安全壳等薄壁圆柱壳结构通常由多层壁板焊接而成，焊接过程产生的焊接残余变形、焊缝余高以及焊后残余应力会对油罐轴压屈曲产生很大的影响。

2010 年，曾明[32]采用固有应变法预测圆筒的焊接残余应力及变形，得到的残余应力分布特点与实测结果基本一致，从而验证了该方法的可行性。采用数值模拟方法，模拟了带纵焊缝、环焊缝和纵环组合焊缝的一系列小型薄壁圆柱壳在轴压作用下的屈曲行为，揭示了焊缝类型、焊接残余应力与变形、焊缝余高、焊缝数量及焊缝位置等因素对轴压屈曲临界载荷的影响规律。

方舟等人[33]运用数值模拟方法分析了焊缝形式对圆柱壳轴压屈曲的影响，指出与纵焊缝相比，环焊缝更显著地降低了油罐的"象足屈曲"临界载荷。

陈志平等人[34]研究了局部几何缺陷对油罐轴压屈曲的影响，结果表明，局部几何缺陷会在一定程度上降低钢制焊接油罐的轴压屈曲临界荷载，并且会改变其轴压屈曲变形特征。

余雏麟等人[27−29]采用数值模拟方法对钢制焊接圆柱壳在轴压作用下的弹性和塑性屈曲失稳开展了一系列研究。探讨了"焊接残余应力对轴压圆柱壳弹性屈曲临界载荷究竟有利还是不利"这一具有历史争议性的问题，分析了局部几何凹陷对焊接圆柱壳轴压弹性屈曲的影响，开展了带焊缝余高的轴压组合圆柱壳塑性屈曲试验和数值模拟研究，分析了焊缝类型、环焊缝数量、环焊缝余高大小、材料屈服强度等因素对轴压圆柱壳塑性屈曲响应的影响。研究结果表明，环焊缝焊接产生的几何缺陷将会极大地降低轴压圆柱壳的弹性屈曲临界载荷，而环焊缝焊接产生的残余应力对轴压弹性屈曲临界载荷是有利的；环焊缝对轴压塑性屈曲临界载荷的降低程度远大于纵焊缝。同时，根据研究结果还提出了一种用于预测带焊缝余高的轴压圆柱壳塑性屈曲临界载荷预测方法。

4.2　开孔和补强

壳壁开孔会降低圆柱壳结构的轴压屈曲临界载荷，通常需要对开孔处进行适当的补强，来提高开孔薄壁圆柱壳结构抵抗轴压屈曲的能力。

Toda[21]在研究含圆形开孔的圆柱壳轴压屈曲补强问题时发现，补强圈可以提高开孔圆柱壳的轴压屈曲临界载荷，并使其趋向于未开孔时的值，但是当到达一定值以后，屈曲临界载荷会随着 γ 的增大而降低，γ 为补强圈面积与开孔面积的比值。Eggwertz[35]综合大量实验和有限元计算数据，分别得到了开孔圆柱壳在含加强筋前后，结构的轴压屈曲承载能力与开孔参数之间的关系曲线。

金锋[36]利用有限元数值模拟研究了两种缺陷

形式对矩形开孔圆柱壳轴压稳定性的影响，指出矩形开口圆柱壳对以特征值屈曲模态分布的初始缺陷并不敏感，但对周向轴对称凹陷十分敏感。在此基础上，研究了多种加强筋布置方式对提高结构轴压屈曲临界载荷时所起的作用，指出在矩形开孔附近的纵向位置设置加强筋，可以明显提高结构的屈曲临界载荷；若沿环向单独设置加强筋，则对结构的变形和应力分布没有明显作用，不能够有效提高结构的屈曲临界载荷。

刘桂娥等人[37]通过数值模拟研究发现，增加壳体壁厚或接管厚度以及在接管上设置加强筋，均能够有效提高结构的承载能力，而由于补强圈与壳体之间存在间隙，对圆柱壳承载能力的提高不是很明显。

工程中含圆形开孔的薄壁圆柱壳结构，其开孔部位往往焊有插入式贯穿件（贯穿件即为接管），图10所示便为核安全壳上最大贯穿件的现场安装照片。

图 10 核安全壳上最大贯穿件现场安装照片

基于此，曹国伟[26]通过对圆柱壳试件的初始几何形貌进行扫描测绘（如图11所示），提出了一种基于圆柱壳实测形貌数据的几何模型建立方法，并开展了初始几何缺陷、高径比和径厚比等因素对仅开孔圆柱壳轴压屈曲临界载荷影响的研究。

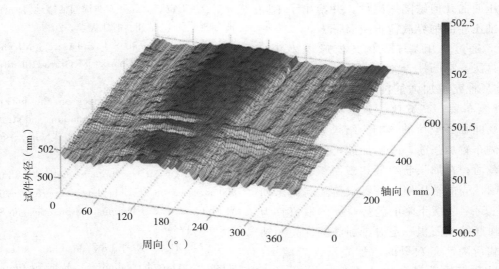

图 11 试件初始几何缺陷三维分布图

研究表明，随着开孔率逐渐增大，不同圆柱壳之间轴压屈曲临界载荷的变化趋势均为先陡降后趋于平缓；对于初始几何缺陷幅值较小的圆柱壳，当开孔率增大到一定程度后，可以忽略初始几何缺陷的影响，反之，初始几何缺陷对圆柱壳轴压屈曲临界载荷的影响始终不能被忽略；径厚比对圆柱壳轴压屈曲临界载荷的影响明显大于高径比的影响。

针对工程中含贯穿件接管的安全壳结构，曹国伟[26]采用数值模拟方法，综合研究了初始几何缺陷、贯穿件的存在以及贯穿件厚度的变化等因素对圆柱壳轴压屈曲临界载荷的影响规律。分析表明，

初始几何缺陷对于含贯穿件圆柱壳轴压屈曲临界载荷的影响依然十分显著；含贯穿件圆柱壳的轴压屈曲临界载荷 P_{cr} 与贯穿件壁厚参数 k $(k=t/d_i)$ 有关，当 $k=20\%$ 左右时，轴压屈曲临界载荷达到最大值，此后继续增大 k 的值，临界载荷基本保持不变。

4.3 纵向加筋

随着工程中薄壁圆柱壳结构应用的大型化和轻量化，如何提高该类结构的强度和刚度成为一

个亟待解决的问题。航空航天、石油化工等领域中，广泛采取的措施是在薄壁壳体表面布置加强筋来提高其轴压屈曲承载能力。这种方式可以在保证结构可靠性和耐用性的前提下，节省材料，减轻重量[38]。

Krasovsky 等人[39]研究了布置有 24 根和 36 根纵向加强筋薄壁圆柱壳在轴压作用下的屈曲失稳响应，发现由于强烈的局部波动引起的侧向变形对整个壳体产生了重大的影响，导致纵向加筋壳体在较小的载荷下发生了屈曲失稳。

Yazdani 等人[40]研究了玻璃纤维增强塑料制成的不同加筋结构薄壁圆柱壳轴压屈曲行为，加筋结构分别为菱形、三角形和六边形网格形状。研究表明，不同加筋结构的圆柱壳具有不同的屈曲承载力，网格形状为六边形和三角形的加筋圆柱壳，其屈曲承载力高于网格形状为菱形的加筋圆柱壳。

王博等人[41]研究了具有不同形状加强筋的薄壁圆柱壳轴压屈曲几何缺陷敏感性，并给出了不同网格结构的轴压屈曲临界载荷折减因子。

2017 年，通过采用基于结构几何形貌数据的非线性稳定算法，在圆柱壳的体积保持恒定的情况下，万福腾[41]研究了加强筋的布置方式和筋条参数（内侧/外侧布置、高宽比、数量和截面积）对圆柱壳轴压屈曲临界载荷的影响。结果表明，相比于在壳体内侧布置加强筋，外侧加筋可以得到较高的屈曲临界载荷；在加强筋数量和截面积一定的情况下，加筋圆柱壳的轴压屈曲临界载荷随高宽比 m 的增大呈先上升后平缓下降的趋势，m 的取值宜为 $2\sim4$；当加强筋的截面积一定时，加筋圆柱壳的轴压屈曲临界载荷随筋条数量的增加先增大后减小；当加强筋质量和壳体质量的比值 k 为 $0.90\sim1.30$ 时，加筋圆柱壳具有比较好的承载能力。

5 结语

论文对近年来薄壁圆柱壳轴压屈曲的发展进行了回顾和总结。首先，从理论研究角度，介绍了目前国内外关于等壁厚和不同类型变壁厚圆柱壳轴压屈曲临界载荷的推导原理和理论解析表达式。其次，介绍了国内外目前已有的圆柱壳轴压屈曲实验平台，以及利用这些实验平台进行的相关实验研究。最后，介绍了数值模拟方法在圆柱壳轴压屈曲失稳方面的应用，总结了具有初始几何缺陷和焊接残余应力、开孔和补强以及纵向加筋的薄壁圆柱壳在轴压作用下的屈曲响应特点以及不同因素对屈曲失稳的影响规律。已有的圆柱壳轴压屈曲研究结果表明：焊缝、焊接产生的残余应力以及壳壁开孔，将会极大地降低圆柱壳轴向载荷承载能力；而圆柱壳的贯穿件接管以及沿壳体表面合理布置的纵向加强筋，能够有效地提高其轴压稳定性。

参考文献

［1］葛颂. 大型立式储液罐抗震分析的数值模拟研究［D］. 杭州：浙江大学，2006.

［2］Chen Z P, Sun B, Yu C L, et al. Comparison of the Strength Design and Prevention Method of Elephant Foot Buckling Among Countries' Standards of Oil Tanks［C］. 2009 ASME Pressure Vessels and Piping Division Conference July 26－30, 2009, Praque, Cqech Repuklic.

［3］王雷. 十五万方非锚固油罐地震时程响应及动力屈曲分析［D］. 杭州：浙江大学，2011.

［4］Timoshenko S P. and Gere J M. Theory of Elastic Stability［M］. New York：McGraw-Hill international book company, 1961.

［5］Stein M. The effect on the buckling of perfect cylinders of prebuckling deformations and stresses induced by edge support［J］. NASA Technical Note, 1962, 1510：217－226.

［6］Stein M. The influence of prebuckling deformations and stresses on the buckling of perfect cylinders［M］. Washington D. C.：National Aeronautics and Space Administration, 1964.

［7］Hoff N J. Low buckling stresses of axially compressed circular cylindrical shells of finite length［J］. Journal of Applied Mechanics, 1965, 32：533－541.

［8］Hoff N J, Soong T C. Buckling of circular cylindrical shells in axial compression［J］. International Journal of Mechanical Sciences, 1965, 7 (7)：489－520.

［9］Almroth B O. Influence of edge conditions on the stability of axially compressed cylindrical shells［J］. AIAA Journal, 1966, 4 (1)：134－140.

［10］Donnell L H. Effect of imperfections on buckling of thin cylinders under external pressure［J］. Journal of Applied Mechanics, 1956, 23 (4)：569－575.

［11］Koiter W T. General equations of elastic stability for thin shells［C］//Proceedings, Symposium on the Theory of Shells to Honor Lloyd Hamilton Donnett. 1967：

187－230.

[12] Koiter W T，Elishakoff I.，Li Y W. Buckling of an axially compressed cylindrical shell of variable thickness [J]．International Journal of Solids & Structures，1994，31：797－805.

[13] Chen Z P，Yang L C.，Cao G W.，et al. Buckling of the axially compressed cylindrical shells with arbitrary axisymmetric thickness variation [J]．Thin-Walled Structures，2012，60：38－45.

[14] Cao G W，Chen Z P，Yang L C，et al. Analytical Study on the Buckling of Cylindrical Shells With Arbitrary Thickness Imperfections Under Axial Compression [J]．Journal of Pressure Vessel Technology，2015，137 (1)：011201.

[15] Fan H G，Chen Z P，Feng W Z，et al. Buckling of axial compressed cylindrical shells with stepwise variable thickness [J]．Structural Engineering and Mechanics，2015，54 (1)：87－103.

[16] Fan H G，Chen Z P，Cheng J.，et al. Analytical research on dynamic buckling of thin cylindrical shells with thickness variation under axial pressure [J]．Thin-Walled Structures，2016，101：213－221.

[17] Tennyson R C. The effects of unreinforced circular cutouts on the buckling of circular cylindrical shells under axial compression [J]．Journal of Engineering for Industry，1968，90 (4)：541－546.

[18] Starnes J H. The effect of a circular hole on the buckling of cylindrical shells [D]．California Institute of Technology，1970.

[19] Starnes J H. Effect of a circular hole on the buckling of cylindrical shells loaded by axial compression [J]．AIAA JOURNAL，1972，10 (11)：1466－1472.

[20] Toda S. The effects of elliptic and rectangular cutouts on the buckling of cylindrical shells loaded by axial compression [M]．Pasadena，California：California Institute of Technology，1975.

[21] Toda S. Buckling of cylinders with cutouts under axial compression [J]．Experimental Mechanics，1983，23 (4)：414－417.

[22] Almroth B O，Holmes A M C. Buckling of shells with cutouts，experiment and analysis [J]．International Journal of Solids and Structures，1972，8 (8)：1057－1071.

[23] Athiannan K，Palaninathan R. Experimental investigations on buckling of cylindrical shells under axial compression and transverse shear [J]．Sadhana，2004，29 (1)：93－115.

[24] Teng J G，Zhao Y，Lam L. Techniques for buckling experiments on steel silo transition junctions [J]．Thin-Walled Structures，2001，39 (8)：685－707.

[25] 孙博．圆柱壳轴压屈曲试验平台研制 [D]．杭州：浙江大学，2011.

[26] 曹国伟．任意变壁厚及开孔对圆柱壳轴压屈曲临界载荷影响研究 [D]．浙江：浙江大学，2016.

[27] 余雏麟．焊接圆柱壳轴压弹性及塑性屈曲实验研究和数值分析 [D]．杭州：浙江大学，2012.

[28] Yu C L，Chen Z P，Wang J，et al. Effect of Weld Reinforcement on Axial Plastic Buckling of Welded Steel Cylindrical Shells [J]，Journal of Zhejiang University-SCIENCE A，2012，13 (2)：79－90.

[29] Yu C L，Chen Z P，Wang J.，et al. Effect of Welding Residual Stress on Plasticbuckling of Axially Compressed Cylindrical Shells with Patterned Welds [J]．Proc IMechE Part C：Journal of Mechanical Engineering Science，2012，226 (10)：2381－2392.

[30] Wang J，Chen Z P，Yu C L. Effect of Post-weld Heat Treatment on The Plastic Bubkling of Welded Cylindrical Shells [C]，2012 ASME Pressure Vessels and Piping Division Conference July 15 － 19，2012，Toronto，Ontario，CANADA.

[31] 万福腾．纵向加筋薄壁圆柱壳轴压屈曲稳定性研究 [D]．浙江：浙江大学，2017.

[32] 曾明．焊缝对大型油罐象足屈曲行为的影响 [D]．杭州：浙江大学，2010.

[33] Fang Z，Chen Z P，Yu C L，et al. Effect of Weld on Axial Buckling of Cylindrical Shells [J]，Advanced Materials Research，2010，139：171－175.

[34] Chen Z P，Yu C L，Yang S J.，et al. Effect of local geometric imperfections on axial buckling of welded steel tanks [C]．2011 ASME Pressure Vessels and Piping Division Conference，July 17 － 21，2011，Baltimore，Maryland，USA.

[35] Eggwertz S，Samuelson L Å. Design of shell structures with openings subjected to buckling [J]．Journal of Constructional Steel Research，1991，18 (2)：155－163.

[36] 金锋．轴压作用下矩形开孔圆柱壳的稳定性能研究 [D]．杭州：浙江大学，2005.

[37] 刘桂娥．矩形大开孔应力分析和脱硫塔强度与稳定性设计 [D]．北京：北京化工大学，2007.

[38] 石鹏．曲型加筋板、壳结构的建模方法与分析研究 [D]．北京理工大学，2015.

[39] Krasovsky V L，Kostyrko V V. Experimental studying of buckling of stringer cylindrical shells under axial compression [J]．Thin-Walled Structures，2007，45 (10)：877－882.

[40] Yazdani M，Rahimi H，Khatibi A A，et al. An

545

experimental investigation into the buckling of GFRP stiffened shells under axial loading [J] . Scientific Research & Essays，2009，4（9）：914—920.

[41] 王博，杜凯繁，郝鹏，等 . 轴压网格加筋壳对模态缺陷的敏感性分析研究 [C] // 中国力学大会 2011 暨钱学森诞辰 100 周年纪念大会 . 2011.

作 者 简 介

陈志平（1965—），男，研究方向为承压设备结构创新研究，通信地址：310027 浙江省杭州市西湖区浙大路 38 号浙江大学化工机械研究所，E-mail：zhiping@zju. edu. cn。

B
设计、传热

双鞍座/三鞍座卧式容器临界失稳压力参数影响研究

周博为　贺小华　张　燕

（南京工业大学　机械与动力工程学院　江苏　南京　211816）

摘　要　外压鞍式支座卧式容器在工程中应用广泛，研究鞍式支座卧式容器外压失稳临界压力可为其稳定性分析提供依据。本文采用有限元非线性屈曲分析，较为系统地分析了鞍座位置 A/L、筒体长径比 L/D 及筒体径厚比 D/T 三个无量纲参数对分析模型临界失稳压力的影响。研究结果表明：双鞍座/三鞍座卧式容器最佳鞍座位置分别为 $A=0.33L$ 及 $A=0.25L$；三鞍座卧式容器分析模型临界失稳压力 P_{3cr} 均大于双鞍座卧式容器分析模型临界失稳压力 P_{2cr}，三鞍座卧式容器适宜长径比为 $8 \leqslant L/D \leqslant 32$；三鞍座卧式容器中间鞍座对筒体抗外压能力起到加强作用，长径比越大、径厚比越小，中间鞍座强化作用越显著。

关键词　非线性屈曲分析；临界失稳压力；最佳鞍座位置；抗外压能力

Research on Critical Buckling Pressure of Two-saddle and Three-saddle Supported Horizontal Vessels

Zhou Bowei　He Xiaohua　Zhang Yan

（School of Mechanical and Power Engineering，Nanjing Tech University，
Nanjing 211816，China）

Abstract　The saddle supported horizontal vessels under external pressure were applied widely in engineering，while the research of its critical external pressure could provide useful guide for the stability analysis. In this paper，the finite element nonlinear buckling analysis was used to analyze the effects of different structure parameters A/L，L/D and D/T on critical pressure. The research results show that the optimal saddle positions of two-saddle-and three-saddle supported horizontal vessels are $A=0.33L$ and $A=0.25L$ respectively. All of the critical external pressures of three-saddle supported horizontal vessels are larger than those of two-saddle supported horizontal vessels and the proper ratio of length to diameter of three-saddle supported horizontal vessel is $8 \leqslant L/D \leqslant 32$. It is also indicated that the stiffening effect of middle saddle is obviously with larger length to diameter ratio L/D and smaller diameter to thickness ratio D/T.

Keywords　nonlinear buckling analysis；critical bulking pressure；optimal saddle position；capacity of resistance external pressure.

符 号 说 明

D——圆筒直径，mm $P_{2\sigma}$——双鞍座卧式容器临界失稳压力，MPa

R——圆筒半径，mm $P_{3\sigma}$——三鞍座卧式容器临界失稳压力，MPa

T——圆筒有效壁厚，mm $P_{3\sigma1}$——中间鞍座简支约束的卧式容器临界失稳压力，MPa

L——外压圆筒计算长度，mm

$\Delta P_1/P_{2\sigma}$——三鞍座与双鞍座分析模型临界失稳压力相对变化值（$P_{3\sigma} - P_{2\sigma}$）/$P_{2\sigma}$，MPa

$\Delta P_2/P_{3\sigma}$——中间鞍座简支约束与三鞍座分析模型临界失稳压力相对变化值（$P_{3\sigma1} - P_{3\sigma}$）/ $P_{3\sigma}$，MPa

1 引言

外压容器广泛应用于石油化工、深海工程等领域，有别于内压容器的强度破坏，失稳失效是外压容器的主要破坏形式，工程中尤以弹性失稳破坏居多。对于均匀外压作用下的理想圆筒，文献［1］给出了失稳临界失稳压力的理论计算公式。文献［2］基于经典 Levy - Timoshenko 法，考虑材料弹-塑性及几何缺陷等因素，对外压薄壁圆柱壳与圆环的临界失稳压力公式进行了改进。文献［3］通过对外压厚壁圆筒进行屈曲分析，得出随壁厚的增加，特征值法和双非线性法的差异逐渐增大。文献［4］对外压作用鞍式支座卧式容器进行了分析，得出鞍座的存在提高了筒体的临界失稳外压。文献［5］通过对外压作用下带大小加强环的薄壁圆柱壳的失稳分析，得出临界失稳压力随着大加强圈的跨距的增大而先增大后减小，存在一个最佳位置。文献［6］对外压圆柱壳设置加强圈的研究指出，设置三个加强圈的分析模型，加强圈设置不同尺寸相比同等尺寸的加强效果更好。文献［7］对端部固支的外压圆柱壳进行加强圈位置研究，指出加强圈设置合适位置能显著提高失稳能力，并提出一种简单方便的 Ritz 法用于圆柱壳加强圈的位置分布和形状设计。需要指出的是，上述文献大多数对圆柱壳和带加强圈的圆柱壳进行分析，没有系统地对外压作用下鞍式支座卧式容器进行设计分析。

本文以双鞍座/三鞍座卧式容器为研究对象，系统讨论了鞍座个数、鞍座位置 A/L、筒体长径比 L/D 及筒体径厚比 D/T 4 个无量纲参数对分析模型临界失稳压力的影响，给出了双鞍座/三鞍座卧式容器的最佳鞍座位置，进一步对双鞍座/三鞍座分析模型临界失稳压力比较分析，对三鞍座模型与中间鞍座简支约束模型临界失稳压力进行比较，为

外压作用下鞍式支座卧式容器稳定性研究及工程应用提供借鉴。

2 分析方案与模型

采用几何-材料双非线性的屈曲分析方法进行模拟，有限元分析模型参数及计算方案如下。

2.1 材料本构关系

文献［8］比较了理想材料模型、几何-材料双线性材料模型、MPC 模型等各种材料本构关系对壳体结构失稳临界失稳压力的影响，分析结果表明影响较小。本文选用双线性材料模型进行有限元模拟计算，参考 EN 1993－1－6：2007 中对材料的规定［9］，塑性段斜率取 $E/100$，材料本构关系曲线如图 1 所示。分析模型主体材质为 Q345R，其弹性模量 E 为 $2 \times 10^5 MP_a$，泊松比取为 0.3。

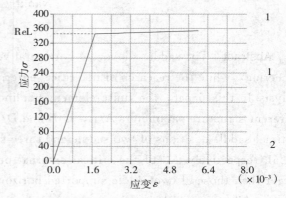

图 1   材料本构关系曲线图

2.2 计算方案

文献［10］对满水工况下双鞍座/三鞍座卧式容器临界长径比的研究表明：长径比 $L/D \geqslant 10$ 时

设计、传热 B

宜设置三鞍座，本文对长径比 $L/D \geqslant 8$ 的双鞍座/三鞍座卧式容器进行研究。分析模型筒体直径 D=3000mm，圆筒径厚比取 D/T 分别为 200、100、50，即 3 组分析模型；鞍座具体尺寸按照鞍座标准 JB/T4712.1—2007[11] 选取，容器结构如图 2 所示。双鞍座分析模型鞍座位置取 A=0.5R、A=0.1L、A=0.2L、A=0.25L、A=0.3L、A=0.33L、A=0.4L。三鞍座分析模型鞍座位置取 A=0.5R、A=0.1L、A=0.2L、A=0.25L、A=0.3L、A=0.33L。为研究长径比 L/D 对临界失稳压力的影响，对于双鞍座分析模型取 L/D=8、12、16 三组模型，三鞍座分析模型取 L/D=12、16、20 三组模型，不同长径比分析模型结构尺寸见表 1，计算模型合计 108 个。

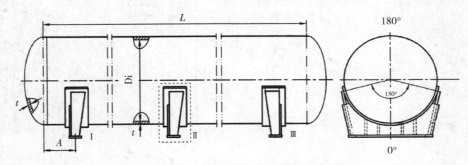

图 2　均匀分布的双鞍座和三鞍座卧式容器

2.3　单元类型与边界条件

根据容器结构对称性，计算中选取 1/2 模型，鞍座与连接壳体部分采用 20 节点 solide95 单元的六面体网格，其他壳体部分采用 shell181 并采用 MPC 绑定的方法，如图 3。计算边界条件为：双鞍座左边支座底部固支，右边支座底部约束 x 和 y 方向的位移；三鞍座中间支座底部固支，左边支座和右边支座底部约束 x 和 y 方向的位移，对称面皆施加对称约束。

表 1　不同长径比分析模型结构尺寸

	双鞍座			三鞍座		
长径比 L/D	8	12	16	12	16	20
筒体内径 D（mm）	3000	3000	3000	3000	3000	3000
筒体长度 L（mm）	24000	36000	48000	36000	48000	60000

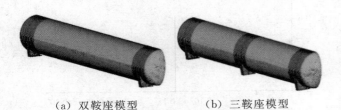

（a）双鞍座模型　　（b）三鞍座模型
图 3　卧式容器有限元模型

3　有限元屈曲分析结果

3.1　双鞍座卧式容器最佳鞍座位置分析

图 4 为双鞍座卧式容器分析模型临界失稳压力 $P_{2\sigma}$ 随鞍座位置 A/L 的变化曲线。图 4-a、4-b、4-c 分别为径厚比 D/T=200、100、50 时分析模型不同长径比下的临界失稳压力。由图可知，不同径厚比 D/T 下，分析模型临界失稳压力 $P_{2\sigma}$ 随 A/L 变化规律基本相同，相同条件下，$P_{2\sigma}$ 随 D/T 减小而增大；同一鞍座位置 A 下，临界失稳压力 $P_{2\sigma}$ 随 L/D 减小而增大；不同长径比 L/D 下，分析模型临界失稳压力 $P_{2\sigma}$ 随鞍座位置 A 值变化趋势一致，当 A/L=0.33L 时，临界失稳压力 $P_{2\sigma}$ 达到最大值。也即表明，双鞍座卧式容器鞍座沿筒体长度均匀布置时，能有效地提高分析模型临界失稳压力。

3.2　三鞍座卧式容器最佳鞍座位置分析

图 5 为三鞍座卧式容器分析模型临界失稳压力 $P_{3\sigma}$ 随鞍座位置 A/L 的变化曲线。图 5-a、5-b、

5-c 分别为径厚比 $D/T=200$、100、50 时分析模型不同长径比下的临界失稳压力。由图可知，三鞍座分析模型临界失稳压力 P_{3cr} 随 A/L 的变化规律与双鞍座模型相同。即：不同径厚比 D/T 及长径比 L/D 下，分析模型临界失稳压力 P_{3cr} 随 A/L 变化规律基本相同，相同条件下，P_{3cr} 随 D/T 减小而增大；同一鞍座位置 A 下，临界失稳压力 P_{3cr} 随 L/D 减小而增大；不同长径比 L/D 下，分析模型临界失稳压力 P_{3cr} 随鞍座位置 A 值变化趋势一致，当 $A/L=0.25L$ 时，临界失稳压力 P_{3cr} 达到最大值。也即表明，三鞍座卧式容器鞍座沿筒体长度均匀布置时，能有效地提高分析模型临界失稳压力。

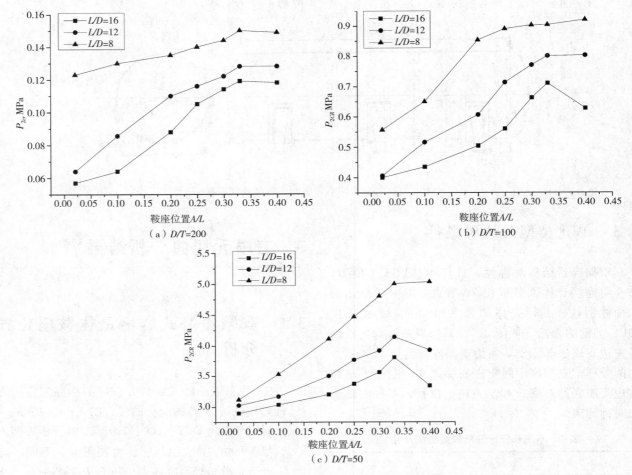

（a）$D/T=200$

（b）$D/T=100$

（c）$D/T=50$

图 4　双鞍座卧式容器分析模型临界失稳压力 P_{2cr}

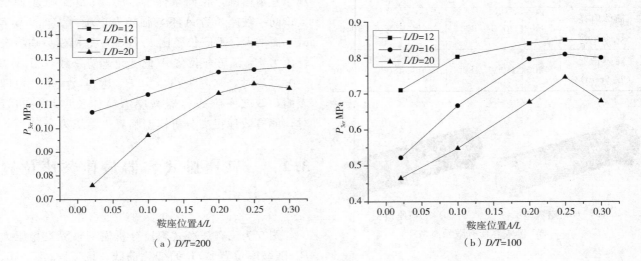

（a）$D/T=200$

（b）$D/T=100$

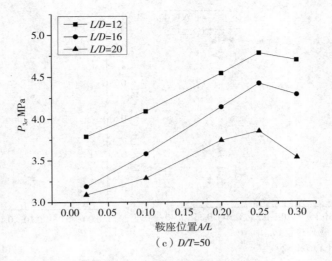

（c）$D/T=50$

图5 三鞍座卧式容器分析模型临界失稳压力 P_{3cr}

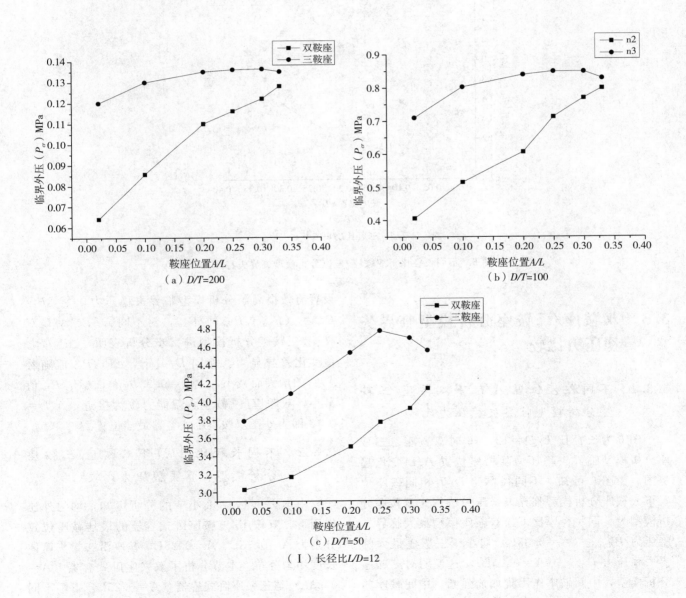

（a）$D/T=200$

（b）$D/T=100$

（c）$D/T=50$

（Ⅰ）长径比$L/D=12$

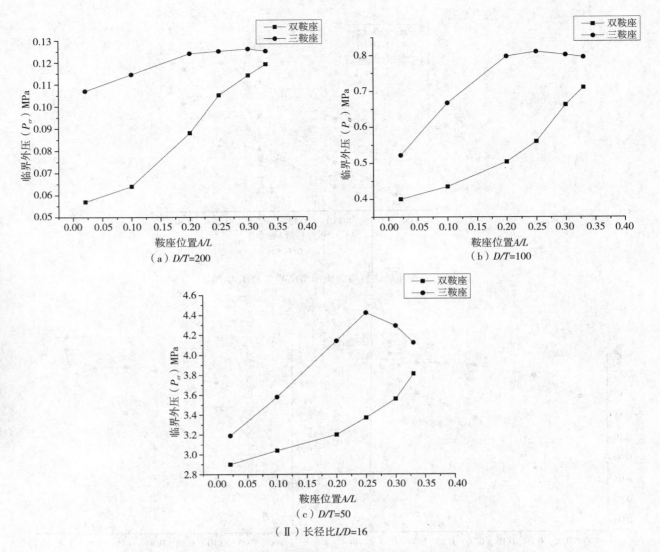

（a）$D/T=200$

（b）$D/T=100$

（c）$D/T=50$

（Ⅱ）长径比$L/D=16$

图6　不同长径比下双鞍座/鞍座分析模型临界失稳压力

3.3　双鞍座/三鞍座分析模型临界失稳压力比较

3.3.1　不同鞍座位置 A/L 下双鞍座/三鞍座分析模型临界失稳压力比较

图6为长径比 $L/D=12$、16 时双鞍座、三鞍座分析模型临界失稳压力随鞍座位置 A/L 变化趋势图。由图6可知，不同径厚比 D/T 相同鞍座位置下三鞍座分析模型临界失稳压力值均比双鞍座分析模型大。同一径厚比下，双鞍座模型最大临界失稳压力 $P_{2\sigma\,max}$（$A=0.33L$）均小于三鞍座最大临界失稳压力 $P_{3\sigma\,max}$（$A=0.25L$），这说明对三鞍座分析模型，中间鞍座作用犹如加强圈，中间鞍座的

设置有效提高了分析模型临界失稳压力；令 $\Delta P_1/P_{2\sigma}=(P_{3\sigma}-P_{2\sigma})/P_{2\sigma}$，对不同 D/T、A/L 双鞍座/三鞍座分析模型进一步分析表明，$\Delta P_1/P_{2\sigma}$ 值变化差异显著。相同 D/T 下，$\Delta P_1/P_{2\sigma}$ 值随着 A/L 的增大而减小，$A/L=0.33$ 左右，$\Delta P_1/P_{2\sigma}$ 值最小，双鞍座/三鞍座承载能力较为接近，$A/L=0.33$ 即为外压双鞍座卧式容器最佳位置。

3.3.2　不同长径比 L/D 下双鞍座/三鞍座分析模型临界失稳压力比较

由本文 3.1，3.2 小节的分析可知，均匀外压作用下，双鞍座/三鞍座卧式容器的最佳鞍座位置分别为 $A=0.33L$、$A=0.25L$，鞍座沿二封头筒体长度均匀分布。本节分析了双鞍座卧式容器（$A=0.33L$）与三鞍座卧式容器（$A=0.25L$）下，不同

长径比 L/D，径厚比 D/T 对双鞍座/三鞍座卧式容器分析模型临界失稳压力的影响。双鞍座（$A=0.33L$）与三鞍座（$A=0.25L$）卧式容器分析模型临界失稳压力随长径比 L/D 的变化曲线，如图 7 所示，双鞍座/三鞍座分析模型的临界失稳压力均随长径比 L/D 的增大而减小，相同条件下的三鞍座分析模型临界失稳压力值均大于双鞍座分析模型临界失稳压力，随着长径比的增加双鞍座/三鞍座分析模型临界失稳压力相对变化值 $\Delta P_1/P_{2cr}$ 不一致。不同径厚比 D/T 下，$\Delta P_1/P_{2cr}$ 随长径比 L/D 的变化规律基本相同。L/D 较小即 $L/D=8$ 时，$\Delta P_1/P_{2cr}$ 最小，随着长径比 L/D 增加，$\Delta P_1/P_{2cr}$ 值随之增大。如图所示：$D/T=200$ 时，$\Delta P_1/P_{2cr}$ 在 $L/D=32$ 左右最大；$D/T=100$ 时，$\Delta P_1/P_{2cr}$ 在 $L/D=24$ 左右最大；$D/T=50$ 时，$\Delta P_1/P_{2cr}$ 在 $L/D=20$ 左右最大。从外压承载能力角度，本文计算的范围内，三鞍座卧式容器的合适长径比 L/D 范围为 $8 \leqslant L/D \leqslant 32$。

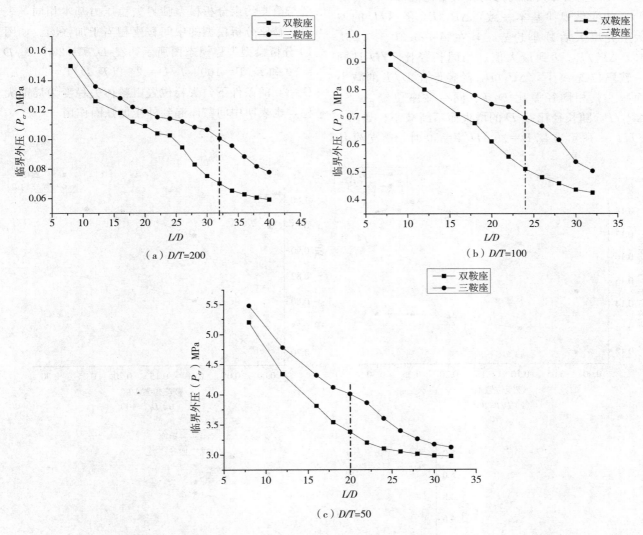

图 7　双鞍座/三鞍座分析模型临界失稳压力随长径比 L/D 变化

3.4　三鞍座分析模型与中间鞍座简支模型临界失稳压力比较

文献 [8，12] 研究表明，带加强圈外压容器临界失稳压力有限元计算解与加强圈设置为简支约束时外压容器基本相同。为进一步分析三鞍座卧式容器中间鞍座对分析模型临界失稳压力的强化作用，将中间鞍座设置为简支约束，如图 8（b）。

图 9 为长径比 $L/D=12$、16、20 时三鞍座分析模型和相同参数简支约束模型临界失稳压力比较图。由图 9 可知不同 L/D、D/T，简支约束模型临

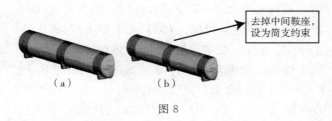

图 8

界失稳压力 $P_{3\sigma 1}$ 均大于相应三鞍座模型 $P_{3\sigma}$；令 $\Delta P_2/P_{3\sigma}=(P_{3\sigma 1}-P_{3\sigma})/P_{3\sigma}$，简支约束与三鞍座分析模型临界失稳压力的相对变化值 $\Delta P_2/P_{3\sigma}$ 随 A/L 的变化规律基本一致，$\Delta P_2/P_{3\sigma}$ 随 A/L 的增大呈先增大后减小趋势，且在 $A=0.2L\sim 0.25L$ 时，$\Delta P_2/P_{3\sigma}$ 达到最大值。相同长径比 L/D 且同一鞍座位置 A 下，$\Delta P_2/P_{3\sigma}$ 随径厚比 D/T 的减小而减小；相同径厚比 D/T、同一鞍座位置 A 下，$\Delta P_2/P_{3\sigma}$ 随长径比 L/D 的增大而不断减小。如图 9 $-III-c$ 所示当 $L/D=20$、$D/T=50$ 时，简支约束

模型与三鞍座分析模型的临界失稳压力基本一致，这表明此时三鞍座分析模型的中间鞍座已经相当于简支约束的作用，即传统的外压加强圈。

对 $A/L=0.25$，不同长径比、径厚比下，三鞍座与简支约束模型的临界失稳压力、失稳位置、失稳波数见表 2，失稳模态图见图 10。由表 2 可得，相同径厚比 D/T 下，ΔP_1 随长径比 L/D 的增加而减小，最后趋于基本一致。即 $D/T=200$、100、50 时，相应 L/D 分别为 30、22、20 时，三鞍座模型与简支约束分析模型临界失稳压力基本相同，表明三鞍座分析模型的中间鞍座相当于加强圈。如图 10 分析模型失稳模态图所示，在 $D/T=200$、$L/D=30$ 和 $D/T=100$、$L/D=24$ 以及 $D/T=50$、$L/D=20$ 的条件下，失稳位置由整体失稳变为局部失稳，也表明中间鞍座起到外压加强圈作用。

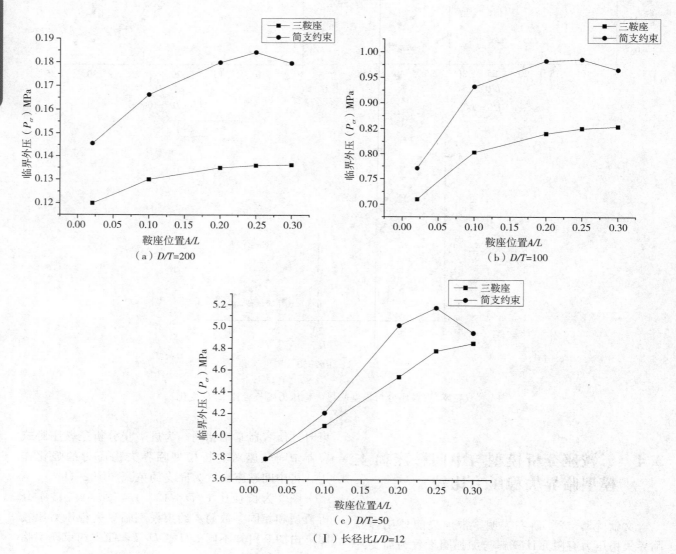

（a）$D/T=200$

（b）$D/T=100$

（c）$D/T=50$

（Ⅰ）长径比 $L/D=12$

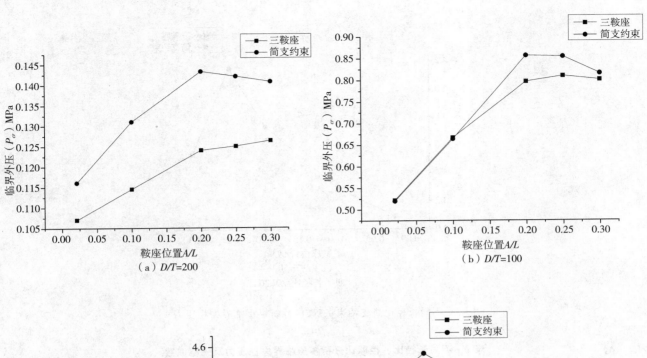

（a）D/T=200

（b）D/T=100

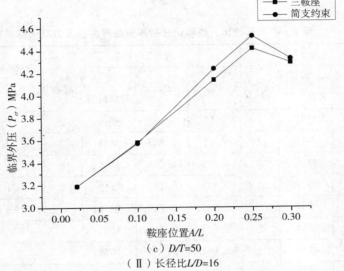

（c）D/T=50

（Ⅱ）长径比L/D=16

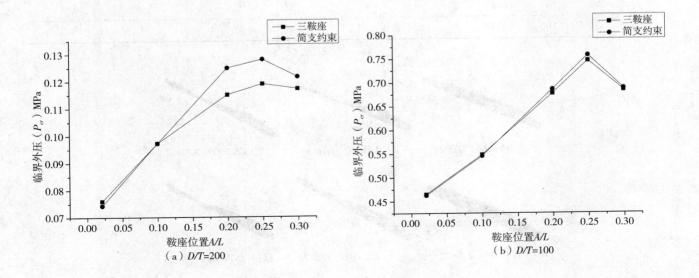

（a）D/T=200

（b）D/T=100

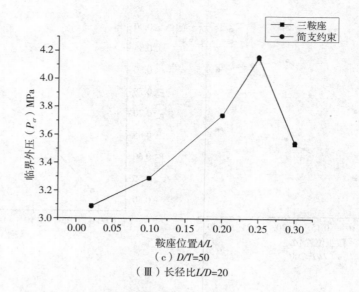

（c）$D/T=50$

（Ⅲ）长径比$L/D=20$

图9 不同长径比简支约束/三鞍座分析模型临界失稳压力

表2 不同长径比、径厚比分析模型临界失稳压力及失稳波数

| | $D/T=200$ | | | | $D/T=100$ | | | | $D/T=50$ | | | |
L/D	P_{3cr}	P_{3cr1}	三鞍座失稳位置	波数	P_{3cr}	P_{3cr1}	三鞍座失稳位置	波数	P_{3cr}	P_{3cr1}	三鞍座失稳位置	波数
12	0.136	0.184	整体	2	0.85	0.985	整体	2	4.78	5.17	整体	2
16	0.128	0.145	整体	2	0.81	0.854	整体	2	4.32	4.43	整体	2
18	0.122	1.35	整体	2	0.779	0.803	整体	2	4.12	4.16	整体	2
20	0.119	0.128	整体	2	0.746	0.756	整体	2	4.01	4.02	局部	2
22	0.115	0.122	整体	2	0.737	0.739	整体	2	3.86	3.87	局部	2
24	0.114	0.118	整体	2	0.697	0.699	局部	2				
26	0.112	0.1149	整体	2	0.651	0.651	局部	2				
28	0.1081	0.109	整体	2								
30	0.1064	0.107	局部	2								
32	0.1005	0.105	局部	2								

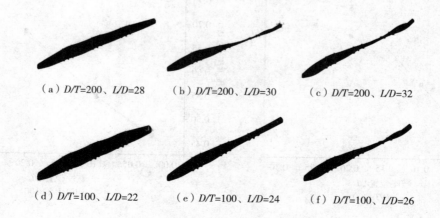

（a）$D/T=200$、$L/D=28$　（b）$D/T=200$、$L/D=30$　（c）$D/T=200$、$L/D=32$

（d）$D/T=100$、$L/D=22$　（e）$D/T=100$、$L/D=24$　（f）$D/T=100$、$L/D=26$

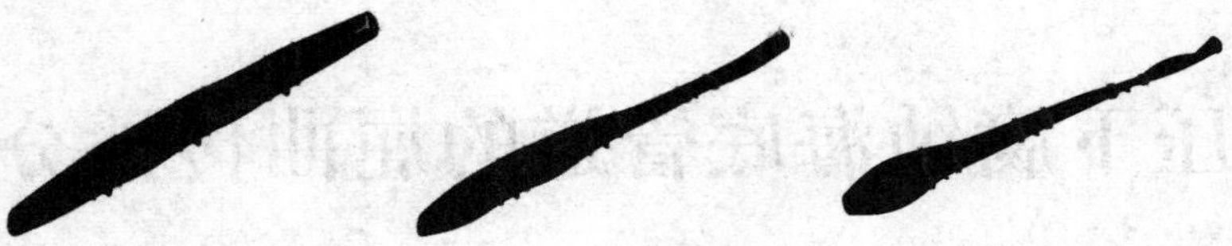

(g) $D/T=50$、$L/D=18$　　(h) $D/T=50$、$L/D=20$　　(i) $D/T=50$、$L/D=22$

图10　不同长径比、径厚比下三鞍座分析模型失稳模态图

4　结论

（1）鞍座位置 A/L 对双鞍座/三鞍座卧式容器临界失稳压力 P_{cr} 影响趋势一致，P_{cr} 大小随着鞍座位置 A/L 增大呈现先增大后减小的趋势，双鞍座/三鞍座卧式容器均存在一个最佳鞍座位置，即双鞍座 $A=0.33L$，三鞍座 $A=0.25L$。

（2）本文计算参数范围内，三鞍座卧式容器的分析模型临界失稳压力 P_{3cr} 均大于双鞍座卧式容器的分析模型临界失稳压力 P_{2cr}，当 $A/L=0.33$ 时，$\Delta P_1/P_{2cr}$ 值最小，三鞍座卧式容器的适宜长径比为 $8 \leqslant L/D \leqslant 32$。

（3）三鞍座卧式容器中间鞍座对筒体抗外压能力起到加强作用，长径比越大，径厚比越小，中间鞍座作用越显著，当 $D/T=50$，$L/D \geqslant 20$；$D/T=100$，$L/D \geqslant 24$；$D/T=200$，$L/D \geqslant 30$ 时，三鞍座卧式容器的中间鞍座作用相当于外压加强圈作用。

参 考 文 献

[1] Ross C T F. Pressure Vessels：External Pressure Technology［M］. UK：Woodhead Publishing Limited，2011：100−102.

[2] Fraldi M，Guarracino F. An improved formulation for the assessment of the capacity load of circular rings and cylindrical shells under external pressure. Part 1. Analytical derivation［J］. Thin-Walled Structures，2011，49（9）：1054−1061.

[3] Papadakis G. Buckling of thick cylindrical shells under external pressure：a new analytical expression for the critical load and comparison with elasticity solutions［J］. International Journal of Solids and Structures，2008，45

(20)：5308−5321.

[4] 郭晓霞，魏冬雪. 鞍式支座对圆柱壳体外压承载能力的影响［J］. 化工机械，2012，03：300−303.

[5] Zhu Y，Dong J H，Gao B J. Buckling Analysis of Thin Walled Cylinder with Combination of Large and Small Stiffening Rings under External Pressure［J］. Procedia Engineering，2015，130：364−373

[6] Forys P. Optimization of cylindrical shells stiffened by rings under external pressure including their post-buckling behaviour［J］. Thin-Walled Structures，2015，95：231−243.

[7] Tian J，Wang C M，Swaddiwudhipong S. Elastic buckling analysis of ring-stiffened cylindrical shells under general pressure loading via the Ritz method［J］. Thin-walled structures，1999，35（1）：1−24.

[8] 陈诗晓，高增梁. 外压圆锥与圆筒组合壳的强度及失稳的理论分析和与有限元计算［D］. 浙江：浙江工业大学，2010.

[9] European Committee for Standardization. EN1993−1−6 Strength and stability of shell structures［S］. Brussels：BSI，2007.

[10] 谢利来，贺小华. 满水工况下三鞍座卧式容器临界长径比的研究［J］. 机械设计与制造，2016，11：50−54.

[11] 容器支座：JB/T 4712.1−2007［S］. 北京：中国标准出版社，2008：2.

[12] 张淑玲. 圆柱壳接管结构失稳临界压力及补强设计研究［D］. 江苏：南京工业大学，2016.

作 者 简 介

周博为，（1991−），男，南京工业大学在读硕士研究生，主要从事化工设备强度研究。通讯地址：江苏省南京工业大学江浦校区机械与动力工程学院，211816，Email：1534970240@qq.com.

外压下腐蚀海底管道的屈曲传播分析

颜孙挺　叶　皓　金志江

（化工机械研究所　能源学院　杭州　310027）

摘　要　利用有限元法研究了外压下含腐蚀海底管道的准静态屈曲传播问题。首先，利用有限元模型和刚塑性模型分别求解外压下含腐蚀 2D 弹塑性圆环的大变形垮塌问题，得到压力和变形的关系曲线，两者符合良好。然后，利用 3D 有限元模型分析了含腐蚀缺陷弹塑性管道的屈曲传播问题，得到了腐蚀深度和腐蚀角度不同时，海底管道外压和其内部体积的关系。最后，研究了腐蚀深度、腐蚀角度和管道径厚比等几何参数对 3D 腐蚀海底管道准静态屈曲传播的影响。结果表明：随着海底管道腐蚀深度的增大，屈曲传播压力减小；管道径厚比的增大，屈曲传播压力一直减小。

关键词　海底管道；屈曲传播；腐蚀；有限元；刚塑性

Buckle Propagation Analysis of Corroded Subsea Pipelines under External Pressure

Yan Sunting　Ye Hao　Jin Zhijiang

（Institute of Process Equipment，College of Energy Engineering，
Hangzhou 310027 China）

Abstract　Finite element analysis is carried out on buckle propagation of corroded subsea pipelines. Firstly，by using an analytical method based on rigid plastic hinge theory and FEA，the large deformation collapse of corroded elastic-plastic rings is analyzed. The pressure-deformation curves are obtained. The theoretical result agrees well with numerical results. Moreover，3D FEA has been conducted on buckle propagation of the elastic-plastic pipelines under external pressure. Parametric studies have been conducted on the influence of corrosion angle，corrosion depth and initial ovality. The relationship between the pressure vs enclosed volume for different corrosion depths and corrosion angles is obtained. It is shown that the increased corrosion depth leads to the reduced propagation pressure. This paper serves to safeguard the integrity of subsea pipelines.

Keywords　subsea pipelines；buckle propagation；corrosion；finite element；rigid plastic

1　概述

准静态屈曲传播和动态屈曲传播是外压下海底管道屈曲传播的两大研究领域。通常准静态屈曲传播的研究对象包括屈曲传播压力的大小、屈曲前缘的大小和长度以及止屈器的设计等。而动态屈曲传播主要研究屈曲传播的速度、变形和速度的关系以及动态效应对止屈器止屈效果的影响等，本文着重研究含腐蚀缺陷海底管道的准静态屈曲传播现象。

近年来，学者们在外压下海底管道屈曲传播方面，开展了大量卓有成效的工作，并取得了众多突破性的成果。在数值模拟和实验方面，Gong S 等[1]基于实验和数值计算，分析了外压下海底管道的屈曲传播现象，并通过曲线拟合，得到了塑性强化海底管道屈曲传播压力的表达式。Gong 和 Li[2]利用实验和数值模拟研究了管中管结构的屈曲传播问题，同时发现了管中管结构屈曲传播的 4 种模式。Yan 等[3]利用 ABAQUS 软件研究了拉力和外压共同作用下海底管道的准静态屈曲传播问题，并指出轴向拉力可减小屈曲传播压力，而材料的各向异性对屈曲传播压力的影响较小。Dyau 和 Kyriakides[4]开发了用于求解准静态屈曲传播压力的 3D 算法。Pasqualino 和 Estefen[5]基于 Sanders 壳模型和有限差分法，对海底管道的屈曲传播问题进行了分析，并将计算结果和小尺寸实验结果进行了对比。Steel 和 Spence[6]以及 Kyriakides 和 Babcock[7]分别得到了塑性强化海底管道屈曲传播压力的表达式。Yu J 等[8]利用环-桁架模型，对海底管道的环向部分进行了数值分析，并求解了其屈曲传播压力。Kyriakides 和 Vogler[9]基于实验和数值计算，探讨了管中管结构的屈曲传播现象，并指出海底管道的垮塌形式与其几何参数有关。

在理论分析方面，学者们也取得了丰硕的成果。Palmer 和 Martin[10]建立了海底管道的 4 塑性铰链模型，并在理论求解了其屈曲传播压力。Croll[11]发现利用移动塑性铰链模型，可以分析塑性强化效应的影响。Croll[11]将圆环划分为 3 个圆弧段，并基于刚塑性模型和能量守恒原理，得到了屈曲传播压力的解析表达式。Wierzibicki 和 Bhat[12]利用刚塑性模型，得到了圆环的屈曲传播压力的解析解。Chater 和 Hutchinson[13]基于能量守恒原理，提出了屈曲传播的 Maxwell 线法，并进一步采用 Maxwell 线法精确求解了弹性结构的屈曲传播压力。但是后续的研究[14]表明，由于材料塑性对路径的依赖性，Maxwell 线法不能应用到塑性领域。Bhat 和 Wierzbicki[15]提出了将海底管道的轴线近似为弦，并得到了屈曲传播前缘区长度的表达式。Hoo Fatt[16]利用刚塑性模型，得到了考虑轴向的塑性拉伸效应的屈曲传播压力的解析公式。

学者们围绕含腐蚀缺陷海底管道的屈曲传播问题，开展了一定的工作。Xue[17]基于有限元法研究了 2D 含腐蚀缺陷海底管道的屈曲传播压力。Xue 和 Fatt[18]利用 2D 刚塑性铰链模型，研究了外压下含腐蚀海底管道变形过程中塑性能量耗散问题，并基于 Maxwell 线法，得到了正对称和反对称情况下，含腐蚀缺陷海底管道屈曲传播压力的解析表达式。挪威船级社的标准 DNV－OS－F101[19]给出了屈曲传播压力的工程经验公式。API[20]也给出了海底管道屈曲传播压力的经验公式。含腐蚀缺陷管道的屈曲传播问题，本身属于弹塑性大变形问题，具有高度的非线性特征。学者们虽然围绕海底管道的屈曲传播问题做了大量工作，但针对含腐蚀缺陷的海底管道的屈曲大变形及准静态屈曲传播方面，尚缺乏深入系统的研究。

海底管道的腐蚀形态复杂，通常选取具有代表性的单点矩形腐蚀坑和多点矩形腐蚀坑形式进行研究[21]。对于单点腐蚀，Netto[22]采用了长而窄的矩形腐蚀坑模型分析管道外压下局部屈曲特性。Yan 等[21]和 Ye 等[23]分析了含无限长单点矩形腐蚀坑的管道在外压下的分岔和弹塑性垮塌问题。同时，针对多矩形腐蚀坑的情况，Yan 等[21]研究了两个矩形腐蚀坑的耦合效应。而本文采用的模型是带有两个矩形腐蚀坑的双对称模型，同时，利用模型的对称性可以简化分析。

因此本文着眼于含双对称矩形腐蚀缺陷海底管道的屈曲大变形问题，采用弹塑性有限元法，对海底管道的准静态屈曲传播过程，进行了研究。本文成果将有助于进一步加深人们对含腐蚀缺陷海底管道屈曲传播的认识，具有重要的理论意义和工程应用价值。

2 基本模型

含双对称腐蚀缺陷海底管道的几何模型，如图 1 所示。由于模型的对称性，取 1/4 圆环进行分析。其中，海底管道的初始壁厚为 t，腐蚀深度为 d，腐蚀区域的壁厚为 $t_d = t - d$，腐蚀角度为 Φ，半径为 R，长度为 L，海底管道初始椭圆化的椭圆短主轴和 Y 轴的夹角为 β（取 $\beta = 0$ 和 $\pi/2$ 两种情况）。

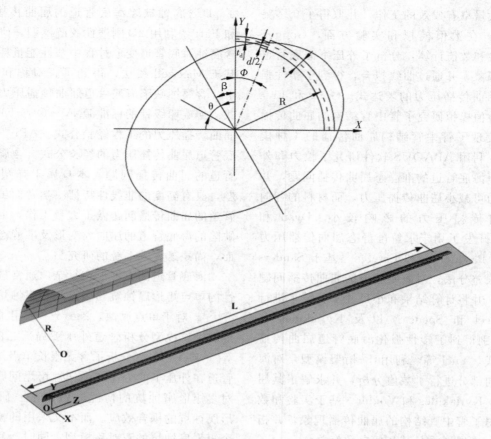

图 1   含双对称腐蚀缺陷海底管道的横截面和 3D 有限元模型

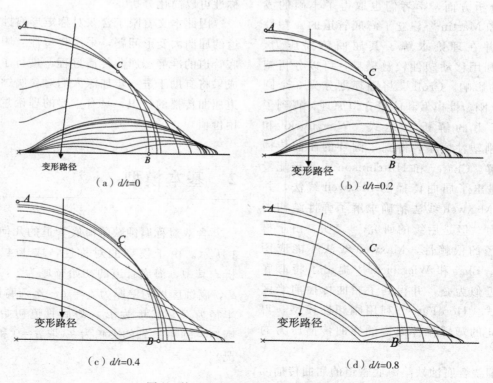

（a）$d/t=0$ （b）$d/t=0.2$

（c）$d/t=0.4$ （d）$d/t=0.8$

图 2   外压下不同腐蚀深度圆环的变形

3 2D 含腐蚀环的大变形后屈曲分析

为了研究外压下 3D 含腐蚀缺陷海底管道屈曲传播，有必要对 2D 含腐蚀圆环的垮塌行为进行研究。同样地，由于对称性，取 1/4 圆环进行分析。圆环半径为 $R=1\text{m}$，原始壁厚 $t=0.05\text{m}$，不考虑初始椭圆度。建立有限元模型，单元选用 B21 梁单元。管道为完整弹塑性材料，弹性模量为 206GPa，屈服强度为 300MPa，采用 Riks 法加载。

外压下不同腐蚀深度圆环的变形，如图 2 所示，其中红色表示材料处于塑性加载的区域（即 "AC Yield"），可见不同的腐蚀深度对应的垮塌变形是不同的。圆弧 BC 表示腐蚀区域，圆弧 AC 表示完整区域。对于无腐蚀的情况，塑性加载区在变形过程中不断变化，在 A 点发生接触之前，塑性加载区位于点 A 和点 B 附近区域，这说明该区域存在塑性铰。但是在 A 点发生接触后，圆弧中心部分（即 C 点附近）出现塑性区域，同时，A 和 B 点附近也出现塑性铰，该情况和 $d/t=0.2$ 一致。随着腐蚀深度的进一步增大，如 $d/t=0.4$ 和 $d/t=0.8$ 时，除了初始阶段 A 点附近产生塑性外，其余阶段均不出现塑性区域；所有塑性变形集中于腐蚀区域，塑性铰位于点 B 和点 C 处。

可以利用刚塑性模型求解压力和变形的关系曲线。先对图 3（b）对应的情况进行受力分析，因为腐蚀深度较大，可以假设腐蚀区域发生了塑性变形，而完整区域不发生变形。对圆弧 BC 段进行受力分析，力和弯矩平衡表明：

$$T_2=Px_1; \quad T_2+Px_2=T_1; \quad H_r=Px_3;$$
$$2M_p+H_rx_3-T_2x_2-Px_4{}^2/2=0 \tag{1}$$

式中，T_1、T_2、H_r 表示对应点的受力，x_1、x_2、x_3、x_4 表示几何尺寸（见图 3），P 表示外压的大小。

可以得到：

$$P=2M_p/(-x_3^2+x_1x_2+x_4{}^2/2) \tag{2}$$

可知，方程（2）关联了压力和变形的关系。从图 3（b）可知，x_1、x_2 和 x_4 均可以表示为 x_3 的函数，为此，P 是 x_3 的函数。

$$x_4=2R\sin\frac{\Phi}{2}, \quad x_2=\sqrt{4R^2\sin^2\left(\frac{\Phi}{2}\right)-x_3^2}$$

$$x_1=R\cos\Phi, \quad 0\leqslant x_3\leqslant R\sin\Phi.$$ 由此可得到：

$$P=2M_p/(-x_3^2+R\cos\Phi$$
$$\sqrt{4R^2\sin^2\left(\frac{\Phi}{2}\right)-x_3^2}+2R^2\sin^2\left(\frac{\Phi}{2}\right) \tag{3}$$

方程（3）给出了压力和 x_3 的关系，设 $\Phi=\pi/2$ 且 $d/t=0$，可以得到如图 4 中解析表达式 1；设 $\Phi=\pi/4$，可以得到如图 5 中的解析表达式。可见，对完整圆环结构，如图 3（a）所示，其垮塌分为两个阶段，第一个阶段从点 A 开始变形到 A 点发生接触；第二阶段从 A 点发生接触到 C 点发生接触为止（C 点为圆弧的中点）。类似地，对于第二阶段的刚塑性模型建立平衡方程，可以求得：$P=2M_p/[(w_0+R)^2/4-2R^2\sin^2(\pi/8)]$。

从图 4 可见，在两个阶段，变形较大时刚塑性解析结果和数值计算的结果符合良好。第一阶段的刚塑性模型对应的压力随着变形增大而变小。但是，在第二阶段，压力突然增大，接着减小。从图 5 可见，对大腐蚀深度的情况，刚塑性模型对应压力不断减小。解析结果和数值计算结果符合良好。

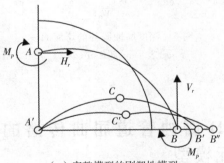

（a）完整模型的刚塑性模型

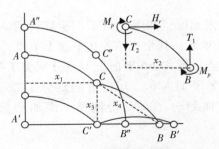

（b）深度腐蚀模型的刚塑性模型

图 3 两种腐蚀情况的刚塑性模型

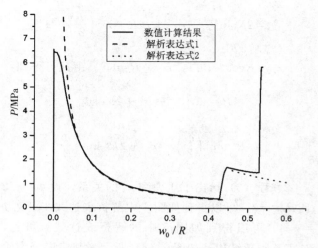

图 4 完整管道垮塌压力和变形关系图
[w_0 表示图 3 (a) 中 B 点的位移]

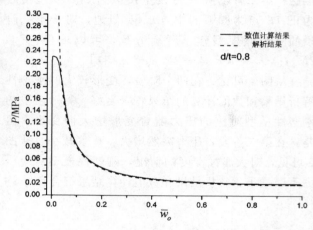

图 5 深度腐蚀圆环的垮塌曲线
[$\overline{w}_0$ 表示 $x_3 / [R\sin(\Phi/2)]$]

4 3D 腐蚀管道屈曲传播的有限元模型

有限元模型如图 1 所示，模型利用 ABAQUS 的 S4R 单元。其中在 $X=0$ 平面上节点、$Y=0$ 平面上节点以及 $Z=0$ 平面上节点分别关于 YZ、XZ 以及 XY 平面对称。环向方向划分了 20 份网格，轴向方向划分了 100 份网格。添加初始椭圆度缺陷：

$$w = \begin{cases} \Delta_0 R \dfrac{R-z}{R}\cos 2\theta & \text{当} \quad 0 \leqslant z \leqslant R \\ & \\ & \text{当} \quad R \leqslant z \leqslant L \end{cases} \qquad (4)$$

式中，w 为径向位移（向外为正），θ 为 XY 平面与 Y 轴所成的极角，初始椭圆度 Δ_0 取为 1%。

在 X-Z 平面内建立了刚性平面，来模拟内壁接触。假设接触类型为有限滑动接触，接触发生后不可分离，接触面之间法向为默认的硬接触 (hard)。材料的单轴拉伸曲线由图 6 (a) 表征。

图 6 给出了本文有限元模型与前人研究结果[24]的对比，并检查了网格无关性。图中 ΔV 及 V_0 分别为 1/8 管道内腔体积的变化量与未变形时的体积，P_∞ 为文献给出的参考屈曲压力 $P_\infty = 15.06$MPa。网格方案 1 为前文中所提出的网格方案，而网格方案 2 采用环向 30 份网格、轴向 200 份网格。可以看出，有限元模拟结果与文献中结果符合良好，两种网格方案对应的屈曲响应曲线基本重合。从外压-变形响应曲线还可以看出，外压先随着变形增大而迅速上升，直到局部屈曲发生后，外压迅速下降，之后外压略微增大，最后保持稳定。稳定后的外压就是屈曲传播压力 P_P。

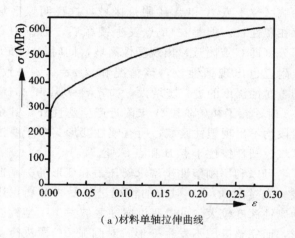

（a）材料单轴拉伸曲线

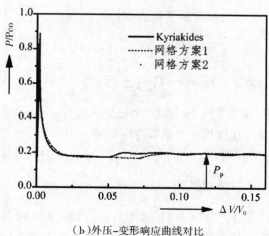

（b）外压-变形响应曲线对比

图 6 材料曲线和有限元结果验证

5 参数分析

本节基于前述有限元方法，研究外压下含对称腐蚀缺陷的 3D 海底管道的几何参数对准静态屈曲传播压力的影响。由于载荷和几何的对称性，建立 1/8 模型，采用缩减积分壳单元 S4R 进行网格划分。几何模型如图 1 所示，其中腐蚀缺陷关于 YZ 平面对称，半腐蚀角为 Φ，腐蚀缺陷深度为 d，剩余壁厚为 t_d，初始椭圆度缺陷与腐蚀缺陷之间的夹角为 β。为了模拟管道内壁面的接触，在 X-Z 平面和 Y-Z 平面都建立了刚性平面，此外管道材料由图 6（a）拉伸曲线表征。

5.1 腐蚀深度 d/t

保持腐蚀角度 Φ 不变，并设 $\Phi = 30°$，夹角 β 分为 0° 和 90° 两种情况，注意到这两种情况是两种缺陷相互关系的两个极端情况。管道直径 $D = 42.8\text{mm}$，$t = 1.6\text{mm}$，腐蚀深度范围为 $0.1 \leqslant d/t \leqslant 0.6$，计算结果如图 7 所示。

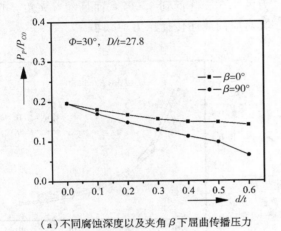

（a）不同腐蚀深度以及夹角 β 下屈曲传播压力

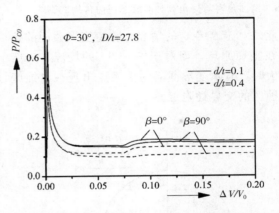

（b）不同腐蚀深度与夹角下屈曲传播的外压–变形关系

图 7 腐蚀深度与夹角 β 对准静态屈曲传播的影响

图 7（a）为腐蚀深度以及夹角 β 对屈曲传播压力的影响，从图中可以看出，屈曲传播压力随着腐蚀深度增大而不断下降。当 $\beta = 0°$ 时，$d/t = 0$，对应的无量纲化屈曲传播压力为 0.196MPa，而 $d/t = 0.6$ 对应的无量纲化屈曲传播压力下降为 0.14MPa。当 $\beta = 90°$ 时，腐蚀缺陷对称平面与椭圆化缺陷长轴所在对称面重合，腐蚀缺陷与初始椭圆缺陷的影响效果相互叠加，从而导致其对应的屈曲传播压力低于 $\beta = 0°$ 时的情况。以 $d/t = 0.6$ 为例，当 $\beta = 90°$ 时其无量纲屈曲传播压力为 0.064MPa，相比于 $\beta = 0°$ 的情况下降了 0.076MPa。

图 7（b）为腐蚀深度以及夹角 β 对屈曲传播外压–变形响应曲线的影响，从图中可以看出对于任一变形量 $\Delta V/V_0$，其所对应的外压随着腐蚀深度的增大而减小，而对于给定的腐蚀深度，$\beta = 90°$ 所对应的曲线总是位于 $\beta = 0°$ 所对应的曲线之下，说明了 $\beta = 90°$ 时两种缺陷对屈曲传播的影响达到了最大。

5.2 腐蚀角度 Φ

保持腐蚀深度 $d/t = 0.2$ 不变，β 仍为 0° 和 90°，$D = 42.8\text{mm}$，$t = 1.6\text{mm}$，腐蚀角度的变化范围为 $10° \leqslant \Phi \leqslant 80°$，其结果如图 8 所示。从图中可以看出腐蚀角度对屈曲传播压力的影响与腐蚀深度有所不同：当 $\beta = 0°$ 时，屈曲传播压力随着腐蚀角度的增大而先减小后增大之后又减小，呈现非单调变化，且波动幅度较小。并且无论 β 为何值，当 $\Phi \leqslant 50°$ 时，屈曲传播压力基本维持不变；继续增大腐蚀角，屈曲传播压力略微有所下降。

图 9 给出了不同腐蚀角以及夹角 β 下屈曲传播截面的变形构型示意图。从图中可以看出不同的初始椭圆度缺陷对屈曲传播变形构型有显著影响，虽然初始椭圆度缺陷大小对屈曲传播压力影响可以忽略，但是夹角 β 却会直接影响屈曲传播变形构型。且由于 $\beta = 90°$ 时初始椭圆度缺陷与腐蚀缺陷的影响相互叠加，其所对应的变形截面比 $\beta = 0°$ 时更为

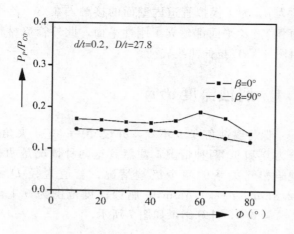

图 8　腐蚀角度与夹角 β 对准静态屈曲传播的影响

扁长。此外对于 $\beta = 0°$ 的情况，管道变形截面的接触点都在坐标原点，而对于 $\beta = 90°$ 的情况，当腐蚀角较大时，管道变形截面的接触点出现在腐蚀区与未腐蚀区的交界处附近。

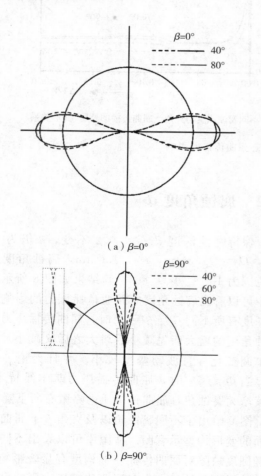

（a）$\beta=0°$

（b）$\beta=90°$

图 9　不同夹角与腐蚀角时准静态屈曲传播变形截面构型

5.3　管道径厚比 D/t

保持腐蚀缺陷几何尺寸不变，其中 $d/t = 0.2$，$\Phi = 30°$，夹角 β 为 0°和 90°，改变管壁厚度但保持管道中面直径不变，使管道径厚比为 $10 \leqslant D/t \leqslant 40$。对于不同径厚比的海底管道，取纯外压下管道的屈服外压 $P_O = 2\sigma_0 t/D$ 进行无量纲化，其结果如图 10 所示。从图中可以看出屈曲传播压力随着管道径厚比增大而不断减小。以 $\beta = 0°$ 为例，当 D/t 从 10 增大到 40 时，其对应的无量纲化屈曲传播压力由 0.534 降低到 0.067，而且随着夹角 β 的增大，其对应的屈曲传播压力均减小。

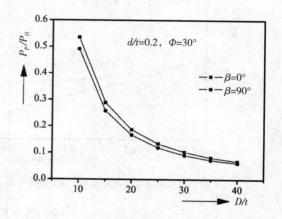

图 10　管道径厚比与夹角 β 对准静态屈曲传播的影响

6　结论

（1）随着腐蚀深度的增大，屈曲传播压力减小。相同腐蚀深度的情况下，$\beta = 90°$ 对应的屈曲传播压力低于 $\beta = 0°$ 对应屈曲传播压力。

（2）当腐蚀角不大时，其对屈曲传播压力的影响较小；随着腐蚀角的增大，$\beta = 0°$ 对应的屈曲传播压力先增大后减小，而 $\beta = 90°$ 对应的屈曲传播压力总是随着腐蚀角度增大而减小。

（3）随着管道径厚比的增大，屈曲传播压力一直减小。

（4）基于刚塑性模型的外压下完整圆环和深度腐蚀圆环的压力变形曲线，与有限元结果符合良好。

参 考 文 献

[1] Gong S, Sun B, Bao S, et al. Buckle propagation of offshore pipelines under external pressure [J] . Marine Structures, 2012, 29 (1): 115－130.

[2] Gong S, Li G. Buckle propagation of pipe-in-pipe systems under external pressure [J] . Engineering Structures, 2015, 84: 207－222.

[3] Yan S T, Zhu Y F, Jin Z J, et al. Buckle propagation analysis of deep-water petroleum transmission pipelines with axial tension [C] //Advanced Materials Research. Trans Tech Publications, 2014, 1008: 1134－1143.

[4] Dyau J Y, Kyriakides S. On the propagation pressure of long cylindrical shells under external pressure [J] . International Journal of Mechanical Sciences, 1993, 35 (8): 675－713.

[5] Pasqualino I P, Estefen S F. A nonlinear analysis of the buckle propagation problem in deepwater pipelines [J] . International Journal of Solids and Structures, 2001, 38 (46): 8481－8502.

[6] Steel W J M, Spence J. On propagating buckles and their arrest in sub-sea pipelines [J] . Proceedings of the Institution of Mechanical Engineers, Part A: Power and Process Engineering, 1983, 197 (2): 139－147.

[7] Kyriakides S, Babcock C D. Experimental determination of the propagation pressure of circular pipes [J] . Journal of Pressure Vessel Technology, 1981, 103 (4): 328－336.

[8] Yu J, Sun Z, Liu X X, et al. Ring-truss theory on offshore pipelines buckle propagation [J] . Thin-Walled Structures, 2014, 85: 313－323.

[9] Kyriakides S, Vogler T J. Buckle propagation in pipe-in-pipe systems.: Part II. Analysis [J] . International Journal of Solids and Structures, 2002, 39 (2): 367－392.

[10] Palmer A C, Martin J H. Buckle propagation in submarine pipelines [J] . Nature, 1975, 254: 46－48.

[11] Croll J G A. Analysis of buckle propagation in marine pipelines [J] . Journal of Constructional Steel Research, 1985, 5 (2): 103－122.

[12] Wierzibicki T, Bhat S U. Initiation and propagation of buckles in pipelines [J] . International journal of solids and structures, 1986, 22 (9): 985－1005.

[13] Chater E, Hutchinson J W. On the propagation of bulges and buckles [J] . Journal of applied mechanics, 1984, 51 (2): 269－277.

[14] Kyriakides, S. Propagating Instabilities in Structures [J] . Advances in Applied Mechanics, 1993, 30: 67－189.

[15] Bhat S U, Wierzbicki T. On the length of the transition zone in unconfined buckle propagation [J] . Journal of Offshore Mechanics and Arctic Engineering, 1987, 109 (2): 155－162.

[16] Hoo Fatt MS. Plastic failure of pipelines [C] . 8th International Offshore and Polar Engineering Conference, Vol. II. Montreal, Canada, 1998.

[17] Xue J. A non-linear finite-element analysis of buckle propagation in subsea corroded pipelines [J] . Finite elements in analysis and design, 2006, 42 (14): 1211－1219.

[18] Xue J, Fatt M S H. Symmetric and anti-symmetric buckle propagation modes in subsea corroded pipelines [J] . Marine structures, 2005, 18 (1): 43－61.

[19] DNV-OS-F101, Offshore standard-submarine pipelines systems [S] . Hovik, Norway: DNV, 2010.

[20] API1111, API recommended practice 1111: design, construction, operation, and maintenance of offshore hydrocarbon pipelines [S] . Washington: API Publishing Services, 2009.

[21] Yan S, Shen X, Jin Z, et al. On elastic-plastic collapse of subsea pipelines under external hydrostatic pressure and denting force [J] . Applied Ocean Research, 2016, 58: 305－321.

[22] Netto T A. On the effect of narrow and long corrosion defects on the collapse pressure of pipelines [J] . Applied Ocean Research, 2009, 31 (2): 75－81.

[23] Ye H, Yan S, Jin Z. Collapse of Corroded Pipelines under Combined Tension and External Pressure [J]. PloS one, 2016, 11 (4): e0154314.

[24] Kyriakides S, Netto T A. On the dynamics of propagating buckles in pipelines [J] . International Journal of Solids and Structures, 2000, 37 (46): 6843－6867.

作 者 简 介

颜孙挺，男，浙大博士研究生

叶皓，男，浙大博士研究生

通讯作者：金志江，浙大化工机械研究所教授

通讯地址：浙江省杭州市西湖区浙大路 38 号浙江大学玉泉校区教四 114

E-mail：jzj@zju.edu.cn

组合载荷作用下带接管碟形封头的安定分析

彭 恒 刘应华

（清华大学 航天航空学院 北京 100084）

摘 要 确定循环载荷作用下结构的承载能力是工程设计和完整性评估中重要的任务，也是难题。传统的基于上、下限安定定理建立数学规划格式求解最优化问题的安定分析方法，因其计算规模的限制，难以在实际工程中应用。本文采用一种新颖的直接法——应力补偿法进行安定分析，并以压力容器行业中一种典型的结构——带接管碟形封头为例，计算了其在内压与轴力、面内弯矩、面外弯矩和扭矩四种组合载荷作用下的安定域。复杂的接管碟形封头算例也验证了应力补偿法具有计算精度好、效率高，适用于大型复杂工程结构的安定载荷计算。

关键词 安定分析；应力补偿法；接管；碟形封头

Shakedown Analysis of Torispherical Head under Combined Loadings

Peng Heng Liu Yinghua

(School of Aerospace Engineering，Tsinghua University，Beijing 100084，China)

Abstract Determination of the load-bearing capability of structures under cyclic loadings is an important and difficult task in structural design and integrity assessment. The traditional shakedown analysis methods basing on the upper or lower bound shakedown theorem to establish mathematical programming formation and solve an optimization problem，are difficult to be applied in engineering practices for the limitation of computing scale. In present paper, a novel direct method called the stress compensation method（SCM）was adopted for shakedown analysis. Taking a typical structure used in the pressure vessel industry as an example, the shakedown domains of a torispherical head with nozzle under four types of combined loadings which include internal pressure, axial force, in-plane bending moment, out-plane bending moment and torque, were obtained. This complex numerical examples also demonstrate that the SCM is very efficient, highly accurate and suitable for the computation of shakedown load for large-scale complex engineering structures.

Keywords shakedown analysis; stress compensation method; nozzles; torispherical head

1 引言

在压力容器和管道结构设计中，准确预测其长期行为和承载能力对工程应用具有非常重要的作用。由于启停机、载荷波动，这些结构在服役过程中通常承受反复变化的载荷作用。如果载荷远大于结构的设计条件，结构可能在载荷未达到最大值就发生瞬时的塑性垮塌。更多的情况是，结构在服役一段时间后发生失效破坏，其主要包括两种失效模式[1]：塑性变形随着载荷循环次数不断累积，结构鼓胀或变形过大而发生渐增塑性变形（或棘轮破坏）；塑性变形虽然没有累积，但是一个循环内塑性应变出现交替变化，结构在若干次循环后出现裂纹或开裂，结构发生交变塑性破坏（或低周疲劳破坏）。如果载荷低于某个值，结构在初始的几个载荷循环内有塑性变形产生，随后，结构表现出完全的弹性行为，即结构安定，结构能够保持长期的安全状态。因此，很多工程设计规范，比如美国的ASME规范、英国的R5/R6规程、法国的RCC－MR标准、我国的《在用含缺陷压力容器安全评定》标准等，均将载荷不超过安定极限作为结构设计和安全评估准则之一。

带碟形封头的筒形压力容器是石油、化工行业中典型的设备组件，由于生产工艺的要求，通常需要在碟形封头上开设接管，接管的存在将削弱容器结构的承载能力。一方面，接管会使容器结构产生应力集中，连接区域的应力水平会提高；另一方面，与接管连接的管道和其他附属结构由于相互约束，设备运行过程中发生的温度和载荷变化会使接管产生附加的作用力。而在实际设计过程中，很难全面考虑到这些载荷工况以及他们的随机变化对容器结构承载能力的影响。鉴于此，考虑碟形封头接管上承受不同的附加作用力，分析这些载荷作用下碟形封头的安定载荷非常有必要，这也将是本文的主要研究工作。

除规范中给定的简化评估计算，确定结构安定载荷一般有两大类方法：逐步循环的弹塑性增量（step-by-step，简称SBS）方法和直接法（direct method）。SBS方法可以预测结构在给定加载历史下的循环行为（安定、交变塑性或棘轮），根据循环行为反复修正载荷值可以逼近安定极限。但是该方法需要知道详细的加载路径，执行过程也非常烦琐、计算量巨大。传统的直接法是基于安定上、下限定理形成数学规划格式，将安定分析转化为求解含等式约束和不等式约束的极大值或极小值的数学规划问题。由于有限元离散，结构自由度增加后优化变量会增多，致使数学规划问题规模相当大，求解问题受到限制，因此该方法现今很难应用于复杂工程结构的计算。

除了利用优化算求解数学规划问题来进行安定分析，还有一些具有物理意义的安定分析直接法。比如线性匹配法[2]（linear matching method，简称LMM），通过空间变化的弹性模量将非线性塑性问题转化为一系列线弹性计算。此外，作者最近提出了一种新的安定分析方法——应力补偿法（stress compensation method，简称SCM），该方法通过一系列的线弹性有限元分析构造满足安定下限条件的残余应力场，采用迭代方式计算出安定载荷乘子，SCM已证明适用于复杂工程结构的安定分析。

本文将采用应力补偿法分析一个典型的带接管碟形封头在内压、轴力、面内弯矩、面外弯矩和扭矩作用下的安定域。

2　基于应力补偿法的安定下限分析

2.1　安定下限定理

考虑一个承受变化的体积力和面力作用的结构体，若结构体发生塑性变形，则其内某一点 x 在 t 时刻的总应力 $\sigma(x, t)$ 可以分为虚拟的弹性应力 $\sigma^E(x, t)$ 和残余应力 $\rho(x, t)$ 相叠加的形式：

$$\sigma(x, t) = \sigma^E(x, t) + \rho(x, t) \quad (1)$$

其中，$\sigma^E(x, t)$ 是完全弹性体在相同外载荷作用下的应力场。

结构体可能同时受多个外力 $P_i(x, t)$，$i=1$，2，$\cdots$，n，每一个外力 $P_i(x, t)$ 可以分为时间相关的载荷因子 $\mu_i(t)$ 和基准载荷 $P_i^0(x)$，载荷历史可表示为：

$$P(x, t) = \sum_{i=1}^{N} P_i(x, t) = \sum_{i=1}^{N} \mu_i(t) P_i^0(x) \quad (2)$$

假设载荷因子的变化区间为 $\mu_i^- \leqslant \mu_i(t) \leqslant \mu_i^+$，则式可表示为一个载荷域 Ω。通常载荷域 Ω 为凸多面体，图1给出了一个含有4个顶点（即，B^1、B^2、B^3 和 B^4）的载荷域。

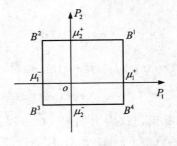

图1　载荷域

在载荷域 Ω 内任意变化的外载荷力作用下的结构体 V，静力安定定理可以描述如下：如果能找到一个与时间无关的自平衡应力场 $\rho(x,t)$，它与给定载荷范围内的任意外载荷所产生的弹性应力场 $\lambda\sigma^E(x,t)$ 相加后处处不违反屈服条件，则结构安定，也就是在数次循环后结构的响应表现为完全的弹性行为[3]。

$$f(\sigma(x,t)) = f(\lambda\sigma^E(x,t) + \rho(x)) \leqslant 0$$
$$\forall x \in \Omega, \ \forall t \quad (3)$$
$$\nabla \cdot \rho = 0 \quad in \quad \Omega \rho \cdot n = 0 \quad on \ \Gamma_t \quad (4)$$

其中，$f(\cdot)$ 是屈服函数；λ 是载荷乘子 n 是边界 Γ_t 上的单位外法向矢量。

2.2　应力补偿法

弹塑性结构体进行有限元离散，其平衡方程可以表示成如下的形式：

$$K \cdot u(t) = \lambda^{(k)} \int_V B^T \cdot D \cdot \varepsilon^E(x,t) \, dV$$
$$+ \int_V B^T \cdot D \cdot \varepsilon^p(x,t) \, dV \quad (5)$$

其中，$K = \int_V B^T \cdot D \cdot B dV$ 为结构总体刚度矩阵。求解方程可以得到节点位移 $u(t)$，残余应力场可以计算为：

$$\rho(x,t) = D \cdot \left\{ \begin{array}{l} B(x) \cdot u(t) - \lambda^{(k)} \varepsilon^E \\ (x,t) - \varepsilon^p(x,t) \end{array} \right\} \quad (6)$$

精确的塑性应变 $\varepsilon^p(x,t)$ 可以通过传统的弹塑性增量法获得，但是此处，我们用 $\sigma^C(x,t)$ 代替 $D \cdot \varepsilon^p(x,t)$，$\sigma^C(x,t)$ 即为补偿应力，并将 $\sigma^E(x,t) = D \cdot \varepsilon^E(x,t)$ 带入方程和，得到：

$$K \cdot u(t) = \lambda^{(k)} \int_V B^T \cdot \sigma^E(x,t) \, dV +$$
$$\int_V B^T \cdot \sigma^C(x,t) \, dV \quad (7)$$
$$\rho(x,t) = D \cdot B \cdot u(t) - \lambda^{(k)}$$
$$\sigma^E(x,t) - \sigma^C(x,t) \quad (8)$$

如图 2 所示，总应力向量 $\overrightarrow{OC}$（$\sigma(x,t)$）为残余应力向量 $\overrightarrow{OD}$（$\rho(x,t)$）和弹性应力向量 $\overrightarrow{DC}$（$\lambda^{(k)}\sigma^E(x,t)$）的和向量。超过屈服面的应力

向量 $\overrightarrow{AC}$（即为补偿应力向量 $\sigma^C(x,t)$）可以用如下公式计算：

$$\sigma^C(x,t) = \xi(x,t) \cdot \sigma(x,t),$$
$$\xi(x,t) = \begin{cases} \dfrac{\bar{\sigma}(x,t) - \sigma_y}{\bar{\sigma}(x,t)} & (\bar{\sigma}(x,t) > \sigma_y) \\ 0 & (\bar{\sigma}(x,t) \leqslant \sigma_y) \end{cases} \quad (9)$$

根据构造出的残余应力场修正载荷乘子 λ，然后再求解方程和，可进一步更新残余应力场，反复迭代计算，最后的残余应力场使所有积分点都满足安定下限条件，对应的载荷乘子即为安定载荷乘子。

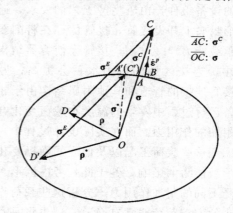

图 2　von Mises 屈服面和应力图解

3　算法流程验证

将 SCM 流程执行到 ABAQUS 6.14[4] 有限元软件中。采用一个安定分析的标准算例验证算法流程的正确性。如图 3 所示，中心带圆孔的方板承受双轴载荷 P_1 和 P_2。孔直径与板边长之比为 0.2，板厚与板边长之比为 0.05，其弹性模量 $E = 200\text{GPa}$，泊松比 $v = 0.3$，屈服应力 $\sigma_y = 360\text{MPa}$。由于结构和载荷的对称性，只需要取 1/4 模型进行有限元分析。考虑到板比较薄，为了验证 SCM 对于二维和三维模型的适用性，本文采用平面应力单元（ABAQUS CPS6）和三维实体单元（ABAQUS C3D20）进行网格划分，有限元模型见图 4。

考虑载荷 P_1 和 P_2 按图 5 所示的三种加载路径。采用 SCM 计算三组载荷工况下带孔方板的安定载荷，结果见表 1。由表 1 可以看出，不同参考文献给出的结果有一定的差异，考虑到有限元网格对安定分析计算结果影响很大，本文的网格与 Garcea[5]

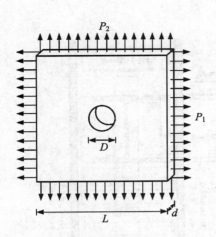

图 3 带孔方板结构

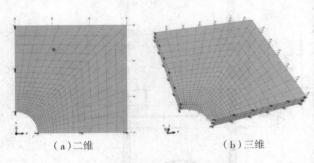

（a）二维　　　　　（b）三维

图 4 有限元模型

中的模型网格最接近，因此采用 Garcea 的结果作

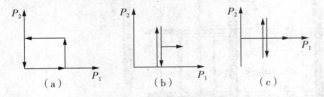

（a）　　　　　（b）　　　　　（c）

图 5 安定分析的三种加载路径

为参考解，最大的相对误差为 0.92%。

表 1 安定分析数值结果

参考文献	载荷工况		
	$\mu_2 = \mu_1$	$\mu_2 = 0.5\mu_1$	$\mu_2 = 0$
Garcea 等[5]	0.438	0.508	0.604
Liu 等[6]	0.477	0.549	0.647
Krabbenhøft 等[7]	0.430	0.499	0.595
Simon 和 Weichert[8]	0.458	0.531	0.627
SCM（CPS8）	0.440	0.510	0.607
相对误差	0.45%	0.39%	0.50%
SCM（C3D20）	0.434	0.504	0.600
相对误差	0.92%	0.79%	0.66%

采用 SCM 计算路径（b）和（c）下带孔方板结构的安定域。Chen 和 Ponter[2] 早期利用 LMM 对此问题进行过计算，为了消除因有限元网格离散不同带来的安定载荷计算结果的差别。本文采用了 LMM 和 SCM 两种方法对相同的有限元模型进行安定分析，给出了同时采用图 4（a）中的网格（网格 1）和文献［2］中的网格（网格 2）的计算结果。图 6 和图 7 分别为路径（b）和（c）下带孔方板的安定域，其中，安定边界曲线上的平台段表示失效机制是交变塑性，其他区域的失效机制是棘轮破坏。可以看出，交变塑性失效机制对网格很敏感，但是相同的有限元模型下 SCM 和 LMM 计算的结果吻合相当好。

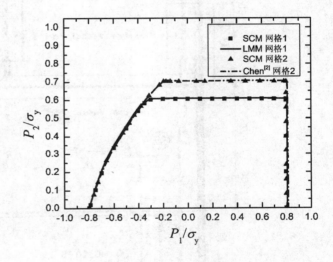

图 6 带孔方板安定域（路径（b））

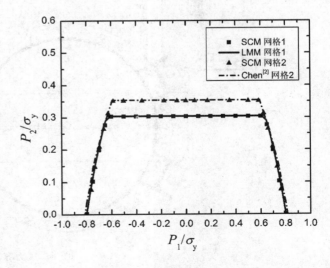

图 7 带孔方板安定域（路径（c））

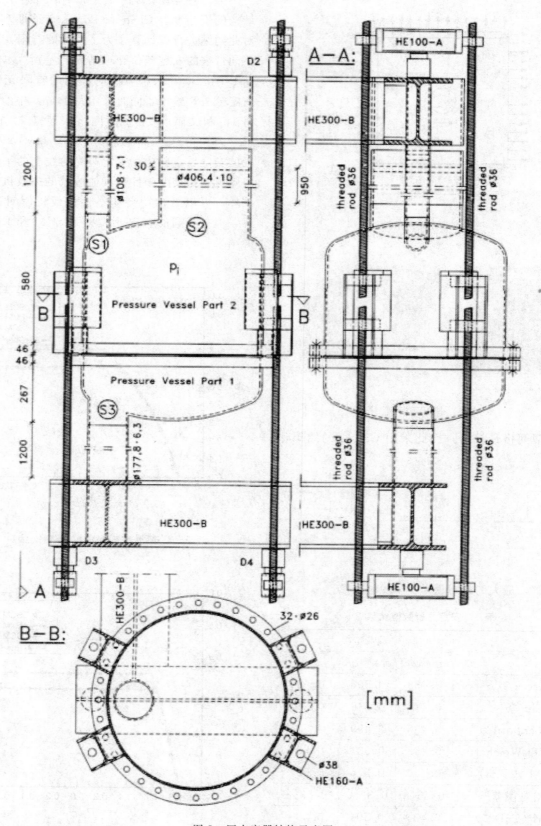

图 8　压力容器结构示意图

4 带接管碟形封头安定分析

4.1 几何结构和材料参数

图 8 为一个实际的压力容器结构的示意图[9]，其结构形式非常复杂。为了计算的方便，可合理地选取接管碟形封头区域进行分析，分离出来的带接管碟形封头几何模型如图 9 所示。筒体的外径 D_a = 2000mm，筒体壁厚 S_e = 17mm，碟形封头半径 R = 2000mm，碟形封头与筒体连接处的倒角半径 r = 200mm；接管轴线与容器筒体轴线平行，接管内径 d_i = 400mm，接管壁厚 S_s = 13.6mm，接管的偏移尺寸 c_a = 910mm。接管封头内表面受压力 P，接管端部受轴力 F、面内弯矩 M_{in}、面外弯矩 M_{out} 和扭矩 T。

接管碟形封头由钢材组成，其弹性模量 E = 200GPa，泊松比 ν = 0.3，屈服应力 σ_y = 340MPa。

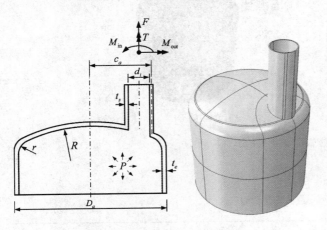

图 9 带接管碟形封头几何模型

4.2 有限元模型

接管碟形封头几何结构虽然是轴对称的，但是其载荷形式有面外弯矩和扭矩，不满足轴对称模型的要求，因此，需建立完整的带接管碟形封头有限元模型。如图 10 所示，网格划分采用 20 节点减缩积分单元（ABAQUS C3D20R），封头和接管的壁厚方向均有 3 层网格，模型一共包括 10809 个单元和 54804 个节点。

为确保接管端部的边界条件效应不影响接管和

封头连接区域，筒体长度近似为 $1 \times D_a$，接管长度近似为 $3 \times d_i$。对所有的载荷工况，筒体端部均采用固定约束条件。内表面施加内压 P 时，注意需要在接管端部施加与内压等效的轴向载荷。将接管端面与轴线上的参考点通过梁型的多点约束（ABAQUS Beam MPC）耦合在一起，所有作用在接管端部的载荷均施加在参考点上。施加的参考载荷分别为：P_0 = 5MPa，F_0 = 2000kN，M_{in0} = 400kN·m，M_{out0} = 400kN·m，T_0 = 1000kN·m。

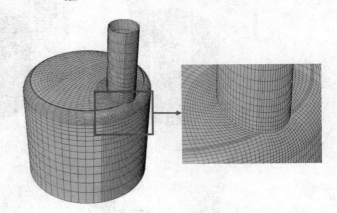

图 10 带接管碟形封头有限元模型

4.3 弹性应力计算

采用 ABAQUS 计算接管碟形封头在单独内压、单独轴力、单独面内弯矩、单独面外弯矩和单独扭矩作用下的弹性应力场，作为安定分析时虚拟的弹性应力场 $\sigma^E(x, t)$。这五种载荷单独作用下接管碟形封头的弹性应力场云图如图 11 所示。

4.4 安定分析

4.4.1 结果验证

安定分析算法也可以用于计算极限载荷，当载荷顶点数退化为 1 时，采用安定算法计算的安定极限就是极限载荷值。采用 SCM 计算接管碟形封头在五种载荷单独作用下的极限载荷（如图 12a，载荷顶点数为 1）和安定载荷（如图 12b 载荷顶点数为 2），得到的计算结果见表 2。

单独载荷作用下结构的安定极限是两倍的弹性极限和极限载荷中的较小值，采用 ABAQUS 弹塑性增量法计算接管碟形封头在五种载荷单独作用下的塑性极限载荷，其中极限载荷采用小变形理论通过载荷-位移曲线上 15 倍的弹性斜率[1]确定，极限载荷结果见表 2。

从表 2 可以看出，采用 SCM 计算的安定载荷与 ABAQUS 通过两倍的弹性极限确定出的安定载荷基本上完全吻合，且均小于对应的极限载荷，这也说明了在这五种循环载荷单独作用下，结构均将发生交变塑性破坏。采用 SCM 计算的极限载荷与 ABAQUS 弹塑性增量法计算的极限载荷也吻合很好，其中在这五种载荷作用下采用两种方法计算的极限载荷相对误差最大值仅为 1.36%，为单独面内弯矩作用时出现。

相同的有限元模型，采用 SCM 与 ABAQUS 弹塑性增量法计算的极限载荷、安定载荷都吻合很好，验证了 SCM 对于复杂问题的有效性和高精度。

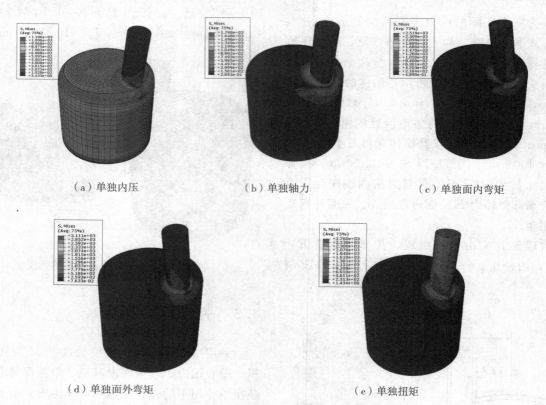

（a）单独内压　　　　（b）单独轴力　　　　（c）单独面内弯矩

（d）单独面外弯矩　　　　　　（e）单独扭矩

图 11　五种载荷单独作用下接管碟形封头的弹性应力场

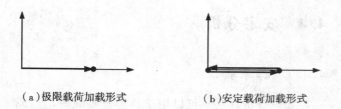

（a）极限载荷加载形式　　（b）安定载荷加载形式

图 12　单独载荷作用下两种加载形式

表 2　安定载荷和极限载荷结果验证

载荷工况	应力补偿法		ABAQUS 增量法	
	安定载荷	极限载荷	两倍的弹性极限	极限载荷
内压 MPa	3.004	3.511	3.004	3.523
轴力 kN	833.8	1451.8	833.9	1463.2

（续表）

载荷工况	应力补偿法		ABAQUS 增量法	
	安定载荷	极限载荷	两倍的弹性极限	极限载荷
面内弯矩 kN·m	107.6	248.7	107.7	252.1
面外弯矩 kN·m	127.9	237.8	127.9	239.2
扭矩 kN·m	364.5	546.4	364.5	551.9

B 设计、传热

表 3   安定载荷和极限载荷结果验证

类型	弹性极限	安定载荷	极限载荷
内压 MPa	1.502	3.004	3.511
轴力 kN	416.9	833.8	1451.8
面内弯矩 kN·m	53.9	107.6	248.7
面外弯矩 kN·m	64.0	127.9	237.8
扭矩 kN·m	182.3	364.5	546.4

4.4.2   安定域

内压是接管碟形封头的主要载荷,现考查内压与其他四个载荷联合作用下,接管碟形封头的安定域。四种载荷组合及其载荷域在表 4 中给出。

采用 SCM 计算四种载荷组合情况下接管碟形封头的安定域,得到的安定域在图 13～图 16 中分别给出。从图中可以看出,本文计算得到的四种载荷组合下安定边界曲线光滑,直线段上的数值点分布平整,表明采用 SCM 计算得到的安定载荷结果精度好;这四种载荷组合下安定边界曲线形状很相似,且所有的安定边界都是由交变塑性失效机制决定,曲线上的拐点表示交变塑性失效点发生在结构的不同位置。安定边界曲线与坐标轴的交点是单个载荷作用下碟形封头的安定极限,图 13～图 16 中安定边界曲线与坐标轴的交点对应的安定极限值都与表 3 中的结果相同。

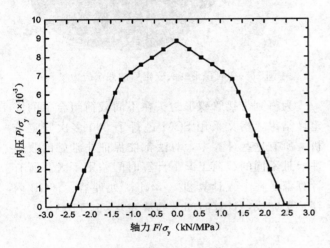

图 13   内压与轴力组合下接管碟形封头安定域

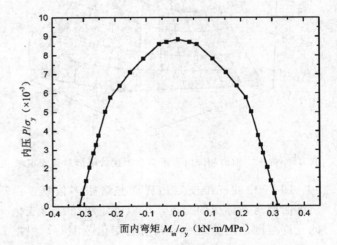

图 14   内压与面内弯矩组合下接管碟形封头安定域

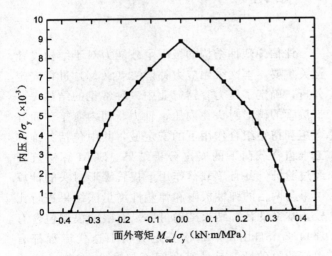

图 15   内压与面外弯矩组合下接管碟形封头安定域

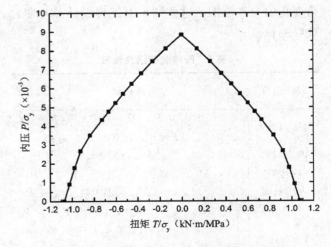

图 16   内压与扭矩组合下接管碟形封头安定域

采用 SCM 计算接管碟形封头在三个载荷同时作用下的安定域,以其中一组情况为例进行分析,

即内压、轴力和面内弯矩同时作用:

$$0 \leqslant F \leqslant \mu_1^+ F_0 , \quad 0 \leqslant P \leqslant \mu_2^+ P_0 ,$$

$$且\ 0 \leqslant M_{in} \leqslant \mu_3^+ M_{in0} \qquad (10)$$

图 17 给出了在内压、轴力和面内弯矩同时作用下接管碟形封头的安定域。安定边界是一个三维曲面，图中红线为只考虑两个载荷作用时得到的安定边界曲线；三维曲面与三个坐标面的交线为对应二维载荷下的安定边界曲线，可以看出三维安定边界面退化成二维的结果与红线吻合非常好，且曲面上的数值点分布平滑，表明三维安定域的计算结果精确。

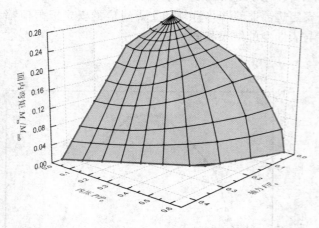

图 17　内压、轴力和面内弯矩组合下接管碟形封头安定域

图 17 中的三维安定边界面包含很多信息：由三维曲面与坐标线的交点，可以确定单个载荷变化的允许范围；当给定一个载荷的变化范围时，根据三维曲面可以确定另外两个载荷变化的允许范围；若已知两个载荷的变化范围时，可以确定第三个载荷变化的允许范围。这些结果对工程设计具有非常重要的价值。

表 4　四种载荷组合情况

载荷组合	载荷域
内压与轴力	(i) $0 \leqslant F \leqslant \mu_1^+ F_0$，且 $0 \leqslant P \leqslant \mu_2^+ P_0$
	(ii) $\mu_1^- F_0 \leqslant F \leqslant 0$，且 $0 \leqslant P \leqslant \mu_2^+ P_0$
内压与面内弯矩	(i) $0 \leqslant M_{in} \leqslant \mu_1^+ M_{in0}$，且 $0 \leqslant P \leqslant \mu_2^+ P_0$
	(ii) $\mu_1^- M_{in0} \leqslant M_{in} \leqslant 0$，且 $0 \leqslant P \leqslant \mu_2^+ P_0$
内压与面外弯矩	(i) $0 \leqslant M_{out} \leqslant \mu_1^+ M_{out0}$，且 $0 \leqslant P \leqslant \mu_2^+ P_0$
	(ii) $\mu_1^- M_{out0} \leqslant M_{out} \leqslant 0$，且 $0 \leqslant P \leqslant \mu_2^+ P_0$
内压与扭矩	(i) $0 \leqslant T \leqslant \mu_1^+ T_0$，且 $0 \leqslant P \leqslant \mu_2^+ P_0$
	(ii) $\mu_1^- T_0 \leqslant T \leqslant 0$，且 $0 \leqslant P \leqslant \mu_2^+ P_0$

采用 SCM 进行安定分析还可以得到结构的残余应力场，图 18 为单独内压作用下接管碟形封头的残余应力场云图。

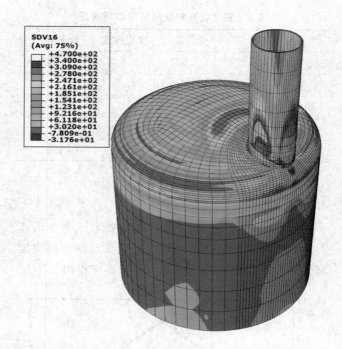

图 18　接管碟形封头安定后的残余应力场

为得到带接管碟形封头在不同载荷组合下的安定域结果，本文采用 SCM 进行了 200 多次安定分析。所有这些计算中，算法都能保证非常好的收敛性，且不同的载荷工况下计算时间差别不大。所有计算都是在个人计算机（intel i7 处理器、16GB 内存）上完成，计算时间大约从 600 s 到 1100 s。

5　结论

评估弹塑性结构的极限承载能力对于结构设计至关重要。本文采用应力补偿法（SCM）进行安定分析，确定了压力容器行业中一种常见的结构——带接管的碟形封头在内压、轴力、面内弯矩、面外弯矩和扭矩组合作用下的安定域，其中包括二维和三维组合载荷下的安定分析结果。SCM 算法流程经过验证，并且单载荷作用下接管碟形封头的计算结果与两倍的弹性极限和弹塑性增量法结果进行比较，本文的计算结果准确可靠。有限元模型包含有 164412 个自由度，每次安定分析中迭代流程都有很好的收敛性，且计算时间不超过 20 分钟。本文采用的 SCM 强健、高效，适用于大型复杂工程结构的安定分析，在压力容器分析设计领域具有很大的应用情景。

参 考 文 献

[1] 陈钢，刘应华. 结构塑性极限与安定分析理论及工程方法 [D]. 北京：科学出版社：2006.

[2] Chen HF, Ponter ARS. Shakedown and limit analyses for 3 − D structures using the linear matching method [J]. International Journal of Pressure Vessels and Piping, 2001, 78 (6)：443−451.

[3] Gokhfeld DA, Charniavsky OF. Limit analysis of structures at thermal cycling [J]. Sijthoff & Noordhoff. Alphen aan den Rijn：The Netherlands. 1980.

[4] ABAQUS. Dassault Systems, Version 6. 14, 2014.

[5] Garcea G, Armentano G, Petrolo S, Casciaro R. Finite element shakedown analysis of two-dimensional structures [J]. International Journal for Numerical Methods in Engineering, 2005, 63 (8)：1174−1202.

[6] Liu YH, Zhang XF, Cen ZZ. Lower bound shakedown analysis by the symmetric Galerkin boundary element method [J]. International Journal of Plasticity, 2005, 21 (1)：21−42.

[7] Krabbenhoft K, Lyamin AV, Sloan SW. Bounds to shakedown loads for a class of deviatoric plasticity models [J]. Computational Mechanics, 2007, 39 (6)：879−888.

[8] Simon JW, Weichert D. Numerical lower bound shakedown analysis of engineering structures [J]. Computer Methods in Applied Mechanics and Engineering, 2011, 200 (41−44)：2828−2839.

[9] Saal H, Bauer H, Häderle M-U. Flexibility factors for nozzles in the knuckle region of dished pressure vessel heads [J]. International Journal of Pressure Vessels and Piping, 1997, 70 (3)：151−160.

作 者 简 介

彭恒，男，研究生，北京市海淀区清华大学蒙民伟科技大楼 N610A, 100084, 手机：13121116374, E-mail：peng-h14@mails. tsinghua. edu. cn.

圆筒大开孔补强计算方法比较和分析

任 超

（华陆工程科技有限责任公司 设备室 陕西 西安 710065）

摘 要 针对圆筒开孔率 $\rho > 0.5$ 时的大开孔补强计算方法，标准中常用的有压力面积法和分析法。通过对压力面积法和分析法的算例进行比较和分析，发现圆筒在相同开孔率的情况下，采用压力面积法计算合格的开孔，如果采用分析法进行计算，反而不合格。结果表明：在相同开孔率的情况下，对于大开孔补强计算，采用分析法相对于压力面积法来说，结果更为准确。

关键词 圆筒；大开孔；开孔率；压力面积法；分析法；有限元

Analysis and Comparison of the Calculation Method of Cylinder with Large Opening

Ren Chao

（Hualu Engineering & Technology Co., Ltd. Equipment Department,
Xi'an 710065, China）

Abstract The calculation method for the large opening in the cylinder （opening rate $\rho > 0.5$）general used pressure area method and analysis method. Through a series of the calculation, the results show that the cylinder under the same opening rate, the pressure area method to calculate qualified, if calculated, using analysis method result is unqualified. The results show that in the case of the same opening rate, the analysis method is more accurate to the pressure area method.

Keywords cylinder; large opening; opening rate; pressure area method; analysis method; finite element

1 引言

化工设备为满足工艺操作及维修的需要，在筒体上不可避免地存在各种类型的开孔接管，由于开孔部位的存在，从结构上破坏了筒体的连续性和整体性，同时在压力载荷、管道载荷的作用下，会使开孔边缘处产生应力集中，为使边缘处的应力集中降低到许用范围内，防止破坏从开孔边缘处产生，通常需要对筒体上的开孔进行补强设计。

对一定开孔范围内的柱壳筒体，当筒体的开孔率 $\rho > 0.5$ 时，习惯上称之为大开孔，对于这类开孔补强的计算，国内、外从事压力容器理论工作的专家和技术人员多年来利用理论解析法、实验方法、有限元应力分析法等手段进行了大量的理论分析和研究工作，提出了多种对大开孔补强问题的较为简单的近似计算方法。其中有 EN13445 中的压力面积法，ASME VIII-1 附录 1～10 中的压力面积应力法，俄罗斯 ГОСТ P52857.3 中的极限载荷法，HG/T 20582—2011 中的大开孔补强计算（压力面积法）以及 GB/T 150.3—2011 中根据薄壳理论解得到的"圆筒径向接管开孔补强设计的分析法"。

本文以 HG/T 20582—2011 中的大开孔补强计算（压力面积法）和 GB/T 150.3—2011 中的分析法两种大开孔补强计算方法为例，对上述两种计算方法进行理论分析、算例比较，并采用 ANSYS 应力分析进行验证。认为在大开孔补强计算中采用分析法的计算结果更加准确，设计偏于安全可靠。

2　开孔补强计算方法的理论分析

为了能够更好地理解大开孔补强的计算方法，有必要对受压力载荷作用的圆筒体开孔处的受力情况作一个简要的理论分析。

在内压作用下的圆筒体开孔，尤其是当开孔率 $\rho > 0.5$ 以后，在其筒体开孔边缘产生了比较复杂的应力状况，可引起三种应力：局部薄膜应力、弯曲应力和峰值应力。

受压圆筒体一般承受均匀的薄膜应力，即一次总体薄膜应力。在开孔以后，不仅使圆筒体开孔截面处的承载面积减少，而且使该截面的平均应力增大并且开孔处的边缘应力分布极为不均匀。在远离开孔边缘处，筒体应力几乎没有变化。而在开孔边缘处则产生很大的局部薄膜应力。

圆筒体开孔以后，在开孔处需要设置接管，即有另一个筒体与之相贯。相贯的两个筒体在压力载荷作用下，各自产生的径向膨胀（直径增大）通常是不一致的，为使两部件在连接点（开孔处）处的变形相协调，则必然产生一组自平衡的边界内力（包括横剪力与弯矩），这些边界内力将在筒体的开孔边缘及接管端部产生了一种应力，此应力称之为弯曲应力。

在圆筒体开孔边缘与接管的连接处还会产生一种由于应力集中现象造成的分布范围很小，但数值可能很高的应力，此应力称为峰值应力。

在圆筒体开孔中，上述几种应力虽然同时存在，但其发生破坏总是与加载方式（加、卸压循环次数）密切相关的。因此，圆筒体开孔补强的强度计算首先应根据使用条件和加载方式（一次、多次或反复加载）考虑可能发生的破坏形式，然后确定所应计算的应力，并按不同的应力性质区别对待，使设计更加经济合理，确保容器的安全使用。

对于圆筒体大开孔结构的补强计算（一般是开孔率 $\rho > 0.5$），目前，国内常采用的计算方法是

HG/T 20582—2011 中的大开孔补强计算（压力面积法）和 GB/T 150.3—2011 中的分析法。以下将对这两种大开孔补强计算方法进行详细的介绍。

2.1　压力面积法的理论分析

压力面积法（开孔补强结构如图 2.1）来源于西德 AD 规范，这是一种近似的分析方法，它其实与等面积法开孔补强的基本原理是一致的，都是基于以开孔有效补强范围内由压力产生的载荷与圆筒、接管、补强元件等有效的金属面积承载能力与内压力载荷相平衡的静力平衡法，但是其补强的有效范围与等面积法不同，压力面积法的补强范围与孔径大小有关，其补强范围同开孔应力衰减范围相一致，因此可以用于开孔率 $\rho > 0.5$ 的场合。

HG/T 20582—2011《钢制化工容器强度计算规定》标准中提及的大开孔补强计算方法，是采用欧盟 EN 13445-3：2002 标准中的压力面积法进行编制的，同时引入欧盟标准中接管与壳体壁厚比的限制，相比 AD 规范在允许开孔直径方面做了较大的修改，在采用接管增厚补强的前提下，开孔率 ρ 可以等于 1。

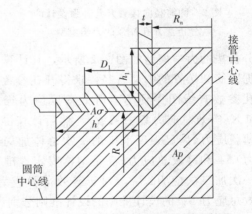

图 1　压力面积法开孔补强结构示意图

压力面积法的计算模型见图 1，该方法的计算通式如下：

$$(A_p / A_\sigma + 1/2) \cdot p \leqslant [\sigma] \quad （公式一）$$

式中：

A_p 为有效补强范围内压力的作用面积；

A_σ 为壳体、接管、补强元件的有效承载面积；

公式一经过变形为：$A_p \cdot P \leqslant A_\sigma \cdot ([\sigma] - P/2)$，可以看出，不等式左端为压力在圆筒有效补强范围内的受压面积上形成的载荷，右端为有效

补强范围中壳体等材料的抗拉承载能力。

2.2 分析法的理论分析

GB/T 150.3—2011 中的"圆筒径向接管开孔补强设计的分析法"（开孔补强结构如图 2 所示）是根据弹性薄壳理论，基于塑性极限和安定性分析得出的，通过一次加载时有足够的塑性承载能力和反复加载的安定要求来保证开孔安全，通过限制开孔周围的等效薄膜应力和等效总应力在一定的许用应力范围内，从而保证开孔处安全。该方法在满足标准规定的适用范围内，开孔率最大可以到 0.9。

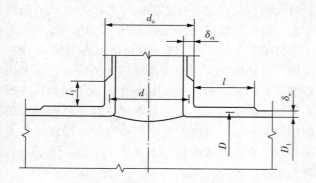

图 2 圆筒径向接管开孔补强设计的
分析法开孔补强的力学模型

分析法的力学模型如图 2.2 所示，其计算步骤是根据圆筒和接管的中面直径，求得开孔参数，通过开孔参数查线图得到 K_m（等效薄膜应力集中系数）和 K（等效总应力集中系数），然后计算得到：等效薄膜应力（满足强度准则的一次总体加局部薄膜应力）S_{II} 和等效总应力（满足结构安定性准则的最大一次加二次应力）S_{VI}，对于等效薄膜应力 S_{II} 和等效总应力 S_{VI} 的设计准则的设计准则分别为：

$$S_{II} \leqslant 2.2 [\sigma]', \quad S_{IV} \leqslant 2.6 [\sigma]';$$

式中：

$$S_{II} = K_m \frac{pD}{2\delta_e}, \quad S_{IV} = K \frac{pD}{2\delta_e}$$

3 大开孔补强算例计算

下面对开孔率 ρ 为 0.6、0.7、0.8、0.9 的四个算例，按 HG/T 20582—2011 中的压力面积法和

GB/T 150.3—2011 中的分析法分别进行开孔补强计算。

3.1 算例的设计条件及结构参数

算例采用圆筒体径向齐平型大开孔接管整体补强结构，为了便于比较，四个算例的筒体直径和壁厚不变，筒体和接管的材料均选用 Q345R，设计条件见表 1，结构简图见图 1，结构尺寸参数见表 2。

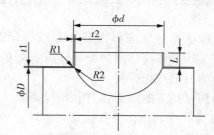

图 3 圆筒大开孔结构简图

表 1 圆筒大开孔补强计算设计条件

参数名称	设计压力（MPa）	设计温度（℃）	材 料	设计温度下的许用应力（MPa）	腐蚀裕量（mm）
壳体	1.2	200	Q345R	170	3
接管			Q345R	170	3

表 2 圆筒大开孔补强计算结构尺寸参数 （mm）

参数	开孔率（ρ）	圆筒内径（D）	圆筒壁厚（t1）	接管外径（d）	接管壁厚（t2）	接管伸出长度（L）	R1	R2
算例1	0.6	2000	20	1200	21	400	10	5
算例2	0.7	2000	20	1400	25	400	10	5
算例3	0.8	2000	20	1600	25	400	10	5
算例4	0.9	2000	20	1800	30	400	10	5

3.2 压力面积法计算结果

表 3 中列出了按 HG/T 20582—2011 压力面积法计算上述四个算例的结果，计算步骤及表中参数名称均按标准中的规定。

表3　压力面积法大开孔补强计算结果

	算例1	算例2	算例3	算例4
开孔率（ρ）	0.6	0.7	0.8	0.9
A1（N）	2161102	2489642	2829910	3091505
A2（N）	2242642	2547575	2886117	3157751
结果评定	A2>A1，合格	A2>A1，合格	A2>A1，合格	A2>A1，合格
富裕量（%）	3.8	2.4	2	2

注：$A1 = p \times (A_{ps} + A_{pb})$ N，$A2 = A_{fs}([\sigma_s] - 0.5p) + A_{fb}([\sigma_b] - 0.5p)$ N。

从表3中压力面积法计算的结果来看，四个大开孔补强计算的算例都满足强度计算要求。

3.3　分析法计算结果

表3.4中列出了按 GB/T 150.3—2011 分析法计算上述四个算例的结果，计算步骤及表中参数名称均按标准中的规定。

表4　分析法计算结果

	算例1	算例2	算例3	算例4
开孔率（ρ）	0.6	0.7	0.8	0.9
S_{II}（MPa）	343.63	340.63	367.44	348.03
$2.2[\sigma]'$（MPa）	374.00	374.00	374.00	374.00
结果评定	合格	合格	合格	合格
余量（%）	11	8.9	8.6	6.9
S_{VI}（MPa）	495.62	507.69	565.42	530.84
$2.6[\sigma]'$（MPa）	442.00	442.00	442.00	442.00
结果评定	不合格	不合格	不合格	不合格
余量（%）	-12.1	-14.9	-27.9	-20.1

从表3.4分析法的计算结果中可以看出，上述四个算例的等效薄膜应力 S_{II} 都满足评定准则的要求，但是等效总应力 S_{VI} 都不满足评定准则的要求，上述四个算例开孔补强强度计算都不合格。

3.4　计算结果分析

从上述四个算例的计算结果可以看出，对于不同开孔率的大开孔补强，在用压力面积法计算合格且富裕量很小的情况下，采用分析法进行补强计算

时，结果往往不合格。这是由于压力面积法在计算的时候，仅仅考虑到结构的薄膜应力，并未考虑到接管大开孔处的弯曲应力、局部薄膜应力和二次应力对开孔的影响。而分析法则认为对开孔补强起控制作用的还有要保证结构的安定性，而压力面积法并没有对结构的安定性进行考虑。

因分析法采用的是将弹性应力分析得到的名义应力进行分类，并且对不同类的应力强度采用不同的设计准则，该方法的出发点是：结构的极限承载能力对于设计载荷应满足一定的安全裕度，应使结构满足安定性要求。而压力面积法采用的是静力平衡法，只不过其补强范围同开孔应力衰减范围相一致。由此可以看出压力面积法的安全裕度相比分析法要偏小。

3.5　大开孔补强应力分析

为了更直观地显示大开孔补强的应力状态，以算例2为例，对该算例进行应力分析，利用 ANSYS 软件的应力线性化工具，对所定义的危险截面沿厚度方向进行应力线性化，得出各种类型的应力分量。对所定义的危险截面的应力沿厚度方向进行线性化，得出各种应力分量，然后按照 JB 4732—1995 表5-1对其进行评判。

3.5.1　力学模型及边界条件

根据圆筒体径向开孔的结构形状、受载条件和约束状况的对称性，沿圆筒体、开孔接管轴线共同形成的纵向剖面，建立1/4三维实体有限元模型。

对于大开孔，因接管本身刚性较小，在受压力载荷的情况下，接管会产生较大的变形（喇叭状），同时会在开孔的孔边产生较大的弯曲应力，通常接管往往是和法兰相连接的，由于法兰具有较大的刚性，相当于使接管端部的径向扩张（趋喇叭状），受到很大的约束。如果在没有法兰约束的情况下进行应力分析，所得到的结果会是相当的保守。为了模拟法兰对接管端部的刚性约束，将接管端面的节点坐标旋转到接管局部柱坐标系中，同时施加径向位移和经向转角的双重约束。

位移边界条件：在实体模型对称面上设定对称位移边界条件，使得结构对称平面的平面外移动和平面内旋转均为0。

力边界条件：在接管和圆筒的内表面上施加压

力载荷（1.2MPa），接管端面施加等效压力 P_1（－18.46MPa）；筒体端面施加等效压力 P_2（－35.75MPa）。

采用 ANSYS 有限元分析软件提供的 20 实体单元（Soild95）进行网格划分。含位移、载荷和内压边界条件的有限元模型如图 4 所示。

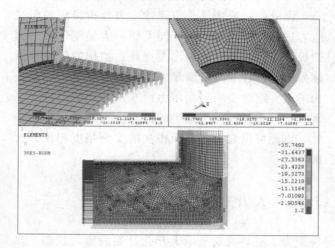

图 4　含位移、载荷和内压边界条件的有限元模型

3.5.2　应力强度评判及分析

对算例的危险截面（按文献 5 中规定）沿厚度方向进行线性化，应力分布图及应力线性化路径见图 5。

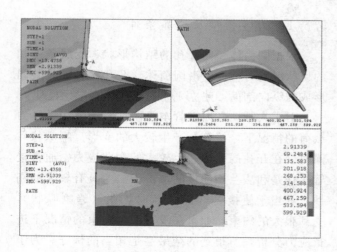

图 5　应力分布图及应力线性化路径 A-A

从图 5 中可以看出，大开孔接管补强的最大应力点在接管与筒体相连的内表面处，同时由于法兰刚性的存在，接管端部的径向扩张受到很大的约束，从而较大地约束了开孔边缘的变形。

应力线性化结果见图 6 所示。

从图 6 中可以看出，算例 2 路径 A-A 处的一

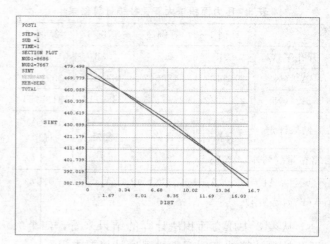

图 6　应力线性化结果

次局部薄膜应力 $S1_{II}$ 为 433.1MPa，一次加二次应力 $S1_{VI}$ 为 479.5MPa。应力评判的准则是：

$$S1_{II} \leqslant 1.5\,[\sigma]^t = 255\text{MPa},$$

$$S1_{IV} \leqslant 3\,[\sigma]^t = 510\text{MPa}.$$

由此可以看出算例 2 大开孔补强计算结果不合格。而分析法对算例 2 的计算结果为：等效薄膜应力 S_{II} 为 340.63MPa，等效总应力 S_{VI} 为 507.69MPa。

通过对上述应力计算结果的比较，显然采用分析法计算的等效薄膜应力 S_{II} 比 ANSYS 的计算结果要小很多，而两者算法所得的一次加二次应力 S_{VI} 比较接近，不过从应力评定准则可见，对于 S_{II}：分析法按 2.2 倍的许用应力评定，而有限元法按 1.5 倍的许用应力进行评定，可见两者所得结论基本一致；对于一次加二次应力 S_{IV}：分析法计算的结果比有限元法的要大一些。应力评定分析法按 2.6 倍的许用应力评定，而有限元法计算结果按 3 倍的许用应力进行评定。所以，对计算结果比较和评定准则进行综合分析，分析法的附加强度计算方法是可靠的且偏于安全的。

4　结论

通过对以上计算结果的分析和比较，可以看出，对于开孔率 $\rho > 0.5$ 的大开孔进行补强设计时，采用分析法得到的结果是安全的。尤于大开孔接管在压力载荷作用下由于变形协调所产生的弯矩往往会很大，这时候如采用压力面积法计算时，得到的补强往往不能够满足结构安定性的要求，所以当采

B 设计、传热

用压力面积法进行补强计算时，必须要留出足够多的有效金属面积余量，否则计算出的结果是不安全的。

同时从前面的分析可以看出，壳体大开孔处的受力情况较为复杂，对于分析法的使用条件一定要满足标准的相关规定，比如对于接管与筒体的结构必须满足 GB/T 150.3—2011 中 6.6.1 条的所有要求，又因为分析法是通过查图表进行计算的，所以需要注意接管与壳体的厚度比是要满足 $\max[0.5, \rho] \leqslant \delta_a/\delta_t \leqslant 2$ 这个限制条件的。

综上所述，GB/T 150.3—2011 提出的"圆筒径向接管开孔补强设计的分析法"将圆筒径向接管开孔补强设计的适用范围扩大至开孔率 0.9，与压力面积法相比，对于圆筒大开孔补强计算，分析法的计算结果更加准确，设计偏于安全可靠。

参 考 文 献

[1] 中华人民共和国国家质量监督检验检疫总局，中国国家标准化管理委员会：GB/T 150.3—2011 压力容器 第 3 部分：设计 [S]．北京：中国标准出版社，2012.

[2] 全国压力容器标准化技术委员会：JB 4732—1995 钢制压力容器—分析设计标准 [S]．北京：中国标准出版社，1995.

[3] 寿比南，杨国义，徐峰，等．GB 150—2011《压力容器》标准释义 [M]．北京：新华出版社，2012：147—181.

[4] 李建国．压力容器设计的力学基础及其标准应用 [M]．北京：机械工业出版社，2005.

[5] 薛明德，黄克智，李世玉，等．GB 150—2011 中圆筒开孔补强设计的分析法 [J]．化工设备与管道，2012，49 (3).

[6] 桑如苞，段瑞，王小敏，等．带法兰接管的压力容器圆筒大开孔补强计算方法 [J]．石油化工设备技术．2009 (6).

[7] 陆明万，桑如苞，丁利伟，等．压力容器圆筒大开孔补强计算方法 [J]．压力容器，2009 (3).

作 者 简 介

任超，男，高级工程师，陕西西安高新技术产业开发区唐延南路 7 号华陆大厦设备室，710065，联系电话：029—87989949

复合气瓶快速充氢温升过程的二维轴对称数值模拟

许 明　江 勇　陈学东　范志超　吴乔国

（合肥通用机械研究院，国家压力容器与管道安全工程技术研究中心
安徽压力容器与管道安全技术省级实验室　安徽　合肥　230031）

摘 要　复合材料气瓶是一种重要的储氢载体，由于充氢速度快（通常3～5分钟完成充氢过程），且复合材料导热率低，因此气瓶温度会升高。当温度超过85℃时，会导致外层树脂性能下降，进而影响气瓶的安全性。国际标准（如 ISO 15869）和规范（如 SAE TIR J2579）对充氢过程温度一般限制在85℃以下。本文针对80MPa高压储氢复合气瓶的充氢过程，采用二维轴对称模型数值模拟研究了气瓶充气过程中的瞬态温度场。数值模拟的结果表明在相同的充气条件下，长径比小的气瓶内最高充气温度低；长径比和入口管的位置都会改变气瓶内的流态，影响气瓶内高温区域的位置。

关键词　高压储氢；温度分布；快速充气；纤维缠绕复合气瓶；数值模拟

Two-dimension Alaxisymmetric Numerical Simulation on Fast Hydrogen Filling of Composite Overwrapped Pressure Vessel

Xu Ming　Jiang Yong　Chen Xuedong　Fan Zhichao　Wu Qiaoguo

（Hefei General Machinery Research Institute（National Engineering
Technical Research Center on PVP Safety，Anhui Key
Laboratory for Technology of General Mechanical Composite material）
Hefei，Anhui，230031）

Abstract　Composite overwrapped pressure vessel is a very important hydrogen carrier. Due to fast hydrogen filling speed（usually 3—5mins to complete the filling process）and low heat conductivity of composite material，the temperature of the vessel will increase. When the temperature surpasses 85℃，material property of the outer epoxy will degrade and further affect the safety of the vessel. International standard（ISO 15869）regulation（SAE TIR J2579）require the temperature during filling be below 85℃. This paper adopted a two-dimensional axisymmetric model to simulate transient temperature field of the vessel during filling，which is 80MPa high pressure hydrogen vessel. The simulation results show that with other filling condition the same，the smaller the ratio of length to radius，the lower the highest temperature in the vessel. The radius of length to radius and the inlet pipe position will change the fluid state and location of the high temperature in the vessel.

Keywords　high pressure hydrogen storage；temperature distribution；fast filling；composite overwrapped pressure vessel；numerical simulation

1 引言

氢能以其资源丰富、燃烧值高、燃烧产物无污染等优点，被认为是新世纪的重要二次能源。世界主要经济体都将氢能源作为各自发展重点，如美国、日本和欧盟都提出了氢能源的发展战略。我国国家发改委、国家能源局分别下发的《能源技术革命创新行动（2016－2030）》《能源技术革命重点创新行动路线图》将氢能源列为 15 项重点任务之一。氢能源已经成为各国能源战略的焦点，但氢能源利用还存在诸多技术需要克服，包括：氢能制备、氢能储运、氢能应用等。由于氢易燃、易爆、密度低、易泄漏，因此如何安全、高效地储氢成为氢能源利用中的关键问题。常用的储氢方式包括：低温液化、吸附储氢、金属氢化物储氢和高压储氢，其中高压储氢由于能耗低、易产业化、可常温操作，成为目前较为常用的储氢方式。复合材料气瓶由于其密度低，易于运输，而成为高压储氢气瓶的重要载体，如车载储氢气瓶大多采用金属内衬复合气瓶，内衬主要用于密封，复合层用于承载。

实际应用中，为了提高充氢效率，气瓶的充氢时间为 3～5 分钟，在氢气压缩过程中，由于氢气的焦耳－汤普森系数为负值，从高压气源进入到低压气瓶过程时，温度会上升；另一方面，气瓶中的氢气在压缩过程中，也会导致温度上升[1]。由于树脂对温度敏感性较高，当温度超过 85℃时，易导致树脂出现剥离现象[2]，因此国际标准和规范[3-4]一般规定复合气瓶在充气过程中，温度不能超过 85℃。因此研究高压复合气瓶充气过程中的温升对于复合气瓶的安全性具有重要意义。法液空公司 Etienne Werlen 等[5]对氢气快充过程进行了数值计算，认为氢气温升主要由充装速率、气瓶体积、气瓶壁的热力学参数等决定，并推导出充装后气瓶内部温度与压力等的解析解。加拿大英属哥伦比亚大学 Dicken 等[6]对快充温升进行了数值分析，应用 R－K 真实气体状态方程得出了用于绝热状态下快充过程气体温升的计算公式。荷兰 Heitsch 等[7]采用 CFD 研究气瓶充气过程中的影响因素，如内衬材料类型、外层保温性能。我国南开大学傅国旗等[8]对于吸附天然气储罐的吸气、放气过程，结合实际建立了较简化的一维非绝热模型并进行了数值模拟，分析比较了各种可能缓解充气热效应的措施。浙江大学陈虹港等[9]基于变质量系统热力学理论，研究了充入介质温度、循环频率、环境温度等参数影响对充气过程的温升影响规律。

本文以铝合金内衬复合气瓶为研究对象，该气瓶的工作压力为 80MPa，体积为 150L，内衬材料为铝合金 6061。研究气瓶在 －40℃氢气充入过程中的温升，阐明长径比、入口管位置对温升的影响规律。

2 数值模拟模型

铝合金内衬复合气瓶快速充气过程的数值模拟采用的是商业软件 ANSYS Fluent 13.0。Fluent 软件对流动的 Naviere-Stokes 方程采用守恒形式求解，是一种基于单元的有限体积法。时间格式采用的是二阶的隐式格式。运用 Fluent 的共轭传热计算功能，可以同时计算流体的对流传热和固体导热。在充气的初始状态时，认为气瓶周围的环境温度、氢气入口温度和气瓶内初始温度数值相同；在充气过程中，气瓶外壁和空气形成自然对流，对流传热系数值认为恒定。初步探索阶段为了提高计算效率，节约计算时间，将气瓶充气过程的流动简化为二维轴对称结构。

计算区域分为三个部分如图 1 所示，包括：气瓶内流体区域，铝合金内衬和外部复合碳纤维缠绕层。气瓶由一个长圆柱截面和两个圆形封头组成，内直径两种分别为 350mm（气瓶 A）和 450mm（气瓶 B），铝合金内衬厚度为 6mm，碳纤维缠绕层厚度为 35mm。进气口的直径为 16mm，进气口的伸入长度为 0mm 或 175mm。所有网格都采用了自动生成的非结构网格，内部网格控制在 4 mm 以下，并在所有壁面附近进行了加密。

在 Fluent 软件中采用了非定常和基于密度基耦合全部方程的求解方法。由于入口管的气体流速很高（尤其是在充气开始阶段）以及气体密度的剧烈变化，对于数值模拟的模型需谨慎选择。首先由于氢气的密度变化大和最终压力高，因此选择考虑到压缩效应的 Redlich-Kwong 真实气体方程。本文涉及的高压氢气流动需要采用湍流流动模型进行模拟，选择了 SST（剪切应力输运）湍流模型用于所有的数值模拟情况。该模型包括自动的壁面函数处

（a）气瓶A整体网格

（b）气瓶B整体网格

（c）进口局部网格

图1　气瓶的整体和局部网格

理。如果壁面区域附近有足够的网格分辨率，壁面函数功能不被激活，否则采用一种线性和对数组合的壁面函数（其中的混合因子允许用户设置）。

通过 Fluent 的 UDF 功能来设置气瓶充气入口的压力线性增加到 80MPa，快速充气时间为 300s，入口气体的温度为 −40℃。气瓶的初始温度为 293K，初始压力为 0.1MPa。气瓶内的氢气环境的热交换分为三个部分，即氢气与内壁面的对流传热、沿内衬和外层缠绕的热传导、气瓶外壁面和空气的对流传热。复合气瓶各层材料热学特性如表 1 所示，而气瓶外壁面和空气的自然对流传热系数设定为 $6\ W/m^2 \cdot K$，环境温度保持 293K 不变。综合考虑计算精度和计算效率，计算的时间步长设置为 0.002s，每个时间步的最大迭代次数为 40。

表1　气瓶各层材料热学特性

壁面层	密度 （kg/m^3）	比热 （$J/kg \cdot m$）	导热系数 （$W/m \cdot K$）
铝合金内衬	2719	902	167
碳纤维层	1570	840	0.612

3　气瓶几何对温升的影响

在充气过程中，气瓶的形状会影响气瓶内的流

动状态进而影响壁面热交换，气瓶内的温度分布会发生变化。本文数值模拟了两种长径比的气瓶，其内直径分别为 350mm 和 450mm，对应的长径比为 4.9 和 2.4，进气口的伸入长度为 0 mm 和 175mm 两种。

3.1　长径比的影响

图 2 给出了进气口的伸入长度为 175mm 时，不同长径比气瓶的平均温度随时间的变化曲线。可以看出，两种气瓶的平均温度差异不大，最终平均温度长径比为 4.9 的气瓶比长径比为 2.4 的气瓶高 5 K 左右。在充气的最初阶段（2s 以内）平均温度快速上升，然后有一段小幅回落，之后开始平稳上升。

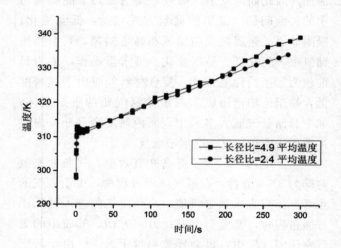

图2　不同长径比的气瓶在充气过程的
平均温度（进气口长度 175mm）

图 3 给出了不同长径比气瓶的平均温度和最高温度随时间的变化曲线。图 3 显示最高温度在充气的最初阶段（2s 以内）快速上升，之后变化趋势比较平稳。从最高温度比平均温度的值高很多可以看出气瓶内的温度分布存在严重不均匀现象。长径比为 4.9 气瓶的最高温度在充气的后半段上升不明显，而长径比为 2.4 气瓶的最高温度一直在线性增长。

气瓶充气过程中的关键时间点的流线图和温度分布如图 4 和图 5 所示。从图 4 长径比为 4.9 的气瓶温度分布和流线可以看出，最高温区域出现在气瓶的底端，而气瓶顶端出现一个温度稍低的局部高温区域。从流线图分析可知，由于进气口伸入瓶内一定距离，因此在瓶内中部位置形成一个大的回旋

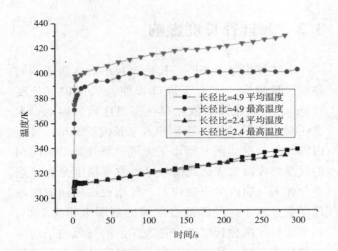

图 3　不同长径比的气瓶在充气过程的平均和最高温度

流区域，造成气瓶顶端与进气口形成一个小的回流区，而气瓶底端形成气体滞留区域。这两个流动区域分别对应了上述的局部高温区域，主要是因为流体滞留减弱了对流换热效果。

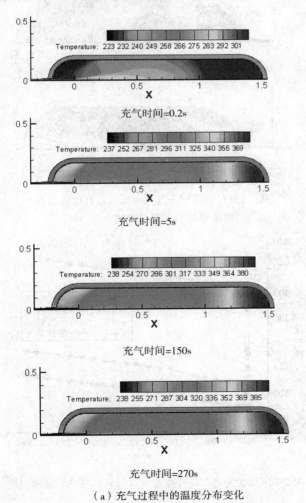

（a）充气过程中的温度分布变化

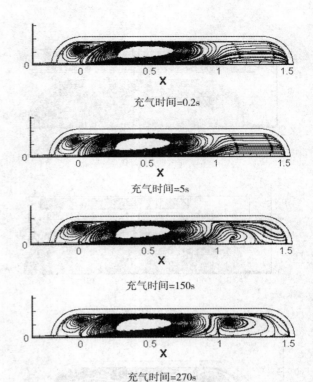

（b）充气过程中的流线图

图 4　长径比为 4.9 的气瓶在充气过程的流线和温度分布图

图 5 所示长径比为 2.4 的气瓶温度和流线图与长径比为 4.9 有比较明显的差异。局部高温区域只存在于气瓶顶端，气瓶底端没有局部高温局域。分析对应的流线可知，气瓶的长度缩短以后，进气口射流形成的流动回旋区域扩展到了气瓶底端，气瓶底端不再形成滞留区域，只在气瓶顶端形成回旋区域。最高温度区域对应了气瓶顶端的回旋滞留区。

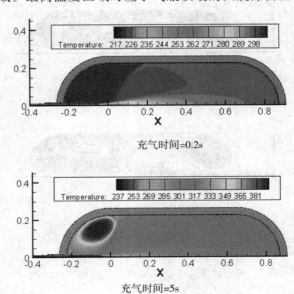

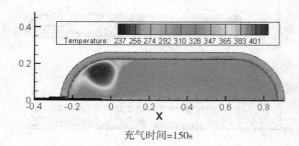

充气时间=150s

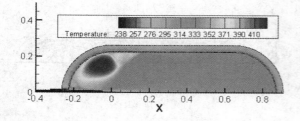

充气时间=270s

（a）充气过程中的温度分布变化

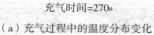

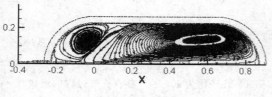

充气时间=0.2s

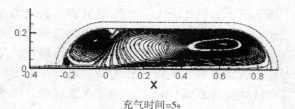

充气时间=5s

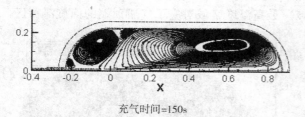

充气时间=150s

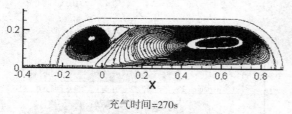

充气时间=270s

（b）充气过程中的流线图

图5　长径比为2.4的气瓶在充气过程的流线和温度分布图

B
设计、传热

3.2　入口管长度影响

上述模拟结果表明，长径比减小后气瓶底端的高温区域消失，但由于进口管伸入气瓶内（长度175mm），气瓶顶端依然存在高温区域。因此，本文还对比模拟了进口管不伸入（长度0mm）气瓶内的充气情况。图6给出了充气过程接近结束时刻的气瓶温度分布和流线图，可以发现温度分布比进口管伸入气瓶内时更加均匀，气瓶顶端的回旋区域尺度明显减小，局部高温区域的范围也相应缩小。图7比较了两种长度进口管条件下的气瓶内平均温度和最高温度，结果表明在平均温度几乎没有差异的情况下，进口管长度为0mm时的最高温度大幅降低。

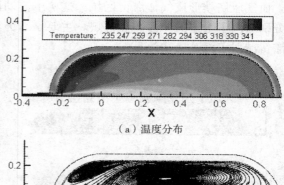

（a）温度分布

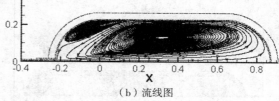

（b）流线图

图6　进口管不伸入气瓶时充气过程的流线和温度分布图（充气时间＝270s）

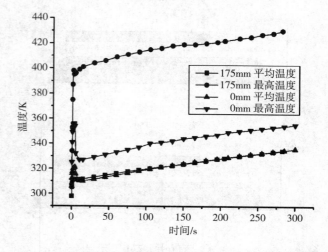

图7　不同长度进气管气瓶在充气过程的平均和最高温度

4 结论

本文针对某型工作压力为 80MPa，体积为 150L 的铝合金内衬复合氢气瓶，以数值模拟的方式研究了储氢气瓶快速充气引起温升的安全问题，研究了降低气瓶内最高温度的方法。主要研究工作和结论有：

（1）气瓶内流体主要为对流传热，因此对流状态对温度的升高和分布有很大的影响。当气瓶长径比为 4.9 时，由于进口射流形成的回旋扩展不到整个气瓶，气瓶底端会形成流体滞留现象导致局部高温区域。而长径比为 2.4 气瓶的进口射流形成的回旋区域能够充满整个气瓶，因此在底端没有出现局部高温区域。

（2）当进口管伸入气瓶内时，气瓶的顶端会形成滞留的回旋区域，也会导致此区域局部高温。而进口管不伸入气瓶内可以减小滞留区域尺度，明显改善温度的不均匀性，大幅降低最高温度。

感谢国家重点研发计划课题（2016YFC0801902）、安徽省科技攻关项目（1604A0902163）和安徽省自然科学基金（1608085ME111）对本文的资助。

参 考 文 献

1. Dicken C J B，Merida W. Measured effects of filling time and initial mass on the temperature distribution within a hydrogen cylinder during refueling［J］. Journal of Power Sources，2007，165：324－336.

2. 刘延雷. 高压氢气快充温升控制及泄漏扩散规律研究［D］. 浙江大学，2009.

3. ISO/TS 15869－2009 Gaseous hydrogen and blends-Land vehicle fuel tanks.

4. SAE TIR J2579 Standard for fuel systems in fuel cell and other hydrogen vehicles.

5. Werlen E. Thermal effects related to H2 fast filling in high pressure vessels depending on vessels type and filling procedures：modeling，trials and studies［C］，European Energy Conference. September 2003.

6. Dicken，C J B，Merida W. Measured effects of filling time and initial mass on the temperature distribution within a hydrogen cylinder during refueling［J］. Journal of Power Sources. 2007；165：324－336.

7. Heitsch M，Baraldi D，Moretto P. Numerical investigations on the fast filling of hydrogen tanks［J］. International Journal of Hydrogen Energy 2011；36：2606－2612.

8. 傅国旗，周理. 吸附天然气储罐充气过程的数学模拟［J］. 化工学报，2003，54（10）：1419－1423.

9. 陈虹港. 70MPa 复合材料氢气瓶液压疲劳试验装置及压力和温度控制方法研究［D］. 浙江大学.

作 者 简 介

许明，男，工程师，合肥通用机械研究院，安徽合肥市长江西路 888 号，230031，手机：13655514713，电子邮箱：sa06005021@163. com。

碳纤维复合材料高压气瓶缠绕层设计与自紧分析

吴乔国　陈学东　范志超　江　勇　张晓强　聂德福

（合肥通用机械研究院国家压力容器与管道安全工程技术研究中心

通用机械复合材料技术安徽省重点实验室　安徽　合肥　230031）

摘　要　以碳纤维复合材料高压气瓶为对象，通过网格理论和数值模拟开展了气瓶的缠绕层设计与自紧压力分析。气瓶筒身采用环向与螺旋组合缠绕，封头采用螺旋缠绕，并基于网格理论确定了纤维缠绕厚度、缠绕角度与缠绕层数等设计参数。在理论分析的基础上建立了气瓶的有限元模型，开展了气瓶爆破压力预测和自紧压力分析研究，结果表明：气瓶爆破压力预测值高于设计值；自紧压力会显著影响气瓶的纤维应力比与内衬在工作压力下的应力水平，通过自紧处理（压力 96MPa），内衬等效应力最大值降低了 16.5%，纤维强度发挥率提高了 5.9%。本文研究可以为复合材料高压气瓶设计与使用提供参考。

关键词　复合材料；高压气瓶；设计；爆破压力；自紧压力

Winding Design and Autofrettage Analysis of Carbon Fiber Wrapped Composite High-Pressure Cylinder

Wu Qiaoguo　Chen Xuedong　Fan Zhichao　Jiang Yong
Zhang Xiaoqiang　Nie Defu

（National Safety Engineering Technology Research Center

for Pressure Vessels and Pipelines，Anhui Key Laboratory of

Composite Technology for General Machinery，

Hefei General Machinery Research Institute，Hefei 230031，China）

Abstract　Winding design and autofrettage pressure analysis of carbon fiber wrapped composite high-pressure cylinder were studied through the methods of netting theory and numerical simulation. Hoop and helical layers were winded on the cylindrical part of the cyliner，and only helical layers were winded on the head. Based on the netting theory，design parameters such as fiber winding thickness，winding angles and winding layer numbers were determined. Finite element model of the composite cylinder loaded by internal pressure was developed according to the design parameters. Numerical studies on the burst pressure prediction and the autofrettage pressure analysis were carried out. The results revealed that the predicted burst pressure was slight larger than the design one；the fiber stress ratio and the liner stress under working pressure were significantly affected by the autofrettage pressures. The maximum equivalent stress value of the liner was decreased by 16.5% and the action rate of the fiber strength was increased by 5.9% after the autofrettage with the pressure of 96MPa. The present work is helpful for the design and operation of the composite high-pressure cylinders.

Keyword　composite；high-pressure cylinder；design；burst pressure；autofrettage pressure

1 引言

纤维缠绕复合材料气瓶因具有高比强度、高比模量、抗疲劳性能好和结构设计灵活等优点，在航天、航空、石油化工和新能源汽车等领域得到了广泛应用[1,2]。纤维增强复合材料具有各向异性的特点，其力学性能与纤维的缠绕角度、缠绕层数和缠绕序列等密切相关。并且，其失效模式多样、失效机理复杂，存在纤维拉伸与压缩、基体拉伸与压缩、分层等多种失效机制[3,4]。复合材料力学行为的多变性，在增加该类压力容器设计灵活性的同时也增加了其设计的复杂性，仅靠简化的网格理论对容器进行设计难以满足其高可靠性和高性能的要求[5]。为减少试验量和节约成本，采用理论分析与数值模拟相结合的方法对复合材料高压气瓶进行前期设计与分析显得非常必要。

本文主要工作是开展铝合金内衬碳纤维复合材料高压气瓶的缠绕层设计与自紧压力分析。首先，基于网格理论确定气瓶纤维缠绕层的缠绕厚度、缠绕角度与缠绕层数等设计参数。然后，根据设计参数建立有限元模型，对复合材料气瓶的爆破压力进行预测，并与设计值比较。最后，开展复合材料气瓶在自紧压力－零压力－工作压力－爆破压力下的顺序计算，获得纤维应力比、内衬等效应力随自紧压力的变化关系，分析自紧压力对内衬等效应力最大值降低及纤维强度发挥率提高的影响程度。

2 复合材料气瓶的缠绕层设计

2.1 内衬结构

碳纤维缠绕复合材料气瓶的内衬结构示意图如图1所示，内衬总长为1950mm，外径为350mm，筒身壁厚为8mm，总容积为150L。内衬两端为椭圆形封头，采用变厚度设计，并分别有两个极孔，极孔内径为52mm，外径为95mm。

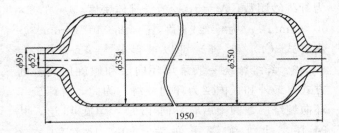

图 1 复合材料气瓶内衬结构

2.2 碳纤维缠绕层设计

根据内衬形状和结构特点，气瓶筒身采用环向和螺旋组合线型缠绕，封头采用螺旋缠绕。根据测地线缠绕轨迹，筒身段和封头段的螺旋缠绕角有[6]：

$$\alpha = \arcsin(r_0/r) \tag{1}$$

式中 r_0 为极孔外半径，r 为缠绕位置的平行圆半径。由式（1）可得筒身段的螺旋缠绕角为 $\alpha_0 = 16°$。筒身段的纤维缠绕厚度和缠绕层数可以通过网格理论进行初步设计，螺旋和环向缠绕的纤维厚度可以通过其与内压的关系导出[7-9]：

$$t_{f\alpha} = K \frac{RP_b}{2K_s K_a \sigma_{fb} \cos^2 \alpha_0} \tag{2}$$

$$t_{f\theta} = \frac{RP_b}{2K_\theta \sigma_{fb}}(2 - \tan^2 \alpha_0) \tag{3}$$

式中 $t_{f\alpha}$ 为螺旋缠绕纤维厚度，$t_{f\theta}$ 为环向缠绕纤维厚度；K 为补强系数，取值范围为 $1.05 \sim 1.4$，这里取 1.3[7]；K_s 为应力平衡系数，取 0.75；K_a 和 K_θ 分别为螺旋和环向缠绕纤维强度发挥系数，这里取 $K_a = 0.63$，$K_\theta = 0.8$[8]；σ_{fb} 为纤维拉伸强度，取 $4900MPa$[10]；R 为筒身外半径，P_b 为爆破压力。本文气瓶的设计工作压力为 $80MPa$，根据标准 ISO 15869[11]，最小爆破压力为 $160MPa$。由公式（2）和（3）可以求得 $t_{f\alpha} = 8.51mm$，$t_{f\theta} = 6.85mm$。

纤维缠绕层数可由下面的公式确定[9]：

$$n_a = t_{f\alpha} \cdot \frac{b_a}{M} \cdot \frac{\varrho_f}{\varrho_n} \tag{4}$$

$$n_\theta = t_{f\theta} \cdot \frac{b_\theta}{M} \cdot \frac{\varrho_f}{\varrho_n} \tag{5}$$

式中 n_a 为螺旋缠绕层数，n_θ 为环向缠绕层数；b_a 和 b_θ 分别为螺旋和环向纱片宽度，$b_a = b_\theta = 12mm$；M

为纤维纱团数，$M=5$；ρ_f 为纤维体密度，$\rho_f=1.8\times 10^{-3} g/mm^3$；$\rho_n$ 为纤维线密度，$\rho_n=8\times 10^{-4} g/mm$[10]。由公式（4）和（5）可以求得 $n_a=45.95$，$n_\theta=36.99$。纤维缠绕一般采用环向层和螺旋层交替的方式，最外和最内层为环向缠绕。为此，对螺旋和环向缠绕层数圆整后有环向 48 层，螺旋 46 层，共 94 层，纤维缠绕序列为 $[90_2/\ 16_2/\ 90_2.../\ 16_2/\ 90_2]$。

根据缠绕层数复算螺旋和环向缠绕纤维厚度有 $t_{fa}=8.51\times 46/45.95=8.52mm$，$t_{f\theta}=6.85\times 48/36.99=8.89mm$。假设已知纤维体积分数 $V_f=60\%$，可由下式求得碳纤维/环氧树脂复合材料的螺旋层厚度 t_a 和环向层厚度 t_θ

$$t_a=t_{fa}/V_f \tag{6}$$

$$t_\theta=t_{f\theta}/V_f \tag{7}$$

经计算有 $t_a=14.2mm$，$t_\theta=14.82mm$。

复合材料螺旋层单层厚度 t_{sa} 和环向层单层厚度 $t_{s\theta}$ 分别为

$$t_{sa}=t_a/n_a \tag{8}$$

$$t_{s\theta}=t_\theta/n_\theta \tag{9}$$

经计算有 $t_{sa}=0.31mm$，$t_{s\theta}=0.31mm$。

根据筒身段螺旋缠绕厚度，可由下式求得到封头段螺旋缠绕厚度为[12]

$$t_f=\frac{R\cos[\sin^{-1}(r_0/R)]}{r\cos[\sin^{-1}(r_0/r)]}t_{fa} \tag{10}$$

3 复合材料气瓶的有限元计算与分析

3.1 有限元模型

气瓶内衬和复合材料层的有限元模型以及筒身的铺层方式见图 2，由于气瓶结构和载荷的对称性，这里建立气瓶环向 1/4 模型。内衬结构尺寸和复合材料层的缠绕参数详见上一节内容。内衬采用 C3D8R 线性缩减积分单元，共 4134 个节点和 2520 个单元。复合材料层采用 S4R 厚壳单元，共 2071 个节点和 1944 个单元。气瓶对称面上施加对称约束，极孔端面施加轴向位移及绕另外两个方向的转动约束，复合材料层和内衬接触表面之间施加绑定约束。

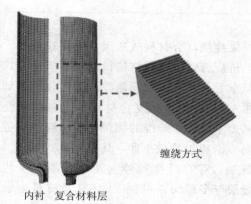

内衬 复合材料层

缠绕方式

图 2 有限元模型

3.2 材料本构

气瓶内衬材料为 6061 T6 铝合金，计算时采用线性应变硬化本构，弹性模量 $E=70GPa$，屈服强度 $\sigma_y=246MPa$，抗拉强度 $\sigma_b=324MPa$，泊松比 $\upsilon=0.33$[13]。

纤维增强复合材料的失效模式通常有纤维拉伸失效、纤维压缩失效、基体拉伸失效和基体压缩失效等四种常见形式，这里采用 Hashin 准则[14]，表述如下：

$$F_f^t=\left(\frac{\sigma_1}{X^T}\right)^2+\alpha\left(\frac{\sigma_6}{S^L}\right)^2$$

纤维拉伸失效（$\sigma_1\geqslant 0$） (11)

$$F_f^c=\left(\frac{\sigma_1}{X^C}\right) \quad 纤维压缩失效（\sigma_1<0）(12)$$

$$F_m^t=\left(\frac{\sigma_2}{Y^T}\right)^2+\left(\frac{\sigma_6}{S^L}\right)^2$$

基体拉伸失效（$\sigma_2\geqslant 0$） (13)

$$F_m^c=\left(\frac{\sigma_2}{2S^T}\right)^2+\left[\left(\frac{Y^C}{2S^T}\right)^2-1\right]\frac{\sigma_2}{Y^C}+\left(\frac{\sigma_6}{S^L}\right)^2$$

基体压缩失效（$\sigma_2<0$） (14)

式中 X^T 和 X^C 分别为轴向和横向拉伸强度，Y^T 和 Y^C 分别为轴向和横向压缩强度，S^L 和 S^T 分别为轴向和横向剪切强度，α 为剪切应力对纤维拉伸失效的贡献系数，σ_1、σ_2 和 σ_6 为应力分量。当损伤变量 F_f^t、F_f^c、F_m^t、$F_m^c\geqslant 1.0$ 时，认为材料对应的失效模式已经处于损伤状态。

气瓶增强材料选择 T700 碳纤维，基体材料为环氧树脂，计算参数见表1。

表1 T700 碳纤维/环氧树脂计算参数

E_1 (MPa)	E_2 (MPa)	υ_{12}	G_{12} (GPa)	G_{13} (GPa)	G_{23} (GPa)	X^T (MPa)
154100	10300	0.28	7092	7092	3792	2500

X^C (MPa)	Y^T (MPa)	Y^C (MPa)	S^L (MPa)	S^T (MPa)	α	
1250	60	186	85	93	1.0	

3.3 气瓶爆破压力预测及分析

利用纤维拉伸断裂准则（公式（11），$F_f = 1$）对气瓶爆破压力进行预测，图3给出了不同内压下的纤维拉伸断裂失效损伤变量 F_f' 和内衬最大等效应力值 $\sigma_{eq, mises}$。从图中可以看出，损伤变量 $F_f' = 1$ 对应的内压为 237MPa，有限元计算得到的爆破压力值高于其设计值 160MPa，二者相差 48.1%。从图3还可以看出，气瓶在 80MPa 工作压力作用下，纤维拉伸断裂失效损伤变量 F_f' 仅为 0.082，而内衬等效应力已经达到 249MPa。可见，在内衬达到屈服状态时，纤维的强度并没有得到充分发挥。图4为 80MPa 工作压力和 237MPa 爆破压力下的气瓶内衬等效应力云图和复合材料层纤维向应力云图。工作压力和爆破压力下的复合材料纤维向最大应力分别为 733.9MPa 和 2487MPa，纤维应力比为 3.39，明显高于 ISO 15869 标准[11]中规定的最小值 2.0。工作和爆破压力下内衬几乎全屈服，爆破压力下的内衬等效应力最大值为 272.1MPa。

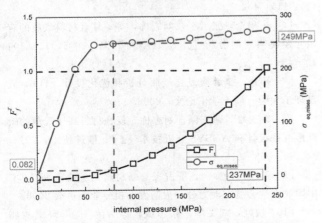

图3 爆破压力理论预测和内衬等效应力计算结果

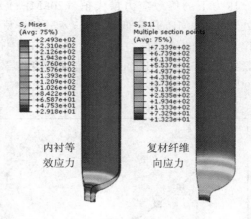

（a）工作压力

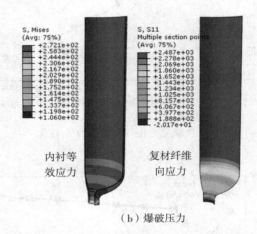

（b）爆破压力

图4 内衬和复合材料层的应力云图

3.4 自紧分析

为提高气瓶的承载能力和抗疲劳性能，充分发挥纤维的高强度特性，自紧处理成为复合材料气瓶投入使用前的一项重要工艺。ISO 15869 标准[11]规定，对于工作压力大于 35MPa 的碳纤维复合材料气瓶，其纤维应力比应不小于 2.0。为此，这里开展了气瓶在不同自紧压力下的应力分析，得到了纤维应力比随自紧压力的变化关系（见图5）。依据标准要求，自紧压力应小于 204MPa。内衬在自紧压力卸载后零压和工作压力下的等效应力最大值随自紧压力的变化关系见图6。当自紧压力增加时，内衬在零压力下的等效应力最大值增加，在工作压力下的等效应力最大值减小。当自紧压力取 96MPa 时，内衬在零压下的等效应力最大值为 233MPa（屈服强度的 95%），工作压力下的等效应力最大值为 208MPa，均小于屈服强度值 246MPa。内衬在工作压力下的等效应力最大值（208MPa）较无自紧处理（249MPa）降低了16.5%。复合材料层在工作压力下的纤维向应力最大值（777MPa）较无自紧处理（733.9MPa），其纤维强度发挥率提高了5.9%。

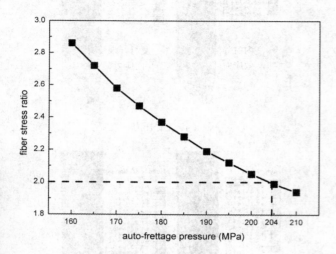

图5　纤维应力比与自紧压力的关系

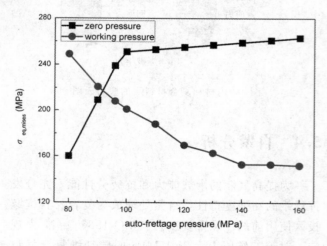

图6　内衬等效应力最大值与自紧压力的关系

4　结论

（1）开展了碳纤维复合材料高压气瓶的缠绕层设计，基于网格理论确定了纤维缠绕厚度、缠绕角度与缠绕层数等设计参数。

（2）根据复合材料气瓶设计参数建立了有限元模型，通过纤维拉伸断裂失效准则计算了气瓶的爆破压力，计算结果高于设计值。

（3）开展了复合材料气瓶在自紧压力-零压力-工作压力-爆破压力下的顺序计算，获得了纤维应力比、内衬等效应力随自紧压力的变化关系。通过自紧处理（压力96MPa），内衬在工作压力下的等效应力最大值较未自紧降低了16.5%，纤维强度发挥率提高了5.9%。

致谢

感谢国家重点研发计划课题（2016YFC0801902）、安徽省科技攻关计划项目（1604a0902163）和安徽省自然科学基金（1608085ME111）对本文的资助。

参考文献

[1] Liu PF, Chu JK, Hou SJ, et al. Micromechanical damage modeling and multiscale progressive failure analysis of composite pressure vessel [J]. Computational Materials Science, 2012, 60: 137－148.

[2] Wu QG, Chen XD, Fan ZC, et al. Stress and damage analyses of composite overwrapped pressure vessel [J]. Procedia Engineering, 2015, 130: 32－40.

[3] Chang XL, Yang F, Zhang YH, et al. Finite element analysis of composite overwrapped pressure vessel based on the laminated plate theory [J]. Advanced Materials Research, 2014, 886: 444－447.

[4] Liu PF, Chu JK, Hou SJ, et al. Numerical simulation and optimal design for composite high-pressure hydrogen storage vessel: A review [J]. Renewable and Sustainable Energy Reviews, 2012, 16: 1817－1827.

[5] 王晓宏，张博明，刘长喜，等. 纤维缠绕复合材料压力容器渐进损伤分析 [J]. 计算力学学报，2009，26（3）：446－452.

[6] 杨福全，张天平，刘志栋，等. 复合材料气瓶的有限元建模与屈曲分析 [J]. 真空与低温，2005，11（1）：40－45.

[7] 郑强. 全缠绕复合气瓶分析和优化设计 [D]. 武汉理工大学，硕士学位论文，2008.

[8] 李玉峰，靳庆臣，刘志栋. 复合材料高压气瓶的碳纤维缠绕设计和ANSYS分析技术 [J]. 推进技术，2013，34（7）：968－976.

[9] 张漩，肖加余，罗占飞. 新材料的缠绕气瓶 [C]. 中国航空学会航空动力分会火箭发动机专业委员会 2006.

[10] 魏虹，刘义华，张志斌，等. 耐160℃环氧树脂及其在缠绕壳体上的应用技术研究 [J]. 制造技术研究，

设计、传热

2014，5：22—25.

[11] ISO/TS 15869. Gaseous hydrogen and hydrogen blends-land vehicle fuel tanks. 2009.

[12] 王耀先. 复合材料结构设计 [M] . 北京：化学工业出版社，2001.

[13] Liu PF，Xing LJ，Zheng JY. Failure analysis of carbon fiber/epoxy composite cylindrical laminates using explicit finite element method [J] . Composites：Part B，2014：54—61.

[14] Hashin Z. Failure criteria for unidirectional fiber composites [J] . Journal of Applied Mechanics，1980，47：329—334.

缠绕气瓶最佳自紧压力分析与缠绕层
表面损伤安全评估

宋宇轩[1]　陈海云[2]　丁振宇[1]　高增梁[1]

（1. 浙江工业大学化工机械设计研究所　浙江杭州　310014；

2. 杭州市特种设备检测研究院　浙江杭州　310051）

摘　要　玻璃纤维缠绕气瓶在日常生产和生活中应用广泛。缠绕气瓶的自紧工艺对于充分利用其缠绕层优良的力学性能起到了关键作用。运用有限元分析方法，通过对多种型号的缠绕气瓶自紧压力的模拟，建立自紧压力与气瓶强度的曲线关系，并得到不同型号的缠绕气瓶的最佳自紧压力。同时，气瓶在使用过程中不可避免会受到撞击、磕碰，从而在缠绕层上产生环向缺陷。针对气瓶的环向缺陷，本文通过带多个环向缺陷的气瓶与完整气瓶的疲劳寿命与强度计算结果的对比，分析了环向缺陷对各种型号气瓶的整体强度和安全性能的影响。

关键词　缠绕气瓶；有限元；疲劳寿命；环向缺陷

The Autofrettage Pressure Optimization for Composite Cylinder and Analysis of Surface Damage of Composite Material Winding Layer

Song Yuxuan[1]　Chen Haiyun[2]　Ding Zhenyu[1]　Gao Zengliang[1]

（1. Institute of Process Equipment and Control Engineering,

Zhejiang University of Technology, Hangzhou 310014, China;

2. Hangzhou Special Equipment Inspection and Research Institute, Hang zhou 310051）

Abstract　The composite cylinders have widespread applications in daily production. The autofrettage technique plays an important role in improving strength of composite material winding layer. The autofrettage pressure of various kinds of composite cylinders was calculatedby finite element method. According to the results of finite element analysis, the curvilinear relationship betweenautofrettage pressure and strengthwas established, and the autofrettage pressure optimization of various kinds of composite cylinder was also obtained. In the using process of composite cylinder, it will inevitably produces surface hoop defects due to cashing and bumping. According to results of the analysis of fatigue life and stress for composite cylinder with surface hoop defects, the influence of hoop defect for the general strength and safety of all kinds of cylinder was obtained.

Keywords　filament winding cylinder; finite element method; fatigue life; hoop defect

1 前言

车用玻璃纤维环向缠绕气瓶是我国使用量巨大，生产厂家众多的一种气瓶，其原理为由金属内胆承受部分环向及全部的纵向载荷，外部缠绕层承受剩余的环向载荷。在气瓶的使用过程中，要经历多次的加压和卸压过程，是典型的疲劳循环加载过程，此过程萌生的疲劳裂纹沿着瓶壁扩展，导致气瓶出现破裂泄漏的失效现象，精确预测缠绕气瓶的疲劳寿命具有重要的意义。此外，由于缠绕层与内胆的力学性能不同，当缠绕层的紧度不足时，会出现金属内胆已经处于屈服状态，但缠绕层还处于低应力状态的现象，这就不能发挥缠绕层优良的强度性能。为了防止这种现象的产生，气瓶在使用前会进行适当的加内压处理，在压力卸载后，内胆塑性区会产生残余压应力，弹性区则会产生残余拉应力，这样就可以提高气瓶的疲劳寿命，也可以体现缠绕层的高强度性能，这种工艺叫作缠绕气瓶的自紧工艺，施加的内压称为自紧压力。

由于市场上缠绕气瓶的规格众多，不同型号的气瓶的最佳自紧压力也不同，如果使用同样的自紧压力，往往发挥不出缠绕层优良的高强度性能。刘培启等通过对各种标准的缠绕气瓶壁厚的设计方法的对比，分析了壁厚不同的缠绕气瓶的自紧压力的合理范围[1]。谢志刚等探究了缠绕气瓶的爆破机理，并对气瓶的自紧压力进行了优化设计[2]。目前，国内缠绕气瓶的设计与验收主要参照GB24160—2009标准[3]。本文通过对不同型号的缠绕气瓶的有限元分析计算，建立了自紧压力和气瓶强度的曲线关系，得到了不同型号的缠绕气瓶的最佳自紧压力。

纤维复合材料具有良好的力学性能，但是表面硬度低，易划伤，耐磨性差。在复合材料缠绕气瓶的使用过程中，会发生摩擦、撞击等情况使得缠绕层造成损伤。现阶段对于复合气瓶表面损伤的极限尺寸，GB24162—2009标准[4]做出了较为明确的规定，由划伤、磨损等原因造成的表面缺陷的深度不能超过1.25mm。然而此标准缺乏系统科学的理论论证和安全说明，使得很多即使存在缺陷，却依然可用的气瓶被判定报废。为了论证缠绕气瓶表面缺陷对气瓶的强度与疲劳性能造成的损伤，国内许多学者已经对缠绕气瓶的表面缺陷进行了系统的研究。蒋喜志等对气瓶表面单个环向缺陷进行了强度分析[5]。成志钢认为缠绕层主要承受环向载荷，所以其表面的环向缺陷对气瓶的疲劳性能可能没有太大的影响[6]。本文通过对经过最佳自紧压力处理后，带多个深度为1.25mm的环向缺陷的缠绕气瓶的强度和疲劳寿命进行了计算，分析了环向缺陷对缠绕气瓶安全性的影响。

2 分析过程

市场上主流的缠绕瓶规格按气瓶内胆外径分为三个不同的系列，分别为 $\phi325mm$、$\phi356mm$、$\phi406mm$。根据某企业提供的缠绕气瓶参数，三种规格气瓶的工作压力均为20MPa，水压试验压力为30MPa，疲劳试验压力为26MPa。本文对市场上的3种系列的缠绕气瓶进行了最佳自紧压力的分析，并进行安全评估。一般来说，缠绕气瓶最佳自紧压力的范围为1.2～2.0倍的工作压力，因此，本文分析计算的自紧压力范围为24～40MPa。同时，本文分别分析计算了3个系列表面带有多个环向缺陷的气瓶，其内衬以及缠绕层在20MPa工作压力的应力分布，并根据新的应力幅值-循环次数曲线，对含有环向缺陷与完整车用缠绕瓶的疲劳寿命进行计算。本文在所有分析过程中假设缠绕纤维已经处于拉紧的状态。

3 气瓶参数、模型及分析步骤

3.1 设计参数

车用缠绕气瓶的设计参数如表1所示。

表1 各系列缠绕气瓶的主要尺寸

内胆外径 /mm	内胆壁厚 /mm	缠绕层厚度/mm	工作压力 /MPa	疲劳试验压力 /MPa
325	5.0	5.6	20	26
356	5.4	5.6	20	26
406	5.8	5.6	20	26

缠绕气瓶的环向缺陷的尺寸如表2所示。

表2　缠绕气瓶的表面缺陷尺寸

环向长/mm	轴向宽/mm	缺陷深/mm	缺陷间距/mm
50	20	1.25	80

3.2　材料参数

车用缠绕气瓶的内胆材料为30CrMo，缠绕层为158B 450玻璃纤维/环氧树脂复合材料，其基本材料参数与缠绕层复合材料的弹性参数分别如表3与4所示。

表3　材料参数

牌号	弹性模量/GPa	泊松比	屈服强度/MPa	拉伸强度/MPa	延伸率/%
30CrMo	206	0.29	690	815	14
158B 450	70	/	/	1530	2.5

表4　玻璃纤维复合材料单向板弹性常数

E_x /GPa	E_x /GPa	E_x /GPa	V_{xy}	V_{xy}	V_{xy}	G_{xy} /GPa	G_{xy} /GPa	G_{xy} /GPa
47.33	8.97	8.97	0.26	0.25	0.26	6.2	3.59	6.2

30CrMo的真应力-应变曲线如图1所示。

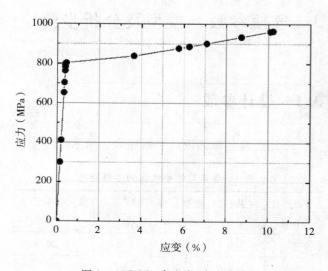

图1　30CrMo真应力-应变曲线

3.3　分析步骤

采用ANSYS软件进行有限元分析，气瓶内衬采用Solid95单元，缠绕层采用Solid46单元。其中Solid95单元支持塑性和大变形等非线性行为；Solid46是一种各向异性的3D实体单元，支持塑性和大变形等非线性行为。

根据缠绕气瓶的具体结构，建立带多个环向缺陷的气瓶有限元模型，如图2所示，气瓶上的环向缺陷如图3所示。

图2　缠绕气瓶模型网格图

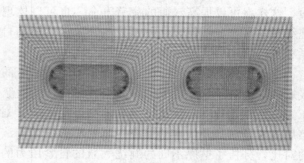

图3　带环向缺陷的缠绕气瓶模型网格图

以φ325mm系列的缠绕气瓶为例，某企业提供的气瓶水压爆破试验压力为59MPa，破口位置如图4所示。

图4　缠绕气瓶水压爆破试验破口图

整个气瓶的有限元模拟过程为：0MPa→自紧压力→0MPa→20MPa→26MPa→30MPa→59MPa。

先施加自紧压力，之后卸载至0MPa，再加载到工作压力20MPa，然后加载至疲劳试验压力26MPa，接着加压至水压试验压力30MPa，最后施加59MPa的爆破压力。

4 数据分析与讨论

经过24~40MPa的自紧压力处理后，工作压力下，3种系列的缠绕气瓶最大Mises应力与自紧压力变化的曲线关系如图5所示。由图可知，ϕ325mm系列的气瓶经过34MPa自紧压力处理后，内衬在工作压力下的Mises应力最小，同样ϕ356mm与ϕ406mm系列的气瓶分别经过34MPa与36MPa的自紧压力处理后，内衬在工作压力下的Mises应力最小。

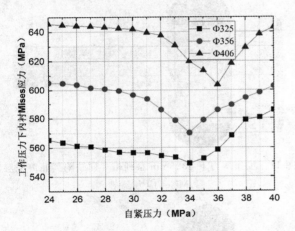

图5　工作压力下，各系列缠绕气瓶Mises应力与自紧力曲线关系图

根据有限元的计算结果，各系列气瓶的纤维应力比如图6所示。由图可知，经过31~38MPa的自紧压力处理后，气瓶的所有计算结果均能满足GB 24160—2009标准的规定，即纤维应力（最小设计爆破压力下纤维应力与工作压力下纤维应力之比）比不能小于2.75。

表5　疲劳试验压力下，各系列缠绕气瓶的疲劳寿命

内胆外径/mm	应力幅/MPa	疲劳寿命（次）	应力幅[注]/MPa	疲劳寿命[注]（次）
325	355.4	18649	358.7	17512
356	349.9	20740	351.7	20027
406	348.2	21439	350.8	20380

注：后两列为同系列带有多个环向缺陷的气瓶计算结果

按照GB 24160—2009标准规定，缠绕气瓶的疲劳寿命必须大于15000次。标准同样规定缠绕气瓶的疲劳寿命次数的计算，要求在不大于2~26MPa的循环压力下进行，但是考虑到试验的实际情况，试验机无法稳定2MPa的循环压力，所以疲劳分析时采用0~26MPa的循环载荷。本文采用陈璐启等通过气瓶疲劳试验得出的新疲劳寿命曲线来计算气瓶的疲劳寿命[7]。由表5可知，ϕ325mm系列的气瓶经过34MPa自紧压力处理后的疲劳寿命为18649次；ϕ356mm系列的气瓶经过34MPa自紧压力处理后的疲劳寿命为20740次；ϕ406mm系列的气瓶经过36MPa自紧压力处理后的疲劳寿命为21439次，均达到了标准中规定的不小于15000次的要求。

综上所述，ϕ325mm系列的气瓶的最佳自紧压力为34MPa、ϕ356mm系列的气瓶的最佳自紧压力为34MPa、ϕ406mm系列的气瓶的最佳自紧压力为36MPa。

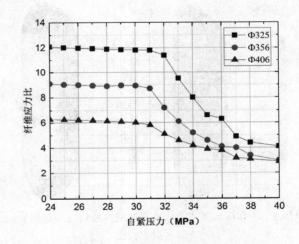

图6　各系列缠绕气瓶内衬有限元分析结果

因为每种型号的气瓶壁厚不同，可能会对最佳自紧力的选择产生影响，所以本文采用D/t，即气瓶内衬外径与其壁厚的关系，来代替以直径表示的气瓶型号，由此得到的最佳自紧力与D/t的曲线，在设计中更具实用性。本文通过有限元计算的缠绕气瓶最佳自紧压力与D/t的关系如图7所示。如图可知，在合理的设计范围内，气瓶的最佳自紧压力与其D/t正比。

在各系列缠绕气瓶的最佳自紧压力处理过后，在工作压力，气瓶的内衬以及缠绕层的Mises应力云图如图8、图9与图10所示。由图可知，ϕ325mm系列与ϕ356mm系列的气瓶在工作压力

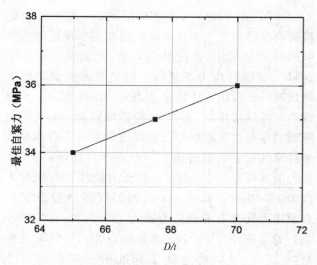

图 7 缠绕气瓶最佳自紧力与 D/t 的关系图

下，内衬的应力大于缠绕层的应力，承受了大部分的载荷，而 $\phi406mm$ 系列的气瓶与前两种相反，缠绕层承受了大部分的载荷。

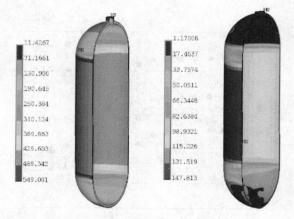

图 8 工作压力下 $\phi325mm$ 系列的气瓶内衬与缠绕层
Mises 应力云图

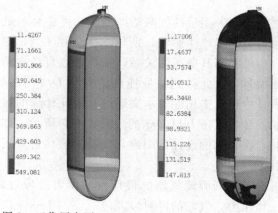

图 9 工作压力下 $\phi356mm$ 系列的气瓶内衬与缠绕层
Mises 应力云图

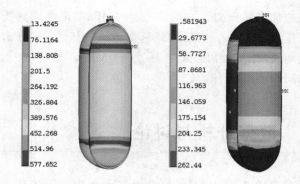

图 10 工作压力下 $\phi406mm$ 系列的气瓶内衬与缠绕层
Mises 应力云图

经过最佳自紧压力处理过后，在工作压力与试验压力下，带有多条环向缺陷的各系列的缠绕气瓶的内衬与缠绕层的 Mises 应力云图如图 11、图 12 与图 13 所示。

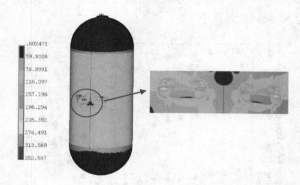

图 11 工作压力下 $\phi325mm$ 系列带环向缺陷气瓶缠绕层
Mises 应力云图

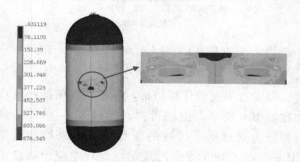

图 12 工作压力下 $\phi356mm$ 系列带环向缺陷气瓶缠绕层
Mises 应力云图

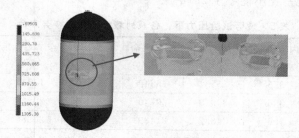

图 13 工作压力下 $\phi406mm$ 系列带环向缺陷气瓶缠绕层
Mises 应力云图

根据有限元计算结果，带缺陷的各系列的缠绕气瓶的应力云图与表面完好的该系列的缠绕气瓶的应力云图相比，缠绕层的环向缺陷处的应力显著增大，是气瓶实际使用中最危险的位置，但是未损伤的缠绕层处的应力没有太大的变化，气瓶的内衬的Mises 应力略有增大。根据疲劳试验压力下的模拟结果，3 个系列气瓶的疲劳寿命分别为 17512 次，20027 次与 20380 次。显然，3 个系列气瓶的疲劳寿命都略有下降，气瓶表面的环向缺陷的产生减少气瓶的疲劳寿命。

在环向缺陷位置，以 $\phi406mm$ 系列的气瓶为例，沿着气瓶壁厚方向的将 Mises 应力线性化，其局部薄膜应力从未带缺陷的 322MPa 增加至 335MPa，局部薄膜应力加弯曲应力从 323MPa 增加至 339MPa，应力梯度从未带缺陷的 2MPa 增加至 4MPa。从应力线性化的结果可知，带有多个环向缺陷的缠绕气瓶的应力水平与其壁厚方向的应力梯度略有增加。可以认为缠绕层上的多个环向缺陷导致气瓶的强度降低，降低了气瓶的安全性。

根据文献 [13] 采用的方法，取环向纤维的断裂应变为 0.0255。经过有限元计算 3 个系列的带有多个环向缺陷的缠绕气瓶的极限爆破压力为 46.58MPa、45.82MPa、44.67MPa，而 3 个系列缠绕气瓶的最小设计爆破压力都为 50MPa。根据 GB24160—2009 中提出，水压爆破压力不低于 85% 的最小设计爆破压力的规定，3 个系列在带有多个 1.25mm 深的环向缺陷时，极限爆破压力还是达到了 GB 24160—2009 的要求。

5　结论

针对表面理想的缠绕气瓶，本文采用 ansys 数值模拟的方法进行了 3 种系列缠绕气瓶的最佳自紧压力分析，并对 3 个系列的带有多个环向缺陷的缠绕气瓶进行了疲劳寿命与强度分析，并与理想的缠绕气瓶的计算结果进行了对比分析。通过上述研究结果，可以得到以下结论：

（1）经过对 3 种系列缠绕气瓶的纤维应力比计算，疲劳寿命计算，得到 $\phi325mm$ 系列的气瓶的最佳自紧压力为 34MPa、$\phi356mm$ 系列的气瓶的最佳自紧压力为 34MPa、$\phi406mm$ 系列的气瓶的最佳自紧压力为 36MPa。

（2）在合理的设计范围内，考虑壁厚对气瓶最佳自紧力的影响，气瓶最佳自紧力与气瓶 D/t 成正比。

（3）根据 3 个系列的气瓶的有限元计算结果，3 个系列气瓶的疲劳寿命都略有减少，并且应力水平与其厚度方向的应力梯度都略有增加，可以认为缠绕层上的多个环向缺陷导致气瓶的强度降低，降低了气瓶的安全性。根据极限爆破压力的计算结果，带有多个 1.25mm 深的环向缺陷的气瓶还是能满足 GB 24160—2009 的规定。

参考文献

[1] 刘培启，陈祖志，周天送，等. 钢制内胆环缠绕气瓶壁厚设计方法对比分析 [J]. 玻璃钢/复合材料，2016（3）：44—48.

[2] 谢志刚，陈小芹，李方军，等. CNG2 气瓶爆破机理分析与自紧压力优化设计 [J]. 工业安全与环保，2013，39（1）.

[3] 车用压缩天然气钢质内胆环向缠绕气瓶：GB 24160—2009 [S]. 北京：中国标准出版社，2009：11.

[4] 汽车用压缩天然气金属内胆纤维环向缠绕气瓶定期检验与评定：GB 24162—2009 [S]. 北京：中国标准出版社，2009：6.

[5] 蒋喜志，吴东辉，石建军，等. 纤维缠绕压力容器表面损伤试验研究 [J]. 纤维复合材料，2013，30（1）：12—15.

[6] 成志钢. 自紧压力对车用玻璃纤维环向缠绕气瓶疲劳次数的影响研究 [J]. 玻璃钢/复合材料，2014（10）：70—74.

[7] 陈璐启. 车载高压天然气钢瓶的结构优化 [D]. 浙江工业大学，2011.

[8] 黄其忠，郑津洋，胡军，等. 复合材料气瓶的多轴疲劳寿命预测研究 [J]. 玻璃钢/复合材料，2016（11）：39—45.

[9] 钢质压力容器—分析设计标准：JB 4732—95 [s]. 北京：中国标准出版社，2009：6.

[10] 由宏新，戴行涛，秦胤康，等. 环缠绕钢内胆复合气瓶轴向破裂原因分析 [J]. 压力容器，2016，33（6）：38—44.

[11] 李清婉，邓贵德，凌祥，等. 内胆壁厚变化对环缠绕复合气瓶疲劳性能的影响 [J]. 玻璃钢/复合材料，2014（4）：32—36.

[12] 陈军军，田桂，沈俊，等. "柱形"铝内衬纤维缠绕复合材料气瓶自紧分析 [J]. 火箭推进，2014，40（3）：57—62.

[13] 马凯. 带缠绕层表面损伤的 CNG－2 型复合气瓶的分析 [D]. 大连理工大学，2014.

作者简介

宋宇轩，男，博士研究生，浙江工业大学化工机械设计研究所，浙江省杭州市，邮编 310014，联系电话 18758233703，邮箱 songyux@163.com

大容积钢制无缝气瓶局部火烧实验及数值研究

古晋斌[1]　赵宝頔[2]　惠　虎[1]　刘俊煊[3]　何　成[3]

（1. 华东理工大学　机械与动力工程学院　上海　200237；2. 中国特种设备检测研究院　北京　100029
3. 沈阳特种设备检测研究院　辽宁　沈阳　110030）

摘　要　气瓶在运输及存储过程中可能会遭遇火灾工况。火灾环境下，气体介质的温度及压力升高，气瓶强度下降，可能会造成气瓶爆炸。基于有限体积法，采用计算流体力学软件 FLUENT，对局部火烧环境下大容积钢制无缝气瓶的热响应过程进行实验及数值模拟研究，得到气体温度及压力随时间的变化规律，并将实验结果与数值模拟结果相对比，验证数值模拟的合理性。结果表明模拟结果与实验结果比较吻合，建立的数值模型能较准确地反应火烧实验过程，对今后的气瓶火烧研究有一定的参考价值。

关键词　局部火烧；实验研究；数值模拟；热响应

Experimental and Numerical Studies for Large Capacity Steel Seamless Cylinders Exposed to Local Fire Environment

Gu Jinbin[1]　Zhao Baodi[2]　Hui Hu[1]　Liu Junxuan[3]　He Cheng[3]

(1. School of Mechanical and Power Engineering, East China University of Science and Technology, Shanghai 200237, China;

2. China Special Equipment Inspection and Research Institute, Beijing, China;

3. Shenyang Special Equipment Inspection and Research Institute, Shenyang, China)

Abstract　Fire condition may suffered for gas cylinders during transportation and storage. Blast may occur due to the increase of the gas temperature and pressure, as well as the decline of the cylinder strength under fire environment. Based on the finite volume method, a simulation of thermal response for a large capacity steel seamless cylinder exposed to tire fire environment was carried out using the CFD software FLUENT. Relationships of the gas temperature and pressure changing with time were obtained. The experimental results were compared with these obtained by numerical simulation to prove the rationality of numerical simulation. The results indicate that the simulation results are in good agreement with the experimental results, the numerical modal can be used to response the process of fire experiment accurately. The results may supply reference value for the future studies of gas cylinders.

Keywords　local fire; experimental study; numerical simulation; thermal response

1. 引言

随着科技进步，压缩气体在医疗、化工以及汽车等领域得到广泛的应用。其中压缩气体的存储以及运输离不开气瓶。气瓶是指在正常环境下（−40°～60°）可重复充气使用的，公称工作压力为 0～30MPa，公称容积为 0.4～1000L 的用于盛装永

基金项目：国家质量监督检验检疫总局科技计划项目 2016QK208

久气体、液化气体或溶解性气体的移动式压力容器[1]。例如医用氧气瓶、汽车用压缩天然气钢瓶以及长管拖车气瓶等。气瓶在使用及运输过程中可能会由于意外因素而遭遇火灾工况。火灾环境下，气体受热导致其温度及压力迅速上升，同时气瓶材料在高温环境下的力学性能退化，气瓶存在爆炸隐患。由于气瓶常用于充装易燃、易爆以及有毒性的气体介质，一旦气瓶爆炸，会对人民生命财产安全造成不可估量的损失。因此，研究气瓶在火灾环境下的热响应规律对于气瓶设计、选材以及事故的预防及救援具有重要意义。

现有标准中已有对气瓶火烧实验的规定，例如《汽车用压缩天然气钢瓶》[2]对汽车用压缩天然气钢瓶的火烧实验给出了具体的要求。但是，气瓶火烧实验成本较高，而且具有一定的危险性。随着数值计算方法的成熟以及商业计算软件的普及，数值模拟方法迅速发展，采用数值模拟方法可以节约实验成本，大大提高了工作效率。郑津洋等[3-4]针对铝内胆碳纤维全缠绕高压储氢气瓶开展了大量的火烧实验及数值模拟研究，并研究了燃料种类、燃料流量以及充装介质种类对气体热响应规律的影响。周国发等[5-6]对火灾环境下车用CNG钢瓶的热及力学响应进行了数值模拟研究，并对气瓶的爆破时间进行了预测。汤俊雄[7]对火灾环境下长管拖车气瓶的热响应规律进行了数值模拟研究，并对组合泄放装置在长管拖车气瓶上的适用性进行了探讨。

本文针对某公司生产的大容积钢制无缝气瓶为研究对象，对其在局部火灾环境下的热响应规律进行实验及数值研究，并将模拟结果与实验结果相对比，验证数值模拟的合理性。

2 实验研究

2.1 实验过程介绍

本文的研究对象为某公司生产的大容积钢制无缝气瓶，气瓶的相关设计参数见表1。火源设置参考《汽车用压缩天然气钢瓶》对汽车用压缩天然气钢瓶火烧实验的规定，将钢瓶水平放置，瓶体下侧位于火源上方100mm，火源长度1.65m。燃烧排由9根燃料管组成，每根燃料管上均匀地开设18

个燃料孔，孔径为1.5mm。由于气瓶长度大于燃烧排的长度，将燃烧排布置于气瓶一端，保证气瓶局部受火，实验现场如图1所示。共布置15个热电偶用于监测气体及气瓶壁的温度（如图2所示）。其中1号热电偶位于气瓶内部用于监测气体温度变化，在与气瓶联通的管路上设置压力传感器，用于监测气体压力变化。火烧燃料为丙烷，通过燃料管连接燃烧排与外部燃料储罐。

表1 气瓶设计参数

设计参数	数据
充装压力/MPa	23
充装介质	氮气
气瓶材质	30CrMo
尺寸/mm（外径×长度×最小壁厚）	Φ559×2540×16.5
公称容积/L	440

图1 气瓶火烧现场

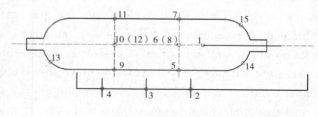

图2 热电偶位置示意图

2.2 实验结果分析

本文重点关注从点火到高压气体泄放的过程，气瓶局部火烧过程如图3所示。实验结果表明，从开始点火到高压气体泄放共历时379s。气体温度及压力变化规律分别如图4、图5所示（压力采集系统在记录压力数据时自动四舍五入）。可知，在局部火灾环境下，气体受热导致其温度和压力不断升高，1号热电偶测得瓶内气体介质的最高温度为78.7℃，气体最高压力为27MPa。

图3 气瓶火烧过程

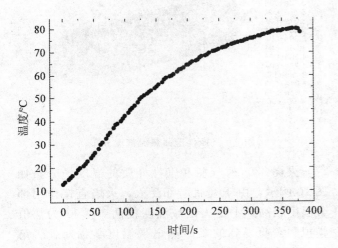

图4 1号热电偶温度变化曲线

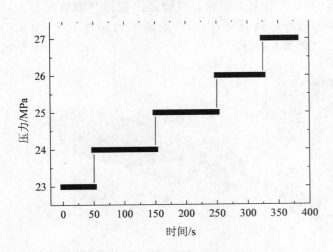

图5 瓶内气体压力变化曲线

3 数值研究

3.1 相关理论及假设

火灾环境下的气瓶热响应过程复杂，涉及燃烧、气瓶壁的热传导以及瓶内气体的对流传热等过程。其中燃料燃烧可以在较短的时间内达到稳定，而气瓶及气体介质的传热过程则相对缓慢，是非稳态过程。为了减小工作量并且合理地分配计算资源，本文采用分区求解、边界耦合的数值方法，将局部火灾环境下气瓶的热响应数值模拟分为两部分[8]：（1）燃烧数值模拟；（2）气瓶及气体介质耦合传热数值模拟。并以燃烧模拟得到的气瓶外壁面热流密度分布作为气瓶及气体介质传热数值模拟的边界条件，将两部分联系起来。并提出以下假设：

（1）燃料燃烧过程为丙烷和氧气的单步化学反应，不考虑风速的影响；

瓶内气体介质为理想气体，气瓶材料以及气体介质的物理性能参数是温度的函数。30CrMo钢的物理性能参数见表2，氮气的材料参数可在FLUENT材料库中选择；

（3）忽略气瓶上相关附件及气瓶本身缺陷的影响，不考虑高温环境下气瓶材料的微观组织变化。

表2 30CrMo钢的物理性能[9]

温度/℃	25	100	200	300	400	500
比热/$(J \cdot kg^{-1} \cdot K^{-1})$	480	561	599	611	657	716
热导率/$(W \cdot m^{-1} \cdot K^{-1})$	47.7	46.05	43.96	41.87	41.87	39.94
密度/$(kg \cdot m^{-3})$				7820		

3.2 模型建立及网格划分

气瓶火灾数值模拟所用的气瓶模型与实验一致，考虑模型对称性，选择1/4球体作为燃烧域，燃烧域直径为15m，为了简化模型，燃烧排位置、燃料孔尺寸及数量均与火烧实验一致，燃烧域模型如图6所示。气瓶及气体介质耦合传热模型如图7

所示，取 1/2 分析。二者均采用网格划分软件 ICEM 进行结构化网格划分。网格数分别为 1696534 和 90797。

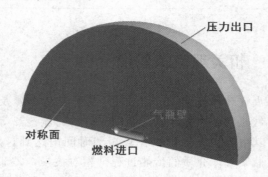

图 6　燃烧域模型

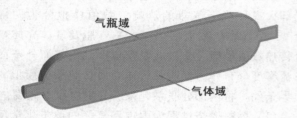

图 7　气瓶及气体介质耦合传热模型

3.3　边界条件

在燃烧数值模拟中考虑湍流流动、对流以及辐射的影响。湍流模型选择标准 $k-\varepsilon$ 双方程模型，燃烧模型选择组分输运和有限速率化学反应模型，辐射传热选择 DO 辐射模型，开放环境中空气密度受压力影响不大，考虑由于温度变化引起的空气对流，空气密度模型选择不可压理想气体模型。剖切面为对称边界。根据火烧实验前后丙烷储罐的质量损失换算出燃料进口速度边界条件。

气瓶和气体介质耦合传热数值模拟中，湍流模型选择 RNG $k-\varepsilon$ 湍流模型，由燃烧数值模拟得到气瓶外壁面的热流密度边界。气瓶内壁面和流体的接触部分设置为耦合面，剖切面为对称边界。环境温度为 15℃，不考虑风速的影响，瓶内气体初始压力为 23MPa。

3.4　数值模拟结果及分析

图 8 为燃烧仿真温度场云图。可知，燃烧产生的热量通过对流及辐射向周围空间传播，在高度方向上呈现先升高再降低的趋势，气瓶表面温度分布

不均匀，火焰直接作用区域温度较高。图 9 为气瓶外壁面热流密度分布云图。可以看出，气瓶与火焰接触部分热对流及辐射强度高，吸收的热量多，热流密度大。

图 8　燃烧温度场云图

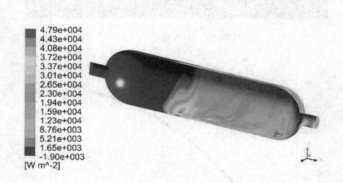

图 9　气瓶外壁面热流密度分布

火烧 379s 时气瓶和气体介质的温度场分布如图 10 所示，由于气瓶局部受火，火焰直接作用部分温度较高，不受火区域温度较低。图 11 为数值模拟和实验得到的 1 号热电偶温度数据对比。可知，实验数据略高于模拟数据，最高温度相差 6℃，二者基本吻合。实验压力数据与数值模拟压力数据的对比如图 12，最高压力相差 0.19MPa，二者基本吻合。

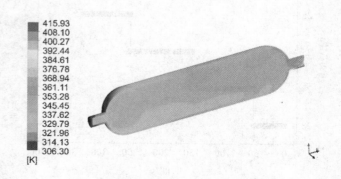

图 10　火烧 379s 气瓶及气体介质温度云图

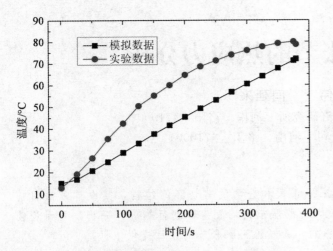

图 11 实验数据与模拟数据对比（1 号测点温度）

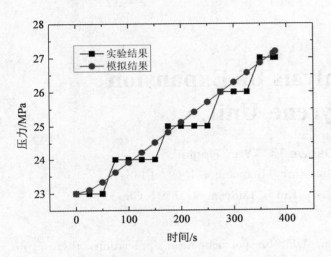

图 12 实验数据与模拟数据对比（气体压力）

4 结论

本文基于有限体积法，对局部火灾环境下大容积钢制无缝气瓶的热响应过程进行实验及数值模拟研究，对比两种方法研究得到的气体温度及压力变化规律。结果表明模拟结果与实验结果比较吻合，建立的数值模型能较准确地反应火烧实验过程，对今后的气瓶火烧研究有一定的参考价值。

参 考 文 献

[1] 周国发，李红英. 基于顺序耦合的火灾环境下气瓶热及力学响应数值模拟 [J]. 压力容器，2012，29（9）：28－32.

[2] 汽车用压缩天然气钢瓶：GB17258－2011 [S]. 北京：中国标准出版社，2011：12.

[3] 郑津洋，别海燕，陈虹港，等. 纤维缠绕高压氢气瓶火烧温升试验及数值研究 [J]. 太阳能学报，2009，30（7）：1000－1006.

[4] ZHENG J Y, BIE H Y, XU P, et al. Experimental and numerical studies on the bonfire test of high-pressure hydrogen storage vessels [J]. International Journal of Hydrogen Energy, 2010, 35（15）: 8191－8198.

周国发，李红英. 意外火灾下钢制氢气瓶的热响应数值模拟 [J]. 南昌大学学报（工科版），2012，34（1）：14－18，31.

[6] 李红英. 火灾环境下车用 CNG 钢瓶热力响应及失效机理研究 [D]. 南昌：南昌大学，2012.

汤俊雄. 长管拖车中爆破片与易熔塞组合泄放装置适用性研究 [D]. 上海：华东理工大学，2016.

[8] 汤俊雄，惠虎. 爆破片与易熔塞组合泄放装置在气瓶上的适用性探讨 [J]. 机械设计与制造，2015，（11）：34－37.

[9] 潘家祯. 压力容器材料实用手册－碳钢及合金钢 [M]. 北京：化学工业出版社，2000.

作 者 简 介

古晋斌，男，1992 年生，硕士研究生，主要从事压力容器结构完整性和安全性研究，E-mail：13162232280@163.com，电话：13162232280

通讯作者简介：惠虎，男，1974 年生，教授，博士生导师，主要从事过程装备结构强度及安全保障技术研究，E-mail：huihu@ecust.edu.cn，电话：13818762849

苯乙烯装置用膨胀节的热应力分析

杨玉强[1,2]　张道伟[1,2]　闫廷来[1,2]

（1. 中国船舶重工集团公司第七二五研究所　河南　洛阳　471000；

2. 洛阳双瑞特种装备有限公司　河南　洛阳　471000）

摘　要　针对某石化用苯乙烯膨胀节，端管组件采用锥段和分瓣的剪切环的结构，其设计方法目前国内没有标准可依。采用 VB 对 ANSYS 进行二次开发，对膨胀节的端管组件进行热应力分析，并讨论筒体锥段夹角和分瓣的剪切环对波纹管温度及热应力的影响，为高温用膨胀节的设计提供依据。

关键词　苯乙烯；膨胀节；热应力；有限元分析

中图分类号　TH　文献标识码：

Thermal Stress Analysis of Expansion Joint in Styrene Unit

Yang Yuqiang[1,2]　Zhang Daowei[1,2]　Yan Tinglai[1,2]

（1. Luoyang Ship Material Research Institute，Luoyang 471000，China；

2. Luoyang Sunrui Special Equipment Co.，Ltd.，Luoyang 471000，China）

Abstract　According to expansion joint in Styrene Unit for petrochemical application，there is no national design standard for end pipe assembly which consists of cone cylinder and the shear ring with pieces. The thermal stress analysis and discussed the angle of cone cylinder and the shear ring of end pipe assembly were realized by the secondary exploration of ANSYS based on VB，and they provided an effective means for the design of high temperature application expansion joint.

Keywords　styrene；expansion joint；thermal stress；the finite element analysis

1　引言

目前我国已成为世界上苯乙烯最主要的消费国之一[1]，为缓解国内苯乙烯的供需矛盾，我国已规划建世界级规模的苯乙烯装置，而装置的长周期运转是国内乙烯装置生产操作的目标。欧洲和北美的部分乙烯装置已实现 5a 或 6a 的连续运转；我国的乙烯装置也把长周期运转提到了重要日程。目前，国内苯乙烯装置用膨胀节的设计方法，通常采用 GB/T 12777—2008[2] 相应模块来进行设计计算，但结构件的高温分析通常采用近似的方法进行计算，此方法的合理性和安全性值得商榷。国外 EJMA[3] 和 AMSE B31.3[4] 均未此膨胀节结构件设计，且未有工程设计软件。基于苯乙烯装置用膨胀节的设计现状，本文采用 VB 对 ANSYS 进行二次开发，针对复式拉杆型膨胀节端管部件进行热应力分析，讨论剪切环分瓣数、间距及锥段夹角对波纹管温度和热应力的影响，为高温膨胀节的设计方法提供依据，为苯乙烯装置的长周期运用提供保障。

2 复式拉杆膨胀节

复式拉杆膨胀节的设计参数及主要的几何尺寸见表1和表2，结构见图1。

表1 复式拉杆膨胀节几何尺寸

项目	数据
筒体外径（mm）	1520
筒体壁厚（mm）	16
吹扫盘管外径（mm）	60
吹扫盘管壁厚（mm）	5.5

表2 复式拉杆膨胀节设计参数

项目	数据
设计压力（MPa）	0.21
工作压力（MPa）	—
设计温度（℃）	585
工作温度（℃）	—
主要受压元件材料	304H

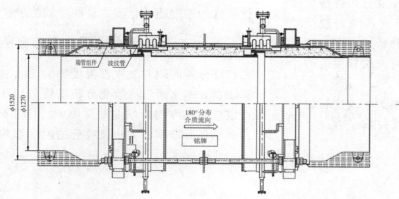

图1 复式拉杆膨胀节结构简图

3 有限元分析

因复式拉杆膨胀节结构和载荷具有对称性，选取端管组件、锥段、隔热毯、浇注料、剪切环、保护罩和保温层结构作为膨胀节应力分析模型。端管组件筒体长度1250mm，保温层厚度为200mm，锥段长度取965mm作为膨胀节的分析模型，如图2所示。位移边界条件，筒体端部约束轴向和环向位移，筒体端部施加轴向力和波纹管产生的力和弯矩。

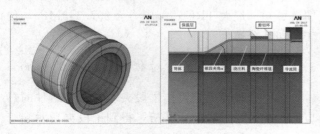

图2 端管组件有限元模型

3.1 温度场分析

筒体介质温度为585℃，对流传热系数为103.98W/（m² · ℃），304H的导热系数为24.3W/（m · ℃），陶瓷纤维毯的导热系数为0.1625W/（m · ℃），浇注料的导热系数为0.2738W/（m · ℃），设备外保温层的导热系数0.2W（/m·℃），封闭空气的导热系数为0.023W（/m·℃），空气的对流传热系数为6W（/m² · ℃）[5]。通过三维有限元分析，先求锥段夹角α＝30°和剪切环n＝8瓣的温度场，然后进行优化设计进一步分别获得锥段夹角和剪切环分瓣数量对波纹管温度的影响。由图3可知，波纹管端的温度为151.86℃。

3.1.1 筒体锥段夹角对波纹管温度的影响

本文通过ANSYS的APDL语言，实现参数化有限元温度场分析的全过程。在参数化分析的过程

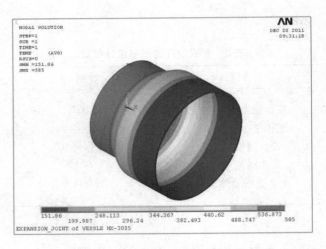

图3 端管组件温度云图场分布

中可以简单地修改其中的参数得到反复分析各种尺
寸、不同载荷大小的多种设计方案或者序列性产
品,极大地提高了分析效率,减少分析成本[6]。通
过参数化分析求得筒体锥段夹角 α 对波纹管温度的
影响曲线,见图4。

由图4可知:筒体锥段夹角 α 增大,波纹管的
温度变小,且温度与夹角 α 呈抛物线关系。

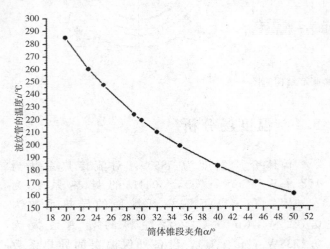

图4 筒体锥段夹角 α 对波纹管的温度影响

3.1.2 剪切环分瓣数对波纹管温度的影响

剪切环分瓣数量对波纹管温度影响无法通过常
规计算求得,本文通过参数化分析求得剪切环分瓣
数对波纹管温度的影响曲线见图5。

由图5可知:

1)随着剪切环分瓣数量的增多,波纹管的温
度基本上呈递减的趋势变化。

2)剪切环分瓣数量 $n \leqslant 8$ 时,温度变化很小;
$n \geqslant 8$ 时,波纹管的温度变化幅度增大,但当 $n \geqslant 12$

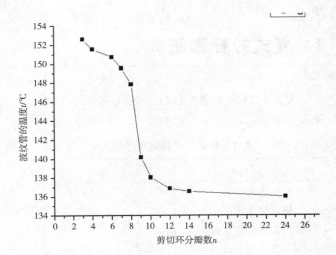

图5 剪切环分瓣数对波纹管的温度影响

时,波纹管的温度随着分瓣数量的增加趋于稳定。

3.1.3 剪切环间距对波纹管温度的影响

剪切环分瓣间距对波纹管温度影响无法通过常
规计算求得,本文通过参数化分析求得剪切环分瓣
间距对波纹管温度的影响曲线见图6。由图6分析
可知:剪切环分瓣间的大小波纹管的温度影响很小
(在 167～173 浮动)。

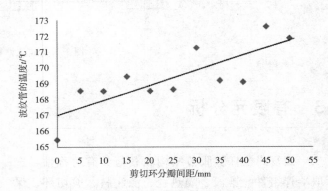

图6 剪切环分分瓣间距对波纹管的温度影响

3.2 热应力分析

图7为当 $\alpha=30°$ 和 $n=8$ 的热应力场云图。由
图7可知,最大 TRESCA 应力为 297.343MPa,位
于剪切环分瓣处。

3.2.1 筒体锥段夹角对热应力分析的影响

为了合理地确定筒体锥段夹角对端管组件的热
应力影响,通过参数化分析,得到锥段夹角对端管
组件的最大热应力曲线图8。

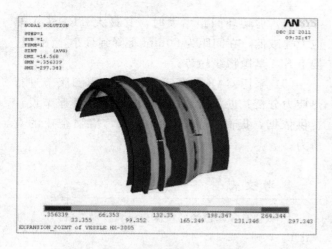

图 7 端管组件稳态热应力场分布

由图 8 可知：筒体锥段夹角增大时，其最大 TRESCA 应力影响呈递减趋势变化。

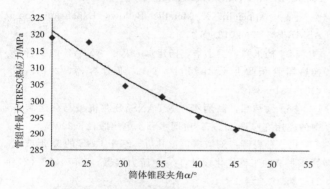

图 8 锥段夹角对端管组件的最大热应力影响

3.2.2 剪切环分瓣数对热应力分析的影响

为了进一步分析剪切环分瓣数变化时，端管组件的最大热应力的变化规律，以便合理地确定剪切环分瓣数。通过过参数化分析，得到剪切环分分瓣数对端管组件的最大热应力影响曲线图 9。

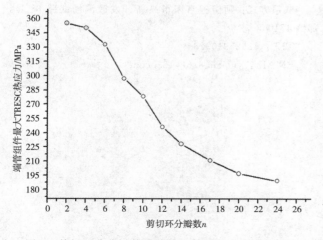

图 9 剪切环分分瓣数对端管组件的最大热应力影响

由图 9 可知：剪切环分瓣数增大时，其最大 TRESCA 应力影响呈递减趋势变化。

3.2.3 剪切环间距对热应力分析的影响

剪切环间距大小对端管组件的影响，没有规律和标准可以查，本文通过参数化分析，得到剪切环间距大小对端管组件的最大热应力曲线图 10。

由图 10 可知：剪切环间距增大时，其最大 TRESCA 热应力先减低，在间距为 50mm 上降到最小，然后缓慢上升，呈抛物线趋势。

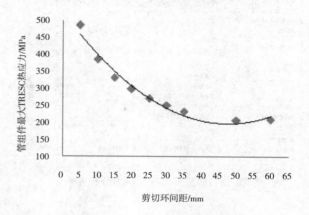

图 10 剪切环间距大小对端管组件的最大热应力曲线图

4 苯乙烯装置参数化分析实例

基于 CAE 的优化设计是将有限元分析方法和传统的优化技术相结合，并应用于零部件的结构优化设计过程中，在满足给定条件下，寻求一个技术经济指标最佳的设计方案[7]。本文基于 WindowsXP 操作系统平台，以 ANSYS12.1 为支撑软件，结合编程软件 Visual Basic 6.0 对 ANSYS12.1 进行二次开发[8]，集成使用 Microsoft Access2003 等应用软件，通过 VB 进行系统人机交互界面的设计，实现了膨胀节的结构分析和耦合分析。具体操作过程如下：点击自行开发的膨胀节有限元分析集成系统中有限元分析菜单（图 11），VB 通过 ADO 控件自动从 ACCESS 数据库中提取膨胀节所需的各个参数载入到界面窗体中对应的各个文本框中，可得膨胀节的有限元应分析界面，如图 11 所示。

分别点击图 12 的"温度场分析"按钮，就可以实现温度分析的自动分析求解。

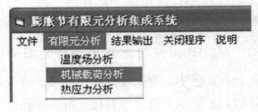

图 11 膨胀节参数化集成化系统

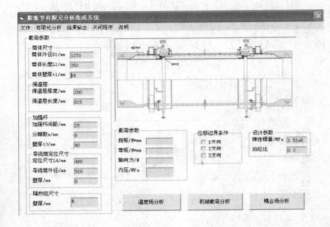

图 12 膨胀节温度及应力分析界面

5 结论

（1）筒体锥段夹角 α 增大，波纹管的温度变小，且温度与夹角 α 呈抛物线关系。

（2）剪切环分瓣数 n 增多，波纹管的温度基本上呈递减的变化趋势；当 n≤8 时，温度变化很小，当 n≥8 时，波纹管的温度变化幅度增大，当 n≥12时，波纹管的温度随着分瓣数量的增加趋于稳定。剪切环分瓣间距的大小波纹管的温度影响很小。

（3）筒体锥段夹角 α 增大，呈递减趋势变化，但热应力变化幅度不大；剪切环分瓣数增大时，其最大 TRESCA 应力影响呈递减趋势变化。

（4）剪切环间距增大时，其最大 TRESCA 热应力先减低，在间距为 50mm 上降到最小，然后缓慢上升，呈抛物线趋势。

（5）采用 CAE 集成系统对高温用膨胀节进行热应力分析并进行优化设计，为高温用膨胀节设计提供依据，提高产品的设计质量，增强企业的竞争力。

参 考 文 献

［1］钱伯章．苯乙烯的产需分析和技术进展［J］．上海化工，2004，4：44－47．

［2］金属波纹管膨胀节通用设计条件：GB/T12777—2008［S］．北京：中国标准出版社，2008：08．

［3］Standards of the Expansion Joint Manufacturers Association, Inc. Tenth Edition［S］．

［4］Appendix X Metallic Bellows Expansion Joint ASME B31.3—2012［S］．

［5］杨玉强，贺小华，杨建永．基于 ANSYS 的双管板换热器管板厚度设计探讨［J］．压力容器，2010，27（10）：31－35．

［6］余伟炜，高炳军，等．ANSYS 在机械与化工装备中的应用［M］．北京：中国水利水电出版社，2007．

［7］孙爱芳，刘敏珊，董其伍．基于 CAE 的 U 形波纹管膨胀节的工程优化设计［J］．压力容器，2005，22（2）：21－24．

［8］贺小华，杨玉强，金如聪．薄膜蒸发器转子系统固有频率及稳态不平衡响应分析［J］．机械设计与制造，2009，（9）：88－90．

作 者 简 介

杨玉强（1982—），男，工程师，研究方向压力管道设计及膨胀节设计开发。

联系方式：河南省洛阳市高新开发区滨河北路 88 号，邮编 471003

TEL：13525910928

EMAIL：yuqiang326@163.com

SF$_6$变压器气箱结构强度分析及优化设计

高　明　李庆生　陈邦强

（南京工业大学　机械与动力工程学院　江苏　南京　211816）

摘　要　在城市变电站建设中，采用 SF$_6$绝缘变压器替换油浸式变压器是一个重要发展趋势。采用 ANSYS 软件对 SF$_6$变压器气箱进行应力分析，得到箱体结构的应力和位移分布。分别提取箱盖厚度、加强筋厚度、封板厚度等 7 个参数作为设计变量，在满足强度要求的前提下以体积轻量化为目标进行参数优化。结果表明：优化后结构体积比原结构降低了 21.9%，为气箱结构后续改进及优化提供参考。

关键词　SF$_6$变压器气箱；有限元方法；ANSYS；优化设计

Structural Strength Analysis and Optimization Design of SF$_6$ Transformer Gas Box

Ggo Ming　Li Qingsheng　Chen Bangqiang

(College of Mechanical and Power Engineering，Nanjing University of Technology，Nanjing 211816 China)

Abstract　In the construction of urban substations，it is an important trend to replace oil-immersed transformer with SF$_6$ insulation transformer. In this paper，the ANSYS software is used to analyze the stress of the SF$_6$ transformer gas box，and the stress and displacement distribution of the box structure were obtained. The design variables of seven parameters，including the thickness of the box lid，the thickness of the Stiffener and the thickness of the seal plate，etc. are respectively，Under the premise of meeting the requirement of strength，parameter optimization is carried out with lightweight as the target. The results show that the volume after optimization is 21.9% lower than that of the original structure. It provides reference for the improvement and optimization of gas box structure

Keywords　SF$_6$ Transformer Gas Box；Finite element method；ANSYS；Optimal design

1　引言

随着社会的发展以及科技的不断革新，全国每年的用电量都在急剧上升，城市用电负荷主要集中在中心地段，在用电负荷区建立变电站用地成本较高，为了减少占地和节约土地资源，因此大量变电站都建设在商业建筑或者公共空间下面。城市地区建设变电站考虑的最主要因素是安全和火灾事故，然而由于经济和空间的限制使得变电站的安装区域受到很大限制，为解决城市区域用电量急剧上升的问题，采用 SF$_6$绝缘变压器替换油浸式变压器是较好的解决方案。SF$_6$绝缘变压器相比于油浸式变压器具有阻燃性，阻爆性以及紧凑性等优点[1]。因此对于 SF_6 变压器进行结构优化研究有很大的意义。

　　殷雪莉对于 SF_6 气体变压的布置方案进行了研究，得出气体变压器的布置需要考虑周围的环境和条件，在进行方案设计时要因地制宜[2]。章彬等对于 SF_6 气体变压器内部故障进行了分析探讨，SF_6 气体试验对于 SF_6 气体变压器的故障分析有非常重要的作用[3]。张冬冬研究了 COSMOSXpress 在 SF_6 变压器箱体强度有限元分析，得到了箱体的应力和变形结果，但未考虑端盖的影响[4]。

　　目前，SF_6 变压器气箱结构在工程中应用广泛，但相关结构优化研究较少，且普遍存在设计保守的问题。本文采用有限元法对 SF_6 变压器气箱结构进行优化[5-6]，为工程实际应用提供参考。

2　SF_6 变压器气箱结构有限元分析

2.1　结构尺寸与设计参数

　　以某公司一台 SF_6 变压器气箱结构为研究对象，由于气箱结构比较复杂，考虑有限元模型的复杂性和模型计算效率，对有限元模型进行合理的简化，因此本文建模时略去小零件等局部结构以及箱底，主要考虑箱盖、箱壁结构，其结构尺寸分别如图1、图2所示。气箱结构实体模型如图3所示。

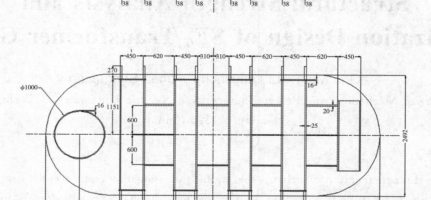

图 1　箱盖结构尺寸图

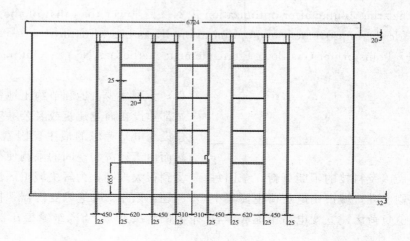

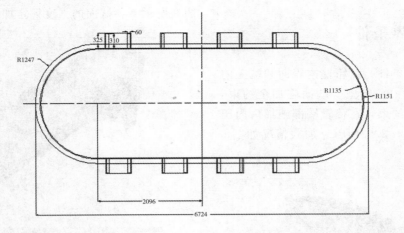

图 2　箱壁结构尺寸图

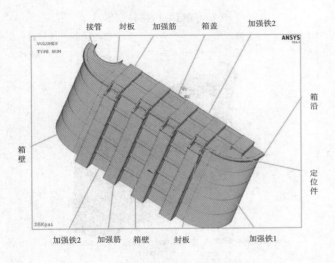

图 3　结构实体模型

2.3　有限元模型

考虑气箱结构的对称性,因此本文采用 1/2 结构模型进行分析,模型选用 8 节点 45 号实体单元,在所有厚度方向划分 3 层,模型的单元数为 485427,节点数为 336483。有限元模型如图 4、5 所示。

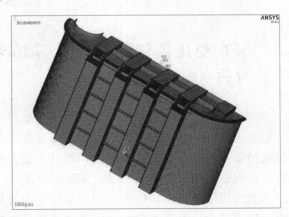

图 4　有限元模型 1

2.2　材料的性能及参数

SF_6 变压器气箱的设计参数为:气箱设计压力为 0.2MPa。工作压力为 0.18MPa,设计温度为 145℃,工作温度为 135℃,结构的全部材料都为 Q345R。依据 GB150-2011[7],查材料的力学性能,结果见表 1。

表 1　材料的力学性能

参数	厚度	弹性模量	泊松比	应力强度 /MPa
Q345R	3~16	$1.943×10^5$	0.3	198
	16~36	$1.943×10^5$	0.3	184.7
	36~60	$1.943×10^5$	0.3	175
	60~100	$1.943×10^5$	0.3	168.3

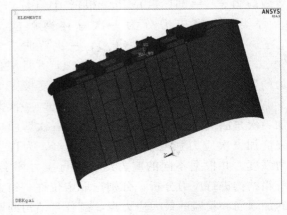

图 5　有限元模型 2

2.4 载荷及边界条件

根据气箱的设计条件，在箱壁内表面和端盖内表面施加 0.2MPa 压力，模型下端面施加全约束，在对称面上施加对称约束，在接管端部施加由内压引起的轴向平衡载荷-2.98MPa。加载情况如图 6 所示。

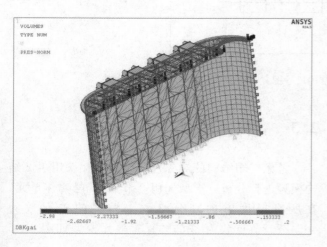

图 6　加载情况

2.5 SF6 变压器气箱结构计算结果分析

图 7 给出了气箱结构的变形图，由计算结果可知，端盖上的加强筋有效地限制了端盖的变形。气箱结构的最大位移发生在接管附近，该处未设置加强筋，在内压作用下产生了明显的鼓胀变形。

图 8 给出了气箱结构应力云图。从图 8 中可以看出，应力最大点发生在封板和定位件连接处，最大等效应力 $\sigma_{\max} = 261.449$MPa，根据 JB/T4732[8] 应力分类法，将应力分为一次总体薄膜应力 (P_m)、一次局部薄膜应力 (P_L)、一次弯曲应力 (P_b)、二次应力 (Q) 和峰值应力 (F)，并且根据应力的限制条件，总体一次薄膜应力强度极限为 S_m，局部一次薄膜应力强度极限为 $1.5S_m$，一次薄膜加一次弯曲应力强度极限为 $1.5S_m$，一次薄膜应力强度加二次应力强度极限为 $3.0S_m$。S_m 为许用应力强度。并根据不同的应力组合进行应力评定。对气箱结构进行应力分析，分别选取定位件、箱盖上的加强筋和箱盖的最大应力点，沿各自结构的厚度方向进行应力分类及评定，线性化路径示意图如图 9 所示。各截面的强度评定如表 2 所示。

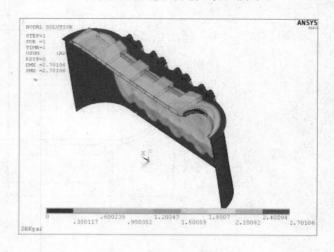

图 7　气箱结构位移变形

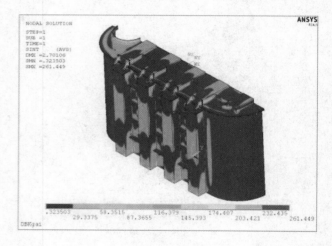

图 8　气箱结构应力云图

表 2　各部位强度评定

危险截面	部位	应力分类	应力计算值 MPa	强度评定 MPa	评定结果
a—a	定位件	P_L	197.7	$\leqslant 1.5S_m$ $=262.5$	合格
		P_L+P_b $+Q$	238.9	$\leqslant 3Sm$ $=525$	合格
b—b	加强筋	P_L	158.8	$\leqslant 1.5S_m$ $=277.05$	合格
		P_L+P_b $+Q$	231.8	$\leqslant 3S_m$ $=554.1$	合格
c—c	箱盖	P_L	76.20	$\leqslant 1.5S_m$ $=277.05$	合格
		P_L+P_b $+Q$	166.6	$\leqslant 3S_m$ $=554.1$	合格

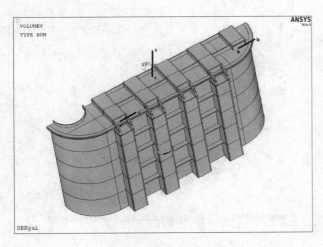

图 9 线性化路径示意图

由表 2 可以看出各个分量值存在一定优化空间。

3 SF$_6$变压器气箱结构的优化设计

本文选取零阶优化设计方法来进行 SF$_6$变压器气箱结构优化计算[9]，图 10 给出了优化数据流向图。

3.1 设计变量的选取

本文优化设计变量参数主要包括：箱盖厚度 T_1、加强筋厚度 T_2、封板厚度 T_3、箱沿厚度 T_4、加强铁 1 厚度 T_5、加强铁 2 厚度 T_6、箱壁厚度 T_7。设计变设计变量上限和下限的取值范围如表 3 所示。

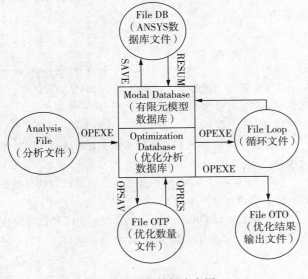

图 10 优化数据流向图

3.2 状态变量的选取

利用 ANSYS 软件求解后，进入后处理，提取气箱结构的最大等效应力赋值给 SMX。取 SMX 作为状态变量，对气箱结构的优化过程进行约束。应确保 SMX 小于等于 $3S_m$。故取状态变量 SMX$\leqslant$ $3S_m = 554.1$MPa。

3.3 目标函数的选取

本文主要是在满足工程强度要求的情况下，以减小 SF$_6$变压器气箱结构体积作为目标。

表 3 设计变量上限和下限取值范围 mm

设计变量	T_1	T_2	T_3	T_4	T_5	T_6	T_7
上限	10	15	12	15	50	15	12
下限	40	30	18	25	66	25	18

3.4 优化结果分析

应用零阶优化方法，设定结构优化迭代次数为 40 次，在迭代 17 步时，优化计算结果发生收敛。总体积随优化迭代次数的变化如图 11 所示，由图 11 可知分析模型优化前的总体积为 1.1627×10^9mm^3，经优化后总体积为 0.90804×10^9mm^3，相比于优化前总体积下降了 21.9％，模型取得最优解时各设计变量取值见表 4，设计变量圆整后取值如表 5 所示。

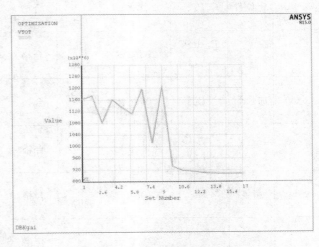

图 11 总体积随优化迭代次

表 4 优化后最优解各设计变量取值　mm

设计变量	T_1	T_2	T_3	T_4	T_5	T_6	T_7
优化结果取值	15.023	20.02	17.907	15.023	54.035	15.02	14.008

表 5 优化后各设计变量圆整值　mm

设计变量	T_1	T_2	T_3	T_4	T_5	T_6	T_7
优化后圆整取值	15	20	18	15	54	15	14

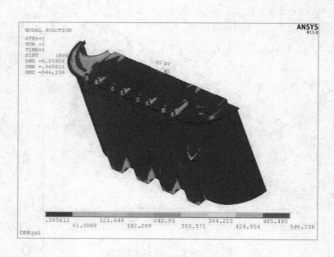

图 12 优化后结构应力云图

3.5 优化后结果分析

为了验证优化后设备是否满足强度要求，运用 ANSYS 分析软件对优化后的各设计变量圆整值进行参数建模分析，并且对模型进行应力强度评定。应力分析结果如图 12 所示，应力评定结果见表 6 所示。

由表 6 应力强度评定结果可知，优化后模型应力强度满足设计要求。

表 6 优化后各部位强度评定

危险截面	部位	应力分类	应力计算值 MPa	强度评定 MPa	评定结果
$a-a$	定位件	P_L	241.8	$\leq 1.5S_m$ $=262.5$	合格
		P_L+P_b $+Q$	293.2	$\leq 3S_m$ $=525$	合格
$b-b$	加强筋	P_L	270.8	$\leq 1.5S_m$ $=277.05$	合格
		P_L+P_b $+Q$	511.3	$\leq 3S_m$ $=594$	合格
$c-c$	箱盖	P_L	210.1	$\leq 1.5S_m$ $=297$	合格
		P_L+P_b+ Q	278.9	$\leq 3S_m$ $=594$	合格

4 结论

（1）通过有限元分析表明：气箱结构最大位移发生在接管位置附近。加强筋对箱盖变形起到很好的限制作用，加强筋设置数量及位置对气箱结构优化设计影响显著。

（2）通过对箱盖厚度 T_1、加强筋厚度 T_2、封板厚度 T_3、箱沿厚度 T_4、加强铁 1 厚度 T_5、加强铁 2 厚度 T_6、箱壁厚度 T_7 等优化分析表明，在满足强度要求的情况下，优化后结构模型总体积下降了 21.9%。

（3）本文对 SF₆ 变压器气箱结构进行应力分析和优化设计，为气箱今后结构改进及优化提供参考和借鉴。

参 考 文 献

[1] 涂昊曦，戴志勇，李辉，等．220kV/20kV SF_6 气体变压器技术参数和试验技术研究 [J]．变压器，2015，52（12）：19—25．

[2] 殷雪莉．SF6 气体变压器布置方案的研究 [J]．电力勘测设计，2016（5）：61—66．

[3] 章彬，王志刚．SF6 气体变压器内部故障的分析探讨 [J]．山西电力，2008（5）：5—6．

[4] 张冬冬．COSMOSXpress 在 SF6 变压器箱体强度有限元分析中的应用 [J]．今日科苑，2011（24）：165—166．

[5] Cai Li Zhang, Fan Yang. Pressure Vessel Optimization Design Based on the Finite Element Analysis

B 设计、传热

[J]. Applied Mechanics & Materials, 2011, 65: 281－284.

［6］Wen Jie Li, Guang Peng Liu, Dao Hui Li, et al. Finite Element Analysis and Optimum Design for Pressure Vessel Based on ANSYS Workbench ［J］. Applied Mechanics & Materials, 2014, 687－691: 290－293

［7］压力容器: GB150－2011 ［S］. 北京: 中国标准出版社, 2011.

［8］钢制压力容器—分析设计标准: JB/T4732－2005 ［S］. 北京: 中国标准出版社, 2005.

［9］朱志彬, 翟丽华, 李健, 等. ANSYS 在化工机械设计中的应用 ［J］. 装备制造技术, 2004 (1): 16－20.

作 者 简 介

高明, (1993—), 男, 南京工业大学在读硕士研究生, 主要从事化工设备强度研究。通讯地址: 江苏省南京工业大学江浦校区机械与动力工程学院 211816, 15062282239 Email: 503794671@qq.com。

关联支持向量回归方法及其传热管
爆破压力分析应用

李美艳　何　兴　徐贤兴　金伟娅

（浙江工业大学化工过程机械研究所　杭州　310032）

摘　要　针对数据缺乏导致预测精度不高问题，提出了一种关联支持向量回归（Relational Support Vector Regression，r–SVR）方法。该方法结合灰色关联分析计算因素之间关联度、优化数据权重的特点来改进支持向量回归预测小样本的精度。为进一步改进预测效果，引入交叉验证对 r–SVR 核函数的重要参数进行优化，避免人工选择的随机性，使模型更加稳定。本文利用 r–SVR 对蒸汽发生器传热管的爆破压力进行预测。结果表明，r–SVR 的平均百分比偏差为 1.14%，预测精度良好。

关键词　关联支持向量回归；交叉验证；传热管；爆破压力

Relational Support Vector Regression Method and Its Application in Bursting Pressure of Heat Transfer Tubes

Li Meiyan　He Xing　Xu Xianxing　Jin Weiya

(Institute of Process Equipment & Control Engineering,
Zhejiang University of Technology, Hangzhou 310032)

Abstract　In order to solve the problem of low prediction accuracy with rare data, a method of relational support vector regression (r–SVR) is proposed. In the method, gray correlation analysis is introduced to improve the prediction accuracy of the support vector regression with small samples, which is used to calculate correlation and optimize the data weight. To get better prediction accuracy, cross validation is introduced to optimize important parameters of kernel function in r–SVR, which can avoid the randomness of artificial selection and make the model to be more stable. The method of r–SVR is used to predict the bursting pressure of heat transfer tubes. The results show that the average percentage deviation of r–SVR is 1. 14% and the prediction accuracy is fine.

Keywords　Relational support vector regression; Cross validation; Heat transfer tubes; Bursting pressure

0　前言

蒸汽发生器是核电厂的关键设备，一回路的冷却剂与二回路中的水通过其中的传热管进行热量交换。在交换热量的同时可以避免带出放射性物质，有效隔绝核辐射污染环境。传热管在服役过程中会出现局部腐蚀及机械磨损，主要类型包括：应力腐蚀、晶界腐蚀、点蚀、凹痕、耗蚀、微动磨损、机械损伤等。这些损伤会使含缺陷的管子出现裂纹，比较典型的传热管缺陷有矩形缺陷、瓦片状缺陷、

设计、传热　B

圆周缺陷等，上述缺陷对管子的强度削弱非常显著，进一步发展会导致爆管，使放射性物质泄漏。

为了确定含缺陷设备的安全运行时间以及维修更换的时间间隔，需要对不同缺陷下的管束服役寿命进行预测，提前做好设备的维修和更换，所以正确判断管道服役寿命对于确保核电站的安全运行，提高经济性具有重要意义。但是核电设备的可靠性要求高，失效数据收集难度大，是典型的小样本问题[1]。本文针对小样本的情况，将灰色关联分析与支持向量回归有机结合，提出关联支持向量回归（Relational Support Vector Regression，r - SVR)[3]，它既保留了灰色关联分析能提高数据间关联度的优点，也把 SVR 出色的预测性能予以发展，两种算法相互取长补短来改进系统的并行计算能力和系统有效信息的利用率，提高模型效率和精度。

1 关联支持向量回归

支持向量回归处理小样本主要存在两方面缺陷：首先在训练数据严重不足的情况下不能得到完善的回归模型；其次，单一的回归模型在处理不同类型的数据时都存在一定的缺陷，如果仅仅采用一种模型进行回归，其精度往往不能达到要求[4]。灰色关联分析可以通过计算灰色关联度来优化数据的权重、挖掘隐藏信息，降低数据的不确定性。利用灰色关联分析能降低数据不确定性的优点对 SVR 进行改进，优化 SVR 对具有不确定性小样本的预测精度。

为在数据处理过程中排除无关变量的影响，根据灰色关联分析提出一种将各因子原始序列集合构成的空间转化到同一个度量空间的方法，并在改进的度量空间中给出距离的定义形式，最后在此基础上进行 SVR 预测[4,5]。具体过程如下：

1）分别建立样本原始数据的因变量参考序列（参考因子）和自变量比较序列（比较因子），即 X_n

$$X_0(t) = \{x_0(1), x_0(2), \cdots x_0(n)\} \quad (1)$$
$$X_i(t) = \{x_i(1), x_i(2), \cdots x_i(n)\},$$
$$i = 1, 2, \cdots n \quad (2)$$

2）由于实际工业过程中得到的数据由于量级、单位等不同会影响回归结果，所以对原始数据进行单指标序列的数据变化。利用初值变化公式进行初值变换，即将比较序列中的每一个数据除以第一个数，得到变化后的数据

$$XD(t) = \{x(1)d_1, x(2)d_1, \cdots x(n)d_1\} \quad (3)$$

式中，$x(k)d_1 = x(k)/x(1)$，$x(1) \neq 0$，$k = 1, 2, \cdots, n$。

3）将参考因子和比较因子按照式（4）做变换：

$$X_j^{(1)}(t) = \frac{X_j^{(0)}(t+1) - X_j^{(0)}(t)}{\Delta t},$$
$$j = 0, 1, 2, \cdots, n-1 \quad (4)$$

式中，$\Delta t = (t+1) - t = 1$，变化后的新数列实际上是各因子的斜率，比较数据之间的变化程度。

再对新数列进行方差变化，有

$$X_j^{(1)}(t) = \frac{X_j^{(1)}}{\sigma_j}, \quad j = 0, 1, 2, \cdots, m;$$
$$t = 1, 2, \cdots n-1 \quad (5)$$

式中，$\sigma_j = \sqrt{\dfrac{1}{n}\sum_{i=1}^{n}(X_j(t) - \bar{X}_j)^2}$，$\bar{X}_j = \dfrac{1}{n}\sum_{t=1}^{n}X_j(t)$。

通过上述处理之后，各因子原始序列集合构成的空间变转化为一个度量空间。同时有一点需要明确强调，上述处理方法不会因为各因子序列本身采用的计量单位的不同而导致关联度的改变。

4）考虑到如果一个比较因子与参考因子的关联程度，和另一个比较因子与参考因子之间的关联程度一致，则关联性质正好相反，且这两个比较因子数列与参考因子数列之间的距离应相等。所以在该新的度量空间中将比较因子与参考因子之间的距离定义为：

$$\Delta_{0i} = \left| \text{sgn}(\hat{\sigma_i})X_i^{(2)}(t) - \text{sgn}(\hat{\sigma_0})X_0^{(2)}(t) \right|$$
$$= \left| \text{sgn}\left(\frac{\hat{\sigma_i}}{\sigma_0}\right)X_i^{(2)}(t) - X_0^{(2)}(t) \right| \quad (6)$$

式中，sgn 为符号函数。

上述比较因子间关联性质距离的定义式满足规范性、整体性和对偶性，于是 X_i 与 X_0 的关联系数定义为：

$$\zeta_{0i}(t) = \frac{\min\limits_{i}\min\limits_{t}\Delta_{0i}(t) + \rho\max\limits_{i}\max\limits_{t}\Delta_{0i}(t)}{\Delta_{0i}(t) + \rho\max\limits_{i}\max\limits_{t}\Delta_{0i}(t)},$$
$$t = 1, 2, \cdots, n-1 \quad (7)$$

式中，$\min\limits_{i}\min\limits_{t}\Delta_{0i}(t)$ 为两级最小差；$\max\limits_{i}\max\limits_{t}\Delta_{0i}(t)$ 为

两极最大差，ρ 为分辨系数。

5）根据灰色关联分析的定义，灰色关联度表示比较因子和参考因子之间的相似性，所以可以代表数据的权重。由式（7）已经求得关联系数，所以将关联系数带入式（8）即可求得灰色关联度。

$$\gamma_{0i} = \frac{1}{n-1}\sum_{i=1}^{n-1}\zeta_{0i}(t)，t=1，2，\cdots，n-1 \quad (8)$$

6）得到数据的灰色关联度之后，再计算比较因子的数据权重。

$$w_i = \gamma_{0i} / \sum_{i=1}^{n-1}\gamma_{0i}，i=1，2，\cdots，n-1 \quad (9)$$

根据每组计算得到的权重对原始数据进行重新生成，提高数据的关联性。

$$X'_i(t) = X_i(t) \cdot w_i，i=1，2，\cdots n \quad (10)$$

为了便于关联极性的分析，这里的 k 值取为参考因子数列的大小顺序值。再把改变权重后的输入 SVR 进行预测，得到预测结果，完整的计算过程如下：

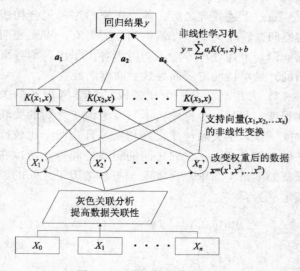

图 1　r-SVR 数据传递过程

2　传热管爆破压力分析

2.1　数据建模

传热管的体积缺陷根据形状进行分类，包括体积型缺陷、点蚀、机械损伤等，从几何参数表现为缺陷长度、缺陷包络角和缺陷深度，所以引入这三个参数来描述管束的体积缺陷并作为 r-SVR 的输入参数，将爆破压力作为输出参数建立模型来模拟数据间的关系。传热管的正交试验数据来自文献 [6]，共 20 组试验结果。

表 1　含缺陷传热管的试验数据

序号	缺陷长度/mm	缺陷包络角/（°）	缺陷深度占管壁厚度的百分比%	爆破压力实验值/MPa
1	4	360	50.3	62.53
2	4	360	49.6	62.41
3	7.9	360	68.5	42.4
4	7.92	360	72	40.66
5	7.94	360	52.3	55.14
6	8.05	360	62.9	49.29
7	10.4	57.8	39.3	67.19
8	10.5	33.6	23.1	67.53
9	11.9	360	51.4	49.74
10	11.98	110	34.9	55.97
11	12	70	39.3	59.25
12	12	70	42.4	56.81
13	12	38.6	48.1	56.74
14	12	43.2	52.8	52.76
15	12	360	52.3	48.97
16	12	47.2	49.3	46.8
17	16.06	52	64.2	49.89
18	16.04	52	64.2	47.36
19	12	47.5	51.9	44
20	7.94	360	54.4	54.2

选择前面 19 组数据作为训练数据进行交叉验证参数粗略选择，由于等高线图的效果不理想，所以将参数粗略寻优的结果映射到三维平面上，其结果如图 2 和表 2 所示。在确定参数的大致范围后缩小寻优区间，进一步进行参数寻优，得到的精细寻优结果，如图 3 和表 3 所示。

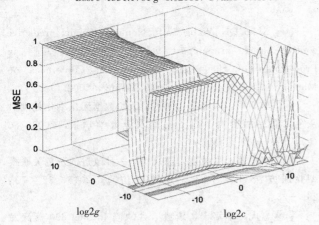

SVR参数选择结果图（3D视图）[GridSearchMethod]
Best c=1351.1761 g=0.020617 CVmse=17.6344

图2　SVR 参数粗略选择结果

表2　参数粗略寻优的结果

惩罚参数 C	核函数参数 g	交叉验证方差
1351.1761	0.020617	17.6344

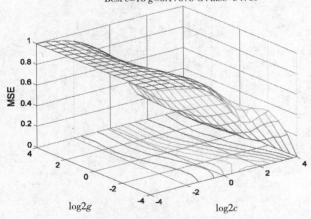

SVR参数选择结果图（3D视图）[GridSearchMethod]
Best c=16 g=0.17678 CVmse=34709

图3　SVR 参数精细选择结果

表3　参数精细寻优的结果

惩罚参数 C	核函数参数 g	交叉验证方差
16	0.17678	34.709

确定 r‑SVR 的参数之后，利用 19 组样本建立模型，模型的回归百分比误差如图 4 所示。从图中可以看出，在模型中除了第 18 和 19 个样本点之外，余下的样本回归误差非常小，甚至模型值就等于实际值。第 18 个样本的误差达到 5.32%，第 19 个样本的误差为 1.46%，效果没有前面的样本点

理想，但是在可接受的误差区间内。从整体上分析，绝大多数的模型值误差非常小，所以可以认为模型已经训练成功。

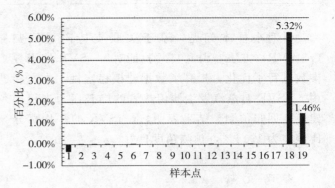

图4　模型与管束实际爆破压力的偏差百分比

2.2　回归预测

利用前面的 19 组试验数据所建立的模型对一组新的数据样本点进行预测，并利用相同的建模方法，选择不同的 19 组数据进行建模，并对余下的一组数据进行蒸汽发生器管束爆破压力的预测，得到的结果如表 4 所示。

表4　交叉验证关联支持向量机的预测结果

序号	预测结果（MPa）	实际值（MPa）	百分比误差（%）
1	54.20	54.20	0.00
2	45.79	46.80	−2.16
3	55.99	56.74	−1.32
4	55.97	55.97	0.00
5	49.82	49.29	1.07

从上面的图表中可以看出，第 1 个和第 4 个样本预测的回归结果非常理想，误差几乎为 0，其余 3 个样本的预测偏差均小于 5%，模型的泛化能力比较理想，第 2 个样本和第 3 个样本的偏差为负值，即预测值的结果小于蒸汽发生器管束的实际爆破压力，可以保证运行的可靠性。如果预测值超过管束的实际爆破压力，则不能起到预警的作用，所以预测值需要设置一个安全裕量，这样可以保证不会超过实际的爆破压力值，也可以解决预测值大于实际值而导致的安全问题[8]。虽然第五个样本的预测值大于实际爆破压力值，但是误差非常接近 1%，所以在可以接受的误差范围之内。

4 结论

针对小样本问题，基于关联支持向量回归（r‐SVR）方法，引入交叉验证对 r‐SVR 核函数参数进行了优化，提高了数据建模稳定性。本文利用 r‐SVR 对蒸汽发生器传热管的爆破压力进行了建模、回归预测。结果表明，r‐SVR 的平均百分比偏差为 1.14%，预测精度良好。

参考文献

［1］赵琼，王思华，尚方宁．基于故障树分析法的接触网可靠性分析［J］．铁道标准设计，2014（1）：105—109.

［2］李丽娟．最小二乘支持向量机建模及预测控制算法研究［D］．浙江大学信息科学与工程学院：浙江大学，2008.

［3］Miao Qi, Wang Shifu. Nonlinear model predictive control based on support vector regression ［C］. In Proceedings of the Firest International Conference on Machine Learning and Cybernetics. Beijing，2002.

［4］李炳军，朱春阳，周杰．原始数据无量纲化处理对灰色关联序的影响［J］．河南农业大学学报，2002，36（2）：199—202.

［5］宁小磊，吴颖霞，陈战旗．一种改进的灰色关联模型验证方法研究［J］．计算机仿真，2015，32（7）：259—263.

［6］惠虎，李培宁，唐毅．含缺陷 Inconel 690 蒸汽发生器传热管的强度及堵管准则研究［J］．原子能科学技术，2008，42（12）：634—640.

B
设计、传热

在役聚乙烯超高压反应管极限压力的理论与试验研究

马小明　祝伟华

（华南理工大学　广州　510641）

摘　要　本文通过非线性有限元分析法，针对某石化厂已服役 22 年的超高压反应管进行极限压力与爆破压力分析，同时探讨了反应管不同抗拉强度对其爆破压力的影响。最后对在役超高压反应管试件进行爆破试验，测定其极限承载能力，验证了有限元分析结果。

关键词　超高压反应管；非线性有限元分析法；极限压力；爆破压力；爆破试验

Theoreticaland Experimental Study on extreme pressure in Tubular Reactor of Ultrahigh Pressure Polyethylene in service

Ma Xiaoming　Zhu Weihua

（South China University of Technology，Guangzhou 510641）

Abstract　In this paper，the nonlinear Finite Element Analysis (FEA) is used to analyze the ultimate pressure and burst pressure of 22-year under service UHP tubular reactors in a petrochemical plant. The effects of different tensile strengths on the bursting pressure impact were also studied. Finally，the UHP pipe in service was used for the burst test to get the ultimate load carrying capacity，and the results of finite element analysis were verified.

Keywords　Ultrahigh pressure tubular reactor；nonlinear Finite Element Analysis；ultimate pressure；burst pressure；burst test

1　前言

超高压反应管是超高压聚乙烯生产中关键装置之一，超高压反应管长期在复杂恶劣的条件下工作，若管壁破裂，将引发严重的生产安全事故[1]。因此，研究在役超高压反应管的极限载荷，对于生产安全和生产设备寿命评估都有重要意义。

聚乙烯超高压反应管的制造材料采用塑性良好的低合金强度钢，具有明显的应变硬化现象。在超高压反应管所受内压不断升高过程中，内壁材料屈服，形成塑性区。塑性区随着内压的进一步提高不断由内壁向外壁扩展，反应管产生硬化现象，承载能力上升，与此同时，超高压反应管产生塑性形变，管壁厚度减薄。当硬化作用引起的承载能力提高与管壁不断减薄引起的承载能力下降相抵时，承载能力最大，为超高压反应管的极限承载能力。最后，超高压反应管的承载能力随着壁厚减薄不断下降，直到发生爆破。在保持长时间的内压加载后导致反应管破坏的最低压力值，称为爆破压力。而爆破压力值与试验过程升压速度密切相关，升压速度越大，爆破压力值亦越大，其误差相应偏高。

《超高压容器安全技术监察规程》第三章设计部分的第 27 条规定超高压管式反应器选用爆破失效准则进行静强度设计。单层厚壁圆筒的爆破压力，在工程上应用最多的是 Faupel 经验公式[2]：

$$P_b = \frac{2}{\sqrt{3}} \sigma_s (2 - \frac{\sigma_s}{\sigma_b}) \ln K$$

2　反应管的基本情况

本文研究对象是在某公司已服役 22 年的聚乙烯超高压反应管,材料为 30CrNiMo8,化学成分检测合格。反应管的设计压力为 290MPa,工作压力 260MPa,设计温度 340℃,工作温度 300℃。从原反应管上截取一段直管进行研究,其尺寸测量及力学性能测试结果如表 1、2 所示。

表 1　直管的尺寸

分类	外径 (mm)	内径 (mm)	径比 K	总长 L (mm)	去螺纹后 长度 L (mm)
直管	38.0	87.2	2.29	614	492

表 2　反应管的综合力学性能

项目	屈服 强度 σ_s (MPa)	抗拉 强度 σ_b (MPa)	延伸 率 δ (%)	断面 收缩率 ψ (%)	弹性 模量 E (MPa)	冲击 功 (J)
实测 值	875.72	1038.39	10.86	66.30	195753	147.01
标准 值	911.00	1054.00	—	≥45.00	209000	≥41

结果表明,经过 22 年的服役,材料的屈服强度、抗拉强度及弹性模量与标准值相比略低,这是由于反应管长期处于复杂的工况条件下运行所造成的。其中冲击功为 147.01 J,远高于标准值,表明材料抵抗裂纹扩展断裂的能力较好,能有效缓解内压脉冲变化及开停工的作用。

3　非线性有限元分析

3.1　有限元模型的建立

为模拟试验结果并简化运算,暂忽略端部过盈配合及夹套、法兰等的影响,同时选择采用 20 个节点的 SOLID95 单元作为反应管的单元类型。由于超高压反应管的结构与载荷轴对称,故沿轴向选

取 1/2 进行建模。此次有限元模拟选择智能划分模式,确定网格划分精度为 1,划分网格采用整体扫掠的方式。选择 Static 类型进行静力学分析,在反应管径向端面采用轴对称约束,在左右端面施加全约束。管壁内侧从 50MPa 开始,间隔 50MPa 逐步施加压力,如图 1 所示。

在直管模型上选取 3 个截面进行分析,对比极限压力分析结果。取点位置如图 2 可见:截面 2 为直管模型的中间截面,在中间截面两侧间距 60mm 取截面 1 与截面 3。每个截面的内、外壁各取两个分析点。

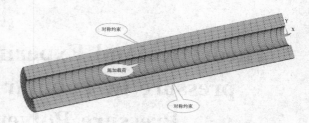

图 1　直管载荷及边界条件设置

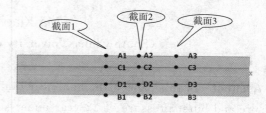

图 2　直管测点位置

3.2　极限压力分析

通过双切线交点法得到极限压力值为 P_t,如图 3 所示为直管 A2 测点内压应变曲线。各测点极限汇总结果如表 3 所示。

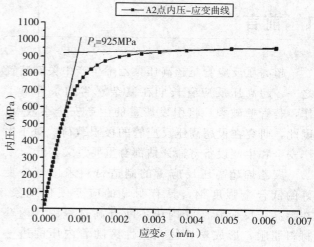

图 3　直管 A2 点极限压力

表3 切线交点准则确定的直管各截面极限压力 P_t

截面	测点编号		极限压力/MPa	平均值/MPa	总平均值/MPa
1	外壁	A1	930	929.0	929.8
		B1	928		
	内壁	C1	933	931.5	
		D1	930		
2	外壁	A2	925	925.5	
		B2	926		
	内壁	C2	926	926.0	
		D2	926		
3	外壁	A3	933	932.0	
		B3	931		
	内壁	C3	937	935.0	
		D3	933		

观察表3，发现：直管的平均极限压力最低的截面为中间截面，即截面2。中间截面大曲率半径外壁测点 A2 点的极限压力最低为 925.5MPa，此位置为反应管最危险的位置。取该最小极限压力值 $P_t = 925.5$MPa 作为直管整体的极限压力。

3.3 爆破压力分析

采用牛顿-拉普森法进行爆破压力计算。当压力加载到 959MPa 时，直管截面2内壁C点的形变量最大，如图4所示。故 C 点为截面2的最危险点，根据有限元分析结果绘制 C 点的内压-应变曲线，由曲线获得直管的爆破压力 $P_b = 960.10$MPa，如图5所示。

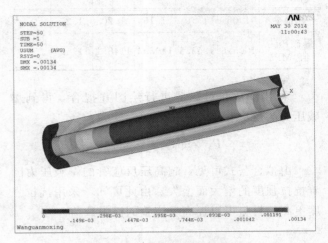

图4 直管 959Mpa 时点位移云图

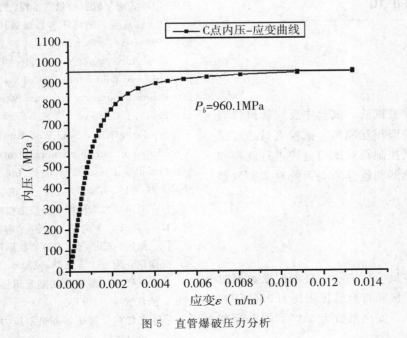

图5 直管爆破压力分析

3.4 爆破压力与反应管材料抗拉强度的关系

建立十个几何尺寸相同的超高压反应管模型，每个模型对应的抗拉强度与本文试验对象所用材料的抗拉强度的比值为 ε，ε 的取值为 0.75~1.25，$\Delta = 0.05$。通过非线性有限元模拟计算，得出十个不同抗拉强度的反应管模型对应的爆破压力值。对比计算结果，以研究爆破压力与反应管材料对的关系。模型尺寸为长 $L=500mm$，内径 $D_i=38mm$，外径 $D_0=87.2mm$。试验对象抗拉强度为 1038.39MPa。将有限元模拟计算结果汇总成表，见表4所示。

表4　不同材料的反应管爆破压力

比值 ε	0.75	0.80	0.85	0.90	0.95	1.00
爆破压力值/MPa	717.6	765.2	813.2	861.0	908.9	956.7
比值 ε	1.05	1.10	1.15	1.20	1.25	
爆破压力值/MPa	1005.6	1055.5	1105.5	1148.1	1195.9	

采用 Origin 对数据进行绘图并拟合，得到爆破压力与反应管材料的拟合关系式为：

$$P_b = 961.0\varepsilon - 3.5$$

由拟合公式可见，超高压反应管的爆破压力随着抗拉强度的增大而增大。由此可知，采用抗拉强度更高的材料可以提高反应管的极限载荷。

4 爆破试验研究

4.1 试验条件

本文采用液压爆破试验。试验中反应管试件与超高压泵通过钢板护墙相互隔离，试验人员通过摄像头监控和超高压泵控制箱对试验过程进行观察和控制，利用压力传感器和信号采集系统对实验数据进行测量和采集。

4.2 试验结果

绘制试验过程中反应管内压—环向应变数据曲线，通过双切线交点法获得直管极限压力 956MPa，爆破压力为 878 MPa，安全系数为 3.03，符合标准规定。

4.3 数据分析

爆破试验过程中，初始阶段强化作用起主要作用，其承载能力提升。随着内压的逐步提升，反应管壁厚减薄现象显著，此时反应管的承载能力会有所下降直至爆破，此时的压力为爆破压力。因此超高压反应管的极限压力略高于爆破压力。

对比试验结果与非线性有限元分析得出的结果，如表5所示。

表5　结果对比

对比内容	试验值（MPa）	有限元分析值（MPa）	误差（%）
极限压力	956	925	3.24
爆破压力	878	960	9.34

通过上表可知，利用 ANSYS 软件进行非线性有限元分析计算，得出的极限压力与爆破压力结果，与爆破试验结果的误差在10%以内，可作为一种有效评估反应管极限承载能力的方法使用。可见，利用 ANSYS 软件进行工程设计及应用，可以降低试验产生的成本，提升工作效率。

参 考 文 献

[1] 刘长海. 超高压管式反应器安全工程中损伤问题的研究 [D]. 哈尔滨：哈尔滨工程大学，2003.

[2] 黄载生. 超高压容器爆破压力计算 [J]. 压力容器，1992（03）：254—255.

[3] A. Kaptan, Y. Kisioglu. Determination of burst pressures and failure locations of vehicle LPG cylinders [J] International Journal of Pressure Vessels and Piping，2007，84（7）451—459.

[4] Jeong Kim, Sang-Woo Kim, Hoon-Jae Park et al. A prediction of bursting failure in tube hydroforming process based on plastic instability [J]. Int J Adv Manuf Technol，2006，27：518—524.

[5] 毛苗. 大型厚壁等径三通极限压力与爆破压力的研究 [D]. 广州：华南理工大学，2011.

[6] 陈风. 带接管压力容器极限压力及爆破压力的研究 [D]. 南京：南京工业大学，2005.

[7] 祝晓海. 薄壁无缺陷管道爆破压力的研究 [D]. 浙江：浙江大学，2011.

[8] 王仁东. 高压容器极限压力计算法 [J]. 浙江大学学报. 1964（1）：69—84.

[9] 胡林星. 聚乙烯超高压反应管残余应力特性的试验研究 [D]. 华南理工大学，2011.

[10] 陈国理. 压力容器及化工设备 [M]. 广州：华南理工大学出版社，1988：70—152.

B 设计、传热

一种大型固定管板换热器有限元分析建模方法

刘　斌　董俊华　高炳军

（河北工业大学化工学院　天津　300130）

摘　要　对于大型固定管板换热器，将管板布管区简化为当量实心圆平板进行有限元计算时，常出现布管区周边附近应力强度较大，采用与中心布管区相同的管桥系数进行应力强度评定很难通过的情况。为此提出一种新的建模方法，即管板中心布管区采用当量实心圆平板、换热管采用等效薄壁圆筒，管板周边布管区与换热管均采用三维实体建模。管板中心布管区采用管桥系数按 ASME 标准相关规定进行评定，而管板周边布管区采用分析设计通用方法进行评定。这种建模方法既能可靠地对管板应力进行评定，又在很大程度上减小了计算规模，为大型固定管板换热器设计提供了一种可行的计算方案。

关键词　固定管板换热器；建模方法；有限元分析；当量实心圆平板

A Finite Element Modeling Method
of a Large Fixed Tubesheet Heat Exchanger

Liu Bin　Dong Junhua　Gao Bingjun

（School of Chemical Engineering and Technology，
Hebei University of Technology，Tianjin，300130，China）

Abstract　For the finite element analysis of the large fixed tubesheet heat exchanger，the tube layout region of the tubesheet is often simplified as an equivalent solid circular plate. However，relatively high stress intensity generally occurs at the outskirt of the tube layout region，which makes it impossible to satisfy the strength requirement when employing the same effective ligament efficiency as that of the central tube layout region. In this paper，a new FE modeling methodology is proposed. Namely，only the central tube layout region is simplify as the equivalent solid circular plate，and with relative tubes simplified as equivalent thin walled cylinder. And the outskirt tube layout region is modeled in three dimensions together with corresponding tubes. In this way，only the central tube layout would be evaluated according to the corresponding regulations of ASME code with the effective ligament efficiency，and the outskirt tube layout region can be evaluated with the general regulations of design by analysis. The proposed FE modeling method not only promises reliable stress evaluation of the tubesheet，but also reduces the computational scale effectively，which provides a feasible FE calculation method for the design of large fixed tubesheet heat exchanger.

Key words　Fixed tubesheet heat exchanger；Modeling method；Finite element analysis；Equivalent solid circular plate

627

1 引言

换热器是一种实现物料之间热量传递的节能设备，广泛应用于石油、化工、冶金、轻工及食品等行业[1]。在固定管板式换热器中，管板连接壳程筒体、管束和管箱，并承受管程与壳程压力载荷和温差载荷的共同作用，受力状况复杂，管板往往成为整台设备安全运行的决定因素。正确分析管板受力、合理评定管板应力强度对保证换热器的安全至关重要。

对于大型固定管板换热器进行有限元计算时，由于换热管数量巨大，无法建立全实体模型，往往采取简化处理，通常将管板简化为当量实心圆平板[2]或壳单元[3]，将换热管简化为弹性地基[2]、杆单元[4]、壳单元[5]、梁单元[6]及管单元[7]。此外，还可以建立轴对称模型[8,9]，即：将管板简化为当量实心圆平板，换热管简化成当量同心薄壁圆筒。

将管板简化为当量实心圆平板需按照 ASME B&P Code VIII – 2[10]附录 5E 中的公式 $S_{III} \leqslant 1.5\mu^* S_m/K_{ps}$ 及 $S_{IV} \leqslant 3\mu^* S_m/K_{ps}$ 进行应力强度评定。然而分析计算表明，与管板布管区中心区域不同，其外围计算所得应力强度 S_{III} 较大，往往不能满足规范要求。徐探宇[11]曾提出管桥削弱系数 μ^* 的修正公式，以避免布管区当量实心圆平板与非布管区交界面附近的应力因乘以管桥削弱系数 μ^* 而发生突变。然而这一假设并未能从理论与实验上进行验证。陈楠[5]、李又香[8]、谢全利[9]对管板应力的相关研究中均指出管板在中心布管区很大范围内应力水平很低，最大应力发生在管板周边。为了得到管板周边较为真实的应力分布进而更加准确的对其进行应力评定，同时对于应力水平较低区域简化最大限度地降低计算规模，现提出一种大型固定管板换热器新型建模方法。

2 大型固定管板换热器有限元建模新方法

为了合理利用计算机资源，并保证管板布管区外围应力正确计算与评定，提出如下建模新方法：

管板在中心布管区采用当量实心圆平板、靠近非布管区采用三维实体建模；换热管在中心布管区采用当量薄壁圆筒、靠近非布管区采用三维实体建模。当量圆平板采用实体单元建模，实体单元有三个方向自由度，而当量薄壁圆筒使采用壳单元建模，壳单元有六个方向自由度，两者连接处自由度表述不一致，且两者独立网格剖分，连接位置不共节点，因此当量圆平板与当量薄壁圆筒通过 MPC 连接[12]，三维实体管板和换热管通过共节点实现连接。换热管和管板以及二者连接处简化处理方式见表 1。

表 1 简化处理

项目	中心布管区	外围布管区
管板	当量圆平板	三维实体
换热管	当量薄壁圆筒	三维实体
管板与换热管连接	多点约束	共节点

当量实心圆平板的简化按 ASME B&P Code VIII – 2[10]表 5.E.1 及 5.E.5 中的公式确定有效弹性常数，包括有效弹性模量 E^* 和有效泊松比 μ^*；实体管板区域使用实际弹性模量 E 和泊松比 μ。

简化为当量薄壁圆筒的换热管当量原则为每个薄壁圆筒横截面积等于所代替换热管横截面积之和，即保证当量前后换热管支撑刚度一致。当量方法如下：

① 确定合适的当量薄壁圆筒个数；

② 统计每个薄壁圆筒代替的换热管个数；

③ 根据薄壁圆筒个数，确定每个薄壁圆筒的半径；

④ 根据公式（1）计算出每个薄壁圆筒的壁厚。

$$t = \frac{nA}{\pi D} \tag{1}$$

式中 t 为当量薄壁圆筒壁厚，n 为需代替换热管根数，A 为单个换热管横截面积，D 为当量薄壁圆筒中径。

3 换热器几何结构与设计参数

现讨论一某在役单管程单壳程固定管板换热

器，其主要结构参数为：管板厚度 200mm，直径 ϕ4600mm；换热管 ϕ38mm × 3mm，长度 12000mm，共 6236 根，管间距为 53mm；壳程筒体壁厚 52mm，长度 8999mm；管箱筒体厚度 116mm，长度 1400mm；壳程过渡段厚度 90mm，长度 1200mm；考虑 3mm 腐蚀裕量以及 0.3mm 的钢板负偏差。管板材料为 15CrMo 锻件，换热管材料为 S31603，壳程筒体材料为 S30408，管箱材料为 15CrMoR，壳程过渡段材料为 15CrMoR。换热管与管板连接采用焊接加贴胀。设计参数见表 2，换热器结构示意图如图 1 所示。材料性能参数包括弹性模量、泊松比、线膨胀系数及设计应力强度可由相关标准[13]获取。

表 2 换热器设计参数

项目	设计压力 /MPa	设计温度/℃	介质
壳程	2.5	250	饱和锅炉水
管程	5.0	280	合成气

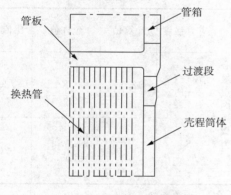

图 1 结构示意图

3.1 有限元模型的建立

固定管板换热器整体建模模型较大，忽略重力的影响并考虑到结构和载荷的对称性，取结构的 1/8 建模。管板及实体换热管采用 SOLID45 单元划分网格，当量薄壁圆筒使用 SHELL181 单元剖分网格。换热器几何模型如图 2 所示，有限元模型如图 3 所示。总单元数为 7895194 个，总节点数为 9483492 个，计算表明该网格密度满足模型计算精度要求[14]。

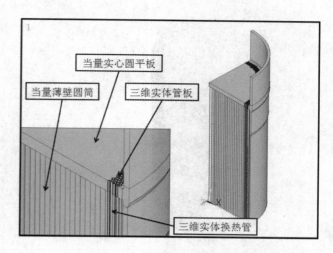

图 2 几何模型

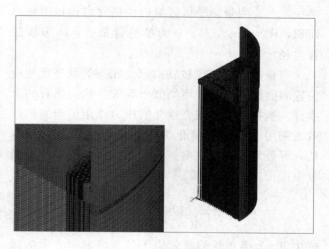

图 3 有限元模型

3.2 边界条件

边界条件施加及分析计算仅以最危险工况（管程压力作用）为例进行说明。

（1）位移边界条件

两个对称面施加对称约束，换热管及壳体下端面施加轴向位移约束，如图 4 所示。

（2）载荷边界条件

外侧实体管板和实体换热管以及管箱施加实际管程压力；中心当量圆平板施加当量管程压力，当量压力通过式（2）计算。

$$P_{pt} = P_t \frac{A_i - A_t}{A_i} \qquad (2)$$

式中 P_{pt} 为管程管板当量压力，P_t 为管程压力，A_i 为当量圆平板面积，$A_i = \pi R^2/4$，R 为当量圆平板

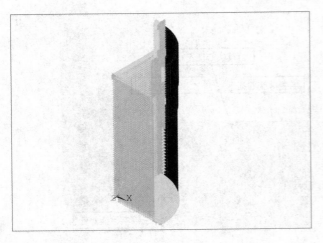

图 4 施加约束

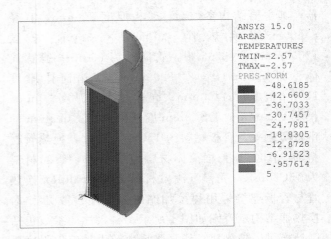

图 5 施加载荷

半径，A_t 为当量圆平板区域内换热管内径包围截面面积，$A_t = n\pi d_i^2/4$，n 为换热管根数，d_i 为换热管内径。

当量薄壁圆筒仅按轴向刚度相同等效替代相应位置的换热管，其作用类似于等效替代换热管的梁或杆，换热管受管或壳程介质压力作用引起的泊松效需采用与换热管简化为梁或杆时相同的处理方法，可处理为当量温度施加在当量薄壁圆筒上，当量温度按式（3）计算。

$$T_{eq} = \frac{\nu}{2\alpha E_t t}[(P_s d - P_t(d-t)] \quad (3)$$

式中 T_{eq} 为换热管泊松效应等效为沿轴向方向的温度，ν 为换热管泊松比，α 为换热管平均金属温度下的热膨胀系数，E_t 为换热管平均金属温度下的弹性模量，P_s 为壳程压力，P_t 为管程压力，d 为换热管外径，t 为换热管壁厚。

管箱端面施加经过管程压力转化的端面轴向平衡载荷 P_c，P_c 按式（4）计算。

$$P_c = \frac{P_t}{K^2 - 1} \quad (4)$$

式中 K 为管箱筒体的径比。载荷施加如图 5 所示。

3.3 计算结果

有限元模型的整体结构应力分析云图如图 6 所示，最大应力点位于管程侧过渡圆弧区，最大应力值为 383.378 MPa；由图 7 可以发现管板当量圆平板区域应力值较小，最大应力发生在管板周边区域，此结论与文献 [5,8,9] 所得结论吻合，且

管板最大应力点位于外侧布管区与某换热管连接位置，最大应力值为 271.677 MPa。从图 8 和图 9 分别找到管板中心当量圆平板和管板外侧实体管板的最大应力点，对各自最大应力点沿厚度方向进行应力线性化处理并对相应路径进行应力强度评定，评定结果见表 3 所示。当量实心圆平板及实体管板区域应力评定结果均满足强度要求。

表 3 应力强度评定结果

应力分类线	应力强度	计算值	允许值	比值	结论
当量实心圆平板最大应力点厚度方向	$S_{\text{III}} = P_L + P_b$	42.19	$1.5\mu^* S_m / K_{ps} = 58.57$	0.720	合格
实体管板最大应力点厚度方向	$S_{\text{III}} = P_L + P_b$	200.00	$1.5 S_{\text{III}} = 205.50$	0.970	合格

注：K_{ps}—应力乘数，取为 1.0。

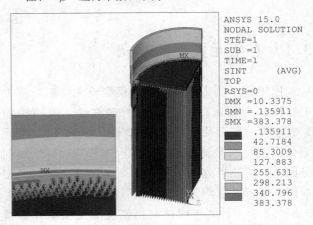

图 6 粗模型应力强度云图

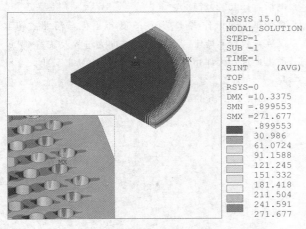

ANSYS 15.0
NODAL SOLUTION
STEP=1
SUB =1
TIME=1
SINT   (AVG)
TOP
RSYS=0
DMX =10.3375
SMN =.899553
SMX =271.677
    ■ .899553
    ■ 30.986
    ■ 61.0724
    ■ 91.1588
    ■ 121.245
    ■ 151.332
    ■ 181.418
    ■ 211.504
    ■ 241.591
    ■ 271.677

图 7　管板应力强度云图

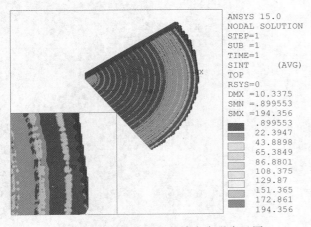

ANSYS 15.0
NODAL SOLUTION
STEP=1
SUB =1
TIME=1
SINT   (AVG)
TOP
RSYS=0
DMX =10.3375
SMN =.899553
SMX =194.356
    ■ .899553
    ■ 22.3947
    ■ 43.8898
    ■ 65.3849
    ■ 86.8801
    ■ 108.375
    ■ 129.87
    ■ 151.365
    ■ 172.861
    ■ 194.356

图 8　管板布管区中心区域应力强度云图

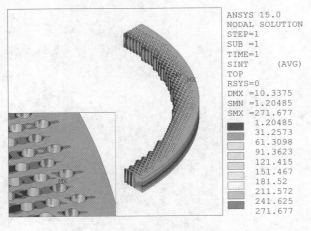

ANSYS 15.0
NODAL SOLUTION
STEP=1
SUB =1
TIME=1
SINT   (AVG)
TOP
RSYS=0
DMX =10.3375
SMN =1.20485
SMX =271.677
    ■ 1.20485
    ■ 31.2573
    ■ 61.3098
    ■ 91.3623
    ■ 121.415
    ■ 151.467
    ■ 181.52
    ■ 211.572
    ■ 241.625
    ■ 271.677

图 9　管板布管区外侧边缘应力强度云图

4　结论

对于大型固定管板换热器有限元计算，提出一种新的建模方法，即管板中心布管区采用当量实心

圆平板、换热管采用等效薄壁圆筒，管板周边布管区与换热管均采用三维实体建模。管板中心布管区采用管桥系数按 ASME 标准相关规定进行评定，而管板周边布管区采用分析设计通用方法进行评定。这种建模方法既能可靠地对管板应力进行评定，又在很大程度上减小了计算规模，为大型固定管板换热器设计提供了一种可行的计算方案。

参 考 文 献

[1] 支浩，汤慧萍，朱纪磊. 换热器的研究发展现状 [J]. 化工进展，2009，28（S1）：338—342.

[2] 王泽军，杨念慈，荆洪阳. 管板有限元分析模型与对比 [J]. 化工机械，2007，34（5）：285—290.

[3] C. F. Qian, H. J. Yu, L. Yao. Finite element analysis and experimental investigation of tubesheet structure [J]. Journal of Pressure Vessel Techndogy，2009，131（1）：011206—011209.

[4] Jin W Y, Gao Z L, Liang L H, et al. Comparison of two FEA models for calculating stress in hell-and-tube heat exchanger [J]. International Journal of Pressure Vessel and Piping，2004，81（6）：563—357.

[5] 陈楠，贺小华，邵虎跃，等. 换热器管板有限元分析模型研究 [J]. 食品与机械，2012，02：90—93.

[6] 冷纪桐，吕洪，章姚辉，赵军. 某固定管板式换热器的温度场与热应力分析 [J]. 北京化工大学学报（自然科学版），2004，28（2）：104—107.

[7] 汪建平，金伟娅，汪秀敏，等. 基于有限元分析管壳式换热器拉脱力的研究 [J]. 核动力工程，2008，29（6）：58—61.

[8] 李又香，龚曙光，庞心宇. 管板结构轴对称简化模型的分析研究 [J]. 机械强度，2013（04）：466—471.

[9] 谢全利，陈仓社，樊新宇. 一种高效便捷的换热器管板有限元分析新方法 [J]. 石油化工设备技术，2015（1）：6—11，3.

[10] ASME Boiler & Pressre Vessel Code，Section VIII，Divission 2，Rules for Construction of Pressure Vessels.

[11] 徐探宇. 薄管板强度削弱系数修正计算公式 [J]. 石油化工设备，1990（06）：34—35.

[12] 周艳，高耀东. 利用 MPC 技术对 SOLID 和 SHELL 单元进行连接 [J]. 内蒙古科技大学学报，2011，30（3）：241—243.

[13] 钢制压力容器-分析设计标准. JB4732—1995 [S]. 北京：中国标准出版社，1995.

[14] 陆明万，徐鸿. 分析设计中若干重要问题的讨论（一）[J]. 压力容器，2006，23（2）：15—19.

作者简介

刘斌，男，1992 年出生，河北省张家口市万全县人，汉族，主要研究方向为过程及装备 CAE。

通讯地址：天津市红桥区光荣道 8 号河北工业大学化工学院。

E-mail：liubin1009763153@126.com

电话：15900292713

高炳军（通讯作者），男，1966 年出生，河北省沧县人，汉族，教授，博士。主要研究方向为过程及装备 CAE。

通讯地址：天津市红桥区光荣道 8 号河北工业大学化工学院。

E-mail：gbj_hebut@163.com.

B
设计、传热

腔式吸热器膜式壁稳态热应力
及其对寿命影响模拟研究

魏进家[1]　万振杰[2]

（1. 西安交通大学化学工程与技术学院　陕西西安　710049

2. 西安交通大学能源与动力工程学院多相流国家重点实验室　西安　710049）

摘　要　腔式吸热器吸热面为膜式壁面，膜式壁面温度梯度及约束造成蒸发管热应力的存在，太阳能的间歇性决定了腔式吸热器每天都要经历启动及停止过程，进而导致蒸发管承受热应力循环载荷，在此循环载荷的作用下，蒸发管会出现裂纹进而失效。本文提出一种计算腔式吸热器膜式壁蒸发管在稳态运行时热应力及其对使用寿命影响的间接方法，该方法先耦合腔式吸热器光热转换过程得到膜式壁面蒸发管换热条件，将此换热条件施加到蒸发管得到温度分布，再计算管道在此温度分布下热应力，构造蒸发管零应力状态至稳定工作条件下热应力循环载荷，得到蒸发管使用寿命。采用该模型数值模拟研究了膜式壁蒸发管及模式壁支撑处热应力，并得到热应力对使用寿命的影响。计算结果表明：膜式壁附近蒸发管温度梯度很大；由于膜式壁面管道与翅片材料差异，膜式壁蒸发管热应力在翅片与蒸发管绝热侧焊缝处最大，高达 486MPa；蒸发面支撑块限制了蒸发管自由膨胀，使得支撑块与蒸发管连接焊缝处热应力最大，高达 548MPa；模式壁蒸发管在热应力循环载荷下使用寿命为 226984 次循环；支撑块焊缝处使用寿命为 65949 次循环。

关键词　太阳能；腔式吸热器；热应力；蒸发管；使用寿命

Simulation on the Steady State Thermal Stress and its Effects on Life Expectation of Membrane Wall in Cavity Receiver

Wei Jinjia[1]　Wan Zhenjie[2]

（1. School of chemical engineering and technology,

Xi'an Jiaotong University, Xi'an 710049, China

2. State Key Laboratory of Multiphase Flow in Power Engineering,

Xi'an Jiaotong University, Xi'an 710049, China）

Abstract　The boiling panels in the cavity receiver is membrane wall, temperature gradients and constraints result in the thermal stresses of boiling tubes of the membrane wall in the cavity receiver, and the receiver needs startup process every day because of the variation of solar energy between day and night, thus boiling tubes should suffer from thermal stress cycles. These thermal stress cycles lead to initiation of fissures by fatigue and boiling tubes failure. In this paper, we present an indirect method which can get thermal stresses and service life of boiling tubes in the cavity receiver, this method first coupled the light-heat conversion process from which heat transfer boundary condition of boiling tubes is concluded. Using this heat transfer boundary, we can obtain the temperature distribution, thermal stresses of boiling tubes under this temperature distribution will then be solved, and we can find the maximum thermal stress and its location. A thermal stress cycle of boiling tubes in one day is established between the zero stress state and the maximum thermal stress state, thus we can get the service life of boiling tubes based on the material fatigue curve. The thermal stress of the membrane wall boiling tubes and the wall support are simulated using this method. The simulation result indicates: temperature gradients near the membrane wall is very large; chips of the membrane wall have a different material with the boiling tube, and so the maximum thermal stress is at the weld zone between chips and the boiling tube insulation side which is 486MPa; the attachment clip will suppresses the boiling tube free inflation and causes the thermal stress distortion around it, the maximum thermal stress at the attachment clip weld zone margin is 548MPa; the service life of boiling tubes and the attachment clip margin is 226984 and 65949 steady state thermal cycles respectively.

Keywords   solar energy; cavity receiver; thermal stress; boiling tubes; life expectation

B
设计、传热

0 引言

太阳能光热发电已有 30 多年历史，塔式太阳能热发电相比于其他新能源利用方式被视为未来最有潜力的发电方式之一。腔式吸热器作为塔式热发电电站中实现光热转换的关键部件，其性能对塔式热发电高效、安全运行有决定性影响。Clausing 提出分析模型来研究腔式吸热器的对流热损失，获得了估算大型方腔吸热器对流热损失的分析模型[1]。Fang 等人基于蒙特卡罗热辐射算法，结合管内相变沸腾换热规律以及吸热器的对流热损失，提出了评价饱和蒸汽太阳能腔式吸热器热性能的计算模型及计算腔式吸热器在启动过程中热性能的动态模型，同时研究了风力作用对吸热器性能的影响[2,3]。Nicholas 等人模拟分析了四种吸热器管道壁面温度分布情况[4]。Hall 等人研究了聚光式太阳能热发电系统中高温吸热器表面太阳能选择性吸收涂层的特性[5]。Teichel 等人介绍了计算腔式吸热器内部漫射表面的半灰辐射换热的方法[6]。Maffezzoni 研究了热流变化下的太阳能吸热器的动态特性以及控制方法[7]。Chen 以太阳辐照度和给水量作为阶跃变量，对过热型腔式吸热器的非线性动态变化特性进行了数值分析[8]。Samanes 为太阳能腔式吸热器建立了瞬态过程的计算模型[9]。Boerema 比较了四种不同管道布置方式的吸热器内部温度分布的情况[10]。Hao 分析了内部布置竖直平行吸热管的水工质腔式吸热器的水动力特性[11]。Tu 等人研究了

腔体结构、表面涂层对吸热器性能的影响[12,13]。Wang 等人研究了槽式吸热器管道热应力[14]。

这些研究表明对腔式吸热器的研究主要集中在热性能方面的研究，然而吸热器膜式壁蒸发管在高温下运行，蒸发管内部存在热应力，太阳的东升西落及天气变化又使得吸热蒸发面上热流密度时刻发生变化，进而导致蒸发管热应力不断变化。热应力的存在及不断变化会造成蒸发管疲劳失效，威胁吸热器长久运行。因此，本文提出了一个计算吸热器内膜式壁蒸发管稳态热应力及使用寿命的模型，采用该模型计算得到腔式吸热器蒸发管稳态热应力及预期使用寿命，对腔式吸热器设计优化及安全运行具有指导意义。

1 模型及假设

1.1 物理模型

图 1 为腔式吸热器结构及管道布置，吸热器为左右对称结构，后墙中间及左右两边布置蒸发管，管道为膜式壁，布置成蛇形走向。采用蒙特卡洛光线追踪得到蒸发管面上热流分布如图 2（a）所示，可以看到，在蒸发面中心区域热流密度极高，四周向外热流越来越低，热流分布的这种特性导致蒸发面温度分布极其不均匀，图 2（b）为蒸发面上温度分布，可以看出温度分布与热流分布相似，中间区域温度最高，四周向外越来越低，膜式壁温度分

布的不均匀特性会造成管道内部热应力,威胁吸热器安全运行。

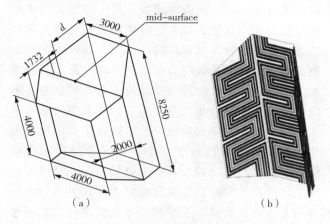

图 1　吸热器腔体及蒸发管布置

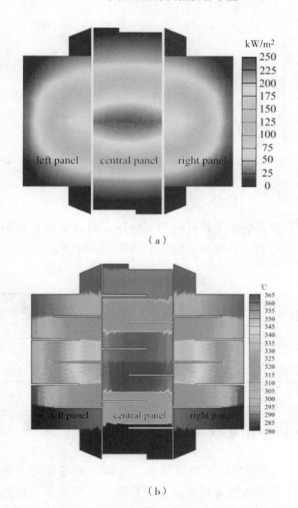

图 2　蒸发面热流及温度分布

整个蒸发面共 60 根管道,三个蒸发面每面 20 根,每根管道全长近 10 m,对整个吸热器 60 根管道进行热应力分析,模型复杂,计算时间长。由图 2 热流及温度分布,本文选取中间蒸发面高热流密度区,该区域为膜式壁运行温度最高部分,蒸发管内外壁温差最大,在此区域取对膜式壁管道进行三维热应力计算,进而得到蒸发管使用寿命。实际吸热器膜式壁面背部焊有支撑块,用于支撑固定蒸发面,支撑块附近约束复杂,更容易产生裂纹,进而导致蒸发管泄漏[15]。本文假设膜式壁中间高热流密度区域布置有支撑块,计算该支撑区域热应力,进而得到使用寿命。蒸发管及支撑模型如图 3 所示。

(a)蒸发管模型

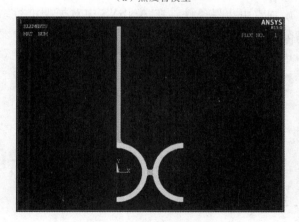

(b)支撑块模型

图 3　蒸发管及支撑模型

1.2　模型假设

(1)聚焦后热流为平行光;

(2)计算工况为稳态时热应力,不考虑天气变化的影响;

(3)膜式壁与管道材料接触紧密,且材料参数不随温度变化;

(4)不考虑平均应力对使用寿命的影响。

2 计算方法

2.1 温度场计算

腔式吸热器内部换热非常复杂，涉及光热转换、腔体内部对流及辐射换热、蒸发管内部流动沸腾换热、吸热器开口与外部环境对流辐射换热。本文采用 Fang 等人提出的计算吸热器热性能的方法[2,3]，该方法耦合蒙特卡洛光线追踪程序、管内沸腾换热程序及 FLUENT 软件得到蒸发管外壁受光侧热流密度及蒸发管内部对流换热分布，将上述得到的热流密度分布及对流换热分布作为边界条件在 ANSYS 中进行温度分析，求解得到蒸发管温度分布。

2.2 热应力计算

将 2.1 中计算得到的温度结果作为体载荷，同时施加自由边界条件，在 ANSYS 中对模型进行结构分析，求解平衡方程、几何方程、物理方程及变形协调方程[16]即可得到蒸发管热应力分布，等效热应力计算公式如下，其中 σ_1、σ_2、σ_3 分别为第一主应力、第二主应力、第三主应力。

$$\sigma = \sqrt{\frac{1}{2}\{(\sigma_1 - \sigma_2)^2 + (\sigma_2 - \sigma_3)^2 + (\sigma_1 - \sigma_3)^2\}}$$

2.3 寿命计算

与传统火电站相比，太阳能腔式吸热器启动时间必须缩短以适应日光变化，同时太阳东升西落、天气骤变及云层等原因导致吸热器必须反复经历启停过程。热应力的存在及不断变化会造成膜式壁蒸发管疲劳失效，威胁吸热器长久运行。工作条件的严苛性决定了影响太阳能腔式吸热器热应力变化的因素很复杂，如启动及运行过程中可能存在的热冲击、膜式壁蒸发管内部流体的水动力不稳定性、云层变化引起的能流密度的不稳定性及温度分布不均匀引起的蒸发面弯曲变形等，因此，蒸发管热应力计算及使用寿命的预测难度很大。本文仅考虑膜式

壁蒸发管稳定工作状态时热应力，将蒸发管上热应力在一天的变化分为三个阶段，如图 4 所示。第一阶段为升温阶段，此阶段内吸热器按传统火力电站启动温升速率开始启动，定日镜将太阳光聚焦到吸热器内，蒸发管温度逐渐升高，蒸发管内温度梯度逐渐增大，进而等效应力也逐渐升高；第二阶段为稳态运行阶段，此阶段内蒸发管上热流密度基本不变，蒸发管温度分布也基本不变，等效应力基本不变；第三阶段为降温阶段，此阶段由于太阳位置变化，蒸发管上热流密度变小，蒸发管温度梯度降低，等效应力随之减小，直至镜场关闭，吸热器停止工作。膜式壁蒸发管载荷循环为停止工作时零应力状态至蒸发管稳定工作状态下最大热应力，不考虑平均应力幅对寿命的影响。

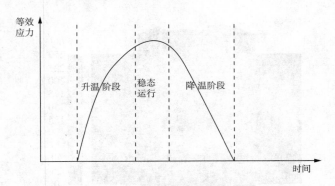

图 4 等效热应力在一天内变化

膜式壁蒸发管材料为不锈钢，膜式壁翅片材料为结构钢，其热及机械性能参数如表 1 所示。

表 1 材料性能参数

材料	导热系数 /W/（m·K）	弹性模量 /Pa	泊松比	热膨胀系数/（1/K）
不锈钢	16.27	1.93E11	0.31	1.7E−5
结构钢	60.5	2.0E11	0.3	1.2E−5

2.4 模型验证

ANSYS 软件是集结构、流体、电磁场等分析于一体的大型通用有限元分析软件，提供了丰富的分析类型。本文采用热−机械间接耦合方法计算模式壁热应力，为了验证本文方法及软件操作的正确性，本文采用 ANSYS 计算了无限长厚壁圆管在内外壁温差作用下热应力，结果如图 5 所示。由图 5 可知模拟结果与理论计算结果一致。

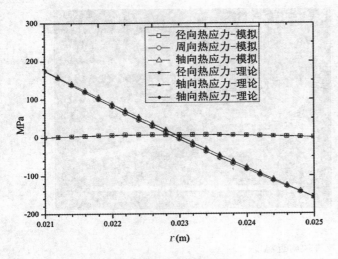

图5 厚壁圆筒热应力

3 结果及讨论

3.1 膜式壁蒸发管温度及热应力计算结果

膜式壁蒸发管温度及热应力计算结果如图6所示。由图6（a）知，蒸发管向光侧接收镜场聚焦后太阳热量，蒸发管外壁温度很高。膜式壁翅片导热性能较高，翅片吸收太阳光可以很好传递给蒸发管内部流体，因此翅片温度较低。蒸发管受光侧内外壁径向温差约为66℃。蒸发管背部绝热，管道截面周向方向在膜式壁附近温度梯度最大。由图6（b）知，由于膜式壁附近管道截面周向温度梯度最大，同时膜式壁翅片材料与管道材料不同，膜式壁翅片的存在会抑制蒸发管自由膨胀，导致在蒸发管绝热侧与翅片连接焊缝处热应力最高，高达486MPa；蒸发管其他位置受管道自身约束热应力较小。因此，蒸发管膜式壁翅片与蒸发管绝热侧焊缝在循环热应力载荷作用下将先出现裂纹。

3.2 膜式壁支撑块附近温度及热应力计算结果

膜式壁支撑块附近温度及热应力计算结果如图7所示。由图7（a）知，支撑块焊接在蒸发管背部，绝热条件下温度与蒸发管绝热侧温度相同；支撑块的存在对蒸发管温度分布没有影响，蒸发管截面膜式壁附近仍然为温度梯度最大区域。由图7（b）知，尽管支撑块与蒸发管背部温度相同，但由于支撑块材料与管道材料不同，同时支撑块的存在，使得蒸发管绝热侧沿Y轴正向受到约束不能自由膨胀，最终导致支撑块与蒸发管焊缝边缘产生很高热应力，高达548MPa；蒸发管膜式壁附近温度梯度最大，热应力依然很大。因此，与蒸发管相比，吸热器膜式壁面上蒸发管支撑块与蒸发管焊缝处所受热应力更大，在循环交变热应力载荷作用下更容易出现裂纹，蒸发管使用寿命更短，文献[15]实验结果显示蒸发管支撑附近在吸热器开始运行20个月后出现裂纹。

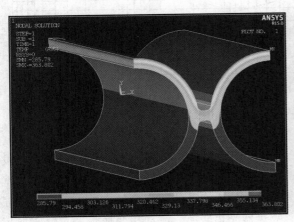

（a）及等效热应力

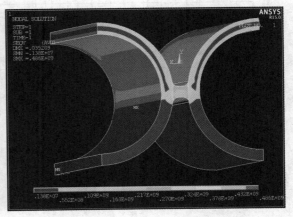

（b）云图

图6 膜式壁温度

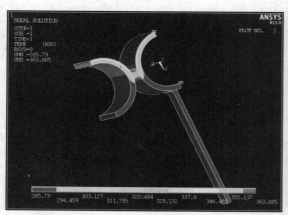

| （a）温度及等效热应力 | （b）云图 |

图7　膜式壁面支撑块附近温度

3.3　膜式壁蒸发管及支撑块附近使用寿命计算结果

由3.1节及3.2节热应力结果可知，膜式壁蒸发管最大热应力为486MPa；支撑块附近最大热应力为548MPa。采用2.3节所示计算模型，蒸发管在0至486MPa循环热应力载荷下工作，蒸发管交变应力幅为243MPa；支撑块附近在0至548MPa循环热应力载荷下工作，支撑块附近交变应力幅为274MPa，由温度不超过425℃、许用应力幅大于194MPa奥氏体不锈钢设计疲劳曲线，如图8所示[17]。插值计算可得蒸发管在其循环载荷下循环次数为226984次，支撑块附近区域在其循环载荷下循环次数为65949次。

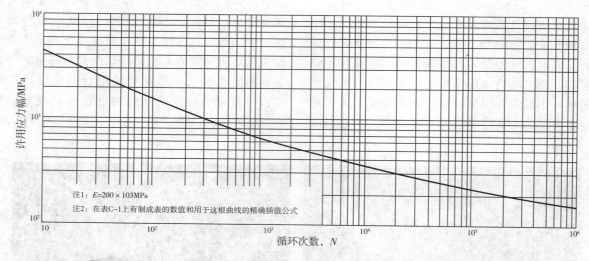

注1：$E = 200 \times 10^3$MPa
注2：在表C-1上有制成表的数值和用于这根曲线的精确插值公式

图8　温度不超过425℃、许用应力幅大于194MPa奥氏体不锈钢设计疲劳曲线

4　结论

腔式吸热器作为太阳能热发电电站中实现光热转换的关键设备，必须安全可靠、长久运行，然而实际生产过程中各种因素的影响会造成吸热器膜式壁蒸发管承受循环热应力载荷，进而导致蒸发管疲劳失效。本文提出一种计算腔式吸热器膜式壁蒸发管稳态热应力及使用寿命的方法，该方法顺序耦合吸热器光热转换、流动相变换热、对流辐射传热及热应力计算过程得到蒸发面上最大热应力及位置，构造相应循环载荷得到蒸发管使用寿命。采用该方法计算膜式壁蒸发管及膜式壁支撑块附近使用寿命

结果表明：

（1）膜式壁蒸发管附近温度梯度最大，同时由于膜式壁翅片材料与蒸发管材料不同，导致蒸发管绝热侧与翅片连接焊缝处热应力最高，高达486MPa；

（2）膜式壁面背部焊接有支撑块，用来支撑固定膜式壁面。绝热条件下支撑块温度与蒸发管绝热侧相同，但由于支撑块材料与蒸发管不同，限制了蒸发管自由膨胀，导致支撑块与蒸发管焊缝处热应力最大，高达548MPa；

（3）膜式壁蒸发管在启动至稳定运行循环热应力作用下，预期使用寿命为226984次循环；支撑块附近在启动至稳定运行循环热应力作用下，预期使用寿命为65949次循环。

5 致谢

本文研究得到高等学校博士学科点专项科研基金项目（No.20130201110043）资助。

参 考 文 献

[1] Clausing A M. An analysis of convective losses from cavity solar central receivers [J]. Solar Energy, 1981, 27 (4)：295－300.

[2] Fang J B, Tu N, Wei J J. Numerical investigation of start-up performance of a solar cavity receiver [J]. Renewable Energy, 2013, 53 (9)：35－42.

[3] Fang J B, Wei JJ, Dong X W, et al. Thermal performance simulation of a solar cavity receiver under windy conditions [J]. Solar Energy, 2011, 85 (1)：126－138.

[4] Nicholas Boerema, Graham Morrison, Robert Taylor, et al. High temperature solar thermal central-receiver billboard design [J]. Solar Energy, 2013, 97 (97)：356－368.

[5] Hall A, Ambrosini A, Ho C. Solar selective coatings for concentrating solar power central receivers [J]. Advanced Materials & Processes, 2012, 170 (1)：28－32.

[6] Teichel SH, Feierabend L, Klein SA, et al. An alternative method for calculation of semi-gray radiation heat transfer in solar central cavity receivers [J]. Solar Energy, 2012, 86 (6)：1899－1909.

[7] Maffezzoni C, Parigi F. Dynamic analysis and control of a solar power-plant. 1. Dynamic analysis and operation criteria [J]. Solar Energy, 1982, 28 (2)：105－116.

[8] Chen ZW, Wang YS, et al. Effect of Step-Change Radiation Flux on Dynamic Characteristics in Tower Solar Cavity Receiver [J]. Advances in Mechanical Engineering, 2013 (1), 2013：151－160.

[9] Samanes J, Garcia-Barberena J. A model for the transient performance simulation of solar cavity receivers [J]. Solar Energy, 2014, 110：789－806.

[10] Boerema N, Morrison G, Taylor R, et al. High temperature solar thermal central-receiver billboard design [J]. Solar Energy, 2013, 97：356－368.

[11] Hao Y, Chen KT, Wang YS, et al. Effect of one-target focus type on hydrodynamic characteristics of tower solar cavity receiver [J]. Advances in Mechanical Engineering, 2014 (1)：615942－615942.

[12] Tu N, Wei J J, Fang J B. Numerical study on thermal performance of a solar cavity receiver with different depths [J]. Applied Thermal Engineering, 2014, 72 (1)：20－28.

[13] Tu N, Wei J J, Fang J B. Numerical investigation on uniformity of heat flux for semi-gray surfaces inside a solar cavity receiver [J]. Solar Energy, 2015, 112：128－143.

[14] WangFuqiang, Lin Riyi, Liu Bin, et al. Optical efficiency analysis of cylindrical cavity receiver with bottom surface convex [J]. Solar Energy, 2013, 90 (4)：195－204.

[15] Baker A F. U. S.－Spain evaluation of the solar one and CESA－1 receiver and storagesystems [Z]. US：Sandia National Laborarites, 1989.

[16] Boley, A. B., Weiner, J. H. Theory of thermal stress [M]. John Wiley & Sons, New York, 1960.

[17] 原全国压力容器标准化技术委员会. 钢制压力容器－分析设计标准（2005年确认）：JB4732－1995 [S]. 北京：中国标准出版社, 2005.

作 者 简 介

姓名：魏进家

性别：男

职称：教授

通讯地址：陕西省西安市咸宁西路28号西安交通大学化学工程与技术学院（710049）

联系电话：13072958698

电子邮箱：jjwei@mail.xjtu.edu.cn

含不凝气混合蒸汽水平管内冷凝的模型研究

任　彬[1,2]　杜彦楠[1]　鲁红亮[1,2]　王少军[1]　宋　盼[1]　符栋良[1,2]

（1. 上海市特种设备监督检验技术研究院　上海　200062；

2. 上海蓝海科创检测有限公司　上海　201518）

摘　要　本文建立了含不凝气混合蒸汽在水平管内冷凝的传热模型。该模型采用了基于摩尔浓度的扩散层理论，考虑了气膜内不凝气浓度变化的影响，也考虑了抽吸效应、界面粗糙度对冷凝的强化作用。通过与实验数据对比发现，该模型用于预测水平光管内冷凝时，传热量和传热系数的误差分别在±15%和±20%以内。同时该模型能准确预测出冷凝传热系数沿管轴向的分布趋势，且大部分预测值和实验值的误差都较小。另外还发现在冷凝传热量很高时，抽吸作用的强化传热效果较明显，不能忽略抽吸效应的影响。

关键词　水平管；管内冷凝；不凝气；传热模型

Investigation on the Model of Condensation in Horizontal Tubes with Non-condensable Gas

Ren Bin[1,2]　Du Yannan[1]　Lu Hongliang[1,2]　Wang Shaojun[1]　Song Pan[1]　Fu Dongliang[1,2]

（1. Shanghai Institute of Special Equipment Inspection and Technical Research，

Shanghai，200062；

2. Shanghai Lanhai Kechuang Inspection Co. ，Ltd，Shanghai，201518）

Abstract　In this paper，a heat transfer model was developed for condensation in horizontal tubes with non-condensable gas. The diffusion layer theory based on molar concentration was adopted in this model considering the difference of non-condensable gas mass fraction in gas film. The suction effect and the enhancement effect caused by interface roughness were also considered. The predicted heat transfer rates and heat transfer coefficients were compared with the experimental data，and the deviations were within ±15% and ±20% respectively. Meanwhile，the model could accurately predict the distribution trend of condensation heat transfer coefficient along the axial direction of condenser tube. And most of errors between predicted and experimental values were small. It was also found that the suction effect on the enhancement of condensation was more obvious when the heat transfer rate was higher.

Keywords　horizontal tubes；in-tube condensation；non-condensable gas；heat transfer model

上海市质检局科研项目：高效管壳式热交换器能效评价技术研究（编号：2017—31）　上海市科委标准化专项：空冷式热交换器技术标准研究及其修订（编号：16DZ0503202）

0 引言

精对苯二甲酸（PTA）可用于生产聚对苯二甲酸乙二醇酯（PET），其生产线有氧化和精制两个单元。其中氧化单位包含几台钛冷凝器，主要用来冷凝醋酸蒸汽，回收这部分有机溶剂以提高对二甲苯（PX）的转化率[1]。在对某石化公司 PTA 生产线进行节能改造时发现，第二级钛冷凝器的冷却方式是壳程冷却水，这就浪费了从第一级冷凝器流出的温度在 170℃ 的蒸汽余热。为回收这部分低温余热，同时又考虑到立式冷凝器需要额外的汽包会增加投资成本，决定壳程采用沸腾传热的方式，将立式冷凝器改为卧釜式冷凝器。

在该型卧釜式冷凝器的设计中发现，无论是用软件 HTRI 还是 B－JAC 均无法得到该类冷凝器的合适传热面积，主要原因在于醋酸蒸汽中含有大量的不凝性气体[2]。目前研究含不凝气混合蒸汽冷凝的理论方法有边界层法、传热传质比拟法和扩散层模型法[3]。水平管内的冷凝属于三维流动无法建立准确的控制方程，对此类问题的理论研究多采用后两种方法。本文以修正扩散层理论[4]为基础建立了管内冷凝双向非均温模型，通过与实验和文献数据对比验证了模型的准确性。

1 通用冷凝模型的建立

1.1 扩散层理论的基本原理

扩散层模型基于气液分界面的热量平衡，即通过混合蒸汽气膜的传热量必须等于通过冷凝液膜的传热量。通过气膜的传热量由两部分组成：由于气相主体温度和气液分界面温差引起的显热传热量和蒸汽传递到气液分界面放出的潜热传热量，等效热阻如图 1。

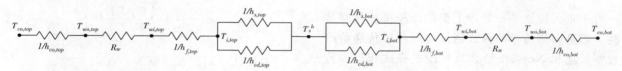

图 1　混合蒸汽水平管内冷凝等效热阻图

通过气膜传递到气液分界面的热通量可由式（1）计算：

$$q = q_s + q_{cd} = h_s(T_b^s - T_i) + m''_c h_{fg} \quad (1)$$

定义气膜区放出潜热的传热系数为：

$$h_{cd} = \frac{q_{cd}}{(T_b^s - T_i)} = \frac{m''_c h_{fg}}{(T_b^s - T_i)} \quad (2)$$

于是气膜传递到分界面的热通量又可表示为：

$$q = h_s(T_b^s - T_i) + h_{cd}(T_b^s - T_i)$$
$$= (h_s + h_{cd})(T_b^s - T_i) \quad (3)$$

通过液膜的热通量应等于通过气膜的热通量：

$$q = h_f(T_i - T_w) \quad (4)$$

定义从气相主体温度到冷凝管内壁的管内冷凝传热系数为：

$$q = h_c(T_b^s - T_{w,in}) \quad (5)$$

根据热阻理论，管内冷凝传热系数又可表示为：

$$h_c = \left[\frac{1}{h_s + h_{cd}} + \frac{1}{h_f} \right]^{-1} \quad (6)$$

1.2 液膜区的传热模型

冷凝管横截面上沿周向的液膜厚度比较复杂且受到重力的影响轴向是不对称的。这就使得冷凝传热系数与周向角度有关，使水平管内冷凝模型变成了三维的问题。本模型对液膜结构进行了简化，但没有改变对应的冷凝模型。简化后的液膜结构如图 2 所示。

对于剪力控制的流型，忽略上下部液膜厚度的不同，将此厚度完全认为是均匀轴对称的。根据进口总的质量通量和局部干度可以计算出冷凝液的质量通量，利用含气率关联式又可以计算出气相和液相占据的面积，于是可以计算出液膜的速度进而求出液膜的 Re 数。采用 Cavallini 和 Zecchin[5] 提出的

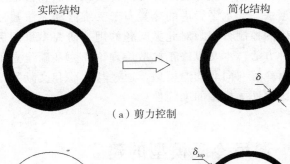

实际结构　　　　　　　简化结构

（a）剪力控制

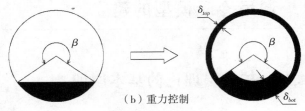

（b）重力控制

图2　两相流流型的简化结构

两相流因子法就可计算出冷凝传热系数：

$$h_{an} = 0.023 Re_l^{0.8} Pr_l^{0.33} \cdot$$

$$\left\{ 2.64 \left[1 + \left(\frac{\rho_l}{\rho_v} \right)^{0.5} \left(\frac{x}{1-x} \right) \right] \right\}^{0.8} \cdot \frac{k_l}{d_i} \quad (7)$$

对于重力控制的冷凝，上部的冷凝模式是膜状冷凝，热量以热传导的方式通过冷凝液膜传递给冷凝管壁，这和 Nusselt 竖直板外冷凝模式相似，传热系数采用式（7）进行计算。下部形成的液池其传热模式为强制对流冷凝。从简化模型的角度出发，下部的液池也被认为是具有同一厚度 δ_{bot} 的圆环，传热系数采用式（8）进行计算。最终整个周向的平均传热系数可以根据式（9）求得。

$$h_{top} = 0.728 \left[1 + \frac{1-x}{x} \left(\frac{\rho_v}{\rho_l} \right)^{2/3} \right]^{-0.75} \cdot$$

$$\left[\frac{\rho_l(\rho_l - \rho_v)gh_{fg}d_i^3}{k_l \mu_l \Delta T} \right]^{0.25} \cdot \frac{k_l}{d_i} \quad (8)$$

$$h_{st} = \beta h_{top} + (1 - \beta) h_{bot} \quad (9)$$

1.3　气膜的传热传质过程

传质过程，蒸汽从气相主体区经气膜传递到气液分界面的速度可由传质系数表征：

$$m''_c = c M \tilde{v}_i = \frac{q_{cd}}{h_{fg}} \quad (10)$$

由于分界面的不可渗透性，摩尔通量应等于

零，于是分界面处平均摩尔速度为：

$$\tilde{v}_i = D_{AB} \frac{1}{x_g} \frac{\partial x_g}{\partial y} = D_{AB} \frac{\partial}{\partial y} \ln(x_g)$$

$$= \frac{D_{AB}}{\delta_g} \left(\ln(x_{g,b}) - \ln(x_{g,i}) \right) \quad (11)$$

根据舍伍德数 Sh 的定义：

$$Sh = \frac{k' d_i}{D_{AB}} = \frac{D_{AB}}{\delta_g} \cdot \frac{d_i}{D_{AB}} = \frac{d_i}{\delta_g} \quad (12)$$

将式（10）和（11）代入式（12）得：

$$Sh = \left(\frac{q_c}{T_b^s - T_i^s} \right) d_i \varphi \left(\frac{R^2 \overline{T}^3}{h_{fg}^2 P_t M_v^2 D_{AB}} \right) \quad (13)$$

其中，等式右边第一项为式（2）定义的气膜冷凝传热系数，右边第三和第四项的组合具有与热阻单位相同，Peterson 等[6]提出了等效冷凝导热系数的概念，具体表达式为：

$$k_c = \frac{1}{\varphi} \left(\frac{h_{fg}^2 P_t M_v^2 D_{AB}}{R^2 \overline{T}^3} \right) \quad (14)$$

由此式（14）又可变为：

$$Sh = \frac{h_{cd} d_i}{k_c} \quad (15)$$

由式（15）可见，只要求出 Sh 数就可以求出气膜冷凝传热系数 h_{cd}。等效冷凝导热系数 k_c 会随着蒸汽/不凝气对数平均浓度比值的减小而增大。当不凝气浓度等于零即是纯蒸汽时，k_c 趋向于无穷大，h_{cd} 也趋向于无穷大，根据式（6）计算 h_c 时就可以忽略 h_{cd} 的影响，认为传热过程的热阻仅有液膜热阻。当不凝气浓度为1即没有蒸汽存在时，k_c 趋向于零，h_{cd} 也趋向于零，h_f 也趋向于零，h_c 仅由 h_s 控制，传热过程变成单相对流传热。

传热过程，气膜内的传热可参照光管内充分发展流动的传热进行计算，其 Nu 数仅与 Re 数和 Pr 数有关，采用式（16）计算：

$$Nu = 0.021 \cdot Re_m^{0.8} \cdot Pr_m^{0.5} \quad \text{for} \quad Re_m \geqslant 2300$$

$$(16a)$$

$$Nu = 4.634 \quad \text{for} \quad Re_m < 2300 \quad (16b)$$

设计、传热 B

2 冷凝模型的可靠性分析

2.1 与总传热性能的对比

图 3 是文献 [7] 中水平光管内传热量实验值与模型预测值的对比，由图可知两者的误差在 ±15% 以内，这说明了通用冷凝模型计算思路的正确性，即先假定冷却水出口温度，从混合蒸汽的进口开始计算，根据计算得到的冷却水进口温度与实际值比较，不断修正冷却水出口温度预测值。这就克服了混合蒸汽入口条件与冷却水入口条件不在一边导致的不能同向计算的问题。图 4 为平均冷凝传热系数实验值与预测值的比较，由图可知两者的误差

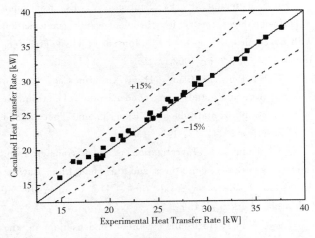

图 3 模型预测传热量与文献 [7] 实验值的对比

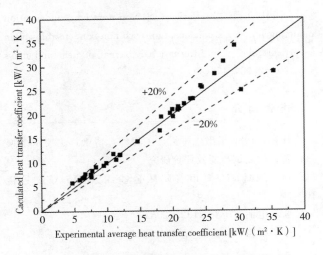

图 4 模型预测传热系数与文献 [7] 实验值的对比

在 ±20% 以内，这主要因为本文模型采用的流型判断准则以及不同流型下的传热系数关联式均是根据实验数据选取的最优方案。综上可知通用冷凝模型可以很好地预测在本文实验条件下的混合蒸汽水平光管内冷凝传热问题。

2.2 与局部传热性能的对比

通用冷凝模型还和 Kuhn[8] 实验和 Wu[9] 实验进行了对比，前者进行的是竖直管内冷凝实验而后者进行的是水平管内实验。Kuhn 的实验编号为 3.3-2，实验条件是：入口水蒸汽流量 59.5kg/h，入口空气流量 6.75kg/h，入口压力 199kPa，环状流。图 5 为 Kuhn 实验值与本文模型值及 No 和 Park 模型值[10] 的对比。由图 5 可知，在冷凝管混合气入口段本文模型和文献模型的预测值均比文献实验值低，而在出口段本文模型预测值与文献实验值较为接近，文献模型预测值要高于实验值且两者差距沿管长逐步增大。另外，考虑抽吸作用影响的模型预测值也要高于不考虑此影响的预测值，两者的最大差值发生在混合气入口段，最大差值为 8.89%，这说明在冷凝传热量很高时，抽吸作用的强化传热效果越明显，不能忽略抽吸作用的影响。

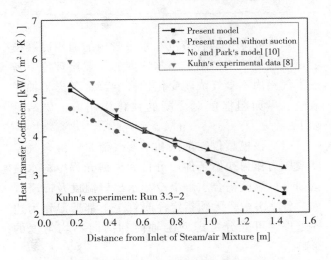

图 5 模型预测值与文献 [8] 实验值的对比

图 6 为 Wu[9] 实验值与本文模型预测值的对比，Wu 的实验编号为 no.30，实验条件是：入口水蒸气流量 23.23g/s，入口空气流量 2.52g/s，入口压力 199.86kPa，分层流。从图中可以看出在混合气入口段，冷凝管上下部的实验值与预测值吻合较好，而在出口段预测值则低估了实验值，这主要是

由于 Wu 的实验误差引起的。在他的实验中，局部热通量是由冷凝管内外壁面的温差决定的，在出口段混合蒸汽的 Re 数最低、不凝气浓度最高、冷凝液膜最厚，这就导致出口段的传热能力最差传热温差也较小，因此出口段的测量误差最大，测得的实验数据波动也较大。同时由于上下部蒸汽冷凝量的不同，冷凝管上部的抽吸作用也要略高于下部的。

外还发现在冷凝传热量很高时，抽吸作用的强化传热效果较明显，不能忽略抽吸效应的影响。

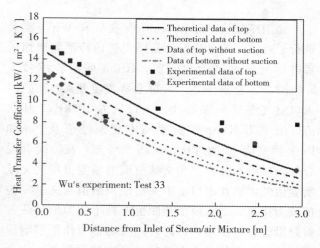

图 6　模型预测值与文献［9］实验值的对比

3　结论

本章建立了混合蒸汽在水平管内的通用冷凝模型，该模型采用了基于摩尔浓度的扩散层理论，考虑了气膜内不凝气浓度变化的影响，也考虑了抽吸效应、界面粗糙度对冷凝的强化作用。主要结论如下：

（1）该模型仅需蒸汽和不凝气流量、混合气温度或压力作为初始条件，可自动根据壳程冷却水流量和进口温度耦合求解出冷却水出口温度及冷凝管内的各项参数。无须指定冷凝管上下部壁温作为边界条件，可充分考虑壁温轴向和周向不均匀度的影响。

（2）通过与文献［7］中的实验数据对比，发现该模型用于预测光管内冷凝时，传热量和传热系数的误差分别为 ±15% 和 ±20%，预测内波外螺纹管冷凝时误差分别为 ±20% 和 ±25%，冷凝模型的精度均在合理范围内。

（3）该模型准确预测出了文献［8］和［9］中竖直管和水平管内的冷凝传热系数沿管轴向的分布趋势，且大部分预测值和实验值的误差都较小。另

参 考 文 献

［1］马秋林．钛冷凝器的失效分析及国产化技术研究［D］．上海，华东理工大学，2001．

［2］刘建新．PTA 氧化反应冷凝器传热传质行为分析［J］．化工机械，2006，33（5）：292－295．

［3］朱爱梅．露点蒸发淡化过程中含高分率不凝气的蒸汽冷凝传热研究［D］．天津：天津大学，2005．

［4］Liao Y，Vierow K．A generalized diffusion layer model for condensation of vapor with noncondensable gases［J］．Journal of Heat Transfer，2007，129（8）：988－994．

［5］Cavallini A，Zecchin R．A dimensionless correlation for heat transfer in forced convection condensation［C］．Proceedings of the Sixth International Heat Transfer Conference，1974，3：309－313．

［6］Peterson P F，Schrock V E，Kageyama T．Diffusion layer theory for turbulent vapor condensation with noncondensable gases［J］．Journal of Heat Transfer，1993，115（4）：998－1003．

［7］Bin Ren，Li Zhang，Hong Xu，Jun Cao，Zhenyu Tao．Experimental study on condensation of steam/air mixture in a horizontal tube［J］．Experimental Thermal and Fluid Science，2014，58：145－155．

［8］Kuhn S Z．Investigation of heat transfer from condensing steam-gas mixtures and turbulent films flowing downward inside a vertical tube［D］．University of California，Berkeley，1995．

［9］Wu T．Horizontal in-tube condensation in the presence of a noncondensable gas［D］．Purdue University，2005．

［10］No H C，Park H S．Non-iterative condensation modeling for steam condensation with non-condensable gas in a vertical tube［J］．International journal of heat and mass transfer，2002，45（4）：845－854．

作 者 简 介

任彬，1986 年出生，男，工程师，博士，主要从事换热设备性能测试与能效评价研究

通讯地址：上海市普陀区金沙江路 915 号 1 号楼 1007 室

联系电话：＋86 2132582052

电子邮箱：renbin_580912@163.com

设计、传热 B

大小孔折流板与波纹管组合换热器的壳程传热与压力降数值模拟

刘　琪　李慧芳　钱才富

（北京化工大学机电工程学院　北京　100029）

摘　要　大小孔折流板是北京化工大学开发的折流板，波纹管具有传热强化作用，已有研究表明由大小孔折流板和波纹管构建的换热器具有良好综合性能。本文采用 Fluent 流体分析软件对此结构换热器进行流体流动和传热数值模拟，重点探讨不同大小孔折流板结构和位置对换热器传热效率和压力降的影响。结果发现相比于有缺口折流板，无缺口折流板的壳程压力降和传热系数都显著提高；随着折流板大孔直径增加，壳程压力明显降低，但传热系数也有所降低；当大孔位于波纹管波峰处的壳程压力降明显小于位于波纹管波谷处的压力降，而传热系数却相差很小。

关键词　大小孔折流板，波纹管，传热系数，压力降

Numerical Simulation of the Heat Transfer and Pressure Drop on the Shell-side of Heat Exchangers Constructed by LASH Baffles and Corrugated Tubes

Liu Qi　Li Huifang　Qian Caifu

（College of Mechanical and Electrical Engineering,
Beijing University of Chemical Technology，Beijing 100029，China）

Abstract　Large and small hole or LASH baffle is a special baffle developed by Beijing University of Chemical Technology. Corrugated tube is very effective in heat transfer enhancement. Studies found that the heat exchangers constructed by LASH baffles and corrugated tubes have good comprehensive properties. In this paper，further numerical simulations were performed to investigate the effects of different structures and positions of the LASH baffles on the shell-side heat transfer and flow resistance in this special heat exchangers. Results show that compared with segmental baffles, the whole round baffles have remarkably higher flow resistance and heat transfer coefficients. With increasing the diameter of the large holes, the pressure drop on the shell-side drops significantly，but the heat transfer coefficients are also decreased in some extent. When the baffles are placed at the wave peaks of corrugated tubes, the pressure drop is quite less than that when placed at the wave valleys, but the heat transfer coefficients are almost the same for these two cases.

Keywords　LASH baffle; corrugated tube; heat transfer coefficient; pressure drop

引言

管壳式换热器具有可靠性高、适应性广、设计、制造方便和使用简单等优点,广泛地应用于石油化工、电力、环保等工业领域。在管壳式换热器中,折流板起到使流体按特定的通道流动,提高壳程流体的流速、增加湍流程度、改善传热特性的作用。普通的弓形折流板为平板式,即圆形平板截成缺口弓形,垂直于换热器壳体和换热管轴线平行排放,使流体在壳体内沿轴线形成迂回流动,这种平板式的弓形折流板引起壳程流体流动速度分布不尽合理,"死区"较大,有效流通面积较小,流动阻力大。

大小孔折流板是由钱才富等人提出的新型折流板[1]。该折流板上有大圆孔与小圆孔,相邻两折流板大小圆形管孔分布依次交替,流体从大孔与换热管之间的间隙流过,小孔则起到支撑管束的作用。研究发现,这种换热器明显减小了压力降,减小了传热死区,提高了传热效率,减缓了管子振动和磨损[2]。

与直管换热管相比,波纹管是传热强化中经常被使用的管子。它具有传热效率高,湍流程度大,不易结垢,热补偿能力强等有一系列优点[3,4]。

由于波纹管的管径不断改变,在由普通弓形折流板和波纹管组合建造的换热器中,壳程漏流是不可避免的,但这种漏流可能由于强度不够,没有形成射流,往往不利于传热。而大小孔折流板换热器利用的恰恰是壳程折流板与管子之间的射流,研究表明大小孔折流板和波纹管之间的配合具有较好的综合性能[5,6]。

关于管壳式换热器的研究,不少学者采用有限元方法对其传热系数和压力降进行了数值模拟。例如,郭梦军、刘红姣等人利用 Ansys Fluent 软件对小型管壳式换热器壳程流体进行了传热和数值模拟,分析了不同流量下不同折流板形式对压力降和传热系数的影响,模拟结果表明,流量越大,压力降越大;相同流量下,单弓形折流板换热系数最小,双弓形折流板和圆环-圆盘折流板的换热系数略高,并通过实验验证了模拟结果[7]。罗再祥、朱康玲等人用 Ansys Fluent 软件模拟了圆管换热器、波节管换热器和螺旋波纹管换热器的传热效果,模拟结果表明,与圆管相比,波节管的传热系数提高了 167.8%,螺旋波纹管传热系数提高了 60.2%;同时分析了折流板间距对传热系数的影响,认为间距越小对传热越有利[8]。高宏宇、钱才富等人利用 Ansys Fluent 软件建立了曲面弓形折流板和普通弓形折流板的分析模型,得到了不同流量下壳程压力降和传热系数,并进行了实验验证。该文献还就不同折流板和板间距对壳程压力降和传热系数的影响进行了模拟,认为折流板缺口高度越小,压力降降低的百分比越大,并拟合得到了曲面弓形折流板换热器壳程压力降和传热系数关联式[9]。

国外也有不少学者采用有限元方法对管壳式换热器的传热系数和压力降进行了研究。例如,Maakoul Anas 等人[10]利用 Ansys Fluent 软件建立了三叶孔螺旋折流板和普通弓形折流板换热器的分析模型,并比较了不同结构折流板对传热系数和压力降的影响。结果表明,与弓形折流板相比,三叶孔螺旋折流板具有较大的传热系数与压力降的比值。Farhad Nemati Taher 等人[11]利用 Ansys Fluent 软件对非连续螺旋折流板换热器进行了数值模拟,研究了挡板空间和挡板间距对换热器传热性能的影响。结果表明,对于相同的质量流率,单位面积的传热随板空间的增加而减小;对于相同的压力降,扩展最大的挡板空间可获得更高的传热效果。Ozden、Ender 等人[12]利用 CFD 软件对扭曲椭圆管换热器进行了壳程流动与传热性能的模拟研究,分析了扭曲节距和纵横比等几何参数对壳程传热系数和压降的影响,并进行了实验验证。结果表明,传热系数和压力降随着纵横比和扭曲节距的增加而增加。模拟结果与实验结果的最大误差分别为 4.01% 和 3.98%。

本文采用 Fluent 流体分析软件对由大小孔折流板和波纹管构建的换热器进行了流体流动和传热数值模拟,重点探讨了不同大小孔折流板结构及位置对换热器壳程传热效率和压力降的影响。

1 几何结构与模型

本文分析是由大小孔折流板和波纹管组合建造的换热器,分别采用了带缺口的大小孔折流板和大圆弧与小圆弧相切的波纹管组合的换热器类型,具体参数见表 1。

表 1　模型主要几何参数

壳体内径/mm	200
进出口接管内径/mm	66
换热管波峰直径/mm	25
换热管根数/根	21
换热管间距/mm	32
折流板间距/mm	175
折流板大孔直径/mm	29/31/33
折流板厚度/mm	4
折流板缺口高度/mm	30/35/40/45/50
折流板小孔直径/mm	25

本文分析的波纹管是大圆弧与小圆弧相切的波纹管，大圆弧半径为 15mm，小圆弧半径由波纹管的波峰直径 25mm、波谷直径 20mm、波距 18mm 与大圆直径共同决定。波纹管的几何模型如图 1 所示。

图 1　波纹管几何模型图

本文应用 ANSYS WORKBENCH 16.0 建立有限元分析模型，因所分析的换热器整体结构具有对称性，为了减少网格数量，提高计算效率，本文只建立了一半结构模型，如图 2 所示。

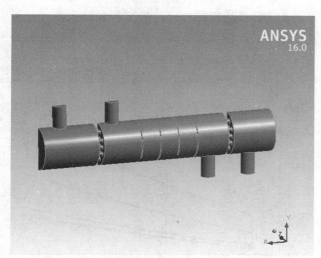

图 2　换热器有限元几何模型

本文分别考察折流板缺口高度和折流板的大孔直径对换热器换热性能和压力降的影响。即首先固定折流板大孔直径，改变折流板缺口高度，使其分别为 30mm、35mm、40mm、45mm、50mm，同时在改变流速的设置下计算换热器壳程和管程的传热系数和压力降。其次固定折流板缺口高度，研究改变折流板的大孔直径对换热器的传热系数和压力降的影响。

2　网格划分和边界条件设置

模型采用非四面体结构网格，在壳程流体和管程流体的近壁面区域采用膨胀层对网格进行了加密。结构的网格示意图如图 3 所示。

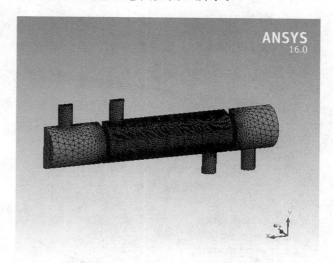

图 3　有限元网格示意图

完成网格划分后，利用了 ANSYS FLUENT 16.0 进行边界设置和求解计算。求解方法是利用速度和压力耦合算法，湍流模型采用标准 K－ε 模型，近壁面函数采用 Scalable wall Functions。壳程入口介质为 323K 的热水，管程进口采用 293K 的冷水。壳程与管程进口流速为 1.2m/s、1.4m/s、1.6m/s、1.8m/s 和 2.0m/s。壳程与管程出口为压力出口，压力出口为 0。

3　结果与分析

图 4 为大孔直径为 31mm 条件下，不同缺口高度折流板的换热器的壳程压力降随流速的变化，可以看出，当折流板缺口高度由 15% 增加到 25%，

壳程压力降下降了 10%~16%。此外，有缺口折流板的壳程压力降远低于无缺口折流板的壳程压力降，前者约为后者的一半左右。当然，随着入口流速的增加，壳程压力降是增大的。

图 5 为大孔直径为 31mm 条件下，不同缺口高度折流板换热器壳程传热系数随流速的变化，可以看出，当折流板缺口高度由 15% 增加到 25%，壳程换热系数降低了 2%~3%，而无缺口折流板的壳程传热系数比带缺口的折流板换热系数高 20% 左右。同样，随着入口流速增加，传热系数增大。

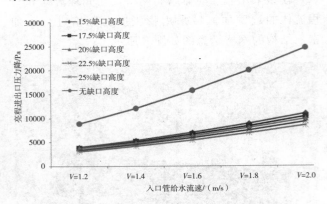

图 4　不同缺口高度折流板换热器的壳程压力降
随流速的变化

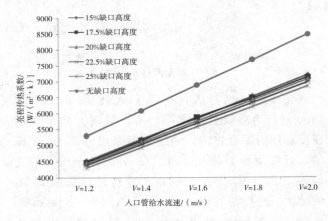

图 5　不同缺口高度折流板换热器壳程传热系数
随流速的变化

为了研究大小孔折流板的大孔直径对换热器传热的影响，建立了大孔直径为 29mm、30mm、31mm、32mm 及 33mm 的大小孔折流板波纹管换热器模型。对不同模型的压力降和传热系数进行分析并对比，结果表明，随着折流板大孔直径由 29mm 增加至 33mm，壳程压力降降低了 24%，如图 6 所示，不过传热系数也降低了 7%~9%，如图

7 所示。

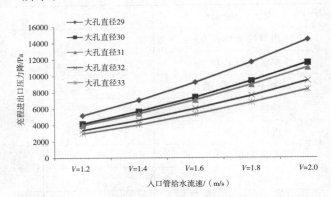

图 6　不同大孔直径折流板的换热器的壳程压力降
随流速的变化

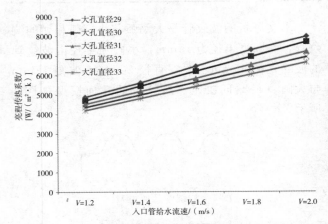

图 7　不同大孔直径折流板的换热器壳程传热系数
随流速的变化

由于波纹管直径不断变化，即使折流板大小孔一定，折流板和波纹管轴向位置不同，其间隙也不同，在实际换热器制造时，折流板和波纹管轴向位置是随机的，但作为研究，这里模拟折流板分别处于波纹管波峰及波谷两个位置的情况，如图 8 和图 9 所示，可以看出，无论是缺口折流板，还是无缺

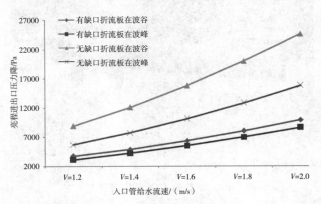

图 8　折流板在不同波纹管位置处壳程压力降
随流速的变化

口折流板，当大孔位于波纹管波峰处的壳程压力降明显小于位于波纹管波谷处的压力降，而传热系数却相差很小。

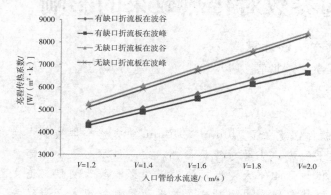

图 9 折流板在不同波纹管位置处壳程传热系数随流速的变化

4 结论

大小孔折流板是北京化工大学开发的折流板，波纹管具有传热强化作用，本文采用 Fluent 流体分析软件对由此构建的换热器进行壳程流体流动和传热数值模拟，就本文所分析的换热器，所得结论如下：

（1）无缺口折流板的壳程压力降约为有缺口折流板的壳程压力降的两倍，但无缺口折流板的壳程传热系数也比带缺口的折流板产热系数提高了 20% 左右。

（2）随着折流板大孔直径由 29mm 增加至 33mm，壳程压力降降低了 24%，但传热系数也降低了 7%～9%。

（3）当大孔位于波纹管波峰处的壳程压力降明显小于位于波纹管波谷处的压力降，而传热系数却相差很小。

参 考 文 献

[1] 钱才富 . 一种带缺口大小孔折流板管壳式换热器：中国：201120097167.6 [P]，2011－11－09.

[2] 孙海阳 . 大小孔折流板换热器综合性能研究 [D]. 北京：北京化工大学，2012.

[3] 邓方义，刘巍，郭宏新，等 . 波纹管换热器的研究及工业应用 [J]. 炼油技术与工程，2005，35（8）：28－32.

[4] 肖金花 . 波纹管传热强化及其轴向承载能力研究 [D]. 北京：北京化工大学，2006.

[5] 刘久逸，钱才富 . 几种不同结构管壳式换热器流体流动与传热数值模拟 [C]. 全国压力容器学术会议 . 2013.

[6] 刘久逸 . 管壳式换热器强化传热及管板强度研究 [D]. 北京：北京化工大学，2017.

[7] 郭梦军，刘红姣，晋梅 . 管壳式换热器壳侧不同折流板形式下流体流动与传热数值模拟 [J]. 广东化工，2015，42（7）：138－139.

[8] 罗再祥 . 管壳式换热器传热对比研究与数值模拟 [D]. 武汉：华中科技大学，2008.

[9] 高宏宇 . 曲面弓形折流板换热器的研究 [D]. 北京：北京化工大学，2010.

[10] Maakoul A E，Laknizi A，Saadeddine S，et al. Numerical comparison of shell-side performance for shell and tube heat exchangers with trefoil-hole，helical and segmental baffles [J]. Applied Thermal Engineering，2016，109：175－185.

[11] Taher F N，Movassag S Z，Razmi K，et al. Baffle space impact on the performance of helical baffle shell and tube heat exchangers [J]. Applied Thermal Engineering，2012，44（44）：143－149.

[12] Tan X H，Zhu D S，Zhou G Y，et al. 3D numerical simulation on the shell side heat transfer and pressure drop performances of twisted oval tube heat exchanger [J]. International Journal of Heat & Mass Transfer，2013，65（7）：244－253.

作者简介

刘琪，女，北京化工大学在读研究生

通讯地址：北京市朝阳区北三环东路 15 号北京化工大学，100029

联系电话：15650790327

电子邮箱：15650790327@163.com

斜方格形板式换热器结构参数对传热效果的影响

赵 桐 于洪杰 钱才富

（北京化工大学机电工程学院 北京 100029）

摘 要 本文基于计算流体力学，利用 ANSYS 软件，建立了 240mm×240mm 斜方格全焊接板式换热器流道的基本单元模型，数值模拟了不同结构参数下的流体流动与传热特性。结果显示：凸台上部宽度对传热和流动阻力都有一定影响；凸台旋转角度对传热影响不大，但对流动阻力影响较为明显。论文在数值模拟基础上，拟合得到了含有凸台上部宽度和旋转角度影响的对流传热系数准则方程式，为斜方格全焊接板式换热器的工程设计提供参考。

关键词 板式换热器；换热；压降；有限元分析

Effects of the Structural Parameters of the Oblique Grid Plates on the Heat Transfer of All-welded Plate Heat Exchangers

Zhao Tong Yu Hongjie Qian Caifu

（College of Mechanical and Electrical Engineering，Beijing University of Chemical Technology，Beijing 100029，China）

Abstract In this paper，a numerical model was established for a 240mm×240mm basic structural element in a oblique grid all-welded plate heat exchanger with the Computational Fluid Dynamics（CFD）method and ANSYS software. Fluid flow and heat transfer were simulated for different structures of the oblique grid. Results show that the width of the upper boss of the oblique grid influences both the heat transfer and flow resistance. However，the rotation angle of the boss only affects the flow resistance. Based on sufficient numerical results，a fitted formula for the heat transfer coefficient in the flow tunnel of the oblique grid all-welded plate heat exchanger was proposed to facilitate the engineering design of this kind of heat exchangers.

Keywords plate heat exchanger；heat transfer；pressure drop；numerical simulation

0 引言

板式换热器是由一系列具有一定波纹形状的金属片叠装而成的一种高效换热器。换热器的各板片之间形成许多小流通断面的流道，通过板片进行热量交换，它与常规的管壳式换热器相比，在相同的流动阻力和泵功率消耗情况下，其传热系数要高出很多。

许多学者对板式换热器流道中流体流动和传热进行了研究[1]，例如 Focke[2] 利用有限扩散电流技术研究了不同波纹倾角 β 下，板式换热器间流道内流态变化对传热过程的影响，发现随着 β 的增大，传热科尔因子和摩擦因子急剧升高，流态变化依次为二维流、"十字交叉流"、曲折流。赵镇南[3] 阐明了板式换热器斜方格波纹通道中的基本流动模式以及波纹倾斜角对板式换热器性能的重要影响。针对传统板式换热器的内部结构特点，曲宁[4] 采用数值模拟的方法研究板式换热器通道内的换热与流动特性，建立了板式换热器通道内流动和换热的数值计算模型，综合分析了波纹角度、波高及波距对换热与流动特性的影响，并对换热板片的参数进行了对比优化。

本论文以斜方格形板式换热器为研究对象，建立流道模型，研究影响板式换热器的压降和传热系数的结构因素，并拟合对流换热系数准则方程式。

1 换热器数值模拟模型

1.1 物理模型

本文根据斜方格板式换热器的实际图纸，利用 ANSYS 软件，建立了单侧流体的有限元模型。由于换热器几何形状具有重复阵列的特征，为了提高计算效率，只建立了 240mm×240mm、包含有 3×3 个单元的简化模型，如图 1、图 2 所示。为考察结构参数对流动及传热的影响，本文关注了两个结构参数：凸台旋转角度（以 θ 表示）和凸台上部宽度（以 H 表示），如图 3、图 4 所示。

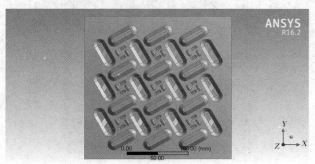

图 1　流道几何模型（I）

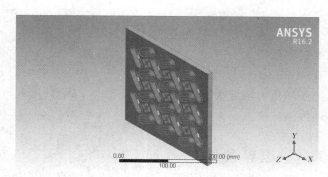

图 2　流道几何模型（II）

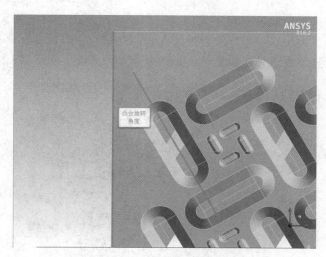

图 3　凸台旋转角度 θ

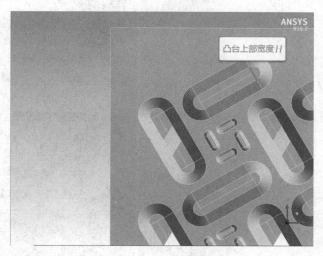

图 4　凸台上部宽度 H

1.2 数学模型

本文不研究相变过程，并作以下假设：

（1）工作介质为不可压缩流体；

（2）重力和由于密度差异引起的浮升力忽略不计；

（3）忽略流体流动时的黏性耗散所产生的热

效应。

本文选取的计算模型为 RNG$k-\varepsilon$ 湍流模型。经过膨胀层无关性测试后，壁面函数选择 Scalable Wall Functions。计算采用分离变量隐式法求解，速度和压力耦合采用 SIMPLEC 方法，二阶精度的迎风格式离散。

1.3　边界条件

计算时入口选择速度入口，温度为 15℃，入口速度方向为垂直于入口面，如图 5 所示；出口选择压力出口，出口压力为大气压（101.325kPa）。四个壁面设置为等温壁面，温度为 40℃，如图 6 所示。

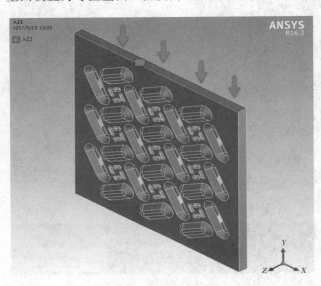

图 5　入口速度方向示意图

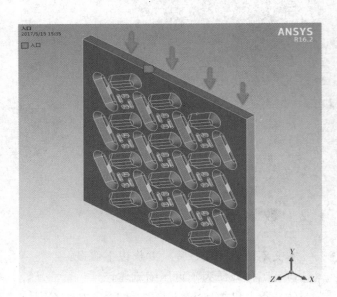

图 6　边界条件示意图

1.4　网格划分

本文使用 ANSYS 公司的 Meshing 软件以 On: Proximity and Curvature 的方式划分非结构网格。由于壁面位置流速较为缓慢，为使壁面处流动计算结果更为准确，在壁面位置添加 5 层边界层网格，充分保证了靠近壁面处雷诺数较低的情况或者是边界层里面存在部分层流的状况，如图 8 所示。划分网格最大尺寸为 4mm，网格数量约为 270 万，SKEWNESS 最大为 0.855。

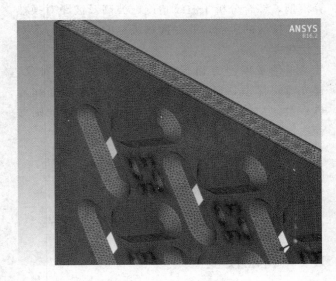

图 7　总体网格示意图

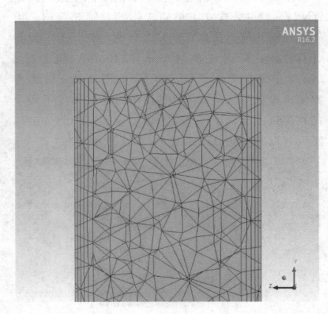

图 8　边界层网格示意图

设计、传热

2 数值模拟结果与讨论

2.1 凸台上部宽度对换热的影响

在考察凸台上部宽度对换热及压力降的影响时，将旋转角度设置为30°，凸台上部宽度分别取2mm、4mm和6mm。模拟结果显示：增大上部宽度，Nu 数增大，换热效果得到加强，流速越大，加强效果越明显，如图9所示；同时上部宽度越

大，压降也增大，也就是流体的流动阻力增大，如图10所示。

2.2 凸台旋转角度对换热的影响

在考察凸台旋转角度对换热及压力降的影响时，上部宽度固定为4mm，旋转角度分别取30°、25°和20°的情况。模拟结果显示：减小旋转角度，Nu 几乎不变，也就是换热效果几乎没有受到影响，如图11所示，但是压降却减小，也就是流体的流动阻力变小，如图12所示。

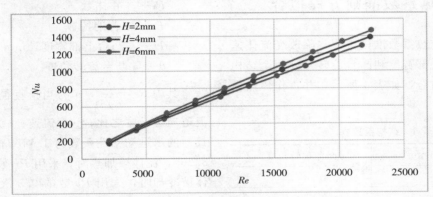

图 9　不同凸台上部宽度及 Re 对 Nu 的影响

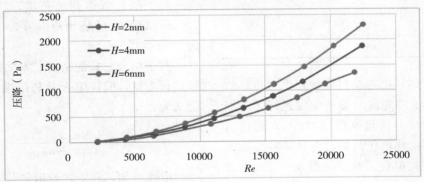

图 10　不同凸台上部宽度及 Re 对压降的影响

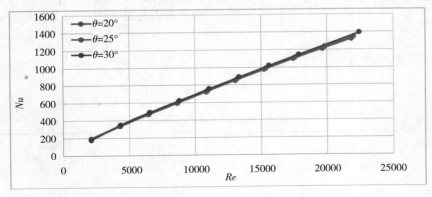

图 11　不同凸台旋转角度及 Re 对 Nu 的影响

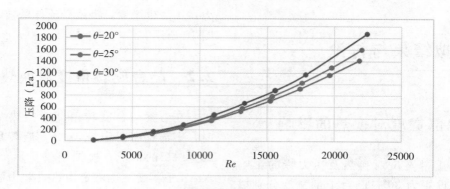

图 12 不同凸台旋转角度及 Re 对压降的影响

2.3 对流传热系数准则方程拟合

为拟合对流传热系数准则方程，除改变流体速度外，改变凸台上部宽度和凸台旋转角度两个结构参数，进行不同组合，如表 1 所示，并再作传热模拟计算。

表 1 结构参数表

凸台上部宽度/mm	凸台旋转角度
2	30°
4	30°
6	30°
4	25°
4	20°

在确定凸台上部宽度与凸台旋转角度对传热效果影响时，将凸台上部宽度与旋转角度进行无量纲化，把凸台上部宽度与流道宽度（12mm）的比值和旋转角度与 180° 的比值作为对流传热系数准则方程的自变量进行公式拟合。改变速度从 0.1m/s 开始至 1m/s，以 0.1 为间隔，共取十组数据，以 Nu 数为目标进行对流传热系数准则方程拟合，得到公式如下：

$$Nu = 0.1715 Re^{0.84002} Pr^{0.4} \left(\frac{H}{12}\right)^{0.09143} \left(\frac{\theta}{180}\right)^{0.08792}$$

式中：Nu——努塞尔数

Re——雷诺数

Pr——普朗特数

H——凸台上部宽度，mm

θ——凸台旋转角度

其中 $Re = \dfrac{dv}{\gamma}$，d 为当量直径，为流道面积与流道周边长度之比；v 为流速；γ 为运动粘性系数，15℃的水运动粘性系数为 1.14。查表得 Pr 取值为 8.265，流体被加热时，采用 Pr 数的 0.4 次方，流体被冷却时，采用 Pr 数的 0.3 次方。本次模拟为冷流道被加热，所以取 Pr 数的 0.4 次方。

对于拟合所得到的公式，雷诺数适用范围为 2000～22500，H 适用范围为 2～4mm，θ 适用范围为 20°～30°。

对于拟合公式的精度，本文采用有限元计算结果进行考核，验证组合及其结果见表 2，其中误差定义为：

$$误差 = \frac{Nu_{公式} - Nu_{数值}}{Nu_{数值}} \times 100\%$$

由表可知，在上述给定的公式适用范围内，拟合公式计算得到的 Nu 与用有限元计算得到的 Nu 误差最大为 3.72%，说明拟合公式的精度比较好。

表 2 拟合公式的精度验证

验证组	Re	H/mm	θ	$Nu_{公式}$（拟合公式）	$Nu_{数值}$（数值计算）	误差
1	16345.34	4	20	1030.193	1034.4011	0.41%
2	7350.8	4	20	526.4798	507.60438	−3.72%

验证组	Re	H/mm	θ	$Nu_{公式}$（拟合公式）	$Nu_{数值}$（数值计算）	误差
3	16464.49	4	25	1057.033	1053.8782	−0.30%
4	7435.189	4	25	542.0837	535.89087	−1.16%
5	16743.18	4	30	1089.366	1081.7029	−0.64%
6	7684.955	4	30	566.3458	557.99713	−1.50%
7	16311.45	2	30	1000.277	1006.0618	0.58%
8	7492.762	2	30	520.3778	521.81133	0.27%
9	16815.58	6	30	1134.613	1148.955	1.25%
10	7730.6	6	30	590.6662	594.55977	0.65%

3 结论

本文通过数值模拟方法研究板式换热器中斜方格板片结构参数对传热性能的影响，就本文所考察的斜方格流道中的流体流动与传热以及凸台上部宽度和旋转角度的影响，取得以下结论：

（1）凸台上部宽度增大，传热效果增强，但同时也会使压降增大；

（2）增大凸台旋转角度，对传热效果几乎没有影响，但会增大流动阻力；

（3）拟合得到了包含凸台上部宽度和凸台旋转角度影响在内的对流传热系数准则方程式。

参 考 文 献

[1] 赵晓文，苏俊林．板式换热器的研究现状及进展[J]．冶金能源，2011，30（1）：52—55.

[2] Focke W W. Turbulent convective transfer in plate heat exchangers [J]. International Communications in Heat & Mass Transfer, 1983, 10 (3): 201—210.

[3] 赵镇南．板式换热器人字波纹倾角对传热及阻力性能影响[J]．石油化工设备，2001（S1）：1—3.

[4] 曲宁．板式换热器传热与流动分析[D]．山东大学，2005.

作 者 简 介

赵桐，女，北京化工大学机电工程学院研究生
北京市朝阳区北三环东路 15 号，100029
电话：13240094813
电子邮箱：609421224@qq.com

真空螺带干燥器内颗粒运动状态分析

杨以刚　周明珏　李曰兵　金伟娅

（浙江工业大学化工过程机械研究所　杭州　310032）

摘　要　为了获得真空螺带干燥器内流场的特性，采用流体动力学数值模拟软件 Fluent，在多重参考系坐标下，基于 Navier-Stokes 方程采用欧拉-欧拉多相流模型、标准 $k-\varepsilon$ 模型对真空螺带干燥器内粉体颗粒流进行了数值分析。分析结果表明数值模拟所得颗粒运动状态与实验所测物料宏观运动特性基本吻合，对进一步分析其干燥性能具有重要意义。

关键词　真空螺带干燥器；颗粒；运动状态

Simulation of Particle Motion State in Vacuum Helical Ribbon Dryer

Yang Yigang　Zhou Mingjue　Li Yuebing　Jin Weiya

(Institute of Process Equipment & Control Engineering,
Zhejiang University of Technology, Hangzhou 310032)

Abstract　In order to investigate the internal flow field in vacuum helical ribbon dryer, computational fluid dynamics simulation is performed by Fluent. The distribution of particle in vacuum helical ribbon dryer is modeled. The Eulerian-Eulerian multiphase model, the standard K-turbulence model, and multiple reference frame are introduced to model the particle flow based on the Navier-Stokes equations. Then the motion state and distribution of particle are obtained. The results are compared with experiments and show that it is consistent with the macroscopic motion characteristics of the materials in the experiment, which is of great significance for further analysis of the drying performance of the dryer.

Keywords　Vacuum helical ribbon dryer; Particle; Motion state

0　引言

干燥单元技术涉及国民经济的化工、石化、医药、食品、环保等广泛领域，各领域都对干燥设备有着巨大的需求。真空螺带干燥技术是一个医化行业中新型的干燥技术，干燥器结构设计及物料特性对其干燥工艺的影响有待进一步研究。温度的分布情况决定了机器干燥的性能，物料的流动状态是温度分布的基础，所以需要对干燥器内的流场有所了解。因真空螺带干燥器结构的限制，无法准确得出其内部物料流动的状态，影响对干燥性能的研究。本文基于 CFD 对干燥器内流场进行数值计算，对干燥器内的流动特性进行分析。

1　真空螺带干燥器结构

1.1　结构简介

真空螺带干燥器主要由圆锥筒体、夹套、螺带装置、上盖装置、球阀组成（如图 1）。物料从上端加料孔将物料加入到圆锥筒体内，经过螺带装置的搅拌，干燥结束后，通过球阀卸料。

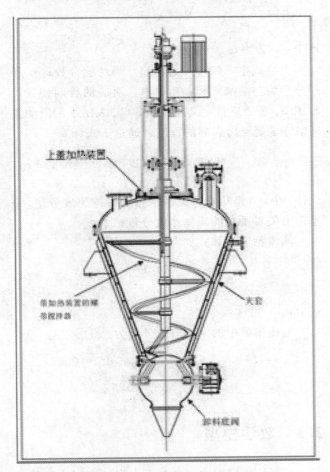

图1　真空螺带干燥机

1.2　有限元模型

如图2所示，根据真空螺带干燥器（LDG-500）的实际尺寸，使用 UG 三维软件建立几何模型。模型的整体高度为 1900mm，圆锥筒的直径为 1600mm 和 200mm。使用 ICEM 前处理软件对模型进行网格的划分，效果如图3所示。

2　流体分析理论模型

2.1　多相流模型假设

所研究真空螺带干燥器，粉体相在真空干燥器中所占的体积分数（即填充率）一般高于 15％，

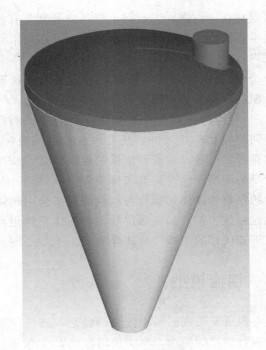

图2　几何模型

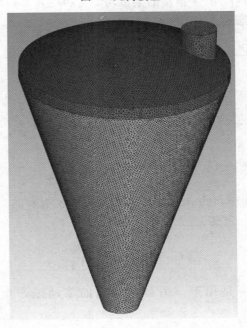

图3　网格模型

属于典型的稠密气固两相流。借鉴双流体模型结合颗粒动力学理论在流化床的稠密气固两相流模拟中的理想应用[2,3]，选用欧拉-欧拉双流体模型对真空螺带干燥器内的气固两相流进行数值计算，将粉体颗粒作为拟连续介质或者连续的流体，假设其在空间中有连续的速度和温度分布及等价的输运性质。

模型的基本假设[1]：

1）在流场中颗粒相与连续体相共存并且相互渗透，连续流体相和颗粒相在计算区域中的任何一

点共同存在，占据同一空间，但各自分别具有各自的速度、浓度、温度和体积分数等，并在每个计算单元内只有一个值。

2）在空间中，粉体颗粒相有着连续的速度分布、温度分布和体积浓度的分布。

3）粉体颗粒相与连续相之间有质量、动量和能量间的相互作用之外，还有颗粒相的湍流脉动，形成自身的质量、动量和能量的湍流输运，从而有着自身的湍流粘性、扩散和导热等湍流性质，对于稠密的颗粒悬浮体，颗粒与颗粒的碰撞会引起额外的颗粒粘性、扩散和热热传导，故粉体颗粒相有着类似于连续相的"拟"物理性质。

2.2 湍流模型

考虑所模拟气固两相流流动特性，结合计算工作量以及精度的要求，本文选用标准 k-ε 模型。

标准 k-ε 模型的湍流动能 k 和耗散率 ε 方程为如下形式：

$$\frac{\partial(\rho k)}{\partial t}+\frac{\partial(\rho k u_i)}{\partial t}=\frac{\partial}{\partial x_j}\left[\left(\mu+\frac{\mu_i}{\sigma_k}\right)\frac{\partial k}{\partial x_j}\right]$$
$$+G_K+G_b-\rho\varepsilon-Y_M+S_k \qquad (1)$$

$$\frac{\partial(\rho\varepsilon)}{\partial t}+\frac{\partial(\rho\varepsilon u_i)}{\partial t}=\frac{\partial}{\partial x_j}\left[\left(\mu+\frac{\mu_i}{\sigma_\varepsilon}\right)\frac{\partial\varepsilon}{\partial x_j}\right]$$
$$+C_{1\varepsilon}\frac{\varepsilon}{k}(G_K+C_{3\varepsilon}G_b)-C_{2\varepsilon}\rho\frac{\varepsilon^2}{k}+S_\varepsilon \qquad (2)$$

式（2）中，G_k 表示由于平均速度梯度引起的湍动能产生，定义为：

$$G_k=-\rho\overline{u'_i u'_j}\frac{\partial u_j}{\partial x_i} \qquad (3)$$

G_b 是用于浮力影响引起的湍动能产生，定义为：

$$G_b=\beta g_i\frac{\mu_t}{Pr_t}\frac{\partial T}{\partial x_i} \qquad (4)$$

其中，Pr_t 是湍流普朗特数，取 0.85；g_i 是重力矢量在 i 方向上的分量；β 是热膨胀系数，定义为：

$$\beta=-\frac{1}{\rho}\left(\frac{\partial\rho}{\partial T}\right)_P \qquad (5)$$

Y_M 表示了在可压缩湍流中，因脉动扩散产生的湍流动能耗散，采用 Sarkar 提出的如下模型[9]：

$$Y_M=2\rho\varepsilon M_t^2 \qquad (6)$$

式中，M_t 是湍流马赫数，定义为：

$$M_t=\sqrt{\frac{K}{a^2}} \qquad (7)$$

式中，a 为声速（$\equiv\sqrt{\gamma RT}$）。

上述式中，$C_{1\varepsilon}$、$C_{2\varepsilon}$ 和 $C_{3\varepsilon}$ 为经验常数；σ_k 和 σ_ε 分别为与湍流 k 和 ε 耗散率：对应的普朗特数；S_k 和 S_ε 是用户自定义的源项。$C_{3\varepsilon}$ 表示了湍流动能耗散率 ε 受浮力影响的程度，通过下式计算[10]：

$$C_{3\varepsilon}=\tanh\left|\frac{\upsilon}{u}\right| \qquad (8)$$

式（8）中，υ 是与重力矢量平行的流体速度分量，u 是重力矢量垂直的流体速度分量。

湍流粘度计算式如下：

$$\mu_t=\rho C_\mu\frac{k^2}{\varepsilon} \qquad (9)$$

式中，C_μ 是常数。

上述模型中的常数取值分别为[11]：

$$C_{1\varepsilon}=1.44, \qquad C_{2\varepsilon}=1.92, \qquad C_\mu=0.09,$$
$$\sigma_k=1.0, \qquad \sigma_\varepsilon=1.3。$$

2.3 数学模型

在双流体模型中，各相所占据的空间比例称为各相的体积分数，各相的体积分数之和为 1，即：

$$\sum_{q=1}^{n}\alpha_q=1 \ (q=s,\ g) \qquad (10)$$

其中，q 为 s 时表示固体颗粒相，q 为 g 时表示气体相。同时，气相和固相分别满足各自的质量守恒和动量守恒定律。表 1 为计算质量守恒和动量守恒方程组求解所需的几何模型的选择。

表 1 几何模型[4-8]

Parameters	Model
Granular Viscosity	Syamlal-obrien
Granular Bulk Viscosity	Lun-et-al
Frictional Viscosity	Schaeffer
Solids Pressure	Syamlal-obrien
Radial Distribution	Syamlal-obrien
Elasticity Modulus	derive
Packing Limit	0.63

B 设计、传热

3 分析结果

3.1 初始及边界条件

本文采用聚氯乙烯（PVC）粉体物料，以转速 20 r/min，填充率 26% 的运行工况为模拟对象。物料由加料口加入到干燥器内，当物料干燥器工作时，启动泵组抽离干燥内的气体和物料脱出的湿份。文中为了获得与实际环境更加接近，将操作压力设置为 0.1 个大气压，操作温度为常温。根据干燥器筒体内部流动的实际情况，计算区域存在旋转的流场，采用多重参考系方法，将流域分为 Fluid1 和 Fluid2。Fluid1 由边界 Interface1、Interface2、Interface3、Interface4、Bottom、Zhou、Wall、Top 和 Pressure-out 组成。Fluid2 由 Interface5、Interface6、Interface7、Interface8 和 Luodai 组成。将 Fluid2 设置转速为 -20r/min，固壁面采用无滑移壁面边界条件，设置的边界名称如下图 4 所示。边界对应的边界类型见表 2。

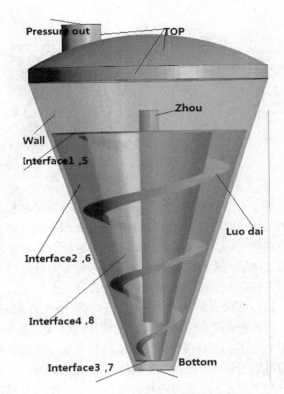

图 4 三维模型的边界名称设置示意图

表 2 三维模型边界类型

边界名称	Pressure out	Top	Wall	Bottom	Luodai	Zhou	Interface 1、2、3、4、5、6、7、8
边界类型	PRESSURE-OUTLET	WALL	WALL	WALL	WALL	WALL	INTERFACE

在两相流的设置中，将空气设为第一相，将多组分的聚氯乙烯（PVC+水）粉体物料设为第二相，分别设置两相的物性参数。根据聚氯乙烯的堆积密度和真实密度，经计算，将 Packing Limit 设置为 0.63。根据实际的工况，考虑重力加速度的影响，设置其重力加速度方向 Z 轴，大小为 $-9.81m/s^2$。

流场初始化，将整个流场设置具有相同的场变量值，然后通过 patch 补充初始化，用固相体积分数的新值覆盖初始化值，设置固相初始分布情况。初始化之后的固相分布情况如图 5 所示，从图中可以看出，在 0s 时物料是堆积在干燥器筒体下端。堆积的表面平

整这与实际的工况有些差别，但对整个的流场计算误差影响不大。

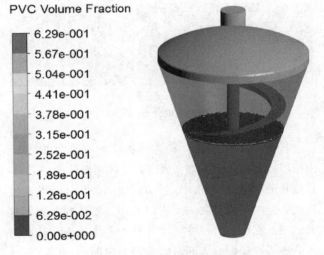

图 5 0s 时刻粉体物料浓度分布图

3.2 计算结果与分析

图 6 以聚氯乙烯（PVC）粉体物料，螺带转速 20r/min，填充率 26% 的模拟为例，利用 CFD 模型对真空螺带干燥器内粉体颗粒浓度分布随随时间变化的模拟预测结果。

图6 物料浓度分布随时间的模拟结果

图7是真空螺带干燥器在实际工况下物料堆积表面的变化情况，在实际工况下，物料堆积表面主要有两个表面特征，一是在运动状态下，螺带与物料堆积表面的接触地方将会凸起，这是因为螺带转动时对物料有个向运动前部挤压和对物料的提升所产生的。二是，物料堆积表面在运动稳定状态下将会出现凹面，这个凹面随着这螺带的搅拌，做周期性转动。从图6和图7发现，CFD模型的计算结果较准确的模拟了粉体物料浓度分布情况，与实验基本吻合。螺带转动后，物料在离心力、摩擦力和重力的作用下，物料堆积表面出现凸起，当螺带转动一周后，物料堆积表面整体呈现为一个凹面，靠近筒壁处的物料堆积面高于中心处的堆积面。

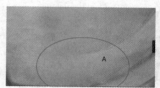

图7 物料浓度分布的实测照片

图8为120s时刻，筒体内粉体颗粒速度矢量图。由图可以看出，粉体物料大部分堆积在筒体的中下部，且物料的更随性较好。靠近螺带周围的粉体颗粒速度较大，同时呈现自底向上逐渐递增。粉体颗粒跟随螺带运动，在离心力、摩擦力和重力的影响下，物料将逐渐地脱离螺带的表面，向螺带上表面的法向方向运动，一部分向螺带的内侧，一部分向螺带的外侧运动。当物料运动到一定高度时，在重力作用下，粉体颗粒向下运动。

由局部放大图中可以看到，物料堆积表面颗粒运动较为紊乱。图左边颗粒的运动主要向左上方、左下方和右上方，图中轴附近的颗粒向下运动，轴左边是颗粒随螺带提升后到达一定位置回落的运动，轴右边颗粒填充由颗粒被螺带提升而产生的体积空间的运动。

图8 120s时刻粉体颗粒的速度矢量图

4 结论

通过对真空螺带干燥器流场的物理模型的简化处理，采用多相流模型、湍流模型及合理的边界条件，建立了适用粉体颗粒流动的数值模拟方法。模拟结果表明，采用欧拉-欧拉模型、标准 $k-\varepsilon$ 湍流模型对于真空螺带干燥器内粉体颗粒流动数值计算能够得到与试验结果较为吻合的运动状态。

参 考 文 献

[1] 车得福，李会熊. 多相流及其应用 [M]. 西安：西安交通大学，2007.

[2] 沈志恒，孙巧群，刘国栋，等. 湍动流化床内气固两相流动特性的数值模拟 [J]. 工程热物理学报，2007，28（6）：968－970.

[3] 魏丽萍，吕友军，郭烈锦. 超临界水流化床内两相流特性的数值模拟研究 [J]. 工程热物理学报，2011，32（5）：803－806.

[4] Gidaspow D，Bezburuah R，Ding J. Hydrodynamics of Circulating Fluidized Beds Kinrtic Theory Approach [C]. In Fluidization VII Proceedings of the 7th Engineering Foundation Conference on Fluidization，1992：75－82.

[5] Chapman S，Cowling T G. The Mathematical Theory of Non-Uniform Gases（3rd edition）[M]. England：Cambridge University Press，1990.

[6] Ogawa S，Umemura A，Oshima N. On the Equation of Fully Fluidized Granular Materials [J]. Journal of Applied Mathematics and Physics，1980，31（4）：483－493.

[7] Syamlal M，Roges W，O'Brien T J. MFIX Documentation：Volume 1，Theory Guide [M]. Springfield：National Technical Information Service，1993.

设计、传热

[8] Lun C K K, Savage S B, Jeffery D J, et al. Kinetic Theories for Granular Flow: Inelastic Particles in Couette Flow and Slightly Inelastic Particles in a General Flow Field [J]. Journal of Fluid Mechanics, 1984 (140): 223—256.

[9] Sarkar S, Balakrishnan L. Application of a Reynolds-Stress Turbulence Model to the Compressible Shear Layer [R]. NASA CR: ICASE Report, 1990.

[10] Henkes R A W M, van der Flugt F F, Hoogendoom C J. Natural Convection Flow in a Square Cavity Calculated with Low-Reynolds-Number Turbulence Models [J]. International Journal of Heat and Mass Transfer, 1991, 34 (2): 1543—1557.

[11] Launder B E, Spalding D B. Lectures in Mathematical Models of Turbulence [M]. London: Academic Press, 1972.

内波外螺纹管轴向刚度参数化分析及实验研究

夏春杰　陈永东　吴晓红

（合肥通用机械研究院　安徽　合肥　230031）

摘　要　采用有限元分析软件对内波外螺纹管轴向刚度进行研究，探讨了基管外径 D、壁厚 t、槽距 S、槽深 h 对内波外螺纹管刚度的影响。结果表明：内波外螺纹管几何结构的变化对刚度影响较大，刚度值相比直管有一定降低；对模拟结果进行处理，给出了内波外螺纹管轴向刚度削弱系数与基管外径、壁厚、槽距、槽深等结构参数的关联式，并通过实验研究验证了此关联式的可靠性，为内波外螺纹管换热器管板设计提供数据支持。

关键词　内波外螺纹管；刚度；有限元；实验研究

Parametric Analysis and Experimental Study on the Axial Stiffness of Corrugated Low Finned Tube

Xia Chunjie　Chen Yongdong　Wu Xiaohong

（Hefei General Machinery Research Institute，Hefei 230031，China）

Abstract　Finite element analysis software was used to optimize axial stiffness of the corrugated low finned tube. The effects of structural parameters（D，t，S，h）on axial stiffness were investigated. The results show that the change of geometrical structure has a effect on the stiffness and compared with straight pipe, the stiffness value is reduced. The correlation of axial stiffness weakening coefficient and structural parameters（D，t，S，h）was obtained by fitting the results. The reliability of the correlation was verified by experimental study. Which provides date support for the tubesheet design of corrugated low finned tube heat exchanger.

Keywords　corrugated low finned tube；stiffness；finite element；experimental study

1　引言

内波外螺纹管具有传热系数高、使用寿命长、防垢清垢能力强等特点，是目前使用较多的强化传热管。但长期以来国内外学者研究主要集中在单一的波纹管型或螺纹管型[1-5]，对内波外螺纹报道较少[6-10]，关于机械强度的研究更是鲜有报道，在一定程度上制约了内波外螺纹管换热器机

基金项目：工信部海洋工程装备科研项目（工信部联装〔2014〕505 号）

662

械设计的精确性。目前由于没有完善成熟的设计标准，在对内波外螺纹管换热器管板设计时一般借鉴其他强化管的处理方法：方法1.简化为同规格的光管；方法2.折算为等刚度不同壁厚的当量圆管；方法3.折算为等刚度同规格不同弹性模量的圆管。其中方法3更为简单合理，但前提是要确定内波外螺纹管的轴向刚度，所以若能建立内波外螺纹管轴向刚度与几何特性的关系，便极大方便了管板的强度计算，可以进一步完善内波外螺纹管换热器的设计规范。

本文针对此薄弱环节，基于 static structural（ANSYS workbench）模块，比较全面系统的研究了内波外螺纹管基管外径、壁厚、槽距、槽深等结构参数对其刚度的影响，并进行了详细分析，最后拟合出了刚度削弱系数与各结构参数之间的关系式，并加以实验验证，以期完善常规设计。

2 有限元模型建立

2.1 几何模型

内波外螺纹管是通过机械轧制的方法，在普通光管管壁上加工出螺旋状的波纹。内波外螺纹管分为螺纹段和直管段，其中螺纹段各结构参数如图1所示。本文基于 workbnech 参数化建模主要研究了内波外螺纹管基管外径 D、壁厚 t、槽距 S、槽深 h 对其轴向刚度的影响。

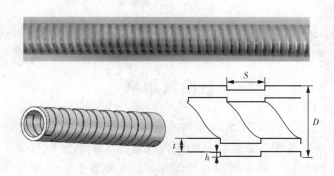

图1 内波外螺纹结构图

为简化模型提高运算效率，本文只研究管长为104mm各结构参数与刚度之间的关系。选取72组结构参数作为研究对象，具体参数如表1、表2所示。

表1 第一组内波外螺纹管结构参数

基管直径 D/mm	壁厚 t/mm	槽距 S/mm	槽深 h/mm
19			
20			
21	1.5、1.6、1.7	6	0.5
22	1.8、1.9、2.0		
23			
24			

表2 第二组内波外螺纹管结构参数

基管直径 D/mm	壁厚 t/mm	槽距 S/mm	槽深 h/mm
		5	
		6	
19	1.8	7	0.2、0.3、0.4、0.5、0.6、0.7
		8	
		9	
		10	

2.2 边界条件及网格划分

内波外螺纹管材料为TA2，弹性模量 $E=1.08\times10^{11}$ Pa，泊松比 $\gamma=0.3$；换热管一端固支，另一端为在 z 方向有位移的简支并施加1000N的拉力；对模型网格进行无关性考核，以 $D=19$mm、$t=1.8$mm、$S=6$mm、$h=0.2$mm 模型为例，步长为0.3mm、0.4mm 时，轴向刚度值分别为97405.21N/mm、97475.38N/mm，两者误差为0.07%，故选取步长为0.4mm进行计算，网格数为1418471，节点数为2058108，如图2所示。

图2 内波外螺纹管网格化分示意图

3　数学模型

刚度是使物体产生单位位移所需要的力，计算公式如式（1）所示：

$$K = \frac{F}{L} \qquad (1)$$

式中：F——扭曲管轴向载荷，L——扭曲管轴向位移。

以直管刚度为基础，刚度削弱系数定义如下：

$$K_f = K / K_1^* \qquad (2)$$

$$K_1^* = \frac{E_t A_s}{L} \qquad (3)$$

式中：K_1^* 为同规格直管的刚度，E_t 为换热管材料的弹性模量，A_s 为换热管的金属横截面积，L 为换热管的管长，K_f 为扭曲管刚度削弱系数。

4　计算结果分析

4.1　基管直径 D 对刚度影响

不同基管直径 D 对轴向刚度和刚度削弱系数的影响，如图3所示。从图中可以看出，横纵坐标为对数坐标，随着基管直径 D 的增加，轴向刚度变化范围为70037.82～122452.9 N/mm，呈指数倍上升；刚度削弱系数变化范围为 0.80346～0.85895，呈指数倍下降。说明 D 值的增大在一定程度上提高了内波外螺纹管的抗失稳能力，但降低了其轴向补偿能力。

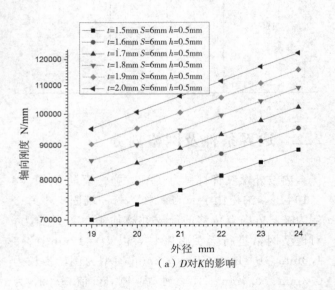

（a）D对K的影响

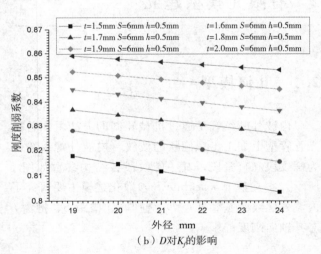

（b）D对K_f的影响

图3　$t=1.5～2.0$mm 时，D 对 K 和 K_f 的影响

4.2　壁厚 t 对刚度影响

不同壁厚 t 对轴向刚度和刚度削弱系数的影响，如图4所示。从图中可以看出，横纵坐标为对数坐标，随着壁厚 t 的增加，轴向刚度变化范围为70037.82～122452.9N/mm，呈指数倍上升；刚度削弱系数变化范围为 0.80346～0.85895，呈指数倍上升。当壁厚增加时，刚度增大，抗失稳能力增强，轴向补偿能力减低。

4.3　槽距 S 对刚度影响

不同槽距 S 对轴向刚度和刚度削弱系数的影响，如图5所示。从图中可以看出，横纵坐标为线性坐标，随着槽距 S 的增加，轴向刚度变化范围为73469.98～97914.42N/mm，总体呈线性上升，当 $h=0.7$mm 时呈略微下降趋势；刚度削弱系数变化范围为 0.7204～0.9756，呈线性上升，当槽深 h 越大时，上升趋势越缓慢。

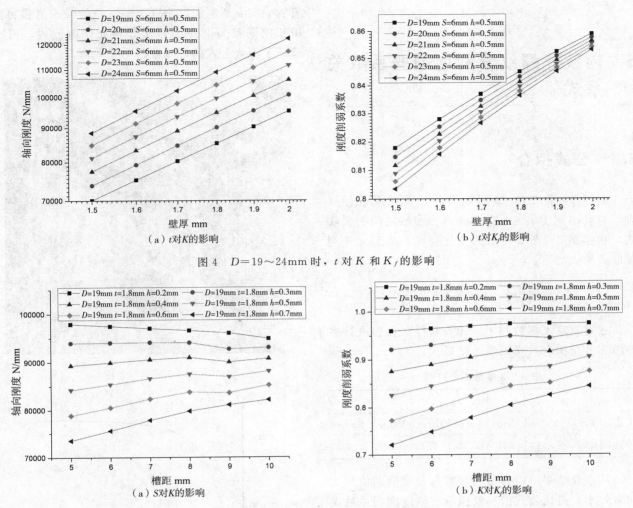

（a）t对K的影响

（b）t对K_f的影响

图4　D＝19～24mm时，t对K和K_f的影响

（a）S对K的影响

（b）K对K_f的影响

图5　h＝0.2～0.7mm时，S对K和K_f的影响

4.4　槽深h对刚度影响

不同槽深h对轴向刚度和刚度削弱系数的影响，如图6所示。从图中可以看出，横纵坐标为线性坐标，随着槽深h的增加，轴向刚度变化范围为73469.98～97914.42N/mm，呈线性下降；刚度削弱系数变化范围为0.7204～0.9756，呈线性下降。说明随着槽深的增加其抗失稳能力降低，轴向补偿能力增加。

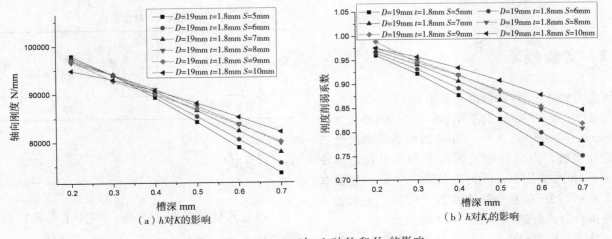

（a）h对K的影响

（b）h对K_f的影响

图6　S＝5～10mm时，h对K和K_f的影响

5 内波外螺纹管刚度削弱系数关系式

5.1 公式拟合

对表 1、表 2 的 72 组模型的计算结果进行处理，拟合出刚度削弱系数与各结构参数之间的关联式，根据图 3～图 6 显示的变化规律，得到无量纲关联式形式如下：

$$K_f = a\left(\frac{t}{D}\right)^b + c\left(\frac{S}{D}\right) + d\left(\frac{h}{D}\right) \quad (4)$$

通过自定义函数利用 origin 软件对数据进行多参数多变量拟合，得到表 3 结果：

表 3 各参数拟合结果

a		b		c		d	
Value	Error	Value	Error	Value	Error	Value	Error
1.3844	0.04548	0.15822	0.0121	0.25164	0.01565	−7.13512	0.18033

从拟合结果可以看出，误差与各参数的值相比相对较小，对比公式值和模拟值的刚度削弱系数误差范围为 0.01%～5%，获得的结果具有较高的可靠性。故在 $D=19\sim24$mm、$t=1.5\sim2$mm、$S=5\sim10$mm、$h=0.2\sim0.7$mm 范围内拟合公式如下：

$$K_f = 1.3844\left(\frac{t}{D}\right)^{0.15822} + 0.25164\left(\frac{S}{D}\right) -$$

$$7.13512\left(\frac{h}{D}\right) \quad (5)$$

5.2 实验验证

为考察式（5）的精度，利用 SHT-4206 型微机控制电液伺服试验机，对 $D=19$mm、$t=1.8$mm、$S=6$mm、$h=0.5$mm 的内波外螺纹管进行拉伸实验，内波外螺纹管两夹持端包括螺纹段 840mm 和两端各 20mm 的直管段。实验装置图如图 7 所示、力-位移曲线图如图 8 所示，将实验结果与拟合公式值进行对比如表 4 所示。

从表 4 中可以看出，内波外螺纹管的刚度相比

直管确实有所削弱，刚度削弱系数的公式值和实验值相比误差为 2.04%，误差在允许范围内，再次验证了拟合公式的可靠性。

图 7 实验装置图

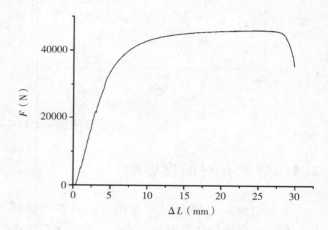

图 8 力-位移曲线图

表 4 对比验证

D/mm	t/mm	S/mm	h/mm	扭曲管刚度/(N/mm)	直管刚度/(N/mm)	K_f(实验值)	K_f(公式值)	误差
19	1.8	6	0.5	8789.53	10611	0.8283	0.84521	2.04%

6 结论

通过对计算结果的分析，本文主要得出以下结论：

（1）由于内波外螺纹管结构特性变化对其刚度产生很大的影响，在本文结构参数范围内，刚度削弱系数最低为 0.7204，相比直管刚度有较大降低，对换热器管板进行设计时要着重考虑。

（2）研究内波外螺纹管各结构特性对其刚度削弱系数的影响发现：槽深 h 的变化对其影响最大，S、t、D 影响次之，所以确定内波外螺纹管刚度时应优先考虑 h 值变化。

（3）通过数据拟合得到刚度削弱系数与各参数关系式，并进行了实验验证，公式值和实验值误差为 2.04%，结果具有较高的可靠性。

参 考 文 献

［1］衣秋杰.单头螺旋槽管管内强化传热机理分析及优化设计［A］.中国化工学会、化学工业出版社.2006 年石油和化工行业节能技术研讨会会议论文集［C］.中国化工学会、化学工业出版社，2006：5.

［2］朱华，庄博，李蔚，等.螺纹管中实际冷却水污垢和颗粒污垢的特性研究［J］.热能动力工程，2008，23（02）：165－169，216－217.

［3］罗棣庵，黄良璧.含不凝气（空气）的水蒸汽在波纹槽道内凝结换热实验研究［J］.工程热物理学报，1992，13（04）：416－419.

［4］李蔚，张巍，李冠球，等.螺纹管内污垢热阻的对比实验研究［J］.工程热物理学报，2009，30（09）：1578－1580.

［5］王伟，陶乐仁，郑志皋，等.一种内螺纹强化管的冷凝实验研究［J］.工程热物理学报，2010，31（12）：2113－2116.

［6］卢冬梅.内波纹外螺纹换热管束在工业中的应用［J］.化工设备与管道，2003，40（06）：17－21，3.

［7］王怀振.钛内波外螺纹管管内冷凝传热性能研究［D］.华东理工大学，2013.

［8］Pethkool S.，Eiamsa-ard S.，Kwankaoment S.，Promvonge P. Turbulent heat transfer enhancement in a heat exchanger using helically corrugated tube［J］. International Communications in Heat and Mass Transfer. 2010，38：340－347.

［9］Vicente P. G.，Gare A.，Viedma A. Experimental investigation on heat transfer and frictional characteristics of spirally corrugated tubes in turbulent flow at different Prandtl number［J］. International Journal of Heat and Mass Transfer. 2004，47：313－322.

［10］Vice P. G.，Garcia A.，Viedma A. Mixed convection heat transfer and isothernal pressure drop in corrugated tubes for laminar and transition flow［J］. International Communications in Heat and Mass Transfer. 2010，38：340－347.

作 者 简 介

夏春杰（1989－），女，工程师

邮箱：xchjie2008@163.com

通讯地址：合肥市蜀山区长江西路 888 号

邮编：230031

联系电话：0551－65335792；18656136986

传真号码：0551－65335817

扭曲管几何参数对其许用内压的影响

张雨晨　陈永东　吴晓红

（合肥通用机械研究院　安徽合肥　230031）

摘　要　用有限元方法研究扭曲管在内压载荷下的力学行为，模拟了管的变形过程并给出了管子许用内压的确定方法，以及对不同几何参数扭曲管的许用内压进行计算，分析各参数对许用内压的影响情况。结果表明，许用内压随管壁厚度、扭曲比的增大而增大，随基圆直径、螺距的增大而减小，以及参数间存在协同作用关系。对扭曲管的设计制造起到了指导作用。

关键词　扭曲管；许用内压；有限元

Influenceof Geometric Parameter on Allowable Internal Pressure of Twisted Tubes

Zhang Yuchen　Chen Yongdong　Wu Xiaohong

（Hefei General Machinery Institute，Hefei，230031，China）

Abstract　By using the finite element method，we focus on mechanical behavior of the twisted tube under internal pressure，to provide simulation of the deformation process and determination of allowable internal pressure. Then we calculate how geometric parameters affect the allowable internal pressure and give the analysis. The results show that the allowable internal pressure increases with the increase of the tube wall thickness and the twist ratio，and decreases with the increase of the base circle diameter and the pitch. And the synergistic effect among the parameters is obtained at the same time. Meanwhile，the results provide a guidance for the design and manufacture of twisted tubes.

Keywords　twisted tubes；allowable internal pressure；finite element method

1　引言

扭曲管换热器已在石油、化工等行业中投入使用，实际使用效果表明它相对传统管壳式换热器具有优势[1]，与传统管壳式换热器相比，扭曲管换热器相同压降下的传热系数高 40%，同时，由于扭曲管的特殊几何特征，它具有不易结垢、低振动、

基金项目：工信部海洋工程装备科研项目（工信部联装〔2014〕505 号）

管束结构自支撑的优良特性[2]。

国内外已有很多关于扭曲管传热性能方面的研究，而关于机械性能的研究还非常缺乏。徐小龙等[3]从机械设计的角度，提出了管板计算时"当量圆筒"的等效方法，并讨论了结构设计的相关问题。杨旭[4]对扭曲管的轴向刚度进行模拟计算，考察了管的几何参数对刚度的影响，并拟合出相对圆管的轴向刚度削弱系数的表达式。李银宾等[5]对扭曲管承受内压载荷时的应力进行计算并给出了管的变形情况。然而在实际的设计制造中，我们还需要考虑扭曲管的极限承载能力。

本文运用有限元方法，展现了扭曲管在内压载荷下的变形过程，对扭曲管的许用内压进行计算，得到了许用内压随各几何参数的变化情况，并将结果与直管和椭圆管的许用内压进行对比，定性地给出了许用内压随管壁厚度、扭曲比、基圆直径、螺距的变化规律以及各参数间的协同作用关系，对扭曲管的设计制造起到了指导作用。

2 计算模型

2.1 扭曲管结构

扭曲管以圆管为基管，经压扁，扭转后成型，如图1所示。扭曲管任一截面均为椭圆环形，如图2所示。假设基管外径为 D，厚度为 t，压扁后的椭圆环外长轴为 A，外短轴为 B，

扭转时的螺距为 S，管长为 L，则椭圆扭曲比 n 为 A/B，许用内压为 $[p]$。扭曲管在壳体中紧密排列，依靠外缘螺旋线的点接触进行支撑[6]。

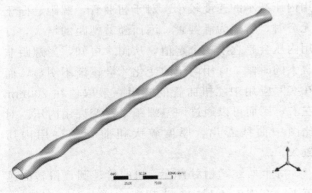

图1 扭曲管

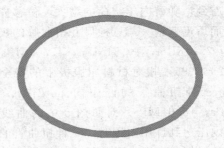

图2 扭曲管的任一截面

2.2 许用内压的确定

采用极限分析方法确定极限载荷，进而给出结构的许用内压。极限载荷是指以理想塑性材料构成的结构所能承受的最大载荷，在此载荷下，结构的变形将无限制的增大，从而失去承载能力[7]。用增量弹塑性有限元法求解极限载荷时，把载荷增量不再增加或载荷增加很小而位移急剧增加时的载荷定义为极限载荷[8]。因而可以将有限元计算时的停机点作为结构的极限载荷。

对表1中三种尺寸的扭曲管进行有限元计算，材料为工业纯钛 TA2，弹性模量 E 为 108GPa，泊松比 υ 为 0.3，屈服强度 σ_s 为 275MPa，单元类型为 SOLID186。对三种尺寸扭曲管进行内压加载得到的载荷与管上最大位移的关系如图3所示，扭曲管加载过程中的形状变化如图4所示。在整个加载过程中，扭曲管截面沿短轴方向变形速度较快，管逐渐变圆，截面原短轴方向长度逐渐超过原长轴方向，截面变成图4中的8字型，直至管破坏。图3

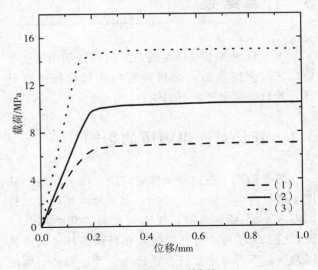

图3 载荷-位移曲线

中可以看到，随着内压载荷的增大，位移先呈线性增加，而后迅速增大，三种尺寸扭曲管的极限载荷分别为 7.14MPa，10.54MPa，15.01MPa。根据 JB 4732−1995，相对材料屈服极限的安全系数为 1.5，将三种扭曲管的许用内压取作 4.76MPa，7.03MPa，10.01MPa。对照图 3 中的曲线可以看到，当内压达到许用内压时，三种扭曲管的变形均处在线性增加段，即变形依然在弹性范围内，变形量非常小，不会影响扭曲管的传热以及自支撑性能，因而按照安全系数 1.5 计算得到的许用内压是可靠的。本文中采用对极限载荷取安全系数 1.5 来确定结构的许用内压。

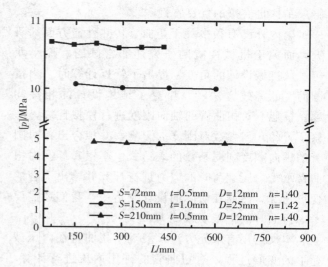

图 5　扭曲管许用内压 [p] 随管长 L 的变化情况

图 4　尺寸（2）的扭曲管加载过程中的形状变化
（放大系数＝10）

表 1　三种扭曲管尺寸

类型	管长 L/mm	基圆直径 D/mm	螺距 S/mm	扭曲比 n	厚度 t/mm
（1）	630	12	210	1.40	0.5
（2）	600	18	200	1.38	0.8
（3）	600	25	150	1.42	1.0

3　计算结果

为了讨论各个几何参数对扭曲管许用内压的影响，选取多组参数，对扭曲管的许用内压进行计算，并对结果做了如下讨论。

3.1　管长对许用内压的影响

图 5 给出了扭曲管长度对许用内压的影响。从图中可以看出，管长 L 不同，其他尺寸相同时，许用内压 [p] 基本相同，说明管长对许用内压几乎无影响。为了减小计算规模，在后面的计算和结果讨论中，不再考虑管长 L 的影响，均选取一个螺距的管长进行计算。

3.2　扭曲比和螺距对许用内压的影响

相对基管，扭曲管的形状由扭曲比 n 和螺距 S 来确定。扭曲比表示压扁程度，螺距表示扭转程度。随扭曲管螺距 S 的增大，扭曲比 n 的减小，扭曲管的形状逐渐向圆管靠近。

图 6 给出了扭曲管许用内压 [p] 随扭曲比 n 的变化情况，可以看出，许用内压随着扭曲比的增大而减小，即越扁的管子许用内压越小，并且在扭曲比较小时的变化速度较快，当扭曲比较大时，许用内压趋于不变。在图中尺寸下，当扭曲比大于 1.5 时，许用内压几乎不变，此时无法通过少量调整扭曲比控制管的许用内压。对比图中曲线可以看出，许用内压 [p] 随基圆直径 D 的增大而减小。

图 7 给出了许用内压 [p] 随扭曲管螺距 S 的变化情况。随着螺距的增大，许用内压逐渐减小，即扭转越厉害时许用内压越大，当螺距较大时，许用内压减小的速度较小。对于扭曲管，螺距趋向于无穷时，管变为椭圆管，因而随着螺距的增大，许用内压会趋近于一个定值，从图 7 可知，当螺距非常大的时候，许用内压的变化才会逐渐不明显，而在实际应用中，扭曲管的螺距一般取值在 200mm 左右，因而可以通过调整螺距来改变许用内压。对比图中曲线看出，厚度较大扭曲管的许用内压较大。

综上所述，相对直管，扭曲管越圆，扭转的越厉害，许用内压越大。当扭曲比增大到一定值后，将无法通过少量调整扭曲比来改变许用内压。后文

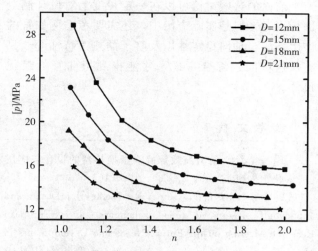

图6　$S=72\text{mm}$，$t=0.8\text{mm}$ 时，
不同基圆直径 D 的扭曲管许用内压
$[p]$ 随扭曲比 n 的变化情况

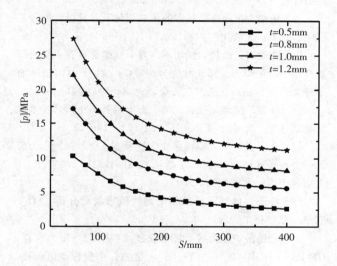

图7　$D=15\text{mm}$，$n=1.42$ 时，
不同厚度 t 的扭曲管许用内压 $[p]$ 随螺距 S 的变化情况

中将对这一临界扭曲比的值进行讨论。

3.3　厚度和基圆直径对许用内压的影响

由前面的分析可知，扭曲管的许用内压随厚度的增大而增大，随基圆直径的增大而减小，这与内压圆筒由最大允许工作压力公式得到的许用内压随厚度和直径的变化情况一致[9]。为了进一步分析扭曲管许用内压的变化规律，下面用椭圆管（相当于螺距最大的扭曲管）和圆管（相当于扭曲比最小，螺距最大的扭曲管）代表极限状态下的扭曲管，将

不同尺寸的扭曲管与之做比较，研究厚度和基圆直径对许用内压的影响。

图8给出了扭曲管、椭圆管、圆管的许用内压与厚度的关系。图中可以看出几种管子的许用内压和厚度均近似呈线性关系并且变化趋势一致。对比椭圆管与相同扭曲比扭曲管的曲线看出，螺距越小，曲线的斜率越大，即许用内压随厚度变化的速度越快。对比椭圆管和圆管以及仅有扭曲比不同的扭曲管的曲线可以看出，随着厚度的增大，许用内压曲线的间距增大，结合图6可知，这表明扭曲比临界值随厚度的增大而增大；随着扭曲比减小，曲线斜率增大，即许用内压的变化速度增加。这表明越圆，扭转得越厉害的管子，许用内压随厚度变化的速度越快。

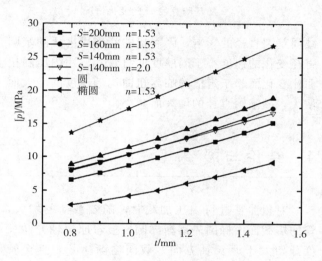

图8　$D=18\text{mm}$，$n=1.53$，
不同形状管子的许用内压 $[p]$ 随厚度 t 的变化情况

图9给出了扭曲管，椭圆管与圆管的许用压力随基圆直径的变化关系。图中可以看到，每条曲线的变化趋势基本一致，许用内压随基圆直径增大而减小的速度逐渐变慢。对比椭圆管和圆管以及仅有扭曲比不同的扭曲管的曲线可以看出，随着基圆直径的增大，许用内压曲线间距减小，结合图6可知，这表明扭曲比临界值随基圆直径的增大而减小；随着扭曲比的减小，许用内压随基圆直径的变化速度变快；对比椭圆管与相同扭曲比扭曲管的曲线看出，随着螺距的增大，许用内压的变化速度增大。这表明扭曲比和螺距同时削弱基圆直径对许用内压的影响。

综上所述，扭曲管的扭曲比会削弱厚度和基圆直径对许用内压的影响，螺距会增强厚度的影响，

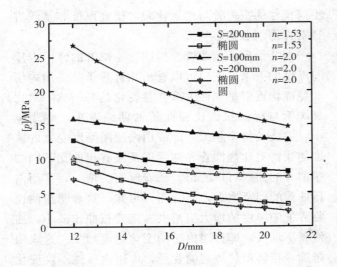

图9　$t=1.0\text{mm}$，不同形状管子的许用内压
$[p]$ 随基圆直径 D 的变化情况

减弱基圆直径的影响，因而扭曲管许用内压随基圆直径变化的速度小于同厚度的直管。许用内压随扭曲比变化而趋于定值的临界扭曲比随厚度的增大而增大，随基圆直径的增大而减小。

4　结论与展望

对扭曲管进行内压加载时，随着载荷的增大，管的横截面由椭圆先逐渐撑圆，接着原短轴方向长度开始大于原长轴方向，截面逐渐拉长，直至管破坏。

在内压作用下，扭曲管的许用内压受管长的影响很小，在实际应用中可以不考虑。扭曲管的许用内压随管壁厚度的增大而增大，随基圆直径的增大而减小，随扭曲比的增大而减小，随螺距的增大而减小。

跟圆管相比，扭曲管的许用内压随基圆直径的变化速度较慢，压扁和扭曲均会削弱基圆直径对许用内压的影响；而压扁削弱管壁厚度对许用内压影响的同时，扭曲起到增强的作用。许用内压随扭曲比趋于定值的临界扭曲比随管壁厚度的增大而增大，随基圆直径的增大而减小。

当扭曲管的许用内压无法达到使用要求时，减小扭曲比或螺距都可以达到提高许用压力的目的。而在管壁厚度较小或是基圆直径较大时，少量调整扭曲比对许用内压影响不大，应该采用减小螺距的方法来提高许用内压。

前面的这些讨论可以在一定程度上对设计制造进行指导，但是实际应用中，还需要考虑例如管的许用外压、轴向稳定性以及管子的热工特性等。只有对这些问题综合考虑，才能得到扭曲管的最优尺寸。

参 考 文 献

[1] 李春兰. 新型高效螺旋扁管换热器的设计与应用 [J]. 化工机械，2005，32（3）：162－165.

[2] Butterworth D，Guy A R，Welkey J J. Design and application of twisted tube exchangers [C]. European Research Meeting on the Future Needs and Developments in Heat Exchanger Technology—Advances in Industrial Heat Transfer，1996：87－95.

[3] 徐小龙，冯清晓. 扭曲扁管换热器机械设计若干问题的探讨 [J]. 压力容器，2013，30（1）：35－39.

[4] 杨旭. 扭曲管换热器的传热强化及其机械性能研究 [D]. 北京：北京化工大学，2014.

[5] 李银宾，李晟，张明辉，等. 钛螺旋扁管承受内部载荷压力时的应力、形变数值分析 [C]. 2015中国国际能源峰会——石油石化天然气大会，北京，2015：70－80.

[6] 杨胜，张颂，张莉，等. 螺旋扁管强化传热技术研究进展 [J]. 冶金能源，2010，29（3）：17－22.

[7] 全国锅炉压力容器标准化技术委员会. 钢制压力容器—分析设计标准（2005年确认）：JB 4732－1995 [S]. 北京：中国标准出版社，2005：16.

[8] 徐谦. 典型承压结构的塑性极限载荷分析 [D]. 北京：北京化工大学，2006.

[9] 全国锅炉压力容器标准化技术委员会. 压力容器：GB 150.1～GB150.4－2011 [S]. 北京：中国标准出版社，2011：94.

作 者 简 介

张雨晨（1990—），女，助理工程师，主要从事压力容器设计分析工作，通信地址：230031 安徽省合肥市长江西路888号合肥通用机械研究院，联系电话：13685510067，传真号码：0551－65335817，E-mail：yuchenzhang9032@sina.com

设计、传热

缩放管在轴向拉伸载荷作用下的应力分析

温士杭[1]　钱才富[1]　赵福臣[2]　秦国民[2]

（1. 北京化工大学机电工程学院　北京　100029

2. 大庆石油化工机械厂　黑龙江大庆　163714）

摘　要　为考察缩放管的轴向承载能力，对其在轴向拉伸载荷下的应力分布进行了数值分析。结果发现缩放管在轴向拉力作用下除了轴向应力，还存在环向和径向应力；缩放管内外表面三相应力最大值分别出现在缩放管的波谷和波峰处。在三相应力中，最大应力为轴向应力，其值可以达到直管轴向应力的 3~4 倍；在轴向拉伸力作用下，缩放管内部的各向应力随缩放管肋高的增大而增大，随厚度的增大而减小，受波节长度的影响小。本文还基于直管定义了应力增强系数，拟合出了缩放管各向应力增强系数计算公式，为缩放管的工程应用提供参考。

关键词　缩放管；有限元法；应力分析

Analysis of Stresses at Converging-diverging Tubes Under Axial Tension Load

Wen Shihang[1]　Qian Caifu[1]　Zhao Fuchen[2]　Qin Guomin[2]

([1]Beijing University of Chemical Technology，Beijing 100029

[2]Daqing Petro-chemical Machinery Factory，Daqing 163714)

Abstract　In order to investigate the axial load-carrying capability, numerical simulation was performed on the stress distributions at converging-diverging tubes under axial tensile load. Results show that besides the axial stress, hoop stress and radial stress also exist at the converging-diverging tubes. Among the three stresses, the axial stress is the largest and could be as much as 3~4 times of that at the plain tubes under the same load. The stresses at the converging-diverging tubes increase with increasing the wave height, but decrease with increasing the tube thickness and are not affected by the wave length. A so-called stress augment coefficient is defined for the converging-diverging tubes based on the plain tubes and fitted into formulas for the application of the converging-diverging tubes in engineering design.

Keywords　converging-diverging tubes；finite element method；stress analysis

在工业过程设备中，换热设备占有举足轻重的地位，对其投资往往占到设备总投资的 30%~40%[1]。为减少设备投资和运营成本，换热设备向着集约化、轻量化、高效化的方向发展。缩放管作为管壳式换热器强化传热的重要部件，近年来得到了广泛的应用。缩放管是由渐缩管和渐扩管周期性交替构成的波形换热管。周期性缩放的管壁改变了管内流体的流动状态，使流体流速的大小和流动方向不断发生变化，增强了流体的湍动程度。同时，流体在反复的轴向压力变化下进行流动，对边界层进行冲刷，使边界层减薄，从而强化了传热[2]。此外，缩放管壁面不易结垢，尤为适用于非清洁流体之间的传热[3]。

国内外学者已经对缩放管的传热性能进行了大量的研究，文献［4］～［6］对缩放管的传热机理进行了深入研究并提出传热优化方法。由于缩放管是由光滑圆管经轧制工艺加工制成，成型后其应力状态复杂，因此对其承载能力进行研究也尤为重要，但目前国内外对此方面的研究较少。顾艳艳[7]等人对受内压作用下的缩放管进行研究，指出其在波峰和波谷处存在较大的应力集中现象，应力集中程度随壁厚的减薄和半锥角的增大而增大。曾桂银[8]等人通过有限元法研究了受内压作用下缩放管管壁内的应力分布情况，并对缩放管换热器结构进行了优化设计。

本文通过有限元法对轴向拉伸载荷下缩放管的各向应力进行计算，得出管内的应力分布规律，并考察缩放管几何参数变化对各向应力的影响。定义缩放管应力增强系数，拟合相应的计算公式，为缩放管的工程应用和强度评定提供参考。

1 轴向拉伸载荷作用下的应力分布

1.1 有限元模型

本文采用通用有限元软件 ANSYS 对缩放管进行参数化建模，几何模型参数如图 1 所示。

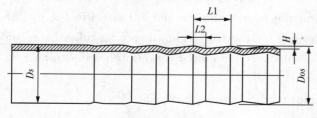

图 1 缩放管几何参数说明

其中 Ds 为缩放管公称外径，大小等于用来轧制缩放换热管的光坯管外径；Dos 为波节波峰处外直径；$L1$ 为全节长度；$L2$ 为渐缩段长度；H 为肋高。目前，工程上常用缩放管管型的各项几何参数如表 1 所示。

表 1 常用缩放管几何参数（mm）

Ds	Dos	$L1$	$L2$	H
19	18.8	12	L1/8	1.00
25	24.8	15	L1/8	1.25

本文缩放管模型采用实体单元建模，材料为线弹性材料（10 号钢），弹性模量 $E = 2.01 \times 10^{11} Pa$，泊松比为 0.3。模型采用扫略网格划分方法，管束一端施加轴向固定约束，另一端施加轴向拉力。

1.2 应力分布规律

为避免数值模拟时缩放管约束端及载荷施加端的局部效应对计算结果的影响，取中间波段的结果进行分析。由于各规格管型具有相同的应力分布形式，现以直径 25mm、全节长度 15mm、肋高 1.25mm、壁厚 2mm 的缩放管在 2000N 轴向拉伸力作用下的受力情况为例进行说明。图 2、图 3 分别为该尺寸缩放管外表面及内表面的各向应力分布情况，图 4 为其轴向、环向、径向应力分布云图。

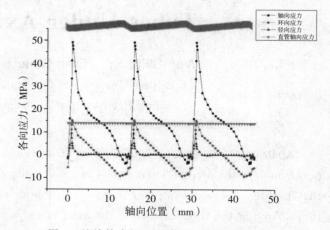

图 2 缩放管中间三个波距的外表面应力分布

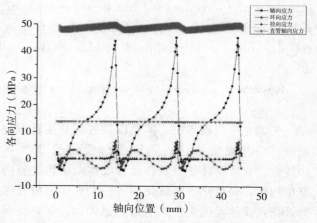

图 3 缩放管中间三个波距的内表面应力分布

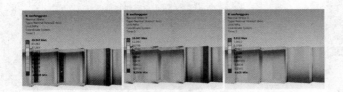

图 4　轴向、环向、径向应力分布云图

分析以上结果，可以得到以下结论：

（1）由于缩放管壁面周期性的扩张与收缩，在轴向拉伸载荷作用下管内产生轴向、环向和径向应力，并且各向应力呈现复杂的周期性变化规律。而同样条件下的直管则只存在均匀分布的轴向应力。

（2）在各向应力中，轴向应力最为显著，环向应力相对较小，径向应力最小。外表面各向应力的最大点在波纹的波谷处，内表面各向应力的最大点在波纹的波峰处，且外表面各向应力的最大值大于内表面各向应力的最大值。

（3）对比缩放管内外壁的各向应力分布云图可以看出，在同一径向位置内外壁应力值存在差异，出现了应力梯度，这主要是因为缩放管的局部结构不连续所致，或者说在结构不连续处产生了弯曲应力甚至沿厚度的峰值应力。

2　几何参数对应力分布的影响

由表 1 可知，常用缩放管的主要几何参数包括直径、全节长度和肋高。此外，管径壁厚在缩放管的承载能力方面也起关键作用。因此，针对相同直径的缩放管，影响承载能力的主要参数有全节长度、肋高和壁厚等，下面将对它们的影响进行分析。

为探讨几何参数对缩放管承载能力的影响，取不同参数值进行分析，以表 1 中所列的管型参数大小为中心，改变参数值，见表 2。

表 2　管型几何参数取值（mm）

管径	几何参数	取值
	H	0.8/0.9/1.0/1.1/1.2
$Ds=19$	$L1$	10/11/12/13/14
	t	2.00/2.25/2.50/2.75/3.00
	H	1.05/1.15/1.25/1.35/1.45
$Ds=25$	$L1$	13/14/15/16/17/18
	t	2.00/2.25/2.50/2.75/3.00

图 5 为 $\phi19$ 的管子在其他参数固定的前提下 H、$L1$ 和 t 三参数分别对最大轴向应力的影响。由图 5（a）可知，当 t 与 $L1$ 一定时，H 越大，最大轴向应力越大，二者近似于线性关系；由图 5（b）可知，当 H 与 $L1$ 一定时，t 越大，最大轴向应力越小，二者近似于二次多项式关系；由图 5（c）可知，随着 $L1$ 的变化，最大轴向应力的变化不明显且没有规律。对表 2 中 $\phi19$ 的管子其他数据组所构建模型进行分析，得到的结果具有相同规律。同时，对 $\phi25$ 的管子进行分析，结果也类似。因此，可以初步断定，在轴向拉伸作用下，影响缩放管各向应力的主要参数为肋高 H 与壁厚 t。

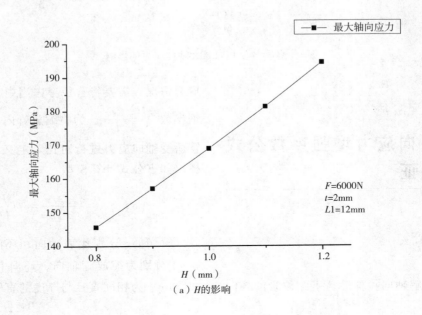

（a）H 的影响

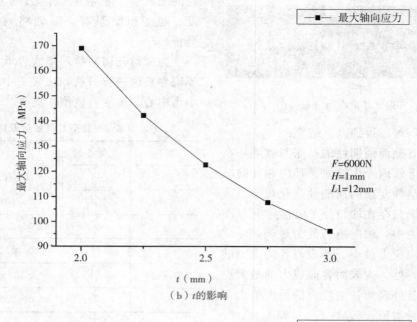

（b）t的影响

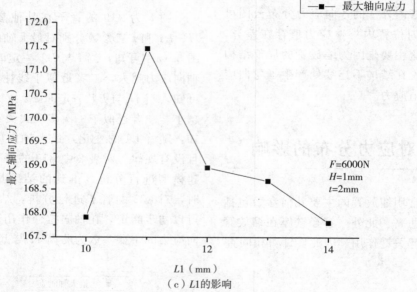

（c）$L1$的影响

图5　各参数变化对最大轴向应力的影响

3　缩放管各向应力增强系数公式拟合及验证

3.1　公式拟合

为了更全面了解轴向拉伸载荷下缩放管的各向

应力情况，需要将管径考虑当中。因此，引入无量纲参数$\dfrac{H}{D_s}$与$\dfrac{t}{D_s}$。为将缩放管内各向应力同光滑圆管所受轴向应力进行对比，定义应力增强系数R，提出如下公式计算模型：

$$R_{z,\theta,r}=\frac{\sigma_{zc,\theta c,rc}}{\sigma_{zp}}=f(\frac{H}{D_s},\frac{t}{D_s}) \qquad (1)$$

z、θ，r分别代表轴向、环向和径向，σ_{zc}、$\sigma_{\theta c}$和σ_{rc}分别为缩放管轴向、环向和径向应力中的最大值，σ_{zp}为相同直径与厚度的直管在同等拉力下的轴向应力。

式（1）可以改写为关于 $\frac{H}{D_s}$ 与 $\frac{t}{D_s}$ 的二元方程式：

$$R_{z,\theta,r} = \frac{\sigma_{zz,\theta\theta,rr}}{\sigma_{zp}} = f\left(\frac{H}{D_s}, \frac{t}{D_s}\right) = g\left(\frac{H}{D_s}\right) \cdot h\left(\frac{t}{D_s}\right) \tag{2}$$

由图 5 可知各参数与各项应力所成的函数关系，则令：

$$g\left(\frac{H}{D_s}\right) = a\frac{H}{D_s} + b \tag{3}$$

$$h\left(\frac{t}{D_s}\right) = c\left(\frac{t}{D_s}\right)^2 + d\frac{t}{D_s} + e \tag{4}$$

将式（3）、（4）带入式（2）得：

$$R_{z,\theta,r} = \frac{\sigma_{zz,\theta\theta,rr}}{\sigma_{zp}} = ac\frac{H}{D_s}\left(\frac{t}{D_s}\right)^2$$

$$+ ad\frac{H}{D_s}\frac{t}{D_s} + ae\frac{H}{D_s} + bc\left(\frac{t}{D_s}\right)^2$$

$$+ bd\frac{t}{D_s} + be \tag{5}$$

在取得足够的数值模拟结果后，借助 Origin 软件的多元线性回归功能，便可以求得该方程的各个系数值[9]，从而得到方程的具体形式。

经拟合，可以得出各向应力增强系数的公式如下：

$$R_z = \frac{\sigma_{zz}}{\sigma_{zp}} = 5988.74\frac{H}{D_s}\left(\frac{t}{D_s}\right)^2 - 1944.80\frac{H}{D_s}\frac{t}{D_s}$$

$$+ 183.71\frac{H}{D_s} - 145.46\left(\frac{t}{D_s}\right)^2 + 44.63\frac{t}{D_s} - 2.36 \tag{6}$$

$$R_\theta = \frac{\sigma_{\theta\theta}}{\sigma_{zp}} = 2644.88\frac{H}{D_s}\left(\frac{t}{D_s}\right)^2 - 835.60\frac{H}{D_s}\frac{t}{D_s}$$

$$+ 77.60\frac{H}{D_s} - 67.29\left(\frac{t}{D_s}\right)^2 + 19.83\frac{t}{D_s} - 1.44 \tag{7}$$

$$R_r = \frac{\sigma_{rr}}{\sigma_{zp}} = 3114.39\frac{H}{D_s}\left(\frac{t}{D_s}\right)^2 - 914.71\frac{H}{D_s}\frac{t}{D_s}$$

$$+ 77.10\frac{H}{D_s} - 102.95\left(\frac{t}{D_s}\right)^2 + 29.21\frac{t}{D_s} - 2.18 \tag{8}$$

现以 $\phi25\mathrm{mm}$，壁厚 2mm 缩放管在 6000N 轴向拉力下的应力状态为例，说明应力增大情况及其与肋高和壁厚的关系。如图 6 所示。

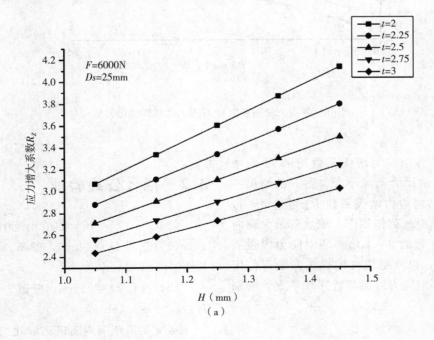

（a）

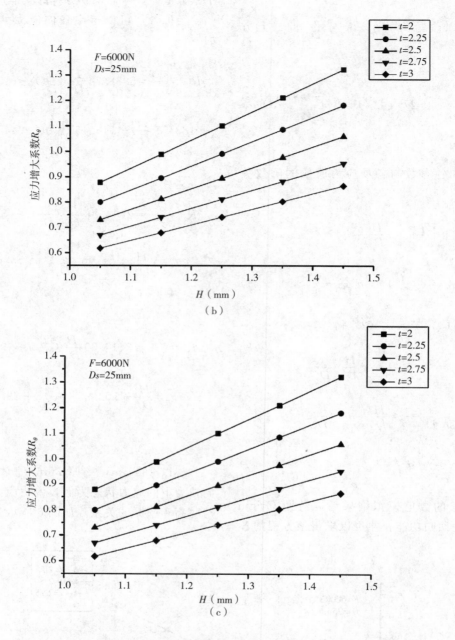

图6 各应力增强系数与 H 及 t 之间的变化关系

由图6可知,各向应力增强系数均随 H 的增大而增大,但随 t 的增大而减小,与图5的结果一致。同时发现,轴向应力增强系数 R_z 可达3~4,也就是说在同样轴向载荷作用下,缩放管最大轴向应力可达同规格直管的3~4倍;环向应力增强系数 R_θ 甚至大于1,也就是说在同样轴向载荷作用下,缩放管最大环向应力可能超过同规格直管的轴向应力。

3.2 拟合公式验证

公式(6)~(8)的适用范围如下:

(1)直径 $D_s = 19$ mm,壁厚 $t = 2.00 \sim 3.00$ mm,$H = 0.8 \sim 1.2$ mm

(2)直径 $D_s = 25$ mm,壁厚 $t = 2.00 \sim 3.00$ mm,$H = 1.05 \sim 1.45$ mm

本文在该范围内随机选取几组结构参数,采用

B 设计、传热

数值模拟方法验证公式（6）～（8）的精度，结果见表3，可以看出各项公式计算结果同有限元模拟值的误差都在5%以内，说明所拟合的公式精度较高。

表3 应力增强系数拟合公式的精度验证

序号	F （N）	D_s （mm）	t （mm）	H （mm）	应力 方向	有限元 模拟值	公式 计算值	误差
1	6000	25	2	1.25	轴向	3.565	3.602	1.03%
2	6000	25	2.5	1.25	环向	0.892	0.895	0.23%
3	6000	19	3	1	径向	0.405	0.409	1.10%
4	6000	19	3	1.2	轴向	2.689	2.698	0.36%
5	6000	25	2.5	1	环向	0.709	0.712	0.46%
6	4000	25	2	1.35	轴向	3.810	3.868	1.52%
7	4000	25	2.25	1.25	径向	0.612	0.615	0.54%
8	4000	25	2	1.25	环向	1.090	1.100	0.88%
9	4000	19	2	1	轴向	2.989	3.113	4.14%
10	2000	25	2.75	1.25	轴向	2.921	2.902	0.66%
11	2000	25	2.25	1.25	径向	0.612	0.636	3.83%
12	2000	25	2	1.35	环向	1.198	1.210	1.04%

4 结论

为考察缩放管的轴向承载能力，本文对其在轴向拉伸载荷下的应力分布进行了数值模拟，就本文所研究的缩放管，取得结论如下：

（1）和直管不同，缩放管在轴向拉力作用下除了轴向应力，还存在环向和径向应力，且都随缩放管的结构呈周期性变化。三相应力的产生是由于缩放管存在结构不连续，产生了弯曲应力甚至峰值应力的缘故。

（2）缩放管内外表面三相应力最大值分别出现在缩放管的波谷和波峰处。在三相应力中，最大应力为轴向应力，其值可以达到直管轴向应力的3～4倍。

（3）在轴向拉伸力作用下，缩放管内部的各向应力随缩放管肋高的增大而增大，随厚度的增大而减小，受波节长度的影响小。

（4）基于直管定义了缩放管各向应力增强系数，通过多元回归方法拟合出了应力增强系数计算公式，为缩放管的工程应用提供参考。

参 考 文 献

[1] 郑津洋，董其伍，桑芝富. 过程设备设计 [M]. 化学工业出版社，2010.

[2] 杨程，李奇军，时立民，等. 管壳式换热器强化传热技术研究综述 [J]. 天水师范学院学报，2015，35（2）：60－65.

[3] 孙存政. 波纹换热管的研究与开发 [D]. 北京化工大学，2009.

[4] Lin Zonghu. Augmentation Heat Transfer and Engineering Application [M]. Beijing：Mechanical Industry Press，1987.32－35.

[5] 陈颖，邓先和，丁小江，等. 场协同理论对充分发展湍流传热性能的数值分析 [J]. 华南理工大学学报：自然科学版，2003，31（7）：42－47.

[6] 黄维军，邓先和，周水洪. 缩放管强化传热机理分析 [J]. 流体机械，2006，34（2）：76－79.

[7] 顾艳艳，陈玉博，李冬. 缩放换热管应力分析 [J]. 石油化工设备，2010，39（2）：23－26.

[8] 曾桂银，刘海宝，张四华，等. 缩放管换热器结构优化设计 [C] // 中国农业工程学会 2011 年学术年会 . 2011.

[9] 肖金花. 波纹管传热强化及其轴向承载能力研究 [D]. 北京化工大学，2006.

作 者 简 介

作者：温士杭，男，北京化工大学在读硕士研究生

通讯地址：北京市朝阳区北三环东路 15 号北京化工大学，100029

联系电话：18810264438

E-mail：wenshihang@126.com

ANSYS 生死单元及预应力文件在急冷器设计中的应用

丘 波 徐儒庸 程 伟

（中国寰球工程有限公司北京分公司 北京 100012）

摘 要 利用 ANSYS 软件 14.0 版的单元生死功能和预应力文件的读写功能，对一台急冷换热器进行了加工制造过程的模拟，得到了该设备制造完成后的预应力场，并将主体区的预应力计算结果与理论解进行了比较，验证了有限元方法的正确性；对该急冷换热器进行了设计工况下的应力分析，其中包括机械场和热固耦合场的分析计算，结果表明预应力对设备操作时的应力水平影响很大，恰当的预应力可以大大改善设备在操作时的受力状况。

关键词 ANSYS；生死单元；预应力；急冷换热器

The Application of Birth-death Element and Prestress Fileby ANSYS in the Design of Quencher

Qiu Bo Xu Ruyong Cheng Wei

（China Huanqui Contracting & Engineering Limited Corp. Beijing Branch，Beijing 100012）

Abstract The simulation of processing and manufacture of a quencher has been done by ANSYS software 14.0. With its birth-death element and prestress file function，the prestress distribution has been obtained，which has been compared with theoretical solutions，and the computational results are satisfactory. Stress analysis has been done under different design conditions，concluding pressure only condition and pressure-temperature coupling conditions. The analysis results show that prestress has a larger influence on the stress level of inner pipe，proper prestress is good for the quencher.

Keywords ANSYS；birth-death element；prestress；quencher

裂解气急冷换热器是乙烯裂解装置间接急冷的关键设备。急冷换热器一般是一排竖直管束并联操作，每根管束都由内管和外管组成，内管走裂解气，外管走高压水，内外管在高压水的进出口处焊接在一起。急冷换热器的设计难点在于：a. 温度高（裂解气进口温度 867℃）；b. 降温快（裂解气出口温度 378℃）；c. 内外温差大（高压水温度 318℃）；d. 压力高（外管设计压力 12.4MPa）；e. 内外压差大（内管设计压力 0.42MPa）。为降低温差在内管轴向引起的压应力，一般在设备加工过程中在内管中制造预拉应力。

此类设备需做热应力分析并考虑预应力对设备操作时应力水平的影响，故无法用常规方法进行设计。GB150 规定"对不能用本标准来确定结构尺寸的受压元件"，允许用"包括有限元法在内的应力分析"。笔者对某急冷换热器进行了有限元应力分析计算，探讨在内管中制造预拉应力的必要性，研究在设备中制造预应力的加工过程用 ANSYS 软件的实现方法，分析预应力对设备操作时应力水平的影响。

1 无预应力的急冷器内外管主体区应力

本文研究的急冷器内外管参数见表1。

表1 急冷器内外管参数（单位：mm, MPa,℃）

换热区内外管长度		14770	
内管计算厚度	4.8	外管计算厚度	8.53
内管计算外径	67	外管计算外径	114.3
内管计算内径	57.4	外管计算内径	97.24
内管弹性模量	211771	外管弹性模量	202000
内管设计压力	0.42	外管设计压力	12.4
内管平均壁温	398～322	外管平均壁温	318

注：内管平均壁温指内管同一横截面上内外壁温度的平均值，计算模型中内管壁温沿其轴向按线性变化的规律加载。

仅压力载荷作用下内外管主体区应力云图见图1～图3，压力和温度载荷共同作用下内外管主体区应力云图见图4～图6。

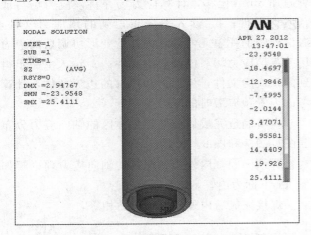

图1 仅压力作用下内外管轴向应力云图

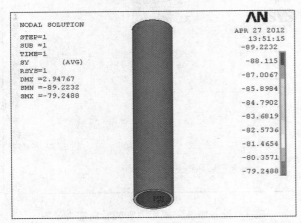

图2 仅压力作用下内管环向应力云图

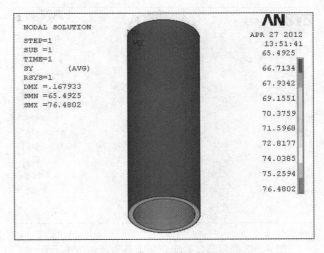

图3 仅压力作用下外管环向应力云图

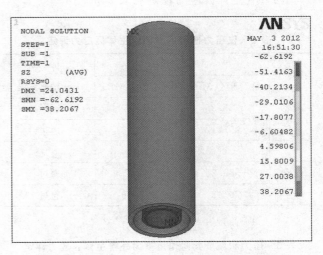

图4 压力和温度共同作用下内外管轴向应力云图

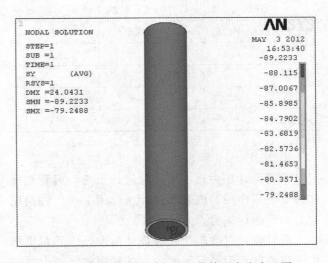

图5 压力和温度共同作用下内管环向应力云图

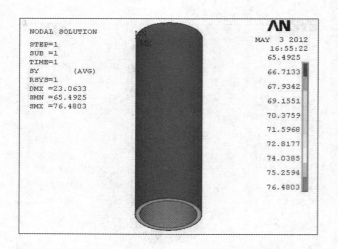

图6　压力和温度共同作用下外管环向应力云图

内外管主体区应力评定见表2和表3。

表2　仅压力作用下内外管主体区应力评定

部位	轴向应力		评定结果
	计算值，MPa	许用值，MPa	
内管	−23.95	−99.96[3]	通过
外管	25.41	117.28	通过
	环向应力		
内管	−89.22	−102.2[3]	通过
外管	76.48	117.28	通过

表3　压力和温度共同作用下内外管主体区应力评定

部位	轴向应力		评定结果
	计算值，MPa	许用值，MPa	
内管	−62.62	−38.08[3]	不通过
外管	38.21	117.28	通过
	环向应力		
内管	−89.22	−102.2[3]	通过
外管	76.48	117.28	通过

由图1～图6和表2、表3可得如下结论：

内管设计压力远小于外管设计压力，内管在操作中受外压作用，内管在该外压作用下产生轴向压应力和环向压应力。

内管设计温度高于外管设计温度，内管在操作中受热膨胀，但外管限制内管的轴向膨胀，内管在内外管温差作用下产生轴向压应力。

外压和温差联合作用时内管面临周向和轴向联

合失稳的可能，计算结果表明热固耦合工况下内管的轴向压应力校核不合格。

2　用 ANSYS 软件在设备中制造预应力的可行性验证

当急冷器内管轴向压应力校核不合格时，一般会在内管中制造一定的轴向拉应力作为预应力，抵消内管操作时的轴向压应力。笔者通过对本算例的有限元模拟试算，发现 3mm 的预伸长位移在内管中产生的轴向预拉应力刚好能平衡掉温差在内管轴向引起的压应力。下面将介绍如何用 ANSYS 软件模拟预应力的制造过程，并给出变形协调后预应力的有限元解与理论解的比较结果，通过有限元解与理论解的比较来验证有限元解的正确性。

这种考虑加工制造过程的有限元模拟可以用 ANSYS 软件的生死单元和载荷步来实现，具体做法如下：a. 在全模型上将外管设置为死单元，内管施加 3mm 位移，计算应力场并将该应力场写成预应力文件；b. 读入上一步得到的预应力文件，激活外管的死单元，计算内外管变形协调后的应力场并将该应力场写成预应力文件；c. 读入上一步得到的预应力文件，施加力和位移的边界条件，计算考虑内管预应力时的应力场。

设备制造完成后内外管主体区的轴向应力分布云图见图7和图8。

对该问题，内外管主体区的轴向应力理论解如下（1下标为内管，2下标为外管）：

焊接完成后内外管总轴向力相等，

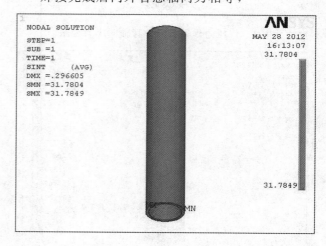

图7　设备制造完成后内管的轴向应力云图

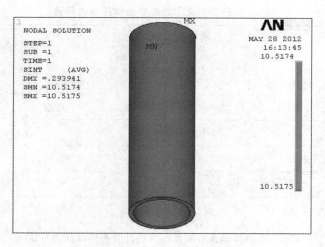

图 8 设备制造完成后外管的轴向应力云图

$$E_1 A_1 \frac{\Delta l_1}{\Delta l} = E_2 A_2 \frac{\Delta l_2}{\Delta l}$$

焊接完成后内外管位移变化量之和等于内管预伸长位移 $\Delta l = 3\text{mm}$，$\Delta l_1 + \Delta l_2 = \Delta l$

联立上面两方程并将表1中的参数代入得，

$$\Delta l_1 = 2.2273\text{mm}，\Delta l_2 = 0.7727\text{mm}$$

焊接完成后内管应力

$$\sigma_1 = E_1 \frac{\Delta l_1}{\Delta l} = 31.9348\text{MPa}$$

焊接完成后外管应力

$$\sigma_2 = E_2 \frac{\Delta l_2}{\Delta l} = 10.5678\text{MPa}$$

综上可知，有限元解和理论解求解出的内外管变形协调后的轴向应力相差甚微，验证了用 ANSYS 软件的生死单元和载荷步模拟该加工过程的可行性和正确性。

3 有预应力的急冷器内外管主体区应力

仅压力载荷作用下内外管主体区应力云图见图 9～图 11，压力和温度载荷共同作用下内外管主体区应力云图见图 12～图 14。

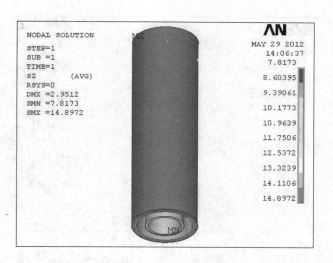

图 9 仅压力作用下内外管轴向应力云图

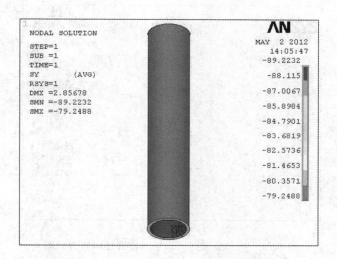

图 10 仅压力作用下内管环向应力云图

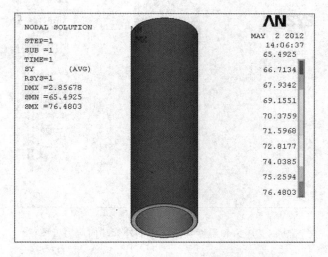

图 11 仅压力作用下外管环向应力云图

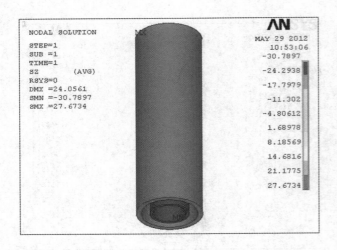

图12 压力和温度共同作用下内外管轴向应力云图

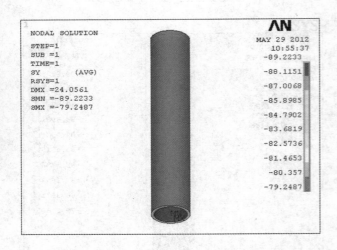

图13 压力和温度共同作用下内管环向应力云图

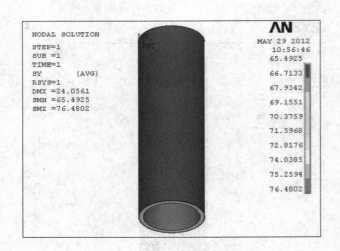

图14 压力和温度共同作用下外管环向应力云图

内外管主体区应力评定见表4和表5。

表4 仅压力作用下内外管主体区应力评定

部位	轴向应力		评定结果
	计算值，MPa	许用值，MPa	
内管	11.97	113.6	通过
外管	14.90	117.28	通过
环向应力			
内管	−89.22	−102.2[3]	通过
外管	76.48	117.28	通过

表5 压力和温度共同作用下内外管主体区应力评定

部位	轴向应力		评定结果
	计算值，MPa	许用值，MPa	
内管	−30.79	−38.08[3]	通过
外管	27.67	117.28	通过
环向应力			
内管	−89.22	−102.2[3]	通过
外管	76.48	117.28	通过

内管由操作外压力（12.4～0.42MPa）引起的轴向薄膜压应力为33.05MPa，而内管预拉伸后在操作时总的轴向薄膜压应力仅30.79MPa，即可认为3mm的预伸长位移在内管中产生的轴向预拉应力刚好能平衡掉温差在内管轴向引起的压应力。

4 结论

利用ANSYS软件对一台裂解气急冷器进行了有限元应力分析，得出如下结论：

外压和温差联合作用时内管面临周向和轴向联合失稳的可能，在设备加工过程中考虑在内管中制造一定的轴向拉应力，作为抵消操作时内管轴向压应力的预应力是非常有效的解决方案。

设备加工完成后主体区预应力的有限元计算结果与理论解相差甚微，利用ANSYS软件的单元生死功能和预应力文件的读写功能可以实现急冷器设备施工过程的模拟。

参 考 文 献

[1] 贺匡国. 压力容器分析设计基础 [M]. 北京: 机械工业出版社, 1995.

[2] 王国强. 实用工程数值模拟技术及其在 ANSYS 上的实践 [M]. 西安: 西北工业大学出版社, 1999.

[3] ASME, 2010 Boiler & Pressure Vessel Code, Section VIII, Division 2, Alternative Rules [S]. 2010.

作 者 简 介

丘波 (1979—), 男, 北京市人, 高级工程师, 长期从事压力容器分析设计的工作和研究。北京市朝阳区来广营高科技产业园创达二路 1 号 E 座 3 区 3601 房间 (邮编 100012), 电话 13718514078

管束效应对中间流体气化器内超临界
LNG 传热过程的影响

徐双庆　陈学东　范志超

（1. 合肥通用机械研究院　国家压力容器与管道安全工程技术研究中心

2. 安徽压力容器与管道安全技术省级实验室　安徽　合肥　230031）

摘　要　采用一维稳态分布式参数模型与三维计算流体力学模型分别计算了中间流体气化器凝结段单根换热管超临界 LNG 管内气化–中间流体管外冷凝传热特性，筛选出可准确预测超临界 LNG 气化传热系数的关联式。在此基础上分析了不同 LNG 入口压力和流量下管束效应对凝结器传热性能的影响。计算结果表明，在气化压力 8～12MPa、质量通量 100～200kg·m^{-2}·s^{-1} 范围内，对于管排深度为 10 的换热器管束，其平均天然气出口温度相比单换热管最大偏低 10.0K，平均总体传热系数相比单换热管最多偏低 14.1%，忽略管束效应将会给中间流体气化器传热设计和运行工艺优化带来较大误差。

关键词　液化天然气；中间流体气化器；管束效应；超临界；传热

Numerical analysis for the bundle effect on supercritical LNG heat transfer in an intermediate fluid vaporizer

Xu Shuangqing　Chen Xuedong　Fan Zhichao

(1. Hefei General Machinery Research Institute，National Technical Research Center on Safety Engineering of Pressure Vessels and Pipelines 2. Key Laboratory of Anhui Province for Safety Technology of Pressure Vessels and Pipelines，Hefei 230031)

Abstract　Numerical analyses have been conducted to obtain the heat transfer characteristics of internal supercritical LNG vaporization - external intermediate fluid condensation in an intermediate fluid vaporizer by one-dimensional steady-state distributed parameter model and three-dimensional computational fluid dynamics simulation. The correlation that can predict accurately the heat transfer coefficient for supercritical LNG vaporization has been gained. And further the bundle effect on the thermal performance of the condenser section of an intermediate fluid vaporizer has been investigated under different LNG inlet pressure and mass flux. The results indicate that，as compared with those in a single tube within the vaporization pressure of 8～12MPa and mass flux of 100～200kg·m^{-2}·s^{-1}, the average outlet temperature of natural gas from a tube bundle with a bank number of 10 is at most 10.0K lower and the average overall heat transfer coefficient is at most 14.1% lower. Neglecting this bundle effect would bring large deviation in the thermal design and process optimization of an intermediate fluid vaporizer.

Keywords　Liquefied natural gas；Intermediate fluid vaporizer；Bundle effect；Supercritical；

基金项目： 国家重点研发计划课题（2016YFC0801902）、国家自然科学基金项目（21406046）。

0 前言

再气化是液化天然气（LNG）产业链的重要环节之一，气化器是 LNG 接收站的关键设备。目前用于基本负荷型 LNG 接收站的气化器类型主要有：开架式气化器（ORV）[1,2]、浸没燃烧式气化器（SCV）[3,4]与中间流体式气化器（IFV）[5-7]。其中，IFV 是一种具有广泛应用潜力的气化器：适用不同水质的海水，能避免换热过程中海水结冰；无须额外消耗天然气（NG）、没有碳排放问题；可用于海水水质较差的陆上 LNG 气化终端、空间和重量受限的海上浮式储存与气化平台以及联合冷能发电系统等不同场合[8-11]。

IFV 是由蒸发器、凝结器和调温器三个管壳式换热器组合而成的紧凑换热设备，换热过程中 LNG 温度及物性变化范围大，一般采用分布式参数模型（DPM）进行传热设计与校核。该方法是将蒸发器、凝结器和调温器分别沿管长方向划分微元，对每个微元进行能量衡算和总体传热系数核算。假设换热过程是稳态的，不存在向环境漏热，且忽略压降的影响。目前 DPM 模型已被用于计算指定气化工况下 IFV 传热面积[12,13]、校核不同操作条件下 IFV 传热性能[14]、筛选评价中间流体[15]等。

超临界 LNG 管内气化-中间流体管外冷凝是IFV 的关键传热过程，其中中间流体管外冷凝是该传热过程的限速步骤[15]。准确预测该过程的传热特性有助于实现 IFV 设计的可靠性和经济性，即满足预定气化任务的同时避免不必要的设计冗余。

流体在水平换热管束外的冷凝传热存在"管束效应"，即上层换热管外的冷凝液落至下层换热管外时增加其上的传热阻力，进而降低下层换热管外的冷凝传热系数。分析这种管束效应对超临界LNG 传热过程的影响，对提高 IFV 传热设计精度与优化 IFV 运行工艺具有重要意义。

本文首先以 IFV 凝结器单根换热管为对象，分别采用一维 DPM 和三维计算流体力学（CFD）模型分析超临界 LNG 管内气化-中间流体管外冷凝传热特性，筛选出准确预测超临界 LNG 气化传热

系数的关联式。在此基础上分析不同 LNG 入口压力和流量下管束效应对凝结器传热性能的影响。

1 计算模型

1.1 物理模型

IFV 凝结器一般采用 U 型换热管，为简化计算，按光滑不锈钢直管处理，内径 12mm、外径16mm、长度 6m。某 LNG 气化工况中，IFV 凝结器的工艺参数见表 1，其中 LNG 入口温度为111.15K、压力为 8～12MPa、质量通量为 100～200kg·m^{-2}·s^{-1}。中间介质为丙烷，其饱和温度为 270.15K。

表 1 凝结器工艺参数

LNG/NG			Propane
$T_{n,in}$ (K)	P_n (MPa)	G_n (kg·m^{-2}·s^{-1})	T_{sat} (K)
111.15	8～12	100～200	270.15

LNG 以甲烷近似代替[12-15]，由 NIST Refprop计算不同压力下甲烷的密度、定压比热、导热系数与粘度（图 1）。8MPa、10MPa、12MPa 下甲烷的拟临界温度分别为 210.0K、218.0K 和 224.6K。

1.2 一维分布式参数计算模型（DPM）

沿换热管长度方向等间隔划分 100 个微元。每个传热微元的能量衡算方程组见式（1）。

$$\begin{cases} h_o(T_{sat}-T_{wo})\pi d_o dL = dQ \\ k_w \dfrac{T_{wo}-T_{wi}}{\ln(d_o/d_i)}2\pi dL = dQ \\ h_i(T_{wi}-T_n)\pi d_i dL = dQ \end{cases} \quad (1)$$

对于单根换热管：管外中间介质冷凝传热系数按式（2）计算[12-15]。

$$h_{o,1}=0.79\left[\frac{g\rho_L(\rho_L-\rho_V)k_L^3 r}{\mu_L d_o \Delta T_{sub}}\right]^{0.25} \quad (2)$$

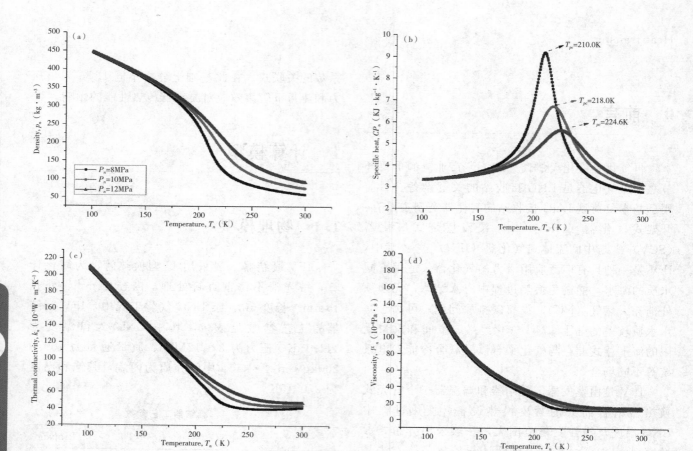

图 1　甲烷物性随温度和压力的变化

对于换热管束：管排深度为 N 时，管束外的平均冷凝传热系数按式（3）计算；而第 N 排换热管外的冷凝传热系数按式（4）计算[15-18]。

$$h_{o,Ave} = h_{o,1} \cdot N^{-m} \qquad (3)$$

$$h_{o,N} = h_{o,1} \cdot [N^{1-m} - (N-1)^{1-m}] \qquad (4)$$

式中：m 为管束效应修正因子，取 $1/6$[15-18]。

对于超临界 LNG 管内传热系数的计算，分别考察了 Gnielinski 关联式，简记为 Gni，见式（5）[19]；Bae-Kim 关联式，简记为 B‑K，见式（6）[20]；Jackson 关联式，简记为 Jac，见式（7）[21]；修正的 Jackson-Hall 关联式，简记为 Jac_m，见式（8）[22]。

$$Nu_b = \frac{(f/8)(Re_b - 1000)Pr_b}{1 + 12.7(f/8)^{1/2}(Pr_b^{2/3} - 1)} \qquad (5)$$

$$f = (0.790\ln Re_b - 1.64)^{-2}$$

$$Nu_b = 0.021 Re_b^{0.82} Pr_b^{0.5} \left(\frac{\rho_w}{\rho_b}\right)^{0.3} \left(\frac{C_{p0}}{C_{pb}}\right)^n \qquad (6)$$

$$Nu_b = 0.0183 Re_b^{0.82} Pr_b^{0.5} \left(\frac{\rho_w}{\rho_b}\right)^{0.3} \left(\frac{C_{p0}}{C_{pb}}\right)^n \qquad (7)$$

$$Nu_b = 0.0156 Re_b^{0.82} Pr_b^{0.5} \left(\frac{\rho_w}{\rho_b}\right)^{0.3} \left(\frac{C_{p0}}{C_{pb}}\right)^n \qquad (8)$$

式（6）~（8）中 C_{p0} 与 n 分别按式（9）和（10）计算：

$$C_{p0} = \frac{h_w^* - h_b^*}{T_w - T_b} \qquad (9)$$

$$n = \begin{cases} 0.4, \quad T_b < T_w \leqslant T_{pc} \text{ 或 } 1.2T_{pc} \leqslant T_b < T_w \\ 0.4 + 0.2\left(\frac{T_w}{T_{pc}} - 1\right), \quad T_b \leqslant T_{pc} < T_w \\ 0.4 + 0.2\left(\frac{T_w}{T_{pc}} - 1\right)\left[1 - 5\left(\frac{T_b}{T_{pc}} - 1\right)\right], \\ \quad T_{pc} < T_b \leqslant 1.2T_{pc} \text{ 且 } T_b < T_w \end{cases} \qquad (10)$$

凝结器总体传热系数按式（11）计算。

$$\frac{1}{U} = \frac{1}{h_o} + \frac{1}{h_i}\frac{A_o}{A_i} + \frac{d_o}{2k_w}\ln\left(\frac{d_o}{d_i}\right) \qquad (11)$$

采用 Matlab 迭代求解式（1）~（11）。忽略压降的影响，甲烷物性随温度变化通过调用 NIST Refprop 计算。

1.3 三维计算流体力学模型（CFD）

综合考虑网格密度、计算速度与精度，选取 realizable k-ε 湍流模型计算超临界 LNG 流动与传热过程[19-21]。采用标准壁面函数。通过完全浮力效应校正反映浮力对湍动能和湍流耗散率的影响[22]。

单根换热管的三维 CFD 计算网格与边界条件如图 2 所示。采用对称边界条件以减少计算量。选取速度入口与压力出口边界条件。采用第三类边界条件，按照式（2）和式（12）计算换热管外壁传热通量，并以自定义程序（UDF）加载到计算模型。

$$q_w = \begin{cases} h_{o,1}(T_{sat} - T_{wo}), & T_{wo} < T_{sat} \\ 0, & \text{其他} \end{cases} \quad (12)$$

CFD 计算采用 Fluent 商业软件，利用双精度求解器进行。选取 PISO 算法求解压力-速度耦合方程。采用二阶迎风格式对连续性方程、动量方程、湍动能及湍流耗散率方程、能量方程进行离散。选用二阶隐式非稳态时间差分格式。甲烷物性随温度、压力的变化通过调用 NIST Refprop 计算。当能量方程残差低于 10^{-6}、其他方程残差低于 10^{-3} 时，认为 CFD 计算收敛。同时，连续监视进出口质量平衡与出口平均温度，待计算停止后检查进出口能量平衡，以确保收敛精度。

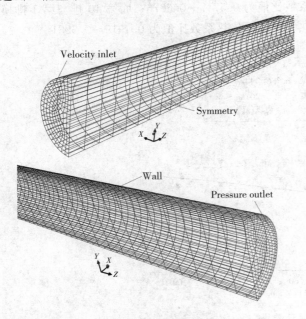

图 2　CFD 计算网格与边界条件

采用三组不同密度网格进行传热计算，以检查计算结果的网格无关性。初始网格密度为 336000，对应 y^+ 值 30～160。另两组网格是在初始网格基础上按照 y^+ 值进行局部加密得到。第二组网格密度为 531,867，对应 y^+ 值 30～85；第三组网格密度 786,961，对应 y^+ 值 28～68。计算结果表明，初始网格与第二组网格计算的沿程 LNG 温度、内壁温度、外壁温度分别相差 2%、5% 和 2%；而第二和第三组网格计算结果更是相差 1% 以内。因此采用第二组网格进行后续 CFD 计算。

2　结果与讨论

2.1　CFD 模型验证

利用 Zhang 等[23] 管内超临界液氮传热数据对 CFD 模型进行了验证。如图 3 所示，换热管内壁温度的 CFD 预测值与实验值平均相差 1.7K、相对误差在 1.3% 以内。因此，本文 CFD 模型可准确预测超临界流体的传热特性。

2.2　超临界 LNG 管内传热系数筛选

以气化压力 12MPa、质量通量 200kg·m^{-2}·s^{-1} 工况为例，一维 DPM 与三维 CFD 预测的单根换热管 LNG/NG 温度与管内传热系数分布见图 4。CFD 预测的 NG 出口温度为 233.8K，管内传热系数为 1610～1399W·m^{-2}·K^{-1}，总体传热系数为 469～385W·m^{-2}·K^{-1}。

基于 Gnielinski、Bae-Kim、Jackson、修正 Jackson-Hall 关联式的 DPM 模型计算的 LNG/NG 沿程温度均高于 CFD 预测值，NG 出口温度分别偏高 14.9K、15.8K、12.3K、7.8K。对于管内传热系数，CFD 预测值在拟临界温度附近存在剧烈的波动，存在三个局部极值点，而 DPM 预测结果仅在拟临界点处存在一个局部极值点。定量来说，采用 Jackson 关联式时管内传热系数的 DPM 预测值与 CFD 计算结果吻合最好，平均相对偏差为 4.0%；采用 Gnielinski、Bae-Kim、修正 Jackson-Hall 关联式时，DPM 与 CFD 预测值平均相对偏差分别为 12.8%、17.0%、15.2%。综合以上结果分析，Jackson 关联式可准确预测超临界 LNG 管内气化传热特性。

2.3 不同工况下管束效应对凝结器传热性能影响

研究管束效应的影响时，取管排深度为10。图5为不同气化压力下管束效应对凝结器传热性能的影响。当LNG质量通量为200kg·m^{-2}·s^{-1}不变，LNG气化压力为8MPa、10MPa、12MPa时，第1排换热管NG出口温度分别为237.7K、242.6K、246.3K；管内传热系数在1264～1658W·m^{-2}·K^{-1}范围，管外传热系数在1530～2450W·m^{-2}·K^{-1}范围，总体传热系数在454～593W·m^{-2}·K^{-1}范围。由于甲烷物性随压力的变化，NG出口温度以及管内、管外和总体传热系数均随压力的升高而增大。

在气化压力8MPa、10MPa、12MPa下，管束平均NG出口温度相比第1排换热管偏低10.0K、8.9K、8.3K；管束平均管内传热系数相比第1排换热管偏差7.0%、4.1%、2.2%；管束平均总体传热系数相比第1排换热管偏差−11.8%、−13.3%、−14.1%。

根据式（3），对于管排深度为10的管束来说，其平均管外冷凝传热系数与第1排换热管比值为0.6813。但因管内、管壁与管外传热过程的相互关联，DPM模型计算的管束平均管外冷凝传热系数与第1排换热管比值为0.6177～0.6465。

气化压力为12MPa时，不同LNG入口流量下管束效应对凝结器传热性能的影响见图6。入口质量通量100kg·m^{-2}·s^{-1}时，第1排换热管NG出口温度260.2K，管内传热系数673～892W·m^{-2}·K^{-1}，管外传热系数1691～3650W·m^{-2}·K^{-1}，总体传热系数296～398W·m^{-2}·K^{-1}。入口质量通量增大至160kg·m^{-2}·s^{-1}时，管内湍流程度增加、边界层厚度降低，管内传热系数显著提高，第1排换热管的管内传热系数达1039～1345W·m^{-2}·K^{-1}。第1排换热管NG出口温度为251.8K，管外传热系数、总体传热系数分别为1573～2753W·m^{-2}·K^{-1}、402～527W·m^{-2}·K^{-1}。

入口质量通量100kg·m^{-2}·s^{-1}、160kg·m^{-2}·s^{-1}时，与第1排换热管相比，管束平均NG出口温度分别偏低3.7K、6.9K；平均管内传热系数偏差2.2%、2.5%；平均总体传热系数偏差−8.1%、−12.0%。同样因为管内、管壁与管外传热过程的相互关联，DPM模型计算的管束平均管外冷凝传热系数与第1排换热管比值为0.6001～0.6422，与式（3）计算得到的0.6813稍有差异。

图6同时以LNG气化压力12MPa、入口质量通量160kg·m^{-2}·s^{-1}工况为例，显示了因管束效应导致的不同排数换热管的传热性能差异。可以看到，与第1排换热管相比，第5排与第10排换热管处NG出口温度分别偏低8.0K、11.0K；管内传热系数平均相对偏差2.8%、3.6%；总体传热系数平均相对偏差−13.8%、−18.4%。根据式（4），第5排与第1排换热管外冷凝传热系数比值为0.6488；第10排与第1排换热管外冷凝传热系数比值为0.5727。而由于管内、管壁与管外传热过程的相互影响，DPM计算结果中第5排与第1排换热管外冷凝传热系数比值为0.5747～0.6076；而第10排与第1排换热管外冷凝传热系数比值为0.4919～0.5281。

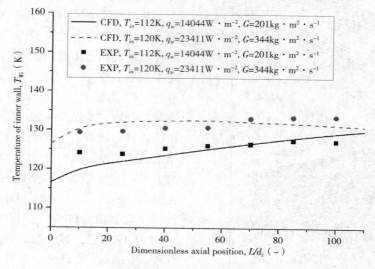

图3　CFD模型验证结果

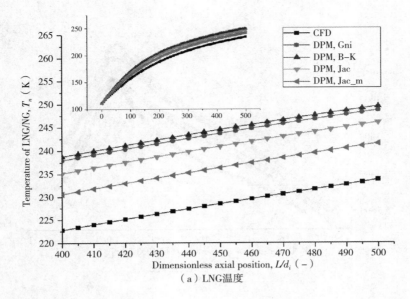

（a）LNG温度

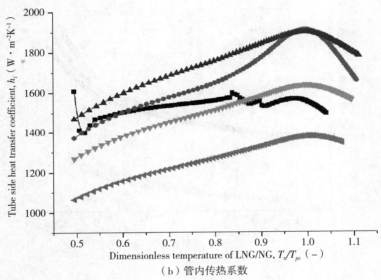

（b）管内传热系数

图 4 一维 DPM 与三维 CFD 模型预测结果对比

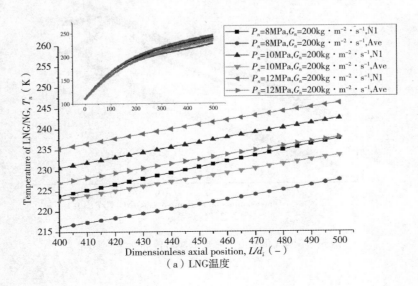

（a）LNG温度

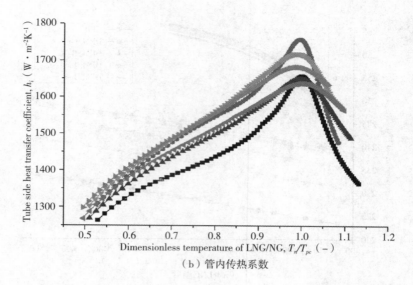

（b）管内传热系数

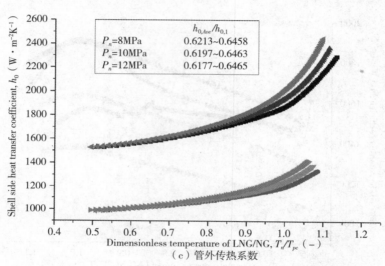

（c）管外传热系数

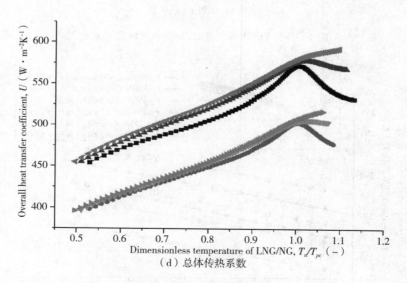

（d）总体传热系数

图5　不同气化压力下管束效应对传热性能的影响

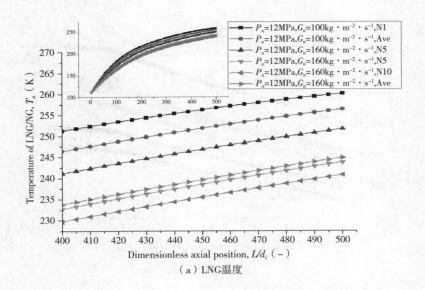

（a）LNG温度

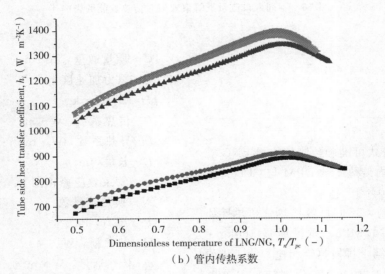

（b）管内传热系数

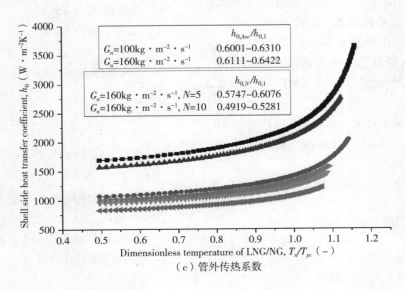

（c）管外传热系数

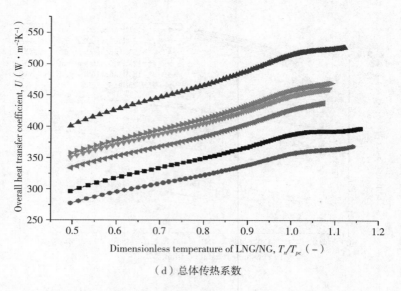

（d）总体传热系数

图 6　不同入口流量下管束效应对传热性能的影响

3　结论

（1）Jackson 关联式可准确预测超临界 LNG 管内气化传热特性，管内传热系数 DPM 与 CFD 计算结果平均相对偏差 4.0%。

（2）由于管束效应，不同排数换热管传热性能差异较大。气化压力 12MPa、质量通量 160kg·m^{-2}·s^{-1} 工况下，与第 1 排换热管相比，第 5 排与第 10 排换热管处 NG 出口温度分别偏低 8.0K、11.0K，总体传热系数平均偏低 13.8%、18.4%。

（3）管束效应对 IFV 凝结器平均传热性能影响较大，忽略管束效应会给传热设计和运行工艺优化带来较大误差。在气化压力 8～12MPa、质量通量 100～200kg·m^{-2}·s^{-1} 范围内，对于管排深度为 10 的管束来说，平均 NG 出口温度相比单根换热管最大偏低 10.0K，平均总体传热系数相比单根换热管最多偏低 14.1%。

符　号　说　明

A—面积，m^2

C_p—定压比热，J·kg^{-1}·K^{-1}

d—直径，m

G—质量通量，kg·m^{-2}·s^{-1}

g—重力加速度，m·s^{-2}

H—焓，J·kg^{-1}

h—传热系数，W·m^{-2}·K^{-1}

k—导热系数，W·m^{-1}·K^{-1}

L—长度，m

m—管束效应修正因子

N—换热管排数

P—压力，Pa

Q—热负荷，W

q—传热通量，W·m^{-2}

r—蒸发焓，J·kg^{-1}

T—温度，K

U—总体传热系数，W·m^{-2}·K^{-1}

y^+—网格的无因次壁面距离

希腊字母

μ—粘度，Pa·s

ρ—密度，kg·m^{-3}

下标

1，N—第 1 排或第 N 排换热管

Ave—平均

b—体相流体

i，o—内部或外部

in—入口

L，V—液相或汽相

n—LNG 或 NG

pc—拟临界

sat—饱和

w—壁面

参 考 文 献

[1] KOICHI U, AKIO T, TAMOTSU T, et al. Vaporizer for liquefied natural gas [P]. EP 0550845B1, 1992.

[2] MORIMOTO N, YAMAMOTO S, YAMASAKI Y, et al. Development and practical application of a high performance open-rack LNG vaporizer (SuperORV) [C]. Proceedings of the 22nd World Gas Conference, Tokyo, 2003.

[3] KATAOKA Y, SHIMIZU M, WATANABE T. Submerged combustion type vaporizer [P]. US 3818893, 1973.

[4] ENGDAHL G E. Submerged combustion LNG vaporizer [P]. US 7168395B2, 2007.

[5] IWASAKI M, EGASHIRA S, ODA T, et al. Intermediate fluid type vaporizer, and natural gas supply method using the vaporizer [P]. US 6164247, 2000.

[6] IWASAKI M, ASADA K. Intermediate fluid type vaporizer [P]. US 6367429 B2, 2002.

[7] EGASHIRA S, MATSUDA H. Intermediate fluid vaporizer [P], WO 2014181661A1, 2014

[8] 陈永东, 陈学东. LNG 成套装置换热器关键技术分析 [J]. 天然气工业, 2010, 30 (1): 96—100.
CHEN Yongdong, CHEN Xuedong. Technology analysis of heat exchanger in large LNG plant and terminal [J]. Natural Gas Industry, 2010, 30 (1): 96—100.

[9] 王彦, 冷绪林, 简朝明, 等. LNG 接收站气化器的选择 [J]. 油气储运, 2008, 27 (3): 47—49.
WANG Yan, LENGXulin, JIAN Chaoming, et al. Selection of vaporizer for LNG receiving terminal [J]. Oil & Gas Storage and Transportation, 2008, 27 (3): 47—49.

[10] PATEL D, MAK J, RIVERA D, et al. LNG vaporizer selection based on site ambient conditions [C]. The 17th International Conference and Exhibition on Liquefied Natural Gas, Houston, Texas, 2013.

[11] LIU F X, DAI Y Q, WEI W, et al. Feasibility of intermediate fluid vaporizer with spiral wound tubes [J]. China Petroleum Processing and Petrochemical Technology, 2013, 15 (1): 73—77.

[12] 白宇恒, 廖勇, 陆永康, 等. 大型 LNG 中间介质气化器换热面积计算方法 [J]. 天然气与石油, 2013, 31 (3): 31—35.
BAI Yuheng, LIAO Yong, LU Yongkang, et al. Meth-odology for the calculation of heat transfer area of large LNG intermediate fluid vaporizer [J]. Natural Gas and Oil, 2013, 31 (3): 31—35.

[13] XU S Q, CHEN X D, FAN Z C. Thermal design of intermediate fluid vaporizer for subcritical liquefied natural gas [J]. Journal of Natural Gas Science and Engineering, 2016, 32: 10—19.

[14] PU L, QU Z G, BAI Y H, et al. Thermal performance analysis of intermediate fluid vaporizer for liquefied natural gas [J]. Applied Thermal Engineering, 2014, 65: 564—574.

[15] XU S Q, CHENG Q, ZHUANG L J, et al. LNG vaporizers using various refrigerants as intermediate fluid: Comparison of the required heat transfer area [J]. Journal of Natural Gas Science & Engineering, 2015, 25: 1—9.

[16] KERN D Q. Mathematical development of tube loading in horizontal condensers [J]. AIChE Journal, 1958, 4 (2): 157—160.

[17] NIKITIN K, KATO Y, ISHIZUKA T. Steam condensing-liquid CO_2 boiling heat transfer in a steam condenser for a new heat recovery system [J]. International Journal of Heat and Mass Transfer, 2008, 51 (17): 4544—4550.

[18] 马志先, 张吉礼, 孙德兴. 管束效应对 HFC245fa 与 HCFC123 膜状凝结换热影响 [J]. 机械工程学报, 2003, 39 (2): 1—8.
MA Zhixian, ZHANG Jili, SUN Dexing. Effect of inundation of film condensation of HFC245fa and HCFC123 on horizontal tubes [J]. Journal of Mechanical Engineering, 2003, 39 (2): 1—8.

[19] JIANG P X, ZHANG Y, SHI R F. Experimental and numerical investigation of convection heat transfer of CO_2 at supercritical pressures in a vertical mini-tube [J]. International Journal of Heat and Mass Transfer, 2008, 51 (11—12): 3052—3056.

[20] JIANG P X, LIU B, ZHAO C R, et al. Convection heat transfer of supercritical pressure carbon dioxide in a vertical micro tube from transition to turbulent flow regime [J] International Journal of Heat and Mass Transfer, 2013, 56 (1—2): 741—749.

[21] SCHULER M J, ROTHENFLUH T, RUDOLF VON ROHR P. Simulation of the thermal field of submerged supercritical water jets at near-critical pressures [J]. The Journal of Supercritical Fluids, 2013, 75: 128—137.

[22] Ansys Fluent Theory Guide [M]. Ansys Inc., Canonsburg, 2010.

[23] ZHANG P, HUANG Y, SHEN B, et al. Flow

and heat transfer characteristics of supercritical nitrogen in a vertical mini-tube [J]. International Journal of Thermal Sciences, 2011, 50 (3): 287-295.

作 者 简 介

徐双庆，男，1985 年出生，博士，高级工程师。主要研究方向为化工过程强化、过程设备与工艺设计

通信地址：230031 安徽省合肥市长江西路 888 号合肥通用机械研究院

E-mail：shuangqingx@126.com

石墨烯改性聚全氟乙丙烯复合材料应用于换热设备的研究展望

孙振国[1]　费宏伟[1]　邵春雷[2]

（1. 江苏省特种设备安全监督检验研究院无锡分院　无锡　214021

2. 南京工业大学机械与动力工程学院　南京　211816）

摘　要　本文介绍了改性塑料及塑料换热器、改性塑料界面及力学性能的国内外研究进展，分析了石墨烯填充高导热塑料性能的影响因素。探讨了石墨烯改性聚全氟乙丙烯复合材料及其换热器模型在材料制备、性能表征、设备开发与测试方面可以开展的研究工作和相应的技术路线。

关键词　石墨烯；改性聚全氟乙丙烯；换热器；展望

Prospect of Research on the Application of Graphene Modified Fluororesin-46 Composite Material to Heat Exchangers

Sun Zhenguo[1]　Fei Hongwei[1]　Shao Chunlei[2]

(1. Jiangsu Province Special Equipment Safety Supervision Institute Wuxi Branch, Wuxi 214021

2. College of Mechanical and Power Engineering, Nanjing University of Technology, Nanjing 211816)

Abstract　Research progress of heat exchanger with material of (modified) plastics, also the interface and mechanical properties of modified plastics were introduced in this text. The research work and corresponding technical line were carried out on preparation, performance and test of heat exchanger with composite material of graphene modified fluororesin-46 were discussed.

Keywords　Graphene; Modified fluororesin-46; Heat exchangers; Prospect

近几十年来，随着工业生产的发展和科学技术的进步，对换热器综合性能的要求越来越高，换热器也在不断地改进和革新。石墨、陶瓷等材料制备的换热器，与金属换热器相比耐蚀性强，但是力学性能差、换热效率低下。研制新型导热材料并应用于换热设备对于装备技术的进步始终有着重要的理论研究和工程应用价值。石墨烯是一种由碳原子构成的单层片状结构的新型碳纳米材料，综合性能优异[1]，目前，以石墨烯为填料的高导热塑料在承压换热设备上的研究和应用鲜有报道。本文介绍了改性塑料及塑料换热器、改性塑料界面及力学性能的国内外研究进展，分析了石墨烯填充高导热塑料性

能影响因素。探讨了石墨烯改性聚全氟乙丙烯复合材料在材料制备、性能表征以及换热器开发及性能测试方面可以开展的开创性研究工作和相应的技术路线。

1　改性塑料及塑料换热器的研究进展

塑料换热器具有化学稳定性好、成本较低、耐腐蚀、易搬运、易安装等优点，在很大程度上克服了金属换热器存在的缺点，近些年来，在化工、医

药、食品、石油冶金和半导体等行业已得到广泛应用[2]。1965年，美国杜邦公司对含氟塑料换热器进行初步研究，并制备出第一个塑料换热器。国内第一家对石墨改性聚丙烯换热器进行成功研制的单位是北京化工大学[3]，其采用的聚丙烯粉状原料与鳞片状石墨粉投入高速混合机中进行充分混合，接着用挤出机对其进行挤出造粒，最后熔融模压制成管材。1984年原浙江工学院完成了聚丙烯塑料换热器的研制，并于当年通过鉴定交付生产。近年来，用石墨改性聚四氟乙烯塑料制造的换热器已获得广泛应用[4]，美国杜邦公司此类换热器的年产量达到数百台。由于工艺的进步，国内又成功研制出聚全氟乙丙烯和石墨改性聚全氟乙丙烯换热器[5]。上述类型换热器提高了塑料换热器的最高使用温度，其巨大的优势得到了工业界的广泛认同。

聚全氟乙丙烯（FEP）具有良好的热稳定性，最高使用温度在二百摄氏度以上，抗摩擦能力强，耐酸、碱、盐等化学试剂腐蚀，并且具有优良的润滑性和不粘性，适用范围广泛[6]。张诚等[7]通过使用共混、压膜等方法分别探讨了氮化铝（AlN）填充FEP高导热以及高绝缘复合材料，讨论了AlN的添加量的不同对FEP导热效率、机械性能以熔融指数、成型收缩率的影响。李士贤等[8]对石墨改性聚全氟乙丙烯为原料合成的列管式换热器进行探讨研究，制备管径为$\phi 20 \times 2mm$的石墨改性填充聚全氟乙丙烯复合材料换热器，使用碳钢封头，并且在封头内表面喷涂聚全氟乙丙烯，用聚丙烯树脂加工而成接管、壳体。以此方法制备的塑料换热器，管程与壳程均有较好的耐腐蚀性能。由此可见，石墨改性塑料适用于换热器的制造，石墨烯是一种比石墨更为优良的材料，若采用石墨烯作为填充改性材料，则复合材料的综合性能也许会有更大的提高。

2 改性塑料界面及力学性能研究进展

越来越多的研究表明，复合材料的性能主要取决于增强材料和基体间界面相的力学性能，通过界面设计，可有效提高材料的整体力学性能和传热性能。随着对复合材料宏观、细观乃至微观结构及其特性研究的不断深入，复合材料的界面力学行为与

破坏机理已成为现代力学、材料科学和物理学的前沿课题之一。

作为连接改性体与基体的"桥梁"，界面相的性质直接影响到材料的功能特性和可靠性[9]。FEP/G（石墨烯改性聚全氟乙丙烯）是由聚全氟乙丙稀基体、石墨烯和纳米至微米级厚度的界面相复合而成的多相材料。界面相是改性相和基体之间的结合层，石墨烯改性复合材料的力学性能很大程度上取决于界面的结合强度。

建立FEP/G界面的力学模型及其分析方法是描述石墨烯与基体间的应力传递规律并预测材料宏观力学性能的关键。对于纤维增强复合材料细观力学模型的理论研究大致分为两类，即基于剪滞理论的一维理论模型和基于轴对称理论的二维理论模型。Cox最早提出了弹性载荷传递一维剪滞模型[10]，针对Cox模型的结论，Kelly等利用光弹性分析发现改性相末端的应力远大于Cox模型的预报值[11]。Hedgepeth等[12]发展了Cox的模型，研究了增强复合材料的断裂后的应力分布问题。Van Dyke等[13]进一步发展了剪切滞后模型，研究了改性材料断裂后其临近基体的塑性效应和界面脱粘对应力集中的影响况。Zweben[14]提出了一种近似分析法，考虑了裂纹前沿区域基体的非弹性效应。Ochiai等[15]提出了一种考虑基体拉力的修正剪切滞后模型，研究了二维单向复合材料中基体横向裂纹以及界面破坏等因素对于断口邻近基体应力集中的影响，但其仅能得到单根纤维断裂后的应力分布。随着研究手段的不断发展，人们对界面的认识也逐渐深入，但目前的理论模型鲜有考虑界面相的力学性能，三相模型更符合复合材料的实际情况。复合材料存在粘弹性界面，而粘弹性界面的研究迄今尚无可信的研究成果[16]。

石墨烯最常见的破坏形式是脱粘或者分层现象的出现。研究基体裂纹对复合材料失效方式的影响，需要掌握裂尖和界面之间的精确的应力分布情况，但鉴于真实应力场往往是三维分布且受界面性质和所粘接材料力学性能的影响显著，故对该问题的理论、数值和实验研究均基于一定的简化假设，由此建立了一些平面模型或简单载荷条件下的数值模型[17]。目前对于双材料系统中裂纹从萌生到扩展至界面这一连续过程的应力场研究还很少，关于这一过程中应力分布对双材料系统破坏机制影响的研究尚未见报道。

3 石墨烯填充高导热塑料的性能影响因素

传统导热塑料主要是以高导热的金属或无机填料颗粒对高分子基体材料进行均匀填充。当填料量达到一定程度时，填料在体系中形成了类似链状和网状的形态，即形成导热网链。当这些导热网链的取向方向与热流方向平行时，就会在很大程度上提高体系的导热性。影响石墨烯填充高导热塑料性能的因素众多，如：石墨烯添加量、石墨烯层数、基体种类、石墨烯在基体中的排列及分布、界面阻力和界面耦合强度等。

石墨烯添加量：在石墨烯填充高导热塑料中，随着石墨烯添加量的增加，体系内逐渐形成了导热网链，使得复合材料的热导率大大提高。Agari 等[18]引入填料粒子在基体中形成导热链的难易程度因子，提出了预测单一组分颗粒状填料大量填充时复合材料热导率模型，该模型能较好地对单一组分高含量填料的填充进行模拟，但对于多组分填充则无法实现较好的预测。

石墨烯层数：对于多层石墨烯，Ghosh 等[19]测量了 $1\sim10$ 层石墨烯的热导率，发现当石墨烯层数从 2 层增至 4 层时，其热导率从 2800 W/（m·K）降至 1300W/（m·K）。由此可见，石墨烯的导热性能随层数的增加有逐渐降低的趋势。这是由于多层石墨烯随着时间的延长会发生团聚，进而造成其导热性能的下降；同时，石墨烯中的缺陷、边缘的无序性等均会降低石墨烯的热导率。

基体种类：高导热塑料主要成分包括基体材料和填料，石墨烯以其卓越的导热性能成为填料的最佳选择，而基体成分的不同也会造成高导热塑料导热性能的差异。于伟等[20]采用机械共混法制备了石墨烯/聚酰胺复合材料，其中当石墨烯体积分数为 20％时，复合体系的热导率达到 4.11 W/（m·K），比纯聚酰胺提高了 15 倍以上。Yu 和 Remash 等[21]将石墨烯片层和环氧树脂复合，研究发现，当填料体积分数为 25％时，复合材料的热导率可达 6.45W/（m·K）。

石墨烯在基体中的排列及分布：Liang 等[22]检测了通过真空过滤法得到的定向排列功能化多层石墨烯的热导率，其数值高达 75.5W/（m·K）。另外，填料在基体中的分布也会影响复合材料的导热性能，当填料均匀分散于基体中并形成导热网链时，复合材料的导热性能显著提高。

界面阻力和界面耦合强度：一般来说，无机填料粒子和有机树脂基体之间的界面相容性很差，而且填料粒子在基体中容易团聚，难以形成均匀分散。Hung 等[23]研究发现，在石墨烯纳米片层与聚合物基体之间的界面上存在热阻，对纳米复合材料的能量传输产生很大的影响。对石墨烯纳米片层进行硝酸预处理可改善复合材料界面黏结效果，进而提高复合材料的导热性能。

如今，如何批量、低成本制备高品质的石墨烯材料以及如何对石墨烯进行可控功能化处理以提高其在聚合物中的分散性仍然是具有挑战性的课题。在今后的工作中，还需对复合材料中石墨烯与聚合物之间相互作用的机理进行探讨，同时还要进一步考察石墨烯填充高导热塑料导热性能的影响因素，继续深化该材料导热性能的研究。

4 石墨烯新型复合材料应用于换热器的研究工作展望

综合以上分析，有必要研究 FEP/G 中石墨烯和聚全氟乙丙烯之间界面相的形成机理，建立三相两界面力学模型，揭示载荷下界面力学模型中的应力传递与分布规律。建立 FEP/G 细观模型数值分析方法，获得界面损伤对 FEP/G 宏观力学性能的影响规律；研究石墨烯填充量对复合材料综合性能的影响，探讨复合材料的制备工艺条件，以及不同的加工工艺条件对石墨烯改性聚全氟乙丙烯的力学性能及传热学性能的影响，找到最合适的石墨烯改性聚全氟乙丙烯材料的配方。测试石墨烯改性聚全氟乙丙烯材料的力学性能及传热性能，选取实验中制备的材料试制换热器，测试其换热性能，并探索研究流体流量和换热流程对换热效果的影响，为研发可工业化的高效换热器奠定基础。

具体可以开展以下方面的研究工作：

（1）石墨烯改性聚全氟乙丙烯配方及制备工艺研究

①采用高聚物结晶理论预测填充改性聚全氟乙丙烯时的填料最大用量，根据最大用量设置单因素试验点，研究石墨烯填充改性聚全氟乙丙烯时，偶联剂和石墨烯含量对复合材料的综合性能的影响，

获得石墨烯填充聚全氟乙丙烯复合材料的最优配方。②试验研究成型压力、保压时间、烧结温度以及保温时间对石墨烯填充聚全氟乙丙烯复合材料性能的影响，对复合材料成型中的主要工艺参数进行优化，以确定最佳制备工艺参数。

（2）石墨烯改性聚全氟乙丙烯微观结构研究

为了从微观上阐明采用石墨烯对聚全氟乙丙烯进行改性的机理，拟开展下列研究工作：以FEP/G复合材料为研究对象，研究石墨烯和聚全氟乙丙烯基体之间界面相的成分和结构，探讨界面相的形成机理，建立界面相的物理模型。

（3）石墨烯改性聚全氟乙丙烯力学性能研究

为了准确预测不同配方下的石墨烯改性聚全氟乙丙烯的宏观力学性能，为复合材料的性能优化和设计提供依据，拟开展的研究工作如下：①研究界面相及粘弹性界面的力学性能表征方法，建立石墨烯、聚全氟乙丙烯基体及其界面相的三相两界面模型，研究拉伸、压缩及复杂载荷作用下模型内部的力学传递规律。②建立FEP/G宏观有限元模型，结合动态载荷作用下FEP/G内部多点共生损伤的演化与交互作用机理，获得截面动态损伤特性对FEP/G宏观力学性能的影响规律。

（4）石墨烯改性聚全氟乙丙烯导热机理及其导热性能研究

为了揭示聚全氟乙丙烯基体材料中添加石墨烯后复合材料的整体导热性能发生改变的原因，必须先弄清热量在石墨烯和聚全氟乙丙烯中的传导机理，为此拟对下列内容进行研究：①研究石墨烯的导热机理。②研究聚全氟乙丙烯的导热机理。③研究不同石墨烯含量及不同温度下FEP/G复合材料的导热机理。④研究外界的拉伸或模压作用对FEP/G复合材料热导率的影响规律。

（5）石墨烯改性聚全氟乙丙烯换热性能研究

为了获得石墨烯改性聚全氟乙丙烯材料所制造的换热器的换热性能，为研发可工业化的高效换热器奠定基础，拟开展下列研究工作：设定好所需换热器尺寸，选取实验中制备的FEP/G来制作换热器，并通过冷热流体的换热对其进行换热性能的测试。同时采用数值模拟的方法研究不同工况下换热器内部速度场、压力场及温度场的分布规律。在此基础上，探讨冷热流体流程的变换及流量的改变对换热器总体换热效果的影响规律。

为此可采取的技术路线如图1所示：

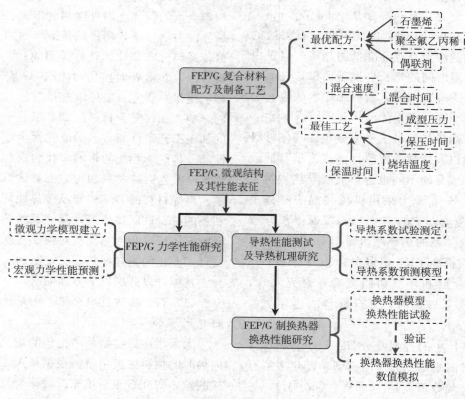

图1　技术路线

参 考 文 献

[1] Prasher R S, Chang J Y, Sauciuc I, et al. Nano micro technology-based next-generation package-level cooling solutions [J]. Intel Technology Journal, 2005, 9 (4): 285 −296.

[2] Wang L G, Wang S C, Zhu A H. Application of plastic heat exchangers in desalination [J]. Chemical Industry and Engineering Progress, 2005 (11): 146−148.

[3] 李士贤. 腐蚀与防护全书——石墨 [M]. 北京: 化学工业出版社, 1991.

[4] 张洪涛, 朱继军. 高效节能聚四氟乙烯列管式换热器 [P]. CN201387260.

[5] 范寒寒. 石墨改性聚全氟乙丙烯导热中空纤维及其换热器的研制 [D]. 天津: 天津大学, 2012.

[6] 杨兴胜. 聚全氟乙丙烯纤维的研究 [D]. 天津: 天津工业大学, 2013.

[7] Zhang C, Zhou P, Qiao L, Jiang L Q. Study of high thermal conductive and insulating FEP/AlN composite [J]. China Plastics Industry, 2007, 35 (5): 9.

[8] 李士贤, 王炳和. 石墨改性聚全氟乙丙烯换热器 [J]. 化工腐蚀与防护, 1996, (4): 33.

[9] Andrianov I V, Danishevs' kyy V V & Kalamkarov A L. Micromechanical analysis of fiber-reinforced composites on account of influence of fiber coatings [J]. Composites Part B: Engineering, 2008, 39 (5): 874−991.

[10] Cox H L. The elasticity and strength of paper and other fibrous materials [J]. British Journal of Applied Physics, 1952, 3 (3): 72−79.

[11] Kelly A, Tyson W R. Tensile properties of fiber-reinforced material: copper/molybdenum [J]. Journal of the Mechanics and Physics of Solids, 1965, 13 (6): 329 −350.

[12] Hedgepeth J M, Van Dyke P. Local stress concentration in imperfect filamentary composite materials [J]. Journal of Composite Materials, 1967, 1 (3): 294 −304.

[13] Hedgepeth J M, Van Dyke P. Stress concentration from single filament failures in composite materials [J].

Textile Research Journal, 1969, 39 (7): 618−626.

[14] Zweben C. An approximate method of analysis for notched unidirectional composites [J]. Engineering Fracture Mechanics, 1974, 6 (1): 1−10.

[15] Ochiai S, Schulte K, Peters P W M. Strain concentration factors for fibers and matrix in unidirectional composites [J]. Composites Science and Technology, 1991, 41 (3): 237−256.

[16] 许金泉. 界面力学 [M]. 北京: 科学出版社, 2006.

[17] Chang J, Xu J Q. The singular stress field and stress intensity factors of a crack terminating at a bimaterial interface [J]. International Journal of Mechanical Sciences, 2007, 49 (7): 888−897.

[18] Agari Y, Uno T. Estimation on thermal conductivities of filled polymer [J]. J Appl Polym Sci, 2010, 32 (7): 5705−5712.

[19] Ghosh S, Bao W, Nika D L, et al. Dimensional crossover of thermal transport in few-layer graphene [J]. Nature Materials, 2010, 9 (7): 555−558.

[20] 于伟, 谢华清, 陈立飞等. 高导热含石墨烯纳米片尼龙6复合材料 [J]. 工程热物理学报, 2013, 34 (9): 1749−1751.

[21] Yu A P, Ramesh P, Itkis M E, et al. Graphite nanopaltelet-epoxy composite thermal interface materials [J]. J Phy Chem C, 2007, 111 (21): 7565−7569.

[22] Liang Q, Yao X, Wang W, et al. A three-dimensional vertically aligned funcationalized multilayer grapheme architecture: An approach for graphene-based thermal interfacial materials [J]. ACS Nano, 2011, 5 (3): 2392−2401.

[23] Hung M T, Choi O, Ju Y S, et al. Heat conduction in graphite nanoplatelet-reinforced polymer nano-composites [J]. Appl Phys Lett, 2006, 89 (2): 1−3.

作 者 简 介

孙振国, 男, 博士, 高级工程师, 通讯地址: 江苏省无锡市惠山区堰新路 330 号江苏特检院无锡分院, 邮编: 214021, 电话: 18068285809, E-mail: szg@wxtjy.com。

管板设计统一理论的研究进展

朱红松

（独立研究人，上海 200062）

摘 要 对于固定式管板换热器管板应力分析，现有理论假定在两管板中间存在一个与换热管轴线垂直的假想平面，两管板材料、厚度、直径、载荷及周边约束条件等与该假想平面镜面对称，所以计算时仅需考虑设备的一半或一块管板。本文介绍了抛弃上述中面对称假设的管板设计统一理论的研究进展。第一，基于轴对称薄壁弹性板壳理论，发展了薄管板设计的经典统一理论，即，此理论可统一处理固定管板、浮头管板、U型管式管板且考虑了两管板材料、厚度、直径、载荷及周边约束条件等不同的情形；考虑管程、壳程压力降（含流体重力）及换热管和壳体自重的影响。第二，基于 Ambartsumyan 横观各向同性厚板理论，进一步考虑了管板横向剪应力及管板厚度方向弹性常数的差异，发展了适用厚管板及薄管板设计的精细化分析统一理论。

关键词 管板；应力分析；统一理论；横观各向同性；压降；自重

Progresses on Research of Unified Theory for Design of Tubesheet

Zhu Hongsong

(Independent Researcher, Shanghai 200062)

Abstract The stress analysis method for fixed tubesheet (TS) heat exchangers (HEX) developed by existing theories all assume a geometric and loading plane of symmetry at the midway between the two TSs, so that only half of the unit or one TS is need to be considered. In this paper, the progress in research of unified theory for design of TS is introduced by discarding the mid-plane symmetry assumption. First, based on the classical thin plate and shell theoretical solution, a unified classic theory of stress analysis for fixed TS, floating head and U-tube TS is introduced which can be successfully extended to the situations such as unequal TS thickness, different edge conditions, pressure drop, and loading of dead weight on two TSs. Secondary, based on Ambartsumyan's theory of thick transverse isotropic plate, a refined unified theory of stress analysis for TS is also introduced.

Keywords tubesheet; stress analysis; unified theory; transverse isotropic plate; pressure drop; dead weight

0 引言

固定式换热器管板的应力分析曾由 Gardner[1][2]、Miller[3]、Galletly[4]、黄克智[5]、Soler[6]等人研究过。上述研究方法都基于轴对称薄壁弹性板壳理论，此外还进一步假定在两管板中间存在一个与换热管轴线垂直的假想平面，两管板材料、厚度、直径、载荷及周边约束条件等与该假想平面镜面对称（以下简称中面），故分析时仅需考虑模型的一半或一块管板。

设计、传热

当前国际主流压力容器规范如 ASMEVIII - 1[7]、ASMEVIII - 2[8]、EN13445[9]、PD5500[10] 等，对于固定式管板换热器管板设计方法都基于上述假设。然而，在实际设计中以下几个因素需要作进一步考虑：

（a）由于工艺的原因，两块管板的材料可不同，且腐蚀裕度也不一样，这会导致两块管板的材料、厚度及周边约束条件不同的情形。

（b）对立式大直径换热器，压降及换热管自重对管板应力有较大影响而不能忽略。

（c）对厚管板，横向剪切应力对管板挠度及换热管轴向应力有较大影响。

（d）管板厚度方向与管板面内弹性常数的差异亦需考虑。

对于浮头式换热器管板 ASME 及 EN 等规范采用前述基于中面对称假设的固定管板的设计方法来获得所谓的"近似"结果；PD5500 则采用 Gardner[11] 方法为基础计算浮头式管板。

此外，不同规范所采用的理论假设及简化不尽相同并导致设计结果的显著差别。这暗示，管板设计的理论仍存在诸多问题。然而，这些竞争理论所导致的结果差异的背后原因还没有被系统研究过。因此，亟须发展管板设计的统一理论来结束现有理论的混乱情形并探讨管板理论的发展方向。

基于经典薄板理论，朱红松[12] 考虑两管板材料、厚度、材料及周边约束条件不同的情况，考虑管程、壳程压力降（含流体重力）及换热管和壳体自重的影响，由此导出适用于固定管板、浮头管板、U 型管式管板设计的统一理论（以下简称经典统一理论），关于此理论的中文介绍见[13-14]。作为管板理论研究工作的进一步发展，朱红松[15] 基于 Ambartsumyan 横观各向同性厚板理论[16]，发展了更为一般情形下管板应力精细化分析的统一理论（以下简称精细化分析统一理论），即，进一步考虑了管板横向剪应力及管板厚度方向弹性常数的差异。

本文的目的是简要介绍文献 [12]、[15] 在管板设计统一理论方面的研究进展。因经典薄板理论是 Ambartsumyan 横观各向同性厚板理论的退化情形，故本文先介绍文献 [15] 基于 Ambartsumyan 理论的管板设计的精细化分析统一理论，然后在此基础上讨论文献 [12] 基于薄板理论的管板设计的经典统一理论。

1　精细化分析统一理论的假设及力学模型的处理

典型立式换热器，如图 1 所示，各元件的几何参数、广义外力、内力（力矩、力、剪力）及广义位移（位移、角位移）的正方向、重力方向等已在图中标明。

符号 i 为下标，$i=1$ 表示换热器下部相关参数，$i=2$ 为换热器上部相关参数。共计有 $W_{B,ci}$、$W_{G,ci}$、M_{ci}、Q_{ci}、N_{ci}、M_{si}、Q_{si}、N_{si}、M_{fi}、Q_{fi}、H_{fi}、M_{ai}、Q_{ai}、H_{ai} 等 28 个未知广义内力，它们都表示为单位长度上的力或力矩。

1.1　基本理论假设

（a）基于轴对称弹性板壳理论

（b）换热器满足轴对称条件

（c）两管板均为圆形，但直径、厚度、材料、载荷、温度及周边约束条件等可不同

（d）忽略沿管板厚度方向的温度梯度

（e）忽略管板面内拉力对管板横向挠度的影响

（f）基于 Ambartsumya 理论：考虑管板厚度方向剪切应力、正应力，但忽略正应变（经典薄板理论则忽略管板厚度方向的正应力及剪切变形）

（g）忽略换热器管对管板的旋转约束

1.2　力学模型的处理

精细化分析统一理论的基本力学模型处理如下：

1. 管板分解为三个部分（如图 1）

（1）内部开孔区（$0 \leqslant r \leqslant a_o$），以下简称布管区：此孔板用半径为 a_o 当量横观各项同性的实心圆平板代替之：平面内的当量弹性常数为 E_i^*、G_i^*、ν_i^*；沿厚度方向的当量弹性常数为 E_{zi}^*、G_{zi}^*、ν_{zi}^*，详见文献 [15] 附录 B。

（2）中间实心环形板（$a_o \leqslant r \leqslant R_i$），以下简称中间环板：此环板按弹性环板处理。

（3）外部法兰环（$R_i \leqslant r \leqslant R_{Ti}$），以下简称管板法兰环：此管板法兰环按弹性环处理，即，在载荷作用下法兰环截面形心可转动及径向位移，但截面形状不变。

2. 换热管等效为当量弹性基础 $k_w = N_t A_t E_t / (\pi a_o^2 L)$。

3. 考虑管板、壳体、管箱三者连接处位移及转角协调。

4. 壳体、管箱按旋转薄壳处理，考虑其在管、壳程压力及边缘载荷作用下的应力及变形。

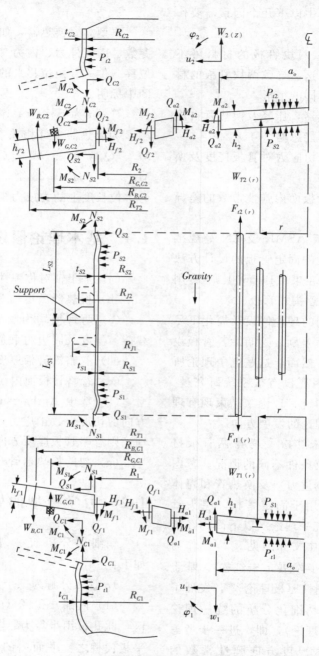

图 1 立式换热器

2 管板应力分析的基本方程

由于精细化分析统一理论抛弃了中面对称的假设，所以需研究整个换热器的应力与变形。本节主要介绍管板及部件应力分析的基本方程。

2.1 布管区的当量压力

定义管板挠度 w_{Ti} 为管板 i 相对壳体 i 端部中点（$r = R_{m,si}$）的轴向位移。按此定义，如图1，换热管总伸长量 δ_t 与壳体总伸长量 δ_s 及管板挠度存在如下关系：

$$\delta_t = \delta_s + w_{T1} + w_{T2} \tag{1}$$

其中，δ_s 可按文献 [12] 附录 A 确定。

又，换热管总伸长量为热膨胀 $\delta_{\gamma,t}$、Poisson 效应导致的收缩 $\delta_{\nu,t}$ 及轴向力（含重力）拉伸 $\delta_{k,t}$ 等三项之和：

$$\delta_t = \delta_{\gamma,t} + \delta_{\nu,t} + \delta_{k,t} \tag{2}$$

经过一系列计算，详见文献 [12] 附录 B，由管子作用力 $-F_{ti}$、管壳程压力 P_{ti}、P_{si} 等作用在管板上的总当量压力 $q_{Ti}(r)$ 为：

$$q_{Ti}(r) = P_{ai} - k_w [w_{T1}(r) + w_{T2}(r)] \tag{3}$$

其中，

$$P_{ai} = (\chi_s P_{si} - \chi_t P_{ti}) - k_w [\delta_s - \delta_{\gamma,t} -$$
$$\delta_{\nu,t} + (-1)^i \delta_{g,t}] \tag{4a}$$

$$\delta_{g,t} = \frac{L^2}{2 E_t} \omega_{g,t} \tag{4b}$$

2.2 管板布管区的挠曲微分方程及其解

由 Ambartsumyan 理论[16] 及假设 1.1 (e)，布管区 $(0 \leqslant r \leqslant a_o)$ 在总当量压力 $q_{Ti}(r)$ 作用下，如图 1，应满足如下挠曲微分方程 $(i=1,2)$：

$$D_i^* \nabla^4 w_{Ti} + \beta_{Ti}^2 \nabla^2 q_{Ti}(r) = q_{Ti}(r) \tag{5}$$

即，

$$\nabla^4 w_{Ti} \underline{- \lambda_{Ti}^2 \nabla^2 (w_{T1} + w_{T2})} + \frac{k_w}{D_i^*}(w_{T1} + w_{T2}) = \frac{P_{ai}}{D_i^*} \tag{6}$$

此处及下文带下划线的项，为精细化理论所考虑而经典薄板理论所忽略的附加项。另外，

$$\beta_{Ti}^2 = \left(2 \frac{G_i^*}{G_{zi}^*} - \nu_{zi}^* \frac{E_i^*}{E_{zi}^*}\right) \frac{h_i^2}{10(1-\nu_i^*)}, \quad \lambda_{Ti}^2 = \beta_{Ti}^2 (k_w / D_i^*) \tag{7}$$

令 $i=1,2$，由（6）可获得两微分方程构成的微分方程组，这表明两管板及管束构成耦合系统；即，除特殊情形外两管板会相互影响。方程（6）的解，详见文献 [15] 附录 A，为：

$$w_{Ti}(r) = \frac{1}{2}\left[C_1 U_0(\alpha r, \theta) + C_2 V_0(\alpha r, \theta) + \frac{B_1}{\alpha^4}\right]$$

$$+ \frac{(-1)^{i+1}}{2}\left[\begin{array}{c} C_3 + C_4 r^2 + B_2 r^4 / 64 + \\ F_1 U_0(\alpha r, \theta) + F_2 V_0(\alpha r, \theta) \end{array}\right] \tag{8}$$

其中：$C_1 \sim C_4$ 为积分常数，可由边界条件确定；U_0、V_0 为 Schleicher 函数；参数 α，ζ_i，B_1，B_2，θ，F_1，F_2 表达式如下：

$$\alpha_i^4 = k_w / D_i^* \tag{9a}$$

$$\alpha^4 = \alpha_1^4 + \alpha_2^4 \tag{9b}$$

$$\zeta_i = \alpha_i^4 / \alpha^4 \tag{9c}$$

$$B_1 = \frac{P_{a1}}{D_1^*} + \frac{P_{a2}}{D_2^*} \tag{9d}$$

$$B_2 = 2\left(\zeta_2 \frac{P_{a1}}{D_1^*} - \zeta_1 \frac{P_{a2}}{D_2^*}\right) \tag{9e}$$

$$\theta = \frac{1}{2}\arccos\left[\frac{-(\lambda_{T1}^2 + \lambda_{T2}^2)}{2\alpha^2}\right] \tag{9f}$$

$$F_1 = \frac{\lambda_{T1}^2 - \lambda_{T2}^2}{\alpha^2}(-C_1 \cos 2\theta + C_2 \sin 2\theta) +$$
$$(\zeta_2 - \zeta_1)(C_1 \cos 4\theta - C_2 \sin 4\theta) \tag{9g}$$

$$F_2 = \frac{\lambda_{T1}^2 - \lambda_{T2}^2}{\alpha^2}(-C_1 \sin 2\theta - C_2 \cos 2\theta) +$$
$$(\zeta_2 - \zeta_1)(+C_1 \sin 4\theta + C_2 \cos 4\theta) \tag{9h}$$

由 Ambartsumyan 理论[16]，管板转角 φ_{Ti}、径向弯矩 $M_{r,Ti}$ 及横向剪力 Q_{Ti} $(i=1,2)$ 为：

$$\varphi_{Ti}(r) = -\frac{d w_{Ti}}{dr} \underline{- \frac{6}{5 G_{zi}^*} \frac{Q_{Ti}(r)}{h_i}} \tag{10}$$

$$M_{r,Ti}(r) = D_i^*\left(\frac{d^2 w_{Ti}}{dr^2} + \frac{\nu_i^*}{r}\frac{d w_{Ti}}{dr}\right)$$
$$\underline{- \xi_{Ti}^2 \frac{Q_{Ti}(r)}{r} + \beta_{Ti}^2 q_{Ti}(r)} \tag{11}$$

$$Q_{Ti}(r) = D_i^* \frac{d}{dr}(\nabla^2 w_{Ti}) \underline{+ \beta_{Ti}^2 \frac{d q_{Ti}(r)}{dr}} \tag{12}$$

其中，

$$\xi_{Ti}^2 = (h_i^2 / 5)(G_i^* / G_{zi}^*) \tag{13}$$

2.3 部件分析

2.3.1 管箱

定义管箱尺寸参数：若管箱与管板为整体连接

$a_{ci} = R_{G,ci}$，$a_{m,ci} = R_{G,ci}$。

根据弹性薄壳理论，管箱在 P_{ti}、M_{ci}、Q_{ci}、N_{ci}（如图1）及管箱自重及内部流体重力之和 $W_{g,ci}$ 的作用下，其边缘径向位移 u_{ci} 及转角 φ_{ci} 分别为：

$$u_{ci} = \frac{\beta_{ci}M_{ci} - Q_{ci}}{2\beta_{ci}^2 k_{ci}} + \frac{R_{m,ci}^2 P_{ti}}{E_{ci}t_{ci}} - \left(\nu_{ci} + \frac{R_{m,ci}}{R_{m,ci}''}\right)\frac{R_{m,ci}N_{ci}}{t_{ci}E_{ci}} \tag{14}$$

$$\varphi_{ci} = -\frac{2\beta_{ci}M_{ci} - Q_{ci}}{2\beta_{ci}k_{ci}} \tag{15}$$

其中，N_{ci} 可由管箱轴向平衡条件求得：

$$N_{ci} = \frac{a_{ci}^2 P_{ti}}{2a_{m,ci}} + (-1)^{i+1}\frac{W_{g,ci}}{2\pi a_{m,ci}} \tag{16}$$

2.3.2　管箱法兰

定义管箱尺寸参数：若管箱与管板为法兰连接 $a_{ci} = R_{G,ci}$，$a_{m,ci} = R_{G,ci}$。

由于管箱对管板没有直接约束，即 M_{ci}、Q_{ci} 并不作用于管板上。鉴于主要考察管板应力，可令：$M_{ci} = 0$，$Q_{ci} = 0$。

由于管箱法兰的存在，引入了螺栓力 $W_{B,ci}$ 及垫片作用反力 $W_{G,ci}$ 而对管板作用有附加弯矩。$W_{B,ci} = W_i^* / (2\pi R_{B,ci})$，其中 W_i^* 为总螺栓力可按 ASME VIII-1 的 UHX-8 规定计算，此处不再赘述。

经一系列计算，详见文献 [12] 附录 D，可得

$$W_{G,ci} = W_{B,ci}\frac{R_{B,ci}}{a_{m,ci}} - N_{ci} \tag{17}$$

2.3.3　管板法兰环

无论管板是否兼作法兰，均定义管板法兰环内半径 R_i 为（如图1）：

$$R_i = \mathrm{Min}\left[R_{si},\ a_{ci}\right] \tag{18}$$

管板法兰环在 P_{si}，P_{ti}，N_{si}，M_{si}，M_{ci}，M_{fi}，Q_{si}，Q_{ci}，Q_{fi}，H_{fi}，$W_{B,ci}$，$W_{G,ci}$ 及 N_{ci} 的作用下（如图1），法兰环截面形心的径向位移 u_{fi} 及转角 φ_{fi} 分别为（$i=1$，2）：

$$u_{fi} = \frac{0.5\,(R_{Ti}+R_i)}{(R_{Ti}-R_i)\,h_{fi}E_i}(Q_{si}R_{m,si} + Q_{ci}a_{m,ci} - H_{fi}R_i) \tag{19}$$

$$\varphi_{fi} = \frac{12}{h_{fi}^3 E_i \ln\dfrac{R_{Ti}}{R_i}}\left[\begin{array}{l} a_{m,ci}M_{ci} - R_{m,si}M_{si} + R_iM_{fi} + \\ \widetilde{M}_{Q,ci} - \widetilde{M}_{Q,si} + \widetilde{M}_{N,si} + \widetilde{M}_{P,ti} - \\ \widetilde{M}_{P,si} - \widetilde{M}_{B,ci} + \widetilde{M}_{G,ci} \end{array}\right] \tag{20}$$

其中（注：弯矩的计算以轴 $r = R_i$ 为基准），

$$\widetilde{M}_{Q,ci} = a_{m,ci}Q_{ci}\frac{h_{fi}}{2} \tag{21a}$$

$$\widetilde{M}_{Q,si} = R_{m,si}Q_{si}\frac{h_{fi}}{2} \tag{21b}$$

$$\widetilde{M}_{N,si} = R_{m,si}N_{si}(R_{m,si} - R_i) \tag{21c}$$

$$\widetilde{M}_{P,ti} = (a_{ci} - R_i)(a_{ci}^2 - R_i^2)P_{ti}/4 \tag{21d}$$

$$\widetilde{M}_{P,si} = (R_{si} - R_i)(R_{si}^2 - R_i^2)P_{si}/4 \tag{21e}$$

$$\widetilde{M}_{B,ci} = R_{B,ci}W_{B,ci}(R_{B,ci} - R_i) \tag{21f}$$

$$\widetilde{M}_{G,ci} = R_{G,ci}W_{G,ci}(R_{G,ci} - R_i) \tag{21g}$$

注：以上计算中，若管箱不带法兰，$W_{B,ci} = 0$、$R_{G,ci} = R_{m,ci}$；若管箱带法兰，令 $M_{ci} = 0$、$Q_{ci} = 0$。

2.3.4　壳程壳体

若壳体与管板为整体连接，根据弹性薄壳理论，壳体在 P_{si}、N_{si}、M_{si}、Q_{si} 的作用下（如图1），其边缘径向位移 u_{si} 及转角 φ_{si} 为（$i=1$，2）：

$$u_{si} = \frac{\beta_{si}M_{si} - Q_{si}}{2\beta_{si}^2 k_{si}} + \frac{R_{m,si}^2 P_{si}}{E_{si}t_{si}} - \frac{\nu_{si}R_{m,si}N_{si}}{E_{si}t_{si}} \tag{22}$$

$$\varphi_{si} = \frac{2\beta_{si}M_{si} - Q_{si}}{2\beta_{si}k_{si}} \tag{23}$$

2.3.5　壳程法兰与管板连接（如果适用）

对于固定管板换热器，实践中一般不采用壳程法兰与管板螺栓连接的形式。但基于理论上的考虑，文献 [12] 附录 E 给出了此种结构的设计规则并指出了 ASME 的错误所在。

2.3.6　中间环板

由文献 [15] 中 3.3.6 节，中间环板（$a_o \leqslant r \leqslant R_i$）挠度 $w_{Ai}(r)$ 的表达式为（$i=1$，2）：

$$w_{Ai}(r) = A_{0i} + A_{1i}r^2 + A_{2i}\ln r + A_{3i}r^2\ln r + \frac{(P_{si} - P_{ti})\,r^4}{64D_i} \tag{24}$$

其中，A_{0i}、A_{1i}、A_{2i}、A_{3i}（$i=1$，2）为 8 个积分常数，可由边界条件确定。

由 Ambartsumyan 理论[16]，环板转角 φ_{Ai}、径向弯矩 $M_{r,Ai}$ 及横向剪力 Q_{Ai}（$i=1$，2）为：

$$\varphi_{Ai}(r) = -\frac{\mathrm{d}w_{Ai}}{\mathrm{d}r} - \frac{6}{5}\frac{1}{G_{zi}}\frac{Q_{Ai}(r)}{h_i} \quad (25)$$

$$M_{r,Ai}(r) = D_i\left(\frac{\mathrm{d}^2 w_{Ai}}{\mathrm{d}r^2} + \frac{\nu_i}{r}\frac{\mathrm{d}w_{Ai}}{\mathrm{d}r}\right) -$$

$$\xi_{Ai}^2 \frac{Q_{Ai}(r)}{r} + \beta_{Ai}^2 q_{Ai}(r) \quad (26)$$

$$Q_{Ai}(r) = D_i\frac{\mathrm{d}}{\mathrm{d}r}(\nabla^2 w_{Ai}) + \beta_{Ai}^2\frac{\mathrm{d}q_{Ai}(r)}{\mathrm{d}r} \quad (27)$$

其中，

$$\beta_{Ai}^2 = \left(2\frac{G_i}{G_{zi}} - \nu_i\frac{E_i}{E_{zi}}\right)\frac{h_i^2}{10\,(1-\nu_i)} \quad (28)$$

$$\xi_{Ai}^2 = (h_i^2/5)(G_i/G_{zi}) \quad (29)$$

2.3.7　布管区的径向位移

管板布管区（$0 \leqslant r \leqslant a_o$）径向位移 $u_{Ti}(r)$，详见文献 [15] 之附录 C，表达式为：

$$u_{Ti}(r) = C_{5i}r + L_{1i}U_1(\alpha r, \theta)$$
$$+ L_{2i}V_1(\alpha r, \theta) \quad (30)$$

其中，C_{5i}（$i=1$，2）为积分常数，可由边界条件确定；U_1，V_1 为 Schleicher 函数；此外，

$$L_{1i} = (k_w/2\alpha)\left[\nu_{zi}^*(1+\nu_i^*)/E_{zi}^*\right](C_1\cos\theta - C_2\sin\theta) \quad (31a)$$

$$L_{2i} = (k_w/2\alpha)\left[\nu_{zi}^*(1+\nu_i^*)/E_{zi}^*\right](C_1\sin\theta + C_2\cos\theta) \quad (31b)$$

由 Ambartsumyan 理论[16]，管板布管区（$0 \leqslant r \leqslant a_o$）径向内力，$H_{Ti}(r)$ 表达式为：

$$H_{Ti}(r) = \frac{h_i E_i^*}{1-\nu_i^{*2}}\left(\frac{\mathrm{d}u_{Ti}}{\mathrm{d}r} + \nu_i^*\frac{u_{Ti}}{r}\right) + \frac{E_i^*}{E_{zi}^*}\frac{\nu_{zi}^*}{(1-\nu_i^*)}h_i Z_{Ti} \quad (32)$$

2.3.8　中间环板的径向位移

中间环板（$a_o \leqslant r \leqslant R_i$）径向位移 $u_{Ai}(r)$，详见文献 [15] 之附录 D，表达式为：

$$u_{Ai}(r) = C_{7i}r + \frac{C_{8i}}{r} \quad (33)$$

其中，C_{7i}，C_{8i}（$i=1$，2）为积分常数，可由边界条件确定；

由 Ambartsumyan 理论[16]，中间环板（$a_o \leqslant r \leqslant R_i$）径向内力 $H_{Ai}(r)$ 表达式为：

$$H_{Ai}(r) = \frac{h_i E_i}{1-\nu_i^2}\left(\frac{\mathrm{d}u_{Ai}}{\mathrm{d}r} + \nu_i\frac{u_{Ai}}{r}\right) + \frac{E_i}{E_{zi}}\frac{\nu_{zi}}{(1-\nu_i)}h_i Z_{Ai} \quad (34)$$

2.4　广义内力及待定系数的求解

到目前为止，除 $W_{B,ci}$，$W_{G,ci}$，N_{ci} 可由 ASME VIII-1-UHX-8 及静力平衡条件求解外，其余 22 个广义内力仍未知。此外，布管区挠曲方程中含 4 个待定积分常数 C_1，C_2，C_3，C_4；中间环板挠曲方程中含 8 个待定积分常数 A_{01}，A_{11}，A_{21}，A_{31}，A_{02}，A_{12}，A_{22}，A_{32}；布管区面内位移方程中含 2 个待定积分常数 C_{51}，C_{52}；中间环板面内位移方程中含 4 个待定积分常数 C_{71}，C_{72}，C_{81}，C_{82}；

以上，总计 40 个未知量需要求解。这 40 个未知量，可以用下面的向量表示：

$$\{X_j\} = \{A_{01}, A_{11}, A_{21}, A_{31}, A_{02}, A_{12}, A_{22},$$

$$A_{32}, C_1, C_2, C_3, C_4, M_{c1}, Q_{c1}, M_{s1}, Q_{s1},$$

$$N_{s1}, M_{f1}, Q_{f1}, H_{f1}, M_{a1}, Q_{a1}, H_{a1}, M_{c2}, Q_{c2},$$

$$M_{s2}, Q_{s2}, N_{s2}, M_{f2}, Q_{f2}, H_{f2}, M_{a2}, Q_{a2}, H_{a2},$$

$$C_{51}, C_{52}, C_{71}, C_{72}, C_{81}, C_{82}\}$$

求解 $\{X_j\}$（$j=1$，2，$\cdots$，40）需联立 40 个方程，而这些方程可以通过各元件在连接点处的协调条件及元件的平衡条件获得。

2.4.1　各元件在连接点处的协调条件

换热器承受载荷变形后，各元件在连接点处须保持连续，即广义位移及广义内力相等，则应满足以下协调条件：

管箱壳体与管板法兰环连接处（$r=R_{m,ci}$），将式（14）（15）（19）（20）分别代入下面的方程：

$$u_{ci} = u_{fi} + \varphi_{fi}\frac{h_{fi}}{2} \quad (35)$$

$$\varphi_{ci} = \varphi_{fi} \quad (36)$$

壳程壳体与管板法兰环连接处（$r=R_{m,si}$），将式（19）（20）（22）（23）分别代入下面的方程：

$$u_{si}=u_{fi}-\varphi_{fi}\frac{h_{fi}}{2} \quad (37)$$

$$\varphi_{si}=\varphi_{fi} \quad (38)$$

管板法兰环与中间环板连接处（$r=R_i$），将式（19）（20）（25）（26）（27）（33）及（34）分别代入下面的方程：

$$u_{Ai}(R_i)=u_{fi} \quad (39)$$

$$\varphi_{Ai}(R_i)=\varphi_{fi} \quad (40)$$

$$M_{r,Ai}(R_i)=M_{fi} \quad (41)$$

$$Q_{Ai}(R_i)=Q_{fi} \quad (42)$$

$$H_{Ai}(R_i)=H_{fi} \quad (43)$$

因管板挠度 w_{Ai} 定义为相对于壳体端部中点处的位移，所以

$$w_{Ai}(R_i)=\varphi_{fi}(R_{m,si}-R_i) \quad (44)$$

中间环板与布管区连接处（$r=a_o$），将式（8）（10）（11）（12）（24）（25）（26）（27）（30）（32）（33）及（34）分别代入下面的方程：

$$w_{Ai}(a_o)=w_{Ti}(a_o) \quad (45)$$

$$\varphi_{Ai}(a_o)=\varphi_{Ti}(a_o) \quad (46)$$

$$u_{Ai}(a_o)=u_{Ti}(a_o) \quad (47)$$

$$M_{r,Ai}(a_o)=M_{ai} \quad (48)$$

$$Q_{Ai}(a_o)=Q_{ai} \quad (49)$$

$$M_{r,Ti}(a_o)=M_{ai} \quad (50)$$

$$Q_{Ti}(a_o)=Q_{ai} \quad (51)$$

$$H_{Ti}(a_o)=H_{ai} \quad (52)$$

$$H_{Ai}(a_o)=H_{ai} \quad (53)$$

上述协调条件共计提供了 $19\times2=38$ 个方程，所以还需 2 个方程才能完全求解 $\{X_j\}$，而剩余所需的 2 个方程可由静力学平衡条件提供。

2.4.2 平衡方程

由管板法兰环的轴向静力学平衡条件，可得如下平衡方程：

$$R_iQ_{fi}+\frac{(R_{si}^2-R_i^2)}{2}P_{si}+a_{m,ai}N_{ai}=R_{m,si}N_{si}+\frac{(a_{ci}^2-R_i^2)}{2}P_{ti} \quad (54)$$

2.4.3 广义内力及待定系数的求解

由式（35）—（54）所表示的协调条件及平衡条件，令 $i=1$，2 可获得由 40 个方程组成的线性方程组，因此向量 $\{X_j\}$ 可以求解，即可求得全部未知广义内力及待定系数。

若某一管箱与管板之间采用法兰连接，则涉及的方程（35）（36）将退化为 $0=0$ 的情形（$M_{ci}=0$、$Q_{ci}=0$），此时方程组中方程数目与未知量数目仍然相等，故向量 $\{X_j\}$ 仍可求解。

2.5 部件应力的求解

一旦向量 $\{X_j\}$ 求解后，换热器中任意所感兴趣点的广义内力、广义位移等亦可求解。

2.5.1 管板布管区应力

由 Ambartsumyan 理论[16]，布管区（$0\leqslant r\leqslant a_o$）上下表面的总径向应力为：

$$\sigma_{r,Ti}(r)=\sigma_{r,Ti}^m(r)\mp\sigma_{r,Ti}^b(r) \quad (55)$$

其中，

$$\sigma_{r,Ti}^m(r)=\frac{1}{\mu_i^*}\left[\frac{E_i^*}{1-\nu_i^{*2}}\left(\frac{\mathrm{d}u_{Ti}}{\mathrm{d}r}+\nu_i^*\frac{u_{Ti}}{r}\right)\right.$$
$$\left.+\frac{E_i^*}{E_{zi}^*}\frac{\nu_{zi}^*}{(1-\nu_i^*)}Z_{Ti}\right] \quad (56a)$$

$$\sigma_{r,Ti}^b(r)=\frac{1}{\mu_i^*}\left[\begin{array}{l}\dfrac{6D_i^*}{h_i^2}\left(\dfrac{\mathrm{d}^2 w_{Ti}}{\mathrm{d}r^2}+\dfrac{\nu_i^*}{r}\dfrac{\mathrm{d}w_{Ti}}{\mathrm{d}r}\right)-\\[2mm] \underline{\dfrac{E_i^*}{E_{zi}^*}\dfrac{\nu_{zi}^*}{(1-\nu_i^*)}\dfrac{q_{Ti}(r)}{2}}+\\[2mm] \underline{\dfrac{1}{(1-\nu_i^*)}\dfrac{G_i^*}{G_{zi}^*}\left(\dfrac{\mathrm{d}Q_{Ti}}{\mathrm{d}r}+\nu_i^*\dfrac{Q_{Ti}}{r}\right)}\end{array}\right]$$

$$(56b)$$

表达式（56a）为径向薄膜应力，其值等于 $H_{Ti}/(\mu_i^* h_i)$；表达式（56b）为径向弯曲应力。对于低压薄管板，表达式（56a）（56b）中带下划线的附加项可忽略，但对高压厚管板这些附加项的影响不能忽略。

2.5.2　换热管的轴向应力

换热管的轴向薄膜应力，详见文献［15］中3.5.2节，为（$i=1$，2）：

$$\sigma_{x,ti}^{m}(r)=\frac{F_{ti}(r)}{A_t}=\frac{E_t}{L}\begin{bmatrix}w_{T1}(r)+w_{T2}(r)+\delta_s-\\\delta_{\gamma,t}-\delta_{\nu,t}+(-1)^i\delta_{g,t}\end{bmatrix}$$

(57)

3　浮头式及U型管式换热器管板应力的计算

浮头式及U型管式换热器为典型的不符合中面对称假设的情形，但只要满足1.1节的基本假设，即可按精细化分析统一理论求解其管板应力。

3.1　浮头式换热器管板应力的计算

本节将讨论三种浮头式换热器，如图2所示。需要再次强调的是，按精细化分析统一理论无须假定两管板厚度相等且材料相同。

(a) 外密封浮头（externally sealed floating head）

(b) 内密封浮头（internally sealed floating tubesheet）

(c) 浸入封浮头（immersed floating head）

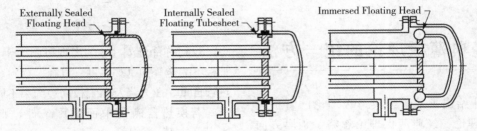

图2　不同形式浮头换热器简图

3.1.1　浮动管板计算的一般考虑

对于所要讨论的三种浮动管板，不妨假设管板2为固定端，管板1为浮动端。

因管板挠度w_{Ti}定义为管板相对壳体端部中点的轴向位移，故需设置虚拟壳体1以便于计算浮动管板的挠度，令$R_{s1}=a_{c1}$，$t_{s1}\to0$。由于管板1可自由浮动，需令膨胀节1的轴向刚度$K_{J1}\to0$。此外，方程（37）（38）涉及壳体1亦应退化为$0=0$的情形。

3.1.2　外密封填料函式管板

对于外密封填料函式管板，浮动管板与壳程壳体之间没有实际连接，即，虚拟壳体1对于浮动管板无边缘剪力及弯矩约束，所以$Q_{s1}=0$、$M_{s1}=0$。

经上述调整后，按本文方法即得到管板2（固定端）及管板1（浮头端）的应力。

3.1.3　内密封填料函式管板

对于内密封填料函式管板，假定浮动管板端部无任何边缘约束，所以需令$Q_{s1}=0$，$M_{s1}=0$，$Q_{c1}=$

0、$M_{c1}=0$且$N_{c1}=0$。

经上述调整后，按本文方法即得到管板2（固定端）及管板1（浮头端）的应力。注：方程（35）（36）涉及管箱1亦应退化为$0=0$。

3.1.4　浸入式浮头管板

对于浸入式浮头管板，由于浮动管箱1受P_{t1}与P_{s1}的共同作用，对于N_{c1}，式（16）需调整为：

$$N_{c1}=\frac{P_{t1}a_{c1}^2-P_{s1}[a_{c1}+2(a_{m,c1}-a_{c1})]^2}{2a_{m,c1}}+$$

$$(-1)^{1+1}\frac{W_{g,c1}-\omega_{f,s1}}{2\pi\,a_{m,c1}}$$

(58)

式（58）中$2(a_{m,c1}-a_{c1})$是为计算t_{c1}；$_{c1}\omega_{f,s1}$为壳程流体对管箱1所产生的浮力。

对于u_{c1}，式（14）需调整为：

$$u_{c1}=\frac{\beta_{c1}M_{c1}-Q_{c1}}{2\,\beta_{c1}^2k_{c1}}+\frac{R_{m,c1}^2(P_{t1}-P_{s1})}{E_{c1}t_{c1}}-$$

$$\left(\nu_{c1}+\frac{R_{m,c1}}{R_{m,c1}'}\right)\frac{R_{m,c1}N_{c1}}{E_{c1}t_{c1}}$$

(59)

对于u_{f1}，式（19）需调整为：

$$u_{f1}=\frac{R_{m,f1}}{(R_{T1}-R_1)h_{f1}E_1}\left[\begin{array}{l}Q_{s1}R_{m,s1}+Q_{c1}a_{m,c1}-\\H_{f1}R_1-P_{s1}h_{f1}R_{T1}\end{array}\right]$$

$$(60)$$

经上述调整后，按本文方法即得管板 2（固定端）及管板 1（浮头端）的应力。注：若浮动管箱与管板之间为法兰连接，方程（35）（36）涉及管箱 1 时亦应退化为 0＝0。

3.2 U 型管式换热器管板应力的计算

U 型管式换热器可以视为浸入式浮头换热器的一种特殊形式，即，仅在计算 k_w 时令 $E_t\rightarrow0$ 以消除换热管的弹性支撑作用，则固定端管板的应力分布等同于 U 型管板的应力分布。

4 基于经典薄板理论的统一方法

文献［12］给出了基于经典薄板理论的管板设计的经典统一理论。经典薄板理论忽略了板厚方向剪切变形及正应力的影响，故，$E_{zi}^*\rightarrow\infty$，$G_{zi}^*\rightarrow\infty$。

若 $E_{zi}^*\rightarrow\infty$，$G_{zi}^*\rightarrow\infty$，则 $\beta_{Ti}^2=0$，$\lambda_{Ti}^2=0$，$\xi_{Ti}^2=0$，$\theta=\pi/4$，$F_1=-C_1(\zeta_2-\zeta_1)$，$F_2=-C_2(\zeta_2-\zeta_1)$，…

在此情形下，前述为精细化分析统一理论所考虑的带下划线的项将退化为 0，即为经典统一理论的情形。例如将上述相关值代入方程（8）、（10）、（56a）、（56b），且注意到 $U_0(\alpha r,\pi/4)=Ber(\alpha r)$、$V_0(\alpha r,\pi/4)=-Bei(\alpha r)$，可得：

$$w_{Ti}(r)=\zeta_i[C_1Ber(\alpha r)-C_2Bei(\alpha r)]+$$
$$\frac{B_1}{2\alpha^4}+\frac{(-1)^{i+1}}{2}\left[C_3+C_4r^2+\frac{B_2r^4}{64}\right] \quad (61)$$

$$M_{r,Ti}(r)=D_i^*\left(\frac{\mathrm{d}^2w_{Ti}}{\mathrm{d}r^2}+\frac{\nu_i^*}{r}\frac{\mathrm{d}w_{Ti}}{\mathrm{d}r}\right) \quad (62)$$

$$\sigma_{r,Ti}^m(r)=\frac{1}{\mu_i^*}\left[\frac{E_i^*}{1-\nu_i^{*2}}\left(\frac{\mathrm{d}u_{Ti}}{\mathrm{d}r}+\nu_i^*\frac{u_{Ti}}{r}\right)\right] \quad (63)$$

$$\sigma_{r,Ti}^b(r)=\frac{1}{\mu_i^*}\left[\frac{6D_i^*}{h_i^2}\left(\frac{\mathrm{d}^2w_{Ti}}{\mathrm{d}r^2}+\frac{\nu_i^*}{r}\frac{\mathrm{d}w_{Ti}}{\mathrm{d}r}\right)\right] \quad (64)$$

基于上述分析可知，文献［12］给出的经典统一理论是精细化分析统一理论的极限情形。

5 精细化分析统一理论的分析讨论

式（8）可以分解为对称部分 $w_{Ti}^s(r)$ 及反对称部分 $w_{Ti}^a(r)$ 两者之和，即：

$$w_{Ti}(r)=w_{Ti}^s(r)+w_{Ti}^a(r) \quad (65)$$

其中，

$$w_{Ti}^s(r)=\frac{1}{2}\left[C_1U_0(\alpha r,\theta)+C_2V_0(\alpha r,\theta)+\frac{B_1}{\alpha^4}\right]$$

$$(66a)$$

$$w_{Ti}^a(r)=\frac{(-1)^{i+1}}{2}\left[\begin{array}{l}C_3+C_4r^2+B_2r^4/64+\\F_1U_0(\alpha r,\theta)+F_2V_0(\alpha r,\theta)\end{array}\right]$$

$$(66b)$$

反对称部分 $w_{Ti}^a(r)$ 的出现可归因于这么几点：两管板不完全等同（如厚度、直径、材料、温度等）、换热管自重、压力降及两管板周边约束不同等。

若换热器满足中面对称条件，则 $w_{Ti}^a(r)\equiv0$。所以，方程（66b）中 C_3、C_4、B_2、F_1、F_2 必须为 0。仅在此条件下，可解除两管板的耦合作用，即，

$$w_{T1}(r)\equiv w_{T2}(r)=\frac{1}{2}[C_1U_0(\alpha r,\theta)$$
$$+C_2V_0(\alpha r,\theta)]+\frac{P_{a1}}{2k_w} \quad (67)$$

若换热器不满足中面对称条件，而强令 $F_1=F_2=0$、$C_3=0$、$C_4=0$ 及 $B_2=0$（而这正是 ASME 所做的）会导致如下后果：

（a）反对称部分 $w_{Ti}^a(r)\equiv0$，即 $w_{Ti}^a(r)$ 被忽略

（b）因 $w_{Ti}^a(r)$ 被忽略，但 $w_{Ti}(r)$ 仍须满足边界条件，所以方程方程（66a）中积分常数 C_1、C_2 亦须被迫"修正"来满足这一要求。

上述此种无逻辑的要求，将对 $w_{Ti}(r)$、$M_{r,Ti}(r)$、$Q_{Ti}(r)$ 产生难以预料的结果。

式（9f）所定义的 θ 是精细化分析统一理论中的一个重要参数。若假定两管板材料厚度相同，则式（9f）退化为：

$$\theta=0.5\arccos(-\lambda_{T1}^2/\alpha^2) \quad (68)$$

$\arccos(x)$ 可由幂级数展开为：

$$\arccos(x)=(\pi/2)-x+O[x]^3 \quad (69)$$

设计、传热 B

因此，

$$(\theta-\pi/4)=\frac{\lambda_{T1}^2}{2\alpha^2}-O\left[\frac{\lambda_{T1}^2}{\sqrt[3]{2}\alpha^2}\right]^3 \quad (70)$$

其中，

$$\frac{\lambda_{T1}^2}{2\alpha^2}=\left[\frac{\sqrt{12}}{\sqrt[4]{10}}\left(2\frac{G_1^*}{G_{z1}^*}-\nu_{z1}^*\frac{E_1^*}{E_{z1}^*}\right)\right.$$

$$\sqrt{\frac{1+\nu_1^*}{1-\nu_1^*}}\sqrt{\frac{E_t}{E_1^*}}\sqrt{\frac{N_t A_t}{\pi a_o^2}}\sqrt{\frac{h_1}{8L}} \quad (71)$$

对于低压薄管换热器，$(\lambda_{T1}^2/2\alpha^2)\sim\sqrt{h_1/(8L)}$ $\ll1$，所以 $\theta\to\pi/4$；在此情形下，方程（61）对于管板的挠度是一个很好的近似。

由式（71），对于高压厚管板换热器，因 A_t 及 h_1 增大，故 θ 亦随之增大。所以，用方程（61）计算高压厚管板的挠度将导致较大的误差。这是算例 A8 中 ASME 给出的换热管轴向应力偏差非常大的主要原因。

因此，$(\theta-\pi/4)$ 数值的大小反映了经典统一理论与精细化分析统一理论之间的差异程度。我们的计算表明，一般情况下若 $(\theta-\pi/4)<0.02$，则文献 [12] 经典统一理论给出的结果足够精确，否则应采用精细化分析统一理论。

6 与 ASME 方法的理论比较

文献 [12] 附录 I 对 ASME VIII-1 UHX 方法的基本理论假设及力学模型作了概括性说明。ASME 方法亦基于经典薄板理论，故方程（61）、（62）可用于分析讨论 ASME 方法。

6.1 ASME 总是假定换热器符合中面对称假设

由于换热器符合中面对称假设，故只需要分析模型的一半。所以，$D_1^*=D_2^*$，$P_{s1}=P_{s2}$，$P_{t1}=P_{t2}$，$\omega_{g,t}=\omega_{g,si}=0$，$\delta_{g,si}=0$，$\delta_{g,t}=0$，$F_1=F_2=0$，…

将相关值代入（4a）得

$$P_{a1}=P_{a2}=(\chi_s P_{s1}-\chi_t P_{t1})-k_w[\delta_s-\delta_{\gamma,t}-\delta_{\nu,t}] \quad (72)$$

将 $F_1=F_2=0$ 代入（66b）得

$$w_{Ti}^a(r)=\frac{(-1)^{i+1}}{2}\left[C_3+C_4 r^2+\frac{B_2 r^4}{64}\right] \quad (73)$$

将式（73）代入式（62），可获得因中面不对称原因所引起的管板径向弯矩：

$$M_{r,Ti}^a(r)=\frac{(-1)^{i+1}}{2}D_i^*(2+2\nu_i^*)C_4+$$

$$\frac{(-1)^{i+1}}{2}D_i^*(3+\nu_i^*)\frac{B_2}{16}r^2 \quad (74)$$

若考虑 $D_1^*=D_2^*$ 的情形，将式（4a）、（4b）代入式（9e）可得：

$$B_2=\frac{1}{D_1^*}\left[\chi_s(P_{s1}-P_{s2})-\chi_t(P_{t1}-P_{t2})+\right.$$

$$\left.L\omega_{g,t}\frac{N_t A_t}{\pi a_o^2}\right] \quad (75)$$

式（74）右边第二项正比与 $B_2 r^2$，再由式（75）可知对于大直径换热器重力或压力降的影响不可忽略。

若不考虑重力或压力降的影响，由式（75），此时 $B_2=0$。在此情形下，方程（74）右边第一项表示因管板温度、周边约束或其他因素不同等情形而导致的反对称弯矩。

ASME 无条件的认为换热器满足中面对称假设，这意味：$w_{Ti}^a(r)\equiv0$，即不论何种情况，方程（66b）中 C_3、C_4、B_2、F_1、F_2 都必须为 0。

显然，浮头换热器不满足中面对称假设；此外固定管板换热器亦会因前述的种种原因而不满足中面对称假设，此时 C_3、C_4、B_2 不同时为 0。而按 ASME 方法，必须令 $C_3=0$、$C_4=0$ 及 $B_2=0$。因此，在这种情形下 ASME 方法除忽略 $M_{r,Ti}^a(r)$ 外，按第 6 节分析可知 ASME 还将进一步"修正" $w_{Ti}^s(r)$ 及其对应的弯矩 $M_{r,Ti}^s(r)$。

上述因素，为本文附录 A 之算例 A2，A3，A4 及 A7 中 ASME 结果不够准确或错误的主要原因。

6.2 ASME 忽略管板中面的径向位移

若忽略管板中面的径向位移，则 $u_{Ti}(a_o)=0$，$u_{Ai}(a_o)=u_{Ai}(R_i)=0$，$u_{fi}=0$，$H_{ai}=H_{fi}=0$。所以，$\sigma_{r,Ti}^m(r)=0$，即，ASME 忽略了径向薄膜应力，但不少情形下（如管板与管箱、壳体皆为焊接连接时）此薄膜应力与径向弯曲应力 $\sigma_{r,Ti}^b(r)$ 相比处于同一量级。

若考虑管板中面的径向位移，则此位移可以缓和管板与管箱、壳体连接处的剪力及弯矩（M_{si}，Q_{si}，M_{ci}，Q_{ci}），并可降低管板、管箱及壳体的弯曲应力。

上述因素，本文附录 A 之算例 A1 及 A6 中 ASME 结果不够准确或错误的主要原因。

6.3　ASME 力学模型将管板分解为两部分

ASME 力学模型将管板分解为两部分：布管区（$0 \leqslant r \leqslant a_o$），不布管区（$a_o \leqslant r \leqslant R_{Ti}$）；不布管区处理为刚性环，即在载荷作用下环截面可转动而无径向位移，且截面形状保持不变。即，ASME 将中间环板与管板法兰环两者合并为刚性环。但这样的简化处理会导致在布管区与不布管区之间产生较"硬"的连接，从而导致较高的管板弯曲应力特别是在中间环板的宽度和管板厚度相当的情形下。

上述因素，为本文附录 A 之算例 A1、A6 及 A7 中 ASME 结果不够准确或错误的原因。

6.4　对比概要

基于上述分析比较可知，ASME 方法为精细化分析统一理论简化力学模型下的特殊情形。这些简化措施及特殊限制条件施加于精细化分析统一理论之上，将对管板、壳体及管箱应力导致难以预测的结果。

7　理论解的验证

本文附录 A 提供了 8 台不同类型换热器的算例，来验经典统一理论及精细化分析统一理论的正确性并与 ASME VIII-1 UHX 及 FEA 计算结果做比较。对比表明，在各种情形下精细化分析统一理论的预测结果与 FEA 结果符合得非常好，经典统一理论对于薄管板的预测结果与 FEA 结果也符合得非常好，详见附录 A，而 ASME 的计算结果不够准确或多数是错误的。

8　结论

长期以来，管板设计方法[1-10]都基于弹性基础

上薄板理论并进一步假定换热器满足中面对称条件。然而，事实却如本文所分析的那样，在实际情形下中面对称假设很难满足（或者说中面对称只是特殊情形）。因此，与其假设换热器满足中面对称，不如承认中面不对称的情形并在此基础上发展新的理论。

基于上述出发点，我们抛弃了中面对称假设并采用了 Ambartsumyan 横观各向同性厚板理论，讨论更为一般的情形，即：考虑管板厚度方向与管板面内（横观）弹性常数的差异；考虑管板横向剪切应力的影响；考虑两管板材料、厚度、直径及周边约束条件不同的情形；考虑管程、壳程压力降（含流体重力）及换热管和壳体自重的影响，在此基础上发展了管板应力精细化分析的统一理论。若按薄板理论忽略管板厚度方向的正应力及剪切变形，则精细化分析统一理论退化为文献[12]经典统一理论的情形。

理论对比分析表明，ASME 方法为精细化分析统一理论简化力学模型下的特殊情形。这些简化措施及特殊限制条件施加于精细化分析统一理论之上，对管板、壳体及管箱应力导致难以预测的结果。

数值对比分析表明，对于薄管板，经典统一理论与精细化分析统一理论的预测结果与 FEA 结果符合得非常好，而 ASME 的计算结果是错误的或不够准确。对于厚管板，精细化分析统一理的预测结果与 FEA 结果符合得非常好，而 ASME 的计算结果是错误的或不够准确。这表明，精细化分析统一理论对不同类型换热器的厚管板及薄管板的力学行为都给出了可靠的预测。

此外，若需考虑壳体、管箱及管板之间的径向热膨胀差所导致的应力，此问题非常容易解决，即，在涉及相关元件的径向位移表达式 u_{ci} 式（14），u_{fi} 式（19），u_{si} 式（22），u_{Ti} 式（30），$u_{Ai}(r)$ 式（33）中加入径向热膨胀即可。

综上所述，文献[12]的经典统一理论为固定式、浮头式及 U 型管式薄管板的应力分析提供了可靠的同等深度的统一方法；文献[15]的精细化分析统一理论为固定式、浮头式及 U 型管式厚管板及薄管板的应力分析提供了可靠的同等深度的统一方法。

精细化分析统一理论在管壳式换热器设计理论研究方面取得如下进展：

（1）精细化分析统一理论突破现有理论[1-6]框架，将现有理论统一到新理论的架构之中，且正确预测现有理论无法解释的现象，极大地扩展了统一理论的适用范围。

（2）精细化分析统一理论统一了厚管板与薄管板的设计方法，并指明了其相互转化关系。

（3）精细化分析统一理论统一了固定式、浮头式、U 型管式换热器的设计方法，并指明了其相互转化关系。

（4）精细化分析统一理论对不同种类换热器（固定式、浮头式、U 型管式等）及不同结构形式的管板采用了统一的力学模型，使得理论的数学表达形式简洁、优美。

（5）精细化分析统一理论考虑了自重、压降的影响，为大型换热器的设计提供了坚实的理论依据。

（6）精细化分析统一理论指出了中面不对称情形对管板应力的影响；精细化分析统一理论还指出了管板面内径向位移对管板自身、管板与管箱及管板与壳体连接处的剪力及弯矩的影响。

（7）精细化分析统一理论考虑了管板厚度方向与管板面内（横观）弹性常数的差异，提供了更精确的管板应力分析结果。

（8）精细化分析统一理论系统全面地指出了 ASME 设计理论的缺陷及所面临的问题。

符 号 说 明

a_o = 当量布管圆半径，如图 1

A_t = 换热管截面积，$A_t = \pi t_t (d_t - t_t)$

d_t = 换热管公称外径

D_i，D_i^* = 管板开孔前及开孔后的抗弯刚度，$D_i = \dfrac{E_i h_i^3}{12 (1 - \nu_i^2)}$，$D_i^* = \dfrac{E_i^* h_i^3}{12 (1 - \nu_i^{*2})}$

E_i，E_{zi} = 管板材料平面内及厚度方向的拉伸弹性模量

E_i^*，E_i' = 管板布管区的有效弯曲及有效面内拉伸弹性模量

E_{zi}^*，G_{zi}^* = 管板布管区厚度方向的有效拉伸及剪切弹性模量

E_{ci}，E_{si}，E_t = 管箱、壳体及换热管弹性模量

G_i，G_{zi} = 管板材料平面内及厚度方向的剪切弹性模量

h_i，h_{fi} = 管板及管板法兰环厚度，如图 1

k_w = 弹性基础系数，$k_w = N_t A_t E_t / (\pi a_o^2 L)$

K_{Ji} = 膨胀节轴向刚度，总轴向力/伸长量

L = 两管板内表面之间的换热管长度，如图 1

L_{si} = 壳体长度，如图 1

N_t = 换热管根数

P_{si}，P_{ti} = 管板处的壳程及管程流体压力

q_{ti} = 因管子反力 F_{ti} 作用于管板而产生的当量压力

q_{Ti} = 管板布管区的净有效压力

$R_{B,ci}$，$R_{B,si}$ = 管箱法兰及壳程法兰螺栓中心圆半径，如图 1

R_{ci}，$R_{m,ci}$ = 管箱内半径及平均半径，如图 1

R_{ci}''，$R_{m,ci}''$ = 管箱经线曲率内半径及经线平均曲率半径

R_i，R_{Ti} = 管板法兰环内半径及外半径

$R_{G,ci}$，$R_{G,si}$ = 管箱垫片及壳程法兰垫片作用力中心圆半径

R_{Ji} = 膨胀节波高处内半径，如图 1

R_{si}，$R_{m,si}$ = 壳体内半径及平均半径，如图 1

t_{ci}，t_{si} = 管箱及壳体的厚度，如图 1

t_t = 换热管公称壁厚

U_0，V_0，U_1，V_1 = Schleicher 函数，参见文献 [12] 附录 G

$W_{B,ci}$，$W_{B,si}$ = 管箱法兰及壳体法兰单位长度上的有效螺栓载荷

$W_{G,ci}$，$W_{G,si}$ = 管箱法兰垫片及壳程法兰垫片单位长度上的作用力

Z_{Ai} = 环板压力参数，$Z_{Ai} = -0.5 (P_{si} + P_{ti})$

Z_{Ti} = 管板布管区压力参数，$Z_{Ti} = -0.5 [\chi_s P_{si} + \chi_t P_{ti} - q_{ti} (r)]$

β_{ci}，k_{ci} = 管箱系数：$\beta_{ci} = \dfrac{\sqrt[4]{12 (1 - \nu_{ci}^2)}}{\sqrt{2 R_{m,ci} t_{ci}}}$，$k_{ci} = \beta_{ci} \dfrac{E_{ci} t_{ci}^3}{12 (1 - \nu_{ci}^2)}$

β_{si}，k_{si} = 壳体系数：$\beta_{si} = \dfrac{\sqrt[4]{12 (1 - \nu_{si}^2)}}{\sqrt{2 R_{m,si} t_{si}}}$，$k_{si} = \beta_{si} \dfrac{E_{si} t_{si}^3}{12 (1 - \nu_{si}^2)}$

μ_i，μ_i^* = 孔带效率及有效孔带效率

ν_i，ν_{ci} = 管板、管箱 Poisson 比

ν_{si}，ν_t = 壳体、换热管 Poisson 比

ν_i^*，ν_i' = 管板布管区平面内的有效弯曲及有效面内拉伸 Poisson 比

ν_{zi}^* = 管板布管区厚度方向的有效 Poisson 比

713

χ_s，χ_t = 管板布管区壳程及管程压力效率，$\chi_s = 1 - N_t \left(\dfrac{d_t}{2 a_o} \right)^2$，$\chi_t = 1 - N_t \left(\dfrac{d_t - 2 t_t}{2 a_o} \right)^2$

$\omega_{g,t}$，$\omega_{g,si}$ = 换热管及壳体比重

∇^2 = Laplace 算子，$\nabla^2 = \dfrac{d^2}{dr^2}(\ ) + \dfrac{1}{r} \dfrac{d}{dr}(\ )$

$\nabla^4 = \nabla^2 \nabla^2$

附录 A：算例及比较

本附录通过对比分析 8 台不同类型的换热器（含薄管板及厚管板）来验证经典统一理论与精细化分析统一理论这两种统一理论的正确性，同时按 ASME VIII - 1 UHX 对上述所有算例进行计算并与 FEA 结果做比较。

有限元分析采用 ANSYS 软件，管板、壳体、管箱等采用 PLANE182 单元，并作如下简化：

（a）基于 Ambartsumyan 理论的精细化分析统一理论：管板布管区用半径为 a_o 当量横观各向同性的实心圆平板代替之：平面内的有效弹性常数 E_i^*、G_i^*、ν_i^*，按 ASME VIII - 1 [7] UHX - 11.5 计算之；沿厚度方向的有效弹性常数 E_{zi}^*、G_{zi}^*、ν_{zi}^*，按 ASME VIII - 2 [8] Section 5 - E.4.3 计算之。

（b）基于薄板理论的经典统一理论：管板布管区用半径为 a_o 当量各向同性的实心圆平板代替之：有效弹性常数 E_i^*、G_i^*、ν_i^*，按 ASME VIII - 1 [7] UHX - 11.5 计算之；

（c）换热管等效为 k_w 的弹性基础。

A.1 固定管板换热器

此算例完全引用 ASME PTB - 4[17] 例 4.18.7 之工况 3，管板与壳体、管箱为整体连接，参见 ASME VIII - 1 Fig. UHX - 13.1，Configuration B。表 1 列出了其中一些参数，具体参数详见文献 [17]。

表 1　固定管板换热器参数（$i = 1, 2$）

E_i^* (psi)	ν_i^*	μ_i^*	h_i (in)	a_o (in)	$2R_{Ti}$ (in)	N_t	d_t (in)	t_t (in)	L (in)
7.26E6	0.3204	0.2711	1.375	20.625	43.125	955	1.0	0.049	237.25
$2R_{si}$ (in)	t_{si} (in)	$2R_{ci}$ (in)	t_{ci} (in)	E_i (psi)	E_t (psi)	E_{si} (psi)	E_{ci} (psi)	P_{ti} (psi)	P_{si} (psi)
42	0.5625	42.125	0.375	2.64 E+7	2.7E+7	2.64 E+7	2.83 E+7	200	325

两种统一理论预测结果差异非常小，因此本文只显示精细化分析统一理论的预测结果：管板径向薄膜应力 $\sigma_{r,Ti}^m(r)$ 与径向弯曲应力 $\sigma_{r,Ti}^b(r)$ 相比不可忽略，如图 3 所示。精细化分析统一理论给出的管板外表面径向总应力 $\sigma_{r,Ti}(r)$ 和 FEA 结果符合得很好，如图 4，而 ASME 的结果显示出非常大的偏差或者说是不正确的。

对于换热管轴向应力分布：精细化分析统一理论的预测与 FEA 符合得很好，如图 5，且比 ASME 的结果更精确。

对于此算例，Osweiller[18] 写道："UHX 所给出的管板应力显著高于（约 50%）FEA 的结果；换热设备特别工作组仍在寻找造成此差异的合理解释…"。显而易见，两种统一理论都很好地解释了此差异。

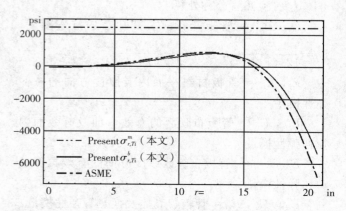

图 3　管板径向薄膜于弯曲应力的比较
——固定管板换热器

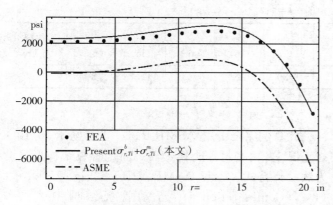

图4 管板径向总应力的比较——固定管板换热器

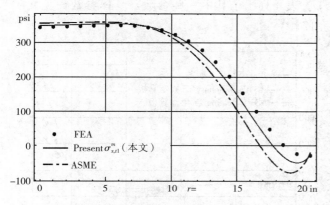

图5 换热管轴向薄膜应力的比较——固定管板换热器

A.2 浸入式浮头换热器

此算例完全引用 ASME PTB-4[17] 例 4.18.8 之工况 2，浸入式浮头换热器。固定管板结构形式为法兰夹持式，参见 ASME VIII-1 Fig. UHX-14.2，Configuration D；浮动管板为法兰夹持式，参见 ASME VIII-1 Fig. UHX-14.3，Configuration C。表 2 列出了其中一些参数，具体参数详见文献 [17]。

两种统一理论预测结果差异非常小，因此本文只显示精细化分析统一理论的预测结果：精细化分析统一理论预测的固定管板及浮动管板外表面的径向总应力 $\sigma_{r,Ti}(r)$ 和 FEA 结果符合得都很好，如图 6，而 ASME 的结果除最大应力比较接近外显示出非常大的偏差或者说是不正确的。

对于换热管轴向应力分布：精细化分析统一理论的预测与 FEA 符合得非常好，如图 7，且比 ASME 的结果更为准确。

此外，由图 6 可知 ASME 计算所得的最大应力值小于 FEA 及精细化分析统一理论的预测。此算例亦表明，ASME 结果并不总是保守的。

A.3 外密封浮头换热器

此算例完全引用 ASME PTB-4 [17] 例 4.18.9 之工况 3，外密封浮头换热器。固定管板结构

表2 浸入式浮头换热器 ($i=1$，2)

E_i^* (psi)	ν_i^*	μ_i^*	h_i (in)	$2a_o$ (in)	$2R_{T1}$ (in)	$2R_{T2}$ (in)	N_t	d_t (in)	t_t (in)	L (in)
10.91E6	0.308	0.385	1.75	25.75	26.89	33.071	466	0.75	0.083	253.5

形式为法兰夹持式，参见 ASME VIII-1 Fig. UHX-14.2，Configuration D；浮动管板结构型式按 ASME VIII-1 Fig. UHX-14.3，Configuration

A。表 3 列出了其中一些参数，具体参数详见文献 [17]。

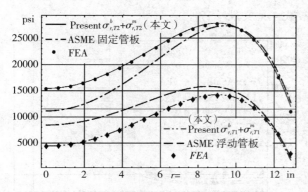

图6 管板径向总应力的比较——浸入式浮头换热器

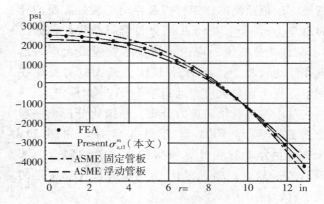

图7 换热管轴向薄膜应力的比较——浸入式浮头换热器

表 3　外密封浮头换热器（$i=1, 2$）

E_i^* (psi)	ν_i^*	μ_i^*	h_i (in)	$2a_o$ (in)	$2R_{T1}$ (in)	$2R_{T2}$ (in)	N_t	d_t (in)	t_t (in)	L (in)	P_{ti} (psi)	P_{si} (psi)
4.144E6	0.337	0.275	1.375	46.21	47.625	51	1189	1.0	0.049	141.25	30	150

　　两种统一理论预测结果差异非常小，因此本文只显示精细化分析统一理论的预测结果：精细化分析统一理论预测的固定管板及浮动管板外表面的径向总应力 $\sigma_{r,Ti}(r)$ 和 FEA 结果符合得都很好，如图 8，而 ASME 的结果不正确。

　　对于换热管轴向应力分布：精细化分析统一理论的预测结果与 FEA 符合得非常好，如图 9，而 ASME 的结果不正确。

A.4　内密封浮头换热器

　　此算例完全引用 ASME PTB-4[17] 例 4.18.10 之工况 1，内密封浮头换热器。固定管板结构形式为法兰夹持式，参见 ASME VIII-1 Fig. UHX-14.2，Configuration D；浮动管板结构型式按 ASME VIII-1 Fig. UHX-14.3，Configuration D。表 4 列出了其中一些参数，具体参数详见文献 [17]。

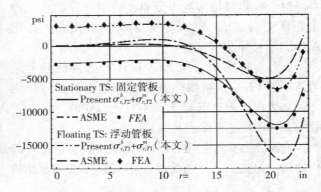

图 8　管板径向总应力的比较——外密封式浮头换热器

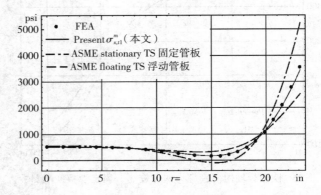

图 9　换热管轴向薄膜应力的比较——外密封式浮头换热器

表 4　内密封浮头换热器（$i=1, 2$）

E_i^* (psi)	ν_i^*	μ_i^*	h_i (in)	$2a_o$ (in)	$2R_{T1}$ (in)	$2R_{T2}$ (in)	N_t	d_t (in)	t_t (in)	L (in)	P_{ti} (psi)	P_{si} (psi)
8.957E6	0.316	0.322	1.188	31.876	36.875	39.875	1066	0.75	0.065	153.499	175	0

　　两种统一理论预测结果差异非常小，因此本文只显示精细化分析统一理论的预测结果：精细化分析统一理论预测的固定管板及浮动管板外表面的径向总应力 $\sigma_{r,Ti}(r)$ 和 FEA 结果符合得都很好，如图 9。精细化分析统一理论预测显示管板最大应力出现在浮动管板上，而 ASME 认为最大应力出现在固定管板上且最大应力远高于 FEA，如图 10。

　　对于换热管轴向应力分布：精细化分析统一理论预测结果与 FEA 符合得非常好，如图 11，ASME 由浮动管板计算所得的换热管轴向应力和 FEA 符合较好；而 ASME 由固定管板计算所得的换热管轴向应力误差非常大。

A.5　U 型管换热器

　　此算例完全引用 ASME PTB-4[17] 例 4.18.1 之工况 3，U 型管换热器。管板与壳体、管箱为整体连接，参见 ASME VIII-1 Fig. UHX-12.1，Configuration A。表 5 列出了其中一些参数，具体参数详见文献 [17]。

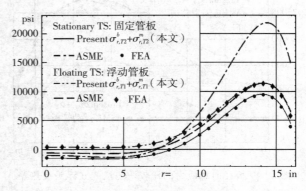

图 10　管板径向总应力的比较——内密封式浮头换热器

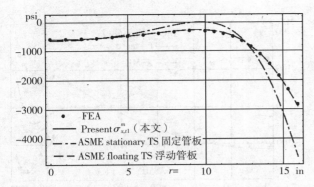

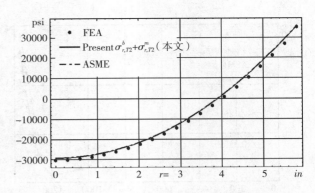

图 11 换热管轴向薄膜应力的比较——内密封式浮头换热器　图 12 管板径向总应力的比较——U 型管式换热器

表 5 U 型管换热器（$i=1，2$）

E_i^* (psi)	ν_i^*	μ_i^*	h_i (in)	p^* (in)	E_i (psi)	$2a_o$ (in)	$2R_{T1}$ (in)	$2R_{T2}$ (in)	N_t
11.5E6	0.254	0.349	0.521	1.15	25.8E6	11.626	12.939	12.939	76

d_t (in)	t_t (in)	L (in)	E_t (psi)	$2R_{s1}$ (in)	t_{s1} (in)	$2R_{c1}$ (in)	t_{c1} (in)	P_{ti} (psi)	P_{si} (psi)
0.75	0.065	100	1	12.39	0.18	12.313	0.313	140	—10

　　两种统一理论预测结果差异非常小，因此本文只显示精细化分析统一理论的预测结果：精细化分析统一理论预测的管板外表面径向总应力 $\sigma_{r,Ti}(r)$ 和 FEA 符合得很好，如图 12，且 ASME 的结果也与 FEA 符合得很好。

A. 6　固定管板换热器不考虑重力的影响

　　此算例为立式固定管板换热器，管板与壳体、管箱为整体连接，参见 ASME Ⅷ‑1 Fig. UHX‑13.1，Configuration B。具体参数详见表 6，但不考虑重力的影响。

表 6 立式固定管板换热器（$i=1，2$）

E_i (MPa)	p_i^* (mm)	h_i (mm)	μ_i^*	ν_i^*	E_i^*/E_i	E_t (MPa)	R_{Ti} (mm)	a_o (mm)	E_{si} (MPa)	ν_{si}	R_{si} (mm)	t_{si} (mm)
1.72E+5	38.5	34	0.2208	0.367	0.216	1.72E+5	1520	1370	1.72E+5	0.3	1470	30

E_{ci} (MPa)	ν_{ci}	R_{ci} (mm)	t_{ci} (mm)	N_t	d_t (mm)	t_t (mm)	L_{si} (mm)	$\omega_{g,t}$ (N/mm³)	$\omega_{g,si}$ (N/mm³)	$W_{g,ci}$ (N)	P_{ti} (MPa)	P_{si} (MPa)
1.72E5	0.3	1470	30	4500	30	3.0	2000	8E−5	8E−5	0.0	1.0	0.0

　　两种统一理论预测结果差异非常小，因此本文只显示精细化分析统一理论的预测结果：精细化分析统一理论预测结果显示，管板中的径向薄膜应力 $\sigma_{r,Ti}^m(r)$ 与径向弯曲应力 $\sigma_{r,Ti}^b(r)$ 相比不可忽略，如图 13，且精细化分析统一理论给出的管板外表面径向总应力 $\sigma_{r,Ti}^b(r)$ 和 FEA 符合得很好，而 ASME 的结果显示出非常大的偏差或者说是不正确的。

　　对于换热管轴向应力分布：精细化分析统一理论预测与 FEA 符合得很好，如图 14，而 ASME 的结果显示出比较大的偏差。

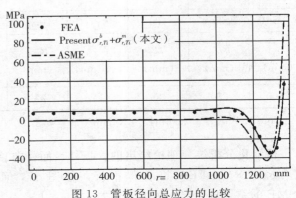

图 13　管板径向总应力的比较
——固定管板换热器不考虑重力影响

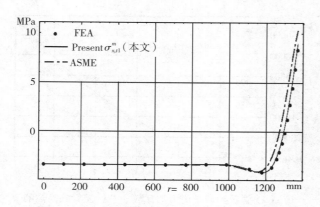

图14 换热管轴向薄膜应力的比较
——固定管板换热器不考虑重力影响

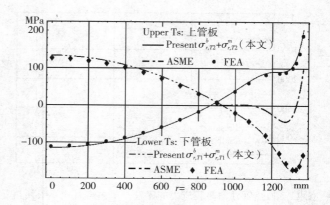

图15 管板径向总应力的比较
——立式固定管板换热器

A.7 立式固定管板换热器

此算例为立式固定管板换热器,管板与壳体、管箱为整体连接,参见 ASME VIII－1 Fig. UHX-13.1,Configuration B。具体参数详见表6,考虑重力的影响。

两种统一理论预测结果差异非常小,因此本文只显示精细化分析统一理论的预测结果:若考虑重力的影响,精细化分析统一理论所预测的上下管板外表面的径向总应力$\sigma_{r,Ti}(r)$和 FEA 符合得都很好,如图15,而 ASME(无法考虑结重力的影响)结果远低于 EFA。

对于换热管轴向应力分布:精细化分析统一理论预测结果与 FEA 符合得很好,如图16,而 ASME 的结果显示出较大的偏差。

此算例表明:ASME 方法在需要考虑重力的情形下完全失效,且 ASME 结果并不总是保守的。

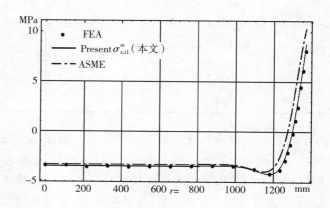

图16 换热管轴向薄膜应力的比较
——立式固定管板换热器

A.8 厚壁固定管板换热器——管板兼作法兰

此算例为厚管板兼作法兰,管箱与管板采用法兰连接。具体参数详见表7,不考虑重力的影响。

表7 厚壁固定管板换热器－管板兼作法兰（$i=1$，2）

E_i (MPa)	p_i^* (mm)	h_i (mm)	μ_i^*	ν_i	E_{ci}，E_{si} (MPa)	ν_{ci}，ν_{si}	a_o (mm)	R_{Ti} (mm)	R_{si} (mm)	t_{si} (mm)
2.1E＋5	23	120	0.270	0.3	2.1E＋5	0.3	225	350	259	12

L_{si} (mm)	$R_{G,ci}$ (mm)	t_{ci} (mm)	$W_{B,ci}$ (N/mm)	$R_{B,ci}$ (mm)	P_{ti} (MPa)	P_{si} (MPa)	N_t	d_t (mm)	t_t (mm)
2000	250	30	1)	325	15	0.0	324	18	3.0

Note 1. $W_{B,ci}=3.239671E＋6$N/mm

精细化分析统一理论给出的管板外表面径向总应力$\sigma_{r,Ti}(r)$和 FEA 符合得很好,如图17,而 ASME 的结果显示出比较大的偏差。

对于换热管轴向应力分布:精细化分析统一理论预测与 FEA 符合得很好,如图18,而 ASME 的结果显示出比较大的偏差。注:$(\theta-\pi/4)=0.04041$。

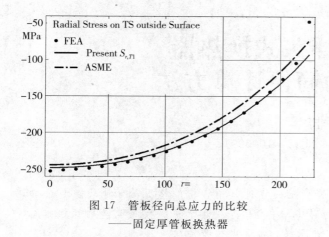

图 17 管板径向总应力的比较
——固定厚管板换热器

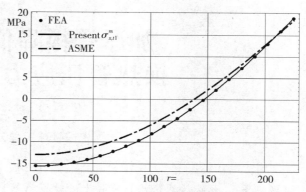

图 18 换热管轴向薄膜应力的比较
——固定厚管板换热器

参 考 文 献

[1] Gardner K. A. Heat exchangertubesheet design [J]. ASME Journal of applied mechanics, 1948, 15 (4): 377 −385.

[2] Gardner K. A. Heat exchanger tubesheet design−2: Fixed tubesheet [J]. ASME Journal of applied mechanics-Transactions of the ASME, 1952, 19 (2): 159 −166.

[3] Miller K. A. G. The Design of tube plates in heat exchangers [J]. Proceedings of the Institute of Mechanical Engineering, 1952, 1B (6): 215−231.

[4] Galletly, G. D. Optimum design of Thin Circular Plates on an Elastic Foundation [J]. Proceedings of the Institution of Mechanical Engineers, 1959, 173 (1): 687 −698.

[5] Hwang, K. C., Xue, M. D., Li, S. Y. A Proposed Method of Stress Analysis on Fixed Tubesheets of Heat Exchangers [C]. 4th International Conference on Pressure Vessel Technology, 1980 (3): 50−62.

[6] A. I. Soler, S. M. Caldwell, S. D. Soler. A proposed ASME Section VIII Division 1 tubesheet design procedure [C]. ASME PVP Conference, Nashville, TN, 1990 (186): H00605.

[7] ASME Section VIII - Division 1−2015 [S].

[8] ASME Section VIII - Division 2−2015 [S].

[9] EN 13445−2014 [S].

[10] PD5500 − 2014 [S], Specification for unfired fusion welded pressure vessels. London: British standards Institution.

[11] Gardner K A. Tubesheet design: a basis for standardization [J]. Pressure Vessel Technology, 1969: 621 −648.

[12] Hongsong Zhu, Jinguo Zhai, Haifeng Wang, et al. A Proposed General Method of Stress Analysis for Tubesheet of Heat Exchanger" [J]. Journal of Pressure Vessel Technology, 2016, 138 (6): 061205−061205−20.

[13] 朱红松，翟金国；管板应力分析统一方法的简介 (1)——理论基础，化工设备与管道 [J]，2017 (2).

[14] 朱红松，翟金国；管板应力分析统一方法的简介 (2)——与 ASME 的比较及算例分析，化工设备与管道 [J]，2017 (3).

[15] Hongsong Zhu. Refined General Theory of Stress Analysis for Tubesheet [J]. 2017, Journal of Pressure Vessel Technology, 139 (4): 041203 − 041203 − 10. doi: 10. 1115/1. 4036139.

[16] Ambartsumyan. S. A. 1970, "Theory of Anisotropic Plates," Vol. II, Technomic Publishing Co., Stamford, CN, 41, 48−52, 139−140.

[17] ASME PTB − 4 − 2013, ASME Section VIII - Division 1 Example Problem Manual, ASME 2013.

[18] Francis Osweiller, 2014, "Criteria for Shell−and−Tube Heat Exchangers According to Part UHX of ASME Section VIII Division 1", ASME PTB−7−2014, 93−94.

作 者 简 介

朱红松，1976 年 3 月，男，高级工程师，主要从事工程管理

加厚管板降低浮头式换热器换热管压应力的简便计算方法

石平非

（中国寰球工程公司　北京　100029）

摘　要　在浮头式换热器计算中，经常遇到换热管受压失稳计算不合格的情况，有时只能通过加厚管板解决。本文分析了管板厚度对换热管轴向压应力的影响，并提出了一种加厚管板降低换热管轴向压应力的简便计算方法，并对 GB/T 151—2014 浮头式换热器计算公式提出了改进建议。

关键词　浮头式换热器；换热管受压失稳；换热管轴向应力；加厚管板；计算方法

ASimple Method of Calculating Compressive Stress Reduced in Tube While Tubesheet Thickness Increased

Shi Pingfei

（China Huanqiu Contracting & Engineering CO. LTD. , Beijing 100012, China）

Abstract　In the calculation of floating tubesheet head exchanger, sometimes the compressive stress in tube is greater than allowed stress and consequently increasing tubesheet thickness is needed. In this article, the influence on compressive stress in tube caused by tubesheet thickness was analyzed, and a simple method of calculating the compressive stress reduced in tube by increasing tubesheet thickness was presented, then, a proposal for revision of the calculation formula in GB/T 151—2014 was provided.

Keywords　floating tubesheet head exchanger; Compression instability of tube; axial stress in tube; increase tubesheet thickness; Method of Calculation.

在浮头式换热器计算中，经常遇到换热管受压失稳计算不合格的情况。为了使换热管受压失稳计算合格，通常是调整换热管受压失稳当量长度（lcr）、换热管壁厚（δt）、换热管材料设计温度下的许用应力（$[\sigma]tt$）和屈服强度（$ReLt$）（即调整换热管的材料）、管板厚度（δ）和管板设计温度下的许用应力 $[\sigma]rt$（即调整管板材料）这六个参数。有时在综合考虑工艺操作要求和选材经济合理等因素后，换热管受压失稳当量长度、换热管壁厚、换热管材料和管板材料等参数的调整会受到限制，最终只能通过加厚管板解决热管受压失稳的问题。在 ASME-VIII-I-UHX-14[1] 浮动式管板设计规则中，管板加厚最终会使换热管轴向压应力

下降。但在 GB/T 151—2014[2] 浮头式换热器计算公式中，管板加厚对换热管受压失稳计算毫无影响，标准中也没有针对用加厚管板解决热管受压失稳问题的计算方法。为此，本文分析了管板厚度对换热管轴向压应力计算的实际影响，并提出了一种简便的加厚管板降低换热管轴向压应力的计算方法，并对 GB/T 151—2014 浮头式换热器计算公式提出了改进建议。

1　换热管轴向应力计算

在 GB/T 151—2014 浮头式换热器计算中，换

热管轴向应力的计算公式为：$\sigma t = [Pc - (ps - pt) \times (At/Al) \times Gwe] / \beta$，式中 $Pc = ps - pt(1 + \beta)$，Gwe 与 $t/Pǎ$ 和 $1/\rho t$ 有关，$Pǎ = pd/(1.5\mu[\sigma]rt)$。其中 At、Al、β、t 和 $1/\rho t$ 只与换热管和管板几何尺寸（管板厚度除外）有关，Pc、ps、pt、pd 只与设计压力有关，$Pǎ$ 与设计压力和管板材料的许用应力有关。因此从上述换热管轴向应力计算公式表面上看，换热管轴向应力与管板的计算厚度有关，但与管板最终所取的实际厚度无关，管板加厚好像不能对换热管轴向应力的计算有影响，但其实不是这样的，具体分析见下文。

2 管板厚度对换热管轴向压应力的实际影响

GB/T 151—2014 中只给出了管板计算厚度的公式，却没有给出管板在实际厚度时管板应力的计算公式。在 GB/T 151—2014 的标准释义中提到，文献[3]给出了浮头式换热器管板设计方法的理论依据。在文献[3]中，式（15a）给出了管板应力的计算公式，即 $(\sigma r)max = (pd/4\mu) \times (Dt/\delta)^2 \times max[G1e(K, m), Gi(K, m)]$，并按 $(\sigma r)max = 1.5[\sigma]rt$ 的管板应力校核条件推导出管板计算厚度的公式，即 $\delta = C \times Dt \times Pǎ$，式中 $Pǎ = pd/(1.5\mu[\sigma]rt)$，$C$ 与 $t/Pǎ$ 和 $1/\rho t$ 有关。从管板计算厚度公式的推倒过程（详见文献[3]）可以判定，公式 $Pǎ = pd/(1.5\mu[\sigma]rt)$ 中的 $1.5[\sigma]rt$ 这一项的真正力学含义是指管板应力 σr，而不是指管板的材料力学性能，也就是说 $Pǎ$ 的计算公式可以写成 $Pǎ = pd/(\mu \times \sigma r)$。那么，①当取管板应力 $\sigma r = 1.5[\sigma]rt$ 时，按 $Pǎ = pd/(1.5\mu[\sigma]rt)$ 计算得出的管板厚度就是管板的最小计算厚度，同时按此 $Pǎ$ 算出的换热管轴向应力就是对应管板最小计算厚度时的换热管轴向应力；②当取管板应力 σr 小于 $1.5[\sigma]rt$ 时，与①中计算管板最小计算厚度时的各项计算参数相比，$Pǎ$ 是提高的，按此提高的 $Pǎ$ 查 GB/T 151—2014 中图 7-10 所得 C 值也是提高的，进而管板的计算厚度也是提高的；同时按此提高的 $Pǎ$ 查 GB/T 151—2014 中图 7-11 所得 Gwe 值是减小的，于是换热管轴向压应力也是减小的。由此可见，管板厚度实际上与换热管轴向压应力的计算是有关的，不同的管板厚度

对应不同的换热管轴向压应力，管板加厚能够降低换热管轴向压应力。

在浮头式换热器计算中，按 GB/T 151—2014 计算所得的管板厚度就是按管板应力 $\sigma r = 1.5[\sigma]rt$（即 $Pǎ = pd/(1.5\mu[\sigma]rt)$ 算得的最小计算厚度，换热管轴向应力也是按 $Pǎ = pd/(1.5\mu[\sigma]rt)$ 算得的对应管板最小厚度的轴向应力，即是上面所述的第①种情况。而通常管板的实际厚度都是大于管板最小计算厚度的，此时管板应力 σr 肯定是要小于 $1.5[\sigma]rt$ 的，换热管轴向压应力也是减小的，也就相当于是上面所述的第②情况，但 GB/T 151—2014 却没有给出对于此情况下换热管轴向压应力需重新计算的提示和计算方法。GB/T 151—2014 这样计算的结果虽然是偏保守的，但当换热管受压失稳计算不合格时，就缺少了对于通过加厚管板解决换热管受压失稳问题的计算方法。

3 加厚管板降低换热管轴向压应力的简便计算方法

文献[3]给出了当管板实际厚度大于管板最小计算厚度时，求换热管实际轴向压应力的迭代计算方法（简称迭代法），但迭代法因需要反复迭代计算而需要额外编程，使用起来有些麻烦。根据前面的分析，笔者认为当换热管轴向压应力计算在某工况下不合格时，可以不用迭代法，只需要在按 GB/T151 计算时，将管板许用应力 $[\sigma]rt$ 一项输入值降低，即相当于按前面的第②情况计算，取管板应力 σr 小于 $1.5[\sigma]rt$，这样就可以使管板计算厚度提高，换热管轴向压应力降低。经过几次试算直到换热管轴向压应力合格为止，即可以求出该工况下满足换热管受压失稳合格所需的管板计算厚度 $\delta 1$。对于其他没有受压失稳问题的工况，则不必降低 $[\sigma]rt$ 的输入值进行计算，所得管板计算厚度为相应工况下的管板最小计算厚度 $\delta 2$，最终管板计算厚度取 $\delta = max(\delta 1, \delta 2)$，下面将这种算法简称为降低 $[\sigma]rt$ 输入值法。

迭代法的计算步骤详见文献[3]，其中第（1）步~第（5）步是求对应管板实际厚度时的 $Pǎi$ 值，且 $Pǎi > Pǎ$（对应最小管板计算厚度），其实也就相当于 $Pǎi$ 是按降低 $[\sigma]rt$ 值计算的；第（6）步和第（7）步是按 $Pǎi$ 求管板实际应力和换热管实际

轴向压应力。由此可知，降低 $[\sigma]rt$ 输入值法和迭代法在实质上是相同的，二者在计算管板厚度和换热管轴向压应力中使用的基本公式是相同的，只是一开始求 $P\check{a}i$ 的方法不同而已。迭代法是先假定管板实际厚度，再求相应的 $P\check{a}i$ 和管板实际应力及换热管实际轴向压应力；而降低 $[\sigma]rt$ 输入值法是先假定管板应力，再求相应的 $P\check{a}i$ 和管板实际需要厚度及换热管实际轴向压应力，因此两种算法的计算结果应该是一致的。

为了进一步验证降低 $[\sigma]rt$ 输入值法的正确性，笔者分别用降低 $[\sigma]rt$ 输入值法和迭代法算了一个实例，计算条件和计算结果如下，其中所有符号含义均与 GB/T 151—2014 相同。

（1）设计条件：$ps = pt = 3.6\text{MPa}$，$ts = tt = 440℃$，$Di = 2000\text{mm}$，$DG = 2032.11\text{mm}$.

（2）管板条件：材料：14Cr1Mo 锻件，$[\sigma]rt = 128.2\text{MPa}$，$Ep = 175000\text{MPa}$，$At = 2433625\text{mm}^2$，$A1 = 1342036.75\text{mm}^2$，$Dt = 1760.28\text{mm}$，$\rho t = 0.8662$.

（3）换热管条件：材料：SA-213T11，$[\sigma]tt = 92\text{MPa}$，$Et = 175000\text{MPa}$，$Relt = 146.6\text{MPa}$，$d = 19\text{mm}$，

$\delta t = 2\text{mm}$，$n = 3850$，$S = 25\text{mm}$，正方形排列，$lcr = 840\text{mm}$，$[\sigma]cr = 53.55\text{MPa}$，$\beta = 0.3064$.

（4）计算结果：在计算只有壳程压力作用工况时，

A）按 GB/T 151—2014 计算：如果 $[\sigma]rt$ 输入值=128.2MPa（管板的许用应力），则换热管受压式稳计算不合格，管板最小计算厚度 δ 和换热管轴向压应力 σt 见下表1。如果降低 $[\sigma]rt$ 输入值=75MPa，则管板加厚到 $\delta1$，同时换热管轴向压缩应力降到 $\sigma t1$，受压失稳计算合格。具体计算结果见下表1：

表 1

$[\sigma]rt$ 输入值 (MPa)	$1/\rho t$	t	$P\check{a}$	$t/P\check{a}$	查图 7—10 得 C	δ 或 $\delta1$ (mm)	查图 7—11 得 Gwe	σt 或 $\sigma t1$ (MPa)	σt 校核
128.2	1.1545	0.1052	0.0468	2.182	0.408	155.5	4.27	−79.23	不合格
75	1.1545	0.1052	0.0800	1.669	0.430	214.1	3.05	−53.23	合格

2）用迭代法计算：根据上述计算结果可知，管板最小计算厚度 $\delta = 155.5\text{mm}$，如果管板最终厚度取 $\delta1 = 214\text{mm}$，用迭代法计算对应 $\delta1$ 时的管板应力 $\sigma r1$ 和换热管轴向压缩应力 $\sigma t1$ 见下表2：

表 2

迭代次数	$P\check{a}$	$\delta1/\delta$ (mm/mm)	$P\check{a}1=(\delta1/\delta)\times P\check{a}$	$t/P\check{a}1$	按 $t/P\check{a}1$ 查 C1	$P\check{a}2=\delta1/C1\times Dt$	$(P\check{a}2-P\check{a}1)/P\check{a}2$	$\sigma r1=[\sigma]rt \times P\check{a}/P\check{a}2$ (MPa)	$t/P\check{a}2$	按 $t/P\check{a}2$ 查 Gwe1	$\sigma t1$ (MPa)
1	0.0468	214 / 155.5	0.298	1.586	0.439	0.277	−0.075				
2			0.277	1.705	0.425	0.286	0.032				
3			0.286	1.651	0.430	0.283	−0.012	75.1	1.670	3.04	−53.0

由上表迭代计算结果可见，经过三次迭代计算后，$(P\check{a}2-P\check{a}1)/P\check{a}2$ 的绝对值为 1.2%，满足迭代法对计算误差小于 3% 的要求，此时对应管板厚度 $\delta1$ 的管板实际应力 $\sigma r1$ 和换热管实际轴向压应力 $\sigma t1$ 与表1中降低 $[\sigma]rt$ 输入值法的计算结果几乎是一致的，这就证明降低 $[\sigma]rt$ 输入值法是正确的。

4 结论

本文阐述了浮头式换热器中管板厚度对换热管轴向压应力的实际影响，针对用加厚管板方法解决换热管受压失稳问题提出了一种不同于迭代法的简

便计算方法，即降低 $[\sigma]rt$ 输入值法，通过将此算法与迭代法的比较和分析，说明了此算法与迭代法在实质上是相同的，并通过一个实际算例验证了该算法的正确性，采用此算法可以利用常规的换热器计算软件方便地计算出满足换热管受压失稳合格所需的管板厚度。

5　建议

依据本文的分析，建议在 GB/T 151—2014 浮头式换热器计算中，将公式 $P\check{a}=pd/(1.5\mu[\sigma]rt)$ 改写成 $P\check{a}=pd/(1.5\mu x\sigma r)$，并注明 σr 的取值为 $\sigma r\leqslant[\sigma]rt$。这样在浮头式换热器设计计算时，如果设计者想要求最小管板计算厚度，就可以按 $\sigma r=[\sigma]rt$ 进行计算；如果换热管受压失稳计算不合格，设计者就可以按 $\sigma r<[\sigma]rt$ 进行计算，经过几次试算直到换热管受压失稳合格为止，即可以求出满足换热管受压失稳合格所需的管板计算厚度。

参 考 文 献

[1] ASME - VIII - I - UHX - 14，浮动式管板的设计规则．

[2] GB/T 151—2014，热交换器及标准释义．

[3] 薛明德，等．GB151 中浮头式换热器管板设计方法的理论依据及其应用，化工设备与管道，2015，(6)．

作 者 简 介

石平非，女，辽宁鞍山人，浙江大学化工设备与机械专业毕业，高级工程师，长期从事石油化工行业的压力容器设计工作。

高通量管换热器在大芳烃装置中的应用

秦学功

（中国石油乌鲁木齐石化公司设备检验检测院　830019）

摘　要　本文总结了大芳烃装置 5 台高通量管换热器的应用情况，分析了高通量管多孔表面核态沸腾强化传热机理及高通量管表面锯齿纵槽强化冷凝传热机理，从高通量管物理特性及传热介质条件两方面探讨了高通量管换热器选用条件和效果。

关键词　高通量管；换热器；大芳烃装置；应用

Application of Flux Heat Exchanger in Aromatic Unit

Qin Xuegong

（Equipment testinstitute of Urumqi Petrochemical Co. of Petrochina）

Abstract　In this paper, summarized for the application of five high-throughput tube heat exchangers in large aromatics units. Analyzed for the mechanism of boiling heat enhancement and the heat transfer mechanism of the high-flux tube on the surface of the high-flux tube. And analyzed of selection conditions and effects with flux tube physical characteristics and heat transfer medium conditions.

Keywords　Flux；Heat Exchanger；Aromatic Unit；Application

1　概述

大型芳烃联合装置以催化重整装置的脱戊烷塔底油或者乙烯裂解汽油为原料生产对二甲苯、苯、邻二甲苯、重芳烃等产品，整个工艺过程包括很多烃分离过程，需要大量的重沸设备，这些重沸器热负荷巨大，精馏单元操作耗能大，塔底重沸器作为工艺过程中提供装置生产要求所需热能的关键设备，流量大，热负荷大，其换热效果对降低装置能耗有着重要的作用[1]。

本公司 100 万吨/年对二甲苯芳烃联合装置中的苯塔、抽余液塔、抽出液塔、脱庚烷塔 5 台重沸器选用高通量管高效换热器，2010 年 10 月投用至今。

2　高通量管高效换热器特点

2.1　强化沸腾

沸腾传热速率与传热面产生气泡的速度密切相关，高通量管是在普通换热管内表面覆盖一层具有众多微孔和相互连通隧道的多孔金属薄涂层，多孔表面结构见图 1，形成大量的人造汽化核心，极大加速了气泡成核速度。相互连通的多孔层在气泡长大和逸出的同时，因虹吸作用，加速了局部液体的搅动，产生整体对流传热。同时表面多孔层增大了传热面积，这是高通量管能够强化沸腾传热的一个重要原因[1].[2]。

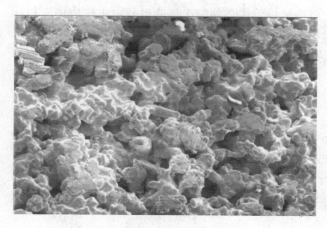

图1 多孔表面结构放大图

在沸腾传热过程中，液体的过热是相变的必要条件之一。液体蒸发所需的过热度与 $2\sigma/R$ 成正比（σ 为液体的表面张力，对特定介质而言为常数；R 为蒸发汽泡的曲率半径），R 越大，所需的壁面过热度就越小。多孔表面的微孔和相互连通的隧道提供了大量的汽化核心，一个微孔中产生的气泡可激发相邻的微孔，且小气泡相互连通，易于长大，因此极大降低了沸腾所需的过热度，从而实现低温差下的稳定沸腾。多孔表面的微孔和通道提供了大量且长期稳定的汽化核心，多孔表面核态沸腾过程见图2。由于周围液膜的蒸发，气泡逐渐长大并迅速脱离，气泡脱离后，空隙或通道内压力下降，体积收缩，外部液体则在压差和毛细力的作用下被吸入空隙或通道内再汽化，气泡再长大并脱离，使液体在空隙和通道内被吸入再蒸发的快速循环不断进行，保持了结构中较高的再流通率，从而强化沸腾传热。

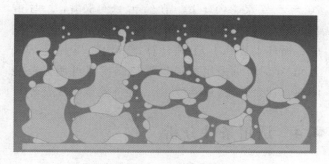

图2 多孔表面核态沸腾过程示意图

2.2 强化冷凝

利用格雷高里戈（Grego rig）效应，在换热管表面加工的锯齿顶端产生薄膜冷凝，并通过底部凹

槽有效地加快液膜疏导，减小液膜热阻，实现强化冷凝。纵锯齿使换热面积增大也是表面多孔高通量管能够强化冷凝的另一个重要原因[1,2]。

换热原理参见图3，冷凝流体走管外壳程，称管外介质5。管外介质5自上而下流动，由于凹槽对冷凝液膜的疏导、减薄作用及锯齿的扰流作用，使管外流体冷凝传热效果得以增强；沸腾介质，称管内介质。管内介质6走管内，自下而上流动，通过烧结孔形成汽化泡核，增强管内流体的沸腾传热效果。

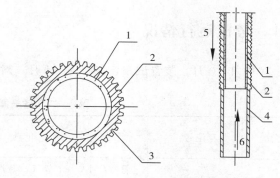

图3 高通量管表面锯齿结构图

3 高通量管换热器管束热交换模型

高通量管不同于光管，其强化传热的机理是改变管束内外沸腾表面，管内壁多孔的表面形成众多能够长期稳定存在的泡核沸腾中心，使膜状沸腾变为泡核沸腾。管外壁锯齿状表面，不仅使液膜形成湍流，而且增加了换热面积。由于改变了换热管内外介质流动状态，大大降低了液膜热阻，使对流传热系数得到了提高[3]。总传热系数公式简化后，由3部分组成：

$$1/K = 1/\alpha_1 + b/\lambda + 1/\alpha_2 \qquad (1)$$

式中：K——总传热系数；

α_1——壁面外侧的对流传热系数，W/($m^2 \cdot K$)；

α_2——壁面内侧的对流传热系数，W/($m^2 \cdot K$)；

b——壁厚，m；

λ——管材的导热系数，W/($m^2 \cdot K$)

从公式（1）可看出，在换热管壁厚和管材导热系数不变的情况下，等面积的换热管总传热系数 K 也得到了大幅度提高。

4 应用效果分析

本公司大芳烃装置苯塔重沸器 E－2553、抽余液塔重沸器 E－2602A/B、抽出液塔重沸器 E－2606、脱庚烷塔重沸器 E－2704 塔底再沸器设计参数见表1[4]，规格：$\phi 32 \times 3.0$mm，基管材质：10#。

4.1 考核运行情况

2010 年 10 月，装置试车，2011 年 11 月，对 5 台高通量管换热器经 1 年的运行，工业应用考核标定。经 7 年的生产实际运行，在高负荷、满负荷工况下，设备运行正常。根据实际应用数据对比，高通量管换热器各项技术参数均达到设计要求，并与常规光管换热器进行比较，结果表明：

（1）钢管内表面烧结铁基合金多孔层、外表面轧制纵槽的高通量传热管。高通量管的性能达到进口 UOP 同类产品的性能指标。

（2）烧结型表面多孔高通量换热管的单管沸腾换热系数为普通光管换热管沸腾换热系数的 5 倍以上。

（3）采用外表面轧槽的高通量换热管制作的高效换热器的换热效果是普通光管换热器换热效果的 2 倍以上。

表 1　大芳烃装置高通量管换热器设计参数

工况	位号		介质	流量 kg/h	操作温度 ℃	压降 kgf/cm²	热负荷 kcal/h
设计	E－2553	管程	氢气、芳烃	1450849	147/148	0.15	24826305
		壳程	甲苯	289947	178/161	0.26	
	E－2602A/B	管程	HYDROCARBON	2258554	211/212	0.06	51978836
		壳程	HYDROCARBON	750328	242/232	0.08	
	E－2606	管程	HYDROCARBON	1222277	205/206	0.11	28637053
		壳程	HYDROCARBON	410901	242/232	0.09	
	E－2704	管程	HYDROCARBON	1341480	210/210	0.06	30991137
		壳程	HYDROCARBON	446891	242/232	0.07	

4.2 检验检测情况

2013 年本装置进行了年度大修。经拆装人孔检测，管束完好，壳体安全等级均为Ⅰ级。根据设备运行情况评审和合规性评估，2016 年装置年度大修中，未进行设备打开检修。

4.3 经济效益分析

苯塔重沸器、抽余液塔重沸器、抽出液塔重沸器、脱庚烷塔重沸器共 5 台设备采用高通量管热交换器，充分利用装置内塔顶油气低温位热源，热负荷共 158495kW，总共节约蒸汽 247.8t/h，按照蒸汽成本为 120 元/吨计算，可节约 23.789 万元/年。

若采用"干空冷＋后水冷"方式，可节省空冷器约 70 台，节水 3407t/h，节约占地 1500m²，节电 1500kW，按操作时间 8000h/a、电费 0.55 元/千瓦时、循环水费 0.4 元/吨计算，节约操作费用 1750 万元/年。可见采用高通量管热交换器可明显节能降耗，社会效益、环境效益、经济效益非常显著。

4.4 适用条件分析

在以往的芳烃装置中，塔底重沸器多采用普通立置管壳式换热器，但普通管壳式换热器传热效率低、所需传热面积大，设备庞大、笨重，对单套规模较大的装置就不得不采用两台或多台并联的方式，并需要采取一系列措施保持并联物流分配均匀，由于系统总压降较小，物料易偏流。多台设备

B 设计、传热

并联运行，难以实现热负荷及物流的均衡分配，且设备占地面积大，金属耗量多。因而，高通量管换热器适用于改扩建装置，可以解决装置改造的瓶颈问题。

根据管束内外壁表面结构状况和适用换热温差小工况条件分析，高通量管换热器适于清净、无腐蚀的介质，本装置5台换热器均为烃类介质管内流动工况，非常适宜采用内壁烧结型多孔表面、外壁锯齿型表面的高通量换热器。

4.5 结论

5台高通量管换热器经工业应用考核和7年的生产实际运行表明，该设备选型合理，安全可靠，各项性能参数达到预期目标，满足了装置长周期满负荷连续生产运行的要求。

参 考 文 献

[1] 赵亮，张延丰，陈韶范. 高通量管热交换器在芳烃装置中的应用及前景 [J]. 石油化工设备，2010，39（6）：68—70.

[2] 吕伟. 高通量管换热设备在气分装置上的应用 [J]. 石油和化工设备，2011，14（6）：11—12.

[3] 谭集艳. 对二甲苯装置中高通量管强化传热技术 [J]. 石油和化工设备，2007，36（3）：81—83.

[4] 任重兮，郭剑. 高通量管换热器在大芳烃中的应用及效果评价 [J]. 中国化工贸易，2015（13）.

作 者 简 介

秦学功，男，1967.6—，1991年毕业于河北轻化工学院化机专业。现任乌鲁木齐石化公司监测中心技术科科长，高级工程师，长期从事技术开发、设备管理和防腐工作。单位：中国石油乌鲁木齐石化公司设备检验检测院，P.C：830019，TEL：（0991）6912506；email：qinxgws@petrochina. com. cn

非均匀刚度正方形排布管束的流致振动特性研究

郭 凯 谭 蔚

（天津大学化工学院 天津 300350）

摘 要 随着管壳式换热器大型化发展，其局部流致振动问题日益受到关注。换热器管束可能出现管束刚度与其他管束有明显区别的现象，造成某些管束在服役期内破坏。本文采用实验与数值模拟相结合的方法对管刚度对正方形管束流致振动问题的影响进行了分析研究。采用水洞装置测定了3种不同刚度的正方形排布下节径比为 1.28 的管束在不同流速下的振动响应；在计算流体力学基础上建立了管束的数值计算模型，研究了直接受冲刷管束模型。结果显示：刚度小幅度减小不会造成临界流速大幅下降，但当下降某一特定值后，可能会出现明显临界流速下降；刚度较大的管对管束流致振动影响较小，而刚度减小后的管束会造成周围管束振动幅值增加，但是更容易造成自身的流弹失稳和湍流抖振过度破坏。通过对比标准计算值，在刚度减小周围管束的 0.643 时，按照标准计算的安全系数明显减小，发生流弹失稳的风险显著增大。本文的研究结果可以作为分析大型换热器局部流致振动与标准完善的依据，采用的图像采集技术可为流致振动实验测量和工程检测提供参考。

关键词 换热器管束；流致振动；管束刚度；流体弹性不稳定性

A Study on Characteristic of Fluid Induced Vibration in Square Tube Bundle with Different Stiffness

Guo Kai Tan Wei

(Chemical Engineering School of Tianjin University, Tianjin 300350)

Abstract With the large-scale development of shell and tube heat exchanger, the local flow induced vibration has attracted more and more attention. There may be an obvious difference between stiffness of some tubes and other tube bundles in tube shell heat exchangers, which may cause damage to some tubes during service period. In this paper, both numerical simulation and experiment methods are used to analyze the problem. Tube bundle pitch diameter ratio of 1.28 in square arrangement with combination oftubes of 3 different stiffness are tested at different flow velocity, and a kind of image acquisition technology is applied to obtain the tube vibration data. Numerical simulation based on computational fluid dynamics was established on the bundle of numerical model. The results showed that slightly decrease of tube stiffness will not cause the critical flow rate dropped significantly, but after decreased to a certain value, an obvious critical velocity decrease may appear; the tube with larger stiffness has little influence on the flow induced vibration of tube bundle, and the stiffness decreased may cause anincrease of vibration amplitude the tube bundle around, but more easy to cause damage on itself by fluid instability and excessive turbulence buffeting. The comparison between the calculated value by standard and experiments shows that at the stiffness ratio of 0.643, the safety factor decreased sharply and the risk of instability significantly increased. The results of this paper can be used as the basis for the analysis of the local flow induced vibration of large heat exchangers and standard optimization. The image acquisition technology used in this paper provides a reference for the experimental measurement and engineering inspection of flow induced vibration.

Keywords heat exchanger tube; fluid-induced vibration; tube stiffness; fluid-elastic instability

管壳式换热器广泛应用于化工、石油、核电等领域[1]。该类换热器内部壳程流体多横向冲刷管束，容易出现流致振动问题，而为了满足换热和强度要求，换热管多使用高强度钢材质的薄壁管，这进一步增大了流致振动的风险。

造成流致振动机理主要有漩涡脱落、湍流抖振和流体弹性不稳定性等。Pettigrew、Gorman 等人[2,3]对漩涡脱落激励进行了深入研究，并给出了漩涡脱落力计算方法。Owen[4]等人对湍流抖振问题进行了深入探讨，并利用实验和理论方程给出了湍流抖振的相关计算公式。Connors、Blevins 和 Weaver 等人[5~7]都对流体弹性不稳定问题研究的进展做过总结，在 Chen[8]的专著中对这一问题给予了更加详细的阐述。

在管壳式换热器 GB 151 标准附录 C[9]、TEMA 标准第六章[10]、ASME 标准第三篇附录 N-1300[11]也都给出了相关规定，按照这些规定设计，设备不会发生短期的流致振动破坏。但是随着换热器向大型化发展，在局部可能造成较大的流致振动破坏，国内外发生过多起大型换热设备局部流致振动问题的案例，如进口处局部失稳和过度湍流抖振造成的泄露和爆管。特别是管束内部存在局部刚度不相同时，使局部流致振动破坏问题的出现的可能进一步加大。因此，研究局部问题管束的湍流激振特性，以及进入流体弹性不稳定的边界有助于对换热器的设计和运行提供参考依据，为此，本文采用实验研究和数值模拟的方法，研究了正方形排布管束中刚度对管束振动影响。

1 实验研究

1.1 实验装置

为了系统研究换热管束流致振动，本文搭建了一套对管束振动采用非接触式测量的水洞实验系统，其结构如图 1 所示。该水洞系统采用循环模式，水从储水罐 1 被离心泵 2 泵送经过调节阀 3 和流量计 4 后，由输入管道 5 流入稳流段 6。经过稳流段后到达试验段 7，而后流过延伸段 10 和回流管道 12，返回到储水罐 1 中。离心泵 2、调节阀 3 和流量计 4 连接在在现场总线系统上，与控制和采样系统 11 相连，通过上位机界面实现对流量的控制。在试验段设置数据采集窗口 8，利用高速摄影 9 进行数据采集，主要部件参数如表 1 所示。

表 1 实验装置参数表

名 称	规 格 参 数
实验流道	不锈钢304，4000mm
流道截面尺寸	矩形200mm×330mm
测试区域尺寸	矩形390mm×300mm，最大121根管规模
管束	铝合金ϕ25（8mm，9mm，10mm），四种排布
流量（来流流速）	0~300m²/h（0~1.26m/s）
测试系统	高速摄影＋自主开发可视化分析系统

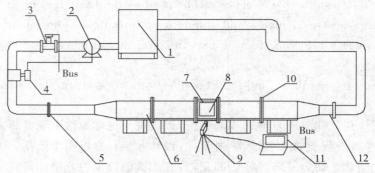

图1 实验水洞示意图

1—储水罐；2—离心泵；3—调节阀；4—流量计；5—输入管道；6—稳流段；7—试验段；
8—可视化采集窗口；9—高速摄影采集设备；10—延伸段；11—控制和采样系统；12—回流管道

如图2所示，在水洞一侧设有数据采集的可视化视窗口。采用最高帧数可达2128fps的德国PCO.dimaxHD高速摄影仪器对管束振动高频采样，之后利用实验室自主开发的管束振动分析软件对管束振动的参数进行提取分析。

图2 实验水洞系统实物图

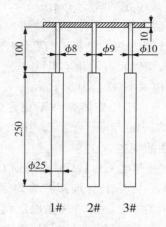

图3 实验管束模型

为了研究方形排布管束中管束刚度不同对流致振动的影响，本文实验中采用三种频率不同的管束，空气中固有频率分别为18Hz，23Hz和28Hz，刚度分别为19.73N/mm，25.21N/mm和30.69N/mm，并依次定义为1♯管，2♯管和3♯管。管束采用悬臂梁结构具体结构如图3所示。管阵结构采用正方形排布形式，管束排布情况及管标号见图4。

1.2 管束振动测试方法

传统的管束测量传感器主要有加速度传感器和应变片，两种方法均采用换算的方法得到振幅结

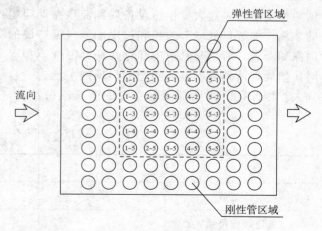

图4 实验管束模型图

果，存在较大系统误差。加速度传感器的质量和体积会在测量中对流场及振动造成影响，而应变片安装难度较大，同时失效率和零飘严重。

为此，本文采用非接触式测量方法，利用图像识别技术对管束形状进行识别。采用的图像采集分析技术，通过对管形状边界的重生，可以适应多种

复杂的工作状况，并进行运动追踪以完成轨迹的输出，该方法的测量精度可以达到 10^{-5} m 以上，视频处理软件界面如图5所示。该技术手段有着高精度、多点捕捉和适应性强的优点，同时其非接触特性从根本上解决了传感器附加质量和对流场的影响，是工程测量和监测的新技术。

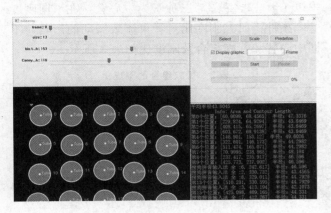

图5　视频处理软件界面

1.3　管束振动测试结果

为了开展后续研究，本文首先对单一的1♯，2♯和3♯管阵进行了流致振动实验，利用分析软件和数据处理程序得到中心管（管3-3，见图4）的均方根振幅如图6所示。从图中可以看出管束振幅随着管间流速的升高不断增大，1♯～3♯管失稳的临界流速分别为1.27m/s，1.47m/s和1.52m/s。由于管3-3位于管束的中央位置，该位置没有稳定漩涡脱落尾迹存在，管束主要为湍流抖振和流体

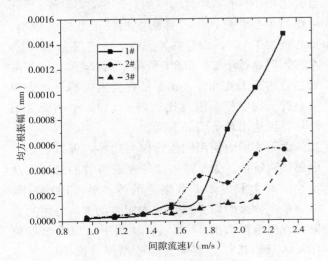

图6　管3-3的均方根振幅图

弹性失稳，本文以临界流速为界将间隙流速分为湍流区和流体弹性失稳区。图7为管束在临界流速附近时的频率响应，可以看出湍流抖振的频带已经远离固有频率，流体弹性作用开始主导管束的振动。

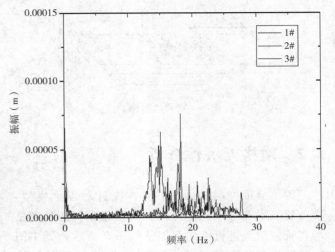

图7　管3-3在临界流速附近的振动频谱分析

2　数值计算模型建立

2.1　数学计算模型

为建立适宜的数值计算模型，一般换热器内管束长径比较大，若采用完整建模计算难以实现。为建立适宜的数值计算模型，参考国内外流固耦合数值计算方法，本文对管束模型作了如下简化与假设：

（1）横向流下的管束在整个长度上受到流体力是统计平均的；

（2）采用刚体模型代替管束模型。

单元段长度的管子，在线弹性范围内，相邻单元段之间的变形相对于单元段的位移而言可以忽略不计，因此，可以将管束近似为不可变形的刚体，而将临近单元段的影响看作弹簧作用，故可将管束系统看作弹簧刚体结构。本文参考文献[13]取尺寸为 d 的单元段进行计算，由此得到如图8所示的模型结构，数值计算的重要参数的基本设定如表2所示。

表 2   计算设定与边界条件

项目	时间步	总时长	介质	湍流模型	进口	出口	对称面	管束壁面
内容	0.001s	4s	水	LES WALE	均匀来流	压力出口	周期性边界	刚体-动网格

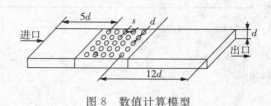

图 8   数值计算模型

2.2   网格无关性分析

为了验证网格的无关性,本文针对以上模型,本文建立了 69 万和 24 万两种网格模型,两种网格均在管束位置进行了局部加密如图 9 所示,其中图 9(a)为局部网格结构,图 9(b)为三维整体结构。两种模型在 1♯管 $P/D = 1.28$、间隙流速为 1.14m/s 时中心管均方根振幅结果相差 4.8%,两种网格模型计算结果非常相近,可以用 24 万网格计算,以节省计算资源。

(a)局部网格

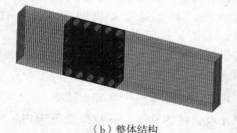

(b)整体结构

图 9   网格划分

3   换热管刚度对管束流致振动的影响

本研究针对某根管与周围管刚度不同条件下的

管阵流致振动特性开展实验和数值模拟研究。研究中以 1♯、2♯和 3♯三种管为中心管,在不同刚度管阵条件下研究刚度比对管束流致振动的影响,不同中心管和管阵组合及刚度比如表 3 所示。

表 3   管束组合的刚度比

管阵 \ 中心管	1♯管	2♯管	3♯管
1♯管阵	1.0	1.278	1.556
3♯管阵	0.643	0.821	1.0

3.1   流体弹性不稳定临界流速分析

为了研究管 3-3 刚度变化对临界流速的影响,本文对不同中心管的管阵进行了水洞实验和流固耦合数值模拟研究。图 10 给出了 1♯管阵和 3♯管阵均方根振幅随管间流速的变化的实验结果。

在 1♯管为主的管阵中,可以明显看出,中心管为 3♯管和 2♯管的临界流速明显高于中心管为 1♯管的临界流速。1♯管阵中的 2♯管和 3♯管的临界流速在 1.75m/s 左右大于图 6 中的实验数据 1.47m/s 和 1.52m/s,因此,管束刚度过大时,不出现周围临界流速降低的现象,而自身的临界流速也变化较小。在 3♯管为主的管阵中,1♯和 2♯管束作为中心管时,中心管刚度相较于其他管较小。中心管为 1♯时,该管临界失稳的流速仅为 1.3m/s 左右,明显低于 2♯和 3♯管束。而 2♯和 3♯管束则趋势相近大约在 1.5m/s 左右发生失稳。这表明中心管与周围管束刚度比达到 0.643,中心管失稳的临界流速出现了明显下降。

由于实验中使用刚性管作为边界,可以表征为内部管束特性。为了进一步研究进口管的流致振动特性,本文采用 2.1 节建立的弹性管 CFD 模型,得到单一管束的均方根振幅和混合的 3♯为主的管束均方根振幅如图 11 所示。从图中可以看出数值计算结果的趋势与本文实验的结果(图 10)基本相同。在大刚度的 3♯管管阵中,中心管为 2♯和 3♯管,整体变化情况相近,而 1♯管作为中心管时较为明显更早发生了失稳现象。

为了研究标准计算的安全系数，表4列出了根据实验、数值计算和GB151标准计算的单一管阵模型的临界流速，从表中可以看出实验值与数值计算值远远大于标准计算值，这与文献［12］的结果相近。另外，由于数值计算模型为进口位置管束，考虑了流体直接冲刷管束，因此临界流速数值模拟值小于本文的实验值。

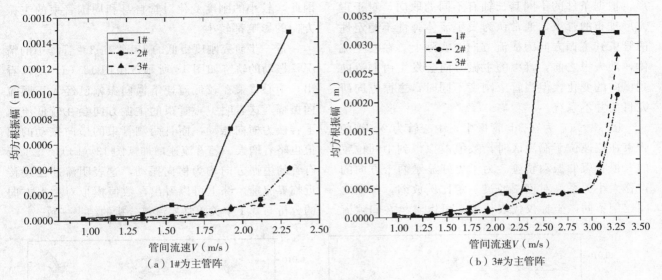

（a）1#为主管阵　　　　　　　　（b）3#为主管阵

图 10　中心管均方根振幅

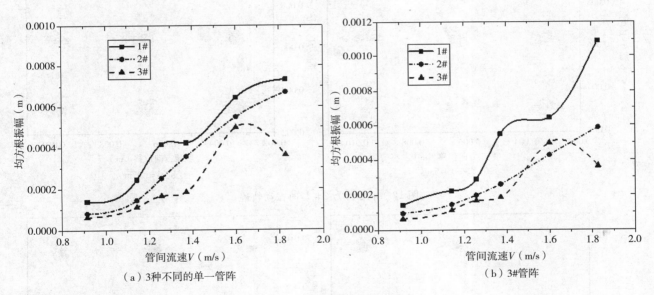

（a）3种不同的单一管阵　　　　　　（b）3#管阵

图 11　中心管均方根振幅

表 4　临界流速

管阵	本文实验	数值计算	GB151－1999	安全系数
1#	1.27	1.05	0.62	2.048
2#	1.47	1.15	0.79	1.861
3#	1.52	1.25	0.96	1.583

综上可以看出，管束出现明显的临界流速降低与中心管与管阵刚度之比相关。对于正方形排列某根管束的刚度小于等于其他管束的0.643时，可能造成该管的临界流速远低于其他管，此时按照整体校核的方法安全系数仅为1.32，安全余量仅为单一3#管的一半左右。对于直接冲刷的管束，由图11（b）可以看出，管3-3为1#管时，临界流速为1.0左右，此时按照GB151校核不能完全保证该管的安全性。在0.6423和0.821之间可能存在刚度比对临界流速影响的临界值，这需要更多的数值计算和实验进行确定。

3.2 管束主振方向分析

一般情况下，管束在流体中的振动轨迹为椭圆形，根据条件的不同其长轴有不同的取向，对于正方形排布的管束，通常认为发生流体弹性不稳定性的管束其主振方向为横流方向。实际上，在发生流体弹性失稳之前，管束的主振方向会发生由顺流向到横向的变化，但当管束刚度不同时，主振方向研究目前并不系统。

图 12（a）为在 3♯ 管振中，中心管为 2♯ 管的管束在流速位于湍流区时，数值模拟得到中间位置的 9 根管束的振动轨迹。为了更好显示两个方向的位移大小关系，对该图经过一定比例放缩，各图之间比例不同，坐标仅代表位置。可以看出在间隙流速 $V=0.915\text{m/s}$ 时，顺流方向的振动占主导地位，当流速进一步增大后（图 12（b）），横向振幅开始增大，而顺流方向的振幅开始减小。从这两图可以看出，中心管主振方向变化与其他管束基本相同，因此，较小的刚度变化对管自身和周围管束的主振方向的影响都较小。

进一步研究刚度更低的 1♯ 管在 3♯ 管阵中的情况，振动的轨迹如图 13 所示。由图 13（a）可以看出，中心管束在较低流速下横向振幅已经大于顺流向振幅，这表明中心管束的主振方向会在较低流速下转换为横向振动，而且两侧管束的横向振动的幅值也略有增大。随着流速增加（图 13（b）），几乎所有管的主振方向均为横向振动，这表明流速已经接近临界流速。综上可以看出，数值模拟对主振方向的分析与 3.1 中关于临界流速分析的结果一致。

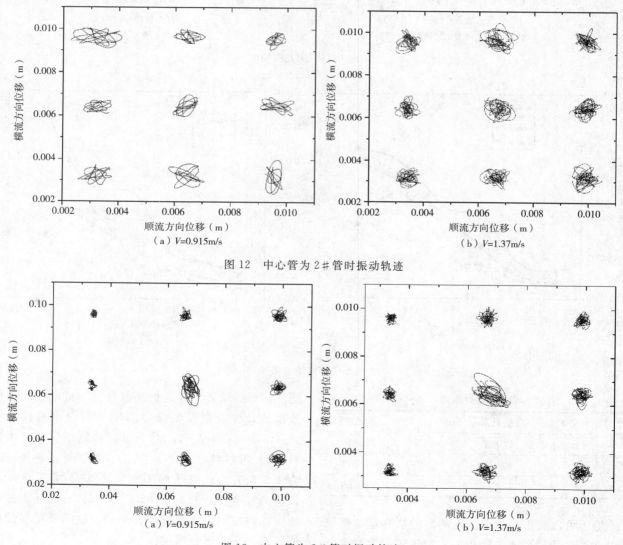

图 12　中心管为 2♯ 管时振动轨迹

图 13　中心管为 2♯ 管时振动轨迹

3.3 中心管束刚度对周围管束振动的影响分析

为了研究中心管束刚度变化对周围管束的影响，本文引入一个无量纲影响因子 k 作为评价标准，k 为中心管刚度改变之后的某根管的均方根振幅与单一管管阵的振幅差值与单一管管阵均方根振幅的比。图14给出了1#管和3#管为主体组成管阵中不同中心管对周围管束的无量纲影响因子 k 随间隙流速变化的实验结果。

由图14（a）可以看出，在中心管束刚度增大时，影响因子 k 基本均为负值，在1#管阵临界流速附近时大多数管的 k 值趋近于0，说明当管间流速接近临界流速时，大刚度管束对周围管束的振动影响较小。在3#管阵中（图14（b）），低流速下 k 值较大，在临界流速附近 k 值较低。中心管为2#管时影响明显小于为1#管时，甚至在湍流区域时，影响因子 k 仍然为负值，说明1#管在提高管束振动的作用明显高于2#管。在湍流区，1#管对横向方向的管束作用弱于顺流方向，而在进入流弹失稳的状态二者相近。从整体趋势可以看出，某根管刚度变化不会使周围管束易于发生流弹失稳破坏，而是更倾向于造成本身的流体弹性失稳或者造成管束的过度的湍流抖振。

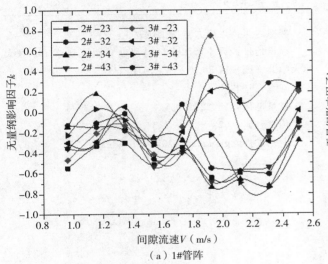

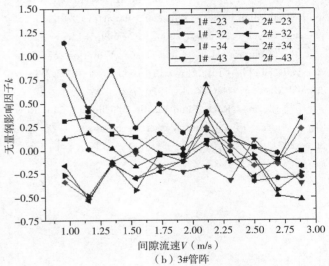

（a）1#管阵 （b）3#管阵

图14 无量纲影响因子

4 结论

本文利用图像采集测量技术和水洞实验系统，结合流固耦合数值计算方法，针对正方形进口管束及内部管束由于局部管子刚度不同带来的流致振动问题进行了系统研究。得出了如下结论：

（1）当管束中某根管的刚度小幅减小时，中心管流致振动没有明显变化。减小到一定程度时，会对周围的管束产生一定的影响，但是刚度减小管自身发生管束流弹和湍流抖振破坏的可能性更大。在刚度比0.6423和0.821之间，可能存在造成临界流速突变的刚度比的临界值；

（2）通过对中心管附近管束主振方向和影响因子分析，中心管刚度减小对横向两侧的振动提升较大，在湍流区影响比临界流速附近大，这种效应在进口位置尤为明显；

（3）通过与标准计算结果对比，中心管与周围管刚度比为0.6423时，中心管临界流速按照GB151计算的安全系数大幅下降，进口管束甚至有可能无法保证管束处于流体弹性稳定状态。局部管刚度变化可能造成换热管在标准计算整体校核合格范围内出现局部破坏；

（4）本文采用的可视化采集和数据分析技术，具有较高测量精度和适应性，其开发与应用可以有效解决相关工程测量问题，采用的研究方法和结果可以作为大型换热器局部流致振动分析的参考，并对标准的修订与完善提供支持。

参 考 文 献

[1] 聂清德，谭蔚. 管壳式换热器流体诱发振动 [M]. 中国石化出版社：北京：2003.

[2] Pettigrew M. J., Gorman D. J. Vibration of heat exchanger tube bundles in liquid and two-phase crossflow, in Flow Induced Vibration Guidelines (P. Y. Chen, ed.), PVP Vol. 52, ASME, New York, 1981

[3] Pettigrew M. J, Gorman D. J. Vibration of heat exchanger tube bundles in liquid and two-phase cross flow [J], 1981，52：89—110.

[4] Owen, P. R. Buffeting Excitation of Boiler Tube Vibration [J]. J. Mech. Eng. Sci, 1965，7 (4)：431—439.

[5] Weaver D. S., et al. A review of cross-flow induced vibration in heat exchanger tube arrays [J]. J. of pressure vessel technology, 2000，122：509—514.

[6] Connors H. J. Fluid-elastic Vibration of Tube Arrays Excited by Cross Flow. Proceedings of ASME Winter Annual Meeting, New York, 1970：42—56.

[7] Blevins, R. D. Fluid Elastic Whirling of Tube Row [J]. Journal of Pressure Vessel Technology. 1974，96：263—267.

[8] Chen, S. S., Flow-Induced Vibrations of Circular Cylindrical Structures [M]. Hemisphere, New York, 1987.

[9] GB151—2014，钢制管壳式换热器 [S].

[10] Standards of Tubular Exchanger Manufactures Association [S]. 9th Ed. 2007.

[11] ASME Boiler and Pressure Vessel Code, Section Ⅲ, Appendix N (N—1300 series) [S].

[12] 吴皓. 方形排布管束流体弹性不稳定性研究 [D]. 天津大学：天津. 2013.

[13] 吴皓. 正方形排布管束流体弹性不稳定性振动特性研究 [A]. 中国机械工程学会压力容器分会. 压力容器先进技术—第八届全国压力容器学术会议论文集 [C]. 中国机械工程学会压力容器分会，2013：8.

作 者 简 介

郭凯，男，天津大学博士研究生

通讯地址：天津市津南区海河教育园雅观路 135 号天津大学北洋园校区 50 楼 c 座 210 室

邮编：300350

联系电话：15222819055

传真号码：022—27408728

电子邮件：guokai2016207@tju.edu.cn

B 设计、传热

空气-水两相横向流诱发管束弹性不稳定性的实验研究

刘宝庆　张亚楠　陈小阁　程瑞佳　徐子龙

（浙江大学化工机械研究所　浙江　杭州　310027）

摘　要　流体弹性不稳定性是两相横向流诱发管束振动失效的主要原因，为了避免过大的管束振动的问题，提出流体诱发管束弹性不稳定性的设计准则是有必要的，然而，目前有关两相流诱发管束弹性不稳定性的设计准则尚无一致结论。根据以上背景，研究了三种管束分布的振动特性，包括节径比为1.28和1.32的正方形管束以及节径比为1.32的正三角形管束；将单相流实验结果与前人实验数据比较，两者具有良好的一致性；在空气-水两相横向流中，通过测定管束的不稳定行为，对比分析了管束的节径比和排列方式对流体弹性不稳定性的影响。结果发现节径比越小，越易于发生流体弹性不稳定性；正三角形比正方形排列管束更易发生流体弹性不稳定性；基于前人的研究，提出了管束在两相横向流中发生弹性不稳定性的设计准则，推荐正三角形和正方形排列管束的不稳定常数 K 分别为3.4和4.0。

关键词　流体弹性不稳定性；两相流；实验研究管束

Experimental Research on Fluid-elastic Instability in Tube Bundle Subjected Toair-water Cross Flow

Liu Baoqing　Zhang Yanan　Chen Xiaoge　Cheng Ruijia　Xu Zilong

(Institute of Process Equipment，Zhejiang University，Hangzhou 310027，Zhejiang，China)

Abstract　Fluid-elastic instability is the major factor to cause the vibration of tube bundles. A proposing of design guidelines on fluid-elastic instability in tube bundles is necessary to avoid problems due to excessive tube vibration. However, the design guidelines on fluid-elastic instability in tube bundles subjected to two-phase cross flow have no consistent conclusions. Accordingly, this paper presents the vibration characteristics of three tube bundle distributions, namely, the normal square tube bundlesof pitch-to-diameter ratio of 1.28 and 1.32, the normal triangular tube bundle of pitch-to-diameter ratio of 1.32. Comparison of the fluid-elastic threshold results with previously published data shows a good agreement in single-phase flow. Itwas compared and analyzed by measuring the unstable behavior of tube bundles that the effects of pitch-to-diameter ratio and tube bundle configurations on fluid-elastic instability induced by air-water cross flow. It was found that the fluid-elastic instability is more prone to occur with the decrease of pitch-to-diameter ratio, and the normal squaretube bundle is more stable than the normal triangular. Based on previous studies, the design guidelines on fluid-elastic instability in tube bundles subjected to two-phase cross flow were proposed. It was recommended that the instability constant Kin normal triangular and normal square tube bundles are 3.4 and 4.0, respectively.

Keywords　fluid-elastic instability；two-phase fluid；experimental research；tube bundle

0　引言

　　管壳式换热器结构简单，操作维护方便，且具有高度的可靠性与良好的适应性，在化工、石化、冶金以及制药等过程工业中应用广泛[1]。一般来说，最佳组件的性能往往需要较高的流速，而减少结构的支撑是可取的，以尽量减少压降。然而，高流速和减少结构的支撑将会导致严重的流动诱导振动，致使管束发生疲劳或微动磨损失效[2]。因此，为了避免管束因振动而失效，需要深刻理解流体诱导振动的激振机理。一般地，流体诱导振动的机理有四种，包括旋涡脱落激振、湍流抖振、流体弹性不稳定性以及声共振，其中流体弹性不稳定性最常见也最具破坏性。当流体速度足够高以至于流体弹性力对管子所做的功大于管子阻尼所消耗的能量时，就会发生流体弹性不稳定性，其本质是动态的流体力与管束运动之间的相互作用。在这种流体力的作用下管子将产生很大的振幅，短时间内便遭到破坏。

　　对于单相横向流诱发的管束振动，已有比较成熟的设计准则，但是在许多管壳式换热器中，例如蒸汽发生器、冷凝器、蒸发器以及再沸器中普遍存在两相横向流。相对于单向流诱导振动两相流诱导振动更加复杂，其不仅与两相混合物的特性以及两相流的流型密切相关，而且还要考虑一个新的参数—体积含气率，此外，两相流实验有时还需要能够产生所需含气率的两相混合物的带压环路，则实验成本高，操作难度大[3]。迄今为止，对于两相横向流诱发的振动仍有一些问题需要去探讨。Álvarez-Briceño[4]等研究了在两相横向流中管束的流体动力质量和阻尼比，综述了两种求解阻尼比的模型，即半经验模型与半分析模型，通过实验对管束的流体动力质量和阻尼比进行了测量，发现流体动力质量的测量值与分析模型预测的一致，并且实验测得的阻尼值与所综述的数据相近。Violette[5]等进行了空气-水两相流诱发管束弹性不稳定性的实验研究，对比分析了不同管束分布发生流体弹性不稳定性的结果，介绍了两种不稳定性机理，即阻尼控制机理和刚度控制机理，同时，推荐不稳定常数 K 取

3.0。Chu[6]等实施了空气-水两相流诱导正三角形排布的 U 型管束发生流体弹性不稳定性的实验研究，结果显示不稳定常数 K 的范围是 6.5~10.5。虽然前人对两相流诱发管束弹性不稳定性进行了大量研究，但迄今为止，关于两相流诱发管束弹性不稳定性的设计准则尚无一致结论，而且研究者们根据经验和有限的实验数据提出的设计准则比较保守。采用空气-水进行了两相流诱发管束弹性不稳定性的实验研究，主要探讨了节径比和管束的排列方式对流体弹性不稳定性的影响，同时，结合前人的研究，推荐了两相横向流诱发管束弹性不稳定性的设计准则。

1　实验部分

1.1　实验系统

　　实验采用如图 1 所示的系统，其由出口部分、测试部分、进口部分、离心泵、空气压缩机、储槽、电磁流量计、转子流量计、压力表、动静态应变测量仪、电导探针以及计算机等组成，主要实验设备与仪器的规格参数见表 1。测试部分由管束和流道组成，管束的结构和排布分别见图 2 和图 3，其具体的结构与排布将在下文介绍。流道横截面尺寸为 128mm×300mm，高为 600mm。为了获得均匀分布的两相流，在进口部分的上下两端分别安装了混合器和气体分布器，进口部分与气流管道和液流管道相连，气体从底部流过气体分布器进入混合器，离心泵将储罐中的液体泵送到混合器，气液两相在混合器中充分混合，依次流过测试部分和出口部分后，又流回储罐。由于蒸汽-水两相流实验操作困难，成本高，实验中采用空气-水作为实验介质。Axisa[7]等对比研究了节径比为 1.44 的正方形排列管束分别在空气-水和蒸汽-水中发生的流体弹性不稳定性，结果显示，在空气-水和蒸汽-水中拟合得到的不稳定常数几乎相等，从而证明了使用空气-水代替蒸汽-水来研究流体弹性不稳定性是有效的。

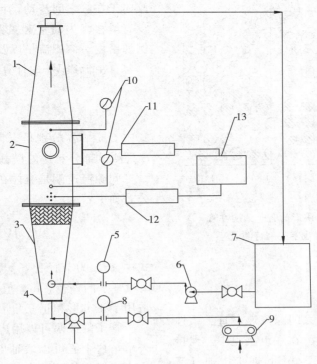

图 1   实验系统流程图

1—出口部分；2—实验管束；3—测试部分；4—气体分布器；5—电磁流量计；6—离心泵；7—储槽；
8—转子流量计 9—压缩机；10—压力表；11—动静态应变测量仪；12—电导探针；13—计算机

表 1   主要实验设备与仪器

实验设备与仪器	规格参数
离心泵	MHF－6AR
空气压缩机	W－0.36/8
电磁流量计	LDG－MK
转子流量计	LZB－15；LZB－25
动静态应变测量仪	TST3827
双电导探针	BVW－2

管束安装在测试部分的流道中，实验管束的支撑方式有两种，一种是通过两端的管板来支撑，另一种采用管线悬挂结构，管子两端通过琴钢线拉紧固定，这两种支撑方式的管子分别称为刚性管和柔性管，具体结构见图 2。管线悬挂结构具有适应性广、灵活可调的优点，可通过调节柔性管的固有频率获得低流速下的振动响应，关于管线悬挂结构的详细介绍可参见文献[8]。由图 2 可知，为了减小实验入口部分对弹性管束振动的影响，在测试部分的下端分布的全是刚性管。

一般地，换热器中的管束排列方式有四种，即：正三角形排列、转置正三角形排列、正方形排

图 2   管线悬挂结构

1—管板；2—柔性管；3—琴钢线；4—刚性管

列和转置正方形排列，实验采用 3 种管束分布方案，即节径比 p/d 分别为 1.28 和 1.32 的正方形排列管束以及节径比 p/d 为 1.32 的正三角形排列管束。具体的刚性管、柔性管以及待测管的分布见图 3。实验采用长为 300mm，直径为 19mm，厚度为 2mm 的不锈钢管。

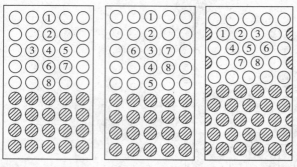

（a）正方形排列　　（b）正方形排列　　（c）正三角形排列
$p/d=1.28$　　　　$p/d=1.32$　　　　$p/d=1.32$

图3　管束分布方案（带有阴影的管子为刚性管，
其余均为柔性管，标有数字的为待测管）

1.2　实验步骤

在每种管束分布下，增大间隙流速，直至柔性管束发生流体弹性不稳定性。在一组实验中，保持水流量不变，从 6m³/h 到 16 m³/h 逐步增加气流量，然后，在 10m³/h 到 24 m³/h 范围内改变水流量，重复以上实验步骤。由于离心泵和压缩机流量的限制，空气-水的含气率被限制在50%以下，进而使得流道中的两相流型为连续流。值得注意的是，每次调节流量至测定值，等待 1~2min，待两相流型稳定后，再记录含气率和管子的响应值。以上步骤是两相流实验过程，而单相流实验是比较简单的，对于每种分布方式下的管束，仅需要增大水流量直至发生流体弹性不稳定性，相似地，在每组实验中，设置好水流量后，需要等待几分钟确保流动稳定后再记录数据。

1.3　参数的测量与计算

为了表征流体弹性不稳定性，采用了以下的测量与计算方法。实验分别采用电磁流量计和转子流量计测量液体和气体的流量；采用电导探针测量含气率，由图1可知，测试部分的筒体下端分布有 5个电导探针的接线口，每次取 5个测量数据的平均值作为含气率测量值；使用电阻应变片测量管束的振动响应，电阻应变片再以半桥方式与动静态应变仪相连，该应变仪可实现管束振动信号的实时采集与实时保存；利用振动响应的频谱曲线图来获得一定流动条件下管子的固有频率。

Pettigrew[9]等发现在一种管束内的两相连续流

倾向于在管之间流动，且这种流动在两相之间几乎没有滑移。为简化起见，假设所有的两相流属性，例如密度、体积流量以及含气率都是均匀分布的。

自由流速 V_∞ 的计算公式如下：

$$V_\infty = \frac{Q_l + Q_g}{S} \qquad (1)$$

式中 Q_g 和 Q_l 分别是空气和水的体积流量，m³/h，S 是测试部分流道的横截面积，m²。

间隙流速就是流体在管间隙中的速度，其计算公式如下：

$$V_p = V_\infty \frac{p/d}{p/d - 1} \qquad (2)$$

式中 p/d 为节径比，p 为相邻管之间的间隙，m；d 为管子的外径，m。值得提出的是，公式（2）仅适用于正方形和正三角形排列管束。

管子的振幅可以用应变片输出信号的均方根来表示，这个值可以表征管束在不同流速下的振幅。均方根振幅的计算公式如下：

$$A_{rms} = \sqrt{\frac{1}{N}\sum_{i=1}^{N}(a_i - \bar{a})^2} \qquad (3)$$

式中的平均振幅 $\bar{a}$ 可以用下式来表达：

$$\bar{a} = \frac{1}{N}\sum_{i=1}^{N} a_i \qquad (4)$$

式中 N 是所选取的样本数，a_i 表示应变值，$\mu\varepsilon$；平均振幅 $\bar{a}$ 表示施加在管子上的曳力使得管子在下游方向上所产生的稳定的静态偏转。

对于阻尼参数的计算，不仅要考虑管子的质量，还要考虑随管子一起振动的管外流体的等效质量，这种等效质量就是流体动力质量，也称为流体附加质量。Rogers[10]等提出了流体动力质量的计算公式，如下：

$$m_h = \left(\frac{\pi}{4}\rho d^2\right)\left[\frac{\left(\frac{d_e}{d}\right)^2 + 1}{\left(\frac{d_e}{d}\right)^2 - 1}\right] \qquad (5)$$

式中 ρ 为两相平均密度，kg/m³；$\rho = \rho_g\alpha + \rho_l(1-\alpha)$，$\rho_g$ 和 ρ_l 分别为空气和水的密度，kg/m³；α 是体积含气率，d_e/d 可看作是范围的度量，对于三角形排列管束：$d_e/d = (0.96 + 0.5p/d)p/d$，对于正方形排列管束 $d_e/d = (1.07 + 0.56p/d)p/d$。

阻尼是研究流体诱导振动的关键参数，其反映了系统从流体流动中吸收能量的能力，阻尼比可以用 Moran & Weaver[11] 提出的半功率带宽法来计算，其公式如下：

$$\xi = \frac{\Delta f}{2 f_n} \qquad (6)$$

式中 Δf 和 f_n 的定义见图 4，f_n 为固有频率，Hz；Δf 为响应值等于 $A_{max}/\sqrt{2}$ 时的频带宽度，Hz；A_{max} 是在固有频率下的峰值振幅，$\mu\varepsilon$。

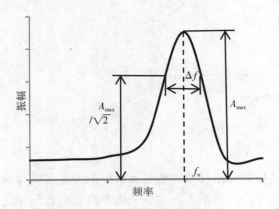

图 4 振动响应的频谱曲线示意图

2 单相流实验

对于每种管束分布下的实验，记录了各种流动条件下的振动响应，结果显示，一种管束分布中的所有内部柔性管的振动响应是相似的，因此，可以选取几个内部管的振动响应反映整个管束的振动行为。

如图 5 所示，随着水流量的增大，出现了典型的流体诱导振动响应曲线，在低间隙流速下，管子振幅的增长率较小，在高间隙流速下，即接近于发生流体弹性不稳定性时，振动响应的增长幅度急剧增大。在此定义临界速度为均方根振幅的增长率发生突变时的间隙流速。实验中，当流体弹性不稳定性发生时，从视镜中可以明显的观察到管束的震荡。从图 5 可以看出，在正方形排列管束中，节径比为 1.28 的临界流速为 0.8m/s，节径比为 1.32 的临界流速为 0.9m/s，也就是说，对于小的节径比，会在更低的流速下发生流体弹性不稳定性。

流体弹性不稳定性具有潜在的破坏性，在换热器的设计中必须避免，这意味着必须获得可靠的设计准则。一般地，两相横向流诱发管束弹性不稳定性的设计准则是以半经验关系式为基础的，目前大多数研究人员推荐使用 Connors 准则[12]，该准则是利用无因次流速 $V_{cr}/f_n d$ 和质量阻尼参数 $2\pi m\xi/\rho d^2$ 作出不稳定区图，然后由推荐的不稳定常数 K 绘制的直线将不稳定区图分为上下两部分，上部分为不稳定区，下部分为稳定区。在正常操作条件下，要求工业换热器工作在稳定区。考虑一种简单情况，即流体均匀流过管子的整个长度，上面的两个无因次参数的关系可以用式（7）表示：

$$\frac{V_{cr}}{f_n d} = K \left(\frac{2\pi m\xi}{\rho d^2} \right)^n \qquad (7)$$

式中 V_{cr} 是临界流速，m/s；m 是包括流体动力质量在内的单位管长质量，kg/m；ρ 为两相混合物的平均密度，kg/m³；ξ 是总阻尼比，包括结构和流体流动阻尼，比例常数 K 和指数 n 可以通过实验数据拟合得到。

将单相流实验结果与 Chen[13] 提供的不稳定区图中的实验数据进行比较，如图 6 所示，目前的实验结果与前人的实验结果吻合良好，证明了实验平台的可靠性，此外，单相流实验结果为后续的两相流振动实验奠定了基础。

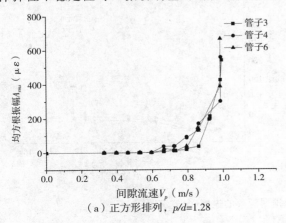

（a）正方形排列，p/d=1.28

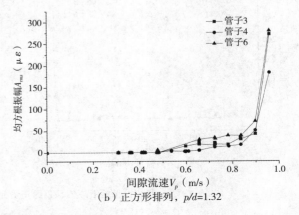

（b）正方形排列，p/d=1.32

图 5 单相流中间隙流速-均方根振幅图

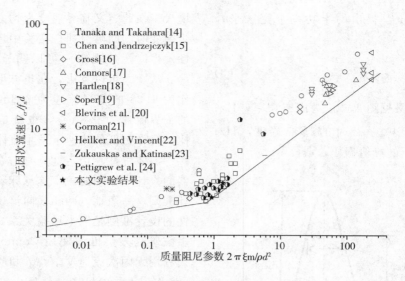

图6 正方形排列管束的不稳定区图

3 两相流实验

3.1 管束的振动特性

为了更好地理解流体弹性不稳定性的机理，需要对管束的振动特性进行深入的研究，尤其是在两相流中。图7为节径比为1.32的正方形排列管束中的管子3、4和6在液流量分别为16m³/h和24m³/h时的均方根振幅-含气率图。在以上两种液流量下，管子的振幅一开始均随着含气率或气体流速的增大缓慢增大，但当含气率超过某一临界值时，振幅的增长率突然变大，表明发生了流体弹性不稳定性。习惯上，称这一临界点处的含气率为临界含气率。在临界含气率以下时，管子的振幅较小，并没有像 Ricciardi[25] 等所描述的那样发生旋涡脱落激振，关于此现象的原因是，旋涡脱落激振一般发生在节径比小于1.5的紧密排列管束的进口处的前几排管子，尤其是在液流或高密度的气流中[1]。事实上，实验中的测试管束都是远离流道进口的，而且实验中所能达到的含气率也是较低的。如图7所示，液流量为16m³/h和24m³/h的临界含气率分别为36.5%和12.5%，显然，水流量越大，达到流体弹性不稳定性所需的临界含气率越小。

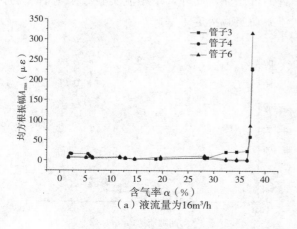

（a）液流量为16m³/h

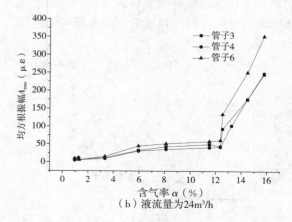

（b）液流量为24m³/h

图7 节径比为1.32的正方形排列管束的振幅-含气率图

3.2 影响因素分析

影响两相横向流诱发管束弹性不稳定性的因素有很多，包括管束的排列方式、节径比以及含气率等。为了揭示管束排列方式和节径比对两相横向流诱发管束弹性不稳定性的影响规律，绘制了如图 8 所示的液流量-临界含气率图，由图可知，对于这三种管束分布，随着液体流量的增大，临界含气率逐渐减小。

对比节径比分别为 1.28 和 1.32 的正方形排列管束的两条曲线可知，在相同液体流量下，节径比为 1.32 的管束所对应的临界含气率比节径比为 1.28 的管束所对应的临界含气率大，即表明节径比为 1.28 的管束更不稳定。此结论与 Pettigrew[26] 等得出的结论一致，即节径比越小，越易于发生流体弹性不稳定性。关于此结论的解释还没有统一的认识，可能的原因是管子的紧密排布加强了周围管子运动的相互影响。

对比节径比为 1.32 的正方形和正三角形排布管束的曲线可知，在相同液体流量下，正三角形管束达到不稳定所需的气流量或含气率更低。这可能是因为正三角形排布的管束为错列管束，两相流冲刷管束产生较大的湍动，施加在管子上的流体力较大，更易于诱发流体弹性不稳定性，这种管束结构特性或许对解释这种现象起着重要的作用。

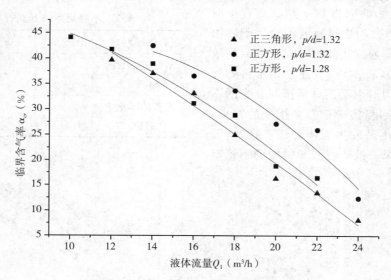

图 8　三种管束分布下液体流量-临界含气率图

3.3 设计准则

在两相流实验中，不稳定区图通常包含两个不稳定区，这两个区之间的转变与连续流和间歇流之间的转变相对应，然而，在连续流和间歇流中管束的不稳定行为是不同的。连续流意味着两相流动的连续性，而间歇流的特征在于两相混合物发生回流，瞬时，爆发之间的循环，根据 Pettigrew & Taylor[27] 的研究，这种特征可能会导致更低的临界流速。迄今为止，对于间歇流诱发的流体弹性不稳定性还没有很好地理解，从实际的角度来看，换热器管束应该避免在间歇流中工作，虽然众多研究者已经研究了这种现象，但是他们仅仅是为了强调连续流与间歇流之间的显著差异[28]。根据 Pettigrew[26] 等，当含气率为 80% 左右时，可以认为是连续流向间歇流转变的临界点。本实验考虑的两相混合物的含气率在 80% 以下，获得的两相流均为连续流。

两相连续流诱导的流体弹性不稳定性的设计准则也可以使用 Connors 提出的半经验关系式，见公式（7）。Pettigrew & Taylor[29] 等基于这种半经验关系式，推荐在两相横向流中不稳定常数 K 为 3.0，但仅适用于节径比大于 1.47 的管束。Pettigrew[26] 等研究发现节径比的影响似乎与无因次流动路径 $(p-d)/d$ 有关，考虑到较小节径比提出了一种保守但合理的设计准则，见公式（8），其适用于节径比在 1.22 到 1.47 范围内的管束。

$$K = 4.76(p-d)/d + 0.76 \qquad (8)$$

虽然上述公式已在某些文献中得到了应用，但

Mitra[8]等得到了一种不同的结果，实验研究了空气-水和蒸汽-水诱导节径比为1.4的正方形排列管束发生的流体弹性不稳定性，结果发现，管束在空气-水和蒸汽-水中的不稳定常数分别为6.2和7.1，显然，其大于由公式（8）计算得到的2.7。随着对两相横向流诱发管束流体弹性不稳定性研究的深入，公式（8）显得过于保守，而且不稳定常数K仅由节径比来确定是不准确的。事实上，流体弹性不稳定性不仅与节径比有关，而且还与管束的排列方式有关，这在上文已经得到验证。

鉴于目前对两相横向流诱发管束弹性不稳定性研究的不足，综合前人的研究和本文实验结果，绘制如图9所示的不稳定区图。分析过程中，对不稳定常数K的值有显著影响的指数n并没有直接取为0.5，而是根据实验数据通过直线拟合得到。由图9可知，对于不同排列方式的管束，指数n的取值不同。对比图9（a）和9（b），正三角形排列管束的不稳定常数的平均值小于正方形排列管束的不稳定常数的平均值，则相比于正方形排列的管束，正三角形排列的管束更易发生流体弹性不稳定性，此结论与上文所得结果一致。将图9得到的不稳定

常数K的平均值和推荐值汇总于表2中，由表可知，对于正方形和正三角形排列管束，推荐不稳定常数K为3.4，显然大于由公式（8）得到的最大值3.0。通过分析前人的实验数据，表2中不稳定常数K的推荐值对于节径比不小于1.28的正三角形和正方形排列管束在含气率低于80%时是可靠的。Ricciardi[25]等进行了空气-水诱导节径比为1.5的正三角形排列管束发生流体弹性不稳定性的实验研究，得到不稳定常数K最小为5.1，显然大于表2中的推荐值3.4；Hirota[30]等进行了蒸汽-水诱导节径比为1.46的正方形排列管束发生流体弹性不稳定性的实验研究，在含气率低于80%条件下，得到的不稳定常数K均大于表2中的推荐值4。

表2　不稳定常数K的平均值与推荐值

管束的排列方式	正三角形	正方形	研究的所有管束
不稳定常数的平均值，K_m	4.6	5.7	5.3
推荐的不稳定常数值，K	3.4	4.0	3.4

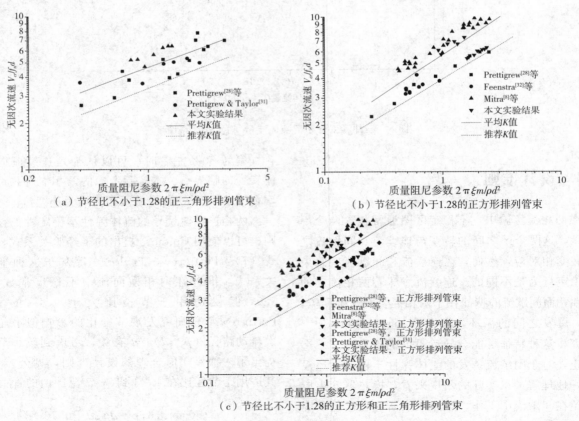

（a）节径比不小于1.28的正三角形排列管束

（b）节径比不小于1.28的正方形排列管束

（c）节径比不小于1.28的正方形和正三角形排列管束

图9　在含气率低于80%的两相横向流中的不稳定区图

4 结论

实验研究了单相和两相横向流诱导三种分布方式管束发生的流体弹性不稳定性，包括节径比为1.32的正方形和正三角形排列管束以及节径比为1.28的正方形排列管束。将单相流实验结果与前人的实验数据进行了对比；在空气-水两相横向流中，对比分析了节径比和管束的排列方式对流体弹性不稳定性的影响；基于前人的实验结果，提出了一种新的两相横向流诱发管束弹性不稳定性的设计准则。主要的结论如下：

（1）单相流实验结果与前人实验数据吻合良好，不仅证明了实验平台的可靠性，且为后续的两相流实验奠定了基础；

（2）在空气-水两相横向流中，节径比较小的管束在更低的临界含气率下发生了流体弹性不稳定性；

（3）在空气-水两相横向流中，相比于正方形排列的管束，正三角形排列的管束更易发生流体弹性不稳定性；

（4）在含气率低于80%的空气-水两相横向流中，推荐节径比不小于1.28的正三角形和正方形排列管束的不稳定常数 K 分别为3.4和4.0。

参考文献

[1] 聂清德，谭蔚. 管壳式换热器流体诱发振动 [M]. 北京：中国石化出版社，2014：1-5.

[2] Pettigrew MJ, Tromp JH, Taylor CE, et al. Vibration of tube bundles in two-phase cross-flow. Part 1: hydrodynamic mass and damping [J]. Journal of Pressure Vessel Technology Transactions of the ASME, 1989, 111 (4): 478-487.

[3] Khushnood S, Khan ZM, Malik MA, et al. Cross-flow-induced-vibrations in heat exchanger tube bundles: areview [M]. Nuclear PowerPlants, InTech, 2012: 71-128.

[4] Álvarez-Briceño R, Kanizawa FT, Ribatski G, Oliveira LPRD. Updated results on hydrodynamic mass and damping estimations in tube bundles under two-phase crossflow [J]. International Journal of Multiphase Flow, 2016, 89: 150-162.

[5] Violette R, Pettigrew MJ, Mureithi NW. Fluid elastic instability of an array of tubes preferentially flexible in the flow direction subjected to two-phase cross flow [J]. Journal of Pressure Vessel Technology, 2006, 128 (1): 148-159.

[6] Chu I C, Chung H J, Lee S. Flow-induced vibration of nuclear steam generator U-tubes in two-phase flow [J]. Nuclear Engineering and Design, 2011, 241 (5): 1508-1515.

[7] Axisa F, Villard B, Gibert RJ, Hetsroni G, Sundheimer P. Vibration of tube bundles subjected to air-water and steam-water cross flow: preliminary results on fluidelastic instability [J]. Journal of Endocrinology, 1984, 27 (3): 1203-1215.

[8] Mitra D, Dhir V K, Catton I. Fluid-elastic instability in tube arrays subjected to air-water and steam-water cross-flow [J]. Journal of Fluids and Structures, 2009, 25 (7): 1213-1235.

[9] Pettigrew MJ, Zhang C, Mureithi NW, Pamfil D. Detailed flow and force measurements in a rotated triangular tube bundle subjected to two-phase cross-flow [J]. Journal of Fluids and Structures, 2005, 20 (4): 567-575.

[10] Rogers RG, Taylor C E, Pettigrew MJ. Fluid effects on multispanheat exchanger tube vibration [C]. ASME PVP Conference, San Antonio, 1984, No. H00316.

[11] Moran J E, Weaver D S. On the damping in tube arrays subjected to two-phase cross-flow [J]. Journal of Pressure Vessel Technology, 2013, 135 (3): 030906.

[12] Connors H J. Fluidelastic vibration of tube arrays excited by cross flow [C]. Proceeding of ASME Winter Annual Meeting, New York, 1970, 42-56.

[13] Chen SS. Guidelines for the instability flow velocity of tube arrays in crossflow [J]. Journal of Sound and Vibration, 1984, 93 (3): 439-455.

[14] Tanaka H, Takahara S. Fluid elastic vibration of tube array in cross flow [J]. Journal of Sound and Vibration, 1981, 77 (1): 19-37.

[15] Chen S S, Jendrzejcyk J A. Experiments on fluid elastic instability in tube banks subjected to liquid cross flow [J]. Journal of Sound and Vibration, 1981, 78 (3): 355-381.

[16] GrossH. Investigations in aeroelastic vibration mechanisms and their application in design of tubular heat exchangers [D]. Hannover, Germany: Technical University of Hanover, 1975.

[17] ConnorsH J. Fluidelastic vibration ofheat exchanger tube arrays [J]. Journal of Mechanical Design, 1978, 100: 347-353.

[18] HartlenR T. Wind tunneldetermination of

fluidelastic vibration thresholds for typical heat exchanger tube patterns [R]. No. 74－309－K, 1974, Ontario Hydra, Toronto, Canada.

[19] Soper B M H. The effect of tube layout on the fluid-elastic instability of tube bundles in crossflow [J]. Journal of Heat Transfer, 1983, 105 (4): 744－750.

[20] Blevins R D, Gibert R J, Villard B. Experiments on vibration of heat-exchanger tube arrays in cross flow [C]. 6th Conference on Structural Mechanicsin Reactor Technology, Paris, France, 1981, No. B6/9.

[21] GormanD J. Experimental development of design criteria to limit liquid cross-flow-induced vibration in nuclear reactor heat exchange equipment [J]. Nuclear Scienceand Engineering, 1976, 3 (3): 324－336.

[22] Heilker W J, Vincent R Q. Vibration in nuclear heat exchangers due to liquid and two-phase flow [J]. Journal of Engineering for Power, 1981, 103 (2): 358－366.

[23] ZukauskasA, KatinasV. Flow-induced vibration in heat-exchanger tube banks [Z]. Proceedings of IUTAM-ZAHR symposium on practical experiences with flow-induced vibrations, 1980, Berlin: Springer-Verlag.

[24] Pettigrew M J, Sylvestre Y, Campagna A O. Vibration analysis of heat exchanger and steam generator designs [J]. Nuclear Engineering and Design, 1978, 48 (1): 97－115.

[25] Ricciardi G, Pettigrew M, Mureithi N. Fluid elastic in stability in a normal triangular tube bundle subjected to air-water cross-flow [J]. Journal of Pressure Vessel Technology, 2011, 133 (6): 061301.

[26] Pettigrew M J, Taylor C E, Kim B S. The effects of bundle geometry on heat exchanger tube vibration in two-phase cross flow [J]. Journal of Pressure Vessel Technology, 2001, 123 (4): 414－420.

[27] Pettigrew MJ, Taylor CE. Two-phase flow-induced vibration: an overview [J]. Journal of Pressure Vessel Technology, 1994, 116: 233-253.

[28] Pettigrew MJ, Tromp JH, Taylor CE, Kim B S. Vibration of tube bundles in two-phase cross-flow. Part 2: fluid-elastic instability [J]. Journal of Pressure Vessel Technology, Transactions of the ASME. 1989, 111 (4): 478－487.

[29] Pettigrew MJ, Taylor CE. Fluidelasticinstability of heat exchanger tube bundles: review and design recommendations [J]. Journal of Pressure Vessel Technology, 1991, 113: 242－256.

[30] Hirota K, Nakamura T, Kasahara J, et al. Dynamics of an in-line tube array subjected to steam-water cross-flow. Part 3: fluid elastic instability tests and comparison with theory [J]. Journal of Fluids and Structures, 2002, 16 (2): 153－173.

[31] Pettigrew M J, Taylor C E. Vibration of a normal triangular tube bundle subjected to two-phase freoncross flow [J]. Journal of Pressure Vessel Technology, 2009, 131 (5): 051302.

[32] Feenstra P A, Weaver D S, Nakamura T. Vortex shedding and fluidelastic instability in a normal square tube array excited by two-phase cross-flow [J]. Journal of Fluids andStructures, 2003, 17 (6): 793－811.

作者简介

刘宝庆（1978—），男，黑龙江哈尔滨人，副教授，主要从事过程系统节能、承压设备可靠性设计等方面的研究，通信地址：310027 浙江省杭州市西湖区浙江大学玉泉校区化工机械研究所，Email：baoqingliu@126.com

基于 Transition SST 模型的横向流下
塔设备振动对气动特性影响研究

邱雅柔 唐 迪 高增梁

（浙江工业大学 浙江 杭州 310000）

摘 要 塔设备时刻面临风横向流下的圆柱绕流问题，绕流的产生引发塔设备的横向振动。为了研究塔设备振动对卡门涡脱落等气动特性的影响，采用数值求解 N－S 方程结合 Transition SST 湍流模型的方法模拟气流的非定常流动，获得塔外表面的二维流场特性和风压系数分布曲线，并与实验数据进行比较，验证了数值模拟的准确性；继而将塔设备振动简化为正弦运动，采用网格重构方法实现塔设备的动网格生成。研究了以不同频率振动下的塔设备非定常气动特性。结果表明，塔设备在振动时，横向力、阻力以及涡脱落的频率均受到较大改变；最大负压偏大且其位置即流动分离点在考虑塔设备振动时产生了滞后。

关键词 塔设备；风载荷；数值模拟；Transition SST 模型；动网格

Research of Cross Flow Induced Vitrations of Tower on the Aerodynamic Characteristics Based on Transition SST Model

Qiu Yarou Tang Di Gao Zengliang

（Zhejiang University of Technology，Zhejiang，Hangzhou，310000）

Abstract In order to study the influence of tower vibrations on the aerodynamic characteristics，flow around a circular cylinder is simulated by solving the N-S equation with Transition SST turbulence model. The results of two-dimensional flow field characteristics and pressure coefficients are compared with experiment data to verify the accuracy of the numerical simulation method. A UDF are compiled to realize sinusoidal motions of various frequencies，the dynamic mesh is realized by remeshing the flow domain. It is shown that horizontal force，longitudinal force and the frequency of vortex-shedding are greatly changed after involving vibration and the position of the maximum pressure coefficients where flow seperation occures is delayed to the downstream.

Keywords tower；wind load；numerical simulation；Transition SST turbulence model；dynamic mesh

引言

塔设备作为石油化工中的重要设备之一，具有十分广泛的应用。塔设备外形呈细长型结构，在其运行期间塔设备结构对风荷载尤其敏感，塔体横风向振动所引起的结构破坏时刻威胁塔设备安全运行。研究表明，其在振动过程中，塔体运动会引发分离位置动态变化、涡脱落频率改变等[1]。因此，研究塔设备振动对气动特性的影响有着十分重要的工程应用意义。

近年来，随着 CFD 理论基础和计算机硬件设施的飞速发展，学者们运用数值模拟方法对塔设备风荷载问题进行了大量研究。与风洞试验或是现场实测等研究方法相比较，CFD 数值模拟方法具有降低研究成本、响应迅速等优点。雷诺平均 Navier-Stokes（RANS）方法是目前工程湍流求解的主要手段，然而当模拟分离流动时，其模拟精度却差强人意。大涡模拟（LES）方法在捕捉湍流脉动特征方面较 RANS 方法有了极大的进步，模拟精度比较高但所需要网格数目巨大，由此带来的极大的计算量，严重制约了其在工程中的应用。利用 SST 湍流模型结合转捩模型的 Transition SST 模型在没有大量增加计算量的同时，提高了对转捩和分离的模拟精度，该模型已广泛的运用于圆柱绕流和塔设备绕流的研究中[2]。

风载荷作用下的塔设备绕流是典型的圆柱绕流，气流的绕流使得塔设备尾流区产生卡门涡，此时塔设备受到周期性横向力的作用而产生振动。关于不同振型、频率和振幅的振动对气动特性影响研究首先开展于航空航天领域。对此邓小龙[3]等关于在迎角 $\alpha \geqslant 14°$ 时研究发现同一迎角条件下的俯仰振动频率越高时，其动态的平均升力系数和动态平均力矩系数越大。吕坤等[4]通过改变非正弦参数 K 实现不同的非正弦振型，在一定沉浮频率和幅度下，振型对流场涡结构有明显的影响。通过风洞试验，当机翼振幅达到一定幅度后，振动机翼下平均升力特性与刚性机翼的结果有较明显的差别[5]。为了研究塔设备振动对非定常气动特性的影响，叶辉等[1]研究了风振条件下冷却塔内外壁的风压分布，发现考虑风振特性后，冷却塔外壁风压呈现增大的趋势，最大负压位置即流动分离点在考虑风振时产生了滞后。然而尚未开展塔设备以不同振动频率振动时对气动特性影响的研究。

本文采用 Transition SST 模型对二维塔设备横向流进行数值模拟分析，开展不同振动频率的二维塔设备对其气动特性影响的研究。

1 塔设备横向流计算方法

1.1 不可压缩粘性流体的控制方程

对于不可压缩粘性流体，其流动控制方程[6]可表示为：

$$\frac{\partial u_i}{\partial x_i} = 0 \tag{1}$$

$$\frac{\partial u_i}{\partial t} + u_j \frac{\partial u_i}{\partial x_j} = -\frac{\partial p}{\partial x_i} + \frac{1}{Re} \frac{\partial}{\partial x_j}\left(\frac{\partial u_i}{\partial x_j}\right) \tag{2}$$

式中，u_i 为流体沿 x_i 方向的速度分量，在二维情况下 $i = 1, 2$；$u_1 = u$ 和 $u_2 = v$ 分别为水平和垂直方向的速度分量，t 为时间，p 为压力，Re（$Re = \rho_\infty U_\infty D / \mu$）为雷诺数，$\rho_\infty$ 为来流密度，U_∞ 为来流速度，D 表示塔设备直径，μ 为粘性系数。

1.2 Transition SST 湍流模型

Transition SST 模型最早用于精确预测带强烈的逆压力梯度和分离的航空气流。如今在工业问题上也广泛的需要精确计算压力诱导分离的流动[7]。

本文采用的 SST k-ω 湍流模型中关于湍动能（k）以及比耗散率（ω）的输运方程为：

$$\frac{\partial}{\partial t}(\rho k) + \frac{\partial}{\partial x_i}(\rho k u_i)$$
$$= \frac{\partial}{\partial x_j}\left(\Gamma_k \frac{\partial k}{\partial x_j}\right) + G_k - Y_k \tag{3}$$

$$\frac{\partial}{\partial t}(\rho \omega) + \frac{\partial}{\partial x_j}(\rho \omega u_j)$$
$$= \frac{\partial}{\partial x_j}\left(\Gamma_\omega \frac{\partial \omega}{\partial x_j}\right) + G_\omega - Y_\omega + D_\omega \tag{4}$$

式中，G_k 为湍动能的速度梯度，G_ω 为比耗散率的速度梯度，Γ_k 和 Γ_ω 分别是 k 和 ω 的有效扩散系数，Y_k 和 Y_ω 分别是关于 k 和 ω 的湍流耗散项，D_ω 是交叉扩散项。

SST k-ω 湍流模型定义的有效扩散系数（Γ_k 和 Γ_ω）分别是：

$$\Gamma_k = \mu + \frac{\mu_t}{\sigma_k} \tag{5}$$

$$\Gamma_\omega = \mu + \frac{\mu_t}{\sigma_\omega} \tag{6}$$

式中 σ_k 和 σ_θ 分别是关于 k 和 ω 的湍流普朗特数。湍流粘性系数 μ_t 可以通过式（7）得到：

$$\mu_t = \frac{\rho k}{\omega} \frac{1}{\max\left[\frac{1}{a^*}, \frac{SF_2}{a_1 \omega}\right]} \tag{7}$$

式(7)中 S 是应变率，σ_k 和 σ_θ 分别被定义为：

$$\sigma_k = \frac{1}{F_1 / \sigma_{k,1} + (1 - F_1) / \sigma_{k,2}} \quad (8)$$

$$\sigma_\omega = \frac{1}{F_1 / \sigma_{\omega,1} + (1 - F_1) / \sigma_{\omega,2}} \quad (9)$$

式中 F_1 和 F_2 为混合函数。湍流粘性系数 μ_t 中 a^* 的定义如下：

$$a^* = a_\infty^* \left(\frac{a_0^* + Re_t / R_k}{1 + Re_t / R_k} \right) \quad (10)$$

式(10)中 $Re_t = \rho k / \mu\omega$，$R_k = 6$，$a_0^* = \beta_i / 3$，$\beta_i = 0.072$，一般对于高雷诺数的 SST k-ω 两方程湍流模型 $a^* = a_\infty^* = 1$。

1.3 转捩模型

将关于间歇因子 γ 和当地边界层动量厚度雷诺数 $\widetilde{Re}_{\theta t}$ 的输运方程及相关经验公式与 SST k-ω 两方程湍流模型相结合后构成了 Transition SST 四方程模型。传统的 γ 定义为流动处于湍流和层流的时间比例，$\gamma = 0$ 为层流，$\gamma = 1$ 为湍流。用 γ 控制湍流斑生成，当转捩开始即湍流斑出现时，γ 开始增长。其中关于流动间歇因子 γ 的输运方程为：

$$\frac{\partial (\rho\gamma)}{\partial t} + \frac{\partial (\rho U_j \gamma)}{\partial x_j} = P_{\gamma 1} - E_{\gamma 1} + P_{\gamma 2} - E_{\gamma 2}$$
$$+ \frac{\partial}{\partial x_j} \left[\left(\mu + \frac{\mu_t}{\sigma_\gamma} \right) \frac{\partial \gamma}{\partial x_j} \right] \quad (11)$$

其中转捩源项定义如下：

$$P_{\gamma 1} = C_{a1} F_{length} \rho S \left[\gamma F_{onset} \right]^{C_{\gamma 3}} \quad (12)$$

$$E_{\gamma 1} = C_{e1} P_{\gamma 1} \quad (13)$$

$$P_{\gamma 2} = C_{a2} \rho \Omega \gamma F_{turb} \quad (14)$$

$$E_{\gamma 2} = C_{e2} P_{\gamma 2} \gamma \quad (15)$$

式中 S 是应变率大小，F_{length} 是控制转捩区长度的参数，Ω 是旋涡强度。F_{onset} 是涡量雷诺数 Re_V 的函数：

$$Re_V = \frac{\rho y^2 S}{\mu} \quad (16)$$

$$R_T = \frac{\rho k}{\mu\omega} \quad (17)$$

$$F_{onset1} = \frac{Re_V}{2.193 Re_{\theta t}} \quad (18)$$

$$F_{onset2} = \min \left[\begin{matrix} \max(F_{onset1}, F_{onset1}^4), \\ 2, 0 \end{matrix} \right] \quad (19)$$

$$F_{onset3} = \max \left(1 - \left(\frac{R_T}{2.5} \right)^3, 0 \right) \quad (20)$$

$$F_{onset} = \max(F_{onset2} - F_{onset3}, 0) \quad (21)$$

$$F_{turb} = e^{-\left(\frac{R_T}{4} \right)^4} \quad (22)$$

式中 y 是沿外法线方向与壁面之间的距离，F_{onset} 用来启动 P_γ，$Re_V / 2.193 Re_{\theta t}$ 为当地转捩的判据，当该比值超过 1 时，P_γ 启动，即 γ 开始增长。$Re_{\theta t}$ 为临界雷诺数，转捩雷诺数 $\widetilde{Re}_{\theta t}$ 从经验关系中得到。间歇因子 γ 输运方程的求解过程中涉及的常数分别为：$C_{a1} = 2$；$C_{e1} = 1$；$C_{a1} = 2$；$C_{e1} = 1$；$C_{e2} = 50$；$C_{\gamma 3} = 0.5$；$\sigma_\gamma = 1.0$。

基于动量厚度雷诺数 $\widetilde{Re}_{\theta t}$ 的输运方程为：

$$\frac{\partial}{\partial t} (\rho \widetilde{Re}_{\theta t}) + \frac{\partial (\rho U_j \widetilde{Re}_{\theta t})}{\partial x_j}$$
$$= P_\theta + \frac{\partial}{\partial x_j} \left[\sigma_{\theta t} (\mu + \mu_t) \frac{\partial \widetilde{Re}_{\theta t}}{\partial x_j} \right] \quad (23)$$

$$P_{\theta t} = c_{\theta t} \frac{\rho}{t} (Re_{\theta t} - \widetilde{Re}_{\theta t})(1.0 - F_{\theta t}) \quad (24)$$

$$t = \frac{500\mu}{\rho U^2} \quad (25)$$

$$F_{\theta t} = \min(\max(F_{wake} \, e^{\left(\frac{y}{\sigma} \right)^4}, 1,$$
$$0 - \left(\frac{\gamma - 1/50}{1.0 - 1/50} \right)^2), 1, 0) \quad (26)$$

$$\theta_{BL} = \frac{\widetilde{Re}_{\theta t} \mu}{\rho U} \quad (27)$$

$$\delta_{BL} = \frac{15}{2} \theta_{BL} \quad (28)$$

$$\delta = \frac{50 \Omega y}{U} \delta_{BL} \quad (29)$$

$$Re_\omega = \frac{\rho\omega y^2}{\mu} \quad (30)$$

$$F_{wake} = e^{-\left(\frac{Re_\omega}{1E+5} \right)^2} \quad (31)$$

式中 $Re_{\theta t}$ 是当地转捩雷诺数，$F_{\theta t}$ 是开关函数，从边界层内到边界层外由 1 逐渐变为 0，F_{wake} 的作用是确保在塔设备的尾流区域中为 0，$c_{\theta t}$ 和 $\sigma_{\theta t}$ 分别为常数 $c_{\theta t} = 0.03$，$\sigma_{\theta t} = 2.0$。

2　圆柱绕流模拟

2.1　数值计算条件

本文研究的是来流速度U_∞沿x轴正方向流向直径为D的二维塔设备横向流问题，见图1。取来流雷诺数$Re = 2.6 \times 10^5$（亚临界区），根据实验条件选择来流的湍流强度为0.8%。文中的时均阻力系数C_d由式（32）确定：

$$C_d = F_d / ((\rho_\infty\, U_\infty^2\, D)\,/2) \tag{32}$$

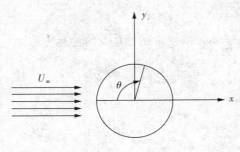

图 1　流动示意图

2.2　计算网格及边界条件

计算域取$40D \times 55D$的矩形域，其中计算域左边界和计算域上下边界与塔设备中心的距离均为$20D$，计算域右边界与塔设备中心的距离为$35D$。物面法向第一层网格高度由$y^+ \sim 1$确定。图2和图3分别为整个计算域网格和塔设备表面附近网格的示意图。

计算域的左边界采用速度入口边界条件，在此边界上沿x，y方向速度分量分别为$u = U_\infty$，$v =$

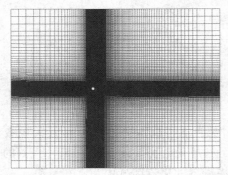

图 2　整个计算域网格示意图

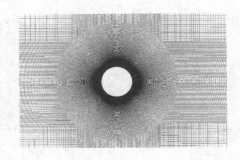

图 3　圆柱表面附近网格示意图

0；塔设备表面采用无滑移壁面边界条件，即：$u = v = 0$；计算域的上下边界采用对称边界条件；计算域的右边界采用流动出口边界条件。使用 UDF 动网格的方法，动网格区域分别实现频率为 0.4Hz 和 3Hz 振幅为 1m 的振动。

3　结果与讨论

3.1　亚临界区数值模拟结果分析

图4给出了在$Re = 2.6 \times 10^5$时通过 SST $k - \omega$ 模型和 Transition SST 模型模拟得到的塔设备表面时均压力系数C_p分布曲线，并且图中也给出了 E. ACHENBACH 实验[8]测得的结果（Exp.）。从图5可以看出，在亚临界区采用 Transition SST 模型和 SST $k - \omega$ 模型都能够很好地模拟塔设备横向流问题，但采用 Transition SST 模型模拟得到的最大正风压系数和最小负风压系数均与实验结果符合得更好，说明了数值模拟结果的合理性。同时也可以发现，在气流分离区域，数值计算结果得到的分离点略有滞后。

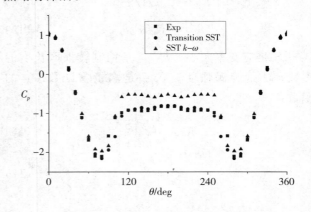

图 4　塔设备表面时均压力系数C_p分布曲线

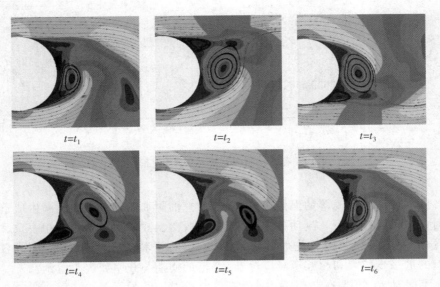

$t=t_1$ $t=t_2$ $t=t_3$

$t=t_4$ $t=t_5$ $t=t_6$

图5   一个周期塔设备背风面尾迹区的流动

图5给出了塔设备背风面尾迹区流动在一个周期内的变化过程。t_1时刻塔设备背风面的旋涡距离塔设备壁面相当近，导致t_2时刻的在塔设备背风面附件产生了局部分离，新旋涡产生。尾迹区的旋涡随时间沿流向向后发展并且逐渐变大，t_3时刻尾迹区塔设备上表面附近产生了两个正向旋转的小涡，且此两小涡与之前尾迹区塔设备上表面附近产生的反向旋转的小涡由于旋向以及来流的影响逐渐开始合并，在t_5时刻合并，成为一个正向旋转的旋涡。同样由于涡间以及来流的影响，在t_5时刻发展的正向旋涡和在t_2时刻由诱导作用发生局部分离产生的旋涡开始逐渐合并，在t_6时刻完成合并发展为一个大的分离涡，之后发生旋涡脱落。这就是尾迹区塔设备上表面附近旋涡产生及发展脱落的过程。

由于Transition SST模型对分离和压力梯度等因素的敏感性，采用Transition SST模型可以较为准确地模拟出$Re=2.6\times10^5$时塔设备壁面的压力表面系数监测比之其他的湍流模型更为准确，更为接近实验数据。

3.2   振动对气动特性影响

本文分别选取0.4Hz和3Hz两个典型振动频率，研究了塔设备振动下的气动特性。图6给出了各振动情况下的时均压力系数分布图。从图中可以看出，考虑塔体振动时，最大负压绝对值显著增大

且分离点显著滞后，其主要原因是相比于静止的塔设备在风载作用下的情形，考虑塔设备自身的振动使得气流状态更加复杂，导致分离点滞后。

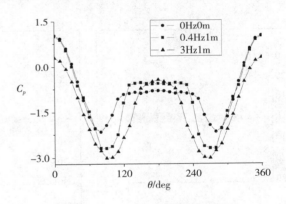

图6   振动的塔设备表面时均压力系数C_p分布曲线

图7给出了各振动频率下升力系数和阻力系数分布曲线。可以较为明显地看出，塔设备振动对横向力和阻力系数产生较大影响。在0.4Hz的振动频率下，与0Hz0m对比如下：Cd系数在数值上没有明显的变化，但其以周期为1.25s左右波动；Cl系数数值上有了较大的幅度的波动，并且呈现大周期2.5s小周期0.25s左右的波动。在3Hz的振动频率下，塔设备横向力和阻力系数的最大值在被削弱的同时其振幅也逐渐从相对恒定逐渐转变为随时间做周期性变化。阻力系数在大幅度降低的同时，其振动幅值也受到削弱。

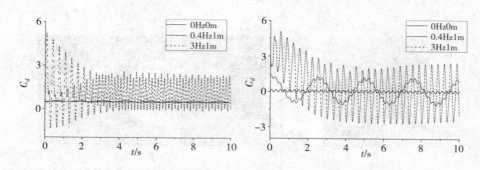

图 7　各振动频率下的 C_d、C_l 分布曲线

图 8 给出了各频率振动中涡脱落的涡量图。不考虑塔设备振动时，在风载作用下，流动首先在塔设备后缘处产生分离。在后缘两侧首先脱落出线涡，随着双列线涡的进一步扩大和相互诱导，逐渐发展成两列周期性摆动和交错的卡门涡。当以 0.4Hz 的频率振动时，在风载作用下产生卡门涡的同时，该卡门涡还跟随塔设备的振动做周期性运动，产生了卡门涡振荡-塔设备振动相互叠加的效应。以 3Hz 的频率振动时，塔设备的强烈振动使得在壁面附近处产生了强剪切流动，该剪切流直接对壁面附加层的能量和旋涡生成造成冲击，致使壁面脱落涡频率与振动频率相一致。由此发展而来的卡门涡频率与振动频率相一致。各振动频率下涡脱落的周期与频率如表1所示。

表 1　$Re = 2.6 \times 10^5$ 时，各系数周期、频率值

工况	涡脱落周期/s	涡脱落频率/Hz
0 Hz	0.24	4.17
0.4 Hz	0.24	4.17
3 Hz	0.30	3.33

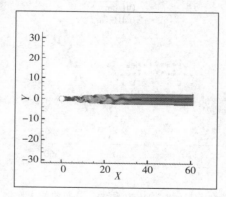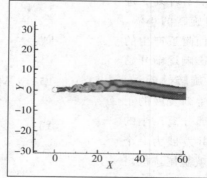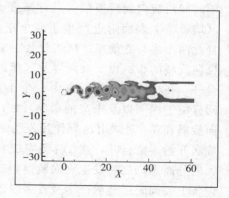

图 8　各振动频率下的涡量图

4　结论

本文将塔设备振动简化为简谐运动，采用了 CFD 方法结合动网格技术开展了塔设备振动频率对其气动特性影响的研究，研究表明：

1）分析了振动下塔设备的压力系数分布，塔设备的振动对使得分离点发生了滞后，也使得塔设备最大风压系数显著增大。

2）考虑振动特性的影响时，高频率振动和低频率振动对涡脱落的频率都有一定的影响。低频率振动时，呈现卡门涡振荡-塔设备振动共存的旋涡振荡效应；高频率振动时，涡脱落的频率与塔设备振动频率相一致。

参 考 文 献

[1] 叶辉，熊红兵，陆灏，等．动网格模拟风振对超大瘦高型冷却塔风荷载的影响 [J]．应用力学学报，2016，33（6）：963－969．

设计、传热
B

[2] 雷娟棉，谭朝明. 基于 Transition SST 模型的高雷诺数圆柱绕流数值研究 [J]. 北京航空航天大学学报，2017，43（2）：207—217.

[3] 邓小龙，解亚军. 弹性振动对翼型气动特性影响的数值模拟 [J]. 应用力学学报，2013（2）：240—244.

[4] 吕坤，谢永慧，张荻. 非正弦振型对沉浮翼型推力产生的影响 [J]. 西安交通大学学报，2013，47（9）：55—59.

[5] 宋保方，叶正寅. 风洞实验中机翼振动对气动特性影响的计算分析 [J]. 空气动力学学报，2011，29（2）：226—230.

[6] Otwell R S. The effect of elbow translation on pressure transients analysis of piping systems [C]. Symposium on Fluid Transients and Fluid Structure Interaction.

Orlando：ASME，1982：127—136.

[7] Menter F R，Kuntz M，Langtry R. Ten years of industrial experience with the SST turbulence model [J]. Turbulence，2003.

[8] E. Achenbach. Achenbach，E.：Distribution of Local Pressure and Skin Friction around a Circular Cylinder in Cross-Flow up to $Re = 5 \times 106$ [J]. Journal of Fluid Mechanics，1968，34（4）：625—639.

作者简介

邱雅柔，女，硕士，浙江工业大学，310000

联系手机：15268115669 E-mail：qiuyarou @ foxmail. com

大高颈比塔器的诱导振动分析

刘　东[1]　魏昕辰[2]　段成红[2*]

（1. 中国寰球工程有限公司辽宁分公司　抚顺　113006；
2. 北京化工大学机电工程学院　北京　100029）

摘　要　以调谐质量阻尼器为基本模型，设计了适合塔器应用的环形阻尼器。探究质量比、频率比和阻尼比对减振效果影响，并以某在役大高颈比塔器为例，选取质量为 0.3t，频率比为 1，阻尼比为 0.1 的环形阻尼器，通过有限元模拟的方式验证其减振效果。研究工作为调谐质量阻尼器在化工行业的应用提供了一定的参考。

关键词　阻尼器；塔器；减振

Induced Vibration Analysis of a Large High-necked Tower Equipment

Liu Dong[1]　Wei Xinchen[2]　Duan Chenghong[2]

（1. China Huanqiu Engineering Co.，Ltd. Liaoning Branch
2. Beijing University of Chemical Technology，Beijing，100029）

Abstract　Designed a ring damper for tower applications taking the tuned mass damper as the basic model. Investigated the effects of mass ratio, frequency ratio and damping ratio on damping effect. Take a large high-necked tower in service as an example, selected the mass of 0.3t, the frequency ratio of 1, the damping ratio of 0.1 ring dampers. And the damping effect is verified by finite element simulation. The research work provides a reference for the application of tuned mass damper in the chemical industry.

Keywords　damper；tower；reduce the amplitude

引言

大高径比塔器由于柔性大，在风载荷作用下很容易发生振动，其振动形式主要有两种。一种是风的推力造成的塔器沿顺风向的振动，该振动幅度较小，且一般发生在风速较大时；另一种是风的流体性质形成的卡曼涡街现象，导致塔器垂直于风向的振动[1]，风诱导振动其实是一种共振现象，大高颈比塔器风诱导振动的幅度和塔器承受的载荷往往是顺风向振动的 10～20 倍[2]，因此在化工设备向大型化发展的趋势下，更应该加强对风诱导振动的研究[3]，以减少风诱导振动的发生。

根据风诱导振动减振机理的不同，可以将减振方法分为四类：

（1）改变大高颈比塔器的固有频率，如增加壁厚等。

（2）限制大高颈比塔器振动，如设置拉索等。

（3）破坏卡曼涡街形成，如设置扰流装置。

（4）安装调谐阻尼器。

本文拟设计环形调谐质量阻尼器，为塔器减振方法提供一定的参考。

1 诱导振动机理及减振机理

1.1 诱导振动机理

当风速达到一定程度时，气体会在大高颈比塔器背风面两侧形成转向相反、交替脱离塔器表面的漩涡，即卡曼涡街。因漩涡周期性脱落引发的激振力导致塔器共振，振幅往往远大于顺风方向的振幅。根据风的流体性质和振动力学基本理论可以推导得到风诱导振动的激振力 $F(t)$ 如式所示[4]。

$$F(t) = \frac{1}{2}\rho v^2 C_L D \sin(2\pi ft) \qquad (1)$$

式中 ρ 为空气密度，kg/m^3；v 为风速，m/s；C_L 为升力系数，无因次，与雷诺数 Re 相关；D 为塔器外径，m；t 为时间，s。参考我国房屋建筑标准，并根据卡曼涡街形成机理可以推得式中的激振力频率 f 表达式为：

$$f = S_t \frac{v}{D} \qquad (2)$$

式中的参数 S_t 根据相关标准取值为 0.2。

1.2 减振机理

根据振动力学基本原理将调谐质量阻尼器（TMD）系统模型简化为图 1 所示的力学模型。

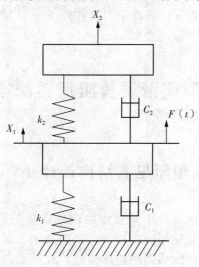

图 1 TMD——系统振动力学模型

应用振动力学对 TMD——系统的响应方程进行推导可得：

$$\begin{cases} m_1\ddot{x}_1 + (c_1+c_2)\dot{x}_1 + (k_1+k_2) \\ x_1 - c_2\dot{x}_2 - k_2 x_2 = F(t) \\ m_2\ddot{x}_2 + c_2\dot{x}_2 + k_2 x_2 - c_2\dot{x}_1 - k_2 x_1 = 0 \end{cases} \qquad (3)$$

公式中 $F(t)$ 的表达式为：

$$F(t) = F_0 \sin(\omega t) \qquad (4)$$

解该方程组得到放大系数 β 的公式[4]：

$$\beta = \frac{\sqrt{(s^2-\eta^2)^2 + 4\zeta^2 s^2 \eta^2}}{\sqrt{[\eta^2(1-s^2-\mu s^2)+s^2(s^2-1)]^2 + 4\zeta^2 s^2 \eta^2(1-s^2-\mu s^2)^2}} \qquad (5)$$

式中 $\mu = \frac{m_2}{m_1}$，$s = \frac{\omega}{\omega_1}$，$\eta = \frac{\omega_2}{\omega_1}$。其中 m_1 为塔器质量，kg；m_2 为阻尼器质量，kg；ω 为激振力频率，Hz；ω_1 为塔器固有频率，Hz；ω_2 为阻尼器固有频率，Hz；k_1 为塔器刚度系数；k_2 为阻尼器刚度系数；ζ 为阻尼比。根据公式，可以看出 μ、ζ 和 η 影响放大系数 β 的大小。

2 诱导振动振幅计算

2.1 结构参数

本文选用大高径比塔器设计参数见表 1。

表 1 设计参数

参数	数值
设计压力/MPa	2.04
设计温度/℃	20
筒体内径/mm	2600
筒体壁厚/mm	20
腐蚀裕量/mm	2
设备高度/mm	52000
基本风压/Pa	500

2.2 模态分析

本文采用 ANSYS16.0 中的 SOLID 185 单元建

立模型，为保证计算精度，采用六面体网格，使用分块法，求解模态为5阶，扩展模态5阶。后处理查看模态求解结果，得到塔器前五阶的固有频率如表2所示。现只列出第一阶模态的振型见图2所示。

表2 塔器固有频率

阶数	固有频率/Hz
1	0.41883
2	2.6285
3	3.2281
4	3.7984
5	5.3988

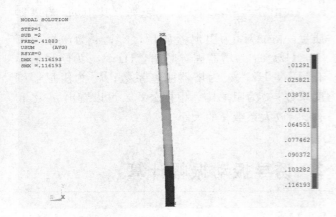

图2 塔器一阶振型

由表2可知，塔器的第一阶固有频率为0.42Hz，周期为2.388s。根据公式（6）可计算得到塔器的一阶临界风速为：5.53m/s。对该塔器的各阶临界风速进行计算得到其周期和对应的临界风速如表3所示。

$$V_{ci} = \frac{D}{T_i S_t} \qquad (6)$$

表3 塔器周期与临界风速

阶数	周期（s）	临界风速（m/s）
1	2.388	5.53
2	0.381	34.65
3	0.310	42.58
4	0.263	50.19
5	0.185	71.35

根据设计参数中基本风压500Pa和表3的计算

结果，可以求得塔顶处最大风速，进而得知该塔器只能发生一阶风的诱导振动，不会发生二阶诱导振动。根据图2可知，塔器在发生一阶风诱导振动时，其最大位移为塔器最高点。因此本文将以塔器最高点的位移作为验证塔器振幅大小和安装调谐质量阻尼器后减振效果的衡量标准。

2.3 谐响应分析

由于该塔的高度超过30米，高径比52/2.62＝19.85＞15，依据NB/T 47041－2014《塔式容器》对该塔器进行风诱导振动分析。考虑到该塔器的一阶共振临界风速为5.53m/s，并且根据JB/T 4732－1995《钢制压力容器－分析设计标准》（2005年确认），塔器的锁定区最大风速为1.3倍共振风速，即7.189m/s。二阶共振风速为34.65m/s，超出塔器顶部可达到的最大风速，因此该塔器无法达到二阶共振。综上所述，按照最危险情况考虑该塔器全塔处于一阶共振状态。根据1.1节的公式，计算得出塔器的激振力为：

$$F(t) = \frac{1}{2} \times 1.29 \times 7.189^2 \times 0.35 \times 2.62 \times \left(\frac{Y}{52}\right)^{0.32}$$

$$\sin(2\pi ft) = 30.57 \left(\frac{Y}{52}\right)^{0.32} \sin(2\pi ft) \qquad (7)$$

使用ANSYS中谐响应分析对该塔器进行稳态谐响应分析。建立全模型采用SOLID 185单元，裙座全固定约束，考虑到风从Z方向吹向该塔，因此需要在X方向施加公式所示的激振力载荷。得到该塔的振幅频率曲线如图3所示。

由图3知，振幅最大点在频率为0.42Hz附近，塔器的最大振幅为1598mm。

3 新型调谐质量阻尼器减振分析

3.1 新型阻尼器结构设计

目前用于化工装置中的调谐质量阻尼器较少，且没有成熟使用经验和加工制造技术。本文结合房屋建筑和烟囱结构的使用经验，设计了一款可用于化工行业的调谐质量阻尼器。

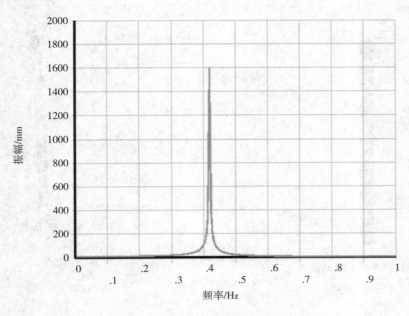

图3 塔器谐响应振幅-频率曲线

本文设计的调谐质量阻尼器主要由阻尼器、弹簧、质量环和支架组成，使用质量圆环代替原有的质量块，可以避免调谐质量阻尼器的方位布置问题。调谐质量阻尼器的结构如图4所示。

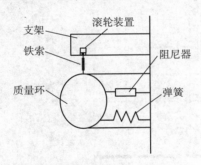

图4 阻尼器结构简图

与现在被广泛使用的减振装置相比，本文中所涉及的调谐质量阻尼器具有以下优点：

（1）使用铁索吊装质量环，增强了调谐质量阻尼器的使用寿命；

（2）同铁索相连的滚轮装置可以实现较好的减振作用；

（3）使用质量环避免了调谐质量阻尼器个数和安装方位的麻烦。

3.2 减振效果分析

调谐质量阻尼器的质量为 0.3t，固定频率为 0.42Hz，阻尼比为 0.1。因此在 ANSYS 中应用稳态谐响应分析对该塔安装阻尼器后的振幅进行分析。其中弹簧单元采用 COMBIN 14 单元，质量环采用 SOLID 185 单元，建立如图5所示模型。

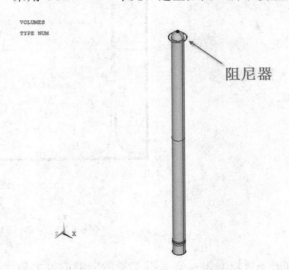

图5 阻尼器-塔器模型

采用六面体单元划分网格后的有限元模型如图6所示，其中4根弹簧周向均布。

采用模态叠加法进行谐响应计算带阻尼器的塔器一阶固有频率下的振型如图7所示。

对塔器和阻尼器的参数设置后，使用模态叠加法计算得到塔器安装调谐质量阻尼器后的频率-振幅曲线如图8所示。

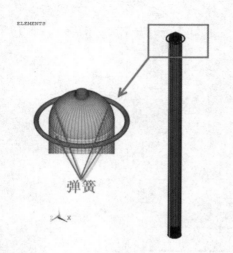

弹簧

图6　阻尼器-塔器有限元模型

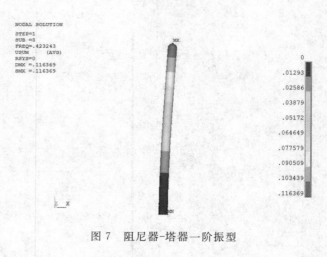

图7　阻尼器-塔器一阶振型

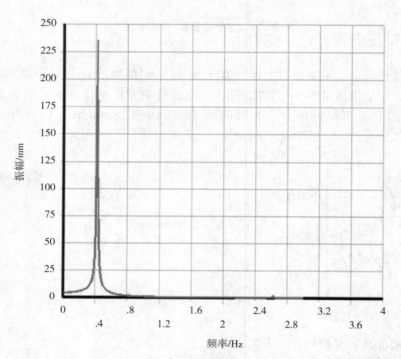

图8　阻尼器-塔器频率-振幅曲线

由图8可以看出，安装阻尼器后塔器的最大振幅为235mm，发生最大振幅的频率为0.41Hz。根据 NB/T 47041—2014 标准可知，安装调谐质量阻尼器后塔器的振幅同塔器的高度比值为：

$$\frac{235}{52000}=0.0046<0.005 \qquad (8)$$

安装调谐质量阻尼器后，塔器的振幅从1598mm下降到235mm，振幅减小了1363mm，其减振率为：

$$\frac{1598-235}{1598}\times 100\%=85.3\% \qquad (9)$$

因此本减振器具有良好的减振效果。

结论

（1）大高颈比塔器的固有频率较低，柔性较大，在风载荷作用下很容易发生风诱导振动，对塔器的危害较大；

（2）调谐质量阻尼器的质量、频率和阻尼对减振效果影响较大；

（3）本文中设计的新型调谐质量阻尼器具有较好的减振效果。

参 考 文 献

［1］赵菲．大型直立设备组合结构的强度和诱导振动分析［D］．北京化工大学，2013

［2］贾占斌．塔器阻尼器设计及防振性能研究［D］．天津大学，2013．

［3］陈长荣，顾福明，吕华亭，等．高塔设备的失效分析及修复［J］．化工装备技术，2012，33（5）：20－24．

［4］朱晓升．风诱导高耸设备的振动分析与减振结构设计［D］．浙江工业大学，2013

作 者 简 介

刘东，男，工程师，辽宁省抚顺市顺城区浑河北路16号

邮编：113006

电话：18641399819

邮箱：liudong@hqcec.com

通讯作者：段成红，女，1963年8月生，北京人，副教授，主要从事承压设备的设计开发与优化，数值模拟及计算机辅助工程

通讯地址：北京市朝阳区北三环东路15号北京化工大学机电工程学院

邮编：100029

联系电话：13810685730

电子邮箱：duanchenghong@163.com

基于 ANSYS 的三维垂直管道动力学分析

马东方[1] 何 晨[2] 梁 瑞[2]

（1. 国网河南省电力公司电力科学研究院 河南 郑州 450052；

2. 兰州理工大学 石油化工学院 甘肃 兰州 730050）

摘 要 针对一般的工业输流管道的振动问题，运用有限元软件 ANSYS，对两端固支的管道进行了静态分析、预应力的模态分析和谐响应分析。为避免管道在压力脉动、气锤、水锤、外载荷等情况下发生共振，在变形比较大的区域增加支撑，提高管道系统的固有频率，有助于减小振动。

关键词 振动；有限元；静力分析；模态分析；谐响应分析

Dynamic Analysis of Three-dimensional Vertical Pipeline Based on ANSYS

Ma Dongfang[1]　He Chen[2]　Liang Rui[2]

（1. Henan Electric Power Research Institute，Zhengzhou Henan 450052，China；

2. College of Petrochemical Engineering，Lanzhou

University of Technology，Lanzhou Gansu，730050 China.）

Abstract According to the vibration of the pipeline in the general industrial pipeline，using the finite element software ANSYS to conduct the static analysis and the modal analysis of the prestressing force of the pipeline clamped at both ends. In order to avoid the resonance of the pipeline in the pressure pulsation，air hammer，water hammer and external applied load，increasing support in the larger deformation area，and the natural frequency of the pipeline system is increased，which helps to reduce vibration.

Keywords Vibration；Finite element；Static analysis；Modal analysis；Harmonic response analysis

0 引言

随着科学技术的发展，输流管道在海洋工程、航天工程、石油能源工业、生活基础设施、化工行业、电力工程等行业领域应用越来越广泛，因此提高管道的使用寿命将产生巨大的经济效益[1]。当管道所受载荷不平衡，管道就会发生振动，当振动达到一定程度后，管道就会产生疲劳破坏，甚至发生断裂，导致工业生产的重大损失，严重的会酿成灾难性事故，因此研究工业输流管道的振动问题以及如何控制管道的振动具有十分重要的意义。

文中运用 ANSYS 软件对两端固定的管道进行了静态分析、模态分析及谐响应分析。

1 空间三维垂直管道的有限元分析

1.1 分析方法

在 ANSYS 中，模态分析用于确定结构的振动特性，即固有频率和振型。谐响应分析用于确定线性结构在承受随时间按正弦变化的荷载时的稳态响应，分析结构的持续动力特性[2]。模态分析分为阻尼法和无阻尼法两种[3]，文中主要研究无阻尼法。谐响应分析有完全法、缩减法、模态叠加法三种，文中计算采用模态叠加法计算弯管的谐响应。

1.2 静力分析

这里的静力分析载荷主要是考虑管子在自重及内部管壁受流体压力的情况，为后续的模态分析和谐响应分析提供一个预应力。

1) 弯管的材料选择及物理参数

根据输送流体用无缝钢管标准（GB/T 8163—2008 和 GB/T 17395—2012），弯管选用无缝钢管，具体参数如表 1 所示。

表 1 弯管具体参数

牌号	密度 （g/cm³）	屈服强度 （MPa）	泊松比	许用应力 （MPa）
Q345	7.85	345	0.3	276

2) 弯管的有限元模型创建

在 ANSYS 里，选用 PIPE288 单元，是具有拉压、弯曲、扭转性能的单轴单元。单元的每个节点有 6 个自由度：沿节点坐标 x，y，z 方向的位移和绕节点坐标 x，y，z 轴转动，截面为 $\phi273 \times 20$，长度尺寸如图 1 所示，划分网格后的模型图如图 2 所示。

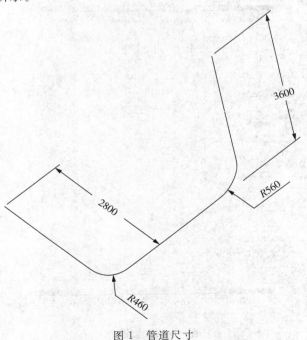

图 1 管道尺寸

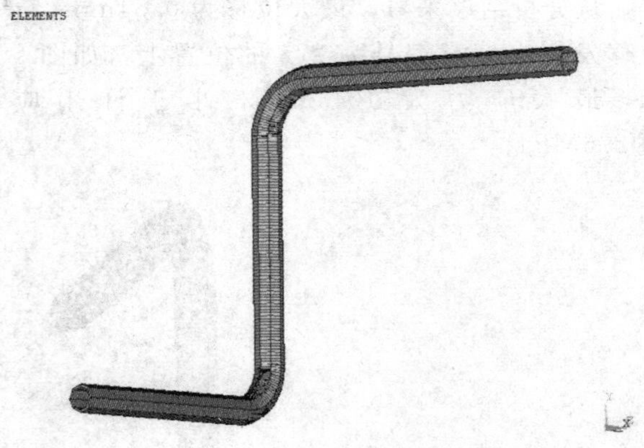

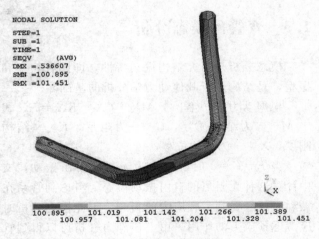

图 2 管道有限元模型

3) 边界条件及载荷

对管道的两端口全固定，施加重力和管道内壁压力 20MPa。

4) 求解及结果查看

ANSYS 软件计算分析后，等效应力结果和总位移云图如图 3 和图 4 所示。

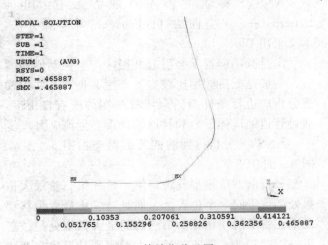

图 3 等效应力云图

图 4 等效位移云图

从分析结果来看，最大位移为 0.54mm，最大位移发生在节点编号为 273 的位置上，如图 5 所示，最大应力为 1045MPa，小于许用应力值 276MPa。

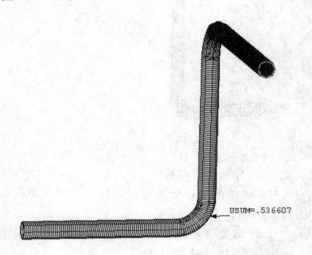

图 5　节点 273 的位置及其位移大小

1.3　弯管的模态分析

模态分析是研究结构振动特性，即固有频率和振型，是结构进行其他动力学分析的基础。

根据动力学方程[7]：$M\ddot{X}+C\dot{X}+KX=F$，式中 M——为结构质量，C——为阻尼，K——结构刚度，X——为结构位移。

当 $F=C=0$ 时，结构为无阻尼自由振动，文中计算这种无阻尼的自由振动模态。考虑到管系在振动时已经受到了预应力的影响，因此模态分析时应考虑预应力的作用。由上述静力分析可以得到管系的预应力，把它作为计算模态输入之一。

ANSYS 提供的模态提取方法有：Block Lanczos 法、子空间法（subspace）等多种方法，本文采用 Block Lanczos 法。

高阶频率通常不会引起共振，产生振动剧烈效应，一般是低阶频率比较容易产生共振[8]，文中模态分析的边界条件为约束弯管两端的所有自由度，通过管道的流体压力和管道的自重产生预应力。

ANSYS 分析得到前四阶的振型如图 6、图 7、图 8、图 9 所示。

分析前四阶振型发现，第一阶和第二阶最大振幅处都位于同一个位置上，而且弯管中最大位移都发生在管子的拐角处。第三阶的最大振幅处是位于下一段弯管处。第四阶的最大振幅则是发生在两段弯管之间处。通过以上分析可知，弯管处或其附近的振动将会比弯管其他位置要大。

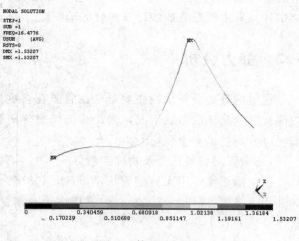

图 6　第 1 阶振型

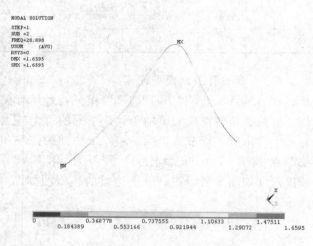

图 7　第 2 阶振型

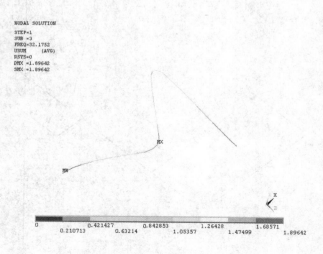

图 8　第 3 阶振型

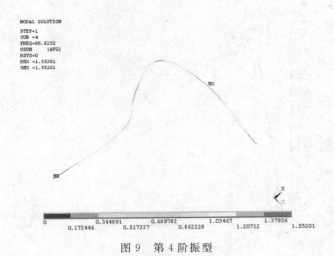

NODAL SOLUTION
STEP=1
SUB =4
FREQ=68.6132
USUM   (AVG)
RSYS=0
DMX =1.55201
SMX =1.55201

0	0.344891	0.689782	1.03467	1.37956
0.172446	0.517337	0.862228	1.20712	1.55201

图 9   第 4 阶振型

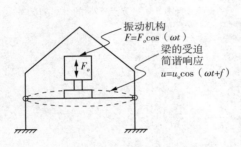

图 10   典型谐响应系统 F_o 及 ω 已知, μ_o 和 φ 未知

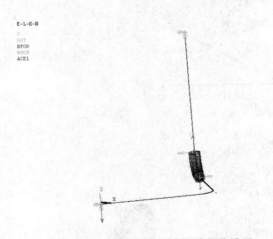

E-L-K-N
U
ROT
NFOR
NMOM
ACEL

图 11   边界条件及简谐载荷设置

频率范围设置为 $0\sim2000\,\mathrm{Hz}$, ANSYS 计算分析后得到, 编号为 273 的节点 U_x、U_y、U_z 分别对频率变化曲线图, 如图 12、图 13、图 14 所示。

计算发现外载荷的激励频率为 $31.35\,\mathrm{Hz}$, 弯管比较容易发生共振, 振动剧烈。在峰值频率作用下, 弯管受到的最大等效应力及总位移如图 15、图 16 所示。

分析发现, 管口刚性约束时, 其应力是最大, 弯管的弯段处位移最大。

1.4   弯管的谐响应分析

谐响应分析是用于确定线性结构在承受随时间按正弦 (简谐) 规律变化的载荷时的稳态响应的一种技术。分析的目的是计算出结构在几种频率下的响应并得到一些响应值 (通常是位移) 对频率的曲线[9]。该分析方法只计算结构的稳态受迫振动, 而不考虑发生在激励开始时的瞬态振动, 如图 10 所示。

在 ANSYS 中采用模态叠加法计算弯管的谐响应分析, 施加简谐载荷在弯头处外管壁上, 压力为 $20\mathrm{MPa}$, 边界条件及简谐载荷设置如图 11 所示。

1.5   施加弹性支架的弯管有限元分析

为降低管道的振动, 提升管道支撑载荷的能力, 可以选择管道支吊架。刚性支吊架适用于没有垂直热位移或热位移很小的场合, 当垂直热位移较大时, 如果采用刚性支吊架, 可能造成支吊架脱空, 起不到支吊架应有的作用; 或者由于支吊架处的热涨力过大, 造成管道应力或设备受力超标, 以及支吊点载荷过大使支吊架难以承受, 在这种情况下, 可以使用弹簧支吊架, 由于弹簧支吊架既能承受荷载, 又允许存在垂直位移, 因此可以避免支吊架脱空和热载荷过大的问题。根据上述分析, 且考虑到文中弯管的实际情况, 选择弹性支吊架支撑在弯管处。

在拐角的四个连接处设置四个弹簧支吊架, 刚度设置 1e6N/mm, 采用 combin14 单元, 如图 17 所示。

在拐角处增加弹簧支架, 具体边界加载如图 18 所示。

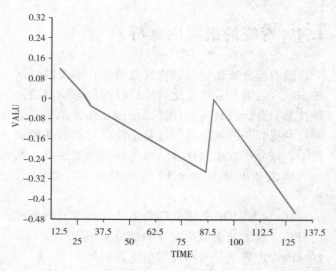

图 12　节点 273 的 U_x 随频率变化曲线图

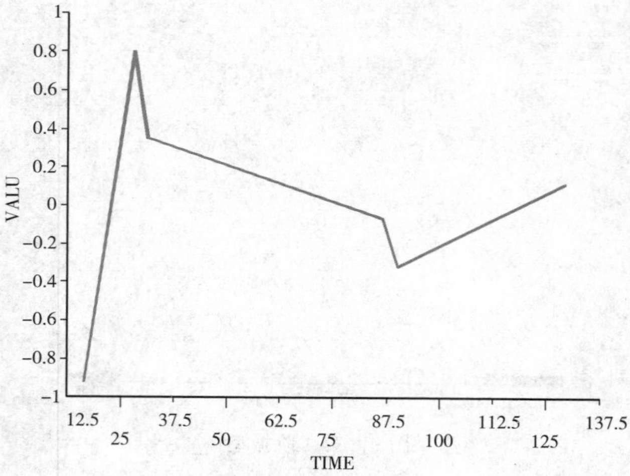

图 13　节点 273 的 U_y 随频率变化曲线图

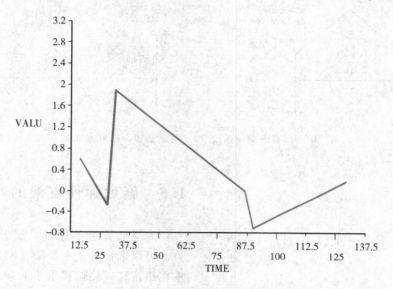

图 14　节点 273 的 U_z 随频率变化曲线图

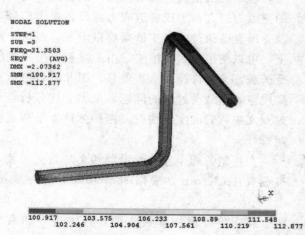

图 15　峰值频率作用下的等效应力云图

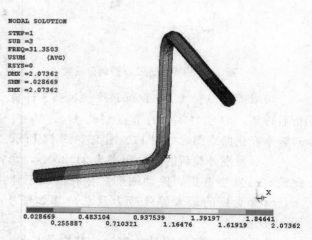

图 16　峰值频率作用下的总位移云图

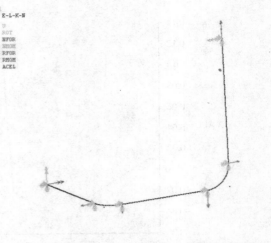

图 17 combin14 单元

图 18 增加弹簧支架后的边界条件

1.5.1 带弹性支架的弯管的模态分析

运用 ANSYS 软件计算得到前六阶的频率如表 2 所示。

表 2 施加弹簧支架前后的前六阶频率

阶次	频率（Hz）	
	无弹簧支架	有弹簧支架
1	16.478	25.070
2	28.159	88.113
3	31.35	118.49
4	86.482	126.03
5	90.048	136.25
6	129.42	168.19

增加弹簧支架前后各阶频率对应的振型图相比，对应的振幅最大位置基本相同。

对前六阶频率的比较可以发现，施加弹性支架的弯管固有振动频率增大了，从而共振的几率就会有所减小，振动程度就会有所削弱。

1.5.2 带弹性支架的弯管的谐响应分析

在 ANSYS 中采用模态叠加法计算弯管的谐响应分析，施加简谐载荷在弯头处外管壁上，压力为 20MPa，频率范围采用 0～2000Hz，ANSYS 求解后发现位移最大的节点编号为 286，对其在 x、y、z 方向的位移分别对频率变化的曲线图如图 19、图 20、图 21 所示。图 22 所示为节点 286 的位置及位移大小。

通过计算分析，编号为 286 的节点在频率为 126.03Hz 时的振动位移达到最大，当受到简谐压力载荷的幅值为 20MPa 时，弯管的位移云图与应力云图如图 23、图 24 所示：

通过分析发现，管口刚性约束时，其应力是最大，在弯段处加弹性支撑，可以降低该处的位移。

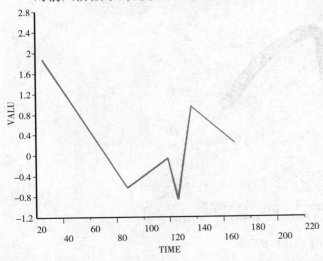

图 19 节点 286 的 U_x 随频率变化曲线图

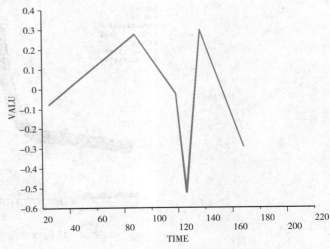

图 20 节点 286 的 U_y 随频率变化曲线图

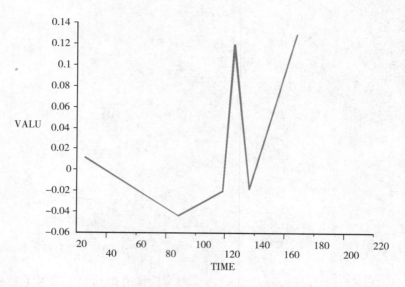

图 21 节点 286 的 U_z 随频率变化曲线图

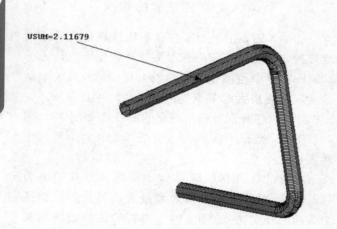

USUM=2.11679

图 22 节点 286 的位置及其位移大小

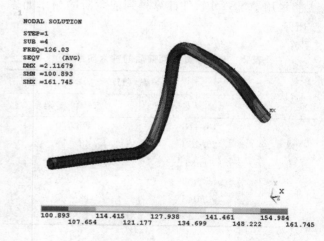

图 23 峰值频率作用下的等效应力云图

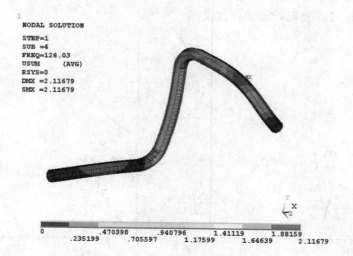

图 24 峰值频率作用下的总位移云图

2 结论

文中运用 ANSYS 软件对不带弹簧支架和带弹簧支架的弯管进行了静力分析、模态分析和谐响应分析，在给定的弯管模型下，分析得到弯管的固有频率及振型特征，得出以下结论：

（1）当管道的管口采用刚性约束时，管口的应力比较大；

（2）弯管段的位移一般都比其他地方要大，说明当发生振动时，其振动比较剧烈；

（3）带有弹簧支架的弯管能够有效降低管道的振动，增大管道的刚度，提高弯管的固有频率；

（4）控制管道结构的固有频率，使管道的固有频率与外界激励频率错开，避免管道产生机械共振。尽量减少弯管、异径管等产生振动激振力的元件。

参 考 文 献

[1] 唐永进. 压力管道应力分析 [M]. 北京：中国石化出版社，2010.

[2] 任建亭，姜节胜. 输流管道系统振动研究进展 [J]. 力学进展，2003，33 (3)：313—324.

[3] 张立翔，黄文虎，A S TIJSSELING. 输流管道流固耦合振动研究进展 [J]. 水动力学研究与进展，2000，15 (3)：366—379.

[4] 梁峰. 输流管道振动特性的实验研究 [D]. 沈阳航空工业学院，2006.

[5] Wiggert D C, Hatfield F J, Stuckenbruck S. Analysis of Liquid and Structural Transients in Piping by the Method of Characteristics [J]. Journal of Fluids Engineering, 1987, 109 (2)：161—165.

[6] 周云，刘季. 管道振动及其减振技术 [J]. 哈尔滨建筑大学学报，1994 (5)：108—114.

[7] 王新敏. ANSYS 工程结构数值分析 [M]. 北京：人民交通出版社，2007.

[8] 宋岢岢. 压力管道设计及工程实例 [M]. 北京：化学工业出版社，2007.

[9] 徐鉴，杨前彪. 输液管模型及其非线性动力学近期研究进展 [J]. 力学进展，2004，34 (2)：182—194.

[10] 胡庆国. 关于管道振动的分析计算及控制 [J]. 石油化工建设，2001，23 (3)：42—43.

[11] Maclaren J F T, Tramschek A B, Pastrana O F. Advances in Numerical Methods to Solve the Equations Governing, Unsteady Gas Flow in Reciprocating Compressor Systems [J]. Purdue University, 1976：134—158.

作 者 简 介

马东方，1981—，男，安徽界首人，工程师，研究生学历，主要从事电站锅炉、压力容器检验工作。联系电话：13653713435。E-mail：13653713435@163.com

水锤作用下弯管响应的数值模拟

苏文献　郭佳伟　施卿海

（上海理工大学　能源与动力工程学院　上海　200093）

摘　要　国内外学者针对弯管在水锤作用下动态响应的研究，主要集中在单相流和一维管道模型。由于水锤载荷巨大，会造成管道壁面产生较大变形，甚至振动。采用以往一维管道模型及刚性理论，难以得出管道在水锤作用下的精确应力、变形情况。同时，水中含气使管内流体流动更加复杂，采用传统一维特征线法，计算结果会产生误差，并忽略大量细节，无法进行细致的研究分析。本文借助基于ANSYS－CFX的流固耦合方法，对某工程实例进行分析。结果表明：阀门关闭后，管内流体往复流动，弯头中心处压力呈类正弦方式变化。管道上应力最大点应力呈波浪上升趋势，在下半个周期内达到最大值。弯管振动最大点的振幅，则呈现逐渐上升再回落的趋势。

关键词　管路系统；水锤；动态响应

Numerical of Response of Elbow under Water Hammer

Su Wenxian　Guo Jiawei　Shi Qinghai

(School of Energy and Power Engineering, University of Shanghai for Science and Technology, Shanghai 200093, China)

Abstract　Scholars mainly study on single-phase flow and one-dimensional pipe model. Due to the water hammer load is very huge, it usually resulting in a greater deformation of the pipe wall, or even vibration. Using the conventional one-dimensional pipe model and rigid theory, it is difficult to calculate accurate pipe stress and deformation. At the same time, the flow condition inside the tube containing the gas is very complex, it will cause more error and ignores many details using the traditional one-dimensional method of characteristic. A practical project is studied by means of fluid-structure coupling method based on ANSYS-CFX. It shows that fluid flow back and forth and the pressure-time curve at the center of elbow like a sinusoid after the valve closed. The stress of maximum stress point has wave-like increasing and reach the maximum at the the second half of the cycle. The amplitude of maximum amplitude point increase gradually and then go down quickly.

Keywords　pipeline system；water hammer；Dynamic Response

1　引言

近年来，我国城镇化改革不断推进，城镇人口不断攀升，城市对水的需求越来越大。输水管网作为城市水资源的通道，对国民经济的发展和人民的生活起着重要的作用。当输水管网中的阀门快速关闭，会形成高于正常工作压力几十倍的水锤压力，其对管路系统的安全稳定运行造成巨大危害。本章以某工程实例为研究对象，借助 CFD 与 CSD 结合的流固耦合方法研究含气水锤作用下弯管的动态响应。在水锤基础研究方面，1981 年，支培法等[1]翻译的《水击与压力脉动》一书，对水击的早期理论进行了详细的阐述。介绍了水击基本分类、基本方程以及末端阀关闭、开启、曲折变化时的水击计算方法。1986 年，陈惠麟[2]根据水击基本理论推导出异径管道水击压力计算公式。1987 年，陈怀先、林方标[3]利用控制体积法证明了水击连续基本方程中斜坡项的存在，同时提供考虑斜坡项影响的计算方法。1988 年，刘竹溪、刘光临[4]编写了《泵站水锤及其防护》，细致地介绍了水泵关闭与启动诱发水锤的图解法及泵站的水锤防护与计算。1989 年，刘光临、大桥秀雄[5]对于平面压力波在固定的弯管中传播以及弯管作阶跃形瞬态振动引起的压力波扰动进行了计算分析，绘制了弯管中流场的瞬变等压线，并研究分析了水对弯管的瞬态作用力。2014 年，陈文通[6]根据水锤压力强度的计算，分析了引发水锤效应的各个相关因素，并提出减少水锤对水设备影响的相关措施。1902 年 Allievi[7]第一次推导出求解一维薄壁线性流动模型问题的计算公式，可以得到每个时间步、空间点的压力变化。同年，Gibson[8]研究净水头对水锤现象的影响，并提出相应的研究方法。1935 年 Bergeron[9]提出适用于一维薄壁管模型的图解法，其适用于任何类型的末端阀。对含气水锤研究方面，1993 年，叶宏开等[10]在 E. B. 怀利提出的离散模型基础上，提出气体释放离散模型，并与试验结果对比得到很好的一致性。1996 年，杨玉思、金锥[11]在两次断流弥合水锤试验的基础上推证出断流空腔两端水柱波速相等和不等情况下的弥合升压计算公式。2005 年，郑源等[12]对空气阀的含气水锤防护作用进行了试验研究，研究成果表明：空气阀对管道中正压冲击的减轻和负压的降低具有显著作用。

2 数值计算模型

如图 1 所示，取工程实际管道系统中包含弯头的一段管道，弯管两端通过简支方式支撑，流体以 3.57m/s 的流速自左上往右流经弯管；重力方向竖直向下。形成稳定流动后，弯管右端的阀门关闭，形成水锤效应。管道厚度为 19.0mm，详细结构尺寸见图 1。管道材料为 Steel ASTM A1018 Grade60，水的密度为 1000kg/m³，含气率为 0.36％。

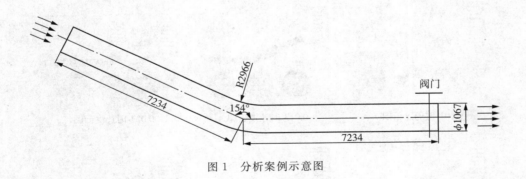

图 1　分析案例示意图

3　水锤工况下动态响应结果

管道中流体形成稳态流之后，通过控制出口的质量流量来模拟阀门关闭过程。以稳态流动结果作为初始条件，设置总计算时间、阀门关闭时间、时间步长进行求解计算。取弯头中心点处压力计算结果，并将其分成 A、B、C、D、E、F、G 几部分如图 2 所示。其中的 B 到 G 部分是水锤作用下，弯头中心处压力随时间变化的一个周期内的变化过程。

图中，A 区域是压力波还未传递到该位置，压力等于稳态工况下的压力值。B 区域为快速升压区，压力迅速上升。C 区域中，压力维持稳定。D 区域为压力迅速下降区，压力迅速下降为静水压力。E 区域，压力从静水压力迅速下降。由于压力波传递过程中能量的损失，此时压力绝对值小于 B 区域所达到的最大压力值。F 区域为压力基本维持

稳定。G区域为压力迅速上升到静水压力。根据以上特点，本小节将选取各关键区域中的时间点进行

分析，分别取时间 $t = 0.001$、0.013、0.027、0.033、0.048 秒。

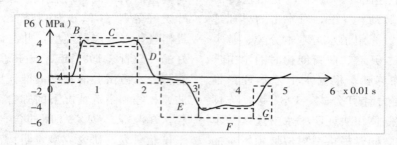

图2　弯头中心点处压力-时间图

3.1　流体速度场分析

　　阀门关闭后，由于流体的可压缩性及内部水锤压力波的传播使管路中水的流动发生剧烈变化，各时间点流体域对称截面及上、中、下游处截面中流体速度云图如图3所示。

　　当 $t = 0.001s$ 时，阀门还没关闭，管内流体流动状况与稳态流动状况基本相同。之后阀门关闭，流体从下游向上游逐步被压缩，并形成较大的压力，流体的动能全部转换为流体的弹性压缩能和管壁的变形能。当 $t = 0.013s$ 时，管内顶端的流体受下游压力作用，正向流速也减为零。此时，由于流体内存在从阀门处向上游逐步衰减的压差，部分流体开始向上游流动。$t = 0.027s$ 时，流体流出上游管道入口。$t = 0.033s$ 时，流体向上游流动而下游阀门关闭，流体逐渐被拉伸形成负压，并向上游传递，流体反向流速逐渐降低。$t = 0.043s$ 时，在管内负压作用下，流体重新从上游流入管内，正向流速逐渐增加。$t = 0.048s$ 时，流体在正向流动后不断压缩下游流体，流体正向流速逐渐减为零，实现一个周期的结束。

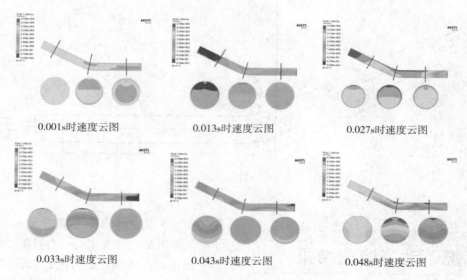

0.001s时速度云图　　　0.013s时速度云图　　　0.027s时速度云图

0.033s时速度云图　　　0.043s时速度云图　　　0.048s时速度云图

图3　各时刻速度云图

3.2　流体压力场分布

　　阀门关闭后，流体中压力在各时间点的变化如图4所示。

　　$t = 0.001s$ 时，阀门还未完全关闭，流体内压力状况与流体正常流动情况一致。$t = 0.013s$ 时，压力波从阀门处向上流传递，呈现出压力向上游依

次降低的趋势。从各个截面压力图中可以看出，压力波从水平段管道传播出去时，在纵向截面内压力并不均匀，压力波从上方先向外传导。正向压力波向上游传递出去半个周期后，压力开始迅速下降。$t=0.027\text{s}$ 时，管道中流体主体压力下降到了静水压力。同时，阀门处压力继续下降，并向上游传递负压力波。$t=0.033\text{s}$ 时，阀门处的压力已下降到最低值，并向上游传递负压。在负压保持大约 0.01s 的时间后，在 $t=0.043\text{s}$ 时，上游正压力波向下游传导，阀门处压力开始回升。$t=0.048\text{s}$ 时，

管内流体压力恢复到静水压力，第一个压力波动周期结束。由于，管内流体流动阻力损失，其后压力波动逐渐减弱，并最终趋于静水压力。

从整个周期来看，管内压力基本呈对称性，纵向截面内压力状况并不完全一致。所以，简单地将管道流体模型简化为一维形式，计算结果与实际有一定的误差。整个周期内，最大压力值为 5.756MPa，是稳态流动情况下压力绝对值最大值的 630 倍。由此可见，快关阀门造成的水锤压力十分巨大。

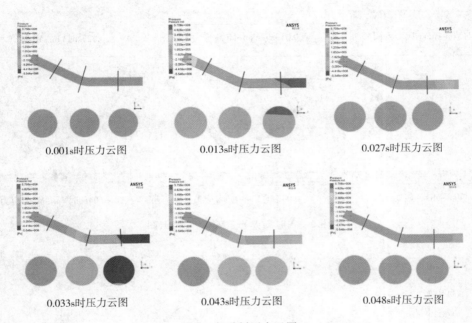

图 4　各时刻压力云图

3.3　结构应力分布

阀门瞬间关闭产生的水锤压力，在管内流体中传递的同时，也作用在管道上。由于，管道与流体的相互作用及管道支撑对管道的影响，管道上压力变化情况较为复杂，各时刻管道上 Von-Mises 应力云图如图 5 所示。

从图中可以看出，$t=0.001\text{s}$ 时，阀门关闭部分较少，流体流出流量减小，管道系统下游泵对流体的抽吸动力减弱，管道上的应力小幅降低。之后阀门完全关闭，阀门处产生巨大的水锤压力并作用在管道上，管道上 Von-Mises 应力迅速提高，并随着压力波的传播，向上游迅速传递。阀门完全关闭后，由于阀门处约束的影响，造成局部应力集

中，是整个系统中应力最大值出现的地方，且最大应力值不断攀升。$t=0.013\text{s}$ 时，流体中压力波传到弯头处，管道上应力最大点也转移到弯头处。此时，管道两侧的应力出现局部集中。之后，管道下游与上游压力波同时作用于管道，管道上压力继续攀升，压力峰值从弯头两侧向弯头内外侧移动。之后，弯管上下游管道内应力不断波动变化，最大应力值一直维持在弯头内侧。$t=0.043\text{s}$ 后，管道内压力开始下降。同时管道上最大应力点随着水锤波的传播向下游移动，并一直在管道对称轴线上。

从图 5 中可以看出，$t=0.001\text{s}$ 时，应力最大值发生在弯头底部，为 0.18MPa。$t=0.013\text{s}$ 时，应力最大值发生在两端，为 176MPa。$t=0.027\text{s}$ 时，应力最大值发生在弯头顶部，为 153MPa。$t=0.033\text{s}$ 时，应力最大值发生在弯头顶部，为

414MPa。$t=0.043$s 时，应力最大值发生在弯头底部，为 567MPa。$t=0.048$s 时，应力最大值发生在下游直管段底部，为 446MPa。由此可以看出，整个周期内整个管道系统中，弯管底部为最危险区域。绘制该点压力-时间图，如图 6 所示，其峰值压力为 567MPa，是稳态工况下管道上 Von - Mises 应力的 22 倍。

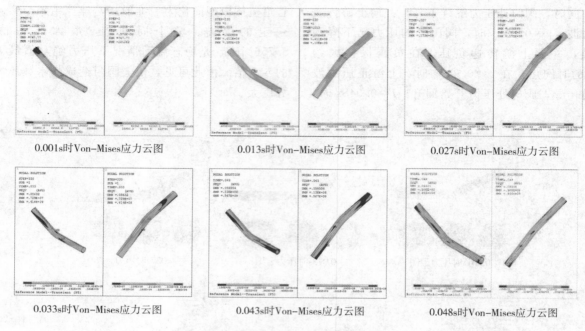

0.001s时Von-Mises应力云图　　0.013s时Von-Mises应力云图　　0.027s时Von-Mises应力云图

0.033s时Von-Mises应力云图　　0.043s时Von-Mises应力云图　　0.048s时Von-Mises应力云图

图 5　各时刻 Von - Mises 应力云图

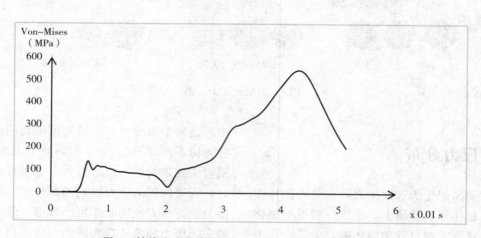

图 6　结构应力最大点 Von - Mises 应力-时间变化图

3.4　弯管振幅分布

稳态分析时，弯管的变形主要由内压引起，变形较小。瞬态分析各时刻，弯管振幅情况如图 7 所示。

$t=0.001$s 时，阀门部分关闭，管内负压上升，管道壁所受负压载荷降低，管道内应力小幅降低，管道振幅也得到减小。当阀门完全关闭后，瞬时产生的水锤压力造成管道与阀门连接部位发生巨大变形，并随着水锤波向上游的传递，管道的大位移向上不断传递。之后各时刻，管道系统中，振幅最大点均发生在弯头上部。振幅从 $t=0.001$s 到 $t=0.043$s，一直快速上升。之后，振幅逐渐减小。

从图 7 可以看出，弯头顶部中心为振幅最大区域。其振幅-时间变化规律如图 8 所示。从图中可以看出，该点处在 $t = 3.7\mathrm{s}$ 时，振幅达到最大 值 62.6mm。

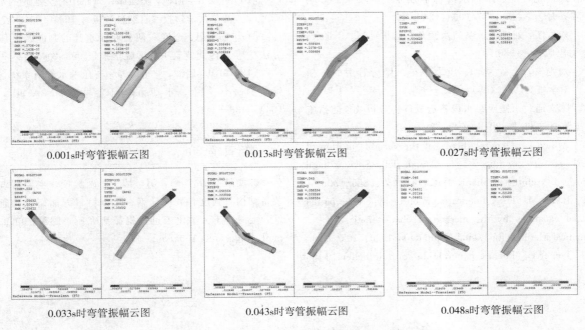

0.001s时弯管振幅云图　　　0.013s时弯管振幅云图　　　0.027s时弯管振幅云图

0.033s时弯管振幅云图　　　0.043s时弯管振幅云图　　　0.048s时弯管振幅云图

图7　各时刻弯管振幅云图

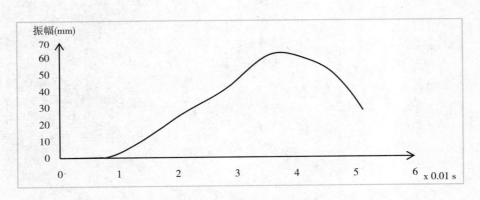

图8　弯管振幅最大点振幅－时间图

4　本章小结

　　本章借助第三章提出的流固耦合方法，对某输流弯管的正常输流工况及水锤工况下的流体流动及弯管的动态响应进行了分析，得到以下结论：

　　(1) 阀门关闭后，流体在管内震荡流动，形成复杂的瞬变流；

　　(2) 阀门关闭后，弯管处流体中心水锤压力-时间变化曲线为类正弦曲线。该工况下，压力峰值为稳态流动情况下压力峰值的 630 倍；

　　(3) 阀门关闭后，结构应力变化也呈现一定的周期性，在一个周期内曲折上升，在后半个周期中达到峰值。该工况下，峰值 Von－Mises 应力是稳态流动情况下的 22 倍；

　　(4) 阀门关闭后，弯管振幅大的地方主要集中在弯头顶部。振幅最大点的振幅在一个周期内先逐步上升再迅速下降。

参考文献

[1] 秋元德三. 水擊作用与压力脉動 [M]. 北京：电力工业出版社，1972：13.

[2] 陈惠麟. 异径管道水击压力计算 [J]. 沈阳建筑

工程学院学报，1986（03）：6—9.

［3］陈怀先，林方标．水击基本方程中斜坡项的影响 ［J］．河海大学学报，1987（03）：34—38.

［4］刘竹溪，刘光临．泵站水锤及其防护 ［M］．北京：水利电力出版社，1988.

［5］刘光临，大桥秀雄．压力波在二维弯管中的传播 ［J］．力学学报，1989（05）：548—555.

［6］陈文通．水锤对给水设备造成危害分析及预防措施 ［J］．上海铁道科技，2014（04）：79—80.

［7］Allievi L. General theory of the variable motion of water in pressure conduits ［J］. Annali della Società degli Ingegneri ed Architetti Italiani，1902，45（3）：285—325.

［8］Lister M. The numerical solution of hyperbolic partial differential equations by the method of characteristics ［J］. Mathematical Methods for Digital Computers，1960：165—179.

［9］Jaeger C. Théorie générale du coup de bélier ［J］. Diss. Techn. Wiss. ETH Zürich，1933，76（3）：46—54.

［10］叶宏开，何枫，陈国祥．管路中有气泡时的水锤计算 ［J］．清华大学学报（自然科学版），1993（05）：17—22.

［11］杨玉思，金锥．两处断流水锤的判断及升压计算方法 ［J］．西北建筑工程学院学报，1996（04）：25—30.

［12］郑源，屈波，张健，等．有压输水管道系统含气水锤防护研究 ［J］．水动力学研究与进展（A 辑），2005（04）：436—441.

作者简介

苏文献（1967—），男，博士，副教授，主要从事化工装备结构与强度、数值计算、复合材料方面研究，通讯地址：上海理工大学化工过程机械研究所，邮编 200093，E-mail：digestsu@163.com

B
设计、传热

钢制排气筒流场分析与诱导振动响应研究

徐 盛 贺小华 周金彪

（南京工业大学机械与动力工程学院 江苏南京 211816）

摘 要 采用数值模拟方式计算得到二维亚临界区升力系数与阻力系数，验证湍流模型选用与网格精度的合理性。另外根据高耸塔设备周围实际风速与雷诺数区间，进行三维圆柱绕流计算，比较二维与三维升力系数的差异。以某一钢制排气筒为例，对比了不同高度处的旋涡脱落以及排气筒周围的速度分布情况，最后将风载荷作为正弦激励，对该排气筒进行了时程响应分析。分析结果表明，采用 ANSYS CFX 中的 SST 湍流模型与 ICEM 中的 O 型网格划分方式能够较为准确地模拟高耸设备的流场流动，圆柱绕流产生的升力系数可以保守取 0.2。该排气筒顶部振幅超过 200mm，上段筒体与中段筒体产生较大交变应力。研究结果为钢制排气筒减振设计提供指导。

关键词 钢制排气筒；升力系数；流场分析；诱导振动

Flow Field Analysis and Induced Vibration Response of Steel Exhaustfunnel

Xu Sheng He Xiaohua Zhou Jinbiao

（Nanjing Tech University，Nanjing 211816）

Abstract The drag and lift coefficient of the flow around a circular cylinder at different Reynolds numbers was calculated based on numerical simulation. The rationality of turbulence model selection and mesh accuracy were verified. In addition，the three-dimensional flow was calculated according to the actual wind speed and Reynolds number around the funnel，and the differences between the two dimensional and three-dimensional lift coefficients were compared. Then，a steel funnel was taken as an example to compare vortex shedding at different heights and the velocity distribution around the funnel. Finally，the time response analysis of the funnel was carried out by taking the wind load as sinusoidal excitation. The result shows that the SST turbulent flow model in CFX and the O type meshing method in ICEM can accurately simulate the flow around the cylinder. The lift coefficient of flow excitation force caused by flow around a circular cylinder can be taken as 0.2 conservatively. The top amplitude of the exhaust funnel exceeds 200mm，and large alternating stress occurred at the upper and the middle section of the cylinder. The analysis result provides guidance for vibration reduction ofsteel chimney.

Keywords Steel chimney；Lift coefficients；Flow field analysis；Induced vibration

0 引言

塔器、烟囱是石化装置中常见设备，大部分为细长型圆截面高耸自立式结构，随着经济与生产力水平的发展，排气筒和塔设备的高径比越来越大，其结构也变得更为柔性，加大了结构的风振响应。

在某些风速与雷诺数范围里，截面近似于圆形的结构产生横风向诱导振动，诱导振动主要是由风绕过塔结构产生的旋涡脱落引起的，旋涡脱落会导致排气筒受到垂直于风向的升力作用，工程上经常会发生一些高耸设备由于诱导振动而产生的事故。

对于高耸设备风诱导振动的研究可以采用风洞试验研的方法[1]，但是这些风洞试验的雷诺数多位于亚临界区，并且来流比较均匀，因此这些计算模型并不能有效模拟大气紊流边界层的风诱导振动。而依据计算流体力学，通过计算机利用数值求解技术来模拟真实的风载荷环境能够很好解决这个问题。胡伟[2]基于流固耦合理论，建立了圆柱形截面烟囱的刚性模型和流固耦合效应的弹性模型，在风载荷作用下进行了计算，并且基于计算分析结果，总结了结构在考虑流固耦合效应流场中的受力特性和流固耦合机理。Schliching. H[3]对前人所做的大量实验进行了总结，描述了 Re 数从 0.1 到 10^7 之间的阻力系数和斯托罗哈数分布曲线，另外 West[4]、Bishop[5] 等也对亚临界区升力系数进行了相关研究。然而大部分排气筒及高耸塔设备周围流体的雷诺数均处于超临界区，对于处于超临界区塔设备受到的升力大小与升力系数的取值相关文献研究较少。

笔者基于 ANSYS CFX，计算得到了二维亚临界区升力系数与阻力系数，并与相关文献进行对比，验证湍流模型选用与网格精度的合理性，另外根据高耸塔设备周围实际风速与雷诺数区间，计算了不同雷诺数下造成诱导振动的升力系数变化范围与趋势并进行三维圆柱绕流计算，比较从二维到三维升力系数的变化趋势，然后以某一产生横风向共振的钢制烟囱为例，对比了不同高度处的旋涡脱落情况以及排气筒周围的速度压力分布情况，得到不同截面升力随时间的变化曲线，最后将风载荷作为正弦激励，对该排气筒进行了时程响应分析得到了塔设备顶部振幅随时间的变化情况。

1 二维亚临界范围内的圆柱绕流升力系数与斯脱罗哈数

1.1 基本计算参数与网格

计算域模型尺寸参数如图 1 所示，整个模型满

足阻塞比要求。计算域入口速度为 0.483m/s，雷诺数 Re 为 10^5，侧壁面采用自由滑移壁面条件，圆柱表面采用无滑移壁面边界条件，流场计算域模型如图 1 所示。在 ANSYS ICEM CFD 中采用分块的方法对流场域进行六面体 O 型网格划分，网格单元总数为 136532，节点总数为 118632，流场网格质量满足计算要求，其中壁面边界层网格如图 2 所示。流场计算时间步长需要考虑理论旋涡脱落周期，并取其 $1/20 \sim 1/100$ 作为步长。理论上对于圆柱绕流，旋涡脱落频率：

$$f = St\frac{v}{D} \tag{1}$$

其中，St 为斯托罗哈数，D 为圆柱直径（m），v 为流体流速（m/s）。本节模型计算时间步长取 0.6s，即在每一个旋涡脱落周期内至少计算 50 步，计算结束时间为 20s，总计算步数为 1000 步。湍流模型选择 SST 湍流模型。

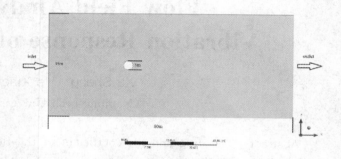

图 1 流场计算域模型

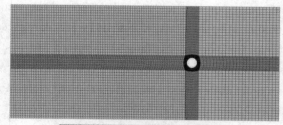

图 2 流场网格与壁面边界层网格

1.2 计算结果分析

图 3 给出了壁面边界层周围 y^+ 值的分布，由图 2-图 4 可知所有 y^+ 满足计算要求。

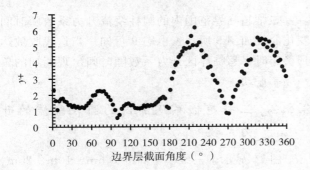

图 3 壁面边界层 y^+ 值分布

图 4 与图 5 显示了雷诺数为 Re 为 10^5 时，圆柱绕流阻力系数与升力系数随着时间步长变化曲线。可以看出，当迭代收敛达到稳定时，升力系数与阻力系数也相应出现周期的单一频率振动。对升力系数进行快速傅里叶变换可以得到旋涡脱落频率，由图 6 可知旋涡脱落频率为 $0.034\,\mathrm{Hz}$，故根据公式（1）斯托罗哈数 $St=0.211$。

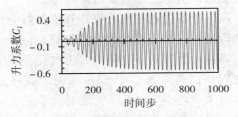

图 4 升力系数随时间步变化曲线

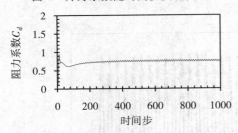

图 5 阻力系数随时间步变化曲线

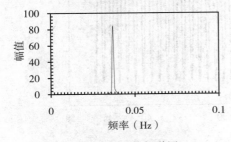

图 6 升力系数频谱图

表 1 中对比了本节结果与其他人的结果，整体来说吻合较好，另外根据标准，当 $5\times10^4<Re<2\times10^5$ 时，C_l 推荐值为 0.5。然而阻力系数误差较大，这是因为雷诺数达到 10^5 时候，流动接近圆柱阻力危机区间，在阻力危机区间内，圆柱的 C_d 能从 1.2 急剧下降到 0.3，由于下降速度快并且区间较小，所以稍微有些偏差就会导致误差相对较大。由以上计算结果可知利用 ANSYS ICEM CFD 中 O 型网格划分方式和 ANSYS CFX 中 SST 湍流模型与相关边界条件能够达到一定的计算精度，满足计算要求。

表 1 本文计算结果与文献对比

	$\overline{C_d}$	$\overline{C_{l,\max}}$	St
本文	0.74	0.52	0.211
Bishop and Hassan (1964)[5]	—	0.463	0.201
West and Apelt (1975)[4]		0.461	
Dong and Karniadakis (2005)[6]	1.155	0.538	0.195
董国朝（2011）[7]	0.4	—	0.22

2 超临界区三维圆柱绕流的升力系数

由于实际塔设备纵向高度较高，所以二维圆柱绕流无法准确描述其三维特性。本节模型与上节二维模型尺寸参数相同，但采用改变流域入口流速来改变雷诺数，同时在该模型进行高度方向拓展来研究三维状态下升力系数与二维情况下的差异。

2.1 基本计算参数与网格

本节二维模型尺寸参数和网格划分方式与第一节相同，入口流速为 $9.66\,\mathrm{m/s}$，时间步长取 $0.031\,\mathrm{s}$，计算步数为 1500 步。本节三维圆柱高度为 50m，流域模型如图 7 所示。同样采用 ANSYS ICEM 对流场域进行六面体网格划分，划分完后网格单元总数为 453631，节点总数为 363291，如图 8 所示，流场网格质量满足计算要求。

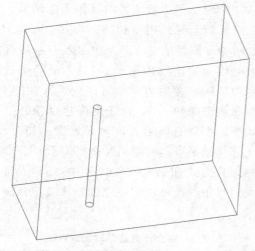

图 7 流域模型

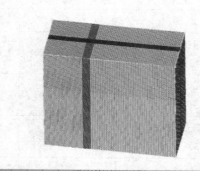

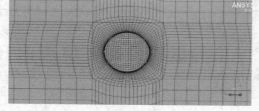

图 8 流场网格与壁面边界层网格

2.2 计算结果

2.2.1 二维超临界范围内的圆柱绕流的升力系数

二维超临界范围内的圆柱绕流升力系数随时间变化曲线如图 9 所示。由图 9 可知，当迭代收敛达到稳定时，超临界区升力系数随时间出现周期的单一频率振动。

2.2.2 三维超临界范围内的圆柱绕流的升力系数

图 10 显示了三维模型高度为 5m、10m、20m、40m 处对应时刻为 45s 的速度云图。

2.2.3 计算结果分析

二维与三维升力随时间变化对比如图 11 所示。由图 11 可知，三维情况下各个截面的旋涡脱落状态并不相同，当雷诺数较大时，流动会出现三维状态，三维模拟得到的升力系数没有二维情况下规则，三维情况下会出现一定的紊乱，并且三维模拟的升力系数幅值比二维模拟结果要小。

对高塔设备进行三维数值计算更加符合风的实际流动情况，但是所耗费的计算机资源巨大，而二维分析能够大致得到塔设备的升力变化范围并且计算速度较快。当风速小于 25m/s 时，圆柱绕流产生的升力系数均小于 0.2，三维情况下升力系数低于二维，因此下文圆柱绕流产生激振力中升力系数可以保守取 0.2。

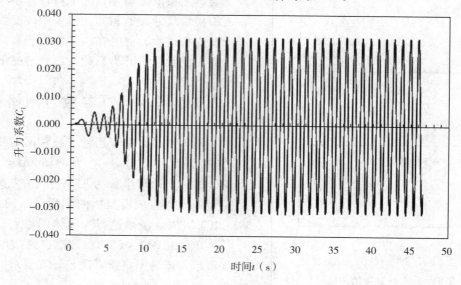

图 9 圆柱绕流升力系数随时间变化曲线

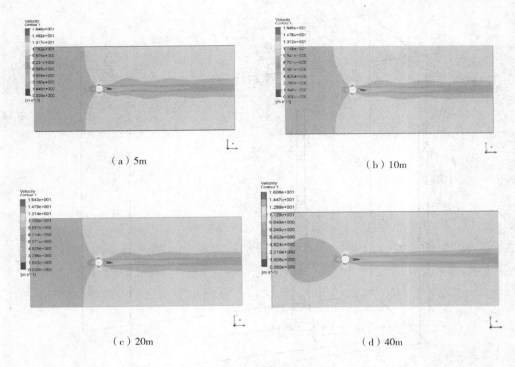

（a）5m （b）10m

（c）20m （d）40m

图 10　各个截面流速云图

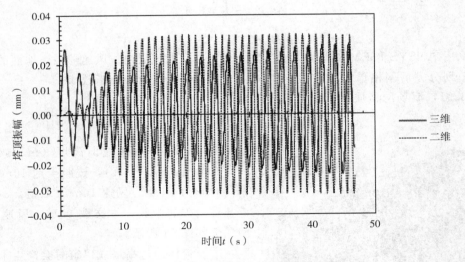

图 11　二维与三维升力系数时程曲线

3　钢制排气筒流场分析

3.1　计算模型与参数

　　钢制排气筒总高为 65m，基本设计参数如表 2 所示。流场域范围如图 12 所示，满足阻塞比要求。

表 2　排气筒的基本设计参数

材料	SA‐204 316L＋Q345R
排气筒总高	65000
筒体内径	4200/3000/2000
筒体高度	7850/18000/29540
筒体厚度	8～16
裙座高度	5500
裙座底部内径	6200
裙座厚度	16

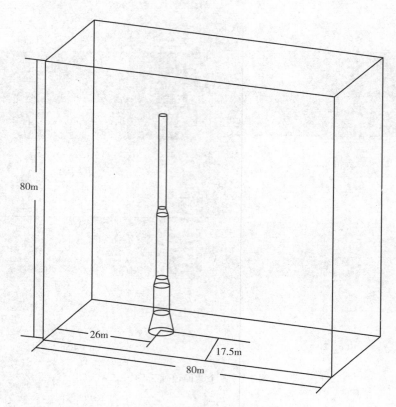

图 12 流场域尺寸

本节同样采用 ANSYS ICEM 对流场域进行六面体网格划分，划分完后网格单元总数为 783651，节点总数为 653291，流场网格质量满足计算要求，如图 13 所示。

图 13 流场网格模型

在大气层内，风速随距离地面的高度增加而增加，风速剖面符合指数律[8]：

$$v = v_{10} \left(\frac{H}{10}\right)^{\alpha} \tag{2}$$

其中，H 为距离地面高度（m），v_{10} 为距离地面 10m 处风速（m/s），按照当地 10m 高度处、重现时间为 10 年、风速 16m/s 取值，α 为与地面粗糙度有关的指数，本文取 0.16。风速随高度变化趋势如图 14 所示。

流体经过高塔或建筑时会产生卡曼涡街，由于需要在前处理中设置时间步长，而时间步长应当介于旋涡脱落频率 f 的 $1/20 \sim 1/100$[7]。根据公式（1）计算出圆柱绕流不同高度的理论旋涡脱落频率，式中斯托罗哈数 St 与雷诺数有关，在超临界区，St 约为 0.27，本节取 $St = 0.27$。理论涡街脱落频率图如图 15 所示。

理论涡街脱落频率周期随高度变化趋势如图 16 所示。由图可以看出，该排气筒最小理论旋涡脱落周期位于高度 35～65m 段，大小接近 0.37s，为节约计算成本，本节计算时间步长取 0.0093，即在每一个旋涡脱落周期内至少计算 40 步，计算结束时间为20s。

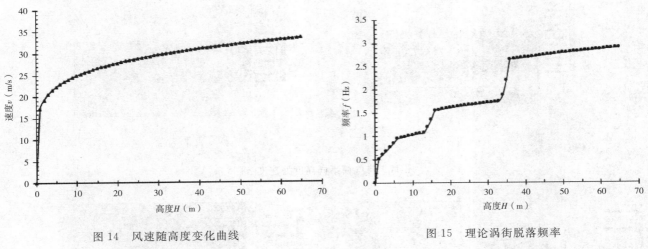

图14 风速随高度变化曲线

图15 理论涡街脱落频率

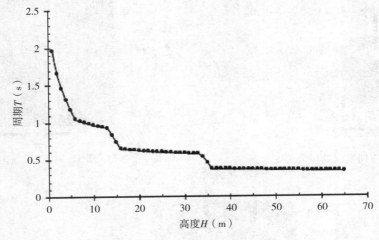

图16 理论涡街脱落周期

3.2 横向截面的流速与风压分析

图17显示了高度为5m、15m、30m、60m处对应时刻为40s的速度云图，由图可以看到，风速随着高度增加而增大，排气筒迎风面与背风面风速较小，排气筒两侧风速增大。

图18显示了高度为5m、15m、30m、60m处对应时刻为40s的压力云图，4个截面分别位于该排气筒不同直径大小与高度的位置。由图可以看出，排气筒迎风面压力最大，两侧压力最小，并呈对称分布。由于不同高度处排气筒直径不同，所以不同截面处排气筒背风侧压力场各不相同。

图19为排气筒纵向截面速度云图，图20为排气筒纵向截面速度矢量图，如图所示，在排气筒后侧出现不规则的旋涡。

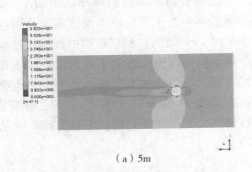

（a）5m

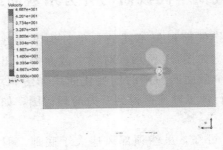

（b）15m

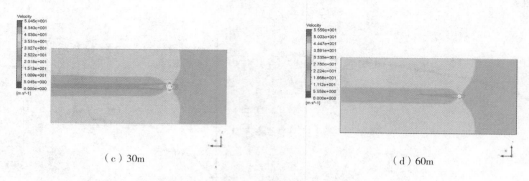

（c）30m   （d）60m

图 17　排气筒不同高度处速度云图

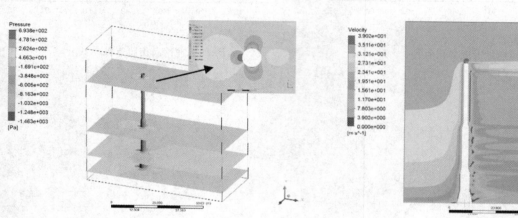

图 18　排气筒不同高度处压力云图

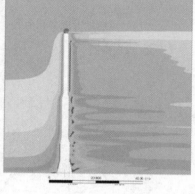

图 19　排气筒纵向截面速度

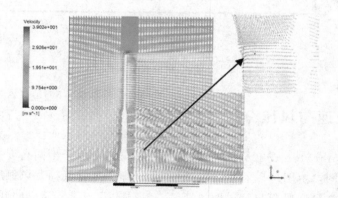

图 20　排气筒纵向截面速度矢量图

3.3　排气筒不同截面的升力系数曲线

　　将整个排气筒根据不同的直径分为不同截面段，分段示意如图 21 所示。对每个截面提取出升力，得到各个截面升力随时间变化曲线如图 22 所示，对其进行傅里叶变换得到升力的频谱图，如图 23 所示。

　　由图 22 可知，虽然顶部风速大于底部，但是由于底部特征直径要大于顶部，所以由卡曼涡街引起的升力随着高度增加而减小。由图 23 可知，所有峰值频率均处于理论旋涡脱落频率范围内，在高度 5m 到 15m 之间，模拟得到的旋涡脱落频率与上节分析的涡街理论脱落频率最为接近，随着高度的增加，旋涡脱落愈加不明显，升力变化也更加不规则，在高度为 30m 以上时，几乎没有旋涡脱落。故该排气筒底部易受到横风向升力的影响从而发生振动。

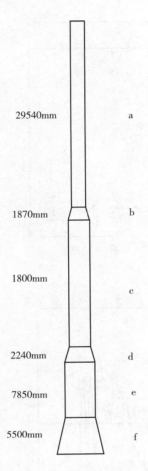

图 21 排气筒分段示意图

$$F(t) = \frac{1}{2}\rho v^2 C_l D \sin(2\pi f t) \qquad (4)$$

其中，ρ 为空气密度（kg/m³）；v 为风速（m/s）；C_l 为升力系数，取 0.2；D 为结构外径（m）；f 为激振力频率（Hz）。当激振力频率与排气筒自振频率相同时，排气筒就会发生共振，本节中卡曼涡街漩涡脱落频率：$f = St\frac{v}{D} = 1.456\,\mathrm{Hz}$。其中 St 为斯托罗哈数。

由于漩涡脱落导致的共振存在锁住区域，因而结构上某点风速等于临界风速时，在该点下部的一个有效范围内，均为共振区域并且激振力大小相近。

排气筒距地面高度 10m 处风速为：

$$v_{10} = 1.3 v_{\sigma,1} \left(\frac{H_{10}}{H}\right)^{\alpha} = 16.18 \ (\mathrm{m/s}) \qquad (5)$$

共振区起始高度为：

$$H_1 = H_{10} \left(\frac{v_{\sigma,1}}{v_{10}}\right) = 12.649 \ (\mathrm{m}) \qquad (6)$$

式中，H 为烟囱高度（m），α 为地面粗糙度系数。

因此该排气筒共振范围为距离地面高度 12～65m 处。本例将整个排气筒都视为锁住区域。本文中考虑最危险的状态 1.3 倍临界风速，即 21.84m/s。由此可以计算得排气筒激振压力大小为：

$$P(t) = 59.623 \times 10^{-6} \sin(2\pi f t) \qquad (7)$$

4 钢制排气筒响应分析

4.1 激振力简化方式

在一定范围内，卡曼漩涡会出现周期性脱落，将单位面积上的风压沿物体表面积分解将得到三个力，其中与横风向相关的是升力，其表达式为：

$$P_L = \frac{1}{2}\rho v^2 C_l B \qquad (3)$$

其中 B 是结构的参考尺度。C_l 为升力系数，与截面形状及雷诺数或斯托罗哈数有关，ρ 为空气密度（kg/m³），v 为来流速度（m/s）。

将横风向作用力用确定性的正弦载荷来处理可表示为

4.2 谐响应分析

利用 ANSYS 对该排气筒进行谐响应分析，排气筒裙座底面施加全约束，边界条件如图 24 所示。

由图 25 可以看出排气筒在激振力频率为 1.15Hz 与 4.44Hz 时发生诱导共振，一阶诱导共振起主导作用，顶部振幅达到 200mm 以上，这与排气筒运行以来所产生的顶部大幅度摆动现象相吻合[9]，证明了该排气筒产生摆动的原因是由于卡曼涡街导致的一阶诱导共振。虽然其最大 Tresca 当量应力仍然小于标准[10]中所规定的一次局部薄膜应力强度极限，但是由于共振引起的大幅度摆动会导致排气筒的疲劳失效从而发生危险。图 26、图 27 分别为排气筒横风向位移与排气筒横风向 Tresca 应力图。

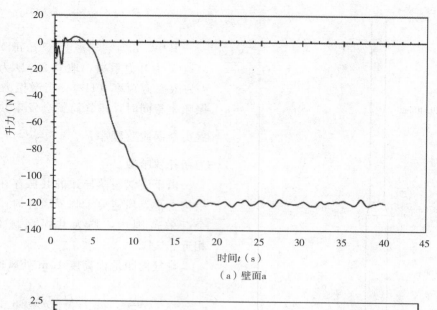

（a）壁面a

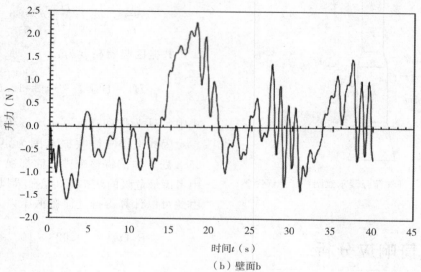

（b）壁面b

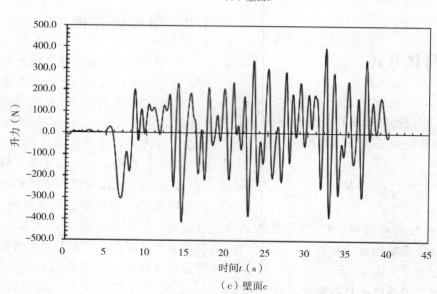

（c）壁面c

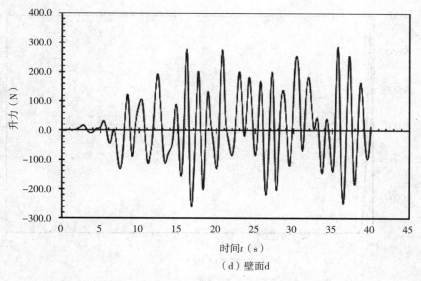

（d）壁面d

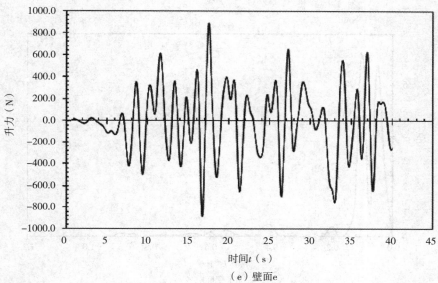

（e）壁面e

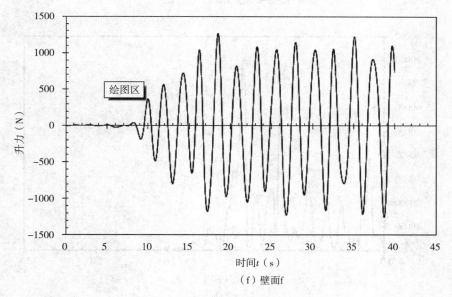

（f）壁面f

图 22　各壁面升力随时间变化曲线

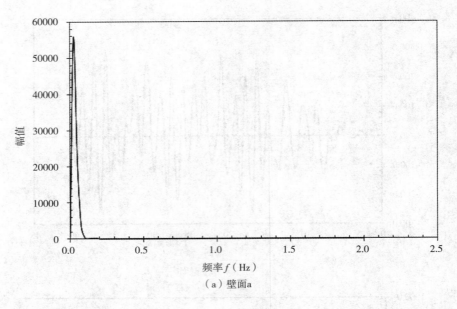

（a）壁面a

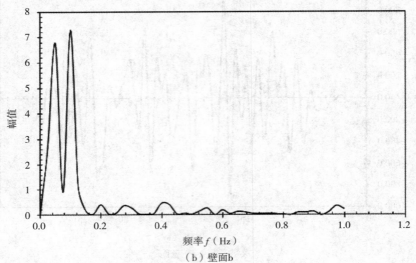

（b）壁面b

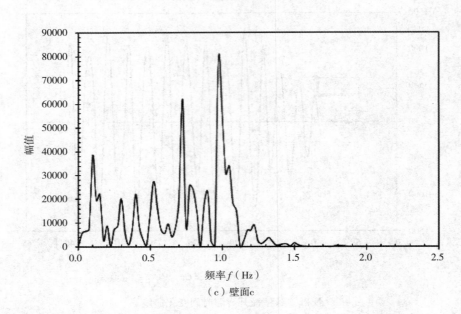

（c）壁面c

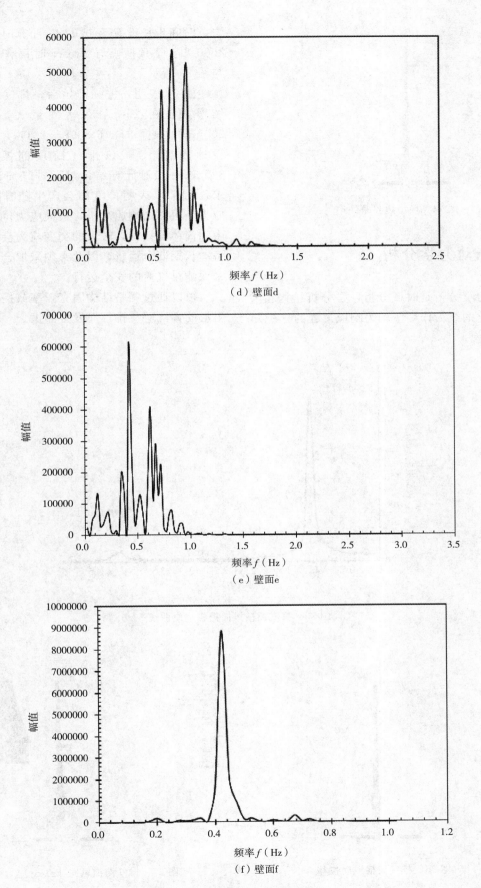

（d）壁面d

（e）壁面e

（f）壁面f

图 23　各壁面升力曲线频谱图

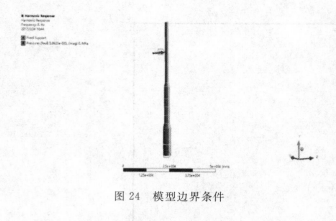

图 24　模型边界条件

4.3　瞬态动力学分析

瞬态动力学分析是时域分析，是分析结构在随时间任意变化的载荷作用下动力响应过程的分析方法。时间步长设置为 0.02s，计算时长为 30s 共计 1500 步。塔顶振幅与 Tresca 时程响应曲线如图 28 与图 29 所示。

图 28 表明，振动开始后，排气筒顶部振幅持续增加，在 20s 左右达到最大，振幅超过了 200mm。根据 SH/T 3098—2011《石油化工塔器设计规范》[11]，该排气筒顶部振幅不能超过 325mm。虽然计算结果显示排气筒顶振幅满足要求，但图 29 表明排气筒会产生随时间变化的交变应力，根据谐响应分析，最大应力位于上端筒体与中间筒体连接处，较大的交变应力会严重威胁塔设备的长期安全运行，因此必须采取合适的减振措施来保障排气筒的安全运行。

可以通过调整结构固有频率或提高结构的整体阻尼的方法避免排气筒发生共振。

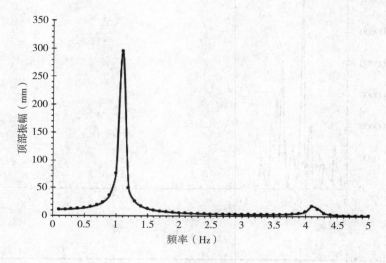

图 25　排气筒横风向振幅响应曲线

图 26　排气筒横风向位移　　　　　　图 27　排气筒横风向 Tresca 应力（MPa）

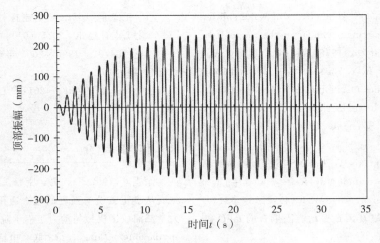

图 28　塔顶振幅时程响应

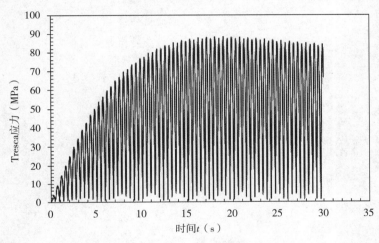

图 29　最大 Tresca 应力时程响应

5　结论

（1）采用 CFX 中的 SST 湍流模型与 ICEM 中的 O 型网格划分方式能够较为准确地模拟亚临界与超临界区的圆柱绕流。由三维流体模拟可知，不同高度各个截面的旋涡脱落状态并不相同，当雷诺数较大时，流动会出现三维状态，并且升力系数变化不规则。当风速小于 25m/s 时，圆柱绕流产生的升力系数均小于 0.2，实际情况下的升力系数低于二维计算结果，所以圆柱绕流产生激振力中升力系数可以保守取 0.2，给工程升力系数的取值提供依据。

（2）某 65m 钢制排气筒由卡曼涡街引起的升力随着高度增加而减小，旋涡脱落也随着高度的增加愈加不明显，升力变化也更加不规则，在高度为

30m 以上时，几乎没有旋涡脱落。当排气筒发生诱导共振时，塔顶最大振幅在 20s 左右达到，最大振幅超过了 200mm，计算结果显示满足 SH/T 3098—2011《石油化工塔器设计规范》排气筒顶振幅要求。排气筒上段筒体与中段筒体会产生较大的交变应力，剧烈的交变应力会严重威胁该排气筒的安全运行，因此必须采取合适的减振措施来保障排气筒的安全运行。

参 考 文 献

［1］埃米尔．希缪，罗伯特·H·斯坎伦，刘尚培，等，译．风对结构的作用：风工程导论［M］．上海：同济大学出版社，1992.

［2］胡伟．高耸结构绕流与流固耦合的数值模拟［D］.西安建筑科技大学，2010.

［3］ Hermann Schliching. Boundary-Layer Theory [M]. New York：Mcgraw-Hill Book Company, 1979.

[4] Apelt, CJ, West, GS. The effects of wake splitter plates on the flow past a circular cylinder in the range 104. [J] Journal of Fluid Mechanics, 1975, 71 (1): 145—160.

[5] R.E.D. Bishop, A.Y. Hassan. The Lift and Drag Forces on a Circular Cylinder Oscillating in a Flowing Fluid. [J]. Proceedings of the Royal Society. A: Mathematical, Physical and Engineering Sciences, 1964, 277 (277): 32—50.

[6] Dong S, Karniadakis G E. DNS of flow past a stationary and oscillating cylinder at $Re = 10000$ [J]. Journal of Fluid & Structures, 2005, 20 (4): 519—531.

[7] 董国朝. 钝体绕流及风致振动流固耦合的 CFD 研究 [D]. 湖南大学, 2011.

[8] GB50135—2006, 高耸结构设计规范 [S].

[9] 王志雅. 65m 高钢制排气筒消除横风向风振分析 [J]. 化工设计通讯, 2015 (01): 59—60.

[10] JB4732—1995 (2005 年确认), 钢制压力容器分析设计标准 [S].

[11] SH/T 3098—2011, 石油化工塔器设计规范 [S].

作者简介

徐盛, (1992—), 男, 南京工业大学在读硕士研究生, 主要从事化工设备强度研究。通讯地址: 江苏省南京工业大学江浦校区机械与动力工程学院, 211816, Email: xushengtian65@outlook.com, 联系电话: 18260022873

悬跨高度对海底管道绕流流场特性影响的数值模拟研究

许 明 陈学东 王 冰 关卫和 范志超 董 杰

（合肥通用机械研究院 国家压力容器与管道安全工程技术研究中心，

安徽压力容器与管道安全技术省级实验室

安徽合肥市 230031）

摘 要 自由悬跨是海底管道安全的风险之一，涡激振动引起的疲劳（VIV）是自由悬跨海底管道的主要失效模式。悬跨高度是影响涡激振动频率和载荷大小的一个重要因素。本文采用雷诺平均湍流模型（$k-\omega$）研究了不同悬跨高度下海底管道湍流绕流和尾迹流场特性。模拟的海底管道直径为 0.923 m，悬跨高度比（e/D）＝0.2～1.0，分析了海底壁面对绕流流场、升力系数和旋涡脱落的影响规律。结果表明：随着悬跨高度比的减小，圆柱绕流的前驻点向下偏移，流动方向往上偏移，壁面边界层向外扩展，对流动产生明显阻塞作用；当 $e/D \geqslant 0.8$ 以后，旋涡脱落几乎不受下壁面的影响，脉动升力的幅值基本不变，平均升力系数也基本不变；随着悬跨高度 e/D 减小，平板壁面边界层和圆柱绕流旋涡的相互作用越加明显，壁面旋涡的旋转方向为顺时针，圆柱下侧旋涡的旋转方向为逆时针，二者方向相反而发生相互抵消现象。因此，下侧旋涡在脱落过程中被严重拉伸，同时漩涡强度迅速衰减。

关键词 海底管道；悬跨高度；脉动升力系数；圆柱绕流；近平板；数值模拟

On the Effect of the Height of Free Span on Flow Field Characteristics Around Submarine Pipeline

Xu Ming   Chen Xuedong   Wang Bing   Guan Weihe   Fan Zhichao   Dong Jie

（Hefei General Machinery Research Institute National Engineering Technical Research Center on PVP Safety，Anhui Provineal Laboratory for Safety Fechnology of Pressure Vessels and Pipelines Hefei，Anhui，230031）

Abstract Free span is a risk of security of submarine pipelines. Fatigue caused by vortex-induced vibration（VIV）is a main failure mode of free spans. The height of free span which influences the VIV fatigue load is an important factor for the fatigue life assessment. In this paper，the Wilcox low-Reynolds-number $k-\omega$ turbulence model are used to study the turbulent flow and wake dynamics behind a circular cylinder close to a horizontal plane wall which is model of the free span at subcritical Reynolds number. The diameter of submarine pipeline is 922 mm，and the current velocities are 0.08m/s，0.2 m/s and 0.3 m/s. The simulations with gap to diameter ratios（e/D）of 0.2，0.4，0.6，0.8 and 1.0 are carried out in order to investigate the changes of the flow field. Then，the influences of the height ratio（e/D）on the lift coefficient，interaction of shear layer and Strouhal number are analyzed. The results show that when e/D greater than or equal to 0.8，the vortex shedding is almost not affected by the plane wall and the lift coefficient no longer changes with the e/D increases. As the gap ratio decrease，the interaction of the shear layers of wall and cylinder became more intense，and the Strouhal number varies up and down with the gap ratio with the same trend at all the current velocity.

Keywords submarine pipeline；height of free span；fluctuating lift coefficient；flow around eyliner；near wall；numerical simulation

1 简介

海底管道具有连续、快捷、输送量大等优点，是海上油气集输的主要形式。海底管道安全不仅关系到海上油气的正常生产，还关系到海洋环境污染等重大问题，因而一直为人们所高度关注。海底管道在服役过程中受到海流、土壤等影响，经常会出现悬跨[1,2]。海底管道悬跨的出现会带来如管道涡激振动疲劳失效和海流冲刷[3,4]等问题。因此，研究悬跨海底管道附近流场的变化特性，掌握悬跨高度和海流速度对其的影响作用规律，对保证海底管道的安全运行有着重要意义。

关于悬跨海底管道的绕流问题，可以简化为均匀来流下靠近壁面圆柱绕流的水动力特性问题。已有许多学者在亚临界雷诺数下进行过近壁面静止圆柱绕流的水动力特性研究[5-7]，然而，悬跨高度对管道脉动升力系数影响的研究[8]仍不够充分，结合海底管道服役现状，考虑实际海流流速下绕流流场特性的研究仍然较少。本文针对某实际服役海底管道，采用了不可压缩的 N-S 方程和低雷诺数修正的 k-ω 湍流模型，计算分析海流作用下悬跨管道附近的流场特性，研究了不同流速、不同悬跨高度下管道的升力系数变化规律、漩涡脱落过程等，为实际工程建设提供一定的科学依据。

2 计算模型

针对某实际服役海底管道，将悬跨海底管道的绕流流动简化为近壁面二维圆柱绕流模型如图 1 所示。尽管圆柱绕流的湍流流动是三维流动，但针对近壁圆柱绕流问题，本文中采用了雷诺平均的 k-ω 湍流模型，而湍动能和涡量在圆柱轴向方向的变化梯度比较小，湍动能和涡量的传递强度也比较弱，因此忽略轴向方向变化的二维模型在一定程度上能够反映出近壁圆柱绕流的流动特征。

管道直径 $D=0.923$m，包括了防腐涂层和混凝土配重层厚度。流动区域水平方向上从 $x/D=-10$ 到 $x/D=20$，垂直方向上从 $y/D=0$ 到 $y/D=10$，管道与下壁面的悬跨高度为 e，悬跨高度与直径的比值定义为悬跨高度比 e/D，e/D 在 0.2 到

1.0 之间变化。图中圆管附近尺寸被等比例放大以更清晰的显示几何结构。

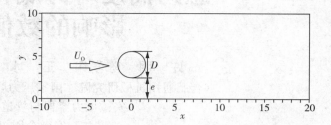

图 1 流动结构示意图

对流动区域划分了分区结构化网格，在管道、下壁面边界层附近采用逐渐增长的边界层网格（见图 2），尾流部分进行了局部加密，以确保数值模拟的准确性。

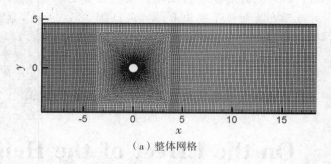

（a）整体网格

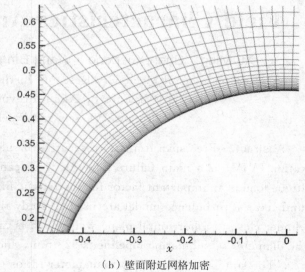

（b）壁面附近网格加密

图 2 计算网格示意图

湍流数值模型采用了低雷诺数修正的 k-ω 湍流模型，此模型在壁面附近进行低雷诺数修正，而在远离壁面的区域计算方法与标准 k-ω 模型相当。流动控制方程的求解采用 Fluent 软件的 SIMPLEC 压力修正方法，隐式二阶时间推进方案。对流项采用了二阶迎风格式，其他离散项都采用中心差分格

式。由于采用了低雷诺数 $k\text{-}\omega$ 模型并且存在流动分离区域，因此对圆柱壁面和下壁面附近网格加密需满足 $Y+\leqslant 1$ 的条件（$Y+$ 为第一层网格质心到壁面的无量纲距离），并在计算过程中验证了上述条件。

非稳态求解中时间步长的选取严重影响数值模拟的准确性，它的选取主要依据涡旋的脱落周期 T，根据前人总结出的经验，一般将涡旋的脱落周期 T 缩小 2～3 个数量级后作为时间步长。各边界条件如下：入口边界设置流速为 U_o 的自由流条件，下壁面上的边界层自由发展，出口设置为自由出流条件。下壁面和管道设置为固定壁面，上壁面设置为与入口流速 U_o 相同速度移动，以减小其对管道附近流动的阻塞影响。

3 悬跨海底管道绕流流场形态

分别对不同流速和悬跨高度比 e/D 进行了流场数值计算，并比较了各工况下的流场特征。选取的典型来流速度为 0.008m/s、0.2m/s 和 0.3m/s，对应的雷诺数分别为 7340、1.83×10^4 和 2.75×10^4，悬跨高度比 e/D 在 0.2 到 1.0 之间以 0.2 为间隔值变化。图 3 和图 4 分别比较了 0.2 m/s 来流速度下孤立（$e/D=4.5$）以及不同悬跨高度比的圆柱绕流的流态，包括瞬时流线图和涡量云图。涡量的绝对值表征了旋涡的强度，由于上下两侧旋涡的方向相反，因此一正一负，在图 4 中为红蓝两种表色。

从流线和涡量图都可以看出，旋涡从圆柱上下两侧交替，孤立圆柱的两侧旋涡发放对称，尾迹呈水平状态，而近壁面圆柱的旋涡发放不对称，尾迹方向向上方偏移。此外，图 4 涡量图的表明近壁面圆柱的旋涡强度随着悬跨高度比的减小而减小，尤其是 $e/D=0.2$ 时的下侧旋涡（涡量方向为正，标为红色）在脱落后衰减非常迅速，以至于在下游很快就找不到下侧旋涡的踪迹。

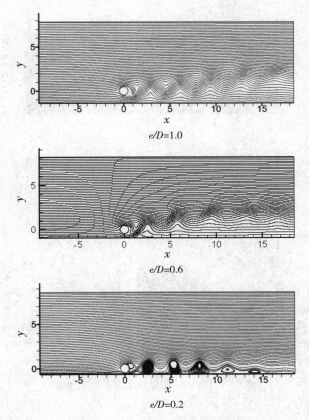

e/D=1.0

e/D=0.6

e/D=0.2

图 3　不同悬跨高度比（e/D）时的瞬时流线

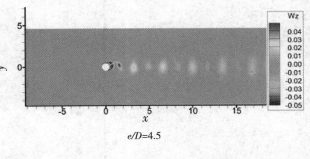

e/D=4.5

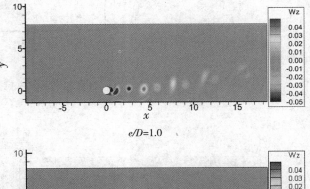

e/D=1.0

e/D=0.6

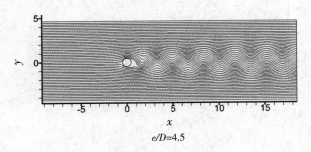

e/D=4.5

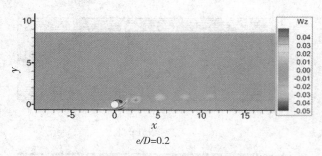

图4 不同悬跨高度比（e/D）时的涡量分布

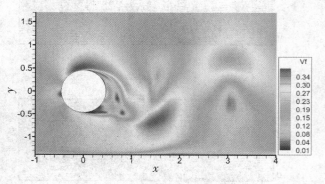

图5 e/D=1.0时圆柱附近的速度分布

图5所示为 e/D=1.0 时的圆柱附近局部速度分布，从图中可以看出近壁面圆柱绕流前驻点（速度为0的压力极值点）的位置发生了向下偏移，定义 θ_s 为前驻点相对于水平位置偏移的角度，水平位置顺时针为正。图6给出了不同流速条件下悬跨高度比 e/D 对 θ_s 的影响，在所有来流速度条件下 θ_s 都随着悬跨高度比 e/D 的减小迅速减小，在高流速低悬跨高度比时 θ_s 更小。前驻点的位置向下偏移，即圆柱绕流的整体流动方向向上偏移，也就是圆柱后的尾迹方向向上偏移，这也影响了后下游壁面附近的流动。如图7的整体速度分布图所示，随着悬跨高度比的逐渐减小，间隙的流动方向更加上翘，下游壁面边界层逐渐向外扩展，从 e/D=0.6 开始形成部分阻塞，e/D=0.4 和 0.2 时形成完全阻塞状态。

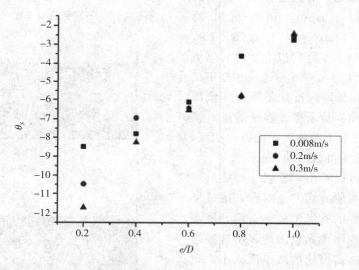

图6 前驻点位置随悬跨高度比的变化

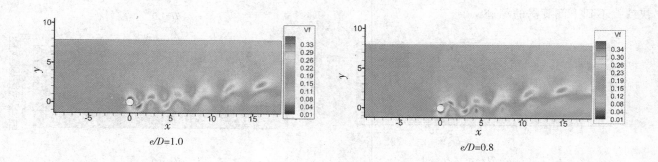

e/D=1.0　　　　　　　　　e/D=0.8

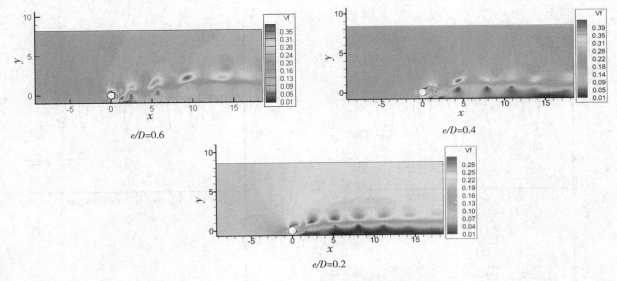

e/D=0.6

e/D=0.4

e/D=0.2

图7　0.2m/s来流速度下不同悬跨高度比时的速度分布

4　升力系数和旋涡脱落过程分析

当旋涡交替从圆柱上下两侧发放时，将会引起圆柱近尾迹区域内的压力和速度波动，因此对圆柱产生脉动的阻力和升力。采用无量纲的升力和阻力系数，计算公式为：

$$C_L = F_L / (0.5\rho U_0^2 D) \tag{1}$$

式中，F_L为垂直方向流体力，F_D为顺流方向流体力，ρ为流体密度，D为管道外直径，包括防腐涂层和混凝土加重层，U_0为来流速度。本节将首先分析升力系数变化规律和旋涡脱落的时间演化过程，然后分析悬跨高度比对旋涡脱落的影响机理，以及边界层的相互作用机制。

图8给出了来流速度0.2m/s时不同悬跨高度比下升力系数随时间的变化。可以看出升力系数的幅值从e/D=0.6开始减小，当圆柱更加靠近壁面时（e/D=0.4、0.2），升力系数的幅值减小更加明显，不过依然保持比较规则的正弦波变化。悬跨高度比减小到e/D=0.1时，升力系数的幅值进一步减小，并且不再保持规则正弦波变化。图9和图10分别是升力系数的均方根（保证幅值大小）和平均升力系数随悬跨高度比的变化规律。可以看出，当e/D小于0.8时，脉动升力系数随悬跨高度增加而增大，当e/D大于0.8，脉动升力系数基本相同，悬跨高度不再有明显影响。由于悬跨海底管道的疲劳载荷主要是升力，因此可将e/D=0.8作为海底管道疲劳分析的临界悬跨高度。如图10所示，在悬跨高度比减小到e/D=0.6后，平均升力迅速增加，这与升力系数均方根变化的临界悬跨高度一致，表明在悬跨高度比减小到e/D=0.6后，下壁面对圆柱旋涡发放的影响开始显著。

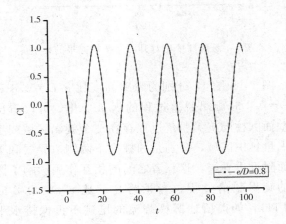

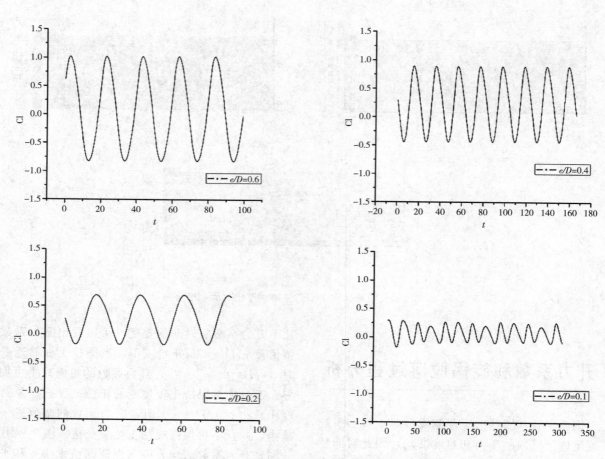

图 8   不同悬跨高度比下升力系数随时间的变化

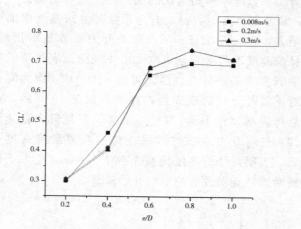

图 9   悬跨高度比对升力系数均方根的影响

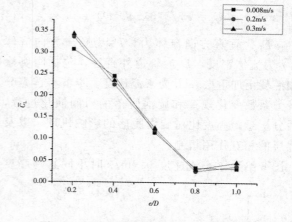

图 10   悬跨高度比对平均升力系数的影响

图 11 和图 12 分别为悬跨高度比 $e/D=0.8$ 和 $e/D=0.4$ 时旋涡脱落过程的涡量变化。可以看出近壁面圆柱的旋涡脱落过程存在三个旋涡区域或者说涡量集中区域，分别是圆柱上下两侧边界层和下壁面附近边界层，这三者之间的相互作用影响了圆柱的旋涡脱落过程。当悬跨高度比 $e/D=0.8$ 时（图 11），如前所述圆柱绕流的尾迹不再保持水平

状态而是向上偏移，旋涡的发放呈现出明显的不对称性。尽管圆柱尾迹的旋涡与壁面的旋涡之间没有发生合并，但壁面边界层与下侧旋涡之间有一定的接触，而上侧旋涡几乎没有受到影响。如图 12 可见，当悬跨高度比 $e/D=0.4$ 时，圆柱绕流的方向出现明显向上的偏移，壁面旋涡与圆柱绕流的位置较近，上侧旋涡与壁面旋涡之间已经发生了合并现

象，壁面与圆柱绕流旋涡之间的相互作用明显。在下侧旋涡刚脱落时，壁面边界层向外扩展，壁面旋涡的上扬高度也比悬跨高度比 $e/D=0.8$ 时明显增加，造成上侧旋涡脱落时与壁面脱落的旋涡位置非常接近发生合并。同时，由于壁面的旋涡为顺时针方向和圆柱下侧的旋涡为顺时针方向，二者方向相反在相互接近过程中的抵消作用明显。下侧旋涡的脱落过程与上侧旋涡的脱落过程不同，旋涡在脱落过程中被明显拉伸，旋涡尺度大小明显减弱。图13给出了悬跨高度比 $e/D=0.2$ 时旋涡发放的过程图，可以看出下侧旋涡被拉伸的程度更加严重，并在旋涡刚开始形成的时候，涡量强度就开始迅速衰减，使得下侧旋涡很快消失，以至于没有明显的脱落涡存在，而上侧的旋涡脱落过程相对正常。如前所述（图4整体涡量分布图），圆柱尾迹下游完全找不到下侧旋涡的踪迹，而上侧旋涡依然存在。

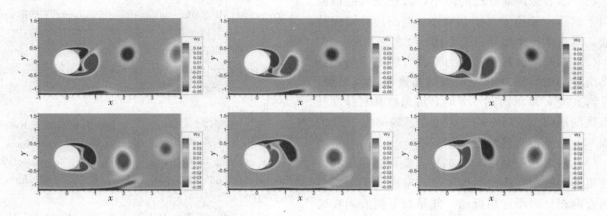

图 11　悬跨高度比 $e/D=0.8$ 旋涡脱落过程的涡量变化

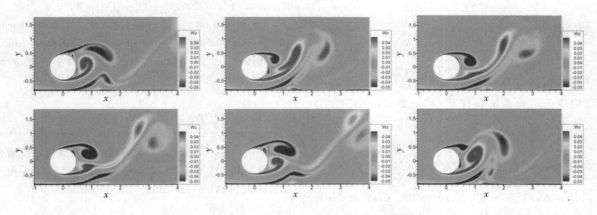

图 12　悬跨高度比 $e/D=0.4$ 旋涡脱落过程的涡量变化

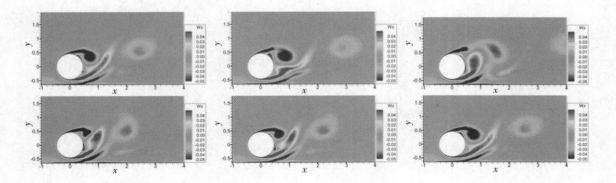

图 13　悬跨高度比 $e/D=0.2$ 旋涡脱落过程的涡量变化

5 结论

本文采用流体动力学数值模拟方法，研究了不同悬跨高度对悬跨海底管道绕流流场特性的影响，分析了整体流动形态、脉动升力系数和旋涡脱落过程，得出结论如下：

（1）随着悬跨高度比的减小，圆柱绕流的前驻点向下偏移，流动方向往上偏移，壁面边界层向外扩展，对流动产生明显阻塞作用。

（2）悬跨高度对脉动升力系数有明显影响，悬跨高度较小时，脉动升力系数随高度增大而增加，当悬跨高度 e/D 增大到 0.8 时，可忽略其对脉动升力系数的影响。同时平均升力也在悬跨高度 e/D 增大到 0.8 后不再明显减小。

（3）随着悬跨高度 e/D 减小，壁面边界层和圆柱绕流旋涡的相互作用越加明显，壁面旋涡与下侧旋涡方向相反因而互相抵消，并导致下侧旋涡在脱落过程中被严重拉伸，同时旋涡强度迅速衰减。

5 致谢

感谢国家国际科技合作专项项目"全尺寸海底管道结构疲劳试验系统合作研制"（2015DFA71730）对本文的支持。

参考文献

[1] Reid A，GryRen TI，Nystrom PR. Case studies in pipeline free span fatigue [C]. Proceedings of the Tenth International Offshore and Polar Engineering Conference. Seattle, USA, 2000：275－284.

[2] Choi H S. Free spanning analysis of offshore pipelines [J]. Ocean Engineering, 2001，28（10）：1325－1338.

[3] Sollund H A, Vedeld K, Fyrileiv O. Modal response of free spanning pipelines based on dimensional analysis [J]. Applied Ocean Research，2015，50：13－29.

[4] Dongfang Liang.，Liang Cheng. Fangjun Li. Numerical modeling of flow and scour below a Pipeline in current Part II：Scour simulation [J]. Coastal Engineering, 2005，52（l），43－62.

[5] G. Buresti, A. Lanciotti. Mean and fluctuating forces on a circular cylinder in cross-flow near a plane surface [J]. Wind Eng. Ind. Aerodyn, 1992，41（1－3）：639－650.

[6] Lei, C.，Cheng, L.，and Kavanagh, K.，Re-examination of the effect of a plane boundary on force and vortex shedding of a circular cylinder [J]. Journal of Wind Engineering and Industrial Aerodynamics，1999，80（3）：263－286

[7] Nishino, T.，Roberts, G. T.，Zhang, X. Vortex shedding from a circular cylinder near a moving ground [J]. Physics of Fluid，2007，19（2）：1714－427.

[8] C. Lei, L. Cheng, et al. Vortex shedding suppression for flow over a circular cylinder near a Planeboundary [J]. Ocean Engineering, 27（10），1109－1127, 2000.

作者简介

许明，男，工程师，合肥通用机械研究院，安徽合肥市长江西路 888 号，230031，手机：13655514713，电子邮箱：sa06005021@163.com。

设计、传热

波纹管高温疲劳寿命研究

陈友恒　孙磊　李杰　刘岩　段玫

（洛阳船舶材料研究所　河南　洛阳　471039）

摘　要　在现行的主流波纹管设计规范中，针对波纹管疲劳寿命的设计计算均要求在波纹管材料蠕变温度以下，在石油炼化和某些化工装置应用中，大规模应用的 Inconel 625 合金的工作温度往往处于其蠕变温度区间内。本文结合有关标准规范介绍了高温疲劳寿命设计方法，通过高温疲劳试验获得了固溶态 Inconel 625 波纹管高温疲劳寿命公式，可以作为标准和规范的补充，也可供从事相关领域的工程师设计参考。

关键词　波纹管；高温；疲劳

Research on High Temperature Fatigue Life of Bellows

Chen Youheng　Sun Lei　Li Jie　Duan Mei　Liu Yan

（Luoyang Ship Material Research Institute，Luoyang 471023，China）

Abstract　In the current mainstream bellows design specification，the design fatigue life of bellows is required under the material's creep tempreture，in the application of petroleum feifning unit and some chemical plant，the working tempreture of bellows' material Inconel 625 allmost within creep tempreture. this paper introduced a method of high temperature fatigue life，and throught 4 High Temperature Fatigue Life tests of Inconel 625 Solid-solution bellows got the design formula of high temperature fatigue life. that can as a supplement for the standard and specification，and as a reference for the engineers that in relates fields.

Keywords　bellows；high temperature；fatigue life

1　前言

国内外的各种标准之中，都有关于波纹管膨胀节的疲劳寿命设计公式，但是公式的使用温度范围均在材料的蠕变温度以下。在设计膨胀节时，往往将波纹管控制在蠕变温度以下工作。EJMA 标准在第十版中规定，疲劳公式只能用于工作温度低于蠕变温度的波纹管，蠕变范围内工作的波纹管的疲劳寿命必须由高温试验得到的数据，或者由曾经成功使用的形状和构造相近的，使用工况一致或更加恶劣的波纹管的数据确定。

波纹管失效统计显示：属于设计、制造和安装工艺方法等原因引起的失效占 9% 左右，应力腐蚀引起的失效占 79% 左右，高温失效、蠕变失稳占 12% 左右。在各种失效分析中，往往从应力腐蚀方面考虑，很少有关于温度过高造成波纹管疲劳失效的报道。温度作为影响材料性能的主要因素，当环境温度升高时，波纹管材料的各方面性能都会发生一定的变化。目前高温膨胀节主要集中在石油炼化行业的催化裂化装置中，其设计温度通常达到 560～760℃，在该系统中，波纹管通常采用 Inconel625Gr2 合金制件，而 560～760℃ 的温度已经达到 Inconel625Gr2（T_m 为 1290～1350℃）的蠕变温度范围。在当前的工程实际应用中，高温环境下使用的波纹管疲劳寿命设计仍然是按照 EJMA 中关于成形态奥氏体不锈钢蠕变温度以下的设计公式来进行计算，一般都是通过提高波纹管的设计疲劳寿命，加大安全系数，从而达到降低波纹管在工作状态时应力水平的目的，这种设计方法具有一定的可行性，但缺少系统的试验验证，这种方法与实际使用情况也是不相符的，而且往往会增加波纹管的制造成本，因此，有必要通过高温疲劳试验来获得材料的高温疲劳寿命公式，同时也验证目前设计公式的合理性。

2 高温疲劳寿命公式建立方法

EJMA 第十版附录 G 在高温疲劳试验的基础上，采用了以下估算波纹管高温疲劳寿命的方法。该方法要求每一次单独的测试需要总数为 4 个的波纹管试件，编号为 1～4，其中 1 号与 2 号具有相同的设计，3 号与 4 号具有相同的设计，1 号与 2 号的总应力范围（S_t）应与 3 号与 4 号不同，且至少相差两倍，1 号与 3 号、2 号与 4 号的单次循环保持时间相同，且 1、3 号单次循环保持时间应与 2、4 号至少相差 100 倍。做循环测试并记录结果，标记每个试样的实验结果并记录，如表 1 所示：

表 1 EJMA 附录 G 关于试验件的要求

试件号	总应力范围 (S_t)	保持时间 (H_t)	失效循环次数 (N_c)
1	S_{t1}	H_{t1}	N_{c1}
2	S_{t1}	H_{t2}	N_{c2}
3	S_{t2}	H_{t1}	N_{c3}
4	S_{t2}	H_{t2}	N_{c4}

整理试验数据，根据 EJMA 附录 G 中高温疲劳相关要求，以及 AEME 规范中其他材料的疲劳曲线，求得高温疲劳寿命预测公式中的常系数 a、b、c、d，得到高温下固溶态波纹管疲劳寿命预测公式：

$$N_c = b S_t^{-a+c\log H_t} H_t^{-d}$$

公式中各常数推导如下：

计算平均应力

$$S_{t12} = (S_{t1} + S_{t2})/2$$

$$S_{t34} = (S_{t3} + S_{t4})/2$$

求取中间值

$$A = \frac{\lg N_{C1} - \lg N_{C2}}{\lg H_{t2} - \lg H_{t1}}, \quad B = \frac{\lg N_{C3} - \lg N_{C4}}{\lg H_{t2} - \lg H_{t1}}$$

求取常数

$$a = \frac{B\lg H_{t2} + \lg N_{c4} - A\lg H_{t2} - \lg N_{c2}}{\lg S_{t12} - \lg S_{t34}}$$

$$= \frac{\lg\left[\frac{N_{c4} H_{t2}^{B-A}}{N_{c2}}\right]}{\lg S_{t12} - \lg S_{t34}} \quad \lg b = \lg N_{C4} + B\lg H_{t2} + aS_{t34},$$

$$c = \frac{B-A}{\lg S_{t12} - \lg S_{t34}},$$

$$d = A + c\log S_{t12}$$

3 高温疲劳试验设计

3.1 试验件设计

根据 EJMA 附录 F-2，试验件尺寸要满足下列要求：

波根直径——$D_b \geqslant 168mm$，

波纹总长——$L_b \leqslant 2D_b$

波高——$w \geqslant L_b/N$

波数——$N \geqslant 3$

直边段长度——$L_t \geqslant \sqrt{(D_b)(t_m)/2}$

高温疲劳试验用波纹管确定试验件参数如表 2 所示：

表 2 Inconel625Gr2 材料波纹管参数

直径 /mm	波高 /mm	波距 /mm	波数	热处理状态	壁厚 /mm	层数
190	27	24	4	固溶态	1.2	1

3.2 试验条件

在催化裂化装置的三级旋风分离器到烟气透平

管线中，为了避免异物掉入烟机内，所用的膨胀节不能安装隔热耐磨衬里，通常管线中介质温度高达700～760℃，考虑到Inconel625Gr2合金的蠕变温度范围，同时为便于研究比较，试验温度选择为720℃，试验压力0.3MPa。

4 试验结果及分析

4.1 试验结果

固溶态Inconel 625Gr2波纹管高温度疲劳试验结果如表3所示，表中总应力范围S_t是按EJMA标准设计公式计算的，设计疲劳寿命N_c是通过EJMA中成形态奥氏体不锈钢蠕变温度以下的设计公式并考虑10倍的安全系数计算出来的。

从表3可以看出，对于Inconel625Gr2材料的波纹管，只有3♯试验件的疲劳寿命达到了设计疲劳寿命，并且随着保持时间的增加，波纹管的疲劳寿命存在明显降低。在设计疲劳寿命为1500次时，保持时间为1/6h的波纹管疲劳寿命仅为保持时间为1/600h的波纹管的疲劳寿命的1/3左右，在设计疲劳寿命为66次时，保持时间为1/6h的波纹管

疲劳寿命也仅有保持时间为1/600h的波纹管疲劳寿命的1/2左右。由此说明，在720℃时，保持时间对于波纹管的疲劳寿命有着显著的影响。由试验结果可以看出，相同的保持时间下，应力水平较高时，波纹管的试验疲劳寿命可以接近或者达到波纹管的疲劳寿命。应力水平较低时，波纹管的试验疲劳寿命均未达到设计疲劳寿命。说明应力水平大小对于波纹管的高温疲劳寿命存在一定的影响。另外从试验结果来看，相同条件下，试验时间越长，安全系数越低。

通过对试验结果的分析可以得出，EJMA附录G高温疲劳公式中关于保持时间、总应力范围等因素对计算结果影响的考虑是合理的。

5 高温疲劳公式的建立及验证

根据EJMA附录G中的高温疲劳公式，综合1♯～4♯波纹管的实验数据，得到720℃时，Inconel625Gr2材料的波纹管高温疲劳公式如下：

$$N_c = 3.1961 \times 10^{10} S_t^{-2.64+0.2265 \lg H_t} H_t^{-0.9265}$$

为验证公式的可靠性，设计了一组对比试验，该试验件试验结果如表4所示：

表3 高温疲劳试验结果

试验件编号	波纹管材料	试验温度/℃	应力范围S_t/MPa	保持时间H_t/h	设计位移/mm	设计疲劳寿命N_c	试验疲劳寿命N_{cr}	安全系数[1]	试验时间/h
1♯	Inconel625Gr2	720	1128	1/600	±7	1500	1263	0.84	12
2♯	Inconel625Gr2	720	1128	1/6	±7	1500	423	0.282	144
3♯	Inconel625Gr2	720	2269	1/600	±14.5	66	131	1.98	2
4♯	Inconel625Gr2	720	2269	1/6	±14.5	66	60	0.91	20

注（1）：表中的安全系数n是由公式$n=N_{cr}/N_c$计算得来的；

表4 对比试验件试验结果

试验件编号	波纹管材料	试验温度/℃	应力范围S_t/MPa	保持时间H_t/h	设计位移/mm	设计疲劳寿命N_c	试验疲劳寿命N_{cr}	安全系数	试验时间/h
5♯	Inconel625Gr.Ⅱ	720	1087	0	±9	1500	2625	1.75	6

从表中可知，该试验件无保持时间，$\lg H_t$趋近于负无穷，故近似取$H_t=1/3600$ h（1 s）来进行计算，通过拟合的疲劳公式进行计算，其设计疲劳寿命为$N_c=2179$（次）。

该试验件的实际疲劳破坏次数为2625次，通过对比试验结果，说明通过附录G拟合的公式具有一定的可靠性。

以2011年某炼厂单式铰链DN2000膨胀节为

例。该膨胀节介质温度为 720℃，介质压力 0.35MPa，角位移 3.9 Deg，设计疲劳次数 3000 次（安全系数取 10）。经 EJMA 中的疲劳公式计算得，该膨胀节工作状态总应力范围 $S_t=989$ MPa。按照 EJMA 标准附录 G 推导出的高温疲劳公式计算，考虑一年检修停车一次，取 $H_t=365$（天）$×24=8760h$，计算疲劳寿命为 41 次，虽然远低于设计疲劳寿命 3000 次，但考虑单次 1 年的保持时间，再取 5~10 倍的安全系数，实际疲劳寿命与高温疲劳公式计算出的疲劳寿命是基本一致的。因此，通过该公式计算的疲劳寿命，取 5~10 倍安全系数，可以指导实际生产设计。

6　结论

通过高温疲劳试验建立了 Inconel 625Gr2 波纹管在 720℃时的高温疲劳公式，并通过对比试验数据验证该公式的具有一定的可靠性。对工程设计具有一定的指导价值。

参 考 文 献

［1］陈友恒．固溶态 Inconel625Gr2 波纹管高温疲劳寿命研究［D］．中国舰船研究院，2013.

［2］黄佳辰．高温下波纹管疲劳特性研究［D］．中国舰船研究院，2014.

［3］段玫，闫廷来，段江伟．钛制加强 U 型波纹管疲劳寿命研究［J］，压力容器，2005，21（1）．

［4］EJMA．膨胀节制造商协会标准第十版，附录 G.

作 者 简 介

陈友恒（1987—），男，工程师，2013 年洛阳船舶材料研究所材料加工工程专业毕业，从事波纹管设计与应用研究工作。通讯地址：洛阳滨河南路 169 号。E-mail：cyh725@126.com。

B
设计、传热

C 制造焊接

基于冷成形技术的小直径厚壁筒体卷制

马玉玫

（兰州兰石重型装备股份有限公司　甘肃　兰州　730314）

摘　要　本文介绍了一种板焊式压力容器小直径厚壁筒体的钢板成形技术，综合分析了卷制时的变形工艺、工作过程，通过设备特点确定了筒体在低于 Ac1 温度以下或常温状态下的联合成型方案，并分析了制造过程中的技术难点，给出了工作过程关键点的控制，来满足产品的技术要求。

关键词　小直径厚壁筒体；联合成型方案；预弯；

Based on Cold Rolled Forming Technology of Small Diameter of Thick Wall Cylinder

Ma Yumei

（Lanzhou LS Heavy Equipment Co，. Ltd.，Lanzhong Gansu 730050，China）

Abstract　In this paper，a small plate welding type pressure vessel diameter of thick wall cylinder of steel sheet forming technology，comprehensive analysis of the rolling deformation process，the working process，when the barrel was determined by the characteristics of the equipment under below Ac1 temperature or room temperature state in joint forming scheme，and analyzes the technical difficulties in the manufacturing process，the working process of the key points of control are given，to satisfy the requirements of the product.

Keywords　small diameter of thick wall cylinder；joint forming scheme；bending

1　引言

在压力容器的制造中，板焊结构比锻焊结构的制造具有更大的难度，首先我们须考虑设备的卷制能力及成型质量，同时必须考虑材料的各项性能，这样才能保证后序制造工作的正常进行，筒节成型的好坏，又直接影响到产品错边量的要求，而错边量的大小对焊接质量及产品质量又会产生一定的影响。尽管目前卷板技术不断发展，而在现实生产中，对于小直径厚壁筒体压力容器，筒体的成型仍是产品制造的重点和难点。随着石油化工业、核电产业的飞速发展，容器设备的结构也多样化，材质级别

越来越高，对制造厂家制造能力的要求也不断提高，受制造厂能力所限，目前这一类产品的筒体多选用锻件或钢板高温卷制成型，即增加了成本，同时高温成形对母材及焊缝组织及性能产生很大影响。我公司，针对小直径厚壁筒体的产品结构，结合自身的设备特点，摸索出筒体成型的方法，应用于生产。

2　筒体概况

2.1　筒体规格

直径 $\phi700 \sim 1300mm$，筒体壁厚 $60mm \leqslant \delta \leqslant$

100mm，Cr–Mo 钢材质的简体，按传统工艺一般采用单台卷板机设备卷、校筒体成型，然而目前我公司一台四辊卷板机冷卷能力不够，需要高温卷制；另一台非对称式三辊卷板机的上辊直径则超过了卷制筒体规格范围，无法完成操作。针对我公司各设备特点，通过卷板机冷成型技术的扩展及各卷板机能力分析，对于上述筒体，目前采用在低于 Acl 温度以下及常温状态下，每种规格筒体三台设备分步成形的联合筒体成型工艺，即油压机预弯成形→非对称式三辊冷卷（温卷）预成型→四辊卷板机合口校圆的联合筒体成型方案。成型后的筒体无须作恢复性能热处理，操作简单实用。这种联合成形方案属于冷成型范畴，也解决了高温卷制筒体制造带来的工序复杂的问题。

2.2 筒体常用 Cr–Mo 钢板的性能

表 1 所示为常用钢板的拉伸性能。

表 1 常用钢板的拉伸性能[1] （MPa）

抗拉强度	$R_m^{315℃}$	$R_m^{343℃}$	$R_m^{371℃}$	$R_m^{399℃}$	$R_m^{454℃}$	$R_m^{482℃}$	R_m （MPa）	R_{eL} （MPa）
2.25Cr–1Mo	245.4	244.7	244.0	241.9	234.8	——	520～680	310
2.25Cr–1Mo–V	373.7	367.5	360.6	353	337.8	329.6	585～760	415

2.25Cr–1Mo–v 及 2.25Cr–1Mo 材料是压力容器常用的筒体类抗氢钢板，它们在 550℃ 以下都有较强的热强性能[2]，在这个温度下，钢板强度增加很大，因此给筒体的卷制也带来了很大难度。

3 筒体卷制工艺分析

3.1 筒体成型方案

我公司承制的恒逸实业（文莱）有限公司 220 万吨/年加氢裂化装置中反应产物/热循环氢换热器，筒体直径 ϕ1013mm，壁厚 80mm，材质 12Cr2Mo1R（H），筒体卷制时采用的是联合筒体成型工艺。联合筒体成型方案将卷板过程分为三步骤，成型过程的每一步只对钢板的一段进行弯曲成型，使该段钢板弯曲为与实际筒体形状相似的轮廓，通过各步骤使钢板逐渐弯曲成型，这样可以充分利用现有设备[3,4]，有效的分解筒体变形时的成型力，从而解决小直径厚壁筒体的卷制问题，获得理想的成型效果。

3.2 主要的制造难点和方法

3.2.1 筒体板端预弯

板料弯制时，筒体平板两端各有一段长度由于没有接触上辊不发生弯曲，称为剩余直边，剩余直边的大小与设备及其弯曲形式有关，由于剩余直边在筒体校圆时难以完全消除，并造成较大的焊缝应力及设备负荷，容易产生质量和设备事故，因此在卷板之前要对板料进行预弯，使剩余直边弯曲到所需要的曲率半径之后再卷制（图1）。常用的预弯方法见表2：

表 2 平板弯曲时剩余直边[5]

设备分类	卷板机			压力机
弯曲形式	对称弯曲	不对称弯曲		模具压弯
		三辊	四辊	
剩余直边 冷弯	L/2	(1.3～1.5)t	(1～2)t	1.0t
剩余直边 热弯	L/2	(1.3～1.5)t	(0.75～1)t	0.5t

小直径厚壁筒体因为校圆较薄板困难，因此板端成型的好坏对筒体的最终质量影响很大。为了板端更好成型，我们选择在油压力上用模具进行预弯，预弯长度根据筒体直径大小而定，一般不超过 400mm，否则预弯后的板料在卷板机上进行卷制时，由于太长的预弯曲率，进入卷板机上下辊困难。预弯半径根据筒体卷制半径要求和材料的屈服强度以及板厚，可以通过公式直接计算获得，预弯模具的工艺参数可按表 3 选用，选用原则一般应小于预弯半径 50～100mm。

$$R = K \frac{1}{\frac{1}{R_0} + 3\frac{\sigma_s}{ES}}$$

式中：R_0——筒体的弯曲半径，mm；

　　　R——预弯模具的模具，半径 mm；

　　　S——筒体的材料厚度，mm；

　　　σ_S——材料的屈服极限，Kgf/mm^2；

　　　E——弹性系数；

　　　K——修正系数，常取 $1.03\sim1.05$。

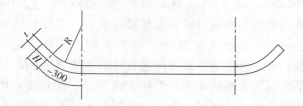

图 1　筒体板端预弯示意图

表 3　预弯模具工艺参数取值范围

工艺参数	取值范围
凸模半径 R（mm）	$300\sim500$
凹模的开口量（mm）	500

直径 $\phi1013$mm，壁厚 80mm 筒体根据计算预弯长度单边 350mm，预弯直径约 1100mm，筒体卷制后成型质量好。对于小直径厚壁筒体的板端预弯，要求很高，在钢板两端预弯时，要随时用专用的内样板进行曲率检查，严格按压制母线压制，控制压制曲率，特别是两端边缘处，压制半径 R 要严格控制，如果压制半径 R 过小，卷制成型合口焊接处就会往内径方向形成内棱角，压制半径 R 过大，则形成外棱角，校圆时要求的卷制力大，有可能较不动，为了避免短直边，下料时应预留压制直边余量，钢板两端预成型后，割除直边。过多的直边余量会大大增加板料成本，因此，我们厚壁筒体两边一般各留 $H=(1.3\sim1.5)S$ 的直边量。

3.2.2　筒体卷制

3.2.2.1　热卷筒体存在的问题

对于板焊式压力容器，当卷板机设备能力不足时，也会考虑热卷筒体，热卷筒体会面临一些问题：热卷筒体的温度高于材料相变温度，例如对于压力容器常用的 2.25Cr - 1Mo 材料，高温成型的过程对筒体母材及焊缝组织和性能都产生了影响，因此，热成型后的筒体还需进行（正火＋回火）的恢复性能热处理，同时为了保证焊缝的性能，对焊缝重新置换焊肉（图 2）。

由于热成型温度高，板材在加热以及成型后的冷却过程中，热膨胀量和热收缩率会引起成形筒体的尺寸变化，从而也会影响到产品质量。因此在筒体卷板制造中，应尽量避免热卷成型。表 4 所示为常见材料卷板加热温度。

表 4　常见材料卷板加热温度（供参考）

材料	16Mn 16MnR Q235A，B，C	15MnVR	18MnMoNbR 2.25Cr - 1Mo	12CrMo 13CrMo44 16CrMo44 15CrMoR
加热温度	950～1000℃	930～980℃	980～1050℃	950～1000℃
加热时间	0.8 分/mm		1 分/mm	

图 2　热卷制筒体现场

3.2.2.2

预弯后的筒体板料在非对称式三辊卷板机进行卷制，该设备卷制能力强，通过以往卷板过程记录，卷板机能力峰值时各辊的电流、电压情况如表 5：

表 5

	下辊（1）	下辊（2）	侧辊	上辊
电流	180	290	80	120
显示压力（ba）	152～166	152～166	81	134～140

通过上表，可以看到主泵下辊显示压力峰值

166ba，相当于 2440 磅，筒体卷制时可提供 2440＋2440×1/3＝3253（磅）的卷制力，完全能达到所需的工作要求。但由于卷板机上辊直径为 $\phi1117.6mm$，如何在现有设备能力上实现小直径厚壁筒体卷制是难点，分析钢板尺寸规格参数与卷板机能力之间的联系，通过以往卷制筒体经验数据的积累，选用一次进给成形的卷板工艺，预卷曲率 $R＝1.2D$（D：筒体内径）为宜（图3）。

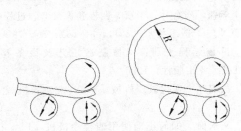

图 3　筒体卷制示意图

3.2.3　工艺限制条件

冷卷筒体时不得超过板材允许的最大变形率，GB 150.1—150.4—2011 中对于单向拉伸的高强度钢冷卷极限变量为 5%。

$$\varepsilon＝\frac{50t}{R}\left(1-\frac{R}{R_0}\right)\%$$

式中：t——筒体的板厚（mm）

R——筒体的弯曲半径（mm）

R_0——筒体的初始半径（mm），平板取 $R_0＝\infty$

否则，可选用 Ac1 温度以下的中温成型[6]，2.25Cr－1Mo 温度定为 650℃，2.25Cr－1Mo－v 温度定为 675℃，终卷温度不低于 500℃。

3.2.4　筒体校圆时的控制

筒体将板端直边、余量去除后，需用四辊卷板机进行合口、校圆，该设备的上辊直径 $\phi680mm$，因卷板能力所限，对于 60mm 以上的 Cr－Mo 钢板，校圆时应避免大幅度多次反复加载校圆，以免影响筒体质量，及引起设备故障。

3.2.5　小直径厚壁筒体合口焊接后出现的问题

焊缝附近全长呈内棱角或出现平直段，或一端弧正好，另一端弧呈内桃形或局部出现直段（见图4），原因可能是由于预弯时预弯曲率过小，或预弯

长度不够，校圆时，在变形区内，通过欠压—常压—过压，左右反复转动几次，可基本消除内棱角或直段。

焊缝附近全长呈外棱角或凸出段，或一端弧正好，另一端弧呈外桃形或局部凸出段（见图5），可能是由于预弯时预弯曲率过大造成的，校圆时，将变形部位最高点转至下辊的上方，垫板置于下辊上，过压上辊，然后升至常压，反复转动几次可基本消除外棱角或凸出段。

单纯性的焊缝突出（见图6），由于焊缝强度高，这种变形单靠卷板机的校形是达不到要求的，根据具体情况需用其他方法进行缺陷处理。

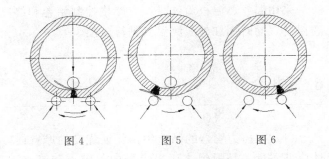

图 4　　　　　图 5　　　　　图 6

4　钢板下料尺寸的确定

小直径筒体换热器产品居多，这类产品的筒体内置管束，所以尺寸要求严格。由于影响钢板伸长量的因素很多，如钢板卷制时的受力大小、卷制时间、卷制温度、卷板机的速度，钢板材质的屈服强度及校圆时的圈数等[7,8]，因此对于预留直边预弯成型的筒体的下料，应考虑卷制及校圆两台设备的情况，一般通过理论估算与实际卷制后外周长的比较来确定筒体的尺寸。由于卷板时中性层的位置不变，因此对于实际板料厚度有变化的筒体，在容器筒体号料时，应考虑这一情况，适当增加或减少工艺余量的去除。

钢板下料长度决定了筒体卷成后的周长，根据周长伸长量估算公式：

$$L＝\pi D_i-20-\Delta L$$

式中：L——筒体的下料长度（mm）；

D_i——筒体的实际外径（mm）；

ΔL——筒体的周长伸长量（mm）；

ΔL 与筒体规格、卷制温度及材质等因素有

关系，根据制造经验，定位 ΔL 的取值 $10 \sim 15$mm 比较准确，常数项 20 为焊缝预留量。

5　关键工序控制措施

在预弯的板料置于卷板机上卷制时，为防止产生板料扭曲，应将板料对中，要使板料的纵向中心线与辊筒的轴线保持平行[9]。

为了保证卷制后筒体不出现大小头及减少错边量，钢板下料及预弯后需保证对角线之差不大于 2mm。

采用温卷、温校筒体时，应严格控制始卷和终卷温度，同时用红外线测温仪进行监控。

6　结论

（1）在压力容器的制造中，保证优良的厚壁筒体成型质量，是板焊式压力容器的关键点和难点。根据自身设备特点，在小直径厚壁筒体的成型方面，摸索出了切实可行的成熟工艺，特别是对高强度材料钢板的成型有了解决办法。通过联合成型方案制造的小直径厚壁筒体检查筒节几何尺寸，圆度最大 4mm，焊缝的最大棱角度控制在 2mm。为产品的制造奠定了良好的基础。

（2）联合成型工艺技术属于冷成型范畴，拓展了高强度钢小直径厚壁板焊式产品的单一制造方式，该技术推而广之，目前已广泛应用于同类产品

的制造。

参 考 文 献

[1] GB150.4－2011，压力容器 [S].

[2] ASME－Ⅱ-A－2010，A 篇 铁基材料 中国石化出版社，2010.

[3] 徐兆军，马晨波. 四辊卷板机卷制椭圆柱面控制的数学模型 [J]. 锻压技术，2013，38（1）：108－110.

[4] 李森，陈富林，李斌. 四辊卷板机弯卷过程中侧辊位移计算 [J]. 锻压技术，2011，36（6）：76－79

[5] 机械工程手册：机械制造工艺及设备卷（一）[M]. 机械工业出版社，1996.

[6] 范宏才. 现代锻压机械 [M]. 北京：机械工业出版社，1994.

[7] 文永梅. 如何正确使用四辊卷板机 [J]. 机械工人（热加工），2008，21：111－112.

[8] 严志远. 水平下调式三辊卷板机工艺研究与结构分析田. 太原科技大学，2011.

[9] 周连雄，崔仁姝，李玉玫. 厚壁 Cr-Mo 钢大直径筒体中温卷制制造工艺分析 [J]. 压力容器，2010，27（6）：43－45.

作 者 简 介

马玉玫（1970—）女　高级工程师

目前主要从事压力容器冲压成型及模具研究设计工作

通信地址：甘肃兰州新区兰州兰石重型装备股份有限公司技术部

邮编：730314　电话：13919289987

E-mail：mayumei@lshec.com

大型厚壁锥体压制技术

尤秀美

(兰州兰石重型装备股份有限公司 甘肃 兰州 730314)

摘 要 锥体是炼油化工设备及锅炉等压力容器上的常用的变径结构。本文以粗煤气过滤器装置为例，分析了厚壁锥体制造难点，研究制定了锥体压制工艺方案，分析了模具设计、压制过程以及组焊过程的难点及解决办法，有效地解决了厚壁大直径锥体的制造问题，为后续厚壁锥体的压制提供了工艺参考。

关键词 厚壁锥体；压制技术；分瓣；冷压

Large Scale Thick-wall Cone Pressing Technology

You Xiumei

(Lanzhou LS Heavy Equipment Co. ，Ltd. ，Lanzhou 730314，China)

Abstract Cone is a refueling chemical equipment and boilers and other pressure vessels on the commonly used variable diameter structure. In this paper，the crude gas filter device is used as an example to analyze the difficulties in the manufacture of thick-walled cone. The process of cone pressing is studied and the difficulties and solutions of mold design，pressing process and welding process are analyzed. Wall large diameter cone manufacturing problems，for the follow-up thick-wall cone suppression provides a process reference.

Keywords thick-wall cone; suppression technology; split; cold pressing

引言

2016 年 11 月，我公司为某化工厂承制的粗煤气过滤器装置，如图 1 所示。设备总长 16340mm，主体材料：12Cr2Mo1R＋堆焊 S30403，壳体规格：$\phi4000mm$，$\delta＝100mm$。该产品需制造一件大口 4000mm，小口 548mm，总高 4726mm 的锥体。此锥体分三段制造，上段厚度 40mm，高度 726mm，材质 12Gr2Mo1R＋堆焊 S30403；中段厚度 70mm，高度 1800mm，材质 12Gr2Mo1R＋堆焊；下段厚度 108mm，高度 2200mm，材质 12Gr2Mo1R＋堆焊 S30403。此锥体的制造难点是：

（1）锥体中段、下端属厚壁、大直径锥体，不易操作且对设备能力要求较高；

（2）三段锥体装配焊接，须保证总高、同心度以及各段大小口的周长和椭圆度；

（3）由于锥体属厚壁锥体且分三段制造并整体组焊，无成熟工艺文件指导生产制造。

1 锥体压制工艺方案制定

厚板冲压根据压制温度分为冷压、温压和热压三种[1]。除产品要求冲压温度外，一般应根据零件的材料性能、板料厚度、变形程度、精度要求以及设备能力等因素选择冲压温度。

1.1 冷压和热压的优缺点[1]

冷压的优点是：不需加热，没有氧化皮；工件成型准确，精度较高；易于操作；而热压是在再结晶温度以上完成的冲压变形工作。热压的特点是：由于再结晶作用而消除了塑性变形中产生的内应力和冷作硬化，金属材料在高温下塑性变形抗力小，这就使变形所需要的力量减小。但高温下操作条件差，工件表面会产生氧化皮。所以，在材料性能、变形程度及设备允许的条件下，一般选择冷压成型。

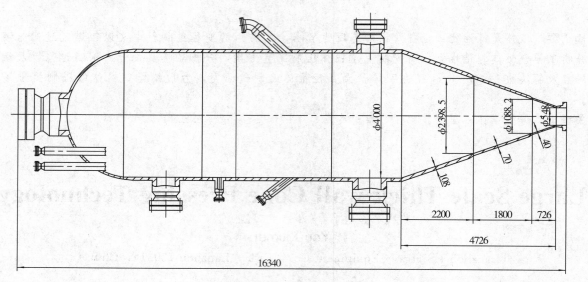

图 1 粗煤气过滤器结构简图

1.2 锥体材质——12Gr2Mo1R 的力学性能

表 1 12Cr2Mo1R 的力学性能

钢板厚度/mm	抗拉强度 σ_b （Mpa）	屈服强度 σ_s （Mpa）	伸长率 A/%	温度/℃	冲击吸收能量 KV_2/J	180°弯曲试验 弯曲直径 （b≥35mm）
6～150	520～680	≥310	≥19	20	≥34	d=3a

1.3 变形率[2]

$$\varepsilon = \frac{50t}{r}\left(1 - \frac{r}{r_0}\right)\%$$

平板时：$r_0 = \infty$，$\frac{r}{r_0} = 0$

式中：t——板料厚度（mm）；

r——截面中心层弯曲半径（mm）；

r_0——截面中心层原始曲率半径（mm）。

锥体由平板压制而成，所以变形率为：$\varepsilon = \frac{50t}{r}\%$

考虑到锥体压制过程中板料拉伸减薄，所以每段锥体各加 2mm 的减薄量。

通过计算得，三段锥体的变形率分别为：

上段锥体：（$\phi 1088.2/\phi 548$　$\delta = 42mm$ $h = 726mm$）　$\varepsilon = 4.8\%$

中段锥体：（$\phi 2398.5/\phi 1088.2$　$\delta = 72mm$ $h = 1800mm$）　$\varepsilon = 4.03\%$

下段锥体：（$\phi 4000/\phi 2398.5$　$\delta = 110mm$ $h = 2200mm$）　$\varepsilon = 3.45\%$

在锅炉和受压容器的壳体制造中，当 $\varepsilon \leqslant 5\%$ 时，均可采用冷压。三段锥体的变形率均满足冷压条件。

1.4 冷压压制力的计算

压制力[2]：$F = 2.31br_p \ln\left(1 + \frac{t}{r_p}\right)\sigma_b^t \sin\frac{\beta}{2}$

制造焊接

式中：b——板宽（mm）；

$\quad\quad\quad r_p$——上模圆弧半径（mm）；

$\quad\quad\quad t$——板厚（mm）；

$\quad\quad\quad \beta$——上模角度（°）；

$\quad\quad\quad \sigma_b^t$——高温抗拉强度（千克力/mm²）。

计算中统一取：$\delta_b^t = 65$　$\beta = 45°$

三段锥体冷压压制力分别为：

上段锥体：（$\phi1088.2/\phi548$　$\delta = 42mm$　$h = 726mm$）　$F \approx 159$（吨）

中段锥体：（$\phi2398.5/\phi1088.2$　$\delta = 72mm$　$h = 1800mm$）　$F \approx 667$（吨）

下段锥体：（$\phi4000/\phi2398.5$　$\delta = 110mm$　$h = 2200mm$）　$F \approx 1185$（吨）

通过计算，压制力校核，结合我公司目前设备能力及模具状况：

上段锥体（$\phi1088/\phi560$　$\delta = 40mm$），在1250T油压机上冷压。

中段锥体（$\phi2398.5/\phi1550$　$\delta = 72mm$）和下段锥体（$\phi4000/\phi1550$　$\delta = 110mm$）单片展开尺寸很大，加之厚壁，选用万吨油压机冷压，其档距（7000mm）和开启高度（5500mm）均满足压制条件。

2　模具设计要点[3]

由于锥体冷压成型，设计模具时，要考虑以下几个问题：

（1）设计上下模具尺寸时，必须考虑到工件的冷压回弹；

（2）模具的几何参数。上、下模间隙，上模圆角半径，下模的开口宽度、深度等；

（3）进出料要方便，保证坯料在模具上定位准确、迅速；

（4）模具选用自润性较好的材料及模具制作成本。

上模（图2）：上模采用通用托架和弧面工作面相连接的结构，托架制作一件，钢板件，可通用；弧面工作面采用铸件，根据压制锥体规格设计，既降低了模具制作成本，又提高模具寿命。设计上模时，工作面上弧面的几何形状（弯曲半径，上模的宽度，上模长度）做一些适当的修正，弯曲半径小于锥体小口半径，补偿工件压制时的回弹量；适当减小上模宽度，调整上模长度，使压制力

集中作用在弯曲变形区，改变变形区外部受拉内部受压的应力状态，变为三向受压的应力状态，改变了回弹性质，以减小回弹。

下模（图3）：锥体压制下模结构较简单，主要有底板和两块模板组成。两块模板成"八"字形放置在底板上，可活动。模夹角根据锥体尺寸参数以及设备压制能力做适当调整。

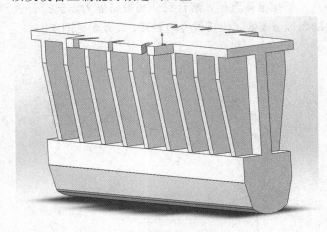

图2　上模结构图

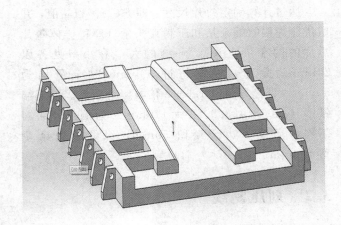

图3　下模结构图

本文主要讲述壁厚锥体的制造工艺，下面以下段锥体（$\phi4000/\phi2398.5$　$\delta = 110mm$　$h = 2200mm$）为主做介绍。

（1）上模工作面的设计：上模圆弧半径定为$R = 300mm$，上模长度就是锥体母线的长度，$L = \sqrt{(R-r)^2 + h^2} = \sqrt{(2000-1200)^2 + 2200^2} = 2341$（mm）

（2）下模小端和大端间距的确定

小端的距离定为200mm，根据大小端间距的比等于锥体大小端直径的比的原理，其比例式是：$2398.5 : 4000 = 200 : x$，则 $x = 334$

3 锥体成型过程控制点

3.1 锥体分瓣下料尺寸的计算

根据锥体直径,结合我公司设备能力,选择合适的扇形分瓣数,沿母线方向展开,展开图见图4[4]。

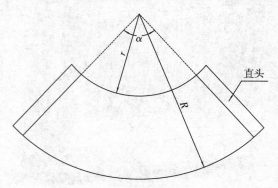

图 4 锥体展开图

通过计算确定每片尺寸,即 R、r、和 α 值,并留拼缝焊接收缩余量和压制直头量(厚壁锥体每片瓜片的两端带直头)。环缝的大口和小口处各以 20mm 为余量,板厚超过 30 mm 时余量均为 50mm。纵缝方向以 1.5~2 倍板厚为余量。以下端锥体($\phi4000/\phi2398.5$ $\delta=110$mm)为例:分四瓣下料,环缝单边余量留 50mm,纵缝单边余量留 180mm。

3.2 划压制线

将扇形板大小口以相同数量等分,划出等分线作为压制线。本文中点压间距选取为 150 mm。压制线越多外形尺寸越容易控制,确认划线无误后开始压制(图5)。

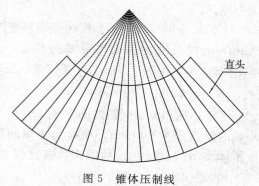

图 5 锥体压制线

3.3 压制过程

压制时,从扇形板料的一侧开始,沿着压制线一道道向中心线压制,每一道压制时,要保证压制线和模具中心线重合,压制力尽量均匀一致。在压制过程中,要用样板测量弧度,随时对超差部位进行修复点压。

成型时如果出现大小口间隙、错边、扭曲等现象,要及时进行矫正。压制后的瓦片应用立体样板检查外形,再检查大小口弦长、弧长、对角线和母线长。对角线和母线长允许公差为 2~4 mm。根据测得的弦长和弧长计算出瓦片的实际大小口半径,与图纸上锥体大小口半径比较,允许误差为 1~2 mm。

3.4 锥体压制过程中常见问题

3.4.1 过弧[5]

锥体下模是八字形模具,压制锥体时,由于大小口圆弧不同,在施加压力时,大小口变形所形成的圆弧也不同,容易造成大口或者小口过弧现象。为了达到图纸尺寸要求,重新调整下模之间模夹角,在大口或者小口加垫板压制,调整弧度。

3.4.2 扭曲

压制过程中,压制线与模具中心线不对称,或者压制力与压制线有偏差,容易造成扭曲,可以采用换向压弧法进行矫正。

3.4.3 锥体大口或小口间隙大

样板检查,小端间隙符合要求,大端间隙过大说明小端弧合适,大端弧欠形成的;相反,是小端弧欠形成的。这种情况也采用在欠弧端加垫板压制解决。

4 组焊过程控制点

(1) 在平台上找平,考虑每道焊缝 1~3 mm

收缩量，划出大口内圆周组对线，圆心做好标记。可根据锥体板厚、直径以及组对间隙收缩量做适当调整。一般根据板厚的增加，适当地增加焊缝收缩量[6]。

（2）锥体余量的去除办法：以下端锥体（φ4000/φ2398.5 δ＝110mm）为例：分 4 瓣下料，4 瓣瓦片压制成型后，先将 3 个瓜瓣之间的纵缝余量去除并开制坡口，通过研装最后一个瓜瓣，确定其纵缝气割余量并开制坡口。

（3）瓦片的大口部分尽可能多地落于组对线上，调整大口和小口端面水平，大小口高度差符合图纸上的锥体高度。

（4）组装时，每放好一个瓦片，用支撑工装加固，防止变形。然后依此方法将其他几块顺序组装。并使所有锥瓣大小口分别处于同一水平位置。

（5）防变形工装：瓦片之间加装弧板，每500mm 约 1 块；每个瓦片焊接 1 个吊耳，用于组装时的起吊。在研装时，纵缝方向，椭圆度超差严重的部位可利用丝杠进行修校，控制对口错边量≤2.4mm。

（6）所有瓦片组装完毕后，油压机校锥体大小口，检查尺寸，圆度允差为±5mm。

（7）三段锥体组焊：划锥壳端口的加工线和检查线，并做标记。车加工环向坡口，上下端口应平行，控制垂直度不大于±3mm，同心度不大于±1mm。

5 结束语

（1）通过锥体变形率，压制力的计算校核，大直径厚壁锥体采用分辨冷压、再组焊成型工艺是可行的；

（2）模具设计的关键是确定上模工作面的圆弧弯曲半径、模具宽度、模具长度以及下模模夹角；

（3）锥体成型过程中工序很多，需控制好每一序的完成质量，减少累计误差，才能保证锥体的成型质量。特别是在压制过程中，要用样板测量弧度，随时对超差部位进行修复点压，及时消除过弧、扭曲、间隙等问题，严格把控每一序，确保最终成型质量。

参 考 文 献

[1] 王孝培. 冲压手册第二版［M］. 北京：机械工业出版社，1990.

[2] 机械工程手册 电机工程手册编辑委员会. 机械工程手册第二版［M］. 北京：机械工业出版社，1997.

[3] 陆博福. 大型折边锥形封头的分瓣冲压成形工艺及模具［J］. 化工设备与管道，2013，（02）：23－26.

[4] 徐林，周连雄. 压力容器厚壁锥体制造技术分析［J］. 锅炉制造，2011，（04）：37－39.

[5] 管学诗，李盛英，徐志勇. 锥体压制质量探析［J］. 锅炉制造，2007，（01）：43－45，48.

[6] 郭建军. 关于锥体制造的几个问题［J］. 中国氯碱，2005，（07）：38－41.

厚壁高强度钢筒节的冷卷成形

李义龙　陈　禹

（航天晨光股份有限公司　江苏南京　210000）

摘　要　在厚壁高强度钢筒节的卷制成形中，卷制工艺没有相应国家标准或行业规范要求。卷制过程及成形质量主要依赖制造厂通用做法或经验总结，实际卷制过程中还要不断地调整优化卷制工艺参数。笔者通过本文论述了某一厚壁高强度钢筒节的分两步冷卷成形和增加一次中间消除加工硬化热处理卷制成形过程，并总结了筒节卷制成形各工序的过程控制要点，获得了一整套关于解决厚壁高强度钢筒节卷制成形的解决方案。类似筒节卷制成形可参考借鉴。

关键词　厚壁；高强钢；分两步冷卷成形；中间消除加工硬化热处理

Cold Roll Forming of Thick Walled High Strength Steel Sheel Setions

Li Yilong　Chen Yu

（Aerosun Corporation，Jiangsu Nanjing 210000）

Abstract　In the roll forming process of thick walled high strength steel sheet sections, the rolling process has no corresponding national or industrial standards. The roll forming process and forming quality depend mainly on the general practice or experience summary of the manufacturer. In the actual coiling process, the process parameters must be constantly adjusted and optimized. This article discusses a thick high strength steel sheet section is divided into two steps of cold roll forming and an increase in middle eliminate work hardening heat treatment of rolling forming process, and summarizes the control points of rolling process forming process of shell, a set of solution of thick wall high strength steel sheet section roll forming solution system. Similar to the sheel section roll forming can be referred to for reference.

Keywords　thick wall; high strength steel; two steps of cold roll forming; middle eliminate work hardening heat treatment of rolling forming process

0 引言

随着国内锅炉及压力容器用钢板轧制水平的不断进步，越来越多的锅炉及压力容器采用了高强度钢，而相应高强度钢筒节的卷制成形是锅炉及压力容器制造中的难点工艺之一。在厚壁高强度钢筒节的卷制成形中，卷制工艺没有相应国家标准或行业规范要求，卷制过程及成形质量主要依赖制造厂通用做法或经验总结，实际卷制过程中还要不断地调整优化卷制工艺参数。本文论述了某一厚壁高强度钢筒节的分两步冷卷成形和中间消除加工硬化热处理卷制成形过程，总结出该筒节卷制成形各工序的过程控制要点，获得了一整套关于厚壁高强钢筒节卷制成形的解决方案。

1 筒节参数

某一组高压卧式储罐，储罐筒体材质为 13MnNiMoR，标准为 GB713－2014，直径内 φ1750mm、壁厚103mm，筒节展开围长5821mm，单个筒节长度1862mm，共24个筒节。

13MnNiMoR 钢板化学成分及机械性能见表1

表1 筒节板 13MnNiMoR 化学成分（摘自 GB713－2014）

C	Si	Mn	P	S	Ni	Mo	Cr	Nb	Al
≤0.17	0.05～0.56	0.95～1.70	≤0.025	≤0.005	0.55～1.05	0.15～0.45	0.15～0.45	0.005～0.025	≥0.015

表2 筒节板 13MnNiMoR 力学性能（摘自 GB713－2014）

厚度 /mm	屈服强度 R_{eL}/MPa	抗拉强度 R_m/MPa	延伸率	冲击值 /A_{KV}（－20℃、厚度1/2处）	弯曲 $d=3a$ 180℃
100～125	380	570～740	18	47	无裂纹

2 卷板机卷制能力参数

某制造厂卷板机为水平下辊可调式三辊卷板机，三个辊子均为主动辊，上辊可上下移动，两个下辊可同步进行左右移动。卷板机卷制能力参数表见表3。

表3 卷板机卷制能力参数表

序号	项目	单位	技术参数	
1	最大卷板厚度	mm	200（冷）	300（热）
2	最大卷板宽度	mm	3500	3500
3	板材屈服极限	MPa	245	120
4	最大预弯厚度	mm	180	260
5	最大规格时最小卷筒直径	mm	φ3500	φ3500
6	最小卷筒直径（冷卷）	mm	φ1750	

3 筒节的卷制

3.1 卷制方案的确定

卷制方式一般分为热卷和冷卷，热卷一般是在再结晶温度以上的弯卷，冷卷通常是指室温下的弯卷成形，筒节板加热至500～600℃弯卷，低于再结晶温度以下也视为冷卷。

筒节板室温下的弯卷成形，不需要加热设备，不产生氧化皮，操作工艺简单且方便操作且不破坏筒体板供货状态，费用低，但需消除冷卷产生的冷加工硬化。

热卷是钢板在再结晶温度以上的弯卷，热卷可以防止冷加工硬化的产生，不但要求严格控制加热温度，易过热产生氧化、脱碳，热卷需预先加热，在高温下加工，操作麻烦，钢板减薄严重且会破坏筒体板供货状态，成形后需恢复，费用较大。

结合制造厂现有卷板设备，筒节成形方式为冷卷。

根据 GB150.4－2011 中 8.1 规定，计算得出筒节板冷卷变形率为 5.56％，超出冷成形件变形率控制指标（<5％），成形后进行相应的热处理恢复材料的性能。若采用分布冷成形，并进行中间热处理，则分别计算成形件在中间热处理前、后的变形率之和。

筒节内直径 $\phi 1750$mm，刚好是卷板机最小卷筒直径，需卷板机需长时间连续在临界状态工作，设备可靠性无法保证。

翻阅相关资料，低合金高强度钢筒节冷变形变形率一般应控制在 5% 以下，一般控制在 2.5%～3%，过大的变形率存在冷卷断裂风险。

综上论述，该筒节采用故采用分二次冷成形和增加中间热处理的方式，降低每一步成形变形率，从而降低筒节板卷裂的风险。

3.2　筒节板力学性能的控制

依据表 2 中参数，13MnNiMoR 钢板室温抗拉强度上下限范围大，屈服强度只有下限，钢板过大的屈服强度及偏上限的抗拉强度都会增加筒节冷卷成形的难度。

为了筒体板力学性能既满足标准要求，又能有效的降低筒节卷制成形的难度，控制筒节板室温屈服强度、抗拉强度上限，结合钢板厂轧制能力及经济性，力学性能控制指标见表 4。

根据 GB 150.4—2011 中 8.2 规定，13MnNiMoR 焊接接头任意厚度都应进行焊后热处理，考虑到筒节成形过程中的中间消除加工硬化热处理，对筒节板 13MnNiMoR 提出了模拟焊后热处理要求，模拟焊后热处理参数：610～620℃、保温时间：10h，筒节板 13MnNiMoR 经过模拟焊后热处理后力学性能仍需满足表 4 要求。

表 4　筒节板 13MnNiMoR 力学性能控制指标

屈服强度 R_{eL}/MPa	抗拉强度 R_{m}/MPa	屈强比	延伸率	冲击值 A_{KV}（−20℃、厚度 1/2 处）	弯曲 $d=3a$ 180℃
380～500	570～700	≤0.8	18	47	无裂纹

3.3　卷制成形

3.3.1　卷前准备

卷制前清除筒节板表面铁锈及氧化皮，打磨清除筒节板两侧端面气割淬硬层，打磨筒节两侧端面直角成圆角，降低尖角应力集中，筒节板两侧端面无损探伤，排除两侧端面可能存在裂纹缺陷。

将下辊位置调整与中间位置，钢板喂入上、下辊之间，找正钢板，也就是使钢板的端部与上辊平行。如图 1 所示。

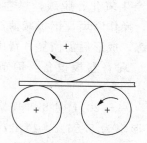

图 1　钢板对正、找中示意图

3.3.2　筒节第一次成形

第一次成形按曲率内直径 $\phi 2600$mm（变形率

3.78%）缓慢将筒节卷制 C 形筒，每道次上辊压下量 10mm，上辊加压三辊转动弯卷（加压和弯卷可同时进行），反复 5～8 次弯卷成形，两端约 500mm 直边暂不弯卷。如图 2 所示。

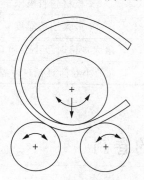

图 2　筒节第一次成形

3.3.3　中间消除加工硬化热处理

第一次成形后，筒节进炉进行中间消除冷变形硬化热处理，参照消除焊后残余应力热处理给出热处理参数：550～570℃、保温时间 160min。

3.3.4　筒节端部预弯

将上辊升起，下辊移动至所需预弯的位置，进行端部预弯。每道次下压量由 10mm 逐步降低

5mm 进行筒节端部预弯，端部按照曲率内直径 1750mm 一次预弯成形，先预弯一端，成形后预弯另一端。卸下筒节，根据围长 5821mm，划筒节围长切割线，按线切割并修磨筒节纵缝坡口成形（图3）。

图 3　筒节两端部预弯

3.3.5　第二次成形

上辊升起，移动下辊至中位，按曲率内直径 1750mm 卷板成形并合口组焊。每道次上辊压下量 10mm，接近曲率半径时，每道次下压量降低 5mm，上辊加压三辊转动弯卷（加压和弯卷可同时进行），反复 5~8 次弯卷成形（图4）。

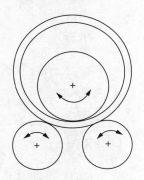

图 4　筒节第二次成形

3.4　冷校圆

3.4.1　校圆前的准备

清除筒节表面的铁锈及氧化皮，筒节内外表面进行无损探伤。

3.4.2　筒节冷校圆

下辊移至中位，焊接引起的椭圆度及棱角度超标部位，多次反复滚压校圆成形。

4　筒节检验

4.1　尺寸及公差检验

所有 24 筒节校圆后进行尺寸及公差检查，筒节棱角度均不大于 4mm，椭圆度均不大于 5mm，尺寸及公差均符合标准要求。对筒节测厚发现，筒节减薄集中在筒节两端及焊缝边缘处，减薄量均不大于 1mm。

4.2　筒节母材试样检查

在 6 个筒节预弯直边处取母材试样并随筒节进行最终焊后消除应力热处理，热处理参数：610℃~620℃、保温时间 160min。母材取样后进行力学性能试验，实际检测数据见表5，符合 GB713—2014 中 13MnNiMoR 材料要求。

表 5　筒节母材试样机械性能数据表

筒节母材试样编号	屈服强度 R_{eL}/MPa	抗拉强度 R_m/MPa	延伸率	冲击值 /A_{KV}（−20℃、厚度 1/2 处）	弯曲 $d=3a$ 180℃
1	473	594	24	196、212、190	无裂纹
2	522	639	24	290、290、245	无裂纹
3	543	649	27	235、219、237	无裂纹
4	480	592	24	224、235、187	无裂纹
5	516	616	24	204、240、242	无裂纹
6	483	614	24	279、217、227	无裂纹

5 结论

通过上述某一组筒节板的冷卷成形过程，总结出关于厚壁高强度钢筒节冷卷成形的工艺方案：优化筒节板力学性能范围，筒节板两侧端面及表面预处理，分布冷卷成形及中间消除加工硬化热处理，降低卷板难度，实现筒节冷卷成形。类似筒节的冷卷成形方案可参考借鉴。

参 考 文 献

[1] GB 713—2014《锅炉和压力容器用钢板》.

[2] GB 150.1—150.4—2011《压力容器》.

[3] 邹广华，刘强. 过程装备制造与检测［M］. 北京：北京化学工业出版社，2003.

[4] 陈文泪，张利，金立业，等. 焊接残余应力的分布和焊后热处理的松弛作用［J］. 金属热处理，2002，27(2)：30—32.

作 者 简 介

李义龙；性别：男；职称：工程师；通讯地址：南京市溧水区永阳镇航天晨光工业园；邮编：210000；联系电话（手机）：13913935295；传真号码：025－52825170；电子信箱 E-male：liyilong327@126.com

制造焊接

大弯曲半径 U 型管冷热成型制造技术对比研究

江　克[1]　陈明健[1]　毛之鉴[2]

（1. 合肥通用机械研究院　安徽　合肥　230031；

2. 中国石化扬子石油化工有限公司　江苏　南京　210048）

摘　要　大弯曲半径薄壁 U 型管是管式加热炉辐射段管系核心管件，可通过中频感应热弯和三辊滚弯机冷弯两种工艺成型。本文主要分析大弯曲半径薄壁 U 型管冷、热弯曲成型工艺技术，对比两种成型工艺优缺点。对弯曲部位进行受力分析，研究成型后 U 型管壁厚减薄率、椭圆度以及水平度变化规律，针对标准规范要求研究两种工艺成型后 U 型管最佳热处理方案，并通过实验方法弯曲对应样管进行验证。结果显示冷成型管椭圆度较大，热成型管壁厚减薄率较大，冷成型管后续热处理工艺较热成型管热处理工艺简单适用。实验弯管检测结果验证上述分析的正确性。

关键词　大弯曲半径；U 型管；冷弯；中频感应；A335P9

Manufacturing Technology Comparison and Research of U-bend Pipe with Large Radius between Cold and Heat Bending Process

Jiang Ke[1]　Chen Mingjian[1]　Mao Zhijian[2]

（1. Hefei Tongan Engineering Machinery and Equipment Supervision Co. ，Ltd，Hefei General Machinery Research Institute，Hefei 310032，China；2. Sinopec Yangzi Petrochemical Company Ltd. Procurement Management Department，Nanjing 210048，China）

Abstract　U-bend pipe with large radius is the core component of radiation section for the pipe furnace. The bending process of cold-roll and the Medium-frequency induction heating are frequently used in forming of fittings. This paper mainly study process of cold-roll and induction heating bending, and material A335P9 pipe were bended for testing the manufacturing technology of bend forming. After forming, the thickness reduction rate and ovality of U-bend pipe were measured and analysed. The results showed that the thickness reduction rate of cold-roll bending U pipe is greater than induction heating U pipe, but ovality is relatively lower. The properties of U-bend pipe, such as room temperature tensile strengthen, hardness, microstructure are compared and analysed under after forming and different heat treatment condition. The results showed that the properties of cold-roll bending U pipe did not differ significantly between after forming and stress relieving heat treatment. And the heat treatment process with normalizing and tempering can improve the properties of induction heating U pipe.

Keywords　large radius；U-bend pipe；cold-roll bending；medium-frequency induction heating；A335P9

0 引言

管式加热炉作为工艺加热炉，广泛使用于石油炼制、石油化工、煤化工、焦油加工、原油输送等工业，由于其辐射段炉管直接与火焰接触，管内被加热介质为气体或液体，易燃易爆，且具有腐蚀性，操作条件苛刻，成为装置长周期安全运行重要影响因素[1,2]。

大弯曲半径 U 型管作为连续重整加热炉和 DMTO 开工进料加热炉辐射段管系重要管件，考虑其高温运行环境，通常选用 CrMo 合金钢管进行弯曲制造。为保证设备长周期运行安全，一般选择进口欧洲或日本的钢管用于 U 型管的制造。关于大弯曲半径 U 型管成型工艺，有冷、热两种工艺可选，但目前针对大弯曲半径 U 型管具体的制造技术研究文献较少，制造厂商往往根据各自经验选择成型工艺及相应参数，其制造工艺技术层次不齐，对 U 型管质量影响较大。因此，研究对比大弯曲半径 U 型管的冷、热成型制造技术，提高 U 型管成型质量，对提升管式加热炉整体安全性意义重大。

U 型管冷、热成型工艺具有各自特点。滚弯冷成型在制造大弯曲半径管件方面优势明显[3,4]，主要通过连续位移动作，使钢管局部应受压而产生塑性变形，需经过多道工序成型，能够有效控制弯管外侧壁厚减薄，但弯管截面形状相对较差，具有生产效率较低，

但耗能小的特点。热弯成型通过中频感应装置对钢管进行连续加热、弯曲及冷却操作，在不使用模具及填充物情况下就能够有效控制弯管截面形状，对截面椭圆度要求较高的弯管制造适用性较强，但往往由于推进速率、冷却方式、热弯温度等参数的控制不当，导致 U 型管发生过烧、褶皱以及材料性能恶化等情况，对后续热处理及验收检验提出更高要求。具有生产效率高，但耗能大的特点。

本文通过弯曲受力分析与实验模拟成型的方法，研究 U 型管成型后壁厚减薄、增厚以及椭圆度变化情况，参照标准 ASME B31.3 — 2012 和 SH/T 3065—2005[5,6]要求，试验对比研究 U 型管成型后以及不同热处理参数处理下材料的力学性能、硬度值、微观组织变化情况，为管式加热炉大弯曲半径 U 型管的设计及制造提供参考。

1 实验用钢管

实验用钢管材质 ASTM A335P9，钢管公称尺寸为 $\phi 114.3mm \times 6.02mm$，供应商为德国 VAllOUREC & MANNESMANN TUBES。对用于冷、热成型制造的钢管分别取样进行化学成分分析，结果如表 1 所示，各元素含量基本相同，无明显偏差。冷、热两种工艺模拟成型实验的弯曲半径及弯曲率均相同，分别为 $R = 1525mm$，$R/D = 13.3$。

表 1 实验钢管的化学成分（质量分数,%）

元素	C	Cr	Mo	Si	Mn	P	S
ASTM A335 要求值	≤0.150	8.00~10.00	0.90~1.10	0.25~1.00	0.30~0.60	≤0.025	≤0.025
冷成型管-L	0.090	8.160	0.910	0.300	0.500	0.021	0.002
热成型管-R	0.090	8.070	0.930	0.320	0.490	0.022	0.002

2 成型装置与受力分析

2.1 冷弯成型分析

U 型管冷弯成型主要通过三辊滚弯机实现，成型过程如图 1 所示。三辊滚弯机主要通过两个固定

轴辊和一个弯曲轴辊的位移与旋转动作，使钢管产生局部塑性变形，并通过轴辊与钢管之间摩擦力产生连续咬入力矩，从而实现钢管的持续弯曲及进给。具体成品 U 型管根据弯曲半径要求，需经过多道工序逐步调整形成。

图 2 为 U 型管冷弯过程钢管内外侧塑变区的受力情况及直径与厚度的变化。钢管受弯矩 M 作用，在中性层内侧产生切向压应力，而外侧则产生切向拉应力。在切向压应力合力 F_1 向下及切向拉

制造焊接 C

应力合力 F_2 向上的共同作用下，钢管由于横截面法向受压而产生变形，截面形状由钢管原始圆形变成近似椭圆形，即横向直径增大（D_{max}），法向直径减小（D_{min}）。同时钢管内侧变形区域由于压缩应力的作用，壁厚增厚，而外侧变形区域在拉伸力的作用下，壁厚减薄。

2.2 热弯成型分析

U 型管热弯成型主要通过中频感应热弯机实现，成型过程如图 3 所示。底座推进钢管前进，通过主夹臂引导，在感应加热线圈区域产生塑性弯曲变形。由于弯曲半径跨度较大，钢管直径小，为保证 U 型管水平度达标，在中间部位添加辅助夹臂增强支撑。弯曲时 U 型管受力状态及塑变区受力分析如图 4 所示，推进底座至主夹臂之间钢管均处于受力状态，图 4a）中 F_1、F_2 为直管段导辊作用力，f_1、f_2 为导辊作用力所产生的摩擦力，P 为推进力，M 塑变区弯矩，Q 为剪切力，N 为轴向力；图 4b）、c）为塑性弯曲变形区部位受力情况，弯曲外侧受拉力 L_1，形成拉应力将导致外侧壁厚减薄，弯曲内侧受压力 L_2，形成压应力将导致内侧壁厚增厚。

根据塑变区受力分析，弯曲区域表面无其他作用力，主要承受轴向拉、压力，且感应加热线圈周围钢管受热均匀，热应力影响小，故其塑变后椭圆度几乎无偏差。

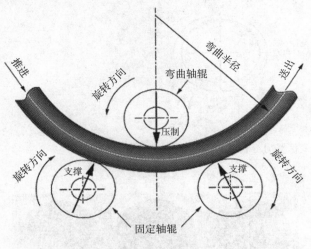

图 1 冷成型示意图

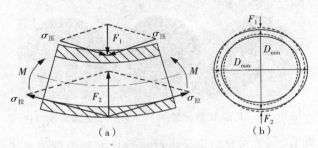

图 2 横截面受力变化示意图

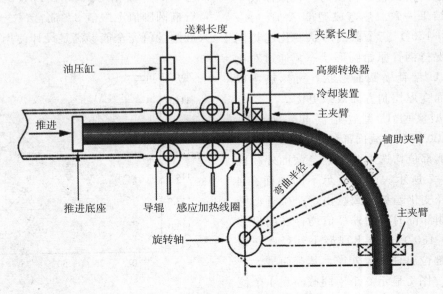

图 3 中频感应热弯成型示意图

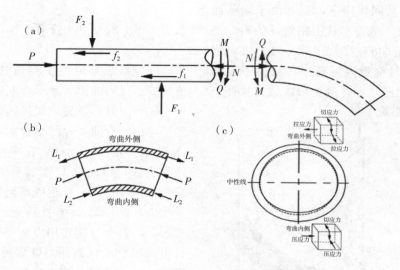

图4 受力状态及塑变区受力分析图

3 实验结果

3.1 弯管截面形状变化规律

从冷、热成型实验 U 型管距离起弯处 30°、60°、90°部位分别截取 3 个面,对两种成型工艺钢管的横截面形状变化进行对比,结果如图 5 所示。冷弯成型 U 型管(L-30°、L-90°、L-150°)三个截面形状变化趋势相同,整体明显成近似椭圆形状,其短直径在法向,长直径在横向,其截面成型形状与受力分析结果一致。热弯成型 U 型管(R-30°、R-90°、R-150°)三个截面形状变化趋势同样相同,但基本保持钢管原始圆形状态。通过对比两种工艺成型的 U 型管横截面形状,可知热弯成型工艺在弯管截面变形控制方面效果更优。

对冷、热成型实验 U 型管距离起弯处 30°、45°、60°、90°、120°、150°截面部位进行外径检测,每个截面外径检测部位均选取 4 个,各截面外径检测值分布如图 6、7 所示。图 6 显示不同截面在 4 个检测部位的外径变化趋势一致,由于产生近似椭圆变形,不同检测部位的实测外径值均存在明显偏差,在法向(0°~180°)部位出现最小外径,在横向(90°~270°)部位出现最大外径,其截面最大椭圆度值为 2.16%。图 7 显示 6 个不同截面在 4 个检测部位的外径偏差值均较小,截面最大椭圆度值仅

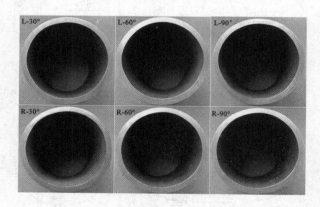

图5 冷、热成型 U 型管 30°、60°、90°截面形状对比

为 1.2%。对比结果显示冷弯管最大椭圆度值要比热弯管大,但相对 ASME B31.3－2012 所规定的弯管椭圆度值上限值 8% 而言,冷弯管 2.16% 的最大椭圆度值完全能够满足设计使用要求。

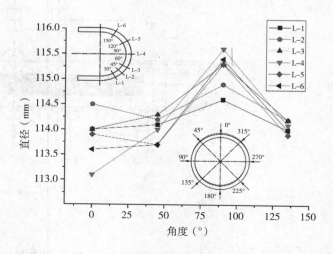

图6 冷弯管不同截面外径分布规律

3.2 壁厚变化分布规律

对冷、热弯U型管30°、45°、60°、90°、120°、150°共6个截面部位进行壁厚检测。每个截面均取8个壁厚检测点,各截面壁厚检测值分布如图8、9所示。弯曲外侧(0°)壁厚减薄,最大减薄率4.0%。弯曲内侧(180°)壁厚增厚,最大增厚率6.9%。弯曲外侧(45°、315°)壁厚减薄趋势与最外侧(0°)基本一致,内侧(135°、225°)壁厚增厚率明显低于最内(180°)侧。图7为热弯管各截面壁厚分布规律,弯曲外侧(0°)壁厚减薄,最大减薄率7.2%。弯曲内侧(180°)壁厚增厚,最大增厚率7.6%。弯曲外侧(45°、315°)壁厚低于内侧(135°、225°),壁厚减薄及增厚率均低于最外(0°)、内(180°)侧。

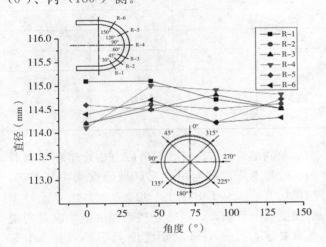

图7 热弯管不同横截面外径分布规律

图8为两种成型工艺内、外侧壁厚变化对比情况。U型管冷、热弯成型后,其内侧壁厚变化趋势

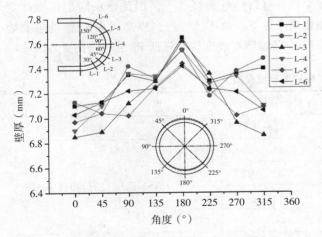

图8 冷弯管不同截面壁厚分布规律

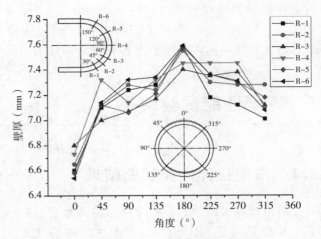

图9 热弯管不同横截面壁厚分布规律

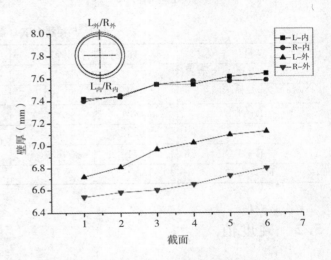

图10 冷热弯管不同横截面外侧壁厚分布对比

几乎一致,实测厚度值偏差很小,而外侧壁厚偏差则明显较大,热弯管实测厚度值低于冷弯管。对比两种成型工艺的壁厚变化情况,可知冷弯成型壁厚减薄率控制方面效果更优。为确保弯曲后最小壁厚满足强度要求,所采购钢管实际壁厚应选择正偏差。

4 热处理

U型管弯曲半径较大,弯曲外侧最大计算延伸率在4.1%,根据ASME B31.3-2012,P9材质钢管冷弯成型后可不进行热处理,热弯成型后推荐回火热处理(温度范围740～760℃),而SH/T 3065-2005则推荐热弯管应进行"正火(≥900℃)+回火(≥675℃)"热处理。在冷弯成型过程中由于变形而产生应力集中情况,选择对冷弯管进行消除应力热处理,热处理温度690℃,保温时间90min。

对热弯管分别进行回火（720℃，90min）、"正火（925℃，10min）＋回火（790℃，60min）"热处理，对比研究不同热处理工艺下U型管的性能。

5 弯管性能试验结果

5.1 常温拉伸性能试验结果

对冷弯后（L－O）、消除应力热处理后（L－T）、中频热弯后（R－O）、回火热处理后（R－T）、"正火＋回火"热处理后（R－N＋T）共5种

状态下的U型管进行常温拉伸试验，由于U型管管径及壁厚偏小，根据ASTM A370标准，常温拉伸试样采用小尺寸试样，取样位置均在弯管中性线部位。试验设备型号为微机控制电液伺服万能试验机（KQS－600B）。

表2为5种状态下U型管常温拉伸性能试验结果。消应力热处理后U型管抗拉强度略高于冷弯后，屈服强度与伸长率无明显差异。热弯后U型管强度严重偏高，塑性偏低，超出标准规定值范围较大，不具备使用条件。回火工艺下的U型管强度明显大于"正火＋回火"，且结果偏高。由于强度偏高相对应塑性偏低[7]，在满足标准规定要求条件下，热弯管正火＋回火比回火热处理常温拉伸性能更优。

表2 5种状态下U型管拉伸性能试验结果

项目	屈服强度（MPa）		抗拉强度（MPa）		伸长率（%）	
ASTM A335 要求值	205		415		30	
L－O	445	453	610	619	30.3	31.5
L－T	443	476	634	655	30.8	32.4
R－O	946	973	1302	1353	17.20	15.60
R－T	571	607	720	743	30.60	31.77
R－N＋T	517	489	654	657	32.40	31.80

5.2 硬度值

检测不同状态下U型管硬度值。选择弯管的弯曲外侧、内侧及中性线共三个部位，分别取样（规格15mm×15mm）进行3次测定。硬度检测设备为HVS－10型数显维氏硬度计，试验力10kgf，保荷时间10s。试验结果如下表3所示。根据标准ASME B31.3－2012、SH/T 3065－2005及DIN50150硬度换算表，P9弯管热处理后硬度值应分别小于255HV与217HV。

检测结果显示冷弯后与消应力热处理后U型管内、外侧变形区域与中性层区域硬度无明显差异，结果均满足ASME B31.3－2012要求。热弯后U型管硬度值严重偏高，经热处理后硬度值均满足对应标准要求，且三个部位硬度值无明显差异。由于"正火＋回火"工艺下的回火温度（790℃）高于回火工艺下温度（720℃），相对应其硬度值下降，根据表2、3，硬度值偏大，对应其强度值也偏高，结果符合材料热处理规律[8]。因此，在满足标准规定要求条件下，热弯管可适当提高回火温度 能够有效控制U型弯管硬度值，降低P9管过高的强度。

表3 五种状态下U型管维氏硬度值

项目	硬度值（HV）									要求
	外侧			内侧			中性线			
L－O	206	211	194	211	122	214	210	198	197	ASME B31.3－2012 <255
L－T	221	215	229	228	219	226	226	221	217	
R－O	417	411	414	426	410	390	406	412	412	
R－T	248	237	247	240	232	236	249	230	240	
R－N＋T	210	198	197	211	194	199	213	208	214	SH/T 3065－2005<217

制造焊接

5.3 金相组织

通过 4XCE 倒置金相显微镜观察不同状态下 U 型管 400 倍金相组织，结果如图 11～14 所示。冷弯管在冷弯后及消应力热处理状态下材料组织均为回火索氏体，组织较均匀分布。由于弯曲半径大，外侧变形量小，冷弯后未发现明显滑移线，经消应力热处理后组织无异常。

热弯管在回火、"正火＋回火"热处理状态下材料组织同样为回火索氏体。但 U 型管热弯后直接回火处理，其晶粒较粗大，组织分布不均，而经正火（925℃）热处理后组织晶粒明显细化，且组织分布均匀。热弯后 U 型管经"正火＋回火"处理能够更有效改进 P9 管组织及性能。

图 13　热弯管回火工艺下微观组织（400 倍）

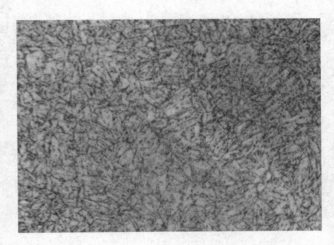

图 14　热弯管"正火＋回火"工艺下微观组织（400 倍）

图 11　冷弯状态下微观组织（400 倍）

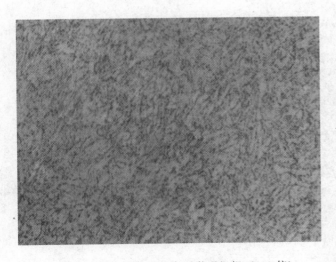

图 12　消应力热处理状态下微观组织（400 倍）

6 总结

（1）冷、热弯 U 型管外侧减薄，内侧增厚，不同截面的壁厚分布规律基本一致。相比而言，冷弯成型外侧壁厚减薄量明显小于热弯成型，减薄率控制效果更优。内侧增厚量两者几乎相近。

（2）实验结果显示冷弯 U 型管截面变形比热弯 U 型管大，但实测椭圆度值均满足标准规定小于 8％要求。两种成型工艺均能满足截面变形控制要求，热弯控制效果更优。

（3）热弯后 U 型管性能较差，必须通过热处理改善性能，采用 SH/T 3065－2005 推荐的"正火＋回火"处理后 U 型管整体性能更优，提供回火温度后，硬度及强度降低，塑性提高。冷弯后及消除应力热处理后两种状态下 U 型管的常温拉伸性能、硬度值、金相组织检验结果无明显差异。

参 考 文 献

[1] 钱家麟，于遵宏，李文辉，等．管式加热炉 [M]．北京：中国石化出版社，2003：1－3．

[2] 艾志斌，李蓉蓉、张海波．二重整装置加热炉炉管失效分析 [J]．压力容器，2000，17 (5)：59－61．

[3] 吴振亭，李顾红．薄壁不锈钢管件滚弯成形工艺有限元分析 [J]．热加工工艺，2009，38 (5)：65－68．

[4] 杨文明，杨志英，仙运昌．U 型管连续弯管工装及弯制工艺 [J]．压力容器，1996，13 (2)：173－175．

[5] ASME B31.3－2012. Process Piping [S]．

[6] SH/T 3065－2005．石油化工管式炉急弯弯管技术标准 [S]．

[7] 刘宗昌，任慧平，郝少祥．金属材料工程概论 [M]．北京：冶金工业出版社，2007．

[8] 沈保罗，李莉，岳昌林．钢铁材料抗拉强度与硬度关系综述 [J]．现代铸铁，2012，01 (6)：93－95．

新型双金属复合管热液压工艺研究

魏　巍　王学生　鄢桂东　张　朝

（华东理工大学　上海　200237）

摘　要　针对我国现有的双金属复合管生产技术的不足，本文提出了一种新型双金属复合管生产工艺——热液压工艺。通过理论分析阐述了热水压工艺的原理，解释了工艺过程存在的关键问题。提出了有效温差的概念，给出了有效温差的求解途径。基于部分假设条件利用变形协调条件给出了最终残余接触压力 $P_c^{*}{}'$ 和内压力 P_i 以及有效温差 ΔT_e 的关系，并通过有限元模拟验证了理论分析的正确性。不同有效温差下的计算和模拟结果表明，温度对复合管的结合力提高非常显著，热水压工艺优势明显。同时，热液压实验和工业生产均取得良好的效果，结合力提高了50％以上。

关键词　热液压；双金属复合管；有效温差；ANSYS；结合力

The Research on the Novelthermo-hydraulic Technology of Bimetallic Composite Pipes

Wei Wei　Wang Xuesheng　Yan Guidong　Zhang Zhao

（ECUST　Shanghai 200237）

Abstract　This paper presents a new type of production process for composite pipes named thermo-hydraulic process to improve the Pipe manufacturing technology in China. The principle and the process and key points of the thermo-hydraulic technology are analyzed theoretically. Based on the partial assumptions, the relationship between the final residual contact pressure $P_c^{*}{}'$ and the internal pressure P_i, the effective temperature difference ΔT_e are given by using the deformation coordination condition. The correctness of the theoretical analysis is verified by finite element simulation. The calculation and simulation results at different effective temperature differences show that the thermo-hydraulic process gets obvious advantages. At the same time, the thermal hydraulic experiment and industrial production have achieved good results, and the bonding stress has increased by more than 50％.

Keywords　Thermo-hydraulic process；Bimetal composite pipes；Effective temperature difference；ANSYS；Combination stress

0　引言

双金属复合管是一种具有广阔应用前景的新型管材。它由普通无缝钢管作为基管，在内部或者外部衬上具有特殊用途的金属或者合金作为衬管复合而成。因此，复合管不仅具有普通碳钢管廉价、强度高、韧性好的优点，还具有不锈钢等合金美观、耐腐蚀、耐磨损等特性[1]。双金属复合管可以减少稀有金属的使用量，降低工程造价，提高管材的安全性和使用寿命，用途十分广泛。在能源化工、油气开采、民用管道、交通建筑等领域都大有可为。

现有的双金属复合管按照管层间结合方式的不

同分为两大类[2]。一类是冶金结合复合管，成型工艺包括爆炸复合法、离心铸造法、铝热剂法、热挤压法、堆焊法等；另一类是机械结合复合管，成型工艺包括液压法，旋压法，内拉拔法、滚压法等，它们各有优缺点。由于工艺简单，质量稳定，液压复合法是目前采用最广的生产工艺。

热-液压耦合技术是二十世纪末日本川崎公司最早提出的新型复合管生产工艺。在现有液压技术的基础上，该技术通过加热使外管产生热膨胀，从而增加内管的扩张量，获得内外管间更大的过盈配合量。该技术在复合管材料匹配、结合强度、弯曲性能等方面有着传统工艺无可比拟的优势，已应用于诸多海底石油管道项目，在国际油气开采工程领域有着良好的口碑。但该技术相对复杂，涉及知识面广，应用难度高，在国内尚属空白。如果能够攻克这一技术难点，并成功应用，无疑会给国内带来巨大的经济、环境和社会效益。

1 热液压技术与传统液压技术对比

1.1 工艺流程

与冷液压不同，热水压工艺的流程如图1所示：外管加热、内管水冷——内外管装配——内管加压——内外管同时冷却。相比于传统液压工艺，热水压工艺在胀接之前增加了加热环节。

图1 热水压工艺流程图

外管加热
内管通水冷却
内外管装配 液压胀1 液压胀2 卸压后水冷

1.2 工艺原理对比

传统的液压复合管生产技术是利用内管和外管材料的性能差异来实现它们的过盈配合。所以要求外管的屈服强度要大于内管的屈服强度，既所谓的"外强内弱"。液压力加载后，由于外管的应力水平高于内管，而弹性模量相差不大，管径卸压后的回缩量也必然大于内管，这样卸压后就产生了一个过盈量。

相比于传统液压工艺，热水压工艺增加了加热环节。这样，在加压结束后，内外管除了力学性能差异引起的应力状态不同外，还存在着一个温度场分布引起的内外管温差。温差的存在造成降温过程温度较高的的外管收缩量大于温度较低的内管，额外增加了一个温度场引起过盈量。结合力得到大幅度提升，这就是热水压的技术原理。

1.3 应用范围对比

传统液压复合管工艺有两大缺陷。一个是要求管道材料"外强内弱"，不能任意匹配；另一个是内外管本身性能差异较小，很难形成较大的结合力。结合力是复合管的一项重要性能，它的大小直接影响着复合管的弯曲性能，在深海油气管道领域显得尤为重要。这是海上铺管的特点决定的，远洋铺管时需要将焊接好的复合管卷曲到管盘上，再由铺管船采用S形铺管法铺设，如图2所示。由于发生多次弯曲，深海用复合管对弯曲性能有特殊要求。只有高结合力的复合管才能满足这一使用要求[3]。

热水压技术解决传统液压法的两大缺陷，拓展了复合管的应用领域，促进了双金属复合管的发展。

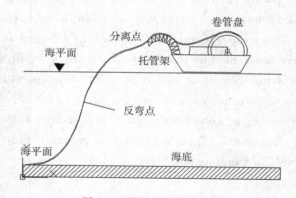

图2 S形海底铺管示意图

2 理论分析

内外管胀合的原理如图3所示。

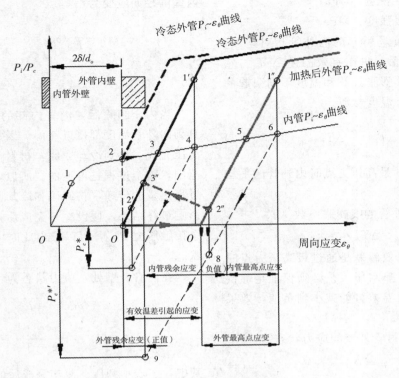

图3　热水压工艺原理图

在冷液压工况下，内管的变化过程为0—1—2—3—4—7，外管的变化过程为0'—1'—2'。在原始状态，内外管存在单边间隙δ，随着压力的上升内管在1点开始发生屈服，进入应变强化阶段。到达2点时，内外管间隙消除，此时的压力叫作消除间隙压力，但是如果开始卸压，卸压完成时内外管并未贴合。到达3点时，如果泄压内外管同时回到0'位置，二者贴合，但残余接触压力为零，此时的压力叫作最小胀接压力。实际生产中会选取一个外管接近屈服的压力，以获得较好的结合力，也就是图中的1'点。此时卸压，外管发生弹性变形，本该回到原始位置0'点，但是由于内管的阻碍只能回到2'。内管也因为外管的挤压由压力为零的点回到7点，产生了一个内外管间的接触压力P_c^*，这是内外管间变形协调的结果。

在热水压的工况下，情况有所不同。内管经历的变化过程为0—1—2—3—4—5—6—8—9，屈服点从4变成了6，应变有明显的增加。外管的变化过程为0'—0''—1''—2''—3''。首先，外管加热内管水冷，外管产生相对于内管的径向膨胀0'0''。然后，外管装配到内管上，由于装配过程在极短的时间内完成而且中间空气层的热阻很大，我们理想化的认为这个过程不发生热量的传递。然后，在液压

力的作用下内管发生塑性变形带动外管发生弹性变形，到达与冷液压1'大小相同的压力点1''。为了便于分析加压的过程被分为两个阶段，一个是压力从零增加到内外管贴合压力，一个是从贴合压力增加到最大压力。在加压的第二个阶段，温度较高的外管通过内管将热量传递到水中，这个过程伴随着外管温度的降低和内管温度的升高。再然后，随着压力的卸除，内外管分别到达8和2''点。此时的残余接触压力与冷液压的P_c^*大小近似，但是，在最终的冷却阶段外管冷缩会带动内管收缩，残余接触压力显著增加到$P_c^*{}'$。在冷却过程，内管从8点到达9点，外管从2'到达3'。

由于钢管足够长，两端无约束整个过程的计算按照平面应力和变形计算[4]，不考虑温度对材料性能的影响。衬管塑性变形较大，需要考虑从衬管的应变强化。我们根据材料的拉伸曲线按照变形量ε_{si}'查得最高压力点时衬管的屈服应力值σ_{si}'。

$$\varepsilon_{si}' \approx \frac{2\delta}{d_o} + \alpha_o \Delta T_e + \frac{\sigma_{so}}{E_o} \qquad (1)$$

其中，δ——内外管单边间隙，mm；

d_o——内管外径，mm；

ΔT_e——最高压力点时内外管的有效温差，K；

E_o——外管弹性模量，GPa；

σ_{so}——外管屈服强度，MPa。

为了便于分析温度场引起的内外管相对运动，我们首先引入一个概念，叫作有效温差 ΔT_e。它是综合考虑了内外管热膨胀系数和温度不同引起的内外管相对位移的一个温度参数。

$$\Delta T_e = \Delta T_o - \frac{\alpha_i}{\alpha_o} \Delta T_i \qquad (2)$$

其中，ΔT_i，ΔT_o——最高压力点时内外管的平均温度 / K

α_i，α_o——内外管的线膨胀系数 / K^{-1}

$$\Delta \varepsilon_{t有效} = \Delta T_e \cdot \alpha_o \qquad (3)$$

需要说明的是，有效温差是通过最高压力点时的内外管温度计算的。热水压工艺必须保证足够快的打压速度，否则有效温差可能减小到负值，效果反而不如冷液压。

在最高压力点6，衬管外壁的应力状态为：

$$\sigma'_{r,io} = -P_c \qquad (4)$$

$$\sigma_{\theta,io} = \sigma'_{s,i} - p_c \qquad (5)$$

$$p_i - p_c = \sigma'_{s,i} \cdot \ln k \qquad (6)$$

其中，P_c——最高压力点时内外管间的接触压力，MPa；

P_i——液压力大小 / MPa；

k——内管的壁厚系数，$k = d_o / d_i$。

根据式（4）（5）（6）和广义胡克定律，此时内管外壁的径向应变为：

$$\varepsilon_{\theta,io} = \frac{1}{E_i}(\sigma_{\theta,io} - \mu_i \cdot \sigma_{r,io}) \qquad (7)$$

$$\varepsilon_{\theta,io} = \frac{1}{E_i}[\sigma'_{si} - (1 - \mu_i)P_c] \qquad (8)$$

其中，μ_i——内管泊松比；

E_i——内管弹性模量。

在最高压力点1″，外管内壁的应力状态为：

$$\sigma_{r,oi} = -p_c \qquad (9)$$

$$\sigma_{\theta,oi} = \frac{D_o^2 + D_i^2}{D_o^2 - D_i^2} \cdot p_c = \frac{K^2 + 1}{K^2 - 1} \cdot p_c \qquad (10)$$

其中，D_o——外管外径，mm；

D_i——外管内径，mm；

K——外管壁厚系数。

根据式（9）（10）和广义胡克定律，此时外管内壁的径向应变为：

$$\varepsilon_{\theta,oi} = \frac{1}{E_o}(\sigma_{\theta,oi} - \mu_o \cdot \sigma_{r,oi}) \qquad (11)$$

$$\varepsilon_{\theta,oi} = \frac{1}{E_o}\left(\frac{K^2 + 1}{K^2 - 1} + \mu_o\right) \cdot p_c \qquad (12)$$

当内压卸除后，内管内部的水开始循环冷却，直到内外管温度都接近室温。因为从压力最高点到泄压完成，再到冷却完成，材料一直处于弹性变化范围，整个过程是可逆的。所以，忽略保压和卸压过程热量的传递，将卸压和冷却阶段分开考虑不会影响最终结果。假设冷却完成后，内外管间存在残余接触压力 P_c'，可以求出此时内外管的应力应变状态。

在内管外壁处，应力状态为：

$$\sigma^*_{r,io} = -p^*_c{}' \qquad (13)$$

$$\sigma^*_{\theta,io} = -\frac{k^2 + 1}{k^2 - 1} \cdot p^*_c{}' \qquad (14)$$

其中，* 表示卸压、冷却完成后的残余量。

P^*_c——内外管间残余接触压力 / Mpa

由式（13）（14）和广义胡克定律，求得内管外壁周向应变：

$$\varepsilon_{\theta,io}{}^* = -\frac{1}{E_i}\left(\frac{k^2 + 1}{k^2 - 1} - \mu_i\right) \cdot P^*_c{}' \qquad (15)$$

在外层管内壁处，应力状态为：

$$\sigma^*_{r,oi} = -p^*_c{}' \qquad (16)$$

$$\sigma^*_{\theta,oi} = \frac{K^2 + 1}{K^2 - 1} \cdot p^*_c{}' \qquad (17)$$

根据式（16）（17）和广义胡克定律，求得外管内壁周向应变：

$$\varepsilon^*_{\theta,oi} = \frac{1}{E_o}\left(\frac{K^2 + 1}{K^2 - 1} + \mu_o\right) \cdot p^*_c{}' \qquad (18)$$

从卸压开始到冷却结束，内管外壁和外管内壁始终处于贴合状态[5]。既内管从6点到9点的应变值等于外管从1″到2″再到3″的应变值。因此，我们可以得到变形协调方程：

$$\varepsilon_{\theta,io} - \varepsilon^*_{\theta,io} = \varepsilon_{\theta,oi} + \Delta \varepsilon_{t有效} - \varepsilon^*_{\theta,oi} \qquad (19)$$

将公式（3）（8）（12）（15）（18）代入式（19）得：

$$\frac{p^*_c{}'}{A} = \frac{p_i}{B} - \left(\frac{1}{E_i} + \frac{1}{B} \cdot \ln k\right) \cdot \sigma'_{s,i} + \alpha_o \Delta T_e \qquad (20)$$

制造焊接 C

其中，$\dfrac{1}{A}=\dfrac{1}{E_i}\left(\dfrac{k^2+1}{k^2-1}-\mu_i\right)+\dfrac{1}{E_o}\left(\dfrac{k^2+1}{k^2-1}+\mu_o\right)$

$\dfrac{1}{B}=\dfrac{1}{E_i}(1-\mu_i)+\dfrac{1}{E_o}\left(\dfrac{k^2+1}{k^2-1}+\mu_o\right)$

与冷液压相同，为了防止外管发生塑性变形，影响管子的质量，需要确定最大胀接压力 P_{imax}。我们忽略温度对材料力学性能的影响，取和冷液压相同的最大胀接压力。但是不同的是，热水压的最大胀接压力会随着有效温差变化，没有一个确定的值。实际生产中会将胀接压力取一个比最大胀接压力稍小的值，来补偿温度造成的材料强度降低。

$$p_{imax}=\dfrac{K^2-1}{2K^2}\sigma_{so}+\sigma'_{si}\ln k \qquad (21)$$

在最终的计算公式（20）中，有效温差 ΔT_e 不是一个可以直接获得的参数。它的计算相对复杂，需要根据传热学知识，利用初始条件和边界条件以及打压时间，进行瞬态传热的模拟或者理论计算，获得最高压力点的温度场分布，然后计算有效温差。这也是热水压工艺研究的重点之一。

3 有限元模拟

3.1 模型参数

首先根据实验参数建立有限元模型，具体参数整理成表1。我们试验采用的是 X65 内衬 316L 的钢管，管长 2m，外管的规格是 219mm×11.1mm，内管的规格是 191mm×3mm。采用 ANSYS 软件，建立模型如下图 4 所示。外管的材料特性采用线弹性模型。内管根据材料的真实应力应变曲线采用多线段各向同性强化模型，线膨胀系数取 1.5×10^{-5} K^{-1}。内外管间的接触类型设为摩擦接触，摩擦系数取 0.15。

表 1 材料参数表

参数	弹性模量 E /GPa	泊松比 μ	抗拉强度 σ_b	内径 D_i/mm	外径 D_o/mm	屈服强度 σ_s	强化后屈服强度 σ_s'
内管 i	206	0.3	530	191	219	300	380
外管 o	232	0.3	587	185	196.8	480	——

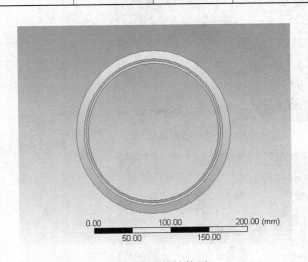

图 4 复合管结构图

3.2 模拟加载过程

将参数代入计算公式，得到最大液压力 $P_{imax}=$ 58.32MPa。我们采用的压力为 58MPa，有效温差分别取 0 度、20 度、40 度、60 度。首先对固定块施加固定约束，对内管内壁施加压力载荷，对外管施加温度载荷。载荷一共分为四步，第一步外观温度上升到设定温度，第二步温度保持不变，压力上升到 58MPa，第三步温度和压力都保持不变，第四步温度压力同时卸载，压力变为零，温度变为室温 22 摄氏度，如图 5 所示。

3.3 模拟结果

当压力取 58MPa，有效温差取 0 度时，既冷液压时的载荷状况，最终的残余应力分布云图如图 6（a）所示。从应力的变化过程来看，随着压力的变化，内管首先出现屈服，直径不断扩大，之后应力由于强化缓慢增加。贴合以后外管应力开始增加，直到压力达到最大。卸压后，内外管出现了不同的应力水平。再改变外管温度上升范围的大小，共得到四组应力分布云图 6。

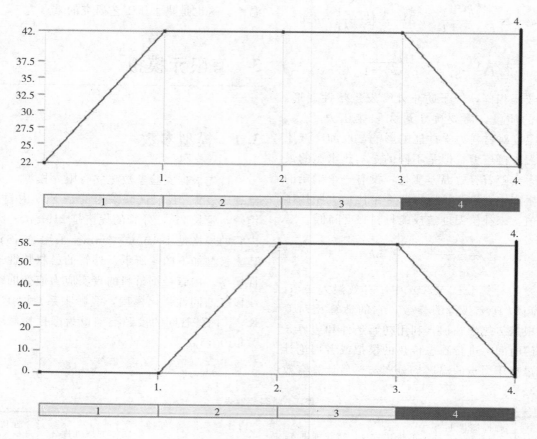

图 5　载荷步示意图

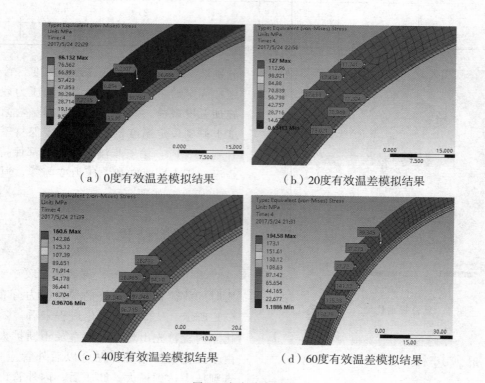

（a）0度有效温差模拟结果　　　　（b）20度有效温差模拟结果

（c）40度有效温差模拟结果　　　　（d）60度有效温差模拟结果

图 6　应力分布云图

将理论计算与模拟的到结果进行对比，其结果如表 2。

表2 理论计算与模拟结果对照表

载荷条件	58MPa/0℃	58MPa/20℃	58MPa/40℃	58MPa/60℃
模拟结果/MPa	36.75	71.81	96.32	135.68
理论结果/MPa	37.04	71.24	99.73	139.64
偏差/%	0.78	0.80	3.42	3.97

可以发现模拟的结果与理论计算的结果十分接近，进一步论证了理论的可靠性。后面三组的结果相比于第一组有了明显的提升，说明热液压工艺相比于传统液压的优势明显。实际实验结果和工业应用效果也支持这一结果。

4 实验研究与工业应用

4.1 热液压实验装置

根据热液压的工艺原理设计实验装置如图7所示，采用O型橡胶圈密封。加热炉选用带有自动温控系统的大功率管式加热炉。

4.2 实验过程

取三组管子进行试验，每组2根，内外管的规格和模拟时使用的相同。第一组不加热，第二组基管加热到200度，第三组基管加热到300度。

实验过程分为五部分进行。

第一步，完成衬管的装配。将衬管放在夹持模

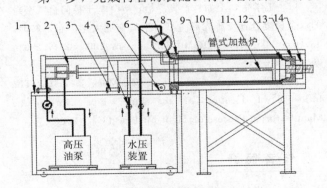

图7 热液压装置图

1—支承结构；2—液压臂；3—导轨螺栓；4—阀门；5—导轨滑轮；6—压力表；7—锥形密封；8—固定密封头；9—衬管；10—基管；11—液压水槽；12—O型密封圈；13—密封压头；14—压紧螺栓

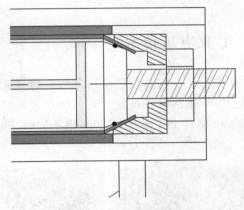

图8 热液压装置密封图

具上两端分别压出外张和内收的喇叭口。将外张的喇叭口与固定密封配合，利用液压臂将密封结构压紧。另一端用压紧螺栓压紧。排出空气，加压至1MPa检查装置密封性后卸压。

第二步，将基管装入管式炉，设定好加热温度。衬管开始通循环水冷却。

第三步，基管温度到达设定温度后，推动整个热液压装置将衬管缓缓送入基管内，确保整个衬管都在基管内。这个过程保持循环水冷却开着。

第四步，装配好后，立即进行打压。压力达到设定压力后，关闭加热炉，保压一分钟。

第五步，卸去压力，开启水循环冷却，直到基管温度接近室温，复合完成。

参考API Spec 5LD的标准要求，切取长度为200mm复合管进行应力测试，采用切环释放法测量管间残余应力。

4.3 实验结果

实验采用的钢管规格与有限元模拟时的相同。根据实验记录，间隙为3mm时打压时间约为一分半钟。其中，从零打压到贴合压力需要一分钟，从贴合压力打压到最高压力58MPa需要20秒左右。根据热模拟的结果，200度时的有效温差为23度300度时的有效温差为39度。实验结果如下表3。

表 3　实验结果对照表

组别	第一组		第二组		第三组	
200mm 切环残余应力/MPa	35.37	37.20	63.72	66.49	90.34	95.82
理论值/MPa	37.04		76.36		103.72	
误差/%	2.04		14.74		10.26	

4.4　工业应用情况

本研究为企业与高校产学研项目，研究成果已经应用于多个批次数百根复合管的生产。尤其是在国内某气田项目上，实现了 20♯钢＋316L 的"外弱内强"的配合，结合力较好。

图 9　热液压生产现场

与实验研究不同，工业生产上对工艺流程、加热方式、加热温度、液压压力进行了适当调整以满足工业生产要求。为了实现单管 12m 长度的生产，采用先装配后加热的流程，采用中频加热的方式。考虑到温度对基管强度的影响和退火作用，不宜采用过高的温度，同时液压力也适当降低[6]。虽然这些改进会降低结合力，但是保证了工业生产的效率和稳定性。同时，温度的贡献换算到有效温差也在 20 度以上，换算到结合力在 30MPa 以上，相比于冷液压结合力提高 50% 以上。

5　结论

（1）基于部分假设条件下，进行了的热液压的理论分析和计算公式推导，计算公式能够有效地指导工业生产。将复合过程中内外管间的接触状态变化引起的外观温度降低、内管温度升高归纳为有效温差的损失，合理地避免了复杂的计算。

（2）有效温差的概念的提出和热水压的工艺原理图，能够清晰地描述热液压工艺的工作原理和内外管经历的应力应变过程。从图中可以看出，热液压在卸压阶段，温度的降低可以大幅度提高内外管的过盈量。

（3）基于 X65/316L 的真实实验数据，利用 ANSYS 和热力学分析软件建立的热液压工艺的计算模型能够有效预测结合力大小，但还需进一步强化，提高精确度和模型稳定性，与传热实验相结合服务于工业生产。

（4）实验和工业生产中，热液压相比于冷液压结合力提高 50% 以上，优势明显。但要注意控制温度不要太高，并根据温度调整压力。

（5）打压装置的性能和循环水冷却的效果是影响热液压效果的重要因素，不论是实验还是工业应用都离不开快速打压装置的支撑。

参 考 文 献

［1］曾德智，杜清松，谷坛，等. 双金属复合管防腐技术研究进展［J］. 油气田地面工程，2008，27（12）：64－65. DOI：10.3969/j. issn. 1006－6896.2008.12.037.

［2］张宝庆. 双金属复合管的制造技术浅析［J］. 机电工程技术，2009，38（3）：106－108.

［3］郭训忠，陶杰，唐巧生，等. TA1－Al 双金属复合管冷推弯模拟及试验［J］. 中国有色金属学报，2012，22（4）：1053－1062.

［4］王学生，李培宁，王如竹，等. 双金属复合管液压成形压力的计算［J］. 机械强度，2002，24（3）：439－442. DOI：10.3321/j. issn：1001－9669.2002.03.034.

［5］王学生，王如竹，吴静怡，等. 基于径向自紧密封的双金属复合管液压成形［J］. 上海交通大学学报，2004，38（6）：905－908. DOI：10.3321/j. issn：1006－2467.2004.06.013.

［6］Focke E S, Gresnigt A M, Meek J, et al. The Influence of Heating of the Liner Pipe During the Manufacturing Process of Tight Fit Pipe［C］/ 2006.

作 者 简 介

魏巍，男，华东理工大学化工过程机械专业硕士研究生；主要研究方向为材料的力学性能和数值模拟；通讯地址：上海市徐汇区梅陇路 130 号华东理工大学；联系电话：13162211560；邮箱：D_wei1990@163.com

C 制造焊接

多层多波 Ω 形波纹管液压成型的数值模拟

叶梦思[1]　李慧芳[1]　钱才富[1]　王友刚[2]

(1. 北京化工大学机电工程学院　北京　100029；2. 大连益多管道有限公司　辽宁大连　116318)

摘　要　本文对某两层四波 Ω 形波纹管的液压成型过程进行了有限元数值模拟，分析了各层管坯成形后的应力场和应变场分布以及波高方向鼓波高度和壁厚减薄率，结果发现：波纹管液压成型过程中，卸载前最大等效应力出现在大圆弧上，卸载后最大等效应力出现在大圆弧与小圆弧过渡处；波纹管在液压成型过程中，最大塑性变形出现在波峰上，最大塑性应变达 27%；波纹管液压成型过程中壁厚减薄严重，波峰处可达 17% 以上。将模拟所得的波形参数与实际液压成型结果相对比，成型厚度、波高方向鼓波高度等参数的相对误差均小于 5%，说明采用有限元法对 Ω 形波纹管液压成型进行数值模拟是有效可信的。

关键词　Ω 形波纹管；液压成型；数值模拟；厚度减薄率

Numerical Simulation of Hydraulic Forming of a Multi-layered and Multi-corrugated Ω-shape Bellows

Ye Mengsi[1]　Li Huifang[1]　Qian Caifu[1]　Wang Yougang[2]

(1. College of Mechanical and Electrical Engineering, Beijing University of Chemical Technology, Beijing 100029; 2. Dalian Yiduo Piping CO., Ltd, Dalian 116318)

Abstract　In this paper, finite element method was employed to simulate the hydraulic forming process of a two-layered and four-corrugated Ω-shape bellows. The stress and strain distributions during and after the forming process were analyzed. Wave height and wall thickness reduction were obtained from the simulation. Results show that the maximum equivalent stress (Mises stress) occurs at the large arc before unloading. But after unloading, the maximum equivalent stress (Mises stress) occurs at the connection area between the large arc and small arc; During the forming process, the maximum plastic deformation takes place at the bellows peak with the plastic strain being as high as 27%. The wall thickness reduction is serious and the reduction rate could be more than 17% at the bellows peak. The wave height, after-forming wall thickness were also measured from the experiments. It is found that the relative errors of results from the simulation compared with the experiments are less than 5%, implying that finite element simulation for the hydraulic forming of Ω-shaped bellows is effective and dependable.

Keywords　Ω-shape bellows; hydraulic forming; numerical simulation; wall thickness reduction

1　引言

Ω 形波纹管膨胀节由横截面不同的两个圆环连接而成，波峰及波谷过渡处较光滑。与 U 形膨胀节相比，在同等的条件下，Ω 形膨胀节具有应力分布均匀、耐压能力高、刚度小、补偿能力大、能够节省原材料及制造费用等特点而被广泛应用于化工行业中。与相同厚度的单层波纹管相比，多层波纹管具有轴向刚度小、柔性补偿量大、疲劳寿命长等特点，常用于循环加载工况[1]。在制造厂中，Ω 形波纹管的成型制造方法一般分为整体式和分瓣式。整体液压成型方法比较先进，产品性能好，可制造成多层结构的波形膨胀节。但是波纹管液压成型非常复杂，影响因素较多，理论分析或者经验估算往往很难对其做出合理的预测，而进行大量试验费时费力，所以，目前不少研究者采用数值模拟技术（主要是有限元法）对波纹管的液压成型过程进行模拟分析。刘静等人基于 ABAQUS 软件，模拟了三层 U 形波纹管的液压胀形过程，结果表明：各层管坯等效应力和等效应变值不同，内层的等效应力应变大于中层及外层；波峰位置壁厚减薄最严重，从波峰到波谷减薄逐渐减小。波纹胀形后各层壁厚减薄不同，内层壁厚减薄率稍大于中层和外层[2]。杨东、倪洪启采用有限元软件 ANSYS 模拟波纹管的成形过程，得到了波纹管成型过程中应力分布情况以及波纹管的成型极限，为波纹管成型工艺的优化提供了重要参考[3]。李艳艳应用 ANSYS 软件，建立膨胀节的三维模型，并施加成型后的载荷进行静态分析，得出膨胀节的应力分布情况[4]。尹飞等人运用有限元法分析了波纹管成型工艺，结果表明成型后波纹管的残余应力最大值位于波谷区域[5]。Schmoeckel，Hessler，Engel 依据轴向载荷以及位移、时间等参数推导了压力的计算公式，为液压成型的载荷控制提供了理论依据[6]。文章《波纹管液压成型工艺的设计计算》总结对比了管坯长度计算公式、成形厚度减薄计算公式以及成型压力计算公式[7]。钱言景、陈为柱应用金属塑性成型原理及材料力学有关理论，推导了波纹管液压成型有关参数（初波压力、轴向推力及单波展开长度）的理论计算公式[8]。Lin，Hsu 等人运用有限元法分析了成型内压力、冲床速度、尺寸比（波峰直径与外径之比）等特定制造参数对波纹管最小厚度与可成型性的影响，研究表明，成型参数对最小厚度及可成型性有一定影响，其中尺寸比的影响最显著[9]。

本文对某两层四波 Ω 形波纹管的液压成型过程进行有限元数值模拟，分析各层管坯成型前后的应力场和应变场分布以及结构参数的变化。

2 有限元模型的建立

2.1 几何模型与网格模型

本文采用 ANSYS－Workbench 有限元软件，对波纹管液压成型过程进行数值模拟。由于成型过程模拟涉及几何非线性、材料非线性、边界非线性等多重非线性问题，并且伴有大位移和转动，建立有限元模型时需作适当的简化，以保证在不失精确的前提下尽可能地减少计算时间。由于液压成型管坯及模具几何形状是轴对称的，且受力也中心对称，故采用二维轴对称模型进行数值模拟，且选用具有塑性、应力强化、大变形、大应变能力的 8 节点 plane183 单元。

有限元几何模型由管坯、加强环和上下模具组成，如图 1 所示，管坯尺寸见表 1，加强套环主要尺寸见表 2。由于管坯在成型过程中发生弯曲变形，沿管坯厚度方向划分三层网格，以保证弯曲应力计算精度，长度方向网格大小设置为 1mm。波纹管液压成型的网格模型如图 2 所示。

2.2 材料模型

2.2.1 管坯材料

该波纹管的材料为 S30403，其基本性能参数见表 3。

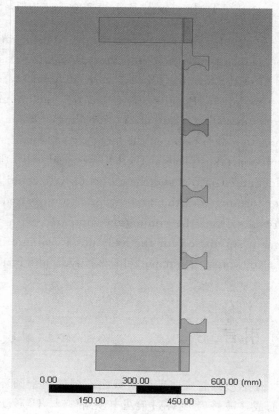

图 1　波纹管液压成型二维几何模型

表 1　管坯尺寸参数

项目 管坯	管坯材料	管坯内径（mm）	管坯厚度（mm）	管坯高度（mm）	波数
内管	S30403	570	2	1076	4
外管	S30403	574	2	1076	4

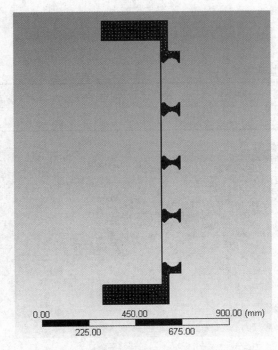

图 2　波纹管液压成型二维网格模型

在波纹管的液压成型中，管坯发生了大变形，也产生了永久的塑性变形，此时材料的应力应变规律不再符合胡克定律。根据固体力学相关理论，大应变的塑性分析一般采用真实的应力、应变数据，本文所采用的管坯材料拉伸真应力-应变曲线如图 3 所示。

材料的强化准则描述了初始屈服准则随着塑性应变的增加是如何发展的，在 ANSYS 程序中，使用了两种强化准则：随动强化与等向强化。对于大应变模拟，由于 Bauschinger 效应，随动强化模型不再合适，因而本文波纹管的材料模型选用多线性等向强化材料[10]。

表 2　加强套环尺寸参数

波纹管直边段长度（mm）	加强套环长度（mm）	加强套环厚度（mm）	大圆弧半径（mm）	小圆弧半径（mm）
30	120	35	34.5	10

表 3　管坯材料性能参数

密度 ρ（kg/m³）	抗拉强度 σ_b（MPa）	屈服强度 σ_s（MPa）	弹性模量 E（GPa）	泊松比 υ
7850	520	205	200	0.28

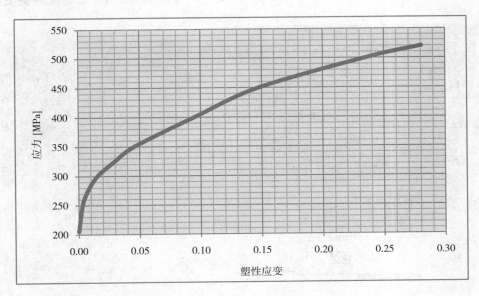

图 3　材料真应力-应变曲线

2.2.2 加强套环与模具材料

加强套环材料为 Q345R，其性能参数见表 4。

表 4 加强套环材料性能参数

密度 ρ（kg/m³）	抗拉强度 σ_b（MPa）	屈服强度 σ_s（MPa）	弹性模量 E（GPa）	泊松比 υ
7850	520	325	206	0.3

在波纹管成型过程中上下模具刚性较大，与管坯相比，其应变极小，可以忽略，因而这里将模具设置为刚性体，其弹性模量为普通碳钢的 10 倍。

2.3 约束条件

2.3.1 接触设置

在波纹管液压成型过程中，端部加强环上下端面与模具始终保持贴合状态，因而将其设置为绑定接触。同理，管坯上下端面与端部加强环接合处也设置为绑定接触，如图 4 的 C、D、A、B 所示。外管坯与加强套环在成型初期，仅为部分接触，随着成型过程推进，外管坯与加强套环的小圆弧全部接触，与大圆弧部分接触。且在成型过程中，二者伴有切向滑移也有可能出现间隙，而摩擦系数对结果的影响较小，所以为了便于收敛，将其设置为无摩擦接触，如图 5 的 A、B、C、D 所示。同理，内外管坯间的接触也选用无摩擦接触，如图 5 的 E、F、G、H 所示。

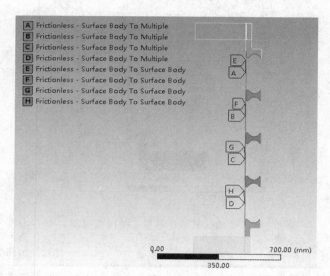

图 5 无摩擦接触设置位置示意图

2.3.2 约束及载荷设置

在波纹管成型过程中，下模具始终固定，因而设置为固支约束，如图 6 中 A 所示。由于加强套环除了可与管坯一起沿轴向运动外，其余方向皆被约束，因而在加强套环中设置无摩擦支撑，如图 6 中 B 所示。

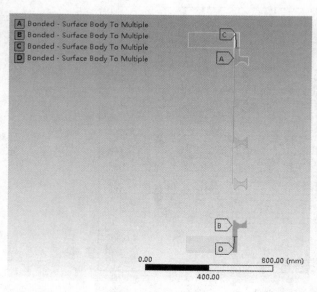

图 4 绑定接触设置位置示意图

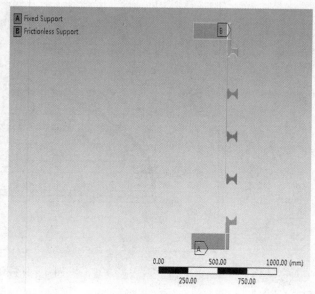

图 6 波纹管成型约束设置

波纹管成型共分为三个阶段，分别为鼓波阶段、成型阶段和卸载阶段。在鼓波阶段，压力由零线性增加至 6MPa，之后在成型阶段线性再增加至 26MPa，在卸载阶段下降为 0。在鼓波阶段，加强套环之间由垫块支撑，位移为 0。在成型阶段，位移载荷为 735mm。当卸载结束后，得出卸载位移为 32mm，卸载后膨胀节总高度尺寸能够满足实际安装及使用要求。为了保证中间加强环在鼓波阶段没有轴向位移，因而在鼓波阶段，设置其位移为 0。

3 液压成型模拟结果

3.1 卸载前后应力分布

波纹管液压成型后形状如图 7 所示。卸载前 von Mises 等效应力分布如图 8 所示（这里只选取一个波的应力分布，其余波的应力分布与此基本一致），von Mises 最大等效应力主要分布在大圆弧上，卸载后由于加强套环的约束，von Mises 最大等效应力主要分布在靠近大圆弧与小圆弧过渡处，且卸载后应力较卸载前降低了约 30%，如图 9 所示。

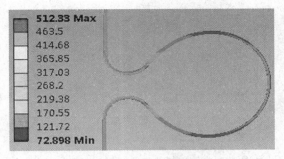

图 8　波纹管卸载前等效应力分布图

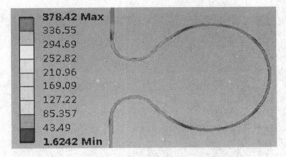

图 9　波纹管卸载后等效应力分布图

3.2 卸载前后等效塑性应变

波纹管成型后，总体 von Mises 等效应变最大区域分布在波纹管波高方向最大位移位置附近。外管坯卸载前后，等效应变减少了 0.88%，如图 10、图 11 所示。内管坯卸载前后，von Mises 等效应变减少了 0.74%，较外管坯少，如图 12、图 13 所示。显然，波纹管成型过程主要发生了塑性应变，且内管的塑性变形略大。

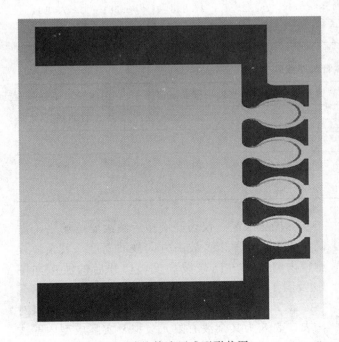

图 7　波纹管液压成型形状图

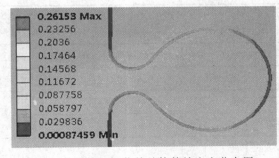

图 10　外管坯卸载前总体等效应变分布图

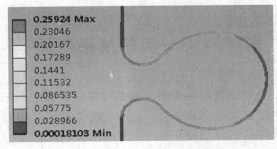

图 11　外管坯卸载后总体等效应变分布图

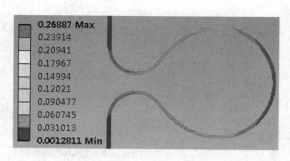

图 12　内管坯卸载前总体等效应变分布图

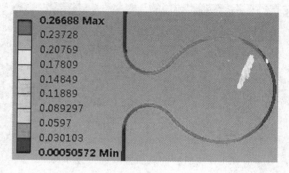

图 13　内管坯卸载后总体等效应变分布图

3.3　卸载前后波纹管波形参数变化

表 5 为多层多波 Ω 形波纹管成型中卸载前后波高的变形，比较各层外壁或内壁之间的位移能反映卸载后的弹性恢复大小，例如第一个波外层外壁卸载前的 77.761mm 减去卸载后的 77.395mm，所得之差 0.366mm 即为该波高的弹性恢复量。而各层内壁与外壁之间的位移之差即为厚度减薄量，例如第一个波外层内壁卸载前的 77.74mm 减去外壁卸载前的 77.395mm，所得之差 0.345mm 即为该波在波高处卸载前的减薄量；第一个波外层内壁卸载后的 78.092mm 减去外壁卸载后的 77.729mm，所得之差 0.363mm 即为该波在波高处卸载后的减薄量。表 6 为本文分析的多层多波 Ω 形波纹管成型后壁厚减薄量和减薄率，可以看出，多层 Ω 形波纹管成型后波峰壁厚减薄率高达 18% 左右，且内层壁厚减薄率比外层壁厚减薄率约大 1%。

表 5　Ω 形波纹管成型中卸载前后波高的变形

时间	外层外壁波高方向位移（mm）		外层内壁波高方向位移（mm）		内层外壁波高方向位移（mm）		内层内壁波高方向位移（mm）	
	卸载前	卸载后	卸载前	卸载后	卸载前	卸载后	卸载前	卸载后
第一个波	77.761	77.395	78.109	77.74	78.096	77.729	78.462	78.092
第二个波	77.878	77.494	78.22	77.836	78.22	77.835	78.581	78.194
第三个波	77.878	77.495	78.22	77.836	78.22	77.836	78.581	78.194
第四个波	77.761	77.395	78.109	77.74	78.096	77.729	78.462	78.092

表 6　Ω 形波纹管壁厚减薄率

管坯内/外层	外层壁厚减薄量（mm）	内层壁厚减薄量（mm）	外层壁厚减薄率	内层壁厚减薄率
第一个波	0.345	0.363	17.25%	18.15%
第二个波	0.342	0.359	17.1%	17.95%
第三个波	0.341	0.358	17.05%	17.9%
第四个波	0.345	0.363	17.25%	18.15%

4　模拟结果与实验结果对比

为验证模拟结果的正确性，对所模拟的膨胀节进行了破坏性测试。图 14 为压制前管坯及加强套环装配后的示意图，图 15 为成型后的膨胀节。由于实际操作限制，仅切开成型后波纹管的第一个波测量成型后壁厚以及波高方向鼓波高度，其余波仅测得内壁波高方向鼓波高度，切开后的波形如图 16 及图 17 所示。

表 7 为第一个波有限元模拟及实际成型结果对比表。表 8 为其余波有限元模拟及实际成型内壁波高方向鼓波高度对比表。由表中可看出二者吻合较

好，相对误差值均小于5%，说明采用有限元法对Ω形波纹管液压成型进行数值模拟是可行和可信的。

图 14　压制前管坯及加强套环装配图

图 15　实际成型后膨胀节

图 16　切开后的波纹管（1）

图 17　切开后的波纹管（2）

表 7　第一个波数值模拟与实际成型结果对比表

对比项	数值模拟	实际成型	相对误差
外层壁厚	1.655	1.72	3.78%
内层壁厚	1.637	1.7	3.7%
外层波高方向鼓波高度（mm）	77.395	77.2	0.25%
内层波高方向鼓波高度（mm）	78.092	77.3	1.02%

注：

$$成型后壁厚相对误差 = \frac{|数值模拟所得壁厚 - 实际成型后壁厚|}{实际成型后壁厚} \times 100\%$$

$$波高方向鼓波高度相对误差 = \frac{|数值模拟所得鼓波高度 - 实际成型后鼓波高度|}{实际成型后鼓波高度} \times 100\%$$

表 8　其余波波高方向鼓波高度数值模拟与实际成型对比表

对比项	数值模拟	实际成型	相对误差
第二个波鼓波高度（mm）	78.194	77.5	0.895%
第三个波鼓波高度（mm）	78.194	77.5	0.895%
第四个波鼓波高度（mm）	78.092	77	1.42%

5　结论

本文对某两层四波Ω形波纹管的液压成型过程进行了有限元数值模拟，考察了成型前后应力场分布和波纹管结构参数变化，取得结论如下：

（1）波纹管在液压成型过程中，卸载前最大等效应力出现在大圆弧上，卸载后最大等效应力出现在大圆弧与小圆弧过渡处，且卸载后总体等效应力较卸载前下降约30％。

（2）波纹管在液压成型过程中，波纹管最大塑性变形出现在波峰上，最大塑性应变达27％，且内层等效塑性应变略大于外层。成型过程中波峰处的弹性回复不足1mm；

（3）波纹管在液压成型过程中，壁厚减薄严重，波峰处高达17％～19％，而且内层壁厚减薄较外层严重，高出大约1％。

（4）对所模拟的膨胀节进行了破坏性测试，对比数值模拟以及实际成型结果发现，成型壁厚、波高方向鼓波高度误差均小于5％，表明对Ω型波纹管液压成型过程进行数值模拟是可行和可信的。

参 考 文 献

[1] 孙贺. 基于有限元分析的波纹管强度设计与液压成型模拟 [D]. 北京：北京化工大学，2016.

[2] 刘静，王有龙，李兰云，等. 多层U形不锈钢波纹管液压胀形仿真分析 [C]. 第十四届全国膨胀节学术会议论文集. 2016：80－84.

[3] 杨东，倪洪启. 波纹管成形过程的数值模拟 [J]. 中国机械，2014（9）：288－289.

[4] 李艳艳. V形膨胀节的承载和补偿能力分析及膨胀节成形过程模拟 [D]. 北京：北京化工大学，2009.

[5] 尹飞，高宝奎，张进，等. 油井堵漏可膨胀波纹管的有限元分析 [J]. 石油机械，2012，5（40）：66－69.

[6] D. Schmoeckel, C. Hessler, B. Engel. Pressure control in hydraulic tube forming [J]. Manufacturing Technology. 1992, 1 (41)：311－314.

[7] 刘德金. 波纹管液压成型工艺的设计计算 [J]. 仪表技术与传感器. 1976, 02：45－49.

[8] 钱言景，陈为柱. 波纹管液压成形原理及工艺方法 [C]. 第十届全国膨胀节学术会议论文集. 2014：228－233.

[9] S. Y. Lin, Y. C. Hsu, J. C. Shih, et al. Investigation of forming characteristics in bellows hydroforming [C]. International Conference on Computer Engineering and Technology. 2010，2：623－627.

[10] 浦广益. ANSYS WORKBENCH 基础教程与实例详解 [M]. 第二版. 中国水利水电出版社，2014，3.

作 者 简 介

叶梦思，女，北京化工大学在读研究生

通讯地址：北京市朝阳区北三环东路15号北京化工大学 100029

联系电话：15624964872　电子邮箱：15624964872@163.com

甲醇合成塔平盖密封面加工工艺研究

蔡 超 关庆鹤 刘太平

（哈尔滨锅炉厂有限责任公司 黑龙江 哈尔滨 150046）

摘 要 针对甲醇合成塔平盖密封面，文章阐述其结构形式特点、刀具设计、工艺流程及制造工艺等，为加工同类产品提供一些有益经验。

关键词 甲醇合成塔；密封面；刀具设计；制造工艺

The Processing Technology Research of Flat Seal Surface for Methanol Coverter

Cai Chao　Guan Qinghe　Liu Taiping

（Harbin BoilerCo.，Ltd.，Harbin 150046，China）

Abstract According to the flat seal surface of methanol coverter, the article introduce the construction features, tool design, technological process and fabrication process, and provide some useful experience for processing similar products.

Keywords methanol coverter; seal surface; tool design; fabrication process

0 引言

我公司承制的某工程甲醇合成塔是高压承压设备，耐压试验卧式压力为15.3MPa，设计院为保证其密封效果及承压能力，采用双锥密封结构，双锥密封属于有径向自紧作用的半自紧式密封结构。甲醇合成塔平盖密封面是堆焊耐腐蚀层E309L不锈钢后机加而成，此平盖密封面存在加工空间局限性，加工耐腐蚀层不锈钢困难和粗糙度要求$Ra1.6\mu m$难度。本文将根据我公司设备现状为该类零部件的制造提供解决途径，详细阐述了平盖密封面结构特点、刀具设计、工艺流程及其加工方法。

1 结构特点

甲醇合成塔平盖内外径 $\phi540mm/\phi2300mm$，高度473mm，密封面直径约 $\phi1900mm$，见图1所示；底部凹槽宽度27.5mm，两侧有$R5mm$圆角，其表面粗糙度要求$Ra3.2\mu m$，密封面与轴向的角度为30°，其表面粗糙度要求$Ra1.6\mu m$等参数，见图2所示。

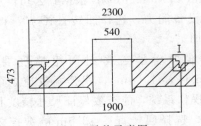

图1 平盖示意图

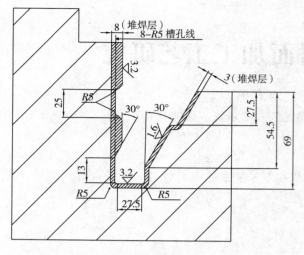

图 2　密封面详图

加工。

2　难点分析

（1）平盖密封面是堆焊耐腐蚀层 E309L 不锈钢，此类不锈钢是在钢中加入较多的 Cr、Ni、Mo 等元素使其具有良好耐腐蚀性，但不锈钢材料属于难加工材料，由于其热强度高、导热系数低，不锈钢的切削加工具有切削力大、切削温度高、刀具易磨损、材料加工硬化严重、易形成积屑瘤等特点，粘附磨损、扩散磨损和氧化磨损程度就比加工一般的碳钢和低合金钢时要大很多，因此普通车刀难以保证平盖密封面设计尺寸和 $Ra3.2\mu m$、$Ra1.6\mu m$ 粗糙度要求。

（2）由图 2 可知，平盖密封面结构中有侧面凹槽和底部凹槽，存在车加工空间局限性，且密封面粗糙度要求 $Ra1.6\mu m$ 的难度。

3　机加设备选择

（1）堆焊前平盖密封面粗糙度要求相对不高（$Ra12.5\mu m$ 和 $Ra6.3\mu m$），根据我公司厂房配制和现有机加设备能力，选择回转直径 $\phi3.4m$ 的普通立车进行加工。

（2）堆焊后平盖密封面粗糙度要求较高（$Ra3.2\mu m$ 和 $Ra1.6\mu m$），我公司数控立车配有西门子智能操作系统，能有效保证尺寸精度和表面粗糙度要求，选择回转直径 $\phi3.5m$ 的数控立车进行

4　工艺流程

4.1　整体工艺流程

根据平盖密封面尺寸结构及现有加工设备情况，制定工艺流程如下：

（1）车加工待堆焊密封面；

（2）堆焊耐腐蚀层 E309L 不锈钢，留 3mm 机加余量；

（3）钻 8—R5mm 半圆槽孔；

（4）车加工密封面。

在整体工艺流程中，堆焊工艺及钻孔工艺比较成熟，难点主要体现在车加工形状较为复杂的密封面。

4.2　平盖密封面加工工艺流程

对于形状较为复杂的密封结构，采用设计专用非标刀具的方法，针对不同位置，分别进行粗加工、半精加工和精加工，并制定相应工艺流程，具体工艺流程图可见图 3 和图 4。

4.2.1　堆焊前密封面加工工艺流程

（1）粗加工余量；

（2）半精加工密封面。

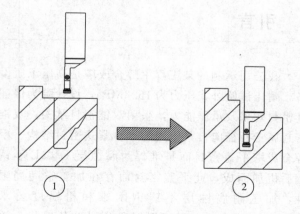

图 3　堆焊前密封面加工流程图

4.2.2　堆焊后密封面加工工艺流程

（1）粗加工余量；

C 制造焊接

（2）半精加工和精加工侧面和底部凹槽；

（3）半精加工和精加工密封面。

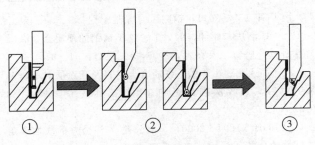

图 4　堆焊后密封面加工流程图

5　车加工刀具设计

5.1　堆焊前密封面加工刀具设计

堆焊前密封面材质为 14Cr1MoR 低合金钢，通过分析其尺寸结构特点，尽管设计尺寸受普通车刀加工空间限制，但可利用切刀"门形"的特点对密封面进行粗加工去除大部分余量，然后半精加工至堆焊前设计尺寸。

5.2　堆焊后密封面加工刀具设计

5.2.1　刀具基本要求

结合加工材质为堆焊耐腐蚀层 E309L 不锈钢难加工的特点，为了提高生产效率和保证表面光洁度，提出对刀具材料的基本要求：

（1）有足够高的硬度和强度，尤其是高温硬度和强度；

（2）带涂层，且与涂层的结合力要大；

（3）韧性基体或表面微观韧性好的基体。

5.2.2　刀具设计

结合刀具材料的基本要求，粗、精加工过程，以及堆焊后密封面结构特点，制定如下几种专用非标刀具：

（1）选用带涂层的硬质合金切刀进行粗加工去除大部分余量，刀具形状见图 5 序号①；

（2）选用强度较好的、带涂层的硬质合金 R5mm 圆角成型刀加工侧面及底部凹槽，刀具形状见图 5 序号②；

（3）选用带涂层的硬质合金尖角成型刀加工密封面，刀具形状见图 5 序号③。

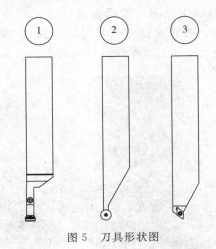

图 5　刀具形状图

6　实际加工过程

6.1　堆焊前密封面加工过程

首先通过吊车将毛坯工件吊运到数控立车的回转台上，然后通过卡爪 4×90°方向固定在回转工作台上，并借助内径百分表完成找正操作。

由于毛坯工件余量较大，选用切刀进行粗加工，其特点是大吃刀面积、小深度切削，在保证切削效率的前提下，控制表面粗糙度相对均匀，残余高度较低。待剩余 1mm 余量时，提高转速，降低进给速度，用切刀半精加工到设计尺寸，并保证密封面 Ra12.5μm 和 Ra6.3μm 粗糙度要求。

6.2　堆焊后密封面加工过程

第一步：待堆焊完耐腐蚀层 E309L 不锈钢，含 3mm 加工余量，将毛坯工件放在回转工作台上，用卡爪 4×90°固定，以工件外圆和上端面为基准，并借助内径百分表找正。

第二步：用切刀粗加工去除大部分余量，留 0.8mm 加工余量。

第三步：用圆角成型车刀半精加工带凹槽的侧面和底部凹槽，包括凹槽 R5mm 圆角，留 0.5

精加工余量,然后提高转速,降低进给速度,精加工凹槽到设计尺寸,并保证加工面粗糙度$Ra3.2\mu m$要求;

第四步:用尖角成型刀半精加工密封面,留0.2mm精加工余量,然后提高转速,降低进给速度,精加工密封面到设计尺寸,并保证$Ra1.6\mu m$粗糙度要求,加工过程如图6所示。

图6 尖角成型刀加工密封面

7 结束语

本文根据甲醇合成塔平盖密封面结构特点,结合专用非标刀具设计,详细制定了车加工工艺,使得产品完全满足设计质量要求,不仅为加工同类产品提供了一些有益经验,同时为加工类似复杂产品提供了参考借鉴和技术保障。

参 考 文 献

[1] GB 150—2011,钢制压力容器 [S].

[2] 毕泗庆、熊计,等.车、铣不锈钢的硬质合金涂层刀具研究 [J].工具技术,2006,40(12):34—37.

[3] 高永明、山本勉.硬质合金材料及其涂层对不锈钢加工中刀具边界磨损的影响 [J],工具技术.1999,33(12):6—10.

[4] GB/T1804—2000,一般公差 未注公差的线性和角度尺寸的公差 [S].

[5] 山特维克(中国)有限公司.不锈钢切削加工的理想选择 [J].工具技术,1998,32(5):47.

[6] 周泽华.金属切削理论 [M].北京:机械工业出版社,1992.

[7] 谢国如.不锈钢切削加工的研究 [J].工具技术,2004,38(12):23—25.

[8] 林峰.切削参数对不锈钢加工表面粗糙度的影响 [J].工具技术,2007,41(7):79—80.

作 者 简 介

蔡超(1988—)男,助理工程师,主要从事电站锅炉及压力容器制造工艺工作

通讯地址:哈尔滨锅炉厂有限责任公司工艺处

邮编:150046

联系电话:0451—82198254(手机18645092380)

电子邮箱:caic@hbc.com.cn

制造焊接

硼注射箱人孔螺栓孔螺纹返修工艺技术研究

程小刚　郭光强　杜宇

（东方锅炉股份有限公司　四川省自贡市　643001）

摘　要　宁德项目机组硼注射箱人孔法兰螺栓咬死，导致螺纹损伤，需要在现场返修。由于工地现场场地限制，难度非常大。

关键词　螺纹；咬死；返修

Research on Thread Repair Process Technology of BIT Manhole Bolts

Cheng Xiaogang　Guo Guangqiang　Du Yu

（Dongfang Boiler Co，Ltd.，Zigong，Sichuan 643001）

Abstract　Some bolts of BIT manhole flange were found scuffed in the ningde nuclear power unit. It is necessary to be repaired on site. Due to the site restriction, it is very difficult.

Keywords　thread；scuffed；repair

1　项目背景

宁德1、2#CPR1000机组 BIT（硼酸注入箱）在电厂现场安装过程中，拆卸人孔座工装螺栓时，工装螺栓与人孔座的主螺栓孔（M68×4）咬死，最终导致螺纹损伤。

● 1#BIT 人孔座主螺栓孔返修前情况（图1、图2、图3）

螺孔内部损伤情况：距端面约80mm，向外有4牙损伤较重，距端面约30mm处有划伤较重，从外观看应为挤压损伤和划伤，划伤从损伤开始处至外端面整圆周均有，且深浅不一。

通止规检查情况：通规通过螺纹全长115mm，止规通过小于2牙。

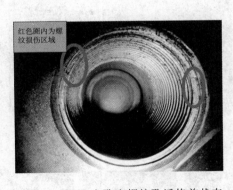

图1　1#BIT 人孔座螺纹孔返修前状态

图2　1#BIT 损伤螺孔印模

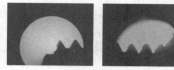

图 3　1♯BIT 损伤螺孔螺牙印模显微图

● 2♯BIT 人孔座主螺栓孔返修前情况（图 4、图 5、图 6）

螺孔内部损伤情况：距端面约 85mm 螺纹全部损伤，损伤均为圆周整圈，从外观看为挤压损伤及划伤，螺孔内部发现牙面划伤缺损及挤压伤非常严重。

通止规检查情况：通规通过螺纹全长 115mm，止规通过小于 1 牙。

红色圈内为螺纹损伤区域

图 4　2♯BIT 人孔座螺纹孔返修前状态

图 5　2♯BIT 损伤螺孔印模

图 6　2♯BIT 损伤螺孔螺牙印模显微图

2　返修技术方案

针对待返修的现状和电厂现场情况，经多次召

集技术专家召开专题技术方案会议，最终确定了一下返修方案。

2.1　返修主要工序

安装人孔盖板→找正返修设备→用返修专用扩孔钻对损伤的 M68×4 螺孔进行扩孔→用返修专用丝锥攻丝→目视检查→尺寸检查→安装螺纹衬套（恢复 M68×4 螺纹）→目视检查→尺寸检查→清理。

2.2　技术难点及解决措施

难点一：现场操作空间极其狭小（见图 11），缺少大型起吊设备，选用的返修设备必须体积小、重量轻，加工精度稳定，同时还要克服小型设备加工力矩不足的缺点。

解决措施：通过广泛的市场调研决定采用液压磁力钻，特别适合大型设备的检修。另外，其设备在某水电站曾解决了 M64 螺栓孔攻丝的问题。

该设备机头体积小：1060mm × 450mm × 533mm，重量轻：116kg，动力来源于外置液压站输出的高压液压油，压力可达 6.19MPa，通过配置增矩器，其最大输出力矩可达 1920N·m。

难点二：图纸要求加工精度高，螺纹孔要求垂直度 0.2mm、位置度 1mm，加工难度很大。

解决措施：通过设计合适的工装保证加工精度。

为了解决磁力钻的安装固定问题，同时也为了保护人孔密封面，设计了人孔盖板。为了便于人孔盖板的安装、定位，设计了导向螺柱。

● 人孔盖板（图 7）

磁力钻加工过程中通过磁力吸附在人孔盖板上，吸附力很大，盖板还要承受设备自重形成的颠覆扭矩，为保证结构牢固，要求有足够的刚性，盖板板厚达到 65mm，以避免磁力钻吸附后产生变形。盖板平面度 0.08mm，保证磁力钻吸附固定后的加工垂直度。同时人孔盖板也起到保护人孔密封面的作用，避免返修过程中刮伤密封面和铁屑等异物进入 BIT 内部。

● 导向螺柱（图 8）

人孔盖板自重约 280kg，如何准确地将盖板安装在人孔上，同时保证在装卸过程中不损伤人孔密封面，也存在较大困难。经反复分析研究，确定在

制造焊接

安装人孔盖板时，用导向螺柱进行导向，并起到支承盖板的作用，亦可避免安装盖板时撞伤人孔密封面。盖板安装完毕后，将螺柱旋出，并将其安装在待返修螺孔中，作为返修设备找正用芯棒——其圆柱面作为磁力钻的找正基准，如图 14 所示，要求导向螺柱的圆柱轮廓度控制在 0.05mm 内，从而保证磁力钻的找正精度。

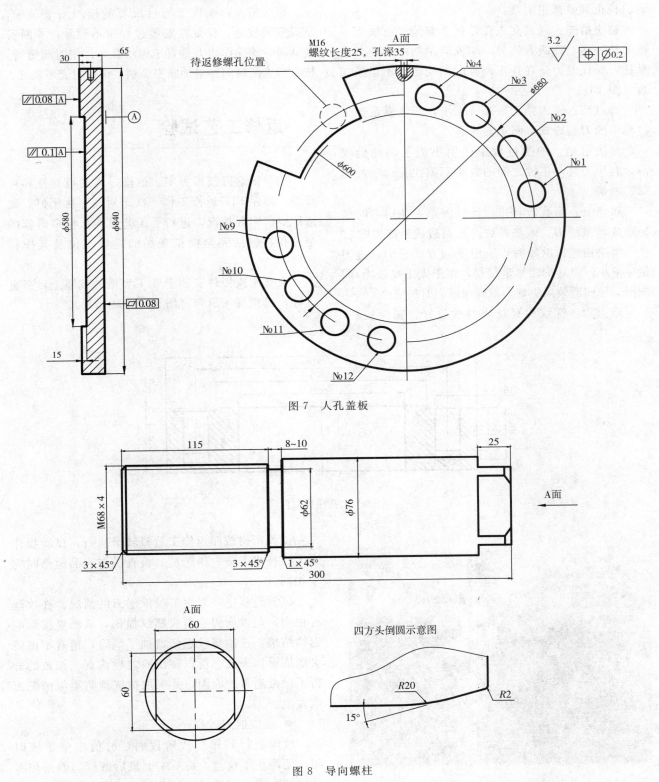

图 7　人孔盖板

图 8　导向螺柱

难点三：磁力钻自重与其他普通设备相比较轻（116kg），但也无法实现人工搬运与起吊，人孔盖板重量则达到了约280kg，BIT厂房所处位置无法使用较大的起吊设备，只能用葫芦吊吊装设备，吊装、找正调整都很困难。

解决措施：通过在人孔盖板上安装限位块支承磁力钻一端，在磁力钻另一端安装吊钩，用葫芦吊悬挂，保证磁力钻在找正调整时的稳定，不至于倾覆（图13）。

难点四：磁力钻无冷却液系统，无法满足加工过程中的刀具冷却、断屑要求。

解决措施：加工过程中使用小型手动油枪喷油，利用刀具与工件之间的狭小间隙往孔内喷油冷却、断屑。

难点五：盲孔攻丝排屑比较困难，在退刀时极易造成丝锥崩刃，毁伤螺纹，从而造成返修失败。

解决措施：返修时，采用手动方式进刀，进刀量尽量小，刀具旋转尽量缓慢，便于人工喷油冷却、润滑，使润滑效果更好，以确保退刀时的安全。

难点六：螺纹衬套材质弹性较好、韧性较高，在安装过程中如果旋转阻力较大，容易引起衬套跳牙；安装完成后冲断安装柄时，如果用力不到位也极易引起衬套跳牙；从而造成衬套安装失败，只能更换衬套重新安装。

解决措施：操作工通过反复的模拟安装试验，掌握安装技巧，保证在安装过程中不跳牙；冲断安装柄时，确保作用力垂直于螺纹孔，作用时间短暂，依靠较大的瞬间冲量冲断安装柄，保证衬套不跳牙。

3   返修工艺试验

为验证返修技术方案、返修过程的可行性和可靠性，确保BIT返修工作一次干对、一次干好，制造厂根据实际情况，进行了工艺试验，模拟返修的全过程，包括完全模拟现场的返修工位及其操作环境。

人孔座模拟件安装于带T型槽的基座上，竖直放置，模拟现场返修（图9、图10）。

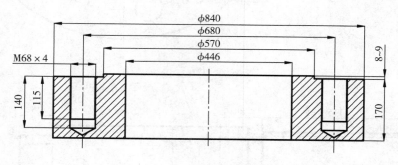

图9   人孔座模拟件

试验严格按照返修工艺流转卡执行，试验操作工人、技术人员、工艺员、检查员与产品返修时完全相同。

试验过程中，发生了丝锥崩刃的情况。在攻丝过程中，丝锥崩刃会造成螺纹损伤，从而直接影响返修结果，这给螺纹返修增加了风险，稍有不慎就会造成返修失败。所以在试验之后认真、细致的分析了丝锥崩刃的原因，并采取措施预防类似情况再次发生。

● 丝锥崩刃过程

攻丝进行到第二攻阶段时，时值中午下班时间，便停止了攻丝，待下午上班后继续。但是当时丝锥并未退出工件，下午重新启动设备攻丝时，丝

图10   人孔座模拟件返修试验

锥即刻崩刃，操作工立刻停止了加工，随即由检查员检查螺纹，螺纹受到轻微损伤。经现场分析，由于攻丝处于第二攻阶段，螺牙尺寸还有余量，后续第三攻时可以完全去除损伤，所以决定更换新丝锥（第二攻）后继续攻丝，然后执行最终攻丝（第三攻）。攻丝完成后，检查加工尺寸及表面粗糙度均满足图纸要求。

● 丝锥崩刃原因

（1）丝锥攻丝时，切削刃与螺纹紧密贴合，切削抗力极大；

（2）攻丝时，在开始阶段丝锥逐渐旋入孔内进行切削，切削量由小逐渐变大直到丝锥切削刃满"吃刀"，在这个过程中切削抗力逐渐增大，对丝锥切削刃而言，逐渐递进的切削过程确保了切削刃不崩刃。试验中，暂停攻丝后未及时退刀，且下午再次启动设备继续攻丝时也未先退刀再进刀，这时切削刃与螺纹贴合紧密，设备由静止转变到启动状态时，丝锥从满"吃刀"的停止状态开始直接进刀，切削刃瞬间受到极大的切削抗力，直接导致了切削刃的断裂；

（3）设备无冷却液系统，全靠人工喷油进行冷却、润滑，由于人工喷油不均匀，润滑不完全，排屑比较困难，盲孔又增加了排屑的困难程度，致使铁屑较多的聚集在刀刃周围，挤压切削刃，这也促使了切削刃断裂。

● 预防措施

（1）攻丝过程中，若需停止攻丝，必须将丝锥退出工件，然后停止设备；

（2）攻丝每次进刀 20～30mm 后必须退刀一次，排除铁屑；

（3）采用手动方式进刀，要求旋转尽量缓慢，便于人工喷油冷却、润滑，尽量使润滑均匀；

（4）要求相关人员在允许的情况下，尽可能待攻丝完成后再休息；

（5）向电厂提出协助提供备用电源的要求，以防在产品攻丝过程中突然停电，造成丝锥滞留在工件内。

4 现场返修流程

4.1 返修环境

由于 BIT 在现场已经安装完毕，安装 BIT 的

房间已经用水泥砂浆封顶，且进入 BIT 安装房间的门宽约 600mm，致使无法将 BIT 从其安装位置移至安全壳外返修。返修过程必须在 BIT 房间内完成，BIT 房间内操作环境复杂、空间狭小，搭建完操作平台后，空间更为拥挤（图 11）。

图 11 现场操作空间极其狭小

4.2 返修工位

BIT 在现场安装完成后处于竖直状态，人孔座轴线与 BIT 轴线垂直，人孔座密封面相对于地平面位于竖直位置，所以磁力钻处于卧式加工工位（图 12）。

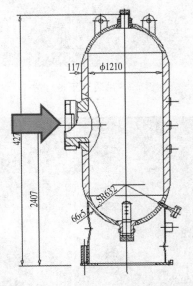

图 12 返修工位（箭头代表磁力钻）

4.3 返修工艺

（1）标记需要返修的螺纹孔；

（2）安装导向螺柱于No4、No12号螺纹孔内，见图7；

（3）人孔盖板通过导向螺柱导向，缓慢靠近人孔座直至接触，当快要接近人孔座时要特别小心，避免碰伤人孔座密封面；

（4）安装固定螺栓于No2、No3、No10、No11号螺纹孔内，紧固螺母，固定好人孔盖板；

（5）安装磁力钻到人孔盖板上，找正后吸附固定；

找正过程如下：

A. 安装导向螺柱于待返修螺纹孔内；

B. 吊装磁力钻到加工位置；

C. 加磁吸附固定，打表测量位置度；

D. 消磁，利用调整垫片微调磁力钻位置；

E. 反复执行工序 C、D，直到位置度满足图纸要求，通常需要耗费三个小时以上才能满足图纸要求。

图 13　吊装液压磁力钻

图 14　打表找正

（6）拆除导向螺柱；

（7）安装增矩器；

（8）安装 M68×4 螺纹衬套配套钻头；

（9）钻螺纹衬套底孔；钻孔时注意及时排屑，如有必要，可退刀，待清理完铁屑之后，再进刀继续钻底孔；

（10）按设计图纸要求检查底孔；

（11）装丝锥攻丝；攻丝分为三个阶段：

第一攻、第二攻、第三攻，要求如下：

● 若需停止攻丝，必须将丝锥退出工件，然后停止设备；

● 攻丝每进刀 20～30mm 必须退刀一次，清理铁屑；

● 采用手动方式进刀，旋转尽量缓慢，便于人工喷油冷却、润滑，尽量使润滑均匀。

图 15　攻丝

（12）仔细清理螺纹孔，直至铁屑被完全清理干净；

（13）用衬套厂家配套底孔螺纹塞规检查底孔螺纹；

图 16　底孔螺纹攻丝完成

（14）安装螺纹衬套（图17）；

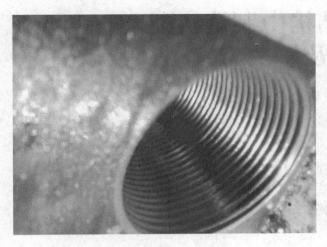

图17　螺纹衬套安装完成

（15）冲断螺纹衬套安装柄；

（16）用 M68×4 塞规检查衬套安装情况；

（17）拆除磁力钻；

（18）安装导向螺柱于 No4、No12 号螺纹孔内，见图7；

（19）拆除固定人孔盖板的螺母、螺栓；

（20）人孔盖板通过导向螺柱导向，缓慢远离人孔座密封面，直至完全脱离导向螺柱；

（21）拆除导向螺柱；

（22）清理、保护好人孔密封面。

5　结论

BIT 设备供方（DBC）尚无在核电厂现场返修此类设备螺纹的相关经验，缺乏现场返修专用设备。同时，经 DBC 与其兄弟企业——东汽、东电、东重联系，认真分析了 BIT 需返修的实际情况后，均认为返修难度太大，不能提供技术帮助。紧急采购所需的专用返修设备，并制定切实可行、可靠的返修方案，确保了返修的成功。

此次返修克服了现场空间狭小，无可借鉴的成熟经验等困难，同时承担了确保万无一失、一次返修成功的要求。宁德 1、2♯BIT 人孔座密封螺栓孔的返修成功，证明了液压磁力钻用于该类返修是切实可行的，返修质量能够得到很好的保证，并为后续类似问题的解决提供了重要经验。

参 考 文 献

机械设计及制造手册

作 者 简 介

程小刚，男，年龄：40，高级工程师（工艺部核电技术室主任）

通讯地址：东方锅炉股份有限公司工艺部，邮编：643001

联系电话：13990084870

E-mail：13990084870@139.com

大型卡箍紧固结构中制造实配问题分析以及解决方案

郁恒山　杨敬霞　张少勇　丁　勤

（航天晨光股份有限公司化机分公司　南京　江苏　210000）

摘　要　本文结合了我公司在研制大型高压卡箍紧固密封结构中，碰到的制造实配问题，进行了一系列分析并提出了一些切实可行的实配思路和方法，最终满足了装配、使用要求。

关键词　大型卡箍；制造实配；内锥面测量；数据验证

Analysis and Solution of Manufacturing Match Problem in Large Clamp Fastening Structure

Yu Hengshan　Yang Jingxia　Zhan Shaoyong　Ding Qing

（Aerosun Corporation Aerosun Chemical Machinery Division，Nanjing，Jiangsu 210000）

Abstract　In this paper，our company met with manufacturing problems in the development of large scale high pressure clamp sealing structure，carried out a series of analysis and put forward some feasible with the ideas and methods，and ultimately meet the requirements of assembly and use.

Keywords　Large Clamps；Fabrication；Matching；Measurement of internal cone；Data Validation

1　问题的由来

因我国深海研究的需要，本公司承接了国内首台高压力、大直径的深水试验装置的研制工作，装置中采用卡箍紧固的快速开启结构。在制造过程中卡箍内锥面的测量是上、下端部外锥面高度尺寸实配的基础，测量是否准确是卡箍紧固结构能否安全正常使用的关键问题。

2　卡箍实配必要性分析

卡箍紧固结构是小直径压力容器中常用的一种结构，但用于大直径高压容器国内几乎没有，研制

的高压大型卡箍紧固结构中，由上、下两个端部外锥面法兰以及一组卡箍组成。如图1所示：

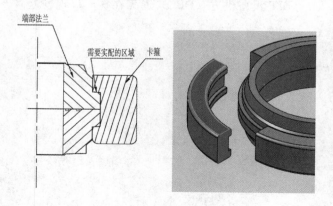

图1　卡箍紧固结构

受力方面：在卡箍闭合后，上、下法兰承受内部压力时，压力会通过法兰与卡箍的接触面将力传导到卡箍上（图1实配区域），此时卡箍和法兰会

产生微量变形。由于制造时卡箍和法兰的配合斜面是卡箍的内锥面根部还是口部先接触，可能导致以下两种结果，如图2、图3所示：

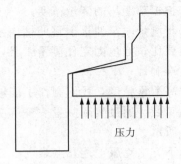

图2　第一种接触情况

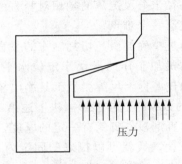

图3　第二种接触情况

第一种接触情况下，通过内部压力的平衡会使得法兰逐步和卡箍贴合再次形成比较好的静态受力平衡，卡箍在进入时，比较顺利，卡箍退出时，不受卡箍受力形变的影响，对卡箍的顺利推出，可以减少油缸的拉力。

第二种接触情况，在内部压力的作用下就可能使法兰内壁相互挤压，虽然最终也能够形成静态平衡状态，但是这种平衡状态下，卡箍口部微量变形，可能导致在卡箍泄压后，由于钢材之间的微量变形形成的残留黏着力，使得卡箍无法顺利退出，所以在制造过程中测量内锥面和外锥面的角度。保证图2中接触情况。

尺寸方面：卡箍与端部边缘最大仅有10mm的间隙，为了以后长期使用，图纸要求在8～10mm之间，2mm在5°的锥面上的高度变化仅有0.17mm，所以在制造过程中需要对上端部的外锥面高度进行实配。

加工方面：由于在大型立车上二次装夹要保证同心和水平非常困难，几乎不能进行二次装夹，上端部加工完成后，必须一次完成。所以需要根据卡箍内锥面和下端部机加后的实际尺寸，来确定上端部的外锥面高度尺寸进行实配。

经过以上分析，可以知道当制造大型卡箍时，对上、下法兰以及卡箍的外、内锥面的角度偏差和上端部外锥面的高度在制造时行实配工作是非常有必要的，这样可以避免出现上述第二种接触情况下导致的卡箍退出困难和保证大型卡箍的使用效果和安全。

3　卡箍紧固结构的实配思路

通过观察卡箍凹槽的图纸（图4），从机加角度出发，卡箍凹槽实际制造时有两个关键尺寸：

1. 内凹槽张口根部尺寸，即图纸中316.5mm尺寸；

2. 斜面角度尺寸5°，正偏差0.1°，负偏差0°；

如果同时知道了上述两个尺寸的实际值，就能够基本判定卡箍制造时的偏差趋势，从而能够指导法兰制造时应该按哪种趋势来修正机加尺寸。

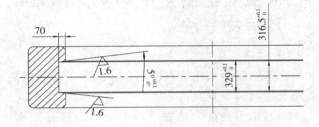

图4　卡箍机加图纸（理论值）

但是，为了保证卡箍的强度，在卡箍凹槽根部已经倒成了圆角（如图5实物图），所以直接测量凹槽根部尺寸十分困难，既然无法直接测量凹槽根部尺寸，那么只能采用间接测量的方法。

图5　卡箍实物图

通过上述分析，采用直线方程函数式测点拟合点的方式来找到这个尺寸是比较准确有效的方法，即我们可以在斜面上找到一系列点，并且通过测量这一系列点的竖直凹槽开口距离（如图6示意图），通过相应的软件拟合出水平轴与竖直轴上数据的关系，间接地找到凹槽根部尺寸，这也就是直线方程函数式测点拟合点测量卡箍内锥面尺寸和角度的思路。

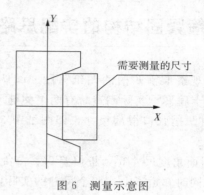

图6　测量示意图

4　卡箍实配测量中的实际困难以及解决方法

由卡箍紧固结构特点所知，要想测量上述所需要的长度有以下难点：

（1）由于测量的是两个斜面上点的竖直距离，那么测量时如何找准这两个点离卡箍根部的距离是保证测量准确性的关键；

（2）由于斜面度数较小（理论值仅有 5°），那么其水平方向上的长度偏差对竖直方向上的长度影响很大，所以测量时需同时注意内径千分尺的垂直度和离开卡箍根部距离的测量精度；

（3）由于测量时需伸进卡箍凹槽内测量，所以在测量时需要比较好地固定住测量工具，才能保证测量数据的准确性；

为了提高测量精度，我们制作了能够克服这些难点的测量工装，通过实际测量一一解决了上述问题，如图7所示。

通过以下方法克服上述几点难点：

（1）利用数显水平仪保证平直钢板能够竖直摆放，保证内径千分尺测量的是相对竖直的直线，从而解决上述第一个难点；

（2）通过精确的激光切割制作的平直钢板以及比较准确的机加制作的滑块来定位水平 X 轴上的尺寸，再通过游标卡尺等测量工具测出较为准确的水平 X 轴的数据，这样能够解决上述第二个难点；

（3）平直钢板本身就有一定的厚度，通过固定滑块以及平直钢板就可以很好的固定内径千分尺，这样能够解决上述第三个难点。

5　实际测量以及数据处理

在测量工装制作完毕后，我们对卡箍进行了实际测量，测量过程图8所示。

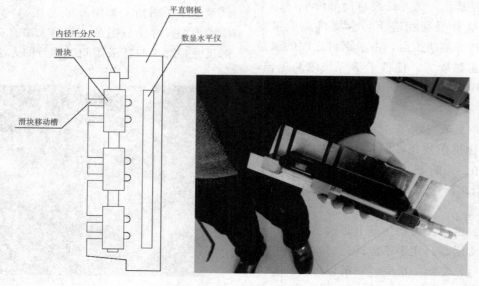

图7　测量工装示意图和实物图

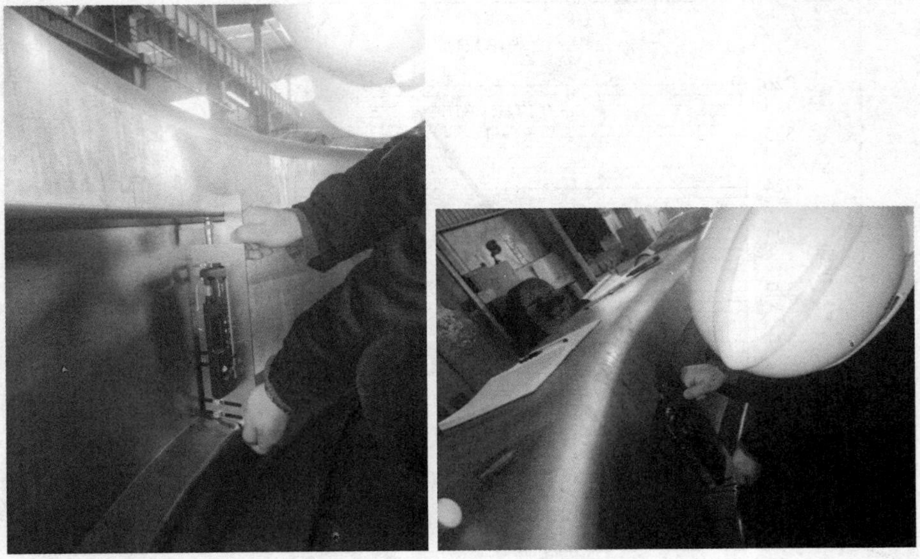

图 8　测量过程图

测量时，为了减少测量误差，采取了以下几个措施：

（1）测量时分别测量卡箍的两边缘以及中间处，进行取平均处理，再确定最终的可信数据；

（2）测量时尽量保证卡箍摆放水平（通过数显水平仪进行控制）；

（3）测量时，同一测量点测量 5 次进行取平均处理，测量点取斜面的中间段。

表 1 是相应的数据：

表 1　理论数据与测量数据

理论数据（mm）								
X 轴尺寸		20	25	30	35	40	45	50
	角度理论值 5°	320.26	321.13	322	322.88	323.75	324.63	325.5
	按图纸角度上偏差 0.1°	320.08	320.97	321.86	322.76	323.65	324.54	325.43
测量数据（mm）								
Y 轴尺寸	卡箍边缘（左）	320.18	321.02	321.91	322.81	323.69	324.56	325.66
	卡箍中间	319.55	321.99	322.33	322.12	323.05	324.08	325.23
	卡箍边缘（右）	320.15	321.09	321.9	322.79	323.66	324.57	326.01
	测量平均值（四舍五入）	319.96	321.37	322.05	322.57	323.47	324.4	325.63

通过 EXCEL 表格软件对以上数据进行数据拟合处理得出图 9 与图 10。

根据上述数据图表分析可得出以下几点结论：

（1）由于测量数据拟合的曲线斜度在两道理论线性曲线之间，表明卡箍斜面角度机加精度符合图纸要求，斜面角度尺寸均在图纸要求的公差范围之内；

（2）根据测量数据拟合的线性函数可以得出卡箍凹槽根部（即 $X=0$）尺寸为 316.65mm，而图纸要求是 316.5mm，正偏差 0.1mm，此处尺寸并不符合图纸要求，但是偏差并不大并不影响实际装配（装配时法兰实际离凹槽根部还有约 8～10mm 间隙）；

（3）根据测量数据拟合的线性函数可以得出离卡箍凹槽根部 10mm 处（即 $X=10$）的凹槽尺寸为 318.4mm。

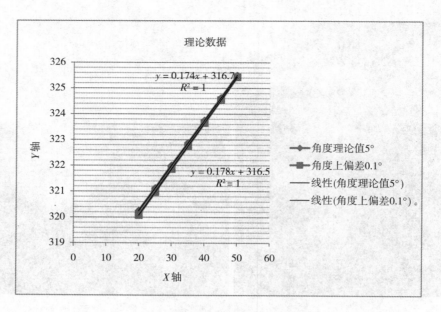

图 9　理论数据拟合曲线

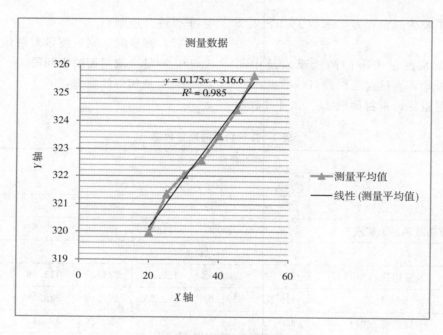

图 10　测量数据拟合曲线

6　结论数据验证

为了验证测量数据以及以上结论,我们根据测量结果用高精度激光切割机制造如下样板（图 11）来与卡箍内锥面进行插入深度和锥面角度透光检测,根据检测结果来判断数据的准确性。

将此样板与卡箍实配,效果图如图 12 所示。

由实配效果图可知,通过测量数据制造出的样板与卡箍实配效果很好,可以说明测量数据的准确性,同时该样板可指导端部法兰的实际制造,通过微调制造时的法兰斜面角度由理论值 5°至 4.9°基本能够保证,卡箍紧固结构实际使用时必然出现第一种接触情况,从而保证大型卡箍紧固结构使用的效果以及安全性。

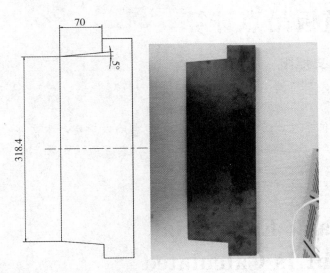

图 11　样板示意以及实物图

图 12　样板卡箍实配效果图

7　总结

　　卡箍紧固结构是压力容器中，快开需要使用的结构之一，由于我国深海试验的不断深入，尺寸和压力会不断地增加，卡箍紧固结构还会不断使用。本文结合了我厂在研制中碰到实际问题，对实配必要性以及实配方案进行了一系列分析并提出了一些切实可行的解决方法，同时用数学模拟的方法和样本实测的方法减少了测量中误差对实际结果的影响，从而能够提供以后我厂在制造大型卡箍紧固结构时解决实配问题的方法，减少由于制造过程中未考虑周到而导致的配合间隙和配合角度问题，能极大减少设备出厂后的质量问题，实际安装一次合格，尺寸间隙满足图纸 8～10 mm 要求，卡箍拉开和关闭自如。从而节约大量质量成本。

参 考 文 献

　[1] GB150.3－2011 附录 C.7《卡箍紧固结构》.
　[2] HG/T20582－2011 13《卡箍连接件设计》.

作 者 简 介

郁恒山，男，中级工程师
通讯地址：南京溧水区永阳镇航天晨光工业园化工机械分公司
邮编：211200，电话：13584078167
邮箱：yuhengshan2@163.com

球形储罐赤道板吊点计算

陈 超 史旭阳

（武汉一冶钢结构有限责任公司 湖北省 武汉市 430415）

摘 要 球形储罐赤道板因安装工艺要求精确定位吊点，但其为曲面构件，吊点难以确定，本文将推导球罐两种赤道板吊点的计算方法。（制造安装）

关键词 球罐；吊点；计算

The Spherical Tank Equatorial Plate Lifting Point Is Calculated

Chen Chao Shi Xuyang

（Wuhan Yiye Steel Structure Co. ，Ltd，Hubei，Wuhan，430415）

Abstract Spherical tank equatorial plate because of the installation process requires precise positioning lifting point，but it is alien artifacts lifting point is difficult to determine，this paper will derive the calculation of the spherical tank two equatorial plate lifting point formula.

Keywords spherical tank；lifting point；calculate

1 前言

球形储罐是一种应用广泛的容器，其一般采取工厂制造，现场组装的制造模式。组装过程中，赤道板因施工要求需直立就位，如图1所示。故精准定位吊点是保证施工质量的前提，但赤道板为曲面构件，吊点尚无计算方法。本文利用几何原理推导吊点的计算方法，并利用三维模拟验证计算精度，从而为施工作业提供一种切实可行的解决方法。

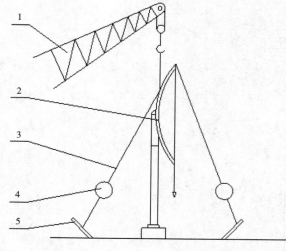
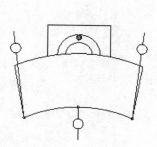

图 1 赤道板吊装示意图

1—吊车；2—赤道带板；3—拖拉绳；4—倒链；5—地锚

2 球罐赤道板吊点计算

以某工程中 2000m³ 空气球罐为实例,分析解算赤道板吊点计算方法。

2.1 某 2000m³ 空气球罐设计参数

表1 2000m³ 空气球罐参数表

公称容积:	2000m³	内　径:	φ15700mm
容器类别:	Ⅲ 类	结构形式:	十支柱三带混合
壳体材质:	Q345R	壳体壁厚:	50mm

2.2 某 2000m³ 空气球罐赤道板(不含柱头)吊点计算

赤道板竖直就位工况下,吊装需要的吊点 o_0 垂直于赤道板质心,位于质心正上方的球壳板表面。球罐为球壳体,故其质量分布均匀。进而可推知赤道板有 2 个相互垂直的对称平面,即赤道面和 oo_1o_2 面,如图 2 所示。

图 2 正视图中,球罐赤道板为对称图形,可知竖直方向与水平方向上赤道板外表面中心线的交点 o_2 为其对称中心。令赤道板上端弦中点为 o_1。o_2 与球心的连线同经过 o_1 与赤道面垂直的线相交于 o。即可证明面 oo_1o_2 与赤道面即为相互垂直的赤道板对称面。据此建立三维直角坐标系,o 点为原点,x 轴,y 轴,z 轴方向如图 2 所示。

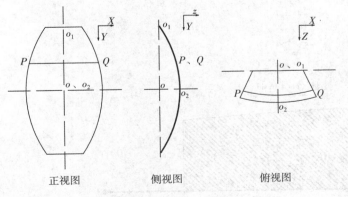

正视图　　　　侧视图　　　　俯视图

图2　赤道板三视图

如图 3 所示,令球罐外径为 R,赤道板中线上

某点与球心连线同赤道面夹角为 α(图 3 中此点为赤道板上端点,则 $\alpha=33.75°$),球罐赤道板分瓣数为 n。图 2 中 PQ 为赤道板上平行于赤道面的弧,故 PQ 二分之一长为:

$$y=\frac{\pi\left(\cos\left(\arcsin\frac{x}{R}\right)\right)R}{n} \qquad 式①$$

由于赤道板于赤道面对称,为简便计算仅考虑四分之一部分即可。PQ 弦在赤道板上端时为最小值,在赤道面时为最大值,故式①取值范围为 $0\leqslant x\leqslant\sin\alpha R$,其函数图像如图 4 中图像 1 所示。此函数图像与 x 轴、y 轴所围成的图形,即图 4 中阴影部分,为四分之一赤道板的展开图。其面积 S_1 即为四分之一赤道板的表面积。故对式①积分即可得到四分之一赤道板的面积函数。

对式①积分得:

$$f_{(x_{mid})}=\frac{\pi x\sqrt{R^2-x^2}}{2n}+\frac{\pi R^2\arcsin\frac{x}{R}}{2n} \quad \{x\,|\,0\leqslant x\leqslant\sin\alpha R\}$$

式②

式②图像如图 4 中图像 2 所示。

式②中 $f_{(x_{mid})}$ 为所求四分之一赤道板表面积的中值,即 $S_{x_{mid}}=S_1/2$。由于球壳的质量均布属性,面积相等即为质量相等。x_{mid} 值为此时对应的弧长。

如图 5 所示,赤道板中线上吊点 o_0 与球心连线同赤道面夹角为 α_{mid}。代入扇形弧长公式可得:

$$I=\frac{\pi R\alpha_{mid}}{180} \qquad 式③$$

式③中 I 即为球壳板中心线交点 o_2 至吊点 o_0 的弧长,即 x_{mid}。

以质心为分割,将赤道板分视为两部分。图 5 中 o_0 点左边部分质量为 m_2,水平距离为 l_2。o_0 点右边部分质量为 m_1,水平距离为 l_1,根据力矩平衡方程可得:

$$m_1\times\frac{l_1}{2}=m_2\times\frac{l_2}{2} \qquad 式④$$

由于球壳体质量分布均匀,故 m_1 质量为其面积与球壳板厚度及材料密度的乘积。联立式②、③、④可得一关于 x_{mid} 的函数。由于此函数不可导,利用 Mathematica 进行函数拟合求得近似方程如下:

$$x_{mid} = \frac{\pi R\alpha(0.54376 + 0.41806 \times 0.93663^{\alpha})}{180}$$

式⑤

式⑤的方程确定系数为 0.96792。

利用式⑤求得 x_{mid} 数值后以 o_2 为起点沿中线向 o_1 方向划线即可得吊点 o_0。

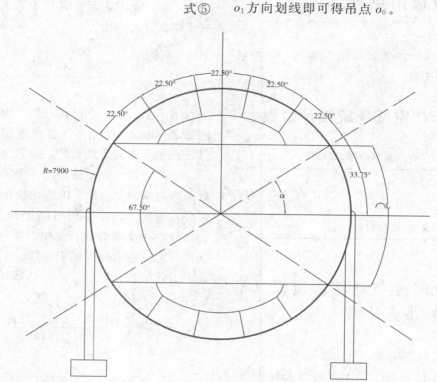

图 3   某 2000m³ 空气球罐示意图

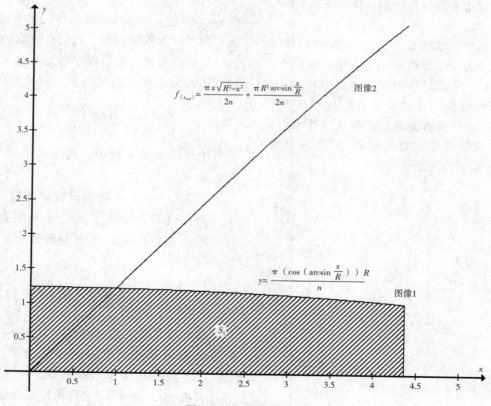

图 4   函数图像示意图

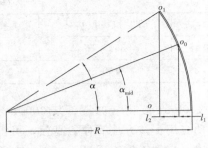

图 5　赤道板符号示意图

2.3　某 2000m³ 空气球罐赤道板（含柱头）吊点计算

带柱头的赤道板由于柱头以赤道面圆心为中心轴布置，根据球罐规范 GB 150—2011《钢制压力容器》中球罐支柱的布置规则可知，构件质心 o' 在赤道板质心 o_c 和柱头质心 o_z 的连线上，如图 6 所示。令赤道板质量为 m_c，柱头质量为 m_z，根据力矩平衡公式可求得：

$$m_c \times l_3 = m_z \times l_4 \qquad 式⑥$$

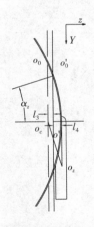

图 6　赤道板（含柱头）示意图

根据几何关系可知：

$$l_3 + l_4 = R(1 - \cos\alpha_{mid}) \qquad 式⑦$$

将式⑦代入式⑥可得：

$$l_4 = \frac{m_c R(1 - \cos\alpha_{mid})}{m_c + m_z} \qquad 式⑧$$

构件吊点 o'_0，与球心连线同赤道面的夹角为 α_z，可推知：

$$\alpha_z = \cos^{-1}\frac{R - l_4}{R} \qquad 式⑨$$

将式⑨带入式③中即可得：

$$I_z = \frac{\pi R \cos^{-1}\dfrac{R - l_4}{R}}{180} \qquad 式⑩$$

利用式⑩求得 I_z 后即可划出吊点。

2.4　小结

赤道板为球体均匀分割后的一部分，它拥有 2 个相互垂直的对称面。本文利用这一特性建立坐标系，将空间几何问题转化为平面几何问题进而转化为函数问题，从而推导得到计算公式。大型球罐可能拥有上下温带、上下寒带。温带板及寒代板与赤道板有同样的特性和吊装要求，故计算方法基本一致。

3　三维建模验算

利用三维模型真实再现实体的特点，使用 Pro/E 对赤道板建模。赤道板密度取 7890kg/m³，通过质量分析模块得到质心。使用 AutoCAD 软件进行放样，求得球壳板中心线交点至吊点的弧长。将计算机模拟所得数据与按本文所述计算方法算得数据进行对比，结果如表 2 所示。

表 2　数据对比表

序号	球罐外径	球壳厚度	赤道带分角	赤道板类型	计算结果	计算机模拟结果	误差（%）
1	15788	44	67.50°	不含柱头	2741.82	2763.22	0.77%
				含柱头	2671.49	2688.77	0.64%
2	12336	18	70.00°	不含柱头	2208.09	2203.82	0.19%
				含柱头	2065.82	2075.36	0.46%

序号	球罐外径	球壳厚度	赤道带分角	赤道板类型	计算结果	计算机模拟结果	误差（%）
3	18052	26	80.00°	不含柱头	3618.46	3613.16	0.14%
				含柱头	3446.28	3456.62	0.30%

通过表 2 中数据对比可知，本文中所述方法计算精度高，能很好地满足工程实际需要，是切实可行的。

4 结语

在工程实践中，利用本文所述计算方法，可便捷的计算得到吊点位置。本方法在某 2000m³ 空气球罐、某 1000m³ 液化气球罐、某 3000m³ 丙烷气球罐中成功应用。该方法简便、高效，可得到精确的吊点位置。有利于施工质量及工期，有着显著的实用价值。

作 者 简 介

陈超，男，工程师，湖北省武汉市青山区冶金街工业大道一冶钢构，430080，13971488545，duckaaa@qq.com

C
制造焊接

一种镍基合金堆焊管板与换热管对接焊坡口加工工艺研究

关庆鹤 廉松松 李国骥

（哈尔滨锅炉厂有限责任公司 黑龙江哈尔滨 150046）

摘 要 热交换器中换热管与管板的焊接质量直接影响整个换热器的使用寿命，由于此设备采用内孔焊的焊接方式，管板与换热管的对接坡口加工质量十分关键。本文针该坡口的加工进行研究和改进，采用非标刀具的方式，在保证加工质量的同时，大幅度提高了加工效率。

关键词 镍基合金；管板；换热管；坡口加工

Research on the Processing Technology of the Welding Groove of a Nickel Based Alloy Surfacing Tube Plate and Heat Exchange Tube

Guan Qinghe Lian Songsong Li Guoji

（Harbin Boiler Co. ，Ltd Harbin 150046，China）

Abstract The welding quality of heat exchanger tube and tube plate in heat exchanger has a direct impact on the service life of the heat exchanger. The welding quality of the tube plate and the heat exchanger tube is very important because of the inner Kong Han welding method. In this paper, the machining of the groove is studied and improved，and the machining efficiency is improved greatly by using the non-standard cutting tool.

Keywords nickel base alloy；tube plate；heat exchange tube；groove machining

0 引言

在热交换器中管板与换热管的焊接质量直接影响整个换热系统的质量和使用寿命，当管板和换热管的焊接接头发生泄漏时，会产生巨大的安全隐患并造成不可估量的经济损失，因此作为换热管与管板焊接的前一道工序，焊接坡口的加工必须得到高度重视，采用合理且高效的加工工艺。本文针对一种镍基堆焊管板与换热管内孔对接式焊接坡口进行加工工艺研究，模拟实际产品进行工艺试验后针对试验结果加以改进，并成功用于实际产品生产，为后续同类型产品的生产提供了有效的解决方案。

1 技术要求与结构分析

1.1 技术要求

按图纸和技术文件要求，管板与换热管焊接采取内孔焊的连接方式，该焊缝需进行100％射线检测和100％渗透检测。其管板材质为SA336F22CL3，厚度为240mm；堆焊层材质为inconel600，厚度为10mm；换热管材质为SA213T22，规格为25.4×2.41mm，共有324根换热管，628条内孔焊焊缝，管板孔群分布以及管板、换热管焊接结构分别如图1、图2所示。

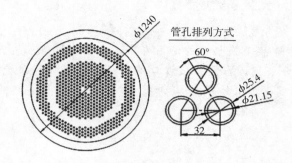

图1　管板孔群分布示意图

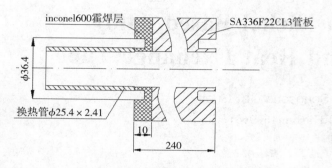

图2　管板与换热管焊接结构示意图

1.2　结构分析

由上述技术要求可知，管板与换热管的焊接接头的检测要求非常严格，因此一方面需要针对该结构制定合理的加工工艺，另一方面还要对管板与换热管后续装配工序的难易程度进行分析，由于换热管与管板的对接存在一定难度，且技术要求中允许焊接坡口可以由制造厂根据实际情况进行调整，因此经过装配和加工精度的初步研究，将管板上内孔焊对接坡口的外径由25.4mm（公差＋0.1～0mm），调整为28mm（公差0～－0.1mm），坡口边缘设置有0.65～0.55mm的凸台结构，如图3所示。凸台内径为26.7mm（公差＋0.1～0mm）与换热管的外径进行配合，通过这样的结构改进使换热管嵌入坡口内部，二者紧密配合后凸台还能起到

焊接衬垫的作用，通过这种结构调整来保证换热管和管板在装配和焊接环节的顺利进行。

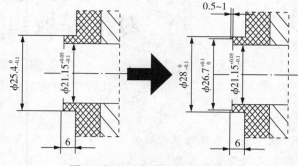

图3　调整后的结构前后对比图

2　工艺方案制定与工艺试验

2.1　工艺方案制定

该管板的表面采用了镍基堆焊，因此1.2节中所述的结构均由镍基材料构成，镍基合金中的镍和铬等元素成分使得该材料具有很高的抗腐蚀性和热稳定性，但同时也使其成为一种难切削金属材料，在加工过程中存在切削抗力大，加工硬化严重以及堆积热严重等困难，这会造成加工过程中刀具的切削刃磨损严重，强度下降，甚至可能发生刀具崩碎造成工件损伤等更大的问题。

因此在加工镍基合金的过程中，为了避免上述问题的发生，一般选用切削刃较为锋利，强度较好的刀具，并对进给量和切削深度进行控制，减少刀具和被加工表面的摩擦力，同时要选择多次加工的方式，尽可能保证最终的加工质量。

根据上述情况初步选择了硬质合金铣刀进行铣削的工艺方案，根据图纸尺寸选择直径φ5.7mm，有效切削深度为20mm的立铣刀进行加工试验，刀具外形如图4所示。

2.2　工艺试验

工艺试验应当模拟产品实际加工的各种情况，因此在试样的制造过程中选取了与产品相同的管板锻件、堆焊材料以及相同的加工设备。并按照初步设计的加工方案进行加工，在加工参数上选取了较

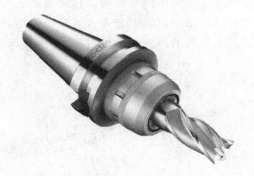

图 4   φ5.7mm 硬质合金立铣刀外形图

为文件的加工参数，刀具转速 $S=1000$rpm，进给量 $F=40$mm/min，并按照工艺方案中切削深度选取 1～1.2mm 以及螺旋进刀的方式进行加工。

经过工艺试验，验证这种加工方式加工出来的坡口各项精度完全满足设计图纸的要求，试加工结果如图 5 所示。但是在加工过程中也发现两个较为明显的问题，其一是加工过程中的刀具震颤较大，即在加工中刀具遇到了较大的切削抗力而产生了振动，这对直径不超过 φ6mm 的刀具具有很大的伤害，对于孔数较少的试件可以完成加工，但是对于孔数超过 600 个的实际产品则存在刀具崩碎的风险。其二在加工试样的过程中也暴露出加工效率明显偏低的问题，根据加工轨迹和进给值计算单个坡口的加工时间需要 15 分钟，对于超过 600 个孔数的实际管板，连续加工时间超过 6 天，这将对整个产品的制造周期产生重大影响，并且加工中较为薄弱的刀具部分也可能因为存在崩碎的隐患而造成更多的问题，因此工艺试验证明了工艺方案的可行性，但刀具寿命和加工周期上的风险和不足说明仍需要对工艺方案进行优化。

图 5   硬质合金立铣刀试加工实物图

3   工艺优化分析与非标刀具的设计和制造

3.1   工艺优化分析

在设备以及加工材料已经无法更改的情况下，将工艺优化的重点落到刀具的优化上。刀具的选用是机械加工中最重要的组成部分，尤其是上述内容中提及的效率和稳定性两个方面，对于稳定性的提升应当从提升刀具的整体刚性来考虑，由于采用铣加工的工艺方式，这样刀具的加工直径就会被限制到与槽宽完全一致的 φ5.7mm，甚至改进后的更小直径，因此变换切削方式是提升稳定性的选择之一。对于环形坡口的加工除铣加工以外还可以选择刀具切削回转直径与被加工环形坡口直径相同的加工方式，即按照管孔中心定位后采用刀具一次性完成坡口加工。

根据孔间距外径 φ32mm 以及调整后的坡口外径 φ28mm，确定刀具切削刃的回转直径为 φ30mm，由此可见采用这种加工方式刀具的回转直径从之前约 φ5.7mm 提升至 φ30mm，刀具直径的提升会给刀具整体刚性带来显著的提升，并有助于提高刀具的进给量，这种工艺优化思路可以在稳定性和加工效率上同时得到提升，但是这种刀具的结构形式和尺寸是没有成品可以采购的，因此对于该工艺优化的执行需要非标刀具的设计来实现。

3.2   非标刀具设计与制造

在非标刀具的设计中，工件的结构以及被加工区域的特点是第一因素，设备的输出能力以及刀具的装卡方式为第二因素，除此以外通用性和经济型也是需要考虑的因素。从这些因素出发，分别对应刀具设计结构如下。

（1）切削刀片的选择：由于采用了非标铣削刀具的设计思路，那么刀具切削刃的回转直径和切削宽度需要与待加工的管板焊接坡口的尺寸和形状保持一致，因此该非标刀具的端部设计为圆柱形结构，并镶嵌切削刃作为主要执行机构。

在刀片的材质选择上，考虑到镍基合金的加工难度，选择硬质合金作为切削刀片的材质，这是由于硬质合金刀片的硬度、韧性以及导热率均大于普通高速钢材质的刀片。但是由于一般的重工业制造厂不具备硬质合金刀片所需的粉末冶金流水线，因此在切削刀片方面选择国际主流厂家的成品刀片是保证经济和性能的首选。

除刀片材质外，还应当选择了具有正前角的切槽刀片，这样在加工镍基堆焊层时刀片刚性和切屑的控制上都有足够的裕量。

（2）卡块的设计：卡块主要用于安装1中所选择的刀片，目前国际主流厂家所生产的刀片，其卡块均根据切削刀片的形状进行专项设计，并在承力结构上进行了优化，因此本文在卡块的设计上参考了成品切槽刀的设计结构，这样就可以将技术风险降到最低，所以采用了D28×4的标准模块，然后轴向上选用单螺钉固定刀片，在径向上选用三螺钉固定卡块，在刀片后方设计了环向支撑体来保证刀具的装卡足够牢固。

（3）刀体、刀柄结构选择：根据机床主轴的结构，选择了通用的直柄侧固式的结构，由于这种结构为常见的现代数控刀具结构，因此选择成品进行采购是首选。

（4）在制造方面，切削刀片采用成品采购，卡块设计完成后考虑到刀体和刀柄结构的通用性以及连接稳定性，也选择了同一供货厂家进行供货，除刀片外材质均选择为45♯钢调质状态，最终完成刀具设计图纸如图6所示。

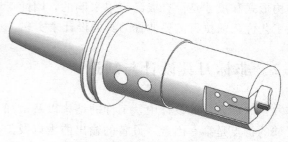

图6　非标刀具整体设计结构图

4　工艺试验与实际应用

4.1　工艺试验

由于采用了通用的设计标准，因此设计完成后的制造较为顺利，并且按照专用刀具的设计思路，

没有设计加工范围的调整机构，因此也就无需对刀具进行调试，采用螺钉组合安装后即可使用。安装过程以及安装后的刀具端部如图7、图8所示。

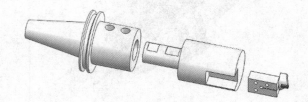

图7　非标切槽刀具安装过程示意图

图8　安装完毕后的非标切槽刀具端部

随后与原铣刀的试验方案相同，进行了非标刀具的工艺试验，由于非标刀具坚固的刀体和刀片装卡牢固程度均由于之前的立铣刀，在工艺试验中将工艺参数审定为转速 $S=350rpm$，进给速度为 $F=10mm/min$，由于在加工过程中既无须标准铣刀使用中公转加自转的加工方式，也不需要经过螺旋形轨迹才能完成最终加工，而是直接定位后进行加工，经过测算单个环槽的加工方式约为1分钟，在加工质量相同的情况下，加工效率提升了15倍，图9所示为工艺试验加工过程图。

图9　工艺试验加工过程图

4.2　实际应用

在管板堆焊、热处理及孔群深孔加工等前置工序完成后，保持与工艺试验的条件完全相同的情况下，进入到该镍基堆焊管板与换热管对接坡口加工工序，由于选择了刚性优良的龙门铣床；配合牢固的夹具以及专用非标刀具，所有对接坡口的加工十分顺利，另外在加工过程中增加了冷却液的使用，起到了润滑和冷却的双重作用，在加工过程中没有产生刀具突然损坏以及加工硬化等影响加工的危险因素，最后经检查所有尺寸完全合格，满足后续装配和焊接工序的技术要求。

5　结论

该型废锅是该用户最重要的换热设备之一，而此类内孔焊对接坡口加工是管板与换热管装焊的重要前置工序，本文采用了非标铣刀的工艺方法，克服了镍基材料难加工、经济性差以及加工周期长等缺点，在整个工艺改进过程中积累了一定的加工经验，对同行厂家有一定借鉴作用。

参 考 文 献

[1] 郑文虎. 难切削材料加工技术 [M]. 北京：国防工业出版社. 2008.

[2] 韩荣第，于启勋. 难加工材料切削加工 [M]. 北京：机械工业出版社，1996.

[3] 徐宏海. 数控机床刀具及其应用 [M]. 北京：化学工业出版社，2013.

[4] 胡义良，杨晓成. 镍基合金的窄间隙焊接工艺 [J]. 电焊机，2008，38（3）：65−66.

[5] 张亮，曲萍，李涛，车莹. Alloy 625 镍基合金管板的加工与检验 [J]. 压力容器，2007，(8)：75−79.

[6] 逯来俊，杨帆，王延平，等. 镍基合金在高压换热器制造中的应用 [J]. 电焊机，2011，(12)：82−84.

[7] 樊险峰，韩建伟，何华庆. 汽水分离再热器新蒸汽换热器管板组件制造工艺研究 [J]. 电站系统工程，2002，(4)：25−27.

作 者 简 介

关庆鹤，男，工程师，哈尔滨锅炉厂有限责任公司工艺处，150046，0541−82199210，guanqinghe@163.com

大直径多孔双面堆焊管板制造技术

王　翰　贾小斌　王金霞　王志刚　周彩云　郑维信

（兰州兰石重型装备股份有限公司　兰州　730087）

摘　要　介绍了大直径、较薄厚度 12Cr2Mo1 锻＋堆焊＋开孔管板的生产制造技术。由于管板直径大，相对厚度较薄，堆焊及开孔时容易发生变形，在制造过程中需要从管板毛坯件加工余量、焊接方法及规范、机加工顺序以及防变形等方面进行控制。

关键词　管板；大直径；12Cr2Mo1 锻＋堆焊；多孔；防变形

Manufacturing Technology of Large Diameter Porous Double-sided Welding Tube Plate

Wang Han[1,2]　Jia Xiaobing[1]　Wang Jinxia[1,2]

Wang Zhigang[1,2]　Zhou Caiyun[1,2]　Zheng Weixin[1,2]

（1. Lanzhou LS heavy equipment co., LTD., Lanzhou 730314

2. Pressure vessel special material welding key lab cultivation base of Gansu province Lanzhou730314）

Abstract　Introduces the manufacturing and overlaying technique of 12cr2mo1 forging tube sheet which is large diameter and thin thickness. because of the large diameter and thin thickness , it is easy to deformation when overlaying and machining tube hole。 Also should contrl quality by the process of manufacturing, the machining allowance, welding method and parameter and machining sequence and prevent deformation etc.

Keywords　Tube sheet; Large diameter; 12cr2mo1; tube sheet with overlaying; Deformation

概述

某稳定轻烃项目粗煤气过滤器，管板材质 12Cr2Mo1 锻＋堆焊，总重 13100kg，厚度（12＋190＋6）mm，外径 ϕ（3936＋12）mm。管板上表面（A面）为密封面，堆焊厚度 12mm，下表面（B面）堆焊厚度 6mm。管板上开制 8 个直径为 ϕ814mm 的小管板孔，且 8 个小管板孔内壁有 6mm 堆焊层。各个小管板孔周围 ϕ905mm 分布圆处钻 12－M20 螺纹孔与管板上部内件把装。管板如图 1（A：剖视，B：俯视）所示。

管板外周圈 ϕ3858mm 分布圆上开制 60－ϕ26 紧固螺栓孔，因该螺栓孔孔径相对较小，无法对螺栓孔内壁进行堆焊，采用开孔后在螺栓孔内装焊不锈钢钢管、开孔上下端面采用沉孔＋堆焊的形式。管板下表面（B面），与 8 个小管板对称位置开制（4×）8－M12 螺栓孔用于与管板下部内件把装，以上螺栓孔同样采用沉孔＋堆焊的形式，堆焊完成后再进行钻孔及攻丝。由于管板直径较大，相对厚度较薄，在 A、B 面堆焊、小管板孔开制、小管板孔内壁堆焊过程中很容易产生变形。

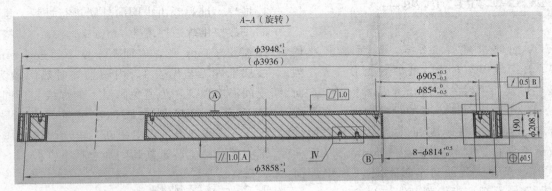

（a）管板主视图

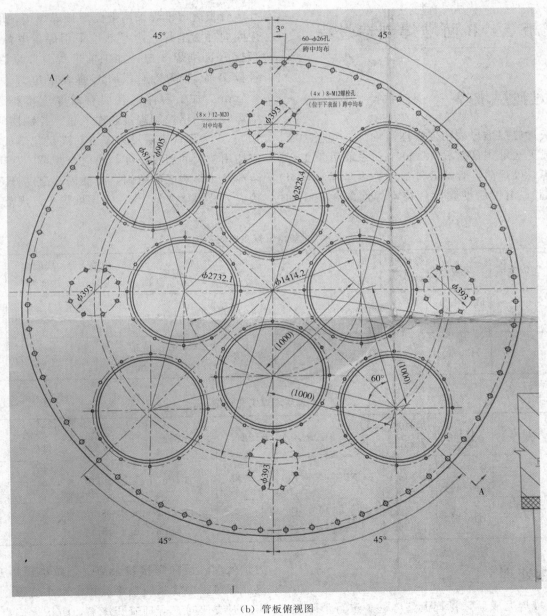

（b）管板俯视图

图1

1 管板毛坯件的机加工

管板 A 面要求堆焊 12mm，B 面要求堆焊 6mm，A、B 面堆焊不对称，堆焊后变形较大，为保证管板堆焊及加工后的最终尺寸及管板 A、B 面不平度，同时考虑表面堆焊时的焊接熔深，在管板锻件毛坯初车加工时在厚度和外径方向上增加余量，即管板毛坯件的尺寸为外径＋15mm、厚度＋4mm。同时，在管板锻件初车时距离 A 面堆焊面 50mm 处锻件周圈车加工的刻度线作为参考。

2 管板 A、B 面堆焊制造过程

2.1 过渡层堆焊

管板过渡层堆焊采用带极埋弧堆焊，管板中心带极埋弧无法堆焊的部位（φ200mm）采用手工焊条电弧焊。堆焊前，管板锻件毛坯炉内整体预热至 150℃以上，出炉后彻底清理待堆焊面氧化皮、油污杂质等，并进行 100% MT 检测，按 NB/T47013.4－2015 中 I 级合格，检测合格后带温进行堆焊。堆焊时由内圈向外圈进行堆焊，堆焊一遍时过渡层堆焊总厚度为 2mm≤δ≤3mm，搭接量控制在 8～10mm[1]，表面不平度不超过 1.5mm，过渡层堆焊工艺见表 1。内圈堆焊时热源较为集中，道间温度偏高，为避免高温下的焊接变形同时降低不锈钢层的热裂纹倾向，尽量采用小规范堆焊[2-3]。如堆焊过程中中断，再次焊接前应使用环形火焰预热工装重新均匀加热整个管板。

2.2 表层堆焊

管板表层堆焊采用带极埋弧焊焊接，堆焊时由内圈向外圈堆焊，中心部位采用焊条电弧焊堆焊。管板 A 面堆焊 6 遍，加工前堆焊总厚度≥12mm。管板 B 面堆焊 2 遍，加工前表层堆焊总厚度≥4.5mm，加工后保证表层有效厚度不小于 3mm。堆焊时，严格控制焊接热输入量，控制层间温度≤100℃。为保证表层堆焊厚度，满足化学成分要求，应使用较大的焊接速度，小电流规范，尽可能缩小熔池及热影响区的范围，降低局部温度升高造成焊接应力及焊接变形[3,4]。表层堆焊工艺规范见表 2。

表 1　过渡层堆焊工艺规范

焊层	焊接方法	焊材	焊材规格/mm	电流极性	电流 I/A	电压 U/V	焊速 v	热输入 kJ/cm	层间温度℃	预热温度℃
过渡层	SAW	H309L＋SJ304	50×0.4	DCEP	650～730	28～32	≥10m/h	84.07	150～250	≥150
过渡层	SMAW	H309L	φ4.0 φ5.0	DCEP	160～180 180～210	22～26	≥150mm/min ≥170 mm/min	18.72 19.27	150～250	≥150

表 2　表层堆焊工艺规范

焊层	焊接方法	焊材	焊材规格/mm	电流极性	电流 I/A	电压 U/V	焊速 v	热输入 kJ/cm	层间温度℃	预热温度℃
表层	SAW	H308L＋SJ303	50×0.4	DCEP	650～730	28～33	≥10m/h	84.07	15～100	≥15
表层	SMAW	H308L	φ4.0 φ5.0	DCEP	160～180 180～210	22～26	≥150mm/min ≥170 mm/min	18.72 19.27	15～100	≥15

2.3 热处理

管板堆焊完成后，将管板整体进炉进行消除应力热处理，消除焊接残余应力，减小焊接变形量。热处理过程中管板应垫平放稳，减小变形。摆放炉车临时支座时，合理避开烧嘴，防止火焰直接打到管板面或支座上，灼伤管板局部。严格控制炉内气氛，采用炉内负压[1]。管板堆焊后消除应力热处理工艺规范见表3。

表3　管板堆焊后消除应力热处理工艺规范

工　序	材　料	加热炉号	装炉温度℃	升温速率℃/h	恒温温度℃及时间 h	冷却方式
消除应力热处理	12Cr2Mo1锻+锻件	5#	≤400	≤70	(690±14℃)×8h	保温结束后以≤80℃/h冷至400℃后出炉空冷

2.4　校平

管板A、B面表层堆焊完成后，为保证堆焊总厚度及管板不平度，增加在万吨油压机进行校平序。经过对管板堆焊后管板变形量的测量，直径方向变形量为30～50mm。油压机校平前先测量管板变形较大处并做好标记，校平时采用多点过量施压的方法反复施压，且A、B面反复施压校平，校平后管板平面度符合图样要求。

3　管板堆焊后机加工

加工时先期以刻度线为基准，加工管板A面表层堆焊层。加工时，应严格控制加工切削量不大于1mm/转为宜。管板直径较大，若切削量过大，易造成管板温度急剧升高、加工硬化应力越大，容易造成较大变形。堆焊层整层车削完毕后，以超声波测厚的方法测量管板A面堆焊层厚度，经多层多处超声测厚，管板A面堆焊层厚度为11.6～12.5mm，满足图纸要求；A面加工完成后，以A面加工后堆焊面为基准加工管板B面堆焊层，辅助超声测厚的方法测量B面堆焊层厚度，经测量，管板B面堆焊层厚度为5.5～6.4mm，满足图纸要求。A、B面加工完成后再加工管板外周圈，尺寸符合图纸要求。

4　加工后开孔

管板A、B面堆焊完成后需开8个直径φ826mm小管板孔，且小管板孔需要内壁堆焊。为保证开孔及孔内壁堆焊质量，防止气割开孔时热量大造成管板严重变形，加之管板表面不锈钢堆焊层较厚，不宜采用传统式气割开孔+镗加工的方式进行开孔。开孔时先进行周圈钻孔，再利用碳弧气刨的方式去除孔桥位置不锈钢堆焊层，中间Cr-Mo钢处再进行气割，气割后再镗床加工孔内壁。该钻孔方式因气割量减少90%以上，从而大大降低因气割时局部温度过高造成管板的变形，按照此方式开孔后经检查，因开孔造成管板的不平度在0.4mm之内，从而很好地控制管板的变形。管板周圈钻孔式开孔如图2。

图2　管板钻孔

5　管板孔堆焊

管板A、B面堆焊、小管板孔的开制以及小管板孔的内壁堆焊是影响管板整体不平度的三个主要生产节点及因素，在前两个生产节点对管板不平度控制良好的情况下管板上小管板孔的内壁堆焊对管板的整体不平度就显得尤为重要。为防止焊接时变形，管板孔堆焊前在变位胎上利用规格为200×800×40（单位：mm）的固定板对管板进行多处对称焊接固定，再进行3～4人同时对称手工焊接的方式进行手工内壁堆焊，孔内壁堆焊完成转镗铣床加工。经测量，管板孔堆焊完毕后管板的整体不平度控制在5mm范围之内。

6 检测及结果分析

6.1 化学成分

表 4、表 5 分别为面层钢带与堆焊后面层的化学成分表。

表 4 面层钢带的化学成分（w%）

	C	Si	Mn	S	P	Cr	Ni	Mo
E308L	0.04	0.9	2.5	0.02	0.03	21	11	0.50

表 5 堆焊后面层化学成分（%）

/	C	Si	Mn	S	P	Cr	Ni	Mo	Cu
要求值	≤0.04	≤0.90	0.5～2.5	≤0.02	≤0.03	18.0～21.0	9.0～11.0	≤0.5	≤0.20
实测值	0.030	0.82	1.30	0.006	0.010	18.84	12.42	2.36	0.07

堆焊所用焊接材料符合技术文件要求。通过堆焊层熔敷金属化学成分实测值与技术要求对比，结果证明熔敷金属化学成分满足图纸要求。

6.2 无损检测

堆焊层表面按 NB/T47013.3－2015 进行 100%PT 检测，检测结果表明表面不存在不可接受缺陷。堆焊层结合面按 NB/T47013.2－2015 进行 100%UT 检测，不存在堆焊层分层等现象。堆焊层厚度测定采用超声波检测，共测定 8 点。检测结果表明堆焊层最小厚度为 11.6mm、5.5mm，最大 12.5mm、6.4mm，满足图纸要求。

6.3 铁素体含量检测

产品技术要求铁素体数 FN＝3～10。按照 WRC 的"不锈钢焊缝金属 WRC－1992（FN）图"[5]，进行堆焊层铁素体数的计算，FN＝8.0。测量结果均满足图纸要求。

6.4 管板尺寸及平面度检测

管板所有堆焊及加工序全部完成后采用水平测量仪检测管板水平度，测定不平度控制在 2～5mm。管板其余尺寸经测量均在图纸要求公差范围内，符合图纸规定。

7 结论

大直径较小厚度多孔管板堆焊前采用预留变形余量，对待堆焊面进行整体预热处理，用带极埋弧焊小电流、小规范；堆焊过渡层后进行进炉消应力热处理，堆焊表层后在油压机上进行校平；开孔时进行钻孔＋气割的开孔方法；孔内壁堆焊时均匀焊接固定、多人对称焊接的制造工艺是可以保证该类管板的最终成型尺寸和平直度。管板堆焊后最终平直度为 2～5mm，证明该技术方案的可行有效性。

参 考 文 献

[1] 郑维信等. 大直径管板堆焊制造技 [J]. 化工机械，2016，43（6）：816－818.

[2] 赵斌等. 焊接热输入量对铁基堆焊金属组织与性能的影响 [J]. 电焊机，2015，46（4）：179－182.

[3] 许超祥. 甲烷化废热锅炉管板温度场与应力分析 [J]. 炼油技术与工程，2014，44（9）：54－57.

[4] 王艳飞等. 焊缝层数对特厚度管板焊接残余应力与变形影响的有限元分析 [J]. 上海交通大学学报，2013，47（11）：1675－1679.

[5] James M N，Hughes D J，Chen Z. Residual stress and fatigue performance [J]. Engineering Failure Analysis，2007，14920：384－395.

C 制造焊接

DMTO 装置两器旋风分离系统现场组装技术

张　勋　王桂清

（中国化学工程第三建设有限公司　安徽　淮南　232038）

摘　要　旋风分离系统是两器设备的关键部件。本文总结了旋风分离器联合支架法安装工艺，同时对内集气室安装及翼阀角度控制等关键环节进行了总结，为同类设备安装提供借鉴。

关键词　旋风分离系统；组装技术

Field Assembly Technique for Cyclone Separator System of Reactor & Re-activator in DMTO Unit

Zhang Xun　Wang Guiqing

（China National Chemical Engineering Third Construction Co. , Ltd
Huainan，Anhui 232038）

Abstract　The Cyclone Separator is the most critical part of Reactor and Re-activator. This Paper has summarized the assembly technique for cyclone separators by joined support method，and the critical points for installation of collection chamber and adjustment of angles of wing valves. The technique is introduced for reference of similar equipment.

Keywords　Cyclone-Separator；Assembly-Technique

　　反应器、再生器是炼油催裂化装置和甲醇制烯烃（DMTO）装置的核心设备，其中作为两器内件的旋风分离器，承担着催化剂、反应油气以及燃烧烟气之间的相互分离，其安装质量好坏，将直接关系到装置能否高效的长期稳定运行（图1、图2）。旋风系统中单件几何尺寸及重量较大，在设备封头安装前必须安装到位，旋风安装需制作联合支架将旋风临时支撑固定，顶部封头安装到位，将一级旋风吊挂固定，二级旋风固定在集气室上。因反应器旋风系统较再生器旋风系统复杂、难度大且旋风组数多，施工工艺以反应器旋风系统为例介绍。本文结合某厂甲醇制烯烃DMTO项目两器项目对安装工艺加以总结，指出疑难点，为今后同类型设备施工提供借鉴。

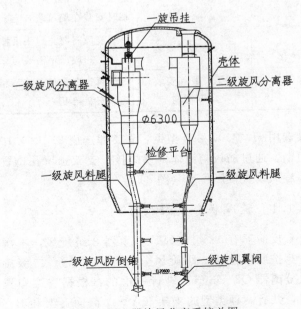

图1　再生器旋风分离系统总图

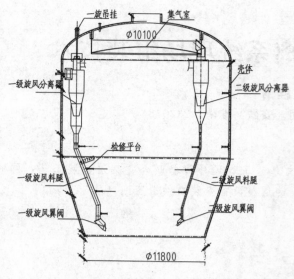

图2 反应器旋风分离系统总图

1 旋风分离系统施工的主要特点、关键工序

其特点及参数见表1。

表1 旋风分离系统施工的主要特点、关键工序

序号	关键工序名称	工序特点、难点、主要实物量及主要技术参数（材质、规格等）	备注
1	旋风联合支架安装	反应器内共有18组旋风，其中一级旋风18个，7.5吨/个，二级旋风18个，6.5吨/个。再生器内共有4组旋风，其中一级旋风4个，6.7吨/个，二级旋风4个，5.8吨/个。全部均需临时安装在旋风联合支架上	旋风联合支架强度需要进行验算
2	旋风分离器安装	一级旋风需要与封头吊挂连接，二级旋风出口与内集气室封头焊接。一旋出口需要与二旋入口焊接	组对精度要求高
3	料腿、翼阀安装角度控制	每台翼阀安装角度都不相同，到货时应在现场进行静态试验，确认安装角度。	组对、焊前、焊后均需进行角度测量

梁选用HM300×200型钢，斜支撑选用2L100×10角钢，通过筋板与筒体内壁焊接。支架预留孔位置为旋风垂直投影位置（图3）。

2.1.1 旋风联合支架验算

反应器有18组旋风、再生器8组旋风，本次计算按照反应器一级旋风分离器（7.5t）、二级旋风分离器Q2（6.5t）进行考虑的，根据支架布置图，共有两种类型的支架（A－A截面支架和B—

2 施工工艺

安装程序：旋风料腿放入→旋风联合支架安装→旋风临时放置旋风联合支架上→集气室安装→上封头旋风吊挂安装→封头（含集气室）转体吊装组焊→一级旋风安装找正→二级旋风安装找正→料腿安装→翼阀安装。

2.1 旋风联合支架安装

反应器共有18组旋风，一级旋风分离器18只，固定在上封头吊挂上、二级旋风分离器18只，通过出口弯头与集气室连接，二级旋风进口接一级旋风出口。安装前首先将36个旋风临时放在联合支架上，支架上口标高为反应器上筒体向下4800mm，确保旋风临时固定后旋风上口高度低于上筒体和上封头对接口，避免影响封头焊接。一般旋风上口要与封头与筒体接口焊缝距离不小于300mm，旋风联合支架主梁选用HN400×200，次

B截面支架），对每种支架受力分析及校核如下：

图3 旋风临时联合支架安装

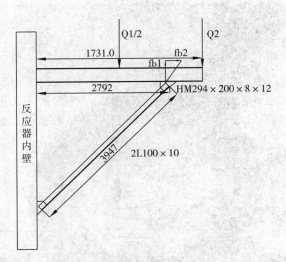

图4　截面A—A

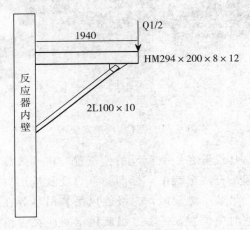

图5　截面B—B

① 支撑角钢的端面承压能力校核

以 a 点为研究对象，由于机构需要保持平衡，根据静力学平衡方程知：

$$f_{b1} \times l_{ac} - Q_2 \times l_{ad} - \frac{Q_1}{2} \times l_{ab} = 0$$

已知 $l_{ab} = 1400mm$，$l_{ac} = 2792mm$，$l_{ad} = 3462mm$，得出 $f_{b1} = 9.94t$。

由相似三角形得：$\dfrac{l_{ae}}{l_{ce}} = \dfrac{f_{b1}}{f_b}$，已知 $l_{ce} = 3947mm$，$l_{ae} = 2941mm$，得出 $f_b = 13.34t$。

角钢的截面面积 $A = 2A_1 = 2 \times 19.3cm^2 = 3860mm^2$

角钢端面承受的压应力 $\sigma = \dfrac{f_b}{A} = \dfrac{13.34 \times 10^4}{3860} = 34.56MPa$

则 Q235B 钢的许用应力为 $[\sigma] = 143MPa$，满

足要求

② HM294×200×8×12 的抗弯能力　产生的弯矩图如下：

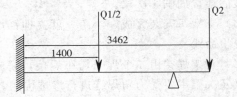

图6　截面A—A支架受力图

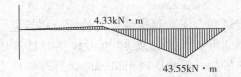

图7　截面A—A支架弯矩图

最大弯矩 $M_{max} = 43.55kN \cdot m$ 已知 HM294×200×8×12 的截面模量 $W = 738.83cm^3 = 738830mm^3$ H 型钢的弯应力为 $\sigma = \dfrac{M_{max}}{W} = \dfrac{43.55 \times 10^6}{738830} = 59MPa$

查表知 Q235B 钢的许用弯应力 $[\sigma] = 143MPa$ 满足要求

③ 焊缝强度计算

施加于支座上的外力最终由支座与设备内壁之间的摩擦力和支座与设备内壁的焊缝来克服，本次忽略支座与设备内壁之间的摩擦力，只考虑支座与设备内壁之间的焊缝强度。

焊缝受到的剪力：

$$f_v = \dfrac{Q_2 + \dfrac{Q_1}{2}}{A_2} = \dfrac{102500}{17080} = 6.0N/mm^2 = 6.0MPa$$

A_2 为焊缝面积

查表知 Q235B 的焊缝抗剪强度为 $[f_v] = 106MPa$，满足要求。

综上所述，支座满足要求。

④ B—B 截面支撑

根据 A—A 计算过程可知，该支架满足要求。

2.1.2　联合支架安装

（1）联合支架安装前需要确认料腿及其余两器附件已吊入设备内，料腿已临时固定在容器内壁。

（2）在设备上筒体提前焊接好联合支架支座，

按照支架图在筒体内壁放好线，避免高空作业。

（3）利用吊车首先将支架 3 根 H400×200 主梁安装到位，然后均布安装周围 HM300×200 次梁。最后连接周围小次梁。

（4）支架每安装完成一小跨，就立即铺设跳板并设置生命线。

（5）支架焊接由 4 个焊工均布焊接，完成后需对主梁及次梁主要受力角焊缝进行渗透检测。

2.2　旋风分离器临时就位

旋风联合支架焊接完成并检验合格后进行旋风分离器的吊装。首先从 90 度方位逆时针开始一级旋风的吊装，一级旋风出口方向保持与切线方向成 6.5 度夹角，在其切线方向需临时定位。

一级旋风每吊装完一台要有专人负责监测联合支架的受力情况，每吊装完 6 台旋风，要间隔 1 小时再进行下一阶段吊装。一级旋风全部吊装完毕后，停留一天再进行二级旋风的吊装。

2.3　内集气室安装

内集气室主要有材质为 Q245R δ＝28mm 的碳钢筒节、S32168 δ＝16mm 不锈钢筒节、S32168 SR10100 δ＝16mm 球面封头、18 个二级旋风的接管弯头。

反应器上封头组焊检验合格，标出十字心（0°、90°、180°、270°），下口找水平，安装一级旋风吊挂。集气室在平台上进行筒体组对，两筒体焊接为异种钢焊接，焊材选用 A302、H12Cr24Ni13。球形封头分片组对，撑完缝后需加临时支撑固定，防止变形。

集气室在平台开孔，开孔需要提前放好大样保证开孔精度。安装二级旋风吊挂（接管弯头），点焊固定合格转体，按对应度数与封头组焊。封头自重 87.6t，集气室自重 37.8t，组对成整体合重 126t，加衬里重量最终吊装重量 215t。集气室安装接管弯头，点焊固定即可切不可焊接，安装二级旋风时作为调整余量。

2.4　旋风分离器安装

设备封顶后，在封头仰脸位置挂两个 10t 倒

图 8　内集气室现场安装图

链，吊耳设置在一级旋风吊挂位置，将一级旋风逐个吊起吊杆固定就位，标高、垂直度及进出口方位找正。吊装二级旋风，二级旋风吊装吊耳焊在集气室外壁对应位置。一、二级旋风组对应在自由状态进行，首先将进口与一级旋风出口连接，再将弯头吊挂与二级旋风出口连接。重点监控如下几点：

1. 首先检查由二旋接管弯头下口水平度，标高，控制在允许范围内。一级旋风吊挂安装的方位、入口标高，出口标高是否与相应的二旋入口标高相匹配。

2. 将各组旋风用倒链拉起，二级旋风进行对口，一级吊杆用销轴连接好，吊杆垂直度不得大于 1mm。

3. 经调整后，一旋入口中心标高允许偏差±5mm，旋风的垂直度不得大于 5mm。

4. 进行二级旋风分离器集气室弯头下直口焊接，焊接时应对称同步施焊，旋风下部随时有人观测旋风垂直度变化情况，垂直度的测量是通过预先放置在旋风顶部中心拉的直径 0.5mm 细钢丝进行的。

5. 调整两台旋风分离器的中心距，使其与设

计值偏差不大于 2mm。

6. 一旋出口、二旋入口及二旋出口与集气室弯头焊接采用氩弧焊打底，多层多道焊接。焊接结束后进行渗透检测，并将定位板去掉并打磨，复测垂直度数值。

2.5　料腿、翼阀、检修平台安装

1. 旋风料腿在联合支架安装前先放入筒体内，沿筒壁放置稳妥，一、二级旋风找正，用倒链将旋风对应料腿吊起与旋风下口对接。焊接前将料腿支撑全部安装找正，防止料腿焊接变形。

2. 翼阀安装前，首先要做好静态试验，确定翼阀的原始角度；翼阀角度一般由设计给定，角度太小，翼阀频繁开关，影响翼阀寿命；翼阀角度太大，料腿内催化剂料位高，会影响旋风分离器效率。现场采用角度仪及制作安装角度样板两种方法进行翼阀角度控制，具体如下：

（1）严格按照冷态试验时给定的角度进行安装。

（2）料腿下口打磨完毕检查合格后，用两个倒链将翼阀对角悬吊牢固，并使料腿标记与翼阀标记吻合，采用角度仪调整至翼阀静态试验安装角度，利用磁力线坠确保翼阀两侧的垂直度，并用水平仪测量打磨后的水平度，合格后焊接限位板。

（3）按照焊接工艺对翼阀进行焊接，并用角度仪监测翼阀角度。可通过调整焊接起始位置来控制焊接变形，如变形过大则应切除后重新定位焊接。

3. 检修平台安装

反应器、再生器设备内部各有 4 层检修平台，检修平台利用设备壳体吊装前焊接在设备内壁的临时牛腿组成临时平台组装，临时牛腿采用 L100×10 角钢制作。检修平台连接板与拉杆提前焊接好，减少高空作业。

3　结束语

在甲醇制烯烃 DMTO 项目两器安装中，利用联合支架法安装旋风分离器，安装质量一次检验合格，最终一次投料成功，得到业主及业界的认可，也为公司承揽同类工程提供技术支持。

作 者 简 介

张勋，男，工程师；通讯地址：安徽淮南洞山西路 98 号中化三建技术部，邮编：23200，联系电话：13462693059，电子邮箱：zhangxun1984yujie@163.com

合成回路蒸汽发生器制造技术

王金霞[1,2]　张建晓[1,2]　张　凯[1,2]　贾小斌[1,2]　李义民[1,2]　郑维信[1,2]

（1. 兰州兰石重型装备股份有限公司　兰州　730314；

2. 甘肃省压力容器特种材料焊接重点实验室培育基地　兰州　730314）

摘　要　国产化合成回路蒸汽发生器，在该项目的研制过程中出现了诸多技术难题。本文介绍了该设备的结构特点，并对设备制造和检验等环节存在的技术难点进行了深入分析，提出了有效的解决方案，从而为该类换热器国产化提供经验参考。

关键词　合成回路蒸汽发生器；管板；焊接

Manufacturing Techniques for the Synthesis Loop Steam Generator

Wang Jinxia[1,2]　Zhang Jianxiao[1,2]　Zhang Kai[1,2]　Jia Xiaobin[1,2]　Li Liming[1,2]　Zheng Weixin[1,2]

（1. Lanzhou LS heavy equipment co. , LTD. , 730314 Lanzhou；

2. Pressure vessel special material welding key lab cultivation base of Gansu province 730314 Lanzhou）

Abstract　Localization synthesis loop steam generator in many technical problems appeared in the course of the development of the project. This paper introduces the structure characteristics of the device，and the equipment manufacturing and inspection，we deeply analyzed the existing technical difficulties，put forward the effective solution，which provides the experience for this kind of heat exchanger domestic production reference.

Keywords　FT; tube sheet; weld

0　引言

合成回路蒸汽发生器是化肥生产装置中的核心设备，操作工况特殊，气体从转化炉输入口通过管箱内件，在高温高压下长久冲刷管板，极易对管头造成损伤、直至角焊缝开裂，设备发生泄露。目前国内在役设备均依赖国外进口，几经尝试国产化制造，但尚无成功投入使用的先例。笔者为提高设备国产化质量，制定了主体材料采用国产材料，优化换热管与管板焊接接头焊接及装配顺序等具体方案。

本文将通过对换热器优化设计制造，力求打破国外制造商对此类设备的垄断格局，较大提高了我国石化装备制造业的创新能力，推进了我国合成氨成套装备国产化的进程。

1　设备介绍

1.1　设备结构

合成回路蒸汽发生器结构如图1所示。主要由管箱、管束、壳体三部分组成，管箱内部有弯管组件、膨胀节等内件组成，高温高压下的气体通过管箱内件进入换热管，冷却并副产高压蒸汽，使之成为驱动蒸汽透平的能量来源。由于该换热器处于合成系统的前端，而且副产的高压蒸汽又作为透平的重要来源，一旦换热管或管箱出现较大泄漏，就会导致整个合成氨装置停车。因其工艺要求苛刻，设计时采用了较为特殊的管板与换热管连接形式。在

设备制造时，管板采用先与换热管焊接，再堆焊管板管程侧耐蚀层的工艺。这样的设计优点是，保证管板的耐热性，增加管头的可靠性，减小管头泄露事故率，降低设备停车次数，提高生产效率。

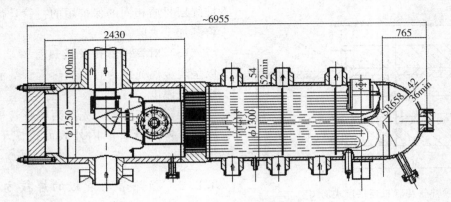

图 1　合成回路蒸汽发生器结构图

1.2　设备基本参数

合成回路蒸汽发生器基本设计参数见表 1，设备所用主要材料见表 2。

表 1　合成回路蒸汽发生器基本设计参数

设备型式	U 型管式换热器	
设备直径（mm）	$\phi1300/\phi1250$	
换热管规格（mm）	$\phi38.1\times5$，最短直段 $L=2960$	
换热管数量（根）	U 型管 132	
	管程	壳程
设计压力（MPa）	16.6	13.53
工作压力（MPa）	15.41	13.03
设计温度（℃）	420/管板 495	346
工作温度（℃）	467/380	331
介质	工艺气体（氢+氮+氩+氨）	水+水蒸气
换热面积 m²	90.1	
排污率%	1	

表 2　合成回路蒸汽发生器设备材料

部件名称	材料牌号
换热管	SA - 213 Gr. T22
管板	12Cr2Mo1Ⅳ
管箱筒体、平盖	12Cr2Mo1Ⅳ
壳程筒体、封头	18MnMoNbR

2　主要优化设计点

设备管程为工业气主要成分为氢气、氮气、氩气、氨气，设备运行条件恶劣，属于高温高压临氢设备，且在运行过程中还承受交变载荷。管程材料选择需考虑高压氢脆、高温瞬变、断裂腐蚀、氮化等问题，采用 12Cr2Mo1 锻件。壳程只考虑高温高压选择强度较高的 18MnMoNbR 钢。设计制造时考虑了两种材料对焊接、热处理要求不同，采取在 12Cr2Mo1 钢坡口表面堆焊 607RH，热处理后与 18MnMoNbR 钢焊接，再按 18MnMoNbR 钢要求的热处理温度进行退火。由于两种材料强度不同，圆筒厚度不同，采取焊接过渡的方式连接，结合探伤检测对坡度的要求，合理地设计该焊接接头结构。

3　主要制造难点控制

3.2　换热管与管板的连接

管板与换热管接头承受系统在运行中由于各种因素变化所产生的交变应力，需要确保换热管管端

的密封性，避免产生间隙腐蚀和振动疲劳破坏，保证管板管箱侧耐高温性能。且本设备管板与换热管连接形式特殊，为管板与换热管管头先进行焊接，再堆焊管板管程侧镍基，换热管与管板连接形式详见图2。

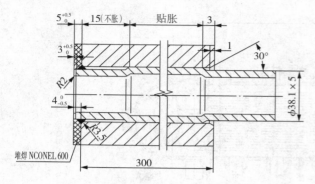

图2　换热管与管板连接形式简图

3.2.1　换热管与管板的焊前准备

为保证管头焊接质量，在产品焊接前应做好以下准备工作：

（1）国内换热器设计标准规定，管板均为先堆焊耐蚀层，合格后再钻管板上换热管孔及拉杆孔[1,2]，本设备设计为管板需先与换热管组焊，再堆焊耐蚀层，并进行大量焊接试验验证，确定管头焊接为手工焊（图3）。

图3　管头焊接评定焊接中

（2）因管板管程侧堆焊层厚度高于换热管伸出长度，堆焊层厚度为5mm，换热管伸出高度为4mm（见图2），为保证在堆焊过程中不损伤换热管，避免焊流进入换热管内壁，通过几项准备方案的实践，最终确定为在换热管管头内壁点焊一个与堆焊层材质相同的保护用的衬管，待堆焊完毕后再将其加工去除。

（3）对管板管孔及换热管管端进行机械清理，以呈现金属光泽为宜。换热管管端清理长度不得低于管板厚度。

（4）在穿管前，先用丙酮将管板管孔、管板管程侧、换热管管端内外表面擦洗干净，并检查清洁度。

3.2.2　换热管与管板的焊接方式

换热管与管板的焊接主要分两大步骤：

（1）换热管与管板角接接头的焊接

为保证熔透，管板与管头焊接处坡口选用如下图4所示的形式。

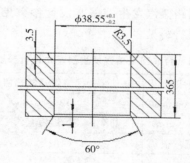

图4　管板管孔详图

换热管和管板的强度焊至少需要焊两层，管头的焊接应采用氩弧焊，其焊接接头应在焊接完成24小时后应进行100％PT＋100％RT检测（仅限管头铬钼钢基层），以符合NB/T47013中Ⅰ级为合格。根据焊接工艺评定，焊接采用手工钨极氩弧焊，全位置焊接，焊丝为TG-S2CM（φ2.4mm），焊后要求焊角高度为3mm，具体焊接规范见表3。

表3　管头焊接规范

预热温度	道间温度	焊接电流	电源类型和极性	焊接电压	焊接速度	焊后后热温度及时间	气体流量
150℃	150～250℃	150～170A	直流正接	15～17V	70～90mm/min	(300－350)℃×1h	8～12L/min

焊后对管头进行消除应力热处理，以消除焊接残余应力，如图6所示。

（2）管板管程侧的堆焊

管板管程侧的堆焊需在管束立置时进行，焊接位置为平焊，堆焊前在换热管内壁点焊保护用内衬管，如图7所示。

堆焊管板管程侧 INCONEL600 时，先采用手工钨极氩弧焊在换热管端部及管子管板角焊缝周圈进行堆焊，焊丝为 INCONEL 82（ERNiCr-3）规格为 φ2.0mm；再使用焊条电弧焊对管板孔桥及其他部位进行堆焊，焊条为 INCONEL 182（ENiCrFe-3）规格为 φ3.2mm，具体焊接规范见表4。

管板管程侧过渡层堆焊完毕，对管板堆焊处进行消除应力热处理，以消除焊接应力。

图 6　管头局部消除应力热处理

图 5　管头焊接

图 7　换热管内壁保护衬管点焊

表 4　管板堆焊焊接规范

项目	首层预热温度	首层道间温度	其余层道间温度	焊接电流	电源类型和极性	焊接电压	焊接速度	气体流量
手工钨极氩弧焊	150℃	150～250℃	15～150℃	150～170A	直流正接	15～17V	80～100mm/min	8～12L/min
焊条电弧焊	150℃	150～250℃	15～150℃	90～110A	直流反接	20～24V	120～140mm/min	/

3.2.3　管板与换热管的焊缝

为保证焊缝质量及密封性，在管头焊后需进行以下工作：

（1）在管头第一遍焊接完毕后对管头进行100％渗透检测，按 NB/T47013.5－2015 要求的Ⅰ级为合格，完毕后清理干净试剂。

（2）管头第一遍焊接完毕后按照 HG/T20584－2011 附录 A 中的 B 法进行氨渗漏试验[3]。如发现泄漏，按照要求，查找泄漏点，补焊后进行100％渗透检测，清理干净后重新做氨渗漏试验；

（3）管头焊接完毕后对焊接接头进行100％射线检测，按 NB/T47013.2－2015 要求的Ⅱ级为合格，技术等级为 AB 级[4]。如发现不合格管头，需按照原焊接工艺重新焊接、探伤。

（4）管板管程侧镍基堆焊时，需每堆焊一层，进行100％PT 渗透检测一次，按 NB/T47013.5－2015 中Ⅰ级要求。堆焊时若发现堆焊焊道上存在颜色发蓝或发红应及时予以去除。

（5）镗床加工去除换热管内衬管时，采用合适的刀具，以免伤及换热管。衬管去除后对换热管内壁进行100％渗透检测，按 NB/T47013.5－2015 要求Ⅰ级。如发现缺陷，则需进行返修处理。

3.2.4　管板与换热管的胀接

在设备高压、高温工况条件以及长周期运行的要求下，换热管与管板连接处的结构强度、密封性能、抗拉脱能力、残余应力和间隙腐蚀是该设备制造的关键问题。根据《固定式压力容器安全技术检查规程》的规定[5]，在产品正式胀接前进行胀管评定试验，采用某公司制造的超高压液压胀管机（型号：YZJ－500）进行胀接试验，通过对试样进行拉脱力测试，并对试样进行解剖等，确定胀管压力等参数后在产品上进行了胀接，以消除间隙，减小介质在缝隙中形成死区而造成腐蚀。

4 结语

（1）管板采用先与换热管焊接，再堆焊管板管程侧耐蚀层的工艺，保证了管板的耐热性，增加了管头的可靠性，减少了管头泄露事故率。

（2）采取在 12Cr2Mo1 钢坡口表面堆焊607RH，热处理后与 18MnMoNbR 钢焊接，再按18MnMoNbR 钢要求的热处理温度进行退火，成功地解决了异种钢焊接难题。

（3）合成回路蒸汽发生器，采用新型换热管与管板连接结构国产化设计及制造，通过制造此类设备，逐步总结出合成回路蒸汽发生器的制造难点和解决方案，并不断改进，确保设备运行安全。

参考文献

[1] GB/T 151—2014，热交换器［S］.

[2] NB/T47014—2011，承压设备工艺评定［S］.

[3] HG/T20584—2011，钢制化工容器制造技术要求［S］.

[4] NB/T47013—2015，承压设备无损检测［S］.

[5] TSG 21—2016，固定式压力容器安全技术监察规程［S］.

作者简介

王金霞（1985－）女，甘肃张掖人，大学本科，工程师，现主要从事压力容器制造技术研究工作

工作单位：兰州兰石重型装备股份有限公司

详细联系地址：甘肃省兰州市兰州新区昆仑大道 528 号兰州兰石重型装备股份有限公司，邮编 730087

稿件联系人：王志刚

联系人邮箱：13919292199@163.com

联系人电话：13919292199

C
制造焊接

四喷嘴水煤浆气化炉制造技术

张志敏

（兰州兰石重型装备股份有限公司 兰州）

摘 要 气化炉的制造要求相对苛刻，如喷嘴同心度、平面度；壳体椭圆度、同心度；激冷环环隙等尺寸偏差的制造要求严格。论述了各个零部件的制造工艺，对制造难点的控制上做了详细的阐述。

关键词 气化炉；制造；检测；准直望远镜；焊接

Manufacturing Technology of Four-nozzle Water-coal Slurry Gasifier

Zhang Zhimin

(Lanzhou LS heavy equipment co. ，LTD. ，Lanzhou 730314)

Abstract The manufacture requirements of gasifier are relatively harsh，such as the concentricity and flatness of the nozzle；the ellipse degree and concentricity of the shell；The manufacturing requirements of the dimension deviation such as the clearance of the quench ring are strictly. The manufacturing process of each component is discussed，and the control of manufacturing difficulty is expounded in detail.

Keywords gasifier；manufacture；detection；alignment telescope；welding

0 引言

近几年，随着煤化工行业产能的增加，气化炉设备的市场需求也逐渐增多。我公司近期制造的一种四台水煤浆气化炉，采用四喷嘴对置式新型结构，由气化室与激冷室两部分组成，其中激冷室采用内壁堆焊结构。由于设备直径、壁厚均较大，且制造过程中对设备椭圆度、直线度、同心度等要求相对苛刻，因此对设备各个零部件的加工及最终成型的控制将直接决定设备的质量。文中对设备的制造难点进行了探讨。

1 设备结构特点和设备参数

该气化炉为立式设备，主体材质为：SA387Gr11Cl2，气化室规格为 $\phi=3200mm$，板厚 $\delta=100/110mm$；激冷室规格为 $\phi=3400mm$，板厚 $\delta=100/110mm$。设备结构简图如图 1 所示。

2 关键零部件制造要点及质量控制

设备制造完成后关键尺寸是否达标，直接取决于每个关键零部件的合格与否，因此对每个关键节点制定最佳的工艺方案至关重要。以下将详细介绍设备关键零部件的制造工艺及控制措施。

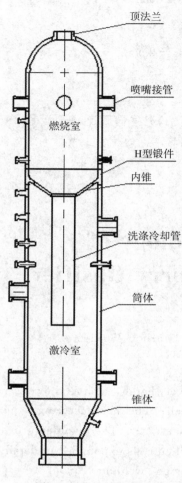

图 1　气化炉结构简图

标注文字：顶法兰、喷嘴接管、燃烧室、H型锻件、内锥、洗涤冷却管、筒体、激冷室、锥体

2.1　球形封头组件的制造

概述：封头下料时考虑冲压减薄量，成型工艺采用整板热冲压成型，成型后进行"正火＋回火"热处理（带封头母材试板，以验证冲压热处理后的力学性能），热处理时封头端口加支撑防止变形。立车平封头端口，以封头端口找正加工接管开孔坡口，一刀车制，保证同心度。装焊顶法兰后，进炉进行退火热处理，出炉后以封头顶部中心线为基准加工法兰八角槽密封面及法兰内孔，再以法兰密封面为基准加工封头坡口，保证封头与顶法兰同心。

2.1.1　成型控制措施

1）封头热处理防变形控制

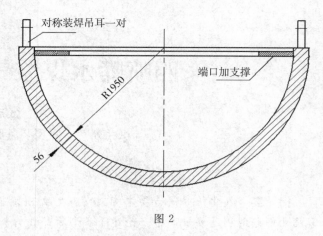

图 2

标注文字：对称装焊吊耳—对、端口加支撑、R1950、56

2）装焊顶法兰控制

a. 封头放置在找平的平台上（图 3）。

b. 以平台面为基准找平：接管上端平面与平台面不平度不超过 0.5mm，预热点焊 4 点后进行检测。确保无误后进行定位焊。

3）同心度控制

a. 以封头顶部中心线为基准加工法兰密封面及内孔；

b. 以法兰密封面为基准加工封头坡口，一刀车制，保证同心。

2.2　筒节的制造

概述：筒节的成形及加工尺寸为壳体制造的关键，钢板从下料尺寸就进行严格控制。筒节在四辊卷板机上冷卷成型，并严格控制钢辊下压量，卷板时随时清理钢板脱落的氧化皮，防止压伤钢板表面，保证卷板的质量及周长尺寸。筒节校圆时严格用样板检查曲率，以保证壳体椭圆度符合要求，校圆后，单节筒体两端口均加装米字形支撑，防止筒节因自重而导致椭圆度的增大。单节筒体带支撑在立车上加工筒节环缝坡口，以保证筒体装焊后壳体直线度的要求。

2.2.1　装焊喷嘴接管筒节的加工及喷嘴的组装

由于制造要求中对四个喷嘴接管尺寸偏差的要求相当苛刻，因此装焊喷嘴接管筒节的成型尺寸至关重要；喷嘴接管内径留 6mm 加工余量，且八角槽密封面与栽丝孔均在喷嘴接管装焊并消除应力热处理后加工，能更好地确保四个喷嘴接管的尺寸偏差要求。

左侧边栏：C 制造焊接

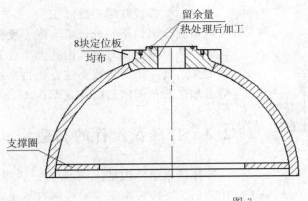
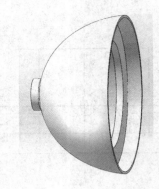

图 3

（1）划线

a. 筒体校圆合格后在立车上平上下端口，利用立车工作台划出喷嘴接管装焊位置中心线高度位置线，如图 4。

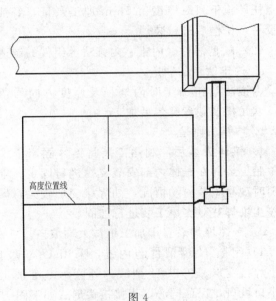

图 4

b. 在平台上做标准圆，确定标准圆中心线，将标准圆中心线垂直上移，与装焊喷嘴接管中心线高度位置线交点即为喷嘴接管中心点，以中心点为基准划开孔气割线、加工线和检查线（如图 5）。

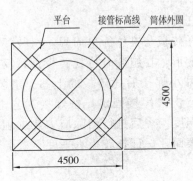

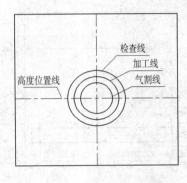

图 5

（2）镗孔

a. 气割开孔后，以检查线找正后镗四个喷嘴孔。

b. 喷嘴开孔采用与喷嘴接管间隙 0.5mm 的 U/V 型坡口，便于定位接管。

c. 检查四个喷嘴孔加工几何尺寸、同心度、中心线标高尺寸和孔加工误差等。

（3）组装喷嘴接管

a. 准备一块 5 米×5 米的平台，用水平仪将平台找平，水平度不大于 1mm；如平台水平度超过此偏差要求，则立车加工平台，保证平台放置筒体范围内水平度要求。

b. 将筒节吊至在平台上，并将喷嘴接管与专用支座用螺栓把紧（支座立板与底板焊后加工成型，保证二者垂直），吊起插入喷嘴孔。

如图 6 所示。

c. 检查喷嘴接管组装尺寸，符合要求后，组装支撑工装进行定位固定，如图 7 所示。

（4）焊接及热处理

焊接时喷嘴接管两两对称、内外对称焊接，尽可能减小焊接变形，焊后进行消除应力热处理，装炉时筒体立置，控制升温速度，使焊接应力缓慢释放。

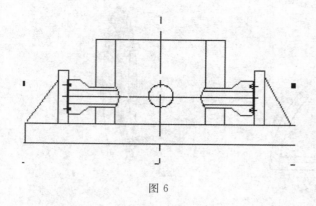

图 6

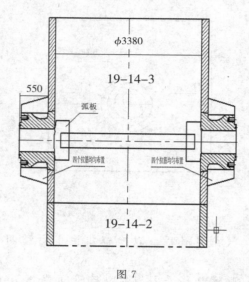

$\phi 3380$

19-14-3

550

弧板

四个拉筋均匀布置

四个拉筋均匀布置

19-14-2

图 7

（5）喷嘴接管的检测

a. 喷嘴接管同心度测量：采用测微准直望远镜检测四个侧壁烧嘴同心度。

测量方法：

测微准直望远镜主要利用光学原理，在一喷嘴内孔处内搭建两三脚支架，利用百分表调整后定位第一、第二个中心点，利用上述方法在其相对喷嘴内孔处搭建第三个中心点。将测微准直望远镜放置在一端喷嘴处，对称喷嘴段放置光源，调节准直望远镜目镜十字光标与第一、第二三角支架目标中心点在一条直线上，此直线即为基准轴线。对称喷嘴接管三角支架目标中心点与基准轴线的距离，即为同心度偏差，如图8所示。

b. 四个喷嘴接管中心线平面度测量：利用经纬仪在四个喷嘴的中心线所组成的平面位置建立一个与筒节中心基准线相垂直的回扫平面，测量四个烧嘴内孔中心相对于回扫平面的偏差值，四个喷嘴内孔中心最大偏差值即为平面度误差。

（6）喷嘴接管同心度修正

根据检测结果，分析喷嘴同心度偏移方向及偏移量，从而确定每对喷嘴内孔加工方式，再加工去除内孔余量，加工后按上述方法再次进行测量，合格后加工八角槽密封面及栽丝孔。

2.3　托砖盘组件的制造

托砖板组件包括 H 型锻件、内锥、内锥法兰、托砖板。托砖板水平度的控制直接决定气化炉燃烧室耐火砖铺设的偏差；H 型锻件与内锥、内锥法兰组件的同心度直接决定激冷室中洗涤冷却管的同心度。因此这两部分的制造质量尤为关键。结构简图如图9。

（1）托砖板的制造

托砖板下料时厚度留 5mm 加工余量，经油压机校平，铣槽后进行装焊。

（2）H 型锻件、内锥、内锥法兰组件的制造

a. 内锥法兰的制造

内锥法兰粗加工时内外径及厚度方向均留余量，八角槽及栽丝孔焊后加工。

b. 内锥的制造

1）锥体成型后，利用工装将锥体固定于堆焊变位胎上，并在锥体内部安装支撑进行固定。堆焊时随时观察工装松动情况，如焊接变形较大，需及时停止堆焊并对支撑工装进行加固。

2）锥体堆焊后立车加工锥体大端坡口。

3）组装 H 型锻件与内锥，采用 U/V 坡口，减小焊接变形。再以 H 型锻件外圆为基准加工内锥小口坡口，保证同心，焊接接头形式如下图10。

4）组装内锥法兰，焊后以 H 型锻件外圆为基准加工法兰待堆焊面，堆焊后再加工堆焊层及法兰内孔处阶梯孔。

5）加工法兰栽丝孔（与洗涤冷却管中水环管法兰配钻）。

（3）托转盘组装

由于托砖板与锥体为单面焊，组装托砖板时需考虑焊接变形，在组装时将托砖板预留反变形余量2mm，以减小焊接后托砖板的上翘。组装完毕后，托砖板加装支撑焊接固定，按焊接工艺进行施焊，注意控制温度。焊后进行消除应力热处理，立车加工托板上表面，保证托砖板水平度不大于±2mm。

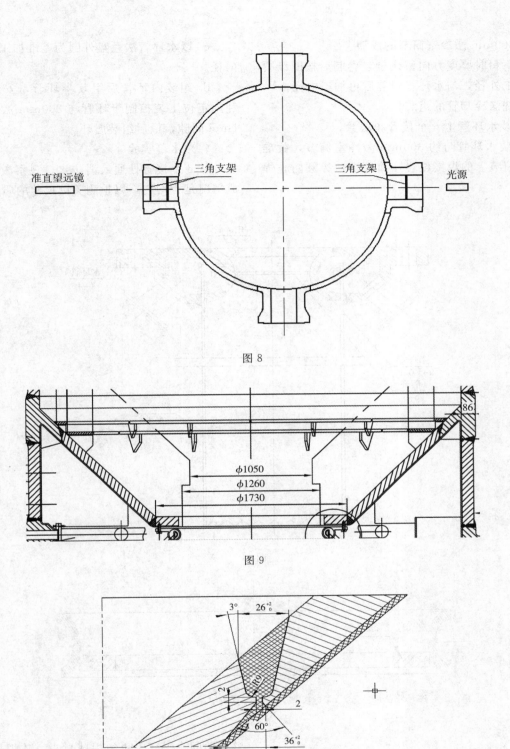

图 8

图 9

图 10

2.4 洗涤冷却管的制造

洗涤冷却管主要由水环管、半环管、内环管和降液管组成,其中半环管的加工及装配后与降液管内壁 1mm 间隙为关键技术节点。结构简图如

图 11。

(1) 内环管的制造

a. 内环管为一环形管件,将圆管煨制成圆环,煨制时应防止褶皱的产生;

b. 利用工装装夹工件,立车加工成型(图 12)。

（2）300mm激冷室筒节的成型

筒节下料时厚度方向留余量，卷制后按图纸要求立车加工外径，与水环管组装后再加工内径。

（3）洗涤冷却管的组装

a. 组装水环管上6个接管和法兰。

b. 组装水环管与约300mm激冷室筒节，找准水环管在筒节上的焊接位置，筒节端口撑圆防止焊接变形。

c. 以水环管法兰盘外圆为基准加工激冷室筒节内径。

d. 组装内环管后组装半环管，安装半环管时利用定位工装控制半环管与300mm激冷室筒节间1mm间隙，最后组装唇环。

（4）水幕实验

从6个接管处通入消防水，观察激冷环水幕形成情况是否均匀，以检测关键尺寸的质量。

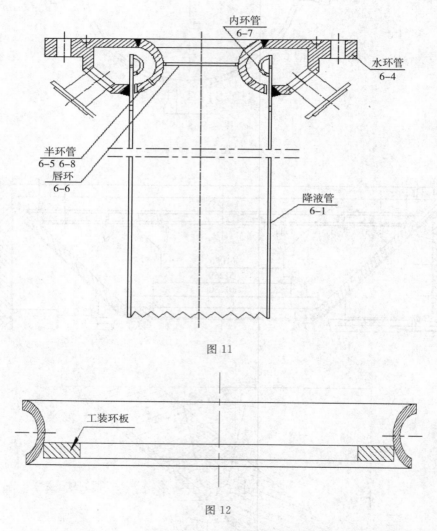

图 11

图 12

2.5　总装

壳体共分为四部分进行整体组装，具体如下：

第一部分：设备法兰、短节、锥封头；第二部分：急冷室壳体；第三部分：气化室壳体与筒体大锻件焊接组件；第四部分四：球封头组件。如图13所示。

a. 依次组装一、二、三部分壳体，组装时调整转胎间水平度。再组焊球封头，装焊封头时调整顶法兰与炉体中心线的偏差不大于3mm，控制任意向上顶法兰表面与炉体中心线角度偏差。

b. 炉体整体同心度检查方法

在底部大法兰内孔处搭建两个三脚支架，利用百分表调整后定位第一、第二个中心点，利用上述方法在顶法兰处搭建第三个中心点。将测微准直望远镜放置在顶法兰端，在底部大法兰端放置光源，调节准直望远镜目镜十字光标与第一、第二三角支架目标中心点在一条直线上,此直线即为基准轴线。顶法兰三角支架目标中心点与基准轴线的距离,即为同心度偏差。

c. 按制造技术要求将所有尺寸偏差检查合格后,设备整体进炉进行最终消除应力热处理;热处理后进行探伤并再次按制造技术要求测量尺寸偏差。

d. 镗加工底部大法兰密封面。

e. 设备按要求进行水压试验。

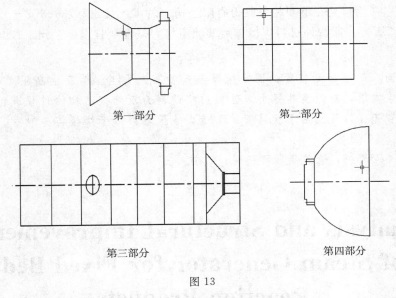

第一部分　　　　第二部分

第三部分　　　　第四部分

图 13

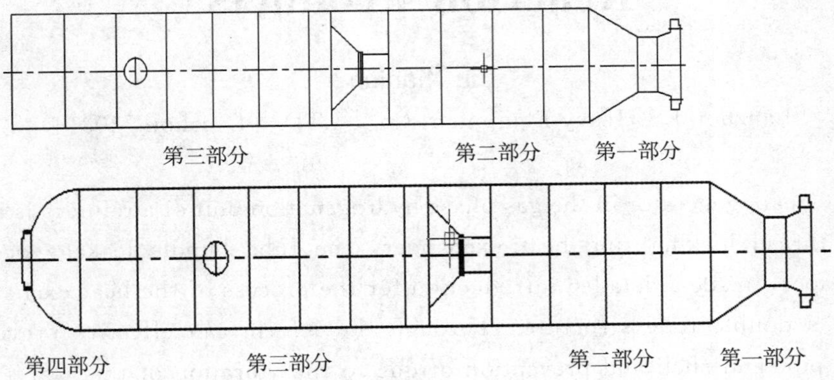

第三部分　　　第二部分　第一部分

第四部分　　　第三部分　　　　第二部分　第一部分

图 14

3　结语

气化炉是煤气化项目中的核心设备,每个关键部位的尺寸要求达不到标准都可能导致设备产物不达标,因此对每个关键工序的制造都必须严格把控才能保证设备的整体质量。

参考文献

[1] 张利伟,都吉哲,张晖,等. 水煤浆气化炉的制造 [J]. 压力容器,2005,22 (4):26—30.

[2] 孟震. 气化炉制造的过程控制和检验 [J]. 电焊机,2011,41 (12):72—76.

[3] 刘晓宇,张景旭,陈宝刚,等. 大口径望远镜四通垂直度检测方法研究 [J]. 激光与红外,2015 (12):1462—1466.

[4] 金向红. 带极堆焊工艺在化工设备制造中的应用 [J]. 石油和化工设备,1998 (4):26—28.

[5] 苗磊,何成哲,赵殿福. SA387Gr11CL2 钢的焊接 [J]. 焊接技术,2010 (s1):50—52.

固定床反应产物蒸汽发生器事故分析及结构改进

刘仙君

（兰州兰石重型装备股份有限公司 甘肃 兰州 730087；
甘肃省压力容器特种材料焊接重点实验室培育基地 甘肃 兰州 730087）

摘 要 对某炼油厂气相加氢装置的固定床反应产物蒸汽发生器为高温高压螺纹锁紧环式换热器，在运行过程中发生管束内漏，对此换热器由单管板结构改制为双管板结构的过程进行了详细的介绍。通过改制可有效地防止管壳程窜压及由于换热管震动造成管板与换热管焊接接头泄露。可为此类似结构热交换器制造提供借鉴。

关键词 换热器；双管板；螺纹锁紧环串漏；改制

Analysis and Structural Improvement of Steam Generator for Fixed Bed Reaction Products

Liu Xianjun

(Lanzhou LS Heavy Equipment Co., LTD., Lanzhou 730314)

Abstract The steam generator in the gas phase hydrogenation unit of a refinery is a high temperature and high pressure thread locking ring heat exchanger, the tube bundle leakage occurred during the operation, in this paper, made a detailed introduction for the process of the heat exchanger from a single tube structure into a double tube structure. Through the reform can effective prevention of pressure channeling between pipe and shell and prevention of due to the vibration of the heat exchange tube, the welding joint between the pipe plate and the heat exchange pipe are leaked. This can provide reference for the manufacture of heat exchangers with such structures.

Keywords heat exchanger; double tube; thread locking ring; string leakage; reform

我公司承制的某炼油厂气相加氢装置的固定床反应产物蒸汽发生器，其用于将悬浮床加氢裂化工艺第二阶段的固定床气相加氢裂化反应产物热量传递给除氧水，以产出工艺用蒸汽。设备在炼油厂运行约半年时间，发现管束有内漏现象，即管程介质与壳程介质发生内部串漏，设备紧急停车后经技术人员检查，发现换热管与管板焊接接头有多处泄露。换热器返回我厂解剖后经检测确定，管板孔之间有贯穿性裂纹。经与用户及设计院分析后确定将换热器单管板改造为双管板，文中就对此泄露的原因及对此换热器改制过程进行了介绍。

1 固定床反应产物蒸汽发生器简介

固定床反应产物蒸汽发生器（以下简称设备）为螺纹锁紧环式热交换器，设备型号为[1]：DEU $1500-\dfrac{19.35}{4.12}-780-\dfrac{6470}{25}-2\,\mathrm{I}$，设备规格为（内径×壁厚×总长）：$\phi1500×92×9559$，设备净重 表1。
95400kg，其结构简图见图1，设备设计参数见

表 1　设备设计参数

设计参数	壳程	管程
设计压力 MPa（G）	16.4/FV	21.35/FV
操作压力 MPa（G）	4.12	19.35
设计温度 ℃	300	435
操作温度 ℃（进/出）	253.5/245.10	363.92/260
液压试验压力 MPa（G）	20.5	32.97
工作介质	除氧水/蒸汽	GPH 反应产物（中度危害、易燃易爆）
主体材料	板材：14Cr1MoR	换热管：S32168；管箱：12Cr2Mo1＋堆焊
设备内径 mm	$\phi1500$	$\phi1560$

本设备原设计为单管板结构，换热管与管板连接方式为贴胀加强度焊结构，连接接头简图见图2。

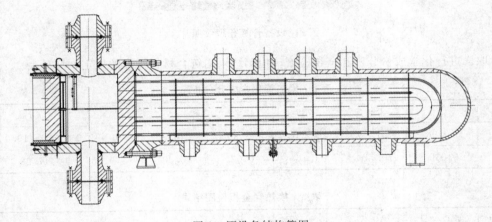

图 1　原设备结构简图

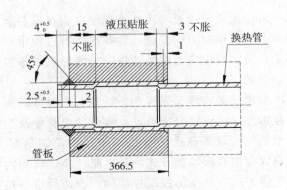

图 2　原设备换热管与管板连接方式简图

2　管束内漏原因分析

设备返回我厂抽出管束后，拆出管箱内件，对管箱隔板进行割除，沿壳程侧切割去除所有换热管，将留在管板内的换热管加工去除后对管板孔进行100％PT检测，发现管程侧管孔端口部位出现裂纹，裂纹长度为56～60mm，约占整个管板面积1/8左右，详见图3。经对发现裂纹的管孔紧邻的管孔打磨1mm，然后对打磨的管孔进行100％ PT检测发现裂纹清晰，裂纹长度为56～60mm，经判断属管桥穿透性裂纹。

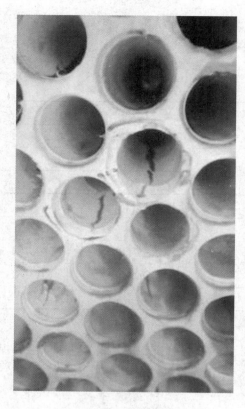

图3 设备管板孔裂纹照片

对换热管取样进行化学成份分析和金相检测，检测结果均符合材料标准的规定，详见表2、表3和图4。

表2 换热管化学成分分析结果

元素	C	Si	Mn	P	S	Ni	Cr	Ti
要求值（%）	≤0.08	≤1.00	≤2.0	≤0.035	≤0.030	9.0～12.0	17.0～19.0	≥5C
检测值（%）	0.030	0.51	1.16	0.029	0.001	9.28	17.28	0.31

表3 换热管金相检测结果

非金属加杂物（级）	A0.5	B0.5	C0.5	D0.5	Ds0.5
奥氏体晶粒度（级）	6.0				
显微组织	奥氏体组织（见图4）				

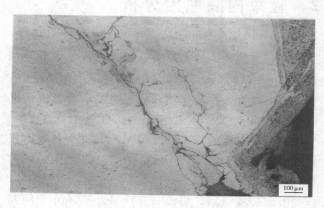

100 μm

图4 换热管显微组织

由于此设备管板与换热管焊接接头在设备运行时所受的结构应力较复杂，设备在运行过程中产生震动，从而发生应力腐蚀开裂，最终导致设备发生泄露现象。

由于设备管程和壳程介质特殊[2]，混合后极易引起爆炸。经设计分析论证，将设备单管板改为双管板结构，设备改造后管板部位结构简图见图5。换热管与内管板连接方式为强度胀，换热管与内管板连接方式为贴胀加强度焊结构，改造后设备换热管与内外管板连接接头简图如图6所示。

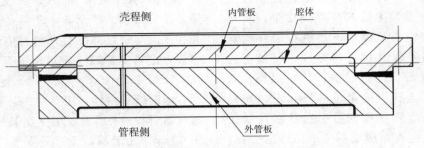

图 5　设备改造后管板部位结构简图

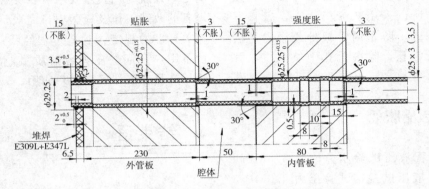

图 6　改造后设备换热管与内外管板连接接头简图

3　设备改造

3.1　管箱部分改造

由于设备已经使用一段时间，所以将管箱整体进行炉内消氢处理，以消除管箱扩散氢和残余应力，然后将管箱上管板气割去除后，等离子气割去除管箱隔板等，最后重新加工管箱与外管板环向焊接接头坡口。由于管箱部分属于利旧使用，在改造过程中及热处理时对管箱螺纹、管箱密封面及管箱接管密封面均进行保护，防止损伤。

3.2　换热管及其他内附件利旧改造

原换热管从管程侧切除后，换热管长度减短，设计对管束长度相应的进行了调整。拆卸管束后将旧换热管清洗平管头后逐根进行水压试验，然后按新设计图纸重新进行下料，对不合格换热管重新补料制作。对管束部分的拉杆、定距管、折流板、支持板、滑道板、隔板以及管箱部分的分程隔板、管箱盖板、螺纹锁紧环、密封盘、垫片等内附件进行检查，对无法修复使用件重新下料制作或采购。

3.3　双管板制造

管板加工时[3]，为了保证内外管板孔的同心度、垂直度及钻孔质量，在钻孔时使用深孔数控钻，确保钻孔方向与穿管方向相同以利于后序换热管穿入，特从壳程侧启钻。加工后，对管板孔靠壳程侧开槽，外管板钻孔后，对管板管程侧用莫氏锥柄立铣刀加工 R2 的焊接坡口，然后组焊内外管板环向焊接接头。内、外管板组对时，在管孔中均匀穿入芯棒及定位螺栓定位。穿入的芯棒与管孔为紧配合以控制内外管板装配及焊接变形引起管孔不同心，在内、外管板的外侧用定位螺母把紧定位螺栓，以防止在焊接内、外管板环向焊接接头时管板外鼓变形。内管板与外管板组焊后的组合件为双管板。

3.4　管箱与双管板组焊及最终热处理

由于利旧管箱接管法兰的存在，造成无法使用常规自动焊机焊枪，而管箱筒体环向焊接接头厚度厚，直径较大，如果采用人工焊接则效率太低，且质量不稳定，对自动焊机焊枪进行了改造后进行焊接，提高了焊接效率及焊接质量。管箱与双管板环向焊接接头组焊后进炉进行最终消除热力热处理[4]，热处理时对管箱螺纹、管箱密封面及管箱接管密封面等进行保护，防止损伤，双管板组焊时穿入管板孔中的定位芯棒和定位螺栓不拆除，防止管板因热处理变形引起管板孔错位及管板外鼓变形，在管箱螺纹部位采用环形支撑，防止因管箱热处理引起螺纹部分变形导致螺纹锁紧环无法旋入。由于内管板比外管板厚度小，双管板中间有空腔，所以采用双管板在上，管箱开口端朝下的装炉方式，防止内管板外鼓。出炉后对换热管管孔进行铰孔，除去管孔中氧化皮，并清洗管板孔中油污等。

3.5　胀管评定及胀管

设备改造后壳程液压试验压力改为 4.5MPa，同时增加双管腔体液压试验，试验压力 4.5MPa。换热管与内管板连接方式采用液压强度胀，为制定合理的胀管参数，特制作胀管评用试压壳，试压壳管板与设备内管板厚度相同，试压壳管板孔开槽与设备管板孔开槽方法相同。试压壳管板与换热管接头采用液压强度胀，胀管压力 230MPa 至 250MPa，胀管后对试压壳进行液压试验，试验压力 6MPa，保压 30 分钟无泄漏，试压结果完全满足设备要求。按新设计图纸搭管束骨架，穿引换热管时控制换热管伸出外管板的长度。现对内管板与换热管连接部位进行液压强度胀接，胀接压力 240MPa，其次，对外管板与换热管连接接头进行强度焊接，最后，对外管板与换热管连接部位进行液压贴胀，胀接压力 180MPa。

3.6　设备水压试验及总装

对双管板腔体进行水压试验[5]，试验压力 4.5MPa，保压时间 60 分钟无泄漏，无可见变形，满足设计要求。将设备管束穿入设备壳体，对设备壳程法兰与管板部位 Ω 环密封垫环向焊接接头进行组焊，把紧设备螺栓后对设备壳程进行水压试验，试验压力 4.5MPa，保压 60 分钟无泄漏，无可见变形。组装管程内件，用专用工装旋紧螺纹锁紧环后对设备管程进行水压试验，试验压力 26.7MPa，保压 60 分钟无泄漏，无可见变形。设备在制造过程中按技术要求进行的无损检测和理化检测，结果均满足本设备专用技术要求及相关标准的规定。至此设备的改造工作及检验项目完成，完全符合设计及相关标准的规定，制造过程经我厂产品质量部门、设备用户及锅炉压力容器质量监督部门跟踪和检验，产品合格，可交用户使用。

4　结束语

设备的此次改造，比制造一台新设备周期短，也很大程度地降低了成本，为此类设备的改造积累了宝贵的经验。

参 考 文 献

[1] GB 151—2014，热交换器 [S].

[2] 王屹亮. 双管板换热器的特点及应用 [J]. 中国新技术新产品，2011 (18)：161－162.

[3] 蔡莲莲. 双管板换热器的设计、制造及应用 [J]. 机械，2009 (11)：53－55.

[4] 袁翠竹. 管壳式换热器制造工艺对总体质量的影响 [J]. 大连轻工业学院学报，2005 (2)：152－154.

[5] TSG 21－2016，固定式压力容器安全技术监察规程 [S].

超大型薄壁密集塔盘特种材料塔器制造技术

高学明

（上海森松压力容器有限公司　上海　201323）

摘　要　超大型薄壁塔器要比厚壁超大型塔器制造难度大，是压力容器制造行业中的共识，而薄壁特种材料加密集多层塔盘的超大型塔器，给制造技术增添了更大的难度。本文主要针对这种塔器在分段制造和总装制造上如何控制好塔盘之间的公差、塔器总高度、各焊缝变形量的技术上，给出了具体的解决方法。

关键词　超大型；特种材料；薄壁；多塔盘；控制技术

Manufacturing Technology of Super Large Thin-wall Column Tray Special Material Tower

Gao Xueming

(Shanghai Morimatsu Pressure Vessel Co. ，Ltd，Shanghai 201323，China)

Abstract　It is more difficult to fabricate the huge column with thin thickness than thick thickness which is the common sense. And the huge column with special material，thin thickness and great trays will increase the difficulty of the fabrication. Paper here includes the solutions to control the tolerance of trays，total length of column，and the welding deformation during fabrication in sections or entirety.

Keywords　ultra large；special materials；thin wall；multi tray；control technology

0　引言

超大型塔器往往是客户项目中的核心设备，它的质量决定着项目成功与否，因此制造企业在这种塔器制造上不能有半点差错，否则企业面临的就是不盈利，甚至亏损，这样的案例在各制造企业比比皆是。因此，制造企业只有强大的硬件设施，而没有很好的技术软实力，对于这种结构和特殊材料塔器制造而言，都无法得到很好的产品质量和正常的交期，更谈不上客户的满意度。

本文所阐述的塔器，其长度 70 米，内径 7.6 米，外部最大直径处 9.6 米，筒体壁厚 14～20 毫米，下封头壁厚 22 毫米，上封头壁厚 12 毫米，受压元件材料全部是 A‑240 S32205。塔体共 24 条环缝、74 层塔盘。

图 1 所示为该塔器示意图。

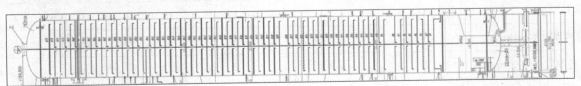

图 1　塔器示意图

特种材料加薄壁，再加密集多层塔盘这种超大型塔器，对许多压力容器制造企业在制造技术上都是一项艰难工作，这不仅是材料特殊，焊接过程要控制铁素体与奥氏体的平衡，更加难的是筒壁薄加超大直径，而这特种材料比常用的压力容器用不锈钢、碳素钢焊接后的收缩量有较大的差异，因此通过对焊接变形量的掌握、焊接坡口的正确选择，才能有效地提出和控制筒体下料尺寸，为整体焊接变形量的控制及塔器高度的整体控制奠定基础。制造中只有控制好焊缝变形量、塔体总的高度、塔盘之间的平行度和平整度公差，才能保证塔器在使用中的性能，从而满足客户要求。

1 焊接变形量的控制

1.1 焊接变形量数据的采集

塔器制造中焊接变形量控制的好坏，将影响到产品制造公差，公差控制不住将影响到塔器设计性能。焊接变形量的控制主要从二方面入手，第一是相关种类材料压力容器焊接后实际测量的焊缝收缩量；第二是从焊接工艺评定试样中提取收缩的数据。

对于双相钢而言，对接焊缝的焊接收缩量与压力容器用不锈钢、碳素钢有较大的不同，且还与筒体的厚度有关；如果选用手工电弧焊、埋弧自动焊、自动气体保护焊、手工气体保护焊、手工氩弧焊，都有不同的收缩量区别。表1是通过生产实践总结列出了双相钢对接焊缝焊接后收缩量值。

双相钢塔器中塔盘与筒体焊接后，筒体的收缩量与压力容器用不锈钢、碳素钢也有不同，同时还与筒体的厚度、焊角高度有关；选用手工电弧焊、手工气体保护焊、手工氩弧焊，对塔器筒体纵向收缩量均有区别。见表2。

1.2 焊接坡口的选择

焊接坡口的形状关系到塔器整体外形平整度，这涉及到采用什么样焊接方法、焊接位置、焊材的节省。对于塔器主要的纵、环焊缝，既要考虑埋弧自动焊、气体保护自动焊，也要考虑手工气体保护焊、手工电弧焊、手工氩弧焊。因此，焊接坡口的选择不仅关系到焊接设备能力、焊工技能，还要考虑焊接合格率、交货期等。

图2至图7所示是14~20毫米双相钢塔器筒体对接焊缝坡口结构详图。

表1 双相钢塔器筒体纵、环缝各种焊接方法的焊缝收缩量汇总表（单位：mm）

焊接方法	手工电弧焊	埋弧自动焊	自动气体保护焊	手工气体保护焊	手工氩弧焊
材料厚度 3~7mm	1.2	1.2	1	1	0.8
材料厚度 8~12mm	1.1	1	0.8	0.8	0.7
材料厚度 13~20mm	1	0.9	0.7	0.7	0.6
材料厚度 ≥21mm	0.9	0.8	0.6	0.6	0.4

表2 双相钢塔器塔盘与筒体三种焊接方法的筒体收缩量汇总表（单位：mm）

塔盘焊角高度	3~4			5~8		
焊接方法	手工电弧焊	手工气体保护	手工氩弧焊	手工电弧焊	手工气体保护	手工氩弧焊
材料厚度 3~7mm	—	0.6	0.5	—	0.9	0.8
材料厚度 8~12mm	0.8	0.5	0.4	0.9	0.7	0.5
材料厚度 13~20mm	0.5	0.4	0.3	0.6	0.5	0.4
材料厚度 ≥21mm	0.4	0.3	0.2	0.5	0.4	0.2

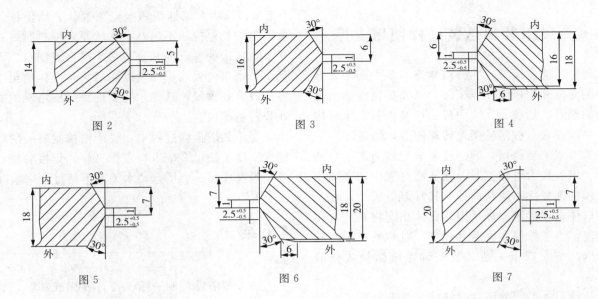

图2　　　　　　　　　图3　　　　　　　　　图4

图5　　　　　　　　　图6　　　　　　　　　图7

2　塔体总的高度控制

　　本文所述的塔体共有 24 条对接环焊缝，74 层塔盘支撑圈均采用双面 6 毫米焊角高度。这么多焊缝累加起来，如果考虑不周，实施过程中焊接收缩量过大或过小极易造成总的高度失控，特别是塔盘之间的公差失控，如果出现失控状况，塔器将无法满足设计要求。

2.1　筒体排版及下料要求

　　由于塔器直径大，每个筒节均按二至三张板组成，接长后要保证筒节板的直线度，更重要的是要保证筒节周长、长边的平行度，如果每节筒节由二至三张板拼成，下料时按同一公差控制，根据表 1 数值，筒节周长焊接后公差影响可以忽略不计；如果每节筒节由多张板拼成，根据表 1 数值就要考虑累加了，只有这样才能保证卷制后筒节的周长公差要求。因此，根据表 1 和表 2 所列数值，及对接焊缝留出的间隙，在筒体排版下料图中就必须明确下料尺寸，更应考虑焊接坡口的保留间隙值。

　　在给出下料尺寸时，必须给出公差要求，并应严格按此执行。

2.2　下料后检查控制

　　上面提到的重要性，在实施阶段的控制非常重要，而下料过程一定是有误差的。因此，下料完成后的检验和记录，是整个制造阶段控制的重要一环，这些检验数据应当及时提供给技术人员，以便由技术人员总的控制下料过程和总装过程的尺寸控制。

2.3　分段组装与总装控制

　　按塔式容器制造要求，最大高度公差不超过 ±40 毫米[1]，如果没有很好地将尺寸公差控制住，则如此多的环焊缝和塔盘角焊缝，足以将塔体总高度和塔盘间的尺寸缩短或增高若干而超出公差要求。因此，在组装环缝过程中，必须按照焊接工艺评定对接焊缝组装间隙的要求进行组装。

　　这种大型塔器对于制造商而言，为了保证制造进度及制造场地的利用率，往往会采用分段制造再总成，所以塔盘间的尺寸公差控制就更加难。在制造过程中，如果各筒节组装成整个塔体，则塔盘间的尺寸控制相对容易；如果各筒节组装分成三大段或二大段制成，并且将塔盘同时组装好、焊接好，则总装后的尺寸公差控制难度更大。

　　因此，按表 1 和表 2 计算好各组装段和总装后的尺寸，以及塔盘与关键接管间、塔盘与塔盘之间、塔盘与各大组装段之间的尺寸，是非常重要的一环，控制的正确，环缝、塔盘与筒体角焊缝焊接完成后，公差会符合行业标准[1]和客户要求，控制失误则将造成重大损失或严重延期交货。

2.4 分段组装和总装过程使用支撑

薄壁筒体（筒节）在分段制造过程中必须加装米字型支撑和钢板圈支撑工装，从而保证在制造过程中的组对、划线、组装内件、组装接管、组装塔盘、平面焊接、在滚轮架上转动创造好的条件。

为节省工装材料，制造商多选用普通碳钢中的型钢、钢板作为支撑工装。在实施过程中，必须要确保碳钢部分决不能与筒体直接接触。因此，在工装与筒体直接接触部分采用与筒体相同材料的双相钢过渡。为了确保在制造过程中，避免铁离子污染双相钢，所有碳钢工装外表全部涂漆防护或垫隔保护。

这种超大型薄壁塔器的筒体（筒节）除了内部支撑，外部还必须用足够厚度和宽度的钢板圈保护，以便在滚轮架上转动时不使筒体（筒节）产生内凹。

3 塔盘之间的平行度和平整度公差

一台塔器制造公差将是影响到其性能好与坏判别标准之一，因此对制造商而言，一定要满足客户的要求和行业标准是最高标准，比如客户要求塔盘水平度公差要求 3 毫米。制造过程中除了满足行业推荐标准中的公差[1]，更要满足客户提出的制造公差要求，这样才能达到客户的满意度。

在该塔器制造中是以分成六段，再合成二大段，最后再总成的原则进行。因此，对塔盘与基准平面、各关键管口之间的公差都有比较高的要求。在制造过程中塔盘基准线和水平度必须满足与塔体底层基础面平行，主要采用了以各大段筒节环缝为基准的同时，还要确保每一层塔盘的水平度不超过

1 毫米，采用人工划线和激光束确认，以保证每一层塔盘的公差控制不超差。这就要求下料时每一张筒节板长边的平行度和公差必须严格控制；二大段划出的塔盘位置线，必须以底层为基准传递至上面各分段、各大段，这样才能实现每一层塔盘的间距在公差范围内。

在组装塔盘的过程中，要严格控制每一层塔盘的水平度不超过 2 毫米，塔盘与筒体焊接后经过校形，最终使每一层塔盘的水平度不超过 3 毫米。

4 结语

超大型塔器的制造除了按行业标准和客户要求外，在保证焊接质量前提下，要保证组装及焊接后的塔体总高度、塔体的直线度、塔盘与底层基准平面的平面度公差、塔盘与塔盘之间的平面度公差、塔盘与各关键管口之间的平面度公差，而且还要控制好制造过程中筒节、分段、总成、总体吊装防变形、各环节中的工装支撑与保护等因素。本文通过多台产品制造归纳出了双相钢的焊缝收缩量，它比不锈钢、碳素钢收缩量要小，为今后制造双相钢产品提供了依据。

总结与归纳是为更好地制造优质产品，只有满足了这些要求，才能为客户提供合格的产品。

参 考 文 献

[1] NB/T47041－2014《塔式容器》

作 者 简 介

高学明（1959—），男，工程师，从事压力容器和锅炉制造工艺及技术管理。通信地址：上海市浦东新区祝桥空港工业区金闻路 29 号，邮编：201323，手机：13917790855
Email：gaoxueming@morimatsu.cn

制造焊接

超厚壁海洋承压设备设计制造研究

王志峰[1] 张明建[1] 卞如冈[2] 杜军毅[1] 孙嫘[1] 潘广善[2]

（1. 二重集团（德阳）重型装备股份有限公司 四川 德阳 618013；

2. 中国船舶重工集团公司第七〇二研究所 江苏 无锡 214082）

摘 要 本文针对超厚壁海洋承压设备壁厚超厚、试验压力高、制造技术难度大的特点，介绍了目前国内最大壁厚海洋承压设备的设计和制造情况。从结构设计、材料选择与制造、热套、焊接及无损检测等方面阐述了超厚壁海洋承压设备制造的关键技术。结果表明：设备的设计、制造能满足深海环境模拟装置的使用要求。

关键词 超厚壁；海洋承压设备；制造

Study on Design and Manufacture of Ocean Pressure Equipment with Ultra-thick Wall

Wang Zhifeng Zhang Mingjian Bian Rugang Du Junyi Sun Lei Pan Guangshan

(1. China Erzhong Group （Deyang） Heavy Industries Co. LTD Deyang Sichuan Province 618013

2. China Shipbuiling Industry Group 702 research institute 214082)

Abstract Aiming at the characteristics of ocean pressure equipment with ultra-thick wall such as super thick wall, high test pressure and great manufacturing technology difficulties. In this paper, the status of design and manufacture of the largest wall thickness ocean pressure equipment in China currently is presented. The key technologies of manufacturing ocean pressure equipment with ultra-thick wall are expounded from structure design, material selection and manufacture, shrink-fitting, welding and nondestructive examination. The results show that the design and manufacture of the equipment can meet the requirements of the deep-sea environment simulator.

Keywords ultra-thick wall; ocean pressure equipment; manufacture

0 引言

本项目为国家 863 计划海洋技术领域"深海潜水器技术与装备"重大项目。针对目前国内深海超高压环境模拟试验装置存在的不足，开展了深海超高压环境模拟与检测试验装置的设计与制造研究，突破了大直径超高压模拟试验用承压设备的结构设计、制造的关键技术，为我国深海潜水器等深海装备研发和检测试验提供深海超高压环境模拟试验检测平台，予以重要的技术支撑。

本文以二重集团（德阳）重型装备股份有限公司和中国船舶重工集团公司第七〇二研究所联合研制的深海超高压环境模拟压力筒（简称压力筒）为例，从结构设计、材料制造、热套、焊接及无损检测等方面阐述了超厚壁海洋承压设备制造的难点及关键技术，对同类型设备设计、制造具有一定的指导意义。

1 结构设计及制造难点

1.1 结构设计

通过大型超高压压力筒筒体结构形式的多方案

对比，首次提出了工作压力 90MPa、内径 3000mm 的深海超高压环境模拟与检测装置的结构形式，通过模拟试验和数值计算有效控制了峰值应力水平，兼顾压力筒结构安全性要求和国内现有设备制造能力，提出了压力筒制造技术要求。压力筒的设计参数见表1。

表 1 压力筒设计参数

内径/mm	壁厚/mm	设计压力/MPa	设计温度/℃	介质	主要受压元件材质	质量/t
φ3000	530	90	20	淡水	20MnMoNb、30Cr2Ni4MoV	540

压力筒采用立式结构，底部为锥形裙座支撑（见图 1）。设备主要由下球形封头、三个筒节、热套套筒、密封圈托架、平盖、剪切环及裙座等组成，其中筒节三与热套套筒采用热装套合。平盖上设置若干个测试通道。

筒体和下球形封头采用海洋承压设备常用的 20MnMoNb Ⅳ 锻件，该材料不仅强度高、韧性好，可焊性也良好。因平盖和剪切环无须焊接，故采用强度更高的 30Cr2Ni4MoV Ⅳ 锻件。锻件的化学成分和力学性能要求值见表 2～表 4。

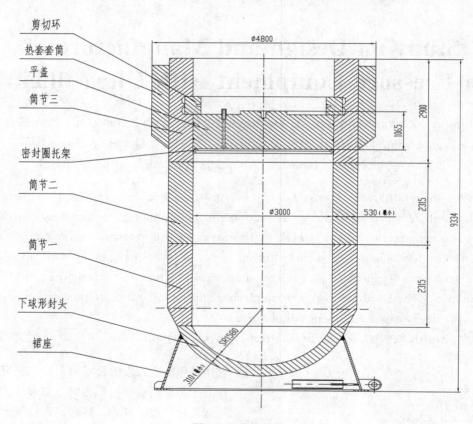

图 1 压力筒结构

表 2 20MnMoNb 化学成分要求（%）

元素	化学分析	元素	化学分析
C	0.17～0.23	Cr	≤0.30
Si	0.15～0.40	Mo	0.45～0.65
Mn	1.30～1.60	Ni	≤0.30
Cu	≤0.25	P	≤0.012
S	≤0.012	Nb	0.025～0.05

表 3 30Cr2Ni4MoV 化学成分要求（%）

元素	化学分析	元素	化学分析
C	≤0.35	Cr	1.50～2.00
Si	0.17～0.37	Mo	0.30～0.60
Mn	0.20～0.40	Ni	3.25～3.75
Cu	≤0.20	Al	≤0.015
S	≤0.012	P	≤0.012

C 制造焊接

表4　力学性能要求

检验项目	试样方向	20MnMoNb	30Cr2Ni4MoV
R_m / MPa	切向	610～780	790～970
R_{eL} / MPa	切向	≥460	≥690
A / %	切向	≥16	≥17
KV_2 / J	切向	≥41（0℃）	≥40（20℃）

（注：20MnMoNb 试样热处理状态：HTMP ＋ PWHT；30Cr2Ni4MoV 试样热处理状态：HTMP）

1.2　制造难点

压力筒平盖、筒体和封头三种锻件，使用的最大钢锭超过 300t，锻件壁厚超过 600mm，其中的饼形件平盖厚度超过 1000mm。由于锻件直径和厚度都很大，其淬透性和均质性受到限制，锻件的探伤、夹杂物、晶粒度和性能要求较难以保证，故需通过对模拟筒体锻件试样的试验性能结果分析，摸索出锻件的冶炼、锻造、热处理等各方面的最佳制造工艺参数。

焊缝深度突破了传统窄间隙埋弧焊机 350mm 的坡口深度，需研制 600mm 坡口专用窄间隙焊机头和大量的焊接模拟试验和工艺研究，研发出高强度材料、超深度焊接、强拘束状态下的焊接工艺，解决焊接过程中易产生冷裂纹和再热裂纹的难题，是迄今为止国内承压设备超厚焊接的一次创新。

热套筒体直径达到 4060mm，壁厚达到 370mm，需对过盈量、加热温度和加热时间进行准确的计算和热膨胀模拟试验，研发出在高温状态下快速套合、准确测量和定位、准确控制套合温度的工艺方案，解决大尺寸筒体热套的技术难题。

筒体内大型环状曲面形为椭圆状，密封槽根部 R 与宽度值不一致，两侧面为锥度，精度要求很高，此复杂曲面密封面需刀具与程序参数相匹配，加工难度很大。需投制模拟加工试验件，设计专用加工工装，采用激光检测定位，开发出专用的加工工艺，解决加工精度及稳定性的难题。

筒体焊缝厚度达到 530mm，超出目前国内射线设备检测能力的范围和标准规定的检测厚度 400mm 范围。需开发出专用无损检测规程。

2　工艺实施

2.1　锻件制造

2.1.1　冶炼

冶炼时严格挑选原辅材料，做到精准控制；严格执行"近净制造"理念要求；在精准控制各包化学成分的同时，精确控制出钢温度及浇钢温度，及时足量地加入发热剂和保温材料，尽量减轻偏析。

2.1.2　锻造

根据各个锻件的外形特点，制定以保证锻件内部质量和外部形状为重点的锻造工艺。

平盖：主要以改善钢锭内部铸态组织和缺陷，保证锻件通过超声波检测为主。锻造工艺：镦拔→下料→专用模具预镦粗→旋转碾压成形。平盖的锻造过程见图2。

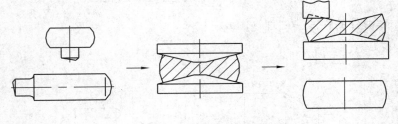

图2　平盖锻造过程图

筒体：锻件壁厚超过 600mm，所有筒形件均需采用超过 260t 的大钢锭。大钢锭内部偏析大，缺陷多，只能通过锻造来有效改善才能保证性能和超声波探伤。锻造工艺：镦粗拔长→下料→镦粗冲孔→马杠扩孔。筒体的锻造过程见图3。

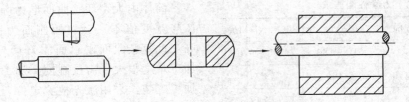

图 3 筒体锻造过程图

封头板坯：直径很大，轴向有足够的锻造比来改善钢锭内部组织，因此，保证形状是封头板坯锻造的主要任务和难点。为此，制定了镦拔下料，镦粗辗压的板坯锻造工艺。封头板坯的锻造过程见图 4。

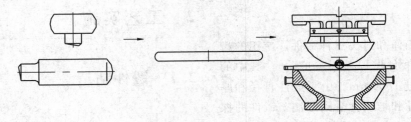

图 4 封头板坯锻造过程图

2.1.3 性能热处理

性能热处理工艺的关键是提高超厚锻件的可淬透性，通过合理选择奥氏体化温度、保温时间、冷却速率，获得良好的综合性能，确保锻件心部性能达到要求。

（1） 20MnMoNb 锻件的性能热处理（图 5）

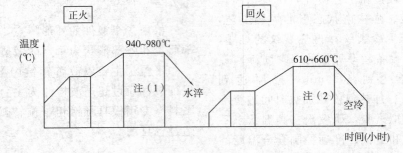

注：（1）正火保温时间至少 1h/100mm；（2）回火保温时间至少 1h/50mm。

图 5 20MnMoNb 锻件性能热处理工艺曲线

（2） 30Cr2Ni4MoV 锻件的性能热处理（图 6）

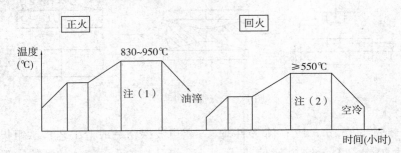

注：（1）正火保温时间至少 1h/100mm；（2）回火保温时间至少 1h/50mm。

图 6 30Cr2Ni4MoV 锻件性能热处理工艺曲线

2.1.4 成分分析

对锻件 T/2 处取样分析，化学分析结果见表5和表6。

表5 20MnMoNb 锻件化学分析（%）

零件	试验位置	C	Mn	Si	P	S	Ni	Cr	Mo	Cu	Nb
筒节一	A	0.21	1.41	0.21	0.007	0.002	0.24	0.21	0.53	0.030	0.036
	B	0.21	1.42	0.21	0.007	0.002	0.24	0.21	0.53	0.032	0.035
筒节二	A	0.20	1.46	0.20	0.007	0.002	0.25	0.21	0.54	0.030	0.033
	B	0.20	1.45	0.20	0.007	0.002	0.24	0.20	0.54	0.030	0.033
筒节三	A	0.21	1.47	0.22	0.007	0.002	0.25	0.21	0.52	0.034	0.037
	B	0.21	1.47	0.22	0.008	0.002	0.25	0.20	0.52	0.034	0.039
热套套筒	A	0.20	1.45	0.21	0.008	0.002	0.25	0.20	0.56	0.024	0.033
	B	0.20	1.46	0.21	0.009	0.002	0.25	0.20	0.55	0.023	0.034
下球形封头	A	0.20	1.45	0.23	0.007	0.002	0.26	0.20	0.56	0.024	0.035
	B	0.20	1.46	0.21	0.007	0.002	0.26	0.20	0.56	0.026	0.037

表6 30Cr2Ni4MoV 锻件化学分析（%）

零件	试验位置	C	Mn	Si	P	S	Cr	Ni	Mo	Cu	V	Al
平盖	A	0.22	0.28	0.059	0.006	0.002	1.71	3.46	0.44	0.028	0.11	0.003
	B	0.22	0.27	0.058	0.007	0.002	1.70	3.51	0.45	0.032	0.11	0.003
剪切环	A	0.24	0.25	0.06	0.009	0.003	1.60	3.47	0.45	0.035	0.11	0.005
	B	0.25	0.25	0.06	0.008	0.003	1.60	3.47	0.45	0.034	0.11	0.005

由表5和表6可见：锻件不同取样部位各种元素的偏差值都很小，成分分布均匀，P、S等杂质元素含量极低，满足设计技术条件要求。

2.1.5 力学性能

锻件的力学性能结果见表7和表8，试验结果均满足设计技术条件的要求。

表7 20MnMoNb 锻件力学性能

零件	试验位置	试验温度/℃	R_{eL}/MPa	R_m/MPa	A/%	0℃ Akv/J
筒节一	A	20	522	672	21.5	92，147，86
	B	20	529	685	22	154，134，116
筒节二	A	20	557	707	22	154，140，116
	B	20	532	691	20.5	94，120，100
筒节三	A	20	535	710	21.5	156，152，146
	B	20	583	729	20.5	186，187，194
热套套筒	A	20	551	713	22	130，166，158
	B	20	520	685	20.5	130，166，158
下球形封头	A	20	522	664	23	78，86，100
	B	20	540	683	21	181，183，202

表 8　30Cr2Ni4MoV 锻件力学性能

零件	试验位置	试验温度/℃	R_{eL}/Mpa	R_m/MPa	A/%	20℃ Akv/J
平盖	A	20	715	842	22.5	265，242，256
	B	20	690	814	23	280，290，258
剪切环	A	20	854	966	19	189，183，183
	B	20	889	970	20	197，198，199

2.2　热套

2.2.1　过盈量的计算

（1）基本条件

R_{1i}——内筒内半径，1500mm；R_{1o}——内筒外半径，2030mm

R_{2i}——外筒内半径，2028.5mm；R_{2o}——外筒外半径，2400mm

Rc——当量半径，$\sqrt{R_{1i} \times R_{2o}} = \sqrt{1500 \times 2400} = 1897$mm

E——钢材弹性模量，178000MPa；R_{eL}——钢材屈服强度，370MPa

$\delta_{1,2}$——半径过盈量；P_i——套合应力

图解如下：

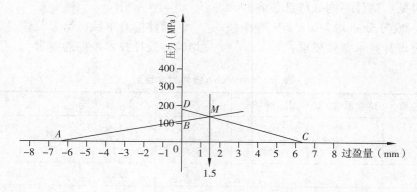

故根据公式，求得 A（-6.4，0）、B（0，113）、C（6.4，0）、D（0，180），直线 AB 与直线 CD 的交点 M 的横坐标为 1.5mm，此即为最佳半径过盈量。

（3）套合应力的计算

$$P_i = \frac{E\delta_{1,2}R_{2o}^2}{2R_{2i}^3} \cdot \frac{(R_{1o}^2 - R_{1i}^2)(R_{2o}^2 - R_{2i}^2)}{R_{2o}^2 - R_{1i}^2} = 14 \text{（MPa）}$$

（2）过盈量的计算

内筒内壁：

$$\begin{cases} -\dfrac{E\delta_{1,2}}{R_c} \cdot \dfrac{R_{2o}^2 - R_c^2}{R_{2o}^2 - R_{li}^2} = R_{eL} \\ P_i \cdot \dfrac{2R_{2o}^2}{R_{2o}^2 - R_{li}^2} = R_{eL} \end{cases}$$

解得　$\delta_{1,2} = -6.4$mm　$P_i = 113$MPa

外筒内壁：

$$\begin{cases} \dfrac{E\delta_{1,2}R_{2o}^2}{R_c} \cdot \dfrac{R_c^2 - R_{li}^2}{R_{2o}^2 - R_{li}^2} = R_{eL} \\ P_i \cdot \dfrac{2R_{li}^2 R_{2o}^2}{R_c^2(R_{2o}^2 - R_{li}^2)} = R_{eL} \end{cases}$$

解得　$\delta_{1,2} = 6.4$mm　$P_i = 180$MPa

2.2.2　热套前准备

（1）筒节三：长度方向尽量留量，在一端端面焊 5 个工艺吊耳，以便热装能平衡起吊。在非吊耳端加工出约 50mm 长的锥段，以便热装导向，见图 7。

（2）热套套筒：内、外径及长度均加工至单边留量 10mm，然后在近锥面一端焊 4 个工艺吊耳，

见图8。

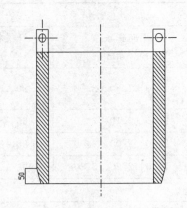

图7 筒节三热装前简图

图8 热套套筒热装前简图

（3）工件尺寸检查：从上至下分层（间隔约600mm）以"米"字形八个方向分别检查筒节三、热套套筒实际配合尺寸，做好记录，并计算实际过盈量。

2.2.3 热套

加热后的胀量尺寸检测和热装必须在同一个工位，确认台车上的热套套筒是否垂直，并检查筒节三的装配限位块位置是否正确。

（1）将台车开至胀量尺寸检测工位，做好位置标记。行车起吊检测工具，做好调平及对中准备。

（2）热套套筒进加热炉加热：加热温度约350℃。

（3）将筒节三吊至热装工位附近，调垂直，待装。

（4）热套套筒内径尺寸通过性检测：热套出炉后，利用专用检测工装，对热套由上至下进行内径通过性检测，膨胀量必须达到装配间隙要求。否则，按新的加热方案重新回炉加热，直到达到要求。

（5）将筒节三吊至热装工位上方，调垂直，平稳下落，待筒节三下端锥段接近热套时，观察并调整其与热套基本同心时，继续将筒节三缓缓下落，直至到位。

2.3 焊接

2.3.1 焊接工艺评定

根据实际产品的需要，进行530mm厚的埋弧焊焊接工艺评定。按需要对试板进行分割，并分别进行模拟最大热处理和最小热处理，各种试验结果见表9～表12。

表9 拉伸试验

Min PWHT						
试验编号	取样位置全厚度分层	试样厚度/mm	试样宽度/mm	横截面积/mm²	最大载荷/kN	抗拉强度 R_m/MPa
4E166	1－1#	35.3	25.1	35.3×25.1	650	734
4E166	1－2#	30.3	25.0	30.3×25.0	574	758
4E166	2－1#	33.6	25.1	33.6×25.1	606	718
4E166	2－2#	32.2	25.1	32.2×25.1	598	740
MAX. PWHT						
试验编号	取样位置全厚度分层	试样厚度/mm	试样宽度/mm	横截面积/mm²	最大载荷/kN	抗拉强度 R_m/MPa
4E172	7－1#	31.7	25.3	31.7×25.3	570	711
4E172	7－2#	30.1	25.1	30.1×25.1	537	711
4E172	8－1#	30.8	25.3	30.8×25.3	546	701
4E172	8－2#	30.7	25.2	30.7×25.2	544	703

备注：拉伸试样的断裂部位均断于焊缝。

表 10　冲击试验

Min PWHT

试验编号	缺口位置	试验温度/℃	冲击吸收功/J	侧向膨胀值/mm	纤维状断口百分数%
4E167	焊缝中心上表面 1～2mm	0	176、186、186	1.70、1.80、2.00	80、80、80
4E168	焊缝中心 T/2	0	197、197、202	2.00、2.10、2.10	85、85、90
4E169	焊缝中心 3T/4	0	192、197、200	2.00、2.00、2.00	85、85、90
4E170	热影响区 T/2	0	182、196、208	1.90、2.20、2.20	90、100、100

MAX. PWHT

试验编号	缺口位置	试验温度/℃	冲击吸收功/J	侧向膨胀值/mm	纤维状断口百分数/%
4E173	焊缝中心上表面 1～2mm	0	175、195、217	2.10、2.20、2.40	85、85、90
4E174	焊缝中心 T/2	0	182、198、202	2.00、2.00、2.20	80、90、90
4E175	焊缝中心 3T/4	0	170、180、190	1.70、1.90、2.30	85、90、100
4E177	热影响区 T/2	0	172、175、193	1.80、1.90、1.90	90、95、100

备注：采用 10mm×10mm×55mm 的夏比冲击 V 型缺口试样。

表 11　焊缝金属的化学分析（%）

C	Mn	Si	P	S	Ni	Cr	Mo	Cu
0.083	1.40	0.30	0.010	0.003	0.94	0.028	0.53	0.045

表 12　20MnMoNb 钢焊接接头的硬度测试（Min. PWHT）

试验编号	位置	母材 HV₅（A）	热影响区 HV₅（B）	焊缝 HV₅（C）	热影响区 HV₅（B1）	母材 HV₅（A1）
4E166	距上表面 1.6mm	244、238	275、255	248、243、252	310、320	249、244
	T/4	217、219	271、276	210、224、215	281、288	221、212
	T/2	217、222	250、251	233、234、232	256、252	215、224
	距下表面 1.6mm	223、225	255、250	233、237、237	257、258	226、224

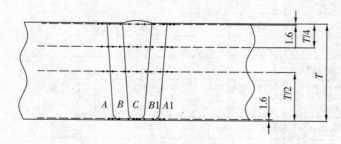

图 9　硬度测试位置

试验表明：

1）化学成分：对熔敷金属化学成分检测，各元素均在规定值范围内。

2）拉伸性能：熔敷金属和焊接接头拉伸试验全部符合设计技术条件的要求。

3）冲击韧性：焊缝和热影响区 0℃冲击值均满足技术条件的要求，且有较大的储备量。

4）硬度检验：测量值均满足设计技术条件的要求，说明在整个焊接接头上未出现硬化区。

2.3.2　焊接方法

压力筒筒节间进行埋弧焊焊接，常规窄间隙坡口上口宽度 24～26mm，由于该设备非常厚，坡口按常规宽度，施焊过程中难以观察坡口下部的焊接状况；坡口宽度太大，又不能满足窄间隙一层两道的焊接要求，且焊接填充量加大，增加焊材的消耗和焊接工作量。此外，还必须考虑焊接时坡口的收缩量。

综合上述考虑确定设备筒体窄间隙坡口上口宽度 30mm，尺寸见图 10。

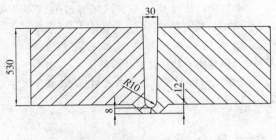

图 10　筒体焊接坡口简图

2.3.3　焊接工艺措施

（1）预热

母材淬硬倾向严重，且厚度较厚，焊前必须预热，否则极易产生冷裂纹，根据前期对 20MnMoNb 钢的试验，20MnMoNb 钢预热到 150℃以上不会产生冷裂纹。考虑到此产品太厚，焊前焊缝及周边至少 530mm 范围内采用天然气充分预热（温度≥180℃），需内外表面测温，温度要均匀。

（2）焊接材料

焊接材料选用进口焊材。

埋弧焊焊丝：采用 $\phi 4mm$ 的 Union S3NiMo1；焊剂为 UV420TTR，焊剂使用前经 350℃×2h 烘干；焊条为：Phoenix Sh schwarz 3 KNi，$\phi 4/\phi 5$ 焊条。

（3）焊接过程控制

焊接时严格按照焊接工艺规范参数施焊，但综合考虑焊缝质量和生产效率，在参数的选择上靠上限为宜。另外，在焊接过程中及时清渣，观察焊道成形，出现不良焊道应及时处理。焊接过程中严格控制层间温度不大于 250℃。为保证焊接过程顺利，采用具有焊缝跟踪系统的、可靠性好的 ESAB 600mm 专用深坡口窄间隙焊机施焊。

（4）消应热处理

为使焊缝金属中的扩散氢加速逸出，降低焊缝和热影响区中的氢含量，防止产生冷裂纹，对于筒节间对接环缝，通常在焊缝焊后进行消氢处理。但由于该项目产品厚度很厚，采用常规的天然气加热 300～350℃×2h 难以达到消氢的目的。为此，焊后采用立即进炉作中间消应热处理。

2.4　整体加工

压力筒筒体内的密封面及装配剪切环的大型环槽都必须在设备整体最终焊后热处理后加工，由于大型环状曲面形密封槽根部 R 与宽度值不一致，为椭圆状，两侧面为锥度，精度要求很高。此形状的密封面需刀具与程序参数相匹配，否则很容易超差，需做试验确定。同时设备最终热处理后高而重，需大型支撑及定位工装，筒体内腔面各环形槽加工及测量都有一定难度。故设备整体加工前投制了试验件模拟设备加工过程，同时也对机床在距工作台近 10 米高处加工精度及稳定性做检测。依靠模拟件的试验，完成了设备的整体加工。

2.5　无损检测

由于 530mm 焊缝超出目前国内射线设备检测能力的最大范围（国内最大射线检测能力 12MeV 电子加速器，设计最大穿透厚度 420mm），故该设备筒体对接环缝采用了 TOFD（衍射时差法超声检测）检测并结合常规超声波检测。

（1）常规超声波检测

该设备采用 JB/T4730－2005 和 ASME 相结合进行检测，JB/T4730－2005 对焊缝检测的上限为 400mm，其验收和方法也只到 400mm。对于 530mm 的焊缝没有标准作为依据，只能采用 ASME 标准中的规定制作相应的超声波检测对比试块。

（2）TOFD 检测

采用双面检测技术，在焊缝内表面和外表面分别进行检测，单面检测深度为 350mm（心部重叠 170mm 保证检测结果的可靠性）。

2.6　水压试验

设备制造完毕后需进行水压试验，水压试验压力为 94.5MPa。在水压试验过程中，利用应变、变形、声发射等检测手段，检验了设备的整体制造质量、密封性能，掌握了其结构应力应变与变形状态以及承压焊缝的致密性，确保设备的结构安全性与可靠性。

3 结语

该压力筒设备已通过深海超高压环境模拟与检测装置项目的联调试验和验收试验，现设备运行稳定、安全、可靠。项目验收通过后，已成功完成4500米载人潜水器钛合金球壳安全性的多次考核试验，为载人球壳的安全性评估提供了重要的试验数据，将为以后"蛟龙号"载人潜水器载人球壳的安全性评估、4500米载人潜水器球壳的疲劳寿命分析，以及深海装备耐压结构设计与安全性评估提供重要的实验装备。

参考文献

[1] 吴世伟，李国骥，宋祥春. 深海高压试验罐制造技术 [J]. 压力容器，2008，25 (6)：35-36.

[2] 王颖，韩光，张英香. 深海海洋工程装备技术发展现状及趋势 [J]. 舰船科学技术，2010，32 (10)：108-113.

[3] 王定亚，王进全. 浅谈我国海洋石油装备技术现状及发展前景 [J]. 石油机械，2009.

[4] 杨晨，梁峻，段滋华，等. 热套压力容器半径过盈量的优化设计 [J]. 化工机械，2009，36 (4)：309-311.

[5] 林兆平，杜茂林. 热套高压容器的试制及应用 [J]. 化工炼油机械，1983 (6)：3-9.

[6] 刘礼良. 厚壁压力容器的超声衍射时差法 (TOFD) 检测技术；测试计量技术及仪器；2013

[7] 余国琮. 化工容器及设备 [M]. 北京：化学工业出版社，1980.

作者简介

王志峰，男，高级工程师，主要从事核电和重型压力容器的设计、制造技术管理工作。通讯地址：四川省德阳市珠江西路 460 号；邮编：618013；联系电话：15984933257；电子邮箱：erzhongwangzf@126.com.

海上浮式生产储油船（FPSO）用低温厚壁容器的研制

张　杰　王志峰　杜军毅　王雪娇　王迎君　何治文　肖高辉

（二重集团（德阳）重型装备股份有限公司　四川德阳　618013）

摘　要　针对海上浮式生产储油船（FPSO）用低温厚壁容器工作环境复杂、操作条件苛刻、制造经验匮乏、技术难度大的特点，介绍了FPSO上配置的注射气体压缩吸入分离器的设计和制造。从容器设计、材料与制造以及焊接工艺等方面阐述FPSO用低温厚壁容器研制的难点和关键技术。通过结构的分析设计、锻件的性能分析、焊接性能分析，对注射气体压缩吸入分离器的质量进行验证。容器的设计满足规范的要求。试验结果表明：产品锻件的成分、力学性能、晶粒度等各项指标均满足设计要求；产品焊接接头的化学成分、力学性能、工艺性能、无损检测等均满足技术条件要求。本公司制造的4台注射气体压缩吸入分离器，成功用于巴西石油公司的2条FPSO上，标志着对特厚壁低温容器制作技术的突破。

关键词　海上浮式生产储油船；低温厚壁容器；分析设计；锻件热处理；焊接工艺

Study and Manufacture of Thick-walled Vessel for Low-temperature Installed on FPSO

Zhang Jie　Wang Zhifeng　Du Junyi　Wang Xuejiao　Wang Yingjun　He Zhiwen　Xiao Gaohui

（China Erzhong Group（Deyang）Heavy Industries Co., Ltd., Deyang 618013, Sichuan, China）

Abstract　Aiming at the characteristics of thick-walled vessel for low-temperature installed on FPSO such as complex work environment, rigorous operating conditions, short manufacturing experience and great technology difficulties, the status of design and manufacture of Injection Gas Compression Suction Scrubber is presented. The difficulties and key technologies of studying and manufacturing the thick-walled vessel for low-temperature installed on FPSO are expounded from vessel design, material and manufacture, and welding procedure. The quality of the Injection Gas Compression Suction Scrubber is determined by structure design by analysis, forging performance analysis and welding performance analysis. The design of the vessel can meet the requirements of specifications. The test results show that all the performance indexes can meet the demand of design technical specifications of forging including constituent, mechanical property and grain size etc. The constituent, mechanical property, processing property and nondestructive examination of welding joint can meet the demand of design technical specifications of welding procedure. Four Injection Gas Compression Suction Scrubbers fabricated by our company are installed and used on two FPSOs of Petrobras, which is a breakthrough on the fabrication technique of very thick-walled vessel for low-temperature.

Keywords　floating production storage and offloading; thick-walled vessel for low-temperature; design by analysis; heat-treatment for forging; welding procedure

1 引言

海上浮式生产储油船（FPSO）是目前海洋工程船舶中的高技术产品，广泛适用于远离海岸的深海、浅海海域及边际油田的开发，已成为海上油气田开发的主流生产方式。FPSO通常与钻油平台或海底采油系统组成一个完整的采油、原油处理、储油和卸油系统，把来自油井的油气水等混合液经过加工处理成合格的原油或天然气，成品原油储存在货油舱，到一定储量时经过外输系统输送到穿梭油轮。FPSO由多个功能单元模块组成为有机整体，典型的FPSO模块分解如图1；注射气体压缩吸入分离器技术参数见表1。

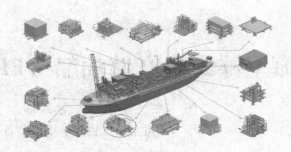

图 1　FPSO 模块分解图

注射气体压缩吸入分离器是 FPSO 上配置的关键设备。该设备具有以下特点：

① 适应海底环境和工艺，工作压力高，而温度低。为低温厚壁高压容器。

② 建造材料特殊，异种材料组合。

③ 设计制造要求需遵循国际石油技术规范、ASME 和 BV 海洋工程等多种规范。

表 1　注射气体压缩吸入分离器技术参数

规格（内径）/mm	厚度（壁厚＋衬里）/mm	介质	设计压力（G）/ MPa	设计温度/℃	最低设计金属温度/℃	安装位置
ø1500	245＋6	含 H_2S、油气、水	44.3	97	−100℃	FPSO 甲板

2 容器设计

容器由上封头、筒节、人孔法兰、侧壁开口法兰、下封头、底部接管、裙座、裙座底座组成。采用锻焊式结构。主材为 SA – 765 – Gr. Ⅲ（3.5％Ni 钢），即可用于−100℃的有强制韧性要求的低合金钢锻件；法兰材料为 SA – 522 – Type Ⅰ（9％Ni 钢），即可用于−196℃的低温用法兰锻件；密封面型式为 10000♯级 SPO 紧凑型法兰密封。

2.1 整体强度设计

容器安装使用于 FPSO 甲板，除自身工艺运行下的载荷外，还具有海洋环境多变的气象条件和地质条件引起的载荷。考虑以下载荷：内压（P）、介质的静压头（Ps）、容器自重（内件、支撑、附件）（$D1$）、容器总重（工作状态）（$D2$）、容器总重（试验状态）（$D3$）、作用反力（接管-管道外载荷）（$D4$）、风载荷（作业区域风载荷数据）（W）、FPSO 加速度（作业区域地震载荷数据）（E）。风载荷和 FPSO 加速度由作业区域的勘测大数据归纳而来。

由于容器及其支座的载荷情况复杂，工作条件苛刻，必须对容器进行整体有限元分析，按照 ASME 第八卷 2 分册第 5 章"按分析要求设计"，才能实现容器的准确设计。按照实际尺寸和实际材料特性数据，完整建立容器的几何模型，有限元模型网格示意见图 2。根据失效准则确定的载荷组合（见表 2）。

图 2　容器整体有限元模型网格图

表 2　载荷组合

载荷工况 1	载荷工况 2	载荷工况 3
静力条件 $(P+D2+D4)$	设计条件 $(P+Ps+D2+D4+W+E)$	限制载荷条件 $(1.5P+1.5Ps+1.5D3+1.5D4+2.6W+1.1E)$

通过对静力（载荷组合工况 1）、防止塑性垮塌（载荷组合工况 2）、防止局部失效（载荷组合工况 2）以及最苛刻设定条件下的防止塑性垮塌（载荷组合工况 3）等各失效模式的分析评定，验证了容器的安全，完成了容器的整体设计。

2.2　接管法兰连接结构设计

分离器外接管线由于防腐要求统一为 9％Ni 钢，与容器本体相连的接管为 3.5％Ni 钢＋内壁不锈钢堆焊结构。按照用户文件和 NACE 标准[1] 要求，此接管与法兰和管路的对接焊接接头的焊接工艺评定须进行至少 720 小时的 SSC 试验。并且该两种材料性能差异较大，热处理要求大相径庭。在设计此接头时，在不违背规范要求的前提下，采取在 9％Ni 钢内壁在坡口附近预先堆焊不锈钢层，经焊后热处理再使其与法兰或接管对接（图 3）。由于此焊接接头不与介质接触，无须进行 SSC 试验；同时，接管焊缝可在设备最终焊后热处理施焊。

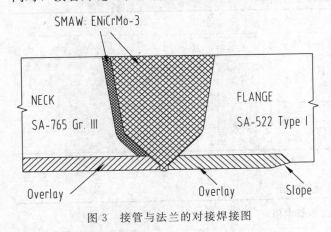

图 3　接管与法兰的对接焊接图

3　材料与制造

3.1　容器主体材料

由于注射气体压缩吸入分离器的工作介质为深海油气混合物，温度很低。3.5％Ni 钢是 －70～－120℃ 低温容器和部件的主要用钢，低温韧性良好，目前广泛用于石油化工、海洋石油工程等行业的低温设备。国产 －100℃ 以下厚壁低温钢制造，研发相对缓慢。目前，主要限制于 100mm 以下板焊容器制造和 150mm 钢板开发阶段，大锻件研究是国内空白，也属全新领域。其化学成分应符合表 3 的规定，容器外壳材料壁厚至少为 248mm 的 SA－765－Gr.Ⅲ 大锻件，其技术难度大幅提高。开发此规格的材料并制作成高压设备，也是国内首次研制的具有国际最先进技术水平的低温壁厚压力容器。

3.2　主体材料的冶炼与锻造

3.2.1　冶炼工艺要点

由于 SA－765－Gr.Ⅲ 材料有强制性韧性要求，从制造源头的冶炼就必须进行质量控制。从原料的精选，到有害杂质的脱除，再到微合金化元素的添加，最后到铸锭成型，控制要点贯穿于冶炼工艺全过程。

（1）精选炉料：选用 As、Sn、Sb 等微量杂质极低的生铁及废钢作为冶炼炉料。

（2）钢水粗炼：在碱性电炉冶炼粗钢水，炉底配以适量的石灰，以利于早期形成高碱度高氧化铁的炉渣，为脱磷创造条件。

（3）钢包精炼：采用倒包方式兑入粗炼钢水，严禁带入粗炼渣，精炼的目标是达到纯净钢水。真空后，加入微合金化元素，进行 Al 调整，待温度合适出钢。

（4）真空铸锭：采取真空铸锭，防止钢水的二次氧化。

3.2.2　锻件的热处理

热处理是决定 3.5％Ni 低温钢筒体锻件质量的关键工序。为细化晶粒、改善热锻组织，进一步降低氢含量，锻后缓冷并使过冷奥氏体组织充分转变。随后，经 950℃ 以下的正火和 650℃ 以下的回火。

随着锻件的厚度增加，淬透性变差，选择适当奥氏体化温度和淬火冷却速度，对锻件获得优良性能至关重要。提高冷却速度可使有限的强化产物组织转变，奥氏体化后的冷却速度越快，获得冲击最大值的回火条件就向高温和长时间方向扩展，冲击功也相应提高[2]。通过经验积累和技术研究，确定 3.5%Ni 钢筒体锻件的性能热处理经 820～890℃ 保温至完全奥氏体化后，在大型水槽中强冷后在 670℃ 以下回火为宜。

表 3 3.5%Ni 钢材料化学成分（wt%）

C	Mn	P	S	Si	Ni	V	Al	Cr	Mo	Cu
≤0.20	≤0.90	≤0.020	≤0.020	0.15～0.35	3.3～3.8	≤0.05	≤0.05	≤0.20	≤0.06	≤0.020

3.3 锻件性能分析

3.3.1 化学成分

对筒体锻件不同部位化学成分分析表明：取样部位成分分布均匀，各种元素的偏差均很小，P、S 等含量极低，满足技术条件要求（见表 4）。

3.3.2 晶粒度

按 McQuaid-Ehn 法（E 112 法）测定晶粒度，要求锻件原奥氏体晶粒度应为 5 级以上（含 5 级）。试验按 ASTM E112 法测定，原奥氏体晶粒度均在 7.5 以上，说明锻件的均质性良好。

3.3.3 力学性能

在筒体两端切取试环，分别按不同部位、不同方向取样，经最大模拟焊后热处理（Max. PWHT），是按 ASME SA-370 要求进行室温拉伸和 -100℃ 夏比冲击试验，表 5、表 6 的数据表明：其试验结果均满足技术条件要求。

表 4 锻件成分取样分析结果

化学元素	化学成分（wt%）										
	C	Mn	Si	P	S	Ni	V	Al	Cr	Mo	Cu
0° $t×2t$	0.08	0.76	0.26	0.005	0.001	3.52	0.02	0.02	0.13	0.038	0.013
180° $t×2/4$ T	0.08	0.76	0.25	0.005	0.001	3.48	0.02	0.02	0.13	0.039	0.014

表 5 锻件的力学性能

项　目	技术要求值	实测值
室温屈服强度/MPa	≥260	415～444
室温抗拉强度/MPa	485～655	522～531
室温标准 50mm 的延伸率 A, %	≥22	34～36
室温断面收缩率 Z, %	≥35	80～81
冲击吸收功 KV_2（-100℃）/J	3 个试样平均值≥48，允许其中 1 个试样 34	200～253

4 焊接工艺技术

3.5%Ni埋弧焊技术是开发应用的关键技术之一。美国和日本于70年代后期就成功研制出3.5%Ni钢埋弧焊的焊接材料及相应的焊接工艺，并应用于低温压力容器的制造。我国早期研究3.5%Ni钢的埋弧焊，是引进国外的焊接材料进行的焊接工艺的尝试或设备制作[3~5]。注射气体压缩吸入分离器的壳体焊接是采用国产化的埋弧焊材，首次进行壁厚达248mm的母材和焊材进行国产化的3.5%Ni低温钢容器的制造。

4.1 焊接试验

4.1.1 焊材工艺性试验

该设备焊制过程，选用国内哈焊所的3.5%Ni钢的埋弧焊焊材，根据厂家推荐：同种焊丝采用两种不同焊剂匹配组合进行工艺性筛选试验。在模拟的深坡口中，对不同规范参数下焊接过程稳定性、焊剂脱渣、焊缝成形等作比较，最终选用H06Mn35DR＋SJ208DR组合。

4.1.2 焊接评定试验

1）工艺措施及焊接规范要求

a. 焊前准备：焊剂经300~350℃烘干1~2小时。坡口要清理，去除坡口内油污、铁锈及杂质。

b. 3.5%Ni钢有一定的淬硬倾向，但其冷裂敏感性较小。有的资料介绍不预热即可焊接[6]，也有一些资料介绍和设备制造时，超过一定厚度要适当预热[3~5]。我公司结合施焊环境，要求在焊缝两侧一倍厚度范围预热50~80℃。层间温度控制在150℃左右。

c. 焊接时采用较小的焊接线能量。采用窄焊道、多道多层焊，通过多层焊的重复加热细化晶粒[7]。埋弧焊熔敷金属焊接线能量应控制在14.0~18.5kJ/cm。

d. 焊接过程中焊丝干伸长应控制在28~32mm；焊剂的堆积高度以盖住弧光为宜。

根据该钢的焊接特点，结合焊材厂家推荐进行焊接参数调试，确定表6中的规范参数。

表6　焊接规范参数

焊接方法	填充金属		电流		电压（V）	焊速（cm/min）	最大线能量（kJ/cm）
	牌号	规格（mm）	极性	电流（A）			
SAW	H06Mn35DR＋SJ208DR	φ3.2	DCEP	350－420	26－30	42－50	18

2）焊后热处理

焊后热处理应符合ASME规范第八卷第2册的第6.4节的要求，保温温度不低于595℃、不超过635℃，保温时间应不少于198分钟，升温和降温速率应不超过56℃/hr，进出炉的温度均不超过430℃。

4.2 焊接性能试验结果

4.2.1 熔敷金属成分分析（见表7）

4.2.2 宏观金相（Min. PWHT）

焊接接头全断面，均未发现有咬边、未熔合和线性缺陷，满足产品不允许有裂纹和其他面缺陷，不允许有大于2mm的单个气孔的要求。

表7　焊缝熔敷金属化学成分（wt%）

C	Mn	Si	S	P	Cr	Cu	Ni
0.032	0.76	0.25	0.002	0.005	0.063	0.080	3.70

4.2.3 力学性能试验结果（见表8）

表8 力学性能试验结果

状态	R_m（MPa）	侧弯，$d=4a$，$a=10mm$，$\alpha=180°$	断裂部位及特点
Min. PWHT	542；560	4件，合格	母材，塑性
Max. PWHT	524；536	4件，合格	母材，塑性

4.2.4 夏比V型缺口冲击试验结果（见表9）

表9 −100℃焊接接头韧性试验结果 A_{KV}（J）

状态	1.5mm以内焊缝	1.5mm以内熔合线	3T/4处焊缝	3T/4处熔合线
Min. PWHT	149、61、139	88、99、60	140、113、169	105、102、103
Max. PWHT	134、145、130	137、213、111	116、57、85	166、55、145

4.2.5 硬度试验

硬度应在含焊缝金属、熔合线和HAZ的横剖面上测量，硬度测点应距内外表面1.5mm，HAZ的测点应尽量接近焊缝熔合线（大约0.2mm）处。

表10 焊接接头硬度试验结果

试样号	硬度类型 HV_{10}				
	母材	热影响区	焊缝区	热影响区	母材
外表面1.5mm	197	219、217、240	189、188、188	189、180、180	181
内表面1.5mm	182	212、187、187	229	186、182、186	181

4.3 应用结果

通过上述工艺措施和严格的过程控制，顺利完成了产品的焊接工作。产品试件按技术条件要求100％MT、UT、RT无损检测合格；焊缝硬度155HBW～209HBW；对接产品焊接试件接头板拉：509～532MPa；侧弯2件，合格；−100℃夏比V型试验：冲击功为128～134J；焊接接头宏观金相：未发现肉眼可见缺陷。国产焊材的强度适中，−100℃的夏比冲击有足够的韧性储备。各项性能检验均满足产品技术条件的要求。

5 结语

2016年我公司一次性制造出4台注射气体压缩吸入分离器，成功用于巴西石油公司的2条FPSO上，这标志着FPSO用低温厚壁容器的研制实现重大跨越，也表明厂方具备了批量生产能力。

1）容器严格按照ASME第八卷2分册第5章"按分析要求设计"，考虑各种失效模式，对容器整体进行有限元分析。通过分析验证，容器的设计满足规范要求。

2）锻件性能热处理工艺对改善材料性能至关重要。产品锻件的化学成分、力学性能、晶粒度等各项指标均满足设计技术条件要求，达到国际同类材料的领先水平。

3）产品的焊接接头的化学成分、力学性能、工艺性能、无损检测等均满足设计要求，表明国产化的焊材性能优良、焊接工艺措施控制合理，在我国首次实现厚壁低温钢容器锻件、焊材与焊接技术全部国产化的创举。

制造焊接 C

参 考 文 献

[1] 国际腐蚀学会 . NACE MR0175/ISO 15156 — 1： 2003（E）油田设备用抗硫化物应力腐蚀和应力腐蚀裂纹的金属材料 [S] .

[2] 庞辉勇，谢良法，李经涛 . 提高 3.5Ni 厚钢板低温冲击韧性的研究 [J] . 压力容器，2009，26（10）：5—11.

[3] 徐道荣 . 3.5％Ni 钢的埋弧焊试验研究 [J] . 焊接技术，1998，3（6）：5—6.

[4] 董家祥，李学道，常梦州，等 . 3.5％Ni 钢制脱甲烷氢塔的试制 [J] . 压力容器，1989，6（1）53—63.

[5] 李平瑾 . 3.5％Ni 钢低温设备的制造和焊接 [J] . 压力容器，2000，17（1）61—66.

[6] 李道清，等 . SA—765Gr. III 低温钢的焊接 [J] . 电焊机，2012，42（10）：52—57.

[7] 董安霞 . SA—765Gr. III 钢低温设备焊接工艺 [J] . 中国锅炉压力容器安全，2001，17（4）：20—23.

作 者 简 介

张杰（1981.05—），男，高级工程师，2008 年 6 月毕业于四川大学化工过程机械专业，工学博士。目前在二重集团（德阳）重型装备股份有限公司重型压力容器与核电技术研究所工作，主要从事压力容器设计研究工作。通讯地址：四川省德阳市珠江西路 460 号二重核容所；邮编：618013；联系电话：18908203224；电子邮箱：zhj513@126.com。

组合氨冷器的设计及制造

凌翔韡¹ 沈 林¹ 张少勇¹ 丁 勤¹ 裴 峰¹ 胡学海²

(1. 航天晨光股份有限公司化工机械分公司 江苏南京 211200；

2. 南京国昌化工科技有限公司 江苏南京 210061)

摘 要 在满足工艺参数的前提下，对组合氨冷器进行了结构设计和选材。同时，依据设备结构特点制定了关键制造技术、无损检测、热处理和耐压试验方案。最终，组合氨冷器的设计满足预期，制造符合设计要求。

关键词 组合氨冷器；设计；制造

Design and Manufacture of Combined Ammonia Cooler

Ling Xiangwei¹ Shen Lin¹ Ding Qin¹ Pei Feng¹ Chu Zhijun¹ Hu Xuehai²

(1. Aerosun Corporation Chemical Machinery Division, Nanjing 211200, China;

2. Nanjing Goodchina Chemical Technologies Co., Ltd., Nanjing 210061, China)

Abstract The structure designing and material selecting of the combined ammonia cooler have been done according to the precondition of meeting the process parameters. Meanwhile, the plans of critical manufacturing technology, nondestructive examination, heat treatment and pressure testing are decided via analyzing the structure of the equipment. Eventually, the design of the combined ammonia cooler achieves the expectation, and the manufacture of it can meet the design requirement.

Keywords combined ammonia; design; manufacture

引言

组合氨冷器是集气气换热器、一级氨冷器和二级氨冷器多级换热工艺为一体的换热设备，其主要功能是把从氨合成塔流出的合成气进一步用液氨和循环气冷却，并将进入氨合成塔的循环气预热。该设备为国内自主研制的新型氨冷器，是合成氨装置（1080 吨/天合成氨项目）的关键设备。

1 设备设计

1.1 设计参数及工作原理

组合氨冷器设计参数见表 1，其工作原理

为[1-2]：①管程：合成气（温度 40℃，压力 20MPa）分别与循环气和液氨进行热交换，放热后（温度 -12℃，压力 20MPa）进入氨分离器。氨分后的循环气（温度 -12℃，压力 20MPa）与合成气进行热交换，吸热后（温度 30℃，压力 20MPa）进入氨合成塔；②壳程：液氨（温度 -15℃，压力 0.26MPa）与合成气进行热交换，经吸热蒸发后（温度 38℃，压力 0.26MPa）从汽包管口进入氨压缩机。

与传统氨冷系统相比，组合氨冷器集多级换热工艺为一体、工艺流程短、管道设备投资小。为实现多级的换热工艺，设备采用多管板、嵌套式换热管结构。

1.2 结构设计

组合氨冷器总长约 23m，由前端管箱、管束组件、壳程Ⅰ、壳程Ⅱ、壳程Ⅲ和后端管箱组成（如

表1　组合氨冷器的设计参数

	管程		壳程		
	热端	冷端	壳程Ⅰ	壳程Ⅱ	壳程Ⅲ
介质	合成气	循环气	少量氨气	液氨	液氨
工作温度（进口/出口）/℃	40/−12	−12/30	/	−15/38	−15/38
工作压力/MPa	20		0.26	0.26	0.26
设计温度/℃	−19/50		−19/50		
设计压力/MPa	22		2.5		
腐蚀裕量/mm	3		3		

图1所示）。管束组件包含六块管板（管板Ⅰ、Ⅱ、Ⅲ、Ⅳ、Ⅴ和Ⅵ）和三种规格换热管（$\phi35\times3$ 外套管，$\phi26\times0.5$ 中间绝热管，$\phi19\times2$ 内管）：$\phi35\times3$ 外套管设置在管板Ⅱ和管板Ⅴ之间，$\phi26\times0.5$ 中间绝热管设置在管板Ⅱ和管板Ⅲ之间，$\phi19\times2$ 内管设置在管板Ⅰ和管板Ⅵ之间。

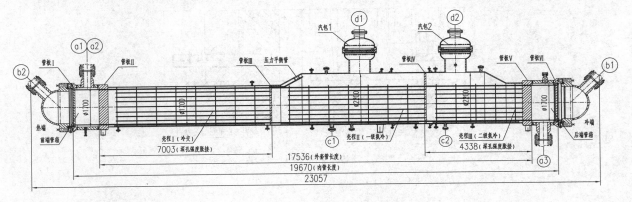

图1　组合氨冷器

组合氨冷器工艺要求较为特殊，换热管要穿过多块管板。因此，管板与换热管的连接结构是设备设计的关键。常用的管壳式换热器的管板与换热管的连接方式主要有胀接、焊接和胀焊并用。本设备采用了以下连接方式：（1）外套管两端与管板Ⅱ和Ⅴ采用强度焊加贴胀连接，保证高压密封和连接强度要求（如图2）；（2）管板Ⅲ和Ⅳ距离外套管两端较远，采用深孔强度胀接来保证管板两侧的介质不相互窜流（如图3）；（3）管板Ⅰ和Ⅵ与内管通过过渡套管相连接，便于后期清理和检修（如图4）；且管板Ⅰ和Ⅵ处采用填料密封，管板Ⅰ利用挡环和压环固定其位置，管板Ⅵ设置为浮动端，有效地补偿了温差应力（如图5）。

由于采用了嵌套式换热管结构，为了便于制造时顺利穿管和胀管，采取以下措施来保证外套管内外径、内管外径及管壁厚偏差：（1）换热管按GB6479－2000的规定，选用高精冷拔无缝管；$\phi19\times2$ 换热管的外径偏差为±0.15mm，壁厚偏差为±10%，不允

许拼接；$\phi35\times3$ 换热管的外径偏差为±0.25mm，壁厚偏差为±10%，不允许拼接；（2）将换热管浸泡在MWC－221（主要成分为磷酸）钢铁除锈溶液中，除去换热管内外表面的油污、金属氧化物及锈蚀。此外，在内管外表面焊接卡箍，保证外套管与内管之间的环隙，以利于介质流动（如图6）。

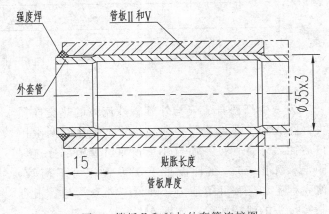

图2　管板Ⅱ和Ⅴ与外套管连接图

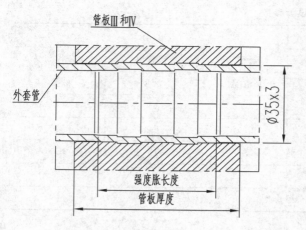

图 3　管板Ⅲ和Ⅳ与外套管连接图

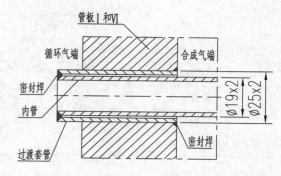

图 4　管板Ⅰ和Ⅵ与内管连接图

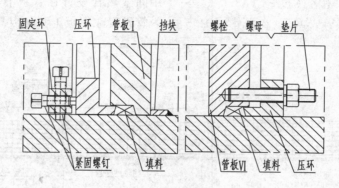

图 5　管板Ⅰ和Ⅵ密封结构图

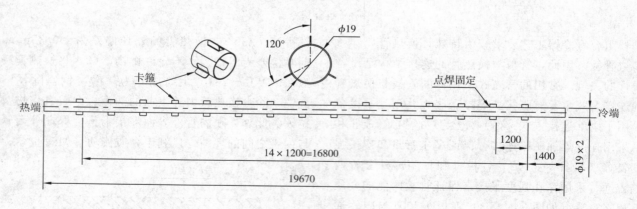

图 6　卡箍支撑

为减少高温合成气与外套管外流体的热交换损失，在壳程Ⅰ段设置了中间绝热管，绝热管两端扩口后插入外套管且一端与外套管伸出管板部分点焊固定（如图7）。在管板Ⅲ上部设置压力平衡管，使壳程Ⅰ和壳程Ⅱ等压力，降低了外套管与管板Ⅲ胀接接头的泄漏风险（如图8）。

1.3　设计选材

组合氨冷器的主要受压元件选材符合设计要求且满足一定的经济性，如表2所示。

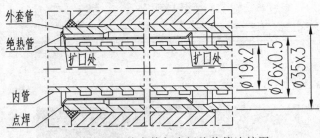

图 7 壳程段外套管与中间绝热管连接图   图 8 压力平衡管结构图

表 2 设备主要受压元件材质

	管程	壳程
封头	Q345R（正火）	Q345R（正火）
筒体	16MnⅣ	Q345R（正火）
法兰	16MnⅣ	16MnⅢ
接管	16MnⅣ	16MnⅢ
换热管	外套管：16Mn（1100 根，$\phi35\times3\times19670$） 中间绝热管：06Cr19Ni10（1100 根，$\phi26\times0.5\times8668$） 内管：16Mn（1100 根，$\phi19\times2\times17536$）	
管板	管板Ⅰ、Ⅲ、Ⅳ和Ⅵ：Q345R（正火） 管板Ⅲ和Ⅳ：16MnⅣ	

1.4 主要零件设计

1.4.1 强度设计

筒体、封头、法兰和管板等主要零件按 GB 150.3—2011 及 GB 151—1999 的相关公式进行设计计算。

1.4.2 刚度设计

为了增加壳体的刚性，减小变形，以利于管板和管束的安装。按 GB 151—1999 圆筒最小厚度要求选择合理的筒体壁厚。

1.4.3 振动设计

换热器壳程流体为气体或者液体时，只要符合下列条件中的任何一条，就有可能发生管束振动：(a) 卡门旋涡频率 f_v 与换热管最低固有频率 f_n 之比大于 0.5；(b) 紊流抖振主频率 f_t 与换热管最低固有频率 f_n 之比大于 0.5；(c) 横流速度 V 大于临界横流速度 V_c。按 GB 151—1999 附录 E 进行振动计算，避免振动发生。

2 关键制造技术

2.1 多管板对中

管板钻孔是影响最终组装、穿管的关键工序。本设备采用数控钻床钻孔，管孔严格垂直于管板平面，保证其垂直度公差为 0.20mm。完成钻孔后进行预安装，将管板Ⅲ、Ⅳ和Ⅴ水平固定于辅助支架上，安装拉杆、定距管和支撑板；再用若干根对称布置的换热管将管板Ⅱ、Ⅲ、Ⅳ、Ⅴ组件配穿固定，保证四管板在同一水平线上。

2.2 深孔强度胀接

深孔强度胀接接头是设备重要区域，为避免漏胀或过胀，需进行试验选取合理的胀接压力。试验选取 YZJ－350D 型超高液压胀管机并加以改造，胀接系统如图 9 所示。胀管头与胀管枪用内径 5mm 的高压软管进行螺纹连接，铜垫密封。高压软管外部套有支撑钢管，起到保护和支撑作用。

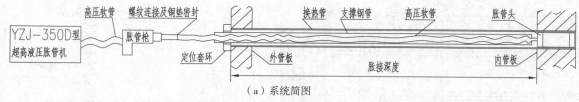

（b）胀管头　　　　　（c）胀杆　　　　　（d）胀杆尾部定位套环

图9　液压胀接系统

2.3.1　胀接压力的预选取

液压胀接的原理是利用液体压力使换热管产生塑形变形，从而在胀接后使换热管与管板之间产生足够的残余接触压力。当胀接压力过低时，换热管外壁和管板孔之间的接触压力较低，密封性能较差；当胀接压力过高时，管板因受压会产生过量塑性变形，同样会影响密封性能[4]。所以需要选择合适的胀接压力进行胀接。

液压胀管时，胀管压力均匀地作用于管子内壁，因而可对胀接过程进行分析。采用单管模型进行分析（如图10所示），在分析中假定材料为理想塑性，服从 Von Mises 屈服准则并忽略胀接过程中管板与换热管的轴向应力[5]。

换热管与管板胀接后正好消除间隙时的最小胀接压力：

$$p_{i\min} = \frac{2}{\sqrt{3}(1-2c)}\sigma_{st}\ln K_t \qquad (1)$$

管孔内壁发生屈服时的胀接压力：

$$p_{isy} = \frac{2}{\sqrt{3}}\sigma_{st}\ln K_t + \frac{1}{\sqrt{3}}\sigma_{ss}\left(1-\frac{1}{K_s^2}\right) \qquad (2)$$

最大胀接压力：

$$p_{i\max} = \frac{2}{\sqrt{3}}\sigma_{st}\ln K_t + \frac{2}{\sqrt{3}}\sigma_{ss}\ln K_s \qquad (3)$$

式中：R_i——管板单管模型的内半径，取17.675mm；

R_o——管板单管模型的外半径，取26.325mm；

r_i——管子的内半径，取14.5mm；

r_o——管子的外半径，取17.5mm；

K_s、K_t——管板、管子的径比，$K_s = R_o/R_i$、$K_t = r_o/r_i$；

E_s、E_t——管板、管子材料的弹性模量，见表2；

σ_{ss}、σ_{st}——管板、管子材料的实际屈服强度，见表2；

μ_s、μ_t——管板、管子材料的泊松比，见表2；

c——管子和管板的材料与结构系数。

$$c = 1/\left\{ K_t^2(1-\mu_t)+1+\mu_t+\frac{E_t(K_t^2-1)}{E_s(K_s^2-1)}\right.$$
$$\left.[1-\mu_s+K_s^2(1+\mu_s)]\right\};$$

由上述公式计算出 $p_{i\min} \approx 153\text{MPa}$、$p_{isy} \approx 166\text{MPa}$ 和 $p_{i\max} \approx 210\text{MPa}$，依据计算所得三个数值，选取如下几个胀接压力进行试胀，分别为153MPa、166MPa、210MPa 和 240MPa。

2.3.2　管孔开槽宽度的选择

为了提高胀接接头的拉脱力和密封性能，较为经济可靠的方法是在管孔中开一道或多道环形槽。槽的宽窄对管板强度并无影响，增加管板的开槽宽度，可以提高胀接接头的密封性能和拉脱力[6]。选取的管孔开槽结构如图11所示。

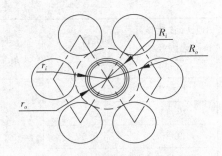

图 10 单管模型

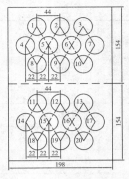

图 12 胀接试板

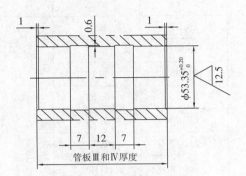

图 11 管孔开槽尺寸

2.3.3 胀接试验及胀管率分析

依据 GB 151—1999 附录 B 相关规程制作胀接试板,胀接试板与管板同材质等厚度,按图 4 尺寸在其上加工 20 个管孔并按 1～20 顺序进行标记(见图 12)[7]。管孔 1～5、6～10、11～15 和 16～20 分别采用胀接压力 153MPa、166MPa、210MPa 和 240MPa。胀接试管与设备换热管同材质等胀接深度(如表 2 所示)。

表 2 需进行深孔胀的换热管与管板设计参数

	规格	材质	弹性模量	实际屈服强度	泊松比
外套管	$\phi 35 \times 3$	16Mn(正火)	2.01×10^5 MPa	310MPa	0.3
管板Ⅲ	$\delta = 70$	Q345R(正火)	2.01×10^5 MPa	305MPa	0.3
管板Ⅳ	$\delta = 70$	Q345R(正火)	2.01×10^5 MPa	305MPa	0.3

进行胀接前,测量试板孔内径与试管内外径实际尺寸,如表 3 所示。胀接后,通过计算胀管率来衡量胀管后的贴合程度,胀管率计算公式为:

$$H = \frac{d_{12} - d_{11} - b}{d_{11}} \times 100\% \quad (4)$$

式中:d_{11}、d_{12}——换热管胀前、后的内径,mm;

b——胀前换热管与管板孔的双边间隙量,即管孔内径减去换热管外径,mm。

一般来说,碳钢换热管强度胀的合理胀管率 H 为 0.8%～1.2%[8]。由表 3 可见,使用公式(3)计算所得的最大胀接压力进行胀接时胀管率最佳。在实际的设备制造中,将实际的换热管和管板屈服强度带入公式(3),得到最佳的胀接压力。

表 3 胀接试验相关参数及结果

序号	胀前胀接试管内径（mm）	胀前胀接试管外径（mm）	胀前胀接试板管孔内径（mm）	胀接压力（MPa）	胀后胀接试管内径（mm）	胀管率（%）	平均胀管率
1	28.86	35.06	35.6		29.42	0.07	
2	28.62	35.04	35.9		29.81	1.15	
3	28.80	35.06	35.5	153	29.42	0.63	0.48
4	28.80	35.02	35.55		29.34	0.03	
5	28.84	35.00	36		29.99	0.52	

序号	胀前胀接试管内径（mm）	胀前胀接试管外径（mm）	胀前胀接试板管孔内径（mm）	胀接压力（MPa）	胀后胀接试管内径（mm）	胀管率（%）	平均胀管率
6	28.90	35.10	35.4		29.42	0.76	
7	28.90	35.04	35.35		29.41	0.69	
8	28.80	35.12	35.52	166	29.35	0.52	0.77
9	28.50	35.08	35.52		29.37	1.51	
10	28.90	35.10	35.55		29.46	0.38	
11	28.66	35.06	35.36		29.48	1.81	
12	28.90	35.10	35.35		29.43	0.97	
13	28.66	35.00	35.4	210	29.38	1.12	1.19
14	28.82	35.12	35.36		29.35	1.01	
15	28.80	35.06	35.42		29.46	1.04	
16	28.54	35.12	35.33		29.42	2.35	
17	28.80	35.02	35.4		29.48	1.04	
18	28.60	35.06	35.35	240	29.52	2.20	1.53
19	28.80	35.04	35.4		29.42	0.90	
20	28.80	35.08	35.35		29.41	1.18	

2.4 无损检测

管程：（1）壳体 A、B 类焊缝按 JB/T 4730.2—2005 的规定进行 100%RT，射线检测技术等级不低于 AB 级，合格级别不低于 Ⅱ 级；并按 JB/T 4730.3—2005 的规定进行 20%UT，脉冲反射法超声检测技术等级不低于 B 级，合格级别不低于 Ⅱ 级。（2）DN≥250 接管与壳体 D 类焊缝按 JB/T 4730.3—2005 的规定进行 20%UT，脉冲反射法超声检测技术等级不低于 B 级，合格级别不低于 Ⅰ 级；DN＜250 接管与壳体 D 类焊缝按 JB/T 4730.4—2005 的规定进行 100%MT，合格级别不低于 Ⅰ 级。

壳程：（1）壳体 A、B 类焊缝按 JB/T 4730.2—2005 的规定进行 100%RT，射线检测技术等级不低于 AB 级，合格级别不低于 Ⅱ 级。（2）DN≥250 接管与壳体 D 类焊缝按 JB/T 4730.3—2005 的规定进行 20%UT，脉冲反射法超声检测技术等级不低于 B 级，合格级别不低于 Ⅰ 级；DN＜250 接管与壳体 D 类焊缝按 JB/T 4730.4—2005 的规定进行 100%MT，合格级别不低于 Ⅰ 级。

2.5 热处理

设备无损检测合格后进行热处理：①管箱组件焊后进行整体消除应力热处理；管箱筒体与管板Ⅱ和Ⅴ的焊缝焊后须进行局部消除应力热处理。②汽包接管处焊后须进行局部消除应力热处理。

3 设备检验和验收[10]

由于设备结构复杂，在制造中选择一个合理的检漏和耐压试验方案也显得尤为重要。最终，采用了以下步骤进行：

（1）外套管两端与管板Ⅱ和Ⅴ的焊接接头进行 0.4MPa 氨渗漏试验，合格后进行壳程水压试验。

（2）壳程：①在壳程Ⅱ注水（水位高于支撑板高度，但不得超过压力平衡管管口），检查管板Ⅲ与外套管胀接质量。②在壳程Ⅲ进行 0.5MPa 的水压试验，检查管板Ⅳ与外套管胀接质量。③在壳程

Ⅰ、Ⅱ和Ⅲ注满水后，同时升压至 3.2MPa，检查壳程焊缝质量。

（3）管程：①合成气管程进行 0.5MPa 的气压试验，检查管板Ⅰ和Ⅵ处焊缝质量。②合成气管程和循环气管程注满水，同时升压至 27.5MPa，检查管程焊缝质量。

（4）耐压试验合格后，将设备中的水排尽吹干。

4 结论

组合氨冷器的工艺流程短，介质利用率高，管道设备投资小，系统阻力小，但其制造要求高。本台设备已投入使用并安全运行，设备的合理性在实践中得到了验证，即设计满足使用预期，制造符合设计要求。

参 考 文 献

[1] 孙幸龙，陈建俊，陈锦良. 大型"九合一"组合式氨冷器的研制 [J]. 压力容器，1991，8（5）：55－61.

[2] 郑津洋，董其伍，桑芝富. 过程设备设计（第二版）[M]. 北京：化学工业出版社，2005，262.

[3] GB 6479－2013，高压化肥设备用无缝钢管 [S].

[4] 曹宫衡. 新型超高液压胀管技术的原理与实践 [J]. 压力容器，2001，18（5）：41－42.

[5] 颜惠庚，张炳生，葛乐通，等. 换热器的液压胀管研究（一）—胀接压力的确定 [J]. 压力容器，1996，13（2）：36－40.

[6] 颜惠庚，张炳生，葛乐通，等. 换热器的液压胀管研究（三）—管板开槽宽度的选择 [J]. 压力容器，1997，14（3）：24－28.

[7] GB151－1999，管壳式换热器 [S].

[8] 刘敏. 管壳式换热器换热管与管板胀管率的确定 [J]. 压力容器，2007，24（6）：59－62.

[9] 马青年，周林云. 液压胀管法在冷凝器上的应用 [J]. 压力容器，2009，26（6）：41－45.

[10] GB 150.1－150.4－2011，压力容器 [S].

作 者 简 介

凌翔韡（1985－），男，工程师，主要从事压力容器设计工作；地址：（211200）江苏省南京市溧水永阳镇晨光路 1 号航天晨光股份有限公司化工机械分公司；E-mail：lingxiangwei2008@163.com；电话：13776638951.

大型硫黄回收余热锅炉研制

韩 冰 毛家才 殷 俊

（中国石化集团南京化学工业有限公司化工机械厂 江苏省南京市 210048）

摘 要 运用有限元方法，对大直径、极高温余热锅炉的挠性薄管板进行应力分析，确定管板结构尺寸和管子管板接头结构。减小了温差应力，提高了设备的运行可靠性，极大降低了制造成本。研制专用设备、开发专用制造工艺，成功制造大直径、极高温余热锅炉。

关键词 余热锅炉；挠性薄管板；大直径；制造技术

Development of Large Diameter Waste Heat Boiler

Han Bing Mao Jiacai Ying Jun

(SINOPEC Nanjing Chemical Industrial CO. ，LTD. Chemical Machinery Works，Jiangsu Nanjing 210048)

Abstract Using the finite element method，stress analysis was carried out on the flexible tube plate with large diameter and high temperature. Through analysis，tube plate structure size was determined. The temperature stress was reduced. The reliability of operation was enhanced. The manufacturing cost was reduced also. Development of special equipment and process was completed. Waste heat boiler with large diameter and high temperature was manufactured successfully

Keywords Waste heat boiler；the flexible tube plate；large diameter；fabrication technique.

1 设备概况

我国高含硫天然气资源丰富，开发和利用天然气是我国的能源战略。高含硫天然气具有剧毒、腐蚀性强，安全风险高的特性，无法直接使用，需进行净化处理。净化后分离出的酸性气含有大量的 H_2S、CO_2、SO_2、Cl^- 等，如直接排空，会造成很大的环境危害，并造成大量的硫资源浪费。为此，需采用硫黄回收装置将酸性气中的硫元素转化为硫磺回收利用。硫黄回收余热锅炉是装置的关键设备。

某天然气净化工程硫黄回收装置采用美国专利商 BV（BLACK & VEATCH）技术。大型余热锅炉国内无设计制造技术。国产化研制意义重大。该锅炉由一段、二段余热锅炉和汽包三部分组成，一段进口端与反应炉的出口端直接相连，一段与二段平行布置，如图1至图4所示。反应炉的炉气（温度约 1067℃）直接进入一段余热锅炉，经余热锅炉换热后出口温度约 517℃，再进入二段余热锅炉，出口温度约 289℃。余热锅炉炉水与炉气换热产生 4.2MPa 饱和蒸汽。

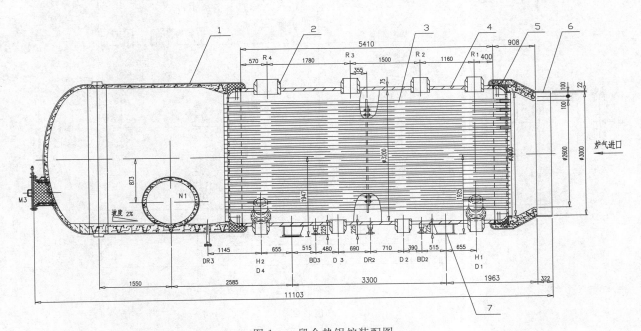

图 1　一段余热锅炉装配图

1—出口管箱；2—升降管；3—换热管；4—壳程筒体；5—管板；6—进口管箱；7—鞍座

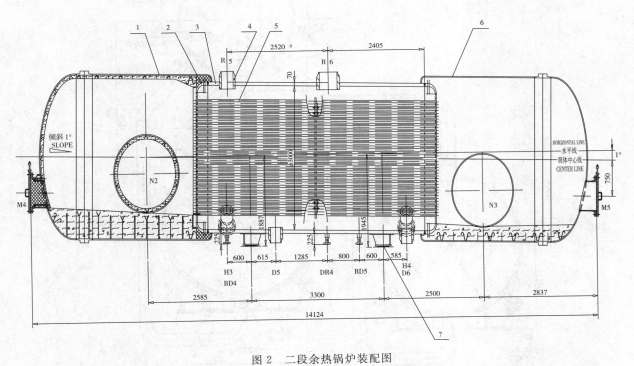

图 2　二段余热锅炉装配图

1—进口管箱；2—管板；3—壳程筒体；4—升降管；5—换热管；6—出口管箱；7—鞍座

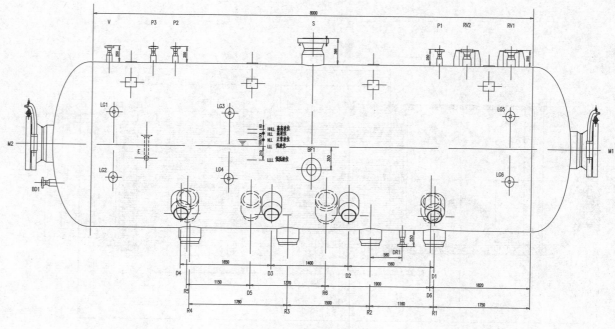

图 3　汽包装配图

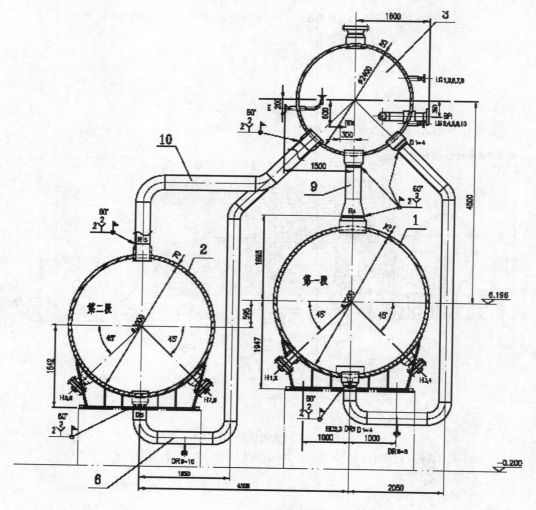

图 4　装置总图

余热锅炉设备数据如表1所示。

表 1 设备主要参数表

项 目	单位	一段余热锅炉		二段余热锅炉		汽包
		管程	壳程	管程	壳程	
工作压力	MPa	0.0544	4.2	0.0544	4.2	4.2
设计压力	MPa	0.4	4.5/FV	0.4	4.5/FV	4.5/FV
工作温度	℃	进口：1067/出口517	254	进口：517/出口289	254	254
设计温度	℃	进口：1100/出口526	290/150（FV）	进口：526/出口290	290/150（FV）	290/150（FV）
介质		酸性气燃烧炉炉气	水、蒸汽	酸性气燃烧炉炉气	水、蒸汽	水、蒸汽
腐蚀余量	mm	3.0（不包括换热管）	1.5	3.0（不包括换热管）	1.5	1.5
主要受压元件材料		16MnR（换热管20）	16MnR	16MnR（换热管20）	16MnR	16MnR
焊接接头系数		1.0	1.0	1.0	1.0	1.0
工艺气量	kg/h	127594		127594		
锅炉产气量	t/h	48.9		21.4		55（最大 70.3）
换热面积	m²	591		945		
保温层厚度	mm	100		100		100

余热锅炉的特点：

（1）管程炉气温度高。为保证进出口管箱的强度，管箱壳体和管板采用冷壁设计，内部衬隔热耐磨衬里。换热管进气端设置保护套管，减小高温气的热冲击。

（2）壳程压力高。超出一般蒸汽锅炉压力。

（3）设备直径大（内径 3200mm），超出目前标准适用范围。

2 主要设计技术

2.1 管板设计

管板因同时承受管、壳程机械和温差载荷，受力复杂，使用要求高。

管板主要有二种不同的形式：刚性管板和挠性管板。

2.1.1 刚性管板

刚性管板是将管板看成弹性基础上的当量圆平板来进行设计。由于刚性管板受力情况差，计算厚度较大。本锅炉如采用刚性管板，仅内压载荷作用

下，管板厚度就达到 159mm。

在余热锅炉中，换热管与壳程筒体温差较大，引起换热管与壳程筒体间较大的膨胀差，较厚的刚性管板，不能吸收此膨胀差，易引起换热管与管板接头的开裂。另一方面，刚性管板两侧的温差也很大，管板的温差应力增加。

2.1.2 挠性管板

挠性管板是将管板看成由若干块承压面积组成，这些面积的周边由换热管（拉撑杆）、壳体等支撑，以这样求得的支撑面积的厚度作为管板厚度，管板厚度较薄。挠性管板与壳程筒体之间采用圆弧过渡，可以起到膨胀节的作用，能有效吸收管、壳程之间因温差引起的膨胀差，较薄的管板自身也能吸收部分膨胀差。此外，由于管板较薄，管板两侧的温差较小，由此产生的温差应力较小。挠性管板更适合高温差的余热锅炉。

我国换热器标准 GB 151—1999《管壳式换热器》当时没有挠性管板的设计方法，GB/T 16508—1996《锅壳锅炉受压元件强度计算标准》有挠性管板的设计方法，但设计压力小于等于 2.5MPa。低于余热锅炉的设计压力。

为此，参照 GB/T 16508—1996 中挠性管板结构，考虑以下因素影响：（1）壳程压力较高、筒体

较厚（δ＝75mm），壳程筒体与管板的连接方式采用对接焊缝，减小不连续应力。（2）降低管板各部分应力，尤其布管区与圆弧过渡段连接处的不连续应力。（3）管板周边不布管区的大小决定挠性管板的厚度。为了减小假想圆的直径，采用较大半径的圆弧。

按照GB/T 16508—1996挠性管板的设计方法，采用GB 150—1998（当时适用标准）的材料许用应力，并另考虑基本应力修正系数，按一段余热锅炉管板的布管要求和结构尺寸，按GB/T 16508—1996确定假想圆直径，求出挠性管板计算厚度，加上腐蚀余量后圆整，确定管板厚度为28mm。

综合以上因素，针对壳程筒体较厚，采用变厚度过渡段，其与筒体连接端的壁厚与筒体相同，如图5所示。

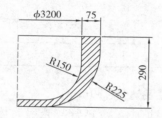

图5　变厚度过渡结构

这样，既降低了不连续应力，又具有良好的柔性，能有效吸收管、壳程膨胀差，降低温差应力，降低管板厚度。

由于一段余热锅炉直径比一般锅炉直径大得较多（内径3200mm），其设计压力又超出GB/T 16508—1996的适用范围，我们采用Ansys有限元程序对上述结构进行应力分析。

根据一段余热锅炉结构和载荷性质，采用三维1/12对称模型（图6），并采用计算效率和精度较高的8节点实体单元。对局部高应力区域，如：管子-管板连接接头，均需要进行网格细划。

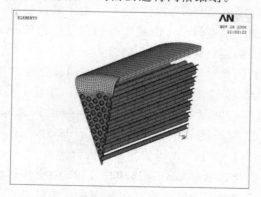

图6　一段余热锅炉结构的有限元模型

单元和节点总数分别为39398和56520。

位移边界条件：对称模型的对称边界。

载荷条件：分为两种分别作计算分析，其一结构仅承受设计压力，其二结构同时承受设计压力和温度载荷。

其中设计压力和温度同时作用下结构的有限元计算应力强度见图7。

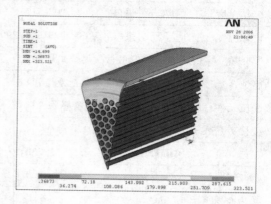

图7　一段余热锅炉结构在内压和
温度同时作用下的应力强度云图

由有限元分析可见，挠性管板柔性好；管板应力分布均匀；管板各处应力水平均在许用应力范围内。

2.2　全焊透管子管板焊接接头结构分析

换热管与管板连接接头一般有三种形式：胀接、焊接和胀焊并用。

对于挠性管板结构，换热管起拉（支）撑杆作用，管子管板焊接接头直接承受管板传递的压力和温度载荷。因此，管子管板接头坡口深度是决定其强度的决定因素。坡口深度越大，焊接难度和焊接工作量越大，但管子管板接头越可靠。

根据管板最大的支撑面积上承受的载荷，计算出管子管板接头的拉脱力，进一步确定其坡口深度为6mm。并对其进行有限元分析，确定其应力分布和水平，最终确定管子管板接头结构尺寸。

其中设计压力和温度同时作用下管子管板接头的有限元计算应力见图8。

根据JB 4732—95《钢制压力容器——分析设计规范》，对上述应力的计算所获知的局部最大应力集中位置进行应力强度评定。局部薄膜应力强度＝168.8MPa＜1.5[σ]'＝187.5MPa；一次＋二

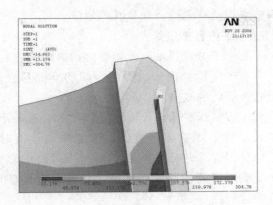

图8 一段余热锅炉管子管板接头在内压和
温度同时作用下的应力云图

次应力强度＝248.8MPa＜3.0[σ]'＝375MPa。

从上述有限元分析结果可以看出：管子管板接头坡口深度为6mm可以保证安全使用。

为了提升安全可靠性，对其进一步优化，将一段余热锅炉换热管与管板的连接形式改为全焊透的焊接形式（图9），二段余热锅炉换热管与管板坡口深度由6mm改为8mm（图10），保证即使在管板和管子结垢，金属壁温上升的不利条件下，管板的应力符合要求，从而保证锅炉的安全。

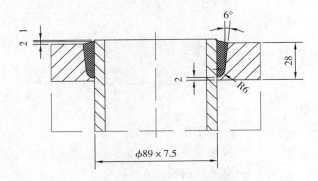

图9 一段余热锅炉管子管板接头

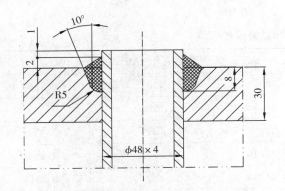

图10 二段余热锅炉管子管板接头

3 关键制造技术

3.1 锅壳管板成形及加工工艺

制造工艺流程如下：

材料鉴定—复验（化学成分、机械性能、超声波探伤）—下料（不允许拼接）—切割—加热、模压成形—热处理（控制终压温度）—尺寸检验、R处超声波探伤—机加工（环缝坡口暂不加工）—钻、扩管孔（两件管板配钻或平面数控钻）—加工坡口—待组对。

锅壳管板采用整体加热，用上下实体模热压成形。将板加热到950℃～1000℃，保温90分钟，用水压机或油压机模压成形，终压温度控制在880℃以上。

由于管板直径大、厚度薄，在加工管板平面时，管板面会变形。所以加工时需制作防变形工装。

3.2 全焊透管子管板接头制造技术

开发了用于该类管子管板GMAW焊自动焊机（图11），实现窄间隙、深坡口管子管板接头自动焊。专用自动焊机焊接能达到根部焊透、融合良好、搭桥方便、成形美观。

图11 专用GMAW自动焊机

在焊接工艺上采以下措施，保证焊接质量，提高工作效率（图12）。

a. 焊口净化技术

对深坡口表面进行机械和化学净化处理，彻底清除坡口表面的油污、氧化物和影响焊接质量的物质。

b. 优化焊接工艺

加大喷嘴直径、调节保护气流量和焊枪角度，调整焊接电流、电压、焊速和焊接轨迹，采取措施防止喷嘴堵塞，及时清理修整焊道表面，消除了根部焊道未焊透、未熔合和气孔等现象。

c. 水平位置多道焊

管头水平位置焊接，改善焊接熔池的位置和形状，有利于气体的逸出、焊缝金属的凝固和成形，降低管头焊缝的缺陷。

采用多道焊工艺，焊道数量优化为8道，小电流输入，减小焊缝热影响区，焊缝高温停留时间短，防止了焊缝过热，减小了对周边母材的影响，细化了前道焊缝的晶粒，提高了焊缝的整体韧性、降低焊缝硬度。

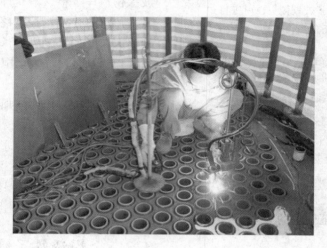

图12 现场焊接

通过以上措施，对管子管板接头采用射线检测一次检测合格率达99.6%以上。

3.3 薄管板管头胀接技术

以管子胀接效果良好为目标，对多组试样进行胀接工艺评定及比较，确定最终胀接压力（见表2）。

按内径控制法计算胀管率。

胀管率计算公式：

$$H = [(D-d_o) - (d_i-d_i')]/d_i \times 100\%$$

式中：H——胀管率，%；

D——管孔直径，mm；

d_o——换热管外径，mm；

d_i——换热管内径，mm；

d_i'——换热管内径，mm。

表2 胀接压力和胀管率试验结果

试样编号	D（mm）	d_o（mm）	d_i（mm）	d_i'（mm）	胀接压力（MPa）	H（%）
1	48.58	47.97	40.18	40.94	140	0.31%
2	48.57	47.96	40.19	41.02	150	0.46%
3	48.57	47.96	40.15	41.03	160	0.55%
4	48.59	47.95	40.13	41.10	170	0.68%
5	48.59	47.97	40.18	41.21	180	0.84%
6	48.58	47.96	40.15	41.23	190	0.95%

C 制造焊接

从表2可知，胀接压力为180MPa，胀管率达0.84%，已实现了良好的贴胀效果。

我们对胀接后的换热管与管板接头进行了解剖，见图13。换热管与管板贴合良好。

图13 换热管与管板接头解剖照片

3.4 整体消除应力热处理

锅壳管束在热处理过程中，由于壳体和管子壁厚相差太大，在加热和冷却过程中，会有较大的温差应力，易造成换热管变形和拉裂，在试验和计算的基础上制定整体热处理工艺。对热电偶的布置和升降温速率进行控制。管束热处理工艺如图14。

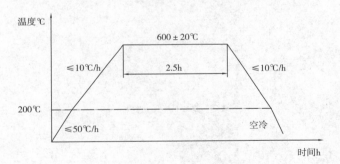

图14 热处理工艺

3.5 设备预组装和耐火衬里施工

为了确保设备在施工现场组装顺利，在制造厂制作总装平台进行了设备预组装，试组装各组接管。每一根连通管在其垂直和水平方向均留余量和安装基准线，便于现场实配。

预组装后进行耐火衬里施工。

余热锅炉的管箱筒体和管板需要浇注耐火、耐磨、隔热材料，浇注质量的好坏对设备安全运行有较大影响。

耐火衬里施工中的控制要点有：原材料验收、锚固件焊接、衬里施工、衬里养护、烘炉等。

4 换热管进口热防护技术

隔热、耐火、耐磨衬里浇注完成后需进行烘炉处理。在烘炉后的检查发现进口陶瓷套管出现大面积的破裂。

陶瓷套管插入换热管管端，防止高温气流对换热管端形成热冲击和磨损，套管与换热管管间隙填充耐高温的硅酸铝纤维，以防管板过热。

4.1 进口陶瓷套管存在问题和原因

进口陶瓷套管出现大面积的破裂，表现为不规则的纵向裂纹及环向裂纹，经分析原因主要是：

（1）管板耐磨衬里与换热管、管板的膨胀系数差异 在热胀冷缩作用下，管板膨胀量比刚玉浇注料膨胀系数大，易导致耐磨陶瓷套管受径向作用力，产生破裂。

（2）陶瓷套管质量 国外公司的陶瓷套管（图15）气孔率高，可以有效保护换热管入口段不受高温过程气的侵蚀，但耐压性较差，很容易在热振不稳定的情况下发生破裂。

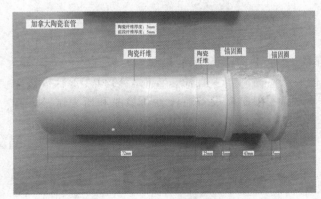

图15 进口套管结构示意图

4.2 新型陶瓷套管结构

国产新型的瓷套套管（图16）与进口套管相比在中部置有支撑件。外套管是为了保护内套管的，在使用过程中，因为热胀冷缩的关系，衬里和瓷套管的膨胀系数不一样，外面的套管，对内套管起到保护作用。

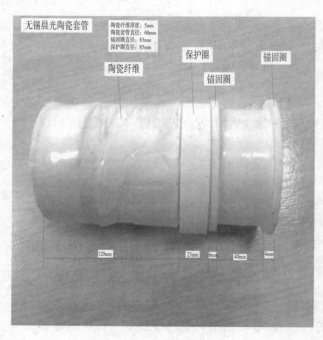

图16 国产陶瓷套管结构示意图

国产新型套管降低了气孔率、提高了耐压强度。

5 结论

采取以上设计、制造和改进措施后，成功研制了12台国产最大硫黄回收余热锅炉，填补国内空白。突破了当时 GB 151—1999《管壳式换热器》在换热器高温、大直径、管板结构和管子管板接头等方面的限制，设备通过各项检测和压力试验。开车生产一次成功，得到用户和专家评审组的好评。

设备经过数年长周期连续、安全、稳定运行，无一次泄漏，技术指标完全达到设计要求。取得良好的社会和经济效益。

相关技术已成功应用到多个石化工厂，替代了进口设备，具有良好的示范效应。

参 考 文 献

［1］锅壳锅炉受压元件强度计算：GB/T 16508—1996［S］.1996.

［2］管壳式换热器：GB 151—1999［S］.1999.

［3］秦叔经，叶文邦.换热器［M］.北京：化学工业出版社，2002.

［4］古大田，方子风.废热锅炉［M］.北京：化学工业出版社，2002.

作 者 简 介

韩冰，女，高级工程师。

通信地址：中国石化集团南京化学工业有限公司化工机械厂；210048

电话：13814088070

电子邮箱：happyhbmm@sina.com

C
制造焊接

新型铸铁水室的结构设计与成形制造技术研究

李树奎[1]　王化乔[2]

（1. 顿汉布什（中国）工业有限公司　山东烟台　264003；
2. 山东泰利先进制造研究院　山东烟台　264003）

摘　要　本文论述了基于无模数控成形快速制造技术应用的新型铸铁水室的结构设计和制造。无模生产制造技术适于单件铸件、小批量铸件和多品种铸件。该技术通过在三维 CAD 模型驱动下直接数控加工砂型，不需要木模，可以大大降低复杂铸件的开发时间和费用，并能获得高精度复杂铸型，具有广阔的应用前景。

关键词　铸铁水室；无模生产制造技术

Research on Structural Design and Forming Technology of a New Cast Iron Water Chamber

Li Shukui[1]　Wang Huaqiao[2]

（1. Dunham-Bush (China) Co., Ltd, Yantai, China, 264003；
2. Shandong Taili Mechanical Technology Research Institute, Yantai, China, 264003）

Abstract　This paper was about design and fabrication of a new cast iron water chamber based on pattern-less NC forming fast production technique. The pattern-less production technique is suitable to the single piece of casting, small batch of castings and castings of multiple varieties. The technique is that numerical control process moulds directly by three-dimensional CAD model driving, without wood mold, can greatly reduce the development time and cost of complex castings, and can also obtain high precision complex mold, and therefore it has a wide application perspective.

Keywords　cast iron water chamber; pattern-less production technique

0　引言

蒸发器水室的结构较复杂，包含法兰、封头、分程隔板、接管等（如图 1），并常开有大直径管孔。以往的设计都是按照国家标准 GB 150.3 公式对封头、接管和法兰部分分别计算，以满足各部分的强度、刚度和密封性要求。生产制造中采用钢板、钢管切割下料和法兰锻件拼接组焊后加工成水室成品。结构分析表明不同厚度的板件连接焊缝处还存在应力集中问题和焊接质量问题。由于焊接热

变形，带隔板的水室国家标准 GB 151 要求焊后进行热处理后再加工[1]，增加了工艺成本。由于以上问题，按照水室的强度、刚度和密封性等要求综合考虑做出了改进设计的新型铸铁水室结构（如图 2）。

1　新型铸铁水室的结构特点

新型水室设计为法兰封头接管一体成形的结构，如图 3 模型所示，采用铸造成形，整体加工法兰密封面和螺栓孔。铸造能够适应复杂内腔结构和曲面形状，且不受结构各个部分厚度不均的材料成

形限制，对法兰和接管开孔部分能够进行相应的增厚补强，减小应力集中，更合理地利用材料，降低成本。

法兰封头接管一体设计成形的新型铸铁水室，通过合理设计能够满足结构各部分的强度、刚度和密封性要求，减轻重量，降低材料成本。与碳钢平焊法兰封头水室的结构参数比较详见表1，具有明显的尺寸小、重量轻的优势；通过采用无模铸造生产技术可以缩短产品开发周期，减少开发新产品的投资成本及风险，降低生产制造成本。

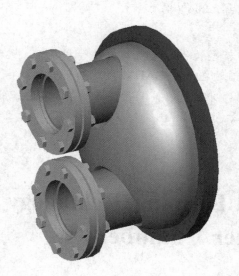

图 1　蒸发器水室的结构

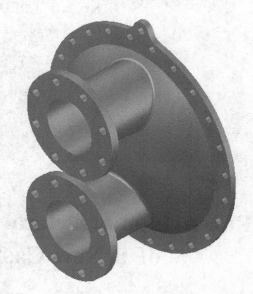

图 2　新型铸铁水室结构

图 3　新型水室一体成形结构

表 1　焊接水室与铸造水室参数对比

DN500 水室结构方案	壳体厚度	法兰厚度	轴向尺寸	整体质量
①平焊法兰封头水室	10	36	300	73
②整体铸铁封头水室	12	22	250	62

2 铸铁水室的结构模拟分析

以 DN500 水室承压 1.0MPa 为例对之前的平焊法兰碳钢水室和法兰封头接管一体设计成形的铸铁水室两种结构方案进行分析比较。有限元计算模型为包含封头、接管、法兰的三维实体模型，法兰密封面轴向约束，有限元网格类型为实体网格。

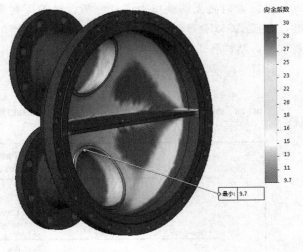

2）整体铸铁水室

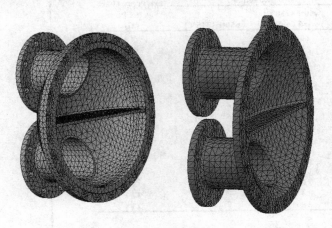

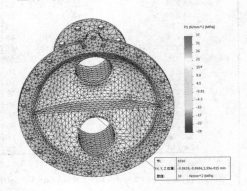

通过在 Simulation 中对模型进行模拟加载，应力分析得出以下结果：

1）平焊法兰水室

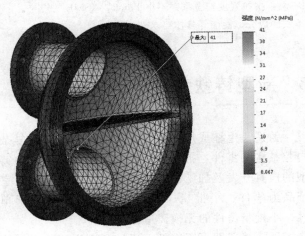

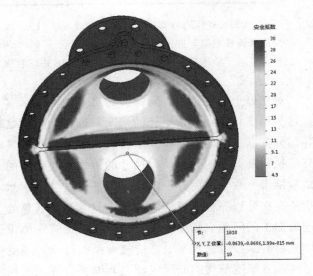

分析结果如下：

参　　　数	平焊法兰水室	整体铸铁水室
应力强度（MPa）	41	30
安全系数	9.7	10
重量	72	62

目前国内尚无铸铁压力容器分析设计的评判标准，参照 ASME Ⅷ-1 UCI 篇铸铁制造压力容器的要求[2]，结构各部分的强度能够满足要求。

UCI-23 Maximum Allowable Stress Values，

The maximum allowable stress value in bending shall be 11/2 times that permitted in tension，$[\sigma]_b$ =1.5 $[\sigma]$。

Table UCI-23
Maximum Allowable Stress Values in Tension for Cast Iron

Spec. No.	Class	Specified Min. Tensile Strength, ksi (MPa)	Maximum Allowable Stress, ksi (MPa), for Metal Temperature Not Exceeding		Ext. Press. Chart Fig. No. [Note (1)]
			450°F (230°C) and Colder	650°F (345°C)	
SA 667	...	20 (138)	2.0 (13.8)	...	CI 1
SA 278	20	20 (138)	2.0 (13.8)	...	CI 1
SA 278	25	25 (172)	2.5 (17.2)	...	CI 1
SA 278	30	30 (207)	3.0 (20.7)	...	CI 1
SA 278	35	35 (241)	3.5 (24.1)	...	CI 1
SA 278	40	40 (276)	4.0 (27.6)	4.0 (27.6)	CI 1
SA 278	45	45 (310)	4.5 (31.0)	4.5 (31.0)	CI 1
SA 278	50	50 (345)	5.0 (34.5)	5.0 (34.5)	CI 1
SA 47	(Grade 3 2510)	50 (345)	5.0 (34.5)	5.0 (34.5)	CI 1
SA 278	55	55 (379)	5.5 (37.9)	5.5 (37.9)	CI 1
SA 278	60	60 (414)	6.0 (41.4)	6.0 (41.4)	CI 1
SA 476	...	80 (552)	8.0 (55.2)	...	CI 1
SA 748	20	16 (110)	1.6 (11.0)	...	CI 1
SA 748	25	20 (138)	2.0 (13.8)	...	CI 1
SA 748	30	24 (165)	2.4 (16.5)	...	CI 1
SA 748	35	28 (193)	2.8 (19.3)	...	CI 1

NOTE:
(1) Figure CI 1 is contained in Subpart 3 of Section II, Part D.

《固定式压力容器安全技术监察规程》（TSG 21—2016）[3]修订说明 3.2.1.1 安全系数 五中"ASME 规定灰铸铁室温下抗拉强度安全系数不小于 8.0，球墨铸铁室温下抗拉强度安全系数不小于 5.0，ASME 的规定是基于承压设备专用铸铁的，在 ASME 中同时规定了铸铁的成分、性能等具体要求。"

对比以上两种结构，同样公称尺寸的铸铁水室在封头深度较小，重量更轻的情况下依然能够满足各部分要求。这与文献 4 关于铸铁材料的抗弯强度与抗拉强度关系的分析及大尺寸的铸铁弯曲试件的试验结果一致[4]。而分析结果表明平焊法兰碳钢水室还存在分程隔板的焊缝应力集中问题和焊后热处理后加工的问题。相比之下，法兰封头接管一体设计成形的新型铸铁水室更适应复杂结构形状，不受不同部分厚度不均的成形限制，能够更合理地利用材料性能，有比较优势。一体设计成形的铸铁水室，通过合理设计能够满足结构各部分的强度、刚度和密封性要求；可以充分利用数值分析指导设计、试验，打破经验设计的局限，为结构强度、刚度、寿命设计提供定量依据和有效方法，从而提高产品质量；通过进行优化分析减轻重量，降低材料及制造成本。

3　新型铸铁水室成形制造工艺

铸造是毛坯成形的主要工艺之一，适应有复杂内腔结构的零件，批量生产成本低。主要流程中铸型的模具开发及加工制造成本较高。由于所用水室产品为单件、小批量、多品种，所以采用适于单件、小批量铸件的无模铸造技术。

无模铸造即不用模具而通过利用数字化无模铸造精密成型机直接制造出用于砂型铸造生产的铸型。此种工艺方法因省去了模具设计及制造时间，使铸件的开发速度较传统工艺有非常大的提升。随着先进制造技术的不断发展，无模铸造的制造方法逐渐增多。在铸件新产品开发中应用较广泛的工艺有：激光选区烧结（Selective Laser Sintering，简称 SLS）、三维打印（Three Dimension Printing，简称 3DP）及直接数控加工铸型等[5]。无模铸造技术依靠其快速化、柔性化、数字化、精密化的特点，使得其在铸件新产品开发中的应用范围越来越广泛。对于单件及小批量生产，其生产周期可比传统工艺缩短 40%～80%，生产成本可降低 30%～60%，并且消除了在试验阶段因为零件结构更改而使得模具作废的风险。

山东泰利先进制造研究院使用此技术完全颠覆了传统铸造的先开模样后制型的方式，利用数字化无模铸造精密成型机通过数控成形快速加工技术对铸型直接加工成形。可以准确地按照设计模型进行样件制造，实现铸件的快速制造，既缩短了试制时间，又降低了试制成本和风险。

轻量化、精确化、高效化、清洁化将是铸造技术的重要发展方向，因而要求铸造成型制造向更轻、更薄、更精、更强、更韧、成本低、流程短、质量高的方向发展。无模铸型制造技术因无须模样、制造时间短、一体化造型、无拔模斜度、可制造含自由曲面的铸型，并可实现铸型 CAD/CAE/CAM 一体化，是实现铸造过程中的自动化、柔性化、敏捷化的重要途径[6]。因此，无模铸造生产工艺技术具有广阔的应用前景。

4 结论

在制造业竞争日趋激烈的状况下，自主快速开发新产品的能力，成为制造业竞争的实力基础。缩短产品开发周期和减少开发新产品投资成本及风险，已成为企业赖以生存的关键。采用数字化无模铸造精密成形技术用于单件小批量的铸件新产品开发，可以准确地按照设计模型进行样件制造，在短时间内得到产品样件，从而对产品进行快速评价、修改及功能试验，缩短了试制时间，又降低了试制成本和风险。对于提升企业竞争力，促进行业的技术进步也具有重要意义。

参 考 文 献

[1] 热交换器：GB/T 151—2014［S］.

[2] Rules for construction of pressure vessels：ASME BPVC VIII - 1 2015［S］.

[3] 固定式压力容器安全技术监察规程：TSG 21—2016［S］.

[4] 李培宁，黄德山. 铸铁压力容器的强度设计研究［J］. 压力容器，1990，5：14—21.

[5] 侯明鹏，杨永泉，段辉. 无模铸造成形技术的分析及应用［J］. 机械工业标准化与质量，2014（10）：45—47.

[6] 单忠德，陈少凯，陈文刚，等. 汽车铸件无模化数控成形快速制造技术的应用［J］. 现代铸铁，2010，（2）：81—85.

作 者 简 介

李树奎（1978—），男，机械工程师，主要从事机组相关设备零部件结构强度分析与优化等工作。

通信地址：山东省烟台市莱山经济技术开发区顿汉布什路 1 号，264003

E-mail：lishukui@dunham－bush.com.cn

电话：15684049843

立式螺纹锁紧环式换热器现场拆卸技术

宁兴盛　周　霞　王志刚　林浩志　张东泓　尤秀美

（兰州兰石重型装备股份有限公司）

摘　要　本文介绍了国内首台立式螺纹锁紧环式换热器的拆卸，通过对立式螺纹锁紧环式换热器拆卸程序、施工方法和专用拆卸工具的应用，对检修过程中存在的问题、专用拆卸工装首次应用于立式螺纹拆卸，对专用工装进行有效的验证，同时在整个检修过程中对出现问题解决方法加以阐述。为螺纹锁紧环换热器的检修、专用工具的合理设计及改造提供了实践依据和强有力的指导依据。

关键词　立式；螺纹锁紧环；拆卸；专用拆卸工具

中图分类号　TG115.28

Field Disassembling Technology of Vertical Thread Locking Ring Heat Exchanger

Ning Xingsheng[1,2]　Zhou Xia[1]　Wang Zhigang[1,2]

Lin Haozhi[1]　Zhang Donghong[1,2]　You Xiumei[1,2]

(1. Lanzhou LS heavy equipment co., LTD., Lanzhou 730314

2. Pressure vessel special material welding key lab cultivation base of Gansu province Lanzhou730314)

Abstract　This article describes disassembly of the domestic first vertical thread locking ring heat exchanger, through three aspects: the vertical thread locking ring heat exchanger disassembly procedures, construction methods and the application of special demolition tools to specific description, this paper presents the problems in the maintenance process and explains the solution to the problem. Do effective verification for dedicated demolition tooling using for the first time in the vertical thread demolition. For the thread locking ring heat exchanger maintenance, special tools for the rational design and transformation provides a practical basis and a strong basis for guidance.

Keywords　vertical; thread locking ring; disassembly; special demolition tools

1　引言

我公司为某化工厂制造 100 万吨/年煤焦油加氢项目的混合原料/悬浮床热高分气换热器为立式螺纹锁紧环式换热器，由于换热器壳程结焦，无法满足运行条件，业主要求我公司对其进行拆卸、检修。该设备在离地面 40 米左右（指产品最高点距地面距离）的工作框架上，按用户要求采用兰州兰石重型装备股份公司提供的立式工装进行现场开罐，抽芯检查。结合现场实际情况，需要在离地面 40 米处提供不低于 15 吨的圆周切向力 F_1，垂直于地面 60 米处提供 10.1 吨（管束整体净重）的垂直拉力 F_2（注：此力不包括结焦后，结焦产物对管束的作用力）具体见图 1 所示。

图 1　立式螺纹换热器现场现状

和壳程同为高压的介质，管箱同壳程介质共用一个壳体，壳程侧顶端为封头，管箱端部用螺纹锁紧环旋入，就像一个大的丝堵旋入管箱内。管箱与壳程筒体焊接为一个整体，所有的内构件都封装在同一壳体内部，减少了密封点降低了泄漏的可能性。管程、壳程高压型螺纹锁紧环式换热器的主体密封也分为两大部分：一是管程侧的密封，它是通过螺纹锁紧环上的外圈压紧螺栓压紧在密封盘及密封垫上实现的；二是壳程侧的密封，它是螺纹锁紧环上的内圈压紧螺栓通过卡环、管箱内套筒压在管束管板及密封垫上实现密封的。高—高压型换热器的密封形式安全可靠，通过把紧螺纹锁紧环上的内外圈压紧螺栓，在不拆卸管箱内件的情况下，即可解决管程和壳程密封。管程、壳程高压型螺纹锁紧环式换热器的结构[6]如图 2 所示：

2　换热器结构和密封原理

该设备为高—高压型螺纹换热器，适用于管程

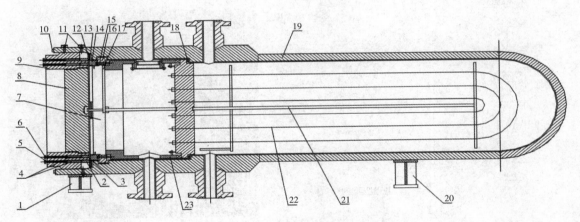

图 2　高—高压螺纹换热器结构简图

1—固定支座；2—外压圈；3—内压圈；4—内、外压杆；5—外压紧螺栓；6—内压紧螺栓；7—支架；8—压盖；9—螺纹琐紧环；10—螺塞；11—丝堵；12—密封盘；13—管程侧密封垫片；14—压环；15—内顶压螺栓；16—卡环；17—分程箱盖板；18—壳程侧密封垫片；19—壳体；20—活动支座；21—隔板；22—管束；23—分程箱

3　立式螺纹锁紧环式换热器拆卸程序[1]

施工技术准备→拆卸工具制作、准备→螺纹锁紧环上内、外圈螺栓浇注螺栓松动剂→螺纹锁紧环浇注润滑油→内、外圈压紧螺栓编号→螺纹锁紧端面至管箱端面高度差测量、与管箱筒体相对位置标示、记录，（保证设备回装尺寸）→拆内外圈压紧螺栓→安装螺纹锁紧环第一扣松懈工具→螺纹锁紧环第一扣松懈→安装立式旋螺纹专用工装→旋出螺纹锁紧环→测量密封盘至管箱外端面距离，并记录（保证设备回装尺寸）→拆卸密封盘→拆卸管箱内顶压螺栓→卡环（分合环）进行编号、标记→拆卸卡环→拆除分程箱→立式抽管束→立式螺纹锁紧环换热器拆卸完毕。

4 立式螺纹锁紧环式换热器拆卸难点及专用工装的应用

4.1 难点一：螺纹锁紧环第一扣的松懈

由于该换热器为立式螺纹锁紧环式换热器，螺纹锁紧环上端面朝上，现场风沙较大，经过长年累月的沙尘堆积，加之现场蒸汽伴热盘管存在泄露滴水导致螺纹内部泥沙堆积和严重生锈，同时，立式拆卸螺纹锁紧环旋转时无有效的周向切向力着力点。螺纹锁紧环第一扣的松懈成为立式螺纹拆卸成功的重中之重。经过反复技术论证，最后依托换热器自身结构特点，利用了换热器管箱筒体顶端 8 - M36 螺纹孔和螺纹锁紧环上外圈螺栓孔安装受力支座形成作用力与反作用力的关系，选择最佳的切向力和力矩对螺纹锁紧环第一扣进行松懈。松懈装置具体如图 3 所示。实际在利用该工装使用 2 个 20T 千斤顶顶压的过程中，螺纹锁紧环仍无法旋转，螺纹锁紧环处于锈死状态，最后使拆卸工装处于受力绷紧状态，在管箱壳体外包上电加热器进行加热，让管箱壳体膨胀使螺纹锁紧环松动，加热过程严格执行热处理工艺，加热速度为 55℃/h ～ 220℃/h，最大加热温度应小于 350℃，随时使用红外线测温仪对加热温度进行测控。升温过程必须为快速升温，避免螺纹锁紧环随管箱筒体一同受热而达不到热胀效果。加热过程中随时观察螺纹锁紧环是否转动，经电加热升温后约 1h，螺纹锁紧环开始松动，达到预期效果，如图 4 所示为螺纹锁紧环松动后的标示，图 5 为螺纹锁紧环内部泥沙、铁锈。

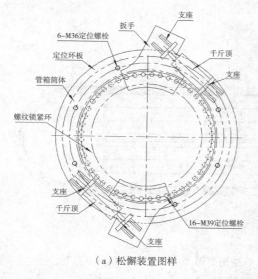

（a）松懈装置图样

图 3　螺纹锁紧环第一扣松懈装置

（b）松懈装置实物

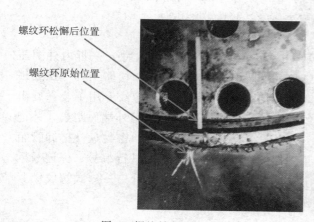

图 4　螺纹锁紧环松动

图 5　螺纹锁紧环内部泥沙、铁锈

制造焊接

4.2 难点二：组装旋螺纹工装、旋螺纹锁紧环

按旋螺纹工装图纸组装旋螺纹工装[4]，保证工装组对后满足图样要求，把紧工装上螺栓，如图6所示。测量工装及锁紧环组装后垂直度、水平度，若不能满足要求，采用调整螺栓及滚珠丝杆对工装进行调节，以保证满足组装要求。将锁紧环螺纹与管箱内螺纹利用滚珠丝杠及调整螺栓调整间隙，避免旋螺纹过程中锁紧环螺纹与管箱内螺纹摩擦、咬合、粘死[1-4]。组装扳手，利用钢管周向进行施力进行螺纹旋出，见图7，在旋出螺纹锁紧环的过程中一定要控制旋螺纹工装保持水平，防止因工装不水平，造成锁紧环卡死或造成螺纹锁紧环损伤，无法顺利旋出，同时，需随时掌握施力过程中是否存在严重摩擦，避免强力拆卸，随时调整旋螺纹工装的水平度、及与螺纹锁紧环、管箱内螺纹的同心度。具体操作时在管箱外端面安装一个百分表，在拆除整个过程严格记录百分表与锁紧环外螺纹表面尺寸，如图8所示。如图9所示问螺纹锁紧环旋出后的状态。该旋螺纹工装为首次应用，在装配、调节过程中合理利用其使用原理，达到了工装使用的预期效果，为今后该工装的使用积累了丰富的经验，同时对该工装的推广奠定了坚实的基础。

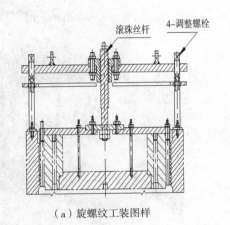

（a）旋螺纹工装图样　　　　　　（b）旋螺纹工装实物

图6　旋螺纹工装装配

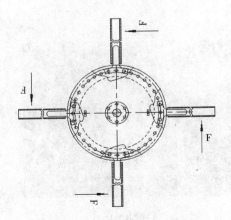

图7　周向施力旋螺纹

图8　百分表测量

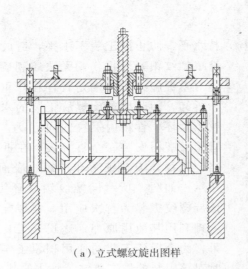

（a）立式螺纹旋出图样

（b）立式螺纹旋出实物

图9　立式螺纹锁紧环旋出

4.3　难点三：立式拆管束

　　我们以往检修的螺纹锁紧环式换热器都为卧式换热器，拆管束采用专用抽芯机进行拆管束，既方便又快捷。而该换热器为立式换热器，管束长度为10米，平台高度40米，管板上端面到管箱筒体端面1.6米，平台护栏1.2米，加上钢丝绳有效的起吊长度、吊车上钢丝绳的长度，需将整个管束抽出吊到地面吊车挂钩高度需高于60米才能将管束呆至地面；另外，管束净重10.1顿，且管束与壳体内部结焦严重，焦煤重量和管束与壳体之间摩擦力无法计算，管束在壳体内部的拖动成功成为最大难点。首先搭建起吊工装，如图10，使用2米长的一根40♯工字钢作为支撑横梁，管箱断面上作为千斤顶的两个支撑点，工字梁上面装焊一根 $\phi219\times20$ 钢管作为辅助支撑梁、同时也可防止钢丝绳勒断，管束管板上使用4个 M39×3 的吊环对管束进行起吊；其次，由于该次施工为冬季施工，壳体内部结焦，通过对壳体内部通入蒸汽对壳体起到热胀的作用和对内部结焦融化作用以减少壳体内部摩擦力；最后使用两个千斤顶左右互相借力将管束抽动并通过上下松动减小管束内部摩擦力。管束松动后使用千斤顶与倒链相结合将管束抽出离管箱端面约1.5米左右，将钢丝绳捆扎到管束上将管束缓缓抽出，放于地面进行后续工作。自此，完成管束拆卸工作。如图11所示为管束抽出现场图片。

图10　管束起吊工装

图11　管束抽出图片

5 结束语

通过对国内首台立式螺纹锁紧环式换热器现场拆卸，拆卸过程中技术难点较多，程序复杂，前期不仅需要考察现场，掌握设备结构和原理。在拆卸过程中找准拆卸过程中存在的难点，克服现场拆卸困难，借鉴卧式螺纹锁紧环式检修、拆卸经验，完成了立式螺纹锁紧环式换热器顺利拆卸。在拆卸过程中验证了拆卸工装的合理性，为今后立式螺纹的拆卸奠定了坚实的基础，通过合理的拆卸方法和拆卸顺序，使技术人员和施工人员在立式螺纹锁紧环式换热器拆卸、检修方面积累了丰富的经验，为国内同行业换热器拆卸、检修提供了参考依据。

参 考 文 献

[1] 谢春清. 螺纹锁紧环换热器检修工艺 [J]. 中国石油和化工标准与质量，2015，14.

[2] 王绍华. 螺纹锁紧环换热器的检维修 [J]. 设备管理与维修，2016，(10)：53—55.

[3] 陈建玉. 高压螺纹锁紧环式换热器检修中常见故障分析及对策 [J]. 化工机械，2005，32 (4)：253—256.

[4] 张保安. 螺纹锁紧环换热器总装试压及拆卸工装 [J]. 化工设备，2004，33 (4)：60—62.

[5] 管壳式换热器维护检修规程：SHS 01009—2004 [S].

[6] 螺纹锁紧环换热器技术图纸.

作 者 简 介

宁兴盛，男，1986 年 2 月生，中级工程师。

通信地址：甘肃省兰州市，730087.

电话：13639393783

提高数控钻床在管板钻孔工序中质量和效率

沈 林 丁 勤 尹 飞

(航天晨光股份有限公司 江苏南京 210000)

摘 要 我公司在外冷却数控钻床上增加了钻头内冷却功能，并采用铲钻作为刀具进行管板钻孔，效率明显优于传统外冷却钻孔。孔的直线度、直径误差、位置误差等精度指标满足标准规定要求。

关键词 管板；钻孔；内冷

Improve the Quality and Productivity by Using NC Drilling Machine to Drill Tube-plates

Shen Lin Din Qin Yin Fei

(Aerosun Company, Nanjing, Jiangsu 210000)

Abstract Our company adds the inner cooling design in the outer cooling NC drilling machine, and uses the spade drill to drill tube-plates, in which way the productivity is much better than the traditional outer cooling drill. The straightness, diameter error, position error and other accuracy indexes of the hole meet the standard requirements.

Keywords Tube-plate; drill; inner cooling

C 制造焊接

1 研究背景

换热器是一种应用相当普遍的化工设备，管板钻孔是换热器制造中的一道重要工序。传统管板钻孔通常采用外冷麻花钻，加工周期长，效率低，轴向进给量通常只有 10～20mm/min，还经常出现钻偏，造成管板出钻侧的管桥超差等问题[1]。我公司目前使用的沈阳机床公司的 GDC5050md 动龙门式数控钻铣床具有钻速高、机床刚度好的特点，但只有外冷功能，钻孔效率较低，没有发挥高速钻应有的作用。为提高生产效率，我们对该机床进行了改造，增加了内冷功能并进行了不同钻孔方法的工艺试验，提高了该设备钻孔的长径比（钻孔深度和钻孔直径之比）、钻孔效率和设备使用率，满足中、厚管板钻孔要求。

2 钻床增加内冷功能

2.1 钻头外冷却与内冷却的原理

钻头在钻孔时，会产生切削热，当冷却不足时，可能烧坏切削刃。普通麻花钻采用外冷却方式，冷却液由外部对准钻孔位置喷射，冷却液进入钻孔并向下渗透，对钻尖进行冷却。由于旋转的离心作用及钻屑的阻挡，当钻孔较深时，冷却液不易渗透到钻尖部位，从而对钻尖的冷却不足，钻速不能提升很高。普通麻花钻加工碳钢的钻速在 100r/min 左右，进给在 10～20mm/min。当钻孔深度较深时，还需要使用啄钻工艺，即每钻孔一段深度，便把钻头往上提断铁屑，以便于排屑，防止钻屑堵塞钻孔，挤压钻杆造成钻杆断裂。这样更降低了钻孔效率。此外，还要钻工自己磨钻头，对钻工的技术要求较高，一旦磨得不好，会严重影响钻孔的直线度和钻头的寿命。

内冷模式，冷却液由高压泵泵出，进入钻杆，由钻尖处喷出，对钻尖进行冷却，因冷却充分，转速可达500～3000r/min，轴向进给速度达100mm/min以上；同时冷却液排出时也推动钻屑向上排出，利于排屑，因此钻孔时可以一钻到底，无需提钻排屑。因此钻孔效率得到了极大的提高。

2.2 改造方案

（1）机械改造：在该机床的两根主轴上安装BT50外转内刀柄（如图1所示），并连通高压水路，实现外冷却转内冷却的功能。

（2）冷却水系统改造：由于内冷钻头需要较高的冷却液压力，因此需新增高压冷却水系统。在现有管路不变情况下增加两路高压油管，及2.5MPa，5m³/h（83L/min）的冷却润滑液泵，确保高压工作状态下稳定供水。

（3）水箱改造：因现有水箱容量较小，无法满足使用需求，因此在原水箱基础上串联增加了一个水箱，保证冷却水的充足供应。

（4）过滤系统改造：为防止在原有滤网滤纸过滤的基础上，增加滤芯过滤系统，实现过滤，确保冷却液的品质，保护刀具提高加工寿命，保证工件的加工稳定性及光洁度。当冷却液过滤异常时自动报警，通过自动检测实现更换滤芯及时发现问题，避免刀具及工件的损坏。

（5）电路改造：实现操控系统上能自由的控制水泵的自由通断，以及内冷水路跟外冷水路的自由切换。

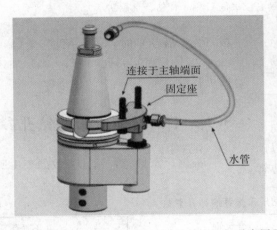

连接于主轴端面
固定座
水管

图1　外转内刀柄示意图及改造后照片

2.3 内冷钻头选择

内冷钻头可分为整体硬质合金和可换刀片式（仅刀片为硬质合金）两种。整体硬质合金钻的单根成本较高，且刀刃磨损后，需用专用设备进行修磨；而可换刀片式的钻杆单根成本较低，且刀刃磨损后，只需更换刀片，无需修磨，十分方便。因此选择可换刀片式钻杆；

可换刀片式钻杆主要有U钻、铲钻、皇冠钻三种形式，具体如下。

U钻是由两片方形刀片呈错开方式锁紧在钻杆头部，加工时由两片受力，可以承受较高的钻速，钻孔表面光洁度较高。当刀片的一边刃磨损后，可以更换另一边刃使用，因此刀片使用寿命较长，且U钻的刀片体积小，价格便宜（每个刀片价格约20～40元），因此U钻的使用成本较低。但是，U钻加工孔的长径比（钻孔深度与直径之比）较低，通常在2～4倍，国外的某些高端U钻也只能做到5倍径。[2]

铲钻的刀片形似铲尖，为一种自定心双刃切削的对称构造，具有分屑和断屑功能。其加工孔的长径比较高，通常在10倍径以上，其刀片价格适中（约200元/片），但钻速较低，钻孔表面光洁度较差。[3]

皇冠钻头是由一个整体的切削刃，用中心定位销固定在钻杆上，有中心钻尖和对称的两个切削刃组成。轴向定位准确，目前多为进口，价格较铲钻贵一倍以上。

铲钻根据排屑槽的不同，分为直槽和螺旋槽两种；根据刀具柄部的不同分为直柄刀柄、莫氏锥度刀柄、侧固式刀柄等。具体选择如下：

关于排屑槽选择：当工件旋转刀具停止时，直槽愈加有利于排屑，如车床加工；当刀具在高速旋转工件停止时，则较多的挑选螺旋排屑槽，如CNC机床，摇臂钻等；因此，这次选用螺旋槽排屑方式。关于刀柄选择：直柄刀柄的夹持力度较小，一般适用于小直径的钻头（≤12mm）；莫氏柄对中性好，但是装卸麻烦，且不适用于小直径钻头；因此侧固式刀柄较为合适。

综上，根据代加工的管板孔长径比较高的特点，拟选择侧固式螺旋槽铲钻作为加工刀具；为提高精度，将使用统一直径的侧固式刀柄（ϕ32mm），避免使用变径套，造成同心度超差。

图2　钻头图（从左到右依次是 U 钻、铲钻、皇冠钻）

3　钻孔试验

为验证内冷钻加工换热器管板的可行性并初步确定加工工艺，我们进行了以下一系列试验，以确定：（1）不同材质管板的钻孔参数；（2）加工薄管板（~4 倍径）时，钻孔精度；（3）加工厚管板（~8 倍径）时，钻孔精度；（4）加工叠加折流板的可行性。

3.1　不同材质管板的钻孔参数

根据厂家推荐，钻孔参数如表1所示：

表 1　铲钻厂家推荐的钻孔参数

铲钻直径（mm）	低合金钢				合金钢				不锈钢			
	切削线速度（m/min）	每转进给（mm/r）	转速（r/min）	总进给量（mm/min）	切削线速度（m/min）	每转进给（mm/r）	转速（r/min）	总进给量（mm/min）	切削线速度（m/min）	每转进给量（mm/r）	转速（r/min）	总进给量（mm/min）
16.3	66.6	0.19	1305	247	49.5	0.19	970	184	28.8	0.19	564	107
19.3		0.24	1101	264		0.24	818	196		0.24	476	114
25.3		0.34	840	285		0.34	624	212		0.34	363	123
32.4		0.34	654	222		0.34	486	165		0.34	283	96

上述参数是基于理想状态的，实际操作时转速和进给一般低于推荐值。我们选择了 Q345R、15CrMoR、S30408 三种材料分别进行了试验。根据实际试验情况，当钻孔每转进给量较大时，铁屑比较容易自动断，不易缠在刀杆上，但管孔表面较粗糙；当每转进给量较小时，管孔粗糙度降低，但铁屑不易断裂，易缠在刀杆上，这样每钻 1~2 个孔，就得停机清理一次铁屑，效率大幅降低；当总

制造焊接

进给量较大时，虽然效率提高，但机床功率负载会大幅增加，达 50％以上，甚至机床会有抖动现象。

经过多次试验，我们初步确定的钻孔参数如表 2 所示：

表 2　实际钻孔参数

铲钻直径 （mm）	低合金钢（Q345R）		合金钢（15CrMoR）		不锈钢（S30408）	
	转速 （r/min）	总进给量 （mm/min）	转速 （r/min）	总进给量 （mm/min）	转速 （r/min）	总进给量 （mm/min）
16.3	900	140	850	120	400	60
19.3	750	120	700	100	350	50
25.3	600	110	550	90	280	45
32.4	450	100	400	80	200	40

3.2　加工薄管板钻孔精度

用上述参数试验钻薄管板孔，分别用 $\phi16.3$、$\phi19.3$ 钻头钻 δ80 管板孔，用 $\phi25.3$、$\phi32.4$ 钻头钻 δ100 管板孔。然后，用游标卡尺进行检查，管孔直径误差为±0.02mm；孔桥宽度（包括进钻侧和出钻侧）误差为±0.02mm；孔壁粗糙度在 6.3 左右（如图 3 所示）；用检测芯棒（与配套换热管直径相同）检查管孔直线度，芯棒可以自由通过。满足管板制造标准要求。

图 3　钻孔试件及管孔剖开照片

3.3　加工厚管板时钻孔精度

用 $\phi25.3$ 和 $\phi32.4$ 钻头钻 δ220 管板孔，当用长刀杆直接钻成通孔时，用检测芯棒（与配套换热管直径相同）检查管孔直线度，约 40％的 $\phi25$ 孔和 30％的 $\phi32$ 孔，芯棒无法自由通过，说明此时管孔直线度超差，且钻孔倍径越高，超差比例越高。经分析认为：当铲钻刀杆的长度过长以后，钻杆的径向跳动也会变大，按机床的精度检测数据，离主轴端面 300mm 处的径向跳动达 0.02mm，因此可能导致钻孔直线度偏差，造成穿管困难。

为此，我们对深孔钻的工艺进行了改进：先用短倍径的钻杆钻一个深约 30～40mm 的引导孔，再换用长刀杆按普通工艺进行钻孔，这样可以去除长刀杆产生的跳动，提高钻孔的直线度。用 δ220mm 的 Q345R 钢板按此方法钻 45 个 $\phi25$ 的孔进行验证试验，先用短倍径（5 倍径）的钻杆钻 50mm 深的引导孔，再用长倍径（10 倍径）的钻杆钻成通孔。用 $\phi25$ 检测芯棒进行检测，能全部通过。管孔直径误差为±0.02mm；孔桥宽度（包括进钻侧和出钻侧）误差为±0.04mm；孔壁粗糙度在 6.3 左右，满足管板制造标准要求。

3.4　加工叠加折流板的可行性

换热器折流板一般是叠加在一起钻孔，既可以提高效率，也可以提高各折流板的同心度。叠加的折流板之间存在间隙，因此需要韧性较高的钻头，一般用麻花钻进行钻孔。此次用铲钻进行试验，使用低钻速和进给，但铲钻仍在间隙处崩碎，说明铲钻无法用于加工叠加折流板。

4 结论

通过对现有龙门数控钻床进行增加内冷的改造，成功实现了内冷钻孔，钻孔效率比外冷麻花钻提高 5～6 倍。

通过选择侧固式螺旋槽铲钻作为管板孔钻孔刀具并进行试验，初步得到了工艺参数；经检验，精度满足换热器管板制造要求，无出钻孔孔桥超差现象，可以用于加工管板孔。改进的引导钻工艺，可以达到 11 的高长径比；铲钻不适用于叠加在一起折流板管孔的加工；对于外协比较，节约 1/3 左右的加工费用和运费；

参 考 文 献

[1] 张一俊. 浅析钻头在管壳式管板钻孔的速度提高 [J]. 信息化建设，2016，(7).

[2] 邹峰，刘钢，李智. U 钻在数控加工中的应用技巧 [J]. 金属加工（冷加工），2007，(5)：46—47.

[3] 卢万强，罗忠良，向前波，等. 核电大汽缸复合角度深孔加工工艺研究与应用 [J]. 机床与液压，2015，(16)：46—49.

作 者 简 介

沈林，男，1989 年生，工程师；主要从事压力容器工艺工作。

通信地址：江苏省南京市溧水区永阳镇晨光大道 1 号航天晨光化工机械分公司；210000

电话：15850650748；

电子邮箱：15850650748@139.com

C 制造焊接

移动式管道预制工作站的建立与应用

秦 丽

中国化学工程第三建设有限公司 安徽淮南 232038

摘 要 为了更好地满足业主对工期、安全、质量的要求，建立移动式管道预制工作站，加快了管道预制的发展，具有可移动性、机械化、自动化等特点，使得它在施工现场的应用优势明显。

关键词 移动式管道预制工作站；应用

Build and Utilize of Portable Pipe Pre-fabrication Workstation

Qin Li

(China National Chemical Engineering Third Construction Co. , Ltd.
Huainan, Anhui 232038)

Abstract A portable pipe pre-fabrication workstation has features of portable, mechanized, automatic and advanced in technical, which has obvious advantages in construction field and may satisfy client's requirements better on schedule, safety and quality.

Keywords Portable-pipe-autowelding-prefabrication-workstation; application

一、概述

化工生产装置涉及的工艺管道规格种类繁多、安装工作量大、焊接质量标准高，普遍认为管道安装的最佳方案是采用管道工厂化预制手段来加大管道预制深度，保证工期和质量。但很多的化工装置施工现场由于工期要求很紧、环境条件差等因素，无法提供固定的管道预制厂房，只能在生产装置建设区域内因地就简地开展管道预制工作。为了更好地满足对工期、安全、质量的要求，提高生产效率和管理水平，建立移动式管道预制工作站，代替管道加工厂，实现管道预制工作的可移动、机械化和自动化势在必行。

二、移动式管道预制工作站的建立

（一）移动式管道预制工作站的选址

移动式管道自动焊预制工作站要有独立的作业场地，选择合适的位置建立工作站就至关重要了。该位置要满足场地平整、用电方便，照明良好，道路畅通等特点，方便从业主仓库领用材料并能及时将预制好的管子运到安装施工现场。工作站的周围要有空间搭设临时仓库、材料堆放场所和二级焊材库等。

（二）工作站的组成（见图1）

顾名思义，移动式管道预制工作站应具有可移动性、机械化、自动化等特征。它由三个特制的集装箱组成三个工作分站，即：管道高速机械切割坡口工作站、管件组对工作站，管道自动焊接工作站，并通过生产线输送及转运物流系统来实现管子预制工作。

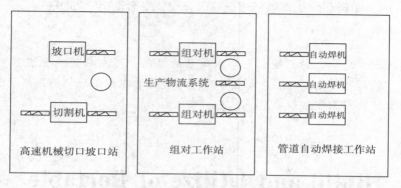

图1　移动式管道自动焊预制工作站平面布置示意图

1. 管道高速机械切割坡口站

设置高速带锯切断工位和高速坡口工位，由高速带锯机主机、数控高速真品机主机、带锯机电动输入辊道、管子输出辊道小车、管子升降回转辊道小车、液压系统、PLC控制系统组成。用来对管道进行切割和坡口加工，其采用生产线物流式的设计，方便了使用，提高了设备的利用率，同时保证了管道预制的工作效率。

2. 管道组对工作站

由一台多功能、一台双头组对物流转运小车、移动轻钢轨道模块及固定轻钢轨道组成，用于弯头、法兰、三通与直管、管件的机械组对，自动机械化程度高，提高了组对的速度和准确度，降低了工人的劳动强度。

3. 管道自动焊接工作站

由一台双驱动弯管焊接机、移动式管道升降托特小车、外延焊接轨道模块、PLC焊接程序化控制系统及电气控制系统等组成。适用于碳钢、合金钢、不锈钢等管道的焊接，提高了焊接的速度。

通过对管道自动焊机的研究开发，不断试验及持续改进，使其更好地适应现场的需求，满足管道预制工作的需要，针对管道自动焊机做出了如下两项技术创新改造。

改造一：安装自动清渣器（见图2）

管道自动焊机在实际的使用过程中，存在一个问题，需要人工来清理焊渣药皮，这样就影响了焊接的速度，而在自动焊机的焊剂回收架上安装了自行研制的自动清渣器以后，就可以在焊接过程中将焊渣药皮自动清除干净，从而减轻了操作人员的工作量，提高生产效率。

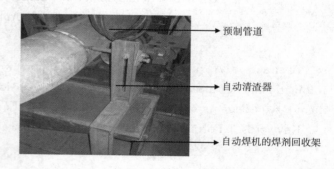

图2　自动清渣器安装示意图

改造二：增加托架底座，改变立柱与基座的连接方式（见图3）

目前现有的技术自动焊机焊接管径只适用于DN600mm以下的管子，管径大于DN600的管子必须采用手工焊接，这种焊接方式不仅影响施工速度，同时也受操作方法、技能等主观因素的限制，返工率较高，焊接合格率难以满足施工项目的要求；然而我们做了创新之后就解决了这一难题。

在自动焊机的基座下面增加托架底座，加大自动焊机滚轮距地面的高度，确保大口径的管子与管件在焊接过程中，能够正常旋转不与地面碰触。自动焊机立柱与基座连接方式为法兰连接，先根据立柱法兰的规格型号，加工两片与之匹配的平法兰，两片法兰之间加一管段短节，将制作好的法兰短节安装到自动焊立柱与基座之间，加大自动焊机上压轮和下滚轮的间距，保证大口径的管子能放置到自动焊机上进行焊接作业。为防止焊接大口径管子的平稳性，保证使用设备的安全性，在安装托架底座时，可在自动焊机两侧与托架底座的连接处用膨胀螺栓加以固定。通过创新改造后的自动焊机，焊接管径的范围大大提高了，DN1200mm以下的管道都可以适用，大大降低了焊接的劳动强度，节约了成本。

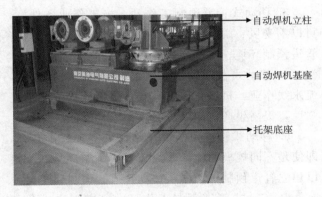

图3 连接方式改造

4. 生产线物流系统

由包胶V形辊道、回转台、移动台车、液压升降系统、转运物流小车组成，实现管子在三个工作站之间的相互转运，形成了生产线流水作业。

（三）工作站的工作流程

利用移动式管道预制工作站进行管道预制工作，是把管子送进工作站后，通过生产线物流系统，将管子切割/坡口加工、组对、自动焊接的工作程序进行科学的衔接，来提升工作效率。

1. 管道高速机械切割坡口站：管子放入输入辊道→高速带锯切割机→液压自对中夹紧定位→切割→回转切割管子另一端→输出辊道小车→高速坡口机→调整坡口角度→坡口加工→回转坡口加工管子另一端→输出辊道小车进入组对工作站。

2. 管道组对工作站：需组对的管子、管件放入组对转运小车→移动轻钢轨道模块→多功能组对机或法兰组对机→360度任意回转组对→沿轨道送至管道自动焊接工作站。

3. 管道自动焊接工作站：组对好的管材放入移动式管子升降托持小车→地面轨道→双驱动弯管焊接机→氩弧/气保自动打底→焊头转换→氩弧/气保/埋弧自动填充盖面→焊接完成送至指定材料堆

放区。

三、移动式管道预制工作站的应用

（一）管道预制工艺流程

单线图（管段图）→确定预制段→领料验收（已防腐）→划线下料→切割坡口→机械化组对→自动化焊接→编号→资料存档→预制件发放。

（二）工作站的技术与管理措施

1. 委托方与预制队双方要按照图纸认真核对，把单线图上需要预制的焊口核对清楚，核实管子、管件的准确性，确认管段号、预留口、材质、焊材、检验要求和质量标准，制订备料计划和焊接工艺要求。

2. 领料时要确认对喷砂除锈合格后管道已经进行标识，按管段图领取管道、管件等，并核对材质、规格型号、质量标准；合金钢管应做光谱分析。

建立焊材库，制定管理制度，明确管理人的职责，准确记下各种烘烤记录和收发台账。焊材库配备相应的烘干除湿设备，保持干燥、通风良好，温度大于5℃，且相对空气湿度小于60%。焊条、焊剂应严格按照工艺要求烘烤，切不可将未烘烤到要求或过热的焊条发放给焊工焊接，并且焊条重复烘烤不得超过两次；焊丝在使用前，要清除表面锈垢和油污，至露出金属光泽，防止由于准备不善，而造成的不必要的返工。

3. 施工班组在预制前，应对照管段图仔细核对基础、设备、管架、预埋件等是否正确，重要部位需进行实测实量，并将测量结果标注于轴测图上。最后封闭的管段应考虑组焊位置和调节余量，尽量减少固定焊口的数量。装置中管径大于等于DN500的管线，为防止安装偏差过大和材料浪费，应在安装前先现场实地测量，再统筹下料，做到用料正确、尺寸准确、标识明显。

4. 管子通过生产线物流系统被送进高速机械切割坡口站，这个工作站要完成管子的机械切割和坡口加工两项工作。机械切割时应注意，当管壁小于4mm，或直径比较大而壁厚小于10mm时，为防止变形，需在管口内部先打好支撑，找正水平和平行度以后再进行加工，以保障管子切口表面的平整度。

坡口加工时，要保证管子和坡口机同心度，加工前把管子的壁厚、直径、坡口加工形式和需要加工的角度输入电脑中，当车刀吃刀时，开始置零，使机床自动完成加工坡口的过程。这样的加工方法，操作安全、可靠、简单方便、适用范围大，坡口质量稳定可靠，完全符合规范要求，施工效率高。

5. 进入组对工作站的管子，按照管段图规定的材质、数量、方位等安排组对段，配备组对工装，保证管子组对的精度和效率。对于管径大管壁薄的管子可使用专用卡具；管段比较短无法压固的，可采用点焊辅助管段进行加长；法兰和弯头直接组对的，可找一段带有同规格的法兰的预制段，通过螺栓连接两片法兰的方式进行解决。利用组对工作站完成的预制件的组对，简单快捷，组对间隙偏差、外壁错边量偏差均符合规范要求。

6. 在管道自动焊工作站内，通过管道支撑和手动滑车将管子送入压力式滚轮架，使用夹紧轮压紧，调整横伸缩臂到合适的位置，让焊枪对准焊接位置，这时要根据焊接要求不同设定焊接参数，选用合适的焊接程序进行焊接。焊接过程中还要根据实际情况使用微调旋钮进行适当调节，以保证焊接质量。整个过程实现了自动打底、自动填充盖面的施工工艺，提高了管道自动焊自动化水平。

7. 自动焊接的产品经过质量检验员检验合格，将管段口封闭，与管段图核对后入库，按单线号分类摆放，摆放时不锈钢管道应采取隔离措施如：垫橡胶垫、毛毯等，防止污染，同时不锈钢管道应与碳钢管道分开存放。管理人员应及时进行入库登记，并随时做好出库记录，做到账物一致。

四、总结

（一）应用的效果

近年来我单位已经在新疆特变电项目、内蒙古图克项目、沧州正元化肥6080项目以及台塑合成橡胶（IIR）项目等多个项目均建立了该工作站，

运行后实际效果很好，过程受控，执行情况良好。通过在施工过程中较科学的运用新技术、新工艺，提高了工作效率，降低施工成本，应用优势明显。

1. 移动式管道预制工作站，可以灵活机动、很方便地随着施工项目而转移，替补因施工现场条件差或投入过大而无法开展管道工厂化预制工作；

2. 移动式管道预制工作站，可以在不具备管道安装的条件下，根据管段图实现管道的提前预制工作，最大限度的缩短了施工工期；

3. 移动式管道预制工作站，施工作业条件好，可以不受风、雨、雪等自然环境的影响，大大改善管道预制环境；

4. 移动式管道预制工作站，配备的设备先进，流水线作业，机械化程度高，可降低管道安装劳动强度，提高生产效率，预制成本大大降低；

5. 移动式管道预制工作站，可实现资源共享，即使是不同规模的生产建设装置或施工区域，都可以建立管道预制工作站，提高管道的预制深度；

6. 移动式管道预制工作站，可实现自动化焊接，提高工效，改善焊接操作环境，提高焊接质量。

（二）适用范围及注意事项

通过在施工现场的经验，对移动式管道预制工作站进行的改造，在一定程度上扩大了管道预制的范围，加快了管道预制的速度。适用范围可覆盖直径DN50mm～DN1200mm、壁厚3mm～90mm的各类管子，包括碳钢、不锈钢、合金钢等不同材质，满足低、中、高压等不同压力等级的管道预制，且在一个项目上的预制能力最少为5万个DB以上，符合100％X射线无损探伤检测要求，一次焊接合格率高达98％以上。

移动式管道预制工作站在应用的过程中，要合理安排施工计划，确保材料到货的准确性，避免材料的无辜浪费；合理施工，同材质、同管径的管道统一预制，减少错误出现概率；管子预制完成后应在工作站内进行预制阶段的无损检测和防腐补漆工作，但焊工钢印号、管道编号以及管线其他标识不允许破坏；管道组对前，检查所用管件的规格、型号、材质、壁厚等级必须符合设计、规范要求；管道焊接前，检查坡口及组对质量，作为保证焊接质量的前提；管道使用二氧化碳气体保护焊、富氩气

体保护焊时，要保证气体纯度，二氧化碳气体要按照要求进行倒置排水，调整好焊枪与焊件的距离和角度使得焊接熔池得到充分的保护，一定确保气体加热器的完好率和加热时间，避免焊缝中气孔的产生；质量检验合格后，由质检员签字确认。

作 者 简 介

姓名：秦丽，女，工程师。

通信地址：安徽淮南洞山西路 98 号中化三建技术部，232038

电话：18605540564；电子邮箱：52310704@qq.com

300mm 管板与厚壁换热管内孔对接自熔焊技术

朱　宁　高申华　周兵风

（中国石化集团南京化学工业有限公司化工机械厂　江苏　南京　210048）

摘　要　本文以合成氨装置中压蒸汽过热器制造为例，通过对比管子管板普通端焊和内孔焊结构，分析了内孔焊结构的特点，并介绍内孔焊专用焊接设备，着重于内孔对接自熔焊的试验过程及焊接参数的确定，攻克厚管板与厚壁管内孔对接自熔技术难题及解决产品焊接时所采取的工艺措施。

关键词　管子管板；内孔焊；焊接试验；工艺措施

The Inner Hole Self Fusion Butt Welding Technology of 300mm Tube Plate and Thick Wall Heat Exchange Tube

Zhu Ning　Gao Shenhua　Zhou Bingfeng

(Chemical Machinery Works，Sinopec Nanjing Chemical Industrial Co.，Ltd. JiangSu，Nanjing 210048)

Abstract　In this paper, take the manufacture ofmedium pressure steam superheater in a ammonia plant for an example, based on the comparison the welding structures between the common end and inner hole, analysis the characteristics of the inner hole welding structures. This paper briefly introduces the special welding equipment for inner hole welding, mainly introduces the welding test process and the determination of welding parameters, solve the butt welding problems of thick tube sheet and thick wall pipe and a series of technical measures taken in the process of product welding.

Keywords　tube and tube sheet；inner hole welding；welding test；technological measures

1　前言

某公司 30 万吨/年合成氨装置中压蒸汽过热器主要作用是回收氨合成反应的反应热，将副产的 4.15MPaG 中压饱和蒸汽过热至 410℃ 后送至公司蒸汽管网。该设备原先由国外制造，管板采用 SA336F22Cl3 锻件，其双面堆焊镍基合金，管子为 Incoly800，管子管板连接采用普通的端焊结构。

该设备由于使用时间长，工况恶劣，多次出现内漏停车进行堵管抢修，堵管数量已超过总管数量的 15%，严重影响合成氨装置的稳定运行，因此对该设备进行更换。国外设计公司对原管子管板焊接结构和材料进行优化，管板采用 300mm 厚 S32168 锻件，管子采用 S32168 不锈钢 U 型管，规格为 Φ38×3.2mm，共计 217 根，一共 434 管头，管子管板连接改成内孔焊对接结构。我厂为实现特殊项目自主化承接了该项目的制造，厚管板与厚壁管的内孔对接自熔焊是该项目制造的难点，也是焊接攻关的重点。其装配图见图 1，管子管板内孔对接结构见图 2，设计参数见表 1。

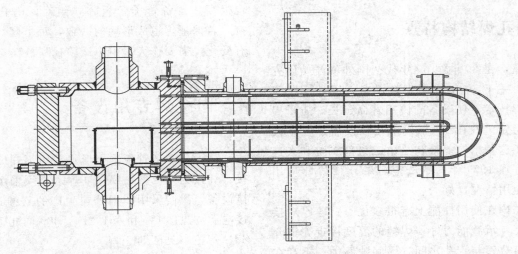

图 1   中压蒸汽过热器装配图

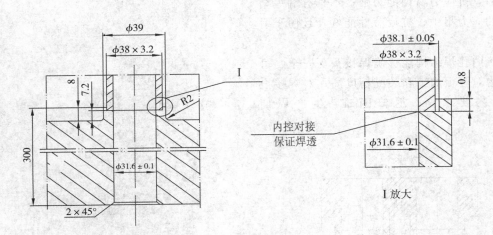

图 2   管子管板内孔对接焊结构图

表 1   设计参数

规范	GB 150.1~150.4—2011《压力容器》，GB/T 151—2014《热交换器》	
	壳程	管程
介质	中压蒸汽/水	合成气
介质特性	（第二组）	易爆（第一组）
工作温度（进/出）（℃）	254/410	462/430
设计温度（℃）	485	485
工作压力（MPaG）	4.02	13.98
设计压力（MPaG）	4.58	15.3
焊接接头系数	1.0	1.0
水压试验压力（MPaG）	8.17	23.0

2   换热器管子管板连接方式

换热管与管板的连接方式尤为关键，管子管板的焊接质量影响设备的使用寿命。其连接方式有为两种结构：一是常规端面焊；二是内孔焊。

2.1   端面焊结构特点

常见的端面焊是管子穿入管板孔，在管板的外侧将管子管板焊接在一起，多数采用先焊后胀。虽然端面焊管孔加工容易、装配方便、生产效率高，但该结构的管子与管孔之间不可避免存在间隙，容易积垢，在运行中产生间隙腐蚀；胀管变形会产生残余应力，易产生应力腐蚀[1]。

2.2　内孔焊结构特点

据报道，在 20 世纪 60 年代初国外就开始研究"内孔焊"，并于 70 年代用于核设备。国外实践表明：内孔焊技术，使设备的使用寿命延长，质量提高，工作稳定。我国 70 年代末在核设备、电站设备上采用了这种结构。最初是由二机部二院和大连五二三厂等在 1974 年开始试验，并于 1977 年应用于产品，使用情况良好[2]。

这种结构在使用性能上有很多优点：等厚对接连接强度高，承载能力好；焊缝的温度接近壳体介质温度；换热管与管孔之间，无间隙腐蚀；不存在胀管残余应力，抗应力腐蚀能力强；不具有端焊结构焊缝根部的应力集中；抗疲劳性能好，且便于射线检测等优点。

尽管对接内孔焊结构能够确保接头更安全、可靠，但该结构对管板加工和装配精度高；对焊接设备、焊接工艺要求高；返修困难，生产周期较长[3]。

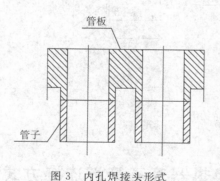

图 3　内孔焊接头形式

3　厚管板与厚壁管内孔对接自熔焊技术难点

端面焊结构其焊缝可见，便于控制和返修。而内孔焊整个焊接过程属盲焊。300mm 管板与换热管内孔对接自熔焊技术在国内目前尚属首例，厚壁换热管采用一道自熔焊透并且要通过 100%RT 检测难度非常大，出了质量问题极难返修，若出现大面积返修有可能造成整个管束报废。为此，对焊接设备的稳定性能要求很高，整个焊接过程中钨棒到管壁的距离要均匀，即焊枪在旋转过程中要保证同心度；另外对管孔和管子尺寸精度和焊接规范要求

也极高。设备管子管板卧式组对，内孔全位置焊接，若保证焊道成形均匀一致，每个区焊接参数均有变化，需要作大量模拟试验找到最佳参数。

4　内孔焊专用设备

该设备管子管板连接形式采用不开坡口内孔对接，焊接为全位置，要保证焊透必须采用专用的焊接设备，我们采用国内公司生产的 iOrbital5000 焊接电源（见图 4）和 051327 型 300 内孔管板全自动 TIG 焊枪（见图 5）。

图 4　iOrbital5000 内孔焊焊接电源

图 5　051327 型 300 内孔全自动 TIG 焊枪

4.1 内孔焊焊机工作原理

焊接时，通过电脑编程，对各区域输入预先设置好的，适当的脉冲电流、脉冲频率等焊接参数，将枪头的钨棒位置调节好，插入管板孔内；打开氩气，氩气通过芯轴出气孔喷出；接好地线，启动开关，送出高频、起弧。起弧后，在起弧点停留一段时间，用电弧预热焊接区域以建立起熔池，继而送出脉冲电流，同时芯轴随电机开始转动，进行全自动自熔焊接一周。焊机一周后电流在指定位置开始自动衰减，一定时间后，电弧熄灭，待滞后送气停止后，机头停止转动[4]，将枪头慢慢拉出。内孔焊机工作原理见图6。

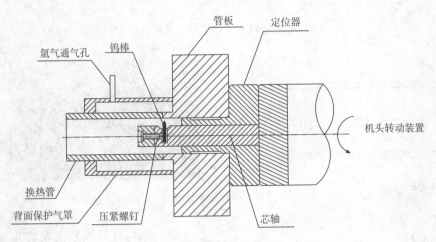

图6　内孔焊机工作原理

5　焊接试验及焊接参数确定

焊接工艺评定是产品制造中焊接质量管理的重要环节，也是编制焊接工艺文件的重要依据，为了模拟产品焊接，焊接工艺评定试板和试管的材料、规格、管板结构需与产品一样。按照 NB/T 47014—2011《承压设备焊接工艺评定》对焊接模拟件进行一系列的多次验证性试验，选择最佳焊接参数。

5.1　模拟试件结构及辅助工装

为了真实反映产品焊接工况，试验用管板和管子与实际产品同厚度、同结构、同材质。管板为 S3216 锻件，规格 220mm × 150mm，厚度 300mm，管孔内径 Ø 36.1 ± 0.1mm。管子为 S32168，规格为 Ø38×3.2mm，长度80mm。另准备同规格同材质长度为 130mm 的试管进行对接焊做拉伸、弯曲、腐蚀试验，以考核焊缝抗拉强度、塑性和耐腐蚀性。

5.1.1　管板和试管加工要求

按图纸设计结构加工管板，管板焊接端的管孔要高出管板面 8mm，这种设计结构其作用一是形成对接结构减小应力，二是便于 RT 检测贴片。另外管孔端部内壁要加工 0.8mm 深，0.5mm 厚的凸台，换热管要与凸出管板面的管孔对接，并搭在凸台上，该凸台一是便于换热管与管板孔组对，二是能保证管子与管板孔同心。此外，也作为熔化金属弥补因重力作用而形成的焊道下凹。管板尺寸、加工要求及连接结构见图7。

为了确保焊接过程，钨棒旋转过程中不偏离焊缝，对管板加工精度要求非常高，管板面应与轴线垂直公差为 0.5mm；管孔与管板面垂直公差为 0.2mm。

试管与管板连接端要机加工去毛刺并且管口端面要绝对平齐。

5.1.2　背气保护装置

该设备管板和换热管的材质均为 S32168，内孔焊时，应在焊缝背面实施氩气保护，根据管板突出管头与管间距及管束与管板的制造和组装特点，经过反复设计，将保护气罩做成了哈夫结构，便于装配和拆卸。气罩一端要与换热管紧密贴合，避免氩气外逸，还要确保氩气对焊缝及热影响区起到保护作用。其结构图见图8。

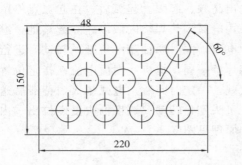
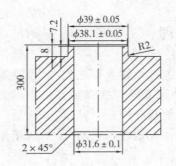
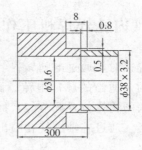

图 7　管板尺寸及加工要求及连接结构

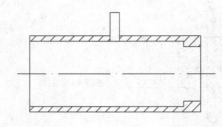

图 8　背气保护罩装置

5.1.3　焊枪定位套

内孔焊施焊空间很小，肉眼无法观察到钨棒对中状况，需依靠管板厚度和管孔规格制作定位器进行中心定位，使芯杆与管孔同心，进而控制钨棒与焊口的相对位置。（见图 9）。

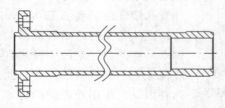

图 9　焊枪定位套

5.2　焊接工艺试验过程及参数选择

5.2.1　焊接工艺试验过程

（1）焊接前检查管板、管子规格尺寸；采用酒精或丙酮清理焊接区域，管子应无毛刺和油污。

（2）编制焊接参数并输入焊接程序，如提前和滞后的送气时间、预熔时间和电流、电流衰减位置和时间、峰值电流和时间、基值电流和时间、焊接速度和气体流量。

（3）正式焊接前，必须模拟焊接，采用定位套定位，将定位套插入管板孔内，再将枪头插入定位套内，一是观察焊枪状态，保护气体是否正常；二是观察钨棒旋转一周是否偏离管子管板接口位置。

（4）由于全位置焊接，钨棒旋转到垂直向上即仰焊位置时，熔池在重力作用下焊道外口成形有下凹趋势，应将钨棒偏向管板侧（约 0.5mm），钨棒位置太靠管板会出现管子焊不透；太靠近管子会熔化过多而烧穿；钨棒距离试件高度也很重要，太高电弧无法击穿，太近又容易烧穿管头，经多次摸索，将钨棒控制在距离试件约 1.0mm 为宜。

（5）管子与管板的组对间隙为 0mm。

（6）焊枪和背面保护罩要提前送气，以排除管内和背面保护罩气体，焊后滞后停气，保证熄弧焊缝及周围母材的充分保护[5]；

（7）准备就绪，启动焊接键，开始焊接模拟件，每焊接完一个管头，仔细目测焊缝成形、颜色以及是否焊透。焊缝颜色呈灰色或灰黑色则表明气体保护效果差；呈黄色或银黄色则表明气体保护效果一般；呈银白色，则表明背气保护效果好。通过观察逐个焊接接头以便及时调整参数。

（8）为保证焊接质量，焊接下一个接头前仍要在试件上模拟焊接进行空转机头，以便调整钨棒位置。

5.2.2　焊接参数选择

在全位置焊接过程中，依不同位置设置 4 个

区：仰焊位置时，熔池在重力作用下有下垂趋势，焊道外口会出现下凹，电流要适当减小；下坡焊位置，因熔池下坠增加了管壁厚度，为保证焊透要适当增大焊接电流。基值电流和时间是起维弧作用，使熔池凝固而形成焊波；峰值电流和持续时间是保证焊透的关键，规范小容易焊不透，规范大容易焊穿。经过多次试验摸索，最终寻求最佳焊接参数（见表 2），使焊缝颜色、外观、内部质量和力学性能均达到要求。

表 2　焊接规范参数

提前送气时间（s）	滞后送气时间（s）	预熔时间（s）	预熔电流（A）	电流衰减位置（°）	电流衰减时间（s）
8	10	8	80	370	15
1～4 个区峰值电流（A）	1～4 个区峰值时间（s）	1～4 个区基值电流（A）	1～4 个区基值时间（s）	焊接速度（mm/s）	气体流量（L/min）
125～135	0.7～0.8	60	0.5	0.5	里口 10，背气 8

5.2.3　缺陷模拟返修

在调试钨棒位置、组对间隙和摸索焊接参数过程中焊缝出现了内凹、里口焊瘤、未焊透等缺陷，考虑到产品施焊时还可能出现类似问题，所以进行了预演练。对内凹和未焊透可通过调整规范和钨棒旋转方向进行再次自熔。

5.3　评定项目及结果

5.3.1　评定项目

根据 NB/T 47014—2011《承压设备焊接工艺评定》对模拟件进行如下检查和试验：（1）外观检查；（2）100%RT 和 100%PT 无损检测；（3）管管对接拉伸、弯曲试验；（4）GB/T 4334—2008 E 法腐蚀试验；（5）宏观金相检验。

5.3.2　试验结果

（1）焊缝表面成形良好，呈银白色，表面未发现裂纹、凹陷等缺陷。

（2）经 100%RT 和 100%PT 检测，均符合

NB/T 47013—2015 Ⅰ级要求。

（3）管管对接拉伸和弯曲试验合格（见表 3）。

（4）按 GB/T 4334—2008 E 法进行腐蚀试验，试样弯曲后无裂纹。

（5）沿管子中心线切开 6 个管子，4 个剖面 8 个观察面用 10 倍放大镜检查，焊缝根部全部焊透，无裂纹、未熔合缺陷；焊缝厚度均不低于 3.9mm。

表 3　力学性能数据

抗拉强度（MPa）	断裂部位	弯曲类型	弯曲角度（°）		试验结果
620	焊缝	面弯 2 件	$D=4t$	$\alpha=180°$	无缺陷
634	焊缝	背弯 2 件	$D=4t$	$\alpha=180°$	无缺陷

6　产品焊接采取措施及注意事项

（1）管板的加工精度一定符合图纸要求，焊接前对管板管头和管子内外表面的油污和水分等杂质清理至关重要。

（2）按焊接工艺评定试验得到的数据输入焊接

参数，由于设备焊接工况与工艺评定试验工况并不一致，散热条件与焊接评定试件也不同，要略微降低焊接规范，而且焊前用内窥镜观察组对间隙，超出范围就必须重新调整。

（3）检查设备运转是否正常，水路、气体是否畅通。

（4）管子组对前，由一名焊工在管板前方，确定焊枪钨棒对准的位置，将枪头插入管孔内进行模拟空转一圈，观察钨棒位置和行走轨迹，是否在理想的范围内。

（5）抽出焊枪，管子进行组对，用内窥镜观察组对是否良好。

（6）组对好后，再次将焊枪插入，同时管板后方的焊工将背面保护气罩上好，预先通气，开始施焊（见图10）。

（7）每焊完一根换热管，用内窥镜观察里口是否有内凹、外表面是否有未焊透，若发现背面未焊透，可调整规范或改变钨棒旋转方向再次自熔。

（8）U型管管束，焊接时应由里向外焊接，每焊完一排应进行射线检测，合格后方可焊接下一排，不合格应立即返修。

图10　产品施焊过程

7　结论

（1）通过大量的前期准备以及焊接工艺评定试验，取得相关最佳焊接工艺参数，另外管板的加工精度和组对间隙控制非常好，使得这台中压蒸汽过热器管子管板内孔焊接非常成功，434个焊口一次RT合格率达到了98%以上，对不合格的几根再次自熔，最终100%通过RT检测，而且焊缝的外观成形及颜色都达到要求。

（2）为了保证厚壁管与厚管板内孔对接自熔焊质量其管板加工精度、焊接规范、组对间隙以及钨棒位置伸出长度都是尤为关键的控制因素，而且它们之间相辅相成。

（3）获得高质量焊工的技能水平和责任心也很关键，施焊前必须对焊工进行培训、练习、考试，符合要求方可上产品施焊。

（4）通过试验攻关和产品的成功焊接，证明厚管板与厚壁管内孔焊采用自熔技术可行，工艺合理。

参 考 文 献

［1］秋恩泽．管与管板的内孔焊接及应用［J］．管道技术与设备，1998．

［2］谷兴年．国外换热器管子与管板内孔焊的进展［J］．化工炼油机械，1983．

［3］赵瑞辉，张连伟，许明霞，等．浅谈换热管与管板内孔焊技术．化工装备，2013．

［4］黄旭升．内孔焊技术在换热器制造中的应用．焊接，2006．

［5］周兵风，王平，李平瑾．小直径管子/管板内控填丝对接焊试样与应用［J］．压力容器，2009．

作 者 简 介

朱宁，男，高级工程师。

通信地址：江苏省南京市沿江工业开发区姜桥1号，210048

手机：15051826558；传真：025－57010227；电子邮箱：zhuning12@163.com

制造焊接

内孔焊焊接工艺的研究及焊接工艺评定的实施

于 淏

（哈尔滨锅炉厂有限责任公司　哈尔滨　150046）

摘　要　对材质为 2.25Cr－1Mo、尺寸为 Di25.4×2.41mm 的内孔焊结构进行了大量的焊接实验，采用了全位置自熔焊。结合试验，通过对峰值电流、基值电流、占空比、焊接速度、焊接坡口等参数的优化，解决了焊接过程中焊缝下塌、背面未熔合、焊穿等问题，给出了最佳工艺，并列举了影响焊接质量的要素，探讨了焊接缺陷的返修。

关键词　内孔焊　全位置　返修

Study and Execution of Welding Procedure Qualification for Inner Bore Welding

Yu Hao

（Harbin Boiler Company Ltd. Harbin. 150046）

Abstract　In this paper，the IBW with material of 2.25Cr－1Mo and size of Di25.4×2.41mm was investigated by a lot of testing. According to the result，by optimizing pulse current，background current，welding speed，groove etc. the problems of welding seam collapse in the position of overhead and downhill welding seam lack of penetration are solved. Determining the proper welding process and the parameterwhich may affect the welding. How to repair the defectwas discussed.

Keywords　inner bore welding；all position welding；repair

0　前言

在石油、化工、医药和核工业中，换热器的应用广泛，在管壳式换热器的设计、制造过程中，换热管与管板之间的连接质量决定了换热器的优劣和使用寿命。常规焊接结构管子与管板孔之间存在间隙，易产生间隙腐蚀、过热等问题，角接的焊接接头易产生应力集中，造成应力腐蚀开裂。因此，换热器管子与管板的连接一直是国内外技术人员关注的焦点。

1　问题的提出

1.1　内孔焊的特点

我公司近期承制的某石化项目采用了内孔焊结构（如图 1），该结构是全焊透的对接接头。

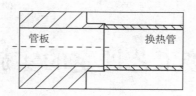

图 1　内孔焊结构

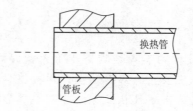

图 2　端面焊角接结构

与普通换热器管端焊的角接结构（如图 2）相比，内孔焊具有以下优点：

（1）内孔焊焊缝置于低温的壳程介质中，焊接接头的工作状态得到改善；

（2）采用全焊透的对接焊接接头，没有应力集中，从而提高了焊接接头的疲劳强度，且不易产生根部裂纹，焊缝使用寿命高；

（3）内孔焊消除了端面焊换热管与管板之间的缝隙，提高了焊接接头的抗缝隙腐蚀和抗应力腐蚀的能力[1]。并有利于设备的清洗和维修。

（4）可以对焊缝进行 100％RT 或者 100％UT 检验，提高了焊缝的可靠性。

但是，内孔焊也存在不足之处：

（1）对管板的孔径尺寸、位置精度、凸台尺寸精度以及换热管端部垂直度等要求很高；

（2）对管板与换热管的装配要求严，要确保换热管与管孔的错边量、间隙等；

（3）由于无法观察熔池形状并实时调整焊接参数，需确保焊接的稳定再现性；

（4）返修困难，实际产品可能根本无法返修；

（5）受管板孔径尺寸限制，大部分内孔焊难以实现填丝焊，容易造成焊缝减薄、极易产生气孔等缺陷[2]；

（6）无论是全位置焊还是横焊，均会在管孔内部形成下塌，影响管孔内部尺寸。

1.2　产品参数

产品采用了单管板 U 型换热管结构（如图 3，其主要技术参数见表 1）。U 型换热管两端分别与管板相焊（如图 4）。

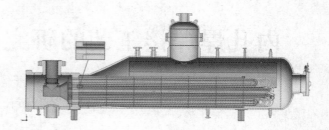

图 3　产品结构简图

表 1　产品的主要技术参数

	设计压力/MPa	设计温度/℃
管程	16.0	440
壳程	5.0	270
管程介质	易燃易爆合成气	
管板材质及厚度/mm	SA－336F22Cl3，$T=240$	
换热管材质及尺寸/mm	SA－213T22，Di25.4×2.41	

图 4　换热管布管简图

该产品采用了喷泉式布管，将管板沿径向分为中心管区和外围管区，中心管区为管程介质进口，外围管区为管程介质出口，在管箱内部还设有介质分隔箱，以确保介质沿中心管区进入换热管再由外围管区流出。这种布管方式给内孔焊带来了极大的焊接难度。

（1）换热管弯曲半径和长度几乎各不相同，穿管、装配难度大。

（2）换热管之间相互干涉，焊错不同规格的换热管或者漏焊某一根换热管均无法返修。

（3）布管顺序与方向没有规律，操作空间狭窄，难度大，焊接缺陷难以返修。

（4）焊接一定数量换热管后，中心管区没有操作空间和可视条件，带来了以下问题：

a. 穿管引导头无法取出；b. 待焊接区域无法清理；c. 无法调整焊枪钨极至合适的位置；d. 背面氩气保护罩无法安装；e. 焊接质量无法目视检测；f. 焊接缺陷无法返修。

经过调研，这种既采用内孔焊结构；又采用喷泉布管方式的产品，在国内尚属首次，制造难度很大。针对上述问题，我们采用了以下解决方案：

（1）采用可调式顶紧工装，以适用于各种规格的换热管。

（2）以换热管编号为代码，使用三维软件模拟穿管过程，按给定顺序逐根穿管、逐根焊接。

（3）在制定穿管顺序时，尽可能保持焊接换热管周围有较大的操作空间，并制定可操作部位的返修工艺。

（4）中心管区没有操作空间和可视条件的问题很难完全解决，但采用以下方案后，焊接质量得到有效保障：

a. 使用可以改变外形尺寸的机械结构作为引导头，由管板孔内插入与取出；

b. 焊前严格清理，做好防尘措施，在清洁车间内焊接；

c. 制作可由管板孔插入的钨极位置比对工装，调整钨极位置；

d. 使用整体充氩工装，对待焊接区域整体充氩；

e. 焊接产品前，先焊接模拟件，检测合格后再焊接产品，并用内窥镜检测产品内孔焊的内部成形；

f. 大量数据证明，只要严格按工艺生产，所有焊缝均可以一次合格。

2 焊接工艺评定的设计

2.1 焊接工艺评定的标准

为保证内孔焊接头的使用性能，按相关标准进行焊接工艺评定。但该结构的特殊性，使其焊接工艺评定既不可以按照 GB 151 附录 B《换热管与管板接头的焊接工艺评定》，又不能按照 NB/T 47014《承压设备焊接工艺评定》。经过与设计人员协商，参照上述标准并做适当的修改，最终确定了内孔焊接头工艺评定的内容及检验要求。

2.2 焊接工艺评定试件

焊接产品的内孔焊设备为非标设备，只能焊接与产品尺寸相同的试件，为了最大限度地模拟实际产品，选择了与产品管板和换热管相同厚度、材质的焊接工艺评定试件。换热管长度为 150mm，有效的模拟（模拟件的布孔见图 5）了实际产品焊接时焊缝周围的温度场。

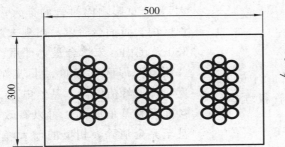

图 5 焊接工艺评定模拟件示意图

合产品材质特点，采用钨极氩弧自熔焊是最好的选择。但自熔焊无法填丝，会造成焊缝减薄和出现气孔。在制定焊接工艺时，应引起重视。

2.3 焊接方法

换热管内径仅为 20.58mm，受空间限制，结

2.4 焊接坡口

试件的装配间隙和错边量对内孔焊质量的影响很大，因此，设计焊接坡口时，既要有利于焊缝成形；又要保证装配间隙和错边量。由于目前国内相关标准尚无推荐内孔焊焊接坡口[3]，该设备设计单位施工图上也没有详细的焊接结构图，焊接坡口需要自行设计。如图6a所示为双锁口结构，可以严格控制装配间隙的错边量，也有利于焊透，避免背面出现未熔合，但是加工难度大，精度要求很高。图6b所示坡口，只需在管板上加工出一侧台阶，而且背面多余的台阶还起到焊接衬垫的作用，并充当熔敷金属，避免自熔焊焊缝减薄。

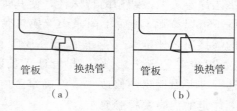

图6　焊接坡口示意图

2.5 焊接位置

在横焊时，整条焊缝的熔池均处于相同的重力、电弧吹力和表面张力下，焊缝成形稳定，全位置焊时熔池的受力状态各不相同，而且焊接方向也在时刻发生变化。为了获得更好的焊缝成形，在具备条件的情况下应选择横焊位置。但横焊时，需要将产品立置，增加生产时的安全风险，最终选择了全位置焊接。

2.6 热处理

由于母材均为2.25Cr-1Mo，焊后进行690±10℃的消应力热处理，保温2.5h（与管板堆焊后消应力热处理合并进行，保温时间较长）。

2.7 合格标准

（1）100％RT和100％PT检测合格

（2）拉脱力检验，$F \geqslant 72199N$；

（3）高温拉伸试验，$TS^{450℃}$实测，$YS^{450℃} \geqslant 181MPa$；

（4）宏、微观及金相组织检验合格；

（5）耐压性检验，水压和氦检漏合格；

（6）焊缝内部下塌量要控制在0.27mm以下，以通过外径为Φ19.5mm的内衬管为准。

3 焊接工艺评定的实施

3.1 试件的制备

试件的加工方法与产品一致，管板采用高精度的深孔钻，再使用数控镗铣床加工凸台。换热管两端车加工，不倒角，但要用锉去除车加工的毛刺。

3.2 焊前准备

试件上的飞边、毛刺会影响装配质量，有时会造成钨极短路。待焊区的油污会造成气孔、夹杂、焊穿等缺陷，焊前必须使用无水酒精或丙酮去除待焊区及周围的油污。台阶处的结构比较复杂，使用专用的清理工装可以大幅度的提高清理效率和清理效果。我公司实验结果及产品结构情况，未对焊接接头进行高温预热，评定预热温度为15℃。

3.3 焊接参数

经过实验，全位置焊分区示意图（见图7），在150°到210°仰焊区内，焊缝下塌（内部余高较大），严重影响内衬管的穿入；在210°到330°下坡焊区内，背面台阶容易出现未熔合，特别是270°到330°范围内，未熔合最为严重。经过调整焊接参数并测量仰焊区下塌量、下坡焊区背面未熔合的长度，降低峰值电流、基值电流、峰值时间，增大焊接速度和基值时间，可以有效的避免焊缝下塌[4]，甚至完全消除。相反的增大峰值电流、基值电流、峰值时间，降低焊接速度和基值时间，可以有效地增加背面的焊缝宽度，避免未熔合。结合上述不同焊接位置的特点，沿圆周方向将焊接路径分为6个区（见图7），并在不同区内使用不同的焊接参数（见表2）。

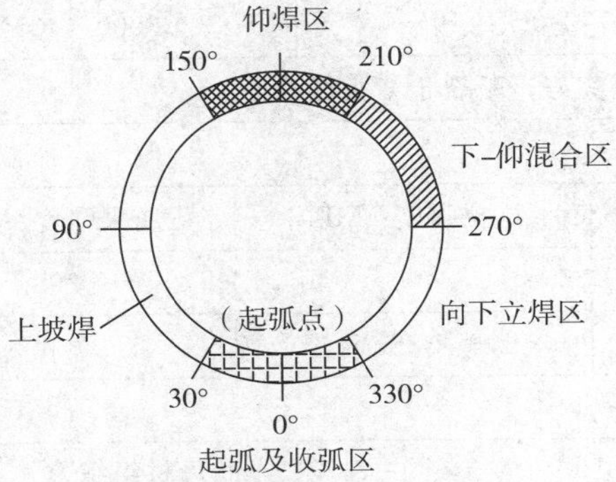

3.4 焊接缺陷的产生及返修

自熔内孔焊不填丝，而且管壁较薄，对装配、清理和焊接参数极其敏感，若操作不当，容易产生焊穿、未焊透、气孔等缺陷。因为产品管壁薄、结构拘束度小，未产生过裂纹。若产生缺陷，对于喷泉布管的产品来说，外侧几乎没有可以返修的空间，因此，大部分缺陷都是无法返修的[5]，需要焊前严格按要求操作，以确保焊接质量稳定可靠。焊穿是无法在孔内侧返修的，除非背面可使用柔性手氩焊枪，填丝补焊后再用内孔焊焊完。背面未熔合可以使用稍大些线能量再焊一遍，或者将下坡焊改为上坡焊，但是每一次重熔都会增加焊缝下塌量。气孔也可重熔一遍，并适当降低焊接速度，有利于气孔逸出。

图 7 全位置焊分区示意图

表 2 焊接参数

区间编号	旋转方式	管外径 /mm	行程范围 /°	时间/s		电流/A		旋转速度/（mm/min）	
				峰值	基值	峰值	基值	峰值	变化
1	连续	25.4	30（0～30）	0.2	0.1	155	65	110	0
2	连续	25.4	120（30～150）	0.13	0.1	150	64	122	0
3	连续	25.4	60（150～210）	0.15	0.1	152	63	125	0
4	连续	25.4	60（210～270）	0.16	0.1	152	65	122	0
5	连续	25.4	60（270～330）	0.18	0.1	150	64	120	0
6	连续	25.4	40（330～370）	0.2	0.1	145	60	110	0
引弧电流	15A	预熔电流	85A	预熔时间	5S	衰减时间	5S	熄弧电流	10A

4 焊接工艺评定的检验与检测

4.1 无损检验

参照 NB/T 47014《承压设备焊接工艺评定》附录 D，对试件中的换热管进行了 100% RT 和 100%PT 检验，RT 检验Ⅱ级合格，PT 检验Ⅰ级合格。

4.2 理化检测

参照 NB/T 47014《承压设备焊接工艺评定》附录 D 中的取样要求，对焊接接头进行了宏、微观及金相组织检验、拉伸检验等（见表3）。并将另一焊接区域的一排换热管沿中心线剖开，检测焊缝内部成形良好，波纹均一，焊缝几乎没有下塌，5条焊缝质量稳定（见图8）。

表 3　理化检测项目及结果

拉脱力试验			
试样编号	H11	H12	H13
拉脱力/N（抗拉强度/MPa）	74500（428）	72900（419）	76000（437）
断裂位置	内孔焊接头完好，断裂于堵头焊缝处		

拉伸试验				
试样编号	取样位置	试验温度/℃	抗拉强度/ MPa	屈服强度/MPa
H21	接头	450	404	268
H22	接头	450	388	302

宏、微观试验						
试样编号	微观	焊缝组织	HAZ 组织		母材组织	
			换热管侧	管板侧	换热管侧	管板侧
H22	未发现缺陷	贝氏体	贝氏体＋铁素体	贝氏体	贝氏体＋铁素体	贝氏体
H21	未发现缺陷	贝氏体	贝氏体＋铁素体	贝氏体	贝氏体＋铁素体	贝氏体
H20	未发现缺陷	贝氏体	贝氏体＋铁素体	贝氏体	贝氏体＋铁素体	贝氏体
H19	未发现缺陷	贝氏体	贝氏体＋铁素体	贝氏体	贝氏体＋铁素体	贝氏体
H18	未发现缺陷	贝氏体	贝氏体＋铁素体	贝氏体	贝氏体＋铁素体	贝氏体
H17	未发现缺陷	贝氏体	贝氏体＋铁素体	贝氏体	贝氏体＋铁素体	贝氏体
H16	未发现缺陷	贝氏体	贝氏体＋铁素体	贝氏体	贝氏体＋铁素体	贝氏体
H15	未发现缺陷	贝氏体	贝氏体＋铁素体	贝氏体	贝氏体＋铁素体	贝氏体
H14	宏观未发现缺陷					

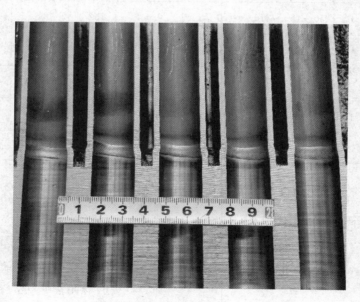

图 8　焊缝剖面图

4.3　耐压检验

对热处理后的试样进行氦检漏和水压检测，结果见表 4。

C 制造焊接

表 4　耐压检验

试样编号	项目	试验压力	保压时间	结　论
A3、A6、A7、A10、A13、A17、B1、B6、B12、B16	氦检漏	5Pa	—	泄漏率小于 1×10^{-6} Pa·m³/s，合格
	水压检测	22MPa	30s	所有焊缝无泄漏，合格

5　结论

（1）经过实验，内孔焊焊接接头的各项性能满足设计要求；

（2）内孔焊对焊接条件要求极其严格，为确保焊接的稳定性，务必保证焊接条件稳定；

（3）可以通过降低焊接热输入抑制仰焊区下塌问题；通过增加热输入避免下坡焊处的背面未熔合问题；

（4）对焊件的清理与装配质量控制是焊接成功的必要条件，务必保证产品尺寸与图纸一致。

参 考 文 献

[1] 朱瑞锋．内孔焊技术在低压反应水冷器（换热器）制造中的应用 [J]．中国化工装备，2015，4：36－39.

[2] 刘斌．内孔焊接在进出料换热器中的应用 [J]．新技术新工艺，2009，1：65－67.

[3] 洪学立．管子管板内孔焊的实际应用 [J]．压力容器，2005，22（5）：30－31，39.

[4] 费大奎．管子对接全位置 TIG 氩弧内焊工艺研究 [J]．焊接，2014，7：66－69.

[5] 贺广彦．池式冷凝器内孔焊应用及其泄漏处理措施 [J]．压力容器，2007，24（10）：52－55.

作 者 简 介

于淏，男，1987 年出生，学士，国际焊接工程师。主要从事锅炉、压力容器的焊接技术工作。

通信地址：哈尔滨市香坊区三大动力路 309 号哈尔滨锅炉厂有限责任公司工艺处，150046

电话：0451－82199074；18545018209　电子邮箱：yu-haofrank@163.com

SA－336F91 与 20MnMoNb 异种钢焊接工艺研究及在产品上应用

陈 怡[1] 李春光[2] 欧海燕[2]

（1. 哈尔滨锅炉厂有限责任公司，黑龙江，哈尔滨 150046；

2. 高效清洁燃煤电站锅炉国家重点实验室（哈尔滨锅炉厂有限责任公司），黑龙江，哈尔滨，150046）

摘 要 本文对二次再热机组中 20MnMoNb 和 SA－336F91 的焊接性进行分析，并采用镍基合金作为过渡层实现了 20MnMoNb 与 SA－336F91 之间的异种钢焊接，制定了合理的焊接及热处理工艺方案，并对焊接接头室温下的强度、塑性、韧性及高温性能进行研究。结果表明：焊接接头按此工艺方案实施可以满足产品性能和相关标准要求，并成功应用在二次再热机组中。但因母材及焊材的特殊的焊接性，产品实焊时，需要制定合理的焊接工艺并严格实施，目前，该产品已投入使用，正在安全运行。

关键词 异种钢；镍基合金；焊接接头性能

Welding Process Analysis and Application of SA － 336F91 and 20MnMoNb Dissimilar Welding

Chen Yi[1]   Li Chunguang[2]   Ou Haiya,[2]

(1. Harbin Boiler Co. ，Ltd. ，Harbin 150046，Heilongjiang Province，China；

2. State Key Laboratory of Efficient and Clean Coal-fired Utility Boilers

(Harbin Boiler Co. ，Ltd.)，Harbin 150046，Heilongjiang Province，China)

Abstract   In this paper，the weldability of 20MnMoNb and SA － 336F91 applied in power unit with double reheat have been analyzed. Nickel base alloy has been used as the transition layer in the dissimilar steel welding joint of 20MnMoNb and SA － 336F91. And the welding and heat treatment process has been optimized. The properties of the welding joint has been analyzed，including strength，plasticity，ductility，high-temperature performance. The result shows that the welding joints obtained by this process could meet the requirement of the product and relevant standards，and also applied in the power unit with double reheat. The suitable welding process should be carried out strictly to assurance the quality of the product because of the special weldability of welding consumables and the base metal. Up to now the product has been put into use safely.

Keywords   dissimilar steel；nickel base alloy；performance of the welding joints

制造焊接 C

1 概述

随着火电机组朝高参数、大容量方向发展，高效的超超临界二次再热火电机组为我国"十二五"863重点研究和开发项目。与现有火电机组热力系统相比，二次再热具有更好的经济和环保效益，是发电机组的发展趋势，但是由于二次再热系统较复杂，初期投资较大，材料要求较高，给设计、制造和运行造成一定困难。

在国电蚌埠二次再热机组中，锅炉辅机蒸汽冷却器的壳程设计温度达到 566℃、设计压力 7.61MPa，由于壳程温度高、压力大，造成了壳程与管板选材等级跨度较大：壳程筒体采用 SA-336F91，管板采用 20MnMoNb Ⅳ级锻件，形成

SA-336F91+20MnMoNb 差异较大的异种钢焊接结构。本文针对这种异种钢焊接进行工艺研究，积累二次再热机组的生产制造经验，为今后类似异种钢的焊接提供理论基础和技术支持。

2 产品结构分析

图1为本产品的结构简图，表1为产品的主要设计参数，由产品结构特点可以看出：管程与壳程因设计温度、压力的差异而选用不同材料，管程材料均为低合金高强钢（按 NB/T 47014—2011 划分为 Fe-3 类）；壳程材料均为低合金耐热钢（按 NB/T 47014—2011 划分为 Fe-5 类），管板与筒身对接处形成了 20MnMoNb+SA-336F91 的焊接结构。

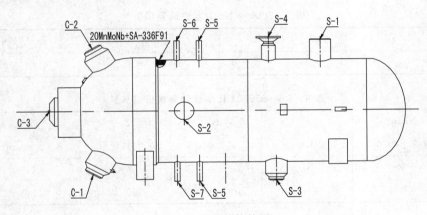

图1 产品结构简图

表1 设备的主要设计参数

名 称	壳 程	管 程
设计压力/MPa	2.25	45
工作压力/MPa	2.0	～38
设计温度/℃	566	375
工作温度/℃	547.6/322	312/315
介质	汽	水
主要材质	筒身：SA-336F91（Ⅳ）；接管：SA-336F91（Ⅲ）	管板：20MnMoNb（Ⅳ）；封头：13MnNiMoR；接管：15NiCuMoNb（Ⅳ）；人孔座：20MnMo（Ⅳ）

3 焊接性分析

20MnMoNb 属低合金高强钢，具有强度高、韧性好的特点，其化学成分与力学性能见表 2 和表 3，其焊接性较差，具有淬硬倾向，在焊接热循环造成的较快冷却速度下，焊缝组织和热影响区可能形成对冷裂纹敏感的淬硬组织。其次，钢中含有的 Cr、Mo、Nb、Ni 等强碳化物形成元素，会使焊接接头粗晶区产生再热裂纹，因此焊前必须进行预热并控制层间温度[1-3]。

SA–336F91 属空冷马氏体钢，具有高持久强度和许用应力的特点外，还在 610℃ 以下具有优良的高温力学性能，因此被广泛应用在锅炉产品中，其化学成分与力学性能见表 4 和表 5。其淬硬倾向大、焊接性差，且具有较强的冷裂纹敏感性；此外，SA–336F91 钢焊接时还要注意过高的焊接热输入会导致焊缝韧性下降。因此，SA–336F91 的焊接需要有严格的工艺措施，如焊前预热、适当的焊接热输入、后热处理等[4]。

表 2　20MnMoNb 化学成分要求（%）

C	Si	Mn	P	S	Cr	Mo	Ni	Cu	Nb
0.17～0.23	0.15～0.40	1.30～1.60	≤0.025	≤0.015	≤0.25	0.45～0.65	≤0.30	≤0.25	0.025～0.050

表 3　20MnMoNb 力学性能要求值

抗拉强度（MPa）	屈服强度（MPa）	延伸率（%）	冲击试验（KV$_2$）
620～790	≥470	≥16	0℃，≥41J

表 4　SA–336F91 化学成分要求值（%）

C	Mn	P	S	Si	Cr	Mo
0.08～0.12	0.30～0.60	≤0.020	≤0.010	0.20～0.50	8.00～9.50	0.85～1.05
V	Ni	Nb	N	Alt	Ti	Zr
0.18～0.25	≤0.40	0.06～0.10	0.030～0.070	≤0.02	≤0.01	≤0.01

表 5　SA–336F91 力学性能要求值

抗拉强度（MPa）	屈服强度（MPa）	延伸率（%）	冲击试验（KV$_2$）
590～760	≥420	≥20	0℃，≥47J

20MnMoNb 与 SA–336F91 在化学成分和力学性能上差异较大，且具有不同的焊接特点，如何制订能兼顾两种材料性能的焊接工艺方案是此异种钢焊接的难点。

4　焊接工艺方案的制定

因材料特性的差异对焊后消应力处理温度的要求也不相同。20MnMoNb 材料的供货状态为淬火＋回火，回火温度在 650℃ 左右，按 NB/T 47015—2011《压力容器焊接规程》，对调质钢的焊后热处理温度应低于回火温度 30℃ 以上，对 20MnMoNb 材料的焊后热处理推荐为 600℃ 及以上，即应在 600～630℃。亦有研究表明当热处理温度高于 650℃ 时其强度会有急剧的下降；同时标准中规定 SA–336F91 焊后热处理温度为 730～775℃，两种材料消应力处理温度范围没有交集。因此，在制订 SA–336F91 与 20MnMoNb 异种钢焊接方案时，既要考虑两侧母材的焊接性，又要考虑消应力处理方案的合理性。

为同时满足标准要求和产品质量，考虑在 SA–336F91 筒节上堆焊过渡层并经热处理后，再与 20MnMoNb 对接。过渡层应有高的强度和优良的高温性能，为此，镍基合金成为焊接过渡层的首选。但镍基合金成本高，焊接性较差，焊接过程中易出现裂纹等缺陷，需要制订严格的焊接工艺来保证产品质量，本文选取行业中广泛采用的镍基合金[5-8]。

5 焊接工艺实验

试验选用厚度为 40mm 的 SA－336F91 及 20MnMoNb 作为母材，堆焊过渡层的焊材符合 AWS 5.14 的 ERNiCrMo－3 埋弧焊焊丝及配套焊剂，为防止对接焊时首层埋弧焊焊穿，先在 V 侧坡口使用 ENiCrMo－3 焊条进行填充，在 U 侧坡口则选用 ERNiCrMo－3 进行填充和盖面，对接坡口选择模拟产品焊缝的 V＋U 型坡口，主要工艺流程及坡口形式见图2。

因 SA－336F91 与 20MnMoNb 焊接性差异较大，且镍基合金的焊接性差，因此在焊接过程中制定了以下焊接要点：

① 焊接挡板焊接要点：堆焊过渡层时采用 12Cr1MoV 钢板做挡板，并使用 E9015（16）－B9 焊条焊接挡板，焊前预热 150℃ 以上，且在挡板与试板之间在上下两侧均匀焊满，不得有漏焊处，焊接过程中要对称焊接以控制变形。

② 堆焊焊接要点：首层堆焊前对堆焊端部不小于150mm 范围内进行预热，预热温度大于等于 150℃。考虑镍基合金的热裂纹敏感性，要求层道间温度严格控制在 150～200 范围内；其余层堆焊的层道间温度控制在 10～200 范围内。

③ 对接焊缝焊接要点：20MnMoNb 侧预热温度大于等于 150℃；试件过渡层可不进行预热，层间温度控制在 200℃ 以内。

④ 镍基合金焊条电弧焊操作要点：环缝中 V 型坡口侧采用焊条电弧焊，焊接时可作宽度不大于 9mm 的微量摆动，并在过渡层侧坡口边缘适当停留，以防焊道被"咬边"或出现夹渣；收弧时填满弧坑，并使用专用砂轮磨去收弧处 1.5mm，完全去除收弧缺陷后方可进行下一根焊条的焊接。

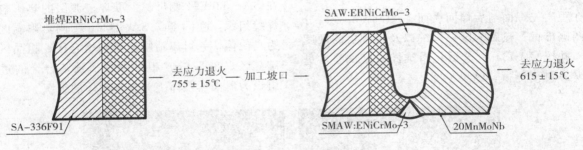

图 2 焊接工艺流程及坡口形式

6 焊接接头力学性能分析

6.1 焊接接头的常温力学性能

按照 NB/T 47014—2011《承压设备焊接工艺评定》的要求，进行拉伸、弯曲试验。结果表明：焊接接头的室温抗拉强度满足母材标准中的强度要求；4 个侧弯试样均完好无裂纹。

6.2 焊接接头的冲击性能

依据母材要求进行焊接接头各个区域 0℃ 下冲击试验，由图3可见：焊接接头各个区域在 0℃ 下的冲击韧性优良，满足母材的冲击韧性要求。

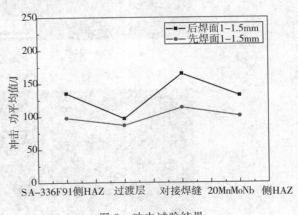

图 3 冲击试验结果

6.3 焊接接头的高温性能

考虑产品在较高的温度下运行，焊接接头的高温性能必须满足设计要求，加工 M16 - 6h 圆形高温拉力棒，并以焊条电弧焊和埋弧焊焊缝为中心，进行 570℃ 下的高温拉伸，由表6的试验结果可见：按此工艺制备的焊接接头具有良好的高温性能，可以满足设计温度下性能的要求。

表6　高温拉伸试验

项目	取样位置	试验温度	屈服强度（MPa）
高温拉伸	以埋弧焊焊缝为中心	570℃	375
高温拉伸	以焊条电弧焊焊缝为中心		380

6.4 焊接接头的硬度分析

在距离先焊面与后焊面表面 1~1.5mm 处，分别取两侧母材、热影响区、焊缝以及过渡层的硬度试验，并按 GB 4340《金属材料维氏硬度试验》进行 HV10 硬度测试，结果见图4。

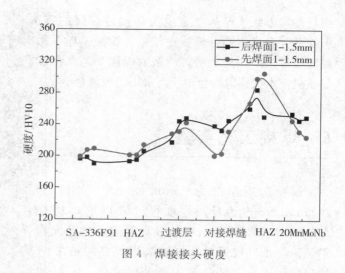

图4　焊接接头硬度

6.5 焊接接头的组织分析

对焊缝进行金相观察：焊缝与母材熔合良好，在焊接接头各个区域内无气孔、夹渣、裂纹、未熔合等焊接缺陷。图5为两侧母材组织，SA - 336F91 为马氏体，20MnMoNb 为贝氏体。图6为在 SA - 336F91 侧母材上堆焊过渡层的热影响区和焊缝组织，在图6a) SA - 336F91 侧热影响区组织为马氏体，并可以清晰地看到熔合区、粗晶区及重结晶区，在图6b) 中可以看出镍基合金的过渡层组织为奥氏体基体上分布铁素体的组织。

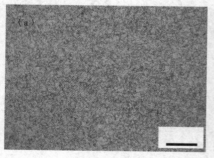

（a）SA-336F91母材

（b）20MnMoNb母材

图5　两侧母材组织

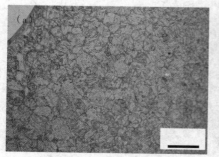

（a）SA-336F91侧热影响区

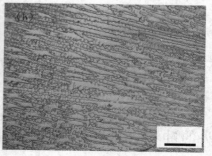

（b）堆焊层焊缝

图6　SA - 336F91 侧热影响区和过渡层焊缝组织

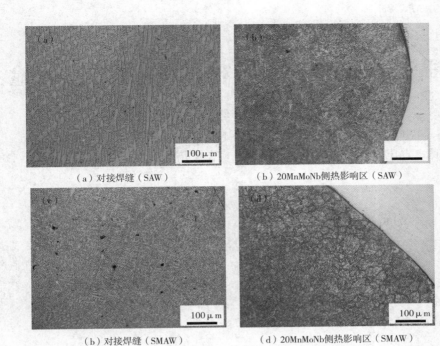

(a) 对接焊缝（SAW） (b) 20MnMoNb侧热影响区（SAW）

(b) 对接焊缝（SMAW） (d) 20MnMoNb侧热影响区（SMAW）

图 7　对接焊缝及 20MnMoNb 侧热影响区组织

图 7 为对接焊缝及 20MnMoNb 侧热影响区组织，从图 7（a）与（c）可以看出，焊缝组织均为奥氏体＋铁素体，但采用热输入更小的 SMAW 获得的焊缝组织更为细小；从图 7（b）与（d）可以看出，20MnMoNb 侧热影响区组织为贝氏体，当采用热输入较小的 SMAW 获得的热影响区更窄。

7　结论

采用镍基合金（ENiCrMo - 3）焊材在 SA - 336F91 侧进行堆焊并进行高温热处理，再采用镍基合金作为焊材与 20MnMoNb 对接并进行低温热处理的焊接方案获得的焊接接头，在室温下的强度与塑性均符合标准及设计要求，同时满足 0℃下冲击韧性要求。宏观及微观组织无异常，在设计温度下具有优异的高温强度和塑性。针对母材及焊材焊接性的差异，焊制产品时，需要制订严格的工艺并认真实施。

按此焊接工艺方案进行产品的制造，其 SA - 336F91 与 20MnMoNb 的异种钢焊接接头经检测合格、无缺陷。目前，该产品已投入使用，本试验研究不仅为正在安全运行的设备积累试验数据，也为后续此类产品的焊接提供技术支持。

参 考 文 献

[1] 崔淑芬，周俊鹏，等 . 大直径锻件凸缘与不锈钢复合板筒体的焊接工艺 [J] . 中国化工装备，2012，14（6），30－33.

[2] 李娟娟 . 低合金耐热钢复合板与大直径厚壁接管马鞍形对接焊 [J] . 石油化工设备，2009，38（6）：60－63.

[3] 陈路，魏连峰，等 . CANDU 堆钴转运容器吊耳焊接工艺研究 [J] . 热加工工艺，2012，41（7）：207－209.

[4] 范小涛 . SA - 335P91 钢的焊接工艺探讨 [J] . 锅炉制造，2012，（5）：42－43.

[5] 逯来俊，杨帆，等 . 镍基合金在高压换热器制造中的应用 [J] . 电焊机，2011，41（12）：82－84.

[6] 于景刚 . 镍基合金在碳钢与不锈钢焊接中的应用 [J] . 石油化工设备，2015，（3）：63－65.

[7] 靳红梅，任世宏，等 . 镍基合金在异种钢焊接中的应用 [J] . 电焊机，2009，39（4）：148－150.

[8] 孔祥旭 . Q345B 和 0Cr18Ni10Ti 异种钢焊接工艺试验 [J] . 焊接，2013，（9）：52－55.

作 者 简 介

陈怡，女，1985 年 10 月出生，2010 年硕士毕业，国际焊接工程师，主要从事锅炉及压力容器的焊接工艺工作。

通信地址：黑龙江省哈尔滨市三大动力路 309 号，哈尔滨锅炉有限责任公司，150046

电话：13624619467，0451 － 82199259；E-mail：chenyi33@hotmail.com

国产 Cr－Mo 钢焊材的焊接工艺试验

雷万庆[1,2]　徐　红[1,2]　梁小武[1,2]

（1. 兰州兰石重型装备股份有限公司，甘肃 兰州 730314；

2. 甘肃省压力容器特种材料焊接重点实验室培育基地，甘肃 兰州 730314）

摘　要　对哈尔滨威尔公司开发国产 Cr－Mo 焊材（焊条 R407C、埋弧焊丝/焊剂 H10Cr2MoG/SJ150）在不同焊接热输入、不同热处理状态下，分别进行焊条电弧焊和埋弧焊的焊接试验，包括化学成分分析、力学性能、金相等检测。结果表明：国产 Cr－Mo 焊材的各项性能指标基本满足产品技术条件要求，且在较宽的焊接和热处理规范范围内达到数据基本稳定。该国产焊材的开发，为我国在加氢设备产品上的应用奠定基础。

关键词　国产；Cr－Mo 钢焊材；焊接工艺试验

Welding Procedure Test For Domestic Cr－Mo Steel Welding Material

Lei Wanqing[1,2]　Xu Hong[1,2]　Liang Xiaowu[1,2]

（1. Lanzhou LS heavy equipment co. ，LTD. ，Lanzhou 730314，China；

2. Pressure vessel special material welding key laboratory cultivation base of Gansu province Lanzhou 730314，China）

Abstract　On the domestic Cr－Mo wire electrode made in WELL （R407C，submerged arc welding wire/flux H10Cr2MoG/SJ150）in different welding heat input，the different heat treatment conditions，respectively for welding rod arc welding and submerged arc welding in the welding test，including the chemical composition analysis，mechanical property，metallographic test，etc. Results show that the domestic Cr－Mo wire basically meet the technical specifications of the product technical requirements，and in a wider range of welding and heat treatment specification data basically stable. The development of domestic weld materials，for applications in hydrogenation equipment products in China to lay the foundation.

Keywords　domestic；Cr－Mo steel welding materials；Welding procedure test

0　前言

高温、高压加氢反应器是加氢裂化和加氢脱硫装置的核心设备，它也是提高油品质量，改变油品结构的二次深加工的关键设备，是一个国家炼油技术水平的重要标志。加氢反应器的主体材料多采用 Cr－Mo 型耐热钢。目前，国产 Cr－Mo 钢材的质量已相当稳定，但是与之配套的 Cr－Mo 钢焊接材料主要依赖进口。进口焊材不但价格昂贵，成本高，而且供货周期长，生产过程中沟通和监管困难。为此，研发高性能的国产 Cr－Mo 钢焊材成了当务之急。

1 试验目的

随着压力容器的大型化、高参数化，要求最终焊后热处理的时间就越长。采用较长的热处理时间，即增大了回火参数 T、P，往往会使碳化物凝聚发生变化，进而引起铁素体晶粒粗大，最终导致韧性劣化、强度下降。为确保加氢反应器的安全运行，其配套材料必须具有高强度、高韧性、抗回火脆性和氢脆的性能，近期，我公司与哈尔滨威尔公司就 12Cr2Mo1R 钢焊材的国产化进行合作，开发了国产 12Cr2Mo1R 钢用焊材（焊条R407C、埋弧焊丝/焊剂 H10Cr2MoG/SJ150）。为掌握新型焊材的性能，对这两种焊材进行焊接工艺试验，为国产 12Cr2Mo1R 钢焊材今后在产品中的应用奠定基础。

2 试验材料及方法

2.1 试验材料：

试验采用国产 12Cr2Mo1R 钢板，试板的规格为 600mm×120mm×42mm；焊材为哈尔滨威尔公司生产的规格 φ5.0mm 的 R407C 焊条；φ4.0mm 的 H10Cr2MoG 焊丝配合 SJ150 焊剂。

2.2 焊接材料化学成分

对焊条和埋弧焊熔敷金属的化学成分分析，其质保书与实测结果分别列于见表 1 和表 2。

表 1 焊条熔敷金属的化学成分 （wt%）

	C	S	P	Si	Mn	Cr	Ni	Mo	Cu	As	Sn	Sb
质保书	0.07	0.003	0.005	0.20	0.71	2.23	0.14	1.03	0.03	0.001	0.003	0.001
实测值	0.06	0.003	0.005	0.24	0.73	2.35	0.11	1.03	0.04	0.007	0.002	0.001

表 2 埋弧焊熔敷金属的化学成分 （wt%）

	C	S	P	Si	Mn	Cr	Ni	Mo	Cu	As	Sn	Sb
质保书	0.09	0.004	0.009	0.25	0.72	2.26	0.10	0.96	0.10	0.004	0.002	0.001
实测值	0.07	0.003	0.007	0.29	0.85	2.44	0.07	0.96	0.18	0.007	0.005	0.001

2.3 焊接热输入和焊后热处理工艺参数的选择

2.3.1 不同焊接输入试验

（1）对焊条电弧焊（焊条电弧焊），选取三种焊接热输入，只是分别改变焊接电流：190A、210A、240A；这三种焊接电流所对应的试样编号分别为：1#、2#、3#（见表 3）。而电弧电压（22～26 V）和焊接速度（150 mm/min）并不改变。

（2）对埋弧焊，选取三种焊接热输入，也只分别改变焊接电流：500A、550A、600A；这三种电流而所对应的试样编号分别为：4#、5#、6#（见表 6）。而电弧电压（30～32 V）和焊接速度（21 m/h）也不改变。

2.3.2 不同焊后热处理试验

无论是焊条电弧焊；还是埋弧焊，均分别选择三种热处理温度：675℃、690℃、705℃，对每种温度均又以最小（8h）和最大（32h）PWHT 进行试验。

（1）焊条电弧焊对不同热处理温度，采取Min.PWHT 的时间为 8h，所对应的编号分别为：1#1、2#1、2#3、2#6 和 3#1；采取 Max PWHT 的时间为 32h，所对应的编号分别为 1#2、2#2、2#4、2#7 和 3#2。2#5 为模拟热压成形（热压＋正火＋回火＋退火）。

（2）埋弧焊对不同热处理温度，采取Min.PWHT（8h），所对应的编号分别为：4#1、5#1、5#3、6#1；采取 Max PWHT（32h）所对应的编号分别为：4#2、5#2、5#4、6#2。5#5 为模拟热压成形（热压＋正火＋回火＋退火）。

无论哪种焊接方法，都采用直流反接，预热及层间温度为 150～250℃，焊后按 NB/T47013 B 进行 100％UT 检测，Ⅰ合格后，分别进行最小或最大焊后热处理。

3 不同焊接热输入的力学性能试验

3.1 焊条电弧焊

3.1.1 拉伸试验

焊条电弧焊三种焊接热输入的拉伸试验结果见表 3，将表 3 中焊缝金属的拉伸试验数据绘制成曲线见图 1。由表 3 和图 1 可见：分别采用 190A、210A、240A 进行焊接，焊后经 690℃×8h 和 690℃×32h 的热处理，焊缝金属的抗拉强度均高于 520MPa；屈服强度高于 310Mpa；延伸率大于 19 满足技术条件要求，R407C 焊条适用电流范围较广。

表 3　焊条电弧焊不同焊接热输入的力学性能

试板编号	焊接电流/A	热处理状态/℃×h	常温纯焊肉拉伸 R_m/MPa	常温纯焊肉拉伸 R_{el}/MPa	常温纯焊肉拉伸 A/%	常温纯焊肉拉伸 Z/%	540℃接头拉伸 $R_{p0.2}$/MPa	540℃纯焊肉拉伸 $R_{p0.2}$/MPa	接头板拉 R_m/MPa
			T/2				T/2	T/2	—
1#-1	190	690×8	600	512	21.0	71	330	350	588.577
1#-2	190	690×32	546	390	24.5	73	265	335	521.529
2#-1	210	690×8	556	465	26.0	74	300	315	560.562.551.556
2#-2	210	690×32	540	420	27.0	76	265	295	545.538
3#-1	240	690×8	548	456	22.0	76	340	275	601.615
3#-2	240	690×32	534	407	24.0	75	305	310	538.533
要求合格值			520～680	310～620	≥19	≥40	≥231		520－680

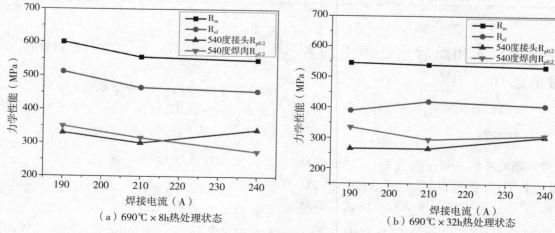

（a）690℃×8h热处理状态　　　（b）690℃×32h热处理状态

图 1　焊条电弧焊不同焊接热输入对拉伸性能的影响

3.1.2 冲击试验及步冷试验

焊条电弧焊三种焊接热输入的冲击试验及步冷试验结果见表4。表4中数据表明：1/2厚度焊缝金属－30℃KV_2冲击功除个别值低于100J，多数在100J以上；1/2厚度热影响区－30℃KV_2冲击功多数在200J左右。焊缝金属的步冷试验在－40℃左右；热影响区在－60℃左右。焊条电弧焊接头韧性储备比较充足，经过阶梯冷却加速脆化后焊接接头的脆化程度较小，满足技术条件的要求。

表4 焊条电弧焊不同焊接热输入的冲击性能和步冷试验

试板编号	焊接电流 /A	热处理状态 /℃×h	－30℃KV_2冲击功（J）		步冷试验 $vTr54+2.5\Delta vTr54$	
			焊缝	热影响区	焊缝	热影响区
			$T/2$	$T/2$		
1#-1	190	690×8	110/156/148	157/208/207	－36.5℃	
1#-2		690×32	124/123/151	228/198/234		
2#-1	210	690×8	120/144/128	170/271/245	－42.5℃	－61.0℃
2#-2		690×32	196/98/141	138/230/254		
3#-1	240	690×8	139/152/127	239/225/230	－42.0℃	
3#-2		690×32	100/127/150	234/110/90.4		
要求合格值			平均≥54 最小≥48		≤10℃	

3.2 埋弧焊不同焊接热输入的力学性能

3.2.1 拉伸试验

埋弧焊三种焊接热输入的拉伸试验结果见表5；将不同焊接热输入下抗拉强度和屈服强度绘制成图，见图2。从图2可知，不同焊接热输入对室温强度影响较低，室温强度基本没有大的变化，对高温屈服有一定影响，随热输入增加，高温屈服有降低趋势。该焊丝焊剂组合焊接采用500A、550A、600A三种电流，其拉伸性能满足技术要求。

表5 埋弧焊不同焊接热输入的力学性能

试板编号	焊接电流 /A	热处理状态 /℃×h	常温纯焊肉拉伸				540℃接头拉伸	540℃纯焊肉拉伸	接头板拉	
			R_m /MPa	R_{el} /MPa	A /%	Z /%	$R_{p0.2}$ /MPa	$R_{p0.2}$ /MPa	R_m /MPa	断裂位置
			$T/2$				$T/2$	$T/2$	—	—
4#-1	500	690×8	591	475	25.0	77.0	255	345	573.573	母材
4#-2		690×32	571	472	20.5	69.0	300	315	568.567.579.572	焊缝
5#-1	550	690×8	585	485	23.5	84.0	365	340	653.661.570.490	母材缺陷
5#-2		690×32	597	494	23.5	73.0	255	290	563.556	焊缝
6#-1	600	690×8	589	483	22.0	74.0	300	295	577.583	焊缝
6#-2		690×32	571	472	22.5	72.0	260	285	567.574.559.579	母材
要求合格值			520～680	310～620	≥19	≥40	≥231		520～680	

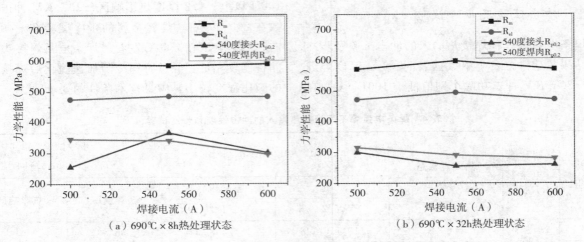

图 2　埋弧焊不同焊接电流对力学性能的影响

3.2.2　冲击试验及步冷试验

埋弧焊三种焊接热输入冲击试验及步冷试验结果见表 6。表中显示：1/2 厚度焊缝金属 $-30℃KV_2$ 冲击功除个别值低外，多数在 100 J 以上；1/2 厚度热影响区 $-30℃KV_2$ 冲击功多数在 200 J 左右。焊缝金属的步冷试验结果在 $-20℃$ 以下；热影响区步冷试验结果在 $-80℃$ 左右。冲击试验结果表明，埋弧焊在低温下韧性较好，储备较足，在经过阶梯冷却后脆化程度较低，与焊条电弧焊结果基本一致。

4　不同焊后热处理工艺参数的力学性能试验

4.1　焊条电弧焊不同的热处理工艺参数的力学性能

4.1.1　拉伸试验

三种不同热处理工艺参数拉伸试验结果见表 7；热处理工艺参数对各指标的影响程度见图 3。由表 7 和图 3 可见：采用该焊条在 675℃、690℃、705℃ 三个温度下热处理，焊接接头的拉伸性能满足要求，在热成形（正火＋回火）条件下，其抗拉强度基本接近下限。为满足封头等特殊处理，R407C 焊条的拉伸强度应适当提高。

4.1.2　冲击试验

焊条电弧焊不同热处理工艺参数下的冲击试验结果见表 8。冲击试验结果表明，在 675℃×32h 和 705℃×32h 下热处理，1/2 厚度焊缝金属 $-30℃KV_2$ 冲击功均有低值出现，在 690℃ 下热处理 1/2 厚度焊缝金属 $-30℃KV_2$ 冲击功均较高，多数在 100 J 以上，因此，12Cr2Mo1R 钢焊缝焊后热处理温度尽量控制在 690℃，温度过高或过低对冲击均有一定的影响。1/2 厚度热影响区 $-30℃KV_2$ 冲击功多数在 200 J 左右。综合看，焊条电弧焊在 690℃ 下热处理，冲击韧性较好。

4.2　埋弧焊不同的热处理工艺参数的力学性能

4.2.1　拉伸试验

三种不同热处理工艺参数拉伸试验结果见表 9；热处理工艺参数对各指标的影响程度见图 4。由表 9 和图 4 可见：采用该焊丝焊剂组合在 675℃、690℃、705℃、热成形四种温度下进行试验，焊接接头的拉伸性能基本满足要求。

4.2.2　冲击试验

埋弧焊不同热处理工艺参数下的冲击试验结果见表 10。从表 10 数据可知：1/2 厚度焊缝金属 $-30℃KV_2$ 冲击功除 675℃×8h、675℃×32h 和 705℃×32h 出现低值外，多数在 150 J 以上。试验结果表明，12Cr2Mo1 钢埋弧焊在 675℃ 和 705℃ 下热处理存在冲击值低的情况，焊后热处理温度过低或过高对焊缝金属韧性均有一定的影响，建议 12Cr2Mo1 焊后热处理温度应控制在 690℃；1/2 厚度热影响区－30℃ KV_2 冲击功除 675℃×8h 出现低值外，多数在 150～250 J 左右。

表 6　埋弧焊不同热处理工艺参数下的冲击性能

试板编号	焊接电流/A	热处理状态/℃×h	－30℃ KV_2 冲击功（J）		步冷试验 $vTr54+2.5\Delta vTr54$	
			焊缝 T/2	热影响区 T/2	焊缝	热影响区
4#-1	500	690×8	234/132/110	231/232/214	－25.5℃	
4#-2		690×32	135/93.8/145	218/175/214		
5#-1	550	690×8	157/136/165	263/275/254	－22.0℃	－86.0℃
5#-2		690×32	144/136/134	148/206/209		
6#-1	600	690×8	132/146/160	208/168/211	－28.0℃	
6#-2		690×32	60.1/60.1/91.5	224/229/229		
要求合格值			平均≥54　最小≥48		≤10℃	

表 7　焊条电弧焊不同热处理工艺参数的力学性能

试板编号	热处理温度/℃	热处理状态/℃×h	常温纯焊肉拉伸				540℃接头拉伸		540℃纯焊肉拉伸	接头板拉 *
			R_m/MPa	R_e/MPa	A/%	Z/%	$R_{p0.2}$/MPa	断裂位置	$R_{p0.2}$/MP	R_m/MPa
			T/2				T/2		T/2	—
2#-3	675	675×8	566	465	23.5	72.0	315	母材	355	579.592.580.585
2#-4		675×32	554	449	24.5	74.0	265	母材	285	553.549
2#-1	690	690×8	556	465	26.0	74.0	300	焊缝	315	560.562.551.556
2#-2		690×32	540	420	27.0	76.0	265	焊缝	295	512.509
2#-5		* *	518	370	27.5	78.0	285	焊缝	240	536.536
2#-6	705	705×8	525	401	25.5	76.0	305	焊缝	260	547.540.516.522
2#-7		705×32	583	484	20.5	73.0	280	母材	320	546.554
要求合格值			520～680	310～620	≥19	≥40	≥231			520～680

注：* 接头板拉均断于焊缝；* * 2#5 是模拟热压＋正火＋回火＋退火。

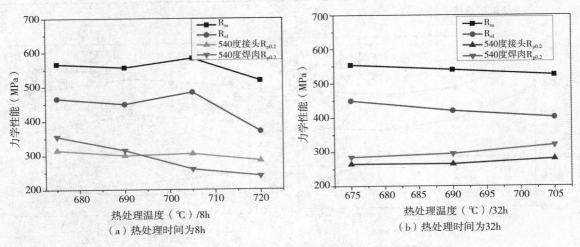

（a）热处理时间为8h　　（b）热处理时间为32h

图 3　焊条电弧焊不同热处理温度对拉伸性能的影响

表 8 焊条电弧焊不同热处理工艺参数下的冲击性能

试板编号	热处理温度 /℃	热处理状态 /℃×h	−30℃ KV_2 冲击功/J	
			焊缝	热影响区
			T/2	T/2
2#-3	675	675×8	26.4/31.2/154	266/264/272
2#-4		675×32	51.4/101/131	161/92.4/62.8
2#-1	690	690×8	120/144/128	170/271/245
2#-2		690×32	196/98.4/141	138/230/254
2#-5	＊＊	热+正+回+退	145/159/166	197/195/151
2#-6	705	705×8	170/129/104	240/246/255
2#-7		705×32	179/159/31.0	258/264/267
要求合格值			平均≥54 最小≥48	

表 9 埋弧焊不同热处理工艺参数下的力学性能

试板编号	热处理温度 /℃	热处理状态 /℃×h	常温纯焊肉拉伸				540℃接头拉伸		540℃纯焊肉拉伸	接头板拉	
			R_m /MPa	R_{el} /MPa	A /%	Z /%	$R_{p0.2}$ /MPa	断裂位置	$R_{p0.2}$ /MPa	R_m /MPa	断裂位置
			T/2				T/2		T/2	—	—
5#-3	675	675×8	664	569	20.0	71.0	365	母材	360	652.658.641.653	焊缝/母材
5#-4		675×32	576	471	23.0	74.0	285	母材	320	555.560.554.560	母材
5#-1	690	690×8	585	485	23.5	84.0	365	母材	340	653.661.570.490	母材、缺陷
5#-2		690×32	597	494	23.5	73.0	255	母材	290	563.556	焊缝
5#-5	＊＊		575	458	28.0	76.0	290	母材	335	559.564	焊缝
5#-6	705	705×8	563	448	26.0	75.0	370	焊缝	330	553.562.555.563	焊缝
5#-7		705×32	560	442	25.0	72.0	285	焊缝	275	536.527.529.540	母材
要求合格值			520~680	310~620	≥19	≥40	≥231			520~680	

注：＊＊5#5是模拟热压+正火+回火+退火。

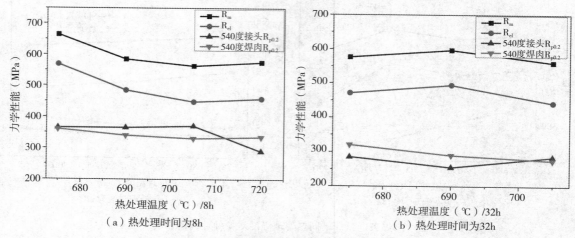

（a）热处理时间为8h （b）热处理时间为32h

图 4 埋弧焊不同热处理状态对力学性能的影响

表 10 不同热处理工艺参数下的冲击性能

试板编号	热处理温度/℃	热处理状态/℃×h	−30℃KV_2冲击功/J 焊缝 T/2	−30℃KV_2冲击功/J 热影响区 T/2
5#−3	675	675×8	32.8/17.5/14.0	265/268/31.4
5#−4	675	675×32	51.8/143/151	205/162/251
5#−1	690	690×8	157/136/165	263/275/254
5#−2	690	690×32	144/136/134	148/206/209
5#−5	＊＊	热＋正＋回＋退	203/210/208	226/247/184
5#−6	705	705×8	145/136/256	254/184/146
5#−7	705	705×32	127/106/28.5	247/240/248
要求合格值			平均≥54 最小≥48	

5 其他项目的试验

5.1 焊接接头的金相组织检验

对焊条电弧焊和埋弧焊焊接接头的焊缝（WM）、热影响区（HAZ）及临近母材的金相组织检验表明，这三区均为贝氏体回火组织。

5.2 焊接接头的弯曲试验

对焊条电弧焊和埋弧焊焊接接头，经三种温度的最小热处理（675℃×8h、690℃×8h、和705℃×8h）后进行侧弯试验，结果均合格。

表 11 焊接接头的侧弯试验

接头类型	焊接电流/A	热处理状态/℃×h	件数	侧弯 D=4a；180°	试验结果
焊条电弧焊接头	190/210/240	675×8；690×8；705×8	每种热处理状态各4件	完好、无缺陷	合格
埋弧焊接头	500/550/600				

5.3 焊接接头的硬度试验

无论是焊条电弧焊；还是埋弧焊的焊接接头，其由表12的检测可见：焊接接头焊缝和热影响区各测量部位的硬度正常，没有淬硬倾向。

表 12 焊接接头硬度检测 (HV10)

接头类型	焊接电流/A	热处理状态/℃×h	焊缝（WM）距上表面1.6mm处	焊缝（WM）T/2处	焊缝（WM）距下表面1.6mm处	热影响区（HAZ）距上表面1.6mm处	热影响区（HAZ）T/2处	热影响区（HAZ）距下表面1.6mm处
焊条电弧焊接头	210	690×8	187	187	189	178	186	187
埋弧焊接头	550		179	184	186	176	178	182

5.4 高温持久试验

为模拟设备在高温工作状态下，接头持久强度，分别对焊条电弧焊和埋弧自动焊接头进行焊接接头高温持久试验，试验结果表明，采用 R407C 焊条和 H10Cr2MoG/SJ150 埋弧焊丝焊剂焊接的接头高温持久强度满足技术要求。

表 13　焊接接头高温持久试验

接头类型	试验温度/℃	应力/kN	时间/h	持久结果	持久断后断面收缩率/%	持久断后伸长率/%	取样位置
焊条电弧焊接头	510	210MPa	700（合格指标≥650）	未断	—	—	T/2
埋弧焊接头							

5.5 工艺性能试验

5.5.1 焊条电弧焊工艺性能

R407C 焊条焊接工艺性能良好，飞溅较小、磁偏吹不大，易于控制，焊缝成形良好。

选取 20℃、50℃、100℃、150℃、200℃ 五种预热温度进行焊接试验，观察不同预热温度对焊缝成形的影响。试验表明：随着预热温度的增加，焊道和热影响区逐渐变宽、熔深变深。从 50℃ 到 100℃ 的变化较大，150℃ 以后的变化不明显。

5.5.2 埋弧焊的工艺性能

对 H10Cr2MoG（φ4.0）＋SJ150 进行埋弧焊试验，其工艺性能良好，焊缝成形好、焊剂脱渣性好。

6 结论

（1）哈尔滨威尔的 R407C（φ5.0）焊条及 H10Cr2MoG＋SJ150 焊丝与焊剂焊接飞溅较小、脱渣性良好、焊缝成型较好，焊接工艺性能良好。

（2）通过三种不同电流以及不同热处理状态的性能对比试验，各项性能指标满足产品技术条件要求，结果显示，此次试验的两种国产 12Cr2Mo1R 钢焊材其适用的焊接及热处理参数范围较大，可以推广应用。

（3）通过对 R407C 和 H10Cr2MoG/SJ150 进行的化学成分分析、焊接接头拉伸性能、冲击性能、硬度 HV10、回火脆化、金相组织及应力持久等各项性能检测，确认适宜的焊接工艺参数和热处理规范：R407C 适宜的焊接电流为 210～240A，H10Cr2MoG/SJ150 焊丝及焊剂适宜的焊接电流为 530～580A，热处理温度均为 690℃。

（4）与进口焊材试验数据相比，本次试验数据较为均匀、稳定，达到了同类进口焊材的水平。本试验研究积累的大量数据，不仅为 12Cr2MoR 钢加氢设备焊材国产化起到促进作用；而且在一定程度上，为国产化焊材的扩大应用奠定基础。

参考文献

[1] 贾小斌，张峥，李定孝．热壁加氢反应器材料及焊接技术 [J]．石油化工设备技术，2002，31（4）：40—42.

[2] 何贝，徐光，袁清，等．压力容器用 12Cr2Mo1R 钢 150mm 超厚板热处理对组织和性能的影响 [J]．特殊钢，2015，36（6）：45—48.

[3] 马秀清，路致远，李祺，等．70mm 厚 12Cr2Mo1R 钢板焊接接头力学性能试验 [J]．石油化工设备，2015，44（4）：25—28.

[4] Matsuzawa H and Osaki T. Fracture toughness of highly irradiated pressure vessel steels in the upper shelf temperature [R]. Vancouver（Canada）：ASME pressure vessels and piping division，2006：343—353.

[5] 张建晓，张凯，任世宏，等．12Cr2Mo1R（H）钢大直径封头拼接焊缝金属的性能分析 [J]．化工机械，2013，40（5）：593—596.

[6] 贾小斌，张建晓，方婧，等．制造加氢反应器用 Cr-Mo 中温抗氢钢 [J]．电焊机，2007，37（8）：50—55.

[7] 李淑培．石油化工工艺学 [M]．北京：中国石化出版社，1999：126.

[8] 方剑藻，译．加氢反应器材料与制造译文集[M]．石油部炼油设备设计技术中心站，1998：26—28.

[9] 日本住友．21/4Cr-1Mo 钢用高韧性埋弧自动焊熔

C 制造焊接

接材料的开发.

[10] 汪栋. 热壁加氢反应器不锈钢覆层成分、显微组织的研究法 [J]. 压力容器, 1988: 16.

作者简介

雷万庆 (1964－), 男, 本科, 高级工程师, 主要从事压力容器焊接技术研究及其在役检测方面工作。

工作单位: 兰州兰石重型装备股份有限公司

详细联系地址: 甘肃省兰州市兰州新区昆仑大道 528 号, 邮编 730314

稿件联系人: 王志刚; 邮箱: 13919292199@163.com; 电话: 13919292199

哈氏合金 C276 堆焊技术研究

王雪骄

（二重集团（德阳）重型装备股份有限公司，四川，德阳）

摘 要 本文介绍了将哈氏合金 C276 堆焊技术用于 12Cr2Mo1V 钢压力容器的制造。采用适当的焊接规范参数范围，通过焊接操作和焊接工艺的控制，堆焊工艺评定试验完全满足产品制造技术条件要求；产品应用后，堆焊层通过 100％的超声波探伤、渗透探伤、化学成分分析、铁素体检测均满足技术条件的要求。

关键词 12Cr2Mo1V 钢；哈氏合金 C276；堆焊

Hartz C276 Alloy Surfacing Cladding Technology Research

Wang Xuejiao

（China Er Zhong Group （Deyang） Heavy Industries Co. ，Ltd. ，Sichuan Deyang）

Abstract This article introduces the Hartz C276 alloy welding technology used for 12Cr2Mo1V steel pressure vessel manufacturing process. Adopt high quality welding material and proper welding procedure parameters，the welding procedure qualification test results completely meet the requirements of product manufacturing technology conditions. In the product during the welding process，through the control of the welding operation and welding process，make the surfacing layer by 100％ of the ultrasonic testing，penetration testing，welding layer of chemical composition analysis and ferrite test meet the requirements of technical conditions.

Keywords 12Cr2Mo1V steel；Hartz C276 alloy；cladding

1 前言

哈氏合金是超低碳型，Ni、Mo、Cr 系列镍基、耐蚀、耐高温材料。因其具有极好的耐高温性能，抗氧化性，在农业化工、核设施、生物制药等环境中被应用。哈氏 C276 是哈氏合金的一种，属于镍-钼-铬-铁-钨系镍基合金，主要耐湿氯、各种氧化性氯化物、氯化盐溶液、硫酸与氧化性盐，在低温与中温盐酸中均有很好的耐蚀性能。因此，近三十年以来、在苛刻的腐蚀环境中，如化工、石油化工、烟气脱硫、纸浆和造纸、环保等工业领域广泛的应用。

但哈氏合金 C276 对焊接要求高，故焊接工艺需谨慎制定，严格控制。我公司承接了 2 台高压反应釜，其本体材质为加钒钢，内壁要求堆焊哈氏合金 C276。因此，需对哈氏合金 C276 堆焊技术进行研究。

2 设备结构及堆焊层材料特点

高压反应釜主体材料是 12Cr2Mo1V，内径 Φ1006mm，筒体壁厚 243mm，封头壁厚 Min135mm；内壁堆焊哈氏合金 C276，单层堆焊层的总厚度为 3.0＋0.5mm，表层的有效厚度不小于 1.5mm；双层堆焊层的总厚度为 5.0mm。

镍及镍基合金焊缝金属表面张力大，流动性差，黏性大不易成形和易产生氧化，焊接工艺性相对较差。另外，由于镍基具有单相组织，焊接时容易出现气孔，热裂纹，未熔合，变形量过大，咬边等缺陷[1]。在实际生产中经常遇到且危害较大的是焊缝气孔和焊接热裂纹。

3 焊接试验

3.1 焊接方法

根据产品结构，采用三种堆焊方法：由于容器上下管口较小，内径仅有 Φ55mm，因此，对于小孔内壁采用氩弧焊堆焊（GTAW）；筒体、封头、人孔法兰堆焊面积较大，为提高效率，采用药芯气体保护焊堆焊（FCAW）；对其余凸台或过渡层，采用焊条电弧焊堆焊（SMAW）。

3.2 试验材料

1. 基体材料：12Cr2Mo1V；试板规格：40mm×400mm×500mm。
2. 焊接材料：选择美国 ARCOS 公司出产的焊材：GTAW：ERNiCrMo-4；FCAW：ENiCrMo4T1-1/4；SMAW：ENiCrMo-4。[2][3][4]

3.3 试验过程

3.3.1 准备

根据镍及镍基合金的特点，其获得成功焊接最重要的是清理[5]。因此，在堆焊前要严格清理堆焊表面油污等杂质，并打磨去除表面氧化层，堆焊表面经 100%MT 和 100%UT。检测合格后，清洗堆焊表面，准备堆焊。

3.3.2 堆焊

根据焊材特性和产品技术条件的要求，GTAW 和 FCAW 可满足单层堆焊的要求，SMAW 则需采用双层堆焊。如图 1 所示。

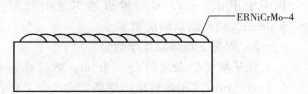
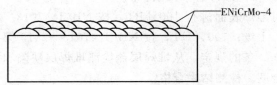

图 1　堆焊示意图

1）堆焊过程

单层堆焊（堆焊厚度 3.0～3.5mm）（GTAW、FCAW）：

预热→堆焊→消氢处理。

双层堆焊（堆焊厚度 5.0～5.5mm）（SMAW）：

第 1 层堆焊：预热→堆焊（堆焊厚度 2.5～3.0mm）→消氢处理→清理→PT→清理。

第 2 层堆焊：堆焊（室温，堆焊厚度 2.5～3.0mm，总厚度 5.0～5.5mm）→清理→PT、UT

→清理。

2）焊接工艺要求

a. 鉴于在 12Cr2Mo1V 钢上堆焊，因此堆焊前预热 100～150℃，堆焊后消氢 300～350℃×2h。

b. 哈氏合金具有较强的热裂纹敏感性，为避免晶粒长大及碳化物的析出，必须采用较小的焊接热输入，但同时由于镍基合金金属流动性差，易造成未焊透，线能量也不宜过小[6]。在保证堆焊熔合良好的前提下，选用较小的焊接线能量，严格控制层间温度不超过 175℃。焊接规范参数见表 1、表 2。

c. 堆焊表面成形应尽量凸起，自然成形，尽量不使焊缝拉平或凹下避免产生应力裂纹[2]，焊道搭接 1/2。

表 1　GTAW 堆焊规范参数

焊层	填充材料		焊接电流		电弧电压 (V)	焊接速度 (cm/min)	堆焊厚度 (mm)
	牌号	规格（mm）	极性	电流（A）			
一层	ERNiCrMo-4	φ1.2	DCEN	185～200	12～16	11～12	3.0～3.5

保护气体：Ar；气体纯度：99.99%。

表 2　FCAW 堆焊规范参数

焊层	填充材料		焊接电流		电弧电压 (V)	焊接速度 (cm/min)	堆焊厚度 (mm)
	牌号	规格（mm）	极性	电流（A）			
一层	ENiCrMo4T1-1/4	φ1.6	DCEP	160～190	27～31	28～40	3.0～3.5

保护气体：CO_2；气体纯度：99.5%。

表 3　SMAW 堆焊规范参数

焊层	填充材料		焊接电流		电弧电压 (V)	焊接速度 (cm/min)	堆焊厚度 (mm)
	牌号	规格（mm）	极性	电流（A）			
第一层	ENiCrMo-4	φ4.0	DCEP	110～140	22～25	18～23	2.5～3.0
第二层	ENiCrMo-4	φ4.0	DCEP	110～140	22～25	18～23	2.5～3.0

3.3.3　堆焊层各项检测

1) 堆焊层焊态下无损检测

对堆焊表面进行 100%PT，按 NB/T 47013—2015，Ⅰ级；100%UT，按 NB/T 47013—2015 第三篇 9.2 条的规定，从堆焊层侧检测堆焊层缺陷和不贴合度。检测结果合格。

2) 焊态下堆焊层厚度检测

从试件剖面处的侧面测量堆焊层厚度，单层堆焊堆焊层的总厚度为 3.0＋0.5mm，表层的有效厚度不小于 1.5mm；双层堆焊堆焊层的总厚度为 5.0mm。检测结果满足要求。

3) 焊态下堆焊层化学成分

先从堆焊层表面刨去 0.5mm，然后在距表面 0.5～1.5mm 范围内取样。结果应满足表 4 要求：

表 4　堆焊层化学成分（wt%）

C	Si	Mn	P	S	Cr	Ni	Mo	V	Cu	W	Co	Fe
≤0.02	≤0.08	≤1.0	≤0.040	≤0.030	≥13	≥50.5	15.0～17.0	≤0.35	≤0.50	3.0～4.5	≤2.5	4.0～7.0

备注：其中 Cr 要求不低于 13%，其余仅提供数据，不做验收。

对 Cr 含量验收值进行了化学成分分析，检验结果如下：

GTAW：Cr 为 14.59% 时，稀释率为 7.6%；

FCAW：Cr 为 12.72% 时，稀释率为 18.4%；

SMAW：Cr 为 12.94% 时，稀释率为 12.6%。

由此可见：GTAW 满足设计 Cr 要求不低于 13%，但 FCAW 和 SMAW 不符合设计的要求。

对于成分合格的 GTAW 试样完善所有元素的

C
制造焊接

分析，结果如表5所示：

表5 GTAW焊态耐蚀堆焊金属化学成分（%）（焊态）

试样编号	C	Si	Mn	P	S	Cr	Ni	Mo	V	Cu	W	Co	Fe
①	0.018	0.04	0.54	0.011	0.001	14.59	54.27	14.08	0.030	0.28	3.30	0.010	12.83
②	0.020	0.04	0.54	0.009	0.001	14.63	54.64	14.21	0.023	0.29	3.38	0.010	12.21

由此表可以看出：在母材上仅堆焊1层，因母材的稀释，个别元素的成分与表4有所偏差，但Cr能满足不低于13%的要求。

4）模拟容器的最大焊后热处理（Max.PWHT：705±14℃×28+2h）后理化检验

a）宏观金相试验

剖面检查，剖面取在焊道搭接处（见图2）。剖面应经抛光、侵蚀，以能清晰地分清熔合区和基体金属为准。GTAW、FCAW、SMAW三种焊接方法堆焊试样经腐蚀后用5倍放大镜观察均未发现有层下裂纹出现。

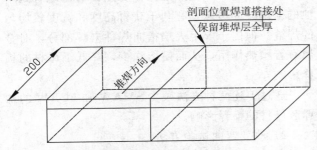

图2 堆焊试样宏观金相试验剖面示意图

b）弯曲试验

取横向大弯曲试样4件（尺寸见图3），其长轴垂直与堆焊方向。试验是在 WE-30/13-069W 弯曲试验机采用常规三点弯曲法进行，弯心直径 $D=4a$，弯曲角 $\alpha=180°$。合格指标：弯曲到规定的角度后，在试验拉伸面上的堆焊层内不得有大于1.5mm的任一开口缺陷；在熔合线内不得有大于3mm的任一开口缺陷。

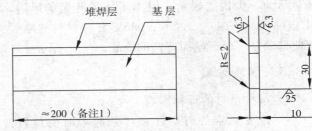

备注1：可根据实验机的具体情况进行调整。

图3 弯曲试验中大侧弯试样尺寸

1）GTAW堆焊试样4件表面无裂纹，满足合格指标的要求。

2）SMAW堆焊试样4件横向弯曲后多处出现裂纹，最大达8mm，见图4。

3）FCAW堆焊试样4件横向弯曲后多处出现裂纹，最大达10mm，见图5。

图4 侧弯试样（SMAW）

图5 侧弯试样（FCAW）

3.3.4 原因分析

问题出现后，我们立即从人、机、物、法、环每道工序各环节排查、分析，并与焊材厂家沟通，最终确定产生此次不合格项的主要环节在：SMAW 和 FCAW 的高稀释率加上三点弯曲法导致的应力集中造成了化学成分不达标，弯曲试验失败。

由于单层堆焊（即使是双层堆焊，总厚度控制也很薄），母材对熔敷金属的成分存在稀释作用。焊接方法不同，也影响稀释率，高的稀释率导致更宽的混合稀释区间。GTAW 比 SMAW 和 FCAW 的稀释率低，其化学成分和弯曲试验导致不同的测试结果。

前期侧弯试验是采用三点弯曲法，该种方法显著的增加弯曲试样的三点应力集中，同时弯曲的内径显示为一尖锐的锐角，增加了外径开裂的风险。对于 NiCrMo-4 与 2.25Cr1MoV 异种材料的堆焊弯曲试验是一个严峻而苛刻的挑战。

3.3.5 解决方案

1）减少母材的稀释影响

a）改变原堆焊时焊丝或焊条起堆时的位置：采用短弧、叠珠焊接（后焊珠直接熔在前珠熔池上，而非母材上）的焊接手法，从而减少母材的稀释影响，见图 6。

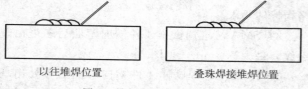

| 以往堆焊位置 | 叠珠焊接堆焊位置 |

图 6　堆焊起堆位置的改变

b）改变原堆焊时方向，见图 7。

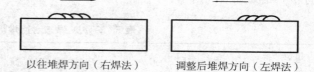

| 以往堆焊方向（右焊法） | 调整后堆焊方向（左焊法） |

图 7　堆焊方向的改变

以往堆焊采用为右焊法，即焊接时焊炬和焊丝的运走方向都同时从左到右从左侧。右焊法时，焊炬火焰指向焊缝，焊接过程由左向右，并且焊炬是在焊丝前面移动的。其优点是由于焊炬火焰指向焊缝，因此，火焰可以遮盖住熔池，隔离周围的空气，有利于防止焊缝金属的氧化和减少产生气孔；同时可使已焊好的熔敷金属缓慢冷却，改善焊缝质量。但由于焰心距熔池较近以及火焰受焊缝的阻挡，火焰热量较为集中，从而使熔深也增加。

左焊法，即焊接时焊炬和焊丝的运走方向同时都从右到左。左焊法时，焊炬火焰背着焊缝而指向焊件未焊部分，焊接过程由右向左，并且焊炬跟着焊丝后面运走。其优点是操作者能够清楚地看到熔池的上部凝固边缘，有利于获得高度和宽度较均匀的焊缝。但由于焊炬火焰指向焊件未焊部分，对金属有着预热作用，从而使熔深少，降低了母材的稀释影响。

通过上述两种方法减少 SMAW 和 FCAW 的稀释区母材的稀释影响。

2）改变弯曲试验方法

在满足设计要求的前提下，通过选择更适合哈氏合金 C276 堆焊的弯曲试验方法，采用夹具绕弯弯曲法进行侧弯试验。该方法将平均分配弯矩，而不会造成应力集中（参照 AWS B4.0 见图 8）。

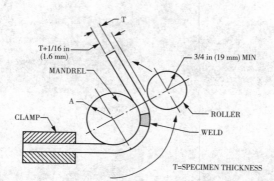

Notes:
1. Radies A shall be as specified or as determined from the formula in 6.6.4. Dimensions not shown are the option of the designer, except that the minimum width of the componers shall be 2 in (50 mm).
2. It is essential to have adequate rigidity so that the bend fixture will not defiect during testing. The specimen shall be firmly clamped on one end so that it does not slide dering the bending operation.
3. Test specimens shall be removed from the benc fixture when the roller has traversed 180° from the starting point.

图 8　夹具绕弯弯曲法弯曲试验

按上述方案重新堆焊试样，进行试验。由于考虑到在产品正式生产时操作者操作技能水平，以及操作者焊接习惯的改变对产品质量的稳定的影响，最终焊接方向还是按照以往习惯的左焊法，但严格采用短弧、叠珠焊接的焊接手法进行堆焊。

1）化学成分

表6 FCAW焊态耐蚀堆焊金属化学成分（%）（焊态）

试样编号	C	Si	Mn	P	S	Cr	Ni	Mo	V	Cu	W	Co	Fe
①	0.031	0.15	0.49	0.016	0.004	13.02	49.78	13.75	0.10	0.26	3.38	0.010	19.01
②	0.025	0.17	0.36	0.016	0.003	13.93	54.98	15.20	0.13	0.024	3.67	0.010	11.48

表7 SMAW焊态耐蚀堆焊金属化学成分（%）（焊态）

试样编号	C	Si	Mn	P	S	Cr	Ni	Mo	V	Cu	W	Co	Fe
①	0.028	0.18	0.36	0.013	0.003	13.07	52.95	13.48	0.040	0.32	3.28	0.010	16.27
②	0.032	0.17	0.36	0.017	0.003	13.04	51.45	13.26	0.053	0.30	3.20	0.010	18.11

从上表可以看出，通过改进稀释率取得明显的改善，FCAW稀释率降低到10.7%～16.5%，SMAW稀释率降低到11.7%～11.9%，满足设计Cr不低于13%的要求。

2）弯曲试验

FCAW与SMAW堆焊试验侧弯试验一次性满足合格指标的要求。

4 应用情况

根据前期的试验验证，我们将上述堆焊工艺措施及合格评定在2台高压反应釜上进行应用。通过严格的过程控制，顺利完成产品哈氏合金C276的堆焊，堆焊层经100%UT和100%PT探伤合格，堆焊层厚度、取试化学成分分析均满足产品技术条件的要求。

5 结论

通过哈氏合金C276的堆焊技术的研究，在12Cr2Mo1V钢上堆焊C276，其要点是：

1）堆焊前需做好焊前清理。

2）堆焊前预热100～150℃，在保证熔合良好的前提下应选用较小的焊接线能量，同时要严格控制层间温度不超过175℃。

3）堆焊表面成形应尽量凸起，自然成形，尽量不使焊缝拉平或凹下。

4）采用短弧、叠珠焊接（后焊珠直接熔在前珠熔池上，而非母材上）、左焊法的焊接手法减少母材的稀释影响。

5）采用夹具绕弯弯曲法进行侧弯试验，平均分配弯矩而不会造成应力集中。

参 考 文 献

[1] 于世行，郝丁华. 镍基耐蚀合金焊接工艺 [J]. 石油化工应用，2008，27（3）：87－89.

[2] ASME SFA 5.34，SectionII，Part C，2010 Edition，SPECIFICATION FOR NICKEL-ALLOY ELECTRODES FOR FLUX CORED ARC WELDING [S]

[3] ASME SFA 5.14，SectionII，Part C，2010 Edition，SPECIFICATION FOR NICKEL AND NICKEL-ALLOY BARE WELDING ELECTRODES AND RODS [S]

[4] ASME SFA 5.11，SectionII，Part C，2010 Edition，SPECIFICATION FOR NICKEL AND NICKEL-ALLOY WELDING ELECTRODES FOR SHIELDED METAL ARCWELDING [S]

[5] 万军 镍及镍基合金的焊接 [J]. 锅炉制造，2004，20（3）：32－34.

[6] 罗超 哈氏合金C276应用及焊接性能研究 [J]. 中国高新技术企业，2015，322（7）：65－66.

作 者 简 介

王雪骄，1978年10月出生，女，高级工程师（副高），从事压力容器焊接制造技术的研究与开发工作。

通信地址：四川省德阳市二重集团（德阳）重型装备股份有限公司重型压力容器及核电技术研究所，618000

E-mail：NN791H528 @ 163.com；电话：0838－2341621，手机：13881036510

NG – SAW 在超低温高压大厚壁压力容器中的应用

唐贺峰 达 进

（航天晨光股份有限公司化工机械分公司 江苏省南京市 210000）

摘 要 本文简要介绍了窄间隙埋弧焊的应用优点，并通过焊接工艺攻关试验，解决窄间隙埋弧焊的应用。依据焊接工艺试验制定产品焊接工艺参数，试板力学性能检验结果满足相关标准和产品技术要求，并成功应用于公司某低温高压液氢储罐，取得了良好的经济效益。

关键词 窄间隙埋弧焊；焊接工艺评定；产品应用

Application of Narrow Gap Submerged Arc Welding in Ultra Low Temperature and High Pressure Thick Wall Pressure Vessel

Tang Hefeng[1] Da Jin[2]

(Chemical machinery branch of Aerosun Corporation Nanjing, Jiangsu Province 210000)

Abstract This paper briefly introduced the application of the advantages of narrow gap submerged arc welding, and we did the welding process test research system, with successfully solving the application difficulties of narrow gap submerged arc welding. Welding parameter was made according to the result of welding technical test, and the result of welding procedure qualificationsatisfied the standard and technical requirements of product, finally successfully applied in low temperature and high pressure liquid hydrogen storage tank, and achieved good economic benefits.

Keywords narrow gap submerged arc welding; welding procedure qualification; product application

1 前言

随着装备制造业产品的日趋大型化、重型化，厚板、超厚板焊接结构的应用，采用传统的埋弧焊焊接坡口，不仅使得焊缝金属填充量增加和焊接时间延长，而且焊接变形和焊接应力加大。

窄间隙埋弧焊（Narrow Gap Submerged Arc Welding，简称 NG – SAW）是在埋弧焊（SAW）工艺的基础上，将特殊的焊丝、焊剂向狭窄坡口内导入以及采用焊缝自动跟踪等技术而形成的一种焊接方法。相对于 SAW，它具有焊接坡口小，焊接线能量和母材稀释率低，接头性能较优良，焊接变形小，焊接周期短等优点，可显著提高生产效率和节约生产成本，特别适用于中厚板压力容器的焊接。

2 产品应用

2.1 产品概况

2015 年我司承接某研究所的高压液氢容器（见图 1），按产品的技术要求：尽量减小壳体纵、环缝的焊接变形及提高焊接接头的韧性。

设备主要由内容器和外容器组成，内容器是设备的主体部分，盛放介质为液氢（LH₂），设计温度－253℃，设计压力 27.5MPa，筒节为锻造，筒体内径为 1800mm，壁厚 180mm，球形封头壁厚为 110mm，设备总长为 11365mm；外容器主要起保温作用，盛放介质为液氮（LN₂），设备要求做液氮温度下冲击试验，合格指标 $KV_2 \geq 31J$。窄间隙埋弧焊施焊的焊缝为 A1～A2，B1～B3 这五条环缝。

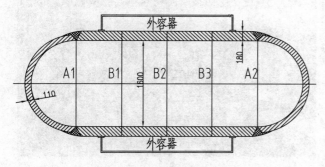

图 1 产品结构简图

2.2 焊接工艺评定

2.2.1 试验材料及焊接设备

试验材料为 S30408，规格为 60mm×300mm×500mm，各项性能指标符合 GB 24511 的规定。采用手工钨极氩弧焊打底 5mm，手工焊条焊填充 20mm，剩余窄间隙埋弧焊填充盖面。焊接材料生产厂家为昆山京群焊材科技有限公司，窄间隙埋弧焊焊丝牌号为 GWS－308L，规格为 $\phi4mm$，焊剂牌号为 GXS－300，10～60 目。

焊接设备选用哈尔滨威德焊接自动化系统工程有限公司生产的 HDS－300W 型单丝窄间隙埋弧焊机，其焊接电源为 Lincoln DC－1000，焊接系统的高度和横向跟踪精度分别为 ±0.5mm，±0.25mm。

2.2.2 焊接工艺参数

根据窄间隙埋弧焊试验结果以及产品图纸技术条件要求，焊接工艺评定焊接参数设置如下表 1，表 2，焊接坡口如下图 2。

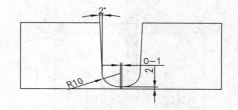

图 2 焊评坡口图

表 1 GTAW＋SMAW 焊接工艺评定参数

层数	焊接方法	填充金属		焊接电流		焊接电压/V	焊接速度/（m/h）	线能量/（kJ/cm）
		牌号	直径	极性	电流/A			
打底	GTAW	H08Cr21Ni10Si	$\phi2$	直正	90～100	12～14	90～100	≤9.3
	GTAW	H08Cr21Ni10Si	$\phi3.2$	直正	100～120	12～14	90～100	≤11.2
填充	SMAW	GES－308LT	$\phi3.2$	直反	100～120	22～24	140～150	≤12.3
	SMAW	GES－308LT	$\phi4$	直反	120～140	24～26	140～150	≤15.6

表 2 NG－SAW 焊接工艺评定参数

层数	每层焊道工艺	焊丝直径/mm	焊接电流		焊接电压/V	焊接速度/（cm/min）	丝—壁距离/mm	焊枪摆角/°	线能量/（kJ/cm）
			极性	电流/A					
填充盖面	双道焊	$\phi4$	直反	460～480	32～34	43～45	4～5	2～6	≤22.8

2.2.3 焊接工艺评定结果

在焊接工艺评定过程中观察窄间隙埋弧焊焊道发现，焊道成形美观，波纹细腻，侧壁熔合良好、脱渣容易。焊后试板 RT、PT 检测，符合 NB/T 47013.2—2015 Ⅱ 级和 NB/T 47013.5—2015 为 Ⅰ级；对试板进行力学性能测试，结果满足 NB/T 47014、GB 150 和图纸技术条件要求（见表 3），

表 3　焊接工艺评定试板力学性能

抗拉强度/ MPa		侧弯 180°	−196℃冲击（J）/侧向膨胀量（mm）				试验状态
			GTAW+SMAW		NG‑SAW		
GTAW+SMAW	NG‑SAW		焊缝	热影响区	焊缝	热影响区	
590、532（塑断于焊缝）	529、537（塑断于焊缝）	全部合格	60/1.01 52/1.12 52/1.13	112/1.57 112/1.32 102/1.47	44/1.08 42/0.77 46/0.83	116/1.28 116/1.29 112/1.33	焊态

通过试验解决了应用难点，说明此工艺参数完全可以用于产品。

2.3　产品应用情况

根据产品图纸以及焊接条件，生产成本等综合考虑，制定如图 3 所示的焊接坡口。内侧采用 GTAW 焊接，外侧全部采用 NG‑SAW 焊。焊接工艺参数按表 1、表 2。

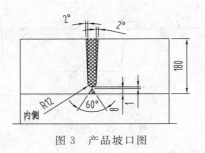

图 3　产品坡口图

2.3.1　产品应用过程中出现的主要问题及解决措施

1）焊接气孔。在 NG‑SAW 填充焊时，首层焊道表面出现了整圈成串气孔，由于坡口深且窄，铲挖修磨非常难。经攻关试验，找出造成气孔的原因：一是电弧发生了磁偏吹；二是焊剂的输送和回收系统的动力是公司采用含有水分的压缩空气，致使焊剂受潮，从而造成焊接气孔。

解决措施：一是在改变地线与筒体的连接形式，改用地线连接碳棒放置在筒体底部坡口位置下面，让电流在坡口两侧环向对称均匀流动，成功解决磁偏吹问题（见图 4）；二是改用人工输送和回收焊剂。此两个方案实施后，焊缝表面再未出现气孔。

图 4　地线与筒体连接形式

2）焊接中焊机停机中断。NG‑SAW 在产品初始使用过程中，焊接约 1 米长焊机就会自动中断。经排查发现，这主要是由于坡口窄而深，导电嘴不易散热，温度高时与焊丝接触不良，易造成打火短路，再加上送丝盘生锈，阻力增大，增大了打火短路概率。

解决措施：一是在导电嘴与焊枪连接的螺栓上增加两个弹簧垫片，让导电嘴与焊枪贴合更紧，使导电嘴的热量通过焊枪传递出去，使导电嘴不过热；二是改进送丝机构，使送丝流畅。为此，焊接中焊机易中断的问题得到解决。

3）导电嘴易损坏。由于 NG‑SAW 的焊丝是倾斜送出，对导电嘴一侧形成挤压，焊接时该部位温度较高，导电嘴孔高温下容易变形磨损，连续焊

接半天到一天就要更换导电嘴，也影响焊接效率。

解决措施：导电嘴改用耐高温、耐磨性更好的铬锆铜材料，更换周期提高了3倍以上，节约了成本，提高了焊接效率

2.3.2 产品应用结果

为保证产品一次性焊接成功，壳体每条环缝经2次100％工艺RT、一次100％全厚度RT和1次PT，全部一次性合格。

焊接试板进行力学性能检测（参数见表6），其结果满足图纸技术条件和设计标准要求。

NG-SAW在产品应用中，焊道成形美观，侧壁熔合良好，清渣容易，焊缝表面波纹细腻均匀，无咬边、未熔合、气孔等缺陷，焊缝外观合格（见图5）。

表6　产品焊接试板力学性能

试板编号	抗拉强度/MPa	侧弯180°	-196℃冲击（J）/侧向膨胀量（mm）		试验状态
			焊缝	热影响区	
B1HS	584、594、601 578、594、610 均塑断于焊缝	全部合格	42/0.62 52/0.60 38/0.70	228/1.55 173.1.77 246/1.96	焊态

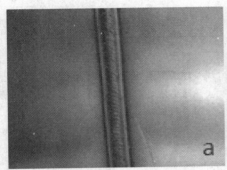

（a）GTAW焊缝表面成形　　　　（b）NG-SAW焊缝表面成形

（c）侧壁熔合及焊道成形　　　　（d）封头与筒体NG-SAW盖面中

图5

3　经济效益分析

（1）与宽坡口埋弧焊相比，窄间隙埋弧焊坡口窄、焊材消耗量少、热输入量低、焊接时间短，焊接变形和焊接应力小，接头性能更优，特别是热影响区冲击能。

（2）由于焊接工艺参数选用适当并采取了一定的质量保证措施，无损探伤一次合格率100％。

（3）窄间隙埋弧焊效益估算对比计算：宽口埋弧焊坡口形式和尺寸如图6，选用5mm焊丝，焊接电流为650A，熔敷效率为8.33kg/h；窄间隙埋弧焊以产品参数为计算基础，熔敷效率为6.5kg/h。

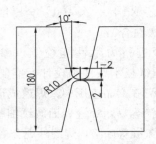

图 6　宽口埋弧焊坡口

　　a. 窄间隙埋弧焊可节约焊材约 35％，共计 580kg 焊丝，780kg 焊剂，此项价值 4 万多元；

　　b. 坡口加工金属量减少 20％以上，这即缩短了生产周期，又降低了人工成本；

　　c. 焊接效率提高 30％左右，即焊接时间就缩短了 13.5 天左右。

4　总结

　　窄间隙埋弧焊是一种优质、高效、低耗的焊接方法。与普通埋弧焊相比：

　　1）可提高焊接效率 30％以上，节约焊材 30％～50％，接头性能也更优；

　　2）窄间隙埋弧焊特别适用于 70mm 以上中厚板大直径压力容器焊接，材料加厚，直径加大，焊接优势和经济效益越明显；

　　3）窄间隙埋弧焊对坡口的加工质量要求严格，产品应用时必须采用机加工。

参 考 文 献

　　[1] 焊接手册 . 2 版 . 北京：机械工业出版社，2001.

　　[2] 邹增大 . 焊接材料、工艺及设备手册 . 北京：化学工业出版社，2010.

　　[3] GB 150.1～150.4—2011 压力容器 .

　　[4] NB/T 47014—2011 承压设备焊接工艺评定 .

　　[5] NB/T 47015—2011 压力容器焊接工艺规程 .

　　[6] 焊接、钎接和粘接评定/ASME 锅炉及压力容器委员会焊接分委员会 . ASME 锅炉及压力容器规范：第 9 卷 . 中石协 ASME 规范产品专业委员会（CACI）译 . 北京：中国石化出版社，2014.

作 者 简 介

　　唐贺峰，男，助理工程师，工学学士，主要从事压力容器焊接工艺评定及焊接新技术、新工艺研究 .

　　通信地址：南京溧水区永阳镇航天晨光工业园化机分公司，211200

　　电话：18751822700；邮箱：331574648@qq.com

制造焊接

高镍合金 N_2O 减排反应器裂纹分析与修复技术探讨

郑启文　安洪亮　徐　锴　郑本和

（哈尔滨焊接研究所，黑龙江，哈尔滨，150028）

摘　要　本文对由高镍合金（SB－409，N08810，incoloy800H）制作的 N_2O 减排反应器发生的严重裂纹性质与成因进行了分析，结果指出：焊缝区晶间高温氧化腐蚀，特别是沿焊缝粗大柱状晶及枝晶间高温氧化腐蚀，是导致开裂与扩展的主要模式。焊接材料抗氧化性能不足；焊接过程中，焊缝金属组分偏析，特别是粗大柱状晶或枝晶之间的严重偏析；厚壁多层焊杂质的累积效应；高温长期运行，导致沿晶界形成链状或网状碳化物；外壁直接与空气接触，特别当外保温层局部较长时间处于潮湿状况；多种应力与应力波动，是引发上述裂纹的主要原因。此外，对修复技术作了探讨。

关键词　N_2O 减排反应器；SB－409 N08810 合金（incoloy800H）；裂纹性质与成因；修复技术探讨

Crack Analysis and Repair Technique for High Nikel Alloy N_2O Emission Reduction Reactor

Zheng Qiwen　An Hongliang　Xu Kai　Zheng Benhe

（Harbin research institute of welding，Harbin 150028）

Abstract　In this paper，crack properties and causes of N_2O Emission reduction reactor made of B－409，N08810 were analyzed. Results show that Intergranular high temperature oxidation corrosion along the boundary between coarse columnar crystals or dendrites is the main mode of cracking and expansion in welding metals. Main factor causing above cracks were：the oxidation resistance of the welding material is insufficient；segregation，of weld metal component，especially the severe segregation between the large columns or dendrites during the welding process；impurity cumulative effect of thick wall multilayer welding；high temperature long running，leading to the formation of chain or mesh carbide along the grain boundary；the outer wall is directly in contact with air，especially when the outer insulation layer is in the humid condition for a long time；combination of various stress and stress fluctuations. In addition, the technique of repair was discussed.

Keywords　N_2O Emission reduction reactor；SB － 409 alloy；crack properties and causeso；repairing technique

0 前言

近年，高镍合金在我国石化行业的应用越来越广，其高温损伤事例也时有发生[1-5]。对其损伤形式、性质、成因与修复等的研究，越显重要。

由高镍合金制作的 K2301 N_2O 减排反应器经10 年运行后，近期检查发现：壳体焊缝区存在较多裂纹，对容器的安全运行构成威胁，为此，有必要对其开裂原因和修复技术加以探讨。

1 N_2O 减排反应器概况

1.1 结构

结构形式：直立，单层，上下为锥形封头，中部由两节筒节组成。筒体内径 I.D 3500mm，容器总长 7114mm，壁厚 40/20mm，容积：41m^3；材质 SB - 409 N08810（incoloy800H）。容器简图示于图 1。

1.2 技术参数

属 Ⅱ 类压力容器，其主要技术参数列于表 1。

1.3 材料

主要受压元件材质 SB - 409，N08810（见表2）；焊接材料为 ENiCrFe - 2（SMAW），ERNiCr-3（GTAW）。

1.4 存在问题

2016 年检测，容器外壁焊缝区发现 10 余处裂纹，大多处于环缝区，最长的一处裂纹长达480mm，深度超过 10mm。2017 年检验，发现裂纹更多，范围更大。

表 1 N_2O 减排反应器（K2301）技术参数

设计压力/MPa	工作压力/MPa	最大允许工作压力/MPa	设计温度/℃	最低设计金属温度/℃	介质	腐蚀裕度/mm	焊缝系数	地震烈度	基本风压/Pa
0.16	0.1042	0.16（850℃下）	850	−40	工艺气	2	0.95	7	530

表 2 壳体材料

	C	Si	Mn	Ni	Cr	Fe	Cu	Ti	Al	P	S	Ti+Al
标准	0.05~0.10	≤1.0	≤1.5	30.0~35.0	19.0~23.0	≤39.5	≤0.75	0.15~0.60	0.15~0.60	≤0.03	≤0.015	0.85~1.20
实测	0.05	0.3	0.9	30.4	19.6		0.03	0.26	0.26			

2 裂纹检验与分析

2.1 宏观与探伤检测

根据现场检查，K2301 反应器壳体损伤的特点如下：

（1）裂纹均位于外壁表面，尚未贯穿壁厚；

（2）裂纹均位于焊缝内；纵缝区较少；大部分在环焊缝区，其中一条环缝在 30％ 长度范围存在断续裂纹；

（3）裂纹大多为沿焊缝走向的纵向裂纹，它们不在焊道中央，而是位于焊道边侧；也有一些垂直于焊缝的横向裂纹，其两端也局限于焊缝金属；

（4）裂纹大多较深，即使几毫米长的裂纹，深度却在 10mm 以上，如查出的几条长度分别为：4，3，

3，3，5，7，8mm 的裂纹；深度分别为：10，12，14，15，15，15，15mm。查出最深的超过17mm；

（5）裂纹有明显扩展，裂纹长度与深度不断增加。图2～图4为几例裂纹外貌。

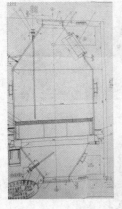

图1 容器简图

图2 纵向裂纹

图3 横向裂纹

图4 纵向与横向裂纹

2.2 取样分析

从 K2301 反应器壳体外壁，用薄型角向砂轮截取两块试样（图5～图8显示两块试样形貌）：

01♯试样（含纵向裂纹，裂纹长45mm，部分穿透试样厚度）；

02♯试样（在其表面上有几条大致平行的横向裂纹，最长的20mm，已穿透试样厚度）。

图5 01♯试样

图6 01♯试样截面

图7 02♯试样

图8 02♯断面（下为外壁）

2.3 金相分析

在01♯上沿垂直焊缝方向切取试样；在02♯上顺着焊缝方向切取试样。分别于侵蚀前和侵蚀后

进行显微观察。侵蚀前：01♯、02♯试样图像分别示于图9～图12，图13～图15。侵蚀后：01♯、02♯试样图像分别示于图16～图17，图18～图20。

图9 01♯纵向裂纹 50×

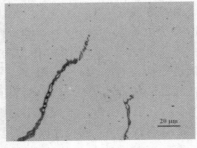

图10 01♯裂纹尖端

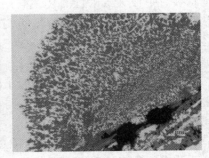

图11 01♯裂纹及周边腐蚀区

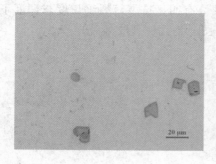
图12 01#裂纹附近夹杂

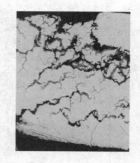
图13 02#横向裂纹 50×

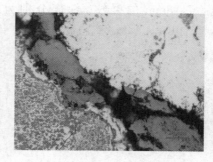
图14 02#横向裂纹（局部）

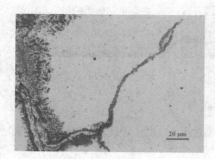
图15 02#裂纹尖端

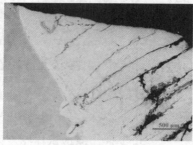
图16 01#纵向裂纹

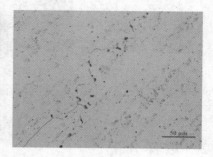
图17 01#试样组织

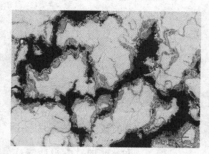
图18 02#试样裂纹.

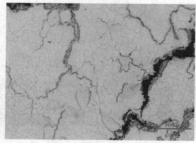
图19 02#裂纹尖端

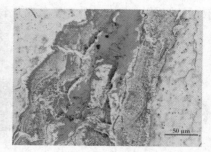
图20 02#裂纹及附近腐蚀区

观察表明：

（1）试样浸蚀前后，裂纹形态基本一致；

（2）裂纹起源外壁，多源，多分枝；所见裂纹，包括启裂与扩展，均局限于焊缝金属中；

（3）01#试样中，裂纹沿着数个柱状晶晶界启裂与扩展，形成大致平行的裂纹群；裂纹多集中于柱状晶易在焊缝表面露出的焊缝边侧；有些裂纹已从表层扩展至次层焊缝，方位未变；所有裂纹均未扩展至母材（见图9、图16）；

（4）02#试样中，裂纹亦起源于焊缝表面，有些启裂于表面蚀坑底部，裂纹路径与柱状晶或枝晶间析出物形迹相迭合；

（5）裂纹间隙大多较宽，间隙中充满腐蚀物；两侧有较宽腐蚀区；有些部位，金属与低熔点共晶物及腐蚀产物交织在一起呈密集麻点状或渣堆状；

（6）大量碳化物沿晶界析出，形成链状或网状[6]；晶内也有颗粒状碳化物析出；还有氧化物及氮化物夹杂。

2.4 断口分析

01#和02#试样断口电镜观察分别见图21、图22和图23～图25。金相试样电镜观察（2#试样）见图26。观察显示：

（1）断裂面不平坦，不光滑；

（2）不论纵向，还是横向裂纹均沿粗大柱状晶或枝晶间开裂与扩展；有二次裂纹；

（3）断口上覆盖有较厚的腐蚀产物，横向裂纹断口腐蚀产物更厚，已形成硬膜，并发生脆性开裂；

（4）断口形貌，显示出高温断裂的特征，高温氧化，甚至局部似有高温熔化的痕迹[7]；

（5）金相试样上的裂纹沿晶界曲折前行，路径上时有较大的坑槽，似有晶界析出物或小晶粒脱落。

 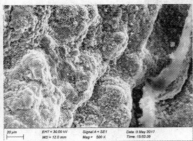 

图21　01#纵向裂纹断口　　　　　　图22　01#纵向裂纹断口　　　　　　图23　02#横向裂纹断口

 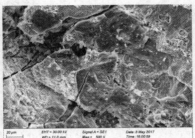 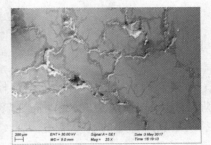

图24　02#横向裂纹断口　　　　　　图25　02#横向裂纹断口　　　　　　图26　02#金相试样电镜观察

2.5　微区成分分析

对断口覆盖物及裂纹间隙中腐蚀产物的化学组成进行了能谱分析。分析微区22处，得到34组数据。

其中一例：01#试样谱图1、图2位置见图27，分析结果见图28、图29。

测试结果表明：

（1）裂纹断口或裂纹间隙腐蚀产物中O、C元素含量特别高，O含量原子百分比达到45.1at%～53.6at%，质量百分比达到23.3wt%～31.5wt%，可见，裂纹断口或间隙中充满氧化物与碳化物；

（2）裂纹断口或裂纹间隙中，还含有一定量的Si、Mn、Zn、S、Nb等元素；

（3）与裂纹紧邻的母材含Cr量明显低于较远处的，看图30（测点位置）、图31（测试结果）；

（4）裂纹断口或裂纹间隙中，很少查到Cl^-、H_2S、$NaOH$。

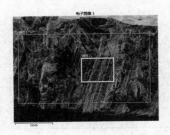 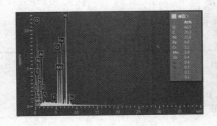 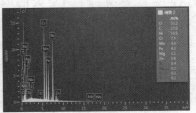

图27　01#断口谱图1、2位置　　　　图28　01#原始断口谱图1　　　　　图29　01#原始断口谱图2

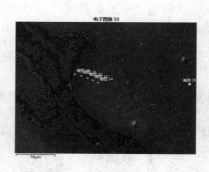

图 30　02♯金相试样能谱测定

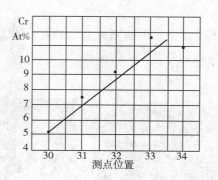

图 31　裂纹邻区材料 Cr 含量变化曲线

纹。而且，没有发现典型的蠕变空洞以及由其组成的蠕变裂纹[10]。

3　关于裂纹性质与成因讨论

3.1　裂纹性质

根据宏观、金相、断口、能谱检测，可认为：沿焊缝粗大柱状晶或枝晶晶间高温氧化腐蚀是查出的裂纹启裂与扩展的主要模式；裂纹的扩展大部分为腐蚀空洞的长大、连接、串集，部分裂纹为晶界脆性相的开裂与连接[7]。这种开裂模式也决定裂纹会较深，即使短裂纹，也会沿着方向性很强的柱状晶晶界扩展很深，甚至达到熔合区附近；这也决定该类裂纹仅局限于焊缝。

虽然上述裂纹与应力腐蚀裂纹有诸多相似，比如起源于表面、多源、多分枝、出现横向裂纹等，而且，容器外壁的环境也有诱发应力腐蚀开裂的条件。但同样经受敏化温度，晶粒粗化，处于残余应力高值的熔合区及热影响区却未查出裂纹，特别是腐蚀产物中未查出易诱发应力腐蚀开裂的组元（如 $NaOH$、H_2S、Cl^- 等）[8,9]。因此，可认为应力腐蚀不是开裂的主导模式。

高温蠕变损伤不是产生上述裂纹的主导因素，否则，温度更高、受力更大的内壁区也会出现裂

3.2　裂纹成因

（1）焊接材料抗氧化性能不足是造成上述问题的重要因素。

ASME－Ⅱ－C－（2013 版）指出[11]，含 Cr13wt％～17wt％的 ENiCrFe－2 焊材在温度高于 820℃时抗氧化性与热强性都难以令人满意。研究指出[8,12,13]，FeNiCr 基合金中，只有 Cr 含量不低于 20wt％才能获得满意的抗高温氧化性能（对粗晶，甚至要求 Cr 含量达到 23％）。原因在于随着 Cr 含量的提高，表面膜由铁尖晶石结构转变为保护效果更好的铬尖晶石结构。根据设计参数，K2301 反应器壳体选用含 Cr 量达到 19.0wt％～23.0wt％的材料，而主焊材的含 Cr 量却低于 20wt％（实测为 15.21，15.42 wt％），也低于母材含 Cr 量（见表 3）。

（2）焊接过程中，镍基合金焊缝金属组分偏析，特别是粗大柱状晶或枝晶之间严重偏析，导致晶间低熔点组分及杂质含量过多，晶界脆性增加，抗氧化腐蚀能力减弱。对厚壁多层焊的最外层焊缝累积的低熔点组分及杂质浓度要比内层高，抗晶间氧化腐蚀能力更差。

表 3　焊接材料成分比较[11]

	C	Si	Mn	Ni	Co	Cr	Fe	Mo	Cu	Nb	Ti	Al	P	S
ENiCr Fe－2	0.10	0.75	1.0～3.5	62.0		13.0～17.0	12.0	0.5～2.5	0.50	0.5～3.0	1.0		0.03	0.02
ERNiCr－3	0.10	0.50	2.5～3.5	67.0		18.0～22.0	3.0		0.50	2.0～3.0	0.75		0.03	0.015

	C	Si	Mn	Ni	Co	Cr	Fe	Mo	Cu	Nb	Ti	Al	P	S
ENiCrCoMo-1	0.05~0.15	0.75	0.3~2.5		9.0~15	21~26	5.0	8.0~10.0	0.50	1.0			0.03	0.015
ERNiCrCoMo-1	0.05~0.15	1.0	1.0	余	10.0~15.0	20.0~24.0	3.0	8.0~10.0	0.50		0.60	0.8~1.5	0.03	0.015

（3）高温长期运行，导致沿晶界形成链状或网状碳化物，还可能出现 σ-相[9,14]，特别是，焊缝柱状晶晶间碳化物析出更突出，使其所在晶界严重贫铬，则进一步削弱晶界的抗氧化腐蚀能力。晶界碳化物的长大、集聚、链网化；焊缝柱状晶与枝晶间偏析，是导致沿晶界氧化腐蚀开裂的两大关键因素。

晶界偏析与碳化物集聚还使晶界进一步脆化[7]。因此，出现横向裂纹，一则说明其所受应力（工作应力＋焊接残余应力＋热应力）之大，另则也说明材质高温脆化之严重。

（4）容器处于高温运行状态（~800℃），它的外壁直接与空气接触，特别当局部外保温层较长时间处于潮湿状况（水或蒸汽加剧氧化腐蚀，也是产生应力腐蚀不可缺少的条件[8,13,15]），保温层还难免带入一些诱发腐蚀的组分。这些是导致容器产生严重开裂的外部条件。

（5）裂纹发生在拘束度较大的环缝区（纵缝焊接时，拘束度较小），并处于主应力作用的方位，这表明：应力在裂纹起始与扩展中的不可或缺的作用。工作应力，残余应力，温差应力，拘束应力，温度波动，载荷波动，介质腐蚀等的综合作用，导致裂纹产生与扩展。特别是冲击载荷和循环应力（如开停车、温度冲击、温度波动、载荷波动）对裂纹扩展的作用更大。

4 关于处理修复技术的探讨

针对 K2301 反应器存在的主要问题，拟采取以下修复措施：

（1）选用含 Cr 量大于母材的焊材，如 ERNiCr3，或 ENiCrCoMo-1、ERNiCrCoMo-1。ENiCrCoMo-1 与 ERNiCrCoMo-1 焊条和焊丝[11]，其熔敷金属含 Cr 量为 21wt%~26wt%，还含有 8.0wt%~10.0wt% 的 Mo，其抗氧化腐蚀，抗偏析，抗氧化性和还原性介质腐蚀能力均显著提高。ASME-Ⅱ-C 列举其适用的温度范围为 820~1150℃。

（2）降低焊接热输入，采用小线能量，低层温，快速冷却的焊接规范，以防止焊缝金属及热影响区晶粒过分长大，同时减少在敏化温度停留时间，以降低敏化的损害。

（3）焊后稳定化处理。通过焊后（900±10℃）热处理（局部），能使部分碳化物和金属间化合物重新溶入基体，对稳定组织、提高抗腐蚀性能、消除材质脆性、降低焊接残余应力都至关重要。

（4）加强对 K2301 反应器外部环境的控制，防止保温层在运行、检修、停用期间受到潮湿。

（5）修复过程中，注意彻底清除缺陷（有些裂纹很小，但很深，容易漏检）；防止补焊中产生新的裂纹（因接头区材质已有一定程度脆化，补焊过程中易引发新的裂纹）；防止弧坑裂纹，夹杂和密集气孔。

5 结论

（1）N₂O 减排反应器经 10 年左右运行后，陆续在壳体外壁焊缝区，特别是环缝区查出较多表面裂纹，包括纵向裂纹和横向裂纹。

（2）沿焊缝粗大柱状晶或枝晶之间晶界高温氧化腐蚀，是导致开裂与扩展的主要模式。

（3）开裂原因：

a. 选用的焊材含 Cr 量偏低；焊接热输入偏高；厚板多层焊杂质的累积效应，导致焊缝金属粗大柱状晶或枝晶之间组分严重偏析，抗晶间氧化腐蚀性能严重不足。

b. 高温长期运行，导致沿晶界，包括焊缝粗大柱状晶界，析出链状或网状碳化物，致使抗氧化腐蚀性能下降。

c. 处于高温运行的容器外壁直接与空气接触，

特别当局部外保温层较长时间处于潮湿状况，并带入强氧化性组分。为此，应加强外部环境的控制。

d. 多种应力，特别是冲击载荷与循环应力是裂纹扩展的驱动力。

（4）修复宜采用比母材含 Cr 量高的镍基焊材；较小焊接热规范（小线能量，低层温，快速冷却）；焊后稳定化热处理等措施。

参 考 文 献

[1] 张清棠，郑启超，王东. 吉化 30 万吨/年乙烯装置裂解炉辐射段炉管损伤分析 [J]. 压力容器，2005，22 (3)：36—41.

[2] 郑启文，胡庭友，叶遥. 哈氏合金 C22 酰胺加热器腐蚀损伤及对策 [J]. 压力容器，2016，33 (11)：50—59.

[3] 郑启文，徐错，蒋莱. 油页岩干馏蓄热式加热炉炉管破裂损伤分析 [C]. 压力容器先进技术 D11. 北京：化工出版社，2013.

[4] 刘晓东，孟凡忠，张洪军. 碱熔锅损伤分析及修复技术 [J]. 焊接，2001.8.

[5] 李波，潘广斌，姜日元. 重催装置内取热器换热管破裂分析 [J]. 压力容器，2003，20 (10)：53—56.

[6] 中国机械工程学会焊接学会. 焊接手册：材料的焊接 [M]. 北京：机械工业出版社，2007，804—809.

[7] Brooks C R, Choudhury A. Failure analysis of engineering materials [M]. McGraw-Hill Education，2001.

[8] 小若正伦. 金属的腐蚀破坏与防蚀技术 [M]. 北京：化学工业出版社，1988：296，304.

[9] 陆世英. 超级不锈钢和高镍合金 [M]. 北京：化学工业出版社，2012：236—243.

[10] 桂立丰，唐汝君. 机械工程材料测试手册：物理金相篇 [M]. 沈阳：辽宁科学技术出版社，1999，842.

[11] ASME Ⅱ Materials C Specifications for welding rods, electrodes, and filler metals. 2013.

[12] Myer Kutz. Handbook of Materials Selection [M]. New York：John Wiley & Sons, Inc. ，2002：329.

[13] 黄建中，左禹. 材料的耐蚀性和腐蚀数据 [M]. 北京：化学工业出版社，2003：191—193，248.

[14] 王慧，程从前，赵杰. 超临界锅炉用 HR3C 钢的 σ 相析出行为研究 [J]。金属学报，2015，51 (8).

[15] Mazur Z, Luna — Ramirez A, Juarez-IsIas J A. Failure analysis of a gas turbine blade made of Inconel 738LC alloy. Engineering Failure Analysis，2005，(12)：474—486.

作 者 简 介

郑启文，高级工程师，哈尔滨焊接研究所工作，长期从事压力容器及其他焊接结构检测、损伤分析、安全评定和焊接修复技术研究工作。

通信地址：哈尔滨市松北区创新路 2077 号，150028

电话：0451 — 86343097，13904632539，电子邮箱：zhengqw2005@163.com

C
制造焊接

铝合金管道的现场焊接

高申华

（中国石化集团南京化学工业有限公司化工机械厂　江苏　南京 210048）

摘　要　本文分析了 5A03 铝镁合金的焊接特点。在现场焊接过程中，由于风力大、气温低等环境因素对焊接施工的影响，通过采取相应的工艺措施和选择合适的焊接参数，获得了优质的焊接接头。

关键词　5A03；现场焊接；工艺措施

On site welding of aluminum alloy pipe

Gao Shenhua

（Sinopec. Nanjing Chemical Industrial Co. ，Ltd. Chemical Machinery Works. Nanjing，Jiangsu　210048）

Abstract　This paper analyzes the characteristics of 5A03 welding of aluminum magnesium alloy，as well as in the field of welding process，due to wind，low temperature effects of environmental factors on the welding，the welding parameters by adopting technical measures and the selection of the appropriate，obtained the welding quality.

Keywords　5A03；spot welding；technological measures

1　概述

某化工装置工艺管道材质为：5A03（铝镁合金）；其规格为：$\phi 600 \times 10$（mm）。因工艺路线调整，需对部分管道进行线路改造，割去部分管道后组焊上法兰（法兰材质：5A03），以用于阀门等部件的连接安装，从而实现该工艺管线的整体改造。

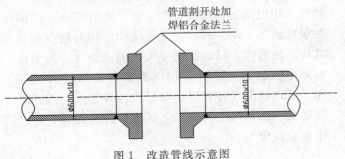

管道割开处加焊铝合金法兰

图 1　改造管线示意图

2　铝合金管道的焊接性分析

5A03 的焊接性主要有以下几点：

（1）铝在空气中及焊接时极易氧化，生成的氧化铝熔点高、非常稳定，不易去除，会阻碍母材的熔化和熔合。氧化膜的密度大，不易浮出表面，易生成夹渣、未熔合、未焊透等缺陷。

（2）容易生成气孔。铝材的表面不致密的氧化膜及焊接材料吸附的水分、焊接时弧柱气氛中的氢，易使焊缝产生气孔。

（3）铝及铝合金的线膨胀系数约为碳素钢和低合金钢的 2 倍，铝凝固时的体积收缩率较大，焊件的变形和应力较大，因此需采取预防焊件变形的措施，铝焊件熔池凝固时容易产生缩孔、缩松、热裂纹及较高的内应力。

（4）铝及铝合金由固态转变为液态时，由于没有明显的颜色变化，所以，不易判断熔池的温度，焊接时，常因温度过高不易被察觉而导致烧穿或严重塌陷。

（5）铝的热导率和比热大，导热快。铝及铝合金的热导率和比热都比钢大得多，为了获得高质量的焊接接头，必须采用热量集中、功率大的热源。

3 管道的焊接工艺

3.1 管道焊缝位置及接头形式

该管道位于12米的高空，且介于其他管道之间，给该改造管道的焊接造成障碍；按照管道改造施工图割除后，对原管道进行坡口的加工后与法兰进行组对焊接（见图1），该焊缝处于水平固定全位置，焊缝的位置及坡口形式见图2。

3.2 焊接方法的确定

焊接方法主要根据焊接结构及材料的特点；焊接位置及对现场施工的适应性；生产效率和成本等综合考虑。根据以上原则，结合管道技术改造要求、现场施工条件和焊缝数量少（只有6道焊口）的因素，确定选用手工钨极氩弧焊（GTAW）。

3.3 焊接参数的选择

为确保焊接质量，施焊前进行了焊接性分析和相关的焊接工艺评定，在工艺评定试验的基础上结合管道现场焊接的特点，确定现场焊接的工艺参数范围（见表1）。

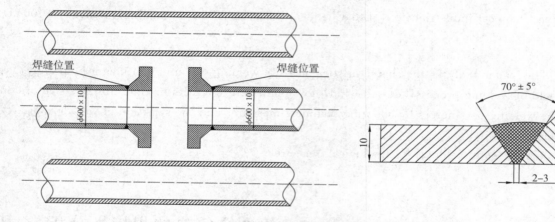

图 2　焊缝的位置及坡口形式

表 1　焊接工艺参数

焊缝层道	焊接方法	电源种类	焊材型号	焊材规格（mm）	焊接电流（A）	焊接速度（mm/s）	氩气流量（L/min）
1	GTAW	交流	ER5356	$\phi2.5$	140～180	1.5～3	12～16
2	GTAW	交流	ER5356	$\phi4$	160～220	2～4	14～18
3	GTAW	交流	ER5356	$\phi4$	160～220	2～4	14～18

4 管道的现场焊接措施及操作要点

4.1 坡口的清理

管道已使用多年，此次属于停产改造，事先对该管道进行了整体的清洗和吹扫，并采取了安全隔离措施，确保动火施工条件。在进行机械清理前，再次用丙酮对管道内外表面各100mm范围进行清洗后，用电动铣刀将坡口面及坡口两侧50mm范围的氧化膜等去除。然后，又一次用丙酮对坡口面及坡口两侧清洗，以确保焊接坡口的洁净度。所用焊丝采用不锈钢丝擦光并用丙酮进行清洗后方可使用。清理好的焊件和焊丝应尽快施焊，以免搁置时间过长（如超过24小时），导致焊件和焊丝重新产生氧化或吸湿。

4.2 钨极的要求

铝合金焊接采用交流氩弧焊电源,对钨极有特殊要求。钨极采用铈钨极,要将钨极的端部磨成圆弧状,有利于焊接电弧集中和稳定。使用纯度不低于99.99%的氩气作为焊接时的保护气,并根据焊件厚度和焊接时的具体情况确定焊接电流,通过试焊操作进行试板模拟,并观察电弧情况来判断电流是否合适。焊接电流正常,钨极端部呈熔融状的半球形(见图3a),此时焊接电弧最稳定,焊缝成形良好;焊接电流过小,钨极端部电弧单边(见图3b),此时电弧易飘动;焊接电流过大,易使钨极端部发热(见图3c),钨极熔化的部分易脱落到焊接熔池中形成夹钨等缺陷,并且电弧不稳定,焊接质量差,只有调整好焊接工艺参数,确认无表面缺陷后,才能够正式的焊接操作。

4.3 焊接区域防风措施

该管道位于12米的高空,施工周围比较空旷,风力较大,所以在焊接施工区域搭建了安全的操作平台,并对焊接施工区域用阻燃的防护布围成防风栏,确保焊接时不会因风力吹散保护气而导致气孔的产生,以致影响正常焊接。

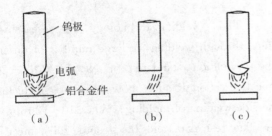

图3 判断焊接电流时相应的电弧特征

4.4 焊接前预热措施

管道的口径大且厚度(10mm)达到最低预热要求,施工时室外的环境温度只有6℃,为防止未焊透等缺陷的产生,施焊前用氧乙炔火焰进行预热,预热温度不低于100℃。

4.5 焊接操作要点

(1)重视打底焊:由于焊接操作空间小,打底焊时无法采取双人双面对称焊技术,因此打底焊时管道内部要采用氩气保护,这样以利于焊缝背面成形,避免背面焊缝氧化的问题。打底焊时,尽量采用小直径(ϕ2.5)的焊丝,因为熔滴小颗粒过渡,容易控制焊缝成形,且花纹细腻,能够较好的保证单面焊双面成形的效果,克服未焊透的现象。

(2)关注焊接过程中的焊丝:焊丝和焊嘴的运作须协调配合,母材尚未达到熔化温度时,焊丝端部应处在电弧附件的氩气保护层内预热待焊,当熔池形成并具有良好流动性时,立即从熔池边缘送进焊丝,焊丝熔化而滴入熔池形成焊缝。

(3)停焊接前,要注意填满弧坑:接近停焊时,注意填满弧坑后才能断弧,否则会引起弧坑裂纹。为此,可选用有电流衰减装置的焊接设备,当焊接电流逐渐减小时再补充少量焊丝填满弧坑。若无电流衰减装置,在接近息弧处加快焊接速度和送丝速度,将弧坑填满后,逐渐拉长电弧而实现息弧。

5 焊后质量检验

根据管道改造技术要求,对所焊的焊缝进行了外观检验和X射线探伤,焊缝全部达到合格标准,获得了满意的焊接质量。

参 考 文 献

[1]曾乐主.现代焊接技术手册[M].上海:上海科学技术出版社,1993.

[2]陈祝年.焊接工程师手册[M].北京:机械工业出版社,2009.

作 者 简 介

高申华,男,焊接高级技师。

通信地址:江苏省南京市沿江工业开发区姜桥1号,210048

手机:13813940519;传真:025－57010227;电子邮箱:gaoshenhua0519@163.com

P＋T 焊接技术在薄壁不锈钢容器上的应用

陶彦文[1,2]　朵元才[1,2]　张建晓[1,2]　吕 龙[1,2]　徐 红[1,2]

(1. 兰州兰石重型装备股份有限公司，甘肃兰州　730087；

2. 甘肃省压力容器特种材料焊接重点实验室培育基地，甘肃兰州　730087)

摘　要　本文介绍了 P＋T（PAW＋TIG）焊接技术试验研究并将其应用于薄壁不锈钢容器制造，以不同焊接参数对不同厚度试板进行焊接。按照 NB/T 47014—2011 的要求，对焊接接头进行无损检测以及物理检测等。结果显示：壁厚 3～8mm 的不锈钢板不开坡口可实现单面焊双面成形；壁厚在 10～12mm 时，开坡口（Y 型），钝边 6mm 最佳；所检测数据满足压力容器相关标准的要求。将 P＋T 焊接技术成功应用于在制汽提塔筒体纵环缝的焊接，取得了满意的效果。

关键词　P＋T；3～12mm 不锈钢；焊接试验；汽提塔

Application of P＋T Welding Technology on Thin Wall Stainless Steel Container

Tao Yanwen[1,2]　Duo Yuancai[1,2]　Zhang Jianxiao[1,2]　Lv Long[1,2]　Xu Hong[1,2]

(1. Lanzhou LS Heavy Equipment Co，. Ltd.，Lanzhong Gansu 730087，China；

2. Pressure Vessel Special Material Welding Key Lab

Cultivation Base of Gansu Province，Lanzhou 730087，China)

Abstract　This paper introduces the P ＋ T（PAW ＋ TIG）welding technology test research and application in thin-walled stainless steel container manufacturing，through welding，a large number of different welding parameters specification test plate according to the evaluation standards of NB/T 47014—2011 nondestructive testing of welded joint and the physical and chemical detection. Results show that the wall thickness 3 – 8 mm stainless steel plate doesn't open groove can realize one-side welding of molding；When 10 – 12 mm wall thickness，open groove type（Y），6 mm best blunt edge；The test data and the results fully meet the requirements of pressure vessel standards. In the product stripper cylinder longitudinal girth successful application of the P ＋ T welding technology，and satisfactory results have been achieved.

Keywords　P＋T；3 – 12mm；weld test；stripping tower

0　前言

不锈钢由于具有良好的耐高温耐腐蚀性能，广泛应用于电力、石油化工、冶金等行业。按传统的焊接工艺，在焊接薄壁不锈钢容器的纵环缝时，一般采用手工钨极氩弧焊、焊条电弧焊以及埋弧自动焊，采用以上焊接方法都需要开坡口。由于不锈钢相较于碳钢热导率小，线膨胀系数和电阻率大，在采用焊条电弧焊以及埋弧自动焊对薄壁不锈钢容器焊接时，若焊接热输入量较大，会产生焊接变形。

开坡口以及反面清根，增加了生产成本。采用手工钨极氩弧焊可以实现单面焊双面成形，且其热输入量较小，但其效率太低。为此我公司引进了先进的 P＋T 复合工艺焊接设备，该复合工艺可对薄板不锈钢容器纵环缝实现高效高质量的焊接。

1 汽提塔概况

某 14 万吨/年甲醇稳定轻烃装置节能改造项目汽提塔，主体材料为 S30408，筒体直径为 φ2200，壁厚为 8mm、10mm、12mm 三种规格。主体焊缝示意（见图 1），其上有 16 条纵缝（1A ～16A）和 15 条环缝（2B～16B）。由于不锈钢壁厚较薄，且筒体直径较大，采用传统的焊接方法，生产效率较低，还可能会产生变形。为此，我们采用了 P＋T 焊接工艺对 3～12mm 厚的不锈钢板进行试验，通过对焊接试验输出结果的分析，制定出合适的焊接工艺参数，并成功用于汽提塔主体纵环缝的焊接。

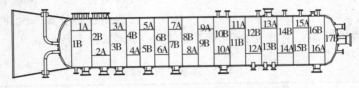

图 1　汽提塔焊缝示意图

2 试验过程

2.1 焊接设备

P＋T 焊接专机是等离子弧焊与钨极氩弧焊通过自动控制系统机械地结合在一起的一种焊接设备，其采用一套等离子弧焊电源以及等离子发生系统，该等离子发生系统是高质量、高精度的焊机系统，在实现自动化焊接时，电弧穿透性强，其稳定的电弧能持续长时间的焊接作业。借助小孔效应在正面焊接时背面不用衬垫也可以获得良好的背面成型，在大量而重复性的自动生产时也可得到持续高质量的焊接。再配置一套焊接操作机、一套视频跟踪系统和电控系统，视频跟踪系统可在焊接时同步观察焊枪与工件表面距离的变化，通过电控系统能够准确控制设备的各种动作，操作盒上安装有触摸屏，便于修改各项控制参数，使用安全可靠，故障率低。钨极氩弧焊则采用普通的焊接电源及系统。

2.2 试验材料

（1）试验母材采用材质为 S30408 的不锈钢板，符合 GB 24511—2009，厚度分别为 3mm、6mm、8mm、10mm、12mm；焊丝采用 ER308L，直径 φ1.0，符合 AWS A5.9 ER308L。母材与焊材的化学成分以及力学性能见表 1。

表 1　母材及焊材化学成分及力学性能

| 材料 | 化学成分（%） | | | | | | | | | | 室温下力学性能 | | |
	C	Si	Mn	S	P	Cr	Ni	Mo	Cu	N	R_m/MPa	$R_p0.2$/MPa	A/%
S30408	0.05	0.41	1.09	0.010	0.026	18.19	8.06	—	—	0.05	≥520	≥205	≥40
ER308L	0.015	0.53	1.87	0.009	0.018	20.1	9.71	0.01	0.01	—			

（2）焊接用保护气体及离子气应采用高纯氩气，纯度保证在 99.99% 以上，否则焊道表面易被氧化，出现发蓝、发黑现象，影响焊缝质量。

2.3 焊接工艺

试验用试板在纵缝机上进行焊接，采用琴键式压紧结构将试件固定在芯轴上，通过调整琴键压板距离，保证压紧部位与试件、芯轴贴合紧密，避免出现压痕，芯轴上安装了铜衬垫，衬垫上开有焊缝成型槽，可控制焊缝反面形状，获得均匀一致的反面焊缝。焊接时在成型槽内通入氩气进行保护，防止焊缝背面氧化。其焊枪行走机构具有记忆功能，可根据行走距离控制工件背面保护气各电磁阀的通断，实现分段供气。提枪滑座用于焊枪的升降，具有焊枪位置记忆、微量调节功能；通过跟踪系统的信号输入，实现焊枪垂直方向的自动调节，使焊枪端部到工件表面的距离保持不变，确保焊缝外观质量的一致性。

焊接时工件不动、焊枪移动，首先是由等离子弧焊一次性焊透后，再由钨极氩弧焊自动填丝完成盖面，焊接过程可以通过等离子弧焊与钨极氩弧焊同步完成，也可以分部完成，这主要取决于试件坡口加工的精度以及等离子焊枪、TIG焊枪与坡口三者之间的同轴度，焊接过程自动完成。由于影响等离子弧成型的因素很多，在焊接过程中值得注意的是在焊接前坡口表面以及距坡口表面20mm处必须清理干净无油锈，在装配过程中坡口的组对间隙保证在0.5mm以下，错边量控制在1mm以下。焊接过程中通过视频跟踪系统必须实时监控等离子弧柱与坡口的距离，尽可能调节弧柱在坡口的正中间，以达到等离子弧一次性穿透实现单面焊双面成形。焊接工艺参数见表2。

表2 焊接工艺参数

| 焊接方法 | 焊接电流 (A) | 焊接电压 (V) | 速度/ (mm/min) | | 气体（Ar）/（L/min） | | | | | |
			焊接速度	送丝速度	PAW离子气	PAW保护气	PAW拖罩保护气	TIG保护气	TIG拖罩保护气	背面保护气
PAW	190～240	23～26	160～220	自熔						
TIG	230～265	11～13	160～220	800～1500	4.0～4.5	1.0～1.5	2.0～2.5	12～15	2.0～2.5	25

2.4 坡口形式及装配要求

试板坡口在刨床上加工，试验过程中发现，当板厚在3～8mm时，采用适当的焊接参数，不需要开坡口可实现等离子弧一次性穿透的打底焊，且背面成形良好，（如图2）；当板厚在10mm若不开坡口进行等离子打底焊，试件背面出现了未穿透。当采用大规范小速度进行等离子焊时，试件可以穿透，但背面成形差，且出现焊瘤，焊缝高度不能保证在合适的范围内。且因焊接线能量大，焊接热影响区的粗晶区的宽度增加，晶粒变粗，热影响硬度超过相关技术条件的规定值。而当板厚在10～12mm时，开坡口可实现等离子打底焊一次性穿透。通过调节参数确定当坡口钝边在6mm时，试件正反面成形最佳，且焊接参数在最合适的范围内（如图3）。

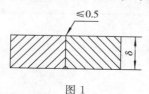

图1

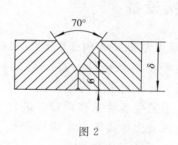

图2

3 试验结果

3.1 接头无损检测

（1）3mm、6mm、8mm的试板，不开坡口；10mm、12mm的试板，开如图2所示的坡口，焊后对焊缝表面进行外观检查，表面成形良好。按NB/T 47013.5—2015进行PT检测，表面无裂纹及气孔等缺陷。

（2）按NB/T 47013.2—2015进行100%RT检测，焊缝内部均无裂纹、气孔以及夹渣等缺陷，

Ⅰ级合格。

3.2 接头物理性能检测

（1）按照 NB/T 47014—2011，对试板焊接接头进行物理性能检测，检测结果都符合相关标准以及技术条件的要求见表3。

3.3 接头宏观及微观组织

对试板厚度为 12mm 焊接接头试样经酸腐蚀后检查所有的受检面，均未发现焊接缺陷（见图4）。焊缝及热影响区经金相检查，其微观组织均为奥氏体（见图5）。

表 3 接头物理性能数据

试板厚度 (mm)	力学性能		硬度 （Hv10）		腐蚀 GB/T 4334E 法
	室温拉伸（MPa）	弯曲	焊缝	热影响区	
3	611/634	面背弯各2件合格	198/196	199/209/210/206/206/200	
6	629/607	面背弯各2件合格	196/201	210/210/207/198/208/207	
8	628/640	面背弯各2件合格	200/203	204/200/203/208/208/209	通过
10	633/645	侧弯4件合格	204/206	207/210/209/210/210/208	
12	650/637	侧弯4件合格	209/200	208/209/209/201/209/210	

（a）接头正面成形

（b）接头背面成形

图 4 焊接接头宏观检查

（a）焊缝

（b）热影响区

图 5 焊接接头微观组织

4 应用

由焊接试验可知：严格按照制定的 P＋T 焊接工艺参数施焊，焊接接头进行无损检测合格。其强度、硬度、抗晶间腐蚀能力满足要求，将试验的焊接工艺参数用于汽提塔 16 条纵缝和 15 条环缝的施焊（见图6），对筒体所带的产品焊接试板的性能检测，其结果完全符合要求，且焊缝内外表面成形美观均匀，不需要焊后打磨清理。最重要的是每 1000mm 焊缝与 SMAW 相比节省近 10 倍的焊材，既减轻的劳动强度、提高生产效率，而且节约了焊材成本。给企业带来经济效益的同时，降低了工人的劳动强度，且提供较洁净的焊接环境。

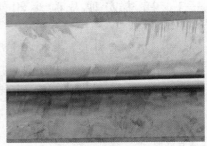 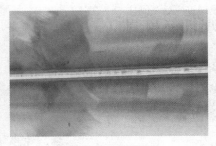

（a）筒体纵缝正面成形　　　　　　（b）筒体纵缝背面成形

（c）筒体环缝正面成形　　　　　　（d）筒体环缝背面成形

图 6　筒体纵环缝 P＋T 焊接

5　结语

采用 P＋T 焊接技术代替在以往焊接薄壁不锈钢容器时采用传统的手工钨极氩弧焊、焊条电弧焊、埋弧自动焊等取得了满意的效果，由于是新工艺新技术，前期对试板进行大量的焊接试验，其结果表明：P＋T 焊接技术能满足压力容器相关标准以及技术条件的要求。根据试验制定出：厚度为 3～8mm 不锈钢板不开坡口可实现单面焊双面成形；当板厚为 10～12mm 时，开 Y 形坡口，且钝边 6mm 最佳。将制定的焊接工艺用于汽提塔的焊接，得到了满意的结果。

参 考 文 献

［1］闫兴贵，李占勇．SUS304 不锈钢等离子弧焊接［J］．焊接接术，2012，9：20－22.

［2］吴磊，葛新生，张海波，崔军．应用等离子弧技术焊接特种材料的试验研究［J］．压力容器，2009，8：11－14.

［3］吴磊，崔军，张海波，等．等离子弧焊技术在承压设备制造中的应用［J］．压力容器，2015，4：73－79.

［4］隋力，单勇，于龙华，等．不锈钢等离子弧焊接工艺性研究［J］．金属加工（热加工），2011，10：52－53.

［5］梁晖．钛及钛合金 P＋T 焊接技术［J］．中国钛业，2016，3：38－40.

［6］詹典斌，朱金飞，张鹏．厚壁钛制容器的 P＋T 焊接工艺研究［J］．石油和化工设备，2016，07：46－48.

［7］董文宁，陈国余．高效等离子焊接技术及其应用［J］．电焊机，2007，09：8－16.

［8］孙严．等离子焊接系统在不锈钢拼板焊接中的应用［J］．中国化工装备，2016，01：20－22，29.

［9］秦建，肖昌辉，黑鹏辉，吕晓春，杜兵，王庆江．S30408 等离子焊接接头组织与性能分析［J］．焊接，2016，1：44－47，70－71.

［10］不锈钢薄壁容器的等离子焊接［J］．焊接，1976，4：25－29.

［11］吴金艳，王晓香．不锈钢薄板容器的焊接方法［J］．中国新技术新产品，2009，17：138.

［12］李小建．浅谈不锈钢薄板容器的焊接［J］．化工装备技术，2009，2：69－70.

作 者 简 介

陶彦文（1989—），男，甘肃秦安人，助理工程师，学士，主要从事压力容器产品工艺及先进焊接技术研究。

RPV 顶盖 J 型焊缝自动 TIG 焊接技术研究

吴 佳 肖 鹏 刘云飞

中国第一重型机械集团大连核电石化公司 辽宁省大连市 116113

摘 要 依托工业机器人和特制的 TIG 焊接系统，研究了 RPV 顶盖 J 型焊缝的自动 TIG 焊全套焊接技术及工艺，形成焊接专家库。对 J 型焊缝模拟件的焊缝截面进行金相观察，焊接质量优良。成功将自动 TIG 焊接技术应用于某 RPV 顶盖 J 型焊缝的焊接，产品焊缝 PT、UT 探伤一次合格，同时提高焊接效率，解决 J 型焊缝自动化焊接这一世界性技术难题。

关键词 J 型焊缝；自动 TIG；RPV 焊接

The Study on Automatic TIG Welding for J – groove Weld form RPV Closure Head

Wu Jia Xiao Peng Liu Yunfei

(Nuclear Power and Petro-chemical Business Group of China First Heavy Industries，Dalian，Liaoning province 116113)

Abstract Based on the industrial robot and the custom-made TIG welding system，a complete set of welding process of automatic TIG welding for J – groove weld from RPV closure head is studied. Metallographic evaluation of the weld cross section from the J – groove welding mockup shows the excellent welding quality. The automatic TIG welding technology is applied successfully in a RPV closure head J – groove buttering and welding which greatly improve the welding efficiency，results of Penetrant Testing and Ultrasonic Testing meet the requirements of specification respectively，and solve the difficult application of J – groove automation welding which is the world-wide technological puzzle.

Keywords J – groove weld；automatic TIG；RPV welding

J 型焊缝是核反应堆压力容器（RPV）顶盖和控制棒驱动机构（CRDM）贯穿件的密封焊焊缝（见图 1a），该焊缝属于压力边界承压焊缝，需经历镍基隔离层堆焊和密封焊两道焊接工序（见图 1b）。该焊缝坡口狭窄、空间曲面复杂、对焊接变形要求苛刻、数量众多，其焊接质量直接影响到整个 RPV 顶盖的寿命和核电厂的安全稳定运行。采用焊条电弧焊和手工钨极氩弧焊等手工焊方法进行焊接时，焊接效率低下、焊接质量不稳定、焊接工况恶劣、焊工劳动强度大。为了实现 J 型焊缝自动化焊接，依托我公司 J 型焊缝焊接机器人系统，系统地进行 J 型焊缝自动 TIG 焊接技术研究，并将该技术成功应用于 RPV 产品顶盖 J 型焊缝的焊接。本文简要叙述该技术的研究内容及成果。

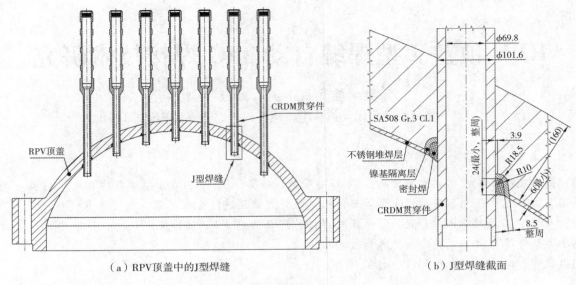

（a）RPV顶盖中的J型焊缝

φ69.8
φ101.6
SA508 Gr.3 Cl.1
不锈钢堆焊层
镍基隔离层
密封焊
CRDM贯穿件
24（最小）
3.9
R18.5
R10
（160）
6（最小）
8.5
整周
整周

（b）J型焊缝截面

图1　J型焊缝示意图

1　当前 J 型焊缝焊接技术简介

目前，世界上绝大多数 RPV 制造厂家采用手工焊进行 J 型焊缝的焊接，J 型焊缝的自动化焊接技术一直是业内难以攻克的技术难题。国内外曾有机构研制过 J 型焊缝 TIG 焊接设备：天津大学曾尝试研制 J 型焊缝焊接机器人；日本 Bab-Hitachi、加拿大 Liburdi 和日本爱知曾研制 J 型焊缝密封焊焊接专机；唐山开元研制适用于 J 型焊缝镍基隔离层堆焊的示教–再现型焊接机器人。韩国 DOOSAN 曾使用焊接专机完成了某 RPV 产品的 J 型焊缝密封焊，成为 J 型焊缝机械 TIG 焊的应用首例，但是其镍基隔离层堆焊采用的是焊条电弧焊方法，未能实现镍基隔离层的自动化堆焊。

2　自动 TIG 焊接机器人系统简介

自动 TIG 焊接机器人系统主要包括工业机器人系统、特制 TIG 焊接系统、数据采集系统和摄像监控系统等。TIG 焊接系统主要包括高性能逆变氩弧焊电源、分别用于镍基隔离层堆焊及密封焊的特制焊枪。该逆变氩弧焊电源采用模块化设计，可实现对所有焊接参数、焊枪钨极摆动、送丝位置等要素的精确控制，以保证稳定的电弧输出和 J 型焊

缝坡口中良好的焊接可达性。六自由度工业机器人装配于悬臂梁式操作机上，其第六轴独特的回转式设计使该机器人尤其适用于狭窄空间内环型焊缝的焊接，在第六轴上装载不同的焊枪可实现不同功能的焊接应用（见图2）。

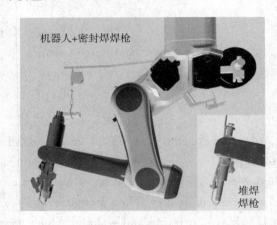

机器人+密封焊焊枪

堆焊焊枪

图2　"工业机器人＋特制焊枪"焊接机器人系统图示

3　焊接工艺研究

3.1　镍基隔离层堆焊技术研究

在焊接机器人第六轴上装配专用的镍基隔离层堆焊焊枪，验证焊接轨迹合理性后开始焊接：机器人控制焊枪从镍基隔离层堆焊坡口的 6 点位置起弧

（图3）、途经3点位置向上焊接至12点位置。熄弧后焊枪上抬并自动行走至6点位置，起弧后途经9点位置向上焊接至12点位置，左右两侧焊道的起弧和熄弧搭接位置相互交叠，保证焊道平整。当一圈焊道堆焊完毕后，焊枪向坡口中心偏移一定距离，继续下一圈的堆焊，如此反复进行焊接直至堆焊完一层。镍基隔离层需经若干层堆焊后才能将整个坡口堆焊完毕，最终表面焊道排布整齐美观（见图4）。

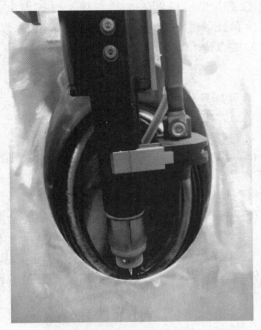

图3 镍基隔离层堆焊场景照片

图4 镍基隔离层堆焊最终焊道表面照片

经大量的J型焊缝镍基隔离层堆焊试验，总结出镍基隔离层堆焊最佳工艺参数。在此参数范围内，可获得质量优良、成形良好的隔离层焊道。为不同组别的J型焊缝编制了镍基隔离层堆焊焊接轨迹ODS数据文件，当需要进行某一组别J型焊缝的镍基隔离层堆焊时，只需在离线编程系统中录入对应的ODS数据文件，即可实现堆焊，极大地缩减了焊接准备时间。

3.2 密封焊技术研究

进行J型焊缝密封焊前，应更换特制的密封焊焊枪。该焊枪的独特设计可实现狭窄坡口内的焊接可达：该焊枪钨极可摆动，配合适当的焊接轨迹和焊接参数，可实现密封焊过程中良好的侧壁熔合；送丝支架可实现摆动与伸缩，精准地将焊丝送至坡口内部；扁的钛合金气罩可实现旋转与升降，避免与坡口干涉的同时最大程度的提供电弧气体保护。

密封焊与镍基隔离层堆焊类似，也采用两侧上坡焊的方式填充焊接（见图5），且为多层多道焊。由于坡口狭窄且坡口角度小，必须精心设计焊接轨迹的距边量，以保证两侧侧壁的熔合。焊接轨迹设定完毕后，焊接机器人自动执行焊接程序并施焊，焊工可通过外部的焊接监视器观察熔池，焊接过程中无须人工干预。正确的焊接轨迹配合合理的焊接工艺，避免了手工焊易出现的夹渣、未熔合等焊接缺陷，获得了良好的焊接成形（见图6）和焊缝质量。

图5 J型焊缝密封焊场景照片

图 6   J 型焊缝密封焊最终焊道表面照片

基于 J 型焊缝自动 TIG 焊接机器人系统，已开发出各系列 RPV 顶盖 J 型焊缝的焊接轨迹控制程序，制定出全套 J 型焊缝自动 TIG 焊接工艺规程，形成焊接专家库系统，可实现各类 RPV 产品 J 型焊缝的自动化焊接。

3.3   机器人焊接技术难点

机器人焊接的焊接难点主要是焊接轨迹的规划。对于 J 型焊缝而言，坡口窄而深，并且为复杂空间曲面，必须精心设计焊道排布，控制钨极尖的行走轨迹，从而获得良好的层道间熔合、良好的焊接成形和焊缝质量。ODS 数据文件中编辑了生成每一道焊接轨迹的几何参数，一条焊缝大约填充百余道，所有焊道轨迹几何参数的正确性均是通过模拟件的焊接试验来验证，不同组别的 J 型焊缝的 ODS 数据已经通过焊接试验全部验证，成为焊接专家库的组成之一。当产品焊接时，可直接调用 ODS 数据并生成机器人焊接程序。焊接专家库全部是由我公司建立并完善，成为 J 型焊缝自动 TIG 焊接的核心技术。

4   J 型焊缝模拟件检验

在 J 型焊缝自动 TIG 焊接机器人系统投入 RPV 产品 J 型焊缝的焊接前，使用前述的焊接工艺焊接制作了 J 型焊缝模拟件，并对该模拟件的焊缝部位进行残余应力分析，对焊缝截面进行金相评估。J 型焊缝模拟件的母材、坡口形式及尺寸与产品 RPV 顶盖最大角度 J 型焊缝完全相同，CRDM 贯穿件与 J 型焊缝试板的装配采用全长度过盈配合方式（见图 7）。

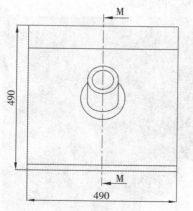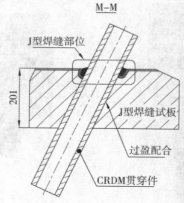

图 7   J 型焊缝模拟件制造示意图及焊接后照片

采用盲孔法和切条应变释放法按照图 8a 所示的测点位置对 J 型焊缝模拟件的焊缝进行残余应力测量，测量结果表明：焊缝外表面侧拉应力数值普遍较大，少数测点残余应力数值接近镍基 690 合金的屈服强度，不同坡侧的应力差别无明显规律；焊缝内表面侧各测点拉应力普遍较低，很多测点呈现压应力状态，这对防止应力腐蚀开裂较为有利；所有测点的拉应力数值均未超过镍基 690 合金的抗拉强度。

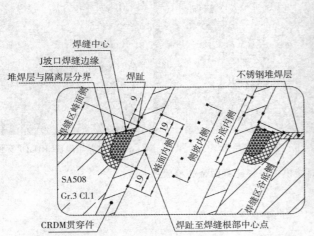

(a) 残余应力测量测点位置示意图   (b) 盲孔法测量侧坡侧残余应力

图 8   J 型焊缝模拟件焊缝残余应力测量示意图

从 J 型焊缝模拟件的谷底侧部位截取焊缝截面进行宏观和金相检验（分别见图 9 和图 10），镍基隔离层和密封焊焊道排布规则，三交区熔合良好，未发现焊接缺陷。镍基隔离层和密封焊区域组织均为奥氏体＋少量碳化物。焊缝截面宏观和金相检验说明：采用前述自动 TIG 焊接工艺可以获得质量优良的焊缝组织。

(a) 镍基隔离层和焊缝低倍照片   (b) 镍基隔离层和焊缝低倍照片

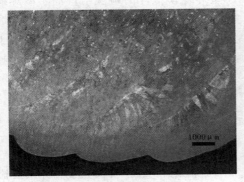 

(c) 镍基隔离层低倍照片   (d) 三交区低倍照片

图 9   J 型焊缝模拟件焊缝截面宏观检验照片

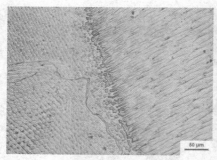
（a）密封焊焊缝组织

（b）镍基隔离层组织

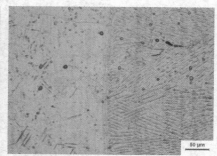
（c）密封焊与镍基CRDM贯穿件熔合线组织

图10 J型焊缝模拟件焊缝截面金相检验照片

5 产品顶盖的焊接

根据焊接机器人的空间可覆盖范围，将产品顶盖放置于专用的支承辅具上，操作焊接机器人就位后，对J型焊缝坡口进行空间精确定位并编制焊接轨迹控制程序，在离线编程系统中模拟运行后，就可以操作机器人进行RPV顶盖J型焊缝的镍基隔离层堆焊（见图11）和密封焊（见图12）。

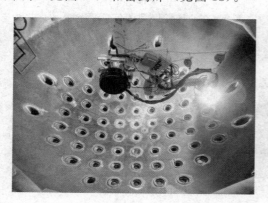

图11 某RPV产品顶盖J型焊缝镍基隔离层堆焊场景照片

图12 某RPV产品顶盖J型焊缝密封焊场景照片

目前，J型焊缝自动TIG焊接机器人系统已成功投产，完成多个系列堆型RPV数台产品顶盖J型焊缝的焊接，焊缝的渗透探伤（PT）和超声波探伤（UT）一次性合格，体现了该自动TIG焊接技术优良且稳定焊接能力，避免手工焊导致的焊接缺陷，节省返修工期及成本，缩减了产品的生产周期。该工艺的应用实现了RPV产品顶盖J型焊缝自动化焊接的技术变革。

6 结语

通过对J型焊缝自动TIG焊接技术进行系统深入的研究，建立了各系列堆型RPV产品顶盖J型焊缝镍基隔离层堆焊和密封焊的焊接专家库系统；J型焊缝模拟件的检验与产品J型焊缝的无损检测表明：自动TIG焊接方法可以获得质量优良的焊缝金属；自动TIG焊接技术已成功应用于产品J型焊缝的焊接，解决了J型焊缝自动化焊接这个世界性难题。

作者简介

吴佳，男，工程师。

通信地址：辽宁省大连市甘井子区棉花岛路1-1号，116113

电话：0411-39587105；电子邮箱：wu. jia@cfhi.com

薄壁不锈钢换热管管头的焊接

汪 伟 陈 禹

（航天晨光股份有限公司，江苏南京 211100）

摘 要 本文通过分析薄壁换热管的焊接性和实施难点，对比加丝和自熔两种方式的可操作性，在试验完成后得出优化的焊接操作规范和工艺参数，并证实自熔方式更适合薄壁换热管管头的焊接。

关键词 薄壁；换热管；焊接

The Welding of Thin-walled Stainless Steel Tube to Tube Sheet

Wang Wei   Chen Yu

（Aerosun Corporation Chemical Machinery Division，Nanjing 211200）

Abstract Through the analysis of weldability and difficult points of thin-walled tube，compared with the maneuverability of wire-welding and the fusion welding，it was demonstrated that the fusion welding was better for the welding of thin-walled tube，and the welding procedure was optimized after the test.

Keywords thin-walled；tube；welding

换热器一直作为公司产品结构中的重要组成部分，其附加值高，特别是不锈钢换热器和有色金属换热器。而考验换热器制造能力的关键，是换热管与管板的焊接质量和能否稳定运行。对于常见规格的换热管管头的焊接，有关厂家多已掌握；但对于薄壁换热管管头，如壁厚小于 1.5mm，甚至是小于等于 1mm 的换热管的焊接有难度，相关产品业绩报道也较少。因此，掌握薄壁换热管管头的焊接是十分必要的。

板自动焊机机头通常依靠插入管孔内部的中心轴定位，这使得管孔收缩严重后机头不易拉出；同时，管孔收缩明显会使换热管胀接操作难度增加。此外，薄壁换热管的焊接工艺难以控制，热输入小时管板不易熔化、熔深浅，易形成未焊透；热输入较大时，坡口底部管头易被烧穿，且容易产生咬边。所以，对于薄壁换热管管头焊接工艺参数的可操作范围更小。

1 薄壁换热管管头的焊接难点分析

薄壁换热管与管板的焊接，与常规换热管（δ≥2mm）相比，管头在焊接时收缩明显，而管子管

2 试件材质及焊接设备

焊接试验用管板采用 SA266 2（20 钢）＋堆焊 316L，规格 δ 为 80＋8mm，管孔布置为正三角形排列；换热管材质为 SA789（S31803），规格为 φ25.4×0.9 mm。其中，换热管材质属于双相

不锈钢,因其相组成的特点,具有高磁性、高热传导性和低的线胀系数,对凝固裂纹的敏感性较低,具有良好的焊接性。此次管头焊接试验采用 WZM1 - 315C - Ⅱ 管板全位置自动脉冲钨极氩弧焊机,数控电源柜配置唐山松下逆变电源,控制方式为 IGBT 逆变控制,保证了良好而稳定的焊接输出。

3 焊接方法与参数优化

为寻求薄壁换热管管头适合的焊接工艺,分别采用加丝焊接和自熔焊接两种方式进行对比试验;其中,加丝焊接的管孔坡口(见图1),坡口深度为 2～3mm;自熔焊接的管孔坡口较浅,为 1～1.5mm,(见图2)。分别对两种管孔坡口进行试验,摸索薄壁管头的焊接特点。

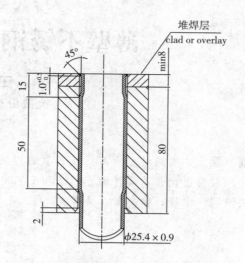

图 2 自熔焊接的管孔坡口示意图

3.1 管头加丝焊接试验

为寻求薄壁换热管管头与常规管头焊接的差异及焊接特性,首先尝试采用常规管头的焊接工艺进行试验,管孔坡口角度 45°,坡口深度 2～3mm,换热管外伸长度为 2.5±0.5mm;考虑换热管壁厚较薄,不宜长时间电弧加热,以减少管口变形,焊接时钨极指向管板坡口表面,并拟定分二道进行间断焊接,第一道焊接完成后间隔时间,焊接工艺参数见表1。按参数一施焊,发现焊接速度偏慢,换热管头焊接加热时间长,管口变形大、甚至被烧穿;而送丝速度较快,则易造成短路,产生"粘丝"现象(见图3)。适当调整参数(按表1中的参数二),管头焊接成形有所改善,但由于管壁较薄、加之管孔尺寸偏差的影响,施焊操作不易控制,仍会出现管口变形较大和少量烧穿情形(见图4)。考虑到换热器产品管头数目多、焊接工作量大,加丝焊接对于薄壁管头的操作较为困难。

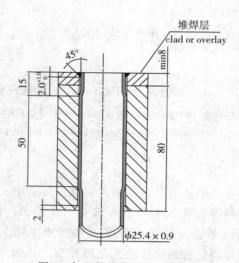

图 1 加丝焊接管孔坡口示意图

表 1 加丝焊接工艺参数

内容	基值宽度	峰值宽度	基值电流	峰值电流	焊接时间	送丝速度	脉冲方式	重叠角
参数一	150ms	150ms	70A	100A	40s	900mm/min	单脉冲	10°
参数二	150ms	150ms	75A	95A	35s	800mm/min	单脉冲	10°

图 3　参数一条件下加丝焊接情形　　　　　　图 4　参数二条件下加丝焊接情形

3.2　管头自熔焊接试验

上述加丝焊接试验表明：对于薄壁管头焊接，可控焊接输出的范围较窄，易造成管口变形和烧穿，而管头的变形使得焊接机头中心定位堵头卡住，难以实现灵活操作。故而，对于薄壁换热管管头的焊接，应在保证坡口根部熔透的情况下，尽可能的降低焊接线能量。通过改变管孔坡口尺寸（坡

口深度设计为 1.0～1.5mm；角度为 45°；管头伸出长度控制在 1.5±0.5mm），按表 2 中的参数三，采取自熔焊接一道完成的方式，管头焊缝成形较好，接头呈平焊缝形式（见图 5 第一排管头焊接形貌），较之加丝焊明显改善，仅出现少量局部的咬边；降低焊接热输出后，按表 2 中参数四施焊，整体成形良好，接头外观平整（见图 5 第二至五排管头）。此外，因自熔焊接的接头呈平焊缝，施焊操作便利，且避免管口变形。

表 2　自熔焊接工艺参数

内容	基值宽度	峰值宽度	基值电流	峰值电流	焊接时间	送丝速度	脉冲方式	重叠角
参数三	140ms	140ms	60A	120A	30s	—	单脉冲	10°
参数四	140ms	140ms	55A	110A	28s	—	单脉冲	10°

图 5　自熔焊接方式的管头形貌

对自熔焊接的管头进行随机剖切试验，并对切开的接头截面采用酸液腐蚀，在 100 倍放大下观察，管头焊接根部熔合良好、无裂纹，焊缝熔敷达到管板和管壁面完全熔合。由于管板孔坡口较浅，管头是自熔焊，焊脚尺寸有限，所以该接头形式更适合密封焊。

4　实现薄壁管头焊接对换热器制造的效益

在管壳式换热器中，换热管的导热速率越高换热器的换热效果越好。换热管的导热速率可用如下

简化公式：

$$q = \frac{\lambda}{\delta} F(t_1 - t_2)$$

式中 q——换热管导热速率；

λ——换热管材质导热系数；

δ——换热管壁厚；

F——换热管导热面积；

t_1——换热管高温侧温度；

t_2——换热管低温侧温度。

由上式可以分析，导热速率 q 与壁厚 δ 成反比关系，换热管的壁厚减薄，可以较大地提高换热管的导热速率，从而有效地实现了节能降耗。此外，由于换热管壁厚减小，管束的重量相对减少，降低了换热器的造价，尤其是对于不锈钢、钛材或有色金属换热器，更为显著。可见，薄壁换热管管头焊接质量提高，有利于薄壁换热管的应用。

5　小结

经过对不锈钢薄壁换热管管头的焊接进行工艺攻关，得出如下结论：

（1）换热管管壁较薄时，施焊不宜高的热输入量，焊接时间不可太长，以免管口烧穿、熔塌；

（2）对于薄壁换热管与管板的焊接，管孔坡口不可太深，应与管壁尺寸相配合，并且应控制换热管伸出长度，以利于焊接操作；

（3）薄壁换热管管头施焊时，钨极应指向管孔坡口，避免直接对换热管加热，以减小换热管管头收缩变形；

（4）采用自熔方式焊接薄壁换热管管头，接头焊脚尺寸较小，更适合于密封焊，应配合换热管胀接工序，以满足管束的长久稳定运行；

（5）薄壁换热管作为管壳式换热器发展的趋势，其管头的焊接对制造技术有着重要意义。

参 考 文 献

[1] [美] 利波尔德（Lippold J C），[美] 科特基（Kotecki D J）. 不锈钢焊接冶金学及焊接性 [M]. 陈剑虹，译. 北京：机械工业出版社，2008.

[2] 钱鼎兴. 薄壁不锈钢换热管换热器设计技术要点及效益 [J]. 福建轻纺，2008，42（10）.

作 者 简 介

汪伟（1986—），男，工程师，主要从事压力容器焊接制造技术工作。

通信地址：南京溧水区永阳镇航天晨光工业园化机分公司，211200

电话：18066062701；邮箱：18066062701@163.com

制造焊接

国产 2.25Cr1Mo0.25V 钢焊接热影响区粗晶区的再热裂纹敏感性评价方法研究

黄 宇　徐 驰　陈 进　刘长军　陈建钧　张 莉

（华东理工大学机械与动力工程学院，上海　200237）

摘 要　2.25Cr1Mo0.25V 钢由于 V，Ti 等强碳化物形成元素的添加，其对焊接接头的再热裂纹敏感性增加，且多发于热影响区粗晶区（coarse grain heat-affected zone，CGHAZ），但目前缺乏有效的评价 CGHAZ 再热裂纹敏感性的标准。本文采用缺口 C 形环试验，对国产舞阳钢厂的 2.25Cr1Mo0.25V 钢 CGHAZ 的再热裂纹敏感性的进行研究，提出了试验的指导过程，确定了缺口 C 形环试样的取样位置，缺口的方向以及缺口的取样位置等。最终的试验验证了用缺口 C 形环试验评价 CGHAZ 再热裂纹敏感性的方法是可行的，为后续该试验评价准则的提出奠定基础。

关键词　2.25Cr1Mo0.25V 钢；再热裂纹；热影响区粗晶区；缺口 C 形环试验；

Evaluation Method Study on
the Susceptibility of Reheat Cracking
In CGHAZ of Chinese 2.25Cr1Mo0.25V Steel

Yu Huang　Chi Xu　Jing Chen　Changjun Liu　Jianjun Chen　Li Zhang

（School of Mechanical and Power Engineering,

East China University of Science and Technology, Shanghai　200237）

Abstract　Because of the addition of Vanadium and Titanium and other strong carbide forming elements, they increase the reheat cracking susceptibility of welded joints of 2.25Cr1Mo0.25V steel, and the reheat crackings are mainly in the coarse grain heat-affected zone. But there is not an effective method to evaluate the susceptibility of reheat cracking in heat affected zone. In this paper, the reheat cracking susceptibility of the CGHAZ in Chinese Wu Yang's 2.25Cr1Mo0.25V steel was studied by the notched C - Ring test. The instruction process of notched C - ring test was proposed, including the sampling location and notch location of C - ring. Finally, the final test results verify that using the method of notched C - Ring test to evaluate the sensitivity of CGHAZ reheat cracking is feasible, and it also finishes thepreparation work of the proposition oftest evaluation.

Keywords　2.25Cr1Mo0.25V steel; reheat cracking; coarse grained heat affected zones; notched C - Ring test

基金项目：国家重点基础研究发展计划（973 计划）（2015CB057602）

1 引言

2.25Cr1Mo0.25V 钢是制作加氢反应器的材料，其高温力学、抗氢腐蚀和抗堆焊层剥离等性能都要优于传统的 Cr - Mo 钢，但其含有大量 Cr、Mo、V 等碳化物形成元素，钢的焊接接头对再热裂纹的敏感性增加。再热裂纹是指焊接接头在焊后无损检测时没有发现裂纹，但在热处理过程中或者在高温环境下服役一段时间后又出现了裂纹，其主要是出现在焊缝和热影响区中，尤其是热影响区粗晶区（CGHAZ），裂纹通常较小，呈典型的沿晶开裂特征，大体沿着熔合区扩展，不一定连续，至细晶区停止[1]，常规的无损检测技术很难发现这种细微的缺陷[2]。这已经成为加氢反应器成型制造过程中的重要问题之一[3-4]。

关于再热裂纹敏感性的评价方法主要分为成分分析法和机械类方法[5]。成分分析法试图定量的确立再热裂纹与成分元素含量之间关系。但大多都属于经验公式，使用的范围有局限性。常用的机械类方法主要有小铁研试验和插销再热裂纹试验等[6-8]。小铁研试验由于自拘束可造成一定的拘束应力，实际焊道的近缝区存在敏感组织，可评价再热裂纹倾向。插销再热裂纹试验根据在不同温度下施加初始应力直到试样断裂所需时间可以作出 SR 温度—断裂时间的 C 曲线。但是这两种方法都没有确切的评价标准，试验结果对于实际生产没有准确的指导作用[9-11]。

2.25Cr1Mo0.25V 钢的再热裂纹通常出现在焊缝和热影响区，若要准确地评定焊缝再热裂纹的敏感性，可以采用焊缝缺口 C 形环再热裂纹试验，并且该试验已经有了具体评判标准。但对于再热裂纹的多发区域 CGHAZ，尚没有建立相应完善的试验过程指导以及评价准则。为了达到能准确地评定 2.25Cr1Mo0.25V 钢 CGHAZ 再热裂纹的敏感性的目的，设想如果能够参照焊缝缺口 C 形环再热裂纹试验，研究和确定 CGHAZ 的缺口 C 形环试验的取样位置，试验指导过程及评价准则，加上其试验本身的操作简单，加工方便，对试验设备要求低的特点，能够在各工厂的实际生产制造中被快速推广和使用，对防止再热裂纹产生以及研究其产生机理具有一定意义。

2 试验材料及方法

2.1 试验材料及焊接方法

试验采用母材为国产舞阳钢厂的 2.25Cr1Mo0.25V 钢，长宽高为 1000mm×250mm×88mm。焊材选用日本神钢的焊材。焊丝：US-512H；焊剂：PF - 500；焊条：CM - A106HD。焊机选用哈尔滨焊接研究所研制的 HDS - 350W 型单丝数字窄间隙埋弧焊机。焊接方法采用窄间隙埋弧焊，U 形坡口，取埋弧焊热输入效率为 0.9，焊接电压为 32V，焊接电流为 660V，焊接速度为 20m/h，热输入为 34.2kJ/mm。试板焊接前预热到 190℃，保证层间温度在 220～230℃，碳弧气刨清根（宽度 18～20mm），手工焊打底。焊后进行 350℃×4h 的消氢处理，并采用超声检测检查是否有焊接缺陷。

2.2 试验方法

2.2.1 缺口 C 形环试样的结构形式加工

C 形环的具体尺寸为外径 25.4mm，内径 19mm，长度 19mm。加工方法是首先在试板上开坡口，用焊条焊一道，再从焊接试板的上层切取长宽高为 30mm×30mm×19mm 的方块，方块带焊缝、热影响区、母材。利用线切割技术，将方形试块加工成圆环状，缺口开在热影响区处，且为标准的夏比 V 形缺口，深度为 0.90mm，通过切割得到带缺口的 C 形环。接着在 C 形环上开两个直径为 6mm 的螺栓孔，两螺栓孔的轴线要与 C 形环缺口根部垂直，用母材加工出 M6×1 的螺栓和螺母，螺栓长 50mm，两端攻 15mm 螺纹。缺口 C 形环尺寸如图 1 所示。

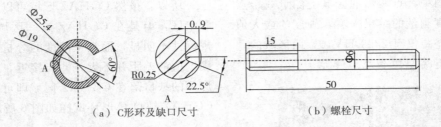

（a）C形环及缺口尺寸 （b）螺栓尺寸

图1 缺口C形环尺寸（单位：mm）

2.2.2 缺口C形环试样的取样方法

（1）取样位置确定

在多层多道焊中，考虑到外层焊道会对内层焊道有热处理的作用，会使内层焊道对再热裂纹的敏感性降低，为了使C形环对再热裂纹的敏感度提高，容易开裂，所以只取外层的焊道加工C形环。

（2）缺口方向和位置确定方法

对于C形环缺口方向的选择，有缺口垂直于焊缝方向和缺口沿着焊缝方向两种方案，如图2所示。图2（a）的方案中，缺口是垂直于焊缝方向的，虽然能保证缺口与CGHAZ相交，将缺口开在CGHAZ上，但是缺口的大部分都落在了母材和细晶区。图2（b）的方案中，缺口是沿着焊缝方向的，虽然CGHAZ很窄，但是用10%的过硫酸铵溶液对焊道进行腐蚀后，焊缝和热影响区能很清晰的区分开，线切割设备也能准确地把握CGHAZ的位置，从而能保证缺口大部分落在CGHAZ所以本试验采用图2（b）的缺口沿着焊缝方向的方案加工缺口。

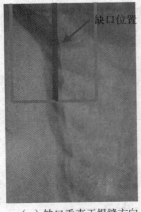 

（a）缺口垂直于焊缝方向 （b）缺口沿着焊缝方向

图2 缺口的方向选择

对于C形环缺口位置的确定，考虑到在多层多道焊中，由于后层焊道的影响，前层焊道的HAZ会发生相变再结晶，组织细化，性能得到提升，对再热裂纹的敏感性低，所以沿着熔合线方向的CGHAZ中是粗晶区和细晶区交替分布的，从整个焊缝来看，即CGHAZ表现为明暗交替分布，如图3所示。图中最外层左上角的焊道是最后一道焊，不受其他的焊道对其造成影响，应为粗晶区，表现为暗区域，而其附近受到后层焊道影响的区域，由于热处理影响，应为细晶区，表现为亮区域。

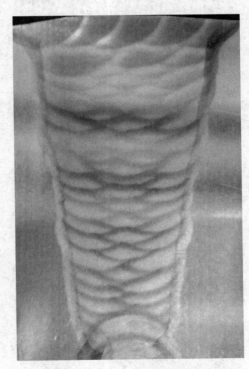

图3 焊缝整体形貌

为了使C形环的缺口落在性能较差的区域，分析了亮区和暗区的性能，对CGHAZ区域进行了显微硬度的测量。首先沿着图中两条红线的方向分别测量了12个点和8个点，如图4所示。测量结果显示，两条线上最大值与最小值的差仅分别为29.2 HV10和22 HV10，而且数值波动不大，因此两条线上的硬度变化并不具有明显规律。其次单独分别测量CGHAZ中的亮区和暗区的显微硬度，如图 5 所示，在图中红点表示的区域上测量 3 个点取平均值，从硬度测量的结果来看，硬度的最大值与最小值之间的差距仅有 23.9 HV10，两区域的硬度虽然在波动，但幅度并不大。

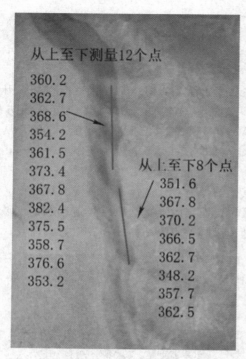

从上至下测量12个点

360.2
362.7
368.6
354.2
361.5
373.4
367.8
382.4
375.5
358.7
376.6
353.2

从上至下8个点

351.6
367.8
370.2
366.5
362.7
348.2
357.7
362.5

图 4　CGHAZ 硬度测量

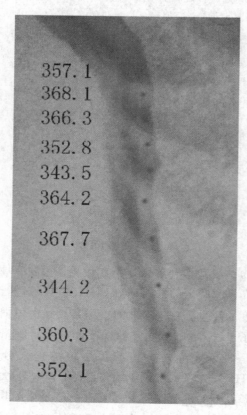

357.1
368.1
366.3
352.8
343.5
364.2
367.7
344.2
360.3
352.1

图 5　CGHAZ 中亮区和暗区的硬度的测量

所以，虽然 CGHAZ 区域可以明显地分为亮区和暗区，但是在 CGHAZ 这一区域中，组织复杂，规律性不明显，而且从硬度的分析来看，这一区域硬度值的差距并不大，性能接近，所以只要保证 C 形环的缺口落在 CGHAZ 区域即可。最终，得到的 CGHAZ 缺口 C 形环试样如图 6 所示。

图 6　CGHAZ 缺口 C 形环试样

2.2.3　C 形环再热裂纹敏感性试验方法

（1）名义试验应力的确定

给缺口 C 形环加载的应力大小是通过 C 形环外径的变化来反映的。为了使游标卡尺能准确测量 C 形环外径的变化量，根据标准 ASTM – G38《C 环形应力腐蚀试验样品的制作和使用规程》，选用试验应力大小分别为 750 MPa、690MPa、640 MPa、590MPa 和 540 MPa，可得应力与缺口 C 形环外径的变化如表 1 所示。

表 1　应力与位移偏量之间关系

应力大小（MPa）	外径变化量（inch）	外径变化量（mm）
750	0.030	0.75
690	0.028	0.70
640	0.026	0.65
590	0.024	0.60
540	0.022	0.55

（2）热处理工艺的确定

在通过紧固螺栓的方法给 C 形环施加应力后，

C
制造焊接

为了重现焊后热处理过程中应力释放过程，需要对加载的C形环进行热处理，因此，需要制定合理的热处理工艺，包括热处理的温度，保温时间及升温速率。通过研究发现，为了使缺口C形环易于开裂，使其对再热裂纹最敏感，选择热处理的温度为675℃。由于升温速率对再热裂纹敏感性的影响不大，结合试验管式加热炉的实际情况，选择升温速率为7.5℃/min。保温时间过短C形环不易开裂，而时间过长会使试验时间太长，成本增加，本试验选用保温时间2h和8h进行对比试验，从而选出合适的保温时间。所用的热处理设备为OTF-1200X单温区开启式真空管式炉。

再热裂纹通常产生于热处理后，为了能更好分析C形环缺口根部裂纹情况，防止氧化层的裂纹与缺口根部裂纹混淆，试验均在氮气的保护环境下进行。热处理结束过后，采用体式显微镜观察C形环缺口根部裂纹。

3 结果与讨论

3.1 试验结果

试验结果如表2所示。首先将热输入条件为34.2kJ/cm的C形环加载至540MPa，在保温时间分别为2h和8h的条件下进行热处理，试样均未开裂。然后再将C形环加载至590MPa后，进行热处理，试样在保温2h和8h的条件下，有的开裂，有的不开裂。接着，把C形环加载到690MPa，经过同样的热处理，试样在保温时间为2h和8h均发生开裂。最后将C形环加载至750MPa时，在两种保温条件下，试样还未经热处理就直接开裂。

表2 缺口C形环热处理试验结果

热输入	保温时间	加载应力（MPa）				
		750	690	640	590	540
34.2 kJ/cm	2h	未热处理开裂	开裂	—	开裂/不裂	不裂
34.2 kJ/cm	8h	未热处理开裂	开裂	—	开裂/不裂	不裂

3.2 试验结果分析

由试验可见：保温时间为2h和8h的试验结果一致。可以得出在675℃时，在保温2h内，施加于C形环缺口的应力已经完全松弛，再延长保温时间会使组织均匀，性能优化，对再热裂纹敏感性降低，所以2h内没开裂的C形环，保温8h也不会开裂。从经济的角度以及为了使试验更加简单，热处理的保温时间应选择2h。

热输入为34.2kJ/cm的缺口C形环试样，加载至590MPa时，缺口根部可能开裂也可能不开裂；而加载至540MPa的时候，缺口根部均不开裂；加载至750MPa和690MPa下时，缺口根部均开裂。至于在不同的加载应力下，C形环是否开裂与CGHAZ再热裂纹的敏感性之间是否有联系，还需要进一步研究。另外，C形环在750MPa加载条件下，观察到其裂纹是直接开裂的，且呈现为一条连续的直线，如图7所示，说明此时的应力已经超过C形环缺口根部的屈服极限，从而导致直接开

裂，发生脆断现象。而C形环在690MPa加载应力条件下，开裂的裂纹则宏观表现为连续的弯曲线条，比较符合沿晶开裂特征，所以此裂纹是否为再热裂纹需要进一步分析。

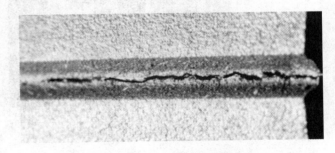

图7 C形环缺口根部的脆性断裂

为了证明再热裂纹的存在，首先将加载应力条件为690MPa下的开裂C形环沿着环向用线切割切开，如图8（a）所示。接着将开裂C形环的根部裂纹在体式显微镜下观察，发现其宏观表现为连续的弯曲线条，如图8（b）所示。然后将断面用砂纸打磨，抛光后，用3%～5%的硝酸酒精溶液腐蚀，在金相显微镜下观察裂纹的形貌，如图8（c）

所示。观察发现，裂纹的扩展是沿着晶界的，很典型的沿晶开裂特征，表明此裂纹可能为再热裂纹。

(a) 抛光腐蚀后的断面　　　(b) 根部裂纹宏观开裂　　　(c) 根部裂纹形貌

图 8　690MPa 下 C 形环缺口根部裂纹分析

再分别把加载应力为 690MPa 和 750MPa 下开裂的 C 形环在液氮中浸泡 1min，取出，沿着裂纹方向将其脆断，迅速用酒精清洗干净后，吹干，防止断口氧化生锈，如图 9 所示。再分别用扫描电镜对 C 形环缺口根部裂断面进行分析，结果如图 10 所示。图 10（a）为 690MPa 下的 C 形环缺口根部开裂区域的 SEM 形貌，表现为沿晶断裂，符合再热开裂特征。图 10（b）为 750MPa 下的 C 形环直接脆断的区域，从 SEM 形貌上看是河流状，为准解理断裂，属于穿晶断裂。到此可以确定，在加载应力为 690MPa 下开裂的 C 形环的缺口根部裂纹就是再热裂纹。

图 9　用液氮脆断的 C 形环

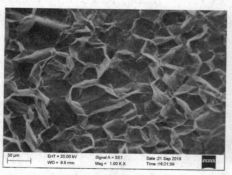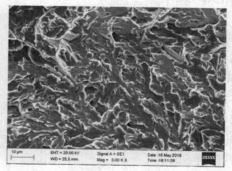

(a) 690MPa 下的断面分析　　　　　(b) 750MPa 下的断面分析

图 10　C 形环断面的扫描电镜分析

3.3　讨论

690MPa 下开裂 C 形环的根部裂纹为再热裂纹验证了用缺口 C 形环试验评价 CGHAZ 再热裂纹敏感性的方法是可行的。

另外，韩一纯[12]等人通过 Gleeble 高温恒速慢拉伸试验发现，热输入与 CGHAZ 对再热裂纹的敏感性之间存在着直接相关，如图 11 所示，热输入越大，RoA 越低，CGHAZ 对再热裂纹越敏感。看出当 RoA 为 10％时，对应的区分轻微敏感和高度敏感的界限所对应的热输入为 30kJ/cm 左右，我们设想如果用热输入为 30kJ/cm 的 CGHAZ 加工成缺口 C 形环进行试验，找出使其在热处理下恰好开

制造焊接

裂的应力，那么该应力就确定是缺口 C 形环区分轻微、敏感与高度敏感的临界应力。按照同样的思路，如果我们在试验中能采用相应的热输入参数制成焊接接头，并进行缺口 C 形环试验，同样也可以大致分别确定出用缺口 C 形环区分 CGHAZ 再热裂纹不敏感与轻微敏感和高度敏感与非常敏感的临界应力大小。确定了相应的临界应力，参照焊缝缺口 C 形环再热裂纹试验，那么我们对于 CGHAZ 的再热裂纹敏感性评价标准方面也就能建立相应完善的试验过程指导以及评价准则。这是我们下一步需要进行的试验方向。

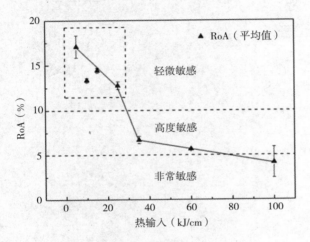

图 11　热输入与 RoA 之间的关系

采用缺口 C 形环试验评价 2.25Cr1Mo0.25V 钢 CGHAZ 再热裂纹敏感性，虽然是参考 Gleeble 高温恒速慢拉伸试验制定的评价方法，试验结果已充分说明该方法评价 2.25Cr1Mo0.25V 钢 CGHAZ 再热裂纹敏感性的可行性，但是，由于厚板的 2.25Cr1Mo0.25V 钢材料不易获得，厚板焊接条件苛刻，成本高等因素，加上用缺口 C 形环试验评价 CGHAZ 再热裂纹敏感性的方法目前国内外研究很少，所以该评价方法中的取样位置、试样的制备、试验指导过程等的最终确定还需要各实验室以及在实际中进行大量的重复性试验，积累更多的数据，对其进行不断的修改和完善。

4　结论

本文采用缺口 C 形环试验，对国产舞阳钢厂的 2.25Cr1Mo0.25V 钢 CGHAZ 的再热裂纹敏感性的进行了研究，并提出了缺口 C 形环试验的指导过程，包括采用线切割的方法制作 C 形环试样，确定了缺口 C 形环试样的取样位置应取在外层的焊道，缺口的方向应沿着焊缝方向以及缺口的取样位置落在 CGHAZ 区域即可等。接着，C 形环再经过温度为 675℃，升温速率为 7.5℃/min 和保温时间为 2h 和 8h 的热处理。最终，在金相显微镜和扫描电镜共同观察下研究发现，在 690MPa 加载应力下开裂的 C 形环的根部裂纹为再热裂纹，从而验证了用缺口 C 形环试验评价 CGHAZ 再热裂纹敏感性的方法是正确可行的。

参 考 文 献

［1］李亚江，王娟．焊接性试验与分析方法［M］．北京：化学工业出版社，2014．

［2］ Antalffy L. Reheat cracking in heavy wall 2.25Cr1Mo0.25V reactor welds and the development of ultrasonic techniques for thier discovery［C］//proceeding of 12th international conference on pressure vessel technology. Jeju, Korea, 2009：52—64.

［3］ Tamaki K, Suzuki J, Li M L. Influence of vanadium carbide on reheat cracking of CroMo steels：study of reheat cracking of Cr－Mo steels［J］. Transactions of the Japan Welding Society, 1993, 24 (2)：87—93.

［4］程树梅．热壁加氢反应器制造技术简介［J］．石化技术，1994，14 (3)：155—158.

［5］ Bertoni A, Chovet C. Rivista Italiana della Saldatura. 2012, 64：595—602.

［6］牛锐锋，曹怡姗，朱一乔，等．国产 T23 钢再热裂纹敏感性试验研究［J］兵器材料科学与工程，2014，37 (5)：36—39.

［7］ Shinya T, Tomita Y. Effect of vanadium addition on disbanding of 2.25Cr－1Mo steel overlay welded with austenite stainless steel. Z. Metalled, 1997, 88：587—589.

［8］ Shinya T, Tomita Y. Simulated weld HAZ of vanadium modified 2.25Cr－1Mo steel. Z. Metalled, 1997, 88：800—803.

［9］杜则欲．插销式再热裂纹试验装置的研究［D］．天津：天津大学，2003．

［10］ Granjon H. The implants method for studying the weld ability of high strength steels［J］. Metal Construction and Brit. Weld. 1969, 5 (11)：509—515.

［11］ Granjon H, Debiez S, Gaillard R. Study of the weld ability of steels by the implants method-present results and new trends［J］. Sound Techno Convexes, 1970, 24 (3)：103—124.

［12］韩一纯．2.25Cr1Mo0.25V 钢再热裂纹生成机理

研究［D］．合肥：中国科学技术大学，2015.

作 者 简 介

第一作者：黄宇（1993－），男，硕士在读。
通信地址：上海市徐汇区梅陇路 130 号华东理工大学，200237。
电话：13127987127，021－64253810；电子邮箱：y30160539@mail.ecust.edu.cn

通讯作者：张莉，教授，博导，主要研究方向为先进高效过程装备、微尺度过程强化技术等。Email：lzhang@ecust.edu.cn

应变强化 S30408 焊接接头力学性能研究

丁会明　江城伟　陆群杰

（浙江大学化工机械研究所，杭州　310027）

摘　要　焊接接头性能对应变强化深冷容器的安全性有重要影响，本文以 S30408 焊接接头为研究对象，通过应变强化前后焊接接头的拉伸试验和冲击试验，分析了钨极氩弧焊（GTAW）、CO_2 气体保护焊（GMAW）、等离子焊＋钨极氩弧焊（PAW＋GTAW）和埋弧焊（SAW）四种焊接方法对焊接接头应变强化后力学性能的影响。试验结果表明：相比 GMAW 和 SAW，GTAW 和 PAW＋GTAW 焊接接头的塑性和冲击韧性更佳；当焊接接头在应变强化前的断后伸长率不低于 34%，侧膨胀值不低于 0.58 mm 时，应变强化后的断后伸长率不低于 25%，侧膨胀值不低于 0.53 mm；在焊接中低厚度板材时，可优先采用PAW＋GTAW，并尽可能降低焊缝处的铁素体含量。

关键词　S30408；焊接工艺；应变强化；力学性能

中图分类号　TG407　文献标识码：A

Study on Cold Stretching Properties of the S30408 Welded Joints

Ding Huiming　Jiang Chengwei　Lu Qunjie

（Institute of Process Equipment，Zhejiang University，Hangzhou 310027，China）

Abstract　Reasonable weldedjoints is the premise to obtain good safetyofthecold stretchingpressurevessels. S30408 welded joints are chosen as the study object to explore the changes of mechanical properties after cold stretching by tensile tests and impact tests. In addition，Argon tungsten-arc welding（GTAW），CO_2 gas shielded arc welding（GMAW），plasma arc welding（PAW）＋ GTAW and submerged arc welding（SAW）are selected to analyze the adaptablity of the cold stretching technology. The results show that，compared with GMAW and SAW，the GTAW and PAW＋GTAW welded joints own better mechanical properties and larger adaptability of the cold stretching technology. According to the tests data，a phenomenon is found that when the elongation is not lower than 33.5% and the lateral expansion not less than 0.58mm，the requirements that elongation should be not lower than 25% and the lateral expansion not less than 0.53mm after cold stretching can be satisfied. PAW＋GTAW should be the first choice for the welding of plates with medium and small thickness. In addition，the ferrite content in the weldment should be controlled.

Keywords　S30408；welding process；cold stretching technology；mechanical properties

0 引言

压力容器轻量化技术能够节能省材、降耗减排，符合安全与经济并重、安全与资源节约并重的发展理念，已成为深冷压力容器的主导发展方向[1]。应变强化技术作为一种有效的轻量化技术，已在欧盟、美国、澳大利亚、中国等国家和地区中被广泛应用于奥氏体不锈钢应变强化深冷容器的制造[2-5]。奥氏体不锈钢 S30408 因具有高的耐蚀性、韧塑性以及良好的加工和焊接性能，成为应变强化深冷容器内容器的主要制造材料。

根据 GB/T 18442.7《固定式真空绝热深冷压力容器第 7 部分内容器应变强化技术规定》（报批稿），在生产应变强化深冷容器产品前，企业需要对其现有焊接工艺的应变强化技术适应性进行工艺评定，以保证应变强化深冷容器的安全性。焊接方法不同，适用于焊接的板材厚度不同。即使焊接同样厚度的板材，因各自焊接方式的差异，焊接接头的力学性能也存在明显差异[6-7]。在应变强化焊接工艺评定中，由于预拉伸过程对焊接接头塑性有一定消耗，如何合理选择焊接方法、控制焊接接头质量，保证应变强化后焊接接头的力学性能满足标准要求，成为困扰深冷容器生产企业的难题。

在应变强化焊接工艺评定中发现，应变强化后焊接接头的断后伸长率和侧膨胀值较难满足标准要求。因此，本文结合五家业内有代表性压力容器生产企业的焊接工艺评定试验，从断后伸长率和侧膨胀值两个方面，对 S30408 焊接接头在应变强化前后的力学性能变化规律进行分析研究，并对钨极氩弧焊（GTAW）、CO_2 气体保护焊（GMAW）、等离子焊＋钨极氩弧焊（PAW＋GTAW）和埋弧焊（SAW）四种焊接接头在应变强化前后力学性能进行对比分析，为深冷容器的应变强化焊接工艺评定提供一定的借鉴与参考。

1 试验研究

1.1 材料

焊接工艺评定试验用材料均为经固溶热处理的奥氏体不锈钢 S30408 板材。各企业选用材料的化学成分见表 1，满足 GB 24511—2009[8]对化学成分的要求。

表 1 各企业所用 S30408 板材的化学成分（质量分数/%）

企业	厚度	C	Si	Mn	P	S	Cr	Ni	N
GB 24511		≤0.08	≤0.75	≤2.00	≤0.035	≤0.020	18.00～20.00	8.00～10.50	≤0.10
A	6	0.041	0.42	1.08	0.004	0.03	8.11	18.42	0.049
	8	0.05	0.56	1.13	0.004	0.029	8.09	18.18	0.04
	10	0.05	0.45	1.11	0.032	0.001	8.05	18.23	0.04
	12	0.05	0.37	1.03	0.029	0.004	8.08	18.45	0.0487
B	6	0.033	0.40	1.110	0.030	0.002	8.08	18.24	0.058
	8	0.05	0.45	1.11	0.034	0.002	8.07	18.37	0.05
	12	0.04	0.48	1.11	0.025	0.001	8.02	18.12	0.05
C	5	0.047	0.51	1.20	0.030	0.002	8.09	18.21	—
	6	0.045	0.38	1.10	0.031	0.002	8.07	18.25	—
	8	0.049	0.44	1.20	0.029	0.001	8.10	18.19	—
	12	0.056	0.50	1.17	0.030	0.003	8.08	18.22	—
	16	0.042	0.38	1.31	0.029	0.002	8.05	18.11	—

C 制造焊接

企业	厚度	C	Si	Mn	P	S	Cr	Ni	N
D	6	0.05	0.45	1.1	0.031	0.001	8.1	18.26	0.0244
	8	0.04	0.4	1.09	0.029	0.001	8.0	18.05	0.0314
	12	0.04	0.43	1.14	0.029	0.001	8.01	18.12	0.032
	16	0.04	0.42	1.08	0.028	0.005	8.07	18.99	0.0469
E	6	0.043	0.66	1.07	0.024	0.0009	8.19	18.25	0.066
	8	0.063	0.53	1.35	0.026	0.001	8.12	18.62	0.059
	12	0.055	0.53	1.10	0.029	0.009	8.06	18.29	0.051
	16	0.064	0.55	1.08	0.028	0.002	8.14	18.53	0.058

1.2　焊接工艺

在焊接工艺评定试验中，各企业根据自身生产经验，针对不同厚度的板材，分别选择了不同的焊接方法，具体焊接工艺方法选用情况见表 2，焊接工艺评定中所选用的焊接材料均满足 NB/T 47018.4—2011[9] 的相关要求。

1.3　预拉伸方式

GB/T 18442.7（报批稿）中规定，预拉伸方式可以采用应力控制法或应变控制法。

应力控制法要求将试样加载至 410MPa 强化应力后，保持应力恒定直至试样应变达到稳定；而应变控制法要求将试样加载至 9% 总应变后卸载。较应力控制法，从塑性消耗角度而言，应变控制法对焊接接头塑性消耗更大，较应力控制法更为严格，有利于保证应变强化深冷容器的安全性，且节省时间，易于操作[10]，本文均采用应变控制方法对焊接试板样坯进行 9% 预拉伸处理，预拉伸标距为 200～300 mm，以试件中心为基准向两侧进行标距划线。

1.4　试样尺寸

在焊接工艺评定中，拉伸试样均采用全厚度矩形比例试样，试样尺寸符合 GB/T 228.1[11] 的要求。冲击试样根据焊接试板的厚度，分别选择不同尺寸的冲击试样，试样尺寸符合 GB/T 229[12] 的要求。

表 2　焊接方法选用

企业	厚度/mm	GTAW	GMAW	PAW+GTAW	SAW
A	6	√	√	√	
	8	√	√	√	
	10			√	
	12		√		√
B	6			√	
	8			√	
	12			√	
C	5	√			
	6			√	
	8	√		√	
	12	√		√	
	16				√
D	6			√	√
	8	√			√
	12	√			√
	16	√			√
E	6				√
	8			√	
	12			√	
	16				√

2 结果与分析

2.1 断后伸长率

断后伸长率是表征材料塑性的常用指标[13]。考虑到应变强化过程对焊接接头塑性的消耗，同时为保证应变强化后焊接接头仍具有良好的塑性变形能力，GB/T 18442.7（报批稿）规定焊接接头在应变强化后的断后伸长率不得低于 25%。焊接接头在应变强化前后的断后伸长率分布如图 1 所示。从图 1 可见，由于应变强化消耗了焊接接头的部分塑性，使焊接接头应变强化后的断后伸长率均低于应变强化前，焊接接头应变强化后断后伸长率基本为应变强化前的 0.73 倍。

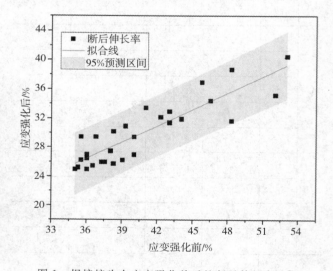

图 1 焊接接头在应变强化前后的断后伸长率分布

从图 1 可见，焊接接头在应变强化前后的断后伸长率分布基本呈现线性分布规律，焊接接头的拟合公式如式 1 所示，数据点均落在 95% 预测区间内。式中，A_1 为应变强化前的断后伸长率，A_2 为应变强化后的断后伸长率。为了使应变强化后的断后伸长率不低于 25%，根据式 1，应变强化前的断后伸长率值则不低于 34%。由图 1 可知，本文中所有焊接接头在应变强化前的断后伸长率均超过 34%。

$$A_2 = -0.006 + 0.753A_1 \tag{1}$$

2.2 侧膨胀值

为保证应变强化深冷容器在深冷环境下仍保持良好的冲击韧性，GB/T 18442.7（报批稿）对应变强化后焊接接头在 -196℃ 下的冲击韧性提出了一定要求，其中侧膨胀值不得低于 0.53mm。应变强化前后焊缝处的侧膨胀值分布如图 2 所示，侧膨胀值为三个相同冲击试样数据的平均值。由于应变强化过程消耗了焊接接头的部分韧性，应变强化后的侧膨胀值较应变强化前有所降低，应变强化后的侧膨胀值平均为应变强化前的 0.90 倍。

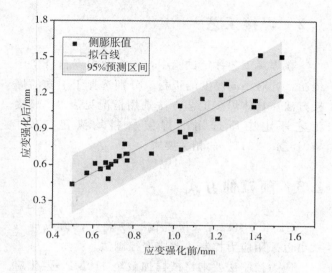

图 2 焊接接头在应变强化前后的侧膨胀值分布

从图 2 可知，焊缝在应变强化前后的侧膨胀值也基本呈现线性分布，拟合公式如式 2 所示，数据点都落在 95% 预测区间内。式中，LE_1 为应变强化前的侧膨胀值，LE_2 为应变强化后的侧膨胀值。为保证焊接接头在应变强化后冲击韧性，应变强化前的焊接接头应有足够的韧性储备。为保证应变强化后焊接接头的侧膨胀值不低于 0.53mm 的要求，根据式 2，应变强化前的侧膨胀值则不低于 0.58 mm。

$$LE_2 = -0.001 + 0.919LE_1 \tag{2}$$

2.3 焊缝组织

焊接接头部位存在明显的组织不均匀性，是影响焊接接头断后伸长率的重要因素。为分析焊接接头应变强化前后的力学性能变化规律，对焊接接头横截面处铁素体含量进行测量。图 3 为一个 PAW

＋GTAW 焊接接头横截面上的铁素体含量分布图。可以看出，铁素体含量呈现放射状分布，在焊缝中部有最高值，其含量为 FN9.8。除了铁素体含量的差异外，其微观组织形态也存在不同。在热影响区处，一般为与熔合线相垂直的长条状铁素体（图4a），焊缝处则为板条状铁素体（图4b）。铁素体使焊接接头对变形过程中的缺陷更加敏感，形成裂纹源[14]，使焊接接头的发生塑性变形的能力降低。另一方面，铁素体相含量与微观组织分布的不均匀性会致使局部力学性能存在差异性[15]，对焊接接头的变形产生塑性拘束，致使焊缝与热影响区之间产生应力突变，削弱了焊接接头继续发生塑性变形的能力。同时，较高的铁素体含量不利于焊接接头的冲击韧性[16]。因此，经9%预拉伸后，焊接接头不容易满足 GB/T 18442.7（报批稿）中焊接接头应变强化后的断后伸长率不低于 25%，侧膨胀值不低于 0.53mm 的要求。

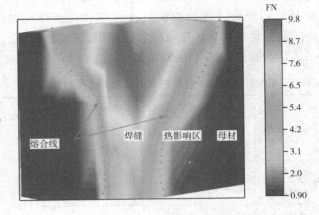

图3　焊接接头处铁素体含量分布

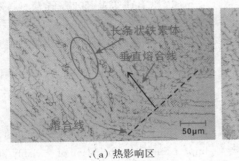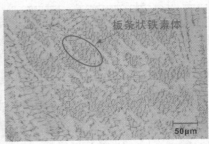

| (a) 热影响区 | (b) 焊缝 |

图4　焊接接头处铁素体微观形态

2.4　焊接方法比较

由表2焊接方法选用可知，不同焊接方法所适用板材的厚度范围不同，其中 GTAW 适用于 5～12mm，GMAW 适用于 6～12mm，PAW＋GTAW 适用于 6～12mm，SAW 适用于 12～16mm。GTAW、GMAW 和 PAW＋GTAW 三种焊接方法适用于中小厚度板材的焊接，而 SAW 适用于中厚板材的焊接。不同焊接方法的焊接接头在应变强化前后的断后伸长率与侧膨胀值如表3所示。

就断后伸长率而言，PAW＋GTAW 焊接接头的断后伸长率最好，应变强化后平均值为 34.1%，远超 GB/T 18442.7（报批稿）中不低于 25% 的指标要求；GTAW、GMAW 和 SAW 焊接接头的断后伸长率相差不多，平均值在 27% 左右。就侧膨胀值而言，GTAW 和 PAW＋GTAW 焊接接头在应变强化后的平均值超过 1mm，而 GMAW 和 SAW 焊接接头的平均值在 0.65mm 左右，GTAW 和 PAW＋GTAW 焊接接头的冲击韧性明显优于 GMAW 和 SAW 焊接接头。PAW＋GTAW 既有 PAW 热量集中，电弧稳定性好，焊接质量高的优点，又保持了 GTAW 焊缝成形美观的特点，焊缝处铁素体含量低，使焊接接头具有优良的力学性能[14]。由于 GTAW 生产效率低，容易出现夹坞，而 GMAW 熔深大，热影响区范围大，在焊接中低厚度板材时，可优先选用 PAW＋GTAW。鉴于 SAW 生产效率高，焊缝成形好，是目前焊接大厚度板材的主要焊接方法。但是，由于焊渣层的包裹，焊缝冷却速度慢，焊缝处铁素体含量较高，致使焊缝处的冲击性能下降。

通过对不同焊接方法下焊接接头处铁素体含量检测发现，SAW 焊接接头部位的铁素体含量最高，可达 FN16。铁素体含量越高，焊接接头处的韧塑性就越差[17]，这是 SAW 焊接接头性能较差的重要原因。为了保证焊接接头有良好的韧塑性，在焊接过程中，应控制焊接接头处的铁素体含量。为改善焊接接头的力学性能，一方面可尝试降低焊接线能量，采用多层多道焊，改变坡口尺寸；另一方面可通过改变焊丝成分来改变焊缝处的镍当量和铬当量[18]，以降低焊缝处的铁素体含量，提高焊接接头的韧塑性。此外，还可以尝试使用新的组合焊接工艺，如新型激光TIG双面焊[19]等。

表3 不同焊接方法下焊接接头的断后伸长率和侧膨胀值

焊接方法	断后伸长率 /%		侧膨胀值 /mm	
	应变强化前	应变强化后	应变强化前	应变强化后
GTAW	39.2	27.6	1.36	1.15
GMAW	37.7	27.2	0.87	0.66
PAW+GTAW	45.6	34.1	1.17	1.04
SAW	36.53	27.8	0.86	0.66

3 结论

本文以S30408焊接接头作为研究对象，分析了应变强化前后焊接接头力学性能的变化规律，得出以下结论：

（1）由于应变强化消耗了焊接接头的部分韧塑性，应变强化后焊接接头的断后伸长率和侧膨胀值有明显降低。根据试验数据统计发现，当焊接接头应变强化前的断后伸长率值不低于34%，侧膨胀值不低于0.58mm时，能保证应变强化后断后伸长率不低于25%，侧膨胀值不低于0.53mm。

（2）相比GMAW和SAW焊接接头，GTAW和PAW+GTAW焊接接头的塑性和冲击韧性更佳。

（3）在焊接中低厚度板材时，可优先选用PAW+GTAW，并尽量降低焊缝处的铁素体含量。

参 考 文 献

[1] 郑津洋，缪存坚，寿比南. 轻型化：压力容器的发展方向 [J]. 压力容器，2009，26（9）：42—48.

[2] EN 13458—2：2002，Cryogenic Vessels—Static Vacuum Insulated Vessels—Part 2：Design，Fabrication，Inspection and Testing [S].

[3] ASME Boiler & Pressure Vessel Code，Ⅷ Division 1：2013，Rules for Construction of Pressure Vessels [S].

[4] AS 1210：2010，Pressure Vessels [S]. 2010.

[5] 缪存坚. 深冷疲劳试验装置和应变强化奥氏体不锈钢疲劳特性研究 [D]. 杭州：浙江大学，2012.

[6] 王亚婷. 奥氏体不锈钢焊缝韧性与组织规律性研究 [D]. 南京：南京理工大学，2012.

[7] 王步美，陈挺，徐涛，等. 焊接工艺对奥氏体不锈钢焊接接头应变强化性能的影响 [J]. 机械工程材料，2013，37（2）：29.

[8] GB 24511—2009，承压设备用不锈钢钢板及钢带 [S].

[9] NB/T 47018—2011，承压设备用焊接材料订货技术条件 [S].

[10] 李青青，缪存坚，晓风清，等. 奥氏体不锈钢压力容器应变强化若干问题探讨 [J]. 中国特种设备安全，2015（11）：15—19.

[11] GB/T 228.1—2010，金属材料拉伸试验第1部分：室温拉伸试验方法 [S].

[12] GB/T 229—2007，金属材料夏比摆锤冲击试验方法 [S].

[13] 束德林. 工程材料力学性能 [M]. 北京：机械工业出版社，2015.

[14] 王锡岭，左松，许祥平. 不锈钢PAW+GTAW组合焊接头微观组织与性能研究 [J]. 焊接技术，2016（5）：123—125.

[15] Kumar S，Shahi A S. Studies on metallurgical and impact toughness behavior of variably sensitized weld metal and heat affected zone of AISI 304L welds [J]. Materials & Design，2016，89：399—412.

[16] KAMIYA O，KUMAGAI K，KIKUCHI Y. Effects of δ Ferrite Morphology on Low Temperature Fracture Toughness of SUS304L Steel Weld Metal [J]. Transactions of the Japan Welding Society，1990，21（2）：129—134.

[17] Ibrahim O H，Ibrahim I S，Khalifa T A F. Impact behavior of different stainless steel weldments at low temperatures [J]. Engineering Failure Analysis，2010，17（5）：1069—1076.

[18] Lippold J C，Kotecki D J，陈剑虹. 不锈钢焊接冶金学及焊接性 [M]. 北京：机械工业出版社，2008.

[19] 李荣兵. 新型激光-TIG双面复合焊微观组织和显微硬度实验研究 [J]. 制造业自动化，2014，36（6）：102—104.

作 者 简 介

丁会明（1990—），男，博士研究生，主要从事新能源储运装备研究。通信地址：浙江省杭州市浙大路38号浙江大学玉泉校区第四教学楼101室，310027；E-mail：ddhhmm558@163.com。

C 制造焊接

杂质元素对 R407C 焊条韧性影响的研究

王庆江[1]　徐锴[1]　陈佩寅[1]　张建晓[2]　王志刚[2]

（1. 哈尔滨焊接研究所；

2. 兰州兰石重型装备股份有限公司）

摘　要　2.25Cr1Mo 钢是石油、化工、煤化工等领域常用材料，本文对其配套国产 R407C 焊条的焊芯和药皮粉料进行优化设计，重点研究了微量磷含量对焊条熔敷金属冲击韧性的影响。经过大量试验后固化焊条药皮渣系，通过控制焊芯中磷的含量，得到不同磷含量的熔敷金属。试验结果表明：熔敷金属中磷含量对低温冲击韧性有重要影响，在 $-30℃\sim-60℃$ 范围，随着磷含量增加，熔敷金属的冲击功显著降低，在 $0℃$ 以上及 $-80℃$ 以下，磷对冲击功的影响降低；随着磷含量的增加，脆性转变温度在逐渐增加，熔敷金属 $-30℃$ 冲击断口形貌从"韧窝＋准解理型断裂"向"解理＋准解理型断裂"转变。

关键词　杂质元素；冲击韧性；焊条

Study on the Effect of Impurity Elements on the Toughness of R407C Electrode

Wang Qingjiang　Xu Kai　Chen Peiyin　Zhang Jianxiao　Wang Zhigang

(Harbin Research Iastitute of welding，Harbin 150028

Lanzhou LS Healy Eqyipment Co. Ltd，Lanzhoy)

Abstract　2.25Cr1Mo steel is widely used in petroleum，chemical industry and coal chemical industry. In this paper，the electrode of R407C used for 2.25Cr1Mo steel is optimum designed by controlling welding core and coat. Various experiments such as curing covering slag system，controlling the phosphorus content in the core wire have been proposed for selecting deposited metal of different phosphorus content. Microstructure analysis showed that phosphorus content in the deposited metal has major influence on the low temperature impact toughness，in the temperature range of $-30℃\sim-60℃$，the impact energy of deposited metals significantly reduced with the P content increased，above $0℃$ and below $-80℃$，the effect of P content on the impact energy is reduced. As the P content increased，the brittle transition temperature gradually increased，and the morphology of impact fracture of deposited metals at $-30℃$ changed from dimples ＋ quasi-cleavage fracture to cleavage＋quasi-cleavage fracture.

Keywords　impurity element；impact toughness；electrode

前　言

　　2.25Cr1Mo 是制造石油、化工、煤化工关键设备主要材料，例如重整反应器、加氢精制、加氢裂化及换热器等，这类设备通常高压高温、临氢条件下工作。目前国内 2.25Cr1Mo 钢板早已实现国产化并替代进口，但其焊接材料仍然主要依赖进口，究其原因，国产焊接材料低温韧性及其稳定性较差，抗回火脆性差等不能满足使用要求。因此研制高韧性、高抗回火脆性的 2.25Cr1Mo 钢焊接材料成为重要研究课题[1-3]。

　　本文重点研究杂质元素对 R407C 焊条的焊缝

金属低温韧性影响，根据耐热钢的特点和熔敷金属的试验要求，在设计焊条配方时，选择高纯度焊芯和药皮粉料。

1 试验材料及方法

1.1 试验材料

采用自主研发的 R407C 焊条作为研究对象，焊条为碱性低氢型渣系为 $CaO - CaF_2 - SiO_2$ 型，规格为 $\Phi 4.0mm$，该焊条符合 AWS A5.5 E9016 - B3 和 GB/T 5118—2012 E6216 - 2C1M。焊接熔敷金属试板时采用 Q235 钢板，厚度 20mm，试板组对前用试验焊条 R407C 在坡口面和垫板面预堆焊隔离层，隔离层厚度为 4mm，坡口形式和尺寸见图 1，试板焊前应留有反变形，试验工艺参数见表 1。

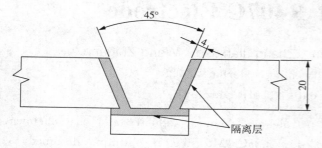

图 1 坡口形式图

表 1 焊接规范

焊接电流 I/A	电弧电压 U/V	焊接速度 mm/min	预热 $T/℃$	道间温度 $T/℃$	热输入 kJ/cm	极性
160～180	22～26	150	150～250	150～250	18.68	直流反接

1.2 试验方法

通过控制焊芯和药皮的杂志元素含量，得到五组含 P 量在不同水平的熔敷金属，分别采用这五组焊条焊接试板，并对熔敷金属试样进行如下处理：

（1）消氢处理，焊后在 $250～350℃$ 范围内保温 1h。

（2）焊后热处理，焊后在热处理炉内进行 $690℃×8h$ 热处理。

（3）选择 $20℃$、$0℃$、$-18℃$、$-30℃$、$-40℃$、$-60℃$、$-80℃$、$-100℃$ 的 8 种温度挡进行冲击试验。

熔敷金属夏比冲击试样加工和试验过程按照 GB/T 229—2007《金属材料夏比冲击试验方法》，试件长度与焊缝长度方向垂直，尺寸为 10mm×10mm×55mm，采用夏比 V 型缺口，缺口开在焊缝中心线且垂直焊缝表面，试验在示波冲击试验机上进行。采用金相显微镜对熔敷金属的组织进行观察，另外采用扫描电镜观察冲击断口的形貌。

2 试验结果

2.1 熔敷金属化学成分及性能

五组 R407C 焊条熔敷金属化学成分见表 2，为保证实验结果可靠性对其中 C、S、P、As、Sn、Sb 为精确分析，从表 2 可以看出五组熔敷金属化学成分主要区别为化学元素 P，熔敷金属的力学性能见表 3～表 4。

表 2 熔敷金属化学成分（%）

元素	C	Si	Mn	S	P	Cr	Ni
1#	0.055	0.18	0.68	0.004	0.0038	2.11	0.13
2#	0.056	0.20	0.66	0.003	0.0043	2.08	0.15
3#	0.053	0.21	0.67	0.004	0.007	2.08	0.14
4#	0.056	0.23	0.71	0.003	0.010	2.16	0.12
5#	0.056	0.20	0.68	0.012	0.015	2.16	0.12
元素	Mo	Cu	As	Sn	Sb	O	N
1#	0.96	0.02	0.003	0.001	0.001	0.036	0.013
2#	1.02	0.02	0.007	0.003	0.001	0.036	0.011

（续表）

3#	0.96	0.03	0.006	0.003	0.001	0.030	0.010
4#	0.97	0.03	0.004	0.001	0.001	0.028	0.010
5#	0.98	0.02	0.010	0.002	0.001	0.036	0.011

表3 不同磷含量熔敷金属拉伸性能

编 号	抗拉强度 R_m/（MPa）	屈服强度 $R_{p0.2}$/（MPa）	断后伸长率 A/（%）	断面收缩率 Z/（%）
1#	580	480	23	73
2#	570	430	24	74
3#	590	440	23	73
4#	575	450	23	74
5#	610	515	24	71

表4 不同磷量熔敷金属系列冲击吸收功

编号	冲击吸收功平均值 KV_2/J							
	20℃	0℃	−18℃	−30℃	−40℃	−60℃	−80℃	−100℃
1#	168	157	156	146	114	66	12	10
2#	172	153	140	121	101	32	16	6
3#	164	148	131	136	88	32	20	9
4#	172	168	138	100	38	24	15	6
5#	166	143	138	75	29	18	11	6

2.2 杂质元素对冲击韧性的影响

材料冲击试验过程包括启裂功（裂纹萌生功）和裂纹扩展功。示波冲击试验能够较好的描述冲击断裂过程中各阶段的能量分布，精确地反映不同材料的断裂特征及韧脆程度[4]。示波冲击下总的冲击吸收功可分为弹性变形功、塑性变形功、裂纹稳态扩展功和裂纹失稳扩展功，通常将弹塑性变形功之和称为裂纹启裂功，裂纹稳态和失稳扩展功之和称为裂纹扩展功。裂纹启裂功反映了裂纹形成的难易和快慢，裂纹扩展功则反映了具有裂纹的试样在冲击力作用下裂纹扩展的快慢，表征了阻止裂纹扩展的能力。若裂纹启裂功所占比例大，则表明断裂前塑性变形小，裂纹一旦形成就立即扩展断裂，断口必然是呈放射状甚至结晶状的脆性断口，反之，若裂纹扩展功所占比例很大，则断口是以呈纤维状为主的韧性断口。冲击吸收功的大小并不能直接反映出韧性高低，韧性大小主要取决于裂纹的扩展功，尤其是裂纹稳定扩展功。

图3为不同磷含量与熔敷金属冲击功曲线图。从3图中可以看出在0~20℃范围，不同磷含量熔敷金属的冲击功变化不大，说明在此温度范围内，磷对熔敷金属的冲击韧性影响不大。从−18℃开始到−60℃范围，不同磷含量的熔敷金属，冲击功变化较大，基本趋势，随着磷含量的增加，熔敷金属的冲击功在显著降低。尤其在−30℃时，磷含量为0.0038%的冲击功为146J，当磷含量增加到0.015%时冲击功降低为75J。在−40℃时P含量为0.0038%的熔敷金属冲击功为114，当磷含量增加到0.015%时，冲击功将为29J。可见磷对R407C焊条熔敷金属的低温冲击韧性有重要影响。

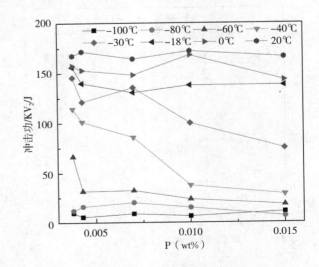

图3 磷含量与熔敷金属冲击功关系

为了进一步研究磷对冲击功的影响，分别将每组在不同温度下启裂功及扩展功的平均值统计出，并绘制启裂功、扩展功与磷的关系图（如图4、5所示）。从图4可以看出在20℃～－18℃范围内，随着磷含量的增加，熔敷金属的启裂功变化不大，在－80℃～－100℃范围内，磷对启裂功的影响也不大，在－30℃～－60℃时磷对启裂功有一定的影响，总体趋势随着磷含量的增加，启裂功在降低。

从图4可以看出，在20℃－0℃范围内，磷对熔敷金属的扩展功影响不大，在0℃时，有下降趋势，但是不明显。在－18℃～－60℃范围内，随着磷含量的增加，熔敷金属的扩展功在降低，在－30℃和40℃时降低最为明显，可见磷对其扩展功的影响比较大，磷的存在使裂纹扩展过程更加容易，因此，扩展功显著降低。在－80℃～－100℃范围内磷对扩展功的影响不大，此时该类材料组织对低温的敏感性显著，磷对其影响不大。

2.3 显微组织与冲击断口形貌分析

五组熔敷金属显微组织见图6，R407C焊条熔敷金属经过690℃×8h热处理后，热处理后均为回火粒状贝氏体组织，宏观下可看到明显的柱状晶和重热区的等轴晶。原奥氏体晶界明显，贝氏体铁素体呈不规则形状，分布均匀，碳化物呈弥散分布在基体组织中，另外可见黑色球形夹杂物分布在基体中，组织均匀化效果比较好，五组熔敷金属显微组织上没有明显区别。

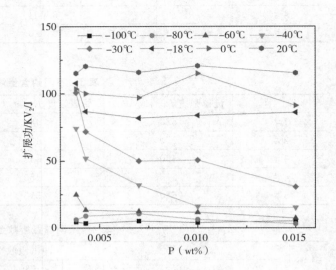

图5 磷含量与扩展功关系

不同磷含量熔敷金属的在－30℃冲击断口即力-位移-功曲线如图7所示。

从图7可知，磷含量较低（<0.010%）时，冲击断口宏观形貌从有明显的塑性变形及启裂区、反射区、剪切区为韧性断裂。当磷含量超过0.010%时，断口宏观相对平整，放射区闪闪发光区域面积在逐渐增大，剪切唇区域在减小为脆性断裂。

微观从断口形貌可以看出，当磷含量较低（<0.010%）时，发现启裂区为韧窝型开裂，扩展区以"韧窝＋准解理"形式开裂。当磷含量较高超过0.010%时，启裂点从大的解理平面开始，加速扩展并形成二次裂纹，导致扩展区以"解理＋准解理"方式开裂[5]。

从力-位移曲线可以看出，磷含量为0.0038%时，力的最大位移达到20mm以上，有典型的裂纹稳定扩展功和不稳定扩展功，扩展功总和较大为112J。磷含量在0.015%时，力的最大位移为6mm，裂纹扩展功功较小只有33J，裂纹的不稳定扩展功很小。

随着磷含量的增加熔敷金属的在－30℃的冲击断口形貌在逐渐发生改变，从韧窝型断裂转变"韧窝＋准解理"断裂，最后变为以"解理＋准解理"为主的脆性断裂。随着磷含量的增加，扩展功在逐渐降低，不稳定扩展功的降低最为明显。

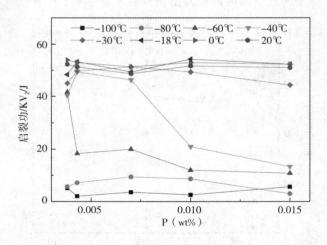

图4 磷含量与启裂功关系

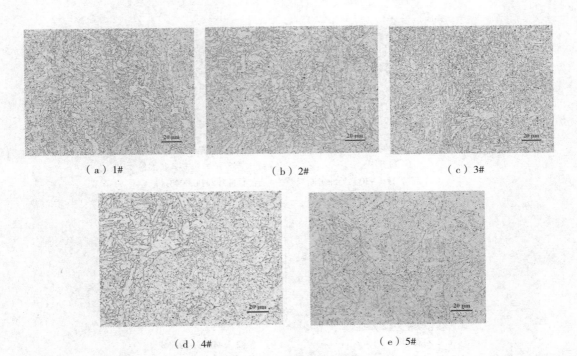

(a) 1#　　　　　　　　　(b) 2#　　　　　　　　　(c) 3#

(d) 4#　　　　　　　　　(e) 5#

图 6　五组熔敷金属显微组织

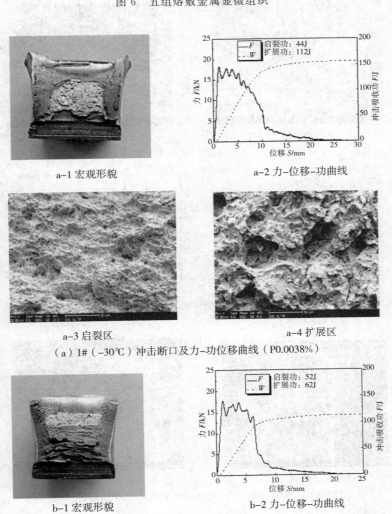

a-1 宏观形貌　　　　　　　a-2 力-位移-功曲线

a-3 启裂区　　　　　　　　a-4 扩展区

(a) 1#（-30℃）冲击断口及力-功位移曲线（P0.0038%）

b-1 宏观形貌　　　　　　　b-2 力-位移-功曲线

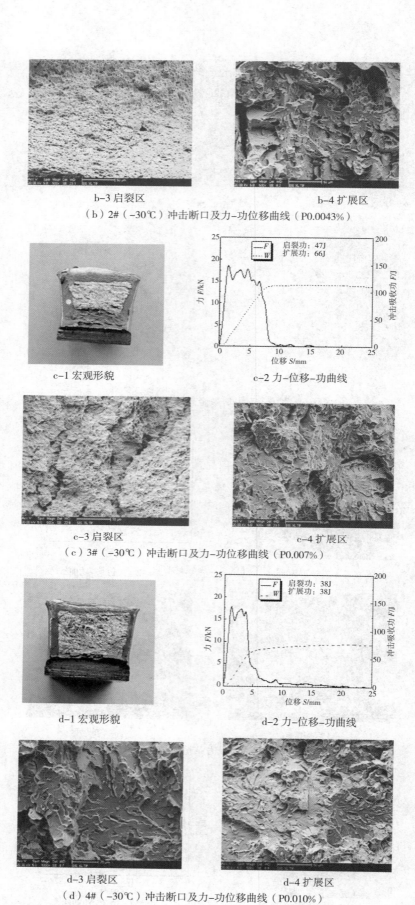

b-3 启裂区

b-4 扩展区

（b）2#（-30℃）冲击断口及力-功位移曲线（P0.0043%）

c-1 宏观形貌

c-2 力-位移-功曲线

c-3 启裂区

c-4 扩展区

（c）3#（-30℃）冲击断口及力-功位移曲线（P0.007%）

d-1 宏观形貌

d-2 力-位移-功曲线

d-3 启裂区

d-4 扩展区

（d）4#（-30℃）冲击断口及力-功位移曲线（P0.010%）

e-1 宏观形貌　　　　　　　　e-2 力-位移-功曲线

e-3 启裂区　　　　　　　　　e-4 扩展区

（e）5#（-30℃）冲击断口及力-功位移曲线（P0.015%）

图7　熔敷金属-30℃断口形貌及力-位移-功曲线

2.4 分析与讨论

贾书君[6]在研究磷和晶粒对低合金钢力学性能影响时发现，解理断口上磷离子的电流明显高于基体，说明解理断口上磷含量较高，裂纹可能是从富磷区内的滑移解理面或者孪晶解理面上穿过。

从断口分析理论可知，裂纹的形成有多种原因，但其本质都是与位错的运动受阻碍引起应力集中有关。熔敷金属在凝固过程产生大量位错，在晶粒内部的位错线周围聚集大量的磷原子，磷原子与位错线之间的相互作用较强而形成各种气团，当受外力后位错与磷原子在运动过程中被阻碍，形成位错塞积，磷的聚集更加剧了位错附近的畸变，进而加剧位错塞积附近的应力集中，使裂纹的形核容易；磷的表面能较低，也会促进裂纹的扩展；另外，位错与磷原子形成的气团往往作为解理面，优先迅速发生脆断（当然，断裂行为还与第二相、夹杂物等有关）。

3 结论

（1）杂质元素 P 含量对 R407C 焊条熔敷金属的韧性有重要影响，示波冲击对冲击试验结果表明，在 20℃～-18℃和-80℃～-100℃，随着磷含量的增加，冲击功和扩展功趋势不明显。在-30℃～-60℃时，随着磷含量的增加，冲击功和扩展功显著下降。

（2）磷含量低时，扩展功较大，力的位移较大，冲击韧性值较高，以准解理断裂为主。磷含量较高时，扩展功较小，力的位移较小，冲击韧性值较低，以解理断裂为主。随着磷含量的增加，熔敷金属的断裂方式从以准解理断裂为主向以解理断裂为主转变。

参 考 文 献

[1] 黎国磊．我国高压加氢设备技术发展的 30 年[J]．炼油技术与工程．1996，26（4）：32-35．

[2] Tsuchida Y, Inoune T, Suuzki T. Creep rurptue Strength of V-modified 21/4Cr1Mo Steel [J]. International Journal of Pressure Vessels and Piping. 2004，（81）：191-197.

[3] 何少卿，张尤红，金光日，等．2.25Cr1Mo 耐热钢用 R407A 焊条的研制 [J]．焊接技术，1996，（5）：29-35．

[4] 于在松，范长信，刘江南等．示波冲击试验中裂纹生长与扩展机理研究 [J]．铸造技术，2008，29（5）：617-621．

[5] 崔约贤，王长利．金属断口分析 [M]．哈尔滨：哈尔滨工业大学出版社，1998．

[6] 贾书君．磷和晶粒尺寸对低合金钢力学性能和耐大气腐蚀性能的影响 [D]．北京：钢铁研究总院，2005．

作者简介

王庆江，1987年出生，硕士，任职于哈尔滨焊接研究所威尔焊接有限责任公司，主要从事焊接材料研发及配套工艺研究。

电　话：18745042739；邮　箱：wangqingjiang0309@163.com

制造焊接

C

临氢高温高压反应器用 12Cr2Mo1R 钢埋弧焊材的开发与工程应用

冯 伟[1,2]　徐 锴[1,2]　张庆素[1,2]　胡晓波[1,2]

(1. 哈尔滨威尔焊接有限责任公司，哈尔滨 150028；

2. 机械科学研究院哈尔滨焊接研究所，哈尔滨 150028)

摘 要 高温、高压加氢反应器是加氢裂化和加氢脱硫装置的核心设备，最常采用的板材为 12Cr2Mo1R 钢，其主焊缝配套埋弧焊材一直是研究重点和难点。本文通过埋弧焊焊丝成分的优化设计及配套焊剂的渣系选择，合理控制熔敷金属合金元素和微量元素含量，并严格限制杂质元素，提高了材料的纯净度、均匀性。并通过宏观测试、微观分析成功研制出适用于厚壁加氢反应器，深坡口的埋弧焊的焊材。本套 12Cr2Mo1R 钢主焊缝用焊接材料的低温冲击性能，工艺性能优良，批次稳定性好，有效控制回火脆性倾向，各项性能均满足工程实际需要。

关键词 12Cr2Mo1R；回火脆性；埋弧焊；加氢反应器

Development and Engineering Application of Submerged Arc Welding Material for Hydrogen High Temperature and High Pressure Reactor

Feng Wei[1,2]　Xu Kai[1,2]　Zhang Qingsu[1,2]　Hu Xiaobo[1,2]

([1] Harbin Well Welding Co. Ltd，Harbin，150028；

[2] Harbin Welding Institute，Harbin，150028)

Abstract The high temperature and high pressure hydrogenation reactor is the core equipment of hydrocracking and hydrodesulfurization unit. The most commonly used plate is 12Cr2Mo1R steel. The main welding of submerged arc welding of hydrogen bonding reactor has been the focus of research and In this paper，the optimal design of submerged arc welding wire and the slag selection of matching flux are adopted to control the purity and uniformity of the material by controlling the content of alloy metal elements and trace elements and strictly restricting the impurity elements. Through the macroscopic test，the microanalysis successfully developed the submerged arc welding material suitable for the large thick wall and deep groove of the hydrogenation reactor. This set of 12Cr2Mo1R steel main weld welding material with low temperature impact performance，excellent process performance，good batch stability，effective control of the brittle tendencies，the performance are to meet the actual needs of the project.

Keywords 12Cr2Mo1R；SAW；temper brittleness；hydrogenation reactor

1 序　言

在各类加氢工艺装置中，加氢反应器是最为关键的设备。自20世纪60年代起，热壁加氢反应器大量使用12Cr2Mo1R钢，由于其综合性能优良且适合高温高压条件，临氢条件下工作，是目前应用最为广泛和成熟的材料[1,2]。

虽然钢材已实现了国产化，但是其主焊缝用的焊材依赖于使用进口。焊接材料开发的难点是：焊接材料的低温冲击韧性难以稳定以及焊接材料的回火脆性难以满足设计要求。

国外对12Cr2Mo1R钢配套焊材的强韧化机理及抗回火脆性进行了深入研究，得到系列科研成果。经过几十年的努力，能够生产12Cr2Mo1R钢的焊材厂家越来越多，主要有日本神户制钢、奥钢联伯乐蒂森、法国萨福等。在国内加氢装置制造中，进口焊接材料最广的属日本神钢[3]。

国产的12Cr2Mo1R钢各项性能已达到了较高水平，在国内板焊式加氢反应器等重要设备上应用，并出口到国外。目前加氢反应器内壁不锈钢堆焊用系列焊材，从冶炼技术、制备技术等提升，已非常成熟并得到广泛应用。但是焊接材料的开发远远滞后，因此开发这类钢的焊接材料十分紧迫和必要。

近十几年来，哈尔滨焊接研究所威尔公司一直致力于12Cr2Mo1R钢配套焊接材料的研发及开拓国内市场。目前，其产品的性能已经达到了板材的相关要求，且批次稳定性能好。这在一定程度上，打破国外产品长期垄断的局面，为实现加氢反应器焊材全部国产化奠定基础。

2　材料设计与方法

2.1　焊丝的设计

加氢反应器用钢材已经向着高纯净度高性能的方向发展。在国外，为了获得各项性能指标优良的12Cr2Mo1R钢，尤其是抗回火脆性优良的钢材，国外很早就针对化学成分对回火脆性的影响做了大量研究，杂质元素的偏聚造成材料的回火脆化。研究表明，造成偏聚的主要元素分别为S、P、Sn、Sb和As。其中P对材料的脆化敏感性影响最大，其次是Sn，As和Sb的影响较小。因此降低材料的回火脆性，就应该严格控制S、P、Sn、Sb和As等元素的含量，尤其控制P的含量至关重要。为此，焊丝需要控制P≤0.008%，S≤0.005%，Sn≤0.003%，Sb≤0.003%，As≤0.003%。

2.2　焊剂的设计

焊剂的设计采用高纯净粉料，以防止有害元素进入熔敷金属。同时，对埋弧焊焊剂选用CaF$_2$-CaO-SiO$_2$-Al$_2$O$_3$氟碱型渣系，其各组分的主要作用如下[4,5]：最终的焊剂组分设计见表1。

CaF$_2$是碱性氧化物，它能降低焊剂的熔点、表面张力和黏度，改善焊道表面的摊开性和熔合性以及焊道的脱渣性，是焊剂中不可或缺的组分。

CaO是碱性氧化物。它熔点高不易分解，表面张力大，有利于熔渣从熔池中脱离，因此是造渣的良好材料。

SiO$_2$是酸性氧化物，它的作用是能够改善熔渣在熔池中的流动性，有利于焊道脱渣，也是焊剂的造渣材料之一。

Al$_2$O$_3$是酸性氧化物，它的表面张力大，能够增加熔渣的摊开性，使焊道变宽，成形优良。但因其具有较强的氧化性，在熔渣中易形成导致脱渣困难的尖晶石型化合物。因此，需要恰当控制Al$_2$O$_3$量。

表 1　焊剂组分范围（wt%）

CaF$_2$	SiO$_2$ + Al$_2$O$_3$ + TiO$_2$	MnO+CaO+MgO	其他
10～20	20～40	35～60	≤5

2.3　试验方法

焊接材料采用哈焊所威尔公司自主研制开发改进的最新产品。焊丝牌号为H10Cr2MoG，规格为Φ4.0mm。焊剂牌号为SJ150，规格为10～60目。符合AWS A-5.23 F8P2-EB3R-B3R，同时满足NB/T 47018—2011和GB/T 12470—2003的相关要求。热处理制度 Min.PWHT 690℃×8h；Max.PWHT 690℃×32h。

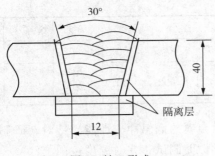

图 1 坡口形式

（1）拉伸试验

常温拉伸按照 GB/T 228.1—2010《金属材料拉伸试验第 1 部分：室温试验方法》和 GB/T 2652—2008《焊缝及熔敷金属拉伸试验方法》制备棒形试件。并保证试件的纵轴与焊缝中心轴线吻合，

（2）冲击试验

冲击按照 GB/T 229—2007《金属材料夏比摆锤冲击试验方法》和 GB/T 2650—2008《焊接接头冲击试验方法》制备 V 形缺口低温冲击试件。试件长度垂直于焊缝长度。缺口开在焊缝的中心且垂直于焊缝表面。按照标准规定：每组取五个试样进行冲击试验，评判时，去掉最高值和最低值，取其余三个数值为试验结果。

（3）熔敷金属扩散氢试验

扩散氢试验方法中水银法的准确性较高，本文按照 GB/T 3965—2012《熔敷金属中扩散氢测定方法》水银法测定熔敷金属的扩散氢含量。

（4）回火脆性评定试验

回火脆性评定一般采用阶梯冷却试验（即步冷试验），分别绘制步冷前冷后的系列冲击值曲线图，判定冲击功为 54J 时所对应的温度转变增量，并按回火脆性评定公式 VTr54＋2.5ΔVTr54≤10℃进行判定。

（5）显微组织及断口分析

金相试样取自各个试验状态的熔敷金属。

断口分析，将冲击试样断口在扫描电镜（SEM）下观察断口的形貌。

3 结果分析与讨论

3.1 焊剂工艺特性

焊剂不仅要满足焊接大厚壁，深坡口的特性；而且其焊接工艺性能要保证脱渣性良好，焊道成形优良。

表 2 焊接工艺规范

预热及道间温度（℃）	电源种类和极性	焊接电流（A）	焊接电压（V）	焊接速度（m/h）	后热规范（℃×hr）
150～250	直流反接	550±20	30～32	21±4	(300～350)×2

表 3 焊剂化学分析结果（wt%）

S	P	含水量	机械夹杂物
0.018	0.010	0.03	0.10

按照国际焊接学会（IIW）推荐的以下公式计算焊剂的碱度 [B]。

$$[B]=\frac{CaO+MgO+BaO+CaF_2+Na_2O+K_2+0.5(Mn+FeO)}{SiO_2+0.5(Al_2O_3+TiO_2+ZrO_2)}$$

将焊剂中氧化物含量的分析结果代入上式，经计算 SJ150 焊剂的碱度约为 2.5，属高碱度焊剂。这可以降低杂质向熔敷金属过渡的倾向，同时碱度高，会降低焊缝金属中的氧含量，从而提高其低温冲击韧性及焊缝金属的综合性能。

3.2 化学成分

焊丝的冶炼重点控制 S、P、Sn、Sb、As 含量，合理调整 Si＋Mn 含量[6,7]，提供低温冲击性能和抗回火脆性。其中熔敷金属的 S、P 含量可稳定达到 S≤0.005%，P≤0.010%。

表4　化学成分（Wt%）

	C	Si	Mn	S	P	Cr	Ni	Mo	Sn	Sb	AS	Si+Mn	X系数
焊丝	0.12	0.13	0.70	0.002	0.005	2.32	0.065	0.95	0.0005	0.001	0.002	—	—
熔敷金属	0.065	0.18	0.75	0.005	0.007	2.25	0.066	0.94	0.002	0.001	0.003	0.93	9.6

3.3　力学性能

2.25Cr1Mo 钢配套埋弧焊材料关键技术之一

在于熔敷金属的低温冲击性能。针对新研制的材料进行力学性能测试，并对温度范围＋20℃～－80℃进行了不同温度下的冲击试验和侧向膨胀量测量。

表5　力学性能

焊后热处理	试验温度 温度 T/℃	拉伸试验 抗拉强度 R_m/（MPa）	屈服强度 $R_{p0.2}$/（MPa）	断后伸长率 A/（%）	弯曲试验 $D=4a$，180°
Max. PWHT	室温	585	495	24	合格
Min. PWHT	室温	635	550	22	合格

表6　熔敷金属系列冲击试验结果（平均值）

热处理	试验温度 T	20℃	0℃	－20℃	－30℃	－40℃	－50℃	－60℃	－80℃
Max. PWHT	冲击功 KV/J	211	184	182	175	123	76	23	15
Min. PWHT		204	182	175	162	112	70	19	9

表7　熔敷金属不同温度的侧向膨胀量（平均值）

热处理	试验温度 T	20℃	0℃	－20℃	－30℃	－40℃	－50℃	－60℃	－80℃
Max. PWHT	侧向膨胀量 LE/mm	2.37	2.21	2.20	1.84	1.37	0.65	0.30	0.14
Min. PWHT		2.28	2.18	2.11	1.82	1.40	0.61	0.32	0.15

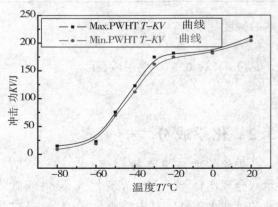

图2　冲击功-温度曲线图

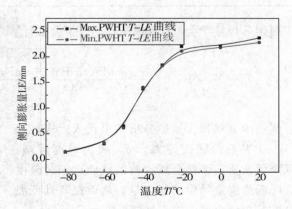

图3　侧向膨胀量-温度曲线

制造焊接

试验结果表明：拉伸性能，弯曲性能合格，冲击功随着温度的下降，呈下降趋势（见图2），－30℃冲击功较好，有较大的余量，侧向膨胀量与冲击功有较好的对应关系。

3.4 显微组织

研制焊材的熔敷金属在经 690℃×8h 和 690℃×32h 热处理之后的组织。均为粒状贝氏体回火，铁素体呈不规则块状分布，碳化物呈弥散分布在基体组织中，组织的均匀化效果较好（见图4）。

粒状贝氏体由铁素体和岛状组织组成，铁素体呈条状且在贝氏体中分布不规则[8]，因此，熔敷金属能够表现出良好的塑型和韧性；而在铁素体的条状结构之间分布着岛状组织，它的转变会对熔敷金属的性能产生很大的影响。影响岛状组织形态和数量转变主要受三方面的影响：冷却速度、化学成分和奥氏体化温度和晶粒度。当岛状组织转变为铁素体、碳化物及残余奥氏体时，熔敷金属将获得较高的冲击韧性。从图4可知，熔敷金属在经 690℃×32h 处理后，虽然其组织中岛状组织开始转变，但铁素体仍然保持细小的条状不规则分布，使得裂纹不易产生扩散，从而获得较高的韧性。

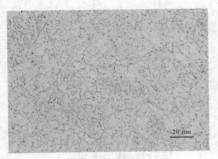
（a）690℃×8h

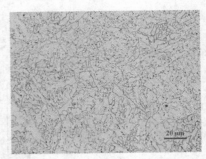
（b）690℃×32h

图4　金相组织（500×）

熔敷金属在经过 690℃×8h 处理后，－30℃下的冲击断口，在扫描电镜下观察，断口属性为韧性断裂，断口形貌以韧窝为主（见图5）。由图可见到许多典型的准解理断口的形貌，如小解理刻面、撕裂棱以及舌状花样，在断口的准解理区存在一些由韧窝构成的类似山脊状结构，这些结构会改善熔敷金属的冲击韧性。

（a）启裂区韧窝形貌

（b）扩展区准解理＋韧窝形貌

图5　断口形貌

3.5 回火脆性

熔敷金属经 Min. PWHT 和 Min. PWHT ＋ S.C. 处理后的实验结果见表8。将试验数据代入 VTr54＋2.5ΔVTr54≤10℃，就可作为熔敷金属的回火脆性评定依据。

表 8　回火脆性评定试验系列冲击试验结果（J）

热处理	20℃	0℃	−18℃	−30℃	−40℃	−60℃	−80℃	−100℃
Min. PWHT	203	190	170	153	128	70	20	11
Min. PWHT＋S.C.	164	151	134	115	72	34	10	7

根据表 8 作出回火脆性曲线见图 6 所示。从图中可知，步冷试验前冲击功为 54J 时所对应的温度为 VTr54，而步冷后冲击功曲线上冲击功为 54J 时所对应的温度用 VTr54′ 来表示，则 ΔVTr54 ＝ VTr54′ − VTr54。经计算得出 VTr54 ＝ −66℃，VTr54′ ＝ −49℃，则 ΔVTr54 ＝（−49℃）−（−66℃）＝17℃。代入判定式，VTr54＋2.5ΔVTr54 ＝ −23.5℃。

结果表明：VTr54＋2.5ΔVTr54 ＝ −23.5℃≤ 10℃，满足设计的回火脆性评定要求。

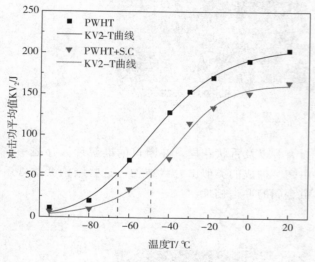

图 6　回火脆性曲线图

3.6　熔敷金属扩散氢含量

按照 GB/T 3965—2012，水银法测定熔敷金属的扩散氢含量。焊丝焊剂组合 H10Cr2MoG/SJ150。试验用焊丝规格为 φ4.0mm，焊剂经 350℃×2h 烘干，电源为直流反接；试验的环境为室温，相对湿度为 50％，收集箱环境温度为 20℃；扩散氢在室温下收集 72h。试验结果见表 9。

表 9　熔敷金属扩散氢含量

项目	扩散氢含量（mL/100g）
标准值	≤4.0
实际值	1.9

熔敷金属的扩散氢含量为 1.9mL/100g，较低的扩散氢含量，有效降低了氢致裂纹的产生。

4　国内外对比

新研制的埋弧焊材，与国外某厂家同类产品进行对比，并以此来替代进口产品，打破国外长期的垄断地位，实现技术国产化，给制造企业降低成本，具有较高的社会经济价值。

4.1　工艺性能

采用相同的焊接规范，电流 530A，电压 30V，焊接速度 480mm/min 进行工艺性能检验，从电弧稳定性，脱渣性，焊道成形，直线度，单道厚度，单道宽度指标进行评价。通过试验结果表明，两者工艺性能基本相当。

表 10　工艺性能

厂家	电弧稳定性	焊剂脱渣性	焊道成形	焊道直线度	单道厚度/mm	单道宽度/mm
威尔	稳定	优良，快速自动脱渣	优良	优良	3.2	19
国外	稳定	良好，脱渣略慢	优良	优良	3.0	19

4.2 化学成分

表 11 焊丝化学成分（wt%）

焊丝	C	Si	Mn	S	P	Cr
威尔	0.12	0.13	0.70	0.002	0.005	2.32
国外	0.13	0.12	0.81	0.002	0.004	2.41
焊丝	Mo	Ni	Sn	As	Sb	—
威尔	0.95	0.065	0.0005	0.002	0.001	
国外	1.06	0.05	0.002	0.002	0.001	

表 12 熔敷金属化学成分（wt%）

焊材	C	Si	Mn	S	P	Cr	Mo
威尔	0.065	0.18	0.75	0.005	0.007	2.25	0.94
国外	0.08	0.16	0.85	0.005	0.007	2.34	1.04
焊材	Ni	Sn	As	Sb	Si＋Mn	X（$\times 10^{-6}$）	—
威尔	0.066	0.002	0.003	0.001	0.93	9.6	
国外	0.05	0.002	0.002	0.002	1.01	8.9	

通过对比可以看出，熔敷金属化学成分也基本相当，两者都具有较高的纯净度，从 X 系数可以看出两者都具有较小的回火脆化倾向。

4.3 力学性能

表 13 拉伸试验结果

厂家	试验温度 /℃	抗拉强度 R_m/MPa	屈服强度 $R_{p0.2}$/MPa	断后伸长率 A/%	断面收缩率 Z/%	焊后热处理（PWHT）
威尔	室温	585	495	24	71	Max. PWHT
国外	室温	595	505	23	72	
威尔	室温	635	550	22	70	Min. PWHT
国外	室温	650	560	23	73	

表 14 冲击试验结果（J）

厂家	−30℃			焊后热处理（PWHT）
威尔	198	201	197	Max. PWHT
国外	210	203	200	
威尔	175	171	169	Min. PWHT
国外	198	178	186	

从数据上看，关键技术指标低温冲击韧性比较稳定，未出现单个值的波动情况。研制的埋弧焊焊材与国外同类产品性能水平基本相当。

5 工程应用

哈焊所威尔公司最新研制的与12Cr2Mo1R配套的主焊缝埋弧焊材料（商品牌号焊丝为H10Cr2MoG，焊剂SJ150），满足加氢反应器产品制造有关低温冲击和抗回火脆性指标的要求，已经在各大制造厂通过评定和使用，得到一致认可，焊剂工艺性能好，综合力学性能优良，完全达到设计院和制造厂对产品制造的要求。工程应用实例见图7，某煤油气资源综合利用项目，管程设计温度为400℃，设计压力为6.9MPa；壳程设计温度为480℃，设计压力为6.7MPa。主体规格 $\phi1000 \times 47 \times 5594$mm，主体材质为12Cr2Mo1R。

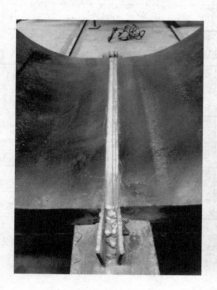

图7 工程应用实例

6 结论

（1）通过合理控制主要合金元素及有害元素，并通过调整焊剂渣系，成功研制出适用于12Cr2Mo1R钢热壁加氢反应器主焊缝埋弧焊材料，焊丝牌号H10Cr2MoG，焊剂牌号SJ150。

（2）新研制的埋弧焊材料具有优良的焊接工艺性能和冶金性能，焊接过程电弧稳定，焊剂的脱渣性好，适用于厚壁，深坡口的焊接。

（3）开发的埋弧焊材与国外同类产品的对比，材料的各项性能基本相当，工艺性能优良，具有较好的低温冲击性能，可替代进口产品。

（4）新研制的埋弧焊材料熔敷金属的性能优良，回火脆性不敏感，且熔敷金属具有低氢以及较高的强韧性匹配等特点，其综合性能满足12Cr2Mo1R钢热壁加氢反应器产品焊接技术条件的低温韧性和回火脆性要求，在工程上已经获得应用。

参 考 文 献

[1] 程树海. 热壁加氢反应器制造技术简介 [J]. 石化技术，1994，3：7－9.

[2] 黎国磊. 我国热壁加氢反应器技术实力与下世纪发展建议 [J]. 石油化工设备，2000，29（3）：2－4.

[3] 聂颖新. 加氢反应器等大型石化容器制造的发展现状 [J]. 压力容器，2010，27（8）：33－39.

[4] 姚润钢，魏战江，朱炳琨. 高碱度低活性超低氢烧结焊剂的研制 [J]. 材料开发与应用，2000，15（3）：30－32.

[5] 李春旭. 铬钼钢窄间隙埋弧焊用烧结焊剂的研制 [J]. 甘肃工业大学学报，1989，15（1）：42－48.

[6] 梁东图. 2.25Cr－1Mo钢焊缝金属回火脆性的研究 [J]. 首钢科技，1989，2（1）：17－20.

C 制造焊接

［7］杨光起. 加氢反应器用铬钼钢回火脆性［J］. 石油化工设备，2001，30，（5）：53—56.

［8］Tadao I. Life Prediction Methodology of High Temperature/Pressure Reactors Made of Cr－Mo Steels. First Int. Conf. on Microstructures and Mechanical Properties of Aging Materials，Chicago，Illinois1992［J］. Minerals，Metals&Materials，Society，Warrendale，Pennsylvania，1992：19—26.

作者简介

冯伟，男，高级工程师。

通信地址：黑龙江省哈尔滨市松北区创新路 2077 号哈尔滨焊接研究所，150028

电话：15114517275；传真：0451—86345344

Email：fengwei323412@163.com

稳压器安全阀接管安全端
异种金属焊缝残余应力的研究

张 倩 刘长军

（华东理工大学承压系统与安全教育部重点实验室 上海 200237）

摘 要 利用 ABAQUS 软件对稳压器安全阀接管安全端的焊接过程进行数值模拟，研究安全端长度、约束条件和同种金属焊接对异种金属焊缝残余应力的影响。结果表明，当安全端较短，异种金属焊接（安全端侧）采用固定约束，同种金属焊接（管道侧）采用自由约束时，有利于降低异种金属焊缝内表面的轴向残余应力。

关键词 接管安全端；数值模拟；焊缝残余应力；安全端长度；约束条件；同种金属焊接

The Study on the Welding Residual Stress in the Dissimilar Metal Weld of Pressurizer Safety/Relief Nozzle and Safe—end

Zhang Qian Liu Changjun

（Key Laboratory of Pressure Systems and Safety（MOE），
School of Mechanical and Power Engineering，
East China University of Science and Technology Shanghai 200237）

Abstract The welding process of the pressurizer safety/relief nozzle and safe-end was simulated by ABAQUS software. The effects of the safe-end length, kinematic boundary conditions and the similar metal welding on the welding residual stress inthe dissimilar metal weld were studied. The results show that the axial welding residual stress in the inner surface of the dissimilar metal weld is reducedwhen the safe-end is short and the kinematic boundary condition（safe-end side）of dissimilar metal welding is clamped and the kinematic boundary condition（pipe side）of similar metal welding is free.

Keywords nozzle and safe-end；numerical simulation；welding residual stress；safe-end length；kinematic boundary conditions；similar metal welding

1 引言

接管安全端是连接压力容器和主管道的关键部件，是由多种材料组成的复杂焊接接头，是压水堆核电站安全运行的关键屏障。在压水堆核电站一回路系统中，主要包括了压力容器的热端和冷端接管安全端、稳压器的波动管接管安全端、喷淋管接管安全端和安全阀接管安全端等。图 1 为典型的稳压器安全阀接管安全端示意图[1]，其中，接管为低合金铁素体钢，安全端为奥氏体不锈钢，两者属于异种钢的焊接。焊接产生的残余应力易促进疲劳或腐蚀裂纹的萌生及扩展，会降低接头的使用性能和服役寿命，进而影响核电站的安全运行。因此，合理准确地表征接管安全端的焊接残余应力至关重要，可为裂纹应力强度因子的求解及扩展速率的分析奠定基础。

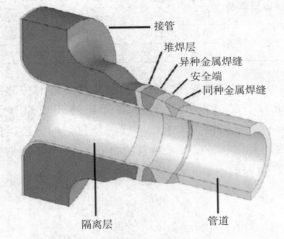

图 1　典型的稳压器安全阀接管安全端示意图

目前，国内外学者在接管安全端的焊接模拟方面已做了较多的研究工作。例如：Brust 等人[2]研究了接管安全端各材料在遵循不同硬化准则时焊接残余应力的分布情况；Deng 等人[3]研究了二维和三维接管安全端模型焊接残余应力分布的差异；满浩[4]则研究了接管安全端结构简化和热输入对焊接残余应力的影响。然而，多数研究只局限于单一的异种金属焊缝，关于同种金属焊接对异种金属焊缝残余应力影响的研究鲜见报道。此外，设计者或制造商的不同会造成接管安全端几何尺寸和焊接约束条件等方面的差异，而如何表征这些差异对异种金属焊缝残余应力的影响，是本文所要解决的问题。

以下以稳压器安全阀接管安全端为例，利用 ABAQUS 模拟了其焊接过程，研究接头焊接残余应力的分布规律，在分析安全端长度和约束条件对异种金属焊缝残余应力影响的基础上，研究了同种金属焊接对异种金属焊缝残余应力的影响规律。

2　稳压器安全阀接管安全端焊接模拟

2.1　几何尺寸和材料参数

接管安全端由多种材料组成，结构较为复杂。工厂制造时先在接管端堆焊隔离层并进行焊后热处理，然后再将其与安全端对接焊在一起，两者属于

异种钢焊接。现场安装时则是将安全端与主管道对接焊在一起，两者属于同种钢焊接。其中，接管为低合金钢 SA508，堆焊层为镍基 alloy82，异种金属焊缝为镍基 alloy82/182，安全端、同种金属焊缝和主管道为奥氏体不锈钢 316L。图 2 为简化的稳压器安全阀接管安全端几何尺寸[1]，其中 $t=29.3mm$，$R=76.2mm$，图 3、图 4 和表 1 给出了异种金属焊缝材料的部分性能参数，其他材料的热、力学参数可从文献[5]和[6]中查取。

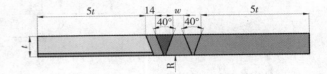

图 2　简化的稳压器安全阀接管安全端几何尺寸[1]（mm）

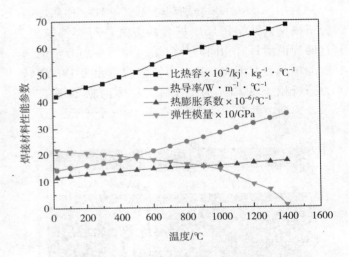

图 3　异种金属焊缝材料的部分性能参数

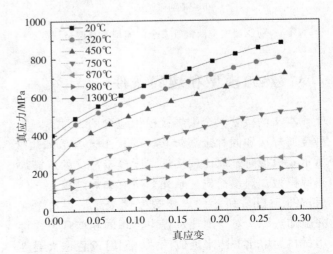

图 4　异种金属焊缝材料在不同温度下的真应力应变曲线

表 1　异种金属焊缝材料的混合循环硬化参数

温度 ($T/℃$)	等效应力 (MPa)	硬化模量 (C_1/GPa)	硬化模量 (C_2/GPa)	Q	b
22	206.8	254.865	1.731	84	20
316	161	192.628	2.305	75	20
538	171	104.132	2.571	83	20
760	144.7	161.679	2.668	0	20
982	34.8	179.993	0.624	0	20
1200	21	0	0	0	20
1400	2	0	0	0	20

表 2　焊接工艺参数[7]

焊接过程	焊缝	电流 (A)	电压 (V)	速度 (mm/s)	效率
异种金属焊接	根部	140	12	1.5	0.5
	其余	135	25		0.7
同种金属焊接	根部	140	12	1.5	0.5
	其余	105	27		0.7

2.2　模型建立和网格划分

利用 ABAQUS 分别建立了二维轴对称热、力分析模型，并采用顺序耦合的方式进行焊接模拟。这两种模型具有相同的几何结构和网格划分，但选取的单元类型不同。热分析模型的单元为 DCAX4，力分析模型的单元为 CAX4。整体网格如图 5 所示，模型中共有 5062 个节点和 4805 个单元。

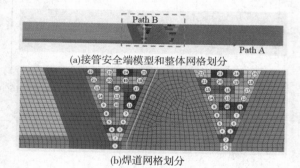

(a)接管安全端模型和整体网格划分

(b)焊道网格划分

图 5　稳压器安全阀接管安全端模型及其网格划分

2.3　热源模型和边界条件

本文的接管安全端焊接模拟包含两个过程：异种金属焊接和同种金属焊接。焊接工艺参数如表 2 所示。模拟时选取比较接近实际焊接情况的双椭球热源模型。焊接前先"杀死"所有的焊缝单元，然后按图 5（b）所示的焊接顺序逐步激活焊道单元并施加热源。对于加热过程中出现的相变现象，可用材料的熔化潜热来近似模拟。同时设置退火温度来模拟加热后续焊缝单元时给已凝固焊缝造成的退火效应，退火温度为各材料的液相线温度。

焊接时的边界条件分为换热边界条件和位移约束条件。加热前接管安全端所处的环境温度为 20℃；加热时需考虑对流和辐射换热，确保各层间温度不超过 170℃[8]。两者的换热系数 h 都是与温度 T 相关的函数，具体表达式如下：

$$h \begin{cases} 0.0668T \\ 0.231T - 82.1 \end{cases} \tag{1}$$

位移约束条件如图 6 所示，接管左侧与稳压器相连，故设置全固定约束。由于制造商不同，焊接时安全端侧的约束条件可能存在差异，本文考虑了自由（Free）和固定（Clamped）两种情况。现场安装时管道侧的约束条件考虑了自由和铰链（Roller）两种情况。

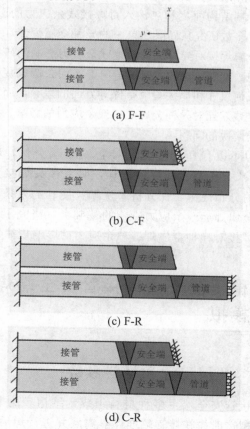

(a) F-F

(b) C-F

(c) F-R

(d) C-R

图 6　力分析模型的位移约束条件

制造焊接

2.4 焊接模拟结果分析

合理的温度场是获得准确残余应力场的前提和基础。Song 等人[9]曾指出距熔合线 2～3mm 的安全端热影响区内的节点峰值温度在 800～900℃ 左右，而本文选取了距熔合线 2.5mm 的热影响区单元节点（如图 5（b）所示），其峰值温度分布如图 7 所示。由图可见，位于 2.5mm 线上的各单元节点峰值温度基本处于 800～900℃ 的分布带内，这也证明了焊接温度场模拟的可靠性。各节点峰值温度表现出的上下波动现象主要是由各焊道大小和热流密度分布不均造成的。

由于稳压器安全阀接管安全端长期处于高温高压的腐蚀性介质中，残余拉应力的存在会增加内表面应力腐蚀开裂的可能性，为此，沿接管内表面建立节点路径 Path A 进行研究，具体位置见图 5（a）。

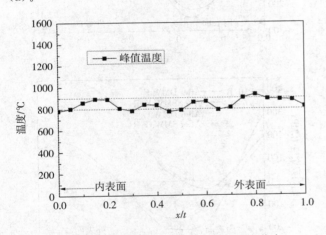

图 7　距熔合线 2.5mm 的节点峰值温度分布

图 8 为 Path A 的轴向残余应力 S22 和环向残余应力 S33 的分布曲线，由于接管安全端各材料间热、力学参数的差异性，使得内表面上的残余应力呈非对称分布，2 条曲线大致可分为 3 段：在远离焊缝的两侧母材区，残余应力较平稳，S22 趋近于 0；由两侧逐渐向焊缝靠近的母材区，S22 和 S33 都缓慢增加，且均表现为压应力；在近焊缝区，S22 和 S33 呈快速增加的趋势，S22 表现为拉应力，而 S33 表现为压应力。对于整条 Path A 而言，焊缝区的轴向残余拉应力最大，这也解释了在役核电接管安全端异种金属焊缝内表面检测出环向裂纹的原因。因此，在接下来的焊接残余应力研究中，将着重讨论焊缝 S22 的分布情况。

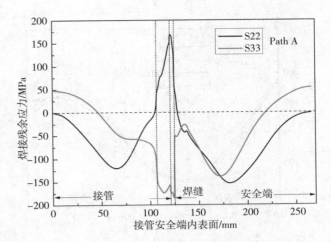

图 8　接管安全端 Path A 的轴向和环向残余应力分布

3　接管安全端异种金属焊缝 S22 分布

3.1 安全端长度和约束条件对异种金属焊缝 S22 的影响

文献 [9] 指出，当 $w/t>4$ 时，安全端长度对残余应力的影响达到饱和。因此，本文选取 $w/t=0.5$、1、2 和 4 这四种长度的安全端进行分析，分别研究其在自由和固定约束条件下焊缝 S22 的分布情况。

为分析异种金属焊缝 S22 的分布情况，沿焊缝中心线建立了节点路径 Path B，具体位置见图 4（a）。图 9（a）和（b）分别给出了不同长度的安全端在自由和固定约束条件下 Path B 的 S22 分布曲线。由图可看出，在自由约束条件下，内表面的 S22 随安全端长度的增大而减小；在固定约束条件下，S22 几乎不受安全端长度的影响。

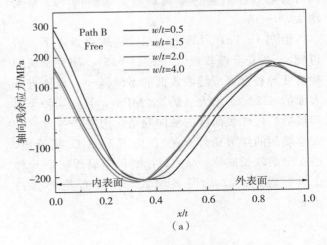

（a）

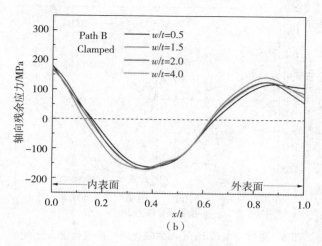

图 9 接管安全端 Path B 在不同约束
条件（安全端侧）下的 S22 分布

3.2 同种金属焊接对异种金属焊缝 S22 的影响

接管安全端在工厂制作完成后，被运送到现场进行安装，与主管道之间采用同种金属焊接，焊后不进行热处理。由图 9（a）可知，$w/t = 1$ 和 $w/t = 2$ 时的结果介于 $w/t = 0.5$ 和 $w/t = 4$ 之间，所以本小节只考虑 $w/t = 0.5$ 和 $w/t = 4$ 这两种长度的安全端分别在图 6 的四种约束条件下，同种金属焊接对异种金属焊缝 S22 的影响。

由图 10（a）可看出，在自由约束条件下（管道侧），当安全端较短时（$w/t = 0.5$），同种金属焊接会使异种金属焊缝内表面的 S22 显著减小（约 300 MPa），而使近外表面的 S22 增大。由图 10（b）可看出，当安全端较长时（$w/t = 4$），同种金属焊接后异种金属焊缝内表面的 S22 略有增大。

由图 10（c）可看出，在铰链约束条件下（管道侧），当安全端较短时（$w/t = 0.5$），同种金属焊接会使异种金属焊缝内表面的 S22 减小，而使近外表面的 S22 显著增大（约 300 MPa），且经同种金属焊接后，近外表面区的轴向残余应力趋于一致（与安全端侧的约束条件无关）。由图 10（d）可看出，当安全端较长时（$w/t = 4$），同种金属焊接后异种金属焊缝的 S22 均明显增大，但分布趋势保持不变。

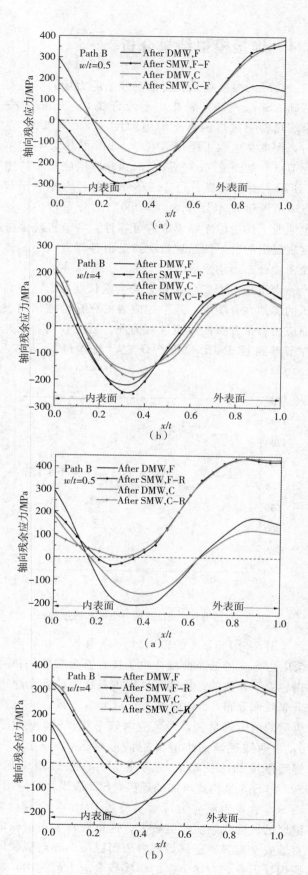

图 10 接管安全端 Path B 在不同约束条件下的 S22 分布

4 结论

(1) 核电稳压器安全阀接管安全端内表面焊缝区的轴向残余应力 S22 为拉应力，而环向残余应力 S33 为压应力，对于处于腐蚀性介质中的接头而言，产生内表面环向裂纹的可能性较大。

(2) 异种金属焊接时，安全端侧宜采用固定约束；同种金属焊接时，管道侧宜采用自由约束。

(3) 若安全端较短，同种金属焊接会使异种金属焊缝内表面的 S22 减小，且当管道侧为自由约束时更明显；若安全端较长，同种金属焊接会使异种金属焊缝内表面的 S22 增大，且当管道侧为铰链约束时更明显。

参 考 文 献

[1] Harrington C. Advanced FEA evaluation of growth of postulated circumferential PWSCC flaws in pressurizer nozzle dissimilar metal weld (MRP - 216) [J]. EPRI, August, 2007.

[2] Brust F W, Zhang T, Shim D J, et al. Summary of weld residual stress analyses for dissimilar metal weld nozzles [C]. ASME 2010 Pressure Vessels and Piping Division/K - PVP Conference. American Society of Mechanical Engineers, 2010: 1521-1529.

[3] Deng D, Murakawa H. Numerical simulation of temperature field and residual stress in multi-pass welds in stainless steel pipe and comparison with experimental measurements [J]. Computational materials science, 2006, 37 (3): 269-277.

[4] 满浩, 刘长军. 核电接管安全端异种金属焊缝残余应力的研究 [J]. 焊接技术, 2015 (10): 9-13.

[5] Muránsky O, Smith M C, Bendeich P J, et al. Validated numerical analysis of residual stresses in Safety Relief Valve (SRV) nozzle mock-ups [J]. Computational Materials Science, 2011, 50 (7): 2203-2215.

[6] ASME. ASME boiler and pressure vessel code, Sec. II, part d—Properties, 2004.

[7] 戴佩琨. 压水堆核电站核岛主设备材料和焊接 [M]. 上海: 上海科学技术文献出版社, 2008.

[8] ASME. ASME boiler and pressure vessel code, Section IX—Welding and brazing qualification, 2007.

[9] Song T K, Oh C Y, Kim J S, et al. The safe-end length effect on welding residual stresses in dissimilar metal welds of surge nozzles [J]. Engineering Fracture Mechanics, 2011, 78 (9): 1957-1975.

作 者 简 介

张倩 (1993—), 女, 工学硕士, 主要从事压力容器结构完整性的研究。

通信地址: 上海市徐汇区梅陇路 130 号华东理工大学实验 14 楼 201 室, 200237

手机: 18817338210; E-mail: ecustzq@163.com。

基于元素扩散的 316L/BNi－2 钎焊接头残余应力数值模拟分析

段鹏洋　汪保安　周帼彦　涂善东

（华东理工大学机械与动力工程学院，上海 200237）

摘　要　板翅结构换热器在一体化高温系统中的应用越来越广泛，其主要失效形式表现为钎焊接头的失效，而残余应力是导致其失效的最主要原因之一。研究过程中若只考虑由温度引起的残余应力，并不能正确评价钎焊接头的应力情况，以至于不能对钎焊接头进行准确的失效分析。本文通过对钎焊区域金相的分析和相应区域的测量，考虑元素扩散导致的残余应力，采用顺次耦合的方法，对高温钎焊接头的残余应力进行数值模拟，得到了残余应力在接头中的分布情况。研究结果表明，对于焊前箔片钎料为一层 40μm 厚的 BNi－2/316L 钎焊接头，在 1075℃ 下保温 45min 时可得到质量较好的接头；采用有限元方法计算获得的残余应力分布与试验测试结果基本一致，说明考虑扩散效应的有限元模拟方法是可行且准确的；钎焊接头中钎料层与扩散层中为残余拉应力，在钎角区域达到最大值，需要重点关注。

关键词　钎焊接头；残余应力；元素扩散；数值模拟；板翅式换热器

Numerical Simulation Analysis of Residual Stress of 316L／BNi－2 brazed Joint Based on Element Diffusion

Duan Pengyang　Wang Baoan　Zhou Guoyan　Tu Shandong

（School of Mechanical and Power Engineering，
East China University of Science and Technology，Shanghai 200237，China）

Abstract　The application of plate and fin structure heat exchanger in the integrated high temperature system is more and more extensive. The main failure form of the structure is the failure of brazing joint，and the residual stress is one of the most important causes of its failure. When we analyzing the residual stress，only considering the residual stress caused by the temperature will lead to inaccurate results. In this study，according to the metallographic analysis and the measurement of corresponding region and taking the diffusion stress caused by diffusion of elements into consideration，the residual stress of high temperature brazed joints was numerically simulated by using sequential coupling. The results are as follows：For the BNi－2／316L brazed joints using the 40μm thick brazing filler，brazing at 1075 ℃ for 45min will get better joints. The residual stress distribution calculated by the finite element method is basically consistent with the experimental test results，which shows that the finite element simulation method considering the diffusion effect is feasible and accurate. The residual stress in

国家自然科学基金（51675181）、上海市浦江人才计划（14PJD015）资助项目。

the solder layer and the diffusion layer is the residual tensile stress, and it reach the maximum in the brazing fillet area, which needs to be noticed.

Keywords brazing joint; residual stress; element diffusion; numerical simulation; plate fin type heat exchanger

1 引言

高效紧凑的板翅结构换热器在一体化高温系统中的应用越来越广泛。大量研究表明，板翅结构的破坏往往表现为翅片与隔板间的脱离[1]，即钎焊接头的失效（如图1）。由此可见，对系统的封装连接技术是其制造的关键，直接决定了换热设备安全可靠运行。因此，对其钎焊接头的高温力学行为进行研究具有重要的意义。

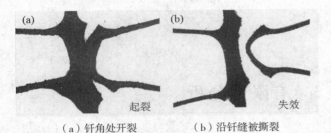

（a）钎角处开裂　　（b）沿钎缝被撕裂

图1　钎焊接头失效

在真空钎焊时，由于钎焊接头基体与钎料、基体与基体之间材料差异，钎料与母材力学性能的匹配程度以及夹具的约束作用，在钎焊过程尤其是从钎焊温度到室温的冷却过程通常会导致接头残余应力的产生，即残余热应力。由于其结构的复杂性以及测量手段的限制，很难对接头残余应力进行实际测量[2]。Chen[3]等尝试采用仿真方法对304不锈钢板翅结构真空钎焊过程进行了研究，结果表明，在钎焊过程中，结构内外温度场具有不均匀性，存在一定的温差。板翅结构由于受到夹持压力、自身结构约束和热膨胀的共同作用，翅片侧会发生较大"失稳"的变形，钎角区域明显应力集中，是失效发生的危险区域。为了优化304不锈钢板翅结构的钎焊工艺，Jiang[4-8]分析钎焊接头中残余应力分布及其各种因素的影响，并基于热弹塑性理论，利用有限元软件ABAQUS，分别讨论了不锈钢板翅结构中各钎焊工艺参数、结构参数以及材料匹配程度对残余应力的影响。Prussin[9]提出采用类似于计算温度变化导致的热应力的方法，考虑原子扩散作用产生

的残余应力。Yang等人[10]研究了在薄板中元素扩散与应力之间的相互作用关系。从上面的研究中，可以看出残余应力的产生受结构、温度、钎焊工艺、材料、元素扩散等多种因素的影响，而各个因素对残余应力的影响规律还有待研究。由于板翅结构钎焊接头几何尺寸处于微米尺度，在对钎焊接头的残余应力进行模拟分析时，大多简化或忽略钎料在钎焊接头形成过程中的作用[11]，将残余热应力作为接头的残余应力对其进行分析，实际上，焊缝中的残余应力是集热、扩散、相变等多场耦合条件下产生的，所以在分析中只考虑残余热应力不能对钎焊接头的使用寿命进行准确预测。在不锈钢钎焊接头真空钎焊过程中，钎料中的降熔元素向两端基体材料中扩散，这种扩散不仅会形成不同的接头区域组织，而且伴随着扩散元素浓度不均匀性也导致了扩散应力的产生。故在研究残余应力时，需要考虑因元素扩散而产生的扩散应力对残余应力的影响。

本研究通过对所制备的钎焊接头试样进行微观组织分析，建立有限元分析了模型，采用顺次耦合的方法，对高温钎焊接头的残余应力进行模拟，并通过试验验证，在此基础上进一步分析钎焊接头的残余应力情况，为板翅式结构钎焊工艺的进一步优化提供一定的理论指导。

2 钎焊接头试样制备

参照板翅结构钎焊接头，采用平行结构单元。基体采用316L，钎料采用BNi-2，取平行板厚4mm，长25mm，宽25mm，放置一层厚度40μm的箔片钎料。用奥氏体不锈钢箔片包裹钎缝，并用夹具固定，平放于高温真空钎焊炉。

在真空钎焊保温过程中，为制备质量较好的接头，防止产生非等温凝固区，选取不同钎焊工艺下得到的接头进行比较，参照文献[12]中不同保温时间的楔形接头试样（图2），得到在1075℃下保温45min，可获得基本不含脆性相性能较好的接头试样（图3a），具体钎焊工艺如图3b所示。

（a）1075℃-15min　　　　（b）1075℃-45min　　　　（c）1075℃-60min

图2　1075℃保温不同时间楔形接头试样[12]

(a)1075℃保温45min接头试样

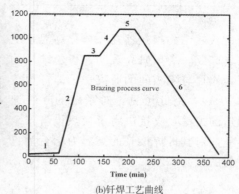

(b)钎焊工艺曲线

图3

将接头试样经过逐级打磨，抛光腐蚀后，用扫描电镜观察，如图4a所示。由图可知，焊缝区域可划分为等温凝固层（ISZ）、扩散层（DAZ）、基体（BM）。等温凝固区的宽度基本近似于BNi-2钎料的宽度，约为0.04mm；

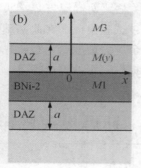

（a）扫描电镜照片　　　（b）界面模型

图4　接头结构示意图

3　有限元分析

3.1　有限元模型建立

测量得到上述的扩散影响区宽度之后，即可在ABAQUS中开始建模，在接头试样厚度方向上，由于载荷、边界条件是均匀且相同的，忽略前后截面的边界效应，可将平行钎焊接头简化为二维平面应变模型，这样可以提高计算效率。所以在本次分析中，以二维平面模型进行有限元分析计算。几何模型的基本尺寸如图5所示。

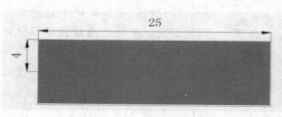

(a)接头模型几何尺寸（单位mm）

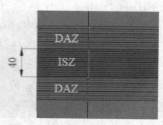

(b)接头焊缝区域的模型(单位μm)

图5

根据前面得到的数据进行建模，将接头区域划分为等温凝固区和扩散影响区，图5b为钎焊温度1075℃，一层钎料，保温时间45min时得到的接头焊缝区域的模型。

3.2 网格划分

对于模型的网格划分，重点考虑接头焊缝处的应力分布，故钎缝附近处的网格较密，母材区的网格较粗，温度场采用DC2D4单元；应力场采用CPE4R单元。在扩散应力的模拟中，其网格划分与模拟热应力时完全相同。

3.3 模型材料参数

SS316L/BNi-2/SS316L接头由镍基BNi-2钎料与母材奥氏体不锈钢316L组成，为保证分析的准确性，需要考虑焊接过程中材料性能随温度的变化效应，并假设材料在高温下物理性能保持不变，SS316L与BNi-2的导热系数、热胀系数等材料物理性能和力学性能参数采用文献[13-14]。

DAZ层是由钎料中的硼元素扩散到基体材料中形成的，扩散的密度从钎料区域的界面至金属基体的界面逐渐减小，该区域的性质类似于功能梯度材料。通常认为梯度区域的弹性模量、密度、热膨胀系数等性能参数呈现指数形式变化。DAZ层的弹性模量、热膨胀系数按照式（3-1）计算[15]：

$$M(y) = M\exp(c \cdot y) \quad (3-1)$$

其中，$M(y)$表示DAZ层材料的性能，M、c为材料常数，y表示DAZ层在厚度方向上的坐标，如图4b所示。图中M1表示钎料的力学性能，M3表示金属基体的力学性能，x轴位于BNi-2/DAZ界面上。DAZ层屈服强度等性能用基体材料代替。

3.4 初始扩散应力

本研究中应力场涉及两个过程：①保温阶段硼元素扩散引起的扩散应力；②降温阶段材料性能不匹配引起热应力变化。在有限元模拟时，将保温阶段产生的扩散应力作为初始状态，进行降温阶段的热应力分析。本文采用顺次耦合方法分析应力。

An[16]的研究中提到，在三维热传导条件下，温度T与时间t和沿热量传导方向距离x满足基本微分方程$\frac{\partial T}{\partial t} = \frac{k_i}{\rho c}\frac{\partial^2 T}{\partial x_i^2}$，$(i=1,2,3)$，这个方程与根据菲克第二定律得到的浓度$C$与时间$t$和沿扩散方向距离$y$的基本微分方程$\frac{\partial C}{\partial t} = D\frac{\partial^2 C}{\partial y^2}$在形式上很相似，令$\frac{\partial C}{\partial t} = D\frac{\partial^2 C}{\partial y^2}$中的扩散系数$D = \frac{k}{\rho c}$，则可以得到一个温度$T$与浓度$C$的对应关系，则将浓度场转换成一个温度场提供了可能，另外，An等在研究中还提到，由扩散引起的应变可以表征为下式：

$$\varepsilon_{ij} = \frac{1+\nu}{E}\sigma_{ij} - \frac{\nu}{E}I_1\delta_{ij} + \frac{1}{3}C\Omega\delta_{ij}, \quad (i,j=1,2,3)$$

式中I_1为应力张量的第一常数，C为原子浓度，E和ν分别是杨氏模量和泊松比，Ω是偏摩尔体积。

由温度引起的热应变可以表征为：

$$\varepsilon_{ij} = \frac{1+\nu}{E}\sigma_{ij} - \frac{\nu}{E}I_1\delta_{ij} + \alpha T\delta_{ij}, \quad (i,j=1,2,3)$$

式中α是热膨胀系数（CTE）。

上面两个公式表明，扩散引起的应力应变和热引起应力应变在形式上基本一致，对应两个公式，令$\frac{1}{3}\Omega = \alpha$，则可以得到与热应力对应的一个扩散应力的表达式。

综上所述，在扩散应力的模拟中，建立一个与浓度场相等效的温度场，这个等效温度场中的热胀系数$\alpha = \frac{1}{3}\Omega$，查得偏摩尔体积$\Omega$等于4.01cm³/mol，代入解得等效温度场的热胀系数$\alpha = 1.33$cm³/mol，取等效温度场的热导率$k = D \times \rho \times c$，其中$D$为B元素在扩散影响区的扩散系数，$\rho$为密度，$c$为比热容，查得[32]$\rho = 7500$kg/m³，$c = 0.68$kJ/（kg·K），$D$通过文献[17]查得公式$D = 1.7 \times 10^{-9}\exp(-\frac{116 \text{ kJ·mol}^{-1}}{RT})$，解得$D = 5.439 \times 10^{-14}$ m²·s⁻¹，代入前面的公式解得热导率$k = 2.774 \times 10^{-7}$W/（m·K）。等效后的温度与浓度相对应，浓度C可以根据B元素的溶解度进行计算，取等温凝固区与扩散影响区的交界处为边界，此时B元素在扩散影响区能达到最大的溶解度，查得为0.3at%，通过$C = \frac{1000 \times \rho \times \omega}{M}$转换解得$C = 131.2$mol/cm³，即取等温凝固区与扩散影响区的交界处温度为 131.2℃ 作为等效温度场。相关 参数值见表1。

表1　B元素与扩散影响区相关参数表

材料	C_0	ρ (g/cm)	相对原子质量	Ω (cm³/mol)	B 浓度 mol/cm³
B	0.3% (at)[32]	2.35	10.81	4.01[19]	1.312e⁻⁴
Ni₃B	—	8.17	186.89	—	—

4　残余应力试验

4.1　残余应力测试方法

为验证该有限元方法的正确性，分别采用纳米压痕法和 XRD 衍射法对制备好的钎焊接头试样进行残余应力测量。由于残余应力集中分布在接头钎缝区域，远离钎缝区域应力非常小，所以只对钎缝附近区域进行测量。

根据几何相似的尖锐压头的理论模型[20]，与压痕轴平行的应力分量 σ_H 可采用下式计算：

$$\sigma_H = \left(\frac{A_0}{A} - 1\right) \cdot p_{ave} \qquad (4-1)$$

其中 σ_H 是由施加在压头上的残余应力引起的与压痕轴平行的应力分量，p_{ave} 为平均接触压力（硬度）。接触面积 A 与 A_0 可根据压痕 $L-h$ 曲线推导得出[ ]。

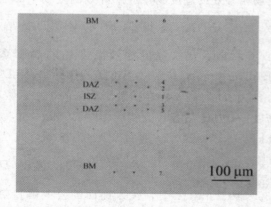

图6　钎缝附近测量区域纳米压痕点位置

抛光横截面上的材料实际上沿着 x 方向承受应力；沿着接头 y 方向上的应力通常在可忽略不计；沿平面外方向的应力经抛光后得到释放接近于零，接头处于单轴残余应力状态。其应力为[21]：

$$\sigma_{res} = -3\sigma_H \qquad (4-2)$$

为排除 DAZ 层两排点的相互影响，将其错开分布。每个区域所得的 $L-h$ 曲线分别取均值。由于理想的无应力状态的接头试样无法获得，取基体（BM）和钎料层（ISZ）压痕结果的均值作为无应力状态的参考值。

XRD 射线衍射残余应力分析仪型号为：Proto-iXRD，采用 Mn_K-Alpha 靶，电压为 20kV，电流为 4mA，衍射面为 {311}。

4.2　验证分析

图7为同一位置的残余应力模拟和试验测量结果。在焊缝中心区域，纳米压痕法得到的应力结果与模拟趋势非常吻合，残余应力最大偏差约为 20.2%，而 XRD 测量结果误差大。这可能是因为钎料元素相互扩散导致组织成分变化，以及抛光过程引入了额外的残余应力。在基体中，XRD 测量结果误差相对纳米压痕结果较小，这是因为基体的应力接近零，纳米压痕法测量结果不可靠。因此，测试时，纳米压痕法主要针对焊缝中心区域，XRD 法主要针对基体区，分别采用两种方法测试不同区域所得到的结果是可靠准确的。这也验证了有限元模拟结果在计算值以及分布趋势的合理性与准确性。

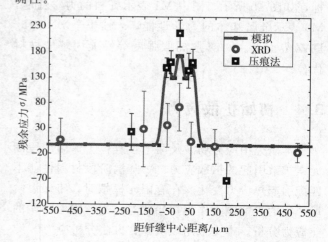

图7　中面对称中心线钎缝区域实验值与模拟值比较

5 分析与讨论

5.1 扩散应力

在保温 45mins 后，DAZ 层中硼原子从 BNi-2/DAZ 界面向 DAZ/BM 界面扩散，硼原子在 DAZ 层中呈不均匀分布。在 DAZ 层中扩散应力为压应力，最大应力位于 BNi-2/DAZ 界面处；BNi-2/DAZ 界面处最大应力约为 89.9MPa，应力沿着硼元素扩散方向逐渐减小，至 DAZ/BM 界面处已接近为零，如图 8 所示。在等温凝固过程中，接头区域就已经有扩散应力存在。这种高温下的应力场，不仅可以引起材料的宏观变形，而且可能在材料内部形成位错和微裂纹，从而影响材料的力学性能；同时还会影响冷却过程的残余应力的分布。因此，扩散应力的大小和分布对于钎焊接头质量具有重要意义。

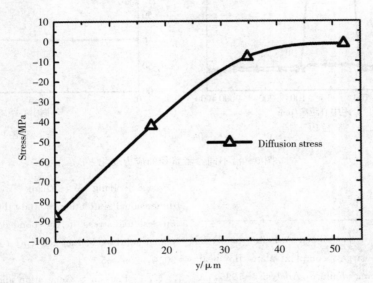

图 8 DAZ 层中扩散应力分布

5.2 冷却后的残余应力

当温度冷却至常温，钎焊接头形成，接头中残余应力不再变化。应力沿钎缝对称分布，尤其是钎角处存在残余应力峰值；基体区域应力梯度较小，应力水平接近为零。在模型上分别取两条路径 P1，P2（如图 5a）详细分析。

图 9 分别为 P1 和 P2 路径的应力变化趋势，可以看出钎料层与 DAZ 层中为残余拉应力，且相对于其他区域较大，需要重点关注。因为 y 方向几乎无约束作用，应力 S22 接近于零。从基体到钎料层，应力迅速增加到 +175MPa 左右；DAZ 层中应力在 +140MPa 波动。因此，钎料层和 DAZ 层是重点关注的对象。值得注意的是，在钎角区域钎料层中拉应力达到最大值，是最易也最先发生失效开裂的位置。

6 结论

通过钎焊接头微区微观组织分析，建立钎焊接头有限元模型，基于浓度场与温度场的对应关系，获得初始扩散应力，进而分析了扩散作用下钎焊接头的残余应力分布情况，并结合试验进行了验证分析。初步得到以下结论：

（1）对于焊前箔片钎料为一层 40μm 厚的 BNi-2/316L 钎焊接头，在 1075℃下保温 45min 时接头质量较优，钎缝区域无脆性相，主要包含等温凝固层（ISZ）、扩散层（DAZ）、基体（BM）三部分，其中 DAZ 层厚约 45μm，实际钎料层厚约 40μm。

（2）通过有限元方法计算获得的残余应力分布与试验测试结果基本一致：在焊缝中心区域，纳米压痕法测量结果与模拟趋势非常吻合分，应力最大偏差为约为 20.2%,在基体上 XRD 测量结果误差较小。这说明考虑扩散效应的有限元模拟方法是可行且准确的。

（3）在保温阶段,DAZ 层的扩散应力为压应力,最大应力位于 BNi-2/DAZ 界面处,应力沿着

硼元素扩散方向逐渐减小至零。钎焊接头形成后,钎料层与 DAZ 层中为残余拉应力,在钎角区域钎料层拉应力达到最大值;钎料层与 DAZ 层中应力相对于其他区域较大,需要重点关注。

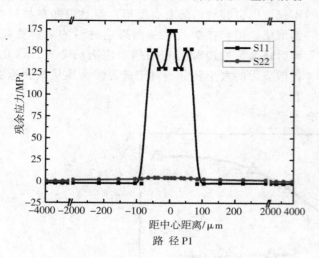
路 径 P1

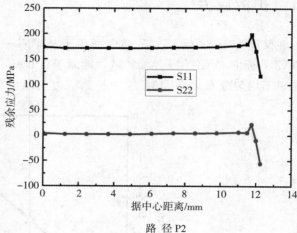
路 径 P2

图 9　沿不同参考路径的应力变化

参 考 文 献

［1］Carter P, Carter T J, Vilioen A. Failure analysis and life prediction of a large, complex plate fin heat exchanger［J］. Engineering Failure Analysis, 1996, 3 (1): 29—43.

［2］陈虎. 不锈钢多层槽道结构高温钎焊封装技术的研究［M］. 南京: 南京工业大学, 2008.

［3］Chen H, Gong J M, Geng L Y. ASME PVP2006/ICPVT - 11 Conference［J］. Vancouver, BC, Canada, 2006.

［4］Jiang W, Gong J, Tu S T. A new cooling method for vacuum brazing of a stainless steel plate—fin structure［J］. Materials & design, 2010, 31 (1): 648—653.

［5］Jiang W, Zhang Y, Woo W. Using heat sink technology to decrease residual stress in 316Lstainlesssteel welding joint: Finite element simulation［J］. International Journal of Pressure Vessels and Piping, 2012, 92: 56—62.

［6］Jiang W, Gong J, Tu S T, et al. Effect of geometric conditions on residual stress of brazed stainless steel plate-fin structure［J］. Nuclear Engineering and Design, 2008, 238 (7): 1497—1502.

［7］Jiang W, Tu S T, Li G C, et al. Residual stress and plastic strain analysis in the brazed joint of bonded compliant seal design in planar solid oxide fuel cell［J］. Journal of Power Sources, 2010, 195 (11): 3513—3522.

［8］Jiang W, Zhang Y, Woo W, et al. Three-dimensional simulation to study the influence of foil thickness on residual stress in the bonded compliant seal design of planar solid oxide fuel cell［J］. Journal of Power Sources, 2012, 209: 65—71.

［9］Prussin S. Generation and distributionofdislocation-bysolutediffusion［J］. JournalofApplied Physics, 1961, 32 (10): 1876—1881.

［10］Yang F Q. Interaction between diffusion andchemi calstresses［J］. Materials Science and Engineering A, 2005, 409 (1—2): 153—159.

［11］Li S X, Xuan F Z, Tu S T. In situ observation of interfacial fatigue crack growth in diffusionbonded joints of austenitic stainless steel［J］. Journal of Nuclear Materials, 2007, 366: 1—7.

［12］刘泽攀. SS316L/BNi-2 钎焊接头界面组元扩散行为研究［D］. 华东理工大学, 2016

［13］倪红芳, 凌祥, 涂善东. 多道焊三维残余应力场有限元模拟［J］. 机械强度, 2004, 26 (2): 218—222.

［14］Yu-Cai Zhang, Wenchun Jiang, Shantung Tu et al. Using short—time creep relaxation effect to decrease the residual stress in the bonded compliant seal of planar solid oxide fuel cell—A finite element simulation［J］. Journal of Power Sources, 2014, 255 (Jun. 1): 108—115.

［15］张玉财. 多轴应力状态下钎焊接头蠕变损伤与裂纹扩展研究［D］. 上海: 华东理工大学, 2016.

［16］An T, Qin F, Xia G F. Analytical solutionsand a

C 制造焊接

numerical approachfor diffusion-induced stressesin intermetallic compound layers of solder joints [J]. JournalofElectronicPackaging，2014，136（1）：1－8.

[17] I. Campos-Silva, M. Ortiz-Domínguez, O. Bravo－Bárcenas, et al. Formation and kinetics of FeB/Fe₂B layers and diffusion zone at the surface of AISI 316 borided steels [J]. Surface and Coatings Technology. 2010, Vol. 205（No. 2）：403－412.

[18] R. Ray, R. Hasegawa, C. P. Chou, et al. Iron－Boron Glassess：Density, Mechanical and Thermal behavior [J]. Scripta Metallurgica. 1977, Vol. II：973－978.

[19] Suresh S, Giannakopoulos A E. A new method for estimating residual stresses by instrumented sharp indentation [J]. Acta Materialia, 1998, 46（16）：5755－5767.

[20] Zhu J, Xie H, Hu Z, et al. Cross-sectional residual stresses in thermal spray coatings measured by moiré interferometry and nanoindentation technique [J]. Journal of Thermal Spray Technology, 2012, 21（5）：810－817.

[21] Lee Y H, Ji W, Kwon D. Stress measurement of SS400 steel beam using the continuous indentation technique [J]. Experimental Mechanics, 2004, 44（1）：55－61.

作 者 简 介

段鹏洋，男，研究生在读。

通信地址：上海市徐汇区梅陇路 130 号，华东理工大学徐汇校区，200237

电话：18818277112；邮箱：491226927@qq. com

热输入对 CF – 62 钢焊缝补焊残余应力的影响

胡泽训　赵建平　贾文婷

（南京工业大学 机械与动力工程学院，江苏省南京市　211800）

摘　要　利用 ABAQUS 有限元软件，开发顺次耦合焊接残余应力计算程序，对不同热输入下 CF – 62 钢焊缝补焊过程进行模拟分析。分析补焊前后残余应力变化和热输入对残余应力的影响。结果表明，不进行热处理直接补焊，补焊后残余应力较初始值有较大增加，S11 应力峰值增幅达 56%，S33 应力峰值超过材料屈服强度，故补焊前需进行热处理。补焊区域内随热输入增加，S11 应力增加，S33 应力和 Mises 应力无明显变化，热输入最佳值为 18kJ/cm。采用冲击压痕法测量焊后残余应力，实验结果证明有限元模拟基本符合真实情况。

关键词　CF – 62 钢板；热输入；补焊；残余应力；

Influence of Heat Input on Residual Stress of CF – 62 Steel Weld after Repair Welding

Hu Zexun　Zhao Jianping　Jia Wenting

(College of Mechanical and Power Engineering，Nanjing Tech University，Nanjing 211800，China)

Abstract　Using the ABAQUS finite element software, a sequential coupling thermal-stress procedure is developed to simulate the repair welding process of CF – 62 steel plate under different heat input. The residual stress distribution and the influence of heat input on residual stress are analyzed. The results show that the residual stress after repair welding is larger than that of the initial welding residual stress when the heat treatment is not implemented. The peak value of S11 stress increases by 56%. The peak value of S33 stress exceeds the yield strength. So the heat treatment is necessary. With the increase of heat input，S11 stress increases and Mises stress and S33 stress change a little. The optimum heat input is 18kJ/cm The residual stress is measured by impact indentation method. The results demonstrate the finite element simulation is similar to the real situation.

Keywords　CF – 62 Steel Plate；heat input；repair welding；residual stress

基金项目：国家重点研发计划项目（项目编号：2016YFC0801905）。

0 前言

CF-62钢因其优良的焊接性能而广泛用于大型压力容器的制造中。目前,国内许多于20世纪八九十年代投用的压力容器,已陆续进入寿命后期,继续服役时存在许多安全隐患。对处于寿命后期和超期服役的压力容器,通过再制造技术[1],修复局部损伤,使其性能满足相关法规要求,从而延长使用寿命,可为企业带来巨大的经济效益,也有助于实现资源的节约和再利用,促进制造业绿色发展,这也符合"中国制造2025"提出的要求。

焊接修补是一种常用的再制造技术。对存在超标缺陷的构件进行挖补焊接时,一个突出的问题是局部补焊产生的残余应力可能会造成焊接接头的早期开裂,降低构件的承载能力,减少其疲劳寿命[2]。因此,选用合适的补焊工艺,降低残余应力,提高构件补焊后的性能显得至关重要。

关于补焊工艺的研究,目前集中在补焊宽度、长度、深度、补焊顺序和焊道层数等工艺参数方面。Ahmed[3]等人采用轴对称方法对天然气管道进行了有限元补焊模拟,发现补焊后温度场和残余应力场与补焊顺序有关。张志毅[4]通过数值模拟研究转向架构架焊补残余应力,得出补焊后横向应力有所减小,纵向应力明显增大,且横向残余应力与补焊宽度、长度、次数关系密切。P.Dong[5]等人研究了管道焊接接头的返修长度对残余应力分布的作用,发现轴向拉力随修复长度的增大而减小。蒋文春[6-8]等人研究了复合板修复残余应力与修复热输入、长度、宽度的关系。发现随热输入增加,焊缝中心处残余应力值减小而热影响区处残余应力值增大。随补焊长度减小横向应力值增大,主要原因是随补焊长度减小周围约束力增大,导致了应力值增大。补焊宽度增加,复合板焊缝中心处残余应力值降低。P.J.Bouchard[9]通过试验的方法测量长距离修复和短距离修复中残余应力的大小,发现热影响区沿厚度方向,长距离修复残余应力值低于短距离修复。沈利民[10]等人通过数值模拟研究了补焊后焊缝与热影响区残余应力分布规律,结果表明原焊缝区残余应力横向有增有减,纵向基本减少。热影响区横向和纵向残余应力值都有所增加,纵向增加幅度更大一些。

目前,关于补焊工艺对残余应力的影响有了一定的研究,但CF-62钢补焊后残余应力的变化规律还很缺乏,不同热输入与补焊后残余应力的关系还需进一步探讨。文章使用ABAQUS软件,建立了CF-62钢平板对接焊补焊的有限元模型,分析了补焊前后残余应力的变化情况,并且在其他条件相同的情况下,建立了不同热输入(18kJ/cm、22kJ/cm、25kJ/cm)的补焊模型,研究热输入对补焊后残余应力的影响。采用冲击压痕法测量不同热输入补焊后残余应力,验证有限元模拟正确性。

1 补焊有限元模拟

1.1 几何模型

首先,对两块200mm×200mm×40mm CF-62钢板进行对接焊。依据NB/T 47014—2011《承压设备用焊接工艺评定》[11]、NB/T 47015—2011《压力容器焊接规程》[12],焊接坡口选用X型。在焊接完成后进行补焊残余应力的研究,补焊几何尺寸为80mm×12mm×4mm。补焊布局如图1所示。

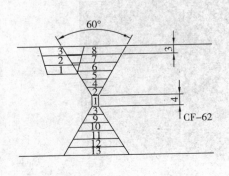

图1 补焊布局

1.2 材料热物理性能参数

CF-62钢最是20世纪70年代日本研制成功的新型焊接结构钢[13]。此钢种综合力学性能好，具有高强度、高韧性、低的焊接冷裂纹敏感性，主要优点是焊接性能良好[14]。模拟时假设焊材和母材均为CF-62钢，其热物理性能参数见表1。

表1　CF-62钢的材料热物理性能参数[15]

温度 T（℃）	导热系数（$W \cdot m^{-1} \cdot ℃^{-1}$）	密度（$kg \cdot m^{-3}$）	比热（$J \cdot kg^{-1} \cdot ℃^{-1}$）	弹性模量 E（GPa）	泊松比	屈服强度 MPa	线膨胀率 %
25	51.25	7860	450	209	0.29	575	0
100	47.95	7840	480	204	0.29	550	0.09
200	44.13	7810	520	200	0.30	520	0.23
400	38.29	7740	620	175	0.31	438	0.51
600	34.65	7670	810	135	0.31	280	0.82
800	29.59	7630	990	78	0.33	80	0.97
1000	29.35	7570	620	15	0.35	30	1.24
1200	31.88	7470	660	3	0.36	10	1.70
1400	34.4	7380	690	1	0.38	5	2.16
1600	34.79	6940	830	1	0.50	5	4.39
1640	335	6940	830	1	0.50	5	4.39

1.3 网格划分

对CF-62钢补焊进行模拟时采用三维模型。网格密度直接影响模拟结果的准确性。网格密度过高，虽然计算结果较为准确，但计算量大，耗时长。网格密度过低，结果不准确。为此，对焊缝区和热影响区网格进行细化，远离这这两个区域网格密度适度减小。网格模型如图2所示。数值模拟时初始焊接和补焊温度场均采用DC3D8单元，应力场均采用C3D8R单元。

1.4 焊接工艺与热源模型

初始焊接和补焊均采用手工电弧焊，均采用多道焊，焊接顺序如图1所示。为获得优良的焊接接头，需控制层间温度在合适范围内，对于CF-62钢，层间温度范围为150~200℃[16]。初始焊接和补焊的工艺参数分别见表2和表3。为研究热输入对残余应力的影响，分别取线能量为18kJ/cm、22kJ/cm、25kJ/cm进行模拟。

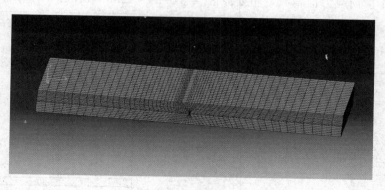

图2　网格模型

表2 CF-62钢平板初始焊接工艺参数

焊道焊层	焊接方法	填充材料		焊接电流 （A）	电弧电压 （V）	焊接速度 （cm/min）
		牌号	直径			
1	手工焊	J607RH	4mm	150～160	22～24	8
2～7	手工焊	J607RH	4mm	150～160	22～24	10
8	手工焊	J607RH	4mm	150～160	22～24	9
9～13	手工焊	J607RH	4mm	150～160	22～24	8

表3 CF-62钢平板补焊焊接工艺参数

焊道 焊层	焊接 方法	填充材料		焊接电流 （A）	电弧电压 （V）	焊接速度 （cm/min）
		牌号	直径			
1～3	手工焊	J607RH	4mm	150～160	22～24	8～10

由焊接热源决定的温度场是焊接进行的主要驱动力，本次模拟中采用内生热源，通过设置振幅曲线（见表4）来调节热源加载，并结合生死单元法来实现热源的移动，真实的模拟出焊缝填充过程。体热源热流密度公式为：

$$DFLUX = \frac{\eta UI}{V} \quad (1)$$

式中：$DFLUX$ 为电弧电压；η 为电弧热效率，取 0.8；U 为电弧电压；I 为焊接电流；V 为焊缝体积。

线能量计算公式为：

$$Q = \frac{\eta UI}{v} \quad (2)$$

式中：Q 为线能量；η 为电弧热效率，取 0.8；v 为焊接速度。

表4 振幅曲线[17]

时间	0	0.01	1.99	2
幅值	0	1	1	0

1.5 初始条件和边界条件

焊接温度场分析过程中，焊件会与周围环境进行对流传热和辐射传热，对流传热和辐射传热的边界为三维模型的外表面，对流系数取 13W/（m²·K），辐射发射率取 0.85[15][18]。焊接应力场分析过程中，为了避免平板的刚性移动[19]，在平板左右两侧进行全约束。

1.6 补焊模拟步骤

采用有限元软件 ABAQUS，模拟过程中采用热—力顺序耦合、生死单元等技术。先进行初始焊接的残余应力模拟，在此基础上，不考虑热处理直接进行补焊模拟。具体步骤为先进行焊接温度场模拟，然后将温度场作为力分析预定义场，进行应力场模拟。

2 不同热输入补焊实验

CF-62钢补焊后的残余应力通过冲击压痕法测得，对比分析实验数据与模拟数据，验证有限元分析的正确性。实验试样尺寸为 200×400×40mm，测试点布置如图3所示：选取 path1、path2 两个路径，其中 path1 包括 1/2/3/4/5点，path2 包括 6/7/3/8/9点。

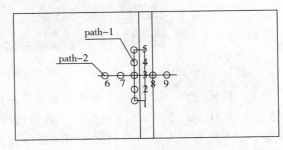

图3 测量点分布

3 结果分析

3.1 补焊前后残余应力模拟结果

以补焊热输入为25kJ/cm为例,分析补焊前后残余应力变化情况。补焊前后残余应力分析路径如图1中路径1、路径2所示。图4、图5、图6为CF-62平板补焊前后各向残余应力场云图,图左侧为补焊前残余应力,图右侧为补焊后残余应力分布,因为沿Y轴方向应力较小[20],所以只考虑Mises残余应力、横向残余应力S11、纵向残余应力S33。由应力云图可以看出,初始焊接残余应力在焊缝区域应力较大,远离焊缝处应力明显降低。补焊后,在补焊区域应力较大,初始焊缝处应力有所降低。补焊后S11、S33应力峰值明显增大。

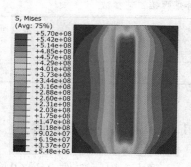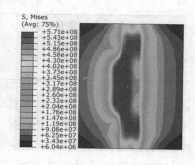

图4 补焊前后 Mises 残余应力

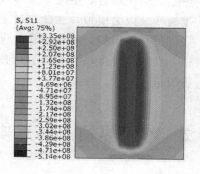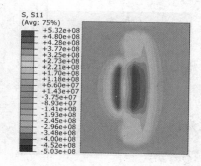

图5 补焊前后 S11 残余应力

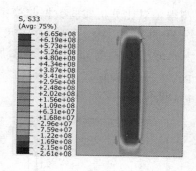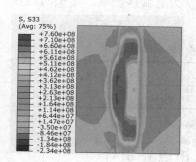

图6 补焊前后 S33 残余应力

图7、图8、图9为CF-62钢补焊前后沿路径1、路径2的Mises、S11、S33残余应力分布情况,左侧为path1处各应力值,右侧为path2处各应力值。结果表明,Mises应力沿路径1处,补焊后在补焊区域明显增大,应力峰值由532MPa增大到569MPa;Mises应力沿路径2处,在补焊区域增大,在补焊热影响区(初始焊缝处)应力值降低;横向残余应力S11补焊后应力值变化较大,沿路径1处,补焊后S11应力值降低,但沿路径2处,S11应力在补焊区域有明显增大,应力峰值从

329MPa 增大到 516MPa；纵向残余应力 S33 在补焊后变化同 Mises 应力变化规律类似，沿路径 1 处补焊区应力值呈增大趋势，沿路径 2 处 S33 应力值在补焊热影响区（初始焊缝处）应力值降低，在补焊区应力值有小幅度增加。补焊区域 S33 应力峰值达到 660MPa，超过材料的屈服强度。因此，需先对平板进行热处理然后进行补焊，以降低补焊残余应力。

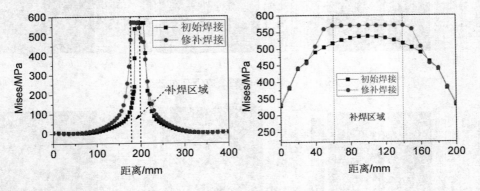

图 7　沿 path1、path2 处 Mises 残余应力

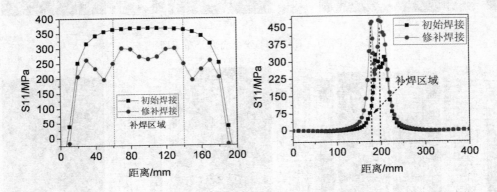

图 8　沿 path1、path2 处 S11 残余应力

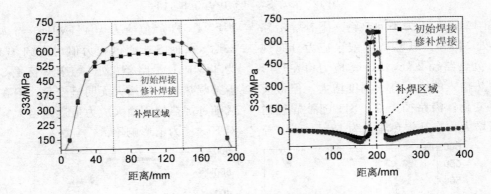

图 9　沿 path1、path2 处 S33 残余应力

3.2　不同热输入补焊残余应力模拟

　　图 10、图 11、图 12 为补焊后残余应力分布云图。其中图 10 为热输入依次为 18kJ/cm、22kJ/cm、25kJ/cm 补焊后 Mises 应力云图，图 11 为热输入依次为 18kJ/cm、22kJ/cm、25kJ/cm 补焊后 S11 应力云图，图 12 为热输入依次为 18kJ/cm、22kJ/cm、25kJ/cm 补焊后 S33 应力云图。从应力云图可以看出，随着补焊热输入的增大，S11 应力峰值有增大的趋势，Mises、S33 应力峰值无明显变化。

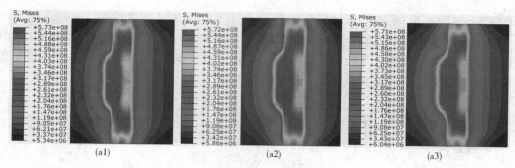

图 10　补焊 Mises 残余应力分布云图

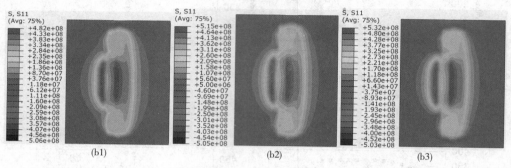

图 11　补焊 S11 残余应力分布云图

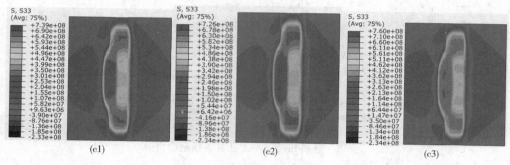

图 12　补焊 S33 残余应力分布云图

　　图 13、图 14、图 15 为不同热输入下补焊沿路径 1、路径 2 处 Mises、S11、S33 残余应力分布规律。沿路径 1 处、路径 2 处，Mises 应力值在热影响区随着补焊热输入的增大有小幅度增大，但最大应力值无明显变化。沿路径 1 处，S11 随补焊热输入的增大逐渐增大，在补焊热输入为 18kJ/cm 时补焊区域 S11 峰值应力为 441MPa，当热输入增加到 25kJ/cm 时 S11 峰值应力值增大到 471MPa，增幅为 30MPa；沿路径 2 处，在补焊区域 S11 应力值随着补焊热输入的增大无明显变化，但在补焊热影响区随补焊热输入增大应力值逐渐增大。补焊热输入对 S33 应力值影响不大。

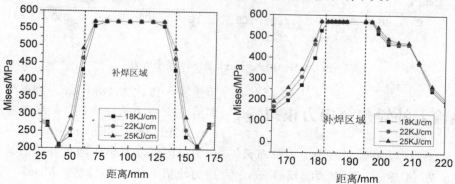

图 13　沿 path1、path2 处 Mises 残余应力

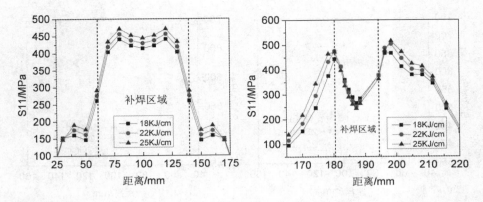

图 14 沿 path1、path2 处 S11 残余应力

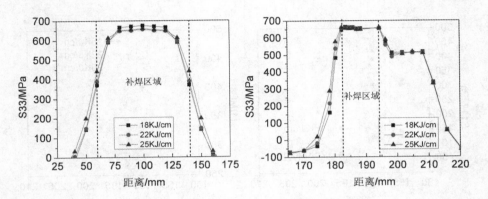

图 15 沿 path1、path2 处 S33 残余应力

3.3 不同热输入补焊残余应力实验

为验证有限元数值模拟的正确性,现对不同热输入补焊进行实验,热输入取三组,试样 1、2、3 热输入依次为 18kJ/cm、22kJ/cm、25kJ/cm。图 16 ～图 19 为路径 1、路径 2 测量点处所得残余应力变化趋势图,其中左侧为补焊实验残余应力测量分布曲线图,右侧为数值模拟结果应力变化分布曲线图。

图 16、图 17 为沿路径 1 处测量点实验与模拟

的 S11、S33 残余应力分布图,由图可以看出,冲击压痕法测得的残余应力数值大小与模拟结果数值上较为接近,且变化趋势也是一致的。S11 残余应力随着补焊热输入的增大而增大,S33 残余应力随着热输入的变化趋势不明显。

图 18、图 19 为沿路径 2 处测量点实验与模拟的 S11、S33 残余应力分布图,由图可得,补焊实验值与模拟值较为接近,且变化趋势较为一致。随补焊热输入的增加路径 2 处 S11 残余应力有逐渐变大的趋势,而 S33 变化趋势不明显。

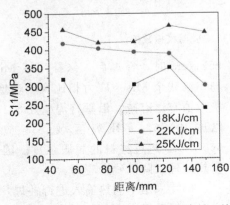
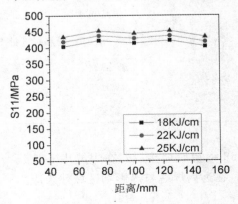

图 16 沿路径 1 处 S11 实验与模拟数据

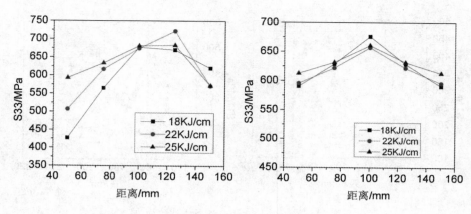

图 17 沿路径 1 处 S33 实验与模拟数据

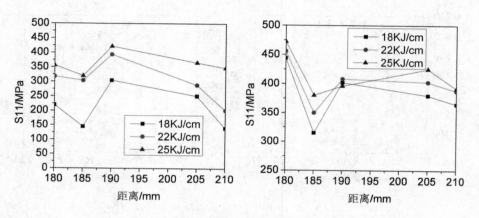

图 18 沿路径 2 处 S11 实验与模拟数据

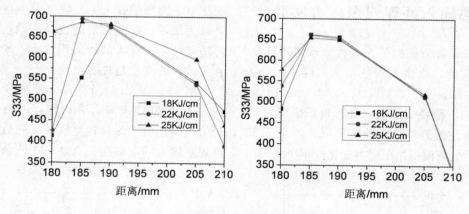

图 19 沿路径 2 处 S33 实验与模拟数据

4 结论

（1）CF-62 钢初始焊接后，在焊缝中心处残余应力值较大，在远离焊缝与热影响区域残余应力逐渐降低。

（2）不进行热处理直接补焊，补焊热输入为 25kJ/cm 时，补焊后，修补区域 Mises、S33 应力与初始残余 Mises 应力相比有明显增大，S11 残余应力值有增有减，沿垂直焊缝处 S11 残余应力峰值增幅达 56%。补焊区域 S33 应力峰值达到 660MPa，超过材料的屈服强度。因此补焊前需进行热处理以降低残余应力。

（3）采用不同热输入进行补焊，研究不同热输入对补焊后残余应力的影响。结果表明，随着热输入的增大 S11 应力呈增大趋势。Mises 应力、S33 应力值变化不大，焊接热输入最佳值为 18kJ/cm。

（4）不同热输入补焊实验结果表明，随着补焊热输入的增大，S11 应力值逐渐增大，Mises、S33 应力值变化不明显。实验与模拟结果较为相近，且变化趋势也基本一致，可以验证有限元模拟基本符合真实情况。

参 考 文 献

［1］KoehlerH，Partes K，Seefeld T，et al. Laser reconditioning of crankshafts：from lab to application ［J］. Physics Procedia，2010，（5）：387－397.

［2］张建勋，刘川. 焊接应力变形有限元计算及其工程应用 ［M］. 北京：科学出版社，2015.

［3］Alian A R，Shazly M，Megahed M M. 3D finite element modeling of in-service sleeve repair welding of gas pipelines ［J］. Applied Mechanics & Materials，2013，313－314：957－961.

［4］张志毅，韩永彬，王心红，等. 转向架构架补焊残余应力数值模拟 ［J］. 电焊机，2012，42（4）：82－86.

［5］Dong P，Zhang J，Bouchard P J. Effects of repair weld length on residual stress distribution ［J］. Journal of Pressure vessel Technology of ASME，2002，124：74－80.

［6］Jiang W C，Xu. X P，Gong J. M. Influence of repair length on residual stress in the repair weld of a clad plate ［J］. Nuclear Engineering and Design，2012，246：211－219.

［7］Jiang W C，Liu Z，Gong J M，et al. Numerical simulation to study the effect of repair width on residual stresses of a stainless steel clad plate ［J］. International Journal of Pressure Vessels & Piping，2010，87（8）：457－463.

［8］Jiang W C，Wang B Y，Gong J M，et al. Finite element analysis of the effect of welding heat input and layer number on residual stress in repair welds for a stainless steel clad plate ［J］. Materials & Design，2011，32（5）：2851－2857.

［9］Bouchard P J，George D，Santisteban J. R.. Measurement of the residual stresses in a stainless steel pipe girth weld containing long and short repairs ［J］. International Journal of Pressure Vessels and Piping，2005，82：299－310.

［10］沈利民，巩建鸣，余正刚，等. Q345R 钢焊接接头不同部位补焊残余应力的有限元分析 ［J］. 焊接学报，2009，30（9）：57－61.

［11］NB/T 47014—2011，承压设备用焊接工艺评定 ［S］.

［12］NB/T 47015—2011，压力容器焊接规程 ［S］.

［13］潘家祯. 压力容器材料实用手册：碳钢及合金钢 ［M］. 北京：化学工业出版社，2000.

［14］顾素兰，蒋向红. CF62 钢制球罐裂纹成因分析 ［J］. 化工装备技术，2005（05）：33－35.

［15］钱裕文. 基于等承载能力的承压设备焊接接头优化 ［D］. 南京：南京工业大学，2014.

［16］《大型球罐用 CF 钢的应用研究》课题协作组. CF－62 钢焊接工艺试验研究 ［J］. 压力容器，1987（3）：6－20，97.

［17］杨阳. 逆焊接消除焊接残余应力的工艺研究 ［D］. 南京：南京工业大学，2014.

［18］张建军，李午申，邸新杰，等.07MnNiCrMoVDR 钢焊接热影响区性能预测和工艺参数的优化 ［J］. 焊接学报，2008，29（3）：29－32.

［19］沈利民，巩建鸣，余正刚，等. Q345 钢焊接接头不同部位补焊残余应力的有限元分析 ［J］. 焊接学报，2009，9（30）：57－61.

［20］Scheider I，Pfuff M，Dictzel W. Derivation of separation laws for cohesive models in the course of ductile fracture ［J］. Engineering Fracture Mechanics，2009，76：1450－1459.

作 者 简 介

胡泽训（1993.06.17），男，硕士研究生。

通信地址：江苏省南京市浦口区珠江路 30 号南京工业大学机械与动力工程学院，211800

手机：15105176938，E-mail：805298933@qq.com.

反应堆压力容器内环形件焊接残余应力数值模拟

孙少南　于敦吉　张　喆　陈　旭

（天津大学化工学院　天津　300354）

摘　要　针对反应堆压力容器内环形件的焊接过程进行了有限元计算，分析了结构焊后残余应力分布。与三维模型计算结果比较，发现二维轴对称模型可以很好地反映残余应力分布情况，且能够大大提高计算效率。经热处理后，残余应力可以得到有效消除，且中间热处理对于结构最终的应力状态无明显影响。计算结果表明，在一定范围内焊道集中方法可以兼顾计算精度和效率。

关键词　反应堆；残余应力；轴对称模型；热处理；焊道集中

Finite Element Simulation on the Welding Residual Stress of Nuclear Reactor Pressure Vessel's Inner Ring

Sun Shaonan　Yu Dunji　Zhang Zhe　Chen Xu

（School of Chemical Engineering and Technology，Tianjin University，Tianjin 300354）

Abstract　The welding process of the inner ring of nuclear reactor pressure vessel was performed by finite element simulation and the distribution of welding residual stress was investigated. Compared with the 3D model，the 2D axisymmetric model can reflect the distribution of welding residual stress very well，and it can also improve the computational efficiency. The residual stress can be eliminate effectively after post weld heat treatment and the final residual stress level is hardly affected by PWHT during the welding process. The results show that lumped-pass method can both guarantee the accuracy and efficiency within a certain range.

Keywords　reactor pressure vessel；residual stress；axisymmetric model；heat treatment；lumped-pass method

0 引　言

反应堆压力容器是核电站一回路中的关键设备，其制造生产工艺有严格的要求。付强[1]等提出

的一种具有内部环形件的反应堆结构，因环形件和筒体壁厚较大，在制造过程中由于焊接热源加热的局部性会导致焊缝金属以及母材产生不协调的变形，进而导致分布极不均匀的焊后残余应力[2]。残余应力的存在极易造成焊接接头的疲劳损伤、应力腐蚀开裂甚至发生断裂，对于结构完整性和服役表

现有着不利的影响[3]。焊后热处理是残余应力消除的一种有效手段，经热处理后的残余应力大幅度降低[4-6]。

大厚度构件的焊接过程复杂，焊接周期长，焊接过程中温度场以及焊后残余应力场测量难度大，且成本较高，不宜采用大量试验进行探究。对于反应堆压力容器来说，因其结构尺寸庞大，三维模型具有较多的网格数量，会导致计算时间过长。而将三维模型简化为二维问题，可以大大提高计算效率[7-8]。对于多道焊接问题，焊道集中[9-10]是一种有效地提高计算效率的方法。这种方法将不同的焊道进行分组合并从而减少计算时间。

本文从提高计算效率的角度出发，针对反应堆压力容器内环形件的焊接过程，建立了二维轴对称计算模型，模拟了构件的焊接过程，并与三维模型计算结果做出了对比。采用蠕变模型分析了热处理对于残余应力消除的作用，并探讨了中间热处理过程对于最终应力分布的影响。此外，结合焊道集中方法，研究了计算效率和计算精度之间的关系。

1 有限元模型

1.1 焊接工艺

反应堆压力容器内环形件加工成非对称双U型窄间隙坡口与筒体凸台进行对焊连接，焊缝采用双U型窄间隙坡口，焊件结构如图1、2所示。环形件厚度较大，焊前预热至200℃，焊接过程分为三次完成焊接。首先在坡口较深一侧焊完一定高度，将焊件进行翻转，进行反面焊接；焊接前首先进行清根操作，再开始焊接直至焊缝填满；焊完后再翻转构件，对正面余下部分进行施焊。焊接方式为埋弧自动焊，每一道焊接的时间约为30分钟。

有限元模拟采用顺次耦合方法计算残余应力，首先对整个焊接过程的温度场进行非线性的瞬态热分析，然后将瞬态热分析每一时间点的节点温度作为应力计算的载荷进行非线性静态应力场分析，最终得到结构的残余应力。

计算中热源模型选用基于给定温度热源方法的带状移动温度热源[11]进行加载，在焊缝方向上将热源拉长，减少焊缝区域的网格数量。根据焊接速度选取一定长度焊缝内的节点，施加恒定温度载荷并保持一定时间，通过所选取的焊缝区域的变化实现热源的移动。计算中使用生死单元技术模拟焊缝的生长，未填充的单元处于"杀死"状态，随着热源的移动，相应的单元逐次激活。

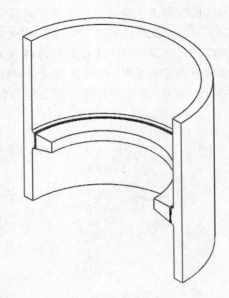

图1 环形件筒体结构

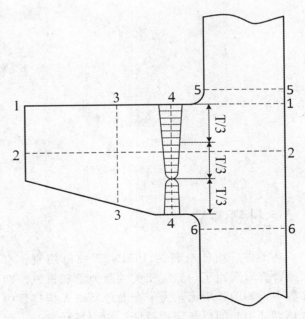

图2 焊缝坡口示意图

1.2 模型建立

为了保证计算精度，兼顾计算效率，选取构件的1/16进行建模，并采用结构化网格进行离散，离散后的模型如图3所示。焊缝处温度梯度较大，控制网格尺寸在 2mm 左右，远离焊缝的区域网格尺寸逐渐变大。网格划分完成后整个模型共包含 80340 个单元，86919 个节点。

由于反应堆结构较大，采用三维模型进行有限元计算需要数目庞大的有限单元体，且需要设置较小的时间步长以保证计算结果的准确性和良好的收敛性，为了进一步提高计算效率，本文建立了二维轴对称模型进行计算并与三维模型计算结果进行对比。二维轴对称模型划分网格后包含 10456 个单元，10660 个节点，相比于三维模型，网格数量大大减少。

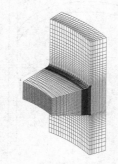

(a) 三维模型网格划分

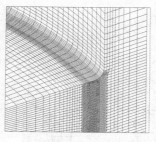

(b) 焊缝区网格

图 3 反应堆结构网格模型

1.3 材料参数

环形件、筒体材料为 16MND5 核电用钢。有限元计算时采用了与温度相关的热力学和机械性能参数[1]，如图 4 所示。为了准确地反映焊接过程中冷热循环引起的材料硬化效应，应力场计算时，假设材料在加载、卸载时服从 Mises 屈服准则和双线性随动强化模型，以此来计算焊缝处反复的塑性变形。在本文的计算中，不考虑相变的影响。焊缝材料及热影响区晶粒尺寸不同，机械性能存在较大差异，测试得到的焊材屈服强度在低于 400℃时，高于母材 100MPa 左右，在高于 800℃时，与母材基本一致。

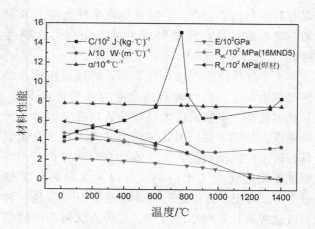

图 4 16MND5 热力学性能参数

1.4 热处理工艺

热处理过程是消除残余应力的有效手段，可以降低结构发生失效的风险。当焊件在热处理过程中处于高温状态时，残余应力的释放主要有两个方面[12]：（1）残余应力大于热处理温度下的材料屈服强度，产生了塑性流动变形；（2）加热温度下发生蠕变导致应力松弛。此外，在热处理温度下，由于蠕变的存在使得残余应力得以重新分布。

此构件制造时，总共分为三次进行焊接操作，每次焊接完成后，工件都进行了热处理操作，故工件总共进行了三次热处理，热处理过程如图 5 所示。有限元计算时，选用应变强化蠕变准则[13]进行计算，见式（1）：

$$\dot{\varepsilon}_{cr} = C_1 \sigma \varepsilon_{cr} e^{-\frac{C_4}{\tau}\varepsilon}$$ (1)

式中应变强化蠕变准则系数 $C_1 = 3.89 \times 10^{-14}$，$C_2 = 3.418$，$C_3 = -0.201$，$C_4 = 0$

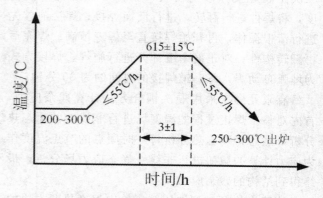

图 5 热处理工艺过程曲线

2 计算结果和讨论

2.1 3D 与 2D 模型结果对比

为了验证三维模型和轴对称模型计算结果的一

致性，图6分别显示了二维轴对称模型和三维模型中面的径向应力、环向应力及轴向应力的分布情况。并选取支撑环上表面1—1、支撑环中间位置2—2、平行于焊缝母材区域3—3、焊缝中心线4—4四条路径，见图2，作出沿路径的残余应力分布曲线，如图7所示。

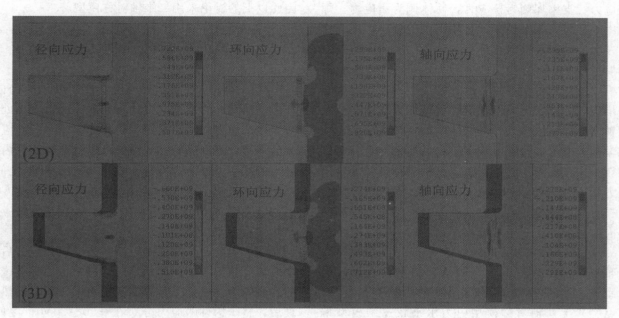

图 6　二维轴对称模型及三维模型残余应力分布

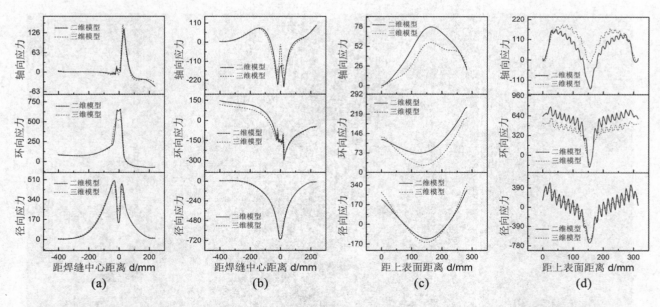

图 7　二维轴对称模型与三维模型不同路径残余应力分布情况：（a）路径1，（b）路径2，（c）路径3，（d）路径4

对比云图发现，二维轴对称模型计算结果和三维模型计算结果基本一致，云图形状相似，残余应力分布仅在小范围内有微小差别，各个方向残余应力水平均相近。焊缝及热影响区呈现出较高的应力状态，且焊缝表面处的应力值最大。焊缝轴向存在较大的温度梯度，导致较高的环向残余应力和径向残余应力，而径向和环向的温度梯度相对较小，对应的轴向残余应力也相对较小；不像内部焊道会受下一次焊接高温熔池的影响，焊缝表面冷却后收缩变形较大，同时受到了筒体和内环形件的强约束作用，焊缝表面存在较大的残余应力。

沿着四条路径的应力结果相差不大。路径 1 各项应力在支撑环侧为拉应力，筒体侧为压应力；焊缝中心处应力水平最高，且作用范围较小，应力梯度较大。轴对称模型在焊缝中心处的径向应力较三维模型偏小，环向应力数值偏大。路径 2 上，轴对称模型与三维模型结果相近，各项应力在焊缝中心处均表现为压应力，但轴对称模型在焊缝中心位置的轴向应力数值偏大。母材区即路径 3 各项应力均比较接近，焊接过程对较远距离的残余应力分布影响较小。在焊缝中心位置，二维轴对称模型的轴向应力数值与三维结构差距较大，表现为压缩应力，而接近表面的位置，应力水平一致；轴对称模型的环向应力要高于三维模型。

从云图和各路径上的应力分布可以发现，二维轴对称模型和三维模型的计算结果具有较好的一致性。路径 1、2、3 仅在焊缝中心处存在差异，而路径 4 上，轴对称模型应力水平较三维模型偏高。产生这种现象是因为三维焊接过程中的先焊部分和后焊部分均会对熔池区域产生影响，使熔池部分受到反复的热循环作用，而使用轴对称模型计算时，热循环的影响会被放大，且约束作用加强，导致轴对称模型的环向残余应力比三维模型偏高。

综上所述，二维轴对称模型可以代替三维模型来反映焊接残余应力分布规律，在焊缝中心处的计算结果略偏于保守，但其仍可满足工程设计要求，因此以下的讨论采用二维轴对称模型。

2.2 热处理前后残余应力分布情况

环形件不进行热处理与经三次热处理的径向、环向以及轴向的残余应力分布如图 8 所示，热处理对于残余应力的消除起到了明显的作用，各向应力数值均有大幅度降低，从图中可以看出，焊件内部应力值较小，径向应力分布在－20～40MPa 之间，环向应力分布在－35～50MPa 之间，沿厚度方向上的应力在 80MPa 以下，较另外两个方向的应力消除作用不是很明显。

选取上述四条路径作出沿各路径热处理前后残余应力分布曲线如图 9 所示。焊接完成后焊缝区域的残余应力虽然处于很高的应力水平，但是经热处理后，整个构件的应力分布在－50～50MPa 之间，远离焊缝的应力基本为 0。

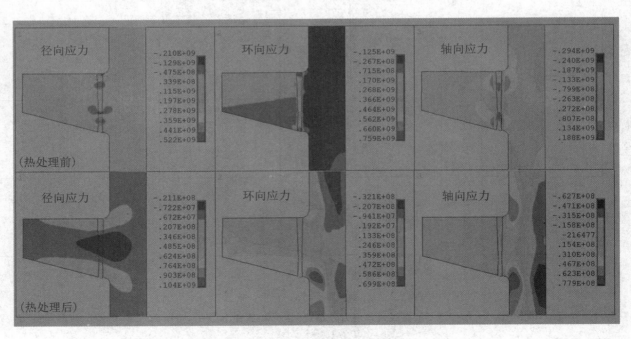

图 8 热处理前后残余应力分布

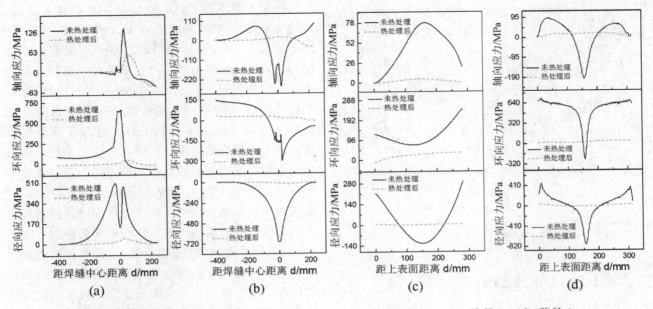

图9 热处理前后不同路径残余应力分布：（a）路径1，（b）路径2，（c）路径3，（d）路径4

3 残余应力影响因素

3.1 焊道集中影响

支撑环结构需要经过多道焊接才能完成，数值计算时若按照实际焊接情况模拟，则需要很长的计算时间。焊道集中方法将一部分焊道进行合并，并保持总的热输入量不变，可以有效地提高计算效率。本文以焊道高度分别为 4mm、8mm、15mm 和 30mm 进行了计算，来验证焊道集中方法对支撑环结构焊接残余应力分布的影响，以确定焊道集中方法的适用范围。

图 10 为层高取不同值时，焊缝中心的残余应力分布。从图中可以看出焊缝中心，沿厚度方向上应力呈波浪状态分布，表现出较大的应力梯度，且层高越大，波浪状越明显。在模拟焊接过程中，选用较大层高时，由于每道焊道厚度较大，第 N 道焊接时仅对第 N－1 道的上表面有明显的热作用，而沿厚度方向热传导的滞后导致其对下表面的热作用较小，因此沿着焊道厚度方向上会存在较大的温度梯度，进而产生较大的应力梯度，使得焊缝中心应力分布呈波浪状。层高为 4mm 时曲线最为平滑，且其余层高时围绕 4mm 时波动。当层高为 30mm 时，轴向应力分布出现明显的偏离，而径向和环向

只是波动幅度变大。

因此可以看出，当层高小于 15mm 时，可以得到较为准确的结果，且能够保证计算效率，而当层高较大时，则会与实际结果产生较大的偏差。

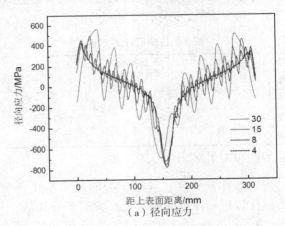

（a）径向应力

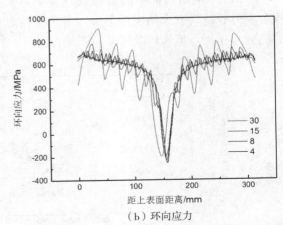

（b）环向应力

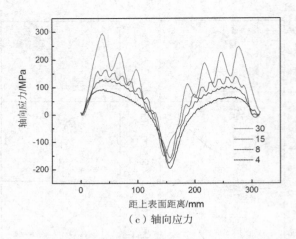

图10　焊道集中对焊缝中心残余应力分布的影响

3.2　中间热处理影响

本构件焊接时共进行了三次热处理，由于构件沉重，不方便操作，且热处理成本较高，有必要分析中间热处理过程对于残余应力消除的影响。本节根据每次焊接完成后是否需要热处理设计了如表1所示计算方案，根据焊接完成后及热处理操作后残余应力的分布及演化情况，来讨论中间热处理的影响。

表1　热处理计算方案

案例	正面第一次焊	反面焊接	正面第二次焊
方案1	√	√	√
方案2	√	×	√
方案3	×	√	√
方案4	×	×	√

（注：√有热处理；×无热处理）

由上述计算可知，焊缝中心的应力水平最高，故选取焊缝中心线经四种热处理方案进行比较。从图11中可以看出，选取不同的热处理方案，最后的残余应力数值均有大幅度的下降，各方案均有明显的消应力作用，但作用效果略有不同。

按照方案1焊接时，正面第一次焊接完成后，焊缝中心处于较高的应力水平，约为550MPa（a图中①线）。随着后续焊道的施焊，焊根部位逐渐冷却，其应力水平有所下降，而最后一道焊道表面残余应力数值较大，达到600MPa，超过材料屈服强度。随后进行第一次热处理，残余应力降低到40MPa左右。接下来翻转工件，进行反面焊接操作。本工序完成的焊道处在较高的应力水平，由根部向表面逐渐增大，而且第一次焊接的部分在其上下表面也产生了较大的残余应力（a图③线），这是因为反面焊缝焊接时受到了先焊部分较强的约束作用，进而在结构中产生了自相平衡的应力。方案2中也有同样的现象（b图③线），而经过第二次热处理后，上述的残余应力又得到了消除。在第三次焊接时，先焊部分的约束作用更强，故第三次焊接过程中产生的应力对先焊部分的影响作用不大。当全部焊接完成后，进行最后一次热处理，整体的残余应力降低到40MPa左右。

方案2在反面焊接后不进行热处理，直接进行第三次焊接，反面焊接部分的残余应力在第三次焊接过程中基本不发生变化。

方案3和方案4在热处理操作之前，一直保持在高的应力状态，而经过热处理之后，残余应力均得到有效消除。从图（c）中也可以看出，第三次的焊接过程不会对前两次已焊完部分的应力状态产生过大影响。

等效应力可以反映构件的应力水平，中间热处理对于结构最终的应力分布影响不大，不管经过几次中间热处理过程，最终热处理之后，焊接件的应力幅值约为40MPa，这说明最终热处理前的应力状态对热处理后的应力分布影响不大。需要注意的是在焊接过程中，如果先焊部分应力较大，在后续焊接过程中容易导致焊缝开裂，故制造时应根据实际情况选择热处理方案。

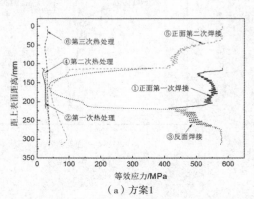

（a）方案1

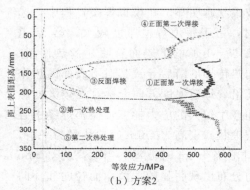

（b）方案2

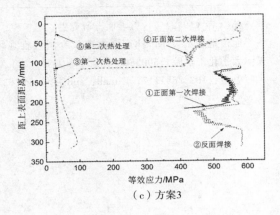
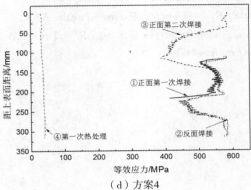

（c）方案3　　　　　　　　　　　　　　　　（d）方案4

图11　焊缝中心应力分布

4　结论

本文对反应堆压力容器内环形件的焊接残余应力进行了研究，经过一系列的计算分析，得到以下主要结论：

（1）采用移动温度热源加载的轴对称模型可以得到和三维模型计算结果较为一致的残余应力分布，轴对称模型可以代替三维模型计算环形件焊接残余应力，但其计算结果应力水平偏高，结果偏保守；

（2）反应堆压力容器内环形件焊接后存在较高的残余应力，经热处理后残余应力得到有效的消除；

（3）焊道集中方法可以明显地提高计算效率，且能够保证计算精度，当焊道高度小于15mm时，可以得到与实际焊接一致的结果；

（4）从残余应力演化规律来看，中间热处理对于结构最终的残余应力状态无明显影响，经最后一次热处理后，残余应力均会下降到较低水平。

参 考 文 献

［1］付强，罗英，谢国福，等．反应堆压力容器内壁环形锻件焊接残余应力三维有限元数值模拟［J］．压力容器，2014，（09）：28－35.

［2］中国机械工程学会焊接学会．焊接手册，焊接结构［M］．3版．北京：机械工业出版社，2007.

［3］Shiue R K，Chang C T，Young M C，et al. The effect of residual thermal stresses on the fatigue crack growth of laser－surface－annealed AISI 304 stainless steel. Part I：Computer simulation［J］. Materials Science and Engineering A，364（1－2）：101－108.

［4］古敏，王殿祥，韩丽，等．经不同规范焊后热处理的核电用碳钢的力学性能比较［J］．压力容器，2015，（06）：35－39.

［5］Tan L，Zhang J. Effect of pass increasing on interpass stress evolution in nuclear rotor pipes［J］. Science and Technology of Welding and Joining，2016，21（7）：585－591.

［6］Paddea S，Francis J A，Paradowska A M，et al. Residual stress distributions in a P91 steel－pipe girth weld before and after post weld heat treatment［J］. Materials Science and Engineering A，2012，534：663－672.

［7］Song X，Kyriakoglou I，Korsunsky A M. Analysis of residual stresses around welds in a combustion casing［M］//Mesomechanics 2009. Oxford，2009，189－192.

［8］Dong P，Hong J K，Bouchard P J. Analysis of residual stresses at weld repairs［J］. International Journal of Pressure Vessels and Piping，2005，82（4）：258－269.

［9］张可荣，张建勋，黄嗣罗，等．大型厚壁筒体斜插弯管接头应力特征有限元快速预测［J］．西安交通大学学报，2010，（03）：68－71.

［10］杨敏，罗英，付强，等．焊道简化对核电J形焊缝残余应力数值计算影响［J］．热加工工艺，2016，（07）：250－253.

［11］Cho J R，Lee B Y，Moon Y H et al. Investigation of residual stress and post weld heat treatment of multi-pass welds by finite element method and experiments［J］. Journal of Materials Processing Technology，2004，155－156（1－3）：1690－1695.

［12］Mitra A，Siva Prasad N，Janaki Ram G D. Estimation of residual stresses in an 800 mm thick steel submerged arc weldment ［J］.Journal of Materials Processing Technology，2016，229：181－190.

［13］Altstadt E，Moessner T. Extension of the ANSYS creep and damage simulation capabilities ［R］.Dresden：Forschungszentrum Rossendorf，2000.

作 者 简 介

孙少南（1992－），男，硕士研究生。

通信地址：天津市津南区海河教育园区雅观路 135 号天津大学化工学院，300354

电话：18222651117；E-mail：sun_snan@163.com

基于维氏硬度与压痕实验的 X70 管线钢焊接接头力学性能评定

王宇扬　王　晶

（北京工业大学机械工程及应用电子技术学院，北京 100124）

摘　要　针对容器及管道在服役过程中力学性能难以评价的问题，本文围绕着硬度与力学性能的定量表达展开了系列研究。以 X70 管线钢为对象，对两种工程常用焊接工艺制作的焊接接头进行了研究，同时考虑焊接工艺对沿管道壁厚方向的力学与硬度性能的影响。经过 12 个带焊缝试件的拉伸及 192 次的硬度压痕试验，建立了适合工程应用的数学表达式。结果表明：焊缝、母材、热影响区的硬度、压痕参数及力学性能均不随管道壁厚发生明显变化，现场仅对管道外壁进行硬度检测是合理的；X70 管线钢多层焊较多层多道焊工艺更优；维氏硬度的分布可有效解释试件的断裂现象，硬度与压痕塑性功呈反比。

关键词　焊接接头，力学性能；维氏硬度；仪器化压痕实验；塑性功

Mechanical Properties Evaluation Mehtod on Welded Joints of X70 Pipeline Steel Based on Vickers Hardness and Indentation Test

Wang Yuyang　Wang Jing

（College of Mechanical Engineering and Applied Electronics Technology,
Beijing University of Technology，Beijing，100124）

Abstract　In order to solve the problem that the mechanical properties of vessels and pipelines are difficult to evaluate during service，this paper focuses on the quantitative relations of hardness and mechanical properties. Taking the X70 pipeline steel as the research object，welding joints of the two welding processes which are commonly used in the pipeline projects are studied respectively，the mechanical properties and hardness along with the thickness direction of the pipeline are tested and the influence of the welding process is considered. Based on the results of 12 tensile tests of the weld joints and 192 indentation hardness tests，mathematical expressions of hardness and mechanical properties which are suitable for engineering application are established. The results show that：hardness, indentation parameters and mechanical properties of the weld joint，base metal and heat affected zone did not change significantly along with the pipe wall thickness，it is reasonable to test the hardness of the outer wall of the pipeline at the scene；for X70 pipeline steel，the multi-layer welding process is better than the multi-layer multi-channel welding process；Vickers hardness distribution can effectively explain the fracture of the specimen；hardness is inversely proportional to plastic work.

Keywords　welded joints；mechanical properties；vickers hardness；instrumented indentation test；plastic work

基金来源：国家重点研发计划（2016YFC0801905－16）

1 引言

管道是长距离输送液体和气体的主要载体。管道输送具有安全可靠、封闭输送、不间断、输送距离短等优点，成为天然气中远途输送的主要方式之一[1]。管道在投入使用前、服役过程中，需要对管道的质量进行检测与监控，以发现管道缺陷，预测风险的发生。工程中常用声发射、硬度等手段进行管道检测，但是，由于在役管道带压、非破坏和连续工作等特点，无法得到其服役中材料的力学性能，造成了管道现场检测与评价的局限性，因此基于现场检测的管线钢力学性能评定方法是工程中迫切需要的。硬度实验是常见的现场检测手段，但是现阶段只有比较明确的硬度与材料抗拉强度的关系。压痕实验作为一种新型的检测方法，能完整的表现压痕过程中塑性功的变化，在材料强度与塑性的评价中有广阔的应用前景。

2005 年，S. K. Sinha 等人[2]研究了 Mg/SiC 和 Mg/SiC/Ti 复合金属材料的力学性能和硬度，证明硬度能够表征 Mg/SiC 和 Mg/SiC/Ti 复合金属的弹性模量。2011 年，S. H. Hashemi[3]研究了 X65 管线钢母材及热影响区的维氏硬度、抗拉强度和屈服强度，提出了 X65 管线钢维氏硬度与屈服强度的经验公式、维氏硬度与抗拉强度的经验公式。2013 年，Kharchenko V. V. 等人[4]介绍了通过仪器化压痕试验测定耐热钢的焊接金属的强度特性分布的方法。

上述研究的焦点主要在于压痕硬度与材料强度的关系，仅有少数学者对压痕试验与硬化指数、延伸率等材料塑性指标进行研究。然而，在 X70 管线钢的力学性能评定时，需获得硬化指数、延伸率等参数来评价管线钢的塑性性能，尤其对于管线钢中的薄弱点——焊接接头。除此之外，不同焊接工艺对焊接接头的影响也是不容忽略的。针对以上问题，本文以天然气管道中最常用的材料 X70 管线钢作为研究对象，考虑两种焊接工艺对材料焊接接头力学性能的影响，进行了 12 块试板的实验。以现场中常用的维氏硬度检测方法及仪器化压痕试验方法作为检测手段，结合拉伸实验，对 X70 管线钢焊接接头力学性能的评定方法进行了研究，寻找出两种手段表征材料力学性能的方法，旨在通过现场可实现的、微损伤的检测手段评定 X70 管线钢的力学性能。

2 实验

为了寻找维氏硬度、压痕参数与材料强度、塑性之间的关系，最直接的方法即是硬度与拉伸两种试验。本文对于 X70 管线钢焊接接头的评价，立足于解决工程上在役管道强度、塑性的评价问题。考虑不同的焊接工艺，定量表征材料维氏硬度、仪器化压痕参数与该焊接工艺下力学性能之间的关系，给出数学模型，将此关系应用于管道的实际检测中。为了保证实验结果的准确性，先对试样进行维氏硬度实验，在对同一试样进行拉伸实验。

2.1 试样

试样材料为北京市燃气集团提供的 X70 管线钢，其牌号为 L485M。管线钢来自规格（直径×壁厚）为 φ1016×14.3mm 的未投入使用的天然气管道。依照 GB/T 228.1—2010《金属材料拉伸试验 第 1 部分：室温试验方法》[5]附录 D 的试件设计方法，采用矩形横截面试件。通过查找文献得知 X70 管线钢的抗拉强度在 750MPa 以内，结合试验机的情况，设计试件尺寸如图 1 所示。

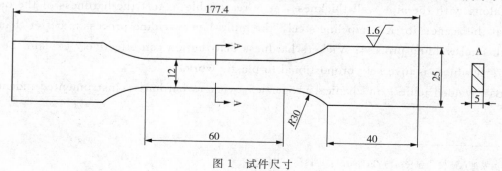

图 1　试件尺寸

2.2 实验方案设计

2.2.1 焊接工艺选择

焊接工艺的实验材料分别为多层焊 GTAW+

SMAW（工艺一）与多层多道焊 SMAW+FCAW（工艺二），其工艺规程见表1。两种焊接工艺均采用 V 型焊口。开始焊接前，对钢管焊接部位进行预热，预热温度：120～150℃，预热宽度：焊缝两侧 100mm 范围。

表 1　X70 管线钢两种典型焊接工艺规程

工艺编号	工艺分类	焊接方法	接头简图	焊接流程	层数	焊接速度 / (cm/min)	焊材型号
工艺一	多层焊	打底 GTAW		手工氩弧焊打底	1	10～12	ER55－G
		填充盖面 SMAW		手工电弧焊填充焊缝并盖面	5～6	7～10	E5515－G
工艺二	多层多道焊	打底 SMAW（下）		手工电弧焊打底	1	7～12	E6010
		填充盖面 FCAW（下）		药芯焊丝电弧焊填充焊缝并盖面	3～4	17～28	E71T8Ni1

2.2.2 试样分组

选取两种典型焊接方式对 X70 管线钢进行焊接，其目的有 2 个：一是考虑工程上常见的不同焊接工艺的影响，二是考虑管道焊接过程中，不同厚度上的影响。有学者指出：多层焊接时，焊缝和热影响区将经历复杂热过程，焊缝和热影响区的力学性能可能随层深不同而变化[6]。因此，设计对于两种焊接工艺分别沿层深取试件如图 2 所示，每组取 6 个试件如图 3 所示，研究在层深变化下，两种焊接工艺的热影响区与焊缝的力学性能、硬度和压痕参数的变化。

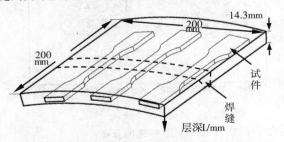

图 2　焊接试件沿层深（管道壁厚）取样示意图

2.2.3 实验方案

（1）维氏硬度与压痕试验

依照仪器化压痕试验国家标准[7]，对每个试件的母材、热影响区（双侧）及焊缝等 4 个区域进行维氏硬度和压痕试验。为保证试验数据的可靠性，母材及焊缝分别进行 5 次试验。热影响区进行 3 次试验，取平均值作为该区域的硬度和压痕参数。压痕试验点的分布如图 4 所示。试验机采用德国 Zwick 公司生产的 ZHU2.5 万能硬度计。实验过程中，测量试件的 HV10，最大实验力为 98.07N，加载时间，饱载时间，卸载时间均为 30s。

（2）拉伸试验

对两种焊接工艺的试件进行单轴拉伸试验，试验力与焊缝方向垂直。试验机选择为 Zwick Z100 拉伸试验机，实验中最大载荷为 45kN，选用初始标距为 50mm，量程为 10～100mm，精度为 0.3μm 的引伸计。

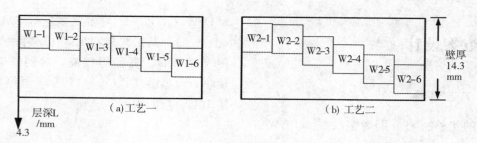

图 3　焊接试件沿层深（壁厚）L 的取样位置

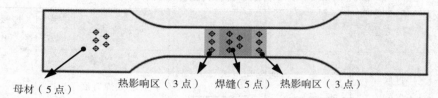

图 4　压痕试验测试点的位置（焊接试件）

3　实验结果

3.1　维氏硬度与压痕实验结果

各个试样硬度实验结果如图 5 所示。图 5a 显示为工艺一与工艺二试件沿母材、热影响区、焊缝的硬度（维氏硬度 HV10、压痕硬度 H_{IT}）分布情况，其中维氏硬度刻度值与压痕硬度刻度值等比例；图 5b 显示为工艺一与工艺二试件沿母材、热影响区、焊缝的压痕塑性功 W_{plast} 分布情况。

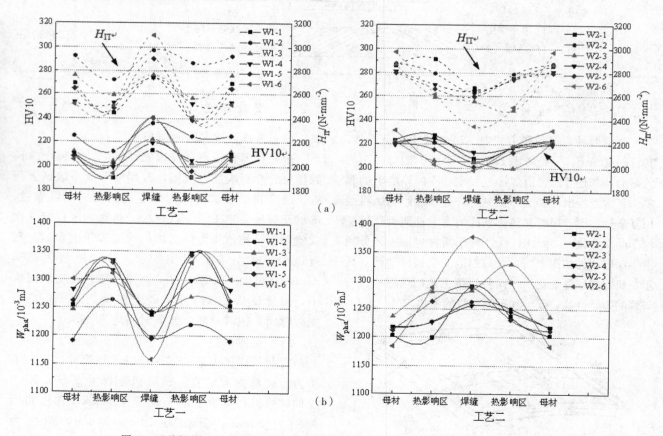

图 5　两种焊接工艺试件硬度、压痕硬度塑性功沿母材、热影响区、焊缝的分布

图 5a 可知，工艺一焊接接头硬度分布为 W 型，焊缝处最高，热影响区最低，母材处介于二者中间；工艺二焊接接头硬度分布呈现 V 型，即焊缝处最低，母材处最高。由图 5b 可知，工艺一焊接接头的压痕塑性功分布为 M 型，两侧热影响区最大，焊缝处最低，母材介于二者之间；工艺二焊接接头的塑性功分布呈现倒 V 型，焊缝处最高，

母材处最低，两侧热影响区均介于二者之间。

3.2 拉伸实验结果

根据试验方案，通过拉伸试验获得试件的应力－应变曲线和力学性能参数。如图 6 所示。

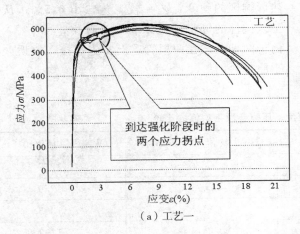

（a）工艺一

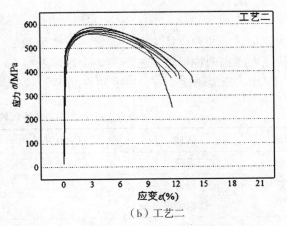

（b）工艺二

图 6 两种工艺焊接试件的应力－应变曲线

图 6 看出。工艺一应力－应变曲线存在明显的屈服阶段，当进入强化阶段初期，应力均出现两次拐点，随后继续增大至抗拉强度。工艺二不存在明显的屈服阶段，且曲线光滑，没有出现拐点。检查试件的断裂位置，工艺一均在母材断裂，工艺二均在焊缝断裂。试件焊接接头的力学性能及硬化指数 n 的结果见表 2。

表 2 两种焊接工艺焊接接头的力学性能

试件编号	断裂位置	R_m /MPa	$R_{p0.2}$ /MPa	$R_{p0.2}/R_m$	n	A_g (%)	A_t (%)	Z (%)
W1－1		590.5	505.2	0.86	0.076	5.1	16.73	72.16
W1－2		601.8	476.3	0.79	0.078	7.6	19.39	72.27
W1－3	母材	613.5	511.4	0.83	0.070	7.1	20.28	62.67
W1－4		625.6	530.8	0.85	0.072	6.9	17.49	59.40
W1－5		608.5	499.7	0.82	0.081	6.4	19.66	65.87
W1－6		620.3	509.4	0.82	0.084	6.8	19.66	65.22
W2－1		560.9	487.0	0.87	0.077	3.0	11.62	59.90
W2－2		564.6	488.5	0.87	0.074	3.0	12.42	64.88
W2－3	焊缝	578.7	505.7	0.87	0.069	3.5	13.87	61.32
W2－4		584.1	505.3	0.87	0.083	3.1	12.38	54.17
W2－5		573.1	503.4	0.88	0.093	3.4	12.09	59.04
W2－6		572.9	501.1	0.87	0.082	3.2	11.54	57.86

4 讨论

4.1 两种焊接工艺硬度指标的综合评定

为定量评价两种焊接工艺下硬度、压痕参数的分布特征，考虑两种焊接工艺下的 3 个区域及维氏硬度 HV10、压痕硬度 H_{IT}、压痕塑性功 W_{plast} 等 3

个参数进行讨论。将所有测点数据取平均值进行分析，见表 3。

由表可知，按横向比较而言。以母材为基准，工艺一：焊缝维氏硬度较母材高 7.5%，热影响区较母材低 5.2%。工艺二：焊缝维氏硬度较母材低 8.1%，热影响区较母材低 3.6%。按纵向比较来看，焊缝的维氏硬度工艺一较工艺二大 11.2%；热影响区的硬度工艺一较工艺二小 6.5%；从两种工艺试件的母材情况来看，二者相差 4.9%，这是由于两种工艺在两根管道上实施焊接，该误差来源于原材料的差异性。

表 3　两种焊接工艺维氏硬度、压痕参数平均值的比较

工艺	区域	HV10 平均值	H_{IT} 平均值/（N/mm²）	W_{plast} 平均值/10^{-3} mJ
工艺一	焊缝	228	2870	1212
	母材	212	2677	1256
	热影响区	201	2535	1305
工艺二	焊缝	205	2571	1293
	母材	223	2864	1212
	热影响区	215	2690	1257

对两种焊接工艺的 3 个区域的进行纵向比较：焊缝的压痕硬度工艺一较工艺二大 11.6%，热影响区压痕硬度工艺一较工艺二低 5.8%。两种焊接工艺母材的化学成分相同，但由于来自不同管道，因此压痕硬度稍有差异，相差 6.5%。对比上述焊接接头各区域间的维氏硬度差异、压痕硬度差异，发现维氏硬度与压痕硬度反映的差异基本相当，说明试验的可靠性。

比较塑性功，以母材为基准。工艺一中：焊缝塑性功较低 3.5%，而热影响区较高 3.9%。工艺二中：母材最低，焊缝较母材高 6.3%，热影响区较母材高 3.8%；按纵向比较来看，焊缝的塑性功工艺一较工艺二低 6.3%；热影响区的塑性功工艺一较工艺二高 3.8%；从两种工艺试件的母材情况来看，二者相差 3.6%。

由于硬度与压痕塑性功呈反比，因此，焊接工艺给硬度造成的差异与压痕塑性功的差异同源。以硬度为例，对焊接带来的差异进行原因分析。

（1）热影响区与母材存在差异的原因

熔焊时在高温热源的作用下，靠近焊缝两侧的一定范围内发生组织和性能变化的区域称为热影响区。经过冷作强化的金属，在焊接热影响区一般均

会产生不同程度的软化现象。X70 管线钢在制造过程中，通过轧制和卷板等工艺使得管线材料被强化，硬度、强度有所上升。因此，焊接热过程则会造成 X70 管线钢热影响区出现微小的软化。使得热影响区硬度较小于母材。

（2）两种焊接工艺下焊缝存在差异的原因

讨论填充层焊材的化学成分对两种工艺焊缝的硬度造成的影响。观察两种焊接工艺的焊材化学成分，发现：工艺一焊材的含碳量 $\omega_{C1} = 0.075\%$，工艺二焊材的含碳量 $\omega_{C2} = 0.02\%$。焊接过程中，焊材经历的最大温度通常超过 1500℃[8]，熔融后以较快的速度冷却。在冷却时，由于金属组织的溶碳量一定，多余碳元素析出，造成硬度的升高。由于工艺一焊缝的含碳量较工艺二高，碳析出物较多，造成焊缝硬度较工艺二高。

4.2 两种焊接工艺力学性能综合评定

为量化对比两种焊接工艺下力学性能的关系，将每种工艺 6 个试件力学性能的平均值列于表 4，并引入未经过热处理、焊接工艺的原始状态母材的力学性能平均值作为参照。

制造焊接

表 4 两种焊接工艺力学性能平均值的比较

试件状态	断裂位置	R_m /MPa	$R_{p0.2}$ /MPa	$R_{p0.2}/R_m$	n	A_g （%）	A_t （%）	Z （%）
原始状态母材	母材	621	557	0.89	0.070	7.1	18.2	68.3
焊接工艺一	母材	610	505	0.83	0.077	6.7	18.9	66.3
工艺一与原母材相对误差（%）		1.8	9.3	6.7	10.0	5.6	3.8	2.9
焊接工艺二	焊缝	572	499	0.87	0.080	3.2	12.3	59.5
工艺二与原母材相对误差（%）		7.9	10.4	2.2	14.3	54.9	32.4	12.9
两种焊接工艺的相对误差（%）		6.6	1.2	4.6	3.8	109.4	53.7	11.4

由表看出。工艺一的抗拉强度较工艺二高 6.6%；工艺一与工艺二的屈服强度仅相差 1.2%，基本相当。分析两种焊接接头的抗拉强度，工艺一，焊缝大于母材；工艺二：母材大于焊缝。由于两种焊接接头母材的牌号相同，认为两种焊接接头母材的抗拉强度相同，因此说明工艺一焊缝的抗拉强度优于工艺二。

塑性指标分析：工艺一的最大力塑性延伸率 A_g 较工艺二高 109.4%；断裂总延伸率 A_t 较工艺二高 53.7%；工艺一的断面收缩率较工艺二高 11.4%。工艺一的硬化指数 n 较工艺二小 3.8%。

从两种焊接工艺的规程中可以看到，焊接工艺过程分为三个步骤：打底—填充—盖面，由于打底和盖面仅进行一层焊接，其焊层厚度为 0.5～2mm。试件在机加工时，可以认为已去除了该层厚度。因此，本文仅考虑焊接填充层的焊材及焊接工艺对焊接接头造成的影响。观察两种焊接工艺焊材的化学成分发现：工艺一的含碳量较高于工艺二。根据前人研究成果，含碳量在一定范围内提高能够使钢材的抗拉强度提高。验证了工艺一焊缝的抗拉强度高于母材的现象。

4.3 两种焊接工艺力学性能与维氏硬度，压痕参数关系的分析

两种工艺 12 个试件的抗拉强度随硬度值的分布如图 7 所示。

从图 7 可见，有以下 3 个特点：

（1）对于同种焊接工艺，6 个试件的硬度与强度值相近。

（2）尽管 6 个试件（HV10，R_m）数值相近，但回归曲线的线性规律良好，工艺一 R_m-HV10 曲

线的拟合优度 $R^2 = 0.993$，工艺二 R_m-HV10 曲线的拟合优度 $R^2 = 0.998$。

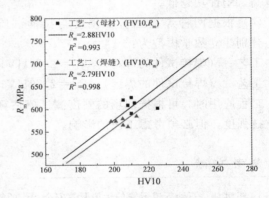

图 7 维氏硬度与抗拉强度的数学关系及其拟合曲线

（3）根据两种焊接工艺下硬度与拉伸试验结果，分别建立的数学模型为

工艺一（焊接试件的母材）：

$$R_m = 2.88 HV10 \qquad (1)$$

工艺二（焊缝）：

$$R_m = 2.79 HV10 \qquad (2)$$

显然，两种焊接工艺不同，强度-硬度的关系表现出不同特性。工艺一只能反映出经过焊接后试件母材的抗拉强度-硬度关系，工艺二则直接表现出焊缝的抗拉强度-硬度关系。

5 结论

（1）对于焊接的工艺一与工艺二，焊缝、母材、热影响区的维氏硬度、压痕硬度、塑性功和焊接接头力学性能均不随层深的变化而产生明显变

化。因此焊接接头外壁的力学性能与硬度能够反映全壁厚情况。

（2）经过工艺一的焊接过程，断裂出现在母材处，表明该焊缝及热影响区的抗拉强度高于母材。经过工艺二的焊接过程，断裂出现在焊缝处。与原始母材相比，焊缝处的抗拉强度降低7.9%，屈服强度降低10.4%，断后延伸率下降32.4%。力学性能的结果表明工艺一优于工艺二。

（3）维氏硬度的分布可有效解释试件的断裂现象，断裂发生在焊接接头中硬度较低的区域。从两种焊接工艺焊缝处的硬度看，工艺一较工艺二大11.2%，该结果与工艺二焊缝处断裂相吻合。硬度与压痕试验的结果表明：硬度与塑性功呈反比，硬度越高，塑性功越低。

（4）根据两种焊接工艺下硬度与拉伸试验结果，分别建立数学模型为：

工艺一（焊接试件的母材）：$R_m = 2.88HV10$
工艺二（焊接试件的焊缝）：$R_m = 2.79HV10$

工程应用时，可根据现场的硬度测试值估算出其抗拉强度，但必须考虑工艺的影响。

参 考 文 献

[1] 王洪林. 石油管道运输的优势及其安全运作的管理分析 [J]. 中国石油和化工标准与质量，2013（16）：226.

[2] Sinha S K, Reddy S U, Gupta M. Scratch hardness and mechanical property correlation for Mg/SiC and Mg/SiC/Ti metal - matrix composites [J]. Tribology International，2006，39（2）：184—189

[3] Hashemi S H. Strength - hardness statistical correlation in API X65 steel [J]. Materials Science and Engineering：A, 2011, 528（3）：1648—1655.

[4] Kharchenko V V, Katok O A, Panasenko A V, et al. Investigation on Strength Characteristics of Steam Generator Welded Joint After Operational Life Using Instrumented Indentation Test.

[5] 中华人民共和国国家质量监督检验检疫总局，中国国家标准化管理委员会. 金属材料 拉伸试验 第1部分：室温试验方法：GB/T 228.1—2010 [S]. 北京：中国标准出版社，2010.

[6] Yang C, Zhang H, Zhong J, et al. The effect of DSAW on preheating temperature in welding thick plate of high-strength low-alloy steel [J]. The International Journal of Advanced Manufacturing Technology，2014，71（1—4）：421—428.

[7] 中华人民共和国国家质量监督检验检疫总局，中国国家标准化管理委员会. 金属材料 硬度和材料参数的仪器化压痕试验 第1部分：试验方法：GB/T 21838.1—2008 [S]. 北京：中国标准出版社，2008.

[8] 赵明，王海燕，万夫伟，等. X80级管线钢三丝埋弧焊接热过程的数值分析 [J]. 焊接学报，2014（10）：17—20.

作 者 简 介

王宇扬，男，硕士研究生，北京工业大学，100124。
电话：18618478265，E-mail：332983434@qq.com

制造焊接

E2209 双相不锈钢堆焊层组织分析

邱媛媛　贺爱姣　包广华　吴道文

（洛阳双瑞特种装备有限公司，河南洛阳　471000）

摘　要　本文研究了在 16Mn 钢堆焊 E2209 双相不锈钢焊条堆焊层的组织变化规律，冷却速度决定了 α 相的数量以及 α 相转变为 γ 相的特征。通过 Cr 当量与 Ni 当量确定相比例并进行分析，讨论了合金元素在 α 相和 γ 两相中分配变化。点蚀量由化学成分来控制，在此堆焊层上，化学成分决定临界点蚀温度 CPT 约为 40℃。

关键词　E2209 双相钢堆焊层；组织分析；二次析出奥氏体 γ2；Cr 当量；Ni 当量；分配系数 K_m；CCT

Analysis of the Organizational of E2209 Double Phase Stainless Steel Surfacing Welding Layer

Qiu Yuanyuan　He Aijiao　Bao Guanghua　Wu Daowen

（Luoyang Sunrui Special Equipment Co. Ltd. , Luoyang, Henan, 471000）

Abstract　in this paper, the organizational change law of the welding layer of stainless steel welder in 16Mn steel welder is studied. The cooling rate determines the number of α phases and the characteristics of α that are transformed into γ. The ratio of the Cr equivalent to the Ni equivalent is determined and analyzed, The changes of The distribution of the alloying element between α and γ are discussed, The amount of erosion is controlled by the chemical composition, On the surfacing layer, Chemical composition determines the critical pitting temperature CPT is about 40 ℃.

Keywords　welding layer of E2209 double phase steel; analysis of organization; the second dialysis of the austenite γ2; Cr equivalent; Ni equivalent; partition coefficient K_m; CCT.

1　前言

由于双相不锈钢具有铁素体不锈钢和奥氏体不锈钢双重优点，不但屈服强度高于奥氏体不锈钢（约为 2 倍），同时抵抗应力腐蚀、点蚀和缝隙腐蚀的能力比奥氏体优越；冷加工工艺性能和焊接性能均优于铁素体不锈钢，但双相不锈钢的价格相对普通碳钢及不锈钢偏高，在实际生产运用中，为了在提高产品性能的同时降低成本，我们通常会考虑在碳钢基础上堆焊双相不锈钢。以压力容器为例：常常会为了提高 16Mn 钢容器内表面抗腐蚀性能，而采用在其表面堆焊 2205 双相不锈钢的方法。那么是否能获得所需性能的双相钢堆焊层对产品的质量将至关重要。

众所周知，双向不锈钢的优异性能来自于组织特征。α相与γ相的两相比约为50∶50时最佳，实际控制在α∶γ＝40%～60%时性能尚好，偏离此比例时，则会发生性能偏差。目前已有部分相关业内人士通过研究得出结论：双相钢两相比主要由化学成分来控制，同时热处理也可以改变其相比例，固溶处理温度愈高，则α相愈多，因此双相不锈钢的两相比实际上受控于化学成分和固溶处理温度[1]。但关于双相钢堆焊过程中各层的两相比例和化学成分的变化规律的研究还少之又少。

本文就重点研究了16Mn钢堆焊E2209双相不锈钢各层的α相和γ相比例和化学成分的变化规律。

2 堆焊工艺及试样制备和分析方法

将试板点焊于水槽内，慢慢往水槽内注水，略低于试板表面3～5mm；采用焊条E309MoLφ4.0堆焊过渡层1层、双相不锈钢焊条E2209进行堆焊复层约5层，堆焊工艺参数见表1。

表1　焊接工艺参数

焊层	焊接电流/A	电弧电压/V	焊接速度/（cm·min⁻¹）	极性
过渡层	140～160	22～28	18～25	—
复层	130～140	22～28	30～40	—

按照JB/T 4730—2005要求对焊后堆焊层表面进行100%着色检测，Ⅰ级合格，并进行100% UT，Ⅰ级合格。在堆焊好的试板上，采用线切割取40mm×40mm方样进行化学成分、金相和扫描电镜分析。化学成分采用Genesis×M2×射线能谱仪测定，金相分析采用OLYMPUS GX71显微镜，α相含量采用OLYCIAm3图像分析系统，扫描电镜分析采用Quanta600扫描电子显微镜。

3 化学成分分析

堆焊后表层及横截面化学成分见表2。从表2中可以看到，无论从表面取样，还是整体（横截面）堆焊层取样其化学成分都符合焊条的标准成分范围要求。

表2　E2209双相不锈钢焊条堆焊层熔敷金属化学成分

化学成分	Cr	Ni	Mo	N	Mn	Si	C	Cu	Fe
焊条标准成分	21.5～23.5	8.5～10.5	2.5～3.5	0.08～0.2	0.50～2.0	≤0.90	≤0.04	≤0.75	余量
堆焊层表面取样1	23.08	9.36	3.29	0.142	0.763	0.709	0.020		余量
堆焊层表面取样2	22.90	9.36	3.27	0.141	0.771	0.706	0.020		余量
整体堆焊层取样	23.46	9.28	3.27	0.134	0.818	0.711	0.037	0.018	余量

4 堆焊层组织分析

4.1 堆焊层组织形貌分析

堆焊层实际上是典型的快速冷却的铸态组织，呈现出细小的垂直于焊接平面的柱状树枝晶，如图1。图1-1是第一层熔合线（区），能清楚地看到在过渡层（奥氏体）上生长着垂直于基体平面上的细小的树枝状柱状晶，图1-2为第二层熔合区组织形态，图1-3显示出堆焊层生长的柱状晶。图1-4第四层熔合区组织与图1-1相近。图1-5为第四层焊缝中心部位柱状晶组织，对比图1-6，可以看出第四层堆焊过程中依次相连时的界限。图1-7为最后一层焊缝，图1-8为第五层堆焊层，可以直观地看出第五层堆焊层α相比前四层堆焊层的α相多。

C
制造焊接

图 1-1　第一层熔合线　100×

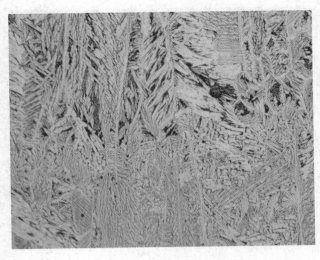

图 1-2　第二层熔合线　100×

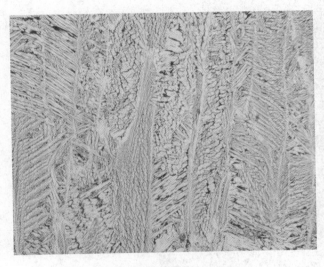

图 1-3　第二层焊缝中心　100×

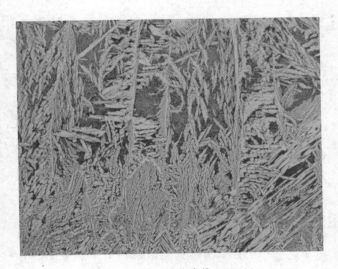

图 1-4　第四层熔合线　100×

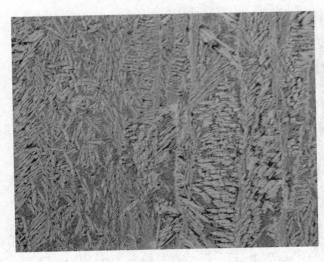

图 1-5　第四层焊缝中心　100×

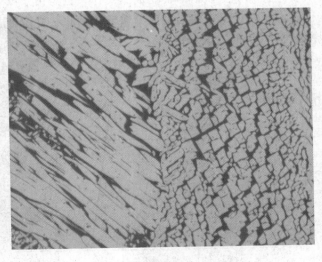

图 1-6　第四层焊缝中心　500×

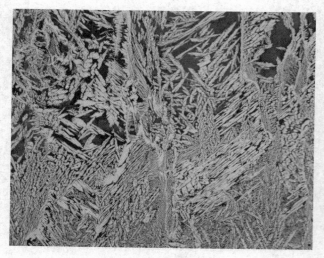

图 1-7　第五层熔合线　100×

图 1-8　第五层焊缝中心　100×

图 1　堆焊层各层组织

4.2　堆焊层各层的 α 相组织变化

图 2 为各堆焊层中 α 相含量的变化曲线，其变化的规律为熔合线（区）的 α 相含量高，堆焊层中心部位相对低。这一变化规律是由于堆焊过程中冷却条件决定的。当堆焊第二层时，由于底板水冷却，第一层冷却到室温附近，堆焊时熔合区过冷最快则快速凝固，则 α（δ）相最多，而内部冷却稍慢将发生 α 相转变成 γ 相。双相不锈钢焊缝金属为铸态组织，属于铁素体凝固模式，一次凝固相为单相铁素体，高温下铁素体的高扩散速率使合金元素快速均匀化，易于消除凝固偏析。焊缝金属从熔点冷却到室温时，与焊接热影响区（HAZ）的高温转变一样，部分铁素体转变成奥氏体，正是由于高温下高扩散速率，使合金成分快速均匀化，导致柱状树枝晶界和晶内成分比较均匀，见表 3。整体来看 Fe 较均匀，其中晶界上 γ 相中 Fe 的含量稍多；Cr、Ni、Mo 元素成分晶界上 γ 相和 α 相含量差比晶内稍大些。

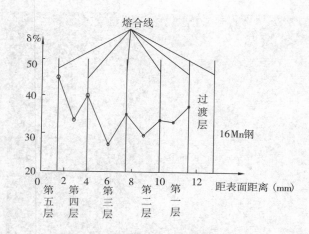

图 2　堆焊层各层的 α 相数量变化曲线

4.3　二次奥氏体（γ2）析出

根据铁素体凝固模式分析，合金元素在铁素体中扩散速度比在奥氏体中快得多（约两个数量级），在铁素体晶界上首先转变成奥氏体，然后在晶内铁素体内生长出枝叶状奥氏体，在较大面积的铁素体区域内生长出针状二次奥氏体 γ_2，见图 3 和图 4，γ_2 尺寸太小，金相照片上很难发现，放大到 2000 倍后则看得很清楚。由于铁素体不稳定，只有冷却速度较慢时才会析出 γ_2。并不是每一堆焊层都有二次奥氏体（γ_2）析出，如最后一层，即第四层与第五层熔合区和第五层未发现 γ_2，见图 5。一次奥氏体和二次析出的奥氏体（γ_2）的合金成分是有差别的，见表 4。其中最大差别是一次奥氏体中 Cr 高、Ni 低，而二次奥氏体（γ_2）则 Cr 低、Ni 高，其他

表 3　铸态柱状树枝晶合金元素分析

分析部位		元素质量百分比（wt%）					
		Fe	Cr	Ni	Mo	Si	Mn
晶界	γ	61.71	23.29	10.16	3.49	0.74	0.60
	α	61.09	24.17	9.42	3.99	0.73	0.62
晶内	γ	61.42	23.50	10.34	3.31	0.62	0.81
	α	61.31	23.25	10.25	3.78	0.70	0.71

元素如 Mo 含量也有差别，但无规律。这种成分差异主要与析出动态过程有关。二次析出的奥氏体（γ₂）是从较大面积铁素体相中呈断针状（或叫板条状）析出，这是在较厚大的堆焊层中冷却速度相对熔合线较慢时析出的，Cr 和 Ni 来得及扩散，从 α 相中 Ni 扩散至位错成核，而 Cr 则反方向扩散，则形成 Cr 低 Ni 高的二次 γ₂ 析出并长大。

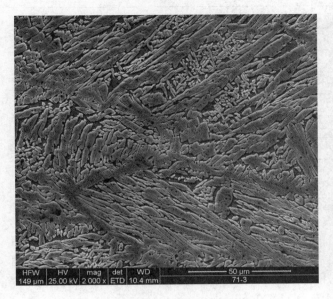

图 3　堆焊第四层内部铁素体区
内析出白二次奥氏体（γ₂）

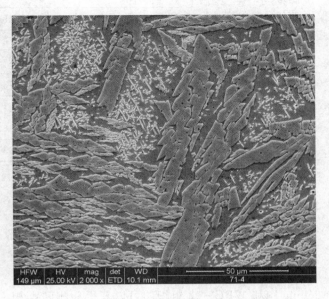

图 4　第三层与第四层熔合区大面积
铁素体内析出二次奥氏体（γ₂）

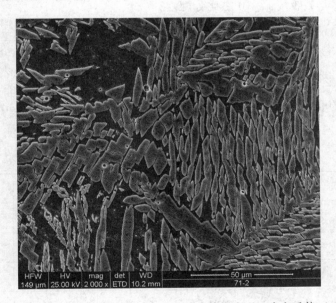

图 5　第四层与第五层熔合区大面积铁素体未发现二次奥氏体（γ₂）

表 4　一次析出奥氏体和二次析出奥氏体（γ₂）合金成分分析

分析区域	γ 相	wt%					
		Fe	Cr	Ni	Mo	Si	Mn
第四层中心	一次	61.90	23.45	10.07	3.21	0.55	0.81
	二次	61.34	22.02	11.51	3.71	0.81	0.61

分析区域	γ相	wt%					
		Fe	Cr	Ni	Mo	Si	Mn
第三层与	一次	61.97	23.04	10.56	3.06	0.75	0.63
第四层熔合区	二次	61.55	22.45	10.57	3.86	0.74	0.83
第三层中心	一次	61.54	23.22	10.05	3.42	0.79	0.87
	二次	60.54	21.87	11.51	2.97	0.71	0.85
第二层中心	一次	62.61	22.73	9.89	3.41	0.75	0.62
	二次	62.33	22.07	11.08	3.06	0.70	0.76
第二层与	一次	63.60	21.86	9.95	3.08	0.72	0.81
第一层熔合区	二次	64.47	20.85	10.45	2.67	0.73	0.84

4.4 Cr当量与Ni当量确定相比例分析

一般采用 Cr_{eq} 和 Ni_{eq} 对照 Schaeffler 图，delong 图和 WRC-92 组织图可以获得 α 相和 γ 相含量[1]。就我们的试验结果进行分析，首先考虑合金元素 N 在两相中的系数，一般按 1：10 之比分配到 α 相和 γ 相中。

$$Cr_{eq} = Cr\% + Ni\% + 1.5\% Si,$$

$$Ni_{eq} = Ni\% + 30(C+N)\% + 0.5\% Mn.$$

首先按堆焊层表面的化学成分（表2）计算 Cr_{eq} 和 Ni_{eq}：

$$Cr_{eq} = 23.29\% + 3.27\% + 1.07\% = 27.63\%$$

$$Ni_{eq} = 9.36\% + 1.2\% + 0.4\% = 12.98\%。$$

按上述 Cr_{eq} 和 Ni_{eq} 对照 Schaeffler 图，α 相 40%，对照 WRC-92 图，α 相约为 60%，而实测约为 45%。如果按照整体堆焊层化学成分（表2）计算 Cr_{eq} 和 Ni_{eq}：

$$Cr_{eq} = 23.46\% + 3.27\% + 1.0\% = 27.73\%$$

$$Ni_{eq} = 9.28\% + 4.71\% + 0.4\% = 14.38\%。$$

对照 Schaeffler 图，α=40%，对照 WRC-92 图为 45%，实测结果见表5，平均 δ=34.63%。这与堆焊工艺有关，堆焊是多层多道焊，而 Schaeffler 图最早由单层焊接总结得到，所以对堆焊过程不适用，应依实测为准。

表5 铁素体体积百分含量（%）

编号	1	2	3	4	5	平均
第一层熔合线附近	38.14	37.65	40.05	39.88	36.22	38.39
第一层焊缝中心	32.37	31.15	31.62	27.93	33.73	31.36
第二层熔合线附近	32.15	33.57	29.51	31.26	33.80	32.06
第二层焊缝中心	29.32	29.21	29.52	30.93	27.44	29.28
第三层熔合线附近	39.23	35.26	35.35	39.26	34.09	36.64
第三层焊缝中心	34.12	30.90	30.91	31.90	27.43	27.93
第四层熔合线附近	38.78	40.11	38.57	41.20	40.85	39.90
第四层焊缝中心	32.09	31.54	31.62	31.41	34.88	32.31
第五层	47.17	42.76	44.12	44.49	46.57	45.02

C
制造焊接

4.5 分配系数的变化

双相不锈钢中合金元素在 α 相和 γ 两相中分配系数用 $K_m = \dfrac{\alpha_m}{\gamma_m}$ 表示,其中 m 为合金元素。α 相和 γ 两相中分配系数 K_m 是不同的,α 相中富集了铁素体形成元素,而 γ 相中富集了奥氏体形成元素,合金元素在两相中的分配系数,大多数双相不锈钢在固溶状态是相似的;但随固溶温度升高,合金元素在两相间分配逐渐趋于均匀,在高温下两相成分接近。但对于堆焊层的各层的相比例是有很大变化的,见表 6。其中 Fe 在 α 相和 γ 相比较接近,α 相中稍高;Cr 在 α 相和 γ 相也比较接近,Ni 变化较大,相差 10%;Mo 在 α 相中富集最明显,相差比较大,达到 25%;Mn 和 Si 含量较少,波动较大。

表 6 距堆焊层外表面(铣过的平面)不同距离的两相分配系数

与堆焊层外表面距离	0mm	3mm	5mm	8mm	9mm	10mm
K_{Cr}	0.98	0.998	1.005	1.011	0.976	1.023
K_{Ni}	0.977	1.014	0.969	0.906	0.951	0.897
K_{Mo}	1.995	1.770	1.579	1.613	1.619	1.49
K_{Fe}	0.947	0.952	0.974	0.979	0.986	0.983
K_{Si}	1.34	0.987	0.946	1.014	1.155	0.879
K_{Mn}	1.051	1.403	1.025	1.069	0.879	0.975

4.5 α 相与 γ 相中 Cr_{eq} 和 Ni_{eq} 比例关系

α 相中 $Cr_{eq}/Ni_{eq} = K_\alpha$,γ 相中 $Cr_{eq}/Ni_{eq} = K_\gamma$,$K_\alpha$ 与 K_γ 是不相同的。正如上节所述的合金元素分配系数随固溶温度升高而变小,即两相中合金元素含量更接近,那么两相中 K_α 与 K_γ 趋于相近,当固溶温度升高到 γ 相将完全变成 α 相(γ 相)时,$K_\alpha = K_K\gamma$。下面以表 4 数据来计算各相中的 K_α 与 K_γ:例如第四层与第五层熔合区中

$$K_\gamma = \frac{Cr_{eq}}{Ni_{eq}} = \frac{Cr\% + Mo\% + 1.5\%Si}{Ni\% + 30(C+N)\% + 0.5\%Mo} = \frac{27.0}{15.95} = 1.68,$$

$$K_\alpha = \frac{Cr_{eq}}{Ni_{eq}} = \frac{Cr\% + Mo\% + 1.5\%Si}{Ni\% + 30(C+N)\% + 0.5\%Mo} = \frac{29.96}{11.85} = 2.5;$$

第三层与第二层熔合区中 $K_\gamma = \dfrac{Cr_{eq}}{Ni_{eq}} = \dfrac{27.84}{15.48} = 1.8$,$K_\gamma = \dfrac{Cr_{eq}}{Ni_{eq}} = \dfrac{29.76}{11.58} = 2.56$。

即不同的 α 相与 γ 相的 $Cr_{eq}/Ni_{eq} = K$ 是不同的,但对变形合金在相同的固溶温度下,α 相与 γ 相的比例相同,合金成分也相同,因此 K 值是相同的,存在一个 α 相转变为 γ 相的 K_α/K_γ 的临界值。当 α 相中形成奥氏体元素(Ni、C、N、Mn 等)富集到一定程度时,即 K_α 变小使 K_γ 变大时,α 相转变为 γ 相。对于堆焊,由于冷却条件不同,则不只存在一个临界值,可能存在多个临界值。

5 结论

(1) 2209 双相不锈钢堆焊层是铸态组织,其相转变按铁素体凝固模式,一次凝固为单相铁素体,随温度降低而转变为 γ 相。

(2) α 相转变为 γ 相的数量则决定于冷却速度,快速凝固区 α 相多,稍缓慢区则 α 相少。稍缓慢的凝固区会析出二次奥氏体(γ_2)。

（3）铁素体凝固模式强烈地受到冷却条件的影响，相比例和合金元素在两相中的分配系数都发生变化，要比变形合金复杂得多。

参 考 文 献

［1］吴玖．双相不锈钢［M］．北京：冶金出版社，1999.

作 者 简 介

邱媛媛，女，助理工程师，主要负责压力容器设计制造工作。

通信地址：河南省洛阳市高新区滨河北路 88 号，471000

联系电话：0379－64829742，E-mail：qyy27@163.com

制造焊接

D 使用管理

核电聚乙烯管电熔接头相控阵超声检测声场的数值模拟

侯东圣　秦胤康　郑津洋

（浙江大学化工机械研究所，浙江杭州　310027）

摘　要　出于运行效率和安全因素的考虑，核电聚乙烯（PE）管电熔接头往往具有大直径、大壁厚。现有相控阵超声检测技术通常假设被检材料为线弹性，以理想声波动方程为依据开发，不符合超声波在黏弹性材料 PE 中实际传播规律。针对大尺寸（厚度 40～80mm）PE 电熔接头，目前尚无有理论支持的有效的超声检测技术。本文以 Szabo 模型波动方程为基础，提出了考虑 PE 黏弹性的相控阵辐射声场的数值模拟方法，并通过 SAM 试验验证有效。接着，对比研究了超声波在 PE 和理想介质中的远距离传播过程，发现超声波在 PE 中会发生声衰减和声频散，并由此得到：大尺寸 PE 管电熔接头的检测频率应不大于 2.5MHz。最后，基于 PE 相控阵超声检测延迟时间的研究，详细分析了现有超声检测技术的使用条件和局限性。

关键词　核电站；HDPE 电熔接头；黏弹性；超声检测

Numerical Simulation of Phased Array Acoustic Field for Polyethylene Electrofusion Joint in Nuclear Power Plant

Hou Dongsheng　Qin Yinkang　Zheng Jinyang

（Institute of Process Equipment，Zhejiang University，Hangzhou 310027，China）

Abstract　Polyethylene（PE）electrofusion（EF）joint used in nuclear power plant（NPP）has large diameter and thickness to improve transmission efficiency and insure operation safety. Normally，phased array ultrasonic inspection system is based on the ideal acoustic wave equation with the assumption of linear-elasticity of tested material，and cannot meet the inspection requirement for PE EF joint of large size. This paper proposed a numerical simulation of phased array acoustic field for PE of large size in consideration of the viscoelasticity of PE. Meanwhile，SAM tests were conduct to verify the method，and good agreement was obtained. Then，analysis of phased array acoustic field in PE shows that ultrasound has acoustic absorption and acoustic attenuation during propagation，and low frequency（less than 2.5MHz）was suggested in field inspection. Finally，the application conditions and limits of current ultrasonic technology were discussed.

Keywords　nuclear power plant；HDPE electrofusion joint；viscoelasticity；ultrasonic inspection

1 引 言

核电作为清洁能源能够有效地缓解环境压力，我国正加快部署国内核电站建设及其成套装备"走出去"。以高密度聚乙烯（HDPE）管为代表的非金属管道因为具有耐腐蚀、韧性好、使用寿命长（约 50 年）等优势，已在多个核电站承压水输送系统尤其是与海水直接接触的埋地管道输送系统中得到成功应用[1]，并形成示范效应，例如中国三门核电站的非安全相关冷却水入海管线，以及美国 Callaway 核电站的安全相关管线。

ASME Code Case N-755 要求：核电 HDPE 管焊接完成后，要对其接头进行无损检测。聚乙烯（PE）管的无损检测技术，国内外已有多年的研究经验。目前主要通过相控阵超声检测技术识别 PE 接头焊接区域的缺陷，并通过缺陷超声图谱对接头进行安全评定[2]。相控阵超声检测技术按照一定的规则通过控制探头中阵列排布的各个晶片的激励时间，来改变各阵元发射声波到达目标点时的相位，进而实现耦合波束的聚焦和方位的改变。

我国已经颁布了两项国家标准 GB/T 29641—2012《聚乙烯管道电熔接头超声检测》和 GB/T 29640—2012《含缺陷聚乙烯管道电熔接头安全评定》。但是，这两项标准涉及的技术仅适用于公称直径为 40～400mm 的 PE 管电熔接头的超声检测，径厚比（SDR）一般为 11 或 17.6。出于运行效率和安全因素的考虑，核电站使用的 HDPE 管往往具有大直径、大壁厚，例如三门核电站 HDPE 管尺寸为 762mm（外径，30 in），SDR9。通用的相控阵超声检测系统在被尝试应用到核电 PE 电熔接头时，因无法满足聚焦深度和分辨力的要求，技术推广受到阻碍[3]。针对核电 PE 电熔接头，目前尚无有理论支持的有效的超声检测技术。

PE 是黏弹高分子材料。与金属材料不同，超声波在 PE 介质中传播时，会发生声衰减（主要是黏滞吸收）与声频散，前者使声能随传输距离不断减少，后者由于声信号不同频率组分的相速度不同，脉冲波形发生畸变。通用相控阵检测系统通常假设被检材料为线弹性，以理想波动方程（声速恒定）为理论依据，来设计延迟时间和实现聚焦、成像。但是对于大尺寸 PE 管，声衰减和声频散效应

随传播距离不断积累，波形畸变严重，理想波动方程将不能准确描述实际传播规律。因此，建立适用于 PE 的相控阵声场模型，准确预测声波远距离传播时的声压分布，是开发核电大尺寸 PE 超声检测技术的重要前提。

本文提出一种考虑了 PE 黏弹性的相控阵辐射声场分布的数值分析方法，在验证模型有效后，讨论了相控阵合成波在 PE 中传播时的波形变化，并讨论了现有超声检测技术的使用条件和局限性。

2 PE 辐射声场的数值计算

相控阵单阵元激励的辐射声场中各质点在时域上的声压分布是研究相控阵技术聚焦、成像、检测工艺和系统开发的基础。

2.1 平面波声压分布

Szabo 模型是在理想声波动方程式（1）的基础上提出的黏弹性材料超声平面波波动方程[4]，式（2）。该方程同时考虑超声波在 PE 中传播时的声衰减和声频散。有研究[5]通过对比声衰减系数和相速度随频率的变化关系，在频域上验证了 Szabo 模型能够有效地描述超声波在大尺寸 PE 管电熔接头的传播过程。

$$\frac{\partial^2 P}{\partial z^2} - \frac{1}{c_0^2}\frac{\partial^2 P}{\partial t^2} = 0 \tag{1}$$

其中 P 为声压（MPa），z 为数轴上各质点位置（mm），t 为传播时间（μs），c_0 为声速（mm/μs）。

$$\frac{\partial^2 P}{\partial z^2} - \frac{1}{c_0^2}\frac{\partial^2 P}{\partial t^2} - \frac{8\alpha_0}{\pi c_0}\int_0^t \frac{P(t-t')}{(t')^3}dt' = 0 \tag{2}$$

其中 α_0 为声衰减系数（neper/mm/2π/MHz），c_0 为参考声速（通常对应中心频率，mm/μs）。

为了回避 Szabo 模型耗散项中存在的超奇异积分，从分数阶微积分定义[6]出发，将耗散项修正为正定弱奇异积分。波动方程转化为：

$$\frac{\partial^2 P}{\partial z^2} - \frac{1}{c_0^2}\frac{\partial^2 P}{\partial t^2} - \frac{4\alpha_0}{\pi c_0}\int_0^t \frac{\partial^2 P}{\partial t'^2}\cdot\frac{1}{t-t'}dt' = 0 \tag{3}$$

借助时域有限差分（Finite-Difference Time-Domain）的思想，将波动方程计算区域离散到均匀的时间和空间节点：将时间域离散到 m 个节

点，时间步长 s，则 $t=ks(k=0, 1, 2, \cdots, m)$；将空间域离散到 n 个节点，空间步长为 l，则 $z=il(i=0, 1, 2, \cdots, n)$；将任意时刻任意位置处的声压表示为 P_i^k。对式(3)中的空间二阶偏导项采用四阶向前差分近似及两层空间网格逼近，时间二阶偏导项采用二阶中心差分近似，得式(4)[7]。

$$\left[\gamma \frac{P_{i-1}^k - 2P_i^k + P_{i+1}^k}{l^2} + (1-\gamma) \frac{P_{i-1}^{k-1} - 2P_i^{k-1} + P_{i+1}^{k-1}}{l^2} \right]$$
$$- \frac{P_i^{k-2} - 2P_i^{k-1} + P_i^k}{c_0^2 s^2} - \cdots - \frac{4\alpha_0}{\pi c_0} \sum_{j=0}^{k-1} \frac{P_i^{j-1} - 2P_i^j + P_i^{j+1}}{s^2} \int (j+1)s \frac{1}{ks-t'}dt' = 0 \quad (4)$$

其中 γ 为构造双曲型微积分方程的隐式差分格式时，用低层的中心差商的权平均值去逼近二阶偏导的权值，通常取 0.5。

再利用吸收边界条件来实现利用有限域求解无限域，并结合初始条件就可以求得方程(4)的数值解，即为平面波在 PE 中传播时在时域上的声压分布。

2.2　辐射波声压分布

与直探头激发的平面波不同，相控阵超声技术使用的探头由细长晶片按照一定几何规则排布制造而成，其在电压激励下产生的是辐射声场，即声波在传播的过程中会发生扩散。

设一球体在声源的激励下做均匀的微小的涨缩振动，进而在周围的媒质中辐射声波。考虑球体的振动过程是各向均匀的脉动振动，其辐射声波为均匀球面波，声波的波阵面为球面($S=4\pi r^2$)，如图1。

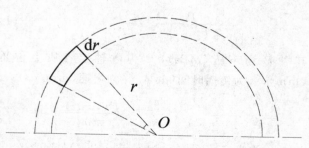

图1　超声波辐射声场波动示意图

虽然与平面波阵面形状不同，辐射波仍然可以通过建立球坐标系，在径向 r 上等价为一维问题。根据任意形状波阵面的辐射波动方程式(5)[8]，可以求得球面波辐射波动方程(6)。

$$\frac{\partial^2 p}{\partial r^2} - \frac{1}{c_0^2} \frac{\partial^2 p}{\partial t^2} + \frac{\partial p}{\partial r} \frac{\partial (\ln S)}{\partial r} = 0 \quad (5)$$

$$\frac{\partial^2 p}{\partial r^2} - \frac{1}{c_0^2} \frac{\partial^2 p}{\partial t^2} + \frac{2}{r} \frac{\partial p}{\partial r} = 0 \quad (6)$$

如果令

$$P = p \cdot r \quad (7)$$

式(7)可以化简为：

$$\frac{\partial^2 P}{\partial r^2} - \frac{1}{c_0^2} \frac{\partial^2 P}{\partial t^2} = 0 \quad (8)$$

从形式上，方程(8)是在一维数轴 or 上，不考虑声辐射的平面波声波动方程。这种转化，为求解 PE 中考虑声耗散的辐射声场声压分布提供了一种思路：首先根据式(4)求得在直角坐标系上平面波声场的声压分布 $p(z, t)$，再用式(7)得到任意径向距离 r 处的声压，即实际辐射声场的声压分布 $P(r, t)$。其中数轴 z 和径向 r 在数值上对应相等。

3　PE 相控阵声场的数值模拟

目前主要通过相控阵超声检测技术来识别 PE 接头焊接区域的缺陷，并通过缺陷超声图谱对接头进行安全评定。

3.1　相控阵检测基本单元

相控阵探头由一系列阵元按照一定的规律排列而成，各个阵元具有独立的发射与接收电路控制各自的发射与延迟时间。不同阵元发射的超声子波束在空间相互叠加，由于相位振幅不同，合成声场在某些区域得到增强，在某些区域被减弱，进而形成一个单一的主波前，达到发射声束聚焦或偏转的效果。

PE 接头常用的相控阵扫查方式包括线形扫描（又称电子扫描，简称 E 扫描）和扇形扫描（简称 S 扫描）。线形扫描如图2所示，探头依次激励不同的晶片组（子阵），直到所有子阵实现声束的发射和接收，即完成一次线性扫描。

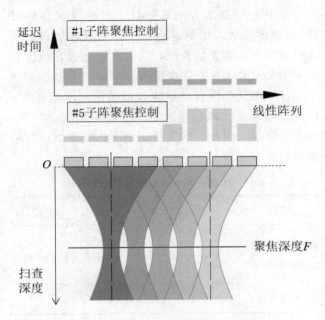

图 2　相控阵线形扫描示意图

扇形扫描如图 3，探头通过控制各个阵元的延时时间使产生的聚焦波束在一定角度范围内按照一定的步进角发生偏转，实现波束的偏转聚焦。本文以一个子阵作为研究对象，代表相控阵两种常规扫查方式的基本单元。

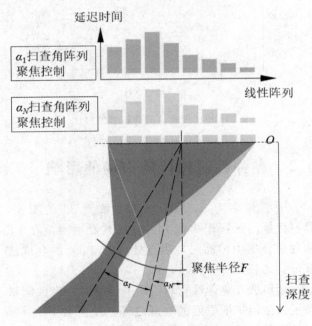

图 3　相控阵扇形扫描示意图

3.2　延迟时间的计算

相控阵各阵元与聚焦位置的相对关系，如图 4

（a）所示。通常检测系统设定一个垂直于阵元平面的基准面，来近似表征回波信号的位置信息。例如，图 4（b）的基准面经过各阵元中轴线，并采用阵元中心与焦点的距离代表子波声程。

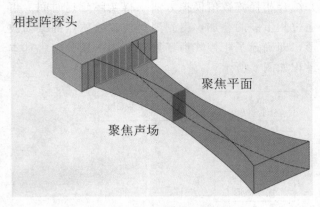

(a)晶片与焦点实际相对位置

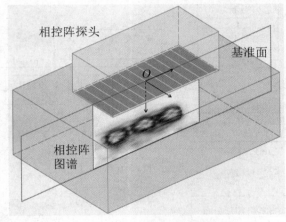

(b)相控阵聚焦基准面的选取

图 4　晶片与焦点的相对位置

如图 5 建立坐标系，d 为相邻阵元间距，F 为线阵中心到焦点的距离，容易求得各阵元到焦点的距离 Δs_n（$n=1$，2，3，…，$2N$）。

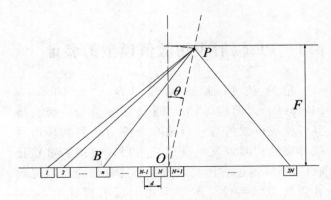

图 5　延迟时间计算模型示意图

通用超声检测系统根据 $\Delta t_n = \Delta s_n / c_0$，得到各个阵元的延时值 Δt_n。但是对于黏弹性材料 PE，探头阵元激励的脉冲声波在 PE 中的传播速度不是常数，需要借助 PE 含声耗散项波动方程的时域解，并结合相控阵数值模拟方法求得实际延迟时间。再通过相干波的叠加，得到聚焦位置处质点的振动波形，即确定了相控阵声场聚焦处的声压分布。基本过程如图 6 所示。

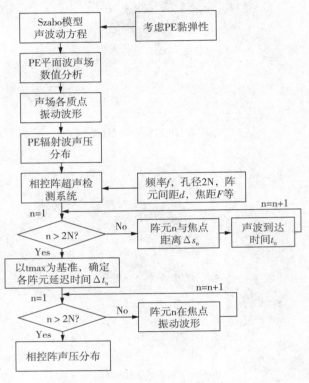

图 6　PE 相控阵声场计算基本过程

4　结果分析与讨论

4.1　PE 辐射声场数值模型的验证

超声波扫描显微镜（Scanning Acoustic Microscope，简称 SAM）激发脉冲信号，探头将其转换成声波信号；声波在介质中遇到物理边界或异质结构时，发生反射或透射，被探头重新接收。SAM 通过对比发射信号与接收信号可以得到介质的声学特性。本节采用的反射模式的 SAM 的工作原理和具体操作，与课题组先前研究一致[3]。

设中心频率为 $f = 2.5 \text{MHz}$ 的声波在黏弹性 PE 中辐射扩散，传播过程中发生衰减和频散。前者可以用声衰减系数表征，后者可以通过相速度和频率的关系来表征。在深度为 50mm 处，如表 1 所示，计算得到的声衰减系数和试验值的误差在 5% 以内；相速度的理论值和试验值平均误差为 1%，如图 7 所示。因此，本文提出的 PE 辐射声场数值模型有效。

表 1　声衰减系数理论值与试验值对比

试样	#1	#2	#3	理论值
声衰减系数 （neper/mm）	0.020	0.027	0.020	0.023
平均误差	3%			

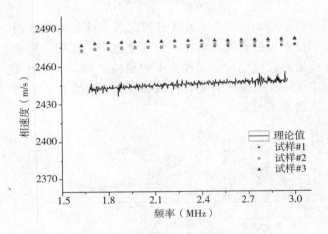

图 7　相速度理论值与试验值对比

4.2　黏弹性对相控阵声场的影响

中心频率为 2.5MHz、阵元数为 32 的探头，具有优越的远场聚焦能力。对比其发射声波在 PE 和理想介质中传播时，焦点处（80mm）的合成波波形，结果如图 8 所示。

超声波在黏弹性材料 PE 中传播时，声波能量除了发生因扩散引起的衰减之外，还会被 PE 分子大量吸收，导致振幅下降；而且脉冲声波各频率组分在传播过程中分散，表现为振动波形的时域跨度增加，发生畸变。在分析回波信号时，需要充分考虑 PE 黏弹性对波形的影响，以保证图像信息的准确性。

D
使用管理

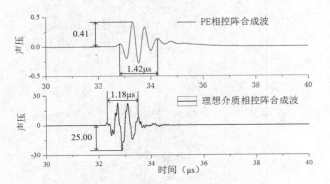

图 8 PE 与理想介质中相控阵合成波波形对比
($f=2.5$MHz, $2N=32$, $d=0.5$mm, $F=80$mm)

考察中心频率为 5MHz、阵元数为 32 的探头，对比其发射声波在 PE 和理想介质中传播时，焦点处（50mm）的合成波波形。结果如图 9 显示，高频率声波在 PE 传播时，相较 2.5MHz 声波，声能衰减更迅速，形状畸变严重。当探头接受反射信号时，将无法获得准确的缺陷信息。因此，大尺寸 PE 管电熔接头的超声检测，应当尽量避免使用高频声波。

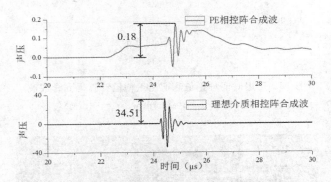

图 9 PE 与理想介质中相控阵合成波波形对比
($f=5$MHz, $2N=32$, $d=1.0$mm, $F=50$mm)

4.3 相控阵通用系统的使用条件

本节尝试讨论通用系统在大尺寸 PE 管电熔接头的使用条件和局限性。PE 相控阵超声检测系统常用探头中心频率为 $f=2.5$MHz、5.0MHz、7.5MHz，阵元间距 $d=0.5$mm、1.0mm、2.0mm，设孔径为 $2N=32$。分别以理论模型和简化操作为根据计算延迟时间，对比发射子波在 PE 聚焦位置 $F=80$mm（E 扫描），偏转角度 30°（S 扫描）处的合成波能量（振幅），如图 10～图 12。

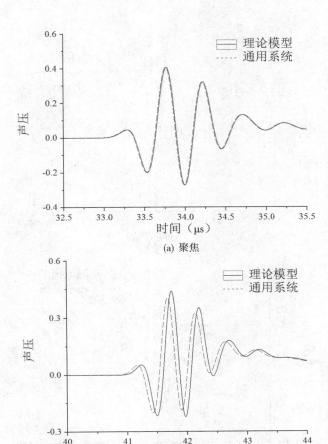

(a) 聚焦

(b) 偏转聚焦

图 10 延迟时间理论值和通用近似值计算得到合成波
($f=2.5$MHz, $d=1.0$mm, $F=80$mm)

由于焦点具有集中的较强的能量，可以使小缺陷反射足够的声能被探头接受，因此高质量的聚焦可以有效地提高检测分辨力。采集图 10～图 12 中合成波的振幅，如表 2 所示。当采用 E 扫描方式检测大尺寸 PE 管电熔接头时，通用系统对延迟时间的近似对各子波之间相位差影响不大，依然可以保证在预设位置产生相干波，并获得较大的聚焦能量。

另一方面，如果采用通用系统的 S 扫描检测大尺寸 PE 管电熔接头，各阵元子波到达预设点时的相位散乱分布，无法实现相干波的叠加效果，声能明显低于预期。对于低频声波且阵元间距较小的检测系统，非相干波的叠加，将导致焦点分辨力降低；而对于高频（中心频率大于 5MHz）或阵元间距较大（大于 2mm）的检测系统，则在预设焦点位置无法完成聚焦，此时需要按照图 6 中的流程获得并使用准确的延迟时间。

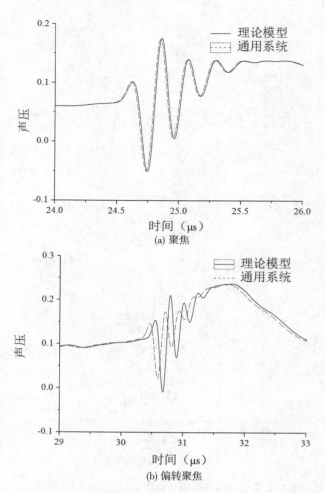

图 11 延迟时间理论值和通用近似值计算得到合成波
($f=5\text{MHz}$，$d=1.0\text{mm}$，$F=50\text{mm}$)

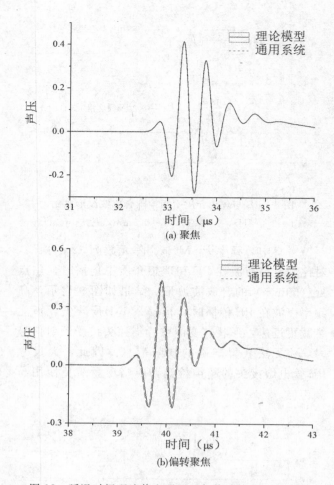

图 12 延迟时间理论值和通用近似值计算得到合成波
($f=2.5\text{MHz}$，$d=0.5\text{mm}$，$F=80\text{mm}$)

表 2 通用系统在聚焦位置声压幅值误差分析

中心频率 f（MHz）	阵元间距 d（mm）	聚焦位置	扫查方式	声能降幅
5	1.0	50	E 扫描	2
	1.0	50	S 扫描	18%
2.5	1.0	80	E 扫描	0.5%
	1.0	80	S 扫描	8%
2.5	0.5	80	E 扫描	0
	0.5	80	S 扫描	2%
2.5	2.0	80	E 扫描	4%
	2.0	80	S 扫描	23%

延迟时间的准确设计和精确控制，是在预设位置实现相干波聚焦的必要条件。通过上述分析，采用通用系统 E 扫描或低频小阵元间距的探头，可以初步实现大尺寸 PE 管电熔接头的检测，如图 13，相关检测案例已有报道[3]。

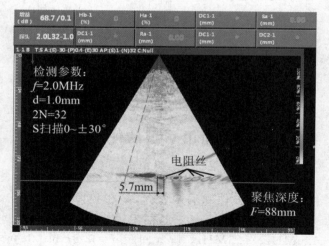

检测参数：
$f=2.0\text{MHz}$
$d=1.0\text{mm}$
$2N=32$
S 扫描0～±30°

5.7mm

电阻丝

聚焦深度：
$F=88\text{mm}$

图 13 核电 PE 管电熔接头相控阵检测超声图谱

但是，这并不意味着通用系统可以满足核电站大尺寸 PE 管超声检测的要求。（1）E 扫描需要较多阵元数，探头尺寸过大将无法应用在检测空间受限的核电 PE 管电熔接头；（2）S 扫描通过改变扫

D
使用管理

描角度可以检测到大范围熔融区，但是通用系统不准确的延迟时间设定降低了检测分辨力而无法识别小尺寸缺陷；（3）过低的声波频率或探头阵元间距，信噪比和合成声波的指向性变差，反而会因为声场的焦柱直径变大而使检测分辨力变差。

综上所述，采用本文的检测方案，可以使用现有通用系统实现核电 PE 管电熔接头的缺陷检测，但针对超声图谱中缺陷的定量分析，或是对缺陷检测能力有更高的要求时，仍然需要考虑 PE 黏弹性对声场聚焦和缺陷成像的影响，开发适用于大尺寸 PE 管电熔接头的相控阵超声检测技术。

5 结论

（1）本文基于 Szabo 模型，提出了考虑 PE 黏弹性的相控阵声场的数值模拟方法，并通过 SAM 试验证明有效，为研究核电站用大尺寸 PE 管接头相控阵超声检测技术聚焦、成像、检测工艺和系统开发提供了理论基础。

（2）不同于理想介质，超声波在 PE 中传播时发生衰减和频散，前者是由于声能被介质大量吸收，后者使波形发生畸变。并且，随着检测深度和发射频率的增加，声衰减加快，波形畸变程度变大。分析得到，对于大尺寸核电 PE 管电熔接头的检测，检测深度大于 40mm 时，检测频率应不高于 2.5MHz。

（3）目前的相控阵超声检测系统均假设被检材料为线弹性、声速为常数，适用于厚度为 5～40mm 的 PE 管电熔接头。在已有检测条件的基础上，为了初步实现核电 PE 管电熔接头的检测，应该使用通用系统 E 扫描方式，检测频率不大于 2.5MHz；在检测空间受限的情况下，应使用 S 扫描方式，检测频率不大于 2.5MHz，探头阵元间距不大于 1mm，实地检测结果证实了检测方案有效。但是，受限于 PE 相控阵声场理论的限制，现有检测技术在缺陷的定量分析和缺陷检测分辨力上仍具有局限性。

致谢：

本研究得到了浙江大学施建峰副教授，浙江省特种设备检测研究院郭伟灿总工程师，浙江大学盛雄硕士生的帮助，在此谨致谢意。

参 考 文 献

[1] Crawford S L, et al. Assessment of NDE methods to detect lack of fusion in HDPE butt fusion joints [C]. ASME 2011 Pressure Vessel and Piping Conference, Baltimore, Maryland, United States, 2011：343－349.

[2] Guo W, Xu H, Liu Z, et al. Ultrasonic Technique for Testing Cold Welding of Butt-Fusion Joints in Polyethylene Pipe [J]. American Society of Mechanical Engineers, 2013.

[3] Zheng J, Hou D, Guo W, et al, Ultrasonic Inspection of Electrofusion Joints of Large Polyethylene Pipes in Nuclear Power Plants [J]. Journal of Pressure Vessel Technology, 2016.

[4] Szabo T L. Time domain wave equations forlossy media obeying a frequency power law [J]. Journal of the Acoustical Society of America, 1994, 96 (1)：491－500.

[5] Sheng X., Hou D. S., et al. Assessment of NDE methods to detect lack of fusion in HDPE butt fusion joints [C]. ASME Pressure Vessel and Piping Conference, Baltimore, Maryland, United States, 2017.

[6] 蔡伟，陈文. 复杂介质中任意阶频率依赖耗散声波的分数阶导数模型 [J]. 力学学报，2016，48（6）：1265－1280.

[7] Zheng J, Hou D, Shi J, et al. Numerical analysis of acoustic wave equation of polyethylene used in nuclear power plant [J]. Journal of Pressure Vessel Technology, 2016.

[8] 杜功焕，朱哲民，龚秀芬. 声学基础 [M]. 2 版 [M]. 南京：南京大学出版社，2001.

作 者 简 介

侯东圣，男，1988 年出生，博士研究生，主要研究方向为聚烯烃及其复合材料的超声检测技术。通信地址：浙江大学化工机械研究所，310027；传真：0571－87953393；E-mail：houdongsheng@zju.edu.cn。

TOFD 检测扫查面盲区的讨论

沈 威 刘毅勇

（航天晨光股份有限公司化工机械分公司，江苏 南京 211200）

摘 要 在超声衍射时差法（TOFD）检测过程中，减小焊缝上下表面盲区是提高检测质量的关键。对 TOFD 检测中扫查面盲区进行试验和探讨，通过优化仪器硬件软件功能以及组合其他检测手段（常规 A 超、超声相控阵、磁粉检测等）来尽量减小盲区，更好地提高 TOFD 检测质量。

关键词 超声衍射时差法；盲区；相控阵

The Discussion Of Scanning Surface Dead Zone In TOFD Testing

Shen Wei　Liu Yiyong

（Aerosun Corporation Chemical Machinery Controllde Corporation, Jiangsu Nanjing 211200）

Abstract In Time Of Flight Diffraction teseing, reducing the size of dead zone surface area of the weld is the key of improving the testing quality. Experiment and discussion of the Scanning Surface Dead Zone in TOFD teseing, try to minimize the dead zone by means of optimizing instrument hardware software function and combining other test methods (Ultrasonic Test、Phasde Array、Magnetic Particle Test), improving the TOFD testing quality more effectively.

Keywords Time Of Flight Diffraction; dead zone; Phasde Array

TOFD 检测技术中，由于直通波的存在影响缺陷信号显示，产生上表面（扫查面）盲区；由于轴偏离引起的底部无法检测的区域，产生下表面盲区。两表面盲区相比，上表面盲区范围更大，对检测可靠性的影响也更大。尽可能减小盲区特别是上表面盲区是制定检测工艺的关键。

1 扫查面盲区的深度范围

以厚度 12mm 试件为例，探头规格 5MHzΦ6mm、60°楔块。PCS=27.7mm。

1.1 理论计算结果

计算公式：

$$D_z = \left[(CT_p/2)^2 + CST_p \right]^{1/2}$$

式中：C——声速；

T_p——直通波脉冲持续时间；

S——探头中心距的一半。

直通波脉冲宽度为 2 个周期，则 $T_p = 2 \times (1/f) = 0.4\mu s$，$C = 5.95mm/\mu s$，$S = PCS/2$

=13.9mm，

代入公式计算得出上表面盲区为 D_Z =5.9mm。

由计算公式可以看出，上表面盲区的大小与声速、直通波脉冲时间宽度、探头中心距有关，其中声速为定量，直通波宽度取决于探头性能和参数，探头中心距与工件厚度及楔块角度有关。

2.2　实测结果

设置好灵敏度和深度校准后，放置在扫查面盲区高度试块上测定实际盲区大小。图1中可以看到深度为8mm、$\phi 2$ 侧孔的上端点和下端点衍射信号，即实际上表面盲区大小为 $8-2/2=7$ mm，大于理论计算值5.9mm。因为理论值以探头的中心频率计算，而直通波的频率比声束中心频率低

2　如何减小扫查面盲区范围

2.1　选用频率较大的探头

为了控制上表面盲区深度范围，笔者认为直通波的脉冲持续时间是决定上表面盲区大小的关键因素，而频率大小直接影响直通波的脉冲持续时间，同时，选用频率较大的探头可提高上表面的分辨力和测量精度。但对检测厚度较大的工件由于声波衰减较大，不宜选择频率大的探头。

实验1：探头频率对 TOFD 检测时盲区大小的影响（其他参数相同）。

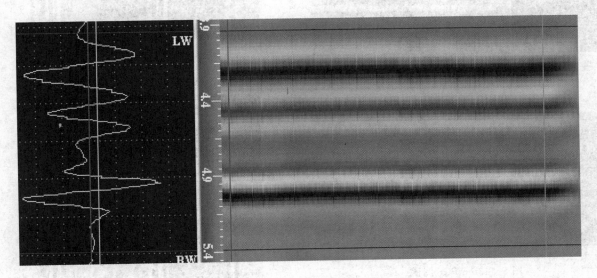

图1　实测盲区图谱

图2为选用 5MHz 探头扫查 ϕ 3mm 侧孔、深度为8mm 的图谱显示，可以看出侧孔上端点信号紧靠直通波信号。

图3为选用 10MHz 探头扫查 ϕ 3mm 侧孔、深度为8mm 的图谱显示，可以看出侧孔上端点信号与直通波信号之间有较大时间间隔。

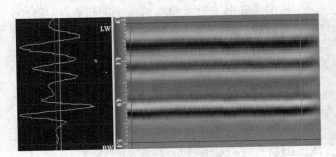

图2　5MHz 图谱

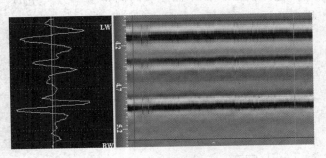

图3　10MHz 图谱

1.2 减小探头中心间距

实验2：探头中心间距对 TOFD 检测时盲区大小的影响（其他参数相同）。

图4为探头 PCS 为 28mm 时，扫查 φ3mm 侧孔、深度为 8mm 的图谱显示，可以看出侧孔上端点信号与直通波信号之间有较大时间间隔。

图5为探头 PCS 为 42mm 时，扫查 φ3mm 侧孔、深度为 8mm 的图谱显示，可以看出侧孔上端点信号紧靠直通波信号。

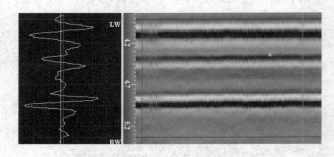

图4　28mmPCS 图谱

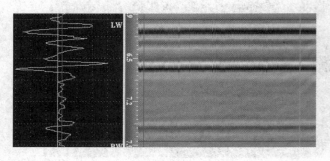

图5　42mmPCS 图谱

2.3 双面检测

在 TOFD 检测中深度和时间是呈平方关系的，因此在近表面区域，信号在时间上的微小

变化转换成深度就变成较大变化，导致扫查面盲区很大，计算表明通常超过 5mm，有时甚至超过 10mm；而轴偏离底面盲区计算得出一般只有 1～3mm。因此可以采用双面扫查减小盲区。

实验3：如图7所示，试板厚度为 45mm、缺陷深度为 13mm。分别从试板正面和背面对缺陷进行 TOFD 扫查。

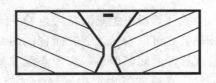

图6　焊缝刨面图

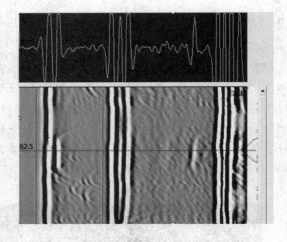

图7　试板正面 TOFD 图谱

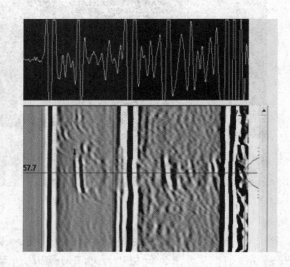

图8　试板背面 TOFD 图谱

从图7和图8中可知，试板正面扫查 TOFD 图谱中可以看出缺陷部分埋藏在直通波中，而背面扫查 TOFD 图谱中可以清楚地显现整个缺陷。

2.4 TOFD 和脉冲反射法组合检测

如图9所示通过横波斜探头的一次波以及二次波辅助扫查可以弥补 TOFD 探头对焊缝近表面盲区无法检测的问题。

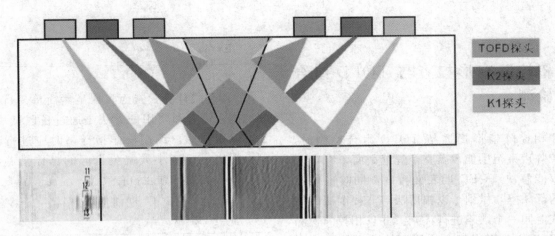

图 9　TOFD 与脉冲反射法组合检测方式

在图中的 TOFD 探头图谱区，我们未发现任何缺陷，但在 K1 探头检测区，我们发现三处近表面缺陷。

2.5　改变扫查面

由于直通波是沿最短路径传播而不是沿工件表面传播，因此在检测筒体纵焊缝时，从

外表面和从内表面扫查，上表面和下表面轴偏离盲区是不一样的。可以通过改变扫查面减小盲区。比较图 10（a）和图 10（b）所示方式，可以看出从内表面扫查的上表面盲区和下表面轴偏离盲区都比外表面扫查的盲区小。

2.6　通过软件功能，滤除直通波

如图 11 所示，在滤除直通波后，近表面的断续夹渣可以明显的显示。

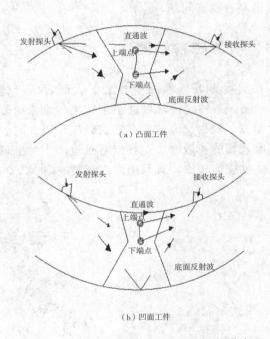

（a）凸面工件

（b）凹面工件

图 10　不同扫查面对上下表面盲区的影响

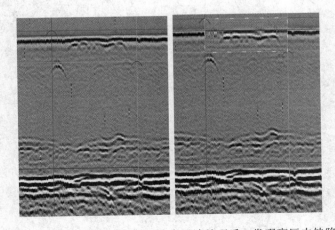

图 11　对 TOFD 图像进行滤除直通波处理后，发现盲区中缺陷

2.7 相控阵扇形扫查与 TOFD 组合检测

采用相控阵扇形扫描与 TOFD 组合检测时，由于相控阵声束范围能覆盖整个焊缝截面，

不仅能解决 TOFD 近表面盲区，同时也能发现焊缝内部缺陷，做到了以幅度法与非幅度法相结合的方式对同一个缺陷进行评判。并且相控阵检测解决了 TOFD 非平行扫查检测不能确定缺陷位于焊缝的左右位置问题。

2.8 增加磁粉检测

在实际 TOFD 检测中对上下表面盲区可辅以 MT 检测，条件允许时尽量使用交流与直流电磁轭配合检测。因为交流电具有趋肤效应，因此对表面缺陷有较高的灵敏度，而直流电磁轭产生的磁场能深入工件表面较深，有利于发现深层缺陷。

3 总结

用公式计算扫查面盲区虽然简单易行，但不够准确，可靠和实用的方法是通过盲区试块测定。在实际工作中，编制操作指导书时应进行盲区评价、提出尽量减小或避免盲区的具体措施，确保 TOFD 检测的可靠性和有效性，提高产品质量。

参 考 文 献

［1］强天鹏 . 衍射时差法（TOFD）超声检测技术［J］. 2012.

［2］NB/T 47013.10—2015. 承压设备无损检测（第 10 部分）衍射时差法超声检测［S］.

作 者 简 介

沈威，男，助理工程师，学士，主要从事压力容器无损检测工艺研究。

通信地址：江苏省南京市溧水区永阳镇晨光路 1 号航天晨光股份有限公司化工机械分公司，211200

电话：15050549269；邮箱：shenwei123@126.com

板材内部裂纹的无损检测工艺探讨

沈 威 刘毅勇 陈明华

（航天晨光股份有限公司化工机械分公司，江苏 南京 211200）

摘 要 对板材内部裂纹区域进行了金相检测以及裂纹旁无缺陷部位进行了机械性能检测，分析出板材内部产生裂纹的原因。针对裂纹产生原因以及裂纹的特点，射线检测检出率低和纵波直探头超声检测无法检出的问题，提出了能够有效检测出此类裂纹的横波斜探头超声检测＋TOFD相组合的检测工艺。

关键词 金相检测；机械性能检测；超声检测；TOFD

Nondestructive Testing Technology Discussion of Plate Interior Crack

Shen Wei Liu Yiyong Chen Minghua

(Aerosun Corporation Chemical Machinery Controllde Corporation, Jiangsu Nanjing 211200)

Abstract Metallography Detection in allusion to plate interior crack, and Mechanical Performance Detection in allusion to none defective part by the side of crack, analyze the reason of crack production. Contrapose the reason of crack production and feature of the crack, the low detection rate of radiographic testing and the Problem that can not detected by straight wave probe Ultrasonic Test, summarize the angular wave probe Ultrasonic Test combined TOFD nondestructive testing technology that the crack can be detected effectively.

Keywords Metallography Detection；Mechanical Performance Detection；Ultrasonic Test；TOFD

1 前言

公司从某厂购入某熔炉号一块板材，材质16MnDR，厚度58mm，供货状态为正火。板材经检验尺寸合格后，依据标准 NB/T 47013.3—2015进行纵波直探头超声检测复验，Ⅱ级合格；取样进行机械性能复验和化学分析复验，依据标准 GB 3531—2014 验收均合格；取样焊接进行工艺评定，也为合格。最后板材切坡口卷圆，焊缝双面埋弧焊成形。该板材筒体环焊缝经射线检测发现在母材部位有4处裂纹影像显示，离焊缝边缘约5～20mm，裂纹长度为25～120mm，超声定位深度为33～38mm，大致沿焊缝方向，都呈现断续不规则的波浪状。随后我们在该环焊缝边缘其他位置和板材中部区域也发现多处裂纹。

2 裂纹分析

2.1 机械性能检测

取板材裂纹区域旁无缺陷部位作为试样，进行机械性能检测。

2.1.1 检测结果

表 1 卷成筒体前的板材机械性能的检测结果

试验项目	试验结果		
拉伸试验	抗拉强度 R_m	屈服强度 R_{eL}	伸长率 A
	517MPa	320MPa	30.5%
冲击试验（温度-40℃）	冲击功 Akv$_2$ (10×10×55) mm		
	103J	133J	122J
弯曲试验（$d=3a$，180°）	无裂纹		

表 2 卷成筒体后的板材机械性能的检测结果

试验项目	试验结果		
拉伸试验	抗拉强度 R_m	屈服强度 R_{eL}	伸长率 A
	583MPa	449MPa	30.0%
冲击试验（温度-40℃）	冲击功 Akv$_2$ (10×10×55) mm		
	123J	130J	134J
弯曲试验（$d=3a$，180°）	无裂纹		

2.1.2 分析与讨论

表1和表2检测结果表明，板材的机械性能参数在卷圆前和卷圆后虽稍有差别，但都合格。机械性能检测结果并未说明裂纹是由于板材卷制而产生的，或是其他原因。

2.2 金相检测

在板材中部取有裂纹的试样，射线照相底片如图1所示，对该试样进行金相检测。

2.2.1 检测结果

沿试样横截面再取样进行金相组织分析，试样经磨制、抛光后使用4%的硝酸-乙醇溶液进行侵蚀，侵蚀后宏观形貌如图2所示，试样存在残余缩孔缺陷，面积约为 $2mm^2$，在缩孔附近观察到细小裂纹。试样远离缩孔区域正常组织如图3所示，为铁素体+珠光体；缩孔区域低倍形貌如图4所示；缩孔旁组织如图5～图10所示，存在较多的铁素体或珠光体偏析聚集的情况。

图 1 射线照相底片裂纹影像图

图 2　试样横向宏观形貌

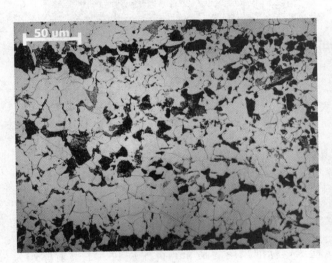

图 3　正常区域组织　500×

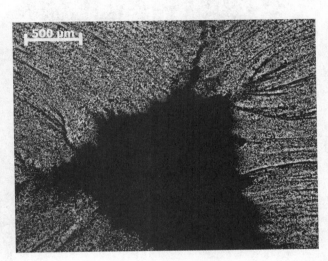

图 4　缩孔区域　50×

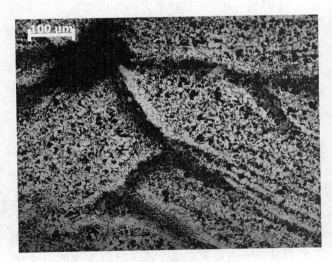

图 5　缩孔旁组织　200×

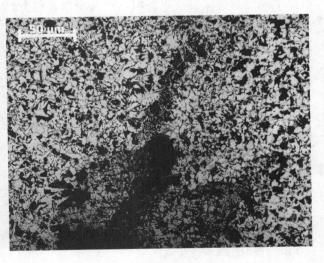

图 6　缩孔旁组织　500×

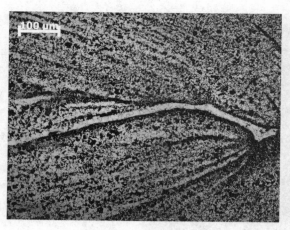

图 7　缩孔旁组织　200×

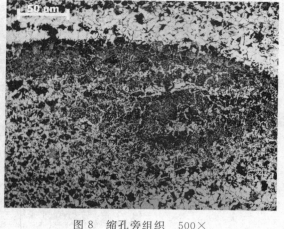

图 8　缩孔旁组织　500×

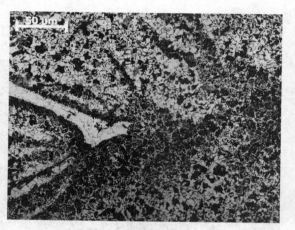

图 9　缩孔旁组织　500×

图 10　缩孔旁组织　50×

2.2.2　分析与讨论

试样低倍组织观察到残余缩孔缺陷，残余缩孔多呈不规则的折皱裂纹或空洞，在其附近常伴有严重的疏松、夹杂物和成分偏析，产生原因：由于钢液在凝固时发生体积集中收

缩而产生的缩孔并在热加工时因切除不尽而部分残留，有时也出现二次缩孔。

3　原检测工艺存在的问题

3.1　纵波直探头超声检测对裂纹检出的难点

生产厂家的检测和入厂后的复验均是依据标准

NB/T 47013.3—2015 对板材进行纵波直探头超声检测，标准采用的是 ϕ5mm 平底孔人工反射体作为对比，而金相检测显示此裂纹的最大当量直径非常小，约 ϕ1.6mm，并且声束方向与裂纹面成很小角度或趋于平行，故造成声波反射率过低，也就无法检出。

3.2　射线检测对裂纹检出的难点

板材在卷圆后环缝射线检测时虽有 4 处裂纹被检出，但后经横波斜探头超声检测＋TOFD 相组合的检测工艺验证，在环缝边缘其他位置也发现多处裂纹，这些裂纹并未在底片上有任何影像显示，表明射线检测对此类裂纹存在较低的检出率。因为射线检测时透照角度、透照几何条件和透照厚度等参数的综合影响，造成影像对比度显著下降从而导致漏检。并且板材在卷圆前采用射线检测工艺难度非常大，不宜实施。

4 新检测工艺介绍

我方针对此裂纹（缩孔）断续地折皱走向，四周又伴有极度细小树枝状裂纹分布的特点，提出一种能够有效检测出此类裂纹的横波斜探头超声检测＋TOFD相组合的检测工艺，以波幅法和非波幅法相结合的方式对同一个缺陷进行评判，即先用横波斜探头扫查，对等于或超过距离－波幅曲线的缺陷信号，辅以TOFD检测，结合图谱特点判定缺陷性质。

4.1 横波斜探头超声检测工艺

4.1.1 对比试块的选定

对比试块应与被检板材声学特性相同或相似，厚度差不超过10%。试块正反两面各加工一个具有"尖端"的模拟裂纹的最佳人工反射体——V形槽，角度为60°，槽深为板厚的3%，长度为25mm，如图11所示。

4.1.2 灵敏度的确定

将2.5P13×13K1探头声束对准试块背面的

槽，找出第一个1/2跨距反射的最大波幅使达到满刻度的80%，记下这个信号的位置；不改变仪器的调整状态，移动探头以全跨距对准切槽并获得最大反射波幅，记下幅值点；连接这两点为一直线即为距离-波幅曲线。扫查时灵敏度再提高6dB。

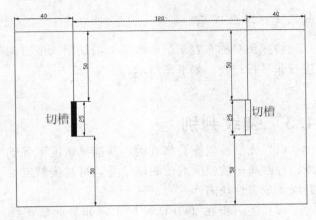

图11　对比试块

4.1.3 扫查方式

在板材中部区域，探头沿垂直和平行于板材压延方向且间距为100mm的格子线进行扫查；在板材边缘和剖口预定线两侧50mm范围内作100%扫查。如下图所示。

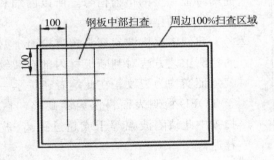
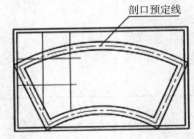

图12　探头扫查示意图

4.2 TOFD检测工艺

4.2.1 探头中心距（PCS）的确定

选用5MHzϕ6mm探头、60°楔块，根据手工UT确定的缺陷深度，调整探头中心距使声束交点为缺陷部位。例如58mm厚的板材，裂纹深度约为36mm，则PCS＝36×2×tan60°＝125mm。

4.2.2 A扫描时间窗口设置和深度校准

将调整好PCS的探头对放置无缺陷部位的被检板材压制面上，时间窗口的起始位置设置为直通波到达接收探头前0.5μs以上，时间窗口的终止位置设置为工件底面的一次波型转换波后0.5μs以上；然后将LW线套住直通波第一正向波峰，BW线套住底波第一负向波峰。

1121

4.2.3 灵敏度的确定

A扫描时间窗口设置和深度校准两步骤完成后，紧接着将直通波的波幅设定到满屏高的80%，检测灵敏度即已确定。

4.2.4 扫查方式

将探头对称布置于缺陷部位，沿缺陷长度方向进行非平行扫查。如下图所示。

4.3 裂纹判别

（1）先横波斜探头扫查时，基准灵敏度下等于或超过距离—波幅曲线的缺陷信号，可初步判定为裂纹类危害性缺陷。

（2）进一步在TOFD检测中，如果此缺陷图谱有如下特征：呈现断续又紧密相靠的多条不规则主线，同时两端和主线不时伴有不规则的抛物线组。则可以判定为裂纹缺陷。

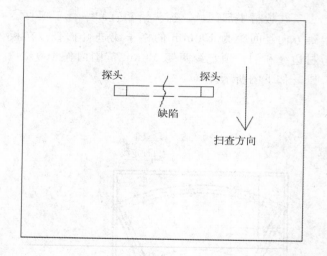

图13　TOFD扫查示意图

5 射线检测、纵波直探头超声检测、横波斜探头超声检测＋TOFD相组合检测的比较

图14为裂纹射线检测底片图，显示无任何裂纹影像。

图15为裂纹的纵波直探头超声检测波形图，在高灵敏度设置下稍有裂纹回波，约为满刻度的10%，可以忽略。

图14　射线照相底片图

图16为裂纹的横波斜探头超声检测波形图，在基准灵敏度下可以看到裂纹回波波幅非常高，超过距离—波幅曲线。

图17为裂纹的TOFD图谱，可以看到断续又紧密相靠的多条不规则主线，并且主线和两端伴有许多不规则的抛物线组。

图18为板材气刨后该裂纹的渗透检测效果图。

以上是对同一裂纹采用各种检测工艺方法的检测结果，表明射线检测和纵波直探头超声检测均没有检测出此裂纹。在采用横波斜探头超声检测工艺时，由于声束方向与缺陷的垂直度大，在检测方向产生了足够大的回波，但单凭高的波幅还不足以判定缺陷就为裂纹。TOFD检测中，在自身高度较小且折皱走向的裂纹（缩孔）的中段会形成断续又紧密相靠的衍射信号，在细小裂纹尖端会形成向下弯曲的特征弧型的衍射信号，所以两端和主线伴有许多不规则的抛物线组。

我们依据横波斜探头超声检测＋TOFD相组合的检测工艺方法对判断板材内部有裂纹的部位，经气刨证实均为裂纹。在此笔者还提示一点：对于位于TOFD检测表面盲区内的缺陷，在横波斜探头扫查中此缺陷波幅等于或超过距离-波幅曲线，推荐返修。

6 我方对入厂板材复验增加的检测工艺汇总

（1）实践证明：射线检测工艺方法对中大厚度板材内部裂纹的检出率不高，生产厂家采用的纵波直探头超声检测工艺方法的检出率更是为零，而我方提出的横波斜探头手工UT＋TOFD相组合的检测工艺方法则可以大大提高此类裂纹的检出率。

（2）为确保板材质量，先纵波直探头超声检测排除板材内部分层、折叠等缺陷，再增加横波斜探头手工 UT＋TOFD 的检测方案针对性对板材内部裂纹缺陷进行补充检测。

（3）相应的中大厚度板材横波斜探头手工 UT＋TOFD 的检测操作指导书见下表。

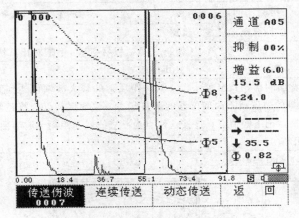

图 15　直探头超声检测波形图

图 16　斜探头超声检测波形图

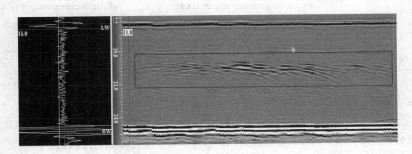

图 17　TOFD 图谱

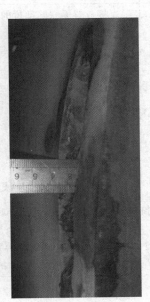

（a）裂纹　　　　　（b）裂纹深度

图 18　渗透检测效果图

表 3　操作指导书

工件	工件名称	$T>50mm$ 板材	材质	低合金低温用钢、低合金高强度钢
	表面状态	轧制后	检测时机	下料前
	检测区域	全面积	检测比例	100%

横波斜探头超声检测工艺	仪器型号	HS611e	耦合剂	浆糊
	探头型号	2.5P813×13K1	试块	CSK—ⅠA，板材"V"形槽对比试块
	扫描调节	深度1:1	表面补偿	+4dB
	灵敏度调节	将探头声束对准试块背面的槽，找出第一个 1/2 跨距反射的最大波幅使达到满刻度的 80%，记下这个信号的位置；不改变仪器的调整状态，移动探头以全跨距对准切槽并获得最大反射波幅，记下幅值点；连接这两点为一直线即为距离—波幅曲线。扫查时灵敏度再提高 6dB		
	扫查方式	在板材中部区域，探头沿垂直和平行于板材压延方向且间距为 100mm 的格子线进行扫查；在板材边缘和剖口预定线两侧 50mm 范围内作 100%扫查		

TOFD检测工艺	仪器型号	HSPA10	耦合剂	水
	探头型号	5MHzΦ6mm，60°	表面补偿	0dB
	探头中心距	根据手工 UT 确定的缺陷深度，调整探头中心距使声束交点为缺陷部位		
	A扫描时间窗口设置和深度校准	将调整好 PCS 的探头对放置无缺陷部位的被检板材轧制面上，时间窗口的起始位置设置为直通波到达接收探头前 0.5μs 以上，时间窗口的终止位置设置为工件底面的一次波型转换波后 0.5μs 以上；然后将 LW 线套住直通波第一正向波峰，BW 线套住底波第一负向波峰		
	灵敏度调节	直接放置无缺陷部位的被检板材轧制面上，将直通波的波幅设定到满屏高的 80%		
	扫查方式	将探头对称布置于缺陷部位，沿缺陷长度方向进行非平行扫查		

裂纹判别	(1) 先横波斜探头扫查时，基准灵敏度下等于或超过距离-波幅曲线的缺陷信号，可初步判定为裂纹类危害性缺陷。 (2) 进一步在 TOFD 检测中，如果此缺陷图谱有如下特征：呈现断续又紧密相靠的多条不规则主线，同时两端和主线不时伴有不规则的抛物线组。则可以判定为裂纹缺陷

编制：沈威　　　　　　　　　　　　　　　　　　　　　　　　　　　　　　审核：刘毅勇

参考文献

[1] 王晓雷. 承压类特种设备无损检测相关知识 [J]. 2012.

[2] 强天鹏. 射线检测 [M]. 北京：中国劳动社会保障出版社，2007.

[3] 强天鹏. 衍射时差法（TOFD）超声检测技术

D 使用管理

[J] . 2012.

[4] 郑晖, 林树青. 超声检测 [M]. 北京: 中国劳动社会保障出版社, 2008.

[5] NB/T 47013.3—2015. 承压设备无损检测 (第3部分) 超声检测 [S].

[6] NB/T 47013.10—2015. 承压设备无损检测 (第10部分) 衍射时差法超声检测 [S].

作 者 简 介

沈威, 男, 助理工程师, 学士, 主要从事压力容器无损检测工艺研究。

通信地址: 江苏省南京市溧水区永阳镇晨光路1号航天晨光股份有限公司化工机械分公司, 211200

电话: 15050549269; 邮箱: shenwei123@126.com

RFCCU 反应再生系统外壁超温的热红外检测与原因分析

马云飞 马丽涛

（中国石油天然气股份有限公司大庆石化分公司，黑龙江大庆 163711）

摘 要 本文从重油催化裂化装置反应再生系统外壁超温入手，利用先进的热红外成像技术，对接管、弯头、人孔等过热部位进行在线检测。根据装置历次检修衬里的破坏形式对超温部位进行详细的原因分析，并利用 Solidworks、Gambit 及 Fluent 等分析软件对弯头易冲刷磨蚀的部位进行分析计算。由现场的实际情况，制定切实可行的治理措施，保障重油催化裂化装置长周期平稳安全运行。

关键词 重油催化裂化；超温；热红外成像；磨蚀；衬里

Cause Analysis and Infrared Thermal Detection of Overheat in Part of Reactor－regenerator Section of RFCCU

Ma Yunfei Ma Litao

（PetroChina Daqing Petrochemical Company，Daqing，Heilongjiang，163711）

Abstract In the article，starting withoverheat of out wall，thermal infrared imaging technology is used. Part of equipment is on-line detected，which include pipe joint、elbow and manhole. Cause analysis of overheat is carried out through collecting failure mode of concrete lining all previous overhaul period. Solidworks、Gambit and Fluent software are used in analysising abrasion of elbow. Effective measurement is worked out according to the actual condition. RFCCU is able to run smoothly for along period of time through the measurement.

Keywords RFCC；overheat；infrared thermal；abrasion；concrete lining

0 概述

某炼油厂 1.0Mt/a 重油催化裂化装置（RFCCU）为 1992 年 10 月建成投产，历经 25 载的运行反应再生系统外壁存在不同程度超温现象，严重超温部位达到 382.4℃甚至更高，超过容器设计温度 350℃，装置连续运行，设备内部高温催化剂对碳钢金属器壁磨损严重，易导致器壁磨蚀穿孔，严重时将直接导致装置非计划停工[1]。

反应再生系统为重油催化裂化装置的核心设备，外壁超温严重制约装置的安全平稳运行，在线进行检测、采取行之有效的治理措施尤为重要。热红外温敏技术及其配套的热红外检测设备已经得到全面发展，红外检测热图的清晰度和准确率都得到大幅度提高，为保证该装置的安全平稳运行特别对反应再生系统外壁过热部位进行全面的红外热成像数据采集，对典型过热部位进行建模分析计算，对过热部位展开详细的原因分析，进而制定详尽治理措施。

1　反应再生系统外壁超温部位检测

反应再生系统的为碳钢结构，正常操作器壁温度80～150℃，200℃以上表现为温度偏高，当温度达到300℃时表现为超温，由于器壁的设计温度为350℃，所以当器壁超过350℃时表现为严重超温故障[2]。本文主要应用了日本某公司型号为TH9100MW 的红外热成像仪，主要检测部位集中在器壁接管部位、弯头部位和人孔部位。

1.1　接管部位热红外检测

在器壁与接管部位存在过热区域，如图 1 所示，为沉降器 R101/2 顶集气管扫描情况，在两侧升气管汇入主集气管，在管口相贯线处及中缝处出现明显的过热情况，相贯线处最高温度为186.4℃，集气管中缝位置温度偏高温度值为223.4℃，温度偏高部位沿带状分布。

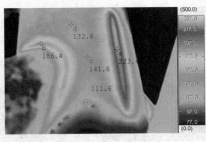

图 1　沉降器顶集气管红外扫描热图

装置现场对提升管底部卸剂线接管根部进行热红外扫描，扫描热图结果如图 2 所示，主管接管根部最高温度为 324.4℃，过热部位主要集中在主管分支接管处，呈现放射状面域分布，过热部位基本全部分布于主管线，过热温度越接近分支接管处温度越高。

图 2　提升管反应器底卸剂接管外扫描热图

再生器外循环管接管存在过热区域，现场进行扫描，对其进行热红外扫描，扫描结果如图 3 所示，在再生器外循环管如再生器接管部位存在明显超温部位，接管根部最高温度点 382.4℃，过热部位主要集中在接管与再生器根部，在接管外部补强呈现宽的带状分布，过热温度局部出现超过容器设计温度现象。

图 3　再生器外循环管接管外扫描热图

1.2 弯头部位热红外检测

现场对再生器外循环管下料弯头进行热红外扫描,如图4所示,该弯头为90°弯头,在弯头背部存在明显的温度偏高区域,呈现散射状面域分布,弯头背部温度最高点为232.6℃,弯头背部区域明显高于其他部位的温度。

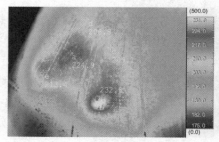

图4 再生器外循环管下料弯头红外扫描热图

外取热器烟气返回管90°弯头局部区域存在严重过热,现场扫描热图如图5所示,弯头侧面温度最高点为405.9℃,呈现块状面域分布,从超温部位温度显色看超温严重,并且金属局部超温严重操作存在较大风险。

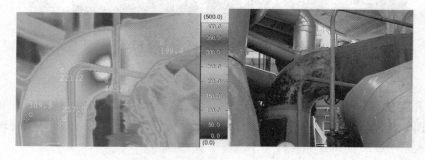

图5 外取热器烟气返回管弯头红外扫描热图

再生斜管45°弯头存在局部过热区域,图6为再生斜管运行末期出现的过热情况,主要过热点集中在弯头内壁,最高温度点为349.9℃,而且超温部位呈现面状分布。

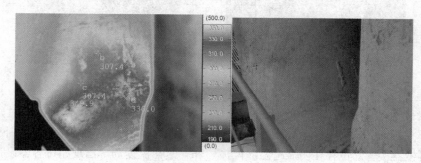

图6 再生斜管弯头严重过热部位红外扫描热图

1.3 人孔部位热红外检测

再生器七层北侧人孔红外热图如图7所示,人孔根部出现过热区域,呈现块状分布,中心最高温度点为324.3℃,人孔与器壁接合部位为该处主要过热点。

外取热器下料人孔红外热图如图8所示,人孔根部接管出现过热区域,呈现较大的面域分布,中心最高温度点为217.1℃,该处过热的只要表现为接管过热。

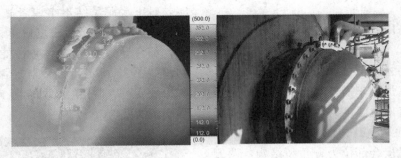

图7 再生器七层北侧人孔红外扫描热图

图8 外取热器下料人孔红外扫描热图

2 反应再生系统外壁超温原因分析

现场对超温部位进行热红外扫描，对超温的部位内部衬里进行调查分析，利用内部衬里破坏的不同形式对反应再生系统外壁超温进行原因分析，从内部衬里的冲刷磨蚀、开裂、施工质量缺陷等方面对超温展开原因分析。

2.1 流动介质的冲刷磨蚀

再生器内烟气以及主风对固体催化剂颗粒进行输送，固体颗粒输送过程中在弯头处、阀门限流处、易产生涡流的狭小空间易出现冲刷和磨蚀，一旦衬里表层出现初期破损，衬里外壁阻力加大，随着时间的推移，磨损加剧，久而久之造成衬里局部脱落[3]。图9所示，再生器外循环管弯头部位由于衬里磨损，造成斑块状衬里脱落，金属器壁直接暴露于660℃高温烟气之中，造成外壁严重超温，严重时可导致器壁磨损穿孔。

在装置检修过程中，对易冲刷磨蚀的部位检查时，发现双动滑阀出口处衬里大面积脱落，龟甲网内部的隔热耐磨混凝土全部剥离，如图10所示，高温烟气与催化剂流体将部分龟甲网衬里磨开，导致龟甲网部分脱落，该部位的衬里脱落为典型的阀门限流处导致催化剂流速加快、磨损加剧所致。

图9 再生器外循环弯头部位衬里局部破损

图10 双动滑阀出口处衬里破损严重

2.2 衬里接缝开裂破损

反应再生系统的衬里部分区域存在接缝，由于衬里骨架结构为金属焊接于器壁，耐磨和隔热层为混凝土结构，在接缝部位温度升高后易出现衬里应力集中、变形开裂问题[4]。如图 11 所示，在外取热下料台阶处，衬里接合部位为方角型结构，两侧衬里受热膨胀后出现应力集中、导致开裂，接缝右侧全部开裂，高温烟气窜入衬里底部，导致器壁超温，在结构上尽量避免方角型应力集中结构。

图 11　外取热下料台阶衬里开裂

在沉降器衬里为双层龟甲网结构，大面积使用时难以避免衬里出现接缝，衬里接缝处由于下部金属龟甲网对接部位不是整体，衬里受热膨胀后出现膨胀开裂，如图 12 所示，高温烟气窜入衬里底部，导致器壁温度升高。

图 12　沉降器容器衬里接缝部位开裂

2.3 衬里涂抹料存在缺陷

反应再生系统由于衬里涂抹料出现问题，能够导致衬里大面积脱落、开裂。施工过程中涂抹不实，矾土水泥黏结不牢或者施工温度、湿度不佳，容易造成衬里烘干后表皮脱落，内部空鼓，变色受潮，都会导致衬里的耐磨性能和隔热性能受到影响。如图 13 所示，再生器外循环管衬里存在大面积出现变色、脱落，此处明显为衬里施工及烘干过程受潮所致。

图 13　再生器外循环管衬里料变色脱落

装置现场检修期间由于工作量大衬里部分施工存在不到位的情况，如图 14 所示，在沉降器器壁衬里施工过程中，在器壁根部出现了少量衬里料施工缺失情况，此处耐磨层未涂抹情况易导致衬里内部窜气，隔热层磨损脱落，是衬里大面积脱落的初期破损开端。

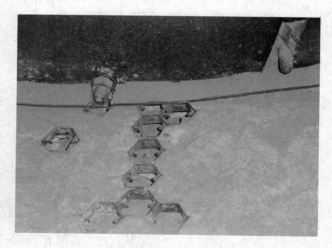

图 14　沉降器衬里料施工缺失

3 反应再生系统典型过热部位分析建模计算

反应再生系统内部衬里的冲刷磨蚀在衬里破损

形式中普遍存在，而在过热部位检测中 90°弯头的过热较为明显，于是本文利用 FLUENT 软件对反应再生系统固气两相流场进行模拟分析，主要研究固体催化剂可以对弯管位置冲刷磨损的影响，为反应再生系统衬里磨损故障原因分析提供理论依据。

3.1　弯头过热部位分析建模

根据现场的容器结构，将理论模型建立成为具有空间改变流向的两处 90°的情况，一侧设置催化入口，一侧设置催化剂出口。利用 Solidworks 对反应再生系统的典型弯管进行三维建模，建模弯管如图 15 所示，空间结构采用两处弯管，空间改变方向，催化剂一侧进入，一侧排出。对弯头部位重点计算分析 3D 弯管受催化剂粒子冲击造成的该部位的冲刷、磨蚀现象。

图 15　反应再生系统弯头抽象模型

3.2　弯头过热部位网格划分

高质量的网格是模拟计算的前提条件，本文利用 Gambit 软件划分网格，将弯管几何模型整体采用六面体网格的划分形式，同时为更好捕捉边界特征以及提高精度，网格采用分段划分和局部加密的方法进行处理。图 16 是反应再生系统弯管模型的网格划分情况。

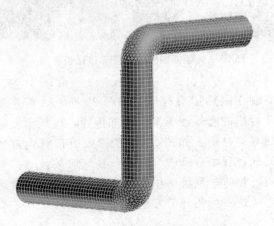

图 16　反应再生系统弯管划分网格

3.3　弯头过热部位分析计算

在 Fluent 计算软件中，入口的流体流速设置为 10m/s，流场采用湍流模型，稳态求解边界条件。催化剂的密度设置为 1500kg/m³，粒子直径设置为 200μm，质量流量设置为 1kg/m³。求解分析磨蚀云图如图 17 所示，从 Fluent 分析磨蚀云图看，弯管部位是催化剂冲刷、磨蚀最严重部位，尤其在弯头的背部直管前的块状区域磨损最为严重，理论计算云图与弯头的热红外扫描热图较为一致，所以弯头部位易出现过热区域主要原因是冲刷磨蚀。

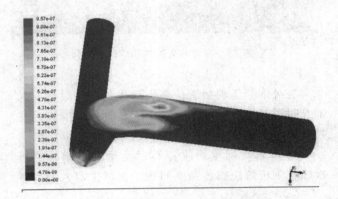

图 17　反应再生系统弯管 Fluent 分析磨蚀云图

4　反应再生系统外壁超温治理措施

反应再生系统由于内部衬里的冲刷破损、开裂、破碎导致了器壁外部壁温过高，局部位置甚至超过压力容器的设计温度，为保证装置运行期间不发生压力容器故障失效，必须制定外壁超温的治理措施。

4.1　超温部位外部贴板处理

对于易冲刷磨蚀的弯头或高流速过热部位，现场采取过热部位贴板，对于衬里大面积开裂，严重超温部位除贴补钢板外可以在器壁外部补焊龟甲网涂抹高强度耐磨衬里，外层再次贴补钢板，防止内部器壁磨穿后贴补钢板再次磨穿。如图 18 所示，再生斜管弯头部位过热，采用弧形钢板贴补，解决局部块状过热情况，钢板厚度为 10mm，材质为 20R。图 19 为再生器器壁过热部位贴板补强，此处过热为容器中间部位过热，内部衬里轻微损坏窜气所致，采用直接贴补碳钢钢板。

图 18　斜管弯头过热部位贴板补强

图 19　再生器器壁过热部位贴板补强

在外取热下料接管位置出现多处面域过热，局部超过设计温度 350℃，外部超温的治理措施为在接管部位补焊龟甲网涂抹高强度耐磨衬里，如图 20 所示，解决器壁磨损穿孔后耐磨问题，外层再次贴补钢板解决整体强度问题。在再生器大型卸料线根部接管位置，存在间歇性卸剂过热问题，卸剂线内部空间狭小，该内部衬里几乎全部脱落，外壁温度超过 400℃，高速催化剂冲刷导致接管多次穿孔。如图 21 所示，现场采用接管外部焊接龟甲网外贴钢板，既耐磨又可以保证强度。

图 20　外取热下料接管部位贴板补强

图 21　大型卸剂线小接管部位贴板补强

4.2　超温部位衬里修复更新

反应再生系统内部衬里破损修复时，局部的破损可以采用局部拆卸，重新涂抹耐磨混凝土，大面积的衬里变色、破碎，必须将衬里全部拆除，现场重新制作隔热耐磨衬里，如图 22 所示，再生器下料斗衬里的修复现场采用全部拆除，现场重新制作隔热耐磨衬里。如图 23 对于膨胀节接管内部的过热问题，现场修复较为困难，在膨胀波纹和接管多部位过热时，现场采用更新膨胀，以保障装置运行后避免这一薄弱环节发生故障。

D
使用管理

图22 再生器下料斗衬里拆除修复

图23 再生斜管膨胀节过热更新

4.3 全过程控制衬里施工质量

衬里的施工料，主要成分是改良的矾土水泥，同时加注黏结剂，桶装的加注料具有较好的防水性，开封后必须添加及时使用，袋装的衬里料必须注意防雨、防潮。衬里的升温过程装置按照流程制定详尽的控制升温曲线，如图24所示，衬里升温过程中严格控制升温的节奏，装置烘干衬里严格遵循升温曲线，进而保证衬里烘干后运行的耐磨性能和隔热性能。

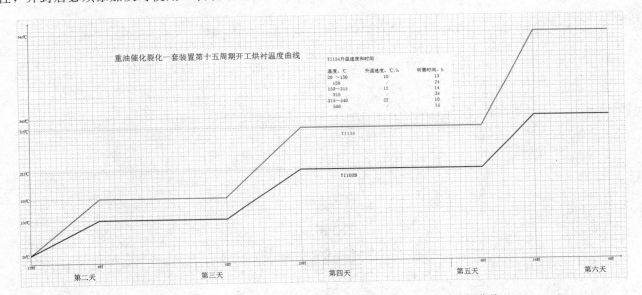

图24 某炼油厂一套重油催化装置反应再生系统衬里烘干升温曲线

5 结束语

本论文通过应用热红外温敏技术对1.0Mt/a重油催化裂化装置反应再生系统外壁超温进行全面的红外扫描，并结合装置历次检修的衬里数据，对过热部位进行详细的原因分析并且利用Fluent进行气固两相流的模拟、计算，得出典型弯头模型最易冲刷磨蚀的部位，根据不同的超温部位制定了行之有效的治理措施，对国内同类型装置器壁过热的理论计算分析和实际处理方法具有一定的借鉴意义。

参 考 文 献

[1] 金光熙. 热成像技术在重油催化裂化热故障诊断中的应用 [J]. 化工科技，2000，8（2）：65-68.

[2] 仲跻生. 催化裂化装置衬里损伤的红外检测 [J]. 红外技术，2004（4）：24-27.

[3] 陈衡. 红外扫描测温与热诊断学 [J]. 激光与红外.2000，2（3）：34-36.

[4] 杨丽，李存红. 红外技术在催化裂化装置再生器衬

里损伤诊断中的应用［J］.炼油技术与工程，2013，43（7）：47—49.

作 者 简 介

马云飞，男，1984 年 11 月出生，工程师，毕业于东北

石油大学化工过程机械专业，工程硕士，现在中国石油大庆石化分公司炼油厂从事设备技术管理工作。

通信地址：黑龙江省大庆市　龙凤区　大庆石化公司炼油厂　一重催车间，163711

电话：13504650890，13836964521；Email：tianmayunfei@163.com

D
使用管理

管道内检测装置中 Nd-Fe-B 永磁体磁性分布研究

宋 盼 王少军 任 彬 浦 哲

（上海市特种设备监督检验技术研究院，上海，200062）

摘 要 压力管道内检测技术是目前检测埋地油气管道本体质量状况最有效的无损检测方法。内检测器通常采用漏磁技术检测漏磁场的变化来发现管道缺陷。永磁体作为励磁对管道壁进行磁化，实施检测过程中对永磁体磁场性能要求较高，同时，磁力清管中永磁体磁力性能决定着管道内部的清理效果。本文对永磁体磁性分布规律进行研究，以磁性能最高的 Nd-Fe-B 永磁体为对象，通过对其空间磁场仿真，实验测试永磁体结构组合分布规律以及各种介质（温度，土壤、煤等）对它的影响，最终得出 Nd-Fe-B 永磁体与各种因素之间的关系，实验结论对内检测技术中永磁体性能研究具有重要的意义。

关键词 压力管道、内检测装置、Nd-Fe-B 永磁体、磁性分布

Study on Magnetic Distribution of Nd-Fe-B Permanent Magnets in Pipeline Inspection Gauge

Song Pan Wang Shaojun Ren Bin Pu Zhe

（Shanghai Institute of Special Equipment Inspection and Technical Research, Shanghai 200062）

Abstract The internal inspection technology of piping is the most effective in harmless testing methods on inspecting pipe body quality conditions of the oil and gas pipeline. Magnetic flux leakage (MFL) internal inspection technology is most widely used in many pipeline inspections, permanent magnets as the excitation to magnetize the piping wall. magnetic field characteristic of permanent magnets play an important role in the process of testing, the paper study on magnetism distributing of permanent magnets research on Nd-Fe-B permanent magnets with the best magnetic performance obtaining the space magnetic field by simulation, experimental test combination distribution of permanent magnet structure and various medium (temperature, soil, coal, etc.) influence for it.

Keywords pressure pipe, pipeline inspection gauge, Nd-Fe-B permanent magnets, Magnetic distribution

0 引言

我国油气长输管道总量巨大，许多管道深埋地下，由于长年磨损、内外腐蚀及人为损伤等原因导致泄漏事件频频发生，造成巨大的经济损失和危及生命安全的严重后果。石油、天然气长输管道的腐蚀程度、壁厚减薄情况检测对于防范泄漏事故、保证油气正常输送、有效评估管道寿命有着极其重要

的意义。在各种管道检测方法中，管道内检测可以直接、真实地反映出管道目前的腐蚀状况，为管线的安全运行做出评价，其中管道内漏磁检测器因其对测量环境的要求低，可以兼用于输油管道和输气管道，并且具有结构简单，信号处理方便等优点，应用最为广泛，所以对管道内漏磁检测器的研制和漏磁场形成机理的研究有较好的应用前景。

以永磁体为磁源的漏磁检测装置具有使用方便、灵活、体积小及重量轻等优点，检测装置在管内依靠密封皮碗两侧油气压差形成的推力行走，同时进行检测，其结构如图1所示。图中：1为管壁，2为探头组合，3为永磁磁极组合，4为万向节，5为里程轮，6为皮碗，7为超低频天线。

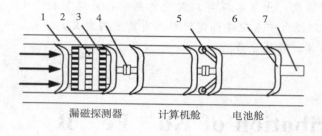

图1　油气管漏磁检测装置结构

永磁体是用来对一段管壁沿轴线方向进行饱和磁化的磁源，要求具有高磁能积 $(BH)_m$、高矫顽力 H_c，又由于管道内输运的油料（实际是油水混合物）经常被加热到 $50℃$ 左右以保持其良好的流动性，所以该永磁体还要求具有一定的耐蚀性和耐热性。$SmCo_5$、$(SmPr)Co_5$ 等稀土钴永磁合金符合上述两方面要求，但价格较贵。因此，不含战略金属钴和镍且价廉的烧结 $Nd-Fe-B$ 永磁体得到广泛的应用。

本文对 $Nd-Fe-B$ 永磁体磁性分布规律进行研究，通过对其空间磁场仿真，实验测试永磁与导磁材料组合磁性分布规律以及各种介质（温度，土壤、煤等）对它的影响，最终得出 $Nd-Fe-B$ 永磁体与各种因素之间的关系，研究结论对漏磁内检测装置中永磁磁极组合研究具有重要的意义。

1　永磁体磁性分布规律仿真研究

永磁磁极组合都是采用多块永磁铁拼接成一大块环状磁铁的方法作为励磁装置，将管壁磁化到近饱和状态。磁铁的重量是整个漏磁检测器重量的很大的一部分，而且永磁铁的体积过大或磁化强度选取得过大，都会增加漏磁检测器的成本。所以选择合理的磁铁尺寸，使其以尽可能小的体积提供合适的磁化强度也是需要研究的重要方向。

用有限元法分别对矩形和圆柱形两种形状永磁体周围磁性分布进行了仿真分析，从结果中分析两种形状永磁体周围磁场强度的分布规律。

1.1　矩形永磁体磁场分布模拟

仿真对象为 $38H Nd-Fe-B$ 永磁体，其参数为：剩余磁感应强度 $B_r=1.21T$，磁感矫顽力 $H_c=900km/A$，工作温度 $T\leqslant120°$，最大磁能积 $(BH)_m=287\sim303kJ/m^3$。尺寸为：长宽高为 $40mm\times30mm\times30mm$。利用 ANSYS 有限元软件仿真矩形永磁体的磁场分布，在后处理模块中提取永磁体 Hsum 分布云图和磁力线分布图。

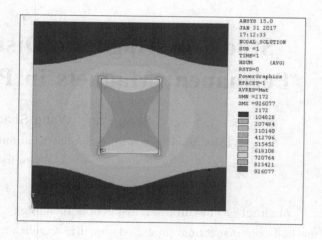

图2　矩形永磁体 Hsum 分布云图

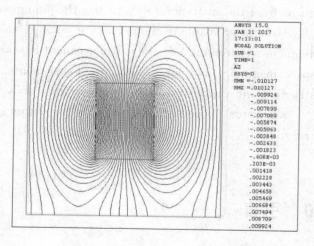

图3　矩形永磁体磁力线分布

D
使用管理

此处只需分析永磁体外部磁场，由图 2 可见，位于矩形两磁极附近的磁场强度最大，随着离磁极距离的增加而衰减强烈。而位于非磁极两侧附近的磁场强度较小，但随距离增加衰减较小。在磁力线分布图 3 中，在非磁极两侧附近的磁力线排列较密集，随着离两侧的距离增加逐渐变疏。在离磁极面与非磁极面相同的距离处，前者的磁力线明显比后者的排列密集。

1.2 圆柱形永磁体磁场分布模拟

仿真对象为 N38 Nd－Fe－B 永磁体，其参数为：剩磁感应强度 $B_r = 1.21T$，磁感矫顽力 $H_c = 900km/A$，工作温度 $T \leqslant 80°$，最大磁能积 $(BH)_m = 287 \sim 303kJ/m^3$。尺寸为：直径和高为 $27mm \times 7mm$。取圆柱形永磁体截面的 1/2 进行建模，利用 ANSYS 有限元软件仿真圆柱形永磁体的磁场分布，在后处理模块中提取了 Hx、Hy 和 Hsum 磁场分布云图以及其磁力线分布图。

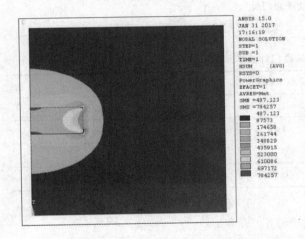

图 4　圆柱形永磁体 Hsum 分布云图

同上，仅分析永磁体外部磁场，由图 4 可见，位于圆柱形两磁极附近的磁场强度最大，随着离磁极距离的增加而衰减强烈。而位于非磁极面附近的磁场强度较小。在磁力线分布图 5 中，在非磁极两侧附近的磁力线排列较密集，随着离两侧的距离增加逐渐变疏。在离磁极面与非磁极面相同的距离处，两者的磁力线排列密集程度基本相同。

通过比较矩形永磁体和圆柱形永磁体磁力线分布图，两者在磁极面与非磁极面的磁力线分布有较大的不同，矩形永磁体在磁极侧的磁力线分布较疏，由此可见离此侧相同距离的磁场明显小于离非

磁极侧相同距离的磁场。而圆柱形永磁体在磁极面与非磁极面的磁力线分布较为相似，由此可得离两面相同距离处的磁场大小基本相同。

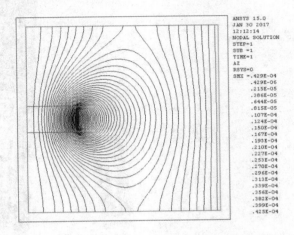

图 5　圆柱形永磁体磁力线分布

2　永磁体磁场分布试验研究

2.1　温度对 Nd－Fe－B 永磁体的影响试验

由于管道内输运的油料需要被加热到一定的温度以保持其良好的流动性，所以该永磁体在耐热性能上具有一定的要求，因此尽可能用居里点较高的材料并采取镀镍等防锈措施。温度对永磁体的磁性影响主要关心永磁体所产生的磁场强度随温度的变化趋势和规律，当温度从常温升到（或降到）某一温度后在再返回常温时，其磁场强度的数值与原来常温下的数值不同，尤其对于 Nd－Fe－B 永磁材料，居里温度不高，是 Nd－Fe－B 磁体的一大短板，研究 Nd－Fe－B 永磁体所产生的磁场随温度的变化趋势是研究永磁体磁性分布的基本条件。

2.1.1　测磁装置

FVM－400 矢量磁通门计是高精度的测量磁场矢量的仪器。磁通门传感器原理是建立在法拉第电磁感应定律和某些材料的磁化强度与磁场强度之间的非线性关系上。磁通门计的灵敏度很高，可以测量 $10^{-5} \sim 10^{-7}T$ 弱磁场，输出依赖于磁芯的磁特性，分辨力等随磁芯和线圈尺寸变化。它小巧的尺

寸、便携的设计使它成为现场和实验室的理想选　择，如图6所示。

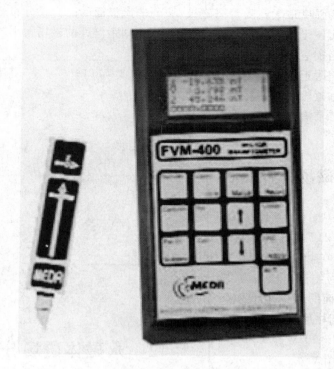

图6　FVM－400矢量磁通门计

其技术规格如表1所示。

表1　FVM－400手持式矢量磁通门计技术规格

分量 Component	范围 Scope	分辨率 Resolution	精确度 Accuracy
X，Y，Z	±100，000nT	1nT	±（0.25% of reading ＋5nT）
R（esultant）	173，205nT	1nT	±（0.25% of reading ＋5nT）
D（eclination）2	±180°	0.1°	1°
I（nclination）3	±90°	0.1°	1°

注：1. 在25±5℃检测，在调零之后，最大调零磁场值是20nT。

2. 在 XY 平面上 X 轴和磁场矢量之间的夹角。

3. 磁场矢量和 XY 平面之间的夹角。

2.1.2　温度影响试验

Nd－Fe－B永磁体的饱和磁化强度与居里温度曲线如图3－12所示，从该图中曲线可知，在小于120℃的工作温度下，其磁性几乎不变化。对磁体的温度效应进行验证试验。

把磁体放在可控制加温的杯子中，测量磁体在远处产生的磁场。38H永磁体为圆柱形，直径和高均为10mm，距测量点的距离为20cm。永磁体的工作温度为120℃，居里温度为230℃。温度的数值可由放入水中Nd－Fe－B附近的水银温度计直接读出，如图8所示。

测量过程中，由于FVM400磁通门计具有超高灵敏度，为避免周围环境附加磁场的影响，需远离手机等容易辐射出电磁场和容易导磁的铁磁性物体。考虑FVM400磁通门计的量程范围以及38H Nd－Fe－B永磁体产生的磁场强度，应使磁通门计的探头与所测永磁体保持在一个适当的距离，通过调整选定两者间隔为20cm为最佳位置。在整个测量过程中，探头与永磁体均要保持静止状态防止产生误差，此外还要考虑由于水达到沸腾会使永磁体的原始位置发生变化，所以当水温加热到90℃时立即停止加热。

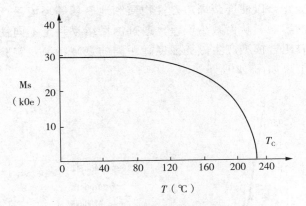

图7 居里温度与饱和磁化强度的关系

图8 温度实验装置测试图

2.1.3 温度试验结果

由于地磁场和实验室其他磁体的影响，为了更精确的计算磁体的温度系数，

此处采用相对磁场进行计算，即用所测得各温度段的磁场强度的减去无永磁体时的原始磁场强度后的数据。根据公式（1）可

计算出该永磁体在25℃到90℃。

之间的平均温度系数，具体如下：

从测量结果可知，Nd－Fe－B永磁体的磁性能随温度升高而降低，其温度系数为－0.11%/℃。加热阶段时，磁体X方向上的磁性随温度变化二维图形，如图9所示。

$$\bar{\partial} = \frac{B(T) - B(T_0)}{B(T_0)(T - T_0)} \times 100\% = \frac{6809 - 7350}{7350 \times (90 - 25)} \times 100\% = -0.11\%/℃ \qquad (1)$$

正。试验结果说明磁体磁性随温度的变化关系近似符合 $B = 30889 - 0.3089t^{1.69}$。

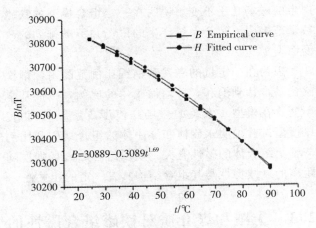

图9 永磁磁性随温度变化二维图形

试验结果表明：Nd－Fe－B永磁体的磁性能受温度的影响，其磁场强度值随温度的升高而降低；在室温到90℃范围内，平均温度系数为－0.11%/℃，

磁场强度值变化比较平稳但包含急剧下降的趋势。在25～90℃的温度范围内，磁性变化仅1.75%，同时可根据磁性随温度的变化规律进行校

2.2 铁磁组合磁性分布试验

漏磁探测器中的磁轭常采用钢丝刷或导磁轮的形式，为提高漏磁探测器中永磁体的利用效率并保证对各段管壁的饱和磁化，必须要求磁轭有较好的导磁性能，以减小在永磁磁路中的磁阻与磁位降损失。

一般来说，磁化场越强，缺陷产生的漏磁场也越强，考虑经济性、实用性的原则，认为缺陷产生能够检出的漏磁场为磁化合适。永磁体的参数直接影响磁化强度，从磁路计算可得出缺陷漏磁场与永磁体宽度、厚度和矫顽力呈正比例关系[1]，但在永磁体不变的条件下，如何与导磁材料组合排列是使磁化效果最大化的另一个重要的研究内容，虽然用物理实验的方法研究铁磁组合方式与磁化强度的关系有一定的难度，但实验方法更能直观地反映环境下铁磁组合方式对磁化效果的影响。

永磁体与导磁材料组排后磁场强度决定最终磁路的磁化效率，通常用高导磁性材料将漏磁通集中并引到探头。工业纯铁、电工硅钢薄板、坡莫合金等都是可选的材料，其弱场下的磁导率越大越好。本次组合试验选用导磁性能的较好的 20♯ 低碳钢作为导磁试验材料。

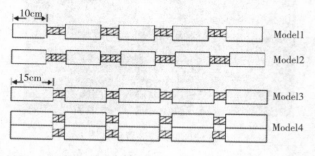

图 10　铁磁组合排列模型

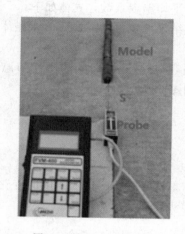

图 11　铁磁组合试验图

4 个模型中的磁体均是直径为 27mm、高为 7mm 的 N38 Nd－Fe－B 永磁体，钢材均是直径为 36mm、高为 100mm 和 150mm 两种尺寸的 20♯ 钢短节。其中模型 1 为取 12 块磁铁，每 3 块叠加在一起，并与 5 段高为 100mm 的钢短节交叉组合。模型 2 为取 16 块磁铁，每 4 块叠加在一起，其他与模型 1 相同。模型 3 取 8 块磁铁，每 2 块叠加在一起，并与 5 段高为 150mm 的钢短节交叉组合，模型 4 则是在把两个模型 3 并列组合，具体排列如图 10 所示。

矢量磁通门计与铁磁组合模型放在同一水平面、同一直线上，测量不同组合模型在距其 S 米远处磁场方向上所生的磁感应强度，如图 11 所示。Nd－Fe－B 永磁体与 20♯ 钢搭配组合实验是在室外空旷场地上进行，调整 FVM－400 磁通门计的显示模式为相对模式，直接测量磁场和初始值之间的

变化，以便屏蔽周边磁性物质和地磁场等环境磁场的影响，从而减少误差。通过测量结果判定不同铁磁组合模型产生磁场强度随距离的衰减特征，实验结果如图 12 所示。

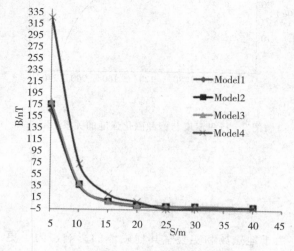

图 12　铁磁组合试验结果

从图 12 可见，模型 1、模型 2 和模型 3 在相同的测点所产生的磁场强度基本相同，磁场最大延伸距离约 30 米，而模型 4 在相同的测点所产生的磁场强度约为前三者的两倍，磁场最大延伸距离约 42 米。试验表明：在前 3 种模型中，使用永磁体与导磁体的数量大体相同，且排列相同的情况下，产生的磁场几乎不变。说明在一定组合模型的铁磁数量范围内，组合系统产生的磁场并不随排列的改变而增加。

因为在一定量的磁铁和钢铁比例范围内，钢铁磁化基本达到饱和，再增加磁体的比例，磁性基本不变。在模型 4 系统的磁场是模型 3 系统的两倍。该模型试验说明永磁体和导磁体的组合结构和比例与整个组合体的磁性有关。铁磁组合的磁场强度随距离的衰减特性与其组合结构具有一定的相关性。

2.3　土壤和煤介质对铁磁组合磁性的影响试验

采取土和干煤两种地下环境介质，分别测量铁磁组合在有无介质情况下的磁场变化。在相同距离的土壤介质中，挖两条相同深度的沟槽。把被测铁磁组合和测量仪器分别放入两沟槽底，测量仪器调为 2S 采样模式对铁磁组合进行检测。然后再把铁磁组合移至沟槽外，在同样的距离下用测量仪器再

次进行检测。把两次测量数据进行对比，两次测量数据基本相同，即铁磁组合在沟槽内外的磁场基本保持不变。

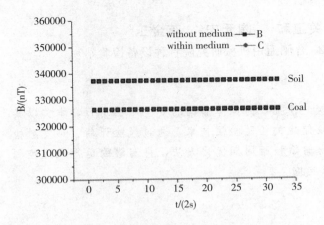

图13 土壤与煤介质对铁磁组合磁性的影响试验结果

采用上述相同的方法，测得磁铁组合的磁场在有无煤介质时基本保持不变。最终两组试验结果如图13所示。

3 结论

作为漏磁探测器中磁源的永磁体和测距里程轮中产生计数电脉冲的永磁体优先选用具有高磁能积、高矫顽力的烧结 Nd－Fe－B 永磁体材料。利用有限元法对不同形状的永磁体进行仿真，得到两种典型形状的 Nd－Fe－B 永磁体空间磁场强度分布规律，通过对比得出圆柱形永磁体在磁极方向具有更强的磁力分布。Nd－Fe－B 永磁体的磁场强度值随温度的升高而降低。在 $25\sim90℃$ 的温度范围内，磁性变化仅 1.75%。磁体磁性随温度的变化关系近似符合 $B=30889-0.3089t^{1.69}$。

此外，永磁体的磁性与导磁材料的磁导率有关，铁磁组合磁场强度随距离的衰减特性与其组合方式具有线性关系，而环境介质（土与干煤）对铁磁组合磁性的影响微小，可以忽略其对作业中磁化装置的干扰。以上结论是漏磁检测器磁化装置永磁磁路的设计基础。

参 考 文 献

［1］ZHANG Guoguang. Research on Relation Between Magnetic Leakage Signal Character and Defect Character in Magnetic Flux Leakage Detecting in Pipeline ［J］. CONTROL AND INSTRUMENTS IN CHEMICAL IN-DUSTRY. 2008，35（2）：39～41.

［2］XIE Zurong，DAI Bo，et al. The application of magnetic material in the detecting device of the pipeline［J］. Journal of Functional Materials. （2004）：564～565.

［3］ A. G. Kalimov， M. L. Svedentsov. Three-dimensional Magnetostatic Field Calculation Using Integro-differential Equation for Scalar Potential ［J］. IEEE Transactions on Magnetics，1996，32（3）：667～670.

［4］Rieger G，Seeger M，Sun L，et al. Micromagnetic analysisapplied to melt-spun NdFeB magnets with small additions of Ga and Mo ［J］. J Magn Magn Mater，1995，151（1－2）：193－201.

［5］Enokizono M，Matsumura K，Mohri F. Magnetic feld of anisotropic permanent magnet problems by finite element method ［J］. IEEE Transaction on Magnetics，1997，3（2）：1612－1615.

［6］CHENG Wende. Magnetic properties prediction of NdFeB magnets based on support vector regression ［J］. Journal of Magnetic Materials and Devices. 2015，（3）：17－19.

［7］YANG Lijian，ZHANG Guoguan，et al. Design of the Magnetic Circuit in Circumferential Magnetic Flux Leakage Testing in Pipeline ［J］. Control and Instruments in Chemical Industry. 2010，37（1）：39－40.

［8］刘宏娟. 矩形永磁体三维磁场空间分布研究［D］. 北京：北京工业大学，2006.

作 者 简 介

宋盼，男，工程师，上海市普陀区金沙江路915号1203室，200062。电话：13681848411。

在役过程大型原油储罐的检测关键技术

徐如良[1]　肖　宇[1]　陈　炜[2]　关卫和[2]　陶元宏[2]　蒋金玉[2]

（1. 镇海国家石油储备基地有限责任公司；2. 合肥通用机械研究院特种设备检验站）

摘　要　目前，我国的大型储罐存在很多超期不检的情况，为保障储罐的安全平稳运行，本文以某大型原油储罐群基于风险的检验为基础，研究在役阶段储罐的检验检测技术，通过风险评估、声发射检测、沉降检测等方法，分析大型储罐的运行状况，提出储罐检验周期优化方法，将储罐的运行风险控制在"可接受"水平，为保障储罐的长周期运行提供技术支撑。

关键词　原油储罐；声发射；基于风险的检验

Key Technologies for the Detection of Large Crude Oil Storage Tanks

Xu Ruliang[1]　Xiao Yu[1]　Chen Wei[2]　Guan Weihe[2]　Tao Yuanhong[2]　Jiang Jinyu[2]

（1. Zhenhai National Oil Reserve Base Co. , Ltd；

2. Hefei General Machinery Research Institute special equipment monitoring station）

Abstract　At present，there are many large storage tanks in China extended withoutinspection. In order to ensure safe and stable operation of the storage tank，this paper studies the inspection technology of tank in the service stage based on the risk inspection of a large oil storage tank group，through risk assessment，acoustic emission testing，settlement detection，analysis on the operation of the large the tank，put forward the inspection cycle optimization method for storage tank，storage tank will run the risk control in the acceptable level，provide technical support for the protection of the tank for long period operation.

Keywords　crude oil storage tank；acoustic emission；risk based inspection；

1　前言

21 世纪以来，我国的经济高速发展，受石油资源的限制，我国每年进口原油超过 2 亿吨，为满足石化企业石油存储及国家石油战略储备，近年来石油储罐数量快速增加，且油罐呈大型化、集群化趋势发展，仅 10 万立及以上的大型储罐就超过 1000 座[1]。

由于大型立式金属石油储罐具有容积大、分布集中以及储存易燃、易爆、有毒介质等特点，如其一旦发生泄漏或爆炸事故往往会造成灾难性后果及严重的环境污染，给社会经济、生产和人民生活带来巨大损失和危害[2]。因此，储罐的安全管理压力巨大。

国家某石油储备基地 50 余台十万立原油储罐，自投用以来近 10 年未进行开罐检验，按照目前国内主要的储罐管理标准 SY/T 6620《石油储罐的检验、修理、改建及翻建》[3] 或 AQ 3053《立式圆筒形钢制焊接储罐安全技术规程》[4]，该储罐已超期运行，但考虑其使用现状，从经济性和可行性方面，无法在

1、2年内对所有储罐进行开罐检验，因此，又参照GB/T 30578《常压储罐基于风险的检验与评价》[5]、GB/T 18182《金属压力容器声发射检测及结果评价方法》和JB/T 10764《无损检测：常压金属储罐声发射检测及评价方法》等标准，对储罐开展基于风险的检验与在线检测，通过评估与检测，实现开罐检验的周期与检验策略优化。

2 储罐的概况

该罐区2007年投用，由单罐容积10万立的52座储罐组成，储运进口低凝点原油，采用钢制双浮顶油罐。罐体直径80m，高度21.8m；充装最大高度20.2m；设计压力为常压；设计温度为常温；罐壁板腐蚀裕度1.0mm。主要状况见表1。

表1 某十万立储罐基础数据表

设计规范		API650		罐顶型式		双盘浮顶	
主体材质	顶板	Q235-A		公称壁厚	顶板	4.5 mm	
	壁板	12MnNiVR /16MnR/Q235-B			壁板	32/27/21.5/18.5/15/12mm	
	底板	中幅板 Q235-B 边缘板 12MnNiVR			底板	中幅板 11 mm 边缘板 20 mm	
	防腐层	罐底及以上1.5m罐壁：环氧鳞片耐油涂料 罐外壁：WZ-116-2			防腐层	450μm	

罐底经除锈后，涂刷厚浆型环氧煤沥青阴极保护专用的防腐涂料。罐底上表面及罐底以上1.5m罐壁内表面涂刷原油罐内壁阴极保护专用涂料；内表面采用牺牲阳极保护措施，储罐底板上表面焊接支架，支架上焊接铝镁合金作为牺牲阳极，向储罐底板上表面提供保护电流；罐底板外表面设置了强制电流阴极保护系统，在储罐罐底板下部设阳极网。

罐区每台储罐罐顶安装光纤光栅火灾报警探测器，罐底4个方位装有可燃气体报警仪器。

3 储罐基于风险的检验

3.1 基于风险的检验实施流程

由于该储罐群自投用以来基本未经开罐检验，参照SY/T 6620或AQ 3053标准，已超出标准要求的首次开罐检验时间，可能存在安全隐患。但因为管理现状，无法同时对储罐群进行清罐检验，因此，对该罐群采用了基于风险的检验方法，通过风险评估，建立储罐在线检验策略并实施有针对性的在线检验，在检测数据的基础上再修正风险与腐蚀速率，最终确定储罐的风险等级与下次清罐检验时间。该方法不仅能满足相关法规要求，也是保障储罐安全的重要手段之一。基于风险的检验实施流程见图1。

3.2 基于风险的检验

根据储罐评估经验与腐蚀研究，大型原油储罐的主要腐蚀区域在罐底板与沉积水区域的罐壁板，因此，准确评估底板内外侧的腐蚀速率、检测底板的腐蚀情况是储罐评估与在线检测工作的关键。

1）罐底板腐蚀速率的计算

储罐底板的腐蚀分为底板内侧工艺介质腐蚀与外侧土壤腐蚀，通常保守考虑，在计算底板腐蚀减薄时，应将内壁腐蚀与外壁腐蚀速率相加，得到一个总的减薄腐蚀速率，按照API 581或GB/T 30578方法进行计算，该储罐的介质侧的腐蚀速率较低，约为0.14mm/y，土壤侧的腐蚀速率约为0.25mm/y左右。

（1）土壤侧腐蚀

罐底板土壤侧的腐蚀主要跟基础、排水、阴极保护、土壤电阻与底板类型有关。按照 API 650 标准，为了中和罐底的各种杂散电流，大型原油储罐底部应设置阴极保护（附加电流）。底部基础有防渗漏系统，并有完好的排水系统，其目的是提高基础电阻率，降低电化学腐蚀。

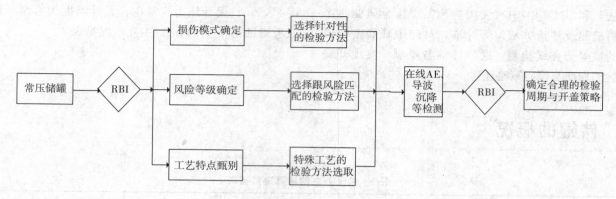

图 1　储罐基于风险的检验实施流程

通过对相同类型原油储罐罐底板腐蚀的比较，阴极保护（附加电流）措施对罐底板土壤的影响最大，没有附加电流的比有附加电流的罐底板腐蚀速率大于等于 3 倍左右。其次是排水系统的性能和土壤电阻率，避免基础积水、提高土壤电阻率能有效降低罐底板土壤侧的腐蚀。罐底四周如果没有用沥青封严，雨水或顺罐壁留下来的水滴进入罐底的周边部位，会形成有利的腐蚀条件；大直径油罐的不均匀沉降会使罐底板因土壤的充气不均而形成氧浓差电池，罐底板中心处的外表面相对缺氧成为阳极被腐蚀。因此底板外壁的腐蚀程度要比罐壁严重，有时甚至会导致腐蚀穿孔漏油。

（2）工艺侧腐蚀

工艺侧的腐蚀主要跟内壁涂层、工艺介质的腐蚀性、介质温度、阴极保护（牺牲阳极）等因素有关。

API 581 与 GB/T 30578 中主要强调了介质含水的影响，其他因素的影响较小。对于内浮顶 10 万立原油储罐来说，底部积水是不可避免的，其来源主要有两种途径：采油注水和雨水渗入。

沉积水对储罐钢板的腐蚀作用最大，研究发现 Q235 钢在沉积水中的腐蚀速率要大于在气相和油品中的腐蚀速率。沉积水的成分也非常复杂，通常含有很多的腐蚀性物质。一般有大量硫化物、氯化物、溶解氧、酸性物质、硫化氢气体等，很容易对油罐底板造成腐蚀。Z. A. Foroulis 认为罐底板的腐蚀主要是由盐水层、溶解的 H_2S 和 CO_2 以及硫酸盐还原菌等造成的[6]，其中硫酸盐还原菌（SRB）的造成的局部腐蚀最严重，VonWolzogenKuer 和 VanderVlugt 认为这是一种阴极去极化反应[7]。

通过分析与总结大庆、大连、山东、浙江、福建等国内大型原油储罐的腐蚀状况，性质类似的大型原油储罐的腐蚀，南方的要比北方严重。有实验表明[8]，原油储罐底板工艺侧的腐蚀跟多种因素有关，按影响因子的重要程度排序，温度最重要，pH 值次之，氯离子含量最末，这印证了温度对罐底板内侧腐蚀影响的重要性。

2）储罐的风险计算

根据该储罐的地理位置与运行情况，对整个罐群进行风险计算，储罐群的风险排序情况如图 2 及图 3 所示：

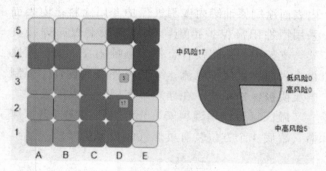

图 2　储罐当前年份风险矩阵图

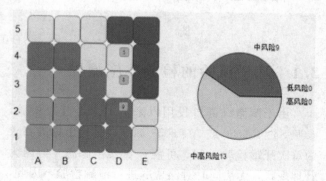

图 3　储罐五年后风险矩阵图

D 使用管理

表2　风险等级与对策原则

等级	风险区	采取的对策
I（绿区）	低风险区	酌情减少检查保养
II（蓝区）	中风险区	应进行定期保养及检验
III（黄区）	中高风险区	进行在线监测和无损检测（优化检验周期）
IV（经区）	高风险区	重点加强管理，进行整改，彻底消除事故隐患

根据适用国内的"不可接受"风险原则[9][10]，5年后风险上升到"4D"的，建议应当采取适当的降险措施，如开罐检验或在线检测等方法。

经风险排序并制定各项降险措施后，确定该储罐群的检修周期见表3。

表3　检修周期统计

检修周期（年）	10	11	12	13	14	15
储罐数量（台）	2	3	7	3	4	3

4　在线声发射检测与开罐验证情况

（1）在线声发射检测

在线检测主要针对罐底板的腐蚀开展，目前最常用的有效手段是声发射检测技术。声发射法适用于实时动态监控检测，且只显示和记录扩展的缺陷，这意味着与缺陷尺寸无关，而是显示正在扩展的最危险缺陷。声发射检测技术对扩展的缺陷具有很高的灵敏度。其灵敏度大大高于其他方法，例如，声发射法能在工作条件下检测出零点几毫米数量级的裂纹增量，而传统的无损检测方法则无法实现。

较"高"失效概率储罐与较"低"失效概率储罐的声发射监测图对比情况：

（2）内部宏观检查验证情况

对其中某台风险等级为"4D"的储罐进行开罐检验，宏观检查整个罐底板及距罐底板1.5米以下的罐壁板，主要情况见图7~图10。

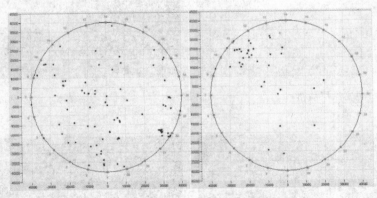

图4　失效概率为"2"的储罐AE监测图

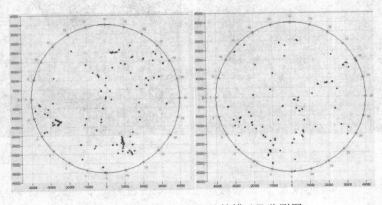

图5　失效概率为"3"的储罐AE监测图

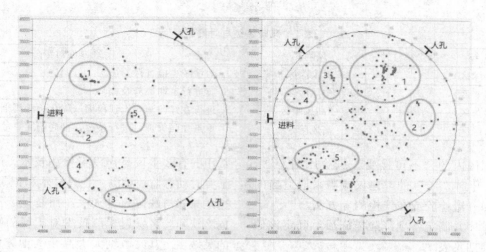

图 6   失效概率为 "4" 的储罐 AE 监测图
（注：图 6 中标识的区域为 AE 检测有怀疑的区域）

图 7   防腐涂层脱落

图 8   多处腐蚀坑

图 9   完好的阳极块

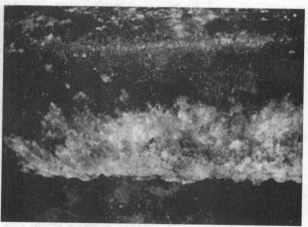

图 10   有明显腐蚀的阳极块

在使用了 10 年左右后，罐底板及下部壁板整　　体情况良好，腐蚀较轻微，防腐涂层基本完好，局部有涂层鼓泡、起皮脱落，主要在距罐壁板2～3米的一环形圈，距罐壁4米至罐中心区域情况良好，这与罐底板中央高、四周低，较低的区域为积水区，积水易造成腐蚀有关。涂层开始起泡、脱落意味着涂层已遭受腐蚀，并可能开始老化。

通过宏观检查，对照前期的声发射检测结果，并进行对比，见图11：

① 声发射检测可以接收到罐内介质、罐壁及罐外部的各种干扰声源信号，而有的信号很难被完全屏蔽排除掉，因此，监测图上所显示的信号会比实际的腐蚀或缺陷多得多。

② 受储罐材料、传感器布点与灵敏度、电缆等因素影响，AE监测图上所显示的信号源与实际发现的缺陷位置存在一定的偏移，10万立储罐的信号偏移距离在2～6米。

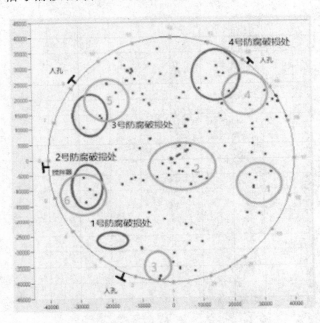

图11　AE检测强信号区与发现腐蚀区对比
（注：蓝色区域为AE检测怀疑区域，
红色区域为内部宏观检测有腐蚀区域）

5　评估与检测改进

通过对储罐的风险评估，识别储罐可能存在的损伤机理与影响损伤机理的主要因素，并经过声发射检测与开罐验证，该批储罐的实际情况较评估结果偏好，其偏差主要在于两方面：

（1）由于该罐群按照API 650设计建造，基建、防腐、运行、维护等各环节做的都比较好，对于此类储罐按GB/T 30578或API 581标准规范进行评价，其腐蚀速率是过于保守的，按检验情况判断，实际的腐蚀速率约为评估腐蚀速率的五分之一左右。

（2）储罐的单次声发射检测是存在诸多难以确定的因素的，有大量的信号源难以被屏蔽掉。如果在声发检测前对该罐内部的腐蚀情况有一定的了解，或检测后能对该罐进行开罐复验，则对修正或调整声发射检测结果有很大的帮助。

6　结论

（1）随着国家对危化品行业安全越来越重视，大储罐作为存储危化品的大容器，做好安全保障工作意义重大。通过对大型储罐的风险评估及有针对性的检验检测，能有效评价储罐在长期运行后的安全性能，是一种保障储罐安全运行的有效方法。

（2）目前，国内采用的储罐评估方法与数据库基本采用API标准体系，通过本次评估与检测情况来看，其评估方法和数据库过于保守，主要原因在于储罐的制造与防腐水平有了很大提高，但腐蚀数据积累更新较慢，因此要重视国内储罐腐蚀数据库的积累。

（3）声发射检测是一种很好的通过在线检测评价储罐腐蚀状况的方法，能为储罐评估与优化开罐检验周期提供重要的信息与支撑。然而，声发射检测及检测准确性也受诸多内部或外界因素的影响，如检测人员水平、仪器设置、外界杂音、天气等，但通过对大储罐进行开盖检验验证是可以修正声发射检测的结果，并可以为今后再次进行声发射检测提供原始数据，这对建立储罐全寿命周期数据库意义重大。

参考文献

[1] 石磊，等. 大型原油储罐完整性管理体系研究 [J]. 中国安全科学学报，2013，23（6），151-15.

[2] 陈学东，崔军，范志超，等. 我国高参数压力容器的设计、制造与维护 [C]. 压力容器先进技术（第八届全国压力容器学术会议论文集），2013：9-19.

[3] 国家能源局. 石油储罐的检验、修理、改建及翻建：SY/T 6620 [S]. 2014.

［4］国家安全生产监督管理总局.立式圆筒形钢制焊接储罐安全技术规程：AQ 3053［S］.2015.

［5］国家质量监督检验检疫总局.常压储罐基于风险的检验与评价：GB/T 30578［S］.2014.

［6］Foroulis Z A. Causes. mechanisms and prevention of internal corrosion in storage tanks for crude oil and distillates［J］. Anti-CorrosionMethodsandMaterials，1981，28（9）：4－9.

［7］Kuhr CAHVW. LSV Lugtvander. Thegraphitization of castironasanelectrochemical processinanaerobicsoils［J］. Water，1934，18：147－165.

［8］王军，原油储罐底板内腐蚀环境中的点蚀行为研究［D］.北京：中国石油大学，2014.

［9］陈炜，吕运容，等.基于风险的石化装置长周期运行检验优化技术［J］.压力容器，2015，32（2）：69－74.

［10］吕运容，陈炜，等.石化装置长周期运行现状及完整性管理对策［J］.压力容器，2016，1－7.

工作周期时长对铬钼钢焦炭塔
变形影响的在线试验研究

朱金花[1,2]   张绍良[3]   戴兴旺[1,2]   梁文彬[3]   董 杰[1,2]

(1. 合肥通用机械研究院 安徽合肥 230031;

2. 国家压力容器与管道安全工程技术研究中心 安徽合肥 230031;

3. 中海油惠州石化有限公司 广东惠州 516086)

摘 要 热载荷是焦炭塔变形的主要原因,其数值和工艺参数密切相关。本文通过电测法在线检测了铬钼钢焦炭塔在 36h 和 40h 两种工作周期的高温应变,对比研究了不同工作周期内塔体的变形规律,定量分析了预热和冷却时间对局部温度和应变的影响,探讨了对塔体损伤的影响。试验表明延长工作周期,应变峰值、平均应变和剩余应变大幅度减小,塔体损伤减小。研究结果可为铬钼钢焦炭塔的安全评估和寿命预测提供指导,亦是数值模拟可靠性验证的重要依据,具有重要的工程意义。

关键词 焦炭塔;工作周期;热应变;在线测试

On-line Testing Research of Operating Cycle Influence on Deformation of Cr – Mo Steel Coke Drums

Zhu Jinhua[1,2]   Zhang Shaoliang[3]   Dai Xingwang[1,2]   Liang Wenbin[1,2]   Dong Jie[1,2]

(1. Hefei General Machinery Research Institute, Hefei 230031, China;

2. National Technical Research Center on Safety Engineering
of Pressure Vessels and Pipelines, Hefei 230031, China;

3. CNOOC Huizhou Petrochemical Co., Ltd., Huizhou Guangdong 516086)

Abstract As the main reason of coke drum's deformation, the thermal load is closely related to process parameters. High-temperature strain of Cr – Mo steel coke drum in a compared cycle time of 36h and 40h was inspected by electrical method, the influence of preheating and water quench time on temperature and strain was quantized by contrasting the deformation trend, and the influence on drum's damage was also discussed. The testing results show that by prolonging operating cycle, average and residual strain are reduced by a big margin, as well as the damage of drums. The research taking on important engineering significance can offer the guide in safety assessment and life predication of Cr – Mo steel coke drums, also prove the reliability of numerical simulation.

Keywords coke drums; operating cycle; thermal strain; on-line testing

0 前言

焦炭塔是延迟焦化装置中的核心设备,其作用是使原料油发生焦化反应生成焦炭、油气等产品。焦炭塔的生产过程分为预热、进油生焦、冷却、切焦等工序,其工作周期时长可根据上游设备焦油产量的波动不断调整,常见的有 28h、36h、40h 和 48h 等。目前焦炭塔的建造材料主要有碳钢、碳钼钢和铬钼钢[1]。美国石油协会多年来对大量焦炭塔的调查研究表明前两种材质焦炭塔在经过一段时间运行后,塔体鼓胀问题严重且常伴随有焊缝开裂;而采用铬钼钢材质的焦炭塔鼓胀明显好转,但焊缝开裂更加严重。大量研究表明环焊缝开裂及塔体鼓胀变形与工作过程中的热应力密切相关,特别在进油升温与冷却阶段[2-5]。化工生产中为降低塔体热应力水平,保障焦炭塔安全运行,通常建议延长工作周期,增加预热和冷却时间[6],但这些措施建立在以往使用经验上,尚未有学者深入研究工作周期时长和塔体温差及应力应变场之间的关系。

焦炭塔的结构及工艺特点决定了工作周期内每个工作阶段时长有严格规定,预热和冷却时间根据生焦时间相应调整。本文对某炼化厂的一台铬钼钢焦炭塔进行在线高温应变测试,检测了两种典型工作周期——36h 和 40h 内塔体的变形趋势,研究了工作周期时长对温差和应变的影响,为焦炭塔的安全评估和寿命预测提供了数据参考。

1 主要参数

1.1 主要设计参数

该焦炭塔于 2009 年 4 月投入使用,主要设计参数如下表 1 所示。

表 1 焦炭塔主要设计参数

设计制造规范				GB150	
主体材质	筒体	SA387 Gr11Cl2+410S/ SA387 Gr11Cl2	名义厚度	筒体	30+3/34/36/40/44mm
	下锥形封头	SA387Gr11CL2		下锥形封头	44mm
容器内径		9800mm	容器高度		36600mm
设计压力		0.414MPa	设计温度		490℃
操作压力		0.15MPa	操作温度		460℃
腐蚀裕量		3(复层),4mm	介质		渣油、油气、焦炭、水

1.2 工艺参数

焦炭塔工作周期为 36h 和 40h 时,对应生焦时间分别为 18h 和 20h,具体工艺参数如表 2 所示。

两次操作工艺对应的时长差别主要为:工作周期延长后,小吹汽时间由 2h 增加至 2.5h,预热时间由 3h 增加至 4.5h,焦油流速由 300t/h 下降至 285t/h,开盖放水时间分别由 2h 缩减至 1.5h,除焦时间由 3h 增加至 3.5h。

表 2 两个工作周期内的工艺参数

阶 段	36h 工作周期		40h 工作周期	
	工艺参数	时长/h	工艺参数	时长/h
正常生焦	488℃/0.33MPa/300t/h	18	488℃/0.33MPa/285t/h	20
小吹汽	220℃/1.0MPa/ 5t/h	1	221℃/1.0MPa/ 5t/h	1

D 使用管理

阶　段	36h 工作周期		40h 工作周期	
	工艺参数	时长/h	工艺参数	时长/h
大吹汽	220℃/1.0MPa/ 25t/h	2	221℃/1.0MPa/ 25t/h	2.5
冷焦	60℃/0.6MPa	5.5	60℃/0.6MPa	5.5
泡焦	—	0.5	—	0.5
开盖放水	—	2	—	1.5
除焦	60℃/32MPa	3	60℃/32MPa	3.5
吹扫	220℃/1.0MPa/ 25t/h	0.67	220℃/1.0MPa/ 25t/h	0.67
试压	220℃/1.0MPa	0.33	220℃/1.0MPa	0.33
预热	420℃/0.15MPa	3	420℃/0.15MPa	4.5

2 试验内容

2.1 试验仪器与设备

试验选用焊接式高温应变计,灵敏系数为 3.5,电阻值为 350Ω,使用温度可达 650℃。该应变计为温度自补偿式,针对本次焦炭塔在线应变检测试验进行的零漂试验结果如下表 3 所示。

表 3　应变测量系统零漂试验数据

试验时间/h	应变/με	
	室温	550℃
0	0	−1
2	0	−1
3	0	−1
6	3	1
50	2	3

零漂试验结果表明该应变测量系统零漂小,数据可靠,适合焦炭塔的长周期应变测试。应变采集选用 TDS-303 应变仪,连接导线百米小于 2Ω。

2.2 热输出曲线标定

在试验室条件下对应变计进行标定,标定测试试件选用同焦炭塔筒体相同材质的材料,试验中应变计温度缓慢上升,得到的热输出曲线如下图 2 所示。

2.3 应变测点

美国石油协会在焦炭塔设计、制造、检验及评估的报告表明裙座与封头连接的环焊缝是焦炭塔最危险部位之一,同时该焦炭塔环焊缝内表面磁粉检测发现多条环焊缝存在表面裂纹,其中 B7 焊缝的裂纹最深;故应变测试测点选择在 B7 以及筒体与裙座连接的 B10 环焊缝附近,应变计沿筒体轴向和环向各布置一片。测点位置附近布置热电偶,连入 DCS 系统,提供测点温度。图 1 为测点布置示意图。

2.3 试验数据采集

应变计采用单臂半桥并联接入应变仪中,应变数据每隔 3 分钟采集一次,温度采集与应变同步。

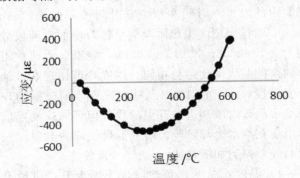

图 2　应变计热输出曲线

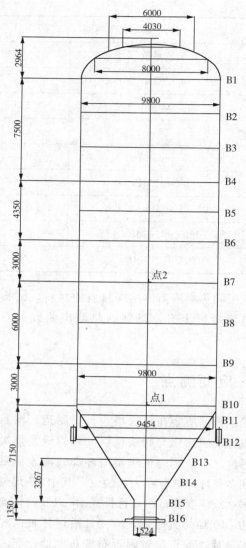

图 1 焦炭塔测点布置示意图

段迅速下降；

2）B7 测点应变：应变在预热阶段持续增加，生焦阶段增加速率减小，轴向应变在给水冷却阶段急降后急升，环向应变持续下降后小幅波动；

3）B10 测点应变：应变在预热阶段持续增加，进油升温阶段急升急降且环向变化幅值减小，生焦阶段变化平缓，给水冷却阶段轴向急降急升，但环向变化趋势相反。

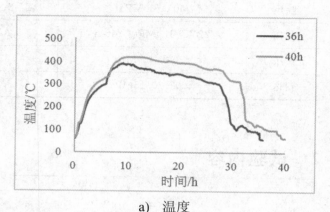

a）温度

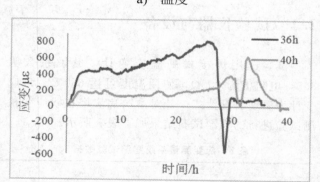

b）轴向应变

3　试验数据与分析

图 3～图 4 给出了 B7 和 B10 测点在两种工作周期内的温度—时间和应变—时间关系曲线，36h 和 40h 工作周期内生焦阶段横坐标对应的时间段分别为 5.5～23.5h 和 6.5～26.5h。结果显示两种工作周期的曲线变化趋势相同：温度峰值出现在进油升温阶段；B7 和 B10 测点轴向应变峰值分别出现在给水冷却阶段和进油升温阶段，但环向应变峰值均出现在给水冷却阶段。研究温度及应变与时间关系曲线，得到如下规律：

1）温度：温度在预热阶段不断上升，进油升温阶段急剧上升，生焦阶段持续下降，给水冷却阶

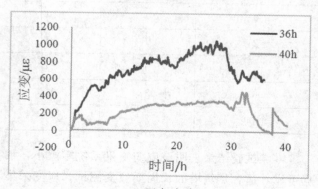

c）环向应变

图 3　B7 测点的温度、应变与时间关系曲线

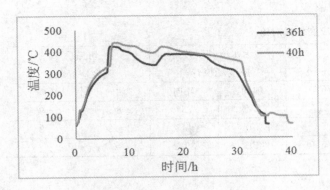

a) 温度

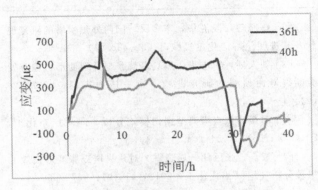

b) 轴向应变

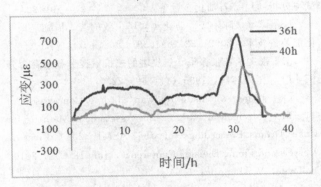

c) 环向 应变

图 4 B10 测点的温度、应变与时间关系曲线

4 试验分析与讨论

试验结果表明不同工作周期下焦炭塔的温度及应变变化趋势虽然相同，但数值差异很大。对塔体关键部位的温度和应变进行对比研究，分析塔体损伤的变化，可为焦炭塔安全评估及寿命预测提供指导，亦可用于数值模拟可靠性的验证。

4.1 温度分析

图 3～图 4 的温度曲线表明延长工作周期，预热和生焦阶段塔体外壁温度小幅上升，但冷却阶段温度变化较小。原因是预热和生焦阶段介质温度高于塔壁温度，增加时间，径向温差减小，塔体外壁温度上升；冷却阶段介质温度低于塔壁温度，增加冷却时间，径向温差减小，外壁温度降低，但之前的生焦阶段塔壁温度稍高，故此时外壁温度变化不明显。

4.2 应变分析

表 3～表 4 为测点在两种工作周期内各个工作阶段的典型应变值。结果表明延长工作周期后应变均有不同程度下降，且下降幅度和工作阶段及测点位置相关，结合图 3～图 4 对塔体外壁应变分析如下：

1) B7 测点应变生焦阶段上升速率减小，轴向由 $17.7\mu\varepsilon/h$ 下降至 $4.1\mu\varepsilon/h$，环向由 $19.8\mu\varepsilon/h$ 下降至 $9.9\mu\varepsilon/h$；B10 测点应变在此阶段均近似水平直线；

2) B7 测点应变进油升温和给水冷却阶段的轴向下降率分别为 55.8％ 和 23.9％，环向下降率分别为 66.9％ 和 55.5％，环向下降超过轴向；生焦阶段轴向和环向的下降率分别为 69.8％ 和 61.4％；切焦后剩余应变大幅度减小，环向下降率高达 87.4％，轴向出现压缩应变；

3) B10 测点应变在进油升温和给水冷却阶段的轴向下降率分别为 31.5％ 和 41.9％，环向下降率分别为 58.8％ 和 39.2％；生焦阶段轴向和环向的下降率分别为 41.9％ 和 76.0％，生焦阶段环向应变均值非常小，仅为 $52\mu\varepsilon$；切焦后两个方向均无剩余应变。

表 3 B7 测点应变数据对比

工作周期	进油升温阶段 应变峰值/$\mu\varepsilon$		生焦阶段 应变均值/$\mu\varepsilon$		给水冷却阶段 应变峰值/$\mu\varepsilon$		切焦后 剩余应变/$\mu\varepsilon$	
	轴向	环向	轴向	环向	轴向	环向	轴向	环向
36h	450	529	544	744	821	1055	35	613
40h	199	175	164	287	625	466	−23	77
下降率 ％	55.8	66.9	69.8	61.4	23.9	55.8	—	87.4

表 4 B10 测点应变数据对比

工作周期	进油升温阶段应变峰值/$\mu\varepsilon$		生焦阶段应变均值/$\mu\varepsilon$		给水冷却阶段应变峰值/$\mu\varepsilon$		切焦后剩余应变/$\mu\varepsilon$	
	轴向	环向	轴向	环向	轴向	环向	轴向	环向
36h	692	291	465	217	536	737	80	−9
40h	474	120	270	52	307	448	−2	−3
下降率%	31.5	58.8	41.9	76.0	42.7	39.2	/	/

4.3 焦炭塔损伤讨论

热应力是焦炭塔环焊缝开裂和塔体鼓胀变形的主要原因,尤其进油升温和给水冷却阶段因温度急剧变化产生的峰值应力对塔体造成了极大的损伤。研究试验过程中的应变变化,分析延长工作周期对焦炭塔损伤的影响:

1) 进油升温和给水冷却阶段的热应力高于生焦阶段,对塔体环焊缝造成的损伤最大。试验表明延长工作周期,增加预热和冷却时间,塔体温差减小,应变峰值大幅下降,热应力对环焊缝的热机械疲劳损伤亦同步减小[7−8]。

2) 高温和局部高应力作用下焦炭塔母材发生屈服,工作周期结束后局部残留少量塑性应变,不断累积导致塔体鼓胀变形。试验表明延长工作周期,增加预热和冷却时间,应变峰值大幅减小,剩余应变迅速下降至极低水平,因此包含在其中的塑性应变亦有同样变化,故塔体鼓胀变形减小。

5 结论

试验研究表明当工作周期由 36h 延长至 40h 后,应变峰值、平均应变及剩余应变大幅下降,热应力对塔体的损伤亦同步减小。因此在焦炭塔的运行过程中,建议延长工作周期,增加预热和冷却时间,以降低塔体热应力水平,减少焦缝开裂和塔体鼓胀变形,提高其使用寿命。

参 考 文 献

[1] 陈晓玲,段滋华,李多民. 国内外焦炭塔的研究现状及其进展 [J]. 化工机械,2009,36 (1):56−59.

[2] 刘人怀,宁志华. 焦炭塔鼓胀与开裂变形机理及疲劳断裂寿命预测的研究进展 [J]. 压力容器,2007,24 (2):1−8.

[3] 谢毅. 焦炭塔典型损伤模式分析 [J]. 广东化工,2014,41 (5):142−144.

[4] 黄磊,张巨伟,屈晓雪. 对焦炭塔鼓胀变形失效的机理分析 [J]. 当代化工,2012,41 (9):967−969.

[5] 袁忠泽,孙铁,张素香等. 焦炭塔鼓凸变形应力测试与分析 [J]. 石油化工设备,2006,35 (2):19−22.

[6] 谭粤,陈柏暖. 防止焦炭塔失效的若干措施 [J]. 化工装备技术,2003,32 (6):36−39.

[7] 张文孝,张振华. 焦炭塔的热机械疲劳剩余寿命分析 [J]. 压力容器,1995 (1):69−72.

[8] Jorge A. Penso, Radwan Hazime. Comparison of TherMo‐Mechanical Fatigue Life Assessment Methods for Coke Drums. Proceedings of the ASME 2010 Pressure Vessels and Piping Division Conference, July 18−22, 2010, Bellevue, Washington, USA.

作 者 简 介

朱金花 (1982−),工程师,从事压力容器分析设计和应变测试工作。

通信地址:230011 安徽省合肥市蜀山区长江西路 888 号合肥通用机械研究院

联系电话:13866196822;0551 − 65335401;E‐mail:zhujhmyf@163.com

使用管理

D

关于热壁加氢反应器安全状况等级评定的探讨

缪春生　王志成　郭培杰　董文利　郑逸翔

（江苏省特种设备安全监督检验研究院，江苏南京，210036）

摘　要　热壁加氢反应器是炼油装置中关键设备之一，在役热壁加氢反应器安全状况等级的评定是当前备受关注的工程问题。TSG 21—2016《固定式压力容器安全技术监察规程》给出了压力容器安全状况等级评定的基本要求，但热壁加氢反应器材料与运行工况的特殊性给评定工作带来不确定性。本文根据热壁加氢反应器常见损伤机理，基于等风险准则，提出热壁加氢反应器安全状况等级评定的建议。

关键词　加氢反应器；定期检验；安全状况等级

Discussion on the Safety Status Classification of Hot-Wall Hydrogenation Reactor

Miao Chunsheng　Wang Zhicheng　Guo Peijie　Dong Wenli　Zheng Yixiang

（Jiangsu Special Equipment Safety Supervision & Test Institute，Nanjing，210036）

Abstract　The hot-wall hydrogenation reactor is one of the key equipment in refinery industry，and the safety status classification of those reactors in service is a matter of engineering that attracts much attention now. The national standard TSG 21—2016 *Supervision Regulation on Safety Technology for Stationary Pressure Vessel* provides the essential requirements for safety class of pressure vessel，however，the particularity of the material and service environment of these reactors may bring the uncertainty to the assessment. Based on the identical risk criteria and combined with the common damage mechanisms，this article explores some advice about the assessment of safety class of the hot-wall hydrogenation reactor.

Keywords　hot-wall hydrogenation reactor；periodic inspection；safety class

1　问题的提出

在役热壁加氢反应器的定期检验及安全状况等级的评定应遵循 TSG 21—2016《固定式压力容器安全技术监察规程》的规定。所谓安全状况等级是在役压力容器安全性能的综合体现，是对各项具体的检验结果综合评定，并以各项目等级最低的作为整台压力容器安全状况等级，并在此基础上确定压力容器的检验周期。

TSG 21—2016《固定式压力容器安全技术监察规程》将在役压力容器安全状况等级分为 1 级到 5 级，并在此基础上确定压力容器的检验周期，其中：

a）安全状况等级为 1、2 级的，一般每 6 年检验一次；

b）安全状况等级为 3 级的，一般每 3 年至 6

年检验一次；

c）安全状况等级为 4 级的，监控使用，检验周期由检验机构确定，累计监控时间不得超过 3 年；

d）安全状况等级为 5 级的，应当对缺陷进行处理，否则不得继续使用。

然而由于热壁加氢反应器结构、材质及制造工艺的特殊性，相应的损伤模式和损伤形态亦十分复杂，甚至于某些在役缺陷是很难完全修复，使检验人员进行安全状况等级评定时倍感困惑，如：在材质劣化容器的定级规定中，对于损伤程度没有明确的界定；对于存在堆焊层缺陷的热壁加氢反应器如

何定级不够明确；等等。

本文根据热壁加氢反应器常见损伤机理，基于等风险准则，提出热壁加氢反应器安全状况等级评定的建议，以达到抛砖引玉的效果。

2 加氢反应器常见的损伤模式

带堆焊层热壁加氢反应器经过长期运行，主要损伤机理包括：a）回火脆性；b）氢脆；c）氢腐蚀；d）堆焊层剥离和堆焊层裂纹；e）蠕变脆化；等等。如表 1 所示。

表 1 热壁加氢反应器典型损伤模式及损伤部位[1]

损伤模式	损伤部位
高温氢腐蚀	母材、焊缝金属
球光体球化	母材、焊缝金属
回火脆化	母材、焊缝金属（失效主要发生在开停工阶段）
氢脆	内表面堆焊层、加氢反应器内部支持圈连接部位、堆焊奥氏体不锈钢的法兰密封槽
蠕变及应力破裂	结构不连续/应力集中部位
连多硫酸应力腐蚀开裂	内表面堆焊层（发生在开停工阶段）
高温硫化物腐蚀（氢气环境）	内表面
堆焊层剥离	母材堆焊层界面
氯化物应力腐蚀开裂	内表面堆焊层（发生在开停工阶段）

3 等风险准则

由于热壁加氢反应器损伤模式的复杂性和多样性，给出影响因素和安全状况等级之间的定量关系十分困难，在热壁加氢反应器定期检验的过程中，尤其是安全状况等级的评定中，常常需要根据损伤发展历史和预期进行综合分析。

所谓等风险准则指在安全状况的评定过程中采取的基于风险控制方法，具体来说有两层含义：

a）压力容器综合安全状况等级在下一次检验之前不会降低；

b）不接受超出安全裕度的风险，即压力容器

的安全状态可控。

3 典型损伤模式下安全状况等级的评定

3.1 回火脆化

发生回火脆化的加氢反应器，在操作温度下材料的韧性并没有明显的下降，失效主要发生在开停工时期。制造阶段防止回火脆化途径是合理选材，而在役阶段避免回火脆化失效主要有两种途径：a）避免材料在发生回火脆化的敏感温度区间内长期服

D
使用管理

1156

役；b）采用"热态形"开停工方案，即开工时先升温后长压，停工时先降压后降温。

对于存在回火脆化现象的加氢反应器，应综合根据加氢反应器的材质、温度、服役时间等因素确定安全状况等级，满足表2的相关条件时可定为3级。

表2　回火脆化的定级建议

评定因素	说　明
材料（基材）未产生裂纹类缺陷	当材料出现氢脆裂纹或其他性质裂纹类缺陷时，会缩短回火脆化导致设备失效的时间，日本压力容器研究协会（JPVRC）通过试验发现，随着回火脆化程度的增加，2.25Cr-1Mo钢的氢脆敏感性明显增强[2]，因此检验人员应同时注意氢脆的共同作用
X因子小于15、J因子小于100	材料对回火脆性的敏感性与材料的化学成分密切相关，杂质成分的影响，特别是P、Sn含量较高时，材料的脆化特别显著。GB/T 30579《承压设备损伤模式识别》[x]给出回火脆化的主要影响因素包括：材质、温度、服役时间、环境和位置，其中Mn、S、P、Ab、Sn、As可显著增加回火脆化的敏感性；API 943[3]对于加氢反应器母材化学成分的限制为J系数小于100、对于焊缝金属的限制为X系数小于15
材料中P含量小于0.007%	Guttmann[4]通过研究认为晶界脆化的两个主要控制因素是偏聚元素的影响和组织结构因素的影响。一般认为控制材料中的P、Sb、Sn、As杂质元素的含量对于降低回火脆性的敏感性很有帮助，尤其是P在原始奥氏体晶界上会产生明显的平衡晶界偏聚现象，是影响材料回火脆化敏感性的主要因素，若将一般来说P元素含量0.005%，偏聚元素的影响可以忽略不计，能够具有很好的抗回火脆化的性能
服役时间小于20年或经合于使用评价给出的剩余寿命值	回火脆化的程度与材料的服役时间相关，文献表明加氢反应器材料在服役120000小时之后，均已出现明显的回火脆化现象；TSG 21—2016规定达到设计使用年限（或者未规定设计使用年限，但是使用超过20年的压力容器），应进行全面的安全技术性能检验，必要时应进行安全评估（或合于使用的评价）
"热态形"开停车工艺保证措施	工艺操作上具备开停工过程防止设备发生脆断的措施，避免反应器在低于规程允许的温度（或最低升压温度MPT）下运行
材料未发生明显的高温氢腐蚀	氢腐蚀与氢脆的机理不同，即使经过脱氢处理，材料性能也不会恢复，是不可逆的过程。受氢腐蚀的钢材表面及其内部有可能产生脱碳、晶界龟裂。由于脆化的材料对于缺陷十分敏感，从而导致加氢反应器存在安全隐患

3.2　氢腐蚀

氢腐蚀的腐蚀形态有两种：表面脱碳、内部脱碳与开裂。表面脱碳并不产生裂纹，表面的脱碳层较薄时，对于钢材强度几乎没有什么影响，只是材料的硬度和强度在局部位置有所下降，因此对加氢反应器的安全性能影响很小，一般并不影响定级；内部脱碳使材料产生鼓泡和裂纹，导致材料强度、塑性和韧性显著下降，带来重大安全隐患。

对于存在氢腐蚀现象的反应器，一般应根据损伤程度，以及加氢反应器的材质、温度、服役时间等因素确定安全状况等级，满足表3的相关条件时可定为3级。

表3　高温氢腐蚀的定级建议

评定因素	说　明
损伤程度轻微	损伤以表面脱碳和鼓泡现象为主，尚未形成宏观裂纹及其他不可修复的缺陷或损伤
材料满足Nelson曲线的要求	API RP941推荐的Nelson曲线是最广泛使用的抗高温氢腐蚀选材的一个指导性文件；热壁加氢反应器的材料应满足Nelson曲线[6]的要求，并留有一定的安全裕量（14℃至28℃）

评定因素	说　明
材料含碳量小于 0.15%。	影响氢腐蚀的主要因素有温度、氢分压、材料的含碳量、碳化物的稳定性和碳的扩散速度、晶界特性、热处理、冷加工、残余应力和杂质含量等，其中钢材中碳含量越高，则越容易发生氢腐蚀，因此一般限制材料含碳量小于 0.15%[5]
材料已经过焊后热处理。	进行焊后热处理能够大大减少焊接残余应力，并减少与氢原子结合的碳原子数量，从而提高抗氢腐蚀的性能[6]。对于在役加氢反应器的检验通过对焊缝、母材和热影响区硬度的检测，验证材料的热处理降低焊接残余应力的效果，是降低氢腐蚀的简便有效的手段
服役时间小于 20 年或经合于使用评价给出的剩余寿命值。	回火脆化的程度与材料的服役时间相关；TSG 21—2016 规定达到设计使用年限（或者未规定设计使用年限，但是使用超过 20 年的压力容器），应进行全面的安全技术性能检验，必要时应进行安全评估（或合于使用的评价）
堆焊层状况良好	堆焊层能够降低基材的氢分压，若基材出现穿透性裂纹，不仅会导致更大的腐蚀速率，也会使基材所承受的氢分压增大，增加发生高温氢腐蚀的危险

3.3　珠光体球化

加氢反应器在高温条件下长期运行，材料的组织性能会发生变化，如珠光体球化，甚至石墨化的现象，随着材料组织劣化的程度会越来越严重，材料力学性能下降[1]，最终导致金属元件或设备的破坏。

在役压力容器定期检验工作中，很难直接获得力学性能试验的试样，无法直接判定材料的劣化程度，因此一般通过金相观察后，并与标准图谱进行比照确定珠光体球化等级，以推测材料的劣化程度。这种方法虽然简便易行但存在一定的误差，并不精确，这是由于：a）人为误差因素；b）不同厂家的材料制造工艺不尽相同，材料的组织形态也会有所差别，所以依照标准图谱确定的球化等级与材料力学性能劣化程度并不能一一对应。

因此若材料的金相图谱与出厂时材料金相图谱相近，即珠光体球化并非由服役环境造成的，不能依照 TSG 21—2016《固定式压力容器安全技术监察规程》第 8.5.2 条中材质劣化的相关内容来评定安全状况等级；对于发生珠光体球化，但不能追溯材料原始金相图谱的加氢反应器，则应综合考虑球化等级和补充检验的结果来定级，其中：

a）经金相检验，若珠光体球化程度为"轻度球化"或"中度球化"且尚未造成其他缺陷或性能退化现象时，可定为 2 级或 3 级，并定期复查金相组织，必要时检验人员可依据损伤程度适当缩短检验周期。

b）经金相检验，若珠光体球化程度"中度球化"，并伴有裂纹、硬度下降、石墨化等缺陷时，

应定为 4 级。

c）经金相检验，若珠光体球化程度"严重球化"和"完全球化"，应根据损伤严重程度定为 4 级或 5 级。

3.4　堆焊层缺陷

3.4.1　表面裂纹

堆焊层表面裂纹的产生多是由于奥氏体不锈钢中高的含氢量与 σ 相所产生的脆化引起，因此堆焊层中裂纹扩展到堆焊层与壳体基材的界面，只要基材具有一定的断裂韧性，堆焊层裂纹就会终止在界面，不会再扩展到基材[7]。

对于堆焊层表面裂纹的定级，应在详细的化学成分分析和无损检测的基础上进行，满足表 4 要求的可以定为 3 级。

3.4.2　剥离或鼓泡

由于奥氏体不锈钢堆焊层剥离一般出现在堆焊层与母材熔合面的堆焊层一侧，并沿着生长在熔合面上粗大奥氏体晶粒的晶界形成和扩展[7]，因此堆焊层剥离并不是一种严重的缺陷，但是如果堆焊层剥离产生的微裂纹的穿透了堆焊层，使得基材暴露于介质中，甚至堆焊层层下裂纹向母材发向延伸，就会造成来重的安全隐患。

因此对于检测发生堆焊层剥离现象的热壁加氢反应器，满足表 5 要求的可以定为 3 级。

4 案例说明

某厂一台加氢反应器DC-101由德国鲁奇公司设计，日本制钢所制造，其主要参数如下表6所示；该反应器于1990年2月投入使用，检验历史情况如表7所示。

表4 堆焊层表面裂纹的定级建议

评定因素	说明
堆焊奥氏体不锈钢的δ-铁素体含量在3%～10%	δ-铁素体含量过多时，会δ-铁素体向σ相转变，从而引起脆化；δ-铁素体含量过少时，不仅是引起堆焊层表面热裂纹的主要原因，而且在使用中也易于发生剥离。 堆焊层铁素体含量的测定方法应按GB/T 1954的要求进行，抽查部位一般包括：1）手工堆焊部位、补焊、返修部位；2）宏观检查异常部位；3）渗透检测发现裂纹部位
损伤程度轻微，且堆焊层表面裂纹仅存在于衬里或复合层，尚未扩展到基层时	考虑到对表面裂纹进行打磨时，常常造成裂纹的迅速扩展，因此工程中常常不对表面裂纹进行打磨处理，但检验人员应根据损伤机理和损伤程度提出相应的监控措施。 堆焊层表面裂纹处腐蚀产物聚集，易产生腐蚀，但当堆焊层表面裂纹仅存在于衬里或复合层，尚未扩展到基层时，对安全性的影响较小，因此可定为3级

表5 堆焊层剥离或泡的定级建议

评定因素	说明
堆焊层剥离率保持稳定	堆焊层剥离的主要影响因素包括制造因素和环境因素，特别是反应器的运行历史密切相关，因此使用单位应有条件定期对剥离面积和剥离数量进行监控，剥离发展的趋势稳定。
剥离部位及其邻近区域未发生附加缺陷	加氢反应器内壁采用堆焊结构的原因主要有二：一是减缓高温硫化物腐蚀；二是降低基材的氢分压，提高材料抗高温氢腐蚀的能力。若剥离或鼓泡部位穿透性裂纹，不仅会导致层下氢分压增大，更会导致腐蚀性介质在裂纹部位及层下聚集，产生严重腐蚀
工艺操作上运行稳定，开停工过程具有脱氢处理的措施	冷却速率越快，越易产和剥离；开停工次数以越多，越易产生剥离。在停工时，应采取能够使氢尽可能析出的停工条件，能避免反应器在快速冷却和紧急泄压

表6 DC-101主要技术参数

项目类别	项目名称	基本参数
容器类别		Ⅲ
设计参数	设计压力/MPa	17.7
	设计温度/℃	442
工作参数	工作压力/MPa	16.9
	工作温度/℃	427
介质		HC、H2、H2S
主体结构尺寸/mm		3810×（230+3.5）×19838
主体材质		12CrMo910＋E347（堆焊层）
投用日期		1990年2月

表7 DC-101历史检验情况汇总

检验日期	检验结果
1995年10月	堆焊层剥离467处，面积共计约22100 mm²
2004年7月	堆焊层剥离面积稍有扩大；堆焊层表面裂纹共发现49处，裂纹最大长度约55 mm
2008年4月	堆焊层剥离面积无变化；堆焊层表面裂纹发现59条
2010年8月	堆焊层剥离面积无变化；堆焊层表面裂纹93条

2014年9月对该反应器进行全面检验，主要存在问题：a）堆焊层剥离面积与2010年8月相比基本无变化，剥离部位未见其他缺陷；b）本次共检出堆焊层表面裂纹93条裂纹，裂纹数量较之2010年度无增加，裂纹最大长度为67mm，与2010年8月相比，裂纹未见明显扩展，未检出穿透性裂纹和层裂纹；c）裂纹部位的铁素体含量在$3.4\%\sim5\%$。

检验意见：a）由于堆焊层表面裂纹数量较上个检验周期并无明显的增加和扩展，且未形成穿透性裂纹，裂纹部位铁体含量未见异常，表明裂纹处于相对安定状态，可定为3级，适当缩短检验周期，定期监控其发展状态；b）堆焊层剥离面积在多个检验周期内维持稳定，表明当前剥离状况尚未对加氢反应器的安全使用造成严重影响，可定为3级。

5 结论与展望

1）热壁加氢反应器的安全状况等级的确定应综合考虑TSG 21—2016《固定式压力容器安全技术监察规程》和"等风险准则"，为企业压力容器的安全管理和经济运行提供了支撑。

2）热壁加氢反应器材料的损伤往往是多个失效因素共同作用的结果，更加科学合理的安全状况等级还需要进一步研究。

参考文献

[1] 承压设备损伤模式识别：GB/T 30579 [S]. 2014.

[2] Japan Pressure Vessel Research Congress. Embrittlement of pressure vessel steels in high temperature, high pressure hydrogen environment [J]. WRC Bulletin, 1985, 305 (6)：921.

[3] Materials and Fabrication of 2.25Cr-1Mo, 2.25Cr-1Mo-0.25V, 3Cr-1Mo, and 3Cr-1Mo-0.25V Steel Heavy Wall Pressure Vessels for High-temperature, High-pressure Hydrogen Service [J]. API RECOMMENDED PRACTICE, API 934-A, 2008.

[4] Guttmann M. Equilibrium selection in a ternary solution：A model for temper embrittlement [J]. Surf Sci, 1975, 53：213—227.

[5] 王祖悦. 加氢反应器的运行缺陷及检测 [J]. 化工设备与管道, 2003, 40 (03)：43—48.

[6] Steels for Hydrogen Service at Elevated Temperatures and Pressures in Petroleum Refineries and Petrochemical Plants [J]. API RECOMMENDED PRACTICE, API 941, 2016.

[7] 林建鸿，柳曾典，吴东棣. 热壁加氢反应器运行安全问题及其保障技术 [J]. 压力容器, 1994, 11 (3)：234—240.

大型石油储罐罐区管理中基于风险的检验和检测监测技术综合应用

徐如良[1]　肖　宇[1]　陈彦泽[2]

（1. 镇海国家石油储备基地有限责任公司，宁波 315207）

2. 中国特种设备检测研究院，北京 100029）

摘　要　本文在总结我国石油战略储备基本情况、特点和标准体系建设的基础上，分析了当前储备库管理面临的隐患和不足。从完整性管理、基于风险的检验、在线检测监测、罐体非接触检测等方面系统介绍了常压储罐及附属设施安全运行保障关键技术，提出了大型石油储罐罐区管理中基于风险的检验检测策略原则，为建立石油战略储备基地罐区的完整性管理体系和平台提供技术和理论依据。

关键词　常压储罐；基于风险的检验；检测；监测

TheComprehensive Application of Risk-based Evaluation, Inspection and Monitoring Technique for Large Atmospheric Petroleum Tanks Management

Xu Ruliang[1]　Xiaoyu[1]　Chen Yanze[2]

（1. Zhenhai National Oil Reserve Base Co. , Ltd；Ningbo　315207；

（2. China Special Equipment Inspection and Research Institute，Beijing 100013 China）

Abstract　Based on the summary of the basic situation, characteristics and the construction of the standard system of petroleum strategic reserve in China, this paper analyzes the hidden dangers and deficiencies of the current storage management. The key technology of safe operation of atmospheric storage tanks and ancillary facilities is systematically introduced from the following aspect of integrity management，RBI, online monitoring and inspection, non-contact detection. This paper puts forward the principle of risk based inspection and detection strategy in the management of large oil tank farm, which provide technical and theoretical basis for the establishment of the integrity management system and platform of the strategic oil reserve base.

Keywords　atmospheric storage tanks；RBI；inspection；monitoring

相当数量的石油储备是国家能源战略的重要组成部分，为保证战争或自然灾难时国家石油的不间断供给，世界主要发达国家都将石油储备作为一项极其重要战略加以部署和实施。

战略石油储备不仅仅是对付石油供应短缺而设置的头道防线，在和平时期还可以用来抑制特殊形势下油价的上涨。另外，战略石油储备可以为政府实施经济增长方式调整，特别是能源消费方式发生调整时争取缓冲时间，起到稳定国家经济和政治形势的作用。

1 我国石油战略储备基本情况和特点

为保障经济稳定发展，确保能源战略安全，建立可靠的国家石油战略储备体系，我国于2001年十年规划中首次提出建设石油战略储备的计划，2003年开始启动第一期国家战略石油储备计划，2004年全面开展国家石油储备基地的建设。

中国石油战略储备基地总共规划了三期，时间为2004年到2020年全部完成，其储量安排大致是：第一期1000万至1640万立方米，第二期2670万立方米，第三期还在规划中预计为3620万立方米。一期四座储备基地分别位于沿海的镇海、舟山、大连、黄岛。2007年12月19日，我国第一个国家石油储备基地——镇海国家石油储备基地通过国家验收。镇海国家石油储备基地的建成投用标志着我国石油储备工作进入了新的阶段。该基地建设规模520万立方米，已全部储存原油。

继第一期石油战略储备的四个基地陆续投用之后，近几年第二批战略储备基地（包括辽宁锦州、山东青岛、江苏金坛、浙江舟山、广东惠州、新疆独山子和甘肃兰州）陆续开始投入建设并分批投用。截止到2015年我国共建成8个国家石油储备基地，总储备库容为2860万立方米。按照预定计划，到一期和二期全部建成后，中国石油战略总储备将达到4310立方米（合计约2.71亿桶）。

我国石油战略储备基地建设的特点：

（1）储备基地的建设起步晚，建成投用时间短，运营机制和维护等模式上仍需积累经验。国际上的战略石油储备制度起源于1973年，比我国早30年。当时，由于欧佩克石油生产国对西方发达国家搞石油禁运，美、日、德、法等发达国家联手成立了国际能源署，成员国纷纷储备石油以应对危机。

（2）基地建设分布广，建设环境和基础情况相对比较复杂。从经济发展层面考虑，我国的一期石油战略储备基地布局主要在沿海地区，二期从战略战术层面考虑，主要部分在西部地区。

（3）石油战略储备的模式比较单一。我国的石油战略储备主要以政府战略储备为主。而国外，如美国石油储备则明确分为政府战略储备和企业商业储备两大类。美国政府战略石油储备规模居世界首位，但企业石油储备远远超过政府储备。美国石油储备相当于其150天进口量，其中，政府储备仅为53天进口量，占1/3。

2 安全隐患和问题逐步显现

经过近十年来的运行，国家石油战略储备基地面临的各种风险或危险要素开始逐步显现，根据调研和分析，这些风险或危险主要包括以下几类：

（1）自然灾害，包括雷击，暴雨、泥石流或滑坡等；有些基地的罐区建造选址对周边气候环境和地质条件论证不足，出现选址不合适等情况。即，基地选址在计划阶段的调查结果完全符合标准，在罐区实际建成后，则因罐区大量大型的金属构造物的出现等原因导致局部气候条件改变，如附近雷区发生偏移，局部抗风等级等发生变化等。由于对这些因素的变化论证不足，给基地罐区的运行带来了很多隐患。

（2）金属构件的腐蚀破坏，由于大气环境、土壤和储存石油的特性以及金属构件防腐工程等因素导致储罐、管道、机泵以及附属设施出现严重腐蚀的现象。罐体腐蚀最终的结果会发生泄漏，不仅影响安全，还会对环境造成破坏。

（3）基础沉降，特别是不均匀沉降，对储罐运行安全的影响最大。如我国基地建设选址沿海地区的不均匀地质条件和西部黄土高原的湿陷性地质条件，都会导致大型石油储罐基础发生不均匀沉降。对于大型常压储罐而言，基础的沉降现象十分常见且可能非常危险，轻则会影响储罐的运行，重则造成的罐区设备设施的损坏，严重时会导致严重的安全事故。

（4）附属设施或部件的功能性失效，如储罐二次密封失效或性能降低所带来的VOCs泄漏安全隐患，罐区机泵故障导致的运行问题。如何保证罐区各种附属设施和设备的机械完整性和可靠性问题，值得关注。

（5）大型原油罐区的安全保障，首先要有明确的、系统性的安全规范体系作为指导。我国目前还没有建立起和石油战略储备基地相关的大型石油罐区的系统性的安全规范，造成各个基地在安全措施上没有统一的法规规范作为依据。

（6）其他因素变化带来的风险后果的上升。如：随着经济发展，罐区周边社会环境变化，以及商业居住区和交通基础建设等带来的风险变化。

石油战略储备体系是为国家能源战略安全服务的，石油战略储备基地的任何安全隐患导致的事故都可能严重危及国家的安全甚至生存。特别是大型石油储罐区一旦发生意外，还有可能形成连锁灾害。必须将石油战略储备基地罐区的各个风险要素严格管控在可接受的范围之内，要求石油战略储备基地的各级管理人员必须本着"安全第一"的目标，以风险的理念为基础，以规范的安全管理体系为保障，以先进的检测、监测技术为支撑，采取有针对性的各种措施，防患于未然。

3 应对技术措施和方案

为确保石油战略储备基地的安全运行，应采取从传统检验向基于风险的检验转变，变预防性检验为预知性检验，以管控风险为基本理念，对储罐及其附属设施实施必要的、有效的检测和监测，结合"互联网＋"等技术，逐步建立石油战略储备基地罐区的完整性管理体系和平台。

3.1 石油战略储备罐区的完整性管理

常压储罐的安全管理可大致分为四个阶段。第一阶段，是基于事故的管理模式，即事故处理、应急抢修的模式；第二阶段是基于时间的周期性维修的管理模式，即按规定周期进行检验、维修；第三阶段是基于风险评估和预测的管理模式，即通过对系统的历史数据的分析，预测未来的变化和发展趋势，根据风险变化的趋势组织检验和维修并采取针对性防范措施的管理模式；第四阶段则是更为高级、更为全面的完整性管理模式，即对生产设备以及相关诸要素实施全寿命、全过程的管理，包括对设备的风险管理、对仪表的分级管理和对动设备的可靠性管理，以及将其他和安全相关的要素纳入安全管理范围，综合考虑设备运营、维修成本与安全成本，管理目标是确保生产的系统各要素处于"完整"或"合于使用"的状态，从而实现安全生产，减少生产成本[1-3]。

储罐完整性管理具备以下特性：

（1）整体性：储罐完整性具有整体性，是指一套装置或系统的所有储罐及附属设备的完整性。

（2）基于风险：风险识别、风险评估与风险控制是储罐完整性管理的关键技术，即运用风险分析技术对系统中的储罐进行风险识别、风险评估，按风险大小排序，对高风险的储罐需要采取特别的控制措施。

（3）基于可靠性：深刻理解储罐及附属设备的工作原理，分析储罐如何发生故障以及每种故障的根本原因，推荐保证储罐按期望性能水平运行的维护改进策略。

（4）全生命：储罐完整性管理是对储罐全生命周期进行管理，从设计、制造、安装、使用、维护，直至报废。

（5）综合性：储罐完整性管理是管理体系与技术手段的整合，其核心是在保证安全的前提下，以整合的观点处理储罐的维护管理工作，并保证每一项任务的落实与品质保证。

（6）持续性：储罐的完整性状态是动态的，储罐完整性管理是一个持续改进的过程。

如何采取有效的措施，避免大型储罐罐区的各种安全事故，对罐区设备的维护变预防性的周期检修模式为以风险管理为核心的完整性管理模式，是我国石油战略储备基地各级管理者必须面临的重大课题。

3.2 基于风险的检验

检验检测是保障储罐安全运行、避免事故发生的重要手段。我国目前的储罐检测技术仍采用常规无损检测手段，按照标准规定，需要经过停车开罐、倒空油料、内部清洗、喷砂去除防腐层、表面处理、检验和恢复等一系列过程。整个检维修周期长、工作量大、经济成本高且效果并不理想，甚至会因频繁开罐检修造成防腐层和罐体材质的破坏，加速腐蚀，造成意外的损失。传统的检测方法是定期检验或者抽检。一方面，定期检验可能造成不必要的检测和停产损失；另一方面，抽检对存在较大安全隐患的储罐检验力度不足，可能引发重大事故。

随着对各类设备的失效机理和损伤模式研究日趋成熟，世界发达国家多采用基于风险的检验对石化装置和储运设施进行安全管理。基于风险的检验（Risk Based Inspection，RBI）是设备完整性管理重要环节，RBI的本质是追求系统安全性与经济性协调统一，通过对储罐失效机理和损伤模式的识别，从失效可能性和失效后果两方面对储罐风险进行评价，分析储罐群风险分布情况，根据设备的风险等级制定相应的检验策略和计划，能够在保证设备安全运行的前提下降低检验成本[4-5]。

3.3 储罐底板腐蚀的检测技术

据有关数据统计，导致储罐失效和事故的原因分析数据中，除了地基等建筑选址的原因外，腐蚀导致的泄漏甚至燃爆是其主要的运行失效模式，表现形式依次为底板腐蚀、顶板腐蚀、壁板腐蚀、辅助设备失效、脆性开裂及误操作等。最为常见的常压储罐的失效往往是由于储罐的底板腐蚀引起的。而底板的失效绝大多数是由于底板的腐蚀失效所引起的。储罐因腐蚀导致储罐底板减薄直至穿孔而引起的储罐失效占全部储罐失效的60%以上。罐底板腐蚀可以发生在其内外侧，腐蚀形态为局部溃疡状。针对这种腐蚀形态，普通超声波测厚几乎无法实现检测，罐底板漏磁扫查是目前最为高效的底板腐蚀检测方法[6-7]。

漏磁检测是储罐底板腐蚀状态检测的有效手段，高效、精准的操作漏磁仪器是提高检测覆盖率、缺陷定位的关键。通过漏磁检测仪上的电磁元件对金属底板进行磁化，再用漏磁仪上的探头去采集因金属底板缺陷而溢出的漏磁通，来判定常压储罐的金属底板是否存在腐蚀状况。漏磁检测的原理如图1所示。将金属材料磁化后，磁感线从磁铁的N级出发均匀地经过光滑无缺陷的金属内部，回到磁铁的S级。若金属内部有缺陷或者裂痕，则均匀的磁感线会选择绕过缺陷，使部分磁感线漏在金属外部。常压储罐底板漏磁检测仪就是利用这个特点，用检测仪上的探头对金属底板外的漏磁通进行捕捉收集，从而判断储罐底板的腐蚀情况。根据信号的强弱幅值的变化判断底板腐蚀的位置及

程度[8-15]。

图1　漏磁检验原理图

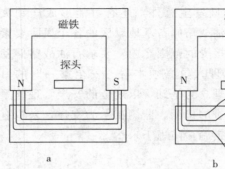
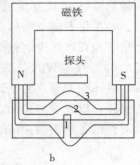

图2　漏磁检测仪

常压储罐底板漏磁检测一般采用专用的底板漏磁检测仪，见图2，以便更快速便捷地对大直径常压储罐底板进行高效检测。

3.4 在线检测技术

储罐罐体和底板的在线监测技术主要有声发射技术、导波技术和自动爬壁超声波A/B/C扫查等。

（1）声发射检测技术

声发射（Acoustic Emission）是一种常见的物理现象，是来自于材料内部由于突然释放应变能而形成的一种弹性应力波。材料变形或裂纹扩展时，都会有声发射发生。利用仪器探测、记录、分析声发射信号，进而推断声发射源、对被检测对象的活性缺陷情况评价的技术称为声发射检测技术。

罐底板的声发射检测技术可以对达到或接近检验周期的储罐进行不停工、不倒罐条件下的快速在线定性定位腐蚀状态的检测，对罐底板的腐蚀状况和是否存在泄漏及泄漏的位置做出评价，通过分级帮助管理者列出储罐的维修优先顺序，见图3。对状态好的储罐可继续连续使用，而不必开罐检修。因此，声发射技术在保证储罐安全运行的前提下，不仅能节省相当可观的检修费用，更能大大地缩短

D
使用管理

检修时间，使检修对生产的影响降到最小程度[16-17]。

在 JB/T 10764《无损检测 金属常压储罐声发射检测及评价方法》中，根据声发射信号源的强度和活动性，将罐底板腐蚀的状况分为 5 级[18]。根据评级结果，管理者可以决定是否需要开罐做进一步的底板腐蚀检测。

 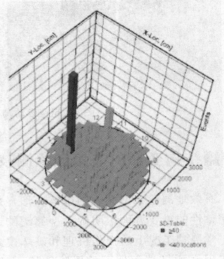

图 3　对储罐的声发射检测

（2）高频导波检测

超声导波检测技术是一种省时、省力、操作更简单、灵敏度更高、检测设备轻便，特别是电磁超声换能器的多匹配形式使其产生多种模式的波，在检测过程中运用更广泛、灵活。作为一种以点带面的快速母材检测技术，可以实现对储罐罐底板边缘板各种体积性缺陷的在线检测。对储罐边缘板的超声导波检测见图 4，检测结果的显示[19]，见图 5。

 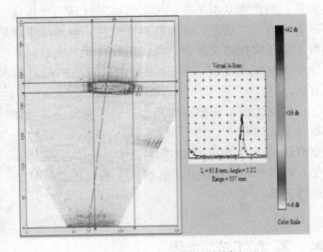

图 4　超声导波检测罐底板　　　　　　图 5　超声导波检测的缺陷

（3）超声自动爬行壁厚检测

超声自动爬行壁厚检测系统以磁吸附爬壁机器人为载体，将超声波检测技术应用于油罐检测。爬壁机器人的吸附方式可以采用真空吸附、电磁吸附、永磁吸附、推动力吸附等。相对于其他吸附方式，永磁吸附具有吸附力大、受表面状况影响小、系统意外断电不影响吸附力等优点。油罐壁为钢制材料，表面多有锈迹和油污，且高度很大，因而非常适合于应用永磁吸附。采用超声波脉冲反射原理来进行厚度测量，当探头发射的超声波脉冲通过被测物体到达材料分界面时，脉冲被反射回探头，通过精确测量超声波在材料中传播的时间来确定被测材料的厚度[20]，超声自动爬行壁厚检测系统及其　检测结果见图6。

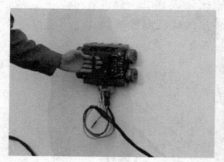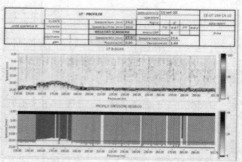

图 6　超声自动爬行壁厚检测系统和 B 扫检测结果

3.5　储罐结构变形的非接触检测技术

准确、有效地测量大型储罐的罐体变形，是保证其结构完整性的重要方面；明确大型储罐的地震载荷等非正常极端工况下的损伤机理和破坏模式也将更好的实现储罐极端条件下的风险防控。目前，针对大型常压储罐变形、应力应变状态的分析仅限于少数工况下的数值仿真层面，由于大型常压储罐所处环境的复杂性、载荷的多样性及偶然性，数值仿真分析较难全面反映储罐当前的真实变形及应力状态，常用的经纬仪、全站仪等测量设备仅能实现测距、测角等基本功能，无法实现对储罐的整体变形、应力应变状态实时的监测和分析，也无法实现对大型储罐在地震载荷、风载诱导震动、波浪波动等非正常极端工况条件下的损伤和破坏进行动态分析。

针对大型常压储罐使用过程中可能发生的沉降以及在固定载荷、内压载荷、地震载荷、风载荷、波浪载荷等因素引起的罐体变形、应力应变状态等，可以利用非接触式激光或光学的三维测量技术进行测量。

4　基本工艺过程

采取基于风险的检验的完整过程，应根据储罐的失效模式和风险评估的结果，按照可接受风险的大小，确定储罐的检验策略以及是否需要做在线检测，如底板声发射检测或壁板自动爬壁超声波检测等，再根据在线检测结果从中选择失效可能性高的储罐实施开罐检验。最终实现储罐管理的安全和经济性统一、节约检验维修费用的目标。

按截止到 2015 年共建成的 8 个基地总储备库容 2860 万立方米、单罐容积为 10 万立方计算，目前国家石油战略储备基地拥有大约 286 个大型储罐，如果采用基于风险的检验将每台储罐的检验周期由原来规定的平均六年延长到平均 9 年，预计可节约清罐、检验以及辅助等各项费用近 50%，同时将这些大型储罐的罐容使用率提高 1.5 倍。

另外，由于单一方法或检测技术的局限性，多种检测技术和评估评价方法的优化组合的目标是检验检测的有效性。在 GB/T 30578《常压储罐基于风险的检验与评价》中，对检验有效性的确定一般由多种技术的组合的检测过程最为有效。如漏磁检测发现的信号异常应进行采取超声波检测复验等。因此，在具体的检验项目上，选择的技术和方法要结合储罐的实际，至少达到中高度有效的水平，才能确保石油战略储备基地罐区储罐安全可靠。

5　标准体系的建设

美国、德国等世界发达国家对各种大型石油储备库的建设、管理、维护、运行及检验检测基本形成了较稳定、成熟的体系。如美国 API650、德国 DIN4119 及日本的 JISB8501 系列标准对储罐的建造、检修和维护过程有较为科学的要求。我国开展相关标准的建设工作相对较晚，尚未形成针对大型石油战略储备基地设施的维护、维系、检验检测及安全评定方法的完整的风险管理体系。目前已有的规定、规范和标准，如《石油库安全管理规定》（国家安监总局 14.6.12）、GB/T 30578《常压储罐基于风险的检验与评价》、SY/T 5921《立式圆筒

D
使用管理

形钢制焊接油罐操作维护修理规程》、SY/T 6620《储罐的检验、维修、改造与重建》、GB/T 30578—2014《常压储罐基于风险的检验与评价》、GB/T 26610《承压设备系统基于风险的检验实施导则》、GB/T 30578《常压储罐基于风险的检验与评价》、JB/T 10764《无损检测 金属常压储罐声发射检测及评价方法》、JB/T 10765《无损检测 金属常压储罐声漏磁检测方法》等尚未形成相互支持的体系，需要根据我国战略石油储备基地建设和管理的模式、各地地质结构、各种油气类型、材料类型、制作过程工艺、检验状况等因素不断完善，最终搭建适合中国国情的储罐运行安全保障标准体系。

6 结论

随着我国石油战略储备体系逐步建立，与之配合的基地设施建设和管理，特别是大型石油储罐的安全管理、检验维修、技术方法等方面，应尽快实现从传统的定期方面向基于风险理念的完整性管理转变。在对大型储罐的实际检验检测过程中，应不断探索新的工艺方法，借助在线检测新技术的应用，在保证储罐安全的前提下，最大限度减少储罐开罐清罐的比例，降低运行成本，提高效率。从我国的基本国情出发，认真梳理石油战略储备基地安全管理相关因素，制订相关法规标准，建立适合中国国情的安全运行保障体系，提升安全石油战略储备基地管理实力。

参考文献

[1] 王光，李光海，贾国栋. 常压储罐群的完整性评价技术 [J]. 压力容器，2009，26（7）：29—32，57.

[2] 陈健峰，税碧垣，沈煜欣，等. 储罐与工艺管道的完整性管理 [J]. 油气储运，2011，30（4）：259—262.

[3] 陈浩禹. 大型常压储罐完整性管理 [D]. 北京：中国石油大学.

[4] 张颖，戴光，张莹，等. 储油罐区基于风险检验（RBI）技术的应用 [J]. 化工机械，2006，33（3）：174—177.

[5] GB/T 30578—2014. 《常压储罐基于风险的检验与评价》[S].

[6] 刘富君，徐彦廷，丁守宝，等. 常压储罐无损检测技术 [C]. 远东无损检测新技术论坛，2008.

[7] 王勇，沈功田，李邦宪，等. 压力容器无损检测：大型常压储罐的无损检测技术 [J]. 无损检测，2005，27（9）：487—490.

[8] 刘志平，康宜华，杨叔子，等. 储罐罐底板漏磁检测仪的研制 [J]. 无损检测，2003，25（5）：234—236.

[9] 李光海，沈功田. 压力容器无损检测：漏磁检测技术 [J]. 无损检测，2004，26（12）：638—642.

[10] 闫河，沈功田，等. 常压储罐罐底板腐蚀的漏磁检测与失效分析 [J]. 无损检测，2006，28（2）：75—77.

[11] 马传瑾，关卫和，郭鹏举. 漏磁检测技术在大型原油储罐底板上的应用 [J]. 无损检测，2012，34（7）：17—20.

[12] 李春树. 常压储罐底板腐蚀特征参量的获取 [J]. 压力容器，2008，25（12）：14—17.

[13] 李春树，李涛常. 压储罐底板漏磁检测技术开发与应用 [J]. 石油化工设备技术，2004.25：57.

[14] 杨鹏，黄松岭，赵伟，等. 便携式储罐底板漏磁检测器的研制 [J]. 石油化工设备，2007，36（3）：1—4.

[15] JB/T 10765—2007. 《无损检测 金属常压储罐漏磁检测方法》[S].

[16] 李光海，刘时风，耿荣生，等. 声发射源特征识别的最新方法 [J]. 无损检测，2002，24（12）：534—538.

[17] 李光海，胡兵，刘时风，等. 多通道全波形声发射检测系统的研究 [J]. 计算机测量与控制，2002，10（6）：355—357.

[18] JB/T 10764—2007. 《无损检测 常压金属储罐声发射检测及评价方法》[S].

[19] 邹金津. 基于电磁超声导波的金属板缺陷检测技术研究 [D]. 沈阳：沈阳工业大学.

[20] 田兰图，杨向东，等. 油罐检测爬壁机器人结构与控制系统研究 [J]. 机器人，2004，26（5）：385—390.

作者简介

徐如良（1961—），博士，教授级高级工程师，主要从事石油化工及大型储罐的生产运行管理。

通信地址：浙江省宁波市镇海区128号信箱，315207

E-mail：xurliang@163.com

高压大口径环锁型快开盲板安全联锁功能研究

罗 凡[1] 陈伟忠[2]

(1. 上海市特种设备监督检验技术研究院，上海 200062；

2. 江苏盛伟过滤设备有限公司，江苏常州 213102)

摘 要 本文分析了当前国内快开盲板的几个问题，介绍了国产化高压大口径快开盲板安全联锁功能的研究与新型安全联锁机构的研制情况。研究与实践结果表明，环锁型快开盲板完全可以落实我国法规规定的安全联锁功能要求，切实提高高压大口径环锁型快开盲板的使用安全性能。

关键词 安全联锁；环锁型快开盲板；高压；大口径；国产化

Research on Safety Interlock Function of Locking Band Type Quick Opening End Closure with High Pressure and Large Diamete

Luo Fan[1] Chen Weizhong[2]

(1. Shanghai Institute of Special Equipment Inspection and Technical Research，Shanghai，200062；

2. Jiangsu Sunway Filter Co.，Ltd.，Jiangsu Changzhou，213102)

Abstract The problems of current domestic quick opening end closure were analyzed in this paper. Then the research on safety interlock of localized locking band type quick opening end closure with high pressure and large diameter was proposed and the development of new type safety interlock structure was also introduced. It can be seen from both the research results and the practical applications that the locking band quick opening end closure can absolutely meet the requirements of safety interlock function in the relevant Chinese laws. And this type of safety interlock can improve the safety performance effectively for the locking band quick opening end closure with high pressure and large diameter.

Keywords safety interlock；locking band type quick opening end closure；high pressure, large diameter；localization

快开盲板是用于压力管道或压力容器的圆形开口上并能实现快速开启或关闭的一种机械装置。一般由筒体法兰、头盖、勾圈或卡箍、密封圈、安全联锁机构、开闭机构、转臂及短节（需要时）等部件构成[1]。快开盲板是压力容器快开门盖的一种型式，广泛应用在天然气领域中的需经常启闭的设备上。目前常用的快开盲板可分为牙嵌型、卡箍型、插扣型、环锁型等典型的结构，以手动操作为主。

近十年来我国天然气工业得到了迅速发展，天然气的应用依赖于天然气输配系统的建设与完善发达。快开盲板作为天然气管网用的关键设备，在国内的需求非常巨大，目前快开盲板主要依靠进口。据不完全统计："十二五"期间中石油系统将新建输气管道5万千米，在新建的阀室、压气站、分输站上使用的快开盲板达 1500～2000 台，采购金额达 6 亿～10 亿元[2]。为此，在国家能源局领导下，中国石油设立重大科技专项（2012E——2802），联合国内相关企业，实现包括快开盲板等油气管道关键设备的国产化应用。我们作为该项目的国产化研制签约单位之一，按照《快开盲板国产化研制与应用技术条件》的要求，完成了 12.6MPa DN1550 环锁型快开盲板样机（目前国内参数最高）的研制工作。见图 1。通过了由国家能源局委托，中国机械工业联合会和中国石油天然气集团公司科技管理部主持的鉴定。表 1 是 AKM 环锁型快开盲板主要技术参数。本文重点介绍 AKM 环锁型快开盲板新型密封结构的研究方法和成果。

图 1　AKM（爱开门）环锁型快开盲板

表 1　AKM 环锁型快开盲板主要技术参数

快开盲板类型	以承受压应力为主的环锁形结构		设计压力	12.6 MPa
公称直径	DN1550	设计温度	−35～60 ℃	水压试验压力	18.9 MPa
腐蚀裕量	2 mm	开启力	≤ 200 N	启闭操作时间	≤ 1 分钟

1　当前环锁型快开盲板安全联锁功能的主要问题

1.1　中外法规、标准中快开门的定义不同致中外快开门式压力容器的范围不同

中国 TSG R0004—2009《固定式压力容器安全技术监察规程》3.20 条：快开门式压力容器，指进出容器通道的端盖或者封头和主体间带有相互嵌套的快速密封锁紧装置的压力容器。

美国 ASME 规范的定义是：快动或快开封闭组件与标准螺栓法兰连接（通过一个或一对法兰紧固）相比较，能快得多地进出压力容器内部。

德国 AD 标准的定义是：将快开门盖或锁紧装置作部分地转动或有限度地移动，就能完全打开或闭合。

1.2　中外法规、标准中对安全防护理念差异的结果决定了中外快开门式压力容器安全联锁功能的要求不同

中国 TSG R0004—2009《固定式压力容器安全技术监察规程》第 3.20 条：快开门式压力容器应当具有满足以下要求的安全联锁功能：

（1）当快开门达到预定关闭部位，方能升压运行；

（2）当压力容器的内部压力完全释放，方能打开快开门。

美国 ASME 规范 UG-35.2（d）中手工操作封闭组件的另一种设计的要求：利用手工操作的锁紧机构定位的快动封闭组件，应设计成能在锁紧元件松脱和开启封闭组件之前能看到内介质泄漏。不必按照上面 UG-35.2（c）的规定，但这种封闭组件应设置音响或目视的报警装置，在夹持元件和锁紧部件完全就位前就加压，或者在容器内的压力泄放之前就要脱开时提请操作者注意。

1.3 中外对快开盲板的功能均没有量化标准与设计规范

作为国家法规规定监察的设备和安全附件已有二十多年，但快开门式压力容器至今仍无量化标准和设计规范。

安全联锁装置是涉及多门学科技术、型式多样的精密仪器设备，但没有量化要求和检验检测手段的现状，使得其产品仅仅停留在功能有没有，而是否适用、能否可靠等问题均未涉及。

特种设备检验机构对快开门式压力容器进行定期检验时，虽明确要求必须对安全联锁装置等安全附件进行重点检验，但由于没有相应规定的检验方法和设备，导致安全联锁装置的检验检测，仅仅局限于以经验的积累和定性的方法来判断其功能能否实现[3]。

1.4 单一的镶块与报警螺杆组合无法满足我国法规对安全联锁功能的要求

进口环锁型快开盲板安全报警功能装置由两个部分组成：镶块、报警螺杆（图2）。快开盲板环锁张开即位后，镶块就位，环锁无法运动，报警螺杆与镶块相连，报警螺杆可安装就位，容器的内外通道闭合。当容器降压后，通常在目视容器上的压力表指针到零后，拧动报警螺杆，若此时内压较高，则报警螺杆发出啸叫声，警告停止继续操作。若此时内压很低，则报警螺杆不出声，可继续操作开门。也就是说，在整个的开门过程中，无法实现当压力容器的内部压力完全释放，方能打开快开门的安全联锁功能。

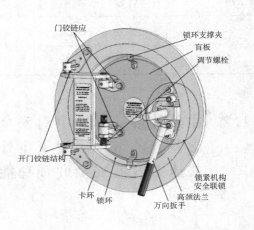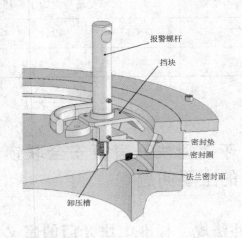

图 2　进口快开盲板的安全报警配置

进口快开盲板的镶块与报警螺杆组合仅能组成安全报警机构，符合前述的 ASME 标准要求，但无法满足我国法规的要求。尤其是高压容器所用压力表量程达 20MPa 以上，压力表的精度决定了肉眼难以判断容器内压在零附近的精确值，但只要力量足够，报警螺杆与镶块组合总是能被取下的。因此，报警螺杆与镶块组合工作，存在一定的安全风险。

我国石化行业大量使用进口快开盲板至今，进口产品符合国外规范无可厚非，但现在实施国产化，国产化产品必须满足我国法规的要求，也是在所必然。

2 实现环锁型快开盲板安全联锁功能的构思与探索

2.1 具有内压控制的安全联锁功能装置

要做到安全地开启或闭合快开门式压力容器，则须对快开门盖闭合或开启动作实现必要的限制，由快开门式压力容器的内压来控制实际开启时机，即满足国家法规规定的当压力容器的内部压力完全释放，方能打开快开门的安全联锁功能。为此，我们在进口快开盲板安全报警功能装置的基础上，设

D
使用管理

置了由内压控制动作的安全联锁装置（图3）。

图3 安全联锁装置

安全联锁功能装置由三个部分组成：镶块、报警螺杆和安全联锁机构。快开盲板环锁张开即位后，镶块就位，环锁无法运动，报警螺杆与镶块相连，报警螺杆可安装就位，容器的内外通道闭合。随着容器升压，安全联锁机构的锁杆伸出制约报警螺杆。当容器降压至一定数值时，锁杆缩回，才能拧动报警螺杆，开始进入开门阶段。

2.2 DN1550 快开盲板开启时的安全余压值确定

要真正做到"压力容器的内部压力完全释放，方能打开快开门"，则需使容器排放内压至与大气压相等。容器通过管道排放内压到外界，降至与大气压相等的过程相当漫长。放气系统的压降与时间的关系曲线[4]见图4。放气至零过程中，当压力降至 0.01MPa 后，放气的速度明显减慢，而 0.001MPa 后至零的时间占整个时间的50%以上。而且，通常使用的安全联锁装置，无论是通过膜片和弹簧反馈压力大小的机械式，还是通过压力传感器反馈压力大小的机电一体式，其驱动联锁机构动作的压力值不可能到零（内压至与大气压相等）。因此，在快开门式压力容器升降压的过程中，在保证安全的前提下，即内压限制在门盖运动过程中不至于引发危害风险的压力区间内进行门盖操作，则可视为"完全释放"，快开盲板安全联锁功能的压力区间应由其决定。

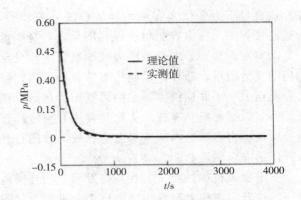

图4 放气系统的压力-时间曲线

研究带压下开盖，容器内压形成的门盖推力等对人的影响问题的关键是须有评判准则，这是至今压力容器界鲜有记载研究的问题之一。2008年起，我们参加的国家质量监督检验检疫总局科技项目2007QK108《压力容器用快开端盖和联锁装置的型式试验研究》对其进行了大量的研究。通过诸多快开门盖和联锁装置仿真试验分析，系列安全联锁功能检测设备的研发，快开门式压力容器开启时的安全余压研究，快开门式压力容器门盖结构自身联锁功能的论证等研究工作，揭示了快开门式压力容器余压与操作人员安全的映射关系，明确了快开门盖开启时安全余压及安全联锁装置动作压力的量化区间。对正确解读快开门式压力容器开启时的微压下操作危害程度，提供了量化计算的依据。依据项目研究结果和有关文献的记载[5]，快开门式压力容器开启时，容器内部压力的完全释放无须到零，可根据不同的判断准则计算，获得相应的安全余压区间。其中，按头部伤害指数 HIC＝1000 准则计算出的值最小，安全余压 P_{AQNY} 可按下面的公式获得[5]：

快开门盖为平盖：$P_{AQNY} \leqslant 0.001h/s$；

其中：h 为门盖的厚度，mm；s 为门盖运动至高颈法兰外表面距离，mm。

根据 DN1550 环锁式快开盲板的有关尺寸，得到：$P_{AQNY} \leqslant 0.001h/s = 0.0024MPa$。

也就是说，当容器内压小于 0.0024MPa 时，开始打开快开盲板，DN1550 快开盲板通常不会飞出伤人。

2.3 安全联锁机构的性能参数

安全联锁机构是不需要任何外加能源，利用被调介质自身压力变化来实现锁杆运动的开关装置。通过连接管路与压力容器相连、利用介质自身能量而自动实现：当容器内介质压力大于联锁机构设定的启动压力值后，锁杆伸出制约报警螺杆；当容器内介质压力小于联锁机构设定的回复压力值后，锁杆缩回解除制约报警螺杆。从而与镶块和报警螺杆组合实现压力容器的内部压力完全释放，方能打开快开门的安全联锁功能。

安全联锁机构性能试验在具有发明专利且国内唯一的快开门式压力容器功能测试台上进行[6]（图5）。

联锁启动压力值：0.003 ± 0.0005 MPa，

联锁回复压力值：0.005 ± 0.0005 MPa，

联锁疲劳寿命次数：10000 次以上。

以上数据表明，该联锁机构功能能够在 DN1550 快开盲板可能发生危险的压力区间锁住报警螺杆。该快开盲板安全联锁机构已在国内外数千台的装有快开盲板的容器上使用，性能稳定可靠（图6）。

图 5　Ⅱ型联锁功能测试台

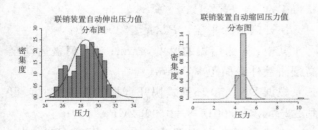

图 6　试验数据分布情况

3　结论

通过高压大口径环锁型快开盲板国产化项目的研制实践，在充分研究当前环锁型快开盲板安全联锁功能主要问题的基础上，研发应用新型安全联锁功能机构于国产化高压大口径环锁型快开盲板。实现了国产化并有所改进提高的预期目标。经国内专家鉴定：AKM 环锁型快开盲板性能满足技术条件要求达到国外同类产品先进水平，产品具有内压控制的安全联锁功能。

高压大口径环锁型快开盲板安全联锁功能研究与实践结果表明，环锁型快开盲板完全可以落实我国法规规定的当快开门达到预定关闭部位、方能升压运行和当压力容器的内部压力完全释放、方能打开快开门的安全联锁功能要求，可切实提高高压大口径环锁型快开盲板的使用安全性能。

参 考 文 献

[1] SY/T 0556—2010 快速开关盲板技术规范 [S].

[2] 中国石油天然气股份有限公司科学研究与技术开发项目，油气管道关键设备国产化研究开题设计报告 [R].

[3] 罗凡，等. 快开门式压力容器安全联锁装置型式试验研究初探 [J]. 机械制造，2010，3.

[4] 李明海，等. 低压环境下放气系统的压降特性分析 [J]. 兵工学报，2007，28（10）.

[5] 罗凡，等. 快开门式压力容器安全联锁功能压力区间的研究 [J] 化工机械，2010，5.

[6] 罗凡，等. 快开门式压力容器安全联锁功能检测设备的研发和应用 [J]. 化工自动化及仪表，2010，12.

作 者 简 介

罗凡，教授级高级工程师，1960 年生，1982 年本科毕业于华东理工大学化机专业，主要从事压力容器设备新技术的研究与开发。

通信地址：上海市金沙江路 915 号，200062

电话：13816639167；E-mail：luofansh@163.com。

某弯头爆裂事故原因分析

张 良 杨锋平 罗金恒

（中国石油集团石油管工程技术研究院，陕西 西安 710077）

摘 要 调查了弯头发生爆裂的情况，通过断口分析、性能测试、有限元估算及水击分析对失效原因进行了分析及验证。结果表明：弯头失效为弥合水击所致，水头压力可达 42MPa。由于结构的原因，在弯头内侧的等效应力和等效塑性应变最大，在组合应力作用下，弯头首先从内侧发生屈服。

关键词 弯头；水压试压；弥合水击

中图分类号 TE832 **文献标识码：** A

The Analysis of Cracking Onelbow

Zhang Liang Yang Fengping Luo Jinheng

（CNPC Tubular Goods Research Institute，Xi'an Shanxi 710077，China）

Abstract The cracking has been investigated of the elbow and its causes has been analyzed and evaluated by means of the fracture analysis，performance testing，finite element estimation and close surge analysis，which shows that the cracking on elbow caused by the close surge，water hammer head pressure can be up to 42 MPa. Due to the structure, the inside of the elbow equivalent stress and equivalent plastic strain is the largest，under the effect of combination of stress，the elbow from the inside of the yield in the first place.

Keywords elbow；hydraulic test；close surge

1 引言

目前，我国天然气主干管网建设较为完善，脉络清晰，但区域性管道不完善，个别省份的气化率偏低。截至 2015 年底，全国已建成的油气管道总里程已达到 12 万公里，是 1978 年的 14.5 倍。这仍与国际先进水平相比有不小差距，根据中石油的统计，美国原油输送管网在 1959 年已发展到 25.7 万公里。2017 年 1 月 19 日，国家发改委印发《石油发展"十三五"规划》和《天然气发展"十三五"规划》，其中显示，为了填补国内油气供应空缺，"十三五"期间，我国将新建原油管道约 5000 千米，新增输油能力 1.2 亿吨/年；成品油管道里程将从 2.1 万千米提高到 3.3 万千米，增长 57%；天然气管道里程将从 6.4 万千米提高到 10.4 万千米；这意味着我国在油气管道工程建设方面仍存在巨大潜力和需求。

失效分析是指在油气管道失效事故发生后，及时对失效模式、机理、原因进行分析和诊断的一种措施，是从失败入手着眼于成功和发展的科学，对减少管道失效事故、防止类似事故重演具有重大的经济意义和社会效益[1]。随着我国管道工程的不断建设和发展，油气管道失效的种类和原因也不断增多。众所周知，水压试验作为新建管道投产前的验收标准之一，不仅可以验证管道的整体强度和完整性，也是判断管道接口强度及密封程度是否达到要求的最直接依据。然而，在管道试压过程中发生的管道泄漏及破坏的事故已经屡见不鲜，其主要原因是由于管道质量问题或者试压操作不当引起，而在试压时由于弥合水击作用导致管道破坏失效的案例并不多见。2011年，中国石油集团石油管工程技术研究院分析了某新建管道在试压过程中由于弥合水击而发生管道爆裂的现象[2]，分析结果指出，弥合水击产生的瞬时高压可达41.6MPa，大大超过该管道的承载极限。因此，分析弥合水击作用导致管道失效的案例，对指导管道试压、确保管道的安全运营有重要意义。

本文通过宏观观察、无损检测、性能测试、微观分析、有限元载荷估算及水击压力计算等方法对某输气管道工程一埋地弯头在管线试压过程中发生爆裂的原因进行了分析及验证，旨在为油气管道水压试压及安全运行提供一定参考。

2　事故概况

2014年，某输气管道工程阀室埋地弯头在水压试压时发生爆裂，爆裂时试压压力为4.57MPa，弯头是规格为$\Phi711\times28$mm、钢级为WFHY485的90°弯头。弯头上下端连接的钢管钢级为X70，规格为$\Phi711\times22.2$mm。现场试压平面图和现场情况如图1和图2所示。

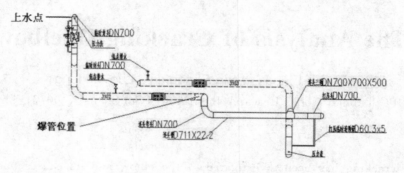

图1　试压平面图

图2　现场情况

3 宏观观察

失效样品宏观形貌如图3所示，爆口张开量较大，弯头整体塑性变形较大，爆口最大宽度为540mm，最大长度为1400mm；爆裂位置位于弯头内侧母材上，沿焊缝边缘纵向撕裂，延伸至弯头两端后穿过环焊缝在钢管母材上横向止裂；图4为断口宏观形貌，断口两端"人字纹"明显，是典型的裂纹快速扩展区（失稳扩展区），两端"人字纹"均指向最大爆口处，此处断口表面塑形变形明显，为弯头爆裂失效的裂纹源区。

另外，弯头的测量壁厚为20.53～27.46mm，最小值位于最大爆口处，壁厚减薄量为原壁厚的26.68%；弯头两侧直管壁厚为21.50～22.11mm。说明距离断口越近，塑形变形越明显，两端直管并未发生明显变形。

图3 失效弯头宏观形貌

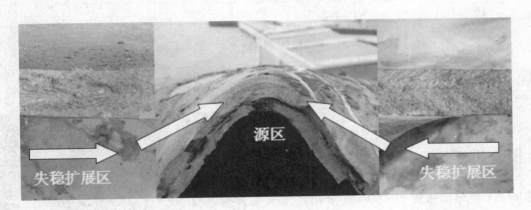

图4 断口宏观形貌

4 无损检测

磁粉检测主要针对表面缺陷进行判定，超声波检测对裂纹型缺陷和截面突变的缺陷较为敏感，也可以对体积型缺陷准确定位。采用CJZ-212E型磁粉检测仪和MS380型超声波检测仪依据标准JB/T 4730—2005《承压设备无损检测》[3]对弯头与相邻钢管的母材、焊缝（包含环焊缝）分别进行100%磁粉和超声波检测，均未发现缺陷。

5 性能测试

5.1 化学成分分析

采用ARL 4460直读光谱仪，依据标准GB/T 223—2000《钢铁及合金化学分析方法》[4]对弯头母材行化学成分分析，结果如表1所示，弯头母材化学成分均满足标准要求。

表 1　弯头的化学成分（质量分数，%）

测试元素	C	Si	Mn	P	S	Cr	Ni	V	Mo	Cu
实测值	0.083	0.23	1.47	0.0081	0.0052	0.12	0.083	0.022	0.16	0.083
标准要求	≤0.25	≤0.50	≤1.75	≤0.025	≤0.020	≤0.25	≤1.00	≤0.13	≤0.30	≤0.35

5.2　力学性能测试

在弯头上取样进行力学性能测试，采用 SHT 4106 型拉伸试验机、JBN－500 型冲击试验机和 KB 30BVZ－FA 型硬度测试仪，依据标准 GB/T 228.1—2010《金属拉伸试验方法》[5]、GB/T 229—2007《金属材料夏比摆锤冲击试验方法》[6] 和 GB/T 4340.1《金属材料维氏硬度试验第一部分试验方法》[7]，分别对弯头进行拉伸性能、夏比冲击功及硬度测试。结果如表 2 所示，拉伸性能和夏比冲击功均有不满足标准要求的情况。需要注意的是，受塑形变形影响，测试结果不能反映失效前材料真实情况，仅供交流参考。

表 2　力学性能测试结果

	拉伸性能			夏比冲击功（－30℃）				硬度 (HV₁₀)
	屈服强度 (MPa)	抗拉强度 (MPa)	伸长率 (%)	单个值（J）			平均值	硬度 (HV₁₀)
母材	433	505	56.0	129	197	175	167	197
焊缝	—	526	—	40	114	28	60	155
热影响区	—	—	—	41	34	43	39	186
标准要求	≥485	≥570	≤0.93	≥30	≥40	≤280		

6　微观分析

6.1　金相分析

采用 MeF3A 金相显微镜和 MeF4M 金相显微镜及图像分析系统，对弯头母材及焊缝进行了金相分析，弯头母材焊缝组织均未发现明显异常。

6.2　电镜分析

结合宏观观察结果，在断口源区取扫描电镜试样，对试样表面清洗处理后，采用 TESCAN－VEGAⅡ型扫描电子显微镜对其进行微观形貌观察。可以看出，断口表面呈现塑性断口特征，源区位于壁厚中心，最小壁厚达到 14.16mm（减薄率 49.43%），内外表面均为剪切断口（图 5）。源区部位放大及高倍观察结果表明，源区位置为典型的韧窝形貌，未发现明显缺陷（图 6），结合上述爆口变形量大、壁厚减薄明显等特征，可以判断该断口为典型的过载断裂断口。

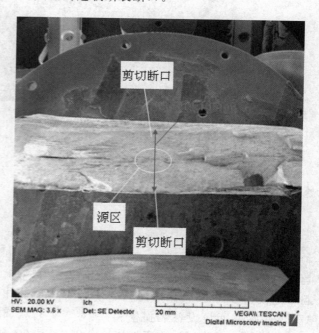

图 5　源区断口表面形貌（低倍）

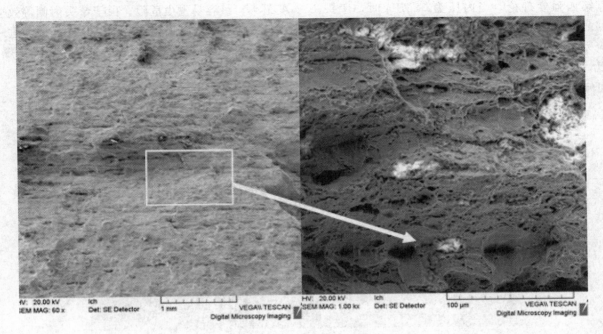

图 6 源区断口表面形貌（高倍）

7 有限元载荷估算

根据现场弯头结构、几何尺寸和管材力学性能，计算弯头出现屈服时的内压。建立如图 7 所示几何模型图，弯头 1 为失效弯头，采用壳单元进行网格划分，模型共计单元总数 5456，材料设置见表 3。边界条件为两端固定，载荷条件为在管道内部施加内压载荷。

表 3 材料性能设置表

	弹性模量 MPa	泊松比	屈服强度 MPa	抗拉强度（名义）MPa	应变（名义）	抗拉强度（真实）MPa	应变（真实）
弯头	210000	0.33	433	505	0.56	788	0.445
直管			522	636	0.47	934	0.385

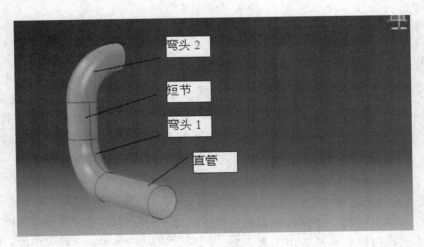

图 7 几何模型示意图

根据第四强度理论，当内压为 32MPa 时，弯头 1 的 von Mises 等效应力达到弯头屈服强度，此时等效应力和等效塑性应变分布情况如图 8、9 所示。所以，内压增至 32MPa 时，弯头才开始屈服。由图可知，在弯头内侧管段的等效应力和等效塑性应变最大，最容易发生危险。由于弯头内侧等效应力和等效应变最大，所以弯头内侧首先屈服。进一步计算可知，当压力达到 37.6MPa 时，弯头爆裂；压力达到 41.5MPa 时，直管段爆裂。

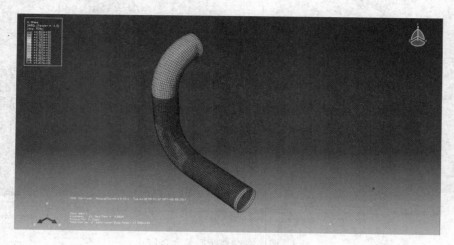

图 8　应力分布图

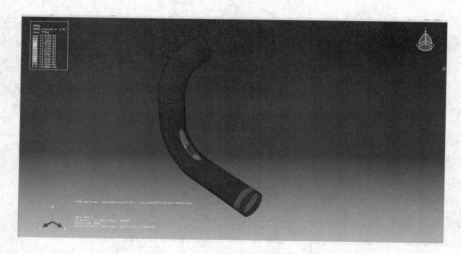

图 9　应变分布图

D
使
用
管
理

8　水击分析

根据上述分析结果，弯头并无明显质量问题，由于该管道材料可承受 25MPa 以内的压力，因此试压压力远远不足以对管道产生破坏。而有限元载荷估算结果表明，当内压增至 32MPa 时，弯头才开始屈服，弯头发生爆裂则需要内压达到 37.6MPa。因此，综合以上情况，考虑弯头爆裂发生在试压过程中，本次事故极有可能是由于水击现象造成。

所谓水击现象，是指在压力管道中因流速剧烈变化引起动量转换，从而在管路中产生一系列急骤的压力交替变化的水力撞击现象[8]。这时，液体（水）显现出它的惯性和可压缩性。水锤也称水击，或称流体瞬变过程，它是流体的一种非恒定流动，即液体运动中所有空间点处的一切运动要素（流速、加速度、动水压强、切应力与密度等）不仅随空间位置而变，而且随时间而变。

水击现象可分为无水柱分离的水击现象和伴有水柱分离的水击现象，即弥合水击。弥合水击是管道中出现大空腔时的一种特殊的水击现象，按照含有介质的情况分为蒸汽腔弥合水击和空气腔弥合水击两类。

当管道内的空气在充水试压过程中未能全部排出，就可能在管道拐角部分形成空气腔，液体可绕过空气腔流动。当液体压力上升达到一定值时，由于空气腔受压及其不稳定性，导致空气腔破裂，液体产生弥合而导致空气腔弥合水击。因此，本次事故中极有可能在管道内部存在气体。

弥合水击产生的压力增值 ΔH 可通过以下公式计算：

$$\Delta H = \frac{a}{2g} \Delta V \qquad (1)$$

式中：a 为水锤波速，为 1100m/s；g 为重力加速度，ΔV 为液体流速在水击前后的变化量。（1）式可通过下述伯努利方程表示为：

$$\frac{1}{2} \rho \Delta V^2 = \Delta P \qquad (2)$$

式中：ρ 为液体密度，ΔP 为气泡溃灭时液体和气泡之间的压差。根据试压升压数据，当液体压力增加到 4.57MP 时，出现爆管现象。该压力可作为气泡溃灭时液体和气泡之间的压差，在该压差作用下，液体压力能按照式（2）转化为动能，可得 ΔV 为 95.6m/s。

考虑到实际过程中压力能转化为动能之间存在一定的损失，取损失系数为 0.8，可得 ΔV 为 76.5m/s。将该数据代入式（1）可得 ΔH 为 4293m，该水头压力相当于 42MPa 的压力，因此可对管道产生破坏。在注水过程中，由于未能对空气进行有效排出，致使在水平管道竖直管的拐弯处产生气泡。在水压升压过程中，当压力达到一定值使气泡破裂，产生弥合水击和瞬间高压，破坏管道。

9 结论

（1）宏观与微观分析结果表明，弯头爆裂失效为载荷过大所致。爆裂弯头的整个断口具有韧性断裂特征，弯头在爆裂之前发生了大量的塑性变形，母材平均壁厚减薄量达到 2.52%～17.27%，断口处的壁厚因颈缩明显减小，爆裂起源于弯头壁厚的最大减薄处，该处剩余壁厚为 14.16mm、壁厚减薄达到 49.43%；爆裂源区无明显缺陷，高倍观察为韧窝形貌，断口表面纤维区和剪切唇明显，为过

载延性断裂失效的典型特征。

（2）有限元载荷估算结果表明，当内压增至 32MPa 时，弯头才开始屈服，弯头爆裂失效则需要载荷为 32MPa。

（3）水击分析结果表明，弯头过载失效，载荷来源于弥合水击，水头压力可达 42MPa。由于结构的原因，在弯头内侧的等效应力和等效塑性应变最大，加上弯头内弧侧的焊接残余应力，使得弯头内侧为该试压段的薄弱环节。在结构应力、残余应力、水压压力及水头压力所形成的组合应力作用下，弯头首先从内侧发生屈服，最终爆裂。

10 建议

在注水过程中可通过在管道上部设置排空阀并缓慢注水，进行空气的有效排出，从而避免大气泡在管道内的产生，也就消除了弥合水击产生的根源，防止爆管事故的发生。

参考文献

[1] 李鹤林，冯耀荣，等. 石油管材装备与失效分析案例集（一）[M]. 1版. 北京：石油工业出版社，2006：1—3.

[2] 罗金恒，杨锋平，马秋荣等. 新建大落差管道试压排水爆管原因分析 [J]. 油气储运，2011，30（6）：441—444.

[3] JB/T 4730《承压设备无损检测》[S]. 2005.

[4] GB/T 223《钢铁及合金化学分析方法》[S]. 2000.

[5] GB/T 228.1《金属拉伸试验方法》[S]. 2010.

[6] GB/T 229《金属材料夏比摆锤冲击试验方法》[S]. 2007.

[7] GB/T 4340.1《金属材料维氏硬度试验第一部分试验方法》[S]. 2009.

[8] 陈成，曾祥国，毛华，等. 弥合水击作用下高压输气管道强度计算方法 [J]. 石油机械，2014，42（4）：110—114.

作者简介

张良（1986—），男，工程师，硕士，主要从事油气输送管道安全评价与失效分析工作。电话：029—81887651；E-mail：zhangliang008@cnpc.com.cn

CFB 锅炉省煤器悬吊管泄露失效分析

亓　婧　单广斌　陈文武　刘小辉

（中国石化安全工程研究院，山东青岛　266071）

摘　要　某企业动力中心 CFB 锅炉省煤器悬吊管发生泄漏穿孔，造成锅炉的停工失效。针对发生泄漏穿孔的管束开展了宏观检查、材质分析、金相组织分析、显微硬度测试、断口形貌观察、表层垢物的 XRD 分析、EDS 能谱分析等系统的分析测试。结合现场工艺参数和实验数据进行失效原因分析，结果表明管束失效主要是由于低熔点硫酸盐沉积形成的熔灰热腐蚀所致，原料中的 Na、K、V、S 等元素在腐蚀反应过程中扮演了重要角色。

关键词　腐蚀；泄漏失效；熔灰；低熔点硫酸盐

Failure Analysis on the Leakage of the Suspended Pipe of the CFB Boiler

Qi Jing　Shan Guangbin　Chen Wenwu　Liu Xiaohui

（Sinpec Research Institute of Safety Engineering Qingdao Shandong 266071）

Abstract　In the power center of an enterprise, a leakage accident occurred in the suspended pipe of the CFB boiler, which resulted in the failure of the boiler shutdown. According to the leakage of pipe, we launched macroscopic inspection, material analysis, metallographic analysis, microhardness test, fracture morphology, surface observation scale XRD analysis, EDS spectrum analysis system analysis and test. Analysis of the reason for failure based on process parameters and experimental data, results show that the tube failure cause is mainly due to the melting ash hot corrosion caused by low melting point sulfate deposition. Elements in raw materials, sach as Na, K, V, S, play important roles in the corrosion reaction process.

Keywords　corrosion; leakage failure; melting ash; low melting point sulfate

炼化企业既是能源的产出地，又是能耗大户，炼化企业的动力车间为各生产装置提供各种必需的能源条件，可谓企业生产活动的"脉搏"。只有在动力车间所属设备安全运作，动力系统正常运行的前提下，才能确保各生产装置安全平稳的运行。

气脱硫系统、空压站、石油焦系统、燃料油系统、石灰石系统和除灰渣系统等组成。循环流化床锅炉是锅炉岛的主体设备，该设备高温高压、单汽包、自然循环、露天布置，设计参数见表1。

1　情况简介

某炼化企业 CFB 锅炉装置由 CFB 锅炉岛、烟

表 1　锅炉设计参数

设计指标	BMCR（锅炉最大连续工况）
主蒸汽流量（t/h）	310
主蒸汽温度（℃）	540
主蒸汽压力［MPa（g）］	9.81
给水温度　　（℃）	215
设计冷空气温度（℃）	20

该CFB锅炉突然发生泄漏事故，锅炉被迫停工处理。检查发现发生穿孔的管束位于高温过热器之前的省煤器悬吊管部位（图1中红框位置为发生泄漏失效的管束的大体位置），该部位烟风操作温度约为820℃，管内介质为锅炉给水。

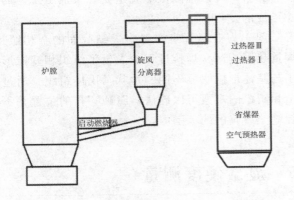

图1　CFB锅炉示意图

2　宏观分析

发生泄漏失效的管束位于左侧第二根（烟气流动方向看），事故现场即发现一处明显的腐蚀凹坑，位于竖管的上半部，如图2（a）所示。截取泄漏管束进行宏观观察，图2（b）显示该段管束外表面坑洼不平，不同部位覆盖红色、白色和黑色垢污，表层红/白色覆盖物较容易刮除，刮除后下面为玻璃质黑色覆盖层，有明显熔融迹象，其中还有些硬质颗粒。从图2（c）管束横截面可以看出，内表面比较圆滑，仅表面附着薄层褐色铁锈，无腐蚀迹象，而外表面已经失去原有圆弧外形，发生了明显的腐蚀减薄。腐蚀减薄集中在管束圆周上半部分，即迎烟气流动方向，而背向烟气流动方向的下半部分未见明显腐蚀现象。腐蚀孔外层面积较大，腐蚀由外向内发展，中部穿孔，直径约8mm。泄漏管段管束上存在一处环焊缝（图2（b）中腐蚀孔左侧），泄漏点与焊缝之间的距离约为10mm。

3　成分分析

对泄漏管道使用火花直读光谱仪进行材质成分分析，结果列于表2。

图2　失效管道宏观照片

表 2 管束材质成分分析结果

名称	C	Si	Mn	P	S
失效管束	0.239	0.182	0.939	0.011	0.006
ASME SA210C	≤0.35	≥0.1	0.29~1.06	≤0.035	≤0.035

结果显示，管束材料成分中主要非金属元素含量符合 ASME SA - 210 C 的要求，此类高压锅炉管材质对应国内材料为 20G/GB5310。

4 金相组织分析

对泄漏管束分别做横向和纵向切割，在腐蚀孔附近的焊缝处沿管道纵截面取样，并在离腐蚀孔稍远处截取管束横截面试样。截取的金相试样经过镶嵌、打磨、抛光和侵蚀几道工序处理后，在金相显微镜下进行观察，其金相组织主要为片状珠光体和铁素体的混合物，符合亚共析钢的金相组织形貌。金相组织无明显晶粒增大现象，晶粒度约为 8 级。如图 3（a）所示，管束的外表面存在垢物层，厚度不均匀但明显可见。图 3（b）为试样靠近管束内表面的金相组织照片，可以明显看到，珠光体和铁素体组织交替呈层状分布，但组织晶粒大小和形态

没有异常，可以推测该形貌是受管束加工工艺的影响形成的。

图 4 为泄漏管束焊缝附近纵截面的金相照片，焊接热影响区在焊接过程中发生了组织相变，形成了与基体形貌明显不同的片状马氏体组织。通过对金相组织的观察可以确认，腐蚀穿孔的位置并不在焊缝热影响区的范围内。

5 显微硬度测量

对泄漏管束的基体和腐蚀孔附近的焊缝组织分别进行了显微硬度测量，泄漏管束基体硬度测量值为 HV_{500}：127，129，133；焊缝热影响区硬度测量值为 HV_{500}：154，155，158。结果显示，焊缝热影响区的硬度升高，符合其马氏体组织的性能特征。管束外表面垢物层由于组织致密度不高，无法测量其维氏硬度值。

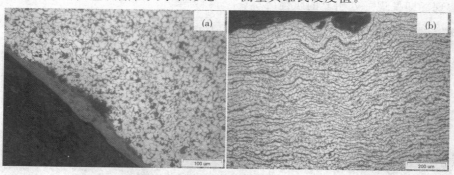

图 3 泄漏管束横截面金相组织形貌

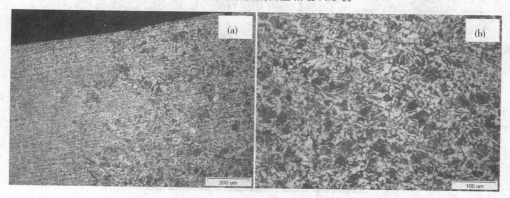

图 4 泄漏管束纵截面靠近焊缝金相组织

6 SEM、EDS 及 XRD 分析

利用扫描电子显微镜观察泄漏炉束外表面的微观形貌，管束外表面堆积了一层质地较疏松的灰色垢物，扫描电镜下呈表面粗糙的颗粒状。如图 5 所示，对泄漏管束最外层垢物进行 EDS 能谱分析，结果表明其主要元素有：C、O、S、K、Ca、Fe 等，元素成分分析结果列于表 3。

图 5 泄漏管束外表面形貌及 EDS 分析图谱

表 3 泄漏管束外表面元素分析结果

元素	wt%	at%
C	33.45	50.56
O	31.74	36.02
S	4.69	2.66
K	0.78	0.36
Ca	6.73	3.05
Fe	22.62	7.35

从泄漏管束外表面刮取少量沉积的垢物，使用 XRD 衍射仪进行组织结构分析，结果显示垢物中主要存在的物相为：$CaSO_4$ 和 $CaSO_3 \cdot 0.5H_2O$，还有少量铁的硫化物，以及微量的 $KFe(SO_4)_2$，结果见图 6。

在扫描电镜下观察泄漏管道截面试样，如图 7 所示，至少可以看到 A、B 两层界线分明的外表面垢物层，A 层的垢物一般相对较厚。对两层垢物分别进行 EDS 能谱分析，结果分别列在表 4 和表 5 中。分析结果显示外层垢物主要含有的元素为 C、O、S、Ca，其中的 S、Ca、O 元素的原子数比例接近 XRD 的物相分析结果，可以初步判断外层较厚的垢层主要为 $CaSO_4$ 和 $CaSO_3$。表 5 中分析结果显示，靠近基体的薄层垢物中主要存在元素为 O、S、Fe，结合元素的原子百分比，可以初步推断内层主要为铁的氧化物、硫化物和硫酸盐，且以氧化物居多。

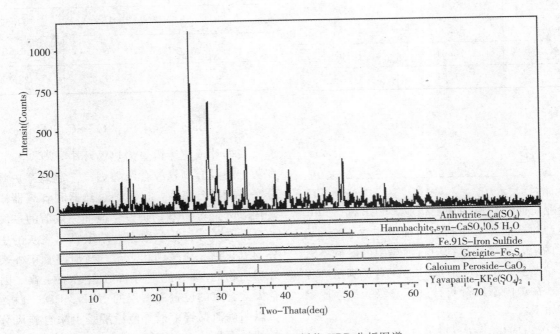

图 6 泄漏管束外表面垢物 XRD 分析图谱

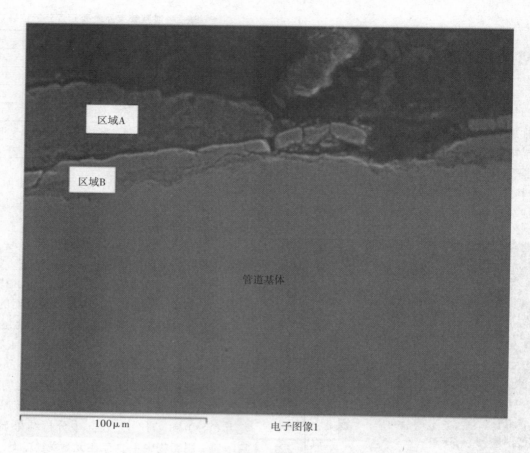

区域A

区域B

管道基体

100μm

电子图像1

图7　泄漏管束及外层垢物扫描电镜照片

表4　泄漏管束外表面外层垢物（区域A）EDS分析数据

元　素	wt%	at%
C	20.89	32.88
O	38.90	45.96
S	18.61	10.97
Ca	21.61	10.19

表5　泄漏管束外表面内层垢物（区域B）EDS分析数据

元　素	wt%	at%
O	36.15	64.52
S	7.47	6.65
Fe	56.38	28.83

7　讨　论

　　该企业是高含硫原油加工企业，CFB锅炉以焦化装置生产的石油焦为原料，石油焦中含有7wt%～10wt%的硫，在燃烧过程中石油焦中的S和空气中的氧极易发生化学反应形成SO_2。为了满足环保排放要求，在炉内添加石灰石进行一级脱硫，脱硫反应过程如下：

$$CaCO_3 \rightarrow CaO + CO_2 \uparrow$$

$$CaO + SO_2 + 1/2O_2 \rightarrow CaSO_4$$

　　在循环流化床锅炉的热循环中，石灰石、粉煤和灰分的混合物颗粒会跟随烟气一起离开炉膛，部分穿过旋风分离器，进入到过热器和省煤器段。表6中截取了该CFB锅炉发生泄漏失效前的一段时间的日常飞灰分析化验数据，结果显示飞灰的主要成分为氧化钙、硫酸钙和炭灰，与泄漏管束外表面最外层垢物的EDS能谱分析数据结果一致。因此结合失效管束的位置和垢层的XRD、EDS分析结果，可以明确泄漏管束最外侧垢层是由来自旋风分离器的烟气夹带的飞灰沉积而成。

表6 锅炉系统飞灰成分分析数据

采样点	分析项目	单 位	2015-4-15	2015-4-21	2015-4-28	2015-5-5
2#CFB飞灰	氧化钙含量	%（w/w）		34.90	32.98	29.81
	镍含量	μg/g	436		287	
	钒含量	μg/g	1550		684	
	钠含量	μg/g	1409		917	
	钾含量	μg/g	5735		4097	
	硫酸钙含量	%（w/w）		59.48	59.57	62.03
	碳含量	wt%		5.61	7.24	7.79

通过第三、四部分的管束材质成分和金相组织分析可知，管束的材质成分符合标准要求，材料的显微组织未见明显异常。腐蚀现象主要发生在管束外部，且减薄和穿孔的部位位于迎向烟气流的一面。这个部位存在的腐蚀影响因素有以下三点：一是高温烟气及夹带颗粒会对管束产生冲刷侵蚀；二是高温烟气中的少量腐蚀性介质会直接腐蚀管束表面；三是飞灰中的部分硫酸盐和氧化物杂质在管束表面沉积形成低熔点硫酸盐的腐蚀环境。

管束外表面覆盖有垢物层，高温烟气流不能直接接触管束表层，这说明冲刷腐蚀不是主要原因。高温烟气中 O_2、S、H_2S 等腐蚀介质含量非常少，烟气中的 SO_2、SO_3 可以直接与管束表面的氧化膜反应，形成硫酸铁盐，该反应非常缓慢，高温烟气的直接腐蚀也不是主要因素。在前面第二部分的宏观观察中发现失效管束的不同部位表面覆盖的垢物颜色和形态有所差异。黑色硬质覆盖层主要集中在迎向烟气面的腐蚀减薄区域，表面有明显熔融迹象，内部还嵌有一些硬质颗粒。而无厚度减薄现象的管束背面仅覆盖有白色垢层，无熔融迹象。这说明管束的腐蚀减薄，直至穿孔与存在熔融迹象的黑垢密切相关，结合管束外表面垢物层的 EDS 能谱分析中发现较多的 S 元素，可以判断管束表面沉积形成了低熔点复合硫酸盐，熔盐腐蚀环境是造成腐蚀的主要因素。

从表6中飞灰的分析化验数据可以看出，飞灰的主要成分除了硫酸钙之外还含有较多的碱金属元素 Na 和 K，其中元素 K 的含量较高，在表3的 EDS 分析数据中也发现了元素 K。碱金属氧化物会与周围烟气中的 SO_2、SO_3 等反应，形成硫酸钠、硫酸钾等硫酸盐，附着于管束表面[1]：

$$Na_2O + SO_3 \rightarrow Na_2SO_4$$

$$K_2O + SO_3 \rightarrow K_2SO_4$$

管束发生穿孔的部位外部烟气环境温度达到 820℃以上，当管束表面有垢物沉积时，管束的传热性能会随之下降，表层温度升高，而管束表面的低熔点盐在 550℃以上即发生熔融现象[2]，覆盖在管束表面形成一层熔盐膜。硫酸盐融化时会放出 SO_3，向内向外扩散。此时，烟气中的 SO_2、SO_3 以及硫酸盐分解生成的 SO_3 等也会进入熔盐膜与管束表面的氧化层发生反应，生成硫酸铁盐。硫酸铁盐与碱金属硫酸盐形成碱金属复合硫酸盐，从而进一步形成低熔点熔盐层：

$$3SO_3 + Fe_2O_3 \rightarrow Fe_2(SO_4)_3$$

$$3K_2SO_4 + Fe_2(SO_4)_3 \rightarrow 2K_3Fe(SO_4)_3$$

$$3Na_2SO_4 + Fe_2(SO_4)_3 \rightarrow 2Na_3Fe(SO_4)_3$$

当管壁的 Fe_2O_3 保护层被破坏，生成的复合硫酸盐不像 Fe_2O_3 那样在管子上形成稳定的保护膜，反而能够与铁发生反应，对管束产生强烈的腐蚀作用，具体反应如下：

$$10Fe + 2Na_3Fe(SO_4)_3 \rightarrow 3Fe_3O_4 + 3FeS + 3Na_2SO_4$$

$$10Fe + 2K_3Fe(SO_4)_3 \rightarrow 3Fe_3O_4 + 3FeS + 3K_2SO_4$$

此反应重新生产的硫酸盐循环作用，促使腐蚀不断重复进行。此外从表6中可以看到，飞灰中还含有微量的元素 V，它可以与碱金属化合物反应形成低熔点盐，如 $NaVO_3$ 熔点仅 530℃左右，这种熔盐具有黏性，会吸附灰垢加速垢的沉积[3]。一系列腐蚀反应最终生成的腐蚀产物为 Fe_3O_4 和 FeS，该结果正好与表5中管束外表面内层垢物的 EDS 能谱分析结果相吻合，从而证实了以上反应过程。

8 结论

1. 发生泄漏失效的管束材料成分符合 ASME SA-210C 要求，其金相组织和夹杂物未见明显异常。

2. 管束发生泄漏失效主要为熔灰热腐蚀所致，其本质是金属材料在高温环境中，表面沉积物形成低熔点硫酸盐层而加速腐蚀的现象，原料中的 Na、K、V、S 等元素在腐蚀反应过程中扮演了重要角色。

9 建议措施

(1) 控制原料中的杂质含量，如 Na、K、V、S 等。可以通过加入镁、铝等氧化物添加剂的方式防止高温腐蚀，提高结垢物的熔点。

(2) 将易产生高温硫腐蚀的管段，更换成高铬不锈钢等抗热腐蚀合金材料。合金钢的铬含量增加，将明显增强其防腐性。这是由于铬在运行中形成的 Gr_2O_3 是一种无空隙的屏障，可阻止或延缓腐蚀的发生，与氧化铁相比，它的熔融硫酸盐的溶解速率较低[4]。

(3) 在管束表面涂敷防护涂层。例如采用"热浸渗铝"工艺，在管壁表面形成连续致密的氧化铝渗层，渗层与基材的结合区是铝铁合金及渗铝固熔体，有良好的抗腐蚀性能。

(4) 平稳操作，控制炉膛温度及管壁温度，防止超温。优化吹灰操作，提高吹灰效果。

参 考 文 献

[1] 齐慧滨，郭英倬，何业东，等. 燃煤火电厂锅炉"四管"的高温腐蚀 [J]. 腐蚀科学与防护技术，2002，14 (2)：113-116，119.

[2] 杨晓君，王厚力，王泽豪，等. 解决炼油厂加热炉黏结性结垢与腐蚀的方法 [J]. 石油化工设备技术，2008，29 (4)：30-32，37.

[3] 任鑫，杨怀玉，王福会，等. 重金属钒腐蚀的研究进展 [J]. 腐蚀科学与防护技术，2001，13 (6)：338-341

[4] 吴东亮，刘洪洋. 电站锅炉产生高温硫腐蚀机理及预防措施 [J]. 华北电力技术，2007，(12)：52-54.

作 者 简 介

亓婧 (1983—)，女，工程师，硕士研究生，2008 年毕业于中国石油大学（华东），现于中国石化安全工程研究院从事设备安全工作。Email：qij.qday@sinopec.com。

D
使用管理

胺处理再生塔底重沸器返塔管线腐蚀失效分析

刘小辉

（中国石油化工股份有限公司青岛安全工程研究院，山东青岛　266100）

摘　要　某炼化企业芳烃胺处理装置再生塔塔底重沸器返塔管线弯头多次发生泄漏，为找出腐蚀泄漏原因，对故障管线的弯头和法兰进行了失效分析，从腐蚀形貌、管线材质与机械性能、腐蚀产物分析等方面开展研究，结合装置工艺分析，确定该管线失效的直接原因是胺液介质中 H_2S 和 CO_2 对金属的腐蚀，腐蚀加剧的主要原因是胺液呈气液两相流，流速增大造成的冲刷腐蚀，通过以上分析提出了材质升级、结构改进、腐蚀检测等防护建议措施。

关键词　芳烃；胺处理塔；腐蚀；失效；分析；防护

中图分类号　文献标识码：

Return Pipeline of Reboiler for Amine Treatment Regenerator

Liu Xiaohui

（Qingdao Safety Engineering Research Institute，SINOPEC，No. 339，Songling Rd，
Laoshan District，Qingdao，Shandong，266100，China）

Abstract　In a refinery, multiple corrosion leakage incidents have been found on the return pipeline elbow of the reboiler deployed under the regenerator for aromatic amine treatment. In order to find out the reasons, the failure analysis of the pipeline elbow and flange is carried out. The corrosion morphology, pipeline material grading, mechanical properties and corrosion products are analyzed combining with the industrial process. It is confirmed that the direct failure reason is H_2S and CO_2 corrosion of the pipeline metal. The cause of corrosion acceleration is mainly that the amine liquid transfers to amine gas, resulting in erosion corrosion due to the increase of flow velocity. Based on the analysis, materials upgrading, improvement of structure and corrosion inspection are suggested to solve the problem.

Keywords　Aromatic amine treatment；corrosion；failure；analysis；protection

1　概况

某炼化企业的芳烃的胺处理装置主要处理加氢裂化装置脱戊烷塔顶回流罐中分离的含硫气体和液体，以及低分罐分离的含硫气体。通过 MDEA 水溶液在气体吸收塔吸收处理后，燃料气中硫化氢含量不超过 25×10^{-6} 后送入 FG 燃料气管网；液化气经液体吸收塔吸收处理后，液化气硫化氢含量不超

过 10×10^{-6} 后送入液化气回收装置。饱吸硫化氢的富溶液经汽提塔处理后解吸出浓度约为 97%（vol）的硫化氢气体送硫回收装置进行回收处理。

该装置由塔底重沸器返回再生塔管线的上弯头近 2 年屡出问题，相继出现严重腐蚀的区域正是在进再生塔前的弯头，以及塔壁的短接管法兰处。从近期对返回线下弯头的测厚数据看，均在 8.9～10.6 之间，未见异常。而上弯头已更换了 2 回，最短使用时间只有不到 4 个月即出现腐蚀泄漏。该管线尺寸为 DN600＊10，操作温度 120℃，操作压力 0.05MPa，材质 20♯钢，介质为贫胺液，1998 年投用。图 1 及图 2 为胺处理单元再生塔局部流程图及失效管段位置示意图。

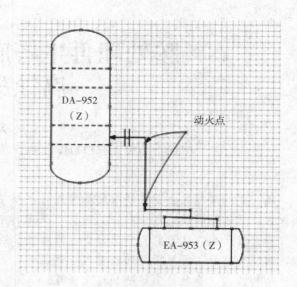

图 2　失效管段位置示意图

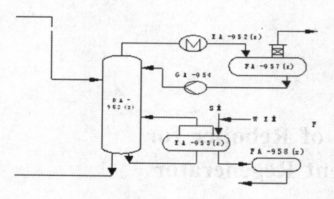

图 1　胺处理单元再生塔局部流程图（红线为腐蚀区域）

为了找出腐蚀泄漏原因，对故障管线的弯头和法兰进行失效分析。

2　失效分析

2.1　宏观检查

腐蚀减薄集中在弯头的大 R 外侧，且腐蚀发生在内壁。弯头的大 R 外侧局部冲刷腐蚀减薄失去强度破裂；法兰颈部冲刷腐蚀减薄明显，成凹坑状。如图 3 及图 4 所示。

图 3　失效管道宏观照片

图 4　失效法兰宏观照片

2.2 材质与机械性能分析

对泄漏弯头在腐蚀破裂口附近取样，进行材质成分分析，结果如表1。与GB/T 700—2006标准中Q235的要求比较，C含量略高[1]。

表1 泄漏弯头材质成分分析结果

名 称	C	Mn	Si	S	P	Cr	Ni	Mo	Cu
失效管线弯头	0.25	0.66	0.28	0.011	0.014	0.072	0.045	0.005	0.009
GB/T 700—2006 中 Q235	≤0.22	≤1.40	≤0.35	≤0.050	≤0.045	—	—	—	—

对泄漏弯头在腐蚀破裂口附近取样，进行机械性能测试，测试结果正常，见下表2。

表2 泄漏弯头机械性能测试结果

编号	1#		试样名称		加氢裂化再沸器返塔管线试样								
牌号	Q235		规格		—			材料用途			—		
试验编号	原始标记	抗拉试验（室温）					冷弯试验			冲击试验		
		R_{el} MPa	R_m MPa	A%	Z%	断裂情况	弯曲角度	弯轴直径	试验结果	试样尺寸	温度 ℃	冲击功 KV_8（J）
1#	—	309	494	26	—	—	—	—	—	5×10	0	31/21/17
GB/T 3091—2008	Q235	≥235	≥370	≥20								
备注	表格中各符号表示：R_{el}：下屈服强度；R_m：抗拉强度；A%：断后伸长率；Z%：断面收缩率。 2. 对GB/T 3091—2008中Q235（$t≤16mm$，$D>168.3mm$）中的要求，送检的试样机械性能符合要求[2]。											

2.3 金相检验

对泄漏弯头在腐蚀破裂口附近取样。截取的金相试样经过镶嵌、打磨、抛光和侵蚀几道工序处理后[3]，在金相显微镜下进行观察，其金相组织主要为珠光体＋铁素体，呈带状形态分布，铁素体晶粒度10级[4]。如图5所示，在所检部位金相组织正常。

2.4 电镜SEM及能谱EDX分析

对弯头以及法兰的内表面进行SEM观察及EDX分析，弯头内表面腐蚀形貌见图6，法兰内表面腐蚀形貌，见图7，EDX分析弯头内表面主要元素构成为：C，O，Fe，见图8。EDX分析法兰内表面主要元素构成为：C，O，Na，S，K，Fe，Zn，见图9。

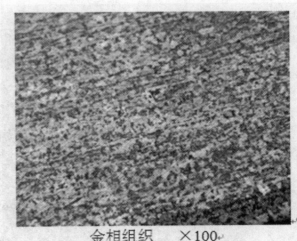

金相组织 ×100

图5 泄漏弯头的金相组织

图 6　弯头内表面形貌

图 7　法兰内表面腐蚀形貌

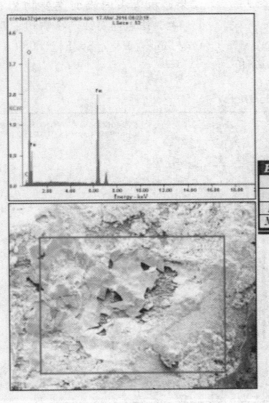

Element	Wt%	At%
C	5.16	12.97
O	26.59	50.16
Fe	68.24	36.87
Matrix	Correction	ZAF

图 8　弯头内表面 EDX 分析

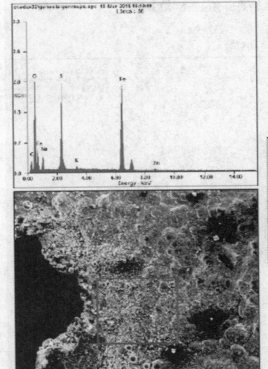

Element	Wt%	At%
C	13.88	28.78
O	23.77	37.00
Na	3.88	4.20
S	12.01	9.33
K	0.60	0.38
Fe	43.60	19.44
Zn	2.25	0.86
Matrix	Correction	ZAF

图 9　法兰内表面 EDX 结果

2.5 XRD 分析

对弯头和法兰内刮取的垢污进行 XRD 分析，结果显示弯头内表面主要物相有 $Fe^{+3}O(OH)$，Fe_2O_3。法兰内腐蚀产物物相主要为：FeS_2，$Fe_{2.93}O_4$，$Zn_{0.785}Fe_{0.215}S$，$Fe^{+3}O(OH)/Fe_2O_3H_2O$。

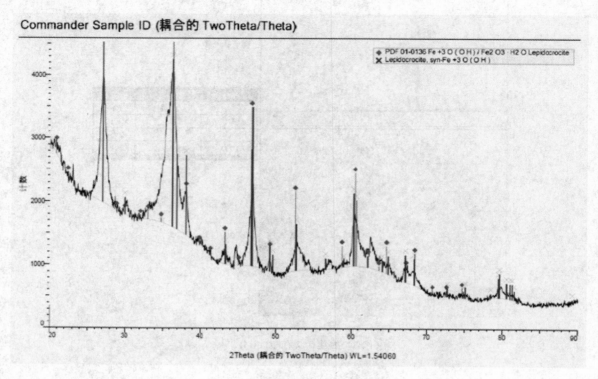

图 10　弯头内表面腐蚀产物 XRD 分析

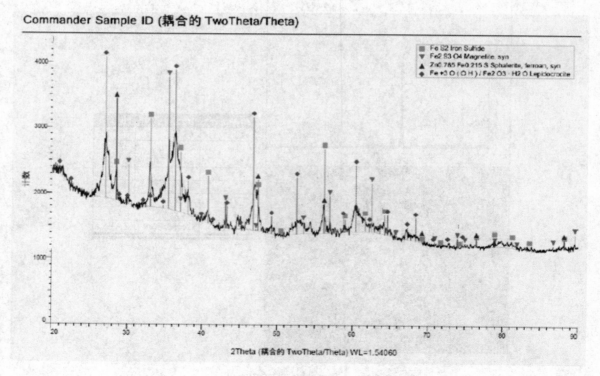

图 11　法兰内表面腐蚀产物 XRD 分析

D 使用管理

3 装置工艺分析

从装置近 2 年的工艺操作变化情况（物料、负荷、流量、温度、压力等）看，再生塔塔顶酸性气压力平均 0.56bar，塔顶酸性气压力随着进料硫含量高低而变化，同时也受后路的畅通程度影响；塔底温度最高为 127.6℃，平均在 116～118℃；塔底加热蒸汽为重整来的低压蒸汽，最大为 5.35，平均为 2.33～3.59；气相进料硫含量平均为 1.69%，趋势见下图 12 所示。液相进料硫含量平均为 11.5%，趋势如下图 13 所示。

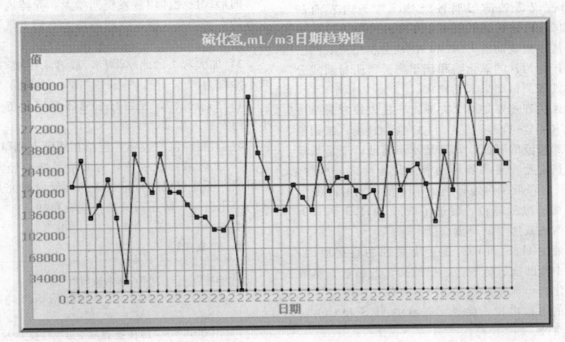

图 12　气相进料硫含量

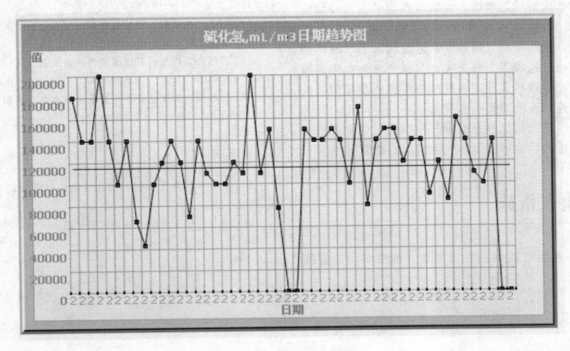

图 13　液相进料硫含量

4 结果分析

由弯头破裂部位及腐蚀形貌看，腐蚀发生在重沸器返回再生塔的管线弯头内壁介质侧，且腐蚀严重的部位集中在弯头的大 R 外弯处。弯头及法兰的腐蚀部位仅覆盖薄层腐蚀产物。弯头内表面的 EDX 和 XRD 分析结果表明主要腐蚀产物为铁的氧化物。法兰内表面的 EDX 和 XRD 分析结果表明主要腐蚀产物为铁的氧化物和硫化物。弯头材质成分及机械性能测试结果未见异常。

腐蚀机理主要是两个方面：一是失效弯头及法兰处于 $RNH_2-CO_2-H_2S-H_2O$ 腐蚀环境，碳钢抵御不了此酸液的腐蚀，尤其是冲刷腐蚀；二是胺液中的热稳定盐在重沸器等高温部位发生部分分解，产生 H^+，降低了腐蚀环境的 pH 值，同时改变了金属表面的电极电位，促进了胺液中 H_2S 和 CO_2 对管道弯头及法兰的严重腐蚀[5-7]。

胺液中 H_2S 和 CO_2 是造成腐蚀的直接原因，而胺液中盐酸盐、硫酸盐、甲酸盐、乙酸盐、草酸盐、氰化物、硫氰酸盐等 HSS 的存在，改变了金属表面的电极电位，促进了胺液中 H_2S 和 CO_2 对设备的腐蚀。

腐蚀加剧的主要原因是胺液呈气液两相流，流速增大造成的冲刷腐蚀。当胺液在塔底重沸器经管程的蒸汽加热从汇管出来之后，管径扩大至 DN600，虽然有利气相蒸发，但也加大了气液两相流的流速，造成了上弯头在大 R 的外弯侧出现涡流区，从而导致局部冲刷腐蚀减薄失去强度破裂。胺液的流速对腐蚀的影响非常大。

法兰的凹坑腐蚀是酸性气泡在法兰缝隙处破裂冲击产生的，也可以说是气蚀引起的缝隙腐蚀。

5 建议措施

1）再生塔返回线材质升级，重沸器出口管线

——升气管由 20 # 钢升级为 022Cr19Ni10，即 304L 或 022Cr17Ni12Mo2，即 316L（304L 也可由 304 或 321 替代，316L 也可由 316 替代）。

2）对再生塔底的卧式热虹吸式重沸器重新委托设计核算，改进其结构，增大其蒸发空间，使得出口管线中两相流的流型最好为环状流，避免块状流。对重沸器的结构形式进行改进可以采用偏心大小头的形式使壳体内蒸发空间增大，壳体内管束正上方的空间增高。蒸发空间的增大有利于气、液相的分离。

3）加大弯头的曲率半径，或者采用煨弯弯头，减小冲刷力。

4）平稳操作，控制好重沸器温度和负荷，减小热稳定盐的生成。

5）上腐蚀监测设施，包括在线定点测厚等。

6）上胺液净化装置，对胺液系统应经常分析其组成，不能仅仅进行排放置换，而应研究开发有效的净化措施，防止污染物，减轻腐蚀。

参考文献

[1] GB/T 700—2006，碳素结构钢［S］.

[2] GB/T 3091—2008，低压流体输送用焊接钢管［S］.

[3] GB/T 13298—1991 金属显微组织检验方法［S］.

[4] GB/T 10561—2005 钢中非金属夹杂物含量的测定标准评级图显微检验法［S］.

[5] 刘英. 胺液再生系统设备腐蚀原因分析及防护对策［J］. 石油化工腐蚀与防护，2006，(03)：56－59.

[6] 尹可亮. 炼油厂胺液脱硫再生系统腐蚀调查［J］. 山东化工，2014，(09)：71－75，77.

[7] 江效田. 脱硫装置贫胺液系统的腐蚀与控制［J］. 齐鲁石油化工，1987，(02)：80－82，19.

作者简介

刘小辉，现就职于中国石油化工股份有限公司青岛安全工程研究院。

通信地址：山东青岛市崂山区松岭路 339 号，266100

电话：0532 － 83786207；E-mail：liuxh. qday @ sinopec.com

D 使用管理

X80 管线钢管焊缝泄漏失效分析

邵晓东[1,2]　戚东涛[1,2]　魏　斌[1,2]　李厚补[1,2]

（1. 石油管材及装备材料服役行为与结构安全国家重点实验室，陕西西安　710077；

2. 中国石油集团石油管工程技术研究院，陕西西安　710077）

摘　要　调查了 ϕ1219×18.4mm X80 螺旋缝埋弧焊钢管发生泄漏的情况，通过 X 射线探伤、化学成分分析、力学性能测试、金相显微组织和断口分析以及扫描电镜分析等方法对钢管泄漏原因进行了分析。结果表明，钢管泄漏失效原因是焊缝金属中存在外来大型非金属夹杂物，该类夹杂物的存在，破坏了焊缝金属基体的连续性，使金属中应力发生再分布，引起应力集中，同时为材料的破坏提供了最薄弱部位。金属变形时，裂纹优先在夹杂物中形成，随着变形量增加，裂纹进一步扩展，最终穿透管壁，造成钢管泄漏失效。

关键词　管线钢管；失效分析；焊缝泄漏；夹杂物

FailureAnalysis of X80 Helical Submerged-arc Welding Pipe Leak Out

Shao Xiaodong[1,2]　　Qi Dongtao[1,2]　　Wei Bin[1,2]　　Li Houbu[1,2]

（1. State Key Laboratory of Performance and Structural Safety for Petroleum Tubular Goods and Equipment Materials，No. 89 Jinyeer Road，Xi'an 710077，China；

2. CNPC Tubular Goods Research Institute，No. 89 Jinyeer Road，Xi'an 710077，China）

Abstract　One ϕ1219mm X80 helical submerged-arc welding（HSAW）pipe leaked out abnormally in the process of hydrostatic burst test analysis. This paper gives a systematic investigation of the abnormal leaked HSAW pipe. Failure reason of the leaked HSAW pipe was researched through visual inspection，X-ray non-destructive inspection，chemical composition analysis，mechanical properties test，metallographic examination，fracture surface analysis and scanning electron microscope（SEM）with energy dispersive spectrometer（EDS）. The results show that the HSAW pipe leaked out in the welding seam. The failure course was the large non-metallic inclusions，which from the outside and exists in the welding metal. Such inclusions undermining the continuity of the weld metal matrix，and causing stress concentration. At the same time provides the weakest parts for the destruction of the material. When the metal deformation，the cracks first formed in the inclusions，as the deformation increase，the further expansion of the cracks. In the end，the cracks penetrated through the wall thickness，finally HSAW pipe leaked out failure.

Keywords　line pipe；failure analysis；leak out；inclusion

1 前言

某单位送样到国家石油管材质量监督检验中心，委托对其生产的 φ1219mm×18.4mm X80 螺旋缝埋弧焊钢管，依据 GB/T 9711.2—1999《石油天然气工业输送钢管交货技术条件第 2 部分：B 级钢管》中的技术条件进行质量检测评价[1]。在进行水压爆破试验时，样品在 15.1MPa 静水压下保压 10min 未发生泄漏，继续加压至 23.0MPa 时，试样从焊缝处泄漏失效。为查明泄漏失效原因，本文运用失效分析基本方法[2-4]，从该钢管管体、焊缝及泄漏失效焊缝附近取样。通过 X 射线探伤、化学成分分析、力学性能测试、金相显微组织和断口分析以及扫描电镜分析等方法对钢管泄漏原因进行了分析。结果表明，钢管泄漏失效原因是焊缝金属中存在外来大型非金属夹杂物，该类夹杂物的存在，破坏了焊缝金属基体的连续性，使金属中应力发生再分布，引起应力集中，同时为材料的破坏提供了最薄弱部位。金属变形时，裂纹优先在夹杂物中形成，随着变形量增加，裂纹进一步扩展，最终穿透管壁，造成钢管泄漏失效。

2 宏观分析

该钢管泄漏焊缝样品形貌如图 1 所示，泄露裂缝位于焊缝处，与焊缝方向基本垂直。对试样焊缝泄漏失效附近的焊缝进行 X 射线拍片检测。从 X 射线胶片上发现，在距泄漏裂缝约 27mm 处的焊缝上有一长度约为 12mm 的缺陷，缺陷位于焊缝上，与焊缝方向基本垂直，分布规律与泄漏裂缝相似。将泄漏断口试样打开取样，经扫描电子显微镜观察分析，断口低倍形貌如图 2 所示，通过断口特征、刺穿裂缝附近焊缝内、外壁形貌分析，可以确定，裂纹起源于焊缝中大型非金属夹杂物，随着变形量

增加，裂纹进一步扩展，最终穿透管壁，造成钢管泄漏失效。

图 1 水压试验后钢管泄漏失效特征

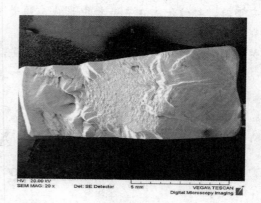

图 2 断口宏观形貌

3 理化性能测试结果与分析

3.1 化学成分分析

管材的化学成分影响管材的焊接性能，并因此影响到焊接质量的好坏。从管体及焊缝上取样进行化学成分分析，试验设备为 ARL 4460 直读光谱仪和 LECO TC600 氧氮分析仪，依据标准为 GB/T 4336—2002 及 GB/T 20124—2006，分析结果见表 1。

表 1 化学成分分析结果 （wt%）

试样	C	Si	Mn	P	S	Cr	Ni	Cu	Mo	Nb	V	Ti	N	Al	CEV
管体	0.038	0.25	1.75	0.0063	0.0030	0.21	0.27	0.20	0.25	0.10	0.0052	0.016	0.0056	0.020	0.45
焊缝	0.042	0.29	1.73	0.0077	0.0030	0.15	0.19	0.15	0.31	0.067	0.0052	0.015	—	0.016	0.45

3.2 拉伸性能试验

从钢管焊缝取样进行拉伸性能试验，试样规格为38.1mm（宽度）×50mm（标距），试验设备为MTS810材料试验机，依据标准为GB/T 228—2002，试验结果见表2。

表2 拉伸性能试验结果

试 样	抗拉强度（MPa）	断裂位置
1	763	断于母材
2	762	断于母材
3	759	断于母材

3.3 夏比冲击试验

从焊缝处取横向系列夏比V型缺口冲击试样，试样规格为10mm×10mm×55mm，试验设备为JBN—500冲击试验机，依据标准为GB/T 229—2007，试验结果见表3。

3.4 维氏硬度试验

在焊缝上取全壁厚的横截面试样，进行10kg载荷维氏硬度试验，试验设备为HSV-20硬度计，依据标准为GB/T 4340.1—1999，硬度试验压痕位置如图3示，试验结果见表4。

表3 夏比冲击试验结果

试 样	20℃ KV (J)	20℃ FA (%)	0℃ KV (J)	0℃ FA (%)	−10℃ KV (J)	−10℃ FA (%)	−20℃ KV (J)	−20℃ FA (%)	−40℃ KV (J)	−40℃ FA (%)	−60℃ KV (J)	−60℃ FA (%)
1	200	100	213	100	182	80	180	92	172	80	116	45
2	225	100	212	100	210	100	198	95	183	80	165	70
3	215	100	206	98	223	100	198	95	150	75	145	55

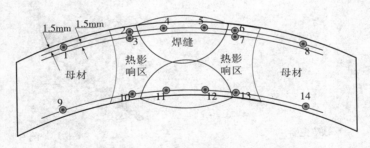

图3 焊接接头维氏硬度试验压痕位置示意图

表4 维氏硬度试验结果（HV$_{10}$）

试 样	压痕位置及硬度值													
	1	2	3	4	5	6	7	8	9	10	11	12	13	14
焊接接头	242	224	216	249	245	223	220	250	247	228	243	243	219	247

3.5 金相分析

在焊缝上取样加工金相试样，并进行金相分析，试验设备为MEF4M金相显微镜，依据标准为GB/T 13298—1991、GB/T 10561—2005和GB/T 4335—1984。金相分析结果发现焊缝处组织为"晶内成核针状铁素体＋粒状贝氏体＋多边形铁素体＋珠光体"，显微组织如图4示。从泄漏裂缝和X射线胶片上发现的焊缝缺陷处同时取样，分析样品的表面与焊缝平行。试样经打磨抛光后，分析发现X射线胶片发现的焊缝缺陷为大型异常非金属夹杂物，部分夹杂物已与焊缝金属分离，形成裂缝，如图5～图6所示。裂缝缺陷附近的组织与焊缝组织无明显差异，如图 7 所示。

4　微观断口分析

将泄漏断口试样打开取样，经扫描电子显微镜观察分析，断口微观形貌及夹杂物如图 8 所示，在图 8 中可发现断口微观形貌为韧窝，断口上明显可见非金属夹杂物。对断口夹杂物进行能谱分析，分析结果见表 5。

泄漏裂缝 X 射线胶片发现的焊缝缺陷取样后经金相分析，该缺陷属于大型异常非金属夹杂物，对该夹杂物进行扫描电子显微镜及能谱分析，分析结果见表 6，如图 9～图 13 所示。

图 4　焊缝组织

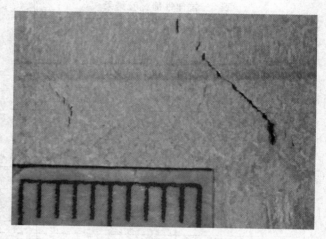

图 5　焊缝纵截面缺陷宏观特征

（a）缺陷尖端

（b）缺陷附近

图 6　焊缝纵截面缺陷特征

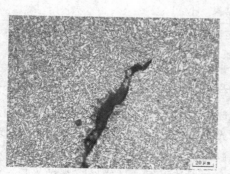

（a）缺陷尖端附近组织

（b）缺陷附近组织变形流线

图 7　焊缝纵截面缺陷附近组织特征

D 使用管理

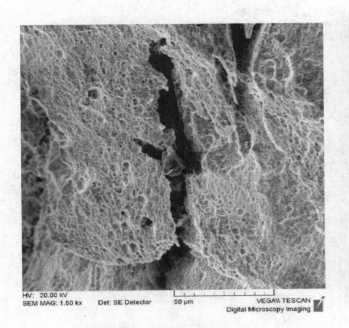

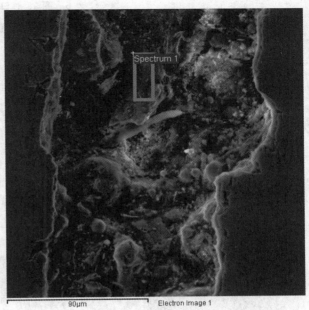

图 8　断口微观形貌及夹杂物　　　　　　　　　　图 9　图 8 断口夹杂物能谱分析谱线

表 5　图 8 断口夹杂物能谱分析结果

Element	Weight%	Atomic%
C K	1.88	5.53
O K	20.23	44.54
Si K	1.21	1.52
Mn K	4.96	3.18
Fe K	71.71	45.23
Totals	100.00	—

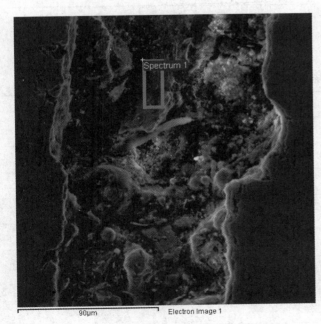

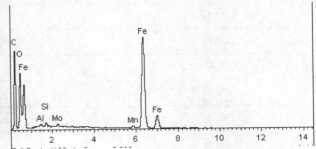

图 10　断口附近焊缝夹杂物　　　　　　　　　　图 11　图 10 断口夹杂物能谱分析谱线

表6　图10断口夹杂物能谱分析结果

Element	Weight%	Atomic%
C K	37.97	61.51
O K	19.33	23.51
Al K	0.25	0.18
Si K	0.40	0.28
Mn K	0.76	0.27
Fe K	40.40	14.08
Mo L	0.89	0.18
Totals	100.00	—

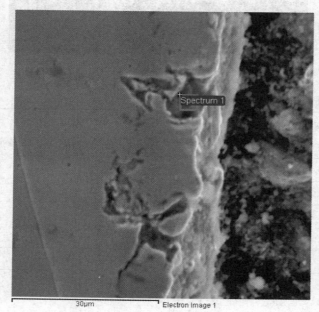

图12　断口附近焊缝夹杂物

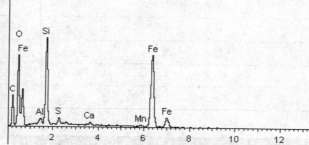

图13　图12断口夹杂物能谱分析谱线

表7　图12断口夹杂物能谱分析结果

Element	Weight%	Atomic%
C K	24.78	43.31
O K	25.62	33.62
Al K	0.54	0.42
Si K	10.53	7.87
S K	0.81	0.53
Ca K	0.42	0.22
Mn K	0.56	0.21
Fe K	36.75	13.82
Totals	100.00	—

D 使用管理

5 分析与讨论

通过对钢管样品进行化学成分分析及拉伸性能、夏比冲击、维氏硬度等力学性能试验,试验结果表明钢管焊缝材质理化性能试验结果均符合GB/T 9711.2—1999标准的规定,且焊缝材料的韧性远高于标准要求。X射线探伤拍片发现距断口约27mm处焊缝存在缺陷,缺陷位于焊缝上,并且与焊缝方向基本垂直,可见该缺陷分布的规律与泄漏裂缝相似。通过对缺陷取样后进行金相分析,发现该缺陷位于焊缝内,缺陷属大型异常非金属夹杂物。

能谱分析结果表明,泄漏断口上大型异常非金属夹杂物成分与X射线拍片检测发现的裂缝缺陷中的夹杂物成分相似。大型异常非金属夹杂物所含的主要元素为氧元素和铁元素,由此可见夹杂物主要为铁的氧化物。通常,根据非金属夹杂物(以下简称夹杂物)的来源,一般将夹杂物分为外来和内生两大类[5-6]。外来夹杂物是外界非金属材料被带入金属液或外界物质与金属液接触发生化学反应而产生,一般是随机分布的,尺寸往往较大,在成分和结构上也与金属有很大差异;内生夹杂物则是指在金属熔炼、凝固过程中,熔融金属中含有的各化学元素之间的化学反应产物,来不及排除,仍保留在固态金属中而产生的一类夹杂物,此类夹杂物分布相对较均匀,尺寸较小。夹杂物的成分、数量、形状、分布及其在基体中的空间分布等对材料性能的影响差异很大,非金属夹杂物的尺寸越小、数量越少、夹杂物彼此之间的距离越大,对材料的宏观性能影响就越小[7-8]。

由上述分析可见,泄漏钢管焊缝中的夹杂物属外来大型非金属夹杂物。焊缝金属中,该类夹杂物的存在,破坏了焊缝金属基体的连续性,使金属中应力发生再分布,引起应力集中,同时为材料的破坏提供了最薄弱部位。金属变形时,裂纹优先在夹杂物中形成,随着变形量增加,裂纹进一步扩展,最终穿透管壁,造成钢管泄漏失效。

6 结论与建议

1)失效钢管的理化性能指标符合GB/T 9711.2—1999标准要求。

2)钢管焊缝泄漏失效的原因是焊缝存在大型外来非金属夹杂物,该类夹杂物的存在,破坏了焊缝金属基体的连续性,使金属中应力发生再分布,引起应力集中,同时为材料的破坏提供了最薄弱部位。金属变形时,裂纹优先在夹杂物中形成,随着变形量增加,裂纹进一步扩展,最终穿透管壁,造成钢管泄漏失效。

3)建议在钢管的生产过程中改进焊接工艺,避免焊接过程中引入非金属夹杂物。

参 考 文 献

[1] GB/T 9711.2—1999,石油天然气工业输送钢管交货技术条件第2部分:B级钢管[S].

[2] 李鹤林. 失效分析的任务、方法及其展望[J]. 理化检验:物理分册,2005,41(1):1-6.

[3] 钟群鹏,张峥,田永江. 机械装备失效分析诊断技术[J]. 北京航空航天大学学报,2002,28(5):497-502.

[4] 傅国如,张峥. 失效分析技术[J]. 理化检验—物理分册,2005,41(4):212-216.

[5] 孙维连,陈再良,王成彪. 机械产品失效分析思路及失效案例分析[J]. 材料热处理学报,2004,25(1):69-73.

[6] 钟群鹏. 失效分析基础知识[J]. 理化检验—物理分册,2005,41(1):44-47.

[7] 范文静,孙维连,王会强,等. Q235B钢管的断裂失效分析[J]. 金属热处理,2010,35(7):75-77.

[8] 严继轩,张鹏. 国外某X65级埋弧焊钢管在管线试压中的漏水失效分析[J]. 焊管,31(4):28-31.

作 者 简 介

邵晓东(1984—),男,高级工程师,主要从事石油管材研究工作。

通信地址:陕西省西安市锦业二路89号,中国石油集团石油管工程技术研究院 710077

电话:18629008881;E-mail:shaoxd@cnpc.com.cn

干燥机的腐蚀失效分析

李贵军　单广斌　刘小辉

（中国石化青岛安全工程研究院，山东青岛　266071）

摘　要　对 PTA 干燥机的腐蚀状况进行了描述，从腐蚀环境分析、材料化学成分分析、开裂处材料的金相分析、断口的电子显微分析和断口微区 EDX 分析等方面对干燥机加热管的开裂原因进行了探讨，提出了防止加热管开裂的技术措施。

关键词　PTA 干燥机；腐蚀；材料；断裂；失效

中图分类号　TE985.9

Corrosion Failure Analysis of the PTA Dryer

Li Guijun，Shan Guangbin，Liu Xiaohui

（SINOPEC Safety Engineering Institute，Qingdao Shandong　266071）

Abstract　State of corrosion of PTA dryer is described in the paper. Fracture reason of a heating tube of PTA dryer is discussed from corrosion environment analysis, chemical composition analysis, metallographic examination on material near the crack, SEM inspection and EDX detection on micro-zone of fracture plane. Inhibiting measures of cracking of heating tube are raied.

Keywords　PTA dryer；corrosion；material；fracture；failure

　　PTA（精对苯二甲酸）是生产聚酯的主要原料，随着国内经济的快速发展，PTA 的需求不断增长，国内生产能力迅速扩大。2001 年，中国 PTA 产能为 220 万吨，2007 年已经达到了约 1023.9 万吨[1]，到 2012 年生产能力已经超过 3000 万吨。PTA 装置工艺技术复杂，几乎包含了所有各种化工单元操作，装置中设备类型多，转动机械设备占总台数的 40％ 以上，许多设备结构和制造技术复杂，设备质量和连续运转稳定性直接影响装置的年运行时间，影响装置的安全稳定运行。

　　干燥机是 PTA 装置的关键设备，分别为 CTA 干燥机和 PTA 干燥机，是装置中体积和重量最大的转动设备。CTA 干燥机和 PTA 干燥机属于回转圆筒式干燥机，用于把 CTA 或 PTA 滤饼的干燥，把含湿量 15％ 左右的滤饼干燥到含湿量为 0.2％ 以下。设备有回转圆筒、滚圈、支撑滚轮、驱动和减速系统、螺旋进料器和进料斗、出料系统、蒸汽和疏水系统、密封系统、润滑系统等组成（图1），回转圆筒内部以同心圆方式排列 3 排加热管，提供物料干燥所需热量，从物料出口有循环风把干燥产生的湿气带出设备。

　　干燥机在运行中出现的主要问题有：列管结垢和物料入口堵塞，列管和支撑板接触部位磨损，大齿圈和小托轮的表面剥落，汽室进气管与汽轴连接焊缝裂纹，列管、筒体、支撑板的腐蚀等。由于物料中带有醋酸侵蚀性离子（溴和氯离子），腐蚀是设备运行中的一个重要问题，腐蚀能够造成列管穿孔，导致筒体局部减薄甚至穿孔泄漏，对腐蚀形

D 使用管理

态、腐蚀影响因素进行研究，提出相应的应对措施，提出解决措施，对于保障设备的安全稳定运行，非常必要。

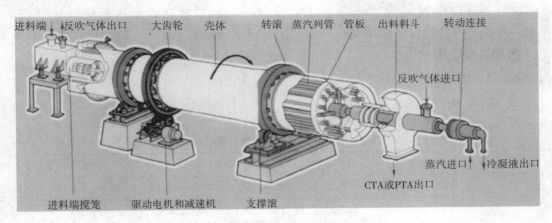

图 1　干燥机结构图

进料端　反吹气体出口　大齿轮　壳体　转滚　蒸汽列管　管板　出料料斗　转动连接
反吹气体进口
蒸汽进口　冷凝液出口
CTA或PTA出口
进料端搅笼　驱动电机和减速机　支撑滚

1　PTA 干燥机的基本情况

某石化公司 PTA 装置 2003 年建成投产，采用杜邦工艺，生产能力 45 万吨/年，精制干燥机 M1-1423 壳程操作温度 130℃，操作压力为微负压，管程操作压力 0.31MPa。壳体直径 3800mm，长24500，壳体材料 304L，加热管材料 316L，加热管规格 $\varphi114.3 \times 3.4$、$\varphi101.6 \times 3.05$、$\varphi88.9 \times 5.49$，筒体转速 5r/min，入口物料湿含量 15% 左右，出口湿含量小于 0.2%。

运行 9 年后设备腐蚀检查发现，筒体物料入口部位筒体和支撑板有点蚀坑（图 2），检测显示筒体厚度最小 18.42mm，最大 19.38mm，说明筒体腐蚀不严重，但在干燥机

运行 7 年后发现在距离物料入口三分之一筒体长度位置发现有加热管破裂，而且以后每次加热管破裂均在此部位，为了找出破裂原因，对破裂的加热管进行了测试分析。

2　开裂加热管的试验分析

2.1　宏观形貌和化学成分分析

开裂的换热管表面光滑，没有明显的塑性变形，表面存在很多细小裂纹，裂纹大基本沿换热管长度方向（见图 3），裂纹由外表面向内壁扩展，部分区域裂纹已穿透。把开裂的加热管从开裂部位打断，可以看到裂纹断口上覆盖有腐蚀产物，与打断的断口有明显的分界（图 4）。

图 2　物料入口侧筒体的点蚀

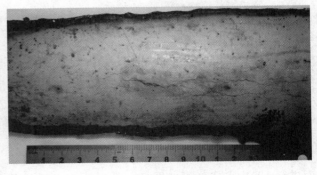

图 3　加热管的表面裂纹

1203

图 4　沿裂纹面打开的加热管断口

按照 GB/T16597－1996 对加热管取样，用使用火花直读光谱仪进行化学成分分析，分析结果见表1，可以看出，加热管化学成分符合 ASTM A213—2007 中 316L 的要求，也符合我国 GB/T 13296—2012 中 00Cr17Ni12Mo2 的要求。

表 1　加热管化学成分分析结果（wt%）

元　素	C	Si	Mn	P	S	Cr	Ni	Mo
样品 1	0.018	0.343	1.863	0.025	0.002	16.29	10.39	2.264
样品 2	0.016	0.342	1.875	0.026	0.002	16.20	10.38	2.255
样品 3	0.018	0.344	1.87	0.026	0.002	16.25	10.37	2.251
A213—2007	≤0.035	≤1.0	≤2.0	≤0.045	≤0.030	16.0～18.0	10.0～14.0	2.0～3.0
GB/T 13296—2012	≤0.03	≤1.0	≤2.0	≤0.035	≤0.030	16.0～18.0	10.0～14.0	2.0～3.0

2.2　金相组织分析

从加热管上取样，制取金相试样，使用盐酸和硝酸混合溶液进行试样侵蚀，在金相显微镜下观察到金相组织和裂纹情况见图 5，可以看出，裂纹成树枝状，在主裂纹附近还有许多小裂纹，具有应力腐蚀开裂形貌。

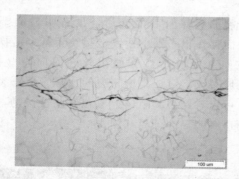

图 5　材料的金相组织和裂纹照片

2.3　电子显微分析

利用电子显微镜对断口进行显微观察和分析，可以看到断口表面断口覆盖导电性较差的腐蚀产物和污垢，有解理断裂形貌特征（图 6），对断口表面进行 EDX 成分分析（图 7、表 2），由分析结果可以看出，可以看到断口表面除碳、硅、铁、铬和

镍外，还有氧、氯、钠等元素，氯元素含量 0.2%，因此可以断定腐蚀产物除氧化物外，还有部分氯化物。

图 6　断口的扫描电子显微照片

图 7　断口表面 EDX 分析图

表 2　断口表面 EDX 分析结果

元　素	C	O	Si	Al	Fe	Ni	Cr	Cl	Na
重量%	53.14	44.2	0.11	0.55	1.11	0.3	0.23	0.2	0.17
原子数%	61	38.09	0.05	0.28	0.27	0.07	0.06	0.08	0.1

3　分析和讨论

从第 2 部分的试验分析可以看出，加热管的破裂具有应力腐蚀开裂特征，应力腐蚀裂过程是在应力和腐蚀介质的联合作用下，首先在管子外壁耐蚀性薄弱部位氧化膜破裂，露出金属表面成为阳极，与氧化膜覆盖的部分成为阴极，构成腐蚀微电池，在电化学作用下阳极金属腐蚀形成离子进入溶液而在表面形成腐蚀坑，在应力造成的腐蚀坑根部应力集中的作用下，腐蚀坑根部产生裂纹，裂纹在应力和腐蚀环境的作用下扩展。应力腐蚀产生的三个条件是环境介质、应力和特定金属材料三个条件。

3.1　环境介质因素

PTA 生产工艺中主要腐蚀介质是醋酸、溴，还有醋酸、溴、氧，以及碱性洗过程用的 NaOH，碱洗用碱带入的氯等。在氧化单元，氧化反应在 90% 以上的醋酸进行，加入溴化物浓度范围在 $700 \times 10^{-6} \sim 900 \times 10^{-6}$，在氧化单元反应器及相邻设备处于 $CTA - HAc - Br^- - O_2 - H_2O$ 腐蚀环境；在精制单元，粗 TA 经过干燥，用水打浆后升温进行加氢反应，反应生成物经结晶、过滤后进入精制干燥机进行干燥，因此干燥机进料中醋酸和溴已经很少，干燥机中腐蚀性介质主要有 PTA、少量加氢生成的 PT 酸和微量醋酸，以及循环气中的氧，在壳体工作温度下（150℃左右）对奥氏体不锈钢的腐蚀性不强，所以第 1 部分筒体腐蚀检测腐蚀较轻。

干燥机工作一段时间后，会有物料结壁堵塞，为了清除需要进行碱洗，碱洗用的碱含有微量氯离子，虽然碱洗后进行了水冲洗，但在设备死角、缝隙和焊缝缺陷部位会有残留，上游加氢反应器、结晶器碱洗残留碱也会带入到干燥机进料中，表 2 中分析结果氯和钠都是碱洗带来的，其中氯含量达到 0.2%，是由碱洗带来的氯在加热管表面浓缩的

结果。

3.2　材料和应力因素

316L 是广泛应用的奥氏体不锈钢，由于含有一定量的 Mo，具有一定的耐点蚀能力，是醋酸环境常用钢种，在 90% 的醋酸中的挂片腐蚀试验发现 100℃ 以下没有发现明显的腐蚀，在 130℃ 开始发现有均匀腐蚀且表面发现有少量点蚀坑[2]；但在醋酸中含有溴离子时，不仅加快均匀腐蚀速率，而且产生点蚀[3]。氯离子和溴离子同样是侵蚀性阴离子，并且原子半径小于溴，对不锈钢的抗点蚀能力影响更大。应力腐蚀多以点蚀或晶间腐蚀为起源地，不锈钢应力腐蚀和点蚀是相互竞争关系，点蚀的继续发展会抑制应力腐蚀；在应力作用下以滑移—电化学溶解机理形成应力腐蚀裂纹并扩展，裂纹尖端的溶解是由应力不断破坏裂纹尖端钝化膜引起的。

在工作情况下，加热管承受应力由以下几个部分：内压引起的环向应力 11.5MPa，加热管和圆筒一起承受由圆筒重量、列管重量和物料重量引起的弯曲应力，加热管在制造和装配过程中也会存在残余应力。

在 316L 加热管表面，随着干燥的进行，管子表面氯离子浓缩使浓度达到一定程度后，氯离子在不锈钢钝化层的表面缺陷、夹杂物、晶界、位错或贫铬区等部位渗透和侵入，与钝化膜中阳离子结合形成可溶性卤化物，在新露出基体金属特定点上形成小蚀坑，在蚀坑底部由于水解使 PH 降低腐蚀性增强，在应力的作用下导致裂纹产生，在应力作用下裂纹尖端不断溶解导致裂纹扩展。

3.3　加热管破裂部位的分析

加热管进料在 90℃ 作用，壳体操作压力为常压，刚进入干燥机物料含湿量大，温度还没有达到沸点，物料逐渐升高温度和介质蒸发，蒸发速度慢，当物料到达壳体内部一定长度后达到沸点，水

分介质蒸发速度大大加快，继续蒸发一段后水分逐渐减少换热管表面干燥，就不再有腐蚀，在加热管多次发生断裂的离入口三分之一长度部位是换热管表面氯离子浓缩程度高同时又充分润湿的部位，发生应力腐蚀开裂的敏感性最高。

4 结论

（1）PTA 干燥机加热管开裂的原因是氯化物引起的应力腐蚀开裂。

（2）碱洗用碱液应采用氯含量低的高级产品，碱洗后用水进行彻底冲洗，以降低环境中氯离子的浓度。

（3）建议加热管更新时对换热管外表面进行抛光，以提高表面光洁度，增强抗点蚀能力。

（4）建议加热管更新时采用 317L，以提高抗点蚀能力，降低应力腐蚀开裂可能性。

参 考 文 献

[1] 钱伯章. 中国 PTA 产业和市场分析 [J]. 精细化工原料及中间体，2008，10（12）：11-16.

[2] 程学群，李晓钢，杜翠薇，等. 不锈钢和高温合金在高温高压醋酸溶液中的腐蚀行为 [J]. 中国腐蚀与防护学报，2006，26（2）：70-74.

[3] 刘国强，朱自勇，柯伟. 不锈钢和镍基合金在含溴醋酸溶液中的腐蚀行为 [J]. 腐蚀科学与防护技术，2000，12（5）：296-299.

一台焊接板式换热器泄漏原因分析

沈建民[1,2] 杨 福[2]

（1. 宁波市特种设备检验研究院，浙江宁波 315048；

2. 宁波市劳动安全技术服务公司，浙江宁波 315048）

摘 要 为确定焊接板式换热器的泄漏原因，采用宏观检查、材质分析、厚度测试等对泄漏的板式换热器进行了分析。宏观检查发现板片对焊接质量较差，厚度测试表面板片对厚度薄，这是导致板式换热器泄漏的直接原因。

关键词 板式换热器；厚度测试；原因

Leakage Analysis of One Welded Plate-type Heat Exchanger

Shen Jianmin[1,2]，Yang Fu[2]

（1. Ningbo Institute of Special Equipment Inspection，Ningbo 315048；

2. Ningbo Labor Safety and Technology Services Company，Ningbo 315048）

Abstract In order to determine the leakage reason of one welded plate-type heat exchanger，the plate heat exchanger is analyzed by means of macroscopic examination，material analysis and thickness test. The macroscopic examination showed that the welding quality of the plate was poor，and the thickness of plate was thin，which was the direct cause of leakage.

Keywords plate-type heat exchanger；thickness test；cause

1 前言

板式换热器是由一系列具有一定波纹形状金属片叠装而成的一种高效换热器，具有换热效率高、热损失小、结构紧凑、占地面积小、应用广泛、使用寿命长等特点，外漏、串液是板式换热器常见的故障[1-2]。2015 年 12 月 9 日，某公司一台焊接板式换热器发生泄漏，企业委托我院对换热器泄漏原因进行分析。通过现场宏观检查、材质分析、焊缝铁素体含量分析、焊缝检验、厚度测试等确认泄漏与板片对焊接质量差、板片厚度较薄有关。现将具体工作介绍如下。

2 设备基本情况

表 1 列出了板式换热器参数，该换热器壳程走冷凝水，管程走含硫低分气，含硫低分气中 H_2 含量为 $60\% \sim 75\%$，H_2S 含量约 1000×10^{-6}，其余部分为油气，该介质含大量氢气及较高浓度 H_2S，属于易燃易爆介质，同时具有一定毒害性。从耐腐蚀角度考虑，板片采用超级不锈钢 S31254 制造。板片加工要经过领料、下料、压型、齐边、终检 5 道工序获得合格的板片，然后转入板片对制造，板

片对要经过领料、除毛刺和氧化层、板片清洁、组焊板片对这4道工序。以上任何一道工序出现问题就会对板式换热器产品质量造成影响。查技术协议要求板式换热器板片厚度为1mm，产品质量证明书上板片厚度为1mm，而原始加工工艺卡显示板片厚度为0.8mm，板片厚度存在不一致现象。

另外两台返修的板式换热器。返修比例较高，表面该批板式换热器制造质量不佳。

3 宏观检查及运行状况分析

表1 设备基本参数

名 称	热侧（管程）	冷侧（壳程）
设计压力/MPa	2.45	2.45
设计温度/℃	200	200
工作压力/MPa	1.8±0.2	0.3～0.75
耐压试验压力/MPa	3.2	3.2
操作温度（入口/出口）/℃	54/15	7/12
工艺介质	含硫低分气	冷凝水

3.1 宏观检查

现场进行了该设备的盛水试验，泄漏位置如图1所示，位于板束自右向左数第11块板片对，位置中偏上。图2为泄漏部位长度示意，从外部看整个裂开长度为85mm。

板式换热器组焊板片对时，首先将板片一颠一倒按照相邻片间波纹叠加支撑开始组装，板片组装后整体夹紧，夹紧后板片间错边量不得大于0.5mm，板片之间的焊接优先采用自动氩弧焊焊接，也允许采用手工氩弧焊焊接。查焊接工艺规程及焊接工艺评定，板片焊接采用氩弧焊，不添加焊丝，利用母材自熔实现焊接。板片对焊接位置为平焊，焊接电流40～60A，焊接电压12～14V，焊接速度12～14cm/min，采用氩气保护，保护气体流量为8～10L/min，焊接电流极性为DCEN，板片成型后进行0.3～0.4MPa气密检测。设备制造企业采用0.6mm板进行焊接工艺评定，焊接电流50～60A，焊接电压6～8V，焊接速度6～8cm/min，焊接线能量5kJ/cm，焊接电流极性为DCEN，保护气体流量为12～15L/min。依据NB/T 47014—2011（JB/T 4708）《承压设备焊接工艺评定》[3]，该焊接工艺评定适用于0～1.2mm厚度板片的焊接，依据该焊接工艺评定编制的焊接工艺卡可用于板片对组焊。焊接工艺评定无异常，但从板片对组装工艺可发现若板片较薄，会导致波纹叠加支撑之间的刚度减弱，导致板片对抵抗内外压差能力下降。

查设备返修记录，发现该企业共购置有4台板式换热器，其中有3台因热侧进口端上部的板片对与堵板的焊缝有裂纹进行返修，而事故设备热侧板片对要求全部重新焊接，事故设备返修工作量大于

图1 盛水试验中泄漏部位漏水
（自右向左第11块板片对）

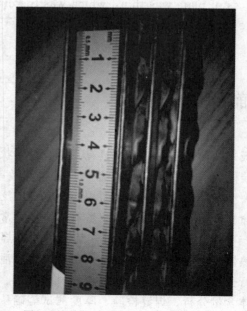

图2 从外部观察泄漏部位长度85mm

D 使用管理

3.2 运行情况分析

冷冻水侧日常工作压力 0.3～0.75MPa,管程低分气来自冷低压分离器 V6106,V6106 要求压力为 1.8±0.2MPa,图 3 为调取的压力曲线图,从该压力曲线图上可看出 2015 年 12 月 8 日 21：40 左右,管程系统压力逐渐上升,12 月 8 日 22：20 左右压力达到第一个峰值 1.4MPa,然后压力有一个回落过程,至 22：30 回落至 1.25MPa,稳定一段时间后,自 2015 年 12 月 9 日 0：00 压力又逐渐开始上升,至 0：39 达到最大峰值 2.049MPa,然后又开始回落,至 0：44 回落至 1.685MPa,1：00 以后压力基本控制在 1.75MPa 左右波动,1：00—3：45 压力曲线呈现明显的锯齿形。

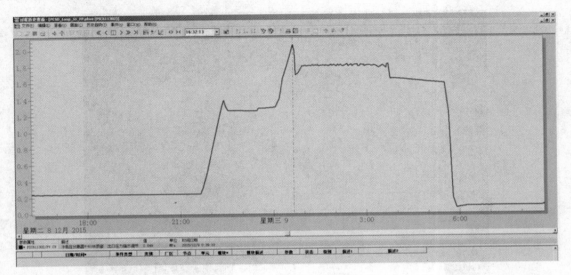

图 3　压力曲线图

从压力曲线上看,系统调试过程中压力存在短时升高现象,尤其是 2015 年 12 月 9 日 0：00—0：39 升压最高达 2.049MPa,该压力比工艺要求控制值 2.0MPa 高 0.049MPa,然后系统 PID 控制系统开始发挥作用使得该处压力开始回落,属于正常的运行调试过程。调试期间压力未超过设备设计压力 2.45MPa,但有稍微超过正常工作压力的记录。

4　测试分析

4.1　材质分析

产品质量证明书显示板片材质为 S31254,属于超级不锈钢,具有较高的 Mo 含量,具有较好的耐氯化物应力腐蚀开裂能力,常用于海水淡化等设备。采用便携式 XMET 7500 X 射线荧光光谱仪对切取的板片进行了光谱分析,分析结果如表 2 所示,材质无明显异常。

4.2　焊缝铁素体测试

对取样的几块板片及焊缝进行铁素体测试,实测母材铁素体值在 0.00%～0.03%,焊缝铁素体实测值在 0.11%～1.02%,属正常范围,无异常。

4.3　板片对打开后检查

图 4 为第 11 块板片对泄漏部位切样及宏观尺寸图,从内部检查可见裂口长度为 96mm。采用游标卡尺测量板片边缘平面部位(非波纹区域)厚度在 0.80～0.82mm。1♯、2♯、3♯部位采用显微镜进行放大观察,图 5 为放大后的断口照片。1♯区域为裂口部位,从图 5(a)、(c)中可明显看出断口较窄,且呈现新、老两种界面颜色,新断口宽约 0.08～0.15mm,老断口宽约 0.30mm。2♯区域为非裂口部位,在解体时被打开,从图 5(b)、(d)中可明显看出也有新、老两个界面。这表明第 11 块板片对焊缝在完全开裂泄漏前就已经存在损伤扩展。

表 2 板片材质光谱分析

元素 样品名称	Mn	Ni	Cr	Mo	Cu
	百分含量/%				
ASTM A240 S31254 成分要求	≤1.0	17.5~18.5	19.5~20.5	6.0~6.5	0.5~1.0
第 11 块板片	0.62	17.63	19.73	6.10	0.87
第 9 块板片	0.51	17.58	19.96	6.07	0.75

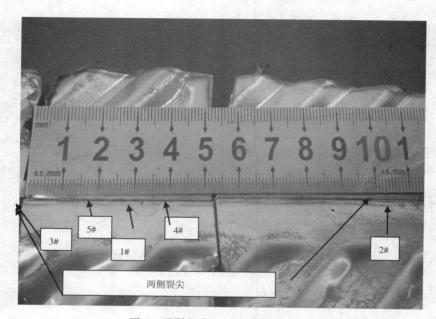

图 4 泄漏部位切样及宏观尺寸图

(a) 1#区域放大20倍

(b) 2#区域放大20倍

(c) 1#区域放大200倍

新断口宽约0.08~0.15mm,老断口宽约0.30mm

(d) 2#区域放大200倍

新断口宽约0.25mm,老断口宽约0.30mm

图 5 开裂部位在不同放大倍率下形貌

图 6 为第 11 块板片对破口部位放大 200 倍时典型形貌，图 5（a）可见明显的两个区域。图 6

（b）显示第 11 块板片对焊接熔深最小为 0.25mm。

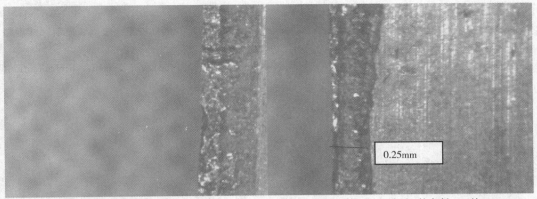

(a)4#区域第11块板片对泄漏部位上较明显的新老断口 新断口宽约0.13mm，老断口宽约0.26mm

（b）5#区域第11块板片对上较窄断口，约 0.25mm

图 6　放大 200 倍下破口部位典型图片

从板片对打开检查情况，可确认板片对焊接熔深不一致，最小熔深仅为 0.25mm，且板片对焊缝有扩展现象，板片对是从内往外撕裂。

4.4　板片波纹区域厚度测量

为了解板片厚度，割取第 9 至第 12 对板片，采用数显测厚外卡钳对取样板片对进行厚度测量，每个板片对平直部位和波纹部位各随机挑选三处位置。表 3 列出了测试结果，从中可看出未受冲压的平直部位厚度在 0.79～0.82mm，受冲压的波纹区域厚度在 0.61～0.68mm。平直部位未受冲压基本不会减薄，而波纹部位受冲压影响会产生减薄，按文献［4］NB/T 47004—2009《板式热交换器》7.1.1 规定"板片减薄量应小于板片厚度的 25%"，若初始板片厚度为 1mm，冲压后板片厚度应不小于 0.75mm，若初始板片厚度为 0.8mm，则冲压后板片厚度应不少于 0.6mm。厚度测试数据表明发生泄漏的板式换热器板片厚度应为 0.8mm。

表 3　板片厚度测试结果

板片对号	平直部位厚度/mm			波纹部位厚度/mm		
第 9 对板片	0.80	0.80	0.79	0.61	0.65	0.68
第 10 对板片	0.79	0.82	0.81	0.65	0.64	0.67
第 11 对板片	0.81	0.82	0.80	0.62	0.63	0.68
第 12 对板片	0.80	0.80	0.81	0.64	0.65	0.67

5　原因分析

从前述分析，可确认板式换热器的泄漏失效与下列因素有关：

（1）制造过程控制不严，导致板片厚度仅有 0.8mm，比技术条件及产品质量证明书中的 1.0mm 要小，板片对刚度偏小，在较高内外压差下导致板片对焊缝撕裂；

（2）板片对焊接质量较差，最小焊接熔深仅有 0.25mm，易撕裂；

6　结语

从产品质量本身分析该换热器泄漏主要原因为板片厚度偏小及焊接质量差。更深一步思考，因焊机板式换热器焊缝多、熔深控制困难，很难避免焊缝泄漏，应从设计选型上进行把关，在设计选型上应考虑泄漏造成的危险，易造成燃爆危险的介质不易选用板式换热器，或者保证壳层压力大于管程压力，使板片对处于受压状态，不易撕裂，从而避免事故的发生。

参考文献

［1］祝飞，舒晨．板式换热器泄漏情况分析［J］．中

国机械，2014，(5)：125-126.

[2] 韩荣学，叶波．全焊机板式换热器泄漏原因分析及整改措施 [J]．中国设备工程，2016，(5)：75-77.

[3] NB/T 47014—2011，承压设备焊接工艺评定[S]．北京：国家能源局，2011.

[4] NB/T 47004-2009，板式热交换器 [S]．北京：国家能源局，2009.

作 者 简 介

沈建民，1980.10，男，高级工程师，特种设备检验检测行业。

通信地址：浙江省宁波市国家高新区江南路 1588 号 A 座，315048

电话：13616561892；E-mail：shenjianmin123@126.com

D
使用管理

氧气平衡罐破裂失效原因分析

石生芳　左延田

（上海市特种设备监督检验技术研究院，上海市　200062）

摘　要　某公司配气站内的氧气平衡罐发生爆炸，爆炸造成氧气罐解体。对氧气罐体材料和破裂处进行了化学分析、力学性能测定、硬度测量、金相分析和断口分析，并对汽化器的气化能力和使用情况进行比较分析，结果表明，罐体材料的化学成分和力学性能符合标准要求，氧气罐发生爆裂原因是：气化器长时间连续使用，导致翅片管表面结霜严重，并且超负荷使用，使得液体流入气化器下游的氧气罐罐体，氧气罐罐体在低温下运行，导致材料发生低温脆断，造成爆裂。

关键词　气化器；氧气平衡罐；破裂原因；失效分析

The Analysis of Oxygen Balance Tank Failure Fracture

Shi Shengfang　Zuo Yantian

Shanghai Institute of Special Equipment Inspection and TechnicalResearch，Shanghai 200062.

Abstract　The oxygen balance tank in a gas distribution station happens an explosion，the explosion caused to oxygen tank disintegration. Oxygen tank materials and rupture were analyzed by chemical analysis，mechanical testing，metallographic analysis，hardness measurement and fracture，and gasification capacity and usage of carburetor are compared and analyzed，the results show that the chemical composition and mechanical properties of the materials meet the standard，the reason is continuous use of long time，resulting in serious frosting of finned tube，and the use of overload，oxygen tank makes the liquid into the vaporizer downstream of the oxygen tank under low temperature，resulting in material brittle fracture at low temperature，resulting in burst.

Keywords　carburetor；oxygen balance tank；fracture；failure analysis

1　前言

某公司配气站内的氧气平衡罐发生爆炸，爆炸造成氧气罐解体，碎片四散飞出，对周围厂房设施造成不同程度的损坏，氧气罐主要残体上封头、第一节筒身基本完好，无明显变形。氧气罐底部封头均断裂成数块，两个爆裂罐残片的大部分开裂断口平齐，断口边缘无剪切唇。氧气罐的基本参数如表1所示。

表 1　氧气罐基本参数

设计压力 （MPa）	设计温度 （℃）	球罐材质	最高工作压力 （MPa）	工作温度 （℃）	氧气罐容积 （m³）
2.75	常温	16MnR	2.5	常温	30

2　检验检测结果

2.1　宏观检测

氧气罐碎片见图 1 所示，可见整个弧形断面基本沿中线分为两部分，近内圆断面较为平整、细密，隐约可见"人"形扩展花纹横向分布；近外圆侧断面粗糙不平，为向外分布的放射状台阶。

2.2　理化检验

2.2.1　化学成分

在氧气罐筒体碎片上取样，对下列元素进行化学分析，结果如表 2。由化学分析可知，材料的化学成分符合 GB 6654 中 16MnR 的相关技术条件。

图 1　氧气罐断面宏观形貌

表 2　罐体的化学成分（wt%）

元素	C	S	Si	Mn	P	V	Nb	Ti	Al
试样	0.18	0.0056	0.24	1.46	0.018	＜0.001	0.02	0.0019	0.035
GB 6654	≤0.2	≤0.020	0.20~0.55	1.20~1.60	≤0.030				

2.2.2　强度和硬度试验

根据氧气罐的厚度在氧气罐上取拉伸试样直径为 φ10mm，并测量了材料的硬度，试验结果如表 3，材料的强度和塑性符合 GB6654 中 16MnR 的相关技术条件。

表 3　罐体的强度和硬度

抗拉强度 R_m （N/mm²）	屈服强度 R_{eL} （N/mm²）	伸长率 A （%）	收缩率 Z （%）	布氏硬度值 （HBW 5/750）
560	440	22.5	65.0	167，167，168

2.2.3　冲击试验

对氧气罐罐体残片材料进行常温、0℃、−20℃、−40℃和−60℃的冲击试验，冲击试验结果如表 4，材料的冲击试验值符合 GB6654 中 16MnR 的相关技术条件。但这批 16MnR 材料在−40℃时的冲击吸收功分别为 13J 和 11J，远小于 GB150 附录 C 中规定的 20J。

表 4　材料不同温度的冲击试验

试验温度	冲击吸收功 A_{kv}（J）
室温（20℃）	83.0
0℃	60.0
−20℃	29.0
−40℃	11.0
−60℃	8.0

2.3　扫描电镜分析

氧气罐断面细密区低倍下形貌见图 2 所示，可见断面较为平整，层叠状。高倍下，可见断面呈解理状，且有少量沿解理面的韧性形貌，仍可见沿解理面的二次裂纹，呈脆性形态，见图 3 所示。

氧气罐断面较粗糙区低倍下形貌见图 4 所示，可见两台阶区域中间断面也较为平整，隐约可见平行于台阶的扩展条纹。高倍下，可见断面起伏较大，呈解理和韧窝形貌，见图 5 所示。

图 4　氧气罐断面粗糙区低倍下形貌

图 2　氧气罐断面细密区低倍形貌

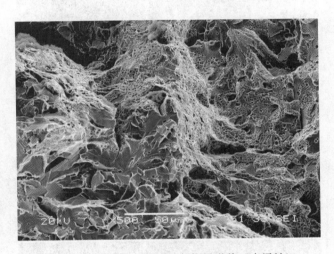

图 5　氧气罐断面粗糙区高倍下形貌（未浸蚀）

2.4　金相分析

氧气罐断面细密区低倍抛光态下形貌见图 6 所示，可见有平行于断面的横向内裂纹断续发展，内裂纹几乎贯穿整个视场。浸蚀后可见断面起伏，断面上的二次裂纹穿晶发展，组织为珠光体＋铁素体，呈带状偏析，见图 7 所示。

氧气罐断面粗糙区该区域断面低倍抛光态下形貌见图 8 所示，仍可见有平行于断面的粗大横向内裂纹。浸蚀后可见断面组织为珠光体＋铁素体，呈带状偏析，见图 9 所示。

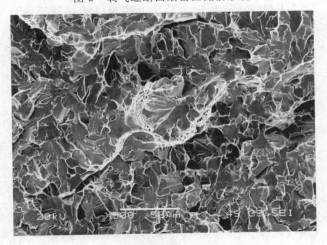

图 3　氧气罐断面细密区高倍下形貌

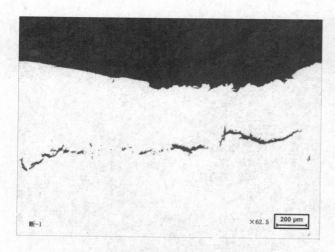

图 6　氧气罐断面粗糙区的内裂纹形貌
（未浸蚀）

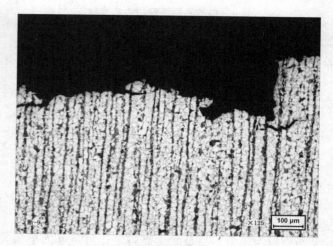

图 9　氧气罐断面细密区表层组织形貌
（经 4% 硝酸酒精溶液浸蚀）

综合力学、电镜及金相分析，可看到氧气罐的断面形貌为解理状脆性开裂，且来样有多条内部裂纹，由此可推断来样的破裂为低温下的由内向外的脆性开裂。

3　气化器气化能力分析

3.1　计算分析

氧气罐罐体温度低，是由于气化器输出了温度远低于材料脆性转变温度的介质引起的。对 600N·m³ 控温式气化器换热设计计算书进行分析，分析表明：若不考虑运行过程中的结霜现象，为保证气化器在 −5℃ 环境温度下维持所需的气化量和出口气体温度，则理论上需要上述规格的翅片管总长 132.488m，按该规格翅片管单位长度上的外表面积计算，气化器所需理论换热面积为 193.96m，设计单位的实际翅片管长度（132.000m）及实际换热面积（190.10m²）与理论翅片管长度及理论换热面积基本一致，说明设计方的设计计算是基本合理的。

3.2　运行工况及结霜分析

从工艺记录情况来看，气化器处于高负荷运转状态，最高氧流量达到了 670 N·m³/h 的高流量，超过了气化器的设计流量。气化器翅片管表面已存

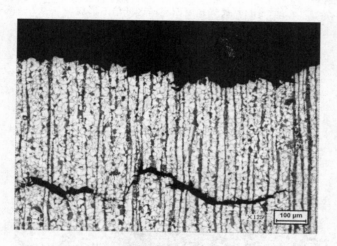

图 7　氧气罐断面粗糙区表层组织形貌
（经 4% 硝酸酒精溶液浸蚀）

图 8　氧气罐断面细密区内裂纹形貌
（未浸蚀）

D
使用管理

在严重结冰（霜）情况，结冰（霜）将导致换热效率下降，这种情况持续时间过长，就会因气化器出口气体温度过低，一旦翅片管表面出现结霜，其换热性能将大大降低，出口气体温度将迅速降低。分析表明，在 670N·m³/h 介质流量下，若翅片管表面平均霜层厚度达 4mm 时，出口气体温度就低于 -20℃；当平均结霜厚度达 27mm 时，气化器出口就可能出现带液，当平均结霜厚度达 31mm 时，气化器出口就可能出现带液。说气化器在大流量情况下运行了很长时间，并超负荷使用使翅片管表面严重结霜。导致氧气罐罐体材料的温度远低于 -30℃，最终导致氧气罐的低温脆断并爆裂。

4 结论

气化器长时间连续使用，导致翅片管表面结霜严重，并且在气化器严重结霜时仍超负荷使用，使得液体流入气化器下游的氧气罐罐体，并使得气化器下游的氧气罐罐体在低温下运行，导致材料发生低温脆断，造成氧气罐最终发生爆裂。

参 考 文 献

[1] GB 6654—1996 压力容器用钢板 [S].

[2] GB 150—2011 钢制压力容器 [S].

[3] 陈学东，王冰，关卫和，等. 我国石化企业在用压力容器与管道使用现状和缺陷状况分析及失效预防对策 [J]. 压力容器. 2001, 05.

[4] 陈学东，王冰，杨铁成，等. 关于中国 CF-62 钢制压力容器开裂失效的分析与讨论 [C] //安徽省装备制造业发展论坛会论文集，2003.

[5] 吴兴华，李祥东. 空浴式汽化器基础传热问题及研究现状评述 [J]. 低温与超导，2011，2.

[6] 周丽敏，李祥东，汪荣顺. 直低温星形翅片管表面结霜及传热传质理论模型 [J]. 2009，37 (11)：60—65.

作 者 简 介

石生芳，男，高级工程师，从事特种设备检验检测研究及管理工作。

通信地址：上海市金沙江路 915 号 1404 室，200062

电话：021-32584941，15021036824；传真：021-32584936；电子邮箱：shisf@ssei.cn

232 起汽车罐车泄漏事故特征分析及对策研究

薛小龙

（上海市特种设备监督检验技术研究院，上海　200062）

摘　要　从事故发生时间、发生地点、充装介质、发生环节、事故原因等方面，对 2000—2016 年发生的 232 起汽车罐车（压力容器）泄漏事故进行统计，通过事故特征分析，提出安全管理对策建议。

关键词　汽车罐车；泄漏；事故；统计分析

Statistical Analyses and Countermeasure Study on 232 Leakage Accidents of Road Tanker

Xue Xiaolong

（Shanghai Institute of Special Equipment Inspection and Technical Research，Shanghai　200062）

Abstract　232 leakage accidents of road tanker which belong to pressure vessel from 2000 to 2016 were retrieved. The characteristics of occurrence time，place of occurrence，filling media，accident link and cause of accidents were analyzed. Some countermeasures for safety management were brought forward.

Keywords　road tanker；leakage；accident；statistical analysis

1　概述

随着经济社会的高速发展，作为工业原料和生产生活能源的危险化学品运输需求激增。据统计，我国 95% 以上的危险化学品涉及异地运输问题，其中汽车罐车是一种常用的运输工具。除作为交通工具本身具有的危险性外，汽车罐车还由于其装运的危险化学品而存在泄漏、燃烧、爆炸等风险。研究表明，运输阶段是汽车罐车泄漏事故的多发阶段，占各环节的 77%，主要特征为泄漏、爆燃、连续爆炸等[1]。

我国的汽车罐车分为承压罐车（属于特种设备）和常压罐车，归口管理部门有所差异。对于承压罐车，属于危险性较大的特种设备，由特种设备安全监管部门实行全寿命周期的监管，即对设计、制造、使用、检验等环节实施全过程监管，相关的设计制造规范较为齐全。而常压罐车相关的标准较少，管理规定较为分散。

汽车罐车泄漏事故发生后，由于罐内介质大多具有易燃易爆等危险特性，因而公安消防部队往往是应急救援和处置的主要力量。部分学者对于汽车罐车泄漏事故特征开展了研究。张磊等人[1]通过对 100 起危化品泄漏事故的统计分析，研究了危化品事故的特点、成因及处置技术，从消防部队处置的

基金项目：上海市质量技术监督局科技计划项目（2015—12）

角度提出了建议。吴宗之等人[2]基于200起危化品公路运输事故，从发生环节、危化品类别等方面展开了分析，对危化品公路运输安全管理与监控提出了对策建议。然而，这些文献均将承压罐车和常压罐车放在一起进行统计分析，且主要从消防的角度提出对策。刘凯峥等人[3]根据对615起罐车道路运输危险品事故的分析，获得了罐车道路运输危险品事故的特征。还有部分学者对单台设备的泄漏，以及具体介质的道路运输事故进行了研究[4-5]。

对汽车罐车泄漏事故进行统计分析，从设计、制造、使用管理等环节采取防范措施，对于避免和减少事故的发生具有重要意义。本文对2000—2016年发生的232起属于移动式压力容器的汽车罐车泄漏事故展开分析，从发生时间、地点、原因等方面寻找事故发生规律，并根据事故特征，对相关法规标准的制定及安全管理提出建议。

2 事故情况统计

2.1 统计数据

根据《特种设备事故报告和调查处理规定》，特种设备事故是指因特种设备的不安全状态或者相关人员的不安全行为，在特种设备制造、安装、改造、维修、使用（含移动式压力容器、气瓶充装）、

检验检测活动中造成的人员伤亡、财产损失、特种设备严重损坏或者中断运行、人员滞留、人员转移等突发事件。因交通事故、火灾事故引发的与特种设备相关的事故，由质量技术监督部门配合有关部门进行调查处理。经调查，该事故的发生与特种设备本身或者相关作业人员无关的，不作为特种设备事故。TSG 03—2015《特种设备事故报告和调查处理导则》规定，移动式压力容器、气瓶因交通事故且非本体原因导致撞击、倾覆及其引发爆炸、泄漏等特征的事故不属于特种设备事故，但其涉及特种设备，应当将其作为特种设备相关事故。

根据对国家质检总局特种设备事故管理系统中的汽车罐车泄漏事故及相关网站、书籍、期刊等文献资料公开报道的汽车罐车相关事故的统计，2000年至2016年，全国共发生汽车罐车泄漏事故232起。其中，移动式压力容器事故25起，占10.8%；移动式压力容器相关事故207起，占89.2%。由于汽车罐车的固有特点，此类事故除了特种设备事故的特征外，因其还是一台交通工具，故而会受到交通事故的影响。

2.2 主要特征分析

2.2.1 时间

汽车罐车泄漏事故的发生年份分布见图1，月份分布见图2。

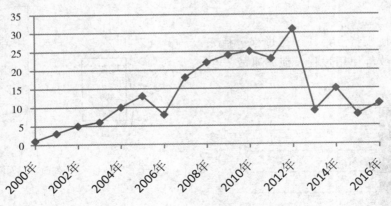

图1 汽车罐车泄漏事故发生年份统计

从图1可以看出，从2000年至2012年，由于移动式压力容器数量逐年攀升，移动式压力容器事故及其相关事故起数也基本呈现逐年上升的趋势，在2008—2012年达到高峰，尤以2012年为最，达

31起。随着TSG R0005—2011《移动式压力容器安全技术监察规程》等安全技术规范的实施，进一步加强了对汽车罐车等移动式压力容器的设计、制造、使用管理、装卸等环节的监管，泄漏事故起数

有所下降。

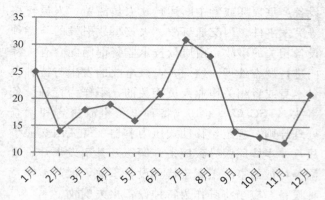

图2 汽车罐车泄漏事故发生月份统计

汽车罐车的装运介质大多为液化气体、冷冻液化气体,具有易燃易爆等危险特性。从图2可以看出,2月至6月,泄漏事故起数大体呈逐月上升趋势,但总体变化趋势平缓;夏季为危险化学品使用的高峰季节,运输量大,天气变化频繁且强对流天气多,加之危险化学品的固有特性,故7月、8月事故起数较多,尤以7月最为突出;进入秋冬季节后,燃气类危险化学品需求量和运输量猛增,在1月出现另一个泄漏事故高峰;2月适逢春节前后,环境温度低,危险化学品交易量及运输量降低,事故起数亦减少。由以上分析可以看出,在夏季和初冬季节,移动式压力容器事故及其相关事故分布较为集中,其中7月和1月泄漏事故易发性最高。因此,部分地区如上海等地根据该特点,实行限时管控等措施来有效保障公共安全。

2.2.2 环节

根据汽车罐车的使用特点,其运行过程包括充装、运输、卸载、停放等使用过程,泄漏事故发生环节统计见图3。

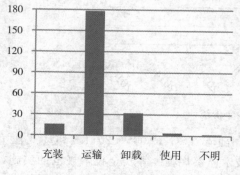

图3 汽车罐车泄漏事故发生环节

从图3可以看出,事故发生在运输环节的有

178起,占76.7%,这是移动式压力容器区别于其他类别压力容器的事故特征;其次为卸载和充装环节,分别占总起数的13.8%和6.9%。我国对移动式压力容器充装实施充装单位许可制度,而卸载由使用单位自行管理,从以上数据可以看出,对于实施政府监管的环节,其事故发生率明显低于企业自行管理的环节。

TSG R0005—2011中,对卸载作业提出了与充装作业一致的安全要求,即需落实卸载前检查、卸载过程控制、卸载后检查等要求。但由于安全技术规范中并未明确卸载单位,而是由移动式压力容器使用单位和接受卸载的单位协商约定,导致可能存在安全责任落实不到位的情况。如2012年,上海一环氧乙烷汽车罐车在卸载中发生泄漏事故,造成2人死亡,由于未明确卸载单位,导致事故处理时存在推诿现象;2017年,上海宝山区一液化天然气汽车罐车在卸载过程中发生泄漏,亦未明确卸载单位。从管理角度来说,由于卸载作业将汽车罐车内的危险化学品卸至固定式储罐,因此,若未书面明确卸载单位非汽车罐车使用单位,则汽车罐车使用单位应落实卸载作业过程的安全责任。

2.2.3 区域

在检索到的232起泄漏事故中,未见黑龙江、青海和西藏的汽车罐车泄漏事故报道。移动式压力容器事故及其相关事故在全国各省市的分布情况见图4。

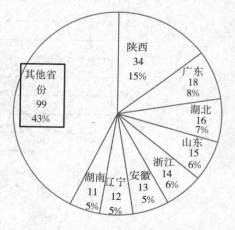

图4 汽车罐车泄漏事故发生省份

从图4可以看出,陕西省发生的汽车罐车泄漏事故起数最多,其他省份中,超过10起的分别为广东、湖北、山东、浙江、安徽、辽宁和湖南,以上省份汽车罐车泄漏事故多发,事故起数占总起数的 57%，这主要与经济发展水平和产业布局有关，危险化学品生产、运输、使用等活动频繁，在同样的管理水平下，事故数量必然较大。因此，这些省份是加强安全管理、防范汽车罐车泄漏事故的重点区域，有必要建立区域性移动式压力容器事故应急救援系统。

2.2.4 介质

泄漏汽车罐车的充装介质情况见图 5。

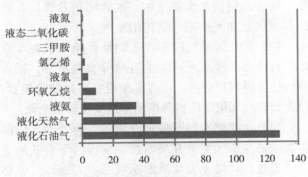

图 5　事故移动式压力容器充装介质

从图 5 可以看出，发生事故的汽车罐车中，充装介质最多的为液化石油气（含丙烷、丙烯、丁烷、丁二烯），共 128 起，占总起数的 55.2%。其次为液化天然气和液氨，分别占 22.0% 和 15.1%。液化石油气和液化天然气作为清洁高效能源，近年来使用量迅速增长，运输量大幅增加，故泄漏事故起数也明显多于其他介质。

2.2.5 次生事故

汽车罐车发生泄漏后，发生次生事故的情况统计见图 6。

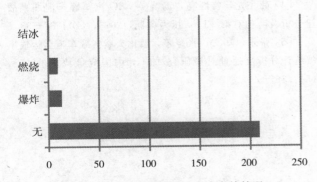

图 6　汽车罐车泄漏后的次生事故情况

从图 6 可以看出，汽车罐车发生泄漏事故后，未产生次生事故的起数为 209 起，占总起数的 90.1%；泄漏后发生爆炸和燃烧的起数分别为 13 起和 9 起，分别占 5.6% 和 3.9%。汽车罐车装运介质大多具有易燃易爆等危险特性，泄漏后一旦处置不当，易造成爆炸等次生事故。国家质检总局于 2010 年发布了 26 项特种设备应急救援预案指南，要求在事故处置中确认可能产生的次生事故隐患得到清除，其中 2 项为液化石油气汽车罐车和液氯汽车罐车的内容。相关安全技术规范也要求定期开展应急演练，使相关人员熟练掌握应急处置技能，并随车携带应急救援预案，这些措施对于保障设备安全运行非常重要。

2.2.6 主要原因

232 起汽车罐车泄漏事故中，有 136 起由交通事故（侧翻、碰撞、剐蹭、追尾）引发，占 58.6%，与交通事故引发的危险化学品公路运输事故率接近[2]。由此可见，移动式压力容器运行的安全性易受到交通事故的影响，因此，可从被动安全性方面提升移动式压力容器的安全性。

移动式压力容器交通事故包括侧翻、追尾、碰撞等。由于移动式压力容器内部介质的流动性，在高速转弯过程中的巨大离心力和液体对罐侧的水平惯性力使罐车产生向外侧倾翻的趋势，当转弯车速过高或路面湿滑时，极易发生侧滑甚至翻车，因而应当严格控制车速特别是转弯时的车速。在追尾事故中，事故调查发现移动式压力容器多为被追尾方，该类事故往往会造成泄漏、起火甚至爆炸的严重后果，特别是液化天然气汽车罐车，由于其操作箱均设置在尾部，且设计紧凑，被追尾后容易导致管路破损。在低等级公路、等外路和城市道路上，碰撞事故所占比例较大，且以侧面碰撞和与固定物相撞居多，如罐体顶部安全阀根部被撞裂等情况。在交通事故引发的移动式压力容器事故中，泄漏部位主要包括罐体、安全阀、管道等部位，在设计中可考虑进一步增设一些辅助保护装置，还可研究发生事故后方便进行处置的措施，降低救援难度。

在非交通事故引起的 96 起泄漏事故中，由于统计途径的原因，有 20 起事故原因不明，其余 76 起事故包括运输环节 28 起、充装环节 15 起、卸载环节 29 起、使用环节 4 起，卸载环节的事故率最高。汽车罐车在运输前，使用单位和充装单位均应进行检查，检查不合格的不得上路行驶。但由于运输途中车辆的振动等原因，安全附件及紧固部位可能会发生松动，个别零件的腐蚀、制造缺陷、材料老化、违章作业等原因也可能会引发泄漏。上述非交通事故引发的泄漏事故中，泄漏部位及主要原因如下：

（1）软管：连接不到位、破裂、被拉断。

（2）安全阀：材料老化、超装、太阳暴晒、弹簧断裂、阀帽丢失。

（3）阀门：材料老化、阀门松动。

（4）液位计：垫片损伤。

（5）管路：焊缝开裂、紧急切断阀未关闭到位、垫片损伤。

（6）人孔盖：密封不严。

对于以上事故因素，相关安全技术规范均已明确提出了应对措施，相关单位在运行中应当严格管理，确保按章作业，有效防范泄漏事故的发生。

3 结论及建议

3.1 结论

（1）统计数据表明，夏季和冬季是汽车罐车泄漏事故易发的时段，随着专项特种设备安全技术规范的有效实施，汽车罐车的事故起数呈现逐年下降趋势。

（2）汽车罐车泄漏事故区域分布与经济发展水平和产业布局有较大的相关性，有必要根据其分布特征建立区域性应急救援系统。

（3）交通事故是引起汽车罐车泄漏事故的主要原因，占事故总起数的 58.6%；非交通事故引发的汽车罐车泄漏事故中，卸载环节的事故发生率最高。

3.2 建议

（1）进一步加强对汽车罐车的科学有效监管，落实主体责任，卸载过程的安全性尤其需要引起重视，可从提升作业人员的素质、有效落实安全措施方面保障汽车罐车的安全。

（2）由于移动式压力容器由多部门监管，特种设备安全监管部门可与交通、消防等部门加强合作，联合制定相关监管措施，继续实施并推广有效的管理经验如夏季限时管控措施等。

（3）液化天然气汽车罐车的操作箱设置在车尾部，且较为紧凑，一旦发生追尾等交通事故，操作箱内的管路容易受损，可考虑加设一定的防护装置、增大管路与车尾的距离等措施来提高被动安全性。

（4）由于汽车罐车装运介质的危险特性，应制定有效的应急预案并开展演练，掌握科学有效的应急处置技能，防止发生泄漏事故后引发爆炸、燃烧等次生事故。

参 考 文 献

[1] 张磊，阮桢. 100 起危险化学品泄漏事故统计分析及消防对策 [J]. 消防科学与技术，2014，33（3）：337－339.

[2] 吴宗之，孙猛. 200 起危险化学品公路运输事故的统计分析及对策研究 [J]. 中国安全生产科学技术，2006，2（2）：3－8.

[3] 刘凯峥，刘浩学，晏远春，等. 罐体车辆道路运输危险品事故特征分析 [J]. 安全与环境学报，2010，10（6）：130－133.

[4] 薛小龙，鲁红亮，汤晓英. EO 汽车罐车泄漏事故树分析及防护对策 [J]. 压力容器，2016，（Z）：28－33.

[5] 张乐，郑文，张婷婷. 液化天然气罐车道路运输事故统计分析及处置对策研究 [J]. 中国应急救援，2015，（6）：36－39.

D
使用管理

压力容器用 Q345R 受火后拉伸性能的试验研究

左延田　石生芳　薛小龙

（上海市特种设备监督检验技术研究院，上海市　200062）

摘　要　Q345R 是石化装置中压力容器常用的金属材料，本文在 Q345R 受火一定时间内，通过空冷的方式冷却下，试验研究拉伸性能，并分析了受火温度、保温时间等对该材料拉伸性能的影响，得到了 Q345R 在 20℃～816℃ 的拉伸性能特性。

关键词　Q345R；受火；空冷；拉伸性能

The Experimental Research of the Tensile Property on Pressure Vessel of Q345R after Exposure to Fire

Zuo Yantian　Shi Shengfang　Xue Xiaolong

（Shanghai Institute of Special Equipment Inspection and Technical Research，Shanghai 200062）

Abstract　Q345R is a kind of pressure vessel metal normally used in the petrochemical plant，under the exposure on fire for different time，by way of air cooling，experimental research on the tensile performance of Q345R，and the effect of fire temperature and holding time on the tensile properties of the material are also analyzed，obtained in the Q345R characteristics of tensile properties of 20℃－816℃.

Keywords　Q345R；fire；air cooling；tensile property

1　概述

Q345R 是石化装置中压力容器常用的金属材料，本文以石化装置受火后快速评估研究为主要背景，通过研究 Q345R 在不同受火温度下，不同冷却方式下的力学性能、冲击韧性、硬度试验、金相组织及腐蚀性能的变化，得到 345R 材料受火后的性能变化，限于文章篇幅，本文仅介绍 Q345R 受火后空冷状态的拉伸性能的变化情况。

2　材料的化学成分

对该试验试样进行化学成分分析，参照 GB/T 223《钢铁及合金化学分析方法》[1]，分析结果见表 1，材料化学成分符合 GB 713—2008《锅炉和压力容器用钢板》[2] 中 Q345R 钢的要求。

基金项目：国家质检公益项目：201410024 资助

表 1   Q345R 钢化学成分（wt%）

材料	C	Si	Mn	P	S
Q345R	0.167	0.334	1.4492	0.011	0.0056

482℃、593℃、649℃、732℃、816℃下受火。在各受火温度下分别保温 5min、15min、30min、60min，并采取空冷方式冷却。图 1、图 2、图 3、图 4 分别为 Q345R 屈服强度、抗拉强度、伸长率、断面收缩率随温度变化的曲线图。

3   受火拉伸性能的变化

3.1   受火温度对拉伸性能的影响

将试验试样分别在 260℃、350℃、427℃、

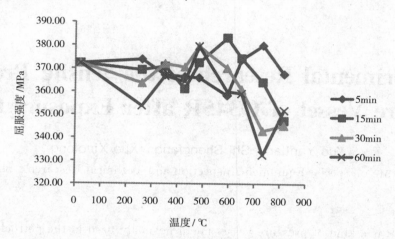

图 1   不同保温时间下屈服强度随温度变化的曲线

图 1 可以得到，在空冷条件下，当受火温度小于 649℃，Q345R 的屈服强度随着温度的升高基本维持在 370MPa 左右，当受火温度在 649℃～816℃，屈服强度随着温度的升高有明显下降的趋势，在 732℃下保温 60min 的屈服强度为 333MPa，与未受火状态时相比下降 10%。值得注意的是，当受火温度在 732℃～816℃，保温时间为 15min、30min、60min 时，屈服强度随着温度的升高有明显增大的趋势。在空冷条件下，Q345R 的屈服强度与 GB 150—2011《压力容器》[3]中碳素钢和低合金钢钢板许用应力表中的室温屈服强度指标 345MPa 相比，当受火温度为 732℃ 时，保温时间为 30min、60min 时，试验数据的屈服强度值小于 345MPa，这种情况下屈服强度不满足要求，其他受火、保温条件下，空冷后的常温下的屈服强度均满足标准中对 Q345R 的屈服强度要求。

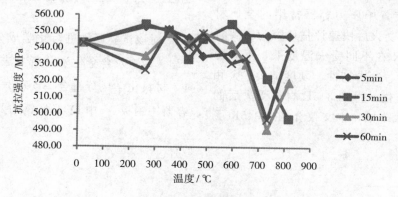

图 2   不同保温时间下抗拉强度随温度变化的曲线

图 2 可以得到，在空冷条件下，当受火温度小于 649℃，Q345R 的抗拉强度随着温度的升高基本维持在 542MPa 左右，当受火温度在 649℃～816℃，随着温度的升高，保温时间为 5min 的抗拉强度有略微减小的趋势，保温时间为 15min 的抗拉强度有大幅下降的趋势，保温时间为 30min 和 60min 的抗拉强度先明显降低又明显增大的趋势，在 732℃下保温 30min 时，抗拉强度与未受火状态时相比下降约 10%。空冷条件下，当受火温度为 732℃时，保温时间为 30min、60min 时的抗拉强度都不满足标准中该材料的抗拉强度要求，当受火温度为 816℃时，保温时间为 5min 的同样不满足要求，其他情况均满足要求。

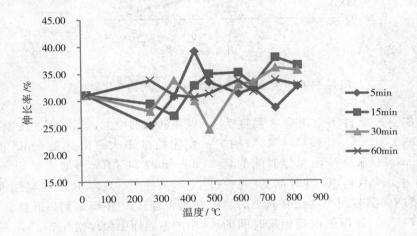

图 3　不同保温时间下伸长率随温度变化的曲线

图 3 可以得到，在空冷条件下，当受火温度小于 260℃，除了保温时间为 60min，Q345R 的伸长率随着温度的升高有下降的趋势，然后随着温度的升高再下降，然后在下降的趋势，总的来说，伸长率波动范围较大，Q345R 的拉伸伸长率随着温度的升高有略微增大的趋势。

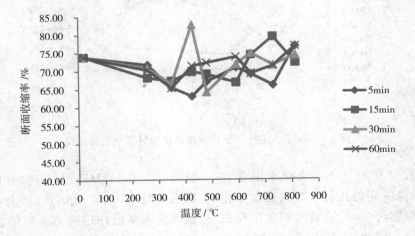

图 4　不同保温时间下断面收缩率随温度变化的曲线

图 4 可以得到，在空冷条件下，当受火温度小于 350℃，Q345R 的断面收缩率随着温度的升高有下降的趋势，与未受火状态相比下降约 11%，当受火温度在 350℃～816℃，随着温度的上升，断面收缩率波动范围较大，总体上有略微增大的趋势。

3.2　保温时间对拉伸性能的影响

图 5、图 6、图 7、图 8 为材料 Q345R 屈服强度、抗拉强度、伸长率、断面收缩率随保温时间变化的曲线。

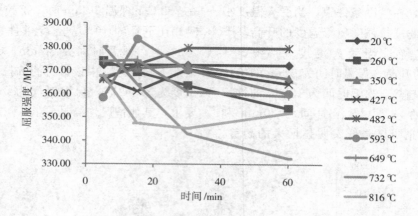

图5 不同受火温度下屈服强度随保温时间变化的曲线

由图5得到，在空冷条件下，当受火温度为260℃、350℃、427℃、482℃、593℃、649℃时，保温时间为5~30min，屈服强度随保温时间的延长变化范围为358~383MPa，保温时间为30~60min时，屈服强度随保温时间的延长有减小的趋势。当受火温度为732℃，屈服强度随保温时间的增加大幅下降，由保温5min的380MPa下降至保温60min的333MPa。当受火温度为816℃，随着保温时间的增大，屈服强度先减小后增大，总体上变化幅度不大，由保温5min的368MPa下降至30min的345MPa再增大至60min的352MPa。在空冷条件下，Q345R的屈服强度与GB 150—2011《压力容器》[3]中碳素钢和低合金钢钢板许用应力表中的室温屈服强度指标345MPa相比，当受火温度为732℃时，保温时间为30min、60min时的屈服强度都不满足标准要求，其他均满足要求。

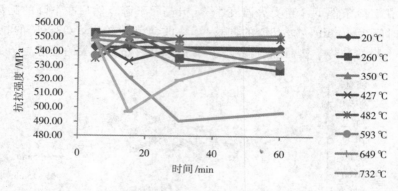

图6 不同受火温度下抗拉强度随保温时间变化的曲线

由图6得到，在空冷条件下，当受火温度在649℃以下，随着保温时间的延长，抗拉强度变化幅度较小。当受火温度为732℃，抗拉强度呈现先减小后增大的趋势，保温时间由5min增加到30min，抗拉强度由548MPa下降到492MPa，保温时间由30min增加到60min，抗拉强度由492MPa上升到497MPa。当受火温度为816℃，抗拉强度随着保温时间的延长先减小后增大，保温时间由5min增加到15min，抗拉强度由547MPa下降到497MPa，保温时间由15min增加到60min，抗拉强度由497MPa上升到540MPa。Q345R的抗拉强度与GB 150—2011《压力容器》中碳素钢和低合金钢钢板许用应力表中的室温抗拉强度指标510MPa相比，空冷条件下，当受火温度为732℃时，保温时间为30min、60min时的抗拉强度都不满足要求，当受火温度为816℃时，保温时间为5min的同样不满足要求，其他均满足要求。

由图7得到，在空冷条件下，随着保温时间的延长，伸长率变化较小，基本维持在24%~39%之间。

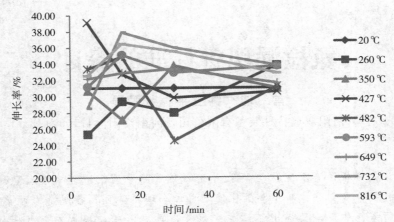

图 7 不同受火温度下伸长率随保温时间变化的曲线

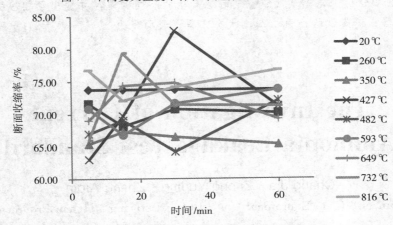

图 8 不同受火温度下断面收缩率随保温时间变化的曲线

由图 8 得到，在空冷条件下，当受火温度为 260℃、350℃、482℃、593℃、649℃、732℃、816℃ 时，断面收缩率随着保温时间的延长变化较小，基本维持在 64% 和 79% 之间。当受火温度为 427℃ 时，断面收缩率随保温时间的增大先增大后减小，保温时间由 5min 增加到 30min，断面收缩率由 63% 上升到 83%，保温时间由 30min 增加到 60min，断面收缩率又由 83% 下降到 71%。

4 试验结论

根据 GB 150—2011 和 GB/T 713—2008 中的规定，对于 Q345R 材料，材料的屈服强度 R_{el} 不小于 345MPa、抗拉强度 R_m 在 510～640 MPa、伸长率（$A\%$）不小于 21：

（1）在 20℃ ～816℃ 的范围内，在空冷却方式，不论受热时间，当温度高于 732℃ 时，材料的屈服强度、抗拉强度不满足标准规范要求，其他情况满足标准规范要求；

（2）在 20℃ ～816℃ 的范围内，空冷条件下，不论受热时间，Q345R 材料均满足标准规范中伸长率的要求。

参 考 文 献

[1] GB/T 223 钢铁及合金化学分析方法.

[2] GB713—2008 锅炉和压力容器用钢板. 北京：中国标准出版社，2012.

[3] GB 150—2011 压力容器. 北京：中国标准出版社，2012.

作 者 简 介

左延田，男，高级工程师，从事特种设备检验检测工作。通信地址：上海市金沙江路 915 号 1203 室，200062 电话：021 － 32582056，15902135793，021 － 32584915；电子邮箱：zuoyantian@126.com

氨检漏现行标准的探讨

常　佳　钟玉平　张爱琴

（洛阳双瑞特种装备有限公司，河南洛阳　471000）

摘　要　本研究首先分析了泄露试验必须采用气体介质的原因，进而对现行氨检漏标准中的相关问题提出修正，并对相关氨检漏部分试验工艺细化使之更加合理科学且具备便捷的可操作性。针对氨检漏B法，计算了氮气置换所需气体量，又提出了"先充氨气，再充氮气，根据充氨气时压力表读数判断填充量"。针对氨检漏C法，分析了先充氨气或空气时会产生的不同问题，并提出了相应的解决方案。

关键词　压力容器；泄露试验；氨检漏；状态方程；表面张力

The Investigation of Current Ammonia Leakage Test Standard

Chang Jia　Zhong Yuping　Zhang Aiqin

(Luoyang Sunrui Special Equipment Co. , Ltd. , Luoyang, Henan Province, 471000)

Abstract　The presentresearch firstly analyzes the necessity of gas medium in leakage test, secondly the revised suggestion for mistake in the current standard is proposed, and the relevant leakage test procedure is more specific and reasonable with easy operation method. For ammonia leakage test method B, the replacement nitrogen gas volume is calculated, then the method "first charging ammonia, second charging nitrogen, then use the pressure gauge to decide the charging volume" . For ammonia leakage test method C, the different problem about charging ammonia or gas firstly is analyzed, and the relevant solution is proposed.

Keywords　pressure vessel; leakage test; ammonia leakage test; equation of state; surface tension

1　概述

1.1　泄露试验

因工艺需要，各种工艺介质在压力容器和压力管道中储存、输运、反应、换热，为了控制内部介质的向外泄露或外部介质的向内泄露，需要对压力容器或压力管道进行泄露试验，其包括：气密性试验、氨检漏试验、卤素检漏试验、氦检漏试验等。

针对氨检漏试验、卤素检漏试验、氦检漏试验的试验工艺，在相关标准中进行了较为明确的描述。在四种泄露试验中，氨检漏具有其特殊性：

（1）属于一种定型技术，能确定泄露位置。

（2）不需要高精度、高成本的卤素检漏仪、氦检漏仪及标准漏孔等设备。

使用管理

（3）氨气与空气在一定浓度下存在爆炸危险。

故氨检漏在某些场合下，可以替代卤素检漏及氦检漏。但是，现行氨检漏标准存在修正和进一步优化的可能。本研究基于流体力学和热力学的相关知识，针对现行氨检漏标准中的问题提出修正，并对相关氨检漏部分试验工艺细化使之更加合理科学且具备便捷的可操作性。

1.2 泄露问题的本质

组成物质的分子之间，存在引力与斥力，当液体与气体相接触形成气液交界面时，因为液体分子之间的引力大于气体分子与液体分子之间的引力，故气液交界面沿着液体表面，形成一种收缩的力（即表面张力），使得液滴呈现圆形，圆形液滴单位质量下的比表面积最小，表面能最小，表面张力的方向与气液交界面相切，气液表面张力通常也被称为气液表面能。

当液体与固体接触时，因为固体表面与液体分子有力的相互作用，这时会沿着液固、气液表面再形成两个沿着液固、气液表面的表面张力（表面能），根据静力平衡，气液、液固、气固三个表面张力的作用效果见图1。气液固三相表面能不同的时候，气液表面张力与液固表面张力夹角不同，这个夹角被称为接触角，接触角由物质本身特性决定，不同类型的三相接触面具有不同类型的接触角，将接触角小于90°的表面称为亲水表面，将接触角大于90°小于180°的称为疏水表面，

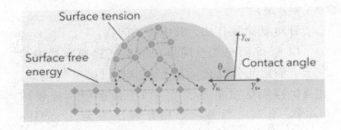

图1 气液固三相表面力静力平衡

当气液固三相接触表面在狭长通道内形成时，根据表面接触角的不同，将会出现两种情况，当表面张力大于90°时，表面将凸形，形成的合力将有一种将气液凸面向液体侧拉回的趋势；而当表面张力小于90°时，表面将为凹形，形成的合力将有将气液表面向气体侧拉出的趋势，见图2。

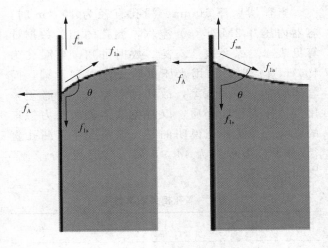

图2 狭长通道内表面张力合力示意图

当考虑气液主体之间压差时，若气液表面为凸形，则可能因表面张力使得液体无法从狭长通道内流出的情况，见图3。以水、空气为研究对象，当气液接触角为135°时，在不同漏孔直径下，依据毛细管表面张力计算公式（1），计算凸形气液表面可承受的压差，见表1。可见漏孔直径越小，因表面张力存在，使得气液分界面可承受的内外压差就越高，即漏孔直径越小，液体越难向外渗漏。

$$P = 4\sigma\cos\theta/d \quad (1)$$

（注：其中水的表面张力 σ 取 0.0712N/m）

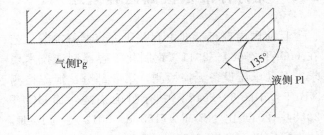

图3 狭长通道内凸形气液表面

表1 不同通道直径下气液压差

漏孔直径/m	压差/Pa
0.001	201.3840113
0.0001	2013.840113
0.00001	20138.40113
0.000001	201384.0113
0.0000001	2013840.113

当容器壁厚 10mm、漏孔直径为 10^{-6} m 时，容器内压 0.3MPa（a）空气，漏孔的相关数据计算见表 2。综合表 1、表 2 数据可知，当漏孔为 10^{-6} m 直径时，如用水压试验无法发现泄漏，而气体确有一定的漏率，故四种泄露试验，必须采用气体作为检漏介质，以避免液体表面张力带来的影响。需要补充说明的是：该情况下，漏孔直径/分子自由程约为 44.9，属于"层流-分子流"之间的过渡状态。

表 2 漏孔相关漏率数据

参 数	数 值
空气分子自由程/m	2.22333E−08
漏孔直径/分子自由程	44.97751124
漏率 Pa·m³/s	5.99051E−09

（注：分子自由程计算公式见文献［5］中公式（1-40），漏率计算公式见文献［5］中公式（2-3）与（2-48）

2 现行标准解析

2.1 现行标准氨检漏内容概述

目前国内现行标准中有关压力容器氨检漏工艺在 HG/T 20584—2011《钢制化工容器制造技术要求》及《承压设备无损检测，第 8 部分：泄露检测 NB/T 47103.8—2012》中有明确描述，而 HG/T 20584—2011 比 NB/T 47103.8—2012 更为详细，故本研究以 HG/T 20584—2011 为分析对象。

HG/T 20584—2011 中氨检漏分为三种方法，其适用性如下：

1）充入 100% 氨气法（A 法）：适用于充氨气空间不大，所充氨气压力较低、并能将容易抽真空至真空度 93.7kPa 的场合。

2）充入 10%～30% 氨气法（B 法）：适用于充氨空间较大，且不易达到真空度 93.8kPa 的场合。

3）充入 1% 氨气法（C 法）：常用于充氨空间大的情况，如大型容器密封面和焊缝的泄漏试验。

其中，需要说明的是 100% 氨气法（A 法）因为采用先抽真空，再充 100% 氨气，故该法较为简单，标准中相关工艺操作的描述足够清晰。需要注意的是，氨气在空气中的爆炸极限 15%～28%，故 B 法与 C 法应该审慎进行操作，但现行标准对相关工艺操作部分并未详细阐述。

本研究中将温度假定为 20℃，空气组分见表 3。本研究将利用多组分气体混合物的 RK 状态方程计算压力、温度与摩尔体积的关系，从而得到不同条件下所需的气体量。RK 方程是考虑了分子自由活动空间减小而引起的实际压力增加项、温度对分子间相互作用力的影响等因素，其针对临界温度以上的气体，能做出比较好的预测，见公式（2）、（3）。当气体为混合物时，针对公式（2）中的 a、b 常数需要用到相关混合规则进行修正，具体见公式（4）。

$$p = \frac{R_g T}{v b} - \frac{a}{T^{0.5} v(v + b)} \quad (2)$$

$$a = \frac{0.427480 R_g^2 T_\sigma^{2.5}}{p_\sigma}, \quad b = \frac{0.08664 R_g T_\sigma}{p_\sigma} \quad (3)$$

$$a = (\sum x_i a 0.5_i) 2, \quad b = \sum x_i b_i \quad (4)$$

表 3 干空气组分

干空气组分	摩尔分数
N_2	0.7812
O_2	0.2096
Ar	0.0092

2.2 氨检漏 B 法解析

针对氨检漏 B 法，其中相关问题：

以 3～5 倍充气空间体积的氮气置换容器中的空气，假定充分混合，基于表 3 提供的空气组分，计算出口氧气含量见表 4，而非标准中所描述的 0.5%。不失一般性，采用充装压力为 12.5MPa（g）的 40L 标准氮气瓶计算填充量（注：根据公式（2）、（3）计算 40L 标准氮气瓶能提供 208mol 的氮气），同时利用公式（2）、（3）计算不同容器空间置换所需氮气的物质的量，从而计算所需的氮气瓶数并进行圆整，同时将瓶内剩余氮气的物质的量折算为相应压力数值，见表 5、表 6。5 倍氮气置换后，容器内各组分见表 7，可见氩气含量已经很少，在随后的计算中忽略氩气。

表 4　氮气置换后的氧气含量

填充 N₂ 比例	O₂ 摩尔分数 %
充 3 倍体积 N₂	5.2
充 5 倍体积 N₂	3.5

表 5　3 倍氮气置换时不同容器空间所需的氮气量

容器空间 m³	停止充氮前用的氮气瓶数	停止充氮压力 MPa（g）
1	0	5.4
5	2	0.26
10	5	0.53
50	29	2.71
100	59	5.59

表 6　5 倍氮气置换时不同容器空间所需的氮气量

容器空间 m³	停止充氮前用的氮气瓶数	停止充氮压力 MPa（g）
1	0	0.09
5	4	0.44
10	9	0.89
50	49	4.61
100	99	9.71

表 7　5 倍氮气置换后气体组分

气体组分	摩尔分数
N₂	0.963533333
O₂	0.034933333
Ar	0.001533333

氨气和空气的爆炸极限为 15%～28%，并非标准中的 15%～18%，且需要注意的是，爆炸极限不仅取决于组分，而且也取决于温度和压力，上述氨气的爆炸极限仅限于一般常温、常压条件。

考虑到实际中购买氮气和氨气的混合气体较困难，且对氮气和氨气进行预混合的不便，抽 20kPa 负压后可以分步填充氮气及氨气，不必充入氮气和氨气的混合气体，即"先充一种气体，再充另一种气体，依据压力表读数判断填充量的方法"。

以向 5m³ 容器充入 5 倍体积的氮气后抽真空，再分别先充入不同气体为例：依据公式（2）～（4）计算抽负压后不同气体（氮气、氧气）的物质的量，再计算达到试验压力和氨气浓度所需的不同

气体（氮气、氧气、氨气）的物质的量，从而得到所需填充的氮气和氨气的物质的量，并将其分别折算为相应的压力增加值，最终结果见表 8。这里需要说明的是：表 8 最后两列分别表示先充氮气或氨气时容器应控制的压力，建议抽真空后"先充氨气，再充氮气，根据充氨气时压力表读数判断填充量"的方法，具体原因见下。

表 8　氨检漏 B 法先充不同气体的压力

试验终了压力 氨浓度	先充 N₂ 压力 MPa（g）	先充 NH₃ 压力 MPa（g）
0.15MPa（g）、30%NH₃	0.076	0.056
0.3MPa（g）、20%NH₃	0.221	0.061
0.6MPa（g）、15%NH₃	0.498	0.087
1.0MPa（g）、10%NH₃	0.903	0.092

标准 [3] 中注："按混合气中含 15%（体积）氨气的比例，将充入氨气的量换算成充氮混合气体总压力的数值"，需要说明的是，应改为"按混合气中含氨气的比例，将充入氨气的量换算成充氮混合气体总压力（绝压）的数值"，因为在负压及压力较低的正压的范围内，气体混合物与理想气体性质偏差不大，故在体积一定时，按公式（2）计算，气体混合物绝对压力与摩尔数近似成正比关系，而此时若按表压计算时将产生较大误差，见表 9。同理，抽完真空之后充入氨气引起的绝压增加幅度，与所需的氨气浓度基本成线性关系，故"先充氨气，再充氮气，根据充氨气时压力表读数判断填充量"的方法便于工艺操作。

表 9　氨检漏 B 法先充氨气时的压力变化

试验压力 氨浓度	充 NH₃ 前后压力 MPa（a）	压力变化 绝压%	压力变化 表压%
0.25MPa（a）、30%NH₃	0.81/0.156	30.130	50.217
0.4MPa（a）、20%NH₃	0.81/0.161	20.097	26.796
0.7MPa（a）、15%NH₃	0.81/0.187	15.105	17.622
1.1MPa（a）、10%NH₃	0.81/0.192	10.086	11.094

（注：为了直观理解，本表将表 8 中的表压转化为绝压）

2.3　氨检漏 C 法解析

氨检漏 C 法将容器内充入含氨浓度约 1% 的氨-空气混合气体，不失一般性和正确性，这里在计算中将空气处理为一种单质气体。具体计算方法同 2.2。

若先填充空气再充氨气至试验压力，压力变化见表 10。其中需要说明的是 1% 的氨气浓度较低，充空气后再充氨气至试验压力引起的压力变化较小，需选用数字压力表，而数字压力表一般允许量程 0.5% 的系统误差，会使得这种方法存在一定氨气浓度的偏差。

若先充氨气再充空气至试验压力，应在充氨气时采用小量程 [200kPa（g）] 的数字压力表检测充入氨气引起的压力变化，以减小数字压力表系统误差带来的影响，但在设计压力较高的情况下则存在爆炸的可能，见。

表 11　氨检漏 C 法先充氨气压力计算

设计压力 MPa（g）	试验压力 MPa（g）	充氨气后压力 MPa（g）	充氨气后摩尔分数 %	选用压力表量程 MPa（g）	压力表允许误差 MPa
0.5	0.525	0.007	5.844	0.2	0.001
1	1.05	0.013	10.276	0.2	0.001
2	2.1	0.023	18.043 *	0.2	0.001
3	3.15	0.034	24.624 *	0.2	0.001

（注：加 * 表示充完氨气后已经进入爆炸极限）

故针对氨检漏 C 法，可以采用以下方法：

1) 利用色谱仪等检测设备，先预混调配出 1% 的混合气体，再将混合气体充入容器内。

2) 仍然先充空气，再充氨气，但需适当增加氨气浓度，如：由 1% 增加到 5%。

表 10　氨检漏 C 法先充空气压力计算

设计压力 MPa（g）	试验压力 MPa（g）	充空气后压力 MPa（g）	压力变化 MPa	选用压力表量程 MPa（g）	压力表允许误差 MPa
0.5	0.525	0.519	0.006	0.7	0.0035
1	1.05	1.039	0.011	2.1	0.0105
2	2.1	2.080	0.020	7	0.035
3	3.15	3.122	0.028	7	0.035

表 11　氨检漏 C 法先充氨气压力计算

设计压力 MPa（g）	试验压力 MPa（g）	充氨气后压力 MPa（g）	充氨气后摩尔分数 %	选用压力表量程 MPa（g）	压力表允许误差 MPa
0.5	0.525	0.007	5.844	0.2	0.001
1	1.05	0.013	10.276	0.2	0.001
2	2.1	0.023	18.043 *	0.2	0.001
3	3.15	0.034	24.624 *	0.2	0.001

（注：加 * 表示充完氨气后已经进入爆炸极限）

3 总结

本研究首先分析了泄露试验必须采用气体介质的原因，进而对现行氨检漏标准中的相关问题提出修正，并对相关氨检漏部分试验工艺细化使之更加合理科学且具备便捷的可操作性。针对氨检漏 B 法，计算了氮气置换所需气体量，又提出了"先充氨气，再充氮气，根据充氨气时压力表读数判断填充量"。针对氨检漏 C 法，分析了先充氨气或空气时会产生的不同问题，并提出了相应的解决方案。

参 考 文 献

［1］中华人民共和国国家质量监督检验总局．固定式压力容器安全技术监察规程：TSG 21—2016［S］．北京：新华出版社，2016．

［2］中华人民共和国国家质量监督检验总局，中国国家标准化管理委员会．压力容器：GB/T 150—2011［S］．北京：中国标准出版社，2012．

［3］中华人民共和国工业和信息化部．HG/T 20584－2011 钢制化工容器制造技术要求［S］．北京：中国标准出版社，2011

［4］国家能源局．承压设备无损检测第 8 部分：泄露检测：NB/T 47103.8—2012［S］．北京：新华出版社，2012．

［5］达道安．真空技术手册［M］．北京：国防工业出版社，2004：100－102．

［6］陈则韶．高等工程热力学［M］．北京：高等教育出版社，2008：164－165．

［7］中华人民共和国国家质量监督检验总局．可燃气体检测报警器：JJG 693—2004［S］．北京：新华出版社，2004．

作 者 简 介

常佳，男，工程师。

通信地址：洛阳市高新技术开发区滨河北路 88 号，471000

电话：0379－64829062；E-mail：changjia725@163.com。